Paetzold

Chemie

Peter Paetzold

Chemie

Eine Einführung

W DE G

Walter de Gruyter
Berlin · New York

Autor

Professor (em.) Dr. Peter Paetzold
Technische Hochschule Aachen
Institut für Anorganische Chemie
52056 Aachen
peter.paetzold@ac.rwth-aachen.de

Das Buch enthält 119 Abbildungen und 18 Tabellen.

Die vier Platonischen Körper auf der Titelseite − Kubus, Ikosaeder, Tetraeder und Oktaeder − symbolisierten in der griechischen Naturphilosophie die vier Elemente Erde, Wasser, Feuer und Luft. Die gleichen Polyeder spielen eine tragende Rolle in der modernen Strukturchemie und machen die Beschäftigung mit ihr zum ästhetischen Vergnügen.

ISBN 978-3-11-020268-7

Bibliografische Information der Deutschen Nationalbibliothek

Die Deutsche Nationalbibliothek verzeichnet diese Publikation in der Deutschen Nationalbibliografie; detaillierte bibliografische Daten sind im Internet über http://dnb.d-nb.de abrufbar.

Satz: Meta Systems GmbH, Wustermark.
Druck und Bindung: Druckhaus „Thomas Müntzer", Bad Langensalza.
Einbandgestaltung: Martin Zech, Bremen.

Vorwort

Es ist vielfach üblich, die Chemie als die Lehre von den Stoffen und den Stoffänderungen zu definieren und sie dabei von der Physik als der Lehre von den Zuständen und den Zustandsänderungen abzugrenzen. Allein, was heißt *Stoff* und was heißt *Zustand*? Manche versuchen, die Definition der Chemie durch Beispiele zu verdeutlichen, etwa von der Art: Ein Magnesiumdraht verbrennt beim Erhitzen an der Luft zu einem neuen Stoff namens Magnesiumoxid, während ein Platindraht beim Erhitzen in den neuen Zustand der Rotglut übergeht, so dass wir den ersteren Vorgang *chemisch*, den letzteren *physikalisch* nennen. Die Definition eines Begriffs durch Beispiele – eine zwar kindhafte, aber überaus wirksame Methode – lebt von der Vielfalt der Beispiele und wird bei nur einem Beispiel sinnlos. Unterlassen wir also den Versuch einer Definition in einem Satz und begreifen wir als Chemie die Gesamtheit dessen, was in der chemischen Literatur steht.

Was versteht man unter *chemischer* oder – allgemeiner – unter *wissenschaftlicher Literatur*? Den obersten Rang nehmen die Zeitschriften ein, in denen neue wissenschaftliche Ergebnisse durch die Forscher dargestellt werden, die diese Ergebnisse erzielt haben (*Originalliteratur*). Sodann sind jene Publikationsorgane zu nennen, die von weltweit möglichst allen Originalarbeiten in stichwortartigen Zusammenfassungen berichten (*Referate-Literatur*); für die Chemie am bedeutendsten sind die von der *American Chemical Society* herausgegebenen *Chemical Abstracts*, die jährlich Hunderttausende von Originalarbeiten aus nahezu 10 000 Zeitschriften zusammenfassen. Als nächstes seien jene Zeitschriften oder periodisch erscheinende Buchreihen aufgeführt, in denen der Fortschritt auf einem bestimmten Gebiet in einem bestimmten Zeitraum durch Spezialisten für dieses Gebiet mehr oder weniger umfassend und kritisch zusammengefasst wird (*zusammenfassende Literatur*). Auf der nächsten Stufe der Literaturhierarchie folgen den Nachschlagewerke, die gewisse Gebiete einer Wissenschaft abhandeln (*Handbuch-Literatur*), und zuletzt schließlich die sich an Lernende wendenden Lehrbücher (*Lehrbuch-Literatur*). Zu bedenken gilt es, dass ein Großteil der Literatur, insbesondere der chemischen Literatur in zunehmendem Maße nicht mehr oder nicht mehr nur in Druckform, sondern über elektronische Medien zugänglich ist.

Die Naturwissenschaften lebten zu Beginn ihrer historischen Entwicklung von der Erfahrung, aus der ihre Hypothesen und Gesetze durch Induktion geboren wurden. Dabei machte die Alltagserfahrung zunehmend dem gezielten Experiment Platz. Der umgekehrte Weg, nämlich aus Definitionen und Axiomen das gesetzliche Gesamtgebäude einer Wissenschaft zu deduzieren, wird in der Mathematik beschritten. Die erste Naturwissenschaft, die diesem Vorbild folgte, war die Physik, indem sich zu der *Experimentalphysik* die *Theoretische Physik* gesellte. Die Chemie war sehr viel länger die Heimat der „Sammler und Jäger" von Erfahrungen. Erst seit wenigen Jahrzehnten hat sich neben der *Experimentalchemie* die *Theoretische Chemie* etabliert, und zwar als Tochter der Theoretischen Physik, um die Ergebnisse der Quantenmechanik, einer Teildisziplin der Theoretischen Physik, auf die Chemie zu übertragen. Wegen des dabei zu betreibenden mathematischen Aufwands erfahren Chemiker eine oft unzureichende Ausbildung in Theoretischer Chemie. Da es den Theoretikern immer mehr gelingt, den mathematischen Aufwand in Computerprogramme umzusetzen, kann heutzutage – im Zeitalter allseits verfügbarer Großrechner – der experimentell arbeitende Chemiker Nutzen aus der Theoretischen Chemie ziehen, ohne zu verstehen, was sich hinter dem betreffenden Rechenprogramm verbirgt. Hier spiegelt sich eine Situation wider, die notwendigerweise für viele Bereiche unserer Gesellschaft gilt.

Das idealistische Verfahren, die Chemie im Unterricht von Anfang an als Tochter der Physik und diese als Tochter der Theoretischen Physik in endlicher Zeit darzustellen, muss also misslingen. Die Chemie umgekehrt als reine Erfahrungswissenschaft vorzustellen, ist wegen des exponentiellen Anstiegs der Erfahrungen undurchführbar geworden, auch wenn dies vor einem Jahrhundert noch gute Tradition war. Als pragmatische Kreuzung beider Extreme der Stoffvermittlung bietet sich an, zunächst ein grobes Bild der Chemie aus Definitionen, feststehenden Sachverhalten und Gesetzen zu entwickeln, um dieses Bild im Zuge des Studiums mit dem Inhalt zu ergänzen, den Theorie und Praxis gebieten.

Die Zeiten sind vorbei, in denen die Chemiker noch alle Bereiche der Chemie überschauen konnten. Sie sind heute zu Spezialisten mit mehr oder weniger weitem Horizont geworden. So stellt sich die Frage, welches Grundgerüst der Chemie als Gemeingut für die späteren Spezialisten unverzichtbar ist. Dieser Frage stellt sich die vorliegende Einführung. Sie versucht, jenes Grundgerüst in kompakter Weise so zu vermitteln, dass der völlig Außenstehende die Grundbegriffe der Chemie und ihre Verknüpfung ohne logischen Bruch erfahren kann, sofern er gewisse Grundkenntnisse der Physik mitbringt. Die ersten drei Kapitel sind der Reihe nach der Struktur der Atome, der Moleküle und der festen Körper gewidmet. Erst danach werden die Reaktionen behandelt, im vierten Kapitel zunächst ganz auf physikalisch-chemischer Grundlage, die Thermodynamik und Kinetik betreffend, im fünften Kapitel dann bezüglich der beiden wichtigsten Reaktionstypen, der Säure/Base- und der Redoxreaktionen. Bis hierher wird ein in sich geschlossenes Bild der Chemie vermittelt, geeignet für Studierende mit Chemie als Nebenfach oder auch für Teilnehmer an gymnasialen Chemie-Leistungskursen. Im sechsten bis achten Kapitel wird das Bild aus den ersten fünf Kapiteln so weit ausgemalt, wie es der Stoffumfang eines Bachelor-Studiengangs in Chemie an Universitäten erfordert.

Was die Notwendigkeiten in einem Grundstudium der Chemie anbetrifft, fehlt hier weitgehend die praktische Anleitung zur Synthese und Analyse. Der Bezug der Chemie zum Alltag und der wichtige Bereich kommerzieller Anwendung wurden großenteils ausgeklammert, ebenso der faszinierende Bezug zu den Biowissenschaften. Der Kompaktheit halber fehlt auch jeder Hinweis auf die historische Entwicklung der Chemie, obwohl das Studium dieser Entwicklung am Ende unerlässlich ist, wenn man zu Beginn des eigenen wissenschaftlichen Forschens begreifen will, wie man das macht.

In der Frühgeschichte der Chemie bietet die griechische Naturphilosophie ein lehrreiches und warnendes, aber auch ästhetisch vergnügliches Beispiel für ontologische Voreiligkeit: Die Materie sei aus vier Elementen zusammengesetzt, wurde behauptet, nämlich aus Erde, Wasser, Feuer und Luft, d. i. eine durch nichts beweisbare Idee. Diese Elemente wurden in magischer Weise durch vier Platonische Körper symbolisiert: Der Kubus stand für die Erde, das Ikosaeder für das Wasser, das Tetraeder für das Feuer und das Oktaeder für die Luft. Auch wenn diese vier Polyeder mit dem modernen Element-Begriff nichts zu tun haben, so spielen sie doch − anders als es sich die Naturphilosophen vorstellten − in der heutigen Strukturchemie eine große Rolle. Sie sollen deshalb auf der Vorderseite dieses Buchs Magie und Wirklichkeit zusammenführen.

August 2009   *Peter Paetzold*

Inhalt

6 Chemie der Moleküle mit Carbon als Zentralatom: Organische Chemie

8 Chemie der Metalle

1 Struktur der Atome

1.1 Ein einfaches Atommodell

In der Elementarteilchenphysik ringt man darum, alle materiellen Erscheinungen auf *Elementarteilchen* und die zwischen ihnen wirksamen Kräfte zurückzuführen. Von den zahlreichen in der Physik behandelten Elementarteilchen sind drei für das Verständnis der Chemie von fundamentaler Bedeutung, nämlich das *Proton* (Symbol: p), das *Neutron* (Symbol: n) und das *Elektron* (Symbol: e), deren für uns wichtigste Eigenschaften ihre Masse m und ihre elektrische Ladung Q (in Coloumb, C) sind. Masse und Ladung dieser Teilchen betragen:

$m(\text{p}) = 1.672623 \cdot 10^{-27} \text{ kg} = 1.0072765 \text{ u};$ $\quad Q(\text{p}) = 1.602177 \cdot 10^{-19} \text{ C}$
$m(\text{n}) = 1.674929 \cdot 10^{-27} \text{ kg} = 1.0086649 \text{ u};$ $\quad Q(\text{n}) = 0 \text{ C}$
$m(\text{e}) = 9.109390 \cdot 10^{-31} \text{ kg} = 0.0005485799 \text{ u};$ $\quad Q(\text{e}) = -1.602177 \cdot 10^{-19} \text{ C}$

Das positiv geladene Proton und das neutrale Neutron sind ungefähr gleich schwer, das negativ geladene Elektron etwa 1836-mal leichter. Die im Bereich der Elementarteilchen eingeführte Masseneinheit u heißt *atomare Masseneinheit* (1 u = $1.6605401 \cdot 10^{-27}$ kg).

1.1.1 Atomkern

Ein aus Z Protonen und $A-Z$ Neutronen aufgebautes Knäuel nennt man den *Atomkern*. Die natürliche Zahl Z heißt *Kernladungszahl* oder auch *Ordnungszahl*, die ganze Zahl A repräsentiert die Summe aus der Zahl der Protonen und Neutronen und heißt *Massenzahl*. Da $m(\text{p})$ und $m(\text{n})$ nahezu 1 u betragen, liegt die Massenzahl größenordnungsmäßig stets in der Nähe der Maßzahl der Masse des Atomkerns, gemessen in atomaren Masseneinheiten, jedoch hat man zwischen beiden wohl zu unterscheiden. Der Radius der Atomkerne hängt von A ab und liegt in der Größenordnung 10^{-14} m.

Atomkerne mit gleichem Z, aber verschiedenem A (also mit verschiedener Neutronenzahl) nennt man *Isotope*. Atomkerne mit gleichem A, aber verschiedenem Z heißen *Isobare*.

1.1.2 Atom und Element

Ein Atom kann man sich aus einem Z-fach positiv geladenen, aus Protonen und Neutronen aufgebauten Kern und aus einer negativ geladenen Hülle aus Z locker gepackten Elektronen vorstellen, ohne dass man sich bei dieser vereinfachten Vorstellung zunächst um die zwischen den Teilchen wirksamen Kräften kümmert. Im Gegensatz zu den elektroneutralen Atomen stehen die *geladenen* Atome (*Ionen*). Sie liegen als positiv geladene *Kationen* vor, wenn weniger als Z Elektronen den Kern umgeben, während im Falle der negativ geladenen *Anionen* die Zahl der Elektronen die der Protonen übersteigt.

Die lockere Packung der Elektronen manifestiert sich im Radius des Atoms, der in der Größenordnung von 10^{-10} m liegt und damit um vier Größenordnungen größer ist als der Radius des Kerns. Oft wird der Radius von Atomen und Ionen in der Einheit *Ångström* angegeben, wobei gilt: $1 \text{ Å} = 10^{-10}$ m. Im Folgenden werden SI-Einheiten bevorzugt und Atom- und Ionenradien in Pikometern angegeben: $1 \text{ Å} = 100$ pm. Der Hauptteil der Masse eines Atoms oder Ions findet sich also im Atomkern auf engstem Raum konzentriert. Es ist die Struktur der Elektronenhülle und deren Veränderung, auf der letztlich alle jene Phänomene beruhen, die Gegenstand der Chemie sind.

Von allen für die Chemie relevanten Eigenschaften eines Atoms ist die mit der Kernladungszahl Z übereinstimmende Zahl seiner Elektronen die wichtigste. Es nimmt daher nicht wunder, dass man für jede durch Z charakterisierte Atomsorte einen eigenen Namen eingeführt hat, das sind für die heute bekannten Atome von $Z = 1$ fortlaufend bis $Z = 112$ insgesamt 112 Namen mit den dazugehörenden 112, aus einem oder zwei Buchstaben bestehenden *Elementsymbolen*. Die u. a. nach laufender Kernladungszahl geordneten Symbole sind im sog. *Periodensystem der Elemente* (PSE) zusammengefasst (s. Abschnitt 1.3).

Grundsätzlich kann man jene Stoffe, die nur aus Atomen der gleichen Kernladungszahl aufgebaut sind, von allen anderen unterscheiden und nennt diese Stoffe *chemische Elemente* oder kurz *Elemente*. Das Elementsymbol bedeutet entweder ein Atom des Elements oder aber das Element als Stoff, also eine Vielheit von Atomen. Bei den meisten Elementsymbolen handelt es sich um den ersten oder die beiden ersten Buchstaben des Elementnamens, oft in dessen lateinischer Form.

Von den ca. 118 bis zum Jahre 2009 bekannten Elementen (Tab. 1.1) trifft man in der Natur nur auf 92, die anderen 26 kann man künstlich gewinnen, die schwersten unter ihnen in einer Menge von nur wenigen Atomen (sie fehlen in Tab. 1.1). Die Elemente mit $Z = 43$ (Tc), $Z = 61$ (Pm) sowie $Z > 82$ (Elemente nach Pb, also ab Bi) sind nicht beliebig lange haltbar, vielmehr erleidet ihr Atomkern nach einer mehr oder weniger langer Zeitspanne einen Zerfall und geht dabei in einen Kern anderer Kernladungszahl über. Man nennt einen solchen Zerfall *radioaktiv*. Eine charakteristische Kenngröße dieses Zerfalls ist die sog. *Halbwertszeit*, das ist die Zeit, nach der die Hälfte einer gegebenen Menge einer Atomsorte zerfallen ist, unabhängig davon, wie groß die Menge ist. Die Halbwertszeit der radioaktiven Elemente überstreicht einen weiten Rahmen und kann für ein gegebenes Isotop kleiner als eine Sekunde oder größer als eine Million Jahre sein. Das in der Natur isotopenrein vorkommende Element ^{209}Bi hat eine so große Halbwertszeit ($1.9 \cdot 10^{19}$ a), dass man seine Radioaktivität erst vor kurzem entdeckt hat.

Tabelle 1.1 Kernladungszahl, Symbol und Name der Elemente 1–111 (in Klammern die im deutschen Sprachraum noch zulässigen traditionellen bzw. für die Nomenklatur bedeutsamen lateinischen oder griechischen Elementnamen).

Z	Symbol	Name	Z	Symbol	Name	Z	Symbol	Name
1	H	Hydrogen (Wasserstoff)	35	Br	Brom	74	W	Wolfram
			36	Kr	Krypton	75	Re	Rhenium
2	He	Helium	37	Rb	Rubidium	76	Os	Osmium
3	Li	Lithium	38	Sr	Strontium	77	Ir	Iridium
4	Be	Beryllium	39	Y	Yttrium	78	Pt	Platin
5	B	Bor	40	Zr	Zirconium	79	Au	Gold (lat. aurum)
6	C	Carbon (Kohlenstoff)	41	Nb	Niob			
			42	Mo	Molybdän	80	Hg	Quecksilber (lat. mercurius, gr. hydrargyrum)
7	N	Nitrogen (Stickstoff)	43	Tc	Technetium			
			44	Ru	Ruthenium			
8	O	Oxygen (Sauerstoff)	45	Rh	Rhodium			
			46	Pd	Palladium	81	Tl	Thalium
9	F	Fluor	47	Ag	Silber (lat. argentum)	82	Pb	Blei (lat. plumbum)
10	Ne	Neon						
11	Na	Natrium	48	Cd	Cadmium	83	Bi	Bismut
12	Mg	Magnesium	49	In	Indium	84	Po	Polonium
13	Al	Aluminium	50	Sn	Zinn (lat. stannum)	85	At	Astat
14	Si	Silicium				86	Rn	Radon
15	P	Phosphor	51	Sb	Antimon (lat. antimonium, stibium)	87	Fr	Francium
16	S	Sulfur (Schwefel)				88	Ra	Radium
						89	Ac	Actinium
17	Cl	Chlor	52	Te	Tellur	90	Th	Thorium
18	Ar	Argon	53	I	Iod	91	Pa	Protactinium
19	K	Kalium	54	Xe	Xenon	92	U	Uran
20	Ca	Calcium	55	Cs	Caesium	93	Np	Neptunium
21	Sc	Scandium	56	Ba	Barium	94	Pu	Plutonium
22	Ti	Titan	57	La	Lanthan	95	Am	Americium
23	V	Vanadium	58	Ce	Cer	96	Cm	Curium
24	Cr	Chrom	59	Pr	Praseodym	97	Bk	Berkelium
25	Mn	Mangan	60	Nd	Neodym	98	Cf	Californium
26	Fe	Eisen (lat. ferrum)	61	Pm	Promethium	99	Es	Einsteinium
			62	Sm	Samarium	100	Fm	Fermium
27	Co	Cobalt	63	Eu	Europium	101	Md	Mendelevium
28	Ni	Nickel (lat. niccolum)	64	Gd	Gadolinium	102	No	Nobelium
			65	Tb	Terbium	103	Lr	Lawrencium
29	Cu	Kupfer (lat. cuprum)	66	Dy	Dysprosium	104	Rf	Rutherfordium
			67	Ho	Holmium	105	Db	Dubnium
30	Zn	Zink (lat. zincum)	68	Er	Erbium	106	Sg	Seaborgium
			69	Tm	Thuluim	107	Bh	Bohrium
31	Ga	Gallium	70	Yb	Ytterbium	108	Hs	Hassium
32	Ge	Germanium	71	Lu	Lutetium	109	Mt	Meitnerium
33	As	Arsen	72	Hf	Hafnium	110	Ds	Darmstadtium
34	Se	Selen	73	Ta	Tantal	111	Rt	Roentgenium

Nur 20 Elemente kommen in der Natur *isotopenrein*, also nur in Form eines einzigen Isotops vor, die übrigen 72 natürlichen Elemente treten als Isotopengemische auf. Definitionsgemäß haben Atome, die zueinander im Verhältnis der Isotopie stehen, das gleiche Elementsymbol. Man unterscheidet sie, indem man die Massenzahl dem Elementsymbol als linkes Superskript anfügt. Beispielsweise stehen die Symbole ^{35}Cl und ^{37}Cl für die beiden in der Natur vorkommenden Chlor-Isotope ($Z = 17$). Lediglich beim leichtesten Element, dem Hydrogen, haben die Isotope eigene Namen, und zwar heißen die in der Natur vorkommenden Isotope ^{1}H und ^{2}H *Protium* bzw. *Deuterium* (auch *schweres Hydrogen*) und das künstliche Isotop ^{3}H *Tritium*. Statt der Symbole ^{2}H und ^{3}H kann man auch D bzw. T schreiben; die Kationen ^{1}H$^+$ und ^{2}H$^+$ nennt man *Proton* (wie oben ausgeführt) bzw. *Deuteron* (abgekürzt p bzw. d); die Hydrogen-Kationen einer natürlichen Mischung aus Protonen und Deuteronen sollte man *Hydronen* nennen.

Insgesamt hat man in der Natur 334 *Nuklide* gefunden, d. s. Atomsorten, die sich in A oder in Z oder in A und Z unterscheiden. Stabil sind 261 Nuklide, die übrigen zerfallen radioaktiv. Zu den meisten stabilen, in der Natur auftretenden Elementen gibt es nicht in der Natur auftretende, aber künstlich herstellbare, radioaktive Isotope. Ihre Zahl − und dazu noch die Zahl der 19 künstlichen Elemente samt ihrer Isotope − beträgt über 1000, die alle radioaktiv sind.

Es fällt auf, dass die Protonenzahl Z und die Neutronenzahl $A-Z$ viel häufiger gerade als ungerade sind. So weisen von den 261 nicht radioaktiven natürlichen Isotopen 155 eine gerade Protonen- und Neutronenzahl auf, bei 53 Isotopen ist die Protonenzahl gerade und die Neutronenzahl ungerade, bei 49 Isotopen ist die Protonenzahl ungerade und die Neutronenzahl gerade, und bei nur vier Isotopen sind beide, Protonen- und Neutronenzahl, ungerade. Versteht man unter der Stabilität eines Isotops die Energie, die bei seiner Bildung aus den Elementarteilchen frei wird, so stellt sich heraus, dass Isotope mit gerader und zudem identischer Protonen- und Neutronenzahl (z. B. ^{4}He, ^{12}C, ^{16}O, ^{40}Ca mit $Z = 2, 6, 8$ bzw. 20) eine besonders hohe Stabilität aufweisen.

1.1.3 Häufigkeit der Elemente in der Erdhülle

Unter *Erdhülle* sei der äußere Gesteinsmantel der Erde verstanden, mit einer Dicke von ca. 16 km (*Lithosphäre*), samt Fauna und Flora (*Biosphäre*) sowie die Weltmeere (*Hydrosphäre*) und die Lufthülle (*Atmosphäre*). Man kann die Erdhülle als eine „Mischung" von 92 Elementen auffassen, in der jedes Element mit der Masse m_i vertreten sei. Die Summe der 92 Massen m_i sei die Gesamtmasse m_0 der Erdhülle. Acht Elemente, deren *Massenanteil* $w_i = m_i/m_0$ jeweils größer als 0.01 (also größer als 1 %) ist, zählt man zu den besonders häufigen Elementen. Unter ihnen macht Oxygen rund die Hälfte und Silicium rund ein Viertel der Gesamtmasse aus. Alle acht Elemente zusammen haben einen Massenanteil von 0.981. Achtzehn weitere Elemente mit Massenanteilen zwischen 10^{-2} und 10^{-7} kann man als ziemlich häufig ansehen. Die übrigen natürlichen Elemente, darunter so alltäglich bekannte wie Iod oder Quecksilber, sind so selten, dass ihr Massenanteil weniger als 10^{-5} ausmacht. Im Folgenden ist der Massenanteil der 33 häufigsten Elemente wiedergegeben.

Element:	O	Si				
w	0.489	0.263				

Element:	Al	Fe	Ca	Na	K	Mg
$10^2\, w$	7.7	4.7	3.4	2.7	2.4	2.0

Element:	H	Ti	Cl	P
$10^3\, w$	7.4	4.2	1.1	1

Element:	Mn	Ba	Sr	N	Zr	V	Cr
$10^4\, w$	9.1	4	3.6	1.7	1.6	1.3	1

Element:	Rb	Ni	Zn	Ce	Cu	Y	La	Nd	Co	Li	Nb	Ga	Th	B
$10^5\, w$	9	7.2	7	6	5	3.2	3	2.7	2.4	2	2	1.6	1.1	1

1.1.4 Massendefekt

Die im PSE (s. Abschnitt 1.3) angegebenen Atommassen beziehen sich auf das natürliche Isotopengemisch. Man könnte zunächst meinen, dass man die Atommassen isotopenreiner Elemente bei bekanntem Z und A durch Summieren über die Massen aller Protonen, Neutronen und Elektronen gewinnen könnte. Man kommt dabei aber stets zu größeren Massen, als sie in Tabellenwerken wie dem PSE angegeben sind. Die Differenz zwischen berechnetem und gemessenem Wert heißt *Massendefekt*. Beispielsweise kann man für das isotopenreine Element Fluor ($Z = 9$; $A = 19$; gemessene Atommasse: 18.998403 u) einen Massendefekt von 0.159 u errechnen.

Den Massendefekt kann man verstehen, wenn man bedenkt, dass Masse und Energie einander gemäß der Beziehung $E = mc^2$ proportional sind mit dem Quadrat der Lichtgeschwindigkeit als Proportionalitätsfaktor. Den Massendefekt kann man sich nun bei der hypothetischen Bildung der Atomkerne aus Protonen und Neutronen dadurch entstanden denken, dass eine bestimmte Masse als die Energie verlorengeht, die zum Zusammenhalt der sich abstoßenden Protonen nötig ist (*Kernbindungsenergie*). Für ein Fluoratom errechnet sich aus dem angegebenen Massendefekt eine Kernbindungsenergie von $2.37 \cdot 10^{-11}$ J.

1.1.5 Stoffmenge

In der Chemie spielt die physikalische Grundgröße der *Stoffmenge* eine besondere Rolle. Es handelt sich um die Zahl von Teilchen einer bestimmten Sorte. Dabei kann man unter Teilchen beispielsweise Atome, Ionen, Moleküle (s. u.), Elektronen, aber auch Photonen etc. verstehen. Die Einheit der Stoffmenge wird definiert als die Zahl von Atomen, die in genau 0.012 kg des Carbon-Isotops ^{12}C enthalten ist.

Die Stoffmenge hat das Symbol n und ihre Einheit ist das *Mol*. Die in 0.012 kg ^{12}C oder (gleichbedeutend) in 1 mol ^{12}C enthaltene Zahl von ^{12}C-Atomen nennt man die *Avogadro-Konstante* N_A. Sie beträgt $N_A = 6.0221367 \cdot 10^{23}$ mol^{-1}. Liegt eine Menge von N Teilchen einer Sorte vor, so ist diese Teilchenzahl der Stoffmenge n gemäß der Beziehung proportional:

$$N = N_A \, n$$

Ein wichtiger Folgebegriff der Stoffmenge ist die *molare Masse M*, d. i. gemäß der Beziehung $m = n\,M$ die Masse von 1 mol eines Stoffes, anzugeben in SI-Einheiten als kg mol^{-1}; traditionsgemäß trifft man die Einheit g mol^{-1} häufiger an. Die oben schon benutzte atomare Masseneinheit u ist so definiert, dass die Teilchenmasse in u und die molare Masse in g mol^{-1} dieselbe Maßzahl haben. Ein ^{12}C-Atom wiegt also genau 12 u und 1 mol ^{12}C 12 g mol^{-1}, und der Umrechnungsfaktor von g mol^{-1} in u ist die Avogadro-Konstante.

Mischt man k Stoffe, von denen jeder durch eine Stoffmenge n_i charakterisiert ist, dann ist der *Stoffmengenanteil* x_i der i-ten Komponente der Mischung analog zum Massenanteil w_i wie folgt definiert:

$$x_i = \frac{n_i}{\displaystyle\sum_{j=1}^{k} n_j}$$

Naheliegende Beispiele bieten diejenigen natürlichen Elemente, die aus Mischungen ihrer Isotope bestehen. Die sog. *Häufigkeit* eines Isotops ist sein Stoffmengenanteil. Beispielsweise besteht natürliches Carbon zu 98.892 % aus ^{12}C ($M_1 = 12$ g mol^{-1}) und zu 1.108 % aus ^{13}C ($M_2 = 13.00336$ g mol^{-1}). Die mittlere molare Masse $M(C)$ von Carbon beträgt dann gemäß der Beziehung

$$M(C) = \frac{m(C)}{n(C)} = \frac{m_1 + m_2}{n_1 + n_2} = \frac{n_1 M_1 + n_2 M_2}{n_1 + n_2} = x_1 M_1 + x_2 M_2$$

zu 12.011 g mol^{-1} und ist so tabelliert (z. B. im PSE).

Bei natürlichem Carbon kommt das ^{12}C-Isotop bei weitem häufiger vor als das andere Isotop, sodass die Maßzahl der mittleren molaren Masse nicht weit weg von der ganzen Zahl 12 liegt. Ganz ähnlich haben die molaren Massen der besonders wichtigen Elemente Hydrogen, Nitrogen und Oxygen Werte nahe bei den ganzzahligen Werten 1, 14 bzw. 16 g mol^{-1}, sodass man sie leicht im Gedächtnis behält. Nimmt man dagegen das Chlor als Beispiel, so ist seine mittlere molare Masse mit $M(Cl) = 35.453$ g mol^{-1} weit von der Ganzzahligkeit entfernt, weil die zwei in der Natur vorkommenden Isotope ^{35}Cl ($M_1 = 34.96885$ g mol^{-1}) und ^{37}Cl ($M_2 = 36.96590$ g mol^{-1}) mit $x_1 = 0.754$ und $x_2 = 0.246$ in ihrer Häufigkeit nicht überaus weit auseinander liegen.

Vielfach ist es üblich, mit *relativen Atommassen* A_r zu operieren, die als der Quotient Atommasse/1 u definiert sind. Die relativen Atommassen von Carbon und Chlor betragen 12.011 bzw. 35.453.

1.2 Quantenmechanisches Atommodell

1.2.1 Vorbemerkung

Das in Abschnitt 1.1 entwickelte Bild des Atoms gestattet eine Klassifizierung der Atomsorten und damit eine Definition der Begriffe *Element, Isotop, Isobar, Stoffmenge* usw. Um darüber hinaus die für die Chemie relevanten Eigenschaften des Atoms kennenzulernen, ist es erforderlich, die zwischen dem Kern und den Elektronen wirksamen Kräfte quantitativ zu beschreiben.

In einer unmittelbar einleuchtenden Annahme auf dem Weg zu einer solchen Beschreibung kann man ein Atom mit einem Planetensystem vergleichen: Die Zentrifugalkräfte der um den Kern kreisenden Elektronen halten gerade den Anziehungskräften zwischen Kern und Elektronen die Waage. Bei diesen Kräften kann es sich nicht wie beim Planetensystem um Gravitations-, sondern muss es sich um elektrostatische Kräfte handeln. Dabei muss man annehmen, dass die Elektronen als kreisende Ladungsträger, im Gegensatz zu den Gesetzen der klassischen Elektrodynamik, keine elektromagnetische Strahlung aussenden dürfen, sonst müssten die Elektronen Energie verlieren und im Kern landen. Man gelangt zum *Bohr'schen Atommodell*, das sich allerdings nur zur Beschreibung einiger Eigenschaften des einfachsten aller Atome, des Hydrogen-Atoms, eignet.

Ein Ergebnis ist, dass sich das Elektron im H-Atom nur auf Kugelschalen mit bestimmten Radien um den Kern bewegt, die von innen nach außen K-, L-, M-, N-Schale usw. heißen. Der kleinste Kugelschalenradius (K-Schale), der sog. *Bohr'sche Radius des H-Atoms*, ergibt sich zu

$$a_0 = \frac{\varepsilon_0\, h_2}{\pi\, m_e\, e^2} = 52.9 \text{ pm}$$

(ε_0 ist die Permittivität des Vakuums, h das Planck'sche Wirkungsquantum, m_e die Ruhemasse des Elektrons und e seine Ladung, die sog. *Elementarladung*). Jeder Schale entspricht eine bestimmte Energie des Elektrons. Diese Energie ist auf der K-Schale am geringsten und nimmt von innen nach außen zu. Die für ein solches Schalenmodell typische Diskontinuität der Radien und Energien des H-Atoms konnte sich aus der Analogie von Atom- und Planetensystem allein nicht entwickeln. Vielmehr musste noch willkürlich angenommen werden, dass das Produkt aus dem Impuls eines Elektrons und dem Umfang einer Kreisbahn, die dieses Elektron um den Kern durchläuft, nur ganze Vielfache des Planck'schen Wirkungsquantums h betragen darf.

Der größte Erfolg des Bohr'schen Atommodells war es, dass die lange vor seiner Entwicklung vermessenen Frequenzen ν in den Linienspektren des H-Atoms vermöge der Einstein'schen Beziehung $E = h\nu$ als Übergänge des Elektrons zwischen den Schalen mit der Energiedifferenz E gedeutet und quantitativ beschrieben werden konnten (s. auch Abschnitt 1.2.3).

Zur Beschreibung höherer Atome mit mehr als einem Elektron oder gar zur Beschreibung der Wechselwirkung zwischen Atomen ist das Bohr'sche Atommodell ungeeignet. Es erwies sich vielmehr als notwendig, eine neue allgemeinere, also auch auf mikroskopische Systeme wie die Atome anwendbare Mechanik, nämlich die *Quantenmechanik*, zu entwickeln. Da die Chemie von der Wechselwirkung zwischen Atomen oder Ionen handelt, liefert die Quantenmechanik die theoretische Basis, die zum eigentlichen Verständnis der Chemie führt. Die Quantenmechanik erfordert einen Aufwand an Mathematik, der das Vermögen eines Studienanfängers gemeinhin übersteigt und kann daher hier nicht abgehandelt werden. Vielmehr wird empfohlen, beizeiten Mathematik in dem Umfang zu betreiben, der die spätere Einsicht in jenen Überbau ermöglicht und damit das Chemiestudium krönt.

Eine spezielle Auswahl an Begriffen und Ergebnissen der Quantenmechanik erweist sich jedoch schon am Studienanfang als nützlich, ohne dass die Theorie verstanden werden muss. Diese Auswahl wird im Folgenden getroffen.

1.2.2 Zustandsfunktionen des Hydrogen-Atoms

Eine zentrale Rolle in der Quantenmechanik spielt die *Zustandsfunktion* ψ, die von den $3N$ Ortskoordinaten des *Systems*, d. i. die Menge aller beteiligten N Elementarteilchen, und im Allgemeinen von der Zeit abhängt. (Die *quantenmechanischen* Zustandsfunktionen, auch Wellenfunktionen genannt, sind von den *thermodynamischen* Zustandsfunktionen, s. Abschnitt 4, zu unterscheiden.) Hängt ψ nicht von der Zeit ab, dann spricht man von einem *stationären Zustand* des Systems. Ist die Funktion ψ für einen stationären Zustand explizit bekannt, dann kann man alle interessierenden Größen des gegebenen Systems, z. B. seine Energie, seinen Drehimpuls usw., für den jeweiligen Zustand nach bestimmten Vorschriften ausrechnen.

Bei der Grundgleichung der Quantenmechanik, der *Schrödinger-Gleichung*, handelt es sich um eine Differentialgleichung für ψ, deren Auflösung, also die Gewinnung von ψ in expliziter Form, ein zentrales Problem darstellt. Dieses Problem ist nur bei einfachen Systemen exakt lösbar, in komplizierteren Fällen muss man zu Näherungsverfahren mit beliebig großem Aufwand greifen. *Einfach* heißt dabei in erster Linie, dass die Zahl N der am Aufbau eines Atoms beteiligten Elementarteilchen klein ist. Das ist insbesondere beim H-Atom der Fall. Jeder stationäre Zustand dieses Systems hängt von jenen sechs Koordinaten ab, die die Lage des Kerns und des Elektrons beschreiben. Man bezieht einen sehr guten Näherungsstandpunkt, wenn man den relativ zum Elektron viel schwereren Kern als starr, also seine Ortskoordinaten als konstant ansieht, sodass ψ nur noch von den drei Ortskoordinaten des Elektrons abhängt. Die Schrödinger-Gleichung ist dann exakt lösbar. Was man an physikalischen Größen und Vorstellungen in die Lösung hineinsteckt, sind die Masse und die Ladung von Elektron und Proton sowie den Coulomb'schen Ansatz für deren elektrostatische Anziehung und das axiomatische Gebäude der Quantenmechanik, neben einigem an Mathematik.

Es ergibt sich, dass sich das H-Atom nicht nur in *einem* stationären Zustand befinden kann, vielmehr gibt es eine Mannigfaltigkeit solcher Zustände, von denen jeder durch eine bestimmte Funktion ψ beschrieben wird. Die Mannigfaltigkeit an Lösungen lässt sich durch eine einzige Formel repräsentieren. In ihr treten außer einigen Naturkonstanten und den drei Ortsvariablen noch drei sog. *Quantenzahlen* mit den Symbolen n, l und m auf, die beim Lösen der Ausgangs-Differentialgleichung aus mathematischen Gründen anfallen. Setzt man ganz bestimmte Werte für diese Quantenzahlen in die allgemeine Formel ein, so erhält man eine ganz bestimmte Funktion ψ. Aus dem mathematischen Lösungsformalismus ergeben sich auch die Regeln, nach denen Werte für n, l und m gewählt werden können. Sie sind für den Chemiker wichtig und werden im Folgenden mitgeteilt.

Die *Hauptquantenzahl n* hat ganzzahlige Werte, also 1, 2, 3, 4 … Die *Nebenquantenzahl l* kann bei gegebenem n die Werte 0, 1, 2, 3 usw. bis maximal $n-1$ annehmen. Die Zahlenwerte für l lassen sich auch durch Buchstabensymbole ausdrücken, und zwar gemäß der folgenden Reihe:

0   1   2   3   4   …
s   p   d   f   g   …

Eine ψ-Funktion zu $l = 0$ heißt *s-Funktion*; s-Funktionen sind zu jedem Wert von n möglich. Zu jedem Wert $n > 1$ existieren p-, zu jedem Wert $n > 2$ d-Funktionen usw.

Die *magnetische Quantenzahl m* kann bei gegebenem l einen Wertebereich von $+l$ bis $-l$ überstreichen, das sind $2l+1$ Werte von m: l, $l-1$, $l-2$ …, $-l+2$, $-l+1$, $-l$. Zu jedem genügend großen Wert von n existieren also eine s-Funktion (n *beliebig*; $2l+1 = 1$), drei p-Funktionen ($n > 1$; $2l+1 = 3$), fünf d-Funktionen ($n > 2$; $2l+1 = 5$), sieben f-Funktionen ($n > 3$; $2l+1 = 7$) usw.

Die durch alle drei Quantenzahlen charakterisierten Funktionen $\psi(nlm)$ sind im Allgemeinen komplexe Funktionen. Erfreulicherweise kann man sie aber in reelle Funktionen $\psi(nl_u)$ transformieren, in denen die Quantenzahl m nicht mehr vorkommt, stattdessen aber ein Index u zur Quantenzahl l, der $2l+1$ verschiedene Werte annehmen kann, wovon gleich noch die Rede sein wird. Die Zustandsfunktion $\psi(nl_u)$ hat folgende Form:

$$\psi(nl_u) = N_1\, N_2\, e^{-\bar{r}}\, f(\bar{r})\, g(\bar{x}, \bar{y}, \bar{z})$$

Hier wurde von folgenden Abkürzungen Gebrauch gemacht:

$$N_1 = [\pi(na_0)^3]^{-1/2}; \quad \bar{r} = \frac{r}{na_0}; \quad \bar{x} = \frac{x}{na_0}; \quad \bar{y} = \frac{y}{na_0}; \quad \bar{z} = \frac{z}{na_0}$$

Tabelle 1.2 Normierte Zustandsfunktionen $\psi(nl_u) = N_1 N_2 \, e^{-\bar{r}} \, f(\bar{r}) \, g(\bar{x}, \bar{y}, \bar{z})$ des Hydrogen-Atoms zu den Hauptquantenzahlen $n = 1-3$.

nl_u	N_2	$f(\bar{r})$	$g(\bar{x}, \bar{y}, \bar{z})$
1s	1	1	1
2s	1	$1 - \bar{r}$	1
$2p_x$	1	1	$\bar{x}$
$2p_y$	1	1	$\bar{y}$
$2p_z$	1	1	$\bar{z}$
3s	1	$1 - 2\bar{r} + 2/3\bar{r}^2$	1
$3p_x$	$\sqrt{2/3}$	$2 - \bar{r}$	$\bar{x}$
$3p_y$	$\sqrt{2/3}$	$2 - \bar{r}$	$\bar{y}$
$3p_z$	$\sqrt{2/3}$	$2 - \bar{r}$	$\bar{z}$
$3d_{z^2}$	$1/(3\sqrt{2})$	1	$3\bar{z}^2 - \bar{r}^2$
$3d_{xz}$	$\sqrt{2/3}$	1	$\bar{x}\,\bar{z}$
$3d_{yz}$	$\sqrt{2/3}$	1	$\bar{x}\,\bar{z}$
$3d_{x^2-y^2}$	$\sqrt{1/6}$	1	$\bar{x}^2 - \bar{y}^2$
$3d_{xy}$	$\sqrt{2/3}$	1	$\bar{x}\,\bar{y}$

Im Bohr'schen Atomradius a_0 (s. o.) finden sich die oben angegebenen Naturkonstanten wieder. Als dimensionslose Variable fungieren $\bar{x}$, $\bar{y}$, $\bar{z}$ sowie als Hilfsvariable der Kugelradius $\bar{r} = (\bar{x}^2 + \bar{y}^2 + \bar{z}^2)^{1/2}$ einer Kugel um den Ursprung des Koordinatensystems, der auch Sitz des punktförmigen Atomkerns ist. Der Faktor N_2 ist eine dimensionslose Zahl, die die Normierung der Funktionen gewährleistet (s. u.). Die Dimension von $\psi(nl_u)$ steckt im Faktor N_1, nämlich im Glied $a_0^{-3/2}$, sodass die Dimension der Funktion die Wurzel eines reziproken Volumens darstellt. (Dabei sind wir entgegen der Tradition der Quantenmechanik konsequent im SI-System verblieben.)

Die 14 zu den Hauptquantenzahlen $n = 1, 2, 3$ möglichen Funktionen $\psi(nl_u)$ sind in Tab. 1.2 wiedergegeben. Wie man sieht, entfällt der Index u für alle s-Funktionen, und die drei p- und fünf d-Funktionen unterscheidet man nicht durch einfache Zahlenindices, sondern durch die Angabe des Funktionsteils $g(x, y, z)$ als Index, was sich in der Anwendung als sehr zweckmäßig erweist.

Im Allgemeinen kann ψ positive und negative Werte annehmen. Für eine graphische Darstellung eignen sich besonders die s-Funktionen, da sie nur von der einen Variablen r abhängen (Abb. 1.1). Den größtmöglichen Wert hat ψ bei $r = 0$, also direkt im punktförmigen Kern. Die Zahl der Nullstellen der Funktion steigt mit der Hauptquantenzahl n.

Anstatt die Abhängigkeit von ψ von einer der Variablen abzubilden, kann man auch einen bestimmten Wert von ψ in Abhängigkeit zweier kartesischer Koordinaten graphisch darstellen. Der geometrische Ort für gleiche ψ-Werte ist jeweils die Oberfläche eines geschlossenen Rotationskörpers, dessen Schnittfigur mit einer der drei Koordinatenebenen in Abb. 1.2 vorgestellt wird, und zwar in allen Beispielen

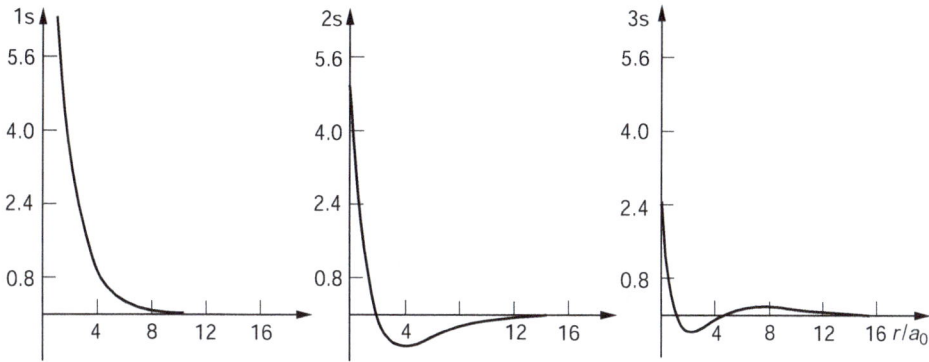

Abb. 1.1 Darstellung der Funktionen $\psi(r/a_0)$ des H-Atoms für nl = 1s, 2s, 3s; Ordinaten-werte in 10^{-4} pm$^{-3/2}$; an der Stelle r/a_0 = 0 haben die Funktionen die Werte 14.66, 5.18 bzw. $2.82 \cdot 10^{-4}$ pm$^{-3/2}$.

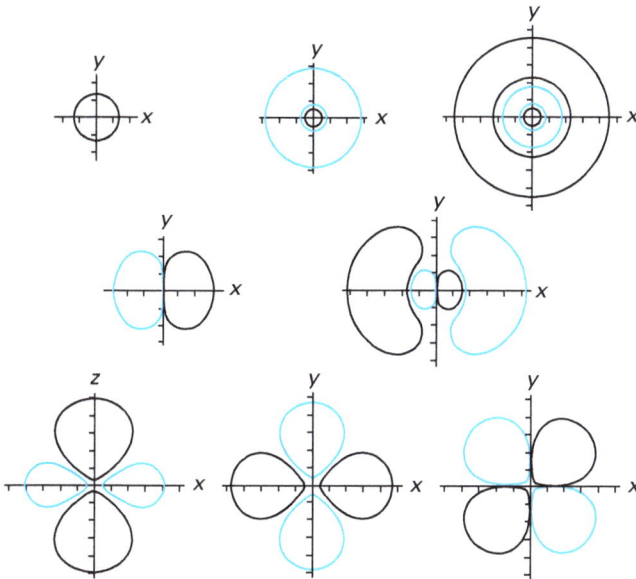

Abb. 1.2 Schnittkurven von Rotationskörpern, die geometrischer Ort für die Funktions-werte $+1.00 \cdot 10^{-5}$ (schwarz) und $-1.00 \cdot 10^{-5}$ pm$^{-3/2}$ (blau) der Funktionen 1s, 2s, 3s, 2p$_x$, 3p$_x$, 3d$_{z^2}$, 3d$_{x^2-y^2}$ und 3d$_{xy}$ (von oben links bis unten rechts) des H-Atoms sind, mit der xy-Ebene; 1 Skalenteil entspricht 200 pm.

für denselben Funktionswert $\psi = \pm 1.00 \cdot 10^{-5}$ pm$^{-3/2}$. Für die s-Funktionen erge-ben sich Kugeln als Rotationskörper und daher Kreise (obere Zeile in Abb. 1.2); der eine Kreis für 1s, der innerste Kreis für 2s sowie der innerste und die beiden äußersten Kreise für 3s geben den positiven Funktionswert wieder, die beiden äuße-ren Kreise für 2s sowie der zweite und dritte Kreis (von innen aus gerechnet) für

3s den negativen Funktionswert (vgl. hierzu Abb. 1.1). Für die Funktionen $2p_x$ und $3p_x$ (2. Zeile in Abb. 1.2) ist die x-Achse Rotationsachse (analog hat man sich die p_y- und p_z-Funktionen vorzustellen); die Rotationsschnittfigur für $2p_x$ rechts von der y-Achse gibt den positiven und links den negativen Funktionswert wieder; bei der $3p_x$-Funktion entspricht die größere Figur rechts dem negativen und links dem positiven Funktionswert, und bei den kleineren Schnittfiguren verhält es sich umgekehrt; zwischen den Schnittfiguren liegen Knotenebenen. Die Rotationsachse für die $3d_{z^2}$-Funktion ist die z-Achse, sodass der negative Funktionswert als Schnitt durch einen Ring abgebildet wird. Zur Beschreibung der $3d_{x^2-y^2}$-Funktion braucht man zwei Rotationsachsen, nämlich die x-Achse für den positiven und die y-Achse für den negativen Funktionswert. Ebenso stellen für die $3d_{xy}$-Funktion die Geraden $x = \pm y$ die Rotationsachsen dar, und Entsprechendes gilt für die Funktionen $3d_{xz}$ und $3d_{yz}$.

Der Funktionswert $\psi = 0$ ist im Falle von s-Funktionen mit $n > 1$ auf Kugeloberflächen, im Falle von p- und d-Funktionen auf Kugeloberflächen oder auf

Tabelle 1.3   Form der Maxima (positive Funktionswerte), Minima (negative Funktionswerte) und Knoten (verschwindende Funktionswerte), entsprechende Werte der Koordinaten $\bar{r}, \bar{x}, \bar{y}, \bar{z}$ sowie entsprechende Funktionswerte (in 10^4 pm$^{3/2}$) der acht Zustandsfunktionen des H-Atoms von Abb. 1.2.

1s				
2s	Kugel	$\bar{r} = 4$		-0.70
	Kugel	$\bar{r} = 2$		0
3s	Kugel	$\bar{r} = 11.47$		$+0.19$
	Kugel	$\bar{r} = 3.51$		-0.37
	Kugel	$\bar{r} = 1.90$		0
	Kugel	$\bar{r} = 7.10$		0
$2p_x$	Punkte	$\bar{x} = \pm 2,$	$\bar{y} = \bar{z} = 0$	± 1.90
	Ebene	$\bar{x} = 0$		0
$3p_x$	Punkte	$\bar{x} = \pm 1{,}76,$	$\bar{y} = \bar{z} = 0$	± 1.06
	Punkte	$\bar{x} = \pm 10.24,$	$\bar{y} = \bar{z} = 0$	± 0.37
	Ebene	$\bar{x} = 0$		0
	Kugel	$\bar{r} = 6$		0
$3d_{z^2}$	Punkte	$\bar{z} = 6,$	$\bar{x} = \bar{y} = 0$	$+0.72$
	Kreis	$\bar{x}^2 + \bar{y}^2,$	$\bar{z} = 0$	-0.36
	Kegel	$\bar{z} = 0.71(\bar{x}^2 \pm \bar{x}^2)^{1/2}$		0
$3d_{x^2-y^2}$	Punkte	$\bar{x} = \pm 6,$	$\bar{y} = \bar{z} = 0$	$+0.62$
	Punkte	$\bar{y} = \pm 6,$	$\bar{x} = \bar{z} = 0$	-0.62
	Ebenen	$\bar{y} = \pm \bar{x}$		0
$3d_{xy}$	Punkte	$\bar{x} = \bar{y} = \pm 4.24,$	$\bar{z} = 0$	$+0.62$
	Punkte	$\bar{x} = -\bar{y} = \pm 4.24,$	$\bar{z} = 0$	-0.62
	Ebenen	$\bar{x} = 0,$	$\bar{y} = 0$	0

Ebenen oder auf Kegelmantelflächen erfüllt (*Knotenflächen*). Weitere spezielle Funktionswerte sind die Maxima und Minima von ψ, die durch Punkte, Kreise oder Kugeloberflächen repräsentiert werden. Im Einzelnen wird dies für die acht Funktionen von Abb. 1.2 in Tab. 1.3 wiedergegeben. Die Zustandsfunktionen ψ oder auch deren graphische Darstellung wie in Abb. 1.2 nennt man in der Chemie auch *Atomorbitale*.

1.2.3 Aufenthaltswahrscheinlichkeit und Energie des Elektrons im Hydrogen-Atom

In der Quantenmechanik wird von den Zustandsfunktionen die Erfüllung der *Normierungsbedingung* gefordert, die sich für die Funktionen von Abb. 1.2 wie folgt darstellt:

$$\int\limits_{x=-\infty}^{\infty} \int\limits_{x=-\infty}^{\infty} \int\limits_{x=-\infty}^{\infty} \psi^2 \, \mathrm{d}x \, \mathrm{d}y \, \mathrm{d}z = 1$$

Nicht normierte Funktionen ψ lassen sich durch Multiplikation mit einem *Normierungsfaktor* normieren. Die Normierungsbedingung gestattet die zweckmäßige Festlegung, dass die Wahrscheinlichkeit $\mathrm{d}w$, das Elektron des H-Atoms im Volumen $\mathrm{d}V = \mathrm{d}x \, \mathrm{d}y \, \mathrm{d}z$ anzutreffen, gleich ist

$$\mathrm{d}w = \psi^2 \, \mathrm{d}V$$

Integriert man nämlich $\mathrm{d}w$ über den ganzen Raum, so trifft man dort das Elektron mit Sicherheit an, d. h. $w = 1$. Durch geeignete Wahl der Integralgrenzen lässt sich die Wahrscheinlichkeit für das Antreffen des Elektrons in beliebigen Volumina errechnen. Beispielsweise kann man im Falle der 2s-Funktion durch Integration von ψ^2 innerhalb der durch die Knotenkugelfläche bei $r/a_0 = 2$ definierten Kugel die Aufenthaltswahrscheinlichkeit für das Elektron in dieser Kugel zu 0.053 bestimmen, sodass sie außerhalb der Kugel 0.947 beträgt. Graphische Darstellungen von ψ^2 sind denen von ψ verwandt, weil die Null- und die Extremalstellen übereinstimmen, jedoch hat ψ^2 überall positive Werte.

Multipliziert man die Wahrscheinlichkeitsdichte ψ^2 mit der Ladung e des Elektrons, so entsteht ein Ausdruck für die Verteilung der vom Elektron hervorgerufenen *Ladungsdichte*. In der Abb. 1.3 sind Linien gleicher Ladungsdichte als eine Art Höhenliniensystem gezeichnet: Je näher die Linien zusammenrücken, umso stärker ändert sich die Ladungsdichte im Raum. Ein Elektron im 1s-Orbital bewirkt maximale Elektronendichte am Kernort ($r/a_0 = 0$). Beim 2s-Orbital findet sich die maximale Elektronendichte ebenfalls am Kernort, doch gibt der helle Bereich um den Kern in Abb. 1.3 ein zweites Maximum wieder, das dem Minimum von 2s in Abb. 1.1 entspricht. Die Linien gleicher Ladungsdichte rücken dann wieder näher zusammen und zwar so lange, bis − übertragen auf die Funktion 2s in Abb. 1.1 − der Wendepunkt erreicht ist. Beim Elektron in einem 2p-Orbital gibt es zwei gleich

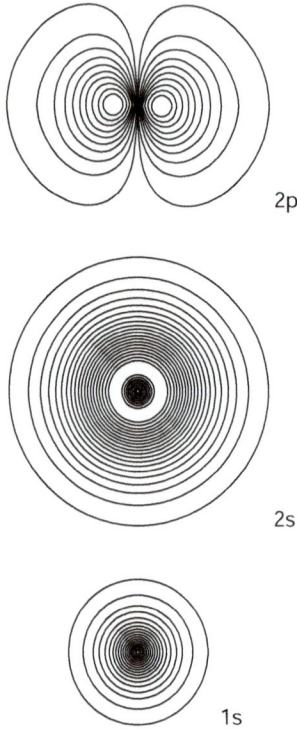

2p

2s

1s

Abb. 1.3 Ladungsdichte für das Elektron des H-Atoms im 1s-, 2s-Zustand und in einem der 2p-Zustände.

große Maxima der Ladungsdichte (in der Mitte der beiden kreisrunden hellen Flächen in Abb. 1.3); von diesen beiden Maxima aus fällt die Ladungsdichte zur vertikal verlaufenden Knotenebene hin überaus steil ab, um dort zu verschwinden.

Von der Wahrscheinlichkeit, ein s-Elektron in einem Volumenelement vom Typ $dV = dx\,dy\,dz$ anzutreffen, ist die Wahrscheinlichkeit für einen Aufenthalt in einer Kugelschale der differentiellen Dicke $dV = 4\pi\,r^2\,dr$ zu unterscheiden. Für das 1s-Elektron errechnet sich eine maximale Aufenthaltswahrscheinlichkeit in einer Kugelschale, die vom Kern den Abstand des Bohr'schen Radius des H-Atoms, $r = a_0$, hat. Der Unterschied zwischen beiden Wahrscheinlichkeiten beruht darauf, dass das eine Volumenelement überall im Raum gleich groß ist, während das andere mit r^2 ansteigt. Die Verknüpfung mit der Aufenthaltswahrscheinlichkeit macht uns die Zustandsfunktion anschaulicher.

Natürlich kann sich das Elektron nur in einem ganz bestimmten aus der Mannigfaltigkeit der Zustände befinden. Die mit diesem Zustand einhergehende Energie E des Elektrons im H-Atom ergibt sich aus der Theorie wie folgt:

$$E = -\frac{(m_e\,e^4)}{8\,\varepsilon_0^2\,n^2\,h^2} = -2.179 \cdot 10^{-18}\,n^{-2}\,J$$

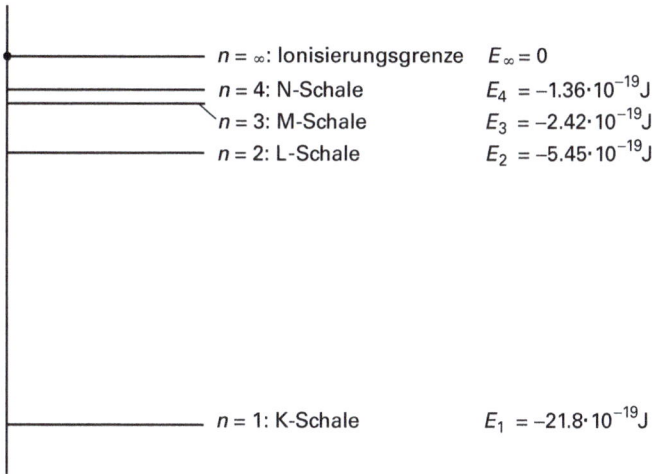

Abb. 1.4   Termschema des H-Atoms.

Wie man sieht, hängt E nur von der Hauptquantenzahl n, nicht aber von den Quantenzahlen l und m ab. Das bedeutet, dass ein Elektron in den vier Zuständen 2s, $2p_x$, $2p_y$ oder $2p_z$ dieselbe Energie hat, und Entsprechendes gilt für die neun Zustände zu $n = 3$ und die sechzehn Zustände zu $n = 4$ usw. Man sagt auch, die Energie zu $n = 1, 2, 3, 4$ sei einfach, vierfach, neunfach bzw. 16-fach, allgemein n^2-fach, *entartet*. Der energietiefste Zustand, der 1s-Zustand, heißt *Grundzustand*, alle anderen heißen *angeregte Zustände*. Die Auftragung der Energien als horizontale Striche auf einer vertikalen Energieskala nennt man ein *Termschema* (Abb. 1.4). Die Energieterme des H-Atoms rücken mit steigendem n immer näher zusammen, um schließlich bei $n = \infty$ den Wert $E = 0$ zu erreichen.

Für $E > 0$ bestehen keine Quantenvorschriften, und das Elektron kann kontinuierlich beliebige Energiewerte annehmen. Es ist naheliegend, ein solches Elektron als losgelöst vom Kern anzusehen und demnach den Energiewert $E = 0$ als die *Ionisierungsgrenze* des H-Atoms und die Energiedifferenz zwischen E_∞ ($n = \infty$) und E_1 ($n = 1$) als seine *Ionisierungsenergie* aufzufassen.

Der o. a. Ausdruck für E ist auch ein Ergebnis des älteren Bohr'schen Atommodells. Für die Terme zu $n = 1, 2, 3, 4$ usw. hat sich daher die Bezeichnung K-, L-, M-, N-Schale usw. erhalten.

Ein schöner Erfolg der Theorie ist die richtige Beschreibung der *Linienspektren* des H-Atoms, d. s. Serien scharfer Frequenzen elektromagnetischer Wellen, die das H-Atom ausstrahlt, nachdem man es energetisch angeregt hat (*Emission*), oder die in einem kontinuierlichen Spektrum elektromagnetischer Wellen fehlen, wenn die Wellen durch ein aus H-Atomen bestehendes Gas geleitet werden (*Absorption*). Die emittierten und die absorbierten Frequenzen stimmen dabei überein.

Die gemessenen Frequenzwerte lassen sich quantitativ beschreiben, wenn man annimmt, dass die Emission eines Lichtquants dadurch zustande kommt, dass ein

durch Energiezufuhr auf ein höheres Niveau gehobenes Elektron auf ein energetisch tieferes Niveau zurückfällt und dabei die Energiedifferenz als Lichtquant ausstrahlt, und dass die Absorption eines Lichtquants aus einem kontinuierlichen
Spektrum dann erfolgt, wenn die Energie des Lichtquants gerade der Energiedifferenz zwischen dem Niveau, in dem sich das Elektron befindet, und jenem, in das
das Elektron gehoben wird, entspricht. Da die Energie eines Lichtquants den Wert
hv hat, ergibt sich für die reziproke Wellenlänge, d. i. die *Wellenzahl* $\tilde{v}$, des emittierten oder absorbierten Lichts der folgende Ausdruck:

$$E_a - E_b = hv = hc\,\lambda^{-1} = 2.179 \cdot 10^{-18}\,(n_b^{-2} - n_a^{-2})\ \text{J}$$
$$\lambda^{-1} = \tilde{v} = 1.097 \cdot 10^7\,(n_b^{-2} - n_a^{-2})\ \text{m}^{-1}$$

Die Größe $R = 1.097 \cdot 10^7\ \text{m}^{-1}$ heißt *Rydberg-Konstante*. Aus den gemessenen λ-
Werten des Spektrums des H-Atoms ergibt sich für die Konstante ein Messwert
von 10967757,6 m^{-1}. Setzt man bei der Berechnung von R die Werte der Naturkon-

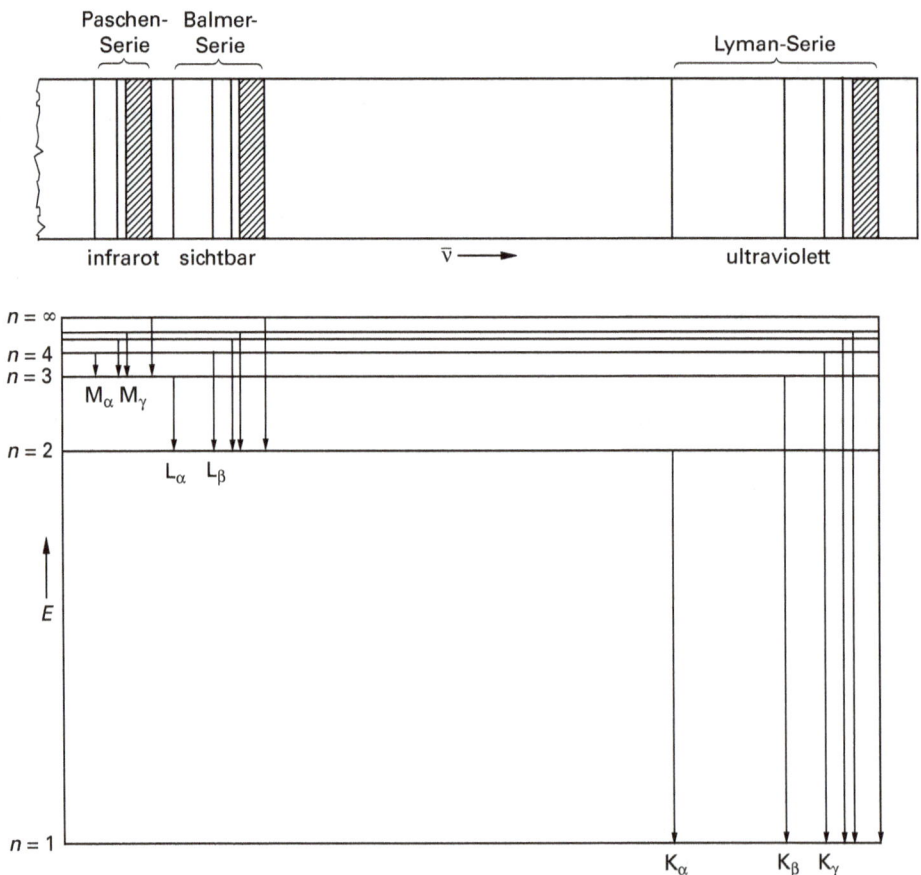

Abb. 1.5 Linienspektrum des H-Atoms.

stanten m_e, e, ε_0 und h in ihrer bis jetzt bekannten Genauigkeit ein, dann ergibt sich R zu $10973731.5\ \mathrm{m}^{-1}$. Die kleine Diskrepanz zwischen Messwert und berechnetem Wert lässt sich beheben, wenn man die oben eingeführte Näherung eines ortsfesten Kerns für das H-Atom aufhebt.

Um den Zusammenhang zwischen den experimentell beobachteten Linienspektren und ihrer atomtheoretischen Deutung noch einmal zu illustrieren, ist in Abb. 1.5 einem Film mit drei beobachteten Linienserien Linie für Linie die der jeweiligen Linie entsprechende Energieniveauänderung des Elektrons für den Fall der Emission gegenübergestellt. (Eine vierte beobachtbare, noch langwelliger liegende Serie, die *Brackett-Serie*, wurde der Übersichtlichkeit halber weggelassen.) Man beachte, dass als Energiemaßstab oben die Größe $\bar{\nu}$ horizontal aufgetragen ist, während die Energieskala unten vertikal verläuft. Daraus ergibt sich, dass die den Übergang des Elektrons andeutenden Pfeile in einem zur Ordinate proportionalem Maße von links nach rechts größer werden müssen.

Jede der drei dargestellten Serien hat rechts eine sog. *Seriengrenze*, an der die einzelnen Übergänge beliebig dicht beieinander liegen und die Linien nicht mehr aufgelöst werden können. Die Zusammengehörigkeit der Serien bezüglich der in jeder Serie am tiefsten liegenden Energieniveaus rechtfertigt die Bezeichnung der Linien als K-, L-, M-Linien usw. Die weitere Indizierung der Linien mit griechischen Buchstaben folgt dem griechischen Alphabet.

1.2.4 Höhere Atome im Einelektronenmodell

In höheren Atomen mit $Z > 1$ wirken elektrostatische Anziehungskräfte zwischen einem Kern der positiven Ladung $|Ze|$ und den Z Elektronen der negativen Ladung $-e$, es wirken aber auch elektrostatische Abstoßungskräfte zwischen den Z Elektronen. Die quantenmechanische Behandlung dieses Systems aus $Z+1$ Teilchen mit $3Z+3$ Koordinaten ist nur näherungsweise möglich und beliebig aufwendig. Wir begnügen uns mit einer groben Näherung, indem wir lediglich ein Elektron und dessen Wechselwirkung mit dem restlichen Teil des Atoms betrachten und dabei dieses Restatom als den ortsfesten Träger einer konstanten Ladung ansehen. Die abstoßende Wechselwirkung zwischen den Elektronen schrumpft hier auf die *Abschirmung* der Kernladung vor dem einen Elektron durch die übrigen Elektronen, deren veränderliche Ortskoordinaten nicht bedacht werden, zusammen. Nicht die gesamte Kernladung Ze, sondern die um die Abschirmladung Se verminderte effektive Kernladung $Z_{\mathrm{eff}}e$ wirkt auf das eine Elektron ein. Für die effektive Kernladungszahl Z_{eff} gilt der Ansatz: $Z_{\mathrm{eff}} = Z - S$. Die Größe S ist von Z unabhängig und heißt *Abschirmkonstante*. Die Theorie ergibt, dass sie sich additiv aus Einzelbeiträgen der abschirmenden Elektronen zusammensetzt. Ein gegebenes Elektron mit der Hauptquantenzahl n wird von Elektronen mit größerem n nicht abgeschirmt. Elektronen mit gleichem n schirmen das gegebene Elektron mit einem S-Betrag von 0.35 ab – außer im Falle $n = 1$, in welchem ein zweites 1s-Elektron das gegebene nur mit einem S-Betrag von 0.30 abschirmt. Ein gegebenes s- oder p-

Elektron wird von Elektronen der nächstinneren Schale mit jeweils einen S-Betrag von 0.85 und von noch weiter innen liegenden Elektronen mit jeweils einem S-Betrag von 1.00 abgeschirmt. Ein gegebenes d- oder f-Elektron wird von jedem weiter innen liegenden Elektron mit einem S-Betrag von 1.00 abgeschirmt. Betrachten wir eines der drei Elektronen eines Bor-Atoms mit $n = 2$! Die beiden anderen Elektronen schirmen es mit je $0.35e$ ab und die beiden inneren Elektronen ($n = 1$) mit je $0.85e$, sodass sich dieses Elektron einer effektiven Kernladung von $(5 - 0.70 - 1.70)e = 2.60e$ gegenübersieht.

Ein solch einfaches Modell führt zu *Einelektronenzustandsfunktionen* oder *Atomorbitalen*, die sich von denen des H-Atoms nur durch den Faktor Z_{eff} vor jeder der Variablen x, y, z, und r unterscheiden. Die Energie E eines Elektrons mit der Hauptquantenzahl n in einem beliebigen Atom hängt mit der Energie eines Elektrons im H-Atom, E_H, über einen einfachen Ausdruck zusammen:

$$E = Z_{eff}^2 E_H = -2.179 \cdot 10^{-19} Z_{eff}^2 n^{-2} \text{ J}$$

Die gesamte Elektronenenergie lässt sich näherungsweise als Summe aller Einelektronenenergien errechnen. Dabei muss man wissen, welche Quantenzahlen n und l für mehr als ein Elektron überhaupt zur Verfügung stehen, und hierfür gibt es ein wichtiges Prinzip in der Quantenmechanik, das *Pauli-Prinzip*, das in hier ausreichender, spezieller Form lautet: „Ein Atom kann maximal $2(2l+1)$ Elektronen zu einer gegebenen Quantenzahl-Kombination nl enthalten." Also fassen zu einer gegebenen Hauptquantenzahl das s-Orbital zwei, die drei p-Orbitale sechs, die fünf d-Orbitale zehn und die sieben f-Orbitale 14 Elektronen. Führt man zu den Quantenzahlen n, l und m noch die *Spinquantenzahl s* ein, die unabhängig von den anderen Quantenzahlen nur die beiden Werte $+1/2$ oder $-1/2$ haben kann, dann lässt sich das Pauli-Prinzip auch so ausdrücken: „Kein Elektron eines Atoms darf mit einem anderen Elektron desselben Atoms in allen vier Quantenzahlen übereinstimmen." Die zwei Werte für s und die $2l+1$ Werte für m führen daher zu $2(2l+1)$ unterschiedlichen Quantenzahlkombinationen ms für jede Kombination nl. Zwei Elektronen mit den gleichen Quantenzahlen n, l, m aber verschiedenen Spinquantenzahlen, $s = \pm 1/2$, nennt man ein Elektronenpaar.

Wegen des Glieds Z_{eff}^2 im Ausdruck für ihre Energie haben die Elektronen höherer Atome bei gleicher Hauptquantenzahl eine negativere Energie als das H-Atom. Deshalb liegen in den Linienspektren höherer Atome jene Elektronenübergänge, an denen ein Energieniveau mit kleiner Quantenzahl beteiligt ist, im Bereich der energiereichen Röntgenstrahlen (*Röntgenspektren*). Dagegen trifft man Übergänge im äußeren Schalenbereich durchaus im Bereich des sichtbaren Lichts an.

Verlässt man das einfache Modell der Abschirmfeld-Näherung und wendet sich genaueren theoretischen Modellen zu, so zeigt sich, dass — anders als beim H-Atom — die Energie der Elektronen beim höheren Atom in bestimmten Orbitalen, die *Orbitalenergie*, nicht nur von der Hauptquantenzahl n, sondern auch von der Nebenquantenzahl l abhängt, sodass beispielsweise 2s- und 2p-Elektronen verschiedene Energien haben usw. Dagegen sind Elektronen mit gleicher Haupt- und Nebenquantenzahl nach wie vor entartet, wenn auch nur näherungsweise (s. u.), sofern es sich um ein *freies Atom* handelt, also um ein Atom, das nicht der *Störung* durch äußere elektrische oder magnetische Felder unterliegt. In nicht freien, gestörten Atomen, insbesondere in solchen, die durch gebundene Nachbaratome gestört werden, sind Elektronen mit gleichem n und l im Allgemeinen nicht entartet.

Für die wichtige Abfolge der Orbitalenergien im freien Atom gilt ganz allgemein:

$$1s < 2s < 2p < 3s < 3p < 3d \approx 4s < 4p < 4d \approx 5s < 5p < 4f \approx 5d \approx 6s < 6p < 5f \approx 6d \approx 7s \text{ usw.}$$

Die Größe der Orbitalenergie hängt zwar von Z ab, sodass ein bestimmtes, durch n und l gekennzeichnetes Orbital für jedes Element eine andere, mit Z steigende Energie hat, die Abfolge in obiger Reihe gilt jedoch qualitativ für jedes Element. Der größte Energiesprung liegt bei allen Elementen zwischen dem 1s- und dem 2s-Orbital, gefolgt vom Sprung zwischen dem 2p- und dem 3s-Orbital. Wie beim H-Atom rücken die Energieterme mit steigender Hauptquantenzahl stark zusammen. Das 3d- und das 4s-Orbital haben eine ähnliche Energie, und abhängig von Z kann das eine oder andere Orbital bei tieferer Energie liegen; dasselbe gilt für die Orbitale 4d und 5s sowie für 4f, 5d und 6s und ebenso für 5f, 6d und 7s.

Im *Grundzustand* eines Atoms kommt den Elektronen insgesamt die kleinste Energie zu. Unter Zuhilfenahme unserer Orbitalenergie-Reihe und des Pauli-Prinzips lässt sich nunmehr für jedes Atom das Arrangement der Elektronen im Grundzustand, die *Elektronenkonfiguration*, angeben. Man füllt dabei der Reihe nach alle Orbitale mit Elektronen auf, schreibt Haupt- und Nebenquantenzahl eines Orbitals nebeneinander und fügt seine Besetzung durch Elektronen als rechtes Superskript an. So ergeben sich für die ersten zwölf Elemente die folgenden Elektronenkonfigurationen:

$H(1s^1)$	$B(1s^2 2s^2 2p^1)$	$F(1s^2 2s^2 2p^5)$
$He(1s^2)$	$C(1s^2 2s^2 2p^2)$	$Ne(1s^2 2s^2 2p^6)$
$Li(1s^2 2s^1)$	$N(1s^2 2s^2 2p^3)$	$Na(1s^2 2s^2 2p^6 3s^1)$
$Be(1s^2 2s^2)$	$O(1s^2 2s^2 2p^4)$	$Mg(1s^2 2s^2 2p^6 3s^2)$

Das hier zur Aufstellung der Elektronenkonfiguration angewendete Verfahren nennt man das *Aufbauprinzip*. In welcher Weise das Aufbauprinzip funktioniert, wenn Orbitale ähnlicher Energie zu besetzen sind, wird in Abschnitt 1.3.4 dargelegt.

Wie beim H-Atom spricht man auch beim hier dargestellten Modell von *Schalen*, auf denen sich die Elektronen bewegen, und zwar jetzt auch von s-, p-, d- oder f-Schalen zu einer bestimmten Hauptquantenzahl. Die Vorstellung der Elektronenbewegung auf einer Schale sollte man allerdings nicht zu wörtlich nehmen, da dies dem quantenmechanischen Bild, das dem Elektron anstatt bestimmter Bahnen nur

Aufenthaltswahrscheinlichkeiten zubilligt, nicht genügt. Ein für die Chemie folgen-
reicher Umstand ist es, dass *voll besetzte Schalen* neutraler Atome vom Typ s^2, p^6,
d^{10} oder f^{14} eine besonders tiefliegende Energie haben und damit für chemische
Reaktionen nicht ohne weiteres beansprucht werden können. Dies gilt am ausgeprägtesten für p^6- und am wenigsten für s^2-Schalen (z. B. von Be, Mg), ausgenommen die $1s^2$-Schale von He.

Die Frage, wie eine gegebene Schale nach dem Aufbauprinzip mit energiegleich-
chen Elektronen aufgefüllt wird, beantwortet eine Regel, die − in vereinfachter
Form − aussagt, dass die Auffüllung eines jeden der entarteten Orbitale mit zunächst nur einem Elektron zu einer tieferen Energie des Atoms führt als die paarweise Besetzung, mit der erst nach vollendeter Halbbesetzung zu rechnen ist
(*Hund'sche Regel*). Dies bedeutet, dass beispielsweise in der Elektronenkonfiguration von Carbon der Anteil $2p^2$ als $2p_x^1 2p_y^1$ und in der von Nitrogen der Anteil
$2p^3$ als $2p_x^1 2p_y^1 2p_z^1$ zu verstehen sind. Eine Folge jener Regel ist es, dass nicht nur
voll besetzte, sondern auch *halb besetzte Schalen* vom Typ p^3, d^5 oder f^7 energie-
tief liegen.

1.2.5 Höhere Atome im Mehrelektronenmodell

Im *Einelektronenmodell* betrachtet man jedes der Elektronen eines Atoms als ein
Elektron in einem wasserstoffähnlichen System, das aus diesem Elektron und dem
restlichen Atomrumpf besteht. Jetzt wollen wir das formale Rüstzeug erwerben,
um die Symbole zu verstehen, mit denen man die Ergebnisse der Theorie der höheren Atome beschreibt, wobei diese Theorie auch die Wechselwirkung zwischen den
u Valenzelektronen in einer Valenzelektronenkonfiguration $(nl)^u$ beschreiben soll.
Dabei verstehen wir unter *Valenzelektronen* die Elektronen außerhalb einer voll
besetzten Schale (s. Abschnitt 1.3.2). Die Theorie unterscheidet den Drehimpuls
eines jeden Elektrons bezüglich seiner Bewegung relativ zum Kern (*Bahndrehimpuls*) vom Drehimpuls eines jeden Elektrons bezüglich seiner Drehung um seine
eigene Achse (*Spin*). Die Wechselwirkung der Elektronen bezüglich dieser Bewegung nennt man *Spin-Bahn-Kopplung*, bezüglich jener Bewegung *Bahn-Kopplung*.
Zunächst definieren wir Quantenzahlen M und S als Summe der Quantenzahlen
m_i und s_i eines jeden der u Valenzelektronen:

$$M = \sum_{i=1}^{u} m_i \qquad S = \sum_{i=1}^{u} s_i$$

Die Anwendung dieser Quantenzahlen sei an drei Beispielen erläutert. Wir beginnen mit der Konfiguration $(np)^2$ und bedenken, welche Kombinationen von m_1,
m_2, s_1 und s_2 das Pauli-Prinzip erlaubt. Der Kürze halber schreiben wir statt $s_i =$
$\pm 1/2$ ein Plus- bzw. ein Minus-Zeichen.

$(np)^2$

m_1/m_2:	$1/1$	$1/0$	$1/-1$	$0/0$	$0/-1$	$-1/-1$
M:	2	1	0	0	-1	-2
s_1/s_2; $S = 0$:	$+/-$	$+/-$	$+/-$	$+/-$	$+/-$	$+/-$
$S = 1$:		$+/+$	$+/+$		$+/+$	
$S = 0$:		$-/+$	$-/+$		$-/+$	
$S = -1$:		$-/-$	$-/-$		$-/-$	

Zu Kombinationen $m_1 = m_2$ ist ein Wert von $S = \pm 1$ wegen des Pauli-Prinzips nicht möglich. Die Spin-Kombinationen $+/-$ und $-/+$ führen im Falle $m_1 = m_2$ nicht, im Falle $m_1 \neq m_2$ aber wohl zu wesentlich verschiedenen Zuständen; denn die physikalischen Eigenschaften eines Atoms sind gegenüber seiner Nummerierung invariant. Insgesamt gewinnen wir also zu den sechs Kombinationen m_1/m_2 15 verschiedene Zustände samt zugehörigen Zustandsfunktionen, die wir zunächst – dem Einelektronenmodell entsprechend – als 15-fach entartet ansehen. Nun ordnen wir die fünf Funktionen zu den M-Werten 2, 1, 0, -1, -2 zu $S = 0$ einem D-Term mit der Quantenzahl $L = 2$ zu. Das ist ein ähnlicher Formalismus wie beim H-Atom, bei dem wir ein Elektron mit $l = 2$ mit fünf ($2\,l + 1 = 5$) magnetischen Quantenzahlen m als *d-Elektron* bezeichnet haben. Dabei gibt es für unseren D-Term zu jedem M-Wert nur *eine* Zustandsfunktion, da S nur den einen Wert $S = 0$ haben kann.

Man spricht von einem *Singulett-Zustand* und fügt dem Termsymbol die Zahl *Eins* als linkes Superskript an: ^{1}D-Term. Die zweite Kombination mit dem einen M-Wert $M = 0$ und mit $S = 0$ definiert einen ^{1}S-Term ($L = 0$), dem nur *eine* Zustandsfunktion entspricht. Es bleiben noch neun Kombinationen übrig, nämlich je drei zu den Werten $M = 1, 0, -1$; dies ergibt einen P-Term, wobei zu jedem M-Wert *drei* Spinkombinationen gehören. Es handelt sich um einen *Triplett-Zustand* mit dem Symbol ^{3}P.

Die Theorie lehrt, dass beim Einschalten der abstoßenden Elektronenwechselwirkung die zum Einelektronenmodell der Konfiguration $(np)^2$ gehörende Energie ansteigt und dabei in drei Terme unterschiedlicher Energie aufspaltet, nämlich ^{3}P, ^{1}D und ^{1}S, wie es in Abb. 1.6 dargestellt ist. Schaltet man jetzt die Kopplung der Bahn- mit der Spinbewegung ein, also die Spin-Bahn-Kopplung, dann spaltet der ^{3}P-Term in drei weitere Terme auf, während die beiden Singulett-Terme ^{1}D und ^{1}S nicht aufspalten. Man nennt die durch das linke Superskript am Termsymbol wiedergegebene Aufspaltung die *Multiplizität* des Terms. Um die drei Terme zum Zustand ^{3}P zu unterscheiden, führen wir gemäß der Beziehung $J = L + S$ die Quantenzahl J ein. Im Falle unseres ^{3}P-Terms mit $L = 1$ und $S = 1, 0, -1$ gewinnen wir die Quantenzahlen $J = 2, 1, 0$, die wir dem Termsymbol als rechtes Superskript anfügen: ^{3}P$_2$, ^{3}P$_1$, ^{3}P$_0$ (Abb. 1.6). Die Theorie lehrt, dass jeder dieser Terme ($2J + 1$)-fach entartet ist, der Term ^{3}P$_2$ also fünffach, der Term ^{3}P$_1$ dreifach und der Term ^{3}P$_0$ einfach. (Die *einfache* Entartung im mathematischen Sinne bedeutet *keine* Entartung im alltäglichen Sinne.) Dies entspricht insgesamt den neun Kombinationen von L und S, die sich oben für den ^{3}P-Term ergeben hatten. Der ^{1}D$_2$-Term ist fünffach und der ^{1}S$_0$-Term einfach entartet.

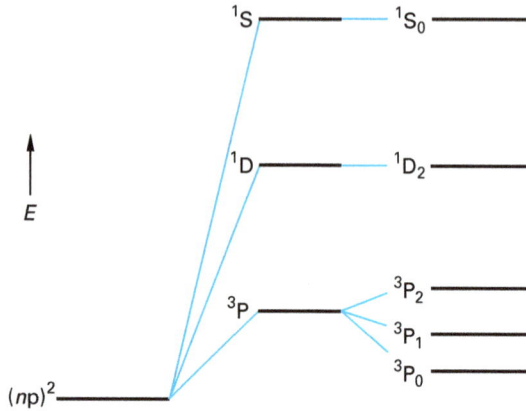

Abb. 1.6 Schematische Darstellung der Term-Aufspaltung einer $(np)^2$-Konfiguration, wenn man vom Einelektronenmodell (1 Term) ausgehend zunächst die elektronische Abstoßung (3 Terme) und sodann die Spin-Bahn-Kopplung einschaltet (5 Terme).

Die Aufspaltung der $(np)^2$-Konfiguration in fünf Terme gilt für das freie Atom. Nimmt man dem Atom seine Freiheit, indem man es beispielsweise in ein Magnetfeld bringt, so geht die $(2J+1)$-fache Entartung der fünf Terme verloren und man erhält im Allgemeinen 15 Terme verschiedener Energie, wobei die Weite der Aufspaltung von der Größe des Magnetfelds abhängt. In unserem Beispiel spalten die Terme $^3P_0$ und $^1S_0$ nicht auf, $^3P_1$ gibt drei Spaltterme und $^3P_2$ und $^1D_2$ je fünf.

Im Falle einer Konfiguration $(np)^3$ sind sieben wesentlich verschiedene Kombinationen $m_1/m_2/m_3$ denkbar. Dabei ist $m_1 = m_2 = m_3$ wegen des Pauli-Prinzips verboten, da wir ja nur über zwei Quantenzahlen s verfügen. In sechs der sieben Kombinationen ist $m_1 = m_2$ und damit sind nur die Kombinationen $s_1/s_2/s_3 = +/-/+$ oder $+/-/-$ möglich; die Kombinationen $-/+/+$ oder $-/+/-$ sind hiervon nicht wesentlich verschieden und könnten ebenso verwendet werden. Nur im Falle $m_1/m_2/m_3 = 1/0/-1$ kommen alle acht $s_1/s_2/s_3$-Kombinationen zum Tragen.

$(np)^3$								
$m_1/m_2/m_3$:		1/1/0	0/0/1	1/1/−1	1/0/−1	−1/−1/1	0/0/−1	−1/−1/0
M:		2	1	1	0	−1	−1	−2
$s_1/s_2/s_3$;	$S = 1/2$:	+/−/+	+/−/+	+/−/+	+/−/+	+/−/+	+/−/+	+/−/+
	$S = -1/2$:	+/−/−	+/−/−	+/−/−	+/−/−	+/−/−	+/−/−	+/−/−
	$S = 1/2$:				+/+/−			
	$S = -1/2$:				−/−/+			
	$S = 3/2$:				+/+/+			
	$S = 1/2$:				−/+/+			
	$S = -1/2$:				−/+/−			
	$S = -3/2$:				−/−/−			

In diesen 20 Zuständen ist ein ^{2}D-, ein ^{2}P- und ein ^{4}S-Term enthalten. Die beiden ersten Zeilen der Spinkombinationen enthalten alle zehn Kombinationen des ^{2}D-

Terms. Von den sechs Kombinationen des ^{2}P-Terms sind vier in den beiden ersten Zeilen und zwei weitere in der dritten und vierten Zeile enthalten. Die Zeilen 5–8 ergeben den ^{4}S-Term. Zufolge der Spin-Bahn-Kopplung spalten die drei genannten Terme in die Terme $^2D_{5/2}$, $^2D_{3/2}$, $^2P_{3/2}$, $^2P_{1/2}$, $^4S_{3/2}$, $^4S_{1/2}$, $^4S_{-1/2}$ und $^4S_{-3/2}$ und im Magnetfeld schließlich in sämtliche 20 Terme auf.

Als letztes Beispiel sei die Konfiguration $(nd)^2$ behandelt:

$(nd)^2$

m_1/m_2:	2/2	2/1	2/0	1/1	2/-1	1/0	2/-2	0/0
M:	4	3	2	2	1	1	0	0
s_1/s_2; $S = 0$:	+/-	+/-	+/-	+/-	+/-	+/-	+/-	+/-
$S = 1$:		+/+	+/+		+/+	+/+	+/+	
$S = 0$:		-/+	-/+		-/+	-/+	-/+	
$S = -1$:		-/-	-/-		-/-	-/-	-/-	

	1/-1	0/-1	1/-2	-1/-1	0/-2	-1/-2	-2/-2
	0	-1	-1	-2	-2	-3	-4
	+/-	+/-	+/-	+/-	+/-	+/-	+/-
	+/+	+/+	+/+		+/+	+/+	
	-/+	-/+	-/+		-/+	-/+	
	-/-	-/-	-/-		-/-	-/-	

In der obersten Zeile der 45 plus/minus-Kombinationen stecken drei Singulett-Terme, ein ^{1}G-Term ($L = 4$; $M = 4, 3, 2, 1, 0, -1, -2, -3, -4$), ein ^{1}D-Term ($L = 2$; $1, 0, -1, -2$) und ein ^{1}S-Term ($L = S = 0$). Die zweite bis vierte Zeile gehört zu Triplett-Termen. In diesen Zeilen können in den Spalten unterhalb von m_1/m_2-Kombinationen mit $m_1 = m_2$ keine Spinkombinationen stehen, da in diesem Falle die Kombinationen +/+ und -/- nach dem Pauli-Prinzip verboten sind. Folgende Triplett-Terme ergeben sich: ^{3}F ($L = 3$; $M = 3, 2, 1, 0, -1, -2, -3$) und ^{3}P ($L = 1$; $M = 1, 0, -1$). Durch Spin-Bahn-Kopplung erhält man die neun Terme $^1G_4$, $^1D_2$, $^1S_0$, $^3F_4$, $^3F_3$, $^3F_2$, $^3P_2$, $^3P_1$, und $^3P_0$, die im freien Atom in dieser Reihenfolge neun-, fünf-, ein-, neun-, sieben- fünf-, fünf-, drei- und einfach entartet sind und im Magnetfeld entsprechend aufspalten.

Analog zu den drei Beispiel-Konfigurationen kann man sich alle Valenzelektronenkonfigurationen herleiten, die im Folgenden für s-, p- und d-Valenzelektronen in der Reihenfolge zunehmender Energien aufgezählt werden. Voll besetzte Konfigurationen gehören zum ^{1}S-Zustand. Eine Besetzung mit u Elektronen und eine solche, die sich von der Vollbesetzung um u Elektronen unterscheidet, ergeben dieselbe Kombination von Zuständen.

s^1:	^{3}S	d^1, d^9:	^{2}D
s^2:	^{1}S	d^2, d^8:	^{3}F, ^{3}P, ^{1}G, ^{1}D, ^{1}S
p^1, p^5:	^{2}P	d^3, d^7:	^{4}F, ^{4}P, ^{2}H, ^{2}G, ^{2}F, ^{2}D, ^{2}D, ^{2}P
p^2, p^4:	^{3}P, ^{1}D, ^{1}S	d^4, d^6:	^{5}D, ^{3}H, ^{3}G, ^{3}F, ^{3}F, ^{3}D, ^{3}P, ^{3}P, ^{1}I, ^{1}G, ^{1}G, ^{1}F, ^{1}D, ^{1}D, ^{1}S, ^{1}S
p^3:	^{4}S, ^{2}D, ^{2}P	d^5:	^{6}S, ^{4}G, ^{4}F, ^{4}D, ^{4}P, ^{2}I, ^{2}H, ^{2}G, ^{2}G, ^{2}F, ^{2}F, ^{2}D, ^{2}D, ^{2}D, ^{2}P, ^{2}S
p^6:	^{1}S	d^{10}:	^{1}S

Für die Energieabfolge gelten die *Hund'schen Regeln*: Die Energie steigt mit fallender Multiplizität; bei Termen mit gleicher Multiplizität hat der mit größerem L die kleinere Energie; bei Termen mit gegebenem L und gegebener Multiplizität steigt die Energie mit steigendem Wert von J, wenn die Konfiguration weniger als halbbesetzt ist, und sinkt mit steigendem Wert von J bei mehr als der Halbbesetzung.

Das hier in groben Zügen beschriebene Verfahren, den durch die Quantenzahl L bestimmten Gesamtbahndrehimpuls mit dem durch die Quantenzehl S charakterisierten Spindrehimpuls in Wechselwirkung treten zu lassen (*LS-Kopplung* oder *Russel-Saunders-Kopplung*), führt zu guten Ergebnissen, wenn es sich um leichte Elemente handelt. Bei schwereren Elementen, insbesondere bei Elementen mit 4d- oder 5d- oder 4f- oder 5f-Valenzelektronen (siehe folgenden Abschnitt 1.3), wird dieses Verfahren bedenklich. Man geht dann besser so vor, dass man eine Spin-Bahn-Kopplung für jedes einzelne Elektron ins Auge fasst und dann erst die Wechselwirkung der Elektronen untereinander (*jj-Kopplung*; die Quantenzahl j genügt der Beziehung $j = l + s$ für jedes einzelne Elektron).

1.3 Periodensystem der Elemente

1.3.1 Gruppenverwandtschaft als empirischer Parameter

Mit der Kernladungszahl Z haben wir eine wichtige Größe zur Ordnung der Elemente in den Händen. Ebenso geeignet wäre die Atommasse, wenn sie mit Z stets parallel liefe. Dies ist aber bei den Paaren Co/Ni und Te/I sowie bei einigen Actinoiden (s. u.) nicht der Fall. Ein zunächst empirisch gewonnenes zweites Prinzip besteht in der Verwandtschaft physikalischer und chemischer Eigenschaften. Beispielsweise stellt sich heraus, dass die Elemente mit $Z = 3, 11, 19, 37, 55, 87$ alle spezifisch leichte, weiche, leicht schmelzbare, heftig mit Wasser reagierende Metalle, die sog. *Alkalimetalle*, darstellen, die sich alle mit Chlor im Stoffmengenverhältnis 1 : 1 zu Salzen verbinden. Die Elemente mit einer um eins größeren Ordnungszahl, also $Z = 4, 12, 20, 38, 56, 88$, die sog. *Erdalkalimetalle*, sind ebenfalls untereinander verwandt und verbinden sich mit Chlor im Verhältnis 1 : 2 zu Salzen. Dergestalt verwandte Elemente nennt man eine *Gruppe*. Schreibt man nun die Elemente einer Gruppe untereinander und die einzelnen Gruppen nebeneinander, sodass Elemente mit aufeinanderfolgenden Ordnungszahlen benachbart sind, dann erhält man, vereinfacht gesagt, ein rechteckiges Schema, in welchem die Ordnungszahl in einer Zeile von links nach rechts ansteigt, um am Ende der Zeile in die nächste Zeile zu springen. Da man die Zeilen *Perioden* nennt, heißt das ganze Schema *Periodensystem der Elemente* (abgekürzt PSE; s. Bucheinband). Anstatt den empirisch gewonnenen, geschichtlich wichtigen Begriff vom PSE weiter zu vertiefen, wenden wir uns jetzt einer aus der Theorie stammenden Beschreibung des PSE zu.

1.3.2 Gruppe der Edelgase

Wie oben ausgeführt, liegen die größten Unterschiede bei den Orbitalenergien zwischen den Niveaus np und $(n + 1)$s sowie zwischen 1s und 2s. Es ist daher nicht verwunderlich, dass die Atome mit abgeschlossener np^6- sowie das Atom mit 1s^2-Konfiguration (He) nur unter beträchtlichem Energieaufwand bereit sind, ein zusätzliches Elektron aufzunehmen, um in ein Anion überzugehen. Diese Atome geben aber auch nur unter erheblichem Energieaufwand ein Elektron ab; denn innerhalb einer Reihe von Atomen, bei denen der Reihe nach np-Elektronen vergleichbarer Energie als energiereichste Elektronen eingebaut werden, hält der an Ladung zunehmende Kern diese Elektronen immer stärker fest. Die Wechselwirkung zwischen Elektronen bedeutet in der Chemie − stark vereinfacht − eine Elektronenabgabe der einen und eine Elektronenaufnahme der anderen Atomsorte oder − bei verwandten Atomsorten − eine gleichzeitige Elektronenabgabe und -aufnahme beider Sorten. Die Atome mit abgeschlossener np^6-Konfiguration sowie Helium sollten wenig geneigt sein, mit anderen Atomen Wechselwirkungen einzugehen. Diese Erwartung trifft zu: Die genannten Atome bilden die einzige Art von Elementen, die unter Normalbedingungen (d. h. bei einer Temperatur von 25 °C und einem Druck von 1 bar (1 bar = 10^5 Pa = 10^5 N m^{-2}) als einatomige Gase auftreten. Stoffe mit geringer Reaktivität nennt man *edel*. Die eben besprochenen Elemente bilden daher die Gruppe der *Edelgase*.

In welcher Richtung innerhalb der Gruppe der Edelgase sollte der edle Charakter abnehmen? Da die Orbitalenergien mit steigender Hauptquantenzahl enger zusammenrücken, sollten die Edelgase mit zunehmender Ordnungszahl an Reaktivität gewinnen. Tatsächlich ist es vor allem das schwere Xenon, das mit anderen Elementen reagieren kann, in sehr viel geringerem Umfang auch noch das Krypton, während eine Chemie der leichten Edelgase Helium, Neon und Argon nicht bekannt ist. Das schwerste der Edelgase, Radon, sollte noch reaktiver als Xenon sein, doch gibt es hierüber nur wenige Untersuchungen, da Radon dem radioaktiven Zerfall unterliegt.

Die besonders energiearme und damit besonders stabile Elektronenkonfiguration der Edelgase markiert eine besondere Situation im PSE. Bei der Darstellung der Elektronenkonfigurationen beliebiger Elemente ist es üblich, nur jene Elektronen aufzuführen, die außerhalb einer Edelgaskonfiguration liegen, und die dieser abgeschlossenen Konfiguration angehörenden Elektronen durch die Nennung des betreffenden Edelgases zu bezeichnen. Beispielsweise schreibt man für ein Sulfur-Atom anstelle von S(1s^{2}2s^{2}2p^{6}3s^{2}3p^4) kürzer: S(Ne3s^{2}3p^4).

Die Elektronen außerhalb einer Edelgaskonfiguration heißen *Valenzelektronen*. Beispielsweise hat ein Sulfur-Atom sechs Valenzelektronen. Man bezieht jedoch abgeschlossene Teilkonfigurationen wie nd^{10} und nf^{14}, also mit völlig aufgefüllten d- bzw. f-Niveaus, nicht in die Valenzelektronen mit ein, selbst wenn sie außerhalb einer Edelgaskonfiguration liegen. Wenn Bindungen zwischen Atomen gebildet oder gebrochen werden, wie es bei chemischen Reaktionen grundsätzlich der Fall ist, sind die Valenzelektronen betroffen, nicht aber die übrigen, die sog. *inneren* Elektronen. Die Zahl der Valenzelektronen eines Elements hat deshalb in der Chemie eine überragende Bedeutung.

1.3.3 Hauptgruppenelemente

Elemente, die nur s- oder die s- und p-Elektronen als Valenzelektronen enthalten, nennt man *Hauptgruppenelemente* (Ausnahmen: Elemente mit $Z = 30$, 48 und 80; s. u.). Es stellt sich heraus, dass bei beiden auf ein Edelgas folgenden Elementen jeweils das s-Niveau der nächsthöheren Hauptquantenzahl am tiefsten liegt, was für $n = 1-3$ auch direkt aus der allgemeinen Orbitalenergiefolge hervorgeht. Alle direkt auf ein Edelgas folgenden Elemente haben daher die Valenzelektronenkonfiguration ns^1 ($n > 1$) und die hierauf folgenden die Konfiguration ns^2. Die ersteren, oben schon erwähnten *Alkalimetalle*, bilden die *1. Hauptgruppe* oder *1. Gruppe*. Ihre Chemie zeichnet sich durch die leichte Abspaltbarkeit des einen Valenzelektrons aus. Die letzteren, die *Erdalkalimetalle*, bilden die *2. Hauptgruppe* oder *2. Gruppe*. Sie können leicht ihre zwei Valenzelektronen abspalten, und hiervon sind ihre chemischen Eigenschaften geprägt. Die Alkali- und Erdalkalimetalle zusammen nennt man auch *s-Elemente* oder *s-Metalle*.

Die Elemente der 3. bis 7. Hauptgruppe haben zwei s- und ein bis fünf p-Elektronen als Valenzelektronen, damit die Valenzelektronenkonfiguration ns^2np^1 bis ns^2np^5 und dementsprechend drei bis sieben Valenzelektronen. Die Gruppennummern laufen von 1 bis 18 durch. Der 3. bis 7. Hauptgruppe werden die Gruppennummern 13 bis 17 zugeteilt. Zwar bedeutet es das Gleiche, wenn man von der 13. bis 17. Gruppe oder von der 3. bis 7. Hauptgruppe spricht, doch hat die Bezeichnung 3. bis 7. Hauptgruppe den Vorzug, dass die Hauptgruppennummer direkt die wichtige Zahl an Valenzelektronen wiedergibt. Die Elemente der 13. bis 17. Hauptgruppe, die sog. *p-Elemente*, bilden im PSE den *p-Block*.

Den Elementen der 7. Hauptgruppe, den sog. *Halogenen* („Salzbildner"; allgemeine Abkürzung: Hal), fehlt ein Elektron zur Edelgaskonfiguration. Ihre Chemie ist daher von der leichten Aufnahme eines Elektrons geprägt, die das Halogen-Atom in ein Halogen-Anion überführt. Dementsprechend können die Elemente der 6. Hauptgruppe, die *Chalkogene* („Erzbildner"), zweifach negativ geladene Anionen bilden oder — wie man auch sagt — Anionen der *Ionenwertigkeit* 2−. Die Elemente der 5. Hauptgruppe kann man als *Pnictogene* bezeichnen.

Stellt man die 1. bis 7. Hauptgruppe so nebeneinander, dass Elemente mit gleicher Hauptquantenzahl ihrer Valenzelektronen in einer Zeile nebeneinanderstehen, dann gewinnt man den Hauptgruppenteil des PSE, der noch durch die Gruppe der Edelgase zu ergänzen ist. Die Edelgase He, Ne und Ar gehören als Elemente ohne Valenzelektronen in die 0. Hauptgruppe oder 0. Gruppe. Dagegen kann Xe seine acht energiereichsten Elektronen aus der Teilkonfiguration $5s^25p^6$ chemisch wirksam machen, sodass es in die 8. Hauptgruppe oder 18. Gruppe gehört. Es entspricht aber einer Tradition, alle Edelgase entweder in die 0. Gruppe oder in die 8. Hauptgruppe bzw. 18. Gruppe einzuordnen.

Die Periodennummer der Hauptgruppenelemente ist gleich der Hauptquantenzahl ihrer Valenzelektronen. Die 1. Periode umfasst nur zwei Elemente, H und He. Macht man H zum Angehörigen der 1. Hauptgruppe, so stimmt dies vom Standpunkt der Valenzelektronenzahl, befriedigt aber nicht, wenn man an die Unterschiede in den Eigenschaften zwischen den Alkalimetallen und dem nichtmetallischen Element Hydrogen denkt. Macht man He zum Angehörigen der 8. Hauptgruppe oder 18. Gruppe, so ist dies in Bezug auf die Elektronenzahl von He unsinnig, wenn auch He in seinen Eigenschaften ein typischer Vertreter der Edelgase ist. Die 2. Periode und alle folgenden bis zur 6. Periode beherbergen je acht Hauptgruppenelemente. Manchmal nennt man die 2. Periode auch die *1. Achterperiode*.

1.3.4 Nebengruppenelemente

Elemente mit s- und d-, aber ohne p-Elektronen als Valenzelektronen heißen *Übergangselemente, Nebengruppenelemente* oder *d-Elemente*. Da es sich ausnahmslos um Metalle handelt, spricht man auch von *Nebengruppenmetallen*. Die Energie von d-Elektronen der Hauptquantenzahl n liegt in demselben Bereich wie die der s-Elektronen mit der Hauptquantenzahl $n + 1$, aber tiefer als die Energie entsprechender p-Elektronen.

Baut man das PSE nach dem Argon weiter auf, so wird zunächst das 4s-Energieniveau besetzt, und die nach Ar ins PSE eingebauten Elemente sind die Hauptgruppenelemente K und Ca. Mit fortschreitender Ordnungszahl folgen jetzt im PSE zehn Nebengruppenelemente von Sc ($Z = 21$) bis Zn ($Z = 30$). Im PSE stehen die Hauptgruppenelemente der 4. Periode und jene zehn Nebengruppenmetalle in einer Zeile. Es ist nicht ganz eindeutig, diese zehn Metalle der 4. Periode zuzurechnen, da ja u. a. d-Elektronen zur Hauptquantenzahl $n = 3$ als Valenzelektronen auftreten. Eindeutig ist es aber, wenn man von der 1. Nebenperiode spricht. Für die 2. und 3. Nebenperiode gilt Entsprechendes.

Bei den zehn Nebengruppenmetallen korrespondiert zunächst die Zahl der Valenzelektronen mit der Gruppennummer. So gehört Sc mit drei Valenzelektronen zur *3. Gruppe* oder *Scandium-Gruppe* usw. bis zum Mn, das mit sieben Valenzelektronen der *7. Gruppe* oder *Mangan-Gruppe* angehört. Für die zweiten fünf Nebengruppenmetalle in der 8. bis 12. Gruppe sind, von Ausnahmen abgesehen, weniger Valenzelektronen chemisch wirksam, als es in der Gruppennummer zum Ausdruck kommt. Ein besonderer Name, nämlich *Münzmetalle*, hat sich für die Elemente der 11. Gruppe oder *Kupfer-Gruppe* (Cu, Ag, Au) eingebürgert.

Das zehnte Element einer jeden der drei Nebenperioden (Zn, Cd, Hg) hat eine abgeschlossene d-Schale und damit nur zwei Valenzelektronen. Die Eigenschaften dieser Nebengruppenmetalle sind denen der 2. Hauptgruppe z. T. verwandt. Da sie keine d-Elektronen als Valenzelektronen enthalten, kann man sie zwar als Nebengruppen-, soll sie aber nicht als Übergangs- oder d-Metalle bezeichnen.

Bei den d-Elementen liegt im Gegensatz zu den beiden jeweils vorausgehenden Hauptgruppenelementen die Energie der nd-Niveaus unterhalb der des $(n + 1)$s-Niveaus. Dass sich in den meisten d-Elementen dennoch zwei Elektronen im energiehöheren s-Niveau befinden, lässt sich darauf zurückführen, dass die Abstoßungsenergie bei den d-Elektronen besonders hoch ist, sodass die Überführung der beiden s-Elektronen in d-Niveaus zu einer Hebung der d-Niveaus insgesamt und so zu einer größeren Gesamtenergie führen würde. Für die meisten d-Metalle findet man deshalb im Grundzustand eine Valenzelektronenkonfiguration vom Typ nd$^x(n + 1)$s^2. Weil hingegen voll besetzte Schalen besonders stabil sind, haben wir in der Kupfer-Gruppe im Grundzustand Valenzelektronenkonfigurationen vom Typ nd$^{10}(n + 1)$s^1, und selbst halb besetzte Schalen sind noch besonders günstig, wie die energietiefsten Konfigurationen 3d^{5}4s^1 und 4d^{5}5s^1 von Cr bzw. Mo lehren; dagegen hat das gruppenhomologe Metall W im Grundzustand die Valenzelektronenkonfiguration 5d^{4}6s^2.

Gehen die Atome der d-Elemente durch Abspaltung von Elektronen in Ionen über, so werden jedenfalls zunächst s-Elektronen abgespalten. Im Allgemeinen können die d-Metalle recht verschiedene Ionenwertigkeiten annehmen, ganz im Gegensatz zu den Alkali- und Erdalkalimetallen. Sehr verbreitet ist das Auftreten der Ionenwertigkeiten 2+ und 3+; in der Scandium-Gruppe herrscht die Ionenwertigkeit 3+ vor. Gelegentlich kann die Ionisierung auch eine Umgruppierung der nicht abgespaltenen Elektronen zur Folge haben, wie beispielsweise der Übergang von V(3d^{3}4s^2) in V(3d^4)$^+$ lehrt.

1.3.5 Lanthanoide und Actinoide

Elemente mit 4f-Elektronen als Valenzelektronen heißen *Lanthanoide* (Abkürzung: Ln). Auch das Element Lu ($Z = 71$) mit gerade abgeschlossener 4f^{14}-Teilkonfiguration gehört dazu, sodass insgesamt 14 Lanthanoide existieren. Da die 5d- und die 4f-Elektronen eine ähnliche Energie haben, sollten die Elemente der 3. Nebenperiode und die Lanthanoide im PSE nahe beieinanderstehen. Dies ist der Fall. Es zeigt sich, dass in Übereinstimmung mit den bisher besprochenen Prinzipien auf das Edelgas Xe im PSE zunächst die Hauptgruppenelemente Cs ($Z = 55$) und Ba ($Z = 56$) mit einem bzw. zwei Valenzelektronen im 6s-Niveau und dann das Nebengruppenelement La ($Z = 57$) mit noch einem 5d-Valenzelektron folgen. Zwischen La und dem nächsten Nebengruppenelement Hf ($Z = 72$) werden der Reihe nach unter Auffüllung ihrer f-Niveaus jene Elemente eingebaut, die ihrer Verwandtschaft mit dem vorausgehenden Lanthan ihren Namen verdanken.

Die Lanthanoide sind Metalle und können als solche leicht zu Kationen ionisiert werden. Die Zahl der abspaltbaren Elektronen oder allgemeiner die Zahl der zu chemischer Wechselwirkung zur Verfügung stehenden Elektronen hängt mit der Gesamtzahl der Valenzelektronen nicht immer in durchsichtiger Weise zusammen, sodass die Festlegung einer Gruppennummer hier nicht sinnvoll ist. Eine für alle Lanthanoide gefundene Kationwertigkeit ist 3+. Bei Lu ist dies die einzig mögliche Wertigkeit, da Lu^{3+} wegen seiner abgeschlossenen $4f^{14}$-Teilkonfiguration besonders stabil ist. Ähnliches gilt wegen der Stabilität halb besetzter Niveaus auch für Gd, das als Gd^{3+}-Kation eine Konfiguration $Xe4f^7$ aufweist. Für einige Lanthanoide ist zudem eine Kationwertigkeit 2+ gefunden worden, die aus den eben genannten Gründen in zwei Fällen auch plausibel ist, nämlich bei Eu^{2+} und bei Yb^{2+} mit den günstigen Teilkonfigurationen $4f^7$ bzw. $4f^{14}$. Die für Ce und Tb neben der Wertigkeit 3+ noch gefundene Wertigkeit 4+ kann man in analoger Weise erklären: Ce^{4+} hat die günstige Xe- und Tb^{4+} die günstige Gd^{3+}-Konfiguration.

Elemente mit 5f-Elektronen als Valenzelektronen heißen *Actinoide* (Abkürzung: An). Ihr Einbau ins PSE nach dem der Scandium-Gruppe angehörenden Nebengruppenmetall Actinium ($Z = 89$) erfolgt analog zu den Lanthanoiden. Die ersten drei Actinoide (Th, Pa, U) sind als natürliche radioaktive Elemente besonders wichtig. Bei ihnen können alle Valenzelektronen chemisch wirksam werden, also vier bei Th, fünf bei Pa und sechs bei U. Die auf das Uran folgenden künstlichen Actinoide mit $Z > 92$ nennt man die *Transurane*.

1.4 Periodizität einiger Eigenschaften

1.4.1 Ionisierungsenergie

Die Energie, die man mindestens aufwenden muss, um unter Abspaltung eines Elektrons ein freies Atom E im Grundzustand in ein freies Kation E^+ im Grundzustand überzuführen, heißt *1. Ionisierungsenergie* I_1. Das Attribut *frei* hat die oben schon beschriebene Bedeutung und heißt praktisch, dass man sich auf Atome und einfach geladene Kationen in der idealen Gasphase bezieht. Die Bedingung des Grundzustands beinhaltet, dass das abgespaltene Elektron das energiereichste Elektron des Atoms ist. Die m-te Ionisierungsenergie I_m ist in analoger Weise für die Abspaltung eines Elektrons aus einem $(m-1)$-fach ionisierten Kation im Grundzustand definiert.

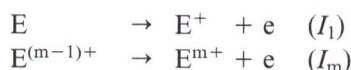

$$
\begin{aligned}
E &\rightarrow E^+ + e \quad (I_1) \\
E^{(m-1)+} &\rightarrow E^{m+} + e \quad (I_m)
\end{aligned}
$$

Nach einer internationalen Konvention haben Energien, die man einem beobachteten System zuführt ein positives Vorzeichen und umgekehrt. Ionisierungsenergien sind also positiv zu zählen.

Zu näherungsweise gültigen Werten von I_1 kommt man, indem man die Energie E des energiereichsten Valenzelektrons nach der in Abschnitt 1.2.4 beschriebenen Abschirmfeldnäherung angibt und von der Energie $E_\infty = 0$, d. i. der Term an der Ionisierungsgrenze, abzieht.

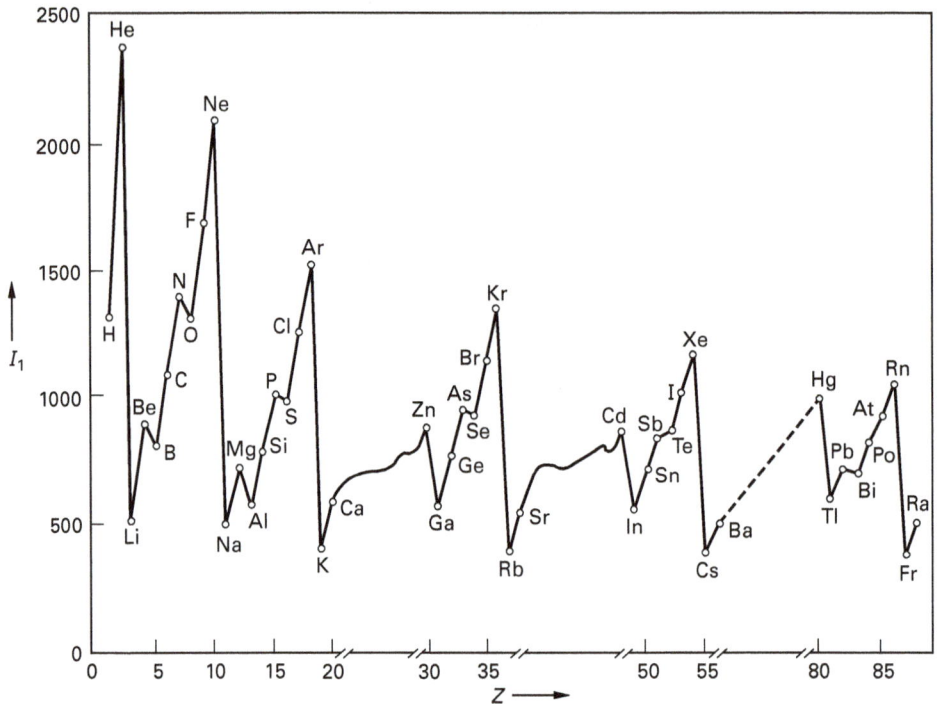

Abb. 1.7 Gang der Ionisierungsenergien I_1 (in kJ mol^{-1}) mit Z.

$$I_1 = -E = 2.179 \cdot 10^{-19}\, N_A\, Z_{\text{eff}}^2\, n^{-2} = 1312\, (Z-S)^2\, n^{-2}\ \text{kJ mol}^{-1}$$

Da die Quantenzahl n innerhalb einer Periode konstant bleibt und die Abschirm-konstante S nicht im selben Maße zunimmt wie Z, steigen die I_1-Werte von den Alkalimetallen zu den Edelgasen hin stark an. Wegen der besonderen Stabilität voll besetzter und halb besetzter Teilkonfigurationen vom Typ ns^2 bzw. np^3 ergeben sich beim insgesamt steilen Anstieg der I_1-Werte innerhalb einer Periode Spitzenwerte bei den Erdalkalimetallen und den Pnictogenen (Abb. 1.7).

Der Gang von I_1 innerhalb der Gruppen wird verständlich, wenn man bedenkt, dass zwar Z stärker ansteigt als n, dass aber auch die Abschirmung durch die inneren Elektronen in einer den Anstieg von Z überwiegenden Weise größer wird. Der Gang von I_1 in den Nebenperioden ist mit einfachen Mitteln nicht zu be-schreiben.

Aus naheliegenden Gründen steigen die I_m-Werte mit größer werdendem m stark an. Ganz besonders stark wird der Sprung von I_m nach I_{m+1} dann, wenn das m-fach positive Elementkation eine Edelgaskonfiguration hat. Beispielsweise ist I_2 bei Be nur um das Doppelte größer als I_1 (897 bzw. 1758 kJ mol^{-1}), bei Li dagegen um das 14-Fache (518 bzw. 7287 kJ mol^{-1}).

1.4.2 Elektronenaffinität

Unter der *Elektronenaffinität A* versteht man diejenige Energie, die verbraucht oder frei wird, wenn man ein Elektron aus der Gasphase in die energietiefste, unbesetzte oder noch nicht voll besetzte Elektronenbahn eines Atoms in der Gasphase einbaut. Bei der Bildung einfach geladener Anionen wird dann am meisten Energie frei, wenn – wie bei den Halogenen – die Edelgaskonfiguration erreicht wird. Die folgende Gegenüberstellung der A-Werte der Alkali- und der Erdalkalimetalle lehrt aber auch, dass die Vollbesetzung der s-Unterschale begünstigt ist; das positive Vorzeichen der A-Werte von Be und Mg bedeutet, dass hier Energie aufgewendet werden muss, um ein Elektron in das entsprechende p-Niveau einzubringen. Die folgenden Elektronenaffinitäten sind in kJ mol^{-1} angegeben:

H	-72							
Li	-52	Be	$+60$	...	O	-142	F	-332
Na	-72	Mg	$+30$	...	S	-200	Cl	-348
							Br	-324
(Au	-211)						I	-295

Das Nebengruppenmetall Au passt sich den Alkalimetallen gut an. Bei den Elementen O und S wird durch Aufnahme eines Elektrons keine Edelgaskonfiguration erreicht, deshalb sind die A-Werte auch weniger negativ als bei den Halogenen. Immerhin ist der Gang von den Erdalkalimetallen zu den Chalkogenen wieder ein Indiz dafür, dass – ähnlich wie bei den Ionisierungsenergien – die Kernladung innerhalb einer Periode stärker ansteigt als die Abschirmungskonstante. Der Gang von A innerhalb der Gruppen ist nicht regelmäßig.

Die 2. Elektronenaffinitäten, also die zur Zuführung eines zweiten Elektrons nötigen Energien, weisen aus elektrostatischen Gründen durchwegs einen hohen positiven Betrag auf. Bei den Chalkogenen spricht man gelegentlich von Elektronenaffinitäten schlechthin, meint aber dabei die Summe aus 1. und 2. Elektronenaffinität. Obwohl die Chalkogene durch Aufnahme zweier Elektronen die Edelgaskonfiguration erhalten, sind hierfür hohe Energien aufzubringen, nämlich 705 und 332 kJ mol^{-1} für Oxygen bzw. Sulfur.

1.4.3 Metalle, Halbmetalle, Nichtmetalle

Die Elemente kann man in *Metalle*, *Halbmetalle* und *Nichtmetalle* einteilen. Metallische Elemente (summarische Abkürzung: M) sind mit Ausnahme des Quecksilbers bei Raumtemperatur fest; sie weisen eine starke Lichtabsorption oder eine hohe Lichtreflexion (metallischer Glanz) und eine beträchtliche Leitfähigkeit für Wärme und für den elektrischen Strom auf. Metalle sind die Elemente der Alkali- und Erdalkaligruppe, die Elemente Al, Ga, In und Tl der 13. Gruppe und die Elemente Sn und Pb der 14. Gruppe sowie sämtliche Nebengruppenelemente, Lanthanoide und Actinoide. Die Atome der Metalle im festen Zustand werden durch die sog. *metallische Bindung* zusammengehalten.

Als Nichtmetalle (summarische Abkürzung: X) bezeichnet man die Edelgase, die Halogene, die Chalkogene O und S, die Pnictogene N und P sowie die Elemente C und H. Sie treten im Allgemeinen bei Normalbedingungen (25 °C, 1 bar) nicht als freie Atome auf, sondern sind aneinander gebunden. Die Bindung zwischen ihnen nennt man die *kovalente Bindung*. Eine Ausnahme bilden die Edelgase, die keine chemische Bindung mit sich selbst eingehen können. Bestehen kovalente Bindungen zwischen einer wohldefinierten endlichen Zahl von Atomen, so bezeichnet man die Gesamtheit dieser Atome als ein *Molekül*. Die meisten nichtmetallischen Elemente treten unter Normalbedingungen als zweiatomige Moleküle mit der *Molekularformel* X_2 auf: H_2, N_2, O_2, F_2, Cl_2, Br_2 und I_2; das Element Sulfur bildet achtatomige, zum Ring geschlossene Moleküle S_8. In den bei Raumtemperatur festen Nichtmetallen C und P liegen dagegen kovalente Bindungen zwischen einer beliebig großen, nämlich in der Größenordnung der Avogadro-Konstanten liegenden Zahl von Atomen vor, und es handelt sich bei diesen Nichtmetallen um Festkörper. Der Dualismus Molekül/Festkörper − hier eine endliche, wohldefinierte, dort eine beliebig große Zahl an beteiligten Atomen − spielt für die stofflichen Eigenschaften eine fundamentale Rolle. Wenn kovalente oder metallische Bindungskräfte die Atome im Festkörper zusammenhalten, dann spricht man von einem *Festkörper 1. Art*.

Die molekular aufgebauten Nichtmetalle liegen wie die atomar aufgebauten Edelgase bei Normalbedingungen als Gase vor, ausgenommen das flüssige Brom und die festen Elemente Iod und Sulfur. Im festen Iod werden I_2-Moleküle und im festen Sulfur S_8-Moleküle durch sog. *zwischenmolekulare Bindungen* oder *Bindungen 2. Art* oder *physikalische Bindungen* zusammengehalten. Diese Bindungen sind wesentlich schwächer als die metallischen und kovalenten Bindungen, also die chemischen Bindungen oder *Bindungen 1. Art*. Aus Molekülen aufgebaute Festkörper wollen wir als *Festkörper 2. Art* bezeichnen. Zu ihnen zählen unter den Nichtmetallen nicht nur die bei Normalbedingungen festen Elemente Iod und Sulfur, sondern alle Nichtmetalle, auch die Edelgase, sofern man sie durch genügend starkes Abkühlen verfestigt. Ein Charakteristikum der Festkörper 2. Art ist ihre *Flüchtigkeit*, d. h., dass man sie bei relativ geringer Temperatur in die Gasphase überführen kann.

Die bisher nicht genannten Elemente der 3. bis 6. Hauptgruppe gehören zu den *Halbmetallen*, nämlich mit steigender Gruppennummer: B, Si, Ge, As, Sb, Bi, Se, Te und Po. Sie sind sog. *Halbleiter*. Dies bedeutet, dass ihre Leitfähigkeit wesentlich geringer ist als die der Metalle und im Gegensatz zu diesen mit der Temperatur ansteigt. Sie sind alle bei Normalbedingungen Festkörper 1. Art.

Im Rechteckschema der Hauptgruppenelemente im PSE stehen die Metalle links und in der Mitte unten, die Nichtmetalle rechts und in der Mitte oben. In der Mitte ist das Schema durch die schräg zwischen den Metallen und Nichtmetallen verlaufende Zone der Halbmetalle charakterisiert, sodass kein Metall an ein Nichtmetall grenzt.

1.4.4 Molekularer, metallischer und ionogener Aufbau von Verbindungen

Kovalente Bindungen können nicht nur zwischen Atomen desselben nichtmetallischen Elements bestehen, sondern auch zwischen den Atomen verschiedener Nichtmetalle. Dabei ist im Allgemeinen eine endliche Zahl voneinander verschiedener Nichtmetallatome, z. B. a Atome X, b Atome X', c Atome X'' usw., aneinander gebunden, und es liegt dann ein Molekül mit der *Molekularformel* $X_a X'_b X''_c \ldots$ vor. Eine nur aus Molekülen desselben Typs aufgebaute Substanz nennt man entweder ein *Element*, wenn nur eine Atomsorte am Molekül beteiligt ist (s. o.), oder ansonsten eine *Verbindung*. Die Molekularformel kann für ein einzelnes Molekül oder auch für eine makroskopische Vielheit von Molekülen, also für eine molekular gebaute Substanz, stehen. In weniger häufigen Fällen verbinden sich voneinander verschiedene Nichtmetalle über kovalente Bindungen schon bei Raumtemperatur zu Festkörpern 1. Art, also nicht zu Molekülen, so wie wir es bei den Elementen im Falle von Carbon und Phosphor in Abschnitt 1.4.3 kennengelernt haben.

Zwischen unterschiedlichen Metallen können ebenso wie in metallischen Elementen metallische Bindungen bestehen. Festkörper, die aus mehreren metallischen Elementen aufgebaut sind, nennt man *intermetallische Phasen* oder *Legierungen*; sie stellen ebenfalls *Verbindungen* dar. Eine Molekularformel ist bei Festkörpern 1. Art nicht definiert, wohl aber eine *empirische Formel*, die im Falle einer aus den Metallen M, M', M'' usw. zusammengesetzten Legierung die Form $M_a M'_b M''_c \ldots$ annimmt. Hierin bedeutet a : b : c ... das Stoffmengenverhältnis, in welchem die Metalle an der Verbindung beteiligt sind.

Bei der Vereinigung verschiedenartiger Nichtmetalle und bei der Vereinigung von Metallen kommt es also zu Verbindungen, in denen die Atome eines Moleküls bzw. die Atome eines Festkörpers 1. Art durch kovalente oder metallische Bindungskräfte zusammengehalten werden. Auch bei der Vereinigung von Hauptgruppenmetallen mit Nichtmetallen kommt es zur Bildung von Verbindungen, die bei Raumtemperatur fest sind. Sie heißen *Salze* oder *ionogene Festkörper*. Man kann sie sich aus Ionen aufgebaut denken, und zwar aus Kationen der Metall- und aus Anionen der Nichtmetallkomponente, die durch elektrostatische Kräfte zusammengehalten werden. Diese *ionogene Bindung* zählt ebenso wie die kovalente und die metallische Bindung zu den Bindungen 1. Art, sodass Salze Festkörper 1. Art darstellen. Liegt etwa ein Kation M^{b+} und ein Anion X^{a-} vor, so muss das aus M und X gebildete Salz aus Kationen und Anionen im Verhältnis a : b zusammengesetzt sein, damit Elektroneutralität herrscht. Als empirische Formel für ein derartiges Salz schreibt man $M_a X_b$. Verbindungen zwischen Übergangsmetallen und Nichtmetallen haben im Allgemeinen einen weniger ausgeprägt salzartigen Charakter. Metallische oder kovalente Anteile treten hinzu und können im Einzelfall auch überwiegen.

In Verbindungen zwischen Halbmetallen überwiegt der kovalente Charakter ebenso wie in Verbindungen zwischen Halbmetallen und Nichtmetallen. Verbindungen zwischen Halbmetallen und Hauptgruppenmetallen, insbesondere Alkali- und Erdalkalimetallen, gehören einem besonderen Verbindungstyp an: Die als Anionen vorliegenden Halbmetalle sind kovalent aneinander gebunden, und zwischen diesen kovalenten Bereichen der Verbindung und den Metallkationen besteht eine vorwiegend ionogene Bindung (*Zintl-Phasen*). Bei Verbindungen zwischen Halbmetallen und Übergangsmetallen lässt sich die Zuordnung zu einem bestimmten Bindungstyp nicht ohne weiteres systematisieren.

Die Zahlen a, b, c usw. in Molekularformeln müssen stets ganze Zahlen sein. Im Falle von Festkörpern repräsentieren diese Zahlen Stoffmengenverhältnisse, die entweder ganzzahlig (*stöchiometrische Verbindungen* oder *Daltonide*) oder nicht ganzzahlig sind (*nichtstöchiometrische Verbindungen* oder *Nichtdaltonide* oder *Berthollide*). Im Falle der Ganzzahligkeit gibt man bei Festkörpern immer den kleinsten Satz ganzer Zahlen an. Beispielsweise schreibt man für ein aus Th^{4+} und O^{2-}-Ionen zusammengesetztes Salz die Formel ThO_2; die *Eins* als Zahl wird stets weggelassen.

Elementsymbole in *empirischen Formeln* stehen in alphabetischer Reihenfolge, auch wenn die Substanz molekular gebaut ist, außer in Carbon-haltigen Substanzen, in denen das Carbon-Symbol C an erster und das Hydrogen-Symbol H an zweiter Stelle genannt werden, also z. B. $BrClH_3N_2$, NaO_2Pt, aber $C_{10}H_{10}ClFe$. Auch bei molekular aufgebauten Elementen kann man die empirische von der Molekularformel unterscheiden; z. B. ist O die empirische, O_2 die Molekularformel für das Element mit $Z = 8$. In Formeln für Salze weicht man von der alphabetischen Reihenfolge ab und schreibt erst das Kation, dann das Anion, z. B. NaCl, ThO_2. Im Falle mehrerer Kationen oder Anionen gilt allerdings unter ihnen wieder die alphabetische Reihenfolge, z. B. $KMgCl_3$. Bei Verbindungen zwischen Nichtmetallen oder zwischen Halbmetallen oder zwischen Nicht- und Halbmetallen wird das Symbol zuerst notiert, das in der folgenden Reihe am weitesten vorne steht, sofern man sich nicht mit der Angabe der empirischen Formel begnügt:

Rn, Xe, Kr, B, Si, C, Sb, As, P, N, H, Te, Se, S, At, I, Br, Cl, O, F.

Die Bildung einer Verbindung ist mit einem Umsatz an Energie verbunden, der viel kleiner ist als bei der Bildung eines Atoms aus den entsprechenden Elementarteilchen. Deshalb tritt bei der Bildung von Verbindungen aus den entsprechenden Elementen kein messbarer Massendefekt auf. Die Molekülmasse ist damit genau gleich der Summe der Massen der beteiligten Atome. Entsprechendes gilt natürlich für die molare Masse M einer aus Molekülen aufgebauten Verbindung. Bei Festkörpern 1. Art ist eine Molekülmasse nicht definiert, wohl aber eine molare Masse, die sich aus der Substanzformel $M_aM'_b$ oder M_aX_b so errechnet, dass man die Massen von a mol M und b mol M′ (Legierung) bzw. a mol M und b mol X (Salz) zusammenaddiert.

Es sind mehrere Millionen Verbindungen bekannt. Der jährliche Zuwachs beträgt mehrere Hunderttausend.

1.4.5 Atom- und Ionenradien

Mithilfe der Theorie definierte und errechnete *ideale* Atomradien sind im Allgemeinen mit *real* gemessenen nicht vergleichbar, da man zum Zwecke der Messung idealer Radien Atome in der Gasphase im Grundzustand in eine Messapparatur einbringen müsste. Dies gelingt bei den einatomigen Edelgasen; bei den anderen Elementen bleiben die idealen *wahren* Atomradien, die sog. *van der Waals-Radien*, hypothetische Größen.

Die experimentell zugänglichen und tabellierten *realen* Atomradien beziehen sich nicht auf die freien, *ungestörten* Atome, sondern auf Atome, die mit ihresgleichen in kovalenter oder metallischer Wechselwirkung stehen. Diese sog. *kovalenten* bzw. *metallischen Atomradien* sind durchweg kleiner als die van der Waals-Radien und ihre Größe hängt überdies noch von der *Zahl* der nächsten Nachbarn eines Atoms im Molekül bzw. im Festkörper ab, der *Koordinationszahl* k. Die Werte für die *metallischen* Atomradien in Tab. 1.4 (links bzw. unterhalb des Trennstrichs) beziehen sich bei den Alkalimetallen und bei Ba auf $k = 8$, bei den übrigen Metallen auf $k = 12$; in der stabilen Modifikation von Ga jedoch liegen bei $k = 7$ vier verschiedene Ga—Ga-Abstände vor, die zu dem in Tab. 1.4 genannten Mittelwert führen. Die *kovalenten* Atomradien in Tab. 1.4 entsprechen Abständen, die für die festen Halb- und Nichtmetalle in ihrer bei Normalbedingungen stabilsten Modifikation gemessen wurden (außer bei C und Sn: hier liegt die bei Normalbedingungen metastabile Diamant-Struktur zugrunde, s. u.). Solche Elemente gibt es in den Gruppen 14 (C bis Sn, $k = 4$), 15 (P bis Bi, $k = 3$) und 16 (S bis Te, $k = 2$). Im Falle von B, C, N, O und Hal sind in Tab. 1.4 Werte angegeben, die aus gemessenen Element—Element-Einfachbindungsabständen durch Halbieren hervorgehen, und zwar wurden die zugrunde liegenden Messungen an den Molekülen F_2B—BF_2 ($k = 3$), H_2N—NH_2 ($k = 3$), HO—OH ($k = 2$) und Hal—Hal ($k = 1$) in der Gasphase vorgenommen (weitere Einzelheiten zum Begriff *Einfachbindung* usw. siehe Abschnitt 2.1.3, zu *Bindungslängen* siehe Abschnitt 2.7.1). Da längs einer Periode die Zunahme der Kernladung gegenüber der Zunahme der Abschirmung überwiegt, sinken die auf die gleiche Koordinationszahl bezogenen metallischen Atomradien im Allgemeinen von links nach rechts im PSE, während das ebenfalls aus Tab. 1.4 meist abzulesende Absinken der kovalenten Atomradien von links nach rechts wegen der verschiedenen Koordinationszahlen für Vergleichszwecke irrelevant ist. Innerhalb einer Gruppe steigen die Atomradien erwartungsgemäß von oben nach unten. Die Atomradien der d- und f-Elemente zeichnen sich längs einer Periode nicht durch einen stetigen Gang aus. Bemerkenswert sind in den Nebenperioden die Minima der metallischen Radien bei den Metallen der Gruppen $8-10$ sowie in der Lanthanoidenreihe bei allgemein fallender Tendenz (*Lanthanoidenkontraktion*) die Maxima bei Eu und Yb. Ferner führt (als Folge der Lanthanoidenkontraktion) die Ähnlichkeit der metallischen Radien der Gruppennachbarn in der 2. und 3. Nebenperiode zur Ähnlichkeit all jener Eigenschaften, die von den Radien abhängen.

Tabelle 1.4 Kovalente bzw. metallische Atomradien der Hauptgruppenelemente (in pm).

Li	157	Be	114	B	86	C	77	N	72	O	74	F	71
Na	191	Mg	160	Al	143	Si	118	P	112	S	104	Cl	99
K	235	Ca	197	Ga	153	Ge	122	As	125	Se	119	Br	114
Rb	250	Sr	215	In	167	Sn	148	Sb	145	Te	142	I	133
Cs	272	Ba	224	Tl	173	Pb	175	Bi	153	Po		At	

Ebenso wie bei den Atomen ist auch bei den Kationen und Anionen eine Messung ihrer Radien in der freien Ionenform nicht möglich, vielmehr ist man auf Messungen an Ionenkristallen angewiesen. Vergleichbare, auf gleichartige Umgebungsverhältnisse standardisierbare Messwerte gewinnt man vorzugsweise nur an Ionenkristallen mit sehr hohem Ionenbindungsanteil, wie sie besonders von den Ionen der Hauptgruppenelemente gebildet werden, wenn sie eine Edelgaskonfiguration aufweisen, also besonders von den einfach positiv geladenen Alkali- und den zweifach positiv geladenen Erdalkali-Kationen sowie von den einfach negativ geladenen Halogen- und den zweifach negativ geladenen Chalkogen-Anionen. Für die dreifach und vierfach positiven Kationen der Gruppen 13 bzw. 14 sowie für die dreifach negativen Pnictogen-Anionen ist die Angabe eines Ionenradius trotz ihrer edelgasartigen Elektronenkonfiguration schon fragwürdig, da in den von ihnen gebildeten Kristallen der Ionenbindungscharakter vielfach nicht mehr überwiegt, und von den hypothetischen, edelgasanalog konfigurierten Ionen von B, C, Si, Ge, As, Sb und Bi lassen sich keine Ionenkristalle und daher auch keine Messwerte für Ionenradien gewinnen.

Aus Tab. 1.5 geht in Übereinstimmung mit der Erwartung hervor, dass sowohl die Kation- als auch die Anionradien im PSE von rechts nach links und von oben nach unten steigen. Ein Vergleich mit Tab. 1.4 lehrt − wieder in Übereinstimmung mit der Erwartung −, dass sich die Atome bei der Kationbildung verkleinern und bei der Anionbildung vergrößern. Bei den Hauptgruppenelementen kennt man auch Kationen mit der Valenzelektronenkonfiguration ns^2, nämlich Tl^+, Sn^{2+} und Pb^{2+}. Bei den d-Metallen ist − im Gegensatz zu den Hauptgruppenmetallen − das Auftreten mehrerer Ionisierungsstufen nicht die Ausnahme, sondern die Regel; dabei werden zwei- und dreifach positive Kationen besonders häufig beobachtet. Der Gang der Radien zweifach ionisierter d-Kationen innerhalb einer Nebenperiode zeichnet sich durch ein Maximum bei der d^5-Halbbesetzung, also bei Mn^{2+}, Tc^{2+}

Tabelle 1.5 Radien von Ionen der Hauptgruppenelemente mit Edelgas- bzw. edelgasähnlicher Konfiguration, bezogen auf die Koordinationszahl 6 (in pm).

Li^+	76	Be^{2+}	45	B		C		N^{3-}		O^{2-}	140	F^-	133
Na^+	102	Mg^{2+}	72	Al^{3+}	54	Si		P^{3-}		S^{2-}	184	Cl^-	181
K^+	138	Ca^{2+}	100	Ga^{3+}	68	Ge		As		Se^{2-}	198	Br^-	196
Rb^+	152	Sr^{2+}	118	In^{3+}	80	Sn^{4+}	69	Sb		Te^{2-}	221	I^-	220
Cs^+	167	Ba^{2+}	135	Tl^{3+}	89	Pb^{4+}	78	Bi		Po		At	

und Re^{2+}, aus. Die Radien der dreifach positiven Kationen der d- und f-Elemente fallen längs der Perioden monoton ab. Im Falle der Lanthanoide spricht man dabei − ebenso wie bei den Atomradien − von der *Lanthanoidenkontraktion*. Es versteht sich, dass der Radius eines Kations umso kleiner wird, je höher man es ionisiert.

1.4.6 Klassifizierung der Chemie

Eine fundamentale Unterteilung der Chemie ist die in *Theoretische Chemie* und *Experimentalchemie*. Erstere ist aus der Theoretischen Physik als eine auf die Chemie angewendete Quantenmechanik hervorgegangen, Letztere entspricht der traditionellen Auffassung von der Chemie als einer Erfahrungswissenschaft. Was die Zahl der wissenschaftlichen Veröffentlichungen und das Ausmaß eingesetzter Forschungsarbeit betrifft, übertrifft die Experimentalchemie noch immer deutlich die Theoretische Chemie. Immer mehr Wissenschaftler sind allerdings mit beiden Bereichen vertraut.

Die Einteilung der Chemie in *Molekülchemie* und *Festkörperchemie* ist bedeutsam vom Standpunkt der experimentellen Methoden aus, die zum Umgang mit molekular aufgebauten Verbindungen bzw. mit Festkörpern nötig sind. Angesichts der endlichen bzw. beliebig großen Zahl von Atomen, die am Aufbau eines Moleküls bzw. eines Festkörpers beteiligt sind, sagt man auch, die Molekülchemie handle von *mikroskopischen*, die Festkörperchemie von *makroskopischen Systemen*. Dazwischen gibt es eine Art Grauzone, die Welt der riesengroßen Moleküle, deren Durchmesser nicht mehr in der Größenordnung von $100-1000$ pm, sondern von $10-100$ nm liegen (*Nanophasen-Chemie*), eine auch methodisch eigenständige Welt zwischen den mikroskopischen und den makroskopischen Systemen, nämlich die Welt der *mesoskopischen Systeme*.

Eine logisch gesehen ziemlich willkürliche, aber seit langem institutionalisierte Einteilung ist die in *Anorganische* und *Organische Chemie*. Die Organische Chemie handelt von Molekülen, in denen Carbon und Hydrogen aneinander gebunden sind und in denen Carbon außerdem noch an ein Nichtmetall gebunden sein kann. Die meisten bekannten Moleküle gehören zur Organischen Chemie. Die Anorganische Chemie handelt von allen übrigen Verbindungen. Als Grenzgebiet zwischen der Anorganischen und der Organischen Chemie gilt die *Metallorganische Chemie*, zu der alle Moleküle gehören, in denen Carbon außer an Hydrogen und eventuell ein Nichtmetall noch an ein Metall oder Halbmetall gebunden ist.

Behandelt man die Chemie mit den Methoden der Physik, so spricht man von *Physikalischer Chemie*. Methodisch bedeutsam ist die Unterteilung der Chemie in *Synthetische Chemie*, die sich mit der Herstellung der Stoffe befasst, und in *Analytische Chemie*, die die Zusammensetzung und Struktur von Stoffen im Auge hat. Wichtige Beispiele für eine Klassifizierung der Chemie nach stofflichen Kriterien bieten die *Biochemie*, *Radiochemie*, *Pharmazeutische Chemie*, *Lebensmittelchemie* usw., Disziplinen, die in sinnfälliger Weise vom Aufbau und von den Reaktionen biologisch einschlägiger, radioaktiver, pharmazeutischer bzw. als Nahrungsmittel genutzter Stoffe handeln. Die *Makromolekulare Chemie* befasst sich mit Stoffen, die aus einer beliebig großen Zahl in der Regel organischer Moleküle durch *Polymerisation* hervorgegangen sind (*Polymerchemie*). Man wäre geneigt, von *Organischer Festkörperchemie* zu sprechen, würden sich nicht die organischen Polymeren von den meisten anorganischen Festkörpern im Ordnungsgrad ihrer Struktur unterscheiden. Die Grenzen sind fließend.

Eine hochrangige Unterteilungsmöglichkeit ist die in *Reine* und *Angewandte Chemie*. Erstgenannte betreibt man vom Standpunkt des technischen Nutzens aus (*Technische Chemie*), Letztgenannte im Hinblick auf den Gewinn an grundlegender Erkenntnis. Die Unterschiede fließen ineinander, so wie es dem pragmatischen Charakter entspricht, der sich bei den professionell mit Chemie Befassten in der Regel heranbildet.

1.5 Grundbegriffe über Reaktionen

1.5.1 Reaktionsgleichung

Wenn Bindungen zwischen Atomen geöffnet oder geschlossen oder geöffnet und geschlossen werden, dann ist eine *Reaktion* im Gange. Dabei können jene Atome Elementen oder Verbindungen, Molekülen oder Festkörpern angehören. Die an einer Reaktion teilnehmenden Stoffe, also entweder Elemente oder Verbindungen, heißen *Reaktanden* oder *Reaktionskomponenten*. Im Zuge einer Reaktion vermehren sich die einen und vermindern sich die anderen. Erstere nennt man *Produkte*, letztere *Edukte*. Jede chemische Reaktion lässt sich durch eine *Reaktionsgleichung* beschreiben. In ihr stehen die Substanzformeln der Edukte auf der linken, die der Produkte auf der rechten Seite, und zwischen Edukten und Produkten steht ein Reaktionspfeil in Richtung auf die Produkte. Die beiden folgenden Reaktionsgleichungen (1) und (2) seien als Beispiele behandelt.

(1) $2\,Na\ +\ Cl_2\ \rightarrow\ 2\,NaCl$

(2) $4\,NH_3 + 3\,O_2\ \rightarrow\ 2\,N_2 + 6\,H_2O$

Die Zahl k der Reaktionskomponenten beträgt 3 bzw. 4. Vor den Formeln der Reaktanden stehen ganze Zahlen. Keine Zahl vor einem Reaktanden bedeutet eine Eins. Diese Zahlen, die sog. *stöchiometrischen Faktoren*, legen Stoffmengenverhältnisse fest. Wenn im Falle von Gleichung (1) die Stoffmenge $2n$ an NaCl gebildet werden soll, dann müssen sich die Stoffmengen $2n$ an Na und n an Cl_2 miteinander umsetzen und zwar für beliebige Werte von n. Die verbrauchten bzw. die gebildeten Stoffmengen der Edukte bzw. Produkte verhalten sich also in der Reihenfolge ihrer Nennung wie $2:1:2$ (Gleichung 1) bzw. wie $4:3:2:6$ (Gleichung 2). Man wählt als stöchiometrische Faktoren gewöhnlich den Satz kleinster ganzer Zahlen. Einen

Umsatz dergestalt, dass die stöchiometrischen Faktoren den Stoffmengen nicht nur proportional, sondern ihnen gleich sind ($n = 1$ mol), nennt man den *Formelumsatz*. Beispielsweise bedeutet dies im Falle von Gleichung (1), dass 2 mol Na und 1 mol Cl_2 zu 2 mol NaCl abreagieren. Dass chemische Reaktionen unter ganzzahligen Stoffmengenverhältnissen ablaufen, liegt in der Proportionalität von Stoffmenge und Teilchenzahl begründet und kann nur solange gelten, wie wir es mit stöchiometrischen Verbindungen zu tun haben. Da sich im ionogenen Festkörper NaCl die Zahl der Kationen zu der der Anionen wie $1:1$ verhält, muss natürlich jedes Molekül des zweiatomigen Gases Cl_2 zwei Atome Na aus dem Festkörperverband dieses Metalls herausholen, um zu NaCl abreagieren zu können. Ebenso werden die ganzen stöchiometrischen Faktoren in Gleichung (2) von den ganzen Zahlen an Atomen diktiert, aus denen die Moleküle NH_3, O_2, N_2 und H_2O zusammengesetzt sind.

Bei allen vier Komponenten von Reaktion (2) handelt es sich, wenn man die Reaktion oberhalb des Siedepunkts von Wasser durchführt, um Gase. In Gasmischungen, wie sie bei Reaktion (2) dann vorliegen, sind die Komponenten stets auf molekularer Basis statistisch verteilt, d. h. die Wahrscheinlichkeit, ein Molekül einer bestimmten Komponente in der Umgebung eines gegebenen Moleküls anzutreffen, richtet sich nach dem Anteil jener Komponente entsprechend der Stoffmengenproportion (*homogene Mischung*). Bei Reaktion (1) hingegen liegen zwei feste (Na, NaCl) und eine gasförmige Komponente (Cl_2) vor, und keine der Komponenten ist mit einer anderen homogen mischbar (*heterogene Mischung*).

Um besonders einfache Reaktionsgleichungen handelt es sich bei den sog. *Phasenübergängen*, d. s. Übergänge zwischen den *Aggregatzuständen* (fest, flüssig, gasförmig), also die Übergänge fest/flüssig, flüssig/gasförmig und fest/gasförmig, jeweils in beiden Richtungen. Auch Übergänge von einer Struktur fester Körper in eine andere, sog. *Modifikationswechsel*, zählen zu den Phasenübergängen. Bei Phasenübergängen entstehen keine neuen Verbindungen mit veränderter Zusammensetzung, wie es bei *chemischen Reaktionen* der Fall ist. Man kann sie daher als *physikalische Reaktionen* bezeichnen, obwohl auch bei ihnen chemische Bindungen geöffnet oder geschlossen werden können.

Ein bekanntes Beispiel für einen nichtstöchiometrischen Festkörper bietet die weitgehend salzartig aufgebaute Verbindung Fe_xO ($x = 0.90-0.95$), deren Bildung aus den Elementen durch eine Reaktionsgleichung mit nicht ganzzahligen stöchiometrischen Faktoren wiedergegeben werden muss:

$$2x\ Fe + O_2 \rightarrow 2\ Fe_xO \qquad (x = 0.87 - 0.95)$$

Eine chemische Reaktion zwischen k Komponenten S_1, $S_2 \ldots S_k$ (das Symbol S steht hier für eine Substanzformel) mit den stöchiometrischen Faktoren v_1, $v_2 \ldots v_k$ lässt sich in folgender verallgemeinerter Form aufschreiben:

$$v_1\ S_1 + v_2\ S_2 + \ldots. \rightarrow \ldots. + v_{k-1}\ S_{k-1} + v_k\ S_k$$

Alle Reaktionen sind von einem Energieumsatz begleitet, der sog. *Reaktionswärme* oder *Wärmetönung*. Wird Wärme verbraucht, so spricht man von einer *endothermen* Reaktion mit *positiver* Wärmetönung, im umgekehrten Fall von einer *exothermen* Reaktion mit *negativer* Wärmetönung. Da die Wärmetönung den umgesetzten Stoffmengen proportional ist, bezieht man Reaktionswärmen immer auf einen bestimmten Umsatz, nämlich den Formelumsatz. Das ist nur dann nicht der Fall, wenn es sich um die Reaktionswärme für die Bildung einer Verbindung aus den Elementen (*Bildungswärme*) handelt; die Bildungswärme bezieht man nämlich immer auf die Bildung von 1 mol der Verbindung, also z. B. auf die Bildung von 1 mol NaCl aus 1 mol Na und 1/2 mol Cl_2. Naturgemäß kehrt sich das Vorzeichen der Reaktionswärme um, wenn die Richtung der Reaktion umgekehrt wird, also die Edukte mit den Produkten die Rolle tauschen. So ist beispielsweise die Bildung von NaCl aus den Elementen nach Gleichung (1) eine exotherme Reaktion, während umgekehrt der Zerfall von NaCl in die Elemente Na und Cl_2 endotherm verläuft. In welcher Richtung nun eine Reaktion tatsächlich verläuft, ob endotherm oder exotherm, wie es also um ihre *Triebkraft* bestellt ist, hängt von den Zustandsvariablen ab, das sind Druck, Volumen, Temperatur sowie Mischungsvariable.

Da die zur Wärmetönung chemischer Reaktionen proportionale Massenänderung unmessbar klein ist, bleibt in einem geschlossenen System chemisch reagierender Stoffe die Gesamtmasse erhalten, das heißt die Masse aller verbrauchten Edukte muss gleich der Gesamtmasse der gebildeten Produkte sein. Man ist übereingekommen, die stöchiometrischen Faktoren für Produkte mit einem positiven, für Edukte mit einem negativen Vorzeichen zu versehen, sodass sich der Satz von der Massenerhaltung bei einer chemischen Reaktion kurz so formulieren lässt:

$$\sum_{i=1}^{k} v_i \, M_i = 0$$

Von den *umgesetzten* sind die in eine Reaktion *eingesetzten* Mengen wohl zu unterscheiden. Während das Verhältnis der umgesetzten Mengen von den stöchiometrischen Faktoren bestimmt wird, sind die eingesetzten Mengen beliebig wählbar. Wählt man speziell die Stoffmengen der Edukte im Verhältnis ihrer stöchiometrischen Faktoren, so spricht man von einem *stöchiometrischen Ansatz*. Im Allgemeinen aber weichen die eingesetzten Stoffmengen von diesem Verhältnis ab, und zwar befindet sich ein Edukt im *Überschuss* oder im *Unterschuss*, je nachdem, ob die eingesetzte Stoffmenge größer oder kleiner ist, als es der Proportion zwischen den stöchiometrischen Faktoren entspricht.

1.5.2 Thermodynamisch und kinetisch determinierte Reaktionen

Es lässt sich denken, dass die Edukte im Falle eines stöchiometrischen Ansatzes solange reagieren, bis sie gänzlich aufgezehrt sind, oder dass im Falle eines nichtstöchiometrischen Ansatzes die Reaktion solange abläuft, bis dasjenige Edukt, das im Unterschuss eingesetzt wurde, völlig verbraucht ist. Bei Reaktionen heterogener

Mischungen kann dies der Fall sein. In homogenen Mischungen der Reaktanden, also z. B. bei Gasreaktionen, erlischt die *Triebkraft* aber, bevor irgendein Edukt verbraucht ist. Wenn eine Reaktion keine Triebkraft mehr hat und sich die Stoffmengen der Reaktanden nicht mehr ändern, dann befinden sie sich im *Gleichgewicht*. Man sagt auch, das System reagierender Stoffe sei im Gleichgewicht *stabil,* vor Erreichen des Gleichgewichts *instabil*. Bezeichnen wir die Stoffmenge der i-ten Komponente vor Erreichen des Gleichgewichts mit n_i, die Stoffmenge im Gleichgewicht mit $n_i^\#$ und die vom Experimentator zu Beginn einer Reaktion eingesetzte Stoffmenge mit n_i^0, dann wird für jede Komponente die Stoffmenge $\Delta n_i = n_i^\# - n_i^0$ umgesetzt, die positiv für Produkte und negativ für Edukte ist.

Der Begriff *Triebkraft* wurde eben ohne genauere Definition als jene Größe eingeführt, die anzugeben gestattet, ob und bis zu welchen Gleichgewichts-Stoffmengen eine Reaktion abläuft. Die Beschreibung dieser Größe und ihrer Abhängigkeit von den Zustandsvariablen ist der zentrale Gegenstand der *Thermodynamik*. Die Größe *Zeit* wird von der Thermodynamik nicht erfasst und damit auch nicht die Geschwindigkeit einer Reaktion. Nun gibt es nicht wenige Systeme von Reaktanden, in denen zwar Triebkraft besteht, die also thermodynamisch instabil sind, die aber beliebig langsam oder praktisch überhaupt nicht reagieren, das sind die sog. *metastabilen Systeme*. Wichtige Beispiele hierfür bietet die Vielfalt der organischen Verbindungen, der künstlich hergestellten ebenso wie der am Aufbau der Biomasse beteiligten oder der aus Biomasse entstandenen fossilen Brennstoffe. Sie alle sollten, ginge es nach den Gesetzen der Thermodynamik, mit dem Oxygen der Luft schon bei Raumtemperatur exotherm abreagieren und zwar u. a. zu den Produkten CO_2 und H_2O, tun dies aber bekanntlich nicht ohne weiteres, sondern erst bei Zündung.

Die Geschwindigkeit von Reaktionen ist Gegenstand der *Reaktionskinetik*. Unter *Reaktionsgeschwindigkeit* versteht man dabei die Vergrößerung der Stoffmenge an Produkten mit der Zeit. Die Reaktionsgeschwindigkeit steigt mit der Temperatur, d. h. man kann ein metastabiles System zur Reaktion bringen, wenn man es erhitzt. Die dabei zugeführte Energie nennt man die *Aktivierungsenergie*. Im Falle exothermer Reaktionen genügt vielfach ein Wärmestoß in einem räumlich kleinen Bereich des Systems, um die Reaktion dort in Gang zu setzen, zu *zünden*, während im übrigen Bereich des Systems die freigewordene Wärmetönung die notwendige Aktivierungsenergie bereitstellt. Dies gilt auch für die eben erwähnten Beispiele metastabiler Systeme. Speziell für fossile Brennstoffe ist es ja typisch, dass sie von selbst mit dem Oxygen der Luft reagieren, *verbrennen*, nachdem man sie gezündet hat. Außer durch Erhitzen kann man einem System die zur Reaktion nötige Aktivierungsenergie auch auf anderem Wege zuführen, z. B. mit elektromagnetischen Strahlen, die von einer Komponente absorbiert werden, oder mittels akustischer Stöße usw.

Die während einer chemischen Reaktion sich abspielenden Änderungen im Bindungsgefüge der Reaktanden, der *Reaktionsmechanismus*, können im Einzelnen mehr oder weniger kompliziert sein. Vielfach ist eine Reaktion aus einer Folge einfacher Teilreaktionen zusammengesetzt, sodass Stoffe als mehr oder weniger kurzlebige *Zwischenprodukte* auftreten können, ohne dass sie in der Reaktionsgleichung stehen. Im Allgemeinen sind für eine Reaktion mehrere Mechanismen denkbar, von denen dann die Reaktanden in Wirklichkeit demjenigen folgen, der mit der geringsten Aktivierungsenergie verbunden ist.

Eine wichtige Methode, die Aktivierungsschwelle zu senken, also die Reaktion zu beschleunigen, besteht darin, den Reaktanden einen günstigeren Mechanismus anzubieten, indem man einen Stoff mit besonderen Eigenschaften, einen sog. *Katalysator*, zufügt. Der Katalysator bildet nämlich mit einem oder mehreren der Edukte ohne großen Aktivierungsaufwand ein Zwischenprodukt, das dann unter Freisetzung des Katalysators wieder ohne großen Aktivierungsaufwand zu den Produkten abreagiert. Am Ende der Reaktion liegt der Katalysator in derselben Form vor wie zu Beginn. In der Reaktionsgleichung kommt er nicht vor. Typisch für ihn ist, dass zu seiner Wirksamwerdung eine viel kleinere Stoffmenge ausreicht als die Stoffmengen, in denen sich die Reaktanden umsetzen.

Stellen wir uns vor, dass ein und dieselben Edukte nach verschiedenen Reaktionsgleichungen zu verschiedenen Produkten abreagieren. Wenn dann tatsächlich diejenige Reaktion abläuft, die die größte Triebkraft hat, dann nennt man sie *thermodynamisch determiniert*. Läuft dagegen diejenige Reaktion ab, bei der die geringste Aktivierungsenergie zu überwinden ist, obgleich eine andere Reaktion mehr Triebkraft hätte, dann nennt man die tatsächlich ablaufende Reaktion *kinetisch determiniert*. Beispielsweise kann die Verbrennung von Ammoniak, NH_3, auf zwei Wegen ablaufen:

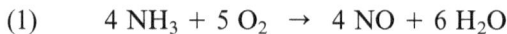

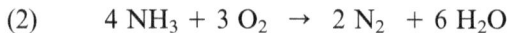

(1) $4\,NH_3 + 5\,O_2 \;\rightarrow\; 4\,NO + 6\,H_2O$

(2) $4\,NH_3 + 3\,O_2 \;\rightarrow\; 2\,N_2 \;+ 6\,H_2O$

Die Reaktion (2) hat mehr Triebkraft und man beobachtet sie als thermodynamisch determinierte Reaktion in Gegenwart von festem Platin als Katalysator. Lässt man jedoch die beiden Edukt-Gase mit einer bestimmten Strömungsgeschwindigkeit an einem Platin-Katalysator mit ganz bestimmter Oberflächenstruktur (s. Abschnitt 4.4.5) vorbeiströmen, dann kann man die Reaktion (1) zur tatsächlich ablaufenden, kinetisch determinierten Reaktion machen, der − nebenbei bemerkt − große technische Bedeutung zukommt.

Bisher war von *chemischen*, z. T. auch *physikalischen* Reaktionen die Rede. Bei ihnen werden das Bindungsgefüge der Reaktanden und damit das Valenzelektronengefüge einiger oder aller Atome in den Reaktanden geändert, bzw. es werden, bei gewissen Phasenübergängen, physikalische Bindungen geöffnet oder geschlossen. Treten dagegen Veränderungen im Kerngefüge von Atomen auf, dann handelt es sich um *Kernreaktionen*. Sie sind im Allgemeinen Gegenstand der *Kernphysik* und *Kernchemie*. Was über chemische Reaktionen oben ausgeführt wurde, trifft auch für Kernreaktionen zu mit der einen Ausnahme, dass die Energieumsätze bei Kernreaktionen so erheblich sein können, dass die mit ihnen parallel gehenden Massendefekte messbar werden. Das Gesetz von der Erhaltung der Masse trifft also für Kernreaktionen nicht unbedingt zu.

Bevor der Begriff der chemischen Reaktion im Abschnitt 4 allgemein und in den auf Abschnitt 4 folgenden Abschnitten speziell vertieft wird, müssen wir uns in den Abschnitten 2 und 3 eingehender als bisher mit dem Molekül bzw. dem Festkörper auseinandersetzen, um klarere Vorstellungen über die Reaktanden zu gewinnen. Vorab aber werden im Folgenden die Kernreaktionen erörtert, da sie als Element-Umwandlungen einen engen Bezug zur Chemie haben. Sie werden deshalb im Abschnitt über das Atom behandelt, weil die Atome ja bei Kernreaktionen im Gegensatz zu chemischen Reaktionen ihre Identität preisgeben.

1.6 Reaktionen des Atomkerns

1.6.1 Natürliche Kernreaktionen

Die aus den Massendefekten ermittelten Kernbindungsenergien lassen sich durch Division mit der Massenzahl A auf einen Kernbaustein zum sog. *Packungsanteil* normieren. Dieser ist für die Elemente der 4. Periode und der 1. Übergangsperiode und hier wieder speziell für gewisse Isotope von Fe, Co und Ni am größten, sodass deren Kerne sich aus anderen Kernen unter Freisetzung gewaltiger Energiemengen von selbst bilden sollten und zwar entweder aus leichteren Kernen durch *Kernverschmelzung* oder aus schwereren Kernen durch *Kernspaltung*. Man braucht aber für derartige Kernreaktionen Aktivierungsenergien, die erst bei einer Temperatur von über 10^9 K erreicht werden, einer Temperatur, die zumindest in unserem Sonnensystem nicht vorkommt. Die auf der Sonne, einem relativ kalten Stern, vorliegende Temperatur von ca. 10^7 K reicht immerhin aus, um einfachere Kernverschmelzungen zu gestatten, vor allem den zu ^{4}He führenden *Proton-Proton-Zyklus*, den man sich aus drei Teilreaktionen aufgebaut denkt:

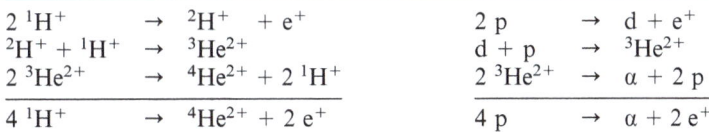

$2\ ^1H^+$	$\rightarrow$	$^2H^+ + e^+$		$2\ p$	$\rightarrow$	$d + e^+$	
$^2H^+ + {}^1H^+$	$\rightarrow$	$^3He^{2+}$		$d + p$	$\rightarrow$	$^3He^{2+}$	
$2\ ^3He^{2+}$	$\rightarrow$	$^4He^{2+} + 2\ ^1H^+$		$2\ ^3He^{2+}$	$\rightarrow$	$\alpha + 2\ p$	
$4\ ^1H^+$	$\rightarrow$	$^4He^{2+} + 2\ e^+$		$4\ p$	$\rightarrow$	$\alpha + 2\ e^+$	

Die mit e^+ bezeichneten Teilchen sind die *Antiteilchen* der Elektronen, die *Positronen*: gleiche Masse und gleiche, aber mit entgegengesetztem Vorzeichen versehene Ladung. Die Abkürzungen für Protonen und Deuteronen wurden oben schon eingeführt (s. Abschnitt 1.1.2), und die Abkürzung α steht für einen $^4He^{2+}$-Kern. Man beachte, dass man zur Gesamtreaktion unter dem Strich kommt, indem man die drei Teilgleichungen zusammenaddiert und vorher die Faktoren der 1. und 2. Teilgleichung mit zwei multipliziert. Die Wärmetönung der Reaktion beträgt $-3.96 \cdot 10^{-12}$ J pro ^{4}He-Kern, das sind $-2.38 \cdot 10^{11}$ J pro mol ^{4}He. Um das Nachvollziehen dieser Kernverschmelzung auf der Erde zum Zwecke der Energiegewinnung ist man bemüht.

Unter irdischen Bedingungen beobachtet man einen von selbst ablaufenden Kernzerfall bei den radioaktiven Elementen. Man unterscheidet die *natürliche Ra-*

dioaktivität, die bei den 72 in der Natur gefundenen instabilen Isotopen (s. Abschnitt 1.2.1) auftritt, von der *künstlichen Radioaktivität*, die als von selbst ablaufender Prozess bei den weit über 1000 Isotopen beobachtet wird, die man künstlich hergestellt hat (s. Abschnitt 1.7.2).

Beim *natürlichen radioaktiven Zerfall* gibt es zwei Typen von Kernreaktionen, nämlich erstens den Zerfall eines Elements in ein leichteres anderes unter Abgabe eines α-Teilchens und zweitens den Zerfall in ein nahezu gleich schweres anderes unter Abgabe eines Elektrons. Die an die Umgebung abgegebenen α-Teilchen nennt man α-*Strahlung*, die Elektronen β-*Strahlung*. Außer α- und β-Strahlung wird stets auch γ-*Strahlung* emittiert, d. i. eine überaus kurzwellige elektromagnetische Strahlung mit einer Wellenlänge zwischen 10^{-9} und 10^{-12} m. Die α-*Strahler* unter den radioaktiven Elementen gehen in ein Element mit einer um zwei kleineren Ordnungszahl und um vier kleineren Massenzahl über. Die β-*Strahler* wandeln sich dagegen in Isobare der nächstgrößeren Ordnungszahl um, was darauf zurückgeführt wird, dass sich ein Neutron eines β-Strahlers in ein im Kern verbleibendes Proton und ein abgestrahltes Elektron verwandelt. Die Neutralisierung der durch α- oder β-Strahlung entstehenden Ionen erfordert im Bereich der Elektronenhülle eine Elektronenabgabe an die Umgebung bzw. eine Elektronenaufnahme aus der Umgebung des strahlenden Atoms. Auch die emittierten α- bzw. β-Strahlen neutralisieren sich durch Wechselwirkung mit der ferneren Umgebung des emittierenden Kerns, sodass zur Wiederherstellung der Neutralität insgesamt eine Kette von Elektronenübertragungen in der Umgebung nötig ist. Da beim radioaktiven Zerfall die Änderungen in *A* entweder um null oder um vier Einheiten erfolgen, kann man sich vier Zerfallsreihen denken, von denen drei in der Natur beobachtet werden; die vierte Zerfallsreihe wurde erst nach der künstlichen Herstellung des relativ instabilen ^{237}Np zugänglich, spielte aber wohl im Altertum der Erdgeschichte eine natürliche Rolle. Im Folgenden sind nur die ersten Glieder der drei natürlichen und der einen künstlichen Zerfallsreihe sowie das jeweils stabile Endprodukt dargestellt. Dazu ist noch die Halbwertszeit des Zerfalls in Sekunden angegeben.

Actinium-Zerfallsreihe:

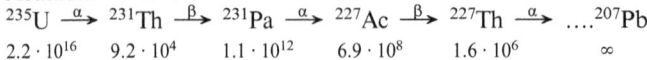

$$^{235}\text{U} \xrightarrow{\alpha} {}^{231}\text{Th} \xrightarrow{\beta} {}^{231}\text{Pa} \xrightarrow{\alpha} {}^{227}\text{Ac} \xrightarrow{\beta} {}^{227}\text{Th} \xrightarrow{\alpha} \dots {}^{207}\text{Pb}$$

| $2.2 \cdot 10^{16}$ | $9.2 \cdot 10^{4}$ | $1.1 \cdot 10^{12}$ | $6.9 \cdot 10^{8}$ | $1.6 \cdot 10^{6}$ | ∞ |

Uran-Zerfallsreihe:

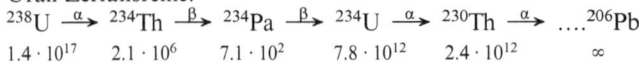

$$^{238}\text{U} \xrightarrow{\alpha} {}^{234}\text{Th} \xrightarrow{\beta} {}^{234}\text{Pa} \xrightarrow{\beta} {}^{234}\text{U} \xrightarrow{\alpha} {}^{230}\text{Th} \xrightarrow{\alpha} \dots {}^{206}\text{Pb}$$

| $1.4 \cdot 10^{17}$ | $2.1 \cdot 10^{6}$ | $7.1 \cdot 10^{2}$ | $7.8 \cdot 10^{12}$ | $2.4 \cdot 10^{12}$ | ∞ |

Thorium-Zerfallsreihe:

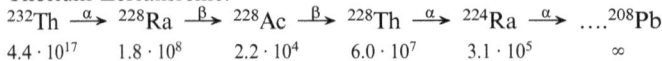

$$^{232}\text{Th} \xrightarrow{\alpha} {}^{228}\text{Ra} \xrightarrow{\beta} {}^{228}\text{Ac} \xrightarrow{\beta} {}^{228}\text{Th} \xrightarrow{\alpha} {}^{224}\text{Ra} \xrightarrow{\alpha} \dots {}^{208}\text{Pb}$$

| $4.4 \cdot 10^{17}$ | $1.8 \cdot 10^{8}$ | $2.2 \cdot 10^{4}$ | $6.0 \cdot 10^{7}$ | $3.1 \cdot 10^{5}$ | ∞ |

Neptunium-Zerfallsreihe:

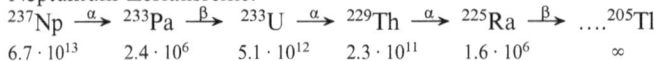

$$^{237}\text{Np} \xrightarrow{\alpha} {}^{233}\text{Pa} \xrightarrow{\beta} {}^{233}\text{U} \xrightarrow{\alpha} {}^{229}\text{Th} \xrightarrow{\alpha} {}^{225}\text{Ra} \xrightarrow{\beta} \dots {}^{205}\text{Tl}$$

| $6.7 \cdot 10^{13}$ | $2.4 \cdot 10^{6}$ | $5.1 \cdot 10^{12}$ | $2.3 \cdot 10^{11}$ | $1.6 \cdot 10^{6}$ | ∞ |

In Wirklichkeit sind die Zerfallsreihen infolge von Verzweigungen komplizierter, die sich ergeben, wenn einzelne Glieder der Reihen sowohl einen α- als auch einen β-Zerfall erleiden. Beispielsweise zerfällt in der Actinium-Zerfallsreihe das Glied ^{227}Ac auch zu 1.2 % als α-Strahler. Wie man sieht, sind einige Glieder der Zerfallsreihe schon nach wenigen Stunden zur Hälfte zerfallen, andere erst nach vielen Millionen Jahren.

Der *künstliche radioaktive Zerfall* ergibt Reihen, denen außer α- und β$^-$-Strahlern auch noch β$^+$-Strahler angehören können, bei denen infolge der Umwandlung eines Protons in ein Neutron ein Isobar der nächstkleineren Ordnungszahl entsteht. Der Zerfall der künstlichen Isotope mündet in eine der vier angegebenen Reihen ein, sofern er von einem genügend schweren Isotop ausgeht. Bei den leichteren künstlichen Isotopen entstehen meist schon nach ein oder zwei Zerfallsschritten stabile Endprodukte.

1.6.2 Künstliche Kernreaktionen

Kernreaktionen lassen sich durchführen, indem man Atome mit Elementarteilchen beschießt. Haben diese Elementarteilchen eine beschränkte kinetische Energie, so ereignen sich bei den leichteren Kernen im Allgemeinen *einfache Kernreaktionen*, bei schwereren Kernen können daneben noch *Kernspaltungen* auftreten, während ein Beschuss von Atomen mit hoher kinetischer Energie zur *Kernzersplitterung* führen kann.

Einfache Kernreaktionen werden durch Beschuss von Atomen mit Neutronen, Protonen, Deuteronen, α-Teilchen, höheren Kernen oder γ-Strahlen erzwungen, wobei das Beschussmaterial entweder beim radioaktiven Zerfall direkt anfällt (α-Teilchen, γ-Strahlen) oder aus einer einfachen Kernreaktion bzw. einem radioaktiven Zerfall bezogen wird, gegebenenfalls in einem Elementarteilchenbeschleuniger (*Cyclotron*, *Synchrotron* usw.) auf die passende kinetische Energie gebracht und dann zum Beschuss eingesetzt wird.

Das Ergebnis der einfachen Kernreaktion ist die Umwandlung eines Elements in ein anderes Isotop des Elements oder in ein leichteres oder schwereres anderes Element. Die geglückte Elementumwandlung stellt die prinzipielle Erfüllung des alchemistischen Wunschtraums der künstlichen Gewinnung von Gold aus billigeren Metallen dar. Durch die Möglichkeit der Variationen der beschossenen Elemente, der Art des Beschussmaterials und seiner Energie hat man eine breite Mannigfaltigkeit der verschiedensten Kernreaktionen in Händen, von denen man heute Tausende kennt. Der apparative Aufwand ist allerdings so hoch, dass es weltweit nur eine beschränkte Anzahl hochausgerüsteter Kernforschungsanlagen gibt, die vielfach nur auf internationaler Basis betrieben werden können. Die einfache Kernreaktion ist die Methode, mit der die bisher künstlich hergestellten Elemente gewonnen wurden. Die Produkte einfacher Kernreaktionen haben z. T. große Bedeutung in Wissenschaft und Technik.

Bei den einfachen Kernreaktionen werden außer den eigentlichen Produktkernen noch Elementarteilchen wie Protonen, Neutronen usw., zumindest aber γ-Strahlen frei. Man symbolisiert einfache Kernreaktionen außer in der oben angegebenen Weise vielfach auch so, dass man anstelle des Reaktionspfeils runde Klammern setzt, in die man die Beschussteilchen und die Nebenproduktteilchen, durch Komma getrennt, schreibt. Im Folgenden sind für einige Typen einfacher Kernreaktionen Beispiele aus einer breiten Fülle bekannter Kernreaktionen angegeben.

Neutronenbeschuss:	$^{14}N(n,p)^{14}C$	$^{6}Li(n,\alpha)^{3}H$	
Protonenbeschuss:	$^{19}F(p,\gamma)^{20}Ne$	$^{7}Li(p,\alpha)^{4}He$	$^{65}Cu(p,n)^{38}Cl+^{27}Al$
Deuteronenbeschuss:	$^{9}Be(d,n)^{10}B$	$^{2}H(d,p)^{3}H$	$^{6}Li(d,\alpha)^{4}He$
α-Beschuss:	$^{9}Be(\alpha,n)^{12}C$	$^{14}N(\alpha,p)^{17}O$	
Höhere Kerne:	$^{12}C(^{11}B,3n)^{20}Na$		
γ-Beschuss:	$^{9}Be(\gamma,n)2^{4}He$	$^{11}B(\gamma,3p)^{8}He$	

Schon das für eine (p,n)-Reaktion aufgeführte Beispiel stellt im eigentlichen Sinne des Worts eine *Kernspaltung* dar. Von Kernspaltungen im engeren Sinne spricht man, wenn man die Spaltung schwerer Kerne, wie z. B. ^{233}U, ^{235}U, ^{239}Pu oder ^{241}Pu, durch langsame Neutronen hervorruft. Im bekanntesten Fall des Uran-Isotops ^{235}U ereignet sich dabei zunächst ein Übergang in ^{236}U, das spontan unter sehr starker Wärmeentwicklung in zwei Bruchstücke zerfällt, bevorzugt nach einer der beiden folgenden Gleichungen:

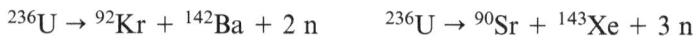

$$^{236}U \rightarrow {}^{92}Kr + {}^{142}Ba + 2\,n \qquad {}^{236}U \rightarrow {}^{90}Sr + {}^{143}Xe + 3\,n$$

Die Bedeutung dieser Kernspaltung beruht darauf, dass bei ihr pro verbrauchtem Neutron zwei bis drei Neutronen in Freiheit gesetzt werden, die ihrerseits weitere Kernspaltungen auslösen können, sodass die wachsende Neutronenzahl ein sprunghaftes und schließlich ein explosionsartiges Anwachsen der Elementarzerfälle zur Folge hat (*Atombombe*). Man nennt Reaktionen diese Typs *Kettenreaktionen*. Durch Einbetten des Urans in eine Matrix, die die Neutronen abbremst, kann man die Uranspaltung auch so lenken, dass sie in technisch ausnutzbarer Weise Energie liefert (*Kernreaktor*).

Beim Beschuss von Atomkernen mit sehr energiereichen Partikeln kann man einen Zerfall in mehr als zwei Kerne erzielen und erzielt dann eine *Kernzersplitterung*. Wie schon einige der oberen Beispiele lehren, kann man die Grenze zwischen der einfachen Kernreaktion und der Kernzersplitterung nicht immer scharf ziehen.

Der Beschuss von Atomen in lebenden Organismen mit α- oder β-Teilchen oder mit Neutronen kann zu Zellschädigungen oder Mutationen auch dann führen, wenn diese Teilchen nicht besonders energiereich sind. Kurzwellige elektromagnetische Strahlen wie Röntgenstrahlen (Wellenlänge $\lambda = 10^{-8}-10^{-10}$ m), γ-Strahlen ($\lambda = 10^{-10}-10^{-12}$ m) oder kosmische Strahlen ($\lambda > 10^{-12}$ m) wirken ähnlich. Für die physiologische Wirkung ist die *Energiedosis D*, d. i. die pro Masse Gewebe eingestrahlte Energie, von Belang, die in der Einheit *Gray* (abgekürzt: Gr) gemessen wird: 1 Gr = 1 J kg^{-1}. Die *Äquivalentdosis* H nimmt noch auf die Wirksamkeit einzelner Strahlenarten mit Hilfe des dimensionslosen Qualitätsfaktors Q Rücksicht, wobei $H = QD$ gilt (α-Strahlen: $Q = 20$; Neutronenstrahlen: $Q = 3$ bis 10; β-Strahlen und kurzwellige elektromagnetische Strahlen: $Q = 1$). Meint man statt der Energie- die dimensionsgleiche Äquivalentdosis, so bedient man sich der Einheit *Sievert* (abgekürzt: Sv; 1 Sv = 1 J kg^{-1}). Die natürliche menschliche Strahlenbelastung beträgt im Mittel pro Jahr 10^{-3} Sv. Eine Ganzkörperbestrahlung von mehr als 1 Sv löst eine akute Strahlenkrankheit aus; mehr als 6 Sv wirken letal.

2 Struktur der Moleküle

2.1 Quantenmechanisches Molekülmodell

In der Quantenmechanik sieht man in einem Molekül $A_a B_b C_c \ldots$ ein System aus $a + b + c + \ldots$ positiv geladenen Atomrümpfen sowie sämtlichen Elektronen. Es ergibt sich ein Vielteilchenproblem, bei dessen Behandlung man auf Näherungsmethoden angewiesen ist. Wir gehen hier auf die Ergebnisse für das allereinfachste Molekülfragment ein, das man sich denken kann, und das ist das aus zwei Protonen und einem Elektron aufgebaute Kation H_2^+, dessen praktische Bedeutung zwar gering ist, das aber ein wertvolles Modell darstellt, um zweiatomige Moleküle AB zu verstehen. Für den Chemiker ist bei vielatomigen Molekülen noch ein Standpunkt grober Näherung von Bedeutung: Man zerlegt ein solches Molekül gedanklich an jeder Bindung in zwei Fragmente und behandelt diese Fragmente, als seien sie Atome, wendet also auf jede kovalente Bindung die Ergebnisse der Theorie für zweiatomige Moleküle AB an. Dies führt zu quantitativ fragwürdigen, aber qualitativ durchaus wertvollen und leicht überschaubaren Ergebnissen.

2.1.1 Zustandsfunktionen des Dihydrogen-Kations

Das Molekülion H_2^+ ist aus zwei Protonen und einem Elektron aufgebaut. Die Schrödinger-Gleichung für H_2^+ ist exakt lösbar, wenn man nur die drei Ortskoordinaten des Elektrons als variabel ansieht, jedoch die Koordinaten der Protonen und damit ihren Abstand R voneinander fixiert. Die Theorie lehrt, dass die Lösungen für die zeitunabhängige Zustandsfunktion ψ von H_2^+ durch die drei Quantenzahlen n, l und λ beschrieben werden können. Werte für n und l ergeben sich nach denselben Regeln wie für das H-Atom, und λ kann − ebenso wie die magnetische Quantenzahl m beim H-Atom − ganzzahlige Werte von $+l$ bis $-l$ annehmen. Die Zahlenwerte von λ kann man durch griechische Buchstaben gemäß der folgenden Reihe symbolisieren:

$$
\begin{array}{cccc}
0 & \pm 1 & \pm 2 & \ldots \\
\sigma & \pi & \delta & \ldots
\end{array}
$$

Eine Zustandsfunktion oder ein *Molekülorbital* von H_2^+ lässt sich durch eine Aneinanderreihung der drei Symbole n, l und λ eindeutig charakterisieren. Eine Auswahl von neun Funktionen ist in Abb. 2.1 dargestellt.

Wie bei den Atomorbitalen von Abb. 1.2 trifft man auf bestimmte Werte von ψ auf der Oberfläche von Rotationskörpern, deren Schnitt mit der Zeichenebene

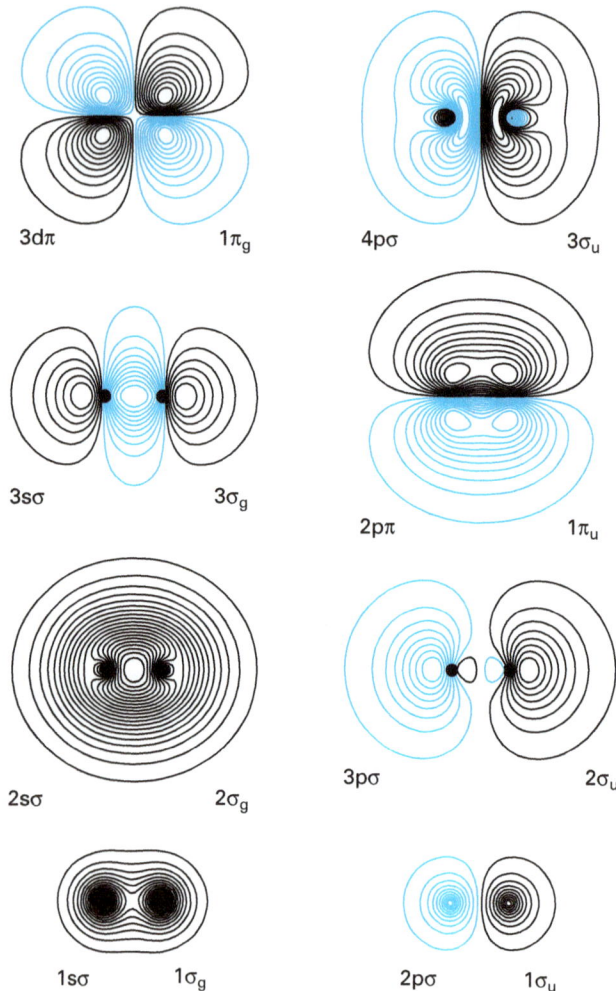

Abb. 2.1 Ausgewählte Molekülorbitale $nl\lambda$ des H_2^+-Molekülions; die horizontal nebeneinander liegenden Kerne von H_2^+ sind als kleine schwarze Kreise dargestellt; die schwarzen Kurven repräsentieren positive, die blauen negative Funktionswerte; neben den Orbitalbezeichnungen $nl\lambda$ (links) sind noch die für zweiatomige Moleküle heute allgemein üblichen Bezeichnungen mit einer Durchnummerierung nach einer von links unten nach rechts oben steigenden Energie angegeben (rechts; s. Abschnitt 2.1.2).

dargestellt ist. Das höhenlinienartige Muster der Schnittkurven soll wie ähnlich schon in Abb. 1.3 bei den Atomorbitalen anzeigen, wie sich die Funktionswerte im Raum ändern. Das $1s\sigma$-Orbital weist als einziges H_2^+-Orbital – ähnlich dem 1s-Orbital des H-Atoms – im gesamten Raum nur positive Werte auf. Wie bei den Atomorbitalen sind die Bereiche mit positiven von denen mit negativen Funktionswerten durch Flächen getrennt, auf denen $\psi = 0$ wird. Diese *Knotenflächen* stellen entweder Ebenen (z. B. $2p\sigma$, $2p\pi$, $3d\pi$ in Abb. 2.1), nicht-ebene Flächen ($3s\sigma$) oder

Kombinationen davon (3pσ, 4pσ) dar. Im Gegensatz zu den $nl\sigma$-Funktionen gibt es jeweils zwei $nl\pi$- und zwei $nl\delta$-Funktionen mit jeweils gleicher Orbitalenergie; denn mit $\lambda = \pi$, δ usw. korrespondieren jeweils zwei Zahlenwerte. So gehört zur $2p\pi_{xz}$-Funktion noch eine analog gebaute $2p\pi_{yz}$-Funktion, zur $3d\pi_{xz}$-Funktion ebenso eine $3d\pi_{yz}$-Funktion und zur $3d\delta$-Funktion noch eine $3d\delta'$-Funktion.

Die H_2^+-Orbitale und die mit ihnen korrespondierenden Energien des Elektrons hängen davon ab, welchen Abstand R man zwischen den Kernen zugrunde legt. Die Orbitale in Abb. 2.1 beziehen sich auf $R = 2a_0$ (a_0 ist der Bohr'sche Radius des H-Atoms). Wie verändert sich beispielsweise das Orbital 1sσ, wenn man R gegen 0 bzw. gegen ∞ gehen lässt? Im Falle $R = 0$ erhält man das 1s-Orbital eines Ions mit zweifach positiv geladenem Kern und einem Elektron, also des $^2He^+$-Ions. Im Falle $R = \infty$ geht das 1sσ-Molekülorbital in zwei getrennte 1s-Orbitale zweier H-Atome über.

Aus diesen Grenzübergängen lässt sich eine qualitativ allgemeingültige, für das Verständnis der kovalenten Bindung wichtige Überlegung ableiten, die mithilfe quantenmechanischer Näherungsverfahren auch zu quantitativ richtigen Ergebnissen führt. Man kann sich nämlich die Wechselwirkung zwischen zwei bestimmten Orbitalen zweier Atome so vorstellen, dass sich diese Atomorbitale einfach addieren. Voneinander beliebig weit entfernte Atome üben keine Wechselwirkung aufeinander aus; alle ψ-Funktionen sind ja so beschaffen, dass sie im Unendlichen verschwinden. Bei der Annäherung der Atome, beispielsweise bei zwei 1s-Atomorbitalen, kommt es im gesamten Raum zu einer Vergrößerung der Funktionswerte des Summenorbitals in Bezug auf die Werte der einzelnen Atomorbitale und damit auch zu einer größeren Elektronendichte im Bereich zwischen den Atomen. Man spricht von einer *Überlappung* der Atomorbitale. Derartige Summenorbitale eignen sich zur Beschreibung des Zustands von Molekülen. Die mit ihnen korrespondierende Energie des Elektrons wird mit abnehmendem Abstand R negativer und damit das Molekül stabiler, um schließlich im *vereinigten Atom* ($R = 0$) ihren kleinsten Wert zu erreichen.

Subtrahiert man umgekehrt die 1s-Orbitale zweier H-Atome voneinander, so erhält man bei der Annäherung der Atome Funktionswerte für das Differenzorbital mit unterschiedlichen Vorzeichen, je nachdem auf welcher Seite einer Ebene senkrecht zur Atomverbindungslinie und durch deren Mitte man die Funktionswerte aufsucht. Die Entstehung einer solchen Knotenebene zwischen den Atomen ist für Differenzorbitale typisch. Sie zeigt an, dass die Funktionswerte der Differenzorbitale, die wir wie die Summenorbitale als Molekülorbitale ansehen, im Bereich zwischen den Atomen besonders klein sind, und dasselbe gilt für die Elektronendichte. Im Zuge der Annäherung der beiden H-Atome geht unser Differenzorbital in ein 2pσ-Molekülorbital über. Die Energie eines Elektrons im Differenzorbital wird mit abnehmendem R positiver und erreicht im vereinigten Atom ihren größten Wert.

Um die Energie des gesamten H_2^+-Ions zu erhalten, muss man zur bisher betrachteten Orbitalenergie des Elektrons noch die Kernabstoßungsenergie zählen, die bei kleinen Werten von R sehr groß wird. Ihretwegen bleibt die Vorstellung vom vereinigten Atom rein hypothetisch; denn man müsste das H_2^+-Ion auf eine gewaltige Energiehöhe heben, um es in $^2He^+$ überzuführen. Vielmehr durchläuft die Energie ein Minimum, wenn sich das Elektron im $1s\sigma$-Orbital befindet und die Kerne einen Abstand von $R = 2a_0$ aufweisen, wie eine entsprechende Rechnung zeigt. Sitzt das Elektron im Orbital mit der nächsthöheren Energie, dem $2p\sigma$-Orbital, dann hat die Energie von H_2^+ ihren kleinsten Wert bei $R \to \infty$ und steigt bei einer Verkleinerung von R stetig an, d.h. der Übergang vom Grundzustand in den tiefsten angeregten Zustand bedeutet, dass das H_2^+-Ion in ein H^+-Ion und ein davon getrenntes H-Atom übergeht.

Molekülorbitale, die eine geringere Energie als die Orbitale der getrennten Atome haben, sind *bindend*; man kann sie sich im Allgemeinen durch Addition der Orbitale der getrennten Atome zustandegekommen denken. Steigt die Orbitalenergie dagegen beim Vereinigen der Atome an, so sind die Molekülorbitale *antibindend*. Zur Kennzeichnung ihres antibindenden Charakters kann man Molekülorbitale mit einem Stern markieren: ψ^*. Bei den zur Molekülachse rotationssymmetrischen p_z-Atomorbitalen erhält man eine bindende Überlappung bei sich annähernden Atomen nur dann, wenn der positive Bereich des einen p_z-Orbitals in die negative z-Richtung weist, sodass man $-p_{z2}$ zu p_{z1} addieren muss. In der folgenden Zusammenstellung sind in die erste Spalte die Atomorbitale der getrennten Atome 1 und 2 eingetragen, die addiert bzw. subtrahiert werden. In der zweiten Spalte findet man das Atomorbital, das man erhält, wenn die getrennten Atome im hypothetischen Grenzfall vereinigt sind. Die dritte Spalte gibt die entsprechenden Quantenzahlen $nl\lambda$ wieder, und hierzu alternativ sind in die vierte Spalte vielfach übliche Orbital-Bezeichnungen eingetragen, die mit den getrennten Atomen korrespondieren. Die Indices g und u (*gerade* und *ungerade*) bedeuten das Symmetrieverhalten gegenüber dem Ursprung als Inversionszentrum i (s. Abschnitt 2.4.1), und zwar gilt für gerade Funktionen $i\psi_g = \psi_g$ und für ungerade $i\psi_u = -\psi_u$. Bindende σ- und δ-Funktionen sind stets gerade, bindende π-Funktionen ungerade.

$(1s_1 + 1s_2)$	$1s$	$1s\sigma_g$	$\sigma_g 1s$
$(1s_1 - 1s_2)$	$2p_z$	$2p\sigma_u$	$\sigma_u 1s$
$(2s_1 + 2s_2)$	$2s$	$2s\sigma_g$	$\sigma_g 2s$
$(2s_1 - 2s_2)$	$3p_z$	$3p\sigma_u$	$\sigma_u 2s$
$(2p_{z1} - 2p_{z2})$	$3s$	$3s\sigma_g$	$\sigma_g 2p$
$(2p_{z1} + 2p_{z2})$	$4p_z$	$4p\sigma_u$	$\sigma_u 2p$
$(2p_{x1} + 2p_{x2})$	$2p_x$	$2p\pi_u$	$\pi_u 2p$
$(2p_{y1} + 2p_{y1})$	$2p_y$	$2p\pi_u$	$\pi_u 2p$
$(2p_{x1} - 2p_{x2})$	$3d_{xz}$	$3d\pi_g$	$\pi_g 2p$
$(2p_{y1} - 2p_{y2})$	$3d_{yz}$	$3d\pi_g$	$\pi_g 2p$
$(3s_1 + 3s_2)$	$3d_{z^2}$	$3d\sigma_g$	$\sigma_g 3s$
$(3p_{x1} + 3p_{x2})$	$3p_x$	$3p\pi_u$	$\pi_u 3p$
$(3p_{y1} + 3p_{y2})$	$3p_y$	$3p\pi_u$	$\pi_u 3p$
$(3d_{xy1} + 3d_{xy2})$	$3d_{xy}$	$3d\delta_g$	$\delta_g 3d$
$(3d_{x^2-y^2,1} + 3d_{x^2-y^2,2})$	$3d_{x^2-y^2}$	$3d\delta_g$	$\delta_g 3d$

2.1.2 Zweiatomige Moleküle

Die einfachste näherungsweise Behandlung zweiatomiger Moleküle der Formel X_2 geht vom H_2^+-Modell in demselben Sinne aus, in dem die einfachste Behandlung höherer Atome auf der Theorie des H-Atoms beruht: Jedes Elektron in X_2 wird durch eine Einelektronenzustandsfunktion beschrieben, die in ihrer analytischen Gestalt und in ihrer graphischen Veranschaulichung einer der H_2^+-Funktionen (Abb. 2.1) verwandt ist und dieselbe Bezeichnung trägt. Das Pauli-Prinzip gilt in analoger Form wie für Atome, sodass jedes Molekülorbital mit zwei Elektronen besetzt werden kann. Ähnlich wie für höhere Atome gilt qualitativ auch für Moleküle einigermaßen allgemein eine bestimmte Abfolge der Orbitalenergien:

$$\sigma_g 1s < \sigma_u 1s < \sigma_g 2s < \sigma_u 2s < \sigma_g 2p \approx \pi_u 2p < \pi_g 2p < \sigma_u 2p \ldots$$

Zu einer noch kürzeren Bezeichnung dieser Molekülorbitale kommt man, wenn man die Symbole der getrennten Atome weglässt und die σ_g-Orbitale mit steigender Energie durchnummeriert und desgleichen für die σ_u-, π_u- und π_g-Orbitale. Die Abfolge der Orbitalenergien für Moleküle X_2 lautet dann:

$$1\sigma_g < 1\sigma_u < 2\sigma_g < 2\sigma_u < 3\sigma_g \approx 1\pi_u < 1\pi_g < 3\sigma_u \ldots$$

Alle σ_g- und alle π_u-MOs sind bindend, alle σ_u- und alle π_g-MOs antibindend. Um die Elektronenkonfiguration im Grundzustand von X_2 anzugeben, setzt man die Molekülorbitale mit steigender Energie nebeneinander und gibt ihre Besetzung mit Elektronen als rechtes Superskript an. Die Orbitale $3\sigma_g$ und $1\pi_u$ liegen allgemein so nahe beieinander, dass ihre Besetzung nicht aus einfachen Regeln, sondern nur aus einer Rechnung für das betreffende Molekül X_2 folgen kann, ähnlich wie es für die Energieabfolge der Atomorbitale im Bereich der 3d- und 4s-Orbitale typisch ist. Für die zehn einfachsten Moleküle X_2 ergibt sich:

H_2 $1\sigma_g^2$

He_2 $1\sigma_g^2$ $1\sigma_u^2$

Li_2 $1\sigma_g^2$ $1\sigma_u^2$ $2\sigma_g^2$

Be_2 $1\sigma_g^2$ $1\sigma_u^2$ $2\sigma_g^2$ $2\sigma_u^2$

B_2 $1\sigma_g^2$ $1\sigma_u^2$ $2\sigma_g^2$ $2\sigma_u^2$ $1\pi_u^2$

C_2 $1\sigma_g^2$ $1\sigma_u^2$ $2\sigma_g^2$ $2\sigma_u^2$ $1\pi_u^4$

N_2 $1\sigma_g^2$ $1\sigma_u^2$ $2\sigma_g^2$ $2\sigma_u^2$ $3\sigma_g^2$ $1\pi_u^4$

O_2 $1\sigma_g^2$ $1\sigma_u^2$ $2\sigma_g^2$ $2\sigma_u^2$ $3\sigma_g^2$ $1\pi_u^4$ $1\pi_g^2$

F_2 $1\sigma_g^2$ $1\sigma_u^2$ $2\sigma_g^2$ $2\sigma_u^2$ $3\sigma_g^2$ $1\pi_u^4$ $1\pi_g^4$

Ne_2 $1\sigma_g^2$ $1\sigma_u^2$ $2\sigma_g^2$ $2\sigma_u^2$ $3\sigma_g^2$ $1\pi_u^4$ $1\pi_g^4$ $3\sigma_u^2$

Für die zweifach energieentarteten π-Orbitale gilt im Falle ihrer Besetzung mit zwei Elektronen die Hund'sche Regel in derselben Form wie bei der Besetzung entarteter Atomorbitale. Das Molekül O_2 enthält in seinen beiden entarteten $1\pi_g$-Molekülorbitalen je ein *ungepaartes* Elektron, alle anderen Elektronen besetzen die Molekülorbitale als Paare. Moleküle mit ungepaarten Elektronen heißen *Radikale*. Das Molekül O_2 ist ein *Biradikal*. Molekülkationen des Typs X_2^+ enthalten eine ungerade Zahl an Elektronen und daher notwendigerweise mindestens ein ungepaartes Elektron, zählen also ebenfalls zu den Radikalen.

Wie beim H_2^+-Kation gilt auch hier, dass zwei entsprechende Atomorbitale der beiden getrennten Atome X eine höhere Energie haben als das aus ihnen entstehende Molekülorbital, wenn dieses bindend ist, und das Umgekehrte gilt für antibindende Molekülorbitale. Bindend sind die σ_g- und die π_u-Orbitale, antibindend die σ_u- und die π_g-Orbitale. Der Begriff der *Bindungsordnung N* lässt sich definieren als die Differenz zwischen der Zahl bindender und der Zahl antibindender Elektronenpaare im Grundzustand von X_2. Die Bindungsordnung $N = 0$ liegt für He_2, Be_2 und Ne_2 vor und bedeutet, dass die getrennten Atome ungefähr die gleiche Energie haben wie die Moleküle. In diesem Falle ist der Zustand der getrennten Atome günstiger, wie die Thermodynamik lehrt (s. Abschnitt 3.1), und die Moleküle He_2, Be_2 und Ne_2 sind instabil und zerfallen, falls sie sich irgendwie gebildet haben sollten, in die freien Atome. Beim Beryllium sind auch die freien Atome bei Normalbedingungen nicht stabil und vereinigen sich zum metallischen Festkörper. Die Moleküle H_2, Li_2, B_2, und F_2 haben die Bindungsordnung $N = 1$. Nur die Moleküle H_2 und F_2 spielen in der Chemie eine Rolle, während Li_2 und B_2 bei Normalbedingungen instabil sind, aber nicht, weil ihr Zerfall in die freien Atome günstig wäre, sondern sie gehen in den günstigeren metallischen bzw. halbmetallischen Festkörper-Zustand über. Die Bindungsordnung $N = 2$ finden wir bei C_2 und O_2 und $N = 3$ bei N_2. Aus C_2 bildet sich aber bei Normalbedingungen der stabilere Festkörper. In Molekülionen können sich auch gebrochene Bindungsordnungen ergeben. Von Bedeutung sind in der Chemie die folgenden sich von O_2 ableitenden Ionen:

	O_2^+	O_2	O_2^-	O_2^{2-}
N	2.5	2	1.5	1

Bei O_2^{2-} sagt man, es sei *isoelektronisch* mit F_2, d. h. es hat die gleiche Elektronenkonfiguration wie F_2.

Die Bindungsordnung ist ein Ausdruck für die Kraft, mit der zwei Atome X aneinander gebunden sind. Nehmen wir die vier oben besprochenen Moleküle, die in der Chemie Bedeutung haben, so sind die Atome in N_2 stärker als in O_2 und in O_2 stärker als in H_2 und F_2 aneinander gebunden. Anstatt den Begriff der Bindungsordnung zu bemühen, sagt man auch, in H_2 und F_2 liege eine *Einfach-*, in O_2 eine *Doppel-* und in N_2 eine *Dreifachbindung* vor. Wenn die hier in ihrer einfachsten Version definierte Bindungsordnung auch mit der Bindungskraft und mit der Bindungsenergie parallel geht, so stellt sie hierfür in ihrer Ganzzahligkeit oder (bei Radikalen) Halbzahligkeit nur ein grobes Maß dar. Unsere Behandlung der Moleküle mit Begriffen aus der Theorie beschränkt sich eben ganz auf die Darstellung qualitativer Zusammenhänge; von quantitativer Gültigkeit kann nicht die Rede sein.

Die Wechselwirkung zwischen den Valenzelektronen zweier Atome X ist sehr viel stärker als zwischen ihren inneren Elektronen. Dies bedeutet, dass in den Molekülen der Reihe von Li_2 bis Ne_2 die mit je zwei Elektronen besetzten inneren Orbitale $1\sigma_g$ und $1\sigma_u$ energetisch nahe beieinander liegen und sich von den 1s-Atomorbitalen der getrennten Atome kaum unterscheiden. Bei der Diskussion von Molekülorbitalen macht man ganz allgemein keinen großen Fehler, wenn man nur die Valenzelektronen in Betracht zieht.

Dies gilt insbesondere für die Moleküle X_2 mit schweren Atomen X. Betrachten wir das praktisch unwichtige, experimentell nur mit Mühe nachweisbare, aber theoretisch instruktive Molekül Mo_2! Die zwölf Valenzelektronen von Mo_2 kann man zu folgender Konfiguration sortieren:

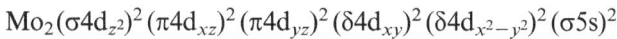

$$Mo_2 (\sigma 4d_{z^2})^2 (\pi 4d_{xz})^2 (\pi 4d_{yz})^2 (\delta 4d_{xy})^2 (\delta 4d_{x^2-y^2})^2 (\sigma 5s)^2$$

Die Atomverbindungslinie liegt auf der z-Achse. Die beiden π- und die beiden δ-Orbitale sind entartet. Alle sechs Molekülorbitale sind bindend, d. h. es liegt die Bindungsordnung $N = 6$ vor, also eine Sechsfachbindung. Wegen der zahllosen Näherungsschritte, die unsere qualitative von einer quantitativen Betrachtungsweise trennt, kommt der hier ermittelten Bindungsordnung nur eine recht schematische Bedeutung zu. Immerhin haben quantenmechanische Rechnungen unter der Einbeziehung der Wechselwirkung zwischen den Elektronen unser grobes Bild nur modifiziert, beispielsweise dahingehend, dass der bindende Beitrag der δ-Orbitale relativ gering ist.

Bei den zweiatomigen Molekülen XX' mit ungleichen Atomen können wir das sich vom H_2^+-Ion ableitende Einelektronen-Orbitalschema zum Zwecke qualitativ richtiger Vorstellungen beibehalten. Wie gezeigt werden kann, trifft die oben für Moleküle X_2 angegebene allgemeine Abfolge der Orbitalenergien auch hier zu. Die folgenden, in der Chemie wichtigen Beispiele sind jeweils mit Molekülen bzw. Molekülionen vom Typ X_2 isoelektronisch:

$N = 2$:	O_2	NO^-			
$N = 2.5$:	O_2^+	NO			
$N = 3$:	N_2	CO	NO^+	CN^-	C_2^{2-}

Bei den Atomen hatten wir höhere als das H-Atom zunächst im Einelektronenmodell diskutiert, um dann im Mehrelektronenmodell die Folgen der Wechselwirkung der Elektronen zu bedenken. Dabei waren Bahn- und Spin-Bewegung der Elektronen zu unterscheiden. So wie zum Zwecke der formalen Beschreibung die Summe M der magnetischen Quantenzahlen und die Summe S der Spinquantenzahlen aller Valenzelektronen zu bilden waren, ermittelt man auch beim H_2^+-Kation und den höheren zweiatomigen Molekülen die Summe Λ der Quantenzahlen λ_i und die Summe S der Quantenzahlen s_i, wenn man die Wechselwirkung zwischen allen k Valenzelektronen im Auge hat:

$$\Lambda = \Sigma\, \lambda_i \qquad\qquad S = \Sigma\, s_i$$

So wie man die λ-Werte 0, 1, 2 … durch die Buchstaben σ, π, δ … symbolisieren kann, gibt man die Λ-Werte 0, 1, 2 … auch durch die Buchstaben Σ, Π, Δ … wieder. Nehmen wir als Beispiel O_2! Einen von 0 verschiedenen Beitrag zu Λ liefern nur die beiden antibindenden π_g-Elektronen. Sitzt eines davon im π_{xz}-Orbital ($\lambda = 1$), das andere im π_{yz}-Orbital ($\lambda = -1$), dann folgt $\Lambda = 0$ und es liegt ein Σ-Zustand vor. Für S haben wir die Möglichkeiten $S = 0$ ($s_1 = 1/2$, $s_2 = -1/2$) und $S = 1$ ($s_1 = s_2 = 1/2$), und dies ergibt in Analogie zu den höheren Atomen einen Singulett- und einen Triplett-Zustand mit den Symbolen $^1\Sigma$ und $^3\Sigma$. Besetzen beide Elektronen dasselbe π_g-Orbital ($\lambda_1 = \lambda_2 = 1$, $\Lambda = 2$, Δ-Zustand), dann erlaubt das Pauli-Prinzip nur $S = 0$ ($s_1 = 1/2$, $s_2 = -1/2$) und wir erhalten einen $^1\Delta$-Zustand. Die explizite Analyse der Zustandsfunktionen lehrt, dass alle drei Zustände *gerade* sind (d. h. $i\psi = \psi$: $^1\Sigma_g$, $^3\Sigma_g$, $^1\Delta_g$) und dass sich die zu $^1\Sigma_g$ gehörende Funktion symmetrisch zur Spiegelebene σ_v verhält ($\sigma_v\psi = \psi$: $^1\Sigma_g^+$), die zu $^3\Sigma_g$ gehörende aber unsymmetrisch ($\sigma_v\psi = -\psi$: $^3\Sigma_g$). Aus der Theorie ergibt sich, dass der energietiefste Zustand von O_2 der biradikalische $^3\Sigma_g$-Zustand ist.

2.1.3 Lokalisierte Bindungen in mehratomigen Molekülen

Das Molekül CH_4 (*Methan*), unser erstes Beispiel, lässt sich als ein System aus einem Atomkern mit $Z = 6$ und vier Kernen mit je $Z = 1$ sowie zehn Elektronen beschreiben, d. s. zusammen 15 Teilchen mit 45 Ortskoordinaten. Die quantenmechanische Durcharbeitung mithilfe von Näherungsverfahren ist im Prinzip überaus aufwendig, obgleich unser Beispielmolekül vom Chemiker als klein und einfach angesehen wird. Allerdings lässt sich heutzutage ein noch so großer Rechenaufwand vom Computer erledigen, sofern ein geeignetes Programm erarbeitet wurde. Insoweit gehört eine quantitative Behandlung auch größerer Moleküle mit quantenmechanischen Methoden mittlerweile zum wissenschaftlichen Alltag.

Wir wählen einen Näherungsstandpunkt, der wieder so grob ist, dass er nur eine qualitative Erörterung der Bindungsverhältnisse zulässt. Dabei setzen wir den Experimentalbefund voraus, dass die vier H-Atome im Molekül CH_4 an das C-Atom gebunden sind, also keine Bindungen zwischen den H-Atomen bestehen. (Die quantitative Behandlung muss dies nicht voraussetzen, vielmehr hat sie dies zum Ergebnis.) Im Zentrum unserer Näherungsbetrachtung steht die Annahme, dass die vier CH-Bindungen voneinander unabhängig sind, zwischen ihnen also keine Wechselwirkung besteht. Man spricht von *lokalisierten Bindungen* und hier insbesondere auch von *Zweizentren-Zweielektronenbindungen*, abgekürzt *(2c2e)-Bindungen*. Wir können nun eine CH-Bindung herausgreifen und sie als die Bindung zwischen einem H-Atom und einer Atomgruppierung CH_3, die wir als eine Art Atom ansehen, verstehen. Wir können diese Bindung also mit dem Rüstzeug zur Beschreibung zweiatomiger Moleküle angehen. Als Letztes setzen wir noch den experimentell ermittelten Befund voraus, dass alle vier CH-Bindungen gleichartig sind und dass die vier H-Atome an den Ecken eines Tetraeders, das C-Atom in dessen Mitte liegen.

Zur Verfügung stehen die Valenzorbitale, das sind die vier 1s-Orbitale der H-Atome, die mit dem einen 2s- und den drei 2p-Orbitalen des C-Atoms zur Überlappung, also zur bindenden Wechselwirkung gebracht werden müssen. Wir ziehen weder das besetzte innere $1s^2$-Orbital von C noch unbesetzte höhere als die Valenzorbitale von H und C in Betracht. Die Voraussetzung der lokalisierten Zweizentrenbindung macht es möglich, jeweils eines der vier Valenzorbitale des C-Atoms mit einem 1s(H)-Orbital zu kombinieren. Dabei muss man sich klarmachen, dass die Addition eines 1s- zu einem 2p-Orbital ein bindendes Molekülorbital ergibt, wenn man die Orbitale richtig anordnet. Im Falle eines $2p_x$(C)-Orbitals muss sich das H-Atom auf der positiven x-Achse dem C-Atom nähern, und Ähnliches gilt für die Orbitale $2p_y$ und $2p_z$. Das entstehende Molekülorbital ist im Bereich zwischen den bindenden Atomen ähnlich aufgebaut wie das $\sigma_g 1s$-Orbital von H_2^+, nur bleibt jenseits des C-Atoms eine Knotenfläche und jenseits ihrer ein Funktionsbereich mit negativen Werten bestehen. Ein derartiges aus einem s- und p-Orbital aufgebautes Molekülorbital nennt man wie beim H_2^+-Ion ein σ-Orbital. In der verallgemeinerten Bedeutung versteht man unter σ-Molekülorbitalen solche, die gegenüber Drehungen um die Atomverbindungslinie invariant sind. Anders ausgedrückt, ist bei σ-Orbitalen der geometrische Ort für gleiche Elektronendichte der Kreis um die Atomverbindungslinie in Ebenen senkrecht zu dieser.

Die oben getroffene Voraussetzung der Gleichartigkeit der CH-Bindungen macht jedoch für unser lokalisiertes Modell ein neues Konzept nötig; denn die Kombination 1s(H) mit 2s(C) kann nicht den drei Kombinationen 1s(H) mit 2p(C) gleichwertig sein, und es käme auch kein tetraedrischer Bau des Moleküls CH_4 zustande. Die Theorie lehrt, dass man in bestimmten Fällen einen Satz symmetrisch ungleichwertiger Atomorbitale in einen Satz symmetrisch gleichwertiger Orbitale durch eine lineare Transformation überführen kann. Man nennt diese Transformation *Hybridisierung* und die dabei entstehenden Atomorbitale *Hybridorbitale*. (Zum Begriff der *symmetrischen Äquivalenz* s. Abschnitt 2.4.1.) Gesucht werden jetzt vier Hybridorbitale des zentralen C-Atoms, die so angeordnet sind, dass es auf den vier tetraedrischen CH-Verbindungslinien zu einer maximalen Überlappung mit den 1s(H)-Orbitalen kommen kann. Ohne auf Einzelheiten einzugehen sei als Ergebnis mitgeteilt, dass man die vier Hybridorbitale mit tetraedrischer Symmetrie, die man bei jener Transformation der vier Orbitale s, p_x, p_y und p_z zur Hauptquantenzahl 2 (allgemeiner: zu einer beliebigen Hauptquantenzahl n > 1) erhält, mit $(sp^3)_1$, $(sp^3)_2$, $(sp^3)_3$ und $(sp^3)_4$ bezeichnet. Jedes der vier (sp^3)-Hybridorbitale von C bildet nun mit je einem 1s(H)-Orbital ein bindendes, mit einem Elektronenpaar besetztes Molekülorbital.

Als zweites Beispiel sei das Molekül C_2H_6 (*Ethan*) angeführt! Es besteht aus zwei CH_3-Gruppen, die durch eine CC-σ-Bindung miteinander verbunden sind. Dabei erreicht man von jedem der beiden C-Atome dessen vier Nachbaratome, wenn man das C-Atom in die Mitte eines Tetraeders stellt und auf die Tetraederecken zugeht.

Man kann sich jede der sechs CH-σ-Bindungen aus einem (sp³)(C)-Hybrid- und einem 1s(H)-Atomorbital aufgebaut denken, und die CC-σ-Bindung wird durch Überlappung zweier (sp³)-Hybridorbitale gebildet. Die sieben bindenden Molekülorbitale sind paarweise durch die zur Verfügung stehenden 14 Valenzelektronen besetzt.

Das Molekül C_2H_4 (*Ethen*) ist *planar* aufgebaut, d. h. alle sechs Atome liegen in einer Ebene, und zwar sind je zwei H-Atome an jedes C-Atom gebunden und die C-Atome sind aneinander gebunden. Die drei Nachbaratome eines jeden C-Atoms erreicht man, wenn man das C-Atom in die Mitte eines regulären Dreiecks stellt und auf die Ecken des Dreiecks zugeht. Zum Aufbau geeigneter Hybridorbitale muss man das s- und zwei p-Orbitale eines jeden C-Atoms zu je drei (sp²)-Hybridorbitalen kombinieren. Legen wir das Molekül C_2H_4 in die xy-Ebene, so hat man jeweils das $2p_x$ und das $2p_y$-Orbital in die Hybridisierung einzubeziehen. Die drei Hybridorbitale eines jeden C-Atoms überlappen nunmehr mit je einem 1s-Orbital eines H-Atoms und einem (sp²)-Hybridorbital des benachbarten C-Atoms zu je drei σ-Bindungen. Für die beiden $2p_z$-Orbitale der C-Atome ist die xy-Ebene Knotenebene. Ihre Überlappung führt zu einem π-Molekülorbital von der Art des $\pi_u 2p$-Orbitals des H_2^+-Ions (Abb. 2.1). Die beiden C-Atome sind also durch zwei bindende Orbitale, ein σ- und ein π-Orbital, miteinander verbunden. Zwischen ihnen besteht eine Doppelbindung. Alle bindenden Molekülorbitale sind paarweise besetzt. Das Elektronenpaar im $1\pi_u$-Orbital hat die höchste Energie. Dieses Orbital nennt man *HOMO* (highest occupied molecular orbital). Das energietiefste, antibindende und unbesetzte Molekülorbital, das *LUMO* (lowest unoccupied molecular orbital), liegt im Molekül C_2H_4 viel näher am HOMO als bei CH_4 oder C_2H_6, und zwar handelt es sich um das antibindende $1\pi_g$-Orbital, dessen zweidimensionale Darstellung ganz dem H_2^+-$3d\pi$-Orbital von Abb. 2.1 entspricht. Während das H_2^+-Ion zerfällt, wenn man es aus seinem $\sigma_g 1s$-Grundzustand in den tiefsten angeregten Zustand, den $\sigma_u 1s$-Zustand, befördert, ist dies nicht der Fall, wenn man beim C_2H_4 vom Grundzustand mit der Konfiguration $1\sigma_g^2 1\sigma_u^2 2\sigma_g^2 2\sigma_u^2 3\sigma_g^2 1\pi_u^2$ in den ersten angeregten Zustand mit der Konfiguration $1\sigma_g^2 1\sigma_u^2 2\sigma_g^2 2\sigma_u^2 3\sigma_g^2 1\pi_u^1 1\pi_g^1$ übergeht. Dieser Übergang eines Elektrons vom HOMO $1\pi_u$ in das LUMO $1\pi_g$ ist für viele Reaktionen von C_2H_4 von Bedeutung.

Ein wichtiger Unterschied zwischen einer σ- und einer π-Bindung besteht in der Drehbarkeit der beiden σ- bzw. σ- und π-gebundenen Molekülteile gegeneinander um die Bindungsachse. Dreht man die beiden CH_3-Gruppen von C_2H_6 gegeneinander um die CC-Achse, so wird die rotationssymmetrische σ-Bindung nicht verändert und setzt der Drehung keinen Widerstand entgegen. Dagegen erfordert eine Drehung der CH_2-Gruppen von C_2H_4 gegeneinander um die CC-Achse ein Öffnen der π-Bindung, da die beiden am Aufbau dieser Bindung beteiligten $2p_z$-Orbitale ihre Überlappung aufgeben müssen, und hierzu ist ein erheblicher Einsatz von Energie nötig.

Das letzte Beispielmolekül C_2H_2 (*Ethin*) ist *linear* gebaut, d. h. alle vier Atome liegen auf einer Geraden, in die wir die z-Achse eines Koordinatensystems legen.

Von jedem C-Atom gehen zwei (sp)-Hybridorbitale aus, die auf der einen Seite mit dem 1s-Orbital eines H-Atoms und auf der anderen Seite mit einem der Hybridorbitale des anderen C-Atoms je ein σ-Molekülorbital bilden. Dabei werden zum Aufbau der Hybridorbitale je ein s- und ein p_z-Orbital der C-Atome gebraucht. Die beiden p_x- und p_y-Orbitale bilden je eine π-Bindung in der *xz*- und der *yz*-Ebene, sodass die beiden C-Atome durch eine σ_g- und zwei π_u-Bindungen, also insgesamt eine Dreifachbindung, zusammengehalten werden.

Die einfachen *Carbonhydride* CH_4, C_2H_6, C_2H_4 und C_2H_2 wurden hier beispielhaft für eine breite Vielfalt anderer, meist komplizierter gebauter Moleküle behandelt, auf deren Bindungsgerüst aber die hier entwickelten qualitativen Vorstellungen leicht übertragen werden können. Die Namen der Carbonhydride und aller anderen in den Abschnitten 2.1 und 2.2 behandelten Moleküle werden im Abschnitt 2.3 systematisch behandelt.

Das Wesen der kovalenten Bindungen zwischen zwei Atomen ist, dass an den Bindungselektronen beide Atome Anteil haben. So gehören in den vier Beispielmolekülen zu jedem H-Atom eine Bindung mit zwei Elektronen (Elektronendublett, d. i. in gewissem Sinne eine He-Konfiguration) und zu jedem C-Atom vier Bindungen mit acht Elektronen (Elektronenoktett, d. i. eine Art Ne-Konfiguration). Das Elektronendublett ist zwingend für alle an beliebigen kovalenten Bindungen beteiligten H-Atomen (Dublettregel), und ebenso ist das Eletronenoktett zwingend für alle an beliebigen kovalenten Bindungen beteiligten C-Atomen und alle anderen Atome der Nichtmetalle der 2. Periode (Oktettregel).

2.1.4 Delokalisierte Bindungen in mehratomigen Molekülen

Die Lokalisierung der Elektronen in den sechs (2c2e)-Bindungen von C_2H_4 (vier CH-σ-, eine CC-σ- und eine CC-π-Bindung) stellt eine für das qualitative Verständnis brauchbare Näherung dar. Wir betrachten jetzt das Molekül C_4H_6 (*Buta-1,3-dien*): Die Fragmente CH_2, CH, CH und CH_2 (mit insgesamt sechs CH-σ-Bindungen) seien der Reihe nach mit drei CC-σ-Bindungen aneinander gebunden. Für die zusammen neun (2c2e)-σ-Bindungen werden 18 der 22 zur Verfügung stehenden Valenzelektronen verbraucht. Nun kann man die Oktettregel für die vier C-Atome erfüllen, indem man zwischen das erste und zweite sowie zwischen das dritte und vierte je eine (2c2e)-π-Bindung so einbaut, als hätte man zwei Ethen-Fragmente C_2H_3 mit einer CC-σ-Bindung aneinander gebunden, anstatt sie mit je einer CH-Bindung abzusättigen. Das Bild der beiden lokalisierten und damit auch mit gleicher Elektronenenergie versehenen π-Bindungen ist aus mehreren Gründen nicht mehr brauchbar, z. B. weil die gemessenen und berechneten CC-Bindungsabstände nicht so verschieden voneinander sind, wie es für lokalisierte Einfach- und Doppelbindungsabstände typisch wäre (s. Abschnitt 2.7.1). Vielmehr fällt hier die Kopplung der vier π-Elektronen ins Gewicht; man sagt, die vier π-Elektronen seien über vier Zentren *delokalisiert* oder es liege eine *(4c4e)-π-Bindung* vor. In Abb. 2.2(a) sind das π- und das π*-Orbital (HOMO und LUMO) von Ethen dargestellt und zwar lediglich in Gestalt ihrer Knotenflächen und den Orbitalvorzeichen in den Bereichen zwischen den Knotenflächen. Dabei sollen die π-Molekülorbitale (π-MOs) durch Überlappung der $2p_z$-Atomorbitale der C-Atome zustande gekommen sein. Die Form der MOs, also der geometrische Ort gleicher Orbitalwerte, ist den π-Orbitalen von H_2^+ gemäß Abb. 2.1 verwandt, nämlich das HOMO dem 2p- und das LUMO dem 3d-Orbital von H_2^+. Die Energieabfolge ist in unskalierter Form ebenfalls dargestellt. Analog zeigt Abb. 2.2(b) die Knotenflächen für die beiden bindenden (unterhalb der Null-Linie der Energie) und der beiden antibindenden π-Orbitale (oberhalb der Null-Linie) von Buta-1,3-dien. Die Form der beiden bindenden Orbitale ist der Form des $2p\pi$- bzw. des $3d\pi$-Orbitals von H_2^+ verwandt; im Grundzustand von Butadien sind diese Orbitale je doppelt besetzt. Das erste antibindende π-Orbital kann man sich als eine Kombination der H_2^+-Orbitale $2p\pi$ (um die Molekülmitte) und der linken Hälfte von $3d\pi$ (H_2^+) links außen und der rechten Hälfte von $-3d\pi$ rechts außen vorstellen; das energiehöchste Orbital von C_4H_6 hat Ähnlichkeit mit der Kombination eines $3d\pi$-Orbitals von H_2^+ mit einem längs seiner z-Achse aufgeweiteten und im Vorzeichen umgedrehten ebensolchen $3d\pi$-Orbital. Die Zahl der Knotenflächen steigt mit der Energie der π-Orbitale.

Im Molekül C_6H_6 (*Benzen*) liegen die sechs C-Atome an den Ecken eines regulären Sechsecks, und an jedes C- ist ein H-Atom so gebunden, dass die sechs H-Atome ein größeres Sechseck um das C_6-Sechseck definieren. Das σ-Bindungsgerüst lässt sich näherungsweise wieder aus lokalisierten (2c2e)-Bindungen aufbauen: Je drei (sp^2)-Hybridorbitale eines jeden C-Atoms kombinieren mit je einem 1s-Orbital eines H-Atoms sowie mit je einem (sp^2)-Hybridorbital eines jeden der beiden Nachbar-C-Atome zu insgesamt zwölf σ-Bindungen, die 24 der insgesamt vorhandenen 30 Valenzelektronen beherbergen. Nun könnte man wie beim C_2H_4 das eine p_z-Orbital senkrecht zur Molekülebene, über das jedes der C-Atome noch verfügt, mit einem Nachbar-p_z-Orbital zu einer π-Bindung kombinieren und käme dabei zu drei solchen Bindungen, sodass – bei durchlaufender Nummerierung der C-Atome – zwischen C1 und C2, C3 und C4 sowie C5 und C6 außer der σ- noch je eine π-Bindung bestünde und dadurch die restlichen sechs Valenzelektronen verbraucht würden. Insgesamt wiese der Benzenring dann in alternierender Reihenfolge drei Einfach- und drei Doppelbindungen auf. Da man aber aus Experimenten ableiten und durch die Theorie bestätigen kann, dass zwischen denselben Elementen Doppel- kürzer als Einfachbindungen sind, würde jene alternierende Bindungsfolge die experimentell bewiesene Regularität des Sechsrings aufheben. Also führt unser Zweizentren-π-Bindungskonzept hier in die Irre. Ähnlich wie beim 1,3-Butadien lässt sich diese Schwierigkeit beseitigen, wenn man (6c6e)-Bindungen konstruiert: Man kombiniert alle sechs zur Bindungsebene senkrechten $2p_z$-Atomorbitale linear zu Molekülorbitalen und erhält dann drei bindende und drei antibindende Molekülorbitale. Im Grundzustand sind die drei bindenden π-Orbitale mit je zwei Elektronen gefüllt. Wie man anhand von Abb. 2.2(c) erkennt, liegen zwei HOMOs und zwei LUMOs mit je gleicher Energie vor. Eine derartige zweifache Entartung ist eine prinzipielle Folge der Symmetrie des Benzen-Moleküls und ist allgemein

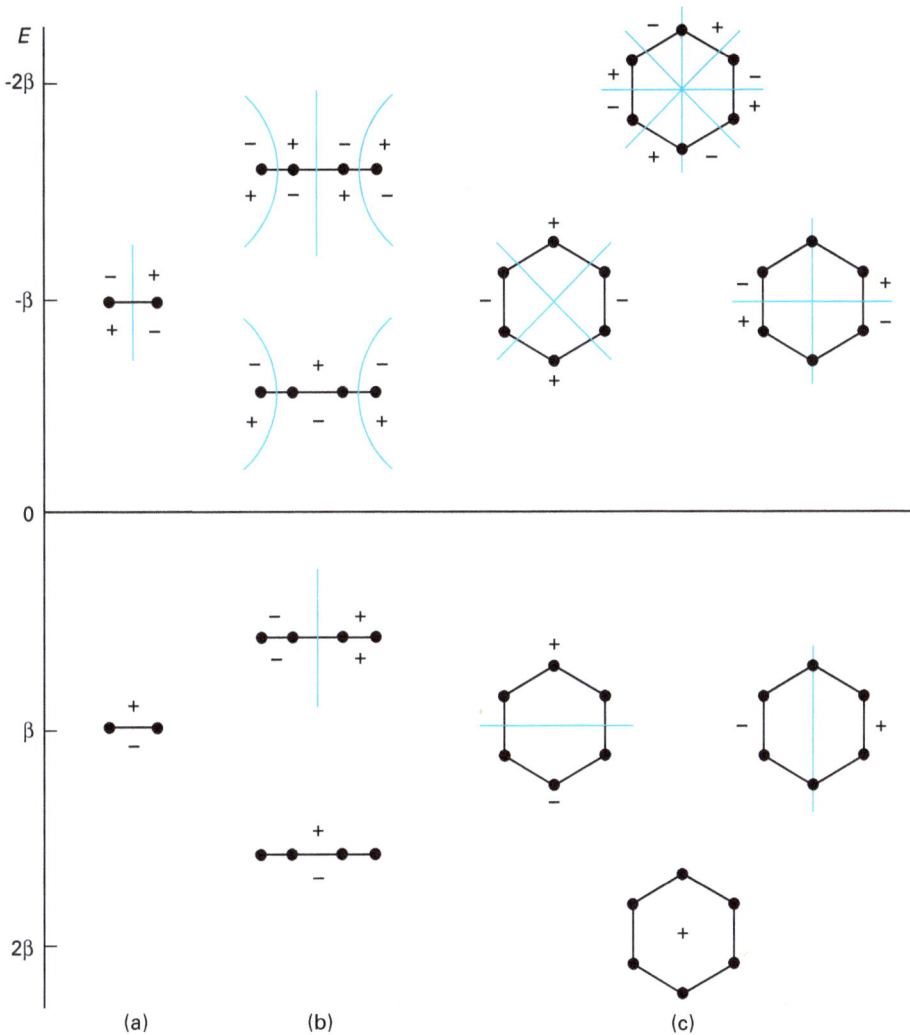

Abb. 2.2 π_z-Molekülorbitale für Ethen C_2H_4 (a), *trans*-Buta-1,3-dien C_4H_6 (b) und Benzen C_6H_6 (c); dargestellt sind die Schnittlinien (blau) der Knotenflächen mit der Zeichenebene, d. i. die xz-Ebene bei (a) und (b) und die xy-Ebene bei (c); die C-Atome (•) liegen in der xy-Ebene, die für alle zwölf Molekülorbitale auch Knotenebene ist; die Symmetriezentren i aller drei Moleküle markieren die π-MO-Energien in einer vertikalen Skala parallel zur y-Richtung, deren Wert $E = 0$ die Energie des $2p_z$-Orbitals bedeutet; die bindenden MOs liegen unterhalb der Null-Linie, die antibindenden darüber.

immer dann anzutreffen, wenn eine Dreh- oder Drehspiegelachse mit einer Zähligkeit $n > 2$ vorliegt (s. Abschnitt 2.4.1).

Das Verfahren, durch geeignete Addition bzw. Subtraktion von Atomorbitalen zu Molekülorbitalen zu gelangen, nennt man generell die *LCAO-Methode* (*linear combination of atomic orbitals*). (*Geeignet* heißt dabei, dass man bei der Linearkombination der Atomorbitale einen Näherungsausdruck für die Energie der Elektronen zu einem Minimum macht, getreu dem Satz der Quantenmechanik, dass eine näherungsweise bestimmte Energie immer größer ist als die exakt bestimmte Energie, gleich ob diese bestimmt wurde oder überhaupt bestimmbar ist.) Bezieht man allgemein beim Aufbau von Molekülorbitalen mehr als zwei Atome in den Überlappungsvorgang ein, so gelangt man von der *Zwei-* zur *Mehrzentrenbindung*.

Benzen ist der Grundkörper der an Verbindungen reichen und in der Praxis wichtigen Klasse der benzenähnlichen *aromatischen* Carbonhydride. Natürlich kann eine π-Elektronen-Delokalisierung nicht nur zwischen C-Atomen, sondern auch zwischen beliebigen anderen Atomen vorkommen. Auch an einer σ-Bindung können mehr als zwei Atome beteiligt sein. Weitere Beispiele für Mehrzentrenbindungen folgen im nächsten Abschnitt.

2.2 Valenzstrich-Molekülmodell

2.2.1 Zweiatomige Moleküle

Die Atome X und Y im Molekül XY seien Nichtmetalle, und zwar seien die Zahl der Valenzelektronen und damit die Nummer der entsprechenden Hauptgruppe x für X und y für Y. Die $x+y$ Valenzelektronen werden zu zwei Arten von Elektronenpaaren sortiert, den *freien Elektronenpaaren*, an denen nur eines der Atome Anteil hat, und den *bindenden Elektronenpaaren*, die zu beiden Atomen gehören und die Bindung zwischen ihnen bewirken. Dieses Sortieren hat einer wichtigen Regel zu folgen, der *Oktettregel*: Jedes Atom soll insgesamt vier Elektronenpaare, also acht Elektronen, um sich versammeln. Eine Ausnahme bildet Hydrogen, das nur an einem Elektronenpaar Anteil haben kann (*Dublettregel*). Hinter der Oktett- bzw. Dublettregel steht der Befund, dass das Valenzelektronenoktett der Edelgase bzw. das Dublett von Helium diesen atomar aufgebauten Elementen eine besondere Stabilität verleiht.

In der Chemie spielen zweiatomige Moleküle mit der folgenden Summenformel eine Rolle:

$$H_2, N_2\ O_2, F_2, Cl_2, Br_2, I_2; HF, HCl, HBr, HI, ClF, ICl, IBr; CO, NO$$

Dass alle diese Moleküle mit Ausnahme von NO der Oktettregel genügen, lässt sich am einfachsten mithilfe der *Valenzstrichformel* darstellen, bei der jedes Elektronenpaar einen Strich erhält und bindende Elektronenpaare zwischen die Elementsymbole geschrieben werden.

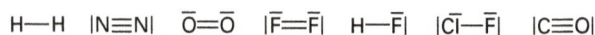

$$\text{H—H} \quad \text{IN}{\equiv}\text{NI} \quad \overline{\text{O}}{=}\overline{\text{O}} \quad \text{IF}{=}\text{FI} \quad \text{H—FI} \quad \text{ICl—FI} \quad \text{IC}{\equiv}\text{OI}$$

Die Valenzstrichformel für F_2 gilt entsprechend in der Reihe der Halogene für alle Moleküle Hal$_2$ (vgl. Abschnitt 1.3.3), die für HF für alle Moleküle HHal, die für

ClF für alle Moleküle HalHal'. Im Molekül O_2 liegt eine *Doppel-*, in den isoelektronischen Molekülen N_2 und CO eine *Dreifach-*, in allen anderen Molekülen eine *Einfachbindung* vor. Die beiden Atome H und F, denen nur ein Elektron zum Dublett bzw. Oktett fehlt, sind nicht nur in den vorliegenden Beispielen, sondern meistens mit einer Einfachbindung an beliebige Nichtmetalle E gebunden. Ausnahmen stellen u. a. die beiden Ionen H_2F^+ und HF_2^- dar. Im Anion HF_2^- steht das H-Atom zwischen zwei F-Atomen und ist an sie durch eine Dreizentrenbindung gebunden; es ist dies das einfachste Beispiel der sehr verbreiteten und wichtigen *Hydrogenbrückenbindung* vom (3c4e)-Typ. Im Folgenden lassen wir in Valenzstrichformeln für EF die freien Elektronenpaare am F-Atom weg: E—F. Für die Valenzelektronen von N_2 haben wir oben die Konfiguration $N_2[2\sigma_g^2\ 2\sigma_u^2\ 3\sigma_g^2\ 1\pi_u^4]$ kennengelernt. Im Valenzstrichmodell werden die beiden energietiefsten, energetisch nahe beieinanderliegenden Orbitale $2\sigma_g^2$ und $2\sigma_u^2$ jeweils durch einen an einem N-Atom lokalisierten Strich für je ein freies Elektronenpaar wiedergegeben, Striche, die weder der Delokalisierung noch dem kleinen Energieunterschied beider Orbitale als Folge der elektronischen Wechselwirkung Rechnung tragen. Auch differenziert das Valenzstrichmodell nicht unter den drei Bindestrichen zwischen der einen σ- und den beiden π-Bindungen. Handelte es sich beim Molekülmodell von Abschnitt 2.1 schon um ein grobes, mehr zum qualitativen Verständnis geeignetes Modell, so ist der Bezug des Valenzstrichmodells zur vollständigen Theorie gerade noch andeutungsweise erkennbar. Dennoch spielt das Valenzstrichmodell kraft seiner Einfachheit, Anschaulichkeit und seiner immerhin qualitativen Gültigkeit eine überragende Rolle in der Chemie.

Ein Manko ergibt sich beim Molekül O_2, weil die Valenzstriche eine Paarung aller Elektronen vortäuschen und nicht den Diradikal-Charakter zu erkennen geben. Insbesondere die magnetischen Eigenschaften der Materie hängen mit den ungepaarten Elektronen zusammen. Molekular aufgebaute Substanzen mit ungepaarten Elektronen verhalten sich im Magnetfeld paramagnetisch, während eine vollständige Paarung aller Elektronen zu diamagnetischem Verhalten führt. (Paramagnetische Substanzen werden im inhomogenen Magnetfeld zum Punkt größter Induktion gezogen, diamagnetische Substanzen davon abgestoßen.) Oxygen ist eine paramagnetische Substanz.

Das Molekül NO mit seiner ungeraden Elektronzahl muss ein Radikal mit paramagnetischen Eigenschaften sein, und die Oktettregel kann prinzipiell nicht erfüllt sein. Die in Abschnitt 2.1.2 für NO festgestellte Bindungsordnung $N = 2.5$ lässt sich durch die beiden ersten der folgenden Valenzstrichformeln mit je einem Elektronenseptett und -nonett wiedergeben, nicht aber durch eine dritte mit einem Elektronenseptett und einem -oktett, in der das ungepaarte Elektron, symbolisiert durch einen Punkt, am N-Atom lokalisiert ist.

$$|N\overset{\bullet}{=}\overline{\underline{O}} \qquad \overline{\underline{N}}\overset{\bullet}{=}O| \qquad |\overset{\bullet}{N}=\overline{\underline{O}}$$

Das Molekül CO weist *formale Ladungen* auf, d. s. die Ionenladungen, die man erhält, wenn man alle Bindungen in einer Valenzstrichformel homolytisch öffnet und so das Molekül in Atomionen zerlegt. *Homolytische Bindungsöffnung* oder *Homolyse* soll dabei heißen, dass die Bindungselektronen zur Hälfte jedem Bindungspartner zufallen. Dies ist ein Verfahren, das umso fragwürdiger ist, je *polarer* die betreffende Bindung ist (s. Abschnitt 2.6). Formale Ladungen gibt man bei einer Valenzstrichformel durch Plus- bzw. Minuszeichen in einem Kreis nahe dem betroffenen Elementsymbol wieder. Im Falle des Moleküls CO gelangt man bei der Homolyse zu einem Anion C^- mit fünf (anstatt neutral vier) und einem Kation O^+ mit fünf (anstatt neutral sechs) Valenzelektronen; demgemäß trägt das C-Atom eine negative, das O-Atom eine positive Formalladung:

$$|\overset{\ominus}{C}\equiv\overset{\oplus}{O}|$$

Die Summe aller formalen Ladungen verschwindet bei neutralen Molekülen oder ergibt die Ionenladung bei Molekülionen.

Lassen sich, wie oben im Falle von NO, mehrere Valenzstrichformeln aufschreiben, so gilt diejenige als besser, die weniger Formalladungen aufweist. In diesem Sinne wäre eigentlich die dritte oben angegebene Formel für NO die beste, da ihr keine Formalladungen zukommen, doch leidet sie unter dem Manko, dass sie die Bindungsordnung 2.0 vortäuscht anstatt der aus bestimmten Gründen vorzuziehenden Bindungsordnung 2.5. Die erste der NO-Formeln weist je Atom 0.5, die zweite 1.5 Formalladungen auf, also ist die erste besser als die zweite. Ein derartiger Güteunterschied beruht auf der Vorstellung, dass man Energie aufwenden muss, wenn man in einem Molekül eine Ladungstrennung vornimmt, also einen elektrischen Dipol aufbaut.

2.2.2 Mehratomige Moleküle mit den Atomen H, F, O, N

Im Folgenden werden die Elemente O und N mit den einfach gebundenen Atomen H und F und mit sich selbst zu mehratomigen Molekülen kombiniert und zwar zu denen, die in der Chemie eine gewisse Bedeutung haben. Verbindungen, die aus zwei, drei oder vier Atomsorten aufgebaut sind, nennt man *binär*, *ternär* bzw. *quaternär*. In den sieben binären Verbindungen mit den Summenformeln H_2O, H_2O_2, NH_3, N_2H_4, N_2H_2, N_3H und NF_3 sind die Atome H oder F an O bzw. an N gebunden:

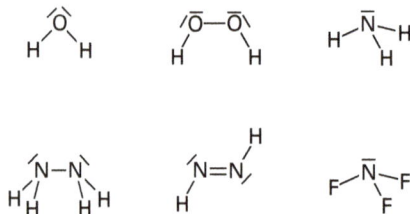

Im Molekül N_3H sind zwei Elektronenpaare in einer Ebene senkrecht zur Molekülebene über alle drei N-Atome hinweg delokalisiert. Dieser Sachverhalt lässt sich nicht in einer einzigen Valenzstrichformel, wohl aber in zweien darstellen, und zwar ist in der einen Formel ein Elektronenpaar frei und das andere π-gebunden und in der anderen Formel das eine π-gebunden und das andere frei. Die Darstellung einer Elektronendelokalisierung durch mehrere oktettgerechte *Grenzformeln* nennt man *Mesomerie*. Die Grenzformeln werden durch einen *Mesomeriepfeil* verknüpft und zwischen geschweifte Klammern gesetzt. Eine Grenzformel allein beschreibt das Molekül unzutreffend. Die für eine mesomere Grenzformel berechnete liegt immer höher als die wahre Elektronenenergie. Im Falle von N_3H haben die beiden durch die mesomeren Grenzformeln dargestellten Moleküle eine verschieden hohe Elektronenenergie, sodass die eine der wahren Energie näher ist; man sagt, sie habe *höheres Gewicht*. Die mit Theorie und Experiment zu vereinbarenden Bindungsordnungen für die beiden NN-Bindungen im Molekül N_3H betragen 1.5 und 2.5, was aus einer Grenzformel allein nicht ableitbar wäre, jedoch gewissermaßen dem Mittel beider Formeln entspricht. Die Darstellung eines Moleküls wie N_3H in einer einzigen Formel gelingt ebenfalls, wenn man die zwei delokalisierten Elektronenpaare ganz weglässt und die Atome, zwischen denen diese Paare eine bindende Wechselwirkung ausüben, durch punktierte Linien zusätzlich zu den die lokalisierten Bindungen darstellenden Strichen verbindet. Die Erfüllung der Oktettregel kommt dann allerdings nicht zum Ausdruck und formale Ladungen sind nicht mehr definiert.

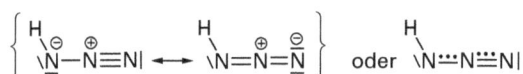

Die Substanzen H_2O und NH_3 sind bei Raumtemperatur stabil, H_2O_2 und N_2H_4 nur metastabil. Diesen Stabilitätsunterschied kann man auf die abstoßende Wechselwirkung zwischen den freien Elektronenpaaren der aneinander gebundenen Atome O bzw. N zurückführen. In den mit der Oktettregel durchaus in Einklang zu bringenden Molekülen der Formel H_2O_3 oder N_3H_5 ist die Abstoßung in der Dreierkette der Atome O bzw. N so stark, dass diese Moleküle oder gar Moleküle mit noch längeren Ketten instabil sind und in der Chemie keine Rolle spielen.

Bei der Kombination von O mit sich selbst oder mit N gelangt man zu drei wichtigen dreiatomigen Molekülen: O_3, N_2O und NO_2. NO_2 ist ebenso wie NO ein Radikal.

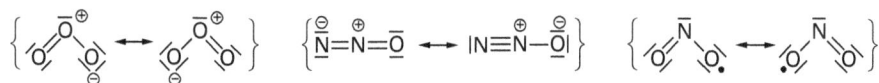

Von Ausnahmen wie O_3, CO, NO oder NO_2 abgesehen, kommen O-Atome in Valenzstrichformeln in drei Typen vor:

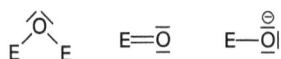

Im Folgenden lassen wir die freien Elektronenpaare bei den O-Atomen weg. Den ternären Verbindungen H_3NO, HNO_2, FNO und HNO_3 entsprechen folgende Valenzstrichformeln:

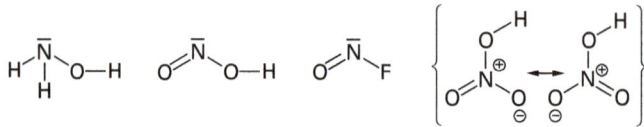

Anstatt (in alphabetischer Reihenfolge) H_3NO zu schreiben, kann man in der Schreibweise H_2NOH oder in der Teilvalenzstrichformel H_2N—OH schon den Aufbau des Moleküls zum Ausdruck bringen. Bei den Molekülen HNO_2 und HNO_3 belässt man es stets bei dieser Schreibweise, weil es sich um *Sauerstoffsäuren* handelt (s. Abschnitt 5), in deren Formel stets das H-Atom vorne steht, auch wenn es an O gebunden ist.

Die folgenden Valenzstrichformeln für H_2O_2, H_3NO und FNO stimmen zwar mit der Oktettregel überein, aber aus Molekülen dieser Bauart aufgebaute Substanzen sind unbekannt und zwar wegen der bei ihnen aufzubauenden Formalladungen.

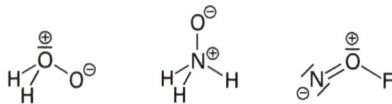

Dieselbe Regel über Formalladungen schlägt dagegen nicht zu Buche, wenn man die Moleküle N_3H und N_2O mithilfe ungeladener Dreiringformeln darstellt. Hier beschreiben die oben angegebenen offenkettigen Formeln trotz ihrer formalen Ladungen den wahren Aufbau. Die Ursache ist die *Ringspannung*, die Dreiringverbindungen im Allgemeinen und denjenigen im Besonderen innewohnt, die Doppelbindungen enthalten.

2.2.3 Mehratomige Moleküle mit den Atomen H, F, O, N sowie C

Wir beginnen mit den nur aus Carbon und Hydrogen aufgebauten Molekülen, den *Carbonhydriden* (veraltet: *Kohlenwasserstoffe*): C_mH_n. Für die schon oben besprochenen Moleküle mit m = 1, 2 ergeben sich in Übereinstimmung mit der Oktettregel die folgenden Valenzstrichformeln:

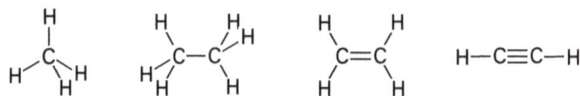

Typisch ist, dass es an C-Atomen im Allgemeinen keine freien Elektronenpaare gibt (Ausnahme: z. B. CO). Aus diesem Grunde unterliegt − anders als bei O und N − die Zahl der miteinander verknüpften C-Atome keiner Einschränkung. Weiterhin gehören in einem mit der Zahl der C-Atome steigendem Maße zu einer bestimmten Summenformel C_mH_n mehrere *Isomere*, die sich in ihrem Bindungsgerüst und damit in ihren Eigenschaften unterscheiden (*Isomerie*). Die Unbeschränktheit von m in C_mH_n und die Isomerie-Möglichkeiten führen zu einer kaum noch übersehbaren Vielfalt in der Welt der Carbonhydride.

Für die Carbonhydride C_mH_n mit m = 3 (bei Raumtemperatur alles gasförmige Stoffe) gibt es Beispiele mit den Formeln C_3H_8 (1 Isomer), C_3H_6 (2 Isomere) und C_3H_4 (3 Isomere). Sie werden in Abb. 2.3 durch volle Valenzstrichformeln, durch Teilvalenzstrichformeln und durch Kurzvalenzstrichformeln dargestellt. In Letzteren werden nur die von einem C-Atom ausgehenden CC-Bindungen gezeichnet, nicht aber CH-Bindungen, die sich von selbst ergeben, da die Zahl aller Bindungen,

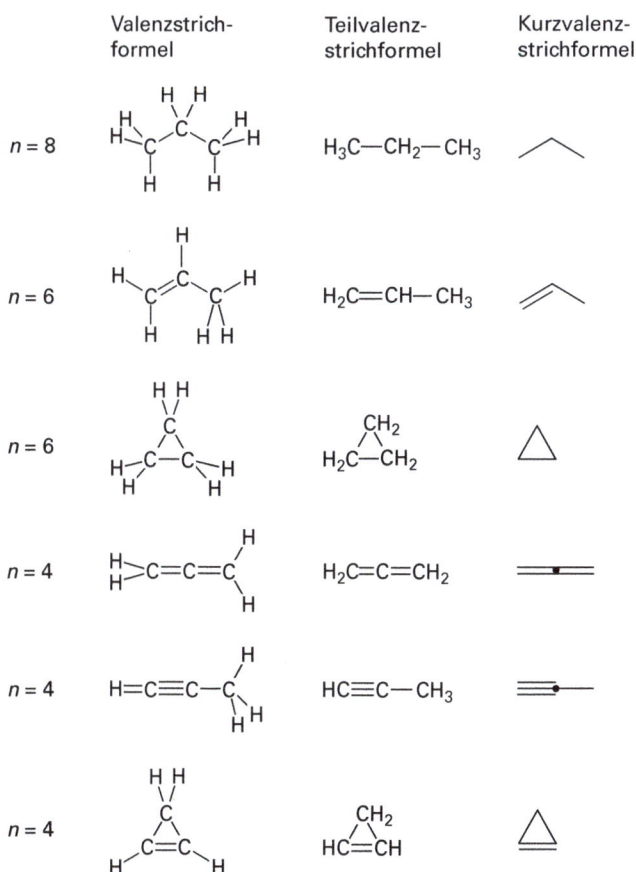

Abb. 2.3 Valenzstrich-, Teilvalenzstrich- und Kurzvalenzstrichformeln für C_3H_n (n = 8, 6, 4).

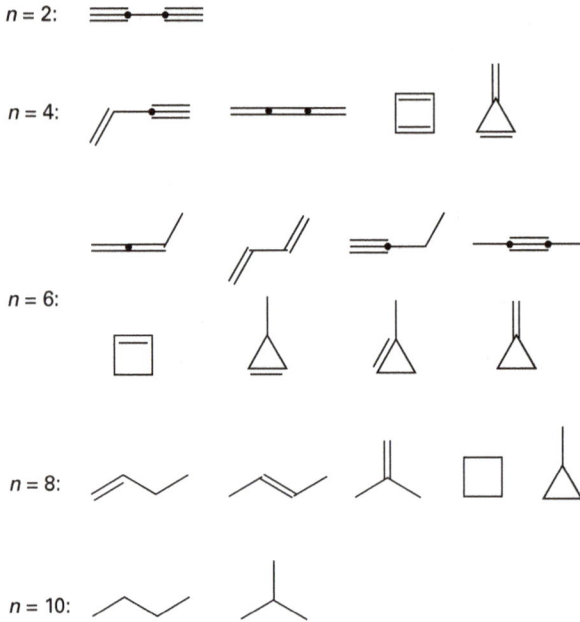

Abb. 2.4 Kurzvalenzstrichformeln für C_4H_n (n = 10, 8, 6, 4, 2).

der CC- und der CH-Bindungen, die *Bindigkeit*, bei einem C-Atom stets 4 beträgt (Ausnahme: z. B. CO). Die C-Atome in solchen Kurzformeln muss man als die Endpunkte eines CC-Valenzstrichs erkennen lernen.

In Abb. 2.4 sind die gasförmigen Verbindungen C_mH_n mit m = 4, nämlich C_4H_{10} (2), C_4H_8 (5), C_4H_6 (8), C_4H_4 (4) und C_4H_2 (1) (in Klammern die Zahl der *Konstitutionsisomere*, s. u.), nur noch mithilfe von Kurzvalenzstrichformeln dargestellt. Nicht alle diese Isomere sind bei Raumtemperatur stabil.

Unter den zahllosen und zum Teil in Theorie und Praxis wichtigen Carbonhydriden mit m > 4 ist eine besonders wichtige Verbindung das oben schon behandelte Benzen C_6H_6. Mit den sechs cyclisch delokalisierten π-Elektronen kann man die Valenzstrichformel von Benzen – ähnlich wie die von N_3H (s. o.) – entweder in der Mesomerie-Schreibweise (hier haben die beiden Grenzformeln gleiches Gewicht) oder in verkürzter Form mithilfe eines die π-Elektronen symbolisierenden punktierten oder auch durchgezogenen Kreises darstellen.

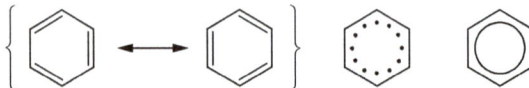

Das Benzen ist der Grundkörper einer wichtigen Klasse von Carbonhydriden, der *aromatischen Carbonhydride* oder kurz *Aromaten*. Als wichtige Beispiele seien noch Aromaten der Formel C_7H_8 $C_{10}H_8$ und zwei Isomere der Formel $C_{14}H_{10}$ als Valenzstrichformeln angegeben, deren Ähnlichkeit mit Benzen ohne weiteres einleuchtet.

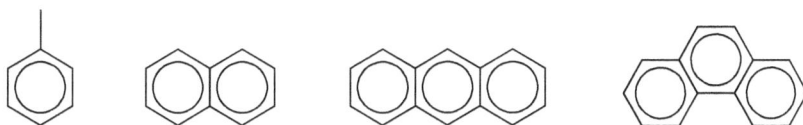

Im Prinzip ergibt sich für die Carbonfluoride, C_mF_n, die gleiche Vielfalt von Verbindungen wie bei den Carbonhydriden, nur ist aus dieser denkbaren Vielfalt bei Ersteren eine geringere Zahl in Substanz bekannt als bei Letzteren. Zum Aufstellen der Valenzstrichformeln von C_mF_n braucht man nur H in den Formeln für C_mH_n durch F zu ersetzen.

Unter den binären Verbindungen, die aus C und O bzw. aus C und N aufgebaut sind, haben außer CO nur CO_2 und C_2N_2 Bedeutung:

Dagegen ist die Vielfalt der Verbindungsmöglichkeiten in den ternären Systemen H/C/F, H/C/O und H/C/N unübersehbar. Bei der Aufzählung einiger wichtiger Verbindungen beschränken wir uns auf Moleküle, die nur ein C-Atom enthalten:

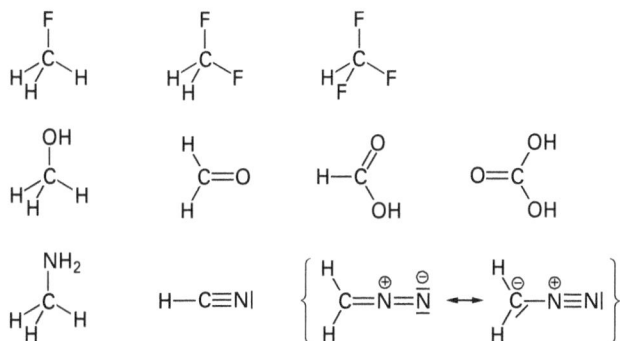

Die ternären Systeme C/O/F, C/N/F und C/N/O spielen demgegenüber eine bescheidenere Rolle, ganz im Gegensatz zum quaternären System H/C/N/O. Drei Beispiele mit nur einem C-Atom seien ausgewählt:

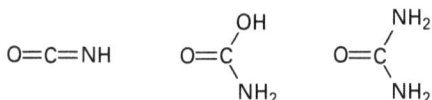

Die angegebenen Beispiele lehren, dass sich ternäre und quaternäre Verbindungen mit dem Element Carbon als Zentralatom von den Carbonhydriden dadurch ableiten, dass man ein H-Atom durch ein einbindiges Atom wie F oder durch eine einbindige Gruppe von Atomen, kurz *Gruppe* genannt, wie die OH- oder die NH_2-Gruppe ersetzt oder dass man zwei H-Atome gegen ein zweibindiges Atom wie O oder drei H-Atome durch ein dreibindiges Atom wie N austauscht oder dass man mehrere Atome oder Gruppen durch Ersatz entsprechend vieler H-Atome einführt.

Um schließlich beispielhaft zu zeigen, dass ternäre und quaternäre Carbon-Verbindungen – anders als in den bisherigen, auf ein C-Atom beschränkten Beispielen – selbstverständlich mehr als ein C-Atom enthalten können, und um weiterhin zu zeigen, dass über die in den bisherigen Beispielen eingeführten Gruppen hinaus eine Vielzahl anderer Gruppen an Carbon gebunden sein können, werden im Folgenden die Teilvalenzstrichformeln von sechs wichtigen *Derivaten* des Benzens abgebildet:

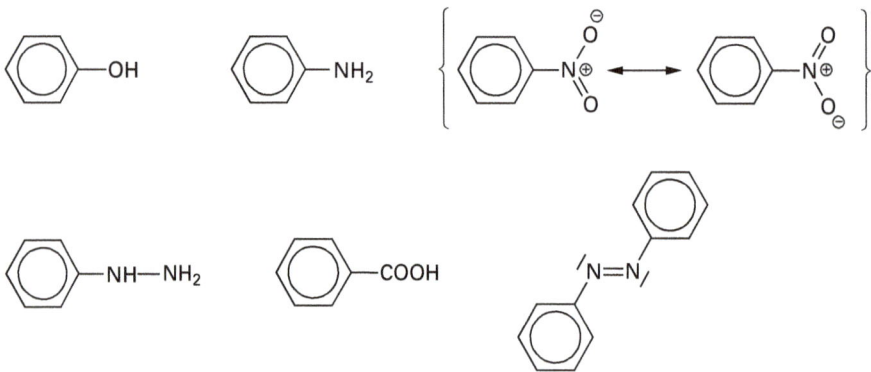

2.2.4 Mehratomige Moleküle mit den Atomen H, F, O, N, C sowie B

Betrachten wir zunächst die binären Verbindungen des Bors mit den Elementen H, F, O, N bzw. C! Im Molekül BF_3 verbraucht das B-Atom seine drei Valenzelektronen für den Aufbau von drei σ-Bindungen mit den F-Atomen und verfügt dann über ein Elektronensextett. Um in den Genuß eines Oktetts zu gelangen, kann man sich eine π-Bindung zwischen dem B- und einem der F-Atome denken, die von einem der drei Elektronenpaare dieses F-Atoms gespeist wird und zwar notwendigerweise unter Ausbildung formaler Ladungen. Da man sowohl mithilfe der Theorie als auch des Experiments beweisen kann, dass im Molekül BF_3 alle drei BF-Bindungen gleich stark sind, kann es nicht nur eine BF-π-Bindung geben, sondern die π-Wechselwirkungen sind über alle drei BF-Bindungen hinweg delokalisiert. Zur Darstellung in der Valenzstrich-Schreibweise bedarf es eines Kanons mesomerer Grenzformeln oder aber man stellt die über vier Atome delokalisierte π-Bindung in der Pünktchen-Schreibweise dar.

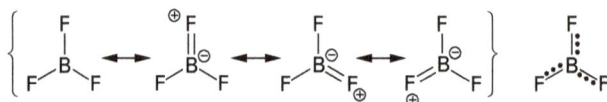

Anders als F-Atome verfügen H-Atome nicht über π-bindungsfähige Elektronenpaare, sodass sich das Molekül BH_3 mit einem Sextett begnügen müsste. Eine aus Molekülen BH_3 aufgebaute Substanz gibt es jedoch nicht. Wohl bekannt sind dagegen Borhydride der Formel B_mH_n mit m > 1. Die einfachste Verbindung in dieser Klasse genügt der Formel B_2H_6. An jedes B-Atom sind zwei H-Atome mit gewöhnlichen σ-Bindungen geknüpft, und die beiden BH_2-Gruppen werden durch zwei mit je einem Elektronenpaar versehene BHB-*Dreizentren-Zweielektronen-Bindungen*, sog. *(3c2e)-Bindungen*, zusammengehalten. Auch hier spricht man von *Hydrogenbrückenbindung*, die sich aber von der oben im Falle von HF_2^- erwähnten prinzipiell unterscheidet, da es sich dort um eine *Dreizentren-Vierelektronen-Bindung* handelt (s. u.). Wir symbolisieren die (3c2e)-Bindung hier als ein blau begrenztes Dreieck mit blauem Punkt zwischen den drei Zentren.

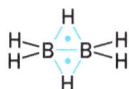

Verbindungen wie die Borhydride B_mH_n, deren Vorrat an Valenzelektronen nicht ausreicht, um alle BB- und BH-Bindungen aus gewöhnlichen *Zweizentren-Zweielektronen-Bindungen*, sog. (2c2e)-Bindungen, aufzubauen, zählt man zu den *Elektronenmangel-Verbindungen*. Um die Bindungen in ihnen näherungsweise zu verstehen, muss man zuzüglich zu den BB- und BH-(2c2e)- noch BBB- und BHB-(3c2e)-Bindungen heranziehen (s. Abschnitt 7.1.4).

Die wichtigen binären Verbindungen B_2O_3 und BN sind nicht molekular gebaut, sondern stellen Festkörper mit einem vorwiegend kovalenten Bindungsgerüst dar. Die wichtigste binäre Verbindung im System B/C hat die (idealisierte) Summenformel B_4C und stellt ebenfalls einen nicht molekular aufgebauten Festkörper dar, dessen Bindungen man wieder nur unter Hinzuziehung von (3c2e)-Bindungen näherungsweise beschreiben kann.

Die zahllosen molekular aufgebauten ternären Verbindungen des Bors seien hier nur soweit behandelt, als eine Verwandtschaft zu BF_3 besteht. Ähnlich wie bei den Carbon- kann man sich auch bei den Bor-Verbindungen die F-Atome durch Gruppen wie OH oder NH_2 ersetzt denken, die über zwei freie Elektronenpaare (OH) oder über ein freies Elektronenpaar verfügen (NH_2) und die so dem B-Atom zu einem Elektronenoktett verhelfen können. Am wichtigsten ist die Verbindung $B(OH)_3$. Die Gruppe CH_3 ist das letzte Glied in der Reihe F, OH, NH_2, CH_3 und leitet sich von CH_4 durch Wegnahme eines H-Atoms ab. Die CH_3-Gruppe verfügt über kein freies Elektronenpaar, sodass im Molekül $B(CH_3)_3$ das B-Atom die Oktettregel nicht erfüllen kann. Dies gilt nicht nur für die CH_3-Gruppe, sondern auch für alle Gruppen, die man sich aus einem Carbonhydrid durch Wegnahme eines H-Atoms entstanden denken kann. Als Kurzsymbol einer derartigen Gruppe schreibt man R. Die Verbindung $B(CH_3)_3$ ist also das einfachste Glied einer Familie BR_3, d. s. lagerfähige Substanzen, obwohl das Zentralatom Bor nur über ein Elektronensextett verfügt. Das eine breite Mannigfaltigkeit von Gruppen verwandter Bauart zusammenfassende Symbol R findet in der Chemie zur kurzformelmäßigen Bezeichnung zahlreicher Substanzfamilien Anwendung. Hierfür seien die folgenden Reihen von Familien als Beispiele angeführt: $RF/R_2O/NR_3$; $H_2O/ROH/R_2O$; $NH_3/RNH_2/R_2NH/R_3N$; $B(OR)_3/B(NR_2)_3$; usw.

2.2.5 Moleküle mit Nicht- und Halbmetallen höherer Perioden

Wir beschränken uns auf binäre Verbindungen! Bei der Kombination der Nicht- und Halbmetalle höherer Perioden, also ab der 3. Periode, mit Hydrogen ist durchwegs die Oktettregel erfüllt. Neben den schon besprochenen zweiatomigen Molekülen HCl, HBr und HI gilt dies in durchsichtiger Weise für die dreiatomigen Moleküle H_2S, H_2Se, H_2Te (vgl. H_2O), die vieratomigen Moleküle PH_3, AsH_3, SbH_3 (vgl. NH_3) und die fünfatomigen Moleküle SiH_4 und GeH_4 (vgl. CH_4).

Man kann sich die H-Atome in diesen Molekülen durch F-Atome ersetzt denken und gelangt dann zu den entsprechenden binären Fluor-Verbindungen, nur hat man dabei zusätzlich zu lernen, dass die Verbindungen BrF, IF, SF_2, SeF_2 und TeF_2 nicht oder nur kurzfristig isolierbar sind und daher in der Chemie keine Rolle spielen. Jedoch können die Bindungspartner von Fluor − im Gegensatz zu den Bindungspartnern von Hydrogen − ihre Elektronen-Achterschale erweitern, sodass dann die Oktettregel nicht gilt. Bei den Beispielen PF_5, SF_4, ClF_3 und XeF_2 liegt eine Zehner-, bei SF_6, IF_5 und XeF_4 eine Zwölfer- und bei IF_7 und XeF_6 eine Vierzehnerschale vor. Sind − wie in diesen Beispielen − drei oder mehr Bindungspartner an ein einziges Atom gebunden, so nennt man dieses das *Zentralatom* und seine Bindungspartner *Liganden*.

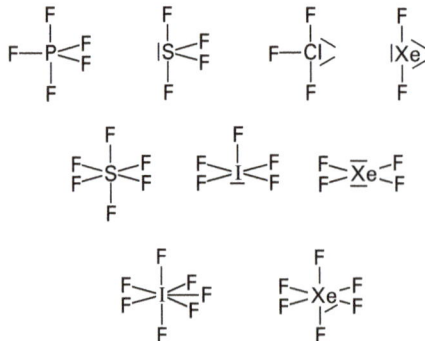

Molekular gebaute Oxygen-Verbindungen sind bei Raumtemperatur nur bei den Nichtmetallen bekannt, während die Halbmetall-Oxygen-Verbindungen bei Normalbedingungen zu den Festkörpern zählen. Bei fünf der folgenden sechs molekular gebauten Nichtmetall-Oxygen-Verbindungen gilt die Oktettregel nicht. Die Verbindung ClO_2 ist neben NO und NO_2 das dritte Radikal von Bedeutung.

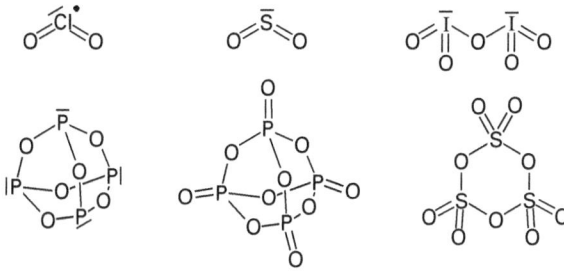

Die binären Molekül-Kombinationen der Nicht- und Halbmetalle höherer Perioden mit den Elementen der 2. Periode schließen wir mit Beispielen ab, an denen N, C und B beteiligt sind und beschränken uns auf solche von gewisser Bedeutung. Das Molekül N_4S_4 mit seinen acht Formalladungen ist metastabil und zerfällt bei Stoß explosionsartig. Die Abstände zwischen den S-Atomen mit den aneinanderstoßenden Formalladungen sind besonders lang.

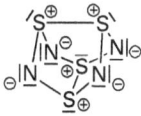

Die Moleküle CCl_4, CS_2 und BCl_3 sind in derselben Weise mit Valenzstrichformeln darstellbar wie CF_4, CO_2 und BF_3.

Bei Bindungen zwischen Nicht- und Halbmetallen höherer Perioden gilt zunächst, dass Doppel- und Dreifachbindungen bei Normalbedingungen nicht stabil sind (*Doppelbindungsregel*). Die den Molekülen O_2 und N_2 entsprechenden Moleküle S_2 und P_2 mit einer Doppel- bzw. Dreifachbindung sind zwar bei hoher Temperatur in der Gasphase stabil, unterliegen aber bei Raumtemperatur einer *Tetramerisierung* ($4 S_2 \rightarrow S_8$) bzw. *Dimerisierung* ($2 P_2 \rightarrow P_4$) zu dem aus SS-Einfachbindungen aufgebauten Achtring S_8 bzw. zu dem aus PP-Einfachbindungen tetraedrisch aufgebauten Molekül P_4 (s. u.). Die S_8-Ringe bilden das bei Normalbedingungen stabile Element Sulfur als Festkörper 2. Art (s. Abschnitt 1.4.3). Die P_4-Tetraeder bilden das bei Normalbedingungen metastabile Element *weißer Phosphor* als Festkörper 2. Art; stabil ist bei Normalbedingungen eine andere *Modifikation* des Phosphors, nämlich der *schwarze Phosphor*, ein Festkörper 1. Art. (Die *Dimerisierung* oder *Tetramerisierung* ungesättigter Moleküle stellen Spezialfälle der *Oligomerisierung* dar, d. i. die Zusammenlegung ungesättigter Moleküle zu höheren, aber noch immer molekular gebauten Aggregaten; wird die Zahl der aggregierten Moleküle beliebig groß, so spricht man von *Polymerisierung*.) Die Ursache, warum die Moleküle O_2 und N_2 thermodynamisch stabil sind und eine Oligomerisierung nicht bekannt ist, die Moleküle S_2 und P_2 bei Raumtemperatur aber nicht nur thermodynamisch, sondern auch kinetisch instabil sind, sich also schnell oligomerisieren, liegt in der Schwäche der π-Bindungen bei den Elementen höherer Perioden begründet, wohl hauptsächlich eine Folge der Größe dieser Atome. So lässt sich zwar ein O-Atom mit einer mehr oder weniger schwachen Doppelbindung an die Nichtmetalle Cl, S und P der 3. Periode binden (s. o.), aber schon nicht mehr an das Halbmetall Si. Moleküle mit Doppelbindungen zwischen zwei P- oder zwei Si-Atomen vom Typ $RP=PR$ bzw. $R_2Si=SiR_2$ sind instabil, lassen sich aber als metastabile Spezies fassen, wenn man als Liganden R überaus große, *sperrige* organische Reste wählt, die die Doppelbindung blockieren und damit vor einer Oligomerisierung schützen. Ähnliches gilt für die Nicht- und Halbmetalle noch höherer Perioden und auch für Kombinationen von Halb- mit Nichtmetallen vom Typ $R_2Si=CR_2$, $R_2Si=NR$, $R_2Si=PR$ u. a.

Einfachbindungen zwischen Nicht- und Halbmetallen höherer Perioden sind besonders verbreitet, wenn Halogene im Spiel sind, insbesondere Chlor. In den Molekülen $SiCl_4$, PCl_3, S_2Cl_2 und ICl ist die Oktettregel erfüllt, nicht dagegen im Molekül $SbCl_5$ mit einem Elektronendezett am Sb-Atom. Der Aufbau des Moleküls I_2Cl_6 mit einem Elektronendodezett am Iod zeichnet sich durch zwei brückenständige, formal positiv geladene Cl-Atome aus.

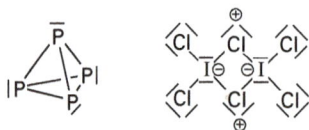

2.2.6 Moleküle mit Metallen

Metalle bilden mit Nichtmetallen Salze. Verdampft man Salze, wozu man in den meisten Fällen eine Temperatur oberhalb von 1000 K braucht, so liegen in der Gasphase Moleküle mit kovalenten Bindungsanteilen vor. Beispielsweise beschreibt die Formel KF ein bei Raumtemperatur festes Salz oder aber − oberhalb von 1778 K bei Normaldruck − ein Gas, für dessen Moleküle die Dublettregel (für K) und die Oktettregel (für F) ähnlich wie bei HF erfüllt sind.

Auch bei Raumtemperatur macht der elektrostatische Bindungsanteil in Salzen einem kovalenten umso mehr Platz, je größer der Radien- und der Ladungsunterschied zwischen Kationen und Anionen sind. Man kann sich diesen Übergang als eine Art Herüberziehen der Elektronenhülle der großen Anionen zum kleinen und hoch geladenen Kation vorstellen, eine Vorstellung, die man *Polarisation* nennt. Man bedenke, dass Atome umso kleiner (größer) werden, je höher sie als Kationen (Anionen) geladen sind. Die Polarisation kann so weit gehen, dass Metall-Nichtmetall-Verbindungen nicht nur in der Gas-, sondern auch in fester Phase aus Molekülen aufgebaut sind, wenn nur die hoch geladenen Kationen, die am Aufbau der Moleküle beteiligt sind, mit den Anionen keine Redoxreaktionen eingehen (s. Abschnitt 5.3). Im Allgemeinen kann man vierfach positiv geladene Kationen als genügend hoch geladen für die Entstehung von Einfachbindungen mit einfach negativ geladenen Anionen ansehen. Bei noch höher geladenen Kationen kann es mit O^{2-} als Partner zur Ausbildung von Metall-Oxygen-Doppelbindungen kommen.

Unter den molekular aufgebauten Verbindungen mit Hauptgruppenmetallen sind $SnCl_4$ und $PbCl_4$, deren Valenzstrichformel derjenigen von CCl_4 vollkommen entspricht, die prominentesten. Das Anion F^- ist kleiner als Cl^-, und die Verbindungen SnF_4 und PbF_4 sind deshalb noch Salze. Bei den Übergangsmetallen gibt es Moleküle, in denen alle Valenzelektronen in σ-Bindungen mit Nichtmetallen eingebracht werden. Beispielsweise entsprechen die Valenzstrichformeln der Moleküle $TiCl_4$, TaF_5 und WF_6 ganz denen von CCl_4, PF_5 bzw. SF_6 (s. o.). In einem Molekül wie $MoCl_5$ dagegen bleibt dem Mo-Atom ein freies, radikalisches Elektron und im RuF_6 dem Ru-Atom ein freies Elektronenpaar übrig. Es ist nicht üblich, solche freien Elektronen in der Valenzstrichformel bei den Übergangsmetallen zu notieren. Im Molekül OsO_4, in welchem das Metall bei der formalen Zerlegung in Ionen die hohe Ionenladung 8+ bekäme, werden alle acht Valenzelektronen von Os zum Aufbau von vier OsO-Doppelbindungen verbraucht.

Unter den ternären molekular gebauten Verbindungen der Übergangsmetalle seien zunächst jene erwähnt, in denen Anionen wie O^{2-} und Cl^- an ein hoch geladenes Metallkation wie Cr^{6+} gebunden sind, also z. B. die aus Molekülen aufgebaute Flüssigkeit $CrCl_2O_2$. Des weiteren sei eine wichtige Verbindungsklasse beispielhaft herausgegriffen, nämlich die der *Übergangsmetall-Carbonyl-Verbindungen*. Sie genügen der Formel $[M_m(CO)_n]$ und werden im Falle $m > 1$ als *mehrkernig* bezeichnet. Wir beschränken uns hier auf die *einkernigen* Verbindungen $[M(CO)_n]$. Man kann sie sich aus einem Zentralatom M und n Liganden CO so entstanden denken, dass das freie Elektronenpaar am C-Atom von CO eine MC-σ-Bindung eingeht und dass die freien Elektronenpaare des Metalls MC-π-Bindungen bilden. Im klassischen Beispiel $[Ni(CO)_4]$ haben wir daher mit vier MC-Doppelbindungen zu rechnen. Nun zeigt die Theorie in Übereinstimmung mit bestimmten Experimenten, dass die π-Bindungen relativ schwach sind, dass also die π-Bindungselektronen ziemlich stark am Metallatom lokalisiert bleiben. In der Valenzstrichformel kann man das so zum Ausdruck bringen, dass man zwei Formeln, die eine mit vier Doppel-, die andere mit vier Einfachbindungen, als mesomere Grenzformeln ansieht; die freien Elektronenpaare am Ni-Atom, eines links und fünf rechts, werden nicht gezeichnet.

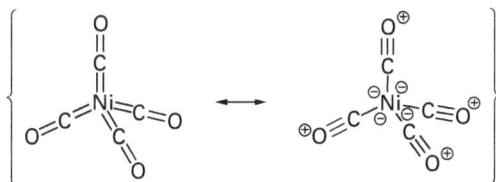

Haben wir in den oben gebrachten Beispielen für binäre Moleküle der Metalle die Polarisation im Falle hoher Ionenwertigkeiten zur Erklärung des Molekülcharakters herangezogen, so folgt der Molekülcharakter jetzt aus den π-Bindungsanteilen. Die σ-Bindung, zu der allein die Elektronen des Liganden beitragen, nennt man eine *koordinative* kovalente Bindung, während man die π-Bindung, die von den

Elektronen des Metalls ausgeht, als eine *koordinative Rückbindung* bezeichnet. Durch Letztere werden die von Ersterer hervorgerufenen Formalladungen wieder ausgeglichen. π-Rückbindungen sind umso stärker, je mehr Valenzelektronen dem Zentralatom zur Verfügung stehen, werden also von den Übergangsmetallen umso eher gebildet, je weiter sie in der Periode rechts stehen und je kleiner ihre Ionenladung ist. Dies gilt nicht nur für Carbonyl-Verbindungen. Eine prinzipielle Voraussetzung für π-Rückbindungen sind leere, energetisch möglichst tief liegende Ligand-Orbitale, geeignet zur Wechselwirkung mit passend angeordneten Metall-d-Orbitalen. Beim Molekül CO stehen geeignete, zur Überlappung richtig angeordnete π^*-Orbitale zur Verfügung, sodass etwa aus einem besetzten $3d_{xz}$-Orbital des Metalls und einem leeren π^*_{xz}-Molekülorbital von CO ein bindendes besetztes π-Molekülorbital entstehen kann. Unter den drei Carbonyl-Verbindungen $[Ni(CO)_4]$, $[Fe(CO)_5]$ und $[Cr(CO)_6]$ fehlen dem Fe-Atom ein Elektronenpaar und dem Cr-Atom deren drei, um mit allen fünf bzw. sechs CO-Liganden π-Bindungen eingehen zu können. Der einen mesomeren Grenzformel des $[Ni(CO)_4]$ mit vier Doppelbindungen entsprechen etwa beim $[Cr(CO)_6]$ jene 20 mesomeren Grenzformeln mit je drei Doppelbindungen, die durch Permutation dieser Doppelbindungen über alle sechs Koordinationsstellen entstehen.

Eine Regel erweist sich vielfach, wenn auch nicht immer, als erfüllt, dass nämlich ein Übergangsmetall in Carbonyl-Verbindungen eine Edelgas-Elektronenkonfiguration mit 18 Elektronen anstrebt. Beispielsweise braucht das Ni-Atom mit seinen zehn Valenzelektronen noch acht Elektronen, um die Kr-Schale zu erreichen, und diese acht Elektronen werden durch vier von den CO-Liganden koordinativ zur Verfügung gestellten Elektronenpaaren geliefert.

Auf eine Schwierigkeit beim Begriff der *koordinativen Bindung* sei hier hingewiesen! Im Molekül HCl sind die zwei Atome durch eine kovalente Bindung aneinander gebunden. Diese kann man sich entstanden denken entweder aus je einem Atom H und Cl oder aus einem Kation H^+ und einem Anion Cl^-. Beide Bildungsweisen sind chemisch realistisch. Der fertigen Bindung sieht man ihre Entstehungsweise nicht an. Eine solche Bindung bezeichnet man nicht als koordinativ, obwohl man ihr im Falle der zweitgenannten Bildungsweise einen koordinativen Charakter zubilligen könnte. Es muss also die Bildung einer Bindung *ausschließlich* durch Übertragung eines Elektronenpaars vom Liganden auf das Zentralatom erfolgt und anders gar nicht möglich sein, um die Bindung als *koordinativ* bezeichnen zu können. Verbindungen mit koordinativen Bindungen heißen *Koordinations-* oder *Komplex-Verbindungen*. Ihre Formeln setzt man, wie oben geschehen, in eckige Klammern.

In allen bisher behandelten molekular gebauten Metall-Verbindungen war das Metall an Nichtmetalle gebunden. Kovalente *Metall-Metall-Bindungen* sind in binären Verbindungen kaum, wohl aber in ternären und höheren Verbindungen bekannt. Im Bereich der Hauptgruppenmetalle spielen Metall-Metall-Bindungen beispielsweise beim Zinn eine gewisse Rolle und zwar bei Molekülen vom Typ $R_3Sn-SnR_3$. Bei den Nebengruppenmetallen sind Metall-Metall-Bindungen stärker verbreitet.

Als Beispiel unter zahlreichen sei hier eine zweikernige Carbonyl-Verbindung herausgegriffen, nämlich $[Mn_2(CO)_{10}]$, in der zwei $Mn(CO)_5$-Fragmente unter Wahrung der eben erwähnten 18-Elektronen-Regel kovalent aneinander gebunden sind.

2.2.7 Molekülionen der Nichtmetalle

Schon in Abschnitt 2.1.2 wurden Valenzstrichformeln von Molekülionen besprochen, die isoelektronisch zu zweiatomigen Molekülen sind: NO^+, CN^-, C_2^{2-} isoelektronisch zu N_2; O_2^+ isoelektronisch zu NO; O_2^{2-} isoelektronisch zu F_2.

Ein prinzipieller Unterschied zwischen den Formeln von Molekülen und Molekülionen ist der, dass die Molekülionenformel keine Substanz repräsentiert. Vielmehr werden Molekülionen erst in Kombination mit geeigneten Gegenionen zu Substanzen und zwar im Allgemeinen zu salzartigen Festkörpern, beispielsweise KCN, CaC_2, Na_2O_2. Man beachte aber, dass die Vereinigung eines Nichtmetallions wie NO^+ mit einem Anion wie Cl^- zu molekular gebauten Stoffen, hier NOCl, führen muss. Man nennt Stoffe, deren Atome nur mit einem Typ chemischer Bindung zusammengehalten werden, *isodesmische Stoffe*, also z. B. die Legierung CuZn (metallische Bindung) oder die Flüssigkeit H_2O (kovalente Bindung) oder das Salz NaCl (ionogene Bindung). Im Feststoff KCN liegen zwei Typen von chemischer Bindung vor, kovalente Bindung im Anion CN^- und ionogene Bindung zwischen K^+ und CN^-. Solche Stoffe nennt man *anisodesmisch*.

Aus Nichtmetallen aufgebaute Molekülkationen sind seltener als Molekülanionen. Neben O_2^+ und NO^+ seien noch die Kationen NH_4^+ und NO_2^+ erwähnt, deren Valenzstrichformeln denen der isoelektronischen Moleküle CH_4 bzw. CO_2 entsprechen. Bedeutung haben Salze mit dem Kation NH_4^+.

Bei den Molekülanionen beginnen wir mit einer Auswahl von drei nur aus einer Atomsorte aufgebauten Anionen, nämlich N_3^-, S_2^{2-} und I_3^-, deren Valenzstrichformeln denen der isoelektronischen Moleküle CO_2, Cl_2 bzw. des ähnlich aufgebauten Moleküls XeF_2 analog sind (s. o.).

Zur Abhandlung der binären Anionen wollen wir die wichtigsten Nichtmetalle und Halbmetalle mit Hydrogen, Fluor und Oxygen kombinieren, deren Valenzstrichformeln denen isoelektronischer, oben schon besprochener Neutralmoleküle entsprechen:

CH_4:	BH_4^-			
CF_4:	BF_4^-			
SF_6:	SiF_6^{2-}	PF_6^-	(analog: AsF_6^-	SbF_6^-)
ClF:	ClO^-			
SF_2:	ClO_2^-			
BF_3:	CO_3^{2-}	NO_3^-		
PF_3:	SO_3^{2-}	ClO_3^-	(analog: BrO_3^-	IO_3^-)
SiF_4:	PO_4^{3-}	SO_4^{2-}	ClO_4^-	

Die Analogie der Valenzstrichformeln der jeweils isoelektronischen anionischen Oxygen- und neutralen Fluor-Verbindungen gilt mit Einschränkungen, die hier für das besonders wichtige Anion SO_4^{2-} besprochen werden sollen und die für die übrigen Anionen sinngemäß gelten. Neben der dem SiF_4 entsprechenden und für dieses ausreichenden Valenzstrichformel A kann man noch vier weitere Formeltypen aufschreiben und als mesomere Grenzformeln auffassen:

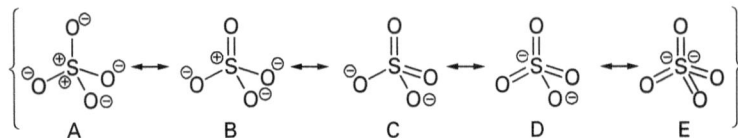

Beim Typ A und auch noch beim Typ B häufen sich die Formalladungen, sodass diese Formeln relativ energiereiche Grenzstrukturen beschreiben und unter den mesomeren Formeln ein geringes Gewicht haben sollten. In der Formel D liegen formal negativ geladene Atome nebeneinander und stoßen sich ab und in Formel E sind (wie auch bei A) zwei gleichnamige Formalladungen sogar am selben Atom lokalisiert, sodass auch die Formeln D und besonders E kaum Gewicht haben. Der beste Grenzformeltyp ist also C, und dieser Typ wird durch insgesamt sechs energetisch gleichwertige Formeln repräsentiert, die aus der einen gegebenen durch Permutation der Einfach- und Doppelbindungen entstehen. Der Formel C entspricht ein gewisser Doppelbindungsanteil in allen vier gleich starken SO-Bindungen. Hierfür gibt es experimentelle Hinweise.

Vier binäre Anionen seien noch nachgetragen. Im Anion HF_2^- werden die drei Atome − wie schon erwähnt − durch eine *Dreizentren-Vierelektronen-Bindung*, kurz *(3c4e)-Bindung*, zusammengehalten, die sich in der Mesomerie- oder in der Pünktchenschreibweise darstellen lässt:

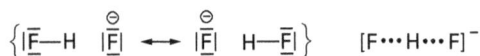

Von den Anionen NO_2^-, $C_2O_4^{2-}$ und $S_2O_3^{2-}$ wird im Folgenden jeweils nur eine mesomere Grenzformel geschrieben:

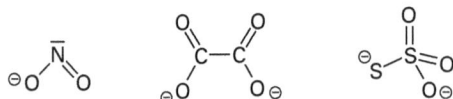

Aus der Fülle bekannter ternärer und quaternärer Molekülanionen der Nichtmetalle seien abschließend nur vier Beispiele aufgeführt, nämlich NCO^-, CNO^-, CN_2^{2-} und HCO_2^- (der Grundkörper der Familie RCO_2^-); NCO^- und CN_2^{2-} sind isoelektronisch mit CO_2:

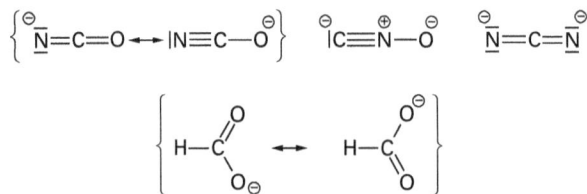

2.2.8 Molekülionen der Metalle

Molekular gebaute *Kationen* mit Metallen als Zentralatom kann man sich dadurch entstanden denken, dass ein Haupt- oder Nebengruppenmetallkation mit k neutralen, über ein freies Elektronenpaar verfügenden Liganden *koordinative* Bindungen eingeht. Die wichtigsten Neutralliganden sind H_2O und NH_3; der Neutralligand CO reagiert vorwiegend mit ungeladenen Metallatomen. Die Zahl der Liganden, die Koordinationszahl k, beträgt am häufigsten sechs. Die Valenzstrichformel für $[Al(H_2O)_6]^{3+}$ als willkürlich herausgegriffenes Beispiel lehrt, dass die kovalenten Bindungen zwischen dem Al-Kation und den sechs O-Atomen wohl nicht zu stark sein können, denn würde jedes koordinierende Elektronenpaar wirklich zur Hälfte dem Al-Kation zur Verfügung stehen, dann würde sich dort die negative Ladung allzu sehr häufen. Die kovalenten Bindungsanteile werden noch von elektrostatischen, auf das Dipolmoment von H_2O zurückgehenden Ionen-Dipol-Kräfte (s. Abschnitt 3.5.1) überlagert.

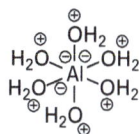

Die freien Übergangsmetallkationen haben im Allgemeinen keine abgeschlossene Elektronenkonfiguration und verfügen in den meisten Fällen, der Hund'schen Regel entsprechend, über ungepaarte Elektronen, die zu paramagnetischem Verhalten Veranlassung geben. Bei der Koordination von Wasser an solche Kationen bleibt deren magnetisches Verhalten erhalten. Das Kation $[Fe(H_2O)_6]^{3+}$ hat beispielsweise nach wie vor fünf ungepaarte Elektronen, und entsprechend groß ist die Suszeptibilität als Maß des Paramagnetismus (s. Abschnitt 3.1.5).

Manche Liganden enthalten zwei oder mehr Atome, deren freies Elektronenpaar eine koordinative Bindung mit einem Zentralkation eingehen kann. Man nennt solche Liganden *zwei-* bzw. *mehrzähnig* oder *di-* bzw. *multidentat*. Im Folgenden werden beispielhaft ein zweizähniger Ligand (Summenformel: $C_2H_8N_2$) und ein achtzähniger Ligand (Summenformel: $C_{18}H_{36}N_2O_6$) mithilfe von Kurzvalenzstrichformeln abgebildet. Die koordinierenden Elektronenpaare sitzen im zweizähnigen Liganden an den beiden N-Atomen, im achtzähnigen an den beiden N- und den sechs O-Atomen. Koordinationsverbindungen mit zwei- oder mehrzähnigen Liganden heißen *Chelate*, z. B. $[Co(C_2H_8N_2)_3]^{3+}$ mit $k = 6$. Chelate, in denen das zentrale Kation durch einen einzigen Liganden von allen Seiten umhüllt und eingeschlossen wird, nennt man *Kryptate*, z. B. $[K(C_{18}H_{36}N_2O_6)]^+$ mit $k = 8$. Chelate und unter den Chelaten ganz besonders die Kryptate sind gegenüber dem Zerfall in Zentralion und Liganden stabiler als Koordinationsverbindungen mit einzähnigen Liganden (*Chelat-Effekt*).

H_2N NH_2

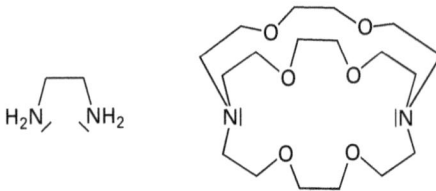

Während Koordinationsverbindungen mit NH_3 als Liganden mehr oder weniger von allen Metallkationen eingegangen werden, bilden besonders die an d-Elektronen reichen, die sog. *späten* Übergangsmetallkationen, koordinative Bindungen zu dem mit NH_3 verwandten PH_3 und – wichtiger noch – zu den sich von PH_3 ableitenden Molekülen PF_3 und PR_3 aus. Die Ursache hierfür ist, dass das P-Atom über seine energetisch genügend tief liegenden, unbesetzten 3d-Orbitale koordinative π-Rückbindungen vom Zentralkation aufnehmen kann, während dem N-Atom von NH_3 solche tief liegenden Orbitale nicht zur Verfügung stehen.

Molekular gebaute *Anionen* mit *Hauptgruppenmetallen* als Zentralatomen spielen allenfalls mit Halogenen als Liganden eine Rolle. Die Ionen $AlCl_4^-$ und AlF_6^{3-}, die isoelektronisch mit $SiCl_4$ bzw. SiF_6^{2-} sind, mögen als Beispiele genügen. Der Unterschied in der Koordinationszahl wird dabei vorwiegend durch den Ionenradius der Liganden bestimmt. Um ein Al^{3+}-Kation haben sechs F^-, aber nur vier Cl^--Anionen Platz.

Bei den *Nebengruppenmetallen* kommen wir mit Halogenen als Liganden zu ähnlichen Beispielen wie eben: FeF_6^{3-} mit $k = 6$, aber $FeCl_4^-$ mit $k = 4$ usw. Das Anion O^{2-} als Ligand ergibt ein molekular gebautes Anion, wenn die formale Ionenwertigkeit des Zentralkations relativ hoch ist. In den wichtigen Beispielen CrO_4^{2-} und MnO_4^- beträgt diese Ionenwertigkeit 6+ bzw. 7+. Sie ist hier insofern formal, als es freie Ionen Cr^{6+} und Mn^{7+} nicht gibt. Insofern kann man bei den Bindungen zwischen Metall und Oxygen in den Ionen CrO_4^{2-} und MnO_4^- auch nicht von *koordinativen* kovalenten Bindungen sprechen. Die Valenzstrichformel von CrO_4^{2-} entspricht der von SO_4^{2-}, die von MnO_4^- der von ClO_4^- (s. o.); es ist natürlich kein Zufall, dass zwischen den Elementen der 6. Gruppe (Cr) und der 6. Hauptgruppe (S) bzw. der 7. Gruppe (Mn) und der 7. Hauptgruppe (Cl) eine gewisse Verwandtschaft besteht. Die Reihe bekannter Anionen $MnO_4^-/MnO_4^{2-}/MnO_4^{3-}$ (isoelektronisch mit $ClO_4^-/SO_4^{2-}/PO_4^{3-}$) zeigt, dass auch die Ionenwertigkeiten 6+ und 5+ die Bildung derartiger Anionen erlaubt. Die Ionenwertigkeit 4+ eines Metallkations reicht zur Bildung von Anionen MO_4^{4-} im Allgemeinen nicht aus, weshalb solche Ionen bei den Hauptgruppenmetallen Sn und Pb nicht bekannt sind.

Im Gegensatz zu den Hauptgruppenmetallen gibt es bei den Nebengruppenmetallen eine breite Fülle von Koordinationsverbindungen mit Molekülanionen als Liganden. Besonders wichtig ist der Ligand CN^-, der ähnlich wie das isoelektronische CO mit den an d-Elektronen reichen Metallen koordinative π-Rückbindungen bilden kann. Ein Anion wie beispielsweise $[Fe(CN)_6]^{3-}$ verhält sich insofern *magnetisch unnormal*, als der gemessene Paramagnetismus nur einem ungepaarten Elektron entspricht. Es liegen also von den fünf ungepaarten 3d-Elektronen des freien Fe^{3+}-Ions nach der Bindungsbildung mit CN^- vier in gepaarter Form vor. Das $[Fe(CN)_6]^{4-}$ mit Fe^{2+} als Zentralion ist diamagnetisch; alle sechs 3d-Elektronen treten gepaart auf. Für ein Anion wie $[Cu(CN)_4]^{3-}$ stellt sich die Frage nach dem magnetischen Verhalten nicht, da das $3d^{10}$-konfigurierte Cu^+-Ion von vornherein nur gepaarte Elektronen enthalten kann. Ganz allgemein paaren sich die Valenzelektronen eines freien Übergangsmetallkations umso eher, je stärker die Metall-Ligand-σ-Bindungen sind, und im Falle nennenswerter π-Rückbindungsanteile liegt stets magnetisch unnormales Verhalten, also maximale Paarung der d-Valenzelektronen, vor. Sich magnetisch normal verhaltende Koordinationsverbindungen der Übergangsmetalle nennt man *Highspin-*, die magnetisch unnormalen *Lowspin-*Komplexe.

Viele der in Abschnitt 2.2.7 genannten Molekülanionen kommen als Liganden in Koordinationsverbindungen der Übergangsmetalle infrage, besonders O_2^{2-}, NO_2^-, NO_3^-, CO_3^{2-}, SO_4^{2-}, $S_2O_3^{2-}$, $C_2O_4^{2-}$, NCO^-, RCO_2^- usw., etliche davon auch als *zweizähnige* Liganden, indem gegebenenfalls zwei O-Atome eines Anions je eine koordinative Bindung zum Zentralion aufbauen. Als Beispiele seien angeführt: $[Ag(S_2O_3)_2]^{3-}$ ($k = 2$, einzähniger Ligand) und $[Cr(SO_4)_3]^{3-}$ ($k = 6$, zweizähniger Ligand).

Auch mit neutralen Liganden kann es zu Koordinationsanionen kommen, wie das Beispiel $[Fe(CO)_4]^{2-}$ lehren möge, das ein Fe-Anion mit der formalen Ladung $2-$ enthält. Das neutrale Molekül $[Cr(NO)_4]$ kann man formal als eine Koordinationsverbindung des vierfach negativ geladenen Anions Cr^{4-} mit vier kationischen Liganden NO^+ ansehen; mit derselben Berechtigung kann man es sich auch aus einem Cr-Atom und vier Molekülen NO aufgebaut denken, nur stellt dann das Radikal NO dem Metall drei anstelle von zwei Elektronen koordinativ zur Verfügung. Im Gegensatz zu NO ist $[Cr(NO)_4]$ diamagnetisch, und im Übrigen ist es mit $[Ni(CO)_4]$ isoelektronisch.

Nicht immer streben die Zentralatome in Übergangsmetallkomplexen eine Edelgas-Konfiguration an. Eine solche ist unter allen anionischen Beispielen dieses Abschnitts nur bei den folgenden erfüllt: $[Co(C_2H_8N_2)_3]^{3+}$, $AlCl_4^-$, $[Fe(CN)_6]^{4-}$, $[Cu(CN)_4]^{3-}$, $[Fe(CO)_4]^{2-}$ und $[Cr(NO)_4]$.

2.2.9 Bindigkeit

Unter der *Bindigkeit*, einem recht formalen Begriff, versteht man die Zahl der von einem Atom ausgehenden, durch Valenzstriche dargestellten Bindungen. Der Satz beispielsweise, ein Carbon-Atom sei stets vierbindig, ist weithin gültig, stößt aber in Molekülen wie CO an seine Grenzen. Liegen delokalisierte π-Bindungen vor, so sind entweder ganzzahlige Werte der Bindigkeit nicht definiert, oder sie sind von der herangezogenen mesomeren Grenzformel abhängig, wie etwa im Falle von BF_3 oder HN_3 (s. o.).

2.3 Überblick über die chemische Nomenklatur

Dem Leser soll hier ein kurzer Überblick über einige Prinzipien der Nomenklatur in der Chemie gegeben werden. Der wissenschaftlich arbeitende Chemiker wird sich an den von der *International Union for Pure and Applied Chemistry* (*IUPAC*) herausgegebenen Empfehlungen tiefergehend orientieren müssen. Wir greifen hier auf IUPAC-Empfehlungen aus dem Jahre 2005 zurück.

2.3.1 Benennung von Elementen

Die Benennung von Elementen sei am Beispiel von Oxygen erläutert! Der systematische Name für einen aus O_2-Molekülen aufgebauten Stoff heißt *Dioxygen*. Nummerische Präfixe wie das hier verwendete *di* sind in Tab. 2.1 zusammengefasst. Für einen so wichtigen Stoff ist aber auch ein aus der Tradition erwachsener *Trivialname* allgemein verbreitet und zulässig, nämlich *Oxygen* oder − im Deutschen bis jetzt überwiegend − *Sauerstoff*. Will man ein einzelnes oder eine Menge an O-Atomen, wie sie als reaktive Teilchen eine Rolle spielen mögen, bezeichnen, so sagt man systematisch *Monooxygen*. Eine wichtige metastabile Modifikation von Oxygen ist ein gasförmiger Stoff, der aus drei O-Atomen aufgebaute Moleküle O_3 enthält, der systematisch *Trioxygen* und trivial *Ozon* heißt. Das Radikalkation $O^{\bullet+}$ heißt *Oxygen(•1+)*, das Radikalkation $O_2^{\bullet+}$ *Dioxygen(•1+)*, das Anion O^{2-} *Oxid(2−)* oder nur *Oxid*, das Radikalanion $O_2^{\bullet-}$ *Dioxid(•1−)* (trivial *Superoxid*), das Anion O_2^{2-} *Dioxid(2−)* (trivial *Peroxid*).

Das Element Sulfur ist gewöhnlich aus Achtringen S_8 aufgebaut und heißt dann systematisch *Octasulfur* oder − die Ringstruktur durch das Präfix *cyclo* zum Ausdruck bringend − *cyclo-Octasulfur* oder trivial *Sulfur* und im Deutschen trivial auch *Schwefel*. Die aus Molekülen P_4 aufgebaute metastabile Modifikation des Phosphors heißt systematisch *Tetraphosphor* oder − den tetraedrischen Bau berücksichtigend − *tetrahedro-Tetraphosphor* oder trivial *weißer Phosphor*. (Präfixe wie *cyclo*, *tetrahedro* u. a. schreibt man stets kursiv.)

Tabelle 2.1 Einfache und (in Klammern) multiplikative nummerische Präfixe.

1 mono	11 undeca	21 henicosa
2 di (bis)	12 dodeca	22 docosa
3 tri (tris)	13 trideca	23 tricosa
4 tetra (tetrakis)	14 tetradeca	30 triaconta
5 penta (pentakis)	15 pentadeca	31 hentriaconta
6 hexa (hexakis)	16 hexadeca	35 pentatriaconta
7 hepta (heptakis)	17 heptadeca	40 tetraconta
8 octa (octakis)	18 octadeca	42 dotetraconta
9 nona (nonakis)	19 nonadeca	50 pentaconta
10 deca (decakis)	20 icosa	100 hecta

Entsprechend verfährt man bei anderen aus Molekülen aufgebauten Elementen. Bei Elementen mit Festkörperstruktur treten keine besonderen Nomenklaturprobleme auf: Eisen heißt *Eisen* (zulässig übrigens auch: *Ferrum*), Bor heißt *Bor* usw. Will man bestimmte Modifikationen benennen, so greift man traditionsgemäß auf griechische Buchstaben zurück (z. B. *α-*, *γ-* oder *δ-Eisen*) oder auf spezielle Trivialnamen (z. B. *Graphit* oder *Diamant* für die zwei Festkörper 1. Art darstellenden Modifikationen von Carbon).

2.3.2 Kompositionelle Nomenklatur

Zur Angabe der bloßen Zusammensetzung (*Komposition*) bedient man sich einer einfachen Methode, die bei binären Verbindungen oft die Methode der Wahl ist und auch bei ternärenVerbindungen oft sinnvoll erscheint: *kompositionelle Nomenklatur*. Man benennt binäre salzartig gebaute Verbindungen M_aX_b systematisch so, dass man erst das Zahlwort für a, dann den Elementnamen für M, dann das Zahlwort für b und dann den Namen für X sagt, an den man das Suffix *id* anhängt. Dabei werden bei einigen anionischen Nichtmetallen die Endsilben abgeschliffen, nämlich heißt es *Hydrid, Oxid, Sulfid, Nitrid, Phosphid, Carbid, Silicid* und *Germanid* für die Anionen von H, O, S, N, P, C, Si bzw. Ge. Das Zahlwort *mono* lässt man im Allgemeinen weg. Hierzu einige Beispiele:

Fe_3O_4	Trieisentetraoxid	Li_3N	Trilithiumnitrid
U_3O_8	Triuranoctaoxid	$CaSi_2$	Calciumdisilicid
$CoCl_3$	Cobalttrichlorid	Sr_3P_2	Tristrontiumdiphosphid

Wenn andere Zusammensetzungen ausgeschlossen sind, kann man die Zahlwörter ganz weglassen, z. B. *Aluminiumoxid* anstelle von − systematisch − *Dialuminiumtrioxid* für Al_2O_3 oder *Calciumchlorid* anstelle von *Calciumdichlorid* für $CaCl_2$. Man kann die Zahlwortpräfixe auch weglassen, wenn man die Ionenwertigkeit des Metallkations durch eine römische Zahl in Klammern anfügt, z. B. *Mangan(IV)oxid* anstelle von *Mangandioxid* für MnO_2 oder *Eisen(III)oxid* anstelle von *Dieisentrioxid* für Fe_2O_3.

Auch auf binäre Verbindungen von Nichtmetallen untereinander oder von Halbmetallen mit Nichtmetallen lässt sich dieses einfache Nomenklaturprinzip übertragen, obgleich in diesem Bereich noch andere systematische Nomenklaturmöglichkeiten bestehen (s. u.). Dabei nutzt man die Reihenfolge der Elementsymbole, wie sie in Abschnitt 1.4.4 für die Aufstellung von Formeln genannt wurde.

OF_2	Oxygendifluorid	N_4S_4	Tetranitrogentetrasulfid
Cl_2O	Dichloroxid	CH_4	Carbontetrahydrid
BCl_3	Bortrichlorid	NH_3	Nitrogentrihydrid
N_2O_5	Dinitrogenpentaoxid	H_2O	Dihydrogenoxid
P_4O_{10}	Tetraphosphordecaoxid	H_2S	Dihydrogensulfid
Si_3N_4	Trisiliciumtetranitrid	HCl	Hydrogenchlorid

In isodesmischen ternären Verbindungen nennt man die beiden Bestandteile mit positiven bzw. negativen Oxidationszahlen (s. Abschnitt 2.6.3) in alphabetischer Reihenfolge, also z. B.:

$KMgCl_3$	Kaliummagnesiumtrichlorid
PbClF	Bleichloridfluorid
$BBrF_2$	Borbromiddifluorid
PCl_3O	Phosphortrichloridoxid

Auf anisodesmische Verbindungen wird dieses Nomenklaturprinzip nicht angewendet. Nehmen wir als einfaches Beispiel Na_2O_4S! Der Name *Dinatriumsulfurtetraoxid* ist hier nicht angebracht, da er nicht zum Ausdruck bringt, dass die Bindungen im Anion SO_4^{2-} kovalent, zwischen Na^+ und SO_4^{2-} aber ionogen sind. Mit dem zugelassenen Trivialnamen *Sulfat* für SO_4^{2-} (s. u.) muss unser anisodesmisches Salz also *Dinatriumsulfat* heißen, und auch für die Formel schreibt man besser Na_2SO_4.

Für höhere als ternäre Verbindungen gelten ähnliche Prinzipien. Beispielsweise heißt die Verbindung $Ca_3H_3ClF(PO_4)(SO_4)_2$ *Tricalciumtrihydrogenchloridfluoridphosphatbis(sulfat)*. Das multiplikative Präfix *bis* muss hier statt *di* vor dem eingeklammerten Anion stehen, weil *Disulfat* das Anion $S_2O_7^{2-}$ bezeichnet.

2.3.3 Nomenklatur organischer Verbindungen

Carbonhydride, die nur Einfachbindungen enthalten, die also *gesättigt* sind, heißen *Alkane* (oder trivial *Paraffine*) und genügen der Formel C_nH_{2n+2}, wenn sie keine Ringe enthalten, also *acyclisch* sind. Wenn sie einen aus C-Atomen bestehenden Ring enthalten und damit der Formel C_nH_{2n} genügen, heißen sie *Cycloalkane*. Carbonhydride, die Doppel- oder Dreifachbindungen oder beides enthalten, nennt man *ungesättigt*. Mit einer Doppelbindung heißen sie *Alkene* (trivial *Olefine*) und haben (ebenso wie die Cycloalkane) die Formel C_nH_{2n}, mit einer Dreifachbindung *Alkine* und haben die Formel C_nH_{2n-2}, die auch die zum Ring geschlossenen *Cycloalkene* sowie die zwei Doppelbindungen enthaltenden *Alkadiene* beschreibt. Für die Benennung bi- oder polycyclischer Carbonhydride sei auf Abschnitt 6.2.1 verwiesen. Entfernt man von einem Carbonhydrid ein H-Atom, so kommt man zu einem Radikal, das als Substanz zwar instabil ist, aber für die Benennung von Carbonhydriden und deren Derivaten große Bedeutung hat. Von Alkan gelangt man zu *Alkyl* C_nH_{2n+1}, von Alken zu *Alkenyl* C_nH_{2n-1}, von Alkin zu *Alkinyl* C_nH_{2n-3}, von Cycloalkan zu *Cycloalkyl* C_nH_{2n-1} usw.

Die systematische Benennung der einzelnen geradkettigen Carbonhydride beruht von n = 1−4 auf traditionellen Wortstämmen, ab n = 5 auf den Zahlwort-Präfixen von Tab. 2.1, mit der Ausnahme, dass man für n = 20 nicht *icosa*, sondern *eicosa* sagt. Die Namen der Alkane lauten:

1 Methan	5 Pentan	11 Undecan	21 Heneicosan	32 Dotriacontan
2 Ethan	6 Hexan	12 Dodecan	22 Docosan	40 Tetracontan
3 Propan	7 Heptan	13 Tridecan	30 Triacontan	100 Hectan
4 Butan	8 Octan	20 Eicosan	31 Hentriacontan	132 Dotriacontahectan

Ab n = 4 gibt es Isomere durch Verzweigung (s. Abb. 2.4). Nur die geradkettige Verbindung C_4H_{10} heißt *Butan*, die verzweigte *2-Methylpropan* (trivial *Isobutan*). Allgemein wählt man die längste gerade Kette, nummeriert die C-Atome durch und beschreibt die Verzweigungsäste als Alkylgruppen (in alphabetischer Reihenfolge), sodass die Verzweigungsstellen möglichst kleine Nummern erhalten. Dies sei durch ein Beispiel illustriert.

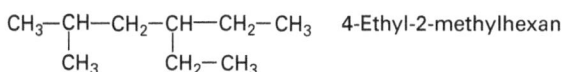

$$CH_3-\underset{\underset{CH_3}{|}}{CH}-CH_2-\underset{\underset{CH_2-CH_3}{|}}{CH}-CH_2-CH_3 \qquad \text{4-Ethyl-2-methylhexan}$$

Bei den Alkenen haben wir ebenfalls ab n = 4 sowohl mit Verzweigungen als auch mit Isomeren aufgrund der Stellung der Doppelbindung in der Kette zu rechnen. Die beiden Butene C_4H_8 (Abb. 2.4) heißen in durchsichtiger Weise *But-1-en* bzw. *But-2-en* und die verzweigte Verbindung C_4H_8 heißt 2-Methylpropen (trivial *Isobuten*). Auch *Cyclobutan* und *Methylcyclopropan* genügen der Formel C_4H_8 (Abb. 2.4).

Wir illustrieren die Nomenklatur der Carbonhydride weiter anhand von Abb. 2.4. Der Formel C_4H_6 genügen das *Buta-1,2-dien* und das *Buta-1,3-dien*, aber auch die Alkine *But-1-in* und *But-2-in* und die Cycloalkene *Cyclobuten* und *3-Methyl-* sowie *1-Methylcyclopropen*, ferner das *Methanylidencyclopropan* mit *Methanyliden* als Ausdruck für das Fragment CH_2 (trivial: *Methylen*). Nebeneinander stehende Doppelbindungen wie im Buta-1,2-dien nennt man *kumuliert*, sind sie durch eine Einfachbindung getrennt wie im Buta-1,3-dien, so nennt man sie *konjugiert* (mit der Folge, dass die Doppelbindungen im Buta-1,3-dien tatsächlich über alle vier Zentren delokalisiert sind; s. Abschnitt 2.1.4), und weiter auseinanderstehende Doppelbindungen nennt man *isoliert*. Die Formel C_4H_4 kann schließlich stehen für *Butatrien*, *Butenin*, *Cyclobutadien* und *Methanylidencyclopropen*; eine Bezifferung ist in keinem Falle nötig, weil keine vernünftigen alternativen Möglichkeiten denkbar sind. Schließlich steht noch C_4H_2 für *Butadiin*.

Etliche Trivialnamen sind zugelassen: *Ethylen* für Ethen, *Allen* für Propadien, *Isobutan* für 2-Methylpropan, *Isopentan* für 2-Methylbutan, *Isohexan* für *2-Methyl-* pentan, *Neopentan* für 2,2-Dimethylpropan, *Isobuten* für 2-Methylpropen, *Acetylen* für Ethin (nicht aber für Derivate von Acetylen, also z. B. nicht *Dimethylacetylen* für But-2-in), ferner *Vinyl* für Ethenyl, *Isopropyl* für Prop-2-yl, *Isobutyl* für *2-Me-* thylprop-1-yl, *sec-Butyl* (sprich: *secundär*) für But-2-yl, *tert-Butyl* (sprich: *tertiär*) für 2-Methylprop-2-yl, *Neopentyl* für 2,2-Dimethylprop-2-yl. Für häufig gebrauchte Alkylgruppen werden einige Abkürzungen als zweckmäßig empfohlen:

Me (Methyl), Et (Ethyl), Pr (Propyl), *i*Pr (Isopropyl), Bu (But-1-yl), *i*Bu (Isobutyl), *s*Bu (*sec*-Butyl), *t*Bu (*tert*-Butyl), Cy (Cyclohexyl).

Im Abschnitt 2.2.3 wurde das Benzen C_6H_6 als Stammverbindung der *aromatischen Carbonhydride*, der *Arene*, eingeführt. Etliche traditionelle Namen haben sich im aromatischen Bereich erhalten. So heißen die in Abschnitt 2.2.3 als wichtige Beispiele genannten Aromaten der Reihe nach *Toluen* (C_7H_8), *Naphthalen* ($C_{10}H_8$), *Anthracen* ($C_{14}H_{10}$) bzw. *Phenanthren* ($C_{14}H_{10}$). Der systematische Name für Toluen lautet *Methylbenzen*. Die drei möglichen Dimethylbenzen-Isomere C_8H_{10} heißen *1,2-Xylen* oder *ortho-Xylen*, *1,3-Xylen* oder *meta-Xylen* bzw. *1,4-Xylen* oder *para-Xylen*. Von den drei Trimethylbenzen-Isomeren ist das 1,3,5-Isomer, *Mesitylen*, das wichtigste. Das durch Wegnahme eines H-Atoms aus Benzen zurückbleibende Radikal C_6H_5 heißt *Phenyl* (abgekürzt: Ph), das Radikal der Arene allgemein *Aryl* (abgekürzt: Ar) und das sich von Toluen ableitende Radikal $PhCH_2$ heißt *Benzyl* (abgekürzt: Bzl).

Von den Carbonhydriden kommt man zu den zahlreichen Derivaten durch Ersatz eines oder mehrerer H-Atome durch einbindige Gruppen, z. B. Cl, OH, NH_2 oder durch Ersatz von zwei an das gleiche C-Atom gebundene (sog. *geminale*) H-Atome durch ein zweibindiges Atom wie O oder von drei geminalen H-Atomen durch N als dreibindiges Atom. Sind die Gruppen OH, NH_2 oder O an ein Carbongerüst gebunden, so gebraucht man die Suffixe *ol* für OH, *amin* für NH_2, *al* für O am endständigen C-Atom und *on* für O in innerkettiger Stellung (Beispiele s. u.). Im Falle von Cl als Ligand wendet man das Präfix *Chloro* an. Sind mehrere solcher Gruppen an ein Carbonhydridgerüst gebunden, dann sind Prioritäten vorgesehen, und nur die Gruppe mit Vorrang enthält ein Suffix, während Gruppen niederen Ranges durch Präfixe bezeichnet werden, und zwar werden für OH, NH_2 und O die Präfixe *Hydroxy*, *Amino* oder *Oxo* angewendet.

Nicht-aromatische Carbonhydride mit einer oder mehreren OH-Gruppen als Liganden heißen *Alkohole*. Prominente Vertreter sind *Methanol*, MeOH, *Ethanol*, EtOH, *Propan-1-ol*, PrOH, *Propan-2-ol*, *i*PrOH, *Butan-1-ol*, BuOH, *Butan-2-ol*, *s*BuOH, *2-Methylpropan-1-ol*, *i*BuOH, und *2-Methylpropan-2-ol*, *t*BuOH. Aromatische Carbonhydride mit OH-Gruppen als Liganden leiten sich von ihrem einfachsten Vertreter ab, dem *Phenol*, d. i. das Hydroxybenzen PhOH. Die veraltete, sog. *radikofunktionelle Nomenklatur* der Alkohole wird in manchen Fällen noch angewendet, z. B. *Ethylalkohol* für Ethanol oder *Isopropylalkohol* für Propan-2-ol. Die Dialkyl-, Diaryl- oder Alkylaryloxide (ROR, ArOAr bzw. ROAr) bilden die Familie der *Ether*. Beispielsweise nennt man die Verbindung MeOPh entweder *Methoxybenzen* oder (radikofunktionell) *Methyl(phenyl)ether* oder (trivial) *Anisol*. (Man beachte, dass ein nicht mit Klammern versehener Ausdruck *Methylphenyl* so viel wie *Tolyl*, MeC_6H_4, bedeuten würde.)

Für Carbonhydride mit Halogen als Ligand seien folgende Beispiele angegeben: *Dichloromethan* für CH_2Cl_2, *Tetrachloromethan* für CCl_4, *Tetrafluoroethen* für C_2F_4, *1,1,2-Trichloro-1,2,2-trifluoroethan* für $Cl_2FC{-}CClF_2$, *Chlorobenzen* für PhCl.

Im Falle der Aminogruppe als Ligand spricht man von *Alkanaminen* oder *Alkyl-aminen*. Für $PrNH_2$ sagt man *Propan-1-amin* oder *Propylamin*, für $iPrNH_2$ *Propan-2-amin* oder *Isopropylamin*. Die Verbindung NEt_3 heißt (etwas umständlich, aber von der IUPAC empfohlen) *N,N-Diethylethanamin* oder (übersichtlicher und von der IUPAC ebenfalls zugelassen) *Triethylamin*. Die Verbindung $H_2N-CH_2-CH_2-NH_2$ wird *Ethan-1,2-diamin* oder *Ethylendiamin* benannt; die Bezeichnung *1,2-Di-aminoethan* wird nicht empfohlen, da das Amin vor dem Alkan in der Nomenklatur Vorrang hat. Geht es hingegen beispielsweise um die Bezeichnung der Aminocar-bonsäure $H_2N-(CH_2)_5-COOH$, so hat die Carboxyl-Gruppe COOH vor der Ami-nogruppe Vorrang und der Name muss jetzt mit dem Präfix für die Aminogruppe *6-Aminohexansäure* lauten (s. u.). Etliche Trivialnamen haben sich erhalten, wie z. B. *Anilin* für Benzenamin oder Phenylamin, $PhNH_2$, oder *ortho-Toluidin* für 2-Methylanilin, $MeC_6H_4(NH_2)$, und entsprechend *meta-* und *para-Toluidin* für das 1,3- bzw. 1,4-Isomer.

Carbonhydride mit endständigen Oxo-Gruppen heißen *Aldehyde*. Prominente Vertreter sind Methanal CH_2O (trivial *Formaldehyd*), *Ethanal* MeCHO (trivial *Ace-taldehyd*), *Phenylmethanal* PhCHO (trivial *Benzaldehyd*). Aldehyde haben Vorrang vor Alkoholen, also sagt man beispielsweise zur Verbindung $CH_3-CH_2(OH)-CH_2-CH_2-CH_2-CHO$ *5-Hydroxyhexanal*. Nicht-endständige Oxo-Gruppen be-gründen die Familie der *Ketone*. Das *Propanon* Me_2CO (trivial *Aceton* und radiko-funktionell *Dimethylketon*) ist ein wichtiger und besonders einfacher Vertreter.

Die Verbindungen zur Formel RCOOH mit einer Oxo- und einer Hydroxy-Gruppe am endständigen Carbon-Atom nennt man *Carbonsäuren* und die Gruppe COOH *Carboxyl-Gruppe*. Als Säuren neigen sie dazu, das H-Atom der Hydroxy-Gruppe als H^+-Ion abzuspalten (s. Abschnitt 5.2), sodass anionische *Carboxylate* RCO_2^- zurückbleiben. Spaltet man formal eine OH-Gruppe aus RCOOH ab, so entsteht ein Radikal RCO, der *Säure-* oder *Acyl-Rest* (abgekürzt: Ac), von dem sich eine Reihe von *Säure-Derivaten* RCOX ableiten, z. B. X = Cl (*Säurechlorid*), X = NH_2 (*Säureamid*), X = OR (*Ester*) usw. Säuren mit zwei *Carboxyl-Gruppen* COOH nennt man *Dicarbonsäuren*. Die Benennung einiger Carbon- und Dicarbon-säuren sowie der zugehörigen Anionen $RCOO^-$ und Acyl-Reste RCO geht aus Tab. 2.2 hervor.

Spezielle Säure-Derivate sind die *Säureanhydride* vom Typ Ac_2O. Beispielsweise nennt man die Verbindung $(MeCO)_2O$ nach der radikofunktionellen Nomenklatur *Ethansäureanhydrid* (trivial *Acetanhydrid*), während sich ein systematischer Name wie *Diacetyloxid* nicht durchgesetzt hat.

Ersetzt man alle drei H-Atome der Methyl-Gruppe in RCH_3 durch ein N-Atom, so gelangt man zu den *Nitrilen* RCN mit einer CN-Dreifachbindung. Beispielsweise heißt die Verbindung MeCN *Ethannitril* (trivial *Acetonitril*), PhCN heißt *Toluenni-tril* oder *Benzencarbonitril* (trivial *Benzonitril*). Die Benennung von Carbonhydrid-Derivaten mit mehreren CN-Gruppen macht das Suffix *Carbonitril* unumgäng-lich, z. B. Hexan-1,3,6-tricarbonitril für $NC-CH_2-CH_2-CH(CN)-CH_2-CH_2-$

Tabelle 2.2 Systematische Namen und (in Klammern) Trivialnamen einiger Carbonsäuren RCOOH und Dicarbonsäuren $Y(COOH)_2$ sowie der dazugehörigen Anionen $RCOO^-$ bzw. $Y(COO)_2^{2-}$ und der dazugehörigen Acylreste RCO bzw. $Y(CO)_2$.

R	RCOOH	$RCOO^-$	RCO
H	Methansäure	Methanoat	Methanoyl
	(Ameisensäure)	(Formiat)	(Formyl)
Me	Ethansäure	Ethanoat	Ethanoyl
	(Essigsäure)	(Acetat)	(Acetyl)
Et	Propansäure	Propanoat	Propanoyl
	(Propionsäure)	(Propionat)	(Propionyl)
Pr	Butansäure	Butanoat	Butanoyl
	(Buttersäure)	(Butyrat)	(Butyryl)
Bu	Pentansäure	Pentanoat	Pentanoyl
	(Valeriansäure)	(Valerat)	(Valeryl)
Ph	Benzencarbonsäure	Benzencarboxylat	Benzencarbonyl
	(Benzoesäure)	(Benzoat)	(Benzoyl)
Y	$Y(COOH)_2$	$Y(COO)_2^{2-}$	$Y(CO)_2$
	Ethandisäure	Ethandioat	Ethandioyl
	(Oxalsäure)	(Oxalat)	(Oxalyl)
CH_2	Propandisäure	Propandioat[a]	Propandioyl
	(Malonsäure)	(Malonat)	(Malonyl)
C_2H_4	Butandisäure	Butandioat[b]	Butandioyl
	(Bernsteinsäure)	(Succinat)	(Succinyl)
C_6H_4	Benzen-1,2-dicarbonsäure	Benzen-1,2-dicarboxylat	Benzen-1,2-dicarbonyl
	(Phthalsäure)	(Phthalat)	(Phthaloyl)

[a] Auch: Methandicarboxylat. [b] Auch: Ethandicarboxylat.

CH_2—CN. Eine Benennung der Nitrile mit dem Präfix *Cyano* ist ebenfalls denkbar, z. B. *Cyanomethan* für MeCN.

2.3.4 Substitutive Nomenklatur

Die Prinzipien der Nomenklatur organischer Verbindungen hat auch Eingang in die Welt der anorganischen Moleküle gefunden. Man geht von den folgenden Elementhydriden als den Stammverbindungen aus, auch wenn sie im Falle der Hydride der 3. Hauptgruppe als stabile Moleküle nicht bekannt sind:

BH_3	Boran	CH_4	Methan	NH_3	Azan	H_2O	Oxidan	HF	Fluoran
AlH_3	Aluman	SiH_4	Silan	PH_3	Phosphan	H_2S	Sulfan	HCl	Chloran
GaH_3	Gallan	GeH_4	German	AsH_3	Arsan	H_2Se	Selan	HBr	Broman
InH_3	Indan	SnH_4	Stannan	SbH_3	Stiban	H_2Te	Tellan	HI	Iodan
TlH_3	Thallan	PbH_4	Plumban	BiH_3	Bismuthan				

Nur bei zweien der Beispiele sind *Trivialnamen* so eingebürgert, dass sie so gut wie ausschließlich verwendet werden, nämlich *Wasser* für Oxidan und *Ammoniak* für Azan.

Bei Nichtmetallen höherer Perioden mögen Oktettüberschreitungen diskutiert werden, auch wenn die hydridischen Stammverbindungen selbst, z. B. PH_5, H_4S oder H_6S, nicht bekannt sind, wohl aber Derivate davon. Die Zahl der H-Atome wird dann für die eben genannten Beispiele wie folgt angegeben: λ^5-*Phosphan*, λ^4-*Sulfan* bzw. λ^6-*Sulfan* (statt λ^2-*Sulfan* für H_2S kürzer *Sulfan*, s. o.).

Nimmt man ein H-Atom oder zwei H-Atome aus der Stammverbindung EH_n heraus, so kommt man zu den Fragmenten EH_{n-1} bzw. EH_{n-2}, die für die Nomenklatur von Derivaten von Bedeutung sind. Wie man zu ihrer Benennung sowie zur Benennung von Kationen des Typs EH_{n+1}^+ und EH_{n-1}^+ sowie von Anionen EH_{n-1}^- verfährt, sei im Folgenden für fünf Beispiele sowie für das beispielgebende Methan zusammengestellt.

BH_3	Boran	CH_4	Methan	SiH_4	Silan
BH_2	Boranyl	CH_3	Methyl	SiH_3	Silyl
BH	Borandiyl	CH_2	Methandiyl	SiH_2	Silandiyl
	Boranyliden		Methanyliden		Silanyliden
BH_4^+	Boranium	CH_5^+	Methanium	SiH_5^+	Silanium
BH_2^+	Boranylium	CH_3^+	Methylium	SiH_3^+	Silylium
BH_2^-	Boranid	CH_3^-	Methanid	SiH_3^-	Silanid
NH_3	Azan	PH_3	Phosphan	H_2O	Oxidan
NH_2	Azanyl	PH_2	Phosphanyl	HO	Oxidanyl
NH	Azandiyl	PH	Phosphandiyl	O	Oxidandiyl
	Azanyliden		Phosphanyliden		Oxidanyliden
NH_4^+	Azanium	PH_4^+	Phosphanium	H_3O^+	Oxidanium
NH_2^+	Azanylium	PH_2^+	Phosphanylium	HO^+	Oxidanylium
NH_2^-	Azanid	PH_2^-	Phosphanid	HO^-	Oxidanid

Meint man die Spezies EH_{n-2} als mehr oder weniger instabiles freies Molekül, dann wählt man den zuerst angegebenen Namen (...*andiyl*), ist sie aber an eine Gruppe Y doppelt gebunden, dann greift man zum zweitgenannten Namen (...*anyliden*; z. B. *Methanylidencyclopropan* für das letzte Beispiel zu n = 6 in Abb. 2.4 oder *Oxidanylidenmethan* für Methanal).

Für die von Ammoniak und Wasser durch Abspaltung von H-Atomen sich ableitenden Gruppen bzw. Ionen sind folgende Trivialnamen in allgemeinem Gebrauch: *Amino*, *Imino*, *Ammonium* und *Amid* für NH_2, NH, NH_4^+ bzw. NH_2^- sowie *Hydroxy*, *Oxo*, *Oxonium* (auch: *Hydronium*) und *Hydroxid* für HO, O, H_3O^+ bzw. HO^-.

Wie man bei zwei- und mehratomigen Gerüsten der betreffenden Nichtmetalle verfährt, sei wieder durch Beispiele illustriert!

$H_3Si-SiH_3$	Disilan	H_2P-PH_2	Diphosphan
$H_3Si-SiH_2-SiH_3$	Trisilan	$HO-OH$	Dioxidan
H_2N-NH_2	Diazan	$HS-S-S-SH$	Tetrasulfan

Anstelle von Diazan und Dioxidan verwendet man häufiger die Trivialnamen *Hydrazin* bzw. *Wasserstoffperoxid*.

Auch im Falle von Doppel- oder Dreifachbindungen verfährt man ähnlich wie bei Alkenen und Alkinen, wie erneut Beispiele lehren mögen!

$HN{=}NH$	Diazen (trivial: *Diimin*)
$H_2N{-}N{=}N{-}NH{-}NH_2$	Pentaaz-2-en
$\{HN{-}N{\equiv}N \leftrightarrow HN{=}N{=}N\}$	Triazin oder Triazadien (trivial: *Hydrogenazid*)
$H_2Si{=}SiH_2$	Disilen
$HSi{\equiv}SiH$	Disilin

Eine Sonderregelung gibt es für die Borhydride oder *Oligoborane*, deren Gerüste wegen Elektronenmangels nicht ausschließlich aus (2c2e)-Bindungen aufgebaut werden können. Dabei bedeutet *Oligoboran* ein Molekül B_mH_n mit einer endlich großen Zahl m (im Gegensatz zu *Polyboran* mit einer beliebig großen Zahl m); das einfachste Glied der Oligoborane ist mit m = 1 das oben erwähnte, als Substanz nicht existierende Boran BH_3. Doppel und Dreifachbindungen sind bei Oligoboranen nicht bekannt, vielmehr benötigt man zusätzlich zu (2c2e)- noch (3c2e)-Bindungen, wenn man sich wieder auf die Beschreibung mit lokalisierten Bindungen beschränken möchte. Oligoborane B_mH_{m+4} begründen ab m = 4 die Reihe der *nido*-Borane und Oligoborane B_mH_{m+6} die Reihe der *arachno*-Borane. Zur Benennung folgende Beispiele:

B_2H_4	Diboran(4)
B_2H_6	Diboran(6)
B_4H_{10}	Tetraboran(10) oder *arachno*-Tetraboran
B_5H_9	Pentaboran(9) oder *nido*-Pentaboran
B_5H_{11}	Pentaboran(11) oder *arachno*-Pentaboran
$B_{10}H_{14}$	Decaboran(14) oder *nido*-Decaboran

Die Nomenklatur organischer Verbindungen lässt sich sinngemäß auf Ringe übertragen. Die folgenden Moleküle A−C müssen dann heißen: *Cyclotrigerman* (A), *Cyclooctasilan* (B) bzw. *Cyclopentaaza-1,3-dien* (C). Für D wird ein solches Verfahren unübersichtlich. Da greift man besser vollends zur Nomenklatur organischer Verbindungen, leitet D vom Naphthalen ab und bezeichnet die Nichtkohlenstoffatome oder *Heteroatome* allgemein nach der sog. *a-Nomenklatur*, also z. B. die Atome B, Si, N, P oder O mit *bora*, *sila*, *aza*, *phospha* bzw. *oxa*. Auf A−C übertragen, werden dann die Moleküle A−D wie folgt benannt: *Trigermacyclopropan*, *Octasilacyclooctan*, *Pentaazacyclopenta-1,3-dien* bzw. *1,2,3,4,5,6,7,8-Octasilanaphthalen*. Auf eine dritte Benennungsmöglichkeit für Ringe mithilfe von Suffixen, die die *Ringgröße* und den *Sättigungsgrad* (also die Zahl der Doppelbindungen) der Ringe angeben, sei hier ohne Erläuterung hingewiesen (*Hantzsch-Widman-System*).

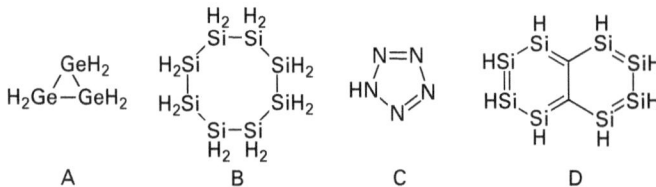

A   B   C   D

Der Name *substitutive Nomenklatur* rührt davon her, dass man in den hydridischen Stammverbindungen eine beliebige Zahl von H-Atomen durch andere Atome oder Atomgruppen *substituieren* kann, die man als Präfixe zum Namen der Stammverbindung angibt. Die zweibindigen Atome O und S können als Präfixe *oxo* bzw. *thio* oder als Suffixe *on* bzw. *thion* Berücksichtigung finden. All dies sei durch Beispiele erläutert (Mes = Mesityl = 2,4,6-Trimethylphenyl):

Et_2O_2	Diethyldioxidan	$Mes_2Si{=}SiMes_2$	Tetramesityldisilen
$MeBBr_2$	Dibrommethylboran	$Me_3Sn{-}SnMe_3$	Hexamethyldistannan
$(Br_2CH)BH_2$	(Dibrommethyl)boran	$Me_2As{-}AsMe_2$	Tetramethyldiarsan
$MeB(NMe)$	Methyl(methylimino)boran	Ph_2PCl	Chlordiphenylphosphan
$SiMe_4$	Tetramethylsilan	$PbEt_4$	Tetraethylplumban
$SiHCl_3$	Trichlorosilan	Me_3SiCl	Chlortrimethylsilan
SF_6	Hexafluoro-λ^6-sulfan	$S_{12}Cl_2$	Dichlorododecasulfan
SCl_2O_2	Dichloro-λ^6-sulfandion	$AsCl_2HS$	Dichloro-λ^5-arsanthion

Bei den Beispielen SF_6 und SCl_2O_2 ist allerdings die kompositionelle Nomenklatur gleichwertig, wenn nicht einfacher: Sulfurhexafluorid bzw. Sulfurdichloriddioxid (trivial: *Sulfurylchlorid*).

2.3.5 Additive Nomenklatur

Ein hypothetisches Zentralion E^{m+} werde durch k neutrale Liganden L oder anionische Liganden X^- koordiniert. Den kationischen oder neutralen oder anionischen Komplex $[EL_k]^{m+}$ bzw. $[EX_k]^{(m-k)+}$ benennt man im Allgemeinen nach der *additiven Nomenklatur* (auch: *Koordinationsnomenklatur*). Zuerst nennt man das Zahlwort für k, dann den Namen für L bzw. X^-, dann den Namen für E^{m+}. Die Formel eines Komplexes setzt man zwar im Allgemeinen in eckige Klammern, in einfachen Fällen jedoch und ganz besonders bei einatomigen Liganden kann man die eckigen Klammern weglassen.

Koordinationsverbindungen mit neutralen Liganden spielen ausschließlich bei metallischen Zentralionen (E = M) eine Rolle. Die Moleküle H_2O, NH_3, PH_3 und deren durch H/R-Austausch denkbaren organische Derivate sowie CO und NO (Letzteres als Spender von drei Koordinationselektronen, s. o.) sind die wichtigsten Neutralliganden L. Spezielle Namen sind in der Koordinationsnomenklatur für die Neutralliganden H_2O, NH_3, CO und NO eingeführt, nämlich *Aqua, Ammin, Carbonyl* bzw. *Nitrosyl*. Den Namen anionischer Liganden gewinnt man durch Anhängen des Vokals *o* an den Namen des Anions: *Fluorido, Chlorido, Oxido, Sulfido, Nitrido* usw. für F^-, Cl^-, O^{2-}, S^{2-}, N^{3-}. Wichtige mehratomige Ligandanionen sind HO^- (*Oxidanido* oder *Hydroxido*), HS^- (*Sulfanido*), NH_2^- (*Azanido* oder *Amido*), PH_2^- (*Phosphanido*), CH_3^- (*Methanido* oder *Methyl*), CH_3O^- (*Methanolato* oder *Methyloxy*), CN^- (*Cyanido*), OCN^- (*Cyanato*, über O gebunden; *Isocyanato*, über N gebunden), NO_2^- (*Nitrito*, über O gebunden; *Nitro*, über N gebunden) usw.

An den nun folgenden Namen des Zentralions hängt man das Suffix *at* an, wenn der Komplex anionisch ist. Dabei lässt man bei Elementen, die auf *ium* enden, diese

Silbe weg (z. B. Silicium → *Silicat*), lässt bei den Elementen S, P, Mo, Xe die letzte Silbe (→ *Sulfat, Phosphat, Molybdat, Xenat*) und beim Element N zwei Silben weg (→ *Nitrat*) und verwendet bei den Elementen Sn, Pb, Fe, Ni, Cu, Zn, Ag, Au und Hg den lateinischen Wortstamm (→ *Stannat, Plumbat, Ferrat, Niccolat, Cuprat, Zincat, Argentat, Aurat, Mercurat*). Hierzu folgende Beispiele (man beachte die alphabetische Reihenfolge der Ligandaufzählung in der Formel und im Namen; in Klammern: Trivialnamen):

BH_4^-	Tetrahydridoborat(1−)
$[B(OH)_3]$	Trihydroxidobor (H_3BO_3 *Borsäure*)
$[B(OH)_4]^-$	Tetrahydroxidoborat(1−)
AlH_4^-	Tetrahydridoaluminat(1−)
CN^-	Nitridocarbonat(1−) (*Cyanid*)
CN_2^{2-}	Dinitridocarbonat(2−)
OCN^-	Nitridooxidocarbonat(1−) (*Cyanat*)
SCN^-	Nitridosulfidocarbonat(1−) (*Thiocyanat*)
CO_3^{2-}	Trioxidocarbonat(2−) (*Carbonat*)
CS_3^{2-}	Trisulfidocarbonat(2−)
$[Si(OH)_4]$	Tetrahydroxidosilicium (H_4SiO_4 *Kieselsäure*)
SiF_6^{2-}	Hexafluoridosilicat(2−)
$PbCl_6^{2-}$	Hexachloridoplumbat(2−)
NO_2^-	Dioxidonitrat(1−) (*Nitrit*)
NO_3^-	Trioxidonitrat(1−) (*Nitrat*)
ONC^-	Carbidooxidonitrat(1−) (*Fulminat*)
PBr_4^-	Tetrabromophosphat(1−)
PO_4^{3-}	Tetraoxidophosphat(3−) (*Phosphat*)
SO_4^{2-}	Tetraoxidosulfat(2−) (*Sulfat*)
HSO_3^-	Hydridotrioxidosulfat(1−) (*Hydrogensulfit*)
$S_2O_3^{2-}$	Trioxidosulfidosulfat(2−) (*Thiosulfat*)
ClO_4^-	Tetraoxidochlorat(1−) (*Perchlorat*)
IO_6^{5-}	Hexaoxidoiodat(5−)
$FeCl_4^-$	Tetrachloridoferrat(1−)
$[Fe(CO)_4]^{2-}$	Tetracarbonylferrat(2−)
$[Fe(CN)_6]^{4-}$	Hexacyanidoferrat(4−)
$[Ni(CO)_4]$	Tetracarbonylnickel
$[Cr(NO)_4]$	Tetranitrosylchrom
$[Ag(CN)_2]^-$	Dicyanidoargentat(1−)
$[Co(NH_3)_6]^{3+}$	Hexaammincobalt(3+)
$[Ni(H_2O)_2(NH_3)_4]^{2+}$	Tetraammindiaquanickel(2+)
$[PtCl_2(NH_3)_2]$	Diammindichloridoplatin
$[OsCl_5N]^{2-}$	Pentachloridonitridoosmat(2−)
$[CoCl(NH_3)_4(NO_2)]^+$	Tetraamminchloridonitrocobalt(1+)

In Komplexen mit mehreren Zentralatomen, sog. *mehrkernigen Komplexen*, können die Zentralatome durch direkte Bindung oder aber durch *brückenständige*, jedem Zentralatom ein koordinierendes Elektronenpaar spendende Liganden verknüpft sein. Bei direkter Verknüpfung fügt man am Ende die Elementsymbole in Klammern an: $(E-E')$. Als brückenständige Liganden sind die Anionen Cl^-, OH^- und O^{2-} besonders häufig. Man gibt *verbrückende* Liganden vor den *terminalen* oder *endständigen* an und symbolisiert ihre Brückenstellung durch den Buchstaben μ. Im Falle unsymmetrischer Komplexe kann man die Zahl der an die verschiedenen Zentralatome gebundenen Liganden mithilfe des Buchstabens κ in der Weise angeben, wie in einem der folgenden Beispiele beschrieben:

$S_2O_7^{2-}$	μ-Oxidobis(trioxidosulfat)(2−) (*Disulfat*)
$[\{Cr(NH_3)_5\}_2(\mu\text{-OH})]^{5+}$	μ-Hydroxidobis(pentaamminchrom)(5+)
$[\{PtCl(PPh_3)\}_2(\mu\text{-Cl})_2]$	Di-μ-chloridobis[chlorido(triphenylphosphan)platin]
$[Mn_2(CO)_{10}]$	Decacarbonyldimangan(*Mn−Mn*)
$[(CO)_5Re-Co(CO)_4]$	Nonacarbonyl-1κ⁵C,2κ⁴C-cobaltrhenium(*Co−Re*)
$B_3H_8^-$	μ-Dihydridohexahydridocyclotriborat(1−)
$B_{12}H_{12}^{2-}$	Dodecahydridododecaborat(2−)

Die beiden in Abschnitt 2.2.8 beschriebenen zwei- bzw. achtzähnigen organischen Liganden heißen *Ethan-1,2-diamin* oder *Ethylendiamin* ($C_2H_8N_2$) bzw. (s. Abschnitt 6.2.1) *4,7,13,16,21,24-Hexaoxa-1,10-diazabicyclo[8.8.8]hexacosan* ($C_{18}H_{36}N_2O_6$). Wie viele aus der großen Menge an mehrzähnigen Komplexliganden, haben auch diese beiden Abkürzungen, nämlich *en* bzw. *cryptand 222*, sodass man für die in Abschnitt 2.2.8 angegebenen Kationen folgende Formeln schreiben kann: $[Co(en)_3]^{3+}$ bzw. $[K(\text{cryptand } 222)]^+$. Der systematische Name des ersten Kations lautet: *Tris(ethan-1,2-diamin)cobalt(3+)*, und analog wird der Name des zweiten Kations gebildet. (Man beachte, dass man vor Klammern multiplikative Zahlwörter anwendet!)

Es versteht sich, dass die komplexen Kationen und Anionen noch der Gegenionen bedürfen, um die Namen von Substanzen zu repräsentieren. Im Allgemeinen verbindet man das komplexe Ion mit seinem Gegenion durch einen Bindestrich, also z. B. *Dinatrium-tetraoxidosulfat* für Na_2SO_4. Im allgemeinen Gebrauch ist in diesem Falle der Trivialname, also *Dinatriumsulfat*, oder − weil hier Verwechslungen ausgeschlossen sind − nur *Natriumsulfat*. Die Substanz $K_4[Fe(CN)_6]$ heißt *Tetrakalium-hexacyanidoferrat*; hier kann das Zahlwort *tetra* nicht unterschlagen werden, weil es jene Substanz von $K_3[Fe(CN)_6]$ zu unterscheiden gilt. Eine Variante besteht darin, dass man anstatt der Zahl der Kationen die Ionenwertigkeit des Zentralatoms in römischen Ziffern wie folgt angibt: *Kalium-hexycyanidoferrat(II)*. (Der spätmittelalterliche Name für dieselbe Substanz lautet übrigens *gelbes Blutlaugensalz* und der Name des 19. Jahrhunderts *Kaliumferrocyanid*; beide sind nicht zu empfehlen.)

Wenn Anionen wie CN^-, OCN^-, SO_4^{2-}, NO_3^-, $C_2O_4^{2-}$ usw. als Komplexliganden fungieren, greift man im Allgemeinen auf deren Trivialnamen zurück und hängt den Buchstaben *o* an, so wie oben mit dem Liganden CN^- verfahren wurde, oder z. B. *Tris(sulfato)chromat(3−)* für $[Cr(SO_4)_3]^{3-}$. (*Trisulfat* bezeichnet das Anion $S_3O_{10}^{2-}$, systematisch *Di-μ-oxidooctaoxidotrisulfat(2−)*, sodass zur Kennzeichnung der Zahl der Sulfat-Liganden das multiplikative Zahlwort verwendet werden muss. Darüber hinaus aber setzt man mehrzähnige Liganden wie Sulfat stets in Klammern, sodass auch aus diesem Grund das multiplikative Präfix stehen muss.)

Die additive Nomenklatur lässt sich auch auf einfache Moleküle anwenden. Die folgenden vier Beispiele handeln von der Benennung je eines zwei-, drei-, vier- und fünfatomigen Moleküls nach der kompositionellen, substitutiven und additiven Methode. Die überwiegend verwendeten Namen sind kursiv gedruckt. Beim Beispiel H_2O wird keiner der systematischen Namen, sondern − je nach Aggregatzustand − nur der Trivialname angewendet, also *Wasser*, *Eis* oder *Wasserdampf*. Der veraltete Name *Chlorwasserstoff* für HCl wird nicht empfohlen.

HCl	*Hydrogenchlorid*	Chloran	Chloridohydrogen
H_2O	Dihydrogenoxid	Oxidan	Dihydridooxygen
BCl_3	*Bortrichlorid*	*Trichloroboran*	Trichloridobor
LiMe	Lithiummethanid	Lithiomethan	*Methyllithium*

2.4 Räumlicher Bau von Molekülen

2.4.1 Punktgruppen

Einfache Drehgruppen C_n

Zu einem Punkt werde durch Drehung um eine Achse um 180° ein Abbild geschaffen. Man nennt die Achse *zweizählige Drehachse*, Symbol: C_2, und bezeichnet die Schaffung des Abbilds als eine *Symmetrieoperation*. Der Punkt und sein Abbild sind einander *symmetrisch äquivalent*. Dreht man das Abbild des Punkts um dieselbe Achse erneut um 180°, so entsteht ein Abbild des Abbildes, das mit dem Ausgangspunkt identisch ist. Eine Symmetrieoperation oder eine Folge von Symmetrieoperationen, die einen Punkt in sich selbst überführen, nennt man *Identität*, Symbol: *E*. In unserem Falle kann man die Identität durch zweimaliges Hintereinanderausführen der Operation C_2 erreichen. Dies lässt sich verkürzt in der Form $C_2 \cdot C_2 = C_2^2 = E$ darstellen. Das Hintereinanderausführen von Symmetrieoperationen wird also mit demselben Formalismus beschrieben wie die Multiplikation von Zahlen. Durch Operationen C_2 kann man nicht mehr als zwei voneinander verschiedene Punkte zur Äquivalenz bringen, auch wenn man die Operationen beliebig oft hintereinander ausführt. Die beiden Punkte lassen sich den beiden zu ihrer Abbildung benötigten Operationen *E* und C_2 zuordnen. Von den beiden Punkten oder von den beiden Operationen sagt man, sie bilden eine *Punktgruppe* aus zwei *Elementen*. Die Operatoren *E* und C_2 nennt man *Symmetrieelemente*. Das Symbol unserer Beispielgruppe lautet ebenso wie das eine der beiden Elemente, nämlich C_2.

Zur Verallgemeinerung drehen wir einen Punkt um eine Achse um 360°/n, wobei n eine positive ganze Zahl ist. Im Falle $n = 1$ geht der Ausgangspunkt in sich selbst über, und man erhält die triviale, nur aus dem einen Element *E* bestehende Punktgruppe C_1. Der Fall $n = 2$ wurde eben besprochen. Im Falle $n = 3$ beträgt der Drehwinkel 120°, die Achse heißt *dreizählig*, Symbol: C_3. Die Punktgruppe C_3

besteht aus den drei Operationen E, C_3 und C_3^2, wobei C_3^2 einer Drehung um 240°
entspricht. Wieder gilt $C_3^3 = E$, allgemein $C_n^n = E$, und natürlich auch $C_3^4 = C_3$,
$C_3^5 = C_3^2$ usw. Die Punktgruppe C_4 enthält die vier Operationen E, C_4, C_2 und C_4^3,
wobei $C_4^2 = C_2$. Allgemein bestehen Punktgruppen C_n, die *einfachen Drehgruppen*,
aus n Elementen E, C_n, C_n^2 ... C_n^{n-1}. Jeweils n Punkte bilden einen Satz äquivalenter
Punkte, wobei sich jedem Punkt ein Symmetrieelement zuordnen lässt.

Punktgruppen C_{nv}

Zu einem Punkt werde ein Abbild durch Spiegelung an einer Ebene geschaffen.
Eine derartige *Spiegelebene* hat das Symbol σ. Die doppelte Operation $\sigma \cdot \sigma = \sigma^2$
$= E$ führt wieder zur Identität. Die beiden Punkte bzw. die beiden Operatoren E
und σ konstituieren eine Punktgruppe, Symbol C_s.

Wir legen jetzt eine C_2-Achse in eine Ebene σ_1 und fragen, wie viele symmetrisch
äquivalente Punkte aus einem gegebenen hervorgehen. Aus dem Punkt 1 in
Abb. 2.5(a) wird durch Drehung um C_2 (senkrecht zur Zeichenebene) der Punkt 3
und durch Spiegelung an σ_1 der Punkt 2. Führt man die Operationen C_2 und σ_1
hintereinander aus, so erhält man den Punkt 4, der aus Punkt 1 in einem einzigen
Schritt entsteht, wenn man ihn an einer zweiten, auf σ_1 senkrecht stehenden und

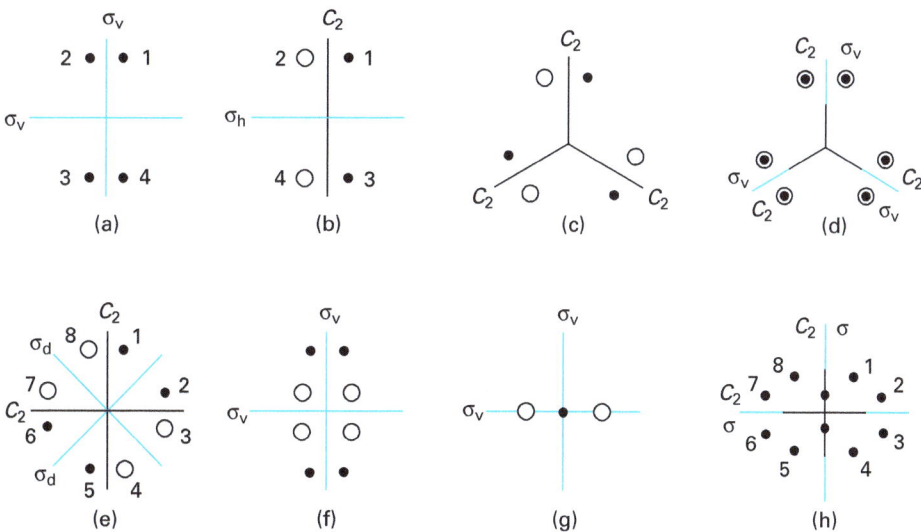

Abb. 2.5 (a)–(e) Je ein Satz äquivalenter Punkte in allgemeiner Lage bezüglich der Punktgruppen C_{2v} (a), C_{2h} (b), D_3 (c), D_{3h} (d), D_{2d} (e); (f) zwei Sätze äquivalenter Punkte in
allgemeiner Lage (C_{2v}); (g) zwei Sätze äquivalenter Punkte in spezieller Lage (C_{2v}); (h) drei
Sätze äquivalenter Punkte in spezieller Lage (D_{2h}). Die schwarz markierten Punkte liegen in
einer Ebene vor, die als Kreise markierten Punkte in einer Ebene gleich weit hinter der
Zeichenebene; Drehachsen (schwarz) und Spiegelebenen (blau) liegen entweder in der Zeichenebene oder senkrecht zu ihr.

diese in der C_2-Achse schneidenden Ebene σ_2 spiegelt, sodass $C_2 \cdot \sigma_1 = \sigma_2$ (und umgekehrt $C_2 \cdot \sigma_2 = \sigma_1$). Die vier symmetrisch äquivalenten Punkte 1–4 bzw. die vier Symmetrieelemente E, C_2, σ_1 und σ_2 bilden die Punktgruppe C_{2v}. Beliebig häufiges Hintereinanderausführen beliebiger der vier Symmetrieoperationen erzeugt keine weiteren Punkte mehr.

Allgemein enthalten die Punktgruppen C_{nv} neben E noch $n - 1$ Drehoperationen und n Spiegelungen an n Ebenen, die sich in der Achse C_n schneiden und im Winkel $180°/n$ aufeinanderstehen. Solche Spiegelebenen nennt man *vertikal*, Symbol: σ_v. Insgesamt enthält die Punktgruppe C_{nv} also $2n$ Elemente. Die einfachste Gruppe aus der Reihe C_{nv}, die Gruppe C_{1v}, ist mit C_s identisch. Die meisten Elemente enthält offenkundig die Gruppe $C_{\infty v}$.

Punktgruppen C_{nh} und S_n

Eine Achse stehe senkrecht auf einer Spiegelebene σ. Gemäß Abb. 2.5(b) erzeugt C_2 aus dem Punkt 1 den Punkt 2 und σ den Punkt 3, während der Punkt 4 durch $C_2 \cdot \sigma = \sigma \cdot C_2$ entsteht. Allgemein bezeichnet man das Hintereinanderausführen einer n-zähligen Drehung und einer Spiegelung an einer zur Drehachse senkrechten Ebene als eine *n-zählige Drehspiegelung* an einer *n-zähligen Drehspiegelachse*, Symbol: S_n. Die in unserem Beispiel vorliegende Operation S_2 heißt auch *Inversion* oder Operation an einem *Inversionszentrum* und hat das Sondersymbol i. (Dieses *Zentrum* im buchstäblichen Sinne ist der Durchstoßpunkt von C_2 durch σ.) Spiegelebenen senkrecht zu einer Drehachse nennt man allgemein *horizontal*, Symbol: σ_h. Es gilt in unserem Falle $C_2 \cdot \sigma_h = i$, aber auch $\sigma_h \cdot i = C_2$ usw., und die vier Elemente E, C_2, i und σ_h bilden die Punktgruppe C_{2h}.

Die Operation S_1 ist nichts anderes als eine Spiegelung *ohne* Drehung: $S_1 \equiv \sigma$. So gesehen, genügen zur Beschreibung aller Punktgruppen zwei Sorten von Symmetrieoperationen, die Drehungen C_n und die Drehspiegelungen S_n. Beim Hintereinanderausführen derselben Drehspiegelungsoperation S_n erhält man *echte* Drehspiegelungen nur, wenn die Zahl der Ausführungen ungerade ist, da für geradzahlige Werte von m in S_n^m bloße Drehungen herauskommen: $S_n^m = C_n^m$ (m geradzahlig).

Die sechs Elemente der Punktgruppe C_{3h} lassen sich als eine Abfolge von Drehspiegelungen S_3 darstellen: S_3, S_3^2, S_3^3, S_3^4, S_3^5, S_3^6. Bedenkt man, dass $S_3^2 = C_3^2$, $S_3^4 = C_3$, $S_3^3 = \sigma_h$ und $S_3^6 = E$ gilt, dann erhält man die Elemente der Gruppe C_{3h}, jetzt in der üblichen Reihenfolge: E, C_3, C_3^2, σ_h, S_3, S_3^5. Ähnliches gilt für alle Punktgruppe C_{nh} mit ungerader Zähligkeit n, die man ebenso gut als Punktgruppen S_n bezeichnen könnte.

Im Falle gerader Werte von n sind die Punktgruppen C_{nh} und S_n nicht gleichwertig. So enthält die Punktgruppe S_2 nur zwei Elemente, nämlich S_2 und S_2^2, oder besser E, i, Punktgruppensymbol C_i (anstelle von S_2). Die Punktgruppe S_4 enthält nur vier Elemente, nämlich S_4, S_4^2, S_4^3, S_4^4, oder in der üblichen Reihenfolge E, C_2, S_4, S_4^3. Dagegen tragen zur Punktgruppe C_{2h} vier Elemente bei (s. o.), zur Punktgruppe C_{4h} acht Elemente (E, C_2, C_4, C_4^3, i, σ_h, S_4, S_4^3) usw.

Punktgruppen D_n

Die Kombination einer n-zähligen *Hauptachse* C_n mit n auf ihr senkrecht stehenden zweizähligen *Nebenachsen* C_2, die sich in einem Punkt der Hauptachse unter gleichen Winkeln schneiden, bedingt die Punktgruppe D_n. Ihre $2n$ Elemente bestehen aus den n Drehungen C_n bis C_n^n ($\equiv E$) und den n Drehungen C_2. In Abb. 2.5(c) ist ein Satz aus sechs äquivalenten Punkten für D_3 angegeben.

Punktgruppen D_{nh} und D_{nd}

Macht man in der Achsenkombination D_n die Ebene der n C_2-Achsen zur *Hauptspiegelebene* σ_h, so verdoppelt sich die Zahl äquivalenter Punkte bzw. die Zahl der Gruppenelemente gegenüber denen von D_n. Der bei der Beschreibung der Punktgruppe C_2 erläuterte Sachverhalt, dass die Kombination einer C_2-Achse mit einer in ihr verlaufenden Spiegelebene eine zweite Spiegelebene senkrecht zur ersten zwangsläufig bedingt, hat bei den Punktgruppen D_{nh} zwangsläufig zur Folge, dass jede der n Kombinationen einer C_2-Nebenachse mit σ_h eine Spiegelebene senkrecht zu σ_h erzeugt, in deren Schnitt mit σ_h die C_2-Achse liegt, insgesamt also n Spiegelebenen, die sich in der Hauptachse C_n schneiden und − von C_n aus beurteilt − *vertikal* verlaufen. Neben diesen n *Nebenspiegelebenen* σ_v werden − analog zur Kombination C_{nh} − noch $n-1$ Drehspiegelungen bewirkt. Die $4n$ Elemente von D_{nh} lauten beispielsweise im Falle von D_{3h}: E, C_3, C_3^2, C_2, C_2', C_2'', σ_h, S_3, S_3^5, σ_v, σ_v', σ_v'' [Abb.2.5(d)].

Als Nächstes kombinieren wir ein System D_2 mit einer in einer der C_2-Achsen verlaufenden S_4-Achse. Die Hintereinanderanwendung von S_4 und C_2' auf den Punkt 1 in Abb. 2.5(e) (S_4 senkrecht zur Zeichenebene) ergibt den Punkt 6, der auch direkt durch Spiegelung von 1 an σ_d'' entsteht, $S_4 \cdot C_2' = \sigma_d''$. Analog entsteht der Punkt 2 durch die Operation $S_4^3 \cdot C_2' = \sigma_d'$. Die insgesamt entstehende Punktgruppe D_{2d} hat folgende acht Elemente, die der Reihe nach durch die betreffende Operation aus Punkt 1 gebildet werden [in Klammern die den Elementen zugeschriebenen Punkte in Abb. 2.5(e)]: E (1), C_2 (5), C_2' (8), C_2'' (4), S_4 (3), S_4^3 (7), σ_d' (2), σ_d'' (6). Allgemein entsteht bei der Kombination der $2n$ Elemente von D_n mit einer Achse S_{2n} die Punktgruppe D_{nd} mit $2n$ neuen Elementen und zwar n Drehspiegelungen und n Spiegelungen an *diagonalen* Spiegelebenen σ_d, die zwischen den n C_2-Achsen liegen.

Allgemeine und spezielle Lage

In *allgemeiner Lage* befinden sich Punkte, die weder auf einer Achse C_n bzw. S_n noch auf einer Spiegelebene liegen. Ein Satz äquivalenter Punkte in allgemeiner Lage muss notwendigerweise aus ebenso vielen Punkten bestehen, wie die Punktgruppe Elemente hat, und jedem Punkt kann man genau ein Element zuordnen, gleichgültig bei welchem der Punkte man mit irgendeiner Zuordnung anfängt. Die vier Punkte von Abb. 2.5(a) liegen bezüglich der Punktgruppe C_{2v} in allgemeiner Lage. Machen wir die Ebene, in der die vier Punkte liegen, zur weiteren dritten Spiegelebene σ_3, so erhalten wir notwendigerweise noch zwei weitere Achsen C_2' und C_2'' und ein Inversionszentrum i und gelangen zur Punktgruppe D_{2h}. Unser Punktequadrupel ist auch bezüglich dieser Punktgruppe äquivalent, nur liegen die Punkte jetzt auf einer Spiegelebene und damit in *spezieller Lage*. Es folgt, dass der Abbildung eines jeden Punktes jetzt statt einer zwei Symmetrieoperationen zugeordnet werden können, nämlich E und σ_3 dem Punkt 1, σ_1 und C_2' dem Punkt 2, C_2 und i dem Punkt 3 sowie σ_2 und C_2'' dem Punkt 4. Allgemein gibt es keine ein-eindeutige Zuordnung eines Satzes symmetrisch äquivalenter Punkte zu den Elementen einer Punktgruppe, sondern nur eine ein-mehrdeutige, wenn sich die Punkte in spezieller Lage befinden.

Von der Gruppe C_{2v} sagt man, sie sei eine Untergruppe von D_{2h}, da die Elemente von C_{2v} einen Teil der Elemente von D_{2h} bilden. Die vier Punkte von Abb. 2.5(a) sind einander bezüglich beider Punktgruppen äquivalent, C_{2v} und D_{2h}, man sagt aber, die *höchst* denkbare Gruppe, d. i. die mit der größten Zahl an Elementen, sei die Punktgruppe eines Satzes äquivalenter Punkte, also ist D_{2h} die Punktgruppe unseres Punktequadrupels. Dasselbe trifft übrigens für die vier Punkte von Abb. 2.5(b) zu, nur dass hier die zusätzlichen Symmetrieelemente weder in der Zeichenebene liegen, noch auf ihr senkrecht stehen. Dagegen genügen die Punkte von Abb. 2.5(c)−(e) keiner höheren als der angegebenen Punktgruppe.

Es ergibt sich die Frage, ob es überhaupt Punkte in allgemeiner Lage gibt, die zur Gruppe C_{2v} bzw. C_{2h} und zu keiner höheren Gruppe gehören. Wählt man nur einen einzigen Satz äquivalenter Punkte, dann ist dies nicht der Fall. Dagegen sind in Abb. 2.5(f) zwei Sätze äquivalenter Punkte gezeichnet, einer vor und einer hinter der Zeichenebene, die durch keine Symmetrieoperation ineinander überführbar sind. Beiden Sätzen zugleich genügt die Punktgruppe C_{2v}, nicht aber D_{2h}; denn es gibt z. B. keine dritte Ebene σ_3, die bezüglich beider Sätze eine Spiegelebene wäre, was bei σ_1 und σ_2 schon der Fall ist, und es gibt auch nur eine C_2-Achse. Befinden sich alle acht Punkte von Abb. 2.5(f) in allgemeiner Lage, so haben wir in Abb. 2.5(g) die Lage spezialisiert. Die vier Punkte vor der Zeichenebene in Abb. 2.5(f) sind bei (g) zu einem Punkt degeneriert, der auf allen Elementen von C_{2v} liegt, und die vier anderen Punkte schrumpfen, in der Ebene σ_1 liegend, zu zwei Punkten zusammen. Die Punktgruppe von Abb. 2.5(g) ist C_{2v}.

Natürlich behandeln wir hier die Punktgruppen deshalb, weil man die Atome eines Moleküls als Punkte betrachten und so die Punktgruppe eines Moleküls festlegen kann. Dabei können von vornherein nur Atome ein und desselben Elements einander symmetrisch äquivalent sein. Wir wollen zur Übung die oben behandelten Moleküle Benzen und Naphthalen besprechen!

Die Punktgruppe von Benzen ist D_{6h}. Wir haben zwei Sätze äquivalenter Atome, nämlich die sechs C- und die sechs H-Atome. Jedes Atom liegt in spezieller Lage, nämlich auf C_2, σ_h und σ_v. Die Punktgruppe von Naphthalen ist D_{2h}, und die Struktur der C-Atome wird durch Abb. 2.5(h) wiedergegeben. Die C-Atome 1, 4, 5 und 8 sind einander äquivalent, ebenso die C-Atome 2, 3, 6 und 7 und dasselbe gilt entsprechend für die H-Atome. Alle 18 Atome liegen auf einer Spiegelebene, nämlich der gemeinsamen Molekülebene. Die einander äquivalenten C-Atome 9 und 10 liegen darüber hinaus noch auf einer der drei C_2-Achsen.

Kubische Punktgruppen

Kombiniert man drei aufeinander senkrecht stehende, sich im Mittelpunkt eines Würfels schneidende und die Mitten der Würfelflächen durchstoßende C_2-Achsen mit vier in den Raumdiagonalen desselben Würfels verlaufenden C_3-Achsen, so erhält man die *Tetraedersymmetrie* [Abb. 2.6(a)]. Das dem Würfel einbeschriebene Tetraeder wird von den C_2-Achsen in den Mitten gegenüberliegender Kanten und von den C_3-Achsen in je einer Ecke und der gegenüberliegenden Seitenmitte durchstoßen. Die Punktgruppe T enthält die folgenden 12 Elemente [darunter die dazugehörigen Punkte von Abb. 2.6(a) in allgemeiner Lage; Drehungen um C_3 im Uhrzeigersinn von dem Achsenende aus gesehen, das in Abb. 2.6(a) die Achsenbezeichnung trägt]:

E	C_{2x}	C_{2y}	C_{2z}	C_3	C_3^2	C_3'	$C_3'^2$	C_3''	$C_3''^2$	C_3'''	$C_3'''^2$
1	6	9	10	3	2	11	8	4	12	5	7

Macht man die C_2- zu C_4-Achsen, so liegt *Oktaedersymmetrie* vor [Abb. 2.6(b)]. Das dem Würfel einbeschriebene Oktaeder wird von den C_4-Achsen jeweils in zwei gegenüberliegenden Ecken, von den C_3-Achsen in den Mitten zweier gegenüberliegender, gegeneinander antiprismatisch versetzter Flächen durchstoßen. Das C_4-Achsenkreuz bedingt zwangsläufig noch das Vorliegen von sechs C_2-Achsen, die durch die Mitten gegenüberliegender Kanten sowohl des Würfels als auch des Oktaeders gehen und in Abb. 2.6(b) nicht eingetragen sind. Die Punktgruppe O enthält dieselben Elemente wie ihre Untergruppe T und dazu noch die folgenden zwölf Elemente samt Zuordnung zu Punkten gemäß Abb. 2.6(b) (dabei liegen C_{2x}' und C_{2x}'' in der yz-Ebene bei willkürlicher Festlegung der Richtung dieser beiden Nebenachsen, und Entsprechendes gilt für die anderen vier Nebenachsen):

C_{4x}	C_{4x}^3	C_{4y}	C_{4y}^3	C_{4z}	C_{4z}^3	C_{2x}'	C_{2x}''	C_{2y}'	C_{2y}''	C_{2z}'	C_{2z}''
19	22	23	18	20	17	13	16	15	21	14	24

In Abb. 2.6(a) erkennt man noch sechs Spiegelebenen, die Tetraeder und Kubus halbieren, eine durch jede der sechs Tetraederkanten. In Bezug auf das D_2-Achsensystem von T stehen diese Spiegelebenen diagonal und machen die C_2- zu S_4-Achsen. Nimmt man die sechs σ_d-Ebenen und die sechs S_4-Drehspiegelungen zur Punktgruppe dazu, so kommt man zur Gruppe T_d. In Bezug auf sie liegen die zwölf Punkte von Abb. 2.6(a) in spezieller Lage, nämlich je zwei Punkte auf einer σ_d-Ebene. Führt man jeden der zwölf Punkte in ein Punktepaar über, das symmet-

(a)

(b)

(c)

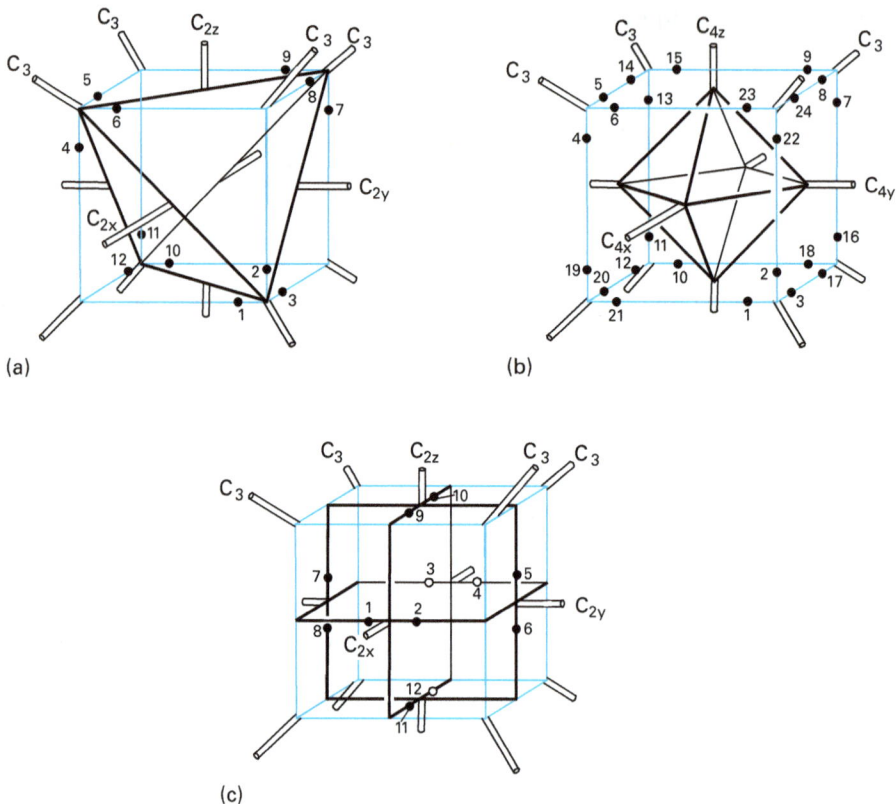

Abb. 2.6 (a) Zwölf symmetrisch äquivalente Punkte in allgemeiner (spezieller) Lage bezüglich der Punktgruppe T (T_d). (b) 24 symmetrisch äquivalente Punkte in allgemeiner (spezieller) Lage bezüglich der Punktgruppe O (O_h). (c) Zwölf symmetrisch äquivalente Punkte in allgemeiner (spezieller) Lage bezüglich der Punktgruppe T (T_h).

risch zu beiden Seiten der jeweiligen σ_d-Ebene liegt, so gewinnt man die 24 Punkte der Gruppe T_d in allgemeiner Lage. Nennen wir diese Punktepaare der Reihe nach 1/1', 2/2' usw., so entsteht der Punkt 1' aus Punkt 1 durch die Operation σ_{dy}, da Punkt 1 in seiner speziellen Lage in Abb. 2.6(a) auf σ_{dy} liegt. Alle zwölf mit gestrichener Zahl nummerierten Punkte, die den zwölf zusätzlichen Symmetrieoperationen von T_d entsprechen, erhält man aus Punkt 1 gemäß der folgenden Korrelation (σ_{dx} und σ'_{dx} schneiden sich in C_{2x} usw.):

S_{4x}	S_{4x}^3	S_{4y}	S_{4y}^3	S_{4z}	S_{4z}^3	σ_{dx}	σ'_{dx}	σ_{dy}	σ'_{dy}	σ_{dz}	σ'_{dz}
11'	7'	6'	10'	5'	8'	2'	4'	1'	9'	12'	3'

Die 24 Punkte von Abb. 2.6(b) liegen zwar bezüglich der Punktgruppe O in *allgemeiner* Lage, jedoch in *spezieller* Lage bezüglich der Punktgruppe O_h, die gegenüber O 24 weitere Elemente enthält, nämlich ein Inversionszentrum i, drei Haupt-

spiegelebenen σ_h (senkrecht zu C_4), sechs Drehspiegelachsen S_4 bzw. S_4^3 (S_4 verläuft in C_4), sechs Spiegelebenen σ_v (durch gegenüberliegende Würfelkanten) und acht Drehspiegelachsen S_6 bzw. S_6^5 (S_6 verläuft in C_3). Die Lage der 24 Punkte von Abb. 2.6(b) ist insofern speziell bezüglich O_h, als je vier Punkte auf einer Spiegelebene σ_v liegen. Ähnlich wie eben für T_d beschrieben, kann man die 24 Punkte symmetrisch zu den σ_v-Ebenen verdoppeln und gelangt dann zu den 48 Punkten von O_h in allgemeiner Lage.

Schließlich gehört zu den kubischen Punktgruppen noch eine fünfte, zu deren Verständnis wir die zwölf Punkte von Abb. 2.6(c) bemühen. Diese befinden sich bezüglich der Punktgruppe T in allgemeiner Lage, wie aus der folgenden Korrelation hervorgeht:

E	C_{2x}	C_{2y}	C_{2z}	C_3	C_3^2	C_3'	$C_3'^2$	C_3''	$C_3''^2$	C_3'''	$C_3'''^2$
1	2	3	4	12	5	7	9	8	11	10	6

Die zwölf Punkte liegen in spezieller Lage bezüglich der Punktgruppe T_h, die zwölf zusätzliche Symmetrieoperationen aufweist, nämlich ein Inversionszentrum i, drei Hauptspiegelebenen σ_h (senkrecht zu C_2) und acht Drehspiegelungen S_6 und S_6^5 (die vier S_6-Achsen verlaufen in den C_3-Achsen). Je vier der zwölf Punkte von Abb. 2.6(c) liegen auf je einer der drei σ_h-Ebenen. Verdoppelt man die zwölf Punkte symmetrisch zu den Hauptebenen, so gelangt man über die zwölf Punkte $1-12$, die wir den zwölf Elementen von T zuordnen, hinaus zu den zwölf Punkten $1'-12'$, die man den zwölf zusätzlichen Elementen von T_h zuordnen kann.

Die Punktgruppen T, T_d, T_h und O sind Untergruppen von O_h, und T ist eine Untergruppe von T_d, T_h und O. Natürlich sind auch die Gruppen C_2, C_3 und D_2 Untergruppen von T, dazu die Gruppen C_s, C_{2v}, S_4 und D_{2d} Untergruppen von T_d usw.

Nehmen wir als Beispiel die acht Punkte an den Ecken eines Würfels! Ihre Punktgruppe ist O_h, aber auch alle 22 Untergruppen von O_h genügen dieser Punktsymmetrie. Nur bezüglich der Untergruppen O, T_h, D_{4h} und D_{2h} stellen die acht Punkte einen einzigen Satz äquivalenter Punkte dar. Bezüglich T_d und anderer Gruppen zerfallen die acht Punkte in zwei, bezüglich C_{3v} u. a. in drei Sätze äquivalenter Punkte usw. Verzerren wir den Würfel längs einer der drei C_4-Achsen zum vierseitigen Prisma (*tetragonale Verzerrung*), so wird D_{4h} die Gruppe der acht Eckpunkte, die Verzerrung längs zweier Hauptachsen zum Quader (*orthorhombische Verzerrung*) führt zu D_{2h}, die Verzerrung längs einer der vier C_3-Achsen zum Rhomboeder (*trigonale Verzerrung*) zu D_{3d}, die Verzerrung zum vierseitigen Antiprisma zu D_{4d}.

Ikosaeder-Gruppe

Kubus, Oktaeder und Tetraeder gehören zu den fünf *Platonischen Körpern*, d. s. Polyeder mit untereinander kongruenten, regulären Polygonen als Begrenzungsflächen, in deren vom Zentrum gleich weit entfernten Ecken gleich viele Kanten zusammenstoßen. Die Reihe wird vervollständigt durch das *Pentagondodekaeder* und das *Ikosaeder* (Abb. 2.7). Die Mitten der zwölf regulären Fünfecke des Dodekaeders bzw. die zwölf Ecken des Ikosaeders werden paarweise gegenüberliegend von insgesamt sechs C_5- und sechs S_{10}-Achsen durchstoßen. Durch die 20 Ecken des Dodekaeders bzw. durch die Mitten der 20 regulären Dreiecke des Ikosaeders, alle paarweise gegenüberliegend, gehen zehn C_3- und zehn S_6-Achsen. Die paarweise gegenüberliegenden Mitten der je 30 Kanten werden durch 15 C_2-Achsen verbunden. Weiterhin geht durch jedes gegenüberliegende Kantenpaar je eine von 15 Spiegelebenen, und es liegt ein Inversionszentrum vor. Bedenkt man, dass jeder C_5- und jeder S_{10}-Achse vier verschiedene Operationen entsprechen, so kommt man auf insgesamt 120 Elemente für die Ikosaedergruppe I_h. Offenkundig befinden sich die zwölf bzw. 20 Eckpunkte der beiden Polyeder in sehr spezieller Lage. Eine in der Welt der Moleküle unwichtige Symmetriegruppe ist die Untergruppe I von I_h. Ihre 60 Elemente umfassen nur die Drehungen (24 C_5-, 20 C_3-, 15 C_2- und die eine mit E identische C_1-Drehung), nicht aber die in I_h noch enthaltenen 60 Drehspiegelungen. Unter den fünf kubischen Punktgruppen sind nur die Punktgruppen T und T_h Untergruppen von I_h.

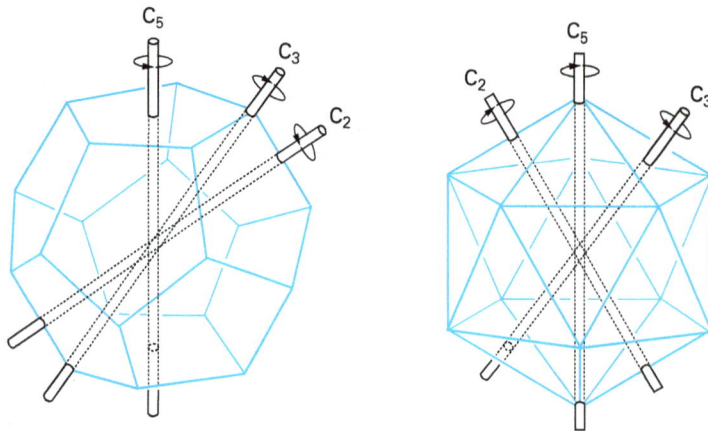

Abb. 2.7 Pentagondodekaeder und Ikosaeder mit je einer der sechs C_5-, zehn C_3- und 15 C_2-Achsen.

Kugeldrehgruppe

Kugelsymmetrie wird durch freie Atome repräsentiert. Die Kugeldrehgruppe K_h umfasst unendlich viele Drehachsen mit beliebiger Zähligkeit durch den Kugelmittelpunkt und ebenso viele Drehspiegelachsen. Die Untergruppe K, die nur die Drehungen beinhaltet, ist mehr von theoretischem Interesse.

Entartung quantenmechanischer Zustände

Den Zustandsfunktionen lassen sich bestimmte Energien zuordnen. Wenn g verschiedene Zustandsfunktionen zu ein und derselben Energie gehören, dann sagt man, diese Funktionen seien *g-fach entartet*. Man kann zeigen, dass die Entartung auf ganz bestimmte Weise mit der Symmetrie des betreffenden quantenmechanischen Systems (also eines Atoms oder Moleküls) zusammenhängt. Wird ein System durch eine Punktgruppe beschrieben, die keine Dreh- oder Drehspiegelachse mit einer größeren Zähligkeit als $n = 2$ aufweist, dann sind alle Zustandsfunktionen dieses Systems *einfach entartet*, was mehr in der Alltagssprache ausgedrückt auch heißt, sie sind *nicht entartet*, zeigen *keine Entartung*. Beschreiben Punktgruppen mit Achsen der Zähligkeit $n > 2$ das System, dann hat man mit Zustandsfunktionen zu rechnen, die z. T. einfach, z. T. zweifach entartet sind. Bei kubischer Symmetrie treten einfache, zweifache und dreifache Entartung nebeneinander auf. Im Falle von Ikosaeder-Symmetrie hat man mit den Entartungsgraden $g = 1, 3, 4, 5$ zu rechnen. Die Kugeldrehgruppe zeichnet sich durch beliebig viele Entartungsgrade aus.

Freie Atome sind durch Kugelsymmetrie gekennzeichnet. In ihnen sind jeweils zu gegebener Hauptquantenzahl die s-Funktionen einfach, die p-Funktionen dreifach, die d-Funktionen fünffach, die f-Funktionen siebenfach entartet. Beim Ethen (D_{2h}) oder beim *cis*-Buta-1,3-dien (C_{2v}) oder *trans*-Buta-1,3-dien (C_{2h}) kann keine Entartung auftreten, d. h. keines der σ- oder π-Orbitale gehört zur gleichen Energie (vgl. hierzu Abb. 2.2), während die MOs von Benzen (D_{6h}) ein- oder zweifach entartet sind.

2.4.2 Hauptgruppenelemente als Zentralatome

Der räumliche Bau der Moleküle ist durch die *Bindungsabstände* und die *Bindungswinkel* definiert. Der *Bindungsabstand* ist der Abstand der Mitten zweier gebundener Atome und der *Bindungswinkel* der Winkel, den zwei sich in einem Atommittelpunkt schneidende Atomverbindungslinien miteinander bilden. Die Bindungswinkel bei Hauptgruppenelementen versteht man qualitativ durch eine einfache elektrostatische Vorstellung: Die Bindungselektronen der von einem gegebenen Zentralatom ausgehenden Bindungen stoßen sich untereinander und stoßen auch die freien Elektronenpaare des Zentralatoms ab, sodass die bindenden und freien Elektronenpaare so weit wie möglich auseinanderstreben. Wir idealisieren die k Bindungen zu den k Liganden des Zentralatoms und dessen k' freie Elektronenpaare zu negativen Punktladungen und überlegen uns, in den Ecken welcher geometrischen Figur die $k + k'$ Ladungsschwerpunkte den maximalen Abstand voneinander haben. Dabei ergeben sich für Werte von $k + k'$ von 2 bis 7 die Figuren von Abb. 2.8.

Zieht man von den sogenannten *Pseudostrukturen* in Abb. 2.7 jene Ecken ab, die die k' Elektronenpaare repräsentieren, dann bleibt die *tatsächliche Struktur* des betreffenden Moleküls oder Molekülions übrig. Die Mittelpunkte der ein Zentralatom koordinierenden Liganden definieren das *Koordinationspolyeder*.

Bei der trigonalen Bipyramide gibt es im Falle von $k' = 1-3$ zunächst mehrere Möglichkeiten, das Koordinationspolyeder aufzufinden, da die drei äquatorialen

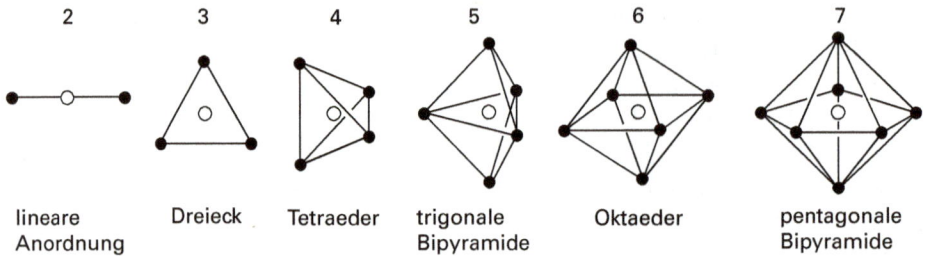

Abb. 2.8 Koordinationsfiguren, wenn $k + k'$ negative Punktladungen (k Liganden und k' freie Elektronenpaare) ein Zentralatom umgeben ($k + k' = 2-7$).

und die zwei axialen Positionen der Figur nicht symmetrisch äquivalent sind. Man verfährt hier nach der Zusatzregel, dass freie Elektronenpaare eine stärker abstoßende Wirkung haben als Bindungselektronenpaare und daher die äquatoriale Position an der Basis der Bipyramide bevorzugen, in der sie nur auf zwei Nachbarliganden im ungünstigen 90°-Winkel treffen und nicht auf drei wie in der axialen Position. Im Falle von $k' = 1$ ergibt sich daher eine *bisphenoidale*, im Falle von $k' = 2$ eine *T-förmige* und im Falle von $k' = 3$ eine *lineare* Koordinationsfigur. (Das *Bisphenoid*, ein Doppelkeil, ist die Figur, die entsteht, wenn man vier Ligandmittelpunkte, zwei axiale und zwei äquatoriale, miteinander verbindet.) Ähnlich argumentiert man bei oktaedrischer Pseudostruktur im Falle von $k' = 2$. Die freien Elektronenpaare stehen sich in der sog. *trans-Stellung* gegenüber, wo sie ein Minimum an Abstoßung erfahren, sodass als Koordinationsfigur ein Quadrat resultiert. Bei der pentagonalen Bipyramide als Pseudostruktur sollte ein verzerrtes Oktaeder übrigbleiben, wenn man ein freies Elektronenpaar in eine äquatoriale Position setzt; tatsächlich hat aber das Mustermolekül XeF_6 eine trigonal-antiprismatische Koordinationsstruktur der F-Atome, und das freie Elektronenpaar sitzt oberhalb der trigonalen Deckfläche auf der C_3-Achse. Elektronen in Doppelbindungen wirken stärker abstoßend als in Einfachbindungen. Deshalb findet man beispielsweise im Falle $k + k' = 5$ doppelt gebundene O-Atome in äquatorialer Position.

Eine Zusammenfassung der Strukturmöglichkeiten bei Molekülen mit Hauptgruppenelementen als Zentralatomen ist in den folgenden Beispielen tabellarisch zusammengefasst. Man beachte, dass man auch dann von *tetraedrischer* bzw. *oktaedrischer* Koordination spricht, wenn die Tetraeder- bzw. Oktaedersymmetrie durch ungleiche Liganden verzerrt wird (siehe die Beispielpaare $CH_4 / CHCl_3$ bzw. SF_6 / IF_5O).

Um die Grenzen der eben beschriebenen qualitativen Regeln aufzuzeigen, seien Beispiele herangezogen! Für den Bau von Trisilylamin $N(SiH_3)_3$ erwartet man nach dem bisher Gesagten eine flache NSi_3-Pyramide mit einem SiNSi-Winkel, der etwas kleiner ist als der *Tetraederwinkel* (109.5°), da das freie Elektronenpaar am N-Atom die drei bindenden Elektronenpaare stärker abstoßen sollte als diese sich untereinander. In Wirklichkeit ist das NSi_3-Gerüst jedoch planar mit einem SiNSi-Winkel von 120°. Demgegenüber verhält sich die analog zusammengesetzte Verbin-

$k+k'$	k'	Struktur	Beispiele (in Klammern: Punktgruppe)
2	0	linear	CO_2 ($D_{\infty h}$), N_2O ($C_{\infty v}$), C_2H_2 ($D_{\infty h}$)
3	0	trigonal-planar	BF_3 (D_{3h}), CF_2O (C_{2v}), FNO_2 (C_{2v})
3	1	gewinkelt	FNO (C_s), NO_2^- (C_{2v}), SO_2 (C_{2v})
4	0	tetraedrisch	CH_4 (T_d), $CHCl_3$ (C_{3v}), SCl_2O_2 (C_{2v})
4	1	trigonal-pyramidal	NH_3 (C_{3v}), SCl_2O (C_s), ClO_3^- (C_{3v})
4	2	gewinkelt	H_2O (C_{2v}), H_2O_2 (C_2), S_8 (D_{4d})
5	0	trigonal-bipyramidal	PF_5 (D_{3h}), SF_4O (C_{2v}), IF_3O_2 (C_{2v})
5	1	verzerrt-bisphenoidal	SF_4 (C_{2v}), $TeCl_4$ (C_{2v}), PBr_4^- (C_{2v})
5	2	T-förmig	ClF_3 (C_{2v}), BrF_3 (C_{2v})
5	3	linear	XeF_2 ($D_{\infty h}$), BrF_2^- ($D_{\infty h}$)
6	0	oktaedrisch	SF_6 (O_h), S_2F_{10} (D_{4d}), IF_5O (C_{4v})
6	1	tetragonal-pyramidal	IF_5 (C_{4v}), SF_5^- (C_{4v}), BiF_5^{2-} (C_{4v})
6	2	quadratisch	XeF_4 (D_{4h}), IF_4^- (D_{4h})
7	0	pentagonal-bipyramidal	IF_7 (D_{5h})
7	1	verzerrt-oktaedrisch	XeF_6 (C_{3v})

dung Trisilylphosphan $P(SiH_3)_3$ normal: Der SiPSi-Winkel liegt bei 96.4°. Ein weiteres Beispiel betrifft den RuORu-Winkel im µ-Oxidodecachloridodiruthenat(4−) $[Cl_5Ru{-}O{-}RuCl_5]^{4-}$, der entgegen den obigen Regeln 180° beträgt.

Unerwartete Bindungswinkel können auch an solchen Atomen beobachtet werden, die in ein starres Gerüst eingebaut sind. Ein Beispiel ist der CCC-Winkel von 60° im Cyclopropan (C_3H_6) anstelle des für ein vierfach koordiniertes C-Atom erwarteten Tetraederwinkels. Ähnliches gilt für den PPP-Winkel von 60° im Molekül von *tetrahedro*-Tetraphosphor (P_4).

2.4.3 Nebengruppenelemente als Zentralatome

Ein einfaches elektrostatisches Strukturmodell, das den d- und f-Valenzelektronen eine ähnliche Rolle zubilligen würde wie den freien Elektronenpaaren bei Hauptgruppenelementen, gibt es für die d- und f-Metalle nicht. Bei ihnen kann von einer Pseudostruktur mit freien Elektronenpaaren als Pseudoliganden nicht die Rede sein. Für das von den k koordinierenden Liganden um das Zentralatom gebildete Koordinationspolyeder gibt es ab $k = 4$ mehrere Alternativen.

$k = 2$. Linear gebaute Moleküle oder Ionen MX_2^{m-} ($D_{\infty h}$) findet man hauptsächlich im Falle M = Cu^+, Ag^+, Au^+, Hg^{2+}. Beispiele: $[CuCl_2]^-$, $[Ag(NH_3)_2]^+$, $[Hg(CN)_2]$.

$k = 3$. Die trigonal-planare Koordination ist selten. Beispiel: $[HgI_3]^-$ (D_{3h}).

$k = 4$. Das *Tetraeder* als Koordinationsfigur trifft man an, wenn die Zentralionen eine leere oder eine abgeschlossene d-Schale haben. Beispiele: $TiCl_4$, $[Cu(CN)_4]^{3-}$, $[ZnBr_4]^{2-}$ (alle: T_d). Sind d-Valenzelektronen vorhanden, so tritt die tetraedrische gegenüber der oktaedrischen Koordination zurück, auch wenn es für die tetraedrische Koordination durchaus Beispiele gibt wie $[FeCl_4]^{2-}$, $[FeCl_4]^-$, $[NiCl_4]^{2-}$ (alle: T_d). Die Zentralionen Cr^{3+} und Co^{3+}, für die eine große Menge an Koordinationsverbindungen gefunden wurde, neigen nicht zur Bildung tetraedrischer Komplexe. Die *quadratische Koordination* beobachtet man vorzugsweise bei Zentralionen mit der Valenzelektronenkonfiguration nd^8, vor allem bei Rh^+, Ir^+, Pd^{2+}, Pt^{2+} und Au^{3+}, in Einzelfällen auch bei Ni^{2+}. Beispiele: $[RhCl(PMe_3)_3]$ (C_s), $[PtCl_4]^{2-}$ (D_{4h}).

$k = 5$. Entweder liegt die *trigonal-bipyramidale* Koordination vor − Beispiel: $[Fe(CO)_5]$ (D_{3h}) − oder die im Allgemeinen nur wenig energiereichere *tetragonalpyramidale*. Für das Anion $[Ni(CN)_5]^{3-}$ hat man beide Koordinationspolyeder gefunden (D_{3h}) bzw. C_{4v}).

$k = 6$. Das *Oktaeder* ist als Koordinationspolyeder der Übergangsmetalle bei weitem am meisten verbreitet. Ist im Beispiel $[Fe(CN)_6]^{4-}$ die volle O_h-Symmetrie gegeben, so vermindert sich die Symmetrie beim Beispielion $[Fe(py)_6]^{3+}$ (das *Pyridin* NC_5H_5, abgekürzt *py*, leitet sich vom Benzen durch Ersatz einer CH-Einheit durch ein N-Atom ab; das freie Elektronenpaar am N-Atom bewirkt die Kordination) zur Punktgruppe T_h und zwar wegen der planaren Pyridin-Liganden, die sich in den drei Hauptebenen paarweise gegenüberstehen. Im Falle des Anions $[Fe(SO_4)_3]^{3-}$ bedingen die drei zweizähnigen Liganden die Punktgruppe D_3. Die O_h-Symmetrie wird auch reduziert, wenn verschiedene Ligandsorten das Zentralion koordinieren; einfaches Beispiel: $[Fe(CN)_5(NO)]^{2-}$ (C_{4v}). Die letzten Beispiele lehren, wie oben für Hauptgruppenelemente schon angemerkt, dass man auch dann von *oktaedrischer* Koordination spricht, wenn die sechs koordinierenden Atome nur noch ein verzerrtes Oktaeder bilden und die O_h-Symmetrie erniedrigt ist. Entsprechendes gilt auch für andere Koordinationsfiguren. Bestimmte mehrzähnige Liganden mit starrem Bindungsgerüst können ein Zentralion in die seltene *trigonalprismatische* Koordination zwingen. Zwischen ihr und der oktaedrischen Koordination sind nahtlose Übergänge denkbar und durch Beispiele belegt. Solche Übergänge versteht man, wenn man das Oktaeder als trigonales Antiprisma betrachtet und dessen Grund- und Deckfläche gegeneinander dreht.

$k = 7$. Als Koordinationpolyeder findet man die *pentagonale Bipyramide* (Beispiel: ReF_7, D_{5h}), das *überkappte Oktaeder* (Beispiel: $[WBr_3(CO)_4]^-$, C_{3v}; *überkappen* heißt, einer Polyederfläche als Basis eine Pyramidenspitze aufzusetzen) und das *tetragonal überkappte trigonale Prisma* (Beispiel: NbF_7^{2-}, C_{2v}; *tetragonal* bedeutet hier, dass nicht die Dreiecks- sondern die Vierecksbegrenzungsfläche des trigonalen Prismas überkappt wird).

$k = 8$. Am häufigsten beobachtet man für diese insgesamt seltenere Koordination als Koordinationsfiguren das *tetragonale Antiprisma* (Beispiel: $[TaF_8]^{3-}$, D_{4d}) und das *Dreiecksdodekaeder* (Beispiele: $[Mo(CN)_8]^{4-}$, D_{2d}, und $[Cr(O_2)_4]^{3-}$; der Ligand

O_2^{2-} koordiniert zweizähnig), selten dagegen den *Kubus* (O_h), die *hexagonale Bipyramide* (D_{6h}), das *zweifach überkappte Oktaeder* (D_{3d}) und das *zweifach trigonal überkappte trigonale Prisma* (D_{3h}).

$k = 9$. Eine gewisse Rolle spielt das *dreifach tetragonal überkappte trigonale Prisma* (Beispiel: [ReH$_9$]$^{2-}$, D_{3h}), weniger das *tetragonal überkappte tetragonale Antiprisma* (C_{4v}).

Die Koordinationszahl 10 und höhere Koordinationszahlen treten kaum auf.

2.5 Konstitution, Konfiguration und Konformation

2.5.1 Konstitutionsisomere

Unter der *Konstitution* eines Moleküls versteht man seine Struktur insoweit, als alle Bindungspartner festgelegt sind. Die Konstitution ist also gegeben, wenn für jedes Atom eines Moleküls feststeht, an welche anderen es gebunden ist. Moleküle mit derselben Summenformel, aber verschiedener Konstitution nennt man *Konstitutionsisomere*. Im Allgemeinen unterscheiden sich Konstitutionsisomere in ihren chemischen und physikalischen Eigenschaften, insbesondere in ihrer thermodynamischen und kinetischen Stabilität. Man hat daher stabile von weniger stabilen, instabilen oder metastabilen Isomeren zu unterscheiden. In homogenen Mischungen von Isomeren stellt sich ein Gleichgewicht ein, wenn die Isomere ineinander umwandelbar sind.

Einfache Beispiele sind die Isomere in Abb. 2.4. Die beiden Gase der Formel C_4H_{10}, Butan und Isobutan, sind im Hinblick auf ihre Umwandelbarkeit ineinander metastabil, also kinetisch stabil. Man kann also jedes von beiden bei Normalbedingungen lagern, ohne dass sich die Gleichgewichtsmischung bildet. Dasselbe gilt bei Normalbedingungen für die fünf Isomere der Formel C_4H_8, obwohl beispielsweise zur Umwandlung von But-1-en in But-2-en nur ein H-Atom vom C3- zum C1-Atom der Kette wandern müsste. Aus der Vielfalt bekannter Beispiele seien noch drei exemplarisch herausgegriffen, bei denen die Isomere kinetisch stabil sind. Zur hypothetischen Umwandlung ineinander müssten je zwei σ-Bindungen geöffnet und geschlossen werden.

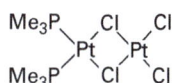

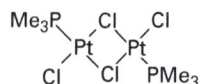

Wenn eine Isomerisierung nur darin besteht, dass ein Molekülteil von einer Stelle in einem Molekül zu einer anderen wandert, dann spricht man von *Tautomerie*. Bei der Wanderung eines Hydrons handelt es sich um eine spezielle Tautomerie, die *Prototropie*. Bei der erwähnten, kinetisch blockierten und insoweit hypothetischen Umwandlung von But-1-en in But-2-en, einer *1,3-Verschiebung* (also von der 1- in die 3-Position der C_4-Kette), würde sich außer einem H-Atom auch eine π-Bindung verschieben. Die *Keto-Enol-Tautomerie* stellt ein prominentes Beispiel für eine kinetisch nicht blockierte, schnelle 1,3-Prototropie dar: Neben Ketonen wie z. B. Me—CO—Me oder Me—CO—CH_2—CO—Me liegen im Gleichgewicht *Enole*, hier Me—C(OH)=CH_2 bzw. Me—C(OH)=CH—CO—Me, in Stoffmengenanteilen von $2.5 \cdot 10^{-6}$ bzw. 0.80 vor; im erstgenannten Beispiel überwiegt also das Keton bei weitem, im zweitgenannten das Enol. Eine schnelle Prototropie vollzieht sich auch beim Übergang von H_2O—O in HO—OH, von H_3N—O in H_2N—OH, von HN≡C in N≡CH oder von P(OH)$_3$ in HPO(OH)$_2$; das erstgenannte in jedem dieser vier Beispielpaare kommt im Gleichgewicht in kaum noch nachweisbarer Menge vor.

Im Grenzfall gleicher Stabilität zweier Isomere liegen in Gleichgewichtsmischungen auch gleiche Mengen vor. Die beiden Protomere A und B der Essigsäure sind strukturell und physikalisch ununterscheidbar, stellen aber dennoch Isomere dar, sind doch die beiden O-Atome verschiedene Individuen. Man nennt eine derartige Isomerisierung *entartet*, im vorliegenden Falle *zweifach entartet*. Tatsächlich gehen die beiden Isomere bei normaler Temperatur in Lösung ständig ineinander über (*Fluktuation*). Entartete Isomere nennt man auch *Valenztautomere*.

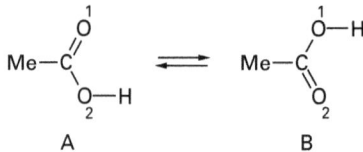

Beim nächsten Tautomerie-Beispiel wandert nicht ein Atom, sondern die 13-atomige Gruppe SiMe$_3$, und es verschieben sich bei jedem Tautomerieschritt zwei π-Bindungen. Diese Tautomerie ist fünffach entartet (A = SiMe$_3$).

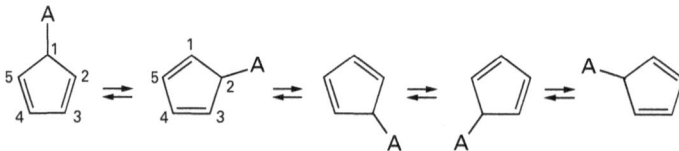

Unser letztes Isomeriebeispiel betrifft eine hochentartete Umlagerung. Bei der (trivial) *Bullvalen* genannten Verbindung $C_{10}H_{10}$ liegen $1\,209\,600 = 10!\,/\,3$ strukturgleiche Isomere vor, von denen nur drei gezeichnet sind. Geht man von einem zum anderen Isomer über, so müssen jeweils zwei σ- und zwei π-Bindungen geöffnet und geschlossen werden.

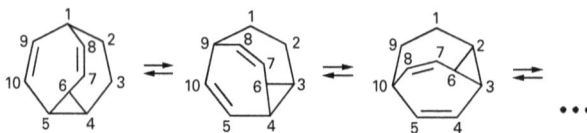

2.5.2 Konfigurationsisomere

Unter *Konfiguration* eines Moleküls versteht man seinen Aufbau durch Festlegung der Konstitution und darüber hinaus aller Koordinationspolyeder und der Lage aller Atome in den Koordinationspolyedern relativ zueinander. Moleküle mit derselben Konstitution, aber verschiedener Konfiguation nennt man *Konfigurationsisomere* oder kurz *Konfigumere*. Als Auswahl unter allen wichtigen Koordinationspolyedern behandeln wir das Quadrat, das Tetraeder, die trigonale Bipyramide und das Oktaeder, und zwar ganz allgemein mit jeweils einem Zentralatom und unter Beschränkung auf maximal vier verschiedene Liganden Z, Y, X, W. Eine Verallgemeinerung auf noch mehr verschiedene Liganden bei der trigonalen Bipyramide und beim Oktaeder sowie auf weitere Koordinationspolyeder mag sich der Leser aus den hier entwickelten Prinzipien selbst herleiten!

Quadratische Koordination

Im Falle *quadratischer Koordination* gelangen wir bei schrittweisem Austausch von Z in EZ_4 (D_{4h}) über EZ_3Y (C_{2v}) zu EZ_2Y_2, einem Molekül, in welchem gleiche Liganden nebeneinander (*cis*, C_{2v}) oder sich gegenüberstehen können (*trans*, D_{2h}). Auch im Molekül EZ_2YX lässt sich eine *cis*- von einer *trans*-Konfiguration unterscheiden (C_s bzw. C_{2v}). Für EZYXW muss man drei Isomere erwarten, deren Konfiguration durch die Reihenfolge der Liganden bestimmt ist, wenn man von Ecke zu Ecke geht (alle C_s).

Tetraedrische Koordination

Im Falle *tetraedrischer Koordination* sind für die Moleküle EZ_4 (T_d), EZ_3Y (C_{3v}), EZ_2Y_2 (C_{2v}) und EZ_2YX (C_s) keine Konfigurationsisomere möglich, wohl aber für EZYXW (C_1). In diesem Falle verhalten sich die Isomere wie *Bild* und *Spiegelbild*, zeigen also das Phänomen der *Händigkeit* oder *Chiralität*. Derartige Isomere nennt man *Enantiomere* oder *Spiegelbildisomere*. Das Zentralatom E bezeichnet man als *asymmetrisch* (Symbol, wenn nötig: E*), und die an E* geknüpfte Chiralität nennt man *zentrale Chiralität*. Man kann leicht zeigen, dass über EZYXW hinaus alle Moleküle *chiral* sind, die zu den *enantiomeren Punktgruppen* C_n, D_n, T, O oder I gehören, die also kein Symmetrieelement S_n und insbesondere keine Spiegelebene $S_1 = \sigma$ enthalten. Zueinander enantiomere Substanzen unterscheiden sich im Allgemeinen nicht in ihren physikalischen Eigenschaften, es sei denn eine Wechselwirkung mit chiralen Phänomenen wie beispielsweise dem links- oder rechts-zirkular polarisierten Licht wird beobachtet.

Von großer praktischer Bedeutung ist es, dass eine chirale Substanz die Ebene des plan-polarisierten Lichts beim Durchtritt durch die Substanz um den Drehwinkel α nach rechts (positives Vorzeichen) oder links (negatives Vorzeichen) dreht und das entsprechende Enantiomer in die umgekehrte Richtung. Darum sagt man,

Enantiomere seien *optisch aktiv*, seien *optische Antipoden*. Der Drehwinkel hängt in charakteristischer Weise von der optisch aktiven Substanz ab und darüber hinaus von ihrer Masse m, dem Volumen V der Lösung, von der Weglänge l, die das polarisierte Licht in der Lösung zurückzulegen hat, von der Temperatur und von der Wellenlänge des Lichts (und zwar ist α umso größer, je kurzwelliger das Licht ist). Es gilt die Beziehung $a = l\,m\,V^{-1}\,[a^0]$, wobei $[a^0]$ die *spezifische Drehung* bei den Einheiten von l, m und V bedeutet. Als Einheiten finden sich in älteren Tabellen meist $l = 10^{-1}\,m$, $m = 10^{-3}\,kg$, $V = 10^{-6}\,m^3$, sodass eine dort angegebene spezifische Drehung $[a]$ von der spezifischen Drehung $[a^0]$ in SI-Einheiten um den Faktor 100 differiert. Die Messtemperatur T gibt man in °C als rechtes Superskript und die Wellenlänge λ in nm als rechtes Subskript an. Also bedeutet $[a]_{589}^{20} = +66.5°$ für den optisch aktiven Zucker Saccharose (d. i. unser gewöhnlicher Zucker), dass 1 g davon, gelöst in 100 ml Wasser (d. i. das Hundertfache von 10^{-6} l) bei einer Weglänge des Lichts von 10 cm, einer Wellenlänge von 589 nm (d. i. das sog. *gelbe Natrium-Licht*) bei 20 °C die Ebene des polarisierten Lichts um 0.665° nach rechts dreht.

In einem homogenen Gemisch aus gleichen Anteilen beider Enantiomere, einem sog. *Racemat*, heben sich die Drehungen auf, das Racemat ist *optisch inaktiv*. Im besonders wichtigen Falle von Carbon als dem Zentralatom E ist das eine Enantiomer nicht ohne Bindungsöffnung in das andere überführbar; es ist also ohne *Racemisierung*, d. h. ohne Übergang in den optischen Antipoden, lagerfähig.

Zur allgemeinen Klassifizierung der Enantiomere im Falle tetraedrischer Koordination ordnet man die Liganden in EZYXW nach abnehmender *Priorität*: Z > Y > X > W. Höhere Priorität haben Liganden mit der höheren Ordnungszahl (bei Isotopen: mit der höheren Massenzahl) der an E gebundenen Atome. Bei gleicher Priorität bezüglich der Nachbaratome wendet man das gleiche Prinzip bezüglich der von E aus gerechnet übernächsten Atome an, wobei bei mehreren übernächsten Atomen das eine mit der höchsten Ordnungszahl entscheidet, die anderen spielen keine Rolle; beispielsweise spielt der Ligand Chlormethyl CH_2Cl die Rolle von Z gegenüber Trifluormethyl CF_3 in der Rolle von Y. Ist ein übernächstes Atom doppelt gebunden, so zählt es wie zwei solcher Atome; beispielsweise hat der Ligand $-CHO$ Priorität vor $-CH(OH)CH_3$. Nun betrachtet man im Koordinationstetraeder das Dreieck ZYX, hinter welchem E und noch weiter hinten W liegen. Sind die Liganden ZYX im Uhrzeigersinn angeordnet, dann ordnet man diesem Isomer die *R-Konfiguration*, andernfalls die *S-Konfiguration* zu (*R/S-Konvention* oder *CIP-Notation*, nach Cahn, Ingold und Prelog). Zwischen dem Vorzeichen des Drehwinkels a des durchtretenden polarisierten Lichts, plus oder minus, und der Konfiguration, R oder S, besteht kein Zusammenhang. Nehmen wir als Beispiele die 2-Hydroxy- und die 2-Aminopropionsäure $MeCHXCOOH$ (X = OH: *Milchsäure*; X = NH_2: *Alanin*) mit dem jeweils asymmetrisch koordinierten C2-Atom und der Prioritätenfolge X > COOH > CH_3 > H seiner Liganden: Das *R*-Enantiomer der Milchsäure ist rechtsdrehend, das *R*-Enantiomer des ähnlich aufgebauten Alanins linksdrehend, was im Namen der beiden Carbonsäuren in folgender Weise symbolisiert wird: (R)-$(+)$-Milchsäure bzw. (R)-$(-)$-Alanin sowie (S)-$(-)$-Milch-säure bzw. (S)-$(+)$-Alanin.

Auf asymmetrische *Pseudotetraeder* trifft man bei den Aminen des Typs NRR′R″ mit dem freien Elektronenpaar als Pseudoliganden. Im Allgemeinen sind aber bei solchen Aminen keine Enantiomere nachweisbar, weil sie ohne großen Energieaufwand, also bei Raumtemperatur, schnell eine *Inversion* erfahren: Das N-Atom bewegt sich dabei als Spitzenatom einer trigonalen Pyramide auf die Basis zu, schwingt durch die planare Konfiguration hindurch und bildet die Gegenpyramide, also das Spiegelbild der chiralen Ausgangspyramide. Bei den entsprechenden chiralen Phosphanen PRR′R″ erfordert die Inversion mehr Energie, sodass hier optisch aktive Konfigumere eher in lagerfähiger Form erhalten werden können, ohne durch Inversion zu racemisieren.

Trigonal-bipyramidale Koordination

Die *trigonal-bipyramidale Koordination* macht die Unterscheidung äquatorialer (e) und axialer Ligandplätze (a) nötig. Von EZ_5 (D_{3h}) ausgehend, gelangen wir bei EZ_4Y zu einem e- und einem a-Isomer (C_{2v} bzw. C_{3v}). Bei EZ_3Y_2 sind für die Stellung von Y drei Verteilungen denkbar, *ee* (C_{2v}), *ea* (C_s) und *aa* (D_{3h}), und bei EZ_3YX für die Verteilung von Y und X vier, *ee, ea, ae* (alle C_s) und *aa* (C_{3v}). Für EZ_2Y_2X ergeben sich für die Positionen von ZZ / YY die Möglichkeiten *ee*/*aa* und *aa*/*ee* (C_{2v}), *ee*/*ea* und *ea*/*ea* (C_s) sowie *ea*/*ea* (C_1; es bestehen Enantiomere). Die Formel EZ_2YXW lässt zehn Isomere erwarten, und zwar in äquatorialer Lage ZZY, ZZX, ZZW, YXW (alle C_s) und die Enantiomerpaare mit der Äquatorialfolge ZYX, ZYW, ZXW (alle C_1).

Oktaedrische Koordination

Die *oktaedrische Koordination* führt zur Klassifizierung benachbarter oder gegenüberliegender Ligandpaare als *cis*- bzw. *trans*-ständig sowie auf einer Dreiecksseite oder in einer Hauptschnittebene liegender Ligandtripel als *facial* bzw. *meridional* (abgekürzt *fac*, *mer*). Von EZ_6 (O_h) ausgehend, kommt man über EZ_5Y (C_{4v}) zum *cis*/*trans*-Isomerenpaar EZ_4Y_2 (C_{2v} bzw. D_{4h}) sowie zum *mer*/*fac*-Paar EZ_3Y_3 (C_{2v} bzw. C_{3v}). Auf das *cis*/*trans*-Paar EZ_4YX (C_s bzw. C_{4v}) folgen die drei Isomere EZ_3Y_2X, nämlich mit der meridionalen Folge YYX (C_s) oder YXY (C_{2v}) und das *fac*-Isomer (C_s). Mit der Formel $EZ_2Y_2X_2$ lassen sich die fünf Paaranordnungen *cis*/*cis*/*cis* (C_1), *cis*/*cis*/*trans*, *cis*/*trans*/*cis*, *trans*/*cis*/*cis* (alle C_{2v}) und *trans*/*trans*/*trans* (D_{2h}) verknüpfen. Die Formel EZ_3YXW führt zu drei Isomeren mit den meridionalen Folgen YXW, XWY, WYX (alle C_s) und einem facialen Enantiomerpaar (C_1). Für EZ_2Y_2XW ergibt die Anordnung *cis*/*cis*/*cis* zwei chirale Paare (C_1), die sich durch die Abfolge ZYXW und ZYWX in einer Hauptebene unterscheiden; drei Kombinationen mit Z_2 oder Y_2 oder XW in *trans*-Stellung (C_s) sowie eine all-*trans*-Konfiguration (C_{2v}) schließen die Variation der Liganden ab.

Die Erörterung zweizähniger Liganden L—L sei auf den Oktaeder-Fall beschränkt. Da der Ligand Z—Z das Zentralatom E normalerweise nur in *cis*-Stellung koordinieren kann, erhalten wir für $E(Z-Z)Y_4$ (C_{2v}) keine Koordinationsalternativen. Bei $E(Z-Z)Y_3X$ lassen sich zwei Isomere, nämlich *mer* und *fac* (beide C_s) unterscheiden. Für Y_2/X_2 in $E(Z-Z)Y_2X_2$ ergeben sich die isomeren Anordnungen *cis/cis* (C_1), *cis/trans* (C_{2v}) und *trans/cis* (C_{2v}). Die Formeln $E(Z-Z)_2Y_2$ und $E(Z-Z)_2YX$ repräsentieren im *cis*-Fall Enantiomerpaare (C_2 bzw. C_1), nicht aber im *trans*-Fall (D_{2h} bzw. C_{2v}). Auch die Formel $E(Z-Z)_3$ bildet ein Enantiomerpaar ab (D_3).

Konfigurative Stabilität

Im Gegensatz zu den Pseudotetraedern mit E = N können Koordinationstetraeder allgemein als stabil gelten und zwar nicht nur im besonders wichtigen Falle E = C, sondern für beliebige nichtmetalische, halbmetallische oder metallische Zentralatome E. Auch quadratisch oder oktaedrisch gebaute Moleküle sind in der Regel konfigurationsstabil. Anders verhalten sich vielfach Moleküle mit einer trigonalen Bipyramide als Koordinationsstruktur oder -pseudostruktur. Bei ihnen steht ein Mechanismus für den Platztausch axialer und äquatorialer Liganden bereit, der keine Bindungsöffnung beansprucht, sondern über eine tetragonale Monopyramide als Zwischenstruktur verläuft (*Berry-Pseudorotation*). Gut untersucht ist u. a. Phosphor als Zentralatom. Beispielsweise unterliegen die F-Atome im Molekül PF_5 bei Raumtemperatur der Berry-Pseudorotation, sodass die bei Durchnummerierung der fünf F-Atome möglichen 20 entarteten Isomere (5!/6 = 20) einer ständigen Fluktuation unterliegen. Im konkreten Einzelfall haben die hier dargestellten Faustregeln durchaus ihre Ausnahmen.

Verknüpfung von Koordinationspolyedern

Wir beschränken uns auf Carbon als Zentralatom und beginnen mit der Verknüpfung zweier Koordinationsdreiecke, wie sie bei den planar gebauten Alkenen $Z_2C=CZ_2$ (D_{2h}) gegeben sind. Eine Drehung um die CC-Achse ist ohne das energetisch aufwendige Aufbrechen einer π-Bindung nicht möglich. Jedes der beiden C-Atome ist Zentralatom mit der benachbarten Gruppe CZ_2 als einem der drei Liganden, sodass die beiden Koordinationsdreiecke ineinandergreifen. Ersetzen wir Z teilweise durch Y, dann erhalten wir zunächst das konfigurativ eindeutig definierte Molekül $YZC=CZ_2$ (C_s) und dann $YZC=CZY$ mit zwei stabilen Konfigurationen, der trapezförmigen *cis*- und der parallelogrammartigen *trans*-Anordnung (C_{2v} bzw. C_{2h}). In einem Molekül der Formel $YZC=CXW$ sind die beiden Konfigumeren (beide C_s) durch die Bezeichnung *cis/trans* alleine nicht mehr definierbar. Mit der Prioritätenfolge Z > Y > X > W, die genauso definiert ist wie bei den chiralen Molekülen CZYW (s. o.), dominiert Z die linke und X die rechte Molekülhälfte. Man spricht vom *Z*-Isomer (von *zusammen*), wenn Z und X zueinander in *cis*-

Stellung stehen, und vom *E*-Isomer (von *entgegen*) im Falle ihrer *trans*-Anordnung [also z. B. (*Z*)-But-2-en für *cis*-MeCH=CHMe].

Im Molekül $Z_2C=C=CZ_2$ stehen die beiden Ebenen $Z_2C=C$ und $C=CZ_2$ aufeinander senkrecht (D_{2d}). Gehen wir zu YZC=C=CZY über, so resultiert Chiralität (C_2); man spricht von *axialer Chiralität*. Die Konfiguration von Doppeltetraedern, insbesondere vom Typ XYZC—CZ'Y'X', ist von besonderer Bedeutung, soll aber erst behandelt werden, wenn der Begriff der *Konformation* klar ist.

2.5.3 Konformationsisomere

Ist die Struktur eines Moleküls nicht nur durch seine Konstitution und Konfiguration festgelegt, sondern darüber hinaus durch all jene Diederwinkel, deren Achsen Einfachbindungen repräsentieren, so ist die *Konformation* des Moleküls gegeben. Moleküle mit derselben Konfiguration, aber verschiedener Konformation heißen *Konformationsisomere* oder *Konformere*. Um Konformere ineinander überzuführen, bedarf es keiner Öffnung von Bindungen. Unter dem *Diederwinkel* δ versteht man den Winkel zwischen den beiden Ebenen, die durch die Lage der Atome E1, E2 und E3 einerseits und E2, E3 und E4 andererseits gegeben sind, wobei diese Atome in einer Viererkette E1—E2—E3—E4 liegen und die beiden Ebenen sich in der *Diederachse* E2—E3 schneiden. Zur Darstellung eignet sich die *Newman'sche Projektionsformel*: E2 wird durch einen Punkt vor der Zeichenebene, E3 durch einen Kreis unterhalb von E2 symbolisiert, sodass die Diederachse senkrecht zur Zeichenebene liegt.

Am wichtigsten ist das durch die beiden C-Atome aufgespannte Doppeltetraeder des Moleküls C_2Z_6, das sich vom Ethan C_2H_6 ableitet. Z1, Z2 und Z3 seien an C1 gebunden und Z4, Z5 und Z6 an C2. Der Diederwinkel sei durch die Kette Z1—C1—C2—Z4 festgelegt. Im Falle $\delta = 0$ erhalten wir die *verdeckte* oder *ekliptische* Konformation (D_{3h}). Nun drehen wir die Gruppen CZ_3 gegeneinander um die C_3-Achse. Bei $\delta = 60°$ entsteht die *gestaffelte* Konformation (D_{3d}). Die verdeckte Konformation wiederholt sich bei 120° und 240°, die gestaffelte bei 180° und 300°. Bei allen anderen Konformationen erniedrigt sich die Symmetrie auf D_3. Die drei verdeckten Konformationen sind die energetisch ungünstigsten, weil sich die einander abstoßenden CZ-Bindungen beider Molekülhälften am nächsten kommen; am günstigsten sind die gestaffelten Konformationen. Die drei verdeckten Konformationen sind untereinander gleichwertig und ebenso die drei gestaffelten; es liegt also dreifache Entartung vor. Der Energieunterschied zwischen verdeckter und gestaffelter Konformation ist dann gering, wenn der Ligand Z nicht allzu groß ist, sodass dann bei Normalbedingungen freie Drehbarkeit gegeben ist.

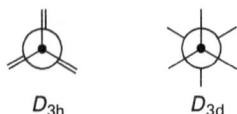

D_{3h}　　　D_{3d}

Im Falle von $YZ_2C{-}CZ_2Y$ liegt im Allgemeinen ebenfalls freie Drehbarkeit vor. Wir definieren den Diederwinkel durch die Kette $Y{-}C{-}C{-}Y$. Das ekliptische Energiemaximum bei $\delta = 0°$ (C_{2v}) ist energetisch verschieden von den entarteten Maxima bei 120° und 240° (C_2), während umgekehrt das Minimum bei 180° (C_{2h}; *antiperiplanare Konformation*) energetisch anders liegt als die entarteten Minima der gestaffelten Konformationen bei 60 und 300°.

Besonders wichtig sind Moleküle, die mehrere asymmetrische C-Atome (C*) enthalten. Das historische Musterbeispiel für zwei benachbarte C*-Atome ist das 2,3,4-Trihydroxybutanal $CH_2(OH){-}CH(OH){-}CH(OH){-}CHO$, ein aldehydischer Zucker (*Aldose*) mit einer C_4-Kette (*Tetrose*, s. Abschnitt 6.3.6). Die CIP-Prioritäten für die asymmetrischen Atome C2 und C3 lauten: OH > CHO > $CH(OH)CH_2(OH)$ > H (C2) bzw. OH > $CH(OH)CHO$ > $CH_2(OH)$ > H (C3). Das Enantiomerpaar $(2R,3R)/(2S,3S)$ (C_1) heißt *Threose*, das Enantiomerpaar $(2R,3S)/(2S,3R)$ (C_1) *Erythrose*. Threose und Erythrose unterscheiden sich in ihren physikalischen Eigenschaften. Sie stehen im Verhältnis der *Diastereomerie*, sind also *Diastereomere*. Allgemein unterscheidet man bei Diastereomeren mit zwei asymmetrischen C-Atomen das *RR/SS*- vom *RS/SR*-Enantiomerpaar.

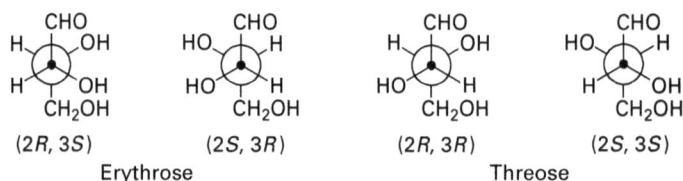

(2R, 3S)　　　(2S, 3R)　　　(2R, 3R)　　　(2S, 3S)

Erythrose　　　　　　　　　Threose

Die Situation ist etwas einfacher, wenn wir C_4-Ketten betrachten, die aus zwei Hälften mit gleicher Konstitution bestehen. Das klassische Beispiel ist die 2,3-Dihydroxybutandisäure $HOOC{-}CH(OH){-}CH(OH){-}COOH$ (*Weinsäure*). Einem $(2R,3R)/(2S,3S)$-Enantiomerpaar (C_2) steht eine $(2R,3S)$-Verbindung gegenüber, die mit der $(2S,3R)$-Verbindung identisch ist (*meso*-Konfiguration). Dreht man die beiden Molekülhälften der *meso*-Weinsäure gegeneinander, so liegt zwar im Allgemeinen C_1-Symmetrie vor, die Enantiomerie begründen würde, wenn es nicht zwei ausgezeichnete Konformationen gäbe, in denen die Molekülhälften einander äquivalent sind, nämlich eine gestaffelte Konformation mit C_i- und eine verdeckte mit C_s-Symmetrie. Die *meso*-Weinsäure ist somit achiral und optisch inaktiv. Die optisch aktive Weinsäure hingegen zeichnet sich in allen Konformationen durch C_2-Symmetrie aus.

HO⟋ ⟍COOH	HOOC⟋ ⟍OH	HO⟋ ⟍COOH
HO⟍ ⟋COOH	HOOC⟍ ⟋OH	HOOC⟍ ⟋OH
(2R, 3R)	(2S, 3S)	(2R, 3S) ≡ (2S, 3R)
		$meso$-Konfiguration

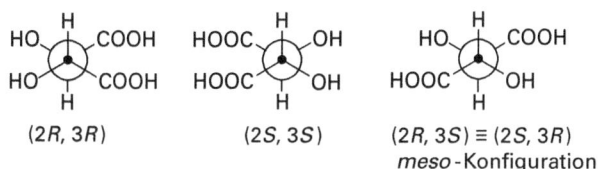

Auch aneinander gebundene Atome mit pseudotetraedrischer Umgebung werfen Konformationsfragen auf, die anhand ausgewählter Beispielmoleküle diskutiert seien. Vom Ethan-Derivat der allgemeinen Formel YZ_2C-CZ_2Y leitet sich das Hydrazin H_2N-NH_2 ab, dessen freie Elektronenpaare mit den beiden N-Atomen in der günstigsten Konformation einen Diederwinkel von ca. 90° bilden (C_2). Im H_2O_2 beträgt der durch die vier Atome definierte Diederwinkel in der günstigsten Konformation ebenfalls 90° und das gleiche ist für H_2S_2 der Fall, dagegen zeichnet sich die günstigste Konformation von P_2H_4 durch einen Diederwinkel von 180° aus (D_{2h}). Die im Falle von C_2-Symmetrie eigentlich denkbare Bildung von Enantiomeren spielt keine Rolle, da die genannten Moleküle um die Molekülachse mehr oder weniger frei drehbar sind und bei dieser Drehung die achirale verdeckte Konformation mit C_{2v}-Symmetrie ebenso durchlaufen wird wie die gestaffelte Konformation mit C_{2h}-Symmetrie; es liegt insofern eine ähnliche Situation vor wie bei der $meso$-Weinsäure.

Einfache Atomketten mit mehr als zwei pseudotetraedrisch aneinander gebundenen Atomen spielen in höheren Perioden eine gewisse Rolle. Musterbeispiele sind die Oligosulfane H_2S_n (n = 1−12) und die entsprechenden Oligosulfid-Anionen S_n^{2-} in Salzen M_2S_n. Ab n = 4 ist ein oder sind mehrere (n > 4) Diederwinkel in den S_n-Ketten definiert, und zwar liegt dieser Winkel in kristallinen Phasen ohne konformative Beweglichkeit recht konstant bei ca. 90°. Zwar lassen sich wegen der Äquivalenz der freien Elektronenpaare die CIP-Regeln nicht anwenden, wohl aber lässt sich unterscheiden, ob man im Falle einer Viererkette S_4^{2-} (C_2) den Diederwinkel vom vorderen zum hinteren S-Atom im Uhrzeigersinn, also im Sinn einer Rechtsschraube, oder umgekehrt, im Sinn einer Linksschraube, zu beschreiben hat. Im ersteren Falle spricht man von einer Plus-Konformation (P), in letzteren von einer Minus-Konformation (M). Interessant wird das Fortschreiten zu höheren Ketten, also zu S_5^{2-} mit zwei Diederwinkeln usw. Gefunden werden in Salzen M_2S_n Ketten mit einheitlicher Schraubrichtung, also in einer der enantiomeren Konformationsfolgen PP... oder MM... (axiale Chiralität). Eine S_5^{2-}-Kette mit PM-Konformation (C_s) wäre achiral, der $meso$-Weinsäure vergleichbar.

Eine besondere Rolle bei der Diskussion der Konformation spielt die cyclische Abfolge von sechs C-Atomen im Cyclohexan, C_6H_{12}, mit seinen drei Konformationsgrenzfällen.

Sesselform	Wannenform	Twistform
D_{3d}	C_{2v}	D_2

In der *Sesselform* (D_{3d}) liegen alle benachbarten C-Atome zueinander in einer gestaffelten Konformation ($\delta = 60°$). In der *Wannenform* (C_{2v}) dagegen befinden sich jene C-Atome, die am Boden der Wanne einander benachbart sind, in einer verdeckten Konformation ($\delta = 0°$). Bei der *Twistform* (D_2) handelt es sich um eine zwischen der allseits gestaffelten und der teilweise verdeckten Konformation liegende sog. *schiefe* Konformation. Die Sesselform stellt das energietiefste, die Wannenform das energiereichste der Cyclohexan-Konformere dar.

Zur Gesamtheit der ineinander übergehenden Strukturen des Cyclohexans gehören nicht nur Sessel-, Wannen- und Twistform, sondern auch noch strukturgleiche, entartete Isomere. Dies sei anhand der Sesselform erläutert, bei der die durch die C-Atome 1, 3 und 5 bestimmte Ebene relativ zu der mit ihr parallelen, durch die C-Atome 2, 4 und 6 bestimmten Ebene zunächst oben liegt, aber durch eine entartete Isomerisierung in die untere Lage befördert wird:

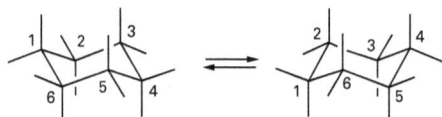

Von den zwölf CH-Bindungen liegen sechs senkrecht zu jenen Ebenen (*axiale* Lage, *a*), die anderen sechs CH-Bindungen bilden mit jenen Ebenen einen Winkel von 19.5° (*äquatoriale* Lage, *e*). Beim Übergang vom einen Sesselform-Konformer in das entartete andere gehen alle axialen in äquatoriale H-Atome über und umgekehrt. Ersetzt man ein H-Atom in C_6H_{12} durch einen Liganden X, so unterscheiden sich die beiden Sesselform-Konformere der Formel $C_6H_{11}X$ (C_s) mit X in der *a*- oder in der *e*-Position zwar in ihren physikalischen Eigenschaften, gehen aber durch Fluktuation im Allgemeinen schnell ineinander über.

Ersetzt man in C_6H_{12} zwei H-Atome an benachbarten C-Atomen durch zwei Liganden X, so ergeben sich für das 1,2-disubstituierte Cyclohexan $C_6H_{10}X_2$ verwickelte Konfigurations- und Konformationsverhältnisse. Die beiden asymmetrischen C-Atome ähneln scheinbar denen der Weinsäure, tatsächlich besteht aber hier keine volle Drehbarkeit um die Achse durch C1 und C2 mit der Folge, dass im *RS/SR*-Fall keine C_i- oder C_s-Konformation möglich ist. Definiert man den Diederwinkel durch die Kette X—C—C—X, so befriedigt die antiperiplanare diaxiale Substitution *aa* ebenso wie die *ee*-Substitution ($\delta = 60°$) die Punktgruppe C_2, während die Kombinationen *ae* und *ea* ($\delta = 60°$) der Punktgruppe C_1 genügen. Alle Substitutionsmuster bedingen also Chiralität. In der folgenden Zusammenstellung der Isomeriemöglichkeiten sei für das *Bild* definiert, dass man die C-Atome 1, 3 und 5 dem Beobachter zuwendet und im Uhrzeigersinn nummeriert, für das *Spiegelbild* im Gegenuhrzeigersinn. Die Ligandenpriorität ergebe sich nach den CIP-Regeln für C1 zu X > C2 > C6 > H und für C2 zu X > C1 > C3 > H.

Lage von X an C1 und C2:	*ae*	*ea*	*aa*	*ee*
Konfiguration des Bildes:	*RS*	*SR*	*RR*	*SS*
Konfiguration des Spiegelbildes:	*SR*	*RS*	*SS*	*RR*

Anhand von Modellen kann man sich nun leicht klarmachen, dass Moleküle mit der Anordnung $ae(RS)$ und $ea(SR)$, von der Nummerierung abgesehen, strukturgleich sind, ebenso natürlich $ae(SR)$ und $ea(RS)$, sodass hier nur ein Enantiomerpaar möglich ist. Man hat es also insgesamt mit drei physikalisch unterscheidbaren Enantiomerpaaren zu tun: $ae(RS/SR)$ (identisch mit $ea(SR/RS)$), $aa(RR/SS)$ und $ee(RR/SS)$. Schaltet man nun die Cyclohexan-Fluktuation ein, so wandeln sich die Konfigurationen $ae(RS)$ in $ea(RS)$, $ea(SR)$ in $ae(SR)$, $aa(RR)$ in $ee(RR)$ und $ee(SS)$ in $aa(SS)$ um und umgekehrt. Das bedeutet, dass sich im $aela ea$-Fall ein optisch reines (also nur aus Molekülen einer der Konfigurationen RS oder SR bestehendes) Enantiomer durch Fluktuation racemisiert. Dagegen gehen die physikalisch ungleichwertigen Konformere aa oder ee zwar durch Fluktuation auseinander hervor, wobei sich im Allgemeinen Mischungen mit ungleichen Mengen bilden, aber die Konfiguration, RR oder SS, bleibt stabil, wenn man von einem optisch reinen Enantiomer ausgeht.

Die Anwendung des Konformations-Begriffs beschränkt sich natürlich nicht auf Doppeltetraeder. Im Doppeldreieck von YZC=CZY liegen die Diederwinkel entlang der Kette Z—C—C—Z bei $0°$ (*cis*) oder $180°$ (*trans*). Da die Diederachse hier aber durch eine Doppelbindung repräsentiert wird, liegt ein Fall von Konfigurations- und nicht von Konformationsisomerie vor (s. o.). Es sind jedoch auch Doppeldreiecke mit freier Drehbarkeit um die Diederachse bekannt. Ein Beispiel bietet das Molekül OCH—CHO (*Glyoxal*). Die günstigste Konformation liegt in der *trans*-Stellung vor ($\delta = 180°$, C_{2h}). Als Beispiel für ein Doppeloktaeder sei $Mn_2(CO)_{10}$ angeführt. Die günstigste Konformation entspricht hier dem Winkel $\delta = 45°$ (D_{4d}).

2.6 Polarität kovalenter Bindungen

Die Bindung, wie sie beispielsweise in den Molekülen H_2, F_2, O_2 oder N_2 vorliegt, ist *unpolar*, d. h. die Bindungselektronen sind zwischen den beiden Atomen gleichmäßig verteilt. Sind jedoch verschiedene Atome aneinander gebunden, wie beispielsweise in den Molekülen CO, NO oder ClF, so ist die Bindung mehr oder weniger *polar*, da die Atomkerne aufgrund ihres Kernladungsunterschieds die Bindungselektronen mehr oder weniger stark anziehen. Man sagt vom stärker die Elektronen anziehenden Bindungspartner, er sei *elektronegativer*, der andere *elektropositiver*. Ist ein Atom A an ein elektronegativeres Atom B gebunden, so bildet sich im Atom A ein positiver, im Atom B ein negativer Schwerpunkt elektrischer Ladung. Diese Ladungen nennt man die *positive* bzw. die *negative Partialladung* $\delta+$ bzw. $\delta-$. Wir symbolisieren die Polarität des bindenden Elektronenpaares durch einen keilförmigen Valenzstrich.

$$\delta+ \quad \delta-$$
$$A \blacktriangleleft\!\!-\!\!\blacksquare B$$

Bei mehratomigen Molekülen ist die Polarität einer Bindung nicht ohne Einfluss auf die Polarität von Nachbarbindungen. Machen wir uns dies am Beispiel der CC-Bindung von Ethan, 1,1,1-Trichlorethan und Hexachlorethan klar!

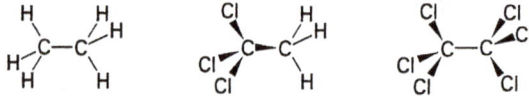

Das C-Atom ist nur wenig elektronegativer als das H-Atom, das Cl-Atom jedoch in hohem Maße elektronegativer als das C-Atom. Nahezu unpolaren CH-Bindungen stehen also sehr polare CCl-Bindungen gegenüber. Für die CC-Bindungen bedeutet dies, dass im 1,1,1-Trichlorethan das elektronenärmere, an drei Cl-Atome gebundene C-Atom vom anderen C-Atom Elektronen herüberzieht, während sich in den beiden anderen Ethanen der Einfluss der C-Liganden aufhebt und damit die CC-Bindung unpolar bleibt. Dies steht in Einklang mit der Hauptspiegelebene und den C_2-Drehachsen in den Molekülen C_2H_6 und C_2Cl_6 (bei gestaffelter Konformation: D_{3d}), während im Molekül CCl_3-CH_3 (C_{3v}) die beiden Molekülhälften einander nicht äquivalent sind.

2.6.1 Dipolmoment von Molkülen

Wenn in einem Molekül AB im Abstand l Schwerpunkte mit entgegengesetzt gerichteter Ladung vom Betrag δ bestehen, dann liegt ein Dipolmoment μ vor:

$$\mu = \delta l$$

Während man in makroskopischen Systemen Dipolmomente in der Einheit 1 Coulombmeter (1 C m) angibt, bevorzugt man bei Molekülen die Einheit 1 Debye (1 D); dabei gilt $1\,D = 3.33 \cdot 10^{-30}$ C m. Zur Veranschaulichung: Zwei entgegengesetzt gerichtete Elementarladungen in einem für Moleküle typischen Abstand von 10^{-10} m $= 100$ pm erzeugen ein Dipolmoment von 4.80 D. Der Vektor μ ist parallel zum Vektor l von $\delta-$ nach $\delta+$ gerichtet.

Dem Grenzfall einer völlig unpolaren kovalenten Bindung A—A steht der bei Molekülen nicht vorkommende, also hypothetische Grenzfall einer völlig polaren, ausschließlich durch elektrostatische Kräfte bewirkten Ionenbindung A^+B^- gegenüber. Für diesen Grenzfall lässt sich durch Einsetzen der Elementarladung und des gemessenen AB-Abstands die fiktive Größe μ_0 berechnen; dabei unterstellen wir, dass die Ladungsschwerpunkte im Mittelpunkt der Atomionen liegen. Errechnet man μ_0 für polare Moleküle AB und vergleicht es mit dem gemessenen Dipolmoment μ, dann ergibt sich ein Ausdruck für den *Ionencharakter* in Gestalt des Quotienten μ/μ_0. Für die Hydrogenhalogenide HHal findet man beispielsweise:

HHal	l[pm]	μ_0[D]	μ[D]	Ionencharakter
HF	92	4.42	1.9	0.43
HCl	127.5	6.12	1.03	0.17
HBr	143	6.86	0.74	0.11
HI	162	7.78	0.38	0.05

Die besonders ausgeprägte Kovalenz im Molekül HI entspricht der oben entwickelten Vorstellung der Polarisation der Elektronenhülle: Ein Kation H^+ kann die *weiche* Hülle des großen Anions I^- viel stärker deformieren als die *harte* Hülle des kleineren Anions F^-.

Bei mehratomigen Molekülen kann man sich das Dipolmoment vektoriell aus den *Bindungsmomenten* der einzelnen Bindungen zusammengesetzt denken. Die Bindungsmomente beeinflussen sich allerdings untereinander in einer Weise, die es nicht ermöglicht, Standardwerte der Momente aller wichtigen Bindungen zu tabellieren, um aus derartigen Tabellen bei bekannter räumlicher Anordnung der Atome die Dipolmomente von Molekülen berechnen zu können. Zur Illustrierung dieses Sachverhalts seien die Dipolmomente der beiden pyramidal gebauten Moleküle NH_3 und NF_3 verglichen (C_{3v})!

Der Dipolmomentvektor liegt in der C_3-Achse und verläuft wegen der bekannten Elektronegativitätsabfolge F > N > H im Molekül NH_3 von oben nach unten und umgekehrt im Molekül NF_3. Wären die μ-Werte den zahlenmäßig bekannten Elektronegativitätsunterschieden (s. Abschnitt 2.6.2) einfach proportional, so müsste der Betrag von μ bei NF_3 wesentlich größer sein als bei NH_3, zumal die NF_3-Pyramide spitzer ist als die andere. Der Zusammenhang zwischen dem messbaren Dipolmoment und der universellen Kenngröße *Elektronegativität* der Atome ist also verwickelt.

Häufig gibt die oben definierte formale Ladung die Richtung, aber natürlich nicht die Größe bestehender Dipolmomente richtig wieder. Dies ist im ersten der folgenden Beispiele der Fall. Im Molekül $BCl_2(NR_2)$ stimmen die wirklichen Partialladungen mit den formalen Ladungen nicht einmal im Vorzeichen überein. Das liegt natürlich daran, dass die zur Festlegung der formalen Ladung nötige homolytische Bindungsöffnung nur dann zu physikalisch sinnvollen Formalladungen führen kann, wenn die Bindung wenig polar ist. Gerade bei Aminoboranen ist aber die Ladungsdichte der Doppelbindungselektronen in der Nähe des N-Atoms viel größer als in der Nähe des B-Atoms. Im Falle von CO ist die CO-Dreifachbindung zwar in dem Sinne stark polar, dass die Elektronendichte am elektronegativeren O-Atom deutlich größer ist als am C-Atom, was ähnlich wie beim Aminoboran umgekehrte Vorzeichen für die formalen und die partialen Ladungen erwarten ließe; dieser Effekt wird aber überkompensiert dadurch, dass das O-Atom sein

freies Elektronenpaar kompakt an sich zieht, während sich das freie Elektronenpaar am C-Atom weit in den Raum hinein erstreckt. So resultiert für CO insgesamt
ein sehr kleines Dipolmoment (0.12 D), das aber im Vorzeichen mit den formalen
Ladungen übereinstimmt.

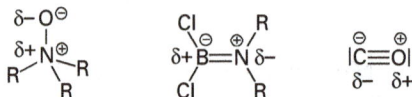

2.6.2 Elektronegativität

Von zahlreichen Versuchen, eine *Elektronegativität* als universell gültige Kenngröße
von Atomen zu gewinnen, um mit ihrer Hilfe die Polarität beliebiger Bindungen
berechenbar zu machen, seien hier drei Verfahren angegeben.

Nach *Pauling* geht man von Atomen A und B aus, die in den Kombinationen
A_2, B_2 und AB bekannt sind (also z. B. H und F). Es ist plausibel, die messbare
Dissoziationsenergie D_{AB} von AB (das ist die Energie, die zur Spaltung von AB in
A und B nötig ist) als das arithmetische Mittel der ebenfalls messbaren Dissoziationsenergien D_A und D_B von A_2 bzw. B_2 anzusehen und polaren Bindungsanteilen
durch eine zusätzliche, aus den drei Messwerten errechenbare additive Größe Δ
Rechnung zu tragen:

$$D_{AB} = \frac{1}{2}(D_A + D_B) + \Delta$$

Setzt man $\Delta = k(\chi_A - \chi_B)^2$, so erhält man die stets positiven dimensionslosen
Elektronegativitäten χ, indem man möglichst viele Dissoziationsenergien vermisst
und zum Schluss auf einen Wert normiert. In der Pauling'schen χ-Reihe normiert
man auf $\chi_H \equiv 2.10$ für Hydrogen. Die Proportionaltätskonstante k ist lediglich
Träger der Dimension und hat definitionsgemäß den Betrag 1, wenn Δ in eV pro
Molekül angegeben wird; im SI-System ist $k = 96.5$ kJ mol^{-1}.

Nach *Mulliken* gewinnt man eine universelle Größe χ, indem man sich vorstellt,
dass in AB der elektronegativere Partner B zum Polaritätsunterschied umso mehr
beiträgt, je bereitwilliger einerseits das Atom B Elektronen aufnimmt (d. h. je negativer seine Elektronenaffinität A ist) und je mehr andererseits Energie aufgewendet
werden muss, um das energiereichste, an der Bindung A—B beteiligte Elektron von
B abzuspalten (also umso positiver seine 1. Ionisierungsenergie I_1 ist). Da χ positiv
sein soll, lautet der einfachste aus dieser Vorstellung gewinnbare Ansatz:

$$\chi = k(I_1 - A)$$

Hierbei trägt k wieder die Dimension und enthält noch einen Faktor, der die Mulliken'sche an die Pauling'sche χ-Reihe anpasst.

Der Nachteil der χ-Werte nach Pauling und Mulliken ist der, dass nicht für alle Moleküle A_2, B_2 und AB Dissoziationsenergien und nicht für alle Elemente Elektronenaffinitäten A zugänglich sind. Die χ-Reihe nach *Allred-Rochow* behebt diesen Mangel. Zunächst lässt sich ansetzen, dass die Elektronegativität eines Atoms der elektrostatischen Kraft f proportional ist, mit der ein Atomrumpf mit der positiven Effektivladung $Z^*e = (Z - S)e$ ein Elektron elektrostatisch anzieht. Nach dem Coulomb'schen Gesetz ergibt sich:

$$ f = \frac{Z^* e^2}{4\pi\varepsilon_0 r^2} $$

Variabel in Bezug auf die Elemente sind hier Z^* und der im Allgemeinen bekannte kovalente Atomradius r. Eine Proportionalität zwischen χ und f lässt sich deshalb in die allgemeine Form

$$ \chi = s\, Z^* r^{-2} + t $$

bringen. Die Abschirmkonstante S und damit Z^* sind aus der Theorie zugänglich. Die zweckmäßigsten Parameter s und t ermittelt man jetzt, indem man die Pauling'schen χ-Werte, soweit sie bekannt sind, gegen $Z^* r^{-2}$ aufträgt und durch die Punkteschar die beste Gerade legt. Die Ordinatenwerte dieser Geraden zu gegebenem $Z^* r^{-2}$ sind die Allred-Rochow-Elektronegativitäten. Setzt man r in pm ein, so ergibt sich:

$$ \chi = 3.59\, Z^* r^{-2} + 0.744 $$

Werte für Z^* und r und damit Allred-Rochow-Elektronegativitäten sind im Prinzip für alle Elemente erhältlich. Diese χ-Werte weichen im Allgemeinen nur wenig von den nach Pauling erhaltenen ab. Für die Hauptgruppenelemente sind sie in Tab. 2.3 dargestellt. Man beachte, dass die χ-Werte, dem Gang von I_1 und A entsprechend, im Periodensystem von links nach rechts und von unten nach oben steigen!

Zufälligerweise sind die χ-Werte der Elemente in der 2. Periode recht genau Vielfachen von 0.5 gleich, also für die Reihe Li, Be, B, C, N, O, F ungefähr den Werten 1, 1.5, 2, 2.5, 3, 3.5 und 4, was sich leicht einprägen lässt.

Tabelle 2.3 Elektronegativitäten nach Allred-Rochow für die ersten fünf Hauptperioden.

H	2.20												
Li	0.97	Be	1.47	B	2.01	C	2.50	N	3.07	O	3.50	F	4.10
Na	1.01	Mg	1.23	Al	1.47	Si	1.74	P	2,06	S	2.44	Cl	2,83
K	0.91	Ca	1.04	Ga	1.82	Ge	2.02	As	2,20	Se	2.48	Br	2,74
Rb	0.89	Sr	0.99	In	1.49	Sn	1.72	Sb	1.82	Te	2.01	I	2.21
Cs	0.86	Ba	0.97	Tl	1.44	Pb	1.55	Bi	1.67	Po	1.76	At	1.96

2.6.3 Oxidationszahl

Die *Oxidationszahl* ist die wirkliche oder fiktive Ionenwertigkeit von Atomionen. Man symbolisiert die Oxidatioszahlen mit römischen Zahlzeichen und zwar positive Oxidationszahlen ohne Vorzeichen, negative mit einem Minuszeichen. Im Falle *wirklicher* Ionen bedeutet z. B. das Symbol Fe^{II} das gleiche wie Fe^{2+}. Die Oxidationszahl als *fiktive* Ionenwertigkeit tritt bei kovalent gebauten Verbindungen, insbesondere bei Molekülen in Erscheinung. Um bei ihnen die Oxidationzahl der Bestandteile zu ermitteln, zerlegt man kovalente Bindungen so, dass man alle Bindungselektronen dem elektronegativeren Partner zuweist (*heterolytische Bindungsspaltung* oder *Heterolyse*); lediglich wenn die Bindung völlig unpolar ist, verteilt man die Bindungselektronen an beide Partner zu gleichen Teilen (*homolytische Bindungsspaltung* oder *Homolyse*). Der Leser mache sich klar, dass man die folgenden neutralen Verbindungen oder Ionen in folgender Weise in wirkliche oder fiktive Atomionen zerlegen kann; die angegebenen Ionenladungen sind auch die Oxidationszahlen.

H_2O	$\rightarrow$	$2\,H^+ + O^{2-}$
H_2O_2	$\rightarrow$	$2\,H^+ + 2\,O^-$
O_2F_2	$\rightarrow$	$2\,O^+ + 2\,F^-$
NH_3	$\rightarrow$	$3\,H^+ + N^{3-}$
N_2H_4	$\rightarrow$	$4\,H^+ + 2\,N^{2-}$
NO^+	$\rightarrow$	$N^{3+} + O^{2-}$
NO_2^-	$\rightarrow$	$N^{3+} + 2\,O^{2-}$
NO_3^-	$\rightarrow$	$N^{5+} + 3\,O^{2-}$
SO_4^{2-}	$\rightarrow$	$S^{6+} + 4\,O^{2-}$
PCl_5	$\rightarrow$	$P^{5+} + 5\,Cl^-$
Pb_3O_4	$\rightarrow$	$2\,Pb^{2+} + Pb^{4+} + 4\,O^{2-}$
Fe_3O_4	$\rightarrow$	$Fe^{2+} + 2\,Fe^{3+} + 4\,O^{2-}$
$[Os(N)Cl_4]^-$	$\rightarrow$	$Os^{6+} + N^{3-} + 4\,Cl^-$
$[Fe_2(CN)_6]^-$	$\rightarrow$	$Fe^{2+} + Fe^{3+} + 6\,C^{2+} + 6\,N^{3-}$
$[Fe(CO)_4]^{2-}$	$\rightarrow$	$Fe^{2-} + 4\,C^{2+} + 4\,O^{2-}$

Sind gleiche, aber symmetrisch nicht äquivalente Atome aneinander gebunden, so ist die entsprechende Element-Element-Bindung im Allgemeinen nicht mehr unpolar. Um sich die nicht immer einfache Festlegung, welche Richtung die entsprechende Polarität hat, zu ersparen, unterstellt man am besten Unpolarität und zerlegt homolytisch. Bei den drei folgenden Beispielen, dem Trioxidosulfidosulfat(2−) (trivial: *Thiosulfat*), dem Disulfandisulfonat(2−) (trivial: *Tetrathionat*) und dem Propan ergeben sich für Sulfur bzw. Carbon unterschiedliche Oxidationzahlen in demselben Ion bzw. Molekül.

$$
\begin{aligned}
S_2O_3^{2-} &\rightarrow S^{5+} + S^- + 3\,O^{2-} \\
S_4O_6^{2-} &\rightarrow 2\,S^{5+} + 2\,S^0 + 6\,O^{2-} \\
C_3H_8 &\rightarrow 8\,H^+ + 2\,C^{3-} + C^{2-}
\end{aligned}
$$

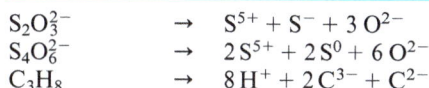

Gelegentlich mittelt man die Oxidationszahlen desselben Elements in einer Spezies, kann dann aber gebrochene Zahlen erhalten, zu deren Darstellung nur arabische Zahlen taugen. So erhält man den Mittelwert $2+$ für Sulfur im $S_2O_3^{2-}$ und $5/2+$ im $S_4O_6^{2-}$ und $8/3-$ für Carbon im C_3H_8. Bei der Analyse von Redoxreaktionen (s. Abschnitt 5.2) können solch formale Betrachtungen nützlich sein.

In Formeln kann man die Oxidationszahlen als rechtes Superskript angeben, wenn es zweckmäßig erscheint, z. B. $Fe^{II}Fe^{III}_2O_4$ für Fe_3O_4 oder $Pb^{II}_2Pb^{IV}O_4$ für Pb_3O_4. Die Anwendung der Oxidationszahl in Substanznamen eröffnet alternative Möglichkeiten, wie für drei einfache und drei komplexe Spezies erläutert sei:

N_2O	Dinitrogenoxid	Nitrogen(I)oxid
PCl_5	Phosphorpentachlorid	Phosphor(V)chlorid
Fe_3O_4	Trieisentetraoxid	Eisen(II)dieisen(III)oxid
$(UO_2)SO_4$	Dioxidouran($2+$)-sulfat	Dioxidouran(VI)-sulfat
$[Mn(CO)_5]^-$	Pentacarbonylmanganat($1-$)	Pentacarbonylmanganat($-I$)
$[Fe(CN)_6]^{4-}$	Hexacyanidoferrat($4-$)	Hexacyanidoferrat(II)

Auf eine spezielle Schwierigkeit bei Carbonylmetall-Verbindungen sei hingewiesen. Nehmen wir als Beispiel $Ni(CO)_4$, das in Abschnitt 2.2.6 in zwei mesomeren Grenzformeln vorgestellt wurde. Zerlegt man nach der linken Grenzformel in Ionen, so erhält man Ni^{VIII}, C^0, O^{-II}, nach der rechten Grenzformel aber Ni^0, C^{II}, O^{-II}. Die Diskrepanz rührt davon her, dass in der linken Grenzformel die NiC-σ-Bindung zum Liganden hin, die NiC-π-Bindung aber zum Metall hin polarisiert ist, sodass man bei der heterolytischen Bindungsöffnung nicht alle vier Bindungselektronen dem elektronegativeren Carbon, sondern zwei dem Carbon und zwei dem Nickel zuschreiben sollte; dann behält Nickel die Oxidationszahl 0 in beiden Grenzformeln.

2.7 Stärke kovalenter Bindungen

2.7.1 Bindungslänge

Entsprechend dem in Abschnitt 2.1.2 über Mehrfachbindungen Gesagten kann man erwarten, dass eine Dreifachbindung zwischen denselben Atomen kürzer als eine Doppelbindung und diese kürzer als eine Einfachbindung ist. Das ist der Fall, wie aus der folgenden Gegenüberstellung der Bindungslängen (in pm) von CC-, NN- und CN-Einfach-, Doppel- und Dreifachbindungen hervorgeht. Die Daten beziehen sich auf Messungen in der Gasphase, die Daten der kurzlebigen, instabilen Moleküle N_2H_2 und H_2CNH aber auf quantenmechanische Rechnungen. Messungen im festen, kristallinen Zustand führen übrigens im Allgemeinen zu etwas kürzeren Atomabständen. Berechnete Abstände, die sich auf die hypothetischen *freien* Moleküle beziehen, kommen den in der Gasphase an weitgehend freien Molekülen gemessenen Abständen ziemlich nahe.

H_3C-CH_3	153.5	$H_2C=CH_2$	133.9	$HC\equiv CH$	120.3
H_2N-NH_2	144.9	$HN=NH$	121	$N\equiv N$	109.8
H_3C-NH_2	147.1	$H_2C=NH$	128	$HC\equiv N$	115.3

In Tab. 1.4 wurden die kovalenten Atomradien für vierfach koordiniertes Carbon zu 77 pm und für dreifach koordiniertes Nitrogen zu 72 pm als ungefähre Mittelwerte angegeben. Die aus gemessenen Atomabständen ermittelten Atomradien hängen nämlich – außer von der Koordinationszahl – mehr oder weniger auch noch von den übrigen Liganden beider Atome ab; nur für die Bindungsabstände in zweiatomigen Molekülen ist dies irrelevant. Beispielsweise muss man für Butan zwei verschiedene CC-Bindungslängen erwarten, nämlich eine für C1−C2 und eine für C2−C3 (die Gruppierungen C1−C2 und C3−C4 sind einander äquivalent), und tatsächlich findet man (im Kristall) Bindungslängen von 151.3 bzw. 152.4 pm. Immerhin führt die Verdoppelung der Werte der Atomradien aus Tab. 1.4, 77 pm bzw. 72 pm, ziemlich gut zu den oben angegebenen Werten für C_2H_6 und N_2H_4. Die Summe der Atomradien von C und N ist mit 149 pm nur wenig größer als der für MeNH$_2$ gemessene Wert von 147.1 pm. Im Allgemeinen sind die Einfachbindungsabstände zwischen verschiedenen Atomen etwas kürzer als die Summe der betreffenden Atomradien, was auf zusätzliche elektrostatische Bindungskräfte als Folge der Polaritätsunterschiede zurückgeführt werden kann. Deutlich kürzer als die Einfach- sind die Doppelbindungen. Bei einer ganzen Reihe von Nicht- und Halbmetallen, auch solchen höherer Perioden, zwischen denen Einfach- und Doppelbindungen bekannt sind, liegt der Längenunterschied zwischen diesen Bindungen in der Größenordnung von 20 pm. Dreifachbindungen sind wiederum deutlich kürzer als Doppelbindungen mit einem Bindungslängenunterschied von ca. 10−15 pm. Der Bindungsabstand bestimmter Atome geht also mit der Bindungsordnung parallel. Für Benzen mit seinen cyclisch delokalisierten π-Bindungen erwartet man eine zwischen 1 und 2 liegende CC-Bindungsordnung, und dies wird durch den CC-Abstand von 139.9 pm (in der Gasphase) wiedergegeben, der zwischen Einfach- und Doppelbindungsabstand liegt, wenn auch näher an Letzterem.

Dass der Atomradius von Nicht- und Halbmetallen von der Koordinationszahl abhängt, ist aus den Bindungslängen der Mehrfachbindungen nicht ohne weiteres ablesbar, wohl aber beispielsweise aus den Bindungslängen C−H und N−H in den oben aufgeführten Beispielen. Man findet folgende Werte (in pm; gemessen in der Gasphase bzw. berechnet im Falle von N_2H_2 und H_2CNH):

C−H	C_2H_6	109.4	C_2H_4	108.7	C_2H_2	106.0
N−H	N_2H_4	102.1	N_2H_2	101		
C−H	MeNH$_2$	109.9	H_2CNH	109	HCN	106.5
N−H	MeNH$_2$	101.0	H_2CNH	102		

Unterstellen wir, dass der Radius des H-Atoms in alle genannten Beispielbindungs-
längen mit demselben Wert eingeht, dann stellt man fest, dass der Radius des C-
Atoms mit sinkender Koordinationszahl leicht abnimmt. Beim Radius des N-
Atoms ist dies weniger ausgeprägt, und die für H_2CNH berechnete NH-Bindungs-
länge passt nicht ganz in diesen Rahmen (s. auch Abschnitt 8.1.4).

2.7.2 Valenzkraftkonstante

In einem zweiatomigen Molekül AB kann man die beiden Atome A und B zu
Massenpunkten idealisieren, die durch elastische Kräfte zusammengehalten werden. Im Zustand geringster potentieller Energie möge der *Gleichgewichtsabstand*
d_{AB} vorliegen. Für kleine Auslenkungen aus der Gleichgewichtslage in Richtung
von d_{AB} gilt das Hooke'sche Gesetz, nach dem für f_{AB} als rücktreibender Kraft
sowie für m_A und m_B als den betreffenden Massen folgt:

$$f_{AB} = \frac{(4\pi^2 \nu^2)}{1/m_A + 1/m_B}$$

Bei gegebener *Valenzkraftkonstante* f_{AB} ist ν die für das Molkül AB charakteristische Schwingungsfrequenz, die mithilfe der Schwingungsspektren gemessen werden
kann. Die für fünf zweiatomige Moleküle aus den gemessenen Wellenzahlen $\bar{\nu} = 1/\lambda$
$= \nu/c$ der Valenzschwingung berechneten Valenzkraftkonstanten sind im Folgenden
miteinander verglichen.

	F_2	O_2	N_2	NO	H_2
$\bar{\nu}$ in cm^{-1}	892	1555	2330	1877	4160
f_{AB} in N m^{-1}	445	1140	2240	1550	514

Die Valenzkraftkonstante ist ein Maß der Bindungsstärke, die gemessene Schwingungsfrequenz nur im Falle von Massen vergleichbarer Größe. Wie man sieht, ist
die Bindung im Radikal NO stärker als eine Doppelbindung, aber schwächer als
eine Dreifachbindung.

In *N*-atomigen, nichtlinearen Molekülen sind prinzipiell $3N - 6$ Schwingungsfrequenzen beobachtbar. Zwischen ihnen und einer im Allgemeinen sehr viel größeren
Zahl von Konstanten, die die Potentialverhältnisse definieren, bestehen hier nicht
zu erörternde Zusammenhänge. In gewissen Fällen kann man jedoch Atomgruppierungen als große Pseudoatome ansehen und ein Molekül aus zwei Pseudoatomen
nach dem einfachen, oben angewendeten Zweimassenmodell behandeln und zwar
u. a. immer dann, wenn die Schwingungen innerhalb jener Atomgruppierungen eine
ganz andere Frequenz haben als die Valenzschwingung des angenäherten Zweimassenmodells, wenn also die Bewegungsvorgänge in jenen Atomgruppierungen mit
der Valenzschwingung des Zweimassenmodells wenig aneinander gekoppelt sind.
In brauchbarer Näherung kann man beispielsweise die Atomgruppierungen CH_3,

NH_2 und OH, wenn sie aneinander oder an andere Atome gebunden sind, als Pseudoatome ansehen. Auch die HC- und die CN-Schwingung von HCN sind wenig aneinander gekoppelt, und ähnlich ist es bei ICN. Dagegen kann man Moleküle wie CO_2 oder N_2O nicht als Pseudozweimassenmodelle behandeln.

2.7.3 Bindungsordnung

Wir haben oben die Bindungsordnung als den Überschuss der bindenden über die antibindenden besetzten Molekülorbitale bei zweiatomigen Molekülen kennengelernt. Die ganzzahligen Werte dieser Bindungsordnung ermöglichen einen qualitativen, nicht aber einen quantitativen Vergleich. Dasselbe ist der Fall, wenn wir die Zahl der Valenzstriche zwischen zwei Atomen ins Auge fassen. Es hat nicht an Versuchen gefehlt, eine quantitativ gültige, notwendigerweise nicht mehr ganzzahlige Bindungsordnung mit messbaren Größen in Beziehung zu setzen. Zweifellos gehen die Bindungslängen ebenso wie die Valenzkraftkonstanten jeweils einer Bindungsordung parallel, jedoch haben entsprechende quantitative Beziehungen jeweils nur in einem begrenzten Bereich von Verbindungen Gültigkeit. Ein quantitativ gültiger Begriff der Bindungsordnung lässt sich allerdings quantenmechanisch definieren, doch würde seine Erörterung hier zu weit führen.

2.7.4 Bindungsenergie

Die quantenmechanisch definierte *elektronische Bindungsenergie* eines zweiatomigen Moleküls AB ist die Differenz der Gesamtenergie der Elektronen in A und B einerseits und in AB andererseits, für A, B und AB jeweils im elektronischen Grundzustand. Thermodynamisch gesehen ist diese Energie gleich der Änderung der inneren Energie (s. Abschnitt 4.1.2) am absoluten Nullpunkt für die fiktive Gasreaktion $A + B \rightarrow AB$ abzüglich der Nullpunktsschwingungsenergie.

Die *thermochemische Bindungsenthalpie* von AB ist die bei konstantem Druck in der Gasphase für die Bildung von AB aus A und B gemessene Energie. Sie unterscheidet sich von der elektronischen Bindungsenergie um die Translations-, die Rotations- und die Nullpunktsschwingungsenergie sowie um die bei der Reaktion geleistete Volumenarbeit $P\Delta V$. Die *Dissoziationsenergie* für die Dissoziation von AB in A und B unterscheidet sich von der entsprechenden thermochemischen Bindungsenthalpie nur durch das Vorzeichen. Die Dissoziationsenergie (in kJ mol^{-1}) nimmt dramatisch zu, wenn man von der Einfach- über die Doppel- zur Dreifachbindung übergeht; eine Ausnahmestellung nimmt die hohe Dissoziationsenergie für das Molekül H_2 ein:

H_2 436.0 F_2 158.8 O_2 498.4 N_2 945.3

In der Reihe der Halogene Hal_2 muss man zur Dissoziation von Cl_2 die meiste Energie aufwenden:

F_2 158.8 Cl_2 242.6 Br_2 192.8 I_2 151.1

Bei den Hydrogenhalogeniden HHal sinken dagegen die Dissoziationsenergien von F zu I stetig ab:

HF 569.9   HCl 431.6   HBr 366.3   HI 298.4

Die elektronischen und thermochemischen Bindungsenergien mehratomiger Moleküle sind analog zu den zweiatomigen definiert. Die Dissoziationsenergie einer einzelnen Bindung in einem mehratomigen Molekül ist für bestimmte Bindungen keineswegs konstant. Beispielsweise benötigt man für eine CC-Bindungsspaltung im Ethan $H_3C—CH_3$ 376.0 kJ mol^{-1}, im Neopentan $C(CH_3)_4$ aber 425.9 kJ mol^{-1}. Im Falle von Wasser beträgt die Dissoziationsenergie für $H_2O \rightarrow H + OH$ 498 kJ mol^{-1}, die für $OH \rightarrow O + H$ aber nur 427.6 kJ mol^{-1}.

Die CC-Einfach- und Mehrfachbindungen unterscheiden sich erheblich (kJ mol^{-1}):

$H_3C—CH_3$ 376.0 $H_2C=CH_2$ 728.3 $HC\equiv CH$ 965

Die abstoßende Wirkung freier Elektronenpaare bei Element-Element-Bindungen in der zweiten Periode dokumentiert sich in der folgenden Reihe von Dissoziationsenergien mit einer Zahl an freien Elektronenpaaren pro Element von drei (F) bis null (C):

$F—F$ 158.8 $HO—OH$ 213 $H_2N—NH_2$ 275.3 $H_3C—CH_3$ 376.0

Während innerhalb einer Gruppe die Element-Element-Dissoziationsenergie im Allgemeinen von oben nach unten abnimmt (z. B. 376.0 kJ mol^{-1} für $H_3C—CH_3$ und 310 kJ mol^{-1} für $H_3Si—SiH_3$; siehe auch die Reihe Hal$_2$ von Cl bis I), ist dies nicht der Fall, wenn beim Vergleich der Elemente der zweiten und der dritten Periode freie Elektronenpaare im Spiel sind, deren abstoßende Wirkung die Element-Element-Bindungen im Falle der zweiten Periode viel stärker erfasst, wie ein Vergleich der Dissoziationsenergien von $HO—OH$ mit 213 kJ mol^{-1} und $HS—SH$ mit 276 kJ mol^{-1} lehrt oder ebenso von $F—F$ und $Cl—Cl$ (siehe oben).

Wie unterschiedlich schwer Hydrogen-Element-Bindungen dissoziieren, mögen folgende Vergleiche lehren (in kJ mol^{-1}):

$H—OH$ 498	$H—OOH$ 369.0	$H—OMe$ 436.0
$H—NH_2$ 452.7	$H—NHNH_2$ 366.1	$H—NMe_2$ 382.8
$H—CH_3$ 438.9	$H—CH_2CH_3$ 423.0	$H—CMe_3$ 404.3

3 Struktur kristalliner Festkörper

3.1 Metrik und Symmetrie in Kristallen

3.1.1 Kristallgitter und Elementarzelle

Das *ideale Gas* besteht aus punktförmig gedachten Atomen oder Molekülen, die aufeinander keine Kräfte ausüben und die sich frei im Raum bewegen (*Brown'sche Molekularbewegung*). Es herrscht *völlige Unordnung*. Diese Grenzvorstellung wird in der Realität, also bei *realen Gasen*, am ehesten von Edelgasen in hoher Verdünnung, also bei geringem Druck, erfüllt. Demgegenüber herrscht im *idealen Festkörper*, dem Kristall, nahezu *völlige Ordnung*. (Tatsächlich völlige Ordnung herrscht nur am absoluten Nullpunkt.) Von einem Gitterbaustein, also einem Atom oder Atom-Ion ausgehend, lässt sich genau angeben, an welcher Stelle im Raum sich alle anderen Atome bzw. Ionen des Kristalls befinden. Man spricht von *Fernordnung*. In *Flüssigkeiten* klingt eine solche Ordnung nur in engeren Bereichen an, und je weiter man sich von einem gegebenen Atom oder Ion entfernt, umso geringer ist die Wahrscheinlichkeit, ein Teilchen in bestimmter Position anzutreffen. Man spricht von *Nahordnung*.

Als besonders einfaches Beispiel diene die Kristallstruktur von *Steinsalz*, NaCl. In Abb. 3.1(a) findet man einen Ausschnitt aus dieser Struktur in zwei Dimensionen. Die Ionen sind in regelmäßigen Abständen auf Scharen paralleler Geraden aufgereiht, den *Gittergeraden*, die miteinander in der Zeichenebene eine *Gitterebene* bilden. In Abb. 3.1(b) werden fünf ausgewählte Scharen paralleler Gittergeraden in derselben Gitterebene dargestellt. Auf den Schnittpunkten der Geraden liegen keinesfalls immer Atome oder Ionen. Die Struktur von NaCl lässt sich besonders einfach auch in der dritten Dimension beschreiben, da man lediglich durch die Gittergeraden von Abb. 3.1(a) und senkrecht zu ihnen Gitterebenen zu legen hat, die der gezeichneten Gitterebene völlig entsprechen. Das hierbei entstehende *Kristallgitter* ist in hohem Maße symmetrisch. Alle Abstände zwischen Ionen lassen sich als Vielfache eines einzigen Abstands (z. B. dem zwischen zwei aneinanderstoßenden Ionen Na$^+$ und Cl$^-$) darstellen. Eine solch hohe Symmetrie wie in der NaCl-Struktur ist im Allgemeinen nicht gegeben, und insbesondere die Strukturen von Kristallen, die aus Molekülen aufgebaut sind, bedürfen zur Beschreibung aller Atome im Kristallgitter einer Fülle von Parametern, da ja nicht nur die Abstände von Atomen im Molekül (*intramolekulare* Abstände), sondern auch zwischen den Molekülen (*intermolekulare* Abstände) zu erfassen sind. Aber selbst im kompliziertesten Falle lassen sich auch durch Molekülkristalle Scharen paralleler Gittergeraden und Gitterebenen legen und damit ein ferngeordnetes Kristallgitter aufbauen.

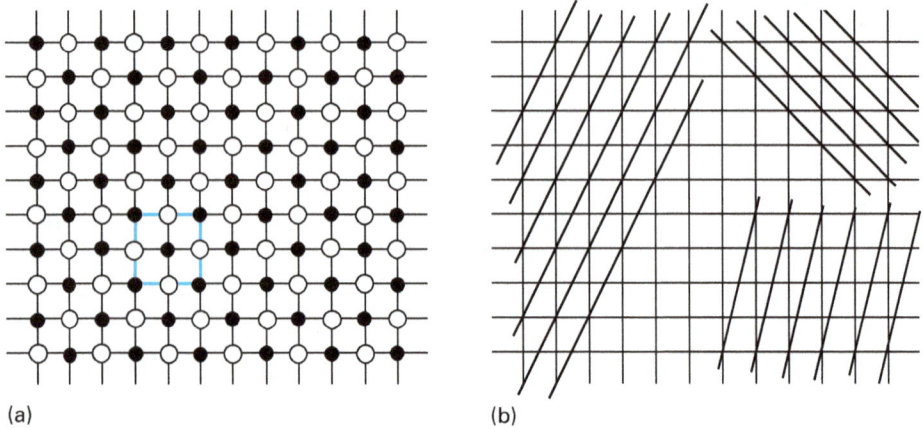

Abb. 3.1 (a) Struktur von NaCl in zwei Dimensionen; die dunklen und die hellen Kreise markieren die Mittelpunkte der Ionen Na^+ bzw. Cl^-; das blaue Quadrat repräsentiert die Fläche A der Elementarzelle. (b) Vier ausgewählte Scharen paralleler Gittergeraden in der Gitterebene von Bildteil (a).

Zur Beschreibung des Kristallgitters bedient man sich eines speziellen Hexaeders, des *Parallelepipeds*: Es ist so durch sechs Parallelogramme begrenzt, dass je zwei kongruente Parallelogramme einander gegenüberliegen; wir nennen die Parallelogramme aus jedem der drei Paare A, B bzw. C. In das Kristallgitter kann man beliebig viele Parallelepipede so hineinlegen, dass die beiden Flächen A zu parallelen Gitterebenen (und ebenso B und C) und die zwölf Kanten des Parallelepipeds zu drei Quadrupeln paralleler Gittergeraden gehören. Das kleinste Parallelepiped, das es gestattet, durch Aneinanderfügen identischer Parallelepipede in den drei Raumrichtungen das gesamte Kristallgitter lückenlos aufzubauen, nennt man im Allgemeinen die *Elementarzelle*; symmetriebedingte spezielle Randbedingungen werden gleich kurz erläutert. Die Elementarzellen sind einander in einem ähnlichen Sinne symmetrisch äquivalent wie die symmetrisch äquivalenten Punkte einer Punktgruppe. Die Symmetrieoperation, die diese Äquivalenz im Kristallgitter herstellt, ist die Translation der Elementarzelle in den drei Raumrichtungen. Diese *Translationssymmetrie* ist das typische Merkmal der Fernordnung in den allermeisten Kristallen. (Allerdings lässt sich eine strenge Fernordnung auch ohne Translationssymmetrie erzeugen und ist in realen Kristallen verwirklicht. Man spricht von *Quasikristallen*. Wie wir gleich sehen werden, sind nur solche Translationsgitter möglich, in denen Drehachsen C_n der Zähligkeit $n = 1, 2, 3, 4$ und 6 wirksam sind. Dagegen ist eine Drehachse C_5 oder C_n mit $n > 6$ mit der Translationssymmetrie nicht vereinbar. Gleichwohl lassen sich, von einem Punkt ausgehend, streng geordnete Punktemuster entwerfen, für die eine Achse durch den Ausgangspunkt beispielsweise fünfzählig sein kann. Die für die Translationssymmetrie typischen Gittergeraden, auf denen Gitterpunkte in wiederkehrenden Abständen anzutreffen sind, entfallen in Quasikristallen.)

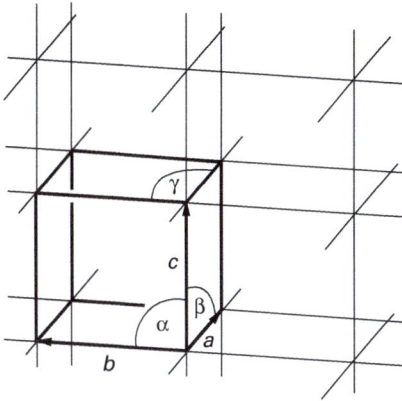

Abb. 3.2 Kristallgitter mit Elementarzelle.

Die Begrenzungsfläche A der Elementarzelle werde durch die Basisvektoren b und c sowie den Winkel a zwischen b und c definiert, und analog definiert man die Flächen B und C (Abb. 3.2). Dabei wählt man einen beliebigen jener sechs Eckpunkte einer Elementarzelle als Ursprung, in denen zwei der Basiswinkel stumpf sind oder in bestimmten noch zu erörternden Fällen 90° betragen. Die sechs zur Beschreibung der Elementarzelle nötigen Parameter, nämlich a, b, c, α, β und γ, nennt man die *Gitterparameter*. Die Lage eines Punkts P im Kristallgitter gibt man an, indem man entlang der drei Vektoren a, b und c ein im Allgemeinen schiefwinkliges Achsenkreuz x, y und z definiert und die Achsenabschnitte x_P, y_P und z_P des Punkts als Bruchteile von a, b bzw. c bestimmt. Der Mittelpunkt der Zelle beispielsweise wird durch den Ausdruck $1/2, 1/2, 1/2$ wiedergegeben, der Mittelpunkt der Fläche A durch $0, 1/2, 1/2$, der Mittelpunkt der Kante a durch $1/2, 0, 0$ usw.

3.1.2 Kristallsysteme und Kristallklassen

In der hochsymmetrischen NaCl-Struktur hat die Elementarzelle die Gestalt eines Kubus, dessen Grundfläche in Abb. 3.1(a) blau markiert ist. (Es spielt hier übrigens keine Rolle, ob man die Kationen oder die Anionen zu Eckpunkten der Zelle macht.) Diese Elementarzelle zeichnet sich durch die Punktgruppensymmetrie O_h aus. Wegen der Translationssymmetrie des Kristallgitters wiederholen sich alle Symmetrieelemente der einen Elementarzelle für alle Zellen. Eine solch hohe Symmetrie wie bei der NaCl-Struktur ist aber die Ausnahme. Im allgemeinsten Falle sind alle sechs zur Beschreibung der *Metrik* einer Elementarzelle nötigen Gitterparameter voneinander unabhängig, und man nennt die Zelle dann *triklin* (d. h. *dreifach geneigt*). Kristallgitter mit einer triklinen Elementarzelle gehören dem *triklinen Kristallsystem* an. Mit einer triklinen Metrik sind die Punktgruppen C_1 und C_i vereinbar. Überträgt man die Punktgruppensymmetrie auf den Kristall, dann spricht man von *Kristallklassen*. Dem triklinen Kristallsystem gehören also die Kristallklassen C_1 und C_i an.

Anstatt wie bisher die nach *Schoenflies* benannten Punktgruppen- und Kristallklassensymbole anzuwenden, greift man bei Kristallklassen lieber auf die gleichwertige Symbolik nach *Hermann-Mauguin* zurück. Statt der Drehachsensymbole C_n benutzt man nach Hermann-Mauguin einfache Zahlen n (n = 1, 2, 3, 4, 6). Die Drehspiegelachse S_n ersetzt man durch die *Drehinversionsachse* $\bar{n}$ ($\bar{n}$ = $\bar{1}$, $\bar{2}$, $\bar{3}$, $\bar{4}$, $\bar{6}$); dabei besteht eine Drehinversion $\bar{n}$ im Hintereinanderausführen einer n-zähligen Drehung C_n und einer Inversion i. Es bestehen folgende Äquivalenzen zwischen der Drehinversions- und der Drehspiegelachse: $\bar{1}$ = S_2 = i; $\bar{2}$ = S_1 = σ; $\bar{3}$ = S_6; $\bar{4}$ = S_4; $\bar{6}$ = S_3. Das Spiegelebenensymbol σ wird nach Hermann-Mauguin durch das Symbol m ersetzt. Die beiden triklinen Kristallklassen genügen den Hermann-Mauguin-Symbolen 1 und $\bar{1}$.

Eine zweizählige Achse oder eine Spiegelebene oder eine Kombination von C_2 und σ_h im Kristall zwingen die Gitterparameter zu einer Einschränkung ihrer Un-

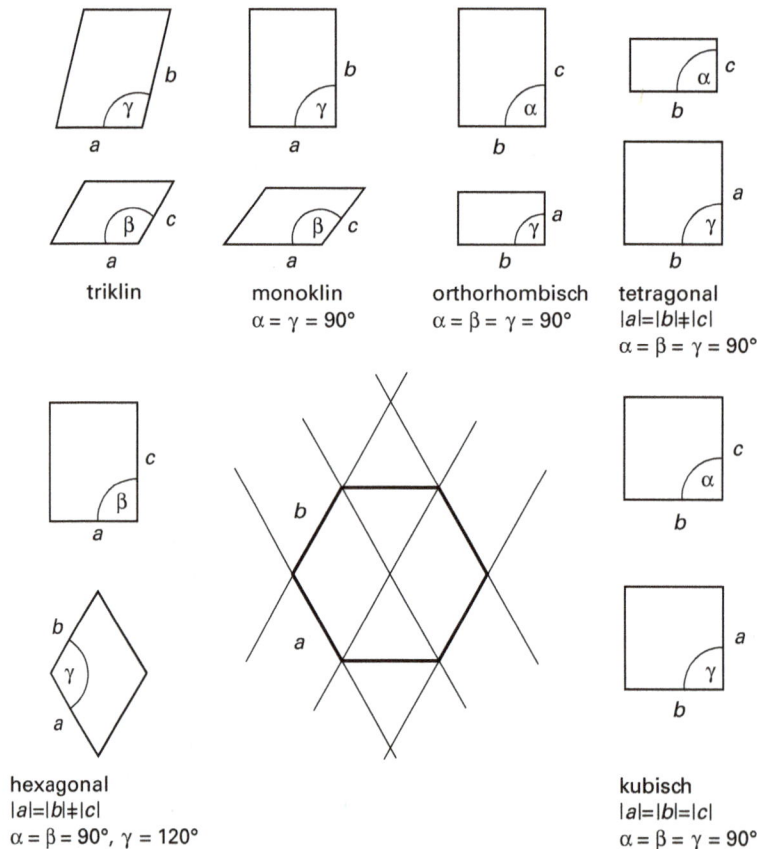

Abb. 3.3 Metrik der Elementarzellen der sechs Kristallsysteme; zusätzlich aneinandergrenzende Basisflächen C mit Hexagon im Falle *hexagonaler* Metrik.

abhängigkeit: $a = \gamma = 90°$; die damit verbundene willkürliche Festlegung $\beta \neq 90°$ entspricht einer internationalen Konvention. Wir kommen so zum *monoklinen Kristallsystem* (monoklin bedeutet *einfach geneigt*). Die Flächen A und C der Elementarzelle sind Rechtecke (Abb. 3.3).

Kombiniert man im Kristall eine C_2-Achse mit zwei auf ihr senkrecht stehenden C_2-Achsen (D_2) oder mit zwei in ihr sich schneidenden Spiegelebenen (C_{2v}) oder mit beiden (D_{2h}), dann liegt das *orthorhombische Kristallsystem* vor mit einem Quader als Elementarzelle: $a = \beta = \gamma = 90°$. Im Falle einer C_4- oder S_4-Achse erhalten wir als Elementarzelle ein quadratisches Prisma im *tetragonalen Kristallsystem*; die Unabhängigkeit der Gitterkonstanten wird durch folgende Beziehungen eingeschränkt: $|a| = |b| \neq |c|$, $a = \beta = \gamma = 90°$. Das *hexagonale Kristallsystem* liegt zwangsläufig in Gegenwart drei- oder sechszähliger Symmetrieachsen vor: $|a| = |b| \neq |c|$, $a = \beta = 90°$, $\gamma = 120°$. Schließlich liegt dem *kubischen Kristallsystem* ein Würfel als Elementarzelle mit den Einschränkungen $|a| = |b| = |c|$, $a = \beta = \gamma = 90°$ zugrunde. Symmetrieachsen mit einer Zähligkeit $n = 5$ oder $n > 6$ sind in Kristallen nicht möglich, deren Struktur man mit Parallelepipeden als Elementarzellen beschreiben möchte.

Die sich für sieben Kristallsysteme ergebenden 32 Kristallklassen sind im Folgenden unter Verwendung der Symbole nach Hermann-Mauguin und nach Schoenflies zusammengestellt. Dabei wird von einer gelegentlich üblichen Unterteilung des hexagonalen Kristallsystems in ein *trigonales* und ein *hexagonales* Gebrauch gemacht, je nachdem, ob nur dreizählige oder ob auch sechszählige Dreh- oder Drehinversionsachsen vorliegen. Beiden Systemen liegt eine hexagonale Elementarzelle zugrunde.

triklin	1	$\bar{1}$					
	C_1	C_i					
monoklin	2	m	$2/m$				
	C_2	C_s	C_{2h}				
orthorhombisch	222	$mm2$	mmm				
	D_2	C_{2v}	D_{2h}				
tetragonal	4	$\bar{4}$	$4/m$	422	$4mm$	$\bar{4}2m$	$4mmm$
	C_4	S_4	C_{4h}	D_4	C_{4v}	D_{2d}	D_{4h}
trigonal	3	$\bar{3}$	32	$3m$	$\bar{3}m$		
	C_3	S_6	D_3	C_{3v}	D_{3d}		
hexagonal	6	$\bar{6}$	$6/m$	622	$6mm$	$\bar{6}2m$	$6mmm$
	C_6	C_{3h}	C_{6h}	D_6	C_{6v}	D_{3h}	D_{6h}
kubisch	23	$m\bar{3}$	432	$\bar{4}3m$	$m\bar{3}m$		
	T	T_h	O	T_d	O_h		

Im Falle der trigonalen Kristallklassen kann man die hexagonale Zelle auch rhomboedrisch aufstellen, wie aus Abb. 3.4 hervorgeht. Die rhomboedrische Zelle hat an vier hexagonalen Elementarzellen Anteil. In ihr ist $|a| = |b| = |c|$ und $a = \beta = \gamma \neq 90°$.

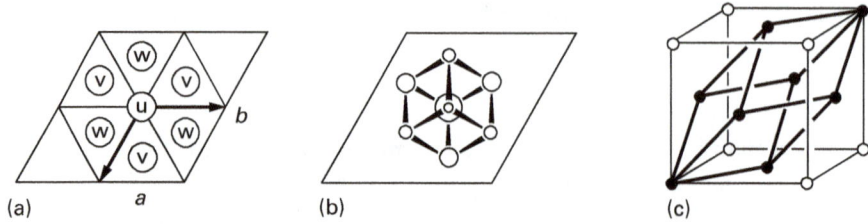

Abb. 3.4 (a) Vier hexagonale Zellen mit acht Eckpunkten eines Rhomboeders (die Punkte u, v und w der rhomboedrischen Zelle liegen in den Punkten $0, 0, 0$ bzw. $2/3, 1/3, 1/3$ bzw. $1/3, 2/3, 2/3$ der hexagonalen Zelle), die an vier hexagonalen Elementarzellen teilhaben. (b) Rhomboeder aus den acht Punkten von Bildteil (a) (C_3-Achse senkrecht zur Zeichenebene). (c) Spezielle rhomboedrische Zelle ($a = 120°$) in einer kubisch-flächenzentrierten Zelle.

Bei hexagonaler Aufstellung kommen zu den acht Gitterpunkten in den Ecken der Zelle noch zwei Gitterpunkte in ihrem Inneren hinzu, nämlich $2/3, 1/3, 1/3$ und $1/3, 2/3, 2/3$. Anstatt von einem *trigonalen* spricht man manchmal auch von einem *rhomboedrischen* Kristallsystem.

Es kann vorkommen, dass die Gitterkonstanten durch das zufällige Erfülltsein scheinbarer Einschränkungen eine höhere Metrik vortäuschen als es der Symmetrie der Kristallstruktur entspricht. Beispielsweise mögen bei trikliner Symmetrie die Winkel a und γ zufällig ganz nahe bei 90° sein und so ein monoklines Kristallsystem vortäuschen, obwohl weder eine C_2-Achse noch eine Spiegelebene zugegen sind.

3.1.3　Bravais-Gitter und Raumgruppen

Die acht Eckpunkte einer Elementarzelle sind einander durch Translation äquivalent. Wenn im Inneren oder auf einer Fläche oder Kante der Elementarzelle kein weiterer Punkt existiert, der den Eckpunkten äquivalent ist, dann nennt man die Elementarzelle *primitiv* (Abkürzung: *P*). Es besteht aber auch die Möglichkeit, dass sich in der Mitte einer rechteckigen Zellenseite (und damit notwendigerweise auch in der Mitte der gegenüberliegenden Seite) ein weiterer zu den Eckpunkten äquivalenter Punkt befindet. Um eine solche Äquivalenz herzustellen, bedarf es − wie in Abb. 3.5(a) gezeigt − einer speziellen Symmetrieoperation, nämlich − um in Abb. 3.5(a) zu bleiben − einer Spiegelung an einer (punktierten) Ebene parallel zu *B* und einer nachfolgenden Translation in Richtung des *a*-Vektors um *a*/2. Eine solche Operation nennt man *Gleitspiegelung*. Eine Flächenzentrierung dieser Art ist im monoklinen und im orthorhombischen System möglich, nicht aber im hexagonalen oder kubischen System, da dann die Symmetrie verlorenginge (nämlich die Hauptachse im hexagonalen und die C_3-Achsen im kubischen System). Im tetragonalen System sind eine *A*- oder *B*-Zentrierung ebenfalls aus Symmetriegründen nicht und eine *C*-Zentrierung nur scheinbar möglich. Tatsächlich jedoch führt eine tetragonale *C*-Zentrierung zu einer kleineren primitiven, der eigentlichen Elemen-

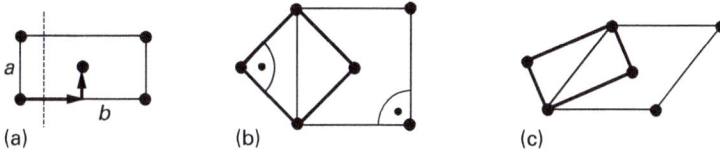

Abb. 3.5 Zentrierung eines Rechtecks (a), eines Quadrats (b), eines Parallelogramms (c).

tarzelle, wie Abb. 3.5(b) lehrt. Dasselbe ist der Fall, wenn man die Parallelogramm-seiten einer triklinen oder monoklinen Zelle zentriert, wie es Abb. 3.5(c) erkennen lässt.

Auch der Mittelpunkt einer Zelle kann durch eine Gleitspiegelung den Eckpunkten äquivalent gemacht werden. Dabei schließt sich einer Spiegelung analog zur Flächenzentrierung eine Translation in Richtung einer Seitenflächendiagonalen an. Eine solche *Innenzentrierung* (*I*) führt im triklinen und monoklinen System zu einer kleineren primitiven Zelle, ist im hexagonalen System nicht symmetriekonform und ist somit nur im orthorhombischen, tetragonalen und kubischen System möglich. Schließlich können Gleitspiegelungen noch zur Zentrierung aller sechs Seiten einer Elementarzelle führen. Eine solche *allseitige Flächenzentrierung* (*F*) führt im Falle trikliner, monokliner und tetragonaler Zellen zu kleineren Elementarzellen. Sie ist im hexagonalen System nicht symmetriegerecht und somit nur im orthorhombischen und im kubischen System möglich. Die NaCl-Struktur in Abb. 3.1(a) bietet hierfür ein Beispiel.

Als translatorische Symmetrieoperation kann sich zur Gleitspiegelebene noch die Schraubenachse gesellen, d. i. eine Drehspiegelung an einer Schar paralleler Spiegelebenen in gleichen Abständen zueinander. Als Beispiel sei eine hexagonale Elementarzelle gewählt, und es seien Ebenen parallel zu C durch die Punkte $0, 0, 1/6$ und $0, 0, 1/2$ und $0, 0, 5/6$ gelegt; die Schraubenachse legen wir in die c-Richtung durch den Punkt $1/3, 1/3, 0$. Eine dreizählige Schraubung führt den Punkt $0, 0, 0$ der Reihe nach in die Punkte $2/3, 1/3, 1/3$ und $1/3, 2/3, 2/3$ und $0, 0, 1$ über. Die beiden Punkte im Inneren der hexagonalen Zelle von Abb. 3.4(a) sind also den Eckpunkten äquivalent vermöge der Symmetrieoperation der dreizähligen Schraubenachse: *rhomboedrische Zentrierung* (*R*).

Die sechs primitiven Gitter in den sechs Kristallsystemen sowie die besprochenen acht zentrierten Gitter bilden zusammen die vierzehn *Bravais-Gitter*. Sie seien hier noch einmal zusammengefasst:

triklin	P				
monoklin	P			A (oder C)	
orthorhombisch	P	I	F	A (oder B, C)	
tetragonal	P	I			
hexagonal	P				R
kubisch	P	I	F		

Ein spezieller Aspekt des kubisch-flächenzentrierten Gitters sei noch kommentiert! Wie Abb. 3.4(c) lehrt, lässt sich in die kubisch-flächenzentrierte Zelle ein spezielles Rhomboeder legen als eine primitive Zelle mit den Gitterkonstanten $|a| = |b| = |c|$ und $\alpha = \beta = \gamma = 60°$. Diese Zelle ist zwar kleiner als die kubische, lässt aber die volle Symmetrie nicht ohne weiteres erkennen, sodass die kubische Zelle die Elementarzelle der Wahl bleibt.

Falls die Eckpunkte einer Elementarzelle Atome darstellen, enthält eine primitive Zelle genau ein Atom, da ja an jeder der acht Ecken acht Zellen Anteil haben. Für rechtwinklige Zellen leuchtet das sofort ein; in schiefwinkligen Zellen tragen Atome in spitzwinkligen Ecken weniger als 1/8, in stumpfwinkligen Ecken entsprechend mehr als 1/8 ihres Volumens zur gegebenen Zelle bei und insgesamt ein ganzes Atom. Die Zahl der Atome pro Zelle erhöht sich auf zwei, wenn eine Basiszentrierung vorliegt, da Atome in 0, 1/2, 1/2 je zur Hälfte zwei Zellen angehören, und auch im Falle der Innenzentrierung enthält die Zelle zwei Atome. Auf eine allseits flächenzentrierte Elementarzelle treffen vier Atome und auf eine rhomboedrisch zentrierte hexagonale Zelle drei Atome.

Treten zu den Punktsymmetrien der 32 Kristallklassen noch die Translationssymmetrien der Gleitspiegelebene und der Schraubenachse hinzu, so führt deren systematische Kombination zu den 230 *Raumgruppen*. Die Raumgruppe gibt für jede Kristallstruktur die Art und die Lage aller Symmetrieelemente an.

3.1.4 Symmetrie dichter Kugelpackungen

Pflastert man eine Ebene mit gleich großen Kugeln so dicht wie möglich, so wird jede Kugel durch sechs andere koordiniert und die Mittelpunkte der Kugeln ergeben ein Netz gleichseitiger Dreiecke, von denen je zwei mit einer Seite aneinanderstoßen und so die Grundfläche einer hexagonalen Elementarzelle ergeben. Die Mittelpunkte dieser Dreiecke markieren Lücken in der Kugelschicht. Beschränken wir uns auf die Lücken in Dreiecken, deren Spitze in Abb. 3.6(a) nach oben weist, so bilden die Lückenmittelpunkte ein zweites Dreiecksnetz derselben Größe wie das erste, und ein drittes Dreiecksnetz ergibt sich, wenn die Mittelpunkte jener Dreiecke des ersten Netzes, deren Spitzen nach unten weisen, miteinander verbunden werden. Die Eckpunkte dieser drei gleichartigen Dreiecksnetze werden in Abb. 3.6(b) dargestellt. Es spielt keine Rolle, in welches Netz wir unsere Kugeln legen; die beiden anderen markieren jeweils die Lücken. Wir nennen die drei Netze **A**, **B** und **C**.

Jetzt legen wir gemäß Abb. 3.7(a) eine Kugelschicht möglichst dicht über die erste Schicht, also auf Lücke; die erste Schicht befinde sich in Position **A**, die zweite in **B**. Jede Kugel in Schicht **A** ist von sechs Kugeln in derselben Schicht und von drei Kugeln in Schicht **B** umgeben und umgekehrt. Die Mittelpunkte zweier benachbarter Kugeln in Schicht **A** oder in Schicht **B** oder in den Schichten **A** und **B** sind gleich weit voneinander entfernt. Das bedeutet, dass jeweils vier Kugeln, von denen eine an die andere grenzt, ein Tetraeder bilden, dessen Mittelpunkt das Zent-

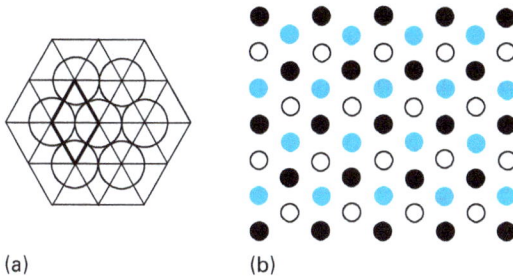

Abb. 3.6 (a) Dreiecksnetz mit sieben dicht gepackten Kugeln. (b) Drei gleichwertige Dreiecksnetze mit Eckpunkten in den Positionen **A** (schwarze Kreise), **B** (weiße Kreise) und **C** (blaue Kreise).

rum einer *Tetraederlücke* darstellt. Wie aus Abb. 3.7(b) hervorgeht, finden sich zwischen den Schichten **A** und **B** Tetraeder mit der Spitze in Schicht **B** und mit Tetraederlücken in Position **B**. Dabei ordnen wir alle Punkte, Kugelmittelpunkte ebenso wie Lückenmittelpunkte, der Position **B** zu, die auf Senkrechten zu Netz **B** durch dessen Eckpunkte liegen. Umgekehrt befinden sich zwischen den Kugelschichten **A** und **B** auch Tetraeder mit der Spitze in Schicht **A** und der Tetraederlücke in Position **A**. Bestehen die Schichten **A** und **B** aus je N Kugeln, so gibt es zwischen den Schichten $2N$ Tetraederlücken. Bei einem Abstand a zwischen den Mittelpunkten aneinanderstoßender Kugeln ergibt sich ein Abstand zwischen den Schichten von $\sqrt{2/3}\,a$, und der Abstand der Tetraederlückenschicht **B** (bzw. **A**) von der Kugelschicht **A** (bzw. **B**) beträgt ein Viertel des Schichtabstands, dem Satz entsprechend, dass der Höhenschnittpunkt im Tetraeder die vier Höhen im Verhältnis 3 : 1 teilt.

In der Mitte zwischen den Schichten **A** und **B** erkennt man in Abb. 3.7(b) in der Position **C** noch Lücken, die größer sind als die Tetraederlücken. Diese Lücken sind von drei Kugeln der Schicht **A** und von drei darüberliegenden, antiprismatisch versetzten Kugeln der Schicht **B** umgeben. Jede dieser sechs Kugeln hat zu vieren

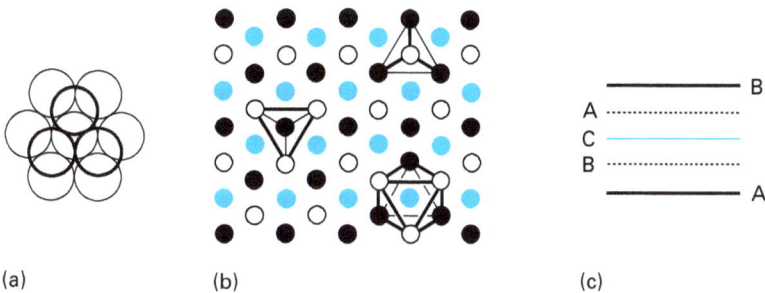

Abb. 3.7 (a) Kugelschicht **B** (fett) über der Kugelschicht **A**. (b) Zwei Sorten von Tetraederlücken sowie Oktaederlücken (blau) zwischen der Schicht **A** (schwarze Kreise) und der darüberliegenden Schicht **B** (weiße Kreise). (c) Lage der Lückenmittelpunkte zwischen den Schichten **A** und **B** (Schichtenlage: fett; Oktaederlücken: blau; Tetraederlücken: gepunktet).

unter ihnen gleiche Abstände, sodass ihre Mittelpunkte ein Oktaeder bilden. Zwischen je N Kugeln in den Schichten **A** und **B** befinden sich N *Oktaederlücken*. Die Abfolge der Lückenschichten ist in Abb. 3.7(c) dargestellt.

Eine dritte Schicht oberhalb von **B** gewährleistet dann maximale Dichte, wenn sie entweder wieder in Position **A** oder in der Position **C** liegt, und Analoges gilt für die vierte und alle darauf folgenden Schichten. Die Fernordnung im Kristall erfordert, dass in die Schichtenfolge Periodizität einkehrt. Die beiden einfachsten Formen einer solchen Periodizität sind die Schichtenfolgen **ABAB**... und **ABCABC**... Genau diese Folgen spielen in der Strukturchemie eine überragende Rolle, und zwar nicht nur, wenn Atome dicht gepackt sind, wie weiter unten noch gezeigt wird.

Die Schichtenfolge **ABAB**... führt zu einer Kristallstruktur mit zwei ineinandergestellten hexagonal primitiven Gittern und einer Elementarzelle mit Kugeln in den Positionen $0, 0, 0$ und $1/3, 2/3, 1/2$, das sind zwei Kugeln pro Zelle, Abb. 3.8(a). Jede Kugel wird durch zwölf andere Kugeln koordiniert. Die Koordinationsfigur ist ein hexagonales Tetradekaeder (D_{3h}), das von sechs Quadraten und acht regulären Dreiecken begrenzt wird, Abb. 3.8(b). Man nennt eine solche Kugelpackung auch *A3-Packung*.

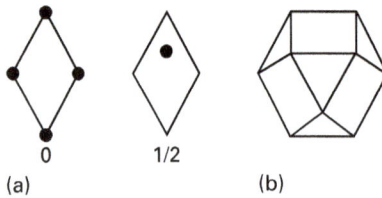

0   1/2

(a)   (b)

Abb. 3.8 Hexagonal dichte Kugelpackung. (a) Schnitte durch die Elementarzelle in der Höhe 0 (Schicht **A**) und 1/2 (Schicht **B**). (b) Neun der zwölf Ecken des hexagonalen Tetradekaeders, der Koordinationsfigur um jede Kugel.

Bei einer Schichtenfolge **ABCABC**... könnten wir es gemäß Abb. 3.9(a) mit einer rhomboedrisch zentrierten hexagonalen Elementarzelle mit den Zellparametern a_h und c_h zu tun haben, wobei c_h den dreifachen Schichtabstand repräsentiert, also $c_h = \sqrt{6}\, a_h$. In diesem Falle ist die tatsächliche Elementarzelle allerdings kubisch-flächenzentriert mit c_h als der Raumdiagonalen der kubischen Zelle, wie es ebenfalls in Abb. 3.9(a) dargestellt wird; denn a_h ist dann die halbe Flächendiagonale der kubischen Zelle mit a_k als Zellparameter, sodass $c_h = \sqrt{3}\, a_k$ wird, das ist die Raumdiagonale der Zelle. In Abb. 3.9(b) wird dieselbe kubische Zelle anhand zweier Schnitte erläutert. Auf eine Zelle treffen vier Kugeln. Jede Kugel ist von ihresgleichen zwölffach koordiniert. Das in Abb. 3.9(c) vorgestellte Koordinationspolyeder ist ein spezielles Tetradekaeder, nämlich das *Kuboktaeder*, das wie das verwandte hexagonale Tetradekaeder von Abb. 3.8(b) von Quadraten und regulären Dreiecken begrenzt wird, allerdings so, dass eine Aufweitung der sechs Quadrate einen Kubus und eine Aufweitung der acht Dreiecke ein Oktaeder ergeben würden. Demgemäß entsteht ein Kuboktaeder, wenn man die zwölf Kantenmitten eines Würfels markiert und von der Markierung aus die acht Würfelecken entlang regulär-dreieckiger Schnittflächen abschneidet oder indem man entsprechend beim Oktaeder entlang quadratischer Schnittflächen verfährt. Man nennt die kubisch dichte Kugelpackung auch *A1-Packung*. Die Raumerfüllung beider dichter Kugelpackungen, der kubischen (A1) und der hexagonalen (A3), beträgt 74 %, das ist der Quotient aus dem Volumen zweier der dicht gepackten Kugeln und dem der hexagonalen Elementarzelle bzw. dem Volumen vierer Kugeln und dem des entsprechenden Kubus. Von Kugelpackungen ist hier ja deshalb die Rede, weil sie als Modelle für die Packung von Atomen dienen. Dabei muss man allerdings bedenken, dass Atome keine *starren* Kugeln sind, sodass das hier entwickelte geometrische Bild der Kugelpackungen im Falle von Atomen vielfach nur einen idealisierten Grenzfall beschreibt.

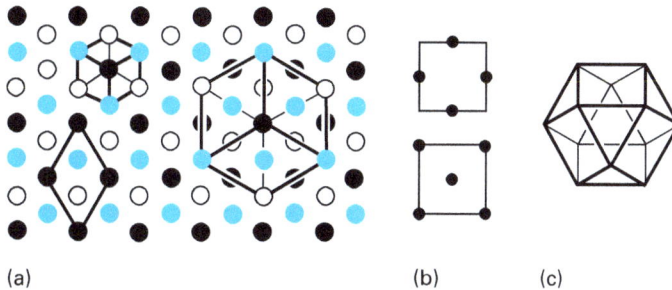

(a)   (b)   (c)

Abb. 3.9 (a) Schichtenfolge **ABCABC**… (Kugelmittelpunkte als schwarze Kreise: **A**, oben; blaue Kreise: **C**, darunter; weiße Kreise: **B**, unterhalb von **C**) mit der Basisfläche einer hexagonalen, einer rhomboedrischen und einer kubisch-flächenzentrierten Elementarzelle. (b) Kugelmittelpunkte in Schnitten durch die kubisch-flächenzentrierte Elementarzelle in den Höhen 0 und 1/2. (c) Kuboktaeder.

Die Abfolge von Kugel- und Lückenschichten wurde schon in Abb. 3.7(c) illustriert. Dieses Bild wird in Abb. 3.10 auf die Schichtenfolgen **ABAB**… und **ABCABC**… übertragen. Die Oktaederlücken der hexagonal dichten Kugelpackung befinden sich ausschließlich in der Position **C** und bilden ein hexagonal primitives Gitter, dessen c-Vektor halb so lang ist wie der der Kugelpackung. Die Koordinationsfigur, die die Oktaederlücken um jede Kugel bilden, ist ein reguläres dreiseitiges Prisma. Die Oktaederlücken der kubisch dichten Kugelpackung dagegen ergeben dieselbe Schichtenfolge wie die Kugelpackung selbst. Es handelt sich also um zwei kubisch-flächenzentrierte Gitter, das der Kugeln und das der Oktaederlücken, die ineinandergestellt sind, und ebenso wie die Lücken durch Kugeln sind auch die Kugeln durch Lücken oktaedrisch koordiniert. Schon jetzt kann man sich die Bedeutung solcher Überlegungen klarmachen, wenn man die Vorstellung *dicht* gepackter Kugeln aufgibt, in die Position der Kugeln Cl⁻-Ionen und in die Position

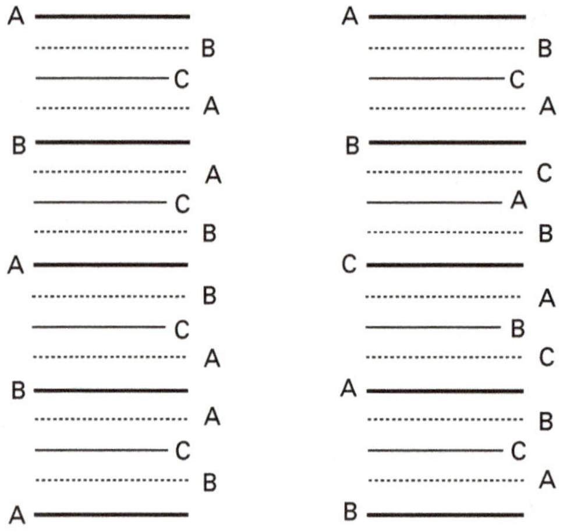

Abb. 3.10 Die Lage der Oktaederlücken (dünn) und der Tetraederlücken (punktiert) zwischen Schichten dicht gepackter Kugeln (fett) bei hexagonal (links) und kubisch dichter Packung (rechts).

der Oktaederlücken Na^+-Ionen setzt, sodass Kationen an Anionen, aber nicht gleichgeladene Ionen aneinanderstoßen: Wir kommen so zur Steinsalz-Struktur von Abb. 3.1(a).

Fasst man in der hexagonal dichten Kugelpackung nur diejenigen Tetraederlücken ins Auge, die in Abb. 3.10 näher an der jeweils unteren Kugelschicht liegen, dann ergibt sich dasselbe hexagonale Muster wie bei den Kugeln selbst, also mit einer Folge der Lückenschichten **ABAB**... Entsprechendes gilt für die andere Hälfte der Tetraederlücken. Die jeweils eine Hälfte der Tetraederlücken und die Kugeln selbst sind also wechselseitig tetraedrisch ineinandergestellt. Ganz ähnlich verhält

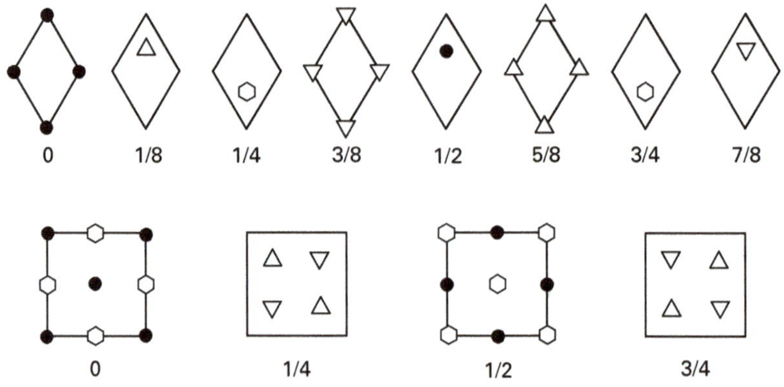

Abb. 3.11 Acht bzw. vier Schnitte durch die Elementarzellen der hexagonal und der kubisch dichten Packung von Kugeln (Mittelpunkte: schwarze Kreise) mit Angabe der Oktaederlücken (Sechsecke) und beider Sorten von Tetraederlücken (Dreiecke mit der Spitze nach oben bzw. unten).

es sich bei den Tetraederlücken der kubisch dichten Kugelpackung: Die eine Hälfte der Tetraederlücken ist kubisch-flächenzentriert angeordnet und die andere ebenso. Die Kugeln und jeweils eine Hälfte der Tetraederlücken bilden also ineinandergestellte kubisch-flächenzentrierte Gitter. Alle Tetraederlücken des kubisch-flächenzentrierten Kristallgitters ergeben übrigens ein kubisch primitives Lückengitter. Die beiden dichten Kugelpackungen und die Mittelpunkte ihrer Lücken sind in Abb. 3.11 anhand von Schnitten durch die Elementarzellen dargestellt.

3.1.5 Physikalische Eigenschaften und Kristallklasse

Gegeben sei ein *Einkristall*, in welchem die Fernordnung im gesamten Bereich ideal erfüllt sei. Reale Kristalle bestehen im Allgemeinen aus ideal geordneten Parzellen, die in einer Weise miteinander verwachsen sind, dass etwa analoge Gitterebenen in benachbarten Parzellen nicht mehr streng parallel liegen (*Mosaikkristall*).

Bei einer physikalischen Einwirkung A auf einen Einkristall wird im Allgemeinen im Kristall eine Wirkung B erzeugt. Die Wirkung hängt von charakteristischen Stoffkonstanten ab, die wir unter dem Symbol κ subsumieren. Die Abhängigkeit von κ von der Kristallklasse soll hier erörtert werden. Sehr verbreitet ist der Fall, dass es sich sowohl bei A als auch bei B um polare Vektoren handelt, was hier durch Fettdruck angezeigt sei, und dass ein allgemeiner Zusammenhang der Form

$$\boldsymbol{B} = \kappa \, \boldsymbol{A}$$

besteht. Die beiden Vektoren sind im Allgemeinen nicht gleichgerichtet, und es ist für die Größe und Richtung von $\boldsymbol{B}$ nicht gleichgültig, welche Richtung der Vektor $\boldsymbol{A}$ bezüglich der Lage der kristallographischen Achsen des Einkristalls hat. Als ausgewählte Einwirkungen A fassen wir ein *Temperaturgefälle* $\Delta\boldsymbol{T}$ (in K), ein *elektrisches Feld* der Stärke $\boldsymbol{E}$ (in V m^{-1}), oder ein *magnetisches Feld* der Stärke $\boldsymbol{H}$ (in A m^{-1}) ins Auge. Das Temperaturgefälle möge eine *lineare thermische Ausdehnung* $\Delta l/l$ oder eine *Wärmestromdichte* $\boldsymbol{j_t}$ (d. i. Wärme pro Zeit und pro Querschnitt; in J m^{-2} s^{-1}) zur Folge haben. Das elektrische Feld möge eine *elektrische Stromdichte* $\boldsymbol{j_e}$ (d. i. die Stromstärke pro Querschnitt; in A m^{-2}) oder eine *elektrische Verschiebung* $\boldsymbol{D}$ (in A s m^{-2}) bewirken. Das magnetische Feld möge zu einer *magnetischen Induktion* $\boldsymbol{B}$ (in T; 1 T = 1 V s m^{-2}) führen. Zwischen Ursache und Wirkung bestehen folgende Beziehungen:

$\Delta l/l$	$= \alpha \, \Delta\boldsymbol{T}$	α: linearer thermischer Ausdehnungskoeffizient (in K^{-1})
$\boldsymbol{j_t}$	$= \lambda \, \Delta\boldsymbol{T}/l$	λ: Wärmeleitfähigkeit (in J m^{-1} s^{-1} K^{-1})
$\boldsymbol{j_e}$	$= \sigma \, \boldsymbol{E}$	σ: elektrische Leitfähigkeit (in Ω^{-1} m^{-1}; 1 Ω = 1 V A^{-1})
$\boldsymbol{D}$	$= \varepsilon \, \boldsymbol{E}$	ε: Permittivität (in F s m^{-1}; 1 F = 1 A V^{-1} s)
$\boldsymbol{B}$	$= \mu \, \boldsymbol{H}$	μ: Permeabilität (in H m^{-1}; 1 H = 1 V A^{-1} s)

Die Permittivität und die Permeabilität zerlegt man noch gemäß

$$\varepsilon = \varepsilon_r \varepsilon_0 \qquad \text{bzw.} \qquad \mu = \mu_r \mu_0$$

in die eigentlichen dimensionslosen Stoffkonstanten, die *relative Permittivität* ε_r bzw. *Permeabilitätszahl* μ_r, und in die *Vakuum-Permittivität* bzw. *-Permeabilität* (früher: *elektrische* bzw. *magnetische Feldkonstante*) ε_0 bzw. μ_0 ($\varepsilon_0 = 8.85418 \, \text{A V}^{-1}$ s m^{-1}; $\mu_0 = 4\pi \cdot 10^{-7} \, \text{V A}^{-1} \, \text{s m}^{-1}$). Zwischen der elektrischen Verschiebung $\boldsymbol{D}$ und der *elektrischen Polarisation* $\boldsymbol{P}$ einerseits und der magnetischen Induktion $\boldsymbol{B}$ und der *magnetischen Polarisation* $\boldsymbol{J}$ andererseits gelten noch die Beziehungen:

$$\boldsymbol{P} = \boldsymbol{D} - \varepsilon_0 \boldsymbol{E} = (\varepsilon_r - 1)\varepsilon_0 \boldsymbol{E}$$
$$\boldsymbol{J} = \boldsymbol{B} - \mu_0 \boldsymbol{H} = (\mu_r - 1)\mu_0 \boldsymbol{H} = \chi \mu_0 \boldsymbol{H} = \mu_0 \boldsymbol{M}$$

Anstelle der Stoffkonstanten μ_r kann auch die Konstante χ, die *magnetische Volumensuszeptibilität*, verwendet werden, die mit μ_r durch die Beziehung $\chi = \mu_r - 1$ verknüpft ist; diese einfache Beziehung gilt streng allerdings nur in isotropen Medien (s. u.). Die Volumensuszeptibilität χ lässt sich gemäß $\chi_g = \chi \rho^{-1}$ in die *Massensuszeptibilität* χ_g (in $\text{m}^3 \, \text{kg}^{-1}$; ρ ist die Dichte) oder gemäß $\chi_m = \chi V_m \rho^{-1}$ in die *molare magnetische Suszeptibilität* χ_m (meist angegeben in $\text{cm}^3 \, \text{mol}^{-1}$) umrechnen ($V_m$ ist das molare Volumen).

Zerlegt man nun die Vektoren vom Typ $\boldsymbol{A}$ und $\boldsymbol{B}$ in die drei Komponenten und gibt diese als Spaltenmatrizen an, dann stellen sich die Stoffkonstanten κ als Tensoren 2. Stufe, also als dreidimensionale quadratische Matrizen (κ_{ij}), dar, die symmetrisch sind, also $\kappa_{ij} = \kappa_{ji}$. Im allgemeinsten Fall, also im triklinen Kristallsystem, bedarf es der Angabe von sechs Stoffkonstanten, um $\boldsymbol{B}$ in Abhängigkeit von $\boldsymbol{A}$ zu beschreiben, nämlich der drei Diagonalglieder κ_{11}, κ_{22}, κ_{33} und der drei Nichtdiagonalglieder κ_{12}, κ_{13}, κ_{23} in der Matrix (κ_{ij}). Im monoklinen System ist außer den drei Diagonalelementen nur das Nichtdiagonalelement κ_{13} von null verschieden, sodass vier Stoffkonstanten die Beziehung zwischen $\boldsymbol{B}$ und $\boldsymbol{A}$ vollständig beschreiben; dabei gilt allerdings die Konvention, dass die Vektorkomponenten A_2 und B_2 parallel zur kristallographischen b-Achse liegen. Im orthorhombischen System haben wir es nur noch mit drei Stoffkonstanten zu tun, den drei Diagonalelementen unseres Tensors, die wir κ_a, κ_b und κ_c nennen, da die drei Vektorkomponenten parallel zu den Zellparametern a, b bzw. c verlaufen sollen. Die Grundgleichung $\boldsymbol{B} = \kappa \boldsymbol{A}$ schrumpft auf die einfachen Beziehungen $B_1 = \kappa_a A_1$, $B_2 = \kappa_b A_2$, $B_3 = \kappa_c A_3$ zusammen. Im tetragonalen und im hexagonalen Kristallsystem wird wegen $a = b$ auch $\kappa_a = \kappa_b$, und wir kommen mit zwei Stoffkonstanten, die senkrecht zur c-Richtung bzw. parallel zur c-Richtung wirken, aus. Im kubischen System wird $\kappa_a = \kappa_b = \kappa_c = \kappa$. Das bedeutet, dass in $\boldsymbol{B} = \kappa \boldsymbol{A}$ beide Vektoren die gleiche Richtung haben und dass die durch κ ausgedrückte Stoffeigenschaft sich in allen Richtungen des Kristalls gleich auswirkt, dass also beispielsweise ein kubischer Einkristall den elektrischen Strom in allen Richtungen gleich gut leitet. Man nennt ein Medium, dessen physikalische Eigenschaften nicht richtungsabhängig sind, *isotrop*. Alle nichtkubischen Einkristalle sind bezüglich der besprochenen Eigenschaften *anisotrop*.

Die bisher vorgestellten Stoffeigenschaften von Einkristallen gehorchen verhältnismäßig einfachen Zusammenhängen. Bezüglich gewisser mechanischer Eigenschaften (Dehnung, Kompression, Elastizität, Plastizität u. a.) sowie bezüglich gewisser optischer Eigenschaften (Lichtbrechung, Doppelbrechung, optische Aktivität, Reflexion, elektro- und magnetooptischer Effekt u. a.) sei auf Spezialliteratur verwiesen, so wichtig diese Eigenschaften auch sein mögen. Zwar gelten vielfach lineare Beziehungen vom oben dargestellten Typ $B = \kappa A$, doch sind B und A nicht immer polare Vektoren, und wenn es sich bei der Dehnung und der sie verursachenden mechanischen Spannung um Tensoren 2. Stufe und dann bei κ zwangsläufig um Tensoren 4. Stufe handelt, würde eine Behandlung hier zu weit führen. Dies ist auch der Fall, wenn der Zusammenhang zwischen B und A auch näherungsweise nicht mehr linear ist, was beispielsweise die *nichtlineare Optik* betrifft.

Für die oben behandelten Stoffeigenschaften κ wurde ihre Abhängigkeit vom Kristallsystem besprochen. Gewisse Eigenschaften sind darüber hinaus an bestimmte Kristallklassen gebunden. Im Abschnitt über Moleküle wurde dargelegt, dass die *optische Aktivität*, also die Drehung der Ebene des polarisierten Lichts beim Durchtritt durch ein molekular aufgebautes Medium, an die Abwesenheit aller Symmetrieelemente S_n in den betreffenden Molekülen gebunden ist. Im Falle von Einkristallen möchte man zunächst meinen, sei die optische Aktivität dementsprechend an die *enantiomorphen* Kristallklassen C_n (n = 1, 2, 3, 4, 6), D_n (n = 2, 3, 4, 6), T und O, die kein Element S_n enthalten, gebunden. Dies ist zwar ein hinreichendes, aber kein notwendiges Kriterium, da optische Aktivität auch in anderen Kristallklassen auftreten kann.

Ein interessantes Phänomen ist die permanente Polarisation in Einkristallen. Polarisation wird im Allgemeinen durch ein äußeres elektrisches Feld hervorgerufen und verschwindet, wenn das äußere Feld zusammenbricht. Die Ionen können jedoch so in einem salzartigen Einkristall verteilt sein, dass eine permanente Polarisation besteht. Beispielsweise mögen von Anionen oktaedrisch koordinierte Kationen näher an drei oberen als an drei unteren Anionen im Oktaeder liegen und dies für alle Oktaeder im Einkristall, sodass eine Polarisation längs der dann noch als einzige von vieren übrig gebliebenen C_3-Achse bewirkt wird. Die C_3-Achse wird dadurch in dem Sinne *polar*, dass sie die Richtung der Polarisation adaptiert. In einem solchen Kristall kann es keine Symmetrieelemente geben, die die Richtung der polaren Achse umdrehen. Polare Achsen sind mithin an die zehn Kristallklassen C_n und C_{nv} (n = 1, 2, 3, 4, 6; man beachte, dass $C_{1v} = C_s$) gebunden. Die Messung der permanenten Polarisation ist in der Regel schwierig, da sich an den polaren Enden der Kristalle Gegenionen aus der Atmosphäre anlagern und die Polarisation aufheben. Wenn allerdings die Temperatur und damit das Volumen des Kristalls ebenso wie die Gitterkonstanten a, b, c erniedrigt werden, kommt es zu einem Anstieg der Polarisation parallel zur C_n-Achse (n > 1): $\Delta P = \pi \Delta T$ (*Pyroelektrizität*). Der *pyroelektrische Koeffizient* π ist parallel zu ΔP gerichtet; ΔT ist hier eine den gesamten Kristall betreffende skalare Größe. Im Falle n = 1 (C_1, C_s) bedarf es allerdings mehr als nur eines pyroelektrischen Koeffizienten, um die Abhängigkeit von ΔP von der Richtung der Zellparameter zu beschreiben. Die Polarisation ΔP kann so groß sein, dass schon bei einem ΔT von 1 K eine äußere Feldstärke in der Größenordnung von 10^5 V m^{-1} nötig wäre, um dieselbe Polarisation zu erreichen.

In gewissen pyroelektrischen Kristallen lässt sich die permanente Polarisation durch Anlegen eines elektrischen Feldes in die Gegenrichtung umklappen: *Ferroelektrika*. In ihnen liegt in gewissen Bereichen eines Einkristalls mit Abmessungen im Nanometerbereich, den *Domänen*, eine Polarisation in bestimmter Richtung vor, in anderen Domänen die umgekehrte, sodass sich im sog. *jungfräulichen* Zustand eines ferromagnetischen Einkristalls die Gesamtpolarisation auslöscht. Legt man nun ein Feld an, so steigt die Polarisation zunächst stark an, bis die bei Ferroelektrika nichtlineare Kurve $P(E)$ flach wird und bei weiterer Erhöhung der Feldstärke nur noch der universellen Polarisation der Elektronen Rechnung trägt. Nimmt man das Feld weg, so bleibt eine *remanente Polarisation P_r* zurück. Kehrt man die Feldrichtung um, so geht die Polarisation auf null zurück und kippt dann in die Gegenrichtung um. Dies geht mit einer Umkehrung der Polarität der kristallographischen C_n-Achse im gesamten Einkristall parallel. Schließlich verläuft die Kurve $P(E)$ so, dass bei Wegnahme des Feldes die remanente Polarisation $-P_r$ bleibt usw. Die zentrosymmetrische Kurve ist ein Beispiel für eine Hysterese-Schleife (Abb. 3.12). Die Änderung der Polarisation läuft mit strukturellen Veränderungen, nämlich der Verschiebung von Ionen längs der polaren Achse parallel. Diese wenig energieträchtigen Änderungen gehen damit einher, dass Ferroelektrika unter Aufgabe ihrer polaren Achse eine Struktur höherer Symmetrie annehmen (also beispielsweise unter stabiler Verschiebung des oben beispielhaft erwähnten, oktaedrisch koordinierten Kations in die Mitte des Anion-Oktaeders, eine Lage, die dieses Kation beim Umklappen der Polarisation als Übergangszustand durchläuft), wenn eine gewisse Temperatur, die *Curie-Temperatur*, überschritten wird. Diese Temperatur kann man, je nach Material, in weiten Bereichen antreffen, unterhalb von 100 °C ebenso wie oberhalb von 1000 °C. Die leichte Polarisierbarkeit von Ferroelektrika ist begleitet von einer hohen Dielektrizitätszahl ε_r, was für die praktische Anwendung von Ferroelektrika eine erhebliche Rolle spielt.

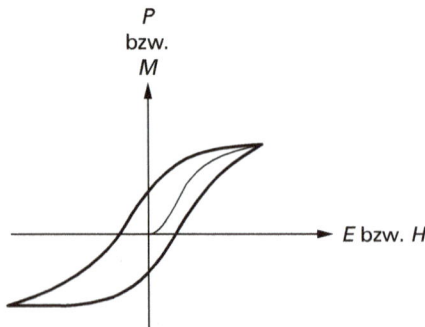

Abb. 3.12 Hysterese-Schleife $P(E)$ eines ferroelektrischen bzw. $H(M)$ eines ferromagnetischen Einkristalls.

Der Pyroelektrizität steht die *Piezoelektrizität* nahe: Wirkt eine mechanische Spannung auf einen Einkristall ein, so kann eine elektrische Polarisation hervorgerufen werden. Die Abhängigkeit dieses Effekts vom Material wird durch die *piezoelektrischen Konstanten* beschrieben. Ohne auf Einzelheiten einzugehen, sei festgestellt, dass *zentrosymmetrische* Kristalle, also solche mit einem Inversionszentrum, diesen Effekt nicht geben.

In der Praxis spielen einkristalline Materialien unter den Festkörpern insgesamt eine wichtige Rolle. Als Materialien wichtiger sind aber solche festen Stoffe, die aus winzigen Einkristallen unterschiedlicher Größe, der *Korngröße*, bestehen. Diese einkristallinen *Körner* sind mehr oder weniger fest miteinander verwachsen. Da im verarbeiteten Material die unzähligen Körner beliebige Richtungen bezüglich ihrer kristallographischen Achsen einnehmen, mittelt sich die Richtungsabhängigkeit der physikalischen Eigenschaften heraus und die Materialien wirken isotrop.

3.2 Metallische Festkörper

3.2.1 Bindung in Metallen

In Abb. 2.2 wurden u. a. die Energieniveaus der π-Elektronen für C_2H_4 und C_4H_6 abgebildet. In Abb. 3.13 wird darüber hinaus die Termabfolge für C_6H_8 mit drei konjugierten Doppelbindungen dargestellt. Erhöht man die Zahl konjugierter Doppelbindungen, so kommt man zu *Polyenen* der Formel C_nH_{n+2} mit zwei endständigen CH_2-Gruppen. Die Zahl der Energieniveaus steigt mit zunehmendem Wert für n um je zwei an. Bei beliebig langen Ketten (n $\to \infty$: C_nH_n; trivial: *Polyacetylen*) wird aus den Niveaus der bindenden und denen der antibindenden π-Molekülorbitale je ein *Band*, das beliebig viele Niveaus beherbergt. Im Grundzustand ist das untere Band, das *Valenzband*, vollständig mit Elektronen besetzt, das obere vollständig leer. Da die Energielücke zwischen den beiden Bändern relativ schmal ist, können Elektronen dazu angeregt werden, vom unteren Band in das obere überzugehen, und zwar tun das umso mehr Elektronen, je höher die Temperatur ist.

Anstatt beliebig viele $2p_z$-Orbitale in der *x*-Richtung zur Überlappung zu bringen, kann man auch s- oder p_x-Orbitale in der *x*-Richtung linear kombinieren und kommt ebenfalls zu Bändern, hier zu einem *s*- bzw. *p-Band*, mit dem Unterschied allerdings, dass dann zwischen den Bändern für bindende und antibindende Orbitale keine Lücke besteht, vielmehr gehen sie nahtlos ineinander über. Besetzt man ein solches Band mit je einem Elektron pro Atomorbital, so findet man das HOMO (s. Abschnitt 2.1.3) in der Mitte des Bandes. Man nennt die Grenze zwischen HOMO und LUMO innerhalb eines zusammenhängenden Bandbereichs die *Fermi-Grenze*. Mag die Zahl der Orbitale, die ein Band definieren, auch beliebig groß sein, so bleibt sie in der Realität doch endlich, und das Band besteht aus einzelnen, sehr eng beieinander liegenden Energietermen. Die Theorie lehrt, dass die Terme keinen gleichen Abstand voneinander haben, sondern an der oberen und unteren

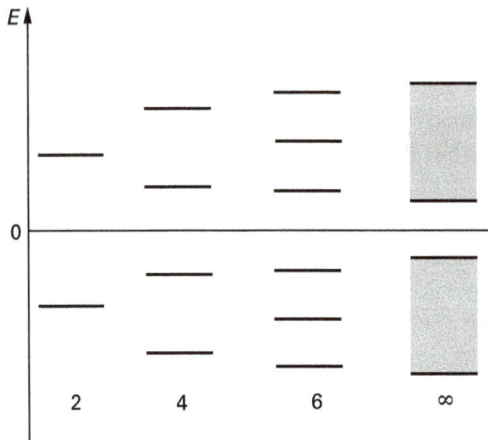

Abb. 3.13 Bindende und antibindende Energieniveaus der π-Elektronen in Carbonhydrid-Ketten C_nH_{n+2} mit konjugierten Doppelbindungen im Falle n = 2, 4, 6 sowie n → ∞; die Null-Linie markiert das $2p_z$-Energieniveau.

Bandgrenze am dichtesten und an der Fermi-Grenze am wenigsten dicht beieinanderliegen, also eine *Zustandsdichte* aufweisen, die mit steigender Orbitalenergie erst ab- und ab der Fermi-Grenze wieder zunimmt. Der Abstand der oberen von der unteren Bandgrenze, die *Bandbreite*, hängt vom Abstand der Atome ab und nimmt zu, wenn die Atome näher zusammenrücken; für unrealistisch kleine Abstände muss dieser Satz seine Gültigkeit verlieren.

Festkörper, bei denen besetzte und unbesetzte Orbitale in demselben Band liegen, zeigen eine besondere Beweglichkeit ihrer Valenzelektronen. Dies ist gleichbedeutend mit dem Vorliegen elektrischer Leitfähigkeit. Festkörper mit einer Lücke zwischen voll besetztem und leerem Band leiten den elektrischen Strom hingegen nicht, sind also Isolatoren. Nun kann die thermische Energie eines Festkörpers verursachen, dass einige Elektronen angeregt sind und sich im Falle elektrischer Leiter oberhalb der Fermi-Grenze ansiedeln. Ist eine Bandlücke zwar vorhanden, aber klein, dann können in einem mit der Temperatur steigenden Maße Elektronen aus dem Valenzband über die Lücke in das leere Band eindringen. Sowohl diese Elektronen als auch die durch ihr Ausscheren im Valenzband hinterbliebenen Lücken zeigen Beweglichkeit, führen zu einer gewissen Leitfähigkeit und machen den Festkörper zum *Halbleiter*. Im Gegensatz zu den Halbleitern nimmt die um Größenordnungen größere elektrische Leitfähigkeit der elektrischen Leiter mit der Temperatur ab (*Wiedemann-Franz'sches Gesetz*). Reines Polyacetylen ist ein schwacher Halbleiter. Wie schon erwähnt, sind die CC-Abstände im Polyacetylen nicht gleich lang. Wären sie dies, dann würde die Bandlücke verschwinden, und Polyacetylen wäre ein elektrischer Leiter. Vielmehr alternieren im Polyacetylen die CC-Abstände im Sinne von kurz/lang. Wären allerdings die kurzen Abstände so kurz wie die CC-Doppelbindung im Ethen und die langen so lang wie die Einfachbindung im Ethan, dann wären die π-Bindungen voneinander isoliert und nicht miteinander gekoppelt und es ergäben sich für die Energie der π-Orbitale keine Bänder, sondern zwei diskrete Terme so wie bei Ethen. Der tatsächliche elektronische Zustand von Poly-acetylen liegt also zwischen den beiden Grenzfällen. Den Übergang gleicher Bin-dungslängen in einer Kette, ein für Polyacetylen rein hypothetischer Zustand, in einen Zustand mit alternierend ungleichen Bindungslängen nennt man in der Theo-rie die *Peyerls-Verzerrung*. Durch Ausüben von Druck längs der Kettenrichtung kann diese Verzerrung aufgehoben werden, die Bänder werden breiter, die Lücke zwischen ihnen schmaler, und letzthin wird aus einem Nicht- oder Halbleiter ein elektrischer Leiter.

Bringen wir noch einmal s-Orbitale in einer Atomkette zur Überlappung, z. B. 1s-Orbitale in einer hypothetischen Kette von N H-Atomen oder 2s-Orbitale in einer hypothetischen Kette von N Li-Atomen. Das energietiefste Orbital ψ_1 im entstehenden Band kommt durch eine Linearkombination der Form $\psi_1 \sim 1s_1 + 1s_2 + 1s_3 + 1s_4 + \ldots + 1s_N$ zustande. (Durch Zusatz des Normierungsfaktors würde die Proportionalität zur Gleichheit werden.) Das energiehöchste Orbital am oberen Bandrand hat die Form $\psi_N \sim 1s_1 - 1s_2 + 1s_3 - \ldots - 1s_N$. Berücksichtigt man bei der Berechnung der zugehörigen Orbitalenergien nur die Überlappung benachbarter Atomorbitale, dann ergibt sich ein Termschema wie in Abb. 3.13 mit einer symmetrischen Verteilung der bindenden und antibindenden Terme bezüglich der Null-Linie. Bezieht man jedoch die Überlappung entfernterer, insbesondere der übernächsten Nachbarn mit ein, dann modifiziert sich die Verteilung der Terme: Beim energietiefsten, zu ψ_1 gehörenden Term entstehen zusätzliche bindende Wech-selwirkungen, und dasselbe ist beim energiehöchsten Term der Fall, da in der Funk-tion ψ_N die jeweils übernächsten Atomorbitale dasselbe Vorzeichen haben. Im Be-reich des Fermi-Niveaus führt dagegen die Überlappung der Atomorbitale über-nächster Nachbarn zu insgesamt mehr antibindenden Anteilen, sodass bei der Besetzung des Bandes mit allen N Elektronen auch im Grundzustand antibindende Orbitale besetzt werden müssen.

Die Theorie lehrt, wie man vorgehen muss, um die hier für eine Dimension vorgetragenen qualitativen Überlegungen auf drei Dimensionen und auf die Über-lappung anderer als der s-Orbitale zu übertragen. Bei den Alkalimetallen sitzen die Valenzelektronen tatsächlich in einem halb gefüllten s-Band. Bei den Erdalkalime-tallen überlappt sich das s- mit dem p-Band mit der Folge, dass beide Valenzelekt-ronen lückenlos angeregt werden können. Bei den Übergangsmetallen haben wir in der ersten Übergangsreihe ein tief liegendes 3d- und ein durch eine Bandlücke davon abgetrenntes, höher liegendes 4p-Band, doch werden die beiden Bänder durch das 4s-Band überdeckt, sodass eine elektrische Leitfähigkeit zustande kommt. Dies gilt ebenso für die höheren Übergangsreihen.

Die Stärke der metallischen Bindung geht mit der Zahl von Elektronen parallel, die im bindenden Bereich der Bandstruktur stecken. Greifen wir die beim Kalium beginnende Periode heraus, so gelangen die ersten sechs einzubauenden Elektronen in den bindenden Bandbereich, und demgemäß steigt die Stärke der metallischen

Bindung vom Kalium bis zum Chrom an. Für das siebte bis zehnte Valenzelektron bieten sich im Bandstruktur-Schema nur antibindende Orbitale an, sodass die Stärke der metallischen Bindung vom Chrom zum Nickel abnimmt. Das elfte und zwölfte Valenzelektron (Cu, Zn) kann sich jeweils in schwach bindende Orbitale begeben. Beim vierzehnten Valenzelektron überwiegen schließlich die antibindenden die bindenden Orbitale, sodass Germanium nicht in einer metallischen Struktur kristallisiert (s. Abschnitt 3.3.1). Parallel mit der Bindungsstärke geht die Sublimationsenergie, also die Energie, die nötig ist, um einen kristallinen Verband von Metallatomen in die freien Atome in der Gasphase überzuführen, oder auch die zum Schmelzen benötigte Energie, die sich im Schmelzpunkt manifestiert. Dieser steigt von 63 °C beim Kalium bis zu 1907 °C beim Chrom stetig an und geht dann bis zum Zink, um in der gleichen Periode zu bleiben, wieder auf 420 °C zurück.

3.2.2 Struktur der Metalle

Drei Strukturtypen sind unter den Metallen besonders verbreitet: die kubisch dichte Kugelpackung (*A1-Typ* oder *Cu-Typ*), die hexagonal dichte Kugelpackung (*A3-Typ* oder *Mg-Typ*) sowie die kubisch-innenzentrierte Struktur (*A2-Typ* oder *W-Typ*; Abb. 3.14). Die Koordinationszahlen betragen 12 (A1 und A3) bzw. 8 (A2). Der W-Typ ist also weniger dicht gepackt als die beiden dichten Kugelpackungen. In allen drei Strukturen gibt es neben den zwölf bzw. acht nächsten Nachbarn noch sechs übernächste Nachbarn, die in den dichten Strukturen 1.414-mal (d. i. $\sqrt{2}$), in der innenzentrierten Struktur aber nur 1.155-mal (d. i. $2/\sqrt{3}$) weiter entfernt sind als die nächsten Nachbarn, sodass es nicht abwegig ist, im Rahmen eines erweiterten Koordinationszahlbegriffs beim W-Typ von der Koordinationszahl 14 (d. i. 8 + 6) zu sprechen. Die Raumerfüllung der innenzentrierten Struktur steht deshalb mit 68 % der dichten Packungen (74 %) nur wenig nach.

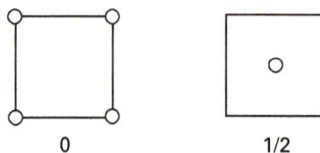

Abb. 3.14 Schnitte durch die Elementarzelle einer kubisch-innenzentrierten Metallstruktur in den Höhen 0 und 1/2; die Kreise markieren die Mittelpunkte der längs der Raumdiagonalen der Zelle aneinanderstoßenden Atome.

Bei 66 der Elemente von $Z = 1-92$ handelt es sich um Metalle. Unter ihnen kristallisieren bei Normalbedingungen 14 im A1-Typ, 21 im A3-Typ und 15 im A2-Typ (Abb. 3.15). Die übrigen 16 Metalle kristallisieren in zehn anderen Strukturtypen; die Struktur von Fr ist unsicher. Bei diesen zehn Strukturtypen handelt es sich um die mehr oder weniger dicht gepackten Strukturen von Ga, In, Sn, Mn, Zn, Hg, La, Sm, Pa und U. Das Cadmium kristallisiert im Zn-Typ (d. i. eine hexagonal

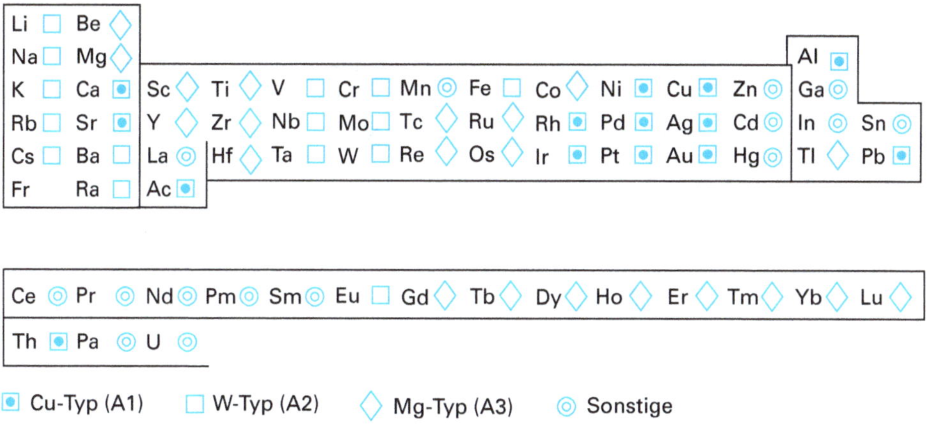

Li ☐	Be ◇																
Na ☐	Mg ◇														Al ⊡		
K ☐	Ca ⊡	Sc ◇	Ti ◇	V ☐	Cr ☐	Mn ◉	Fe ☐	Co ◇	Ni ⊡	Cu ⊡	Zn ◉	Ga ◉					
Rb ☐	Sr ⊡	Y ◇	Zr ◇	Nb ☐	Mo ☐	Tc ◇	Ru ◇	Rh ⊡	Pd ⊡	Ag ⊡	Cd ◉	In ◉	Sn ◉				
Cs ☐	Ba ☐	La ◉	Hf ◇	Ta ☐	W ☐	Re ◇	Os ◇	Ir ⊡	Pt ⊡	Au ⊡	Hg ◉	Tl ◇	Pb ⊡				
Fr	Ra ☐	Ac ⊡															

| Ce ◉ | Pr ◉ | Nd ◉ | Pm ◉ | Sm ◉ | Eu ☐ | Gd ◇ | Tb ◇ | Dy ◇ | Ho ◇ | Er ◇ | Tm ◇ | Yb ◇ | Lu ◇ |
| Th ⊡ | Pa ◉ | U ◉ | | | | | | | | | | | |

⊡ Cu-Typ (A1)   ☐ W-Typ (A2)   ◇ Mg-Typ (A3)   ◉ Sonstige

Abb. 3.15 Struktur der Metalle bei Normalbedingungen.

dilatierte A3-Struktur; das *c/a*-Verhältnis ist also größer als in der A3-Struktur, und jedes Zn-Atom hat neben sechs näheren Nachbarn in einer Ebene sechs entferntere ober- und unterhalb dieser Ebene) und die Lanthanoide Ce, Pr, Nd und Pm kristallisieren im La-Typ.

Eine gewisse Gruppenverwandtschaft ist in einigen Bereichen in Abb. 3.15 zu erkennen: Die Metalle der 1. und der 6. Gruppe kristallisieren im A2-Typ, die der 4. Gruppe sowie die schwereren Lanthanoide im A3-Typ und die leichteren Lanthanoide im La-Typ.

Viele Metalle erfahren einen Strukturwechsel, wenn man bei Normaldruck die Temperatur ändert und eine bestimmte *Umwandlungstemperatur* erreicht. Man spricht von *Tief-* oder *Hochtemperatur-Modifikationen*, verglichen mit der bei Raumtemperatur stabilen, in Abb. 3.15 aufgelisteten Modifikation. Sind im experimentell zugänglichen Bereich zwei Modifikationen desselben Stoffes bei Normaldruck thermodynamisch stabil, so spricht man von *Dimorphismus*, bei drei Modifikationen von *Trimorphismus* usw. Tieftemperatur-Modifikationen vom A3-Typ sind bei Li, Na und Yb bekannt, und das Lanthanoid Ce geht unterhalb $-177\,°C$ in den A1-Typ über. Das metallische Zinn wandelt sich beim Abkühlen auf $13\,°C$ in eine eher kovalent gebaute Modifikation vom Diamant-Typ um (s. Abschnitt 3.3.1). Bei einer ganzen Reihe von Metallen kennt man Hochtemperatur-Modifikationen vom A3-Typ (Be, Ca, Sr, Sc, Tl, Y, Ti, Zr, Hf, La, Ce Pr, Nd, Pm, Sm, Gd, Tb, Dy, Yb, Th, U), in einem Fall auch vom A1-Typ (Co). Die Metalle La, Sm und U durchlaufen eine dritte Modifikation, bevor sie sich bei hoher Temperatur in den A2-Typ umwandeln. Das wichtigste Beispiel für einen solchen Trimorphismus bietet das Eisen, das bei $912\,°C$ vom A2- in den dichteren A1-Typ übergeht, um schließlich bei $1394\,°C$ eine Umwandlung zurück in den A2-Typ zu erfahren, bevor es bei $1538\,°C$ schmilzt. Eine Vielfalt weiterer Wechsel zu in der Regel dichteren Modifikationen kann man erzielen, wenn man bei höherem − meist sehr viel höherem − Druck als Normaldruck arbeitet.

3.2.3 Homogene und heterogene Systeme

Unter einem *binären System* versteht man die Menge aller Stoffe, die sich aus zwei Reinstoffen – Elementen oder Verbindungen – bilden können, unter einem *ternären System* desgleichen für drei Reinstoffe usw. Nach einem ähnlichen in der Chemie und speziell in der Thermodynamik angewendeten System-Begriff versteht man unter einem *System* die Menge aller Stoffe, die an einer Reaktion beteiligt sind. Ein *homogenes System* oder eine *Phase* ist ein System, in welchem an jeder Stelle des Systems die gleiche stoffliche Beschaffenheit und damit dieselben Eigenschaften anzutreffen sind. Aus diesem makroskopischen Bild einer Phase folgt bei mikroskopischer Betrachtungsweise, dass in einer Phase Atome oder Moleküle oder Atomionen oder Molekülionen, die zu einem oder mehreren Elementen oder zu einer oder mehreren Verbindungen gehören, so innig wie möglich vermischt sind und sich nirgends nur aus einer Sorte aufgebaute Bereiche bilden. Für Elemente oder Verbindungen in einem bestimmten Aggregatzustand – im Falle fester Stoffe mit dem Zusatz: in einer bestimmten Modifikation – ist dies trivial. Normales Eis oder Wasser oder Wasserdampf sind jeweils für sich homogene Stoffe, eine Mischung aus Eis und Wasser jedoch nicht. Kubisch-innenzentriertes α-Eisen und kubisch-flächenzentriertes γ-Eisen können sich nicht homogen vermischen.

In der *Gasphase* mischen sich Elemente und Verbindungen grundsätzlich und ausnahmslos homogen, wovon schon der Begriff Gas*phase* Zeugnis ablegt. Also sind selbst so verschiedene Stoffe wie Argon, Wasserdampf, Carbondioxid und Methan in der Gasphase homogen vermischt. Die Mischung von *Flüssigkeiten* kann homogen sein, muss es aber nicht. So sind beispielsweise Wasser und Ethanol in beliebigen Mengen homogen miteinander vermischbar, Wasser und das flüssige Quecksilber aber keineswegs, und im Falle von Flüssigkeiten wie z. B. Wasser und Benzen ist die Löslichkeit der einen in der anderen Komponente außerordentlich gering, sodass diese beiden Flüssigkeiten in vergleichbarer Menge nicht homogen vermischbar sind und stets zwei Phasen bilden. Auch gasförmige Stoffe können sich in Flüssigkeiten homogen verteilen, wenn auch nicht in unbeschränkter Menge, wie es von der bedeutsamen Auflösung von O_2 oder CO_2 in Wasser allgemein bekannt ist. Schließlich lösen sich auch manche Feststoffe in Flüssigkeiten homogen auf, z. B. der ionogen gebaute Feststoff NaCl oder der molekular gebaute Feststoff Zucker in Wasser. Die hier gebrauchten Begriffe *Löslichkeit*, *lösen*, *Auflösung* deuten an, wie man homogene flüssige Mischungen nennt, nämlich *Lösungen*.

Schließlich muss noch die homogene Verteilung mehrerer Stoffe im kristallinen Zustand erörtert werden. Wir beschränken uns hier auf Metalle. Man bezeichnet eine homogene kristalline Mischung zweier oder mehrerer Metalle als *Mischkristall* oder auch als *feste Lösung*. Im Allgemeinen ist die Löslichkeit von Metallen ineinander in der flüssigen Phase sehr viel besser als in der festen Phase, wenn sich auch nicht alle Metalle in der Schmelze ineinander unbeschränkt lösen. Es gibt Beispiele für die vollständige homogene Mischbarkeit zweier Metalle ineinander sowohl in der Schmelze als auch im kristallinen Zustand, was beispielsweise im

System Ag/Au der Fall ist. Im System Pb/Sb dagegen besteht vollständige Mischbarkeit zwar in der Schmelze, aber keinerlei Mischkristallbildung im festen Zustand. Es ist bei Metallen verbreitet, dass sich bei vollständiger Mischbarkeit in der Schmelze im festen Zustand nur mehr oder weniger der einen Komponente in der anderen löst und außerhalb des Mischbarkeitsbereichs eine *Mischungslücke* besteht.

Das mehrfach gebrauchte Attribut *vollständig* bedeutet *im Gesamtbereich denkbarer Zusammensetzung*. Zur Angabe der Zusammensetzung einer homogenen Mischung benutzt man entweder den Stoffmengenanteil x_i oder den Massenanteil w_i. Als weiterer Mischungsparameter ist im Falle flüssiger Lösungen noch die *molare Konzentration* oder *Molarität* in Gebrauch, die als Stoffmenge n_i der i-ten Komponente im Lösungsvolumen V definiert ist: $c_i = n_i/V$; man gibt die Molarität häufiger in $mol\,l^{-1}$ als in $mol\,m^{-3}$ an. Auch auf die *molale Konzentration* oder *Molalität* c_i' kann man zurückgreifen: $c_i' = n_i/m$ (mol kg^{-1}; m ist die Masse der Lösung). Bei Gasen kann man auch mithilfe des Partialdrucks P_i die Zusammensetzung der Gasmischung beschreiben; dabei hängt P_i bei idealen Gasen mit der Stoffmenge n_i und der Molarität c_i über die Zustandsgleichung idealer Gase, $P_i = n_i R T V^{-1} = c_i R T$, und mit dem Gesamtdruck P über das Gesetz der Additivität der Partialdrücke, $P = \Sigma P_i$, zusammen.

Eine nicht homogene Mischung homogener Phasen nennt man eine *heterogene Mischung* oder ein *Gemenge*. Die homogenen Anteile der Mischung nennt man *Tröpfchen*, wenn sie flüssig, oder *Körner*, wenn sie fest sind. Die Tröpfchen- bzw. Korngröße spiegelt den *Verteilungs-* oder *Dispersionsgrad* wider und mag mit bloßem Auge zu erkennen sein (*grobdisperses Gemenge*) oder nur mit einem hochauflösenden Mikroskop (*feindisperses Gemenge*). Den Ort, wo Tröpfchen oder Körner oder Tröpfchen und Körner aneinanderstoßen, nennt man die *Phasengrenze*. Festflüssige Gemenge heißen *Suspensionen*, flüssig-flüssige Gemenge *Emulsionen*. Das Zerkleinern von Tröpfchen (*Emulgieren*) oder Körnern (*Mahlen*) sowie das innige Aneinanderfügen von Körnern (*Sintern*) spielen in der Praxis eine große Rolle. Beispielsweise lassen sich aus Öl und Wasser Emulsionen herstellen, und Kalkmilch ist ein Beispiel für eine Suspension.

Fest-feste Gemenge sind bei Metallen besonders wichtig. Zwei Metalle seien in ihrer Schmelze homogen verteilt, beim vorgegebenen Mischungsverhältnis bestehe aber eine Mischungslücke für den festen Zustand. Beim Abkühlen der Schmelze müssen wir dann zwei Möglichkeiten unterscheiden. Erstens: Die Thermodynamik setzt sich durch. Dann bildet sich beim Auskristallisieren letztlich ein Gemenge jener Phasen, die links und rechts von der Mischungslücke (den Mischungsparameter, z. B. x_i, als Abszisse gedacht) stabil sind. Ein solches Verhalten hat man zu erwarten, wenn der Kristallisationsvorgang bei möglichst hoher Temperatur langsam erfolgt. Zweitens: Die Schmelze wird *abgeschreckt*, also möglichst schnell auf möglichst tiefe Temperatur gebracht. Dann verfestigt sich die Schmelze unter Beibehaltung ihrer Struktur und Homogenität, und der erhaltene Festkörper ist zwar thermodynamisch instabil, aber kinetisch stabil, also *metastabil*. Dabei muss man wissen, dass Metalle und homogene Metallmischungen in der Schmelze mehr oder weniger dicht gepackt sind, also jedes Metallatom im Mittel zwölf Nachbarn hat, nur ist diese Ordnung auf den Nahbereich beschränkt und macht die Unterscheidung, ob die dichte Packung kubisch oder hexagonal sei, gegenstandslos. Nicht nur feste Lösungen von Metallen ineinander, seien sie nun thermodynamisch oder nur kinetisch stabil, sondern auch Metallgemenge mit einem Gefüge eng ineinander verfilzter Körner spielen als Werkstoffe eine bedeutende Rolle.

Hat eine kristalline Lösung von Metallen eine gewisse Breite der denkbaren Zusammensetzung, dann spricht man von *intermetallischer Phase*. Solchen Phasen liegt in ihrer gesamten Breite eine bestimmte Struktur mit gleichwertigen Gitterplätzen zugrunde, und in dieser Struktur verteilen sich die beteiligten Metallatome nach statistischen Gesichtspunkten, also ungeordnet auf diese Gitterplätze. Es gibt aber auch intermetallische Phasen, in deren Zusammensetzungsbereich eine bestimmte Zusammensetzung mit ganzzahligen Werten a und b in M_aM_b existiert, für die eine geordnete Struktur ohne statistische Verteilung möglich ist. Als Beispiel sei das System Au/Cu mit kubisch-flächenzentrierter Struktur im gesamten Zusammensetzungsbereich genannt. Bei der speziellen Zusammensetzung $AuCu_3$ ist in einem bestimmten Temperaturbereich ein Mischkristall mit statistischer Verteilung der beiden Metalle stabil, jedoch ist bei tieferer Temperatur eine geordnete Struktur, eine sogenannte *Überstruktur*, thermodynamisch stabiler, in der Gold die Position $0, 0, 0$ und Kupfer die Positionen $0, 1/2, 1/2$ und $1/2, 0, 1/2$ und $1/2, 1/2, 0$ der kubischen Zelle besetzen (s. auch Abb. 3.19). Selbst bei Zusammensetzungen in der Nähe der stöchiometrischen kann eine Überstruktur dergestalt zum Tragen kommen, dass sie im Prinzip besteht, dass sich aber die überzählige Komponente statistisch auf Gitterplätze der unterzähligen verteilt, sodass eine *Teilordnung* zustande kommt.

Daneben gibt es auch intermetallische Stoffe M_aM_b' mit ganzzahliger Stöchiometrie, geordneter Struktur und ohne jede Phasenbreite. Solche Grenzfälle intermetallischer Phasen sollte man im engeren Sinne *intermetallische Verbindungen* nennen. Alle miteinander, sowohl die intermetallischen Phasen mit statistischer Verteilung als auch Überstrukturen mit Phasenbreite oder intermetallische Verbindungen ohne Phasenbreite, ja selbst metallische Gemenge, kann man *Legierungen* nennen, auch wenn sich eine einheitliche Sprache hier noch nicht durchgesetzt hat. Herstellung, Eigenschaften und Verwendung von Metallen und ihren Legierungen sind Gegenstand der *Metallurgie*, einem Zweig der Natur- und Ingenieurwissenschaft, der die Gebiete Physik, Chemie, Hütten- und Werkstoffkunde eng miteinander verzahnt.

3.2.4 Intermetallische Phasen

Keine Mischbarkeit

Als Beispiel wählen wir das System Pb/Sb mit einem Hauptgruppenmetall und einem Halbmetall. Zum Verständnis muss das *Zustandsdiagramm* eingeführt werden, d. s. Kurven, die Gleichgewichte zwischen verschiedenen Phasen markieren, und zwar wird die Zusammensetzung einer homogenen Mischphase in Abhängigkeit von der Temperatur durch die Punkte der Kurve dafür beschrieben, dass zwei Phasen miteinander ins Gleichgewicht treten. Im Abb. 3.16 sind als Abszisse der Zusammensetzungsparameter x_{Pb} und als Ordinate die Temperatur T (in °C) aufgetragen. (Die wegen $x_{Sb} = 1 - x_{Pb}$ gleichberechtigte Variable x_{Sb} verläuft in der Gegenrichtung von x_{Pb}; die linke Grenzordinate markiert also reines Sb, die rechte reines Pb.) Eine weitere Variable, von der das Gleichgewicht abhängt, ist der Druck. Im Folgenden beziehen sich alle in Zustandsdiagrammen von Zweikomponenten-Systemen dargestellten Gleichgewichtskurven auf den Normaldruck von genau 1 bar. Die beiden Kurvenäste in Abb. 3.16 nennt man *Schmelz-* oder *Liquiduskurven*. Das Zustandsfeld oberhalb der Kurven enthält Punkte $P(x_{Pb}, T)$, bezüglich derer das homogene Schmelzgemisch stabil ist. Unterhalb der Kurven finden sich keine Punkte, die einen stabilen Zustand einer kristallinen Mischung beschreiben; vielmehr markieren solche Nichtzustandsfelder Temperaturen, bei denen zwei Phasen nebeneinander bestehen (*Zweiphasengebiet*), und zwar jene zwei Phasen, die man, von einem bestimmten Punkt ausgehend, bei gleichbleibender Temperatur auf den Kurven links und rechts erreicht. Kühlt man eine Schmelze, vom Punkt P_1 ausgehend, ab, so erreicht man beim Punkt P_2 ein Gleichgewicht zwischen der Schmelze und kristallinem Sb($x_{Pb} = 0$). Kühlt man weiter ab, so kristallisiert weiter Sb aus und die Schmelze wird ärmer an Sb. Man kommt also zu Gleichgewichten, die die Schmelzkurve nach rechts absteigend beschreibt. Erreicht man schließlich den Punkt E, den Schnittpunkt der beiden Schmelzkurven, so stehen jetzt drei Phasen im Gleichgewicht: Schmelze, festes Sb und festes Pb. Nunmehr scheiden sich beide Festkörper, ein Gemenge bildend, ab, bis die Schmelze aufgezehrt ist. Bei weiterem Senken der Temperatur liegt keinerlei Gleichgewicht mehr vor, und das Gemenge aus Pb und Sb kühlt sich ab. Den Punkt E nennt man *Eutektikum* und die zugehörige Zusammensetzung $x_{Pb} = 0.92$ und Temperatur $T = 246$ °C jeweils *eutektisch*. Die Gleichgewichtspunkte an den Stellen $x_{Pb} = 0$ und 1 stellen

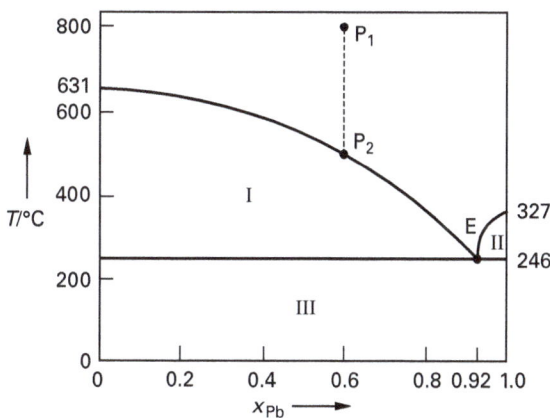

Abb. 3.16 Zustandsdiagramm von Pb/Sb, $T(x_{Pb})$.

die Schmelzpunkte von Sb (631 °C) bzw. Pb (327 °C) dar. Die Zweiphasegebiete kennzeichnen wir durch römische Zahlen. Im Zweiphasegebiet I existieren die Phasen Sb und Mischschmelze nebeneinander, im Gebiet II Pb und Mischschmelze und im Gebiet III die kristallinen Feststoffe Pb und Sb.

Vollständige Mischbarkeit

Musterbeispiel für vollständige Mischbarkeit ist das System Ag/Au. Das Zustandsdiagramm (Abb. 3.17) besteht aus der oberen *Liquidus-* und der unteren *Soliduskurve*, die sich bei $x_{Ag} = 1$ und $x_{Au} = 1$ im Schmelzpunkt von Ag bzw. Au schneiden. Oberhalb der Liquiduskurve ist das Zustandsfeld der Mischschmelze, unterhalb der Soliduskurve das Zustandsfeld der Mischkristalle, und das Zweiphasengebiet I zwischen den Gleichgewichtskurven kennzeichnet die Phasen Mischkristalle und Schmelze. Kühlt man eine Schmelze, von P_1 ausgehend, ab, so erreicht man die Liquiduskurve bei P_2. Hier steht die Schmelze mit einem goldreicheren Mischkristall der dem Punkt P_3 entsprechenden Zusammensetzung im Gleichgewicht. Bei weiterem Abkühlen bewegt man sich längs der beiden Kurven nach links, sodass die Schmelze ebenso wie der mit ihr im Gleichgewicht stehende goldreichere Mischkristall immer silberreicher werden, bis auf der Liquiduskurve der Punkt P_4 erreicht ist, bei dem der erhaltene Mischkristall die gleiche Zusammensetzung hat wie die Ausgangsschmelze. Da der zu Beginn der Kristallisation abgeschiedene Mischkristall goldreicher ist als am Ende der Kristallisation, bedarf es einer langen Kristallisationszeit und einer möglichst hohen Temperatur (im Temperaturbereich stabiler Mischkristalle), um zu gewährleisten, dass sich zunehmend mehr Ag-Atome unter Verdrängung von Au-Atomen statistisch im Kristall verteilen können, dass also nach abgeschlossener Kristallisation eine statistische Verteilung der Komponenten so wie in der Schmelze wieder erreicht wird.

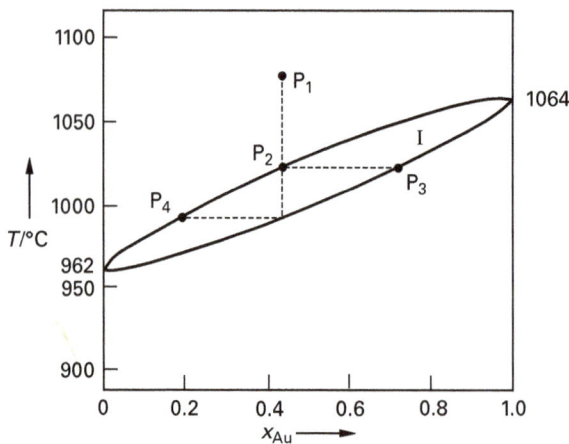

Abb. 3.17 Zustandsdiagramm von Ag/Au, $T(x_{Au})$.

Das Zustandsdiagramm von Au/Cu (Abb. 3.18) ist in zweierlei Hinsicht komplizierter als das von Ag/Au. Die von den Schmelzpunkten von Au (1064 °C) und Cu (1085 °C) ausgehenden Soliduskurven sinken ab und erreichen bei $x_{Au} = 0{,}595$, $T = 910\,°C$ ein Minimum, die Liquiduskurven münden in denselben Punkt ein. Eine Schmelze dieser Zusammensetzung kristallisiert und ein Mischkristall dieser Zusammensetzung schmilzt, ohne die Zusammensetzung zu ändern (*kongruentes Kristallisieren* bzw. *Schmelzen*). Aus goldreicheren Schmelzen kristallisieren noch goldreichere und aus goldärmeren Schmelzen noch goldärmere Mischkristalle. Unterhalb der Soliduskurve haben wir wieder den Zustandsbereich von Mischkristallen beliebiger Zusammensetzung mit statistischer Verteilung der Komponenten.

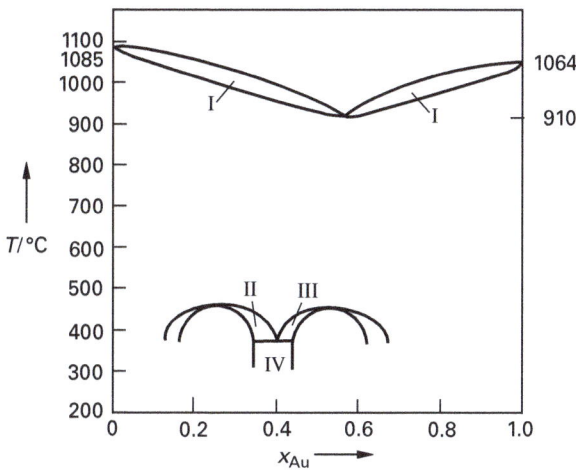

Abb. 3.18 Zustandsdiagramm von Au/Cu, $T(x_{Au})$.

Eine zweite Besonderheit besteht darin, dass unterhalb von ca. 400 °C Überstrukturen stabil werden, und zwar die Verbindungen AuCu ($x_{Au} = 0.5$) und AuCu$_3$ ($x_{Au} = 0.25$). Beide haben eine gewisse Phasenbreite, d. h. man kann den geordneten Strukturen Au-Atome auf Cu-Plätzen zumischen oder Cu-Atome auf Au-Plätzen, wie es das Zustandsfeld unterhalb der entsprechenden Soliduskurven anzeigt. Der Stabilitätsbereich beider Überstrukturen liegt bei so tiefer Temperatur, dass es ein lang andauerndes Tempern bei relativ hoher Temperatur, also nahe den Gleichgewichtskurven, erfordert, um die in diesem Zustandsbereich thermodynamisch instabilen ungeordneten Mischkristalle in die stabilere Überstruktur umzuwandeln; sind die ungeordneten Mischkristalle einmal auf Raumtemperatur abgekühlt, so kann man keinen Ordnungsprozess in endlicher Zeit mehr erwarten. Ähnliches gilt im Prinzip auch für manch andere Systeme, bei denen Überstrukturen stabil sein mögen, aber noch nicht entdeckt worden sind. Die mit I−IV bezeichneten Zweiphasengebiete betreffen: Mischkristalle und Schmelze (I); Mischkristalle mit statistischer und (im Sinne von AuCu$_3$) geordneter Verteilung (II); Mischkristalle mit

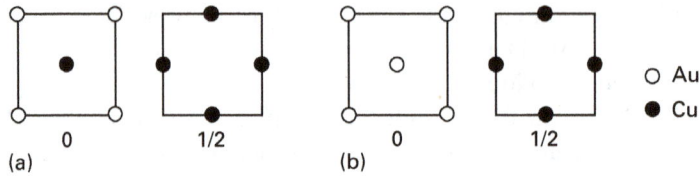

Abb. 3.19 Schnitte in den Höhen 0 und 1/2 durch die Elementarzellen von (a) AuCu$_3$ und (b) AuCu.

statistischer und (im Sinne von AuCu) geordneter Verteilung (III); Mischkristalle, die im Sinne von AuCu$_3$ geordnet sind, neben Mischkristallen, die im Sinne von AuCu geordnet sind (IV). Die kubische Struktur von AuCu$_3$ und die tetragonale Struktur von AuCu werden in Abb. 3.19 mittels Schnitten durch die Elementarzellen dargestellt.

Eine notwendige, wenn auch nicht hinreichende Bedingung für die vollständige Mischbarkeit zweier Metalle im Kristall sind ihre Verwandtschaft im PSE und ein vergleichbar großer Atomradius. Bekannte Beispiele sind neben Ag/Au und Au/Cu die Systeme K/Rb, K/Cs, Rb/Cs, Ca/Sr, Nb/Ta, Mo/W, Cu/Ni, Ni/Pd.

Teilweise Mischbarkeit

Die Atomradien von Cu (127.8 pm), Ag (144.5 pm) und Au (144.2 pm) liegen genügend nahe bzw. sogar überaus nahe beieinander; gleichwohl ist die Mischbarkeit im System Ag/Cu beschränkt. Bei $x_{Ag} = 0.602$, $T = 778.5\,°C$ liegt ein eutektischer Punkt, bei dem neben der Schmelze ein Cu-reicher Mischkristall mit $x_{Ag} = 0.050$ und ein Ag-reicher Mischkristall mit $x_{Ag} = 0.859$ im Gleichgewicht stehen. Im festen Cu löst sich also nur wenig Ag und umgekehrt (Abb. 3.20). Die Zweiphasengebiete beziehen sich auf folgende Phasen: Schmelze und kupferreiche Mischkristalle (I), Schmelze und silberreiche Mischkristalle (II), kupferreiche und silberreiche Mischkristalle (III).

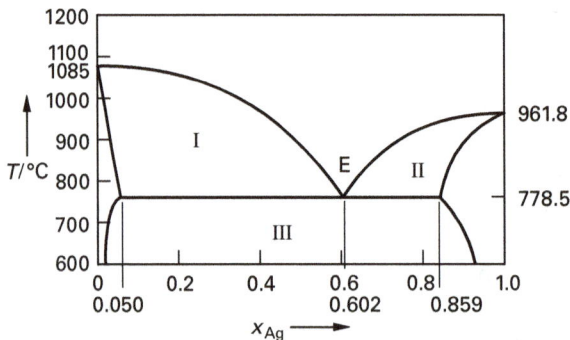

Abb. 3.20 Zustandsdiagramm von Ag/Cu, $T(x_{Ag})$.

Keine Mischbarkeit, aber Verbindungsbildung

Im System Mg/Pb existieren nur drei feste Phasen: Mg, Pb und die intermetallische Verbindung Mg_2Pb (Schmelzpunkt 551 °C). Keine der festen Phasen ist in der anderen löslich, während in der Schmelze die beiden Metalle Mg und Pb vollständig miteinander mischbar sind. Interessanterweise kristallisiert Mg_2Pb in einer typischen Salzstruktur, nämlich im Antifluorit-Typ (Fluorit: CaF_2; s. Abschnitt 3.4.2). Dies hat zur Folge, dass Mg nur Pb-Atome als nächste Nachbarn hat und umgekehrt. Tatsächlich mag die metallische Phase Mg_2Pb polare Bindungsanteile enthalten, da Pb deutlich elektronegativer ist als Mg. Gleichwohl wäre es weit übertrieben anzunehmen, die Phase sei aus Mg^{2+}- und Pb^{4-}-Ionen aufgebaut. Im Zustandsdiagramm (Abb. 3.21) finden sich zwei Eutektika. Bei E_1 scheiden sich Mg und Mg_2Pb und bei E_2 Mg_2Pb und Pb jeweils als eutektische Gemenge ab. Die sechs Zweiphasengebiete weisen auf folgende Paare von Phasen hin: Mg und Schmelze (I), Mg_2Pb und magnesiumreichere Schmelze (II), Mg_2Pb und bleireichere Schmelze (III), Pb und Schmelze (IV), Mg und Mg_2Pb (V) sowie Pb und Mg_2Pb (VI).

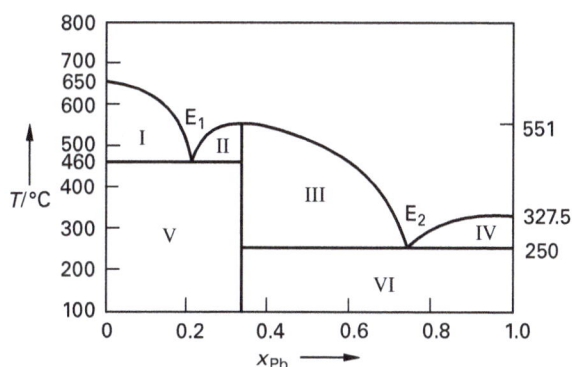

Abb. 3.21 Zustandsdiagramm Mg/Pb, $T(x_{Pb})$.

Geht man im PSE von den Komponenten der Verbindung Mg_2Pb aus jeweils einen Schritt nach links, so kommt man zur intermetallischen Phase NaTl, bei der man ähnlich wie beim Mg_2Pb an einen ionogenen Aufbau, nämlich aus Na^+ und Tl^-, denken möchte. Die in Abb. 3.22 dargestellte Struktur − vier kubisch-flächenzentrierte Gitter, die wechselseitig in alle tetraedrischen und oktaedrischen Lücken ineinandergestellt sind − zeigt, dass sowohl Na als auch Tl von je vier Na- und je vier Tl-Atomen regulär-kubisch koordiniert werden, dass also alle drei nächsten Abstände, Na−Na, Tl−Tl, Na−Tl, einander gleich sind. Dies ist für Legierungen typisch, nicht aber für ionogen aufgebaute Stoffe.

Ein ähnliches Zustandsdiagramm wie Mg/Pb findet man für das System Mg/Cu. In diesem System gibt es allerdings zwei Verbindungen, nämlich Mg_2Cu und $MgCu_2$, und soweit drei eutektische Punkte. Außerdem kann sich in Kupfer eine kleine Menge an $MgCu_2$ lösen. Die Verbindung $MgCu_2$ gehört einer weit verbreite-

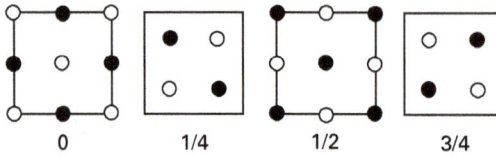

Abb. 3.22 Schnitte in den Höhen $0, 1/4, 1/2$ und $3/4$ durch die kubische Elementarzelle von NaTl.

ten Familie intermetallischer Phasen an, den *Laves-Phasen*, die im Folgenden gesondert behandelt werden.

Laves-Phasen

Metalle M und M′ mit einem Radienverhältnis $r_M/r_{M'} = 1.05 - 1.67$, meist jedoch nicht weit weg von $r_M/r_{M'} = 1.23$, bilden nahezu 200 bisher bekannte Legierungen der Zusammensetzung MM_2' (*Laves-Phasen*). Drei miteinander verwandte Strukturtypen treten auf, die nach den Prototypen $MgCu_2$, $MgNi_2$ und $MgZn_2$ bezeichnet werden. Die Struktur der kubischen Phase $MgCu_2$ sei hier besprochen und interpretiert. Die Mg-Atome besetzen zwei A1-Gitter, von denen das eine in die Hälfte der Tetraederlücken des anderen gestellt ist, sodass jedes Mg-Atom von vier anderen koordiniert wird und der Mg—Mg-Abstand $1/4$ der Raumdiagonalen der Zelle beträgt, also $(\sqrt{12}/8)\, a$ (d. i. die *Diamant-Struktur*, s. Abschnitt 3.3.1). Die zweite Hälfte der Tetraederlücken wird durch Cu_4-Tetraeder so besetzt, dass der Cu—Cu-Abstand im Tetraeder auch den Abstand einer Tetraederecke zu den Ecken dreier benachbarter Cu_4-Tetraeder darstellt; infolgedessen ist jedes Cu-Atom verzerrt-oktaedrisch von sechs Cu-Nachbaratomen umgeben, und als Cu—Cu-Abstand ergibt sich $1/4$ der Flächendiagonalen der Zelle, also $(\sqrt{8}/8)\, a$ (Abb. 3.23).

Im Abb. 3.24(a) sind alle acht Schnittebenen von Abb. 3.23 in eine Ebene projiziert. Oben rechts ist die Bindung eines Mg-Atoms in der Höhe $2/8$ an vier Mg- und zwölf Cu-Nachbaratome skizziert, wobei sich $k = 16$ als Gesamtkoordina-

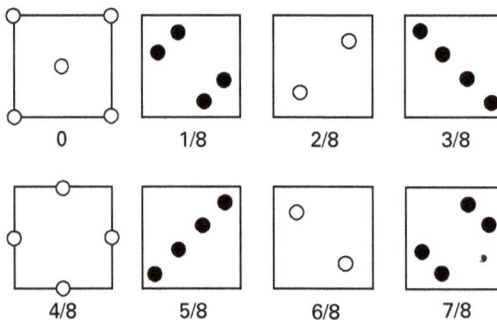

Abb. 3.23 Acht Schnitte in den Höhen 0 bis $7/8$ durch die kubische Elementarzelle von $MgCu_2$ (weiß: Mg, schwarz: Cu).

tionszahl für Mg ergibt. In Abb. 3.24(b) ist die Koordinationsfigur der zwölf ein Mg-Atom koordinierenden Cu-Atome dargestellt: ein Tetraeder, dem vier Ecken abgeschnitten wurden, sodass die Figur von vier Dreiecken (grau) und vier Sechsecken begrenzt wird. Die vier das zentrale (nicht gezeichnete) Mg-Atom koordinierenden Mg-Atome sind an Pyramidenspitzen oberhalb der vier Sechsecke als den Pyramidengrundflächen angesiedelt. Die gesamte Koordinationsfigur besteht mithin aus den vier grau gezeichneten Dreiecken und viermal sechs nicht gezeichneten Dreiecken, die jeweils die Pyramiden ummanteln. Ein solcher Achtundzwanzigflächner gehört zu den für die Koordination in Legierungen charakteristischen *Frank-Kaspar-Polyedern*. In Abb. 3.24(a) sind links unten die Bindungen eines Cu-Atoms in der Höhe 5/8 an sechs benachbarte Mg-Atome dargestellt. Diese sechs Mg-Atome und die sechs nächsten Cu-Atome ergeben ein verzerrtes Ikosaeder als Koordinationsfigur um Cu [Abb. 3.24(c)].

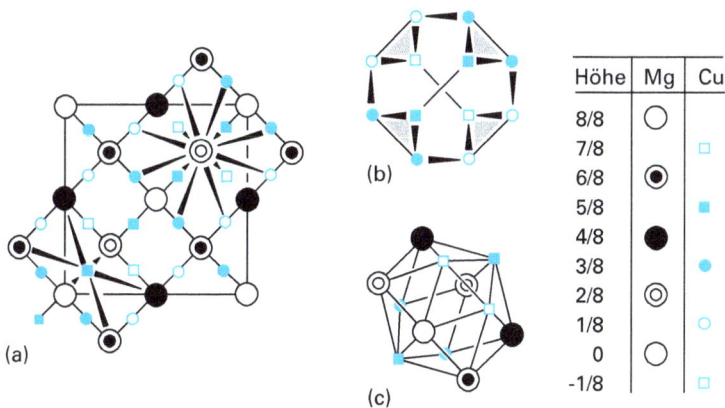

Abb. 3.24 Mg- und Cu-Atome in den Höhen 0 bis 8/8 der kubischen Elementarzelle von $MgCu_2$. (a) Darstellung der Koordination um Mg (rechts oben) und um Cu (links unten). (b) Das von vier Dreiecken (grau) und vier Sechsecken begrenzte Koordinationspolyeder der zwölf Cu-Atome um Mg; die pyramidale Überkappung der Sechsecke mit Mg führt zum Gesamtkoordinationspolyeder um Mg, einem Achtundzwanzigflächner. (c) Verzerrtes Ikosaeder aus sechs Mg- und sechs Cu-Atomen, die ein Cu-Atom im $MgCu_2$ koordinieren.

Die $MgCu_2$-Struktur weist zwei Besonderheiten auf. Erstens sind beide Metallradien im $MgCu_2$ kürzer als in den dicht gepackten reinen Metallen, und zwar ergeben sich mit $a = 704.8$ pm für die $MgCu_2$-Zelle für Mg die Werte 160.5 pm (im Metall) bzw. 152.6 pm (im $MgCu_2$) und für Cu die Werte 127.8 pm (im Metall) bzw. 124.6 pm (im $MgCu_2$). Zweitens stoßen offenbar die Mg- und die Cu-Atome, beide als Kugeln verstanden, nicht aneinander. Aus der Zellgeometrie errechnet sich nämlich ein Mg−Cu-Abstand von $(\sqrt{11}/8)\,a = 292.2$ pm. Dem steht die der Zellgeometrie entsprechende Radiensumme von nur 277.2 pm gegenüber. Die Summe der Radien in den reinen Metallen ist mit 288.3 pm immer noch kleiner als der Mg−Cu-Abstand im $MgCu_2$. Trotz der kleinen effektiven Metallradien ist die Raumerfüllung der $MgCu_2$-Struktur mit 71 % kleiner als bei den dichten Kugelpackungen von Cu oder Mg mit 74 %. Was wir lernen ist, dass die Annahme, die Metallatome in Legierungen hätten die Form starrer Kugeln, eine mitunter unrichtige Idealisierung darstellt.

Hume-Rothery-Phasen

Einige Metalle, allen voran die kubisch dicht kristallisierenden Übergangsmetalle Ni, Cu, Ag und Au, bilden mit den p-Block-Metallen Al, Sn, Pb oder dem Gruppe-12-Metall Zn die sogenannten *Hume-Rothery-Legierungen*. Die für die Anwendung wichtigsten sind die Systeme Cu/Zn (*Messing*) und Cu/Sn (*Bronze*). Charakteristisch für die Hume-Rothery-Phasen ist eine Abfolge von fünf Typen von Mischkristallen bestimmter Struktur mit mehr oder weniger enger Phasenbreite, unterbrochen durch mehr oder weniger ausgedehnte Mischungslücken. Die α-*Phase* wird gebildet vom Übergangsmetall, also z. B. Cu, in dem sich die zweite Komponente, also z. B. Zn oder Sn, mit statistischer Verteilung lösen kann. Diese kupferreichen Phasen sind bei Messing und Bronze die in der Anwendung bedeutsamen. Die β-*Phase* zeichnet sich durch eine A2-Struktur vom W-Typ, wieder mit statistischer Verteilung, aus. Im Falle von Messing liegt die β-Phase in der Nähe der Zusammensetzung CuZn, und die statistische Verteilung kann mehr oder weniger einer Überstruktur Platz machen mit der einen Komponente in 0, 0, 0 und der anderen in 1/2, 1/2, 1/2 der Zelle; dieser Struktur entspricht bei Salzen der CsCl-Typ (s. Abschnitt 3.4.2). Bei der γ-*Phase* handelt es sich um eine Variante der W-Struktur, bei der drei innenzentrierte Zellen nebeneinander in allen drei Raumrichtungen, also zusammen 27 Zellen, eine neue kubische Superzelle bilden; diese Zelle enthält anstelle von 54 jedoch nur 52 Metallatome mit zwar statistischer Verteilung, aber mit den beiden Leerstellen in geordneter Position. Die ε-*Phase* entspricht dem A3-Typ, also der Mg-Struktur, die kubische hat also einer hexagonalen Struktur Platz gemacht. Die meist enge η-*Phase* schließlich leitet sich von der Struktur der zweiten Komponente ab, in der Übergangsmetallatome der ersten Komponente gelöst und statistisch verteilt sind. Interessanterweise kristallisiert die η-Phase von Messing in der für die Struktur von Zn typischen Mg-Strukturvariante mit vergrößertem c/a-Verhältnis, während sich die hexagonale ε-Phase von Messing umgekehrt durch ein kleineres c/a-Verhältnis als im unverzerrten Mg-Typ auszeichnet.

Die Stabilitätsbereiche der fünf Hume-Rothery-Strukturen können für die einzelnen binären Systeme bei überaus verschiedenen Zusammensetzungen liegen, wie aus den Zustandsdiagrammen von Messing und Bronze abgelesen werden kann (Abb. 3.25 und 3.26). So hat die α-Phase bei Messing eine deutlich größere Breite als bei Bronze; die β-Phase liegt bei Messing um den Wert $x = 0.5$ herum, bei Bronze aber weit im kupferreichen Gebiet, und die ε-Phase findet man bei Messing weit im kupferarmen, bei Bronze aber im kupferreichen Gebiet usw.

Die unterschiedliche Zusammensetzung vergleichbarer Strukturen hat man mit der *Valenzelektronen-Konzentration* c_e zu erklären versucht. Hierzu hat man den Zustandsbereichen der β-, γ- und ε-Phasen für jede der Legierungen eine ganzzahlige Musterzusammensetzung zugeordnet, also beispielsweise für die β-Phase die Zusammensetzung CuZn (Messing) und Cu_5Sn (Bronze). Dann hat man die Summe der Valenzelektronen (bei Cu von 1, bei Zn von 2, bei Sn von 4 Valenzelektronen ausgehend usw.) durch die Summe der Stoffmengen beider Komponenten, die an 1 mol stöchiometrisch zusammengesetzter Legierung beteiligt sind, geteilt und so c_e erhalten. Die *Regel von Hume-Rothery* sagt aus, dass der Wert von c_e für jede Phase eines Hume-Rothery-Systems einen konstanten, von der Zusammensetzung unabhängigen Wert hat. Im Folgenden werden die Musterzusammensetzungen der drei mittleren Phasen von Messing und Bronze und in Klammern der hieraus errechnete x_{Cu}-Wert angegeben; darunter steht die gleichsam universell für die jeweilige Struktur gültige Valenzelektronenkonzentration:

	β-Phase	γ-Phase	ε-Phase
Messing:	CuZn (0.50)	Cu_5Zn_8 (0.38)	$CuZn_3$ (0.25)
Bronze:	Cu_5Sn (0.83)	$Cu_{31}Sn_8$ (0.79)	Cu_3Sn (0.75)
c_e:	21/14	21/13	21/12

Folgende Zweiphasengebiete sind in Abb. 3.25 gekennzeichnet: α-Phase und Schmelze (I), α- und β-Phase (II), α- und (im Sinne von CuZn) geordnete β'-Phase (II'), β-Phase und Schmelze (III), β- und γ-Phase (IV), γ-Phase und (im Sinne von CuZn) geordnete β'-Phase (IV'), γ-Phase und Schmelze (V), γ- und δ-Phase (VI), δ-Phase und Schmelze (VII), ε-Phase und Schmelze (VIII), γ- und ε-Phase (IX), ε- und η-Phase (X).

In Abb. 3.26 sind nur die ausgedehnteren Zweiphasengebiete gekennzeichnet: α-Phase und Schmelze (I), α- und β-Phase (II), ε-Phase und Schmelze (III), α- und δ-Phase (IV), α- und ε-Phase (V), ε- und η-Phase (VI), η-Phase und Schmelze (VII).

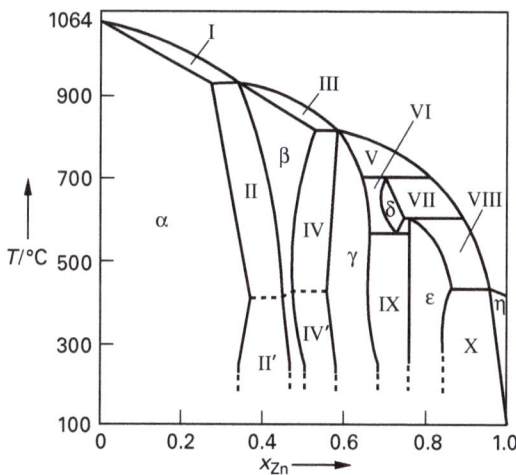

Abb. 3.25 Zustandsdiagramm von Cu/Zn, $T(x_{Zn})$.

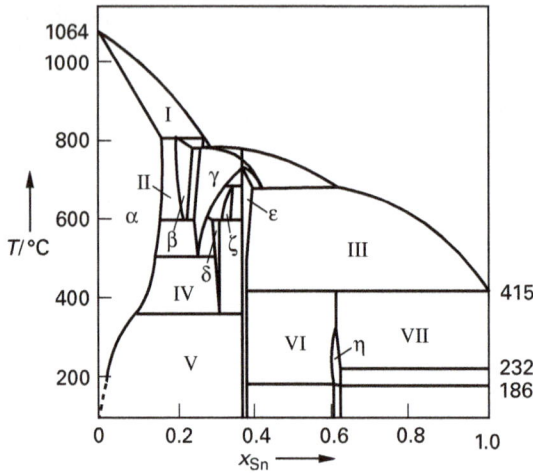

Abb. 3.26 Zustandsdiagramm von Cu/Sn, $T(x_{Sn})$.

3.2.5 Interstitielle Verbindungen

Unter *interstitiellen* oder *Einlagerungsverbindungen* versteht man d- oder f-Metalle oder Legierungen aus ihnen mit typischen Metallstrukturen, in deren tetraedrische oder oktaedrische Lücken kleinere Atome wie H, C oder N eingelagert sind. Die Verbindungen der s- und p-Metalle mit H, C, N u. ä. zeichnen sich in der Regel durch ionogenen Aufbau aus. Bei der Einlagerung in d- oder f-Metalle bleiben der metallische Glanz und die metallische Leitfähigkeit im Allgemeinen erhalten, die Härte nimmt meist zu, und die Schmelzpunkte liegen hoch. Um zu verstehen, in welche Lücke sich kleine Atome einlagern, überlegen wir, wie groß der Radius r_L einer Kugel um den Lückenmittelpunkt ist, die die benachbarten Metallkugeln mit dem Radius r_M berührt. Im Falle der Oktaederlücken greifen wir eine der das Oktaeder halbierenden Quadratflächen (blau) heraus, deren Seite die Länge $2r_M$ hat. Die Flächendiagonale setzt sich aus zwei Metall- und zwei Lückenkugelradien zusammen, sodass wir $2r_M + 2r_L = \sqrt{2}\, 2r_M$ ansetzen können und hieraus $r_L/r_M = \sqrt{2} - 1 = 0.414$.

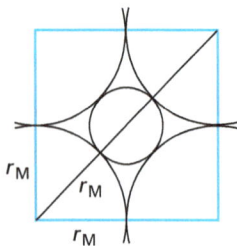

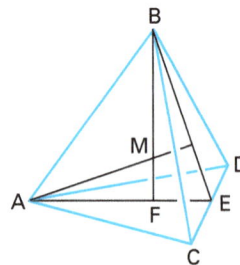

In der Mitte einer Kante t eines Koordinationstetraeders (blau) stoßen zwei Metall-kugeln zusammen: $t = 2r_M$. Die Mitte der Lückenkugel liegt im Schnittpunkt M der Tetraederhöhen, der die Höhen im Verhältnis 3:1 teilt. Der Höhenfußpunkt F ist der Schnittpunkt der Flächenhöhen und teilt diese im Verhältnis 2:1. Die rechtwinkligen Dreiecke AEC und EFB gestatten die Bestimmung der Tetraeder- und der Flächenhöhe und ihrer Abschnitte MF und AF, d. s. die Katheten im Dreieck AFM, dessen Hypotenuse AM die Summe $r_M + r_L$ repräsentiert. Es ergibt sich $r_M + r_L = (\sqrt{3}/\sqrt{8})t = 2(\sqrt{3}/\sqrt{8})r_M$; hieraus $r_L = (2(\sqrt{3}/\sqrt{8})-1)r_M = 0.225\,r_M$.

In der kubisch-innenzentrierten A2-Packung findet man tetragonal-gestauchte Oktaederlücken in den Flächenmitten der Zelle. Die beiden Kugeln in der Mitte zweier Zellen beidseits einer Quadratseite liegen näher an der Lückenmitte als die vier Kugeln an den Ecken dieser Seite. Da auf einer Zelldiagonalen der Länge $d = \sqrt{3}\,a$ vier Kugeln aneinanderstoßen, gilt $r_M = \sqrt{3}\,a/4$. Die Mitten benachbarter Metall- und Lückenkugeln haben den Abstand $a/2$, sodass gilt $a/2 = \sqrt{3}\,a/4 + r_L$ und mithin $r_L = (1/2 - \sqrt{3}/4)a = 0.067a$. Der Abstand zwischen Eckkugel und Flächenmitte betrage r_L, sodass für die Seitendiagonale gilt $d = \sqrt{2}\,a = 2\,r_M + 2\,r_L$ und hieraus $r_L = (\sqrt{2}/2 - \sqrt{3}/4)a = 0.274\,a$. Setzt man also eine Kugel in die Lücke, die die Innenkugel berührt, so kann sie die rund viermal weiter entfernten Eckkugeln nicht berühren ($0.274/0.067 \approx 4$). Die Lücke und damit der für die Lückenkugel mögliche Radius wird größer, wenn man die Lückenkugel von der Flächenmitte auf eine der vier benachbarten Kantenmitten zu bewegt, dabei ihren Abstand zur Kubusmitte vergrößert und dies so lange fortsetzt, bis sie zwei der Kugeln in den Kubusecken berührt. Auf jeder Kubusfläche gibt es vier solcher verzerrt-oktaedrischer Lücken, die aber so nahe beieinander liegen, dass sie zusammen maximal ein Gastatom beherbergen können. Aus diesen geometrischen Überlegungen folgt, dass Metalle mit einer Struktur vom A2-Typ kaum Fremdatome aufnehmen können. Vielmehr finden C- und N-Atome in den Oktaederlücken dicht gepackter Metall-Strukturen Platz, die kleineren H-Atome vorwiegend in Tetraederlücken. Gleichwohl bilden auch die Metalle, die im A2-Typ kristallisieren, Einlagerungsverbindungen, allerdings unter Umlagerung in eine dicht gepackte Struktur.

Im Zustandsdiagramm M/X (X = H, C, N) gibt es einen Bereich, in dem das Wirtsmetall Fremdatome X aufnimmt, und zwar im Allgemeinen in deutlicher Menge bei dicht gepackten Strukturen und in verschwindender Menge im Falle einer innenzentrierten Struktur. Es folgen Mischungslücken und neue Mischkristalle mit vielfach veränderter Wirtsstruktur. Die Phasenbreite ist meist gering, vielmehr trifft man sehr häufig auf Überstrukturen mit charakteristischer Zusammensetzung. Die Gastatome können das Wirtsgitter zu mehr oder weniger starken Verzerrungen ihrer typischen Metallstruktur zwingen. Fast immer geht die Aufnahme von Gastatomen mit einer Aufweitung des Zellvolumens einher. Unter der Vielfalt beobachteter Zusammensetzungen seien die folgenden, die besonders häufig auftreten, herausgegriffen: die Hydride MH, MH_2, MH_3 (in den letzteren müssen bei dicht gepacktem Wirtsgitter neben allen Tetraederlücken auch alle Oktaederlücken besetzt sein), die Carbide M_3C, M_2C, MC und die Nitride M_2N und MN.

Bei den *Hydriden* sei als typisches Beispiel für Umlagerungen im Wirtsgitter das System Cr/H herausgegriffen. Normales Chrom vom A2-Typ nimmt kaum Hydrogen auf. Der Phase CrH liegt eine A3-Struktur und der Phase CrH_2 eine A1-Struktur des Metallgerüsts zugrunde mit den H-Atomen jeweils in Tetraederlücken. In gewissen Grenzfällen trifft man einen ionogenen Aufbau an, und zwar insbesondere bei den Hydriden EuH_2 und YbH_2, da die halb besetzte bzw. abgeschlossene Elektronenkonfiguration von Eu^{2+} und Yb^{2+} besonders stabil ist und diesen Ionen Ähnlichkeit mit den Erdalkali-Ionen M^{2+} verleiht. Aber auch bei anderen Lanthanoidhydriden vom Typ LnH_2 liegt ein teilweise ionogener Aufbau aus den Partikeln $Ln^{3+}/H^-/H^-/e$ vor, der aber wegen des frei im Gitter beweglichen dritten Valenzelektrons von La bei diesen Hydriden mit metallischem Charakter einhergeht.

Ein bei Raumtemperatur spontan Hydrogen aufnehmendes Metall ist das Palladium. Die H-Atome lagern sich hier in oktaedrische Lücken ein. Die A1-Struktur von Pd erfährt beim Einbau von H keinen Wandel. Dennoch findet man bei Raumtemperatur zwischen den Grenzzusammensetzungen $PdH_{0.02}$ (Gitterkonstante $a = 389.0$ pm) bis $PdH_{0.56}$ ($a = 401.8$ pm) eine Mischungslücke, die sich bei Temperaturerhöhung verengt und bei 300 °C verschwindet, sodass bei dieser Temperatur eine lückenlose Mischkristallreihe existiert. Bei Normaldruck wird Hydrogen bis zur Grenzzusammensetzung $PdH_{0.7}$ aufgenommen; bei höheren Drücken an H_2 erreicht man aber mit der Phase PdH ein vollständiges Auffüllen aller Oktaederlücken, und bei höchsten Drücken siedelt sich noch deutlich mehr Hydrogen im Gitter an.

Die Abhängigkeit einer vielfach schnellen Hydrogenaufnahme vom H_2-Druck ist für Einlagerungshydride typisch. Da weiterhin die pro Volumeneinheit aufgenommene Hydrogenmenge größer sein kann als die in festem H_2 oder in Eis enthaltene Menge an Hydrogen, spielen interstitielle Hydride als Hydrogenspeicher in der Energietechnik eine Rolle. Besonders eignen sich hierfür ternäre Hydride wie z. B. $CuTiH_x$ (x = 0−0.9), $CoNi_3H_4$, $LaNi_5H_6$.

Bei den *Carbiden* der Formel MC stecken im Falle relativ großer Metallradien (z. B. in der Ti- und V-Gruppe) die C-Atome in allen Oktaederlücken einer A1-Struktur von M. Bei dem wegen seiner besonders großen Härte als Hartwerkstoff geschätzten Wolframcarbid WC weicht das Wirtsgitter jedoch strukturell stark von einer dichten Kugelpackung ab: Die C-Atome besetzen die Hälfte der trigonal-prismatischen Lücken einer hexagonal-primitiven W-Packung, sodass auch die C-Atome hexagonal-primitiv angeordnet sind. Bei der Zusammensetzung M_2C kann eine A3-Packung von M vorliegen, deren Oktaederlücken zur Hälfte nach statistischen Gesichtspunkten mit C besetzt werden (V_2C, Nb_2C) oder in der nur jede zweite Oktaederlückenschicht von C voll besetzt wird (Ta_2C, W_2C), oder es liegt eine A1-Packung von M vor, deren Oktaederlücken von einem unter mehreren denkbaren Ordnungsprinzipien zur Hälfte besetzt sind (Nb_2C, Mo_2C, Co_2C). Die metallreichen Carbide (wie z. B. das technisch bedeutsame Fe_3C) kristallisieren in komplizierteren Strukturen mit einem Wirtsgitter, das von den einfachen dicht gepackten Strukturen mehr oder weniger stark abweichen kann. Die Kennzeichnung solcher Strukturen als Einlagerungsverbindungen wird fragwürdig, wenn das Wirtsgitter seine metalltypische Struktur verliert.

Die legierungsartigen *Nitride* der d- und f-Metalle bilden eine große und z. T. strukturell komplexe Familie. Einigen Nitriden der einfachen Zusammensetzung MN liegt ein Metallgerüst vom A1-Typ mit Auffüllung aller oktaedrischer Lücken zugrunde, etwa im Falle M = Sc, Y, Ti, Zr, V, Ln; keines dieser Metalle kristallisiert selbst im A1-Typ. Zahlreich sind metallreiche Nitride, z. B. mit Cobalt (Co_4N, Co_3N, Co_2N) oder Eisen (Fe_8N, Fe_4N, Fe_3N, Fe_2N).

Vielfach führt man auch die Metallboride M_aB_b an, wenn von Einlagerungsverbindungen die Rede ist. Tatsächlich findet man bei den metallreicheren Boriden, beispielsweise der Zusammensetzung M_3B oder M_2B, einzelne Bor-Atome in Lücken eines Metallgitters, doch handelt es sich nicht um die für metallische Elemente typischen Gitter.

Zum Schluss sei ein System mit interstitiellen Komponenten wegen seiner großen technischen Bedeutung herausgehoben, das *System Fe/C*, das der Metallurgie des Eisens zugrunde liegt. Einfache Stähle enthalten weniger als 1.7 Gewichtsprozent (Gew.-%) Carbon ($w_C < 0.017$). In den Spezialstählen sind noch andere, in der Regel metallische Komponenten (z. B. Cr, Mo, W, V, Ni, Mn) zulegiert. In Abb. 3.27 ist das Zustandsdiagramm Eisen/Cementit (Fe/Fe_3C) dargestellt. Es exis-

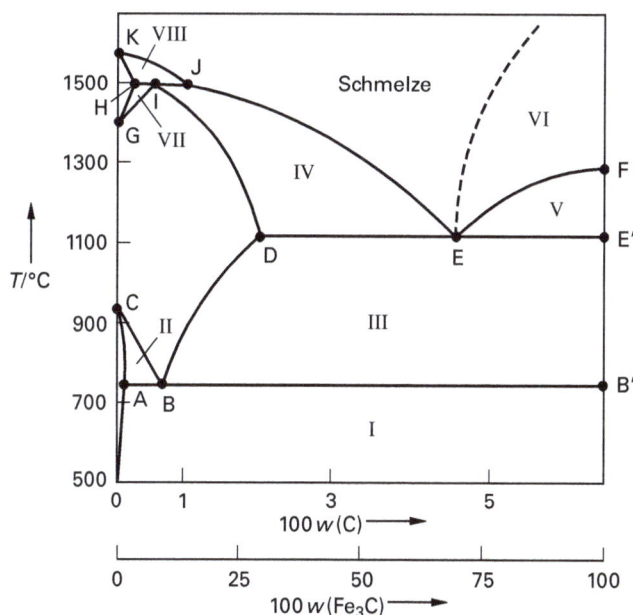

Abb. 3.27 Zustandsdiagramm Fe/Fe_3C.

tieren vier Zustandsgebiete für stabile Phasen: die Mischkristalle α-Fe/C (*Ferrit*), γ-Fe/C (*Austenit*) und δ-Fe/C sowie die Schmelze. Im γ-Fe lösen sich immerhin maximal 2.1 Gew.-% C, das sich statistisch auf die Oktaederlücken der A1-Struktur verteilt. Die innenzentrierte Struktur von α- und δ-Fe kann jeweils nur sehr wenig C-Atome in den verzerrt-oktaedrischen Lücken der A2-Struktur beherbergen. Im Zustandsdiagramm finden sich auf der Ordinate die beiden Umwandlungspunkte α-Fe/γ-Fe (C) und γ-Fe/δ-Fe (G) und der Schmelzpunkt (K). Die übrigen acht Punkte sind *Tripelpunkte*, an denen drei Phasen miteinander im Gleichgewicht stehen.

Punkte	A	B	C	D	E	F	G	H	I	J	K
T (°C)	723	723	906	1147	1147	1300	1401	1490	1490	1490	1559
100 w_C	0.02	0.8	0	2.1	4.3	6.7	0	0.1	0.3	0.6	0

In den acht Zweiphasengebieten in Abb. 3.27 existieren nebeneinander die folgenden Phasen:

Ferrit und Cementit (I), Ferrit und Austenit (II), Austenit und Cementit (III), Austenit und Schmelze (IV), Schmelze und Cementit (V), Schmelze und Graphit (VI), Mischkristalle δ-Fe/C und Austenit (VII) sowie Mischkristalle δ-Fe/C und Schmelze (VIII).

Anstelle des Zustandsdiagramms des Systems Fe/C wurde hier das Zustandsdiagramm Fe/Fe$_3$C erörtert, weil die Cementit-haltigen Gemenge beim Stahl eine wichtige Rolle spielen. Tatsächlich aber ist Cementit unterhalb 800 °C thermodynamisch nicht stabil und müsste in die Komponenten Eisen und Carbon, Letzteres in seiner Graphit-Modifikation, zerfallen. Dies geschieht auch, wenn man Fe/C-Schmelzen genügend langsam auf Temperaturen kurz unterhalb von 800 °C abkühlt, sodass eine genügend hohe Temperatur für die Bildung von Graphit genügend lange zur Verfügung steht. Bei Raumtemperatur ist Cementit metastabil. Das aus dem Hochofen fließende Roheisen enthält (neben mehr oder weniger großen Anteilen Si, Mn und P) etwa 2.5–4 Gew.-% C. Beim langsamen Abkühlen fällt *graues Roheisen* an, das überwiegend Graphit als Gemengebestandteil enthält, beim schnellen Abkühlen *weißes Roheisen* mit Cementit als wesentlichem Gemengebestandteil; im Realfall enthält Roheisen beide Gemengekomponenten. Je mehr Si im Roheisen enthalten ist, desto mehr erhöht sich der Anteil an Graphit, da Si die Bildung von Graphit katalysiert. Das Zustandsdiagramm Fe/C unterscheidet sich vom Diagramm Fe/Fe$_3$C nur wenig: Die der Geraden D–E′ entsprechende Gerade liegt 6 °C höher und muss natürlich bis $w_C = 1$ durchgezogen werden, ebenso die Gerade A–B′; die Kurve B–D liegt im System Fe/C ebenfalls etwas höher. Die gestrichelte Schmelzkurve in Abb. 3.27 gehört dem System Fe/C schon an, da molekulare Einheiten Fe$_3$C oder ähnliche in der Schmelze nicht existieren. Im Punkt F in Abb. 3.27 zerfällt Fe$_3$C in eine der gestrichelten Kurve entsprechende Schmelze und in Graphit.

Bei der Herstellung von Stahl ist es nötig, den Carbon-Gehalt im Roheisen zu verringern (*Entkohlung*), wofür mehrere technische Verfahren zur Verfügung stehen, allen voran das Verbrennen von Carbon, indem reines Oxygen durch die Schmelze geblasen wird (*Sauerstoff-Blasverfahren*). Enthält das entstehende Eisen weniger als 0.4 Gew.-% C, dann handelt es sich um *nicht-härtbaren Stahl* oder *Schmiedeeisen* oder *Baustahl*. Bei C-Gehalten von 0.4−1.7 Gew.-% C spricht man von *härtbarem Stahl* oder *Werkzeugstahl*. Kühlt man Austenit langsam ab, so scheidet sich bei Erreichen der Kurve B−C Ferrit, bei Erreichen der Kurve B−D Cementit und schließlich am Eutektikum B ein eutektisches Gemenge namens *Perlit* ab, ausgezeichnet durch eine lamellenartige, feine Körnung, perlmutartigen Glanz und eine gewisse Weichheit. Schreckt man Austenit auf eine Temperatur unterhalb 150 °C ab, dann nimmt das Fe-Wirtsgitter zwar die innenzentrierte Struktur von α-Fe an, aber das gelöste Carbon hat keine Zeit, sich als Cementit abzuscheiden, sodass eine stark übersättigte feste Lösung von C in α-Fe erhalten wird; allerdings erfährt das Gitter eine tetragonale Streckung, um den C-Atomen auf den idealisierten Gitterpunkten 1/2, 1/2, 0 mehr Platz zu geben, und zwar in geordneten Positionen bezüglich der Flächenmitten der kubischen Vergleichszelle. Diese metastabile Lösung, *Martensit*, stellt einen sehr harten Stahl dar. Erhitzt man Martensit längere Zeit (*Tempern*) auf 200−300 °C, so stabilisiert sich das System, indem es in ein Gemenge aus Ferrit und Cementit, den *Sorbit*, übergeht, ein Stahl, der weniger hart ist als Martensit, dafür aber zäher, und der eine grobkörnigere Struktur hat als der Perlit gleicher Zusammensetzung.

3.3 Kovalent aufgebaute Festkörper

3.3.1 Struktur halb- und nichtmetallischer Elemente

Die Halbmetalle der 13. und 14. Gruppe zeichnen sich in ihrer bei Normaltemperatur stabilen Modifikation dadurch aus, dass die Atome in allen drei Raumrichtungen kovalent miteinander verbunden sind (*Raumnetzstrukturen*). Die Elemente der 15. Gruppe, Nitrogen ausgenommen, bilden *Schichtengitter*: In ihnen sind die Atome in einer Schicht, also in zwei Dimensionen, kovalent aneinander gebunden, während zwischen den Schichten nur schwache bindende Wechselwirkungen bestehen. In der 16. Gruppe sind für die Elemente Selen und Tellur *Kettenstrukturen* typisch mit eindimensional kovalenter Verknüpfung und nur schwachen Bindungen zwischen den Ketten. Bei der Achtringstruktur von Sulfur ist eine entsprechende Kette zum Ring geschlossen, und es liegen nur schwache Bindungskräfte, die man hier besser zwischenmolekulare Kräfte nennt, zwischen den S_8-Molekülen vor. Solche Kräfte bewirken auch den Zusammenhalt der I_2-Moleküle im kristallinen Iod. Aber auch die bei Raumtemperatur gasförmigen Elemente sowie das flüssige Brom lassen sich bei genügend tiefer Temperatur kristallisieren. Obwohl nur zwischenmolekulare und nicht kovalente Kräfte solche Moleküle im Kristall zusammenhalten, seien ihre Kristallstrukturen hier besprochen.

Elemente der 13. Gruppe

Die Metalle Al und Tl kristallisieren − wie besprochen − dicht gepackt im A1-
bzw. A3-Typ. Beim In ist eine gedachte kubisch-flächenzentrierte Packung (a =
460.0 pm) tetragonal gestreckt (c = 494.7 pm), sodass eine tetragonal-innenzent-
rierte Struktur mit vier näher (325.3 pm) und acht weiter entfernten Nachbaratomen
(337.8 pm) zustande kommt (Abb. 3.28).

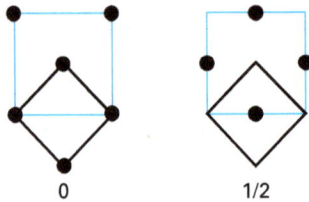

Abb. 3.28 Beziehung zwischen einer kubisch-flächenzentrierten Struktur (blau) und der aus
ihr durch tetragonale Verzerrung hervorgehenden tetragonal-innenzentrierten Struktur
(schwarz); Schnitte in den Höhen 0 und 1/2.

Das silberweiße harte Element Ga hat eine nur gut zehnmal kleinere Leitfähig-
keit ($5.77 \cdot 10^4$ Ω^{-1} cm^{-1}) als Cu ($6.48 \cdot 10^5$ Ω^{-1} cm^{-1}). Es kristallisiert in Gestalt
eines orthorhombischen Schichtengitters, in welchem jedes Ga-Atom an ein Nach-
baratom mit einem kurzen Abstand (245.5 pm) und an sechs weitere Ga-Atome mit
drei paarweise gleichen Abständen (270−279 pm) gebunden ist, d. i. keine typische
Metallstruktur. Es ist umstritten, ob man Ga zu den Metallen oder Halbmetallen
zählen soll.

Ein typisches Halbmetall ist das Bor. Die Leitfähigkeit der bei Raumtemperatur
vermutlich stabilsten Modifikation, des *β-rhomboedrischen Bors*, steigt mit der Temperatur stark an (bei 0 °C: $5.6 \cdot 10^{-5}$ Ω^{-1} cm^{-1}). Die das elementare Bor dominie-
rende Struktureinheit ist das B_{12}-Ikosaeder (Abb. 3.29). Die Bindungsverhältnisse
in solchen Ikosaedern sind die gleichen, die auch im molekular gebauten Anion
$B_{12}H_{12}^{2-}$ herrschen.

Im $B_{12}H_{12}^{2-}$-Anion liefern 12 H- und 12 B-Atome insgesamt 60 Valenzorbitale, je
vier vom Bor und je eins vom Hydrogen. Um Bindungen aufzubauen, stehen $12 \cdot 3$
$+ 12 \cdot 1 + 2 = 50$ Valenzelektronen zur Verfügung. Entsprechend dem Näherungs-
modell der lokalisierten (2c2e)- und (3c2e)-Bindungen, wie es oben für B_2H_6 beschrieben wurde, gilt für die Orbitalsumme $3\,t + 2\,y = 60$ und für die Elektronen-
summe $2\,t + 2\,y = 50$, wenn die Zahl der (3c2e)-Bindungen mit t und die der
(2c2e)-Bindungen mit y bezeichnet werden. Es folgt $t = 10$ und $y = 15$. Sehen wir
die zwölf *radial* angeordneten (d.h. auf den Ikosaedermittelpunkt gerichteten)
B—H-Bindungen als (2c2e)-Bindungen an, dann bleiben zum Aufbau des ikosaedri-
schen Bindungsgerüsts die zwölf (3c2e)- und noch drei (2c2e)-Bindungen übrig.
Eine Verteilung, die jedem B-Atom ein Elektronenoktett gewährt, ist in Abb. 3.29
dargestellt. Man kann zeigen, dass insgesamt 300 derartiger Verteilungen möglich

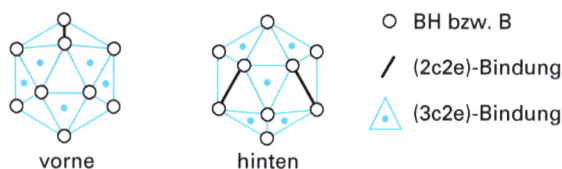

○ BH bzw. B

╱ (2c2e)-Bindung

△ (3c2e)-Bindung

vorne   hinten

Abb. 3.29 Verteilung von (3c2e)- und (2c2e)-Bindungen im Gerüst eines $B_{12}H_{12}^{2-}$-Anions und eines neutralen B_{12}-Ikosaeders.

sind, die man als mesomere Grenzformeln ansehen kann. Gehen wir vom $B_{12}H_{12}^{2-}$-Anion zum neutralen B_{12}-Ikosaeder im elementaren Bor über, dann kann man das Bindungsgerüst im Ikosaeder auf dieselbe Art beschreiben. Es bleiben noch zwölf Valenzorbitale, eines für jedes B-Atom, und zehn Valenzelektronen übrig, um die Ikosaeder im Festkörper miteinander zu verbinden.

Im *α-rhomboedrischen Bor* liegen die Mittelpunkte von B_{12}-Ikosaedern in den Ecken einer rhomboedrischen Elementarzelle, sodass die kristallographische C_3-Achse senkrecht zu einem der zehn Paare gegenüberliegender Dreiecke eines jeden Ikosaeders angeordnet ist. Wären die Ikosaeder Kugeln, so hätten wir nahezu eine kubisch-flächenzentrierte Anordnung, da der Rhomboederwinkel mit 58.1° nahe bei 60° liegt. Die vom genannten Dreieckspaar einer B_{12}-Einheit in einer Ikosaederschicht **A** ausgehenden sechs Bindungen, drei nach oben und drei nach unten, nennen wir *radial* (**A** im Sinne der Schichtenfolge in dichten Kugelpackungen). Durch sie werden drei Ikosaeder in der darüberliegenden Ebene **B** und drei Ikosaeder in der darunterliegenden Ebene **C** durch (2c2e)-Bindungen (171 pm) an das gegebene Ikosaeder gebunden. Den verbleibenden sechs Ecken der gegebenen B_{12}-Einheit stehen noch vier Elektronen zur Verfügung, also 2/3 e pro B-Atom. Jede dieser sog. *äquatorialen* Ecken kann deshalb an zwei Ecken (jeweils im Abstand von 202 pm) zweier in der Schicht **A** benachbarter Ikosaeder mittels je einer (3c2e)-Bindung gebunden sein (Abb. 3.30).

Das bis zu seinem Schmelzpunkt oberhalb von 2000 °C wohl nur metastabile α-rhomboedrische Bor enthält zwölf Atome in der rhomboedrischen Elementarzelle

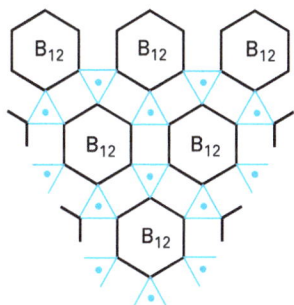

Abb. 3.30 Verknüpfung der äquatorialen Ikosaederecken einer Schicht dicht gepackter Ikosaeder über von (3c2e)-Bindungen (blaue Dreiecke) im α-rhomboedrischen Bor.

[s. Abb. 3.4(c)]. Das thermodynamisch vermutlich stabile β-rhomboedrische Bor ist mit 105 Atomen pro Zelle komplizierter aufgebaut. Je eine B_{12}-Einheit befindet sich in den Ecken und je eine in den Mitten der 12 Kanten der Zelle; das ergibt $8 \cdot 12/8 + 12 \cdot 12/4 = 48$ B-Atome pro Zelle. In der Zellenmitte liegt ein isoliertes B-Atom und oberhalb und unterhalb von ihm (bezogen auf die vertikal verlaufende C_3-Achse) je eine B_{28}-Einheit, sodass sich in der Zelle insgesamt $48 + 1 + 2 \cdot 28 = 105$ B-Atome befinden. Die B_{28}-Einheit weist C_{3v}-Symmetrie auf und besteht aus drei Ikosaedern, die eine Ecke gemeinsam haben, und weiterhin haben je zwei dieser Ikosaeder noch eine B−B-Einheit gemeinsam, sodass jedes der drei Ikosaeder $7 + 2 + \frac{1}{3} = 9\frac{1}{3}$ B-Atome zur B_{28}-Einheit beiträgt. Die B_{12}- und B_{28}-Einheiten sowie das B-Atom in der Zellenmitte kann man sich durch (2c2e)- und (3c2e)-Bindungen miteinander verknüpft denken. In der B_{28}-Einheit haben die sechs B-Atome, die zu je zwei Ikosaedern gehören, die Koordinationszahl $k = 8$, und für das eine B-Atom, das drei Ikosaedern gemeinsam ist, ergibt sich $k = 9$. Die Bindungen zu acht Nachbaratomen lassen sich mit vier (3c2e)-Bindungen gerade noch beschreiben. Im Falle $k = 9$ versagt die einfache und recht schematische Methode, alle Bindungen auf (2c2e)- und (3c2e)-Bindungen zurückzuführen, und man muss hier auf eine Beschreibung der Bindungsverhältnisse durch lokalisierte Bindungen verzichten.

Elemente der 14. Gruppe

Die bei Normaldruck stabile Modifikation von Carbon ist der *Graphit*. Er kristallisiert in einem Schichtengitter. Jede Schicht besteht aus einem planaren Sechseckwabennetz. Die C-Atome in den Ecken des Netzes gehen unter Verbrauch von drei der vier Valenzelektronen je drei σ-Bindungen zu Nachbaratomen ein. Das vierte Valenzelektron ist zwischen den Schichten delokalisiert und verleiht dem Graphit eine elektrische Leitfähigkeit in zwei Dimensionen in der Größenordnung metallischer Leitfähigkeit; senkrecht zu den Schichten eines Einkristalls besteht kaum eine Leitfähigkeit. Bei der technischen Anwendung von Graphit (beispielsweise als Elektrodenmaterial) liegen kristalline Körner in beliebigen Richtungen so eng beieinander, dass technischer Graphit zum isotropen Leiter wird. Nennen wir eine Carbonschicht im kristallinen Graphit **A**, so sind die darüber- und darunterliegenden Schichten **B** oder **C** so angeordnet, dass die Hälfte der C-Atome zweier benachbarter Schichten genau untereinander, die andere Hälfte auf Lücke liegen [Abb. 3.31(a),(b)]. Die stabilste Schichtenfolge im Graphit ist **ABAB**..., doch kennt man auch eine ganze Reihe von Graphit-Modifikationen mit anderen Schichtfolgen unter Einbeziehung aller drei denkbaren Lagen **A**, **B** und **C**; dabei kann die Identitätsperiode nach sehr viel mehr als nur zwei (**AB**...) oder drei (**ABC**...) Schichten eintreten. Man nennt dieses Phänomen *Polytypie*. In Abb. 3.31(c) und (d) wird die hexagonale Elementarzelle der einfachsten Graphit-Struktur dargestellt ($a = 245.6$, $c = 669.6$ pm). Der kovalente CC-Abstand beträgt 142 pm (im vergleichbaren Benzen: 140 pm), der Schichtabstand 335 pm (d. i. $c/2$). Zwischen den Schichten besteht

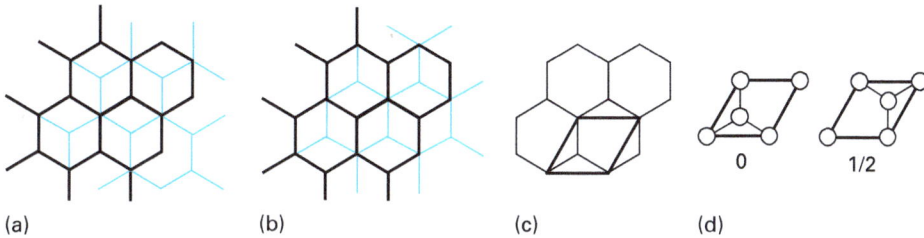

(a)   (b)   (c)   (d)

Abb. 3.31 Graphit-Struktur. (a) Ausschnitt aus Netz **A** (schwarz) und **B** (blau). (b) Netz **A** (schwarz) und **C** (blau). (c) Grundfläche der hexagonalen Elementarzelle im Falle der Schichtenfolge **AB**... (d) Schnitte durch die Elementarzelle senkrecht zu c in den Höhen 0 und 1/2.

eine schwache metallische Bindung, so schwach, dass sich die Schichten leicht gegeneinander verschieben lassen. Dies führt nicht nur zu der eben beschriebenen polytypen Modifikationsvielfalt, sondern bedingt auch die Verwendung von Graphit als Schmiermittel.

Bei hohem Druck kristallisiert Carbon als *Diamant* in dessen typischer Struktur. Bei Normaldruck ist Diamant metastabil. Seine Struktur lässt sich durch zwei A1-Gitter von C-Atomen beschreiben, die in tetraedrische Lücken des jeweils anderen Gitters gestellt sind, wie es in Abb. 3.32 mithilfe von vier Schnitten durch die kubische Elementarzelle dargestellt ist. Diese Struktur ist uns als Mg-Teilgitter in der Laves-Phase $MgCu_2$ schon einmal begegnet. Der C—C-Abstand im Diamant beträgt 154 pm, d. i. der typische C—C-Einfachbindungs-Abstand auch in Alkanen. Die CCC-Winkel von 109° 28′ entsprechen unverzerrten Tetraedern als der Koordinationsfigur eines jeden C-Atoms. Der metastabile Diamant ist extrem hart und leitet den elektrischen Strom nicht.

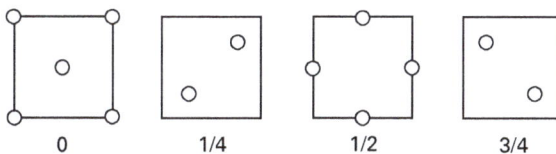

0   1/4   1/2   3/4

Abb. 3.32 Die kubische Elementarzelle der Diamant-Struktur in vier Schnitten in den Höhen 0, 1/4, 1/2 und 3/4.

Die in Abschnitt 3.2.4 besprochenen Zustandsdiagramme von Systemen mit zwei Komponenten handelten von Gleichgewichten zwischen Phasen in Abhängigkeit von der Temperatur und dem Mengenverhältnis. Dabei wurde vorausgesetzt, dass auf dem System der Normaldruck von 1 bar lastet. Würde man den Druck P verändern, so würden die Gleichgewichtskurven $T(x_i)$ zu Gleichgewichtsflächen $T(x_i,P)$, deren Schnitte zu P = const innerhalb vernünftiger Grenzen von P gegenüber P = 1 bar keine große Änderung erfahren würden. In Einkomponentensystemen ($x_i = 1$) werden die Gleichgewichtsflächen zu Gleichgewichtskurven $P(T)$, die man ebenfalls Zustandsdiagramme nennt. Das Zustandsdiagramm von Carbon ist in Abb. 3.33 dargestellt. Die Zustandsfelder I–IV bezeichnen die vier Phasen Graphit, Diamant, Schmelze bzw. Dampf. Auf den Punkten der Kurven sind jeweils zwei Phasen im Gleichgewicht. Die Siedekurve, die das Gleichgewicht zwischen Schmelze und Dampf beschreibt, liegt nahe an der Abszisse, d. h. Dampf lässt sich oberhalb eines gewissen, relativ kleinen Drucks nicht erzeugen. Von zwei Tripelpunkten liegt der eine, der das Gleichgewicht zwischen Graphit, Schmelze und Dampf anzeigt, beim gewählten Druckmaßstab scheinbar auf der Abszisse, der andere, P_2, markiert das Gleichgewicht zwischen Graphit, Diamant und Schmelze. Nicht eingetragen ist eine nur in ungefähren Umrissen bekannte Kurve, die bei höchstem Druck das Gleichgewicht zwischen dem gewöhnlichen kubischen Diamant und dem bei Normalbedingungen metastabilen *hexagonalen Diamant* festlegt. Dessen Struktur ergibt sich, wenn man zwei Carbongitter vom A3-Typ wechselseitig in tetraedrische Lücken stellt, sodass für Carbon das gleiche Koordinationspolyeder entsteht wie für Diamant. In der Praxis spielt hexagonaler Diamant keine Rolle.

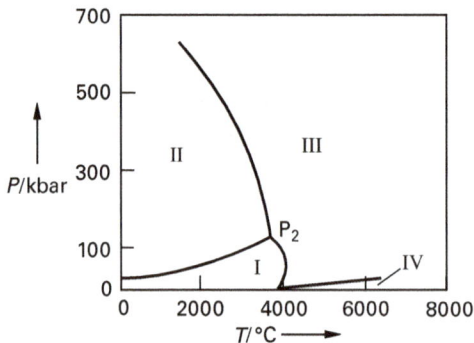

Abb. 3.33 Zustandsdiagramm $P(T)$ von Carbon mit den Zustandsfeldern für Graphit (I), Diamant (II), Schmelze (III) und Dampf (IV).

Eine metastabile, braune Carbon-Modifikation, das *Fulleren-60* (*Buckminsterfulleren*), besteht aus Molekülen C_{60}, die u. a. entstehen, wenn man Carbondampf, der aus kleinen Bruchstücken C_n besteht (n = 2, 3, 4 usw.), abschreckt. Die Struktur kann man vom Ikosaeder oder vom Pentagondodekaeder (Abb. 2.7) in ähnlicher Weise ableiten, wie die Struktur des Kuboktaeders vom Kubus oder vom Oktaeder. Schneidet man senkrecht zu den C_5-Achsen die Ecken des Ikosaeders ab, dann erhält man anstelle von 12 Ecken 12 reguläre Pentagone, und die 20 Dreiecksflächen gehen dabei in 20 Hexagone über, d. s. zusammen 32 Begrenzungsflächen. Diese Hexagone sind nicht regulär, vielmehr sind die drei Seiten, an denen Hexagone aneinanderstoßen, kürzer (139 pm) als die drei Seiten, die das Hexagon mit dem Pentagon gemeinsam hat (145 pm). Die Fünfecksseiten haben also weniger Doppelbindungscharakter als die alternierende Hälfte der Sechsecksseiten. Wegen der Krümmung des C_{60}-Netzes sind die CCC-Bindungswinkel etwas kleiner als 120°, und wenn man die π-Orbitale separat von den σ-Orbitalen betrachtet, dann muss man den p-Orbitalen, aus denen man die π-Orbitale aufbaut, etwas s-Charakter zumischen. Fulleren-60 hat die volle Ikosaedersymmetrie I_h. Weniger symmetrisch sind die Fullerene-n, C_n, mit n = 70, 76, 78, 84, 90, 94 u. a. Die Bindungskräfte im Fulleren-Molekül sind kovalenter Natur und denen im Graphit vergleichbar, aber zwischen den Molekülen im Festkörper wirken nur schwache zwischenmolekulare Kräfte.

Eine Modifikation vom Graphit-Typ gibt es in der 14. Gruppe nur bei Carbon. Silicium und Germanium kristallisieren in der Diamant-Struktur. Metallisches Zinn (*weißes Zinn*) wandelt sich bei Normaldruck unterhalb von 13.2 °C in *graues Zinn* um, das ebenfalls in der Diamant-Struktur kristallisiert. Dies ist für Gebrauchsgegenstände aus reinem metallischen Zinn von Bedeutung, die bei längerem Stehen in der Kälte die *Zinnpest* erfahren, indem sich weißes in graues Zinn umwandelt.

Elemente der 15. Gruppe

Für die Strukturen der Elemente P, As, Sb und Bi sind zwei Schichtstrukturen typisch, die des *schwarzen Phosphors* und die des *grauen Arsens*. Die Schichten beider Strukturen bestehen aus Sechseckwabennetzen, doch sind die Sechsecke nicht planar aufgebaut wie beim Graphit, sondern gewellt wie beim Cyclohexan in der Sesselkonformation. Die von einem gegebenen Hexagon ausgehenden sechs Verbindungen zu Atomen in den Nachbarhexagonen verlaufen beim grauen Arsen in äquatorialer Richtung, beim schwarzen Phosphor verlaufen vier dieser Verbindungslinien äquatorial und zwei axial. In Abb. 3.34 sind die Grundflächen der orthorhombischen (a) bzw. der hexagonalen Zelle (b) in Schichtausschnitte eingetragen. Alle Atom sind trigonal-pyramidal koordiniert mit einem freien Elektronenpaar an der Pyramidenspitze.

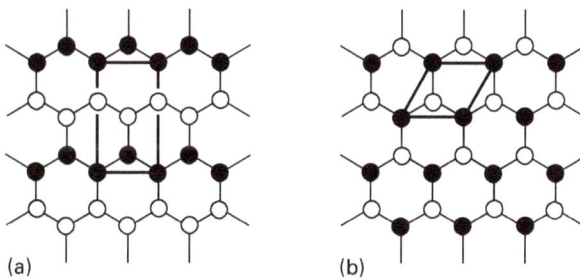

(a)   (b)

Abb. 3.34 Ausschnitt aus einer Schicht von schwarzem Phosphor (a) und grauem Arsen (b) mit Grundfläche der Elementarzelle (fett); schwarze und weiße Kugeln liegen jeweils in einer Ebene.

Schwarzer Phosphor ist die bei Raumtemperatur stabile Form des Phosphors. Die stabile Modifikation von As, Sb und Bi ist die des grauen Arsens; unter Druck wird aber eine Phosphor-Modifikation mit der Struktur des grauen Arsens stabil. Bei Normaldruck wandelt sich schwarzer Phosphor bei 550 °C in den monoklinen *violetten Phosphor* um, dessen komplizierte Struktur in Abb. 3.35 veranschaulicht ist. In ihr findet man Ketten aus P_9-, P_2- und P_8-Einheiten [Abb. 3.35(a)], die an den P_9-Einheiten nach oben gerichtete freie Valenzen haben, mittels derer die Kette an oberhalb und senkrecht zu ihr verlaufende Ketten derselben Bauart gebunden ist, sodass eine Schichtstruktur entsteht [schwarzes Gerüst in Abb. 3.35(b)]. Eine zweite Schicht [blaues Gerüst in Abb. 3.35(b)] ist in die erste Schicht verzahnt, ohne dass zwischen beiden Schichten Bindungen bestehen.

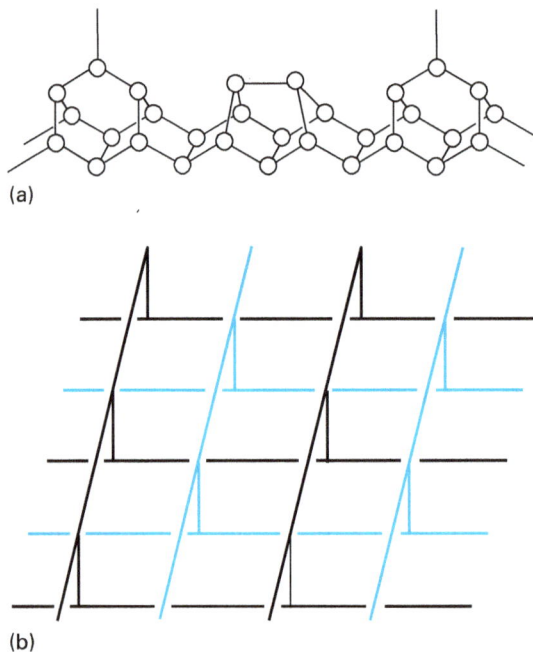

(a)

(b)

Abb. 3.35 Violetter Phosphor. (a) Aufbau einer Kette. (b) Schicht aus orthogonal zueinander in zwei Ebenen verlaufenden Ketten (schwarz), die mit einer zweiten derartigen Schicht (blau) bindungsfrei verzahnt ist.

Die untere Ebene einer Schicht von grauem Arsen (schwarze Kugeln in Abb. 3.34) sei mit **A** bezeichnet, die obere (weiße Kugeln) mit **B**. Vergleichbar mit der Schichtenfolge für die kubisch dichte Kugelpackung, liegt oberhalb der ersten Schicht eine Schicht mit As-Atomen in den Lagen **C** und **A**, gefolgt von einer Schicht in den Lagen **B** und **C** und dann wieder **A** und **B** (Abb. 3.36).

Zwischen den Schichten bestehen keine chemischen, sondern nur schwächere Wechselwirkungen. Deshalb ist der Abstand d zwischen den Schichten deutlich

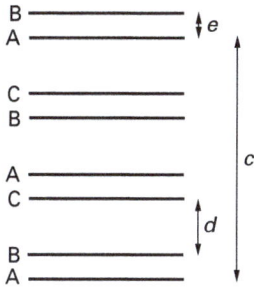

Abb. 3.36 Schichtenfolge im grauen Arsen längs der kristallographischen c-Richtung.

größer als der Abstand e zwischen den beiden Ebenen innerhalb einer Schicht. Allerdings ist das Verhältnis zwischen diesen beiden Abständen bei den Elementen As, Sb und Bi nicht gleich groß und ebenso wenig das Verhältnis zwischen dem Abstand in einer Schicht aneinander gebundener Atome zu dem kürzesten Abstand zweier Atome in benachbarten Schichten. Dieses Verhältnis beträgt 0.808 (As), 0.866 (Sb) bzw. 0.870 (Bi), bewegt sich also auf den Wert 1 zu, d. i. der Wert, den dieses Verhältnis in einer kubisch dicht gepackten Metallstruktur hätte. Der metallische Charakter steigt also auch in der 15. Gruppe von oben nach unten. Dass jenes Abstandsverhältnis allerdings den Wert 1 im Kristall nicht voll erreicht, manifestiert sich beim Sb und Bi darin, dass die Schmelze beider Elemente dichter ist als der Kristall, weil in der Schmelze die für Metalle typische dichte Packung im Nahbereich gegeben ist. Eine ähnliche Volumenabnahme und Dichtezunahme beim Schmelzen findet man übrigens auch bei den Elementen Si, Ge und Ga. Schmelzen von P und As sind hingegen aus P_4- bzw. As_4-Tetraedern aufgebaut; beide Schmelzen sind nur unter Druck thermodynamisch stabil, die von P kann man immerhin bei Normaldruck als metastabile Flüssigkeit erhalten. Der nahezu schon metallische Charakter von Bi äußert sich auch in einer von der metallischen nicht mehr sehr weit entfernten elektrischen Leitfähigkeit, die bei 0 °C $9.35 \cdot 10^3 \, \Omega^{-1} \, cm^{-1}$ beträgt (zum Vergleich bei Cu: $6.48 \cdot 10^5 \, \Omega^{-1} \, cm^{-1}$).

Die Kristallisation von schwarzem Phosphor ist ein langwieriges Verfahren. Leicht zu erhalten ist dagegen der technisch in großem Maße eingesetzte *rote Phosphor*, ein nicht-kristalliner Festkörper, der Strukturelemente des schwarzen Phosphors nur im Bereich größerer molekularer Einheiten aufweist. Festkörper dieser Art nennt man *amorph*.

Der Dampf von P, As und Sb besteht aus tetraedrisch gebauten Molekülen P_4, As_4 bzw. Sb_4, die mit zunehmender Temperatur im Rahmen von Gleichgewichten immer stärker in Moleküle P_2, As_2 bzw. Sb_2 und schließlich in die freien Atome zerfallen. Die zweiatomigen Moleküle, bei hoher Temperatur in der Gasphase, entsprechen den auch bei Raumtemperatur stabilen Molekülen N_2 des Gruppenhomologen Nitrogen. Das Abschrecken von Phosphordampf erbringt eine bei Raumtemperatur metastabile Modifikation, den *weißen Phosphor*, der im Kristall aus P_4-

Molekülen aufgebaut ist. Weißer Phosphor schmilzt bei 44.25 °C, und die metastabile Schmelze siedet bei 280.5 °C; dabei entsteht metastabiler Dampf. Bei Normaldruck stabil sind nur der schwarze und der violette Phosphor, die sich bei 550 °C ineinander umwandeln, sowie der Dampf, der mit violettem Phosphor bei 620 °C im Sublimationsgleichgewicht steht. Das dem weißen Phosphor im Aufbau entsprechende *gelbe Arsen* ist nur bei tiefer Temperatur metastabil lagerfähig und geht bei Raumtemperatur langsam in graues Arsen über. Weißer Phosphor ist wie roter Phosphor ein Handelsprodukt; er ist wesentlich reaktionsfähiger als roter Phosphor, besonders gegenüber Oxygen, und muss deshalb unter Luftausschluss (am einfachsten unter Wasser) aufbewahrt werden.

Elemente der 16. Gruppe

Sulfur kristallisiert bei Raumtemperatur in Gestalt gewellter Achtringe. Im freien, nicht-kristallinen Achtring sind die acht S−S-Bindungen wie die acht Mantellinien eines regulären tetragonalen Antiprismas angeordnet (D_{4d}; SSS-Winkel 108°). Im Kristall werden die S_8-Ringe durch zwischenmolekulare Bindungen zusammengehalten und bilden ein orthorhombisches Gitter. Die zwischenmolekularen Kräfte verzerren die Symmetrie des freien Achtrings nur unwesentlich. *α-Sulfur* geht bei 95.6 °C in *β-Sulfur* über, eine monokline Modifikation, die sich von α-Sulfur nur in der Anordnung der Achtringe im Kristallgitter unterscheidet.

Das *graue Selen* und das metallisch glänzende, silberweiße *Tellur* kristallisieren *isotyp*, also im gleichen Strukturtyp. Der Kristall ist nicht aus ringförmigen Molekülen, sondern aus beliebig langen Ketten aufgebaut, die *helical* angeordnet sind, und zwar ist die die Helix charakterisierende Schraubenachse dreizählig (mit SeSe-Se- bzw. TeTeTe-Winkeln von je 103°). Alle Ketten eines Kristalls weisen eine einheitliche Schraubrichtung auf, entweder rechts oder links, mit der Folge, dass Einkristalle von Se oder Te optisch aktiv sind, also Enantiomere bilden. Zwischen den Ketten wirken schwächere Kräfte. So beträgt der Te−Te-Abstand in der Kette 283.5 pm und der zwischen einem Kettenatom und seinen vier gleich weit entfernten Nachbaratomen, je zwei in einer von zwei benachbarten Ketten, 350 pm. Beim weniger metallischen Selen ist der Unterschied im Abstand nächster und übernächster Nachbaratome erwartungsgemäß noch größer.

Geht man vom Tellur zum noch metallischeren Polonium, so werden die bei Tellur noch verschiedenen Abstände zu den zwei nächsten und vier übernächsten Nachbarn gleich groß, d. h. jedes Po-Atom wird regulär-oktaedrisch von sechs Nachbaratomen umgeben, der Bindungswinkel schrumpft auf 90°, sodass Polonium kubisch-primitiv kristallisiert.

In einer Sulfur-Schmelze liegen Gleichgewichte zwischen Ringen S_m (m = 6, 7, 8, 9, 12 u. a., vorwiegend m = 8; insgesamt: *π-Sulfur*) und Ketten S_n (n = 10^3– 10^6; *μ-Sulfur*) vor, die in der Weise von der Temperatur abhängen, dass bei Temperaturerhöhung einerseits die Menge an Ketten zu Lasten der Ringe zunimmt, was von einer Zunahme der Viskosität begleitet wird, während andererseits die Länge der Ketten abnimmt, was einer Abnahme der Viskosität entspricht. Am zähflüssigsten ist eine Sulfur-Schmelze bei ca. 243 °C. Der Kristallisationspunkt einer solchen Schmelze, bei dem sie in kristallines β-Sulfur übergeht, liegt bei 114.5 °C. Will man umgekehrt β-Sulfur schmelzen, so dauert es beliebig lange, bis sich bei 114.5 °C ein Gleichgewicht zwischen den Kristallen und der komplexen Schmelzmischung einstellt. Vielmehr nimmt β-Sulfur oberhalb von 114.5 °C als metastabiler Kristall Wärme auf, bis er bei 119.6 °C im Rahmen eines metastabilen Gleichgewichts in eine nur aus Achtringen bestehende, leichtflüssige Schmelze übergeht, die man bei etwa 120 °C lange tempern muss, bis sich die stabile Gleichgewichtsmischung herausgebildet hat. Die bei hoher Temperatur vorwiegend aus μ-Sulfur bestehende Schmelze siedet bei 444.6 °C. Der Dampf besteht aus einer Gleichgewichtsmischung von Molekülen S_m (m = 2−8), in der am Siedepunkt die Moleküle S_8 dominieren. Mit zunehmender Temperatur herrschen immer kleinere Moleküle vor, und oberhalb von 2000 °C entstehen bei vermindertem Druck auch S-Atome. Im Großen und Ganzen verhält sich das Selen, mit Abstrichen auch das Tellur, im flüssigen und gasförmigen Zustand ähnlich wie Sulfur. Im gasförmigen Tellur (Siedepunkt: 1390 °C) liegen allerdings von vornherein Te_2-Moleküle vor.

Beim Abschrecken von Sulfur-Schmelzen auf Raumtemperatur bleibt die als Schmelze stabile Mischung als weiche Masse metastabil erhalten (*plastischer Schwefel*). Aus ihr kann man die niedermolekularen Anteile des π-Sulfur herauslösen (als Lösungsmittel eignet sich die flüchtige, übel riechende Flüssigkeit Carbondisulfid oder Dithiomethan, CS_2), sodass μ-Sulfur fest und metastabil zurückbleibt, ein in der Technik einsetzbares Material. Ähnlich lassen sich auch Selen-Schmelzen abschrecken und man erhält metastabiles, schwarzes *glasiges Selen*, das sich zu einem roten Pulver zerreiben lässt und das beim Erhitzen auf ca. 50 °C plastische Eigenschaften annimmt.

Weitere kristalline, nur mehr oder weniger kurzzeitig haltbare, mehr oder weniger aufwendig zu erhaltende Modifikationen von Sulfur und Selen sind aus Ringen S_m (m = 6, 7, 10, 11, 12, 13, 18, 20) bzw. Se_m (m = 6, 7) aufgebaut.

Kristallisation der gasförmigen Elemente sowie von Brom und Iod

Alle gasförmigen Elemente kann man bei genügend tiefer Temperatur und bei Normaldruck zur Kristallisation bringen mit Ausnahme von He, das nur bei einem Druck > 25 bar kristallisiert. Es sind nur schwache intermolekulare Kräfte wirksam. Die Edelgase kristallisieren in dichten Kugelpackungen, und zwar He in der A3- und die anderen in der A1-Struktur. Auch H_2 kristallisiert dicht in der A3-Struktur, wobei wahrscheinlich die bis nahe dem absoluten Nullpunkt erhaltene freie Drehbarkeit der H_2-Hanteln für diese eine Pseudokugelgestalt vortäuscht.

Die Halogene Cl_2 und Br_2 bilden bei tiefer Temperatur, I_2 schon bei Raumtemperatur, ein orthorhombisches Gitter, in welchem alle Moleküle in einer Schicht so angeordnet sind, wie es in Abb. 3.37 zum Ausdruck kommt. Jedes Atom hat außer seinem im Abstand d_1 kovalent gebundenen Partner drei weiter entfernte Nachbaratome in drei Nachbarmolekülen im Abstand d_2; alle vier nächsten Nachbarn bilden ein verzerrtes Quadrat als Koordinationsfigur. Der Abstand zu Nachbaratomen in der darüber- und darunterliegenden Schicht ist deutlich größer. Wie zu erwarten, nähert sich das Verhältnis d_1/d_2 umso mehr dem Wert 1 an, je weiter unten das Element im PSE steht. Kristallines Iod bildet metallglänzende, dunkelgraue Schuppen und stellt einen Halbleiter dar.

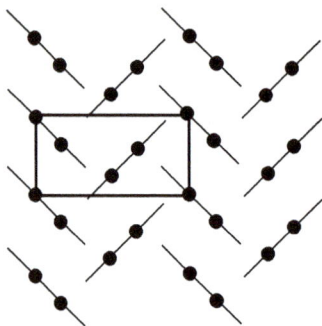

Abb. 3.37 Anordnung der Moleküle bei Hal$_2$ (Mittelpunkte der Hal-Atome: schwarze Kugeln) in einer Schicht der othorhombischen Struktur (schematisch; Hal = Cl, Br, I).

Die Elemente F_2, O_2 und N_2 kristallisieren in Abhängigkeit von der Temperatur in mehreren Modifikationen.

3.3.2 Struktur kovalent verknüpfter Elementanionen

Die im Folgenden besprochenen Anionen bestehen aus kovalent verknüpften Gerüsten der Elemente der 13., 14. oder 15. Gruppe. Das Gegenkation soll dabei (außer bei den Boriden) entweder ein Alkali- oder ein Erdalkali-Kation sein. Die Bindung zwischen den Kationen und dem Aniongerüst ist überwiegend ionogener Natur. Andererseits sind alle abgehandelten Substanzen entweder elektrische Halbleiter oder gar Leiter, und dies zeigt, dass mehr oder weniger auch metallische Bindungsanteile wirksam werden.

Die zahlreichen Boride der Übergangsmetalle mit vorwiegend metallischem Charakter (wichtige Zusammensetzungen: M_2B, MB, MB_2, MB_4, MB_6, MB_{12}) finden wegen ihrer Härte, chemischen Resistenz, thermischen Belastbarkeit und elektrischen Leitfähigkeit vielfache Anwendung. Die Bor-Atome in solchen Boriden kommen auch als isolierte Atome in Lücken des Metallgitters vor (solche Boride sollte man zu den interstitiellen Boriden zählen), doch meistens sind die Kristallgitter auf mehr oder weniger komplizierte Art von Aggregaten, Ketten, Bändern oder Netzen kovalent gebundener Bor-Atome durchzogen. Nur eine Struktur aus der gegebenen Vielfalt sei hier besprochen, weil sie strukturell lehrreich ist, nämlich die des borreichen Borids MB_{12} (M = Sc, Y, Zr, U u. a.). Die zugrunde liegenden kuboktaedrischen B_{12}^{2-}-Einheiten kann man in grober Näherung aus lokalisierten Bindungen konstruieren, wenn man außer den y (2c2e)- und t (3c2e)-Bindungen noch q (4c2e)-Bindungen bedenkt. Halten wir für jedes B-Atom ein Valenzorbital und ein Valenzelektron für radiale Bindungen nach außen in Reserve, dann bleiben je drei Orbitale und zwei Elektronen übrig, und die Orbitalbilanz lautet: $4q + 3t + 2y = 36$; für die Elektronenbilanz findet man $2q + 2t + 2y = 26$. Eine brauchbare Lösung lautet: $q = 3$, $t = 4$, $y = 6$. In Abb. 3.38(a) wird ein der Oktettregel genügendes kuboktaedrisches B_{12}^{2-}-Gerüst dargestellt.

vorne	hinten	
(a)		

- (4c2e)-Bindung
△ (3c2e)-Bindung
／ (2c2e)-Bindung

vorne   hinten
(b)

Abb. 3.38 Eine der Verteilungen lokalisierter (4c2e)-, (3c2e)- und (2c2e)-Bindungen (a) in einem in Vorder- und Rückseite zerlegten Kuboktaedergerüst B_{12}^{2-} und (b) in einem ebenso zerlegten B_6^{2-}-Gerüst; die radialen (2c2e)-Bindungen sind weggelassen.

Nun bauen wir mit den B_{12}^{2-}-Einheiten eine Art kubisch dichte Kugelpackung so auf, dass jede Kuboktaederecke mit einer radialen (2c2e)-Bindung an eine der zwölf Nachbareinheiten gebunden ist. Das Kation wird in die Oktaederlücken einer solchen Packung gesetzt. Die über die Zahl 2 hinausgehenden Valenzelektronen von M bewirken die elektrische Leitfähigkeit.

Zu Boriden der Hauptgruppenmetalle übergehend, verhält es sich mit dem Hexaborid CaB_6 ähnlich. Das oktaedrische B_6^{2-}-Gerüst lässt sich gemäß den beiden Bilanzgleichungen $3t + 2y = 18$ und $2t + 2y = 14$ in vier (3c2e)- und drei (2c2e)-Bindungen zerlegen [Abb. 3.38(b)]. Mithilfe der pro Oktaeder verbleibenden sechs radialen Orbitale und Elektronen errichtet man ein kubisch-primitives Gitter aus B_6^{2-}-Einheiten, und in die Mitte der Zelle packt man Ca^{2+}.

Die Struktur der Boride MB_2 (M = Al, Ca u. a.) ist besonders lehrreich, kann man sich doch das kovalente B^--Teilgitter analog zum isoelektronischen Graphit-Gitter aufgebaut denken. Die Kationen sitzen zwischen den Schichten oberhalb und unterhalb der Sechseckmitten (Abb. 3.39), sodass sich als Koordinationsfigur um B ein trigonales Prisma von M und um M ein hexagonales Prisma von B ergibt.

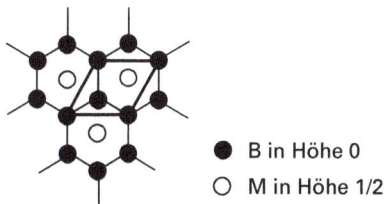

● B in Höhe 0
○ M in Höhe 1/2

Abb. 3.39 Hexagonale Schichtstruktur von MB_2: Schnitte in den Höhen 0 und 1/2.

Das AlB_{12} ist ein starker elektrischer Leiter, was man leicht einsieht, da Al von seinen drei Valenzelektronen zwei an das Bor und eines an den metallischen Gitterverband abgeben kann. Aber auch CaB_6 leitet den Strom. Dies zeigt, dass die Vorstellung eines ideal ionogenen Aufbaus aus Ca^{2+}-Kationen und einem Borid-Gerüst die wirklichen elektronischen Verhältnisse nicht genau wiedergibt.

Die Verbindungen LiAl, LiGa, und LiIn kristallisieren in der NaTl-Struktur (Abb. 3.22). Die Vorstellung, Al^-, Ga^- und In^- kristallisierten im Diamant-Gitter der isoelektronischen Elemente Si, Ge bzw. Sn so, dass Li^+ alle Lücken besetzt (also selbst wieder ein Diamant-Gitter bildet, das in das andere hineingestellt ist), liegt nahe. Dem Gedanken einer kovalenten Gitterstruktur der Ionen E^- der Gruppe-13-Elemente widerspricht es jedoch, dass alle drei Abstände (Li—Li, Li—E, E—E) gleich groß sind. Dies deutet, wie in Abschnitt 3.2.4 erwähnt, auf einen legierungsartigen Aufbau der in der NaTl-Struktur kristallisierenden Phasen hin.

Die isoelektronischen Analogiebeziehungen B^-/C, Al^-/Si usw. übertragen wir jetzt auf die Paare Si^-/P, Ge^-/As, Sn^-/Sb, Pb^-/Bi. Die Verbindungen NaSi, NaGe, NaSn und NaPb kristallisieren in einem überwiegend ionogenen Kristallgitter, das tetraedrische X_4^--Einheiten (X = Si, Ge, Sn, Pb) enthält, wie es für Moleküle X_4 in der 15. Gruppe typisch ist. Man nennt Stoffe, deren Struktur sich aus einer solchen Analogiebeziehung ableiten lässt, *Zintl-Phasen*. Auch im $BaSi_2$ liegen Si_4-Tetraeder vor. Nicht ohne weiteres absehen kann man allerdings, ob nun Anionen Si^- sich in Zintl-Phasen strukturell organisieren wie im weißen Phosphor oder wie im schwarzen Phosphor oder wie im grauen Arsen als den drei wichtigsten Strukturtypen für die Gruppe-15-Elemente. Tatsächlich kristallisiert das Si-Teilgitter im $CaSi_2$ wie graues Arsen (Abb. 3.34), und die Ca^{2+}-Ionen liegen in Oktaederlücken zwischen den Schichten. Die Abfolge von Kation- und Anionschichten wird in Abb. 3.40 veranschaulicht.

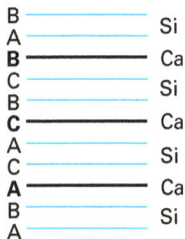

Abb. 3.40 Abfolge der hexagonalen Schichten längs der c-Richtung in der $CaSi_2$-Struktur.

In der Zintl-Phase CaSi findet man, der Analogie Si^{2-}/S entsprechend, die für die Gruppe-16-Elemente Se und Te typische Kettenstruktur, allerdings mit dem Unterschied, dass es sich nicht um helicale (Diederwinkel 120°), sondern um planare Ketten handelt (Diederwinkel 180°; antiperiplanare Konformation). Das ändert sich, wenn man zu Phasen wie NaP oder NaSb übergeht. Der Analogie P^-/S bzw. Sb^-/Te entsprechend, liegen P- bzw. Sb-Ketten vor, und zwar mit einer dreizähligen Schraubenachse wie bei Se und Te.

Natürlich kann man das Zintl-Prinzip auch auf die Alkali-Verbindungen M_2X_2 (X = O, S, Se, Te) anwenden, und natürlich sind die Anionen X_2^{2-} in Analogie zu Hal_2 kovalent zweiatomig gebaut.

3.3.3 Struktur binärer Verbindungen von Halb- und Nichtmetallen

Dieser Abschnitt ist Oxiden, Nitriden, Carbiden usw. der Halb- und Nichtmetalle gewidmet, sofern sie im festen Zustand nicht aus Molekülen aufgebaut sind. In einem Halbmetalloxid wie SiO_2 liegen zwar Bindungen mit stark kovalenten Anteilen und dementsprechend mit den Koordinationszahlen 4 für Si und 2 für O vor, aber der Strukturtyp gehört aus systematischen Gründen zu den Salzstrukturen und wird im Abschnitt 3.4.2 behandelt.

Oxide

Boroxid B_2O_3 erhält man gewöhnlich in *glasiger* Form, also mit der Struktur einer unterkühlten Schmelze. Die beim Pulverisieren des glasartigen Festkörpers entstehenden farblosen Körner sind vom kristallographischen Standpunkt aus amorph. Gleichwohl kann man B_2O_3 auch kristallisieren. Die recht komplizierte Struktur enthält dreifach von O koordinierte B- und zweifach von B koordinierte O-Atome. Während sich glasartiges B_2O_3 beim Erwärmen ohne festen Schmelzpunkt allmählich verflüssigt, schmilzt kristallines B_2O_3 bei 475 °C und die Schmelze verdampft bei 2250 °C; dabei bilden sich gewinkelte Moleküle B_2O_3 (C_{2v}).

Die Oxide EO_2 (E = Si, Ge, Sn, Pb) und EO (E = Sn, Pb) haben teilweise bis überwiegend Salzcharakter.

In der 15. Gruppe haben die wichtigsten Oxide die Zusammensetzung $E_2^VO_5$ und $E_2^{III}O_3$. Das P^V-Oxid liegt bei Raumtemperatur als Molekül P_4O_{10} vor (s. Abschnitt 2.2.5). Oberhalb von 450 °C lässt sich aus der Schmelze eine stabile Modifikation mit orthorhombischem Schichtgitter kristallisieren. In ihm sind die P-Atome wie im P_4O_{10}-Molekül von drei brückenständigen und einem terminalen O-Atom tetraedrisch koordiniert (Abb. 3.41). In der bei 562 °C gebildeten Schmelze und in der bei 605 °C entstehenden Gasphase liegen wieder Moleküle vor.

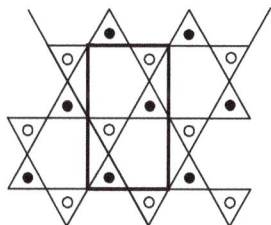

Abb. 3.41 Orthorhombisches Netz von eckenverknüpften O_4-Tetraedern im P_2O_5; die P-Atome in den Tetraedermitten sind weggelassen; die terminalen O-Atome liegen als Tetraederspitzen zur Hälfte oben (schwarz), zur Hälfte unten (weiß).

Im As_2O_5 ist die Hälfte der As-Atome tetraedrisch, die andere Hälfte oktaedrisch von O-Atomen umgeben, und die O-Atome bilden ein kompliziertes dreidimensionales Netzwerk. Die noch größeren Sb-Atome bieten den O-Atomen genügend Raum für eine nur noch oktaedrische Umgebung von Sb in einem ebenfalls komplizierten Netz von O-Atomen.

Die Oxide $E_2^{III}O_3$ liegen bei Raumtemperatur im Falle von E = P, As, Sb als kubisch kristallisierende, aus Molekülen E_4O_6 aufgebaute Substanzen vor (wie P_4O_6 in Abschnitt 2.2.5). Im Falle E = As, Sb gibt es Hochtemperatur-Modifikationen, und zwar kristallisiert As_2O_3 oberhalb 180 °C als monokline Schichtenstruktur (*Claudetit*) in zwei sehr verwandten Spielarten, die sich vom Schichtengitter des schwarzen Phosphors bzw. des grauen Arsens dadurch ableiten, dass zwischen allen benachbarten As-Atomen verbindende O-Atome liegen. Die oberhalb von 606 °C stabile Hochtemperatur-Modifikation von Sb_2O_3 (Weißspießglanz) weist eine orthorhombische Kettenstruktur auf (Abb. 3.42).

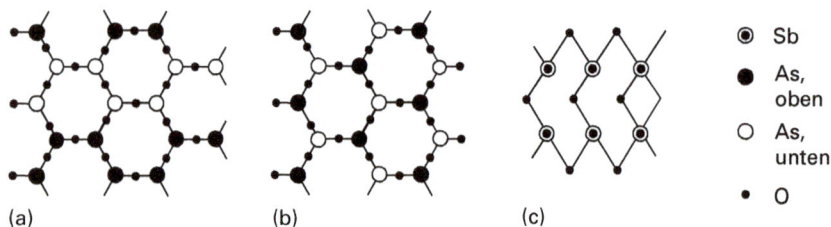

Abb. 3.42 Ausschnitt aus einer Schicht des monoklinen As_2O_3 in zwei Spielarten (a) und (b) und aus der Kettenstruktur des orthorhombischen Sb_2O_3 (c).

In der Schichtstruktur des monoklinen Bi_2O_3 ist Bi verzerrt-oktaedrisch von fünf O-Atomen und einem freien Elektronenpaar umgeben. Bei 729 °C entsteht eine salzartige Modifikation: In einer kubisch-flächenzentrierten Anordnung von Bi^{3+}-Ionen besetzen O^{2-}-Ionen 2/3 aller Tetraederlücken.

Die Oxide des sechswertigen Sulfurs und Selens kristallisieren aus der Schmelze als molekulare Sechsringe S_3O_9 (S_3O_3-Sechsring der Sesselform mit drei axialen und drei äquatorialen terminalen O-Atomen; C_{3v}; s. Abschnitt 2.2.5) bzw. Achtringe Se_4O_{12}. Stabiler sind bei Raumtemperatur aber sog. *asbestartige* Modifikationen, in denen die Ringe zu Ketten des Typs $[-E(O)_2-O-]_n$ aufgebrochen sind.

Das bei Raumtemperatur gasförmige SO_2 kristallisiert bei tiefer Temperatur in einem Molekülgitter, während SeO_2 schon bei Raumtemperatur einen aus Ketten $[-Se(O)-O-]_n$ aufgebauten kristallinen Festkörper bildet. In beiden TeO_2-Modifikationen, einer gelben orthorhombischen mit Schichtstruktur und einer farblosen tetragonalen mit dreidimensionaler Verknüpfung, ist Te trigonal-pyramidal von vier O-Atomen und einem äquatorial angeordneten freien Elektronenpaar umgeben, während jedes O-Atom zwei Te-Atome verbrückt. Das Oxid PoO_2 kristallisiert als Salz im Fluorit-Typ (s. Abschnitt 3.4.2).

Sulfide

Im kristallinen B_2S_3 sind (—B—S—B—S—B—S—)-Sechsringe über die B-Atome 1 und 3 durch S-Brücken zu Ketten verknüpft, und die Ketten sind über die B-Atome 5 durch Einheiten —S(BSBS)S— aneinander gebunden [das Fragment (BSBS) bedeutet einen (—B—S—B—S—)-Vierring, wobei an die Ring-B-Atome exocyclisch je ein verbrückendes S-Atom gebunden ist]. In diesem Schichtengitter haben wir $k = 3$ für alle B- und $k = 2$ für alle S-Atome. Gewöhnlich fällt B_2S_3 ebenso wie B_2O_3 als glasartiger Festkörper an.

Siliciumdisulfid SiS_2 ist aus SiS_4-Tetraedern aufgebaut, die über gemeinsame Kanten zu Ketten verknüpft sind, während die GeS_4-Tetraeder im GeS_2 über Ecken dreidimensional aneinander gebunden sind, ein Bauprinzip, das auch den SiO_2-Modifikationen zugrunde liegt. Zinndisulfid SnS_2 kristallisiert in der CdI_2-Struktur, ein salztypisches Gitter. Bleidisulfid PbS_2 ist bei Normalbedingungen nicht stabil.

In den Sulfiden ES und Seleniden ESe von Ge und Sn haben die beiden Bestandteile im Mittel ebenso viele Valenzelektronen wie ein Gruppe-15-Element, und diese Sulfide und Selenide kristallisieren daher in der Struktur des schwarzen Phosphors mit alternierenden Atomen E und S bzw. Se und mit $k = 3$ für E und für S bzw. Se. Das GeTe bevorzugt ganz analog die Struktur des grauen Arsens. Die Verbindungen SnTe, PbS, PbSe und PbTe hingegen kristallisieren in der salztypischen Struktur von NaCl, sodass in diesen Verbindungen das freie Elektronenpaar keine strukturbildende Wirkung entfaltet; die Ionen Sn^{2+} und Pb^{2+} verhalten sich hier kugelsymmetrisch.

Sulfide des Phosphors sind als Moleküle der Formel P_4S_n (n = 3—10) mit einem tetraedrischen P_4-Grundgerüst und mit den S-Atomen zum Teil in brückenständiger, zum Teil in terminaler Position bekannt. (Beispielsweise kennt man von den drei denkbaren Isomeren von P_4S_3 mit allen drei S-Atomen in der Brückenstellung nur dasjenige, bei dem eines der P-Atome den Brückenkopf für alle drei S-Brücken darstellt (C_{3v}); beim Tetra-μ-sulfido-Derivat P_4S_4 sind beide denkbaren Isomere bekannt, das Isomer mit benachbarten (C_s) und das mit gegenüberliegenden (D_{2d}) nicht-verbrückten Tetraederkanten usw.) Von den beiden als Minerale bekannten Arsensulfiden ist das As_4S_4 (*Realgar*) molekular gebaut (Struktur wie P_4S_4, D_{2d}), während As_2S_3 (*Auripigment*) ein monoklines Schichtengitter aus As-Sechsringen in der Wannenform mit S-Atomen zwischen allen As-Atomen bildet [Abb. 3.43(a)]. Die beiden hypothetischen (nur der besseren Übersicht halber getrennten) Ketten von Sb_2S_3 in Abb. 3.43(b) werden im kristallinen Sb_2S_3 (*Stibnit* oder *Grauspießglanz*) dadurch zu Doppelketten, dass man sie so lange aufeinander zuschiebt, bis die terminalen S-Atome sich an je zwei Sb-Atome der darüber- bzw. darunterliegenden Kette kovalent gebunden haben; diese S-Atome erhalten dabei die Koordinationszahl $k = 3$; für die eine Hälfte der Sb-Atome bleibt $k = 3$ erhalten, für die andere Hälfte entsteht in der Doppelkette $k = 5$ (tetragonal-pyramidale Koordination mit einem freien Elektronenpaar). Auch Sb_2Se_3 und Bi_2S_3 kristallisieren im Stibnit-Typ.

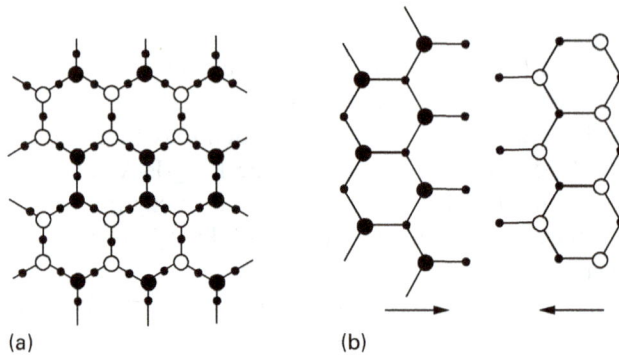

Abb. 3.43   (a) Schichtstruktur von As_2S_3. (b) Die beiden hypothetischen, in übereinander-liegenden Ebenen angeordneten Ketten von Sb_2S_3, die nach der Aneinanderbindung in der Pfeilrichtung das Stibnit-Gitter ergeben.

Nitride, Phosphide usw.

Das oben auf GeSe u. a. angewendete Prinzip, nämlich dass die Einheit GeSe der Einheit AsAs isoelektronisch ist, trifft auch für die 1:1-Verbindungen aus Elementen der 13. und 15. Gruppe zu, die ähnlich den Elementen der 14. Hauptgruppe kristallisieren sollten. Tatsächlich kennt man für das Bornitrid BN beide Strukturen, die Graphit- und die Diamant-Struktur. Im Gegensatz zu Graphit leitet aber das hexagonale BN den elektrischen Strom nicht, und im Gegensatz zum schwarzen Graphit ist es farblos. Die π-Elektronen sind offenbar stärker am Nitrogen lokalisiert als am Bor und insgesamt weniger beweglich oder − anders ausgedrückt − zwischen dem besetzten und dem unbesetzten Band besteht eine erhebliche Lücke. Diamantartiges BN ist farblos wie Diamant und nahezu genauso hart. Beide BN-Modifikationen sind chemisch ebenso resistent wie Carbon, und darüber hinaus verbrennen sie bei hoher Temperatur nicht mit Oxygen (was für die Spitzen heiß laufender Bohrer Bedeutung hat).

Die Verbindungen BP, BAs; AlP, AlAs, AlSb; GaP, GaAs, GaSb; InP, InAs, InSb kristallisieren alle mit alternierender Atomabfolge in der Diamant-Struktur, die Nitride AlN, GaN und InN in der Struktur des hexagonalen Diamanten. Die kovalenten machen mehr oder weniger auch ionogenen Bindungsanteilen Platz. Die beiden Diamant-Strukturen spielen bei Salzen MX (mit $k = 4$ für M und X) eine wichtige Rolle. Man spricht bei den oben genannten *III/V-Verbindungen*, wie man diese 1:1-Verbindungen aus Elementen der 3. und 5. Hauptgruppe oft nennt, besser nicht von „Diamant-Strukturen", sondern nach den beiden salzartigen Prototypen von der kubischen *Zinkblende-Struktur* bzw. der hexagonalen *Wurtzit-Struktur* (s. Abschnitt 3.4.2). Die III/V-Kombinationen schwererer Elemente führen zu Stoffen, wie z. B. das oben genannte InSb, in denen der metallische Charakter eine erhebliche Rolle zu spielen beginnt, und nimmt man das InBi, dann liegt in der Tat eine Legierung vor, die im AuCu-Typ (Abb. 3.19) tetragonal kristallisiert. Die meisten

III/V-Verbindungen sind Halbleiter und als solche auch von technischer Bedeutung, allen voran das Galliumarsenid GaAs.

Die Nitride Si_3N_4 und Ge_3N_4 der Gruppe-14-Elemente Si und Ge sind strukturell charakterisiert. Beim Si_3N_4 liegt eine Spielart der Zinkblende-Struktur vor, bei der nur 3/4 der Tetraederlücken einer kubisch-flächenzentrierten N-Packung durch Si besetzt sind, und die Struktur von Ge_3N_4 ist hiermit verwandt. Das Phosphornitrid P_3N_5 ist aus PN_4-Tetraedern aufgebaut, die teils über Kanten, teils über Ecken zu einer dreidimensionalen Struktur verknüpft sind. Die N-Atome sind zu 3/5 an zwei, zu 2/5 an drei P-Atome gebunden, sodass die koordinative Bilanz (P_3N_4; N: $3 \cdot 2 + 2 \cdot 3 = 12$; P: $3 \cdot 4 = 12$) aufgeht. Man kennt auch ein Nitrid PN, aber nicht dessen Struktur.

Carbide, Silicide

Hinter der Formel $B_{13}C_2$ von Borcarbid, einem technisch bedeutenden Hartstoff, verbirgt sich ein Aufbau B_{12}(CBC): Ikosaedrische B_{12}-Einheiten sind wie beim α-rhomboedrischen Bor (Abb. 3.29 und 3.30) axial miteinander verbunden, bilden also eine trigonal-verzerrte kubisch-flächenzentrierte Struktur, in deren trigonal-verzerrten Oktaederlücken anstelle der (3c2e)-Bindungen des elementaren Bors linear gebaute CBC-Einheiten parallel zur C_3-Achse liegen. Im Aluminiumcarbid Al_4C_3 ist in einer im Einzelnen komplizierten Anordnung Carbon nur an Aluminium gebunden und umgekehrt. Wie bei AlN ist es eine Frage, ob kovalente Bindungen vorherrschen oder ob ein ionogener Aufbau aus Al^{3+} und C^{4-} eine Rolle spielt.

3.4 Ionogen aufgebaute Festkörper (Salze)

3.4.1 Bindung in Salzen

Die Bindung in Salzen ist vorwiegend elektrostatischer Natur. Typisch ist, dass Anionen als nächste Nachbarn nur Kationen haben und umgekehrt. Allerdings spielen neben den anziehenden auch abstoßende elektrostatische Kräfte eine Rolle, da alle Ionen, wenn nicht in der ersten, so doch in der zweiten und in weiteren Koordinationssphären auch von gleichnamigen Ionen umgeben sind. Ein Salz der Formel M_aX_b sei aus Kationen M^{b+} und Anionen X^{a-} aufgebaut. Greifen wir ein Kation i mit der positiven Ladung $b|e|$ heraus (e ist die Elementarladung), so besteht zwischen ihm und einem Anion j mit der negativen Ladung $a|e|$ im Abstand d_{ij} ein elektrostatisches Potential u_{ij}^e gemäß dem Coulomb'schen Grundgesetz der Elektrostatik (ε_0 ist die Vakuum-Permittivität; das negative Vorzeichen bedeutet elektrostatische Anziehung):

$$u_{ij}^e = -\frac{a\,b\,e^2}{4\pi\,\varepsilon_0\,d_{ij}}$$

Wären die Ladungen und damit die Atome punktförmig, so ginge das Potential im Falle $d_{ij} = 0$ gegen $-\infty$. In Wirklichkeit aber sind dem beliebigen Nahekommen zweier Atomkerne durch die abstoßende Wirkung ihrer Elektronenhüllen Grenzen gesetzt. Auch das Bild, nach welchem Atome oder Ionen als starre Kugeln mit fixem Radius genau aneinanderstoßen, beschreibt nicht die Wirklichkeit, wie wir schon bei der Erörterung von Legierungen gesehen haben. Tatsächlich überlagert sich dem Potential u_{ij}^{e} der elektrostatischen Anziehung ein abstoßendes Potential u_{ij}^{a}, das erst wirksam wird, wenn sich zwei Ionen sehr nahekommen, das dann aber steil ansteigt. Das Gesamtpotential zwischen Kation und Anion $u_{ij} = u_{ij}^{e} + u_{ij}^{a}$ sinkt ab, sobald die elektrostatische Wechselwirkung einsetzt, erreicht im Absinken einen Wendepunkt, wenn die Abstoßung der Elektronenhüllen wirksam wird, durchläuft dann ein Minimum, um schließlich bei Überwiegen der Abstoßung steil anzusteigen. Da das Abstoßungspotential u_{ij}^{a} nur für die nächsten Nachbarn M^{b+} und X^{a-} eine Rolle spielt, können wir u_{ij}^{a} durch u^{a} ersetzen, das für alle aneinanderstoßenden Ionen gleich ist. Mit d als dem Abstand nächster Ionen lässt sich u^{a} im Allgemeinen als eine Exponentialfunktion von d darstellen:

$$u_{ij} = u_{ij}^{e} + u^{a} = -\frac{a\,b\,e^{2}}{4\pi\,\varepsilon_{0}\,d_{ij}} + c\,d^{n}$$

Auf die Konstante c kommen wir gleich zurück. Der Exponent n ist eine stoffspezifische Zahl, die mit der Kompressibilität des betrachteten Stoffs zusammenhängt. Für die meisten Salze liegt n nicht weit weg von $n = 10$.

Wir legen jetzt ein Kation in die Position 0,0,0 einer Elementarzelle und betrachten die Summe u_{e} aller Potentiale, die alle Kationen im Abstand d_{0r} und alle Anionen im Abstand d_{0s} des Kristallgitters auf dieses Kation ausüben. Die anziehenden Wechselwirkungen werden negativ, die abstoßenden positiv gezählt. Die Zahl aller Kationen im gleichen Abstand sei k_{r}, die der Anionen k_{s}. Dann ergibt sich für u_{e}:

$$u_{e} = \frac{e^{2}}{4\pi\,\varepsilon_{0}}\left[b\sum_{r}\left(\frac{k_{r}}{d_{0r}}\right) - a\sum_{s}\left(\frac{k_{s}}{d_{0s}}\right)\right]$$

Als einfaches Beispiel diene NaCl mit $a = b = 1$. Wir beschränken uns auf die Wechselwirkung des gegebenen Kations mit Kationen und Anionen bis zum Nachbarschaftsgrad 4 (r und s von 1 bis 4). In Abb. 3.44 sind diese Ionen für eine Elementarzelle durchnummeriert.

Für das Potential u^{e} erhält man jetzt (mit a als Zellparameter; man beachte, dass es zu den 24 Anionen im Abstand $3a/2$, Nachbarschaftsgrad 4, noch 6 weitere Anionen im selben Abstand in den übernächsten Zellen gibt):

$$u^{e} = \frac{e^{2}}{4\pi\,\varepsilon^{0}\,a}\cdot\left(\frac{24}{\sqrt{2}} + 6 + \frac{48}{\sqrt{6}} + \frac{24}{\sqrt{8}} + \ldots - 3 - \frac{16}{\sqrt{3}} - \frac{48}{\sqrt{5}} - 20 - \ldots\right)$$

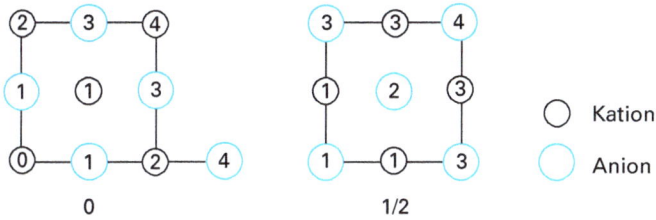

Abb. 3.44 Elementarzelle von NaCl in zwei Schnitten mit gleicher Nummerierung von Kationen und Anionen mit demselben Abstand vom Bezugskation mit der Nummer 0.

Die Summierung mit zunehmenden Abständen d_{0r} und d_{0s} wurde hier nach je vier Gliedern abgebrochen. Man sieht, dass weiter entfernte Ionen einen größeren Potentialbeitrag als nähere Ionen leisten können, wenn nur die Koordinationszahl k_r bzw. k_s groß genug ist. Setzt man die Summierung über die Ionen in weiteren Elementarzellen fort, so kommen zwar noch erhebliche Potentialbeiträge zustande, doch letztendlich konvergiert die Zahlenreihe, und zwar für unser Beispiel NaCl zum Wert $2 \cdot 1.7476$. Den Faktor 2 eliminieren wir, indem wir den Zellparameter a durch $d/2$ ersetzen (mit d als dem kleinsten Kation-Anion-Abstand). Die Zahl 1.7476, die *Madelungkonstante M*, gilt für jedes Salz MX, das in der NaCl-Struktur kristallisiert. Was hier für die NaCl-Struktur erörtert wurde, gilt in analoger Weise für alle Salze M_aX_b: Zu jedem Strukturtyp gehört eine Madelungkonstante M. Streng gilt diese Verallgemeinerung allerdings nur für Salze, die im kubischen System kristallisieren, gilt aber auch im hexagonalen und tetragonalen System streng, solange das c/a-Verhältnis konstant ist. Beispielsweise ergibt sich für die CsCl-Struktur eine Madelungkonstante von 1.7627, für die ZnS-Struktur von 1.6381 und für die CaF$_2$-Struktur von 2.5194. (Die genannten Strukturen werden im folgenden Abschnitt erläutert.)

Für alle Kräfte, die auf unser gegebenes Kation einwirken, erhält man das folgende Potential u; dabei wurde die oben eingeführte Konstante c, die für die Wechselwirkung mit einem Anion gilt, durch die Konstante C ersetzt, weil das Kation ja auch in der ersten Nachbarschaftssphäre von mehreren Anionen umgeben ist:

$$u = -\frac{M a b e^2}{4\pi \varepsilon^0 d} + C d^n$$

Um C zu ermitteln, lassen wir u mit d zu einem Minimum werden und erhalten:

$$C = -\frac{M a b e^2}{4\pi \varepsilon^0 n d^{n+1}}$$

Gehen wir von einem Kation auf 1 mol Kationen über, dann ist $U_g = N_A u$ die Energie, die frei wird, wenn 1 mol kristallines Salz aus den freien Ionen, und zwar aus a mol M^{b+} und b mol X^{a-}, entsteht. Diese sog. *Gitterenergie* ist eine experimentell nur indirekt zugängliche Größe.

$$U_g = -\frac{N_A \, M \, \text{a} \, \text{b} \, e^2}{4\pi \, \varepsilon_0 \, d} \left(1 - \frac{1}{n}\right)$$

Setzen wir in diese Formel alle universellen Konstanten ein, und speziell für NaCl $d = 1/2 \; a = 2.8202 \cdot 10^{-10}$ m, $n = 9.1$ und $M = 1.7476$, dann ergibt sich $U_g = -766.3$ kJ mol^{-1}.

Man kann U_g indirekt experimentell bestimmen, wenn man z. B. im Falle von NaCl von der Bildungswärme ΔH_f von 1 mol NaCl aus 1 mol festem Na und 1/2 mol gasförmigem Cl_2 ausgeht. Zunächst setzen wir die Bildung von 1 mol freie Na^+-Ionen aus zwei Prozessen zusammen, nämlich der Sublimation von festem Na (Sublimationswärme ΔH_s) und der Ionisierung des Na-Atoms (Ionisierungsenergie I). Dann bilden wir 1 mol freie Cl^--Ionen, indem wir 1/2 mol Cl_2 in Cl-Atome in der Gasphase zerlegen (Dissoziationsenergie $1/2D$) und dann die Cl-Atome in Anionen Cl^- überführen (Elektronenaffinität A). Schließlich vereinigen wir die freien Ionen Na^+ und Cl^- zu kristallinem NaCl (Gitterenergie U_g). Alle Energiegrößen, die für Raumtemperatur gelten mögen und die bis auf U_g experimentell bestimmbar sind, addieren wir zusammen (*Born-Haber'scher Kreisprozess*) und können so U_g indirekt bestimmen:

$$\Delta H_f = \Delta H_s + I + \frac{1}{2}\, D + A + U_g$$

Theorie und Experiment lehren, dass man in genaueren theoretischen Ansätzen für die Gitterenergie von Salzen außer der elektrostatischen Wechselwirkung der Ionen und der Abstoßung der Elektronenhüllen noch weitere, quantitativ weniger bedeutende Terme bedenken sollte, nämlich die Dipol-Dipol-Anziehung ($\sim d^{-6}$), die Dipol-Quadrupol-Abstoßung ($\sim d^{-8}$) und die Nullpunktsschwingungsenergie.

3.4.2 Struktur binärer Salze

Strukturen vom Typ MX

Wir ziehen hier in Betracht die Hydride MH der Alkalimetalle, die Halogenide MHal (Hal = F, Cl, Br, I) einwertiger Metalle, die Chalkogenide MY (Y = O, S, Se, Te) zweiwertiger Metalle und auch die Pnictide MZ (Z = N, P, As, Sb, Bi) dreiwertiger Metalle. Insbesondere bei den Pnictiden und den schwereren Chalkogeniden werden allerdings mehr oder weniger starke kovalente und metallische Bindungsanteile neben den ionogenen wirksam. Vielfach enthalten Metallkationen M^{2+} oder M^{3+} noch bewegliche Valenzelektronen, die ganz besonders bei den Lanthanoiden und Actionoiden zu metallischen Wechselwirkungen Veranlassung geben können (Beispiele: CeS, ThS, US u. a.). Bei den meisten Salzen des Typs MX liegen ionogene Bindungen in allen drei Raumrichtungen (*Raumnetzstrukturen*) vor, während die zweidimensional ionogene Verknüpfung (*Schichtengitter*) und noch mehr die eindimensional ionogene Verknüpfung (*Ketten- oder Bandstruktur*) selten sind. Bei Raumnetzstrukturen MX muss die Koordinationszahl für Kationen und Anionen gleich groß sein.

Die größte Koordinationszahl, die erlaubt, dass gleich viele Anionen ein Kation umgeben und umgekehrt, ist $k = 8$. Die hierfür infrage kommende Struktur ist die *Cäsiumchlorid-Struktur*. Bei ihr ist ein kubisch-primitives Cl^--Gitter in ein ebensolches Cs^+-Gitter gestellt [Abb. 3.45(a)]. Beide Koordinationspolyeder sind Kuben. Die Zelle enthält *ein* Cs^+- und *ein* Cl^--Ion ($Z = 1$). Im Falle $k = 6$ haben wir zwei wichtige Realisierungsmöglichkeiten: Die Anionen bilden entweder ein kubisch-flächenzentriertes Gitter vom A1-Typ oder ein hexagonales Gitter vom A3-Typ. (Man sollte hier vom A1- und nicht vom Cu-Typ sowie vom A3- und nicht vom Mg-Typ sprechen, um die Vorstellung zu vermeiden, dass die sich abstoßenden Anionkugeln so wie die Cu- und Mg-Kugeln im Metall aneinanderstoßen.) Die Kationen sitzen in allen Oktaederlücken. Im kubischen Fall bilden dann auch die Kationen eine A1-Packung und koordinieren die Anionen ihrerseits auch oktaedrisch [*Steinsalz-Struktur* (NaCl); Abb. 3.45(b); $Z = 4$]. Im hexagonalen Fall bilden die Kationen ein hexagonal-primitives Gitter und koordinieren die Anionen trigonal-prismatisch [*Nickelarsenid-Struktur*; Abb. 3.45(c); $Z = 2$]. Im Falle $k = 4$ liegt wiederum für die Anionen eine A1- oder eine A3-Struktur vor, und die Kationen besetzen die eine Hälfte der Tetraederlücken oder – was auf dasselbe hinausläuft – umgekehrt. Der Prototyp für die kubische 4 : 4-Koordination ist die *Zinkblende-Struktur* [ZnS in seiner Zinkblende-Modifikation; Abb. 3.45(d), $Z = 4$] und für die hexagonale 4 : 4-Koordination die *Wurtzit-Struktur* [ZnS in seiner Wurtzit-Modifikation; Abb. 3.45(e), $Z = 2$]. Man beachte die Verwandtschaft beider 4 : 4-Strukturen mit denen des kubischen und hexagonalen Diamanten! Liegen in der Zinkblende-Struktur Koordinationstetraeder vor, die aus Symmetriegründen unverzerrt sein müssen, so sprechen Symmetriegründe im Falle der Wurtzit-Struktur nicht gegen eine trigonale Verzerrung der Tetraeder, die nur dann unverzerrt sind, wenn das c/a-Verhältnis wie in einer idealen A3-Packung 1.363 beträgt.

Um die Vielfalt der Schichtenfolgen im Sinne der dichten Kugelpackungen zu demonstrieren, sei die *TiP-Struktur* erwähnt. In der hexagonalen c-Richtung haben wir hier pro Zellperiode die Schichtabfolge (große Buchstaben: P-Atom-Schicht, kleine Buchstaben: Ti-Atomschicht) **AcBcAbCb**, d. h. die P-Atome in den Schichten B und C sind trigonal-prismatisch (nach Art der NiAs-Struktur) und in den Schichten **A** oktaedrisch (nach Art der NaCl-Struktur) von Ti umgeben, während alle Ti-Atome oktaedrisch koordiniert werden. Von Atomen und nicht von Ionen ist hier deshalb die Rede, weil polare Bindungsanteile stark mit metallischen durchsetzt sind.

Im Allgemeinen sind die Anionradien größer als die Kationradien. Die Ionen als starre Kugeln aufgefasst, stoßen Kationen und Anionen aneinander, aber die sich

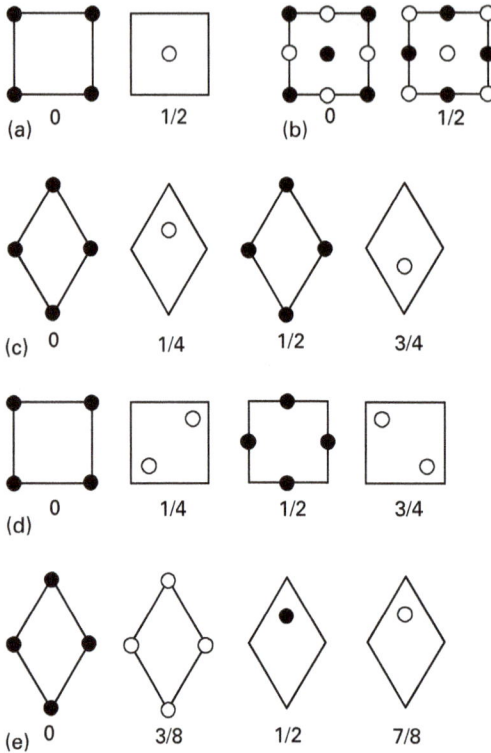

Abb. 3.45 Die fünf wichtigsten Raumnetzstrukturen für Salze vom Typ MX in Schnitten durch die kubische bzw. hexagonale Elementarzelle (● Kation; ○ Anion); (a) Cäsiumchlorid-Struktur; (b) Steinsalz-Struktur; (c) Nickelarsenid-Struktur; (d) Zinkblende-Struktur; (e) Wurtzit-Struktur.

abstoßenden Anionen sollten sich möglichst nicht berühren. In diesem Sinne finden acht Anionen um ein Kation, wie in der CsCl-Struktur, nur Platz, wenn Kationen und Anionen ungefähr gleich groß sind. Wird das Radienverhältnis r_K/r_A kleiner, bis schließlich die Anionen aneinanderstoßen, dann gilt in dieser Situation $2r_A = a$ und (längs der Raumdiagonalen der Zelle) $2r_K + 2r_A = a\sqrt{3}$; hieraus erhält man $r_K/r_A = \sqrt{3} - 1 = 0.76$. Das ist offenbar ein Grenzwert, bei dem die CsCl-Struktur nicht mehr recht stabil ist. So kristallisieren die Salze CsCl, CsBr und CsI ($r_K/r_A = 0.92$, 0.85 bzw. 0.76) in der CsCl-Struktur, nicht aber NaCl (0.56). Beim CsF ist das Kation ($r_K = 167$ pm) größer als das Anion ($r_A = 133$ pm), und nun liegt umgekehrt $r_A/r_K = 0.80$ zwar noch im denkbaren Bereich für die CsCl-Struktur, gleichwohl kristallisiert CsF im NaCl-Typ ($k = 6$). Das allzu einfache geometrische Modell aneinanderstoßender Kugeln kann nur ungefähre Maßstäbe setzen.

Lassen wir bei der überaus verbreiteten NaCl-Struktur die Anionen aneinanderstoßen, so gelangen wir zu jenem Grenzwert r_K/r_A, der in Abschnitt 3.2.5 zu

$r_K/r_A = \sqrt{2} - 1 = 0.41$ berechnet wurde. Unterhalb dieses Werts sollte man also eine der 4:4-Strukturen antreffen.

Haben wir in der Zinkblende- und Wurtzit-Struktur eine *tetraedrische* Koordination für Kation und Anion, so sollte eine d^8-Valenzelektronenkonfiguration bei Kationen der Übergangsmetalle, so wie wir es bei entsprechenden molekularen Koordinationsverbindungen kennengelernt haben, zu *quadratischer* Koordination führen. Dies ist in Salzen der Ionen Pd^{2+} und Pt^{2+} der Fall, dazu auch in Salzen der Ionen Cu^{2+} und Ag^{2+}. Die *PtS-Struktur* als Prototyp versteht man leicht, wenn man in der Zinkblende-Struktur [Abb. 3.45(d)] die Anionen in der Höhe 3/4 der Elementarzelle ebenso anordnet wie in der Höhe 1/4, sodass die Kationen in quadratische Lücken der Anionpackung geraten. Die tetragonale Elementarzelle der PtS-Struktur hat allerdings nur 1/2 des Volumens der aus der Zinkblende-Struktur abgeleiteten Zelle, da basiszentrierte tetragonale Zellen ja keine Bravaisgitter sind (Abb. 3.46).

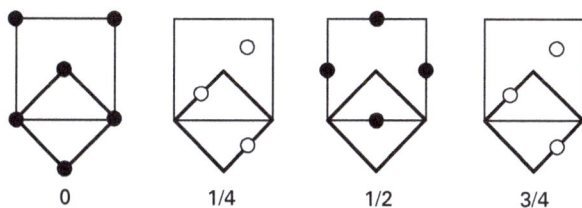

| 0 | 1/4 | 1/2 | 3/4 |

Abb. 3.46 Die Platinsulfid-Struktur in vier Schnitten durch die tetragonale Elementarzelle (fett) in den Höhen 0 bis 3/4; die größere Zelle (dünn) deutet die Verwandtschaft mit der Zinkblende-Struktur an (● Kation; ○ Anion).

Das in vielerlei Hinsicht eigenwillige Element Quecksilber trägt zu einem speziellen Strukturtyp bei, der *HgS-Struktur*. In ihr sind Hg^{2+}-Ionen helical angeordnet und durch S^{2-}-Ionen in der Helix miteinander verbunden. Mit deutlich längeren Abständen ist Hg^{2+} an vier S^{2-}-Ionen benachbarter Ketten gebunden, sodass es insgesamt stark verzerrt-oktaedrisch koordiniert wird. Das Oxid HgO kristallisiert in einer Variante der HgS-Struktur. Eine eigenwillige Struktur finden wir auch in der *CuS-Struktur*. In ihr liegen nur 1/3 der Anionen als S^{2-}-Ionen vor, 2/3 als S_2^{2-}-Ionen. Die Zusammensetzung wird genauer durch die Formel $Cu_4^I Cu_2^{II}(S_2)_2 S_2$ wiedergegeben. Das Ion Cu^+ ist tetraedrisch, Cu^{2+} trigonal-planar koordiniert.

Man kann schon in der HgS-Struktur eine Tendenz weg von der Raumnetzstruktur erkennen (Hg—S-Abstände in der Helix 236 pm, zwischen den Helices zweimal 310 und zweimal 330 pm). In der *PbO-Struktur* wird die Raumnetzstruktur endgültig zugunsten einer ionogenen Schichtstruktur verlassen, in der die O^{2-}-Ionen tetraedrisch von Pb^{2+}-Ionen und diese tetragonal-pyramidal von jenen umgeben sind. In die Pyramidenspitze ragt das strukturbestimmende freie Elektronenpaar von Pb^{2+} (Abb. 3.47). Von der O^{2-}-Schicht in der Höhe 0 der tetragonalen Zelle ist die Pb^{2+}-Schicht 119.8 pm entfernt, von dieser die nächste Pb^{2+}-Schicht

262.7 pm, bis schließlich wieder im Abstand von 119.8 pm die O^{2-}-Schicht in der Höhe 1 erreicht wird ($c = 502.3$ pm). Hieraus errechnet sich mit $a = 397.5$ pm ein Pb—O-Abstand von 232.1 pm, d. i. eine normale chemische Bindung, und ein Pb—Pb-Abstand von 384.7 pm, d. i. nur noch eine vernachlässigbar schwache metallische Wechselwirkung

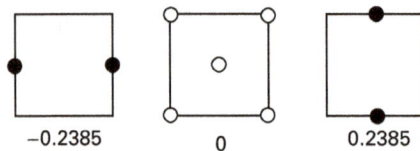

Abb. 3.47 Die Bleioxid-Struktur in drei Schnitten in den Höhen -0.2385, 0 und 0.2385 durch die tetragonale Elementarzelle (● Kation; ○ Anion).

Etliche Salze MX treten in mehreren Modifikationen mit jeweils verschiedener Struktur auf. Übt man hohen Druck auf Salze aus, so ist ebenfalls ein Strukturwechsel möglich, der in der Regel zu Strukturen mit höherer Koordination um Anion und Kation und damit zu höherer Raumerfüllung und Dichte führt. Auch in der Natur kann man ein- und denselben Stoff in zwei oder mehreren Modifikationen antreffen. Oben wurde für einen Dimorphismus das Zinksulfid — Zinkblende oder Wurtzit — erwähnt.

Die Oxide MO der ersten Übergangsreihe (M: Ti—Ni) sind mehr oder weniger *fehlgeordnet*. Als Musterbeispiel sei das in Abschnitt 1.5.1 erwähnte FeO noch einmal herangezogen, das es in dieser stöchiometrischen Zusammensetzung unter Normalbedingungen gar nicht gibt. Tatsächlich liegt eine nichtstöchiometrische Substanz Fe_xO (x = 0.87−0.95) vor. Sie kristallisiert in der NaCl-Struktur, aber einige Gitterplätze für Eisen sind unbesetzt. Zum Ausgleich der Ladung enthält der Kristall neben den Fe^{2+} auch Fe^{3+}-Ionen, und zwar doppelt so viele wie Lücken. Thermodynamisch stabil ist Fe_xO oberhalb von 570 °C, bei Raumtemperatur ist es aber metastabil, und bei einer deutlich höheren als Raumtemperatur, z. B. bei 500 °C, wird es instabil und disproportioniert in α-Fe und Fe_3O_4. Bei 36 kbar und 770 °C kann man aus Fe und Fe_xO stöchiometrisches FeO herstellen. Wahrscheinlich liegen die Fe^{3+}-Ionen im Fe_xO zumindest teilweise gar nicht in Oktaeder-, sondern auch in Tetraederlücken der O^{2-}-Packung vom A1-Typ, was voraussetzt, dass Oktaederplätze, die einem solchen Fe^{3+}-Ion benachbart sind, leer bleiben, sonst kämen sich die Kationen zu nahe. Eine Fehlordnung, bei der entweder Kation- oder Anionplätze leer stehen, nennt man eine *Schottky-Fehlordnung*. Sitzen Kationen oder Anionen nicht auf ihren normalen, sondern auf anderen Plätzen, den sog. *Zwischengitterplätzen* (also z. B. in Tetraeder- statt in Oktaederlücken), dann spricht man von einer *Frenkel-Fehlordnung*.

Die Oxide TiO und VO weisen Fehlstellen sowohl für Kationen als auch für Anionen auf. Das führt zu einer Zusammensetzung M_xO, bei der x größer oder kleiner als eins oder aus Zufall auch gleich eins sein kann; neben Kationen M^{2+}

hat man auch mit Kationen M^+ oder M^{3+} zu rechnen. Was die Oxide MO von Metallen höherer Nebenperioden angeht, kann man beispielsweise aus dem stöchiometrisch zusammengesetzten CdO beim Erhitzen etwas O_2 abspalten und kommt zu Cd_xO mit x > 1 und mit Anionleerstellen im Gitter, ein weiteres Beispiel für eine Schottky-Fehlordnung. Ähnlich wie die Oxide MO der ersten Übergangsreihe verhalten sich auch die in der NiAs-Struktur kristallisierenden Sulfide MS dieser Metalle.

In Tabelle 3.1 findet sich eine Zusammenstellung von Hydriden, Halogeniden, Pnictiden und Carbiden MX, aber auch von Legierungen MM′, die in den besprochenen Strukturen kristallisieren. Daneben gibt es eine Reihe weiterer Strukturen von Stoffen MX, die entweder weniger verbreitet sind oder weniger wichtige Stoffe betreffen, Strukturen aber, die mit den besprochenen mehr oder weniger zusammenhängen.

Tabelle 3.1 Beispiele für die sieben wichtigsten Strukturen von Substanzen des Typs MX (Salze und Salzähnliche) sowie des Typs MM′ (Legierungen) (Ln = Lanthanoid; An = Actinoid).

CsCl-Struktur	CsCl TlCl CsBr TlBr CsI TlI // AgCd AgCe AgLa AgMg AgZn AlNd AlNi AuCd AuMg AuZn BeCo BeCu BePd BiTl CaTl CdCe CdLa CdPr CuPd CuZn HgLi HgMg LaZn LiTl PrZn SbTl
NaCl-Struktur	LiH NaH KH RbH CsH // LiF NaF KF RbF CsF AgF LiCl NaCl KCl RbCl AgCl LiBr NaBr KBr RbBr AgBr LiI NaI KI RbI // MgO CaO SrO BaO TiO VO CrO MnO FeO NiO ZrO CdO TaO EuO SmO ThO PaO UO NpO PuO AmO MgS CaS SrS BaS PbS MnS LaS CeS PrS NdS SmS EuS TbS HoS ThS US PuS MgSe CaSe SrSe BaSe PbSe MnSe EuSe YbSe ThSe USe CaTe SrTe BaTe SnTe PbTe EuTe YbTe UTe // ScN TiN VN CrN ZrN LaN CeN NdN GdN UN NpN PuN ZrP LaP CeP NdP SmP ThP UP AlAs GaAs InAs SnAs ScAs YAs LaAs LnAs AnAs AlSb GaSb InSb SnSb ScSb NiSb YSb LaSb LnSb AnSb ScBi YBi LaBi LnBi AnBi // TiC VC ZrC HfC TaC PuC
NiAs-Struktur	TiS VS CrS FeS CoS NiS; CrSe MnSe FeSe CoSe NiSe CrTe MnTe FeTe CoTe NiTe PdTe PtTe // VP MnAs NiAs TaAs TiSb VSb CrSb MnSb FeSb CoSb NiSb RhSb PdSb IrSb PtSb MnBi NiBi // FeSn NiSn RhSn PdSn PtSn AnSn

Tabelle 3.1 (Fortsetzung).

ZnS-Struktur (Zinkblende)	CuCl CuBr CuI AgI // BeS ZnS CdS BeSe ZnSe HgSe BeTe ZnTe CdTe HgTe // ScN LaN TiN ZrN UN BP AlP GaP InP BAs AlAs GaAs InAs AlSb GaSb InSb // SiC TiC VC ZrC UC
ZnS-Struktur (Wurtzit)	CuH // AgI // BeO ZnO MnS ZnS CdS HgS MnSe CdSe MgTe // AlN GaN InN TaN
PtS-Struktur	CuO PdO AgO PtO PdS PtS
PbO-Struktur	SnO PbO

Soweit Stoffe MX bemerkenswerte Minerale bilden, sind diese im Folgenden zusammengestellt:

NaCl	Steinsalz	CuS	Covellit
KCl	Sylvin	ZnS	Sphalerit, Zinkblende
AgCl	Chlorargyrit, Hornblende	ZnS	Wurtzit
AgBr	Bromargyrit	CdS	Greenokit, Cadmiumblende
CuO	Melaconit, Schwarzkupfererz	PtS	Cooperit
Fe_xO	Wüstit	HgS	Zinnober
ZnO	Zinkit, Rotzinkerz	NiAs	Nickelit, Rotnickelerz
FeS	Pyrrhotin	NiSb	Breithauptit
NiS	Gelbnickelerz, Nickelblende		

Strukturen vom Typ MX_2

Drei wichtige *Raumnetzstrukturen* lassen sich von den einfachen Kugelpackungen der Metalle ableiten. Die Koordinationszahlen für Kationen und Anionen sind dabei 8 : 4, 6 : 3 bzw. 4 : 2, und in dieser Reihenfolge sollte das Radienverhältnis r_K/r_A abnehmen, was auch im Großen und Ganzen zutrifft. In der kubischen *Fluorit-Struktur* (CaF_2) befinden sich die Anionen in allen tetraedrischen Lücken einer A1-Packung der Kationen. Als Koordinationspolyeder ergeben sich ein Kubus für das Kation und ein Tetraeder für das Anion. Man trifft diese Struktur bei Fluoriden und Oxiden größerer Kationen M^{2+} bzw. M^{4+} an [Abb. 3.48(a); $Z = 4$]. Für die weit verbreitete 6:3-Koordination ist die *Rutil-Struktur* (TiO_2 in seiner Rutil-Modifikation) der Prototyp. Die Kationen besetzen ein tetragonal-innenzentriertes Gitter und sind von sechs Anionen verzerrt-oktaedrisch umgeben. Die vier Anionen der Elementarzelle sitzen in den Punktlagen $\pm(u, u, 0)$ und $\pm(u + \frac{1}{2}, \frac{1}{2} - u, \frac{1}{2})$, sodass eine trigonal-planare Umgebung für sie gewährleistet ist. Beim Prototyp TiO_2 hat der Parameter u den Wert 0.305, beim ebenso kristallisierenden SnO_2 den Wert 0.307. Mit dem Parameter u schwankt auch das c/a-Verhältnis der TiO_2-Struktur ein wenig [Abb. 3.48(b); $Z = 2$]. Eine Fehlordnung wie bei den in der NaCl-Struktur kristallisierenden Oxiden MO der Übergangsmetalle kann es auch bei den Oxiden MO_2 geben. Ein Beispiel bietet das MnO_2, das besser als MnO_x (x = 1.7−2) formuliert wird. Bei einigen der in Tabelle 3.2 angegebenen Übergangsmetalloxide MO_2 repräsentiert die Rutil-Struktur nur die Hochtemperatur-Modifikation, während die Tieftemperatur-Modifikation weniger symmetrisch, meist monoklin, ist.

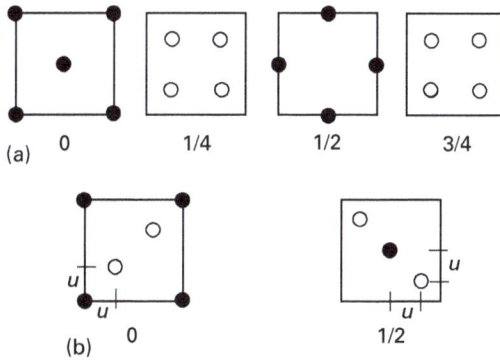

Abb. 3.48 Die Strukturen von (a) Fluorit (CaF_2) (kubisch; $k_K:k_A = 8:4$) und (b) Rutil (TiO_2) (tetragonal; u = 0.305; $k_K:k_A = 6:3$) in Schnitten durch die Elementarzelle (● Kation; o Anion).

Eine orthorhombische Variante der Rutil-Struktur ist die *CaCl₂-Struktur*. Die Kationlagen der innenzentrierten Zelle sind wie bei TiO_2 $0, 0, 0$ und $\frac{1}{2}, \frac{1}{2}, \frac{1}{2}$, zur Beschreibung der Anionlagen bedarf es aber wegen a ≠ b zusätzlich zu u noch eines zweiten Parameters v: $\pm(u, v, 0)$ und $\pm(u + \frac{1}{2}, \frac{1}{2} - v, \frac{1}{2})$.

Bei einem sehr kleinen Radienverhältnis r_K/r_A kommen wir zum Koordinationsverhältnis 4:2 und zu Bindungen, die zwar noch polar, aber gewiss nicht rein ionogen sind. Musterbeispiele sind die sechs SiO_2-Modifikationen, die alle in der Natur auftreten. Die bei Raumtemperatur thermodynamisch stabile Modifikation, der *α-Quarz*, ist eines der am meisten verbreiteten und technisch wichtigsten Minerale. Bemerkenswert sind seine optische Aktivität (*links-Quarz, rechts-Quarz*; die beiden Enantiomere kann man schon im äußeren Erscheinungsbild, dem sog. *Habitus*, gut ausgebildeter Kristalle unterscheiden) und seine Piezoelektrizität (*Schwingquarz*).

Gerade diese wichtige Modifikation hat eine im Detail nicht einfache Struktur, sodass ihre Erörterung hier unterbleibt und stattdessen die Struktur zweier Hochtemperatur-Modifikationen, nämlich der des kubischen *β-Christobalits* und der des hexagonalen *β-Tridymits*, beschrieben wird. In allen sechs Modifikationen ist Si tetraedrisch von O und O zweifach von Si umgeben, doch ist die Koordination von Si um O nur beim β-Tridymit digonal-linear, ansonsten gewinkelt ($140-153°$). Im β-Christobalit ordnen sich die Si-Atome wie die C-Atome im Diamant-Gitter. In Abb. 3.49 (oben) sind die O-Atome zwischen den Si-Atomen grob vereinfachend so dargestellt, als wäre die Si—O—Si-Brücke linear gebaut. Im β-Tridymit sitzen die Si-Atome an den Plätzen eines hexagonalen Diamant-Gitters [Abb. 3.49 (unten)]. In allen sechs SiO_2-Modifikationen sind die SiO_4-Tetraeder über Ecken miteinander verknüpft, doch die Kippung der Tetraeder gegeneinander ist verschieden, und ebenso sind es die Si—O-Abstände und Si—O—Si-Winkel. Unter hohem Druck verdichtet sich die SiO_2-Struktur und geht in den Rutil-Typ mit 6:3-Koordination über. Auch GeO_2 kristallisiert in der α-Quarz-Struktur, und BeF_2 kann in mehreren SiO_2-Strukturen kristallisieren.

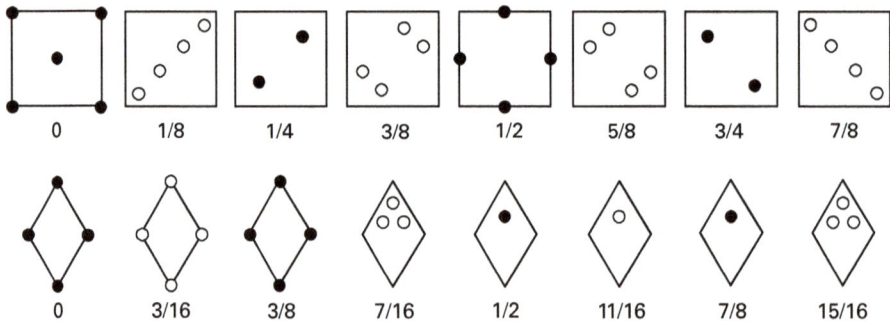

Abb. 3.49 Die Strukturen von SiO_2 im β-Christobalit (oben; kubisch; $Z = 8$; die Positionen der O-Atome sind so idealisiert, als wären die O-Brücken linear) und im β-Tridymit (unten; hexagonal; $Z = 4$) in je acht Schnitten durch die Elementarzelle in den angegebenen Höhen (● Kation; ○ Anion).

Die Dioxide EO_2 der Elemente der 14. Gruppe verdeutlichen die Abhängigkeit der Koordination vom Radienverhältnis. Das kleine Si bevorzugt die 4:2-, die größeren Gruppenhomologen Sn und Pb die 6:3-Koordination im Rutil-Typ. Das Dioxid von Ge, das im PSE zwischen Si und Sn angesiedelt ist, kristallisiert bei Raumtemperatur in der α-Quarz-Struktur, die sich aber bei 1033 °C in die Rutil-Struktur umwandelt.

Einer verbreiteten, im Aufbau etwas komplizierteren Raumnetzstruktur begegnet man bei der *PbCl₂-Struktur*. Jedes Kation ist von neun Anionen umgeben (Koordinationsfigur: leicht verzerrtes dreifach tetragonal-überkapptes trigonales Prisma), die Hälfte der Anionen von vier Kationen (verzerrt-tetraedrisch), die andere Hälfte

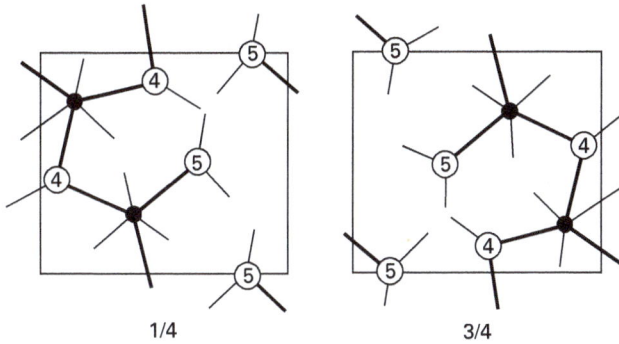

1/4 3/4

Abb. 3.50 Die PbCl$_2$-Struktur in zwei Schnitten durch die orthorhombische Elementarzelle senkrecht zu b in den Höhen 1/4 und 3/4 (● Kation; ○ Anion); die Kationen haben drei nächste trigonal-planar angeordnete Anionnachbarn in der Zeichenebene (fett) und je drei weitere in trigonal-prismatischer Anordnung (dünn) in den Ebenen 3/4 und −1/4 (bezüglich der Kationen in 1/4) bzw. in den Ebenen 1/4 und 5/4 (bezüglich der Kationen in 3/4); die Anionen sind zur Hälfte von vier Kationen (zwei in der Zeichenebene, eines darüber und eines darunter), zur Hälfte von fünf Kationen (eines in der Zeichenebene, zwei darüber und zwei darunter; siehe auch Ziffern in den Anionsymbolen).

von fünf Kationen (verzerrt-tetragonal-pyramidal) koordiniert. Weitere Angaben zur Struktur finden sich in der Legende zu Abb. 3.50.

Neben den genannten Strukturen kennt man für salzartige Verbindungen noch eine Reihe weiterer Raumnetzstrukturen, für die jeweils einige Beispiele bekannt sind. Erwähnt sei die bei einem Mineral auftretende monokline *ZrO$_2$-Struktur* ($k = 7$ für das Kation und $k = 3$ und 4 für je die Hälfte der Anionen; ZrO$_2$ kann auch in der CaF$_2$-Struktur kristallisieren) (ZrO$_2$ HfO$_2$), ferner die *SrBr$_2$-Struktur* (SrBr$_2$ SmBr$_2$ EuBr$_2$ AmBr$_2$), die *SrI$_2$-Struktur* (SrI$_2$ EuI$_2$) und die *EuI$_2$-Struktur* (EuI$_2$ AmI$_2$).

Wichtig sind einige Schichtstrukturen. Der hexagonalen *CdCl$_2$-Struktur* liegt eine NaCl-Struktur zugrunde, in der von den Kationschichten senkrecht zu einer C_3-Achse jede zweite fehlt, sodass sich die Schichtenfolge (Anionen große, Kationen kleine Buchstaben) (**AcB CbA BaC**)$_n$. Die hexagonale *CdI$_2$-Struktur* leitet sich in analoger Weise von der NiAs-Struktur ab und führt demgemäß zur Schichtenfolge (**AcB**)$_n$. Die Kationen werden in beiden Strukturen oktaedrisch von Anionen koordiniert. Die Anionen sind auf der einen Seite von drei Kationen, auf der anderen Seite in einem gebührend großen, keine starke chemische Bindung mehr verheißenden Abstand von drei Anionen der nächsten Schicht umgeben. Andere Schichtenfolgen (*Schichten* im Sinne der A1- und A3-Packungen) liegen der *MoS$_2$-Struktur* und der *NbS$_2$-Struktur* zugrunde. In beiden hexagonalen Strukturen sind die Kationen trigonal-prismatisch koordiniert. Die Schichtenfolgen lauten im Idealfall (**AbA BaB**)$_n$ (MoS$_2$) bzw. (**AcA BcB**)$_n$ (NbS$_2$), doch hat man auch mit polytypen Varianten zu rechnen.

Wir kommen zu *Kettenstrukturen* der Zusammensetzung MX_2. In der *SiS$_2$-Struktur* haben längs einer Kette SiS$_4$-Tetraeder gemeinsame Kanten, sodass es wie beim SiO$_2$ zu einer 4:2-Koordination kommt. Bei eckenverknüpften MX$_4$-Tetraedern sind die Kationen M weiter voneinander entfernt als in kantenverknüpften. Eine SiS$_2$-Struktur ist für SiO$_2$ ungünstig, da sich die Si-Kationen in den kleineren SiO$_4$-Tetraedern zu nahe kämen; ein faseriges SiO$_2$ mit der SiS$_2$-Struktur lässt sich zwar herstellen, wandelt sich aber langsam in ein SiO$_2$ mit der α-Quarz-Struktur um. Isotyp mit SiS$_2$ kristallisiert das BeH$_2$. Ketten aus PdCl$_4$-Quadraten mit gemeinsamen Seiten liegen in der *PdCl$_2$-Struktur* vor. Eine quadratische Koordination ist für ein d^8-Kation ja auch zu erwarten. Auch PdBr$_2$ kristallisiert in dieser Struktur. In beiden Kettenstrukturen, SiS$_2$ und PdCl$_2$, bestehen zwischen den Ketten nur schwache bindende Wechselwirkungen.

Eine gewisse Verwandtschaft zur PdCl$_2$-Struktur hat die Struktur jener TeO$_2$-Modifikation, die als das Mineral Tellurit bekannt ist, nur dass Te nicht quadratisch-planar, sondern ähnlich wie Te im Molekül TeCl$_4$ pseudo-trigonal-bipyramidal koordiniert wird. Je ein axiales und ein äquatoriales O-Atom gehören auch einer benachbarten TeO$_4$-Einheit an. Dabei sind die Te-Atome einer Kette nicht wie beim PdCl$_2$ längs einer, sondern längs zweier Geraden aufgereiht, an denen sich die TeO$_4$-Einheiten entlangschlängeln. Die Dioxide EO$_2$ der 16. Gruppe lehren, wie die Koordinationszahl von E von oben nach unten im PSE ansteigt: $k = 2$ für das bei Raumtemperatur gasförmige SO$_2$, $k = 3$ für die Kettenstruktur von SeO$_2$, $k = 4$ für TeO$_2$ und $k = 8$ für PoO$_2$ (CaF$_2$-Struktur).

Zuletzt sei eine *Inselstruktur* erwähnt! Sie betrifft das ungewöhnliche Verhalten von Quecksilber. Unter den vier Halogeniden HgHal$_2$ kristallisiert das HgF$_2$ zwar in der CaF$_2$-Stuktur, die drei anderen aber liegen im Kristall als lineare, kovalent gebaute Moleküle Hal—Hg—Hal vor, in denen das Hg-Atom zu vier weiteren, entfernt benachbarten Hal-Atomen allenfalls lockere Bindungen unterhält. Es sei angefügt, dass man Halogenide des einwertigen Quecksilbers der Formel HgHal nicht kennt, wohl aber der Formel Hg$_2$Hal$_2$, die im Kristall ebenfalls linear gebaute Moleküle Hal—Hg—Hg—Hal mit kovalenter Hg—Hg-Bindung enthalten.

Eine ganze Reihe von Substanzen der Formel MX_2 gehören eigentlich, strukturell gesehen, zur Gruppe MX, weil sich in ihnen das Symbol X_2 auf eine einzige anionische Einheit mit kovalenter X—X-Bindung bezieht, nämlich z. B. auf O_2^{2-} (*Peroxid*), O_2^- (*Superoxid*), S_2^{2-} (*Disulfid*), Se_2^{2-} (*Diselenid*), Te_2^{2-} (*Ditellurid*), P_2^{4-} (*Diphosphid*), As_2^{4-} (*Diarsenid*), Sb_2^{4-} (*Diantimonid*), Bi_2^{4-} (*Dibismutid*), C_2^{2-} (*Acetylid*; mit C≡C-Dreifachbindung), Si_2^{6-} (*Disilicid*). Man sollte statt MX_2 besser $M(X_2)$ schreiben, aber das ist nicht üblich. Drei Strukturtypen sind von Bedeutung. In der *CaC$_2$-Struktur* liegen die C_2^{2-}-Anionen mit ihren Schwerpunkten auf den Anionplätzen einer NaCl-Struktur und sind mit ihrer CC-Molekülachse parallel zur c-Richtung ausgerichtet, sodass eine tetragonal-gestreckte NaCl-Struktur herauskommt. Auch bei der *Pyrit-Struktur* (FeS$_2$) handelt es sich um eine Variante der NaCl-Struktur: Die zwölf S_2^{2-}-Ionen auf den Kantenmitten der Elementarzelle (die zu je 1/4 zu dieser Zelle gehören) sind jeweils zu viert zusammen mit dem

Tabelle 3.2 Beispiele für die neun wichtigsten Strukturen von Substanzen des Typs MX_2 (verzerrte Varianten sind mit einem Stern gekennzeichnet; An = Actinoid).

CaF_2-Struktur	CaF_2 SrF_2 BaF_2 PbF_2 CdF_2 HgF_2 SmF_2 EuF_2 PoO_2 ZrO_2 HfO_2 CeO_2 PrO_2 TbO_2 TmO_2 AnO_2
TiO_2-Struktur (Rutil)	MgH_2 MgF_2 TiF_2 CrF_2^* VF_2 MnF_2 FeF_2 CoF_2 NiF_2 CuF_2^* ZnF_2 PdF_2 $CrCl_2^*$ // GeO_2 SnO_2 PbO_2 TiO_2 VO_2^* CrO_2 MnO_2 ZrO_2 NbO_2^* MoO_2^* RuO_2 RhO_2 TaO_2 WO_2^* ReO_2^* OsO_2 IrO_2 PtO_2
$CaCl_2$-Struktur	$CaCl_2$ $SrCl_2$ $CaBr_2$ $SmBr_2$
$PbCl_2$-Struktur	CaH_2 SrH_2 BaH_2 YbH_2 // PbF_2 $BaCl_2$ $PbCl_2$ $SmCl_2$ $EuCl_2$ $AmCl_2$ $SrBr_2$ $BaBr_2$ $PbBr_2$ BaI_2 // ThS_2 US_2 // TiP_2 $ZrAs_2$ $HfAs_2$ $ThAs_2$
$CdCl_2$-Struktur	$MgCl_2$ $MnCl_2$ $FeCl_2$ $CoCl_2$ $NiCl_2$ $CdCl_2$ $CoBr_2$
CdI_2-Struktur	$TiCl_2$ VCl_2 $CuCl_2^*$ $MgBr_2$ $TiBr_2$ VBr_2 $CrBr_2^*$ $MnBr_2$ $FeBr_2$ $CoBr_2$ $NiBr_2$ $CuBr_2^*$ MgI_2 CaI_2 PbI_2 TiI_2 VI_2 CrI_2^* MnI_2 FeI_2 CoI_2 CdI_2 // TiS_2 ZrS_2 HfS_2 TaS_2 OsS_2 IrS_2 PtS_2
MoS_2-Struktur	MoS_2 WS_2 ReS_2 $MoSe_2$ WSe_2 $MoTe_2$ WTe_2
CaC_2-Struktur	KO_2 RbO_2 CsO_2 CaO_2 SrO_2 BaO_2 // CaC_2 SrC_2 BaC_2 LaC_2 CeC_2 NdC_2 PrC_2 SmC_2 $MoSi_2$ WSi_2
CaC_2-Struktur	KO_2 RbO_2 CsO_2; CaO_2 SrO_2 BaO_2 // CaC_2 SrC_2 BaC_2 LaC_2 CeC_2 NdC_2 PrC_2 SmC_2 $MoSi_2$ WSi_2
$FeAs_2$-Struktur	FeS_2 $FeSe_2$ $FeTe_2$ $CoTe_2$ // FeP_2; $FeAs_2$ $NiAs_2$ $FeSb_2$

S_2^{2-}-Anion in der Zellenmitte (das dieser Zelle voll angehört) in vier verschiedenen Richtungen bezüglich ihrer S_2-Molekülachse so angeordnet, dass die kubische Symmetrie der Zelle mit ihren drei C_2-Hauptachsen und vier C_3-Nebenachsen erhalten bleibt. Eine Variante der Pyrit-Struktur ist die *PdS$_2$-Struktur*. Bei ihr ist die kubische Zelle der Pyrit-Struktur so weit tetragonal in die Länge gezogen, dass die Kationen nur noch quadratisch-planar von S$_2^{2-}$-Ionen koordiniert werden, wie es sich für die d^8-Kationen im PdS$_2$ und PtS$_2$ gehört. Die *FeAs$_2$-Struktur* hängt eng mit der CaCl$_2$-Struktur, jener orthorhombischen Variante der Rutil-Struktur, zusammen. Ein S-Atom auf einem Cl-Platz der CaCl$_2$-Struktur ist dabei an ein S-Atom auf dem nächstgelegenen Cl-Platz der Nachbarzelle kovalent gebunden und zwar so, dass die S$-$S-Achse der Anionen in $c = 0$ etwa senkrecht auf der der Anionen in $c = 1/2$ steht. Das FeS$_2$ tritt in zwei Modifikationen auf, dem *Pyrit* und dem *Markasit*; der Pyrit ist Prototyp einer Struktur, der Markasit kristallisiert in der FeAs$_2$-Struktur, die deshalb oft auch als *Markasit-Struktur* bezeichnet wird.

Eine Auswahl an Beispielen für Substanzen des Typs MX$_2$ ist für neun mehr oder weniger stark verbreitete Strukturtypen in Tabelle 3.2 gegeben. Im Folgenden sind bemerkenswerte Minerale MX$_2$ genannt:

CaF$_2$	Fluorit, Flussspat	MnO$_2$	Pyrolusit
SiO$_2$	Quarz (α- und β-Form)	ZrO$_2$	Baddeleyit
SiO$_2$	Christobalit (α- und β-Form)	MnS$_2$	Hauerit
SiO$_2$	Tridymit (α- und β-Form)	FeS$_2$	Pyrit, Eisenkies
SnO$_2$	Kassiterit, Zinnstein	FeS$_2$	Markasit
TeO$_2$	Tellurit	MoS$_2$	Molybdänit, Molybdänglanz
TiO$_2$	Rutil	WS$_2$	Tungstenit
TiO$_2$	Anatas	PtAs$_2$	Sperlith
TiO$_2$	Brookit		

Strukturen vom Typ M$_2$X

Bei den salzartigen Verbindungen M$_2$X handelt es sich um Oxide und Sulfide einwertiger Kationen M$^+$. Die meisten Salze M$_2$X kristallisieren in einer sog. *anti-Struktur* von MX$_2$, d. h. die Kationen und Anionen von MX$_2$ haben die Plätze getauscht. Das Cu$_2$O (*Cuprit*) bildet einen eigenen Strukturtyp: Zwei Cu$_2$O-Gitter, jedes vom *anti-β*-Christobalit-Typ, sind so ineinandergestellt, wie es Abb. 3.51 zeigt. Im Gegensatz zum β-Christobalit ist die Cu$-$O$-$Cu-Anordnung tatsächlich linear. Auch das Cs$_2$S kristallisiert in einem eigenen Strukturtyp, nämlich mit den Kationen in allen Oktaeder- und der Hälfte der Tetraederlücken einer A3-Packung der Anionen. Dem Cu$_2$S und dem Ag$_2$S liegen ebenfalls eine A3-Packung der Anionen zugrunde, aber Cu$^+$ wird trigonal-planar und Ag$^+$ z. T. trigonal-planar, z. T. digonal-linear von S^{2-}-Anionen koordiniert. Die Sulfide Ti$_2$S und Nb$_2$S sowie das isostrukturelle Phosphid Ta$_2$P haben komplizierte Strukturen und vorwiegend metallische Eigenschaften. Dies trifft auch für Hf$_2$S, Co$_2$P, Ru$_2$P, Rh$_2$P und Ir$_2$P zu.

Wie einige salzartige Oxide und Sulfide M$_2$X sowie einige eher metallische Nitride und Phosphide M$_2$X der Übergangsmetalle kristallisieren, ist im Folgenden zusammengestellt:

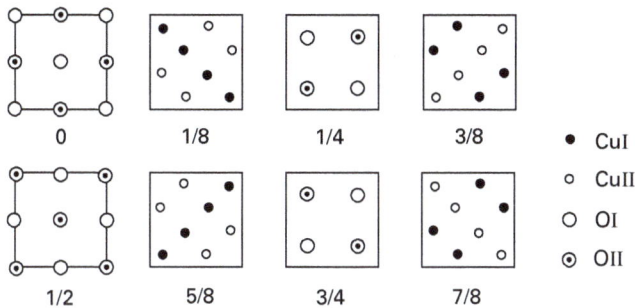

Abb. 3.51 Die Cu_2O-Struktur in acht Schnitten durch die kubische Zelle.

anti-CaF_2-Struktur:	Li_2O Na_2O K_2O Rb_2O; Li_2S Na_2S K_2S Rb_2S; Rh_2P Ir_2P
anti-SnO_2-Struktur:	Ti_2N
anti-$PbCl_2$-Struktur:	Co_2P Ru_2P Ba_2Pt
anti-$CdCl_2$-Struktur:	Co_2N
anti-CdI_2-Struktur:	Cs_2O Tl_2O (polytype Variante) Ti_2O; Tl_2S
anti-NbS_2-Struktur:	Hf_2S
Cu_2O-Struktur:	Cu_2O Ag_2O
eigene Strukturtypen:	Cs_2S Cu_2S Ag_2S u. a.

Folgende Stoffe M_2X haben als Minerale Bedeutung:

Cu_2O	Cuprit, Rotkupfererz
Cu_2S	Chalkosin, Kupferglanz
Ag_2S	Argentit, Silberglanz

Strukturen vom Typ MX_3 und M_3X

Binäre Verbindungen MX_3 beschränken sich im Wesentlichen auf Halogenide $MHal_3$ und Oxide MO_3. In diesen hat der ionogene weitgehend einem kovalenten Bindungscharakter Platz gemacht, da die hoch geladenen Kationen M^{6+} die Oxid-Ionen O^{2-} stark polarisieren.

Unter den *Raumnetzstrukturen* für MX_3 weist die *Rheniumtrioxid-Struktur* eine hohe Symmetrie auf: ein kubisch-primitives Netz eckenverknüpfter MX_6-Oktaeder. Wie man Abb. 3.52(a) entnimmt, bilden die Kationen ein kubisch-primitives Gitter, und die Anionen liegen auf allen Kantenmitten. Die ReO_3-Struktur findet man nur bei wenigen Oxiden und im Falle der Halogenide nur bei Fluoriden. Für Fluoride MF_3 mit nicht allzu großen Kationen M^{3+} trifft man häufiger eine Variante der ReO_3-Struktur an, bei der die MF_6-Oktaeder zwar eckenverknüpft bleiben, aber gegeneinander verkippt sind, sodass der M—F—M-Winkel der ReO_3-Struktur von 180° auf ca. 150° zurückgeht, d. i. die *VF_3-Struktur*. Dabei bleiben die VF_6-Oktaeder weitgehend regulär. (Dies ist nicht der Fall beim MnF_3, da die $3d^4$-Valenzelektronenkonfiguration von Mn^{3+} eine tetragonale Verlängerung der MnF_6-Oktaeder erzwingt. Es ist dies ein Beispiel für die sog. *Jahn-Teller-Verzerrung*, die immer dann auftritt, wenn eine höhere Symmetrie – hier eine oktaedrische – zu einem entarteten Grundzustand führen würde.) Eine gewisse Verwandtschaft mit der ReO_3-Struktur zeigt die weniger häufig beobachtete *RhF_3-Struktur*, die sich von einer A3-Packung der F^--Ionen ableitet, in der nur 1/3 der Oktaederlücken von Rh^{3+} besetzt ist.

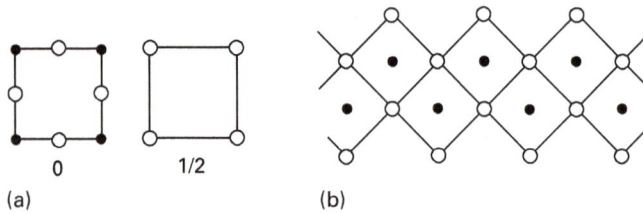

Abb. 3.52 (a) Die ReO_3-Struktur in zwei Schnitten durch die kubische Elementarzelle ($Z = 1$). (b) Schnitt durch eine Schicht der MoO_3-Struktur mit *cis*-kantenverknüpften MoO_6-Oktaedern; die nicht gezeichneten Oktaederecken oberhalb und unterhalb der Zeichenebene verknüpfen die Oktaeder über Ecken mit darüber- und darunterliegenden Oktaedern, sodass sich in Fortführung dieses Bauprinzips eine Schicht senkrecht zur Zeichenebene ergibt (● Kation; ○ Anion).

Fluoride MF_3 mit großen Kationen M^{3+} zeichnen sich durch eine höhere als die sechsfache Koordination aus. In der *YF_3-Struktur* liegt ein dreifach tetragonal-überkapptes trigonales Prisma als YF_9-Koordinationspolyeder vor, wobei eine der neun Y—F-Bindungen besonders lang ist. In der *LaF_3-Struktur* wächst die Koordinationszahl für das Kation sogar auf elf, da alle fünf Flächen eines trigonalen Prismas überkappt sind, aber dieses Koordinationspolyeder ist nicht regulär, und es liegen drei unterschiedliche M—F-Abstände vor (im LaF_3 zwischen 295 und 300 pm). Es sind 2/3 der Anionen vierfach und 1/3 dreifach durch M^{3+} koordiniert.

Raumnetzstrukturen für $MHal_3$ mit schwererem Halogen beschränken sich auf große Kationen M^{3+}, und man trifft sie hauptsächlich bei den Lanthanoid- (M = Ln) und den Actinoidhalogeniden (M = An) an. Sowohl in der hexagonalen *UCl_3-Struktur* als auch in der orthorhombischen *$PuBr_3$-Struktur* haben wir als Koordinationsfiguren das dreifach tetragonal-überkappte trigonale Prisma MX_9 bzw. die trigonale Pyramide XM_3.

Die Halogenide $MHal_3$ mit weniger großen Kationen bevorzugen *Schichtengitter*, die sich von der $CdCl_2$- oder der CdI_2-Struktur dadurch ableiten, dass 1/3 der Kationplätze nach einem regelmäßigen Muster unbesetzt bleibt, und zwar bilden die MX_6-Oktaeder einer Schicht ein Netz aus kantenverknüpften Oktaedern so, dass die Kationen ein Sechseckwabennetz bilden. Die von der $CdCl_2$-Struktur sich ableitende *YCl_3-Struktur* ist selten, häufiger dagegen trifft man auf die von der

CdI$_2$-Struktur sich herleitende *BiI$_3$-Struktur*. In einer speziellen Schichtstruktur kristallisiert MoO$_3$: In einer Ebene sind die MoO$_6$-Oktaeder *cis*-kanten-, in zwei Ebenen senkrecht zur ersten *trans*-eckenverknüpft [Abb. 3.52(b)]. Durch dieses Bauprinzip ist je 1/3 aller O-Atome an ein, zwei und drei Mo-Atome gebunden.

Eine typische *Kettenstruktur* liegt beim ZrI$_3$ vor. MX$_6$-Oktaeder sind entlang der Kettenrichtung flächenverknüpft. Eckenverknüpfte Tetraeder weist die *CrO$_3$-Struktur* auf, d. i. dasselbe Strukturprinzip wie bei den asbestartigen Modifikationen von SO$_3$ und SeO$_3$; die kleinen und hoch geladenen Cr^{6+}-Ionen gehen also mit Oxid-Ionen keine ionogene, sondern eine vorwiegend kovalente Verknüpfung ein. Typisch ist das Fortschreiten in der Koordinationszahl und in der Verknüpfung der Anion-Koordinationspolyeder, wenn wir bei den M^{VI}-Oxiden vom Cr zum W gehen: eine Kettenstruktur mit eckenverknüpften Tetraedern beim CrO$_3$, eine Schichtstruktur mit teils ecken-, teils kantenverknüpften Oktaedern beim MoO$_3$ und eine Raumnetzstruktur mit eckenverknüpften Oktaedern beim WO$_3$ (mit mehreren Modifikationen, die der ReO$_3$-Struktur verwandt sind, wobei diese selbst nur oberhalb 900 °C stabil ist). In gewisser Analogie zur CrO$_3$-Struktur steht die *AuF$_3$-Struktur*, nur dass Au^{3+} als d^8-Kation nicht wie Cr^{6+} tetraedrisch, sondern quadratisch koordiniert wird; die Koordinationsquadrate sind *cis*-eckenverknüpft, und die verknüpfenden, brückenständigen F$^-$-Ionen sind längs einer sechszähligen Schraubenachse aufgereiht, die die Kettenrichtung definiert.

Schließlich bleiben noch zu erwähnen die *M$_2$X$_6$-Inselstrukturen* bei einigen der Trihalogenide MX$_3$ der 13. Gruppe, die als dimere Moleküle M$_2$X$_6$ auskristallisieren: zwei kantenverknüpfte MX$_4$-Tetraeder mit vier terminalen und zwei brückenständigen Atomen X (D_{2h}). Ähnlich ist auch das AuCl$_3$ aus Molekülen Au$_2$Cl$_6$ aufgebaut, nur dass nicht zwei Tetraeder, sondern zwei Quadrate kantenverknüpft sind. Dass auch ICl$_3$ dieselbe Molekülstruktur hat wie AuCl$_3$, liegt daran, dass die beiden freien Elektronenpaare von I^{III} die vier Cl-Liganden in die quadratische Grundfläche eines Pseudooktaeders abdrängen.

Eine sehr spezielle Struktur hat das PdF$_3$ (ebenso PtF$_3$), das eine aus Pd^{2+}-Kationen und oktaedrisch gebauten PdF$_6^{2-}$-Anionen bestehende Salzstruktur aufweist, also Pd^{II} und Pd^{IV} enthält.

Auch unter den Verbindungen mit der Zusammensetzung MX$_3$ kennt man solche, bei denen nicht einatomige Anionen an Kationen gebunden, sondern die aus mehratomigen Anionen X$_n^{m-}$ aufgebaut sind. Ein einfaches Beispiel bietet das TlI$_3$, in welchem den Tl$^+$-Kationen linear gebaute I$_3^-$-Anionen (mit Elektronendecett am zentralen, mit einer negativen Formalladung ausgezeichneten I-Atom) gegenüberstehen. Recht verbreitet ist die *CoAs$_3$-Struktur*, die in ihrer kubischen Elementarzelle acht Co^{3+}-Kationen und sechs As$_4^{4-}$-Anionen enthält; die Anionen bestehen aus kovalent aufgebauten quadratischen Einheiten. Ein struktureller Einzelgänger ist das BaP$_3$: Hier sind P$_6$-Sechsringe in 1,4-Stellung zu Ketten verknüpft, wobei die Atome 1, 2 und 6 eines jeden Rings in einer, die Atome 3, 4 und 5 in einer zweiten Ebene liegen, sodass die Kette wie ein Ausschnitt aus der Struktur des

Tabelle 3.3 Beispiele für die zwölf wichtigsten Strukturen von Substanzen des Typs MX_3 (Ln = Lanthanoid; An = Actinoid).

ReO_3-Struktur	NfF_3 TaF_3 // ReO_3 WO_3 UO_3
VF_3-Struktur	GaF_3 InF_3 ScF_3 TiF_3 VF_3 CrF_3 MnF_3 FeF_3 CoF_3 MoF_3 RuF_3
RhF_3-Struktur	RhF_3 PdF_3 IrF_3
YF_3-Struktur	TlF_3 BiF_3 LnF_3 (Ln: Sm—Lu)
LaF_3-Struktur	LaF_3 LnF_3 (Ln: Ce—Ho) AnF_3 (An: U—Cm)
UCl_3-Struktur	$LaCl_3$ $LnCl_3$ (Ln: Ce—Gd) $AcCl_3$ $AnCl_3$ (An: U—Es); $LaBr_3$ $CeBr_3$ $PrBr_3$ $AcBr_3$ UBr_3
$PuBr_3$-Struktur	$TbCl_3$; $NdBr_3$ $SmBr_3$ $AnBr_3$ (An: Np—Cm); LaI_3 CeI_3 PrI_3 NdI_3 UI_3 NpI_3 PuI_3
YCl_3-Struktur	$AlCl_3$ $ScCl_3$ $CrCl_3$ YCl_3 $RhCl_3$ $IrCl_3$; $RhBr_3$ $IrBr_3$; RhI_3 IrI_3
BiI_3-Struktur	$InCl_3$ $TlCl_3$ $TiCl_3$ VCl_3 $CrCl_3$ $FeCl_3$ $ZrCl_3$ $RuCl_3$; $TiBr_3$ VBr_3 $CrBr_3$ $FeBr_3$; BiI_3 VI_3 YI_3
ZrI_3-Struktur	$ZrBr_3$ $MoBr_3$; TiI_3 ZrI_3 HfI_3
$(MX_3)_2$-Inselstruktur; MX_4-Tetraeder MX_4-Quadrate	$GaCl_3$; $AlBr_3$; AlI_3 GaI_3 InI_3 ICl_3 $AuCl_3$

schwarzen Phosphors erscheint; die Ringatome 2, 3, 5 und 6 tragen je eine formale negative Ladung: P_6^{4-}.

Beispiele für acht verbreitete Strukturtypen MX_3 finden sich in Tabelle 3.3.

Salzartige Verbindungen vom Typ M_3X treten weniger häufig auf. Wir beschränken uns hier auf die Erörterung zweier Nitride einwertiger Kationen. Beim Cu_3N lernen wir, dass sechs Kationen Cu^+ bequem um ein Anion N^{3-} Platz finden, sodass hier das Auftreten der *anti*-ReO_3-Struktur plausibel ist. Eine eigene Struktur weist das als Ionenleiter bedeutsame Li_3N auf: Die Li^+-Ionen sind zu 2/3 trigonal-planar und zu 1/3 digonal-linear von N^{3-}, und N^{3-} ist hexagonal-bipyramidal von acht Li^+ umgeben (Abb. 3.53). Nitride M_3N anderer Alkalimetalle sind nicht stabil.

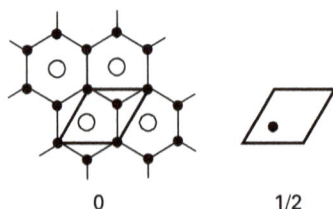

Abb. 3.53 Li_3N-Struktur in zwei Schnitten durch die hexagonale Elementarzelle in den Höhen 0 und 1/2 (● Kation; ○ Anion).

Strukturen vom Typ M_2X_3 und M_3X_2

Beispiele für Verbindungen M_2X_3 bieten vor allem die Oxide M_2O_3 und die Sulfide M_2S_3. Die Strukturen der wichtigsten unter ihnen gehen auf eine A1- oder A3-Packung der Anionen zurück, deren Oktaeder- oder auch Tetraederlücken nur zum Teil besetzt sind, sodass sich sog. *Defektstrukturen* ergeben. Die Besetzung der Lücken kann sowohl nach strenger Ordnung oder auch nach statistischer Willkür erfolgen.

Zuerst sei die *Tl_2O_3-Struktur* besprochen! Bei ihr bilden nicht die Anionen, sondern die Kationen eine A1-Packung, und in 3/4 der Tetraederlücken sitzen die Anionen; es handelt sich also um eine Defektstruktur der CaF_2-Struktur. Zur Beschreibung der Defekt-Organisation greifen wir auf eine Großzelle zurück, die aus acht Zellen vom CaF_2-Typ besteht. Anhand von Abb. 3.54 kann man sich klarmachen, dass alle Anionen tetraedrisch von Kationen und alle Kationen sechsfach, und zwar stark verzerrt-oktaedrisch, von Anionen umgeben sind. Diese Struktur findet man bei Tl_2O_3, Sc_2O_3, Y_2O_3, $(Mn,Fe)_2O_3$ und in leicht variierter Form bei In_2O_3 und Mn_2O_3. [Die Schreibweise $(Fe,Mn)_2O_3$ bedeutet, dass ein Teil der Mn^{2+}-Ionen im Mn_2O_3 durch Fe^{3+}-Ionen ersetzt ist oder umgekehrt; eine alternative Schreibweise ist $Fe_xMn_{2-x}O_3$.]

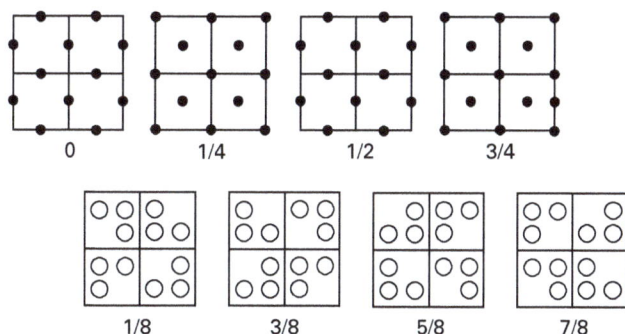

Abb. 3.54 Tl_2O_3-Struktur in acht Schnitten durch die kubische Elementarzelle in den Höhen 0 bis 7/8 (● Kation; ○ Anion).

Wichtiger sind die Oxide M_2O_3, die in der *Korund-Struktur* (α-Al_2O_3) kristallisieren, und zwar weil einige dieser Oxide als Minerale und Erze weit verbreitet sind und für die Metallgewinnung Bedeutung haben oder weil sie als Werkstoffe Anwendung finden. Im Prinzip handelt es sich um eine Defekt-NiAs-Struktur, d. h. in einer A3-Packung der Oxid-Ionen sind 2/3 der Oktaederplätze in geordneter Weise durch M^{3+} besetzt. Wie bei der Tl_2O_3-Struktur sollten auch hier die Koordinationszahlen 6 bzw. 4 betragen. Wäre in einer unverzerrten A3-Packung die Koordination der Kationen regulär oktaedrisch, so wären die Tetraeder, die zurückbleiben, wenn man zwei Ecken aus einem trigonalen Prisma der Kationen entfernt, außerordentlich verzerrt. Die Natur sucht bei der α-Al_2O_3-Struktur einen Kompromiss: Eine geringere Verzerrung der M_4-Tetraeder muss durch eine geringe Verzerrung der O_6-Oktaeder und damit der idealen A3-Packung erkauft werden. Alle drei Möglichkeiten der Oktaeder-Verknüpfung werden in dieser Struktur beansprucht: über Ecken, Kanten und Flächen. Die rhomboedrische Metrik der A3-Zelle bleibt erhalten. Man trifft diese Struktur u. a. an bei α-Al_2O_3, α-Ga_2O_3, Ti_2O_3, V_2O_3, Cr_2O_3, α-Fe_2O_3 und Rh_2O_3.

Insbesondere bei Al_2O_3 und Fe_2O_3 ist auch die *γ-Al_2O_3-Struktur* von Bedeutung. In ihr liegt eine A1-Packung der O^{2-}-Ionen vor, deren Lücken nach dem Prinzip der *Spinellstruktur* (s. u.) besetzt werden: Die acht Tetraeder- und die sechzehn Oktaederlücken, die in der aus 32 O^{2-}-Ionen bestehenden Großzelle des Spinells die Kationen aufnehmen, werden im γ-Al_2O_3 durch $21\frac{1}{3}$ Al^{3+}-Kationen statistisch besetzt.

Für die Oxide M_2O_3 der großen Lanthanoid- und Actinoid-Kationen stehen die *La_2O_3-Struktur* und die *Sm_2O_3-Struktur* bereit. In ersterer sind die Kationen überkappt-oktaedrisch koordiniert ($k = 7$), in letzterer treten sowohl Oktaeder ($k = 6$) als auch überkappte trigonale Prismen ($k = 7$) als Koordinationsfigur von O^{2-} um M^{3+} auf.

Das Pb_2O_3 ist ternär gemäß der Formel $Pb^{II}[Pb^{IV}O_3]$ aufgebaut. Den PbO_3^{2-}-Anionen liegt eine Schichtstruktur zugrunde, in der PbO_6-Oktaeder über alle vier Kanten von PbO_4-Quadraten verknüpft sind, und die Anionschichten werden durch Pb^{2+}-Ionen zwischen den Schichten zusammengehalten.

Liegt den Sulfiden M_2S_3 eine A1-Packung von S^{2-} zugrunde, dann führt eine Besetzung von 2/3 der Oktaederlücken zu einer Defekt-NaCl-Struktur (z. B. Sc_2S_3) und von 1/3 der Tetraederlücken zu einer Defekt-Zinkblende-Struktur (z. B. γ-Ga_2S_3). Im Falle einer A3-Anionpackung liegt eine Defekt-NiAs-Struktur, oft in einer Verzerrung wie bei der α-Al_2O_3-Struktur (z. B. Al_2S_3, Cr_2S_3), oder eine Defekt-Wurtzit-Struktur vor (z. B. α-Ga_2S_3). Kompliziertere Schichtenfolgen als bei der A1-oder A3-Packung mit 2/3-Besetzung der Oktaeder- oder 1/3-Besetzung der Tetraederlücken trifft man bei Sulfiden oder Seleniden oder Telluriden M_2X_3 ebenfalls an (z. B. Mo_2S_3, Bi_2Se_3, Bi_2Te_3, Sc_2Te_3). Bei den Sulfiden M_2S_3 einiger Lanthanoide und Actinoide findet man z. T. höhere Koordinationszahlen der Kationen als $k = 6$, nämlich neben 6 auch 7 und 8. Überraschenderweise kristallisieren die Actinoidsulfide Th_2S_3, U_2S_3 und Np_2S_3 in der Sb_2S_3-Struktur des Stibnits ($k = 3$).

Folgende Minerale sind von Bedeutung:

α-Al_2O_3	Korund	Mn_2O_3	Braunit
V_2O_3	Karelinit	$(Mn,Fe)_2O_3$	Bixbyit
Cr_2O_3	Escolait, Chromocker	α-Fe_2O_3	Hämatit, Roteisenstein

Für Verbindungen des Typs M_3X_2 kommen vor allem Pnictide der Ionen M^{2+} der 2. und 12. Gruppe in Betracht. Die Nitride M_3N_2 (M = Be, Mg, Ca, Zn, Cd) und die Phosphide Be_3P_2 und Mg_3P_2 sowie das Arsenid Mg_3As_2 kristallisieren in der *anti-Tl_2O_3-Struktur*. Die Phosphide M_3P_2 und Arsenide M_3As_2 von Zn und Cd bevorzugen eine Variante der Tl_2O_3-Struktur, die nach Zn_3P_2 als Prototyp die *Zn_3P_2-Struktur* heißt. Große Pnictid-Anionen führen zur *anti-La_2O_3-Struktur* (Mg_3Sb_2, Mg_3Bi_2).

Strukturen vom Typ M_3X_4

Oxide und Sulfide des Typs M_3X_4 kristallisieren in der Struktur des Spinells (Mn_3O_4, Co_3O_4, Fe_3S_4) oder des inversen Spinells (Fe_3O_4) (s. Abschnitt 3.4.4). Eine ganz andere Struktur hat Pb_3O_4 (der Werkstoff *Mennige*): *trans*-kantenverknüpfte $Pb^{IV}O_6$-Oktaeder bilden eine Kettenstruktur, und durch drei O-Atome dreier Ketten trigonal-pyramidal koordinierte Pb^{2+}-Ionen (mit einem freien Elektronenpaar an der Spitze der trigonalen Pyramide) halten die Ketten zusammen.

Wichtige Minerale sind Mn_3O_4 (*Hausmannit*) und Fe_3O_4 (*Magnetit*, *Magneteisenstein*).

Strukturen vom Typ MX_4

Unter den salzähnlichen Strukturen vom Typ MX_4 spielen nur die Tetrahalogenide eine Rolle. Zwei *Raumnetzstrukturen* mit einer $8:2$-Koordination sind wichtig. In der ZrF_4-Struktur sind vierseitige F_8-Antiprismen über alle acht Ecken mit acht Nachbar-F_8-Antiprismen verknüpft, was nur unter Verzerrung der Koordinationspolyeder möglich ist (MF_4: M = Zr, Hf, Ce, Pr, Tb, Th–Bk). Die Chloride und auch Bromide großer Kationen M^{4+} kristallisieren in der *$ThCl_4$-Struktur*: Acht Cl^--Ionen bilden ein Dreiecksdodekaeder [D_{2d}; 8 Ecken, 18 Kanten (acht in allgemeiner Lage, vier auf Spiegelebenen, vier senkrecht zu C_2-Nebenachsen, zwei senkrecht zur C_2-Hauptachse), 12 Flächen] als Koordinationsfigur, das über die vier auf Spiegelebenen liegenden Kanten so mit vier Nachbar-Dodekaedern verknüpft ist, dass vierzählige Schraubenachsen entstehen [Abb. 3.55(a); MCl_4: M = Th, Pa U, Np; MBr_4: M = Th, Pa]. Eine dritte Raumnetzstruktur sei erwähnt, nämlich die *RhF_4-Struktur*: F_6-Koordinationsoktaeder sind über vier Ecken so miteinander verbunden, dass zwei terminale, nicht brückenständige F^--Ionen in *cis*-Stellung stehen (MF_4: M = Rh, Pd, Ir).

Auch bei den Schichtstrukturen $MHal_4$ ist für Fluoride MF_4 die Eckenverknüpfung typisch. Eine Schicht eckenverknüpfter F_6-Oktaeder mit zwei *trans*-terminalen F^--Liganden zeichnet die *SnF_4-Struktur* aus (MF_4: M = Sn, Pb, Nb). Einen Spezialfall einer Schichtstruktur bietet das ThI_4: Leicht verzerrte tetragonale Antiprismen von Iodid-Ionen ergeben eine achtfache Koordination von Th^{4+}; jedes Antiprisma ist über zwei Dreiecksflächen und eine Kante an Nachbar-Antiprismen geknüpft [Abb. 3.56(b)].

Verknüpft man Koordinationsoktaeder in Tetrahalogeniden über Kanten, so gelangt man zu Kettenstrukturen mit vier verbrückenden und zwei terminalen Hal^--Ionen. Man trifft sowohl Strukturen mit *trans*-terminalen Hal^--Ionen an (MCl_4: M = Nb, Mo, Ta, W, Re, Os; MI_4: M = Nb, Ta) als auch mit *cis*-terminalen Hal^--

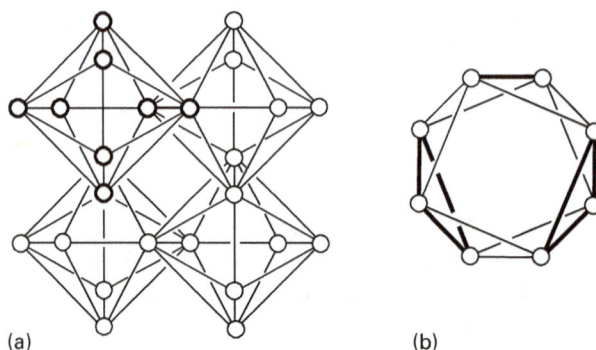

(a)   (b)

Abb. 3.55 (a) Ausschnitt aus dem dreidimensionalen Gefüge der anionischen Koordinationspolyeder der $ThCl_4$-Struktur: vier hintereinander liegende Cl_8-Dreiecksdodekaeder mit gemeinsamen Kanten rund um eine vierzählige Schraubenachse (oben links: vorderstes, unten links: hinterstes Dodekaeder; die Kationen in den Dodekaederzentren sind ebenso weggelassen wie die weiteren kantenverknüpften Dodekaeder rund um die benachbarten Schraubenachsen). (b) Tetragonales Antiprisma als Koordinationsfigur der Anionen in der ThI_4-Struktur; die beiden Dreiecke und die Kante, die auch Nachbarpolyedern angehören und so die Schichtstruktur ergeben, sind fett gezeichnet.

Ionen (MCl_4: M = Zr, Tc, Pt; MI_4: M = Pb, U). In letzterem Falle entstehen helikale Ketten mit unterschiedlicher Zähligkeit n der Schraubenachse; bei $n = 2$ nennt man solche Ketten *Zickzack-Ketten*. Kristallisiert α-$ReCl_4$ in Gestalt der *trans*-$ReCl_6$-Oktaederketten, so weist das β-$ReCl_4$ flächenverknüpfte Doppeloktaeder Re_2Cl_9 als Strukturelemente auf, die über Ecken zu Ketten verknüpft sind, sodass auch hier in jedem $ReCl_6$-Oktaeder zwei Cl^--Ionen terminal gebunden sind und zwar in *cis*-Stellung. (Man beachte, dass eine Ecken- und eine Flächenverknüpfung von MX_6-Koordinationsoktaedern die gleiche Stöchiometrie MX_4 ergeben wie zwei Kantenverknüpfungen!)

Die bei Raumtemperatur flüssigen, molekular gebauten Verbindungen $SnCl_4$, $PbCl_4$, $TiCl_4$ u. a. kristallisieren bei tieferer Temperatur in Molekülgittern.

Strukturen vom Typ MX_5

Die Pentahalogenide $MHal_5$ kristallisieren in Ketten- oder in Inselstrukturen. Die *Kettenstruktur* ist für die Fluoride MF_5 von Bedeutung: eckenverknüpfte MF_6-Oktaeder mit vier terminalen F-Atomen. (Diese terminalen M—F-Bindungen sind zwar polar, aber haben doch stark kovalenten Charakter.) Man trifft auf *trans*-Eckenverknüpfung (BiF_5, UF_5) und *cis*-Eckenverknüpfung (MF_5: M = V, Cr, Tc, Re). Das große Pa^{5+}-Kation lässt im $PaCl_5$ eine siebenfache Koordination mit der pentagonalen Bipyramide als Koordinationsfigur zu und zwar mit einer Kantenverknüpfung zu Ketten; dabei verbleiben drei F-Atome in terminaler Position, zwei in axialer, eines in äquatorialer.

Unter den *Inselstrukturen* findet man tetramere Fluoride M_4F_{20} in Gestalt von vier *cis*-eckenverknüpften MF_6-Oktaedern (M = Nb, Mo, Ta, W) oder dimere Halogenide M_2Hal_{10} in Gestalt zweier kantenverknüpfter $MHal_6$-Oktaeder (M_2Cl_{10}: M = Nb, Mo, Ta, W, Re Os; M_2Br_{10}: M = Pa).

3.4.3 Struktur pseudobinärer Salze

Unter *pseudobinären Salzen* seien anisodesmische Verbindungen verstanden, in denen entweder die Kationen oder die Anionen oder beide Molekülionen darstellen, innerhalb derer kovalente Bindungen dominieren. Nur die allerwichtigsten seien hier ausgewählt. Als einziges Beispiel für ein Molekülkation wird das Ammonium-Kation in den Halogeniden NH_4Hal herangezogen. Als wichtigste unter den Salzen mit Molekülanionen seien Salze mit linear gebauten Anionen (und zwar beispielhaft Cyanide, Hydroxide, Sulfanide), mit trigonal-planar gebauten Anionen (Borate BO_3^{3-}, Carbonate CO_3^{2-}, Nitrate NO_3^-) sowie mit tetraedrisch gebauten Anionen (Tetrahydroborate BH_4^-, Sulfate SO_4^{2-}) besprochen.

Struktur von Ammoniumhalogeniden

Die Halogenide NH_4Hal (Hal = Cl, Br, I) treten in einer Hoch- und einer Tieftemperatur-Modifikation auf mit Umwandlungstemperaturen von 184.3, 137.8 bzw. −17.6 °C. Als Struktur der Hochtemperatur-Modifikation, die im Falle von NH_4I ja schon bei Raumtemperatur stabil ist, tritt die NaCl-Struktur auf. Dabei verhalten sich die NH_4^+-Ionen wie Kugeln, haben also auch im Kristall eine gewisse Beweglichkeit bezüglich der Rotation um eine durch das N-Atom hindurchgehende Drehachse, eine Beweglichkeit, die mit steigender Temperatur zunimmt. Da trotz der Beobachtung kugelartiger Symmetrie der tetraedrische Bau der NH_4^+-Ionen erhalten bleibt, spricht man von *Pseudokugelsymmetrie*. Für die Tieftemperatur-Modifikationen beobachtet man die CsCl-Struktur. Obwohl immer noch eine gewisse Beweglichkeit vorhanden ist, befinden sich die H-Atome in geordneter Position auf vier der acht Raumdiagonal-Strahlen, die vom N-Atom in der Position $\frac{1}{2}, \frac{1}{2}, \frac{1}{2}$ ausgehen, sodass die C_4-Achsen der für die NaCl- ebenso wie für die CsCl-Struktur maßgebenden Kristallklasse O_h verloren gehen. (Übrigens bietet das Auffinden geordneter Positionen der kleinen H-Atome in Kristallgittern der Forschung noch immer das eine oder andere ungelöste Problem, und zwar in besonderem Maße, wenn Schwermetalle zugegen sind.)

Das Ammoniumfluorid NH_4F kristallisiert in der Wurtzit-Struktur, also mit N und F auf den Plätzen der hexagonalen Diamant-Struktur. Die Koordinationszahl $k = 4$ für Kation und Anion erlaubt, dass jedes H^+-Kation ein N- mit einem F-Atom verknüpfen kann, und zwar in ähnlicher Weise, wie die O^{2-}-Ionen die Kationen in der β-Tridymit-Modifikation von SiO_2 verbinden. Dass derartige X—H—X'-(3c4e)-Bindungen im Falle von N oder F als den beteiligten Nichtmetallen X bzw. X′ besonders wirksam sind, wird in Abschnitt 3.5 erläutert. Ähnlich wie bei SiO_2 tritt auch bei NH_4F der ionogene Charakter stark hinter dem kovalenten zurück.

Struktur von Metallcyaniden

Die Alkalicyanide MCN kristallisieren bei Raumtemperatur in der NaCl-Struktur (M = Na, K, Rb) oder der CsCl-Struktur (M = Cs). Das CN^--Ion ist dabei so beweglich, dass Pseudokugelsymmetrie vorgetäuscht wird. Daneben existieren Tieftemperatur-Modifikationen mit paralleler Ausrichtung der hantelförmigen Anionen. Im Falle der NaCN-Tieftemperatur-Struktur richten sich die Anionen parallel zu einer Flächendiagonalen aus, sodass sich die kubische Zelle beim Übergang in diese Struktur orthorhombisch verzerrt (Abb. 3.56). Im Falle der Tieftemperatur-Modifikation von CsCN richten sich die Anionen parallel zu einer Raumdiagonalen der Zelle aus, sodass sich die kubische Zelle jetzt rhomboedrisch verzerrt.

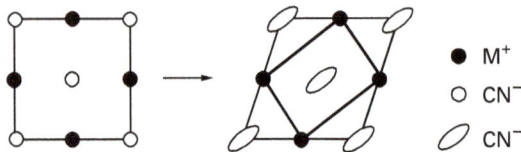

Abb. 3.56 Übergang von der Hoch- zur Tieftemperatur-Modifikation der Alkalicyanide MCN (M = Na, K, Rb) durch orthorhombische Streckung der kubischen Zelle längs einer C_2-Nebenachse infolge der Parallelausrichtungen der Anionen.

Struktur von Hydroxiden M(OH)$_n$, Sulfaniden M(SH)$_n$ und Hydroxidoxiden MO(OH)

Bei relativ großer Beweglichkeit der OH^--Ionen in kristallinen Hydroxiden wird eine Pseudokugelsymmetrie dieser Ionen beobachtbar. Voraussetzung dafür sind relativ geringe Coulombkräfte zwischen den Ionen, also große und wenig geladene Kationen (tatsächlich kommen nur einwertige Kationen in Betracht) sowie eine genügend hohe Temperatur. Bei Raumtemperatur ist Cäsiumsulfanid CsSH ein Beispiel; es kristallisiert in der CsCl-Struktur. Ferner findet man Kugelpseudosymmetrie der Anionen in den Hochtemperatur-Modifikationen von KOH sowie von NaSH, KSH und RbSH, die alle in der NaCl-Struktur kristallisieren.

Rotiert ein Anion wie SH^- nicht um alle Achsen durch das Zentralatom, sondern nur um die senkrecht auf die S−H-Bindung stehende Achse, dann kann sich die Pseudosymmetrie einer Kreisscheibe ergeben. Dies ist bei den Raumtemperatur-Modifikationen von NaSH, KSH und RbSH der Fall, die in einem rhomboedrisch-verzerrten NaCl-Gitter kristallisieren, d. h. die Rotationsachsen der parallel liegenden SH-Scheiben verlaufen in derjenigen der vier C_3-Achsen der fiktiven kubischen

Struktur, die auf die Scheiben senkrecht steht, sodass die kubische Zelle längs dieser Achse gestaucht wird.

Eine starre Ausrichtung der OH-Gruppen findet sich in den bei Raumtemperatur stabilen Hydroxiden der Alkalimetalle. Das LiOH kristallisiert in einer *anti*-PbO-Struktur, d. h. Li^+ ist tetraedrisch von OH^- und dieses tetragonal-pyramidal von Li^+ umgeben. Das H-Atom ist parallel zur *c*-Richtung in den Raum zwischen den Schichten hinein gerichtet. Die NaOH-Struktur stellt eine leicht verzerrte Variante der TlI-Struktur dar (Abb. 3.57). Die Besonderheit dieser Struktur ist die Koordinationszahl 7 für Kation und Anion mit einem verzerrten, tetragonal-überkappten dreiseitigen Prisma als Koordinationsfigur. Die Strukturen der Verbindungen KOH und RbOH lassen sich als verzerrte NaCl-Strukturen beschreiben.

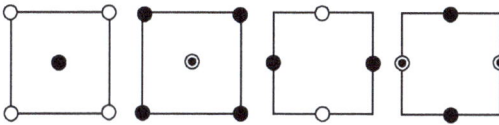

Abb. 3.57 Struktur von TlI in vier Schnitten durch die tetragonale Elementarzelle; auch idealisierte Struktur von NaOH (● Na^+; ○ OH^-; die OH-Achse liegt parallel zu *c*; ein Punkt im Anionsymbol bedeutet, dass H nach oben weist); die Darstellung ist für NaOH insofern idealisiert, als tatsächlich die Anionen in zweien der vier Schnitte, in denen das H-Atom nach oben weist, etwas oberhalb der Kationebene liegt und umgekehrt in den beiden anderen Schnitten.

Etliche Hydroxide der Zusammensetzung $M(OH)_2$ kristallisieren in der CdI_2-Struktur mit der OH-Achse parallel zu *c* (M = Mg, Ca, Mn, Fe, Co, Ni, Cd).

Typische $M(OH)_3$-Strukturen sind die von α-$Al(OH)_3$ und γ-$Al(OH)_3$. Die Struktur von α-$Al(OH)_3$ leitet sich ähnlich wie die von $Mg(OH)_2$ von der CdI_2-Struktur ab, wobei die Kationschicht aber nur zu 2/3 besetzt ist, und zwar nach dem Besetzungsmuster von α-Al_2O_3. Die Schichtenfolge lautet also $[AcB]_n$ (**A**, **B** Anionenschicht, **c** Kationenschicht). Im γ-$Al(OH)_3$ ist lediglich die Schichtenfolge eine andere, nämlich $[AcB\ BcA]_n$, sodass sich die Anionen zweier Schichtpakete direkt gegenüberliegen.

Unter zahlreichen bekannten Hydroxidoxiden der Zusammensetzung MO(OH) sind zwei Strukturen von Bedeutung, die man als *α-MO(OH)*- und *γ-MO(OH)*-*Struktur* bezeichnen kann und die beide u. a. im Falle von M = Al, Ga, Sc, V, Mn, Fe auftreten. Die α-MO(OH)-Struktur zeichnet sich durch eine leicht verzerrte A3-Packung der Anionen O^{2-} und OH^- aus. Die Kationen M^{3+} sitzen in der Hälfte der Oktaederlücken. Das Besetzungsmuster ergibt sich aber nicht − wie beim CdI_2 − dadurch, dass eine Schicht von Oktaederlücken unbesetzt bleibt, sondern jede der Schichten von Oktaederlücken ist halb besetzt, und zwar nach einem Muster, das Abb. 3.58 veranschaulicht.

Im γ-MO(OH) liegen Koordinationsoktaeder $MO_4(OH)_2$ vor, deren O-Ionen jeweils vier kantenverknüpften Oktaedern angehören, sodass ein Schichtengitter

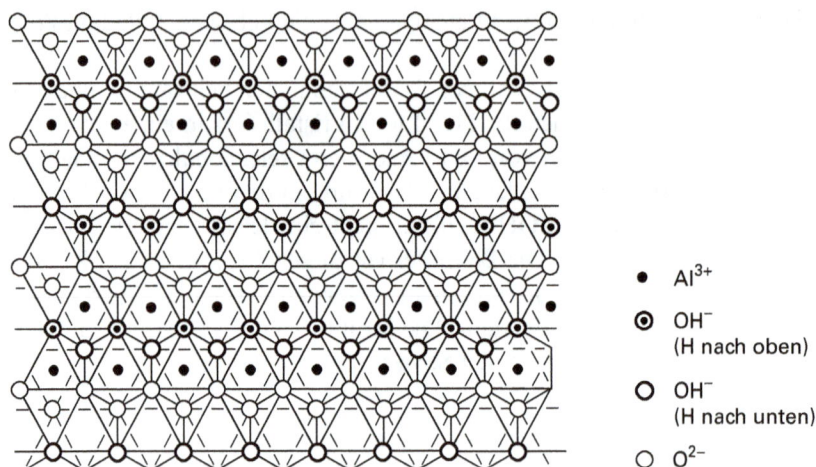

●   Al^{3+}

◉   OH$^-$
   (H nach oben)

○   OH$^-$
   (H nach unten)

○   O^{2-}

Abb. 3.58 Ausschnitt aus der orthorhombischen Struktur von α-MO(OH): Aus der leicht verzerrten A3-Packung der Anionen ist eine Schicht kantenverknüpfter Anionoktaeder in den Ebenen **A** und **B** gezeichnet; die Oktaedermitten sind zur Hälfte mit Kationen besetzt, sodass sich im Bild horizontal verlaufende Doppelstränge besetzter Oktaeder AlO$_3$(OH)$_3$ mit facialer Ligandverteilung ergeben; in der Oktaederschicht, die aus der gezeichneten oberen Anionebene **A** und der darüberliegenden nicht gezeichneten Anionebene **B** gebildet wird, verlaufen die besetzten Doppelstränge oberhalb der nicht besetzten Doppelstränge der gezeichneten Schicht usw., sodass sich eine Raumnetzstruktur ergibt; die OH-Gruppen weisen mit ihren H-Atomen in Richtung auf die Tetraederlücken in den von Kationen unbesetzten Oktaederdoppelsträngen, sodass die O^{2-}-Ionen dieser OH-Gruppen verzerrt-tetraedrisch von 3Al^{3+}- und einem H$^+$-Ion umgeben sind; die Koordination von O^{2-} durch Al^{3+} ist nahezu trigonal-planar, wobei zwei der koordinierenden Metallionen in einem, das dritte im benachbarten Doppelstrang liegen.

senkrecht zur c-Richtung entsteht. In dieser wird die Hälfte der Oktaeder von vier darüberliegenden Oktaedern umgeben und umgekehrt; die Kationen einer Schicht liegen also in zwei Ebenen. Die OH-Ionen finden sich an der Ober- und Unterseite, wo sie zwei Oktaedern angehören und diese über eine Kante, die parallel zu c liegt, längs der a-Richtung verknüpfen. Für die Oktaederkante d gilt $d = a$, während die b-Achse gleich der Oktaederdiagonalen ist, $b = d\sqrt{2}$. Die H-Atome an der Ober- und Unterseite der Schichten verknüpfen diese über Hydrogenbrückenbindungen. Die Identität senkrecht zur Schichtrichtung wird erst nach zwei Schichten erreicht (Abb. 3.59).

Bemerkenswerte Minerale:

Mg(OH)$_2$	Brucit	α-MnO(OH)	Groutit
α-Al(OH)$_3$	Bayerit	γ-MnO(OH)	Manganit
γ-Al(OH)$_3$	Gibbsit, Hydrargillit	α-FeO(OH)	Goethit, Rubinglimmer
α-AlO(OH)	Diaspor	γ-FeO(OH)	Lepidokrokit
γ-AlO(OH)	Böhmit		

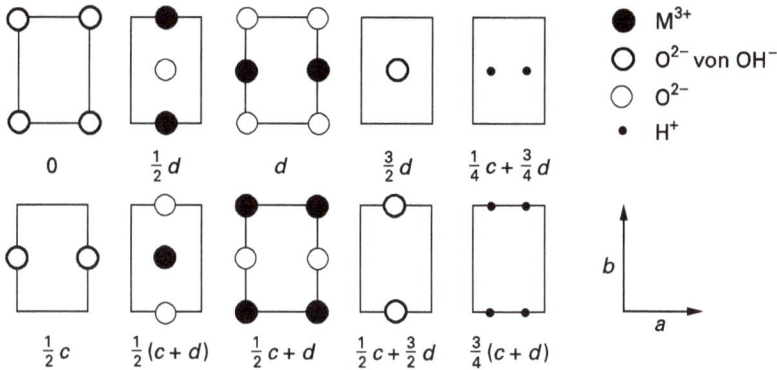

Abb. 3.59 Idealisierte orthorhombische Schichtstruktur von γ-MO(OH) in zehn Schnitten senkrecht zu c und parallel zu den Schichten aus $MO_4(OH)_2$-Oktaedern, idealisiert wegen der Annahme regulärer Oktaeder (Kantenlänge: $d = a$; $b = d\sqrt{2}$) sowie der Annahme linearer, symmetrischer OHO-Hydrogenbrücken; eine Schicht umfasst fünf Schnitte; die O^{2-}-Ionen werden bispenoidal ($k = 4$), die OH^--Ionen digonal-gewinkelt ($k = 2$) durch M^{3+} koordiniert.

Strukturen von Salzen mit trigonal-planar gebauten Anionen

Typisch für die Struktur von Boraten MBO_3, Carbonaten MCO_3 und Nitraten MNO_3 mit den trigonal-planaren Anionen BO_3^{3-}, CO_3^{2-} bzw. NO_3^- ist die *Calcit-Struktur* von $CaCO_3$. Wie bei den oben beschriebenen Alkalimetallsulfaniden handelt es sich um eine rhomboedrische Variante der NaCl-Struktur mit einer gestauchten C_3-Achse senkrecht zu den Anionen, die aber nicht rotieren, sondern sich in geordneter Position befinden. Jedes Kation wird von sechs EO_3-Gruppen so umgeben, dass je ein O-Atom dieser Gruppen an einem Koordinationsoktaeder um das Kation anteilig wird. Umgekehrt wird jedes Anion so von sechs Kationen umgeben, dass jedes der drei O-Atome des Anions an zwei Kationen gebunden ist, eines in der oberhalb der und eines in der unterhalb der Ebene koplanarer Anionen gelegenen Kationebene; dabei ergibt sich für die O-Atome eine trigonal-planare Koordination durch zwei Kationen und das Anionzentralatom E. Als Beispiele für Salze, die in der Calcit-Struktur kristallisieren, seien genannt: $InBO_3$, YBO_3, $MgCO_3$, $CaCO_3$, $FeCO_3$, $LiNO_3$, $NaNO_3$.

Mit größeren Kationen M hat man für MEO_3 die *Aragonit-Struktur* zu erwarten (Aragonit ist eine bei Normalbedingungen metastabile Hochdruck-Modifikation von $CaCO_3$; Perlen bestehen aus Aragonit). In der orthorhombischen Aragonit-Struktur finden neun O-Atome um ein Kation Platz. Beispiele: $LaBO_3$, $CaCO_3$, $SrCO_3$, KNO_3.

Vielfach kristallisieren Salze zusammen mit Wassermolekülen aus. Dieses sog. *Hydrat-* oder *Kristallwasser* ist entweder über seine freien Elektronenpaare an ein oder zwei Kationen koordiniert, oder es ist über O—H—X-Brückenbindungen an ein oder zwei Anionen oder es ist an beide, Kation und Anion, gebunden. Carbonate der Zusammensetzung M_2CO_3 kristallisieren aus wässriger Lösung als Hydrate aus. Zur Nomenklatur solcher Hydrate sei beispielhaft die *Kristallsoda* herangezogen, deren Formel $Na_2CO_3 \cdot 10\,H_2O$ geschrieben und die systematisch mit *Natriumcarbonat − Wasser(1/10)* bezeichnet wird. Die Na^+-Kationen der Kristallsoda werden ausschließlich durch H_2O-Moleküle koordiniert, und zwar oktaedrisch; es bilden sich kantenverknüpfte Doppeloktaeder $[Na_2(H_2O)_{10}]^{2+}$, wobei jedes der O-Atome der beiden verbrückenden H_2O-Moleküle beide freie Elektronenpaare zur Koordination an Na^+ einsetzt.

Strukturen von Salzen mit tetraedrisch gebauten Anionen

Die Tetrahydridoborate $M(BH_4)_n$ sind entweder molekular aufgebaut oder sie bilden ternäre oder pseudobinäre Hydride. Ein molekularer Aufbau ist zu erwarten, wenn M^{n+} hoch geladen ist und dann über MH_2B-Doppelhydrogenbrücken [so wie im Diboran B_2H_6; z. B. $Al(BH_4)_3$ mit drei Doppelbrücken und oktaedrisch von H umgebenem Al, D_3] oder über MH_3B-Tripelbrücken an B gebunden ist [z. B. $Zr(BH_4)_4$ und $Hf(BH_4)_4$ mit vier Tripelbrücken und kuboktaedrisch von $12\,H$ umgebenem M, T_d]. Ein Beispiel für ein ternäres Borhydrid ist $LiBH_4$ (s. u.). Um pseudoternäre Borhydride handelt es sich bei den Alkaliborhydriden MBH_4 (M = K, Rb, Cs), die bei Raumtemperatur in der NaCl-Struktur kristallisieren mit kugelsymmetrischem Verhalten der BH_4^--Anionen. Ähnlich wie bei den Ammoniumhalogeniden NH_4Hal (Hal = Cl, Br, I) tritt bei tiefer Temperatur eine geordnete Modifikation auf mit einer allerdings tetragonal-verzerrten CsCl-Struktur, in der sowohl M als auch B von brückenständigen H^--Ionen tetraedrisch koordiniert werden.

Bei den Sulfaten haben Strukturen, die Kristallwasser beherbergen, besondere Bedeutung. Im $Na_2SO_4 \cdot 10\,H_2O$ (*Glaubersalz*) nehmen nur 4/5 der H_2O-Moleküle an der Kationkoordination teil; es bilden sich Ketten *trans*-kantenverknüpfter Koordinationsoktaeder $[Na(H_2O)_4]_n^{n+}$, in denen vier H_2O-Moleküle zu je zwei Kationen gehören, also beide freien Elektronenpaare für die Koordination bereitstellen, während zwei H_2O-Moleküle terminal gebunden sind; die restlichen H_2O-Moleküle gehen Hydrogenbrückenbindungen mit dem Anion ein.

Im $CuSO_4 \cdot 5\,H_2O$ (*Kupfervitriol*) wird das Kation von vier H_2O-Molekülen quadratisch koordiniert, und die noch fehlenden *trans*-Positionen der insgesamt oktaedrischen Kationkoordination werden durch je ein O-Atom zweier SO_4^{2-}-Ionen eingenommen. Die SO_4^{2-}-Ionen verbrücken zwei Kationoktaeder, sodass eine Kettenstruktur zustande kommt. Das fünfte H_2O-Molekül verbrückt zwei Ketten über Hydrogenbrücken zu SO_4^{2-}-Ionen und stellt darüber hinaus seine beiden freien Elektronenpaare für Hydrogenbrücken mit OH-Gruppen zweier an einem CuO_6-Oktaeder beteiligter terminaler H_2O-Moleküle zur Verfügung. Auch im $CaSO_4 \cdot 2\,H_2O$ (*Gips*) nehmen das SO_4^{2-}-Anion und Wasser an der insgesamt achtfachen Koordination von Ca^{2+} teil. Die Kationen und Anionen bilden Doppelschichten in einem Schichtengitter, in welchem jedes SO_4^{2-}-Anion zwei Ca^{2+}-Kationen zweizähnig verknüpft. Darüber hinaus betätigt jedes O-Atom im SO_4^{2-}-Anion ein weiteres Elektronenpaar, und zwar sind zwei der vier O-Atome mit je einem weiteren Kation verbunden, die beiden anderen O-Atome empfangen Hydrogenbrücken von den H_2O-Molekülen. Diese bedecken die Doppelschicht oben und unten; sie verknüpfen die Doppelschichten über die zwei erwähnten Hydrogenbrücken zu O-Atomen der Anionen und sind außerdem noch über ihre freien Elektronenpaare an je ein Kation geknüpft. Die Koordinationszahl $k = 8$ des Kations kommt also durch zwei zweizähnig und zwei weitere einzähnig gebundene Anionen sowie durch zwei H_2O-Moleküle zustande.

Folgende Minerale sind von Bedeutung:

$MgCO_3$	Magnesit, Bitterspat	$Ca_3(PO_4)_2$	Phosphorit
$CaCO_3$	Calcit, Kalkspat (Varietäten:	Na_2SO_4	Thenardit
	Kalkstein, Marmor, Kreide,	$Na_2SO_4 \cdot 10H_2O$	Glaubersalz
	Muschelkalk, Doppelspat)	$MgSO_4 \cdot H_2O$	Kieserit
$CaCO_3$	Aragonit	$CaSO_4$	Anhydrit
$CaMg(CO_3)_2$	Dolomit	$CaSO_4 \cdot 1/2H_2O$	Bassanit
$SrCO_3$	Strontianit	$CaSO_4 \cdot 2H_2O$	Gips
$BaCO_3$	Witherit	$SrSO_4$	Cölestin
$MnCO_3$	Rhodochrosit, Manganspat	$BaSO_4$	Baryt, Schwerspat
$FeCO_3$	Siderit	$PbCrO_4$	Rotbleierz
$NaNO_3$	Chilesalpeter		

3.4.4 Struktur ternärer Salze

Wegen der Fülle strukturell charakterisierter, ionogen aufgebauter ternärer Verbindungen können hier nur − ähnlich wie bei den pseudobinären Verbindungen − die allerwichtigsten beispielhaft herausgegriffen werden.

Strukturen vom Typ MXX′

Vielfach kristallisieren Salze MXX′ so, als hätte man in der Verbindung MX_2 die Hälfte der Anionen X an wohldefinierten Gitterplätzen durch X′ ausgetauscht. So leitet sich die Struktur von TiOF und von FeOF von der Rutil-Struktur ab, HoOF und AcOF von der CaF_2-Struktur, Cd(OH)F von der CdI_2-Struktur (in diesem Falle mit statistischer Verteilung von F und OH), LaOF und Pb(OH)Cl von der $PbCl_2$-Struktur. Analog lässt sich die Struktur von $TiOF_2$ und $In(OH)F_2$ auf die ReO_3-Struktur zurückführen.

In einer der α-MO(OH)-Struktur eng verwandten Struktur kristallisiert Zn(OH)F, und von der γ-MO(OH)-Struktur leiten sich zahlreiche Chloridoxide MClO ab (M = In, Ti, V, Cr, Fe).

Für die Struktur der Chloridoxide MClO von Al und Ga hat man gefunden, dass eine Schicht aus O^{2-}-Anionen in der Ebene A (im Sinne der Kugelpackungen) liegt; die Hälfte der Gitterpunkte der darüberliegenden und ebenso der darunterliegenden Schicht B ist mit Cl^- besetzt, sodass sich eine Schicht eckenverknüpfter Tetraeder ergibt mit drei O^{2-}-Ecken in der Ebene A und einer vierten Cl^--Ecke, die abwechselnd nach oben oder unten weist; diese Tetraeder sind die Koordinationspolyeder für M^{3+}.

Weit verbreitet ist die *PbClF-Struktur* (Abb. 3.60). Das Kation ist neunfach von vier F^--Ionen und fünf Cl^--Ionen koordiniert (Koordinationspolyeder: einfach tetragonal-überkapptes tetragonales Antiprisma), während F^- tetraedrisch ($k = 4$) und Cl^- tetragonal-pyramidal ($k = 5$) von Kationen umgeben ist. Man findet diese Struktur bei den Fluoridhalogeniden MFHal (M = Ca, Sr, Ba; Hal = Cl, Br, I) sowie bei Halogenidoxiden MHalO (M = Bi, La, Ac; Hal = Cl, Br, I) sowie Oxidsulfiden MOS (M = Zr, Th, U, Np). Ist die Koordinationszahl des Kations im Falle MClF und MClO auch $k = 9$ mit einem etwas größeren M—Cl-Abstand zum überkappenden Cl^--Ion (d. i. der Abstand zwischen zweitem und viertem sowie zwischen drittem und fünftem Schnitt durch die Elementarzelle in Abb. 3.60), so wird dieser Abstand im Falle von MFI und MIO wegen des großen Ionenradius von I^- so groß, dass für das Kation nur noch die Kordinationszahl $k = 8$ bleibt, und die Raumnetzstruktur wird zum Schichtengitter; in Abb. 3.60 stoßen diese Schichten zwischen drittem und viertem Schnitt aneinander.

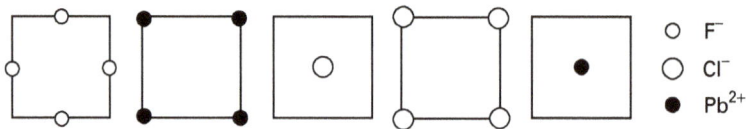

Abb. 3.60   Struktur von PbClF in fünf Schnitten durch die tetragonale Elementarzelle.

Strukturen ternärer Tetrahalogenide

Von gewisser Bedeutung ist die K_2NiF_4-Struktur, weil sie bei ternären Tetraoxiden $M_2M'O_4$ (s. u.) verbreitet ist. In dieser Struktur (Abb. 3.61) liegen gegeneinander versetzte Schichten von eckenverknüpften, tetragonal-gestauchten NiF_6^{2-}-Oktaedern vor, die durch K^+-Ionen zusammengehalten werden, wobei K^+ neunfach von F^- koordiniert wird (tetragonal-überkapptes tetragonales F_9-Antiprisma); die Hälfte der F^--Ionen ist von vier K^+- und zwei Ni^{2+}-, die andere Hälfte von fünf K^+-Ionen und einem Ni^{2+}-Ion jeweils verzerrt-oktaedrisch umgeben.

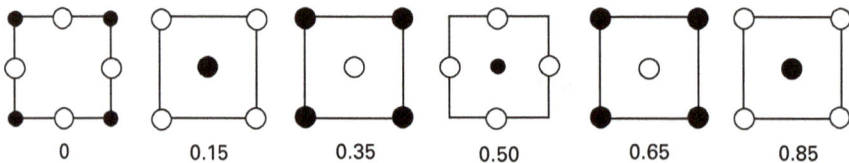

Abb. 3.61   Die K_2NiF_4-Struktur in sechs Schnitten durch die tetragonale Elementarzelle (● K; ● Ni; ○ F).

Im K_2PtCl_4 dagegen ist Pt^{2+} mit seiner $5d^8$-Valenzelektronenkonfiguration quadratisch-planar von Cl^- umgeben. Analog hierzu ist das ansonsten nicht iso-type Na_2PtH_4 aus Na^+-Kationen und quadratisch-planaren PtH_4^{2-}-Anionen aufge-baut. Die Hochtemperatur-Modifikation von Na_2PtH_4 ist deshalb interessant, weil in ihr die PtH_4^{2-}-Quadrate so beweglich sind, dass sie mit statistischer Verteilung in allen drei orthogonalen Hauptebenen eines Oktaeders liegen können und so das Vorliegen virtueller PtH_6-Oktaeder vortäuschen, wie sie sich in einer K_2PtCl_6-Struktur (s. u.) manifestieren.

Strukturen ternärer Hexahalogenide

Die verbreitet anzutreffenden Hexafluoride $M_2^IM^{IV}F_6$ haben als Struktureinheit $M^{IV}F_6^{2-}$-Anionen als Koordinationsoktaeder gemeinsam, die durch die Kationen M^+ ionogen verknüpft sind. Als Kationen M^+ kommen die größeren Alkalimetall-kationen K^+, Rb^+ und Cs^+ sowie NH_4^+ und Tl^+ infrage, und M^{4+} kann u. a. durch $M = Si$, Ge, Ti, Cr, Mn, Ni, Pd, Re, Pt vertreten sein. Wichtig sind drei Strukturty-pen, die gewöhnlich auf die Strukturen K_2GeF_6, K_2MnF_6 und K_2PtCl_6 als Prototy-pen zurückgeführt werden. Die $M^{IV}-F$-Bindung hat schon recht kovalenten Cha-rakter, sodass die Verbindungen $M_2M'F_6$ auch als pseudobinäre Verbindungen M_2X mit $X = M'F_6$ gesehen werden könnten. Polymorphismus ist verbreitet, und gerade die als Prototyp herangezogene Verbindung K_2GeF_6 kann in allen drei hier erwähnten Strukturtypen kristallisieren.

Die Existenz ternärer Hexahalogenide $M_2^IM^{IV}Hal_6$ mit Hal = Cl, Br, I ist auf größere Kationen M^{IV} wie Sn, Te, Pt beschränkt. Sind auch die Kationen M^I eini-germaßen groß, wie das etwa bei $M^+ = K^+$, NH_4^+, Tl^+ der Fall ist, dann steht hier die ja auch bei ternären Fluoriden beobachtete *K_2PtCl_6-Struktur* im Vordergrund, die mit $X = PtCl_6$ gemäß der Formel K_2X als *anti*-Fluorit-Struktur beschrieben werden kann (Abb. 3.62). In ihr sind die M^I-Ionen von facialen Hal_3-Seiten vierer $M^{IV}Hal_6$-Oktaeder umgeben, also zusammen kuboktaedrisch von zwölf Anionen, und die Anionen Hal^- sind tetragonal-pyramidal durch vier M^I- und ein M^{IV}-Kation koordiniert. Auch das ternäre Hexahydrid K_2PtH_6 kristallisiert in der K_2PtCl_6-Struktur.

Recht verbreitet sind auch Hexafluoride der Zusammensetzung $M_3^IM^{III}F_6$, deren kubische Struktur sich von der K_2PtCl_6-Struktur dadurch ableitet, dass in einer kubisch-flächenzentrierten Packung von $M^{III}F_6^{3-}$-Oktaedern nicht nur − wie bei

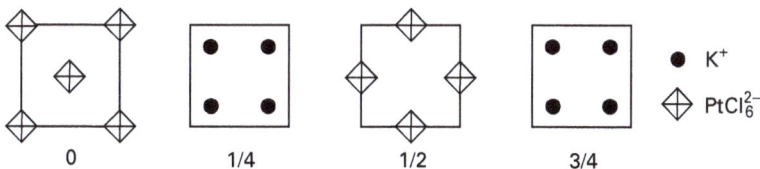

Abb. 3.62 Struktur von K_2PtCl_6 in vier Schnitten durch die kubische Elementarzelle.

der K_2PtCl_6-Struktur – alle tetraedrischen, sondern auch alle oktaedrischen Lücken einer A1-Packung von $M^{III}F_6$-Anionen durch M^I besetzt sind (*Kryolith-Struktur*). Vielfach existiert die kubische Struktur nur als Hochtemperatur-Modifikation, die bei tieferer Temperatur einer weniger symmetrischen Spielart Platz macht. Gerade der Prototyp dieser Struktur, der Kryolith Na_3AlF_6, stellt eine monoklin verzerrte Variante dar. Hauptsächlich die Verbindungen M_3AlF_6 und M_3FeF_6 (M = Na, K, NH_4) kristallisieren in der Kryolith-Struktur. Verbreitet ist auch eine quaternäre Variante dieser Struktur, die *K_2NaAlF_6-Struktur*: Die K^+-Ionen sitzen in den Tetraeder-, die Na^+-Ionen in den Oktaederlücken einer kubisch-flächenzentrierten AlF_6^{3-}-Packung. (Man beachte, dass eine A1- oder A3-Packung von Oktaedern die oktaedrischen Lücken zwischen den Oktaedern kleiner und die tetraedrischen Lücken größer macht, als sie es im Falle einer Kugelpackung sind; letztere sollte man in diesem Falle besser als *kuboktaedrische Lücken* bezeichnen.) Die K_2NaAlF_6-Struktur wird auch bei quaternären Hexachloriden $Cs_2NaM^{III}Cl_6$ beobachtet (M = In, Tl, Sb, Bi, Sc, Ti, Fe, Y, La, Ln, An), ja sogar bei den quaternären Oxiden Ba_2CaMoO_6, Ba_2CaWO_6 und Ba_2SrWO_6; die entsprechenden *ternären* Oxide M_3WO_6 (M = Ca, Sr, Ba) kristallisieren in der Kryolith-Struktur. Vielfach ist Fluorid gegen Oxid austauschbar und man kommt zu $M_3^IM^{IV}OF_5$, $M_3^IM^VO_2F_4$ u. a. [z. B. $K_2NaVO_2F_4$, $(NH_4)_3MoO_3F_3$].

Wichtige Minerale sind der Kryolith Na_3AlF_6 und der Elpasodolith $K_2NaVO_2F_4$.

Strukturen ternärer Trioxide

Wir behandeln zwei besonders verbreitete Strukturen, die Perowskit- und die Ilmenit-Struktur. Die *Perowskit-Struktur* der Oxide $M^{II}M^{IV}O_3$ leitet sich von der ReO_3-Struktur [Abb. 3.52(a)] dadurch ab, dass im Zentrum der Elementarzelle das Kation M^{II} sitzt und von zwölf Anionen kuboktaedrisch umgeben ist; das Kation M^{IV} wird oktaedrisch koordiniert, und die Anionen haben vier M^{II}- und zwei M^{IV}-Kationen in ihrer oktaedrischen Umgebung (und nicht wie beim ReO_3 nur die beiden letzteren). In dieser kubischen Struktur kristallisieren die Verbindungen $SrMO_3$ (M = Sn, Ti, Fe, Zr, Hf), $BaMO_3$ (M = Sn, Zr, Hf, Ce) und $EuTiO_3$. Eine verzerrt-kubische Struktur hat u. a. ausgerechnet der als Namensgeber auftretende Perowskit, $CaTiO_3$. Auch ternäre Oxide mit anderen Oxidationszahlen der Metalle wie $M^IM^VO_3$ (z. B. $NaNbO_3$, $KNbO_3$, $RbTaO_3$) und $M^{III}M'^{III}O_3$ (z. B. $LaCrO_3$) können in der Perowskit-Struktur kristallisieren. Manche dieser ternären Oxide unterliegen einem Polymorphismus mit einer kubischen Hochtemperatur- und einer verwandten, aber weniger symmetrischen Tieftemperatur-Modifikation (z. B. $BaTiO_3$, $PbTiO_3$ u. a.). Auch ternäre Hydride können im Perowskit-Typ kristallisieren, wie $BaLiH_3$ als Beispiel lehrt.

Kleinere Kationen M^{II} als M = Ca, Sr, Ba in Oxiden $M^{II}M^{IV}O_3$ führen zur *Ilmenit-Struktur*. Sie leitet sich von der hexagonalen Korund-Struktur dadurch ab, dass die Kationschichten in den Oktaederlücken (C) einer A3-Packung der Anionen (A und B) abwechselnd mit M^{II} (C) und M^{IV} (C') besetzt sind, wodurch sich eine Schichtenfolge $(ACBC')_n$ ergibt. Die Ilmenit-Struktur findet man außer beim Ilmenit, $FeTiO_3$, bei $MTiO_3$, MVO_3 und $MMnO_3$ mit M = Mg, Co, Ni. Auch ternäre Oxide $M^I M^V O_3$ können so kristallisieren (z. B. $NaSbO_3$, $NaBiO_3$). Wenn sich M und M' statistisch auf die Kationplätze verteilen, dann wird aus der Ilmenit- die Korund-Struktur, was insbesondere in ternären Oxiden $M^{III}M'^{III}O_3$ der Fall ist, wie z. B. bei $MCrO_3$ (M = V, Fe, Ni), $MFeO_3$ (M = Ga, In, Mn).

Minerale von Bedeutung sind:

$CaTiO_3$	Perowskit	$(Fe,Mn)NbO_3$	Niobit, Pyrochlor
$FeTiO_3$	Ilmenit	$(Fe,Mn)TaO_3$	Tantalit

Strukturen ternärer Tetraoxide

Ternäre Oxide $M^{III}M^V O_4$ können in der Rutil-Struktur kristallisieren [Abb. 3.48(b)], wobei M^{III} und M^V zwei Ti^{IV}-Ionen im TiO_2 in statistischer Verteilung ersetzen. Beispiele sind $MSbO_4$ (M = Al, Ga, Cr, Fe, Rh), MVO_4 (M = Rh), $MNbO_4$ (M = Cr, Fe, Rh) und $MTaO_4$ (M = V, Cr, Fe, Rh). Im Falle von $M^{II}M^{VI}O_4$ (z. B. $MgWO_4$) verteilen sich M^{II} und M^{VI} nach einer bestimmten Ordnung in einer Struktur vom Rutil-Typ. Ein derartiges Bauprinzip trifft nicht nur für ternäre Oxide zu. Beispielsweise kristallisiert $LiBH_4$ ähnlich wie SiO_2 in seiner β-Christobalit-Modifikation, d. h. Li und B besetzen die Positionen einer Zinkblende-Struktur, so wie die Si-Atome, und die H-Atome stehen in Brückenstellung, so wie die O-Atome im β-Christobalit.

Besetzt man die Hälfte der Oktaederlücken einer leicht verzerrten A3-Anordnung der Anionen O^{2-} nach einem wohldefinierten Plan mit den Kationen M^{II} und M^{VI}, so erhält man Tetraoxide $M^{II}M^{VI}O_4$ in der *Wolframit-Struktur* [Wolframit: $(Fe,Mn)WO_4$]: $MgMoO_4$, MWO_4 (M = Mg, Mn, Fe, Co, Ni, Zn). Geht man zu $M^{III}M^V O_4$ über, so kann die Wolframit-Struktur erhalten bleiben, dann aber − wie oben bei den Abkömmlingen der Rutil-Struktur − mit statistischer Verteilung von M^{III} und M^V auf die wohldefinierten Oktaederplätze, z. B. $FeMO_4$ (M = V, Nb).

Sind in Verbindungen $MM'O_4$ die Kationen M' sehr hoch geladen, wie etwa in $M^I M^{VII}O_4$ (z. B. $NaIO_4$, KIO_4, $KRuO_4$), oder aber sind die Kationen M^{II} in $M^{II}M^{VI}O_4$ (z. B. $MMoO_4$ und MWO_4 mit M = Ca, Sr, Ba, Pb) oder M^{III} in $M^{III}M^V O_4$ ziemlich groß (z. B. $MNbO_4$ und $MTaO_4$ mit M = Y, Ln), dann liegen pseudobinäre Strukturen MX vor, in denen X aus tetraedrisch gebauten Einheiten $M'O_4$ besteht.

Ternäre Oxide der Formel $M^{II}M^{III}_2O_4$ kristallisieren in der Regel in der *Spinell-Struktur* (Spinell: $MgAl_2O_4$): In einer kubisch-flächenzentrierten O^{2-}-Packung sind die Hälfte der Oktaederlücken durch M^{III} und ein Achtel der Tetraederlücken durch M^{II} besetzt, und zwar nach einem Muster, wie es aus Abb. 3.63 hervorgeht; die Elementarzelle hat dabei die doppelte Kantenlänge und das achtfache Volumen im Vergleich mit einer gewöhnlichen kubischen A1-Zelle. Neben den Koordinationszahlen $k = 4$ (M^{II}) und $k = 6$ (M^{III}) ergibt sich $k = 4$ für O^{2-}, nämlich koordinieren drei Kationen M^{III} das Anion trigonal-pyramidal, und ein Kation M^{II} bildet hierzu die Pyramidenspitze in einer insgesamt verzerrt-tetraedrischen Koordination. Beispiele bieten vor allem die Aluminiumverbindungen MAl_2O_4 ($M = Mg$, Mn, Fe, Co, Ni, Zn). Ternäre Oxide $M^{IV}M_2^{II}O_4$ mit derselben Struktur findet man mit $M^{IV} = Ge$ (GeM_2O_4 mit $M = Mg$, Fe, Co, Ni). Beim $Li(CrGe)O_4$ teilen sich Cr^{III} und Ge^{IV} die zu besetzenden Oktaederlücken. Die binären Oxide Mn_3O_4 und Co_3O_4 enthalten M^{II}- und M^{III}-Ionen desselben Elements, wie oben schon erwähnt, und alle kristallisieren in der Spinell-Struktur. Die kubische Elementarzelle von Abb. 3.63 gibt die Wirklichkeit idealisiert wieder. Die Abweichungen von der kubischen Symmetrie können dabei beachtlich sein, wie z. B. beim tetragonalen Mn_3O_4.

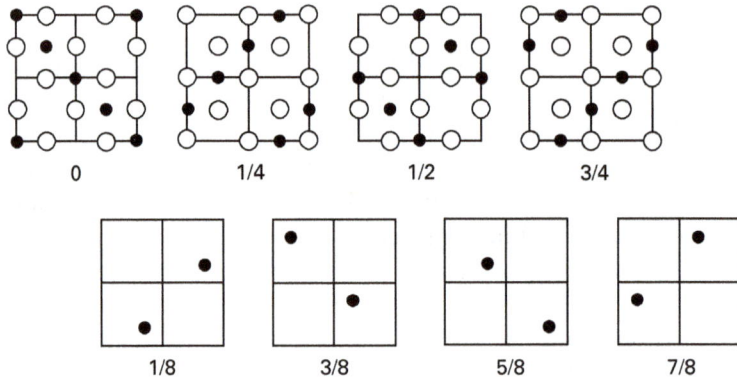

Abb. 3.63 Die Spinell-Struktur in acht Schnitten durch die (idealisiert) kubische Elementarzelle (● Kationen; ○ Anionen); die Kationen sitzen in Tetraeder- und Oktaederlücken der A1-Packung der Anionen.

In der Struktur des *inversen Spinells*, $M^{III}(M^{II}M^{III})O_4$, teilen sich Kationen M^{II} und M^{III} die Oktaederplätze, und die Tetraederplätze sind mit M^{III} besetzt. Als Beispiele können die Eisenverbindungen $Fe(MFe)O_4$ ($M = Mg$, Fe, Co, Ni Cu, Zn; im Falle $M = Fe$ liegt das ternäre Oxid Fe_3O_4 vor) herangezogen werden, aber auch $Zn(SnZn)O_4$ als ein Beispiel für $M^{II}(M^{IV}M^{II})O_4$. Ein weiteres Beispiel bietet das ternäre Sulfid Fe_3S_4. In etlichen Fällen gibt es Mischkristalle zwischen normalem und inversem Spinell, die der allgemeinen Formel $(M_{1-x}^{II}M_x^{III})(M_x^{II}M_{2-x}^{III})O_4$ genügen; diese geht mit $x = 0$ in die Formel des normalen und mit $x = 1$ in die des inversen Spinells über. Beispiele sind $MgGa_2O_4$ ($x = 0.90$), $MgFe_2O_4$ ($x = 0.95$).

Zuletzt seien noch ternäre Oxide vom Typ $M_2M'O_4$ angeführt, in denen M für das größere Kation steht. Im Falle von M^+ ($M = K$, Rb, Cs) muss M' die Ladung 6+ tragen (z. B. U^{6+}), im Falle von M^{2+} ($M = Sr$, Ba) kommen vierfach geladene Mealle M' infrage (z. B. Sn^{4+}, Pb^{4+}, Ti^{4+}, Mn^{4+}, Mo^{4+} u. a.). Diese Oxide kristallisieren in der K_2NiF_4-Struktur. Eine praktische Bedeutung hat dieser Strukturtyp bei keramischen Phasen etwa der Zusammensetzung $La_{2-x}M_xCuO_4$ (M = Sr, Ba), die zu den besten gegenwärtig bekannten *Hochtemperatursupraleitern* gehören.

Als Minerale sind von Bedeutung:

$PbMoO_4$	Wulfenit, Gelbbleierz	$(Fe,Mn)WO_4$	Wolframit
$CaWO_4$	Scheelit, Tugstein	$MgAl_2O_4$	Spinell
$PbWO_4$	Stolzit, Scheelbleierz	$MnAl_2O_4$	Galaxit
$MnWO_4$	Hübnerit	$FeAl_2O_4$	Hercynit
$FeWO_4$	Ferberit	$ZnAl_2O_4$	Grahnit

3.4.5 Struktur der Silicate

Silicium und Oxygen machen 27.5 bzw. 50.5% der Masse der Erdkruste aus. Der Gesteinsmantel der Erde besteht mithin hauptsächlich aus *Silicaten*, d.s. salzartige Verbindungen aus Metallkationen und Anionen, die im Allgemeinen der Formel $Si_aO_b^{c-}$ genügen, im Falle der *Alumosilicate* auch der Formel $Al_aSi_bO_c^{d-}$. In den Anionen ist Si^{4+} bzw. Al^{3+} grundsätzlich tetraedrisch von vier O^{2-}-Ionen umgeben, und – wie schon beim SiO_2 erörtert – ist die Bindung zwischen Si und O zwar polar, aber doch schon weitgehend kovalent. Das gruppenhomologe Element Carbon ist zur Ausbildung stabiler Doppelbindungen befähigt, sodass Carbonate ausschließlich als Salze mit dem einkernigen Anion CO_3^{2-} auftreten. Das ist beim Silicium nicht der Fall, und die einkernigen Anionen genügen der Formel SiO_4^{4-}; dieses Anion ist das Anfangsglied in der Reihe isoelektronischer Anionen SiO_4^{4-}, PO_4^{3-}, SO_4^{2-}, ClO_4^-. Viel häufiger jedoch als einkernige treten mehrkernige Silicate auf, in denen SiO_4-Tetraeder über Ecken miteinander verknüpft sind. Die Verknüpfung kann sich auf eine endliche, wohldefinierte Zahl von Tetraedern beschränken (*Oligosilicate*) oder sich über eine beliebig große Zahl von Tetraedern erstrecken (*Polysilicate*). In letzterem Falle kann es zu Ketten- oder Bandstrukturen (*eindimensional-polymere Verknüpfung*) oder zu Schichtstrukturen (*zweidimensional-polymere Verknüpfung*) kommen. Bei *dreidimensional-polymerer Verknüpfung* von SiO_4-Tetraedern gelangt man zum Siliciumdioxid SiO_2. Ersetzt man im SiO_2 einen Teil der Si^{4+}- durch Al^{3+}-Ionen, so sind die Einheiten $AlSi_3O_8^-$, $AlSiO_4^-$ usw. geladen, und zum Ladungsausgleich müssen in die Lücken der SiO_2-analogen Struktur Kationen eingebaut sein: Alumosilicate. Diese kennt man nicht nur notwendigerweise bei den dreidimensional verknüpften Tetraedernetzwerken, den *Gerüstsilicaten*, sondern auch bei den Schicht- und Kettensilicaten.

Oligosilicate

Am wichtigsten unter den *Oligosilicaten* sind die *Monosilicate* mit dem Anion SiO_4^{4-} (vier terminale O-Ionen), *Disilicate* mit dem Anion $Si_2O_7^{6-}$ (sechs terminale und ein verbrückendes O-Ion), *Cyclotrisilicate* mit dem Anion $Si_3O_9^{6-}$ (sechs terminale und drei verbrückende O-Ionen) und *Cyclohexasilicate* $Si_6O_{18}^{12-}$ (zwölf terminale und sechs verbrückende O-Ionen). Eine symbolhafte Kurzdarstellung der Anionen findet sich in Abb. 3.64(a)−(d). Die Kationen zwischen den Silicat-Anionen sind je nach Größe von vier, sechs oder acht O-Ionen tetraedrisch, oktaedrisch bzw. dodekaedrisch umgeben (z. B. $k = 4$ für Be; $k = 6$ für Mg, Fe; $k = 8$ für Zr; in Granaten: $k = 6$ für M^{III} und $k = 8$ für M^{II}, siehe *Minerale*).

Folgende Minerale sind von Bedeutung:

$ZrSiO_4$	Zirkon	$Pb_3(Si_2O_7)$	Barysilit
Be_2SiO_4	Phenakit	$Sc_2(Si_2O_7)$	Thortweitit
Mg_2SiO_4	Forsterit	$Ca_3(Si_3O_9)$	α-Wollastonit
Fe_2SiO_4	Fayalit	$BaTi(Si_3O_9)$	Benitoit
$(Mg,Fe)_2SiO_4$	Olivin	$Al_2Be_3(Si_6O_{18})$	Beryll
$M_3^{II}M_2^{III}(SiO_4)_3$	Granat	$Cu_6(Si_6O_{18}) \cdot 6H_2O$	Dioptas

Die als Halbedelsteine geschätzten Granate können folgende Metalle enthalten: M^{II} = Mg, Ca, Fe, Mn; M^{III} = Al, Cr, Fe. Der Beryll ist in gewissen Varietäten als Edelstein beliebt (Aquamarin, Heliodor, Smaragd).

Polysilicate

Die polymeren *Kettensilicate* haben die gleiche Zusammensetzung wie die oligomeren Cyclosilicate, genügen also der Anionformel SiO_3^{2-}; zwei O-Ionen im SiO_4-Tetraeder haben terminalen, zwei brückenständigen Charakter [Abb. 3.64(e)]. Eine ähnliche Strukturalternative (Ring/Kette) bietet das oben behandelte Molekül SO_3. Die Tetraedereinheiten einer Kette können unterschiedlich gegeneinander verkippt sein, sodass eine identische kristallographische Einheit in der Kette nach einem, nach zwei oder erst nach drei Tetraedern erreicht wird [in Abb. 3.64(e) nach zwei Tetraedern]. Zusammenfassend nennt man Kettensilicate *Pyroxene*, obgleich dieser Name auch ein ganz bestimmtes Mineral bezeichnet.

Bei den *Bandsilicaten* haben zwei SiO_3^{2-}-Ketten O-Atome gemeinsam. Dies kann in der Weise zustande kommen, dass jedes Tetraeder der einen Kette an ein solches der zweiten Kette geknüpft ist. Es entstehen aneinander kondensierte Cyclotetrasilicate mit der Anionformel $Si_2O_5^{2-}$ (*Bandsilicat I*). In jedem Tetraeder gibt es nur noch ein terminales O-Ion [Abb. 3.64(f)]. Die Bandstruktur I erlangt allerdings nur Bedeutung bei den Alumokettensilicaten, $AlSiO_3^{3-}$. Ist dagegen nur jedes zweite Tetraeder einer Kette mit der zweiten Kette verknüpft, dann besteht das Band aus aneinander kondensierten Cyclohexasilicaten [*Bandstruktur II*; Abb. 3.64(g)]. Bandsilicate II nennt man auch *Amphibole*, ein Name, der auch für ein bestimmtes Bandsilicat II steht.

Bei den *Schichtsilicaten* sind − wie in Abb. 3.65 aufgezeigt − Cyclohexasilicat-Einheiten in zwei Raumrichtungen aneinander kondensiert und bilden eine Si_2O_5-Schicht. Alle terminalen O-Ionen sind in Richtung der c-Achse nach oben ausgerichtet. In der gleichen Ebene wie sie liegen nicht an Si gebundene, freie OH-Ionen, sodass die terminalen O- und die OH-Ionen eine Ebene A im Sinne dichter

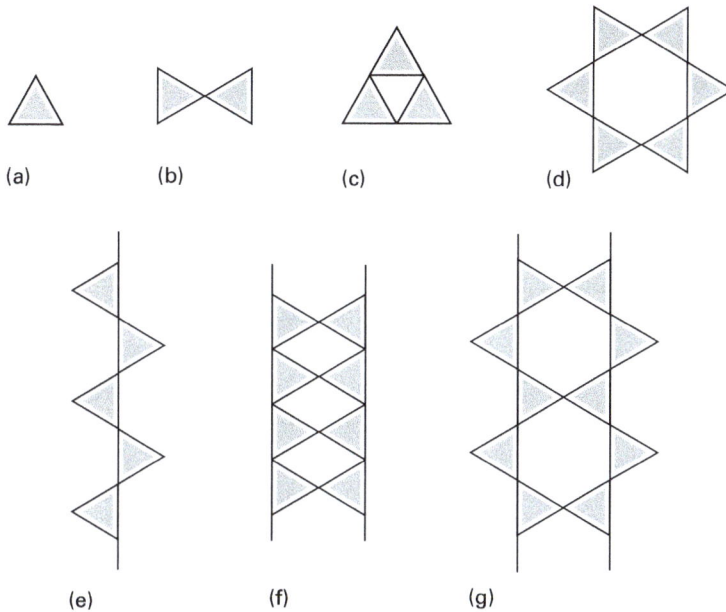

Abb. 3.64 Aufbau von Oligo-, Ketten- und Bandsilicaten aus eckenverknüpften Tetraedern in schematischer Darstellung mit Dreiecken als Tetraeder-Symbolen. (a) Symbol für ein SiO_4-Tetraeder; (b) Disilicat $Si_2O_7^{6-}$; (c) Cyclotrisilicat $Si_3O_9^{6-}$; (d) Cyclohexasilicat $Si_6O_{18}^{12-}$; (e) Kettensilicat SiO_3^{2-}; (f) Bandsilicat I $Si_2O_5^{2-}$; (g) Bandsilicat II $Si_4O_{11}^{6-}$.

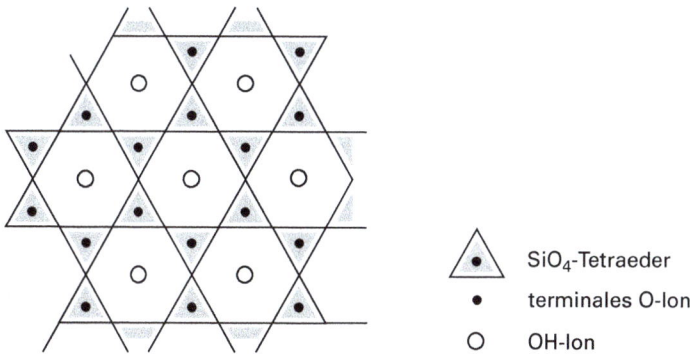

SiO_4-Tetraeder

terminales O-Ion

OH-Ion

Abb. 3.65 Eine Schicht $Si_2O_5(OH)^{3-}$ aus zweidimensional eckenverknüpften Tetraedern mit noch je einem terminalen O-Ion ($Si_2O_5^{2-}$) und einem OH-Ion in derselben Ebene wie die terminalen O-Ionen.

Kugelpackungen voll besetzen, und zwar in jener 2:1-Verteilung, die der Verteilung von besetzten und unbesetzten Metallplätzen in der Korund-Struktur entspricht. Auf diese Silicatschicht der Formel $Si_2O_5(OH)^{3-}$ folgt in der Position C eine Metallionenschicht, und zwar sind entweder alle Gitterpunkte der C-Ebene mit Mg^{2+} oder es sind in der üblichen Verteilung nur 2/3 davon durch Al^{3+} besetzt.

Zur insgesamt oktaedrischen Metallkoordination kann es nun auf zwei Wegen kommen. Einmal kann eine zweite Schicht $Si_2O_5(OH)^{3-}$ auf die Metallionenschicht so folgen, dass ihre terminalen O- und ihre OH-Ionen in der Ebene B liegen, die Metallionen also in Oktaederlücken zwischen **A** und **B** [Abb. 3.66(a)]. Jedes Metallion ist in diesem Falle von je zwei terminalen O-Ionen und je einem OH-Ion aus der oberen und der unteren $Si_2O_5(OH)^{3-}$-Schicht umgeben (*Schichtsilicat I*). Oder aber es folgt auf eine $Si_2O_5(OH)^{3-}$-Schicht eine Schicht von OH-Ionen in der Position **B**, sodass jedes Metallion von zwei terminalen O-Ionen aus der Silicatschicht, einem mit diesen O-Ionen koplanaren OH-Ion und drei OH-Ionen aus der OH-Ionenschicht umgeben ist [Abb. 3.66(b); *Schichtsilicat II*]. Da im Falle M = Mg die MgO_6-Oktaeder mehr Platz beanspruchen als die SiO_4-Tetraeder, krümmt sich die gesamte Schicht in der Weise, dass die OH-Ionenschicht außen und die Silicatschicht innen liegt. Diese Krümmung führt zur Ausbildung ineinander gestellter *Röhren* mit schichtweise größer werdendem Röhrendurchmesser; insgesamt bilden sich Fasern (*Fibrillen*). Derartigen *faserigen* Schichtsilicaten II stehen die *blätterigen* Schichtsilicate II gegenüber, in denen die Krümmung nicht zu Röhren führt; vielmehr ändert nach einer gewissen Zahl von Tetraedern und Metallionen die Krümmung ihr Vorzeichen, und dies geht damit einher, dass die terminalen O-Atome der Silicatschicht von der Krümmungsumkehr an nicht mehr nach oben, sondern nach unten weisen, sodass eine gewellte Schichtstruktur entsteht. Im Falle M = Al ist die Platzbeanspruchung der AlO_6-Oktaeder und der SiO_4-Tetraeder gerade umgekehrt wie im Falle M = Mg, und die Krümmung der Schichten hat die umgekehrte Richtung.

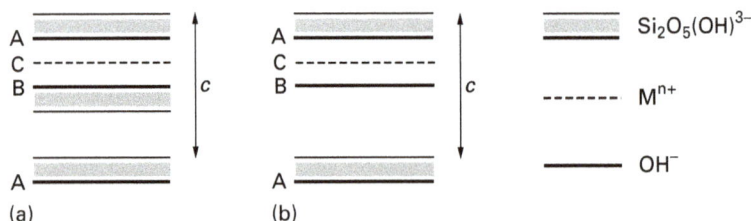

Abb. 3.66 Schichtfolgen (a) in den Schichtsilicaten I $\{M_n[Si_2O_5(OH)]_2\}$ und (b) in den Schichtsilicaten II $\{M_n[Si_2O_5(OH)_4]\}$.

Zwischen den Silicatschichtpaketen (im Falle der Schichtsilicate I) bzw. den Schichtpaketen aus Silicat- und OH-Ionen (im Falle der Schichtsilicate II) bestehen nur schwache Wechselwirkungen. Kristalline Materialien zeigen eine leichte Verschiebbarkeit parallel zu den Schichten. Auch lassen sich Stoffe, die mit den OH-Gruppen der Schichtsilicate II Hydrogenbrückenbindungen eingehen können (s. Abschnitt 3.5), leicht zwischen die Schichten einlagern [z. B. H_2O, N_2H_4, $OC(NH_2)_2$ u. a.]. Im Falle der Einlagerung von Wasser spricht man von *Quellung* und hat dabei die mit der Einlagerung parallel gehende Volumenzunahme im Blick. Eine ganze Reihe von Schichtsilicaten lassen sich leicht mechanisch verformen;

solche Silicate nennt man *Tone*. Durch Glühen treten strukturelle Änderungen ein, sodass die geformten Teile hart und formstabil werden (*Tonwaren* oder *Tonkeramiken*, z. B. Tongut, Tonzeug, Steinzeug, Porzellan). Wegen ihrer Verwendung als Füllstoffe, Trägerstoffe, Adsorptionsmittel und als Ausgangsstoffe für Tonwaren haben die Schichtsilicate große technische Bedeutung.

Im Folgenden wird eine Reihe wichtiger Minerale angegeben:

Kettensilicate (Pyroxene)

$MgSiO_3$	Enstatit
$CaSiO_3$	β-Wollastonit
$CaMg(SiO_3)_2$	Diopsit, Pyroxen
$LiAl(SiO_3)_2$	Spodumen

Bandsilicate II (Amphibole)

$Ca_2Mg_5(Si_4O_{11})_2(OH)_2$	Tremolit, Amphibol
$(Mg,Fe)_7(Si_4O_{11})_2(OH)_2$	Anthophyllit

Schichtsilicate I

$Mg_3[Si_2O_5(OH)]_2$	Talk, Speckstein
$Al[Si_2O_5(OH)]$	Pyrophyllit
$Na_{0.33}Mg_{0.33}Al_{1.67}[Si_2O_5(OH)]_2$	Montmorillonit

Schichtsilicate II

$Mg_3[Si_2O_5(OH)](OH)_3$	faseriger Serpentin, Serpentinasbest, Chrysotil
$Mg_3[Si_2O_5(OH)](OH)_3$	blätteriger Serpentin, Antigorit
$Al_2[Si_2O_5(OH)](OH)_3(H_2O)_2$	Haloysit (faserig)
$Al_2[Si_2O_5(OH)](OH)_3$	Kaolinit (blätterig)

Alumosilicate

Unter den *Alumokettensilicaten* haben die vom Anion $Si_2O_5^{2-}$ sich ableitenden Silicate mit dem Anion $AlSiO_5^{3-}$ Bedeutung.

Die meisten *Alumoschichtsilicate* oder *Glimmer* leiten sich von den Schichtsilicaten I ab, indem in der Silicatschicht das $Si_2O_5(OH)^{3-}$-Strukturelement durch das $AlSiO_5(OH)^{4-}$- oder das $AlSi_3O_{10}(OH)_2^{7-}$-Strukturelement ersetzt wird. Weiterhin verdoppelt sich bei den Glimmern die Identitätsperiode in der *c*-Richtung; während nämlich bei den Schichtsilicaten I die Identität nach jeder Doppelschicht **ACB** [Abb. 3.66(a)] wiederkehrt, tritt bei den Glimmern eine Identität erst nach der Doppelschichtabfolge **ACB BCA** ein. Dies hat zur Folge, dass sich die zum Neutralitätserhalt nötigen weiteren Kationen, meist Na^+, K^+, Ca^{2+}, zwischen die Silicatschichten **A** und **A** bzw. **B** und **B** einlagern können und so von je sechs brückenständigen O-Ionen der oberen und unteren Silicatschicht hexagonal-prismatisch koordiniert werden. Vielfach sind die OH-Ionen mehr oder weniger durch F-Ionen und die Mg- bzw. Al-Ionen teilweise durch Fe- oder andere Kationen ersetzt.

In den *Alumogerüstsilicaten* gibt es keine terminalen O-Ionen mehr; alle vier O-Ionen der SiO_4- und AlO_4-Tetraeder nehmen an Eckenverknüpfungen teil. Strukturell unterscheidet man zwei große Familien, die *Feldspäte* und die *Zeolithe*.

Den *Feldspäten* liegen SiO_2-Strukturen zugrunde, in denen 1/4, 1/3 oder 1/2 der Si- durch Al-Ionen ersetzt sind, sodass dreidimensional verknüpfte Aniongerüste der Zusammensetzung $AlSi_3O_8^-$, $AlSi_2O_6^-$ oder $AlSiO_4^-$ entstehen. Die Gegenionen, vorwiegend Na^+, K^+ oder Ca^{2+}, finden sich in den Hohlräumen, die für die SiO_2-Strukturen charakteristisch sind. Sehr verbreitet sind Feldspäte mit Aniongerüsten der Formel $Al_xSi_{4-x}O_8^{x-}$ mit gebrochenen Werten x (x = 1−2) und mit Na^+ und Ca^{2+} als Gegenionen (*Plagioklase*).

Die *Zeolithe* haben eine weniger kompakte Struktur als die Feldspäte. Vielmehr existieren mehr oder weniger große Hohlräume und bei den Zeolithen im engeren Sinne auch Kanäle zwischen diesen Hohlräumen. Hohlräume und Kanäle können die Zeolithe zu vielseitig anwendbaren Werkstoffen machen (Trockenmittel, Ionenaustauscher, Molekularsiebe, Katalysatorträgermaterial usw.). Zeolithe sind als Gesteine und Minerale weit verbreitet, aber noch stärker diversifiziert sind die synthetisch hergestellten Zeolithe. Man hat es bei der Zeolith-Synthese in der Hand, die Größe der Hohlräume und der Kanäle nach Bedarf vorzugeben. Um die Strukturen zu beschreiben, bedient man sich in erster Linie der Festlegung der Lage der Si- und Al-Ionen im Grundgerüst. Im Falle der Feldspäte leitet sich dieses Gerüst mehr oder weniger genau von der Struktur des kubischen oder hexagonalen Diamanten ab mit Tetraederwinkeln überall dort, wo sich die Verbindungslinien des Si,Al-Gerüsts schneiden, gleich wo die verbrückenden O-Ionen im Einzelnen liegen. Bei den Zeolithen schneiden sich die Gerüstverbindungslinien im Allgemeinen nicht unter Tetraederwinkeln; die tetraedrische SiO_4- und AlO_4-Koordination wird gleichwohl durch die Lage der O-Ionen gewährleistet. Die Zahl der Struktur künstlicher Zeolithe ist Legion. Wir behandeln hier nur eine Struktureinheit, die einer Reihe natürlicher, aber auch einigen synthetischen Zeolithen zugrunde liegt. Diese Struktureinheit ist ein Tetradekaeder mit 24 Ecken, das zustande kommt, wenn man einem Oktaeder die sechs Ecken so abschneidet, dass in kuboktaedrischer Weise sechs quadratische Schnittflächen entstehen und die acht Oktaederflächen in acht reguläre Hexagone übergehen (Abb. 3.67). Den 24 Gerüstionen stehen 36 O-Ionen längs der 36 Kanten gegenüber und weiterhin noch 24 O-Ionen, die die 24 Gerüstionen mit Nachbarpolyedern verknüpfen, also einem Polyeder nur zur Hälfte zugeordnet werden können. Es ergeben sich zusammen pro Polyeder 48 O-Ionen, sodass das Verhältnis 1:2 zwischen den Gerüstionen und den O-Ionen gewährleistet ist.

Es ist eine besondere Eigenschaft solcher Kuboktaeder, dass man durch ihr dreidimensionales Aneinandersetzen − Quadrat an Quadrat, Hexagon an Hexagon − zu einem kuboktaedrischen Netz gelangt, das den Raum lückenlos füllt. In diesem Netz ist jede der 36 Kanten eines Kuboktaeders an drei Kuboktaedern beteiligt

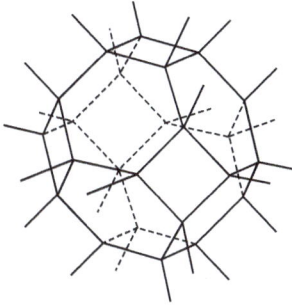

Abb. 3.67 Das tetradekaedrische Kuboktaeder mit acht regulären Hexagonen und sechs Quadraten als Flächen, 36 Kanten und 24 Ecken samt der 24 Verbindungslinien zu Nachbarpolyedern.

(sodass jedes der 36 O-Atome einem Kuboktaeder nur zu je einem Drittel angehört), und an jeder der 24 Ecken sind vier Kuboktaeder beteiligt (sodass auf ein Kuboktaeder sechs Gerüstatome treffen). Betrachten wir die unbesetzten Mittelpunkte der Kuboktaeder in einem solchen Netz, so haben diese die gleiche Struktur wie die Atommittelpunkte einer A2-Packung: acht näher gelegene, einen Kubus bildende Nachbarzentren (Kuboktaeder mit gemeinsamen Hexagon betreffend) und sechs entferntere, ein Oktaeder bildende Nachbarzentren (Kuboktaeder mit gemeinsamen Quadraten betreffend). Eine solche Struktur haben die *Ultramarine*, deren Gerüsteinheit durch die Formel $Al_3Si_3O_{12}^{3-}$ beschrieben wird, da ja einem Kuboktaeder nur 1/4 der 24 Ecken angehören, also drei Al- und drei Si-Atome. Das Innere eines Kuboktaeders stellt einen ziemlich großen Hohlraum dar, aber zwischen den Hohlräumen gibt es keine Kanäle, sodass die Ultramarine nur im weitesten Sinne zu den Zeolithen gerechnet werden. Im Mittelpunkt des Hohlraums sitzt bei den Ultramarinen ein Anion X^-, und zum Ladungsausgleich dienen vier Na^+-Ionen, die das zentrale Anion X^- tetraedrisch umgeben und von denen jedes außer durch X^- von den sechs mehr oder weniger weit entfernten O^{2-}-Ionen eines Hexagons koordiniert werden; diesem Hexagon steht dann im Nachbarkuboktaeder kein Na-Ion gegenüber, eine Verteilung, die aufgeht, da von den acht Hexagonen eines Kuboktaeders nur vier in Tetraedersymmetrie angeordnete zur Na-Koordination gebraucht werden.

Verknüpft man die Kuboktaeder nicht wie bei den Ultramarinen direkt über gemeinsame Flächen, sondern so, dass sich etwa die Hexagone zweier benachbarter Kuboktaeder als Grundflächen eines hexagonalen Prismas gegenüberstehen, so bilden diese Prismen Kanäle zwischen je zwei Kuboktaedern. Nur vier tetraedrisch angeordnete Hexagone eines Kuboktaeders lassen sich in dieser Weise an Nachbarkuboktaeder binden, die anderen vier begrenzen die riesigen Tetraederlücken, die vier aneinandergrenzende Kuboktaeder in ihrer Mitte bilden. Insgesamt sind die Kuboktaederzentren angeordnet wie die C-Atome der Diamant-Struktur. Eine solche Struktur liegt dem Mineral Faujasit ebenso zugrunde wie einigen künstlichen

Zeolithen. Verknüpft man dagegen die Kuboktaeder so, dass sich die Quadrate zweier benachbarter Kuboktaeder als Grundflächen eines tetragonalen Prismas gegenüberstehen, so erhalten wir eine Zeolith-Struktur, wie sie nur synthetische Zeolithe aufweisen. Die Kuboktaederzentren bilden hier eine kubisch-primitive Anordnung.

Im Folgenden sei eine beschränkte Auswahl wichtiger Minerale angeführt! (Beim Anion $X = S_3$ des Lasurits handelt es sich um ein Trisulfid-Radikalanion.)

Kettenalumosilicate

$Al(AlSiO_5)$	Sillimanit

Glimmer

$Ca\{Mg_3[AlSiO_5(OH)]_2\}$	Xanthophyllit
$Ca\{Al_2[AlSiO_5(OH)]_2\}$	Margarit
$K\{Mg_3[AlSi_3O_{10}(OH,F)_2]\}$	Phlogopit
$K\{(Mg,Fe,Mn)_3[AlSi_3O_{10}(OH,F)_2]\}$	Biotit
$Na\{Al_2[AlSi_3O_{10}(OH,F)_2]\}$	Paragonit
$K\{Al_2[AlSi_3O_{10}(OH,F)_2]\}$	Muskovit
$Mg_{0.33}\{(Mg,Fe^{III},Al)_3[Al_{1.25}Si_{2.75}O_{10}(OH)_2]\} \cdot xH_2O$	Vermiculit

Feldspäte

$Na(AlSi_3O_8)$	Albit, Natronfeldspat	$Na(AlSiO_4)$	Nephelin
$K(AlSi_3O_8)$	Orthoklas, Kalifeldspat	$Ca(AlSiO_4)_2$	Anorthit, Kalkfeldspat
$K(AlSi_2O_6)$	Leucit		

Ultramarine

$Na_4(Al_3Si_3O_{12})Cl$	Sodalith
$Na_4(Al_3Si_3O_{12})(S_3)$	Lasurit, Lapislazuli

Zeolithe

$Ca(AlSi_2O_6)_2 \cdot 6H_2O$	Chabasit	$Na(AlSi_5O_{12}) \cdot 3H_2O$	Mordenit
$Na_2Ca(AlSi_2O_6)_4 \cdot 16H_2O$	Faujasit	$Na_2(Al_2Si_3O_{10}) \cdot 2H_2O$	Natrolith

3.5 Schwache Wechselwirkungen in Kristallen

3.5.1 Van der Waals-Wechselwirkungen

Die ionogene Bindung beruht auf der elektrostatischen Anziehung entgegengesetzt geladener Ionen. Auch zwischen elektrischen Dipolen ungeladener Moleküle besteht eine Anziehung, deren Größe von der Orientierung der Dipole zueinander abhängt. Die Orientierung zu optimaler Wechselwirkung, die sich bei colinearer Ausrichtung der Dipolmoment-Vektoren erreichen lässt, wird durch die kinetische

Energie der Moleküle so beeinflusst, dass sie mit steigender Temperatur sinkt. Die potentielle Energie der Dipol-Dipol-Anziehung, die *Orientierungsenergie* U_O, hängt mit den Dipolmomenten μ_A und μ_B, der Temperatur T und dem Abstand r zwischen den Molekülen A und B wie folgt zusammen:

$$U_O \sim \frac{-\mu_A^2 \mu_B^2}{Tr^6} \quad \text{bzw. (A = B)} \quad U_O \sim \frac{-\mu^4}{Tr^6}$$

Zu dieser Energie gesellt sich noch ein kleinerer Energiebetrag, der dadurch zustande kommt, dass das Dipolmoment des einen Moleküls A im Nachbarmolekül B bei genügend großer Annäherung ein Dipolmoment induziert und umgekehrt, das nicht mehr von der Orientierung und damit von T abhängt, wohl aber von der Polarisierbarkeit a des Nachbarmoleküls. Für diese *Induktionsenergie* U_I gilt:

$$U_I \sim \frac{-\mu_A^2 a_B + \mu_B^2 a_A}{r^6} \quad \text{bzw. (A = B)} \quad U_I \sim \frac{-\mu^2 a}{r^6}$$

Auch in unpolaren Molekülen ohne Dipolmoment können wegen der Beweglichkeit der Elektronen Dipolmomente während differentiell kleiner Zeiträume entstehen, die sich aber im zeitlichen Mittel aufheben. Solche Dipolmomente induzieren im unpolaren Nachbarmolekül ein entsprechend orientiertes Dipolmoment und damit kurzzeitige Anziehung. In ein Kristallgitter eingepasst, bleiben diese Anziehungskräfte bestehen und führen dazu, dass beispielsweise Edelgasatome bei genügend tiefer Temperatur kristallisieren können. Man nennt diese Art von Anziehungsenergie *Dispersionsenergie* U_D. Bei Edelgasen und bei den unpolaren Gasmolekülen vom Typ X_2 bestimmt sie allein die Gitterenergie. Sie hängt von der Polarisierbarkeit der Moleküle A und B und weiterhin von ihrer Ionisierungsenergie I ab:

$$U_D \sim \frac{-I_A I_B a_A a_B}{(I_A + I_B)r^6} \quad \text{bzw. (A = B)} \quad U_D \sim \frac{Ia^2}{r^6}$$

Alle drei Wechselwirkungen, U_O, U_I und U_D, werden unter dem Namen *van der Waals-Wechselwirkungen* zusammengefasst. Wegen ihrer Proportionalität zu r^{-6} werden sie erst wirksam, wenn sich Moleküle sehr nahe kommen. Wie bei den Ionenanziehungskräften kann auch die van der Waals-Anziehungsenergie bei $r \to 0$ nicht gegen $-\infty$ gehen, da sich die gesättigten Elektronenhüllen beim Versuch ihrer Durchdringung abstoßen. Diese Abstoßungsenergie nimmt mit r^{-n} zu, wobei n deutlich größer als 6 ist, sodass die Abstoßung erst bei sehr kleinen Werten von r wirksam wird, dann aber die Anziehung schnell überkompensiert, bis die potentielle Energie bei $r \to 0$ gegen $+\infty$ geht. Vielfach liegt man mit $n = 12$ nahe an der Wirklichkeit. Die Summe aus Anziehungs- und Abstoßungspotentialen nennt man *Lennard-Jones Potential* U_L, für das vielfach gilt (C_1 und C_2 sind Konstante):

$$U_\mathrm{L} = \frac{C_1}{r^{12}} - \frac{C_2}{r^6}$$

Nicht nur die Edelgase und die zweiatomigen gasförmigen Elemente werden im Kristallgitter ausschließlich durch Dispersionskräfte zusammengehalten, sondern auch die nicht-gasförmigen, aus den unpolaren Molekülen Br_2, I_2, S_8, P_4 aufgebauten Elemente.

Generell sind für das Kristallisieren von Molekülen dann ausschließlich van der Waals-Wechselwirkungen zuständig, wenn keine Hydrogenbrückenbindungen dazukommen (s. Abschnitt 3.5.2). Dasselbe gilt für alle kristallinen Ketten- und Schichtstrukturen, bei denen in der Kette bzw. Schicht der Zusammenhalt durch chemische Bindungen, zwischen den Ketten bzw. Schichten aber durch van der Waals-Wechselwirkungen zustande kommt.

Ausnahmen von diesen allgemeinen Zusammenhängen gibt es bei extrem hohen Drücken, die beispielsweise das Nichtmetall Hydrogen zum Metall machen, in welchem von H_2-Molekülen und von van der Waals-Wechselwirkungen zwischen ihnen nicht mehr die Rede sein kann. Auch beim Graphit ist die Wechselwirkung zwischen den Schichten eher eine metallische als eine van der Waals'sche.

Die chemische Bindung − kovalent, metallisch oder ionogen − beinhaltet *starke chemische Wechselwirkungen* mit Bindungsenergien im Bereich von ca. $40-1000$ kJ mol^{-1}. Den van der Waals-Bindungen liegen *schwache chemische Wechselwirkungen* zugrunde mit Bindungsenergien im Bereich von ca. $8-60$ kJ mol^{-1}. Zwischen den starken und schwachen chemischen Wechselwirkungen gibt es also eine definitorische Grauzone im Bereich von $40-60$ kJ mol^{-1}.

3.5.2 Hydrogenbrückenbindungen

Man hat die (3c2e)- von der (3c4e)-Hydrogenbrückenbindung zu unterscheiden. Die (3c2e)-Hydrogenbrückenbindung haben wir u. a. beim Molekül B_2H_6 kennengelernt (s. Abschnitt 2.2.4). Es handelt sich bei ihr um eine starke chemische Wechselwirkung, liegt doch die berechnete Energie der Dissoziation von B_2H_6 in zwei BH_3-Hälften unter Aufbrechen der beiden BHB-(3c2e)-Bindungen oberhalb von 120 kJ mol^{-1}. Nur wenige Beispiele für kollektive (3c2e)-Wechselwirkungen im Kristall sind bekannt. Das eindrucksvollste Beispiel bietet BeH_2, das in einer Kettenstruktur vom SiS_2-Typ kristallisiert (s. Abschnitt 3.4.2). So wie beim SiS_2 ein Aufbau aus kovalenten Si−S-Bindungen oder aus Si^{4+}- und S^{2-}-Ionen zwei nicht-reale Grenzfälle markiert und der reale Bindungszustand zwischen den Grenzfällen liegt, kann man auch den Aufbau von BeH_2 von der kovalenten Seite [also über BeHBe-(3c2e)-Bindungen] und von der ionogenen Seite her sehen (also aus Be^{2+}- und H^--Ionen).

Die (3c4e)-Hydrogenbrücke haben wir beim Anion HF_2^- kennengelernt: $[F\cdots H\cdots F]^-$. Man kann sich diese Bindung aus den drei Ionen H^+, F^- und F^- unter Mitwirkung je eines freien Elektronenpaars von F^- entstanden denken. Die

(3c4e)-Bindung im Anion HF_2^- stellt ein Extrembeispiel dar: Mit einer Bindungsenergie von $150 \, kJ \, mol^{-1}$ und einer Bindungslänge von $d(FF) = 226 \, pm$ ist sie die stärkste und kürzeste aller bekannten H-Brückenbindungen, so stark wie eine kovalente chemische Bindung. Auch ist HF_2^- eines der seltenen Beispiele für eine symmetrische H-Brücke mit dem H-Atom genau in der Mitte; ein anderes Beispiel ist das Anion $H_3O_2^-$, $[HO\cdots H\cdots OH]^-$, $d(OO) = 229 \, pm$, das in kleiner Konzentration in flüssigem Wasser enthalten ist.

Allgemein werden (3c4e)-H-Brücken zwischen Nichtmetall-Hydrogen-Bindungen $X-H$ und einem freien Elektronenpaar an einem Nichtmetall X' gebildet:

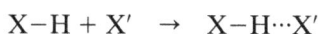

$$X-H + X' \rightarrow X-H\cdots X'$$

Diese Bindungen sind in der Regel linear und unsymmetrisch. Der kürzere Abstand wird durch einen Strich, der längere durch Pünktchen symbolisiert. Die Bindungsenergie liegt − HF_2^- ausgenommen − unterhalb von $100 \, kJ \, mol^{-1}$. Von der Größe der Bindungsenergie am bedeutendsten sind diese Bindungen, wenn die Atome N, O und F beteiligt sind, und zwar in einem von N nach F zunehmenden Maße. Prominente Beispiele sind die Verbindungen NH_3, H_2O und HF. Im gasförmigen HF liegen u.a. Moleküle H_6F_6 vor: gewellte F_6-Sechsringe (C_{3v}) mit unsymmetrischen H-Brücken (Punktgruppe: C_3). Das kristalline HF hingegen ist aus F_∞-Zickzackketten aufgebaut mit wiederum unsymmetrischen, linearen H-Brücken (Bindungsenergie der Brücke: $32 \, kJ \, mol^{-1}$; HF-Abstände: 92 und 158 pm). Kristallines H_2O kann je nach Druck in mehreren Modifikationen kristallisieren, die mit SiO_2-Strukturen mehr oder weniger verwandt sind. Eis kristallisiert bei Normalbedingungen im *anti*-β-Tridymit-Typ (Abb. 3.49) mit unsymmetrischen H-Brücken (Brückenbindungsenergie: $21 \, kJ \, mol^{-1}$; O—H-Abstände: 99 und 176 pm). Die H-Brücken sind die Ursache dafür, dass die Schmelz- und Siedepunkte von HF, H_2O und NH_3 höher liegen als die der schwereren Gruppenhomologen HX, H_2X bzw. XH_3, obwohl sonst die Fixpunkte analoger Verbindungen innerhalb einer Gruppe von oben nach unten ansteigen. Die folgende Zusammenstellung der gerundeten Werte (in °C) zeigt die Verhältnisse bei den Hydrogen-Verbindungen (linker Block: Schmelzpunkte; rechter Block: Siedepunkte):

	XH_3	H_2X	HX	XH_3	H_2X	HX
X = N, O, F:	−78	±0	−83	−33	+100	+20
X = P, S, Cl:	−134	−86	−114	−88	−60	−85
X = As, Se, Br:	−117	−66	−87	−62	−41	−67
X = Sb, Te, I:	−88	−51	−51	−17	−2	−36

(3c4e)-H-Brücken spielen eine besondere Rolle, wenn OH-Gruppen oder NH-Gruppen mit terminalen O-Atomen, gelegentlich auch mit anderen OH-Gruppen in Wechselwirkung treten können. Aus der Fülle prominenter Beispiele greifen wir drei heraus.

In den sog. *Oxosäuren* (s. Abschnitt 5.3.4) sind OH-Gruppen an ein Zentralatom gebunden, vielfach noch zusammen mit terminalen O-Atomen, so wie beispielsweise in den Verbindungen $SO_2(OH)_2$ (*Schwefelsäure*, normale Schreibweise: H_2SO_4), $PO(OH)_3$ (*Phosphorsäure*, H_3PO_4), $B(OH)_3$ (*Borsäure*, H_3BO_3), RCO(OH) (*Carbonsäure*) usw. Alle diese Säuren kristallisieren über intermolekulare H-Brücken. In den kristallinen Carbonsäuren beispielsweise lagern sich zwei Moleküle zu Dimeren zusammen, in den Borsäurekristallen beliebig viele:

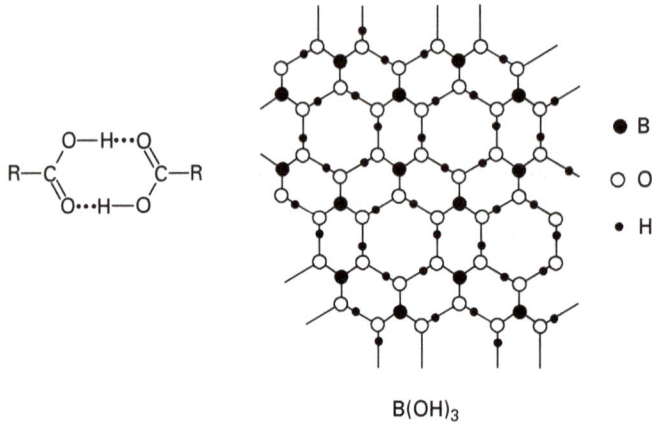

B(OH)$_3$

Proteine (*Eiweiße*) sind Polykondensate von 2-Aminocarbonsäuren $R-CH(NH_2)-COOH$ und gehorchen der Formel $(-NH-CR-CO-)_n$ (n > 100) mit der Besonderheit, dass von Baustein zu Baustein der Rest R wechselt. Dabei stehen 20 verschiedene Reste R zur Verfügung. Proteine spielen eine zentrale Rolle in der belebten Welt. Die Proteinketten bilden nicht beliebig geformte Knäuel, sondern bestimmte Faltungsmuster, die man als *Sekundärstruktur* der Proteine bezeichnet. Ein besonders wichtiges Faltungsmuster stellt die schraubenförmig rechtsgewundene sog. α-*Helix* dar. Die Sekundärstruktur erhält ihre Stabilität durch H-Brücken zwischen NH und C=O-Gruppen, die um einige Bausteine auseinander liegen.

Als drittes Beispiel seien die Schichtstruktur-bildenden Metall- und Halbmetallhydroxide und -hydroxidoxide angeführt, bei denen der Zusammenhalt der Schichten vielfach durch H-Brücken gewährleistet ist. Auch die Aufnahme von Wasser, Ammoniak u. Ä. zwischen die Schichten der quellfähigen Silicate beruht auf der Ausbildung von H-Brücken.

3.5.3 Flüssige Kristalle

Intermolekulare Kräfte zwingen Moleküle in Kristallen in eine dreidimensionale feste Ordnung. Eine Translation und Rotation von Molekülen ist in geordneten Kristallen nicht möglich, und wenn im Falle kugelig oder röhrenartig gebauter Moleküle keine Ordnung bezüglich der Rotation um die Kugel- bzw. Röhrenachse vorliegt, dann liegt eine Fehlordnung vor. Vibrationen innerhalb der Moleküle sind auch im geordneten Kristall in der Regel angeregt. Der Übergang in den flüssigen Zustand bedeutet, dass die Moleküle eine gewisse Beweglichkeit erfahren, sodass sie eine Translation und eine Rotation eingehen können, wenn auch die Nahordnung bestehen bleibt. Nun erfahren ganz bestimmte, meist lang gestreckte organische Moleküle am Schmelzpunkt den Übergang in einen Zustand, den zwar eine gewisse Beweglichkeit der Moleküle in bestimmter Richtung, aber auch eine gewisse Ordnung in anderer Richtung auszeichnet, sodass sich solche Phasen im Gegensatz zur normalen Flüssigkeit anisotrop verhalten. Derartige Phasen nennt man *flüssige Kristalle* oder *kristalline Flüssigkeiten* oder *anisotrope Flüssigkeiten* oder *Mesophasen*. Ihre optische Anisotropie verursacht Streueffekte und damit eine Trübung. Beim Erhitzen kommt es bei einer bestimmten Temperatur, dem *Klarpunkt*, zu einem Phasenübergang in die ungetrübte, isotrope normale Flüssigkeit. Man nennt solche Phasenübergänge *thermotrop* und spricht von *Thermotropie*.

Der einfachste Ordnungsgrad liegt vor, wenn alle stäbchenförmigen Moleküle parallel ausgerichtet sind, ohne dass die Enden der Stäbchen in einer Ebene liegen. Die Moleküle bleiben sowohl in der Längsrichtung als auch senkrecht zu ihr beweglich, was eine geringe Zähigkeit zur Folge hat: *nematische Phasen*. Moleküle, die nematische Phasen bilden, enthalten im Allgemeinen eine ungesättigte zentrale Einheit [z. B. $-N=N-$, $-CH=N-$, $-(C=O)-O-$, $-NO=N-$], an die beidseits ein Phenylrest C_6H_4X mit *para*-ständigem Liganden X gebunden ist (z. B. X = C_nH_{2n+1}, $C_nH_{2n+1}O$, CN, Hal, COOR). Als Beispiel sei das Molekül MeO— $C_6H_4-CH=N-C_6H_4-Bu$ angeführt.

Bei *smektischen Phasen* sind die Moleküle ebenfalls parallel ausgerichtet, ordnen sich aber in Schichten so an, dass sich innerhalb einer Schicht die lang gestreckten Moleküle aneinanderschmiegen. Eine Translation eines Moleküls in der Längsrichtung, also aus der Schicht heraus, ist nicht möglich, wohl aber sind Bewegungen in beiden Dimensionen innerhalb der Schicht unter Beibehaltung der parallelen Ausrichtung erlaubt (*zweidimensionale Flüssigkeit*). Die Hölzer in einer halb gefüllten Streichholzschachtel zeigen im Prinzip eine ähnliche Beweglichkeit. Die größere Ordnung bedingt eine größere Zähigkeit als bei nematischen Phasen. Im einfachsten Fall fallen die Moleküllängsrichtung und die Schichtnormale zusammen (*smektische A-Phasen*). Moleküllängsrichtung und Schichtnormale können aber auch einen von Null verschiedenen Winkel, den *Tiltwinkel*, miteinander bilden (*smektische C-Phasen*). Insbesonere in gemischten füssigkristallinen Phasen mit einer chiralen Komponente kann sich der Tiltwinkel von Schicht zu Schicht ändern, was bemerkenswerte physikalische Eigenschaften zur Folge hat. Im Allgemeinen erleiden smektische Phasen beim Erhitzen den Übergang in eine nematische Phase, bevor bei noch höherer Temperatur der Klarpunkt erreicht wird. Moleküle, die smektische Phasen bilden, sind ähnlich gebaut wie im Fall der nematischen Phasen, jedoch sind die Moleküle sowohl im Bereich der zentralen Einheit als auch im Bereich der Liganden X länger gestreckt. Als Beispiel sei das folgende Molekül genannt: $RO-C_6H_4-CH=N-N=CH-C_6H_4-OR$ (R = Heptyl).

Einen weiteren Strukturtyp findet man bei den *cholesterischen Phasen*. Sie enthalten als zentrale Einheit den biologischen Wirkstoff Cholesterin, $C_{27}H_{46}O$, der den Molekülen cholesterischer Phasen die Struktur eines chiralen Bandes verleiht. Die Moleküle lagern sich in der Längsrichtung des Bandes aneinander, allerdings nicht ganz parallel zueinander, sondern in einer Weise, die zu einer helicalen Kette führt. Das eine Enantiomer bildet Helices mit Rechts-, das andere mit Linksschraubrichtung. Eine augenfällig in Erscheinung tretende Eigenschaft cholesterischer Phasen ist die selektive Reflexion weißen Lichts, was eine schillernde Farbigkeit bedingt. Cholesterische Phasen gehen beim Erhitzen zum Klarpunkt direkt in die isotrope Flüssigkeit über.

Schließlich kann ein scheibenförmiger Bau organischer Moleküle zu *diskotischen* flüssigkristallinen Phasen führen. Die scheibenförmigen Moleküle lagern sich zu Säulen übereinander. Dabei können die Scheiben einer Säule relativ zueinander geordnet oder ungeordnet sein, und die Ebenen der Scheiben können senkrecht zur Säulenachse stehen oder schiefwinklig (*getiltet*). Weiterhin können die Säulenachsen zueinander ein quadratisches oder ein trigonales Muster bilden, was das Bild einer dreidimensionalen kristallinen Ordnung ergäbe, wenn die Säulen nicht in der Achsenrichtung untereinander verschiebbar wären. Im Gegensatz zu solch einer hohen Ordnung gibt es auch diskotische Phasen, deren einzige Ordnung darin besteht, dass sich die scheibchenförmigen Moleküle parallel zueinander ausrichten, ohne sich aber kolumnar anzuordnen, sodass man eine solche Phase aus nahe liegenden Gründen als *nematisch-diskotisch* bezeichnet. Die zentrale Einheit der diskotische Phasen bildenden Moleküle ist in der Regel das planar gebaute Tribenzobenzen $C_{18}H_{12}$ (*Triphenylen*, aufgebaut aus drei *ortho*-Phenylen-Einheiten, C_6H_4, die zu einem zentralen Sechsring zusammengeschlossen sind); an die sechs Außenpositionen der zentralen Einheit sind geeignete Reste gebunden.

3.6 Mesoskopische Systeme

Für den Aufbau der Materie haben wir zwei Grenzfälle kennengelernt: Erstens den Aufbau aus freien Atomen und Molekülen, wie er idealen Gasen zugrunde liegt (*mikroskopische Systeme*), und zweitens den Aufbau aus beliebig vielen Atomen oder Molekülen oder Ionen, die durch Bindungen zusammenhängen, wie man es bei Festkörpern und den Schmelzen von Metallen und Salzen antrifft (*makroskopische Systeme*); wozu man aus Molekülen aufgebaute Flüssigkeiten rechnen mag, bleibe dahingestellt. Die Eigenschaften makroskopischer Systeme werden durch die kollektiven Bindungen in allen Raumrichtungen im *Inneren* eines homogenen Stoffs geprägt, nicht aber durch die abweichenden Bindungsverhältnisse an der *Oberfläche* (s. Abschnitt 4.4.1), solange die Zahl der Atome an der Oberfläche vernachlässigbar klein bleibt gegenüber der Zahl im Inneren des Stoffs. Wenn wir aber die Körner eines Feststoffs oder die Tröpfchen einer Flüssigkeit immer kleiner machen, dann wird die Zahl der Atome an der Oberfläche im Vergleich zum Inneren schließlich so groß, dass die Oberfläche die Eigenschaften des Stoffs determiniert. Wir gelangen zu den *mesoskopischen Systemen*. Die Körnchen oder Tröpfchen können dabei in ein Gas oder in eine Flüssigkeit eingebettet sein, oder aber die Körnchen hängen so eng aneinander, dass Moleküle zwischen ihnen keinen Platz mehr finden.

Um einen Überblick über Teilchengrößen zu gewinnen, nehmen wir an, dass die Teilchen eine kugelige Gestalt haben und damit ein mittlerer Durchmesser definiert ist. Folgende grobe Einteilung der Partikelgröße mit folgenden Durchmesserbereichen erscheint zweckmäßig:

Moleküle:	$< 1\,nm = 1000\,pm$
Supermoleküle:	$1-10\,nm$
Nanophasen-Materialien, Kolloide:	$10-100\,nm$
feinkörnige Festkörper	$100-1000\,nm$
grobkörnige Festkörper:	$> 1000\,nm = 1\,\mu m$

Im Zentrum mesoskopischer Systeme stehen die *Nanophasen-Materialien* und die *Kolloide*. Bei ihnen ist die Zahl der Atome an der Oberfläche mit der im Inneren vergleichbar, sodass ihre Eigenschaften von denen der Festkörper deutlich abweichen.

3.6.1 Große und supergroße Moleküle

In Abb. 3.68 wird gezeigt, wie man durch Aneinanderfügen von Benzenringen, durch sog. *Anellieren*, zu immer größeren, planar gebauten, aromatischen Molekülen gelangt, in denen eine Ebene der Graphit-Struktur vorgebildet ist. Mit zunehmender Anellierung nimmt das Verhältnis von C zu H immer mehr zu, da nur im Außenbereich eine Absättigung durch H-Atome nötig ist.

Als weitere Beispiele für große Moleküle mit einem ganz oder überwiegend aus Carbon bestehenden Gerüst seien die Fullerene, Kryptanden und Dendrimeren genannt!

Die Fullerene stellen eine metastabile Carbon-Modifikation dar, die aus Molekülen C_n aufgebaut ist (s. Abschnitt 3.3.1). Das Buckminsterfulleren C_{60} (I_h), das wichtigste der kugelig gebauten Fullerene, hat einen Durchmesser von ca. 0.7 nm.

Kryptanden sind polycyclische Moleküle, in denen typischerweise Ethylengruppen $-CH_2-CH_2-$ über O- und N-Atome so verknüpft sind, dass in einem innermolekularen Hohlraum ein Kation als Gast unter Bildung eines *Kryptats* aufgenommen wird; dabei bildet der Kryptand als polydentaler Ligand über seine freien Elektronenpaare an den O- und N-Atomen koordinative Bindungen zum Kation aus. Diese sog. *Wirt-Gast-Beziehung* erlaubt wegen des speziellen jeweiligen Kryptandgerüsts eine für bestimmte Kationen sehr spezifische Koordination, sodass hier ein sehr einfaches Modell der *molekularen Erkennung* vorliegt, die ja in der Biologie eine so fundamentale Rolle spielt. Den bekanntesten Kryptanden, nämlich $C_{18}H_{36}N_2O_6$ (cryptand 222), haben wir in den Abschnitten 2.2.8 und 2.3.5 kennengelernt: Zwei N-Atome sind über drei $[-CH_2-CH_2-O-CH_2-CH_2-O-CH_2-$

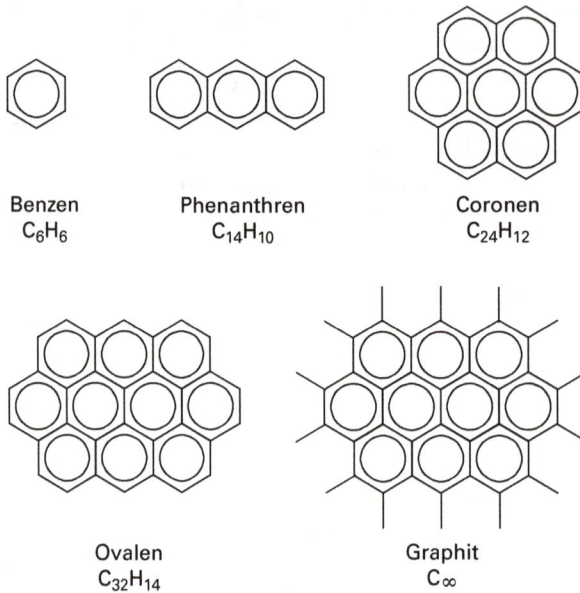

Abb. 3.68   Vom Molekül Benzen zum Festkörper Graphit.

CH$_2$—]-Brücken so miteinander verknüpft, dass die freien Elektronenpaare der N- und O-Atome ein Metallion im Innenraum achtfach koordinieren können. Der Durchmesser dieses Kryptanden ist kleiner als 1 nm, es handelt sich um ein großes, aber nicht supergroßes Molekül.

Dendrimere sind Supermoleküle, die von einer zentralen molekularen Einheit aus nach außen wachsen und dabei eine kugelförmige Baumstruktur annehmen. Am besten sei dies an einem einfachen Beispiel illustriert! In einem ersten Doppelschritt addieren sich drei Moleküle Methylpropenoat an Ammoniak, gefolgt von der Substitution der MeO-Gruppen durch Ethylendiamin (en):

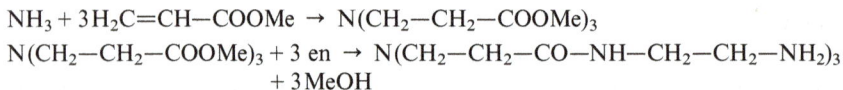

$$NH_3 + 3H_2C=CH-COOMe \rightarrow N(CH_2-CH_2-COOMe)_3$$
$$N(CH_2-CH_2-COOMe)_3 + 3\,en \rightarrow N(CH_2-CH_2-CO-NH-CH_2-CH_2-NH_2)_3$$
$$+ 3\,MeOH$$

Das Ammoniak-N-Atom ist das Zentrum des Dendrimeren. Im zweiten Doppelschritt vom selben Typ addieren sich die drei NH$_2$-Gruppen des ersten Zwischenprodukts an sechs Moleküle Methylpropenoat, gefolgt von einer entsprechenden en-Substitution, sodass jede der NH$_2$-Gruppen zum Zentrum einer weiteren Verzweigung wird. Nach beispielsweise sechs derartigen Doppelschritten ist ein Baum mit 96 außenstehenden NH$_2$-Gruppen entstanden, der der Formel C$_{945}$H$_{1893}$N$_{379}$O$_{189}$ genügt.

Sind die anellierten Aromaten, Kryptanden und Dendrimeren nach außen mit H-Atomen abgesättigt, so sind *Metallcluster* als Supermoleküle nur isolierbar, wenn die Metallatome an der Oberfläche koordinativ abgesättigt sind. Im noch nicht supergroßen Kation $[Au_{13}(dppm)_6]^{4+}$ ist ein zentrales Au-Atom ikosaedrisch von zwölf Au-Atomen umgeben; die ikosaedrische Zwölfer-Koordination ist energetisch günstiger als die kuboktaedrische. Das Kürzel dppm steht für den zweizähnigen Liganden Bis(diphenylphosphanyl)methan, $Ph_2P-CH_2-PPh_2$, der die Koordination jedes der zwölf äußeren Au-Atome erlaubt; die positive Ladung ist über alle Au-Atome delokalisiert. Will man nun die erste Zwölfer-Koordinationsschale mit einer zweiten so umhüllen, dass jedes Metallatom der ersten Schale wieder zwölffach koordiniert ist, dann ist dies mit dem Ikosaeder als Koordinationsfigur geometrisch nicht möglich, wohl aber, wenn das zentrale Atom und seine zwölf Nachbarn kuboktaedrisch koordiniert werden. Das geometrische Prinzip wird in Abb. 3.69 erläutert. Dort sind Schnitte durch die Mitte der Clusterfiguren senkrecht zu einer der vier C_3-Achsen dargestellt, und zwar für die erste Schale um das Zentralatom (a) sowie die zweite (b), dritte (c) und vierte Schale (d) als jeweils äußerster Schale. In allen Fällen handelt es sich um Ausschnitte aus der A1-Packung kristalliner Metalle. Als Gesamtfigur aller vier Cluster ergibt sich wieder ein Kuboktaeder, das entsteht, indem man oberhalb und unterhalb der gezeichneten Zentralschicht (obere Reihe in Abb. 3.69) nach dem Prinzip kubisch dichter Packungen weitere Schichten auf Lücke legt, sodass insgesamt von (a) bis (d) drei, fünf, sieben bzw. neun Schichten übereinanderliegen, und zwar, von der Zentral-

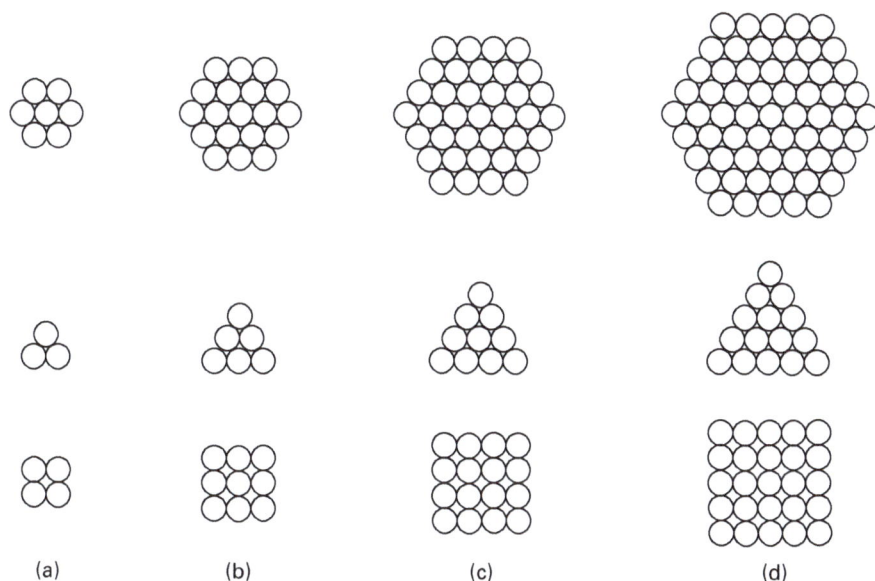

Abb. 3.69 Hexagonale Zentralschnitte senkrecht zu einer C_3-Achse durch kuboktaedrische Fragmente der A1-Packung für Metallcluster aus 13, 55, 147 und 309 Atomen [(a)−(d)] samt Besetzungsmuster der trianguralen (mitte) und der quadratischen Begrenzungsflächen (unten) der Kuboktaeder.

schicht aus gesehen, nach oben und unten mit zunehmend weniger Atomen. Die oberste und die unterste Schicht relativ zur Zeichenebene stellen zwei der insgesamt acht Dreiecksflächen des Cluster-Kuboktaeders dar, die von (a) nach (d) aus 3, 6, 10 bzw. 15 Atomen gebildet werden. Die sechs quadratischen Begrenzungsflächen stehen schief zur Zeichenebene und setzen sich von (a) nach (d) aus 4, 9, 16 bzw. 25 Kugeln zusammen.

Dieses Aufbauprinzip lässt sich erweitern: Nehmen wir eine 5. bis 8. Schale dazu, dann umfassen die Cluster insgesamt 561, 931, 1415 bzw. 2057 Metallatome usw. Für die beiden letztgenannten errechnen sich Durchmesser von etwa 3.15 bzw. 3.60 nm. Am besten untersucht sind die zweischaligen Cluster mit $[Au_{55}(PPh_3)_{12}Cl_6]$ als Paradebeispiel; die Phosphan-Liganden koordinieren die Au-Atome in den zwölf Ecken des Gesamtkuboktaeders, und die Cl-Ionen sitzen oberhalb der sechs quadratischen Au_4-Kuboktaederflächen. Gut untersuchte Beispiele für größere Metallcluster sind die Verbindungen $[Pt_{309}(phen^*)_{36}O_{30\pm10}]$ und $[Pd_{561}(phen)_{36}O_{200\pm20}]$; die Zahl der O-Atome lässt sich nicht genau bestimmen {phen = 1,10-Diazaphenanthren oder *ortho*-Phenanthrolin: $C_{12}H_8N_2$; phen* = Dinatrium-[4,7-bis(4-sulfonatophenyl)-1,10-diazaphenanthren]: $Na_2[C_{12}H_6N_2(C_6H_4SO_3)_2]$}.

3.6.2 Nanophasen-Materialien

Durch Mahlen lassen sich die Körner ionogener Verbindungen bis zu einer Korngröße von etwa 3000 nm zerkleinern. Solche Körnchen sind noch immer zu groß, um die durch die vergrößerte Oberfläche bedingten Eigenschaften zutage treten zu lassen. Will man beispielsweise Oxide wie Al_2O_3, SiO_2, TiO_2 u. a., die als keramische Materialien Bedeutung haben, in einer Korngröße kleiner als 100 nm gewinnen, so geht man von flüchtigen, molekular gebauten Stoffen aus, also beispielsweise von $AlCl_3$, $SiCl_4$ bzw. $TiCl_4$, überführt diese Stoffe in *Flammenreaktoren* mithilfe einer Knallgasflamme $(2H_2 + O_2 \rightarrow 2H_2O)$ in die gasförmigen Oxide (z. B.: $SiCl_4 + 2H_2 + O_2 \rightarrow SiO_2 + 4HCl$) und schreckt diese dann ab. Die erhaltenen oxidischen, nanometerkleinen Körner sind ähnlich einem Sack Erbsen einigermaßen dicht gepackt und binden sich über die an der Kornoberfläche vorhandenen OH-Gruppen vermöge lockerer Hydrogenbrücken aneinander. Die Tetraeder- und Oktaederlücken einer solchen Packung sind – vom molekularen Standpunkt aus betrachtet – riesig. Das Anwendungsgebiet solcher *Nanopulver* ist breit, beispielsweise kann man sie als Füllstoffe oder Farbpigmente (TiO_2 als Weiß-, Fe_2O_3 als Rotpigment usw.) einsetzen. Auf mechanischen Druck hin gehen die Hydrogenbrücken auf und geben dem Material einen fluiden Charakter (*Thixotropie*), sodass es – beispielsweise als Beimengung zu Malerfarben – diese generell zähflüssig, aber unter Bürstendruck leicht verstreichbar macht. Nanopulver lassen sich bei viel tieferer Temperatur als grobkörnigeres Mahlgut zu Keramiken sintern. Bei der *Sinterung* tritt an den Berührflächen der Nanopartikeln eine Kondensation von OH-Gruppen unter Austritt von H_2O ein, sodass die Partikeln nunmehr durch starke Oxygenbrücken zusammengehalten werden. Solche Keramiken sind härter und bruchfester als die herkömmlichen, aber wegen der noch vorhandenen Hohl-räume auch *duktiler* (d. h. leichter verformbar). Auch dass sie sichtbares Licht durchlassen, UV-Licht aber absorbieren, macht sie zu nützlichen Werkstoffen.

Um zu Nanophasen-Metallen zu gelangen, kühlt man Metalldämpfe in einem Inertgas (z. B. Argon) ab. Kühlt man Metalldämpfe stattdessen in Oxygen ab, dann erhält man Nanophasen-Metalloxide, die sich zu Keramiken sintern lassen. Die Nanophasen-Metalle sind härter, duktiler und besser leitfähig als in normaler Werkstückform. Auf Trägermaterialien aufgedampft, können sie ausgezeichnete katalytische Aktivität entfalten (z. B. die Edelmetalle Rh, Pd, Pt).

Auch Partikeln, die in ihrem Inneren durch kovalente Kräfte zusammengehalten werden, können im Korngrößenbereich $10-100$ nm anfallen. Ein prominentes Bei-spiel ist der Ruß, d. i. Nanophasen-Graphit, der durch die Verbrennung von Car-bonhydriden (wie z. B. Anthracen) im Unterschuss von O_2 entstehen kann und an kalten Flächen abgeschieden wird ($2C_{14}H_{10} + 5O_2 \rightarrow 28C + 10H_2O$) oder der auch durch die thermische Zersetzung von Acetylen zugänglich ist ($C_2H_2 \rightarrow 2C + H_2$). Als Füllstoff und als Schwarzpigment wird er weltweit in der Größenordnung von 10^9 t/a verbraucht.

3.6.3 Polymere

Die sog. *Polymere* sind im Normalfall aus Atomketten aufgebaut, die vielfach mehr oder weniger stark aneinander gebunden, *vernetzt* sind. Die üblichen Kettenglieder sind C-Atome, häufig neben O- und N-Atomen; aber auch andere Atome wie z. B. Si können am Kettenaufbau beteiligt sein. Solche Ketten lagern sich zu Fasern oder auch zu kugeligen Knäueln zusammen. In letzterem Falle ist ein Durchmesser definiert, sodass solche Polymere zu den Nanophasen-Materialien gezählt werden können, auch wenn das nicht üblich ist.

Unter den in der Natur vorkommenden Polymeren trifft man eine Knäuelbil-dung u. a. an beim *Naturkautschuk* $[-CH_2-CMe=CH-CH_2-]_n$ und bei den *glo-bulären Proteinen* (allgemeine Formel für Proteine: $[-NH-CHR^x-CO-]_n$, $n > 100$, Polymermasse 10^4-10^8 u; das Symbol R^x steht für zwanzig verschiedenar-tige Reste, die in der Proteinkette aufs Mannigfachste kombiniert sind; man be-achte, dass das mittlere Atom in jeder N—C—C-Einheit asymmetrisch ist, und zwar ist die Konfiguration in Proteinen auf die *S*-Form beschränkt). Bei den *Polysaccha-riden* (z. B. *Cellulose*, $[C_6H_{10}O_5]_n$) liegt eine Knäuelbildung nur in Lösung vor.

Bei künstlichen Polymeren können sich die Ketten ebenfalls knäueln. Als kleine Auswahl unter vielen seien genannt *Polyethylen* $[-CH_2-]_n$, *Polytetrafluorethylen* $[-CF_2-]_n$, *Nylon-6* $[-NH-CO-(CH_2)_5-]_n$, *Silicon* $[-SiMe_2-O-]_n$.

Knäuelförmig strukturierte Polymermoleküle können sich im Allgemeinen nicht zum kristallinen Kollektiv ordnen. Dagegen können sich in einer Richtung ge-streckte Polymermoleküle parallel zusammenlagern und dann sehr wohl zu kristal-liner Ordnung mit definierter Elementarzelle finden. Eine solche Ordnung kann durch Vernetzung der Ketten erleichtert werden, sei es über regelrechte kovalente Bindungen, sei es durch Hydrogenbrücken, Letzteres sofern die Polymerketten $C-NH_2$-, $C=NH$-, COH- oder $C=O$-Gruppierungen enthalten. Polymerketten können anstelle eines Knäuels auch in einer schlangenförmigen Auf-Ab-Anordnung scheibenförmige Makromoleküle bilden, deren Parallellagerung plättchenförmige Kristalle ergeben kann. Unter der Vielfalt von Ordnungsmöglichkeiten sei noch erwähnt, dass sich kettenförmige Makromoleküle in Teilbereichen parallel zusammenlagern können, in anderen Kettenbereichen aber eine knäuelförmige Anordnung bewahren. Haben sich Ketten beispielsweise von Polyethylen zu kristalliner Ordnung zusammengelagert, so sind Gitterfehler häufig, beispielsweise wenn Abweichungen der energetisch günstigsten all-*trans*-Konformation (mit einem Diederwinkel von 180° für jedes C_4-Tripel) vorkommen.

Übt man auf Polymere, deren Ketten geknäuelt sind, eine Zugspannung aus, so kann die Entknäuelung unter Parallellagerung der Ketten zu einer erheblichen Dehnung führen. Entfällt die Zugspannung, dann bildet sich das Knäuel zurück. Dieses *elastische* Verhalten ist typisch für entropiegetriebene Prozesse (s. Abschnitt 4.1.5).

3.6.4 Kolloide

Wenn die Partikeln von Nanophasen-Materialien in einem Gas oder in einer Flüssigkeit dispergiert sind, spricht man von einer kolloiden Lösung oder einem *Sol*. Statt *gelöst*, wie es bei Partikeln molekularer Größe angebracht wäre, spricht man hier von *dispergiert*, statt von *Lösung* von *Dispersion*. Kolloide Dispersionen in Luft heißen *Aerosole*, in Wasser *Hydrosole*. Haben die Teilchen gleiche Größe, so ist das Sol *monodispers*, ansonsten *polydispers*. Das sichtbare Licht wird an den Partikeln eines Sols gestreut. Bei genügend großer Konzentration kolloider Teilchen im jeweiligen Medium (Luft, Wasser usw.) erscheint dieses trüb. Die leuchtende Trübung nicht allzu konzentrierter Hydrosole ist als Erkennungszeichen typisch (*Tyndall-Effekt*). Bekannte Beispiele für konzentrierte Hydrosole sind Milch und Blut; Nebel und Rauch sind Beispiele für Aerosole. Die nicht gesinterten Nanopartikel-Materialien, die überaus porenreich sind und in den Poren Luft beherbergen, kann man im weitesten Sinne auch als Aerosole bezeichnen.

Für die Abtrennung grob-disperser Festkörperpartikeln aus einer wässrigen Suspension eignen sich Filter aus Papier. Diese sind für Kolloidpartikeln durchlässig. Filter, die so kleinporig sind, dass sie Wasser hindurchtreten lassen, nicht aber kolloide Partikeln, nennt man *Membranen*. Gewisse Tier- und Pflanzenhäute, auch spezielle Kunststoffe sind als Membranen geeignet. Eine Filtration an ihnen nennt man *Ultrafiltration* oder *Dialyse*.

In der Regel besteht eine Triebkraft für den Zusammentritt kolloider Partikeln zum kristallinen Festkörper, sei es, um die Oberflächenspannung zu verringern, sei es, um die Gitterenergie zu vermehren. Aus diesem Grunde sind Sole im Allgemeinen nur stabil, wenn geeignete Moleküle oder Ionen an der Partikeloberfläche die Vereinigung der Solpartikeln, die sog. *Koagulation*, verhindern. Im Falle kolloider

Metalle umgeben sich die Metalle mit einer Schicht aus Ionen des Metalls, an die sich locker Anionen aus der Lösung addieren (*elektrische Doppelschicht*, s. Abschnitt 4.4.2), sodass sich die Partikeln abstoßen, oder aber die Metallpartikeloberfläche wird durch die Anlagerung koordinationsfähiger Liganden geschützt. Im Falle von ionogen aufgebauten Kolloidpartikeln kann ebenfalls eine Ionenschicht auf ihrer Oberfläche die Partikeln stabilisieren; gibt man beispielsweise zu einer wässrigen Lösung von NaCl eine Lösung von $AgNO_3$, so bildet sich zunächst das schwer lösliche AgCl in kolloider Dispersion, da die Partikeloberfläche mit überschüssigen Cl-Ionen belegt ist, und erst wenn man ebensoviel $AgNO_3$ zugegeben hat, wie NaCl vorgegeben war, verschwindet die kolloide Trübung zugunsten von festem AgCl (*Klarpunkt*). *Hydrophile* (d. h. mit Wasser in lockere Wechselwirkung tretende) Partikeloberflächen, d. s. in der Regel solche, die OH-Gruppen aufweisen, können die Koagulation durch Bildung einer festen Hydrathülle verhindern. *Hydrophobe* (d. h. wasserabstoßende) Partikeloberflächen kann man hydrophil machen, indem man *amphiphile* Moleküle addiert, deren hydrophobes Ende sich an die Partikeloberfläche addieren kann und deren hydrophiles Ende Wechselwirkungen mit dem Wasser eingeht.

Wenn Sole koagulieren, dann bilden sich oft zunächst sog. *Gele*, d. s. gallertartige viskose Stoffe, die sich vom entsprechenden Festkörper nicht nur dadurch unterscheiden, dass keine kristalline Ordnung herrscht, sondern auch dadurch, dass in großen Hohlräumen das Solvens beherbergt wird. Frisch gefällte und abgetrennte Gele lassen sich vielfach durch Zusatz von Solvens wieder in die Sole überführen (*Peptisation*); man spricht von *reversiblen Kolloiden*. Die besten Beispiele für reversible Sol-Gel-Gleichgewichte liefern jene Kolloide, deren Partikeloberflächen OH-Gruppen tragen, wenn infolge der Anwesenheit von freien OH-Anionen in der Lösung aus den an die Oberfläche gebundenen OH-Gruppen H-Kationen abgespalten werden ($H^+ + OH^- \rightarrow H_2O$), sodass nunmehr O^--Gruppen auf der Partikeloberfläche diese negativ aufladen und stabilisieren. Säuert man das Sol an, d. h. gibt man einen Überschuss von H-Kationen hinzu, dann gehen die O^-- wieder in OH-Gruppen über, und das Sol koaguliert zum Gel. Behandelt man dieses mit Base, d. h. mit einer wässrigen, OH-Anionen enthaltenden Lösung, dann peptisiert es wieder zum Sol.

Historisch und technisch noch immer bedeutsam ist das Verhalten der *ortho*-Kieselsäure H_4SiO_4 [oder in anderer Schreibweise: $Si(OH)_4$], die nur in hochverdünnten Lösungen stabil ist. Konzentriert man diese, so kondensiert die *ortho*-Kieselsäure unter Wasseraustritt zur Polykieselsäure $H_mSi_nO_p$, deren kolloide kugelige Partikeln in Wasser als Sol dispergiert sind. Sie bestehen im Inneren aus ca. 100 SiO_2-Einheiten, tragen an der Oberfläche OH-Gruppen und haben einen Durchmesser von ca. 2 nm. In Gegenwart von OH-Anionen in der wässrigen Lösung bleibt das Kieselsol stabil, ansonsten koaguliert es langsam zum *Kiesel-Hydrogel*, das man durch Zugabe von OH-Anionen wieder zum Kieselsol peptisieren kann. Durch thermische Dehydratisierung wird Kiesel-Hydrogel irreversibel zum *Kiesel-Xerogel*, einem typischen Nanophasenmaterial. Das Wasser in den Hohlräumen des Materials lässt sich mit Alkohol weitgehend herausspülen und man erhält *Kieselgel* als festes, stabiles, porenreiches Material, das auch in der Natur als *Kieselgur* oder *Infusorienerde* vorkommt; es findet als Adsorptionsmittel und als Trägermaterial für Katalysatoren Verwendung.

4 Reaktionen: Thermodynamik und Kinetik

4.1 Hauptsätze der Thermodynamik

4.1.1 Erhaltung von Masse und Energie

Einen gewissen Teil der Welt nennen wir ein *System* und den Rest der Welt die *Umgebung*. Die Grenzen zwischen System und Umgebung müssen genau definiert sein, und sie dürfen – zumindest im idealisierten Grenzfall – keine Ausdehnung haben, sonst gäbe es ja zwischen System und Umwelt noch einen dritten Bereich. Was die Chemie anbetrifft, handelt es sich beim *System* um ein homogenes Gemisch oder ein heterogenes Gemenge von Stoffen, die eine chemische Reaktion erfahren. Dabei befinden sich die Stoffe in einem *Reaktor*, dessen Wände die Grenzen des Systems darstellen. Im Grenzfall mag das *System* auch nur aus einer Komponente bestehen, die einen Phasenübergang (Schmelzen, Sieden, Modifikationswechsel etc.) erfährt.

Der Vielzahl denkbarer und in der Praxis angewendeter Reaktoren stellen wir einen besonders einfachen, für didaktische Zwecke geeigneten Reaktor gegenüber, nämlich ein an einem Ende geschlossenes zylindrisches Rohr, das am anderen Ende durch einen beweglichen Stempel abgeschlossen wird. Der Stempel soll sich entlang der Zylinderachse reibungsfrei bewegen können, aber gleichwohl dicht abschließen und keinen Stofftransport in das System hinein oder aus dem System heraus erlauben, sodass ein *geschlossenes* System entsteht. Wenn darüber hinaus kein Wärmeaustausch mit der Umgebung stattfindet, weil die Wände des Reaktors und der Stempel wärmeundurchlässig sind, dann nennt man das System *adiabatisch-geschlossen*. Gibt es überhaupt keine Wechselwirkung mit der Umgebung, also insbesondere keine Arbeit, die ein expandierender Stempel in der Umgebung leisten könnte, auch keine elektrischen oder Gravitationsfelder, die aus der Umgebung auf das System einwirken oder umgekehrt, dann nennt man das System *abgeschlossen*. Es handelt sich hierbei schon deshalb um eine rein gedankliche Abstraktion, weil ja beispielsweise das Gravitationsfeld der Erde auf jeden irdischen Reaktor einwirken muss; diese Gravitationsfelder spielen im hier betrachteten Zusammenhang aber keine Rolle.

Das Prinzip von der Erhaltung der Masse und Energie sagt aus, dass die Summe beider einander äquivalenten Größen in einem abgeschlossenen System unveränderlich ist. Wie oben erwähnt, sind die Energieumsätze bei chemischen Reaktionen so gering, dass der mit ihnen einhergehende Massenumsatz vernachlässigt werden kann, ganz im Gegensatz zu den Kernreaktionen. In einem abgeschlossenen System bleiben deshalb bei chemischen Reaktionen sowohl die Masse als auch die Energie erhalten.

Anstelle des einfachen Modellreaktors betrachten wir zunächst beispielhaft drei kompliziertere Systeme, die zur Leistung von mechanischer Arbeit geeignet sind, nämlich eine Dampfmaschine, einen Ottomotor und einen Elektromotor. Die Arbeit entspringt der Wärme, die beim Verheizen von Kohle entsteht, bzw. der explosionsartigen Expansion, wenn ein Benzin-Luft-Gemisch gezündet wird, bzw. dem Aufbau eines Feldes, das beim Stromfluss durch eine Spule induziert wird. Die Grenzen solcher praktisch wichtigen Systeme zu definieren, fällt schwer. In allen drei Beispielen handelt es sich um eine Energieumwandlung. Die der geleisteten Arbeit entsprechende Energie kann niemals größer sein als die dafür herangezogene Verbrennungswärme der Kohle bzw. die chemische Energie der Benzinverbrennung bzw. die zum Aufbau eines Feldes nötige elektrische Energie, im Gegenteil, die gewonnene Arbeit ist stets kleiner als die hineingesteckte Energie, da ein Teil davon als ungenutzte Wärmeenergie für die Arbeit verloren geht: Der *Wirkungsgrad* jener Maschinen ist stets kleiner, zum Teil erheblich kleiner, als 100 %. Ein *Perpetuum mobile*, eine Maschine also, die arbeitet, ohne dass man sie ausreichend mit Energie versorgt, ist unmöglich. Die Energie bleibt im Gesamtsystem erhalten, aber die Formen der Energie sind ineinander umwandelbar.

Die Wärme, die nötig ist, um 1 g Wasser von 14.5 °C auf 15.5 °C zu erwärmen, beträgt eine *kleine Kalorie* (1 cal), d. i. eine veraltete Wärmeeinheit. Genau die gleiche Energie muss man als mechanische Energie aufwenden, wenn man eine Masse von $m = 1$ kg gegen eine Erdbeschleunigung von $g = 9.806$ m s^{-2} um $h = 0.4267$ m anhebt, d. i. eine Arbeit $W = m\,g\,h = 4.184$ N m. Dieselbe Energie wird als Wärme Q frei, wenn ein elektrischer Strom von $i = 1$ A eine Sekunde lang ($t = 1$ s) durch einen Draht mit einem Widerstand $R = 4.184\ \Omega$ fließt: $q = i^2\,R\,t = i\,U\,t = 4.184$ V A s. Das internationale Einheitensystem erlaubt den Gebrauch der folgenden, einander äquivalenten Einheiten für die Energie

$$1\,\mathrm{N\,m} = 1\,\mathrm{V\,A\,s} = 1\,\mathrm{W\,s} = 1\,\mathrm{J}$$

die mit der kalorischen Einheit durch die Beziehung 1 cal = 4.184 J zusammenhängen.

4.1.2 I. Hauptsatz der Thermodynamik

Wir definieren die Gesamtenergie eines Systems, die *innere Energie*, als eine Funktion U, die sich bei einem *Prozess* im System, also insbesondere bei einer chemischen Reaktion, ändern möge. Der Prozess führe von einem Zustand A des Systems zu einem Zustand B mit den inneren Energien U_A bzw. U_B. Der Prozess ist grundsätzlich mit einer Arbeit W verknüpft, die in das System hineingesteckt wird (W wird dann positiv gezählt) oder die das System an die Umgebung abgibt (W negativ); diese Arbeit sei eine Volumenarbeit $W = P\Delta V$, und das bedeutet, dass sich der

Stempel in unserem einfachen Modellreaktor in der einen oder anderen Richtung verschiebt. Weiterhin ist der Prozess mit einer Wärme Q verknüpft, die in das System aus der Umwelt eingeführt wird (Q positiv) oder die das System an die Umwelt abgibt (Q negativ). Wegen des Energieerhaltungssatzes geht beides in die innere Energie ein, sodass gilt (bei einer Volumenvergrößerung, also positivem ΔV, gibt das System Arbeit an die Umgebung ab):

$$U_B - U_A = \Delta U = Q + W = Q - P\Delta V$$

Diese spezielle Form des Energieerhaltungssatzes nennt man den *I. Hauptsatz der Thermodynamik.* Dabei ist ganz unbestimmt, wie groß der Anteil von Q und W an der Änderung der inneren Energie ist und welcher aus einer Mannigfaltigkeit von Wegen also von A nach B beschritten wird. Geht man auf irgendeinem Wege von B nach A zurück (*Kreisprozess*), so wird $\Delta U(A \rightarrow B) = \Delta U(B \rightarrow A)$. Die innere Energie U_A des Systems im Zustand A ist durch diesen Zustand eindeutig definiert. Eine solche Größe nennt man eine *Zustandsfunktion.* Als Variable, von denen thermodynamische Zustandsfunktionen abhängen, die sog. *Zustandsvariablen,* kommen der Druck P, das Volumen V und die Temperatur T infrage; eine Rolle für die Größe von U spielen natürlich auch die Stoffmengen der Komponenten.

Der Ausdruck $\Delta U = Q + W$ lässt sich auch in differentieller Form schreiben:

$$\mathrm{d}U = \mathrm{d}Q + \mathrm{d}W = \mathrm{d}Q - P\mathrm{d}V$$

Das Differential $\mathrm{d}U$ ist ein vollständiges Differential, d. h. man kann es zwischen den Grenzen A und B integrieren zu $U_B - U_A$. Dagegen sind die Differentiale $\mathrm{d}Q$ und $\mathrm{d}W$ *unvollständig* und *unbestimmt,* und sie lassen sich nicht einfach integrieren, um Q oder W zu erhalten, da die Größen Q und W keine eindeutigen Funktionen von Zustandsvariablen sind.

Die Integration von $\mathrm{d}U$ für einen Kreisprozess führt zu $\Delta U = 0$, d. h. das Kreisintegral von $\mathrm{d}U$ verschwindet. (Der Begriff *Kreisintegral* bedeutet, dass die Integration auf einem geschlossenen Weg auszuführen ist.) Dies ist eine besonders prägnante Fassung des I. Hauptsatzes der Thermodynamik.

Bei einem *adiabatischen Prozess* wird keine Wärme mit der Umgebung ausgetauscht: $Q = 0$ und $\Delta U = W_{ad}$. Führen wir das System einmal adiabatisch von A nach B und einmal nicht adiabatisch ($\Delta U = Q + W$), dann ist $Q = W_{ad} - W$.

Bei einem *isochoren* Prozess (V = const; arretierter Stempel im Reaktor) wird keine mechanische Arbeit verrichtet: $\Delta U = Q_V$ (der Index V zeigt V = const an).

Bei einem *isobaren* Prozess (P = const; auf dem reibungsfrei beweglichen Stempel des Reaktors laste ein konstanter Druck, z. B. der Luftdruck) leistet das System die Arbeit $W = -P\Delta V$:

$$U_2 - U_1 = Q_p + W = Q_p - P(V_2 - V_1)$$
$$(U_2 + PV_2) - (U_1 + PV_1) = Q_p$$

Wir definieren nun allgemein eine Funktion $H = U + PV$ und nennen sie *Enthalpie*. Für unseren isobaren Prozess gilt:

$$H_2 - H_1 = \Delta H = Q_p$$

Bei einem isochoren Prozess ist also die Änderung ΔU der inneren Energie des Systems gleich der ausgetauschten Wärme Q_V. Bei einem isobaren Prozess ist die Änderung ΔH der Enthalpie des Systems gleich der ausgetauschten Wärme Q_p.

Lassen wir die Bedingung $P = $ const weg, so folgt aus der Definition von H für dH:

$$\mathrm{d}H = \mathrm{d}U + \mathrm{d}(PV) = \mathrm{d}Q - P\mathrm{d}V + P\mathrm{d}V + V\mathrm{d}P = \mathrm{d}Q + V\mathrm{d}P$$

Als *Wärmekapazitäten* C_P und C_V von Reinstoffen definiert man bei konstantem Volumen bzw. Druck:

$$C_V = \frac{\mathrm{d}Q_V}{\mathrm{d}T} = \left(\frac{\partial U}{\partial T}\right)_V \quad \text{und} \quad C_P = \frac{\mathrm{d}Q_P}{\mathrm{d}T} = \left(\frac{\partial H}{\partial T}\right)_P$$

Die Wärmekapazitäten heißen *molare Wärmekapazitäten*, wenn man sie zu Vergleichszwecken auf 1 mol eines Reinstoffs bezieht. Da sich Festkörper beim Erhitzen nur wenig ausdehnen und somit wenig Volumenarbeit geleistet werden kann, ist ihre Enthalpie nur wenig größer als ihre innere Energie, und die Wärmekapazität C_p ist im Allgemeinen nur um ca. 3–10 % größer als C_V. Des Weiteren hängen C_P und C_V bei Festkörpern oberhalb einer gewissen Temperatur nur wenig von der Temperatur ab, d. h. die Integration von $\mathrm{d}Q_V = C_V\mathrm{d}T$ und $\mathrm{d}Q_P = C_P\mathrm{d}T$ führt näherungsweise zu $\Delta Q \sim \Delta T$. Demgemäß braucht man, um 1 mol eines Feststoffs bei konstantem Druck um 1 K zu erwärmen, eine konstante Wärmemenge von ca. $25\,\mathrm{J\,K^{-1}\,mol^{-1}}$ (*Regel von Dulong und Petit*). Bei Gasen und insbesondere bei realen Gasen hingegen sind C_V und C_P von der Temperatur abhängig, und deshalb sind die innere Energie und die Enthalpie von Gasen der Temperatur nicht einfach proportional.

Setzt man aus den vollständigen Differentialen von dU und dV, $\mathrm{d}U = (\partial U/\partial V)_T\mathrm{d}V + (\partial U/\partial T)_V\mathrm{d}T$ und $\mathrm{d}V = (\partial V/\partial T)_P\mathrm{d}T + (\partial V/\partial P)_T\mathrm{d}P$, das Letztere in Ersteres ein, differenziert nach dT und setzt $P = $ const, dann erhält man einen Ausdruck für $(\partial U/\partial T)_V$:

$$\left(\frac{\partial U}{\partial T}\right)_V = \left(\frac{\partial U}{\partial T}\right)_P - \left(\frac{\partial U}{\partial V}\right)_T \left(\frac{\partial V}{\partial T}\right)_P = C_V$$

Aus $H = U + PV$ und $P = $ const gewinnt man:

$$\left(\frac{\partial H}{\partial T}\right)_P = \left(\frac{\partial U}{\partial T}\right)_P + P\left(\frac{\partial V}{\partial T}\right)_P = C_P$$

Für die Differenz von C_P und C_V ergibt sich:

$$C_p - C_V = \left(\frac{\partial V}{\partial T}\right)_P \left[P + \left(\frac{\partial U}{\partial V}\right)_T \right]$$

Der Term $(\partial U / \partial V)_T$ heißt *innerer Druck* oder *Binnendruck* des Systems. Im Falle von Festkörpern und Flüssigkeiten, deren Partikeln durch starke Kräfte (*Kohäsionkräfte*) zusammengehalten werden, ist dieser Term groß. Bei realen Gasen ist er klein und in weiten Temperaturbereichen negativ, was dann zur Folge hat, dass bei der Expansion eines realen Gases innere Energie entzogen wird: *Joule-Thomson-Effekt*. Bei idealen Gasen verschwindet der Term ganz; es existiert also kein Binnendruck, und die innere Energie ist vom Volumen unabhängig und damit eine eindeutige Funktion der Temperatur: $C_V = (\partial U / \partial T)_V = dU/dT$ und analog $C_P = dH/dT$.

4.1.3 Gasgesetze

In *idealen Gasen* werden die Atome oder Moleküle als Punkte ohne Eigenvolumen angesehen, die keine Wechselwirkungen aufeinander ausüben. Gasmoleküle ohne Dipolmoment verhalten sich unter geringem Druck weithin ideal. In unserem zylindrischen Reaktor befinde sich ein ideales Gas in der Stoffmenge n bei einer Temperatur T_1 unter einem Druck P_1 in einem Volumen V_1. Wir führen drei Zustandsänderungen durch, eine isotherme (T = const), eine isobare (P = const) und eine isochore (V = const). Die isotherme Änderung ergibt durch Verschieben des Stempels einen Zustand, der durch P_2 und V_2 charakterisiert sei, und hierfür gilt das aus der Erfahrung gewonnene *Gesetz von Boyle und Mariotte*, PV = const, hier: $P_1 V_1 = P_2 V_2$. Die isobare Zustandsänderung gehorcht bei einer Temperaturänderung ($T_1 \rightarrow T_2$) und einer Volumenänderung des Gases ($V_2 \rightarrow V_3$) dem *Gesetz von Gay-Lussac*, V/T = const, hier also: $V_2/T_1 = V_3/T_2$. Bei der isochoren Zustandsänderung führt gemäß der allgemeinen Beziehung P/T = const die Temperaturänderung $T_2 \rightarrow T_3$ zur Druckänderung $P_2 \rightarrow P_3$ und damit zur Beziehung: $P_2/T_2 = P_3/T_3$. Insgesamt sind wir von einem Zustand 1 (P_1, V_1, T_1) zu einem Zustand 3 (P_3, V_3, T_3) gelangt und können aus den drei Naturgesetzen unter Eliminierung von P_2, V_2, T_2 die folgende Beziehung herleiten:

$$\frac{P_1 V_1}{T_1} = \frac{P_3 V_3}{T_3} = \frac{PV}{T} = \text{const} = k\,N = k\,N_A\,n = n\,R$$

Es ist naheliegend, dass der konstante Ausdruck PV/T der Zahl N der Gasteilchen proportional ist: $PV/T = k\,N = k\,N_A\,n = n\,R$. Dabei ist N_A die *Avogadro-Konstante*, n die Stoffmenge, k die universelle *Boltzmann-Konstante* ($k = 1.380658 \cdot 10^{-23}$

$J K^{-1}$) und $R = k N_A$ die *allgemeine Gaskonstante* ($R = 8.314510\ J K^{-1} mol^{-1}$).
Die *Zustandsgleichung idealer Gase* schreibt man meist in der Form:

$$P V = n R T$$

Eine Menge von 1 mol eines idealen Gases nimmt bei *Normalbedingungen* (1 bar, 273.15 K = 0 °C) ein Volumen von $V_m = 22.71108\ l$ ein, d. i. das *molare Volumen* oder (veraltet) das *Molvolumen* eines idealen Gases.

Eine Mischung aus k verschiedenen idealen Gasen mit den Stoffmengen n_1 bis n_k stehe in einem Reaktor mit dem Volumen V unter einem Druck P. Parallel dazu bringen wir jedes der Gase in denselben Stoffmengen wie oben getrennt in Reaktoren, alle mit demselben Volumen V, und messen die Drücke p_i der einzelnen Komponenten, die sog. *Partialdrücke*; die Temperatur bleibe konstant. Aus der Erfahrung folgt das einfache Gesetz der Additivität der Partialdrücke sowie die hieraus ableitbaren Gasgleichungen:

$$P = \Sigma_i P_i \qquad P_i V = n_i R T \qquad V \Sigma_i P_i = R T \Sigma_i n_i \qquad P_i = x_i P$$

In einem ähnlichen Gedankenexperiment bringen wir die k Gaskomponenten isotherm aus dem Startvolumen (P, V) in der Weise in k kleinere Volumina V_i, dass der Gesamtdruck P in jedem der Volumina erhalten bleibe. Dann gilt für die diese Bedingung erfüllenden *Partialvolumina* V_i analog zu den Partialdrücken:

$$V = \Sigma_i V_i \qquad P V_i = n_i R T \qquad P \Sigma_i V_i = R T \Sigma_i n_i \qquad V_i = x_i V$$

Um den Druck von Gasen anschaulich zu machen, kann man die *kinetische Gastheorie* heranziehen. Sie lehrt, dass der Druck P eines Gases dem mittleren Quadrat $\overline{u^2}$ der Geschwindigkeit u der Gaspartikeln proportional ist. Für N Atome eines einatomigen idealen Gases mit der Atommasse μ gilt im Volumen V:

$$P = \frac{\frac{1}{3} N \mu \overline{u^2}}{V}$$

Um den Zustand *realer* Gase zu beschreiben, stehen experimentell gewonnene Gleichungen zur Verfügung, deren Anwendung die Kenntnis mehrerer Stoffkonstanten für jede in Betracht gezogene Gassorte erfordern. Eine dieser Gleichungen, die *van der Waals'sche Zustandsgleichung realer Gase*, ist besonders einfach und kommt mit nur zwei Stoffkonstanten a und b für jede Gassorte aus, beschreibt aber den Zustand nur solcher Gase mit brauchbarer Genauigkeit, die vom Verhalten idealer Gase nicht allzu sehr abweichen:

$$\left(P + \frac{n^2 a}{V^2}\right)(V - n b) = n R T$$

Das Glied n^2a/V^2 berücksichtigt die anziehende Wechselwirkung zwischen den Gaspartikeln und vergrößert den gemessenen Druck P zum effektiven Druck $P + n^2a/V^2$. Die Stoffkonstante b berücksichtigt das Eigenvolumen der Gaspartikeln. Vergleichen wir Helium als weitgehend ideales Gas mit dem realen Gas Ammoniak! Die Konstanten b sind klein und unterscheiden sich nur wenig: $b = 2.37 \cdot 10^{-5}$ bzw. $3.71 \cdot 10^{-5}$ m^3 mol^{-1}. Anders verhält es sich mit a, das der anziehenden Dipol-Dipol-Wechselwirkung der Ammoniak-Moleküle Rechnung trägt: $a = 0.00345$ bzw. 0.423 m^6 Pa mol^{-2} (jeweils für He und NH$_3$).

Bei der Anwendung der allgemeinen Beziehung für $C_P - C_V$ von Abschnitt 4.1.2 auf ideale Gase erhalten wir wegen des Verschwindens des Binnendrucks:

$$C_P - C_V = P\left(\frac{\partial V}{\partial T}\right)_P = P\left(\frac{\partial (n\,R\,T/P)}{\partial T}\right)_P = n\,R$$

Die *molaren* Wärmekapazitäten ($n = 1$ mol) unterscheiden sich also um den konstanten Betrag R. Ein ideales Gas möge eine isotherme Zustandsänderung erfahren. Das vollständige Differential der Zustandsfunktion $U(V, T)$

$$\mathrm{d}U = \left(\frac{\partial U}{\partial V}\right)_T \mathrm{d}V + \left(\frac{\partial U}{\partial T}\right)_V \mathrm{d}T$$

muss verschwinden, da der erste Term bei idealen Gasen generell und der zweite Term wegen der Isothermität verschwindet. Mit $\mathrm{d}U = \mathrm{d}Q - P\mathrm{d}V = 0$ erhalten wir $\mathrm{d}Q = -\mathrm{d}W = P\mathrm{d}V$. Der Wärmeaustausch mit der Umgebung muss dabei so geschehen, dass es im System zu keinem Zeitpunkt deshalb wärmer (kälter) wird, weil die Wärmemenge Q nicht schnell genug abfließt (zufließt), sonst wäre die Zustandsänderung ja nicht isotherm. Dies setzt voraus, dass die Umgebung des Systems, die die Wärme aufnimmt bzw. abgibt, ein so großes Wärmereservoir darstellt, dass auch in der Umgebung konstante Temperatur gewährleistet ist. Auch soll der Druck P im System jederzeit gleich dem auf dem Stempel lastenden Außendruck sein. Es muss also zu jedem Zeitpunkt im System *Gleichgewicht* herrschen. Dies ist der Fall, wenn die Zustandsänderung beliebig langsam abläuft und sich der Stempel reibungsfrei bewegt. Man nennt das Vorliegen solch idealisierter Bedingungen den *reversiblen Grenzfall*. Wir ersetzen P durch $n\,R\,T/V$ und erhalten $\mathrm{d}Q = n\,R\,T\mathrm{d}V/V$ und hieraus:

$$Q = n\,R\,T \ln \frac{V_2}{V_1} = n\,R\,T \ln \frac{P_1}{P_2} = -W$$

Die Arbeit W ist die vom System bei isothermer Expansion im reversiblen Grenzfall geleistete *maximale Arbeit* (W negativ, Q positiv) bzw. bei Kompression zu leistende minimale Arbeit (W positiv, Q negativ).

Zuletzt vergleichen wir noch eine isotherme Zustandsänderung eines idealen Gases ($PV = nRT$) mit einer adiabatischen ($dQ = 0$, $dU = -PdV$). Mit $dU = C_V dT = -PdV = -nRT dV/V$ erhalten wir nach der Integration

$$C_V \ln \frac{T_2}{T_1} = -nR \ln \frac{V_2}{V_1}$$

und mit $C_P - C_V = -nR$ und der Abkürzung $\dfrac{C_P}{C_V} = \gamma$

$$-\ln \frac{T_2}{T_1} = (\gamma - 1) \ln \frac{V_2}{V_1} \quad \text{und} \quad \frac{T_1}{T_2} = \left(\frac{V_2}{V_1}\right)^{\gamma - 1}$$

Wegen der Gasgleichung ist $T_1/T_2 = (P_1/V_1)/(P_2/V_2)$ und damit

$$P_1 V_1^\gamma = P_2 V_2^\gamma = PV^\gamma = \text{const}$$

Eine adiabatisch-reversible Druckminderung bewirkt also eine geringere Volumenverminderung als eine isotherme, da $\gamma > 1$ ist. Dafür sinkt die Temperatur bei der adiabatischen Druckverminderung eines idealen Gases.

4.1.4 Thermochemie

In der allgemeinen Reaktionsgleichung

$$v_1 S_1 + v_2 S_2 + \ldots \rightarrow \ldots + v_{k-1} S_{k-1} + v_k S_k$$

mögen die Komponenten bei einer bestimmten Temperatur den Wärmeinhalt U_i bzw. H_i für jeweils 1 mol haben. Für den Formelumsatz ergibt sich die *Reaktionsenergie* $\Delta_r U$ (und analog die *Reaktionsenthalpie* $\Delta_r H$), wenn die stöchiometrischen Zahlen v_i der Produkte positiv, die der Edukte negativ eingesetzt werden, wie folgt:

$$\Delta_r U = v_1 U_1 + v_2 U_2 + \ldots + v_{k-1} U_{k-1} + v_k U_k$$

$$\Delta_r U = \Sigma_i v_i U_i \quad \text{und} \quad \Delta_r H = \Sigma_i v_i H_i$$

Andere Umsätze wie der Formelumsatz erfordern die Multiplikation von $\Delta_r U$ oder $\Delta_r H$ mit entsprechenden Faktoren. Die Bildungsenergien $\Delta_f U$ bzw. $\Delta_f H$ werden in entsprechender Weise errechnet, nur dass hier, wie in Abschnitt 1.5.1 schon dargelegt, der Wert v_k für das eine aus den Elementen gebildete Produkt stets zu $v_k = 1$ definiert ist, sodass die stöchiometrischen Zahlen der Edukte gebrochen sein können.

Unter dem *Standardzustand* einer Substanz versteht man den Zustand, in dem sie bei 25 °C (298.15 K) und 1 bar Druck vorliegt; im Falle von Festkörpern bezieht sich der Standardzustand auf die stabilste Modifikation (also beispielsweise im Falle von Carbon auf die Graphit-Modifikation). Durch ein internationales Übereinkommen wurde festgelegt, dass die Enthalpien H^0 aller Elemente im Standardzustand (im Größensymbol durch das Superskript markiert) den Wert Null haben sollen. Die *Standardbildungsenthalpie* $\Delta_f H^0$ einer Verbindung ist die Energie, die frei oder verbraucht wird, wenn sich 1 mol im Standardzustand aus den Elementen im Standardzustand bildet.

Standardbildungsenthalpien findet man in Tabellenwerken, beispielsweise für die Bildung von Al_2O_3 und Fe_3O_4

$$(1) \qquad 2\,Al + \frac{3}{2}\,O_2 \rightarrow Al_2O_3 \qquad \Delta_f H^0(1) = -1675.7\ kJ\ mol^{-1}$$

$$(2) \qquad 3\,Fe + 2\,O_2 \rightarrow Fe_3O_4 \qquad \Delta_f H^0(2) = -1115.5\ kJ\ mol^{-1}$$

Will man hieraus die *Standardreaktionsenthalpie* $\Delta_r H^0(3)$ für das nach Gleichung (3) ablaufende *Thermitverfahren*

$$(3) \qquad 3\ Fe_3O_4 + 8 \rightarrow 9 \quad Fe + 4$$
$$\qquad Al \qquad\qquad Al_2O_3$$

bestimmen, dann muss man Gleichung (1) mit dem Faktor 4 und Gleichung (2) mit dem Faktor 3 multiplizieren, ferner muss man Gleichung (2) umdrehen, also Edukte und Produkte vertauschen, sodass sich Gleichung (3) durch Addition der dergestalt veränderten Gleichungen (1) und (2) ergibt. Der Wert von $\Delta_r H^0(3)$ resultiert dann aus der Addition von $\Delta_f H^0(1)$ und $\Delta_f H^0(2)$, nachdem diese Werte mit 4 bzw. -3 multipliziert wurden, wobei das Minuszeichen die Umkehrung der Reaktionsrichtung wiedergibt. Es ergibt sich also für den Formelumsatz nach Gleichung (3):

$$\Delta_r H^0(3) = 4\,\Delta_f H^0(1) - 3\,\Delta_f H^0(2) = -3356.3\ kJ$$

Dass derartige Additionen von Reaktionsenthalpien zulässig sind, folgt direkt aus dem Energieerhaltungssatz, der solchermaßen auf chemische Reaktionen bezogen auch als *Heß'scher Wärmesatz* bekannt ist. Wir haben davon bei der experimentellen Ermittlung der Gitterenergie Gebrauch gemacht (s. Abschnitt 3.4.1).

In speziellen Tabellenwerken sind Bildungsenthalpien beim Standarddruck nicht nur für die Standardtemperatur, sondern auch für Temperaturbereiche von praktischer Bedeutung angegeben. In diesem Falle müssen auch Bildungswärmen für Elemente bei der Berechnung von $\Delta_r H^0$ berücksichtigt werden; sie bedeuten hier für das i-te Element die Differenz $H_i^0(T) - H_i^0(T_0)$ ($T_0 = 298.15\ K$).

Reaktionswärmen werden in Kalorimetern gemessen und zwar entweder bei konstantem Volumen ($\Delta_r U = Q_V$) oder bei konstantem Druck ($\Delta_r H = Q_p$). Sind alle

Reaktionskomponenten fest oder flüssig, dann lässt sich, wie oben schon erwähnt, das Glied $\Delta(PV)$ in $\Delta_r H = \Delta_r U + \Delta(PV)$ mehr oder weniger vernachlässigen, wenn der Druck nicht wesentlich größer als der Normaldruck ist. Sind Gase an der Reaktion beteiligt, dann verschwindet $\Delta(PV)$ im Allgemeinen nicht. Beschränken wir uns auf ideale Gase, dann folgt für den Formelumsatz aus der Gasgleichung:

$$\Delta_r H = \Delta_r U + RT\Sigma_i \nu_i$$

Was die Temperaturabhängigkeit von $\Delta_r H$ (und analog $\Delta_r U$) angeht, ergibt sich aus der allgemeinen Definition der Wärmekapazität für die Wärmekapazität C_i der i-ten Komponente:

$$\left(\frac{\partial H_i}{\partial T}\right)_P = C_{Pi} \quad \text{und} \quad H(T_2) - H(T_1) = \int_1^2 C_{Pi}\, dT$$

Für die Abhängigkeit der *molaren Wärmekapazität* von der Temperatur kann man empirische, integrierbare und tabellierte Funktionen heranziehen, beispielsweise der Form $C_{Pi} = a_i + b_i T + c_i T^{-2} + d_i T^2$, deren stoffspezifische Konstanten a_i bis d_i tabelliert sind; die einzelnen Glieder haben von links nach rechts abnehmendes Gewicht. Für $\Delta_r H$ ergibt sich dann sinngemäß:

$$\Delta_r H(T_2) - \Delta_r H(T_1) = \Sigma_i \nu_i \int_1^2 C_{Pi}\, dT$$

Als Faustregel kann gelten, dass einatomige Gase (Edelgase, auch gewisse Metalldämpfe) bei Raumtemperatur einen C_{Pi}-Wert von 20.79 J K^{-1} mol^{-1} aufweisen, der sich mit der Temperatur kaum ändert. Auch aus der kinetischen Gastheorie kann man für einatomige ideale Gase ableiten, dass die molare Wärmekapazität C_V den Wert 3/2 R und $C_P = C_V + R$ den Wert 5/2 R = 20.786 J K^{-1} mol^{-1} haben.

4.1.5 II. und III. Hauptsatz der Thermodynamik

Aus dem Alltag kennen wir Prozesse, die von selbst ablaufen, beispielsweise: a) das Gefrieren von Wasser bei Frost oder das Schmelzen von Eis in der Wärme; b) das Herabfallen von Körpern oder das Herabfließen von Flüssigkeiten; c) das Strömen eines Gases zum Ort geringeren Drucks; d) das Fließen von Wärme aus wärmeren in kältere Bereiche; e) das Verbrennen von Kohle an der Luft nach ihrer Zündung; f) das Entladen einer Batterie durch Stromfluss nach Schließen des Stromkreises.

Keiner dieser Prozesse verläuft von selbst in der umgekehrten Richtung, obwohl in allen Fällen die innere Energie in der Gesamtheit von System und mehr oder weniger enger Umgebung im Wechselspiel von Q und W konstant bliebe. Die beiden letztgenannten Prozesse betreffen chemische Reaktionen. Die exotherme Verbrennung von Kohle entspricht – in vereinfachter Darstellung – der Bildung von CO_2 aus den Elementen ($C + O_2 \rightarrow CO_2$); umgekehrt zerfällt das Produkt CO_2 unter Normalbedingungen von selbst nicht in die Elemente, aber wir können durch Zufuhr von Energie bei hoher Temperatur den endothermen Zerfall in die Elemente bewirken. Wir können auch eine Batterie laden, müssen dazu aber elektrische Energie in das System hineinstecken. Wir können auch in einem geschlossenen Reaktor ein Vakuum herstellen, und zwar durch Aufwenden von Pumparbeit, aber wenn der Reaktor geöffnet wird, geht das Vakuum von selbst wieder verloren. Wir können auch durch Eingriff von außen einen Teil eines Volumens kühlen und einen anderen aufheizen, und natürlich können wir jeden herabgefallenen Körper wieder aufheben. Aber *von selbst* läuft keiner dieser Prozesse ab.

In der Chemie spielt die Frage, in welcher Richtung eine Reaktion von selbst abläuft – genauer: wie man die Zustandsbedingungen einstellen muss, damit die Reaktion abläuft – eine fundamentale Rolle. Der I. Hauptsatz der Thermodynamik gibt hierauf keine Antwort, wohl aber der II. Hauptsatz.

Zunächst vertiefen wir noch einmal die Vorstellung eines *reversiblen* Prozesses durch idealisierte Beispiele, die der Realität mehr oder weniger zuwiderlaufen: a) ein Pendel, das reibungslos schwingt, also ohne sein Lager und die Luft zu erwärmen, und das so seine Amplitude konstant hält; b) ein vollelastischer Ball, der – aus bestimmter Höhe fallengelassen – in dieselbe Höhe zurückspringt, ohne die Bodenplatte oder die umgebende Luft zu erwärmen; c) ein Gas, das unter Aufwand von Arbeit komprimiert wird und beim Entspannen dieselbe Arbeit freigibt, ohne sich selbst oder den Kolben zu erwärmen; d) eine Batterie, die ebenso viel elektrische Arbeit liefert wie beim Laden in sie hineingesteckt wurde, also ohne sich zu erwärmen und ohne dass die reagierenden Stoffe in ihrem Inneren unerwünschte, irreparable Reaktionen mit sich oder den Gefäßwänden eingehen.

Allen diesen nicht realen, aber in günstigen Fällen gut annäherbaren reversiblen Prozessen ist gemeinsam, dass Arbeit nicht als Wärme verloren geht. Gerade dies ist dagegen bei *irreversiblen* Prozessen der Fall. Die oben genannten Prozesse des Kristallisierens von Wasser und des Schmelzens von Eis seien noch einmal als Beispiele für Prozesse herangezogen, die sich unter den folgenden Umständen reversibel, also jederzeit umkehrbar, gestalten lassen, nämlich indem man beim Kristallisieren nur einen differentiellen Betrag unterhalb der Schmelztemperatur und beim Schmelzen oberhalb davon, also beliebig langsam, arbeitet. Ist das nicht der Fall, dann geht zum Leisten von Arbeit geeignete Energie als Wärme verloren.

Der II. Hauptsatz sagt zunächst als Erfahrungssatz aus, dass die eingangs genannten Prozesse nur in der einen Richtung von selbst ablaufen. Auf die Wärmelehre speziell bezogen, sagt er aus, dass es nicht möglich ist, Wärme in einem System ohne Veränderung ihrer Gesamtmenge so zu separieren, dass ein warmer und ein kalter Bereich entstehen; der warme Bereich könnte dann nämlich genutzt werden, um eine Wärmekraftmaschine, also beispielsweise eine Dampfmaschine, zu betreiben. Das Schiff, das die im Ozean gespeicherte Wärme in dieser Weise in die zum eigenen Antrieb nötige Arbeit umsetzt, ist das historische Beispiel für ein solches *Perpetuum mobile zweiter Art*. Der II. Hauptsatz sagt aus, dass ein Perpetuum mobile zweiter Art nicht möglich ist.

Wir denken uns nun eine Wärmekraftmaschine vom Typ einer Dampfmaschine und idealisieren und vereinfachen sie zu unserem Zylinder mit beweglichem Kolben. Im Zylinder befinde sich als Arbeitsstoff ein Gas, das nicht notwendigerweise ideal zu sein braucht. Bei der Expansion des Gases leiste der Kolben Arbeit zugunsten der Umgebung (W negativ), und das Umgekehrte sei bei der Kompression der Fall (W positiv). Die idealisierte Maschine soll die Eigenschaft haben, dass sie einen isothermen Wärmeaustausch mit dem einen oder dem anderen von zwei Wärmereservoiren mit der Temperatur T_1 bzw. T_2 in ihrer Umgebung erlauben soll oder auch einen adiabatischen Prozess ohne Wärmeaustausch. Die Maschine soll zyklisch arbeiten, und dabei soll jeder Zyklus aus einer Expansion und einer Kompression bestehen. Jeden Zyklus betrachten wir als einen reversiblen Kreisprozess ($\Delta U = Q + W = 0$). Nun zerlegen wir den Kreisprozess in spezieller Weise in vier hypothetische Teilschritte (*Carnot'scher Kreisprozess*). Der erste Schritt ist eine isotherme Expansion von einem Zustand mit den Variablen T_1, P_1, V_1 in einen Zustand mit den Variablen T_1, P_2, V_2; das System leistet dabei die Arbeit W_1 (negativ) und entzieht dem ersten Reservoir die Wärme Q_1 (positiv). Der zweite Schritt ist eine adiabatische Expansion, wobei die Arbeit W_2 (negativ) vom System ohne Wärmeaustausch mit der Umgebung geleistet wird und das Gas sich auf die Temperatur T_2 abkühlen muss (jetziger Zustand: T_2, P_3, V_3). Bei einer nachfolgenden isothermen Kompression gibt das System die Wärme Q_2 (negativ) an das zweite Reservoir ab, und aus der Umgebung fließt die Arbeit W_3 (positiv) in das System ein (Zustand nach dem dritten Schritt: T_2, P_4, V_4). Schließlich soll der vierte Schritt als adiabatische Kompression zum ursprünglichen Zustand (T_1, P_1, V_1) zurückführen, wobei die Arbeit W_4 (positiv) zu leisten ist. Insgesamt gilt:

$$\Delta U = Q_1 + Q_2 + W_1 + W_2 + W_3 + W_4 = Q_1 + Q_2 + W = 0$$

Wenn die Maschine nützen soll, muss W einen negativen Betrag haben, also muss sein $-(W_1 + W_2) > (W_3 + W_4)$. Der Wirkungsgrad der Maschine wäre am größten, wenn in einem fiktiven Grenzfall mit $Q_2 = 0$ und damit mit $-W = Q_1$ die gesamte ins System gesteckte Wärme als Arbeit gewonnen werden könnte. Dabei ist der Wirkungsgrad η als

$$\eta = -\frac{W}{Q_1} = \frac{Q_1 + Q_2}{Q_1}$$

definiert mit dem Wertebereich $0 < \eta < 1$. (Man beachte, dass Q_2 und W negative Größen sind!) Nun betrachten wir neben der ersten Maschine A eine zweite Maschine B desselben Typs, aber mit einem anderen Gas als Arbeitsstoff, und wir fassen versuchsweise ins Auge, dass $\eta_B > \eta_A$ sei, sodass $-W_B > -W_A$ ist. Wenn beide Maschinen dieselbe Wärmemenge Q_1 aus dem ersten Reservoir entnehmen, verlangt der I. Hauptsatz, dass die Maschine B weniger Wärme an das kältere Reservoir (T_2) abgibt: $-Q_{2A} < -Q_{2B}$ (W und Q_2 negativ). Nun schalten wir beide Maschinen so in Serie, dass B die Arbeit W_B liefert und dass A − die vier Teilschritte in umgekehrter Reihenfolge durchlaufend − die Arbeit W_A von außen beansprucht. Insgesamt würde dann an die Umgebung die nutzbare Arbeit ΔW geliefert, und die entsprechende Wärme ΔQ_2 flösse aus dem kälteren Reservoir in das wärmere. Dies stünde zwar nicht im Widerspruch zum I. Hauptsatz, jedoch verhieße uns eine Kopplung zweier Maschinen A und B in der angegebenen Art ein Perpetuum mobile zweiter Art. Also lässt sich aus zwei in umgekehrter Richtung aneinander gekoppelten Carnot'schen Kreisprozessen keine Arbeit ΔW gewinnen, wenn beide Kreisprozesse im Austausch mit denselben Wärmereservoiren der Temperaturen T_1 und T_2 stehen. Daraus folgt, dass alle reversiblen Kreisprozesse, die bei T_1 und T_2 arbeiten, denselben Wirkungsgrad haben, was immer der Arbeitsstoff auch sein möge. Der Wirkungsgrad η ist vielmehr nur eine Funktion von T_1 und T_2. Da die Proportionalitäten $Q_1 \sim T_1$ und $-Q_2 \sim T_2$ gelten (Q_2 negativ), ergibt sich für den Wirkungsgrad:

$$\eta = \frac{T_1 - T_2}{T_1}$$

In der Praxis, also unter irreversiblen Bedingungen, haben Dampfmaschinen einen Wirkungsgrad von ca. $\eta = 0.3$, und bei Dampfturbinen, bei denen T_1 sehr hoch sein kann, mag ein Wert von $\eta = 0.5$ erzielt werden, jedoch kann man den Maximalwert $\eta = 1$ nicht erreichen, da nur eine endliche Betriebszeit zur Verfügung steht und Reibungsverluste nicht vermieden werden können; abgesehen davon kann man eine Temperatur von $T_2 = 0$ K prinzipiell nicht erreichen (s. u.), und selbst eine sehr tiefe Temperatur technisch zu erzeugen, ist beliebig aufwendig. Wegen der Proportionalität von Q und T folgt für einen reversiblen Carnot'schen Kreisprozess aus $Q_1/(-Q_2) = T_1/T_2$ die Beziehung: $Q_1/T_1 + Q_2/T_2 = 0$. Sind nur differentielle Wärmen im Spiel, dann gilt auch $\mathrm{d}Q_1/T_1 + \mathrm{d}Q_2/T_2 = 0$. Nun kann man einen beliebigen reversibel ablaufenden Kreisprozess in eine Summe von Carnot'schen Kreisprozessen mit jeweils differentiellem Wärmeaustausch zerlegen. Für einen solchen Kreisprozess verschwindet das Kreisintegral:

$$\oint \left(\frac{\mathrm{d}Q}{T}\right)_{\mathrm{rev}} = 0$$

Allgemein gilt, dass der Integrand eines verschwindenden Kreisintegrals eine Zustandsfunktion des Systems, also durch den Zustand des Systems eindeutig gegeben sein muss. Wir nennen die hier vorliegende Zustandsfunktion die *Entropie*, Symbol S, und definieren für den reversiblen Grenzfall:

$$dS = \frac{dQ}{T}$$

Mit $dQ = T\,dS$ können wir für dU und dH schreiben:

$$dU = dQ - P\,dV = T\,dS - P\,dV$$
$$dH = dQ + V\,dP = T\,dS + V\,dP$$

und identifizieren damit die innere Energie und die Enthalpie als Funktionen $U(S, V)$ bzw. $H(S, P)$.

Bei einem reversiblen Kreisprozess erfährt die Entropie keine Änderung. Man beachte, dass die Wärme Q keine Zustandsfunktion ist und dass dQ im Gegensatz zu dS kein vollständiges, sondern ein unbestimmtes Differential ist. Wird ein System nicht vom Zustand A im Rahmen eines Kreisprozesses zurück in den Zustand A, sondern in den Zustand B gebracht, dann gilt:

$$S_B - S_A = \Delta S = \int_A^B \frac{dQ}{T}$$

Wie die innere Energie U, die Enthalpie H und das Volumen V zählt auch die Entropie zu den *extensiven* oder *kapazitativen Größen*, die sich aus Einzelwerten für individuelle Teile des Systems additiv zusammensetzen. Insbesondere hängen extensive Größen von den Stoffmengen der Komponenten ab. Das Gegenteil davon sind *intensive Größen*, zu denen der Druck P und die Temperatur T zählen.

Beim reversiblen Carnot'schen Kreisprozess liefert die isotherme Expansion maximale Arbeit, und die isotherme Kompression wird mit minimalem Arbeitsaufwand erreicht. Der reversible Carnot'sche Kreisprozess führt zu einem maximalen Wirkungsgrad. Der Wirkungsgrad eines irreversiblen Kreisprozesses beträgt dagegen, da das negative Q_2 im Betrag größer wird:

$$\eta = \frac{Q_1 + Q_2}{Q_1} < \frac{T_1 - T_2}{T_1}$$

und hieraus

$$\frac{Q_1}{T_1} + \frac{Q_2}{T_2} < 0$$

sowie:

$$\oint \left(\frac{dQ}{T}\right)_{irr} < 0$$

Bei einem isothermen reversiblen Wärmeaustausch herrscht jederzeit Gleichgewicht, und es ist die Temperatur im System und im Wärmereservoir stets die gleiche. Beim irreversiblen Wärmeaustausch ist dies nicht der Fall; die Temperatur T bedeutet dann die Temperatur im Wärmereservoir.

Bei einem Carnot'schen Kreisprozess mögen die beiden Expansionsschritte vom Zustand A zum Zustand B irreversibel, die beiden Kompressionsschritte von B nach A aber reversibel verlaufen. Dann gilt:

$$\oint \left(\frac{dQ}{T} \right)_{irr} = \int_A^B \left(\frac{dQ}{T} \right)_{irr} + \int_B^A \left(\frac{dQ}{T} \right)_{rev} < 0$$

Das für die reversiblen Kompressionsschritte stehende Integral ist gleich $S_A - S_B$, sodass man die Ungleichung umformen kann in

$$S_B - S_A = \Delta S > \int_A^B \left(\frac{dQ}{T} \right)_{irr}$$

In einem abgeschlossenen System ist $dQ = 0$ und damit $\Delta S > 0$: Die Entropie kann von selbst also nur zunehmen. Dies ist eine Form, in der der II. Hauptsatz oft ausgesprochen wird. Gase strömen zum Ort niedrigeren Drucks und erhöhen so im gesamten betrachteten Gasraum ihre Entropie. Hat ein Gas in verschiedenen Bereichen eines Behälters eine unterschiedliche Temperatur, so gleicht sich diese von selbst unter Erhöhung der Entropie aus. Hat die Entropie in einem abgeschlossenen System ihren Maximalwert erreicht, dann ist der Prozess beendet, und das System befindet sich im Gleichgewicht.

Aus dem I. Hauptsatz würde folgen, dass die gesamte Energie im Weltall, d. i. vermutlich ein abgeschlossenes System, konstant wäre, wenn man Masse/Energie-Umwandlungen außer Betracht ließe. Aus dem II. Hauptsatz folgt, dass die Entropie im Weltall wohl einem Maximum zustrebt.

In einem abgeschlossenen System sind $dU = 0$ und $dQ = 0$ und damit auch $PdV = 0$: U und V sind konstant. Sind in einem System S und V konstant, dann wird $dU = TdS - PdV = 0$; U erreicht im Gleichgewicht ein Minimum. Die Triebkraft, die ein System ins Gleichgewicht zu bringen trachtet, wird einerseits durch die zu einem Minimum strebende Energie, andererseits durch die zu einem Maximum strebende Entropie bestimmt.

So wie jedem Reinstoff i eine bestimmte innere Energie U_i und eine bestimmte Enthalpie H_i zukommt, so enthält er auch eine bestimmte Entropie S_i. Die *Reaktionsentropie* $\Delta_r S$ ist mithin ähnlich definiert wie $\Delta_r U$ und $\Delta_r H$: $\Delta_r S = \Sigma_i \nu_i S_i$. Chemische Reaktionen nennt man *endotrop* oder *exotrop*, je nachdem, ob $\Delta_r S$ positiv oder negativ ist.

Wie U_i, H_i, $\Delta_r U$ und $\Delta_r H$ hängen auch S_i und $\Delta_r S$ von der Temperatur ab. Dem Nullpunkt der absoluten Temperaturskala ($0\,K \cong -273.15\,°C$) kann man, wie das

Experiment lehrt, beliebig nahe kommen, ihn aber nie erreichen. Die Extrapolation entsprechender Versuche hierzu hat ergeben, dass bei 0 K keine Entropieänderungen ΔS möglich sind, in welchen Systemen auch immer. Dies ist die Aussage des *III. Hauptsatzes der Thermodynamik*. Eine nützliche Festlegung in diesem Zusammenhang ist, dass die Entropie S_i eines Reinstoffs bei 0 K verschwindet, wenn der Reinstoff wohlkristallisiert ist.

Noch einige Anmerkungen zur Entropie von Gasen! Für reversible Änderungen des Zustands idealer Gase vom Zustand 1 in den Zustand 2 gilt mit $dU = dQ - PdV$:

$$dQ = dU + PdV = C_V dT + nRT \frac{dV}{V}$$

$$\frac{dQ}{T} = dS = C_V \frac{dT}{T} + nR \frac{dV}{V}$$

Setzen wir für nicht zu große Temperaturintervalle $C_V = $ const, dann erhalten wir:

$$\Delta S = C_V \ln \frac{T_2}{T_1} + nR \ln \frac{V_2}{V_1}$$

Für isochore und isotherme Zustandsänderungen gilt dann:

$$V = \text{const}: \Delta S = C_V \ln \frac{T_2}{T_1}$$

$$T = \text{const}: \Delta S = nR \ln \frac{V_2}{V_1} = nR \ln \frac{P_1}{P_2}$$

Die Entropie eines Gases steigt also mit der Temperatur und mit der isothermen Volumenexpansion.

Die Entropie der Gase liegt in einem nicht allzu breiten Wertebereich. Im Folgenden seien die *molaren Standardentropien* S_i^0, d. s. die Entropien von je 1 mol, der elf bei 25 °C gasförmigen Elemente sowie von elf einfachen, ebenfalls gasförmigen Elementhydriden angegeben; die Werte liegen zwischen 126 und 228 J K^{-1} mol^{-1}.

He	H$_2$	Ne	Ar	Kr	Xe	Rn	N$_2$	F$_2$	O$_2$	Cl$_2$
126.2	130.7	146.3	154.8	164.1	169.7	176.2	191.6	202.8	205.2	223.1

HF	CH$_4$	HCl	H$_2$O	NH$_3$	SiH$_4$	H$_2$S	PH$_3$	H$_2$Se	AsH$_3$	SnH$_4$
173.8	186.3	186.9	188.8	192.8	204.6	205.8	210.2	219.0	222.8	227.7

Das Nahebeieinanderliegen hat zur Folge, dass die Standardreaktionsentropie $\Delta_r S^0$ für den Formelumsatz stark von den stöchiometrischen Faktoren ν_i abhängt. Unter Zuhilfenahme der eben genannten Werte vergleichen wir die Entropien $\Delta_f S^0$ für die Bildung von je 1 mol HCl und NH_3. Der Wert $\Sigma_i \nu_i$ beträgt im ersten Fall 0, im zweiten Fall -1.

$$\Delta_f S^0(\text{HCl}) = 186.9 - \frac{1}{2} \cdot 130.7 - \frac{1}{2} \cdot 223.1 = 10.0 \text{ J K}^{-1} \text{mol}^{-1}$$

$$\Delta_f S^0(\text{NH}_3) = 192.8 - \frac{3}{2} \cdot 130.7 - \frac{1}{2} \cdot 191.6 = -99.1 \text{ J K}^{-1} \text{mol}^{-1}$$

Die Bildung von HCl ist also eine schwach endotrope, die Bildung von NH_3 dagegen eine recht exotrope Reaktion. Verallgemeinert gesagt, ist die Reaktionsentropie bei Gasreaktionen ohne Änderung der gesamten Stoffmenge von null nicht sehr verschieden, während Reaktionen mit Vergrößerung (Verkleinerung) der gesamten Stoffmenge ausgeprägt endotrop (exotrop) sind.

Gerade diese Eigenschaft der Entropie leuchtet ein, wenn man sich dieser Größe von der statistischen Seite her nähert. Hierzu betrachten wir die Wahrscheinlichkeit w_i, *ein* Molekül eines Gases im Volumenteil V_i eines Gesamtvolumens V_0 anzutreffen: $w_i(1) = V_i/V_0$. Die Wahrscheinlichkeit, N Moleküle im Volumenteil V_i anzutreffen, beträgt $w_i(N) = (V_i/V_0)^N$ und ist wesentlich kleiner als $w_i(1)$. Im Falle $V_i = V_0$ wird $w_i(N) = 1$, und wir haben eine gleichmäßige Verteilung der Moleküle im Volumen V_0 mit gleicher Gasdichte in allen Volumenbereichen. Das Teilvolumen V_j sei größer als V_i und damit $w_j(N)$ größer als $w_i(N)$. Es ist naheliegend, der wahrscheinlicheren Verteilung mehr Entropie zuzuordnen, sodass der Entropieunterschied $S_j - S_i = \Delta S$ dem Quotienten V_j/V_i parallel geht. Dabei sollte ΔS verschwinden, wenn $V_i = V_j$ wird, was bei logarithmischer Proportionalität gewährleistet ist:

$$\Delta S \sim \ln \frac{V_j}{V_i}$$

Es hat also ein thermodynamisches System allgemein umso mehr Entropie, je wahrscheinlicher es ist. Die Wahrscheinlichkeit für den Zustand eines Stoffes hat mit der Ordnung seiner Atome oder Moleküle zu tun. Schränkt man die Bewegungsfreiheit von Gasmolekülen ein, indem man sie in ein Teilvolumen bringt, dann schafft man Ordnung und verliert Entropie. Eine extreme Ordnung von Atomen oder Ionen erzwingt man, wenn man sie in ein Kristallgitter einbaut und dort überdies noch alle periodischen Bewegungen der Gitterbausteine um ihre Gitterpunktlagen, die sog. *Gitterschwingungen*, unterbindet. Ein solcher Ordnungsgrad wird am absoluten Nullpunkt erreicht, und solche Kristalle haben folglich keinerlei Entropie mehr, wie es ja der III. Hauptsatz der Thermodynamik zum Ausdruck bringt. Beim Schmelzen geht die kristalline Ordnung verloren, die Fern- weicht einer Nahordnung, und die Entropie muss zunehmen: Schmelzentropien haben stets positives Vorzeichen. Beim Sieden schließlich geht die Nahordnung in Unordnung über, und auch Siedeentropien zählen positiv. Das Umgekehrte gilt natürlich für das Kristallisieren von Schmelzen bzw. das Kondensieren von Gasen.

Nicht nur bei Phasenübergängen ändert sich der Ordnungsgrad der Materie. Bei chemischen Reaktionen in der Gasphase kommt es darauf an, ob sich die Zahl der Gasmoleküle vermehrt ($\Sigma_i \nu_i$ positiv: endotrope Prozesse) oder vermindert ($\Sigma_i \nu_i$ negativ: exotrope Prozesse): Eine Vermehrung der in der Gasphase frei beweglichen Moleküle bedeutet eine Vergrößerung der Unordnung. Die oben diskutierte Bildung von HCl und NH_3 genügt diesem Zusammenhang.

4.1.6 Freie Energie und Freie Enthalpie

Für jedes thermodynamische System, das sich nicht im Gleichgewicht befindet, gibt es eine Triebkraft, um ins Gleichgewicht zu gelangen. Diese Triebkraft ist gekennzeichnet durch das Bestreben des Systems, zum einen seine Energie auf ein Minimum, zum anderen seine Entropie auf ein Maximum zu bringen. Noch in der Mitte des 19. Jahrhunderts glaubte man, dass nur exotherme Reaktionen, in denen das System Energie verliert, Triebkraft hätten. Diese Beschränkung auf die Betrachtung der Energie, ohne die Entropie in Betracht zu ziehen, ist nicht richtig, wie einfache Beispiele lehren mögen.

Im ersten Beispiel betrachten wir das Sieden einer Flüssigkeit: Das Sieden ist ein endothermer Vorgang, der gleichwohl von selbst abläuft, also Triebkraft hat, wenn eine Temperatur oberhalb des Siedepunkts (Sdp.) gewählt wird. (Umgekehrt ist natürlich das Kondensieren eines Gases unterhalb des Siedepunkts ein exothermer Vorgang.) Im zweiten Beispiel betrachten wir die Bildung von Wasser aus den Elementen in der Gasphase: $H_2 + \frac{1}{2}O_2 \rightarrow H_2O$. Diese Reaktion führt − wie alle Reaktionen in homogener Phase − zu einem Gleichgewicht, in welchem die Triebkraft erloschen ist und in welchem eine Gleichgewichtsmischung aller drei Komponenten vorliegt. Setzen wir stöchiometrische Mengen miteinander um, dann liegt dieses Gleichgewicht bei Raumtemperatur so weit auf der Produktseite, dass man die Edukte kaum noch nachweisen kann. Das ist typisch für eine stark exotherme Reaktion [$\Delta_f H(298) = -241.9\,\text{kJ mol}^{-1}$]. Betrachten wir dagegen die Bildung von H_2O bei 3000 K und einem Druck von 1 bar, dann erhält man aus 1 mol H_2 und $\frac{1}{2}$ mol O_2 im Gleichgewicht nur 0.86 mol H_2O neben den unverbrauchten Edukten H_2 (0.14 mol) und O_2 (0.07 mol), obwohl der Wert von $\Delta_f H(3000) = -253.15\,\text{kJ mol}^{-1}$ mehr Exothermität anzeigt als bei 298 K. Natürlich muss dieselbe Gleichgewichtsmischung in einer endothermen Reaktion bei der Zersetzung von 1 mol H_2O entstehen. Endotherme Reaktionen können also durchaus Triebkraft haben. Im dritten Beispiel vergleichen wir die Auflösung zweier gut in Wasser löslicher Salze, KF und KCl. Für die exotherme Auflösung von KF beträgt die Löseenthalpie bei Raumtemperatur $-17.7\,\text{kJ mol}^{-1}$. Dagegen verläuft die Auflösung von KCl mit $+17.2\,\text{kJ mol}^{-1}$ zwar endotherm, aber gleichwohl von selbst, also mit Triebkraft.

Auf der Suche nach einem quantitativen Ausdruck für die Triebkraft eines außer durch die Stoffmengen durch die unabhängigen Variablen T und V gekennzeichneten Systems lässt sich eine Funktion A definieren, die *Freie Energie* oder auch *Helmholtz-Energie*, gemäß

$$A = U - TS$$

Für das Differential dA gilt im reversiblen Grenzfall ($dQ = TdS$):

$$dA = dU - TdS - SdT = TdS - PdV - TdS - SdT = -SdT - PdV$$

Analog dazu wird die *Freie Enthalpie* oder *Gibbs'sche Enthalpie* G in einem durch die Variablen T und P charakterisierten System gemäß

$$G = H - TS$$

definiert. Für dG ergibt sich im reversiblen Grenzfall:

$$dG = dH - TdS - SdT = TdS + VdP - TdS - SdT = -SdT + VdP$$

Im Falle V = const und T = const wird $dA = 0$. Im Falle P = const und T = const wird analog $dG = 0$. Die Nebenbedingungen bedeuten, dass der Prozess im System zum Stillstand gekommen ist und Gleichgewicht herrscht. Die Funktionen A bzw. G erreichen im Gleichgewicht ein Minimum. Das Gleiche gilt auch für irreversible Prozesse, nur dass dann im Gleichgewicht $dA < 0$ bzw. $dG < 0$ ist.

Analog zu den Funktionen U, H und S kann man auch die Funktionen A und G einer jeden Komponente i einer Mischung aus k Komponenten zuordnen. Demgemäß sind die *Freie Reaktionsenergie* und die *Freie Reaktionsenthalpie* für den Formelumsatz wie folgt definiert:

$$\Delta_r A = \Sigma_i \nu_i A_i \quad \text{bzw.} \quad \Delta_r G = \Sigma_i \nu_i G_i$$

Reaktionen mit positivem (bzw. negativem) $\Delta_r A$ oder $\Delta_r G$ heißen *endergonisch* (bzw. *exergonisch*). Für T = const folgen aus den Definitionen für A und G direkt die *Gibbs-Helmholtz'schen Beziehungen*:

$$\Delta_r A = \Delta_r U - T\Delta_r S \quad \text{bzw.} \quad \Delta_r G = \Delta_r H - T\Delta_r S$$

Die Größen $\Delta_r A$ bzw. $\Delta_r G$ sind ein Maß der Triebkraft einer chemischen Reaktion. In welcher Weise die Stoffmengen in die Größe der Triebkraft eingreifen können, wird Gegenstand von Abschnitt 4.2 sein.

In diesem für die Anwendung so wichtigen Zusammenhang sei ein Beispiel gegeben, und zwar sei wieder die Bildung von Wasser gemäß $H_2 + \frac{1}{2} O_2 \rightarrow H_2O$ (Nummerierung der Komponenten von links nach rechts von 1 bis 3) bei 298.15 und bei

3000 K betrachtet. Aus Tabellenwerken entnimmt man die Werte H_1^0 bis H_3^0, S_1^0 bis S_3^0 und G_1^0 bis G_3^0 jeweils für 298 und 3000 K:

	H_2	O_2	H_2O		H_2	O_2	H_2O
$H_i^0(298)$	0	0	-244.9	$H_i^0(3000)$	88.9	97.9	-115.3 kJ mol^{-1}
$S_i^0(298)$	130.7	205.1	188.8	$S_i^0(3000)$	203.0	284.4	287.0 J K^{-1} mol^{-1}
$G_i^0(298)$	-39.0	-61.2	-298.2	$G_i^0(3000)$	-520.1	-755.3	-976.4 kJ mol^{-1}

Man überzeuge sich, dass sich die Werte G_i^0 auch durch Anwendung der Beziehung $G_i^0 = H_i^0 - TS_i^0$ ergeben. Durch Summierung über die Komponenten gelangt man zu $\Delta_r H^0$, $\Delta_r S^0$ und $\Delta_r G^0$.

$$\Delta_r H^0(298) = -241.9 \text{ kJ} \qquad \Delta_r H^0(3000) = -253.2 \text{ kJ}$$
$$\Delta_r S^0(298) = -44.5 \text{ J K}^{-1} \qquad \Delta_r S^0(3000) = -58.2 \text{ J K}^{-1}$$
$$\Delta_r G^0(298) = -228.6 \text{ kJ} \qquad \Delta_r G^0(3000) = -78.6 \text{ kJ}$$

Die Triebkraft der Wasserbildung nimmt also mit der Temperatur stark ab. Dies ist typisch für Reaktionen, die exotherm und exotrop verlaufen. Der Enthalpie-term in der Gibbs-Helmholtz-Beziehung macht die freie Enthalpie negativ, der Entropieterm liefert einen positiven Beitrag, und − abgesehen von der allgemeinen Temperaturabhängigkeit von $\Delta_r H$ und $\Delta_r S$ − sorgt der Faktor T im Entropieterm für die Verminderung der Triebkraft mit der Temperatur. Natürlich gilt für endo-therme und endotrope Reaktionen (also beispielsweise den Zerfall von Wasser in die Elemente) genau das Umgekehrte. Exotherme und endotrope Reaktionen ha-ben bei jeder Temperatur eine negative Freie Enthalpie, und das Umgekehrte gilt für endotherme und exotrope Reaktionen. Was hier für die Enthalpie gesagt wurde, gilt analog natürlich auch für die innere Energie und die Freie Energie. In der Praxis sind Reaktionen, die bei konstantem Druck ablaufen, häufiger als solche bei konstantem Volumen, und für die thermodynamische Behandlung ersterer ist es bequemer, die Enthalpie als Zustandsfunktion heranzuziehen.

Noch ein Wort zur Bedeutung von $\Delta_r G^0$! Es handelt sich in unserem Falle um eine Energie, die umgesetzt wird, wenn man aus 1 mol H_2 und $\frac{1}{2}$ mol O_2 1 mol H_2O erhält und dabei mit einer Mischung aller drei Komponenten arbeitet, in der deren Partialdrücke vom Standarddruck 1 bar nicht abweichen. Wie oben schon erwähnt, ist dies nur möglich, wenn der Verbrauch an H_2 und O_2 sowie der Gewinn an H_2O mengenmäßig nicht ins Gewicht fallen. Wir kommen hierauf noch einmal zurück.

4.1.7 Zusammenhänge zwischen den Zustandsfunktionen

Für die vollständigen Differentiale der Zustandsfunktionen $U(S, V)$, $H(S, P)$, $A(T, V)$ und $G(T, P)$ haben wir gefunden ($dQ = TdS$: reversibler Grenzfall):

$$dU = TdS - PdV \qquad dH = TdS + VdP$$
$$dA = -SdT - PdV \qquad dG = -SdT + VdP$$

Für dieselben vollständigen Differentiale gilt allgemein:

$$\mathrm{d}U = \left(\frac{\partial U}{\partial S}\right)_V \mathrm{d}S + \left(\frac{\partial U}{\partial V}\right)_S \mathrm{d}V \qquad \mathrm{d}H = \left(\frac{\partial H}{\partial S}\right)_P \mathrm{d}S + \left(\frac{\partial H}{\partial P}\right)_S \mathrm{d}P$$

$$\mathrm{d}A = \left(\frac{\partial A}{\partial T}\right)_V \mathrm{d}T + \left(\frac{\partial A}{\partial V}\right)_T \mathrm{d}V \qquad \mathrm{d}G = \left(\frac{\partial G}{\partial T}\right)_P \mathrm{d}T + \left(\frac{\partial G}{\partial P}\right)_T \mathrm{d}P$$

Durch Koeffizientenvergleich der beiden Gleichungsquadrupel erhalten wir:

$$\left(\frac{\partial U}{\partial S}\right)_V = T \qquad \left(\frac{\partial U}{\partial V}\right)_S = -P \qquad \left(\frac{\partial H}{\partial S}\right)_P = T \qquad \left(\frac{\partial H}{\partial P}\right)_S = V$$

$$\left(\frac{\partial A}{\partial T}\right)_V = -S \qquad \left(\frac{\partial A}{\partial V}\right)_T = -P \qquad \left(\frac{\partial G}{\partial T}\right)_P = -S \qquad \left(\frac{\partial G}{\partial P}\right)_T = V$$

Da es keine Rolle spielt, ob wir die Funktion $U(S,V)$ zuerst nach S und dann nach V partiell differenzieren oder umgekehrt (*Reziprokitätsbeziehung von Schwarz*), gilt $\partial(\partial U/\partial S)_V/\partial V = \partial(\partial U/\partial V)_S/\partial S$, und entsprechende Gleichheiten gelten für $H(S,P)$, $A(T,V)$ und $G(T,P)$. Setzen wir diese vier Gleichheiten in die acht vorstehenden partiellen Differentialquotienten ein, dann erhalten wir die sog. *Maxwell'schen Gleichungen*:

$$\left(\frac{\partial T}{\partial V}\right)_S = -\left(\frac{\partial P}{\partial S}\right)_V \qquad\qquad \left(\frac{\partial T}{\partial P}\right)_S = \left(\frac{\partial V}{\partial S}\right)_P$$

$$\left(\frac{\partial S}{\partial V}\right)_T = \left(\frac{\partial P}{\partial T}\right)_V \qquad\qquad \left(\frac{\partial S}{\partial P}\right)_T = -\left(\frac{\partial V}{\partial T}\right)_P$$

Schließlich ist noch wissenswert, wie U von P und T sowie H von V und T abhängen. Hierzu differenzieren wir $U = A + TS$ bei $T = $ const nach V sowie $H = G + TS$ bei $T = $ const nach P

$$\left(\frac{\partial U}{\partial V}\right)_T = \left(\frac{\partial A}{\partial V}\right)_T + T\left(\frac{\partial S}{\partial V}\right)_T \qquad\qquad \left(\frac{\partial H}{\partial P}\right)_T = \left(\frac{\partial G}{\partial P}\right)_T + T\left(\frac{\partial S}{\partial P}\right)_T$$

und setzen für die Differentialterme die entsprechenden oben erhaltenen Beziehungen ein, sodass sich ergibt:

$$\left(\frac{\partial U}{\partial V}\right)_T = -P + T\left(\frac{\partial P}{\partial T}\right)_V \qquad\qquad \left(\frac{\partial H}{\partial P}\right)_T = V - T\left(\frac{\partial V}{\partial T}\right)_P$$

Aus den gewonnenen Beziehungen sollen jetzt beispielhaft dreierlei Folgerungen (a−c) gezogen werden:

(a) Es soll bewiesen werden, dass $(\partial U/\partial V)_T = 0$ wird, wenn $PV = nRT$ gilt (ideales Gas; s. Abschnitt 4.1.2). Dann ist nämlich $(\partial P/\partial T)_V = nR/V$ und mit der ersten der vorstehenden Beziehungen ergibt sich $(\partial U/\partial V)_T = -P + nRT/V = 0$: Ideale Gase haben keinen Binnendruck.

(b) Die *thermische Ausdehnung* eines isotropen Reinstoffs ist bei konstantem Druck seinem Startvolumen V_0 proportional: $(\partial V/\partial T)_p = aV_0$; a ist der *thermische Ausdehnungskoeffizient*. Im Falle idealer Gase wird $(\partial V/\partial T)_p = nR/P = V/T = aV_0$, d. i. mit $a = T_0^{-1}$ das Gesetz von Gay-Lussac. Auch die *Volumenverkleinerung* unter Anwendung von *Druck* ist bei konstanter Temperatur dem Startvolumen proportional: $(\partial V/\partial P)_T = -\kappa V_0$; die Konstante κ heißt *isotherme Kompressibilität*. Das totale Differential der Funktion $V(T,P)$, $dV = (\partial V/\partial T)_p \, dT + (\partial V/\partial P)_T \, dP$, lässt sich nach dP auflösen: $dP = dV/(\partial V/\partial P)_T - dT(\partial V/\partial T)_p/(\partial V/\partial P)_T$. Da sich weiterhin das totale Differential von $P(V,T)$ als $dP = (\partial P/\partial V)_T \, dV + (\partial P/\partial T)_V \, dT$ darstellt, ergibt sich durch Koeffizientenvergleich der beiden Ausdrücke für dP: $(\partial P/\partial T)_V = -(\partial V/\partial T)_p/(\partial V/\partial P)_T = a/\kappa$. Damit wird $(\partial U/\partial V)_T = -P + T(\partial P/\partial T)_V = -P + Ta/\kappa$. Diesen Ausdruck und die eben gewonnene Beziehung für den thermischen Ausdehnungskoeffizienten setzen wir in den Ausdruck für die Differenz der Wärmekapazitäten von Abschnitt 4.1.2, $C_P - C_V = [P + (\partial U/\partial V)_T](\partial V/\partial T)_P$, ein und gelangen schließlich zu einem Zusammenhang zwischen den Wärmekapazitäten und den Konstanten a und κ:

$$C_P - C_V = V_0 T \, \frac{a^2}{\kappa}$$

(c) Der *Joule-Thomson-Effekt* realer Gase beschreibt die Änderung der Temperatur bei Druckänderungen. Der *Joule-Thomson-Koeffizient* μ ist für Temperaturänderungen bei konstanter Enthalpie definiert als $\mu = (\partial T/\partial P)_H$ und ist positiv, wenn es bei der Entspannung des Gases kälter wird und umgekehrt. Es ist $dH = (\partial H/\partial P)_T \, dP + (\partial H/\partial T)_P \, dT = [V - T(\partial V/\partial T)_P]dP + C_P \, dT = 0$ (H = const). Hieraus: $V - T(\partial V/\partial T)_P = -C_P(\partial T/\partial P)_H$ und mithin

$$V - TV_0 a = -C_P \mu$$

Der Koeffizient μ ist temperaturabhängig und erleidet in der Regel bei einer bestimmten Temperatur einen Vorzeichenwechsel. Dies ist für die Verflüssigung von Gasen durch mehrmalige adiabatische Entspannung (*Linde-Verfahren*) von Bedeutung, die dann unter Abkühlung verläuft, wenn μ positiv ist. Soll μ verschwinden, dann muss die Bedingung gelten $V/T = V_0 a$. Dieser Ausdruck steht im Falle idealer Gase mit $a = T_0^{-1}$ für das Gesetz von Gay-Lussac, das bei jeder Temperatur gilt, und das bedeutet, dass bei idealen Gasen μ generell verschwindet: Ideale Gase zeigen keinen Joule-Thomson-Effekt.

4.2 Gleichgewichtslehre

4.2.1 Reaktion und Phase

Wir betrachten Systeme, in denen sich eine chemische Reaktion oder auch eine physikalische Reaktion (also ein Phasenübergang) abspielen und geben Beispiele für eine verschiedene Zahl p von Phasen.

Einphasige Systeme (p = 1)

Reaktionen zwischen k Komponenten in einer Phase spielen sich entweder in der Gasphase oder in einer flüssigen Lösung ab.

Bei den folgenden drei Beispielen handelt es sich um technisch bedeutsame, exotherme und exotrope Gasreaktionen, deren Triebkraft mit steigender Temperatur abnimmt, deren Geschwindigkeit aber mit steigender Temperatur zunimmt. Es ist typisch für derartige Reaktionen, dass man die Reaktionstemperatur in diesem gegenläufigen Wechselspiel von Triebkraft und Geschwindigkeit optimieren muss, und es ist auch typisch, dass es dazu eines die Geschwindigkeit erhöhenden Katalysators bedarf. In allen drei Beispielen ist dieser Katalysator ein Feststoff, stellt also eine eigene Phase dar (*heterogene Katalyse*). Da Katalysatoren aber unverändert bleiben, seien die Beispiele als Reaktionen in der Gasphase behandelt, auch wenn sie sich auf der Oberfläche des Katalysators abspielen. Im ersten Beispiel stellen Vanadiumoxide den Katalysator dar (ca. 500 °C; *Kontaktverfahren*), im zweiten Beispiel ist Platin der Katalysator (ca. 900 °C; *Ostwald-Verfahren*) und im dritten Beispiel Nickel ($250-300$ °C; es handelt sich um einen Sonderfall des *Fischer-Tropsch-Verfahrens*, das im Allgemeinen mit Eisen als Katalysator zu einer Mischung von Methan und höheren Alkanen und Alkenen führt):

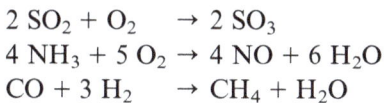

$$2\,SO_2 + O_2 \quad \rightarrow 2\,SO_3$$
$$4\,NH_3 + 5\,O_2 \rightarrow 4\,NO + 6\,H_2O$$
$$CO + 3\,H_2 \quad \rightarrow CH_4 + H_2O$$

Das letzte Beispiel ist auch deshalb interessant, weil bei hoher Temperatur die endotherme und endotrope, also entropisch getriebene Umkehrreaktion zum Zuge kommt und (bei 1000 °C) ebenfalls technisch genutzt wird. Man beachte, dass $\Sigma_i\,n_i$ bei allen drei Reaktionen negativ ist und eine Entropieabnahme von links nach rechts zur Folge hat.

Als ein Beispiel für eine Reaktion in homogener flüssiger Phase, an der vier molekular aufgebaute Verbindungen beteiligt sind, sei die Bildung von Carbonsäureestern aus Carbonsäure und Alkohol (hier: Ethansäure und Ethanol) aufgeführt.

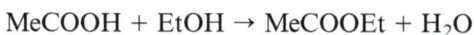

$$MeCOOH + EtOH \rightarrow MeCOOEt + H_2O$$

Das wichtigste Lösungsmittel ist das Wasser, in dem sich vor allem Salze mehr oder weniger gut lösen. Die im Wasser gelösten Partikeln sind dabei die das Salz bildenden Ionen: Salze *dissoziieren* beim Lösen in Wasser in die Ionen. Koordinative Wechselwirkungen zwischen einem Kation und einer gewissen Zahl an Wassermolekülen bzw. Wasserstoffbrückenbindungen zwischen einem Anion und Wassermolekülen liefern einen wesentlichen Beitrag zum ΔH-Term für die Triebkraft zur Auflösung von Salzen in Wasser. Solche Wechselwirkungen fasst man unter dem Begriff *Hydratation* zusammen und spricht von *hydratisierten Ionen*. Wenn diese Wechselwirkungen die Gitterenergie des betreffenden Salzes übertreffen, dann ist die Auflösung exotherm, ansonsten endotherm. Jedenfalls ist sie aber endotrop, da beim Lösen die kristalline Ordnung zugunsten freier Beweglichkeit der Ionen zusammenbricht.

Reagieren Salze in wässriger Lösung, dann handelt es sich um eine Reaktion zwischen (hydratisierten) Ionen. In den folgenden zwei Beispielen reagieren einmal Kationen und einmal Anionen miteinander. Die Gegenionen, welche die Elektroneutralität in der Lösung gewährleisten, spielen dabei keine Rolle und werden nicht genannt.

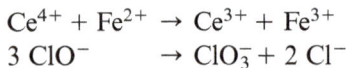

$$Ce^{4+} + Fe^{2+} \rightarrow Ce^{3+} + Fe^{3+}$$
$$3\,ClO^- \rightarrow ClO_3^- + 2\,Cl^-$$

Man beachte, dass nicht nur die Massenbilanz in solchen Gleichungen mit Ionen, sondern auch die Ladungsbilanz stimmen muss: Die Gesamtzahl der Ionenladungen muss verschwinden, wobei die Ladungen der Eduktionen mit -1 zu multiplizieren sind. Man beachte auch, dass die hier angewendete vereinfachende, aber allgemein übliche Schreibung der Ionen die Hydratation nicht berücksichtigt. Aus Bequemlichkeit schreibt man also z. B. Fe^{2+} anstelle der genaueren Notierung $[Fe(H_2O)_n]^{2+}$.

Von Bedeutung ist, dass Wasser auch einer *Eigendissoziation* unterliegt: $H_2O \rightarrow H^+ + OH^-$ (wieder in der vereinfachenden Schreibweise). Diese Ionen treten in komplizierteren, auf Wasser als Reaktionslösung bezogenen Reaktionsgleichungen häufig auf, wie zwei Beispiele zeigen sollen. (Das eigentlich gasförmige NO in der ersten Gleichung bleibt in Wasser gelöst.)

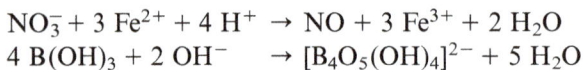

$$NO_3^- + 3\,Fe^{2+} + 4\,H^+ \rightarrow NO + 3\,Fe^{3+} + 2\,H_2O$$
$$4\,B(OH)_3 + 2\,OH^- \rightarrow [B_4O_5(OH)_4]^{2-} + 5\,H_2O$$

Diese Art von Reaktionsgleichungen wird in den Abschnitten 5.3 und 5.4 eingehender behandelt.

Zweiphasige Systeme ($p = 2$)

Zunächst seien die Attribute zu den drei Aggregatzuständen abgekürzt: s für *fest* (solidus), l für *flüssig* (liquidus) und g für *gasförmig*. Um zweiphasige *physikalische* Reaktionen handelt es sich bei den Phasenübergängen des Schmelzens und Kristallisierens (s/l), des Sublimierens und umgekehrt des kristallinen Abscheidens aus der Gasphase (s/g) sowie des Siedens und Kondensierens (l/g) und weiterhin des Wechsels der Modifikation kristalliner Phasen (s/s).

Zu den physikalischen Reaktionen zählen auch Verteilungsreaktionen, bei denen sich ein Reinstoff in jeder von zwei Phasen löst. Hierzu zwei Beispiele! 1) Das Gas CO_2 kann sich in Wasser lösen. In einer Sprudelflasche verteilt sich CO_2 zwischen der wässrigen und der Gasphase (l/g). 2) Der Feststoff I_2 löst sich wenig gut in Wasser, deutlich besser in der schwereren Flüssigkeit Trichlormethan ($CHCl_3$, *Chloroform*), die ihrerseits mit Wasser nicht mischbar ist. Unterschichtet man eine Lösung von I_2 in H_2O mit $CHCl_3$, dann verteilt sich I_2 zwischen den beiden Flüssigkeiten. Dabei kann man ihre Berührungsflächen durch eine beim Schütteln eintretende Tröpfchenbildung und damit die Geschwindigkeit der Einstellung eines Verteilungsgleichgewichts vergrößern (l/l).

Chemische Reaktionen, an denen zwei feste Phasen beteiligt sind (s/s), sind nicht alltäglich, wohl aber Reaktionen zwischen zwei Phasen verschiedenen Aggregatzustands (s/g, s/l, l/g). Wichtig ist die *Verbrennung*, d. i. die exotherme, meist der Energieerzeugung dienende Reaktion von Sauerstoff mit festen oder flüssigen Stoffen (*Brennstoffen*) zu gasförmigen Produkten (*Verbrennungsprodukten*). Besonders wichtig sind dabei die *fossilen* Brennstoffe Kohle (d. i. im Wesentlichen und stark vereinfacht Carbon), Erdöl (d. i. im Wesentlichen ein Gemisch von Carbonhydriden) und die aus Erdöl durch Raffinierung gewonnenen Produkte (z. B. Benzin, Dieselöl) sowie Erdgas (d. i. im Wesentlichen Methan). Auch Feststoffe wie die Nichtmetalle Sulfur, Phosphor u. a. oder Metalle können als Brennstoffe wirken, doch sind die Verbrennungsprodukte dann meist nicht gasförmig, und es liegen Dreiphasenreaktionen vor. Bei der Verbrennung von Carbon ($C + O_2 \rightarrow CO_2$) oder Sulfur ($S + O_2 \rightarrow SO_2$) ändert sich die Entropie kaum, da sich die Zahl der Gasmoleküle nicht ändert. Dagegen nimmt bei der Verbrennung flüssiger Carbonhydride zu Carbondioxid und Wasserdampf (im Falle gesättigter, acyclischer Carbonhydride gemäß der Gleichung: $2 C_nH_{2n+2} + 3n+1 O_2 \rightarrow 2n CO_2 + 2n+2 H_2O$) die Zahl der Gasmoleküle umso mehr zu, je vielgliedriger das Carbonhydrid ist.

Als wichtige endotherme und endotrope s/g-Reaktionen, die bei hoher Temperatur Triebkraft gewinnen, seien das sog. *Boudouard-* ($C + CO_2 \rightarrow 2 CO$) und das *Wassergas-Gleichgewicht* ($C + H_2O \rightarrow CO + H_2$) genannt; bei beiden nimmt die Zahl der Gasmoleküle zu.

Eine hohe Triebkraft im gesamten Temperaturbereich liegt bei exothermen und endotropen Reaktionen vor, bei denen sowohl das Energie- als auch das Entropieglied zur Negativität der Helmholtz'schen bzw. Gibbs'schen Energie beitragen. Als Beispiel aufgeführt sei der Zerfall von H_2O_2 in konzentrierter wässriger Lösung (l/g), der bei katalytischer Zündung schlagartig verläuft; reines flüssiges H_2O_2 neigt zu brisanten Explosionen: $2 H_2O_2 \rightarrow 2 H_2O + O_2$.

Zu den Zweiphasenreaktionen vom Typ s/l gehört die Auflösung von Salzen in Wasser, seien die Salze nun leicht löslich (wie z. B. die meisten Alkalimetallsalze) oder schwer löslich (wie z. B. die Sulfide der Übergangsmetalle oder die Carbonate, Phosphate, Sulfate der schwereren Erdalkalimetalle u. a.).

Dreiphasige Systeme ($p = 3$)

Reaktionen mit den Aggregatzustandsverteilungen s/s/l, s/s/g oder s/l/g sind häufig. Als Beispiel einer s/s/l-Reaktion diene die Reaktion einer wässrigen Lösung von gut löslichem Na_2CO_3 über schwer löslichem, festem $BaSO_4$, wobei schwer lösliches $BaCO_3$ entsteht; die Na^+-Ionen nehmen an der Reaktion nicht teil: $BaSO_4 + CO_3^{2-}$ $\rightarrow BaCO_3 + SO_4^{2-}$; bei den drei Phasen handelt es sich um die beiden schwer löslichen Salze und die wässrige Lösung. Die Reaktion fester Metalle mit gasförmigen Nichtmetallen wie F_2, Cl_2 oder O_2 führt zu festen Fluoriden, Chloriden bzw. Oxiden, d. s. Beispiele für die weit verbreiteten s/s/g-Reaktionen. Die analoge Reaktion fester Metalle mit den Gasen H_2 und N_2 zu salzartigen Hydriden bzw. Nitriden (die von den interstitiellen Hydriden und Nitriden wohl zu unterscheiden sind; s. Abschnitt 3.2.5) hat weniger Triebkraft, gelingt aber in etlichen Fällen (z. B. $\rightarrow$ NaH, AlN u. a.). Die Gaskomponente kann auch das Produkt einer endothermen und endotropen Reaktion sein, wie − in Umkehrung ihrer Bildung − der Zerfall von Fluoriden, Chloriden, Oxiden, Hydriden oder Nitriden in die Elemente bei hoher Temperatur zeigt, in vielen Fällen aber bei so hoher Temperatur, dass die entstehenden Metalle oder gar auch noch die zerfallenden Salze in flüssiger Form vorliegen. Solche Zerfälle können auch als s/s/g-Reaktionen in mehreren Stufen verlaufen, also nicht gleich zu den Elementen führen, wie zwei Beispiele mit Salzen des Eisens zeigen mögen: $2\ FeCl_3 \rightarrow 2\ FeCl_2 + Cl_2$; $6\ Fe_2O_3 \rightarrow 4\ Fe_3O_4 + O_2$. Ein ähnliches, aber zu einer gasförmigen Verbindung (anstelle eines Elements) führendes Beispiel bietet der Zerfall von Calciumcarbonat (*Kalkstein*) in Calciumoxid (*gebrannter Kalk*) und Carbondioxid, d. i. das wichtige sog. *Kalkbrennen*: $CaCO_3 \rightarrow CaO + CO_2$.

Eine wichtige s/l/g-Reaktion stellt die Auflösung von Metallen in *Säuren* (d. s. hier wässrige Lösungen mit einer hohen Konzentration an H^+-Ionen; s. Abschnitt 5.2) dar, wobei Hydrogen als Gas entsteht, z. B. $Fe + 2\ H^+ \rightarrow Fe^{2+} + H_2$. Vielfach können die H^+-Ionen von Säuren auch mit den Anionen von Salzen zu gasförmigen Produkten reagieren, wie für ein Hydrid, ein Nitrid und ein Carbonat beispielhaft aufgeführt sei: $NaH + H^+ \rightarrow Na^+ + H_2$; $AlN + 3\ H^+ \rightarrow Al^{3+} + NH_3$; $CaCO_3 + 2\ H^+ \rightarrow Ca^{2+} + CO_2 + H_2O$.

Dreiphasige Reaktionen mit den Aggregatzustandsverteilungen s/s/s, s/l/l oder l/l/g spielen keine so große Rolle. Eine s/s/s-Reaktion haben wir schon kennengelernt, nämlich den Zerfall eines martensitischen Stahls in Ferrit und Cementit beim Tempern (Abschnitt 3.2.5).

Höherphasige Systeme ($p > 3$)

Nicht viele prominente und vor allem im Sinne des Phasenbegriffs eindeutige Beispiele lassen sich für vielphasige Reaktionen finden. Das Thermitverfahren ($3\ Fe_3O_4 + 8\ Al \rightarrow 9\ Fe + 4\ Al_2O_3$) gehorcht einer Reaktionsgleichung mit vier offenbar festen Komponenten, jede für sich eine Phase, doch gilt dies nur bei niedriger Temperatur; tatsächlich läuft diese stark exotherme Reaktion aber oberhalb von 1600 °C ab, eine Temperatur, bei der beide Metalle flüssig sind.

4.2.2 Gleichgewichte in homogener Phase

Wir betrachten Reaktionen, deren Komponenten ausnahmslos homogen gemischt sind, sich also entweder in der Gasphase oder in flüssiger Phase befinden. In letzterem Falle sind entweder alle Komponenten in flüssiger Phase miteinander vermischbar (wie bei der oben erwähnten Bildung von Ethylethanoat aus Ethansäure), oder eine Flüssigkeit wie Wasser ist das Lösungsmittel für alle Komponenten, auch wenn diese in reiner Form gar nicht flüssig sind. Die Freie Enthalpie $\Delta_r G$ beschreibt die Triebkraft, die vorliegt, wenn irgendwelche frei gewählte Mengen (*Ausgangsmengen*) aller Komponenten vorliegen und die Reaktion dann von links nach rechts oder auch von rechts nach links abläuft, bis sie im Gleichgewicht ($\Delta_r G = 0$) zum Stillstand kommt; die dann vorliegenden Mengen sind die *Gleichgewichtsmengen*. Dabei mögen die Mengen angegeben werden als Stoffmengen n_i, Partialdrücke P_i, Stoffmengenkonzentrationen c_i oder Stoffmengenanteile x_i. In der Gasphase verwendet man als Mengenparameter gerne die Partialdrücke oder Stoffmengenanteile, in Lösung die Stoffmengenanteile oder Stoffmengenkonzentrationen. Gilt in der Gasphase im Falle idealer Gase die allgemeine Gasgleichung ($PV = nRT$), so gilt für ideale Lösungen (d. s. in der Regel hoch verdünnte Lösungen) eine ganz entsprechende Gleichung, in der P_i den *osmotischen Druck* der i-ten Komponente bedeutet, sodass P_i und c_i gemäß

$$P_i = \frac{R T n_i}{V} = R T c_i$$

zusammenhängen.

Die *Standardreaktionsenthalpie* $\Delta_r G^0 = \Sigma_i \nu_i \Delta_f G_i^0$ liegt vor, wenn für alle Komponenten die Partialdrücke 1 bar betragen. Da sich $\Delta_r G^0$ auf den Formelumsatz bezieht, muss während des Formelumsatzes der Partialdruck 1 bar für alle Komponenten erhalten bleiben. Das ist gar nicht möglich, da sich bei jedem Umsatz die Menge der Edukte vermindert und die der Produkte vermehrt. Diese paradoxe Situation lässt sich, wie schon erwähnt, zumindest gedanklich beheben, wenn man die Mengen aller Komponenten so groß macht, dass ein Formelumsatz diese Mengen so gut wie nicht verändert. Solche fiktiven Formelumsätze sind für die Praxis wertlos, wo man von endlichen Stoffmengen n_i^0, Partialdrücken P_i^0 bzw. Stoffmengenkonzentrationen c_i^0 ausgeht. Was man wissen möchte ist, wie sich die Mengen an Reaktanden und damit der Unterschied an Freier Enthalpie zwischen Edukten und Produkten während der Reaktion ändert und welche Bedingungen für die Gleichgewichtsmengen gelten. Hierzu muss man sich klarmachen, dass die extensiven Funktionen U, H, A, G auch von den Stoffmengen n_1 bis n_k abhängen, also beispielsweise die Funktion G außer von T und P auch von n_1 bis n_k. Mit $T =$ const und $P =$ const ergibt sich für das totale Differential von G, wenn außer n_i alle anderen Stoffmengen n_j konstant sein sollen:

$$\mathrm{d}G = \Sigma_i \left(\frac{\partial G}{\partial n_i} \right)_{P,T,n_j} \mathrm{d}\, n_i = \Sigma_i\, \mu_i\, \mathrm{d}\, n_i$$

Die partielle Ableitung von G nach n_i heißt chemisches Potential μ_i. Eine wichtige Eigenschaft von μ_i ist, dass es nicht von der Stoffmenge abhängt, also eine intensive Größe darstellt.

Im Falle von $k = 1$ (Einkomponentensystem, Reinstoff) kann man $\mathrm{d}G = \mu\, \mathrm{d}\, n$ zu $G = n\mu$ integrieren und kann so μ_i des Reinstoffs i als die molare Gibbs'sche Enthalpie des Reinstoffs identifizieren. Wegen $\mathrm{d}G = -S\mathrm{d}T + V\mathrm{d}P$ folgt für $n = 1$ mol $(\partial G/\partial T)_P = (\partial \mu/\partial T)_P = -S$, d. h. das chemische Potential eines Reinstoffs nimmt mit der Temperatur ab, da S immer positiv ist. Weiterhin gilt für 1 mol $(\partial G/\partial P)_T = (\partial \mu/\partial P)_T = V$, d. h. das chemische Potential eines Reinstoffs nimmt mit dem Druck zu. Für ideale Gase folgt bei $T =$ const aus $\mathrm{d}G = V\mathrm{d}P$ mit $V = nRT/P$ bei der Integration zwischen 1 bar und P:

$$G(P,T) = G^0(T) + nRT \ln \frac{P}{P^0} = G^0(T) + nRT \ln P$$

$$\mu(P,T) = \mu^0(T) + RT \ln P$$

Das Symbol P^0 markiert den Standarddruck von 1 bar. Hier wie im Folgenden wird dieses rechnerisch nicht in Erscheinung tretende Symbol weggelassen, doch muss klar bleiben, dass man erstens und allgemein nur Zahlen logarithmieren kann und zweitens und speziell den Druck P in die obige Formel in der Einheit bar einzusetzen hat. Das für 1 bar festgelegte Potential μ^0 ist nur von der Temperatur abhängig.

Falls ein reales Gas vorliegt, möge $\mu(P,T)$ anstelle vom Druck P von einer Funktion $f(P)$, der *Fugazität*, abhängen:

$$\mu(P,T) = \mu^0(T) + RT \ln f$$

Diese Beziehung sei für reale Gase erfüllt, wenn die Fugazität f dem Druck P über die dimensionslosen *Fugazitätskoeffizienten* Φ proportional ist: $f = \Phi P$. Allerdings sind diese Koeffizienten keine Konstanten, sondern sie nähern sich dem Grenzwert $\Phi = 1$ umso mehr an, je geringer der Druck wird und damit je idealer das Gas sich verhält.

Haben wir eine Reaktion mit k Komponenten im Auge, dann können wir mit $\Sigma_i\, v_i\, \mu_i = \Delta_r G^0$ schreiben:

$$\Delta_r G = \Sigma_i\, v_i\, \mu_i = \Sigma_i\, v_i\, \mu_i^0 + RT\Sigma_i\, (v_i \ln P_i) = \Delta_r G^0 + RT \ln (\Pi_i\, P_i^{v_i})$$

Das Symbol Π_i (sprich: „Produkt über alle") bedeutet: Man multipliziere miteinander alle $P_i^{\nu_i}$ von i = 1 bis i = k. Die erhaltene Beziehung legt fest, wie die Triebkraft von den Partialdrücken (in Lösung: von den osmotischen Drücken) abhängt. Im Gleichgewicht wird $\Delta_r G = 0$ und die Drücke P_i sind jetzt die Gleichgewichtsdrücke:

$$\Delta_r G^0 = -R T \ln (\Pi_i\, P_i^{\nu_i}) = -R T \ln K_P$$

$$K_P = \Pi_i\, P_i^{\nu_i}$$

Der Ausdruck für K_P heißt *Massenwirkungsgesetz* (abgekürzt: *MWG*) und die Größe K_P heißt *Gleichgewichtskonstante*. Sie hängt nur von der Temperatur ab. Die Werte G_i^0 sind aus Tabellenwerken zugänglich und damit auch K_P.

Gelangt eine Reaktion ins Gleichgewicht, so drückt man dies in der Reaktionsgleichung dadurch aus, dass man den Reaktionspfeil durch den Gleichgewichtsdoppelpfeil ersetzt:

$$\nu_1\, S_1 + \nu_2\, S_2 + \ldots \leftrightarrows \ldots + \nu_{k-1}\, S_{k-1} + \nu_k\, S_k$$

Ist $K_P > 1$, dann sagt man, das Gleichgewicht liege auf der rechten Seite, d. h. die Menge an Produkten fällt stärker ins Gewicht als die Menge an Edukten. Das Umgekehrte ist natürlich der Fall, wenn $K_P < 1$.

Die Anwendung des MWG sei anhand eines Beispiels, nämlich der Bildung von Wasser aus den Elementen bei 3000 K, illustriert. Für $\Delta_f G^0$ haben wir in Abschnitt 4.1.7 den Wert -78.6 kJ mol^{-1} aus tabellierten Werten für die Komponenten errechnet. Hieraus ergibt sich $-\ln K_P = \Delta_f G^0/R T$ und hieraus $K_P = P_1^{-1} P_2^{-1/2} P_3 = 23.36$ bar$^{-1/2}$. Um die drei Gleichgewichtsdrücke zu errechnen, muss man Nebenbedingungen kennen. Eine Nebenbedingung sei, dass der Gesamtdruck im Gleichgewicht 1 bar betrage: $P_1 + P_2 + P_3 = 1$ bar. Als Zweites legen wir fest, dass die Gase H_2 und O_2 im Verhältnis des Formelumsatzes, also 2:1, eingesetzt werden; dieses spezielle Verhältnis bleibt bis zum Eintritt des Gleichgewichts erhalten: $P_1 = 2\,P_2$. Nunmehr sind drei Gleichungen gegeben, die zu einem Polynom dritten Grades führen. Dessen Lösungen lauten: $P_1 = 0.132$, $P_2 = 0.066$, $P_3 = 0.802$ bar. Will man noch die Gleichgewichtsstoffmengen n_1 bis n_3 bestimmen, so muss man die Ausgangsstoffmengen kennen. Wählen wir willkürlich $n_1^0 = 1$ mol, dann sieht man der Reaktionsgleichung unmittelbar an, dass während der gesamten Reaktion und auch im Gleichgewicht $n_1 + n_3 = 1$ gilt; weiterhin gilt mit $P_1 = 2\,P_2$ auch $n_1 = 2\,n_2$ sowie generell (wegen der Gasgleichung $P_i = n_i\,R\,T/V$) $n_1/P_1 = n_2/P_2 = n_3/P_3$. Aus diesen Beziehungen kann man errechnen: $n_1 = 0.14$, $n_2 = 0.07$, $n_3 = 0.86$ mol, d. s. die in Abschnitt 4.1.7 genannten Werte.

Der Partialdruck idealer Gase bzw. der osmotische Druck idealer Lösungen hängt über die Beziehungen $P_i = c_i\,R\,T = x_i\,P$ mit der Stoffmengenkonzentration c_i bzw. dem Stoffmengenanteil x_i zusammen. Es folgt: $K_P = \Pi_i (c_i\,R\,T)^{\nu_i} = (R\,T)^{\Sigma \nu_i}$

$\Pi_i c_i^{\nu_i} = \Pi_i (x_i P)_i^{\nu_i} = P^{\Sigma \nu_i} \Pi_i x_i^{\nu_i}$. Für die Gleichgewichtskonstanten von Massenwirkungsgesetzen der Form

$$K_P = \Pi_i P_i^{\nu_i} \quad K_c = \Pi_i c_i^{\nu_i} \quad K_x = \Pi_i x_i^{\nu_i}$$

ergeben sich dann die folgenden Umrechnungsbeziehungen:

$$K_P = (RT)^{\Sigma \nu_i} \quad K_c = P^{\Sigma \nu_i} K_x$$

Im Falle von Reaktionen ohne Änderung der stöchiometrischen Faktoren, d.h. $\Sigma \nu_i = 0$, wird $K_P = K_c = K_x$ (z. B. $H_2 + Cl_2 \leftrightarrows 2\,HCl$).

Im Falle der Anwendung des MWG auf ideale Lösungen bedient man sich zur Mengenangabe gerne der Stoffmengenanteile x_i oder der Stoffmengenkonzentrationen c_i. Auf reale Lösungen lässt sich das MWG anwenden, wenn man anstelle der Stoffmengenanteile bzw. Konzentrationen die *Aktivitäten a* einsetzt, die eine ähnliche Rolle spielen wie die Fugazitäten bei Ersatz der Drücke. Dabei mögen die Aktivitäten den Stoffmengenanteilen über die *Aktivitätskoeffizienten* γ_a proportional sein, $a_{xi} = \gamma_{xi} x_i$, bzw. den Konzentrationen über die Aktivitätskoeffizienten γ_c, $a_{ci} = \gamma_{ci} c_i$, die im Falle unendlicher Verdünnung den Grenzwert $\gamma = 1$ annehmen.

$$K_{ax} = \Pi_i a_{xi}^{\nu_i} = K_x \Pi_i \gamma_{xi}^{\nu_i} \quad K_{ac} = \Pi_i a_{ci}^{\nu_i} = K_c \Pi_i \gamma_{ci}^{\nu_i}$$

Um die Temperaturabhängigkeit von K_P kennenzulernen, ersetzen wir in der Gibbs-Helmholtz'schen Gleichung $\Delta_r G = \Delta_r H - T \Delta_r S$ für $P = $ const die Entropie $-\Delta_r S$ durch $(\partial G / \partial T)_P$ (s. Abschnitt 4.1.2) und teilen durch T^2:

$$\frac{-\Delta_r H}{T^2} = \frac{\left(\dfrac{\partial G}{\partial T}\right)_P}{T} - \frac{\Delta_r G}{T^2} = \left(\frac{\partial \dfrac{\Delta_r G}{T}}{\partial T}\right)_P$$

Angewendet auf den Standarddruck, gilt zunächst $\Delta_r G^0 / RT = -\ln K_P$. Hieraus wird nach der partiellen Differentiation nach T:

$$\frac{1}{R}\left(\frac{\partial \dfrac{\Delta_r G^0}{T}}{\partial T}\right)_P = -\frac{\partial \ln K_P}{\partial T},$$

und mit dem Ausdruck von oben schließlich erhalten wir die *van't Hoff'sche Reaktionsisobare*:

$$\frac{\partial \ln K_P}{\partial T} = \frac{\Delta_r H^0}{RT^2}$$

Analog lässt sich für $V = $ const die *van't Hoff'sche Reaktionsisochore* herleiten:

$$\frac{\partial \ln K_c}{\partial T} = \frac{\Delta_r U^0}{R T^2}$$

Innerhalb kleiner Temperaturintervalle ändert sich $\Delta_r H^0$ nur wenig mit der Temperatur, sodass sich die van't Hoff'sche Reaktionsisobare integrieren lässt zu

$$\ln \frac{K_P(T_2)}{K_P(T_1)} = -\frac{\Delta_r H^0}{R} \left(\frac{1}{T_2} - \frac{1}{T_1} \right)$$

Es sei $T_2 > T_1$. Dann wird für endotherme Reaktionen ($\Delta_r H^0$ positiv) die rechte Seite positiv, und K_P wird mit steigender Temperatur größer, das Gleichgewicht verschiebt sich nach links, wie wir es für den endothermen Zerfall von Wasser ja im Detail studiert haben. Für exotherme Reaktionen gilt das Gegenteil.

4.2.3 Phasengesetz

Soll in einem System aus p Phasen Gleichgewicht zwischen allen Phasen bestehen, dann muss im gesamten System dieselbe Temperatur herrschen und auf allen Phasen derselbe Druck lasten, und darüber hinaus muss jede Komponente dasselbe Potential μ_i haben, gleich in welcher Phase sie sich befindet. Bezüglich der Temperatur bedeutet dies, dass keine virtuelle Wärme δQ von einer Phase A in eine Phase B fließen darf. Wäre das nämlich der Fall, dann wäre $T_A \neq T_B$ und mithin $-\delta Q/T_A + \delta Q/T_B = \delta S \neq 0$, und es wäre die Gleichgewichtsbedingung $\delta S = 0$ nicht erfüllt. Wäre der auf der Phase A lastende Druck von dem auf Phase B lastenden verschieden, dann käme eine virtuelle Volumenverrückung δV dergestalt zum Tragen, dass $-P_A \delta V + P_B \delta V = \delta A \neq 0$ wäre. Dann wäre aber die Gleichgewichtsbedingung $\delta A = 0$ nicht erfüllt. Also muss $P_A = P_B$ sein. Sollte ein Stofftransport der i-ten Komponente von A nach B stattfinden, dann herrschte wiederum kein Gleichgewicht, denn dann wäre $\delta G = \delta G_A + \delta G_B = -\mu_{iA} \delta n_i + \mu_{iB} \delta n_i \neq 0$, obwohl doch im Gleichgewicht $\delta G = 0$ sein muss. Also ist $\mu_{iA} = \mu_{iB}$ und dies für alle Komponenten.

Zwischen den Mengen der k Komponenten einer Reaktion mögen Beziehungen bestehen, die diese Mengen in Abhängigkeit voneinander bringen. Jede Reaktionsgleichung stellt eine solche Beziehung dar. Im Falle der Bildung von Wasser aus den Elementen beispielsweise legt die Reaktionsgleichung fest, dass die an H_2 verbrauchte Stoffmenge der an H_2O gebildeten Stoffmenge entsprechen muss. Werden speziell die Ausgangsstoffmengen an H_2 und O_2 vom Experimentator festgelegt, stehen sie also etwa wie im obigen Beispiel im Verhältnis $2:1$, dann besteht noch eine zusätzliche Beziehung. Zieht man von den k Komponenten einer Reaktion die Zahl solcher Beziehungen ab, dann kommt man zur Zahl k_0 der *unabhängigen*

Komponenten. Im Falle der Wasserbildung haben wir im Allgemeinen $k_0 = k - 1 = 2$; wenn speziell noch $n_1^0 = 2n_2^0$ gelten soll, dann wird $k_0 = k - 2 = 1$. Beim oben erwähnten Thermitverfahren ist $k = 4$ und $k_0 = 3$, da die eine Reaktionsgleichung eine Beziehung zwischen den Stoffmengen der vier Komponenten begründet.

Wir betrachten jetzt als intensive Zustandsvariable die Temperatur T, den Gesamtdruck P sowie weiterhin als die Zusammensetzungsvariablen in Phasen, die aus homogenen Mischungen einiger Komponenten bestehen, die Größen P_i oder c_i oder x_i. Es interessiert die Frage, wie viele dieser Variablen im Gleichgewicht frei gewählt werden können, während sich bei einmal getroffener Wahl dieser Variablen die restlichen durch naturgesetzlichen Zwang ergeben. Man nennt die Zahl f der frei wählbaren Variablen des Systems seine *Freiheitsgrade.*

Ein einfaches Beispiel ist das Schmelzen von Eis. Zwei Variable stehen zur Auswahl, nämlich Druck und Temperatur. Aus der Erfahrung wissen wir, dass nur ein Freiheitsgrad besteht, $f = 1$; denn wählen wir z. B. $P = 1$ bar, dann liegt der Schmelzpunkt von Eis mit $T \approx 0\,°C$ fest. (Der Schmelzpunkt bei genau $T = 0\,°C$ bezieht sich auf den Druck $P = 1$ atm; s. u.) Bringen wir als einzige Komponente den Stoff H_2O in unseren zylindrischen Reaktor, dann können wir die Temperatur innerhalb eines bestimmten Rahmens frei wählen, bei der sich ein Gleichgewicht zwischen Wasser und Wasserdampf (l/g) oder zwischen Eis und Wasser (s/l) oder auch zwischen Eis und Wasserdampf (s/g) einstellt. Nicht mehr frei wählbar ist dann der Druck auf dem Stempel. Umgekehrt: Wählen wir diesen Druck – wieder innerhalb eines bestimmten Rahmens – frei aus, dann können wir ein Gleichgewicht zwischen zweien der drei Aggregatzustände nur bei ganz bestimmter Temperatur erreichen, ansonsten ist nur eine Phase im Zylinder existent, und wenn aber doch mehrere vorhanden sind, dann herrscht kein Gleichgewicht.

Beim Beispiel der Bildung von Wasser aus den Elementen in der Gasphase haben wir mit den Variablen T, P, P_1, P_2 und P_3 zu rechnen. Legen wir beispielsweise T und P willkürlich fest, dann können wir weiterhin noch einen der Partialdrücke frei wählen, die beiden anderen ergeben sich durch Naturgesetze, nämlich hier durch das Gesetz der Additivität der Dampfdrücke und das MWG ($f = 3$).

Wie die Zahl der Freiheitsgrade mit der Zahl k_0 der unabhängigen Komponenten und der Zahl p der Phasen ganz allgemein zusammenhängt, regelt das *Phasengesetz.* Hierzu betrachten wir die p Phasen A, B, C... sowie k Komponenten, wobei im allgemeinsten Falle jede Komponente in allen Phasen präsent sein kann. Als Variable wählen wir erstens P und T (für alle Phasen gleich) sowie zweitens die Stoffmengenanteile x_{ij} für alle Komponenten (Index i) und alle Phasen (Index j). Da definitionsgemäß $\Sigma_i x_{ij} = 1$ für alle j, ist ein Wert von x_{ij} in jeder Phase von vornherein festgelegt. Beliebig wählbar bleiben dann in jeder Phase $k - 1$ Werte von x_{ij} und in allen Phasen $p(k - 1)$ Stoffmengenanteile, dazu noch P und T, d. s. $p(k - 1) + 2$ Werte für die Zustandsvariablen. Bestehen Bedingungen, die die freie Wahl von x_{ij} einschränken (also durch Gleichungen beschreibbare Reaktionen oder vom Experimentator eingeführte Festlegungen von Mengenverhältnissen), dann muss man die Zahl k der Komponenten durch die Zahl k_0 der unabhängigen Komponenten ersetzen. Nun soll Gleichgewicht herrschen. Das bedeutet für die Komponente i, dass ihr chemisches Potential in allen Phasen gleich ist: $\mu_{i1} = \mu_{i2} = \mu_{i3} = \ldots$, d. s. $p - 1$ zusätzliche, die Zahl der Freiheitsgrade einschränkende Bedingungen, und für alle unabhängigen Komponenten steigt die Zahl der Einschränkungen auf $k_0(p - 1)$. Die oben zunächst ermittelte Zahl $p(k_0 - 1) + 2$ der Freiheitsgrade muss daher im Gleichgewicht noch um die Zahl $k_0(p - 1)$ vermindert werden. Das Phasengesetz lautet damit:

$$f = k_0 - p + 2$$

Meist sind nicht alle Komponenten in allen Phasen vertreten. Fehlt allerdings eine Komponente in einer Phase, dann entfällt auch die Gleichheit ihres Potentials mit ihrem Potential in anderen Phasen als eine die Freiheitsgrade einschränkende Bedingung, und das Phasengesetz bleibt in der angegebenen Form gültig.

4.2.4 Heterogene Gleichgewichte in Einkomponentensystemen

Als erstes Beispiel betrachten wir das System Carbon (Abb. 3.33). Da Mischungsvariable nicht auftreten, verbleiben nur P und T als Variable. Soll nur eine der Phasen I−IV vorhanden sein, dann gewinnen wir mit $k_0 = 1$ und $p = 1$ den Wert $f = 2$, und es sind P und T frei wählbar, charakterisiert in Abb. 3.33 durch Zustandsfelder, die auch die Grenzen der freien Wählbarkeit festlegen. Sollen zwei Phasen im Gleichgewicht miteinander stehen, $p = 2$, dann wird $f = 1$: Entweder P oder T können frei gewählt werden, die jeweils andere Variable ergibt sich durch Naturgesetz, wie es in den Kurven $P(T)$ bzw. $T(P)$ zum Ausdruck kommt. Sollen drei Phasen im Gleichgewicht koexistieren, dann ist mit $f = 0$ keine Variable mehr frei wählbar und P und T sind von Natur aus vorgegeben, eine Situation, die durch Punkte im Zustandsdiagramm, die *Tripelpunkte*, charakterisiert ist.

Für reines Wasser als Einkomponentensystem in unserem zylindrischen Reaktor muss das für Carbon als Einkomponentensystem Gesagte völlig analog gelten (Abb. 4.1). Haben wir das Gleichgewicht s/l ($p = 2$) im Auge, dann ergibt sich $f = 1$. Legen wir jetzt den Druck, der auf dem Stempel lastet, mit $P = 1$ bar fest, dann definiert man allgemein die sich naturgesetzlich ergebende Temperatur als den *Schmelzpunkt* des betreffenden Festkörpers. Er läge im Falle des Gleichgewichts Eis ⇆ Wasser ganz genau bei 0 °C, wenn der Druck $P = 1$ atm betrüge; die veraltete Festlegung der Schmelz- und Siedepunkte auf diesen Druck hat ja die Celsius'sche Temperaturskala begründet. Da 1 atm = 1.013250 bar gilt, liegt der nunmehr auf 1 bar bezogene Schmelzpunkt von Eis, wie aus der Steigung der Schmelzkurve in Abb. 4.1 hervorgeht, ganz knapp oberhalb von 0 °C. Ganz entsprechend ist für ein Gleichgewicht l/g der *Siedepunkt* als die Gleichgewichtstemperatur auf der Siedekurve bei $P = 1$ bar definiert; im Falle des Gleichgewichts Wasser ⇆ Wasserdampf liegt er etwas unterhalb von 100 °C. Als *Schmelz-* und *Siedekurve* bezeichnet man

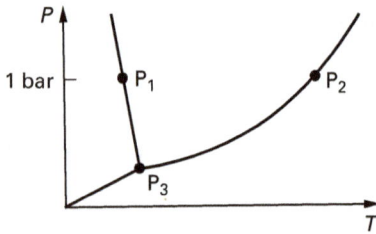

Abb. 4.1 Zustandsdiagramm $P(T)$ von H_2O (schematisch; ohne Berücksichtigung einiger Hochdruck-Modifikationen); die Punkte P_1, P_2 und P_3 geben den Schmelz-, Siede- bzw. Tripelpunkt wieder.

die Kurvenäste im Zustandsdiagramm, die die Gleichgewichte s/l bzw. l/g beschreiben.

Was geschieht, wenn man Wasser in einem offenen Gefäß erhitzt? Zwischen dem Wasser und der Atmosphäre herrscht wegen des Temperaturunterschieds kein Gleichgewicht, und Wasser verdampft. Sieht man von solchen Transportvorgängen an der Grenzfläche Wasser/Atmosphäre ab, dann wirkt die Atmosphäre wie der Stempel in unserem Modellreaktor. Mit $k_0 = 1$ und $p = 1$ folgt $f = 2$, und T und P sind frei wählbar. Als P sei der Atmosphärendruck gewählt, und T werde laufend erhöht, bis schließlich die Gleichgewichtstemperatur des Phasenübergangs l/g erreicht werde. Nunmehr gehen in mehreren Bereichen des Systems flüssige in gasförmige Teilbereiche über, die man als nach oben steigende Gasblasen beobachtet: Das Wasser siedet, und zwar bei 100 °C, wenn der Atmosphärendruck 1 atm beträgt. Dabei bilden sich die Gasblasen zunächst im oberen Bereich des Wassers, da auf den Blasen neben dem Atmosphärendruck noch der von oben nach unten steigende hydrostatische Druck der flüssigen Phase lastet.

Zustandsdiagramme wie die von Carbon oder Wasser lassen sich im Allgemeinen für alle Reinstoffe gewinnen. Stehen flüssige und Gasphase miteinander im Gleichgewicht, dann muss $\mu_l = \mu_g$ sein und damit, auf 1 mol bezogen, $G_l = G_g$. Bei Druck- und Temperaturänderung bleibt im Gleichgewicht die Gleichheit $G_l + dG_l = G_g + dG_g$ und damit $dG_l = dG_g$ erhalten. Für diese totalen Differentiale von $G(T, P)$ gilt:

$$\left(\frac{\partial G_l}{\partial T}\right)_P dT + \left(\frac{\partial G_l}{\partial P}\right)_T dP = \left(\frac{\partial G_g}{\partial T}\right)_P dT + \left(\frac{\partial G_g}{\partial P}\right)_T dP$$

Mit den Beziehungen $(\partial G/\partial T)_P = -S$ und $(\partial G/\partial P)_T = V$ aus Abschnitt 4.1.8 folgt:

$$(V_g - V_l)\, dP = (S_g - S_l)\, dT = \Delta S\, dT = \frac{H_v}{T}\, dT$$

dabei ist H_v die Verdampfungsenthalpie. Wir erhalten die *Clausius-Clapeyron'sche Gleichung*:

$$\frac{\mathrm{d}P}{\mathrm{d}T} = \frac{H_\mathrm{v}}{T(V_\mathrm{g} - V_\mathrm{l})}$$

Vernachlässigen wir das sehr viel kleinere Flüssigkeitsvolumen V_l gegenüber dem Gasvolumen V_g und ersetzen dieses, ideales Gas vorausgesetzt, durch $R\,T/P$ (immer noch auf 1 mol bezogen), dann ergibt sich:

$$\frac{\mathrm{d}\,(\ln P)}{\mathrm{d}T} = \frac{H_\mathrm{v}}{R\,T^2} \quad \text{und} \quad \ln\frac{P_2}{P_1} = -\left(\frac{1}{T_2} - \frac{1}{T_1}\right)\frac{H_\mathrm{v}}{R}$$

Ersetzt man in der van't Hoff'schen Reaktionsisobare (Abschnitt 4.2.2) $\Delta_\mathrm{r}H^0$ durch H_v und K_P durch P, dann erhält man dieselben Ausdrücke. Die Proportionalität $\ln P \sim 1/T$ entspricht dem Kurvenast im $P(T)$-Zustandsdiagramm, der das l/g-Gleichgewicht wiedergibt. Die Steigung der Geraden $\ln P(1/T)$ gestattet die Bestimmung der Verdampfungsenthalpie H_v.

Der Phasenübergang Flüssigkeit $\leftrightarrows$ Gas bedarf noch einer Ergänzung! Betrachten wir ein reales Gas, das der van der Waals'schen Zustandsgleichung genügt, d. i. eine Funktion dritten Grades $P(V)_T$. In Abb. 4.2 sind fünf Isothermen dieser Funktion, $T_1 - T_5$, dargestellt. Zwei davon, T_1 und T_2, haben je ein Maximum, ein Minimum und einen Wendepunkt. Bei der speziellen Isotherme $T_3 = T_\mathrm{k}$ rücken diese drei Punkte zu einem Punkt zusammen, dem kritischen Punkt P_k, der bei einer *kritischen Temperatur* T_k einen *kritischen Druck* P_k und ein *kritisches Volumen* V_k (bezogen auf 1 mol) anzeigt; diesem kritischen molaren Volumen V_k lässt sich mithilfe der molaren Masse eine *kritische Dichte* ρ_k zuordnen. Die Kurventeile zwischen Minimum und Maximum mit positiver Steigung sind physikalisch sinnlos; denn Materie, die beim Anlegen von Druck ihr Volumen vermehrt, kann man sich nicht vorstellen. Erhöht man nun im Experiment den Druck auf ein Gas bei der Temperatur T_1, so beobachtet man, dass sich das Volumen stark gemäß dem rechten Kurvenast verringert, bis im Punkt $P_1(P_1, V_1)$ eine isobare und isotherme, zum Punkt $P_1'(P_1, V_1')$ führende Volumenverminderung einsetzt, und man beobachtet, dass sich das Gas verflüssigt. Bei weiterer vom Punkt P_1' ausgehender Druckausübung verringert sich das Volumen der weit weniger leicht komprimierbaren Flüssigkeit entlang dem linken steilen Kurvenast der Isotherme T_1 nur noch wenig. Man kann zeigen, dass die Isobare P_1 durch den Wendepunkt der Isothermen T_1 läuft, und weiterhin, dass die Wendepunkte aller Isothermen auf der Isochoren V_k liegen. Die Punkte T_1 und P_1 bedingen einen Punkt auf der Gleichgewichtskurve $P(T)$ im Zustandsdiagramm des betreffenden Gases. Komprimiert man nun ein Gas bei T_k, so entsteht beim kritischen Punkt ein Zustand, der sich weder als gasförmig noch als flüssig eindeutig beschreiben lässt. Bei weiterer Kompression nimmt der betreffende Stoff mehr und mehr flüssigen Charakter an. Bei den *überkritischen* Isothermen mit $T > T_\mathrm{k}$ bleibt der gasförmige Charakter mehr und mehr erhalten, und eine regelrechte Verflüssigung lässt sich nicht mehr erreichen. Stei-

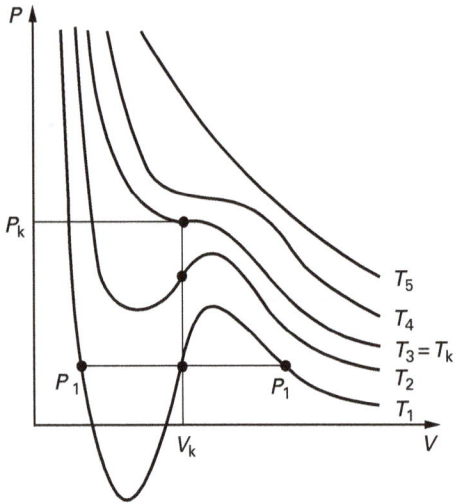

Abb. 4.2 Fünf Isothermen $P(V)_T$ eines realen Gases in schematischer Darstellung gemäß der van der Waals'schen Gleichung.

gende Temperatur bewirkt, dass die Funktion $P(V)_T$ immer hyperbelähnlicher wird und sich der Form $PV = $ const, also dem Boyle-Mariotte'schen Gesetz idealer Gase, immer mehr nähert.

Da die van der Waals'sche Gleichung nur beschränkte Gültigkeit hat, gelten die hier dargestellten Zusammenhänge nur qualitativ. Immerhin kann man die kritischen Daten eines Gases, die ja messbar sind, aus den Stoffkonstanten a und b der van der Waals'schen Gleichung mit brauchbarer Genauigkeit ableiten. Das Phänomen der kritischen Temperatur lässt sich auch durch ein Gedankenexperiment unter isochoren Bedingungen plausibel machen. In einem geschlossenen Reaktor stehe ein Gas mit seiner Flüssigkeit im Gleichgewicht. Erhöht man die Temperatur, dann stellt sich nach Verdampfen eines Teils der Flüssigkeit ein Gleichgewicht mit höherem Gasdruck und damit höherer Gasdichte ein, während die Dichte der Flüssigkeit wegen ihrer thermischen Ausdehnung abnimmt. Die kritische Temperatur wird erreicht, wenn die Dichte beider Phasen gleich geworden ist. − Die homogene oder auch die heterogene Verteilung gewisser Stoffe in *überkritischen Medien*, also in Gasen bei $P > P_k$ und $T > T_k$, finden in der Praxis Anwendung. Zur Illustration seien die T_k- und P_k-Werte einiger Stoffe zusammengestellt:

	He	H$_2$	O$_2$	H$_2$O	NH$_3$	CO$_2$	
T_k:	5.3	33.3	154	674	405	304	K
P_k:	2.29	13.0	50.4	221.4	113.0	74.0	bar

4.2.5 Zweiphasengleichgewichte flüssig/gasförmig in Zweikomponentensystemen

Im Falle $k = k_0 = 2$ und $p = 2$ sind zwei Variable frei wählbar. Als Erstes sei eine ideale, homogene, flüssige Mischung zweier molekular aufgebauter Elemente oder Verbindungen ins Auge gefasst. Ideales Verhalten liegt vor, wenn eine enge Verwandtschaft vorliegt, wobei *Verwandtschaft* Eigenschaften wie Molekülgröße, Struktur, Bindungsverhältnisse, Polarität etc. zusammenfasst. Ideales Verhalten bedeutet u. a., dass bei der Vermischung der flüssigen Komponenten keine Mischungswärme und keine Volumenänderung auftreten. Selbst flüssige Mischungen, die sich beim Vorliegen vergleichbarer Mengen an beiden Komponenten wenig ideal verhalten, werden ideal, wenn die Menge einer Komponente stark überwiegt. In einer idealen flüssigen Mischung der Reinstoffe A und B mit den Stoffmengenanteilen x_A^l und $x_B^l = 1 - x_A^l$ entfalten die beiden Komponenten bei gegebener Temperatur die Partialdampfdrücke P_A und P_B (das Superskript l steht für liquidus). Mit P_{A0} und P_{B0} als den Gleichgewichtsdrücken der reinen Komponenten gilt das *Raoult'sche Gesetz*:

$$P_A = x_A^l P_{A0} = (1 - x_B^l)P_{A0} \qquad P_B = x_B^l P_{B0} = (1 - x_A^l)P_{B0}$$

Für den gesamten Gasdruck über der Flüssigkeit ergibt sich die Isotherme $P(x_A^l)$ als Gerade:

$$P = P_A + P_B = x_A^l(P_{A0} - P_{B0}) + P_{B0}$$

Für die Stoffmengenanteile x_A^g und x_B^g in der Gasphase gilt:

$$\frac{x_A^g}{x_B^g} = \frac{x_A^g}{1 - x_A^g} = \frac{P_A}{P_B} = \frac{x_A^l P_{A0}}{(1 - x_A^l)P_{B0}}$$

Hieraus errechnet sich x_A^l zu:

$$x_A^l = \frac{x_A^g P_{B0}}{P_{A0} + x_A^g(P_{B0} - P_{A0})}$$

Eingesetzt in die Funktion $P(x_A^l)$ ergibt sich:

$$P = \frac{P_{A0} P_{B0}}{P_{A0} + x_A^g(P_{B0} - P_{A0})}$$

Diese Funktion $P(x_A^g)$ ist zusammen mit der Geraden $P(x_A^l)$ im Zustandsdiagramm, Abb. 4.3(a), dargestellt. Das Diagramm zeigt, dass eine flüssige Mischung, z. B. mit $x_A^l = 0.5$, mit einem Dampf im Gleichgewicht steht, der sehr viel reicher

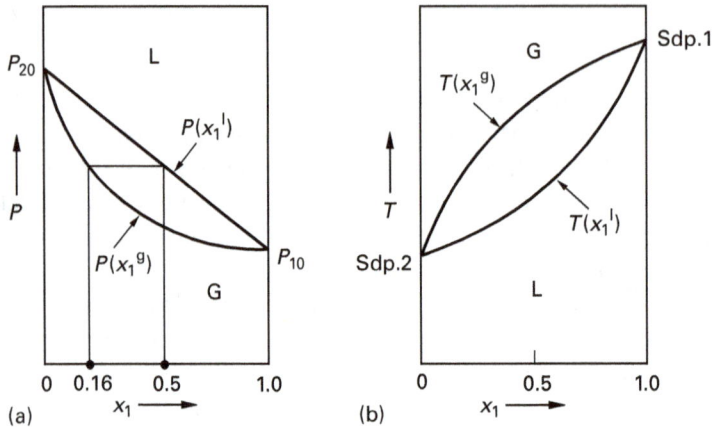

Abb. 4.3 Zustandsdiagramme für das Gleichgewicht l/g einer idealen Mischung zweier Komponenten in schematischer Darstellung; die Zustandsfelder G (Gas) und L (Liq.) markieren den Existenzbereich nur einer Phase. (a) $P(x_A^l)_T$ und $P(x_A^g)_T$. (b) $T(x_A^l)_P$ und $T(x_A^g)_P$.

ist an der flüchtigeren Komponente B mit dem größeren Dampfdruck ($P_{B0} > P_{A0}$). Im schematischen Zustandsdiagramm entspricht dem willkürlich herausgegriffenen Wert $x_A^l = 0.5$ ein Wert $x_A^g = 0.16$. Punkte oberhalb der Gleichgewichtskurve $P(x_A^l)$ markieren den flüssigen, unterhalb von $P(x_A^g)$ den gasförmigen Zustand und Punkte zwischen den Kurven ein Gleichgewicht zwischen den Phasen mit den Werten x_A^l und x_A^g zu einem gegebenen Wert von P.

Wir haben bisher T vorgegeben und in den Funktionen $P(x^l)$ bzw. $P(x^g)$ eine zweite Variable frei wählen können. Legt man umgekehrt den Druck fest, so kommt man zu den Isobaren $T(x_A^l)_P$ und $T(x_A^g)_P$ als monoton steigenden Kurven, die die sog. *Siedelinse* bilden [Abb. 3.4(b)]. Sie erinnern an die Gleichgewichtskurven zwischen Kristall und Schmelze im Falle vollständiger Mischbarkeit (z. B. im System Ag/Au, Abb. 3.17). Wählen wir eine bestimmte Temperatur, so zeigt die Siedelinse, dass der Dampf reicher an der flüchtigeren Komponente B ist als die flüssige Phase.

Ideale flüssige Mischungen sind allerdings nicht allzu häufig. Ein ziemlich gutes Beispiel bietet die Mischung aus Oxygen und Nitrogen (Sdp.: 90 K bzw. 77 K). Aber selbst für dieses Beispiel verläuft die Funktion $P(x_A^l)$ nicht so vollkommen gerade wie in Abb. 4.3(a), sondern ist leicht nach oben gewölbt. Oft sind molekular gebaute Flüssigkeiten nicht im gesamten Temperatur- und Zusammensetzungsbereich mischbar, entmischen sich also, wenn man die Temperatur erniedrigt. Dies ist insbesondere der Fall, wenn sie sich in ihrer Polarität stark unterscheiden. Ein Beispiel bieten die Carbonhydride RH und die Alkohole R'OH, bei denen die Alkylreste R und R' zwar miteinander verwandt sind, die alkoholische OH-Gruppe aber einen Polaritätsunterschied bewirkt und einer Entmischung bei tiefer Temperatur Vorschub leisten kann. Die Dampfdrücke P_A und P_B sind, sofern Mischbarkeit besteht, zunächst steil ansteigende, dann flach weiterlaufende und im mittleren Kurvenbereich einen Wendepunkt aufweisende Funktionen von x_A bzw. x_B, weitab von der Linearität im Geltungsbereich des Raoult'schen Gesetzes. Wenn umgekehrt eine starke Wechselwirkung zwischen zwei Komponenten in der flüssigen Phase möglich ist, dann enthält der Dampf bei kleinem x_A ganz überwiegend Moleküle der Komponente B und umgekehrt. Ein Beispiel hierfür stellt eine Mischung aus H_2O und HCl dar (Sdp.: 373 K bzw. 188 K), d. i. in flüssigem Zustand die sog. *Salzsäure*, die gemäß der Gleichung $H_2O + HCl \leftrightarrows H_3O^+ + Cl^-$ in der flüssigen Phase fast vollständig in ionisierter Form vorliegt (s. Abschnitt 5.3). Über verdünnter Salzsäure findet man nahezu ausschließlich H_2O-Dampf, über hoch an HCl konzentrierten Lösungen nimmt man dagegen fast nur noch HCl-Dampf wahr. Im Falle von P = const gibt es hier eine bestimmte Temperatur, bei der eine Flüssigkeit und ein Dampf der gleichen Zusammensetzung ($x^l = x^g$) im Gleichgewicht stehen, d. s. im Falle P = 1 bar die Werte T = 381 K, x^l = 0.89: Die Salzsäure siedet hier *azeotrop*. Azeotropes Sieden ist das Gegenstück zum kongruenten Schmelzen (s. Abb. 3.18).

Im Falle nicht idealer Lösungen mit stark verschiedenen Dampfdrücken der beiden Komponenten möge über der Lösung praktisch nur der Dampfdruck der flüchtigeren Komponente B herrschen. Bei hinreichender Verdünnung gilt dann zwar nicht das Raoult'sche Gesetz $P_B = P_{B0} x_B$, aber ein ähnliches Gesetz, das *Henry'sche Gesetz*: $P_B = K x_B$; die Konstante K hängt nur von der Temperatur ab. Die Löslichkeit eines Gases in einer Flüssigkeit ist also dem Dampfdruck des Gases proportional. Ein Beispiel ist das System H_2O/CO_2 (mit der Sprudelflasche als alltäglichem Beispiel).

Ist umgekehrt der Dampfdruck einer Komponente in der Gasphase besonders klein, und liegt ihr Siedepunkt besonders tief, dann scheidet sich aus der Gasphase im Gleichgewicht die flüssige oder gegebenenfalls die feste Phase dieser Komponente in reiner Form ab, also ohne dass in der kondensierten Phase die flüchtigeren Komponenten der Gasphase wesentlich gelöst wären. Ein wichtiges Beispiel ist Wasserdampf in der Atmosphäre. Die eine Komponente ist Wasser als Dampf und Flüssigkeit oder als Dampf und Festkörper, die andere ist die *Restluft*. Diese gedanklich in ihre Bestandteile (N_2, O_2, Ar, CO_2 etc.) zu zerlegen, ist nicht nötig. Allerdings kann sich ein Gleichgewicht in der Atmosphäre deshalb nur selten einstellen, weil isotherme und isobare Bedingungen allenfalls in engen klimatischen Zonen und dort selten über genügend lange Zeiträume hinweg vorliegen. Mit $k = k_0 = 2$ und mit zwei Phasen von H_2O im Gleichgewicht (l/g oder s/g) ergibt sich $f = 2$. Sind P und T klimatisch festgelegt, dann kann ein Gleichgewicht entweder zwischen Eis und Wasserdampf (in kalten Zonen) oder zwischen Wasser und Wasserdampf (in wärmeren Zonen) nur bei einem bestimmten Partialdruck P_w herrschen, dem sog. *Sättigungsdampfdruck*. Ist dieser Dampfdruck überschritten, dann kondensiert Eis bzw. Wasser auf festen Oberflächen oder auch unter Eiskorn- bzw. Tröpfchenbildung an Staubpartikeln (Nebel, Wolken) so lange, bis Gleichgewicht herrscht. Ist der Sättigungsdampfdruck unterschritten, dann wird das Gleichgewicht dadurch angestrebt, dass Wasser bzw. Eis verdampfen.

4.2.6 Zweiphasengleichgewichte fest/flüssig in Zweikomponentensystemen

Wir betrachten zunächst molekular gebaute Reinstoffe A und B, die in der flüssigen Phase bei jeder Zusammensetzung miteinander mischbar sein, aber bei keiner Zusammensetzung Mischkristalle bilden mögen. Die feste Phase A bzw. die feste Phase B mögen mit der Mischschmelze im Gleichgewicht stehen, ein sog. *Lösungsgleichgewicht* bilden. Es bedingen $k = k_0 = 2$ und $p = 2$ zwei Freiheitsgrade für die drei Variablen P, T und (für die Zusammensetzung der Schmelze) x_A bzw. x_B. Falls eine ideale flüssige Mischung vorliegt, auf die eine der Zustandsgleichung idealer Gase analoge Gleichung Anwendung finden kann, lässt sich bei gegebenem P für die Funktion $x_A(T)$ eine der Clausius-Clapeyron'schen Gleichung analoge Beziehung ableiten, in der H_s die molare Schmelzwärme bedeutet:

$$\frac{\mathrm{d}\ln x_A}{\mathrm{d}T} = \frac{H_s}{RT^2}$$

Wir integrieren zwischen $x_A = 1$ und x_A sowie zwischen T_A (dem Schmelzpunkt von A) und T und erhalten:

$$\ln x_A = -\frac{H_s(T_A - T)}{RTT_A}$$

Die Kurve $x_A(T)$ und die analoge Kurve $x_B(T)$ sind in Abb. 4.4 dargestellt. Sie treffen sich im Punkte E, dem *Eutektikum*, bei dem drei Phasen im Gleichgewicht stehen, nämlich die Schmelze mit eutektischer Zusammensetzung, festes A und festes B. Nur der Druck P ist noch frei wählbar. Wegen der geringen Volumenänderung beim Schmelzen sind die Kurven $x(T)$ sowie der eutektische Punkt nur wenig vom Druck abhängig, der auf dem System lastet.

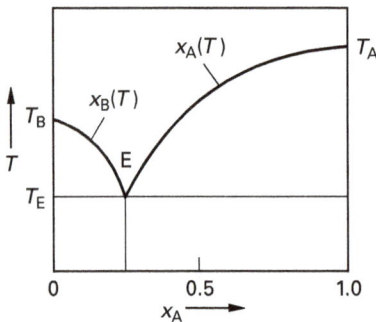

Abb. 4.4 Kurven $x_A(T)$ und $x_B(T)$ bei gegebenem Druck P für das Gleichgewicht zwischen der flüssigen Mischung zweier Reinstoffe A und B und den festen Phasen A bzw. B mit den Schmelzpunkten T_A bzw. T_B.

Wird nur sehr wenig B in A als dem flüssigen Lösungsmittel gelöst, dann kann man $\ln x_A = \ln (1 - x_B) \approx -x_B$ sowie $T\,T_A \approx T_A^2$ setzen. Mit $T_A - T = \Delta T$ ergibt sich $\Delta T = x_B\,R\,T_A^2/H_s$. Das bedeutet, dass sich der Gefrierpunkt eines Lösungsmittels A bei Auflösen von wenig B um ΔT erniedrigt und dass diese Gefrierpunktserniedrigung dem Stoffmengenanteil x_B des gelösten Stoffes und damit auch wegen $x_B = (m_B/M_B)/(m_A/M_A + m_B/M_B) \approx m_B\,M_A/m_A\,M_B$ der molaren Masse M_B von B umgekehrt proportional ist. Bei bekanntem H_s und M_A kann man also über eine Messung von m_A, m_B und ΔT die molare Masse M_B bestimmen (*Kryoskopie*). Ein ganz analoger Zusammenhang besteht übrigens zwischen M_B und der Siedepunktserhöhung ΔT eines Lösungsmittels A, die eintritt, wenn man wenig B in A löst und wenn B selbst dabei keinen merklichen Dampfdruck entfaltet (*Ebullioskopie*).

Die vollständige Mischbarkeit zweier Stoffe in flüssigem Zustand setzt − im Gegensatz zur Gasphase − eine gewisse Verwandtschaft voraus. Bei molekular gebauten Stoffen ist diese beispielsweise gegeben bei Elementen wie N_2/O_2 (*flüssige Luft*) oder bei Alkanen wie Pentan/Hexan oder bei Aromaten wie Benzen/Naphthalen etc. Besteht nur ein geringer Grad an Verwandtschaft, dann ist nur wenig (z. B. Wasser/Iod) oder nahezu gar nichts (z. B. Wasser/Benzen) der einen in der flüssigen anderen Komponente löslich.

Die allermeisten Metalle sind einander so verwandt, dass sie in der flüssigen Phase in jeder Zusammensetzung homogen vermischt werden können. Wie wir bei den Zustandsdiagrammen intermetallischer Phasen (Abschnitt 3.2.4) gelernt haben, bedingt die Verwandtschaft vieler Metalle, dass sich im festen Zustand Mischkristalle mit mehr oder weniger großer Phasenbreite bilden können. Die entsprechenden Gleichgewichtskurven aus einer Theorie herzuleiten, stellt auch heute noch ein beachtliches Problem dar. Bei den in der Literatur dargestellten Zustandsdiagrammen intermetallischer Phasen handelt es sich deshalb um die Ergebnisse entsprechender Messungen.

Wichtige Beispiele für s/l-Gleichgewichte mit zwei Komponenten bietet das System Wasser/Salz. Die flüssige Phase ist dabei die Lösung des Salzes in Wasser, die festen Phasen sind Eis bzw. Salz; dabei lassen wir außer Betracht, dass bei der Lösung von Salzen durch Dissoziation in die Ionen eigentlich mehr als zwei Komponenten im Spiel sind. Meist ergeben sich keine übersichtlichen Zustandsdiagramme, weil die Schmelzpunkte von Eis und Salz sehr weit auseinanderliegen. Dies ist aber oft anders bei hydratisierten Salzen, also solchen, die Kristallwasser im Gitter beherbergen (s. Abschnitt 3.4.3). Ein passendes Beispiel bieten die Hydrate $CaCl_2 \cdot nH_2O$ (n = 2, 4, 6). Während wasserfreies $CaCl_2$ bei 782 °C schmilzt, geht das Hexahydrat $CaCl_2 \cdot 6H_2O$ bei 30 °C in das Tetrahydrat $CaCl_2 \cdot 4H_2O$ über. Das Zustandsdiagramm für das Teilsystem aus den beiden Komponenten H_2O und $CaCl_2 \cdot 6H_2O$ ist vom gleichen Typ wie die Kurven $x(T)$ in Abb. 4.4. Bei $x(H_2O) = 0.94$ und $T = -55$ °C liegt ein Eutektikum, die tief liegende eutektische Temperatur zeigt, wie stark sich der Gefrierpunkt von Wasser erniedrigen kann, wenn man Salz löst. Das gesamte Zustandsdiagramm im Zweikomponentensystem $H_2O/CaCl_2$ ist komplizierter (Abb. 4.5). Der Kurvenabschnitt E−A bezeichnet das

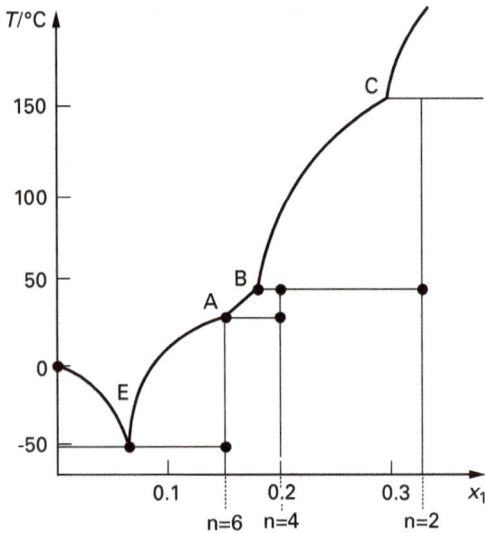

Abb. 4.5 Zustandsdiagramm $T(x_1)$ des Systems $CaCl_2/H_2O$ mit drei Verbindungen $CaCl_2 \cdot nH_2O$ (n = 6, 4, 2).

Gleichgewicht zwischen Lösung und Hexahydrat, der Abschnitt A–B zwischen Lösung und Tetrahydrat, der Abschnitt B–C zwischen Lösung und Dihydrat; dabei sind Gleichgewichte mit der Gasphase oberhalb von 100 °C außer Betracht gelassen. Die Punkte A und B markieren Dreiphasengleichgewichte, nämlich Lösung/Hexahydrat/Tetrahydrat (A) und Lösung/Tetrahydrat/Dihydrat (B). Erhitzt man das Hexahydrat auf 30 °C, so bilden sich Lösung und Tetrahydrat und zwar bei Zufuhr von genügender Wärme so lange, bis das Hexahydrat aufgezehrt ist. Erhitzt man weiter, so stehen längs des Kurvenabschnitts A–B nur noch Lösung und Tetrahydrat im Gleichgewicht, bis bei 45 °C wieder ein Dreiphasengleichgewicht entsteht. Derartige Dreiphasengleichgewichte, bei denen – im Gegensatz zu den Eutektika – beide feste Phasen reicher an der höher schmelzenden Komponente (hier: $CaCl_2$ gegenüber H_2O) sind als die flüssige Phase, nennt man *Peritektika*.

4.2.7 Zweiphasengleichgewichte in Mehrkomponentensystemen

Wir behandeln im Folgenden beispielhaft Gleichgewichte mit mehr als zwei Komponenten und mit den Phasenkombinationen s/g, s/l und l/l.

Für die Phasenkombination s/g ziehen wir als technisch wichtiges Beispiel das schon erwähnte Boudouard-Gleichgewicht ($C + CO_2 \leftrightarrows 2\,CO$) heran. Es ist $k = 3$ und $k_0 = 2$, und es bestehen somit zwei Freiheitsgrade. Wir haben mit den Variablen T, P, P_2 und P_3 zu rechnen (der Dampfdruck der festen Komponente 1, also von Carbon, geht gegen null und spielt keine Rolle). Zwei Variable können wir frei wählen, die beiden anderen ergeben sich. Wählen wir T frei, dann stehen die drei weiteren Variablen durch zwei Gesetze in Zusammenhang, zum einen durch die Beziehung $P = P_2 + P_3$, zum anderen durch das nur auf die Gasphase anzuwendende MWG: $K_P = P_3^2 P_2^{-1}$. Wählen wir zwei der Drücke frei, dann ergibt sich T aus der van't Hoff'schen Reaktionsisobaren. Das Boudouard-Gleichgewicht hat große Bedeutung bei der Verhüttung oxidischer Erze (s. Abschnitt 5.7.2). Zur Illustration sei angegeben, dass die Gleichgewichtskonstante bei 1000 K den Wert $K_P = 1.71$ bar hat, d. h. es liegt etwas mehr CO als CO_2 vor, während bei 298 K die Komponente CO wegen $K_P = 9.22 \cdot 10^{-22}$ bar keine Rolle spielt; es handelt sich um ein typisch endothermes und endotropes Gleichgewicht. Gleichwohl ist CO bei Raumtemperatur trotz seiner thermodynamischen Instabilität als metastabiles Gas beliebig lange lagerfähig, da die Gleichgewichtseinstellung bei Raumtemperatur kinetisch blockiert ist.

Für die Phasenkombination s/l sei die Löslichkeit schwer löslicher Salze in Wasser unter Dissoziation in die Ionen behandelt. Vier Komponenten sind im Spiel: festes Salz (Komponente 1), Kationen (Komponente 2), Anionen (Komponente 3) und Wasser (Komponente 4). Als Beispiel sei der Fluorit CaF_2 herangezogen. Mit dem Lösungsgleichgewicht zwischen dem Festkörper und den gelösten Ionen, $CaF_2 \leftrightarrows Ca^{2+} + 2\,F^-$, ergibt sich $k_0 = 3$. Zur Beschreibung des Zustands seien die Variablen P, T, c_2 und c_3 gewählt. (Man beachte, dass sich Salzlösungen, die wegen der Schwerlöslichkeit des Salzes weitgehend verdünnt sind, mehr oder weniger ideal verhalten, sodass sich mit $PV = R\,T \cdot \Sigma n_j$ zwischen c_i und x_i der Zusammenhang $c_i = x_i \cdot P/R\,T$ ergibt; in der Bilanz $x_2 + x_3 + x_4 = 1$ wird auch dem Wasser Rechnung getragen, was beim Arbeiten mit Stoffmengenkonzentrationen durch die Festlegung des Volumens geschieht.) Ein spezieller und einfacher Fall ist der, dass man festes CaF_2 mit reinem Wasser ins Gleichgewicht bringt. Dann besteht zwischen den Komponenten ein weiterer Zusammenhang, nämlich $2\,c_2 = c_3$, der aus der Zusammensetzung des Salzes folgt und gewährleistet, dass beide Phasen − Festkörper und Lösung − elektroneutral bleiben. Der k_0-Wert reduziert sich auf $k_0 = 2$. Gibt man mit der freien Wahl der Standardbedingungen P und T vor, dann stellen sich die Konzentrationen c_2 und c_3 ein. Die in einem Liter Lösung im Gleichgewicht enthaltene Stoffmenge an gelöstem Salz nennt man die *molare Löslichkeit* c_L. Sie beträgt hier $c_L = c_2 = 1/2\,c_3$.

Eine allgemeinere Situation liegt vor, wenn man frei gewählte Mengen n_{02} eines gut löslichen Calciumsalzes, z. B. $CaCl_2$, und n_{03} eines gut löslichen Fluoridsalzes, z. B. KF, gemeinsam in Wasser löst. Jetzt ist die spezielle Beziehung $2\,c_2 = c_3$ nicht mehr gültig, und es wird $k_0 = 3$. Die in der Lösung noch vorhandenen Ionen K^+ und Cl^- spielen im Sinne des Phasengesetzes als Komponenten keine Rolle; ihre Konzentrationen ergeben sich aus n_{02} und n_{03} und bleiben konstant; anstatt von Wasser als der vierten Komponente könnte man von der *Restlösung* in demselben Sinne reden wie oben von der *Restluft* beim Gleichgewicht Wasser/Wasserdampf in der Atmosphäre. Sind P und T vorgegeben, so kann man wegen $f = 3$ noch eine der beiden Variablen c_2 und c_3 frei wählen, die andere stellt sich durch Naturgesetz frei ein. Dieses Gesetz ist das auf die Lösung anzuwendende MWG für das Lösungsgleichgewicht und lautet im Falle von CaF_2:

$$L = c_2 c_3^2$$

Die Gleichgewichtskonstante hat hier das Symbol L, heißt *Löslichkeitsprodukt* und hängt nur von T und P ab. Das MWG ist natürlich auch auf den eingangs erwähnten speziellen Fall 2 $c_2 = c_3$ anwendbar und lautet dann: $L = 4\,c_2^3 = 1/2\,c_3^3 = 4\,c_L^3$ und $c_L = (L/4)^{1/3}$.

Der Vergleich des speziellen und des allgemeinen Falles ist lehrreich. Unter Standardbedingungen gilt für CaF_2 $L = 1.7 \cdot 10^{-10}$ $mol^3\,l^{-3}$; es lösen sich also in Wasser $c_L = 3.5 \cdot 10^{-4}$ $mol\,l^{-1}$ CaF_2. Gibt man zu solch einer *gesättigten* Lösung (gesättigt heißt, es herrscht Gleichgewicht) das gut lösliche Salz KF, dann erhöht sich die Gleichgewichtskonzentration c_3, und wegen des konstanten Werts L muss c_2 entsprechend zurückgehen. In einer Lösung von KF löst sich also weniger CaF_2 als in Wasser, und das Entsprechende gilt, wenn man anstelle von KF das gut lösliche Salz $CaCl_2$ zugibt. Löst man beispielsweise in einem Liter einer gesättigten CaF_2-Lösung 0.10 mol KF (n_{30}), dann fordert die Elektroneutralitätsbedingung, dass die Zahl positiver ($n_{30} + 2\,n_2$) gleich der Zahl negativer Ladungen (n_3) ist, und es folgt: $L = c_2 c_3^2 = c_2(c_{30} + 2\,c_2)^2$; da jedenfalls $c_2 \ll c_{30}$, schlägt c_2 als Summand nicht zu Buche: $c_2 = L/c_{30}^2 = 1.7 \cdot 10^{-8}$ $mol\,l^{-1}$, d. i. die Menge an gelöstem CaF_2, die mit dem Wert für reines Wasser, $c_L = 3.5 \cdot 10^{-4}$ $mol\,l^{-1}$, verglichen werden muss. Allgemein wird ein schwer lösliches Salz schwerer löslich, wenn man ein leicht lösliches Salz zusetzt, das eines der Ionen des schwer löslichen Salzes enthält.

Für die Phasenkombination l/l sei die oben erwähnte Verteilung von Iod, I_2, zwischen die beiden flüssigen und so gut wie nicht miteinander mischbaren Lösungsmittel Chloroform (A) und Wasser (B) herangezogen. Mit $k = k_0 = 3$ und $p = 2$ erhält man $f = 3$. Wählen wir unter den Variablen P, T, c_A und c_B die ersten drei frei aus, dann ergibt sich die vierte, d. i. die Konzentration von Iod in Wasser im Gleichgewicht, durch den *Nernst'schen Verteilungssatz*:

$$K = \frac{c_A}{c_B}$$

Da sich im gewählten Beispiel das Iod viel besser in Chloroform als in Wasser löst, ist die Konstante K hier deutlich größer als eins. Verteilungsgleichgewichte haben insbesondere in der Laborpraxis der Organischen Chemie Bedeutung. Ein Anwendungsbeispiel sei in allgemeiner Abstraktheit erläutert! Ein Stoff X löse sich in den Lösungsmitteln A und B entsprechend einem Verteilungsgleichgewicht $K = c_A/c_B = 2$. Eine Menge an X von 1 mol sei in einem Liter B gelöst. Wieviel X bleibt in B gelöst, wenn drei Liter A zur Verfügung stehen und wenn zum einen das Verteilungsgleichgewicht in einem Schritt, zum anderen in drei Schritten mit je einem Liter A und der Trennung von A und B nach jedem Schritt eingestellt wird? Im ersten Fall gilt $K = (n_A/3)/(n_B/1) = (n_A/3)/(1 - n_A) = 2$ und hieraus $n_A = 6/7$, $n_B = 1/7$ mol. Im zweiten Fall haben wir nach dem ersten Schritt $n_{A1}/n_{B1} = n_{A1}/(1 - n_{A1}) = 2$ und hieraus $n_{A1} = 2/3$, $n_{B1} = 1/3$ mol; nach dem zweiten Schritt gilt: $n_{A2}/(1/3 - n_{A2}) = 2$ und $n_{A2} = 2/9$, $n_{B2} = 1/9$ mol; der dritte Schritt erbringt mit $n_{A3}/(1/9 - n_{A3}) = 2$ die Werte $n_{A3} = 2/27$, $n_{B3} = 1/27$ mol. Beim zweiten Verfahren hat man also 26/27 der Ausgangsmenge an X von B nach A transportiert, beim deutlich weniger wirksamen ersten Verfahren nur 6/7.

4.2.8 Gleichgewichte zwischen mehr als zwei Phasen

Als Beispiel für die Dreiphasenkombination s/s/g sei das Gleichgewicht $CaCO_3 \leftrightarrows CaO + CO_2$ herangezogen. Obwohl das Salz CaO in der NaCl-Struktur und der Calcit, $CaCO_3$, in der verwandten, rhomboedrisch verzerrten NaCl-Struktur kristallisieren, bilden die beiden festen Phasen keine Mischkristalle. Mit $k = 3$, $k_0 = 2$ und $p = 3$ ergibt sich $f = 1$ für die Variablen P_3 (dem Druck der dritten Komponente in der Reaktionsgleichung) und T. In unserem einfachen Modellreaktor kann man also z. B. T vorgeben, dann stellt sich im Gleichgewicht ein ganz bestimmter Druck von CO_2 ein. Oberhalb dieser Temperatur geht $CaCO_3$ vollständig in CaO über, und darunter ist das Umgekehrte der Fall. An der offenen Atmosphäre ist der Partialdruck an CO_2 ebenso vorgegeben wie die Temperatur mit der Folge, dass kein Gleichgewicht herrscht und die Reaktion so lange von rechts nach links abläuft, bis alles CaO verbraucht ist. Diese Reaktion spielt beim *Härten von Mörtel* eine Rolle. Mörtel entsteht, indem man den *gebrannten Kalk*, d. i. CaO, mit Wasser zu einer gallertartigen Masse anrührt, in der sich aus CaO und H_2O in einer stark exothermen Reaktion $Ca(OH)_2$ bildet (*Löschen von Kalk*), und indem man als Füllmaterial Sand zusetzt. Beim Härten von Mörtel entsteht also nicht nur CO_2, sondern auch H_2O muss wieder entbunden werden. Bei genügend dicken Mauern ist das Härten von Mörtel erst nach Jahrhunderten abgeschlossen. Erhitzt man umgekehrt $CaCO_3$ unter dem Atmosphärendruck von CO_2, so wird schließlich die Gleichgewichtstemperatur erreicht, und der Kalkstein beginnt sich zu zersetzen. Der Begriff „Gleichgewicht" steht hier unter der Einschränkung, dass die notwendige Temperatur zwar in der unmittelbaren Umgebung, aber natürlich nicht im gesamten System, der Atmosphäre, erreicht wird; da das CO_2 dabei ständig in die Atmosphäre *abfließt*, ohne dass sich in ihr der CO_2-Partialdruck wesentlich erhöht, spricht man von einem *Fließgleichgewicht*. In der Praxis, beim sog. *Kalkbrennen*, d. i. die Erzeugung von *gebranntem Kalk*, arbeitet man bei deutlich höherer als der Gleichgewichtstemperatur, nämlich bei $900-1200\,°C$, damit die vollständige Zersetzung schnell genug verläuft.

Dreiphasengleichgewichte vom Typ s/s/l sind uns schon bei den Zustandsdiagrammen in Zweikomponentensystemen in Gestalt von Eutektika und Peritektika begegnet. Als ein Beispiel für ein s/s/l-Gleichgewicht mit mehr als zwei Komponenten fassen wir beispielhaft zwei in Wasser schwer lösliche Salze ins Auge, $BaSO_4$

($L_A = 1.5 \cdot 10^{-9}$ mol²/l²) und $BaCO_3$ ($L_B = 1.9 \cdot 10^{-9}$ mol²/l²), zwischen denen und einer wässrigen Lösung ein Gleichgewicht bestehe. Im allgemeinen Falle enthalte das Wasser noch die gut löslichen Salze Na_2SO_4 und Na_2CO_3. Zwei Gleichgewichte liegen vor: (A) $BaSO_4 \leftrightarrows Ba^{2+} + SO_4^{2-}$ und (B) $BaCO_3 \leftrightarrows Ba^{2+} + CO_3^{2-}$. Sieben Komponenten sind am Gleichgewicht beteiligt: die beiden Festkörper, die Ionen Ba^{2+} (c_1), SO_4^{2-} (c_2), CO_3^{2-} (c_3) und Na^+ (c_0) sowie das Wasser samt der nicht in Erscheinung tretenden Na^+-Ionen. Wegen der beiden Reaktionsgleichungen haben wir nur vier unabhängige Komponenten, und mit $p = 3$ erhalten wir $f = 3$ bezüglich der sechs Variablen P, T, c_1, c_2, c_3 und c_0. Wir wählen Standardbedingungen, sodass die beiden o. a. Löslichkeitsprodukte gelten, und wählen noch c_0 frei. Mit $L_A = c_1 c_2$ und $L_B = c_1 c_3$ stehen zwei Gleichungen zur Berechnung der drei Gleichgewichtskonzentrationen bereit. Die dritte Bestimmungsgleichung liefert die Elektroneutralitätsbedingung: $c_0 + 2\,c_1 = 2\,c_2 + 2\,c_3$.

4.3 Reaktionsverlauf in homogenen Systemen

4.3.1 Konzentration als Funktion der Zeit

Bei einer chemischen Reaktion in homogener Phase gehen Edukte in Produkte über, bis die Reaktion im Gleichgewicht zum Stillstand kommt. In der *Thermodynamik* geht es um die Abhängigkeit der Zustandsfunktionen, insbesondere der Freien Energie und Freien Enthalpie als den Trägern der Triebkraft, von den Zustandsvariablen; die Zeit spielt dabei keine Rolle. Im Gegensatz dazu geht es in der *Kinetik* um den Einfluss der Zeit auf den Ablauf der Reaktion: Wie schnell bilden sich Produkte bzw. wie schnell werden Edukte verbraucht? Dabei steht die Abhängigkeit der Geschwindigkeit einer Reaktion von den Mengen der Komponenten, also ihren Partialdrücken oder Stoffmengenkonzentrationen, in einem engen Zusammenhang mit dem *Mechanismus* der Reaktion: Was geschieht mit den Teilchen – Atomen, Molekülen oder Ionen – auf dem Weg zu den Produkten im Einzelnen? Verläuft die Reaktion in einem Schritt oder in zwei oder mehreren Schritten, sodass in einem ersten Schritt Teilchen gebildet werden, die in Folgeschritten wieder verschwinden und in der Gesamtreaktion als Komponenten nicht in Erscheinung treten? Derartige Teilchen nennt man *Zwischenprodukte*, wenn sie einigermaßen langlebig, oder *Zwischenstufen*, wenn sie eher kurzlebig sind.

Zur formalen Beschreibung der Geschwindigkeit der Reaktion $\nu_1\,S_1 + \nu_2\,S_2 + \ldots \rightarrow \ldots + \nu_k\,S_k$ wird eine *Reaktionslaufzahl* ξ definiert, die sich beim Formelumsatz um den Betrag 1 ändert:

$$\mathrm{d}\,\xi = \nu_i^{-1}\mathrm{d}\,n_i$$

Beispielsweise schreibt man für die Bildung von Ammoniak aus den Elementen gemäß $3\,H_2 + N_2 \rightarrow 2\,NH_3$: $\mathrm{d}\,\xi = -\mathrm{d}\,n_1/3 = -\mathrm{d}\,n_2 = \mathrm{d}\,n_3/2$. Am Anfang einer

Reaktion gilt $\xi = 0$ und nach ihrem vollständigem Ablauf $\xi = 1$. Die Reaktionslaufzahl hat auch in der Thermodynamik Bedeutung; wenn man nämlich als Gleichgewichtsbedingung schreibt: $\partial \Delta G / \partial \xi = 0$.

Als *Reaktionsgeschwindigkeit* wird definiert:

$$\frac{d\xi}{dt} = v_i^{-1} \frac{dn_i}{dt}$$

Den Ausdruck $V^{-1} d\xi/dt$ bezeichnet man als die *Reaktionsgeschwindigkeit pro Volumen*. Bleibt das Volumen mit der Zeit konstant, $V(t) = $ const, dann erhalten wir:

$$V^{-1} \frac{d\xi}{dt} = v_i^{-1} \frac{dc_i}{dt}$$

Die *Bildungsgeschwindigkeit* der Produktkomponente S_i ist wie folgt definiert: $dn_i/dt = v_i d\xi/dt$. Den Ausdruck dc_i/dt bezeichnet man als die *Geschwindigkeit des Konzentrationsanstiegs* der Komponente S_i.

Findet man experimentell für die Geschwindigkeit des Konzentrationsanstiegs der Komponente S_i als das sog. *Geschwindigkeitsgesetz* eine Proportionalität zu den Konzentrationen $c_1, c_2 \dots$ der Komponenten $S_1, S_2 \dots$ der Form

$$\frac{dc_i}{dt} = k\, c_1^q c_2^b \dots$$

so sagt man, die Reaktion sei a-ter Ordnung in Bezug auf S_1, b-ter Ordnung in Bezug auf S_2 usw. Man kann auch sagen, die Reaktion sei insgesamt $(a + b + \dots)$-ter Ordnung. Bei den Exponenten a, b ... handelt es sich meist um die Zahlen 1 oder 2, aber auch eine gebrochene Zahl wie 1/2 tritt mitunter auf. Die Proportionalitätskonstante k heißt *Geschwindigkeitskonstante*.

Um die Funktion $c_i(t)$ experimentell zu bestimmen, ist vorab eine Integration des Geschwindigkeitsgesetzes nötig. Für eine einfache Reaktion $S_1 \rightarrow S_2$ oder $S_1 \rightarrow S_2 + S_3$ möge gelten: $dc_2/dt = dc_3/dt = k c_1$ (Reaktion 1. Ordnung). Die Anfangskonzentrationen an S_1, S_2 bzw. S_3 zur Zeit $t = 0$ seien $c_1 = c_{10}$, $c_2 = c_3 = 0$. Für c_1 setzen wir $c_1 = c_{10} - c_2$, integrieren den Ausdruck $dc_2/(c_{10} - c_2) = k\, dt$ zwischen den Grenzen $t = 0$ und t und erhalten:

$$\ln \frac{c_{10}}{c_{10} - c_2} = k\, t$$

Die Geschwindigkeitskonstante k hat hier die Einheit s^{-1}. Für Reaktionen 1. Ordnung ist typisch, dass die Zeit, in der ein bestimmter Bruchteil der Stoffmenge an

S_1 zerfällt, konstant ist. Beispielsweise ergibt sich die Halbwertszeit $t_{1/2}$, in der die Hälfte an S_1 zerfällt, mit $c_{10}/(c_{10} - c_2) = 2$ zu: $t_{1/2} = \ln 2/k$.

Eine Reaktion vom Typ $S_1 + S_2 \rightarrow S_3$ oder $S_1 + S_2 \rightarrow S_3 + S_4$ möge 1. Ordnung in Bezug auf S_1 und 1. Ordnung in Bezug auf S_2 sein, insgesamt also 2. Ordnung: $d c_3/d t = d c_4/d t = kc_1 c_2$. Es sei $c_1 = c_{10} - c_3$ und $c_2 = c_{20} - c_3$. Die Integration von

$$\frac{d c_3}{c_3^2 - (c_{10} + c_{20})c_3 + c_{10} c_{20}} = k\,d t$$

erbringt, wieder zwischen den Grenzen $t = 0$ und t, den Ausdruck:

$$\frac{\ln \dfrac{c_{10} - c_3}{c_{20} - c_3} - \ln \dfrac{c_{10}}{c_{20}}}{c_{10} - c_{20}} = k t$$

Die Geschwindigkeitskonstante k hat hier die Einheit $l\,mol^{-1}\,s^{-1}$. Wenn speziell $c_{10} = c_{20} = c_0$ gilt, dann erhält man ein Geschwindigkeitsgesetz $d c_3/d t = k(c_0 - c_3)^2$, dessen Integration zu folgender Funktion $c_3(t)$ führt:

$$\frac{1}{c_0 - c_3} - \frac{1}{c_0} = k t$$

Ein Grenzfall für die Reaktion 2. Ordnung ist der, dass c_2 im Vergleich zu c_1 sehr groß wird, etwa weil S_2 als Lösungsmittel im großen Überschuss wirkt. Dann kann man den Verbrauch an S_2 vernachlässigen, und es wird $c_2 = c_{20}$. Wir haben es jetzt gemäß $d c_3/d t = kc_1 c_{20} = k' t$ näherungsweise mit einer Reaktion 1. Ordnung oder – wie man in diesem Falle auch sagt – *pseudo*erster Ordnung zu tun.

4.3.2 Zum Mechanismus von Elementarreaktionen

Von einer einzigen Eduktsorte S_1 gehen die *Isomerisierung* und die *Dissoziation* aus:

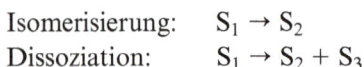

Isomerisierung: $S_1 \rightarrow S_2$
Dissoziation: $S_1 \rightarrow S_2 + S_3$

Eine *Isomerisierung* liegt vor, wenn Isomere, wie wir sie in Abschnitt 2 kennengelernt haben, ineinander übergehen. Bezüglich der *Dissoziation* seien zunächst einige Beispiele angeführt:

(a) H_2	→	$H + H$
(b) N_2O_4	→	$NO_2 + NO_2$
(c) Et_2O-BF_3	→	$Et_2O + BF_3$
(d) PCl_5	→	$PCl_3 + Cl_2$
(e) $H-CH_2-CH_2-Cl$	→	$H_2C=CH_2 + HCl$
(f) $cyclo\text{-}C_6H_{10}$	→	$H_2C=CH-CH=CH_2 + H_2C=CH_2$
(g) P_4	→	$P_2 + P_2$

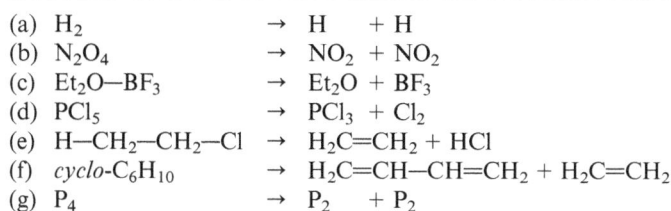

Bei den Beispielen (a) und (b) wird je eine σ-Bindung homolytisch gespalten, und es entstehen zwei Radikale mit je einem ungepaarten Elektron. Beim Beispiel (c) handelt es sich um die heterolytische Öffnung einer σ-Bindung. Die Beispiele (a)–(c) zählen zu den *Dissoziationen im engeren Sinne*. Im Gegensatz dazu handelt es sich bei den Beispielen (d)–(g) um *Dissoziationen im weiteren Sinne*: Es werden Bindungen zwischen mehr als zwei Atomen gelöst. Bei den Beispielen (d)–(f) gehen je zwei σ-Bindungen im Edukt S_1 auf. Man spricht von *Eliminierungen*, und zwar geht die Lösung von Bindungen im Beispiel (d) von *einem* Atom aus (*1,1-Eliminierung*), im Beispiel (e) von *zwei* benachbarten Atomen (*1,2-Eliminierung*) und im Beispiel (f) von *zwei* Atomen an den Enden einer Viererkette (*1,4-Eliminierung*). Von den beiden Elektronenpaaren der gelösten Bindungen verbleibt eines in S_2 [und zwar als freies Elektronenpaar bei (d) bzw. als π-Elektronenpaar bei (e) und (f)] und eines in S_3 [und zwar als σ-Elektronenpaar bei (d) und (e) und als π-Elektronenpaar bei (f)]. Im Beispiel (f) geht eine cyclische Verbindung (nämlich Cyclohexen) in zwei offenkettige Carbonhydride (nämlich Buta-1,3-dien und Ethen) über; eine solche Eliminierung heißt auch *Cycloreversion*. Im Beispiel (g) schließlich werden vier der sechs σ-Bindungen des tetraedrisch gebauten P_4-Moleküls geöffnet.

Isomerisierungen und Dissoziationen sind von einer Eduktsorte ausgehende *unimolekulare Elementarreaktionen*, wenn sie in homogener Phase nach einem bestimmten Mechanismus, wie er gleich erläutert wird, ablaufen.

Von zwei Eduktsorten, S_1 und S_2, gehen die *Assoziation* (auch *Addition* genannt) und die *Substitution* sowie die *Metathese* aus:

Assoziation: $S_1 + S_2 → S_3$

Substitution und Metathese: $S_1 + S_2 → S_3 + S_4$

Die sieben für die Dissoziation aufgeführten Beispiele werden in der umgekehrten Richtung zu Assoziationen. Tatsächlich handelt es sich in allen Fällen um temperaturabhängige Gleichgewichte, die sich als endotherme und endotrope Dissoziationen bei Temperaturerhöhung nach rechts verschieben und umgekehrt. Bei Beispiel (f) nennt man die Assoziation auch *Cycloaddition*.

Die Substitution und die Metathese lassen sich besser verstehen, wenn man weniger abstrakte Formelsymbole verwendet:

$$A-X + Y \rightarrow A-Y + X$$
$$A-X + B-Y \rightarrow A-Y + B-X$$

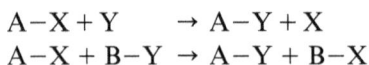

Im Falle der Substitution sagt man, die Gruppen X und Y seien *Substituenten* an A, und die *Austrittsgruppe* X werde durch die *Eintrittsgruppe* Y ersetzt oder *substituiert*. Hierzu vier Beispiele mit den Substitutionszentren A = O, Et, MeCO bzw. $[Ni(H_2O)_5]^{2+}$:

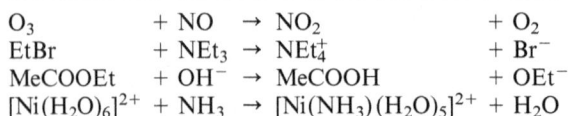

O_3	$+ NO$	$\rightarrow NO_2$	$+ O_2$
EtBr	$+ NEt_3$	$\rightarrow NEt_4^+$	$+ Br^-$
MeCOOEt	$+ OH^-$	$\rightarrow MeCOOH$	$+ OEt^-$
$[Ni(H_2O)_6]^{2+}$	$+ NH_3$	$\rightarrow [Ni(NH_3)(H_2O)_5]^{2+}$	$+ H_2O$

Für die Metathese möge ein Beispiel genügen $[M = \eta^5\text{-}(C_5H_5)Cl_2Ta]$:

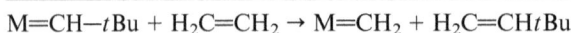

$$M{=}CH{-}t\text{Bu} + H_2C{=}CH_2 \rightarrow M{=}CH_2 + H_2C{=}CHt\text{Bu}$$

Assoziationen, Substitutionen und Metathesen sind von zwei Eduktteilchen ausgehende *bimolekulare Elementarreaktionen*, wenn sie in homogener Phase nach einem bestimmten, im Folgenden zu erläuternden Mechanismus ablaufen.

Wir beginnen mit dem Mechanismus der *unimolekularen Elementarreaktion*. Sie wird eingeleitet mit dem Stoß zweier Partikeln S_1, bei dem eine Partikel auf Kosten der kinetischen Energie der anderen so viel Energie aufnimmt, wie gebraucht wird, um die jedenfalls nötige Bindungsöffnung zu bewirken:

$$(1) \qquad 2\,S_1 \rightarrow S_1^* + S_1$$

Alle Atome eines Moleküls sind an den sog. *Molekülschwingungen* beteiligt (s. Abschnitt 8.1.4). Dabei ist jede Bindung von einer sog. *Valenzschwingung* betroffen, die entlang dieser Bindung longitudinal verläuft. Bei der unimolekularen Reaktion muss sich die vom aktivierten Molekül S_1^* aufgenommene Energie im Molekül so verschieben, dass die Amplitude jener Valenzschwingung verstärkt wird, die die aufzugehende Bindung betrifft. Man hat also das primär aktivierte Molekül S_1^* von jenem aktivierten Molekül $S_1^\#$ zu unterscheiden, das bereit ist, in S_2 bzw. in $S_2 + S_3$ überzugehen, weil jene Energieübertragung stattgefunden hat. Dabei hat man zu bedenken, dass S_1^* jederzeit durch Stoß mit einer anderen Partikel gemäß einer Reaktion (2), der Umkehrung von (1), desaktiviert werden kann, bevor es in $S_1^\#$ übergeht:

$$(2) \qquad S_1^* + S_1 \rightarrow 2\,S_1$$

Die Rolle der Desaktivierung können anstelle von S_1 auch an der eigentlichen Reaktion nicht beteiligte Fremdmoleküle, in flüssiger Lösung insbesondere die Lösungsmittelmoleküle, oder auch die Gefäßwand ausüben. Die unimolekulare Reaktion wird durch den Teilschritt (3) komplettiert:

(3) $S_1^* \to S_2$ bzw. $S_1^* \to S_2 + S_3$

Mit c_1^* als der Konzentration an S_1^* erhalten wir für die Bildung von S_1^* nach Reaktionsschritt (1) (Geschwindigkeitskonstante k_1) und für den Verbrauch an S_1^* gemäß den Schritten (2) und (3) (Konstanten k_2 bzw. k_3):

$$\frac{d c_1^*}{d t} = k_1 c_1^2 - k_2 c_1 c_1^* - k_3 c_1^*$$

Für die Gesamtreaktion ist die Bildung von S_2 bzw. S_2 und S_3 maßgebend:

$$\frac{d c_2}{d t} = \frac{d c_3}{d t} = k_3 c_1^*$$

Um die experimentell schlecht zugängliche Größe c_1^* zu eliminieren, wird angenommen, dass der stets sehr kleine Wert von c_1^* während der Reaktion konstant bleibt, dass also ebenso viel S_1^* gebildet wie verbraucht wird. Man nennt diese Annahme die *Näherung des quasistationären Zustands*. Mit $d c_1^*/d t = 0$ erhält man jetzt:

$$k_1 c_1^2 - k_2 c_1 c_1^* - k_3 c_1^* = 0 \quad \text{und hieraus} \quad c_1^* = \frac{k_1 c_1^2}{k_2 c_1 + k_3}$$

Damit lautet das Geschwindigkeitsgesetz:

$$\frac{d c_2}{d t} = \frac{k_1 k_3 c_1^2}{k_2 c_1 + k_3}$$

Bei genügend großem Druck und damit großer Stoßhäufigkeit ist die Teilreaktion (2) schneller als der Schritt (3), d. h. $k_2 c_1 \gg k_3$, und dies führt zu einem Gesetz 1. Ordnung:

$$\frac{d c_2}{d t} = \frac{k_1 k_3 c_1}{k_2} = k c_1$$

Weil ja auch Fremdpartikeln die Desaktivierung besorgen können, ist dabei in der Gasphase gar nicht der Partialdruck an S_1, sondern der Gesamtdruck maßgebend, und in Lösung übt in der Regel das Lösungsmittel die Desaktivierung aus. Umgekehrt kann in der Gasphase im Falle sehr kleinen Drucks $k_2 c_1 \ll k_3$ gesetzt werden, und man erhält dann ein Geschwindigkeitsgesetz 2. Ordnung:

$$\frac{d c_2}{d t} = k_1 c_1^2$$

Der erste Schritt der *bimolekularen Elementarreaktion* ist die Bildung eines *aktivierten Komplexes* $(S_1 S_2)^{\#}$ aus den Partikeln S_1 und S_2. Auch wenn der aktivierte Komplex keine isolierbare Substanz repräsentiert, handelt es sich bei diesem ersten Schritt um eine Assoziation im weitesten Sinne, sodass man die als Elementarreaktion ablaufende bimolekulare Substitution als *assoziative Substitution* bezeichnen kann. Dabei hat sich die Annahme eines Gleichgewichts als tragfähige Hypothese erwiesen:

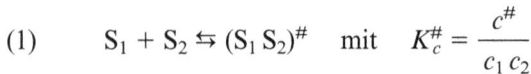

(1) $\qquad S_1 + S_2 \leftrightarrows (S_1 S_2)^{\#} \quad$ mit $\quad K_c^{\#} = \dfrac{c^{\#}}{c_1 c_2}$

Im zweiten Schritt zerfällt der aktivierte Komplex in S_3 bzw. S_3 und S_4.

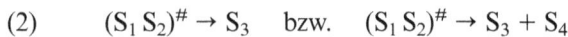

(2) $\qquad (S_1 S_2)^{\#} \rightarrow S_3 \quad$ bzw. $\quad (S_1 S_2)^{\#} \rightarrow S_3 + S_4$

Für die Bildung der Produkte ergibt sich ein Gesetz 2. Ordnung:

$$\frac{d c_3}{d t} = \frac{d c_4}{d t} = k_2 c^{\#} = k_2 K_c^{\#} c_1 c_2 = k c_1 c_2$$

Bei großem Überschuss an S_2 wird hieraus mit $c_2 = c_{20}$ und $k c_{20} = k'$ ein Gesetz *pseudo*erster Ordnung:

$$\frac{d c_3}{d t} = k' c_1.$$

Die Größe von k_2 im Gesetz 2. Ordnung ist theoretisch zugänglich, wenn man die statistische Mechanik bemüht. Das Ergebnis lautet:

$$k_2 = \frac{\kappa k_B T}{h} \quad \text{und mithin} \quad k = k_2 K_c^{\#} = \frac{\kappa k_B T K_c^{\#}}{h}$$

Der Faktor κ ist der sog. *Transmissionskoeffizient* und hat mit der Übertragung von Energie im aktivierten Komplex zu tun. In vielen Fällen ist $\kappa = 1$; dieser Faktor soll hier nicht weiter interessieren. Die universellen Konstanten k_B und h sind die *Boltzmann-Konstante* bzw. das *Planck'sche Wirkungsquantum*.

    Wir betrachten jetzt eine Substitution $S_1 + S_2 \rightarrow S_3 + S_4$, die wie jede Reaktion in homogener Phase zu einem Gleichgewicht führt, in welchem alle vier Komponenten vertreten sind. Es ist nicht einzusehen, warum im Gleichgewicht nicht einzelne Partikeln S_1 und S_2 zu S_3 und S_4 mit der Geschwindigkeit $k_{\rightarrow} c_1 c_2$ abreagieren sollten, wenn nur in der Zeiteinheit ebenso viele Partikeln S_3 und S_4 zurückreagieren und zwar mit der Geschwindigkeit $k_{\leftarrow} c_3 c_4$. Man spricht von einem *dynamischen Gleichgewicht*, es handelt sich also um mikroskopische Veränderungen, die makroskopisch nicht in Erscheinung treten. Man nennt das zugrunde liegende Prinzip auch das *Prinzip der mikroskopischen Reversibilität*. Es muss im Gleichgewicht $k_\rightarrow c_1 c_2 = k_\leftarrow c_3 c_4$ gelten und damit

$$\frac{k_\leftarrow}{k_\rightarrow} = \frac{c_3\, c_4}{c_1 c_2} = K_c$$

Dies ist das Massenwirkungsgesetz, das hier mit kinetischen Überlegungen verifiziert wurde. Es gilt dies nicht nur für bimolekulare Reaktionen, sondern sinngemäß für alle Gleichgewichte in homogener Phase.

Die Geschwindigkeit des Verbrauchs der Edukte oder der Bildung der Produkte lässt sich mit einer Vielzahl von Methoden experimentell bestimmen und durch Interpretation der Messdaten ein Geschwindigkeitsgesetz auffinden. Hieraus lassen sich Schlüsse auf den Mechanismus der Reaktion ziehen. Es gilt jedoch zu klären, ob eine Elementarreaktion oder eine Sequenz von Elementarreaktionen (s. Abschnitt 4.3.5) vorliegt. Die Anwendung weiterer Methoden ist in der Regel nötig, um den Mechanismus zweifelsfrei aufzuklären.

4.3.3 Zur Theorie des Übergangszustands

Wendet man die allgemeine Reaktionsgleichung für die Substitution auf den Spezialfall X = Y an, dann erhält man: $A-X + X \rightarrow X + A-X$. Dies ist die Gleichung einer *entarteten Reaktion*; d. h. die Edukte und Produkte sind ununterscheidbar, und die Energie des Systems zu Beginn und am Ende eines Elementarakts ist dieselbe. Eine noch speziellere Substitution erhalten wir im Falle A = X, und um die drei gleichen, aber nicht identischen Partikeln zu unterscheiden, versehen wir sie mit den Indices a, b und c: $X_a-X_b + X_c \rightarrow X_a + X_b-X_c$. Eine besonders einfache und experimentell realisierbare bimolekulare Substitution dieses Typs ist ein *Hy*-*drogen*austausch gemäß $H_2 + H \rightarrow H + H_2$. Bei hoher Temperatur zerfällt nämlich das Molekül H_2 im Rahmen eines Gleichgewichts zum Teil in die Atome. Ein solches H-Atom kann dann ein H_2-Molekül angreifen und jenen Austausch bewirken. Die experimentelle Verfolgung kann hier davon Gebrauch machen, dass der Hydrogenkern − das Proton − einen Eigendrehimpuls aufweist, der − ganz analog zum Elektron − durch die Kernspinquantenzahl $s = \frac{1}{2}$ oder $s = -\frac{1}{2}$ charakterisiert ist. (Von den in natürlichem Hydrogen in sehr geringer Zahl anwesenden Deuteronen sei hier abgesehen.) Bei tiefer Temperatur sind H_2-Moleküle stabil, deren Kerne entgegengesetzten Spin haben, also $s = \frac{1}{2}$ für den einen und $s = -\frac{1}{2}$ für den anderen Kern (*para*-Hydrogen). Bei höherer Temperatur stellt sich ein Gleichgewicht ein, in welchem auch H_2-Moleküle vorkommen, deren Atome gleichgerichteten Kernspin haben (*ortho*-Hydrogen). Die Geschwindigkeit der Gleichgewichtseinstellung − und das ist nichts anderes als unser Hydrogenaustausch − kann man mit magnetischen Methoden messen. Nun lässt sich dieser Austausch

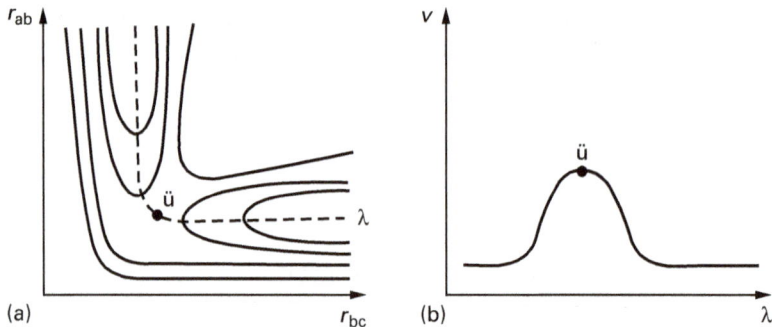

Abb. 4.6 Potentielle Energie V während der H_2/H-Reaktion (a) als Höhendiagramm in Abhängigkeit von r_{ab} und r_{bc} und (b) in Abhängigkeit von der Reaktionskoordinate λ.

mit quantenmechanischen Methoden auch sehr genau berechnen. Dabei ergab sich, dass der Weg geringster potentieller Energie der *kollineare* ist: Alle drei beteiligten Atome − H_a, H_b und H_c − bewegen sich auf einer Geraden. Fünf Stationen des Wegs sind im Folgenden dargestellt: (1) die Edukte ohne Wechselwirkung, (2) eine erste Annäherung, (3) der sog. Übergangszustand mit dem Maximum an potentieller Energie, (4) die beginnende Bildung des neuen H_2-Moleküls, (5) die getrennten Partikeln:

$$H_a-H_b + H_c \rightarrow H_a-H_b\cdots H_c \rightarrow H_a\cdots H_b\cdots H_c \rightarrow H_a\cdots H_b-H_c \rightarrow H_a + H_b-H_c$$

Nennt man den Abstand zwischen H_a und H_b r_{ab} und den zwischen H_b und H_c r_{bc}, dann kann man die berechnete potentielle Energie V des Systems aus drei Atomen als Funktion der beiden Variablen r_{ab} und r_{bc} dreidimensional darstellen. Zur zweidimensionalen Darstellung eignet sich ein r_{ab}/r_{bc}-Diagramm, in welchem gleiche V-Werte als Höhenlinien eingetragen sind [Abb. 4.6(a)]. Der Weg geringster potentieller Energie ist in Abb. 4.6(a) als gestrichelte Linie zu sehen. Die Basislinie zu einem Bezugswert V_0 unterhalb der gestrichelten Linie markiert die sog. *Reaktionskoordinate* λ. Das Maximum an potentieller Energie ist der *Übergangszustand* Ü. Zu einem einfacheren Bild gelangt man, wenn man die potentielle Energie als Funktion der Reaktionskoordinate aufträgt [Abb. 4.6(b)]. Die Differenz zwischen der potentiellen Energie des Ausgangs- und des Übergangszustands nennt man die *Aktivierungsenergie* E_A.

Die für den H_2/H-Austausch dargelegten Prinzipien lassen sich sinngemäß auf alle Elementarreaktionen anwenden. Nur sind das Ausgangs- und Endniveau der Energie im Allgemeinen nicht gleich, sondern gehen parallel mit der Änderung der inneren Energie $\Delta_r U$ der Reaktion. Die Aktivierungsenergie als die Differenz der potentiellen Energien der Edukte und des Übergangszustands ist bei einer exothermen Reaktion um $\Delta_r U$ kleiner als bei der zugehörigen endothermen Rückreaktion. Generell ist die Aktivierungsenergie kleiner als die Summe der Dissoziationsenergien der zu öffnenden Bindungen, da ja der Energiegewinn durch die Schließung neuer Bindungen in den Übergangszustand einfließt, und zwar gilt die Faustregel, dass E_A etwa ein Drittel jener Summe beträgt. Bei einer exothermen Reaktion sind die zu öffnenden Bindungen im Übergangszustand weniger stark gelockert als bei einer endothermen.

Bei Reaktionen mit großem Energieunterschied zwischen Edukten und Produkten gilt die naheliegende Regel, dass die Struktur des Übergangszustands der Struktur des Systems auf der energiereicheren Seite ähnlicher ist als der auf der energieärmeren Seite, bei endothermen Reaktionen also der Produktstruktur ähnlicher ist als der Eduktstruktur (und umgekehrt), und zwar umso ähnlicher, je kleiner die Energiedifferenz zwischen Übergangszustand und Produkt ist: *Hammond'sches Postulat*.

Die Chance, einen Übergangszustand zu durchlaufen, steigt mit der Stoßhäufigkeit und mit der kinetischen Energie der Partikeln. Die Stoßhäufigkeit ist den Partialdrücken bzw. den Konzentrationen der beteiligten Reaktanden proportional; bei nicht idealem Verhalten sind die Partialdrücke und Konzentrationen durch Fugazitäten bzw. Aktivitäten zu ersetzen. Die kinetische Energie der Partikeln geht parallel mit der Temperatur.

4.3.4 Thermodynamik der Bildung des aktivierten Komplexes

Für die Temperaturabhängigkeit der Geschwindigkeitskonstanten gilt in weiten Bereichen die aus der Erfahrung gewonnene *Arrhenius-Gleichung*:

$$k = A \exp \left(\frac{-E_A}{R\,T} \right)$$

Die Größe E_A ist die *Aktivierungsenergie* und A der sog. *präexponentielle Faktor*. Reaktionen, die der Arrhenius-Gleichung gehorchen, ergeben eine Gerade, wenn man lg k gegen $1/T$ aufträgt.

Eine allgemeinere Formulierung der Aktivierungsenergie E_A, deren Integration zwischen den Grenzen T_1 und T_2 bei konstant angenommenem E_A die Arrhenius-Gleichung ergibt, lautet (formal an die van't Hoff'sche Reaktionsisochore anklingend):

$$E_A = R\,T^2 \left(\frac{\partial (\ln k)}{\partial T} \right)_V = R\,T^2 k^{-1} \left(\frac{\partial k}{\partial T} \right)_V$$

Wir wenden diesen Ausdruck auf den ersten Schritt der besonders wichtigen bimolekularen Elementarreaktion, also die Bildung des aktivierten Komplexes $(S_1\,S_2)^{\#}$, an $(\Sigma\,\nu_i = -1)$, indem wir in der aus der Theorie gewonnenen Beziehung für k

(Abschnitt 4.3.2) den Faktor $K_c^\#$ durch $K_P^\#$ ersetzen (V_m^0 ist das molare Volumen beim Standarddruck P^0) und indem wir dann k bei $V = $ const nach T differenzieren:

$$K_c^\# = \left(\frac{RT}{P^0}\right)^{-\Sigma \nu_i} K_P^\# = V_m^0 K_P^\#$$

$$k = \kappa \frac{k_B}{h} T K_c^\# = \kappa \frac{k_B}{h} V_m^0 T K_P^\#$$

$$\left(\frac{\partial k}{\partial T}\right)_V = \kappa \frac{k_B}{h} V_m^0 \left[\frac{\partial (T K_P^\#)}{\partial T}\right]_V = \kappa \frac{k_B}{h} V_m^0 \left[K_P^\# + T \left(\frac{\partial K_P^\#}{\partial T}\right)_V\right]$$

Dies setzen wir in die Definitionsgleichung für E_A ein und eliminieren k^{-1}:

$$E_A = RT^2 \cdot \kappa \frac{k_B}{h} V_m^0 k^{-1} \left[K_P^\# + T \left(\frac{\partial (K_P^\#)}{\partial T}\right)_V\right]$$

$$= \frac{RT}{K_P^\#} \left[K_P^\# + T \left(\frac{\partial K_P^\#}{\partial T}\right)_V\right]$$

$$= RT + RT^2 \left[\frac{\partial (\ln K_P^\#)}{dT}\right]_V$$

Die Änderung der inneren Aktivierungsenergie $\Delta U^{0\#}$ für die Bildung des Übergangszustands gehorcht bei konstantem Volumen der van't Hoff'schen Reaktionsisochore:

$$\Delta U^{0\#} = RT^2 \left[\frac{\partial (\ln K_P^\#)}{\partial T}\right]_V$$

Hieraus folgt: $E_A = RT + \Delta U^{0\#}$. In kondensierter Phase kann man [wegen $\Delta(PV) \approx 0$] setzen: $\Delta U^{0\#} \approx \Delta H^{0\#}$ und

$$E_A = RT + \Delta H^{0\#}$$

Bezüglich der Gasphase ersetzen wir $\Delta(PV)$ durch $RT\Sigma \nu_i = -RT$ und erhalten $\Delta H^{0\#} = \Delta U^{0\#} - RT$ und mithin:

$$E_A = 2RT + \Delta H^{0\#}$$

Bei weiterer Anwendung der Thermodynamik auf die Bildung des Übergangszustands ergibt sich (mit $\Delta G^{0\#}$ als der *Freien Aktivierungsenthalpie*, $\Delta H^{0\#}$ als der *Aktivierungsenthalpie* und $\Delta S^{0\#}$ als der *Aktivierungsentropie*):

$$K_P^\# = \exp\left(\frac{-\Delta G^{0\#}}{R\,T}\right) = \exp\left(\frac{-\Delta H^{0\#}}{R\,T}\right) \cdot \exp\left(\frac{\Delta S^{0\#}}{R}\right)$$

$$k = \kappa\,\frac{k_B\,T}{h}\,\frac{R\,T}{P^0} \cdot \exp\left(\frac{-\Delta H^{0\#}}{R\,T}\right) \cdot \exp\left(\frac{\Delta S^{0\#}}{R}\right)$$

$$= \kappa\,\frac{k_B\,T}{h}\,\frac{R\,T}{P^0}\,e^2 \cdot \exp\left(\frac{-E_A}{R\,T}\right) \cdot \exp\left(\frac{\Delta S^{0\#}}{R}\right)$$

Der Vergleich mit der Arrhenius-Gleichung zeigt, dass der präexponentielle Faktor A erstens ebenfalls noch von der Temperatur abhängt und dass zweitens in ihm noch die Aktivierungsentropie $\Delta S^{0\#}$ steckt.

$$A = \kappa\,\frac{k_B\,T}{h}\,\frac{R\,T}{P^0}\,e^2 \cdot \exp\left(\frac{\Delta S^{0\#}}{R}\right)$$

Die Arrhenius-Funktion $\log k$ von $1/T$ sollte also nur in mehr oder weniger engen Bereichen eine Gerade ergeben.

Bei bimolekularen Reaktionen verlieren die Moleküle S_1 und S_2 ihre freie Beweglichkeit, wenn der Übergangszustand gebildet wird. Überdies erfordert der Übergangszustand noch eine bestimmte Orientierung von S_1 und S_2 zueinander im aktivierten Komplex. Das sind beides Gründe dafür, dass die Entropie abnehmen muss: $\Delta S^{0\#}$ ist eine negative Größe. Je negativer $\Delta S^{0\#}$ wird, umso langsamer verläuft die Reaktion.

4.3.5 Erhaltung der Orbitalsymmetrie bei Elementarreaktionen

Die im Folgenden anhand einschlägiger Beispiele erläuterten Orbitalerhaltungssätze werden allgemein unter dem Begriff *Woodward-Hoffmann-Regeln* zusammengefasst.

Cyclodimerisierung von Ethen

Die Bildung von Cyclobutan aus Ethen, $2\,H_2C{=}CH_2 \rightarrow C_4H_8$, sei als lehrhaftes Beispiel einer Elementarreaktion analysiert! Zwei π-Bindungen sollen gleichzeitig gelöst und gleichzeitig zwei σ-Bindungen gebildet werden. Gestützt durch die Theorie, unterstellen wir, dass weder die zwei bestehenden CC-σ- noch die acht CH-σ-Bindungen der beiden Eduktmoleküle und des Produkts diesen Prozess wesentlich beeinflussen, obwohl sich alle Bindungswinkel stark ändern und die an den bestehen bleibenden Bindungen beteiligten Atomorbitale der vier C-Atome eine Umhybridisierung erfahren. Da σ-Bindungen energetisch günstiger als π-Bindungen sind, erwarten wir eine exotherme Cyclisierung; sie sollte exotrop sein, da die Zahl der Teilchen halbiert wird. Bei genügend tiefer Temperatur sollte sie Triebkraft haben.

Die Frage ist, ob sich mithilfe von Symmetrieargumenten qualitativ relevante Aussagen über die Aktivierungsenergie ableiten lassen, ohne dass die Theorie quantitativ bemüht wird.

Wir stellen uns vor, dass die bindenden, im Grundzustand besetzten π-Orbitale der beiden Eduktmoleküle E1 und E2, deren Molekülachsen parallel zur x-Achse ausgerichtet sind, in der xy-Ebene liegen, weiterhin dass sich bei der Cyclisierung beide Moleküle in dieser Ebene längs der y-Achse aufeinander zu bewegen. Das System aus zwei Molekülen genügt dann der Punktgruppe D_{2h}, die erhalten bleibt, wenn sich die Moleküle einander nähern. Wir haben es bei den Edukten mit vier MOs zu tun, den beiden bindenden MOs π_1 und π_2 und den beiden antibindenden MOs π_1^* und π_2^*.

Die Zustandsfunktionen ψ molekularer Gebilde haben im Falle *zweizähliger Symmetrie* (das bedeutet, dass die Punktgruppe nur Symmetrieelemente R vom Typ $R = C_2$, σ und i enthält) grundsätzlich die Eigenschaft, dass ψ bei der Einwirkung von R in ψ (ψ ist dann *symmetrisch*) oder in $-\psi$ (ψ ist dann *asymmetrisch*) übergeht: $R\psi = \pm\psi$. Zur Illustration: Das bindende π-Orbital in der xy-Ebene eines isolierten Ethen-Moleküls, Punktgruppe D_{2h}, ist symmetrisch bezüglich der Einwirkung der Symmetrieoperationen E, C_{2y}, σ_{xy}, σ_{yz} und asymmetrisch bezüglich i, C_{2x}, C_{2z}, σ_{xz}; d. s. die acht Elemente der Gruppe. Bei der Annäherung der Ethen-Moleküle in der beschriebenen Form geraten diese in Wechselwirkung mit der Folge, dass das neue quantenmechanische System zwar immer noch durch die Punktgruppe D_{2h} beschrieben wird, dass aber die Achsen C_{2x} und C_{2z} und die Ebene σ_{xz} nicht mehr durch die Moleküle hindurch laufen und das Inversionszentrum i nicht mehr in der Mitte eines Moleküls liegt. Keine der Funktionen π_1, π_1^*, π_2 und π_2^* ist mehr Zustandsfunktion des gesamten molekularen Gebildes, denn es wird $C_{2x}\pi_1 = -\pi_2$, $C_{2z}\pi_1 = -\pi_2$, $i\pi_1 = -\pi_2$, $\sigma_{xz}\pi = -\pi_2$ und nicht, wie es sein müsste, $R\pi_1 = \pm\pi_1$. Vielmehr muss man, um die vier π-Funktionen symmetriegerecht zu machen, diese so kombinieren, wie es aus Abb. 4.7(a) hervorgeht. [Bezüglich der π-Orbitale von Ethen sei auf Abschnitt 2.1.4 und auf Abb. 2.2(a) in Verbindung mit Abb. 2.1 verwiesen!]

Das Symmetrieverhalten der vier symmetriegerechten Kombinationsorbitale ψ_1 bis ψ_4 geht aus folgender Zusammenstellung hervor (das Proportionalitätszeichen trägt dem Weglassen der Normierungsfaktoren Rechnung):

	E	C_{2z}	C_{2y}	C_{2x}	i	σ_{xy}	σ_{xz}	σ_{yz}		E	C_{2z}	σ_{xz}	σ_{yz}	
$\psi_1 \sim \pi_1 - \pi_2$	+	+	+	+	+	+	+	+	A_g	+	+	+	+	A_1
$\psi_2 \sim \pi_1 + \pi_2$	+	−	+	−	−	+	−	+	B_{2u}	+	−	−	+	B_2
$\psi_3 \sim \pi_1^* - \pi_2^*$	+	−	−	+	−	+	+	−	B_{3u}	+	−	+	−	B_1
$\psi_4 \sim \pi_1^* + \pi_2^*$	+	+	−	−	+	+	−	−	B_{1g}	+	+	−	−	A_2

Die Symbole A_g, B_{2u}, B_{3u}, B_{1g} sind die gruppentheoretischen Bezeichnungen für das Symmetrieverhalten der symmetriegerechten Ausgangsfunktionen ψ_1 bis ψ_4 im Falle von D_{2h}. (Gruppentheoretisch gesprochen, geben die Symbole die *irreduziblen Darstellungen* der Symmetriegruppe D_{2h} wieder, nach denen sich die Funktionen

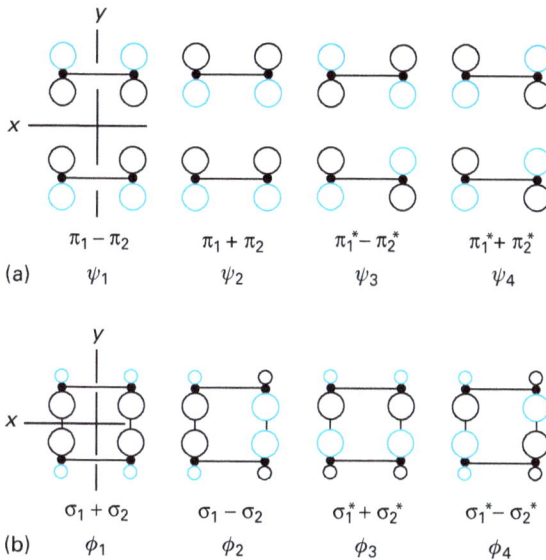

Abb. 4.7 (a) Die vier bezüglich der Punktgruppe D_{2h} symmetriegerechten Kombinationen ψ_1 bis ψ_4 der vier π-Molekülorbitale der Ethen-Moleküle E1 (unten) und E2 (oben) während ihrer Annäherung im Zuge der Cyclodimerisierung zu Cyclobutan. (b) Die vier der Punktgruppe D_{4h} genügenden, bei der Cyclodimerisierung neu gebildeten σ-Molekülorbitale von Cyclobutan. Der Übersichtlichkeit halber sind im Falle von (a) die p-Atomorbitale der C-Atome gezeichnet, aus denen die π-Orbitale hervorgehen (z. B. $\pi_1 \sim p_{1a} + p_{1b}$ für das Molekül E1, $H_2C^a{=}C^bH_2$), im Falle von (b) die (sp^3)-Hybridorbitale der C-Atome, aus denen die σ-Orbitale hervorgehen [z. B. $\sigma_1 \sim (sp^3)_{1a} + (sp^3)_{2a}$]; die p- und (sp^3)-Orbitale sind schematisch vereinfacht dargestellt, die (sp^3)-Orbitale auch bezüglich ihrer Richtung.

ψ_1 bis ψ_4 *transformieren*.) Unser Problem lässt sich vereinfachen, wenn wir nicht die volle Symmetrie D_{2h} unseres molekularen Systems, sondern nur die Symmetrie der Untergruppe C_{2v} von D_{2h} bemühen; das hängt damit zusammen, dass bezüglich der Ebene σ_{xy}, d. i. die Zeichenebene in Abb. 4.7, alle vier Funktionen ψ_1 bis ψ_4 symmetrisch sind, sodass die Symmetrieunterschiede zwischen den Funktionen durch die Elemente σ_{xz} und σ_{yz} genügend umfassend wiedergegeben werden. Das Transformationsverhalten von ψ_1 bis ψ_4 bezüglich der Gruppe C_{2v} wird durch die Symbole A_1, B_2, B_1 und A_2 charakterisiert (Näheres hierzu folgt in Abschnitt 8.1.1).

Was die σ-Orbitale anbetrifft, sei σ_1 die Bindung zwischen den Atomen C_{1a} und C_{2a} der Ethen-Molküle E1 und E2 und σ_2 die zwischen C_{1b} und C_{2b}; die entsprechenden antibindenden Orbitale seien σ_1^* und σ_2^*. Keine dieser σ-Funktionen ist eine Eigenfunktion von Cyclobutan, da keine den Symmetrieoperationen der Gruppe D_{4h} genügt. Die symmetriegerechten Molekülorbitale Φ_1 bis Φ_4 entstehen durch geeignete Kombination, wie es in Abb. 4.7(b) dargestellt ist. Zur Untergruppe C_{2v} von D_{4h} übergehend, ergibt sich folgende Zuordnung zu den Symmetrieoperationen von C_{2v} gemäß $R\Phi = \pm\Phi$:

	E	C_{2z}	σ_{xz}	σ_{yz}	
$\Phi_1 \sim \sigma_1 + \sigma_2$	1	1	1	1	A_1
$\Phi_2 \sim \sigma_1 - \sigma_2$	1	-1	1	-1	B_1
$\Phi_3 \sim \sigma_1^* + \sigma_2^*$	1	-1	-1	1	B_2
$\Phi_4 \sim \sigma_1^* - \sigma_2^*$	1	1	-1	-1	A_2

Bei unserer Cycloaddition seien die beiden Ethen-Moleküle zunächst zwar symmetriegerecht angeordnet, aber noch so weit voneinander entfernt, dass keine Wechselwirkung eintritt (Anordnung A in Abb. 4.8) und die besetzten π-Orbitale π_1 und π_2 also die gleiche Energie haben, nämlich die Energie β (d. i. eine negative Größe, die das sog. *Resonanzintegral* zwischen π-wechselwirkenden p-AOs zweier benachbarter C-Atome darstellt); ebenso sind die unbesetzten π-Orbitale π_1^* und π_2^* von gleicher Energie, nämlich $-\beta$. In der Anordnung B in Abb. 4.8 haben sich die Moleküle so weit einander genähert, dass Wechselwirkung eintritt und die Energieniveaus aufspalten. In der Anordnung C schließlich hat sich das Produkt gebildet. Die Energieniveaus der neu gebildeten Orbitale gehen aus Abb. 4.8(b) hervor.

Der zentrale Punkt unserer Analyse ist, dass während der konzertierten Reaktion, wie aus der Theorie folgt, die Symmetrie der sich wandelnden Orbitale des molekularen Systems erhalten bleiben muss. Dies führt zu einer Orbitalkorrelation, wie sie in Abb. 4.8(b) dargestellt ist. Von zwei Molekülen Ethen im Grundzustand mit der Besetzung $\pi_1^2 \pi_2^2$ ausgehend, gelangt man also zu einem Molekül Cyclobutan, von dessen neu gewonnenen bindenden Orbitalen nur Φ_1 besetzt ist und Φ_2 leer bleibt, das antibindende Orbital Φ_3 aber besetzt ist. Man erhält also das Produkt im angeregten Zustand und muss erwarten, dass ein solcher Prozess eine hohe Aktivierungsenergie beansprucht. Man sagt, die konzertierte (2+2)-Cycloaddition zweier Moleküle Ethen sei *symmetrieverboten*. Diese Aussage stimmt mit dem entsprechenden Experimentalbefund überein, obwohl die Reaktion Triebkraft hat. Wegen des Prinzips der mikroskopischen Reversibilität ist auch umgekehrt die Spaltung des Cyclobuten-Rings in zwei Moleküle Ethen symmetrieverboten.

An diesem Ergebnis ist zweierlei bedeutsam. Erstens haben wir den Befund lediglich aufgrund qualitativer Symmetrieüberlegungen, ohne jeglichen quantenmechanischen Rechenaufwand gewonnen. Zweitens bleibt der Befund gültig, wenn organische Nachbargruppen zwar die globale molekulare, nicht aber die lokale Symmetrie im Bereich der beiden π-Bindungen stören. Würden beispielsweise zwei Propen-Moleküle eine konzertierte (2+2)-Cycloaddition eingehen, so würde die molekulare Symmetrie von D_{2h} auf C_2 oder C_s erniedrigt, je nachdem auf welcher Seite die Me-Gruppen an das Ethen-Gerüst gebunden wären, aber im lokalen Reaktionsbereich wäre die D_{2h}-Symmetrie noch wirksam. Der Generalbefund lautet also, dass sich Alkene in einer bimolekularen Elementarreaktion nicht zu Cyclobutan-Derivaten dimerisieren. Werden allerdings die Wechselwirkungen mit symmetriestörenden Seitengruppen allzu stark, dann geht auch die lokale Symmetrie verloren, und das Symmetrieverbot mag erlöschen. Dann wird im Allgemeinen der Synchron-Einstufen- einem Zweistufen-Mechanismus Platz machen.

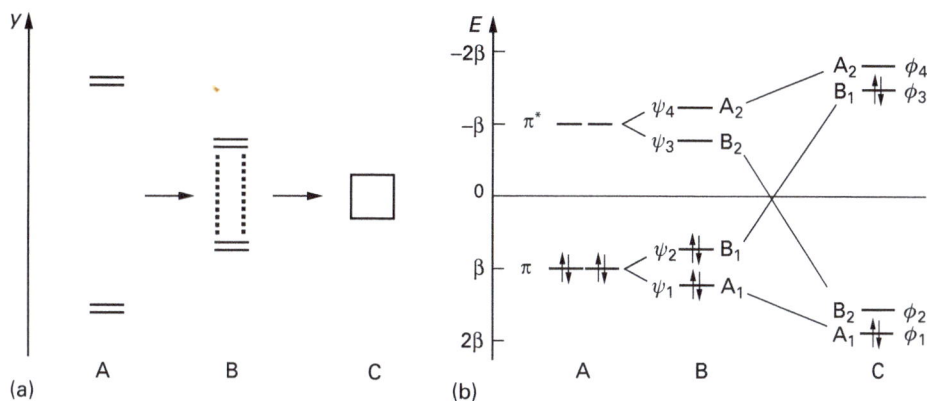

Abb. 4.8 (a) Abstände zwischen zwei gemäß D_{2h} symmetriegerecht positionierten Ethen-Molekülen vor ihrer Wechselwirkung (A), bei beginnender Wechselwirkung (B) und nach vollendeter Cycloaddition (C). (b) Energieniveaus der π-Orbitale der Ethen-Moleküle ohne Wechselwirkung (A), der vier symmetriegerechten Orbitale ψ_1 bis ψ_4 nach beginnender Wechselwirkung (B) sowie der vier neuen Produktorbitale Φ_1 bis Φ_4 (C) in Vielfachen von β (die Nulllinie der Energie entspricht der Energie eines p-Orbitals von Carbon).

Während symmetrieverbotene Reaktionen unter gewöhnlichen Temperaturbedingungen − also von Grundzustand zu Grundzustand − nicht ablaufen, kann man sie erzwingen, wenn man den Grundzustand *photolytisch* (also durch Bestrahlen mit Licht von ausreichend hoher Energie seiner Quanten $h\nu$) in einen geeigneten angeregten Zustand bringt, die HOMO-Elektronen also ins LUMO befördert. Auch diese aus dem Vorstehenden unmittelbar einleuchtende Aussage wird vom Experiment bestätigt.

[4+2]-Cycloadditionen

An einer [4+2]-Cycloaddition sind ein 1,3-Dien mit einer vieratomigen, konjugiert ungesättigten Carbon-Kette und ein Alken oder Alkin, das sog. *Dienophil*, mit zwei benachbarten ungesättigten Carbon-Atomen beteiligt. Die einfachste dieser sog. *Diels-Alder-Reaktionen* ist die Bildung von Cyclohexen aus Buta-1,3-dien und Ethen, eine Reaktion, die sogar unterhalb von 0 °C ablaufen kann und offenbar symmetrieerlaubt ist. Butadien liege mit koplanarem C_4-Gerüst in seiner *cis*-Konformation vor (C_{2v}), und die Molekülebene von Ethen möge parallel zur Butadien-Ebene so über dieser liegen, dass dem gesamten Gebilde aus den beiden Molekülen nur eine Spiegelebene σ verbleibt (C_s), die durch die Mitte beider Moleküle senkrecht zu beiden Molekülebenen verläuft. Sechs π-Molekülorbitale, drei bindend und drei antibindend, vier von Butadien und zwei von Ethen, gehen in drei bindende und drei antibindende Molekülorbitale von Cyclohexen, vier vom σ- und zwei vom π-Typ, über.

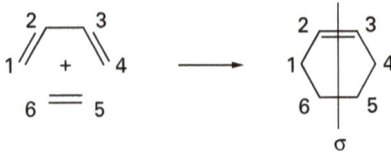

Mithilfe der einfachen LCAO-Methode kann man folgende Ausdrücke für die sechs π-Orbitale ψ_1 bis ψ_4 von Butadien und ψ_5 und ψ_6 von Ethen gewinnen. (Die Funktionen ψ_1 bis ψ_6 sind hier normiert; die Vorzeichenwechsel und die damit einhergehenden Knotenebenen stimmen mit der Darstellung dieser Orbitale in Abb. 2.2 überein.)

$\psi_1 = 0.37\,p_1 + 0.60\,p_2 + 0.60\,p_3 + 0.37\,p_4$	A'	$E_1 \sim +1.62\,\beta$
$\psi_2 = 0.60\,p_1 + 0.37\,p_2 - 0.37\,p_3 - 0.60\,p_4$	A''	$E_2 \sim +0.62\,\beta$
$\psi_3 = 0.60\,p_1 - 0.37\,p_2 - 0.37\,p_3 + 0.60\,p_4$	A'	$E_3 \sim -0.62\,\beta$
$\psi_4 = 0.37\,p_1 - 0.60\,p_2 + 0.60\,p_3 - 0.37\,p_4$	A''	$E_4 \sim -1.62\,\beta$
$\psi_5 = 0.71\,p_5 + 0.71\,p_6$	A'	$E_5 \sim +1.00\,\beta$
$\psi_6 = 0.71\,p_5 - 0.71\,p_6$	A''	$E_6 \sim -1.00\,\beta$

Diese Funktionen sind bereits symmetriegerecht bezüglich C_s, die Funktionen ψ sind also entweder symmetrisch (A'; $\sigma\,\psi = +\psi$) oder asymmetrisch (A''; $\sigma\,\psi = -\psi$). Angegeben sind auch die zu ψ_1 bis ψ_6 berechneten Energien E_1 bis E_6 in Vielfachen von β. Die σ-Bindungen des Produkts konstruieren wir aus (sp^3)-Hybridorbitalen der C-Atome 1, 4, 5 und 6 nach dem Schema $\sigma_{16} = 0.71\,(sp^3)_1 + 0.71\,(sp^3)_6$ usw. (Abb. 4.9). Die bindenden Orbitale σ_{16} und σ_{45} sowie die antibindenden Orbitale σ_{16}^* und σ_{45}^* sind nicht symmetriegerecht, wohl aber ihre Kombinationen gemäß Abb. 4.9. Die beiden Produkt-π-Orbitale Φ_5 und Φ_6 haben zwischen den C-Atomen 2 und 3 dieselbe Gestalt wie ψ_5 und ψ_6 und sind, auf der Spiegelebene liegend, symmetriegerecht.

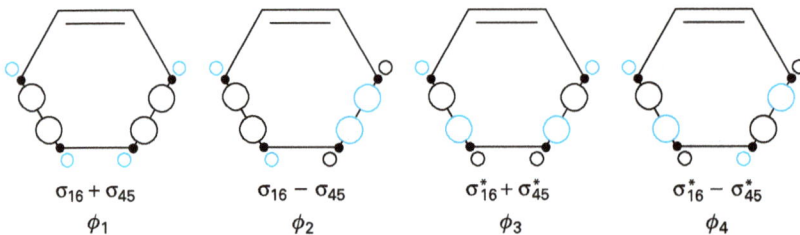

Abb. 4.9 Die bezüglich der Punktgruppe C_s symmetriegerechten Kombinationen der Orbitale σ_{16}, σ_{45}, σ_{16}^* und σ_{45}^* zu den Molekülorbitalen Φ_1 bis Φ_4 in schematischer Darstellung, wie sie bei der Bildung von Cyclohexen aus Buta-1,3-dien und Ethen entstehen.

$\Phi_1 \sim \sigma_{16} + \sigma_{45}$	A'	$\Phi_3 \sim \sigma_{16}^* + \sigma_{45}^*$	A'
$\Phi_2 \sim \sigma_{16} - \sigma_{45}$	A''	$\Phi_4 \sim \sigma_{16}^* - \sigma_{45}^*$	A''
$\Phi_5 \sim p_2 + p_3$	A'	$\Phi_6 \sim p_2 - p_3$	A''

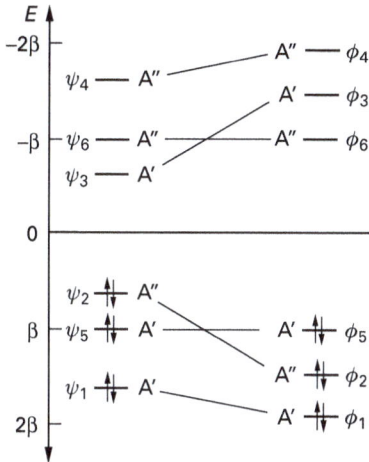

Abb. 4.10 Symmetriegerechte Korrelation der relevanten Energieniveaus von Edukten und Produkten bei der [4+2]-Cycloaddition von Butadien und Ethen.

In Abb. 4.10 sind die Energien der vier π-Orbitale von Butadien, ψ_1 bis ψ_4, und der zwei von Ethen, ψ_5 und ψ_6, mit den aus ihnen entstehenden vier Molekülorbitalen vom σ-Typ, Φ_1 bis Φ_4, und zwei Molekülorbitalen vom π-Typ, Φ_5 und Φ_6, von Cyclohexen unter Erhaltung der Symmetrie korreliert. Aus den Edukten im Grundzustand wird ein Produkt im Grundzustand, d. h. die Reaktion ist in Übereinstimmung mit dem Experiment symmetrieerlaubt. Wieder lässt sich dieser Befund verallgemeinern für die [4+2]-Cycloaddition beliebiger 1,3-Diene und Alkene.

Man kann zeigen, dass eine noch weiter gehende Verallgemeinerung gilt: Wenn zwei konjugierte Polyene mit insgesamt r beteiligten Elektronen eine Cycloaddition von der Art eingehen, dass die Molekülebenen parallel zueinander liegen, die Moleküle sich senkrecht zu ihren Ebenen einander nähern und dabei eine Spiegelebene erhalten bleibt, dann ist die Reaktion als konzertierte thermische Reaktion verboten, wenn die Zahl $r/2$ gerade ist, und sie ist erlaubt, wenn $r/2$ ungerade ist. Bei der Cyclodimerisierung von Ethen haben wir $r/2 = 2$ (verboten), bei der [4+2]-Cycloaddition $r/2 = 3$ (erlaubt). Bei der photolytischen Durchführung solcher Reaktionen gilt jeweils das Umgekehrte.

Ringöffnung von 3,4-Dimethylcyclobuten

Experimente lehren, dass sich *cis*-3,4-Dimethylcyclobuten bei 120 °C zu *E,Z*-Hexa-2,3-dien öffnet, während die *E,E*- und *Z,Z*-Isomeren nicht entstehen (zur *E*/*Z*-Konvention s. Abschnitt 2.5.2).

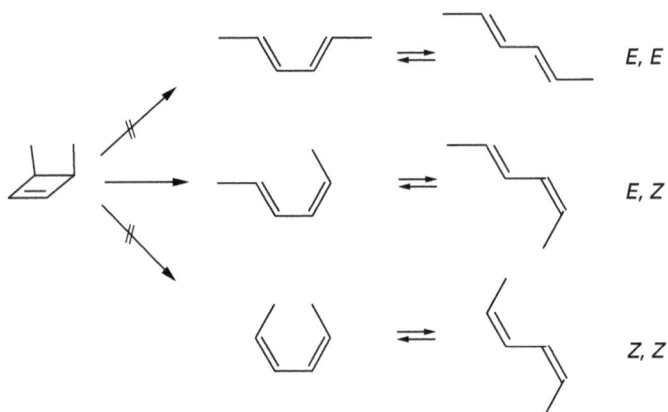

Bei dieser Ringöffnung drehen sich die beiden Me-Gruppen in die C_4-Molekül-ebene hinein. Wenn diese Drehung im gleichen Drehsinn, *konrotatorisch*, erfolgt, entsteht offenkundig das E,Z-Isomer (oder bei umgekehrter Drehrichtung das mit dem E,Z-Isomer identische Z,E-Isomer). Drehen sich die Me-Gruppen im entgegengesetzten Drehsinn, *disrotatorisch*, dann entstünde bei der Drehung beider Gruppen nach außen das E,E-, bei der Drehung nach innen das Z,Z-Isomer. Der genannte experimentelle Befund bedeutet also, dass nur die konrotatorische Ringöffnung erlaubt ist. Für die Umkehrung der Reaktion, den intramolekularen Ringschluss von Hexa-2,3-dien zu Cyclohexen, gilt ganz analog, dass das E,Z-Isomer auf konrotatorischem Wege zum *cis*-Dimethylcyclobuten, das E,E- und das Z,Z-Isomer ebenfalls auf konrotatorischem Wege zum *trans*-Vierring führen. Warum ist nur der konrotatorische Weg unter gewöhnlichen thermischen Bedingungen erlaubt?

Zunächst vereinfachen wir unser System und ersetzen die beiden Me-Gruppen durch H, da − wie oben − die lokale Symmetrie dadurch nicht beeinflusst wird; Cyclobuten soll sich also zu Butadien öffnen; die E/Z-Alternative entfällt dann. Das Edukt und das Produkt haben C_{2v}-Symmetrie. Während der Reaktion geht diese Symmetrie aber verloren, und zwar bleibt beim konrotatorischen Prozess nur die Untergruppe C_2, beim disrotatorischen Prozess die Untergruppe C_s von C_{2v} bestehen. Es gilt nun festzustellen, ob die vier beteiligten MOs des Edukts und die des Produkts symmetrisch ($C_2 \psi = \psi$: A; $\sigma \psi = \psi$: A′) oder asymmetrisch sind ($C_2 \psi = -\psi$: B; $\sigma \psi = -\psi$: A″). Die betroffenen Cyclobuten-MOs nennen wir σ, σ^*, π und π^*, die Butadien-MOs − wie schon oben − ψ_1 bis ψ_4. Es ergeben sich die folgenden Zuordnungen:

C_2	A:	σ, π^*; ψ_2, ψ_4	C_s	A′:	σ, π; ψ_1, ψ_3
	B:	σ^*, π; ψ_1, ψ_3		A″:	σ^*, π^*; ψ_2, ψ_4

Im C_2-Fall, also beim konrotatorischen Prozess, kann man die im Grundzustand besetzten Eduktorbitale σ (A) und π (B) mit den bindenden Produktorbitalen ψ_2

(A) bzw. ψ_1 (B) korrelieren: Der Prozess ist erlaubt. Im C_s-Fall muss man σ und π (beide A') mit dem bindenden MO ψ_1, aber auch mit dem antibindenden MO ψ_3 korrelieren; also ist der disrotatorische Prozess symmetrieverboten. Die entsprechenden Konsequenzen für die Dimethyl-Derivate decken sich mit den experimentellen Befunden.

Wenn allgemein ein konjugiertes Polyen einen Ringschluss eingeht oder ein entsprechender Ring umgekehrt zum Polyen geöffnet wird, dann liegt eine sog. *elektrocyclische Reaktion* vor. Beim Ringschluss verschieben sich dabei die π-Elektronen längs der ungesättigten Kette, und die Zahl der π-Bindungen nimmt um eine ab zugunsten einer entstehenden σ-Bindung. Der hier für Cyclobuten und Butadien erhaltene Befund lässt sich verallgemeinern. Ist die Zahl der beteiligten Elektronenpaare gerade, dann sind elektrocyclische Reaktionen thermisch erlaubt, wenn sie konrotatorisch ablaufen (wie in unserem Beispiel Cyclobuten ⇆ Butadien). Ist diese Zahl ungerade, so sind elektrocyclische Reaktionen thermisch erlaubt, wenn sie disrotatorisch ablaufen (also z. B. beim Gleichgewicht Cyclohexa-1,3-dien ⇆ Hexa-1,3,5-trien).

Sigmatrope Verschiebungen

Als einfaches Beispiel betrachten wir die konzertierte, also als Elementarreaktion verlaufende [1,n]-Verschiebung eines H-Atoms aus der Position 1 in die Position n eines konjugierten Polyens C_nH_{n+3}. Ersetzen wir vier der fünf H-Atome an den Kettenenden unseres Polyens $H_2C{=}CH{-}(CH{=}CH)_xCH_3$ (n = 2x + 3; n ist stets ungeradzahlig) durch die Reste R^a, R^b, R^c, R^d, dann sind zwei Produkte denkbar, die sich in ihrer Konfiguration am Methyl-C-Atom unterscheiden (Abb. 4.11). Gestattet das Prinzip der Erhaltung der Orbitalsymmetrie eine Vorhersage zur Produktbildung?

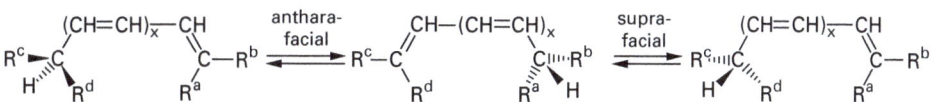

Abb. 4.11 Suprafaciale und antarafaciale [1,n]-Verschiebung eines H-Atoms im Polyen $C_n H_{n+3}$ (n = 2x +3).

Bei der *suprafacialen* [1,n]-Verschiebung wandert das H-Atom gleichsam auf der Vorderseite des Moleküls (vor der Zeichenebene in Abb. 4.11), bei der *antarafacialen* Verschiebung wandert das H-Atom von der Vorderseite auf die Hinterseite (hinter der Zeichenebene in Abb. 4.11). Man kann die suprafaciale Verschiebung auch so beschreiben, dass sich die Gruppe CHR^aR^b im Gegenuhrzeigersinn und die Gruppe CHR^cR^d im Uhrzeigersinn drehen, also disrotatorisch, und bei der antarafacialen Verschiebung drehen sich die beiden Gruppen konrotatorisch. Im Übergangszustand liegt eine CHC-(3c2e)-Bindung vor. Wenn wir von der Störung der

Symmetrie durch die Gruppen R^a, R^b, R^c, R^d absehen, dann handelt es sich um einen Übergangszustand mit einer zentralen Gruppierung vom Typ $H_2C\cdots H\cdots CH_2$ mit C_{2v}-Symmetrie. Vorher und nachher genügt das reagierende Molekül im Falle der suprafacialen Verschiebung C_s-, im Falle der antarafacialen Verschiebung C_2-Symmetrie. Die drei Molekülorbitale ψ_1 bis ψ_3 der (3c2e)-Bindung, ein mit zwei Elektronen besetztes bindendes, ein unbesetztes nicht bindendes (das LUMO) und ein unbesetztes antibindendes, lassen sich schematisch anhand der sie erzeugenden beiden Carbon-Hybridorbitale und des 1s-Hydrogen-Orbitals in folgender Weise darstellen, wobei die xz-Ebene die Zeichenebene sei und die C_2-Achse in der z-Achse liege und durch das H-Atom hindurchgehe:

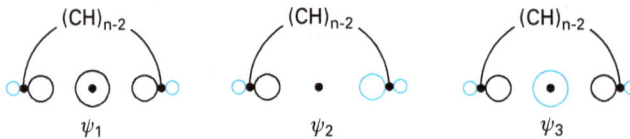

$$\psi_1 \qquad \psi_2 \qquad \psi_3$$

Diese drei Orbitale transformieren sich bezüglich der Gruppen C_s (σ_{yz}) und C_2 wie folgt:

	ψ_1	ψ_2	ψ_3
C_s	A′	A″	A′
C_2	A	B	A

Die konjugierten π-Bindungen im Molekülteil $(CH)_{n-2}$ werden durch $n-2$ π-MOs beschrieben, die mit $n-1$ Elektronen besetzt sind. Die einfache LCAO-Theorie lehrt, dass das höchste besetzte π-MO (HOMO) ein nicht bindendes MO ist, d. i. ein MO auf der Nulllinie der üblichen Energieskala ohne π-Wechselwirkung zwischen den 2p-AOs in der Kette konjugierter C-Atome, da durch jedes zweite C-Atom eine Knotenebene geht. Die HOMOs der Fragmente $(CH)_{n-2}$ mit $n = 3, 5, 7, 9$ aus der Reihe C_nH_{n+3} werden in Abb. 4.12 schematisch dargestellt, und zwar zusammen mit dem Transformationsverhalten gegenüber σ_{yz} (A′ oder A″) und C_{2z} (A oder B).

Für die Energie des Übergangszustands kommt es nun darauf an, wie stark die Molekülteile $H_2C\cdots H\cdots CH_2$ und $(CH)_{n-2}$ wechselwirken und dadurch die Energie

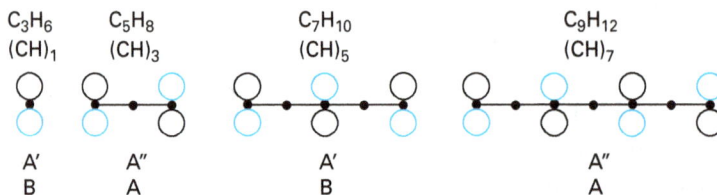

$$
\begin{array}{llll}
C_3H_6 & C_5H_8 & C_7H_{10} & C_9H_{12} \\
(CH)_1 & (CH)_3 & (CH)_5 & (CH)_7
\end{array}
$$

$$
\begin{array}{llll}
A′ & A″ & A′ & A″ \\
B & A & B & A
\end{array}
$$

Abb. 4.12 Die nicht bindenden π-HOMOs konjugierter Fragmente $(CH)_{n-2}$ der Polyene C_nH_{n+3} von C_3H_6 bis C_9H_{12} und ihr Transformationsverhalten bezüglich der Symmetriegruppen C_s und C_2 in schematischer Darstellung (die xy-Ebene ist die Zeichenebene).

absenken. Diese Absenkung ist nicht unerheblich, da das LUMO ψ_2 der (3c2e)-Bindung und das π-HOMO energetisch nahe beieinanderliegen, wie man zeigen kann. Voraussetzung einer solchen Wechselwirkung ist jedoch, dass die wechselwirkenden Orbitale das gleiche Symmetrieverhalten zeigen. Das LUMO ist asymmetrisch bezüglich C_s und C_2. Die HOMOs sind asymmetrisch bezüglich C_2 bei C_3H_6 und C_7H_{10}, sodass hier die antarafaciale Verschiebung begünstigt ist, und bezüglich C_s bei C_5H_8 und C_9H_{12}, sodass hier die suprafaciale Verschiebung wirksam wird.

Im Falle von Propen C_3H_6 erlauben also Symmetrieargumente eine antarafaciale, entartete H-Verschiebung vom Prop-1-en zum hiervon nicht unterscheidbaren Prop-3-en. Gleichwohl wird diese [1,3]-Verschiebung nicht beobachtet, weil sich das kurze C_3-Gerüst im Übergangszustand der antarafacialen Reaktion so stark verdrillen müsste, dass jedwede 1,3-π-Kopplung verloren ginge. Im siebenatomigen Gerüst von Hepta-1,3,5-trien C_7H_{10} dagegen verteilt sich die Verdrillung auf so viele Bindungen, dass die 1,7-π-Kopplung kaum leidet.

Bisher hatten wir die [1,n]-Verschiebung eines H-Atoms an einem ungesättigten Gerüst C_nH_{n+2} im Auge. Der erhaltene Befund lässt sich verallgemeinern, indem wir jetzt ein zweites derartiges Gerüst C_mH_{m+2} am Gerüst C_nH_{n+2} verschieben und so zu einer [m,n]-Verschiebung gelangen nach dem Schema:

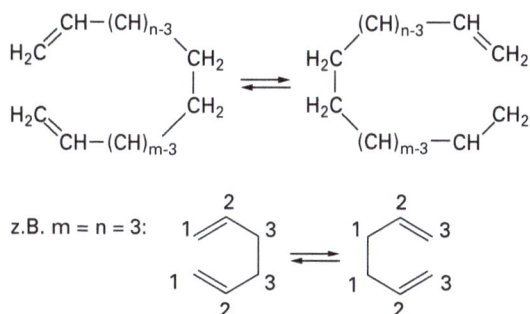

Ist die geradzahlige Summe m + n der beiden ungeradzahligen Werte m und n durch vier teilbar, dann ist die Umlagerung im Grundzustand symmetrieerlaubt, wenn sich der eine Molekülteil supra- und der andere antarafacial verschiebt oder umgekehrt. Ist die Summe m + n nicht durch vier teilbar (wie z. B. im Falle von Hexa-1,5-dien: m + n = 6), dann ist die Isomerisierung symmetrieerlaubt, wenn beide Molekülteile sich entweder supra- oder antarafacial verschieben. Im Falle photolytischer Anregung gilt das Umgekehrte.

4.3.6 Sequenzen von Elementarreaktionen

Assoziative und dissoziative Substitution

Bei der Bildung des aktivierten Komplexes $(S_1 S_2)^{\#}$ im Zuge einer Substitution als Elementarreaktion liegt ein Energieprofil $V(\lambda)$ vor, das wie in Abb. 4.6(b) ein einfaches Maximum als Übergangszustand aufweist. Gelegentlich aber bildet sich bei der Substitution $AX + Y \rightarrow AY + X$ zunächst ein Komplex YAX, der eine Zwischenstufe darstellt, also längs der Reaktionskoordinate nach Durchlaufen eines ersten Maximums als erstem Übergangszustand durch ein Minimum im Energieprofil repräsentiert wird. Dieser erste Schritt $AX + Y \rightarrow YAX$ stellt also eine bimolekulare Assoziation als Elementarreaktion dar. In einem zweiten Schritt dissoziiert YAX über ein zweites Maximum auf der Kurve $V(\lambda)$ gemäß $YAX \rightarrow AY + X$. Insgesamt handelt es sich um die *zweistufige assoziative Substitution*. Dieser Mechanismus tritt u. a. bei der Substitution von Liganden an quadratisch-planar gebauten Komplexen mit einer d^8-Valenzelektronenkonfiguration des Zentralmetalls auf. Ein Beispiel bietet der Austausch eines gewöhnlichen CN^--Anions durch ein radioaktiv markiertes Cyanid-Anion $^{14}CN^-$ im Tetracyanoniccolat:

$$[Ni(CN)_4]^{2-} + {}^{14}CN^- \rightarrow [Ni(CN_3)({}^{14}CN)]^{2-} + CN^-$$

Der zweistufigen assoziativen Substitution steht die zweistufige *dissoziative Substitution* gegenüber, die über eine Zwischenstufe A im Minimum des Energieprofils zwischen zwei Maxima verläuft. Auf den ersten Schritt, die Dissoziation (1) $AX \rightarrow A + X$, kann auch ihre Umkehrung, die Assoziation (2) $A + X \rightarrow AX$, folgen, oder aber es folgt die zum Endprodukt führende Assoziation (3) $A + Y \rightarrow AY$. Wir nummerieren die Komponenten AX, A, X, Y und AY fortlaufend mit 1 bis 5. Nehmen wir für die Zwischenstufe A einen quasistationären Zustand mit der konstanten Konzentration c_2 an, dann erhalten wir:

$$\frac{dc_2}{dt} = k_1 c_1 - k_2 c_2 c_3 - k_3 c_2 c_4 = 0 \quad \text{und hieraus} \quad c_2 = \frac{k_1 c_1}{k_2 c_3 + k_3 c_4}$$

Mit $c_1 = c_{10} - c_5$, $c_3 = c_5$ und $c_4 = c_{40} - c_5$ ergibt sich für die Bildungsgeschwindigkeit von AY:

$$\frac{dc_5}{dt} = k_3 c_2 c_4 = \frac{k_1 k_3 (c_{10} - c_5)(c_{40} - c_5)}{k_2 c_5 + k_3 (c_{40} - c_5)}$$

Im Allgemeinen ist $k_2 c_5 \ll k_3 (c_{40} - c_5)$, und man erhält näherungsweise ein Gesetz 1. Ordnung:

$$\frac{dc_5}{dt} = k_1 (c_{10} - c_5)$$

Die dissoziative Substitution trifft man an, wenn die Zwischenstufe A eine gewisse Stabilität hat. In der Organischen Chemie tritt sie bei der Substitution eines Liganden X^- am tetraedrischen C-Atom dann auf, wenn *tertiäre* Kationen R_3C^+ (das sind solche mit drei Alkylgruppen am kationischen C-Atom) mit Elektronensextett am C-Atom als Zwischenstufen vorliegen (z. B. A = Me_3C^+) oder wenn die Zwischenstufe R_3C^+ durch die Delokalisierung von π-Elektronen der Gruppen R elektronisch stabilisiert werden (z. B. A = Ph_3C^+, Ph_2CH^+, $PhCH_2^+$). Jedenfalls hat die Zwischenstufe Zeit genug, in die günstigste räumliche Anordnung überzugehen und das ist die trigonal-planare. Greift jetzt Y^- an, dann ist der Angriff von oben und von unten längs der Senkrechten zu der durch R_3C definierten Molekülebene gleich wahrscheinlich. Dies spielt eine Rolle, wenn man von enantiomerenreinen chiralen Molekülen RR′R″CX ausgeht, da das Produkt RR′R″CY dann als 1:1-Mischung der optischen Antipoden, also als Racemat, vorliegen muss (s. Abschnitt 2.5.2). Bei der nach 1. Ordnung verlaufenden dissoziativen Substitution von X in RR′R″CX tritt also Racemisierung ein. Auch in der Koordinationschemie der Übergangsmetalle spielt die dissoziative Substitution eine Rolle. Als Beispiel sei eine Reaktion mit Wolfram als Zentralatom genannt, die über die Zwischenstufe $W(CO)_5$ verläuft: $[W(CO)_6] + PPh_3 \rightarrow [W(CO)_5(PPh_3)] + CO$.

Einen anderen sterischen Verlauf nimmt die nach 2. Ordnung als Elementarreaktion verlaufende assoziative Substitution, wie sie von Edukten RCH_2—X mit einem *primären* C-Atom (das ist ein C-Atom, an das eine Gruppe R und zwei H-Atome gebunden sind) ausgeht, mit dem aktivierten Komplex $Y\cdots RCH_2\cdots X$ als Übergangszustand. Das C-Atom des aktivierten Komplexes ist trigonal-bipyramidal konfiguriert mit X und Y in der axialen Position. Eine Folge davon ist, dass die im Edukt trigonal-pyramidal konfigurierte RCH_2-Gruppe über eine planare Anordnung im Übergangszustand in die Gegenpyramide umklappt, also eine Inversion erfährt. Geht man von Edukten R_2CH—X mit sekundärem C-Atom aus (also mit zwei Liganden R und einem Liganden H am C-Atom), dann verlaufen die einstufige assoziative und die zweistufige dissoziative Substitution im Allgemeinen mit vergleichbarer Geschwindigkeit. Im Falle eines chiralen Edukts RR′HC—X bewirkt dabei die assoziative einstufige Substitution als Folge der Inversion einen Übergang von der *R*- in die *S*-Konfiguration und umgekehrt, sofern die Substituenten X und Y im Sinne der CIP-Notation gleichen Rang bezüglich R und R′ haben.

Weitere Sequenzen von Elementarreaktionen

Außer den eben besprochenen zweistufigen Substitutionen lässt sich eine breite Mannigfaltigkeit von Reaktionen auffinden, deren Mechanismus aus zwei oder mehr als zwei aufeinanderfolgenden Elementarschritten besteht. Ohne dieses weite Gebiet hier systematisieren zu wollen, seien lediglich zwei Beispiele aufgeführt! Beim exothermen und endotropen Zerfall von Trioxygen (*Ozon*) in Dioxygen, $2\,O_3 \rightarrow 3\,O_2$, hat man durch sorgsame Verfolgung der Geschwindigkeit gefunden, dass der Mechanismus aus einer Folge von Dissoziation und Substitution besteht:

$$\text{(1)} \qquad O_3 \leftrightarrows O + O_2 \qquad K_c = \frac{c_2 c_3}{c_1} \qquad c_2 = \frac{K_c c_1}{c_3}$$

(2) $\qquad O_3 + O \rightarrow 2\,O_2 \qquad\qquad \dfrac{-dc_1}{dt} = k_1 c_1 + k_2 c_1 c_2 = k_1 c_1 + \dfrac{k_2 K_c c_1^2}{c_3}$

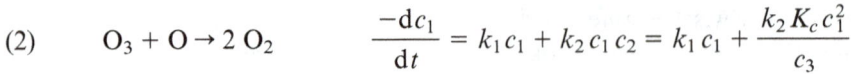

In den Ansatz für das Geschwindigkeitsgesetz wurde die langsame Rückreaktion des Gleichgewichts (1) nicht einbezogen. Nimmt man an, dass $k_1 \ll k_2$, dann vereinfacht sich das Geschwindigkeitsgesetz zu dem Ausdruck, der den experimentellen Ergebnissen entspricht:

$$\frac{dc_1}{dt} = -\frac{k_2 K_c c_1^2}{c_3} = \frac{k c_1^2}{c_{10} - c_1}$$

Als eines der zahllosen Beispiele aus der Organischen Chemie sei die Reaktion von Benzaldehyd mit Cyanid im Verhältnis 2:1 erwähnt, die im Rahmen einer C— C-Verknüpfung zum Anion $[PhC(CN)(OH)-CHPh-O]^-$ führt, und zwar in drei Schritten, nämlich einer Addition (1), der Umlagerung eines Hydrons (2) und einer Addition (3):

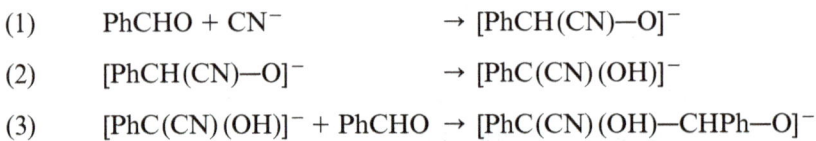

(1) $\qquad PhCHO + CN^- \qquad\qquad\qquad \rightarrow [PhCH(CN)-O]^-$

(2) $\qquad [PhCH(CN)-O]^- \qquad\qquad\quad \rightarrow [PhC(CN)(OH)]^-$

(3) $\qquad [PhC(CN)(OH)]^- + PhCHO \rightarrow [PhC(CN)(OH)-CHPh-O]^-$

Parallelreaktionen

Zunächst seien zwei parallel verlaufende Dissoziationen besprochen, die von demselben Edukt S_1 ausgehen:

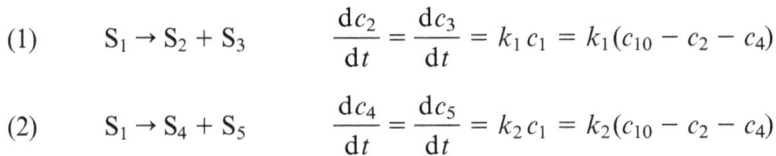

(1) $\qquad S_1 \rightarrow S_2 + S_3 \qquad \dfrac{dc_2}{dt} = \dfrac{dc_3}{dt} = k_1 c_1 = k_1(c_{10} - c_2 - c_4)$

(2) $\qquad S_1 \rightarrow S_4 + S_5 \qquad \dfrac{dc_4}{dt} = \dfrac{dc_5}{dt} = k_2 c_1 = k_2(c_{10} - c_2 - c_4)$

Durch die Division beider Gesetze erhält man

$$\frac{dc_2}{dc_4} = \frac{dc_3}{dc_5} = \frac{c_2}{c_4} = \frac{c_3}{c_5} = \frac{n_2}{n_4} = \frac{n_3}{n_5} = \frac{k_1}{k_2}$$

Die Mengen an gebildeten Produkten verhalten sich wie die entsprechenden Geschwindigkeitskonstanten. Ein Beispiel ist die thermische Eliminierung von H_2 oder H_2O aus Propanol:

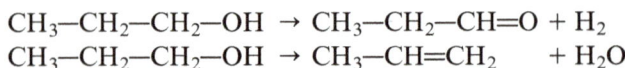

$$CH_3-CH_2-CH_2-OH \rightarrow CH_3-CH_2-CH{=}O + H_2$$
$$CH_3-CH_2-CH_2-OH \rightarrow CH_3-CH{=}CH_2 \quad\; + H_2O$$

Oft führt eine Addition oder Substitution zu isomeren Produkten. Ein prominentes Beispiel ist die *aromatische Zweitsubstitution*: $C_6H_5X + A^+ \rightarrow C_6H_4XA + H^+$; zu X als dem Erstsubstituenten am Benzengerüst tritt A als Zweitsubstituent und ersetzt dabei ein H-Atom in der *ortho-*, *meta-* oder *para-*Stellung zum Erstsubstituenten. Es handelt sich um eine assoziative Substitution: Eine Zwischenstufe $C_6H_5XA^+$ bewirkt eine mehr oder weniger ausgeprägte Delle im Energieprofil dieser Reaktion. Bezüglich der Produktverteilung gilt auch hier $n_{ortho} : n_{meta} : n_{para} = k_1 : k_2 : k_3$. Ein wichtiges Beispiel bieten Cl als Erst- und die Nitrogruppe NO_2^+ als Zweitsubstituent. [Kationen NO_2^+ in stabilen Salzen und deren Lösungen sind nicht einfach zu erhalten; man erzeugt sie im Rahmen eines Gleichgewichts als Zwischenprodukt aus einer Mischung aus konzentrierter Salpeter- und Schwefelsäure (*Nitriersäure*) gemäß: $HNO_3 + 2\,H_2SO_4 \rightarrow NO_2^+ + H_3O^+ + 2\,HSO_4^-$.]

Ein anderer häufig auftretender Fall betrifft die Konkurrenz zweier eintretender Gruppen Y und Y' um die Substitution. Die Stoffmengen an Produkten verhalten sich wieder wie die betreffenden Geschwindigkeitskonstanten: $n_1 : n_2 = k_1 : k_2$. Aus einer Fülle denkbarer Beispiele sei eines herausgegriffen:

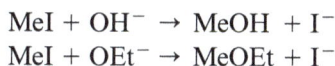

$$MeI + OH^- \rightarrow MeOH + I^-$$
$$MeI + OEt^- \rightarrow MeOEt + I^-$$

Kettenreaktionen

Eine Kettenreaktion wird durch reaktive Partikeln in der Weise ausgelöst, dass bei der Einwirkung solcher Partikeln auf Eduktteilchen neben Produktteilchen wiederum reaktive Partikeln entstehen, die ihrerseits die einmal in Gang gekommene Reaktion kettenartig fortsetzen. Wir haben in Abschnitt 1.6.2 kennengelernt, dass eine Kettenreaktion in Gang gesetzt wird, wenn ein Neutron auf ein Atom ^{235}U einwirkt, da der spontane Zerfall des dabei gebildeten ^{236}U wiederum Neutronen freisetzt, und zwar hier nicht nur eines, sondern gleich zwei bis drei, die die Kettenreaktion in beschleunigender Form bis hin zur Explosion fortführen. In der Chemie der Moleküle besteht die Einleitung einer Kettenreaktion, die *Startreaktion*, vielfach in der Dissoziation eines Moleküls in elektronisch ungesättigte Radikale, die bei der Einwirkung auf intakte Moleküle erneut Radikale freisetzen und so die *Reaktionskette* einleiten. Ein gut untersuchtes Beispiel ist die sog. *Chlorknallgaskette*, einer Reaktion in der Gasphase: $H_2 + Cl_2 \rightarrow 2\,HCl$. Der Kettenstart besteht in der Dissoziation (1), die durch Licht der Wellenlänge $\lambda < 480$ nm ausgelöst wird. Die Reaktionskette besteht aus den Schritten (2) und (3), bei denen wechselseitig die Radikale H und Cl entstehen. Ein *Kettenabbruch* kann zustande kommen, wenn die Cl-Atome in Umkehrung von Gleichung (1) rekombinieren, wobei im Allgemeinen die Wand des Reaktors oder unbeteiligte Nachbarmoleküle zwecks Aufnahme der frei werdenden Energie mitwirken müssen; im Falle der Mitwirkung von Nachbarmolekülen ist hierbei ein Dreierstoß nötig, ein seltenes Ereignis, es sei denn der Druck ist hoch.

(1) Cl_2	$\rightarrow$ 2 Cl	Kettenstart
(2) $Cl + H_2$	$\rightarrow$ HCl + H	Reaktionskette
(3) $H + Cl_2$	$\rightarrow$ HCl + Cl	Reaktionskette
(4) 2 Cl	$\rightarrow$ Cl_2	Kettenabbruch

Man beachte, dass die Addition der Gleichungen (1) bis (3) die beobachtete Gesamtreaktion wiedergibt. Eine andere wichtige Kettenreaktion, bei der Cl_2 mitwirkt und die ebenfalls durch Licht, also *photolytisch*, ausgelöst wird, ist die *Chlorierung von Alkanen*: $HR + Cl_2 \rightarrow RCl + HCl$; in Analogie zur Chlorknallgaskette wird die Reaktionskette durch die Radikale Cl und R bewirkt.

Ebenso wie mit Cl_2 reagieren sowohl Hydrogen H_2 als auch Carbonhydride HR mit O_2 in einer Kettenreaktion ab, die aber im Detail komplizierter verläuft, da neben den Radikalen H (bei der sog. *Knallgasreaktion* von H_2 mit O_2) bzw. H und R (bei der überaus bedeutenden *Verbrennung* gasförmiger oder flüssiger, gesättigter oder ungesättigter Carbonhydride) noch die reaktiven Partikeln HO, O und HO_2 auftreten.

Eine technisch wichtige Kettenreaktion stellt die *Polymerisation* ungesättigter Carbonhydride dar. Man unterscheidet dabei radikalische, anionische, kationische und koordinative Polymerisation. Zum Kettenstart der *radikalischen Polymerisation* führt man Moleküle des zu polymerisierenden Carbonhydrids, des sog. *Monomers*, durch Licht, kurzwelligere Strahlung, Glimmentladung oder andere Verfahren in Radikale R˙ über, oder man gewinnt aus bekannten Radikalbildnern wie H_2O_2, ROOH, ROOR u. a. Radikale wie HO˙, RO˙ etc., die als *Initiatoren* die Kettenreaktion starten. Dies sei am Beispiel der Polymerisation von Ethen zu Polyethen (*Polyethylen*) für den Start (*Initiation*) und die Reaktionskette (*Propagation*) dargestellt:

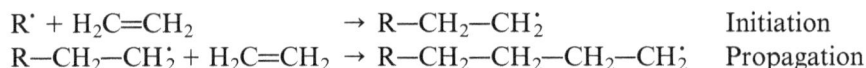

$R˙ + H_2C{=}CH_2 \qquad\qquad \rightarrow R{-}CH_2{-}CH_2˙ \qquad\qquad$ Initiation
$R{-}CH_2{-}CH_2˙ + H_2C{=}CH_2 \rightarrow R{-}CH_2{-}CH_2{-}CH_2{-}CH_2˙ \quad$ Propagation

Die Propagation besteht hier aus einem Typ von Reaktionsschritt, der die C—C-Kette immer weiter wachsen lässt, bis sie bei zunehmender relativer Unbeweglichkeit einer allzu langen Kette unter Beibehaltung eines radikalischen Zentrums von selbst stehen bleibt (*lebendes Polymer*) oder bis sie durch Zufügung eines geeigneten Reagenz, eines sog. *Radikalfängers*, zum Abbruch gebracht wird. Bei der *anionischen Polymerisation* − wieder am Beispiel von Ethen aufgezeigt − erfolgt die Initiation durch polare Stoffe MX, $H_2C{=}CH_2 + MX \rightarrow X{-}CH_2{-}CH_2^- + M^+$, und das Anion mit seiner negativen Ladung am äußeren C-Atom unterliegt dann einer Propagation analog zur radikalischen Polymerisation (z. B. MX = NaOH, NaOR, NaBu, LiPh u. a.). Entsprechend führt die *kationische Polymerisation* durch die Addition koordinationsfähiger Moleküle A (wie z. B. BF_3, Al_2Cl_6, $SnCl_4$ u. a.) zu Addukten $A^-{-}CH_2{-}CH_2^+$ mit positiver Formalladung am äußeren C-Atom (und negativer Formalladung an der Gruppe A), von denen aus die Propagation fortschreitet; anstelle von Neutralmolekülen A können auch Hydronen, die aus

Säuren HX stammen, im Startschritt zu kationischen Teilchen $H_3C—CH_2^+$ führen. Die *koordinative Polymerisation* schließlich wird durch Zusatz metallorganischer Stoffe wie AlR_3, im Allgemeinen im Gemisch mit Übergangsmetallverbindungen, initiiert. Im Falle der Polymerisation von Ethen wird dabei ein Anion R^- auf ein Ethen-Molekül übertragen, sodass − wie bei der anionischen Polymerisation − Anionen $R—CH_2—CH_2^-$ die Propagation auslösen.

Anstelle von Ethen können andere Alkene (wie z. B. Propen), Alkadiene (wie z. B. Buta-1,3-dien), Gemische von Alkenen etc. in die Polymerisation eingesetzt werden. Auch gesättigte Cycloalkane C_nH_{2n} (d. i. dieselbe Formel wie die der acyclischen Alkene) sowie Ringverbindungen mit Nichtcarbonatomen als Ringgliedern können der Polymerisation unterliegen, insbesondere wenn es sich um *gespannte Ringe* handelt, das sind solche, deren CCC-Ringwinkel deutlich kleiner sind als der Tetraederwinkel (z. B. Cyclobutan) und deren Ringöffnung deshalb sowohl energetische als auch entropische Erleichterung verheißt (*ringöffnende Polymerisation*).

Am Beispiel der Polymerisation von Propen lässt sich ein spezielles räumliches Ordnungsphänomen beschreiben. In der polymeren Carbon-Kette von Polypropen werden im Allgemeinen CH_2- und CHMe-Einheiten im Sinne der Formulierung $(—CHMe—CH_2—)_n$ streng alternierend auftreten. Das C-Atom einer jeden CHMe-Einheit ist an verschieden lange Kettenenden gebunden, sodass es sich insofern um ein asymmetrisches C-Atom handelt. Wegen der nahen Verwandtschaft beider Kettenenden tritt jedoch keine optische Aktivität auf, und man spricht von *Pseudoasymmetrie*. Lässt man nunmehr die Carbon-Kette im Zickzackverfahren von oben nach unten laufen und definiert für das obere Kettenende Priorität vor dem unteren, dann lässt sich im Sinne der CIP-Notation (s. Abschnitt 2.5.2) jedem C-Atom einer CHMe-Einheit eine *R*- oder *S*-Konfiguration zuordnen. Wenn alle diese C-Atome die gleiche Konfiguration haben, dann nennt man das Polymer *isotaktisch*; dabei sind das *R*- und das *S*-Isomer ununterscheidbar, da wir die oben/unten-Unterscheidung willkürlich getroffen haben. Wechselt die Konfiguration von CHMe- zu CHMe-Einheit regelmäßig, dann nennt man die Konfiguration des Polymers *syndiotaktisch*, und man nennt sie *ataktisch*, wenn die beiden Konfigurationen regellos unter die CHMe-Einheiten verteilt sind. Die physikalischen Eigenschaften von isotaktischem, syndiotaktischem und ataktischem Polypropen unterscheiden sich sehr wohl. Polymerisiert man Methyloxacyclopropan (*Propenoxid*), so erhält man ein Polymer, das aus $(—O—CHMe—CH_2—)$-Einheiten aufgebaut ist. Lag beim Polypropen Pseudoasymmetrie der CHMe-Einheiten vor, so sind diese beim Polypropenoxid regelrecht asymmetrisch. Das isotaktische *R*- ist jetzt der optische Antipode vom *S*-Isomer, und das syndiotaktische Isomer repräsentiert eine *meso*-Konfiguration.

Explosionen

Läuft eine exotherme Reaktion so schnell ab, dass die frei werdende Wärme nicht nach außen abgeführt werden kann, dann entsteht ein Wärmestau, die Reaktion beschleunigt sich und wird schließlich beliebig schnell: Es kommt zu einer *Wärme-explosion*.

Verhindert man bei einer Kettenreaktion den Kettenabbruch und vermehren sich dadurch die radikalischen oder andere Träger der Propagation, dann tritt eine Reaktionsbeschleunigung ein, die schließlich zur *Kettenexplosion* führt. In einem P/T-Diagramm gibt es Punkte in zwei Feldern: ein Feld für einen kontrollierten und ein Feld für einen explosiven Verlauf einer Kettenreaktion. Die Grenze zwischen diesen Feldern heißt *Explosionsgrenze*. Bei der *stöchiometrischen* Knallgasreaktion (also wenn H_2 und O_2 im Verhältnis $2:1$ vorliegen) tritt unterhalb von 400 °C bei beliebigem Druck keine Explosion ein, wohl aber oberhalb von 600 °C bei jedem Druck. Im Bereich 400−600 °C kommt es auf den Druck an, ob eine Knallgasmischung explodiert. Die Funktion $T(P)$ für die Explosionsgrenze hat ein Minimum bei ca. 400 °C und ca. 0.01 bar, ein Maximum bei ca. 550 °C und ca. 1 bar und dazwischen einen Wendepunkt. Durcheilt man das P/T-Diagramm isotherm bei 500 °C, so befindet man sich oberhalb von 3 bar in einem Bereich, der Explosionen infolge eines Wärmestaus markiert, darunter im nicht explosiven Bereich. Verringert man den Druck weiter, so erreicht man bei ca. 0.07 bar wieder die Explosionsgrenze, und zwar deshalb, weil die Kettenabbruchreaktionen durch Dreierstöße seltener werden. Bei ca. 0.02 bar gelangt man erneut ins Feld der nicht explosiven Reaktion, weil bei genügend kleinem Druck die Desaktivierung durch Stöße mit der Wand zunimmt. Dass die Druckangaben für die drei Explosionsgrenzen bei 500 °C hier nur ungefähr gemacht werden können, hängt damit zusammen, dass die Zusammensetzung und Oberflächenbeschaffenheit der Wand eine gewisse Rolle spielen. Bei einem anderen als dem stöchiometrischen Verhältnis kommt es ebenfalls zu einer Verschiebung der Explosionsgrenze, und bei starkem stöchiometrischen Überschuss der einen oder anderen Komponente unterbleiben Explosionen. Übrigens ist die nicht explosive Knallgasreaktion unterhalb von 400 °C langsam, ja ein Knallgasgemisch ist bei Raumtemperatur über einen längeren Zeitraum hinweg metastabil lagerfähig, weil nämlich die Startreaktion der Knallgaskette, die Dissoziation von H_2 in zwei H-Atome, eine besonders hohe Energie erfordert (436.0 kJ mol^{-1}).

Zündet man eine explosive Gasmischung an einer Stelle (sei es thermisch, photolytisch, katalytisch oder anderswie) so wird eine Druckwelle verursacht, die etwa mit Schallgeschwindigkeit fortschreitet. Bei größeren Druckunterschieden kann es zu sog. *Stoßwellen* kommen, die sich mit Überschallgeschwindigkeit mit bis zu 1200 km/h ausbreiten. Solche Explosionen nennt man *Detonationen*.

4.3.7 Homogene Katalyse

Der in Abschnitt 1.5.2 eingeführte Begriff des *Katalysators* lässt sich jetzt schärfer fassen: Es handelt sich um einen Stoff, der die Freie Aktivierungsenthalpie $\Delta G^{0\#}$ einer Reaktion senkt, ohne selbst als Komponente in die Reaktionsgleichung einzugehen. Man spricht dann von *positiver Katalyse*; im Gegensatz dazu liegt *negative*

Katalyse vor, wenn ein Stoff eine Reaktion hemmt. Bei der *homogenen Katalyse* einphasiger Reaktionen ist der Katalysator in der betreffenden Phase gelöst, und zwar in den meisten Fällen von Bedeutung in flüssiger Phase. Bei der *heterogenen Katalyse* handelt es sich in der Regel um einen festen Katalysator, an dem die Reaktanden gasförmig oder flüssig vorbeiströmen; der Katalysator ist dabei vielfach nur auf der Oberfläche eines selbst nicht katalytisch wirksamen Feststoffs, dem *Trägermaterial*, aufgebracht.

Was den Mechanismus einer homogen katalysierten Reaktion angeht, so verläuft sie in mehreren Teilschritten, deren Freie Aktivierungsenthalpien allesamt deutlich kleiner sind als die der unkatalysierten Reaktion. Die *Aktivität* eines homogen verteilten Katalysators wird durch die *Umsatzfrequenz* (auch: *Turnover-Zahl*) N angegeben, d. i. die Stoffmenge an Produkt S_i, die pro Sekunde bei der Mitwirkung von 1 mol Katalysator gebildet wird:

$$N = \frac{\mathrm{d}\, n_i}{\mathrm{d}\, t}\, n_{\mathrm{Kat}}$$

Der erste Schritt einer katalysierten Reaktion ist fast ausnahmslos die Addition eines Katalysatormoleküls S_K an das Edukt S_1 gemäß: $S_1 + S_K \rightarrow S_1 S_K$. Das Addukt $S_1 S_K$ geht dann entweder in das Produkt S_2 über (Isomerisierung) oder in die Produkte S_2 und S_3 (Dissoziation) oder nach der Einwirkung eines weiteren Edukts S_2 auf $S_1 S_K$ in das Produkt S_3 (Assoziation) oder in die Produkte S_3 und S_4 (Substitution); hierfür werden im Folgenden Beispiele gegeben. Besonders häufig treten Hydronen H^+ als Katalysator auf, meist in wässriger Lösung, in der die Hydronen zu $H^+ \cdot aq$ hydratisiert sind (*Säurekatalyse*).

Als Beispiel einer sauer katalysierten *Isomerisierung* sei die *Pinakol-Pinakolon-Umlagerung* zitiert, bei der sich 2,3-Dimethylbutan-2,3-diol (*Pinakol*) unter Wasserabspaltung in 3,3-Dimethylbutan-2-on umlagert:

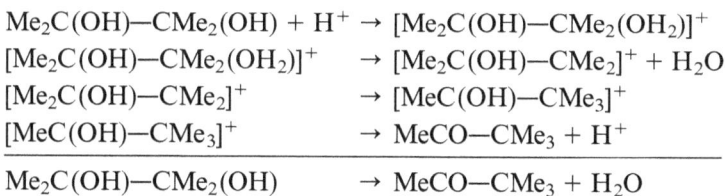

$$\begin{aligned}
Me_2C(OH){-}CMe_2(OH) + H^+ &\rightarrow [Me_2C(OH){-}CMe_2(OH_2)]^+ \\
[Me_2C(OH){-}CMe_2(OH_2)]^+ &\rightarrow [Me_2C(OH){-}CMe_2]^+ + H_2O \\
[Me_2C(OH){-}CMe_2]^+ &\rightarrow [MeC(OH){-}CMe_3]^+ \\
[MeC(OH){-}CMe_3]^+ &\rightarrow MeCO{-}CMe_3 + H^+ \\
\hline
Me_2C(OH){-}CMe_2(OH) &\rightarrow MeCO{-}CMe_3 + H_2O
\end{aligned}$$

Als Beispiel einer sauer katalysierten *Dissoziation* sei der Zerfall von $O_2N(NH_2)$ (*Nitramid*) aufgeführt:

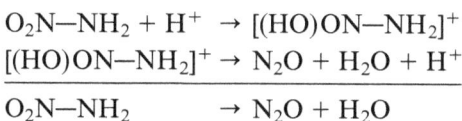

$$\begin{aligned}
O_2N{-}NH_2 + H^+ &\rightarrow [(HO)ON{-}NH_2]^+ \\
[(HO)ON{-}NH_2]^+ &\rightarrow N_2O + H_2O + H^+ \\
\hline
O_2N{-}NH_2 &\rightarrow N_2O + H_2O
\end{aligned}$$

Als Beispiel einer sauer katalysierten *Substitution* diene der $^{16}O/^{18}O$-Austausch beim Anion $CO_2(OH)^-$ (Hydrogencarbonat, meist formuliert als HCO_3^-; man beachte, dass das H^+-Ion in Lösung zwischen den drei O-Atomen fluktuiert):

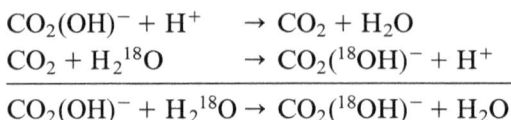

$$CO_2(OH)^- + H^+ \quad \rightarrow CO_2 + H_2O$$
$$CO_2 + H_2^{18}O \qquad \rightarrow CO_2(^{18}OH)^- + H^+$$

$$\overline{CO_2(OH)^- + H_2^{18}O \rightarrow CO_2(^{18}OH)^- + H_2O}$$

Bei einem weiteren Beispiel einer katalysierten *Substitution* tauschen die Cr-Atome des Edukts, d. i. $[Cr(NH_3)_5Cl]^{2+}$ (mit Cr^{III}), und des Katalysators, d. i. $[Cr(H_2O)_6]^{2+}$ (mit Cr^{II}), ihre Rolle, wobei ein Elektron von Cr^{II} nach Cr^{III} überspringt:

$$[Cr(NH_3)_5Cl]^{2+} + [Cr(H_2O)_6]^{2+} \rightarrow [Cr(NH_3)_5(H_2O)]^{2+} + [Cr(H_2O)_5Cl]^{2+}$$
$$[Cr(NH_3)_5(H_2O)]^{2+} + 5\ H_3O^+ \quad \rightarrow [Cr(H_2O)_6]^{2+} + 5\ NH_4^+$$

$$\overline{[Cr(NH_3)_5Cl]^{2+} + 5\ H_3O^+ \qquad \rightarrow [Cr(H_2O)_5Cl]^{2+} + 5\ NH_4^+}$$

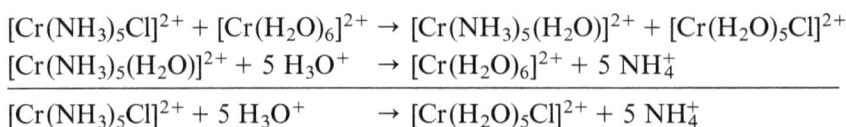

Als Beispiele für eine homogen katalysierte *Addition* seien technisch bedeutsame Reaktionen der Organischen Chemie herangezogen, nämlich die Addition von H_2 an Alkene (*Olefinhydrierung*), die Addition von CO an Methanol (*Monsanto-Verfahren*) und die Addition von H_2 und CO an Alkene (*Oxo-Synthese* oder *Hydroformylierung*). In allen drei Fällen wirken Koordinationsverbindungen von Übergangsmetallen als Katalysatoren.

Als Katalysator der *Olefinhydrierung* besonders gut untersucht ist die quadratisch-planar gebaute Rh^I-Verbindung $[RhClL_3]$ (L = PPh_3; *Wilkinson-Katalysator*), die in gut solvatisierenden Lösungsmitteln L' mit dem Substitutionsprodukt *cis*-$[RhClL_2L']$ im Substitutionsgleichgewicht steht. Bei der Addition von H_2 an den Katalysator wird Rh^I zu Rh^{III} oxidiert (*oxidative Addition*), wobei im oktaedrisch gebauten Zwischenprodukt $[RhClH_2L_2L']$ die Liganden L in *trans*- und die Liganden H in *cis*-Stellung an Rh gebunden sind. Im zweiten Schritt des sog. *Katalysezyklus* substituiert das Alken das Solvensmolekül ohne Änderung der Konfiguration. Dabei übt das π-Elektronenpaar des Alkens eine koordinative Wechselwirkung mit dem Metall aus, sodass eine CRhC-(3c2e)-Bindung entsteht; man sagt auch, das Alken sei *dihapto*, also über zwei Atome an das Metall gebunden. (In Substanzformeln wird die *Haptizität* − hier: zwei − durch einen Exponenten zum Buchstaben η ausgedrückt, wie man der Formel des zweiten Zwischenprodukts des Katalysezyklus entnehmen mag.) Der dritte Schritt ist eine 1,3-Verschiebung eines der H^--Anionen entlang der dreiatomigen Kette Rh—C—C unter Wiedereintritt eines Solvensmoleküls L'; das dihapto-gebundene Alken geht dabei in eine monohapto-gebundene Alkylgruppe über. Im vierten Schritt wird das hydrierte Produkt eliminiert, sodass die Wiederbildung des Katalysators den Zyklus schließt.

$$[RhClL_2L'] + H_2 \qquad\qquad\qquad \rightarrow [RhClL_2L'H_2]$$
$$[RhClL_2H_2L'] + RCH{=}CH_2 \quad \rightarrow [\eta^2\text{-}(RCH{=}CH_2)RhClL_2H_2] + L'$$
$$[\eta^2\text{-}(RCH{=}CH_2)RhClL_2H_2] + L' \rightarrow [(RCH_2{-}CH_2)RhClL_2L'H]$$
$$[(RCH_2{-}CH_2)RhClHL_2L'] \qquad \rightarrow RCH_2{-}CH_3 + [RhClL_2L']$$

$$\overline{RCH{=}CH_2 + H_2 \qquad\qquad\qquad \rightarrow RCH_2{-}CH_3}$$

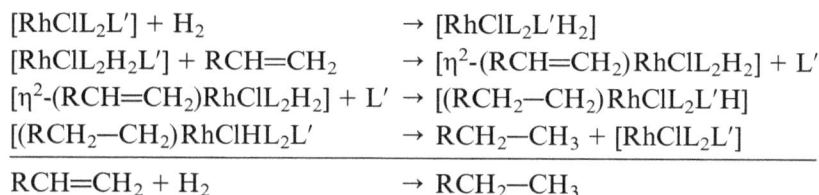

Bei der *Carbonylierung von Methanol* kann wieder eine Rh^I-Verbindung als Katalysator dienen. Als zweiter Zwischenstoff wirkt Hydrogeniodid am katalytischen Geschehen mit, ohne selbst verbraucht zu werden. Bei den sechs Schritten des Katalysezyklus handelt es sich der Reihe nach um eine Substitution, eine oxidative Addition ($Rh^I \rightarrow Rh^{III}$), eine 1,2-Verschiebung der Methylgruppe vom Metall- ans Carbon-Atom (Isomerisierung), eine Addition, eine 1,1-Eliminierung ($RhIII \rightarrow RhI$) und eine Substitution.

$$MeOH + HI \qquad\qquad\qquad \rightarrow MeI + H_2O$$
$$[RhI_2(CO)_2]^- + MeI \qquad\qquad \rightarrow [MeRhI_3(CO)_2]^-$$
$$[MeRhI_3(CO)_2]^- \qquad\qquad\quad \rightarrow [(MeCO)RhI_3(CO)]^-$$
$$[(MeCO)RhI_3(CO)]^- + CO \rightarrow [(MeCO)RhI_3(CO)_2]^-$$
$$[(MeCO)RhI_3(CO)_2]^- \qquad\quad \rightarrow [RhI_2(CO)_2]^- + MeCOI$$
$$MeCOI + H_2O \qquad\qquad\quad\; \rightarrow MeCOOH + HI$$

$$\overline{MeOH + CO \qquad\qquad\qquad\quad \rightarrow MeCOOH}$$

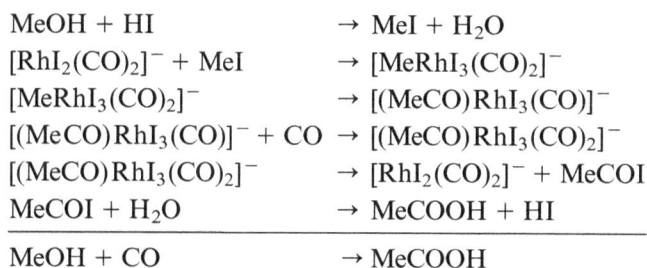

Bei der *Oxosynthese* wird zunächst im Rahmen eines Dissoziationsgleichgewichts aus der Verbindung $[HCo(CO)_4]$ die als Katalysator wirksame Verbindung $[HCo(CO)_3]$ gebildet, bevor sich ein Alken $RCH{=}CH_2$ an den Katalysator addiert, und zwar wie oben zum η^2-Addukt; bei einer neueren Variante der Oxosynthese wird anstelle der genannten Co^I-Verbindung die Rh^I-Verbindung $[RhHL(CO)_2]$ ($L = PPh_3$) als Katalysator eingesetzt. Im nächsten Schritt schiebt sich ein Molekül CO zwischen das Metall und das Alken ein, wobei – vermutlich gleichzeitig – ein H^--Ion eine $Co{-}C{-}C$-1,3-Verschiebung erfährt. Schließlich spaltet ein H_2-Molekül die Metall-Alkyl-Bindung.

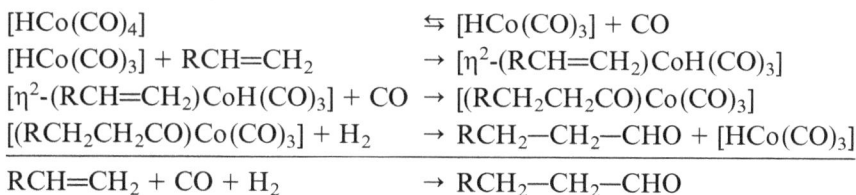

$$[HCo(CO)_4] \qquad\qquad\qquad\qquad \leftrightarrows [HCo(CO)_3] + CO$$
$$[HCo(CO)_3] + RCH{=}CH_2 \qquad\quad \rightarrow [\eta^2\text{-}(RCH{=}CH_2)CoH(CO)_3]$$
$$[\eta^2\text{-}(RCH{=}CH_2)CoH(CO)_3] + CO \rightarrow [(RCH_2CH_2CO)Co(CO)_3]$$
$$[(RCH_2CH_2CO)Co(CO)_3] + H_2 \quad\; \rightarrow RCH_2{-}CH_2{-}CHO + [HCo(CO)_3]$$

$$\overline{RCH{=}CH_2 + CO + H_2 \qquad\qquad\quad \rightarrow RCH_2{-}CH_2{-}CHO}$$

4.4 Reaktionsverlauf in heterogenen Systemen

4.4.1 Grenzflächenenergie

Die an der Oberfläche eines reinen kristallinen Feststoffs angesiedelten Atome, Ionen oder Moleküle können chemische Bindungen bzw. (im Falle molekular aufgebauter Feststoffe) van der Waals-Bindungen bzw. Hydrogenbrückenbindungen nur zu Nachbarpartikeln in Richtung auf das Innere des Festkörpers eingehen. Die Kräfte, die den Festkörper zusammenhalten, die sog. *Kohäsionskräfte*, haben an der Oberfläche nach außen hin keine Komponente und sind nur nach innen gerichtet. Im Oberflächenbereich ist der Feststoff also energiereicher als im Inneren. Man spricht von *Grenzflächenspannung*. Die eine Phase auszeichnende Eigenschaft, nämlich dass alle physikalischen Eigenschaften innerhalb der Phase gleich groß sind (wenn auch in anisotropen Körpern nicht gleich gerichtet), gilt an der Oberfläche nicht mehr. Dies spielt keine Rolle, wenn die Zahl der Partikeln an der Oberfläche vernachlässigbar klein ist im Vergleich mit der Zahl im Inneren. Bei stark vergrößerter Oberfläche trifft dies jedoch nicht mehr zu. Oberflächenreich ist ein Feststoff, wenn seine Oberfläche nicht glatt, sondern rau ist, also Stufen, Knicke (*Kinken*), Erhebungen etc. aufweist; dramatischer jedoch kann die Oberfläche wachsen, wenn der Feststoff in möglichst viele kleine Bruchstücke zerteilt wird. Ein feinkörniger Feststoff ist energiereicher als ein grobkörniger, muss man doch die Grenzflächenspannung überwinden und entsprechend viel Energie aufwenden, wenn im Zuge eines Mahlprozesses, einer Oberflächenerweiterung also, notwendigerweise Partikeln aus dem Inneren an die Grenzfläche transportiert werden.

All dies gilt im Prinzip auch für Flüssigkeiten. Man nennt die Grenzflächenspannung hier auch *Oberflächenspannung*; Symbol: γ. Ihre Einheit lässt sich als die Energie definieren, die nötig ist, um 1 m^2 neue Oberfläche zu schaffen, d.i. 1 J m^{-2} = 1 N m^{-1}. Im Gegensatz zu festen Körpern kommt − wegen der leichteren Beweglichkeit der Partikeln einer Flüssigkeit − die Tendenz, mit einem Minimum der Oberfläche auch ein Minimum der Energie zu erreichen, dann zum Ziel, wenn die Flüssigkeitsmenge klein und die Oberflächenspannung dieser kleinen Menge vergleichsweise groß ist: Tröpfchen haben Kugelgestalt, d.i. die geometrische Form mit der kleinsten Oberfläche pro Stoffmenge. Bei größeren Flüssigkeitsmengen auf einer festen Unterlage überwiegt die Schwerkraft die Oberflächenspannung, die Flüssigkeit kann keine kugelige Gestalt annehmen, und die Flüssigkeitsoberfläche orientiert sich senkrecht zur Erdachse. Erhöht man durch Erhitzen die Energie einer Flüssigkeit, dann sinkt die Oberflächenspannung, und sie verschwindet ganz oberhalb der kritischen Temperatur T_k, bei der der flüssige Zustand nicht mehr existiert. Als Faustregel gilt, dass γ der Differenz $T_k - T$ proportional ist.

Zerlegt man beispielsweise ein kugelförmiges Tröpfchen in zwei gleich große kleinere Tröpfchen, so vergrößert sich die Oberfläche um den Faktor 1.25. Wegen der Vergrößerung der Oberflächenspannung besteht eine Triebkraft der kleineren Tröpfchen, sich zum energieärmeren großen Tröpfchen wieder zu vereinen. Befindet sich ein kleineres Tröpfchen neben einem größeren, so wächst tatsächlich das größere so lange, bis das kleinere aufgezehrt ist, und zwar über einen Transport in der Gasphase. Man kann zeigen, dass eine Flüssigkeit an einer gekrümmten Fläche einen höheren Dampfdruck hat als an einer ebenen, dass also ein kleineres Tröpfchen mit stärker gekrümmter Oberfläche einen höheren Dampfdruck hat als ein größeres. Vergleicht man den Dampfdruck P_0 einer Flüssigkeit mit ebener Oberfläche mit dem Dampfdruck P eines kugelförmigen Tröpfchens mit dem Kugelradius r derselben Flüssigkeit, so gilt die *Kelvin'sche Gleichung* (für eine Flüssigkeit mit der Oberflächenspannung γ, der Dichte ρ und der molaren Masse M); im Falle $r \to \infty$ wird $P = P_0$:

$$\ln \frac{P}{P_0} = \frac{2\,M\,\gamma}{R\,T\,\rho\,r}$$

Aus ähnlichen Überlegungen folgt, dass mikroskopisch kleine kugelige Kristallite eines Feststoffs besser in einer Flüssigkeit löslich sind als makroskopische Kristalleinheiten. Dementsprechend setzt der Prozess des Auflösens eines Kristalls in einer Flüssigkeit an den oberflächenreichen Ecken oder auch den Kanten des Kristalls ein, nicht aber an den Flächen.

Vergleicht man die γ-Werte unterschiedlicher Flüssigkeiten, so gehen sie mit der Stärke der Kohäsionskräfte parallel. Sie fallen ab, wenn man vom Quecksilber (mit seinen metallischen Bindungen) über das Wasser (mit seinen starken Hydrogenbrückenbindungen) über das Brom und Tetrachlormethan (mit relativ starken intermolekularen Dispersionskräften wegen der leicht polarisierbaren schweren Halogenatome) schließlich zum unpolaren Pentan übergeht (in 10^{-3} N m^{-1} bei 25 °C):

Hg	H$_2$O	Br$_2$	CCl$_4$	C$_2$H$_5$OH	C$_5$H$_{12}$
485.48	71.99	40.45	26.43	23.22	17.15

Gelegentlich lassen sich Flüssigkeiten so stark unterkühlen, dass der Schmelzpunkt weit unterschritten und die Beweglichkeit der Partikeln so gering wird, dass keine Kristallisation eintritt, obwohl entsprechende Kristalle thermodynamisch stabiler wären. Solche Stoffe weisen die Nahordnung der Flüssigkeit, aber gleichzeitig die Starrheit des Festkörpers auf: *glasartiger Zustand*. Besonders die Oxide der Halbmetalle B und Si neigen zur Glasbildung. Das *Glas* im Sinne des alltäglichen Werkstoffs enthält in der Regel SiO$_2$ als Hauptkomponente im Gemisch mit einem oder meist mehreren der Oxide Al$_2$O$_3$, B$_2$O$_3$, MgO, CaO, Na$_2$O, K$_2$O. Bezüglich der Grenzflächenspannung kann man Gläser wie kristalline Festkörper behandeln.

Die Oberflächenspannung einer Flüssigkeit erniedrigt sich, wenn in ihr *amphiphile* Stoffe gelöst sind, d. s. solche, deren Moleküle aus einem Molekülteil bestehen, der mit dem Lösungsmittel anziehende Wechselwirkungen eingeht, und einem anderen Molekülteil mit abstoßenden Wechselwirkungen; ersteren Molekülteil nennt man *lyophil*, letzteren *lyophob*; ist Wasser das Lösungsmittel, so nennt man entsprechende Molekülteile *hydrophil* und *hydrophob*. Ein gegenüber Wasser typischerweise amphiphiler Stoff RX enthält einen hydrophoben Carbonhydrid-Rest R, an den eine hydrophile Gruppe wie X = $-COOH$, $-SO_3H$, $-OSO_3H$ etc. gebunden ist oder besser noch eine geladene Gruppe wie X = $-COO^-$, $-SO_3^-$, $-OSO_3^-$, $-NH_3^+$; im Falle geladener Molekülteile müssen dann noch Gegenionen wie Na^+ bzw. Cl^- im Wasser gelöst sein. Amphiphile Stoffe RX streben an die Oberfläche der Flüssigkeit, wo sie sich so anordnen, dass der lyophobe Molekülteil nach außen, der lyophile nach innen weist. Diese Anordnung an der Oberfläche verringert die Oberflächenspannung erheblich. In der Anwendung – z. B. bei Waschmitteln mit Wasser als Lösungsmittel – nennt man amphiphile Stoffe *Tenside*. Als besonders wichtiges Beispiel für ein Tensid sei das Natrium-(sulfonatophenyl)dodecan, $Na[C_{12}H_{25}-C_6H_4-SO_3]$, genannt, d. i. in der Praxis ein Isomerengemisch, in dem der Sulfonatophenyl-Rest vorwiegend in 1-, 2- oder 3-Stellung an das Dodecan-Skelett gebunden ist, und die Gruppe SO_3^- kann am Phenylen-Gerüst C_6H_4 in *ortho-*, *meta-* oder *para*-Stellung zu R stehen.

Gewisse Amphiphile sind in Wasser oder anderen polaren Lösungsmitteln so schwer löslich, dass sie sich ab einer gewissen Konzentration zu *globulären* (d. h. kugelförmigen) *Micellen* zusammenlagern, wobei die hydrophoben Enden der amphiphilen Moleküle nach innen, die hydrophilen Enden aber nach außen gerichtet sind und so mit dem Wasser in Wechselwirkung treten können. Bei noch höherer Konzentration können die globulären in *kolumnare* (d. h. röhrenartig zusammengelagerte) Micellen übergehen, in denen die hydrophoben Enden ins Röhreninnere weisen. Eine solche Ordnung der gelösten Moleküle verleiht der Lösung einen flüssigkristallinen Charakter; man spricht von *flüssigkristallinen lyotropen Phasen*; die Röhrenachsen können in Sonderheit noch nach einem trigonalen Muster geordnet sein. Anstelle der röhrenartigen ist auch eine schichtartige Zusammenlagerung der amphiphilen Moleküle bekannt, und zwar bilden sich Doppelschichten, in denen die hydrophoben Schichtseiten aneinandergrenzen; das Ordnungsprinzip derartiger *laminarer lyotroper Phasen* ist dem der smektischen flüssigkristallinen Phasen verwandt, nur dass es sich bei diesen um Einkomponentensysteme handelt. Schüttelt man eine nicht allzu hoch konzentrierte laminar lyotrope Lösung, so können die planaren Doppelschichten eine kugelige Gestalt annehmen; dabei sind die Kugeln nunmehr sowohl nach innen als auch nach außen mit hydrophilen Gruppen bewehrt und schließen mithin im Inneren Wasser ein. Derartige Doppelschichten haben Verwandtschaft mit biologischen Membranen und dienen als Modellsubstanzen für diese. Phasenumwandlungen im Sinne des Phasengesetzes, die ein Gleichgewicht zwischen den Phasen bei bestimmter Temperatur verlangen würden, liegen bei den lyotropen Phasen nicht vor; es handelt sich also nicht um Thermotropie.

4.4.2 Wechselwirkungen an Grenzflächen

Lagert oder handhabt man reine Feststoffe nicht unter extremem Vakuum oder unter einem ultrareinen Inertgas wie Argon, dann ist die Oberfläche mehr oder weniger der Luft, und damit der Einwirkung von O_2, H_2O und CO_2 als den reaktiveren der Luftbestandteile, ausgesetzt. An der Luft lagern die meisten festen Elemente, vor allem die Metalle und Halbmetalle, aber auch Nichtmetalle wie Carbon oder schwarzer Phosphor, an ihrer Oberfläche Oxid-Ionen (bei der Einwirkung von O_2) oder Hydroxid-Ionen (bei der Einwirkung von H_2O unter Freisetzung von H_2) an, wobei die Atome des festen Elements an der Oberfläche zum Ladungsausgleich in eine höhere Oxidationsstufe als null übergehen. Im Falle oxidischer Salze können Oxid-Ionen an der Oberfläche durch Anlagerung von H^+ (aus dem Wasserdampf der Luft) in Hydroxid-Ionen übergehen, und zum Ladungsausgleich verbinden sich die entsprechenden OH^--Ionen (aus dem Wasserdampf der Luft) mit Kationen an der Oberfläche; darüber hinaus kann auch O_2 aus der Luft mit Metalloxidoberflächen reagieren und zu einer Belegung der Oberfläche mit Oxid-Ionen führen, wenn das Metallion zum Ladungsausgleich in eine höhere Oxidationsstufe überzugehen vermag (z. B. $Fe^{2+} \rightarrow Fe^{3+}$). Man nennt die Belegung einer Oberfläche mit Fremdatomen vermöge starker chemischer Bindungen *Chemisorption*. Eine terminale Position der O^{2-}- oder OH^--Ionen ist dabei eher die Ausnahme, vielmehr stehen diese Ionen in der Regel in einer Brückenstellung und verbrücken zwei bis drei Kationen des Festkörpers. Im Falle der Chemisorption an Salze wird bei der Koordination der Kationen an der Oberfläche normalerweise das Strukturmuster des betreffenden Salzes kopiert.

Auch an der Oberfläche von Festkörpern, die aus Molekülen aufgebaut sind, können sich Fremdmoleküle anlagern, und zwar vermöge der schwächeren physikalischen Bindungen; man spricht von *Physisorption*. Vielfach belegt sich die Oberfläche durch nur eine Schicht von Molekülen: *monomolekulare Schicht*. Es kann sich aber auch über die erste Schicht eine zweite lagern (*bimolekulare Schicht*) usw. (*multimolekulare Schicht*). Vielfach sind an eine chemisorbierte Hydroxid-Schicht noch eine oder mehrere Wasserschichten physisorbiert.

Die Erscheinung der Chemi- und Physisorption nennt man zusammenfassend *Adsorption*. Der adsorbierende Feststoff heißt *Adsorbens*, der zu adsorbierende Stoff *Adsorptiv* und der schon adsorbierte Stoff *Adsorbat*. Im Gegensatz zur *Kohäsion*, die das Innere des Adsorbens zusammenhält, werden Adsorbens und Adsorbat an der Oberfläche durch *Adsorption* zusammengehalten.

Die Adsorption ist nicht nur auf die Wechselwirkung von Molekülen aus der Gasphase mit der Oberfläche von Festkörpern beschränkt. Vielmehr liegt Adsorption auch vor, wenn feste Oberflächen mit Molekülen oder Ionen aus einer flüssigen Lösung in Wechselwirkung treten. Bei gegebenem Adsorbens mit gegebener Oberfläche, gegebenem Adsorptiv und gegebener Temperatur gibt es eine maximale Stoffmenge n_0 an Adsorptiv, die adsorbiert werden kann, wenn der Partialdruck P bzw. die Stoffmengenkonzentration c an Adsorptiv in der Gasphase oder in der Lösung beliebig groß wird. Der Zusammenhang zwischen der adsorbierten Stoffmenge n und der Konzentration c an Adsorptiv ist in den meisten Fällen durch eine einfache Funktion gegeben, in der die Konstante k von der Temperatur und von der Natur des gegebenen Systems (also von Adsorbens, Adsorptiv und Lösungsmittel) abhängt (*Langmuir'sche Adsorptionsisotherme*):

$$\frac{n}{n_0} = \frac{k\,c}{1 + k\,c}$$

Wird c beliebig groß, dann nähert sich n dem Grenzwert $n = n_0$ asymptotisch an. Ist c dagegen sehr klein, dann gilt die lineare Beziehung $n/n_0 = k\,c$. Man beachte, dass es sich bei der Stoffmenge n um eine Gleichgewichtsmenge, den sog. *Sättigungswert*, handelt und dass die Funktion $n(c)$ nichts darüber aussagt, wie lange es dauert, bis der Sättigungswert erreicht wird.

Die Menge n an Adsorbat sinkt mit der Temperatur. Erhitzt man ein System mit adsorbierten Stoffen, so tritt die Umkehrung der Adsorption, die *Desorption*, also die Ablösung des Adsorbats von der Oberfläche ein.

Ein lehrreiches Beispiel ist die Adsorption von Wasser auf Glas. Die chemisorbierte Hydroxid- und die physisorbierte Wasserschicht macht Glasoberflächen hydrophil. Füllt man Wasser in ein Glasrohr ein, so steigt das Wasser an der Rohrwandung durch adsorptive Wechselwirkung ein wenig hoch, gemessen an der ansonsten planaren Grenzfläche Wasser/Luft, und es bildet sich am Rand ein nach unten gewölbter Meniskus. Diese adsorptive Wechselwirkung wird noch augenfälliger, wenn man das Glasrohr zur Kapillare verengt. In einer nach oben offenen Kapillare, die in ein Wasserreservoir eintaucht, steigt das Wasser entgegen der Schwerkraft nach oben, d. h. der nach unter gewölbte Meniskus liegt höher als die Wasserhöhe im Reservoir; außerdem erstreckt sich die Wölbung jetzt über den gesamten Meniskus und nicht nur − wie beim weiten Rohr − über den Randbereich. Beim System Glas/Quecksilber liegen die Verhältnisse genau umgekehrt: Quecksilber und die Glasoberfläche stoßen sich ab, die Wechselwirkungen sind also negativ, sodass sich am Rand eines mit Quecksilber gefüllten Glasrohrs ein nach oben gewölbter Meniskus einstellt, und in einem zum Glas/Wasser-Versuch analogen Experiment liegt der nach oben gewölbte Meniskus in der Kapillare relativ zur Reservoiroberfläche weiter unten.

Eine spezielle Adsorption kann an Festkörpern auftreten, wenn sie mit einer Lösung wechselwirken, die Ionen enthält. Ein typisches Beispiel ist gegeben, wenn ein Metall in eine wässrige Lösung eintaucht, in der Kationen desselben Metalls gelöst sind. Solche Kationen haben eine Tendenz, an der Oberfläche des Metalls adsorbiert zu werden mit der Folge, dass die positiven Ladungen oder − anders ausgedrückt − die Elektronenlücken nicht nur in der adsorbierten Schicht lokalisiert, sondern mehr oder weniger über den gesamten Metallbereich delokalisiert sind. Es handelt sich um eine chemisorbierte sog. *starre Schicht*. Das nunmehr positiv geladene Metall umgibt sich in einem solchen Fall mit einem Teil der in der Lösung überschüssigen Anionen in einer eher lockeren elektrostatischen Bindung. Diese Anionen unterliegen einem stetigen Austausch mit den freien Anionen in der

Lösung. Man nennt diese Anionschicht die *diffuse Schicht* und beide Schichten zusammen die *elektrochemische Doppelschicht*.

Adsorption spielt im täglichen Leben und in der technischen Anwendung eine bedeutende Rolle. Eine unerwünschte Adsorption liegt der Belegung von Oberflächen mit Staubteilchen aus der Luft, also mit Schmutz, zugrunde, ebenso dem Rosten eisenhaltiger Materialien. Umgekehrt kann Adsorption nützlich sein. Das anwendungstechnisch wichtigste Adsorbens ist − neben Kieselgel, Aluminiumoxid u. a. − die *Aktivkohle*, die aus mikroskopisch kleinen Graphit-Kristalliten bis hin zu *amorphem* (also nichtkristallinem) Carbon besteht. Aktiv sind solche Adsorbentien, wenn sie eine möglichst große Oberfläche haben, wenn man sie also möglichst feinkörnig zerteilt. (Man mache sich klar, dass die Oberfläche von 6 cm^3 eines Würfels der Kantenlänge 1 cm in eine Oberfläche von 60 m^2 übergeht, wenn man den Würfel in 10^{15} gleich große Würfelchen der Kantenlänge 100 nm zerteilt.) Man kann mit Adsorbentien wie Aktivkohle beispielsweise unliebsame feste oder gasförmige Bestandteile aus der Luft oder aus anderen Gasströmen herausfiltern (Anwendung in Gasmasken, Zigarettenfiltern etc.), oder man kann Giftstoffe oder unerwünschte Bakterien im Magen-Darm-Trakt an Aktivkohle binden.

Viele Verbindungen lassen sich weit oberhalb ihres Siedepunkts aus gasförmigen Gemischen entfernen, also kondensieren, wenn man ihnen ein porenreiches Material anbietet, an das sie sich adsorbieren können. Man nennt dies *Kapillarkondensation*. Das einfachste Mittel, solche Stoffe wieder in die Gasphase zurückzubefördern, sie also zu *desorbieren*, besteht darin, das Adsorptionssystem über die Temperatur hinaus zu erhitzen, bei der die Stoffe adsorbiert wurden.

Nützlich wird die Chemisorption, wenn Werkstücke aus einem Metall, dessen Reaktion mit Oxygen hohe Triebkraft hat, an ihrer Oberfläche eine so dichte Oxidschicht bilden, dass das Werkstück an der Luft metastabil bleibt (*Passivierung*). Eine wegen ihrer Dicke und Härte besonders schützende Oxidschicht kann man künstlich erzeugen, indem man metallische Werkstoffe, anstatt sie der Luft auszusetzen, anodisch oxidiert (s. Abschnitt 5.3). Beim Aluminium (*Eloxal-Verfahren*), aber auch bei anderen Metallen oder Legierungen spielt dies eine besondere Rolle.

Nützliche Adsorptionsvorgänge spielen sich auch beim *Waschvorgang* ab. Textilfasern, an die Schmutzteilchen, z. B. Öl, adsorbiert sind, werden von der *Waschflotte*, d. i. eine wässrige Lösung oder Suspension, die neben Tensiden noch Bleichmittel, Aufheller, Enzyme u. Ä. enthält, benetzt; schon diese *Benetzung* ist ein Adsorptionsvorgang. Die Tenside umschließen mit ihren nach außen gerichteten hydrophoben Enden die hydrophoben Schmutzteilchen und bilden schließlich kugelförmige Micellen mit nach außen ragenden hydrophilen Tensidenden, sodass die Micellen in die wässrige Lösung wandern können und die Schmutzteilchen damit von der Textilfaser entfernt sind.

Technisch bedeutsam ist die Adsorption im Vorfeld der Schwermetallgewinnung, wenn die *Erze* (d. s. die Schwermetall enthaltenden Minerale) von der *Gangart* (d. s. unerwünschte, nicht schwermetallhaltige, mineralische Beimengungen der Erze) durch *Flotation* getrennt werden. Die Gangart − sehr oft Silicate, Phosphate und ähnliche ternäre salzartige Verbindungen – hat eine hydrophile Oberfläche, sodass sich die Gangartpartikeln zwar nicht in Wasser lösen, aber von Wasser durch adsorptive Wechselwirkung benetzt werden. Die Erze sind entweder hydrophob – wie etwa im Allgemeinen die als Erze besonders wichtigen Metallsulfide – oder sie werden durch den Zusatz von *Flotationsmitteln*, die an der Oberfläche der Erzpartikeln adsorbiert werden, hydrophob gemacht. Mahlt man nun das Erz/Gangart-Gemenge fein (Korngröße: 0.01–0.5 mm), suspendiert das Mahlgut in Wasser und leitet Luft durch die Suspension, dann setzt sich die Gangart am Boden ab, die hydrophoben Erzpartikeln aber sammeln sich an der Phasengrenze zwischen den Luftblasen und dem Wasser und bilden einen Schaum, der von den Luftblasen nach oben getragen wird und abgeschöpft werden kann, obwohl das Erz im Allgemeinen schwerer ist als die Gangart.

4.4.3 Phasenübergänge

Eine Flüssigkeit siedet, wenn sich Dampfblasen im Inneren bilden. Die bei der Blasenbildung zusätzlich entstehende Flüssigkeitsoberfläche erfordert den Aufbau einer entsprechenden Oberflächenspannung. So kommt es, dass Flüssigkeiten am Siedepunkt nicht immer sieden, und beim Erhitzen über den Siedepunkt hinaus kann es dann zur schlagartigen Dampfbildung, dem unliebsamen *Siedeverzug*, kommen. Erleichtert wird die Dampfbildung durch oberflächenreiche Gefäßwände oder durch den Zusatz oberflächenreicher Festkörper (*Siedesteinchen*). Auch Druckwellen, hervorgerufen z. B. durch Ultraschall, sind zur Einleitung des Siedeprozesses nützlich.

Umgekehrt kann ein Gas am Siedepunkt nicht ohne Weiteres zur Flüssigkeit kondensieren. Bildeten sich tatsächlich kleine Tröpfchen als Keime größerer, so hätten sie einen höheren Dampfdruck als der dem Siedepunkt definitionsgemäß zugrunde liegende Normaldruck. Zur Kondensation kann es aber kommen, wenn die betreffenden Gasmoleküle an festen Oberflächen adsorbiert werden, um dort zu Keimen für Tröpfchen stabiler Größe heranzuwachsen. Bei der Kondensation von Wasserdampf in der Atmosphäre, also bei der Bildung von Nebel oder von Regentropfen, sind normalerweise Staubpartikeln mit im Spiel, an denen Flüssigkeitskeime entstehen können.

Auch das Kristallisieren von Schmelzen ist oft gehemmt, sodass sich *unterkühlte Schmelzen* bilden, und dies kann zur Bildung von *Gläsern* führen, die beliebig langsam oder überhaupt nicht mehr kristallisieren. Ebenso gehemmt kann die Kristallisation eines Stoffes aus einer flüssigen Lösung heraus sein. Dies beruht darauf, dass mikroskopisch kleine Kristallkeime einen höheren Lösungsdruck haben als makroskopische Kristalle, und zwar als Folge der relativ großen Oberfläche und der damit einhergehenden großen Oberflächenspannung kleiner Partikeln. Weniger gehemmt ist in der Regel das Wachsen von Kristallen aus der Gasphase heraus. Die Beförderung einer kristallinen, verunreinigten Verbindung bei genügend hoher

Temperatur in die Gasphase und die Abscheidung des Gases an kühlen Flächen in Form von Kristallen, die *Sublimation*, ist ein bewährtes Reinigungsverfahren.

Eine elegante Verfeinerung der Sublimation ist die *Transportreaktion*: Man bringt einen hoch siedenden Feststoff, z. B. ein Metall, dadurch in die Gasphase, dass man ihn mit einem *Transportmittel*, im Falle eines Metalls mit einem Nichtmetall, zu einer flüchtigen Verbindung umsetzt, die sich dann in einer entsprechend heißen Zone der Apparatur wieder in den nunmehr reinen kristallinen Feststoff und das Transportmittel, das für den Prozess erneut zur Verfügung steht, zersetzt. Beispielsweise reinigt man Titan mit Iod als Transportmittel, indem man bei 500 °C das Tetraiodid gewinnt ($Ti + 2\,I_2 \rightarrow TiI_4$), um dieses dann bei 1600 °C in Umkehrung der Bildungsgleichung wieder zu zersetzen (*Verfahren von van Arkel und de Boer*). Im Prinzip genügt für dieses Verfahren ein geschlossenes Rohr, an dessen einem Ende bei bestimmter Temperatur das Transportmittel angreift, um am heißeren anderen Ende wieder freigesetzt zu werden. Bringt man einen dünnen Wolframfaden, der in eine evakuierte Glaskugel eingeschmolzen ist, durch Stromdurchfluss zur Weißglut, so verdampft das Wolfram, scheidet sich an der kalten Glaswand ab und der Faden reißt; in Gegenwart von etwas Iod aber reagiert das verdampfte Wolfram mit dem Iod zu Iodiden, die sich am heißen Faden zersetzen und so die dünnen Fadenteile wieder zu normaler Dicke aufstocken (Prinzip der Halogenlampe).

Das Wachsen von Kristallen auf rauhen Unterlagen ist weniger gehemmt als auf glatten, und besonders günstig ist es, wenn die feste Unterlage eine Struktur hat, die dem zu wachsenden Kristall kristallographisch verwandt ist. Das künstliche Aufwachsen von Kristallen, dem *Gast*, auf Feststoffen, dem *Wirt*, die sog. *Epitaxie*, wird technisch genutzt. Auch in der Natur kann man Verwachsungen ähnlich gebauter Minerale beobachten (z. B. Hämatit auf Ilmenit, Pyroxen auf Amphibol etc.). Ein probates Mittel, um im Labor eine Kristallisation eines Stoffes aus Lösungen zu erzwingen, ist der Zusatz kleiner Kriställchen des Stoffes, sog. *Impfkristalle*, an denen die weitere Kristallisation ansetzt. Oft ist auch ein Kratzen an der Gefäßwand nützlich, wenn dies eine Aufrauhung der Wand und damit die Schaffung einer reaktiven Oberfläche bewirkt.

Für die Keimbildung ist es günstig, bei möglichst tiefer Temperatur zu arbeiten, da dann der Schmelz- bzw. Lösungsdruck der Kristalle gering ist. Für das Keimwachstum gilt das Umgekehrte, sodass es für das Kristallisieren fester Stoffe eine optimale Temperatur gibt. Will man wenige große Kristalle haben, dann sollte die *Keimbildungszahl* klein und die *Keimwachstumsgeschwindigkeit* groß sein, und die Temperatur sollte höher eingestellt werden, als wenn man aus der gleichen Menge viele kleine Kristalle gewinnen will. Die Geschwindigkeit des Keimwachstums hängt von der Geschwindigkeit des Stofftransports zum gebildeten Kristallkeim, aber auch von der Geschwindigkeit des Abtransports der Schmelzwärme ab. Darüber hinaus ist es energetisch ungünstiger, wenn eine neue Gitterebene im wachsenden Kristall aufzubauen ist, als wenn an einer bestehenden Gitterebene weitergebaut werden kann, weil der Neuaufbau einer Gitterebene zu einer Vermehrung von

Kanten und Ecken und damit zu vermehrter Grenzflächenenergie führt. Schließlich können auch noch das flüssige Lösungsmittel oder aber − bei einer Abscheidung aus der Gasphase − weitere Komponenten der Gasphase insoweit eine Rolle beim Kristallwachstum spielen, als sie an die kristallographisch verschiedenen Kristallflächen unterschiedlich stark adsorbiert werden. So kann man beispielsweise erreichen, dass ein NaCl-Kristall, der aus einer wässrigen Lösung in Form von Würfeln kristallisiert, im Habitus eines Oktaeders abgeschieden wird, wenn man dem Wasser geeignete Adsorptive zumischt.

Betrachten wir jetzt die Auflösung gasförmiger, flüssiger oder fester Stoffe in einer *Flüssigkeit*. Direkt an der Phasengrenze stellt sich dann im Solvens die Sättigungskonzentration c_0 an Gelöstem ein, und in der Richtung x senkrecht zur Phasengrenze besteht ein Konzentrationsgefälle $-\mathrm{d}c/\mathrm{d}x$. Die in der Zeiteinheit pro Einheit der Phasengrenzfläche q gelöste Stoffmenge n nennt man den *Diffusionsstrom J*. Er ist dem Konzentrationsgefälle gemäß der Beziehung

$$J = \frac{\dfrac{\mathrm{d}n}{\mathrm{d}t}}{q} = -D\,\frac{\mathrm{d}c}{\mathrm{d}x}$$

proportional mit dem *Diffusionskoeffizienten D* als Konstante. Der Koeffizient D ist umso größer, je kleiner die innere Reibung des Solvens, je kleiner die Größe der gelösten Teilchen und je höher die Temperatur ist. Typische Werte von D beispielsweise für die Auflösung diverser Stoffe in Wasser bei 25 °C betragen:

Stoff:	Dihydrogen	Dioxygen	Carbondioxid	Methan	Aceton	Glucose
$D/10^{-9}\,\mathrm{m^2\,s^{-1}}$:	5.11	2.42	1.91	1.49	1.28	0.67

Man kann die Geschwindigkeit $\mathrm{d}n/\mathrm{d}t$ der Auflösung durch Rühren der Lösung beschleunigen, sodass im Inneren der Lösung mit dem Volumen V eine einheitliche Konzentration c an gelöstem Stoff besteht, die mit der Zeit bis hin zum Sättigungswert c_0 ansteigt, sofern eine genügend große Menge an zu lösendem Stoff bereitsteht. Auch hier bildet sich an der Phasengrenze eine *Grenzschicht* der Dicke x_0 mit einer von c_0 nach c abfallenden Konzentration, wobei dieser Abfall oft linear verläuft: $\mathrm{d}c/\mathrm{d}x = -(c_0 - c)/x_0$. Es ergibt sich mit $\mathrm{d}n = V\mathrm{d}c$:

$$J = \frac{\dfrac{\mathrm{d}n}{\mathrm{d}t}}{q} = D\,\frac{c_0 - c}{x_0}$$

und

$$\frac{\mathrm{d}c}{c_0 - c} = \frac{D\,q}{V\,x_0} \cdot \mathrm{d}t$$

Die Integration zwischen den Grenzen $t = 0$ ($c = 0$) und $t(c)$ erbringt ein Geschwindigkeitsgesetz 1. Ordnung:

$$\ln \frac{c_0 - c}{c_0} = -\frac{D\,q}{V\,x_0}\,t$$

Die Auflösung von Stoffen in *Feststoffen* gehorcht ähnlichen Gesichtspunkten, verläuft aber bei Normaltemperatur beliebig langsam. Schon bei 300 °C jedoch kann sich beispielsweise Zink mit endlicher Geschwindigkeit in Blei lösen. Die Auflösung von Carbon in festem Eisen oberhalb von 1000 °C spielt eine technische Rolle.

4.4.4 Heterogene chemische Reaktionen

Unter den Reaktionen von *Gasen mit Feststoffen* ist die Reaktion von Metallen mit dem Oxygen der Luft eine besonders wichtige. Zunächst bildet sich auf der Metalloberfläche ein Oxidfilm mehr oder weniger geringer Dicke. Damit die Reaktion weitergehen kann, müssen Metallatome durch die Oxidschicht hindurchdiffundieren, ein im Allgemeinen langsamer Vorgang. Er hängt von der Größe der Metallatome ab, aber auch von der Größe der Lücken in der Oxidschicht. Die Wanderung von Oxid-Ionen in das Innere des Metalls unter gleichzeitigem Elektronentransfer an die Oberfläche ist wegen der dichten Metallpackung weniger günstig. Sowohl die Erhöhung der Temperatur als auch die Erhöhung der Feinkörnigkeit und damit der Oberfläche des Metalls erhöht die Reaktionsgeschwindigkeit. In vielen Fällen kommt die Reaktion mit O_2 nach der Ausbildung einer zusammenhängenden Oxidschicht auf der Metalloberfläche ganz zum Stillstand, obwohl die vollständige Umsetzung thermodynamisch günstig wäre, also mit hoher Triebkraft verliefe (*Passivierung*; s. Abschnitt 4.4.2).

Ein gutes Beispiel für die Reaktion von *Gasen mit Flüssigkeiten* ist die Bildung von Hydrogencarbonat HCO_3^- bei der Umsetzung von CO_2 mit einer wässrigen Lösung, die OH^--Ionen enthält (z. B. infolge der Auflösung des Salzes NaOH in Wasser): $CO_2 + OH^- \rightarrow HCO_3^-$. An der Oberfläche verläuft die Reaktion spontan unter Verbrauch von OH^--Ionen. Die Geschwindigkeit wird durch den Transport von OH^--Ionen zur Oberfläche, dem Abtransport von HCO_3^--Ionen von der Oberfläche und vom Transport der CO_2-Moleküle aus der Gasphase in die Lösung bestimmt. Ähnlich verhält es sich bei der Reaktion des Gases NH_3 mit H^+-Ionen in einer wässrigen Lösung gemäß $NH_3 + H^+ \rightarrow NH_4^+$.

Bei den bisher besprochenen Beispielen war die eigentliche Reaktion schnell; die Geschwindigkeit war vielmehr durch den Stofftransport vom und zum Reaktionsort bestimmt. Auch der umgekehrte Fall kann eintreten. Einem besonders wichtigen, aber auch besonders komplizierten technischen Prozess begegnen wir bei der Gewinnung von Stahl aus Roheisen nach dem hierfür heute vorwiegend praktizierten *LD-Verfahren*. Es geht darum, die im Roheisen enthaltenen Elemente C, Si, P, Mn, S u. a. teils vollständig, teils weitgehend zu entfernen. Hierzu bläst man reines

Oxygen unter einem Druck von $6-10$ bar in eine Roheisenschmelze ($50-400$ t) ein, deren Temperatur im Inneren des riesigen Tiegels $2500-3000\,°C$ beträgt, und zwar durch eine von oben in die Schmelze eintauchende, wassergekühlte sog. *Lanze*. Es entstehen im Wesentlichen die Oxide CO, CO_2, SiO_2, P_2O_5, MnO und SO_2 neben etwas FeO. Durch Zugabe von Kalkstein, $CaCO_3$, der bei der herrschenden Temperatur spontan in CaO und CO_2 zerfällt, werden die Oxide SiO_2 und P_2O_5 in eine Schlacke übergeführt, die auf der Schmelze schwimmt und von ihr abgetrennt werden kann; sie enthält Calciumsilicate und -phosphate neben Metalloxiden. Der Strom von O_2 und die entstehenden Gase verwirbeln das Schmelzgut und die Gase so heftig, dass der Stofftransport für die Geschwindigkeit des Prozesses eine geringere Rolle spielt als die ablaufenden Reaktionen selbst. Die Elemente Si und Mn reagieren zuerst mit O_2, dann erst folgt C. Glücklicherweise erfolgt die Bildung von FeO aus Fe besonders langsam, sodass nicht viel Eisen verloren geht. Der ganze Prozess dauert 10 bis 20 min.

4.4.5 Heterogene Katalyse

Die Temperaturabhängigkeit einer nicht katalysierten Gasreaktion möge gemäß $\log k = \log A - E_A/T$ der Arrheniusgleichung folgen. Vielfach findet man, dass die Gerade $\log k$ gegen $1/T$ bei abnehmender Temperatur mehr oder weniger abrupt einen flacheren Verlauf annimmt. Offenbar kommt ein neuer Reaktionsverlauf mit kleinerer Aktivierungsenergie E_A und kleinerem präexponentiellem Faktor A zum Zuge, also mit einer ungünstigeren Aktivierungsentropie. Die Erklärung ist, dass bei tieferer Temperatur an der Gefäßwand adsorbierte Moleküle miteinander reagieren, während Stöße in der Gasphase unwirksam werden. Die Gefäßwand wirkt also unter Herabsetzung der Aktivierungsenergie gleichsam als ein nicht der Gasphase angehörender Katalysator (*heterogene Katalyse*).

Der gezielte Einsatz fester Stoffe als Katalysatoren von Gasreaktionen hat größte technische Bedeutung. Zwei Sorten fester Stoffe haben sich dabei bewährt, zum einen Übergangsmetalle der Gruppen $8-10$ (vor allem Fe, Ru, Rh, Ni, Pd, Pt, Cu sowie gewisse Legierungen aus diesen), zum anderen Oxide (z. B. von Al, Si, V u. a.).

Metalle sind umso wirksamer, je größer ihre Oberfläche ist. Im Falle der Edelmetalle fallen diese als äußerst feine oberflächenreiche, schwarze Pulver an (im Falle von Pt als das sog. *Platinmohr*), wenn man gewisse Verbindungen thermisch zersetzt, also z. B. $(NH_4)_2[PtCl_6] \rightarrow Pt + 2\,NH_4Cl + 2\,Cl_2$. Häufiger bindet man Metalle als mikroskopisch kleine Festkörperkörner an die Oberfläche eines *Trägermaterials*. Als solches eignen sich ganz besonders die weniger dichte und an der Oberfläche reaktivere Modifikation von Al_2O_3, nämlich die γ-Form, sowie das in Abschnitt 3.6.4 beschriebene Kieselgel; auch porenreiche Alumosilicate werden als Trägermaterialien eingesetzt.

Der klassische Katalysator für *Hydrierungen* (d. i. die Addition von H_2 an ungesättigte Stoffe) ist Nickel. Das H_2-Molekül wird zunächst an der Ni-Oberfläche physisorbiert, um dann gespalten zu werden, sodass H-Atome an die Metalloberfläche vermöge lockerer Ni—H-Bindungen chemisorbiert sind. Die lockere Bindung erlaubt den H-Atomen ein Vagabundieren auf der Oberfläche von Ni- zu Ni-Atom. Der zu hydrierende Stoff wird ebenfalls locker an Ni chemisorbiert, also z. B. $RCH=CH_2$ über eine NiCC-(3c2e)-Bindung. Es folgt die eigentliche Reaktion, die im Falle der Hydrierung von Alkenen über einen an Ni gebundenen Alkylrest, $Ni—CH_2—CH_2R$, schließlich zum physisorbierten Alkan $RCH_2—CH_3$ und nach dessen Desorption zum freien Alkan führt.

Eine wichtige Hydrierung ist die von N_2 (*Haber-Bosch-Verfahren* zur Ammoniaksynthese) mit Fe als Katalysator. Fein verteilte Partikeln von α-Eisen erzeugt man, indem man einen Überschuss von Fe_2O_3 oder auch Fe_3O_4 mit einer Mischung aus Al_2O_3, MgO, CaO und K_2O bei 1500 °C zum Schmelzen bringt, die erstarrte Schmelze mahlt und das körnige Mahlgut bei 400 °C unter 300 bar Druck mit H_2 umsetzt; dabei wird von den fünf Oxiden nur das Eisenoxid zum Metall reduziert. Die mikroskopisch kleinen Metallpartikeln sind in die erstarrte Oxidschmelze so eingebettet, dass auch bei der hohen Temperatur der Ammoniaksynthese von 500 °C die Metallpartikeln auf der Oberfläche des Materials nicht durch *Sintern* ihre katalytische Aktivität verlieren; die Metallpartikeln im Inneren des Katalysators bleiben inaktiv. Noch wirksamer als Fe, wenn auch teurer, ist Ru, wenn man es in MgO und BaO einbettet. Der entscheidende Reaktionsschritt auf der Katalysatoroberfläche ist die Dissoziation von physisorbierten N_2-Molekülen in chemisorbierte N-Atome, die dann mit den auf der Metalloberfläche leicht beweglichen H-Atomen über die adsorbierten Spezies NH und NH_2 zu NH_3 abreagieren.

Platin erweist sich u.a. bei *Oxygenierungen* (d. s. die Umsetzungen mit O_2) als nützlicher Katalysator. Sehr oft wird auch eine Legierung aus Pt mit wenig Rh angewendet. Als *Autoabgaskatalysator* wird Pt auf γ-Al_2O_3 oder auch auf gewisse Alumosilicate (z. B. $(Mg,Fe)_2[Al_4Si_5O_{18}]·nH_2O$, *Cordierit*) als Trägermaterial aufgebracht und besorgt dort die Oxygenierung unverbrauchter Carbonhydride zu CO_2 und H_2O und von CO zu CO_2 und katalysiert nebenbei noch den Zerfall von NO und NO_2 in N_2 und O_2. Eine heikle Funktion übt Pt bei der Oxygenierung von NH_3 aus (*Ostwald-Verfahren*). Dabei soll (neben H_2O) NO entstehen (das dann in Folgeschritten über NO_2 in Salpetersäure HNO_3 übergeführt wird), obwohl die Oxygenierung von NH_3 zu N_2 (und H_2O) thermodynamisch bevorzugt ist und ebenfalls von Pt katalysiert wird. Das NO ist ja eine bei Raumtemperatur metastabile Verbindung, und dass ihr Zerfall in N_2 und O_2 von Platin katalysiert wird, lehrt dessen Verwendung als Autoabgaskatalysator. Die Bildung von NO am Platinkontakt kann aber dennoch erreicht werden, wenn die Gase NH_3 und O_2 den Katalysator nur kurze Zeit (ca. 10^{-3} s) berühren. Ein Festbett aus Trägermaterial und Katalysator wäre hier ganz ungeeignet, vielmehr benutzt man überaus feinmaschige Netze (1024 Maschen pro cm^2) aus dünnem Pt-Draht (Durchmesser: 0.07 mm), von denen man mehrere hintereinanderschaltet und den Gasstrom bei 820−950 °C mit großer Geschwindigkeit hindurchbläst. Dieses ausgeklügelte Verfahren führt unter Überlistung der Thermodynamik zu einer Ausbeute an NO von maximal 98 %.

Unter den oxidischen Katalysatoren hat das Vanadium(V)oxid, V_2O_5, auf Kieselgur als Trägermaterial Bedeutung, weil es die Oxygenierung von SO_2 zu SO_3 bei ca. 500 °C katalysiert (*Kontaktverfahren*), d. i. der wichtigste Schritt bei der Herstellung von Schwefelsäure H_2SO_4. Der Katalysezyklus besteht aus zwei Teilreaktionen: $V_2O_5 + SO_2 \rightarrow V_2O_4 + SO_3$ sowie $V_2O_4 + 1/2 \, O_2 \rightarrow V_2O_5$; zusammenaddiert ergibt sich die Gesamtreaktion.

Aluminiumoxid, γ-Al_2O_3, gilt als *Dehydratisierungskatalysator*, d. h. es erleichtert die thermische Eliminierung von Wasser, beispielsweise aus Alkoholen: $RCH_2-CH_2-OH \rightarrow RCH=CH_2 + H_2O$. Erhitzt man dieselben Alkohole dagegen in Gegenwart von Kupfer als Katalysator, so erleiden sie eine *Dehydrierung* (d. h. eine Eliminierung von H_2) zum entsprechenden Aldehyd: $RCH_2-CH_2-OH \rightarrow RCH_2-CH=O + H_2$. So lassen sich also Parallelreaktionen, hier die thermische Dehydratisierung und Dehydrierung von Alkoholen, mithilfe des jeweils geeigneten Katalysators in die eine oder andere Richtung dirigieren.

Spielt sich bei den bisherigen Beispielen die Katalyse auf der Oberfläche des festen Katalysators ab, so bieten die von Kanälen durchsetzten *Zeolithe* die Möglichkeit, einen katalytischen Prozess im Inneren eines Festkörpers in Gang zu setzen. Eine *Säurekatalyse* lässt sich erreichen, indem man Zeolithe mit *Mineralsäuren* (s. Abschnitt 5.2) behandelt und dabei Metallkationen, wie z. B. Na^+, im Zeolithinneren durch H^+ substituiert. Diese H-Ionen sind an O-Ionen gebunden, und beim Erhitzen auf eine Temperatur oberhalb von 400 °C kann man aus solchen sauren Zeolithen Wasser abspalten; dabei entstehen koordinativ ungesättigte Al-Gerüstatome, die als lewissaure Zentren (s. Abschnitt 5.1) ebenfalls katalytische Aktivität entfalten können. Tauscht man Na^+- gegen Pt^{2+}-Ionen aus und reduziert diese anschließend mit H_2 zu Pt-Atomen, dann können auch diese im Zeolithinneren adsorbierten Atome katalytisch wirksam werden. Weiterhin hat man es in der Hand, bei der Synthese der künstlichen Zeolithe deren Hohlräume so zu gestalten, dass für bestimmte Edukt- oder Produktmoleküle die geeignete Passform vorgegeben und der Kontakt zu den katalytischen Zentren in idealer Weise gewährleistet ist. Beispiele für die Anwendung geeignet bearbeiteter Zeolithe in der chemischen Technik bieten u. a. folgende Prozesse: (a) Die thermische Spaltung höherer Carbonhydride, beispielsweise nach der Gleichung $C_{2n}H_{4n+2} \rightarrow C_nH_{2n+2} + C_nH_{2n}$, das sog. *Cracken*, spielt bei der Raffination von Erdöl eine Rolle; führt man den Prozess in Gegenwart von H_2 durch, dann werden gleichzeitig Alken-Bruchstücke zu den entsprechenden Alkanen hydriert (*Hydrocracken*). (b) Methanol lässt sich katalytisch an Zeolithen in Alkene überführen: n $CH_3OH \rightarrow C_nH_{2n} + n \, H_2O$ (n = 2−4; *MTO-Prozess*). (c) Die säurekatalysierte Isomerisierung von *meta*- in *para*-Xylen an geeigneten Zeolithen illustriert deren formgebende Wirkung.

5 Säure/Base- und Redoxreaktionen

5.1 Transfer geladener Teilchen

Die geladenen Partikeln, deren Transfer hier betrachtet werden soll, sind in erster Linie Elektronen (e) und Hydronen (H^+), daneben auch gewisse Anionen, nämlich insbesondere Fluorid (F^-) und Oxid (O^{2-}).

5.1.1 Elektronentransfer

Ein typisches Beispiel für den Transport oder *Transfer* von Elektronen bietet die Reaktion von Co^{3+}- mit Fe^{2+}-Ionen in wässriger Lösung:

$$Co^{3+} + Fe^{2+} \rightarrow Co^{2+} + Fe^{3+}$$

Hier wirkt Co^{3+} als *Elektronenakzeptor* gemäß der fiktiven (d. h. experimentell nicht verifizierbaren und daher als gedankliches Modell aufzufassenden) *Halbreaktion*

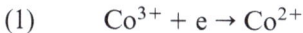

(1) $\qquad Co^{3+} + e \rightarrow Co^{2+}$

und Fe^{2+} als *Elektronendonator* gemäß

(2) $\qquad Fe^{2+} \rightarrow Fe^{3+} + e$

Allgemein bezeichnet man Elektronenakzeptoren auch als *Oxidationsmittel* (abgekürzt: Ox) und Elektronendonatoren als *Reduktionsmittel* (abgekürzt: Rd). Eine Halbreaktion mit den zu transportierenden Elektronen auf der linken Seite, wie etwa die Halbreaktion (1), nennt man eine *Reduktion* (die Oxidationszahl von Ox wird *reduziert*), die damit korrespondierende Halbreaktion mit den Elektronen auf der rechten Seite, wie etwa die Halbreaktion (2), eine *Oxidation* (die Oxidationszahl von Rd wird erhöht). Die Paare Co^{3+}/Co^{2+} und Fe^{3+}/Fe^{2+} bezeichnet man jeweils als *korrespondierende Redoxpaare*; dabei ist man übereingekommen, bei Nennung und insbesondere bei der Tabellierung von Redoxpaaren das Oxidations- vor dem Reduktionsmittel zu nennen. Die Gesamtreaktion als Summe der Halbreaktionen ist eine *Redoxreaktion*. Verallgemeinert nehmen an jeder Redoxreaktion die beiden korrespondierenden Redoxpaare Ox_1/Rd_1 und Ox_2/Rd_2 teil, und je nachdem, in welcher Richtung die Redoxreaktion läuft, muss man bei der Aufstellung der Gesamtgleichung eines der Redoxpaare in der Reihenfolge umdrehen. Reaktionen wie die Beispielreaktion gehören zu den einfachen Redoxreaktionen. Sie verlaufen beim Umsatz von n mol Elektronen beim Formelumsatz nach dem allgemeinen Schema:

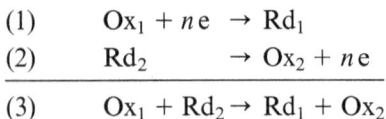

(1) $Ox_1 + n\,e \rightarrow Rd_1$

(2) $Rd_2 \qquad \rightarrow Ox_2 + n\,e$
___
(3) $Ox_1 + Rd_2 \rightarrow Rd_1 + Ox_2$

Kompliziertere Redoxreaktionen kommen zustande, wenn es sich bei den Reaktionspartnern nicht um einfache Metallkationen (wie die hydratisierten Kationen der Beispielreaktion), sondern um Moleküle oder um Molekülkationen oder -anionen handelt. Als einfaches Beispiel sei die Oxidation von Na mit H_2O in Form der Reaktionsgleichung (3) und der Gleichungen der entsprechenden Halbreaktionen (1) und (2) angeführt:

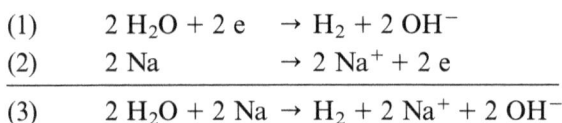

(1) $2\,H_2O + 2\,e \quad \rightarrow H_2 + 2\,OH^-$

(2) $2\,Na \qquad\quad \rightarrow 2\,Na^+ + 2\,e$
___
(3) $2\,H_2O + 2\,Na \rightarrow H_2 + 2\,Na^+ + 2\,OH^-$

Beim Redoxpaar Na^+/Na ist der zugrunde liegende Elektronentransfer sofort erkennbar, beim Redoxpaar H_2O/H_2 jedoch erst, wenn man die Oxidationszahlen heranzieht: H^I im H_2O- geht über in H^0 im H_2-Molekül. Wir haben in Abschnitt 2.6.3 die Oxidationszahl als fiktive Ionenladung kennengelernt, die auf das formale Zerlegen eines Moleküls in Ionen nach Maßgabe der Elektronegativitätsunterschiede zurückgeht. Insofern haftet dem Aufspüren von Molekülen als Oxidations- oder Reduktionsmittel etwas Formales an. Allgemein lässt sich also eine Redoxreaktion so definieren, dass sich bei ihr die Oxidationszahl eines der im Oxidationsmittel enthaltenen Elemente reduziert und die Oxidationszahl eines der im Reduktionsmittel enthaltenden Elemente erhöht, sodass Elektronen vom Reduktions- zum Oxidationsmittel fließen.

Dies gilt auch für Redoxreaktionen, die in Mehrphasensystemen ablaufen. Nehmen wir als Beispiel die der Verhüttung von Eisenerz vorwiegend zugrunde liegende Dreiphasenreaktion,

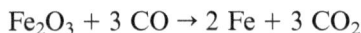

$$Fe_2O_3 + 3\,CO \rightarrow 2\,Fe + 3\,CO_2$$

dann ist eine Zerlegung in fiktive Halbreaktionen nicht sehr sinnvoll, aber es sind zwei korrespondierende Redoxpaare beteiligt, nämlich Fe_2O_3/Fe und CO_2/C oder − verkürzt − Fe^{III}/Fe^0 und C^{IV}/C^{II}, und es handelt sich beim Formelumsatz formal um den Transfer von 6 mol Elektronen vom Carbon zum Eisen. − Die Redoxreaktionen werden in den Abschnitten 5.4 bis 5.7 ausführlich behandelt.

5.1.2 Hydronentransfer

Das zur Beschreibung der Begriffswelt des Transfers von Hydronen angewendete Verfahren ist dem für den Transfer von Elektronen beschriebenen ähnlich. Als typisches Beispiel sei der Transport eines Hydrons von der Essigsäure zum Wasser in wässriger Lösung herangezogen:

$$CH_3COOH + H_2O \rightarrow CH_3COO^- + H_3O^+$$

Hier wirkt CH_3COOH als *Hydronendonator* gemäß der fiktiven Halbreaktion

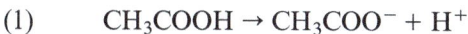

(1) $CH_3COOH \rightarrow CH_3COO^- + H^+$

und H_2O als *Hydronenakzeptor* gemäß

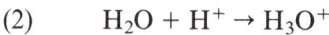

(2) $H_2O + H^+ \rightarrow H_3O^+$

Um den rein formalen Charakter der Zerlegung eines Hydronentransfers in zwei Halbreaktionen zu unterstreichen, sei hervorgehoben, dass es sich in der Realität um eine einstufige Substitution am H-Atom handelt, und zwar im Falle der Essigsäure mit Wasser als eintretender und Acetat als austretender Gruppe. Auf den menschlichen Beobachter bezogen, verlaufen Hydronentransfer-Reaktionen überaus schnell, nämlich augenblicklich.

Allgemein bezeichnet man Hydronendonatoren als *Brønsted-Säuren* oder nur als *Säuren* (abgekürzt: A, von lateinisch *acidum*) und Hydronenakzeptoren als *Brønsted-Basen* oder nur als *Basen* (abgekürzt: B). Dreht man die Richtung der Halbreaktionen (1) und (2) um, dann wirkt das Anion Acetat CH_3COO^- als Base bzw. das Kation Oxidanium H_3O^+ als Säure. Säure/Base-Paare wie CH_3COOH/CH_3COO^- oder H_3O^+/H_2O nennt man *korrespondierende Säure/Base-Paare* und die Gesamtreaktion eine *Brønsted'sche Säure/Base-Reaktion*. Ihre verallgemeinerte Zusammensetzung aus Halbreaktionen lässt sich in folgender Weise darstellen:

(1) $A_1 \qquad \rightarrow B_1 + H^+$
(2) $B_2 + H^+ \rightarrow A_2$
_____
(3) $A_1 + B_2 \rightarrow B_1 + A_2$

Die Symbole A und B bringen nicht zum Ausdruck, ob die betreffenden Spezies neutral oder positiv oder negativ geladen sind. Alle Versionen sind möglich, aber das mit A korrespondierende B muss immer um eine Ladung negativer sein als A, damit die Elektroneutralität der betreffenden Halbgleichung gewahrt bleibt.

Moleküle oder Molekülionen, die sowohl sauer als auch basisch reagieren können, nennt man *amphoter*. Ein Beispiel ist das Anion $H_2PO_4^-$, das als Säure mit der (ebenfalls amphoteren) Base HPO_4^{2-} und als Base mit der Säure H_3PO_4 korrespondiert. Die Säure/Base-Reaktionen werden in den Abschnitten 5.2 und 5.3 ausführlich behandelt.

5.1.3 Anionentransfer

Salzartige Fluoride der Alkali- und Erdalkalimetalle, MF bzw. MF_2, sind *Fluorid-Donatoren* oder *basische Fluoride* vermöge von Reaktionsgleichungen des Typs

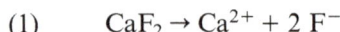

(1) $CaF_2 \rightarrow Ca^{2+} + 2\ F^-$

Fluoride der Nicht- oder Halbmetalle, EF_3 (E = B), EF_4 (E = Si, Ge), EF_5 (E = P, As, Sb), EF_6 (E = Te, Xe) oder auch Fluoride von Metallen in höheren Oxidationszahlen (z. B. AlF_3, SnF_4, PtF_4 u. a.) sind *Fluorid-Akzeptoren* oder *saure Fluoride* vermöge von Reaktionsgleichungen des Typs

(2) $TeF_6 + 2\ F^- \rightarrow TeF_8^{2-}$

Bringt man Fluorid-Akzeptoren und -Donatoren zusammen, dann hat man einen *Fluoridtransfer* zu erwarten, also z. B.

(3) $CaF_2 + TeF_6 \rightarrow Ca^{2+} + TeF_8^{2-}$

Entscheidend ist, in welchem Lösungsmittel man arbeitet. Wasser ist im Allgemeinen ungeeignet, einerseits weil sich manche Fluoride darin nicht lösen (wie z. B. CaF_2), andererseits weil etliche Nichtmetallfluoride in Wasser *hydrolysiert* werden; *Hydrolyse* bedeutet allgemein eine Reaktion mit Wasser und bedeutet im Falle der Nichtmetallfluoride einen F/OH-Austausch, oft samt Folgereaktionen [also z. B. den Übergang von SiF_4 in $Si(OH)_4$ und dessen mehrstufige Kondensation zu SiO_2]. Ein meist geeignetes Lösungsmittel ist reines flüssiges Hydrogenfluorid (*wasserfreie Flusssäure*), das selbst sowohl als Fluorid-Akzeptor ($HF + F^- \rightarrow HF_2^-$) als auch als Fluorid-Donator wirken kann ($2\ HF \rightarrow H_2F^+ + F^-$). Man nennt Fluoride, die sowohl als Fluorid-Säuren als auch als Fluorid-Basen wirken können, *amphotere* Fluoride. Andere amphotere Fluoride sind zum Beispiel BrF_3 oder XeF_6, die als Fluorid-Akzeptoren in BrF_4^- bzw. XeF_8^{2-}, als Fluorid-Donatoren in BrF_2^+ bzw. XeF_5^+ übergehen können. Flüssige amphotere Fluoride wie HF oder BrF_3 unterliegen einer sogenannten *Eigendissoziation*, d. h. sie unterliegen Dissoziationsgleichgewichten, die weit auf der linken Seite liegen:

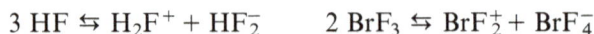

$$3\ HF \leftrightarrows H_2F^+ + HF_2^- \qquad 2\ BrF_3 \leftrightarrows BrF_2^+ + BrF_4^-$$

In reinem HF bzw. in reinem BrF_3 ist die Konzentration an H_2F^+ und HF_2^- bzw. an BrF_2^+ und BrF_4^- natürlich gleich groß. Löst man in HF oder in BrF_3 eine Fluorid-Säure wie PF_5 auf, dann erhöht man die H_2F^+- bzw. die BrF_2^+-Konzentration zu Lasten der Konzentration an HF_2^- bzw. BrF_4^-, und das Umgekehrte ist der Fall, wenn man eine Fluorid-Base wie NaF in HF bzw. BrF_3 löst. Man beachte, dass die Gleichgewichtskonstanten für die Eigendissoziation von Lösungsmitteln verlangen, dass sich die Konzentration an Anionen verkleinert, wenn man die Konzentration an Kationen erhöht und umgekehrt. So ist es zu verstehen, dass man einen Stoff, der beim Lösen in einem der Eigendissoziation unterliegenden Solvens dessen Kationenkonzentration erhöht, als eine für dieses Solvens charakteristische *Solvo-Säure* bezeichnet und einen Stoff, der die Anionenkonzentration erhöht, als *Solvo-Base*. Auf welches Solvens man den Solvo-Säure/Solvo-Base-Begriff auch beziehen mag, immer handelt es sich um einen Transfer von Ionen, im Falle der Solventien HF oder BrF_3 um Fluorid-Ionen.

Was über den Fluoridtransfer gesagt wurde, lässt sich sinngemäß auf Oxide übertragen. Alkali- und Erdalkalimetalloxide haben als *Oxid-Donatoren* oder *Oxid-Basen* zu gelten; die Oxide der Nicht- und Halbmetalle, aber auch Metalloxide mit höher geladenen Kationen (z. B. Al_2O_3) fungieren dagegen als *Oxid-Akzeptoren* oder *Oxid-Säuren*. Im Falle bei Raumtemperatur fester Oxide ist das Medium, das zum *Oxidtransfer* führt, die Schmelze; von wenigen Ausnahmen abgesehen (z. B. Cl_2O, ClO_2, SO_2, CO, CO_2), sind die meisten Oxide bei Raumtemperatur ja fest. In den folgenden Beispielen für einen Oxidtransfer in der Schmelze haben wir es mit den *korrespondierenden Säure/Base-Paaren* Na^+/Na_2O, Ca^{2+}/CaO, Al_2O_3/AlO_2^- und SiO_2/SiO_4^{4-} zu tun:

$$Na_2O + Al_2O_3 \rightarrow 2\,Na^+ + 2\,AlO_2^-$$
$$2\,CaO + SiO_2 \rightarrow 2\,Ca^{2+} + SiO_4^{4-}$$

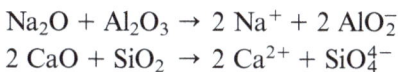

Beide Reaktionsgleichungen lassen sich unschwer in Halbgleichungen zerlegen. – In der Mineralogie findet der Begriff der Oxid-Säuren und -Basen häufige Anwendung. Beispielsweise lassen sich Silicate formal wie folgt in ihre oxidischen Komponenten zerlegen:

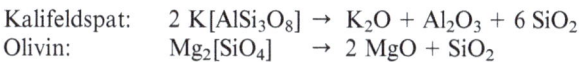

Kalifeldspat:	$2\,K[AlSi_3O_8] \rightarrow K_2O + Al_2O_3 + 6\,SiO_2$
Olivin:	$Mg_2[SiO_4] \rightarrow 2\,MgO + SiO_2$

Der Kalifeldspat enthält weit mehr saure Komponenten als der Olivin; er ist daher *saurer*.

5.1.4 Lewis-Säuren und -Basen

Wenn zwischen einem Molekül, das über ein freies Elektronenpaar verfügt, und einem anderen Molekül, das bereit ist dieses Elektronenpaar aufzunehmen, eine kovalente Bindung entsteht, dann nennt man diese Bindung auch eine *koordinative Bindung* (s. Abschnitt 2.2.7), und das Molekül, das das Elektronenpaar aufnimmt, nennt man *koordinativ ungesättigt*. Mehr in der Sprache der Theorie ausgedrückt, tritt das höchste besetzte Molekülorbital (HOMO) des einen Moleküls mit dem energetisch am tiefsten liegenden Molekülorbital (LUMO) des anderen Moleküls in Wechselwirkung, und diese Wechselwirkung erbringt umso mehr Gewinn an Energie und damit an Triebkraft für die Bindungsbildung, je höher das HOMO und je tiefer das LUMO liegen. Das Molekül, das das Elektronenpaar liefert, nennt man einen *Elektronenpaar-Donator* oder eine *Lewis-Base* (Symbol: B_L), das Partnermolekül einen *Elektronenpaar-Akzeptor* oder eine *Lewis-Säure* (Symbol: A_L). Den Aufbau der koordinativen Bindung gemäß

$$A_L + B_L \rightarrow B_L{-}A_L$$

bezeichnet man als *Lewis'sche Säure/Base-Reaktion*. Es handelt sich um eine bimolekulare Assoziation. Zum Addukt $B_L{-}A_L$ sagt man *Lewis'sches Säure/Base-Addukt*. In gewisser Weise handelt es sich bei der Lewis'schen Säure/Base-Reaktion um den Transfer eines Elektronenpaars von der Base zur Säure, doch geht das Elektronenpaar der Base nicht vollends verloren, und die Oxidationszahlen ändern sich im Allgemeinen nicht.

Die dem Brønsted'schen Säure/Base-Begriff zugrunde liegende Halbreaktion, $H^+ + B \rightarrow A$, ist auch eine Lewis'sche Säure/Base-Reaktion. Bei ihr ist H^+ die Lewis-Säure, die Brønsted-Base B ist auch die Lewis-Base, und die Brønsted-Säure A stellt das Lewis'sche Säure/Base-Addukt dar. Analog lassen sich auch die Halbreaktionen für den Anionentransfer als Lewis'sche Säure/Base-Reaktionen auffassen.

Ein typisches Beispiel für eine realisierbare Lewis'sche Säure/Base-Reaktion, also nicht für eine fiktive Halbreaktion wie in den eben genannten Beispielen, ist die Addition von Diethylether durch eines der beiden freien Elektronenpaare am Oxygen an Bortrifluorid:

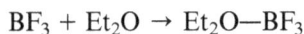

$$BF_3 + Et_2O \rightarrow Et_2O{-}BF_3$$

Ein Gas reagiert hier mit einer Flüssigkeit zu einem bei Raumtemperatur flüssigen Produkt. Dabei geht das delokalisierte π-Elektronenpaar von BF_3 in ein freies Elektronenpaar über, und aus dem freien Elektronenpaar am Oxygen wird ein bindendes σ-Elektronenpaar. Ein komplizierteres Beispiel ist die Addition von gasförmigem CO an festes Ni, weil hier eine Lewis'sche Säure/Base-Reaktion, nämlich die Addition des freien CO-Elektronenpaars an das Ni, mit einer zweiten kombiniert ist, nämlich der π-Rückbindung vom Ni zum CO (s. Abschnitt 2.2.6).

Die Anwendung des Lewis'schen Säure/Base-Begriffs bleibt eng umrissen, solange man ihn auf die Assoziation bzw. auf ihre Umkehrung, die Dissoziation, als realisierbare, nicht fiktive Reaktionen beschränkt. Der Begriff gewinnt aber viel allgemeinere Bedeutung, wenn man ihn auch auf die Bildung von Zwischenprodukten oder Übergangszuständen in einer Sequenz von Elementarreaktionen anwendet, insbesondere auf die assoziative oder dissoziative Substitution (s. Abschnitt

4.3.5). Wie oben erwähnt, handelt es sich bei der Brønsted'schen Säure/Base-Reaktion um eine assoziative Substitution am H-Atom. Dabei greift ein freies Elektronenpaar von H_2O am H-Atom der Säure an, und das ist im weiteren Sinne eine Lewis'sche Säure/Base-Reaktion; gleichzeitig wird eine kovalente H—X-Bindung gelöst und X nimmt das Bindungselektronenpaar als freies Elektronenpaar mit, und dies ist eine umgekehrte Lewis'sche Säure/Base-Reaktion. In diesem Sinne spielt der Lewis'sche Säure/Base-Begriff bei allen Substitutionsreaktionen mit (wenn man von radikalischen Substitutionen absieht). Das bedeutet, dass den allermeisten Reaktionen zwischen Molekülen eine Lewis'sche Säure/Base-Reaktion als Teilschritt einer Reaktion zugrunde liegt.

Wendet man den Lewis'schen Säure/Base-Begriff in diesem Sinne auch auf die Bildung von Zwischenstufen oder Übergangszuständen an, dann schränkt eine solche Weite des Begriffs seine Brauchbarkeit ein. Wenn beispielsweise eine Reaktion in wässriger Lösung vom Typ $Co^{3+} + 6\ NH_3 \rightarrow [Co(NH_3)_6]^{3+}$ als Reaktion der Lewis-Säure Co^{3+} mit der Lewis-Base NH_3 klassifiziert wird, dann wird übersehen, dass es sich in Wahrheit um eine nucleophile Substitution von koordinativ gebundenem H_2O durch NH_3, also um zwei hintereinander geschaltete Lewis'sche Säure/Base-Reaktionen handelt.

Welch komplizierter Mechanismus sich hinter einer scheinbar einfachen Lewis'schen Säure/Base-Reaktion verbergen kann, sei an noch einem Beispiel verdeutlicht! Gelegentlich wird die Addition von Et_2O an BH_3 zum Addukt Et_2O—BH_3 der oben besprochenen Addition von Et_2O an BF_3 gegenübergestellt. Tatsächlich aber existieren Moleküle BH_3 nicht, sondern die real durchführbare Reaktion lautet:

$$B_2H_6 + 2\ Et_2O \rightarrow 2\ Et_2O{-}BH_3$$

Sie verläuft in zwei Substitutionsschritten. Als erstes substituiert ein Molekül Et_2O ein brückenständiges H-Atom unter Ausbildung der Zwischenstufe $H_2B(OEt_2)\cdots$H$\cdots BH_3$. Dabei geht ein freies Elektronenpaar in ein bindendes Elektronenpaar über, und aus der einen BHB-(3c2e)- wird eine BH-(2c2e)-Bindung. Ein solcher Teilschritt wiederholt sich mit der zweiten (3c2e)-Bindung (die eben mit dem Symbol B$\cdots$H$\cdots$B charakterisiert wurde) und dem zweiten Molekül Et_2O. Hier von einer Lewis'schen Säure/Base-Reaktion zu sprechen, ist wenig hilfreich.

5.2 Säure/Base-Reaktionen: Allgemeine Behandlung

5.2.1 Eigendissoziation des Wassers

Ebenso wie Hydrogenfluorid, Bromtrifluorid u. a. unterliegt flüssiges Wasser einer *Eigendissoziation* in hydratisierte Hydronen und Hydroxid-Ionen, die auch als *Autoprotolyse* bezeichnet wird. Diese Hydratation ist noch nicht in allen Einzelheiten aufgeklärt. Zunächst sind die H_2O-Moleküle in Wasser ebenso wie in kristallinem Eis durch unsymmetrische, lineare $O\cdots H\cdot\cdot O$-(3c4e)-Bindungen (*H-Brücken*) aneinander geknüpft, doch im Gegensatz zum Eis öffnen und schließen sich die H-Brücken in einem überaus schnellen dynamischen Prozess, sodass im Mittel etwa 15 % der H-Atome terminal, also nicht in Brückenstellung, gebunden sind. Es liegen in flüssigem Wasser Cluster $(H_2O)_x$ aus H-verbrückten Wassermolekülen vor, die ihre Größe und Gestalt ständig ändern. Dasselbe trifft auch für die hydratisierten Hydronen und Hydroxid-Ionen zu. Steht ein Hydron H^+ oder ein Hydroxid-Ion im Zentrum einer Hydrathülle, so ist es eine Picosekunde später ein anderes.

Die Struktur der hydratisierten Hydroxid-Ionen scheint überwiegend der Formel $[H_3O_2]^-$ zu genügen, d. i. ein Anion $[HO\cdot\cdot H\cdot\cdot OH]^-$ mit einer symmetrischen OHO-(3c4e)-Bindung ($d_{OO} = 229$ pm). Das hydratisierte Hydron $[H(H_2O)_n]^+$ symbolisiert man traditionsgemäß (und so auch oben in Abschnitt 5.1.2) mit der Formel H_3O^+ (n = 1), doch liegt in Wahrheit ein Gemisch vor, hauptsächlich mit den Werten n = 2, 3, 4 und 6, in welchem das Kation $H_9O_4^+$ wohl überwiegt. In diesen Kationen sind die H-Brücken unsymmetrisch:

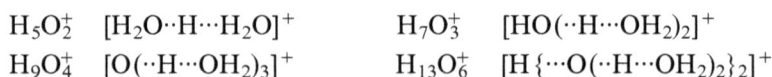

$$H_5O_2^+ \quad [H_2O\cdot\cdot H\cdots H_2O]^+ \qquad H_7O_3^+ \quad [HO(\cdot\cdot H\cdots OH_2)_2]^+$$
$$H_9O_4^+ \quad [O(\cdot\cdot H\cdots OH_2)_3]^+ \qquad H_{13}O_6^+ \quad [H\{\cdots O(\cdot\cdot H\cdots OH_2)_2\}_2]^+$$

Als die der Wirklichkeit am nächsten kommende Schreibweise sollte man für die Eigendissoziation von Wasser die folgende Gleichung wählen:

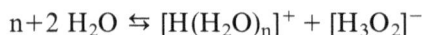

$$n+2\ H_2O \leftrightarrows [H(H_2O)_n]^+ + [H_3O_2]^-$$

Die Brønsted'sche Säure/Base-Reaktion zwischen einer Säure A und Wasser als Base sollte man insofern in die folgende Form bringen:

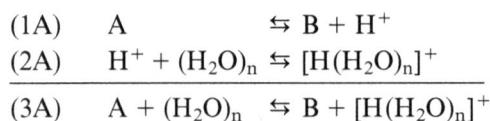

(1A)	A	$\leftrightarrows B + H^+$
(2A)	$H^+ + (H_2O)_n$	$\leftrightarrows [H(H_2O)_n]^+$
(3A)	$A + (H_2O)_n$	$\leftrightarrows B + [H(H_2O)_n]^+$

Für die Reaktion von Basen mit Wasser gilt entsprechend:

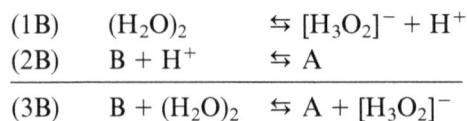

(1B)	$(H_2O)_2$	$\leftrightarrows [H_3O_2]^- + H^+$
(2B)	$B + H^+$	$\leftrightarrows A$
(3B)	$B + (H_2O)_2$	$\leftrightarrows A + [H_3O_2]^-$

Dabei sollen die Formeln $(H_2O)_n$ und $(H_2O)_2$ zum Ausdruck bringen, dass derartige Cluster aus größeren H-verbrückten Wasser-Clustern herausgebrochen werden, wenn eine Säure A bzw. eine Base B einen solchen Cluster angreift.

Säuren A und Basen B in wässriger Lösung spielen eine so bedeutende Rolle, dass ihre Darstellung in Reaktionsgleichungen der Form (3A) bzw. (3B) umständlich wäre. Wir sind oben übereingekommen, dass hydratisierte Kationen $[M(H_2O)_n]^{m+}$ der Kürze wegen als M^{m+} notiert werden, wenn klar ist, dass es sich um eine wässrige Lösung handelt. Aus rein pragmatischen Gründen also schreiben wir anstelle von $[H(H_2O)_n]^+$ nur noch kurz H^+ und anstelle von $[H_3O_2]^-$ nur noch OH^-. Die Säure/Base-Gleichungen (3A) und (3B) werden durch die kürzeren Gleichungen (3a) und (3b) ersetzt, wenn Wasser gegenüber A als Base bzw. gegenüber B als Säure wirkt.

(3a) $A \leftrightarrows H^+ + B$

(3b) $B + H_2O \leftrightarrows A + OH^-$

Dies sind keine Halbgleichungen (wie in Abschnitt 5.1.2 für den allgemeinen, nicht nur Wasser als Lösungsmittel betreffenden Fall), sondern vollständige Reaktionsgleichungen. Die Gleichung für die Eigendissoziation von Wasser verkürzt sich jetzt in analoger Weise:

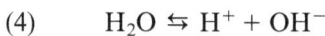

(4) $H_2O \leftrightarrows H^+ + OH^-$

Bei 25 °C wiegt 1 dm^3 Wasser 997.05 g, sodass bei einer molaren Masse von 18.015 g mol^{-1} die molare Konzentration von Wasser in Wasser 55.346 mol l^{-1} beträgt. Die Menge an dissoziiertem Wasser ist dabei so gering, dass sie erst weit nach der letzten Ziffer dieses Werts zu Buche schlagen würde. Dies ist in Übereinstimmung mit dem kleinen Wert (s. u.) der Gleichgewichtskonstanten für die Dissoziation (4) bei 25 °C (c_H und c_{OH} sind die molaren Konzentrationen an H^+ und OH^-): $K(4) = c_H c_{OH} / 55.346$.

Für Dissoziationsgleichgewichte vom allgemeinen Typ $S_1 \leftrightarrows S_2 + S_3$ gilt $c_2 = c_3$, und mit c_0 als der Ausgangskonzentration an S_1 vor der Dissoziation gilt die *Bilanzgleichung* $c_0 = c_1 + c_2 = c_1 + c_3$. Das MWG, $K = c_2 c_3 / c_1$, lässt sich mit $c_2/c_0 = c_3/c_0 = a$ umformen in

$$\frac{K}{c_0} = \frac{\left(\dfrac{c_2}{c_0}\right)^2}{\dfrac{1 - c_2}{c_0}} = \frac{a^2}{1 - a}$$

Die Größe a gibt den Anteil an S_1 wieder, der dissoziiert ist, und heißt *Dissoziationsgrad*. Wenn in einer hoch verdünnten Lösung c_0 gegen null geht, erhält man näherungsweise $c_0/K \approx 1 - a$ (*Ostwald'sches Verdünnungsgesetz*). Ist a überaus klein, so kommt man zu $K/c_0 = a^2$. Der Dissoziationsgrad des Wassers beträgt mithin $a = [K(4) / 55.346]^{1/2} = 1.8 \cdot 10^{-9}$. Mit $K(4) \cdot 55.346 = K_W$ erhalten wir das *Ionenprodukt des Wassers*:

$$K_W = c_H c_{OH} = 10^{-13.995} \text{ mol}^2 \text{ l}^{-2}$$

Löst man Säuren A oder Basen B in nicht zu großer Menge in Wasser auf, dann bleibt K_W immer noch konstant bei aufgerundet $10^{-14.0}\,\mathrm{mol}^2\,\mathrm{l}^{-2}$. Da A oder B oder beide in Form von Ionen vorliegen, sind die Wechselwirkungen zwischen Wasser und den gelösten Stoffen so groß, dass sich die Lösung nur noch mehr oder weniger ideal verhält. Bei genauerer Betrachtung müssen − insbesondere bei einigermaßen konzentrierten Lösungen − die Konzentrationen an H^+, OH^-, A und B durch die Aktivitäten a_x ersetzt werden gemäß $a_x = \gamma_x c_x$. Das Auffinden der Aktivitätskoeffizienten γ_H und γ_{OH} ist problematisch.

In reinem Wasser ist $c_H = c_{OH} = K_W^{1/2} = 10^{-7}\,\mathrm{mol}\,\mathrm{l}^{-1}$. Wässrige Lösungen, in denen $c_H = c_{OH}$ erfüllt ist, nennt man *neutral*, im Falle $c_H > c_{OH}$ heißen sie *sauer* und im Falle $c_H < c_{OH}$ *basisch* oder *alkalisch*.

5.2.2 Säure- und Base-Dissoziationskonstanten

Die Anwendung des Massenwirkungsgesetzes (MWG) auf die Säure/Base-Reaktionen (3a) und (3b) in Abschnitt 5.2.1 definiert die *Säure-Dissoziationskonstante* K_A bzw. die *Base-Dissoziationskonstante* K_B; dabei ist die konstante Konzentration an H_2O in der Reaktion (3b) in K_B mit einbezogen:

$$K_A = \frac{c_H\,c_B}{c_A} \qquad K_B = \frac{c_{OH}\,c_A}{c_B}$$

Für korrespondierende Säure/Base-Paare folgt unmittelbar:

$$K_A\,K_B = c_H\,c_{OH} = K_W$$

Anstelle der Größen K_W, K_A, K_B, c_H und c_{OH} arbeitet man gerne mit deren negativen dekadischen Logarithmen:

$$\mathrm{pW} = -\lg \frac{K_W}{K_W^0} \qquad \mathrm{pH} = -\lg \frac{c_H}{c_H^0}$$

$$\mathrm{p}K_A = -\lg \frac{K_A}{K_A^0} \qquad \mathrm{pOH} = -\lg \frac{c_{OH}}{c_{OH}^0}$$

$$\mathrm{p}K_B = -\lg \frac{K_B}{K_B^0}$$

Die mit dem rechten Superskript 0 indizierten Größen haben den Zahlenwert 1 und machen das Argument hinter dem Logarithmus zur Zahl. Mit $\mathrm{pW} = 14$ gilt für reines Wasser $\mathrm{pH} = \mathrm{pOH} = 7$. In saurer Lösung ist $\mathrm{pH} < 7$ und $\mathrm{pOH} > 7$. In basischer Lösung ist $\mathrm{pH} > 7$ und $\mathrm{pOH} < 7$. Stets ist $\mathrm{pH} + \mathrm{pOH} = \mathrm{p}K_A + \mathrm{p}K_B = \mathrm{pW} = 14$ (bei 25 °C: $\mathrm{pW} = 14.0$). In neutralen Lösungen ist $\mathrm{pH} = \mathrm{pOH} = 7$. Lösungen mit $\mathrm{pH} < 3$ (bzw. $\mathrm{pH} > 10$) nennt man *stark sauer* (bzw. *stark basisch*), mit $\mathrm{pH} = 3{-}7$ (bzw. $\mathrm{pH} = 7{-}10$) *schwach sauer* (bzw. *schwach basisch*). Lösungen mit pH < 0 werden als *übersauer* und mit pH > 14 als *überbasisch* oder *überalkalisch* bezeichnet.

Säuren sind umso *stärker*, je größer der Wert von c_H und je kleiner der pH-Wert wird, wenn eine bestimmte Menge n_{A0} an Säure in Wasser gelöst wird. Ein Maß der *Säurestärke* oder *Acidität* ist ihr K_A- bzw. ihr pK_A-Wert. Basen sind umso stärker, je größer der Wert von c_{OH} (und − gleichbedeutend − je kleiner der Wert von c_H) und je kleiner der Wert von pOH (je größer der Wert von pH) wird, wenn eine bestimmte Menge n_{B0} an Base in Wasser gelöst wird. Je stärker eine Säure ist, umso schwächer ist die mit ihr korrespondierende Base, da K_A und K_B ja einander umgekehrt proportional sind.

Es ist zwar einigermaßen willkürlich, aber gleichwohl zweckmäßig, die Stärke von Säuren und Basen in fünf Kategorien von *stark* bis *extrem schwach* einzuteilen:

	stark	mittelstark	schwach	sehr schwach	extrem schwach
pK_A bzw. pK_B:	< -1	-1 bis 4	4 bis 10	10 bis 15	> 15

Wegen pK_A + pK_B = 14 korrespondiert mit einer starken Säure eine extrem schwache Base, mit einer mittelstarken Säure eine sehr schwache Base, mit einer schwachen Säure eine ebenfalls schwache Base, mit einer sehr schwachen Säure eine mittelstarke Base und mit einer extrem schwachen Säure eine starke Base.

Beispielsweise ist das in Wasser gelöste Gas HCl (p$K_A < -1$) eine starke Säure, die sog. *Salzsäure*, die mit ihr korrespondierende Base Cl$^-$ ist extrem schwach (p$K_B > 15$). Hydrogenfluorid HF (Sdp. 19.51 °C) wirkt in Wasser als mittelstarke Säure (p$K_A = 3.14$; *Flusssäure*), das korrespondierende Anion F$^-$ als sehr schwache Base (p$K_B = 10.86$). Ethansäure (*Essigsäure*) MeCOOH ist in Wasser eine schwache Säure (p$K_A = 4.75$), das korrespondierende Ethanoat (*Acetat*) eine schwache Base (p$K_B = 9.25$). Dihydrogenperoxid H_2O_2 ist eine sehr schwache Säure (p$K_A = 11.6$), Hydrogenperoxid HO_2^- eine mittelstarke Base (p$K_B = 2.4$). Das hydratisierte Kation $[K(H_2O)_6]^+$ ist eine extrem schwache Säure (p$K_A > 15$), das korrespondierende Molekül $[K(H_2O)_5(OH)]$ eine starke Base (p$K_B < -1$). Bei starken Säuren und Basen sowie bei extrem schwachen Säuren und Basen ist der K_A- bzw. K_B-Wert in Wasser nur indirekt bestimmbar; denn eine starke Säure etwa überträgt so gut wie alle ihre sauren Hydronen auf das Wasser (s. u.), sodass man die Stärke zweier starker Säuren nicht ohne Weiteres unterscheiden kann. Diese Unterscheidung ist aber sehr wohl möglich in Lösungsmitteln, die schwächere Basen sind als Wasser, sodass die Acidität der zu vergleichenden, in Wasser starken Säuren in den mittelstarken oder gar schwachen Bereich abrutscht. Wie immer kann man Konzentrationen anstelle von Aktivitäten nur dann in das MWG einsetzen, wenn die Lösung genügend verdünnt ist.

Löst man ein Salz wie KOH in Wasser auf, so dissoziiert es in die Ionen K$^+$ und OH$^-$. Das hydratisierte Kation K$^+$ ist eine extrem schwache Säure und beeinflusst den pH-Wert so gut wie gar nicht. Löst man 0.1 mol KOH in 1 dm^3 Wasser auf, dann ergibt sich $c_{OH} = 0.1$ mol l^{-1} und pH = 13. Löst man ein Salz wie KCl in

Wasser auf, so dissoziiert es in die extrem schwache Säure K^+ (die Hydratation des Kations wird nun nicht mehr vermerkt) und die extrem schwache Base Cl^-, die beide den pH-Wert nicht beeinflussen, sodass die Lösung neutral bleibt (pH = 7).

Wie schon erwähnt, sagen die Symbole A und B für Säuren und Basen nichts über die Ladung aus, die entsprechenden Teilchen zukommt. Dies sei an drei Beispielen illustriert, nämlich der Schwefelsäure, der Phosphorsäure und dem Ammoniak. Die Schwefelsäure H_2SO_4 nennt man *zweibasig*, weil sie zwei Hydronen abspalten kann:

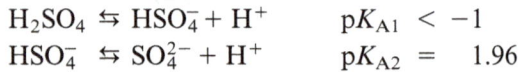

$$H_2SO_4 \leftrightarrows HSO_4^- + H^+ \qquad pK_{A1} < -1$$
$$HSO_4^- \leftrightarrows SO_4^{2-} + H^+ \qquad pK_{A2} = 1.96$$

Schwefelsäure H_2SO_4 ist also eine starke, Hydrogensulfat HSO_4^- eine mittelstarke Säure. Das amphotere Anion HSO_4^- ist gleichzeitig eine extrem schwache Base ($pK_B > 15$) und das Sulfat SO_4^{2-} eine sehr schwache Base ($pK_B = 12.08$). Die Phosphorsäure ist *dreibasig*:

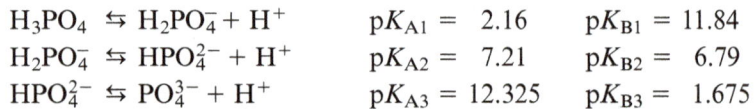

$$H_3PO_4 \leftrightarrows H_2PO_4^- + H^+ \qquad pK_{A1} = 2.16 \qquad pK_{B1} = 11.84$$
$$H_2PO_4^- \leftrightarrows HPO_4^{2-} + H^+ \qquad pK_{A2} = 7.21 \qquad pK_{B2} = 6.79$$
$$HPO_4^{2-} \leftrightarrows PO_4^{3-} + H^+ \qquad pK_{A3} = 12.325 \qquad pK_{B3} = 1.675$$

Die beiden amphoteren Anionen $H_2PO_4^-$ und HPO_4^{2-} können also als Säuren und Basen wirken. Von Bedeutung ist, dass $H_2PO_4^-$ als Säure ebenso wie das korrespondierende HPO_4^{2-} als Base schwach sind und zwar in vergleichbarem Maß, wie die entsprechenden pK-Werte von 7.20 und 6.80 lehren. Ammoniak NH_3 ist eine schwache Base, das korrespondierende Kation NH_4^+ eine schwache Säure. Löst man das Gas NH_3 in Wasser auf, so steigt der pH-Wert gemäß der folgenden Reaktionsgleichung:

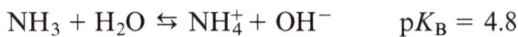

$$NH_3 + H_2O \leftrightarrows NH_4^+ + OH^- \qquad pK_B = 4.8$$

Löst man dagegen das Salz Ammoniumchlorid NH_4Cl in Wasser, so sinkt der pH-Wert:

$$NH_4^+ \leftrightarrows NH_3 + H^+ \qquad pK_A = 9.2$$

Dabei ist erneut zu bedenken, dass die Cl-Ionen als extrem schwache Basen auf den pH-Wert keinen Einfluss haben.

5.2.3 Der pH-Wert wässriger Lösungen

Eine neutrale Säure A werde in Wasser gelöst und gehe dabei je nach ihrem pK_A-Wert mehr oder weniger in die einfach negativ geladene Base B über. Gegeben seien die Konstante K_A, die Gesamtmenge der Säure n_{A0} und das Volumen V der Lösung. Die vier Gleichgewichtskonzentrationen c_A, c_B, c_H und c_{OH} lassen sich ermitteln, da vier unabhängige Bestimmungsgleichungen zur Verfügung stehen, nämlich das MWG sowohl für die Säure- als auch für die Wasserdissoziation, ferner die Stoffbilanzgleichung und schließlich die Elektroneutralitätsbeziehung, die zum Ausdruck bringt, dass die Summe aller Kationladungen der Summe aller Anionladungen gleich sein muss:

$$K_A = \frac{c_H\, c_B}{c_A} \qquad K_W = c_H\, c_{OH} \qquad c_{A0} = \frac{n_{A0}}{V} = c_A + c_B \qquad c_H = c_B + c_{OH}$$

Durch Eliminierung von c_A, c_B und c_{OH} gewinnt man ein Polynom dritten Grades für c_H:

$$c_H^3 + K_A c_H^2 - K_A c_{A0}\, c_H - K_W c_H - K_A K_W = 0$$

Der letzte Term, $K_A K_W$, kann für jeden Wert von K_A vernachlässigt werden. Im Falle $K_A > 10\ \mathrm{mol\, l^{-1}}$ ist $c_H \gg 10^{-7}\ \mathrm{mol\, l^{-1}}$ und damit $K_A c_H^2 \gg K_A K_W$; im Falle $K_A \approx 10^{-7}\ \mathrm{mol\, l^{-1}}$ ist $c_H > 10^{-7}\ \mathrm{mol\, l^{-1}}$ und da c_{A0} auch wesentlich größer als $10^{-7}\ \mathrm{mol\, l^{-1}}$ sein soll, wird $K_A c_{A0}\, c_H \gg K_A K_W$; im Falle $K_A < 10^{-15}\ \mathrm{mol\, l^{-1}}$ ist $c_H = 10^{-7}\ \mathrm{mol\, l^{-1}}$ und damit $K_W c_H \gg K_A K_W$. In guter Näherung gilt daher ein Polynom 2. Grades für c_H:

$$c_H^2 + K_A c_H = K_A c_{A0} + K_W$$

Im Falle einer kationischen oder anionischen Säure A ändert sich nur die Elektroneutralitätsbedingung. Wenn im Falle einer Kationsäure wie NH_4^+ das zugehörige Anion (Konzentration: c_{A0}) zum pH-Wert nichts beiträgt (weil beispielsweise Cl^- eine extrem schwache Base ist), dann lautet die Elektroneutralitätsbedingung: $c_H + c_A = c_{A0} + c_{OH}$. Im Falle einer Anionsäure wie $H_2PO_4^-$ trage das Kation (Konzentration: c_{A0}) nichts zum pH-Wert bei (weil beispielsweise K^+ eine extrem schwache Säure ist); da die Base HPO_4^{2-} doppelt geladen ist, lautet die Elektroneutralitätsbedingung: $c_H + c_{A0} = c_A + 2\, c_B + c_{OH}$. Beide Elektroneutralitätsbedingungen führen zusammen mit der unveränderten Bilanzgleichung ($c_{A0} = c_A + c_B$) und den beiden Ausdrücken für das MWG zum selben Polynom für c_H wie im Falle einer neutralen Säure A.

Für Basen kommt man ungeachtet ihrer Ladung auf analogem Wege zu einem entsprechenden Polynom für c_{OH}:

$$c_{OH}^2 + K_B c_{OH} = K_B c_{B0} + K_W$$

Das Einsetzen von Stoffmengenkonzentrationen in das MWG stellt nur im Falle verdünnter Lösungen noch eine brauchbare Näherung dar. Als *verdünnt* bezeichnet man Lösungen mit $c_{A0} < 1$ bzw. $c_{B0} < 1\ \mathrm{mol\, l^{-1}}$. Das bedeutet, dass auch $c_H < 1$ bzw. $c_{OH} < 1\ \mathrm{mol\, l^{-1}}$ ist. Dabei kann der Grenzwert $c_H = 1\ \mathrm{mol\, l^{-1}}$ ohnehin nur erreicht werden, wenn die gesamte Säuremenge dissoziiert (also bei starken Säuren), und Analoges gilt für Basen; die geringe Menge an H^+ bzw. OH^- aus der Dissoziation des Wassers kann hier vernachlässigt werden. Wir ziehen also einen pH-Bereich von 0 bis 14 in Betracht. Aus den Bestimmungsgleichungen für c_H bzw. c_{OH} ergeben sich folgende Näherungen, wenn man den Wert für K_A bzw. K_B entsprechend den fünf Stärkekategorien ansetzt.

(1) *Starke Säuren*: $K_A > 10 \ \text{mol} \, l^{-1}$.
Wegen $c_H \ll K_A$ vernachlässigen wir die Terme c_H^2 und K_W und erhalten für starke Säuren und analog für starke Basen:

$$c_H = c_{A0} \quad \text{bzw.} \quad c_{OH} = c_{B0}$$

Das bedeutet, dass starke Säuren vollständig in B und H^+ übergehen bzw. dass starke Basen im Maße der eingesetzten Basenmenge OH^--Ionen generieren.

(2) *Mittelstarke Säuren*: $K_A = 10$ bis $10^{-4} \ \text{mol} \, l^{-1}$.
Unter Vernachlässigung des sehr kleinen Terms K_W ergibt sich:

$$c_H = -\frac{K_A}{2} + \left(K_A c_{A0} + \frac{K_A^2}{4}\right)^{1/2} \quad \text{bzw.} \quad c_{OH} = -\frac{K_B}{2} + \left(K_B c_{B0} + \frac{K_B^2}{4}\right)^{1/2}$$

(3) *Schwache Säuren*: $K_A = 10^{-4}$ bis $10^{-10} \ \text{mol} \, l^{-1}$.
Nicht nur der Term K_W, sondern auch der Term $K_A c_H$ kann wegen $K_A \ll c_H$ gegenüber c_H^2 vernachlässigt werden:

$$c_H = (K_A c_{A0})^{1/2} \quad \text{bzw.} \quad c_{OH} = (K_B c_{B0})^{1/2}$$

(4) *Sehr schwache Säuren*: $K_A = 10^{-10}$ bis $10^{-15} \ \text{mol} \, l^{-1}$.
Je mehr sich K_A dem Wert von K_W annähert, umso weniger kann der Term K_W vernachlässigt werden, wohl aber der Term $K_A c_H$ gegenüber K_W, ist doch c_H nur wenig größer als $10^{-7} \ \text{mol} \, l^{-1}$:

$$c_H = (K_W + K_A c_{A0})^{1/2} \quad \text{bzw.} \quad c_{OH} = (K_W + K_B c_{B0})^{1/2}$$

(5) *Extrem schwache Säuren*: $K_A < 10^{-15} \ \text{mol} \, l^{-1}$.
Neben dem Term $K_A c_H$ wird jetzt auch der Term $K_A c_{A0}$ gegenüber K_W vernachlässigbar, und nur noch das Wasser selbst bestimmt den pH-Wert:

$$c_H = K_W^{1/2} = 10^{-7} \ \text{mol} \, l^{-1} \quad \text{bzw.} \quad c_{OH} = K_W^{1/2} = 10^{-7} \ \text{mol} \, l^{-1}$$

Wie man verfährt, um den pH-Wert der *Mischung zweier Säuren* zu bestimmen, sei anhand eines einfachen Beispiels besprochen! Die Schwefelsäure H_2SO_4 ist in erster Stufe eine starke und in zweiter Stufe eine mittelstarke Säure ($pK_2 = 1.96$). Welcher pH-Wert stellt sich ein, wenn bei einer Gesamtkonzentration von $c_0 = 0.100 \ \text{mol} \, l^{-1}$ beide Säurestufen wirksam werden? Wir bezeichnen die Konzentrationen an H_2SO_4, HSO_4^- und SO_4^{2-} im Gleichgewicht mit c_1, c_2 bzw. c_3 und erhalten für die Stoffbilanz und die Neutralitätsbedingung folgende Beziehungen:

$$c_0 = c_1 + c_2 + c_3 \approx c_2 + c_3$$

$$c_H = c_2 + 2\,c_3 + c_{OH} \approx c_2 + 2\,c_3$$

Dabei wurde erstens veranschlagt, dass Schwefelsäure als starke Säure vollständig dissoziiert ($c_1 \rightarrow 0$), und zweitens, dass c_{OH} gegenüber c_2 verschwindet. Mit $K_2 = c_3\, c_H / c_2$ für die Acidität der mittelstarken Säure HSO_4^- ergibt sich nach der Substitution von c_2 und c_3 eine Beziehung für c_H:

$$c_H = \frac{c_0 - K_2}{2} + \left[2\, K_2\, c_0 + \frac{(c_0 - K_2)^2}{4} \right]^{1/2}$$

Setzt man die Werte für K_2 und c_0 ein, dann ergibt sich $c_H = 0.109\ \mathrm{mol\, l^{-1}}$ und pH = 0.96. Würde man nur die Acidität der in erster Stufe starken Schwefelsäure bedenken, dann ergäbe sich $c_H = c_0 = 0.100$ und pH = 1.00. Durch die zusätzliche Säurewirkung von HSO_4^- wird die Lösung nur um 0.04 pH-Einheiten saurer.

5.2.4 Pufferlösungen

Von besonderer Bedeutung sind wässrige Mischungen einer schwachen Säure und der mit ihr korrespondierenden Base in vergleichbarer Menge, also z. B. von Methansäure und Natriummethanoat oder von Ammoniumchlorid und Ammoniak.

Gegeben seien das Volumen V der Lösung und die Startmengen n_{A0} (und damit c_{A0}) sowie n_{B0} (und damit c_{B0}) einer neutralen Säure und der korrespondierenden anionischen Base (z. B. CH_3COOH/CH_3COO^-). Das Gegenkation zur Base möge den pH-Wert nicht beeinflussen. Stoffbilanz und Elektroneutralität werden durch folgende Gleichungen repräsentiert:

$$c_A + c_B = c_{A0} + c_{B0} \qquad c_H + c_{B0} = c_B + c_{OH}$$

Mit $K_W = c_H c_{OH}$ und $K_A c_A = c_B c_H$ kommt man wieder zu einem Polynom dritten Grades für c_H, das nach Streichen des sehr kleinen Terms $K_A K_W$ in folgende Beziehung übergeht:

$$c_H^2 + (c_{B0} + K_A)\, c_H = K_A c_{A0} + K_W$$

Dieselbe Gleichung erhält man auch, wenn die Säure positiv (z. B. NH_4^+/NH_3) oder negativ geladen ist (z. B. $H_2PO_4^-/HPO_4^{2-}$). Wenn K_A im Bereich 10^{-4} bis $10^{-10}\ \mathrm{mol\, l^{-1}}$ und die Startkonzentrationen c_{A0} und c_{B0} im Bereich von 0.1 mol l^{-1} liegen, dann kann man die drei Terme K_W, $K_A c_H$ und c_H^2 vernachlässigen und erhält:

$$c_H = \frac{K_A\, c_{A0}}{c_{B0}} = \frac{K_A\, n_{A0}}{n_{B0}}$$

Löst man also gleich viel an schwacher Säure und der mit ihr korrespondierenden Base in Wasser auf, dann ergibt sich $c_H = K_A$ und pH = pK_A. Man nennt solche

Lösungen *Pufferlösungen*. Die Pufferwirkung entfaltet sich, wenn man in eine Pufferlösung eine Menge n_{Ax} einer starken Säure (oder analog eine Menge n_{Bx} einer starken Base) gibt. Die starke Säure wird in der Pufferlösung gemäß

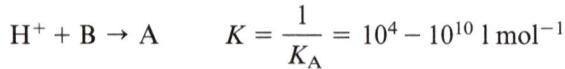

$$H^+ + B \rightarrow A \qquad K = \frac{1}{K_A} = 10^4 - 10^{10} \, 1 \, mol^{-1}$$

reagieren, und zwar wegen der Größe der Konstanten K so gut wie vollständig. Die Menge an n_{A0} wird also um n_{Ax} zunehmen, die Menge an n_{B0} um n_{Ax} abnehmen. Für c_H und pH ergibt sich:

$$c_H = K_A \frac{n_{A0} + n_{Ax}}{n_{B0} - n_{Ax}}$$

$$pH = pK_A - lg \frac{n_{A0} + n_{Ax}}{n_{B0} - n_{Ax}} = pK_A - pX$$

Im Falle von $n_{A0} = n_{B0} = 0.1$ mol errechnen sich bei Werten von n_{Ax} von 0.01 bis 0.05 mol die folgenden Werte für das logarithmische Glied pX:

n_{Ax}:	0	0.01	0.02	0.03	0.04	0.05	mol
pX:	0	0.09	0.18	0.27	0.37	0.48	

Der pH-Wert wird also, vom Ausgangs-pH-Wert pH = pK_A gerechnet, nur um die geringen Beträge pX kleiner (und die Lösung saurer). Würde man eine starke Säure in einer Menge von $n_{Ax} = 0.01$ mol in einem Liter Wasser lösen, dann ergäbe sich ein pH-Sprung von pH = 7 (Wasser) auf pH = 2 (starke Säure), das sind 5 pH-Einheiten anstelle von 0.09 pH-Einheiten in der Pufferlösung. Der pH-Wert einer Pufferlösung ist also ziemlich unempfindlich gegen den Zusatz einer starken Säure oder Base, und zwar umso mehr, je kleiner die Menge an starker Säure oder Base im Vergleich zu den Mengen n_{A0} und n_{B0} in der Pufferlösung bleibt. Würde man in obiger n_{Ax}/pX-Wertetabelle über den Wert $n_{Ax} = 0.05$ mol wesentlich hinausgehen, so würde sich die *Pufferkapazität* immer mehr erschöpfen und die Pufferwirkung immer mehr abschwächen. Im Falle $n_{Ax} = n_{B0}$ würde eine verschwindend kleine Menge an der im Gleichgewicht noch verbleibenden Base den pH-Wert nicht mehr beeinflussen, der dann nur noch der starken Säure, geringfügig moduliert durch die schwache Säure, folgen würde.

5.2.5 Ampholyte

Ein *amphoterer Stoff* Am (*Ampholyt*) ist Brønsted-Säure (K_A) und Brønsted-Base (K_B) zugleich:

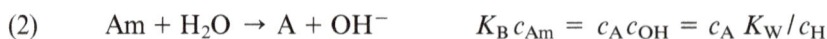

(1)   Am $\rightarrow B + H^+$ $K_A c_{Am} = c_B c_H$

(2)   Am + $H_2O \rightarrow A + OH^-$ $K_B c_{Am} = c_A c_{OH} = c_A K_W / c_H$

Der pH-Wert der Lösung eines Ampholyten werde durch Zusatz einer starken Säure oder starken Base variiert. Im sauren Bereich wird die Konzentration c_A der mit Am korrespondierenden Säure A, im basischen Bereich die Konzentration c_B der mit Am korrespondierenden Base B dominieren. Zwischen den Bereichen gibt es einen pH-Wert, bei dem die Konzentration c_{Am} des Ampholyten ein Maximum hat. Dieser pH-Wert ist der *isoelektrische Punkt*. Zu seiner Bestimmung benötigt man die Funktion $c_{Am}(c_H)$, deren Maximum aufzusuchen ist. Hierzu müssen die Variablen c_A und c_B aus den MWG-Ansätzen für die beiden Gleichungen (1) und (2) eliminiert werden, und dies geschieht mithilfe der durchsichtigen Bilanzgleichung $c_0 = c_A + c_{Am} + c_B$; c_0 sei als Startmenge des Ampholyten gegeben. Die Elektroneutralitätsbedingung gilt zwar immer, führt aber hier angesichts der variablen Menge an zugesetzter starker Säure oder Base zu keiner brauchbaren Beziehung. Aus den beiden MWG-Ansätzen zu (1) und (2) sowie aus der Bilanzgleichung ergibt sich die Funktion $c_{Am}(c_H)$ wie folgt:

$$c_{Am} = \frac{c_0 \, c_H}{K_A + c_H + \dfrac{K_B \, c_H^2}{K_W}}$$

Für das Maximum von c_{Am} lässt sich durch Differentiation folgender Wert für c_H bzw. pH ermitteln:

$$c_H = \left(\frac{K_A K_W}{K_B}\right)^{1/2} \qquad pH = 1/2 \, (pK_A + pW - pK_B)$$

Beispielsweise errechnet sich für den Ampholyten $H_2PO_4^-$ ($pK_A = 7.2$, $pK_B = 11.8$) als isoelektrischer Punkt pH = 4.7 mit maximaler Konzentration an Am.

Eine besondere Rolle spielt der isoelektrische Punkt bei Ampholyten, die in Wasser im Gegensatz zur korrespondierenden Kationsäure und Anionbase schwer löslich sind. Ein prominentes Beispiel ist der schwer lösliche Feststoff $Al(OH)_3$, der gemäß den folgenden Gleichungen als Säure bzw. Base wirkt:

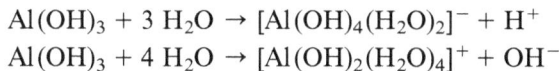

$$Al(OH)_3 + 3\,H_2O \rightarrow [Al(OH)_4(H_2O)_2]^- + H^+$$
$$Al(OH)_3 + 4\,H_2O \rightarrow [Al(OH)_2(H_2O)_4]^+ + OH^-$$

Die Verhältnisse sind verwickelter, als es die beiden Gleichungen ausdrücken. So entsteht das Kation $[Al(OH)_2(H_2O)_4]^+$ nur in hoch verdünnter Lösung, während es in konzentrierterer Lösung eine Kondensation zu höher aggregierten Kationen erfährt (s. Abschnitt 5.3.3); weiterhin sind beide genannten Produkte ihrerseits wieder Ampholyte. Die Gleichgewichtskonstanten sind nicht genau bekannt. Der isoelektrische Punkt liegt für $Al(OH)_3$ im Bereich pH = 5–9.

5.2.6 Neutralisation

Vereinigt man gleiche Mengen wässriger Lösungen von HCl und NaOH (*Salzsäure* und *Natronlauge*), also eine stark saure und eine stark basische Lösung, so liegt am Ende einer sehr schnellen und exothermen Reaktion eine wässrige Lösung von NaCl als Produkt vor, eine neutrale Lösung also mit pH = 7. Die zugehörige Reaktionsgleichung lautet $H^+ + OH^- \rightarrow H_2O$ mit $K = 1/K_W = 10^{14}\,\text{mol}^{-2}\,\text{l}^2$. Die Vereinigung gleicher Mengen an Säure und Base nennt man allgemein eine *Neutralisation*. Dabei wird der Neutralpunkt, pH = 7, nicht immer erreicht, und zwar dann nicht, wenn Säure und Base nicht der gleichen Stärkeklasse angehören. So ergeben äquivalente Mengen an Salzsäure und Ammoniak eine Lösung von NH_4Cl, also eine saure Lösung, oder von Essigsäure und Natronlauge eine Lösung von $Na[CH_3COO]$, also eine basische Lösung.

Sehen wir uns beispielhaft die Reaktionsgleichungen und die Gleichgewichtskonstanten von vier Neutralisationen A + B an! Die Kombination der Stärken von A und B sei:

(1) stark/stark, (2) stark/schwach, (3) schwach/stark, (4) schwach/schwach; dabei ist $pK_A(NH_4^+) = pK_{A1} = 9.25$, $pK_A(CH_3COOH) = pK_{A2} = 4.75$.

(1)	$H^+ + OH^-$	$\leftrightarrows H_2O$	$pK_1 = -pW$	$= -14$
(2)	$H^+ + NH_3$	$\leftrightarrows NH_4^+$	$pK_2 = -pK_{A1}$	$= -9.25$
(3)	$NH_4^+ + OH^-$	$\leftrightarrows NH_3 + H_2O$	$pK_3 = pK_{A1} - pW$	$= -4.75$
(4)	$CH_3COOH + NH_3$	$\leftrightarrows CH_3COO^- + NH_4^+$	$pK_4 = pK_{A2} - pK_{A1}$	$= -4.50$

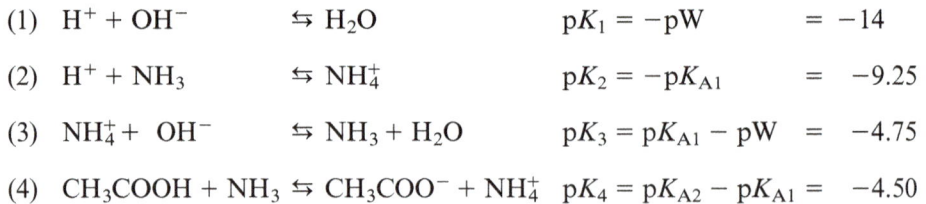

Alle vier Gleichgewichte liegen auf der rechten Seite, jedoch zunehmend weniger; die Triebkraft nimmt von Neutralisation (1) zu (4) ab. Um die Veränderung des pH-Werts während einer Neutralisation zu studieren, sei als Beispiel die Neutralisation von $n_0 = 0.10$ mol Salzsäure mit der von $n_0 = 0.10$ mol Essigsäure, beides in 1 dm³ wässriger Lösung, verglichen, und zwar werde als Neutralisationsmittel Natriumhydroxid in steigender Menge n_x der Lösung zugefügt. (In der Praxis wird man kaum festes NaOH einsetzen, unter anderem weil es *hygroskopisch* ist, also Wasser anzieht, und deshalb bei der Wägung Probleme schafft, sondern man wird Natronlauge verwenden; dann allerdings nimmt bei der Zugabe das Volumen der Lösung stetig zu und erschwert die rechnerische Ermittlung des pH-Werts in einer für das Prinzip unnötigen Weise.) Die Ermittlung der Neutralisationskurve $pH(n_x)$ ist im Falle der starken Salzsäure einfach: Es gilt $pH = -\lg(0.10 - n_x)$ im sauren Bereich ($n_x < 0.10$ mol). Bei $n_x = 0.10$ ist die Neutralisation vollständig. Die Annahme, dass HCl allein den pH-Wert bestimmt, ist jetzt nicht mehr gültig, und den pH-Wert gemäß $pH = -\lg(0.10 - n_x)$ ermitteln zu wollen, wäre irrig und führte zu pH = $-\infty$; vielmehr spielt am Äquivalenzpunkt die Dissoziation des Wassers wieder eine Rolle, und wir erhalten pH = 7 für die jetzt vorliegende NaCl-Lösung. Weiterer Zusatz von NaOH ($n_x > 0.1$ mol l^{-1}) macht die Lösung basisch, und es gilt pOH = $-\lg(n_x - 0.10)$ und pH = $14 + \lg(n_x - 0.10)$.

Für die schwache Säure CH$_3$COOH findet man den Startpunkt ($n_x = 0$) gemäß $c_H = (K_A c_0)^{1/2}$ mit pK_A = 4.75 und c_0 = 0.10 mol l^{-1} zu pH = 2.88. Nach der Zugabe von NaOH errechnet sich pH nach dem MWG,

$$pH = pK_A - \lg \frac{n_A}{n_B}$$

indem man wegen der großen Triebkraft der Neutralisationsreaktion, pK = -9.25, die Näherungen $n_A \approx n_0 - n_x$ und $n_B \approx n_x$ anwendet, sodass die pH-Funktion die Form

$$pH = pK_A - \lg \frac{n_0 - n_x}{n_x}$$

annimmt. Im Falle $n_x = n_0/2$ kommt man zum zentralen Pufferbereich mit pH = pK_A = 4.75. Nach abgeschlossener Neutralisation ($n_x = n_0$; *Äquivalenzpunkt*) liegt eine Lösung von Natriumacetat vor, deren pH-Wert sich über $c_{OH} = (K_B c_0)^{1/2}$ zu pH = 8.87 errechnet. Bei weiterer Zugabe von NaOH bestimmt nur noch dieses den pH-Wert, und die Kurve pH(n_x) hat denselben Verlauf wie bei der Neutralisation von HCl. Dabei muss man sich klarmachen, dass selbst bei einem nur sehr geringen Überschuss von NaOH über n_0 hinaus die schwache Base Acetat so gut wie nichts zum pH-Wert beiträgt. Sucht man nämlich über die drei üblichen Bestimmungsgleichungen

(1) $\qquad K_B c_B = c_A c_{OH}$

(2) $\qquad c_A + c_B = c_0$

(3) $\qquad c_H + c_x = c_B + c_{OH}$

eine Beziehung für c_{OH} auf, dann kommt man nach Streichung der sehr kleinen Glieder $K_B K_W$ und K_W zum Polynom $c_{OH}^2 - (c_x - c_0 - K_B)c_{OH} = K_B c_x$; mit c_0 = 0.100 und beispielsweise c_x = 0.101 mol l^{-1} (d. i. ein Überschuss von nur 0.001 mol) erhält man c_{OH} = 0.001 mol l^{-1}, ohne dass K_B in Erscheinung träte. (Ohne Überschuss an Base allerdings, also mit $c_0 = c_x$, geht das Polynom in $c_{OH}^2 \approx K_B c_0$ über, wie es sich für eine Lösung von Natriumacetat gehört.)

In die Neutralisationskurve pH(n_x) von Abb. 5.1 sind Werte aus folgender Wertetabelle eingetragen (pH(1): Salzsäure; pH(2): Essigsäure):

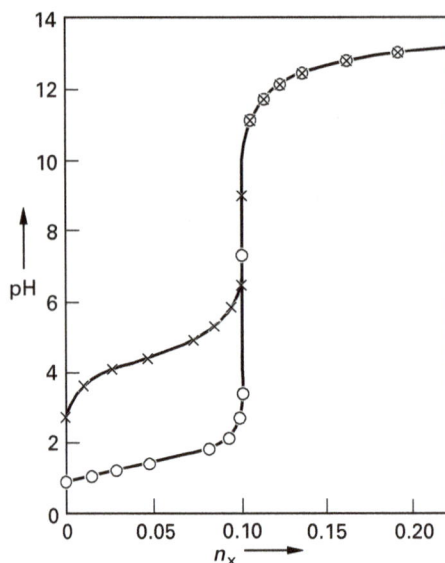

Abb. 5.1 Kurven $pH(n_x)$ für die Neutralisation von Salzsäure ($\circ$) und Essigsäure ($\times$) mit der Stoffmenge n_x an Natronlauge.

$n_x\,\mathrm{mol}^{-1}$:	0.00	0.01	0.02	0.05	0.08	0.09	0.095	0.098	0.10	0.102
$pH(1)$:	1.00	1.05	1.10	1.30	1.70	2.00	2.30	2.70	7.00	11.30
$pH(2)$:	2.88	3.80	4.15	4.75	5.35	5.70	6.03	6.44	8.87	11.30

$n_x\,\mathrm{mol}^{-1}$:	0.105	0.11	0.12	0.15	0.20
$pH(1)$:	11.70	12.0	12.3	12.7	13.0
$pH(2)$:	11.70	12.0	12.3	12.7	13.0

Die hier an zwei Beispielen erzielten Ergebnisse lassen sich verallgemeinern. Der Äquivalenzpunkt ($n_x = n_0$) liegt in einem steilen, nahezu senkrecht verlaufenden Teil der Funktion $pH(n_x)$ und markiert ihren Wendepunkt. Der Unterschied zwischen der Neutralisation einer starken und einer schwachen Säure (bzw. Base) mit einer starken Base (bzw. Säure) besteht in der Länge des vertikal verlaufenden Kurventeils. Gibt man die neutralisierende starke Base (bzw. Säure) in einer wässrigen Lösung zu der zu neutralisierenden Säure (bzw. Base), so ändert sich der Kurvenverlauf von $pH(n_x)$ trotz der Volumenzunahme nicht wesentlich von dem in Abb. 5.1.

5.2.7 Analytische Anwendung

Die Menge einer Säure oder Base in einer wässrigen Lösung zu bestimmen (*Alkalimetrie* bzw. *Acidimetrie*), stellt eine experimentelle Aufgabe dar, die zum Gebiet der *quantitativen Analyse* zählt, d. i. die Bestimmung der Menge einer Komponente in einer Mischung. Man wendet hier mit Vorteil die Methode der *Titration* an, die *Titrimetrie* oder *Maßanalyse,* d. i. hier eine Neutralisation der Säure oder Base, indem man die als *Titriermittel* verwendete, in ihrer Konzentration genau bekannte starke Base bzw. Säure aus einem geeichten Volumenrohr, einer sog. *Bürette,* so lange zutropft, bis der Äquivalenzpunkt erreicht ist. Aus dem Titriervolumen errechnet man die Stoffmenge an verbrauchtem Titriermittel, die der zu bestimmenden Menge an Säure oder Base entspricht.

Den Äquivalenzpunkt, also den Endpunkt der Titration, erkennt man mithilfe von *Indikatoren*. Im Falle der Alkalimetrie kann das beispielsweise eine sehr schwache Säure A_I (und im Falle der Acidimetrie eine sehr schwache Base B_I) sein, die man der Titrierlösung in so geringer Menge zusetzt, dass sie den pH-Wert und damit die Funktion $pH(n_x)$ so gut wie nicht beeinflusst. Die Indikatorsäure A_I muss sich von der mit ihr korrespondierenden Indikatorbase B_I in einer in geringer Konzentration wahrnehmbaren Eigenschaft unterscheiden, z. B. in ihrer Farbe. Nun wird im Zuge der Titration zunächst die zu bestimmende Säure neutralisiert und dann erst die Indikatorsäure, und weil diese in so kleiner Menge vorliegt, genügt schon die Zugabe des Bruchteils eines Tropfens an Titriermittel, um den Pufferbereich des Indikatorpaars zu durcheilen ($c_{AI} = c_{BI}$) und dabei einen Farbumschlag zu erzielen. Worauf es ankommt ist, dass der pH-Wert des äquimolaren Indikatorpuffers, $pH = pK_{AI}$, mit dem pH-Wert des Äquivalenzpunkts der Titration übereinstimmt. Bei der alkalimetrischen Bestimmung von Salzsäure muss dieser pH-Wert wegen des sehr steilen Verlaufs der Neutralisationskurve im Bereich etwa zwischen 4 und 10, also weit um 7 herum, liegen. Bei der Essigsäure ist dieser Bereich wegen des kürzeren Steilstücks der Kurve enger und sollte vom Äquivalenzpunkt $pH = 8.87$ (im Falle $c_0 = 0.10$ mol l^{-1}) nicht mehr als etwa eine pH-Einheit nach oben oder unten abweichen. Bei der Auswahl eines geeigneten Indikators steht demgemäß für Salzsäure ein breiteres Angebot zur Verfügung als für Essigsäure.

Im Folgenden wird eine Auswahl an Indikatoren samt Farbe der Indikatorsäure/-base angegeben mit Umschlagbereichen zwischen den pH-Werten 1.2 und 12.0. Angegeben sind die Trivialnamen:

Thymolblau	rot/gelb	1.2 – 2.8
Benzylorange	rot/gelb	1.9 – 3.3
Dimethylgelb	rot/gelb	2.9 – 4.0
Methylorange	rot/orange	3.0 – 4.4
Bromkresolgrün	gelb/blau	3.8 – 5.4
Methylrot	rot/gelb	4.4 – 6.2
Lackmus	rot/violett	5.0 – 8.0
Bromthymolblau	gelb/blau	6.0 – 7.5
Phenolrot	gelb/rot	6.4 – 8.2
Thymolblau	gelb/blau	8.0 – 9.6
Phenolphthalein	farblos/purpur	8.4 – 10.0
Alizaringelb R	gelb/orange	10.0 – 12.0

Der Acidimetrie bzw. Alkalimetrie verwandt ist die *Komplexometrie*. Sie dient der titrimetrischen Bestimmung von Metallkationen M^{n+}, meist in wässriger Lösung, durch die Bildung besonders stabiler Koordinationsverbindungen. Die koordinierenden Liganden werden durch das Titriermittel zugegeben und substituieren die Hydrathülle der zu bestimmenden Kationen im Sinne der quantitativen Analyse so gut wie vollständig, d. h. mit einer möglichst großen Gleichgewichtskonstanten, der *Komplexbildungskonstanten*. Vielfach sieht man in der Bildung der Koordinationsverbindung, der *Komplexbildung*, eine Lewis'sche Säure/Base-Reaktion mit M^{n+} als Lewissäure und den Liganden als Lewisbasen, obwohl es sich eigentlich um eine Substitution handelt. In den meisten Fällen setzt man als Titriermittel mehrzähnige Liganden ein, sodass ein Chelateffekt das Titrationsgleichgewicht nach rechts verschiebt. Folgende Chelatliganden werden in der Komplexometrie häufig verwendet: (1) Nitridotriacetat $[N(CH_2COO)_3]^{3-}$ [nta, ein bis zu vierzähniger Ligand, der über das eine N- und je ein O-Atom aus jeder CH_2COO-Gruppe an das Kation gebunden ist; im Handel ist die freie Säure $H_3(nta)$, Nitridotriessigsäure, *Komplexon I*]; (2) Ethylendiamintetraacetat $[(OOCH_2)_2N—CH_2CH_2—N(CH_2COO)_2]^{4-}$ [edta, ein maximal sechszähniger Ligand, der über zwei N- und vier O-Atome bindet; im Handel ist $H_4(edta)$, Ethylendiamintetraessigsäure, *Komplexon II*, oder $Na_2H_2(edta)$, Natrium-ethylendiamindiessigsäurediacetat, *Komplexon III*]; (3) Diethylentriaminpentaacetat $[(OOCCH_2)_2N—CH_2CH_2—N(CH_2COO)—CH_2CH_2—N(CH_2COO)_2]^{5-}$ [dtpa, ein maximal siebenzähniger Ligand, als $H_5(dtpa)$ im Handel]. Ein sechszähniger Ligand wie edta vermag sich mit verzerrt-oktaedrischer Koordination um ein Kation herumzulegen und so das Kation ohne weitere Liganden koordinativ zu befriedigen. Den Endpunkt der Titration erkennt man mithilfe von Farbstoffindikatoren, die mit einer kleinen Menge des zu bestimmenden Kations einen Komplex mit charakteristischer Farbe bilden und die vom letzten Tropfen des Titriermittels unter Farbumschlag substituiert werden. Man kann zeigen, dass − mit c_M als Konzentration von M^{n+} − die Größe $\lg c_M$ von der zugesetzten Menge n_x an Titriermittel in ähnlicher Weise abhängt wie pH von n_x (Abb. 5.1) mit einem Wendepunkt als Äquivalenzpunkt.

5.2.8 Starke Säuren

Führt das Polynom $c_H^2 + K_A c_H = K_A c_{A0}$ in verdünnter Lösung ($c_{A0} < 1\ mol\,l^{-1}$) im Falle starker Säuren ($K_A > 10$) wegen $c_H \ll K_A$ zu $c_H \approx c_{A0}$, also zur so gut wie vollständigen Dissoziation der Säure, so ändert sich dies, wenn man zu konzentrierten Lösungen starker Säuren übergeht und c_H gegenüber K_A nicht mehr vernachlässigt werden kann. Als Beispiel sei (der einfachen Rechnung wegen) der Wert $c_{A0} = K_A$ gewählt, dann errechnet sich aus unserem Polynom der Wert $c_H = 0.62\,c_{A0}$, d. h. die starke Säure ist nicht mehr vollständig dissoziiert. Allerdings hat dieses Ergebnis nur qualitative Bedeutung, unter anderem auch deshalb, weil das dem angewendeten Polynom zugrunde liegende MWG nur gilt, wenn man die Konzentrationen durch die Aktivitäten ersetzt. Gleichwohl geht ganz allgemein die Dissoziation einer starken Säure in Wasser umso mehr zurück, je größer der Anteil an Säure in der Mischung mit Wasser wird. Entsprechendes gilt für starke Basen.

Ersetzen wir die Stoffmengenkonzentrationen c_i durch die Stoffmengenaktivitäten a_i gemäß $a_i = \gamma_i c_i$, dann weicht der Aktivitätskoeffizient γ_i der i-ten Komponente umso mehr von eins ab, je größer die *Ionenstärke I* in der Lösung ist. Die Ionenstärke ist als die halbe Summe aller Produkte $z_j^2 c_j$ für alle Komponenten der Lösung definiert (z_j ist die Ladungszahl des Ions j):

$$I = \frac{1}{2} \Sigma_j \left(z_j^2 c_j \right)$$

Da alle starken Säuren in verdünnter wässriger Lösung vollständig dissoziieren, also scheinbar gleich stark sind, bedient man sich zum Vergleich ihrer Acidität sog. *Hammett-Indikatoren*, d. s. sehr schwache Basen, insbesondere gewisse aromatische Amine $ArNH_2$ ($ArNH_2 + H_2O \rightarrow ArNH_3^+ + OH^-$). Die Konzentrationen c_{BI} bzw. c_{AI} der Indikatorbase B_I und der kationischen Indikatorsäure A_I müssen bei bekannter Gesamtkonzentration c_{I0} bestimmbar sein, und sie sind dies für jene aromatischen Amine beispielsweise durch photometrische Methoden im Bereich der Werte $c_{BI}/c_{AI} = 0.1$ bis 10. Beispiele solcher Basen B_I finden sich bei den Nitroanilinen, allesamt gegenüber Wasser sehr schwache bis extrem schwache Basen, während es sich bei den korrespondierenden Säuren A_I um mittelstarke bis starke Säuren handelt, deren pK_{AI}-Werte bekannt sind. Als Beispiele für einige Basen und die pK_{AI}-Werte der korrespondierenden Säuren seien genannt: $1,3\text{-}C_6H_4(NO_2)(NH_2)$, $pK_{AI} = 2.50$; $1,4\text{-}C_6H_4(NH_2)(NO_2)$, $pK_{AI} = 0.99$; $1,2,4\text{-}C_6H_3(NH_2)(NO_2)_2$, $pK_{AI} = $ ca. -4; $1,2,4,6\text{-}C_6H_2(NH_2)(NO_2)_3$, $pK_{AI} = $ ca. -9. Man nimmt an, dass diese pK_{AI}-Werte unabhängig vom Lösungsmittel sind und sich in konzentrierten Lösungen starker Säuren nicht ändern. In solchen Lösungen gilt:

$$K_{AI} = \frac{a_{BI} a_H}{a_{AI}} = \frac{c_{BI} \gamma_{BI} a_H}{c_{AI} \gamma_{AI}}$$

$$pK_{AI} = pH - \lg \frac{c_{BI}}{c_{AI}} - \lg \frac{\gamma_{BI}}{\gamma_{AI}} = H_0 - \lg \frac{c_{BI}}{c_{AI}}$$

Die *Hammett'sche Säurefunktion* ist demnach definiert als $H_0 = pH - \lg(\gamma_{BI}/\gamma_{AI})$, wobei $pH = -\lg a_H$. Nun wird das Verhältnis c_{BI}/c_{AI} im Bereich $0.1-10$ [$\lg(c_{BI}/c_{AI})$ von -1 bis $+1$] für diverse Konzentrationen c_{A0} der starken Säure experimentell bestimmt und hieraus bei bekanntem pK_{AI} der zugehörige Wert von H_0 errechnet, allerdings nur in dem engen, durch das beschränkte c_{BI}/c_{AI}-Verhältnis vorgegebenen Bereich von c_{A0}. Jetzt greift man zu einer anderen Indikatorbase mit anderem pK_A-Wert und macht von dem plausiblen und mit gewissen Experimenten verifizierbaren Befund Gebrauch, dass im Falle strukturell verwandter Basen B_I das Verhältnis γ_{BI}/γ_{AI} zu einem gegebenem pH-Wert für alle Basen gleich ist. So gewinnt man Wertepaare H_0/c_{A0}, wie sie für konzentrierte wässrige Salz- und Schwefelsäure vorgestellt seien:

c_{A0} (mol l^{-1}):	0.1	0.5	1.0	2.0	4.0	6.0	8.0	10.0
H_0(HCl):	0.98	0.20	-0.20	-0.69	-1.40	-2.12	-2.86	-3.59
H_0(H$_2$SO$_4$):	0.83	0.13	-0.26	-0.84	-1.85	-2.76	-3.78	-4.89

Beim Vergleich zweier starker Säuren hat diejenige die größere Acidität, die bei gegebenem c_{A0} die Konzentration an c_{AI} größer, also den Quotienten c_{BI}/c_{AI} kleiner macht. Wegen der Proportionalität $H_0 \sim \lg(c_{BI}/c_{AI})$ ist eine starke Säure umso stärker, je negativer H_0 ist. Schwefelsäure ist also stärker als Salzsäure.

In verdünnten Lösungen wird $\lg(\gamma_{BI}/\gamma_{AI}) = 0$ und damit $H_0 = \text{pH} = -\lg c_{A0}$. Wie man der Wertepaarreihe H_0/c_{A0} entnimmt, wird bei $c_{A0} = 0.1$ weder bei Salz- und noch weniger bei Schwefelsäure der bei Verdünnung zu erwartende Wert $H_0 = 1$ wirklich erreicht; die Verdünnung reicht noch nicht aus.

Ihren negativsten H_0-Wert erreicht eine starke Säure beim Maximalwert von c_{A0}, also wenn wasserfreie reine Säure vorliegt. Schwefelsäure H$_2$SO$_4$ ist mit $H_0 = -12$ eine der stärksten bekannten Säuren. Noch stärker ist Dischwefelsäure H$_2$S$_2$O$_7$ (HO$_3$S—O—SO$_3$H) mit $H_0 = -14$ und Fluorsulfonsäure FSO$_3$H mit $H_0 = -15$. Stärker als die Schwefelsäure sind auch die Perchlorsäure HClO$_4$ und die Trifluormethansulfonsäure CF$_3$SO$_3$H. Reines Hydrogenchlorid HCl kann hier nicht verglichen werden, da es erst unterhalb von $-85.05\,°C$ flüssig wird.

5.2.9 Nichtwässrige Lösungsmittel

Eine ganze Reihe von Flüssigkeiten wie Wasser, Schwefelsäure, Essigsäure etc. unterliegt einer Eigendissoziation unter Hydrontransfer. Als Beispiele seien die bei $25\,°C$ gasförmigen Stoffe HF und NH$_3$ bei genügend tiefer Temperatur genannt!

Flusssäure HF	Sdp. $19.51\,°C$:	3 HF $\leftrightarrows$ H$_2$F$^+$ + HF$_2^-$	pK ≈ 10.7
Ammoniak NH$_3$	Sdp. $-33.43\,°C$:	2 NH$_3$ $\leftrightarrows$ NH$_4^+$ + NH$_2^-$	pK ≈ 33

Ein Hydrontransfer wird in analoger Weise bewirkt wie in Wasser. Wie die Brønsted'sche Säure- bzw. Base-Reaktion jeweils zu definieren ist, sei anhand von Ammoniak als Beispiel mithilfe je zweier Halbreaktionen erläutert:

Brønsted'sche Säure-Reaktion:	Brønsted'sche Base-Reaktion:
A $\leftrightarrows$ B + H$^+$	NH$_3$ $\leftrightarrows$ NH$_2^-$ + H$^+$
H$^+$ + NH$_3$ $\leftrightarrows$ NH$_4^+$	B + H$^+$ $\leftrightarrows$ A

Ein pH-Wert lässt sich in flüssigem Ammoniak gemäß pH $= -\lg c(\text{NH}_4^+)$ definieren. (Bei eingehender Betrachtung ist das NH$_4^+$-Kation von einer Solvathülle aus NH$_3$-Molekülen umgeben, ganz ähnlich wie H$^+$ in Wasser; anstelle von NH$_4^+$ sollte man genauer [H(NH$_3$)$_n$]$^+$ schreiben. In bequemer Verkürzung ist auch die Schreibung H$^+$ für das ammoniakatisierte Hydron zu vertreten: pH $= -\lg c_H$.) Eine

Säure wie CH_3COOH, die in Wasser als schwach zu klassifizieren ist, wird in flüssigem Ammoniak zur starken Säure. Umgekehrt wird HCl, das gegenüber Wasser als starke Säure eingestuft werden muss, in reiner Essigsäure als Lösungsmittel zur schwachen Säure, indem es bezüglich des Eigendissoziationsgleichgewichts $2\,CH_3COOH \rightleftharpoons CH_3C(OH)_2^+ + CH_3COO^-$ die Konzentration an $CH_3C(OH)_2^+$ nur mäßig erhöht.

Manche Eigendissoziationen werden durch Gleichgewichte anderer Art, etwa durch Kondensationsgleichgewichte, überlagert. Beispielsweise gesellt sich bei der Schwefelsäure zur Eigendissoziation $2\,H_2SO_4 \rightleftharpoons H_3SO_4^+ + HSO_4^-$ (pK ca. 4) noch die Kondensation zum Hydrogendisulfat gemäß $2\,H_2SO_4 \rightleftharpoons H_3O^+ + HS_2O_7^-$ (pK ca. 5). Nur wenige Säuren sind saurer als H_2SO_4 ($H_0 \approx -12$) und erhöhen beim Lösen in H_2SO_4 die Konzentration an $H_3SO_4^+$; um solche Säuren handelt es sich beispielsweise bei Fluorsulfonsäure FSO_3H und bei Dischwefelsäure $H_2S_2O_7$ (Abschnitt 5.2.8).

Die potentesten Mittel für den Hydronentransfer sind Mischungen aus FSO_3H und SbF_5, aus HF und AsF_5 oder aus HF und SbF_5 (*Supersäuren*; $H_0 < -20$). Sie beruhen auf der großen Fluorid-Akzeptorstärke von AsF_5 und SbF_5. Mit ihnen lässt sich selbst auf gesättigte Carbonhydride ein Hydron H^+ übertragen, sodass beispielsweise Methan CH_4 in Methanium CH_5^+ übergeht; aus einer der vier C—H-(2c2e)-Bindungen wird dabei eine CHH-(3c2e)-Bindung. (Die beobachtete Gleichwertigkeit aller fünf H-Liganden im Methanium-Kation erklärt man sich durch einen schnellen Fluktuationsprozess, bei dem ein H^+-Ion aus der CHH-Bindung auf eine der drei CH-Bindungen übertragen wird, sodass im zeitlichen Mittel alle fünf H-Atome im gleichen Maße an der CHH-Bindung teilhaben.) Aus dem Kation CH_5^+ kann sich irreversibel ein H_2-Molekül abspalten; das dabei entstehende Methylium-Kation CH_3^+ kann als besonders starkes Methylierungsmittel auf mannigfaltige Weise weiterreagieren. Alkanium-Kationen RH_2^+ (auch: *Carbonium-Kationen*) und Alkylium-Kationen R^+ (auch: *Carbenium-Kationen*) fasst man unter dem Begriff *Carbokationen* zusammen (s. Abschnitt 6.1.1).

5.3 Säure/Base-Reaktionen: Spezielle Behandlung

Unter Beschränkung auf Wasser als Lösungsmittel stellen wir uns die Frage, welche Stoffe bei ihrer Lösung in Wasser den pH-Wert vom Neutralen ins Saure oder ins Basische verschieben.

5.3.1 Binäre Säuren und Basen

Wir beschränken uns auf Hydride, Fluoride, Oxide, Nitride und Carbide.

Hydride

Wir haben kovalente und salzartige von legierungsartig aufgebauten Hydriden zu unterscheiden. Die legierungsartig aufgebauten Hydride, das sind im Wesentlichen

Einlagerungsverbindungen (s. Abschnitt 3.2.5), reagieren kaum mit Wasser. Die *salzartig aufgebauten* trifft man insbesondere bei den Alkali- und Erdalkalimetall-hydriden an. Sie reagieren ziemlich heftig mit Wasser, weil das Hydrid-Anion H^- eine überaus starke Base ist: $H^- + H_2O \rightarrow H_2 + OH^-$. Löst man also beispiels-weise 0.1 mol NaH in 1 dm^3 Wasser, dann stellt sich unter H_2-Entwicklung ein pH-Wert von 13 ein.

Die *kovalent aufgebauten Nichtmetallhydride* vom Typ EH_n können in Wasser sauer oder basisch reagieren. Für die Elemente E der zweiten Periode nimmt die Acidität von rechts nach links dramatisch ab von HF ($pK_A = 3.19$) über H_2O ($pK_A = 14.0$) und NH_3 ($pK_A > 15$; $NH_3 \rightarrow NH_2^- + H^+$) bis zu CH_4 (pK_A extrem groß; $CH_4 \rightarrow CH_3^- + H^+$). Dagegen nimmt die Basizität von HF ($pK_B > 15$; $HF + H_2O \rightarrow H_2F^+ + OH^-$) über H_2O ($pK_B = 14.0$) zu NH_3 ($pK_B = 4.75$) zu; Methan CH_4, das vierte Glied in der Reihe, hat kein zur Hydronaufnahme bereites freies Elektronenpaar. Umgekehrt nimmt natürlich die Basizität in der Reihe $F^- < OH^- < NH_2^- < CH_3^-$ stark zu. Innerhalb einer Gruppe erhöht sich die Acidi-tät von oben nach unten, was sich grob qualitativ (unter Vernachlässigung der kovalenten H—X-Bindungsanteile) damit erklären lässt, dass die elektrische Anzie-hung zwischen H^+ und X^- umso mehr abnimmt, je größer das Anion X^- ist:

	HF	HCl, HBr, HI	H_2O	H_2S	H_2Se	H_2Te	OH^-	SH^-
pK_A:	3.19	< -1	14.0	6.99	3.89	2.6	> 15	12.89

Unter den *mehrkernigen Nichtmetallhydriden* E_mH_n wirken das Dihydrogenperoxid H_2O_2 ($pK_A = 11.65$), die Dihydrogensulfide H_2S_n (n = 2−12) und das Hydrogen-azid HN_3 (veraltet: *Stickstoffwasserstoffsäure*; $pK_A = 4.92$) mehr oder weniger schwach sauer. Für Hydrazin N_2H_4 ist eher eine basische Wirkung ausgeprägt ($pK_{B1} = 6.07$, $pK_{B2} > 15$), allerdings schwächer als bei NH_3.

Halbmetallhydride wie B_2H_6 oder SiH_4 reagieren sehr langsam mit H_2O unter Bildung von H_2 und $B(OH)_3$ (d. i. eine schwache Säure) bzw. $Si(OH)_4$ (das zu SiO_2 kondensiert); Basen wie OH^- oder OR^- beschleunigen die Hydrolysereaktion, wo-bei sich Zwischenstufen vom Typ H_3B—OH^- bzw. H_4Si—OH^- bilden.

Fluoride

Alkalimetallfluoride MF lösen sich gut in Wasser und reagieren wegen $pK_B = 10.81$ der Base F^- schwach basisch. *Halbmetallfluoride* wie BF_3 oder SiF_4 werden von Wasser zu HBF_4 und $B(OH)_3$ bzw. zu H_2SiF_6 und SiO_2 hydrolysiert, sodass solche Lösungen sauer reagieren, weil es sich bei HBF_4 und H_2SiF_6 um starke Säuren handelt (s. Abschnitt 7.2.3). *Nichtmetallfluoride* wie SF_6 oder NF_3 setzen sich mit Wasser gar nicht um, andere wie ClF_3 oder BrF_3 explosionsartig, wieder andere wie beispielsweise SF_4 ganz gezielt unter Bildung einer sauren Lösung ($SF_4 + 2 H_2O \rightarrow SO_2 + 4 HF$).

Oxide

Metalloxide sind im Allgemeinen schwer in Wasser löslich. Das gilt nicht für die Oxide M_2O der Alkalimetalle, deren wässrige Lösungen kraft der Reaktion $O^{2-} + H_2O \rightarrow 2\,OH^-$ stark basisch reagieren. Auch die Peroxide M_2O_2 und die Superoxide MO_2 der Alkalimetalle ergeben mit Wasser alkalische Lösungen, weil O_2^{2-} ($O_2^{2-} + H_2O \rightarrow HO_2^- + OH^-$) und O_2^- ($2\,O_2^- + H_2O \rightarrow O_2 + HO_2^- + OH^-$) starke Basen sind. Unter den *Halbmetalloxiden* ist SiO_2 so schwer in Wasser löslich, dass Wasser in Quarzgefäßen neutral bleibt, während sich B_2O_3 in Wasser unter Bildung von Borsäure $B(OH)_3$ löst und deshalb schwach sauer reagiert. Fast alle *Nichtmetalloxide* sind Anhydride von Säuren (s. Abschnitt 5.3.5) und reagieren mit Wasser mehr oder weniger sauer (z. B. $SO_3 + H_2O \rightarrow HSO_4^- + H^+$).

Nitride

Die Hydrolyse salzartiger Metallnitride ergibt NH_3 und führt so zu basischen Lösungen. Als Beispiel sei Magnesiumnitrid herangezogen: $Mg_3N_2 + 6\,H_2O \rightarrow 3\,Mg(OH)_2 + 2\,NH_3$ [$Mg(OH)_2$ ist schwer löslich, $p_L = 11.8$]. Nicht nur salzartige Nitride leiten sich von der Säure NH_3 ab, sondern auch salzartige Amide, z. B. $NaNH_2$, und sie hydrolysieren unter Bildung basischer Lösungen.

Carbide

Salzartige Metallcarbide können u. a. Anionen C^{4-}, C_2^{2-} oder C_3^{4-} enthalten und liefern bei der Hydrolyse Methan (z. B. Al_4C_3) bzw. Acetylen (z. B. CaC_2) bzw. Allen (z. B. Mg_2C_3) neben in der Regel schwer löslichen Metallhydroxiden, deren geringe Löslichkeit den pH-Wert mehr oder weniger ins Basische verschieben mag. Ebenso wie das Carbid Al_4C_3 leiten sich auch Methanide wie das salzartige $NaCH_3$ von der überaus schwachen Säure Methan ab und ergeben bei der Hydrolyse eine alkalische Lösung von NaOH.

5.3.2 Ternäre Verbindungen $E(OH)_n$

Die Hydroxide der Alkalimetalle lösen sich in Wasser als Salze auf und reagieren stark basisch; *alkalisch* statt *basisch* zu sagen, trifft hier den Nagel auf den Kopf. Auch die Erdalkalimetallhydroxide, soweit sie sich in einem von $Be(OH)_2$ nach $Ba(OH)_2$ zunehmendem Maße in Wasser lösen, wirken als starke Basen. Typische Beispiele für Halbmetallhydroxide sind Trihydroxidobor [$B(OH)_3$] (*Borsäure,* H_3BO_3) und Tetrahydroxidosilicium [$Si(OH)_4$] (*Kieselsäure,* H_4SiO_4). Die Kieselsäure existiert in Wasser nur so hoch verdünnt, dass sie zumal als schwache Säure den pH-Wert des Wassers nicht beeinflusst, während sie in konzentrierteren Lösungen zu Solen und Gelen kondensiert (s. Abschnitt 3.6.4). Die mehrbasige Borsäure löst sich in Wasser und wirkt schwach sauer. Die zugrunde liegenden Säure/Base-

Reaktionen sind mit Kondensationen (also mit Oligomerisierungen unter Wasserabspaltung) verknüpft. Aus dem komplexen System solcher Kondensationen seien vier mengenmäßig wichtige herausgegriffen:

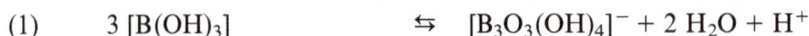

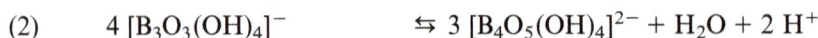

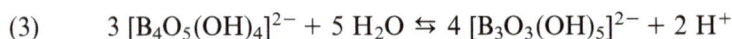

(1) $\quad 3\,[B(OH)_3] \qquad\qquad \leftrightarrows \quad [B_3O_3(OH)_4]^- + 2\,H_2O + H^+$

(2) $\quad 4\,[B_3O_3(OH)_4]^- \qquad\quad \leftrightarrows \quad 3\,[B_4O_5(OH)_4]^{2-} + H_2O + 2\,H^+$

(3) $\quad 3\,[B_4O_5(OH)_4]^{2-} + 5\,H_2O \leftrightarrows 4\,[B_3O_3(OH)_5]^{2-} + 2\,H^+$

(4) $\quad [B_3O_3(OH)_5]^{2-} + 4\,H_2O \leftrightarrows 3\,[B(OH)_4]^- + H^+$

Die beiden Triborate und das Tetraborat, allesamt Ampholyte, haben folgende Strukturen:

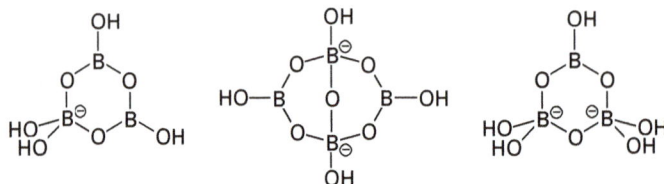

Außer diesen dreien existieren noch weitere amphotere Borat-Anionen in wässriger Lösung, wenn auch in geringer Konzentration. Als Säuren sind sie noch schwächer als die ohnehin schwach saure Borsäure (pK_{A1} = 9.25); eine Borsäurelösung ist also ungefähr ebenso sauer wie eine Lösung von NH_4Cl (pK_A von NH_4^+: 9.75). Umgekehrt verhält sich eine Lösung des Salzes $[Na(H_2O)_4]_2[B_4O_5(OH)_4]$ (*Borax*) wie eine mittelstarke Base. Wo die Gleichgewichte (1) bis (4) liegen, hängt vom pH-Wert ab. In stark saurer Lösung hat man fast ausschließlich mit $[B(OH)_3]$ und in stark basischer Lösung mit $[B(OH)_4]^-$ zu rechnen. Bei mittleren pH-Werten sind alle Spezies, das Tetrahydroxidoborat ausgenommen, anwesend. Die isoelektrischen Punkte der oben genannten Ampholyte verschieben sich umso mehr ins Basische, je mehr negative Ladung pro Bor-Atom auf die Anionen treffen. Von $[B(OH)_3]$ bis $[B(OH)_4]^-$ sind das die Ladungen 0, $-1/3$, $-1/2$, $-2/3$, -1. Allerdings werden die Gleichgewichte (1) bis (4) außer vom pH-Wert auch von der Gesamtkonzentration an Bor in der Lösung stark beeinflusst. Für das Gleichgewicht (1) kann man beispielsweise schreiben: $K_1 = c_B\,c_H / c_A^3 = (n_B\,c_H / n_A^3)V^2$. Vergrößert man das Lösungsvolumen, verdünnt man also, ohne c_H zu verändern, so vergrößert sich die Gleichgewichtsstoffmenge an A auf Kosten von B.

Als Beispiele für Nichtmetallverbindungen $[E(OH)_n]$ werden die Verbindungen $[HalOH]$, die *unterhalogenigen Säuren*, in Abschnitt 5.3.4 behandelt.

5.3.3 Metallkationen in wässriger Lösung

Die Wassermoleküle in den Aqua-Kationen $[M(H_2O)_n]^{m+}$ haben eine gewisse Acidität, und zwar umso mehr, je stärker das koordinierende Elektronenpaar durch das Kation polarisiert wird, also je kleiner das Kation und je größer seine Ladung m ist (s. Abschnitt 2.2.6). Die Alkalimetall-Kationen $[M(H_2O)_6]^+$ mit großem Radius und kleiner Ladung sind keine (oder besser: extrem schwache) Säuren; das deutlich kleinere Kation Li^+ im Aqua-Komplex $[Li(H_2O)_4]^+$ indes bietet erstens nur vier Liganden Platz und ist zweitens als Säure weniger extrem schwach. Auch die Erdalkalimetall-Kationen $[M(H_2O)_6]^{2+}$ haben so gut wie keine Acidität; das gilt nicht für das kleine Be^{2+}, dessen Aqua-Komplex $[Be(H_2O)_4]^{2+}$ nur in saurer Lösung stabil ist, im schwach basischen Bereich aber in das schwer lösliche, amphotere Berylliumhydroxid $Be(OH)_2$ übergeht, das sich seinerseits in stärker alkalischem Milieu wieder löst:

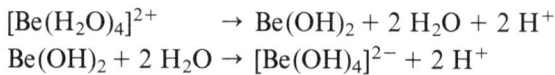

$$[Be(H_2O)_4]^{2+} \rightarrow Be(OH)_2 + 2\,H_2O + 2\,H^+$$
$$Be(OH)_2 + 2\,H_2O \rightarrow [Be(OH)_4]^{2-} + 2\,H^+$$

Im Falle von Al^{3+} muss man hoch verdünnte Lösungen von konzentrierteren unterscheiden. Im Falle von $c < 10^{-5}$ mol l^{-1} hat man mit einer Säure, fünf amphoteren Spezies und einer Base zu rechnen: $[Al(H_2O)_6]^{3+}$, $[Al(OH)(H_2O)_5]^{2+}$, $[Al(OH)_2(H_2O)_4]^+$, $Al(OH)_3$, $[Al(OH)_4(H_2O)_2]^-$, $[Al(OH)_5(H_2O)]^{2-}$ und $[Al(OH)_6]^{3-}$. Das $(3+)$-Kation ist bei pH < 6 stabil, das $(3-)$-Anion bei pH > 14; das neutrale Aluminiumhydroxid ist schwer löslich. Die isoelektrischen Punkte der fünf amphoteren Spezies verschieben sich von links nach rechts immer mehr zu basischen pH-Werten, jedoch überschneiden sich die Existenzbereiche, sodass außer im stark sauren und im stark basischen Bereich Gleichgewichtsmischungen vorliegen. Die Kationsäure $[Al(H_2O)_6]^{3+}$ ist mit $pK_A = 4.97$ fast so stark wie Essigsäure. In konzentrierten wässrigen Lösungen von Al^{3+} ist das einfache Kation $[Al(H_2O)_6]^{3+}$ nur bei pH < 3 stabil. In weniger sauren Lösungen erfährt es unter Abspaltung von H^+ eine Kondensation, die sich bei Erhöhung des pH-Werts fortsetzt und u. a. zu drei Oligomeren führt (Abb. 5.2):

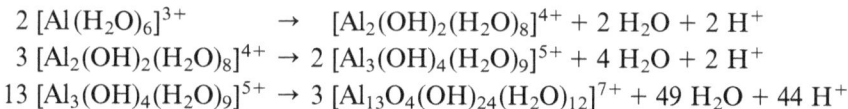

$$2\,[Al(H_2O)_6]^{3+} \rightarrow [Al_2(OH)_2(H_2O)_8]^{4+} + 2\,H_2O + 2\,H^+$$
$$3\,[Al_2(OH)_2(H_2O)_8]^{4+} \rightarrow 2\,[Al_3(OH)_4(H_2O)_9]^{5+} + 4\,H_2O + 2\,H^+$$
$$13\,[Al_3(OH)_4(H_2O)_9]^{5+} \rightarrow 3\,[Al_{13}O_4(OH)_{24}(H_2O)_{12}]^{7+} + 49\,H_2O + 44\,H^+$$

In allen drei Oligomeren sind die Al^{3+}-Kationen von OH^- und H_2O oktaedrisch umgeben; lediglich dem Al_{13}-Oligomer liegt eine zentrale AlO_4-Einheit mit tetraedrisch von O^{2-} umgebenem Al^{3+} zugrunde, um die sich in Tetraedersymmetrie vier trimere Einheiten gruppieren. Diese trimeren Einheiten bestehen aus denselben drei kantenverknüpften Koordinationsoktaedern, die auch die Struktur des Al_3-Oligomers prägen. Die vier trimeren Einheiten sind untereinander über Ecken verknüpft. Die zwölf freien Oktaederecken besetzen H_2O-Moleküle, und an den Verknüpfungsstellen sitzen OH-Gruppen, die an je zwei Al^{3+}-Kationen gebunden sind. Die im Al_3-Oligomer an drei Al-Atome gebundene OH-Gruppe (auf der C_3-Achse) wird im Al_{13}-Oligomer zum O-Ion, das vierfach koordiniert wird, und zwar außer durch

(a)   (b)   (c)   (d)

○ H_2O ◎ OH (e.v.)   ◉ OH (k.v.)   ● O   • Al

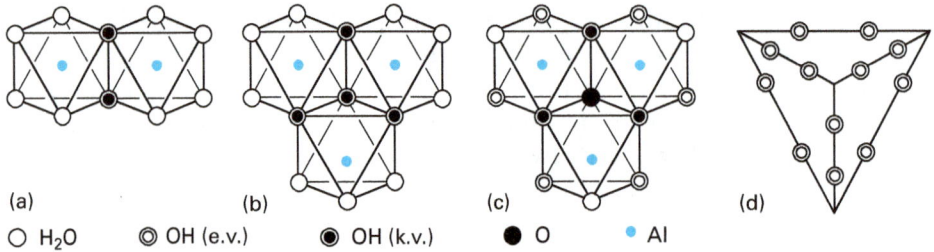

Abb. 5.2 Zwei bzw. drei kantenverknüpfte (k.v.) Koordinationsoktaeder um Al^{3+} in $[Al_2(OH)_2(H_2O)_8]^{4+}$ [(a); D_{2h}] und $[Al_3(OH)_4(H_2O)_9]^{5+}$ [(b); C_{3v}] sowie eines der vier $[Al_3O(OH)_3(OH)_{6/2}(H_2O)_3]^+$-Bruchstücke mit jenen sechs, dem Bruchstück nur zur Hälfte angehörenden, OH-Gruppen, die jeweils paarweise eine Eckenverknüpfung (e.v.) zu drei weiteren derartigen Bruchstücken herstellen, sodass sich insgesamt das Kation $[Al_{13}O_4(OH)_{24}(H_2O)_{12}]^{7+}$ ergibt, wenn noch ein tetraedrisch von O-Ionen umgebenes 13. Al-Ion im Zentrum der Struktur dazugerechnet wird [(c); T_d]; die zwölf eckenverknüpfenden OH-Ionen sind paarweise auf den Kanten eines gedachten Tetraeders so angeordnet, dass jede der vier Tetraederseiten einem der Al_3-Bruchstücke zugeordnet werden kann (d).

das zentrale Kation noch von den drei Kationen jener trimeren Einheit, der es angehört.

Die in Abb. 5.2(c) beschriebene Struktur hat allgemeinere Bedeutung. Wenn man Al^{III} durch M^{VI} (z. B. M = Mo, W), OH^- und H_2O durch O^{2-} ersetzt und das zentrale Kation weglässt, gelangt man zur zunächst hypothetischen Formel $[M_{12}O_{40}]^{8-}$, d. i. ein Quadrupel aus kantenverknüpften Oktaedertripeln, das durch Eckenverknüpfung zusammengehalten wird. Es ist dies eine besonders hochsymmetrische unter den sog. *Keggin-Strukturen*. Die hypothetische wird zur realen Struktur, wenn im zentralen, tetraedrischen Hohlraum Elemente E sitzen. Handelt es sich bei E im Falle M = W um zwei fest gebundene, nicht acide H-Atome, so kommt man zu $[H_2W_{12}O_{40}]^{6-}$ als Beispiel eines sog. *Isopolywolframats*; geschieht dies im Falle M = W mit irgendeinem anderen Element E, so liegen *Heteropolywolframate* vor, also z. B. $[SiW_{12}O_{40}]^{4-}$.

Weil das Kation Fe^{3+} (r = 78.5 pm) kleiner als Al^{3+} (r = 115 pm) ist, wirkt das Aqua-Kation $[Fe(H_2O)_6]^{3+}$ mit pK_A = 3.05 stärker sauer als $[Al(H_2O)_6]^{3+}$. Es ist nur in stark saurer Lösung stabil und geht im pH-Bereich 0 bis 2 in die korrespondierenden amphoteren Basen $[Fe(OH)(H_2O)_5]^{2+}$ und $[Fe(OH)_2(H_2O)_4]^+$ über, um bei pH = 2−3 zu zweikernigen Komplexen zu kondensieren, nämlich dem µ-Dihydroxido- und dem µ-Oxido-Komplex, die miteinander im Gleichgewicht liegen:

$$[(H_2O)_4Fe(OH)_2Fe(H_2O)_4]^{4+} + H_2O \leftrightarrows [(H_2O)_5Fe-O-Fe(H_2O)_5]^{4+}$$

Bei pH = 3−5 führt eine weitere Kondensation zu Isopolyferraten. Bei basischen pH-Werten fällt $Fe(OH)_3 \cdot x H_2O$ als rotbraunes Hydrogel aus, das sich thermisch über FeO(OH) zu Fe_2O_3 entwässern lässt. In wässriger alkalischer Lösung ist Fe_2O_3 nicht löslich, wohl aber in alkalischen Oxidschmelzen.

Das Bild saurer Kationen $[M(H_2O)_n]^{m+}$, die mit zunehmendem pH-Wert und in Abhängigkeit von der Konzentration erstens H^+-Ionen abspalten und zweitens zu Oligomeren kondensieren und von denen etliche sich in alkalischem Medium unter Anionbildung lösen, ist im PSE verbreitet, wenn auch in zahlreichen Spielarten, wie die Beispiele von Al^{III} und Fe^{III} in wässriger Lösung haben zeigen sollen. Als letztes Beispiel sei Sn^{II} herausgegriffen, das sich in wässriger Lösung amphoter verhält. Mit steigendem pH-Wert lassen sich von der sauren bis zur basischen Lösung folgende Kationen und Anionen neben einer neutralen Verbindung nachweisen: $[Sn(H_2O)_3]^{2+}$ (C_{3v}); $[Sn(OH)(H_2O)_2]^+$ (C_s); $[Sn_3(OH)_4]^{2+}$ [Sechsring $Sn_3(OH)_3$, der über die drei Sn-Ionen trihapto an die vierte OH-Gruppe gebunden ist; C_{3v}]; $Sn_6O_4(OH)_4$ (Sn_6-Oktaeder, achtfach mit OH^- und O^{2-} überkappt, T_d); $[(HO)_2Sn-O-Sn(OH)_2]^{2-}$ (C_{2v}); $[Sn(OH)_3]^-$ (C_{3v}).

5.3.4 Oxosäuren $[EO_m(OH)_n]$

Die Nichtmetalle (Xenon, Halogene, Chalkogene, Pnictogene, Carbon) bilden sog. *Oxosäuren* der Zusammensetzung $[EO_m(OH)_n]$. Wie die Oxosäuren systematisch nach der additiven Methode benannt werden können, sei am Beispiel der zweibasigen Säure $[SO_2(OH)_2]$, für die aber die traditionelle Formel H_2SO_4 allgemein üblich ist, sowie der korrespondierenden Anionen erläutert (in Klammern: die Trivialnamen). Für die Benennung der wichtigsten Säuren werden im Folgenden vorwiegend die Trivialnamen herangezogen.

H_2SO_4:	Dihydroxidodioxidosulfur	(Schwefelsäure)
HSO_4^-:	Hydroxidotrioxidosulfat(1−)	(Hydrogensulfat)
SO_4^{2-}:	Tetraoxidosulfat(2−)	(Sulfat)

Die substitutive Methode (*Dihydroxy-λ^6-sulfandion* oder *Dihydroxydioxo-λ^6-sulfan* für H_2SO_4) und die kompositionelle Methode (*Sulfurdihydroxiddioxid*) haben sich nicht eingebürgert.

Oxosäuren des Xenons

Weder H_2XeO_4 (*Xenonsäure*) noch H_4XeO_6 (*Perxenonsäure*) sind bekannt, doch kann man in basischer wässriger Lösung mit korrespondierenden Basen dieser hypothetischen mehrbasigen Säuren rechnen. So bildet sich beim Lösen von XeO_3 in alkalischer Lösung das *Hydrogenxenat* $HXeO_4^-$; feste Salze hiervon kennt man nicht. Dagegen sind Salze der Perxenonsäure vom Typ $Na_4XeO_6 \cdot nH_2O$ (n = 6, 8, 9) isolierbar, deren Auflösung in Wasser vermöge der Reaktion $XeO_6^{4-} + H_2O \rightarrow HXeO_6^{3-} + OH^-$ zu alkalischem Milieu führt; erniedrigt man den pH-Wert bis ins schwach Saure, dann lassen sich die korrespondierenden Ionen $H_2XeO_6^{2-}$ und $H_3XeO_6^-$ nachweisen, während die freie Säure H_4XeO_6 im sauren Bereich unter Abspaltung von O_2 zerfällt.

Oxosäuren der Halogene

Bei den Halogenen sind in wässriger Lösung folgende Oxosäuren bekannt:

Hypohalogenige Säure:	$HClO$	$HBrO$	HIO
Halogenige Säure:	$HClO_2$	$HBrO_2$	
Halogensäure:	$HClO_3$	$HBrO_3$	HIO_3
Perhalogensäure:	$HClO_4$	$HBrO_4$	$(HIO_4)_n$

In reiner Form kennt man das flüssige $HClO_4$ (explosiv) und die kristallinen Verbindungen HIO_3 und $(HIO_4)_n$ sowie H_5IO_6 (*Orthoperiodsäure*). Die Acidität nimmt mit der Oxidationszahl zu: $HClO$ ist eine schwache, $HClO_4$ aber eine der allerstärksten Säuren. Die Acidität nimmt auch mit der Größe des Halogens ab: Im Gegensatz zur Perchlorsäure ist die Orthoperiodsäure gerade noch mittelstark ($pK_A = 3.29$).

In der festen Verbindung $(HIO_4)_n$ erfahren IO_6-Oktaeder eine Kantenverknüpfung zu Doppeloktaedern, die ihrerseits *trans*-kantenverknüpfte Zickzackketten bilden. Diese Ketten entstehen durch thermische Kondensation aus H_5IO_6 bei 100 °C. Die Sechserkoordination in den Sauerstoffsäuren von Iod(VII) – im Gegensatz zur Viererkoordination von Chlor(VII) und Brom(VII) – ist seiner Größe zuzuschreiben. Die Säure H_5IO_6 ist mehrbasig; die korrespondierende, amphotere Base $H_4IO_6^-$ steht in wässriger Lösung außer mit $H_3IO_6^{2-}$ auch noch mit IO_4^- im Gleichgewicht, und $H_3IO_6^{2-}$ steht durch Kondensation noch mit $H_2I_2O_{10}^{4-}$ (kantenverknüpfte Doppeloktaeder; C_{2h}, C_2 durch Zentralkante) im Gleichgewicht.

Die mit den Säuren korrespondierenden Anionen bilden mit Alkalimetall-Kationen, isolierbare, wasserlösliche Salze: $MHalO$ (*Hypohalogenite*), $MHalO_2$ (*Halogenite*), $MHalO_3$ (*Halogenate*) und $MHalO_4$ (*Perhalogenate*). Im Falle von Iod(VII) kennt man neben Salzen des Typs MIO_4 auch Salze des Typs M_5IO_6, M_4HIO_6, $M_3H_2IO_6$, $M_2H_3IO_6$, $M_4[I_2O_8(OH)_2]$ (zwei kantenverknüpfte IO_6-Oktaeder mit zwei *trans*-terminalen OH-Gruppen; C_{2h}), $M_4I_2O_9$ (zwei flächenverknüpfte IO_6-Oktaeder; D_{3h}) u.a. Natürlich ist die Salzbildung bei den Oxidohalogenaten nicht auf die Alkalimetalle beschränkt.

Oxosäuren der Chalkogene

Bei den Chalkogenoxosäuren sind die Oxidationsstufen IV und VI von Belang.

Chalkogenige Säure:	H_2SO_3	H_2SeO_3	H_2TeO_3
Chalkogensäure:	H_2SO_4	H_2SeO_4	$(H_2TeO_4)_n$

Schweflige Säure H_2SO_3 ist in reiner Form nicht bekannt, und selbst in wässriger Lösung kennt man sie nur im Rahmen eines ganz auf der linken Seite liegenden Gleichgewichts: $SO_2 + H_2O \leftrightarrows H_2SO_3$. Sowohl die Säure H_2SO_3 als auch die korrespondierende Base HSO_3^- unterliegen in wässriger Lösung einem Tautomerie-

Gleichgewicht: $[SO(OH)_2] \leftrightarrows [HSO_2(OH)]$ bzw. $[SO_2(OH)]^- \leftrightarrows HSO_3^-$. Nur das Hydrido-Isomer wird in den Salzen $MHSO_3$, den *Hydrogensulfiten*, beobachtet; sie sind mit großen Kationen stabil (z. B. M = Cs), während sie mit kleineren Kationen leicht zu Salzen $M_2S_2O_5$, den *Disulfiten* (Anion: $O_3S{-}SO_2^{2-}$), kondensieren, die sich von der hypothetischen *Dischwefligen Säure* $H_2S_2O_5$ ableiten: $2\,NaHSO_3 \rightarrow Na_2S_2O_5 + H_2O$. Auch Salze des Typs M_2SO_3 (*Sulfite*) sind wohlbekannt. Der systematische Name für Disulfit $S_2O_5^{2-}$ lautet: Pentaoxido-$1\kappa^3O,2\kappa^2O$-disulfat(S–S)(2−). (Die hier verwendete sog. κ-Konvention in den IUPAC-Nomenklaturempfehlungen bedeutet − auf das Beispiel bezogen − dass drei O-Atome an S1 und zwei O-Atome an S2 gebunden sind.)

Flüssige *Schwefelsäure* H_2SO_4, ein großtechnisches Produkt (weltweit: $> 10^8$ t/a), reagiert stark exotherm mit Wasser. Folgende Hydrate lassen sich kristallisieren: $(H_3O)HSO_4$, $(H_3O)_2SO_4$, $(H_3O)(H_5O_2)SO_4$, $(H_5O_2)_2SO_4$, $(H_7O_3)_2SO_4$, $(H_9O_4)_2SO_4$; diese Hydrate sind wegen starker H-Brückenverknüpfungen zwischen den Oxidanium-Kationen und dem Sulfat-Anion nicht ionogen aufgebaut. Wegen ihrer stark wasserziehenden Wirkung macht man sich die Schwefelsäure als Trockenmittel zunutze. Die Hydrogensulfate $MHSO_4$ und die Sulfate M_2SO_4 der Alkalimetalle sind in Wasser gut löslich. Die Erdalkalimetallsulfate MSO_4 mit M = Ca, Sr, Ba sind umso schwerer löslich, je größer M^{2+} ist; $MgSO_4$ löst sich in Wasser, $BaSO_4$ nicht. Sulfate des Typs $MSO_4 \cdot 5H_2O$ (z. B. M = Cu) und $MSO_4 \cdot 7H_2O$ (z. B. M = Mg) nennt man *Vitriole*; Salze vom Typ $M^IM^{III}(SO_4)_2 \cdot 12H_2O$ nennt man *Alaune* (M^I = Na, K, NH_4 u. a.; M^{III} = Al, Cr, Fe u. a.). Hydrogensulfate kondensieren beim Erhitzen zu Disulfaten: $2\,NaHSO_4 \rightarrow Na_2S_2O_7 + H_2O$. Die den Disulfaten zugrunde liegende, in reiner Form isolierbare Säure μ-Oxidobis(hydroxidodioxidosulfur) $[(HO)SO_2{-}O{-}SO_2(OH)]$ (*Dischwefelsäure* $H_2S_2O_7$) ist eine sehr starke Säure. Die Sulfate dreiwertiger Metalle (z. B. Al^{3+}, Fe^{3+}) zerfallen beim Erhitzen: $Al_2(SO_4)_3 \rightarrow Al_2O_3 + 3\,SO_3$.

Die zum Teil in reiner Form wenig stabilen Säuren H_2SeO_3, H_2SeO_4, H_2TeO_3 und $(H_2TeO_4)_n$ sind fest. Die *Polytellursäure* $(H_2TeO_4)_n$ kristallisiert als Schichtengitter: In quadratischen Netzen angeordnete Te-Atome sind entlang aller Quadratseiten durch O-Atome verknüpft; dazu sind an jedes Te-Atom zwei OH-Gruppen senkrecht zur Schicht gebunden; die Bindungen sind weitgehend kovalent. Die Polytellursäure entsteht aus der *Orthotellursäure* H_6TeO_6 (systematisch: Hexahydroxidotellur $[Te(OH)_6]$) durch thermische Kondensation. Die sich von der Tellursäure ableitenden, konjugierten Anionbasen ergeben mit Metallkationen Salze mit einer Mannigfaltigkeit an dioktaedrischen und polyoktaedrischen Strukturen. Wie bei seinen PSE-Nachbarn Xenon(VIII) und Iod(VII) ist es seine Größe, die dem Tellur(VI) die oktaedrische Koordination erlaubt.

Wie in der Halogengruppe steigt die Acidität mit der Oxidationszahl und mit der Kleinheit des zentralen Chalkogen-Atoms. Schwefelsäure ist eine starke Säure und selbst in zweiter Stufe noch mittelstark ($pK_{A2} = 1.96$), Schweflige Säure ist mittelstark ($pK_A = 1.81$, gerechnet auf die Gesamtkonzentration an SO_2 und H_2SO_3), in zweiter Stufe schwach ($pK_A = 7.20$).

Bei den Sulfursäuren spielen auch Dimere mit S—S-Bindung eine Rolle. Die *Dithionige Säure* $H_2S_2O_4$ (Bis(hydroxidooxidosulfur) [(OH)OS—SO(OH)]) und die *Dithionsäure* $H_2S_2O_6$ (Bis(hydroxidodioxidosulfur)(S—S) [(HO)O$_2$S—SO$_2$(OH)]) sind in saurer wässriger Lösung nicht stabil und zerfallen gemäß $2\,H_2S_2O_4 \rightarrow 2\,HSO_3^- + 1/8\,S_8 + SO_2 + 2\,H^+$ bzw. $H_2S_2O_6 \rightarrow HSO_4^- + SO_2 + H^+$. Stabil sind dagegen die korrespondierenden Anionen $S_2O_4^{2-}$ [*Dithionit*; systematisch: Bis(dioxidosulfat)(S—S)(2−)] und $S_2O_6^{2-}$ [*Dithionat*; systematisch: Bis(trioxidosulfat)(S—S)(2−)] in basischer Lösung sowie die entsprechenden Salze wie $Na_2S_2O_4$ oder $Na_2S_2O_6$. Die Instabilität der freien Säuren kündigt sich in einer auffallend langen S—S-Bindung an: 238.9 pm in $S_2O_4^{2-}$ und 215.5 pm in $S_2O_6^{2-}$ gegenüber 208 pm im S_8-Molekül. Ein Grund hierfür mag die elektrische Abstoßung zwischen den beiden negativ geladenen, nicht weit auseinanderliegenden Molekülhälften sein. Mehr als eine S—S-Bindung liegt den sog. *Oligosulfandisulfonsäuren* HO_3S—S_n—SO_3H zugrunde, die man sich aus Oligosulfan-Ketten H_2S_n durch Ersatz der H-Atome durch die sog. *Sulfonsäure-Gruppe* SO_3H entstanden denken kann.

Den Nicht- und Halbmetallen der Chalkogene verwandt sind die Übergangsmetalle der 6. Gruppe, sofern sie in ihrer höchsten Oxidationszahl VI auftreten. Allerdings lassen sich zur Schwefelsäure analoge Säuren H_2EO_4 (E = Cr, Mo, W) nicht isolieren. Säuert man Lösungen der Alkalisalze M_2EO_4 (*Chromate*, *Molybdate*, *Wolframate*) in Wasser an, so beobachtet man eine Kondensation. Beim Chromat CrO_4^{2-} erhält man über das Hydrogenchromat $HCrO_4^-$ das Dichromat $Cr_2O_7^{2-}$ und in stark saurer Lösung auch das Trichromat $Cr_3O_{10}^{2-}$. Behandelt man Na_2CrO_4 mit *konzentrierter Schwefelsäure* (*konz. H_2SO_4*, d. i. ein azeotrop siedendes Gemisch H_2SO_4/H_2O mit einem Säureanteil von $w = 98.33\,\%$), dann schreitet die Kondensation voran bis zum roten CrO_3 mit kettenförmigem Aufbau (s. Abschnitt 3.4.2). Im Gegensatz zu Cr^{VI} bevorzugen Mo^{VI} und W^{VI} eine oktaedrische Koordination, sodass beim Ansäuern wässriger Molybdat- und Wolframat-Lösungen keine einfachen Anionen $E_2O_7^{2-}$ oder $E_3O_{10}^{2-}$ gebildet werden, sondern sog. Isopolymolybdate bzw. -wolframate, in denen EO_6-Oktaeder teils ecken-, teils kantenverknüpft sind. Die Strukturen sind mehr oder weniger kompliziert. Bei der Kondensation von WO_4^{2-} etwa kann man zu folgenden Ionen gelangen: $W_4O_{16}^{8-}$, $W_6O_{19}^{2-}$, $W_7O_{24}^{6-}$, $W_{10}O_{32}^{4-}$, $H_2W_{12}O_{40}^{6-}$ u. a. [zur Struktur von $H_2W_{12}O_{40}^{6-}$ s. Abb. 5.1(c)].

Oxosäuren der Pnictogene

Wir beginnen mit den Oxosäuren von *Nitrogen*:

Salpetrige Säure:	HNO_2	($pK_A = 3.29$)
Salpetersäure:	HNO_3	($pK_A < -1$)

Das Molekül HNO_2 ist in seiner gewinkelten Struktur O=N—OH (C_s) in der Gasphase bekannt, nicht aber in wässriger Lösung. Im basischen Bereich liegt das Anion NO_2^- (*Nitrit*) vor, dessen Salze MNO_2 lagerfähig sind. Säuert man an, dann geht NO_2^- langsam unter Abspaltung von H_2O in N_2O_3 über, das seinerseits rasch in NO und NO_2 zerfällt, wobei NO_2 noch mit N_2O_4 im Gleichgewicht steht; N_2O_4 wiederum unterliegt einem langsamen Zerfall gemäß $N_2O_4 + H_2O \rightarrow HNO_2 + HNO_3$, sodass insgesamt aus HNO_2 in wässriger Lösung HNO_3, NO und H_2O entstehen.

Reine farblose Salpetersäure HNO_3 kann man bei tiefer Temperatur unter Lichtausschluss lagern. Oberhalb von 0 °C zersetzt sie sich langsam in NO_2, H_2O und O_2. Das rotbraune Gas NO_2 bleibt in Salpetersäure gelöst und verleiht ihr eine gelbe, mit zunehmender Konzentration rote Farbe (*rote rauchende Salpetersäure*). Die azeotrop siedende Mischung HNO_3/H_2O mit $w = 69.2\%$ HNO_3 nennt man *konzentrierte Salpetersäure* (*konz. HNO₃*); eine nahezu reine Salpetersäure (98– 99 %) heißt *hochkonzentrierte Salpetersäure*. Aus konz. HNO_3 fallen bei tiefer Temperatur Aqua-Komplexe aus: $(H_3O)NO_3$, $(H_7O_3)NO_3$. Reine Salpetersäure unterliegt einer Eigendissoziation, $2\,HNO_3 \leftrightarrows H_2NO_3^+ + NO_3^-$, gepaart mit dem Gleichgewicht $H_2NO_3^+ \leftrightarrows NO_2^+ + H_2O$. Gibt man eine so starke Säure wie H_2SO_4 zu HNO_3, so werden die Gleichgewichte hin zum *Nitryl*-Kation NO_2^+ [Dioxidonitrogen(1+)] verschoben. Das Nitryl-Kation wird als eintretende Gruppe für allerlei Substitutionsreaktionen gebraucht (*Nitrierungen*); Gemische HNO_3/H_2SO_4 heißen *Nitriersäure*. Die Salze der korrespondierenden Base NO_3^-, die *Nitrate*, sind in der Regel gut wasserlöslich. Beim Erhitzen zersetzen sie sich, und zwar Alkalimetallnitrate MNO_3 anders als Schwermetallnitrate $M(NO_3)_2$: $KNO_3 \rightarrow KNO_2 + 1/2\,O_2$ bzw. $Hg(NO_3)_2 \rightarrow HgO + 2\,NO_2 + 1/2\,O_2$.

Bei den Säuren des *Phosphors* fällt zunächst auf, dass keine Moleküle $HO-P=O$ und $HO-PO_2$ in freier Form bekannt sind, wie sie den Säuren HNO_2 und HNO_3 des Gruppennachbarn Nitrogen entsprechen würden. Phosphor(III) bevorzugt die Koordinationszahl $k = 3$ (z. B. PBr_3) oder 4 (z. B. PBr_4^-), und exotische Vertreter mit $k = 2$ sind in der Regel wenig stabil; ein freies Elektronenpaar ist für Phosphor(III) obligat. Für Phosphor(V) ist $k = 4$ besonders typisch, $k = 6$ ist mit dem kleinen F-Atom möglich (nämlich im Anion PF_6^-), und $k = 3$ ist auf ganz wenige Ausnahmen beschränkt. Ein wichtiger Grund hierfür ist, dass starke π-Doppelbindungen vorwiegend mit kleinen Atomen zustande kommen, die Gewähr für eine optimale Überlappung der beteiligten p-Atomorbitale bieten (*Doppelbindungsregel*). Solch kleine Atome sind im Wesentlichen O, N und C.

Bei den folgenden Oxosäuren des Phosphors

Phosphinsäure:	H_3PO_2	$[PH_2O(OH)]$
Phosphonsäure:	H_3PO_3	$[PHO(OH)_2]$
Phosphorsäure:	H_3PO_4	$[PO(OH)_3]$

wirken nur die an O-Atome gebundenen H-Atome sauer: H_3PO_2 ist einbasig, $pK_A = 1.23$; H_3PO_3 ist zweibasig, $pK_{A1} = 2.00$, $pK_{A2} = 6.59$; H_3PO_4 ist dreibasig, $pK_{A1} = 2.16$, $pK_{A2} = 7.21$, $pK_{A3} = 12.325$. Alle drei Säuren können bei Normalbedingungen in kristalliner Form gefasst werden. Die Phosphinsäure H_3PO_2 hat in wässriger Lösung auch schwach basische Eigenschaften: $H_3PO_2 + H_2O \rightarrow$ $H_4PO_2^+ + OH^-$ ($[H_2P(OH)_2]^+$, $pK_A = 1.70$). Da Hydrogen ($\chi = 2.20$) elektronegativer ist als Phosphor ($\chi = 2.06$) handelt es sich bei den Säuren H_3PO_2 und H_3PO_3 ebenso wie bei H_3PO_4 um Phosphor(V).

Reine flüssige Phosphorsäure (Smp. $42.35\,°C$) unterliegt – ähnlich wie Schwefelsäure – einer Eigendissoziation und einer Kondensation im Rahmen weit links liegender Gleichgewichte:

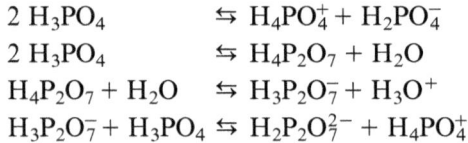

$$2\,H_3PO_4 \leftrightharpoons H_4PO_4^+ + H_2PO_4^-$$
$$2\,H_3PO_4 \leftrightharpoons H_4P_2O_7 + H_2O$$
$$H_4P_2O_7 + H_2O \leftrightharpoons H_3P_2O_7^- + H_3O^+$$
$$H_3P_2O_7^- + H_3PO_4 \leftrightharpoons H_2P_2O_7^{2-} + H_4PO_4^+$$

Das Kondensationsgleichgewicht verschiebt sich beim Erhitzen nach rechts. Über die Diphosphorsäure $H_4P_2O_7$, $[(HO)_2PO-O-PO(OH)_2]$, die sich in kristalliner Form isolieren lässt, kann die Kondensation voranschreiten zur Triphosphorsäure $H_5P_3O_{10}$, $[(HO)_2PO-PO_2(OH)-O-PO(OH)_2]$, zur *cyclo*-Triphosphorsäure $H_3P_3O_9$, $[-PO(OH)-O-]_3$, bis hin zur Polyphosphorsäure $(HPO_3)_n$, $[-PO(OH)-O-]_n$.

Salze vom Typ $M^I(H_2PO_2)$ (*Phosphinate*) sind gut in Wasser löslich, Salze vom Typ $M^I[HPO_2(OH)]$ (*Hydrogenphosphonate*) und $M_2^I(HPO_3)$ (*Phosphonate*) sowie vom Typ $M^I(H_2PO_4)$ (*Dihydrogenphosphate*), $M_2^I(HPO_4)$ (*Hydrogenphosphate*) und $M_3^IPO_4$ (*Phosphate*) lösen sich im Allgemeinen nur im Falle M = Alkalimetall in Wasser auf. Ein aus $Ca_3(PO_4)_2$ und H_2SO_4 erhaltenes Gemenge von $Ca(H_2PO_4)_2$ und $CaSO_4$ ist als *Superphosphat* und das Salz $Ca(H_2PO_4)_2$ als *Doppelsuperphosphat* im Handel, beide als Düngemittel. Die eckenverknüpften Tetraederketten im Polyphosphat $NaPO_3$ können in verschiedener Weise gegeneinander gekippt sein (*Maddrell'sches Salz*, *Kurrol'sches Salz*); Gemische von Polyphosphat $NaPO_3$ und Cyclotriphosphat $Na_3P_3O_9$ erstarren glasig (*Graham'sches Salz*).

Diphosphorsäuren mit P–P-Bindung wie $[H(HO)OP-PH(OH)O]$, $[(HO)_2OP-PH(OH)O]$ oder $[(HO)_2OP-PO(OH)_2]$ lassen sich rein isolieren, ebenso die korrespondierenden Salze.

Im Gegensatz zu H_3PO_3 sind im Molekül H_3AsO_3, der *Arsenigen Säure*, alle drei H-Atome an O gebunden, sodass die Säure dreibasig ist ($pK_{A1} = 9.23$). Die Arsenige Säure ist nur in wässriger Lösung bekannt, aber Salze vom Typ $M(H_2AsO_3)$ oder M_3AsO_3 sind isolierbar; die Salze $M(H_2AsO_3)$ kondensieren beim Erhitzen zu kettenförmigen Produkten: $M(H_2AsO_3) \rightarrow MAsO_2 + H_2O$ (die AsO_2-Ketten haben eine dem isoelektronischen SeO_2 verwandte Struktur). Die wohlkristallisierende *Arsensäure* H_3AsO_4 ist in Wasser dreibasig (pK_A-Werte: 2.19, 6.94, 11.50). Alle drei Typen von Arsenaten, $M(H_2AsO_4)$, $M_2(HAsO_4)$ und M_3AsO_4, sind bekannt.

Beim Vergleich der pK_A-Werte mehrbasiger Oxosäuren vom Typ $[EO_m(OH)_n]$ fällt auf, dass sich diese Werte von pK_{A1} zu pK_{A2} und gegebenenfalls ebenso von pK_{A2} zu pK_{A3} im Allgemeinen um einen Betrag von ca. 5 und die entsprechenden

K_A-Werte also um etwa 5 Zehnerpotenzen unterscheiden. Dieser Sachverhalt stellt eine nützliche Regel dar.

Eine *Antimonige Säure* H_3SbO_3 ist nicht bekannt. In wässriger Lösung trifft man Sb^{III} in basischer Lösung als Tetrahydroxidoantimonat(1−) $[Sb(OH)_4]^-$ und in saurer Lösung als Oxidoantimon(1+) $[SbO^+]$ an. Ganz analog hat man bei Sb^V in basischer Lösung Hexahydroxidoantimonat(1−) $[Sb(OH)_6]^-$ zu erwarten, das in saurer Lösung ein H-Ion aufnimmt unter Bildung der *Antimonsäure* H_7SbO_6 $[Sb(OH)_5(H_2O)]$; allerdings steht diese Säure in einem Kondensationsgleichgewicht mit dem in Wasser nicht gut löslichen Sb_2O_5. Hexahydroxidoantimonate $M[Sb(OH)_6]$ sind ebenso bekannt wie Tetraoxidoantimonate $M_3^I SbO_4$, $M_3^{II}(SbO_4)_2$ und $M^{III}SbO_4$.

Das Bismut hat stark metallische Eigenschaften. Das Verhalten von Bi^{III} in wässriger Lösung ist dem von Al^{III} ähnlich. In verdünnter Lösung hat man, von saurer zu alkalischer Lösung fortschreitend, folgende Spezies zu erwarten: $[Bi(H_2O)_n]^{3+}$, $[Bi(OH)(H_2O)_{n-1}]^{2+}$, $[Bi(OH)_2(H_2O)_{n-2}]^+$, $[Bi(OH)_3(H_2O)_{n-3}]$, $[Bi(OH)_4 (H_2O)_{n-4}]^-$. In konzentrierterer Lösung kommt es dagegen im sauren Bereich (pH = 1−3) zur Bildung oligomerer Kondensationsprodukte, u. a. von $[Bi_6O_4(OH)_4]^{6+}$ (Bi_6-Oktaeder, von O und OH achtfach überkappt im Sinne von T_d-Symmetrie); im pH-Bereich 3 bis 13 hat man mit dem Kation $[Bi_9O_m(OH)_n]^{5+}$ zu rechnen. Bismut(V) liegt in alkalischer wässriger Lösung als $[Bi(OH)_6]^-$ und in stark saurer Lösung als *Bismutsäure* H_7BiO_6 $\{[Bi(OH)_5(H_2O)]\}$ vor. Indirekt leiten sich von der Bismutsäure salzartige Bismutate des Typs $MBiO_3$, M_3BiO_4, M_5BiO_5 und M_7BiO_6 mit Alkalimetallen als Kationen ab.

Oxosäuren von Elementen der 14. Gruppe

Ähnlich wie die Schweflige Säure H_2SO_3 ist auch die *Kohlensäure* H_2CO_3 (Dihydroxidooxidocarbon $[CO(OH)_2]$) in reiner Form bei Normaltemperatur nicht bekannt, vielmehr liegt in wässriger Lösung ein weit auf die rechte Seite verschobenes Gleichgewicht mit CO_2 vor: $H_2CO_3 \leftrightarrows CO_2 + H_2O$; der Stoffmengenanteil an H_2CO_3 beträgt 0.2 %. Auf CO_2 bezogen, ist Kohlensäure eine schwache zweibasige Säure: $CO_2 + H_2O \rightarrow HCO_3^- + H^+$ (pK_{A1} = 6.37); $HCO_3^- \rightarrow CO_3^{2-} + H^+$ (pK_{A2} = 10.32). Salze der Kohlensäure vom Typ $MHCO_3$ (*Hydrogencarbonate*) sowie M_2CO_3 oder MCO_3 (*Carbonate*) sind weit verbreitet; das in Wasser schwer lösliche $CaCO_3$ bildet ganze Gebirgsstöcke, teilweise zusammen mit $MgCO_3$ und $FeCO_3$. Alle Carbonate, auch die in Wasser schwer löslichen, lösen sich in Säuren auf, weil die Carbonat-Ionen im Lösungsgleichgewicht $MCO_3 \leftrightarrows M^{2+} + CO_3^{2-}$ durch die Hydronen der Säure *abgefangen* werden, in CO_2 übergehen und schließlich in die Gasphase entweichen.

Unter *Carbonsäuren* im engeren Sinne versteht man die Säuren RCOOH mit einem gesättigten oder ungesättigten Rest R = C_mH_n und unter Dicarbonsäuren Säuren mit zwei *Carboxyl*-Gruppen COOH an gesättigten oder ungesättigten Carbonhydrid-Gerüsten (s. Tab. 2.2). In der folgenden Zusammenstellung sind die pK_A-Werte einiger Säuren XCOOH mit wechselndem Rest X angegeben:

X:	H	Me	Et	Pr	HOOC
pK_A:	3.75	4.75	4.76	4.83	1.23

Nimmt man X = H (*Ameisensäure*) als Standard, so üben die Alkylgruppen X = Me, Et, Pr usw. eine die Acidität schwächende, *deacidifizierende* Wirkung, die Gruppe X = HOOC (*Oxalsäure*) eine die Acidität verstärkende, *acidifizierende* Wirkung aus. Es handelt sich bei einer solchen Acidifizierung um einen *elektronischen Effekt*. Werden die Elektronen der O—H-Bindung, deren Acidität betrachtet wird, von der Gruppe X stärker angezogen als von der Standardgruppe X = H, dann liegt ein sog. *negativer induktiver Effekt* (−*I-Effekt*) vor, und die Abgabe von H$^+$ aus der OH-Gruppe an Basen wird erleichtert. Allgemein ist dieser Effekt groß, wenn benachbarte stark elektronegative Atome wie F, O, Cl ihn ausüben. In unserer Beispielreihe ist es die HOOC-Gruppe, die einen pK_A-Sprung von 3.75 (X = H) auf 1.23 (X = HOOC) bewirkt. Alkylgruppen R dagegen üben im Vergleich mit dem H-Atom einen elektronenabstoßenden Effekt, einen *positiven induktiven Effekt* (+*I-Effekt*) aus. Dass Fluoroschwefelsäure F—SO$_3$H eine stärkere Säure ist als Schwefelsäure HO—SO$_3$H (s. Abschnitt 5.2.7) liegt daran, dass der −I-Effekt von F stärker ist als der von HO. Chloroessigsäure CH$_2$ClCOOH ist saurer als die schwache Essigsäure CH$_3$COOH, und die Trifluoroessigsäure CF$_3$COOH schließlich ist eine starke Säure.

Die Oxalsäure HOOC—COOH ist zweibasig. Zwar ist pK_{A2} = 4.19 deutlich größer als pK_{A1} = 1.23, aber die Differenz ist kleiner als der Regelwert für zweibasige Oxosäuren von Δp$K_A \approx 5$. Die beiden betroffenen OH-Gruppen liegen in der Oxalsäure um drei Bindungen auseinander und nicht um zwei wie in den Oxosäuren EO$_m$(OH)$_n$. Nun ist es der von der negativen, weitgehend am O-Atom der Gruppierung E—O$^-$ lokalisierten Ionenladung ausgehende negative induktive Effekt, der die O—H-Bindungselektronen der zweiten sauren OH-Gruppe in Richtung auf das H-Atom hin verschiebt und so die Acidität der zweiten OH-Gruppe im Vergleich zur ersten schwächt. Sieht man im induktiven Effekt die elektrostatische Wechselwirkung zwischen zwei Zentren, so muss die Kraft der Wechselwirkung mit dem Quadrat des Abstands abnehmen. Dies erklärt also den Unterschied in der pK_A-Differenz bei HO—E—OH/HO—E—O$^-$ einerseits (Δp$K_A \approx 5$) und HO—E—E—OH/HO—E—E—O$^-$ (Δp$K_A < 5$) andererseits.

Geht man zu den Dicarbonsäuren HOOC(CH$_2$)$_n$COOH über, so wird mit steigendem Abstand der COOH-Gruppen voneinander die induktive Wechselwirkung geringer, und pK_{A1} nähert sich mit zunehmendem n dem Wert p$K_A \approx 4.8$ der einfachen Carbonsäuren RCOOH an. Andererseits rückt die negative Ladung der Carboxylat-Gruppe −COO$^-$ mit steigendem n immer weiter weg von COOH, sodass pK_{A2} immer näher an pK_{A1} heranrückt:

n:	0	1	2	3	4
pK_{A1}:	1.23	2.83	4.16	4.31	4.43
pK_{A2}:	4.19	5.69	5.61	5.41	5.41

Zu den Oxocarbonsäuren gehören auch vier Säuren mit ringförmigem Bau der allgemeinen Formel $H_2C_nO_n$ mit zwei benachbarten OH-Gruppen: $[-(CO)_m-C(OH)=C(OH)-]$; im Falle $m = 1 - 4$ liegt ein Dreiring (*Deltasäure*), Vierring (*Quadratsäure*), Fünfring (*Krokonsäure*) bzw. Sechsring (*Rhodizonsäure*) zugrunde. Es handelt sich um mittelstarke zweibasige Säuren. Die Triebkraft der zweifachen Abspaltung von H^+ rührt von der besonderen Stabilität der Anionen $[C_nO_n]^{2-}$ her, in denen $n + 1$ π-Elektronenpaare über alle C- und O-Atome hinweg delokalisiert sind. Salze des Typs $M^I_2C_nH_n$ und $M^{II}C_nH_n$ (*Deltaate, Quadratate, Krokonate, Rhodizonate*) lassen sich isolieren.

Beim Silicium, dem Gruppennachbarn von Carbon, sind die Kieselsäure (s. Abschnitt 3.6.4 und 5.3.2) und die mit ihr korrespondierenden Silicate (s. Abschnitt 3.4.5) von Bedeutung. Moleküle oder Molekülionen mit einer Si=O-Doppelbindung sind unter Normalbedingungen nicht stabil, sodass die beim Carbon bekannten molekularen Einheiten H_2CO_3, HCO_3^- und CO_3^{2-} mit C=O-Doppelbindungen in analoger Form beim Silicium nicht beobachtet werden. Vielmehr bevorzugt Silicium(IV) ähnlich wie Phosphor(V) die Koordinationszahl 4, und das bedeutet, dass Hydroxidooxidosilicium- bzw. -silicat-Spezies nur in O-verbrückten oligomeren oder polymeren Einheiten auftreten, von Kieselsäure H_4SiO_4 und Orthosilicaten mit dem Anion SiO_4^{4-} abgesehen. Beim Halbmetall Germanium liegen die Verhältnisse ähnlich wie beim Halbmetall Silicium, nur scheint die hypothetische Germaniumsäure H_4GeO_4 – dem Trend in den anderen Hauptgruppen folgend – weniger sauer als die Kieselsäure H_4SiO_4 zu sein, da sich GeO_2 im Gegensatz zu SiO_2 in starken Säuren löst, sodass der Germaniumsäure ein gewisser amphoterer Charakter zugebilligt werden muss.

5.3.5 Weitere ternäre und quaternäre Säuren und Basen

Aus der Fülle an Stoffen seien nur einige Beispiele von Bedeutung herausgegriffen! Das Element Carbon ist Zentralatom in folgenden Säuren:

- Hydrogencyanid HCN (*Blausäure*): giftiges Gas (Sdp. 25.6 °C); in Wasser schwache Säure, $pK_A = 8.68$; die gut wasserlöslichen Alkalimetallcyanide MCN reagieren schwach basisch; die für Menschen letale Dosis an KCN (veraltet: *Zyankali*) beträgt $120-250$ mg.
- Hydrogenisocyanat HNCO (*Isocyansäure*): kristalline Substanz (Smp. 86.8 °C); steht in Wasser mit der *Cyansäure* in einem links liegenden Tautomerie-Gleichgewicht $H-N=C=O \leftrightarrows N\equiv C-OH$; $pK_A = 3.92$; cyclotrimerisiert an der N=C-Bindung leicht zur Isocyanursäure $(-HN-CO-)_3$, die mit der Cyanursäure $[-N=C(OH)-]_3$ im Gleichgewicht steht.

– Carbidohydroxidonitrogen oder Hydrogenfulminat CNOH (*Fulminursäure* oder *Knallsäure*): giftiges, zersetzliches Gas; reagiert in Wasser schwach sauer und erfährt ein Tautomerie-Gleichgewicht zum Hydrogenisofulminat gemäß $HC{\equiv}N{-}O \leftrightharpoons C{\equiv}N{-}OH$; Schwermetallfulminate wie $Hg(CNO)_2$ (mit kovalenten Hg–C-Wechselwirkungen) sind Explosivstoffe (*Knallquecksilber*).

– Amidonitridocarbon $(H_2N)CN$ (*Cyanamid*): kristalline Substanz (Smp. 46 °C); liegt in wässriger Lösung mit Diimidocarbon (*Carbodiimid*) im Gleichgewicht gemäß $H_2N{-}C{\equiv}N \leftrightharpoons HN{=}C{=}NH$; das salzartige Calcium-dinitridocarbonat $CaCN_2$ (*Calciumcyanamid* oder *Kalkstickstoff*) findet als Düngemittel Verwendung.

Erwähnt sei zuletzt die weit verzweigte Familie der Hydrogen-carbonylmetallate, deren bekannteste Vertreter die Verbindungen $[H_2Fe(CO)_4]$ ($pK_{A1} = 4.7$, $pK_{A2} = 14$) und $[HCo(CO)_4]$ ($pK_A = 1$) sind. Die freien Säuren sind nur unter H_2-Druck oder bei tiefer Temperatur lagerfähig, während die korrespondierenden Salze mit Alkalimetall- oder anderen Kationen stabil sind.

5.3.6 Derivate der Oxosäuren

Nimmt man aus der Formel $[EO_m(OH)]$ einer einbasigen Oxosäure eine OH-Gruppe heraus, so bleibt ein *Säurerest* oder *Acylrest* EO_m^+ (abgekürzt: Ac) übrig. Zweibasige Oxosäuren $[EO_m(OH)_2]$ ergeben zwei Säurereste, $EO_m(OH)^+$ und EO_m^{2+}, usw. Die Säurereste der wichtigsten Säuren haben Trivialnamen (s. auch Tab. 2.2):

Essigsäure:	$MeCOOH \rightarrow$ *Acetyl*	$MeCO^+$
Benzoesäure:	$PhCOOH \rightarrow$ *Benzoyl*	$PhCO^+$
Salpetersäure:	$HNO_3 \rightarrow$ *Nitryl*	NO_2^+
Salpetrige Säure:	$HNO_2 \rightarrow$ *Nitrosyl*	NO^+
Kohlensäure:	$H_2CO_3 \rightarrow$ *Carbonyl*	CO^{2+}
Schwefelsäure:	$H_2SO_4 \rightarrow$ *Sulfuryl*	SO_2^{2+}
Schweflige Säure:	$H_2SO_3 \rightarrow$ *Thionyl*	SO^{2+}
Phosphorsäure:	$H_3PO_4 \rightarrow$ *Phosphoryl*	PO^{3+}

Um *Säurederivate* handelt es sich, wenn Säurereste anstatt an OH^- an Gruppen X^- gebunden sind. Wichtige Säurederivate sind die *Säurehalogenide* (X = Hal), *Ester* (X = OR), *Säureamide* (X = NH_2, NHR, NR_2), *Peroxysäuren* (X = OOH) etc. Statt an den einbindigen Rest X^- kann der Säurerest auch an zweibindige Reste Y^{2-} wie Y = O, NH u.a. gebunden sein. Im Falle Y = O bezeichnet man die Säurederivate $EO_m{-}O{-}EO_m$ (oder Ac_2O; einbasige Säure) bzw. EO_{m+1} (zweibasige Säure) als *Anhydride* der einbasigen Säuren $EO_m(OH)$ bzw. der zweibasigen Säuren $EO_m(OH)_2$. Anhydride bilden sich aus Säuren durch Entzug von Wasser und umgekehrt:

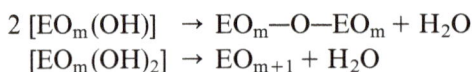

$$2\,[EO_m(OH)] \rightarrow EO_m{-}O{-}EO_m + H_2O$$
$$[EO_m(OH)_2] \rightarrow EO_{m+1} + H_2O$$

Zur Benennung der Derivate der Oxosäuren kann man kompositionell, substitutiv oder additiv verfahren, oder man kann in spezieller Weise auf die Trivialnamen der Säurereste zurückgreifen, und darüber hinaus stehen vielfach Trivialnamen für das Säurederivat insgesamt zur Verfügung. Wie man im Einzelnen verfahren kann, sei an Beispielen verdeutlicht:

	$ClSO_3H$		$[CO(OH)(NH_2)]$
Kompositionell:	Sulfurchloridhydroxiddioxid		Carbonamidhydroxidoxid
Substitutiv:	Chlorohydroxy-λ^6-sulfandion		Aminohydroxymethanal
Additiv:	Chloridohydroxidodioxidosulfur		Amidohydroxidooxidocarbon
Speziell:	Chloroschwefelsäure		Amidokohlensäure
Trivial:	Chlorsulfonsäure		Carbamidsäure
	SO_2Cl_2		$COCl_2$
Kompositionell:	Sulfurdichloriddioxid		Carbondichloridoxid
Substitutiv:	Dichloro-λ^6-sulfandion		Dichloromethanal
Additiv:	Dichloridodioxidosulfur		Dichloridooxidocarbon
Speziell:	Sulfurylchlorid		Carbonylchlorid
Trivial:	Sulfonylchlorid		Phosgen

Säureanhydride

In der Gruppe der *Halogene* spielen Oxide des Chlors und des Iods als bei Raumtemperatur isolierbare Substanzen eine Rolle, erstere metastabil (ΔH_f^0 positiv) und daher thermisch nicht belastbar, ohne in die Elemente zu zerfallen, letztere stabil (ΔH_f^0 negativ). Die Oxide Cl_2O (gelbbraunes Gas) und Cl_2O_7 (farblose explosive Flüssigkeit; aufgebaut als *Diperchloryloxid* $O_3Cl-O-ClO_3$, isoelektronisch mit $S_2O_7^{2-}$) sind die Anhydride der Hypochlorigen Säure HClO bzw. der Perchlorsäure $HClO_4$; mit alkalischen Lösungen reagieren sie zu ClO^- bzw. ClO_4^-. Chlordioxid ClO_2 (gelbbraunes Gas) hat radikalischen Charakter, ist das *gemischte Anhydrid* von Chloriger Säure und Chlorsäure und reagiert demgemäß in alkalischer Lösung gemäß der Gleichung: $2\,ClO_2 + 2\,OH^- \rightarrow ClO_2^- + ClO_3^- + H_2O$. Die farblosen festen Iodoxide I_2O_5 und I_4O_{12} sind die Anhydride von HIO_3 bzw. H_5IO_6; der Diiodyl-Struktur $O_2I-O-IO_2$ von I_2O_5 steht eine Struktur von I_4O_{12} gegenüber, die man sich als kantenverknüpftes O_6-Doppelquadrat $I_2O_6^{2+}$ vorzustellen hat, dessen zentrale I-Atome (I^{VII}) oberhalb und unterhalb der Quadratebene durch je eine zweizähnige IO_3^--Einheit (I^V) so verbrückt sind, dass ein I_4O_4-Achtring senkrecht zum Doppelquadrat resultiert.

In der *Chalkogengruppe* sind das gasförmige SO_2 und das feste S_3O_9 die Anhydride von H_2SO_3 bzw. H_2SO_4. Als Zwischenprodukte bei der Herstellung von H_2SO_4 haben SO_2 und das bei der Synthesetemperatur gasförmige SO_3 großtechnische Bedeutung.

Die *Nitrogenoxide* sind endotherme Verbindungen. Das Anhydrid der Salpetrigen Säure, N_2O_3, ist nur bei tiefer Temperatur als blaue Flüssigkeit haltbar und zersetzt sich bei Normalbedingungen zu einem Gemisch des farblosen Gases NO und des braunroten Gases NO_2; dieses Gemisch nennt man *nitrose Gase*. Nitrogendioxid ist das gemischte Anhydrid von HNO_2 und HNO_3 und ergibt daher in alkalischer Lösung die Anionen NO_2^- und NO_3^-; es ist metastabil und steht mit dem ebenfalls metastabilen farblosen N_2O_4 (Sdp. 21.15 °C) im temperaturabhängigen Gleichgewicht: $2\,NO_2 \leftrightarrows N_2O_4$; dieses Gleichgewicht ist exotherm und exotrop, sodass die braune Färbung von NO_2 beim Erhitzen der Mischung an Intensität zunimmt; NO_2 ist ein wichtiges Zwischenprodukt bei der Synthese von HNO_3. Das farblos kristalline N_2O_5 (Smp. 41 °C; explosiv; Dinitryloxid-Struktur) ist das Anhydrid von HNO_3. Die endothermen Gase NO und N_2O (*Lachgas*) reagieren bei Standardbedingungen nicht mit Wasser und werden deshalb nicht als Säureanhydride angesehen.

Die stark exothermen, festen, farblosen *Phosphoroxide* P_4O_6 und P_4O_{10} sind die Anhydride von H_3PO_3 bzw. H_3PO_4. Das kristalline P^V-Oxid reagiert so begierig mit Wasser, dass es an der Luft sofort Wasser anzieht und zerfließt; dabei werden zunächst zwei der sechs P—O—P-Brücken (s. Abschnitt 2.2.5) von H_2O gespalten, und es entsteht aus der tetraedrischen eine tetracyclische O-Verbrückung, [—PO(OH)—O—]$_4$, die mit weiterem H_2O über $H_4P_2O_7$ schließlich in H_3PO_4 übergeht. Das P^V-Oxid ist ein Zwischenprodukt bei der Herstellung von H_3PO_4; es wird auch als Trockenmittel und als Mittel zur *Dehydratisierung* (Abspaltung von Wasser) angewendet. Analog sind die *Arsenoxide* As_4O_6 und As_2O_5 die Anhydride der Säuren H_3AsO_3 bzw. H_3AsO_4.

Dass es sich bei CO_2 um das Anhydrid von H_2CO_3 handelt, geht schon aus dem volkstümlichen Gebrauch des Worts *Kohlensäure* für das Gas CO_2 hervor. Die Erdatmosphäre enthält einen Stoffmengenanteil von mehr als 0.03 % an CO_2, der gegenwärtig zunimmt. In der Hydrosphäre, d. i. eine mehr oder weniger an CO_2 gesättigte Lösung, ist insgesamt 40-mal so viel CO_2 enthalten wie in der Atmosphäre; erhöht sich die Temperatur der Ozeane, dann entweicht CO_2 langsam so lange aus der Hydro- in die Atmosphäre, bis wieder Gleichgewicht herrscht, und umgekehrt.

Das Anhydrid der *Essigsäure*, $(MeCO)_2O$ (*Acetanhydrid*), eine farblose, stechend riechende Flüssigkeit, dient zur Übertragung des Acetylrests MeCO bei Substitutionen (*Acetylierung*). Dicarbonsäuren HOOC—Y—COOH (Tab. 2.2) bilden cyclische Anhydride [—C(O)—Y—C(O)—O—]. Von synthetischer Bedeutung sind insbesondere die cyclischen Anhydride der Bernsteinsäure (Y = CH_2—CH_2), der (*Z*)-But-2-endisäure (Y = *cis*-CH=CH, *Maleinsäure*) und der Phthalsäure (Y = C_6H_4 = Benzen-1,2-diyl = *ortho*-Phenylen), allesamt mit einem CCCCO-Fünfringgerüst als struktureller Basis.

Die Acetylierung ist ein Sonderfall der *Acylierung*. Darunter versteht man die metathetische Substitution von H durch Ac, wenn H an X = OH, OR, NH_2, NHR etc gebunden ist: $Ac_2O + HX \rightarrow AcOH + AcX$. Diese Substitution verläuft in der Regel als eine Folge von Assoziation und Eliminierung. Bei der Assoziation addiert sich HX vermöge eines freien Elektronenpaars als Lewis-Base an das Zentralatom

E des Anhydrids; dieses wirkt als Lewis-Säure, weil das π-Elektronenpaar im Fragment E=O des Anhydrids vom O-Atom übernommen werden kann, z. B. (Acetanhydrid, E = C):

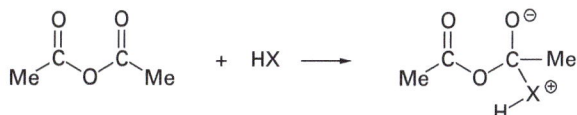

In einem 1,2-Eliminierungsschritt wird dann (im Falle des Beispiels Acetanhydrid) MeCOOH abgespalten, sodass das Acylierungsprodukt MeCOX verbleibt:

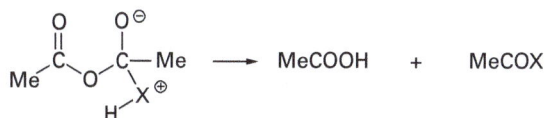

Säurehalogenide

Ebenso wie die Säureanhydride werden die Säurehalogenide, insbesondere die Säurechloride, vielfach als Acylierungsmittel genutzt, z. B. AcCl + HX → AcX + HCl, eine Reaktion, die wie die Acylierung mit Säureanhydriden als Folge von Assoziation und Eliminierung verläuft. Durch Zugabe von Basen lässt sich das Acylierungsgleichgewicht nach rechts verschieben, beispielsweise mit *Pyridin* (Azabenzen, NC_5H_5, abgekürzt: py) als Base: HCl + py → [Hpy]Cl; man sagt, das bei der Acylierung entstehende HCl werde durch die Base *abgefangen*. Die Acylierung mit AcCl von Wasser H_2O (*Hydrolyse* von AcCl) führt zur Säure AcOH, von Alkohol ROH (*Alkoholyse* von AcCl) zu Estern AcOR, von Aminen R_2NH (oder RNH_2 oder NH_3; *Aminolyse* von AcCl) zu Amiden $AcNR_2$, von Arenen ArH zu Produkten ArAc (also z. B. zu Ketonen Ar—CO—R aus ArH/RCOCl oder zu $ArSO_2Cl$ aus ArH/2 $ClSO_3H$).

Acetylchlorid MeCOCl, wie Acetanhydrid eine stechend riechende Flüssigkeit, ist das meistgebrauchte Acetylierungsmittel. *Nitrosylchlorid* NOCl, ein endothermes, orangegelbes Gas (Sdp. $-6.4\,°C$), wird als Nitrosylierungsmittel eingesetzt; mit starken Chlorid-Akzeptoren bildet es Salze mit dem mehr oder weniger freien (also nicht kovalent gebundenen) Kation NO^+ (z. B. NOCl + $SbCl_5$ → NO[$SbCl_6$]). Die *Fluorsulfonsäure* FSO_3H wirkt als starke Säure und bildet Salze vom Typ $M^I(FSO_3)$ und $M^{II}(FSO_3)_2$. In der technischen Anwendung bedeutsamer ist die *Chlorsulfonsäure* $ClSO_3H$, eine stechend riechende, an feuchter Luft hydrolysierende Flüssigkeit, angewendet z. B. zur Herstellung von Arensulfonsäure $ArSO_3H$, und hieraus wird mit einem zweiten Mol $ClSO_3H$ Arensulfonsäurechlorid $ArSO_2Cl$ gewonnen. Mit *Sulfurylchlorid* SO_2Cl_2, dem farblos flüssigen Chlorid der Schwefelsäure, kann man u. a. in einer Redoxreaktion Chlor auf andere Verbindungen übertragen (*Chlorierung*; E + SO_2Cl_2 → ECl_2 + SO_2), oder man kann Arene *sulfochlorieren*

(ArH + SO$_2$Cl$_2$ → ArSO$_2$Cl + HCl). *Carbonylchlorid* COCl$_2$ (*Phosgen*), ein hydro-lyseempfindliches, farbloses, toxisches Gas, wird verwendet, um Amine zu Isocya-naten zu carbonylieren: COCl$_2$ + RNH$_2$ → RNCO + 2 HCl; außerdem wirkt es *chloridierend*, d. h. es vermag Cl$^-$-Reste im Rahmen einer Metathesereaktion auf ein anderes Zentralatom zu übertragen, z. B. SnO$_2$ + 2 COCl$_2$ → SnCl$_4$ + 2 CO$_2$. Das farblose, stark lichtbrechende, flüssige Phophorylchlorid POCl$_3$ wird einge-setzt, um Alkohole und Amine zu Estern PO(OR)$_3$ bzw. Amiden PO(NHR)$_3$ der Phosphorsäure zu phosphorylieren.

Ester

Derivate von Oxosäuren [EO$_m$(OH)$_n$] der Formel EO$_m$(OR)$_n$ mit aliphatischen oder aromatischen Resten R heißen *Ester*. Die Benennungsmöglichkeiten seien an-hand eines Esters der Salpetersäure, [NO$_2$(OEt)], erläutert: *Nitrogenethoxiddioxid* (kompositionell) oder *Ethoxydioxo-λ^4-azan* (substitutiv; hier weniger empfehlens-wert, weil die mit λ^4 festgelegte Bindigkeit der Oktettregel für Nitrogen folgt, ande-rerseits aber das Präfix *oxo* entgegen der Oktettregel an zwei doppelt gebundene O-Atome denken lässt) oder *Ethoxidodioxidonitrogen* oder *Ethanolatodioxidonitro-gen* (beides additiv) oder *Ethylnitrat* (eine an die Benennung von Salzen erinnernde, spezielle und im Allgemeinen bevorzugte Benennungsmöglichkeit; wird als Formel EtNO$_3$ geschrieben und gibt dabei die richtige Konstitution ebenso wenig wieder wie die Formel HNO$_3$ für Salpetersäure); radikofunktionell kann man auch *Salpe-tersäureethylester* sagen.

Unter den flüssigen und im Allgemeinen wohlriechenden Estern der *Carbonsäu-ren*, RCOOR', spielen Ethyl- und Butylacetat eine Rolle als Lösungsmittel. Etliche Alkylalkanoate werden als künstliche Aromastoffe angewendet, etwa HCOOEt (Rum), MeCOO*i*Bu (Banane), PrCOOMe (Apfel), PrCOOEt (Ananas), PrCO(O—CH$_2$—CH$_2$—CHMe$_2$) (Birne). − Im Gegensatz zu den hypothetischen *Orthocar-bonsäuren* [RC(OH)$_3$] kann man deren Ester RC(OR')$_3$ isolieren. − Geht man von Hydroxycarbonsäuren aus, so kann die Kondensation zwischen der Carboxyl-(—COOH) und der Alkoholfunktion (—OH) zum Ester *intramolekular* (d. h. im gleichen Molekül) erfolgen, sodass cyclische Ester, die sog. *Lactone*, entstehen; bei-spielsweise leitet sich das Oxacyclopentan-2-on [—O—C(O)—(CH$_2$)$_3$—] (*Butyrolac-ton*) von der 4-Hydroxybuttersäure HO(CH$_2$)$_3$COOH ab.

Die Ester der *Schwefelsäure* [SO$_2$(OMe)$_2$] und [SO$_2$(OEt)$_2$] sind giftige Flüs-sigkeiten, die als Methylierungs- bzw. Ethylierungsmittel fungieren können: H—X + [SO$_2$(OR)$_2$] → R—X + [SO$_2$(OH)(OR)]. Unter den Estern der *Salpeter-säure* hat der vom Propan-1,2,3-triol (*Glycerin*) abgeleitete Ester als Sprengstoff Bedeutung: Propan-1,2,3-triyltrinitrat CH$_2$(ONO$_2$)—CH(ONO$_2$)—CH$_2$(ONO$_3$) (*Nitroglycerin*); generell neigen Ester der Salpetersäure zu schlagartigem Zerfall. Die Ester der *Salpetrigen Säure*, [NO(OR)], werden gerne als Nitrosylierungs-mittel herangezogen (z. B. 4 [NO(OEt)] + SiCl$_4$ → 4 NOCl + Si(OEt)$_4$). Ester vom Typ PO(OH)$_2$(OR), PO(HO)$_2$—PO(OH)(OR) und PO(HO)$_2$—PO(OH)—

PO(OH)(OR) der Mono-, Di- und Triphosphorsäure spielen als Energieträger in der Biosphäre eine grundlegende Rolle (s. Abschnitt 7.3.10). Das Trimethoxyboran, [B(OMe)$_3$], der Methylester der *Borsäure*, verbrennt mit leuchtend grüner Flamme, was für die flammenphotometrische Bestimmung von Bor Bedeutung hat.

Zweibasige Oxosäuren können durchaus zu Derivaten mit gemischter Funktion führen, etwa vom Typ [EO$_m$Hal(OR)]. Ein bekanntes Beispiel ist das Kohlensäurederivat [COCl(OR)] mit dem irreführenden Trivialnamen *Chlorameisensäureester*.

Säureamide

Acylreste üben — verglichen mit dem H-Atom — einen acidifizierenden induktiven Effekt aus, sodass die Säuren Ac—OH viel saurer sind als Wasser H—OH. Derselbe Effekt bewirkt, dass Säureamide Ac—NH$_2$ viel weniger basisch sind als Ammoniak H—NH$_2$, und geht man zu Diacylaminen Ac$_2$NH über, so übt das N-Atom keine nennenswerte basische Wirkung aus, vielmehr ist das H-Atom gemäß Ac$_2$NH → Ac$_2$N$^-$ + H$^+$ mehr oder weniger sauer.

Es ist aber nicht nur der induktive Effekt, der die Acidität von Oxosäuren fördert, sondern auch ein Resonanzeffekt. Spaltet man nämlich H$^+$ von EO(OH) ab, so stabilisiert sich das Anion EO$_2^-$ durch Mesomerie (und dies gilt sinngemäß auch für den allgemeineren Fall einer Oxosäure [EO$_m$(OH)$_n$]):

Wie in Abschnitt 2.2.2 für Hydrogenazid HN$_3$ ausgeführt, liegt die wahre Energie von EO$_2^-$ tiefer als die für eine mesomere Grenzformel berechnete. Diese Energiedifferenz, die *Mesomerie-* oder *Resonanzenergie*, ist umso größer, je näher die Energien der hypothetischen Grenzformeln beieinanderliegen und schlägt am meisten zu Buche, wenn die Grenzformeln entartet, also energiegleich sind. Das ist bei den Anionen EO$_2^-$ ebenso der Fall wie beim Benzen (Abschnitt 2.2.3). Die Mesomeriestabilisierung der Anionen EO$_2^-$ erhöht also die Triebkraft für die Abspaltung von H$^+$ aus Oxosäuren. Im Falle der Säureamide EO(NH$_2$) wirken diese auch deshalb mehr oder weniger sauer, weil die korrespondierenden Basen EO(NH)$^-$ ähnlich mesomeriestabilisiert sind wie EO$_2^-$, auch wenn die Grenzformeln hier nicht entartet sind. Ähnlich wie NH$_3$ deutlich weniger sauer ist als H$_2$O, ist allerdings auch AcNH$_2$ weniger sauer als AcOH.

Unter den Amiden der Carbonsäuren sind diejenigen von besonderer Bedeutung, die aus 2-Aminocarbonsäuren RCH(NH$_2$)—COOH durch intermolekulare Polykondensation hervorgehen. Bei diesen Polyamiden (—CHR—CO—NH—)$_n$ handelt es sich um die Proteine (Eiweißstoffe), wenn das Symbol R für 20 verschiedene, innerhalb der Polyamid-Kette wechselnde Reste steht und wenn das C-Atom, an welches R gebunden ist, (*S*)-konfiguriert ist (s. Abschnitt 3.6.3). Die intramolekulare Kondensation von Aminocarbonsäuren führt zu cyclischen Säureamiden, den sog. *Lactamen*. Beispielsweise ergibt die intramolekulare H_2O-Abspaltung aus 6-Aminohexansäure (*ε-Aminocapronsäure*; der griechische Buchstabe gibt die Nachbarschaft einer Gruppe X zu C1 an, also α für X an C2, β für X an C3 usw.) das Azacycloheptan-2-on [—NH—CO—$(CH_2)_5$—] (*ε-Caprolactam*). Wenn Dicarbonsäuren und Ammoniak im Verhältnis 1:1 eine Kondensation eingehen, entstehen cyclische Säureamide; im Falle von Butandisäure (*Bernsteinsäure*) kommt man beispielsweise zum Butandioylimid [—CO—$(CH_2)_2$—CO—NH—] (*Succinylimid*), einem Azacyclopentan-2,5-dion.

Von den beiden Amiden der zweibasigen *Kohlensäure* ist das Monoamid, die Amidokohlensäure $CO(OH)(NH_2)$ (*Carbamidsäure*), nicht beständig und zerfällt in CO_2 und NH_3; wohl beständig sind aber die Salze $M[CO_2(NH_2)]$, die *Carbamate*; das Ammoniumcarbamat allerdings zerfällt ebenfalls langsam in CO_2 und NH_3. Das Carbonyldiamid $CO(NH_2)_2$ (*Harnstoff*), ein farbloser Feststoff, spielt eine bedeutende Rolle in Natur und Technik. Schließlich leitet sich von der Kohlensäure noch ein Diamidimid ab: $C(NH)(NH_2)_2$ (*Guanidin*), das seinerseits eine Reihe stabiler und als Naturstoffe wichtiger Derivate bildet.

Unter den Amiden der *Schwefelsäure* zeichnet sich die Amidoschwefelsäure $[SO_2(OH)(NH_2)]$, eine starke Säure, in Lösung durch eine Tautomerie aus: $[SO_2(OH)(NH_2)] \leftrightarrows [SO_3(NH_3)]$; im Kristall liegt nur das eine Tautomer, nämlich die Moleküle des Lewis'schen Säure/Base-Addukts aus SO_3 und NH_3, vor. Salze wie $Na[SO_3(NH_2)]$ sind stabil. Von der dreibasigen Imidobis(schwefelsäure) $HN(SO_3H)_2$ sind Salze des Typs $M_2[HN(SO_3)_2]$ und $M_3[N(SO_3)_2]$ bekannt. Auch das farblose, feste Sulfuryldiamid $SO_2(NH_2)_2$ bildet Salze vom Typ $M_2[SO_2(NH)_2]$, das sind die den Tetraoxidosulfaten SO_4^{2-} verwandten Diimidodioxidosulfate.

Weitere Derivate von Oxosäuren

Von allen wichtigen Oxosäuren sind *Hydroperoxy-Derivate* $[EO_1(OH)_m(OOH)_n]$ bekannt, in denen eine oder mehrere OH-Gruppen von Oxosäuren durch die *Hydroperoxy-Gruppe* OOH ersetzt sind (systematischer Name für die OOH-Gruppe: *Dioxidanyl*). Erwähnt sei hier die Peroxyschwefelsäure H_2SO_5 ($[SO_2(OH)(OOH)]$; *Caro'sche Säure*). Ist ein brückenständiges O-Atom in einer zweikernigen Oxosäure durch die O—O-Gruppe (systematisch: *Dioxidandiyl-Gruppe*) ersetzt, so kommt man zu den *Peroxy-Derivaten* der Oxosäuren. Als wichtiges Beispiel sei die Peroxydischwefelsäure [systematisch: *μ-Peroxido-bis(hydroxidodioxidosulfur]* $H_2S_2O_8$ (HO$_3$S—O—O—SO$_3$H) angeführt. Salze wie $Na_2S_2O_8$ [*Natrium-peroxydisulfat*; systematisch: *Dinatrium-μ-peroxido-bis(trioxidosulfat)(2−)*] finden technische Anwendung.

In den *Thio-Derivaten* der Oxosäuren sind Oxido- durch Sulfido- oder Hydroxido- durch Sulfanido-Liganden ersetzt. Die freien Säuren sind im Allgemeinen unter Normalbedingungen nicht stabil, wohl aber die korrespondierenden Anionen in wässriger Lösung oder als Komponenten entsprechender Salze. Das Dinatriumtrioxidosulfidosulfat−Wasser(1/5) $Na_2S_2O_3 \cdot 5H_2O$ (*Natriumthiosulfat*) und das Trinatrium-tetrasulfidoantimonat−Wasser(1/9) $Na_3SbS_4 \cdot 9H_2O$ (*Schlippe'sches Salz*) sind Handelsprodukte. Salze der Dithiokohlensäure mit einer Esterfunktion, $M[CS_2(OR)]$ (*Xanthogenate*), sowie Salze $M(SCN)$ (*Thiocyanate*) und Ester RNCS (*Alkylisothiocyanate*) der Thiocyansäure HSCN bzw. Isothiocyansäure HNCS spielen in der organischen Synthese bzw. als Naturstoffe eine gewisse Rolle.

Das *Hydrazin*, N_2H_4, lässt sich bis zu viermal zu *Säurehydraziniden* acylieren: $AcNH−NH_2$, AcNH−NHAc, $Ac_2N−NH_2$, $Ac_2N−NHAc$ und N_2Ac_4. Alle diese fünf Derivate sind beispielsweise im Falle Ac = SO_3H bekannt. Die stark saure Hydrazinidoschwefelsäure unterliegt einer Tautomerie: $H_2N−NH−SO_3H \leftrightarrows H_3N−NH−SO_3$. Die Acylierung von Hydroxyazan oder Azanol H_2NOH (*Hydroxylamin*) kann am N- oder am O-Atom vonstatten gehen. Im Falle der Schwefelsäure sind beide Derivate bekannt, $HN(OH)(SO_3H)$ (*Hydroxylamin-N-sulfonsäure*) und H_2NOSO_3H (*Hydroxylamin-O-sulfonsäure*; im Kristall: H_3NOSO_3). Von etlichen Säuren kennt man *Säureazide* AcN_3, beispielsweise $[SO_2(OH)(N_3)]$ oder $RCO(N_3)$; die Carbonsäureazide unterliegen beim thermischen Zerfall einer Umlagerung: $RCO(N_3) \rightarrow RNCO + N_2$.

5.4 Redoxreaktionen: Elektrochemische Behandlung

5.4.1 Galvanische Ketten: Daniell-Element

Wir betrachten die beiden einfachen Redoxpaare Cu^{2+}/Cu und Zn^{2+}/Zn. In einem ersten Experiment tauchen wir einen Zinkstab in eine wässrige Lösung von $CuSO_4$. Man beobachtet eine Abscheidung von festem Cu am Zinkstab. Hydratisierte Cu^{2+}-Ionen sind aus der Lösung an die Zn-Oberfläche gewandert und haben sich dort unter Empfang von zwei Elektronen abgeschieden; für jedes abgeschiedene Cu-Atom musste ein Zn-Atom unter Abgabe seiner Elektronen als Zn^{2+} in Lösung gehen:

$$Cu^{2+} + Zn \rightarrow Cu + Zn^{2+}$$

Dass diese Reaktion von links nach rechts abläuft, bedeutet, dass Zn ein stärkeres Reduktionsmittel ist als Cu und dass umgekehrt Cu^{2+} ein stärkeres Oxidationsmittel ist als Zn^{2+}. Man sagt auch, Cu sei *edler* (d. h. weniger durch Oxidationsmittel angreifbar) als Zn bzw. Zn sei *unedler* als Cu. Die Reaktion kommt zum Stillstand, wenn die Metalloberfläche von einem Kupferfilm so dicht bedeckt ist, dass Zn-Ionen nicht mehr durch die Kupferschicht wandern können.

In einem zweiten Experiment füllen wir in ein Becherglas eine $CuSO_4$-, in ein anderes eine $ZnSO_4$-Lösung. In die $CuSO_4$-Lösung taucht ein Cu-Stab, in die $ZnSO_4$-Lösung ein Zn-Stab ein. Wir verbinden die beiden Stäbe mit einem stromleitenden Draht und hoffen, dass sich Cu^{2+} als Cu abscheidet und Zn als Zn^{2+} in

Lösung geht, dass die umgesetzten Elektronen vom Zn- zum Cu-Stab durch den Draht wandern und dabei elektrische Arbeit leisten können. Es fließt aber kein Strom, und es wird zwischen den Stäben keine Spannung als Ursache eines Stromflusses gemessen. Der Grund ist, dass sich das Cu-Gefäß, wir nennen es jetzt die Cu-*Zelle*, durch den entstehenden Überschuss an SO_4^{2-}-Ionen negativ, die Zn-Zelle durch einen Überschuss an Zn^{2+}-Ionen positiv aufladen würden. Eine solche Ladungstrennung erzeugt schon nach kürzestem Ingangkommen der Redoxreaktion ein Gegenpotential, das die ja bestehende Freie Enthalpie der Redoxreaktion übersteigt.

In einem dritten Experiment gestalten wir die beiden Zellen so, dass sie durch eine *semipermeable*, d. h. halbdurchlässige Membran verbunden sind. Sie soll so dicht sein, dass sie eine Vermischung der Ionen der beiden Zellen durch thermische Diffusion verhindert. Würden sich die Lösungen durchmischen, dann würden sich Cu^{2+}-Ionen direkt am Zn-Stab abscheiden und die Elektronen müssten nicht den widerstandsreichen Weg durch den Draht gehen. Andererseits muss die Membran einen Ionendurchfluss erlauben, sobald sich an der Membran ein elektrisches Feld aufbaut, sodass Kationen (also Zn^{2+}, eventuell auch H^+) von der Zn- in die Cu-Zelle und Anionen (also SO_4^{2-}, eventuell auch OH^-) von der Cu- in die Zn-Zelle wandern können, und zwar im gleichen Maß wie die Elektronen durch den Draht. Tatsächlich kann man jetzt zwischen den Metallstäben, den sog. *Elektroden*, eine elektrische Spannung U und bei Schließen des Stromkreises einen elektrischen Strom messen. Es handelt sich bei dieser Versuchsanordnung um das sog. *Daniell-Element*, d. i. ein einfaches Beispiel eines *galvanischen Elements* oder einer *galvanischen Kette*. Die Elektrode, an der sich die Kationen abscheiden (hier: die Cu^{2+}-Ionen), heißt *Kathode*, die andere Elektrode *Anode*.

Zweifellos arbeitet das Daniell-Element nicht reversibel. Zum einen muss Arbeit aufgewendet und letztlich in verloren gehende Wärme umgesetzt werden, um Ionen durch die semipermeable Membran zu befördern, zum andern wird bei jedem Elektronenfluss der Leiter erhitzt und wieder geht Arbeit als Wärme verloren. Will man zwischen den Elektroden eines galvanischen Elements anstelle der Betriebsspannung U die maximale Spannung E, die sog. *Elektromotorische Kraft (EMK)*, messen, so muss man dies stromlos tun und überdies eine Versuchsanordnung ersinnen, bei der Potentialverluste an der Membran vermieden werden. In einem solchen reversiblen Grenzfall wäre die EMK der Freien Enthalpie ΔG der zugrunde liegenden Redoxreaktion proportional. Fließen beim Formelumsatz n mol Elektronen (beim Daniell-Element: $n = 2$), dann wäre die transportierte Ladung $Q = N_A n e$, und wegen $QE = \Delta G$ erhalten wir:

$$\Delta_r G = -N_A n e E = -n F E$$

Die Größe $F = N_A e = 96485.3383 \text{ C mol}^{-1}$ heißt Faraday-Konstante und gibt die Ladung von 1 mol Elektronen wieder. Das Minuszeichen entspricht einer internationalen Konvention und bedeutet, dass eine Redoxreaktion eine umso größere

Triebkraft hat, je negativer die Freie Reaktionsenthalpie, aber je positiver die zugrunde liegende Elektromotorische Kraft ist.

Die semipermeable Membran umgeht man, indem man die beiden Zellen durch ein umgedrehtes U-förmiges Rohr verbindet, in welchem sich eine wässrige, gallertartige Masse befindet. In dieser Masse ist ein Salz MX gelöst, dessen Kationen M^+ und Anionen X^- die gleiche *Ionenwanderungsgeschwindigkeit* haben, sodass keine sog. *Flüssigkeitspotentiale* auftreten, wenn M^+ in die eine und X^- in die andere Zelle wandern; gut geeignet ist KCl. Solange kein Strom fließt, bleibt das Salz im U-Rohr, der sog. *Salzbrücke*. Mit einer solchen Anordnung kann man die maximale Spannung E messen, wobei man sich zur stromlosen Messung eines Potentiometers bedient, das im klassischen Fall nach der *Poggendorf'schen Kompensationsmethode* arbeitet. Die Abfolge der verschiedenen Phasen einer galvanischen Kette formuliert man in einer bestimmten Weise, und zwar beim Daniell-Element wie folgt: $Cu/Cu^{2+}/KCl$-Lösung$/Zn^{2+}/Zn$.

Natürlich hängt die EMK von den Konzentrationen (genauer: den Aktivitäten) der gelösten Reaktanden ab. Es gilt:

$$\Delta_r G = \Delta_r G^0 + RT \ln \Pi\, a_i^{y_i} = -nFE = -nFE^0 + RT \ln \Pi\, a_i^{y_i}$$

$$E = E^0 - \frac{RT}{nF} \ln \Pi\, a_i^{y_i}$$

Setzt man für die universellen Konstanten R und F ihre Zahlenwerte ein, bezieht sich auf 25 °C, geht zu dekadischen Logarithmen über und nimmt noch ideale Verhältnisse an, die den Gebrauch der Stoffmengenkonzentrationen c_i anstelle der Aktivitäten a_i erlauben, so ergibt sich:

$$E = E^0 - \frac{0.05916}{n} \lg \Pi\, c_i^{y_i}$$

Die *Standard-EMK* oder das *Standardpotential* E^0, d. i. bei 25 °C die maximale Spannung, wenn alle $c_i = 1\ mol\,l^{-1}$, ist wegen $\Delta_r G^0 = -RT \ln K_c$ der Gleichgewichtskonstanten K_c der Redoxreaktion proportional:

$$E^0 = \frac{0.05916}{n} \lg K_c$$

Das Standardpotential des Daniell-Elements beträgt $E^0 = 1.103\,V$. Mit $n = 2$ und den Konzentrationen $c_1\,(Cu^{2+})$ und $c_2\,(Zn^{2+})$ ergibt sich ein Potential $E = 1.103 - 0{,}02958 \lg(c_2/c_1)\,V$. Je größer die Cu^{2+}- und je kleiner die Zn^{2+}-Konzentration, umso mehr Spannung liefert das Daniell-Element. Macht man umgekehrt die Konzentration an Cu^{2+} beliebig klein und die an Zn^{2+} sehr groß, dann kann sich die Stromrichtung umkehren, und es fließen Elektronen von der Cu- zur Zn-Elektrode.

Wie auch immer, das Daniell-Element liefert – zumindest theoretisch – so lange Strom, bis die Redoxreaktion zum Gleichgewicht gekommen ist ($E = 0$).

Die Stromrichtung kehrt sich auch um, wenn man eine unabhängige Gleichspannungsquelle, die mehr Spannung liefert als das Daniell-Element, gegen dieses schaltet. Während sich eine galvanische Kette beim Betrieb *entlädt*, und zwar so lange, bis Gleichgewicht eingetreten ist, kann sie beim Anlegen einer Gegenspannung wieder *aufgeladen* werden.

Schaltet man zwei Daniell-Elemente A und B so gegeneinander, dass die Cu-Elektroden miteinander verbunden sind, dann baut sich zwischen den Zn-Elektroden folgendes Potential E auf:

$$E = 0.02958 \lg \frac{c_{2A} \, c_{1B}}{c_{1A} \, c_{2B}}$$

Ist die Konzentration an Zn^{2+} in A und B gleich ($c_{2A} = c_{2B}$), dann wird

$$E = 0.02958 \lg \frac{c_{1B}}{c_{1A}}$$

Es besteht also ein Potential lediglich aufgrund unterschiedlicher Konzentrationen an Cu^{2+} in den beiden Ketten. Man spricht von einer *Konzentrationskette*. Es liegt nahe, die Versuchsanordnung in der Weise zu vereinfachen, dass man nur zwei Cu^{2+}/Cu-Zellen mit unterschiedlicher Konzentration an Cu^{2+} zu einer Kette vereint. Auch diese einfachere Konzentrationskette liefert ein Potential, und es gilt der gleiche Potentialansatz wie für die Kette mit den Zn^{2+}/Zn-Zwischenelektroden.

Für praktische Anwendungen ist das Daniell-Element ungeeignet, u. a. deshalb, weil die Spannung mit der Veränderung der Konzentrationen c_1 und c_2 ständig abnimmt. Galvanische Ketten, die eine einigermaßen konstante Spannung liefern und die nach ihrer Entladung wieder aufgeladen werden können, nennt man *Akkumulatoren* oder *Sekundärbatterien*. Ist das Wiederaufladen nicht möglich, so spricht man von *Primärbatterien*. In den alltäglich verwendeten Batterien stellen die Redoxpartner in der Regel feste Phasen dar, sodass keine Konzentrationsabnahme beim Betrieb die Spannung mindert. Auch der Einbau semipermeabler Membranen kann entfallen.

5.4.2 Andere galvanische Ketten

Gaselektroden

Zink löst sich in Säuren nach der Gleichung $2 \, H^+ + Zn \rightarrow H_2 + Zn^{2+}$. Will man diese Redoxreaktion mit ihren von 1 bis 4 von links nach rechts durchnummerierten Komponenten zu einer galvanischen Kette ausbauen, so besteht die eine Zelle aus der gleichen Zn^{2+}/Zn-Anordnung wie im Daniell-Element. Die andere Zelle,

die Gaszelle oder *Gaselektrode*, muss aus einer festen Elektrode, meist einer Metallelektrode, aufgebaut werden, die in eine Säurelösung eintaucht und von H_2-Gas
umspült wird. Dabei muss das Elektrodenmetall so edel sein, dass es von der Säure
nicht angegriffen wird (z. B. Pt). Verbindet man die Zellen über eine Salzbrücke,
dann kann man zwischen den Elektroden eine Spannung messen. Die Phasenabfolge lautet z. B.: $Pt/H_2/H^+/KCl$-Lösung/Zn^{2+}/Zn. In die Gleichung für die EMK
gehen die Konzentrationen an H^+ (c_1) und Zn^{2+} (c_4) sowie der Druck des die
Metallelektrode umströmenden Gases H_2 (P_3) ein:

$$E = E^0 - 0.02958 \lg \frac{c_4 P_3}{c_1^2}$$

Das Elektrodenmaterial spielt bei Gaselektroden eine besonders wichtige Rolle.
Falls es sich bei dem Gas um H_2 handelt, muss H^+ aus dem Hydrat-Verbund
$[H(H_2O)_n]^+$ herausgelöst und an der Elektrode adsorbiert werden, dann muss H^+
durch Aufnahme eines Elektrons in ein H-Atom übergehen, das sich mit seinesglei-
chen zum H_2-Molekül vereinigen muss, und dieses muss schließlich gegen den H_2-
Druck des die Elektrode umspülenden Gases desorbiert werden. Die Beschaffenheit
der Elektrodenoberfläche und ihr Material beeinflussen nicht nur die Geschwindigkeit der einzelnen Schritte an der Elektrode, sondern bewirken auch deren Erwärmung und schmälern so die Ausbeute an elektrischer Arbeit, mindern also das
reversible Potential E. Diese Minderung nennt man die *Überspannung* η. Sie hängt
von der Stromdichte, der Temperatur, der Natur des Gases und der Natur des
Elektrodenmaterials ab. Im Falle des Redoxpaares H^+/H_2 erreicht die Überspannung bei 25 °C und bei kleiner Stromdichte an Metallen wie Zn, Pb oder Hg Werte
von $\eta \approx 0.7$ V und mehr, geht aber an *platiniertem* Platin (d. i. besonders oberflä-
chenreiches Platin, sog. *Platinmohr*) auf nahezu 0 V zurück. Im Gegensatz zu H_2
hat O_2 an Platin eine beträchtliche Überspannung. Es ist die Überspannung, die
verhindert, dass sich beispielsweise Pb in Säuren nicht gemäß $2\,H^+ + Pb \rightarrow$
$H_2 + Pb^{2+}$ löst, obwohl die Reaktion Triebkraft hätte.

Primärbatterien

Bei den meisten Primärbatterien ist Zink das Reduktionsmittel. Bei der klassischen
Zink-Mangan-Batterie (*Leclanché-Element*) ragt eine Elektrode, in der MnO_2, Graphit und Schlacke zu einem zentralen Pressstab geformt sind, in einen Zinkblechzy-
linder als zweiter Elektrode. Zwischen den Elektroden wirkt als sog. *Elektrolyt* eine
hochkonzentrierte NH_4Cl-Lösung, die durch Gelatine so verfestigt ist, dass man
insgesamt von einem *Trockenelement* spricht. Der Elektrolyt erlaubt den als Äquivalent zum Elektronenstrom nötigen Ionenstrom, wobei Zn^{2+}-Ionen in den Elektrolyten hineinwandern: $Zn + 2\,NH_4Cl \rightarrow [Zn(NH_3)_2Cl_2] + 2\,H^+ + 2\,e$. Die H^+-Io-
nen wandern an die zentrale Elektrode und reagieren mit MnO_2 als Oxidationsmittel gemäß $MnO_2 + H^+ + e \rightarrow MnO(OH)$. Die Batterie liefert konstant ca. 1.5 V.

In einer moderneren Variante, der *Alkali-Mangan-Batterie* (*Alkaline*) hat man eine Stampfmasse aus MnO_2 und Graphit als die eine Elektrode, zu der man eine Paste aus Zn, KOH und wenig Wasser als zweiter Elektrode gibt. Beim Betrieb holt Zn sich OH^--Ionen aus der angrenzenden Phase und schickt Elektronen in den Stromkreis: $Zn + 2\,OH^- \rightarrow ZnO + H_2O + 2\,e$; neben ZnO werden allerdings auch noch Spezies wie $Zn(OH)_2$ und $[Zn(OH)_4]^{2-}$ gebildet. Die Vorgänge an der zweiten Elektrode werden im Wesentlichen durch die Halbgleichung $2\,MnO_2 + H_2O + 2\,e \rightarrow Mn_2O_3 + 2\,OH^-$ wiedergegeben. Eine unerwünschte Nebenreaktion wäre: $Zn + 2\,H_2O + 2\,OH^- \rightarrow [Zn(OH)_4]^{2-} + H_2$; diese Reaktion unterbleibt wegen der Überspannung von H_2 an Zn, wenn man Reinstzink einsetzt. Gewöhnliches Zink enthält immer Fremdmetallatome (z. B. Cu), an denen sich H^+ mit geringerer Überspannung als an Zn entladen könnte.

Andere Primärbatterien auf Zinkbasis nutzen die folgenden Redoxreaktionen (in vereinfachter Darstellung):

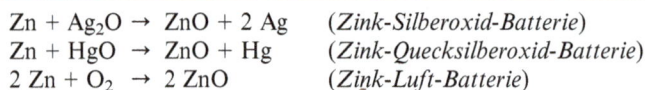

$Zn + Ag_2O \rightarrow ZnO + 2\,Ag$	(*Zink-Silberoxid-Batterie*)
$Zn + HgO \rightarrow ZnO + Hg$	(*Zink-Quecksilberoxid-Batterie*)
$2\,Zn + O_2 \rightarrow 2\,ZnO$	(*Zink-Luft-Batterie*)

Bleiakkumulator

Der Bleiakkumulator (kurz: *Bleiakku*) besteht aus einer Pb- und einer PbO_2-Elektrode, die in wässrige Schwefelsäure eintauchen. Die Säurekonzentration beträgt im geladenen Akku etwa 4, im entladenen 2.5 mol l^{-1}. Das System befindet sich im Gleichgewicht mit schwer löslichem $PbSO_4$. Die Redoxreaktion lautet (von links nach rechts: Entladen; umgekehrt: Laden):

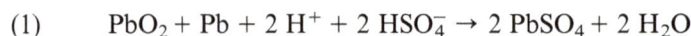

(1) $\qquad PbO_2 + Pb + 2\,H^+ + 2\,HSO_4^- \rightarrow 2\,PbSO_4 + 2\,H_2O$

Das $PbSO_4$ ist also gleichzeitig Rd_1 und Ox_2, wenn PbO_2 das Ox_1 und Pb das Rd_2 sind. Solche Redoxreaktionen heißen von links nach rechts *Komproportionierung* (Pb^0 und Pb^{IV} *komproportionieren* zu Pb^{II}) und umgekehrt *Disproportionierung* (Pb^{II} *disproportioniert* zu Pb^0 und Pb^{IV}). Die EMK des Bleiakkus ist nicht völlig konstant, da sie von der Konzentration an H_2SO_4 abhängt ($n = 2$):

$$E = 1.928 + 0.05916 \lg\,[a(H^+)\,a(HSO_4^-)]\,V$$

Aus alter Gewohnheit bezieht man die EMK im Bleiakku meist auf die Reaktion (2), obwohl die Schwefelsäure im Bleiakku als starke Säure so gut wie vollständig dissoziiert:

(2) $\qquad PbO_2 + Pb + 2\,H_2SO_4 \rightarrow 2\,PbSO_4 + 2\,H_2O$

Die Reaktion (2) geht in die Reaktion (1) über, wenn man zu ihr die Reaktion (3) addiert:

(3) $\qquad$ $2\,H^+ + 2\,HSO_4^- \rightarrow 2\,H_2SO_4$

Die $\Delta_r G^0$-Werte für die Reaktionen (1) und (2) sind negativ, der für Reaktion (3) positiv, da bei ihr unter Standardbedingungen (25 °C, alle $c_i = 1$ mol l^{-1}) die Reaktion nach links verläuft, die starke Säure dissoziiert. Wegen $\Delta_r G^0 \sim -E^0$ ist der Wert E_2^0 größer als E_1^0, nämlich $E_2^0 = 2.046$ V. Die EMK des Bleiakkus lässt sich also auch durch die folgende Beziehung darstellen:

$$E = 2.046 + 0.05916 \lg [a(H_2SO_4)]\,V$$

Aus der Differenz $E_3^0 = E_1^0 - E_2^0 = -0.118$ V folgt $E_3^0 = (0.05916/2)\,\lg\,K_3^2 = -0.118$ V und hieraus $K_3 \approx 0.01$ l mol^{-1}. Für die Säuredissoziationskonstante K_A der Schwefelsäure ergibt sich $K_A = 1/K_3 \approx 100$, $pK_A \approx -2$.

Der geladene Bleiakku erbringt eine EMK von ca. 2.15 V, der nahezu entladene von ca. 1.85 V. Da die Dichte ρ der Schwefelsäure und ihre Konzentration parallel verlaufen, gibt es einen empirisch gefundenen Zusammenhang zwischen der EMK und der leicht zu messenden Dichte (ρ_0 ist die Dichte von Wasser; Dichte in g cm^{-3}): $E = 1.85 + 0.917\,(\rho - \rho_0)$ V. Der Bleiakku liefert beim Formelumsatz (2 mol Elektronen) eine Ladung von $2 \cdot 96.5$ kA s, dem entspricht bei einer durchschnittlichen Spannung von 2 V eine Arbeit von ca. 390 kJ.

Der E^0-Wert für das Lösen von Pb in Säuren ($2\,H^+ + Pb \rightarrow H_2 + Pb^{2+}$) beträgt 0.125 V; Blei sollte sich daher in Säuren lösen. Der E^0-Wert für das Lösen von Pb in H_2SO_4 ($H^+ + HSO_4^- \rightarrow H_2 + PbSO_4$) muss größer sein, da die Schwerlöslichkeit von $PbSO_4$ zusätzliche Triebkraft verheißt, und zwar gilt jetzt $E^0 = 0.359$ V. Dennoch löst sich reines Blei in Schwefelsäure nicht auf, und zwar – wie oben schon erwähnt – wegen der großen Überspannung. Damit es nicht doch zur unerwünschten Entwicklung von H_2 kommt, muss man sehr reines Blei verwenden. Gleichwohl findet im Bleiakku eine langsame Entwicklung von H_2 statt, wenn man ihn über längere Zeit unbenutzt stehen lässt. Auch wenn beim Laden des Bleiakkus die zunehmende Konzentration an H_2SO_4 einen oberen Grenzwert übersteigt, wird das Potential der Reaktion $H^+/Pb \rightarrow H_2/PbSO_4$ so groß, dass H_2 entsteht: Der Akku *gast*. Das Bleidioxid darf als Anodenmaterial nicht stöchiometrisch zusammengesetzt sein, da reines braunes PbO_2 den elektrischen Strom nicht leitet; vielmehr muss ein schwarzes Material mit einer Defektstruktur PbO_{2-x} eingesetzt werden, das eine kleine Menge an Pb^{2+} enthält. Beim Betrieb des Bleiakkus spielt auch die Korngröße von $PbSO_4$ eine Rolle: Wenn das $PbSO_4$ mit zunehmender Lebensdauer immer grobkörniger wird, dann dauert beim Laden des Akkus die Disproportionierung von $PbSO_4$ so lange, dass die unerwünschte H_2-Entwicklung zum Zuge kommt.

Andere Sekundärbatterien

Die primäre Alkali-Mangan-Batterie lässt sich zur sekundären, wieder aufladbaren Batterie umformen, wenn man die Reduktion von MnO_2 bis zum Mn_2O_3, das sich erfahrungsgemäß beim Laden nicht mehr in MnO_2 zurückverwandeln lässt, verhindert, indem man einen Unterschuss an Zn einsetzt, sodass MnO_2 nur bis MnO_x, $x > 1.6$, reduziert wird. Auch die Zink-Luft-Batterie lässt sich als wieder aufladbare Sekundärbatterie gestalten.

Der *Cadmium-Nickel-Akkumulator* beruht auf der Oxidation von Cd durch Ni^{III}: $Cd + 2\,NiO(OH) + 2\,H_2O \rightarrow Cd(OH)_2 + 2\,Ni(OH)_2$. Wegen der Giftigkeit von Cadmiumsalzen wird Cd besser durch Metallhydride, z. B. $LaNi_5H_x$, ersetzt. Dem Oxidationsmittel Ni^{III} [$NiO(OH) + H_2O + e \rightarrow Ni(OH)_2 + OH^-$] steht Hydrogen(0) als Reduktionsmittel gegenüber [$1/x\,LaNi_5H_x + OH^- \rightarrow 1/x\,LaNi_5 + H_2O + e$]. Als Elektrolyt zwischen den Elektrodenräumen wirkt wässrige Kalilauge, die allerdings in ein poröses, flexibles Kunststoffvlies eingebracht ist, sodass der Elektrolyt eher wie ein Feststoff erscheint, aber gleichwohl die Wanderung von OH^--Ionen zulässt. Dieser *Metallhydrid-Nickel-Akkumulator* erfreut sich sowohl als Großakkumulator (z. B. bei der Luft- und Raumfahrt) als auch als Kleinakkumulator (z. B. in Mobiltelefonen) vielseitiger Anwendung.

In den *Lithiumbatterien* dienen als Oxidationsmittel ternäre Oxide wie z. B. $Li_{1-x}CoO_2$. Dieses Oxid kann Li^+-Ionen zusammen mit Elektronen so lange aufnehmen, bis die Grenzzusammensetzung $LiCoO_2$ erreicht ist. Das Reduktionsmittel ist Li, das in eine Graphitanode eingelagert ist. Insgesamt kann sich in 6 mol Graphit bis zu 1 mol Li zwischen die Schichten einlagern. In der geladenen Batterie liegt LiC_6 als Anodenmaterial vor, das sich im Zuge der Stromentnahme schließlich in reinen Graphit verwandelt. Parallel zum Elektronenfluss von der Anode zur Kathode müssen Li^+-Ionen von der Anode durch den Elektrolyten zur Kathode transportiert werden. Der Elektrolyt enthält eine Lithiumsalz-Lösung, doch darf das Lösungsmittel nicht hydronaktiv sein, um eine H_2-Entwicklung zu vermeiden ($2\,H^+ + 2\,Li \rightarrow H_2 + 2\,Li^+$). Geeignet ist $LiPF_6$ als sog. Leitsalz für den Li^+-Transport und als Lösungsmittel 1,3-Dioxacyclopent-4-en-2-on [(—O—CH=CH—O—CO—), *Ethylencarbonat*]. Derartige Baterien erfreuen sich breitester Anwendung. In primärer Version bedarf es bei Lithiumbatterien eines weniger ausgeklügelten Kathodenmaterials, sodass bequem zugängliche einfache Stoffe wie MnO_2, Bi_2O_3, FeS_2 eingesetzt werden können. Auch die primären Lithiumbatterien werden breit angewendet (Uhren, Kameras, Mikroprozessoren etc.).

Brennstoffzellen

In Brennstoffzellen sind das Rd und das Ox nicht im Anoden- bzw. Kathodenraum fest vorgegeben, sondern werden den Elektroden kontinuierlich zugeführt. In der Regel handelt es sich bei den Betriebsstoffen um Gase, nämlich beim Rd, dem *Brennstoff*, um H_2 oder auch um CO oder CH_4; das Ox ist naheliegenderweise O_2, entweder in reiner Form oder als Komponente der Luft. Als Elektrodenmaterial kommen Metalle (Ni, Pt, Ru), Graphit, im Hochtemperaturbetrieb (600−1050 °C) auch elektrisch leitende, oxidische Keramiken infrage. Bei einer Betriebstemperatur < 100 °C kann als Elektrolyt wässriges KOH in einem geeigneten Vlies dienen; der Transport von OH^- von der Kathode zur Anode bezieht sich auf die Reaktionen $H_2 + 2\,OH^- \rightarrow 2\,H_2O + 2\,e$ (Anode) und $O_2 + 4\,H^+ + 4\,e \rightarrow 2\,H_2O$ (Kathode). Mit H_3PO_4 in einer Teflonmatrix als Elektrolyt können auch H^+-Ionen von der Anode zur Kathode wandern: $H_2 \rightarrow 2\,H^+ + 2\,e$ (Anode) und $O_2 + 4\,H^+ + 4\,e \rightarrow 2\,H_2O$ (Kathode). Mit einem oxidischen Ionenleiter als festem Elektrolyt kommt ein Redoxsystem infrage wie $CO + O^{2-} \rightarrow CO_2 + 2\,e$ (Anode) und $O_2 + 4\,e \rightarrow 2\,O^{2-}$ (Kathode).

5.4.3 Halbkettenpotentiale

Einfache Redox-Halbketten

Wir schreiben zwei einfache Redox-Halbreaktionen in der konventionellen Form auf, nämlich mit dem Oxidationsmittel und den Elektronen auf der linken Seite:

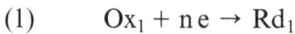

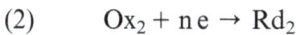

(1) $\qquad Ox_1 + n\,e \rightarrow Rd_1$

(2) $\qquad Ox_2 + n\,e \rightarrow Rd_2$

Zur Redox-Gesamtreaktion kommen wir, indem wir die zweite von der ersten Halbreaktion abziehen (oder umgekehrt), wobei *abziehen* bedeutet: erst die abzuziehende Gleichung umdrehen und dann addieren:

(1)−(2) $\quad Ox_1 + Rd_2 \rightarrow Rd_1 + Ox_2$

Es gilt für die Gesamtreaktion:

$$E = E^0 - \frac{0.05916}{n}\,\lg \frac{c_{Rd1}}{c_{Ox1}}\,\frac{c_{Ox2}}{c_{Rd2}}$$

Wir zerlegen probeweise in die fiktiven Halbkettenpotentiale ε_1 und ε_2 der Reaktionen (1) und (2):

$$E = \varepsilon_1 - \varepsilon_2 = \varepsilon_1^0 - \varepsilon_2^0 - \frac{0.05916}{n}\left(\lg \frac{c_{Rd1}}{c_{Ox1}} - \lg \frac{c_{Rd2}}{c_{Ox2}}\right)$$

$$\varepsilon_1 = \varepsilon_1^0 - \frac{0.05916}{n}\,\lg \frac{c_{Rd1}}{c_{Ox1}}$$

$$\varepsilon_2 = \varepsilon_2^0 - \frac{0.05916}{n}\,\lg \frac{c_{Rd2}}{c_{Ox2}}$$

Wir nennen die Halbkettenpotentiale *Elektrodenpotentiale* ε und, auf Standard-bedingungen bezogen, *Standardelektrodenpotentiale* ε^0. Die Elektrodenpotentiale ε sind nicht messbar, sondern immer nur die Potentiale E der gesamten Kette. Legt man aber für irgendeine Halbkette ein Elektrodenpotential willkürlich fest, so kann man diese Halbkette mit beliebigen anderen zu Gesamtketten mit messbarem Potential vereinen und aus der Potentialdifferenz das Potential jener Halbketten relativ zum willkürlich festgelegten bestimmen. Folgende Konvention wurde international vereinbart: Das Standardelektrodenpotential der Halbkette H^+/H_2 [$P(H_2)$ = 1 bar; $a(H^+)$ = 1 mol l^{-1}; Elektrode aus platiniertem Platin] soll betragen: $\varepsilon^0(H^+/H_2) \equiv 0\,V$ (*Standardhydrogenelektrode* oder *Standardwasserstoffelektrode*). Diese Konvention gilt für jede Temperatur und für jedes Lösungsmittel, das Hydronen H^+ enthält.

Der für beliebige einfache Redox-Halbgleichungen geltende Ausdruck für ε, die *Nernst'sche Gleichung*, lautet (bei 25 °C; die Aktivitäten sind näherungsweise durch die Konzentrationen ersetzt):

$$\varepsilon = \varepsilon^0 - \frac{0.05916}{n} \lg \frac{c_{Rd}}{c_{Ox}}$$

Eine Tabelle mit *konventionellen* (d. h. auf H^+/H_2 bezogenen) Standardelektroden-potentialen ε^0 nennt man *Spannungsreihe*. Die Tabelle 5.1 enthält ε^0-Werte für einfache Halbreaktionen vom Typ Ox + n e → Rd (kurz: Ox/Rd). Sie gelten unter Standardbedingungen für eine saure wässrige Lösung, pH = 0. Die in Tab. 5.1 genannten Kationen liegen dabei in hydratisierter und gegebenenfalls in aggregierter Form vor (s. Abschnitt 5.3.3). Für die Halogene Hal$_2$ gelten die ε^0-Werte in Tab. 5.1 ebenfalls für pH = 0, nicht aber im Falle F_2/F^-; da F^- bei pH = 0 weitgehend in HF übergeht, bezieht sich das angegebene F_2/F^--Potential auf pH = 14.

Je negativer die ε^0-Werte in Tab. 5.1 sind, umso schwächere Oxidationsmittel, aber umso stärkere Reduktionsmittel verbergen sich im jeweiligen Ox/Rd-Paar. Metalle, die schwächer reduzieren als H_2, nennt man *edel* (Au, Pt, Hg, Ag, Cu u. a.); Edelmetall-Kationen werden von H_2 zum Metall reduziert, und Säuren greifen umgekehrt Edelmetalle nicht unter Entwicklung von H_2 an. Umgekehrt liegt den unedlen Metallen ein negatives Redoxpotential ε^0 zugrunde; diese Metalle lösen sich unter Entwicklung von H_2 in Säuren auf. Die stärksten Reduktionsmittel sind die Alkali- und Erdalkalimetalle, und zwar wird das Potential ε^0 umso negativer, je weiter unten das Metall in seiner Gruppe im PSE steht, ausgenommen Li. Das kann man verstehen, wenn man den Übergang vom Metall in das in Wasser gelöste Kation in hypothetische Teilschritte zerlegt und deren ΔH^0-Werte betrachtet: Zunächst muss die Sublimationsenthalpie (festes Metall → freie Atome) und dann die Ionisierungsenthalpie aufgewendet werden, anschließend wird die Hydratationsenthalpie frei. Die aufzuwendenden Beträge sinken in einer Gruppe von oben nach unten und bestimmen den Gang der ε^0-Werte. Die frei werdende Hydratations-

Tabelle 5.1 Standardelektrodenpotentiale ε^0 einiger Redoxpaare Ox/Rd in einfachen Halbreaktionen bei 25 °C (in Volt).

Li^+/Li	−3.0401	Sn^{2+}/Sn	−0.1375
Cs^+/Cs	−3.026	Pb^{2+}/Pb	−0.1262
Rb^+/Rb	−2.98	Fe^{3+}/Fe	−0.037
K^+/K	−2.931	**H^+/H_2**	**0**
Ba^{2+}/Ba	−2.912	Cu^{2+}/Cu	0.3419
Sr^{2+}/Sr	−2.899	Ru^{2+}/Ru	0.455
Ca^{2+}/Ca	−2.868	Cu^+/Cu	0.521
Na^+/Na	−2.71	I_2/I^-	0.5355
Mg^{2+}/Mg	−2.372	Hg_2^{2+}/Hg	0.7973
Be^{2+}/Be	−1.847	Ag^+/Ag	0.7996
U^{3+}/U	−1.798	Hg^{2+}/Hg	0.851
Al^{3+}/Al	−1.662	Pd^{2+}/Pd	0.951
Cr^{2+}/Cr	−0.913	Br_2/Br^-	1.0873
Zn^{2+}/Zn	−0.7618	Pt^{2+}/Pt	1.18
Cr^{3+}/Cr	−0.744	Cl_2/Cl^-	1.35827
Fe^{2+}/Fe	−0.447	Au^{3+}/Au	1.498
Cd^{2+}/Cd	−0.4030	Au^+/Au	1.692
Mo^{3+}/Mo	−0.200	F_2/F^-	2.866

enthalpie wirkt gegen diesen Trend, weil sowohl die elektrostatischen Ionen-Dipol-Kräfte als auch die kovalenten Bindungskräfte zwischen den Metallionen und Wasser-Molekülen umso größer sind, je kleiner das Kation ist, sodass die Hydratationsenthalpie von unten nach oben zunimmt. Dies führt zur Ausnahmestellung von ε^0 für Li^+/Li an der Spitze von Tab. 5.1. Dass die ebenfalls kleinen und stärkere Ionen-Dipol-Kräfte entfaltenden, zweifach geladenen Kationen Be^{2+} und Mg^{2+} mit Li^+ nicht mithalten können, liegt daran, dass für sie die stets besonders große zweite Ionisierungsenthalpie aufzuwenden ist, die den ebenfalls großen Gewinn an Hydratationsenthalpie überkompensiert. Das stärkste Oxidationsmittel unter allen Elementen ist Fluor. Die ε^0-Werte nehmen in der Halogengruppe von oben nach unten ab, was man verstehen kann, wenn man die Dissoziationsenthalpie ($Hal_2 \rightarrow$ 2 Hal), die Elektronenaffinität und die Hydratationsenthalpie unter die Lupe nimmt; Letztere ist für F^--Ionen mit ihrer starken Tendenz zur Ausbildung von Hydrogenbrücken besonders groß.

Misst man das Potential zwischen Elektroden desselben Metalls, die in Lösungen dieses Metalls in verschiedenen Oxidationsstufen eintauchen, so gewinnt man *Metallumladungspotentiale*. Für die drei in Tab. 5.1 mit je zwei ε^0-Werten aufgeführten Metalle wurden folgende Umladungspotentiale gemessen:

$$Fe^{3+}/Fe^{2+} \ 0.771\,V \qquad Cu^{2+}/Cu^+ \ 0.153\,V \qquad Hg^{2+}/Hg_2^{2+} \ 0.920\,V$$

Wie man aus den entsprechenden Werten der Tab. 5.1 die jeweiligen Umladungspotentiale errechnen kann, sei zunächst am Beispiel Hg^{2+}/Hg_2^{2+} erläutert! (Man beachte, dass Quecksilber(I) Kationen $^+Hg-Hg^+$ mit kovalenter Hg—Hg-Bindung bildet.) Zu den beiden Halbreaktionen (1) und (2) gehören nach Tab. 5.1 die Potentiale $\varepsilon_1^0 = 0.851$ und $\varepsilon_2^0 = 0.7973\,V$. Die Halbgleichung (3), deren Potential ε_3^0 gesucht wird, gewinnt man, indem man die Halbgleichung (1) mit zwei multipliziert und von ihr die Halbgleichung (2) abzieht:

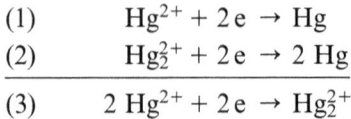

(1) $Hg^{2+} + 2\,e \rightarrow Hg$

(2) $Hg_2^{2+} + 2\,e \rightarrow 2\,Hg$

(3) $2\,Hg^{2+} + 2\,e \rightarrow Hg_2^{2+}$

Wir postulieren für die Halbreaktionen (1) bis (3) fiktive Freie Standardreaktionsenthalpien $\Delta\gamma_1^0$, $\Delta\gamma_2^0$ und $\Delta\gamma_3^0$ und erhalten wie üblich $\Delta\gamma_3^0 = 2\,\Delta\gamma_1^0 - \Delta\gamma_2^0$. Da allgemein gelten muss $-\Delta\gamma^0 = nF\varepsilon^0$, folgt im Einzelnen: $\Delta\gamma_1^0 = -2\,F\varepsilon_1^0$, $\Delta\gamma_2^0 = -2\,F\varepsilon_2^0$ und $\Delta\gamma_3^0 = -2\,F\varepsilon_3^0$ und mithin $\varepsilon_3^0 = 2\,\varepsilon_1^0 - \varepsilon_2^0 = 2 \cdot 0.851 - 0.7973 = 0{,}905\,V$; dieser Wert stimmt mit dem gemessenen von $0.920\,V$ ziemlich gut überein.

Gehen wir ganz analog zur Errechnung von ε_3^0 des Umladungspotentials Fe^{3+}/Fe^{2+} vor (betrachten also die Halbgleichungen (1) $Fe^{3+} + 3\,e \rightarrow Fe$; (2) $Fe^{2+} + 2\,e \rightarrow Fe$; (3) $Fe^{3+} + e \rightarrow Fe^{2+}$), so teilen wir am besten den Ausdruck $\Delta\gamma_3^0 = \Delta\gamma_1^0 - \Delta\gamma_2^0$ durch $6F$ (mit der Zahl 6 als dem kleinsten gemeinsamen Vielfachen von $n = 3$ und $n = 2$ in Gleichung (1) bzw. (2)). Es ist dann

$$\frac{\Delta\gamma_1^0}{6F} = \frac{\varepsilon_1^0}{2} \qquad \frac{\Delta\gamma_2^0}{6F} = \frac{'\varepsilon_2^0}{3} \qquad \frac{\Delta\gamma_3^0}{6F} = \frac{\varepsilon_3^0}{6}$$

und deshalb

$$\varepsilon_3^0 = 3\,\varepsilon_1^0 - 2\,\varepsilon_2^0 = -3 \cdot 0.037 + 2 \cdot 0.447 = 0.783\,V \text{ (gemessen: } 0.771\,V).$$

Kombiniert man Halbkettenpotentiale ε^0 zu Gesamtkettenpotentialen E^0, so kann man ungenierter mit den Stoffmengen an Elektronen umgehen, da der Strom durch die Kathode gleich dem durch die Anode sein muss oder — chemisch formuliert — die Elektronen aus der Redox-Gesamtgleichung herausfallen müssen, also z. B.:

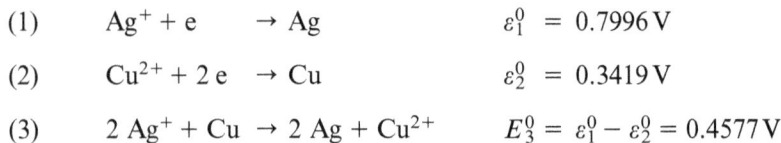

(1) $Ag^+ + e \quad \rightarrow Ag$ $\qquad\qquad \varepsilon_1^0 = 0.7996\,V$

(2) $Cu^{2+} + 2\,e \quad \rightarrow Cu$ $\qquad\qquad \varepsilon_2^0 = 0.3419\,V$

(3) $2\,Ag^+ + Cu \rightarrow 2\,Ag + Cu^{2+}$ $\qquad E_3^0 = \varepsilon_1^0 - \varepsilon_2^0 = 0.4577\,V$

Setzt man die Halbreaktionen nicht für galvanische Ketten, sondern für gewöhnliche chemische Reaktionen an, taucht man also, um beim Beispiel von eben zu bleiben, einen Kupferstab in eine Silbersalzlösung, so stellt der zugehörige E^0-Wert eine Ersatzgröße für den $\Delta_r G^0$-Wert dar, gibt also die Triebkraft der Reaktion im Standardfall wieder.

Zusammengesetzte Redox-Halbketten

Man kann sich kompliziertere Redox-Halbreaktionen in wässriger Lösung aus einfachen Redox-Halbreaktionen dadurch entstanden denken, dass entstehende Ionen mit vorhandenen Ionen schwer lösliche Niederschläge ergeben oder dass entstehende Ionen Säure/Base-Reaktionen unter Mitwirkung der wässrigen Lösung nach sich ziehen oder dass man nicht von Elementen oder Elementionen ausgeht, sondern von Molekülen oder Molekülionen. Hierzu folgende Beispiele! Als erstes kombinieren wir die Halbreaktionen Cu^{2+}/Cu^{+} und I_2/I^{-}, indem wir I^{-}-Ionen (z. B. eine KI-Lösung) zu Cu^{2+}-Ionen (z. B. einer $CuSO_4$-Lösung) geben. Zur Grundreaktion $2\,Cu^{2+} + 2\,I^{-} \rightarrow 2\,Cu^{+} + I_2$ treten noch zwei weitere Reaktionen, erstens die Bildung eines schwer löslichen Niederschlags von CuI und zweitens die Addition von I^{-} an I_2 unter Bildung von Triiodid I_3^{-}:

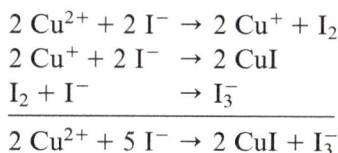

$$
\begin{aligned}
2\,Cu^{2+} + 2\,I^{-} &\rightarrow 2\,Cu^{+} + I_2 \\
2\,Cu^{+} + 2\,I^{-} &\rightarrow 2\,CuI \\
I_2 + I^{-} &\rightarrow I_3^{-} \\
\hline
2\,Cu^{2+} + 5\,I^{-} &\rightarrow 2\,CuI + I_3^{-}
\end{aligned}
$$

Oxidiert man Ionen in einer wässrigen Lösung mit O_2, so wird man die Halbreaktion $O_2 + 4\,e \rightarrow 2\,O^{2-}$ nicht beobachten können, da das Anion O^{2-} als sehr starke Base dem Lösungsmittel H^{+}-Ionen entzieht:

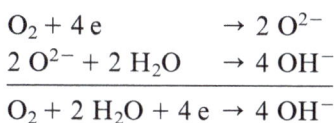

$$
\begin{aligned}
O_2 + 4\,e &\rightarrow 2\,O^{2-} \\
2\,O^{2-} + 2\,H_2O &\rightarrow 4\,OH^{-} \\
\hline
O_2 + 2\,H_2O + 4\,e &\rightarrow 4\,OH^{-}
\end{aligned}
$$

Leitet man O_2 in eine saure Lösung ein, so lautet die Reaktionshalbgleichung:

$$
O_2 + 4\,H^{+} + 4\,e \rightarrow 2\,H_2O
$$

Die Oxidation von Fe^{2+} zu Fe^{3+} lässt sich in wässriger Lösung mit Kaliumdichromat durchführen. Will man zum hier wirksamen Redoxpaar $Cr_2O_7^{2-}/Cr^{3+}$ die richtige Halbgleichung finden, so muss man erstens bedenken, dass das Kondensationsgleichgewicht $2\,CrO_4^{2-} + 2\,H^{+} \rightarrow Cr_2O_7^{2-} + H_2O$ in saurer Lösung auf der rechten Seite liegt (s. Abschnitt 5.3.4), und zweitens, dass Cr^{3+} im basischen Bereich einen schwer löslichen Niederschlag von $Cr(OH)_3$ ergibt; man muss deshalb die geplante Oxidation in saurer Lösung durchführen, d. h. unter Standardbedingungen bei pH = 0. Um die gesuchte Halbgleichung zu gewinnen, stellt man zunächst fest, dass beim Formelumsatz des Paares Cr^{VI}/Cr^{III} 3 mol Elektronen transportiert werden (nämlich die Differenz der Oxidationszahlen) und beim Formelumsatz $Cr_2O_7^{2-}/Cr^{3+}$ mithin 6 mol. Im insoweit erstellten Fragment einer Halbgleichung

$Cr_2O_7^{2-} + 6\,e \to 2\,Cr^{3+}$ stimmt weder die Ladungs- noch die Oxygenbilanz. Als erstes bringen wir die Ladungsbilanz in Ordnung, indem wir − in saurer Lösung − H^+ ins Spiel bringen: $Cr_2O_7^{2-} + 14\,H^+ + 6\,e \to 2\,Cr^{3+}$. Die O-Bilanz gleichen wir mit H_2O aus; das Molekül H_2O enthält mit H^I und O^{-II} diese Elemente in der Oxidationszahl, wie wir sie für die gesuchte Halbgleichung benötigen, da in unserer Beispielreaktion nur Fe und Cr ihre Oxidationszahlen ändern sollen. Automatisch führt die Ausgleichung mit H_2O auch zur richtigen H-Bilanz, was zur Prüfung der Richtigkeit des Verfahrens dienen mag. Ob wir erst die O-Bilanz ziehen und dann die H-Bilanz prüfen oder umgekehrt verfahren, spielt keine Rolle. Zusammen mit der schon umgedrehten Halbgleichung für das Paar Fe^{3+}/Fe^{2+} kommen wir durch Addition der Gleichungen zur richtigen Redox-Gesamtreaktion:

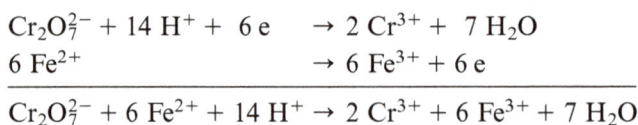

$$Cr_2O_7^{2-} + 14\,H^+ + 6\,e \to 2\,Cr^{3+} + 7\,H_2O$$
$$6\,Fe^{2+} \to 6\,Fe^{3+} + 6\,e$$
$$\overline{Cr_2O_7^{2-} + 6\,Fe^{2+} + 14\,H^+ \to 2\,Cr^{3+} + 6\,Fe^{3+} + 7\,H_2O}$$

Die Standardpotentiale ε^0 für $Cr_2O_7^{2-}/Cr^{3+}$ und für Fe^{3+}/Fe^{2+} betragen 1.232 bzw. 0.771 V und das Standardpotential E^0 der Gesamtreaktion mithin 0.461 V. In der Tabelle 5.2 werden die konventionellen Standardelektrodenpotentiale einiger zusammengesetzter Halbreaktionen angegeben.

Tabelle 5.2 Standardelektrodenpotentiale ε^0 einiger Redoxpaare in zusammengesetzten Halbreaktionen bei 25 °C (in Volt) in saurer (A), basischer (B) oder neutraler (N) Lösung.

$[Al(OH)_4]^-/Al$	−2.328	B	O_2/H_2O	1.229	A
H_2O/H_2	−0.8277	B	$Cr_2O_7^{2-}/Cr^{3+}$	1.232	A
AgI/Ag	−0.15224	N	$BrO_3^-/Br-$	1.423	A
Hg_2Cl_2/Hg	0.26808	N	PbO_2/Pb^{2+}	1.455	A
O_2/H_2O_2	0.695	A	MnO_4^-/Mn^{2+}	1.507	A
NO_3^-/N_2O_4	0.803	A	MnO_4^-/MnO_2	1.679	A
NO_3^-/NO	0.957	A	H_2O_2/H_2O	1.776	A
$[AuCl_4]^-/Au$	1.002	N	O_3/O_2	2.076	A
MnO_2/Mn	1.224	A	H_4XeO_6/XeO_3	2.42	A

Oben wurden für die Oxidation mit O_2 zwei Halbgleichungen aufgeführt, und zwar unter Standardbedingungen einmal in saurer Lösung (O_2/H_2O, pH = 0, ε_1^0) und einmal in basischer Lösung (O_2/OH^-, pH = 14, ε_2^0). Um einen Zusammenhang zwischen ε_1^0 und ε_2^0 herzustellen, wendet man entweder auf ε_1 oder auf ε_2 die Nernst'sche Gleichung an, also z. B.:

$$\varepsilon_1 = \varepsilon_1^0 - \frac{0.05916}{4} \cdot \lg\,[c_H^{-4}\,P(O_2)^{-1}]$$

Das gesuchte ε_2^0 ist gleich ε_1 für $c_H = 10^{-14}$ mol l^{-1} (also $c_{OH} = 1$ mol l^{-1}). Natürlich muss man $P(O_2)$ beim Standardwert von 1 bar belassen. (Die Konzentration von H_2O in der Lösung sieht man wie immer als konstant an; sie steckt im tabellierten Wert von ε_1^0.) Man erhält:

$$\varepsilon_1 = \varepsilon_1^0 - \frac{0.05916}{4} \cdot \lg (10^{-14})^{-4} = \varepsilon_1^0 - 0.828\,\text{V} = \varepsilon_2^0$$

Mit $\varepsilon_1^0 = 1.229$ V (Tab. 5.2) ergibt sich $\varepsilon_2^0 = 0.401$ V. Man sieht sofort, dass O_2 in saurer Lösung stärker oxidiert als in basischer ($\varepsilon_1^0 > \varepsilon_2^0$). Dies sieht man auch den entsprechenden Halbgleichungen an, in denen H^+ auf der Edukt- bzw. OH^- auf der Produktseite steht, sodass eine Verstärkung von c_H das Gleichgewicht zur Produktseite verschieben muss bzw. umgekehrt.

An dieser Stelle gilt es noch einmal ins Gedächtnis zu rufen, dass sich die Standardelektrodenpotentiale in Tab. 5.1 und 5.2 auf wässrige Lösungen beziehen. Insoweit ist Cl_2 (1.35287 V) ein stärkeres Oxidationsmittel als O_2 (1.229 V). Das Umgekehrte ist der Fall, wenn man O_2 und Cl_2 bei Reaktionen in der Gasphase vergleicht. So liegt das Gasphasengleichgewicht $2\,HCl + \frac{1}{2}_2 \rightleftarrows H_2O + Cl_2$ ganz auf der rechten Seite und weist in dieser für die technische Gewinnung von Chlor wichtigen Reaktion O_2 als das stärkere Oxidationsmittel aus.

Oben wurde als Regel zitiert, dass sich unedle Metalle in Säuren lösen, edle aber nicht. Diese Regel wurde durch Vergleich des Standardelektrodenpotentials M^{n+}/M mit dem Standardpotential der Hydrogenelektrode H^+/H_2 ($\varepsilon^0 = 0$ V) plausibel gemacht. Theoretisch müsste sich jedoch das edelste Metall in Säuren lösen, wenn die Konzentration an gelösten Metallionen null beträgt und E damit gegen ∞ geht, so lange jedenfalls, bis Gleichgewicht herrscht, wie gering die gelöste Menge auch immer sei. Gleichwohl lässt sich mit unserer Regel gut arbeiten, sei es, weil die gelöste Menge an Metall nahezu unmessbar klein ist, sei es, weil die Auflösung kinetisch blockiert ist oder sei es, weil eine Oxidhaut auf der Oberfläche das Metall vor dem Zutritt von H^+ schützt.

Bei sehr unedlen Metallen auf der anderen Seite reicht schon eine sehr schwache Säure aus, um das Metall unter H_2-Entwicklung zu lösen. So vermag bereits Wasser Alkalimetalle gemäß $2\,M + 2\,H_2O \rightarrow 2\,M^+ + 2\,OH^- + H_2$ zu einer heftigen, unter Feuererscheinung ablaufenden Reaktion zu bringen. Dies mag bedenkliche Folgen haben, wenn sich das frei werdende Hydrogen mit dem Oxygen der Luft zu Knallgas mischt und dieses an der brennenden Metalloberfläche gezündet wird; die Alkalimetalle sind nämlich leichter als Wasser und schwimmen auf dem Wasser. Auch die Standardpotentiale von Mg und Al sind negativ genug, um der Auflösung dieser Metalle in Wasser Triebkraft zu verleihen. Eine wasserunlösliche Oxidhaut aber kann diese Metalle vor der oxidierenden Attacke des Wassers schützen, *passivieren*, wie man sagt, sodass sowohl Magnesium als auch Aluminium als Leichtmetalle wertvolle Werkstoffe darstellen. Besonders im Falle von Aluminium kann man eine passivierende Oxidschicht künstlich erzeugen (*Eloxal-Verfahren*), indem man die

Werkstücke aus Al in wässriger Schwefelsäure im Zuge einer Elektrolyse (s. Abschnitt 5.5.2) als Anode schaltet (Anodenreaktion: $2\,Al + 3\,H_2O \rightarrow Al_2O_3 + 6\,H^+ + 6\,e$; Kathodenreaktion: $2\,H^+ + 2\,e \rightarrow H_2$). Auch die Alkalimetalle überziehen sich an der Luft spontan mit einer Oxidschicht, aber diese Schicht passiviert nicht, da sich die Alkalioxide in Wasser lösen. (Genauer gesagt sind es lösliche Oxide wie Li_2O, Peroxide wie Na_2O_2 und Superoxide wie KO_2, die sich aus Alkalimetallen an der Luft bilden.)

Die primäre oxidierende Wirkung von Säuren beruht auf der Halbreaktion H^+/H_2. Säuren, die vermöge ihres Zentralatoms in hoher Oxidationszahl ein stärkeres Oxidationspotential ε^0 entfalten als H^+/H_2, nennt man *oxidierende Säuren*. Das Paradebeispiel ist Salpetersäure. In verdünnter Salpetersäure hat man mit der Halbreaktion NO_3^-/NO ($\varepsilon^0 = 0.957\,V$) zu rechnen (Tab. 5.2). Von konzentrierter Salpetersäure wird NO zu N_2O_4, das mit NO_2 im Gleichgewicht steht (s. Abschnitt 5.3.5), oxidiert, d.i. eine Komproportionierung gemäß $4\,NO_3^- + 2\,NO + 4\,H^+ \rightarrow 3\,N_2O_4 + 2\,H_2O$; damit kommt die Halbreaktion NO_3^-/N_2O_4 ($\varepsilon^0 = 0.803\,V$) zum Zuge. In der Praxis (d.h. Überspannungseffekte mit einbeziehend) kann man edle Metalle wie Cu und Ag in verdünnter Salpetersäure lösen und Hg in konzentrierter Salpetersäure, nicht aber das besonders edle Au. Mithilfe von HNO_3 kann man also Ag aus einem Gemenge mit Au herauslösen und so Ag von Au trennen (daher der alte Ausdruck *Scheidewasser* für HNO_3). Um Au in Säuren zu lösen, bedient man sich einer 3:1-Mischung aus konz. HCl und konz. HNO_3 (*Königswasser*); dabei entfaltet HNO_3 seine oxidierende Funktion, und HCl erhöht die Triebkraft durch Bildung des Komplexes $[AuCl_4]^-$: $2\,Au + 6\,NO_3^- + 8\,Cl^- + 12\,H^+ \rightarrow 2\,[AuCl_4]^- + 3\,N_2O_4 + 6\,H_2O$.

Wird das Potential gewöhnlicher Säuren umso schwächer, je geringer ihre Säurestärke und je verdünnter sie sind, so gibt es dennoch Metalle, die sich sogar in starken Basen lösen. Dies ist bei den stark reduzierenden Alkalimetallen der Fall, aber auch bei Metallen, die amphotere Hydroxide bilden, sodass die Bildung von Hydroxidometallaten zusätzliche Triebkraft erbringt. Beispiele bieten die Redoxpaare $[Al(OH)_4]^-/Al$ und $[Zn(OH)_4]^{2-}/Zn$. Will man die Standardpotentiale E^0 für die Auflösung von Al in Säuren und Basen vergleichen, so liegen die folgenden Halbgleichungen zugrunde, deren Potentiale ε^0 in den Tabellen 5.1 und 5.2 aufgesucht werden können.

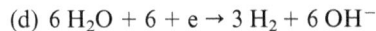

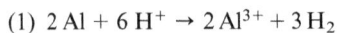

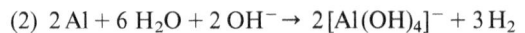

(a) $2\,Al \rightarrow 2\,Al^{3+} + 6\,e$ (c) $2\,Al + 8\,OH^- \rightarrow 2\,[Al(OH)_4]^- + 6\,e$

(b) $6\,H^+ + 6\,e \rightarrow 3\,H_2$ (d) $6\,H_2O + 6 + e \rightarrow 3\,H_2 + 6\,OH^-$

(1) $2\,Al + 6\,H^+ \rightarrow 2\,Al^{3+} + 3\,H_2$ (2) $2\,Al + 6\,H_2O + 2\,OH^- \rightarrow 2\,[Al(OH)_4]^- + 3\,H_2$

$E_1 = 1.662 + 0.000 = 1.662\,V$ $E_2 = 2.328 - 0.828 = 1.500\,V$

Die Auflösung von Al in Basen hat also eine fast ebenso große Triebkraft wie in Säuren. Man beachte, dass sich der Wert von $\varepsilon_d^0 = -0.828\,V$ aus ε_b errechnen lässt, indem man in die Nernst'sche Gleichung für Halbreaktion (b) neben $P(H_2) = 1$ bar den Wert $c_H = 10^{-14}$ mol l^{-1} einsetzt:

$$\varepsilon_d^0 = -\frac{0.05916}{2} \lg 10^{28} = -0.828 \, V$$

In Tab. 5.2 werden Standardelektrodenpotentiale für saure, basische oder neutrale Lösungen angegeben, je nachdem, ob in der betreffenden Halbreaktionsgleichung H$^+$-, OH$^-$-Ionen oder keines von beiden stehen. Das Hydrogenperoxid kann sowohl oxidieren als auch reduzieren, und zwar ist das Oxidationspotential in saurer, das Reduktionspotential in basischer Lösung ausgeprägter, wie die beiden entsprechenden Halbgleichungen lehren:

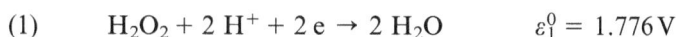

(1) $\quad$ H$_2$O$_2$ + 2 H$^+$ + 2 e $\rightarrow$ 2 H$_2$O $\qquad \varepsilon_1^0 = 1.776 \, V$

(2) $\quad$ O$_2$ + 2 H$^+$ + 2 e $\quad \rightarrow$ H$_2$O$_2$ $\qquad \varepsilon_2^0 = -0.695 \, V$

Ob man aber H$_2$O$_2$ als Ox tatsächlich in saurer Lösung einsetzt, hängt auch vom Reaktionspartner ab. Will man etwa Mn^{2+} mit H$_2$O$_2$ zu MnO$_2$ oxidieren, so kommen wir mit den beiden Redoxpaaren H$_2$O$_2$/H$_2$O und MnO$_2$/Mn^{2+} zur Gesamtgleichung (a) H$_2$O$_2$ + Mn^{2+} $\rightarrow$ MnO$_2$ + 2 H$^+$ mit $E_a^0 = 1.776 - 1.224 = 0.552 \, V$. In basischer Lösung hat diese Reaktion mehr Triebkraft, da dann die OH$^-$-Ionen auf der linken Seite stehen: (b) H$_2$O$_2$ + Mn^{2+} + 2 OH$^-$ $\rightarrow$ MnO$_2$ + 2 H$_2$O. [Notabene: Von (a) zu (b) kommt man, indem man beiden Gleichungsseiten von (a) 2 OH$^-$ hinzufügt und 2 H$^+$ und 2 OH$^-$ auf der rechten Seite zu 2 H$_2$O vereinigt.] Das Potential E_b^0 errechnet sich aus E_a, indem man $c_H = 10^{-14}$ mol l^{-1} setzt:

$$E_b^0 = E_a = E_a^0 - \frac{0.05916}{2} \lg (10^{-14})^2 = 0.552 + 0.828 = 1.370 \, V$$

Galvanische Ketten haben den Charme, dass sich fiktive Redox-Halbreaktionen tatsächlich in getrennten Zellen an getrennten Elektroden abspielen. Natürlich ist die Trennung nur scheinbar, da ja Ionen durch die Salzbrücke, die semipermeable Membran oder den Elektrolyten wandern, während die korrespondierenden Elektronen von Elektrode zu Elektrode fließen. Sperrt man alle Redoxpartner in einem chemischen Reaktor zusammen, führt man also keine elektrochemische, sondern − wie bei den eben beschriebenen Beispielen − eine gewöhnliche chemische Redoxreaktion durch, so ist es doch oft nützlich, die Redoxreaktion in Halbreaktionen zu zerlegen und den elektrochemischen Formalismus als thermodynamisches Rüstzeug anzuwenden, wobei man anstelle der Freien Enthalpie die hierzu proportionale EMK zum Maß der Triebkraft macht, immer im Auge habend, dass wir uns auf den reversiblen Grenzfall beschränken. Nützlich ist die elektrochemische Vorgehensweise bei Redoxreaktionen aber nur, wenn Lösungen − durchaus im Verein mit Festkörpern oder Gasen − vorliegen. Dabei muss es sich keineswegs nur um wässrige Lösungen handeln, wie wir noch sehen werden (Abschnitt 5.4.4). Dagegen ist es wenig nützlich, Redoxreaktionen, die nicht in homogen-flüssiger Phase ablaufen, in Halbreaktionen zu zerlegen, wie etwa die Synthese von NH_3 oder SO_3, das Boudouard-Gleichgewicht, die Thermitreaktion etc., obwohl das folgende Spiel mit Oxidationszahlen klar ausweist, dass es sich bei diesen vier Beispielen um Redoxreaktionen handelt: $N^0/H^0 \rightarrow N^{-III}/H^I$; $S^{IV}/O^0 \rightarrow S^{VI}/O^{-II}$; $C^{IV}/C^0 \rightarrow C^{II}$ (eine Komproportionierung); $Fe^{II}Fe^{III}/Al^0 \rightarrow Fe^0/Al^{III}$.

Halbketten für Messzwecke

Der Bau einer Standardhydrogenbezugselektrode ist experimentell aufwendig: Ein konstanter Druck an reinem H_2 muss aufrechterhalten, eine überspannungsfreie Platinelektrode bereitet werden und anderes mehr. Bequemer zu handhaben sind Elektroden, bei denen Festkörper mit einer Lösung im Gleichgewicht stehen, sog. *Elektroden zweiter Art*. Ein Beispiel für eine gerne gewählte Bezugselektrode, deren Potential gegenüber der H^+/H_2-Standardelektrode genau vermessen ist, bietet die *Kalomelelektrode*: Über Quecksilber als Elektrodenmaterial am Boden einer Zelle befindet sich in Wasser schwer lösliches Hg_2Cl_2 (*Kalomel*) und darüber eine gesättigte KCl-Lösung, in die eine mit KCl beschickte Salzbrücke eintaucht. Mit der Sättigungskonzentration an KCl ist auch das Potential dieser Zelle konstant: $\varepsilon = \varepsilon^0 = 0.26808\,V$. Die Phasenabfolge dieser Halbkette lautet $Hg/Hg_2Cl_2/KCl$-Lösung und bezieht sich auf die Halbreaktion $Hg_2Cl_2 + 2\,e \rightarrow 2\,Hg + 2\,Cl^-$. Eine als Bezugselektrode ähnlich geeignete Elektrode ist die *Silberchloridelektrode*: $Ag/AgCl/KCl$-Lösung: $AgCl + e \rightarrow Ag + Cl^-$, $\varepsilon^0 = 0.22233\,V$.

Die für Messzwecke, insbesondere für die Messung des pH-Werts, am häufigsten angewendete Elektrode ist die *Glaselektrode*. Als Salzbrücke dient wieder eine konzentrierte KCl-Lösung. Auf einer Seite der Brücke befindet sich eine Bezugselektrode, z. B. die Kalomel-Elektrode. Auf der anderen Seite der Brücke trifft man auf die Lösung X, deren pH-Wert gemessen werden soll. Diese Lösung ist durch eine dünne Glasmembran von einer bei pH ≈ 7 operierenden Pufferlösung (in der Regel wird der $H_2PO_4^-/HPO_4^{2-}$-Puffer verwendet), die Cl^--Ionen enthält, abgetrennt, und diese Lösung grenzt an AgCl/Ag. Die Phasenabfolge kann also lauten: $Hg/Hg_2Cl_2/KCl$-Lösung/Lösung X/Glasmembran/gepufferte Cl^--Lösung/AgCl/Ag. Die übliche Anordnung ist die, dass ein mit Ag und AgCl überzogener Platindraht in die Pufferlösung eintaucht, die in einer Kugel aus dünnwandigem Glas untergebracht ist; diese als Membran wirkende Kugel wird in ein Becherglas mit der Lösung X getaucht, die über eine Salzbrücke mit einer Bezugselektrode verbunden ist. Das Potential an der Glasmembran entsteht durch einen Austausch von H^+-Ionen aus der Lösung und Alkalimetall-Kationen aus dem Glas, das auf beiden Seiten der Membran, der Lösung X und der Pufferlösung, in unterschiedlichem Maße erfolgt. Fasst man alle konstanten Potentiale an den Phasengrenzen dieses vielphasigen

Systems als E' zusammen, so hängt das gemessene Gesamtpotential E nur noch von der Aktivität a_H in der Lösung X ab:

$$E = E' - \frac{RT}{2F} \cdot \ln a_H^2 = E' + \frac{RT(\ln 10)}{F} \, \text{pH}$$

Der konstante Potentialanteil E' muss durch Eichmessungen ermittelt werden.

5.4.4 Gleichgewichtskonstanten aus EMK-Messungen

Eine genaue, bequeme und deshalb häufig angewendete Methode, Gleichgewichts-konstanten mithilfe elektrochemischer Messwerte zu ermitteln, beruht auf der Be-ziehung $\Delta_r G^0 = -RT \ln K_c = -n F E^0$ und hieraus bei 25 °C: $\lg K_c = n E^0/0.05916$. Wie man verfährt, sei anhand von vier Beispielen erläutert!

(a) Im ersten Beispiel soll die Konstante K für die Bildung (3) des Anions $[\text{Al}(\text{OH})_4]^-$ aus den Komponenten Al^{3+} und OH^-, eine sog. *Komplexbildungs-konstante*, bestimmt werden. Die Bildungsgleichung (3) ergibt sich, indem wir die Redox-Halbreaktion (2) $[\text{Al}(\text{OH})_4]^-/\text{Al}$ von der Redox-Halbreaktion (1) Al^{3+}/Al abziehen (s. Tab. 5.1 und 5.2).

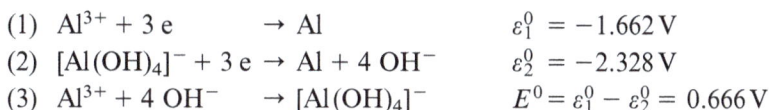

(1) $\text{Al}^{3+} + 3\,\text{e} \qquad\rightarrow \text{Al}$ \hspace{2em} $\varepsilon_1^0 = -1.662\,\text{V}$
(2) $[\text{Al}(\text{OH})_4]^- + 3\,\text{e} \rightarrow \text{Al} + 4\,\text{OH}^-$ \hspace{1em} $\varepsilon_2^0 = -2.328\,\text{V}$
(3) $\text{Al}^{3+} + 4\,\text{OH}^- \qquad\rightarrow [\text{Al}(\text{OH})_4]^-$ \hspace{1em} $E^0 = \varepsilon_1^0 - \varepsilon_2^0 = 0.666\,\text{V}$

Mit $\lg K = 3 \cdot 0.666/0.05916$ ergibt sich $K = 5.9 \cdot 10^{33}\,\text{mol}^{-4}\,\text{l}^4$.

(b) Im zweiten Beispiel soll das Löslichkeitsprodukt L für die Auflösung (3) von PbSO_4 in Wasser bei 25 °C bestimmt werden. Dazu kann man auf die gemesse-nen Standardelektrodenpotentiale der Redoxpaare (1) PbSO_4/Pb und (2) Pb^{2+}/Pb zurückgreifen.

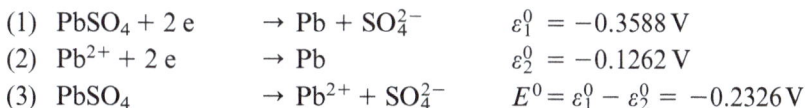

(1) $\text{PbSO}_4 + 2\,\text{e} \qquad\rightarrow \text{Pb} + \text{SO}_4^{2-}$ \hspace{1em} $\varepsilon_1^0 = -0.3588\,\text{V}$
(2) $\text{Pb}^{2+} + 2\,\text{e} \qquad\rightarrow \text{Pb}$ \hspace{3em} $\varepsilon_2^0 = -0.1262\,\text{V}$
(3) $\text{PbSO}_4 \qquad\qquad\rightarrow \text{Pb}^{2+} + \text{SO}_4^{2-}$ \hspace{1em} $E^0 = \varepsilon_1^0 - \varepsilon_2^0 = -0.2326\,\text{V}$

Es folgt $\lg L = -2 \cdot 0.2326/0.05916 = -7.863$ und $L = 1.37 \cdot 10^{-8}\,\text{mol}^2\,\text{l}^{-2}$.

(c) Im dritten Beispiel sind die Standardelektrodenpotentiale der Redox-Halbreak-tionen (1) $\text{O}_2/\text{H}_2\text{O}_2$ (in saurer Lösung) und (2) O_2/HO_2^- (in basischer Lösung) gegeben. Wie groß ist die Säuredissoziationskonstante von H_2O_2 aus Reaktion (3)? Hierzu transformieren wir die Gleichung (2) in die für saure Lösungen geltende Gleichung (2′) und gewinnen Gleichung (3), indem wir Gleichung (1) von Gleichung (2′) abziehen.

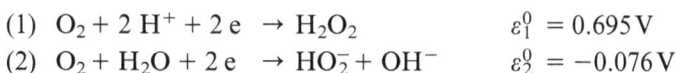

(1) $\text{O}_2 + 2\,\text{H}^+ + 2\,\text{e} \rightarrow \text{H}_2\text{O}_2$ \hspace{2em} $\varepsilon_1^0 = 0.695\,\text{V}$
(2) $\text{O}_2 + \text{H}_2\text{O} + 2\,\text{e} \rightarrow \text{HO}_2^- + \text{OH}^-$ \hspace{1em} $\varepsilon_2^0 = -0.076\,\text{V}$

(2') $O_2 + H^+ + 2\,e \rightarrow HO_2^-$ $\varepsilon_{2'}^0 = \varepsilon_2^0 - 0.05916/2 \cdot \lg 10^{-14} = 0.338\,V$

(3) $H_2O_2 \rightarrow HO_2^- + H^+$ $E^0 = \varepsilon_{2'}^0 - \varepsilon_1^0 = -0.357\,V$

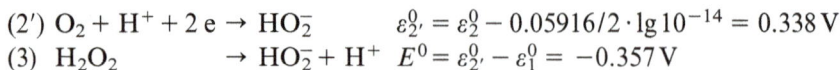

Mit $\lg K_A = -2 \cdot 0.357/0.05916 = -12.07$ erhalten wir $pK_A = 12.07$.

(d) Im vierten Beispiel sei Ammoniak (Sdp. $-33.43\,°C$) das Lösungsmittel bei $-50\,°C$. Die Eigendissoziation $2\,NH_3 \leftrightarrows NH_4^+ + NH_2^-$ genüge der Gleichgewichtskonstanten K_{am}. Es handelt sich bei der Dissoziation um einen Hydrontransfer zwischen den Säure/Base-Paaren NH_4^+/NH_3 und NH_3/NH_2^-. Das Ammonium-Kation NH_4^+ in flüssigem Ammoniak muss man genauer − ganz analog zu H^+ in Wasser − als ammoniakatisiertes Hydron $[H(NH_3)_n]^+$ ansehen, und wieder schreiben wir der Kürze halber nur H^+. Ebenso wie in Wasser definieren wir den pH-Wert gemäß $pH = -\lg a_H$. Auch im Lösungsmittel NH_3 ist für jede Temperatur das Standardelektrodenpotential der Halbreaktion H^+/H_2 durch internationale Konvention festgelegt: $\varepsilon^0(H^+/H_2) \equiv 0\,V$. Das Elektrodenpotential der Halbreaktion NH_3/H_2 ($2\,NH_3 + 2\,e \rightarrow H_2 + 2\,NH_2^-$), das sich im Standardfall auf eine Lösung mit der Konzentration an NH_2^- von $1\,mol\,l^{-1}$ bezieht, kann durch Messung bestimmt werden und beträgt bei $-50\,°C$ $-1.32\,V$. Wie groß ist bei $-50\,°C$ die Dissoziationskonstante K_{am}?

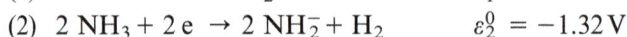

(1) $2\,H^+ + 2\,e \rightarrow H_2$ $\varepsilon_1^0 = 0\,V$

(2) $2\,NH_3 + 2\,e \rightarrow 2\,NH_2^- + H_2$ $\varepsilon_2^0 = -1.32\,V$

(3) $2\,NH_3 \rightarrow 2\,H^+ + 2\,NH_2^-$ $E^0 = \varepsilon_2^0 - \varepsilon_1^0 = -1.32\,V$

Es folgt $\ln K_{Am}^2 = (nFE^0)/(RT) = -(2 \cdot 96485 \cdot 1.32)/(8.3145 \cdot 223.16) = -137.3$; $K_{Am} = 6.5 \cdot 10^{-29}\,mol^2\,l^{-2}$.

5.4.5 Analytische Anwendung

Oxidimetrie

Die Oxidimetrie dient der titrimetrischen Bestimmung der Menge eines in Wasser gelösten Stoffes mithilfe einer Redoxreaktion. Bei den meisten oxidimetrischen Verfahren ist das Titriermittel das Oxidationsmittel, der zu bestimmende Stoff das Reduktionsmittel. Voraussetzung ist, dass eine wohldefinierte Redoxreaktion mit wohldefinierten Oxidationszahlen der beteiligten Partner vorliegt. Weiterhin muss das Gleichgewicht der Reaktion so weit auf der Produktseite liegen, dass die Reaktion im Maße der beanspruchten analytischen Genauigkeit vollständig nach rechts abläuft. Zur Indikation des Endpunkts dient meist ein Farbumschlag entweder einer der beteiligten Komponenten oder eines zugeführten Indikators, der mit dem Titriermittel unter Farbwechsel erst dann reagiert und umschlägt, wenn der zu bestimmende Stoff verbraucht ist.

Die variablen Größen während des Titrierens sind die Stoffmenge n_y des zu bestimmenden Stoffs und die Stoffmenge n_x an zugeführtem Titriermittel, das sich aus dem an der Bürette gemessenen Titriervolumen V_T und der genau bekannten

Konzentration c_T an Titriermittel gemäß $n_x = c_T V_T$ ergibt. Es gilt die Anfangs-
stoffmenge n_{y0} zu bestimmen. Im Zuge der Titration geht n_x mehr oder weniger
gegen null. Am Äquivalenzpunkt ist die vom Titriermittel aufgenommene Stoffmenge an Elektronen gleich der vom zu bestimmenden Stoff aufgenommenen.

Der Titrationsverlauf sei anhand eines einfachen Beispiels besprochen, nämlich
anhand der cerimetrischen Bestimmung von Fe^{2+}, das dabei in Fe^{3+} übergeht. Als
Titriermittel wird eine Cer(IV)-sulfat-Lösung eingesetzt.

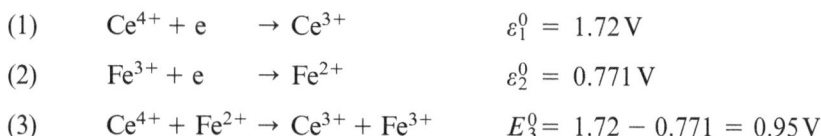

(1) $Ce^{4+} + e \quad \rightarrow Ce^{3+}$ $\varepsilon_1^0 = 1.72\,V$

(2) $Fe^{3+} + e \quad \rightarrow Fe^{2+}$ $\varepsilon_2^0 = 0.771\,V$

(3) $Ce^{4+} + Fe^{2+} \rightarrow Ce^{3+} + Fe^{3+}$ $E_3^0 = 1.72 - 0.771 = 0.95\,V$

Hieraus berechnet sich die Gleichgewichtskonstante K_3 zu $\lg K_3 = 0.95/0.059 = 16$,
$K_3 = 10^{16}$. Das Gleichgewicht liegt genügend weit rechts. Mit n_y als Stoffmenge an
Fe^{2+} beträgt die Stoffmenge an Fe^{3+} $n_{y0} - n_y$, und dies ist auch gemäß Gleichung
(3) die Stoffmenge an Ce^{3+}. Die Stoffmenge an Ce^{3+} und Ce^{4+} zusammen sei n_x
und die Stoffmenge an Ce^{4+} mithin $n_x - (n_{y0} - n_y)$. Somit gilt für das MWG:

$$K_3 = \frac{(n_{y0} - n_y)^2}{[n_x - (n_{y0} - n_y)]n_y}$$

Hieraus gewinnt man unter Vernachlässigung von n_y^2 und $2n_x n_y$ gegenüber $K_3 n_y^2$
bzw. $K_3 n_x n_y$ die Titrationsfunktion $n_y(n_x)$:

$$n_y^2 - (n_{y0} - n_x)n_y = \frac{n_{y0}^2}{K_3}$$

Vor Erreichen des Äquivalenzpunkts ist $n_{y0} - n_x$ groß gegen $1/K_3$, und es ergibt
sich die Gerade $n_y = n_{y0} - n_x$ als Titrationsfunktion. Logarithmiert man zu $\lg n_y = \lg (n_{y0} - n_x)$ und trägt $\lg n_y$ gegen n_x auf, dann erhält man eine ähnliche Kurve,
wie sie im unteren Bereich der Neutralisationsfunktion $pH = -\lg (0.10 - n_x)$ in
Abb. 5.1 für HCl zu sehen ist. Am Äquivalenzpunkt geht die Differenz $n_{y0} - n_x$
gegen null, sodass $n_y = n_{y0} K_3^{-1/2} = 10^{-8} n_{x0}$ nahezu verschwindet, wie man es
erwarten muss, wenn die Bestimmung quantitativ, d. h. die Reaktion weitgehend
vollständig verläuft. Die Titrationsfunktion mündet am Äquivalenzpunkt in die
Gerade $n_y = 0$ asymptotisch ein. Die Krümmung zwischen den beiden geraden
Ästen am Äquivalenzpunkt beschränkt sich auf einen Kurventeil, der umso enger
wird, je größer − allgemein gesprochen − die Konstante K der Titration ist. Im
logarithmischen Maßstab ist die Kurve der oxidimetrischen Titration − wie überhaupt aller titrimetrischen Bestimmungen − den Kurven in Abb. 5.1 sehr verwandt.

Anstelle der Stoffmengenkonzentration c_T an Titriermittel, der *molaren Konzentration* oder *Molarität* also, gibt man bei der Oxidimetrie gerne die der Konzentra-

tion c_T entsprechende Konzentration c_e der zu transportierenden Elektronen an und spricht von der *Äquivalentkonzentration* oder *Normalität*. Im Falle von Ce^{4+}/Ce^{3+} ist $n = 1$ und die Normalität ist gleich der Molarität. Verwendet man dagegen eine $KMnO_4$-Lösung als Titriermittel, dann hat man bei der Halbgleichung MnO_4^-/Mn^{2+} (also Mn^{VII}/Mn^{II}) mit $n = 5$ zu rechnen; eine 1-molare Lösung ($c_T = 1\ mol\,l^{-1}$) ist dann 5-normal. Handelsüblich sind Lösungen, die 0.1-normal an Oxidationsmittel sind; im Falle von $KMnO_4$ ist dann $c_T = 0.02\ mol\,l^{-1}$. U. a. werden folgende oxidimetrischen Verfahren häufig angewendet.

Manganometrie

Titriermittel ist eine $KMnO_4$-Lösung; MnO_4^-/Mn^{2+}, in saurer Lösung; $n = 5$. Bestimmt werden können Oxalsäure ($H_2C_2O_4/CO_2$), Eisen(II) (Fe^{2+}/Fe^{3+}), Nitrit (NO_2^-/NO_3^-) u. a. Indirekt kann man Ca^{2+} bestimmen, indem man mit einem Überschuss an Oxalsäure das in Wasser schwer lösliche Oxalat CaC_2O_4 ausfällt, filtriert, in Schwefelsäure löst und dann die frei gewordene Oxalsäure manganometrisch titriert. Den Endpunkt erkennt man am Bestehenbleiben der violetten Farbe von MnO_4^-.

Bromatometrie

Titriermittel ist eine $KBrO_3$-Lösung; BrO_3^-/Br^-, in saurer Lösung; $n = 6$. Bestimmt werden können Hydrazin (N_2H_4/N_2), Azid (N_3^-/N_2), Nitrit (NO_2^-/NO_3^-), Arsen(III) ($H_2AsO_3^-/H_2AsO_4^-$), Zinn(II) (Sn^{2+}/Sn^{IV}), Chrom(III) ($Cr^{3+}/Cr_2O_7^{2-}$) u. a. Am Endpunkt der Titration reagiert der erste Tropfen an überschüssigem BrO_3^- mit vorhandenem Br^- unter Komproportionierung zu Br_2, und dieses entfärbt spontan organische Farbstoffe wie Methylrot oder Methylorange unter Bromierung organischer Gruppen im Farbstoff. Die Komproportionierung $BrO_3^- + 5\,Br^- + 6\,H^+ \rightarrow 3\,Br_2 + 3\,H_2O$ erfordert saures Milieu; im alkalischen Milieu ist die Rückreaktion, die Disproportionierung von Br_2, bevorzugt.

Cerimetrie

Titriermittel ist eine $Ce(SO_4)_2$-Lösung; Ce^{4+}/Ce^{3+}; $n = 1$. Bestimmt werden können Eisen(II), Arsen(III), Nitrit u. a. Als Indikator wirkt eine kleine Menge des zweizähnigen Komplexliganden 1,10-Phenanthrolin (d. i. 1,10-Diazaphenanthren), das mit Fe^{2+} einen roten 3:1-Komplex bildet; am Ende der Titration wird auch das komplex gebundene Fe^{2+} zu Fe^{3+} in einem nunmehr blauen 3:1-Komplex oxidiert.

Iodometrie

Die Iodometrie wird meist indirekt eingesetzt, d. h. es werden Oxidationsmittel bestimmt, die im ersten Schritt mit einem Überschuss an Kaliumiodid (I^-/I_3^-; $n = 2$)

reduziert werden. Die Menge an gebildetem I_3^- wird dann mit einer Natriumthio-sulfat-Lösung als reduzierendem Titriermittel unter Rückbildung von I^- ermittelt $(2\,S_2O_3^{2-} \rightarrow S_4O_6^{2-} + 2\,e)$. Bestimmt werden können Eisen(III) (Fe^{3+}/Fe^{2+}), Hydrogenperoxid (H_2O_2/H_2O), Chrom(VI) (CrO_4^{2-}/Cr^{3+}), Kupfer(II) (Cu^{2+}/CuI) u. a. Den Endpunkt kann man am Verschwinden der vom I_3^--Anion hervorgerufenen Braunfärbung erkennen. Besser aber gibt man Stärke in die Titrierlösung, die mit I_2 (freigesetzt aus I_3^-) eine blaue Einschlussverbindung bildet; diese wird am Endpunkt entfärbt.

Potentiometrie, Fällungstitration

Unter *Potentiometrie* versteht man eine Potentialmessung zum Zwecke der Indikation des Endpunkts einer titrimetrischen Bestimmung. Als Beispiel sei die alkalimetrische Bestimmung von Salzsäure ins Auge gefasst (s. Abschnitt 5.2.7), eine Neutralisation also gemäß Abb. 5.1. In die Titrierlösung taucht man eine Glaselektrode, und man verbindet die Lösung über eine Salzbrücke mit einer Bezugselektrode. Nun verfolgt man während der Titration das Potential zwischen den Elektroden potentiometrisch, also stromlos, in Abhängigkeit vom Zulauf an Titriermittel, d. i. in unserem Beispiel eine NaOH-Lösung. Das Potential ist dem pH-Wert proportional. Die graphische Darstellung der Messpunkte entspricht der Neutralisationskurve für HCl in Abb. 5.1. Den Endpunkt erkennt man am Potentialsprung bzw. pH-Sprung. Mehr oder weniger automatisch arbeitende Potentiometer zeichnen gar nicht die Potentialkurve in Abhängigkeit vom Zulauf an Titriermittel auf, sondern deren erste Ableitung, sodass sich der Wendepunkt der Funktion am Äquivalenzpunkt als leicht ablesbares Maximum der Kurve zu erkennen gibt. Man mache sich klar, dass die stromlose Messung u. a. deshalb unbedingt nötig ist, weil ein Stromfluss die Reaktion H^+/H_2 in der Messkette in Gang setzen und so die zu bestimmende Säuremenge durch Redoxreaktion verfälschen würde.

Grundsätzlich lässt sich die potentiometrische Endpunktindikation auf beliebige Titrationen anwenden, sofern es nur gelingt, die zu bestimmende Spezies zum Bestandteil einer Redox-Halbreaktion in einer galvanischen Kette zu machen. Mit Vorteil wendet man die Potentiometrie in der *Argentometrie* an, d. i. die Bestimmung von Halogenid, besonders von Chlorid Cl^-, durch Ausfällen als AgHal. Die Silberhalogenide sind, mit Ausnahme von AgF, in Wasser schwer löslich. [Löslichkeitsprodukte: $-\lg L = pL = 9.77$ (AgCl), 12.3 (AgBr), bzw 16.1 (AgI)]. Natürlich kann man Hal^- in wässriger Lösung bestimmen, indem man es durch Zugabe einer Lösung von $AgNO_3$ als AgHal ausfällt, filtriert, trocknet und wägt, ein analytisches Verfahren, das man allgemein *Gravimetrie* nennt und das man wegen des zu betreibenden Aufwands scheut. Man kann aber die Halogenide als AgHal fällen und das benötigte $AgNO_3$ als Titriermittel zusetzen. Im Falle von Chlorid beispielsweise bieten sich mehrere Verfahren an, um den Endpunkt der Titration zu ermitteln. Eines dieser Verfahren beruht darauf, dass AgCl im Überschuss von Cl^- (also während der Titration) kolloidal in Lösung bleibt; AgCl-Partikeln kolloider Größe adsorbieren nämlich an ihrer Oberfläche Cl^--Ionen, die eine Koagulation verhindern; die trübe Mischung wird am Äquivalenzpunkt schlagartig klar, da keine Cl^--Ionen mehr greifbar sind und AgCl ausfällt. Diesen sog. *Klarpunkt* kann man mit dem bloßen Auge erkennen, man kann das Verschwinden der Trübung auch mit einem sog. *Nephelometer* messen (*Nephelometrie*). Eine andere argentometrische Endpunktindikation besteht darin, dass man zur neutralen Cl^--Lösung eine sehr kleine Menge an löslichem Kaliumchromat K_2CrO_4 gibt. Sind am Endpunkt die Cl^--Ionen aufgezehrt, dann beginnt Ag_2CrO_4 auszufallen, das ähnlich schwer löslich (pL = 9.95) ist wie AgCl und an seiner rotbraunen Farbe erkannt wird.

Am elegantesten aber erkennt man den Endpunkt der argentometrischen Fällungstitration mithilfe der Potentiometrie. Man führt eine Silberelektrode in die Titrierlösung ein, ebenso eine zu einer Bezugselektrode führende Salzbrücke und verfolgt die Konzentration an Hal^- während der Titration potentiometrisch. Liegen alle drei Halogenide, Cl^-, Br^- und I^-, nebeneinander in Lösung vor, so kann man Kurven mit drei Maxima aufzeichnen, die in dieser Reihenfolge den Endpunkt der Bestimmung von I^-, Br^- und Cl^- markieren. Natürlich kann man mittels einer Fällungstitration auch Ag^+-Ionen bestimmen, indem man Salzsäure als Titriermittel einsetzt.

Elektrolyse, Polarographie

Zwei Elektroden tauchen in eine Lösung ein. Ist die Spannung zwischen ihnen groß genug, dann wandern Kationen zur elektronenliefernden Elektrode, der *Kathode*, um dort entladen zu werden, und Anionen wandern ebenfalls unter Entladung zur elektronenziehenden Elektrode, der *Anode*. An der Kathode und an der Anode spielt sich jeweils eine Redox-Halbreaktion ab. Die Gesamtreaktion hat ein positives $\Delta_r G$, läuft also von selbst nicht ab. Es ist die von außen angelegte Spannung und die mit ihr einhergehende elektrische Arbeit, durch die die Freie Enthalpie der Reaktion bereitgestellt wird. Eine solche Reaktion bezeichnet man als *Elektrolyse*.

Führt man beispielsweise zwei Platinelektroden in ein mit Wasser gefülltes Becherglas ein, so wandern H^+-Ionen zur Kathode (H^+/H_2; ε^0 = 0 V) und OH^--Ionen zur Anode (O_2/OH^-; ε^0 = 0.401 V). Zur Gesamtredoxgleichung (3) kommt man, indem man die Anodenreaktion umkehrt und ihr Potential in den sauren Bereich transformiert (O_2/H_2O; ε^0 = 1.229 V) sowie die Kathodenreaktion mit zwei multipliziert:

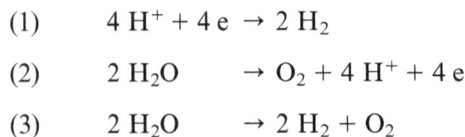

(1) $4\,H^+ + 4\,e \rightarrow 2\,H_2$

(2) $2\,H_2O \quad \rightarrow O_2 + 4\,H^+ + 4\,e$

(3) $2\,H_2O \quad \rightarrow 2\,H_2 + O_2$

Das Standardpotential dieser Reaktion beträgt E^0 = -1.229 V. Unter Standardbedingungen betragen die Drücke an H_2 an der Kathode und an O_2 an der Anode je

1 bar. Obwohl die Potentiale ε_1 und ε_2 beider Halbreaktionen, der Nernst'schen Gleichung entsprechend, sehr wohl vom pH-Wert abhängen, ist das beim Gesamtpotential E nicht der Fall, da sich die beiden entsprechenden Terme in ε_1 und ε_2 bei der Bildung von $E = \varepsilon_1 - \varepsilon_2$ herausheben. Führt man nun die Elektrolyse durch, so muss man im Standardfall 1.229 V aufwenden, um Gleichgewicht zu erzielen, und mehr als 1.229 V, um die Elektrolyse in Gang zu setzen. Aber selbst wenn man die Elektroden nicht mit dem Produktgas umspülte und deshalb bei Drücken an H_2 und O_2 von 0 bar das Elektrolysepotential theoretisch auf 0 V senkte (genauer: eine galvanische Kette aufgebaut hätte, die theoretisch ein Potential von $E \rightarrow \infty$ lieferte), kommt die Elektrolyse von H_2O bei 1.229 V nicht in Gang, denn man arbeitet nicht reversibel, hat also u. a. den durch den Ionentransport in der Elektrolysezelle hervorgerufenen inneren Widerstand sowie den Widerstand im Elektronenleitungssystem zu überwinden und zudem die Überspannung, die bei der Entladung von O_2 an der Platinanode anfällt. Darüber hinaus hat man bei der Elektrolyse von reinem Wasser kinetische Hemmungen als Folge der sehr geringen elektrischen Leitfähigkeit von Wasser zu überwinden; der Zusatz einer kleinen Menge an Säure (z. B. H_2SO_4) oder Base (z. B. NaOH), die bei der angelegten Spannung selbst keine Elektrolyse erfahren dürfen, erweist sich hier als hilfreich.

Das Wiederaufladen sekundärer Batterien ist im Prinzip eine Elektrolyse. Beim Laden des Bleiakkus wandern Pb^{2+}-Ionen zur Kathode, um sich als Pb abzuscheiden, während im gleichen Maße $PbSO_4$ in Lösung geht; gleichzeitig wandern Pb^{2+}-Ionen auch zur Anode, um dort je zwei Elektronen abzugeben und sich zusammen mit zwei Molekülen H_2O als PbO_2 abzuscheiden, wobei ebenfalls eine entsprechende Menge an $PbSO_4$ in Lösung geht. Die Ladespannung wäre leicht groß genug, um zuerst die Elektrolyse von Wasser zu bewirken, wäre da nicht (wie schon in Abschnitt 5.4.2 erläutert) die Überspannung der Abscheidung von H_2 an Pb.

Vom Laden sekundärer Batterien abgesehen, spielt die Elektrolyse eine bedeutende Rolle bei der Herstellung oder auch bei der Reinigung einer Reihe von Elementen. Aber auch in der chemischen Analyse hat sie ihren Platz.

Eine einfache elektrolytische Bestimmung ist die von Cu in einer schwefelsauren Lösung von $CuSO_4$ (Cu^{2+}/Cu; $\varepsilon^0 = 0.3419$ V). Hierzu wird Cu elektrolytisch an einer Pt-Elektrode abgeschieden und diese vor und nach der Abscheidung gewogen. Als vollständig abgeschieden, also quantitativ bestimmt, gilt dabei im Allgemeinen, wenn die Anfangskonzentration an Cu um etwa vier Zehnerpotenzen abgenommen hat (also z. B. von 10^{-2} auf 10^{-6} mol l^{-1}). An der Pt-Anode scheidet sich O_2 ab (O_2/H_2O; $\varepsilon^0 = 1.229$ V). Der E^0-Wert der Kette beträgt $0.3419 - 1.229 = -0.887$ V. Tatsächlich arbeitet man bei 2 V.

Mehrere Metalle lassen sich elektrolytisch nebeneinander bestimmen, wenn ihre Redoxpotentiale weit genug auseinanderliegen, sodass sich erst das edlere und dann das unedlere abscheiden. Ein Schulbeispiel bietet die Trennung von Cu und Ni aus einer Lösung ihrer Sulfate. Mit $\varepsilon^0(Ni^{2+}/Ni) = -0.257$ V erhalten wir für die Kette (wieder mit der Anodenreaktion O_2/H_2O) $E^0 = -1.486$ V. Bei Anlegen einer Elektrolysespannung von 2 V scheidet sich aber nur Cu ab und Ni erst bei deutlich höherer Spannung.

Professionelles Gewicht erhalten elektrolytische Bestimmungen durch die Methode der *Polarographie*, die im Prinzip wie folgt funktioniert. In einem Becherglas befinden sich eine Kalomelelektrode (Hg_2Cl_2/Hg) und darüber eine KCl-Lösung, welche die zu bestimmenden Metallkationen samt zugehörigen Anionen enthält. In die Lösung taucht eine Glaskapillare ein, die sich nach oben zu einer oben offenen Glasbirne erweitert. Diese ist mit Quecksilber gefüllt. Nun bilden sich am unteren Kapillarende Quecksilbertropfen, die in regelmäßigen Abständen (einstellbar zwischen 0.2 und 6 s) abtropfen und auf das Quecksilber der Kalomelelektrode fallen. Man legt nun zwischen dem Quecksilber am Boden des Becherglases und dem in der Glasbirne darüber eine Spannung an, die so gerichtet ist, dass der Tropfen am Kapillarende zur Kathode wird. Auf der Oberfläche des Tropfens scheidet sich eine sehr kleine Menge zunächst des edelsten unter den vorhandenen Metallen unter Amalgambildung ab. (*Amalgame* nennt man Lösungen von Metallen in Quecksilber.) Der Tropfen fällt und vermischt sich mit dem Bodenkörper. An der Anode spielt sich währenddessen die Kalomelreaktion ab ($2\,Hg + 2\,Cl^- \rightarrow Hg_2Cl_2 + 2\,e$). Die Spannung wird mit einem Potentiometer und die Stromstärke mit einem trägen Galvanometer gemessen, und es wird eine Strom/Spannungskurve $i(U)$ aufgezeichnet. Wegen der Trägheit des Galvanometers wird die durch den Tropfmechanismus bedingte Oszillation der Stromstärke linear ausgeglichen. Wenn bei steigender Spannung das Abscheidungspotential des ersten Metalls erreicht wird und Strom fließt, biegt die zunächst horizontal verlaufende Kurve vertikal nach oben ab, um dann nach Erreichen des sog. *Grenzstroms* wieder in die Horizontale einzubiegen, wenn allein die Diffusion der Ionen vom Inneren der Lösung zur Kathode die Stromstärke bestimmt. Diese Diffusion hängt von der Konzentration der betreffenden Ionen ab, und da bei der Polarographie nur marginale Mengen jeweils abgeschieden werden, sind die Konzentration und damit die Diffusion und mithin der Stromfluss konstant. Erst wenn bei zunehmender Spannung das Abscheidungspotential der nächsten Ionensorte erreicht wird, tritt wieder eine sprunghafte Verstärkung der Stromstärke ein, um sich alsbald wieder bei konstanter, aber entsprechend höherer Stromstärke einzupendeln. So entsteht eine stufenartige Strom/Spannungskurve. Die Spannung, bei der ein neuer Stromsprung einsetzt, genauer gesagt, der Wendepunkt im Stufensteilstück (*Halbstufenpotential*), sind charakteristisch für die betreffende Ionensorte, geben also Auskunft darüber, um welche Ionensorte es sich handelt. Neben dieser qualitativ-analytischen Information liefert die Strom/Spannungskurve (das *Polarogramm*) noch quantitativ-analytische Information über die Mengen an vorhandenen Ionen. Da der jeweilige Grenzstrom nur von der Diffusion und damit von der Konzentration der sich gerade abscheidenden Ionensorte abhängt, gibt die Höhe der Stufen im Polarogramm die Konzentration und damit die Stoffmenge wieder.

5.5 Oxidationszahlen im Lichte des Periodensystems

5.5.1 Oxidationszahlen der Elemente in natürlichen Vorkommen

Elementar (in ihrer Oxidationszahl 0) trifft man in der Natur die Edelgase und die Edelmetalle an, und zwar die Edelgase ausschließlich elementar, die Edelmetalle aber auch in Verbindungen. Zu den Edelmetallen gehören die sechs sog. *Platinmetalle*, d. s. die schwereren Metalle aus den Gruppen 8, 9 und 10 (Ru, Os; Rh, Ir; Pd, Pt), die Münzmetalle der 11. Gruppe (Cu, Ag, Au) sowie das schwerste Metall der 12. Gruppe (Hg). Unter den Nichtmetallen trifft man N_2 und O_2 elementar in der Atmosphäre an. In der Lithosphäre findet man Sulfur (als S_8), Tellur und Carbon (dieses als Graphit oder Diamant). In Meteoriten hat man elementares Eisen entdeckt. Im oberen Teil der Atmosphäre, oberhalb von 100 km, hat man mit elementarem Hydrogen in nennenswerter Menge zu rechnen.

In der unteren Atmosphäre, der Hydrosphäre und der Lithosphäre begegnet man *Hydrogen* in der Oxidationszahl I (an O gebunden), ebenso in der Biosphäre (an C, N, O und S gebunden), wenn man von Spuren an H_2 absieht.

Die *Halogene* als starke und reaktionsfreudige Oxidationsmittel kann man nur in der Oxidationszahl $-I$ als Halogenide antreffen. Eine Ausnahme bildet das Iod, das auch als I^V in Erscheinung tritt [nämlich im $Ca(IO_3)_2$].

Unter den *Chalkogenen* findet man das Oxygen, das häufigste Element der Erdrinde, in der Litho-, Hydro- und Biosphäre in der Oxidationszahl $-II$; dabei dominieren Oxide, Silicate, und Carbonate die Lithosphäre neben Sulfaten, Phosphaten u. a. Sulfur bindet eine Reihe von Übergangsmetallen in sulfidischen Erzen als S^{-II} (ZnS, PbS u. a.), zum kleineren Teil auch als S^{-I} (FeS_2 u. a.), aber auch die Sulfate mit S^{VI}, besonders mit Natrium oder den Erdalkalimetallen als Kationen, fallen mengenmäßig ins Gewicht. Die Halbmetalle Se und Te treten in diversen Erzen auf, in denen die Oxidationszahl wegen starker Anteile an metallischer Bindung schlecht definiert ist (z. B. $BiSeTe_2$, $AuTe_2$ u. a.).

Bei den *Pnictogenen* überwiegt im Falle von Nitrogen das elementare Vorkommen in der Atmosphäre. In der Lithosphäre trifft man auch auf die Oxidationszahl V bei den allerdings nicht weitverbreiteten Nitraten ($NaNO_3$, KNO_3). In der Biosphäre hat man, u. a. wegen der Aminosäure-Bausteine $-NH-CHR-CO$ im Eiweiß, mit Nitrogen($-III$) zu rechnen. Dem Phosphor begegnet man in der Natur fast ausschließlich in Phosphaten, also als Phosphor(V), vor allem mit Ca, aber auch mit Al und Fe als Kationen. Bei den Halbmetallen As und Sb ist die Situation verwickelter: As^{III} und Sb^{III} liegen vor in Sulfiden E_2S_3 und in Thioarsenaten und Thioantimonaten $M_3[ES_3]$, auch in Oxiden E_2O_3. In anderen Mineralen wie NiAs, $NiAs_2$, MAsS (M = Fe, Co, Ni), NiSb etc. lässt sich die Oxidationszahl wegen metallischer Bindungsanteile nicht sinnvoll angeben, auch nicht im As_4S_4. In gewissen Thioarsenaten (wie $Cu_3[AsS_4]$) liegt As^V vor. Dem schwersten der Pnictogene, Bi, begegnet man nur als Bi^{III}, und zwar in seinem Oxid oder Sulfat, auch in ternären Sulfiden (wie $PbBi_2S_4$ u. a.).

In der *Carbongruppe* zeichnet sich Carbon in der Atmosphäre (CO_2), Hydrosphäre (CO_2) und − mengenmäßig am stärksten verbreitet − in der Lithosphäre (Carbonate von Ca, Mg, daneben auch von Fe, Mn, Zn u. a.) durch die Oxidationszahl IV aus. In der *primären* Biosphäre (Eiweiß, Kohlehydrate, Fette etc.) und in der *sekundären* Biosphäre (also bei den aus der primären Biosphäre entstandenen fossilen Brennstoffen) liegt Carbon in Oxidationszahlen vor, die alle möglichen Werte zwischen −IV (bei CH_4) und +IV [z. B. bei Guanidin $(H_2N)_2C(NH)$] durchlaufen können. Das zweithäufigste Element der Erdrinde, Si, begegnet uns in Oxiden und Silicaten ausschließlich als Si^{IV}. Auch bei Ge dominiert Ge^{IV}, dessen Vorkommen in der Lithosphäre durch ternäre (z. B. Ag_8GeS_6) und quaternäre Sulfide (z. B. $Cu_6^IFe^{II}Ge_2^{IV}S_8$) geprägt ist. Zwischen den Elementen Sn und Pb besteht ein deutlicher Unterschied: Dem Zinn begegnen wir vorwiegend als Sn^{IV} (SnO_2) und dem Blei als Pb^{II} (PbS, auch $PbCO_3$, $PbSO_4$ u. a.).

In der *13. Gruppe* herrscht die Oxidationszahl III vor, und zwar beim Bor (im Oxid, Hydroxid und in einer unübersehbaren Menge an Oxoboraten), Aluminium (im Oxid, Hydroxid, Hydroxidoxid, in Alumosilicaten und ternären Fluoriden), aber auch beim Gallium und Indium in ihren oxidischen und sulfidischen Vorkommen. Das Thallium hingegen findet man als Tl^I, als das es K^+ in Silicaten oder Cu^+ und Ag^+ in Cu_2Se bzw. Ag_2Se ersetzt; als seltenes Mineral sei aber auch $Tl_2^{III}O_3$ erwähnt.

Die *Erdalkalimetalle* kommen in der Natur ausnahmslos in der Oxidationszahl II vor, Be in Silicaten, Sr und Ba als Carbonate und Sulfate. Die besonders häufigen Elemente Mg und Ca finden sich in Carbonaten, Silicaten und Sulfaten, Mg auch noch in ternären Chloriden (wie $KMgCl_3 \cdot 6H_2O$) und Oxiden (wie $MgAl_2O_4$), das Ca im Fluorit CaF_2 und in Apatiten $Ca_5(PO_4)_3(OH, F)$.

Alkalimetalle zeichnen sich durch die Oxidationszahl I aus, das Lithium in Phosphaten und Silicaten, die übrigen (Na, K, Rb, Cs) − das eine mehr, das andere weniger − in Chloriden, Silicaten und Sulfaten, daneben noch noch in Carbonaten, Nitraten, Bromiden u. a.

Bei den Nebengruppenmetallen werden die *Gruppe-3-Metalle* (Sc, Y, La) durch die Oxidationszahl III, die *Gruppe-4-Metalle* durch die Oxidationszahl IV beherrscht, und zwar Sc, Y und La vorwiegend in Phosphaten und Silicaten, Ti in binären und ternären Oxiden, Zr in Oxiden und Silicaten, und Hf tritt als Begleiter von Zr auf. Auch für die *Gruppe-5-Metalle* (V, Nb, Ta) ist die der Valenzelektronenzahl entsprechende Oxidationszahl V charakteristisch, wobei Vanadate (VO_4^{3-}), Niobate (NbO_4^{3-}) und Tantalate (TaO_4^{3-}) mit diversen Kationen das natürliche Auftreten prägen; Vanadium allerdings vermag daneben als V^{III} das Hauptgruppenelement Al^{III} in Silicaten zu ersetzten.

Die *Gruppe-6-Metalle* (Cr, Mo, W) treten als Chromate, Molybdate bzw. Wolframate mit dem Anion MO_4^{2-} in der Natur mit der Oxidationszahl VI auf (z. B. mit Pb^{II} als Kation), beim Cr ist allerdings die Oxidationszahl III häufiger anzutreffen, und zwar in binären (Cr_2O_3) und ternären Oxiden (wie $FeCr_2O_4$); beim Molybdän spielt Mo^{IV} im MoS_2 eine Rolle.

Die Metalle der *Gruppen 7 bis 10* vermeiden in ihrem natürlichen Vorkommen die hohen und höchsten, von der Zahl der Valenzelektronen aus denkbaren Oxidationszahlen und begnügen sich mit II, III und IV. In den Gruppen 7 und 8 überwiegen bei Mn und Fe oxidische Vorkommen M_3O_4, M_2O_3, MO(OH), bei Mn auch MnO_2, neben Carbonaten MCO_3 u. a. Das künstliche Element Tc kommt in der Natur kaum vor, und Re ist als Re^{IV} vorwiegend mit MoS_2 vergesellschaftet. Die Metalle Co und Ni bevorzugen in ihrem natürlichen Vorkommen als Sulfide die Oxidationszahl II, Co mitunter auch III, doch ist in Verbindungen wie NiAs, NiAsS oder NiSbS die Oxidationszahl von Ni schlecht definiert. Die edlen Platinmetalle der 8. bis 10. Gruppe treten nicht nur *gediegen*, sondern auch als Sulfide, Selenide, Telluride, Arsenide auf, und zwar, wenn die Oxidationszahl überhaupt definiert ist, als M^{II}.

Bei den Münzmetallen der *11. Gruppe* (Cu, Ag, Au) ist im Falle von Au das gediegene Vorkommen am ausgeprägtesten, doch trifft man Au auch in Verbindungen wie $AuTe_2$ oder $AuAgTe_4$ mit undefinierter Oxidationszahl an. Bei Cu und Ag überwiegt das Vorkommen in Verbindungen als Cu^I und Cu^{II} bzw. ausschließlich als Ag^I, und zwar in binären und ternären Sulfiden, Cu auch in Oxiden und im Carbonat, Ag auch als AgCl und AgBr.

Bei den *Gruppe-12-Metallen* ist das Vorkommen als Sulfide $M^{II}S$ am wichtigsten. Bei Zn^{II} und Cd^{II} sind auch die Carbonate MCO_3 von Bedeutung, bei Hg das ternäre Sulfid $Hg^{II}Sb_4^{III}S_7^{-II}$ neben seinem gediegenen Vorkommen.

Das Auftreten der *Lanthanoide* ist durch die Oxidationszahl III geprägt. Die leichteren Lanthanoide treten vergesellschaftet mit dem leichtesten, dem Cer, als sog. *Ceriterden*, auf; die schwereren haben wegen der Kontraktion ihrer Ionenradien (s. Abschnitt 1.4.5) einen mit dem leichteren Gruppe-3-Kation Y^{3+} verwandten Ionenradius und sind mit Yttrium-Verbindungen vergesellschaftet als sog. *Yttererden*. Es handelt sich vorwiegend um Silicate oder Phosphate, gelegentlich auch Carbonate. Eine Ausnahme macht das Europium, das wegen der günstigen Valenzelektronenkonfiguration $4f^7$ auch als Eu^{II} in der Natur beobachtet wird, und zwar vergesellschaftet mit Sr in $SrCO_3$.

Unter den natürlichen *Actinoiden* sind Th und U die häufigsten. Das wichtigste Thorium-Mineral ist ThO_2, in welchem Th seine vier Valenzelektronen abgegeben hat. Wenn Uran alle seine sechs Valenzelektronen abspaltet, dann führt dies in Mineralen zum Uranyl-Kation UO_2^{2+} [z. B. $Ca(UO_2)_2(PO_4)_2 \cdot 8H_2O$], doch sind die oxidischen Vorkommen mit niedrigerer Oxidationszahl bedeutender (UO_x, x = 2.00−2.67; *Uranpechblende*). Das Protactinium Pa findet sich ebenso wie das Gruppe-3-Metall Actinium Ac vergesellschaftet mit Uran als dessen Zerfallsprodukt in seinen Erzen. Auch die sehr instabilen Transurane Np und Pu hat man in Spuren in der Natur gefunden.

5.5.2 Maximale Oxidationszahlen

Fluor kann als elektronegativstes Element per definitionem keine positiven Oxidationszahlen haben. *Oxygen* kann als zweitelektronegativstes Element nur in Verbindung mit Fluor positive Oxidationszahlen erzielen. Für alle anderen Elemente kommt als maximale Oxidationszahl die Zahl der Valenzelektronen infrage, wenn diese zur Bindung an elektronegativere Elemente beansprucht werden und wenn gegebenenfalls Oktett-Überschreitungen infrage kommen. Im Falle von Oxygen ist im OF_2, einem farblosen Gas, mit O^{II} die höchste Oxidtionszahl für Oxygen erzielt. Denkbare Kationen wie $[O^{IV}F_3]^+$ oder gar $[O^{VI}F_4]^{2+}$, in denen die den Elementen der 2. Periode verbotene Oktett-Überschreitung nicht einträte, sind unbekannt.

Nitrogen dagegen, das drittelektronegativste Element, kann die maximal denkbare Oxidationszahl V ohne Oktett-Überschreitung erreichen, und zwar werden alle fünf Valenzelektronen im nicht besonders stabilen N_2O_5, aber auch in den stabileren Nitraten vom Typ MNO_3 eingebracht. Ein Molekül NF_5 ist wegen Oktett-Überschreitung zwar nicht möglich, wohl aber ein Kation NF_4^+ [z. B. in der Substanz $(NF_4)AsF_6$], ein Kation NOF_2^+ sowie die Moleküle NO_2F (das Fluorid der Salpetersäure) und NOF_3, alles Spezies ohne praktische Bedeutung.

Ganz allgemein sind F und O als Bindungspartner für Elemente in deren höchster Oxidationszahl prädestiniert, da sie unter den stark elektronegativen Nichtmetallen die stärksten Oxidationsmittel sind und als Liganden um ein Zentralatom den geringsten Platz beanspruchen. Die schwereren *Halogene* können die Oxidationszahl VII, also die Zahl der Valenzelektronen in der 17. Gruppe, mit den Partnern F oder O unter Oktett-Überschreitung erreichen. Die Moleküle ClF_7 und BrF_7 sind allerdings nicht bekannt, weil das jeweilige Zentralatom zu klein ist, wohl aber IF_7, und Hal^{VII} in Verbindung mit O trifft man ebenso in Salzen mit den Anionen ClO_4^-, BrO_4^- und IO_6^{5-} an wie in den korrespondierenden Säuren.

Auch bei den *Chalkogenen* lassen sich Fluoride und Oxide in der höchsten Oxidationszahl VI fassen, nämlich SF_6, SeF_6, TeF_6; SO_3, SeO_3, TeO_3 sowie eine Reihe von Fluoridoxiden. Mit Cl als Partner sind Halogenide EF_5Cl (E = S, Se, Te) zugänglich, aber entsprechende Moleküle mit zwei Cl-Atomen bleiben auf Sulfur beschränkt (SO_2Cl_2). Eine hypothetische Verbindung $Te^{VI}O_2Cl_2$ würde – im Gegensatz zu TeO_2F_2 – unter Standardbedingungen in $Te^{IV}O_2$ und Cl_2 zerfallen, Te^{VI} würde also Cl^{-I} zu Cl^0 oxidieren. Die Oxidationskraft der Chalkogene(VI) steigt nämlich in der Gruppe von oben nach unten, ein Phänomen, das für alle Hauptgruppenelemente in ihrer höchsten Oxidationszahl mehr oder weniger typisch ist.

Bei den *Pnictogenen* sind alle Fluoride E^VF_5 (E = P, As, Sb, Bi) bekannt, dazu auch außer bei Bi die Chloride und Bromide E^VHal_5 [allerdings mit salzartigen Strukturen wie $PCl_4^+PCl_6^-$ bzw. $EBr_4^+Br^-$ (E = P, As) bzw. $SbBr_4^+SbBr_6^-$]. Die Oxide mit E^V sind stabil. Dies gilt aber nicht für ein hypothetisches Bi_2O_5; lediglich das Anion $[Bi(OH)_6]^-$ zeugt von Bi^V mit O als Bindungspartner.

Was die *14. Gruppe* anbetrifft, ist die höchste Oxidationszahl IV in den natürlichen Vorkommen von Si, Ge und Sn obligat (und zwar mit O, seltener auch mit S als Partner) und herrscht auch in der Mehrzahl der Verbindungen vor, die dem Chemiker im Labor begegnen; beim Umgang mit Zinn hat man es neben Sn^{IV} allerdings häufig mit Sn^{II} zu tun. Carbon kann von $-IV$ (in CH_4) bis $+IV$ (in CO_2, CO_3^{2-}, NCO^- u.a.) alle Oxidationsstufen durchlaufen, aber $+IV$ ist beim natürlichen Vorkommen bei Weitem am wichtigsten. Im Falle von Blei, dem schwersten der Gruppe-14-Elemente, sind binäre Pb^{IV}-Vertreter auf PbO_2, PbF_4 und $PbCl_4$ beschränkt, und Letzteres ist so wenig stabil (oder anders ausgedrückt: ein so starkes Oxidationsmittel), dass es oberhalb von $50\,°C$ in $PbCl_2$ und Cl_2 zerfällt. Ein $PbBr_4$ ist nicht bekannt, und ein unter Druck hergestelltes PbS_2 zerfällt unter Standardbedingungen in PbS und S_8.

Bei den *Elementen der 13. Gruppe* ist von Bor bis Indium die höchstmögliche Oxidationszahl III die in der Natur obligate und im Labor in der Regel auftretende Oxidationszahl. Beim Umgang mit Bor kann es auch zu Oxidationszahlen < III kommen (nämlich in Substanzen wie z. B. $B_{10}H_{14}$, $Na_2B_{12}H_{12}$, B_2Cl_4); dies trifft auch (im Rahmen wenig alltäglicher Beispiele) auf Al, Ga und In zu. Beim Thallium dagegen beobachtet man ein Wechselspiel zwischen Tl^{III} und Tl^I. Substanzen wie TlF_3, $TlCl_3$, $TlBr_3$ oder Tl_2O_3 sind stabil, ein Tl_2S_3 ist aber nicht erhältlich, und eine bekannte Verbindung wie TlI_3 ist aus Tl^+ und I_3^- aufgebaut und sollte deshalb besser mit der Formel $Tl(I_3)$ beschrieben werden.

Für die *Alkali- und Erdalkalimetalle* sind die maximalen Oxidationszahlen I bzw. II in Natur und Technik obligat. Auch *Hydrogen*, von der Valenzelektronenkonfiguration her den Alkalimetallen verwandt, kann natürlich die Oxidationszahl I nicht überschreiten.

Bei den *Nebengruppenmetallen* ist in der *3. Gruppe* die maximale Oxidationszahl III auch die normalerweise ausschließlich auftretende. In der *4. bis 7. Gruppe* kommen die maximalen Oxidationszahlen IV, V, VI bzw. VII regelmäßig vor (in der 7. Gruppe allerdings nicht in der Natur); Verbindungen mit niedrigeren als den maximalen Oxidationszahlen gehören in diesen Gruppen aber auch zum Alltag im Labor. Während bei den Hauptgruppenelementen das Oxidationsvermögen in Verbindungen der höchsten Oxidationszahl in der Gruppe von oben nach unten in der Regel zunimmt, ist dies bei den Nebengruppenmetallen gerade umgekehrt: $V^V > Nb^V > Ta^V$ und $Cr^{VI} > Mo^{VI} > W^{VI}$. Dies sei an drei Beispielen illustriert:

(1) Während die Trioxide $M^{VI}O_3$ bei Cr, Mo und W wohlbekannt sind (mit CrO_3 als dem stärksten und WO_3 als dem schwächsten Oxidationsmittel), existiert ein Trisulfid CrS_3 nicht, wohl aber existieren Verbindungen MoS_3 und WS_3; aber nur WS_3 ist eine W^{VI}-Verbindung, während MoS_3 Disulfidgruppen S_2^{2-} und Mo^V enthält im Sinne der Schreibung $MoS_2(S_2)_{1/2}$.

(2) In der 7. Gruppe ist Re_2O_7 stabil, während Mn_2O_7 schon bei $-10\,°C$ unter Abspaltung von O_2 in MnO_2 übergeht.

(3) Das starke Oxidationsmittel $KMnO_4$ (das bei tiefer Temperatur mit H_2SO_4 über die freie Säure $HMnO_4$ und deren Dehydratisierung in das eben erwähnte Mn_2O_7 überführt werden kann) ist immerhin lagerfähig, aber die entsprechende Thioverbindung $KMnS_4$ gibt es nicht, während beim Re sowohl $KReO_4$ als auch $KReS_4$ stabile Verbindungen darstellen.

In der *8. Gruppe* erreicht Fe die maximale Oxidationszahl VIII nicht mehr, und schon $BaFeO_4$ mit der maximal erreichbaren Oxidationszahl VI ist eine randständige Verbindung, begegnet uns doch Fe in der Natur und im Wesentlichen auch im Labor als Fe^{II} oder Fe^{III}. Bei Ru und Os, den schwereren Homologen von Fe, ist dagegen die maximal denkbare Oxidationszahl VIII realisierbar und zwar bei den Oxiden RuO_4 und OsO_4, beides molekular gebaute, flüchtige Verbindungen (T_d) von beträchtlicher Toxizität. Nicht mehr realisierbar, ist die maximal denkbare Oxidationszahl ab der *9. Gruppe*. Cobalt trifft man vorwiegend als Co^{II} und Co^{III} an, die beiden schwereren Homologen Rh und Ir bevorzugen die Oxidationszahlen I und III. Immerhin sind die Oxidationszahlen V bei Co (z. B. $CsCoF_6$) und VI bei Rh und Ir (z. B. RhO_3, IrO_3) realisierbar, haben aber wenig praktisches Interesse. Nickel in der *10. Gruppe* tritt vorwiegend als Ni^{II}, gelegentlich als Ni^{III} und Pd und Pt treten mit den Oxidationszahlen II und IV auf. Das schwerste Element dieser Gruppe, Pt, kann es maximal bis zur Oxidationszahl VI bringen (PtF_6, PtO_3).

Die *Münzmetalle der 11. Gruppe* mit ihrer Elektronenkonfiguration $(n-1)$ $d^{10} ns^1$ haben, streng genommen, nur ein Valenzelektron. Dennoch begegnet uns das Cu in Natur und Labor außer als Cu^I auch als Cu^{II}, Ag vorwiegend als Ag^I und nur am Rande als Ag^{II} (AgF_2, AgO); Gold ist beim chemischen Arbeiten als Au^I und Au^{III} präsent. Herstellbar, wenn auch ohne praktische Bedeutung, sind aber auch Münzmetallverbindungen mit höheren Oxidationszahlen, z. B. $KCu^{III}O_2$, $Cs_2Cu^{IV}F_6$; $Ag^{III}F_3$, $CsAg^{III}F_4$; Au^VF_5, $CsAu^VF_6$.

Die *Gruppe-12-Metalle* (Zn, Cd, Hg) haben zwei Valenzelektronen und treten wie die Erdalkalimetalle mit der Oxidationszahl II auf. Nur für Hg ist auch die Oxidationszahl I von Bedeutung mit der Besonderheit, dass Hg^I mit einer kovalenten Hg—Hg-Bindung in Erscheinung tritt, und zwar in Molekülen wie Hg_2Cl_2 oder als dimeres Kation Hg_2^{2+} in Salzen wie $Hg_2(NO_3)_2$.

Die maximale Oxidationszahl der *Lanthanoide* ist im Allgemeinen III. Speziell Ce und Tb erreichen aber die günstige Konfiguration von Xe bzw. $Xe 4f^7$ als Ce^{IV} und Tb^{IV} (z. B. CeF_4, CeO_2, TbF_4, TbO_2 u. a.). Vereinzelt trifft man Ln^{IV} auch bei anderen Lanthanoidmetallen an, speziell bei Pr (PrF_4, PrO_2). Unter den *Actinoiden* bevorzugt Th mit seinen vier Valenzelektronen ganz ausgeprägt die Oxidationszahl IV (z. B. ThO_2). Bei Uran tritt die Oxidationszahl VI als maximale Oxidationszahl häufig auf, aber auch niedrigere Oxidationszahlen sind von Bedeutung.

5.5.3 Negative Oxidationszahlen

Bei der Umsetzung mit elektropositiveren Elementen und insbesondere mit Metallen müssen die Nichtmetalle negative Oxidationszahlen annehmen. Für Hydrogen und die Halogene kommt nur −I infrage. Bei den Chalkogenen O und S ist die Oxidationszahl −II besonders wichtig. In Dioxiden $M^{II}O_2$ und Disulfiden $M^{II}S_2$ haben wir es mit O^{-I} bzw. S^{-I} zu tun. Neben den Dioxiden(2−) mit dem Anion O_2^{2-} (trivial: *Peroxide*) sind auch radikalische Dioxide(·1−) mit dem Anion $O_2^{·-}$ (trivial: *Superoxide*; z. B. KO_2) bekannt, denen man die gebrochene Oxidationszahl −1/2 für O zuschreiben muss. Schließlich kennt man auch Trioxide(·1−) $O_3^{·-}$ (trivial: *Ozonide*; z. B. NaO_3) mit Oxygen(−1/3). Auch dem Sulfur in Oligosulfiden

$M_2^IS_n$ (n > 2) muss man gebrochene negative Oxidationszahlen zuschreiben. Für Se und Te gilt das für S Gesagte analog.

Im Falle von Nitrogen sind mit NH_3, N_2H_4 und NH_2OH die Oxidationszahlen $-III$, $-II$ bzw. $-I$ vertreten und im Falle längerkettiger Nitrogenverbindungen auch gebrochene Oxidationszahlen (z. B. $-1/3$ für HN_3). Das gilt auch für organische Derivate dieser Spezies, in denen H durch R ersetzt ist, sowie für die korrespondierenden Anionen in den salzartigen Nitriden, Imiden, Amiden, Hydraziden, Hydroxylamiden, Aziden etc. Beim Phosphor begegnen wir negativen Oxidationszahlen bei den Mono- Oligo- und Polyphosphiden, z. B. Ca_3P_2 ($-III$), Ca_2P_2 ($-II$), Li_3P_7 ($-7/3$), NaP ($-I$; es liegt eine P_n^{n-}-Kette vor). Ähnliches gilt für Arsen.

Im Falle von Carbon durchläuft man in den Hydriden alle möglichen ganzen und gebrochenen negativen Oxidationszahlen von $-IV$ (im CH_4) bis nahezu null (im Polyacetylen H_2C_n), sodass der Gebrauch solcher Zahlen hier nur noch beschränkt sinnvoll ist und meist unterbleibt. Ähnliches gilt auch für ternäre organische Verbindungen, bei denen man dem C-Atom formal durchaus eine Oxidationszahl zuschreiben kann, z. B. $-II$ im Methanol MeOH, $-I$ im Glykol $HOCH_2CH_2OH$, $-1/3$ im Phenol PhOH etc. Ansonsten treten natürlich negative Oxidationszahlen für Carbon, Silicium, Bor u. a. in Metallcarbiden, -siliciden, -boriden und ähnlichen Verbindungen auf.

Selbst bei Metallen können negative Oxidationszahlen als formale Hilfsmittel sinnvoll sein. Prominente Beispiele bieten Koordinationsverbindungen mit Neutralliganden wie z. B. $Na_2[Fe(CO)_4]$ mit Fe^{-II} oder $Na[Co(CO)_4]$ mit Co^{-I}. Auch in sog. *Clusteranionen* vom Typ $[M_n]^{m-}$, in denen nicht nur Halbmetalle, sondern auch Metalle wie z. B. In, Tl, Sn, Bi u. a. an den Ecken von Polyedern oder Polyederfragmenten sitzen, haben diese Metalle formal die Oxidationszahl $-m/n$.

Definitionsgemäß können es nur ionogen oder kovalent gebaute Verbindungen sein, auf die man den Oxidationszahlformalismus anwenden kann, während er bei intermetallischen Phasen gegenstandslos wird. Eine Außenseiterrolle spielt hier das Gold, ein Metall mit ungewöhnlichen Eigenschaften: Es ist elektronegativer (χ_{Au} = 2.4) als Hydrogen (χ_H = 2.20) und seine Elektronenaffinität liegt in der Größenordnung von Nichtmetallen (A_{Au} = 211 kJ mol^{-1}; s. Abschnitt 1.4.2). Im Gegensatz zu Goldrubidium AuRb, einer Legierung mit typisch metallischer elektrischer Leitfähigkeit, handelt es sich beim Cäsiumaurid CsAu um eine halbleitende, in der CsCl-Struktur kristallisierende Verbindung, der man salzartigen Charakter zuschreiben kann. Man führt die Anomalie des Golds auf eine besonders starke Wechselwirkung der 6s- mit den 5d-Elektronen zurück und diskutiert als weitere Ursache der Anomalie einen *relativistischen Effekt*, der mit der besonders hohen Geschwindigkeit der inneren 1s-Elektronen in schweren Atomkernen (Au, Hg, Tl, Pb, Bi) und der daraus folgenden Zunahme der Elektronenmasse und Kontraktion der s-Orbitale erklärt wird.

5.6 Redoxchemie fossiler Brennstoffe

Carbonhaltige natürliche, mit Oxygen verbrennende Stoffe, die im Laufe der Erd-geschichte aus pflanzlicher Biomasse entstanden sind, nennt man *fossile Brenn-stoffe*. Dazu gehören Steinkohle, Braunkohle, Torf, Erdöl und Erdgas. In ihnen ist gleichsam die Sonnenenergie, die zum Aufbau der lebenden Pflanzen nötig war, ge-speichert.

5.6.1 Zusammensetzung fossiler Brennstoffe

Holz, Torf, Braunkohle und Steinkohle (in dieser Reihenfolge, mit zunehmendem erdgeschichtlichen Alter) stellen komplexe Gemenge aus Verbindungen dar, die hauptsächlich C, H und O neben weniger N und S sowie Spuren anderer Elemente enthalten. Der Gehalt an C ist umso größer, je älter der Brennstoff ist; parallel dazu steigt auch der Heizwert (also die exotherm freigesetzte Wärme), wenn man den Brennstoff mit Oxygen verbrennt, also in CO_2, H_2O u. a. überführt. Bei der Steinkohle unterscheidet man mit zunehmendem C-Gehalt noch Gaskohle, Fett-kohle, Magerkohle und Anthrazit. Die Massenanteile an C, H und O betragen bei

Holz:	C 0.49−0.50	H 0.06	O 0.43−0.44
Torf:	C 0.50−0.64	H 0.05−0.07	O 0.27−0.44
Braunkohle:	C 0.50−0.75	H 0.04−0.08	O 0.12−0.37
Steinkohle:	C 0.82−0.96	H 0.03−0.10	O 0.02−0.15

Die Erdöle stellen ebenfalls Gemische dar, deren Zusammensetzung von Lager-stätte zu Lagerstätte schwankt. Carbonhydride sind die wesentlichen Bestandteile. Der Schwefelgehalt kann von 0.02 bis auf 7 % ansteigen. Oft treten Erdöle verge-sellschaftet mit hochmolekularen festen Stoffen wie Pech und Asphalt auf, oft auch mit Erdgas. Erdöl, das vorwiegend gesättigte, verzweigte und unverzweigte Alkane enthält, nennt man *paraffinisches Öl*; sind cyclische Alkane (wie Cyclohexan u. a.) ein wichtiger Bestandteil, so spricht man von *naphthenischen Ölen*; Benzen, Toluen, Xylen u. Ä. sind bedeutende Komponten in *aromatischen Ölen*.

Erdgas besteht gewöhnlich zu mehr als 80 % aus Methan; aus manchen Lager-stätten gewinnt man nahezu reines Methan. Daneben kann Erdgas wechselnde Mengen der bei Normalbedingungen gasförmigen Alkane [d. s. (neben Methan) Ethan, Propan und Butan] enthalten, und je mehr von diesen sich im Erdgas findet, als umso *nasser* bezeichnet man es. In kleinen Mengen sind auch die Gase N_2, CO_2, H_2S sowie Wasserdampf im Erdgas enthalten.

5.6.2 Industrielle Aufarbeitung fossiler Brennstoffe

Die festen *Kohlen* werden zum Teil ohne Aufarbeitung verbrannt, sei es zur bloßen Erzeugung von Wärme, sei es um Wasserdampf und damit in Turbinenkraftwerken

Strom zu erzeugen. Für die Anwendung von Carbon als Reduktionsmittel in der industriellen Technik jedoch ist es nötig, den C-Gehalt der Kohle auf ca. 98 % zu bringen. Dies geschieht im *Kokerei-Prozess*. Dabei wird Kohle in Kokereiöfen unter Luftausschluss auf Temperaturen bis zu maximal 1400 °C erhitzt. Es bilden sich *Koks* als Rückstand sowie Produkte, die zusammen mit dem *Kokereigas* den Kokereiofen verlassen und aus dem Gas als *Kohleteer* abgeschieden werden. Dieser enthält Naphthalen und Hunderte weiterer aromatischer Verbindungen sowie offenkettige Carbonhydride u. a. Das Kokereigas besteht (in der Reihenfolge abnehmender Menge) aus H_2, CH_4, CO, C_mH_n (1 < m < 6), N_2, CO_2; daneben enthält das Kokereigas noch wechselnde Mengen an NH_3, HCN und H_2S, die man als giftige Gase aus dem Kokereigas abtrennt, wenn man es als Energieträger von hohem Heizwert einsetzt. Den Koks braucht man vor allem in der Hüttenindustrie zur Reduktion von Metalloxiden zu Metallen, ferner zur Herstellung von Generator- und Wassergas (s. u.) und daneben noch in kleinerer Menge als Adsorbens zur Rauchgasreinigung, zur Herstellung von Carbiden u. a. m. Ähnlich wie Kohle in Koks lässt sich *Holz* in Holzkohle überführen, was für die Verhüttung von Erzen große historische Bedeutung hat (nämlich in der Bronzezeit für die Überführung von SnO_2 in Sn, in der Eisenzeit bis hin zur Neuzeit für die Überführung von Fe-Oxiden in Fe).

Bei der Aufarbeitung von *Erdöl* werden zunächst die gasförmigen Komponenten (also Carbonhydride C_mH_n mit m = 1−4) entfernt, und zwar im Allgemeinen direkt an den Lagerstätten. Durch eine katalytische Hydrierung bei 400 °C unter Druck (Katalysator: MoS_2 oder WS_2 auf Al_2O_3 als Trägermaterial) erreicht man die Entfernung von Sulfur (*Hydrodesulfurierung*), Nitrogen (*Hydrodenitridierung*) und Oxygen (*Dehydrooxygenierung*) als H_2S, NH_3 bzw. H_2O. Viele Prozesse in der Erdölchemie (*Petrochemie*) und anderswo verlaufen heterogen-katalytisch, in der Regel an Übergangsmetallkatalysatoren, und für sie ist H_2S als sog. *Kontaktgift* schädlich, da es auf der Kontaktfläche chemisorbiert wird und den Kontakt blockiert. Man entfernt H_2S aus Gasen, indem man es als Säure an Basen B (z. B. organische Amine) bindet ($H_2S + B \leftrightarrows HB^+ + HS^-$) und es später aus den Addukten HB^+HS^- thermisch unter Rückgewinnung der Base wieder in Freiheit setzt.

Eine grobe Auftrennung der Erdölmischung erreicht man durch fraktionierte Destillation, die *Raffination*. Dabei sind die folgenden fünf Fraktionen mit den folgenden Siedebereichen von Bedeutung:

Leichtbenzin	Schwerbenzin	Naphtha	Petroleum	Dieselöl, Kerosin
15−70 °C	70−150 °C	150−180 °C	180−225 °C	225−350 °C

Aus dem nichtflüchtigen Destillationsrückstand lassen sich durch *Vakuumdestillation* (d. i. eine Destillation unter vermindertem Druck) noch zwei flüssige Fraktionen gewinnen, nämlich schweres Heizöl und oberhalb von 350 °C ein hoch viskoses Schmieröl. Der jetzt verbleibende Rückstand besteht aus Asphalt, Bitumen und Wachs. Die fünf durch Raffination erhaltenen Fraktionen entsprechen in ihren

Mengen nicht dem Bedarf. Insbesondere gilt es, die schwerflüchtigen Fraktionen in das begehrte Benzin umzuwandeln, und zwar von möglichst hoher Qualität; dies bedeutet für die im Ottomotor zu verbrennenden Benzine eine hohe *Klopffestigkeit*, gemessen als die sog. *Oktanzahl*. Die Schwerbenzin- und die Naphthafraktion werden *reformiert*: Bei ca. 500 °C und einem Druck von 8−40 bar spielen sich unter der Einwirkung von zusätzlichem H_2 sowie eines Edelmetallkatalysators (häufig Pt; den Reformierprozess nennt man dann auch *Platformieren*) nebeneinander Reaktionen ab wie Isomerisierungen, Umlagerungen, Dehydrierungen, C—C-Spaltungen u. Ä., die insgesamt zu hochwertigem Benzin führen. Die Moleküle der noch höher siedenden Fraktionen erfahren unter ähnlichen Bedingungen wie dem Reformieren (400−500 °C, unter Druck) durch mannigfache C—C-Spaltung eine Dismutierung in kleinere und größere Moleküle. Dieses sog. *Cracken* führt notwendigerweise auch zu ungesättigten Molekülen. Crackprozesse dienen deshalb auch zur Herstellung von Alkenen. Im Extremfall einer überaus hohen Cracktemperatur erfahren Carbonhydride schließlich ihr thermodynamisches Schicksal, nämlich eine Spaltung in die Elemente, Ruß und H_2. Das Cracken hoch siedender Erdölfraktionen in Gegenwart von zusätzlichem H_2 (*Hydrocracken*) führt zu leichtflüchtigen Benzinen, deren Qualität durch Reformieren verbessert werden mag.

5.6.3 Oxidation fossiler Brennstoffe mit Oxygen

Die Umsetzung fossiler Brennstoffe mit dem Oxygen der Luft im Überschuss führt in der bekannten exothermen Reaktion zu CO_2 und − im Maße der im Brennstoff vorhandenen C—H-Bindungen − auch zu H_2O. Das Ziel dieser *Verbrennung*, ganz in der traditionellen Bedeutung dieses Worts, kann die Erzeugung von Wärme, der Antrieb von Ottomotoren (als Folge der gezielten Explosion von Brennstoff/Luft-Gemischen), der Antrieb von Stromgeneratoren über Turbinen etc. sein. Bei sehr hoher Temperatur (z. B. im Kolben eines hoch verdichtenden Ottomotors) kann in unerwünschter Weise noch ein kleiner Teil des Nitrogens der Luft endotherm zu NO oxidiert werden, das in kälteren Zonen mit O_2 zu NO_2 weiteroxidiert wird, sodass sich NO und NO_2, die sog. *nitrosen Gase*, zu den Verbrennungsprodukten gesellen. Stets sind auch mehr oder weniger kleine Mengen an CO unter den Produkten, sei es, weil zu wenig O_2 zur Verfügung stand, sei es, weil die endotherme, zu CO und H_2 führende Reduktion von Wasserdampf mit Carbonhydriden (s. u.) oder die endotherme Reduktion von CO_2 mit C (s. u.) zum Zuge kam.

Leitet man Luft von unten durch einen mit Koks beschickten Ofen (einen sog. *Generator*) und zündet von unten, so verbrennt der Koks in der unteren Zone zu CO_2; dabei wird eine Temperatur von ca. 1000 °C erreicht. In höheren Zonen kommt dann das Boudouard-Gleichgewicht zum Zuge:

$$C + CO_2 \leftrightarrows 2\,CO$$

Folgende thermodynamische Daten beschreiben den Formelumsatz bei vier ausgewählten Temperaturen:

Temperatur	298.16 K	900 K	1000 K	1200 K
$\Delta_r H^0$/kJ	172.5	171.5	170.6	168.6 ·
$\Delta_r S^0$/J K^{-1}	175.8	176.0	175.0	173.2
$\Delta_r G^0$/kJ	120.1	13.1	−4.5	−39.2

Das Gleichgewicht mit $K_P = 1$ bar ($\Delta_r G^0 = 0$ kJ) wird bei ca. 700 °C erreicht. Bei 1000 °C entsteht überwiegend CO, sodass das dem Generator entströmende Gas (*Generatorgas*) bei gut geregeltem Luftstrom hauptsächlich N_2 (ca. 70 %) und CO (ca. 25 %) neben wenig CO_2 (ca. 4 %) sowie kleinen Mengen (ca. 1 %) an H_2, O_2 und CH_4 enthält. Die technische Bedeutung von Generatorgas hat in neuerer Zeit abgenommen. In Verbindung mit Wassergas hat Generatorgas aber noch Bedeutung, um die zur Synthese von Ammoniak ($N_2 + 3\,H_2 \rightarrow 3\,NH_3$) nötige Gasmischung bereitzustellen (s. u.).

Nicht nur Koks, auch Kohle und selbst Holz lassen sich nach der Generatorgasmethode vergasen, und dass man mit *Holzgasen* im Verein mit Luft auch Verbrennungsmotoren antreiben kann, ist heutzutage in Vergessenheit geraten.

5.6.4 Reduktion von Wasser durch fossile Brennstoffe

Die zu CO und H_2 im Verhältnis 1:1 führende Reduktion von Wasserdampf mit Carbon ist eine endotherme und endotrope Reaktion, die zu *Wassergas* führt:

(1) $C + H_2O \leftrightarrows CO + H_2$

Dasselbe trifft zu, wenn man Wasserdampf mit Methan reduziert, nur dass hier die Mischung aus CO und H_2, das sog. *Spaltgas*, im Verhältnis 1:3 entsteht (*Dampf-Reformier-Prozess* oder *Steam-Reforming-Prozess*):

(2) $CH_4 + H_2O \leftrightarrows CO + 3\,H_2$

Setzt man in den Steam-Reforming-Prozess anstelle von Methan höhere Alkane ein, in der Praxis Erdölfraktionen, dann erhält man CO und H_2 im Verhältnis 1:(< 3) und im Grenzfall von Polyethen im Verhältnis von 1:2:

(3) $1/n\,(CH_2)_n + H_2O \leftrightarrows CO + 2\,H_2$

Folgende thermodynamische Daten beschreiben die Reaktionen (1) und (2) bei Normaltemperatur und bei 1200 K für den Formelumsatz:

	(1) 298.16 K	1200 K	(2) 298.16 K	1200 K
$\Delta_r H^0$/kJ	131.3	135.6	206.2	227.5
$\Delta_r S^0$/J K^{-1}	133.7	143.3	214.6	254.4
$\Delta_r G^0$/kJ	91.4	−36.3	142.2	−77.8

Die Gleichgewichte (1) und (2) liegen bei 25 °C ganz auf der linken Seite. Eine Mischung aus CO und H_2, die man ganz allgemein *Synthesegas* nennt, ist bei Raumtemperatur allerdings metastabil. Um die Aktivierungsschwelle der nach links verlaufenden Reaktion (2) zu überwinden, bedarf es eines Katalysators (geeignet ist Ni) und einer erhöhten Temperatur (etwa 400 °C). Auch diese Rückreaktion nutzt man technisch (s. u.) und nennt sie *Methanisierung*. Bei 1200 K liegt das Gleichgewicht (2) so weit rechts, dass nur noch geringe Mengen an CH_4 und H_2O nicht umgesetzt werden.

In der Praxis ist die heterogene Reaktion (1) schwerer zu handhaben als die homogene Reaktion (2). Um nach Gleichung (1) Wassergas herzustellen, leitet man Wasserdampf durch einen ca. 1000 °C heißen Koks. Zur Bereitstellung dieser Temperatur bedient man sich der Verbrennung eines Teils des Kokses nach der Generatorgasmethode. Dabei kann man Wasserdampf und Luft gleichzeitig durch den Koks leiten und so den Wärmebedarf der endothermen Reaktion durch die exotherme Reaktion stillen; man kann aber auch Generator- und Wassergas abwechselnd nacheinander erzeugen. Bleibt bei der Wassergasgewinnung die Kokstemperatur wesentlich unter 1000 °C, sinkt sie beispielsweise auf unter 800 °C ab, dann kommt eine unerwünschte Nebenreaktion zum Zuge, die auch gefördert wird, wenn man einen Überschuss an Wasserdampf einbläst, nämlich die sog. *Konvertierung*:

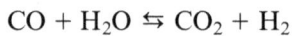

$$CO + H_2O \leftrightarrows CO_2 + H_2$$

Dies ist nach rechts eine exotherme Reaktion, deren Freie Standardenthalpie $\Delta_r G^0$ bei 830 °C verschwindet ($K_P = 1$). In der Praxis besteht Wassergas (ohne Generatorgas) aus CO (ca. 40 %), H_2 (ca. 50 %) neben wenig CO_2 (ca. 5 %), N_2 (ca. 4.5 %) und Spuren an CH_4.

Beim Steam-Reforming-Prozess kann man beispielsweise von der Naphthafraktion der Erdölraffination ausgehen. Zunächst wird in einem Spaltrohrofen bei 700−830 °C und einem Druck von 40 bar unter Mitwirkung eines Ni-Katalysators (derselbe, der auch die Rückreaktion, die Methanisierung, katalysiert) *primäres Spaltgas* gewonnen, das noch ca. 8 % CH_4 enthält. Nun wird das primäre Spaltgas in einem Schachtofen bei 1000−1100 °C erneut an einem Ni-Katalysator mit Wasserdampf umgesetzt. Das dabei gebildete *sekundäre Spaltgas* enthält nur noch 0.5 % CH_4. Um die nötige Temperatur aufrechtzuerhalten, wird dem primären Spaltgas eine genau dosierte Luftmenge zugefügt. Falls das H_2 im Spaltgas später zur NH_3-Synthese eingesetzt werden soll, mischt man so viel Luft zu, dass die benötigte Menge an N_2 in die Mischung eingebracht wird. Im Falle der Verwendung von schwerem Heizöl beim Steam-Reforming-Prozess arbeitet man bei noch höherer Temperatur, nämlich bei 1200−1500 °C, und kann dann bei einem Druck von 30−40 bar auf einen Katalysator verzichten.

Die vielfältige Anwendung von Synthesegas sei im Folgenden an einigen wichtigen Beispielen illustriert!

(a) Für die *NH₃-Synthese* braucht man H_2 aus dem Synthesegas. Hierzu muss CO vollständig entfernt werden. Dies geschieht durch Konvertierung von CO mit H_2O zu CO_2. Diese exotherme Reaktion verläuft nur unterhalb von 450 °C genügend weit nach rechts. Schwefelfreies Synthesegas wird zunächst bei 300−400 °C an oxidischen Fe/Cr-Verbindungen konvertiert. Das verbleibende CO (ca. 3 %) wird in einer zweiten Konvertierung bei 200−250 °C an oxidischen Cu/Zn-Verbindungen entfernt. Im Falle von schwefelhaltigem Synthesegas konvertiert man bei 300−400 °C an schwefelunempfindlichen Kontakten aus Co/Mo-Oxiden. Noch vorhandene CO-Spuren (0.3 %) kann man durch Methanisierung von CO bei 400 °C ($CO + 3 H_2 \rightarrow CH_4 + H_2O$) eliminieren. Das bei der Konvertierung erhaltene CO_2 wird entfernt, indem man es unter Druck in Methanol löst. Wasserspuren werden an Zeolithe adsorbiert. Man erhält durch diese Prozeduren ein Hydrogen, das nur noch sehr wenig CH_4 und Ar und noch immer einen Stoffmengenanteil an CO von ca. 10^{-6} (d. i. 1 ppm) enthält. Die für die NH₃-Synthese nötige Menge an N_2 wird jetzt zugesetzt oder war von vornherein vorhanden, wenn man Generator- und Wassergas nebeneinander erzeugt oder wenn man beim Steam-Reforming-Prozess die nötige Menge an Luft zugesetzt hatte, wobei die Verbrennung von CH_4 mit dem O_2-Anteil der Luft noch Prozesswärme liefert.

(b) Der endotherme Steam-Reforming-Prozess lässt sich zur exothermen *Fischer-Tropsch-Reaktion* umkehren:

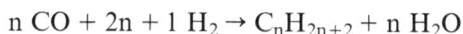

$$n\ CO + 2n + 1\ H_2 \rightarrow C_nH_{2n+2} + n\ H_2O$$

Den verschiedenen Spielarten, die für diesen Prozess ausgearbeitet wurden, ist eine nicht allzu hohe Temperatur (z. B. 320−340 °C), die Anwendung von Druck (z. B. 23 bar) und die Verwendung eines Katalysators (z. B. auf Eisenbasis) gemeinsam. Der Charme dieser Reaktion besteht darin, dass man Kohle über Koks in Wassergas überführen und dieses anschließend zu Benzin verarbeiten kann, eine Alternative dort, wo Kohle billig ist.

(c) Unter hohem Druck und in Gegenwart geeigneter Katalysatoren bildet sich aus Synthesegas *Methanol* (weltweit > 10^6 t/a).

$$CO + 2 H_2 \rightarrow CH_3OH$$

Typische Bedingungen sind:

320−380 °C	300−380 bar	Kat.: Zn/Cr-Oxide
230−260 °C	100−150 bar	Kat.: Cu/Zn/Cr-Oxide
240−260 °C	50−100 bar	Kat.: Cu/Zn/Al-Oxide

Veränderungen der Reaktionsbedingungen erlauben die Synthese höherer Alkohole.

(d) Bei der exothermen *Oxosynthese* oder *Hydroformylierung* werden Alkene mit Synthesegas katalytisch in Aldehyde überführt:

$$RCH{=}CH_2 + CO + H_2 \rightarrow RCH_2{-}CH_2{-}CHO,\ RCH(CHO)CH_3$$

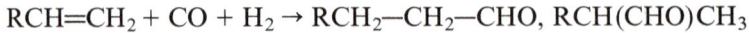

Typische Bedingungen sind $100-180\,°C$ und $30-300$ bar bei homogener Katalyse mit Metallcarbonyl-Verbindungen (zum Mechanismus der Katalyse mit $[HCo(CO)_4]$ s. Abschnitt 4.3.6).

5.7 Redoxchemie bei der Darstellung der Elemente

Sofern Elemente nicht *elementar* (oder − wie man im Falle von Metallen sagt − *gediegen*) in der Erdhülle vorkommen, stellt man sie durch Redoxreaktionen her, und zwar die ausgeprägten Nichtmetalle durch Oxidation, alle anderen Elemente durch Reduktion geeigneter Verbindungen. Als *geeignet* erweisen sich für die Mehrzahl der Elemente deren Oxide oder Chloride, auch Fluoride, seltener Sulfide und andere. Manchmal sind die Minerale selbst zur Reduktion geeignet. In anderen Fällen aber muss man natürliches Material erst durch chemische Prozesse in Verbindungen überführen, die zur Elementgewinnung geeignet sind. Die metallhaltigen Minerale, die sog. *Erze*, muss man im Allgemeinen erst aufbereiten, d. h. sie von nicht metallhaltigen und mithin unerwünschten, mit den Erzen mehr oder weniger verwachsenen Mineralen und Gesteinen, der sog. *Gangart*, abtrennen, bevor man sie chemisch weiterverarbeitet.

5.7.1 Überführung natürlicher Stoffe in gut reduzierbare Verbindungen

Aufbereitung von Erzen

Die meisten Metalle findet man in der Natur als Oxide oder Sulfide (*oxidische* bzw. *sulfidische Erze*), daneben auch als Carbonate, Silicate, Halogenide u. a. Unter den Erzen unterscheidet man

- *Edelmetallerze*
- *Eisenerze*
- *Erze von Metallen, die Eisen und Stahl veredeln* (V, Cr, Mn, Ni, Co, Mo, W)
- *Nichteisenerze* (Al sowie die sog. *Buntmetallerze* von Sn, Pb, Cu, Zn)
- *Sondermetallerze* (Te, As, Sb, Be, Ti, Zr, Ta, Cd, Ln)
- *Erze der Kernbrennstoffe* (U, Th)

Um die Verwachsung von Erz und Gangart so weit wie möglich zu lösen, ist eine Zerkleinerung nötig. Man unterscheidet: *Grobzerkleinerung* (Korngröße > 10 cm), *Mittelzerkleinerung* (1−10 cm), *Feinzerkleinerung* (< 1 cm) und *Feinstzerkleinerung* (< 0.1 mm). Zur Grob- und Mittelzerkleinerung dienen *Brecher*, zur Fein- und Feinstzerkleinerung *Mühlen*. Zur Trennung nach Korngrößen, dem *Klassieren*, braucht man bei gebrochenem Material Siebe; bei gemahlenem Feinkorngut macht man sich die unterschiedliche Fallgeschwindigkeit der Körner in einer Flüssigkeit

(*Stromklassierung*) oder in einem Gas (*Sichtung*) zunutze. Es folgt die weitgehende Trennung des Erzes von der Gangart, das *Sortieren*. Hierzu nutzt man physikalische Unterschiede in Bezug auf Dichte (*Sinkscheidung*, *Setzarbeit*), Benetzbarkeit (*Flotation*), Magnetisierbarkeit (*Magnetscheidung*), Dielektrizität (Trennung im elektrischen Feld), optische Eigenschaften (Unterschiede in Farbe oder Reflexionsvermögen setzen einen Mechanismus zur mechanischen Trennung in Gang) und Strahlungsvermögen (die radioaktive Strahlung von Uranmineralien wird registriert und induziert eine mechanische Trennung). Aus Kostengründen treibt man das Sortieren mit physikalischen Methoden nicht so weit, dass die Erze von der Gangart völlig befreit wären.

Abtrennung von Eisen als oxidischer Beimengung

Das im Gesteinsmantel der Erde besonders weitverbreitete Eisen stört als oxidische Beimengung die Aufarbeitung mancher Erze, sodass solche Beimengungen vorab entfernt werden. Als typische Beispiele seien die Aufarbeitung von Bauxit, Ilmenit und Magnetkies zum Zweck der Gewinnung von Al (über Al_2O_3), Ti (über TiO_2) bzw. Ni (über NiO) besprochen.

Bauxit ist ein Gemenge aus $Al(OH)_3$ und $AlO(OH)$; die Gangart setzt sich im Wesentlichen aus Fe_2O_3 und je nach Lagerstätte wechselnden Mengen an SiO_2 zusammen. Zum Aufschluss wird Bauxit mit $35-38\%$iger Natronlauge für $6-8$ h unter einem Druck von $5-7$ bar auf $140-250\,°C$ erhitzt. Dabei geht Fe_2O_3 in unlösliches $Fe(OH)_3$ und SiO_2 in unlösliches $Na_2[Al_2SiO_6]$ über, während sich Al im gelösten Anion $[Al(OH)_4]^-$ wiederfindet. Von den Feststoffen wird heiß filtriert. Beim Abkühlen, Verdünnen und Impfen mit wohlkristallisiertem Hydrargillit $Al(OH)_3$ geht $[Al(OH)_4]^-$ in kristallines $Al(OH)_3$ über und wird bei $1200-1300\,°C$ zu α-Al_2O_3 entwässert. Wegen der Verluste an Al durch das abgetrennte $Na_2[Al_2SiO_3]$ bevorzugt man für diesen *nassen* Aufschluss silicatarmen Bauxit. Beim *trockenen* Aufschluss von Bauxit geht man von einem Gemenge aus Bauxit und Soda (Na_2CO_3) aus. Beim Erhitzen auf $1000\,°C$ (*Calcinieren*) spaltet sich CO_2 aus Na_2CO_3 ab, und man erhält eine Schmelze aus dem Aluminat $Na[AlO_2]$, dem Ferrat $Na[FeO_2]$ und dem Silicat Na_2SiO_3. Das abgekühlte Produkt wird mit Wasser behandelt. Silicium und Aluminium gehen als Silicat bzw. Tetrahydroxidoaluminat in Lösung, Eisen findet sich im unlöslichen $Fe(OH)_3$, das abfiltriert wird. Beim Einleiten von CO_2, das ja beim Calcinieren gewonnen worden ist, in das alkalische Filtrat (*Carbonisieren*) fällt das amphotere $Al(OH)_3$ aus, während Silicat in Lösung bleibt. Man filtriert und dehydratisiert zu Al_2O_3.

Der *Ilmenit*, $FeTiO_3$, wird u. a. von meist erheblichen Mengen an Fe_2O_3 begleitet. Um einen Großteil davon zu entfernen, erhitzt man das Gemenge im Lichtbogenofen zusammen mit Koks. Dabei werden das Eisen im Fe_2O_3 und auch ein Teil des Eisens im $FeTiO_3$ zu flüssigem Roheisen reduziert, das abfließen kann. Die darüber liegende *Titanschlacke*, im Wesentlichen ein Gemenge aus $FeTiO_3$ und TiO_2, wird zu $TiCl_4$ weiterverarbeitet (s. u.).

Der *Lichtbogenofen* stellt ein wichtiges Beispiel für einen *elektrischen Ofen* dar. Solche Öfen finden in der Metallurgie zur Erzeugung hoher Temperatur verbreitete Anwendung. Ihr gemeinsames Merkmal ist ein erheblicher Aufwand an elektrischer Energie. Im Lichtbogenofen wird durch einen elektrischen Lichtbogen ein Gasplasma erzeugt, das seine Wärme auf die thermisch zu verarbeitenden Stoffe überträgt. Auch wichtig ist der *Widerstandsofen*, bei dem ein Elektronenstrom als Gleich- oder Wechselstrom durch eine Ionenschmelze geleitet wird und dabei Wärme aufgrund des Joule'schen Gesetzes erzeugt. Im Falle von *Induktionsöfen* wird Joulsche Wärme durch elektromagnetische Induktion gewonnen.

Beim *Magnetkies* handelt es sich im Wesentlichen um ein Gemenge aus FeS, FeS_2, $CuFeS_2$ und $(Ni,Fe)_9S_8$. Bei der Aufarbeitung ist es eines der Ziele, zu NiO zu gelangen, um dieses dann zu Ni zu reduzieren. Hierzu ist die Abtrennung von Fe und Cu nötig. In einem ersten Schritt wird das Material im Luftstrom erhitzt (*Rösten*); dabei wird ein Großteil des Eisens unter Bildung von SO_2 in Fe_3O_4 übergeführt. Es folgt eine Reduktion mit Koks unter Zuschlag von SiO_2; dieser Arbeitsgang liefert eine Eisensilicat-Schlacke (Fe_2SiO_4), die entfernt wird. Das zurückbleibende Gemenge aus NiS, Cu_2S und FeS wird erneut einem Röstprozess mit O_2 in Gegenwart von SiO_2 als Schlackenbildner unterzogen, wobei erneut Fe_2SiO_4 anfällt (vereinfacht: $2\,FeS + 3\,O_2 + SiO_2 \rightarrow Fe_2SiO_4 + 2\,SO_2$); es hinterbleibt ein Gemenge aus NiS und Cu_2S (*Kupfer-Nickel-Feinstein*). Behandelt man es in der Hitze mit Na_2SO_4 und Koks, so bildet sich aus diesen beiden Komponenten Na_2S, das mit Cu_2S zu $NaCuS$ reagiert, mit NiS aber keine Reaktion eingeht. Die Schmelzen von NiS und $NaCuS$ sind nicht mischbar und können getrennt werden. NiS wird dann zu NiO geröstet (s. u.).

Oxidative Aufarbeitung mit Oxygen

Obwohl Oxide eine negativere Bildungsenthalpie aufweisen als Sulfide, zieht man eine Reduktion von Oxiden zum Metall einer Reduktion von Sulfiden vor. Bei der Anwendung von Koks als billigem Reduktionsmittel, lässt sich das Oxygen der Oxide als CO bzw. CO_2 leicht aus dem Reaktor entfernen, nicht aber das Sulfur der Sulfide. Führt man dagegen die Sulfide mit Luft durch Rösten bei Rotglut in die Oxide über, dann kann man das entstehende SO_2 der Schwefelsäureproduktion zuführen. Betroffen sind die Metalle Pb, Ni, Zn gemäß $2\,MS + 3\,O_2 \rightarrow 2\,MO + 2\,SO_2$ und analog das Metall Bi ($Bi_2S_3 \rightarrow Bi_2O_3$). Im Falle des Röstens der Sulfide Sb_2S_3, FeS_2 und MoS_2 bewirkt der Luftstrom eine Oxidation auch des Metalls, und zwar erhält man die Oxide Sb_2O_4, Fe_3O_4 bzw. MoO_3. Vielfach treten die Sulfide mehrerer Metalle in der Natur als Gemenge auf; der eben erwähnte Magnetkies ist ein Beispiel, und wenn man den Kupfer-Nickel-Feinstein, also Cu_2S/NiS, röstet, erhält man ein Gemenge aus Cu_2O und NiO, dessen Reduktion mit Koks eine geschätzte Kupfer-Nickel-Legierung (*Monelmetall*; Cu/Ni ca. 3:7) ergibt. Das seltene Metall Re tritt vergesellschaftet mit Mo auf. Beim Rösten von MoS_2 entsteht Re_2O_7, das aufgrund seiner Flüchtigkeit zusammen mit den Röstgasen (SO_2, Restluft u. a.) den Reaktor verlässt und sich in kühleren Bereichen als Flugstaub wiederfindet. Es wird in $(NH_4)ReO_4$ überführt [$Re_2O_7 + 2\,NH_3 + H_2O \rightarrow 2\,(NH_4)ReO_4$] und kann dann zum Metall reduziert werden (s. u.).

Eine Variante des Röstens besteht in der Einwirkung von O_2 auf Schmelzen aus Erzen und Soda. Wie beim trockenen Aufschluss von Bauxit wirken Sodaschmelzen wegen der Flüchtigkeit von CO_2 alkalisch ($Na_2CO_3 \rightarrow Na_2O + CO_2$), sodass sich mehr oder weniger wasserlösliche Salze von Oxosäuren der Metalle bzw. Halbmetalle in der Schmelze bilden. Die oxidierende Sodaschmelze ist u. a. von Bedeutung im Zuge der Gewinnung der Metalle V, Cr und W sowie der Halbmetalle Se und Te. Aus Patronit, VS_4, erhält man das Vanadat Na_3VO_4; aus Chromeisenstein, $FeCr_2O_4$, neben $NaFeO_2$ das Chromat Na_2CrO_4; aus Wolframit, $(Mn,Fe)WO_4$, neben $NaFeO_2$ das Wolframat Na_2WO_4. Zur weiteren Aufarbeitung führt man das Vanadat mit Schwefelsäure in das Anhydrid V_2O_5 über. Aus Na_2CrO_4 erhält man beim Ansäuern $Na_2Cr_2O_7$, und dieses wird zu Cr_2O_3 reduziert, wofür drei Reduktionsmittel empfohlen werden: (1) NH_4Cl ($\rightarrow N_2$), (2) S_8 ($\rightarrow Na_2SO_4$), (3) C ($\rightarrow Na_2CO_3 + CO_2$). Aus Na_2WO_4 entsteht in schwefelsaurer Lösung WO_3.

Das aus dem Anodenschlamm der Kupferraffination (s. u.) isolierte Gemisch aus Ag_2Se und Ag_2Te geht in der oxidierenden Sodaschmelze in ein Gemenge aus Na_2SeO_3 und Na_2TeO_3 über. Diese Salze werden in Wasser gelöst und gegebenenfalls von unlöslichen Eisen- und Manganhydroxiden getrennt. Aus den stark basischen Lösungen fällt beim Neutralisieren TeO_2 aus, das man in starken Säuren wieder lösen kann. Das neutrale Filtrat von TeO_2 ergibt beim Ansäuern eine wässrige Lösung von H_2SeO_3. Aus den jeweiligen sauren Lösungen gewinnt man Se bzw. Te (s. u.).

Oxide aus Carbonaten

Ebenso wie man CaO beim *Kalkbrennen* erhält ($CaCO_3 \rightarrow CaO + CO_2$; 900– 1200 °C), gewinnt man auch die Oxide SrO und ZnO aus ihren Carbonaten. Um das thermisch stabilste der Erdalkalicarbonate, $BaCO_3$, in BaO zu überführen, braucht man eine zu hohe Temperatur; selbst bei 1300 K ist die Freie Standardreaktionsenthalpie pro Formelumsatz für den Übergang $BaCO_3 \rightarrow BaO$ noch positiv ($\Delta_r G^0 = 43$ kJ). Bringt man die gute Triebkraft des Boudouard-Gleichgewichts bei 1300 K noch zur Geltung, reduziert also $BaCO_3$ mit fein verteiltem Koks (*Ruß*) gemäß $BaCO_3 + C \rightarrow BaO + 2\,CO$, dann bemisst sich die Triebkraft zu $\Delta_r G^0 = -13$ kJ, sodass in diesem Falle dem reduzierenden Brennen, letzten Endes aus Entropiegründen, der Vorzug zu geben ist.

Halogenide aus Oxiden

Vielfach ist es zweckmäßiger, Metalle aus Fluoriden oder Chloriden zu gewinnen als aus Oxiden. Fluoride entstehen generell aus Oxiden durch Einwirkung von gasförmigem HF bei höherer Temperatur oder von flüssigem HF, wenn man überschüssiges HF zusammen mit dem Substitutionsprodukt H_2O laufend in die Gasphase befördert, das Reaktionsgut also, wie man sagt, *abraucht*. Ein Beispiel aus der Technik ist die Überführung von UO_2 in UF_4 bei 550 °C. Hierzu ist es nötig, UO_2 aus der Uranpechblende U_nO_8 (n = 3−4) zu gewinnen, wozu mehrere Verfahrensschritte nötig sind: Durch Rösten erhält man rohes UO_3, das sich in Schwefelsäure als Dioxidotris(sulfato)uranat(4−), $[UO_2(SO_4)_3]$, löst und durch Zugabe von NH_3 in das Diuranat $(NH_4)_2U_2O_7$ übergeht; mit Salpetersäure erhält man hieraus Dioxidotris(nitrato)uran, $[UO_2(NO_3)_3]$, das sich thermisch zu reinem UO_3 zersetzen lässt; UO_3 wird dann mit H_2 zu UO_2 reduziert. Ganz analog führt man Y_2O_3 und La_2O_3 mit HF in YF_3 bzw. LaF_3 über. Um die Oxide zu erhalten, musste man Yttererden (für Y) bzw. Ceriterden (für La) in Schwefelsäure lösen, mit Oxalsäure die Oxalate von Y bzw. La ausfällen, um dann die Oxalate zu den Oxiden zu glühen gemäß $M_2(C_2O_4)_3 \rightarrow M_2O_3 + 3\,CO + 3\,CO_2$. (Die thermische Disproportionierung von C^{III} im Oxalat zu C^{II} im CO und C^{IV} im CO_2 ist eine für Oxalate typische Reaktion.) Um BeF_2 aus Beryll, $Be_3Al_2(Si_6O_{18})$, zu erhalten, löst man das Mineral in Schwefelsäure und fällt dann mit Ammoniak $Be(OH)_2$ aus. Anstatt das flüchtige HF hierauf einwirken zu lassen, benutzt man besser das weniger flüchtige $(NH_4)HF_2$ und erzeugt zunächst $(NH_4)_2BeF_4$, das oberhalb von 900 °C unter Abspaltung von NH_3 und HF in BeF_2 übergeht.

In wässriger Lösung ist Chlor ($\varepsilon^0 = 1.359\,V$) ein stärkeres Oxidationsmittel als Oxygen ($\varepsilon^0 = 1.229\,V$), aber bei Gasreaktionen wie $O_2 + 4\,HCl \rightarrow 2\,Cl_2 + 2\,H_2O$ und auch bei Gasreaktionen unter Beteiligung kondensierter Phasen wie z. B. $O_2 + TiCl_4 \rightarrow 2\,Cl_2 + TiO_2$ liegt das Gleichgewicht umgekehrt ganz auf der Seite des Oxids. Man kann also feste Oxide wie TiO_2 nicht mit Chlor in Chloride wie $TiCl_4$ überführen. Nimmt man eine solche Chlorierung jedoch in Gegenwart von Koks bei 750−1000 °C vor, dann gewinnt man noch die Triebkraft der Bildung von CO aus C hinzu und kann Chloride wie $TiCl_4$ aus entsprechenden Oxiden darstellen (*Carbochlorierung*):

$$TiO_2 + 2\,C + 2\,Cl_2 \rightarrow TiCl_4 + 2\,CO$$

Die direkte Reduktion von TiO_2 mit Koks würde ein Rohtitan liefern, in dem noch eine zu große Menge an Oxygen und Carbon gelöst wäre. Ein analoges Verfahren spielt u. a. auch eine Rolle, um $BeCl_2$ aus BeO, $NbCl_5$ aus Nb_2O_5 und $TaCl_5$ aus Ta_2O_5 zu erhalten.

Überführung von Metallen aus Erzen in wässrige Lösung

Die reduktive Gewinnung von Metallen aus ihren Ionen in wässriger Lösung hat technische Bedeutung, und somit stellt sich die Frage, wie man zu solchen Lösungen kommt. Beispielsweise kann man Zn aus ZnS nach dem Rösten zu ZnO und nachfolgender Reduktion (*Röst-Reduktions-Verfahren*) darstellen, aber auch, indem man ZnO in H_2SO_4 löst und dann zu Zn elektrolysiert. Das Chromoxid Cr_2O_3

kann man, insbesondere wenn es aus $Na_2Cr_2O_7$ frisch erhalten wurde, ebenfalls in H_2SO_4 lösen, mit NH_4Cl in $(NH_4)Cr(SO_4)_2$ überführen und kann dann Cr aus der Lösung heraus abscheiden. Mengenmäßig weniger ins Gewicht fällt das oxidative Lösen des Minerals Cu_2S mit Lösungen von $Fe_2(SO_4)_3$ gemäß $Cu_2S + 2\ Fe^{3+} \rightarrow 2\ Cu^{2+} + 2\ Fe^{2+} + 1/8\ S_8$.

Die Gewinnung von Silber und Gold aus gediegenem Vorkommen und von Silber aus seinem Vorkommen als AgCl und Ag_2S gelingt, indem man diese Edelmetalle aus einer mengenmäßig dominierenden Gangart herauslöst. Die große Triebkraft der Bildung der wasserlöslichen Dicyanido-Komplexe $[Ag(CN)_2]^-$ und $[Au(CN)_2]^-$ erlaubt das *Auslaugen* der entsprechenden Gesteine mit NaCN-Lösung (*Cyanidlaugerei*). Um dabei Ag^0 und Au^0 zu Ag^I bzw. Au^I zu oxidieren, lässt man Luft zutreten, und diese ist auch nötig, um dem Auflösen des besonders stabilen Ag_2S durch die energetisch günstige Oxidation von S^{2-} zu $S_2O_3^{2-}$ mehr Triebkraft zu verleihen :

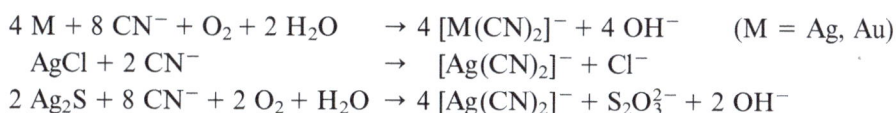

$$4\ M + 8\ CN^- + O_2 + 2\ H_2O \quad \rightarrow 4\ [M(CN)_2]^- + 4\ OH^- \quad (M = Ag, Au)$$
$$AgCl + 2\ CN^- \quad\quad\quad\quad\quad\quad \rightarrow \quad [Ag(CN)_2]^- + Cl^-$$
$$2\ Ag_2S + 8\ CN^- + 2\ O_2 + H_2O \rightarrow 4\ [Ag(CN)_2]^- + S_2O_3^{2-} + 2\ OH^-$$

5.7.2 Gewinnung von Metallen und Halbmetallen

Gewinnung von Metallen und Halbmetallen aus ihren Oxiden

Die Reduktion von Oxiden ist das am weitesten verbreitete Verfahren zur Gewinnung von Metallen und Halbmetallen. In der Regel müssen die hierfür eingesetzten Oxide aus ihren Mineralen durch Umformung (Rösten, Brennen etc.; s. o.) erst gewonnen werden; in einigen Fällen findet man die Oxide direkt als Minerale auf und kann sie ohne chemische Vorbehandlung zur Reduktion bringen (SiO_2, SnO_2, Fe_2O_3, Fe_3O_4). Die Reduktion der Oxide wird bei mehr oder weniger hoher Temperatur vorgenommen. Als Reduktionsmittel dienen die Kathode oder Hydrogen oder stark reduzierende Metalle wie Al, Ca u. a., in besonderem Maße aber Koks.

Die kathodische Reduktion eines Metalloxids wird im Falle von Al angewendet und als Schmelzflusselektrolyse bei $940-980\,°C$ durchgeführt. Da Al_2O_3 erst bei $2045\,°C$ schmilzt, muss man seinen Schmelzpunkt durch Zumischen einer Komponente erniedrigen, die erstens mit Al_2O_3 in der Schmelze mischbar ist und die zweitens selbst keine elektrolytische Zersetzung erfährt; geeignet ist Kryolith Na_3AlF_6, Smp. $1000\,°C$, ein Mineral, das man wegen des großen Bedarfs jetzt künstlich herstellt. Das Eutektikum im System Al_2O_3/Na_2AlF_6, in dessen Nähe man die Schmelzflusselektrolyse durchführt, liegt bei $x(Al_2O_3) = 0.185$ und $T = 935\,°C$. Das sich mit der Ionenschmelze nicht mischende flüssige Al (Smp. $660.4\,°C$) ist die schwerste Komponente, sodass Boden und Seitenwände des Reaktors als Kathode, einer Masse aus Koks, Anthrazit und Pech, dienen. Als Anode werden mehrere Blöcke aus Graphit oder aus Koks und Pech eingesetzt, die in die Schmelze eintauchen. Zur Aufrechterhaltung der Betriebstemperatur dieser endothermen Elektrolyse steht die vom Ionenfluss erzeugte Wärme zur Verfügung; dazu kommt noch die dadurch frei werdenden Wärme, dass an der Anode nicht O_2, sondern unter stetem Verbrauch von Anodenmaterial eine Mischung von CO und CO_2 entsteht. Zur Herstellung von 1 t Al benötigt man $13-16$ MW h an elektrischer Energie (bei $4.5-5.0$ V und 30 kA).

Hydrogen als Reduktionsmittel verwendet man dann, wenn seine Reduktionskraft ausreicht und der billigere Koks zur unerwünschten Carbidbildung führen würde. In einer endothermen Reaktion reduziert man die Oxide GeO_2, MoO_3 und WO_3 bei hoher Temperatur mit H_2 zum Metall. Im Falle von Re führt die Reduktion des Perrhenats NH_4ReO_4 mit H_2 zum Metall. Das Metall Ca als Reduktionsmittel wendet man zur Darstellung von V aus V_2O_5 an. Auf das Metall Al greift man zurück, um aus CaO, SrO, BaO, Cr_2O_3 und MnO die entsprechenden Metalle zu gewinnen; dieses *aluminothermische Verfahren* wird im Kleinmaßstab auch angewendet, um Si aus SiO_2 und Fe aus Fe_3O_4 freizusetzen. Im Falle der Erdalkalioxide mit ihrer stark negativen Standardbildungsenthalpie verläuft die aluminothermische Reduktion der Oxide MO endotherm und endergon und gewinnt nur dadurch Triebkraft, dass man die entstehenden Metalle M im Vakuum als Gase aus dem Reaktor entfernt. Das Metall Ca beispielsweise siedet unter Normaldruck bei 1482 °C, Al erst bei 2330 °C, sodass bei einer Betriebstemperatur von 1200 °C und einem Druck von 0.1 Pa das Ca abdestilliert, nicht aber das Al. Zur Darstellung von Rb und Cs hat sich die Reduktion ihrer Dichromate mit Zr als zweckmäßig erwiesen: $M_2Cr_2O_7 + 2\,Zr \rightarrow 2\,M + Cr_2O_3 + 2\,ZrO_2$.

Das billigste und darum wichtigste Reduktionsmittel der Metallurgie ist Carbon in Form von Koks. Es wird angewendet zur Reduktion von Sb_2O_4, Bi_2O_3, SiO_2, SnO_2, PbO, Nb_2O_5, Ta_2O_5, Cr_2O_3, Fe_2O_3, Fe_3O_4, Co_3O_4, NiO, ZnO, CdO. Man muss auf Koks als Reduktionsmittel, wie gesagt, dann verzichten, wenn eine schwer rückgängig zu machende Bildung von Metallcarbiden zu befürchten ist; im Falle von Eisen nimmt man die Carbidbildung hin und veredelt das carbidhaltige Roheisen in einem Folgeprozess (s. Abschnitte 4.4.4 und 5.7.4). Carbon selbst wirkt bei der Metalloxidreduktion nur in geringem Umfang als Reduktionsmittel, denn die Metalloxide bleiben in dem verwendeten Ofen im Allgemeinen fest, ebenso wie Koks, und eine Reaktion an der Grenzfläche zwischen zwei Festkörperpartikeln verläuft unbefriedigend langsam. Vielmehr herrscht eine Temperatur, bei der das Boudouard-Gleichgewicht ($C + CO_2 \leftrightarrows 2\,CO$) auf der rechten Seite liegt, sodass CO das eigentliche Reduktionsmittel darstellt gemäß z. B. $MO + CO \rightarrow M + CO_2$. Das hierbei gebildete CO_2 wird vom Koks alsbald wieder zu CO reduziert. Im Falle der besonders wichtigen Gewinnung von Roheisen wird die notwendige hohe Temperatur erreicht, indem man in einen sog. *Hochofen* von unten eine bis auf 1300 °C vorgewärmte Luft einbläst, die mit Koks exotherm zu CO abreagiert. Die sog. *Ferrolegierungen* wie Ferromangan, Ferrochrom, Ferrosilicium etc. werden durch gemeinsame Reduktion von Eisenoxid und dem jeweiligen Metalloxid hergestellt und dienen in der Eisenmetallurgie als Ausgangsstoffe für die Gewinnung bestimmter Legierungen; dabei wirkt als Reduktionsmittel meist Koks, aber auch Si oder Al. Statt des Hochofens verwendet man zur Gewinnung von Nichteisenmetallen einen ähnlich funktionierenden sog. *Schachtofen*. In anderen Fällen, beispielsweise bei der Gewinnung von Si aus SiO_2 oder von Ferrochrom aus Chromit-Erzen (*Chromit* oder *Chromeisenstein* $FeCr_2O_4$), erzeugt man die notwendige Wärme in einem elektrischen Ofen in Gegenwart von Carbon (*Elektroreduktionsofen* oder *SAF*, von *Submerged Arc Furnace*).

Die Eisenerze, Fe_2O_3, FeO(OH), Fe_3O_4, gelangen mit Gangart in den Hochofen. Meist ist die Gangart sauer und besteht aus Silicaten und Alumosilicaten. Um diese im Zuge des Hochofenprozesses zu verschlacken, braucht man einen basischen Zusatz und setzt hierfür vorzugsweise $CaCO_3$ ein; dieses wird im Hochofen zu CaO gebrannt, sodass bei 1500 °C durch Oxidtransfer (Abschnitt 5.1.3) eine flüssige Schlacke aus Calciumsilicaten gebildet wird. Umgekehrt verschlackt man basische Gangart ($CaCO_3$ u. Ä.) mit saurem Zuschlag (Tonschiefer, Feldspat etc.), wobei ebenfalls eine Calciumsilicat-Schlacke gebildet wird. Die Schlacke nimmt auch Sulfur auf, das z. T. mit der Gangart, z. T. mit dem Koks in den Hochofen gelangt. Der Hochofen wird von oben mit Erz und Zuschlag sowie Koks schichtweise beschickt. Von unten wird *Wind*, d. i. heiße Luft von gut 1200 °C, eingeblasen. Die Temperatur kann unten bis auf 2300 °C ansteigen und sinkt nach oben bis auf ca. 250 °C ab. Das schwere flüssige Roheisen läuft nach unten ab und wird dort von Zeit zu Zeit abgestochen. Roheisen enthält neben wechselnden Mengen an Si, Mn, P u. a. gut 4 % Carbon, das ein Absinken des Schmelzpunkts von reinem Eisen (1535 °C) um einige Hundert Grad bewirkt. Über dem flüssigen Roheisen sammelt sich die flüssige Schlacke, die separat abgestochen wird.

Anstelle von CO, das aus Koks und O_2 bzw. Koks und CO_2 gebildet wird, kann auch das CO im Wassergas zur Reduktion eines Metalloxids eingesetzt werden, wie es etwa bei der Reduktion von NiO bei 700 °C gehandhabt wird.

Gewinnung von Metallen aus ihren Halogeniden

Die Metalle Be, Sc, Y, La und U gewinnt man aus den Fluoriden BeF_2, ScF_3, YF_3, LaF_3 bzw. UF_4 durch Reduktion mit Ca oder Mg. Analog stellt man die Metalle Ti, Zr und Hf aus den Tetrachloriden MCl_4 durch Reduktion mit Mg, die Metalle K, Nb und Ta aus KCl, $NbCl_5$ und $TaCl_5$ durch Reduktion mit Na dar. Die Borhalogenide BCl_3 und BBr_3 lassen sich mit H_2 in elementares Bor überführen.

Im Falle des endothermen Triiodids BI_3 ($\Delta_f H^0 = 16.3$ kJ mol^{-1}) bewirkt bloßes Erhitzen einen Zerfall in die Elemente. Was das Bor anbetrifft, ist das gasförmige Hydrid B_2H_6 eine andere endotherme Verbindung, bei der durch genügend hohes Erhitzen die zum Zerfall in die Elemente nötige Aktivierungsenergie bereitgestellt wird. Die Abscheidung von Metallen oder Halbmetallen auf heißen Oberflächen beim Darüberleiten gasförmiger Verbindungen dieser Metalle hat technische Bedeutung (*Chemical Vapour Deposition*, *CVD*).

Die Metalle Na, Be, Mg, Sr, Ba und Sc kann man aus ihren Chloriden durch Elektrolyse ihrer Schmelzen darstellen. Dabei wird der Schmelzpunkt durch Zusatz geeigneter Alkalisalze herabgesetzt. Die Metalle Nb und Ta lassen sich außer durch Reduktion ihrer Pentachloride mit Na auch durch Schmelzelektrolyse der komplexen Fluoride $K_2[NbOF_5]$ bzw. $K_2[TaF_7]$ darstellen.

Gewinnung von Metallen und Halbmetallen aus ihren Sulfiden

Das *Arsen* kann man besonders einfach, nämlich durch bloßes Erhitzen von Arsenkies auf $650-700\,°C$, gewinnen (FeAsS $\rightarrow$ As + FeS), wobei As absublimiert. Antimon und Bismut lassen sich (außer durch Reduktion ihrer Oxide mit C) durch Reduktion ihrer Sulfide mit Fe bei $500-600\,°C$ herstellen (M_2S_3 + 3 Fe $\rightarrow$ 2 M + 3 FeS).

Gewisse Sulfide MS (M = Pb, Ni, Zn) führt man in zwei Schritten − erst Rösten zu MO, dann Reduzieren mit C − zum Metall (*Röstreduktion*). Erlaubt man aber im Falle von PbS das Rösten mit einer O_2-Menge, die so genau bemessen ist, dass nur der S-Anteil von PbS zu SO_2 oxidiert wird, dann bleibt das Metall nach nur einem Verfahrensschritt zurück: PbS + O_2 $\rightarrow$ Pb + SO_2 (*Röstreaktion*). Auch Hg stellt man aus HgS durch Röstreaktion dar. Im Falle des ternären Sulfids $CuFeS_2$ gewinnt man das edlere Metall Kupfer durch Röstreaktion, wenn man zum Verschlacken von Fe noch SiO_2 zufügt: $CuFeS_2$ + 5/2 O_2 + SiO_2 $\rightarrow$ Cu + $FeSiO_3$ + 2 SO_2.

Gewinnung von Metallen aus wässriger Lösung

Die kathodische Abscheidung von Metallen aus wässriger Lösung hat technische Bedeutung bei der Abscheidung von Zn und Cd aus Lösungen ihrer Sulfate (erhalten durch Lösen von ZnO bzw. CdO in Schwefelsäure) sowie von Mn aus einer Lösung von $MnSO_4$ (erhalten aus MnO/H_2SO_4; MnO aus Mn_3O_4 durch thermische Abspaltung von O_2); das Metall Cr kann man aus Lösungen von $(NH_4)CrSO_4$ (s. o.) elektrolytisch abscheiden. Im Falle von Cu besorgt man die Reduktion von Cu^{2+} aus $CuSO_4$-Lösungen entweder kathodisch oder mit Eisenschrott (Cu^{2+} + Fe $\rightarrow$ Cu + Fe^{2+}).

Im Falle von Zinn ist die Wiederaufarbeitung verzinnter Eisenbleche lohnend. Hierzu schaltet man das Blech in wässriger Lösung als Anode, wobei kathodisch H_2 entsteht: Sn + 2 H_2O + OH^- $\rightarrow$ $[Sn(OH)_3]^-$ + H_2. Das so in Lösung gebrachte Zinn wird in einem zweiten Elektrolyseschritt kathodisch abgeschieden: 2 $[Sn(OH)_3]^-$ $\rightarrow$ 2 Sn + O_2 + 2 OH^- + 2 H_2O.

Gewinnung der Edelmetalle

Silber gewinnt man zum einen Teil, indem man die bei der Cyanidlaugerei erhaltenen Lösungen mit Zn reduziert: 2 $[Ag(CN)_2]^-$ + Zn $\rightarrow$ $[Zn(CN)_4]^{2-}$ + 2 Ag. Zum

anderen Teil isoliert man Ag aus *Werkblei*, wie es bei der Aufarbeitung von silberhaltigem Bleiglanz PbS anfällt. Hierzu extrahiert man eine Werkbleischmelze mit dem in Blei nicht löslichen flüssigen Zink, in welchem sich jedoch Silber besser löst als in Blei (*Parkesieren*); Zink wird abdestilliert, und zurück bleiben die Metalle Pb und Ag, die sich in Zn gelöst hatten, im Verhältnis von ca. 10 : 1 (*Reichblei*). Über eine Schmelze von Reichblei leitet man nun Luft; dabei wird Pb in flüssiges PbO (*Bleiglätte*; Smp. 884 °C) überführt, die abläuft. Zurück bleibt Rohsilber.

Gold gewinnt man klassischerweise gediegen, indem man zerkleinertes goldhaltiges Gestein in Wasser aufschlämmt und das sich absetzende schwere Gold mechanisch abtrennt. Technisch wichtiger ist die Cyanidlaugerei, wobei dann Au, ebenso wie Ag, mit Zn aus den Laugen ausgefällt wird. Golderze lassen sich auch mit Quecksilber extrahieren; aus so gewonnenen *Amalgamen* (d. i. der allgemeine Name für Quecksilberlegierungen) wird Hg abdestilliert, sodass Rohgold zurückbleibt. Eine kleine Menge an Gold gewinnt man auch aus dem Anodenschlamm der Cu-Raffination (s. Abschnitt 5.7.4).

Die sechs *Platinmetalle* (Ru, Rh, Pd; Os, Ir, Pt) finden sich im *Rohplatin* und werden von Pt in einer Kette von Verfahrensschritten abgetrennt, die u. a. mit der unterschiedlichen Löslichkeit dieser Metalle in Königswasser sowie mit der unterschiedlichen Löslichkeit ihrer Chlorido-Komplexe in Wasser zu tun haben. Das Rohplatin kann man aus den natürlichen Lagerstätten durch Wasch- und Sedimentprozesse gediegen erhalten, aber auch aus dem Anodenschlamm der Raffination von Cu, Ni und anderer Metalle.

5.7.3 Gewinnung von Nichtmetallen

Halogene

Zur Gewinnung von *Fluor* wird zunächst der Fluoridanteil im Mineral Fluorit mit konz. H_2SO_4 in wasserfreies HF (Sdp. 19.5 °C) überführt ($CaF_2 + H_2SO_4 \rightarrow$ $2 HF + CaSO_4$) und dieses mit KF zu einer Mischung von $K[HF_2]$ (Smp. 225 °C; Anion: $D_{\infty h}$), $K[H_2F_3]$ (Smp. 72 °C; Anion: C_{2v}) und $K[H_3F_4]$ (Smp. 66 °C; Anion: D_{3h}) verarbeitet. Aus der Schmelze scheiden sich an der Anode aus Petrolkoks das Fluor F_2 und an der Kathode, als welche die Wand des Reaktors aus Monelmetall oder Stahl wirkt, Hydrogen H_2 ab.

Chlor stellt man großtechnisch durch Elektrolyse wässriger NaCl-Lösungen her (*Chloralkalielektrolyse*): $2 Cl^- + 2 H_2O \rightarrow Cl_2 + H_2 + 2 OH^-$. Wegen der Disproportionierung von Cl_2 in alkalischen Lösungen ($3 Cl_2 + 6 OH^- \rightarrow ClO_3^- + 5 Cl^- + 3 H_2O$) ist es nötig, den Kathoden- und Anodenraum so zu trennen, dass keine OH^--Ionen in den Anodenraum gelangen. Man kann die im Kathodenraum entstehende Natronlauge verwerten, wenn sie chloridfrei ist; man darf also die NaCl-Lösung, die sog. *Sole*, nur in den Anodenraum bringen. Die semipermeable Membran zwischen Kathoden- und Anodenraum sollte den nötigen Ionenstrom in der Elektrolysezelle möglichst nur so zulassen, dass $Na^+ \cdot aq$ vom Anoden- in den Kathodenraum fließt, aber nicht OH^- in umgekehrter Richtung. Dies ist gewährleistet durch eine Membran aus Poly(tetrafluorethen) mit Seitenketten vom Typ $-(CF_2)_n COOH$ auf der Anodenseite und vom Typ $-(CF_2)_n SO_3H$ auf der Kathodenseite (*Nafion*); die Kathode ist aus Stahl, die Anode aus Graphit oder besser Titan (*Membran-Verfahren*). Das ältere *Diaphragma-Verfahren* arbeitet mit einem Diaphragma aus Asbest, das einen Übertritt von OH^--Ionen in den Anodenraum nicht verhindern kann; auch ist die erhaltene Natronlauge nicht frei von NaCl. Dafür ist das Diaphragma billiger als die Nafion-Membran und weniger anfällig gegen Verstopfung durch verunreinigende Fremddionen. Die Schwierigkeiten mit der Trennung von Kathoden- und Anodenraum umgeht man elegant beim *Quecksilber-Verfahren*, bei dem die Elektrolyse in zwei Teilschritte zerlegt wird. Als erstes scheidet man aus der Sole an einer Graphit- oder Titananode Cl_2 ab und an einer Quecksilberkathode Na, da sich wegen der Überspannung von H^+/H_2 an Hg kein H_2 abscheiden kann. Das Quecksilber muss rein sein und darf insbesondere kein Ti, V, Cr, Mo etc. enthalten, da sich H^+-Ionen an Inseln solcher Metalle auf der Hg-Oberfläche sehr wohl entladen können. Das kathodisch gebildete Amalgam $NaHg_n$ muss in einem zweiten Verfahrensschritt unter Wasser mit einem Graphitstab in Kontakt gebracht werden, dessen Oberfläche mit einem geeigneten Metall wie z. B. Fe, Co, Ni behandelt worden ist; dann wird die Entwicklung von H_2 am Graphit in dem Maße in Gang gesetzt, in dem Na aus dem Amalgam als Na^+ in Lösung geht. (Dieser zweite Verfahrensschritt steht beispielhaft für eine allgemeine Konsequenz aus der Überspannung von H^+/H_2 an Metallen. Ein anderes interessantes Beispiel ist die Stabilität des unedlen, vielfach als Werkstoff genutzten Metalls Al gegenüber Wasser, die nicht nur auf die Passivierung der Al-Oberfläche, sondern auch auf die Überspannung zurückgeht. Bringt man aber Al unter Wasser mit Pt in Kontakt, so kommt es unter Auflösung von Al zu einer lebhaften H_2-Entwicklung am Pt-Kontakt.) Das Quecksilber-Verfahren verliert wegen der Giftigkeit von Hg an Bedeutung.

Auch aus HCl-Gas, das bei mehreren technischen Prozessen entsteht und einer Nutzung zugeführt werden muss, stellt man Cl_2 her. In einer exothermen, heterogen katalysierten Gasreaktion (*Deacon-Prozess*) dient das Oxygen der Luft als Oxidationsmittel: $4\,HCl + O_2 \rightarrow 2\,Cl_2 + 2\,H_2O$. Die Reaktionsgase werden bei ca. 430 °C über CuCl auf Ton als Trägermaterial geleitet. Auch die Elektrolyse von konz. Salzsäure wird technisch zur Herstellung von Cl_2 genutzt. Für Laborzwecke kann man konz. Salzsäure mit $KMnO_4$ oder mit CaCl(OH) (*Chlorkalk*) zu Cl_2 oxidieren.

Bestimmte Salzseen, Meerwasser allgemein, aber auch Rückstände aus der Kaliumsalz-Verarbeitung enthalten Alkalibromide. Zur Gewinnung von Br_2 aus solchen Lösungen werden sie bei 80 °C mit Cl_2-Gas behandelt, das als das stärkere Oxidationsmittel Br_2 in Freiheit setzt.

Iod gewinnt man großenteils aus dem mit Chilesalpeter vergesellschafteten $Ca(IO_3)_2$ durch Reduktion mit SO_2: $2\,IO_3^- + 5\,SO_2 + 4\,H_2O \rightarrow I_2 + 5\,HSO_4^- + 3\,H^+$. Hierzu bedarf es einer sauren Lösung, da I_2 in basischer Lösung in I^- und IO_3^- disproportioniert, sodass man bei der Einwirkung von SO_2 auf IO_3^- in basischer

Lösung Iodid erhält: $IO_3^- + 3\,SO_2 + 6\,OH^- \rightarrow I^- + 3\,SO_4^{2-} + 3\,H_2O$. Eine beträchtliche Menge an I_2 stellt man dar, indem man ähnlich wie bei Br_2 Alkaliiodide mit Cl_2 oxidiert.

Hydrogen sowie nichtmetallische Chalkogene und Pnictogene

Hydrogen gewinnt man aus Wasser, und zwar in reiner, zur lebensmittelchemischen Weiterverwendung (z. B. bei der Fetthärtung) geeigneten Form durch Elektrolyse, im Labor durch Reduktion von Salz- oder Schwefelsäure mit unedlen Metallen wie Zn und im technischen Maßstab durch Reduktion von Wasser mit Koks oder Carbonhydriden im Zuge der Herstellung von Synthesegas (s. Abschnitt 5.6.4). Gelegentlich fasst man auch die Komproportionierung von H^+ und H^- ins Auge, indem man H_2O mit Hydriden wie CaH_2 reduziert: $2\,H_2O + CaH_2 \rightarrow 2\,H_2 + Ca(OH)_2$.

Oxygen gewinnt man technisch aus Luft durch fraktionierte Destillation nach dem *Linde-Verfahren*, also ohne ein Redoxverfahren bemühen zu müssen. Genutzt wird auch das bei der Elektrolyse von H_2O gewonnene O_2. Im Labor kann die katalytische Disproportionierung von H_2O_2 ($2\,H_2O_2 \rightarrow O_2 + 2\,H_2O$; Katalysator: frisch bereitetes MnO_2) oder die thermische Disproportionierung von BaO_2 ($2\,BaO_2 \rightarrow O_2 + 2\,BaO$, bei 700 °C; die exotherme Rückreaktion würde einsetzen bei 500 °C) zur Gewinnung von O_2 herangezogen werden oder auch die thermische Zersetzung von Edelmetalloxiden wie Ag_2O oder HgO.

Den größten Teil des hauptsächlich zur Schwefelsäureherstellung benötigten *Sulfurs* gewinnt man aus seinen elementaren Vorkommen. Eine bedeutende Menge an S_8 erhält man weiterhin durch Oxidation von H_2S, wie es u. a. bei der Aufarbeitung fossiler Brennstoffe entsteht. In einer Kombination von Röstreduktions- und Röstreaktions-Prozess wird H_2S mit O_2 zu einem Gemisch von SO_2 ($2\,H_2S + 3\,O_2 \rightarrow 2\,SO_2 + 2\,H_2O$; *Rösten*) und S_8 ($6\,H_2S + 3\,O_2 \rightarrow 3/4\,S_8 + 6\,H_2O$; *Röstreaktion*) oxidiert, und anschließend wird das gebildete SO_2 mit unumgesetztem H_2S reduziert ($SO_2 + 2\,H_2S \rightarrow 3/8\,S_8 + 2\,H_2O$; d. i. eine katalytisch unterstützte Komproportionierung bei 170–300 °C). Der thermischen Disproportionierung von BaO_2 entspricht die von Pyrit, einem recht verbreiteten Mineral, bei 1200 °C: $FeS_2 \rightarrow FeS + 1/8\,S_8$.

Nitrogen gewinnt man zusammen mit Oxygen bei der fraktionierten Destillation von Luft. Nitrogen bleibt, neben CO_2 und den Edelgasen, auch zurück, wenn man Oxygen mit chemischen Methoden aus der Luft entfernt. So ist N_2 ein Bestandteil des Generatorgases und kann hieraus gewonnen werden, wenn man CO entfernt (s. Abschnitt 5.6.4). Nitrogen bleibt auch zurück, wenn man Luft über glühendes Cu leitet und dabei O_2 als CuO entfernt. Reines Nitrogen erhält man, wenn man feste Azide thermisch zersetzt, z. B. $2\,NaN_3 \rightarrow 2\,Na + 3\,N_2$. Eine interessante Bildungsweise für N_2 ist die Komproportionierung von N^{-III} (z. B. NH_3) und N^{III} (z. B. $NaNO_2$) in saurer Lösung ($NH_4^+ + NO_2^- \rightarrow N_2 + 2\,H_2O$).

Phosphor gewinnt man in einer stark endothermen Reaktion aus Apatit $Ca_5(PO_4)_3(OH, F)$ durch Reduktion mit Koks bei $1400-1500\,°C$ im Lichtbogenofen. Der Aufwand an Energie beträgt $47 \cdot 10^6$ kJ/t. Die Ca-Ionen werden mit SiO_2 verschlackt, sofern sie nicht in CaF_2 übergehen:

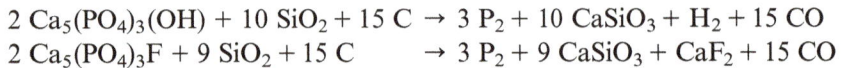

$$2\,Ca_5(PO_4)_3(OH) + 10\,SiO_2 + 15\,C \rightarrow 3\,P_2 + 10\,CaSiO_3 + H_2 + 15\,CO$$
$$2\,Ca_5(PO_4)_3F + 9\,SiO_2 + 15\,C \qquad \rightarrow 3\,P_2 + 9\,CaSiO_3 + CaF_2 + 15\,CO$$

Der P_2-Dampf dimerisiert sich beim Abkühlen zu *weißem Phosphor* P_4 (Sdp. $280.5\,°C$, Smp. $44.25\,°C$); im Handel ist der aggressiv mit O_2 reagierende weiße Phosphor oder der aus ihm bei $200-400\,°C$ gebildete, weit weniger aggressive *rote Phosphor* (d.i. eine amorphe, Strukturelemente des violetten Phosphors enthaltende Erscheinungsform; Umwandlungskatalysator: I_2).

5.7.4 Raffination von Metallen und Halbmetallen

Raffination durch Phasentransport

Hinreichend flüchtige Metalle lassen sich durch Destillation reinigen. Dies ist von Bedeutung bei den Metallen der 12. Gruppe mit den Siedepunkten $356.6\,°C$ (Hg), $767.3\,°C$ (Cd) und $908.5\,°C$ (Zn).

Eine Reinigung durch Schmelzen und Wiederauskristallisieren ist sinnvoll, wenn unerwünschte Verunreinigungen in der Schmelze besser löslich sind als im Kristall. Dies ist wichtig für Silicium, wird doch *Reinstsilicium* in der Halbleitertechnik in steigendem Maße gebraucht. Man kann so vorgehen, dass man einen Impfkristall aus Reinstsilicium in eine Schmelze aus *Reinsilicium* von ca. $1420\,°C$ (Smp. $1414\,°C$) eintaucht und so langsam herauszieht, dass vom Impfkristall ausgehend ein langgestreckter Kristall heranwächst (*Kristallziehen, Czochralski-Verfahren*). Eleganter ist es, wenn man einen senkrecht justierten Reinsiliciumstab in einem Edelstahlzylinder mithilfe von Hochfrequenzinduktion am unteren Ende schmilzt und die Schmelzzone langsam nach oben führt, sodass sich schließlich alle Verunreinigungen am oberen Ende des Stabs, das abgesägt wird, ansammeln (*Zonenschmelzen*). Man kann so im Reinstsilicium einen Stoffmengenanteil an Fremdatomen von nur $x = 10^{-10}$ erreichen. Auch Al kann durch Kristallziehen oder Zonenschmelzen in *Reinstaluminium* (99.999 %) übergeführt werden.

Raffination durch Ionentransport

Die Edelmetalle Cu, Ag, Au, aber auch andere Metalle wie Ni lassen sich durch Elektrolyse vom Roh- in den Reinzustand überführen. Hierzu taucht man Platten aus Rohmetall als Anoden in eine saure wässrige Lösung des betreffenden Metalls ($CuSO_4/H_2SO_4$; $AgNO_3/HNO_3$; $AuCl_3/HCl$). Als Kathoden dienen dünne Bleche des betreffenden Feinmetalls. Die Spannung wird so angelegt, dass das betreffende

Metall gerade in Lösung geht, und zwar zusammen mit allen verunreinigenden, unedleren Metallen, während sich edlere Metalle nicht lösen und an der Anode als metallischer Schlamm absetzen (*Anodenschlamm*). An der Kathode scheidet sich gleichzeitig das zu reinigende Metall wieder ab, während die unedlen Metalle in Lösung bleiben. So erhält man *Reinkupfer* (99.9 %), *Fein-* oder *Elektrolytsilber* (99.98 %) bzw. *Fein-* oder *Elektrolytgold* (99.98 %).

Die elektrolytische Reinigung eines Metalls muss nicht unbedingt in wässriger Lösung erfolgen. Rohvanadium beispielsweise lässt sich in einer NaCl-Schmelze als Elektrolyt in *Reinvanadium* und Rohaluminium in einer Schmelze aus NaF, BaF_2 und AlF_3 in *Reinaluminium* überführen.

Raffination durch chemischen Transport

In der industriellen Technik bietet die Gewinnung von Rein- aus Rohtitan ein klassisches Beispiel. Wie in Abschnitt 4.4.3 schon beschrieben, wird Titan bei 500 °C mit Iod exotherm in das flüchtige TiI_4 verwandelt, das an einem elektrisch auf 1600 °C erhitzten Wolframdraht wieder zersetzt wird. Auf dem Wolfram scheidet sich Reintitan ab, und I_2 wird in den Prozess zurückgeführt (*Verfahren von van Arkel und de Boer*). Ebenso wie Ti lassen sich Zr (über ZrI_4), Hf (über HfI_4), Cr (über CrI_2) und V (über VI_3) reinigen. Nickel kann man wegen der leichten Bildung seines Carbonyl-Komplexes mit CO als Transportmittel reinigen: Bei 80 °C entsteht exotherm das flüchtige $Ni(CO)_4$ (Sdp. 42.1 °C), das an Nickelkügelchen bei 180 °C wieder zu *Reinnickel* zersetzt wird (*Mond-Verfahren*).

Technisch bedeutsam ist die Reinigung von Rohsilicium, wie es bei der Reduktion von SiO_2 mit C anfällt. Bei 300−400 °C reagiert Si mit HCl zu Trichlorsilan, das man durch Destillation reinigen kann: $Si + 3\,HCl \rightarrow SiHCl_3 + H_2$. Das entstandene H_2 nutzt man, um bei 1300−1400 °C die endotherme Rückreaktion zu bewirken. Diese führt zu jenem Reinsilicium, das man dann durch Zonenschmelzen in Reinstsilicium verwandelt (s. o.).

Raffination durch selektive Oxidation der Verunreinigungen

Die durch Reduktion und ganz besonders durch Reduktion von Metalloxiden mit Koks erhaltenen Rohmetalle enthalten in der Regel mehrere andere Elemente als unerwünschte Beimengungen. Eine vielfach angewendete Methode zu deren Entfernung ist das Einblasen von O_2 in eine Schmelze des Rohmetalls (*Frischen*). Die Beimengungen gehen dabei vorzugsweise in die entsprechenden Oxide über, wenn sie unedler sind als das zu reinigende Metall, während edlere Metalle nicht angegriffen werden. Die gebildeten Oxide schwimmen im Allgemeinen als flüssige Schlacke auf der Metallschmelze und können entfernt werden.

Ein Beispiel bietet die Herstellung von *Garkupfer* aus dem durch Röstreaktion gebildeten *Rohkupfer*. Bei 1200 °C gehen die Beimengungen As, Sb, Sn, Pb, Fe, Co, Ni und Zn in ihre flüssigen Oxide über, wobei die flüchtigeren Oxide teilweise sogar als Dampf abgeblasen werden (As_2O_3, Sb_2O_3, PbO, ZnO). Am Ende erhitzt man noch so lange weiter, bis das mit O_2 gebildete Cu_2O gerade mit der als Verunreinigung im Garkupfer noch enthaltenen Menge an Cu_2S durch Röstreaktion ($Cu_2S + 2\,Cu_2O \rightarrow 6\,Cu + SO_2$) in Garkupfer übergegangen ist.

Das aus SnO_2 mit Koks entstandene *Rohzinn* enthält vor allem Fe als Verunreinigung. Beim Schmelzen unter Luftzutritt bildet sich festes Eisenoxid zusammen mit einer hoch schmelzenden Zinn/Eisen-Legierung. Die Schmelze von *Reinzinn* kann ablaufen.

Nicht immer ist es Oxygen, das zur oxidativen Abtrennung verunreinigender Beimengungen führt. Im Falle von *Rohantimon* entfernt man die Beimengungen (S, As, Pb, Fe, Cu) mittels einer Na_2CO_3/$NaNO_3$-Schmelze, in der das Nitrat unter Übergang in Nitrit die Oxidation und Soda das basische Medium herbeiführen (z. B. $S + 3\,NaNO_3 + Na_2CO_3 \rightarrow Na_2SO_4 + 3\,NaNO_2 + CO_2$); zudem erniedrigt ein Zumischen von Na_2CO_3 den Schmelzpunkt von $NaNO_3$ (Smp. $307\,°C$).

Größte technische Bedeutung hat die oxidative Raffination bei der Entkohlung von Roheisen mit O_2 (*Sauerstoff-Blasverfahren*; s. Abschnitt 3.2.5). Es wird dabei der Carbongehalt des entstehenden Stahls geregelt, aber es werden auch Beimengungen wie Si, P, Mn u. a. als Oxidschlacke entfernt (s. Abschnitt 4.4.4). Der sog. *unlegierte Stahl* enthält im Übrigen immer noch Beimengungen von S ($< 0.06\,\%$), P ($< 0.09\,\%$), Si ($< 0.5\,\%$), Al ($< 0.1\,\%$), Ti ($< 0.1\,\%$), Mn ($< 0.8\,\%$) und Cu ($< 0.25\,\%$). (Davon unberührt, erhalten Stähle spezielle Eigenschaften wie Härte, Zähigkeit, Festigkeit, Verformbarkeit, chemische Resistenz etc. durch nachträgliches Zulegieren von Elementen wie S, N, Si, Al, Ti, V, Nb, Cr, Mo, W, Mn, Co oder Ni.)

6 Molekülchemie mit Carbon als Zentralatom: Organische Chemie

In diesem Abschnitt werden die *Carbonhydride* behandelt sowie deren *Derivate*, die sich von den Carbonhydriden dadurch ableiten, dass ein oder mehrere H-Atome durch einbindige Liganden X (Hal, OH, OR, NH_2, NHR, NR_2, SH, SR u. a.) oder dass zwei benachbarte (*geminale*) H-Atome durch zweibindige Liganden Y (Y = O, S, NH, NR) oder dass drei benachbarte H-Atome durch den dreibindigen Liganden N oder durch eine Kombination von X und Y ersetzt sind; die Liganden X und Y nennt man *funktionelle Gruppen*. Die Carbon-Gerüste mögen dabei gesättigt oder ungesättigt, acyclisch oder cyclisch, unverzweigt oder verzweigt, nichtaromatisch oder aromatisch sein. Es handelt sich also um die *Organische Chemie*. Im Folgenden werden zunächst reaktive Zwischenstufen behandelt, deren Kenntnis zum Verständnis der Reaktionsmechanismen wichtig ist. Es folgt ein Überblick über die Carbonhydride und ihre Derivate. Schließlich kommen der Reihe nach Substitutionen, Eliminierungen, Additionen, Umlagerungen, Redoxreaktionen und die Photochemie an die Reihe.

6.1 Reaktive Zwischenstufen

6.1.1 Carbokationen

Unter *Carbokationen* versteht man sowohl die *Alkanium-Kationen* mit dem Methanium CH_5^+ als Grundkörper als auch die *Alkylium-Kationen* mit dem Methylium CH_3^+ als Grundkörper; auch die Bezeichnungen *Carbonium*- für Alkanium- und *Carbenium*- für Alkylium-Kationen werden gebraucht. Alkanium-Kationen verfügen über ein Elektronenoktett: Das Kation CH_5^+ kann man sich aus drei CH-(2c2e)-Bindungen und einer CHH-(3c2e)-Bindung aufgebaut denken. Das kationische C-Atom der Alkylium-Kationen ist eine Elektronensextett-Spezies und ist normalerweise planar koordiniert (Symmetrie von CH_3^+: D_{3h}); ein Carbon-p-Orbital bleibt unbesetzt; Ausnahmen von der Planarität können bei Carbenium-Ionen auftreten, wenn das kationische C-Atom als Brückenkopf in einem bicyclischen Molekül in eine nichtplanare Koordination gezwungen wird. Das Kation CH_5^+ ist isoelektronisch mit BH_5, das Kation CH_3^+ mit BH_3. Als Zwischenstufen haben insbesondere die Carbenium-Kationen R^+ Bedeutung.

In der Welt aromatischer Carbokationen unterscheidet man die Arenium-Kationen mit dem Benzenium-Kation $C_6H_7^+$ als Grundkörper von den Arylium-Kationen mit dem Phenylium-Kation $C_6H_5^+$ als Grundkörper. Für das Benzenium-Kation $C_6H_7^+$ (auch: *Phenonium-Kation*) lehrt die Theorie, dass unter mehreren denkbaren Isomeren eines zu einem Minimum der Energie gehört: Ein Hydron greift Benzen an einem C-Atom an, das nunmehr mit insgesamt vier σ-Bindungen an zwei C- und zwei H-Atome gebunden ist; dabei stehen die CH_2-Ebene und die C_6-Ring-ebene senkrecht aufeinander (C_{2v}), und nur noch vier π-Elektronen sind unter Aufgabe der Aromatizität zusammen mit einer positiven Ladung über fünf C-Atome delokalisiert. Eine Struktur mit dem Hydron, das in die π-Elektronenwolke eingebettet auf der C_6-Achse liegt (C_{6v}), oder eine Struktur mit einer zum aromatisch gebliebenen Sechsring koplanaren CHH-(3c2e)-Bindung (C_{2v}) oder eine Struktur mit einer CHC-(3c2e)-Bindung in der C_6-Ebene (C_{2v}) liegen energetisch weit oberhalb jener Minimumstruktur. Praktische Bedeutung als Zwischenstufen der elektrophilen aromatischen Substitution (s. u.) haben die beim Angriff eines Kations E^+ gebildeten Phenonium-Kationen $C_6H_6E^+$.

Eine für Carbokationen R^+ typische Reaktion ist die mit Wasser, $R^+ + H_2O \leftrightharpoons ROH + H^+$, die R^+ als sehr starke Brønsted-Säure ausweist. Um die Stabilität verschiedener Kationen R^+ zu vergleichen, betrachtet man ihre Acidität: Je stabiler und damit langlebiger R^+ ist, als umso weniger stark stuft man seine Acidität ein. Um sie zu messen, betrachten wir R^+ als Indikatorsäure A_I und ROH als Indikatorbase B_I und suchen nach einer sehr starken Säure mit einer bekannten Hammett-Konstanten H_0 (s. Abschnitt 5.2.8), die geeignet ist, ein Gleichgewicht zwischen A_I und B_I herzustellen. Die Gleichgewichtskonzentrationen c_{AI} und c_{BI} mögen aufgrund spektroskopischer Eigenschaften von R^+ und ROH messbar sein. Dann geht die Stabilität von R^+ mit pK_{AI} parallel, wobei gilt: $pK_{AI} = H_0 - \lg(c_{BI}/c_{AI})$.

Die Stabilität von R^+ wird durch *Nachbargruppeneffekte* geprägt. Eine starke elektronische Wechselwirkung stabilisiert R^+. Der Grundkörper CH_3^+ genießt keine derartige Stabilisierung. Der Ersatz von H durch Ethenyl $H_2C=CH$ ergibt das Allyl-Kation mit einer (3c2e)-π-Delokalisierung, die sich bildhaft durch zwei mesomere Grenzformeln beschreiben lässt:

Auch ein Phenylrest wirkt stabilisierend:

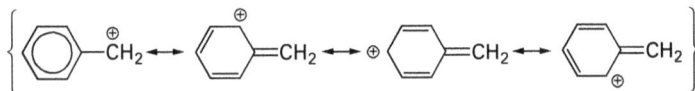

Wenn elektronendrückende Liganden wie MeO oder Me_2N die positive Ladung in der *ortho*- oder *para*-Position gemäß $\{MeO{-}C_6H_4{-}CH_2^+ \leftrightarrow MeO^+{=}C_6H_4{=}CH_2\}$

übernehmen können, dann erhöht sich die Stabilisierung erheblich; in der *meta*-Stellung entfalten solche Liganden dagegen kaum Wirkung.

Mit mehreren Arylresten in der Nachbarposition zum Reaktionszentrum verstärkt sich die Stabilisierung. Das Triphenylmethylium-Kation ist so stabil, dass die Verbindung Ph_3CCl in polaren, aber nicht protonenaktiven Lösungsmitteln wie SO_2 einem Dissoziationsgleichgewicht unterliegt: $Ph_3CCl \leftrightarrows Ph_3C^+ + Cl^-$. Salzartige Verbindungen wie $[Ph_3C]BF_4$ sind lagerfähig. Der stabilisierende Effekt der Ph-Gruppen im Ph_3C^+-Kation ist deshalb bemerkenswert, weil eine optimale Überlappung und Delokalisierung der neun π-Elektronenpaare über das C_{19}-Gerüst hinweg voraussetzte, dass alle 19 C-Atome in einer Ebene liegen (D_{3h}); das ist aber nicht der Fall, weil um das zentrale C-Atom herum zu wenig Platz ist; also liegen zwar dieses C-Atom, die drei benachbarten C-Atome (die sog. *ipso*-C-Atome) und die drei *para*-C-Atome der Ph-Gruppen in einer Ebene, die drei Ebenen der Ph-Gruppen aber stehen schräg dazu in propellerförmiger Anordnung (C_3), sodass die mesomere Wechselwirkung nur teilweise zur Geltung kommen kann. Man spricht in solchen Fällen von *sterischer Mesomeriehinderung*.

Eine schwächere Stabilisierung als vermöge einer π-Elektronen-Wechselwirkung erfahren Carbenium-Kationen durch die Wechselwirkung mit benachbarten σ-Bindungen. So kann jede der drei C—H-Bindungen der Me-Gruppe von Ethylium, $MeCH_2^+$, mit dem leeren p-Orbital wechselwirken, also eine Art CHC-(3c2e)-Bindung aufbauen, und so Ethylium stabiler machen als Methylium. Auch diese schwache Wechselwirkung beschreibt man mitunter mit mesomeren Grenzformeln und spricht von *Hyperkonjugation*:

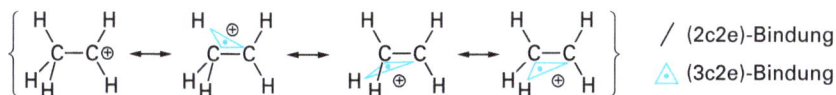

Es ergibt sich mit steigender Zahl benachbarter Me-Gruppen eine deutliche Steigerung der Stabilität: $H_3C^+ < MeH_2C^+ < Me_2HC^+ < Me_3C^+$.

Was benachbarten C—H-Bindungen recht ist, muss benachbarten C—C-Bindungen billig sein. Ein sog. *klassisches Carbokation* wie das Propylium-Kation $C_3H_7^+$ (linke Grenzstruktur) erfährt eine gewisse Stabilisierung durch eine sog. *nichtklassische* Wechselwirkung mit einer benachbarten σ-Bindung, was bildhaft durch die Andeutung einer (3c2e)-Bindung (rechte Grenzformel) beschrieben werden kann.

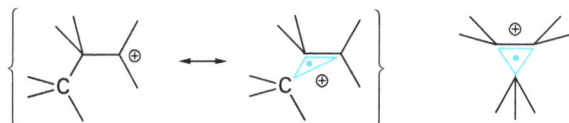

Hydroniert man Cyclopropan C_3H_6 zum Cyclopropanium $C_3H_7^+$, so unterscheidet sich dessen Struktur mit C_s-Symmetrie vom isomeren, offenkettigen Propylium-

Kation $C_3H_7^+$ nur durch die Bindungswinkel. Zwar kann man ein *nichtklassisches* Carbokation wie das Cyclopropanium-Kation in Supersäuren aus Cyclopropan generieren, beim gewöhnlichen chemischen Arbeiten hat man mit ihm eher in Derivaten zu rechnen, bei denen es in ein starres mehrcyclisches System eingebunden ist. Ein klassisches Beispiel hierfür ist das bicyclische Kation $C_7H_{11}^+$ (*Norbornyl-Kation*), das bei der Substitution $C_7H_{11}X + Y^- \rightarrow C_7H_{11}Y + X^-$ als Zwischenstufe entsteht [z. B. X = $(p\text{-BrC}_6H_4)SO_3$, d. i. (4-Bromophenyl)sulfonat oder *Brosylat*, abgekürzt BsO; Y = MeCOO]. Ein zweiter Zugang zum Norbornyl-Kation besteht in der Hydronierung von Nortricyclan C_7H_{10} (C_{3v}). Der Angriff von Y^- am C-Atom 1 oder 2 des Kations ist gleich wahrscheinlich, sodass zwei Produkte entstehen, die sich wie Bild und Spiegelbild verhalten; also bildet sich aus optisch reinem Edukt mit *exo*-ständiger Gruppe X ein Racemat mit *exo*-ständiger Gruppe Y. [Das Präfix *exo* (d. h. *nach außen*) gibt die Stellung der Gruppe X zum bicyclische Ringgerüst an; das an C2 gebundene H-Atom steht demgemäß in *endo*-Stellung (also *nach innen*); das Begriffspaar *exo/endo* ist dem beim Cyclohexan diskutierten Begriffspaar *äquatorial/axial* verwandt.]

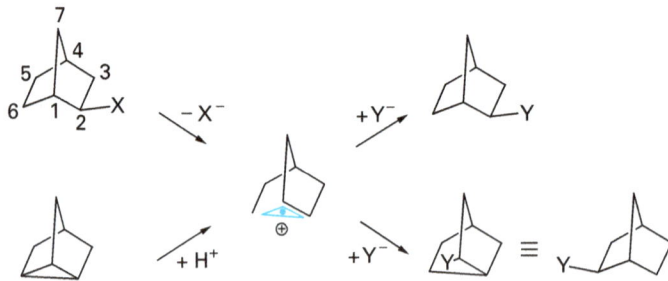

Eine spezielle Stabilisierung erfährt Methylium durch Cyclopropanyl-Liganden C_3H_5. Im Cyclopropan C_3H_6 haben die drei CC-σ-Bindungen ihre größte Elektronendichte nicht längs der C—C-Achsen, stoßen also nicht in einem Winkel von 60° aufeinander, sondern haben ihr Elektronendichte-Maximum längs nach außen gekrümmter C—C-Verbindungslinien; man spricht anschaulich von *Bananenbindungen*. Im Cyclopropanylmethylium-Kation C_3H_5—CH_2^+ steht die Methylium-Ebene, in der die Gruppierung CH—CH_2^+ liegt, senkrecht zur C_3-Cyclopropan-Ebene, sodass – bei C_s-Symmetrie – diese Gruppierung in der Spiegelebene und die beiden symmetrisch äquivalenten Ring-CH_2-Gruppen vor und hinter der Ebene liegen. Wir bezeichnen jetzt die beiden Molekülorbitale der beiden zunächst isoliert gedachten Bananenbindungen mit ψ_1 und ψ_2, die aber durch Wechselwirkung in die bindenden und besetzten Molekülorbital-Kombinationen $\psi_1 + \psi_2$ und $\psi_1 - \psi_2$ (unter Weglassung der Normierungsfaktoren) übergehen. Man mache sich klar, dass der ψ_1-Anteil des zuletzt genannten Molekülorbitals so angeordnet ist, dass es zu einer bindenden Überlappung mit dem positiven Teil des unbesetzten p-Orbitals des Methylium-C-Atoms kommen kann, während der entsprechende ψ_2-Anteil mit dem negativen Teil jenes p-Orbitals überlappt. Das Tricyclopropylmethylium-Kation $(C_3H_7)_3C^+$ wird dadurch so stabil, dass es in 96%iger H_2SO_4 gelagert werden kann.

Ebenso wie das Methylium- erfährt auch das Vinylium- ($H_2C=CH^+$) und das Phenylium-Kation ($C_6H_5^+$) keine Stabilisierung durch Nachbargruppen. Diese Kationen sind sehr instabil und spielen als Zwischenstufen keine allzu große Rolle.

Eine starke Stabilisierung von Carbenium-Kationen kann von Heteroatom-Seitenketten ausgehen. Addiert man ein Hydron z. B. an Guanidin $(H_2N)_2C=NH$ oder an ein Amidin $RC(NH_2)=NH$, so bilden die Kationen Guanidinium $(H_2N)_3C^+$ bzw. Amidinium $RC(NH_2)_2^+$ mit geeigneten Anionen lagerfähige Substanzen, da die drei bzw. zwei freien Elektronenpaare an den N-Atomen mit dem leeren p-Orbital des zentralen C-Atoms eine stabilisierende Wechselwirkung eingehen. Von reaktiven Zwischenstufen kann hier nicht mehr die Rede sein, allerdings auch nicht von Carbenium-Ionen, sind doch auch die N-Atome als Immonium-N-Atome an der positiven Ladung beteiligt. (In Analogie zum Begriffspaar *Amin/Ammonium* für $R_3C-NH_2/R_3C-NH_3^+$ bezieht sich das Begriffspaar *Imin/Immonium* auf $R_2C=NH/R_2C=NH_2^+$.) Auch linear gebaute Carbokationen, in denen das zentrale C-Atom digonal-linear koordiniert ist, sind bekannt. Musterbeispiele sind die mesomeriestabilisierten, relativ langlebigen Acylium-Kationen: $\{R-C^+=O \leftrightarrow R-C\equiv O^+\}$.

Carbenium-Kationen treten bei der zweistufigen sog. *nucleophilen Substitution* oder S_E-*Reaktion* auf (s. Abschnitt 6.4.1):

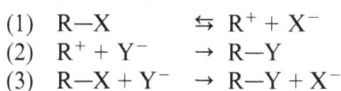

(1) $R-X \quad\quad \leftrightharpoons R^+ + X^-$
(2) $R^+ + Y^- \quad \rightarrow R-Y$
(3) $R-X + Y^- \rightarrow R-Y + X^-$

Die Dissoziation (1) bestimmt im Allgemeinen die Geschwindigkeit der Reaktion, die nach der 1. Ordnung verläuft, sodass man die Gesamtreaktion (3) eine S_N1-*Reaktion* nennt.

Die Addition von H^+-Ionen an Alkene, z. B. $H_2C=CH_2$, liefert Carbokationen, z. B. $H_3C-CH_2^+$. Die Weiterreaktion kann nach dieser Initiation in einer kationischen Polymerisation bestehen, in deren Verlauf sich die gebildeten Carbokationen immer wieder an ein weiteres Alken addieren (s. Abschnitt 4.3.5). Auch Ketone oder andere ungesättigte Moleküle vom Typ $R_2C=Y$ können durch Addition von H^+ ein Gleichgewicht mit Kationen R_2C^+-YH bilden, die dann beispielsweise durch Addition von Anionen weiterreagieren. – Anstelle von H^+ mögen es auch andere Kationen sein, die sich an $R_2C=Y$ addieren, um eine Weiterreaktion des gebildeten Carbokations einzuleiten.

Schließlich sei als eine für Carbenium-Ionen typische Reaktion die *Umlagerung* anionischer Gruppen wie H^-, R^- oder Hal^- genannt, wobei ein neues, energetisch günstigeres Carbenium-Ion entsteht. So kann z. B. eine 1,2-Verschiebung von H^- aus einem primären ein stabileres sekundäres Carbenium-Ion machen: $Me-CH_2-CH_2^+ \rightarrow Me-CH^+-Me$.

Zur Bildung von *Carbonium-Ionen* sind Supersäuren das geeignete Medium, also Lösungen von FSO_3H und SbF_5 oder auch von HF und AsF_5 in Lösungsmitteln wie flüssigem SO_2 (Sdp. $-10.02\,°C$). Das einfachste Beispiel ist die Hydronierung von Methan: $CH_4 + H^+ \rightarrow CH_5^+$. Eine typische Folgereaktion ist die Abspaltung von H_2: $CH_5^+ \rightarrow CH_3^+ + H_2$. In dieser Weise gebildete Carbenium-Ionen sind im supersauren Medium mit Gegenionen wie SbF_6^- oder AsF_6^- haltbar und können dort untersucht werden (s. Abschnitt 5.2.9). Die Hydronierung von CH_4 zu CH_5^+ entspricht ganz der Hydronierung von BH_4^-, die sich beim Ansäuern wässriger Lösungen des Salzes $NaBH_4$ ereignet; die kurzlebige Zwischenstufe BH_5 geht in H_2 und BH_3 über, und dieses dimerisiert sich spontan zu B_2H_6.

6.1.2 Carbanionen

Unter dem Begriff *Carbanionen* fasst man zusammen: Alkanide (wie das Methanid CH_3^-), Alkenide (wie das Ethenid $H_2C{=}CH^-$), Alkinide (wie das Ethinid oder Acetylid $HC{\equiv}C^-$) und Arenide (wie das Benzenid $C_6H_5^-$). In freier Form existieren die von unsubstituierten Carbonhydriden abgeleiteten Carbanionen nicht. Man kennt sie in salzähnlichen Strukturen (z. B. MR mit M = K, Rb, Cs) oder in Molekülen mit polarer kovalenter Bindung zum kationischen Bindungspartner (z. B. HgR_2); ob man in diesem Fall noch von *Carbanionen* reden sollte, ist zweifelhaft. In Lösung gehen Carbanionen bindende Wechselwirkungen entweder mit dem metallischen Bindungspartner oder mit dem Lösungsmittel ein; sog. Ionenpaare vom Typ M^+R^- spielen in Lösung eine Rolle. Über Carbanionen in der Gasphase weiß man wenig. Für das freie Methanid CH_3^- muss man eine C_{3v}-Struktur ähnlich dem isoelektronischen NH_3 annehmen. In den salzartigen Methaniden KMe, RbMe und CsMe liegt eine NiAs-Struktur vor mit Me auf den trigonal-prismatisch von M^+ koordinierten As-Plätzen; in dieser Struktur sollten die pyramidal konfigurierten Me-Ionen auf den C_3-Achsen bei tiefer Temperatur gleichsinnig ausgerichtet sein und diese Achsen dadurch polar machen.

Stabilität von Carbanionen

Metallorganische Verbindungen MR reagieren im Allgemeinen heftig mit Wasser gemäß $MR + H_2O \rightarrow HR + M^+ + OH^-$ und erweisen sich mithin als starke Brønsted-Basen. Es ist plausibel, eine Parallelität zwischen der Basizität eines fiktiven Anions R^- und seiner Stabilität herzustellen: Je saurer HR ist, umso stabiler ist das Anion R^-. Ein experimenteller Vergleich der Acidität von HR und HR' gelingt, wenn man Gleichgewichte des Typs $MR + HR' \leftrightarrows MR' + HR$ untersucht: Liegt das Gleichgewicht rechts, dann ist HR' saurer als HR und R'^- stabiler als R^-. Auf diese Weise hat sich für diverse Säuren HR mit zunehmender Acidität von HR und zunehmender Stabilität von R^- folgende Reihe etabliert:

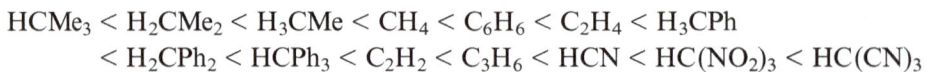

$$HCMe_3 < H_2CMe_2 < H_3CMe < CH_4 < C_6H_6 < C_2H_4 < H_3CPh$$
$$< H_2CPh_2 < HCPh_3 < C_2H_2 < C_3H_6 < HCN < HC(NO_2)_3 < HC(CN)_3$$

Während bei den Carbokationen in der Reihe von CH_3^+ bis CMe_3^+ die Acidität und die Stabilität mit zunehmendem Methylierungsgrad als Folge der Hyperkonjugation ansteigt, steigt in der Reihe von CH_3^- bis CMe_3^- die Basizität, und die Stabilität sinkt, und zwar zufolge eines *positiven induktiven Effekts* (+*I-Effekt*). Ein +I-Effekt liegt vor, wenn in einem Molekül A—X der Ligand X die Elektronendichte der A—X-Bindung stärker von A nach X verschiebt als der Standardligand H; das Umgekehrte gilt für den *negativen induktiven Effekt* (−*I-Effekt*), wie ihn elektronenziehende Liganden, z. B. Cl, ausüben. Der +I-Effekt dreier Me-Gruppen im Anion CMe_3^- drückt also Ladungsdichte zum C-Atom und macht dieses basischer als das Anion CH_3^-. Mit zunehmendem Phenylierungsgrad in der Reihe von CH_3^- bis CPh_3^- sinkt die Basizität (d. h. die Acidität der korrespondierenden Säure steigt), und die Stabilität steigt, und zwar als Folge der Bereitschaft des aromatischen π-Elektronensystems, mit dem freien Elektronenpaar am C-Atom in Resonanz zu treten, sodass sich acht π-Elektronen über sechs Zentren verteilen. Dies kann durch einen Kanon mesomerer Grenzformeln für das Benzyl-Anion $PhCH_2^-$ zum Ausdruck gebracht werden, der an die Grenzformeln für das Benzyl-Kation $PhCH_2^+$ erinnert (s. o.):

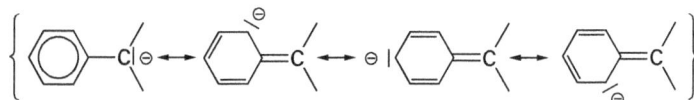

Die relativ große Stabilität von Ethenid $C_2H_3^-$ steht in auffallendem Gegensatz zur geringen Stabilität von Ethenylium $C_2H_3^+$, wohingegen die stabilisierende Wirkung des (3c2e)-π-Systems im Propenylium $C_3H_5^+$ einer ähnlich stabilisierenden Wirkung des (3c4e)-π-Systems im Propenid $C_3H_5^-$ entspricht.

Eine besondere Stabilität gewinnen Carbanionen, wenn die Delokalisierung des carbanionischen Elektronenpaars durch benachbarte ungesättigte Gruppen deshalb verstärkt wird, weil die negative Ladung von den elektronegativen Atomen O oder auch N übernommen werden kann. Die Acylreste von Oxosäuren stellen solche Gruppen dar. In der Praxis von besonderer Bedeutung sind die Acylreste RCO (der Carbonsäuren), NO_2 (der Salpetersäure) und RSO_2 (der Alkansulfonsäuren), daneben auch die Acylreste (RO)OC und $(RO)O_2S$ (der Kohlensäure- bzw. Schwefelsäurehalbester). Die entsprechende Delokalisierung lässt sich durch die Mesomerie-Schreibweise illustrieren:

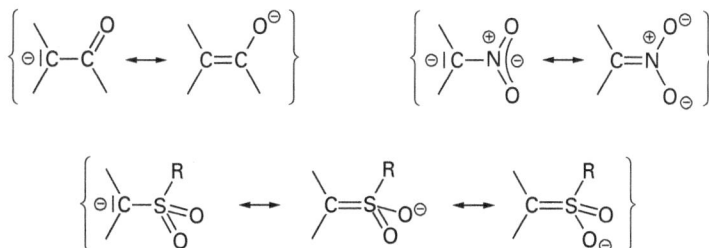

Einen ähnlichen Effekt übt der Acylrest CN der Cyansäure aus:

$$\left\{ \ominus|\overset{\diagup}{\underset{\diagup}{C}}-C\equiv N| \quad\longleftrightarrow\quad \overset{\diagup}{\underset{\diagup}{C}}=C=\bar{N}\ominus \right\}$$

In allen Beispielen haben die rechten Grenzformeln mit der negativen Formalladung an elektronegativeren Atomen als C mehr Gewicht. Moleküle mit mehreren acidifizierenden Gruppen wie Trinitromethan oder Tricyanomethan sind bereits schwache Säuren und nicht mehr so extrem schwache Säuren wie Methan, und die korrespondierenden Basen $[C(NO_2)_3]^-$ bzw. $[C(CN)_3]^-$ sind nicht mehr stark, so wie CH_3^-, sondern nur noch schwach. In Lösungen von Salzen dieses Typs kann man die Anionen näherungsweise als frei ansehen, wenn man von einer gewissen Solvatation absieht, aber mit den eigentlichen Carbanionen R^- mit einem freien Elektronenpaar am C-Atom haben sie kaum noch etwas gemein. Im Abschnitt 2.5.1 haben wir die Keto-Enol-Tautomerie als eine schnelle 1,3-Verschiebung eines Hydrons kennengelernt, und zwar anhand der Beispiele Acetylmethan $MeCO-CH_3$ (systematisch: *Propanon*, trivial: *Aceton*) und Diacetylmethan $(MeCO)_2CH_2$ (systematisch: *Pentan-2,4-dion*). Ersteres ist saurer als Letzteres, und zwar sind nach Abspaltung eines Hydrons drei Elektronenpaare über fünf Atome hinweg delokalisiert:

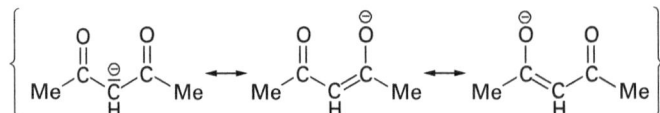

$$\left\{ \begin{array}{c} \overset{O}{\underset{\|}{}}\quad\overset{O}{\underset{\|}{}} \\ Me\diagdown C\diagup\overset{\ominus}{\underset{H}{C}}\diagdown C\diagup Me \end{array} \longleftrightarrow \begin{array}{c} \overset{O}{\underset{\|}{}}\quad\overset{\overset{\ominus}{O}}{} \\ Me\diagdown C\diagup\underset{H}{C}\diagdown C\diagup Me \end{array} \longleftrightarrow \begin{array}{c} \overset{\overset{\ominus}{O}}{}\quad\overset{O}{\underset{\|}{}} \\ Me\diagdown C\diagup\underset{H}{C}\diagdown C\diagup Me \end{array} \right\}$$

Die besprochenen Acylgruppen üben auf benachbarte C—H-Bindungen einen elektronenziehenden negativen *mesomeren* Effekt aus, einen Stabilisierungseffekt also aufgrund der Delokalisierung jenes Elektronenpaars, das zurückbleibt, wenn H^+ abgespalten wird. Die gleichen Gruppen üben auch auf benachbarte C—H-Bindungen einen negativen *induktiven* Effekt aus, einen elektrostatischen Effekt also, der die C—H-Bindung noch polarer macht als sie es aufgrund des Elektronegativitätsunterschieds zwischen C und H schon ist, ein Effekt, der die Ladungsdichte dieser Bindung zum C-Atom hin verstärkt. Beide Effekte, der negative mesomere und der negative induktive, wirken in der gleichen Richtung: Sie acidifizieren die C—H-Bindung. Nun gibt es Methan-Derivate XCH_3 mit Gruppen X, denen ein mesomerer Effekt versagt ist, die aber aufgrund ihres −I-Effekts die benachbarten C—H-Bindungen acidifizieren. Als Beispiele seien genannt das Molekül F_3C-CH_3 und das Kation NMe_4^+, die beide saurer sind als CH_4 wegen des starken −I-Effekts der F-Atome und der Me_3N^+-Gruppe; die Carbanionen $F_3C-CH_2^-$ und $Me_3N-CH_2^-$ sind deshalb stabiler als CH_3^-.

Sowohl die stabilen, schwach basischen als auch die stark basischen Carbanionen spielen in der synthetischen organischen Chemie eine große Rolle. Um R^- an elektrophile Carbon-Zentren zu binden, also C—C-Bindungen aufzubauen, bedient man sich eines ganzen Arsenals an metallorganischen Verbindungen. Traditionell am bekanntesten sind die *Grignard-Verbindungen* RMgHal; neben etlichen anderen eignen sich auch die Alkanide und Arenide der Metalle Li, Sn, Zn und Hg zur Addition von R^- oder Ar^- an organische Moleküle. Als Lösungsmittel dienen vielfach Ether wie Diethylether Et_2O, Tetrahydrofuran [—O—$(CH_2)_4$—] (abgekürzt: thf; Oxacyclopentan), Dimethoxyethan MeO—CH_2—CH_2—OMe (abgekürzt: dme) u. a., die die kationische Komponente von MR in Lösung solvatisieren (und zwar der Ether dme zweizähnig). Insbesondere die Lithiumalkanide löst man auch gerne in Carbonhydriden wie Pentan, Hexan, Benzen u. a., die eine Wechselwirkung molekular gebauter metallorganischer Moleküle mit dem Lösungsmittel über Dispersionskräfte gestatten. Solche Lösungen (z. B. LiBu in Hexan) kann man kommerziell erwerben.

Struktur metallorganischer Verbindungen

Die Strukturen metallorganischer Verbindungen im Kristall und in Lösung sind vielfältig, es sei denn, es handelt sich um vorwiegend kovalent aufgebaute Substanzen vom Typ SnR_4, ZnR_2 und HgR_2, die sowohl im Kristall als auch in Lösung so einfach aus Molekülen aufgebaut sind, wie es die Formeln anzeigen. Aus der strukturellen Vielfalt lithiumorganischer Verbindungen seien zwei herausgegriffen: die tetrameren bzw. hexameren Moleküle Li_4Me_4 und Li_6Bu_6. Die vier Li-Atome von Li_4Me_4 bilden ein Tetraeder, dessen vier Flächen trigonal von Me-Gruppen überkappt werden, die ihrerseits also wieder ein Tetraeder definieren, sodass die beiden ineinandergestellten Tetraeder zusammen einen tetraedrisch verzerrten Kubus bilden (T_d) mit $k = 3$ für Li und für Me; jedes C-Atom ist mithin verzerrtoktaedrisch von drei Li-Atomen und drei H-Atomen umgeben. Näherungsweise kann man sich jede der vier flachen, dreiseitigen Li_3C-Pyramiden durch eine (4c2e)-Bindung zusammengehalten denken. In Et_2O oder thf löst sich Li_4Me_4, indem sich an jedes Li-Atom ein Ether-Molekül D zu $(LiD)_4Me_4$ addiert. Im Kristall ist jedes Molekül Li_4Me_4 von acht anderen in der Weise kubisch umgeben, dass jedes Li-Atom eines Moleküls in der Mitte der kubisch-innenzentrierten Zelle auf drei H-Atome der Me-Gruppe eines Nachbarmoleküls in einer Ecke weist und umgekehrt. Im Falle von Li_6Bu_6 bilden die sechs Li-Atome ein trigonal verzerrtes Oktaeder (D_{3d}), dessen sechs trigonal äquivalente Dreiecksflächen durch je eine Bu-Gruppe überkappt sind, während die beiden Li_3-Dreiecke senkrecht zu C_3 von Überkappung frei bleiben. Die sechs C1-Atome der Bu-Gruppen bilden mithin ein gestauchtes Oktaeder, und jede der sechs flachen Li_3C-Pyramiden wird wiederum durch eine (4c2e)-Bindung zusammengehalten. Die Verbindung löst sich in Et_2O, indem sie dort − analog zu Li_4Me_4 − Moleküle $[Li(OEt_2)]_4Bu_4$ bildet. Die magnesiumorganischen Verbindungen MgR_2(R = Me, Et, Ph) kristallisieren in der SiS_2-Struktur (Abschnitt 3.3.3). Grignard-Verbindungen RMgBr mit einfachen Resten R (R = Et, Ph) lassen sich als molekular gebaute Addukte mit Ethermolekülen D der

Zusammensetzung $RMgBrD_2$ kristallisieren, in denen Mg tetraedrisch koordiniert ist. In etherischer Lösung bilden sich Gleichgewichte zwischen ungeladenen Molekülen wie $RMgBrD_x$, $R_2Mg_2Br_2D_x$ (mit zwei Br-Atomen in Brückenstellung) und Ionen wie $RMgD_x^+$, $RMgBr_2D_x^-$ u. a.

Darstellung metallorganischer Verbindungen

Im Falle einfacher Alkyl- oder Arylreste bieten sich im Wesentlichen sechs Darstellungsverfahren an.

(1) Bei der *oxidativen Addition* addiert man in einer Zweiphasenreaktion RHal in Lösung an ein festes Metall. Hierzu folgende Beispiele:

$$2\,Li + RHal \quad \rightarrow LiR + LiHal$$
$$Mg + RHal \quad \rightarrow RMgHal \qquad\qquad (analog:\ Zn/RHal)$$
$$Sn + 2\,RHal \quad \rightarrow R_2SnHal_2 \qquad (neben\ R_3SnHal,\ RSnHal_3)$$
$$Na_2Hg_x + 2\,RHal \rightarrow HgR_2 + 2\,NaHal + (x-1)\,Hg$$

Eine Nebenreaktion tritt in Erscheinung, wenn MR mit überschüssigem RHal reagiert: $MR + RHal \rightarrow R{-}R + MHal$. Vielfach zielt man auf diese Reaktion ab, um aus RHal in einer reduktiven C—C-Kupplung R—R zu erhalten (*Wurtz-Fittig-Reaktion*: $2\,RHal + 2\,M \rightarrow R{-}R + 2\,MHal$). Als Nebenprodukt kann anstelle von R—R das Alkan RH und das korrespondierende Alken C_nH_{2n} entstehen ($R = C_nH_{2n+1}$; $2\,C_nH_{2n+1}Br + 2\,Na \rightarrow C_nH_{2n+2} + C_nH_{2n} + 2\,NaBr$), wenn man diese gegenüber der Wurtz-Fittig-Reaktion entropisch begünstigte Variante durch hohe Temperatur fördert.

(2) Bei der *Transmetallierung* $M + M'R \rightarrow MR + M'$ wird R vom edleren auf das unedlere Metall übertragen, z. B.:

$$Mg + HgR_2 \rightarrow MgR_2 + Hg$$

(3) Bei der *Metathese* $MHal + M'R \rightarrow MR + M'Hal$ bindet sich Hal an das elektropositivere Metall M', z. B.:

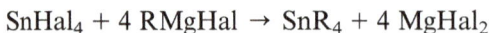

$$SnHal_4 + 4\,RMgHal \rightarrow SnR_4 + 4\,MgHal_2$$
$$HgHal_2 + 2\,LiR \quad\ \rightarrow HgR_2 + 2\,LiHal$$

(4) Bei der *Metathese* $MR' + M'R \rightarrow MR + M'R'$ kommen u. a. Unterschiede im Raumanspruch der organischen Reste zur Geltung; die Konfiguration von R und R' (bei der Beispielreaktion bezüglich des C2-Atoms der *sec*-Butyl-Gruppe) bleibt erhalten, z. B.:

$$4\,LiBu + Sn(sBu)_4 \rightarrow 4\,Li(sBu) + SnBu_4$$

(5) Bei der *Metathese* $MR + R'Hal \rightarrow MR' + RHal$ paart sich M mit dem stabileren Carbanion R', z. B. (Naph = 1-Naphthyl):

LiBu + NaphBr → BuBr + LiNaph

(6) Bei der *Hydrometallierung* addiert sich eine Metallhydrid-Gruppierung des Typs X_nM-H an eine C=C-Doppelbindung; das Beispiel betrifft die *Hydrostannierung*:

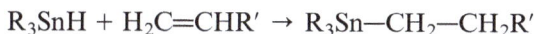

$R_3SnH + H_2C=CHR' \rightarrow R_3Sn-CH_2-CH_2R'$

Reaktionen metallorganischer Verbindungen

Die für metallorganische Verbindungen typischen Reaktionen lassen sich zu folgenden Typen zusammenfassen:

(1) Als starke *Brønsted-Basen* entziehen sie nicht nur Brønsted-Säuren HX (wie z. B. HCl, H_2O etc.) ein Hydron (MR + HX → RH + MX), sondern es stellen sich auch Gleichgewichte zwischen MR und den extrem schwachen Säuren R'H ein, MR + R'H ⇆ RH + MR', die umso weiter rechts liegen, je saurer R'H ist. Wegen der Aciditätsfolge $C_2H_6 < C_6H_6 < PhCH_3 < Ph_2CH_2 < Ph_3CH$ liegen die folgenden Gleichgewichte jeweils weit rechts:

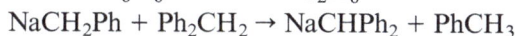

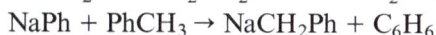

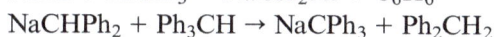

$NaEt + C_6H_6 \rightarrow NaPh + C_2H_6$
$NaCH_2Ph + Ph_2CH_2 \rightarrow NaCHPh_2 + PhCH_3$
$NaPh + PhCH_3 \rightarrow NaCH_2Ph + C_6H_6$
$NaCHPh_2 + Ph_3CH \rightarrow NaCPh_3 + Ph_2CH_2$

(2) Beim wichtigen *Aufbau einer C—C-Bindung* (*C—C-Kupplung*) reagieren Carbanionen mit dem positiv polarisierten R in RX (so wie eben mit H in HX):

$MR' + RX \rightarrow R-R' + MX$

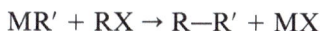

(3) Die *reduktive Addition* von R^- an C=O-Doppelbindungen − ebenfalls eine C—C-Kupplung − führt zu Alkoholaten [MR + R'R''CO → M(RR'R''CO)] bzw. Carboxylaten [MR + CO_2 → M(RCOO)]; bei der *Oxygenolyse* (d. i. die Reaktion mit O_2) reduziert MR beide OO-Bindungen von O_2:

$2\,MR + O_2 \rightarrow 2\,MOR$

(4) Die oben bei der Darstellung von MR erläuterten Verfahren der *Transmetallierung* und *Metathese* stellen ebenfalls typische Reaktionen metallorganischer Verbindungen dar.

6.1.3 Radikale

Atome oder Moleküle oder Ionen mit einem ungepaarten Elektron heißen *Radikale*. Als Beispiele seien genannt die Atome H, Li, B, F etc., die Moleküle NO, NO_2, ClO_2 etc. sowie die Ionen $O^{\cdot+}$, $O_2^{\cdot-}$, Ti^{3+} etc. Liegen zwei ungepaarte Elektronen vor, so spricht man von einem *Biradikal*, z. B. C, O_2, bei drei ungepaarten Elektronen von einem *Triradikal*, z. B. N, $[V(H_2O)_6]^{2+}$, usw.

Magnetische Eigenschaften ungepaarter Elektronen

Die einfachen organischen Radikale $R_3C^{\cdot}$ sind − ähnlich wie die Carbenium-Ionen − planar gebaut, sodass das radikalische Elektron in einem p-Orbital beherbergt wird. Für dieses Elektron ($l = 1$, $s = 1/2$) unterstellen wir in grober Näherung, dass es mit den anderen Elektronen im Radikal nicht wechselwirkt; wir tun also so, als handle es sich bei unserem Radikal gleichsam um ein Atom mit einem Valenzelektron. Es befindet sich dann in einem Dublett-Zustand $^2P_{3/2}$ (P-Zustand wegen $L = l = 1$; Dublettzustand wegen $S = s = 1/2$ und $2S + 1 = 2$; Index $J = 3/2$ wegen $J = j = L + S$; vgl. Abschnitt 1.2.5). In einem Magnetfeld mit der Induktion B spaltet die Energie des Radikals deshalb in zwei Terme auf, und die Aufspaltungsenergie ΔE ist der Induktion B proportional:

$$\Delta E = g\,\mu_B\,B$$

Der Faktor μ_B, das *Bohr'sche Magneton*, ist eine universelle Konstante, die gemäß $\mu_B = eh/(4\pi m_e)$ das magnetische Moment bedeutet, das ein Elektron der Masse m_e auf einer Kreisbahn mit dem Bohr'schen Radius erzeugt: $\mu_B = 9.2740154 \cdot 10^{-24}\,A\,m^2$. Der dimensionslose Proportionalitätsfaktor g (*Landé-Faktor*) beträgt für ein freies Elektron $g_0 = 2.0023$. Im Radikal induziert das angelegte Feld lokale Magnetfelder, sodass g_0 in einer für das Radikal typischen Weise zum effektiven Faktor g modifiziert wird, und zwar kann g größer oder kleiner als g_0 sein. Energiesprünge zwischen den beiden Termen lassen sich mit elektromagnetischer Strahlung gemäß $\Delta E = h\nu$ anregen; wird eine magnetische Induktion von etwa 0.3 T wirksam (1 Tesla = 1 T = $1\,V\,s\,m^{-2}$), dann hat man mit ν-Werten von etwa 9 GHz ($\lambda \approx$ 3 cm) zu rechnen. Aus Messungen von B und ν im *Elektronenspinresonanz-Spektrometer* (*ESR-Spektrometrie*) lässt sich g als eine für das Radikal charakteristische Größe bestimmen.

Von Bedeutung ist die Wechselwirkung des Elektronenspins eines radikalischen Elektrons mit dem *Kernspin* benachbarter Atomkerne. Die Energie eines Atomkerns spaltet im Magnetfeld in $2I + 1$ Energieterme auf, wobei I die für jeden Kern typische Kernspinquantenzahl bedeutet. Für organische Radikale sind die Nachbaratome ^1H, ^2H, ^{12}C und ^{13}C von besonderer Bedeutung mit den Kernspinquantenzahlen 1/2 (^1H), 1 (^2H), 0 (^{12}C) bzw. 1/2 (^{13}C). Die Kernenergie eines Protons spaltet im Magnetfeld zu einem Dublett auf ($2I + 1 = 2$); dabei sind bei Normalbedingungen beide Terme im Mittel aller Protonen gleich stark besetzt. Durch Kopplung des Elektronenspins mit dem Kernspin eines Protons erhält man eine Aufspaltung der gemessenen ESR-Frequenz ν in zwei Frequenzen. Man nennt dies eine *Hyperfeinstrukturaufspaltung*. Steht der Kernspin zweier symmetrisch äquivalenter Protonen mit dem Elektronenspin des Radikals in Wechselwirkung, dann gibt es für den Gesamtkernspin drei energetisch verschiedene Einstellun-gen gemäß den Gesamtkernspinquantenzahlen $S_K = 1, 0, -1$, die durch folgende Kombinationen der Kernspins der beiden Protonen zustande kommen: $(\frac{1}{2}\ \frac{1}{2})$ für

$S_K = 1$; $(\frac{1}{2} - \frac{1}{2})$ und $(-\frac{1}{2}\,\frac{1}{2})$ für $S_K = 0$; $(-\frac{1}{2} - \frac{1}{2})$ für $S_K = -1$. Dies führt zu einer Aufspaltung der ESR-Resonanzfrequenz in drei Frequenzen und im Spektrum zu drei Signalen in gleichen Abständen (Triplett); den Abstand, gemessen in Hertz, nennt man die Kopplungskonstante A. Die Besetzungswahrscheinlichkeit ist für alle vier genannten Einzelkernspinkombinationen gleich groß, und dies führt dazu, dass die mittlere Frequenz ($S_K = 0$) mit doppelter Intensität auftritt, die drei äquidistanten Peaks des Tripletts also im Intensitätsverhältnis $1:2:1$ in Erscheinung treten. Drei symmetrisch äquivalente Protonen (z. B. in einer frei drehbaren Me-Gruppe) ergeben die S_K-Werte $S_K = \frac{3}{2}, \frac{1}{2}, -\frac{1}{2}, -\frac{3}{2}$ und damit durch Kopplung mit dem Elektronenspin ein Quartett im ESR-Spektrum. Der Wert $S_K = \frac{3}{2}$ kann nur durch eine Kombination realisiert werden, nämlich $(\frac{1}{2}\,\frac{1}{2}\,\frac{1}{2})$, der Wert $S_K = \frac{1}{2}$ aber durch drei gleich wahrscheinliche Varianten, nämlich $(\frac{1}{2}\,\frac{1}{2}\,-\frac{1}{2})$, $(\frac{1}{2}\,-\frac{1}{2}\,\frac{1}{2})$ und $(-\frac{1}{2}\,\frac{1}{2}\,\frac{1}{2})$ usw.; das Quartett äquidistanter Resonanzpeaks zeigt somit das Intensitätsverhältnis $1:3:3:1$. Zusammenhänge dieser Art, wie sie hier nur angedeutet wurden, machen die Hyperfeinstruktur eines ESR-Spektrums zu einer wertvollen Quelle struktureller Erkenntnis, u. a. auch bezüglich der Frage, wo das radikalische Elektron lokalisiert oder delokalisiert ist.

Anstatt die Kern-Elektron-Spinaufspaltung im ESR-Spektrum zu messen, ist es oft zweckmäßig, umgekehrt im *Kernresonanzspektrum* (*NMR-Spektroskopie, NMR* von *nukleare magnetische Resonanz*; s. Abschnitt 7.1.3) die Kern-Elektron-Wechselwirkung zu studieren, die im Falle der NMR-Beobachtung auch *chemisch induzierte, dynamische nukleare Polarisation* (*CIDNP*) heißt; NMR-Spektrometer sind heutzutage bequemer zugänglich als ESR-Spektrometer.

Eine allgemeine makroskopische Eigenschaft von Substanzen, die aus Radikalen aufgebaut sind, ist ihr *Paramagnetismus*: Solche Substanzen werden im inhomogenen Magnetfeld zum Punkt größter magnetischer Induktion gezogen. Umgekehrt zeigen Substanzen ohne ungepaarte Elektronen im Allgemeinen *Diamagnetismus*, d. h. sie werden von jenem Punkt abgestoßen.

Im Falle von *Biradikalen*, in denen die radikalischen Elektronen weit genug voneinander entfernt sind, besteht keine Kopplung ihrer Spinmomente, und sie verhalten sich wie einfache Radikale. Als Beispiel sei das Pentan-1,5-diyl $\cdot CH_2 - CH_2 - CH_2 - CH_2 - CH_2^{\cdot}$ genannt, das wegen der symmetrischen Äquivalenz der beiden radikalischen Endgruppen nur ein ESR-Signal zeigt, das wegen Kopplung mit den beiden benachbarten Protonen zum Triplett aufspaltet. Auch im Falle von Pentan-1,4-diyl $\cdot CH_2 - CH_2 - CH_2 - CH^{\cdot} - CH_3$ besteht noch keine erkennbare Kopplung, aber die symmetrische Äquivalenz ist aufgehoben, und man hat mit zwei ESR-Signalen sowie mit unterschiedlichen Kopplungsmustern zu rechnen. Anders verhält es sich mit dem Biradikal Trimethylenmethan $C(CH_2)_3$:

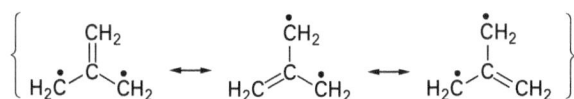

In diesem planaren Molekülgerüst (D_{3h}) koppeln die Spins der beiden Elektronen, und wenn sie gleichgerichtet sind, gilt die Gesamtspinquantenzahl $S = 1$, die zu einem Triplettzustand führt, d. h. im Magnetfeld haben wir mit drei Energietermen zu rechnen.

In einfachen Radikalen $C_mH_n^{\bullet}$ ist das radikalische C-Atom planar gebaut. Die Energiedifferenz zwischen dem planaren $CH_3^{\bullet}$ (D_{3h}) im Grundzustand und dem pyramidalen $CH_3^{\bullet}$ ist allerdings nicht groß. Radikale $CX_3^{\bullet}$ mit stark elektronegativen Liganden X (z. B. X = F) sind im Grundzustand pyramidal konfiguriert.

Stabilität organischer Radikale

Wir haben − wie immer − die kinetische von der thermodynamischen Stabilität zu unterscheiden. Untersuchen wir etwa die Gleichgewichtslage der Dimerisierung als einer wichtigen Stabilisierungsmöglichkeit für Radikale, $2\ R^{\bullet} \leftrightarrows R{-}R$, dann haben wir die Thermodynamik im Auge. Interessieren wir uns für die Langlebigkeit von $R^{\bullet}$, dann liegt eine kinetische Fragestellung vor. Man kann Radikale generell langlebiger machen, indem man die Temperatur senkt, ganz besonders aber dadurch, dass man sie in einer inerten festen Matrix einfriert, z. B. in einer Argon-Matrix (Smp. von Ar: $-189.2\,°C$).

Als Maß der Stabilität von $R^{\bullet}$ wird die Energie D für die Dissoziation $R{-}H \rightarrow R^{\bullet} + H^{\bullet}$ angesehen: Je größer D, umso instabiler ist $R^{\bullet}$. Wie bei den Carbenium-Kationen steigt die Stabilität von $H_3C^{\bullet}$ über $MeH_2C^{\bullet}$ und $Me_2HC^{\bullet}$ bis zu $Me_3C^{\bullet}$ an, entsprechend einer Verminderung von D in derselben Reihe: $435 > 410 > 397 > 385\ kJ\,mol^{-1}$. Als Ursache diskutiert man einen *elektronischen* Effekt, nämlich wie bei den Carbenium-Ionen die Hyperkonjugation, aber auch einen *sterischen* Effekt, indem die Me-Gruppen das C-Atom, an welchem das radikalische Elektron trotz der Hyperkonjugation weitgehend lokalisiert ist, vor dem Angriff von Reaktionspartnern zunehmend räumlich abschirmen. Solch qualitative Stabilitätsabfolge gilt für die thermodynamische ebenso wie die parallel verlaufende kinetische Stabilität gleichermaßen. (Man behalte im Auge, dass bei jeder quantitativen Diskussion der Stabilität die zugehörige Reaktion konkretisiert sein muss, also z. B. die Dimerisierung. Bei unserer qualitativen Diskussion kann diese Konkretisierung der größeren Allgemeinheit wegen offen bleiben.) Noch instabiler als $CH_3^{\bullet}$ ist das Phenyl-Radikal $C_6H_5^{\bullet}$ ($D = 460\ kJ\,mol^{-1}$).

Stabilisierend wirken konjugierte Doppelbindungen: $H_2C{=}CH{-}CH_2^{\bullet} < O{=}CH^{\bullet} < PhCH_2^{\bullet}$ mit den zugehörigen C−H-Dissoziationsenergien $D = 372,\ 364$ bzw. $356\ kJ\,mol^{-1}$ von Propen, Methanal bzw. Toluen. Als besonders stabil erweist sich das Triphenylmethyl-Radikal, das bei Raumtemperatur in Benzen zu 2% neben seinem Dimeren vorliegt; bei diesem Dimeren handelt es sich nicht um das naheliegende, jedoch sterisch ungünstige $Ph_3C{-}CPh_3$:

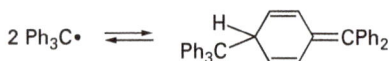

Da die drei Ph-Gruppen im Ph$_3$C$^\cdot$-Radikal so wie im Ph$_3$C$^+$-Kation propellerartig angeordnet sind, wird die Resonanzfähigkeit des radikalischen Elektrons im p$_z$-Orbital des zentralen C-Atoms mit den π-Orbitalen der Ph-Reste, deren Ebenen nicht koplanar zur zentralen C$_4$-Ebene liegen, eingeschränkt; man spricht auch hier von *sterischer Mesomeriehinderung*. Vielmehr hat die relativ große Stabilität von Ph$_3$C$^\cdot$ auch sterische Ursachen. Hierfür spricht, dass sich das neutrale Radikal (NC)$_3$C$^\cdot$, obwohl das radikalische Elektron gemäß Grenzstrukturen des Typs $^\cdot$N=C=C(CN)$_2$ über sieben Atome delokalisiert ist, gleichwohl schnell und vollständig dimerisiert, weil die drei CN-Gruppen die Dimerisierung sterisch nicht behindern. Andererseits ist das Radikal Ar$_3$C$^\cdot$ mit dem Arylrest 4-Nitrophenyl stabiler als Ph$_3$C$^\cdot$, offenbar deshalb, weil sich die Nitro-Gruppe an der Delokalisierung beteiligen kann, während die sterische Situation durch diese Gruppe in der *para*-Position kaum beeinflusst wird.

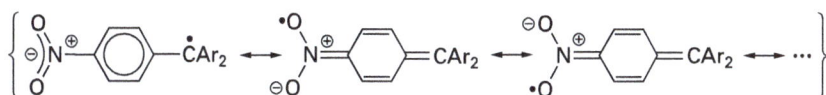

Die 2,4,6-Trinitrophenyl-Gruppe C$_6$H$_2$(NO$_2$)$_3$ stabilisiert noch mehr als die einfache 4-Nitrophenyl-Gruppe C$_6$H$_4$(NO$_2$), und zwar sowohl aus sterischen als auch elektronischen Gründen. Beispielsweise handelt es sich bei dem aus dem entsprechenden Hydrazin durch Abspaltung eines H-Atoms hervorgegangenen Radikal [Ph$_2$N—N—C$_6$H$_2$(NO$_2$)$_3$]$^\cdot$ um ein völlig stabiles Radikal. Als besonders wirksam erweist sich ein sterischer Schutz durch benachbarte sperrige *t*Bu-Gruppen, wie die beiden folgenden stabilen Radikale lehren:

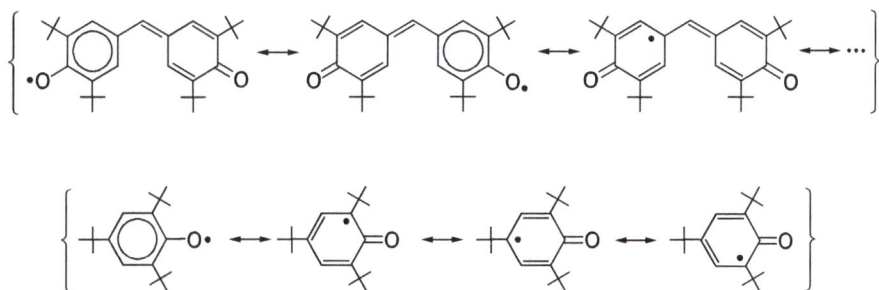

Radikalionen

Radikalkationen spielen keine große Rolle, wohl aber *Radikalanionen*. Mithilfe starker Reduktionsmittel wie den Alkalimetallen M lässt sich auf bestimmte organische Moleküle ein Elektron übertragen, wenn das dabei verwendete Lösungsmittel das Kation M$^+$ solvatisieren kann; geeignete Lösungsmittel sind Ether wie Tetrahydrofuran (thf) oder Dimethoxyethan (dme). Synthetisch bedeutsam sind die etherischen grünen Lösungen des Naphthalen-Radikalanions $C_{10}H_8^{\cdot-}$, die starke, homogen gelöste Reduktionsmittel darstellen. Das zusätzliche Elektron besetzt das tief liegende LUMO im π-Elektronensystem und ist über das ganze Naphthalen-Gerüst delokalisiert.

Häufiger als bei reinen Carbonhydriden trifft man Radikalanionen bei Oxo-Derivaten an. Aus Ketonen $RR'{=}O$ erhält man sog. *Ketyl-Anionen* $RR'C^{\cdot}{-}O^-$. Die Reduktion von Cyclohexadien-1,4-dion (*para*-Benzochinon) führt zu einem radikalanionischen sog. *Semichinon*:

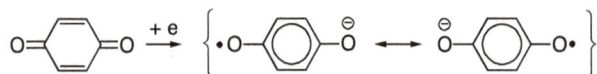

Bildung von Radikalen

Radikale bilden sich u. a. durch Thermolyse, Photolyse, Einelektronenoxidation und Einelektronenreduktion.

Drei Beispiele aus der Praxis mögen die Bildung von Radikalen durch *thermische homolytische Bindungsöffnung* illustrieren! Angegeben sind die Temperatur der Bildung der Radikale und deren Halbwertszeit bei dieser Temperatur. Die Ausgangsstoffe in den Beispielen sind Peroxide (Di-*tert*-butylperoxid und Dibenzoylperoxid) und ein Diazen [Bis(2-cyanoprop-2-yl)diazen]:

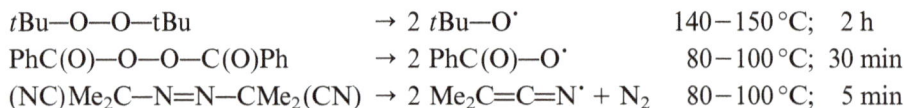

tBu$-$O$-$O$-$tBu	$\rightarrow$ 2 tBu$-$O$^{\cdot}$	140$-$150 °C; 2 h
PhC(O)$-$O$-$O$-$C(O)Ph	$\rightarrow$ 2 PhC(O)$-$O$^{\cdot}$	80$-$100 °C; 30 min
(NC)Me$_2$C$-$N$=$N$-$CMe$_2$(CN)	$\rightarrow$ 2 Me$_2$C$=$C$=$N$^{\cdot}$ + N$_2$	80$-$100 °C; 5 min

Das Benzoyl-Radikal stabilisiert sich vorwiegend durch langsame Abspaltung von CO_2, und das dabei gebildete, reaktionsfreudige, kurzlebige Phenyl-Radikal stabilisiert sich seinerseits in wenig kontrollierter Weise durch Abstraktion von H aus dem Medium ($\rightarrow C_6H_6$), durch Dimerisierung ($\rightarrow$ Ph$-$Ph) u. a. m.

Bei der *photolytischen homolytischen Bindungsöffnung* muss ein Lichtquant $h\nu$ von dem zu spaltenden Molekül absorbiert werden und das Molekül in einen angeregten Zustand bringen, aus dem heraus es zerfallen kann. Ein Beispiel aus der Praxis ist die Photolyse von Ketonen, die in zwei Schritten verläuft: (1) $RMeC{=}O \rightarrow Me^{\cdot} + RCO^{\cdot}$ und (2) $RCO^{\cdot} \rightarrow R^{\cdot} + CO$.

Ein prominentes *Einelektronenoxidationsmittel* ist das Co^{3+}-Kation. Beispielsweise oxidiert es Toluen zum Benzyl-Radikal und H^+:

$$Ph{-}CH_3 + Co^{3+} \rightarrow Ph{-}CH_2^{\cdot} + Co^{2+} + H^+$$

Um aus Anionen ein Elektron unter Bildung eines neutralen Radikals herauszuziehen, eignet sich die Anode. Alkanoate $RCOO^-$ in wässriger oder alkoholischer

Lösung gehen an der Anode in RCOO˙ über (Kathode: → H_2); die Radikale verlieren in einer Folgereaktion CO_2 und dimerisieren sich alsbald zu R—R (*Elektrolyse nach Kolbe*).

Einelektronenreduktionsmittel wie die Alkalimetalle liefern Radikalanionen (s. o.). Mit den aggressiven Alkalimetallen kann man nicht in Wasser arbeiten, wohl aber mit schwächeren Reduktionsmitteln wie z. B. Fe^{2+}-Kationen. Diese können H_2O_2 reduzieren, und die dabei entstehenden OH˙-Radikale sind für allerlei Folgereaktionen gut zu gebrauchen (H_2O_2/$FeSO_4$: *Fentons Reagenz*):

$$Fe^{2+} + H_2O_2 \rightarrow Fe^{3+} + \ OH^- + OH˙$$

Reaktionen der Radikale

Mit den folgenden Typen von mehr oder weniger schnell ablaufenden Reaktionen hat man bei organischen Radikalen zu rechnen:

(1) Dimerisierung	2 R˙	→ R—R	
(2) Dismutierung	2 CH_3—CH_2˙	→ CH_3—CH_3 + CH_2=CH_2	
(3) H-Atom-Abstraktion	R˙ + HX	→ R—H + X˙	
(4) Addition	R˙ + H_2C=CH_2	→ R—CH_2—CH_2˙	
(5) Zerfall	RCO_2˙	→ R˙ + CO_2	
(6) Umlagerung	R_3C—CH_2˙	→ R_2C˙—CH_2R	

Nur bei der Dimerisierung und bei der Dismutierung paaren sich radikalische Elektronen. Die H-Atom-Abstraktion ist besonders bei kurzlebigen Radikalen von allgemeiner Bedeutung; als HX kann sowohl das Lösungsmittel als auch einer der Reaktanden fungieren, und X kann dabei sehr wohl einen Carbonhydrid-Rest R' bedeuten. Die Addition (4) haben wir schon bei der radikalischen Polymerisation kennengelernt (Abschnitt 4.3.5).

6.1.4 Carbene, Nitrene

Das Methandiyl CH_2 (auch: *Methylen*) ist die Stammverbindung der Familie CX_2, der *Carbene*. Ebenso liegt das Azandiyl NH als Stammverbindung der Familie NX, den *Nitrenen*, zugrunde. Im Allgemeinen sind Carbene und Nitrene kurzlebige Zwischenstufen.

Als Struktur von CH_2 lassen sich zwei Extremfälle ausdenken. (1) In einem linearen H—C—H-Gerüst (Molekülachse in *z*-Richtung) sind das p_x- und das p_y-Orbital des C-Atoms mit je einem Elektron mit jeweils $s = 1/2$ besetzt: Triplett-Carben $^3CH_2$. (2) In einem CH_2-Gerüst mit einem H—C—H-Winkel von 90° ist das s-Orbital des C-Atoms doppelt besetzt, und ein p-Orbital bleibt unbesetzt: Singulett-Carben $^1CH_2$. Die Wahrheit liegt der Theorie zufolge zwischen den hypothetischen Grenzfällen: Das Molekül $^3CH_2$ weist einen Bindungswinkel von 131.5° und eine Inversionsbarriere von 25 kJ mol^{-1} auf, und es ist um 38 kJ mol^{-1} stabiler als das

Molekül $^1CH_2$, dessen Bindungswinkel 102.4° beträgt bei einer Inversionsbarriere von 117 kJ mol^{-1} (beide Carbene: C_{2v}). Unter *Inversion* versteht man dabei eine Vergrößerung des Bindungswinkels über 180° (Maximum der Barriere) hinaus in die Gegenposition, ein Umklappvorgang ähnlich wie bei Aminen NRR′R″ (Abschnitt 2.5.2). Die einfachen Dialkylcarbene CR_2 sind im Grundzustand Triplettspezies.

Auch bei den einfachen Nitrenen NH und NR ist der Triplettzustand (ein freies Elektronenpaar, zwei Elektronen mit parallelem Spin in zwei äquivalenten Orbitalen) energetisch günstiger als der Singulettzustand (zwei freie Elektronenpaare, ein unbesetztes Orbital). Die überaus reaktiven Alkylnitrene NR bleiben metastabil erhalten, wenn man sie in einer He-Matrix (< 4 K) einfriert; die etwas weniger reaktiven Arylnitrene NAr kann man schon in einer Argon-Matrix (< 77 K) unzersetzt isolieren.

Liganden X mit mesomeriefähigen freien Elektronenpaaren stabilisieren den Singulettzustand in Carbenen CX_2, sodass er zum Grundzustand wird; der Bindungswinkel X—C—X verengt sich von 131.5° bei CH_2 auf 120° bei CF_2. Gleichwohl sind Carbene wie CF_2 oder CCl_2 noch immer kurzlebig. Mit sperrigen Gruppen X jedoch, wie beispielsweise 2,6-Di-*tert*-butylphenyl, wird das Carben-C-Atom so stark gegen potentielle Reaktionspartner abgeschirmt, dass solche Carbene Halbwertszeiten im Bereich mehrerer Sekunden haben. Vollends metastabil, also bei 25 °C isolierbar, sind Diaminocarbene, die in einen Fünfring eingebaut sind: [—NR—CH=CH—NR—C—] (*Arduengo-Carbene*). Bei Nitrenen NX gibt es gegebenenfalls nur einen sperrigen Liganden X, der eine sterische Abschirmung bewirken kann, sodass es weniger aussichtsreich ist, Nitrene sterisch zu stabilisieren als Carbene.

Carbene CR_2 entstehen, wenn ein Halogenoalkan vom Typ R_2CHHal mit geeigneten Basen zu R_2CHal$^-$ dehydroniert und wenn in einem zweiten Schritt Hal$^-$ abgespalten wird. Ein klassisches Beispiel ist die Bildung von CCl_2 aus Trichloromethan $CHCl_3$ (*Chloroform*) mit NaOH. Obwohl sich $CHCl_3$ in H_2O kaum löst, kann man mit wässriger Natronlauge arbeiten, wenn man einen Stoff wie ein quartäres Ammoniumsalz [NR_4]Cl zusetzt, der sich zwischen die beiden Flüssigkeiten verteilt. In der Wasserphase kommt es zur Bildung von Ionenpaaren [NR_4]OH, die in die organische Phase wandern und dort unter Bildung von H_2O und Rückbildung von [NR_4]Cl die HCl-Abspaltung aus $CHCl_3$ bewirken; [NR_4]Cl wandert in die Wasserphase zurück. Das Ammoniumsalz wirkt also wie ein Katalysator, sodass man von *Phasentransfer-Katalyse* spricht. Eine andere Bildungsweise von CR_2 ist die *1,1-Eliminierung* (auch: *α-Eliminierung*) von Metallhalogenid MHal aus sog. *Carbenoiden* R_2CHalM, d. s. meist kurzlebige Spezies, in denen M mehr oder weniger kovalent an C gebunden ist (M = Li, HgHal u. a.). Man gelangt zu Carbenoiden, indem man R_2CHHal mithilfe von MR′ dehydroniert, z. B. Et_2CHCl + LiBu → {Et_2CClLi} + C_4H_{10}. (Die geschweifte Klammer soll ausdrücken, dass es sich um eine kurzlebige Spezies handelt.) Elegant ist die photolytische Abspaltung von CO aus Ethenal H_2C=C=O, das den Grundkörper der Familie der *Ketene*

RR'C=C=O darstellt: $H_2C=C=O \rightarrow CH_2 + CO$. Analog hierzu verläuft die thermische oder photolytische Abspaltung von N_2 aus Diazapropadien (*Diazomethan*): $H_2C=N=N \rightarrow CH_2 + N_2$. Aus Dreiringen wie gewissen Cyclopropan- oder Diazacyclopropan-Derivaten kann man thermisch ein Carben als Ringglied abspalten. Zur Triebkraft trägt u. a. die einem Dreiring innewohnende *Ringspannung* bei, d. i. eine Anhebung der Molekülenergie im Vergleich mit ähnlichen acyclischen Molekülen aufgrund der extrem kleinen Ringwinkel. (Die gleichen Bindungswinkel im P_4-Molekül bewirken die große Reaktivität von weißem Phosphor.)

Eine Bildungsweise für Nitrene ist ebenfalls die zweistufige 1,1-Eliminierung unter der Mitwirkung von Basen B^-, z. B. $R-NH-O-S(Ar)O_2 + B^- \rightarrow NR + HB + ArSO_3^-$. Eine CO-Abspaltung aus den stabilen Isocyanaten $RN=C=O$, die den Ketenen verwandt sind, gelingt nicht, wohl aber eine thermische oder photolytische N_2-Abspaltung aus Aziden $RN=N=N$, die den Diazoalkanen verwandt sind: $RN_3 \rightarrow NR + N_2$. Die Photolyse von RN_3 liefert dabei im Allgemeinen Nitrene, die Thermolyse dagegen vielfach nicht. Das kann daran liegen, dass sich während der Abspaltung von N_2 schon eine Umlagerung ereignet mit geringerer Aktivierungsenergie, als für die Nitren-Bildung erforderlich; man spricht von *Nachbargruppenhilfe*, die die sich umlagernde Gruppe der Abspaltung von N_2 zuteil werden lässt. Der Übergangszustand für die thermische Zersetzung beispielsweise von Carbonsäureaziden, $RCON_3 \rightarrow OCNR + N_2$, lässt sich folgendermaßen darstellen:

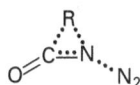

Das Ausbleiben einer Nitren-Zwischenstufe kann aber auch daran liegen, dass in einem Primärschritt ein dimeres Assoziat $(RN_3)_2$ gebildet wird, aus dem heraus sich N_2 abspaltet.

Als Reaktionen der Carbene und Nitrene muss man ins Auge fassen: Dimerisierung, Insertion in Einfachbindungen, Addition an Mehrfachbindungen und Umlagerung. Hierzu folgende Anmerkungen!

Bei einer *Dimerisierung*, z. B. $2\,R_2CN_2 \rightarrow R_2C=CR_2 + 2\,N_2$, ist das Auftreten von freiem Carben zweifelhaft, da u. a. ein primärer Substitutionsschritt infrage kommt: $2\,R_2CN_2 \rightarrow R_2C(N_2^+)-CR_2^- + N_2$. Ähnliches gilt für Nitrene: Tritt bei der Reaktion $2\,PhN_3 \rightarrow PhN=NPh + 2\,N_2$ wirklich freies Nitren NPh auf? Sowohl freie Carbene als auch freie Nitrene sind im Allgemeinen zu energiereich, um sich gemäß $2\,CR_2 \rightarrow R_2C=CR_2$ bzw. $2\,NR \rightarrow RN=NR$ zu dimerisieren. Bei tiefer Temperatur allerdings, also z. B. beim Schmelzen fester Edelgas-Matrices, in denen CR_2 oder NR eingebettet waren, kann eine Dimerisierung eintreten.

Die *Insertion* in C—H-Bindungen des Mediums nach dem Schema

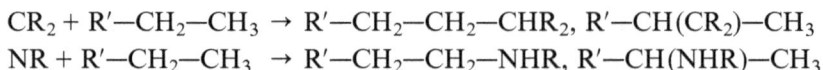

$$CR_2 + R'—CH_2—CH_3 \rightarrow R'—CH_2—CH_2—CHR_2, R'—CH(CR_2)—CH_3$$
$$NR + R'—CH_2—CH_3 \rightarrow R'—CH_2—CH_2—NHR, R'—CH(NHR)—CH_3$$

ist eine für energiereiche Carbene und Nitrene typische Reaktion. Im Falle asymmetrischer C-Atome verläuft die Insertion in die C*—H-Bindung unter Retention der Konfiguration.

Die *Addition* von Carbenen oder Nitrenen an CC- und andere Doppelbindungen, die man auch als *Insertion* in den π-Teil einer Doppelbindung bezeichnen könnte, führt zu Dreiringen. Dabei ist der Mechanismus für Singulett- und Triplettspezies unterschiedlich. Singulett-Carbene sind Lewis-Säuren (vermöge des unbesetzten Orbitals am Carben-C-Atom) und Lewis-Basen zugleich (vermöge des entsprechenden besetzten Orbitals), und so kann das Doppelbindungselektronenpaar im HOMO beispielsweise von Z-But-2-en mit dem leeren Carben-Orbital, seinem LUMO, unter Aufbau einer C—C-Bindung wechselwirken, und gleichzeitig kann das freie Carben-Elektronenpaar im Carben-HOMO mit dem LUMO (π*) des Alkens eine zweite C—C-Bindung aufbauen; dies ist eine einstufige Assoziation mit der Folge, dass die Z-Konfiguration des Butens im entstehenden *cis*-1,2-Dimethylcyclopropan erhalten bleibt. Dagegen addiert sich ein Triplett-Carben in einem zweistufigen Prozess an Doppelbindungen. Zunächst paart sich eines der Carben-Elektronen mit jenem Elektron in der π-Bindung, das gleichen Spin hat, sodass ein Biradikal entsteht, und zwar (im Falle von 2-Buten) MeCH(CR$_2$)—CHMe$^•$ mit freier Drehbarkeit um die C2—C3-Achse; die zweite C—C-Bindung kann erst gebildet werden, wenn beispielsweise durch einen intermolekularen Zusammenstoß eines der beiden radikalischen Elektronen eine Spinumkehr erfahren hat. Ob bei der Bildung der zweiten C—C-Bindung die beiden Me-Gruppen gerade *cis* oder *trans* zueinander stehen, ist etwa gleich wahrscheinlich, sodass man eine 1:1-Mischung aus *cis*- und *trans*-Produkt erhält. Die Auswertung der experimentellen Ergebnisse zeigt, dass bei der gewöhnlichen Bildung von CH$_2$ aus Diazomethan in Gegenwart von Z-But-2-en dessen Konfiguration beim Angriff von CH$_2$ erhalten bleibt, dass also CH$_2$ im Allgemeinen als das energiereichere ^{1}CH$_2$ entsteht, das so schnell abreagiert, dass keine Zeit für eine Spinumkehr zu ^{3}CH$_2$ bleibt. Beim photosensibilisierten Zerfall (s. Abschnitt 6.9.2) von CH$_2$N$_2$ indes kann ^{3}CH$_2$ gebildet werden und hieraus mit Z-But-2-en (und natürlich genauso mit E-But-2-en) ein Gemisch beider 1,2-Dimethylcyclopropan-Konfigumere.

Bei den Stammverbindungen CH$_2$ und NH sind *Umlagerungen* nicht definiert, doch können diese bei Derivaten CHR oder CR$_2$ bzw. NR zur Hauptreaktion werden. Im Falle von Alkylcarbenen, wie z. B. CHEt, oder bei Alkylnitrenen, wie z. B. NEt, kommt es zu einer 1,2-Verschiebung von H: H$_3$C—CH$_2$—CH $\rightarrow$ H$_3$C—CH=CH$_2$ bzw. H$_3$C—CH$_2$—N $\rightarrow$ H$_3$C—CH=NH. Acylcarbene RCO—CH bzw. Acylnitrene RCO—N erfahren eine 1,2-Verschiebung von R zu Ketenen O=C=CHR bzw. Isocyanaten O=C=NR; wie schon erwähnt, ist hier besonders zu prüfen, ob wirklich Carbene bzw. Nitrene Zwischenstufen waren, da beispielsweise die thermische Zersetzung von Acylaziden $RCON_3$ zu N_2 und $O=C=NR$ einstufig verläuft, die Umlagerung von R und die Abspaltung von N_2 sich also gleichzeitig ereignen (s. o.). Wenn sich Cyclopropylcarben C_3H_5—CH zu Cyclobuten umlagert, hat ein benachbarter Alkylrest eine Umlagerung erfahren.

Speziell für Dichlorocarben CCl_2 kommt im Zuge seiner Bildung aus $CHCl_3$ mithilfe der Base OH^- noch eine Substitution infrage, die zu Carbonoxid und Formiat führt: $CCl_2 + 2\,OH^- \rightarrow CO + 2\,Cl^- + H_2O$ und $CCl_2 + 3\,OH^- \rightarrow HCOO^- + 2\,Cl^- + H_2O$.

6.2 Carbonhydride

6.2.1 Nichtaromatische Carbonhydride

Überblick

Unter *nichtaromatischen Carbonhydriden* versteht man die breite Mannigfaltigkeit an nichtcyclischen (*acyclischen*), cyclischen und polycyclischen Alkanen, Alkenen, Alkinen, die auch mehrere Doppel- und Dreifachbindungen enthalten können. Die cyclischen Carbonhydride, deren π-Elektronen cyclisch delokalisiert sind, bilden die Familie der *aromatischen Carbonhydride* oder *Arene* (s. Abschnitt 6.2.2).

Alle Carbonhydride C_mH_n mit m = 1−4 sind Gase. Die gesättigten, acyclischen, unverzweigten Carbonhydride liegen bei Raumtemperatur in flüssiger Form bei m = 5−16 und in fester Form bei m > 16 vor. Die Standardbildungsenthalpie der Alkane ist negativ [z. B. $\Delta_f H^0(CH_4) = -74.6\,kJ\,mol^{-1}$]. Verzweigte Alkane sind etwas stabiler als ihre unverzweigten Isomere und sieden tiefer [z. B. Pentan/Neopentan, $Me(CH_2)_3Me / CMe_4$: $\Delta_f H^0(Gas) = -146.9/-168.0\,kJ\,mol^{-1}$; Sdp. = 36.0/9.4 °C]. Bei den ebenfalls exothermen Alkenen sind die *E*-Alkene stabiler als ihre *Z*-Isomere [z. B. But-2-en: $\Delta_f H^0 = -33.3$ (*E*), -29.8 (*Z*) $kJ\,mol^{-1}$]. Isomere mit innenliegender Doppelbindung sind stabiler als solche mit außenliegender [z. B. But-1-en → But-2-en: $\Delta_r H^0(liq) = -9.0\,kJ\,mol^{-1}$]. Im Gegensatz zu Alkanen und Alkenen ist Acetylen eine endotherme Verbindung ($\Delta_f H^0 = 227.4\,kJ\,mol^{-1}$), die unter Druck heftig explodieren kann, sodass man Acetylen in Stahlflaschen durch Verdünnen mit Aceton und Einbringen poröser Adsorbentien stabilisieren muss.

Alkane sind unpolar und haben kein Dipolmoment. Unsymmetrische Alkene vom Typ $RCH=CH_2$ weisen zufolge des $+I$-Effekts von R ein kleines Dipolmoment (ca. 1.1−1.2 D) auf. Carbonhydride sind generell lipophil und hydrophob und in Wasser nahezu unlöslich.

Unter den nichtaromatischen *polycyclischen Carbonhydriden* haben wir bisher nur das Norbornan und Adamantan kennengelernt. Zum Zwecke des Studiums ihrer Nomenklatur seien weitere Beispiele vorgestellt, und zwar zunächst neben Norbornan zwei Beispiele für *bicyclische* Moleküle:

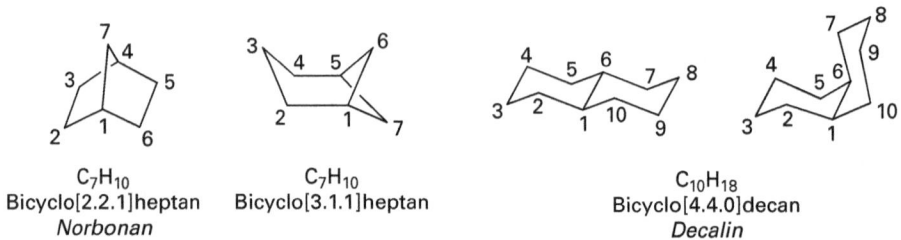

C$_7$H$_{10}$
Bicyclo[2.2.1]heptan
Norbonan

C$_7$H$_{10}$
Bicyclo[3.1.1]heptan

C$_{10}$H$_{18}$
Bicyclo[4.4.0]decan
Decalin

In jedem der Beispiele gibt es zwei Atome, die beiden der zwei Ringe angehören, das sind die sog. *Brückenkopfatome*. An einem davon beginnt die Nummerierung, die in der längsten Brücke bis zum zweiten Brückenkopf und von diesem über die zweitlängste Brücke zurück zum ersten Brückenkopf fortgesetzt wird, bis von dort aus die drittlängste Brücke ihre Nummerierung erfährt. Die Zahl der Brückenatome wird in eckigen Klammern in abnehmender Reihenfolge angegeben. Daneben existieren oft Trivialnamen.

Beim Decalin sind zwei Konformere zu beachten, die beide aus zwei aneinander anellierten Cyclohexan-Ringen der Sesselform aufgebaut sind. Die vier von den beiden Brückenköpfen aus in die Ringe hinein gerichteten C—C-Bindungen sind beim einen Konformer alle äquatorial angeordnet; beim anderen steht ein Sechsring zum anderen jeweils in äquatorialer und axialer Konformation.

Für mehr als bicyclische Ringsysteme seien auch drei Beispiele angegeben, nämlich zwei isomere tricyclische und ein pentacyclisches:

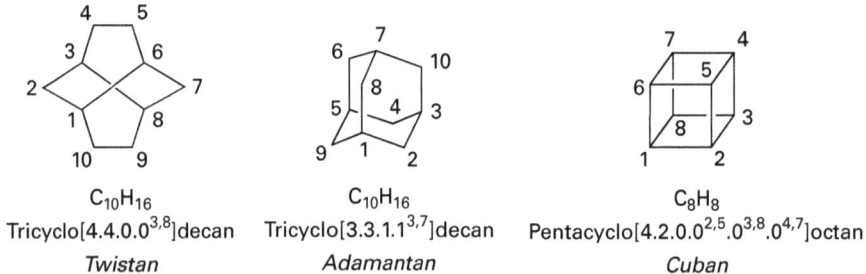

C$_{10}$H$_{16}$
Tricyclo[4.4.0.0^{3,8}]decan

Twistan

C$_{10}$H$_{16}$
Tricyclo[3.3.1.1^{3,7}]decan

Adamantan

C$_8$H$_8$
Pentacyclo[4.2.0.0^{2,5}.0^{3,8}.0^{4,7}]octan

Cuban

Zur Benennung macht man das bicyclische Teilsystem mit den längsten Brücken aus und nummeriert es; zusätzliche Brücken werden mit der Zahl der verbrückenden Atome als vierte und folgende Zahl in der eckigen Klammer aufgeführt und die Nummern der beiden neuen Brückenköpfe als durch Komma getrennte Hochzahlen benannt.

Schließlich seien noch die *Catenane* erwähnt, das sind mindestens zwei ineinandergreifende Ringe ohne Bindungen zwischen ihnen. Im folgenden Beispiel greifen drei Ringe ineinander; der systematische Name lautet [3]-[Cycloeicosan]-[cyclohexacosan]-[cycloeicosan]-catenan.

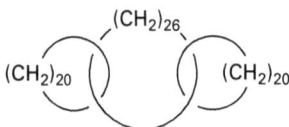

Strukturfragen

Die konformative Problematik offenkettiger Carbonhydride sei beispielhaft anhand von Butan und Buta-1,3-dien diskutiert! Mit dem durch die Kette C1—C2—C3—C4 definierten Diederwinkel δ (s. Abschnitt 2.5.3) ergibt sich in Abhängigkeit des Drehwinkels bei Drehung um die C2—C3-Achse für Butan ein Minimum an konformativer Spannung und damit an Molekülenergie bei $\delta = 180°$ (*antiperiplanare Konformation*; die beiden Me-Gruppen haben den größtmöglichen Abstand) und das entsprechende Maximum bei $\delta = 0°$ (*synperiplanare Konformation*; die beiden Me-Gruppen sind sich besonders nahe); das Minimum liegt um ca. 23 kJ mol^{-1} niedriger als das Maximum. Zwei Minima bei 60° und 300° (*synclinale Konformation*) liegen nur um 4 kJ mol^{-1} höher und zwei Maxima bei 120° und 240° (*aclinale Konformation*) um 15 kJ mol^{-1} höher als das antiperiplanare Minimum. Alle drei Minima stellen eine gestaffelte und alle drei Maxima eine ekliptische Konformation dar. Beträgt der Bindungswinkel C1—C2—C3 bei Butan noch 109.5°, so steigt er bei Butadien auf 120° an mit der Folge, dass sich die CH$_2$-Gruppen bei $\delta = 0°$ (*cisoide Struktur*, C_{2v}) kaum noch sterisch bedrängen können. Gleichwohl führt der Winkel $\delta = 180°$ (*transoide Struktur*, C_{2h}) zu einem um 10 kJ mol^{-1} besseren Konformer. Ist die Rotationsschwelle von 23 kJ mol^{-1} bei Butan auf die Überlappung der Wirkungssphären der beiden Me-Gruppen zurückzuführen, so spielen für die Rotationsschwelle von ca. 15 kJ mol^{-1} bei der Drehung der beiden Molekülhälften von Butadien um die C2—C3-Achse sterische Argumente überhaupt keine Rolle; von der sterischen Situation aus betrachtet sollte nämlich die Energie beim Drehen von der cisoiden in die transoide Struktur nur um die genannten 10 kJ mol^{-1} abnehmen und nicht zunächst zu einem Maximum um 5 kJ mol^{-1} ansteigen. Vielmehr ist es die Aufhebung einer gewissen π-Wechselwirkung zwischen C2 und C3, die bei der Drehung um die C2—C3-Achse zu Buche schlägt, auch wenn diese Wechselwirkung schwächer ist als die zwischen C1 und C2 bzw. C3 und C4.

Bei den *Cycloalkanen* hat man eine *Ringspannung* zu bedenken, die die Ringbindungen schwächt und die Stabilität vermindert. Beim Drei- und Vierring tritt eine *Winkelspannung* auf, die mit der Abweichung der Ringwinkel vom Tetraederwinkel parallel geht; die *C—C-Bananenbindung* des Cyclopropans wurde in Abschnitt 6.1.1 besprochen. Beim Cyclopentan ergäben sich im Falle von Planarität (D_{5h}) Ringwinkel von 108°, die vom Tetraederwinkel kaum abweichen. Weicht man von der Planarität ab, dann verkleinern sich die Ringwinkel und es entsteht Winkelspannung. Nun hat man beim planaren Fünfring mit fünf CCCC-Diederwinkeln von 0° zu rechnen, also mit durchwegs ungünstiger ekliptischer Konformation, die eine *ekliptische Ringspannung*, auch *Pitzer-Spannung* genannt, aufbaut, die den Fünfring aus der Planarität drängt. In diesem Widerstreit zweier Ringspannungen hat man mithilfe der Theorie eine nichtplanare Minimumsstruktur errechnet, bei der vier Ringatome ein Trapez bilden, dessen lange Seite durch eine CH$_2$-Gruppe oberhalb der Trapezebene überbrückt ist (*Briefumschlag-Konformation*; C_s). In die Sonderrolle dieser CH_2-Gruppe können alle fünf CH_2-Gruppen des Cyclopentans leicht schlüpfen, und so bildet sich ein sich schnell einstellendes Fluktuationsgleichgewicht zwischen fünf entarteten Konformeren. Auch das Cyclobutan ist nichtplanar gebaut (Interplanarwinkel 155°; D_{2d}), und die C—C-Bindungen sind, um der Ringspannung auszuweichen, um 3 pm länger als im Ethan; die Ringinversion um die diagonalen C—C-Achsen erfordert nur ca. 5 kJ mol^{-1}.

Beim Cyclohexan in der *Sesselkonformation* (Abschnitt 2.5.3) herrschen ideale Verhältnisse mit einer durchgehend gestaffelten Konformation. Die *Twistform* von Cyclohexan liegt in der Energie um 23 kJ mol^{-1} höher als die Sesselform, und um von ihr in die Twistform zu gelangen, muss eine Aktivierung von 46 kJ mol^{-1} überwunden werden. Die *Wannenform* wiederum liegt in der Energie um 6 kJ mol^{-1} höher als die Twistform und stellt den Übergangszustand dar für die Fluktuation des einen Twist-Konformers (D_2) (mit C1 und C4 auf einer C_2-Achse) mit den beiden anderen (mit einer C_2-Achse durch C2 und C5 bzw. durch C3 und C6).

Bei den sog. *mittleren Ringen*, d. s. Cycloalkane C_nH_{2n} mit n = 8−12, hat man mit erheblicher ekliptischer Ringspannung zu rechnen. Erst oberhalb von n = 12 haben Cycloalkane genügend Entfaltungsmöglichkeiten, um eine Konformation ohne größere Ringspannung anzunehmen.

Bei den Cycloalkenen leiden das Cyclopropen und Cyclobuten noch mehr unter Winkelspannung als die entsprechenden Cycloalkane, muss doch der Bindungswinkel an der Doppelbindung mit einem idealen Bindungswinkel von 120° anstelle des Tetaederwinkels konkurrieren. So verwundert es nicht, dass sich Cyclopropen bei Raumtemperatur explosionsartig zersetzt. Das Cyclohexen ist im Gegensatz zu Cyclohexan nicht ganz frei von Ringspannung. Die sog. *Halbsesselform* (C_2) ist nur um 11 kJ mol^{-1} günstiger als die Wannenform (C_s).

Halbsessel   Wanne

Doppelbindungen in polycyclischen Systemen können nicht von Brückenkopfatomen ausgehen, da diese Atome normalerweise nicht die notwendige trigonal-planare Konfiguration haben (*Bredt'sche Regel*).

Vorkommen und Gewinnung

Methan ist der wesentliche bis ausschließliche Bestandteil von Erdgas. Die wesentliche Quelle für Carbonhydride mit zwei bis acht C-Atomen ist das Erdöl (s. Abschnitt 5.6). Sie entstehen zumal beim Cracken und werden teils durch Destillation, teils durch Extraktion voneinander getrennt. Man erhält dabei etwa folgende Anteile an C_mH_n-Fraktionen (in %):

C_1	C_2	C_3	C_4	C_5	C_6	C_7	C_8
10	25	20	10	7	5	5	5

Die *C$_1$-Fraktion* besteht aus Methan, die *C$_2$-Fraktion* aus Ethan (5%) und Ethen (20%), die *C$_3$-Fraktion* aus Propen, die *C$_4$-Fraktion* aus Butan, Isobutan, But-1-en, But-2-en, Isobuten und vor allem aus Buta-1,3-dien (40% dieser Fraktion), die *C$_5$-Fraktion* aus Pentan-, Penten- und Pentadien-Isomeren, die *C$_6$-Fraktion* überwiegend aus Benzen und die *C$_7$-Fraktion* aus Toluen; in der *C$_8$-Fraktion* findet man schließlich die drei isomeren Xylene neben Etenylbenzen (*Stryren*) und Etylbenzen. Bei der Raffination naphthenischer Erdöle gewinnt man Cycloalkane wie Cyclohexan, Methylcyclopentan, Dimethylcyclopentan, Methylcyclohexan u. a.

Daneben gibt es eine Fülle von Verfahren zur Darstellung von Carbonhydriden. In Bezug auf *Alkane* seien hervorgehoben: die *katalytische Hydrierung* ungesättigter Carbonhydride (z. B. Ethen → Ethan, Naphthalen → Decalin); die *Hydrolyse* metallorganischer Verbindungen (MR + H$_2$O → RH + MOH); die *reduktive Verknüpfung* von Halogenalkanen (2 RHal + 2 M → R—R + 2 MHal), die *Redox-Kupplung* zweier Alkylreste (RHal + MR' → R—R' + MHal); die *thermische Decarboxylierung* von Carbonsäuren (RCOOH → RH + CO$_2$). Zur Darstellung von *Alkenen* kann auf die Eliminierung von HX aus geeigneten Alkan-Derivaten zurückgreifen (HX = HHal, H$_2$O u. a.), auf die reduktive Dehalogenierung vicinaler Dihalogenalkane u. a. m. Speziell für *Acetylen* spielen die *thermische* (2 CH$_4$ → C$_2$H$_4$; 1400 °C) ebenso wie die *katalytische Dehydrierung* (C$_2$H$_4$ → C$_2$H$_2$ + H$_2$) neben der partiellen *Oxygenierung* (4 CH$_4$ + O$_2$ → C$_2$H$_2$ + 2 CO + 7 H$_2$) eine wichtige Rolle. Die vor dem Aufblühen der Erdgas- und Erdölchemie (*Petrochemie*) wichtige Gewinnung von C$_2$H$_2$ durch *Hydrolyse* von CaC$_2$ (CaC$_2$ + H$_2$O → C$_2$H$_2$ + CaO) ist zu energieaufwendig, da man das Calciumcarbid CaC$_2$ im Lichtbogenofen durch Carbonisierung von CaO herstellen muss (CaO + 3 C → CaC$_2$ + CO).

Cycloalkane gewinnt man entweder aus naphthenischen Erdölen oder durch katalytische Hydrierung aromatischer Carbonhydride. Spezielle Cycloalkane lassen sich durch gezielte Cyclisierungsreaktionen herstellen. Aus einem breiten Arsenal synthetischer Möglichkeiten der hierbei erforderlichen C—C-Kupplung sei die intramolekulare Reduktion geeigneter Dihalogenalkane herausgegriffen (z. B. Br(CH$_2$)$_n$Br + Zn → C$_n$H$_{2n}$ + ZnBr$_2$). Als Konkurrenzreaktion zur *intramolekularen* (d. h. das eine Molekül betreffenden) ist bei Cyclisierungsreaktionen stets die *intermolekulare* (d. h. zwischen mehreren Molekülen sich abspielende) C—C-Kupplung zu bedenken, die zur Kettenverlängerung führt. Man kann sie hintanhalten, indem man in hoher Verdünnung arbeitet und so die Wahrscheinlichkeit wirksamer Zusammenstöße der Moleküle vermindert (*Verdünnungsprinzip*). Was die Geschwindigkeit von Cyclisierungsreaktionen anbetrifft, wirken zwei Effekte gegeneinander. Je größer die aufzubauende Ringspannung ist — Winkelspannung beim Drei- und Vierring, Pitzer-Spannung bei mittleren Ringen — desto höher ist die Aktivierungsenthalpie. Je größer die durch die Cyclisierung aufzubauende Ring sein soll, desto unwahrscheinlicher ist es, dass sich die zu kuppelnden Kettenenden treffen, desto negativer also (und damit die Cyclisierung verlangsamend) wird die Aktivierungsentropie. Als Fazit kommt heraus, dass sich Dreiringe schneller als

Vierringe, Fünfringe ebenfalls schneller als Vierringe und mittlere Ringe generell langsam bilden. Zweikomponenten-Cyclisierungen sind u. a. wichtig bei der [4+2]-Cycloaddition (Diels-Alder-Reaktion; s. Abschnitte 4.3.5 und 6.6.8). Für Dreiringe hat sich eine [2+1]-Cycloaddition aus $H_2C=CH_2$ und Carben CH_2 als nützlich erwiesen ($CH_2I_2 + Zn + C_2H_4 \rightarrow c\text{-}C_3H_6 + ZnI_2$, in Et_2O; *Simmons-Smith-Reaktion*).

Reaktivität

Gesättigte Carbonhydride, also Alkane und Cycloalkane, reagieren bei Raumtemperatur nicht mit anderen Stoffen, ausgenommen sind Fluor ($CH_4 + 4\,F_2 \rightarrow CF_4 + 4\,HF$) sowie Supersäuren, die Alkane sogar bei tiefer Temperatur hydronieren. Wohl aber reagieren Alkane mit reaktiven Teilchen wie den Radikalen Cl, Br oder SO_2Cl, die bei der Photolyse von Cl_2, Br_2 bzw. SO_2Cl_2 entstehen (dabei führt die photolytische *Chlorierung*, *Bromierung* bzw. *Sulfochlorierung* von RH zu RCl, RBr bzw. RSO_2Cl), oder wie den Carbenen ($CH_4 + CH_2 \rightarrow C_2H_6$). Bei höherer Temperatur allerdings gehen Alkane und Cycloalkane mannigfache Reaktionen ein: Reformieren, Cracken, Verbrennen, Isomerisieren und (bei sehr hoher Temperatur) Zerfallen in die Elemente (s. Abschnitt 5.6.2). Von Bedeutung ist auch die Hochtemperaturnitrierung (450 °C) mit HNO_3 ($\rightarrow RNO_2$). Anders als gewöhnliche Cycloalkane sind Cyclobutan und vor allem Cyclopropan wegen ihrer Ringspannung deutlich reaktiver. So öffnet sich z. B. Cyclopropan bei der Einwirkung von Br_2 schon bei Raumtemperatur zum 1,3-Dibrompropan.

Die Doppel- bzw. Dreifachbindung der Alkene und Alkine zeichnet sich durch ihre Bereitschaft aus, sowohl unpolare Stoffe (z. B. H_2, Hal_2 u. a.) als auch polare Stoffe HX (z. B. HHal, H_2O, H_2SO_4 u. a.), MX (z. B. B_2H_6; $6\,CH_2=CH_2 + B_2H_6 \rightarrow 2\,BEt_3$: *Hydridoborierung*) u. a. zu addieren. Unter den Cycloadditionen sei die Diels-Alder-Reaktion erneut erwähnt. Die *Alken-Metathese* geht von zwei Alkenen A=B und C=D aus und erbringt die Alkene A=C und B=D; im Falle cyclischer Alkene führt eine solche Metathese zu einer Verdoppelung der Ringgröße. Typisch ist auch das Vermögen der Alkene, unter bestimmten Bedingungen zu polymerisieren (s. Abschnitt 3.6.3).

Eine Spezialität der Alkine RC≡CH mit außenstehender Dreifachbindung ist ihre Acidität, die mit pK_A = 22 zu Buche schlägt, eine überaus schwache Säure zwar, aber doch erheblich saurer, als es normale Alkane oder Alkene sind. Das Calciumdicarbid CaC_2 (*Calciumacetylid*, *Calciumcarbid*), ein Salz der Säure Acetylen, hat noch immer technische Bedeutung (s. o.).

6.2.2 Aromatische Carbonhydride (Arene)

Überblick

Am Begriff *aromatischer Charakter* oder *Aromatizität* feilen die Chemiker seit mehr als einem Jahrhundert. Unbestritten gilt das Benzen als prototypischer Repräsentant der Aromatizität. Allen aromatischen Verbindungen im herkömmlichen Sinne ist gemeinsam, dass sie cyclisch gebaut sind, dass sie ungesättigt sind, also π-Bindungen enthalten, und dass die π-Elektronen cyclisch delokalisiert sind. (Eine neuere, allgemeinere Definition, die auch kugelartig gebaute Moleküle mit einem delokalisierten Elektronenmangel-Bindungsgerüst mit einbezieht, bleibe hier außer Betracht.)

Stabilität und Struktur

Die Hydrierung von Cyclohexen zu Cyclohexan, $C_6H_{10} + H_2 \rightarrow C_6H_{12}$, verläuft mit $\Delta_r H^0 = -120 \, kJ \, mol^{-1}$ exotherm. Für die Hydrierung von Cyclohexa-1,3-dien, $C_6H_8 + 2 \, H_2 \rightarrow C_6H_{12}$, würde man die Freisetzung von $240 \, kJ \, mol^{-1}$ erwarten, misst aber nur $232 \, kJ \, mol^{-1}$, ein Zeichen dafür, dass die Wechselwirkung der beiden konjugierten π-Elektronenpaare im Cyclohexadien dessen Energie absenkt. Für die Hydrierung von Benzen misst man anstelle der erwarteten 360 nur $208 \, kJ \, mol^{-1}$. Die Differenz von $152 \, kJ \, mol^{-1}$ schreibt man der *Aromatisierungs-energie* (auch: *Mesomerie-* oder *Resonanzenergie* von Benzen) zu, d. i. die Energie, die frei würde, wenn drei isolierte Doppelbindungen in einem hypothetischen Cyclohexa-1,3,5-trien eine cyclische Delokalisierung ihrer π-Elektronen eingingen. Trotz der aromatischen Stabilisierung ist Benzen eine endotherme Verbindung mit $\Delta_f H^0 (\text{liq}) = 49.1 \, kJ \, mol^{-1}$; dies gilt auch für andere Aromaten, z. B. für Naphthalen mit $\Delta_f H^0 (\text{sol}) = 78.5 \, kJ \, mol^{-1}$.

Alle sechs CC-Bindungen im Benzen haben eine Länge von 139.9 pm (D_{6h}) und liegen damit in der Mitte eines Bereichs zwischen der CC-Einfachbindung von Ethan (153.15 pm) und der Doppelbindung von Ethen (133.9 pm; alle Werte in der Gasphase gemessen). Die symmetrische Äquivalenz der sechs H-Atome äußert sich u. a. darin, dass die ^{1}H-Atomkerne (Kernspinquantenzahl $I = 1/2$) die gleiche Aufspaltung ihrer Kernenergieniveaus erfahren, wenn man sie in ein homogenes Magnetfeld bringt; im NMR-Spektrum erscheint nur ein einziges Resonanzsignal (s. Abschnitt 6.1.3 und 7.1.3). Eine sehr charakteristische Folge der aromatischen Elektronendelokalisierung ist es, dass die Energieaufspaltung der an ein aromatisches Gerüst gebundenen Protonen im Magnetfeld besonders groß ist; man wertet dies als das sog. *Ringstromkriterium* der Aromatizität.

Das einfachste quantenmechanische Näherungsverfahren zur Bestimmung von π-Molekülorbitalen in konjugiert ungesättigten Systemen ist die Darstellung der MOs als lineare Kombination der Atomorbitale (*LCAO-Methode nach Hückel*; s. Abschnitt 2.1.4). Für Benzen beispielsweise hat jedes der sechs π-MOs Φ_k (k von 1 bis 6) die Form $\Phi_k = \Sigma_i \, c_{ik} \, \varphi_i$; dabei stellen die sechs AOs (φ_i) die sechs p_z-Orbitale der sechs C-Atome eines in der *xy*-Ebene liegenden Benzen-Moleküls dar. Die Quantenmechanik liefert einen allgemeinen Ausdruck für die dem MO Φ_k zuzuordnende Energie ε_k in Form der sog. *zeitunabhängigen Schrödinger-Gleichung*, $\varepsilon_k = \int \Phi_k H \Phi_k \, d\tau / \int \Phi_k^2 \, d\tau$, wobei H den quantenmechanischen Operator der Energie (*Hamilton-Operator*) bedeutet, das Symbol τ alle Koordinaten zusammenfasst, über die zu integrieren ist, und die Integration über den gesamten Koordinaten-raum zu erstrecken ist. Da ein näherungsweise berechnetes ε_k immer größer ist als die wahre Energie (*Variationsprinzip* der Quantenmechanik), lässt man die Werte ε_k mit den zunächst unbekannten Koeffizienten c_{ik} zum Minimum werden und gewinnt aus einem solchen Ansatz sowohl die Energien ε_k der sechs π-MOs als auch jene Koeffizienten. In den Lösungen für ε_k treten Integrale der folgenden Form auf:

$$S_{ij} = \int \varphi_i \, \varphi_j \, d\tau \qquad\qquad H_{ij} = \int \varphi_i \, H\varphi_j \, d\tau$$

Da die AOs φ_i normiert sind, ist $S_{ii} = 0$ für alle i. Die Integrale S_{ij} (i ≠ j) nennt man *Überlappungsintegrale*; man setzt sie näherungsweise gleich null, was dann eine grobe Näherung darstellt, wenn die C-Atome i und j benachbart sind. Das Integral $H_{ii} = a$ stellt die Energie eines normierten p_z-Orbitals von Carbon und damit eine konstante Größe dar. Das Integral $H_{ij} = \beta$ heißt Resonanzintegral, wenn die C-Atome i und j benachbart sind; es hat innerhalb der Hückel'schen Näherung für alle C-Atome einen konstanten und zwar negativen Wert. Integrale H_{ij} für nicht benachbarte Atome C_i und C_j setzt man in guter Näherung gleich null. Die Nulllinie der Energie in Abb. 2.2 repräsentiert die Energie a. Die MOs mit $\varepsilon_k = a + x_k \beta$ sind bindend, wenn die Zahl x_k positiv ist, denn es ist dann $\varepsilon_k < a$ (β ist ja negativ) und sie sind antibindend, wenn x_k negativ ist. Die Energie der MOs in Abb. 2.2 ist in Vielfachen von β angegeben. Für Ethen betragen die x-Werte $x_1 = 1$ (bindend) und $x_2 = -1$ (antibindend), für Butadien $x = 1.62, 0.62, -0.62, -1.62$, für Benzen $x = 2, 1, -1, -2$; die Benzenenergien zu $x = 1$ und $x = -1$ sind jeweils zweifach entartet. Quantitativ haben diese Werte der Energien wegen der groben Näherungen bei der einfachen Hückel'schen LCAO-Methode keine Bedeutung, sind aber gleichwohl bedeutsam für eine Diskussion ihrer qualitativen Abfolge, und sie werden mit einem hier zwar nicht erläuterten, aber immerhin überschaubaren Rechenaufwand erzielt. Noch einmal auf Abb. 2.2 zurückgreifend, sei im Folgenden zusammengestellt, welche Koeffizienten c_{ik} und damit welche MOs sich für Ethen, Buta-1,3-dien und Benzen ergeben. Man beachte, wie man aus den Koeffizienten und ihren Vorzeichen die Lage der Knotenebenen erkennen kann.

C_2H_4

    ε_1 ($x_1 = 1$): $\Phi_1 = 0.71\varphi_1 + 0.71\varphi_2$
    ε_2 ($x_2 = -1$): $\Phi_2 = 0.71\varphi_1 - 0.71\varphi_2$

C_4H_6

    ε_1 ($x_1 = 1.62$): $\Phi_1 = 0.37\varphi_1 + 0.60\varphi_2 + 0.60\varphi_3 + 0.37\varphi_4$
    ε_2 ($x_2 = 0.62$): $\Phi_2 = 0.60\varphi_1 + 0.37\varphi_2 - 0.37\varphi_3 - 0.60\varphi_4$
    ε_3 ($x_3 = -0.62$): $\Phi_3 = 0.60\varphi_1 - 0.37\varphi_2 - 0.37\varphi_3 + 0.60\varphi_4$
    ε_4 ($x_4 = -1.62$): $\Phi_4 = 0.37\varphi_1 - 0.60\varphi_2 + 0.60\varphi_3 - 0.37\varphi_4$

C_6H_6

$\varepsilon_1\ (x_1 = 2)$:	$\Phi_1 = 0.41\varphi_1 + 0.41\varphi_2 + 0.41\varphi_3 + 0.41\varphi_4 + 0.41\varphi_5 + 0.41\varphi_6$
$\varepsilon_2\ (x_2 = 1)$:	$\Phi_2 = 0.00\varphi_1 + 0.50\varphi_2 + 0.50\varphi_3 + 0.00\varphi_4 - 0.50\varphi_5 - 0.50\varphi_6$
$\varepsilon_3\ (x_3 = 1)$:	$\Phi_3 = 0.58\varphi_1 + 0.29\varphi_2 - 0.29\varphi_3 - 0.58\varphi_4 - 0.29\varphi_5 + 0.29\varphi_6$
$\varepsilon_4\ (x_4 = -1)$:	$\Phi_4 = 0.00\varphi_1 - 0.50\varphi_2 + 0.50\varphi_3 + 0.00\varphi_4 - 0.50\varphi_5 + 0.50\varphi_6$
$\varepsilon_5\ (x_5 = -1)$:	$\Phi_5 = 0.58\varphi_1 - 0.29\varphi_2 - 0.29\varphi_3 + 0.58\varphi_4 - 0.29\varphi_5 - 0.29\varphi_6$
$\varepsilon_6\ (x_6 = -2)$:	$\Phi_6 = 0.41\varphi_1 - 0.41\varphi_2 + 0.41\varphi_3 - 0.41\varphi_4 + 0.41\varphi_5 - 0.41\varphi_6$

Wendet man die LCAO-Methode auf die n p_z-Atomorbitale der n C-Atome plana-rer Ringe C_nH_n (n = 3 − 10) an, dann erhält man Energieniveaus, die in Abb. 6.1 wiedergegeben sind. Da es sich bei der den Ringen zugrunde gelegten Symmetrie jeweils um die Punktgruppe D_{nh} mit n > 2 handelt, tritt ein- und zweifache Entar-tung auf. ,

Unterhalb der Energie α repräsentieren positive x-Werte die Energie bindender MOs, die MOs bei C_4H_4 und C_8H_8 mit $x = 0$ sind nicht bindend, und die MOs zu negativen x-Werten sind antibindend. Füllt man alle bindenden MOs mit je einem Elektronenpaar auf, so kommt man zu teils geladenen, teils ungeladenen Spezies, die man im Sinne der Hückel'schen Theorie als *aromatisch* bezeichnet: $C_3H_3^+$, $C_4H_4^{2+}$, $C_5H_5^-$, C_6H_6, $C_7H_7^+$, $C_8H_8^{2+}$, $C_{10}H_{10}$.

Unter den neutralen aromatischen Ringen ist das Benzen mit 6 π-Elektronen ja die Stammverbindung aller Arene. Dem Cyclodecapentaen $C_{10}H_{10}$ mit 10 π-Elektronen kommt das Naphthalen $C_{10}H_8$ nahe. Würde man dessen zentrale CC-Bindung gemäß $C_{10}H_8 + H_2 \rightarrow C_{10}H_{10}$ hydrieren, dann kämen sich die beiden neuen zentralen H-Atome im Produkt $C_{10}H_{10}$ zu nahe, um eine stabile Anordnung

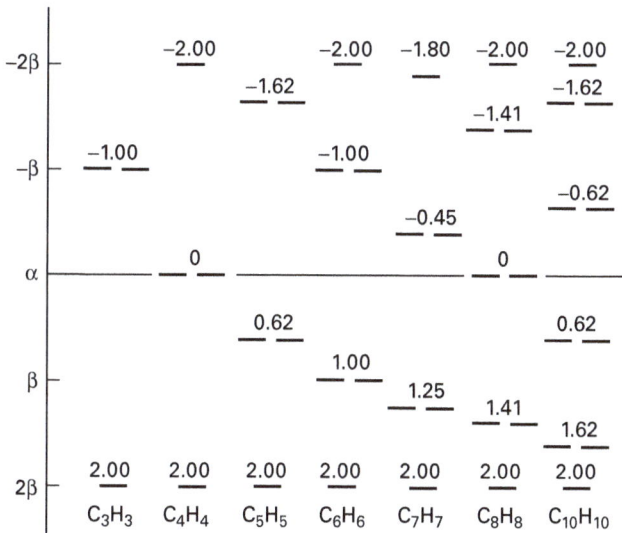

Abb. 6.1 Energieniveaus der π-Molekülorbitale von Ringen C_nH_n, berechnet nach der ein-fachen Hückelmethode; die Zahlen geben die x-Werte gemäß der Beziehung $\varepsilon = \alpha + x\beta$ wieder.

zu erlauben. Würde man ein solches $C_{10}H_{10}$ mit der D_{2h}-Symmetrie des Naphthalens derart entfalten, dass alle CC-Bindungen Z-konfiguriert wären (D_{10h}), dann würden die Ringwinkel von $144°$ (anstelle des Idealwerts von $120°$ wie im Benzen) eine starke Ringspannung hervorrufen, sodass auch dieses Molekül nicht stabil wäre. Es ist allerdings gelungen, die beiden zentralen C-Atome von Naphthalen durch eine CH_2-Gruppe zu verbrücken, sodass die freien Valenzen der Methandiyl-Gruppe, $-CH_2-$, gleichsam die Funktion der beiden neuen H-Atome nach der hypothetischen Hydrierung von $C_{10}H_8$ zu $C_{10}H_{10}$ ausüben. Im dabei entstehenden Methanocyclodecapentaen $C_{11}H_{10}$ (= $C_{10}H_8CH_2$; C_{2v}; systematisch: Bicyclo-[4.4.1]undeca-1,3,5,7,9-pentaen) stehen aber die beiden planaren C_6H_4-Hälften nicht koplanar zueinander, sodass keine ungehemmte Delokalisierung aller 10 π-Elektronen und damit keine ideale Aromatizität zustande kommt.

Bei den Kationen Cyclopropenylium $C_3H_3^+$ mit zwei und Cycloheptatrienylium $C_7H_7^+$ (*Tropylium*) mit sechs π-Elektronen handelt es sich um ziemlich gut untersuchte aromatische Spezies. Zwei eng beieinanderliegende positive Ladungen im hypothetischen $C_4H_4^{2+}$ machen ein solches Kation nicht existenzfähig, und auch über ein $C_8H_8^{2+}$ weiß man so gut wie nichts. Mit dem 6π-Elektronen-Anion Cyclopentadienid $C_5H_5^-$ liegt ein breit untersuchtes aromatisches System vor, und das planar gebaute 10π-Elektronen-Dianion $C_8H_8^{2-}$ kann man in salzähnlichen Verbindungen MC_8H_8 mit großen Kationen M^{2+} antreffen. Eine interessante Kombination eines 4π- mit einem 6π-Elektronensystem liegt im Cyclopropenylidencyclopentadien (*Calicen*) vor, dessen doppelt geladene Grenzstruktur mehr Gewicht hat als die ungeladene, wie das hohe Dipolmoment von 6.1 D nahelegt:

Der neutrale Vierring C_4H_4 (D_{4h}) enthält gemäß der Hund'schen Regel im Grundzustand zwei nicht bindende Elektronen mit parallelem Spin, stellt also ein Biradikal dar, das nicht stabil sein sollte. Packt man die beiden Elektronen mit notwendigerweise antiparallelem Spin in eines der beiden entarteten MOs, dann entsteht ein entarteter Grundzustand. *Entartet* heißt dabei, dass man den π-Elektronenbereich im Grundzustand entweder als Kombination des bindenden MOs mit dem einen oder mit dem anderen der beiden nicht bindenden MOs beschreiben kann, und beide Kombinationen haben die gleiche Energie. Das *Jahn-Teller-Theorem* der Quantenmechanik sagt aus, dass ein entarteter Grundzustand bei nichtlinearen Molekülen nicht existieren kann, dass vielmehr die Symmetrie des Moleküls in der Weise erniedrigt werden muss, dass die Entartung verloren geht. Für die D_{4h}-Symmetrie von C_4H_4 bedeutet dies, dass sich die Zähligkeit $n = 4$ der Hauptachse zu einer Zähligkeit von höchstens $n = 2$ vermindern muss, dass sich also das C_4-Quadrat zum Rechteck (D_{2h}) oder zur Raute (D_{2h}) verzerrt (*Jahn-Teller-Verzerrung*), um die Entartung aufzuheben und damit einen nicht radikalischen, nicht entarteten Grundzustand zu erlauben. Dabei rutscht das eine der vorher entarteten

MOs in den bindenden, das andere in den antibindenden Bereich. Die Entartung zum *Rechteck* bedeutet, dass ein Dien mit isolierten Doppelbindungen entlang der kurzen Rechteckseiten entstehen muss und die cyclische Elektronendelokalisierung damit verloren geht. Nun ist der Grundkörper C_4H_4 mit Dien-Struktur sowohl als Dien als auch als Dienophil so reaktiv, dass sich zwei Moleküle C_4H_4 unter Normalbedingungen spontan zu Tricyclo[4.2.0.0^{2,5}]octa-3,7-dien dimerisieren; mit sperrigen Liganden R jedoch lässt sich ein Cyclobutadien C_4R_4 isolieren (z. B. R = *t*Bu). In diesem Cyclobutadien sind alle vier CR-Gruppierungen symmetrisch äquivalent. Bei der Verzerrung zur *Raute* sind die beiden C-Atome am stumpfen Winkel nicht symmetrisch äquivalent zu den beiden C-Atomen am spitzen Winkel, wohl aber sind die vier CC-Ringbindungen äquivalent, sodass die cyclische Deloka-lisierung der vier π-Elektronen erhalten bleibt. Eine solche Verzerrung lässt sich erreichen, wenn man als Ringliganden X an den stumpfen Winkeln elektronendrü-ckende und als Liganden Y an den spitzen Winkeln elektronenziehende Gruppen befestigt, z. B. X = NEt_2, Y = COOEt; man spricht von einem elektronischen *Push-pull-Effekt*. Ganz analog liegen die Verhältnisse beim Cyclooctatetraen C_8H_8, einem nichtplanaren, nichtaromatischen Tetraen mit vier isolierten Doppelbindun-gen, die sich in zwei Ebenen parallel gegenüberliegen (D_{2h}).

Heteroarene

Da die Gruppierungen B/C^+ oder $BH^-/CH/NH^+$ oder $C^-/N/O^+$ isoelektronisch sind, kann man sich aromatische Sechsringe vorstellen wie das isoelektronische Paar $BC_5H_5/C_6H_5^+$ sowie die beiden Tripel isoelektronischer Spezies $BC_5H_6^-/C_6H_6/$ $NC_5H_6^+$ und $C_6H_5^-/NC_5H_5/OC_5H_5^+$. Sind C-Atome in aromatischen Carbonhydri-den durch Atome wie B, N, O ersetzt, wie in fünfen dieser Sechsringe, oder auch durch vergleichbare Atome höherer Perioden, so spricht man von *Heteroaromaten* oder *Heteroarenen*.

Borabenzen BC_5H_6 ist nicht bekannt, wohl aber dessen B—N-Addukte vom Typ R_3N—BC_5H_5. Das instabile Kation Phenylium $C_6H_5^+$ kann natürlich ebenfalls durch die Addition von Basen stabilisiert werden, z. B. Phenylammonium H_3N—Ph^+ (*Anilinium*). Das *Boratabenzen*-Anion lässt sich mit geeigneten Kationen isolie-ren, wenn auch nur für *B*-Alkyl-Derivate $RBC_5H_5^-$. Das Kation *Azoniabenzen* $HNC_5H_6^+$ (*Pyridinium*) ist die mit der bekannten und wichtigen Base *Azabenzen* NC_5H_5 (*Pyridin*; py) korrespondierende Säure. Das Benzenid-Anion $C_6H_5^-$ ist in freier Form nicht, wohl aber an Metalle gebunden bekannt, ganz im Gegensatz zu den isoelektronischen Spezies Pyridin und *Oxoniabenzen* $OC_5H_5^+$ (*Pyrylium*-Kat-ion), erstgenannte eine in freier Form stabile Flüssigkeit, letztgenannte ein in Lösung frei vorliegendes und mit geeigneten Anionen kristallisierbares Kation. Zur systematischen Nomenklatur von Heteroaromaten sei angefügt, dass der Ersatz von CH in einer Stammverbindung (hier: Benzen) durch B oder N mithilfe der Präfixe *bora* bzw. *aza* gekennzeichnet wird; der Ersatz von CH durch das anionische BH^- führt zum Präfix *borata* und durch das kationische NH^+ oder O^+ zum Präfix *azonia* bzw. *oxonia*. Mit anderen Heteroatomen verfährt man entsprechend.

Die Aza-Derivate von Benzen sind, z. T. auch als Naturstoffe, von besonderer Wichtigkeit. Neben dem Azabenzen, dem Pyridin, sind das die Di-, Tri- und Tetra-azabenzene oder *Diazine, Triazine* bzw. *Tetrazine*, von denen je drei Isomere existieren, nämlich bei den Diazinen das 1, 2-, 1, 3- und 1, 4-$N_2C_4H_4$ (*Pyridazin, Pyrimidin* bzw. *Pyrazin*), bei den Triazinen das 1, 2, 3-, 1, 2, 4- und 1, 3, 5-$N_3C_3H_3$ und bei den Tetrazinen das 1, 2, 3, 4-, 1, 2, 3, 5- und 1, 2, 4, 5-$N_4C_2H_2$.

Bei den aromatischen Fünfringen mit 6 π-Elektronen leiten sich zahlreiche Heteroarene vom Cyclopentadienid $C_5H_5^-$ (Cp^-) ab, von denen einige besonders wichtige hier aufgelistet seien; das dritte π-Eektronenpaar ist jeweils ein freies Elektronenpaar am Heteroatom. Dieses Elektronenpaar lässt sich umso leichter in die cyclische Delokalisierung einbeziehen, je weniger elektronegativ es ist. Dementsprechend gilt für den Grad an Aromatizität beispielsweise die Abfolge Thiophen > Pyrrol > Furan.

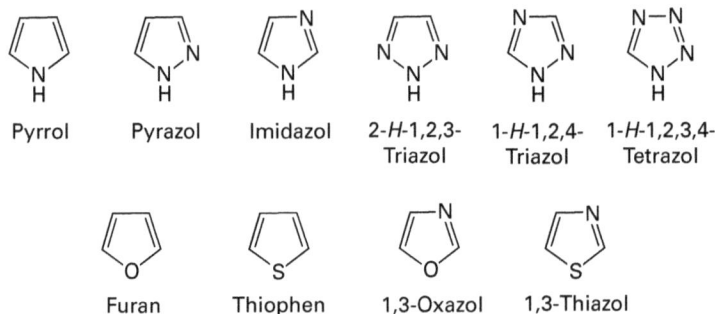

| Pyrrol | Pyrazol | Imidazol | 2-*H*-1,2,3-Triazol | 1-*H*-1,2,4-Triazol | 1-*H*-1,2,3,4-Tetrazol |

| Furan | Thiophen | 1,3-Oxazol | 1,3-Thiazol |

Da eine BN- zu einer CC-Gruppierung isoelektronisch ist, handelt es sich bei der folgenden Auswahl an BN-Ringen mit cyclisch delokalisierten π-Elektronen um Hetero-Analoga von $C_3H_3^+$, $C_4X_2Y_2$ (Cyclobutadien vom Push-pull-Typ; s. o.) und C_6H_6:

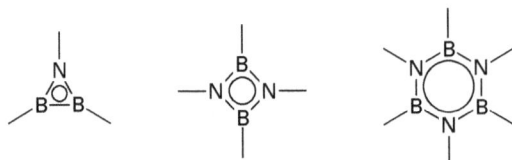

Nur beim 1,3,5-Triazonia-2,4,6-triboratabenzen $N_3B_3H_6$ (*Borazin*; D_{3h}) ist der Grundkörper bekannt; beim Azoniaboraboratacyclopropan (C_{2v}) und beim 1,3-Diazonia-

2,4-diboratacyclobutadien (D_{2h}) kennt man Derivate NB_2R_3 bzw. $N_2B_2R_4$ mit mehr oder weniger sperrigen Ringliganden R (z. B. R = tBu). Beim rautenartig gebauten $N_2B_2R_4$-Vierring ist ein Push-pull-Effekt durch Liganden nicht nötig, da die Ringatome selbst diese elektronische Funktion übernehmen. Die cyclische Elektronendelokalisierung kann bei diesen BN-Heterocyclen nicht so gleichmäßig, also ohne den Aufbau von Partialladungen, vonstatten gehen wie bei den CC-Analoga, vielmehr handelt es sich um polare Bindungen im Ring mit negativen Partialladungen an den N- und positiven an den B-Atomen und mit einer geringeren Aromatisierungsenergie, als sie den CC-Stammverbindungen eigen ist.

Anellierte Arene

Die *lineare* Anellierung von Benzenringen führt über das Naphthalen und Anthracen zum *Tetracen*, *Pentacen* usw. (*Acene*). In jeder der folgenden vier mesomeren Grenzstrukturen von Pentacen ist die 10π-Elektronen-Delokalisierung von Naphthalen auf je zwei Ringe beschränkt, den anderen Ringen werden nur konjugierte Doppelbindungen längs der Ober- und Unterseite des langgestreckten Moleküls zuteil.

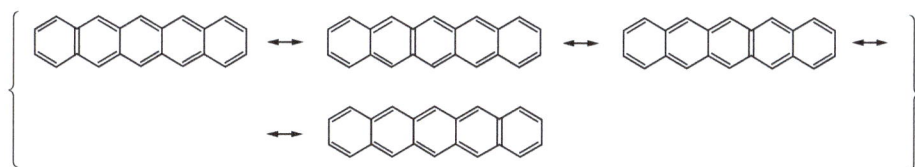

Das bedeutet, dass der mit einer cyclischen Delokalisierung der Elektronen einhergehende aromatische Charakter mit zunehmender Länge der Acene immer mehr verloren geht. Die Polyacene werden dadurch reaktiver, und zwar nicht nur in Bezug auf Substitutions-, sondern auch auf Additions- und Redoxreaktionen. Das ist schon beim Anthracen zu erkennen, das in 9,10-Position leicht oxidiert und reduziert werden kann, sodass zwei Sechsringe mit optimaler 6π-Elektronen-Delokalisierung gebildet werden:

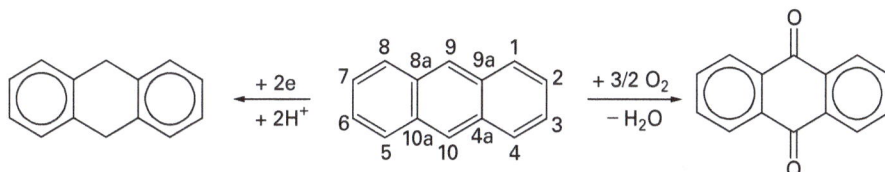

Die *angulare* Anellierung führt vom Naphthalen über das Phenanthren zu weiteren *Phenen*, und schließlich hat der fünfte an Naphthalen angular anellierte Benzenring in der Ebene der sechs vorhandenen keinen Platz, sondern nur oberhalb oder unterhalb dieser Ebene, d. h. die Phen-Kette dreht sich unter Aufbau einer gewissen Winkelspannung zu einer Schraube oder *Helix*, und man erhält die chiralen *Helicene*. Im Folgenden ist ein Helicen $C_{30}H_{18}$ dargestellt, das aus sieben anellierten Sechsringen aufgebaut ist und eine Rechtsschraube definiert: *P*-[7]Helicen. (Zur Schraubrichtungskonvention s. Abschnitt 2.5.3.)

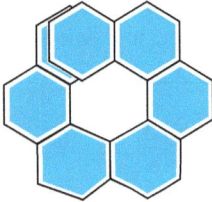

Bei angularer Anellierung wird die cyclische Elektronendelokalisierung weniger gestört als bei linearer. Gleichwohl ist auch Phenanthren in der 9,10-Position gegen Redoxreaktionen viel empfindlicher als Benzen, entstehen doch auch hier zwei ungestörte Benzenringe.

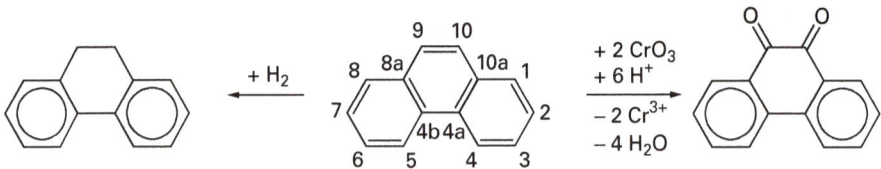

Von Bedeutung sind an Benzen anellierte Fünfringe. Die CH_2-Gruppe im *Inden* und im *Fluoren* ist zwar immer noch überaus schwach sauer ($pK_A = 20$ bzw. 23), aber dennoch können aus ihr erheblich leichter H^+-Ionen abgespalten werden als aus CH_2-Gruppen der Alkane, weil dadurch ein 10π- bzw. 14π-Elektronensystem wie beim Naphthalen bzw. Anthracen aufgebaut wird. Allerdings sind Inden und Fluoren deutlich weniger sauer als etwa Cyclopentadien ($pK_A = 16$), da das benzenartige 6π-Elektronensystem des Cp-Anions einem naphthalen- bzw. anthracen-ähnlichen System an Aromatizität überlegen ist.

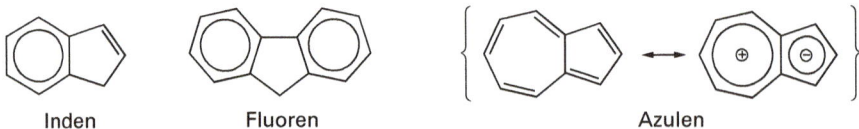

Inden   Fluoren   Azulen

Bei der Siebenring-Fünfring-Anellierung des *Azulens* tritt eine ähnliche Ladungsverschiebung wie beim Calicen ein. Die rechte mesomere Grenzformel hat nebeneinander Tropylium- und Cyclopentadienid-Charakter.

Unter den zahlreichen anellierten Heteroaromaten seien sechs vorgestellt, die z. T. erhebliche Bedeutung auch in der Biosphäre haben:

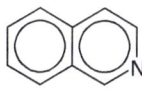
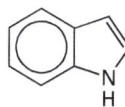

Chinolin   Isochinolin   Indol

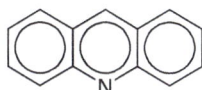
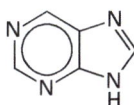
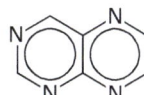

Acridin   Purin   Pteridin

Vorkommen und Gewinnung

Naphthalen ist ein Hauptbestandteil des Steinkohlenteers und wird zusammen mit Anthracen und Phenanthren aus ihm gewonnen. Benzen, Toluen und die Xylene gewinnt man im Zuge des Reformierens der Schwerbenzin- und Naphtha-Fraktionen des Erdöls (s. Abschnitt 5.6.2).

Reaktivität

Im Gegensatz zu den Mehrfachbindungen in Alkenen und Alkinen neigen die delokalisierten π-Bindungen der Aromaten nicht zu Additionsreaktionen. Substitutionen der H-Atome durch elektrophile, in der Regel kationische Gruppen X stehen im Vordergrund (z. B. $C_6H_6 + X^+ \rightarrow C_6H_5X + H^+$). Technisch am bedeutsamsten sind die *katalytische Alkylierung* von ArH zu ArR, die *katalytische Acylierung* zu Ar—CO—R, die *Halogenierung* zu ArHal, die *Sulfonierung* zu Ar—SO_3H, die *Nitrierung* zu ArNO_2, die *Nitrosierung* zu ArNO und die sog. *Azokupplung* zu Ar—N=N—Ar'. Neben der *elektrophilen aromatischen Substitution* spielt auch die *nucleophile aromatische Substitution* eine Rolle, bei der nucleophile, in der Regel anionische Gruppen X gegen H ausgetauscht werden.

Benzen ist eine toxische Substanz; das Einatmen seiner Dämpfe führt zur Schädigung des Knochenmarks, der Leber und der Nieren und kann zu Leukämie führen.

6.3 Derivate der Carbonhydride

6.3.1 Halogenoalkane, -alkene und -arene

Fluoroalkane, -alkene und -arene

Die Verbindungen C_mF_n und $C_mF_nH_o$ sind flüchtige, hydrophobe Substanzen, die in flüssiger Form auch lipophile Stoffe nur in beschränktem Maße lösen. Alle Vertreter mit m = 1−3 liegen bei Raumtemperatur als Gase vor (Ausnahme: 1,2-

Difluoroethan, Sdp. 31 °C). Die *Perfluoroalkane* C_nF_{2n+2} sind chemisch besonders stabil, und sie sind untoxisch. Zu ihrer Spaltung kommt es durch die Einwirkung kurzwelliger UV-Strahlung, z. B. in der Ionosphäre, wohin sie wegen ihrer Flüchtigkeit leicht gelangen. *Perfluoroalkene* C_nF_{2n} sind wesentlich reaktionsfähiger; Perfluorisobuten, $F_2C=CF(CF_3)_2$, ist hochtoxisch; Tetrafluoroethen, $F_2C=CF_2$, kann unter Druck schon bei -20 °C explosionsartig zerfallen ($C_2F_4 \rightarrow C + CF_4$).

Einige Fluoroalkane, vor allem F_3C-CH_3, F_3C-CH_2F und C_2F_5H üben einen *Treibhauseffekt* aus, d. h. sie absorbieren in der Atmosphäre einen Teil der von der Erde abgestrahlten Infrarotstrahlung, und zwar gerade in dem Wellenlängenbereich bei $\lambda = 8-13$ μm, der durch H_2O und CO_2, jene beiden Gase, die die Absorption von Infrarotstrahlen hauptsächlich bewirken, offen gelassen wird, sodass sich der Treibhauseffekt durch diese Fluoroalkane verstärkt.

$C-F$-Bindungen lassen sich aufbauen, indem man Hal^- durch F^- substituiert (*Fluoridierung*; z. B. $RCl + HF \rightarrow RF + HCl$) oder indem man $C-H$-Bindungen mit Fluorierungsmitteln oxidiert (*Fluorierung*; z. B. $RH + F_2 \rightarrow RF + HF$). Der Umgang mit dem aggressiven elementaren Fluor ist aufwendig, sodass man andere Fluorierungsmittel oft vorzieht, Stoffe nämlich, die oxidieren und Fluorid übertragen, z. B. CoF_3 ($CoF_3 + e \rightarrow CoF_2 + F^-$), ClF_3 ($2\,ClF_3 + 6\,e \rightarrow Cl_2 + 6\,F^-$), XeF_2 ($XeF_2 + 2\,e \rightarrow Xe + 2\,F^-$), $SbCl_5/SbF_3$ ($3\,SbCl_5 + 2\,SbF_3 + 6\,e \rightarrow 5\,SbCl_3 + 6F^-$) u. a. In wasserfreiem HF als Lösungsmittel kann man elektrolytisch fluorieren; z. B. Anode: $C_nH_{2n+1}COF + (2n+1)\,HF \rightarrow C_nF_{2n+1}COF + (4n+2)\,H^+ + (4n+2)\,e$; Kathode: $2\,H^+ + 2\,e \rightarrow H_2$ (*Elektrofluorierung*); dabei muss weniger Anodenpotential aufgewendet werden als für die Freisetzung von F_2 ($2\,HF + 2\,e \rightarrow F_2 + 2\,H^+$).

Speziell zur Gewinnung von Tetrafluoroethen spaltet man aus $CHClF_2$ thermisch HCl ab: $2\,CHClF_2 \rightarrow F_2C=CF_2 + 2\,HCl$. Fluorobenzen gewinnt man durch Thermolyse von festem $[PhN_2]BF_4$ ($\rightarrow PhF + N_2 + BF_3$; *Schiemann-Reaktion*).

Fluoroalkane finden als Treibmittel (z. B. F_3C-CH_3) und als Kühlmittel in Kühlaggregaten Anwendung. *Fluoroalkene* lassen sich zu Fluorcarbonharzen polymerisieren. Derartige *Thermoplaste* sind gegen Licht und Wärme stabil und chemisch resistent, insbesondere gegen Oxygen der Luft. Sie finden u. a. als Beschichtungsmaterial im Korrosionsschutz Verwendung. Besonders vielfältig angewendet wird dabei das Polytetrafluoroethen (Teflon®), das aus dem Monomer durch radikalische Polymerisation unter Druck gewonnen wird.

Halogenoalkane und -arene (Hal = Cl, Br, I)

Die niederen Halogenoalkane stellen $-$ mit Ausnahme der gasförmigen Verbindungen MeCl, MeBr und EtCl $-$ Flüssigkeiten dar, die sich mit Wasser so gut wie nicht mischen, wohl aber mit Alkoholen und Ethern. Dichloromethan CH_2Cl_2 (*Methylenchlorid*) und Trichloromethan $CHCl_3$ (*Chloroform*) dienen als Lösungsmittel; der gewerbliche Umgang mit Tetrachloromethan CCl_4, einem bewährten Lösungsmittel, ist wegen dessen cancerogenen Wirkung in Deutschland verboten. Chloroform fand früher als Narkotikum Verwendung, bis es durch Diethylether ersetzt wurde; heute zieht man andere Stoffe als Narkotika vor wie z. B. $F_3C-CHBrCl$ (*Halothan*). Unter dem Einfluss von UV-Licht wird Chloroform mit O_2 langsam in das giftige Gas Dichloromethanal (*Phosgen*) verwandelt: $CHCl_3 + 1/2 O_2 \rightarrow OCCl_2 + HCl$.

Einen allgemeinen Zugang zu RHal gestattet die Halogenidierung von Alkoholen: $ROH + HHal \rightarrow RHal + H_2O$ (Hal = Cl, Br, I). Chloromethan CH_3Cl, ein Zwischenprodukt in der chemischen Technik, kann man in einer exothermen Reaktion aus Methan und Chlor gewinnen, wobei die Gase zur Aktivierung getrennt vorgeheizt werden, um eine explosionsartige Reaktion zu vermeiden. Auch photolytisch reagieren Brom und Chlor mit Alkanen zu RHal, d. i. eine Kettenreaktion, zu deren Start Hal_2 durch Licht in die Atome zerlegt wird. Die Halogenierung von Arenen mit elementarem Hal_2 bedarf eines Katalysators wie $AlCl_3$: $ArH + Hal_2 \rightarrow ArHal + HHal$. Daneben eröffnen eine Reihe sehr spezieller Reaktionen den Zugang zu Halogenderivaten, z. B. die sog. *Haloform-Reaktion*: $2 Me_2CO + 6 Hal_2 + 8 OH^- \rightarrow 2 Hal_3CH + 2 MeCOO^- + 6 Hal^- + 6 H_2O$ (Hal = Cl, Br, I).

Die Chlorofluoromethane CCl_3F (*Freon-11*) und CCl_2F_2 (*Freon-12*) sind prominente Vertreter der Chlorofluoroalkane $C_mH_nCl_oF_p$ (n+o+p = 2m+2), der sog. *Fluorchlorkohlenwasserstoffe* (*FCKW*). Man kann Freon-11 und -12 aus CCl_4 durch Fluoridierung mit SbF_3 bzw. HF gewinnen. Ihre langjährige Verwendung als Kühlmittel in Kühlaggregaten und als Treibgas ist nicht mehr erwünscht, da sie – wie die FCKW generell – nach Eindringen in die Atmosphäre dort photolytisch in Radikale zerlegt werden, die beitragen, den *Ozonschild* in der Stratosphäre abzubauen ($2 O_3 \rightarrow 3 O_2$); der Ozonschild ist von Bedeutung, weil er kurzwelligem und in mancher Hinsicht schädlichem UV-Licht in einer Folge photolytischer Prozesse den Zutritt zur Erdoberfläche verwehrt.

Aromatische Chlorverbindungen werden u. a. als Insektizide und Herbizide angewendet. Das 1,1,1-Trichloro-2,2-bis(4-chlorophenyl)ethan $Cl_3C-CH(C_6H_4Cl)_2$ (*DDT*) entfaltet seine insektizide Wirkung gegen eine Malaria übertragende Mücke, doch führen natürliche Abbauprodukte von DDT zu Umweltschäden, namentlich in der Vogelwelt, sodass die Verwendung von DDT in Deutschland nicht mehr erlaubt ist. Bei der Herstellung des Herbizids (2,4,5-Trichlorophenoxy)essigsäure $(Cl_3C_6H_2)OCH_2COOH$ muss auf die Fernhaltung eines überaus giftigen, resistenten Nebenprodukts geachtet werden, nämlich von 2,3,6,7-Tetrachloro-9,10-dioxaanthracen (in der sog. Ringindex-Nomenklatur: 2,3,6,7-Tetrachlorodibenzo-1,4-dioxin, abgekürzt: *TCDD*), d. i. das sog. *Soveso-Dioxin*. Die polychlorierten Biphenyle $C_{12}H_{10-n}Cl_n$ (*PCB*; der Name *Biphenyl* steht für Ph–Ph, $C_{12}H_{10}$) werden mit zunehmendem Chlorgehalt in zunehmendem Maße unbrennbar und erfreuen sich gerade deshalb einer breiten Palette an Anwendungsmöglichkeiten. Da sie biologisch nur schwer abbaubar sind, haben sie sich in der Natur angereichert. Einige der zahlreichen Isomere haben sich als toxisch erwiesen, sodass PCBs in Deutschland nicht mehr hergestellt werden.

6.3.2 Alkohole

Als Folge der Wechselwirkung ihrer Moleküle über Hydrogenbrücken sind Alkohole (*Alkanole*) ROH weniger flüchtig als Alkane RH (z. B. Sdp. von MeOH, EtOH, PrOH: 65, 78 bzw. 97 °C). Die niederen Alkohole MeOH, EtOH, PrOH und *i*PrOH lassen sich unbeschränkt mit Wasser mischen, aber auch mit Diethylether, Aceton, Benzen u. a. Die Affinität von EtOH zu Wasser macht reines Ethanol zu einer hygroskopischen (d. h. aus der Luft begierig Wasser aufnehmenden) Flüssigkeit. Besonders gut mischbar mit Wasser sind mehrwertige Alkohole (d. s. Alkane mit mehreren OH-Gruppen); sie sind weniger flüchtig als entsprechende einwertige Alkohole und werden mit zunehmender Zahl von OH-Gruppen immer viskoser; wichtige Beispiele sind Ethan-1,2-diol (*Glycol*; Sdp. 198 °C) und Propan-1,2,3-triol (*Glycerol* oder *Glycerin*; Sdp. 290 °C). Wegen des schwach elektronendrückenden +I-Effekts der Alkylgruppen R sind Alkohole schwächer sauer als Wasser (z. B. EtOH: $pK_A = 17$), und die Acidität nimmt in der Reihe $H_3C-OH >$ $MeCH_2-OH > Me_2CH-OH > Me_3C-OH$ ab. Die Kationen ROH_2^+ sind starke Säuren und die Anionen RO^- starke Basen.

Darstellung

Einen allgemeinen Zugang zu Alkoholen gewährt die von starken Brønsted-Säuren katalysierte Addition von Wasser (*Hydratation*) an CC-Doppelbindungen. Dabei hat man allerdings die Regioselektivität zu bedenken: Das H^+-Ion aus der Säure addiert sich an das H-reichere C-Atom der Doppelbindung, H_2O an das H-ärmere; zuletzt spaltet sich H^+ aus ROH_2^+ ab; aus Propen erhält man beispielsweise Propan-2-ol, nicht Propan-1-ol (*Regel von Markownikow*). Auf diesem Wege führt man technisch Ethen in EtOH, Propen in *i*PrOH, Buten in *s*BuOH und Isobuten in *t*BuOH über. Um aus 1-Alkenen 1-Akanole zu machen, kann man technisch auf die Oxosynthese zurückgreifen ($RCH{=}CH_2 + CO + H_2 \rightarrow RCH_2-CHO$; s. Abschnitt 4.3.7 und 5.6.4) und hydriert die Alkanale katalytisch zu Alkanolen.

Spezielle technische Darstellungsmethoden stehen für Methanol, Glycol, Ethanol und Glycerol zur Verfügung. Methanol gewinnt man katalytisch unter Druck bei erhöhter Temperatur aus Synthesegas (s. Abschnitt 5.6.4). Glycol entsteht bei der sauren Hydrolyse von Ethylenoxid: $[-O-CH_2-CH_2-] + H_2O \rightarrow HO-CH_2-CH_2-OH$. Ethanol ist das Produkt der *alkoholischen Gärung* von C_6-Zuckern (*Hexosen*) unter der Einwirkung der in Hefe enthaltenen Enzyme (*Zymasen*). Die alkoholische Gärung ist ein vielstufiger Bioprozess. In fünf aufeinanderfolgenden Schritten wird etwa die Glucose (mit der für Hexosen typischen Summenformel $C_6H_{12}O_6$) in einen C_3-Zucker $C_3H_6O_3$, nämlich 2,3-Dihydroxypropanal $CH_2(OH)-$ $CH(OH)-CH{=}O$, umgewandelt und dieser in weiteren sechs Schritten in die 2-Oxopropansäure $CH_3-CO-COOH$ (*Brenztraubensäure*); diese wird schließlich in einem enzymatischen Schritt zu Ethanal und CO_2 decarboxyliert, gefolgt von der enzymatischen Reduktion von Ethanal zu Ethanol. *Fette* sind die Ester gewisser

Carbonsäuren [*Fettsäuren*; am meisten in Fetten vertreten sind Hexadecansäure (*Palmitinsäure*) $Me(CH_2)_{14}COOH$, Octadecansäure (*Stearinsäure*) $Me(CH_2)_{16}COOH$ und Octadec-9-ensäure (*Ölsäure*) $Z\text{-}Me(CH_2)_7CH=CH(CH_2)_7COOH$], verestert mit allen drei OH-Funktionen von Glycerol; es handelt sich also um Glycerol-1,2,3-triyltrialkanoate, wobei die drei Alkanoatreste eines Fett-Moleküls in der Regel nicht einander gleich sind. Die hydrolytische *Fettspaltung* führt man in der Technik mit Wasserdampf bei 250 bar durch und gewinnt so neben den Säuren das Glycerol zu drei Viertel des Bedarfs. Das restliche Viertel erhält man durch eine vierstufige Reaktionsfolge aus Propen: Auf eine Chlorierung am C3-Atom ($C_3H_6 + Cl_2 \rightarrow CH_2=CH-CH_2Cl + HCl$) folgt eine Addition von HOCl an die Doppelbindung [$\rightarrow CH_2Cl-CH(OH)-CH_2Cl$], dann eine Abspaltung von H_2O über $Ca(OH)_2$ zum Epoxid ($2\,CH_2Cl-CH(OH)-CH_2Cl + Ca(OH)_2 \rightarrow 2\,[-O-CH_2-CH(CH_2Cl)-] + CaCl_2 + 2\,H_2O$) und schließlich eine Ringöffnung samt Cl/OH-Austausch mit 12%igem NaOH bei $80-200\,°C$: [$-O-CH_2-CH(CH_2Cl)-$] + $OH^- + H_2O \rightarrow (HO)CH_2-CH(OH)-CH_2(OH) + Cl^-$.

Im Labor besteht eine allgemeine Methode, Alkene in Markownikow-Orientierung in Alkanole überzuführen, in der Addition von Quecksilber(II)-acetat an Alken in Gegenwart von Wasser [$RCH=CH_2 + Hg(OOCMe)_2 + H_2O \rightarrow RCH(OH)-CH_2-Hg(OOCMe) + MeCOOH$], gefolgt von der reduktiven Spaltung der Hg—C-Bindung, z. B. mit $NaBH_4$ [$4\,RCH(OH)-CH_2-Hg(OOCMe) + BH_4^- + 3\,H_2O \rightarrow 4\,RCH(OH)-CH_3 + 4\,Hg + 4\,MeCOO^- + B(OH)_3 + 3\,H^+$], d. i. in Summe eine Addition von H_2O an ein Alken. Soll eine solche Addition in der *anti*-Markownikow-Orientierung ablaufen, dann wählt man den Umweg über die *Hydridoborierung* [d. i. die Addition einer B—H-Bindung an eine CC-Doppelbindung; z. B. mit $NaBH_4$ als Hydridoborierungsmittel in $MeO-C_2H_4-O-C_2H_4-OMe$ (*Diglym*): $12\,RCH=CH_2 + 3\,BH_4^- + 4\,BF_3(OEt_2) \rightarrow 4\,B(CH_2-CH_2R)_3 + 3\,BF_4^- + 4\,Et_2O$] mit nachfolgender oxidativer B—C-Spaltung mit H_2O_2 in basischer Lösung [$B(CH_2-CH_2R)_3 + 3\,HO_2^- + 3\,H_2O \rightarrow 3\,RCH_2-CH_2(OH) + B(OH)_4^- + 2\,OH^-$]. In Einzelfällen führen auch andere Reaktionen zu Alkoholen, etwa die Substitution von Hal durch OH ($RHal + OH^- \rightarrow ROH + Hal^-$) oder die Hydrolyse von Alkoholaten $MO-CRR'R''$ (wie sie bei der Addition von MR an Oxo-Verbindungen $R'R''C=O$ entstehen) zu $RR'R''C(OH)$.

Reaktionen

Wichtig sind: (1) Substitution, (2) Eliminierung, (3) Reduktion und (4) Oxidation.

(1) Die *Substitution* $ROH + HX \rightarrow RX + H_2O$ wird durch Brønsted-Säuren (über die Bildung der Zwischenstufe ROH_2^+) gefördert. Neben der Halogenidierung (X = Hal) sind die Ether-Bildung ($2\,ROH \rightarrow R_2O + H_2O$) und die Ester-Bildung ($ROH + HOAc \rightarrow ROAc + H_2O$) von Bedeutung, auch die Bildung der Ester anorganischer Säuren, wie z. B. von Nitroglycerin (s. Abschnitt 5.3.6).

(2) Das endotherme, endotrope Eliminierungsgleichgewicht $RCH_2-CH_2(OH) \leftrightarrows RCH=CH_2 + H_2O$ verschiebt sich bei Temperaturerhöhung nach rechts.

(3) Die Reduktion mit Alkalimetall führt zu *Alkoxiden* (*Alkoholaten*) MOR, z. B.
$2\,ROH + 2\,Na \rightarrow 2\,Na^+ + 2\,OR^- + H_2$. Sie verläuft umso langsamer, je höheratomig der Rest R ist. Der gefährlich schnellen, exothermen, unter Umständen zur Knallgas-Explosion führenden Reaktion von Na mit H_2O steht etwa die eher gemächliche Reaktion von Na mit BuOH gegenüber. Die kristallinen Alkalimetallalkoxide MOR sind ähnlich den Alkalimetallalkaniden MR aus oligomeren molekularen Einheiten aufgebaut. Beispielsweise bilden die aus M^+-Kationen und $OtBu^-$-Anionen gebildeten Moleküle sowohl eine tetramere Cuban-Struktur [und zwar mit K^+: $K_4(OtBu)_4$; vgl. Li_4Me_4, Abschnitt 6.1.2] als auch eine hexamere Prisman-Struktur [mit Na^+: $Na_6(OtBu)_6$; vgl. Li_6Bu_6].

(4) Die Oxidation in wässriger Lösung, etwa mit MnO_4^- oder $Cr_2O_7^{2-}$, führt bei primären Alkoholen RCH_2OH über die entsprechenden Aldehyde RCHO zur Carbonsäure RCOOH und mit sekundären Alkoholen R_2CHOH zu Ketonen R_2CO, während tertiäre Alkohole R_3COH nicht angegriffen werden: $RCH_2OH \rightarrow RCHO + 2\,H^+ + 2\,e$; $RCHO + H_2O \rightarrow RCOOH + 2\,H^+ + 2\,e$; $R_2CHOH \rightarrow R_2CO + 2\,H^+ + 2\,e$. Beispielsweise werden orangefarbene $Cr_2O_7^{2-}$-Anionen in wässriger Lösung durch Zugabe von Ethanol oder Ethanal schnell in eine hellviolette Lösung von $[Cr(H_2O)_6]^{3+}$-Ionen übergeführt, eine Reaktion, die in der analytischen Chemie zur Beseitigung von Cr^{VI} dienen kann.

6.3.3 Phenole

Bei den *Hydroxyarenen* AroH (*Phenole* im weiteren Sinne) handelt es sich um farblose feste Substanzen. Die Stammverbindung ist das Hydroxybenzen (*Phenol* im engeren Sinne; Smp. 43 °C). Im Phenolat-Anion PhO^-, d. i. die mit Phenol PhOH korrespondierende Brønsted-Base, steht ein freies Elektronenpaar am O-Atom in starker π-Wechselwirkung mit dem Phenylrest (in drei mesomeren Grenzformeln sind die C-Atome 2, 4 und 6 die Träger einer negativen Formalladung), sodass Phenol saurer ist als Ethanol und Wasser: $pK_A = 10$. Wässrige Lösungen von Phenol waren früher als das Desinfektionsmittel *Carbolsäure* im Handel.

Vom Benzen leiten sich drei *zweiwertige* Phenole $C_6H_4(OH)_2$ ab, nämlich das 1,2-, 1,3- und 1,4-Dihydroxybenzen (*Brenzcatechin*, *Resorzin* bzw. *Hydrochinon*), und drei *dreiwertige* Phenole, nämlich das 1,2,3-, 1,2,4- und 1,3,5-Trihydroxybenzen (*Pyrogallol*, *Hydroxyhydrochinon* bzw. *Phloroglucin*). Unter den Hydroxyderivaten anellierter Arene sind u. a. das 1- und das 2-Hydroxynaphthalen (α- bzw. β-*Naphthol*) sowie das 9,10-Dihydroxyanthracen von Bedeutung.

Darstellung

Zur Gewinnung von Phenol haben sich zwei Verfahren durchgesetzt, die von Benzen bzw. Toluen ausgehen. *Benzen* lässt sich katalytisch (Polyphosphorsäure auf SiO_2) in der Gasphase oberhalb von 200 °C und 20 bar mit Propen zu Isopropylbenzen PhiPr (*Cumen*) alkylieren: $PhH + C_3H_6 \rightarrow PhiPr$. Cumen wird dann im

Rahmen einer Radikalkettenreaktion mit O_2 zum Cumenhydroperoxid Ph—CMe_2—OOH oxidiert, dessen Spaltung in Gegenwart einer starken Säure Phenol und Aceton liefert: Ph—CMe_2—OOH → PhOH + Me_2CO (*Hock-Verfahren* zur Herstellung von Phenol und Aceton). Geht man von *Toluen* aus, so wird dieses zunächst in einem radikalischen mehrstufigen Prozess in flüssiger Phase bei 120−150 °C und 5 bar in Gegenwart eines Co-Salzes mit O_2 zur Benzoesäure oxidiert: 2 PhMe + 3 O_2 → 2 PhCOOH + 2 H_2O. Bei 220−250 °C und 1.0−2.5 bar wird die Benzoesäure dann in Gegenwart eines Cu^{II}-Salzes sowie von H_2O und Luft decarboxyliert: PhCOOH + 1/2 O_2 → PhOH + CO_2; bei dieser mehrstufigen Reaktion wird PhCOOH von Cu^{2+} zu *ortho*-(Benzoyloxy)benzoesäure 2-(PhCOO)C_6H_4COOH als Zwischenprodukt oxidiert, und die Rolle von O_2 ist es, Cu^+ zu Cu^{2+} zurückzuoxidieren.

Auf zwei Darstellungsmethoden für Phenole, deren technische Bedeutung zurückgegangen ist, sei noch kurz hingewiesen: (1) die Überführung von $PhSO_3H$ in PhOH und $NaHSO_3$ in einer NaOH-Schmelze; (2) die katalytische Gasphasenhydrolyse von PhCl mit Wasserdampf bei 340 °C und 280 bar. Auch die Abspaltung von N_2 aus einer wässrigen Lösung von PhN_2^+ führt zu Phenol (*Phenolverkochen*).

Reaktionen

Die Brønsted-Acidität von Phenolen führt dazu, dass sie sich leicht zu ArOR oder ArOAr′ verethern und zu ArOAc verestern lassen. Zur Veretherung kann man wie üblich auf eine Substitution vom Typ ArOH + RX → ArOR + HX zurückgreifen, es führt aber auch die Addition von PhOH an ein Alken zum Ziel. Phenole lassen sich leicht zu Aryloxy-Radikalen oxidieren (ArOH → ArO˙ + H^+ +e), z. B. mit Ag_2O als Oxidationsmittel (Ag_2O + H_2O + 2 e → 2 Ag + 2 OH^-). Diese Eigenschaft hat praktische Bedeutung. In Kunststoffen, Ölen, Fetten, Treibstoffen etc. bilden sich an der Luft gerne Radikale R˙, die zu einer Verharzung oder einer anderweitigen unerwünschten Alterung führen. Diese Radikale werden durch zugesetzte Phenole wieder in RH zurückverwandelt. Die Phenole inhibieren also als *Radikalfänger* die unerwünschte Oxidation jener Materialien an der Luft, wirken also als sog. *Antioxidantien*. Schützt man die *ortho*-Positionen eines Phenols durch sperrige Gruppen, dann werden Aryloxy-Radikale − zumindest wenn man das Oxygen der Luft fernhält − haltbar, wie z. B. das 2,6-Di-*tert*-butylphenoxy-Radikal $(tBu)_2C_6H_3O$˙. Zweiwertige Phenole mit den OH-Gruppen in Konjugationsstellung (also z. B. Brenzcatechin, Hydrochinon, 9,10-Dihydroxyanthracen etc.) werden in zwei reversiblen Einelektronenschritten zunächst zu radikalischen *Semichinon-Anionen* und sodann zu *Chinonen* oxidiert, wie am Beispiel von Hydrochinon und 1,4-Benzochinon gezeigt sei:

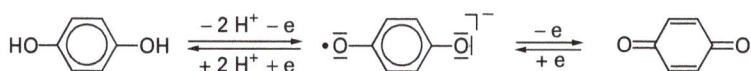

Das tief liegende π-LUMO eines Chinons kann leicht mit dem hoch liegenden π-HOMO eines korrespondierenden Dihydroxyarens in Wechselwirkung treten mit Bindungskräften senkrecht zu den parallel übereinanderliegenden Ringebenen. Solche 1:1-Addukte mit charakteristischer Farbe zählen zu den sog. *Charge-transfer*- oder *CT-Komplexen*. Der in rotbraunen Nadeln kristallisierende Komplex aus Hydrochinon und 1,4-Benzochinon, $C_6H_6O_2 \cdot C_6H_4O_2$, heißt *Chinhydron*. Sättigt man eine wässrige Lösung unbekannten pH-Werts mit Chinhydron, so hängt das Halbkettenstandardpotential für $C_6H_4O_2 + 2\,H^+ + 2\,e \leftrightarrows C_6H_6O_2$ nur vom pH-Wert ab. Taucht man in diese Lösung eine Pt-Elektrode und verknüpft die Lösung über eine KCl-Salzbrücke mit einer Bezugselektrode wie der Kalomelelektrode, dann ist das zwischen Pt und Hg gemessene Potential dem pH-Wert proportional. Die *Chinhydronelektrode* wird deshalb ebenso wie die Glaselektrode (s. Abschnitt 5.4.3) zur Messung des pH-Werts verwendet, allerdings nur bei pH < 8, da im basischen Bereich das Dissoziationsgleichgewicht der Säure Hydrochinon zur Geltung kommt.

Ein Dihydroxyaren/Dioxoaren-Redoxprozess spielt beim 9,10-Dihydroxyanthracen, das mit O_2 in das entsprechende Anthrachinon übergeht, eine besondere Rolle, weil dabei H_2O_2 freigesetzt wird, das man auf diesem Wege technisch gewinnt. Das Anthrachinon wird an einem Pd-Kontakt wieder zur Hydroxy-Verbindung hydriert.

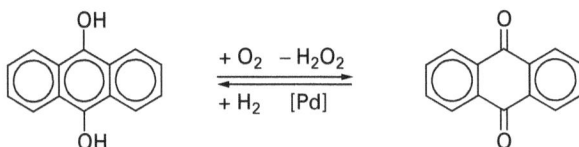

Die elektrophile aromatische Substitution von H^+ durch X^+ wird durch die phenolische OH-Gruppe aktiviert. Als Beispiel sei die wichtige Hydroxymethylierung mit Methanal genannt, die über ein monomeres Primärprodukt $HO-CH_2-C_6H_4-OH$ zur Familie der *Phenol-Formaldehyd-Harze* führt. Der einfachste Vertreter dieser Familie stellt ein kettenförmiges Polymer (*Novolak*) dar, das aus Phenol und Methanal nach der Gleichung $n\,C_6H_5OH + n\,CH_2O \rightarrow [-C_6H_3(OH)-CH_2-]_n + n\,H_2O$ entsteht; die beiden an einen Sechsring gebundenen CH_2-Einheiten stehen in der *ortho/ortho*- oder *ortho/para*-Position zur OH-Gruppe. Die Vielfalt der *Phenol-Harze* kommt dadurch zustande, dass man anstelle von Phenol auch von Alkylphenolen (insbesondere von Methylphenolen, den *Kresolen*) und anstelle von Methanal von höheren Alkanalen ausgehen kann, dass man weiterhin andere Verhältnisse der Ausgangsmengen an Phenol und Aldehyd anwenden und so zu Polymeren gelangen kann, die zusätzliche $(-O-CH_2-)$-Einheiten in der Kette enthalten, auch dass man die Ketten durch eine weitere Hydroxymethylierung oder auf anderem Wege vernetzen kann und schließlich dadurch, dass man eine Mischpolymerisation zwischen Phenol/Formaldehyd und bestimmten Alkenen vornimmt.

6.3.4 Ether

Sowohl symmetrische Ether ROR als auch unsymmetrische Ether ROR′ sind flüchtiger als Alkohole vergleichbarer molarer Masse, da in ihnen keine Hydrogenbrücken wirksam werden. So siedet Diethylether schon bei 34.6 °C, das leichtere Ethanol erst bei 78.2 °C. Im Gegensatz zu EtOH ist Et_2O, nur sehr beschränkt in Wasser löslich, aber eine geringe Löslichkeit ist immerhin gegeben, da die Ether-O-Atome mit den Hydronen von Wasser wechselwirken können. Auch macht ihr Dipolmoment Ether zu polaren Stoffen (z. B. Et_2O: $\mu = 5.8$ D). Organische Stoffe sind in Ethern sehr gut löslich. Einfache symmetrische Ether wie Et_2O, Pr_2O, iPr_2O und Bu_2O sowie Ether mit zwei oder drei Etherfunktionen wie Ethylenglycoldimethylether $MeO(CH_2)_2OMe$ (Dimethoxyethan *dme*) bzw. Diethylenglycoldimethylether $MeO(CH_2)_2O(CH_2)_2OMe$ (*Diglym*) finden vorzugsweise als universelle Lösungsmittel Verwendung. Diese Verwendung wird dadurch ermöglicht, dass Ether allgemein wenig reaktiv sind. Die große Flüchtigkeit des Diethylethers führt jedoch zu explosiven Ether/Luft-Gemischen, auf die beim Umgang mit Diethylether zu achten ist. Ether sind nämlich anfällig gegen eine langsame, radikalische, lichtinduzierte Oxidation durch O_2, wobei ein OCH_2-gebundenes H-Atom in eine Hydroperoxid-Gruppe OOH verwandelt wird; solche Hydroperoxide verbleiben bei Destillationen gerne im festen Rückstand und neigen dann bei trockenem Erhitzen zur Explosion.

Auch cyclische Ether wie *Oxolan* [$—O—(CH_2)_4—$] (*Tetrahydrofuran, thf*) oder *Dioxan* [$—O—(CH_2)_2—O—(CH_2)_2—$] stellen begehrte Lösungsmittel dar, während die Dreiringether *Oxiran* [$—O—(CH_2)_2—$] (*Ethylenoxid*) und *Methyloxiran* [$—O—CH_2—CHMe—$] (*Propylenoxid*) in der Synthesechemie als wertvolle Zwischenverbindungen fungieren. Cyclische Oligoglycolether [$—O—CH_2—CH_2—$]$_n$, die sog. *Kronenether*, wirken als spezifische mehrzähnige Liganden für bestimmte Metallkationen, da man ihre Ringgröße an bestimmte Metallionenradien genau anpassen kann; so ist der *cyclo*-Hexaglycolether [18]Krone-6 (n = 6) auf das K^+-Kation bzw. Kationen ähnlicher Größe zugeschnitten und bildet mit ihnen sehr stabile Koordinationsverbindungen, in denen das Kation von den sechs etherischen O-Atomen verzerrtoktaedrisch sechszählig umgeben ist (D_3). Auch in den *Cryptanden* sind Ethylen-Brücken enthalten, und zwar neun solcher Einheiten im Beispiel-Cryptanden 4,7,13,16,21,24-Hexaoxa-1,10-diazabicyclo[8.8.8]hexacosan (*[2.2.2] Cryptand*), ein achtzähniger Ligand, dessen Hohlraum ebenfalls an die Größe eines K^+-Ions gut angepasst ist.

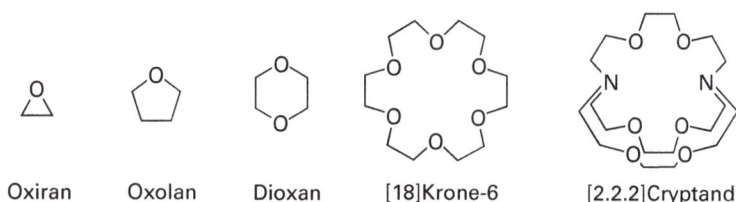

| Oxiran | Oxolan | Dioxan | [18]Krone-6 | [2.2.2]Cryptand |

Eine spezielle Anwendung findet der *tert*-Butylmethylether *t*BuOMe (*MTBE*), und zwar als Antiklopfmittel in Kraftstoffen.

Die klassische *Gewinnung* der *symmetrischen* Dialkylether R_2O beruht auf der thermischen Kondensation von Alkoholen, $2\,ROH \rightarrow R_2O + H_2O$, die man unter der katalytischen Mitwirkung starker Säuren in flüssiger Phase durchführt (z. B. Et_2O bei $130-140\,°C$ im Autoklaven mit H_2SO_4) oder über einem Al_2O_3-Kontakt in der Gasphase (z. B. Et_2O bei $180-250\,°C$). *Unsymmetrische* Dialkylether stellt man durch Alkylierung von NaOR in einer Lösung von ROH dar: $R'X + OR^- \rightarrow ROR' + X^-$ ($R'X = MeI$, Me_2SO_4 u. a.; *Williamson'sche Ethersynthese*). Auch den *aromatischen* Ether PhOMe (*Anisol*) gewinnt man auf diese Weise aus Phenol und Me_2SO_4.

Oxiran stellt man durch Oxidation von Ethen mit O_2 bei $250\,°C$ an einem Ag-Kontakt dar, $C_2H_4 + 1/2\,O_2 \rightarrow [-O-CH_2-CH_2-]$, während man Methyloxiran gewinnt, indem man Propen mit Peroxyessigsäure oxidiert: $C_3H_6 + MeCO(OOH) \rightarrow [-O-CH_2-CHMe-] + MeCOOH$. Diese cyclischen Ether werden wegen ihrer Ringspannung leicht solvolytisch geöffnet: $C_2H_4O + HX \rightarrow X-CH_2-CH_2-OH$ mit $HX = HCl$, H_2O, ROH, NH_3; man erhält also 2-Chloroethanol, Glycol, Glycolether bzw. 2-Aminoethanol, Produkte die ihrerseits zu zahlreichen Folgeprodukten verarbeitet werden können. Mit Grignard-Reagenzien RMgBr und nachfolgender Hydrolyse gelangt man von C_2H_4O zu RCH_2CH_2OH. Den Ether MTBE erhält man großtechnisch durch Addition von Methanol an Isobuten.

6.3.5 Amine und andere Nitrogen-Derivate

Bei den Alkanaminen (Alkylaminen) unterscheidet man *primäre* Amine RNH_2 von *sekundären* R_2NH und *tertiären* NR_3; die Kationen NR_4^+ bezeichnet man als *quartäre* Ammonium-Kationen. Bei den Arylaminen sind die *primären*, $ArNH_2$, wichtiger als die sekundären, Ar_2NH. So wie man die Amine als organische Derivate von Ammoniak, NH_3, ansehen kann, leiten sich auch vom Hydroxylamin, $NH_2(OH)$, fünf Familien organischer Derivate ab: $RNH-OH$, H_2N-OR, R_2N-OH, $RHN-OR$, R_2N-OR. Unter den organischen Verbindungen mit NN-Bindung haben wir Derivate des Diazans, H_2N-NH_2 (*Hydrazin*), von denen des Diazens, $HN=NH$ (*Diimin*), zu unterscheiden, und daneben noch Diazo-Verbindungen, $R_2C=N=N$, und Azide, RN_3 bzw. ArN_3, in Betracht zu ziehen. Vom Diazan leiten sich fünf Familien ab ($RNH-NH_2$, R_2N-NH_2, $RNH-NHR$, R_2N-NHR, R_2N-NR_2), vom Diazen im Prinzip zwei, doch spielen nur die Dialkyldiazene $RN=NR$ (*Azoalkane*) und ganz besonders die Diaryldiazene $ArN=NAr$ (*Azoarene*) eine Rolle. Unter den organischen Nitrogen-Verbindungen mit Nitrogen in positiver Oxidationszahl sind die Nitroso-Verbindungen RNO und ArNO erwähnenswert, Bedeutung aber haben vor allem die Nitro-Verbindungen RNO_2 und $ArNO_2$.

Amine

Amine $R-NH_2$ sind weniger flüchtig als Alkane $R-H$, aber flüchtiger als Alkohole $R-OH$, da die NH_2-Gruppen zwar Wechselwirkungen über H-Brücken entfalten, die aber schwächer sind als die zwischen den OH-Gruppen der Alkohole. Die drei Methylamine und Ethylamin sind bei Raumtemperatur Gase. Primäre Amine mit nicht zu großen Gruppen R sind gut in Wasser löslich, allgemein aber sinkt die Löslichkeit in Wasser mit steigender Zahl an C-Atomen. Die flüchtigen Amine haben einen eigentümlichen Geruch, der bei den C-armen Aminen dem von Ammoniak verwandt ist. Die in reinem Zustand farblosen aromatischen Amine $ArNH_2$ und Ar_2NH sind giftig, reagieren beim Stehenlassen an der Luft mit O_2 und werden dabei dunkel und schließlich schwarz.

Wie bei Ammoniak wird das N-Atom in Aminen trigonal-pyramidal von H, R bzw. Ar koordiniert, und wie bei Ammoniak ist die Inversionsbarriere so niedrig, dass sich asymmetrische, optisch aktive Amine bei Raumtemperatur spontan racemisieren, es sei denn das N-Atom ist als Brückenkopfatom in ein mehrcyclisches System starr eingebaut. Die Inversionsbarriere steigt, wenn stark elektronegative Reste wie F, OH, Cl an das N-Atom gebunden sind.

Alkylamine sind wegen des positiven induktiven Effekts von R ein wenig basischer als NH_3. Beispielsweise betragen die pK_B-Werte in wässriger Lösung für NH_3 4.75, $MeNH_2$ 3.3, Me_2NH 3.3 und Me_3N 4.2. In diese Werte geht die nicht ohne Weiteres überschaubare Hydratationsenergie der Basen und ihrer konjugierten Säuren mit ein. Ein deutlicheres Maß für den induktiven Effekt der Me-Gruppe erhält man, wenn man Gasphasengleichgewichte zwischen Aminen A und den korrespondierenden Säuren AH^+ sowie einer Bezugsbase B in der Gasphase untersucht: $AH^+ + B \leftrightarrows A + BH^+$; dann ergibt sich die erwartete Basizitätsabstufung $NH_3 > MeNH_2 > M_2NH > Me_3N$. Die Arylamine $ArNH_2$ entfalten wegen der π-Wechselwirkung der NH_2-Gruppe mit dem Arenring eine deutlich geringere Basizität als Alkylamine, z. B. pK_B von $PhNH_2$ 9.4, von Ph_2NH 13.1.

Zur *Darstellung* von Alkylaminen eignet sich allgemein die Alkylierung von NH_3 mit RHal ($2\,NH_3 + RHal \rightarrow RNH_2 + [NH_4]Hal$), die aber im Überschuss von RHal über RNH_2 hinaus nach demselben Muster zu R_2NH, R_3N und schließlich im Zuge einer sog. *erschöpfenden* Alkylierung zu $[NR_4]Hal$ führt ($4\,NH_3 + 4\,RHal \rightarrow [NR_4]Hal + 3\,[NH_4]Hal$). Im Allgemeinen entstehen Amine mit unterschiedlichem Alkylierungsgrad nebeneinander, die es dann zum Zwecke der Trennung zu destillieren gilt. Um gezielt tertiäre Amine zu gewinnen, eignet sich nach erschöpfender Alkylierung von NH_3 die Thermolyse von $[NR_4]OH$, die oberhalb von 125 °C die Produkte NR_3, H_2O und das mit R korrespondierende Alken erbringt (*Hofmann-Eliminierung*).

Neben dieser Bildung der Amine durch Substitution gewinnt man Amine auch bei der Reduktion von Oxo-Verbindungen oder Carbonsäure-Derivaten. Einen allgemeinen Zugang zu Aminen des Typs $R'R''CH{-}NH_2$, $R'R''CH{-}NHR$ und $R'R''CH{-}NR_2$ gewährt die Reduktion von Aldehyden $R'HCO$ oder Ketonen $R'R''CO$ in Gegenwart von NH_3, RNH_2 oder R_2NH gemäß $R'R''CO + NH_3 + 2\,H^+ + 2\,e \rightarrow R'R''CH{-}NH_2 + H_2O$ mit Reduktionsmitteln wie H_2 (in Gegenwart eines Katalysators), Zn (in saurer Lösung), $NaBH_4$, HCOOH ($\rightarrow CO_2 + 2\,H^+ + 2e$) u. a. Anstelle von Oxo-Verbindungen kann man auch von deren Derivaten $R'R''C=N(OH)$ (*Oxime*) ausgehen (Rd: Na/EtOH). Carbonsäureamide $RCONH_2$ lassen sich mit $LiAlH_4$ zu RCH_2NH_2 reduzieren (und analog $RCONHR'$ zu RCH_2NHR') und Nitrile RCN mit H_2 katalytisch ebenfalls zu RCH_2NH_2.

Von der Reduktion der Säureamide $RCONH_2$ zu RCH_2NH_2 ist deren oxidativer Abbau zu RNH_2 und CO_3^{2-} in alkalischer Lösung mit Brom zu unterscheiden (*Hofmann-Abbau*): $RCONH_2 + Br_2 + 4\,OH^- \rightarrow RNH_2 + CO_3^{2-} + 2\,Br^- + 2\,H_2O$; das hierbei auftretende Zwischenprodukt $R-CO-NH-Br$ unterliegt dabei vermutlich einer *dyotropen Umlagerung* zu $Br-CO-NH-R$, also einem synchron ablaufenden Austausch der beiden Liganden R und Br; die nachfolgende Hydrolyse ergibt die gefundenen Produkte.

Eine sehr gezielte Synthese primärer Amine RNH_2 aus NH_3 durch Alkylierung gelingt, wenn man zwei H-Atome von NH_3 durch *Schutzgruppen* ersetzt, die sich durch Alkylierung nicht verdrängen, wohl aber durch nachfolgende Hydrolyse entfernen lassen. Aus Phthalsäure und NH_3 stellt man das cyclische Imid her, dessen N-gebundenes H-Atom wegen der acidifizierenden Wirkung zweier benachbarter Oxo-Funktionen leicht als H^+ abgespalten und durch R ersetzt werden kann. Durch Hydrolyse erhält man nebenproduktfreies Amin RNH_2 und gewinnt die Phthalsäure zurück (*Gabriel-Synthese*):

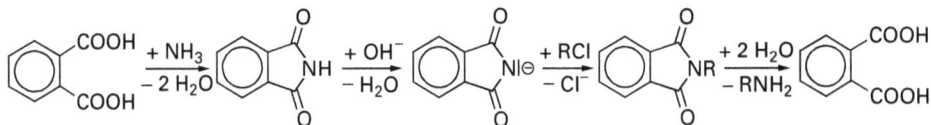

Für das wichtigste der Arylamine, das Anilin $PhNH_2$, werden zwei Darstellungsmethoden technisch genutzt, die Reduktion von Nitrobenzen und die OH/NH_2-Substitution mit Phenol und Ammoniak. Die stark exotherme Reduktion von $PhNO_2$ mit H_2 ($PhNO_2 + 3\,H_2 \rightarrow PhNH_2 + 2\,H_2O$; $\Delta_r H^0 = -545\,\text{kJ mol}^{-1}$) kann man in flüssiger Phase (80–250 °C) oder in der Gasphase (150–300 °C) durchführen; als Katalysatoren nutzt man Ni oder Cu auf SiO_2 als Trägermaterial, gelegentlich auch Edelmetalle wie Pt. Anstatt mit H_2 kann man $PhNO_2$ auch mit Eisen reduzieren ($4\,PhNO_2 + 9\,Fe + 4\,H_2O \rightarrow 4\,PhNH_2 + 3\,Fe_3O_4$; Katalysator: $FeCl_2$). Die schwach exotherme Substitution $PhOH + NH_3 \rightarrow PhNH_2 + H_2O$ führt man in der Gasphase (370 °C, 17 bar) an Al_2O_3 auf SiO_2 durch.

Unter den *Reaktionen von Alkylaminen* sind die oben schon beschriebene Alkylierung sowie die Acylierung von Bedeutung. Besonders wichtig sind die Carbonsäure- und Arylsulfonsäureamide, $R'CO(NHR)$ bzw. $ArSO_2(NHR)$, die aus RNH_2 (und analog aus R_2NH) und $R'COCl$ bzw. $ArSO_2Cl$ leicht zugänglich sind. Eine bemerkenswerte Acylierung ist auch die Nitrosierung, die man mit $NaNO_2$ in saurer Lösung oder auch mit Nitrosylchlorid $NOCl$ durchführt; sekundäre Amine gehen dabei über in *Nitrosamine* ($RNH_2 + NO^+ \rightarrow R_2N-NO + H^+$), primäre dagegen in Diazonium-Kationen RN_2^+ ($RNH_2 + NO^+ \rightarrow R-N\equiv N^+ + H_2O$), die rasch zerfallen und in wässriger Lösung ROH ergeben ($RN_2^+ + H_2O \rightarrow ROH + H^+ + N_2$); aromatische Diazonium-Kationen sind bei tiefer Temperatur in Lösung haltbar, und Salze des Typs $[ArN_2]BF_4$ sind in fester Form fassbar.

Neben der Alkylierung und Acylierung ist die Oxidation von Aminen lehrreich. Beispielsweise kann man mit H_2O_2 primäre Amine in *Oxime* überführen ($R-CH_2-NH_2 + 2\,H_2O_2 \rightarrow R-CH=N-OH + 3\,H_2O$), sekundäre Amine in *Hydroxylamine* ($R_2NH + H_2O_2 \rightarrow R_2N-OH + H_2O$) und tertiäre Amine in *Aminoxide* ($R_3N + H_2O_2 \rightarrow R_3N-O + H_2O$); das Oxid eines sekundären Amins, R_2NH-O, lagert sich spontan in das stabilere, tautomere Hydroxylamin, R_2N-OH, um. Die Aminoxide R_3NO kann man bei ca. 140 °C unter Abspaltung des entsprechenden Alkens in R_2N-OH überführen ($R'-CH_2-CH_2-NR_2-O \rightarrow R_2N-OH + R'-CH_2=CH_2$; *Cope-Eliminierung*). Eine ähnliche Eliminierung beobachtet man, wie schon erwähnt, mit quartären Ammoniumhydroxiden bei 125 °C ($[R-CH_2-CH_2-NMe_3]OH \rightarrow NMe_3 + R-CH=CH_2 + H_2O$; *Hofmann-Eliminierung*).

Eine bemerkenswerte Reaktion primärer Amine ist die Kondensation mit Chloroform in basischer Lösung, die zu den übelriechenden Isonitrilen RNC führt: $RNH_2 + CHCl_3 + 3\,OH^- \rightarrow RN{\equiv}C + 3\,H_2O + 3\,Cl^-$.

Aromatische Amine zeichnen sich dadurch aus, dass sie die elektrophile *Substitution* von H in der Konjugationsstellung − also in *ortho*- und *para*-Position − aktivieren. Eine wichtige Oxidation ist die schon erwähnte Nitrosierung von $ArNH_2$ zu Diazonium-Kationen, deren Reaktion mit Arenen zu den als Farbstoffen geschätzten Azo-Verbindungen führt. Während die Oxidation von Anilin (mit O_2, HNO_3, $Cr_2O_7^{2-}$ u. a.) unübersichtlich verläuft, kann man 1,4-Diaminobenzen, $H_2N-C_6H_4-NH_2$, gezielt zum Chinondiimin $HN=C_6H_4=NH$ oxidieren, das in wässriger Lösung schnell zum *para*-Benzochinon $O=C_6H_4=O$ hydrolysiert wird.

Diazane, Diazene, Diazo-Verbindungen, Azide

Die *Alkyldiazene* oder *Alkylhydrazine* gewinnt man analog zu den Alkylaminen durch Alkylierung von Hydrazin N_2H_4. Zu ihrer Darstellung kommt auch die Reduktion von Hydrazonen $R_2C=N-NH_2$ und ähnlicher Verbindungen infrage oder auch der Aufbau einer N−N-Bindung aus Aminen R_2NH mit *Aminierungsmitteln* H_2N-X: $R_2NH + X-NH_2 \rightarrow R_2N-NH_2 + HX$; um H^+ durch NH_2^+ substituieren zu können, muss X elektronegativer als N sein, also z. B. OH (H_2NOH: *Hydroxylamin*), OAc (z. B. Ac = SO_3H, *Hydroxylamin-O-sulfonsäure* $H_2N-O-SO_3H$ u. a.). Zur Gewinnung von *Arylhydrazinen* eignet sich u. a. die Kupplung von Aryldiazonium-Kationen mit Hydrogensulfit, $ArN_2^+ + HSO_3^- \rightarrow Ar-N=N-SO_3^- + H^+$, mit nachfolgender Reduktion, $Ar-N=N-SO_3^- + 5\,H^+ + 4\,e \rightarrow ArNH-NH_2 + SO_2 + H_2O$ (z. B. mit Zn/H^+).

Hydrazin N_2H_4 ist eine schwächere Base ($pK_B = 6.05$) als Ammoniak ($pK_B = 4.75$), und dasselbe gilt für die organischen Derivate. Die π-Wechselwirkung zwischen dem Phenylrest und dem benachbarten N-Atom macht Phenylhydrazin noch schwächer basisch (pK_B = 8.73). In unsymmetrischen Hydrazinen R_2N—NH_2 addiert sich H^+ an das alkylreichere N-Atom. Die Basizität von RNH—NH_2 reicht aus, um aus der Luft langsam CO_2 zu absorbieren ($\rightarrow$ RNH—NH—CO_2H). Freie H-Atome kann man durch R (Alkylierung) oder Ac (Acylierung) ersetzen. Hydrazine R_2N—NH_2 kondensieren mit Oxo-Verbindungen $R'R''C$=O zu Hydrazonen $R'R''C$=N—NR_2. Die N—H-Bindung von Hydrazinen kann sich an aktivierte CC-Doppelbindungen addieren, z. B. RNH—NH_2 + H_2C=CH—CN $\rightarrow$ H_2N—NR—CH_2—CH_2—CN. Hydrazine sind Reduktionsmittel, und so lassen sich 1,2-Dialkyl-hydrazine zu Azo-Verbindungen oxidieren: RNH—NHR $\rightarrow$ RN=NR + 2 H^+ + 2 e (Oxidationsmittel: Br_2, O_2, Hg^{II}, Cu^{II} u. a.). Das 1,1-Dimethylhydrazin hat Anwendung als Raketentreibstoff gefunden, z. B.: Me_2N—NH_2 + 2 N_2O_4 $\rightarrow$ 2 CO_2 + 4 H_2O + 3 N_2.

Azo-Verbindungen RN=NR gewinnt man u. a. durch die Oxidation von Hydrazinen RNH—NHR. Die Methode der Wahl für die technische Herstellung der Azo-farbstoffe ist die *Azo-Kupplung* von Aryldiazonium-Verbindungen mit Arenen: ArN_2^+ + Ar'H $\rightarrow$ ArN=NAr' + H^+.

Diazo-Verbindungen R_2CN_2 sind instabil und zerfallen thermisch oder unter Lichteinwirkung in Carbene CR_2 und N_2. Haltbarer sind Derivate $ZCHN_2$ mit einer stark elektronenziehenden Gruppe Z wie z. B. Diazoessigester (ROOC)CHN_2 mit einem sich über fünf Atome erstreckenden π-System:

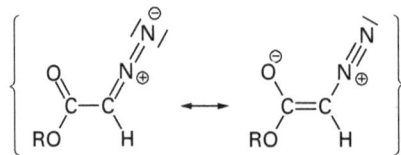

Diazomethan H_2CN_2, ein explosives Gas, findet — in Et_2O als Lösungsmittel — als Methylierungsmittel Anwendung. Zu seiner Darstellung geht man von einem Säureamid wie $TsNH_2$ aus [Ts(*Tosyl*) = p-MeC_6H_4—SO_2], das man mit Methylsulfat Me_2SO_4 methyliert ($TsNH_2$ + Me_2SO_4 $\rightarrow$ TsNHMe + $MeOSO_3H$) und anschließend nitrosiert (TsNHMe + NO^+ $\rightarrow$ TsNMe(NO) + H^+); die Einwirkung von Natronlauge auf das Zwischenprodukt erbringt CH_2N_2 [TsNMe(NO) + OH^- $\rightarrow$ TsO^- + CH_2N_2 + H_2O].

Die mit den Diazo-Verbindungen korrespondierenden *Diazonium-Kationen* R_2CH—N_2^+ gewinnt man, wie schon ausgeführt, aus Aminen durch Nitrosierung.

Azidoalkane (Alkylazide) RN_3 stellt man durch Alkylierung salzartiger Azide wie NaN_3 dar, z. B. N_3^- + Me_2SO_4 $\rightarrow$ MeN_3 + $MeOSO_3H$. Man kann die Azidgruppe auch durch Nitrosierung von Hydrazin-Derivaten aufbauen, z. B. PhNH—NH_2 + NO^+ $\rightarrow$ PhN_3 + H_2O + H^+. Azide mit kleinen Gruppen R neigen — so wie in besonderem Maße die Säure Hydrogenazid HN_3 — zu explosionsartigem Zerfall, und auch PhN_3, eine gelbe ölige Flüssigkeit, kann beim Erhitzen explodieren.

Nitro-Verbindungen

Nitroalkane gewinnt man technisch durch Nitrierung von Alkanen RH mit Salpetersäure in der Gasphase bei 450°C: $RH + HNO_3 \rightarrow RNO_2 + H_2O$. Die Substitution von Cl durch NO_2 bei der Einwirkung von $AgNO_3$ auf RCl kann zu Nitroalkanen $R-NO_2$ oder zu Nitritoalkanen (Alkylnitriten) $R-ONO$ führen (s. Abschnitt 6.4.2). Die Oxidation primärer Amine kann ebenfalls Nitroalkane ergeben (z. B. mit Ozon: $RNH_2 + O_3 \rightarrow RNO_2 + H_2O$). Für die wichtigen Nitroarene gewährt die Nitrierung von Arenen bei ca. 60 °C einen technischen Zugang: $ArH + NO_2^+ \rightarrow ArNO_2 + H^+$. Die NO_2-Gruppe desaktiviert die elektrophile aromatische Substitution, sodass man auf 90 °C erhitzen muss, wenn man Benzen über Nitrobenzen hinaus ein zweites Mal nitrieren will; dabei wird die zweite NO_2-Gruppe in die *meta*-Position zur ersten dirigiert.

Bei den *Reaktionen* von Nitro-Verbindungen stehen zwei Eigenschaften im Vordergrund, nämlich erstens die acidifizierende Wirkung der Nitrogruppe auf benachbarte C—H-Bindungen zufolge ihres induktiven und mesomeren Effekts und zweitens die oxidierende Wirkung von N^{III} in Nitro-Verbindungen RNO_2 und $ArNO_2$, zwei Eigenschaften, die vielfach gemeinsam wirksam werden. So führt die Dehydronierung von $RR'CH-NO_2$ mit starken Basen zu Anionen $RR'C(NO_2)^-$. Die beiden mesomeren Grenzstrukturen des Anions gehören hier zu Spezies mit unterschiedlichen Oxidationszahlen, ein Phänomen, das wir beim $Ni(CO)_4$ schon kennengelernt haben (s. Abschnitt 2.2.6 und 2.6.3), nämlich reduziert sich die Oxidationszahl des N-Atoms von III (links) auf I (rechts) zugunsten der des C-Atoms:

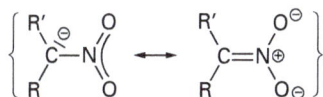

Lässt man auf solche Anionen H_2SO_4 einwirken, so resultiert eine Hydrolyse, die zu $RR'CO$ und N_2O führt: $2\,RR'C=NO_2^- + 2\,H^+ \rightarrow 2\,RR'C=O + N_2O + H_2O$ (*Nef-Reaktion*; präparativ ergiebiger ist diese Reaktion, wenn man das Anion $RR'C=NO_2^-$ mit Oxidationsmitteln wie Ce^{IV}, tBuOOH, O_3 oder anderen zu $RR'CO$ und NO_2^- bzw. NO_3^- oxidiert).

Im Falle primärer Nitroalkane RCH_2NO_2 veranlasst die Beweglichkeit nachbarständiger Hydronen im Verein mit dem Oxidationspotential der NO_2-Gruppe eine intramolekulare Redoxreaktion, wenn man Schwefelsäure, die katalytisch wirkt, auf das Nitroalkan einwirken lässt, $RCH_2NO_2 \rightarrow R-CO-NH(OH)$, d. i. eine Reduktion von N^{III} zu N^{-I}. Vermutlich tritt eine Zwischenstufe vom Typ $R-CH=NO-OH$ auf, die sich in $R-C(OH)=NO-H$ umlagert, d. i. eine 1,2-Verschiebung von H (vom C- zum elektronegativeren N-Atom) und von OH (vom N- zum elektropositiveren C-Atom). [Wie schon erwähnt, nennt man solche 1,2-Verschiebungen *dyotrop*, wenn sie synchron ablaufen; die Triebkraft dyotroper Umlagerungen fußt auf dem Polaritätsausgleich, der zustande kommt, wenn der elektronegativere Ligand (hier: OH) zum elektropositiveren Gerüstatom (hier: C) wandert und umgekehrt.]

Die technisch wichtige Reduktion von Nitrobenzen (N^{III}) zu Anilin (N^{-III}) verläuft über mehrere Zwischenverbindungen. Mit jeweils geeigneten Reduktionsmitteln entstehen die Produkte *N-Oxodiphenyldiazen* (*Azoxybenzen*), Phenylhydroxylamin, Azobenzen, Diphenylhydrazin oder schließlich Anilin in isolierbarer Form gemäß den folgenden Redox-Halbreaktionen:

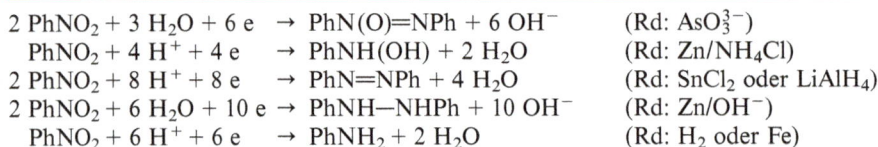

$2\,PhNO_2 + 3\,H_2O + 6\,e$	$\rightarrow PhN(O){=}NPh + 6\,OH^-$	(Rd: AsO_3^{3-})
$PhNO_2 + 4\,H^+ + 4\,e$	$\rightarrow PhNH(OH) + 2\,H_2O$	(Rd: Zn/NH_4Cl)
$2\,PhNO_2 + 8\,H^+ + 8\,e$	$\rightarrow PhN{=}NPh + 4\,H_2O$	(Rd: $SnCl_2$ oder $LiAlH_4$)
$2\,PhNO_2 + 6\,H_2O + 10\,e$	$\rightarrow PhNH{-}NHPh + 10\,OH^-$	(Rd: Zn/OH^-)
$PhNO_2 + 6\,H^+ + 6\,e$	$\rightarrow PhNH_2 + 2\,H_2O$	(Rd: H_2 oder Fe)

Intramolekulare Redoxreaktionen von Nitro-Verbindungen können bei geeigneter Zündung (z. B. durch mechanischen Stoß oder Wärmestoß) explosionsartig verlaufen, wenn die Zahl der Nitrogruppen im Molekül ansteigt. Prominente Beispiele sind die *Sprengstoffe* 2,4,6-Trinitrotoluen $C_6H_2Me(NO_2)_3$ (*TNT*) und 2,4,6-Trinitrophenol $C_6H_2(OH)(NO_2)_3$ (*Pikrinsäure*).

6.3.6 Oxo-Verbindungen

In organischen Oxo-Verbindungen ist ein O-Atom mit einer Doppelbindung an ein C-Atom gebunden. Man unterscheidet Aldehyde R—CO—H von Ketonen R—CO—R'. Die Gruppierung CO heißt *Carbonyl-Gruppe*, also ebenso wie der Ligand CO in Koordinationsverbindungen der Übergangsmetalle. Der Unterschied in der Elektronegativität χ [2.50 (C) bzw. 3.50 (O)] macht die C=O-Bindung polar; sowohl die CO-σ- als auch die CO-π-Bindung sind durch eine größere Elektronendichte am O- als am C-Atom gekennzeichnet. Besonders wichtige (aber beileibe nicht alle technisch genutzten) Aldehyde und Ketone sind in Tab. 6.1 aufgeführt.

Die Aldehyde R—CHO sind wegen ihrer Polarität weniger flüchtig als die Alkane R—CH$_3$, aber wegen des Fehlens von H-Brücken flüchtiger als die Alkohole R—CH$_2$OH. Aldehyde und Ketone mit nicht allzu vielen C-Atomen (C$_1$ bis etwa C$_5$) sind gut bis einigermaßen gut in Wasser löslich; dabei sind nicht nur Hydrogenbrücken-Wechselwirkungen zwischen H$_2$O und dem Carbonyl-O-Atom, sondern auch mehr oder weniger schwache O···C-Wechselwirkungen zwischen H$_2$O und dem Carbonyl-C-Atom zu bedenken. Die Übernahme des π-Elektronenpaars durch das Carbonyl-O-Atom im Sinne der Grenzformel RHC$^+$—O$^-$ bzw. RR'C$^+$—O$^-$ verleiht den Oxo-Verbindungen eine gewisse Lewis-Acidität am Carbonyl-C-Atom.

Die einfachsten Aldehyde CH$_2$O (Sdp. $-20\,°C$) und MeCHO (Sdp. 20 °C) liegen zwar bei Standardbedingungen als Gase vor, gehen aber leicht in weniger flüchtige Oligomere bzw. Polymere über. Methanal bildet sowohl trimere Ringe [—CH$_2$—O—]$_3$ (*Trioxan*) als auch polymere Ketten [—CH$_2$—O—]$_n$ (*Paraformaldehyd*); beim Erhitzen monomerisieren sich beide endotherm. Um Ethanal bei Raumtemperatur

Tabelle 6.1 Wichtige Aldehyde und Ketone: Formeln (1. Spalte), systematische Bezeichnungen (2. Spalte), Trivialnamen (kursiv) bzw. radikofunktionelle Bezeichnungen (3. Spalte) und Aggregatzustand bei Standardbedingungen (4. Spalte).

CH_2O	Methanal	*Formaldehyd*	g
MeCHO	Ethanal	*Acetaldehyd*	g
EtCHO	Propanal	*Propionaldehyd*	l
H_2C=CH—CHO	Propenal	*Acrolein*	l
MeCH=CH—CHO	But-2-enal	*Crotonaldehyd*	l
H_2C=CMe—CHO	Methylpropenal	*Methacrolein*	l
PhCH=CH—CHO	3-Phenylpropenal	*Zimtaldehyd*	l
PhCHO	Phenylmethanal	*Benzaldehyd*	l
$[2\text{-}(HO)C_6H_4]CHO$	(2-Hydroxyphenyl)methanal	*Salicylaldehyd*	l
OCH—CHO	Ethandion	*Glyoxal*	l
MeCOMe	Propanon	*Aceton*	l
EtCOMe	Butanon	*Ethylmethylketon*	l
PrCOMe	Pentan-2-on	*Methylpropylketon*	l
PhCOMe	Phenylethanon	*Acetophenon*	l
PhCOPh	Diphenylmethanon	*Benzophenon*	s
MeCO—COMe	Butandion	*Diacetyl*	l
$MeCOCH_2COMe$	Pentan-2,4-dion	*Acetylaceton*	l

exotherm zu [—CHMe—O—]$_3$ (*Paraldehyd*) zu cyclotrimerisieren, bedarf es saurer Katalyse (z. B. mit H_2SO_4); bei 0 °C tritt, sauer katalysiert, Tetramerisierung zu [—CHMe—O—]$_4$ ein (*Metaldehyd*; als Trockenbrennstoff im Handel); beim Erhitzen wird wieder monomeres MeCHO stabil.

Darstellung von Aldehyden

Oxosynthese. Die homogen katalysierte, hydrierende Carbonylierung von Alkenen eröffnet einen allgemeinen Zugang zu Aldehyden (s. Abschnitt 4.3.7): RCH=$CH_2 + CO + H_2 \rightarrow R$—$CH_2$—$CH_2$—CHO.

Oxygenierung von Alkenen. Diese Methode wird technisch für Acetaldehyd und Acrolein angewendet. Im Falle von MeCHO arbeitet man, vom wohlfeilen Ethen ausgehend, in wässriger Lösung in Gegenwart von $PdCl_2$ und $CuCl_2$ und oxidiert mit Oxygen der Luft: H_2C=$CH_2 + 1/2\ O_2 \rightarrow H_3C$—CHO ($\Delta_r H^0 = -244$ kJ mol^{-1}). Bei dieser komplexen Reaktion kann man drei Teilschritte unterscheiden. Schon der erste Teilschritt, $C_2H_4 + PdCl_2 + H_2O \rightarrow H_3C$—CHO + Pd + 2 HCl, ist mehrstufig, eingeleitet von einer Addition der Ethen-π-Elektronen an Pd^{II}; im zweiten Teilschritt folgt ein Redoxschritt zwischen den Metallen (Pd + 2 $CuCl_2 \rightarrow$ $PdCl_2$ + 2 CuCl) und im dritten Schritt schließlich die Einwirkung von O_2 (2 CuCl + 2 HCl + 1/2 $O_2 \rightarrow$ 2 $CuCl_2 + H_2O$). Zur Gewinnung von Acrolein geht man von einer Gasphasenmischung aus Propen, Luft und Wasserdampf aus: H_2C=CH—$CH_3 + O_2 \rightarrow H_2C$=CH—CHO + H_2O (300−480 °C; $\Delta_r H^0 = -340$ kJ mol^{-1}); wesentlich ist dabei die Wahl des Katalysators, einer Mischung von Metalloxiden, die neben Bi- und Mo-Ionen noch fünf weitere Metallionen enthält. Crotonaldehyd gewinnt man auf ähnliche Weise aus Isobuten, $Me_2C=CH_2$, und O_2.

Oxygenierung von Carbonhydriden. Toluen kann man direkt zu Benzaldehyd oxygenieren: $PhCH_3 + O_2 \rightarrow PhCHO + H_2O$.

Dehydrierung von Alkoholen. Die endotherme Dehydrierung eines Alkohols wird technisch für Acetaldehyd angewendet: $Me-CH_2OH \rightarrow Me-CHO + H_2$ (270– 300 °C; Cu-Kontakt; $\Delta_r H^0 = 84\ kJ\ mol^{-1}$). Dehydriert man in Gegenwart von O_2, dann wird die Reaktion exotherm. Man kann im Überschuss von Luft arbeiten (z. B. technisch für Methanal: $CH_3OH + 1/2\ O_2 \rightarrow CH_2O + H_2O$; 350–400 °C; Fe_2O_3/MoO_3-Kontakt; $\Delta_r H^0 = -159\ kJ\ mol^{-1}$) oder mit einer stöchiometrischen Menge an Luft (technisch für Methanal und Ethanal; 500–700 °C; Ag-Kontakt mit einer Kontaktberührungszeit < 0.01 s).

Aldol-Kondensation. Zwei Aldehyde kondensieren bei höherer Temperatur zum Alkenal gemäß $R'-CHO + H_2CR-CHO \rightarrow R'-CH=CR-CHO + H_2O$ (*Aldol-Kondensation*); die nachfolgende katalytische Hydrierung erbringt $R'-CH_2-CHR-CHO$. Beispielsweise ergeben Butanal und Ethanal das 2-Ethylbutanal: $MeCHO + H_2C(Et)-CHO \rightarrow Et_2CH-CHO$. Ohne den Hydrierungsschritt erhält man aus Methanal und Propanal das Methacrolein: $H_2CO + H_2CMe-CHO \rightarrow H_2C=CMe-CHO$.

Hydrolyse geminaler Dichloro-Verbindungen. Durch Chlorierung von Toluen erhaltenes $PhCHCl_2$ kann man zu Benzaldehyd, $PhCHO$, hydrolysieren.

Neben diesen Verfahren, die alle in der Technik Anwendung finden, gibt es noch eine Fülle weiterer Darstellungsmöglichkeiten für Aldehyde, sowohl im Labor- als auch im technischen Maßstab. Erwähnt sei die Reduktion von Carbonsäure-Derivaten (z. B. die Reduktion von $RCOCl$ zu $RCHO$ durch katalytische Hydrierung) oder die Formylierung von Benzen mit CO ($C_6H_6 + CO \rightarrow C_6H_5-CHO$) oder mit FCHO ($C_6H_6 + FCHO \rightarrow C_6H_5-CHO + HF$) oder die Methylierung von Benzen mit Chloroform ($C_6H_6 + HCCl_3 \rightarrow C_6H_5-CHCl_2 + HCl$; die nachfolgende Hydrolyse führt zu C_6H_5-CHO).

Darstellung von Ketonen

Wie Aldehyde gewinnt man auch Ketone technisch durch die *Oxygenierung von Alkanen* ($R-CH_2-R' + O_2 \rightarrow R-CO-R' + H_2O$) oder die *Oxygenierung von Alkenen* ($R-CH=CH-R' + 1/2\ O_2 \rightarrow R-CH_2=CO-R'$). Bedeutung hat die Reduktion von Carbonsäure-Derivaten mit metallorganischen Reagenzien [z. B. $R'COCl + R^- \rightarrow R'-CO-R + Cl^-$ oder $R'CN + R^- \rightarrow RR'C=N^-$ (mit nachfolgender Hydrolyse über $RR'C=NH$ zu $RR'CO$)]. Arylketone sind durch *Friedel-Crafts-Acylierung* zugänglich ($ArH + ROCl \rightarrow Ar-CO-R + HCl$; Kat.: $AlCl_3$). Auch sehr spezielle Verfahren finden großtechnische Anwendung wie z. B. das *Hock-Verfahren* (Abschnitt 6.3.3), bei dem aus Cumen und O_2 neben Phenol auch Aceton gewonnen wird.

Reaktionen der Oxo-Verbindungen

Die Formel RR'CO stehe im Folgenden sowohl für einen Aldehyd (R' = H) als auch für ein Keton. Wir haben mehrere Typen von Reaktionen zu unterscheiden.

(1) Die polare C=O-Bindung erlaubt die Addition polarer Stoffe AX zu Produkten RR'C(OA)X und speziell von HX zu Produkten RR'C(OH)X, die durch nachfolgende Substitution von OH durch X in RR'CX$_2$ übergehen können. Im Falle der Addition von H$_2$Y kommt es nach der Addition mit nachfolgender Eliminierung von H$_2$O insgesamt zu einer assoziativen Substitution: RR'C=O + H$_2$Y → RR'C=Y + H$_2$O.

(2) Die Carbonyl-Funktion kann reduziert werden, und man gelangt entweder zu Alkoholen (RR'CO → RR'CHOH) oder zu Alkanen (RR'CO → RR'CH$_2$).

(3) Speziell bei Aldehyden kann die CHO-Funktion zur COOH-Funktion oxidiert werden.

(4) Die Carbonylgruppe acidifiziert benachbarte CH$_2$-Gruppierungen: R—CH$_2$= CO—R' ⇆ {R—CH$^-$—C(R')=O ↔ R—CH=C(R')—O$^-$} + H$^+$. Die Beweglichkeit von H$^+$ erlaubt die Keto-Enol-Tautomerie; die Abspaltung von H$^+$ eröffnet aber auch bedeutsame CC-Verknüpfungsreaktionen.

(5) Eine sehr spezielle Reaktion ist die Spaltung von Aceton bei 700−750 °C, die zum reaktionsfähigen Ethenal (*Keten*) führt, einem synthetisch interessanten Zwischenprodukt: Me$_2$CO → CH$_4$ + H$_2$C=C=O.

Zu (1): *Addition an die C=O-Bindung*. Die Addition von Wasser führt in einer Gleichgewichtsreaktion zu den sog. *Carbonyl-Hydraten*: RR'CO + H$_2$O ⇆ RR'(OH)$_2$. In wässriger Lösung liegt dieses Gleichgewicht bei H$_2$CO ganz rechts, bei MeHCO stehen vergleichbare Mengen an Aldehyd und Hydrat im Gleichgewicht, und Me$_2$CO bildet ein Hydrat nur in verschwindend kleiner Menge. Immerhin muss in Wasser auch Aceton-Hydrat gebildet werden, sonst würde Me$_2$C^{16}O in H$_2$^{18}O nicht in Me$_2$C^{18}O übergehen, wenn man lange genug wartet; in saurer oder basischer Lösung beschleunigt sich dieser Isotopenaustausch dramatisch. Der Unterschied in der Hydratbildungstendenz zwischen H$_2$CO und Me$_2$CO kann auf den +I-Effekt der Me-Gruppe zurückgeführt werden. Man könnte auch an einen sterischen Effekt denken, kommen sich doch im Molekül CMe$_2$(OH)$_2$ mit dem kleinen C-Atom die vier Liganden recht nahe. Dem widerspricht aber der Befund, dass die Verbindungen (Cl$_3$C)CHO (*Chloral*) und (F$_3$C)$_2$CO (*Hexafluoraceton*) in Wasser vollständig in die Hydrate übergehen, obwohl die Gruppen CCl$_3$ und CF$_3$ in ihrem Raumbedarf der CH$_3$-Gruppe nicht nachstehen; vielmehr ziehen die Trihalogenomethyl-Gruppen mit ihrem starken −I-Effekt die elektronegativen O-Atome zweier OH-Gruppen besonders stark an. Im Falle dreier benachbarter Carbonylgruppen wird die mittlere Carbonylgruppe durch die beiden Carbonylnachbargruppen so stark positiviert, dass sie ein stabiles Hydrat bildet, wie die Verbindung 2,2-Dihydroxyindan-1,3-dion (*Ninhydrin*) lehrt. In Alkohol R''OH gelöst, stehen die Oxo-Verbindungen mit ihren sog. *Acetalen* im Gleichgewicht, das ebenfalls von Säure oder Base katalysiert wird: $RR'CO + 2\,R''OH \leftrightarrows RR'C(OR'')_2 + H_2O$. In Abwesenheit von H_2O sind Acetale haltbar. Das Gleichgewicht $RR'CO + 2\,HCl \leftrightarrows RR'CCl_2 + H_2O$ liegt ganz auf der linken Seite. Will man Oxo-Verbindungen in geminale Dichloro-Verbindungen überführen, so braucht man ein Chloridierungsmittel mit einem Zentralatom, das starke Bindungen mit Oxygen eingeht. Hierzu eignet sich beispielsweise PCl_5, gelöst in polaren, aber nicht hydronaktiven Mitteln: $RR'CO + PCl_5 \rightarrow RR'CCl_2 + POCl_3$. Während die Hydrat- und die Acetal-Bildung *sauer* katalysiert werden, arbeitet man in *alkalischer* Lösung, wenn man erst ein Anion wie CN^- oder SO_3^{2-} und nachfolgend H^+ an die Carbonyl-Funktion addiert: $RR'CO + CN^- + H_2O \rightarrow RR'C(OH){-}CN + OH^-$ bzw. $RR'CO + SO_3^{2-} + H_2O \rightarrow RR'C(OH){-}SO_3^- + OH^-$. Bei der Addition metallorganischer Verbindungen MR'' ($RR'CO + R''^- \rightarrow RR'R''C{-}O^-$) und nachfolgender Hydrolyse ($RR'R''C{-}O^- + H^+ \rightarrow RR'R''C{-}OH$) entstehen aus Aldehyden sekundäre und aus Ketonen tertiäre Alkohole; es handelt sich bei dieser CC-Verknüpfung um eine Reduktion des Carbonyl-C-Atoms durch das C-Atom der metallorganischen Base.

Unter den Reaktionen vom Typ $RR'C{=}O \rightarrow RR'C{=}Y$ führen die Reaktionen mit den Stickstoffbasen H_2NR'', $H_2N{-}NH_2$ und $H_2N{-}OH$ zu den *Iminen* $RR'C{=}NR''$ (veraltet: *Azomethine*, auch: *Schiff'sche Basen*), den *Hydrazonen* $RR'C{=}N{-}NH_2$ bzw. den *Oximen* $RR'C{=}N{-}OH$. Besonders wichtig sind die Kondensationen mit Verbindungen H_2CZR'' oder noch besser H_2CZZ', in denen die Gruppen Z und Z' die beiden Methylen-H-Atome acidifizieren: $RR'C{=}O + H_2CZZ' \rightarrow RR'C{=}CZZ' + H_2O$. Zur einleitenden Abspaltung von H^+ sind Basen nötig, $H_2CZZ' \rightarrow HCZZ'^- + H^+$; es folgt die Addition der Oxo-Verbindung, $RR'CO + HCZZ'^- \rightarrow RR'C({-}O^-){-}CHZZ'$, sowie die Addition von H^+ an das Zwischenprodukt zu $RR'C(OH){-}CHZZ'$ und schließlich die Abspaltung von H_2O zum Endprodukt $RR'C{=}CZZ'$ (*Knoevenagel-Reaktion*; s. Abschnitt 6.6.6).

Zu (2): *Reduktion der Carbonyl-Funktion.* Man kann $RR'CO$ bis zur Stufe des Alkohols reduzieren ($RR'CO + 2\,H^+ + 2\,e \rightarrow RR'CHOH$); Reduktionsmittel sind z. B. H_2 (katalytisch), $LiAlH_4$, $NaBH_4$. Stärkere Reduktionsmittel reduzieren noch weiter bis zur Stufe des Alkans ($RR'CO + 4\,H^+ + 4\,e \rightarrow RR'CH_2 + H_2O$); Reduktionsmittel sind z. B. Zink in saurer Lösung oder Hydrazin in Diglym in Gegenwart von $KtOBu$ (*Wolff-Kishner-Reduktion*; $N_2H_4 \rightarrow N_2 + 4\,H^+ + 4\,e$; in der ursprünglichen Version dieser Reaktion geht man von Hydrazonen aus, die in Gegenwart einer Base erhitzt werden und dann eine intramolekulare Redoxreaktion erfahren: $RR'C{=}N{-}NH_2 \rightarrow RR'CH_2 + N_2$). Eine spezielle Reduktion von $RR'CO$ kann man mit einem Überschuss an Propan-2-ol durchführen, das dabei selbst zum Aceton oxidiert wird: $RR'CO + iPrOH \rightarrow RR'CHOH + Me_2CO$ [Katalysator: $Al(OiPr)_3$; *Meerwein-Pondorf-Reaktion*; s. auch Abschnitt 6.8.1]. Eine weitere spezielle Redoxreaktion, die sog. *Cannizarro-Reaktion*, gelingt nur mit Aldehyden, nämlich deren Disproportionierung in alkalischer Lösung: $2\,RCHO + OH^- \rightarrow RCH_2OH + RCOO^-$. Da man im Falle nachbarständiger H-Atome in alkalischer Lösung eine Dehydronierung mit nachfolgender CC-Kupplung zu gewärtigen hat, kann man die Cannizarro-Reaktion nebenproduktfrei am ehesten mit Aldehyden ohne nachbarständige H-Atome (wie z. B. PhCHO, tBuCHO) durchführen.

Zu (3): *Oxidation der aldehydischen Carbonyl-Funktion*. Die Oxidation RCHO + $H_2O \rightarrow$ RCOOH $+ 2\,H^+ + 2\,e$ kann in saurer Lösung von MnO_4^-, $Cr_2O_7^{2-}$ u. a. besorgt werden.

Zu (4): *Acidität benachbarter CH-Gruppierungen*. Die Beweglichkeit benachbarter Hydronen ermöglicht die Keto-Enol-Tautomerie: $RR'CH{-}CO{-}R'' \leftrightarrows$ $RR'C{=}C(OH){-}R''$. Sie wird sowohl von H^+- als auch von OH^--Ionen katalysiert. Die mit Hal_2 (Hal = Cl, Br, I) mögliche Halogenierung benachbarter CH-Gruppierungen verläuft wohl über die Addition von Hal_2 an die C=C-Bindung des Enols mit nachfolgender HHal-Abspaltung zu $RR'C(Hal){-}CO{-}R''$. Bei der *Haloform-Reaktion* der Methylketone läuft die Halogenierung der Me-Gruppe gleich dreifach ab: $H_3C{-}CO{-}R + 3\,Hal_2 + 4\,OH^- \rightarrow HCHal_3 + RCOO^- + 3\,Hal^- + 3\,H_2O$.

Hydroxyoxo-Verbindungen (Saccharide)

Hydroxyalkanale des Typs $HOCH_2{-}(CHOH)_n{-}CHO$ nennt man *Aldosen*, Hydroxyalkanone des Typs $HOCH_2{-}(CHOH)_{n-1}{-}CO{-}CH_2OH$ *Ketosen*; Aldosen und Ketosen zusammen bilden die Familie der *Monosaccharide*. C_3-Monosaccharide (n = 1) heißen *Triosen* und weiterhin C_4-, C_5- und C_6-Monosaccharide (n = 2, 3, 4) *Tetrosen*, *Pentosen* bzw. *Hexosen*. Von den beiden Triosen, Glycerolaldehyd $CH_2OH{-}CH_2OH{-}CHO$ und Dihydroxyaceton $CH_2OH{-}CO{-}CH_2OH$, hat nur der Aldehyd ein chirales Zentrum. Aldosen mit n+2 C-Atomen haben generell n, Ketosen n−1 asymmetrische C*-Atome. Zur weiteren Erläuterung greifen wir beispielhaft die Hexosen heraus. Die vier C*-Atome der Aldohexosen (C2–C5) definieren acht diastereomere Enantiomer-Paare, nämlich (in der Reihenfolge C2–C5; ohne den jeweiligen Antipoden): *RRRR*, *SRRR*, *RSRR*, *RRSR*, *SSRR*, *SRSR*, *RSSR*, *SSSR*. In dieser Aufzählung gehört das zuletzt genannte Symbol zum C5-Atom und hat stets die *R*-Konfiguration; man nennt dieses Enantiomer bei allen Aldohexosen das *D*- und seinen Antipoden das *L*-Enantiomer. In der Natur sind vier *D*-Diastereomere von Bedeutung: *Glucose* (*RSRR*), *Galaktose* (*RSSR*), *Mannose* (*SSRR*) und *Talose* (*SSSR*). Die drei C*-Atome der Ketohexosen (C3–C5) definieren vier diastereomere Enantiomer-Paare, und zwar unter Beschränkung auf das jeweilige *D*-Enantiomer: *RRR*, *SRR*, *RSR*, *SSR*. In der Natur trifft man vor allem die Enantiomere *D-Fructose* (*SRR*) und *L-Sorbose* (*SRS*) an.

Pentosen und Hexosen neigen zur intramolekularen Addition einer alkoholischen OH- an die Oxo-Gruppe C=O nach dem Schema $R{-}CHOH{-}Y{-}CO{-}R' \rightarrow [{-}O{-}CHR{-}Y{-}CR'(OH){-}]$. Es entstehen unter Cyclisierung sog. *Halbacetale*, d. s. allgemein Verbindungen des Typs $RR'C(OH)(OR'')$. Diese Cyclisierung führt Aldohexosen in Sechsringe vom Pyran-Typ über (*Pyranosen*), wenn C5 mit C1, und in Fünfringe vom Furan-Typ (*Furanosen*), wenn C4 mit C1 über ein O-Atom verbrückt ist. Ketohexosen können durch Verbrückung von C5 und C2 (dem C-Atom der Oxo-Gruppe) nur Furanosen bilden. Das die Oxo-Gruppe tragende C-Atom der offenkettigen Saccharide ist prochiral, d. h. es wird chiral, wenn sich ein vierter Ligand addiert, wie es beim Ringschluss zum Halbacetal der Fall ist. Stehen die durch Addition von H an das Oxo-O-Atom gebildete OH-Gruppe und die das C6-Atom enthaltende CH_2OH-Gruppe in *ae*- oder *ea*-Position bezüglich des Oxacyclohexan-Rings zueinander, dann wird der Pyranose der Buchstabe α, bei *aa*- oder *ee*-Position der Buchstabe β vorangestellt. Bei Furanosen mit ihrem Oxacyclopentan-Fünfring führt eine *trans*-Position der OH-Gruppe an C1 und des $CHOH-CH_2OH$-Molekülteils an C4 (Aldofuranosen) bzw. der OH-Gruppe an C2 und der CH_2OH-Gruppe an C5 (Ketofuranosen) zur Festlegung als α- und entsprechend eine *cis*- Position zur Festlegung als β-Furanose. Der Sachverhalt sei anhand der natürlichen rechtsdrehenden *D*-(+)-Glucose erläutert! Löst man sie in Wasser auf, dann stellt sich ein Gleichgewicht ein zwischen dem offenkettigen Molekül, der α- und β-Glucopyranose und der α- und β-Glucofuranose, und zwar liegen 63 % als β-*D*-Glucopyranose und 37 % als α-*D*-Glucopyranose vor; die drei anderen Isomere machen zusammen weniger als 1 % aus.

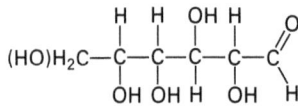

D-(+)-Glucose

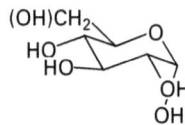

α-*D*-Glucopyranose

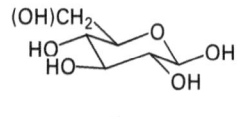

β-*D*-Glucopyranose

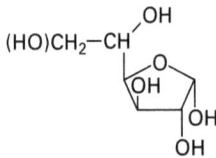

α-*D*-Glucofuranose

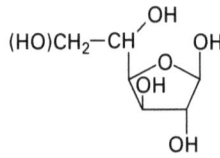

β-*D*-Glucofuranose

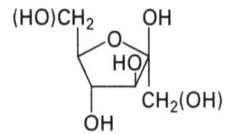

β-*D*-Fructofuranose

Die OH-Gruppen der Aldosen und Ketosen sind offen für alle für Alkohole typischen Reaktionen. Beispielsweise führt die Alkylierung der Pyranosen und Furanosen an der reaktiven OH-Gruppe an C1 die Halbacetale in Acetale über, die sog. *Glycoside*: [—O—CHR—Y—CR′(OH)—] + R″OH → [—O—CHR—Y—CR′(OR″)—] + H_2O. Handelt es sich beim alkylierenden Alkohol R″OH seinerseits ebenfalls um ein Monosaccharid, so gelangt man zu *Disacchariden*. Wichtig ist dabei wieder die Glucose. Verknüpft man zwei Moleküle α-Glucopyranose über die OH-Gruppen an C1 des einen und C4 des zweiten Moleküls, so kommt man zum Disaccharid *Maltose*; dieselbe Verknüpfung, aber mit β-Glucopyranose, ergibt *Cellobiose*. Verbindet man α-Glucopyranose über C1-OH mit β-Fructofuranose über C2-OH, so erhält man die *Saccharose* (d. i. der gewöhnliche Tafelzucker). Bindet man eine Vielzahl an α-Glucopyranose-Molekülen so aneinander, dass jeweils die C1-OH- mit der C4-OH-Gruppe des nächsten Moleküls zur O-Brücke kondensiert, dann entstehen *Polysaccharide* aus bis zu 1500 Monosaccharid-Bausteinen; im Falle cyclischer Kondensation vereinigen sich sechs bis acht Bausteine zu Ringen, den sog. *Cyclodextrinen*. Das natürliche aus α-Glucopyranose-Einheiten aufgebaute Polysaccharid heißt *Amylose* und ist Hauptbestandteil der Stärke (zusammen mit einem auf andere Art verknüpften Polyglucopyranosid, dem *Amylopectin*); Stärke ist der Hauptbestandteil von Kartoffeln, Getreide und Reis. Das entsprechende aus β-Glucopyranose-Einheiten aufgebaute Polysaccharid, die *Cellulose*, ist ein wichtiger Bestandteil pflanzlicher Zellwände und ist der Hauptbestandteil der Baumwolle; Holz besteht etwa zur Hälfte aus Cellulose.

Die Summenformel der Saccharide lautet beispielsweise für Hexosen $C_6H_{12}O_6$; diese Formel macht in der Schreibung $C_6(H_2O)_6$ − verallgemeinert: $[C(H_2O)]_n$ − deutlich, warum man die Saccharide auch *Kohlenhydrate* nennt, die Hydrate von Kohlenstoff. Die Kohlenhydratchemie (auch: *Zuckerchemie*) stellt ein breites Spezialgebiet der Chemie dar, bedeutend für die Grundlagenforschung und für die Anwendung.

6.3.7 Carbonsäuren

Die Carbonsäuren RCOOH sind noch weniger flüchtig als die entsprechenden Alkohole RCH_2OH. Die Hydrogenbrücken zwischen zwei Molekülen RCOOH im Kristall werden in Abschnitt 3.5.2 als Musterbeispiele für solche Brücken aufgeführt. Beispielsweise schmilzt Ethanol bei −114 °C, Ethansäure erst bei 16.6 °C; reine Essigsäure wird, weil sie bei winterlicher Temperatur kristallisiert, *Eisessig* genannt. Gleichgewichte zwischen Molekülen RCOOH und ihren H-Brücken-verknüpften Dimeren treten auch in der flüssigen und sogar in der Gasphase auf. Wegen H-Brücken-Wechselwirkungen sind die leichteren Carbonsäuren (C_1 bis C_3) mit Wasser beliebig mischbar; die Löslichkeit der Carbonsäuren in Wasser nimmt aber mit zunehmender Länge des hydrophoben und lipophilen Molekülteils ab. Geradkettige Säuren RCOOH haben einen pK_A-Wert von 4.7 bis 4.9 und sind damit wegen des +I-Effekts von R weniger sauer als das Anfangsglied der Reihe, die Ameisensäure HCOOH mit pK_A = 3.8. Kann sich die negative Ladung der korrespondierenden Anion-Basen durch π-Wechselwirkung mit Doppelbindungen in Konjugationsstellung verteilen, so steigt die Acidität leicht an, z. B. auf pK_A = 4.3 bei Propensäure $H_2C{=}CH{-}COOH$ (*Acrylsäure*) oder pK_A = 4.2 bei Benzoesäure PhCOOH. In die konjugationsfähige *ortho*- oder *para*-Stellung des Phenylrests von Benzoesäure eingeführte Liganden können die Acidität kraft elektronischer Effekte verändern, wie man aus den pK_A-Werten dreier Beispielsäuren vom Typ o-$C_6H_4X(COOH)$ schließen kann: pK_A = 2.2/4.2/5.0 für X = NO_2/H/NH_2. Befindet sich die acidifizierende Gruppe nicht − wie bei der *ortho*-Nitrobenzoesäure − in der β-Stellung zur COOH-Gruppe, sondern ist unmittelbar an sie gebunden, so verstärkt sich der −I-Effekt und damit die Acidität, wie die Ethandisäure HOOC−COOH (*Oxalsäure*) mit pK_{A1} = 1.46 lehrt (pK_{A2} = 4.4). Erwartungsgemäß verstärkt die negative Ladung der Anionen $RCOO^-$ die Wechselwirkung mit Wasser erheblich, sodass sich langkettigere, wasserunlösliche Säuren

RCOOH in starken wässrigen Basen lösen und dadurch ihre Abtrennung von anderen hydrophoben Stoffen erlauben; beim Ansäuern solcher Lösungen fällt die freie Säure dann aus. Die relativ flüchtigen, kurzkettigen Säuren (C_1 bis C_3) haben einen stechenden Geruch. Die längerkettigen Säuren (C_4 bis C_7) riechen in unangenehmer Weise u. a. nach Schweiß. Im auffallenden Gegensatz hierzu steht der Wohlgeruch der Ester, die diese Säuren mit einfachen Alkoholen bilden.

Darstellung der Carbonsäuren

Aus einer breiten Fülle in Labor und Technik angewendeter, z. T. sehr spezieller Methoden seien hier vor allem diejenigen herausgegriffen, die in der Technik eine größere Bedeutung erlangt haben. Es sind dies die Oxidation von Alkanen, Alkenen, Alkoholen oder Aldehyden, überwiegend mit Oxygen der Luft, weiterhin die Carbonylierung von Alkenen, Alkoholen und Chloroalkan-Derivaten und schließlich noch die Hydrolyse von Nitrilen und Fetten (s. Abschnitt 6.3.2).

Die *Oxidation von Alkanen* mit O_2 führt in mehr oder weniger komplizierten Reaktionsfolgen in der Regel zu einem Produktgemisch. Technisch genutzt wird eine zu Essigsäure führende Oxidation von Butan. Andererseits kann man unter anderen Bedingungen und mit einem anderen Katalysatorsystem Butan mit O_2 exotherm zum fünfgliedrig-cyclischen Oxacyclopent-3-en-2,5-dion ($-CO-CH=CH-CO-$)O oxidieren ($C_4H_{10} + 7/2\,O_2 \rightarrow C_4H_2O_3 + 4\,H_2O$); dieses cyclische Dion ist das Anhydrid der *Z*-But-2-endisäure $HOOC-CH=CH-COOH$ (*Maleinsäure*); durch Hydrolyse gelangt man vom Anhydrid zur freien Säure, die sich bei 100 °C langsam in ihr stabileres *E*-Isomer, die *Fumarsäure*, umwandelt und die durch katalytische Hydrierung in die Butandisäure $HOOC-CH_2-CH_2-COOH$ (*Bernsteinsäure*) übergeht. Dasselbe Maleinsäureanhydrid kann auch durch partielle Oxidation von Benzen gewonnen werden: $C_6H_6 + 9/2\,O_2 \rightarrow C_4H_2O_3 + 2\,CO_2 + 2\,H_2O$. Oxidiert man in ähnlicher Weise Naphthalen, dann erhält man das Benzoanaloge des Maleinsäureanhydrids, nämlich das Anhydrid der Phthalsäure o-$C_6H_4(COOH)_2$ [$C_{10}H_8 + 9/2\,O_2 \rightarrow o$-$C_6H_4(CO)_2O + 2\,CO_2 + 2\,H_2O$]. Die Wachse als schwerflüchtige Erdölprodukte, aber auch Polyethen und Polypropen aus Abfällen, werden oxidativ zu Butansäure (*Buttersäure*) verarbeitet. Besonders wichtig ist die katalytische Überführung der Methylbenzene mit O_2 in die entsprechenden Säuren, nämlich von Toluen in die *Benzoesäure* PhCOOH, von *ortho*-Xylen in das Anhydrid der *Phthalsäure* [o-$C_6H_4Me_2 + 3\,O_2 \rightarrow o$-$C_6H_4(CO)_2O + 3\,H_2O$] oder von *para*-Xylen in die *Terephthalsäure* p-$C_6H_4(COOH)_2$.

Die *Oxidation von Alkenen* mit O_2 hat mannigfache technische Bedeutung. Beispielsweise kann man aus Propen in einer heterogen katalysierten Gasphasenreaktion Propensäure (*Acrylsäure*) herstellen ($H_2C=CH-Me + 3/2\,O_2 \rightarrow H_2C=CH-COOH + H_2O$). Oxidiert man Propen dagegen zunächst mit Salpetersäure zur Nitropropionsäure [$H_2C=CH-Me + 3\,H^+ + 3\,NO_3^- \rightarrow Me-CH(NO_2)-COOH + 2\,NO_2 + 2\,H_2O$], so kann man diese in einem zweiten Reaktionsschritt oxidativ spalten und gelangt so zur Oxalsäure [Me—CH(NO$_2$)—COOH + 3 O$_2$ → HOOC—COOH + CO$_2$ + HNO$_3$ + H$_2$O].

Die *Oxidation primärer Alkohole* (RCH$_2$OH + H$_2$O → RCOOH + 4 H$^+$ + 4 e) ist eine im Labor allgemein durchführbare Methode (z. B. mit MnO$_4^-$ oder Cr$_2$O$_7^{2-}$ als Oxidationsmittel). Technisch oxidiert man Ethandiol (*Glycol*) mit O$_2$ zur Oxalsäure (HO—CH$_2$—CH$_2$—OH + 2 O$_2$ → HOOC—COOH + 2 H$_2$O; in 60 %iger HNO$_3$, 80 °C, 3–10 bar). Als technischer Prozess wird auch die Oxidation einer Mischung aus Cyclohexanol und Cyclohexanon, die man bei der Oxidation von Cyclohexan mit Luft erhält, durchgeführt, indem man diese Mischung mit HNO$_3$ zu Hexandisäure (*Adipinsäure*) oxidiert (3 C$_6$H$_{11}$OH + 8 NO$_3^-$ + 8 H$^+$ → 3 C$_6$H$_{10}$O$_4$ + 8 NO + 7 H$_2$O).

Die *Oxidation von Aldehyden* mit O$_2$ wird sowohl in flüssiger als auch in der Gasphase heterogen katalytisch durchgeführt. Beispielsweise erhält man aus Methylpropenal *Isobuttersäure* (Me$_2$CH—CHO + 1/2 O$_2$ → Me$_2$CH—COOH). Durch hydrolytischen Abbau der in großer Menge zur Verfügung stehenden Stärke gewinnt man auf billige Art Glucose, die man mit Salpetersäure und V^V/Fe^{III}-Salzen als Katalysator oxidativ zur Oxalsäure spalten kann (C$_6$H$_{12}$O$_6$ + 6 HNO$_3$ → 3 HOOC—COOH + 6 NO + 6 H$_2$O).

Carbonylierungsmethoden spielen eine bedeutende Rolle. Als Beispiel für die *Carbonylierung eines Alkens* sei die Herstellung von Dimethylpropansäure (*Pivalinsäure*) aus Isobuten genannt (Me$_2$C=CH$_2$ + CO + H$_2$O → Me$_3$C—COOH; 20–80 %, 50–100 bar, H$_3$PO$_4$/BF$_3$ als Katalysator). Bei der *Carbonylierung von Alkoholen* ist die von Methanol besonders interessant, da sie je nach Bedingungen zu wenigstens zwei Verbindungen führen kann, und zwar jeweils homogen katalytisch in flüssiger Phase. Bei 180 °C, 30 bar und einem Rh^I/Rh^{III}-Katalysatorsystem (s. Abschnitt 4.3.7) erhält man in exothermer Reaktion ($\Delta_r H^0$ = −138 kJ mol^{-1}) Essigsäure (MeOH + CO → MeCOOH). Bei 80 °C, 45 bar und NaOH als Katalysator bildet sich exotherm ($\Delta_r H^0$ = −29 kJ mol^{-1}) Methylformiat, der Methylester der Ameisensäure (MeOH + CO → HCOOMe), dessen endotherme Hydrolyse ($\Delta_r H^0$ = 16.3 kJ mol^{-1}) die freie Säure liefert. Zur *Carbonylierung von Diolen* gehört die Überführung von Glycol in Bernsteinsäure (HO—CH$_2$—CH$_2$—OH + 2 CO → HOOC—CH$_2$—CH$_2$—COOH). Die *Carbonylierung von Alkylnitriten* eröffnet einen Zugang zu Estern der Oxalsäure (2 CO + 2 RONO → ROOC—COOR + 2 NO); das NO wird mit ROH in Gegenwart von O$_2$ in Alkylnitrit zurückverwandelt (NO + ROH + 1/2 O$_2$ → RONO + H$_2$O). Dabei braucht man im *Eintopfverfahren* nur einen einzigen Verfahrensschritt, sodass das Nitrit RONO (zusammen mit Pd) die Rolle eines Katalysators spielt (2 ROH + 2 CO + 1/2 O$_2$ → ROOC—COOR + H$_2$O; 90–100 °C, 100–110 bar). Mehr auf Spezialfälle beschränkt bleibt die *Carbonylierung von Chloralkan-Derivaten*. So lässt sich aus Chloressigester (gewonnen durch Chlorierung von Essigsäure) mit CO und NaOR Malonester gewinnen (ClCH$_2$—COOR + CO + NaOR → CH$_2$(COOR)$_2$ + NaCl); die freie Propandisäure HOOC—CH$_2$—COOH (*Malonsäure*) selbst spielt technisch keine große Rolle.

Nitrile RCN, die man aus Chloroalkanen RCl durch Substitution gewinnt, kann man – säure- oder basenkatalysiert – zu RCOOH hydrolysieren (RCN + $2 H_2O \rightarrow$ RCOOH + NH_3). Ein technisch relevantes Beispiel ist die Malonester-Synthese in zwei Schritten, nämlich der Überführung von $Cl-CH_2-COO^-$ in $NC-CH_2-COO^-$, gefolgt von der sauren Hydrolyse zum Malonester [NC–CH_2–COOH + 2 ROH $\rightarrow H_2C(COOR)_2 + NH_3$].

Reaktionen der Carbonsäuren

Gleichgewichte mit Brønsted-Säuren vom Typ RCOOH + HX $\leftrightarrows$ RCOX + H_2O liegen im Falle typischer Säuren HX (z. B. HHal) ganz auf der linken Seite; Säure-halogenide werden also schnell und vollständig hydrolysiert. Stellt HX eine schwache Säure dar, so liegt das Gleichgewicht immer noch links; beispielsweise reagieren Carbonsäureanhydride (HX = RCOOH) mit Wasser vollständig zur freien Säure ab (RCO–O–COR + $H_2O \rightarrow$ 2 RCOOH). Extrem schwache Säuren HX wie die Alkohole R'OH führen in einer ausgeprägten Gleichgewichtsreaktion zu Estern RCOOR'; das Gleichgewicht kann man, katalysiert von Säuren, im Überschuss von R'OH oder durch Entfernen von H_2O zur Esterseite hin verschieben. Die *Reaktion mit Brønsted-Basen* verläuft schnell und vollständig und ergibt salzartige Produkte M[RCOO], im Falle von Basen wie Ammoniak oder Alkylaminen die entsprechenden Ammonium-Salze. Beim Erhitzen von Ammonium-Salzen kann man die Abspaltung von H_2O und so die Bildung eines Säureamids erzwingen (NH_4^+ + $RCOO^- \rightarrow RCONH_2 + H_2O$), eine Reaktion, die im Falle tertiärer und quartärer Ammonium-Salze unterbleibt.

Will man RCOOH in das *Säurechlorid* RCOCl überführen, so muss man Sorge tragen, dass das Chloridierungsmittel das Hydron der Säure aus dem Gleichgewicht entfernt, am besten als HCl-Gas, und gleichzeitig ein O-Atom an sich bindet [z. B. (1) RCOOH + $SOCl_2 \rightarrow$ RCOCl + SO_2 + HCl; (2) RCOOH + $PCl_5 \rightarrow$ RCOCl + $OPCl_3$ + HCl]. *Säureanhydride* $(RCO)_2O$ erhält man aus Säuren RCOOH oder Säureanionen $RCOO^-$ durch Acylierung mit RCOCl. Zur Gewinnung von Anhydriden mit langkettigen Resten R kann man so verfahren, dass man zuerst RCOOH an Keten addiert (RCOOH + $H_2C=C=O \rightarrow$ MeCOOCOR) dann aus dem erhaltenen gemischten Anhydrid die Essigsäure mit RCOOH freisetzt und sie aufgrund ihrer Flüchtigkeit aus dem Gleichgewicht entfernt [MeCO–O–COR + RCOOH $\rightarrow (RCO)_2O$ + MeCOOH].

Nehmen *Brønsted-Basen* das saure H-Atom von RCOOH auf, so können *Lewis-Basen* am Carboxyl-C-Atom angreifen, dessen Lewis-Acidität dadurch gegeben ist, dass das Carbonyl-O-Atom die C=O-π-Bindungselektronen übernehmen kann. Bei der Veresterung von RCOOH wirkt in einem primären Assoziationsschritt der Alkohol als Lewis-Base. Der Lewis-acide Charakter des Carbonyl-C-Atoms ist in Säurechloriden RCOCl viel ausgeprägter als in den Säuren selbst, weil in der Säure eines der freien Elektronenpaare der OH-Gruppe an einer (3c4e)-π-Wechselwirkung in der Carboxylgruppe vom Typ der Allylanion-Resonanz mitwirkt und so die Lewis-Acidität am zentralen C-Atom schwächt, während die Bereitschaft zu solcher Resonanz seitens der freien Elektronenpaare am Cl-Atom des Säurechlorids gering ist. Säurechloride acylieren Amine direkt zu Säureamiden, wobei man Basen zusetzt, um das entstehende HCl abzufangen (RCOCl + R$_2$NH + NR$_3'$ → RCO(NR$_2$) + [HNR$_3'$]Cl). Etwas weniger ausgeprägt als bei RCOCl, aber deutlich stärker als bei der freien Säure ist die Acylierungstendenz bei „Acylalkanoaten" RCO(OOCR) (also bei Säureanhydriden). Die Acylierungsfreude von RCOCl ermöglicht eine Kettenverlängerung von R—COOH zu R—CH$_2$—COOH, indem man nämlich RCOCl mit Diazomethan umsetzt (RCOCl + CH$_2$N$_2$ → RCO—CH=N$_2$ + HCl) und das erhaltene Diazoketon anschließend in einem Verfahrensschritt photolytisch (oder auch katalytisch an Ag$_2$O) denitrogeniert (RCO—CH=N$_2$ → RCH=C=O + N$_2$) und hydrolysiert (RCH= C=O + H$_2$O → RCH$_2$—COOH); die Wanderung von R zum Nachbar-C-Atom bei der Abspaltung von N$_2$ nennt man die *Wolff-Umlagerung*; in Alkohol oder Ammoniak anstelle von Wasser entstehen die entsprechenden Ester bzw. Amide. Die gesamte Reaktionsfolge von RCOOH zu RCH$_2$COOH nennt man die *Arndt-Eistert-Reaktion*. Während die thermische Abspaltung von H$_2$O aus RCH$_2$COOH zum Keten RCH=C=O keine bekannte Reaktion darstellt, kann man HCl aus dem entsprechenden Chlorid RCH$_2$—COCl mithilfe von Basen unter Keten-Bildung eliminieren (z. B. Ph$_2$CH—COCl + NEt$_3$ → Ph$_2$C=C=O + [HNEt$_3$]Cl).

Die *Reduktion* von RCOOH zum Alkohol RCH$_2$OH lässt sich mit einer Reihe von Mitteln bewirken, u. a. mit LiAlH$_4$ oder BH$_3$(thf) (s. Abschnitt 6.8.1).

Die *thermische Decarboxylierung* von Carbonsäuren, RCOOH → RH + CO$_2$, stellt für gewöhnliche Carbonsäuren keine gezielt und kontrolliert durchführbare Reaktion dar, wohl aber für Carbonsäuren, in denen das C2-Atom durch Reste wie Cl, RCO, NO$_2$ und ähnliche Reste aktiviert ist. Beispielsweise kann man aus den folgenden Edukten neben CO$_2$ die folgenden Abbauprodukte erhalten:

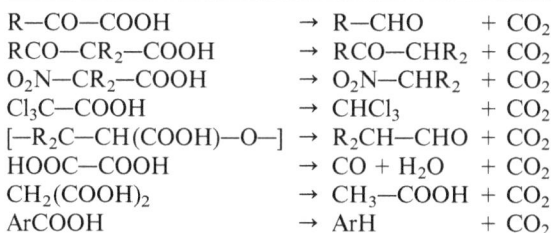

R—CO—COOH	→ R—CHO	+ CO$_2$
RCO—CR$_2$—COOH	→ RCO—CHR$_2$	+ CO$_2$
O$_2$N—CR$_2$—COOH	→ O$_2$N—CHR$_2$	+ CO$_2$
Cl$_3$C—COOH	→ CHCl$_3$	+ CO$_2$
[—R$_2$C—CH(COOH)—O—]	→ R$_2$CH—CHO	+ CO$_2$
HOOC—COOH	→ CO + H$_2$O	+ CO$_2$
CH$_2$(COOH)$_2$	→ CH$_3$—COOH	+ CO$_2$
ArCOOH	→ ArH	+ CO$_2$

Für die *Reaktionen im Molekülteil R* von RCOOH ist von Bedeutung, dass die COOH-Gruppe (und auch die COOR'-Gruppe) nachbarständige CH-Gruppierungen acidifiziert. Carbonsäuren und ihre Ester fungieren deshalb als CH-acide Komponenten in Kondensationen vom Knoevenagel-Typ (Abschnitt 6.6.6). Besonders aktiv sind dabei die Malonester mit zwei COOR-Gruppen in der Nachbarschaft von CH$_2$. Auch ein Austausch derart aktivierter H-Atome gegen Hal (Hal = Cl, Br) ist begünstigt (R—CH$_2$—COOR + Hal$_2$ → R—CHHal—COOR + HHal; Kat.:

PBr_3). Die COOR-Gruppe aktiviert auch benachbarte Doppelbindungen zu Additionsreaktionen. Die CC-Doppelbindung im Maleinsäureanhydrid gilt als besonders reaktives Dienophil bei Diels-Alder-Reaktionen. Für die *Reaktionen im Arylbereich* der Benzoesäure PhCOOH ist wichtig, dass die COOH-Gruppe die elektrophile aromatische Substitution desaktiviert und in die *meta*-Stellung dirigiert.

Dicarbonsäuren eröffnen die Möglichkeit der *Polykondensation*, und zwar mit Alkandiolen unter Bildung von *Polyesterharzen* und mit Alkandiaminen unter Bildung von *Polyamiden*. Als Beispiel für einen Polyester sei das Produkt aus Terephthalsäure, p-$C_6H_4(COOH)_2$, und Glycol genannt, nämlich [$-CO-C_6H_4-CO-O-CH_2-CH_2-O-$]$_n$. Ein wichtiges Polyamid entsteht aus Adipinsäure, $HOOC-(CH_2)_4-COOH$, und Hexan-1,6-diamin, nämlich [$-CO-(CH_2)_4-CO-NH-(CH_2)_6-NH-$]$_n$ (*Nylon 6,6*).

Hydroxycarbonsäuren

Ist eine Gruppe wie OH, NH_2, O etc. in einer n-atomigen geradkettigen Alkansäure an das C-Atom i gebunden, wird man diese Position außer durch die arabische Zahl i auch durch griechische Buchstaben angeben, und zwar für i = 2, 3, 4, 5 … n mit α, β, γ, δ … ω. *α-Hydroxycarbonsäuren* $RR'C(OH)-COOH$ kann man aus Halogenocarbonsäuren $RR'CHal-COOH$ durch Hal/OH-Substitution darstellen. Man kann auch HCN an ein Keton $RR'CO$ zum sog. *Cyanhydrin* $RR'C(OH)-CN$ addieren und die Nitrilfunktion in saurer oder basischer Lösung zur Carboxylgruppe hydrolysieren [$RR'C(OH)-CN + 2 H_2O + H^+ \rightarrow RR'C(OH)-COOH + NH_4^+$]. *$\beta$-Hydroxycarbonsäuren* stellt man u. a. durch Addition der metallorganischen Base $ZnBr(CH_2COOEt)$ an Ketone $RR'CO$ dar, und zwar im Eintopfverfahren aus $RR'CO$, $BrCH_2-COOEt$ und Zn in Ether; die Hydrolyse des Zwischenprodukts im schwach sauren Bereich erbringt den Ethylester $RR'C(OH)-CH_2-COOEt$.

In Hydroxycarbonsäuren geben beide Funktionen, die Carboxyl- und die Hydroxy-Funktion, die gewohnten Reaktionen. Insbesondere können sich diese Säuren mit sich selbst verestern. Aus zwei Molekülen $RCH(OH)-COOH$ etwa kann ein sechsgliedrig-cyclischer Ester [$-O-CHR-CO-$]$_2$, ein sog. *Lactid*, gebildet werden. Bei γ- und δ-Hydroxycarbonsäuren ist eine intramolekulare Esterbildung aus einem Molekül der Säure möglich, und zwar erhält man die fünfgliedrig-cyclischen γ-Lactone [$-O-CHR-(CH_2)_2-CO-$] bzw. die sechsgliedrig-cyclischen δ-Lactone [$-O-CHR-(CH_2)_3-CO-$]. Die β-Hydroxycarbonsäuren neigen zur thermischen Eliminierung von H_2O: $RCH(OH)-CH_2-COOH \rightarrow RCH=CH-COOH + H_2O$.

Etliche 2-Hydroxycarbonsäuren und -dicarbonsäuren spielen in der Natur eine Rolle. Die wichtigsten finden sich in Tab. 6.2.

Alle diese Säuren enthalten ein asymmetrisches C-Atom, die Weinsäure deren zwei (s. Abschnitt 2.5.3); ein Racemat aus *R*-und *S*-Weinsäure nennt man *Traubensäure*. Milchsäure kommt als Racemat in saurer Milch und als (+)-Enantiomer im Muskel vor. Äpfel- und Mandelsäure treten in Früchten auf. Das Kalium-Salz der

Tabelle 6.2 Natürlich vorkommende 2-Hydroxyalkansäuren und -alkandisäuren: Formel, Trivialname und Name des Säureanions.

MeCH(OH)—COOH	Milchsäure	Lactat
PhCH(OH)—COOH	Mandelsäure	Amygdalat
HOOC—CH(OH)—CH$_2$—COOH	Äpfelsäure	Malat
HOOC—CH(OH)—CH(OH)—COOH	Weinsäure	Tartrat
C(OH)(COOH)(CH$_2$COOH)$_2$	Citronensäure	Citrat

Weinsäure, K[OOC—CH(OH)—CH(OH)—COOH] (Kaliumhydrogentartrat), ist als *Weinstein* bekannt.

Die *Citronensäure* stellt eine wesentliche Komponente in jener lebenswichtigen cyclischen Reaktionsfolge dar, die sich in den Mitochondrien beim oxidativen Endabbau der Nahrungsstoffe zu Carbondioxid unter Energiegewinn abspielt (*Citronensäure-Zyklus*). In der Lebensmittelindustrie wird Citronensäure als wichtiges Säuerungsmittel eingesetzt. Zu diesem Zwecke wird sie biotechnisch aus Zucker mithilfe von Enzymen des schwarzen Schimmelpilzes (*Aspergillus niger*) gewonnen.

Oxocarbonsäuren

Eine allgemeine Methode zur *Darstellung* von *β-Oxocarbonsäureestern* RCH$_2$—CO—CHR—COOR′ ist die Kondensation von Estern RCH$_2$—COOR′ nach dem Knoevenagel-Schema: (1) RCH$_2$—COOR′ + EtO$^-$ ⇆ RCH$^-$—COOR′ + EtOH; (2) RCH$_2$—COOR′ + RCH$^-$—COOR′ → RCH$_2$—CO—CHR—COOR′ + OR′$^-$; diese spezielle Kondensation heißt *Claisen-Kondensation*. Als ein recht spezielles Beispiel für den Ester einer *α-Oxocarbonsäure* kann man den Oxalsäureester EtOOC—COOEt ansehen; kondensiert man ihn als Carbonyl-Komponente mit dem Ester RCH$_2$COOEt als CH-acider Komponente, so kommt man in analoger Weise wie eben zu EtOOC—CO—CHR—COOEt; nach der Hydrolyse zur Dicarbonsäure führt die thermische Decarboxylierung zu RCH$_2$—CO—COOH. In Einzelfällen stehen spezielle Darstellungsverfahren zur Verfügung. So gewinnt man durch die oxidative Spaltung der Weinsäure mit Blei(IV)-acetat die Oxoethansäure CHO—COOH (*Glyoxylsäure*): HOOC—CH(OH)—CH(OH)—COOH → 2 CHO—COOH + 2 H$^+$ + 2 e. Dagegen ergibt die thermisch bewirkte Kombination von Dehydratisierung und Decarboxylierung derselben Weinsäure die 2-Oxopropansäure Me—CO—COOH (*Brenztraubensäure*): HOOC—CH(OH)—CH(OH)—COOH → Me—CO—COOH + H$_2$O + CO$_2$; Brenztraubensäure C$_3$H$_4$O$_3$ entsteht in der Natur als Zwischenprodukt beim Abbau von Kohlenhydraten C$_6$H$_{12}$O$_6$ vom Hexose-Typ.

Was die *Reaktionen* anbetrifft, so fördert bei *α-Oxocarbonsäuren* die nahe COOH-Gruppe die *Hydratbildung* an der Carbonylgruppe: RCO—COOH + H$_2$O → RC(OH)$_2$—COOH. Mit konz. H$_2$SO$_4$ erfahren α-Oxocarbonsäuren eine *Decarbonylierung*: RCO—COOH → RCOOH + CO. Im Gegensatz zu ihren Estern sind freie *β-Oxocabonsäuren* nicht stabil und decarboxylieren leicht (RCH_2—CO—CHR'—$COOH$ → RCH_2—CO—CH_2R' + CO_2), z. B. schon beim Versuch, die Ester zur Säure zu hydrolysieren. Die acide CH_2-Gruppe dieser Ester, allen voran das Ethyl-3-oxobutanoat Me—CO—CH_2—$COOEt$ (*Acetessigester*), macht sie für eine Reihe von Reaktionen zu wertvollen synthetischen Ausgangsstoffen. Die Beweglichkeit der CH_2-Hydronen führt zur schnellen Einstellung des Keto-Enol-Gleichgewichts, das auch deswegen auf der Seite des Enols liegt, weil dieses durch eine intramolekulare H-Brückenbeziehung zwischen der OH-Gruppe und dem carboxylischen O-Atom stabilisiert wird.

Aminocarbonsäuren

2-Aminocarbonsäuren $RCH(NH_2)$—$COOH$ kann man aus 2-Bromcarbonsäuren $RCHBr$—$COOH$ durch Br/NH_2-Austausch herstellen. Auch die Reaktionsfolge Aldehyd $RCHO$ → Cyanhydrin $RCH(OH)$—CN → Aminonitril $RCH(NH_2)$—CN → Aminocarbonsäure führt zum Ziel, indem man der Reihe nach HCN, NH_3 und Säure auf RCHO einwirken lässt. Oder man alkyliert ein Phthalimid $K[C_8H_4O_2N]$ im Sinne der Gabriel-Synthese (Abschnitt 6.3.5) mit Bromomalonester $BrCH(COOEt)_2$ zu $C_8H_4O_2N$—$CH(COOEt)_2$, dehydroniert mit Base, alkyliert mit RCl zu $C_8H_4O_2N$—$CR(COOEt)_2$ und hydrolysiert und decarboxyliert in einem Schritt zu Phthalsäure $C_8H_4(COOH)_2$, EtOH, CO_2 und $RCH(NH_2)$—$COOH$. Für Aminosäuren mit entfernterer Aminogruppe steht ein Arsenal an synthetischen Methoden zur Verfügung, von denen hier wegen ihrer technischen Bedeutung nur eine erwähnt sei, nämlich die zu 6-Aminohexansäure H_2N—$(CH_2)_5$—$COOH$ (ε-Aminocapronsäure) führende. Zunächst gewinnt man Cyclohexanol $C_6H_{11}OH$ entweder aus Cyclohexan C_6H_{12} durch Oxidation mit O_2 oder aus Phenol C_6H_5OH durch Hydrierung, anschließend wird dehydriert zum Cyclohexanon $C_6H_{10}O$ und dieses in das cyclische Oxim $[-(CH_2)_5-]C{=}N$—OH übergeführt; dieses erfährt – sauer katalysiert (H_2SO_4) – eine Umlagerung samt tautomerer H-Verschiebung: $[-(CH_2)_5-]C$—N—OH → $[-(CH_2)_5$—$C(OH)$—$N-]$ → $[-(CH_2)_5$—CO—$NH-]$, d. i. ein Azacycloheptan-2-on, dessen Hydrolyse zur ε-Aminocapronsäure führt. (Allgemein nennt man die Umlagerung vom Oxim in das Säureamid, $RR'C$—N—OH → HO—$CR{=}N$—R' → O—CR—NHR', eine *Beckmann-Umlagerung*; s. Abschnitt 6.6.6).

Der pK_A-Wert bezüglich der COOH-Funktion und der pK_B-Wert bezüglich der NH_2-Funktion sollten den typischen Werten für Carbonsäuren und Amine folgen, wenn diese Funktionen weit genug auseinanderliegen. Nehmen wir für die Reaktion H_2N—$(CH_2)_n$—$COOH$ ⇄ H_2N—$(CH_2)_n$—COO^- + H^+ einen ungefähren Mittelwert von $pK_{A1} = 5$ und für die Reaktion H_2N—$(CH_2)_n$—$COOH$ + H^+ ⇄ H_3N^+—$(CH_2)_n$—$COOH$ einen Wert von $-pK_{A2} = -(14 - pK_{B2}) = -11$ bei einem ungefähren Mittelwert von $pK_{B2} = 3$ an, dann folgt für die Gesamtreaktion

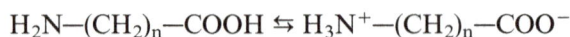

$$H_2N-(CH_2)_n-COOH \leftrightharpoons H_3N^+-(CH_2)_n-COO^-$$

Tabelle 6.3 Die 20 am Aufbau der Proteine wesentlich beteiligten 2-Aminosäuren: Formel, Name, Symbol ($C_3H_3N_2$ = 5-Imidazolyl; C_8H_6N = 3-Indolyl).

$H-CH(NH_2)-COOH$	Glycin	Gly
$Me-CH(NH_2)-COOH$	Alanin	Ala
$i Pr-CH(NH_2)-COOH$	Valin	Val
$i Bu-CH(NH_2)-COOH$	Leucin	Leu
$s Bu-CH(NH_2)-COOH$	Isoleucin	Ile
$PhCH_2-CH(NH_2)-COOH$	Phenylalanin	Phe
$[p\text{-}(OH)C_6H_4]-CH_2-CH(NH_2)-COOH$	Tyrosin	Tyr
$HO-CH_2-CH(NH_2)-COOH$	Serin	Ser
$HO-CHMe-CH(NH_2)-COOH$	Threonin	Thr
$HS-CH_2-CH(NH_2)-COOH$	Cystein	Cys
$[-S-CH_2-CH(NH_2)-COOH]_2$	Cystin	$(Cys)_2$
$HOOC-CH_2-CH(NH_2)-COOH$	Asparaginsäure	Asp
$(C_3H_3N_2)-CH_2-CH(NH_2)-COOH$	Histidin	His
$(C_8H_6N)-CH_2-CH(NH_2)-COOH$	Tryptophan	Trp
$MeS-(CH_2)_2-CH(NH_2)-COOH$	Methionin	Met
$HOOC-(CH_2)_2-CH(NH_2)-COOH$	Glutaminsäure	Glu
$HN=C(NH_2)-NH-(CH_2)_3-CH(NH_2)-COOH$	Arginin	Arg
$H_2N-(CH_2)_4-CH(NH_2)-COOH$	Lysin	Lys
$[-CH_2-CH_2-CH_2-NH-CH(COOH)-]$	Prolin	Pro
$[-CH_2-CH(OH)-CH_2-NH-CH(COOH)-]$	Hydroxyprolin	Hyp

eine Gleichgewichtskonstante von $pK = 5 - 11 = -6$, $K = 10^6$. Dieses Gleichgewicht liegt ganz auf der rechten Seite, auf der Seite also des sog. *Zwitterions* mit positiver Ammonium- und negativer Carboxylat-Ladung.

Der zu Lactonen führenden intramolekularen Esterbildung der Hydroxycarbonsäuren entspricht die intramolekulare Bildung cyclischer Amide der δ- und ε-Aminocarbonsäuren, d. s. die sog. *Lactame*, für die das eben erwähnte ε-Aminocaprolactam $[-(CH_2)_5-CO-NH-]$ ein Beispiel ist. In Gegenwart von Wasser lässt sich dieses monomere Lactam über die ε-Aminocapronsäure zum Polyamid $[-(CH_2)_5-CO-NH-]_n$ polykondensieren, einem wertvollen Faserstoff (*Nylon 6*).

Wie die 2-Hydroxy- sind auch die 2-Aminocarbonsäuren wichtige Bestandteile von Naturstoffen, und zwar besteht die Mannigfaltigkeit der Proteine aus Polykondensaten von im Wesentlichen zwanzig 2-Aminocarbonsäuren; davon genügen achtzehn mit primärer Aminogruppe der Formel $R-CH(NH_2)-COOH$ mit unterschiedlichem R und zwei mit sekundärer Aminogruppe der Formel $[-CH_2-CHX-CH_2-NH-CH(COOH)-]$ (d. s. Azacyclopentan-Ringe) (Tab. 6.3). Mit Ausnahme von Glycin (R = H), haben alle diese Aminosäuren ein asymmetrisches C2-Atom, das bei den natürlichen Aminosäuren fast ausnahmslos *S*-konfiguriert ist.

In den 2-Aminocarbonsäuren liegen die NH_2- und die COOH-Funktion so nahe beieinander, dass der negative induktive Effekt von COOH die Basizität der Aminogruppe etwas schwächt (pK_B ca. 5) und derselbe Effekt von NH_2 die Acidität der Carboxylgruppe etwas stärkt (pK_A ca. 3). Das bedeutet, dass das Gleichgewicht für die Zwitterionbildung mit $K \approx 10^6$ wieder ganz auf der Zwitterionenseite liegt. Ihr Ionencharakter macht die Aminocarbonsäuren hydrophil und lyophob. Da die Acidität der COOH- ein wenig stärker ist als die Basizität der NH_2-Gruppe, trifft man in wässriger Lösung neben einem großen Überschuss an Zwitterionen H_3N^+—CHR—COO^- eine kleine Menge an Anionen H_2N—CHR— COO^- und Kationen H_3N^+—CHR—COOH, wobei aber die Zahl der Anionen die der Kationen überwiegt, d. h. eine Lösung von Aminosäuren reagiert sehr schwach sauer. Will man erreichen, dass gleich viel Aminocarbonsäure-Kationen und -Anionen vorliegen, so muss man der Lösung eine gewisse Menge einer Säure zusetzen. Den dabei erreichten pH-Wert nennt man den *isoelektrischen Punkt*. Er liegt bei einfachen Aminocarbonsäuren nach wie vor im sehr schwach sauren Bereich, nämlich bei pH $\approx$ 6; das gilt nicht für die Aminodicarbonsäuren Asp und Glu (Tab. 6.3) und auch nicht für Arg, Lys und His mit ihrer zweiten Amin-Funktion.

6.3.8 Kohlensäure-Derivate

Wie in den Abschnitten 5.3.4 bis 5.3.6 z. T. ausgeführt, sind die Kohlensäure $CO(OH)_2$, ihr Monochlorid $COCl(OH)$, ihr *Halbester* $CO(OH)(OR)$ und ihr *Halbamid*, die Carbamidsäure $CO(OH)(NH_2)$, thermisch instabil: Diese Stoffe zerfallen bei Raumtemperatur mehr oder weniger rasch in CO_2 sowie H_2O, HCl, HOR bzw. NH_3. Haltbar sind dagegen das Dichlorid $COCl_2$ (*Phosgen*), die Ester $CO(OR)_2$ und das Diamid $CO(NH_2)_2$ (*Harnstoff*) ebenso wie die Derivate der Kohlensäure mit gemischten Funktionen $COCl(OR)$ (*Chlorameisenester*) und $CO(OR)(NH_2)$ (*Urethane*). Haltbar sind auch das Nitril der Kohlensäure HOCN (*Cyansäure*) und deren stabileres Tautomer OCNH (*Isocyansäure*) sowie die *Isocyansäureester* OCNR. Einige dieser Derivate spielen eine bedeutende Rolle in der chemischen Technik.

Phosgen, ein giftiges Gas (Sdp. 7.84 °C), wird in exothermer Reaktion aus CO und Cl_2 über Aktivkohle als Katalysator gewonnen ($CO + Cl_2 \leftrightarrows COCl_2$; oberhalb von 300 °C liegt das Gleichgewicht links). Es ist erstens ein Chloridierungsmittel für Oxide A=O (A=O + $COCl_2 \rightarrow ACl_2 + CO_2$) und dient zweitens als Acylierungsmittel zur Herstellung von Kohlensäure-Derivaten: (1) $COCl_2 + HX \rightarrow COClX + HCl$; (2) $COCl_2 + 2 HX \rightarrow COX_2 + 2 HCl$. Wirkt $COCl_2$ als Acylierungsmittel auf Alkohole ROH ein, so gewinnt man Chlorameisenester $ClCO(OR)$ und aus diesen mit weiterem ROH die Ester $CO(OR)_2$ oder mit NH_3 die Urethane $CO(OR)(NH_2)$. Aus $COCl_2$ und NH_3 entsteht Harnstoff $CO(NH_2)_2$. Mit primären Aminen RNH_2 kommt man zu Carbonylamidchloriden $ClCO(NHR)$ und von ihnen durch thermische Abspaltung von HCl zu Isocyanaten RNCO oder durch Addition von weiterem Amin RNH_2 zu Harnstoff-Derivaten $CO(NHR)_2$. Analog führen sekundäre Amine R_2NH zu $ClCO(NR_2)$ und $CO(NR_2)_2$.

Harnstoff, ein farbloser Festkörper, wird technisch aus CO_2 und NH_3 (135–150 °C, 30–40 bar) hergestellt; dabei tritt als exothermes Zwischenprodukt Ammonium-carbamidat $NH_4[CO_2(NH_2)]$ auf, das endotherm in $CO(NH_2)_2$ und H_2O

übergeht. Eine typische Reaktion von Harnstoff in wässriger Lösung ist die vollständige und rasche Zersetzung von Nitrit beim Ansäuern: (1) $NO_2^- + 2\,H^+ \rightarrow NO^+ + H_2O$; (2) $CO(NH_2)_2 + 2\,NO^+ \rightarrow CO_2 + 2\,N_2 + H_2O + 2\,H^+$. Harnstoff dient als Düngemittel, wird aber auch als Zwischenprodukt in zahlreiche Prozesse der Technik eingesetzt und findet so u. a. Anwendung in der Lack-, Klebstoff-, Textil-, Kunststoff- und Arzneimittelindustrie. Mit Malonester werden beide NH$_2$-Funktionen von Harnstoff acyliert (in EtOH bei 110 °C in Gegenwart von NaOEt als Base), und man gelangt zu 1,3-Diazacyclohexan-2,4,6-trion (*Barbitursäure*): $CO(NH_2)_2 + (EtOOC)_2CH_2 \rightarrow [-NH-CO-NH-CO-CH_2-CO-] + 2\,EtOH$; das Diazacyclohexantrion steht mit dem 2,4,6-Trihydroxypyrimidin im tautomeren Gleichgewicht (Pyrimidin: 1,3-Diazabenzen) und stellt bezüglich einer der OH-Funktionen eine Säure mit pK_A = 4.0 dar; Derivate der Barbitursäure (*Barbiturate*) spielen als Schlafmittel eine Rolle. Harnstoff ist ein Produkt des Abbaus von Aminosäuren, der sich in der Säugetierleber in einem vielstufigen Zyklus, dem *Harnstoff-Zyklus*, vollzieht.

Urethane entstehen nicht nur durch Alkoholyse von Phosgen $[COCl_2 + ROH \rightarrow ClCO(OR) + HCl]$ mit nachfolgender Amidierung $[ClCO(OR) + R'NH_2 \rightarrow CO(OR)(NHR') + HCl]$, sondern auch durch die Addition von ROH an Isocyanate R'NCO: $ROH + R'NCO \rightarrow CO(OR)(NHR')$. Diese zweite Bildungsweise ist technisch bedeutsam, wenn man Diole HO—Y—OH [z. B. Y = $-(CH_2)_6-$] und Diisocyanato-Verbindungen OCN—Y'—NCO (z. B. Y' = 1,4-Phenylen, $-C_6H_4-$) einer Polyaddition unterzieht und dabei zu *Polyurethanen* gelangt: n HO—Y—OH + n OCN—Y'—NCO $\rightarrow [-O-Y-O-CO-NH-Y'-NH-CO-]_n$. Durch Variation und Modifizierung der Komponenten erhält man Materialien mit verschiedenartigen Eigenschaften und einer Fülle von Anwendungsmöglichkeiten als Elastomere in Faserform, als duroplastische Gießharze, als Material für Rollen und Walzen und vor allem als Schaumkunststoffe.

6.3.9 Sulfur-Derivate

Sulfane und Disulfane

Dem Suffix *ol* der Alkanole ROH entspricht das Suffix *thiol* der Verbindungen RSH: *Alkanthiole* (also z. B. *Methanthiol* für MeSH). Daneben lässt sich die Benennung von RSH auch vom Sulfan H$_2$S ableiten: *Alkylsulfan*. Derivate ArSH der Arene heißen dementsprechend *Arenthiol* oder *Arylsulfan*. Dem Präfix *hydroxy* für die OH- entspricht das Präfix *sulfanyl* für die SH-Gruppe. Zwar ist die Bezeichnung *Sulfanylmethan* anstelle von *Methanthiol* für MeSH richtig, wird aber nicht empfohlen; vielmehr kommt das Präfix *sulfanyl* dann zur Geltung, wenn eine andere Gruppe, z. B. die COOH-Gruppe, Vorrang hat. So heißt die Aminosäure Cystein, HS—CH$_2$—CH(NH$_2$)—COOH (Tab. 6.3) systematisch *2-Amino-3-sulfanylpropansäure*. Die den Ethern R$_2$O entsprechenden Sulfurverbindungen R$_2$S heißen (kompositionell) *Dialkylsulfide* oder (substitutiv) *Dialkylsulfane* oder (radikofunktionell)

Thioether. Verbindungen des Typs R_2S_2 (RS—SR) nennt man am besten *Dialkyldisulfane*.

Da SHS-Hydrogenbrücken wesentlich schwächer sind als OHO-Brücken, erweisen sich Alkanthiole RSH als deutlich flüchtiger als entsprechende Alkanole ROH, obgleich ihre Molekülmasse größer ist. So wie H_2S saurer ist als H_2O, müssen auch die Alkanthiole als schwache Säuren eingestuft werden und nicht wie die Alkanole als sehr schwache Säuren. Dementsprechend lösen sich Alkanthiole mit größeren Alkylresten zwar nicht in Wasser, wohl aber in wässrigen Basen als Alkanthiolate RS^-. Mit Übergangsmetallen bilden Thiolate vielfach wasserunlösliche, wohlkristallisierte Salze. Wie das Sulfan H_2S entfalten auch Alkanthiole einen üblen Geruch und toxische Wirkung.

Alkanthiole lassen sich u.a. darstellen durch Alkylierung von H_2S (H_2S + RCl → RSH + HCl), durch Addition von H_2S an Alkene (RCH=CHR + H_2S → RCH_2—CHR—SH), durch Sulfurierung von Grignard-Verbindungen mit nachfolgender Hydrolyse [(1) RMgBr + $1/8\,S_8$ → (RS)MgBr; (2) (RS)MgBr + H^+ → RSH + Mg^{2+} + Br^-], durch Reduktion von Disulfanen RS—SR mit Zn in saurer Lösung (R_2S_2 + Zn + $2\,H^+$ → 2 RSH + Zn^{2+}). Zur Gewinnung von Arenthiolen empfiehlt sich die *Thiolyse* (d.i. eine Spaltung mit H_2S oder HSR) von Aryldiazonium-Kationen (ArN_2^+ + H_2S → ArSH + N_2 + H^+). Dialkylsulfane erhält man u.a. durch Alkylierung von RSH, durch Addition von RSH an Alkene oder durch Reduktion von Sulfoxiden R_2SO mit $LiAlH_4$ u.a.

Die Oxidation von Alkanthiolen greift gewöhnlich nicht − wie bei den Alkanolen − das C-Atom an; es bilden sich also aus R—CH_2—SH nicht Oxidationsprodukte wie RCH(SH)(OH) (oder hieraus durch Abspaltung von H_2O oder H_2S Produkte RCHS bzw. RCHO) oder wie RCO(SH). Vielmehr oxidiert beispielsweise Oxygen Sulfane zu Disulfanen (2 RSH + $1/2\,O_2$ → RS—SR + H_2O). In wässriger Lösung geht die Oxidation mit starken Oxidationsmitteln wie MnO_4^- weiter, und zwar wird S^0 bis zur Oxidationsstufe S^{VI} der Alkansulfonsäure oxidiert: RSH + $3\,H_2O$ → RSO_3H + $6\,H^+$ + 6 e. (Da C elektronegativer ist als S und H elektropositiver, liegt Sulfur in RSH als S^0 vor.) Beim Oxidationsprozess RSH → RSO_3H werden wohl Zwischenprodukte geringerer Oxidationszahl gebildet, wie *Alkansulfensäure* RSOH und *Alkansulfinsäure* RSO_2H.

Auch Dialkylsulfane werden am S-Atom oxidiert. Aus R_2S erhält man (z.B. mit H_2O_2) R_2SO, d.i. ein *Dialkyl-λ^4-sulfanon* (substitutiv) oder *Dialkyoxidosulfur* (additiv) oder *Dialkylsulfoxid* (trivial). Bei weiterer Oxidation entsteht R_2SO_2, d.i. ein *Dialkyl-λ^6-sulfandion* oder *Dialkyldioxidosulfur* oder *Dialkylsulfon*.

Thioketone

Während man über die offenbar wenig stabilen, den Alkanalen entsprechenden *Alkanthiale* RCH=S wenig weiß, kann man *Alkanthione* R_2C=S (*Thioketone*) gewinnen, indem man Alkanone R_2CO oder deren Derivate (Imine, Hydrazone, Oxime) mit Sulfurierungsmitteln wie P_4S_{10} umsetzt (→ $P_4S_{10-x}O_x$); Diarylmethanthione Ar_2CS entstehen durch Umsetzung von Ar_2CO mit H_2S bei saurer Katalyse (HCl). Behandelt man Alkanone R_2CO mit H_2S unter Druck, dann kommt man zu geminalen Thiolen $R_2C(SH)_2$, die viel weniger anfällig für die Abspaltung von H_2S zu R_2CS sind als die geminalen Diole $R_2C(OH)_2$ für die Abspaltung von H_2O. Verbindungen vom Typ $R_2C(OH)(SH)$ erhält man nur im Falle spezieller Reste R wie z. B. R = C_nF_{2n+1}. Alkanthione neigen zur Cyclotrimerisierung zu Trithiacyclohexan-Derivaten $[-CR_2-S-]_3$.

Thiocarbonsäuren und ihre Derivate

Mit P_4S_{10} als Sulfidierungsmittel gelangt man von den Carbonsäuren RCOOH zu den *Thiocarbonsäuren* RCO(SH) und von den Carbonsäureamiden $RCO(NR_2')$ zu den *Thiocarbonsäureamiden* $RCS(NR_2')$; Letztere erfreuen sich vielseitiger synthetischer Anwendung.

Derivate der Thiokohlensäure

Im Gegensatz zur Kohlensäure H_2CO_3 lässt sich die *Trithiokohlensäure* H_2CS_3 als rote, ölige, allerdings nicht sehr stabile Flüssigkeit isolieren. Stabiler sind ihre Salze, die *Trithiocarbonate* $M_2^ICS_3$ oder $M^{II}CS_3$ sowie ihre Ester $CS(SR)_2$. Das wichtigste Derivat ist das Anhydrid CS_2 (*Carbondisulfid* oder *Dithiomethan*, veraltet: *Schwefelkohlenstoff*), eine flüchtige (Sdp. 46 °C), übelriechende, giftige, leicht entflammbare Flüssigkeit, die man bei 900 °C aus Carbon und Sulfur-Dampf oder aus Methan und Sulfur über Al_2O_3 herstellt. Dithiomethan ist ein vorzügliches Lösungsmittel für S_8, P_4, I_2, für Fette, Öle und Harze, und es mischt sich mit Alkoholen und Ethern, aber nicht mit Wasser. Es ist Ausgangsmaterial für die Herstellung mehrerer Derivate der Thiokohlensäure; so gelangt man mit Alkoholaten zu den *Xanthogenaten* $M[RO-CS_2]$ ($CS_2 + RO^- \rightarrow ROCS_2^-$) und mit sekundären Aminen in alkalischem Milieu zu den *Dithiocarbamaten* $M[R_2N-CS_2]$ [d. s. Salze der Dithiocarbamidsäure $R_2NCS(SH)$; $CS_2 + HNR_2 + OH^- \rightarrow R_2N-CS_2^- + H_2O$], die im Pflanzenschutz eingesetzt werden. Auf analoge Weise hergestellte Dithiocarbamate vom Typ $RHN-CS_2^-$ lassen sich mit Chlorameisenester ClCOOEt in die wenig stabile Zwischenverbindung $RHN-CS-S-COOEt$ überführen, die sich thermisch leicht unter Abspaltung der flüchtigen Komponenten COS und EtOH zu RNCS umsetzen lässt. Die *Alkylisothiocyanate* RNCS (*Senföle*) leiten sich von der *Isothiocyansäure*, HNCS, ab, die mit der *Thiocyansäure*, HOCS, im tautomeren Gleichgewicht steht; ungelöst polymerisiert die Gleichgewichtsmischung schon bei −40 °C. Die entsprechenden Salze aber, die *Thiocyanate* M[SCN] (*Rhodanide*) sind stabile Stoffe, die man durch Sulfurierung von Cyaniden leicht herstellen kann (MCN + 1/8 $S_8 \rightarrow$ M[SCN]); zur Darstellung von NH_4[SCN] ist auch die Aminierung von CS_2 ein gangbarer Weg ($CS_2 + 3 NH_3 \rightarrow NH_4$[SCN] + $NH_4^+ + HS^-$). Die Alkylierung von SCN^- mit RI greift am S-Atom an und liefert die *Alkylthiocyanate* RSCN, d. s. Tautomere der Senföle; sie lassen sich mit HNO_3 zu RSO_3H oxidieren und mit Zn/H_2SO_4 zu RSH reduzieren.

Sulfoxide, Sulfinsäuren

Sulfoxide RR'SO kann man u. a. gewinnen durch vorsichtige Oxidation von RSR' mit O_2 oder durch *Alkanidierung* (d. i. die Übertragung von Alkanid R^-) von Sulfinylchlorid mit Grignard-Verbindungen R'MgBr ($RSOCl + R'^- \rightarrow RR'SO + Cl^-$). Die chiralen Moleküle RR'SO haben eine so hohe Inversionsschwelle, dass sie weitgehend konfigurationsstabil sind. Ihre Weiteroxidation mit O_2 führt zu $RR'SO_2$, ihre Reduktion zu RSR' [z. B. $R_2SO + 2\ Me_3SiI \rightarrow R_2S + (Me_3Si)_2O + I_2$]. Mitunter zerfallen Sulfoxide beim Erhitzen explosionsartig. Das Dimethylsulfoxid Me_2SO (*dmso*) wird als polares vielseitiges Lösungsmittel geschätzt. Sulfoxide kommen in der Natur vor; als Beispiel sei das im Knoblauchöl enthaltene Allylvinyl-Derivat ($H_2C=CH-CH_2$)($CH_2=CH$)SO genannt.

Sulfinsäuren RSO(OH) erhält man aus Sulfonylchloriden RSO_2Cl durch Reduktion ($RSO_2Cl + H^+ + 2\ e \rightarrow RSO_2H + Cl^-$; Rd = Zn, N_2H_4 u. a.) oder durch Alkanidierung von SO_2 mit RMgBr [$SO_2 + RMgBr \rightarrow MgBr(O_2SR)$] und nachfolgende Hydrolyse [$MgBr(O_2SR) + H^+ \rightarrow RSO_2H + Mg^{2+} + Br^-$]. Die wasserlöslichen Säuren RSO_2H sind nicht besonders beständig, wohl aber Salze mit den Anionen RSO_2^-. Das Na-Salz des Hydroxymethansulfinats $HO-CH_2-SO_2^-$ (Rongalit®) wird für den Direkt- und Ätzdruck in der Textilindustrie gebraucht; man stellt es zusammen mit dem entsprechenden Sulfonat aus Methanal und Dithionit dar: $2\ CH_2O + S_2O_4^{2-} + H_2O \rightarrow HO-CH_2-SO_2^- + HO-CH_2-SO_3^-$. *Sulfinsäurechloride* RSOCl erhält man durch Chloridierung von Sulfinat mit Thionylchlorid ($RSO_2^- + SOCl_2 \rightarrow RSOCl + SO_2 + Cl^-$). Ihre Alkoholyse führt zu Estern RSO_2R' der Sulfinsäure.

Sulfone, Sulfonsäuren

Sulfone R_2SO_2 entstehen bei der Oxidation von Dialkylsulfanen R_2S mit O_2, bei der Alkylierung von Sulfinsäuren ($RSO_2H + R'Hal \rightarrow RR'SO_2 + HHal$; in Gegenwart von Basen) oder bei der Sulfonierung von Arenen ($RSO_2Cl + ArH \rightarrow Ar-SO_2R + HCl$). Die [4+1]-Cycloaddition von SO_2 an Buta-1,3-dien führt zu einem fünfgliedrig-cyclischen Sulfon, dem Thiacyclopent-3-en-1,1-dioxid [$-SO_2-CH_2-CH=CH-CH_2-$]. Sulfone werden als vielseitige Zwischenprodukte in der organischen Synthese eingesetzt.

Ein wichtiger Zugang zu den *Alkansulfonsäuren* RSO_3H besteht in der *Sulfochlorierung* von Alkanen, einer zu RSO_2Cl führenden Radikalkettenreaktion, die durch den thermischen Zerfall von Sulfurylchlorid gestartet wird: $SO_2Cl_2 \rightarrow SO_2 + 2\ Cl^{\cdot}$. Die Radikalkette besteht aus den beiden Reaktionsschritten $RH + Cl^{\cdot} \rightarrow R^{\cdot} + HCl$ und $R^{\cdot} + SO_2Cl_2 \rightarrow RSO_2Cl + Cl^{\cdot}$. Vom Säurechlorid RSO_2Cl aus gelangt man auf dem üblichen Acylierungswege zur freien Säure und zu allen ihren Derivaten. Die oxidierende Alkylierung von SO_3^{2-} durch RBr ergibt Alkansulfonat ($SO_3^{2-} + RBr \rightarrow RSO_3^- + Br^-$; formal: $C^I + 2\ e \rightarrow C^{-I}$ und $S^{IV} \rightarrow S^{VI} + 2e$). Benzen wird durch rauchende Schwefelsäure sulfoniert; dabei wirken wohl H_2SO_4 und SO_3 nebeneinander sulfonierend ($C_6H_6 + H_2SO_4 \rightarrow C_6H_5-SO_3H + H_2O$ und $C_6H_6 + SO_3 \rightarrow C_6H_5- SO_3H$). Aus Chlorsulfonsäure und Benzen im Verhältnis 2:1 erhält man direkt das Chlorid der Benzensulfonsäure ($C_6H_6 + 2\,ClSO_3H \rightarrow C_6H_5-SO_2Cl + H_2SO_4 + HCl$). Die Alkan- und die Arensulfonsäuren lassen sich mit Alkoholen leicht verestern. Es handelt sich bei ihnen um hoch siedende, wasserlösliche, starke Säuren, deren Alkalisalze in Wasser neutral reagieren. Arensulfonsäuren sind wichtige Zwischenstoffe in der Farbstoffindustrie. *Sulfonsäureamide* werden als antibakterielle Chemotherapeutika genutzt. Der Süßstoff *Saccharin* ist das Benzo-1,2-thiazol-3(*2H*)-on-1,1-dioxid, ein cyclisches Sulfonamid also.

Thioharnstoff steht mit *Isothioharnstoff* im tautomeren Gleichgewicht: $S{=}C(NH_2)_2 \leftrightarrows HS-C(NH_2){=}NH$. Er bildet sich beim Erhitzen von $NH_4[SCN]$ auf 180–190 °C und technisch durch Thiolyse von Calcium-dinitridocarbonat ($Ca[N{=}C{=}N] + 2\,H_2S \rightarrow SC(NH_2)_2 + CaS$). Er lässt sich mit H_2O_2 zur Aminoiminomethansulfinsäure ($(H_2N)(NH)C-SO_2H$) oxidieren und mit RHal zu $C(NH)(NH_2)(SR)$ alkylieren, und er findet als Zwischenverbindung in der organischen Synthese vielfältige Anwendung.

6.4 Substitutionen

Die Formel RX stehe für ein nichtaromatisches und ArX für ein aromatisches Carbonhydrid mit funktioneller Gruppe X. Wir betrachten im Folgenden Substitutionen des Typs

$$R-X + Y \rightarrow R-Y + X \quad \text{oder} \quad Ar-X + Y \rightarrow Ar-Y + X$$

Wenn es sich bei X und Y um anionische Gruppen (wie z. B. Hal^-, OH^-, OR'^-, SR'^-, NH_2^-, NHR'^-, $NR_2'^-$ etc.) oder um neutrale Moleküle (wie z. B. R'OH, $R_2'O$, $R_2'S$, NR_3' etc.) handelt, dann bezeichnet man die Substitution als *nucleophile Substitution* oder S_N-*Reaktion*. Die *Substituenten* X und Y sind Träger eines freien Elektronenpaars, das sie bei der Substitution mitnehmen (X) oder in sie einbringen (Y). Hat man X und Y bezüglich der thermodynamischen Triebkraft einer Substitution im Auge, so nennt man diese Anionen oder Moleküle *Lewis-Basen*; betrachtet man die Reaktionsgeschwindigkeit, dann nennt man X und Y *Nucleophile*.

Verbleibt das bindende Elektronenpaar während der Substitution im Molekülteil R bzw. Ar, dann handelt es sich bei der austretenden Gruppe X und der eintretenden Gruppe Y um ein neutrales Molekül oder um ein Kation, und die Substitution heißt *elektrophile Substitution* oder S_E-*Reaktion*. Die Gruppen X und Y sind dann *Lewis-Säuren* bei thermodynamischer bzw. *Elektrophile* bei kinetischer Betrachtungsweise.

Bei den Nichtaromaten ist die nucleophile, bei den Aromaten die elektrophile Substitution von jeweils größerer Bedeutung. Als Substitutionsmechanismen kommen in Betracht: (1) die einstufige, im Regelfall nach einem Geschwindigkeitsgesetz

2. Ordnung verlaufende Substitution (S_N2- bzw. S_E2-*Reaktion*); (2) die dissoziative zweistufige, im Regelfall nach 1. Ordnung verlaufende Substitution (S_N1- bzw. S_E1-*Reaktion*); (3) die assoziative zweistufige Substitution; (4) die als eine Sequenz von Eliminierung und Addition ablaufende Substitution. Im Folgenden werden zuerst Substitutionen an Nichtaromaten, dann die an Aromaten ins Auge gefasst.

6.4.1 Nucleophile Substitution an Nichtaromaten

Einstufige nucleophile Substitution

Die bimolekulare einstufige S_N2-Reaktion verläuft (mit den Indices 1 für RX, 2 für Y, 3 für RY und 4 für X) gemäß $dc_3/dt = kc_1c_2$, also nach 2. Ordnung (s. Abschnitt 4.3.2). Im Überschuss von Y (z. B. bei Solvolysen mit Y als dem Lösungsmittel) wird c_2 = const, und die S_N2-Reaktion verläuft dann gemäß $dc_3/dt = k'c_1$ nach pseudoerster Ordnung. Bei der Bildung des Übergangszustands kommt es zur Wechselwirkung eines freien Elektronenpaars von Y im HOMO von Y mit dem unbesetzten σ*-Orbital der R—X-Bindung als dem LUMO von RX. Dieses LUMO hat seine größte Ausdehnung auf der C—X-Achse jenseits von X, also im Bereich der Basis der trigonalen Koordinationspyramide um C mit X an der Pyramidenspitze, und von der Basis aus greift Y an. Es bildet sich im Übergangszustand eine trigonale Bipyramide als Koordinationspolyeder um C mit X und Y an den Pyramidenspitzen. Dies führt nach der Abspaltung von X zu einer *Konfigurationsumkehr* oder *Inversion* am C-Atom, die hier speziell auch *Walden'sche Umkehr* heißt.

In der Nuance verwickelter wird die S_N2-Reaktion, wenn formal eine Metathese vorliegt:

$$R—X + H—Y \rightarrow R—Y + HX$$

Meist tritt ein Produkt R—YH$^+$ auf, aus dem sich in einem schnellen Folgeschritt ein H$^+$-Ion abspaltet. Eine einstufige bimolekulare Metathese mit einem viergliedrigen cyclischen Übergangszustand der Form

$$\begin{matrix} R & \cdots & X \\ \vdots & & \vdots \\ Y & \cdots & H \end{matrix}$$

scheint selten zu sein; sie führt nicht zur Inversion, sondern zur Retention der Konfiguration. Beispielsweise führt man die partielle Retention, die man bei der Substitutionsreaktion PhMeCHCl + PhOH → PhMeCH(OPh) + HCl beobachtet hat, auf einen einstufigen Metathesemechanismus zurück.

Wir wollen an einem Beispiel erörtern, wie man den Nachweis der Inversion an einem optisch aktiven Zentrum führen kann, ohne die absolute Konfiguration aufzuklären (also ohne zu entscheiden, ob das chirale Zentrum *R*- oder *S*-konfiguriert ist). Geht man von optisch reinem (+)-1-Benzylethanol aus, so kann man durch die folgenden drei Schritte zum optischen Antipoden gelangen:

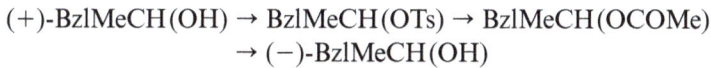

$$(+)\text{-BzlMeCH(OH)} \rightarrow \text{BzlMeCH(OTs)} \rightarrow \text{BzlMeCH(OCOMe)}$$
$$\rightarrow (-)\text{-BzlMeCH(OH)}$$

Der erste Schritt ist eine Acylierung der alkoholischen OH-Funktion mit Tosylchlorid TsCl zum Ester der *para*-Toluensulfonsäure; dabei handelt es sich um eine Substitution von Cl am S-Atom durch R*O, sodass die Konfiguration des chiralen C-Atoms von R*O(= BzlMeC*H—O) nicht verändert wird. Im zweiten Schritt folgt eine *Umesterung*: Der Tosylat-Rest TsO$^-$ wird durch den Acetat-Rest MeCOO$^-$ im Rahmen einer S_N2-Reaktion am chiralen C-Atom ersetzt, und zwar unter Inversion. Im dritten Schritt wird der Ester unter alkalischer Katalyse zur freien Essigsäure und zum 1-Benzylethanol hydrolysiert, d.i. eine Substitution von R*O am Acetat-C-Atom durch OH, bei der sich die Konfiguration von R* wiederum nicht ändern kann. Tatsächlich dreht das optisch reine Produkt die Ebene des polarisierten Lichts ebenso stark, aber in umgekehrter Richtung wie das enantiomere Startmaterial, sodass die Inversion im zweiten Reaktionsschritt bewiesen ist.

Wenn X und Y dem gleichen Molekül angehören, dann gelangt man im Rahmen einer *inneren Substitution* zu einem Ringschluss. Es handelt sich um eine einstufige, unimolekulare Substitution, die aber hier nach 1. Ordnung abläuft. Als Beispiele seien die Bildung eines Oxacyclopropans [*Oxiran* (gemäß *Ringindex*) oder *Epoxid* (trivial)] und eines γ-Lactons angeführt:

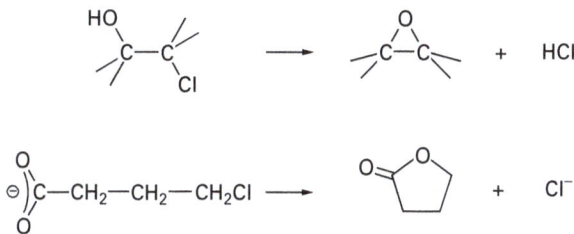

Dissoziative zweistufige nucleophile Substitution

Diese Substitution führt in einer ersten geschwindigkeitsbestimmenden Dissoziation (1) von RX zu Carbenium-Ionen R$^+$, und sie führt weiterhin entweder durch eine Assoziation (2) zu RX zurück oder in einem Schritt (3) durch einen Angriff von Y$^-$ zum Produkt RY; Analoges gilt, wenn RX$^+$ kationisch und X neutral oder wenn Y neutral und RY$^+$ kationisch sind:

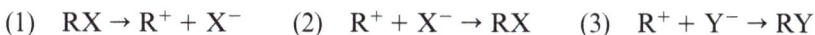

$$(1) \quad RX \rightarrow R^+ + X^- \qquad (2) \quad R^+ + X^- \rightarrow RX \qquad (3) \quad R^+ + Y^- \rightarrow RY$$

Für die Geschwindigkeit wurde in Abschnitt 4.3.5 folgender Ausdruck gefunden [die k-Werte sind nach den Reaktionsschritten (1) bis (3), die c-Werte nach den

Reaktanden RX, R^+, X^-, Y^-, RY in dieser Reihenfolge von 1 bis 5 indiziert; man beachte die Gleichheit $c_3 = c_5$; die Ausgangskonzentrationen an RX und Y^-, c_{10} bzw. c_{40}, seien gegeben]:

$$\frac{dc_5}{dt} = \frac{k_1 k_2 (c_{10} - c_5)(c_{40} - c_5)}{k_2 c_3 + k_3 (c_{40} - c_5)}$$

Den Summanden $k_2 c_3$ kann man vernachlässigen, wenn erstens c_3 sehr klein ist (das ist regelmäßig am Anfang der Reaktion der Fall) oder wenn c_{40} sehr groß ist (das ist stets der Fall, wenn bei Solvolysen das Lösungsmittel zum Reaktanden Y^- oder HY wird). Es ergibt sich dann eine Reaktion 1. Ordnung:

$$\frac{dc_5}{dt} = k(c_{10} - c_5)$$

Solche anfangs stets nach der 1. Ordnung verlaufende Substitutionen nennt man S_N1-*Reaktionen*. Im Falle relativ langlebiger Zwischenstufen R^+ (z. B. R = Ph_2CH) gewinnt die Rückreaktion (2) an Gewicht, und das Glied $k_2 c_3$ kann nicht vernachlässigt werden: Die Reaktion verlangsamt sich über das vom Gesetz 1. Ordnung hinaus geforderte Maß. Im Falle relativ kurzlebiger, aber bei dissoziativen S_N-Reaktionen auftretender Ionen R^+ (z. B. tBu^+) bleibt das Gesetz 1. Ordnung bis zum Reaktionsende maßgebend. Eine Möglichkeit, das Glied $k_2 c_3$ zur Geltung zu bringen, besteht in der Zugabe von X^-; dies führt zu einer Verlangsamung der Reaktion entsprechend dem vollen Geschwindigkeitsgesetz (*Eigenioneneffekt*), allerdings nur im Falle relativ langlebiger Ionen R^+.

Mit der dissoziativen zweistufigen Substitution hat man immer dann zu rechnen, wenn sich Kationen R^+ mit genügend großer Metastabilität bilden können, also z. B. im Falle tertiärer Ionen CR_3^+, auch wenn deren Lebensdauer nicht groß ist, oder im Falle mesomeriestabilisierter, relativ langlebiger Ionen R^+ (siehe Abschnitt 6.1.1). Die experimentelle Unterscheidung der einstufigen und der zweistufigen Substitution aufgrund der Reaktionsordnung ist dann nicht eindeutig, wenn eine S_N2-Reaktion nach pseudoerster Ordnung oder eine S_N1-Reaktion — wie in den eben besprochenen Fällen — nicht nach 1. Ordnung verläuft. Typisch für die S_N1-Reaktion ist allemal, dass ihre Geschwindigkeit von der Natur der eintretenden Gruppe Y und ihrer Menge unabhängig ist, und zwar selbst dann, wenn so grundverschiedene Reste wie F^- oder NR_3 oder auch wie OH^- oder H_2O angeboten werden. Typisch für S_N2-Reaktionen ist das grundsätzliche Ausbleiben des Eigenioneneffekts; allerdings kann dieser Effekt, wie schon bemerkt, auch bei S_N1-Reaktionen ausbleiben.

Da freie Carbenium-Ionen trigonal-planar gebaut sind, kann Y von beiden Seiten des Trigons aus mit gleicher Wahrscheinlichkeit angreifen. Geht man daher von einem optisch reinen chiralen Startmaterial R*X aus, dann sollte man eine vollständige Racemisierung beobachten. Tatsächlich aber beträgt die Racemisierung bei S_N1-Reaktionen selten mehr als 90 % und kann bis auf 60 % heruntergehen, wobei der nicht racemische Produktanteil dann eine Inversion erfahren hat. Eine Ursache hierfür kann vor allem sein, dass *freie* Kationen R^+ oder auch solvatisierte freie Kationen nicht immer vorliegen, sondern in der Regel vielmehr *Ionenpaare*. Auf dem Wege der vollständigen Dissoziation von RX in R^+ und X^- mag zunächst zwar die kovalente R—X-Bindung gebrochen sein, aber die Ionen R^+ und X^- mögen immer noch ionogen aneinander gebunden sein und als sog. *enges Ionenpaar* aneinanderstoßen. Erfolgt die Substitution aus diesem Zustand heraus, dann spielt sie sich wie eine S_N2-Reaktion ab und geht mit vollständiger Inversion einher. Wenn Solvens-Moleküle das Kation und das Anion rundherum solvatisieren, die solvatisierten Ionen aber noch immer mehr oder weniger stark ionogen aneinanderhängen und ein *solvatisiertes Ionenpaar* bilden, dann tritt zur Substitution unter Inversion mehr und mehr auch die Racemisierung, und dies ist der Regelfall.

Ionenpaare sind wohl auch im Spiel, wenn sich enantiomerreine Verbindungen R*X lediglich dadurch racemisieren, dass man sie in stark solvatisierenden Lösungsmitteln löst. Es bilden sich nämlich solvatisierte Ionenpaare, die durch Zusammenstoß mit Nachbarionenpaaren die solvatisierten X^--Ionen unter Inversion austauschen, und dies so lange, bis völlige Racemisierung eingetreten ist.

Die Chance auf weitgehende Racemisierung als Folge einer vollständigen Dissoziation im ersten Reaktionsschritt steigt mit der Stabilität von R^+. Dies lässt sich u.a. durch die Hydrolyse von RMeCHCl zu RMeCH(OH) belegen, die im Falle von R = Ph wegen des relativ stabilen Kations $PhMeCH^+$ zu 98 % unter Racemisierung, im Falle von R = C_6H_{11} (Cyclohexyl) − vermutlich über ein enges Ionenpaar − vorwiegend unter Inversion verläuft. Hier verschwimmt die begriffliche Unterscheidung zwischen S_N1- und S_N2-Reaktion.

Verteilt sich eine positive Ladung gleichmäßig über zwei Zentren, wie es bei Allyl-Ionen − {$H_2C=CH—CH_2^+ \leftrightarrow H_2C^+—CH=CH_2$} − der Fall ist, dann kann Y^- jedes der beiden Zentren angreifen. Bei symmetrischen Allyl-Kationen geschieht dies mit gleicher Wahrscheinlichkeit und führt zu ununterscheidbaren Produktmolekülen. Unsymmetrisch gebaute Allyl-Kationen, wie z.B. {$HMeC=CH—CH_2^+ \leftrightarrow HMeC^+—CH=CH_2$}, geben dagegen die Produkte $HMeC=CH—CH_2Y$ und $HMeCY—CH=CH_2$ nicht im Verhältnis 1:1. So führt der Cl/OH-Austausch bei jedem der Isomere $MeHC=CH—CH_2Cl$ und $MeHCCl—CH=CH_2$ als Edukte über dieselbe kationische Zwischenstufe zur selben Mischung der Alkohole $MeHC=CH—CH_2(OH)$ und $MeHC(OH)—CH=CH_2$ als Produkte im Verhältnis von etwa 3:2.

Assoziative zweistufige nucleophile Substitution

In der Chemie der Nichtaromaten ist die zweistufige assoziative Substitution vor allem bei Acylierungsreaktionen mit Carbonsäure-Derivaten vom Typ $RCOX + Y^- \rightarrow RCOY + X^-$ anzutreffen. Mit RCOCl oder $(RCO)_2O$ als Acylierungsmitteln, führt die *Hydrolyse* (HY = H_2O) zur Säure RCOOH, die *Alkoholyse* (HY = R'OH) zu Estern RCOOR', die *Aminolyse* (HY = NH_3, R'NH_2, R_2'NH) zu Säureamiden $RCONH_2$, RCONHR' bzw. $RCONR'_2$ etc., die *Peroxidolyse* (HY = H_2O_2) zu Peroxysäuren RCO(OOH), die *Thiolyse* (HY = HSR') zu Thioestern RCOSR' usw. Solche Acylierungen verlaufen in zwei Schritten:

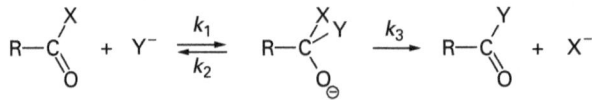

$$R-C\overset{X}{\underset{O}{\diagdown}} + Y^- \underset{k_2}{\overset{k_1}{\rightleftharpoons}} R-C\overset{X}{\underset{O_\ominus}{\diagup}}Y \overset{k_3}{\longrightarrow} R-C\overset{Y}{\underset{O}{\diagdown}} + X^-$$

Nummerieren wir die Reaktanden RCOX, Y^-, $RCOXY^-$, X^- und RCOY wieder der Reihe nach von eins bis fünf, und nehmen wir für die Komponente 3 einen stationären Zustand an ($dc_3/dt = 0$), dann ergibt sich zunächst ein Ausdruck für c_3 und hieraus ein Ausdruck für eine Produktbildungsgeschwindigkeit 2. Ordnung:

$$\frac{dc_3}{dt} = k_1 c_1 c_2 - k_2 c_3 - k_3 c_3 = 0 \quad \text{und} \quad c_3 = \frac{k_1 c_1 c_2}{k_2 + k_3}$$

$$\frac{dc_5}{dt} = k_3 c_3 = \frac{k_1 k_3}{k_2 + k_3} c_1 c_2 = k (c_{10} - c_5)(c_{20} - c_5)$$

Acylierungsreaktionen unterliegen der Katalyse durch Brønsted-Säuren HZ, wobei allerdings die korrespondierende Base Z^- nicht mit Y^- als Nucleophil konkurrieren darf; diese Einschränkung entfällt natürlich, wenn das Nucleophil HY selbst die Brønsted-Säure repräsentiert. Im Rahmen eines sich schnell einstellenden Gleichgewichts addiert sich ein Hydron unter Carbenium-Bildung an das Carbonyl-O-Atom: $RXC=O + H^+ \leftrightarrows [RXC-OH]^+$. Dadurch erhöht sich die Elektrophilie am C-Atom, und es vergrößert sich k_1. Die Abspaltung von H^+ aus dem Substitutionsprodukt $[RYC-OH]^+$ zum Endprodukt RCOY ist dann ein schneller Vorgang.

Die Zwischenstufe $RXC(Y)-O^-$ verdankt ihre relative Stabilität der Tendenz des elektronegativen O-Atoms, eine negative Ladung zu übernehmen. Ginge man anstatt von einer C=O- von einer C=C-Doppelbindung, also von einer Ethenyl-Verbindung $H_2C=CRX$, aus, so wäre die Chance, ein Anion Y^- an eines der beiden C-Atome zu addieren, gering, da Carbanionen $RXC(Y)-CH_2^-$ oder $H_2C(Y)-CRX^-$ nicht stabil sind. Befindet sich eine C=O-Doppelbindung in Konjugationsstellung zur austretenden Gruppe X^-, dann wird der assoziative Primärschritt der zweistufigen Substitution ebenso begünstigt wie bei Acyl-Verbindungen RCOX: $XHC=CH-CH=O + Y^- \rightarrow HXC(Y)-CH=CH-O^-$. Ein recht spezielles Beispiel hierfür ist der Cl/OH-Austausch bei Tetrachlorocyclohexadien-1,4-dion (*Tetrachloro-para-chinon, Chloranil*):

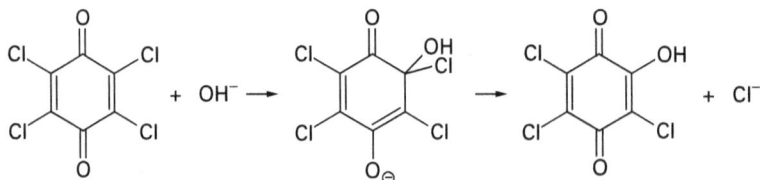

Nachbargruppenhilfe bei der nucleophilen Substitution

Geht man bei einer S_N-Reaktion von einem Molekül $R{-}CHZ{-}CH_2X$ aus, dessen Gruppe Z in der Nachbarschaft des Substitutionszentrums steht und ein für eine Wechselwirkung verfügbares Elektronenpaar aufweist, so kann die Entstehung eines Carbenium-Kations $R{-}CHZ{-}CH_2^+$ durch Bildung eines Dreirings erleichtert oder − im Falle primärer Carbenium-Ionen − überhaupt erst ermöglicht werden:

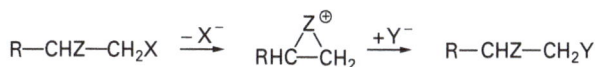

$$R{-}CHZ{-}CH_2X \xrightarrow{-X^-} \overset{\overset{Z^\oplus}{\triangle}}{RHC{-}CH_2} \xrightarrow{+Y^-} R{-}CHZ{-}CH_2Y$$

Man spricht von *Nachbargruppenhilfe* oder *anchimerer Assistenz*. Wird die Nachbargruppenhilfe durch ein freies Elektronenpaar geleistet, so ist Z umso wirksamer, je weiter unten das C-gebundene Atom im Periodensystem steht: $I > Br > Cl > F$; $RS > RO$. Bromanium- und Sulfanium-Dreiring-Kationen treten häufig als Zwischenstufen auf. Aber auch eines der drei π-Elektronenpaare eines Phenylrings kann die Nachbargruppenhilfe durch Ausbildung einer *Phenonium-Zwischenstufe* bewirken. Elektronendrückende Substituenten S in *para*-Stellung (wie S = R, NR$_2$) fördern die Stabilität der Phenonium-Zwischenstufe.

Wie bei allen S_N1-Prozessen bestimmt die Bildung der Zwischenstufe die Reaktionsgeschwindigkeit, die sich nach der 1. Ordnung bemisst. Wenn gegen Reaktionsende die Konzentration an X^- zunimmt, kommt die Rückreaktion zum Edukt zum Tragen, und die Geschwindigkeit der Produktbildung geht zurück, insbesondere auch, wenn man X^- zugibt (Eigenioneneffekt). Der erste Teilschritt bewirkt eine Inversion am Substitutionszentrum. Der Angriff von Y^- im zweiten Reaktionsschritt erfolgt von der Gegenseite zu Z, sodass erneut eine Inversion eintritt und als Ergebnis der zweifachen Inversion also eine Retention. Eine solche Retention − im Gegensatz zu Racemisierung (S_N1) oder Inversion (S_N2) − weist auf Nachbargruppenhilfe hin.

Die stereochemischen Folgen der Nachbargruppenhilfe seien an einem Beispielmolekül, 3-Bromobutan-2-ol, studiert, bei dem sowohl X = OH als auch Z = Br an chirale Zentren gebunden sind. Die OH-Gruppe werde säurekatalysiert durch Br substituiert. Durch Angriff von H^+ auf die OH-Gruppe kann sich im primären Dissoziationsschritt H_2O abspalten, bevor sich durch den Angriff von Br^- auf die Zwischenstufe das Produkt 2,3-Dibromobutan bilden kann. Die sterische Situation beim Produkt entspricht der bei Weinsäure (Abschnitt 2.5.3).

$$MeCH(OH){-}CHMeBr + H^+ + Br^- \rightarrow MeCHBr{-}CHMeBr + H_2O$$

Beim Edukt hat man mit zwei zueinander diastereomeren Enantiomerepaaren zu rechnen. Aus dem Enantiomerpaar (2R,3R) und (2S,3S) entstehen Bromanium-Zwischenstufen vom Typ (S,R) bzw. (R,S) mit C_s-Symmetrie, die ununterscheidbar sind (*meso*-Konfiguration). Das Enantiomerpaar (2R,3S) und (2S,3R) liefert enantiomere Zwischenstufen mit C_2-Symmetrie und der Konfiguration (S,S) bzw. (R,R). Die Konfiguration von jeweils einem Enantiomer unter beiden Diastereomeren des Edukts sei durch Newman'sche Projektionsformeln dargestellt:

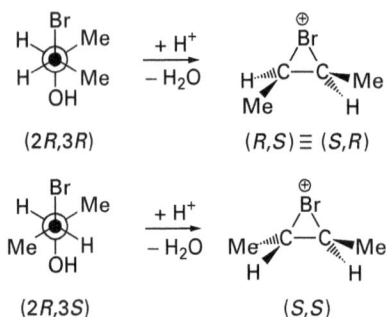

Im zweiten Reaktionsschritt kann Br⁻ die beiden diastereomeren Zwischenstufen mit gleicher Wahrscheinlichkeit am linken oder rechten C-Atom angreifen. Aus der C_s-Zwischenstufe wird beim Angriff auf das linke C-Atom ein 2,3-Dibromobutan-Enantiomer mit (R,R)-Konfiguration, beim Angriff auf das rechte C-Atom das (S,S)-Enantiomer, insgesamt also ein Racemat gebildet, und zwar unabhängig davon, von welchem der beiden enantiomeren Edukte, dem (2R,3R)- oder dem (2S,3S)-Edukt man ausgegangen war. Im Falle der C_2-Zwischenstufe entsteht beim Angriff von Br⁻ auf das (R,R)- oder auf das (S,S)-Enantiomer – und zwar gleich ob am linken oder am rechten C-Atom – stets das gleiche Produkt vom *meso*-Typ [(R,S) ≡ (S,R)].

Gäbe es bei diesem Beispiel keine Nachbargruppenhilfe, sondern würde sich stattdessen in einem S_N1-Prozess ein gewöhnliches Carbenium-Ion HMeBrC—CHMe⁺ bilden, so bliebe bei beiden Enantiomerepaaren jeweils die Konfiguration am Atom C3 erhalten, und am Atom C2 hätten wir mit 50 % Retention und 50 % Inversion zu rechnen, d. h. aus jeder der vier Eduktkonfigurationen entstünde eine Mischung aus 50 % reinem Enantiomer, (R,R) oder (S,S), und 50 % *meso*-Produkt (R,S). In der folgenden Zusammenstellung findet man die Konfigurationen von 2,3-Dibromobutan, wie sie aus den vier Eduktkonfigurationen entstehen sollten, und zwar ohne und mit Nachbargruppenhilfe; dabei sollten wir es in sechs Fällen mit zwei Konfigumeren zu je 50 %, in zwei Fällen nur mit dem *meso*-Produkt zu tun haben:

(2R,3R) →	ohne N.:	(R,R) + (R,S)	mit N.:	(R,R) + (S,S)
(2S,3S) →	"	(S,S) + (R,S)	"	(R,R) + (S,S)
(2R,3S) →	"	(S,S) + (R,S)	"	(R,S)
(2S,3R) →	"	(R,R) + (R,S)	"	(R,S)

Die experimentellen Befunde schließen den Mechanismus ohne Nachbargruppenhilfe aus.

Eine sehr spezielle Nachbargruppenhilfe haben wir in Abschnitt 6.1.1 bei der
S_N1-Substitution $C_7H_{11}(OBs) + MeCOO^- \rightarrow C_7H_{11}(OOCMe) + Bs^-$ kennengelernt, nämlich die Beschleunigung des Dissoziationsschritts durch die Bildung des
nichtklassischen Norbornyl-Kations mit CCC-(3c2e)-Bindung: Das gesättigte C6-
Atom des Norbornan-Gerüsts drängt den Substituenten X am C2-Atom aus dem
Molekül hinaus; dabei nimmt X sein Elektronenpaar mit, während das Elektronenpaar der C5—C6-σ-Bindung in die (3c2e)-Bindung eingebracht wird. Einer der Hinweise für die Richtigkeit der Annahme eines nichtklassischen Ions als Zwischenstufe ist die in Abschnitt 6.1.1 erläuterte Racemisierung bei der Produktbildung
aufgrund der symmetrischen Äquivalenz von C1 und C2 in der C_s-symmetrischen
Zwischenstufe. Ein weiterer Hinweis besteht darin, dass die Substitution von Brosylat durch Acetat 400-mal schneller verläuft, wenn BsO im Edukt *exo*-ständig
gebunden ist, als beim *endo*-Edukt, weil das C6-Atom die BsO-Gruppe nur in deren
exo-Stellung von hinten abdrängen, also Nachbargruppenhilfe leisten kann. Die
Substitution von *endo*-BsO verläuft vermutlich über das klassische Carbenium-
Kation, das sich aber alsbald in das stabilere nichtklassische Kation umlagert; denn
das Produkt ist das gleiche Racemat mit *exo*-OOCMe-Gruppe, das auch aus dem
exo-Edukt entsteht, während das klassische Norbornyl-Kation nur eines der *exo*-
Isomere ergeben sollte, nämlich das mit derselben Konfiguration wie das Edukt.

6.4.2 Reaktivität bei der nucleophilen Substitution an Nichtaromaten

Abhängigkeit vom Solvens

Im Regelfall werden S_N-Reaktionen in Lösung durchgeführt. Wirkt das Solvens Y
als Nucleophil, dann handelt es sich um eine *Solvolyse*.

Bei der *S_N1-Reaktion* werden im geschwindigkeitsbestimmenden Schritt freie Ionen oder doch wenigstens ein Ionenpaar aufgebaut, nämlich das Carbenium-Ion
R^+ und das Anion X^-, sofern dieses anionisch austritt. Lösungsmittel mit hohem
Dipolmoment fördern Ionen-Dipol-Wechselwirkungen zwischen polaren Reaktanden und dem Solvens; Lösungsmittel mit *Lewis-Basizität* fördern kovalente Wechselwirkungen zwischen den Kationen und dem Solvens; *hydronaktive* Lösungsmittel
(wie hauptsächlich H_2O, aber auch ROH oder flüssiges NH_3) fördern Hydrogenbrückenbindungen zwischen Anionen und dem Solvens; Lösungsmittel mit hoher
Permittivität fördern die Entstehung von Ionen aus neutralen Reaktanden. Mithin
sind hydronaktive polare Lösungsmittel, allen voran das Wasser, für S_N1-Reaktio-
nen günstig, insbesondere wenn man ohnehin die Solvolyse im Auge hat, also z. B.
den Austausch X/OH. S_N1-Reaktionen laufen in Wasser schneller ab als in Methanol; mischt man einer methanolischen Lösung Wasser zu, so beschleunigen sich
S_N1-Reaktionen und umgekehrt.

Der Geschwindigkeit einer *S_N2-Reaktion* schadet es, wenn der Eintritt einer
Gruppe Y durch Hydrogenbrückenbindungen zum Solvens blockiert wird. Bei der

Bildung des Übergangszustands können Ladungen aufgebaut werden, nämlich wenn eine kovalent gebundene Gruppe X sich anschickt, als Anion X^- auszutreten, oder wenn ein neutrales Molekül Y sich anschickt, ein Elektronenpaar an den Reaktanden RX zu binden und sich dabei positiv auflädt. Umgekehrt werden Ladungen abgebaut, wenn ein neutrales Molekül aus- und ein Anion X^- eintritt. In ersterem Falle empfiehlt sich für S_N2-Reaktionen eine gewisse Polarität, wie sie Lösungsmittel mit Dipolmoment an den Tag legen, z. B. Aceton Me_2CO, Diethylether Et_2O, Dioxan (d. i. 1,4-Dioxacyclohexan) $C_4H_8O_2$, Dimethylformamid $HCO(NMe)_2$ (*dmf*), Dimethylsulfoxid Me_2SO (*dmso*) etc. Hydroaktive Solventien sind wegen der Blockierung der eintretenden Gruppe durch H-Brücken ungeeignet für S_N2-Reaktionen, insbesondere bei anionischem Y^-.

Eine anionische eintretende Gruppe muss zusammen mit ihrem Gegenkation M^+ eingesetzt werden. Ist M^+ ein Metallkation wie Na^+ oder K^+, dann sind die Salze MY zwar in der Regel in Wasser gut, aber in organischen Mitteln wenig löslich bis unlöslich; umgekehrt lösen sich Substrate RX in der Regel in organischen Mitteln, aber nicht in Wasser. Sind nun Wasser und das vorgesehene organische Mittel nicht miteinander mischbar, dann kann der Fall eintreten, dass MY nur in der wässrigen und RX nur in der organischen Phase löslich sind und keine Reaktion zustande kommt, auch nicht, wenn man die Phasen durcheinanderwirbelt. Hier hilft die in Abschnitt 6.1.4 besprochene Phasentransferkatalyse. Häufig kommen Tetraalkylammonium- oder -phosphonium-Ionen NR_4^+ bzw. PR_4^+ zum Einsatz. Es ist dabei gar nicht nötig, das Salz MY durch $[NR_4]Y$ zu ersetzen, vielmehr kann man nach wie vor von MY und RX in nicht mischbaren Phasen ausgehen und eine katalytisch kleine Menge beispielsweise an $[NR_4]Cl$ zusetzen; dabei darf Cl^- nicht mit Y^- um die Substitution konkurrieren. Das Ammonium-Kation kann nun zusammen mit dem Anion Y^- über die Phasengrenze in das organische Medium eindringen, die Substitution kann ablaufen und das Ammonium-Kation kehrt dann zusammen mit X^- in die wässrige Phase zurück, und dies geht bis zum Ende der Reaktion so weiter. Die Verteilung der Ammonium-Salze zwischen die beiden Phasen gehorcht dabei dem Nernst'schen Verteilungssatz. Einen ähnlichen Phasentransfer von Y^- kann man erreichen, wenn man einen mehrzähnigen Liganden mit organischen Molekülteilen − wieder in katalytischer Menge − zusetzt, der feste Bindungen mit Kationen wie Na^+ oder K^+ eingehen kann, sodass diese Kationen dann zusammen mit Y^- in die organische Phase eindringen, um zusammen mit X^- wieder in die wässrige Phase zurückzukehren. Geeignete Liganden sind Kronenether oder Kryptanden (s. Abschnitte 2.2.8 und 2.3.5).

Abhängigkeit vom Substrat

Ist R^+ ein gesättigtes Carbenium-Kation, so gilt die Faustregel, dass Verbindungen RCH_2X mit primärem C-Atom eine Substitution von X durch eine S_N2-Reaktion, Verbindungen R_3CX mit tertiärem C-Atom durch eine S_N1-Reaktion erfahren. Bei Verbindungen R_2CHX mit sekundärem C-Atom können im Prinzip beide Mechanismen, S_N1 oder S_N2, wirksam werden, doch läuft in der Mehrzahl der Fälle eine S_N2-Reaktion ab, und der S_N1-Mechanismus ist nur in Sonderfällen möglich. Das Lösungsmittel kann eine Rolle spielen. So vollzieht sich die Hydrolyse von *i*PrBr sechs bis sieben Mal schneller als die Ethanolyse, und da Wasser im Allgemeinen die S_N2-Reaktion hemmt, die S_N1-Reaktion aber fördert, läuft die Hydrolyse am sekundären C-Atom des Propan-C_3-Gerüsts wohl als S_N1-Reaktion, vermutlich mit einem Ionenpaar als Zwischenstufe, ab. Betrachtet man die Hydrolyse von *t*BuBr, jetzt mit einem tertiären C-Atom, dann ist die Hydrolyse gar um zwei Größenordnungen schneller als die Ethanolyse, beides ausgeprägte S_N1-Reaktionen, die Überlegenheit von Wasser als Lösungsmittel für S_N1-Reaktionen unter Beweis stellend.

Allerdings ist bei S_N1-Reaktionen an tertitären Zentren zweierlei zu beachten, um eine 1,2-Eliminierung beispielsweise gemäß $Me_3CX \rightarrow Me_2C=CH_2 + HX$ als Konkurrenzreaktion zu vermeiden. Erstens sollte man Basen fernhalten, die die Abspaltung von H^+ aus der benachbarten Me-Gruppe kinetisch fördern und im Übrigen auch die Triebkraft durch Neutralisation von HX erhöhen. Zweitens sollte die Temperatur nicht oberhalb der Normaltemperatur liegen, weil nur bei genügend tiefer Temperatur die Substitution sowohl kinetisch als auch thermodynamisch günstiger ist als die Eliminierung; der negativeren Reaktionsenthalpie der Substitution steht nämlich eine positivere Reaktionsentropie der Eliminierung gegenüber, die bei Temperaturerhöhung die Freie Reaktionsenthalpie der Eliminierung verbessert.

Nicht allein die Steigerung der Stabilität der Kationen in der Reihe $CH_3^+ < RCH_2^+ < R_2CH^+ < R_3C^+$ zufolge eines elektronischen Effekts, nämlich der Hyperkonjugation (s. Abschnitt 6.1.1), prägt den Mechanismus, sondern auch ein *sterischer Effekt*. Bei einer *t*Bu-Verbindung vom Typ Me_3CX kommen sich die neun H-Atome zum Teil so nahe, dass die Beweglichkeit der Atome im Me_3C-Gerüst behindert wird, und zwar sowohl die Rotation um die C—C-Achsen als auch gewisse Molekülschwingungen; man spricht von einer *Einschränkung der Wirkungssphären*. Wenn nun die CCC-Tetraederwinkel im Edukt Me_3CX bei der Bildung des Kations Me_3C^+ auf 120° aufgeweitet werden, erfahren die Me-Gruppen sterische Erleichterung, ihre Beweglichkeit vergrößert sich, und dies schlägt in einer Vergrößerung der Aktivierungsentropie und damit der Reaktionsgeschwindigkeit zu Buche. Hierzu ein Beispiel! Die Hydrolyse von *tert*-Butylchlorid Me_3CCl und die von Tri-*tert*-butylmethylchlorid $(Me_3C)_3CCl$ verlaufen als S_N1-Reaktionen nach 1. Ordnung, aber Letztere 40000-mal schneller als Erstere. Es handelt sich um einen ausgeprägten Entropieeffekt angesichts der sterisch offenbar völlig überladenen Tri-*tert*-butyl-Verbindung. Begünstigen also drei Alkylgruppen am reaktiven C-Atom die S_N1-Reaktion sterisch und elektronisch, so ist umgekehrt die S_N2-Reaktion im gleichen Fall deshalb besonders ungünstig, weil die drei Alkylgruppen die Annäherung von Y von der Rückseite her sterisch blockieren.

Gehen wir zu solchen Substraten RCH_2X über, bei denen das reaktive Zentrum zwar ein primäres C-Atom, aber die Nachbargruppe R sterisch anspruchsvoll ist (z. B. R = *t*Bu), dann verläuft die S_N1-Reaktion sehr langsam, weil primäre Kationen energiereich sind, die S_N2-Reaktion jedoch ebenso, weil der Angriff von Y^- sterisch blockiert ist. Jedoch kann in einer solchen sterischen Situation Nachbar-gruppenhilfe derart zum Tragen kommen, dass eine Alkylgruppe R am Nachbar-C-Atom synchron mit der Abspaltung von X zum Reaktionszentrum wandert, wenn dadurch am Nachbar-C-Atom ein tertiäres Carbenium-Ion entsteht; so führt die Hydrolyse von Neopentylbromid $Me_3C—CH_2—Br$ nicht zum Alkohol $Me_3C—CH_2—OH$, sondern unter Wanderung einer Me-Gruppe zu $Me_2C(OH)Et$. Analog kommt man vom Isobutylalkohol $Me_2CH—CH_2—OH$ mit HBr (das als starke Säure die Abspaltung von H_2O erleichtert) zwar zu Isobutylbromid $Me_2CH—CH_2—Br$, aber als Nebenprodukt findet man auch $Me_3C—Br$ (über das tertiäre Kation Me_3C^+ nach einer 1,2-H-Verschiebung) und $EtMeCH—Br$ (über das sekundäre Kation $Et—CH—Me^+$ nach einer 1,2-Me-Verschiebung).

Sterische Überfrachtung am Reaktionszentrum wirkt sich auch auf die asso-ziative nucleophile Substitution negativ aus. So kann man Säuren vom Typ R_3CCOOH nicht ohne Weiteres zu R_3CCOOR' verestern, und die Ester lassen sich umgekehrt nicht leicht hydrolysieren.

Ein Effekt, der die nucleophile Substitution generell verhindert, liegt vor, wenn X an ein Brückenkopf-C-Atom gebunden ist, d. i. ein solches C-Atom, das gleich-zeitig zwei Ringen angehört und in deren Carbon-Gerüst starr eingebunden ist. Ein Beispiel bieten die C-Atome 1 und 4 im Norbornan-Gerüst, C_7H_{12}, das in Abschnitt 6.1.1 im Zusammenhang mit nichtklassischen Carbenium-Ionen disku-tiert wird. Während die Substitution von X in 2-Stellung von $C_7H_{11}X$ als S_N1-Reaktion ausgiebig studiert wurde, ist eine Substitution in 1-Stellung nicht mög-lich, weil sich einerseits (S_N1) kein planares Carbenium-Ion bilden kann und ande-rerseits (S_N2) die Annäherung von Y von der Rückseite her vom starren Ringgerüst nicht zugelassen wird.

Handelt es sich bei R im Substrat RX um einen Cycloalkylrest, so sind Verände-rungen in der *Ringspannung* zu bedenken, wenn X durch Y substituiert wird. Bei der Substitution an Cyclopropyl-Verbindungen C_3H_5X führt die Ringspannung im Zuge der Bildung eines C_3H_5-Kations zu einer Öffnung der C2—C3-Ringbindung, und als Produkt findet man Allyl-Verbindungen C_3H_5Y. Man kann theoretisch ermitteln, dass ein Allyl- dem isomeren Cyclopropyl-Kation energetisch deutlich überlegen ist und die ringöffnende Substitution Triebkraft hat, obwohl eine σ- in eine schwächere π-Bindung übergeht. Als S_N1-Reaktion an einem sekundären C-Atom ist diese Ringöffnung überaus langsam. Als illustrierendes Beispiel für die Folgen der ekliptischen Ringspannung im Cyclopentan-Ring sei die Solvolyse von 1-Chlor-1-methylcyclopentan herangezogen, für die man wegen des tertiären Reak-tionszentrums einen S_N1-Mechanismus zu erwarten hat; sie verläuft deutlich schneller als die Solvolyse von tBuCl, und das liegt am Abbau von Pitzer-Spannung bei der Bildung des Cyclopentyl-Kations, in welchem die Me-Gruppe bezüglich der beiden Nachbar-CH_2-Gruppen gestaffelt angeordnet ist. Im Cyclohexan in der Sesselkonformation (s. Abschnitt 2.5.3) bleiben alle Tetraederwinkel unverzerrt, und die Konformation ist durchwegs gestaffelt, der Ring also frei von Winkel- und

Pitzer-Spannung. Dementsprechend liegt die Geschwindigkeit der Alkoholyse von 1-Chlor-1-methylcyclohexan und von *tert*-Butylchlorid in der gleichen Größenordnung.

Die Ringspannung im Cyclopropan erweist sich selbst dann noch als wirksam, wenn der Cyclopropylrest c-C_3H_5 in Nachbarstellung zum Substitutionszentrum steht. Unternimmt man etwa einen Cl/OH-Austausch am Cyclopropylchlormethan, $(c$-$C_3H_5)CH_2Cl$, in wässriger Lösung, so findet man neben $(c$-$C_3H_5)CH_2OH$ auch Cyclobutanol, C_4H_7OH, als Produkt, dessen Bildung eine Wanderung des C2-Atoms im Cyclopropylrest zum exocyclischen C-Atom im Zuge der Substitution dokumentiert; die OH-Gruppe hat sich also gar nicht an das exocyclische C-Atom, sondern an das C1-Ringatom addiert.

Befinden sich C=C-Doppelbindungen in Konjugationsstellung zum Substitutionszentrum, so stabilisieren sie Carbenium-Kationen. Das betrifft Alkenyl-Verbindungen $H_2C=CR-CH_2X$, die ein Allyl-Kation mit (3c2e)-π-Bindung als Zwischenstufe bilden, und Phenyl-Verbindungen $Ph_nCH_{3-n}X$ (s. Abschnitt 6.1.1); resonanzfähige Gruppen in der *para*-Stellung eines Arylrests − z. B. Ar = $(MeO)C_6H_4$, $(Me_2N)C_6H_4$ − erhöhen die Reaktionsgeschwindigkeit. Im Gegensatz zu C−C-Doppelbindungen destabilisieren C=O-Doppelbindungen in ZCH_2X [Z = RCO, (RO)CO, (NH_2)CO] die Kationen ZCH_2^+ und machen S_N1-Reaktionen ungünstig, weil einerseits eine Resonanzstabilisierung mit Grenzformeln des Typs $O^+-CR=CH_2$ nicht in Betracht kommt, andererseits aber der elektronenziehende induktive Effekt der Gruppe Z der Ausbildung positiver Ladungen am Reaktionszentrum entgegenwirkt; ein solcher induktiver Effekt von Z verhindert auch im Falle von Z = CF_3, CN etc. S_N1-Reaktionen. Dagegen werden S_N2-Reaktionen von elektronenziehenden Gruppen Z in Nachbarstellung deutlich beschleunigt, wenn die eintretende Gruppe Y anionischer Natur ist und deshalb von Z angezogen wird. Der Ligand Z in der β-Stellung, also in Substanzen vom Typ Z−CH_2−CH_2−X, ist nur noch geringfügig induktiv wirksam und verlangsamt die S_N1-Reaktion bzw. beschleunigt die S_N2-Reaktion allenfalls geringfügig, es sei denn er leistet Nachbargruppenhilfe.

Treten Allyl-Kationen $H_2C \doteq CH \doteq CH_2^+$ als Zwischenstufen auf, dann haben die C-Atome 1 und 3 die gleiche Chance auf eine Reaktion mit Y^-. Dass man im Falle von But-2-enyl-Kationen $MeHC \doteq CH \doteq CH_2^+$ als Zwischenstufen zwei Substitutionsprodukte beobachtet, nämlich $MeHC=CH-CH_2Y$ und $MeYHC-CH=CH_2$, wurde oben schon erwähnt.

Ist das Reaktionszentrum selbst an der Doppelbindung beteiligt, soll also etwa der Rest X in Alkenyl-Verbindungen vom Typ $H_2C=CR-X$ substituiert werden, dann ist die Lösung der C−X-Bindung schon deshalb erschwert, weil sie am (sp^2)-konfigurierten C-Atom kürzer und stärker ist als am (sp^3)-konfigurierten. Zudem kann gegebenenfalls ein freies Elektronenpaar am Substituenten X mit der benachbarten π-Bindung mehr oder weniger stark wechselwirken, und diese Stabilisierung müsste bei der Ablösung von X überwunden werden. Im Falle einer assoziativen zweistufigen Substitution gingen Alkenyl-Verbindungen in carbanionische, energiereiche und deshalb ungünstige Zwischenstufen vom Typ $CH_2^-{-}CXY$ über. Insgesamt ist also die Substitution von X in Alkenyl-Verbindungen $H_2C{=}CRX$ behindert und wird kaum beobachtet.

Abhängigkeit von der eintretenden Gruppe

Bei S_N1-*Reaktionen* hat die eintretende Gruppe Y keinen Einfluss auf die Reaktionsgeschwindigkeit. Bietet man der Zwischenstufe, dem Carbenium-Ion, zwei verschiedene Gruppen zum Eintritt an, dann kommt diejenige bei der Produktbildung zum Zuge, die stärkere elektrostatische Wechselwirkungen mit dem Carbokation eingehen kann. So führt die Methanolyse von Benzyltosylat, $PhCH_2OTs$, zum Ether $PhCH_2OMe$; ist nun das Anion Bromid zugegen, so entsteht trotz des Überschusses an Lösungsmittelmolekülen ausschließlich das Produkt $PhCH_2Br$, und zwar mit der gleichen Geschwindigkeit wie der Ether. Enthält die eintretende Gruppe Y zwei nucleophile Zentren, handelt es sich also um ein *ambidentes Nucleophil*, so entscheidet sich das Kation R^+ für das Zentrum mit der größeren Ladungsdichte, d. i. in der Regel das elektronegativere Atom. Im Falle von Nitrit als ambidenter Gruppe, $\{O^-{-}N{=}O \leftrightarrow O{=}N{-}O^-\}$, ist das eines der O-Atome (und nicht das N-Atom), sodass ein Alkylnitrit RONO entsteht; im Falle von Cyanid CN^- ist das N-Atom das reagierende Zentrum, sodass ein sog. *Isonitril* RNC (also ein Isomeres der *Nitrile* RCN) entsteht; im Falle von sog. Enolaten, $\{O^-{-}CH{=}CHR' \leftrightarrow O{=}CH{-}CHR'^-\}$, reagiert R^+ mit dem O-, nicht mit dem C-Atom, zum Alkenylether $RO{-}CH{=}CHR'$. Wenn – so wie hier im Falle eines ambidenten Nucleophils – eine Alternative für die Bildung zweier Konstitutionsisomere besteht, dann nennt man den Reaktionsverlauf *regiospezifisch*, wenn eines der Isomere ausschließlich entsteht, und *regioselektiv*, wenn eines bevorzugt gebildet wird.

Bei S_N2-*Reaktionen* gilt zunächst die Grundregel, dass anionische Nucleophile deutlich schneller reagieren als die mit ihnen korrespondierenden Neutralsäuren, also OH^- schneller als H_2O, NH_2^- schneller als NH_3 usw. Die *Nucleophilie*, d. i. die für die Reaktionsgeschwindigkeit entfaltete Aktivität, von Anionen Y^- hängt u. a. davon ab, wie frei von Kationen oder Lösungsmittelmolekülen sie sich im Medium bewegen können. Sofern sich Salze MY in organischen Lösungsmitteln überhaupt lösen, bilden sich gerne Ionenpaare M^+Y^-, die die freie Beweglichkeit von Y^- behindern. Handelt es sich im Zuge einer Phasentransfer-Katalyse um Kationen wie z. B. das Tetraalkylammonium-Kation NR_4^+, dann ist der Ionenpaarzusammenhalt kleiner und die Beweglichkeit von Y^- größer. Hydroaktive Lösungsmittel, besonders Wasser, solvatisieren Anionen durch H-Brückenbindungen umso stärker, je weiter rechts und je weiter oben die Anionen im Periodensystem stehen. Das Fluorid-Anion zeigt kaum Nucleophilie in Wasser; es gilt die Nucleophilieabfolge $F^- < Cl^- < Br^- < I^-$ oder $OR^- < SR^-$. In nicht hydroaktiven Lösungsmitteln, wie z. B. Dimethylformamid, kann sich die Reihenfolge umkehren.

Bezüglich der Nucleophilie der eintretenden Gruppe muss ein zweiter Parameter diskutiert werden. Es wird ja im Übergangszustand $Y{\cdots}R{\cdots}X$ der S_N2-Reaktion eine kovalente Bindung zwischen Y und RX aufgebaut, d. h. das HOMO von Y tritt mit dem LUMO von RX in Wechselwirkung. Je höher das HOMO energetisch und damit näher am LUMO liegt, umso stärker ist die Wechselwirkung. Dies spricht für die Nucleophilieabfolgen $F^- < Cl^- < Br^- < I^-$ oder $OR^- < SR^-$ oder $H_2O < H_2S$ oder $NR_3 < PR_3$ usw. mit jeweils zunehmender HOMO-Energie. Mehr bildlich gesprochen: Je größer das angreifende Atom im Nucleophil Y^- oder Y ist, je leichter polarisierbar also ein angreifendes Elektronenpaar ist, umso schneller wird die Reaktion.

Diese Vorstellung findet eine eindrucksvolle Bestätigung, wenn wir uns die gleichen ambidenten Nucleophile vor Augen führen wie eben bei der S_N1-Reaktion: Das HOMO ist das Orbital des freien Elektronenpaars am N-Atom von NO_2^- bzw. am C-Atom von CN^-, und beim Enolat $OCHCHR'^-$ ist das HOMO jenes der beiden bindenden π-MOs der (3c4e)-Bindung, das mehr am äußeren C-Atom lokalisiert ist. Im Gegensatz zur S_N1- erhält man demgemäß bei der S_N2-Reaktion aus RX die Nitro-Verbindung RNO_2, das Nitril RCN bzw. die Carbonyl-Verbindung $O=CH-CHRR'$.

Abhängigkeit von der austretenden Gruppe

Die Austrittsgruppe X oder X^- beeinflusst die Geschwindigkeit der S_N1- und der S_N2-Reaktion in jeweils vergleichbarer Weise. Als Faustregel kann gelten, dass die Gruppe X oder X^- umso leichter austritt, je saurer die korrespondierende Säure HX^+ bzw. HX ist. Die besten Austrittsgruppen bei S_N-Reaktionen sind die von den starken Sulfonsäuren ZSO_3H sich ableitenden Sulfonatreste ZSO_3^- mit Z = Me (*Mesylat*, MsO), p-MeC$_6$H$_4$ (*Tosylat*, TsO), p-BrC$_6$H$_4$ (*Brosylat*, BsO), p-$(O_2N)C_6H_4$ (*Nosylat*, NsO), allen voran mit Z = CF_3 (Trifluormethansulfonat, *Triflat*, TrfO); Alkylsulfonate $R-OS(Z)O_2$ gehören zu den potentesten *Alkylierungsmitteln*, d. s. Stoffe, die R auf Y oder Y^- übertragen: $R-OS(Z)O_2 + Y^- \rightarrow RY + ZSO_3^-$. Noch leichter als ein Sulfonatrest ZSO_3^- spaltet sich das Molekül N_2 aus dem instabilen Alkyldiazonium-Kation RN_2^+ ab (gebildet gemäß $RNH_2 + NO^+ \rightarrow RN_2^+ + H_2O$ oder gemäß $R_2'C-N_2 + H^+ \rightarrow R_2'CH-N_2^+$), doch hat diese Abspaltung in der Praxis deshalb wenig Bedeutung, weil – vom Umgang mit dem zu Explosionen neigenden Diazomethan abgesehen – außer dem Substitutionsprodukt RY vielfach auch Produkte der Eliminierung und Isomerisierung auftreten; der Sonderfall der Methyletherbildung mit R'OH wird gleich erörtert. In der Gruppe der Halogene verbessert sich die Austrittsaktivität mit der Brønsted-Aktivität von HHal: $F^- < Cl^- < Br^- < I^-$; Alkyliodide RI sind geschätzte Alkylierungsmittel. Schlechte Austrittsgruppen sind OH^-, OR^-, CN^- u. Ä. Entsprechend dem Aciditätsunterschied zwischen H_3O^+ und H_2O ist H_2O im Gegensatz zu OH^- eine gute Austrittsgruppe, und Oxidanium-Kationen R_3O^+, in Substanz gehandhabt z. B. als Tetrafluoridoborate $[R_3O]BF_4$, gelten als potente Alkylierungsmittel. Naheliegenderweise lässt sich der Austritt von OH^- oder OR^- erheblich erleichtern, wenn eine Brønsted-Säure als Katalysator bereitsteht vermöge eines der Substitution vorgelagerten Schritts $R-OH + H^+ \rightarrow R-OH_2^+$. Eine solche Säurekatalyse kommt bei S_N1-Solvolysen gerne zur Anwendung, ist aber bei S_N2-Substitutionen dann nicht anwendbar, wenn die eintretende Gruppe eine Base darstellt, deren Nucleophilie durch die Addition von H^+ verloren geht; S_N2-Reaktionen werden bevorzugt in neutralen oder basischen Lösungen durchgeführt, soweit hydronaktive Lösungsmittel betroffen sind.

Ist die austretende Gruppe das Glied eines Rings vom Typ $[-(CH_2)_n-X-]$, dann führt die Substitution unter Ringöffnung zu $Y-(CH_2)_n-X^-$. Steht der Ring unter Spannung, dann ist die Ringöffnung begünstigt. Das ist insbesondere der Fall bei Dreiringen mit O, S oder NH als Ringgliedern. Lässt man beispielsweise Y^- auf den Methyloxacyclopropan-Ring $[-CHMe-CH_2-O-]$ (*Methylepoxid*) in neutraler Lösung einwirken, dann greift Y^- in einer S_N2-Reaktion am weniger sperrigen, primären C-Atom an, und es entsteht das Anion $Y-CH_2-CHMe-O^-$; die geringe Austrittsaktivität von OR^- wird durch den Verlust der Ringspannung überspielt. In saurer Lösung öffnet sich der Ring erheblich schneller; Y^- greift jetzt am sekundären C-Atom an, und man erhält − wohl im Verlaufe eines S_N1-Prozesses − das Produkt $Y-CHMe-CH_2-OH$.

Zur erwähnten, auf Gleichgewichten der Form $R-OH + H^+ \leftrightarrows R-OH_2^+$ beruhenden Säurekatalyse bei S_N1-Reaktionen gesellt sich die Katalyse durch Lewis-Säuren A, die im Falle von X = Hal den Austritt von X sowohl bei S_N1- als auch bei S_N2-Reaktionen erleichtert:

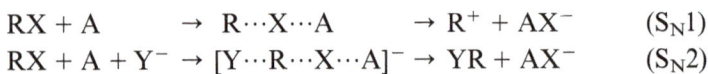

$$RX + A \qquad \rightarrow R\cdots X\cdots A \qquad \rightarrow R^+ + AX^- \qquad (S_N1)$$
$$RX + A + Y^- \rightarrow [Y\cdots R\cdots X\cdots A]^- \rightarrow YR + AX^- \qquad (S_N2)$$

Bei S_N1-Reaktionen wird dadurch nicht nur der Übergangszustand abgesenkt, sondern es wird auch die Rückreaktion $R^+ + X^- \rightarrow RX$ verhindert, wenn AX^- (neutrales A) oder AX (kationisches A) stabil genug sind, sodass die 1. Reaktionsordnung während des gesamten Substitutionsvorgangs gewahrt bleibt. Im Falle von X = Cl sind geeignete Spezies A beispielsweise Ag-Kationen, die schwerlösliches AgCl bilden, oder Stoffe wie $AlCl_3$, die Cl^- zum stabilen $AlCl_4^-$ koordinieren können. Selbst die besonders starke C−F-Bindung kann gelöst werden, wenn Fluorid-Akzeptoren wie BF_3, AsF_5 etc. bereitstehen. Als Beispiel sei die Darstellung von Triethyloxidanium-tetrafluoridoborat in Diethylether angeführt: $EtF + BF_3(OEt_2) \rightarrow [Et_3O]BF_4$.

6.4.3 Nucleophile Substitution an Nichtaromaten in der synthetischen Praxis

Aufbau von C−Hal-Bindungen

Unter den C−Hal-Bindungen ist die C−F-Bindung die stärkste; ihre Bildung ist deshalb thermodynamisch günstig. Da F^- aber ein schwaches Nucleophil ist, verlaufen S_N2-Reaktionen des Typs $RX + F^- \rightarrow RF + X^-$ unbrauchbar langsam, es sei denn man wählt eine so starke Austrittsgruppe wie X = OTs, vermeidet Wasser als Lösungsmittel (wegen der starken H-Brücken mit F^-) und löst Salze wie KF mithilfe eines Kronenethers in einem polaren, nicht hydronaktiven Lösungsmittel.

Will man die Gleichgewichtsreaktion ROH + HHal → RHal + H_2O zum Aufbau von C—Hal-Bindungen nutzen, so muss man RHal laufend aus dem Gleichgewicht abdestillieren oder Wasser an wasserentziehende Mittel binden. Der S_N-Reaktion vorgelagert ist die Bildung von Oxidanium-Ionen ROH_2^+. Der Nucleophilie von Hal, aber auch der Acidität von HHal entsprechend, sinkt die Reaktionsgeschwindigkeit in der Reihe HI > HBr > HCl > HF, und sie sinkt auch mit abnehmender Verzweigung am zentralen C-Atom von R in der Reihe tertiär > sekundär > primär. Um HHal = HCl, HBr zu erhalten, kann man von Gemischen NaHal/H_2SO_4 ausgehen, da Schwefelsäure die flüchtigen Hydrogenhalogenide aus deren Salzen *austreibt*. Um HBr im Lösungsmittel ROH zu erzeugen, kann man die Reaktion Br_2 + SO_2 + 2 H_2O → 2 HBr + H_2SO_4 nutzen; HI in ROH als Lösungsmittel wird gerne gemäß der Reaktion 2 P + 3 I_2 + 6 H_2O → 6 HI + 2 H_3PO_3 dargestellt und direkt zur *Iodidierung* (d. i. die Übertragung von I^-) von ROH eingesetzt. Der *Halogenidierung* (d. i. die Übertragung von Hal^-) von Alkoholen entspricht die in der Regel mit HI vorgenommene *Etherspaltung*: ROR′ + HI → RI + R′OH und eventuell nachfolgend R′OH + HI → R′I + H_2O.

Um R in Alkoholen ROH zu chloridieren, eignet sich Thionylchlorid Cl_2SO gemäß 2 ROH + Cl_2SO → 2 RCl + SO_2 + H_2O. Im ersten Schritt verdrängt vermutlich ROH als Nucleophil ein Cl^--Ion im Rahmen einer S_N2-Reaktion am S-Atom; aus $[Cl(ROH)SO]^+$ spalten sich dann H^+ und RCl ab, wobei die intramolekulare Eliminierung von RCl unter Retention an R verläuft. In Gegenwart von Basen wie Pyridin entsteht RCl jedoch unter Inversion von R; vermutlich verdrängt die Base py das Anion Cl^- unter Bildung von $[(py)(ROH)SO]^{2+}$, und Cl^- kann jetzt R von der Rückseite angreifen.

Aufbau von C—O-Bindungen

Während die Darstellung von RHal aus ROH (s. o.) ein probates Verfahren darstellt, entfaltet die Umkehrung der Reaktion im Alkalischen zwar Triebkraft, doch tritt die Eliminierung von HHal unter Alkenbildung in den Vordergrund. Das kann man umgehen, indem man zunächst gemäß RBr + $MeCOO^-$ → MeCOOR + Br^- den Essigester herstellt, der sich mit KOH ohne wesentliche Eliminierung hydrolysieren lässt. Eine gewisse Bedeutung hat der Hal/OH-Austausch bei *vicinalen* Dichloro-Verbindungen (d. s. solche mit je einem Cl-Atom an benachbarten C-Atomen), R′CHCl—CHClR″, deren Hydrolyse in einem Arbeitsgang wohl zunächst das Primärsubstitutionsprodukt R′CH(OH)—CHClR″ und durch nachfolgende intramolekulare S_N2-Substitution schließlich das Epoxid [—R′CH—CHR″—O—] ergibt; trotz der Winkelspannung in diesem Dreiringether hat seine Bildung aus Entropiegründen Triebkraft, entstehen doch im zweiten Reaktionsschritt aus dem einen Zwischenstufenmolekül zwei Produktmoleküle. Gleichwohl werden Epoxide bei saurer Katalyse leicht zu 1,2-Diolen hydrolysiert: $[-R'CH-CHR''-O-] + H_2O \rightarrow R'CH(OH)-CHR''(OH)$.

Die Synthese von Ethern ROR' aus RCl und R'O$^-$ stellt eine allgemein anwendbare Methode dar, $RCl + R'O^- \rightarrow ROR' + Cl^-$, wobei man R'O-Ionen aus dem Alkohol R'OH durch Reduktion mit Na gemäß $2\,R'OH + 2\,Na \rightarrow 2\,Na^+ + 2\,R'O^- + H_2$ gewinnt (*Williamson'sche Ethersynthese*).

Symmetrische Ether R_2O erhält man bequem, indem man einen Alkohol ROH mit sich selbst alkyliert: $2\,ROH \rightarrow R_2O + H_2O$. Die Reaktion bedarf der Katalyse durch starke Säuren wie H_2SO_4 und verläuft im Falle primärer Alkohole nach dem S_N2-Mechanismus über ROH_2^+. Mit tertiären Resten R hat man mit einer S_N1-Reaktion und R$^+$ als Zwischenstufe, aber auch mit Eliminierung zum Alken zu rechnen. Der als Lösungsmittel bedeutsame Diethylether Et_2O wird technisch aus EtOH in Gegenwart von H_2SO_4 gewonnen. Diole führen in Gegenwart von H_2SO_4 zu cyclischen Ethern, z. B. Butan-1,4-diol $HO-(CH_2)_4-OH$ zu Tetrahydrofuran $[-O-(CH_2)_4-]$, Ethan-1,2-diol $HO-CH_2-CH_2-OH$ (*Glykol*) zu 1,4-Dioxacyclohexan $[-O-CH_2-CH_2-O-CH_2-CH_2-]$ (*Dioxan*).

Wenn sterisch anspruchsvolle Alkohole durch saure *Dehydratation* (d. h. Abspaltung von Wasser) in Carbenium-Ionen übergehen, dann können sie eine Umlagerung durch Alkyl-Wanderung erfahren, sofern das Umlagerungsprodukt stabiler ist. Zwei Beispiele für diese sog. *Wagner-Meerwein-Umlagerung* (s. auch Abschnitt 6.7.2) seien angeführt! Bei der von Neopentylalkohol tBuCH$_2$OH ausgehenden *Neopentyl-Umlagerung* entsteht aus einem primären ein tertiäres Carbenium-Ion:

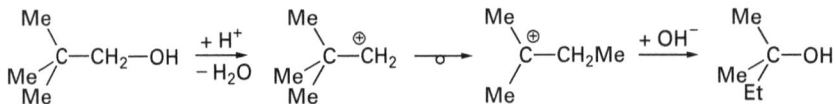

Das 2,3-Dimethylbutan-2,3-diol (*Pinakol*) unterliegt der sauer katalysierten *Pinakol-Pinakolon-Umlagerung*, bei der ein tertiäres Carbenium-Ion dadurch stabilisiert wird, dass durch Methyl-Wanderung ein Kation mit Oxidanium-Charakter entstehen kann:

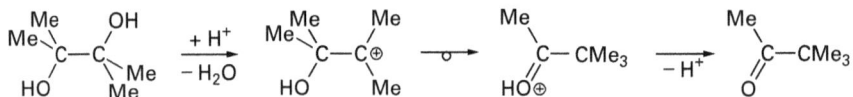

Manchmal gilt es, einen mit großem Aufwand gewonnenen Alkohol R'OH in den Methylether R'OMe überzuführen, und man sucht nach der Substitutionsmethode mit der höchsten Ausbeute. Das in diesem Sinne optimale Methylierungsmittel ist das wegen seiner Explosivität mit Vorsicht zu handhabende Diazomethan H_2CN_2, das mit Säuren über das kurzlebige Methyldiazonium-Kation $H_3C-N\equiv N^+$ unter N_2-Abspaltung Me$^+$-Ionen liefert: $MeN_2^+ + R'OH \rightarrow MeOR' + H^+ + N_2$.

Zur *Veresterung* von Oxosäuren, insbesondere Carbonsäuren, kann man das Gleichgewicht $ROH + AcOH \leftrightarrows ROAc + H_2O$ nutzen, das sich zur Produktseite hin verschiebt, wenn ROH im Überschuss zugesetzt und wenn H_2O aus dem Gleichgewicht entfernt wird. Die Katalyse durch starke Säuren wie H_2SO_4 ist nötig. Fungiert H_2SO_4 selbst als die Komponente AcOH, dann gelangt man zu den Estern $ROSO_3H$ bzw. $(RO)_2SO_2$ der Schwefelsäure. Das Einhalten mäßiger Temperaturen ist wichtig, um die Eliminierung von H_2O unter Alkenbildung hintanzuhalten. Eine sehr zweckmäßige, allerdings weniger kostengünstige Estersynthese geht von Alkylierungsmitteln wie RBr oder ROTs aus, die man auf Säureanionen einwirken lässt: $RX + R'COO^- \rightarrow R'COOR + X^-$. Auf das ambidente Säureanion NO_2^- angewendet, ergibt diese Reaktion Ester der Salpetrigen Säure RONO, wenn man von RHal und $AgNO_2$ ausgeht und S_N1-Bedingungen herrschen. Selbst Ether ROR′ können als Alkylierungsmittel zu Estern führen, wenn man ein Säureanhydrid anbietet und $FeCl_3$ als Katalysator einsetzt: $ROR' + (MeCO)_2O \rightarrow$ MeCOOR + MeCOOR′; in dieser Reaktion wird vermutlich zunächst $MeCOO^-$ durch ROR′ ersetzt und sodann im Zwischenprodukt $\{R-OR'-CO-Me\}^+$ das Molekül MeCOOR′ durch $MeCOO^-$ nucleophil substituiert, eine Reaktion, die weniger auf eine Estersynthese als auf eine *Etherspaltung* abzielt.

Bei der zur Säure RCOOH bzw. zum Ester RCOOR′ führenden Acylierung von H_2O oder R′OH mit RCOCl oder $(RCO)_2O$ handelt es sich um eine assoziative nucleophile Substitution. Auch *geminale* Trihalogenide wie $RCCl_3$ ergeben bei der Hydrolyse Carbonsäuren RCOOH, zweifellos in einer Folge mehrerer Teilschritte; insgesamt werden drei Cl-Atome durch O und OH substituiert. In ähnlicher Weise führt die Hydrolyse geminaler Dichloride $RCHCl_2$ zu Aldehyden RCHO, eine Hydrolyse, die im Falle von R = Ph zur Gewinnung von Benzaldehyd, PhCHO, technisch durchgeführt wird.

Aufbau von C—N-Bindungen

Die im Überschuss von NH_3 durchgeführte Substitution $RHal + 2\,NH_3 \rightarrow$ $RNH_2 + 2\,NH_4Hal$ eröffnet den klassischen Zugang zu primären Aminen RNH_2 (*Hofmann-Alkylierung*). Analog lassen sich die primären Amine RNH_2 weiter zu sekundären Aminen R_2NH, tertiären Aminen NR_3 und schließlich zu quartären Tetraalkylammonium-Ionen NR_4^+ alkylieren. Da Ammoniak und die Amine keine starken Nucleophile sind, laufen diese Alkylierungen als S_N2-Substitutionen langsam ab. Als primäre Substitutionsprodukte entstehen Ammonium-Kationen RNH_3^+ bzw. $R_2NH_2^+$ bzw. R_3NH^+, die dann im Überschuss des Nucleophils zum Amin dehydroniert werden.

Besser als das Gas NH_3 lässt sich ein Kondensationsprodukt aus Methanal und Ammoniak handhaben, nämlich das Hexamethylentetramin $N_4(CH_2)_6$ (*Urotropin*): $6\,CH_2O + 4\,NH_3 \leftrightarrows N_4(CH_2)_6 + 6\,H_2O$. Beim Eindampfen wässriger Lösungen verschiebt sich das Gleichgewicht ganz nach rechts, doch kann Urotropin umgekehrt mit Wasser hydrolysiert werden, wenn man durch Säurezusatz das Gleichgewicht unter Bildung von NH_4^+ nach links verschiebt. Urotropin löst sich als farbloser Feststoff u. a. in EtOH und CH_2Cl_2. Die Moleküle haben dieselbe Struktur wie

P_4O_6 (T_d) (Abschnitt 2.2.5), eine Struktur der allgemeinen Zusammensetzung A_4B_6, die nach dem Carbonhydrid Adamantan $C_{10}H_{16}$ [= $(CH)_4(CH_2)_6$; s. Abschnitt 6.2.1] auch *Adamantan-Struktur* heißt: Vier dreibindige Einheiten A bilden ein Tetraeder und werden oberhalb der sechs Tetraederkanten durch sechs zweibindige Einheiten B zu A_4B_6 verknüpft; den vier Tetraederflächen entsprechen im Adamantan vier Carbon-Sechsringe in der Anordnung der Sesselkonformation von Cyclohexan; das C_{10}-Gerüst von Adamantan stellt einen Ausschnitt aus der Diamant-Struktur dar. Urotropin kann in organischen Lösungsmitteln − gleichsam als Ammoniakersatz − leicht zum Kation $[(RN)N_3(CH_2)_6]^+$ alkyliert, dieses zu RNH_3^+ hydrolysiert und dieses dann zu RNH_2 dehydroniert werden (*Delépin-Verfahren*).

Bessere Nucleophile als Ammoniak und Amine sind die entsprechenden Amid-Anionen. Acylreste am Amin-N-Atom acidifizieren NH-Bindungen wegen des induktiven Effekts des Acylrests und wegen der Resonanzstabilisierung des entstehenden Anions: $RCO(NH_2) \rightarrow H^+ + \{O{=}CR{-}NH^- \leftrightarrow {}^-O{-}CR{=}NH\}$. Noch leichter lässt sich H^+ aus Diacylaminen Ac_2NH abspalten; ein Beispiel hierfür ist die von Phthalimid $C_6H_4(CO)_2NH$ ausgehende Dehydronierung und *N*-Alkylierung, die zu primären Aminen RNH_2 führt (Gabriel-Synthese; s. Abschnitt 6.3.5). Ein anderes präparativ genutztes Säureamid ist das aus $ArSO_2Cl$ und $R'NH_2$ leicht zugängliche Sulfonamid $ArSO_2(NHR')$ (Ar = 4-MeC_6H_4 etc.); man spaltet H^+ reduktiv mit Kalium ab ($\rightarrow H_2$), alkyliert das Anion mit RHal, hydrolysiert sauer und erhält so RR'NH. Das recht saure Cyanamid $H_2N{-}CN$ kann man leicht in das salzartige $Na_2[CN_2]$ überführen, das sich mit RCl bequem alkylieren lässt: $CN_2^{2-} + 2\,RCl \rightarrow (R_2N)CN + 2\,Cl^-$; die Hydrolyse des Cyanamids zum sekundären Amin, $(R_2N)CN + 2\,H_2O \rightarrow R_2NH + CO_2 + NH_3$, kann man unter Zuhilfenahme sowohl von Säuren als auch von Basen bewirken. Generell handelt es sich bei der Acylierung von Aminen ebenso wie bei der Hydrolyse von Acylaminen um assoziative nucleophile Substitutionen.

Während eine Etherspaltung vom Typ $R_2O + NH_3 \rightarrow ROH + RNH_2$ im allgemeinen nicht zu erwarten ist, kann man sie dennoch bewirken, wenn es sich beim Ether R_2O um ein gespanntes Ringsystem handelt: Epoxide lassen sich durch Aminolyse öffnen: $[-O{-}CH_2{-}CH_2-] + NH_3 \rightarrow HO{-}CH_2{-}CH_2{-}NH_2$.

Aufbau von C—C-Bindungen

Es liegt nahe, das Halogenid in RHal durch ein Carbanion R^- nucleophil zu substituieren und so gemäß $RCl + R'^- \rightarrow R{-}R' + Cl^-$ eine *C—C-Kupplung* zu bewirken. Nun sind freie Carbanionen R^- in Lösung nicht zu erhalten, sofern sie nicht durch Seitengruppen induktiv oder mesomer stabilisiert werden (s. Abschnitt 6.1.2). Mit gewöhnlichen Alkylhalogeniden RHal und klassischen metallorganischen Verbindungen wie R'MgBr lässt sich ein S_N2-Austausch Hal/R' in präparativ befriedegender Weise nicht immer erzielen. Günstiger bestellt es sich um solche Halogenide RHal, die kurzfristig stabile Carbenium-Kationen bilden können (also z. B. R = Allyl, Benzyl etc.). Kupplungen des Typs $RBr + R'MgBr \rightarrow R{-}R' + MgBr_2$ sind dann aber als elektrophile Substitutionen am anionischen C-Atom von R′ aufzufassen: $R^+ + R'MgBr \rightarrow R-R' + \{MgBr^+\}$. (Die geschweiften Klammern sollen hier andeuten, dass ein Kation $MgBr^+$ als Zwischenstufe wohl kaum auftritt, vielmehr ist das Lösungsmittel an der Zwischenstufe beteiligt und möglicherweise auch assoziierte Nachbarmoleküle.) Ein einstufiger Metathesemechanismus mit viergliedrig-cyclischem Übergangszustand, an dem die betroffenen C-Atome von R und R′ sowie das Metall- und das Halogenatom beteiligt sind, ist bei solchen Reaktionen nicht von vornherein auszuschließen. Gelegentlich führt die oben erwähnte, mechanistisch recht undurchsichtige Wurtz-Fittig-Reaktion, eine Zweiphasenreaktion, zu befriedigenden C—C-Kupplungen.

Die Erfahrung lehrt nun, dass es metallorganische Reagenzien gibt, die bereitwilliger eine C—C-Kupplung eingehen als $R'MgBr$ u. a. Ein solches Reagenz ist beispielsweise Lithium-dialkylcuprat $LiCuR'_2$, das selbst dann nahezu ohne Nebenreaktion mit RHal abreagiert, wenn R kein reiner Carbonhydridrest ist, sondern funktionelle Gruppen enthält:

$$R-Hal + LiCuR'_2 \rightarrow R-R' + LiHal + CuR'$$

Eine bedeutende präparative Rolle für C—C-Kupplungen spielen jene mesomeriestabilisierten „Carbanionen", bei denen − wie in Abschnitt 6.1.2 ausgeführt − die negative Ladung mehr an elektronegativen Atomen wie O oder N lokalisiert ist als am beteiligten C-Atom. Die wichtigsten Nachbargruppen, die einer Verbindung $ZZ'CH_2$ Brønsted-Acidität an der C—H-Bindung verschaffen, sind die Carbonyl-, die Cyano- und die Nitrogruppe am Nachbar-C-Atom. Prominente Vertreter vom Typ $ZZ'CH_2$, also mit zwei acidifizierenden Nachbargruppen, seien beispielhaft aufgeführt:

β-Diketone:	$R'CO-CH_2-COR''$	Cyanessigester:	$(R'O)CO-CH_2-CN$
β-Ketoester:	$R'CO-CH_2-CO(OR'')$	Malodinitril:	$NC-CH_2-CN$
Malonester:	$(R'O)CO-CH_2-CO(OR'')$	Nitroessigester:	$(R'O)CO-CH_2-NO_2$

Die Dehydronierung gemäß $ZZ'CH_2 \rightarrow ZZ'CH^- + H^+$ wird in der Regel mit Natriumalkoholat in Alkohol, z. B. NaOEt in EtOH, oder mit wässriger Natronlauge, dies nötigenfalls im Austausch mit einer zweiten Phase in Gegenwart eines Phasentransfer-Katalysators, vorgenommen.

Da das für ein Nucleophil nötige, zunächst delokalisierte freie Elektronenpaar sowohl am C-Atom als auch an Heteroatomen wie O oder N zur Verfügung stehen kann, ergibt sich die Frage, ob es bei der Einwirkung von RHal zu einer C—C- oder C—O- bzw. C—N-Kupplung kommt. Im Falle von RHal mit primärem R kommt nur eine S_N2-Substitution infrage, und es erweist sich die große Nucleophilie des aktiven C-Atoms in $ZZ'CH^-$ als Ursache des Aufbaus einer C—C-Bindung: $ZZ'CH^- + RHal \rightarrow ZZ'CHR + Hal^-$. Halogenide mit sekundärem R hingegen führen im Falle von Oxogruppen zur Attacke am O-Atom und damit zur Bildung von *Enolethern* [d. s. von Enolen —C(OH)=CH— abgeleitete Ether —C(OR)= CH—]:

$$\{R'-C(=O)-CHZ^- \leftrightarrow R'-C(-O^-)=CHZ\} + RCl \rightarrow R'-C(OR)=CHZ + Cl^-$$

Halogenide RHal mit einem tertiären Rest R unterliegen im Allgemeinen der Eliminierung zu HHal und dem entsprechenden Alken, wenn durch die Bereitstellung basischer Zentren in ZZ′CH⁻ die Eliminierung von HHal provoziert wird.

Hat man ZZ′CH₂ in ZZ′CHR überführt, so lässt sich eine solche Substitution wiederholen, und man gelangt zu ZZ′CRR′. Zumal wenn es sich bei Z′ um COOEt handelt, sind wertvolle Folgereaktionen möglich, da die Estergruppe COOEt sauer zu COOH bzw. alkalisch zu COO⁻ hydrolysiert werden kann. Ausgehend vom wohlfeilen Acetessigester, MeCO—CH₂—COOEt, kommt man so zunächst zu MeCO—CHR—COOEt, durch Hydrolyse zur Säure MeCO—CHR—COOH und nach der thermischen Decarboxylierung zu MeCO—CH₂R, also zu beliebigen Methylketonen (*Ketonspaltung*). Mit Basen kann man das aus Acetessigester gewonnene MeCO—CHR—COOEt nicht nur an der Esterfunktion hydrolysieren, sondern auch den Acetylrest abspalten gemäß MeCO—CHR—COOEt + 2 OH⁻ → MeCOO⁻ + RCH₂—COO⁻ + EtOH, gelangt also zu beliebigen Carbonsäuren RCH₂COOH.

Wird eine CH₂-Gruppierung nur durch eine Gruppe Z acidifiziert, geht man also von ZCH₂R′ aus, dann braucht man zur Abspaltung eines Hydrons sehr starke Basen und greift als solche zu carbanionischen Basen wie NaCPh₃ oder KCMe₃ oder zu Metallamiden wie LiN*i*Pr₂ u. a. Letztlich gelangt man auch hier durch C—C-Kupplung zu Produkten des Typs ZCHRR′.

Einer schon erwähnten C—C-Kupplung begegnet man, wenn man Cyanid als Nucleophil auf RHal einwirken lässt: RHal + CN⁻ → RCN + Hal⁻. Von den Nitrilen RCN gelangt man dann durch Hydrolyse zu Carbonsäuren (*Kolbe-Synthese*).

6.4.4 Elektrophile Substitution an Nichtaromaten

Prinzipiell kann man die einstufige Substitution zweiter Ordnung (*S_E2-Reaktion*)

$$R-X + Y^+ \rightarrow \{RXY^+\} \rightarrow R-Y + X^+$$

von der zweistufigen Substitution pseudoerster Ordnung (*S_E1-Reaktion*) unterscheiden:

(1)   R—X → R⁻ + X⁺

(2)   R⁻ + Y⁺ → R—Y

In der Zwischenstufe RXY⁺ speist das Elektronenpaar der C—X-σ-Bindung von RX eine CXY-(3c2e)-Bindung mit den beteiligten drei Atomen an den Ecken eines Dreiecks. Aus dieser Struktur der Zwischenstufe folgt, dass S_E2-Reaktionen nicht wie S_N2-Reaktionen unter Inversion, sondern dass sie unter Retention der Konfiguration verlaufen.

Bei den Elektrophilen X, die ausgetauscht werden, handelt es sich vorwiegend um das Hydron H^+ oder um das Metallkation M^+. In letzterem Falle ist die Struktur der entsprechenden metallorganischen Agenzien oft kompliziert und der Mechanismus ihrer Reaktionen komplex (s. Abschnitt 6.1.2). Beispielsweise geht die oben als *Metathese* bezeichnete Reaktion $4\, LiBu + SnsBu_4 \rightarrow 4\, LisBu + SnBu_4$ ja nicht von Molekülen LiBu aus, sondern − wie oben dargelegt − von Molekülen $[Li(OEt_2)]_4Bu_4$. Handelt es sich wirklich um eine S_E2-Reaktion am C2-Atom von sBu, bei der Li^+ gegen $SnsBu_3^+$ ausgetauscht wird, wie man aus dem Konfigurationserhalt von sBu schließen möchte, oder ist ein einstufiger metathetischer Prozess unter Retention im Gange? Oder handelt es sich um eine S_N2-Reaktion am Li^+? Bezüglich der Reaktionen von MR sei auf Abschnitt 6.1.2 sowie auf die C—C-Kupplungen $MR' + RHal \rightarrow R—R' + MHal$ verwiesen, wie sie oben unter dem Gesichtspunkt der S_N-Reaktion an R abgehandelt wurden.

Soll H^+ gegen Y^+ substituiert werden, so ist hierfür im Allgemeinen die Nachbarschaft einer acidifizierenden Gruppe Z nötig wie $Z = COR, COOR, CN, NO_2$ etc. oder zweier solcher Gruppen; man geht also von RCH_2Z oder $RCHZZ'$ aus. Bei der eintretenden Gruppe E handelt es sich meist um Hal^+ (aus Hal_2; $Hal =$ Cl, Br, I) oder um einen Acylrest wie RCO^+, NO^+ etc.

Die Halogenierung mit Hal_2 bedarf der sauren (H^+) oder basischen (OH^-) Katalyse:

$$R—CH_2—Z + Hal_2 \rightarrow R—CHHal—Z + HHal$$

Die Konzentration von Hal_2 geht in das Geschwindigkeitsgesetz nicht ein. Man vermutet, dass im Falle von $Z = R'CO$ eine Keto-Enol-Tautomerie den ersten Schritt darstellt, $R—CH_2—COR' \rightarrow R—CH=C(OH)—R'$, gefolgt von der Addition von Hal_2 an die Doppelbindung und der Eliminierung von HHal. Inwieweit es sich bei der Gesamtreaktion um eine Substitution im engeren Sinne handelt, sei dahingestellt. Die zu den Haloformen führende *Haloform-Reaktion* ist eine Variante der Halogenierung:

$$R—CO—CH_3 + 3\,Hal_2 + 4\,OH^- \rightarrow HCHal_3 + RCOO^- + 3\,Hal^- + 3\,H_2O$$

Als Zwischenprodukt vermutet man $Hal_3C—CR(OH)—O^-$. Noch leichter als ein Keton (Typ: RCH_2Z) lässt sich Malonsäure (Typ: Z_2CH_2) halogenieren.

Die Nitrosierung von $R_2CH—Z$ führt zur Nitrosyl-Verbindung $R_2C(NO)—Z$, die Nitrosierung von $R—CH_2—Z$ über $R—CHZ—N=O$ unter nachfolgender 1,3-Hydronverschiebung zum Oxim $RZC=N—OH$.

Die bei tiefer Temperatur haltbaren aromatischen Diazonium-Kationen ArN_2^+, die bei der aromatischen elektrophilen Substitution eine bedeutende Rolle spielen, können ebenfalls H^+ in reaktiven Spezies $ZZ'CH_2$ substituieren; aufgrund einer nachfolgenden 1,3-Hydronverschiebung ergeben sich Hydrazone: $ZZ'CH_2 + ArN_2^+ \rightarrow ZZ'C=N-NHAr + H^+$.

An Alkenen lassen sich *assoziative elektrophile Substitutionen* beobachten. Beispielsweise führt die Acylierung eines Alkens $R'CH=CHR''$ mit $RCOCl$ in Gegenwart von $AlCl_3$ zum kationischen Zwischenprodukt $R'CH^+-CHR''-COR$, das durch Abspaltung von H^+ in das isolierte Produkt $R'CH=CR''-COR$ übergeht. Enthalpisch besser aber entropisch schlechter ist die bei tiefer Temperatur bevorzugte Addition von Cl^- an das Zwischenprodukt zum Additionsprodukt $R'CHCl-CHR''-COR$. Eine Verwandte dieser Reaktion ist die Acylierung von Enaminen $R_2^+N-CR'=CHR''$ mit $RCOCl$, die zu $R_2^+N-CR'=CR''-COR$ und HCl führt; die Hydrolyse des Ketoenamins erbringt über das Ketoenol $HO-CR'=CHR''-COR$ das Diketon $R'-CO-CHR''-CO-R$.

6.4.5 Nucleophile aromatische Substitution

Die *nucleophile* ist ebenso wie die *elektrophile aromatische Substitution* stets zweistufig. Eine einstufige Substitution wie bei der S_N2-Reaktion an Nichtaromaten ist offenbar deshalb nicht möglich, weil der eintretenden Gruppe der Angriff von der Rückseite, also vom Inneren des aromatischen Rings, versperrt ist. Wie bei allen zweistufigen Reaktionen geht die Reaktionskoordinate durch zwei Maxima der Energie, und das Minimum zwischen den Maxima repräsentiert die Energie einer mehr oder weniger langlebigen Zwischenstufe. In den meisten Fällen ist das erste Maximum deutlich höher als das zweite, sodass der erste Teilschritt die Reaktionsgeschwindigkeit bestimmt. Oft führt dies im Geschwindigkeitsgesetz zu pseudoerster Ordnung.

Dissoziative zweistufige nucleophile aromatische Substitution

Diese der nichtaromatischen S_N1-Reaktion entsprechende Substitution verläuft in zwei Schritten:

(1) $ArX^+ \rightarrow Ar^+ + X$

(2) $Ar^+ + Y^- \rightarrow ArY$

Die energiereichen Arylium-Kationen Ar^+ sind überaus reaktiv, bleibt doch das in ihnen auftretende Sextett-C-Atom an seiner vom Ring wegweisenden Seite gänzlich ohne Valenzelektronendichte, und diese Notsituation kann durch keinerlei mesomere Effekte verbessert werden. So kommt es, dass für diese Art von Reaktion nur ein einziges Beispiel von Prominenz bekannt ist, und zwar die Abspaltung von N_2 aus dem Arendiazonium-Kation ArN_2^+, die nach 1. Ordnung verläuft und so viel Triebkraft hat, dass man mit ihr im Falle Ar = Ph in wässriger Lösung schon oberhalb von $-5\,°C$ zu rechnen hat. Zur Darstellung von ArN_2^+ geht man von aromatischen Aminen $ArNH_2$ aus, die in saurer wässriger Lösung mit $NaNO_2$ umgesetzt werden (s. Abschnitt 6.3.5).

Der Zerfall von ArN_2^+ in wässriger Lösung führt glatt zum entsprechenden Phenol $ArOH$: $ArN_2^+ + H_2O \rightarrow ArOH + N_2 + H^+$ (*Phenolverkochung*). Zur präparativen Nutzung ist das Arbeiten in saurer, meist schwefelsaurer Lösung auch deshalb nötig, weil die Bildung von Phenolat ArO^- in basischer Lösung verhindert werden muss; Phenolate ArO^- würden leichter als Phenole $ArOH$ mit unzerfallenem ArN_2^+ eine Azo-Kupplung eingehen.

Lässt man ArN_2^+ nicht mit Wasser, sondern allgemein mit Y^- um, so erhält man eine Substitution, die man mit Vorteil auf Anionen $Y^- = I^-$, N_3^- u. a. anwendet (*Sandmeyer-Reaktion*): $ArN_2^+ + Y^- \rightarrow ArY + N_2$. Im Falle von $Y^- = Cl^-$, CN^-, NO_2^- u. a. setzt man CuCN als Katalysator ein, doch verläuft die Reaktion dann radikalisch (Sandmeyer-Reaktion im engeren Sinne). Eine spezielle, nicht radikalische Version der Sandmeyer-Reaktion dient der Fluoridierung von Arenen: Man diazotiert Arylamine zu ArN_2^+ und fällt durch Zugabe von $NaBF_4$ Salze des Typs $[ArN_2]BF_4$ aus, deren Thermolyse als Feststoffe die Produkte ArF, N_2 und BF_3 liefert (*Schiemann-Reaktion*).

Assoziative zweistufige nucleophile aromatische Substitution

In einem zweistufigen Prozess tritt hierbei eine anionische Zwischenstufe auf:

(1) $ArX + Y^- \rightarrow ArXY^-$

(2) $ArXY^- \quad \rightarrow ArY + X^-$

Die Struktur der anionischen Zwischenstufe ist der Struktur der Phenonium-Zwischenstufe PhH_2^+ geometrisch verwandt, jedoch sind nicht vier, sondern sechs π-Elektronen über die C-Atome 2 bis 6 des Rings verteilt:

Diese Zwischenstufe ist so energiereich, dass dieser Reaktionstyp bei einfachen Benzen-Derivaten PhX und in Sonderheit beim Grundkörper Benzen (X = H) nicht beobachtet wird. Will man die Zwischenstufe stabilisieren und damit solche Reaktionen erlauben, dann gilt es, in die Nachbarposition zu C1 induktiv elektronenziehende Liganden zu bringen, die in der entfernteren *meta-* und ganz besonders in der *para*-Position ihre Wirkung kaum noch entfalten können, da die elektrostatische Anziehung mit dem Quadrat des Abstands abnimmt. Noch günstiger sind Gruppen, die zwei der sechs π-Ringelektronen mesomer übernehmen können, und ganz besonders hat sich dabei die Nitrogruppe NO_2 bewährt, die über die mesomere Wechselwirkung hinaus in der *ortho*-Stellung auch noch induktiv wirksam ist. Wie die folgenden Grenzformeln lehren, kann eine Gruppe wie NO_2 nur in der *ortho-* oder *para*-Stellung mit dem Ring mesomer wechselwirken, nicht aber in der *meta*-Stellung, in welcher eine C=N-Doppelbindung notwendigerweise ein ungünstiges Carbenium-Ion an C2 und eine Allyl-Anion-Struktur an C4—C5—C6 zur Folge hätte.

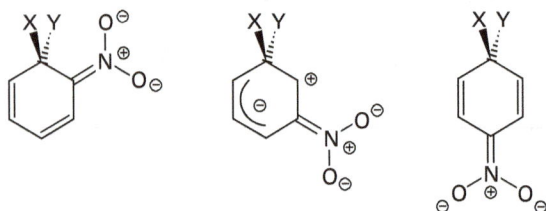

Eine besonders gute Stabilisierung der Zwischenstufe ArXY$^-$ kommt zustande, wenn alle drei aktiven Positionen – C2, C4, C6 – mit Gruppen wie der Nitrogruppe besetzt sind. In diesem Falle kann die anionische Zwischenstufe, z. B. mit Na$^+$ als Gegenion, als Salz isoliert werden (*Meisenheimer-Salze*).

Der negative induktive Effekt wird besonders wirksam, wenn er von einem benachbarten Heteroatom im aromatischen Ring ausgeht, das elektronegativer ist als Carbon. Im Pyridin NC$_5$H$_5$ beispielsweise sind die dem N-Atom benachbarten Atome C2 und C6 genügend aktiviert, um die Addition der eintretenden Gruppe Y$^-$ zur reaktiven Zwischenstufe NC$_5$H$_5$Y$^-$ (Y in 2-Stellung) zu erlauben.

Eliminative nucleophile aromatische Substitution

Aus Halogenobenzen PhHal lässt sich mit einer starken Base das Molekül HHal abspalten. Zurück bleibt *Benzin* (nicht zu verwechseln mit dem gleichnamigen Kraftstoff) oder *Dehydrobenzen*, C$_6$H$_4$, ein äußerst reaktives, kurzlebiges Molekül mit sechs aromatischen π-Elektronen und mit einer zusätzlichen π-Bindung, die in der Ringebene zwischen den beiden nach außen weisenden (sp^2)-Hybridorbitalen jener benachbarten C-Atome gebildet wird, an die vorher H und Hal gebunden waren. Da die beiden Hybridorbitale nicht parallel zueinander ausgerichtet sind, ist die zusätzliche π-Bindung schwach. Benzin C$_6$H$_4$ ist die Stammverbindung der *Arine*, d. s. jene Aromaten, in denen zwei benachbarte C—H-σ-Bindungen durch eine CC-π-Bindung ersetzt sind. Arine reagieren in der Regel schnell ab, insbesondere wenn das im Überschuss vorhandene Lösungsmittel als Partner infrage kommt. Handelt es sich beim Lösungsmittel um einen Stoff HY, dann addiert er sich an die Arin-Dreifachbindung. Die Eliminierung von HHal mithilfe der Base B$^-$ im ersten Schritt und die nachfolgende Addition von HY im zweiten Schritt führen also insgesamt zu einer nucleophilen Substitution von Hal durch Y:

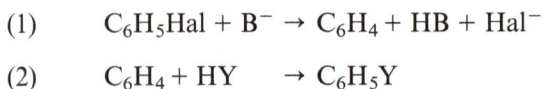

(1) $C_6H_5Hal + B^- \rightarrow C_6H_4 + HB + Hal^-$

(2) $C_6H_4 + HY \quad \rightarrow C_6H_5Y$

Beispielsweise erhält man aus Chlorobenzen PhCl und Natriumamid $NaNH_2$ in flüssigem NH_3 bei $-40\,°C$ das Produkt Anilin $PhNH_2$; als Base fungiert NH_2^-, die sich addierende Komponente ist das Lösungsmittel. Ein technisch interessantes Beispiel stellt die Behandlung von PhCl mit verdünnter Natronlauge bei $350\,°C$ im Autoklaven (d. i. ein druckfester geschlossener Reaktor) zur Herstellung von Phenol dar; als Zwischenstufe kann man C_6H_4: PhCl + OH^- → PhOH + Cl^- vermuten. Überhitzter Wasserdampf führt PhCl bei $425\,°C$ ebenfalls in PhOH über, möglicherweise ebenfalls über C_6H_4 (*Raschig-Verfahren*).

Bei der Einwirkung metallorganischer Basen auf PhHal kann es anstatt zur Abspaltung von HHal zunächst zur Metallierung, also zu einer elektrophilen Substitution von H gegen M kommen. Beispielsweise geht PhF mit LiPh unter Abspaltung von C_6H_6 in *ortho*-LiC_6H_4F über, das sich isolieren lässt, beim Erwärmen aber unter Freisetzung von C_6H_4 das Salz Lithiumfluorid abspaltet; C_6H_4 reagiert spontan mit anwesenden Stoffen, z. B. dem Lösungsmittel, weiter.

Außer als Substrate zur Addition von HY wirken Arine auch als überaus wirksame Dienophile bei der Diels-Alder-Reaktion (s. Abschnitt 4.3.5). Zwei Beispiele mögen dies veranschaulichen, nämlich die Reaktion von C_6H_4 mit den Dienen Furan (zu $C_{10}H_8O$; C_s) und Anthracen (zu $C_{20}H_{14}$, Triptycen; D_{3h}):

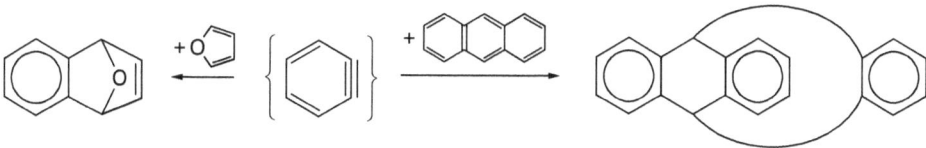

Originelle Bildungsweisen von C_6H_4 machen von der Abspaltung zweier Gase A und B aus *ortho*-C_6H_4AB Gebrauch. Beispielsweise kann man Benzthiadiazol $C_6H_4N_2S$ zum entsprechenden *S,S*-Dioxid oxidieren und hieraus N_2 und SO_2 abspalten. Oder man kann *ortho*-Aminobenzoesäure (*Anthranilsäure*) zu *ortho*-Carboxylatophenyldiazonium, einem *Zwitterion*, diazotieren und thermisch die Abspaltung von N_2 und CO_2 bewirken. Oder man kann Phthaloylperoxid photolytisch in C_6H_4 und CO_2 zerlegen.

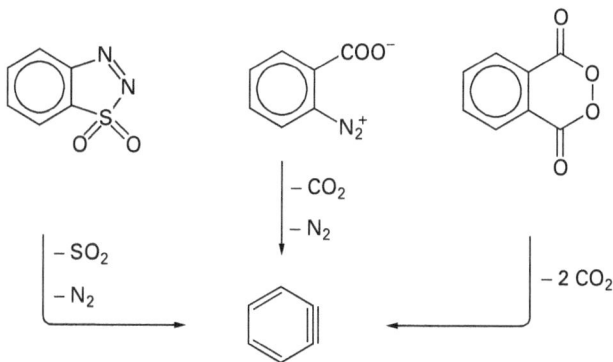

Wenn man das zuletzt genannte Verfahren in einer Argon-Matrix unterhalb von 50 K anwendet, isoliert man C_6H_4 in metastabiler Form und kann gewisse spektrale Eigenschaften und Reaktionen untersuchen.

6.4.6 Elektrophile aromatische Substitution

Aromatische Erstsubstitution

Die zweistufige assoziative elektrophile aromatische Substitution sei für den meist vorliegenden Fall formuliert, dass die ein- und die austretende Gruppe als Kationen wirken:

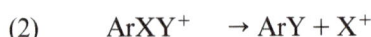

(1) $ArX + Y^+ \rightarrow ArXY^+$

(2) $ArXY^+ \rightarrow ArY + X^+$

Im ersten Teilschritt geht die aromatische 6π-Elektronen-Delokalisierung in eine 4π-Elektronen-Delokalisierung über fünf Zentren vom Phenonium-Typ (s. Abschnitt 6.1.1) über. Dies ist der geschwindigkeitsbestimmende Teilschritt. Zur Wiederherstellung der Aromatizität im zweiten Teilschritt ist nur noch ein kleiner Aktivierungsberg zu überwinden.

Bei der austretenden Gruppe handelt es sich in den meisten Fällen um H^+, gelegentlich auch um ein Metallkation M^+ oder eine andere kationische Gruppe. Selbst Alkyliumreste R^+ können als austretende Gruppen fungieren, wenn sie genügend stabil sind; beispielsweise kann tBu durch NO_2^+ substituiert werden ($Ph-CMe_3 + NO_2^+ + Z^- \rightarrow Ph-NO_2 + Me_3CZ$). So wie hier bedarf es auch bei H^+ als austretender Gruppe einer Base Z^-, an die sich H^+ binden kann und die schon bei der Dissoziation (2) der Zwischenstufe in dem Sinne Hilfestellung leistet, dass dieser Schritt als S_N2-Reaktion am Hydron angesehen werden kann: $ArHY^+ + Z^- \rightarrow ArY + HZ$.

Benzen ist eine Lewis-Base und kann gemäß $C_6H_6 + A \leftrightarrows C_6H_6A$ lockere Addukte mit Lewis-Säuren A bilden, die eine von der Phenonium-Struktur verschiedene Struktur haben. Ein Beispiel bietet die Lewis-Säure I_2, die generell mit Lewis-Basen B_L Addukte I_2B_L bilden kann wie z. B. I_3^- ($B_L = I^-$), $I_2(OHEt)$ (B_L = HOEt) u. a. In dem mit Benzen gebildeten Addukt $C_6H_6(I_2)$, einem CT-Komplex (s. Abschnitt 6.3.3), befindet sich das Molekül I_2 oberhalb der Benzen-Ebene, wobei die Molekülachse von I_2 in der C_6-Drehachse des Addukts (C_{6v}) liegt. Es liegt nahe, bei der Reaktion von Benzen mit Elektrophilen Y generell an Lewis'sche Säure/ Base-Gleichgewichte zu denken, in denen das Addukt C_6H_6Y nicht die Phenonium-, sondern die C_{6v}-Struktur hat. Ob solche Gleichgewichte bei S_E-Reaktionen an Aromaten allgemein eine Rolle spielen, ist zwar nicht bekannt, es könnte aber wohl sein, dass ein Addukt C_6H_6Y mit C_{6v}-Struktur zunächst gebildet wird, bevor es sich zur Phenonium-Zwischenstufe (C_{2v}) umlagert.

Die einfachste Substitution, die man sich an Benzen ausdenken kann, ist der H/H-Austausch, eine *entartete* Substitution, d. h. Produkt und Edukt sind ununterscheidbar. Dieser Austausch wird messbar, wenn man ein Proton gegen ein Deuteron austauscht. Löst man DCl in C_6H_6, so beobachtet man keinen H/D-Austausch. Die Moleküle HCl bzw. DCl dissoziieren in Benzen nicht. Das ändert sich, wenn man einen in Benzen gut löslichen Chlorid-Akzeptor zugibt. Hierfür besonders geeignet ist $AlCl_3$. Dieses feste Salz, das ein sich vom $CdCl_2$ ableitendes Schichtengitter bildet, sublimiert bei 128.7 °C, bildet in der Gasphase Moleküle Al_2Cl_6 mit einer B_2H_6-Struktur (D_{2h}) und löst sich in dieser Form auch in Benzen. Mit HCl geht es Gleichgewichte $2\,HCl + Al_2Cl_6 \leftrightarrows 2\,H^+ + 2\,AlCl_4^-$ ein; dabei mag H^+ durch Wechselwirkungen mit Benzen ebenso wie mit $AlCl_4^-$ stabilisiert werden. Jedenfalls katalysiert $AlCl_3$ den H/D-Austausch als eine über Phenonium-Ionen verlaufende Substitution.

Beansprucht der H/H-Austausch nur theoretisches Interesse, so ist der H/R-Austausch, also die Alkylierung von Benzen und anderen Aromaten, als C—C-Kupplungsmethode von großer praktischer Bedeutung; auch hierbei wird $AlCl_3$ als Katalysator gebraucht: $ArH + RCl \rightarrow ArR + HCl$ (*Friedel-Crafts-Alkylierung*). Anstelle von $AlCl_3$ sind auch Halogenid-Akzeptoren wie BF_3, $SnCl_4$, $TiCl_4$, $FeCl_3$, $ZnCl_2$ u. a. wirksam. Der Friedel-Crafts-Alkylierung steht die ebenfalls katalytisch mit $AlCl_3$ betriebene *Friedel-Crafts-Acylierung* als C—C-Kupplungsmethode gegenüber: $ArH + RCOCl \rightarrow ArCOR + HCl$. Auch Acylreste wie NO_2^+ (*Nitrierung*), NO^+ (*Nitrosierung*) oder SO_3H^+ (*Sulfonierung*) spielen in der Praxis eine große Rolle. Der wichtigen *Halogenierung* als elektrophiler Substitution ($Ar—H + Cl_2 \rightarrow Ar—Cl + HCl$) liegen Gleichgewichte des Typs $Cl_2 + Al_2Cl_6 \leftrightarrows 2\,Cl[AlCl_4]$ mit Ionenpaaren $Cl[AlCl_4]$ zugrunde.

Im Gegensatz zu Benzen gibt es in kondensierten Aromaten symmetrisch nicht äquivalente CH-Positionen, die bezüglich des H/Y-Austauschs nicht gleich aktiv sind, und zwar sind die Positionen aktiver, bei denen die Bildung der Aronium-Zwischenstufe weniger Energie beansprucht. Bei Naphthalen ist das die Position 1 (auch: *α-Position*) gegenüber der Position 2 (*β-Position*), bei Anthracen und Phenanthren ist es die Position 9 (bzw. 10) gegenüber allen anderen. Dies gilt, solange kinetische Gründe die Produktbildung bestimmen. Manchmal sind Substitutionsprodukte auch thermodynamisch determiniert, sodass sich Gleichgewichte einstellen. Eine höhere Temperatur kann kinetische Hemmungen aus dem Weg räumen und so die thermodynamische Stabilität des Produkts anstelle des Übergangszustands zum Maßstab der Produktbildung machen. Im Falle von Naphthalen kann die sterische Situation die Thermodynamik bestimmen. Da das H-Atom an C8 (d. i. die sog. *peri-Position* relativ zu C1) einem Substituenten in der 1-Stellung recht nahekommt, bevorzugen genügend große Liganden die 2-Stellung. So kann man die Sulfonierung von Naphthalen, kinetisch gesteuert, bei moderaten 80 °C zum 1-Sulfonylnaphthalen lenken, während man bei 160 °C das thermodynamisch bessere 2-Derivat erhält. Im Falle besonders sperriger Substituenten wie *t*Bu bestimmen sterische Gesichtspunkte schon die Bildung der Aronium-Zwischenstufe, und man erhält beim H/*t*Bu-Austausch von vornherein nur das 2-*tert*-Butylnaphthalen.

Aromatische Zweitsubstitution

Bei der *elektrophilen Zweitsubstitution* $XC_6H_5 + Y^+ \rightarrow XC_6H_4Y + H^+$ kann der Erstsubstituent X die Geschwindigkeit des H/Y-Austauschs im Vergleich mit der *Erstsubstitution* $C_6H_6 + X^+ \rightarrow C_6H_5X + H^+$ erhöhen oder erniedrigen; die Gruppe X nennt man dann *aktivierend* bzw. *desaktivierend*. Die Gruppe übt auch einen Einfluss darauf aus, ob Y ein H-Atom in der *ortho-*, *meta-* oder *para*-Position oder ob es gar X in der 1-Position (*ipso*-Position) ersetzt; man spricht von der *Orientierung* der aromatischen Zweitposition. Die Erfahrung lehrt, dass die Gruppe X den Substituenten Y vorzugsweise, wenn auch nicht ausschließlich, entweder in die *ortho-* und *para*-Position oder in die *meta*-Position dirigiert. Es gilt, dass die *meta*-dirigierenden Gruppen immer desaktivieren, während von den *ortho/para*-dirigierenden Gruppen die meisten aktivieren, einige aber auch desaktivieren.

Die Energie des Übergangszustands im geschwindigkeitsbestimmenden ersten Schritt der elektrophilen aromatischen Substitution ist nicht sehr verschieden von der Energie der Aronium-Zwischenstufe, deren Stabilität zu studieren – dem Hammond'schen Postulat gemäß (s. Abschnitt 4.3.3) – Aufschluss über die Reaktionsgeschwindigkeit gewährt. Um qualitativ gültige Regeln zu erhalten, reicht es aus, die von X ausgeübten induktiven, mesomeren und sterischen Effekte zu studieren.

Die Addition von Y^+ an C_6H_5X bewirkt in der Phenonium-Zwischenstufe die Delokalisierung von vier π-Elektronen über fünf Zentren, und dies lässt sich durch drei mesomere Grenzstrukturen darstellen, in denen die positive Formalladung in den beiden *ortho*-Positionen oder in der *para*-Position zum Substitutionszentrum steht, aber nicht in einer der beiden *meta*-Positionen.

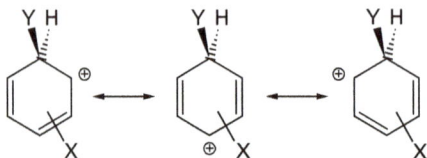

Infolgedessen wird die aromatische Zweitsubstitution H/Y durch solche Erstliganden X beschleunigt, die in der *ortho-* oder *para*-Position zum Substitutionsort stehen und dort die positive Ladung stabilisieren, sei es durch π-Elektronendonation (*positiver mesomerer Effekt*, *+M-Effekt*) oder durch elektrostatische Wechselwirkung (*positiver induktiver Effekt*, *+I-Effekt*). Die wichtigsten solcher Gruppen sind mit zunehmender Aktivität: $X = C_nH_{2n+1}$, Ph, NR_2, OR, O^-. Alkylgruppen üben einen schwachen +M-Effekt (Hyperkonjugation, Abschnitt 6.1.1) und einen schwachen +I-Effekt aus. Die Phenylgruppe zieht zwar induktiv Elektronen an $(-I)$, doch der +M-Effekt überwiegt, und ähnlich verhält es sich – bei noch stärkerem +M-Effekt – mit den Gruppen NH_2 und OH (bzw. analog NR_2 und OR). Phenolate schließlich mit der Gruppierung $X = O^-$, die sich aus Phenol in basischer Lösung bilden, üben einen starken +I- und +M-Effekt aus. Toluen, Phenylbenzen (*Biphenyl*), Anilin, Phenol und Phenolat dirigieren also die Zweitsubstitution in die *ortho*- und *para*-Position, und die Substitution verläuft schneller als mit unsubstituiertem Benzen. Als Beispiel sei die Nitrierung von Toluen herausgegriffen, die *ortho*-, *meta*- und *para*-Nitrotoluen im Verhältnis $11:1:8$ liefert.

Die Gruppen $X = NO_2$, SO_3H, COR, CN üben sowohl einen starken $-I$- als auch einen starken $-M$-Effekt aus. Sie verlangsamen die aromatische Zweit- relativ zur Erstsubstitution, und sie dirigieren die Zweitsubstituenten Y in die *meta*-Position. Ein Beispiel ist die Nitrierung von Nitrobenzen zum Dinitrobenzen mit einem *ortho/meta/para*-Verhältnis von $6:93:1$. Die Gruppen CF_3 und NR_3^+ üben keinen M-Effekt, aber einen starken $-I$-Effekt aus und zählen deshalb zu den desaktivierenden, *meta*-dirigierenden Gruppen.

Halogen als Erstsubstituent wirkt wegen seines $-I$-Effekts desaktivierend, aber der $+M$-Effekt ist stark genug, die Zweitsubstitution in die *ortho*- oder *para*-Position zu dirigieren. So erhält man bei der Nitrierung von Chlorobenzen das Chloronitrobenzen $C_6H_4Cl(NO_2)$ im *ortho/meta/para*-Verhältnis von $17:1:82$. Dieses Verhältnis zeigt, wie sehr der hier ungünstige induktive Effekt mit zunehmendem Abstand an Wirkung verliert.

Die aromatische Drittsubstitution verläuft nach analogen Gesichtspunkten. Unschwer überblickt man, dass eine weitere Nitrierung von *p*-Nitrotoluen zum 2,4-Dinitro- und weiter zum 2,4,6-Trinitrotoluen (TNT) führen muss. Nitriert man *m*-Xylen, so ist das 4-Nitro-1,3-xylen das zu erwartende Produkt.

Aufbau von C—Hal-Bindungen

Das Gleichgewicht $Ph-H + Hal_2 \leftrightarrows Ph-Hal + HHal$, eine Redoxreaktion, liegt für Hal = F, Cl, Br weit rechts. Im Falle des schwächsten Oxidationsmittels unter den Halogenen, I_2, muss man allerdings HI aus dem Gleichgewicht entfernen, um die Iodierung von Benzen nach rechts zu lenken, wozu man Oxidationsmittel wie HNO_3 oder H_2O_2 benutzt. Bequemer ist es, Benzen mit ICl zu iodieren (oder man greift gleich zur Sandmeyer-Reaktion: $PhN_2^+ + I^- \rightarrow PhI + N_2$). In allen Fällen benötigt man einen Friedel-Crafts-Katalysator wie $AlCl_3$. Was die Fluorierung von Aromaten anbetrifft, meidet man wegen des dabei nötigen apparativen Aufwands den Einsatz von elementarem Fluor; vielmehr gewinnt man Fluoroarene einfacher mithilfe der Schiemann-Reaktion.

Aufbau von C—N-Bindungen

Drei Reaktionen sind wichtig, die *Nitrierung* mit Nitryl-Kationen NO_2^+ als dem nitrierenden Agens, die *Nitrosierung* mit Nitrosyl-Kationen NO^+ und die *Azo-Kupplung* mit Diazonium-Kationen $Ar'N_2^+$:

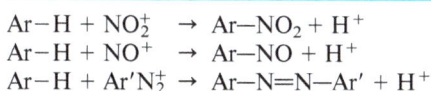

$$Ar-H + NO_2^+ \rightarrow Ar-NO_2 + H^+$$
$$Ar-H + NO^+ \rightarrow Ar-NO + H^+$$
$$Ar-H + Ar'N_2^+ \rightarrow Ar-N=N-Ar' + H^+$$

Nitryl-Kationen bilden sich in der *Nitriersäure* (d. i. eine Mischung aus konz. HNO_3 und konz. H_2SO_4; s. Abschnitt 5.3.4), dem wichtigsten Nitriermittel. Wirkungsvolle Nitriermittel sind auch das Nitryl-tetrafluoridoborat $[NO_2][BF_4]$ oder eine Mischung aus Acetanhydrid und konz. Salpetersäure $[2 \, HNO_3 + 2 \, (MeCO)_2O \leftrightarrows NO_2^+ + NO_3^- + 2 \, MeCOOH]$.

Benzen lässt sich mit Nitriersäure schon kurz oberhalb der Raumtemperatur in Nitrobenzen überführen. Wegen der desaktivierenden Wirkung der NO_2-Gruppe muss man auf nahezu 100 °C erhitzen, um eine zweite NO_2-Gruppe einzuführen, die in die 3-Position dirigiert wird; um eine dritte NO_2-Gruppe in die 5-Position zu bringen, muss tagelang mit einem Gemisch aus rauchender Schwefel- und Salpetersäure auf 110 °C erhitzt werden. Wegen der aktivierenden Wirkung der Alkylgruppen kann man Toluen in einem Arbeitsgang dreifach zum Sprengstoff TNT (s. o.) nitrieren. Noch stärker als die Me- aktiviert die OH-Gruppe, sodass Phenol schon von verdünnter Salpetersäure zu einer Mischung von 2- und 4-Nitrophenol nitriert wird. Um den Sprengstoff 2,4,6-Trinitrophenol (*Pikrinsäure*) darzustellen, kann man u. a. Chlorobenzen mit Nitriersäure in 2,4-Dinitro-1-chlorobenzen überführen, das durch nucleophilen Cl/OH-Austausch mithilfe von NaOH in Dinitrophenol und durch anschließende weitere Nitrierung in Pikrinsäure verwandelt wird. Die NH_2-Gruppe ist in ihrer aktivierenden Wirkung mit der OH-Gruppe vergleichbar. Mit Nitriersäure allerdings entsteht das Kation $ArNH_3^+$, dessen Aminiumgruppe die Zweitsubstitution desaktiviert. Des Weiteren ist die NH_2-Gruppe gegen die Oxidation mit HNO_3 zur entsprechenden Azo- oder Hydrazo-Verbindung anfällig. Die Oxidation lässt sich verhindern, wenn man von einem Dialkylanilin wie z. B. $PhNMe_2$ ausgeht.

Die Nitrierung hat deshalb eine große technische Bedeutung, weil man die Nitroarene $ArNO_2$ zu Azoxy- Azo-, Hydrazo-Verbindungen, vor allem aber zu Aminoarenen $ArNH_2$ reduzieren kann (s. Abschnitt 6.3.5).

Um Arene zu *nitrosieren*, müssen sie reaktiv genug sein. Benzen lässt sich nicht leicht nitrosieren, wohl aber Naphthalen und ganz besonders aktivierte Arene wie die Phenole. Zur Erzeugung von NO^+ geht man üblicherweise von wässrigen $NaNO_2$-Lösungen aus, die mit starker Säure behandelt werden ($NO_2^- + 2 \, H^+ \rightarrow NO^+ + H_2O$). Eine synthetische Bedeutung gewinnen Nitrosoarene gelegentlich dadurch, dass man sie ähnlich wie die Nitroarene zu Aminoarenen reduzieren kann. In dieser Funktion ersetzen sie Nitroarene im Falle solcher Arene, deren Seitengruppen bei der Nitrierung mit der aggressiven Nitriersäure zerstört würden.

Das Diazonium-Kation ArN_2^+ ist gegenüber Lewis-Basen B_L eine schwache Lewis-Säure ($Ar-N{\equiv}N^+ + B_L \leftrightarrows Ar-N{=}N-B_L^+$), und es wirkt gegenüber Arenen als schwaches Elektrophil. So reagiert es kaum mit Benzen, wohl aber mit aktivierten Arenen wie Aminoarenen, Phenolen und – noch besser – Phenolaten in schwach basischer Lösung. Stark basische Lösungen muss man meiden, da dann durch die Bildung des Diazohydroxids $Ar-N{=}N-OH$ die elektrophile Aktivität ganz verloren geht. Im Falle von Aminoarenen muss man saures Milieu vermeiden, da die dort gebildeten Ammonium-Kationen $ArNH_3^+$ eine elektrophile Substitution kaum noch eingehen. Umgekehrt lässt sich die Elektrophilie von ArN_2^+ steigern, wenn man etwa in die konjugationsfähige *para*-Position eine elektronenziehende Gruppe bringt. So ist beispielsweise das aus *p*-Aminobenzensulfonsäure, p-H_3N^+—C_6H_4—SO_3^- (*Sulfanilsäure*, ein Zwitterion), gewonnene Diazonium-Kation N_2^+—C_6H_4—SO_3H aktiver als PhN_2^+.

Die große Bedeutung der Azo-Kupplung ist der Eigenschaft der Azo-Verbindungen zu danken, sichtbares Licht bestimmter Frequenz zu absorbieren. Beispielsweise absorbiert Azobenzen violettes Licht und reflektiert bei darauffallendem weißem Licht das zu Violett komplementäre Gelb. Einen qualitativen Überblick über die MOs von Azo-Verbindungen X—N=N—X kann man gewinnen, wenn man die AOs der beiden N-Atome kombiniert, nämlich für jedes N-Atom zwei (sp^2)-AOs und ein p-AO [das jeweils dritte (sp^2)-AO wurde für die N—X-Bindungen verbraucht]. Je ein (sp^2)-AO kombiniert zu σ(NN) (besetzt) und σ^*(NN) (unbesetzt), die p-AOs zu π(NN) und π^*(NN), und je ein (sp^2)-AO zu den nicht bindenden MOs n_g und n_u (die Indices g und u, *gerade* und *ungerade*, beziehen sich auf das *trans*-Isomer, C_{2h}); Letztere entsprechen den freien Elektronenpaaren im primitiven Valenzstrichmodell. Die Rechnung zeigt, dass das Orbital n_u als HOMO und π^* als LUMO fungieren. Die Lichtabsorption hat einen Übergang eines Elektrons von n_u nach π^* zur Folge, d. i. ein sog. $n \rightarrow \pi^*$-Übergang. Farbgebende Gruppen wie die Azogruppe nennt man *Chromophore*. Durch Variation der Arylgruppen und ihrer Substituenten in Ar—N=N—Ar' kann man die Absorptionsfrequenz für den $n \rightarrow \pi^*$-Übergang variieren und so den Azo-Verbindungen beliebige Farbigkeit verleihen. Die Azofarbstoffe stellen die wichtigsten synthetischen organischen Farbstoffe dar und haben insbesondere in der Textiltechnik eine herausragende Bedeutung.

Aufbau von C—C-Bindungen

Zur Einteilung der C—C-Kupplung zwischen Arenen Ar—H und Elektrophilen mit einem Carbonzentrum sei dieses mit zunehmender Oxidationszahl des Carbonzentrums betrachtet. Bei der *Friedel-Crafts-Alkylierung* mit R_3C—Cl oder ähnlichen Alkylierungsmitteln in Gegenwart von $AlCl_3$ oder ähnlichen Katalysatoren (das Symbol R möge hier auch H einschließen) ist R_3C^+ das Elektrophil. Bei der *Hydroxyalkylierung* mit R_2CO in Gegenwart von H^+ ist $R_2C(OH)^+$ das Elektrophil. Bei der *Friedel-Crafts-Acylierung* mit RCOCl in Gegenwart von $AlCl_3$ oder ähnlichen Stoffen fungiert RCO^+ als Elektrophil. Bei der *Carboxylierung* mit CO_2 in Gegenwart von Kationen M^+ ist möglicherweise eine Koordinationsverbindung, die das Fragment M—O—CO^+ enthält, das Elektrophil.

(1) Ar—H + R_3C—Cl $\rightarrow$ Ar—CR_3 + HCl
(2) Ar—H + R_2C=O $\rightarrow$ Ar—CR_2—OH
(3) Ar—H + RCO—Cl $\rightarrow$ Ar—CR=O + HCl
(4) Ar—H + CO_2 $\rightarrow$ Ar—COOH

Zur Alkylierung (1). Bei den zur Friedel-Crafts-Alkylierung eingesetzten Halogenoalkanen R—Hal nimmt die Aktivität mit der Masse von Hal ab (F > Cl > Br > I), offenbar eine Folge der Komplexbildungsaktivität mit dem Katalysator. Auch Alkohole wirken als Alkylierungsmittel, und zwar umso besser je langlebiger R^+ ist (s. Abschnitt 6.1.1); in diesem Falle wirken Brønsted-Säuren als Katalysator ($ROH + H^+ \rightarrow R^+ + H_2O$). Ähnlich fungieren Alkene in Gegenwart von H^+ ($R_2C=CH_2 + H^+ \rightarrow R_2C^+—CH_3$) als Alkylierungsmittel. Die Ethylierung von Benzen mit Ethen in Gegenwart von $AlCl_3$ und HCl führt in einer technisch wichtigen Reaktion zu Ethylbenzen, das sich in einer Folgereaktion u. a. zum ebenfalls wichtigen Ethenylbenzen Ph—$CH=CH_2$ (*Styren*) dehydrieren lässt.

Die Friedel-Crafts-Alkylierung verläuft thermodynamisch kontrolliert. Das hat zur Folge, dass die Alkylierung eines Alkylbenzens zum thermodynamisch stabilsten Produkt führt, und das ist das *meta*-Dialkylbenzen und nicht das kinetisch begünstigte *ortho*- oder das *para*-Produkt. Eine weitere Folge ist, dass sich das reversible Gleichgewicht ArH + RCl ⇄ ArR + HCl nach links verschieben, die Alkylierung also umkehren lässt, wenn man HCl zusetzt. Das hat eine praktische Folge: Lässt man beispielsweise HCl auf *para*-Methyl-*tert*-butylbenzen in Gegenwart von $AlCl_3$ einwirken, so entsteht Toluen und *t*BuCl, weil *t*Bu ein relativ stabiles Kation bildet und viel schneller reagiert als Me; die *t*Bu-Gruppe kann so als leicht wieder abspaltbare Schutzgruppe dienen.

Problematisch ist die Überführung von Benzen C_6H_6 in Alkylbenzen C_6H_5R deshalb, weil R die Zweitsubstitution aktiviert, sodass im Allgemeinen bei der Alkylierung ein Gemisch von Benzenen mit unterschiedlichem Alkylierungsgrad entsteht. Um Monoalkylbenzen zu erhalten, empfiehlt es sich, Benzen im Überschuss anzuwenden und später wieder abzutrennen. Ein anderes Problem kann durch die Tendenz von Carbenium-Ionen entstehen, sich in ein stabileres Kation umzulagern, auch dann, wenn sie in ein Ionenpaar eingebunden sind. Will man beispielsweise Benzen mit 1-Chloropropan propylieren, so erhält man ein Gemisch von Propyl- und Isopropylbenzen zufolge der Umlagerung $CH_3—CH_2—CH_2^+ \rightarrow CH_3—CH^+—CH_3$.

Phenol, Anilin, ja sogar Naphthalen gehen so starke Wechselwirkungen mit dem Friedel-Crafts-Katalysator ein, dass sie sich nicht zur Alkylierung eignen. So bleibt die Friedel-Crafts-Alkylierung, von Sonderfällen abgesehen, auf Benzen und Alkylbenzene beschränkt. Was Chloroalkane als Alkylierungsmittel anbetrifft, können in geminalen wie nicht geminalen Di- oder Trichloroalkanen alle Cl-Funktionen wirksam werden. So kann man beispielsweise CH_2Cl_2 mit Benzen in CH_2Ph_2 und $CHCl_3$ in $CHPh_3$ überführen.

Zur Hydroxyalkylierung (2). Benzen reagiert mit Aldehyden RCHO oder Ketonen RR'CO in Gegenwart von Brønsted-Säuren zu Ph—CHR—OH bzw. Ph—CRR'—OH. Die gebildeten Alkohole können unter dem Einfluss von H^+ ein zweites Benzen-Molekül alkylieren, insgesamt gemäß $2\,C_6H_6 + RCHO \rightarrow Ph—CHR—Ph + H_2O$. Ein Beispiel aus der Praxis bietet die Synthese von DDT:

$2\ C_6H_5Cl + CCl_3{-}CHO \rightarrow CCl_3{-}CH(p\text{-}C_6H_4Cl)_2 + H_2O$. Ein zweites Beispiel, und zwar für eine *intramolekulare* Hydroxyalkylierung, betrifft eine Synthese für Chinolin: 3-(Phenylamino)propanal (dargestellt aus Acrolein $H_2C{=}CH{-}CHO$ durch Addition von Anilin $PhNH_2$ an die CC-Doppelbindung) kann intramolekular zum 1,2-Dihydrochinolin hydroxyalkyliert und dieses anschließend durch Dehydrierung in Chinolin (d. i. 1-Azanaphthalen) übergeführt werden. In einem ähnlichen Beispiel geht man vom Phenylester der 3-Oxobuttersäure, $Me{-}CO{-}CH_2{-}COOPh$, aus, dessen intramolekulare Hydroxyalkylierung in Gegenwart von H^+ das 4-Methylbenzopyran-2-on (*4-Methylcumarin*) ergibt.

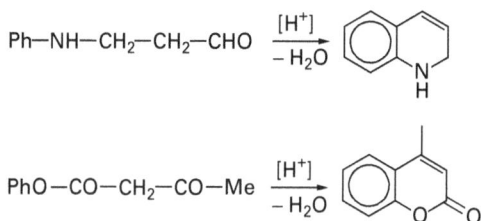

Hydroxyalkyliert man Phenol mit Methanal, dann kommt man zu den technisch bedeutsamen *Phenol-Formaldehyd-Harzen* (s. Abschnitt 6.3.3). Eine spezielle Hydroxymethylierung mit Methanal erzielt man in Gegenwart von HCl und $ZnCl_2$; das primäre Hydroxymethylierungsprodukt $Ph{-}CH_2{-}OH$ erfährt hier noch einen OH/Cl-Austausch, sodass Benzylchlorid $PhCH_2Cl$ entsteht (*Chlormethylierung*).

Zur Acylierung (3). Die Acylierung von Arenen ist die Standardmethode zur Darstellung von Arylketonen $Ar{-}CO{-}R$. Als wichtige Acylierungsmittel der Friedel-Crafts-Acylierung fungieren Säurechloride $RCOCl$ oder Säureanhydride $(RCO)_2O$. Wie bei der Alkylierung ist $AlCl_3$ der am weitesten verbreitete Katalysator. Als Arene geeignet sind Benzen, Alkylbenzene, Halogenobenzene, Naphthalen oder auch die Fünfring-Heteroarene Pyrrol, Furan und Thiophen. Desaktivierende Substituenten am Benzen verhindern die Acylierung; so kann man Nitrobenzen als Lösungsmittel für Acylierungen einsetzen, ohne dessen Acylierung befürchten zu müssen. Phenol und Anilin werden am O- bzw. N-Atom acyliert und ergeben Phenylester bzw. Phenylamide. Dies lässt sich vermeiden, wenn man statt PhOH den Methylether PhOMe bzw. statt $PhNH_2$ das *N,N*-Dimethyl-Derivat $PhNMe_2$ einsetzt. Durch Acylierung von PhOH erhaltene Phenylester $RCOOPh$ allerdings lagern sich in der Wärme in Gegenwart von $AlCl_3$ zu den Friedel-Crafts'schen *ortho*- und *para*-Acylierungsprodukten um: (1) $PhOH + RCOCl \rightarrow RCO{-}OPh + HCl$; (2) $RCO{-}OC_6H_5 \rightarrow RCO{-}C_6H_4{-}OH$ (*Fries-Umlagerung*). Die cyclischen Anhydride von Dicarbonsäuren können zweimal zur Acylierung herangezogen werden. Nach dem ersten Acylierungsschritt, $[{-}CO{-}(CH_2)_n{-}CO{-}O{-}] + Ar{-}H \rightarrow Ar{-}CO{-}(CH_2)_n{-}COOH$, muss die Carboxyl-Funktion mit $SOCl_2$ in die Chlorocarbonyl-Funktion gemäß $-COOH + SOCl_2 \rightarrow -COCl + SO_2 + HCl$ übergeführt werden, sodann erfolgt die zweite Acylierung gemäß $Ar{-}CO{-}(CH_2)_n{-}COCl +$

Ar—H → Ar—CO—(CH$_2$)$_n$—CO—Ar + HCl. In Abwesenheit von ArH kann der zweite Acylierungsschritt auch intramolekular verlaufen. Als Beispiel hierfür sei die Synthese von Benzanthrachinon aus Phthalsäureanhydrid und Naphthalen angeführt; das Benzanthrachinon kann in einem Folgeschritt leicht zum Benzanthracen reduziert werden.

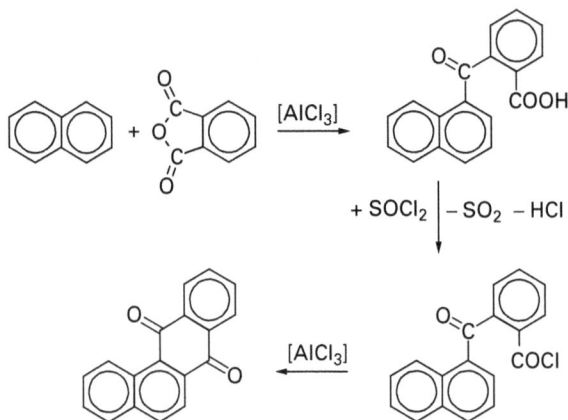

Im Falle von Ameisensäure ist das Säurechlorid HCOCl keine stabile Verbindung (→ CO + HCl). Lässt man aber ein Gemisch der Gase CO und HCl (generiert z. B. durch die Reaktion ClSO$_3$H + HCOOH → CO + HCl + H$_2$SO$_4$) in Gegenwart von AlCl$_3$ auf Benzen einwirken, dann erhält man Benzaldehyd: C$_6$H$_6$ + CO → C$_6$H$_5$—CHO (*Gattermann-Koch-Reaktion*). Chloroform CHCl$_3$ kann man als das Trichlorid der Ameisensäure auffassen. Mit Phenolat PhO$^-$ in alkalischer Lösung reagiert CHCl$_3$ zu *ortho*-Formylphenolat: C$_6$H$_5$O$^-$ + HCCl$_3$ + 3 OH$^-$ → *o*-C$_6$H$_4$(CHO)—O$^-$ + 3 Cl$^-$ + 2 H$_2$O; ein nicht isoliertes Zwischenprodukt ist dabei *o*-C$_6$H$_4$(CHCl$_2$)—O$^-$, entstanden durch Einschub von CCl$_2$ (CHCl$_3$ + OH$^-$ → CCl$_2$ + H$_2$O + Cl$^-$) in die *o*-C—H-Bindung von PhO$^-$ (*Reimer-Tiemann-Reaktion*). Selbst das Nitril der Ameisensäure, HCN, vermag Benzen oder dessen Alkyl-Derivate in Gegenwart von HCl und ZnCl$_2$ in zwei Schritten zu formylieren: (1) Ar—H + HCN + H$^+$ → Ar—CH=NH$_2^+$; (2) ArCH=NH$_2^+$ + H$_2$O → ArCHO + NH$_4^+$; das alkylierende Kation ist offenbar HC$^+$=NH (*Gattermann-Reaktion*). Nicht nur das Nitril, auch ein spezielles Amid der Ameisensäure, nämlich HCO(NMePh), kann man zur Formylierung von Arenen einsetzen, wenn man einen speziellen Katalysator, nämlich POCl$_3$, anwendet: Ar—H + HCO(NMePh) → Ar—CHO + HNMePh; das Kation HCCl(NMePh)$^+$ gilt als das acylierende Agens in dieser vielstufigen, mechanistisch nicht durchsichtigen Reaktion (*Vilsmeyer-Reaktion*). In Einzelfällen hat man nicht nur die Methansäure-Derivate HCN oder HCO(NMePh), sondern in analoger Weise auch Alkansäure-Derivate RCN bzw. RCO(NMePh) zur Acylierung von Arenen eingesetzt.

Zur Carboxylierung (4). Bei der Carboxylierung von Arenen mit CO$_2$ handelt es sich nicht um eine breit anwendbare Reaktion. So sind es vor allem Metallphenolate MOPh, die sich bei $100\,°C$ unter CO_2-Druck vorwiegend in der *ortho*-Stellung carboxylieren lassen: $MOC_6H_5 + CO_2 \rightarrow o\text{-}HO\text{-}C_6H_4\text{-}COO^- + M^+$.

Aufbau von C—S-Bindungen

Arensulfonsäuren $ArSO_3H$ sind durch elektrophile aromatische Substitution zugänglich. Sie haben große technische Bedeutung. Benzen wird am besten mit *rauchender Schwefelsäure* (d. i. eine Lösung von SO_3 in konz. H_2SO_4) sulfoniert; das sulfonierende Agens ist dabei SO_3: $Ar\text{-}H + SO_3 \rightarrow Ar\text{-}SO_3H$. Aktivierte Arene wie Toluen oder Phenol werden schon von konz. H_2SO_4 sulfoniert. Anilin, ein ebenfalls aktiviertes Aren, wird bei der Einwirkung von H_2SO_4 zunächst desaktiviert, weil das Anilinium-Salz $[PhNH_3]HSO_4$ gebildet wird; beim Erhitzen auf knapp $200\,°C$ geht das Salz in die zwitterionische p-Aminobenzensulfonsäure (Sulfanilsäure) über: $[PhNH_3]HSO_4 \rightarrow p\text{-}H_3N^+\text{-}C_6H_4\text{-}SO_3^- + H_2O$. Auch Chlorosulfonsäure wirkt sulfonierend: $Ar\text{-}H + ClSO_3H \rightarrow Ar\text{-}SO_3H + HCl$. Im Überschuss von $ClSO_3H$ entsteht das entsprechende Arensulfonsäurechlorid (*Sulfochlorierung*): $Ar\text{-}H + 2\,ClSO_3H \rightarrow Ar\text{-}SO_2Cl + H_2SO_4 + HCl$; die Säurechloride $ArSO_2Cl$ sind wie üblich das Ausgangsmaterial zur Herstellung entsprechender Ester $ArSO_2OR$ und Amide $ArSO_2NH_2$. Überschüssige Schwefelsäure kann vom sulfonierten Produkt durch Zugabe von $BaCl_2$ in Wasser abtrennen, da $BaSO_4$ – im Gegensatz zu $Ba(ArSO_3)_2$ – in Wasser schwer löslich ist.

Die Sulfonierungsreaktion $Ar\text{-}H + H_2SO_4 \leftrightarrows Ar\text{-}SO_3H + H_2O$ ist eine thermodynamisch kontrollierte Gleichgewichtsreaktion. Das Gleichgewicht verschiebt sich bei höherer Temperatur sowie im Überschuss von H_2O nach links, sodass schon das Erwärmen von $ArSO_3H$ in verdünnter Schwefelsäure ausreicht, um $ArSO_3H$ in ArH überzuführen. Dieser Sachverhalt macht die SO_3H-Gruppe u. a. als *Schutzgruppe* tauglich. Hierzu als Beispiel eine weitere Darstellungsmethode für Pikrinsäure $C_6H_2(OH)(NO_2)_3$! Zunächst sulfoniert man Phenol: $C_6H_5OH + 2\,H_2SO_4 \rightarrow 1,2,4\text{-}C_6H_3(OH)(SO_3H)_2 + 2\,H_2O$. Mit heißer konz. HNO_3 werden beide SO_3H-Gruppen durch NO_2 substituiert und weiterhin eine dritte NO_2-Gruppe gegen H ausgetauscht: $C_6H_3(OH)(SO_3H)_2 + 3\,HNO_3 \rightarrow 1,2,4,6\text{-}C_6H_2(OH)(NO_2)_3 + 2\,H_2SO_4 + H_2O$.

Eine weitere Besonderheit der Sulfonierung von Arenen ist es, dass z. B. C_6D_6 langsamer reagiert als C_6H_6, ein Beispiel für den sog. *kinetischen Isotopeneffekt*. Man muss folgern, dass hier nicht – wie sonst bei der zweistufigen elektrophilen aromatischen Substitution – die Bildung der Phenonium-Zwischenstufe der die Geschwindigkeit bestimmende Schritt ist, sondern die Ablösung von H^+ bzw. D^+ aus der Zwischenstufe. Der zweite Aktivierungsberg längs der Reaktionskoordinate ist hier der höhere.

Arensulfonsäuren sind starke Säuren. Im Gegensatz zu Arenen sind sie mit ihrer hydrophilen SO_3H-Gruppe wasserlöslich. Das ist für die Anwendung wichtig, etwa weil Azofarbstoffe aufgrund der Anwesenheit von SO_3^--Gruppen neben Na^+ in wässriger Lösung gehandhabt werden können.

6.5 Eliminierungen

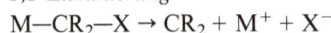

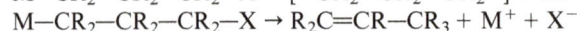

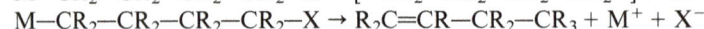

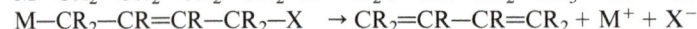

Bei Eliminierungen nach der allgemeinen Gleichung

$$M-A-X \rightarrow A + M^+ + X^-$$

werden zwei σ-Bindungen gelöst. Das eine Bindungselektronenpaar verbleibe bei A, das andere werde von X mitgenommen. Der Molekülteil A möge ein Carbon-hydrid-Gerüst darstellen. Das Symbol M steht in den meisten Fällen für ein H-Atom, in seltenen Fällen für ein Metallatom samt seiner Ligandsphäre.

Bei geminaler Stellung von M und X entsteht bei der Eliminierung ein Carben, und das an das Carben abgegebene Bindungselektronenpaar verbleibt dort als freies Elektronenpaar oder geht dort in zwei ungepaarte radikalische Elektronen über (s. Abschnitt 6.1.4; das Symbol R stehe hier für Hydrogen, Alkyl und Aryl):

1,1-Eliminierung
$$M-CR_2-X \rightarrow CR_2 + M^+ + X^-$$

Bei vicinaler Stellung von M und X entsteht ein Alken, und das an A abgegebene Elektronenpaar gewinnt π-Charakter:

1,2-Eliminierung
$$M-CR_2-CR_2-X \rightarrow R_2C=CR_2 + M^+ + X^-$$

Bei 1,3-Stellung von M und X findet sich das an A abgegebene Elektronenpaar in einer neuen σ-Bindung in einem im Zuge der Eliminierung gebildeten Dreiring wieder oder aber es entsteht nach einer Umlagerung von R ein Alken:

1,3-Eliminierung
$$M-CR_2-CR_2-CR_2-X \rightarrow [-CR_2-CR_2-CR_2-] + M^+ + X^-$$
$$M-CR_2-CR_2-CR_2-X \rightarrow R_2C=CR-CR_3 + M^+ + X^-$$

Bei 1,4-Stellung von M und X kann es zu einer Vierringbildung kommen, oder es entsteht unter Umlagerung von R ein Alken; liegt schon eine zentrale π-Bindung vor, so entsteht eine zweite π-Bindung:

1,4-Eliminierung
$$M-CR_2-CR_2-CR_2-CR_2-X \rightarrow [-CR_2-CR_2-CR_2-CR_2-] + M^+ + X^-$$
$$M-CR_2-CR_2-CR_2-CR_2-X \rightarrow R_2C=CR-CR_2-CR_3 + M^+ + X^-$$
$$M-CR_2-CR=CR-CR_2-X \rightarrow CR_2=CR-CR=CR_2 + M^+ + X^-$$

Anstelle von 1,1-, 1,2-, 1,3- und 1,4- spricht man auch von α-, β-, γ- bzw. δ-Eliminierung.

Bei Weitem am häufigsten kommt es zur 1,2-Eliminierung mit M = H, auf die wir uns im Folgenden beschränken. Was die 1,1-Eliminierung anbetrifft, sei auf die in Abschnitt 6.1.4 beschriebene Bildung von Carbenen verwiesen (z. B. $Et_2CClLi \rightarrow Et_2C + LiCl$).

6.5.1 Einstufige bimolekulare 1,2-Eliminierung

Zur einstufigen bimolekularen Eliminierung bedarf es einer Base B^-, die ein H^+ aus dem Molekül $H\text{—}CR_2\text{—}CR_2\text{—}X$ abholt, während gleichzeitig die C—X-Bindung gelöst wird, sodass es zu einem Übergangszustand der Form

$$\{B\cdots H\cdots CR_2 \overset{\cdots}{=} CR_2 \cdots X\}^-$$

kommt. Die Reaktionsgeschwindigkeit ist proportional zur Konzentration des Edukts und der Base; die Reaktion verläuft mithin nach 2. Ordnung: *E2-Reaktion*.

Konkurrenz E2-Eliminierung/S_N2-Substitution

Im Allgemeinen konkurriert die E2-Eliminierung (1) mit der S_N2-Substitution (2):

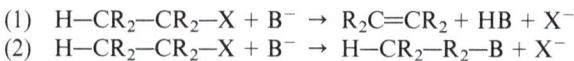

(1) $H\text{—}CR_2\text{—}CR_2\text{—}X + B^- \rightarrow R_2C{=}CR_2 + HB + X^-$
(2) $H\text{—}CR_2\text{—}CR_2\text{—}X + B^- \rightarrow H\text{—}CR_2\text{—}R_2\text{—}B + X^-$

Zur Beurteilung dieser Konkurrenz sind folgende Parameter von Bedeutung: Verzweigungsgrad im Edukt, acidifizierende Gruppen im Edukt, Basizität und Nucleophilie von B^-, Raumbedarf von B^-, Lösungsmittel und Reaktionstemperatur.

Was den *Verzweigungsgrad* am C-Atom, an das X gebunden ist, anbetrifft, sei beispielhaft die Reihe $H_3C\text{—}CH_2\text{—}Br / H_3C\text{—}CHMe\text{—}Br / H_3C\text{—}CMe_2\text{—}Br$ (kurz: EtBr/*i*PrBr/*t*BuBr) herangezogen! Die Annäherung der Base B^- an ein H-Atom einer CH_3-Gruppe zum Zwecke der Eliminierung wird durch die Verzweigung kaum beeinflusst, wohl aber die Annäherung von B^- an das mehr oder weniger verzweigte C-Atom zum Zwecke der Substitution von X^-. Dies spricht für eine mit dem Verzweigungsgrad zunehmende Eliminierungstendenz. Nimmt man EtO^- als Base, so überwiegt im Falle von EtBr die Substitution, die zum Ether Et_2O führt, die Eliminierung bei Weitem; im Falle *i*PrBr überwiegt die Substitution die Eliminierung noch ein wenig, und im Falle von *t*BuBr kommt es nahezu ausschließlich zur Bildung des Eliminierungsprodukts Isobuten.

Acidifizierende Gruppen Z (z. B. COR, COOR, CN) in der β-Position zu X, —CHX—CHZ—, erleichtern die Abspaltung von H^+ durch Basen und führen zum Eliminierungsprodukt —CH=CZ—.

Eine große *Nucleophilie* von B^- fördert die Substitution, während die Tendenz zur H^+-Abstraktion im Zuge der Eliminierung mit der *Basizität* von B^- einhergeht. Beispielsweise wird das Anion Br^- eher die Substitution, die Base OH^- eher die

Eliminierung bewirken, ist doch Br^- ein starkes Nucleophil und eine schwache Base, während auf OH^- das Umgekehrte zutrifft.

Ein großer *Raumbedarf* von B^- (wie z. B. von $OtBu^-$) hindert die Substitution, behindert indes kaum den Aufbau einer Bindungsbeziehung zu H^+ und fördert folglich die Eliminierung.

Sowohl bei der Eliminierung (1) als auch bei der Substitution (2) haben wir einen anionischen Übergangszustand zu erwarten, der im Prinzip durch *polare Lösungsmittel* erleichtert wird. Doch verteilt sich diese Ladung bei der E2-Eliminierung über fünf, bei der S_N2-Substitution nur über drei Zentren, sodass die Substitution durch die Polarität des Lösungsmittels stärker beeinflusst wird als die Eliminierung. Lässt man etwa auf Chloroalkane Kaliumhydroxid einmal in Wasser und einmal in Ethanol einwirken, so erhält man in Wasser mehr vom Alkanol, in Ethanol mehr vom Alken. Will man die Substitution mit Sicherheit vermeiden, dann setzt man als Base $tBuO^-$ im Lösungsmittel $tBuOH$ ein: eine sperrige Base und ein mäßig polares Lösungsmittel, die Eliminierung garantieren.

Die zur Eliminierung benötigte Freie Aktivierungsenthalpie ist größer als die zur Substitution benötigte. Bei Erhöhung der *Reaktionstemperatur* bestimmt allerdings zunehmend die Thermodynamik das Geschehen. Da die Substitution enthalpisch günstiger, aber entropisch ungünstiger ist als die Eliminierung, wird diese bei Temperaturerhöhung gefördert.

Regio- und Stereoselektivität

Es stellt sich die Frage, ob ein Edukt vom Typ $R_2CH{-}CHX{-}CH_3$ eine E2-Eliminierung zum Alken $R_2C{=}CH{-}CH_3$ (*Saytzeff-Produkt*) oder zum Alken $R_2CH{-}CH{=}CH_2$ (*Hofmann-Produkt*) erfährt. Das Saytzeff-Produkt mit der stärkeren Verzweigung an der Doppelbindung ist thermodynamisch günstiger. Es bildet sich, wenn die C=C-Doppelbindung im Übergangszustand genügend gut präformiert ist, wie es bei den prominenten Austrittsgruppen X = Cl, Br, I, COOR, SO_3R, OH_2^+ u. a. der Fall ist. (Die Gruppe OH_2^+ bedeutet eine hydronierte Alkohol-Funktion.) Das Hofmann-Produkt kommt zum Zuge, wenn die Base B^- das abzuspaltende Hydron im Übergangszustand in erheblichem Maße übernommen hat, ohne dass sich die C—X-Bindung schon wesentlich gelöst hätte. Dadurch erhält das C-Atom mit dem schon nahezu abgelösten Hydron einen carbanionischen Charakter, und da Carbanionen umso stabiler sind, je weniger verzweigt das carbanionische Zentrum ist, wird das Hofmann-Produkt günstiger. Diese Situation trifft man an, wenn die Öffnung der C—X-Bindung kinetisch ungünstig ist, also z. B. bei X = NR_3^+, SR_2^+. Allerdings verläuft die E2-Eliminierung nicht *regiospezifisch* (also zu 100 % zu einem der beiden Alkene), sondern nur *regioselektiv*. (Das Präfix *regio* legt fest, dass es sich bei den in Konkurrenz gebildeten Produkten um *Konstitutionsisomere* handelt.) Beispielsweise ergibt 2-Bromobutan, $H_3C{-}CH_2{-}CHBr{-}CH_3$, zu 81 % But-2-en und zu 19 % But-1-en. Regiospezifisch wird die Eliminierung dann, wenn etwa das Saytzeff-Produkt nicht entstehen kann, z. B. weil es der Bredt'-

schen Regel zuwiderläuft; so kann aus 2-Chloronorbornan nicht das Saytzeff-Produkt Norborn-1-en (mit der Doppelbindung am Brückenkopf), sondern nur das Hofmann-Produkt Norborn-2-en gebildet werden. (Aus 1-Chloronorbornan kann demgemäß überhaupt kein HCl abgespalten werden.)

Der nahtlose Übergang der am Aufbau der C2—X- und C1—H-Bindung beteiligten (sp^3)-Orbitale der Atome C1 und C2 in ein C1=C2-π-Orbital ist aus zwei Konformationen der Dieder-Anordnung H—C1—C2—X heraus möglich, nämlich der gestaffelten antiperiplanaren (Diederwinkel 180°) und der ekliptischen synperiplanaren (Diederwinkel 0°):

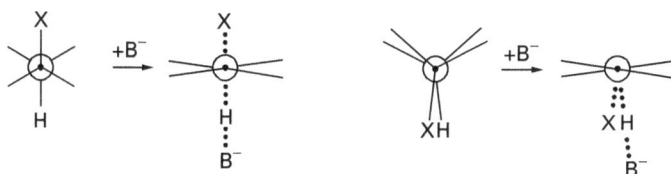

Die antiperiplanare Konfiguration ist energetisch günstiger, sodass E2-Eliminierungen in der Regel von ihr ausgehen (*Ingold-Regel*). Diese Regel wird aber durchbrochen, wenn eine antiperiplanare Einstellung der sich abspaltenden Partikeln H und X gar nicht möglich ist. Dies ist regelmäßig der Fall bei nicht allzu großen Ringen. Kann beim Cyclohexan-Sechsring bei einer *a,a*-Position vicinaler Substituenten H und X die antiperiplanare Position realisiert werden, so ist dies schon beim Fünfring nicht mehr möglich, sodass die E2-Eliminierung hier aus einer synperiplanaren Position heraus erfolgt. Betrachten wir als Beispiel das (2-Methylcyclopentyl)-tosylat $C_5H_8Me(OTs)$ und die Abspaltung von HOTs aus dem Ringfragment —CH$_2$—CH(OTs)—CHMe— zu —CH$_2$—CH=CMe— (Saytzeff) oder zu —CH=CH—CHMe— (Hofmann)! Stehen OTs und Me auf verschiedenen Seiten relativ zur *mittleren Ebene* (d. i. die Ebene, von der die fünf Atome des nichtplanaren Rings den geringsten Abstand haben), dann stehen OTs und H2 (H2 sei an das Ringatom C2 gebunden) auf der gleichen Seite in *cis-Position* (anstatt von *cis-* und *trans-*Position spricht man hier auch von *syn-* und *anti-*Position), die von der synperiplanaren Konformation mit dem Diederwinkel von 0° kaum abweicht; die Eliminierung zum 1-Methylcyclohexen, dem Saytzeff-Produkt, ist günstig und findet in regioselektiver Weise statt. Stehen OTs und Me in *cis-* und damit OTs und H2 in *trans-*Position, dann kommt das 3-Methylcyclohexen als das Hofmann-Produkt stärker zum Zuge, denn eines der beiden H-Atome am Ringatom C5 steht notwendigerweise *cis* zu OTs an C1. Ersetzen wir aber Me durch Ph, dann ist die Konjugationsstellung der sich bildenden Ringdoppelbindung zum Ph-Rest so günstig, dass bei der Eliminierung von HOTs aus $C_5H_8Ph(OTs)$, unabhängig von der Stellung von OTs und H2 zueinander, nur das Saytzeff-Produkt mit dem Ringframent —CH=CPh— entsteht. Dies geschieht allerdings wesentlich schneller mit OTs und H2 in *cis-* als in *trans-*Stellung.

Die Ingold-Regel über die E2-Eliminierung aus antiperiplanarer Konformation lässt sich auf die zu Alkinen führende Eliminierung von HX aus Alkenen erweitern: Sie verläuft deutlich schneller, wenn H und X *trans*, und nicht *cis* zueinander stehen. So verläuft die Abspaltung von HCl mithilfe von Natronlauge aus *Z*-2-Chlorobut-2-endisäure (*Chlorofumarsäure*; H und Cl in *trans*-Stellung) ca. 50-mal schneller als aus dem *E*-Isomer (*Chloromaleinsäure*), jeweils mit Butindioat als Produkt:

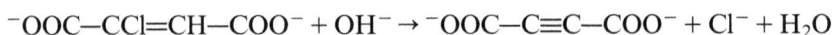

$$^-OOC-CCl{=}CH-COO^- + OH^- \rightarrow {}^-OOC-C{\equiv}C-COO^- + Cl^- + H_2O$$

Die E2-Eliminierung von HX aus der antiperiplanaren Konformation von H und X heraus hat *stereochemische*, also die Konfiguration betreffende, Konsequenzen, die zunächst anhand der Eliminierung von HBr aus 2-Bromobutan zum Saytzeff-Produkt But-2-en erläutert seien. Zwei Konformationen mit H und Br in antiperiplanarer Position sind denkbar, und zwar mit den beiden Me-Gruppen in synklinaler (links) oder in der energetisch etwas, besseren antiperiplanaren Position (rechts). Bildet sich aus dem linken Konformer der Übergangszustand der E2-Eliminierung, so kommen sich die beiden Me-Gruppen in ungünstiger Weise näher, sodass sich bevorzugt vor dem *Z*-Buten das *E*-Buten aus dem rechten Konformer *stereoselektiv* bildet, und zwar sowohl im Falle des *R*- (oben) als auch des *S*-Edukts (unten). (Das Präfix *stereo* legt fest, dass es sich bei den in Konkurrenz gebildeten Produkten um Konfigurationsisomere handelt.)

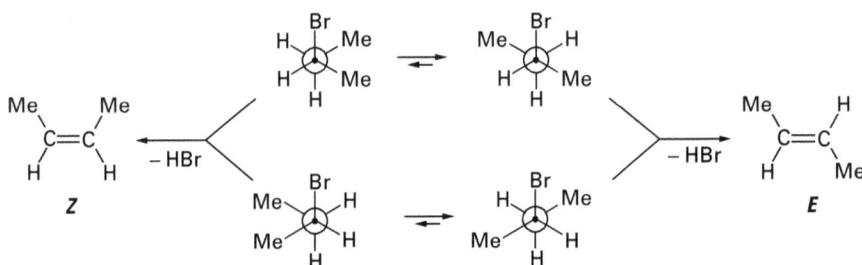

Als Beispiel für eine E2-Eliminierung aus einem diastereomeren Edukt sei die Reaktion $CH_3-CHPh-CHPhCl \rightarrow CH_3-CPh{=}CHPh + HCl$ betrachtet. Für beide Diastereomere, (*R,R*) und (*R,S*) (bzw. deren Enantiomere), gibt es nur je eine Konformation mit Cl an C1 und H an C2 in antiperiplanarer Stellung. Das (*R,R*)-Edukt (und ebenso dessen Antipode) führt ausschließlich, also *stereospezifisch*, zum *E*-Propen, das (*R,S*)-Edukt (und ebenso dessen Antipode) ausschließlich zum *Z*-Propen. Für die *E*/*Z*-Unterscheidung haben die Ph-Gruppen Priorität; sie stehen im thermodynamisch besseren *E*-Produkt und im dazugehörigen Übergangszustand einander gegenüber und in der entsprechenden Edukt-Konformation in jener antiperiplanaren Stellung, die nur dem (*R,R*)/(*S,S*)-Diastereomerpaar möglich ist; beim (*R,S*)/(*S,R*)-Paar stehen sie in synclinaler Stellung (d. i. die Stellung mit einem Idealdiederwinkel von 60°). Die Aktivierungsenthalpie ist im $(R,R)/(S,S)$-Fall um knapp 10 kJ mol^{-1} kleiner und die Reaktionsgeschwindigkeit etwa 50-mal größer als im $(R,S)/(S,R)$-Fall. (Man beachte, dass Ph einen höheren CIP-Rang hat als CHMePh!)

E2-Eliminierung in der Praxis

Die E2-Eliminierung tritt häufig dann auf, wenn der Rest X$^-$ sehr schwach basisch und mithin die Brønsted-Säure HX stark sauer ist: HX = HCl, HBr, HO$_3$SR, HO$_3$SAr. Soll die konkurrierende S$_N$-Reaktion nicht zu stark werden, dann geht man von sekundären und tertiären Edukten, R″—CH$_2$—CHR—X bzw. R″—CH$_2$—CRR′—X, aus.

Die verwendeten Basen sind vielfach anionischer Natur. Löst man NaOH in EtOH als Lösungsmittel, dann liegt im Überschuss von EtOH das Gleichgewicht EtOH + OH$^-$ ⇆ EtO$^-$ + H$_2$O rechts, sodass EtO$^-$ als Base fungiert. Eine wirkungsvolle Base ist KOtBu in tBuOH (gewonnen aus K und tBuOH). Gelegentlich setzt man neutrale Basen wie Pyridin oder N,N-Dimethylanilin ein, gern auch Säureamidine RC(NR)(NR$_2$), die durch die Aufnahme von H$^+$ in Amidinium-Kationen RC(NHR)(NR$_2$)$^+$ übergehen, allen voran das 1,5-Diazabicyclo[4.3.0]non-5-en (dbn):

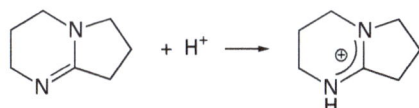

Unter den wenigen Gruppen X, die als neutrale Moleküle austreten, sei X = NMe$_3$ erwähnt. Diese Gruppe ist bei der Eliminierung sogar dann wirksam, wenn sie an ein primäres C-Atom gebunden ist und wenn man ohne Lösungsmittel bei 100–200 °C arbeitet: [RCH$_2$—CH$_2$—NMe$_3$]OH → RCH=CH$_2$ + NMe$_3$ + H$_2$O. Das Ammoniumhydroxid erhält man aus dem Amin durch Methylierung (RCH$_2$—CH$_2$—NH$_2$ + 3 MeI → [RCH$_2$—CH$_2$—NMe$_3$]I + 2 HI) und nachfolgendem I/OH-Austausch mit feuchtem Ag$_2$O (2 [RCH$_2$—CH$_2$—NMe$_3$]I + Ag$_2$O + H$_2$O → 2 [RCH$_2$—CH$_2$—NMe$_3$]OH + 2 AgI), sodass man insgesamt das Amin RCH$_2$—CH$_2$—NH$_2$ in das Alken RCH=CH$_2$ übergeführt hat (*Hofmann-Eliminierung*). Als Beispiel für den Einsatz einer neutralen Base sei die HCl-Abspaltung aus Säurechloriden mithilfe von Tripropylamin genannt, die einen Zugang zu Ketenen ermöglicht: R$_2$CH—COCl + NPr$_3$ → R$_2$C=C=O + [HNPr$_3$]Cl.

Eine doppelte HCl-Abspaltung kann zu Alkinen führen. Das stark basische, aber schwach nucleophile Amid-Anion erlaubt es von primären Chloralkanen auszugehen: Cl—CHR—CH$_2$—Cl + 3 NaNH$_2$ → Na[C≡CR] + 2 NaCl + 3 NH$_3$.

6.5.2 Einstufige unimolekulare 1,2-Eliminierung

Befindet sich im eliminierenden Molekül ein Molekülteil mit basischem Zentrum, das zur intramolekularen Aufnahme von H$^+$ bereit ist, dann wird aus der gewöhnlichen einstufigen bimolekularen eine einstufige unimolekulare Eliminierung, wobei jener Molekülteil zusammen mit H sich abspaltet. Diese Eliminierung verläuft im Allgemeinen nach 1. Ordnung, stellt also eine E1-Eliminierung dar. Dabei wird ein cyclischer Übergangszustand durchlaufen, der fünf- oder sechsgliedrig sein kann.

Typische Eliminierungen mit *fünfgliedrig-cyclischem Übergangszustand* gehen bevorzugt von Zwitterionen des Typs $(RCH_2CH_2)Me_2N^+—Y^-$ aus (Y = CH_2, O). Das Zwitterion $(RCH_2CH_2)Me_2N^+—CH_2^-$, ein sog. *Ylid*, erhält man aus dem Ammonium-Kation $RCH_2CH_2—NMe_3^+$ durch Dehydronierung mit einer Base wie LiPh. (Als *Ylide* bezeichnet man alle zwitterionigen Verbindungen mit einer formal negativ geladenen CR_2^--Gruppe, deren C-Atom ein freies Elektronenpaar trägt, z. B. $R_3'N^+—CR_2^-$, $R_3'P^+—CR_2^-$, $R_2'S^+—CR_2^-$. Im Falle von $R_3'P^+—CR_2^-$ verkörpert die Ylid-Struktur nur eine Grenzstruktur, die mit einer formal ungeladenen *Ylen-Struktur* mesomer verknüpft ist: $R_3'P^+—CR_2^- \leftrightarrow R_3'P=CR_2$. Dies gilt nicht für $R_3'N^+—CR_2^-$, weil dem Nitrogen keine Oktettüberschreitung erlaubt ist.) Das Zwitterion $RCH_2CH_2—Me_2N^+—O^-$ stellt man aus dem entsprechenden Amin mit Hydrogenperoxid dar: $RCH_2CH_2—NMe_2 + H_2O_2 \rightarrow RCH_2CH_2—Me_2N^+—O^- + H_2O$. Die Eliminierung von Alken gemäß

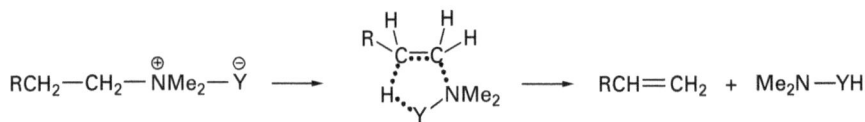

$$RCH_2—CH_2—\overset{\oplus}{N}Me_2—\overset{\ominus}{Y} \longrightarrow \quad \longrightarrow \quad RCH=CH_2 + Me_2N—YH$$

verläuft im Falle Y = CH_2 unter Abspaltung von NMe_3 schon bei Raumtemperatur, im Falle Y = O (*Cope-Eliminierung*) unter Abspaltung von Me_2NOH oberhalb von Raumtemperatur. Der sich abspaltende Molekülteil ist also Me_2NY mit Y als dem basischen Zentrum.

Typische Eliminierungen mit *sechsgliedrig-cyclischem Übergangszustand* sind die thermischen Decarboxylierungen aktivierter Carbonsäuren wie Alk-3-encarbonsäure, Propandisäure (*Malonsäure*) (bei 140 °C) oder 3-Oxoalkansäure (bei Raumtemperatur):

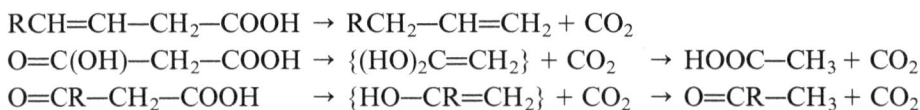

$$RCH=CH—CH_2—COOH \rightarrow RCH_2—CH=CH_2 + CO_2$$
$$O=C(OH)—CH_2—COOH \rightarrow \{(HO)_2C=CH_2\} + CO_2 \rightarrow HOOC—CH_3 + CO_2$$
$$O=CR—CH_2—COOH \quad\rightarrow \{HO—CR=CH_2\} + CO_2 \rightarrow O=CR—CH_3 + CO_2$$

Dabei wird ein Übergangszustand vom Typ **A** (X/Y = H/CHR, OH/O, R/O) durchlaufen. Entstehen Enole, dann tautomerisieren sie sich in einem Folgeschritt zur entsprechenden Oxo-Verbindung. Der sich abspaltende Molekülteil ist $RCH=CH—CH_2$ bzw. $O=C(OH)—CH_2$ bzw. $O=CR—CH_2$ mit dem doppelt gebundenen O-Atom oder gar einem doppelt gebundenem C-Atom als basischem Zentrum. (Besser sollte in diesem Zusammenhang von einem *nucleophilen* Zentrum gesprochen werden, doch wird der Begriff *basisch* hier beibehalten, um die sprachliche

Einheitlichkeit in diesem Abschnitt zu wahren.) Im Gegensatz zu den bisher behandelten 1,2-Eliminierungen spaltet sich hier das eliminierte Molekül nicht aus einem C—C-, sondern aus einem C—O-Gerüst (dem von CO_2) ab.

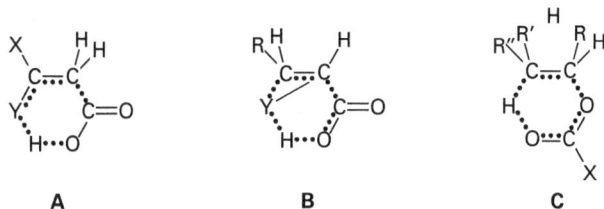

Ein ähnlicher Übergangszustand, nämlich **B**, liegt der schon unterhalb von 100 °C ablaufenden Decarboxylierung von 3-Alkyloxiran-2-carbonsäure, [—O—CHR—CH(COOH)—], zugrunde:

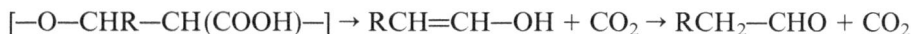

$$[\text{—O—CHR—CH(COOH)—}] \rightarrow \text{RCH=CH—OH} + CO_2 \rightarrow \text{RCH}_2\text{—CHO} + CO_2$$

Gewinnt man die Oxirancarbonsäure aus Chloroessigsäureester $ClCH_2$—COOEt und Aldehyd RCHO unter Mitwirkung der Base EtO^- im Zuge einer intramolekularen S_N-Reaktion ($\rightarrow$ Dreiring) und nachfolgender basischer Esterverseifung, so wird insgesamt ein Aldehyd RCHO zu einem Aldehyd RCH_2—CHO verlängert (*Darzens-Synthese*).

Eine höhere Temperatur (300 – 500 °C) ist erforderlich, wenn man nicht aktivierte Ester von Carbonsäuren oder von Kohlensäure und ihren Derivaten in die freie Säure und das entsprechende Alken spalten will (*Ester-Pyrolyse*):

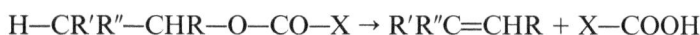

$$\text{H—CR'R''—CHR—O—CO—X} \rightarrow \text{R'R''C=CHR} + \text{X—COOH}$$

Auch hierbei wird ein sechsgliedrig-cyclischer Übergangszustand durchlaufen (Typ **C**). Kohlensäure-Derivate wie Urethane (z. B. X = NHPh) oder Kohlensäureester (X = $OR^\dagger$) lassen sich bei ca. 300 °C pyrolisieren, während man zur Pyrolyse von Essigsäureestern (X = Me) oder Benzoesäureestern (X = Ph) noch deutlich höhere Temperaturen braucht. Der sich abspaltende Molekülteil ist dabei O—CO—X mit dem doppelt gebundenen O-Atom als basischem Zentrum. Zur Pyrolyse von Estern der Dithiokohlensäure, nämlich der Xanthogenate des Typs RCH_2—CH_2—O—CS—SR', die über einen analogen Übergangszustand verlaufen, braucht man Temperaturen von nur 100 – 250 °C (*Tschugaev-Reaktion*; Xanthogenate erhält man durch Addition von Alkoholaten RCH_2CH_2—O^- an CS_2 und nachfolgende Alkylierung eines S-Atoms mit R'Br):

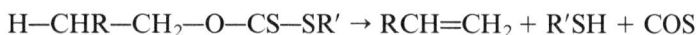

$$\text{H—CHR—CH}_2\text{—O—CS—SR'} \rightarrow \text{RCH=CH}_2 + \text{R'SH} + \text{COS}$$

Damit ein cyclischer Übergangszustand gebildet werden kann, müssen sich das basische Zentrum und das abzulösende H-Atom so nahekommen, wie es nur aus einer bestimmten Konformation heraus gelingt. Im Falle der Esterpyrolyse ist dies die synperiplanare Konformation bezüglich der vier den Diederwinkel bestimmenden Atome H—C—C—O. Legt man die CIP-Prioritäten fest, indem man R = R' = Me und R'' = Et setzt, dann kann man sich klarmachen, dass das $(R,R)/(S,S)$-Enantiomerenpaar nur das E-Alken und das hierzu diastereomere $(R,S)/(S,R)$-Paar nur das Z-Alken bilden können. Die Esterpyrolyse verläuft also stereospezifisch, und dies gilt für alle hier behandelten Reaktionen mit cyclischem Übergangszustand.

6.5.3 Zweistufige 1,2-Eliminierung

Bei der zweistufigen 1,2-Eliminierung von HX spaltet sich im Allgemeinen im ersten unimolekularen Schritt das Anion X^- unter Bildung einer Carbenium-Zwischenstufe ab, gefolgt im zweiten Schritt von der Abspaltung von H^+, die durch neutrale oder anionische Basen B bzw. B^- unterstützt wird:

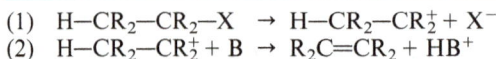

$$(1) \quad H{-}CR_2{-}CR_2{-}X \;\rightarrow\; H{-}CR_2{-}CR_2^+ + X^-$$
$$(2) \quad H{-}CR_2{-}CR_2^+ + B \;\rightarrow\; R_2C{=}CR_2 + HB^+$$

Der geschwindigkeitsbestimmende Schritt ist meist die Dissoziation (1) als eine nach 1. Ordnung verlaufende Reaktion, sodass man die Reaktionsfolge als *E1-Eliminierung* bezeichnet. Die Konzentration an B bestimmt die Reaktionsgeschwindigkeit also nicht. Oft handelt es sich bei B um das Lösungsmittel. Setzt man einer E1-Eliminierung in Wasser OH-Ionen zu, so erhöht sich die Geschwindigkeit nicht.

Eine E1-Eliminierung kann dann zum Zuge kommen, wenn sich ein günstiges Carbenium-Ion bilden kann (s. Abschnitt 6.1.1). Ist die kationische Zwischenstufe besonders langlebig, dann kann ausnahmsweise der zweite Teilschritt die Geschwindigkeit bestimmen, und der erste Teilschritt wird zu einer Gleichgewichtsreaktion. Wie bei der S_N1-Substitution hat man dann gegebenenfalls auch Umlagerungen in ein stabileres Carbenium-Ion zu erwarten.

Generell ist es die noch nicht endgültig geklärte Frage, ob das in Schritt (2) abgegebene Hydron H^+ von der Base direkt aus der betreffenden C—H-(2c2e)-Bindung abgelöst wird oder ob es zuvor noch unter Einbeziehung des benachbarten Carbenium-C-Atoms die Bildung einer CHC-(3c2e)-Bindung eingeht. Derartige Dreizentrenbindungen bilden sich wohl auch umgekehrt, wenn man die C=C-Bindung von Alkenen hydroniert.

Eine typische E1-Eliminierung ist die von Brønsted-Säuren katalysierte Dehydratisierung sekundärer und tertiärer Alkohole, $R''CH_2{-}CHR{-}OH$ bzw. $R''CH_2{-}CRR'{-}OH$:

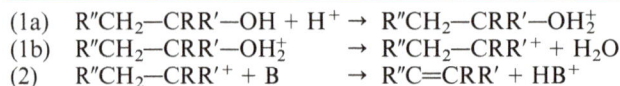

$$(1a) \quad R''CH_2{-}CRR'{-}OH + H^+ \rightarrow R''CH_2{-}CRR'{-}OH_2^+$$
$$(1b) \quad R''CH_2{-}CRR'{-}OH_2^+ \qquad\;\; \rightarrow R''CH_2{-}CRR'^+ + H_2O$$
$$(2) \quad\; R''CH_2{-}CRR'^+ + B \qquad \rightarrow R''C{=}CRR' + HB^+$$

Im Falle sekundärer Alkohole arbeitet man bei 140 °C z. B. mit Phosphorsäure, im Falle tertiärer Alkohole bei 100 °C z. B. mit Sulfonsäuren. In der Gasphase dienen bei 300–400 °C feste saure Oxide wie Al_2O_3 als Katalysatoren.

Wenn stark acidifizierende Gruppen Z (z. B. Z = COR, COOR, CN) dem abzuspaltenden Hydron benachbart sind, kann sich die Abfolge der beiden Teilschritte der zweistufigen 1,2-Eliminierung umkehren: In einem ersten schnellen Gleichgewichtsschritt (3) löst die Base ein H^+ ab, und in einem geschwindigkeitsbestimmenden Schritt (4), einer unimolekularen Dissoziation, geht das durch Z stabilisierte Carbanion unter Abspaltung von X^- in ein Alken über:

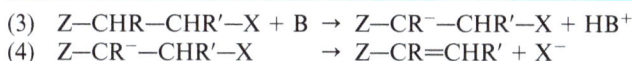

(3) Z—CHR—CHR'—X + B → Z—CR⁻—CHR'—X + HB⁺
(4) Z—CR⁻—CHR'—X   → Z—CR=CHR' + X⁻

Man nennt diesen Mechanismus die *unimolekulare Eliminierung aus der konjugierten Base* (d. i. die zum Edukt konjugierte Base Z—CR⁻—CHR'—X): *E1cB-Mechanismus*. Als Beispiel sei die Dehydratisierung eines β-Hydroxyketons angeführt: Ph—CMe(OH)—CH₂—CO—Ph + *t*BuO⁻ → Ph—CMe=CH—CO—Ph + *t*BuOH + OH⁻; dabei bildet sich das Edukt zunächst durch Kondensation zweier Moleküle Acetophenon in Gegenwart von *t*BuO⁻: 2 Ph—CO—CH₃ → Ph—CMe(OH)—CH₂—CO—Ph.

Wird bei solchen Reaktionen die C—X-Bindung schon während der Abspaltung von H^+ gelöst, dann geht der E1cB- in den E2-Mechanismus über. Tatsächlich stellen die drei Eliminierungsmechanismen, E1, E2 und E1cB, mehr oder weniger gut realisierte Grenzfälle dar, und vielfach spielt sich eine Eliminierung mechanistisch zwischen diesen Grenzfällen ab.

6.6 Additionen

Die allgemeine Reaktionsgleichung für Additionen ist die Umkehrung der Gleichung für Eliminierungen:

$$A + M—X \rightarrow M—A—X$$

Das ungesättigte Molekül A, an das addiert wird, mag ein Carben sein, an das sich M—X in einer *1,1-Addition* addiert, in der Mehrzahl der Fälle aber handelt es sich um ein Molekül mit einer CC-, CO- oder CN-Mehrfachbindung, an das sich M—X im Zuge einer *1,2-Addition* addiert. Behandelt werden hier auch die *1,4-Addition* von M—X an 1,3-Diene sowie Cycloadditionen. Das Symbol M steht hier für ein Metall oder Halbmetall samt entsprechender Ligandsphäre, ganz besonders aber für Hydrogen.

Vom Mechanismus her ist die synchron ablaufende 1,2-Addition in einem Schritt die Ausnahme. Vielmehr verlaufen die Additionen in der Regel in zwei Schritten, und zwar addiert sich entweder M zuerst und dann X (*elektrophile Addition*) oder X zuerst und dann M (*nucleophile Addition*). Auch radikalisch ablaufende Additionen müssen in Betracht gezogen werden.

6.6.1 1,1-Additionen

Die 1,1-Additionen an Carbene wurden in Abschnitt 6.1.4 kurz gestreift, nämlich die Insertion der Carbene in Einfachbindungen und ihre 1,1-Addition an die CC-Doppelbindung (d. i. im Falle von Singulett-Carbenen in umgekehrter Ausdrucksweise eine elektrophile 1,2-Addition eines Carbens an ein Alken). All dies sei hier durch zwei spezielle Reaktionen ergänzt, die beide von CCl_2 ausgehen, jenem aus $CHCl_3$ mithilfe wässriger alkalischer Basen bequem zugänglichen Carben.

Bei der Einwirkung von CCl_2 auf Phenolat PhO^- erhält man *ortho*-(Dichloromethyl)phenolat. In der basischen Lösung werden beide Cl-Atome langsam gegen OH^- nucleophil substituiert, sodass nach der Abspaltung von H_2O *ortho*-Formylphenolat, das Anion von *ortho*-Hydroxybenzaldehyd, entsteht: $2\text{-}(CHCl_2)C_6H_4O^-$ $+ 2\,OH^- \rightarrow 2\text{-}(CHO)C_6H_4O^- + H_2O + 2\,Cl^-$ (*Reimer-Tiemann-Reaktion*).

Dichlorocarben kann sich in die NH-Bindung primärer Amine einschieben ($RNH_2 + CCl_2 \rightarrow R{-}NH{-}CHCl_2$); im basischen Milieu spalten sich aus dem Produkt zwei Moleküle HCl ab ($RNH{-}CHCl_2 + 2\,OH^- \rightarrow RN{\equiv}C + 2\,Cl^- + 2\,H_2O$). Der unangenehme Geruch des Isonitrils RNC kann als Nachweis für das ursprüngliche Vorliegen eines primären Amins genutzt werden (*Isonitril-Reaktion*).

Singulett-Carbene sind neutrale Moleküle mit Carbon als Zentralatom und einem freien Elektronenpaar am C-Atom. Dasselbe trifft für Carbonoxid CO und Isonitrile CNR zu. Man bezeichnet deshalb CO und CNR als *Carbenähnliche* oder *Carbenoide*. Tatsächlich kennt man 1,1-Additionen an CO und CNR, die bei gewöhnlicher Temperatur ablaufen. Eine solche Reaktion wurde in Abschnitt 4.3.7 bei der Erörterung der Oxo-Synthese als Zwischenschritt im katalytischen Prozess aufgezeigt: Im Fragment R—Rh—CO einer Zwischenverbindung lagert sich R anionoid (d. h. unter Mitnahme seiner Bindungselektronen) in Rh—CR=O um; in einem weiteren Schritt wird aus dem Fragment I—Rh—CR=O das Säureiodid RCOI abgespalten. Insgesamt hat sich auf katalytischen Umwegen RI an CO 1,1-addiert.

Übersichtlicher verläuft eine solche Reaktion, wenn man Trialkylboran BR_3 mit CO umsetzt. Über das nicht isolierte Zwischenaddukt $R_3B{-}CO$ lagert sich R um, und das dabei entstehende $R_2B{-}CR{=}O$ dimerisiert sich spontan zum Sechsring $[{-}BR_2{-}CR{=}O{-}]_2$, dessen Hydrolyse RCHO erbringt; das entspricht effektiv einer Addition von R—H an CO. [Das synthetische Potential von BR_3 geht viel weiter, da man alle drei Reste R auf CO übertragen kann, und durch hydrolytische, oxidative oder reduktive Spaltung der entstandenen B—C-Bindungen wird ein Zugang eröffnet zu RCH_2OH, RCHO (s. o.), RCOOH, R_2CHOH, R_2CO und R_3COH.]

Isonitrile geben im Prinzip, insbesondere mit BR_3, die gleichen Reaktionen. Sie sind aber reaktiver als CO. So addiert sich H_2O schon unter milden Bedingungen an CNR und erbringt − über $HC(OH){=}NR$ als Zwischenstufe − Formamid

HCO(NHR), das Amid der Ameisensäure HCOOH. Diese selbst zerfällt zwar beim Erhitzen mit konz. H_2SO_4 in CO und H_2O, doch gelingt umgekehrt die Synthese von HCOOH aus CO und H_2O nicht ohne Weiteres, sodass CO nicht als das Anhydrid der Ameisensäure gilt.

6.6.2 Elektrophile 1,2-Additionen an CC-Mehrfachbindungen

Diese Addition verläuft in zwei Schritten (das Symbol R möge hier für Alkyl, Aryl und Hydrogen stehen):

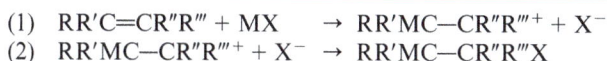

(1) $RR'C=CR''R''' + MX \quad \rightarrow RR'MC-CR''R'''^{+} + X^{-}$
(2) $RR'MC-CR''R'''^{+} + X^{-} \rightarrow RR'MC-CR''R'''X$

Meist bestimmt der erste Schritt die Geschwindigkeit. Für das sich addierende Reagens sind zwei Fälle besonders wichtig, erstens die Addition von Hal_2 (Hal = Cl, Br, I; die Addition von F_2 verläuft so heftig, dass über die Addition von 1 mol F_2 hinaus weitere Fluorierungsprodukte entstehen) und zweitens die Addition von Brønsted-Säuren HX.

1,2-Addition von Hal_2 an Alkene

An symmetrische Alkene wie $H_2C=CH_2$, $HRC=CRH$ oder $R_2C=CR_2$ addiert, bildet sich im ersten Schritt eine Halonium-Zwischenstufe:

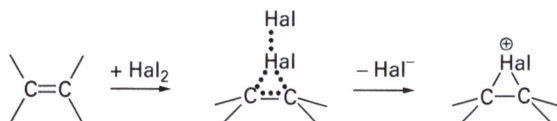

Dafür sprechen folgende Beobachtungen. (1) Sind im Medium außer Hal^- andere Ionen X^- zugegen, also z. B. außer Br^- noch $X^- = Cl^-$, OH^-, NO_3^-, dann entstehen Gemische aus BrR_2C-CR_2Br und BrR_2C-CR_2X. (2) Polare Lösungsmittel, die die kationische Zwischenstufe solvatisieren, fördern die Reaktionsgeschwindigkeit. (3) Lewis-Basen wie $AlHal_3$, die Hal^- zu $AlHal_4^-$ addieren, katalysieren die Addition. (4) Das wichtigste Argument für die Halonium-Zwischenstufe ist der stereospezifische Verlauf der Addition. Das Anion Hal^- bzw. X^- kann sich im zweiten Reaktionsschritt dem Halonium-Kation nur von der Gegenseite zu Hal^+ nähern, sodass es zu einer *trans*-Addition kommt:

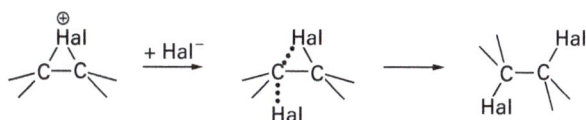

Dies wird beobachtbar, wenn eine Drehung um die C—C-Achse des Produkts wegen Einbaus in einen Ring nicht möglich ist oder wenn im Edukt eine E/Z-Isomerie definiert ist. So führt die Bromierung von Cyclohexen zunächst zum 1,2-Dibromocyclohexan mit Brom in der a,a-Position der Sesselkonformation, das sich dann mit dem stabileren e,e-Konformer ins Gleichgewicht setzt. Als Beispiel für E/Z-Isomerie eignen sich Fumar- (E) und Maleinsäure (Z), HOOC—CH=CH—COOH. Die *trans*-Addition von Br$^-$ an die bei der Addition von Br$^+$ gebildete Bromonium-Zwischenstufe erbringt im Falle der Fumarsäure stereospezifisch die *meso*-Konfiguration der 2,3-Dibromobernsteinsäure, im Falle der Maleinsäure ein Racemat aus (R,R)- und (S,S)-Konfigumeren, wie anhand Newman'scher Projektionsformeln mit den beiden Br-Atomen in antiperiplanarer Konformation dargestellt sei:

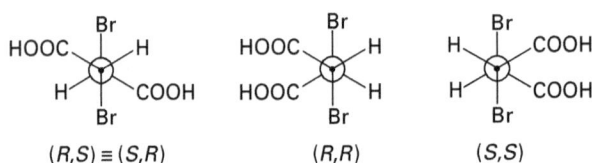

$(R,S) \equiv (S,R)$ (R,R) (S,S)

Addiert man Hal$_2$ an ein asymmetrisches Alken wie RHC=CH$_2$, so hat man mit einer asymmetrischen Halonium-Zwischenstufe **A** zu rechnen. Stabilisiert ein Substituent wie Ph ein Carbenium-Kation, so wird aus der Halonium- vollends die Carbenium-Zwischenstufe **B**:

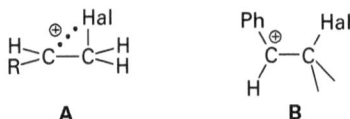

Ist zumindest eine Stereoselektivität bei **A** noch gegeben, so verursacht freie Drehbarkeit um die C—C-Achse von **B** den Verlust der Stereoselektivität. Auch bei einem Alken wie Isobuten, Me$_2$C=CH$_2$, muss man mit einer Carbenium-Zwischenstufe, Me$_2$C$^+$—CH$_2$—Hal, rechnen. Aus einer solchen Zwischenstufe heraus konkurriert die Additionsreaktion von Hal$^-$ zum Produkt Me$_2$CHal—CH$_2$Hal mit der Eliminierung zum Alken H$_2$C=CMe—CH$_2$Hal, wenn eine Base, eventuell auch ein basisches Lösungsmittel, zur Verfügung steht. Die Eliminierung bei der Addition von Hal$_2$ wird selbst bei weniger verzweigten Alkenen zur Hauptreaktion, wenn man die Eliminierung durch Temperaturerhöhung thermodynamisch fördert, wie die technische Gewinnung von Allylchlorid aus Propen und Chlor bei $500-600\,°C$ zeigt: MeCH=CH$_2$ + Cl$_2$ → CH$_2$=CH—CH$_2$Cl + HCl.

Das Auftreten von Carbenium-Zwischenstufen manifestiert sich auch in Umlagerungen in stabilere Carbenium-Ionen. So führt die Addition von Cl$_2$ an Me$_3$C—CH=CH—CMe$_3$ zu Me$_3$C—CHCl—CHMe—CMe$_2$Cl, da sich das primäre Kation Me$_3$C—CHCl—CH$^+$—CMe$_3$ in das stabilere Kation Me$_3$C—CHCl—CHMe—CMe$_2^+$ umlagert.

Die Bromierung von Alkinen verläuft wie bei Alkenen über eine Bromonium-Zwischenstufe, was als zweiten Schritt eine stereoselektive Addition von Br^- in der *trans*-Stellung zur Folge hat. So führt die Bromierung von Butindisäure zu einer Dibromobutendisäure $HOOC-CBr=CBr-COOH$ mit einem *E/Z*-Verhältnis von $7:3$.

1,2-Addition von HX an Alkene

Bei der Addition von Säuren HX an Alkene führt die Primäraddition von H^+ wohl stets zur Carbenium-Zwischenstufe. Möglicherweise wird vor deren Bildung schon eine erste Zwischenstufe in Gestalt eines Addukts von H^+ an die Alken-π-Bindung durchlaufen, ein Addukt also mit einer CHC-(3c2e)-Bindung. Einen starken Hinweis auf die Carbenium-Zwischenstufe gibt die Beobachtung, dass die Reaktionsgeschwindigkeit der Addition von HX in der Reihe der Alkene $H_2C=CH_2 <$ $MeHC=CH_2 < Me_2C=CH_2$ zunimmt, weil die Stabilität der Carbenium-Ionen mit der Verzweigung zunimmt: $MeCH_2^+ < Me_2CH^+ < Me_3C^+$. Addiert man z. B. H_2SO_4 an diese Alkene, um entsprechende Ester zu erhalten, so reagiert $Me_2C=CH_2$ schon bei $0\,°C$ mit 65%iger H_2SO_4, bei $MeCH=CH_2$ braucht man 85%ige und bei $H_2C=CH_2$ 98%ige H_2SO_4. Dahingegen hat die Verzweigung am zweiten C-Atom (also bei den Alkenen $Me_2C=CH_2$, $Me_2C=CHMe$ oder $Me_2C=CMe_2$) kaum einen Einfluss auf die Reaktionsgeschwindigkeit. Auch bei der Addition von HX beobachtet man Umlagerungen, wenn die Alkene genügend verzweigt sind. Beispielsweise führt die Addition von HCl an $Me_3C-CH=CH_2$ zu einer Mischung aus $Me_3C-CHMe-Cl$ und $Me_2CCl-CHMe_2$, wobei letzteres Produkt aus der Zwischenstufen-Umlagerung $Me_3C-CH^+-Me \rightarrow Me_2C^+-CHMe_2$ hervorgegangen ist.

Die Addition von H^+ an das weniger verzweigte Alken-C-Atom vollzieht sich im Regelfall *regiospezifisch* (*Regel von Markownikow*). Destabilisieren jedoch Substituenten Z mit starkem $-I$-Effekt ein Carbenium-Ion in ihrer Nähe, so kann es zur *Antimarkownikow-Addition* kommen, also zur Addition von H^+ an das stärker verzweigte C-Atom. Solche Substituenten sind beispielsweise $Z = CF_3$, COOH. So führt die Addition von HCl an $CH_2=CRZ$ zu $ClCH_2-CHRZ$ und nicht zu $CH_3-CRClZ$. Die Regioselektivität der Addition von HCl an Alkene erlaubt es, aus einem Alkohol $R-CH_2-CH_2-OH$ sowohl das 1- als auch das 2-Chloroalkan zu gewinnen, ersteres durch den nucleophilen Austausch OH/Cl, letzteres durch Eliminierung von H_2O zum Alken und nachfolgende regioselektive Addition von HCl gemäß der Markownikow-Regel.

Die *Stereoselektivität* der Addition von HCl folgt keinem einfachen Muster. So findet man bei der Addition an 1,2-Dimethylcyclohexan, $C_6H_8Me_2$, bei $0\,°C$ in Diethylether überwiegend das Produkt der *trans*-Addition, bei $-98\,°C$ in Dichloromethan dagegen überwiegend das Produkt der *cis*-Addition. Die Addition von HBr verläuft analog, sofern man Radikalbildner wie u. a. auch O_2 fernhält (s. Abschnitt 6.6.4).

Die technische Bedeutung der säurekatalysierten Addition von H_2O an Ethen, Propen, Buten und Isobuten zum Zwecke der Gewinnung der Alkohole EtOH, *i*PrOH, *s*BuOH bzw. *t*BuOH wurde schon erörtert (Abschnitt 6.3.2); Nebenprodukte sind dabei stets Ether, da sich auch Alkohole, sauer katalysiert, an Alkene addieren. Ester der Carbonsäuren und der Schwefelsäure gewinnt man, indem man die Säuren gemäß der Regel von Markownikow an Alkene addiert: AcOH + $RCH=CH_2 \rightarrow AcO-CHRMe$ (Katalysator: BF_3 u. Ä.).

Die Hydratisierung von Alkenen im Labormaßstab kann über den Umweg der sog. *Oxymercurierung* erfolgen (Abschnitt 6.3.2). Man gibt Quecksilberdiacetat zu einer Lösung des Alkens in Wasser und erhält dabei ein Zwischenprodukt $[RCH=CH_2 + Hg(OOCMe)_2 + H_2O \rightarrow RCH(OH)-CH_2-Hg(OOCMe) + MeCOOH]$, das mit $NaBH_4$ in Wasser zum Alkohol $RCH(OH)-Me$ reduziert wird [(1) $R'HgX + H_2O + 2e \rightarrow Hg + R'H + X^- + OH^-$; (2) $BH_4^- + 8\,OH^- \rightarrow [B(OH)_4]^- + 4\,H_2O + 8\,e$].

Alkensäuren können durch intramolekulare Addition eine Lactonbildung erfahren, wenn die Carboxyl-Funktion und die CC-Doppelbindung den geeigneten Abstand voneinander haben. So wird aus der Alk-4-ensäure $RCH=CH-CH_2-CH_2-COOH$ das Fünfring-Lacton $[-CH(CH_2R)-CH_2-CH_2-CO-O-]$. Hierbei kann allerdings, wenn Lewis-acide Katalysatoren wie BF_3 zugegen sind, eine Konkurrenzreaktion auftreten, die auf Gleichgewichten des Typs $R'COOH + BF_3 \rightarrow R'CO^+ + [(HO)BF_3]^-$ beruht, und zwar greift das kationische Acyl-C-Atom intramolekular das entferntere ungesättigte C-Atom an und verdrängt im Rahmen einer elektrophilen Substitution ein H^+-Kation, vermutlich über eine entsprechende Carbenium-Zwischenstufe, sodass sich im Falle der Alk-4-ensäure das entsprechende Cyclopenten-3-on bildet.

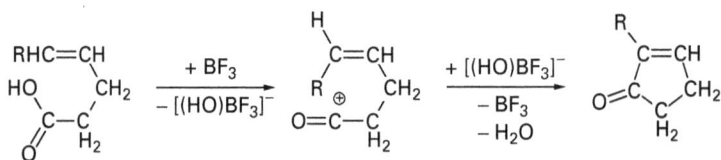

Die 1,2-Addition an Alkine kann wie die an Alkene elektrophil verlaufen. So ergibt die Addition von Essigsäure an Ethin Vinylacetat, das wegen der Polymerisation zu Polyvinylacetat technische Bedeutung erlangt hat: $HC\equiv CH + MeCOOH \rightarrow H_2C=CH-O-COMe$. Die Addition von H_2O an Ethin liefert Acetaldehyd: $HC\equiv CH + H_2O \rightarrow \{H_2C=CH-OH\} \rightarrow H_3C-CH=O$. Diese Reaktion wird von Hg^{2+}-Ionen katalysiert; vermutlich addiert sich eine π-Bindung von Ethin an Hg^{2+} zu einer CHgC-(3c2e)-Bindung, gefolgt von der Addition von H_2O, die zum Kation $[Hg-CH=CH-OH_2]^{2+}$ führt, und nach Dehydronierung und elektrophilem Austausch H^+/Hg^{2+} bildet sich über das Enol $H-CH=CH-OH$ der Aldehyd H_3C-CHO. Die Addition von R'OH an Alkine $RC\equiv CR$ ergibt einen Alkenylether $RHC=CR-OR'$; dies ist wohl eine nucleophile Addition an die Dreifachbindung, die durch Basen (OH$^-$) katalysiert wird. Eine nachfolgende Addition von R'OH an den Alkenylether, jetzt sauer katalysiert, erbringt das Acetal RCH$_2$—CR(OR')$_2$.

1,2-Additionen an Cyclopropan

Cyclopropane verhalten sich ähnlich wie Alkene. Säuren HX addieren sich in zwei Schritten, der elektrophilen Addition von H$^+$, gefolgt von der Addition von X$^-$, und dabei wird die Regel von Markownikow befolgt. So erhält man beispielsweise aus Butylcyclopropan und Trifluoressigsäure den entsprechenden 1-Ethylpentyl-Ester: [—CHBu—CH$_2$—CH$_2$—] + CF$_3$COOH → CF$_3$CO—O—CHEt—Bu. Die Frage nach der Struktur der kationischen Zwischenstufe ist offen. Ein denkbarer Mechanismus besteht in der Hydronierung einer C—C-Kante; dabei gehen zwei (2c2e)-Bindungen, nämlich eine C—C- und die H—X-σ-Bindung in ein freies Elektronenpaar mit (1c2e)-Charakter und eine CHC-(3c2e)-Bindung über. Wir nennen einen solchen Reaktionsschritt (1) von links nach rechts eine *[2c,2c]-Dislocation* und von rechts nach links eine *[3c,1c]-Collocation*. Es folgt eine H-Verschiebung (2), bei der die CHC-(3c2e)- in eine CH-(2c2e)-Bindung und eine CC-(2c2e)- in eine CCC-(3c2e)-Bindung übergehen, d. i. zusammen eine *[3c,2c]-Translocation*. Zuletzt greift X$^-$ an und stellt sein (1c2e)-Elektronenpaar zum Aufbau einer CX-(2c2e)-Bindung zur Verfügung, während die CCC-(3c2e)- zur CC-(2c2e)-Bindung wird, d. i. eine (3c,1c)-Collocation.

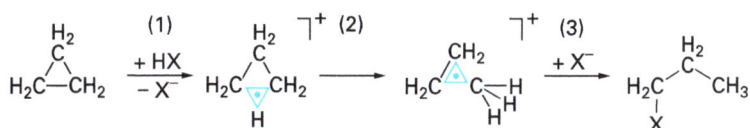

Addition von BH$_3$ an CC-Mehrfachbindungen (Hydridoborierung)

Das Gas Diboran löst sich in Lewis-sauren Stoffen D (z. B. D = thf, SMe$_2$) als Addukt D—BH$_3$, eine Reaktion, die aus zwei [3c,1c]-Collocationen besteht: B$_2$H$_6$ + 2 D → 2 D—BH$_3$. Alle drei B—H-Gruppierungen können sich an einfache Alkene addieren: D—BH$_3$ + 3 RCH=CH$_2$ → D—B(CH$_2$—CH$_2$R)$_3$ (*Hydridoborierung*). Die Reaktion verläuft regioselektiv so, dass sich das B-Atom an das räumlich am besten zugängliche C-Atom addiert. Als wahrscheinlichster Mechanismus dieser einfachen Hydridoborierung kann eine Reaktionssequenz dienen, die der Addition von HX an Cyclopropan verwandt ist:

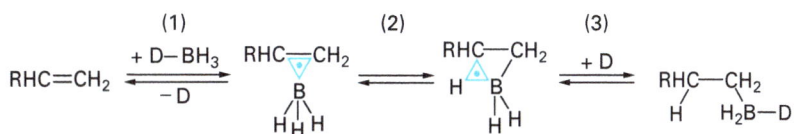

Im Schritt (1) gehen eine CC-π- und eine D—B-σ-Bindung in eine CBC-(3c2e)-Bindung und ein (1c2e)-Elektronenpaar über (d. i. eine [2c,2c]-Dislocation), gefolgt von einer H$^+$-Umlagerung (2) (d. i. eine [3c,2c]-Translocation), bis schließlich im Schritt (3) die Base D das brückenständige H-Atom in eine C—H-(2c2e)-Bindung abdrängt und dabei selbst eine B—D-(2c2e)-Bindung eingeht (d. i. eine [3c,2c]-Collocation).

Die Regioselektivität lässt sich steigern, wenn man die Verzweigung am C2-Atom eines 1-Alkens erhöht; so ergibt die Hydridoborierung von MeCH=CH$_2$ und von Me$_2$C=CH$_2$ das 1- und das 2-Borylalkan im Verhältnis 94:6 bzw. 98:2. Sehr sperrige Alkene können sich nur zweimal an das B-Atom binden (z. B. 2 Me$_2$C=CHMe + D—BH$_3$ → (Me$_2$H—CHMe)$_2$BH—D) oder gar nur einmal (Me$_2$C=CMe$_2$ + D—BH$_3$ → Me$_2$HC—CMe$_2$—BH$_2$—D). Beide als Beispiele genannten Borane, (Me$_2$H—CHMe)$_2$BH—D und Me$_2$CH—CMe$_2$—BH—D, können aber ein wenig sperriges 1-Alken RCH=CH$_2$ sehr wohl hydroborieren und zwar zu nahezu 100 % regiospezifisch. Ein sperriges, zur regiospezifischen Hydridoborierung besonders geeignetes Hydridoboran ist das 9-Borabicyclo[3.3.1]nonan (*9-bbn*), das seinerseits durch Hydridoborierung von Cyclocta-1,5-dien bequem zugänglich ist:

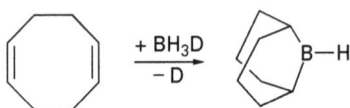

Der vorgeschlagene Mechanismus stimmt mit der Beobachtung überein, dass die Hydridoborierung stereospezifisch verläuft, und zwar als *cis*-Addition. Dies sei zunächst anhand der Hydridoborierung von 2-Methylbut-1-en beispielhaft illustriert. In Abb. 6.2 wird dargestellt, dass der Angriff des Borans − von der Ober- oder Unterseite dieses prochiralen Alkens aus − das *R*- bzw. das *S*-Isomer des Produkts ergibt, und weil beides gleich wahrscheinlich ist, entsteht ein Racemat. Die gleiche Wahrscheinlichkeit für den Vorder- und Rückseitenangriff ist Ausdruck für die Spiegelebene, die die Vorder- auf die Rückseite abbildet (Punktgruppe C_s).

Als nächstes Beispiel sei 3-Methylpent-2-en ausgewählt, für das *E/Z*-Isomere definiert sind. Das *E*-Isomer erbringt bei der Addition von D—BH$_3$ von oben oder von unten das eine Diastereomer, nämlich ein Racemat (*S,R/R,S*), während das *Z*-Isomer zum anderen Diastereomer, nämlich zum Racemat (*S,S/R,R*) führt.

Ein grundsätzliches Problem der Stereochemie ist es, wie man erreichen kann, dass sich eines von zwei Enantiomeren stereoselektiv oder gar stereospezifisch bildet. Da die Moleküle in der Biosphäre überwiegend chiral gebaut sind und jeweils nur ein Enantiomer auftritt, ist die Lösung dieses Problems von großer synthetischer Bedeutung. Im Falle der Hydridoborierung greift man zu einem optisch aktiven, optisch reinen Hydridoborierungsmittel etwa des Typs R$_2^*$BH—D. Die Addition an ein prochirales Alken führt dann zu Produkten, die sowohl diastereomer sind in Bezug auf die Chiralität der aus dem Alken entstandenen Alkylgruppe als

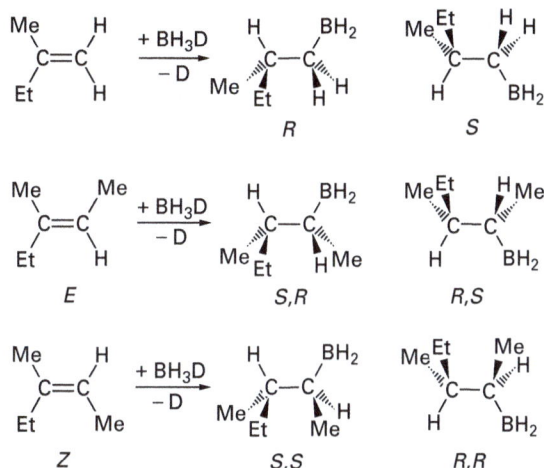

Abb. 6.2 Produkte der Hydridoborierung von 2-Methylbut-1-en sowie von E- und Z-3-Methylpent-2-en bei Angriff des Borans von oben und von unten.

auch auf die des Borans. Die unterschiedliche Energie der Diastereomere prägt schon den Übergangszustand der Hydridoborierung, sodass es energetisch nicht gleichwertig ist, von welcher Seite des Alkens das Boran angreift, also den entstehenden Alkylrest zur R- oder S-Konfiguration bringt. Ein bewährter Rest R* am Boran ist der Isopinocampheyl-Rest, der durch Hydridoborierung von α-Pinen dargestellt wird. α-Pinen kann man aus Naturprodukten optisch rein sowohl als (+)- als auch als (−)-α-Pinen gewinnen. Die Hydridoborierung von Pinen verläuft regiospezifisch, und sie verläuft in zweifacher Hinsicht stereospezifisch, erstens − wie immer − ausschließlich als *cis*-Addition, und zweitens greift das Boran das Pinen auf der Seite der Doppelbindung an, die auf der der Dimethylmethylenbrücke CMe_2 abgewandten Seite liegt. Man erhält also optisch reines Diisopinocampheylboran $(Ipc_2BH)_2$.

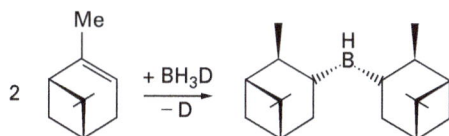

Hydroboriert man ein prochirales C_s-symmetrisches Alken mit Diisopinocampheylboran, $(Ipc_2BH)_2$ oder $D-Ipc_2BH$, so kann man eine Stereoselektivität von gut 90 % erreichen. Die hierbei ausgeübte stereoselektive Wirkung nennt man *optische Induktion*.

Die praktische Bedeutung der Hydridoborierung besteht darin, dass man die B−R-Bindung von BR_3 mit geeigneten Mitteln spalten kann und so zu Produkten des Typs R−H, R−R, R−OH, R−Cl, R−NH$_2$ u. a. kommen kann, und zwar nach

dem Antimarkownikow-Modus in Bezug auf die Addition an das zugrunde liegende Alken (s. Abschnitt 6.3.2). Weiterhin entstehen aus BR_3 und CO durch geeignete Verfahrensweise und Aufarbeitung Produkte des Typs RCH_2OH, R_2CHOH,
R_3COH, $RCHO$, R_2CO und $RCOOH$; dabei ist man in allen Fällen von dem mit
dem Alkylrest R korrespondierenden Alken ausgegangen. Mit BR_3 kann man weiterhin Alkenylketone $R'HC{=}CH{-}CR''{=}O$ in gesättigte Ketone $RR'HC{-}CH_2{-}$
$CR''{=}O$ und Bromoketone $BrCH_2{-}CO{-}R'$ in Ketone $RCH_2{-}CO{-}R'$ überführen u. a. m.

Weitere elektrophile 1,2-Additionen an Alkene

Der Hydronierung von Alkenen mit Säuren HX als Primärschritt muss die Addition von X^- als Sekundärschritt nicht notwendigerweise folgen. Die Addition der
primären Carbenium-Zwischenstufe an unverbrauchtes Alken mag eine *kationische
Polymerisation* einleiten (Abschnitt 4.3.6), die z. B. im Falle von Propen für die
Initiation und Propagation durch folgende Gleichungen beschrieben wird:

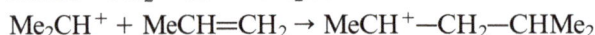

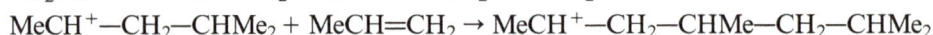

$$MeCH{=}CH_2 + H^+ \rightarrow Me_2CH^+$$
$$Me_2CH^+ + MeCH{=}CH_2 \rightarrow MeCH^+{-}CH_2{-}CHMe_2$$
$$MeCH^+{-}CH_2{-}CHMe_2 + MeCH{=}CH_2 \rightarrow MeCH^+{-}CH_2{-}CHMe{-}CH_2{-}CHMe_2$$
usw.

Ein Kettenabbruch kann u. a. durch die Abspaltung von H^+ erfolgen: $MeCH^+{-}$
$CH_2{-}(CHMe{-}CH_2)_n{-}CHMe_2 \rightarrow MeCH{=}CH{-}(CHMe{-}CH_2)_n{-}CHMe_2 + H^+$.
    Eine wichtige elektrophile 1,2-Addition an Alkene wird durch das Zusammen-
wirken von HX und CO erreicht. Das mit HX aus $RCH{=}CH_2$ primär gebildete
Carbenium-Ion $RCH^+{-}Me$ geht durch Addition von CO in das Acyl-Kation
$RMeCH{-}C{\equiv}O^+$ über, an das sich dann X^- addiert (X = OH, OR', SR', NHR'
u. a.), sodass man insgesamt zu Säure-Derivaten gelangt:

$$RCH{=}CH_2 + HX + CO \rightarrow RMeCH{-}COX$$

Die technische Abwicklung dieser Reaktion wurde in Abschnitt 6.3.7 bezüglich der
Carbonylierung von Isobuten $Me_2C{=}CH_2$ zu Pivalinsäure $Me_3C{-}COOH$ in einem
wässrigen System besprochen. Auch andere Carbonsäuren sind auf diese Weise
zugänglich. Durch Anwendung spezieller Katalysatoren und Zerlegung der technischen Synthese in zwei Verfahrensschritte (erst katalytische Carbonylierung von
Alken, dann erst Zugabe von Wasser) kann man den ansonsten anzuwendenden
hohen Druck (bis 1000 bar) und die hohe Temperatur (bis 350 °C) auf besser hand-
habbare Bedingungen (z. B. 10 bar, 40 °C) herunterdrücken. Auch die zu Aldehyden
$RCH_2{-}CH_2{-}CHO$ führende *Oxosynthese* mit den Komponenten $RCH{=}CH_2$, CO
und H_2 kann man als Addition an Alkene auffassen (Abschnitt 4.3.7).

Addiert man *Peroxysäuren* $R'CO(OOH)$ an Alkene $RCH_2{=}CH_2$ ($R' = H$, Me, Ph u.a.), so wird das Produkt $RCH_2{-}CH_2{-}O{-}O{-}COR'$ gar nicht isoliert, sondern erleidet eine 1,3-Eliminierung von $R'COOH$ unter Bildung des Oxirans $[-RCH{-}CH_2{-}O-]$, das seinerseits leicht zum entsprechende Glycol $RCH(OH){-}CH_2(OH)$ hydrolysiert werden kann. Mit Cyclohexen als Alken erhält man z. B. stereospezifisch das *trans*-Cyclohexan-1,2-diol (das Präfix *trans* bedeutet bei Cyclohexan eine *a,a*- bzw. *e,e*-Anordnung der Liganden in 1,2-Stellung).

An die Friedel-Crafts-Alkylierung der Arene erinnert die Addition von RCl an Alkene, weil man ebenso wie dort Lewis-Säuren wie $AlCl_3$ zur Katalyse des elektrophilen Primärschritts braucht. Man erhält aus $R'CH{=}CH_2$ das Produkt $R'CHCl{-}CH_2R$ gemäß der Regel von Markownikow, und als Nebenprodukt erhält man $R'CH{=}CHR$ als das Resultat einer Additions-/Eliminierungs-Folge. Edukte RCl mit tertiären Resten R addieren sich bevorzugt.

Anstelle der relativ stabilen tertiären Reste R aus RCl kann man auch solche Reste R an Alkene addieren, die durch Gruppen mit einem $-I$-Effekt stabilisiert sind. Der einfachste Rest R dieser Art ist der Hydroxymethyl-Rest, der sich aus Formaldehyd mit Säuren leicht bildet $[CH_2O + H^+ \leftrightarrows H_2C(OH)^+]$. So lässt sich beispielsweise Isobuten in 2-Methylbut-1-en-4-ol umwandeln: $Me_2C{=}CH_2 + CH_2O + H^+ \rightarrow Me_2C^+{-}CH_2{-}CH_2{-}OH \rightarrow H_2C{=}CMe{-}CH_2{-}CH_2{-}OH + H^+$. Im sauren Medium wird das gebildete Butenol leicht zum Methylbuta-1,3-dien $CH_2{=}CMe{-}CH{=}CH_2$ (*Isopren*) dehydratisiert (*Prins-Reaktion*), ein Material, dessen Polymerisation Kautschuk liefert.

Schließlich handelt es sich bei der in Abschnitt 6.1.4 behandelten Addition von Singulett-Carbenen an Alkene um eine elektrophile, zu Cyclopropan-Derivaten führende 1,2-Addition.

6.6.3 Nucleophile 1,2-Addition an CC-Mehrfachbindungen

Das π-Elektronenpaar von Alkenen hat ausgesprochen nucleophile Eigenschaften, sodass sich im Normalfall bei 1,2-Additionen primär elektrophile Zentren an Alkene addieren. Der Primärangriff eines Nucleophils hat nur eine Chance, wenn eine mesomer elektronenziehende Gruppe Z (wie Z = CHO, CRO, COOR, CN, NO_2 etc.) das eine der Doppelbindungs-C-Atome positiviert:

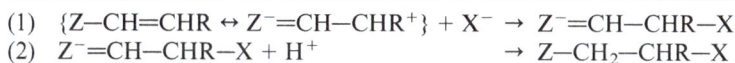

(1) $\{Z{-}CH{=}CHR \leftrightarrow Z^-{=}CH{-}CHR^+\} + X^- \rightarrow Z^-{=}CH{-}CHR{-}X$
(2) $Z^-{=}CH{-}CHR{-}X + H^+ \qquad\qquad \rightarrow Z{-}CH_2{-}CHR{-}X$

Als Beispiel sei die Addition eines Alkohols ROH an Acrylnitril in basischem Medium ($ROH + OH^- \leftrightarrows RO^- + H_2O$) angeführt, deren erster Schritt die Addition von RO^- ist: $H_2C{=}CH{-}CN + HOR \rightarrow RO{-}CH_2{-}CH_2{-}CN$. Ebenso addieren sich sekundäre Amine an Acrylnitril. Auch induktiv ziehende Reste wie F machen die CC-Doppelbindung für Nucleophile angreifbar, z.B.: $F_2C{=}CF_2 + X^- \rightarrow F_2C^-{-}CF_2X$; $F_2C^-{-}CF_2X + H^+ \rightarrow F_2CH{-}CF_2X$.

Präparativ bedeutsam ist die nucleophile Addition von $Z'Z''CH_2$ (oder $Z'Z''CHR'$) an aktivierte Alkene $Z-CH=CHR$ in Gegenwart einer Base. Die Base führt $Z'Z''CH_2$ in einer Gleichgewichtsreaktion in das Anion $Z'Z''CH^-$ über, das das Alken angreift, $RCH=CHZ + Z'Z''CH^- \rightarrow Z'Z''CH-CHR-CH=Z^-$, gefolgt von der Übertragung von H^+ aus dem Medium unter Bildung des Produkts $Z'Z''CH-CHR-CH_2Z$: *Michael-Addition.* Beim Michael-Edukt $Z-CH=CHR$ handelt es sich meist um ungesättigte Aldehyde, Ketone, Ester oder Nitrile (Z = CHO, CRO, COOR, CN) und bei der sich addierenden Verbindung häufig um $EtOOC-CH_2-COOEt$, $MeCO-CH_2-COOEt$ oder $NC-CH_2-COOEt$. Unter zahlreichen Beispielen für die wichtige Michael-Addition sei die Addition von Malonester an Acrylnitril herausgegriffen, die auch als *Cyanoethylierung* bezeichnet wird: $(EtOOC)_2CH_2 + CH_2=CH-CN \rightarrow (EtOOC)_2CH-CH_2-CH_2-CN$.

Im Falle $Z' = Z''$ enthält das Michael-Produkt $Z'_2CH-CHR-CH_2Z$ (R ≠ H) ein asymmetrisches C-Atom; man erhält ein Racemat. Im Falle $Z' \neq Z''$ haben wir mit zwei asymmetrischen C-Atomen zu rechnen, sodass man eine Mischung zweier diastereomerer Racemate isoliert.

6.6.4 Radikalische 1,2-Additionen an CC-Mehrfachbindungen

Chlor und Brom addieren sich nicht an Alkene, wenn man Licht ausschließt und in unpolaren Mitteln oder in der Gasphase arbeitet. In polaren Lösungsmitteln hat man unter Ausschluss von Licht mit einer elektrophilen Addition an Alkene zu rechnen (Abschnitt 6.6.2). Sonnenlicht kann Cl_2 und Br_2 in die Atome zerlegen, und es kommt zu einer radikalischen Addition, die viel schneller verläuft als die elektrophile, und zwar nach einem Radikalkettenmechanismus:

(1) $Cl^\bullet + RCH=CH_2 \quad \rightarrow RCH^\bullet-CH_2Cl;$

(2) $RCH^\bullet-CH_2Cl + Cl_2 \rightarrow RCHCl-CH_2Cl + Cl^\bullet.$

Im Falle von $Br^\bullet$-Radikalen ist der Schritt (1) reversibel: $Br^\bullet + RCH=CH_2 \leftrightarrows RCH^\bullet- CH_2Br$. Arbeitet man mit einer sehr geringen Menge an Br_2, dann lässt sich der Schritt (2) zum Dibromalkan vermeiden. Die Folge davon ist, dass sich im Falle von *E/Z*-Isomerie des Alken-Edukts ein Gleichgewicht der Isomere einstellt, gleich von welchem Isomer man ausgeht, da die C—C-Bindung im radikalischen Zwischenprodukt frei drehbar ist. Ist beispielsweise eines der Isomere schwer löslich, dann kann es aus dem anderen Isomer gewonnen werden, wenn man seine Lösung mit wenig Brom dem Tageslicht aussetzt. Als Beispiel für eine technisch durchgeführte radikalische Chlorierung sei die Überführung von Benzen C_6H_6 in Hexachlorocyclohexan $C_6H_6Cl_6$ unter dem Einfluss von UV-Licht angeführt. Das a, a, a, e, e, e-Isomer (fortlaufend von C1 bis C6) fällt zu 15 % an und wird als Insektizid (*Gammexan*) genutzt. Auf geeignetem Wege erzeugte Alken-Radikale $RCH^\bullet-CH_2X$ können weiteres Alken addieren und so eine zu Polymeren führende Kettenreaktion initiieren (s. Abschnitt 4.3.6).

Die elektrophile Addition von HBr an Alkene $RCH=CH_2$ verläuft unter Ausschluss von O_2 elektrophil und führt regioselektiv zum Markownikow-Produkt $RCHBr-CH_3$. In Gegenwart von O_2, einem Biradikal, jedoch werden aus HBr Brom-Radikale $Br^{\bullet}$ erzeugt, die in einer schnellen Kettenreaktion [(1) $RCH=CH_2 + Br^{\bullet} \rightarrow RCH^{\bullet}-CH_2Br$; (2) $RCH^{\bullet}-CH_2Br + HBr \rightarrow RCH_2-CH_2Br + Br^{\bullet}$] das Antimarkownikow-Produkt ergeben. Diese Regioselektivität beruht darauf, dass die Alkylradikal- ebenso wie die Carbenium-Stabilität mit zunehmender Verzweigung zunimmt (s. Abschnitt 6.1.3).

6.6.5 Hydrierung von CC-Mehrfachbindungen

Die Hydrierung von Ethen zu Ethan, $C_2H_4 + H_2 \rightarrow C_2H_6$, verläuft exotherm und exotrop, sodass sie bei Normaltemperatur eine beachtliche Triebkraft hat ($\Delta_r H^0 = -137.2$ kJ, $\Delta_r S^0 = -120.4$ J K^{-1}, $\Delta_r G^0 = -101.3$ kJ). Wegen der hohen Dissoziationsenergie des H_2-Moleküls (436.0 kJ mol^{-1}) ist die Aktivierungsenergie der Hydrierung von Alkenen allerdings so groß, dass man einen Hydrierkatalysator braucht, es sei denn man überträgt H_2 auf Alkene in zwei Schritten indirekt über energiereiche Hydride.

Heterogen katalysierte Hydrierung

Typische Hydrierkatalysatoren sind die fein verteilten Metalle Ni, Ru, Rh, Pd oder Pt oder auch Übergangsmetall-Verbindungen wie z. B. $Cu_2Cr_2O_5$ u. a. Als Trägermaterial für die Katalysatoren dienen Aktivkohle, Aluminiumoxid, Calciumcarbonat u. a. Im Allgemeinen scheidet man die Metalle auf dem Trägermaterial ab, indem man ihre Ionen in einer wässrigen Lösung in Gegenwart des Trägermaterials reduziert. Im Falle von fein verteiltem Nickel (*Raney-Nickel*) kann man von Aluminium-Nickel-Legierungen ausgehen und das Aluminium mit Natronlauge als Tetrahydroxidoaluminat herauslösen. Trickreich ist es, PtO_2 mit wässriger NaBH$_4$-Lösung im großen Überschuss zu reduzieren, sodass fein verteiltes Pt in der Lösung suspendiert ist; säuert man solche Lösungen in Gegenwart eines Alkens an, so entsteht gemäß $BH_4^- + 3 H_2O + H^+ \rightarrow B(OH)_3 + 4 H_2$ aus dem überschüssigen BH_4^- das zur Hydrierung nötige Hydrogen in unmittelbarer Nachbarschaft des frisch bereiteten Katalysators.

Sowohl das Alken als auch H_2 werden an die Katalysatoroberfläche gebunden, das Alken vermöge seiner π-Elektronen über eine CMC-, das Hydrogen vermöge seiner σ-Elektronen über eine HMH-(3c2e)-Bindung, d. i. eine sog. *side-on-Position* des H_2-Moleküls auf der Oberfläche. Der weitere Ablauf der Hydrierung ist im Detail unsicher. Je geringer der Raumbedarf der Liganden um die Doppelbindung ist, umso schneller verläuft jedenfalls die Hydrierung, eine Folge offenbar davon, wie intensiv die Wechselwirkungen zwischen dem Metall und dem Alken sind. Sind zwei Doppelbindungen mit unterschiedlichem Raumbedarf vorhanden, so kann man die weniger abgeschirmte selektiv hydrieren (*Chemoselektivität*). Ein Beispiel bietet 4-Ethenylcyclohexen, dessen exocyclische Doppelbindung man hydrieren kann, ohne dass die endocyclische angegriffen wird.

Vielfach ist bei der Hydrierung Stereoselektivität zu beobachten und oft genug als eine Selektivität zu Gunsten der *cis*-Addition. Würde keine Selektivität auftreten, dann müsste man schließen, dass die nach der Addition des ersten H-Atoms gebildete Zwischenstufe genügend langlebig wäre, um eine freie Drehbarkeit um die C–C-Achse zu gewährleisten; das ist offenbar nicht der Fall. Hydriert man etwa 1,2-Dimethylcyclohexen zu 1,2-Dimethylcyclohexan, so erhält man durch *cis*-Addition das *ae*-Produkt und durch *trans*-Addition das *aa*-Produkt (bzw. dessen *ee*-Konformer), und zwar entstehen *cis*- und *trans*-Produkt im Verhältnis von etwa 4 : 1. Hydriert man 1-Methanyliden-2-methylcyclohexan, so kommt man ebenfalls zum 1,2-Dimethylcyclohexan, und zwar ausschließlich zum *ae*-Produkt, was man erwarten muss, wenn H_2 auf der der 2-Me-Gruppe gegenüberliegenden Seite angreift.

Alkine werden bevorzugt vor Alkenen hydriert und diese bevorzugt vor Arenen. Beim Naphthalen $C_{10}H_8$ geht die Hydrierung der einen Molekülhälfte zum 1, 2, 3, 4-Tetrahydronaphthalen $C_{10}H_{12}$ (*Tetralin*) leichter vonstatten als die Hydrierung des benzenähnlichen Rests zum Decalin $C_{10}H_{16}$. Will man 1 mol Benzen an Pt hydrieren, so muss man 10 h bei bis zu 200 °C und bis zu 150 bar arbeiten, während die Hydrierung von 1 mol eines gewöhnlichen Alkens bei Normalbedingungen nach 1 h erledigt ist.

Homogen katalysierte Hydrierung

Unter den Übergangsmetall-Komplexen sind es besonders die mit einer d^8-Elektronenkonfiguration des freien Zentralkations und mit einer 16e-Schale des komplexierten Kations, die zur homogenen Katalyse der Hydrierung taugen. Wir beschränken uns hier auf ein klassisches Beispiel, den sog. *Wilkinson-Katalysator*, d. i. das tetragonal planar gebaute Chloridotris(triphenylphosphan)rhodium, [RhCl-(PPh$_3$)$_3$] (C_{3v}). Die Katalyse wird eingeleitet, indem ein Ligandmolekül L (L = PPh$_3$) gegen ein Solvensmolekül S ausgetauscht wird [Gleichung (1)]. Es folgt die oxidative Addition von H_2, bei der Rh^I in Rh^{III} und H^0 in H^{-I} übergehen; im oktaedrisch konfigurierten Produkt mit einer 18e-Schale um Rh stehen die Liganden L in *trans*-, die Liganden H in *cis*-Position [Gleichung (2)]. Als nächstes wird das locker gebundene Solvensmolekül S durch das Alken RCH=CH$_2$ verdrängt, dessen π-Elektronen eine CRhC-(3c2e)-Bindung eingehen; von einem dergestalt zweizähnig an ein Metall gebundenen organischen Liganden sagt man auch, er sei *di-hapto-* oder auch er sei η^2-*gebunden* [Gleichung (3)]. Es folgt im geschwindigkeitsbestimmenden Schritt die Umlagerung eines H-Atoms vom Metall an das C2-Atom des Alkens, wobei die CRhC-(3c2e)- in eine RhC-(2c2e)-Bindung übergeht, d. i. eine Redoxreaktion in Bezug auf H und C; im trigonal-bipyramidal konfigurierten Zwischenprodukt stehen H und CH$_2$—CH$_2$R in axialer Position [Gleichung (4)]. Jetzt addiert sich S wieder an Rh zum oktaedrischen 18e-Komplex mit den

Liganden L in *trans*- und mit H und CH_2—CH_2R in *cis*-Position [Gleichung (5)]. Im letzten Schritt wird das Alkan H_3C—CH_2R eliminiert [Gleichung (6)]. Die Folge der Reaktionen (2) bis (6) wird dadurch zum sog. *katalytischen Cyclus*, dass der katalytisch wirksame Komplex $[RhClL_2S]$, das Produkt der Startreaktion (1), durch die Reaktion (6) wieder bereitgestellt wird.

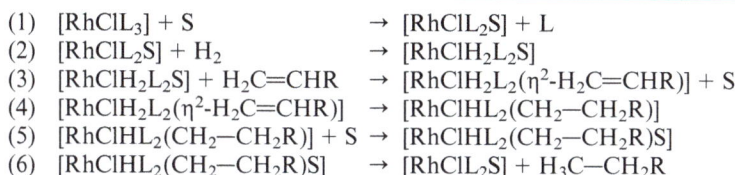

(1) $[RhClL_3] + S \qquad\qquad \rightarrow [RhClL_2S] + L$
(2) $[RhClL_2S] + H_2 \qquad\qquad \rightarrow [RhClH_2L_2S]$
(3) $[RhClH_2L_2S] + H_2C{=}CHR \rightarrow [RhClH_2L_2(\eta^2\text{-}H_2C{=}CHR)] + S$
(4) $[RhClH_2L_2(\eta^2\text{-}H_2C{=}CHR)] \rightarrow [RhClHL_2(CH_2{-}CH_2R)]$
(5) $[RhClHL_2(CH_2{-}CH_2R)] + S \rightarrow [RhClHL_2(CH_2{-}CH_2R)S]$
(6) $[RhClHL_2(CH_2{-}CH_2R)S] \rightarrow [RhClL_2S] + H_3C{-}CH_2R$

Indirekte Hydrierung

Eine Möglichkeit der indirekten Hydrierung wurde bei der Besprechung der Hydridoborierung in Abschnitt 6.6.2 angedeutet. Die Trialkylborane $B(CH_2{-}CH_2R)_3$, gewonnen durch Hydridoborierung von $H_2C{=}CHR$, lassen sich durch Behandlung mit Carbonsäuren gemäß $B(CH_2{-}CH_2R)_3 + 3\,R'COOH \rightarrow B(OOCR')_3 + 3\,CH_3{-}CH_2R$ in das entsprechende Alkan überführen. Die Hydridoborierung verläuft *cis*-spezifisch und die Hydrolyse der B—C-Bindung unter Erhalt der Konfiguration, sodass man aus Alkenen $RR'C{=}CR''R'''$ ein diastereomerreines, racemisches *cis*-Hydrierungsprodukt erhält.

Eine weitere Möglichkeit der indirekten Hydrierung besteht in der Umsetzung von Alkenen mit Diazen, $HN{=}NH$, gemäß $H_2C{=}CHR + N_2H_2 \rightarrow H_3C{-}CH_2R + N_2$. Nun ist Diazen bei Raumtemperatur ein kurzlebiges Zwischenprodukt, dessen Zerfall ganz überwiegend in einer Disproportionierung in N_2 und N_2H_4 besteht. Eine gern benutzte Methode zur Generierung des kurzlebigen Diazens ist die Oxidation von Diazan (*Hydrazin*) mit H_2O_2 gemäß $N_2H_4 + H_2O_2 \rightarrow N_2H_2 + 2\,H_2O$. Ist Alken präsent, dann setzt es sich mit Diazen gemäß $H_2C{=}CHR + N_2H_2 \rightarrow H_3C{-}CH_2R + N_2$ schneller um als dieses mit sich selbst gemäß $2\,N_2H_2 \rightarrow N_2H_4 + N_2$. Es ist sehr wahrscheinlich, dass alle drei Reaktionen, die Oxidation von N_2H_4 mit H_2O_2, die Hydrierung von Alken mit N_2H_2 und die Disproportionierung von N_2H_2, über die sechsgliedrig-cyclischen Übergangszustände **A**—**C** nach Art einer Metathese verlaufen. Man erhält jedenfalls stereospezifisch eine *cis*-Hydrierung des Alkens, was das Auftreten von *cis*-Diazen als Zwischenprodukt wahrscheinlich macht, obwohl *trans*-Diazen etwas stabiler ist.

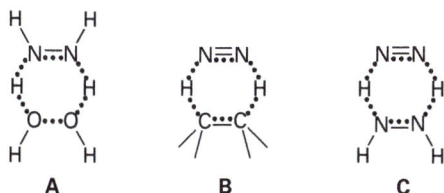

6.6.6 Addition an CO- und CN-Mehrfachbindungen

Aldehyde und Ketone (hier für beide: RR'CO) können Additionen an die CO-Doppelbindung in mehreren Versionen erfahren.

(1) An die C=O-Doppel- und die C≡N-Dreifachbindung kann H_2 addiert werden. Anstatt einer solchen *direkten Hydrierung* kann man auch *indirekt* hydrieren, indem man in zwei Verfahrensschritten zuerst H^- und dann H^+ addiert.

(2) Die Addition polarer Stoffe HX (RR'CO + HX → RR'CX—OH) kann elektrophil (primär addiert sich H^+ an das O-Atom) oder nucleophil erfolgen (primär addiert sich X^- an das C-Atom).

(3) Die Addition polarer Dihydrogen-Verbindungen H_2Y (RR'C=O + H_2Y → RR'C=Y + H_2O) erfordert mehrere Schritte. Als Zwischenverbindung wird das einfache Additionsprodukt RR'C(OH)—YH durchlaufen, bevor durch die Eliminierung von H_2O das Endprodukt entsteht.

(4) Die Reaktion RR'C=O + YY' → RR'C=Y + Y'=O spielt eine wesentliche Rolle nur bei Alkanyliliden-λ^5-phosphanen wie Ph_3P=CR_2'' als der Komponente Y=Y'. Um eine Addition an die CO-Bindung im strengeren Sinne handelt es sich allenfalls bei der Bildung des Übergangszustands.

(5) Die Addition CH-acider Verbindungen vom Typ Z—CH_2R'' an RR'C=O in Gegenwart von Basen hat als C—C-Verknüpfungsmethode große synthetische Bedeutung. Oft folgt eine Abspaltung von H_2O: Z—CH_2R'' + RR'C=O → Z—CHR''—CRR'—OH → Z—CR''=CRR' + H_2O.

Addition von H—H

Ebenso wie sich Alkene, Alkine und selbst Arene hydrieren lassen, kann man auch Aldehyde (RCHO → RCH_2OH), Ketone (R_2CO → R_2CHOH), Nitrile (RCN → RCH_2NH_2) und Ester (RCOOR' → RCH(OH)(OR') → RCHO → RCH_2OH) hydrieren, wobei die gleichen metallischen Katalysatoren wirksam sind wie bei der Hydrierung von CC-Mehrfachbindungen. Die Hydrierbereitschaft sinkt in der folgenden Reihe von links nach rechts RC≡CR > RCHO > RCH=CHR > R_2CO > RCN > RCOOR' > RCO(NH_2) > C_6H_6. Dies macht es möglich, CC-Doppelbindungen *chemospezifisch* zu hydrieren, also ohne dass anwesende Ester- und Säureamid-Funktionen oder gar Phenylgruppen angegriffen würden.

Die indirekte Hydrierung von Oxo-Verbindungen in zwei Schritten gelingt in übersichtlicher Weise mit Halbmetallhydriden, etwa mit gewissen Borhydriden, z. B. gemäß RR'C=O + $R_2''BH$(thf) → RR'CH—O—BR_2'' + thf oder gemäß 3 RR'C=O + BH_3(thf) → B(O—CRR'H)$_3$ + thf. Die Hydrolyse erbringt dann den Alkohol RR'CH(OH) neben $R_2''B$(OH) bzw. B(OH)$_3$.

Während Oxo-Verbindungen mit benachbarter CH-Gruppierung bei der Einwirkung von OH^--Ionen eine Dehydronierung erfahren können (—CH_2—CO— → —CH^-—CO^- + H^+), addieren sich OH^--Ionen an das C-Atom der Carbonyl-Gruppe, wenn benachbarte CH-Gruppierungen nicht vorhanden sind [R—CHO +

$OH^- \rightarrow R\text{—}CH(OH)\text{—}O^-]$. Betroffen sind Aldehyde vom Typ PhCHO oder $Me_3C\text{—}CHO$. Am aldehydischen H-Atom kann nun eine elektrophile Substitution stattfinden, indem ein zweites Aldehyd-Molekül die Gruppe $RC(OH)O$ verdrängt: $RCH(OH)\text{—}O^- + CHR{=}O \rightarrow RCOOH + HCHR\text{—}O^-$; es handelt sich formal um eine Übertragung von H^- vom Anion auf das neutrale Molekül. Im basischen Milieu kommt es spontan zur Bildung von RCOOH einerseits und $R\text{—}CH_2\text{—}OH$ andererseits. Insgesamt spielt sich also eine Disproportionierung ab: $2\,RCHO + OH^- \rightarrow RCOO^- + RCH_2OH$ (*Cannizarro-Reaktion*; diese Disproportionierung erinnert an die Disproportionierung von Chlor gemäß $Cl_2 + 2\,OH^- \rightarrow ClO^- + Cl^- + H_2O$).

Addition von HX

Bei der von Säuren katalysierten *elektrophilen Addition* hat man die Addition stärkerer Säuren HX von der Addition sehr schwacher Säuren HX zu unterscheiden. *Stärkere Säuren* reagieren mit RR'CO in drei Schritten:

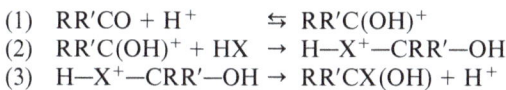

(1) $RR'CO + H^+ \quad \leftrightarrows RR'C(OH)^+$
(2) $RR'C(OH)^+ + HX \rightarrow H\text{—}X^+\text{—}CRR'\text{—}OH$
(3) $H\text{—}X^+\text{—}CRR'\text{—}OH \rightarrow RR'CX(OH) + H^+$

Schritt (2) ist der langsamste. Die Konzentration an $RR'C(OH)^+$ ist umso größer, je saurer die Lösung ist und je mehr dadurch das Gleichgewicht (1) nach rechts verschoben wird.

Schwache Säuren H—B katalysieren die Addition sehr schwacher Säuren HX ebenfalls in drei Schritten:

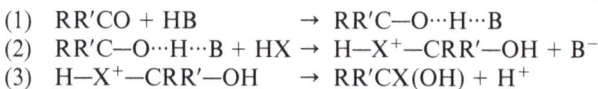

(1) $RR'CO + HB \qquad \rightarrow RR'C\text{—}O\cdots H\cdots B$
(2) $RR'C\text{—}O\cdots H\cdots B + HX \rightarrow H\text{—}X^+\text{—}CRR'\text{—}OH + B^-$
(3) $H\text{—}X^+\text{—}CRR'\text{—}OH \quad \rightarrow RR'CX(OH) + H^+$

Am langsamsten ist auch hier der Schritt (2). Mittlere pH-Werte sind günstig; stärkere Säuren können das sich addierende Reagenz HX durch die Bildung von H_2X^+ desaktivieren.

Die *nucleophile Addition* beginnt mit der die Geschwindigkeit der Reaktion bestimmenden Bildung eines Zwitterions, $RR'CO + HX \rightarrow H\text{—}X^+\text{—}CRR'\text{—}O^-$, dem ein intermolekularer Austausch von H^+ folgt, $H\text{—}X^+\text{—}CRR'\text{—}O^- \rightarrow RR'CX(OH)$. Die Verkleinerung der Bindungswinkel am zentralen C-Atom von $120°$ auf $109.5°$ wird durch Gruppen R und R' mit großem Raumanspruch behindert, sodass die Geschwindigkeit der Addition in der Reihe $H_2CO > HRCO > RR'CO$ und in der Reihe $MeCO\text{—}Me > MeCO\text{—}i\text{Pr} > MeCO\text{—}t\text{Bu} > t\text{Bu}\text{—}CO\text{—}t\text{Bu}$ abnimmt. Auch hat man gefunden, dass nichtaromatische Aldehyde RCHO schneller reagieren als Benzaldehyd PhCHO. Basen B^- katalysieren die nucleophile Addition zufolge von Gleichgewichten $HX + B^- \leftrightarrows X^- + HB$.

Da das prochirale RR′CO C_s-Symmetrie aufweist, bildet sich bei der Addition von HX ein Racemat RR′CX(OH). Im Falle von asymmetrischem R* und racemischem R*R′CO erhält man zwei diastereomere Racemate R*R′CX(OH). Nehmen wir als Beispiel das Keton PhMeCH—CO—Me. An Molekülmodellen kann man sich klarmachen, dass die beste Konformation für dieses Keton diejenige ist, bei der der räumlich anspruchsvollste Rest, hier Ph, in antiperiplanarer Stellung zum O-Atom (und damit notwendigerweise in synperiplanarer Stellung zur Me-Gruppe) steht. Das bedeutet, dass der Angriff von X⁻ senkrecht zur Ebene durch Ph—C—C—O von der einen Seite durch Wechselwirkung mit H weniger behindert wird als von der anderen Seite durch Wechselwirkung mit Me, sodass X⁻ auf der Seite von H bevorzugt angreift. Aus dieser Überlegung heraus lässt sich vorhersehen, welches Diastereomer im Überschuss gebildet wird (*Cram'sche Regel*). Im vorliegenden Fall ist es das Diastereomer-Racemat $(R, R)(S, S)$, wenn man X die CIP-Priorität vor OH einräumt (z. B. X = OR′).

Im Falle HX = H_2O bilden sich im Zuge eines Gleichgewichts die Hydrate RR′C(OH)₂ (s. Abschnitt 6.3.6). Die Addition von R″OH ergibt Halbacetale RR′C(OH)(OR″); dies spielt bei der Bildung von Furanosen und Pyranosen in der Zuckerchemie (Abschnitt 6.3.6) eine Rolle.

Die Addition von HSR″ an RR′CO hat noch eine Substitution OH/SR″ zur Folge, sodass insgesamt RR′C(SR″)₂ gebildet wird. In Bis(alkylthio)alkanen RHC(SR′)₂ ist das H-Atom am zentralen C-Atom viel positiver polarisiert als im Aldehyd RHCO, sodass es mithilfe von Basen wie LiBu abgespalten werden kann: RHC(SR′)₂ + Bu⁻ → RC(SR′)₂⁻ + HBu. Durch Alkylierung mit R″X und nachfolgende Hydrolyse kommt man zum Produkt RR″CO, insgesamt also von einem Aldehyd zu einem Keton.

Auch die Addition sekundärer Amine HNR″₂ führt über das Primäraddukt RR′C(OH)—NR″₂ hinaus durch einen OH/NR″₂-Austausch zu den *Aminalen* RR′C(NR″₂)₂. Von Oxo-Verbindungen des Typs RCH₂—CR′=O ausgehend, neigen die Primäraddukte RCH₂—CR′(OH)—NR″₂ zur Dehydratisierung und ergeben *Enamine* RCH=CR′—NR″₂. Die Acylierung solcher Enamine greift am C2-Atom an, ergibt dabei Immonium-Verbindungen, RCH=CR′—NR″₂ + R‴COCl → [R‴CO—CHR—CR′=NR″₂]Cl, und nach deren Hydrolyse 1,3-Diketone O=CR‴—CHR—CR′=O. Die Alkylierung der Enamine mit aktiven Alkylierungsmitteln wie MeI, CH₂=CH—CH₂Cl, BzlCl u. a. führt in analoger Weise wie die Acylierung schließlich zu R‴—CHR—CR′=O. Im Falle von Aldehyden wie CF₃—CHO oder CCl₃—CHO, deren Hydrate Hal₃C—CH(OH)₂ stabil sind, ergibt die Umsetzung mit NH_3 stabile *Halbaminale* Hal₃C—CH(OH)(NH₂).

Wenn man die aus Aldehyden RCHO und Aminen R′NH₂ oder R₂NH im Gleichgewicht gebildeten Halbaminale mit Säure behandelt, bilden sich durch Abspaltung von H_2O Kationen RCH(NHR′)⁺ bzw. RCH(NR₂)⁺. Sind Ketone im Gleichgewicht mit den zugehörigen Enolen CH₂=CR″—OH zugegen, so können sich die Aminoalkylium-Kationen an die Enole addieren, sodass Kationen R₂N—CHR—CH₂—CR″=OH⁺ entstehen, aus denen nach der Abspaltung von H⁺

Ketone $R_2'N-CHR-CH_2-CR''{=}O$ werden. Insgesamt hat sich die folgende Reaktion abgespielt (*Mannich-Reaktion*):

$$RCHO + HNR_2' + R''MeCO \rightarrow R_2'N-CHR-CH_2-CR''{=}O + H_2O$$

Dasselbe Produkt erhält man auch, wenn man nicht im sauren, sondern im basischen Bereich arbeitet. Die Base dehydroniert das Keton zu $H_2C^--CR''{=}O$, und dieses verdrängt die OH-Gruppe aus dem Halbaminal $RCH(OH)(NR_2')$, sodass sich $R_2'N-CHR-CH_2-CR''{=}O$ bildet. Als Beispiel einer Mannich-Reaktion sei die Synthese von 8-Methyl-8-azabicyclo[3.2.1]octan-3-on (*Tropinon*), das sich auch aus der Tollkirsche gewinnen lässt, erläutert:

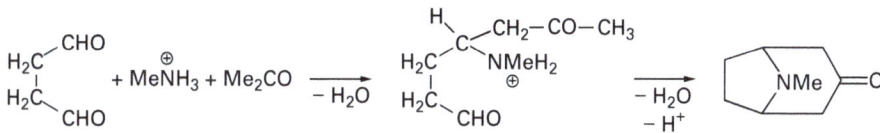

Die Addition von HCN an $RR'CO$ erbringt die *Cyanhydrine* $RR'C(OH)(CN)$. Technische Bedeutung hat die Umsetzung von Me_2CO mit HCN. Behandelt man das Cyanhydrin $Me_2C(OH)(CN)$ mit H_2SO_4, so wird die CN-Gruppe zur COOH-Gruppe hydrolysiert und darüber hinaus H_2O abgespalten zur Methacrylsäure $CH_2{=}CMe-COOH$, die meist noch mit Methanol in den Ester $CH_2{=}CMe-COOMe$ übergeführt wird. Die Reaktion von RCHO mit HCN führt zum Cyanhydrin $RCH(OH)(CN)$, das mit NH_3 in $RCH(NH_2)(CN)$ umgewandelt wird und nach der Hydrolyse die Aminosäure $RCH(NH_2)-COOH$ ergibt (*Strecker'sche Aminosäure-Synthese*). Anstelle der Gase HCN und NH_3 setzt man im Labor lieber die Feststoffe NaCN und NH_4Cl ein, die beim Erhitzen gemäß $NaCN + NH_4Cl \rightarrow HCN + NH_3 + NaCl$ die gewünschten Reaktionsgase ergeben.

Addition von H_2NX

Oxo-Verbindungen $RR'CO$ und Verbindungen H_2NX wie primäre Amine H_2NR'', Hydrazin NH_2-NH_2 (und dessen organische Derivate H_2N-NHR'' und H_2N-NR_2''), Hydroxylamin H_2N-OH, Semicarbazid $H_2N-CO-NH-NH_2$ u. Ä. gehen eine Reaktion ein, die über ein Zwischenprodukt vom Halbaminal-Typ, $RR'C(OH)(NHX)$, schließlich zu Produkten $RR'C{=}NX$ führt. Die Gesamtreaktion $RR'CO + H_2NX \leftrightarrows RR'C{=}NX + H_2O$ repräsentiert insgesamt ein Gleichgewicht, das in heißer verdünnter Säure nach links verschoben werden kann; dabei übt die Salzsäure drei Funktionen aus: Das Wasser verschiebt das Gleichgewicht nach links; die Säure verschiebt das Gleichgewicht nach links, indem sie H_2NX in H_3NX^+ überführt; außerdem ist die Gleichgewichtseinstellung säurekatalysiert.

Die *Alkanimine* $RR'C{=}NR''$, die sog. *Schiff'schen Basen*, sind im Falle von Alkylresten R'' wenig stabil, sind aber haltbar im Falle von Arylresten Ar am N-Atom.

Ein Beispiel für eine synthetische Anwendung dieses Additionstyps ist die folgende Synthese von Chinolin:

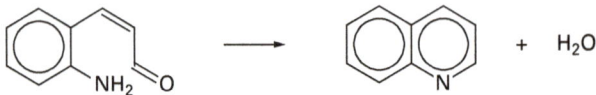

Die Additionsprodukte mit Hydrazin, die *Hydrazone* $RR'C=N-NH_2$, $RR'C=NHR''$ bzw. $RR'C=NR_2''$, schätzt man u. a. wegen ihrer guten Kristallisierbarkeit. Die Hydrazone $RR'C=N-NHAr$ mit $Ar = 2,4-C_6H_3(NO_2)_2$ (2,4-Dinitrophenyl-hydrazone) dienen wegen ihrer bequemen Darstellbarkeit und ihrer wohldefinierten Schmelzpunkte zum Nachweis von Oxo-Verbindungen. Auch Acylhydrazine (Carbonsäurehydrazide) $AcNH-NH_2$ bilden mit Oxo-Verbindungen Hydrazone. Insbesondere das von der Aminosäure Glycin abgeleitete Salz $[Me_3N-CH_2-CO-NH-NH_2]Cl$ (*Girards Reagenz*) vereinigt sich mit Ketonen schnell und reversibel zu wasserlöslichen Hydrazonen.

    Die *Oxime* $RR'C=N-OH$ entstehen aus Oxo-Verbindungen und Hydroxylamin. Oxime erfahren in schwefelsaurer Lösung eine Umlagerung, bei der im Allgemeinen *konzertiert* (d. h. gleichzeitig) ein H_2O-Molekül vom N- zum C-Atom und eine Gruppe R' auf der entgegengesetzten Molekülseite vom C- zum N-Atom wandert (*dyotrope Umlagerung*); die Triebkraft solcher Umlagerungen beruht auf der größeren Bindungsstärke der CO- verglichen mit der NO-Bindung (*Beckmann-Umlagerung*):

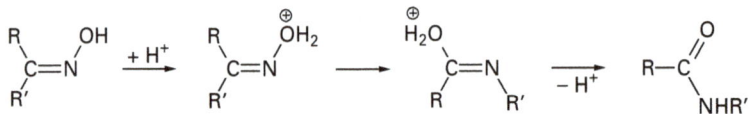

Ein Beispiel aus der Technik bietet die Synthese von Caprolactam aus Cyclohexanon. Die Hydrolyse des Lactams liefert 6-Aminocapronsäure $H_2N-(CH_2)_5-COOH$, die man durch Polykondensation in *Nylon-6* $[-HN-(CH_2)_5-CO-]_n$ (*Perlon*), ein wichtiges synthetisches Fasermaterial, überführen kann.

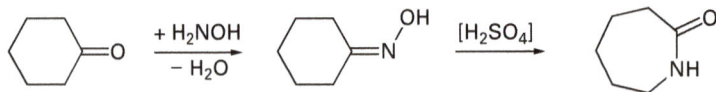

Die aus $RR'CO$ und Semicarbazid $H_2N-CO-NH-NH_2$, dem Hydrazid der Amidokohlensäure $H_2N-COOH$, reversibel gebildeten, meist wohlkristallisierenden Derivate $H_2N-CO-NH-N=CRR'$ heißen *Semicarbazone*.

Addition von Alkanyliden-λ^5-phosphan

So wie die tertiären Amine NR_3 kann man auch Phosphane PX_3 alkylieren: $PX_3 + RCH_2Cl \rightarrow [X_3P-CH_2R]Cl$. Mithilfe starker Basen lässt sich aus dem Phosphonium-Kation ein Hydron abspalten: $[X_3P\text{—}CH_2R]^+ + LiBu \rightarrow X_3P(CHR) +$ $Li^+ + HBu$. Die Frage, welche der beiden Grenzstrukturen in der Mesomeriebeziehung

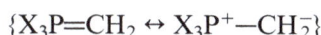

$$\{X_3P{=}CH_2 \leftrightarrow X_3P^+\text{—}CH_2^-\}$$

mehr Gewicht habe, die sog. *Ylen-Struktur* (links) oder die *Ylid-Struktur* (rechts), hat die Theoretiker beschäftigt. Die durch die Valenzstriche zum Ausdruck gebrachte Näherung lokalisierter Bindungen und deren Beschreibung durch die Wechselwirkung ausgewählter Atomorbitale erweist sich als so grob, dass die Frage nach dem Gewicht der Grenzstrukturen an der abstrakteren theoretischen Evidenz vorbeigeht. Die PC-Bindung im λ^5-Phosphan ist jedenfalls stärker als die im λ^4-Phosphonium-Kation, sodass im Folgenden der Ylen-Formel der Vorzug gegeben wird. Wie auch immer, die Reaktion von $X_3P{=}CHR$ oder $X_3P{=}CRR'$ mit Aldehyden und Ketonen, die *Wittig-Reaktion*, ist präparativ bedeutsam:

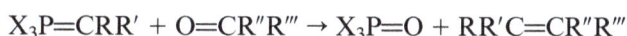

$$X_3P{=}CRR' + O{=}CR''R''' \rightarrow X_3P{=}O + RR'C{=}CR''R'''$$

Häufig setzt man PPh$_3$ (X = Ph) in die Wittig-Reaktion ein. Geht man von P(OEt)$_3$ aus, so führt die Alkylierung mit RCH$_2$Cl über das salzartige $[RCH_2\text{—}P(OEt)_3]Cl$ unter Abspaltung von EtCl zum neutralen Alkanphosphonsäureester $RCH_2\text{—}PO(OEt)_2$, der durch Abspaltung von H^+ ein anionisches Wittig-Reagenz, $[RCH{=}PO(OEt)_2]^-$, liefert.

   Die Wittig-Reaktion besteht in einem bimolekularen Assoziationsschritt unter Bildung einer kurzlebigen Vierring-Zwischenstufe, gefolgt von der Dissoziation der Zwischenstufe in die beiden Produktmoleküle.

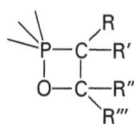

Nur beim ersten Schritt handelt es sich um eine Addition, und zwar um eine [2+2]-Cycloaddition, wobei offen bleiben muss, ob die Bildung der PO- und der CC-Bindung beim Aufbau der Zwischenstufe in zwei Schritten oder mehr oder weniger gleichzeitig erfolgt. Die Gesamtreaktion stellt eine Metathese dar.

Addition unter CC-Verknüpfung

Metallorganische Verbindungen MR reagieren mit Oxo-Verbindungen unter Addition von R^- an das Carbonyl-C-Atom. Die nachfolgende Addition von H^+ mittels hydronaktiver Mittel macht aus Methanal CH$_2$O den primären Alkohol $RCH_2\text{—}OH$, aus Alkanal R'HCO den sekundären Alkohol $RR'CH\text{—}OH$ und aus

Alkanon R'R''CO den tertiären Alkohol RR'R''C—OH. Als Nebenprodukte beobachtet man das Produkt R—R der Dimerisierung von R, weiterhin das aus R durch Abspaltung von H hervorgehende 1-Alken und schließlich auch Radikalanionen $R_2C^{\cdot}-O^-$, d. s. sog. *Ketyle*. Wenn M in MR ein Halbmetall darstellt und die M—R-Bindung mithin überwiegend kovalenter Natur ist, also wenn man z. B. BR_3 einsetzt, dann kann man im ersten Schritt mit der Bildung eines Addukts $R'R''C=O-BR_3$ rechnen und in der Folge mit der Umlagerung von R zum Produkt $RR'R''C-O-BR_2$ über einen viergliedrig-cyclischen Übergangszustand.

Unter mehreren Spielarten des Einsatzes metallorganischer Verbindungen bei der CC-Verknüpfung mit Oxo-Verbindungen sei eine spezielle erwähnt, die sich des Zinks bedient. Aus dem Ester EtOOC—CHR'—Br und Zn gewinnt man EtOOC—CHR'—ZnBr, das sich an RCHO unter Bildung von EtOOC—CHR'—CHR—OZnBr addiert; die Hydrolyse liefert EtOOC—CHR'—CHR—OH (*Reformatzki-Reaktion*).

Vielseitiger als die anionischen oder anionoiden Reste R^- in metallorganischen Verbindungen vermögen Carbanionen zu wirken, die man durch die Abspaltung von H^+ erhält, wenn man sie durch mesomer oder induktiv elektronenziehende Gruppen Z stabilisiert, wenn man also ausgeht von Verbindungen des Typs Z—CH$_3$, Z—CH$_2$R, Z—CHRR' oder gar von ZZ'—CH$_2$ oder ZZ'CHR mit Z = CHO, CRO, COOR, CN, NO$_2$, SO$_2$R, SO$_2$(OR) etc. Zur Abspaltung des aciden Hydrons braucht man — ähnlich wie bei der Michael-Addition — Basen, deren Wirksamkeit in folgender Reihe steigt:

$$NR_3'' < OH^- < OEt^- < OtBu^- < NR_2''^- < R''^-$$

Die CC-Verknüpfung, die sog. *Knoevenagel-Reaktion* folgt dann dem allgemeinen Schema:

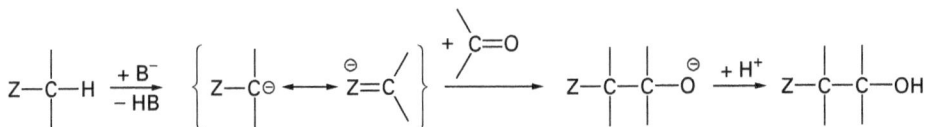

Ist dem Rest Z ein zweites H-Atom benachbart, so schließt sich oft noch eine Eliminierung von H$_2$O an: Z—CHR''—CRR'—OH → Z—R''C=CRR'. Da es sich beim Eliminierungsprodukt um ein durch Z aktiviertes Alken handelt, kann es im Überschuss der CH-aciden Komponente Z—CH$_2$R'' noch zu einer Michael-Addition kommen: Z—CH$_2$R'' + Z—R''C=CRR' → Z—CHR''—CRR'—CHR''—Z.

Werden in die CC-Verknüpfung die Komponenten ZCH$_2$R' und RCHO eingesetzt, dann entstehen im Produkt ZCHR'—CHR(OH) zwei asymmetrische C-Atome und mithin zwei diastereomere Enantiomer-Paare. Bei der nachfolgenden Dehydratisierung zu ZCR'=CHR werden demgemäß die *E/Z*-Isomere im Verhältnis der Paare (*R*,*R*)/(*S*,*S*) und (*R*,*S*)/(*S*,*R*) gebildet. Asymmetrische Liganden R* oder R'* in optisch reinen (also nicht racemischen) Edukten üben *optische Induktion* aus, d. h. sie induzieren ein von 1:1 abweichendes Verhältnis der Antipoden (R,R) und (S,S) bzw. (R,S) und (S,R). Eine solche optische Induktion mag auch von einem chiralen Medium ausgehen.

Wegen der Variationsbreite der CH-aciden Komponente und wegen der Vielfalt der Oxo-Komponenten gibt es zahlreiche Spielarten der Knoevenagel'schen CC-Verknüpfung. Besonders wichtig ist die sog. *Aldol-Kondensation*, d. i. ursprünglich die Kondensation eines Aldehyds mit sich selbst unter dem Einfluss von Basen: $2\,R-CH_2-CHO \rightarrow OCH-CHR-CH(OH)-CH_2R$. Das entstehende Hydroxyalkanal nennt man kurz ein Aldol (**Ald**ehyd-Alkoh**ol**). Eine Dehydratisierung zu $OCH-CR=CH-CH_2R$ kann sich anschließen. Im weiteren Sinne versteht man unter Aldol-Kondensation auch eine entsprechende CC-Verknüpfung, wenn beide Komponenten voneinander verschiedene Oxo-Komponenten sind, Aldehyde und/ oder Ketone.

Die carbanionische Zwischenstufe $Z-CHR^-$ steht mit $Z^-=CHR$ in Resonanz, im Falle $Z = CHO$ also gemäß $\{O=CH-CHR^- \leftrightarrow O^--CH=CHR\}$. Es stellt sich deshalb zunächst die Frage, ob sich die Oxo-Komponente $R'R''CO$ an das C- oder das O-Atom des Carbanions addiert, ob also das Aldol $O=CH-CHR-CR'R''-OH$ oder der Ether $RCH=CH-O-CR'R''-OH$ das Produkt ist. Dass sich das Aldol bildet, geht offenbar auf dessen größere thermodynamische Stabilität im Vergleich mit dem Ether zurück. Daraus folgt, dass die Teilschritte der Aldol-Kondensation thermodynamisch determiniert und damit reversibel sind.

Anstatt durch Basen kann die Aldol-Kondensation auch durch Säuren katalysiert werden. Das C-Atom der Oxo-Komponente wird dabei zunächst durch Hydronierung gemäß $RCHO + H^+ \rightarrow RCH(OH)^+$ aktiviert und kann sich an ein Keton $R'CH_2-CO-R''$ in dessen Enol-Form, an ein aktiviertes Alken also, addieren:

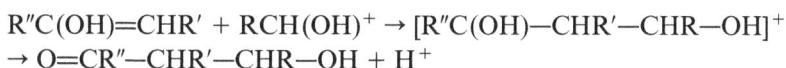

$$R''C(OH)=CHR' + RCH(OH)^+ \rightarrow [R''C(OH)-CHR'-CHR-OH]^+$$
$$\rightarrow O=CR''-CHR'-CHR-OH + H^+$$

Eine nachfolgende Eliminierung von H_2O zu $O=CR''-CR'=CHR$ hat gerade in saurer Lösung hohe Wahrscheinlichkeit.

Setzt man als CH-acide Komponente ein Keton wie Butanon, EtCOMe, ein, dann sind, z. B. mit Benzaldehyd als Oxo-Komponente zwei Primärprodukte denkbar, nämlich $O=CEt-CH_2-CHPh-OH$ und $O=CMe-CHMe-CHPh-OH$, die miteinander über die beiden Edukt-Komponenten im Gleichgewicht stehen. Der nachfolgende, im Falle von Basenkatalyse geschwindigkeitsbestimmende Dehydratisierungsschritt führt ganz überwiegend vom erstgenannten Zwischenprodukt zu $O=CEt-CH=CHPh$ und nicht vom zweitgenannten zu $O=CMe-CMe=CHPh$, offenbar deshalb, weil der zur Einleitung der hier ablaufenden E1cB-Eliminierung nötige Basenangriff auf die CH_2-Gruppe sterisch deutlich weniger behindert ist als im anderen Fall auf die CHMe-Gruppe. Wählt man aber statt der Basen- die

Säurekatalyse, dann vollzieht sich der E2-Eliminierungsschritt sehr schnell, und die Produktbildung hängt davon ab, welches der beiden aus dem Keton gebildeten Enole, $Et—C(OH)=CH_2$ oder $Me—C(OH)=CHMe$, an die sich $PhCH(OH)^+$ addiert, thermodynamisch bevorzugt ist; dies ist das Enol mit der innenständigen Doppelbindung, sodass jetzt $O=CMe—CMe=CHPh$ das bevorzugte Endprodukt ist. Durch die Wahl des Katalysators kann also hier eine Chemoselektion bewirkt werden.

Bei einem Keton wie Aceton, Me_2CO, können beide CH-aciden Me-Gruppen eine Aldol-Kondensation samt Eliminierung eingehen. Im Falle von PhCHO als der Oxo-Komponente erhält man $PhCH=CH—CO—CH=CHPh$ (*Dibenzalaceton*). Alle drei aciden H-Atome des Acetaldehyds, MeCHO, können den aktiven C-Atomen von drei Molekülen einer Oxo-Verbindung Platz machen, wenn diese minimalen Raumanspruch hat, wie es bei Methanal der Fall ist: $O=CH—CH_3 + 3\ CH_2O \rightarrow O=CH—C(CH_2OH)_3$. [Durch eine industriell durchgeführte Cannizzaro-Reaktion erhält man hieraus Neopentantetrol (*Pentaerythritol*): $(HOCH_2)_3C—CHO + HCHO \rightarrow C(CH_2OH)_4 + HCOOH$. Das Tetrol wird dann mit HNO_3 in das als Explosivstoff genutzte Tetranitrat $C(CH_2ONO_2)_4$ übergeführt.] Liegen zwei benachbarte Ketogruppen vor wie im Diphenylethandion (*Benzil*), dann kann man beide mit CH-aciden Komponenten umsetzen, und im Falle zweier CH-acider Gruppen im gleichen Molekül wie etwa im 1,3-Diphenylpropanon kann ein Ring zum Tetraphenylcyclopentadienon geschlossen werden: $PhCH_2—CO—CH_2Ph + Ph—CO—CO—Ph \rightarrow [—CO—CPh=CPh—CPh=CPh—] + 2\ H_2O$.

Eine Spielart der hier behandelten CC-Verknüpfungen geht von einem Säureanhydrid als CH-acider Komponente und einem Aldehyd als Oxo-Komponente aus; anstelle von H_2O wird die entsprechende Carbonsäure eliminiert. So erhält man aus Acetanhydrid, Benzaldehyd und Natriumacetat (Acetat wirkt katalytisch als Base) die Zimtsäure (*Perkin-Synthese*): $Me—CO—O—CO—Me + PhCHO \rightarrow HOOC—CH=CHPh + MeCOOH$. Bei einer anderen Spielart ist an das C-Atom mit dem aciden H-Atom noch ein Cl-Atom gebunden, das vom Alkoholat-O-Atom des Primärprodukts intramolekular unter Oxiran-Bildung verdrängt wird (*Darzens-Reaktion*):

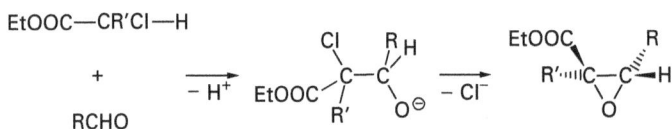

Bei einer weiteren Spielart ist die CH-acide Komponente der Ethylester der Butandisäure (*Bernsteinsäure*), der unter H^+-Abspaltung mit einem Aldehyd RCHO ein Primäraddukt liefert, dessen Alkoholat-O-Atom eine OEt-Gruppe unter Fünfring-lacton-Bildung verdrängt. Die erneute Abspaltung eines H^+-Ions führt unter Lacton-Öffnung zum Halbestercarboxylat einer Alkendisäure (*Stobbe-Kondensation*):

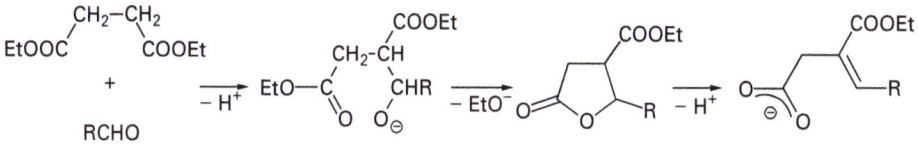

Eine letzte Spielart sei beispielhaft erläutert, die in sechs Schritten von der einfachsten Aminocarbonsäure, dem Glycin H_2N-CH_2-COOH, zu Aminocarbonsäuren des Typs $ArCH_2-CH(NH_2)-COOH$ führt (*Erlenmeyer'sche Aminosäure-Synthese*). Im Vorfeld wird Glycin benzoyliert: $H_2N-CH_2-COOH + PhCOCl \rightarrow$ $[Ph-CO-NH-CH_2-COOH \leftrightarrows Ph-C(OH)=N-CH_2-COOH] + HCl$. Das Imid-Tautomere des entstandenen Säureamids kann zum Fünfringlactam kondensieren. Dieses kann nun als CH-acide Komponente mit einem aromatischen Aldehyd eine CC-Verknüpfung eingehen und dabei H_2O abspalten. Die Hydrierung der CC-Doppelbindung und die nachfolgende Hydrolyse der Säureimid-Funktion führen zur gewünschten Aminosäure.

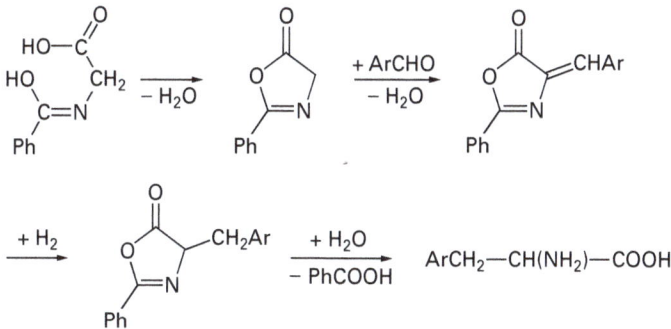

Addition an CN-Mehrfachbindungen

Die *N*-Alkylaldimine und -ketimine $RR'C=NR''$ hydrolysieren ohne Katalysator schnell zu $RR'C=O$. Bei der Hydrolyse der *N*-Arylaldimine und -ketimine $RR'C=NAr$ sowie der Hydrazone $RR'C=NH-NHR''$ und Oxime $RR'C=N-OH$ zu $RR'C=O$ empfiehlt sich saure oder basische Katalyse. Generell liegen die Gleichgewichte $RR'C=NX + H_2O \leftrightarrows RR'C=O + H_2NX$, wie oben erwähnt, im Überschuss von H_2O rechts.

Die Hydrolyse der Nitrile $R-C\equiv N$ wird sauer oder basisch katalysiert. Sie bleibt in der Regel nicht beim Säureamid stehen ($RCN + H_2O \rightarrow RCONH_2$), sondern schreitet fort zur Carbonsäure, also z. B. in saurem Medium: $RCN + 2\,H_2O + H^+ \rightarrow RCOOH + NH_4^+$.

Metallorganische Agenzien MR' addieren sich an Nitrile RCN zu $M[RR'C=N]$, deren Hydrolyse Ketone erbringt: $M[RR'C=N] + 2\,H_2O \rightarrow RR'C=O + NH_3 + MOH$.

In einer der Aldol-Kondensation analogen Reaktion fungiert $R-CH_2-CN$ sowohl als CH-acide Komponente (z. B. mit EtO^- als Base) als auch als Komponente mit kationoidem Nitril-C-Atom ($R-C{\equiv}N \leftrightarrow R-C^+{=}N^-$). Die sich anschließende Hydrolyse führt zu 3-Oxonitrilen (*Thorpe-Reaktion*):

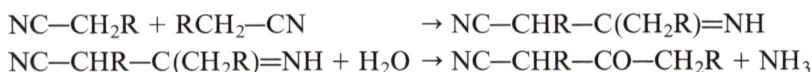

$$NC-CH_2R + RCH_2-CN \qquad \rightarrow NC-CHR-C(CH_2R){=}NH$$
$$NC-CHR-C(CH_2R){=}NH + H_2O \rightarrow NC-CHR-CO-CH_2R + NH_3$$

Diverse Additionen an die CN-Doppelbindung der Isocyanate haben technische Bedeutung. Zwei solcher Additionen seien erwähnt. Die erste führt zu Urethanen, die zweite zu Dimethylharnstoff:

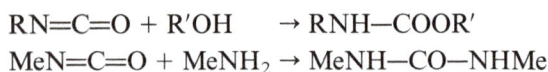

$$RN{=}C{=}O + R'OH \qquad \rightarrow RNH-COOR'$$
$$MeN{=}C{=}O + MeNH_2 \rightarrow MeNH-CO-NHMe$$

Die Polyaddition von Diolen, z. B. $HO-CH_2-CH_2-OH$, an Diisocyanate, z. B. 2,4-Diisocyanatotoluen $1,2,4\text{-}C_6H_3Me(NCO)_2$, ergibt die technisch genutzten Polyurethane, z. B. $[-CO-O-CH_2-CH_2-O-CO-NH-C_6H_3Me-NH-]_n$.

6.6.7 1,4-Additionen

Bei der elektrophilen Addition von HX (und analog von Cl_2 und Br_2) an konjugierte Diene entsteht im ersten Schritt ein Allyl-Kation, z. B. im Falle von Buta-1,3-dien: $CH_2{=}CH-CH{=}CH_2 + H^+ \rightarrow \{CH_3-CH^+{-}CH{=}CH_2 \leftrightarrow CH_3-CH{=}CH-CH_2^+\}$. Die linke Grenzstruktur mit dem innenständigen Carbenium-Zentrum hat mehr Gewicht, d. h. dieses innenständige C-Atom trägt eine positivere Ladung als das endständige. Aus diesem Grunde beansprucht der Angriff von X^- auf das innenständige C-Atom weniger Aktivierungsenergie. Daraus folgt, dass die Bildung des 1,2-Addukts $CH_3-CHX-CH{=}CH_2$ kinetisch günstiger ist als die Bildung des 1,4-Addukts $CH_3-CH{=}CH-CH_2X$. Andererseits sind innenständige Doppelbindungen energetisch günstiger als randständige, sodass das kinetisch ungünstige Produkt thermodynamisch günstiger ist. Wie es für eine solche Situation typisch ist, findet man im Allgemeinen ein Gemisch beider Produkte, wobei eine Erhöhung der Temperatur das Produktverhältnis zu Gunsten des thermodynamisch besseren Produkts verschiebt. Beispielsweise entsteht bei der Bromierung von Buta-1,3-dien ein Gemisch aus $BrCH_2-CH{=}CH-CH_2Br$ und $BrCH_2-CHBr-CH{=}CH_2$, und zwar bei 0 °C in vergleichbarer Menge, bei 90 °C aber im Verhältnis 9 : 1.

Im Falle der Addition von HX an konjugiert ungesättigte Oxo-Verbindungen, die sich vom Propenal $H_2C{=}C-CH{=}O$ (*Acrolein*) als einfachster Verbindung ableiten, ist die für Oxo-Verbindungen obligate $\delta+$-Ladung am Carbonyl-C-Atom hier nicht am C1-Atom lokalisiert, sondern geht durch Resonanz auch auf das C3-Atom über. Deshalb ist im Falle eines nucleophilen Primärschritts die Reaktivität von Propenal gegenüber dem gesättigten Propanal bezüglich der Addition von HX vermindert. Weiterhin kann man mit zwei Produkten rechnen, dem 1,2-Addukt $CH_2=CH-CHX-OH$ und dem 1,4-Addukt $H_2CX-CH=CH-OH$, einem Enol, das sich alsbald zu $H_2CX-CH_2-CH=O$ tautomerisiert, so als habe insgesamt eine 1,2-Addition an die C=C-Doppelbindung stattgefunden. Wie schon bei 1,3-Dienen ist auch bei 2-Enalen wie dem Propenal das 1,2-Addukt kinetisch, das 1,4-Addukt bzw. dessen Tautomer thermodynamisch günstiger. Erfahrungsgemäß addieren sich stark nucleophile Anionen bevorzugt an C1, schwache Nucleophile an C3. Insbesondere das Anion R^- aus metallorganischen Reagenzien bevorzugt die 1,2-Addition, z. B.: $CH_2=CH-CH=O + LiBu \rightarrow CH_2=CH-CHBu-OLi$ (und hieraus duch Hydrolyse $CH_2=CH-CHBu-OH$).

6.6.8 Cycloadditionen

Um eine *Cycloaddition* handelt es sich, wenn eine aus m Gliedern bestehende konjugiert ungesättigte Kette mit einer aus n Gliedern bestehenden in der Weise reagiert, dass ein aus m+n Gliedern bestehender Ring gebildet wird: *[m+n]-Cycloaddition*. Diese bimolekulare Cyclisierung geht mit einer Verschiebung von π-Elektronen längs der beiden Ketten einher, und zwischen den Kettenenden entstehen σ-Bindungen; gegebenenfalls sind auch freie Elektronenpaare im Spiel. Insgesamt sind an der Cycloaddition r Bindungselektronen, also r/2 Elektronenpaare, beteiligt. Die Vereinigung der Kettenenden und die Verschiebung der π-Ekektronen verlaufen synchron über einen cyclischen Übergangszustand; es handelt sich also um eine einstufige Reaktion. Im Allgemeinen liegen Gleichgewichte zwischen den beiden Edukten und dem cyclischen Produkt vor. Die Rückreaktion ist die *Cycloreversion*. Die Cycloaddition verläuft exotherm und exotrop; je höher die Temperatur ist, desto stärker kommt also die Cycloreversion zum Zuge. Synchron verlaufende Hin- und Rückreaktion gehorchen den Woodward-Hoffmann-Regeln zur Erhaltung der Orbitalsymmetrie (Abschnitt 4.3.5). Sie besagen, dass [m+n]-Cycloadditionen thermisch erlaubt sind, wenn die Zahl r/2 der beteiligten Elektronenpaare ungerade ist, und dass sie thermisch verboten sind, wenn r/2 gerade sind, sofern die Orientierung der Edukt-Komponenten eine Spiegelsymmetrie der beteiligten Zentren hervorruft. Das Attribut *thermisch* soll dabei zum Ausdruck bringen, dass die Reaktion von den Komponenten im Grundzustand ausgeht. Regt man den Grundzustand photolytisch an und befördert dadurch das HOMO-Elektronenpaar in das LUMO, dann werden Cycloadditionen mit geradem r/2 erlaubt und mit ungeradem r/2 verboten. Am wichtigsten sind die [m+1]-, [2+2]-, [3+2]- und [4+2]-Cycloadditionen.

[m+1]-Cycloadditionen

Als eingliedrige Komponente kommen vor allem Singulett-Carbene infrage. Wie in Abschnitt 6.1.4 ausgeführt, reagieren Singulett-Carbene synchron mit Alkenen unter Dreiring-Bildung, d. i. eine [2+1]-Cycloaddition. Das Alken-π-Orbital, das

HOMO, liege in der xz-Ebene, und das Carben nähere sich dem Alken mit seinem p_z-LUMO längs der z-Richtung, sodass sich eine (3c2e)-Wechselwirkung ergibt. Die vom Carben und vom Alken ausgehenden σ-Bindungen liegen parallel zur xy-Ebene, ebenso das sich in die x-Richtung erstreckende Carben-HOMO mit mehr oder weniger (sp^2)-Hybridcharakter. Dieses geht mit dem Alken-LUMO (π*) eine bezüglich der yz-Ebene unsymmetrische Wechselwirkung ein. Die Addition verläuft stereospezifisch, also erhält man, wie in Abschnitt 6.1.4 ausgeführt, aus E-MeCH=CHMe und $^1CH_2$ das $trans$-1,2-Dimethylcyclopropan. But-2-in, MeC≡CMe, wird an beiden π-Bindungen angegriffen, und es entsteht 1,3-Dimethylbicyclobutan. Mit Propadien (*Allen*) wird Spiropentan gebildet: $C_3H_4 + 2\ CH_2 \rightarrow C_5H_8$. (In *Spiro-Verbindungen* haben zwei Ringe ein Glied gemeinsam; im Spiropentan gehört ein C-Atom zwei Cyclopropan-Ringen gemeinsam an. Die volle Bezeichnung wäre Spiro[2.2]pentan, doch ist die Bestimmung der Zahl der Atome in beiden Brücken, [2.2], hier unnötig, weil keine andere Möglichkeit der Verbrückung besteht. Im Gegensatz dazu gibt es beispielsweise für Spiroheptan zwei Isomere, nämlich Spiro[3.3]heptan und Spiro[4.2]heptan, d. s. zwei Vierringe bzw. ein Fünf- und ein Dreiring mit einem gemeinsamen C-Atom.)

Bei der Reaktion von Buta-1,3-dien, C_4H_6, mit $^1CH_2$ sind zwei Varianten denkbar, die [2+1]- und die [4+1]-Cycloaddition. Für die [2+1]-Cycloaddition gilt das eben für die Reaktion von Alken mit Carben Gesagte. Bei der [4+1]-Version nähere sich das Carben längs der z-Richtung von oben dem cisoid in der xy-Ebene liegenden Butadien. Die beteiligten Butadien-Orbitale (s. Abschnitt 4.3.5) transformieren sich gemäß C_s ($σ_{yz}$) nach A″ ($φ_2$; HOMO) und A′ ($φ_3$; LUMO). Die Orientierung des Carbens ist jetzt eine andere als im [2+1]-Fall: Das HOMO [mit überwiegend (sp^2)-Charakter] liegt in der z-Richtung (A′) und das LUMO in der x-Richtung (p_x; A″). Das ergibt eine günstige HOMO/LUMO-Wechselwirkung sowohl für die A′- als auch für die A″-Orbitale und mithin eine thermisch erlaubte Reaktion. Gleichwohl zeigt das Experiment, dass die Bildung von Ethenylcyclopropan als [2+1]-Reaktion vor der Bildung von Cyclopenten als [4+1]-Reaktion bevorzugt ist und dass sich nach dem [2+1]-Schema sogar noch ein zweites Carben an die zweite Doppelbindung zum Bis(cyclopropyl) addieren kann.

Die [m+1]-Cycloaddition ist nicht auf Carben als die einatomige Komponente beschränkt. Eine geeignete Komponente von gewisser Bedeutung stellt z. B. auch das SO_2 dar, dessen freies Elektronenpaar bei der Annäherung an Butadien längs der z-Richtung eine thermisch erlaubte [4+1]-Cycloaddition zum Thiacyclopent-3-en-1,1-dioxid bewirkt.

[2+2]-Cycloadditionen

[2+2]-Cycloadditionen und -reversionen sind thermisch verboten und photolytisch erlaubt. Als Beispiel sei die Cyclodimerisierung von Zimtsäure, Ph—CH=CH—COOH, bei Bestrahlung mit UV-Licht angeführt! Dass diese Reaktion der Photolyse bedarf und thermisch offenbar symmetrieverboten ist, zeigt, dass es bei der

$E + E$	$Z + Z$	$E + Z$
C_s	C_s	C_1
C_2	C_2	C_1
C_i	C_{2v}	C_1
C_{2v}	C_i	C_1

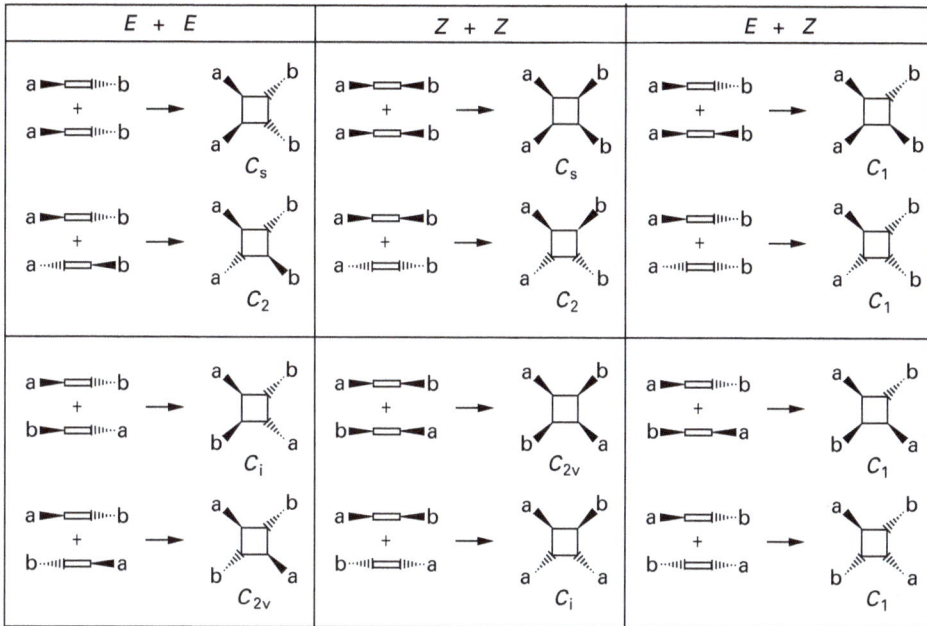

Abb. 6.3 Cyclodimerisierung von E- und Z-Zimtsäure Ph—CH=CH—COOH zu Diphenyl-cyclobutan-1,2-dicarbonsäure (*Truxinsäure*; obere zwei Zeilen) und -1,3-dicarbonsäure (*Truxillsäure*; untere zwei Zeilen) in jeweils zwei Orientierungen.

Erhaltung der Orbitalsymmetrie tatsächlich nur auf die lokale Symmetrie im unmittelbaren Bereich der Doppelbindungen ankommt, sind doch die beiden Substituenten an der Doppelbindung, Ph und COOH, grundverschieden. Die Cyclodimerisierung verläuft nicht regiospezifisch, d. h. man erhält zwei Diphenylcyclobutan-dicarbonsäuren, nämlich die 1,2- und die 1,3-Dicarbonsäure (*Truxinsäure* bzw. *Truxillsäure*). Beide können sich aus einer Kombination E/E-, Z/Z- und E/Z-Zimtsäure bilden, und darüber hinaus sind noch je zwei Orientierungen möglich, sodass sich insgesamt zwölf Kombinationen ergeben, die in Abb. 6.3 zusammengestellt sind. Zwei unter den zwölf isomeren Vierringen sind identisch, nämlich die beiden Truxillsäuren mit C_i-Symmetrie. Alle vier E/Z-Kombinationen ergeben chirale Produkte (C_1); auch die beiden Truxinsäuren mit C_2-Symmetrie sind chiral. Alle sechs Truxinsäuren sowie zwei der fünf Truxillsäuren spielen in Naturprodukten eine Rolle. Bei der photolytischen Zimtsäure-Cyclodimerisierung im Laboratorium entstehen die Isomere in sehr unterschiedlichen Mengen, was sich großenteils mit den sterischen Verhältnissen im Übergangszustand begründen lässt. Auch wenn man reine E- oder Z-Zimtsäure der Cyclodimerisierung unterzieht, entsteht das gesamte Produktspektrum, weil sich die E/Z-Isomere im UV-Licht ineinander umwandeln.

Das Verbot der Cycloreversion von Cyclobutan zu Ethen, $C_4H_8 \rightarrow 2\,C_2H_4$, lässt sich auf solche Cyclobutan-Einheiten übertragen, die Teile polycyclischer Systeme sind. In den drei folgenden Beispielen gehen Tricyclo[3.1.0.0^{2,4}]hexan in Cyclohexa-1,4-dien, Hexamethylprisman in Hexamethylbicyclo[2.2.0]dien (d. i. das Hexamethyl-Derivat von Dewar-Benzen) und Quadricyclan in Norbornadien über. Alle drei Cycloreversionen haben Triebkraft, hier nicht wegen eines großen Entropiegewinns, sondern wegen der Winkelspannung der in den Polycyclen enthaltenen Dreiringe. Gleichwohl laufen die partiellen Ringöffnungen thermisch nicht ab, sondern nur bei UV-Bestrahlung (das jeweilige Cyclobutan-Skelett ist durch Punkte markiert):

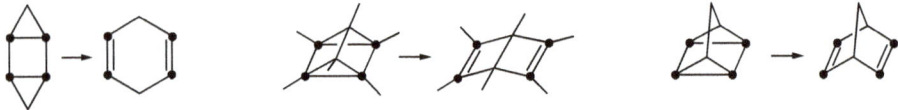

Elektronisch sehr einflussreiche Substituenten machen den synchronen Ablauf der Cyclodimerisierung unnötig und ermöglichen stattdessen einen zweistufigen Ablauf. Dies ist bei kumulierten Doppelbindungen der Fall, also z. B. bei der Cyclodimerisierung von Propadien $H_2C=C=CH_2$, die bei $400\,°C$ zu einer Mischung von 1,2- und 1,3-Dimethanylidencyclobutan führt. Keten $CH_2=C=O$ dimerisiert sich schon bei Raumtemperatur langsam zum 2-Methanylidenoxacyclobutan-4-on, einem β-Lacton.

[3+2]-Cycloadditionen

Wenn in einer dreiatomigen Kette vier Elektronen über die drei Zentren delokalisiert sind, dann sind Cycloadditionen mit Alkenen zu entsprechenden Fünfringen thermisch erlaubt. Das einfachste, wenn auch noch wenig untersuchte Beispiel ist die Cycloaddition zwischen den Komponenten Allyl-Anion, $\{CH_2^{-}-CH=CH_2 \leftrightarrow CH_2=CH-CH_2^{-}\}$, und Ethen, die zu Cyclopentanid, $C_5H_9^{-}$, führen sollte. Viel bekannter ist die Reaktion von Ozon O_3 mit Alkenen, die, thermisch erlaubt, ein 1,2,3-Trioxacyclopentan als instabiles *Primär-Ozonid* ergibt:

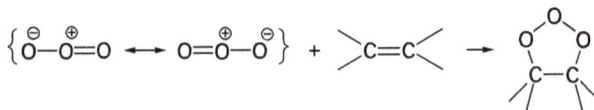

Das Primär-Ozonid erleidet eine [3+2]-Cycloreversion in zwei instabile Bruchstücke, die sich − neu orientiert − in einer weiteren [3+2]-Cycloaddition zum Endprodukt, 1,2,4-Trioxacyclopentan, zusammenfügen.

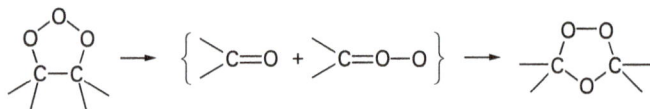

Eine solche *Ozonolyse* von Alkenen ist präparativ wertvoll, weil das Endprodukt durch Hydrolyse leicht gespalten werden kann: $O_3C_2H_2R_2 + H_2O \rightarrow RCHO + H_2O_2$. Da das H_2O_2 den Aldehyd z. T. gemäß $RCHO + H_2O_2 \rightarrow RCOOH + H_2O$ angreift, gibt man entweder zur Hydrolyse weiteres H_2O_2 und erhält dann nur RCOOH, oder man hydrolysiert das Ozonid in Gegenwart geeigneter Reduktionsmittel (z. B. Zn/HCl) und erhält dann nur den Aldehyd RCHO. Insgesamt hat man durch die Ozonolyse ein Molekül des Alkens RCH=CHR entweder in zwei Moleküle RCOOH oder in zwei Moleküle RCHO zerlegt.

Handelt es sich beim Allyl-Anion und bei Ozon um jeweils eine dreiatomige Kette mit Kettenenden gleicher Polarität, so kennt man eine ganze Reihe konjugiert ungesättigter dreiatomiger Systeme mit unterschiedlich polaren Kettenenden, sog. *1,3-Dipole*, die aber gleichwohl mit Alkenen synchron verlaufende, thermisch erlaubte [3+2]-Cycloadditionen, sog. *1,3-dipolare Cycloadditionen*, eingehen können. Als breit eingesetzte 1,3-Dipole haben Diazoalkane $RR'CN_2$ und Azide RN_3 zu gelten, aber auch mehrere andere Verbindungen können als 1,3-Dipole eingesetzt werden, beispielsweise Iminoxide, Nitriloxide u. a.:

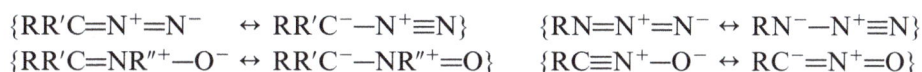

$$\{RR'C{=}N^+{=}N^- \leftrightarrow RR'C^-{-}N^+{\equiv}N\} \qquad \{RN{=}N^+{=}N^- \leftrightarrow RN^-{-}N^+{\equiv}N\}$$
$$\{RR'C{=}NR''^+{-}O^- \leftrightarrow RR'C^-{-}NR''^+{=}O\} \qquad \{RC{\equiv}N^+{-}O^- \leftrightarrow RC^-{=}N^+{=}O\}$$

Auch die zweigliedrigen Komponenten, die sog. *Dipolarophile*, können variiert werden. Außer Alkenen kommen Alkine $RC{\equiv}CR$, Nitrile $RC{\equiv}N$, Iminoborane $RB{\equiv}NR$ u. a. infrage.

Zur Illustration seien einige Beispiele aufgeführt, und zwar der Reihe nach die Produkte mit folgenden Edukt-Komponenten: CH_2N_2/*E*-(MeOOC)MeC= CMe(COOMe), $PhCHN_2$/$MeC{\equiv}CMe$, PhN_3/PhCN, PhN_3/*i*PrB${\equiv}$N*i*Pr, MeOOC— CN_2/$H_2C{=}CH{-}COOMe$ (samt Umlagerungsfolgeprodukt nach 1,3-sigmatroper H-Verschiebung) und PhN_3/*E*-MeCH=CHMe (samt Folgeprodukt nach [3+2]- Cycloreversion):

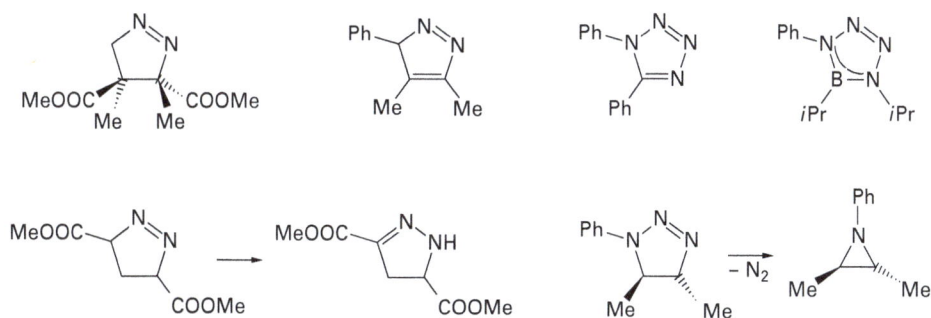

[4+2]-Cycloadditionen

Die am besten untersuchte Cycloaddition ist die thermisch erlaubte *Diels-Alder-Reaktion* zwischen konjugierten Dienen und Alkenen. Es handelt sich um eine exotherme und exotrope Gleichgewichtsreaktion. Der Grundkörper der Diene, das Buta-1,3-dien, liegt in einer *transoiden* und in einer *cisoiden* Form vor:

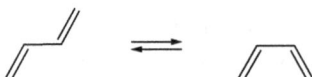

Die um 9.6 kJ mol^{-1} stabilere transoide Form ist planar gebaut (C_{2h}). In der cisoiden Form sind die beiden Doppelbindungen leicht gegeneinander verdrillt (C_2), sodass die Energie der Resonanz zwischen den beiden Doppelbindungen etwas weniger zum Tragen kommen kann als bei idealer Planarität (C_{2v}). Im Gleichgewicht überwiegt die transoide die cisoide Form bei weitem. In der [4+2]-Cycloaddition hat aber nur die cisoide Form die richtige Orientierung. Mithin kann man Butadien nur eine mittlere Aktivität einräumen. Im Gleichgewicht Butadien + Ethen ⇆ Cyclohexen überwiegen bei Raumtemperatur die Edukte. Ein deutlich aktiveres Dien ist Cyclopentadien, C_5H_6, dem die cisoide Form immanent innewohnt und bei dem eine gewisse Ringwinkelspannung noch zusätzliche Diels-Alder-Triebkraft verheißt; ähnlich wirksam ist auch das Oxacyclopentadien OC_4H_4 (*Furan*). Cyclopentadien reagiert schon bei Normaltemperatur so gut wie vollständig mit sich selbst als Dienophil zum Tricyclo[5.2.1.0^{2,6}]dec-3,8-dien, das man als Norbornen-Derivat ansehen kann; zur Rückreaktion muss man auf mehr als 200 °C erhitzen:

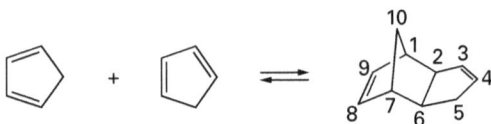

Umgekehrt ist das Cycloocta-1,3-dien deutlich weniger reaktiv als Butadien, weil die Doppelbindungen im nichtplanaren Achtring noch mehr aus der Coplanarität und damit aus einer geeigneten Diels-Alder-Orientierung gedrängt werden als beim cisoiden Butadien.

Im Falle eines cyclischen Diens wie Cyclopentadien verläuft die Addition eines *Z*-Alkens, wie z. B. von *Z*-MeCH=CHMe, regiospezifisch. Es entsteht nämlich das 5,6-Dimethylnorborn-2-en mit den beiden Methylgruppen in *exo*-Position, weil dieses Produkt thermodynamisch besser ist als das entsprechende *endo*-Isomer. Auch das Cyclopentadien-Dimer entsteht als *exo*-Isomer (s. o.). Die *exo/endo*-Alternative geht einher mit der Orientierung der beiden Komponenten zueinander. Das Alken, das *Dienophil*, möge sich dem coplanaren Cyclopentadien von oben nähern, sodass das gesamte System C_s-Symmetrie hat. Dann gibt es zwei Orientierungen: Sind die beiden Me-Gruppen von *Z*-MeCH=CHMe der C2—C3-Bindung des Diens zugewendet, dann bildet sich das *endo*-Produkt, liegen sie auf der entgegengesetzten Seite, dann bildet sich das *exo*-Produkt. Da die thermodynamisch kontrollierte Reaktion reversibel verläuft, erhält man das aus räumlichen Gründen bevorzugte *exo*-Produkt. Das mag im vorliegenden Fall auch das kinetisch bevorzugte Produkt sein, da die beiden Me-Gruppen dann dem Dien während der Reaktion weniger in die Quere kommen. Ersetzt man aber die Me-Gruppen durch MeOOC-Gruppen, dann können diese Gruppen mit dem π-System des Diens bei der Bildung des Übergangszustands in eine anziehende Wechselwirkung geraten und so zum kinetisch determinierten *endo*-Produkt führen. Dann bedarf es des Erhitzens, um das *endo*-Produkt reversibel in das stabilere *exo*-Produkt zu verwandeln. Sowohl beim *exo*- als auch beim *endo*-5,6-Dimethylnorborn-2-en hat man es mit den zwei asymmetrischen Atomen C5 und C6 zu tun, das eine *R*- und das andere *S*-konfiguriert, das ganze Molekül aber ist als *meso*-Produkt achiral (C_s; beim Übergang vom *exo*- zum *endo*-Produkt tauschen die beiden Atome C5 und C6 ihre *R*/*S*-Rolle). Das ändert sich, wenn man nicht *Z*-, sondern *E*-MeCH=CHMe mit Cyclopentadien umsetzt. Man erhält dann 5-*exo*-Methyl-6-*endo*-methylnorborn-2-en (*R*,*R*) und das entsprechende 5-*endo*-6-*exo*-Produkt (*S*,*S*) als Racemat (C_1).

Addiert man MeCH=CHMe an das offenkettige Butadien, dann führen beide Orientierungen zu demselben Produkt, und die regioselektive Alternative entfällt. Nach wie vor aber verläuft die Reaktion stereospezifisch, indem das *Z*-Alken zu 4,5-Dimethylcyclohexen mit den Me-Gruppen in *cis*-Position führt (C_s; *meso*-Form; *R*- und *S*-Konfiguration für C4 bzw. C5; man beachte, dass hier die Festlegung von *R* und *S* für die Atome C4 bzw. C5 ebenso willkürlich ist wie die Festlegung, ob der Ring im Uhr- oder Gegenuhrzeigersinn nummeriert wird); das *E*-Alken ergibt das Produkt mit den Me-Gruppen in *trans*-Stellung, d.i. das (*R*,*R*)/(*S*,*S*)-Racemat (C_2).

Mit MeCH=CHMe als Dienophil entfalten die beiden C-Atome der Doppelbindung prochirale Wirkung. Wählt man als Dien-Komponente das Hexa-2,4-dien, MeCH=CH−CH= CHMe, so sind die C-Atome C2 und C5 prochiral. Setzt man dieses Dien mit But-2-in um, das keine prochiralen Zentren enthält, dann kommt es bei der Produktbildung darauf an, ob man beim Dien das *E*,*E*- oder das *E*,*Z*-Isomer einsetzt; beim *Z*,*Z*-Isomer ist die Bildung der cisoiden Form sterisch stark behindert. Das *E*,*E*-Dien ergibt das *meso*-Produkt (C_s), das *Z*,*Z*-Dien das (*R*,*R*)/(*S*,*S*)-Racemat (C_2).

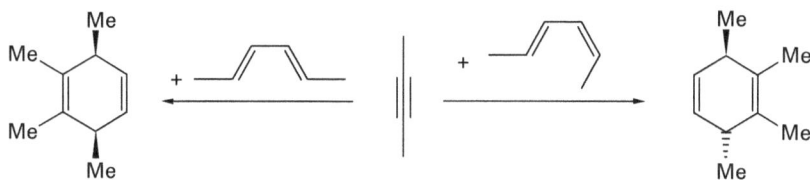

Die behandelten Reaktionen sollten die stereochemischen Verhältnisse beispielhaft beleuchten. Die Variationsbreite bei Dienen ist groß: Acyclische und cyclische Diene, Diene mit Alkyl- und Arylgruppen, Diene mit funktionellen Gruppen kann man einsetzen, ja selbst ein Aren wie Anthracen reagiert über die C-Atome 9 und 10 als Dien (sodass im Produkt zwei vollaromatische Benzenringe an den zentralen Sechsring kondensiert sind). Schließlich können in die C_4-Kette des Diens Heteroatome wie N oder O eingebaut sein; z. B. ist Acrolein, $O=CH-CH=CH_2$, ein wirksames Dien.

Auch die Dienophile bieten eine bunte Palette. Oft sind Cycloalkene mit einer gewissen Ringspannung aktiver als offenkettige; Maleinsäureanhydrid, ein Fünf-ring-Alken, ist ein einschlägiges Beispiel. Alkene, Alkine, Diazene können eingesetzt werden, ja selbst Singulett-Oxygen, $^1O_2$, reagiert als Dienophil.

Eine sehr spezielle Variante einer [4+2]-Cycloaddition sei noch aufgeführt, bei der seitens der vierkettigen Komponente nicht ein Dien mit zwei π-Bindungen im Spiel ist, sondern eine CC-π- und eine CH-σ-Bindung. Im einfachsten Fall reagiert Propen $H-CH_2-CH=CH_2$ mit Ethen $H_2C=CH_2$ zu Pent-1-en $CH_2=CH-CH_2-$ **CH_2-CH_2-H**. Es werden also eine CH-σ- und eine CC-π-Bindung geöffnet, eine CH-σ- und eine CC-σ-Bindung neu geknüpft, und eine π-Bindung verschiebt sich. Diese Gleichgewichtsreaktion nennt man eine *En-Reaktion* und ihre Umkehrung eine *Retro-En-Reaktion*. Das erste Beispiel gilt dem Umsatz von optisch reinem 3-Phenylbut-1-en mit dem reaktiven *Enophil* Maleinsäureanhydrid. Im Produkt, dem (3-Phenylbut-2-enyl)bernsteinsäureanhydrid, entsteht ein neues chirales Zentrum am C2-Atom des Bernsteinsäure-Gerüsts. Die Übertragung der Chiralität vom Edukt auf das Produkt spricht für einen synchron ablaufenden Prozess.

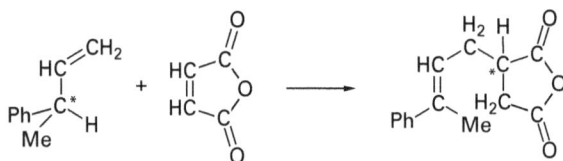

Als nächstes Beispiel wird als Retro-En-Reaktion die Spaltung eines ungesättigten Alkohols beim Erhitzen herangezogen; die Enophil-Komponente ist hier eine Oxo-Verbindung:

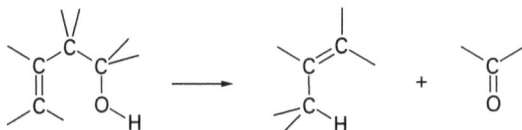

Das letzte Beispiel gilt der Esterpyrolyse, die wohl auch als Retro-En-Reaktion synchron abläuft:

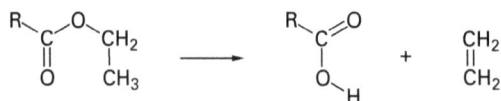

Würde man den Übergang von der Diels-Alder- zur En-Reaktion, also vom Buta-dien zum Propen als der viergliedrigen Komponente, ein zweites Mal vollziehen, also zum Ethen H—CH=CH—H übergehen und dieses mit Ethen umsetzen, so würde man durch Übertragung zweier H-Atome vom einen auf das andere Ethen-Molekül die Moleküle Ethin und Ethan erhalten, d. i. eine Disproportionierung von Ethen. Dies bleibt in Bezug auf Ethen eine eher theoretische Überlegung. Die in Abschnitt 6.6.5 beschriebene Übertragung von H_2 von H—N=N—H auf Alkene folgt aber genau diesem Prinzip, ebenso die Disproportionierung von HN=NH in H_2N—NH_2 und N≡N, beides synchron ablaufende Reaktionen.

6.6.9 Elektrocyclische Reaktionen

Der elektrocyclische Ringschluss im Sinne der in Abschnitt 4.3.5 gegebenen Definition stellt eine intramolekulare Assoziation und die elektrocyclische Ringöffnung eine intramolekulare Dissoziation dar und im weitesten Sinne, da ja neben einer σ-noch mindestens eine π-Bindung geöffnet bzw. geschlossen wird, auch eine Addition bzw. Eliminierung, sodass die Behandlung elektrocyclischer Reaktionen den Abschnitt 6.6 über Additionen abschließen soll. Elektrocyclische Gleichgewichte sind als konrotatorische Prozesse thermisch erlaubt, wenn die Zahl der beteiligten Elektronenpaare gerade ist, und sie sind als disrotatorische Prozesse thermisch erlaubt bei ungerader Zahl der Elektronenpaare.

Im Folgenden wird die Cyclisierung je eines konjugierten Diens, Triens und Tetraens in cisoider Anordnung abgebildet, deren außenstehende Doppelbindungen mit der Gruppierung CHMe enden und dabei *E*-konfiguriert sind. Das Dien und das Tetraen mit zwei bzw. vier beteiligten Elektronenpaaren cyclisieren konrotatorisch, das Dien mit drei Paaren disrotatorisch. In allen Fällen verläuft der Prozess stereospezifisch.

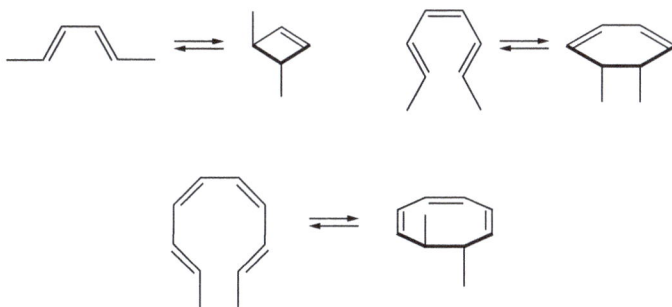

Ein interessanter Fall ist in diesem Zusammenhang die Cyclisierung von *Z*-1,2-Diphenylethen zum 4a,4b-Dihydrophenanthren: Aus einer Hexatrien-Anordnung, bestehend aus der Ethen- und je einer Ph-Doppelbindung, wird hier eine Cyclohexadien-Anordnung, und zwei Phenyldoppelbindungen werden dabei unter Aufgabe der Aromatizität in beiden Ph-Gruppen zu Einfachbindungen. Das ist energetisch so ungünstig, dass diese Reaktion als thermischer disrotatorischer Prozess zwar aus Symmetriegründen nicht verboten ist, jedoch aus thermodynamischen

Gründen nicht beobachtet wird. Hebt man aber die Molekülenergie durch einen HOMO → LUMO-Übergang, einen $\pi \to \pi^*$-Übergang also, an, dann kann die Reaktion ablaufen, jetzt aber konrotatorisch zum *trans*-4a,4b-Dihydrophenanthren, das sich mit Luftsauerstoff leicht zum Phenanthren dehydieren lässt. Diese Methode hat die Präparation der Helicene stark befruchtet.

Die Regeln zur Orbitalerhaltung bei elektrocyclischen Reaktionen können nicht nur auf vier-, sechs- oder achtgliedrige Ketten angewendet werden, sondern im Prinzip auch auf ein-, drei-, fünfgliedrige usw., wenn man bei ihnen von Anionen oder Kationen mit einer geraden Zahl beteiligter Elektronen ausgeht. Da die Kationen bzw. Anionen kurzlebig sind, da ihre Stabilisierung durch die Addition von Anionen bzw. Kationen an jedem der beiden Kettenenden vonstatten gehen kann und da die dabei gebildeten neutralen Moleküle an der entstandenen σ-Bindung frei drehbar sind, ist es mit der konfigurativen Stabilität und damit der Beobachtung eines stereospezifischen Verlaufs nicht weit her, auch wenn die elektrocyclische Reaktion selbst als Teilschritt einer mehrstufigen Reaktion strenger Stereospezifität unterliegt. Die beiden linken thermischen Gleichgewichte mit einem bzw. drei beteiligten Elektronenpaaren verlaufen disrotatorisch, die beiden rechten Gleichgewichte mit je zwei Elektronenpaaren konrotatorisch:

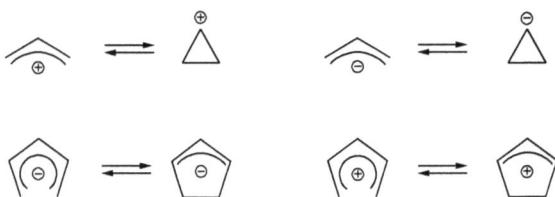

Zwei spezielle elektrocyclische Cyclobuten-Öffnungen an bicyclischen Systemen – Bicyclo[2.2.0]hexen, C_6H_8, und Bicyclo[2.2.0]hexadien, C_6H_6 – seien noch erwähnt, weil sie entgegen den Regeln von der Erhaltung der Orbitalsymmetrie disrotatorisch verlaufen, eine Folge möglicherweise der Ringspannung in den bicyclischen Systemen. Das Hexadien, das sog. Dewar-Benzen, ist ein nichtplanares Valenzisomeres (C_{2v}) von Benzen. Es isomerisiert sich schon bei 25 °C langsam ($t_{1/2}$ ca. 2 d) zu Benzen; das Hexamethyl-Derivat von Dewar-Benzen, C_6Me_6, erfährt die elektrocyclische Stabilisierung erst beim Erhitzen. Beim Bestrahlen mit UV-Licht unterliegt Dewar-C_6Me_6 einer intramolekularen [2+2]-Cycloaddition zum Hexamethylprisman (D_{3h}), einem weiteren Valenzisomer von Hexamethylbenzen.

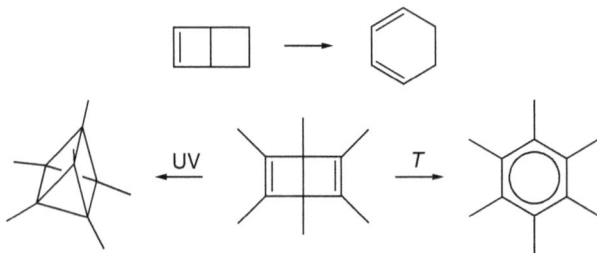

Die elektrocyclische Öffnung eines Cyclopropyl- zum Allyl-Kation (*ein* Elektronenpaar ist im Spiel) sei anhand der Abspaltung von Br$^-$ aus 6-Bromobicyclo[3.1.0]hexan mithilfe wässriger AgNO$_3$-Lösung ($\rightarrow$ AgBr) beschrieben:

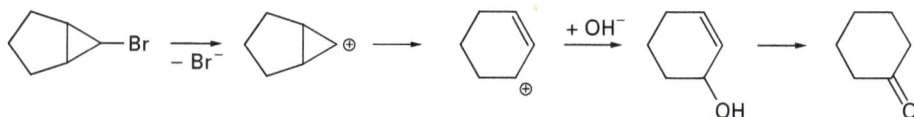

Um den stereospezifischen Verlauf des Ringschlusses eines cyclischen zu einem bicyclischen System zu verfolgen, möge der folgende disrotatorische Prozess mit drei beteiligten Elektronenpaaren dienen:

Im letzten Beispiel soll der stereospezifische Reaktionsverlauf anhand zweier miteinander intramolekular verknüpfter elektrocyclischer Ringöffnungen, einmal konrotatorisch (zwei Elektronenpaare), einmal disrotatorisch (drei Elektronenpaare) illustriert werden (um dem sterischen Verlauf der Reaktion besser folgen zu können, sind vier bestimmte C-Atome als Punkte markiert, und es sind die drei für den sterischen Verlauf maßgebenden H-Atome angegeben):

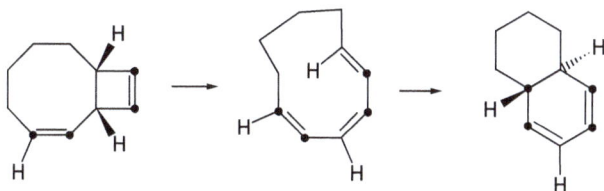

6.7 Umlagerungen

6.7.1 Sigmatrope Umlagerungen

Synchron verlaufende [m,n]-Verschiebungen (Abschnitt 4.3.5) sind thermisch erlaubt, wenn erstens im Falle einer geraden Zahl der beteiligten Elektronenpaare die m-gliedrige Kette supra- und die n-gliedrige antarafacial verschoben werden oder umgekehrt und wenn zweitens im Falle einer ungeraden Zahl der beteiligten Elektronenpaare die m- und die n-gliedrige Kette beide supra- oder beide antarafacial verschoben werden. Das jeweils Umgekehrte ist der Fall bei photolytischer Anregung. Besonders verbreitet sind die [1,3]-, [1,5]- und [3,3]-sigmatropen Umlagerungen.

[1,3]-Sigmatrope Umlagerungen

Wir betrachten die Wanderung eines Hydrogenatoms oder einer Alkylgruppe, beides als Grenzfall einer *eingliedrigen* Kette. Die an der Umlagerung beteiligte *dreigliedrige* Kette sei ein ungesättgtes C_3-Gerüst. Das einfachste Beispiel bietet Propen mit einer [1,3]-Verschiebung gemäß $H-CH_2-CH=CH_2 \leftrightarrows CH_2=CH-CH_2-H$, d. i. eine *entartete* Umlagerung, bei der Edukt und Produkt ununterscheidbar sind. Ein σ- und ein π-Elektronenpaar sind beteiligt. Diese Umlagerung ist thermisch verboten, wenn das H-Atom gemäß (a) suprafacial von C1 nach C3 wandert. Sie wäre aber erlaubt, wenn das H-Atom von C1 auf der Oberseite des Moleküls antarafacial zu C3 auf der Unterseite wandern würde, doch ist ein entsprechender Übergangszustand unter Erhaltung der Überlappung der beteiligten Orbitale räumlich nicht realisierbar; äquivalent zu dieser Beschreibung der antarafacialen 1,3-Verschiebung könnte man auch sagen, dass das H-Atom an der Oberseite wandert, aber die C_3-Kette ihre Enden um 180° gegeneinander verdreht, wobei im Übergangszustand die π-Wechselwirkung verschwinden würde. Die synchrone [1,3]-Verschiebung eines H-Atoms ist also thermisch verboten und photolytisch erlaubt. Wandert eine Alkylgruppe R vermöge eines (sp^3)-Orbitals, so ist die suprafaciale Verschiebung in der bei (b) angegebenen Orientierung, also unter Konfigurationserhalt von R, thermisch ebenfalls verboten. Wandert R nach einer Umhybridisierung vermöge eines p-Orbitals über einen bei (c) dargestellten trigonal-planaren Übergangszustand, also unter Inversion, so ist dies thermisch erlaubt.

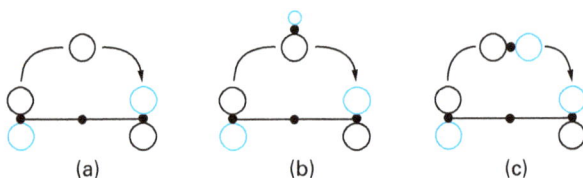

(a)   (b)   (c)

Ein eindrucksvolles Beispiel für das Verbot thermischer suprafacialer [1,3]-Umlagerungen ist die relative Stabilität von 5-Methanylidencyclohexa-1,3-dien, das durch eine 1,3-Wanderung von H in das thermodynamisch ungleich stabilere, vollaromatische Toluen überginge, wenn es denn erlaubt wäre. Als Beispiel einer erlaubten photolytischen [1,3]-Verschiebung von H sei folgende Isomerisierung angeführt:

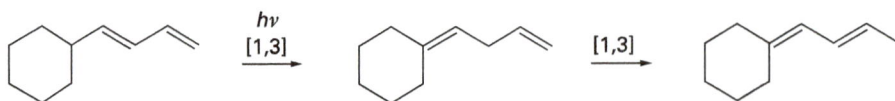

Statt um eine Sequenz zweier suprafacialer [1,3]-Verschiebungen könnte es sich aber auch um eine ebenfalls photolytisch erlaubte antarafaciale [1,5]-Verschiebung in einem Schritt handeln.

Bei der Einstellung des Keto-Enol-Gleichgewichts, das formal den Eindruck einer [1,3]-Verschiebung erweckt, handelt es sich in der Regel um eine langsame thermische Reaktion. Sofern sie durch Säure oder Base beschleunigt wird, liegt keine einstufige Synchronreaktion vor. Sofern sie unkatalysiert verläuft, muss im Einzelfall geprüft werden, ob das Hydron intra- oder intermolekular wandert und welche Rolle das Lösungsmittel spielt. Sofern ein sigmatroper Verlauf diskutiert wird, muss geprüft werden, ob das O-Atom eine lokale Symmetrie, die es zu erhalten gilt, überhaupt zulässt, und es muss bedacht werden, dass hier drei anstelle von zwei Elektronenpaaren beteiligt sind, nämlich zusätzlich noch ein freies Elektronenpaar am O-Atom.

Thermisch erlaubte, unter Inversion am sich umlagernden Rest R verlaufende [1,3]-Umlagerungen sind eher selten. Wir greifen zu folgendem (akademisch konstruierten und anschließend im Laboratorium realisierten) Beispiel, bei dem die Gruppe CHD unter Inversion wandert, d. h. die Substituenten D und MeCOO stehen im Vierring-Teil des Edukts in *trans*-Stellung, im Produkt, einem Norbornen-Derivat, beide in *exo*-, also zueinander in *cis*-Position.

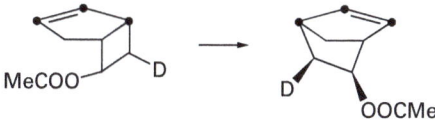

Zuletzt noch ein Beispiel für eine photolytisch angeregte [1,3]-Verschiebung, bei der allerdings das Kriterium des Konfigurationserhalts nicht geprüft werden kann, weil das wandernde C-Atom nicht asymmetrisch ist:

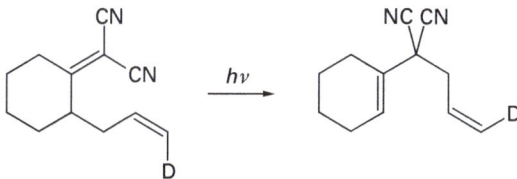

[1,5]-Umlagerungen

Suprafaciale [1,5]-Umlagerungen sind thermisch und antarafaciale [1,5]-Umlagerungen photolytisch erlaubt. Als erstes Beispiel für eine [1,5]-Umlagerung sei auf die fünf entarteten Konstitutionsisomere des 5-(Trimethylsilyl)cyclopentadiens, $C_5H_5(SiMe_3)$, von Abschnitt 2.5.1 verwiesen: Die Me_3Si-Gruppe wandert suprafacial von C5 nach C1 usw.; aber nicht nur die Silylgruppe, sondern auch ein H-Atom kann − deutlich langsamer − suprafacial von C5 nach C1 wandern, und dies führt vom 5- zu den mit diesem nicht mehr entarteten 1- und 2-(Trimethylsilyl)-cyclopentadien-Isomeren. Eine ähnliche, rasche, suprafaciale Verschiebung einer C(CN)$_2$-Gruppe stellt ein Gleichgewicht her zwischen drei nicht entarteten Isomeren mit einem Methylcyclohexadien-Grundgerüst (und drei weiteren mit diesen entarteten Isomeren); die Retention der Konfiguration am wandernden achiralen C-Atom kann sich im Produkt nicht manifestieren:

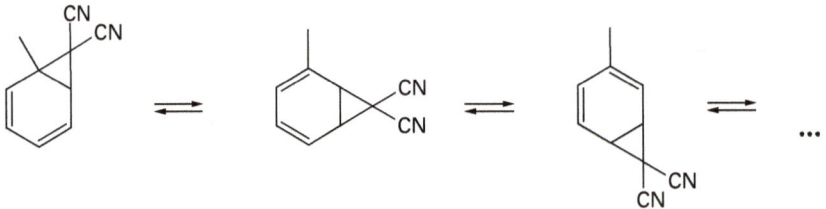

[3,3]-Umlagerungen

Das einfachste Carbonhydrid, das eine thermisch erlaubte [3,3]-Umlagerung erfährt, wenn auch erst oberhalb von 200 °C, ist das Hexa-1,5-dien (Bisallyl): *Cope-Umlagerung*.

Im Gegensatz zu dieser entarteten Umlagerung sind *Hetero-Cope-Umlagerungen* nicht entartet. Im folgenden Beispiel ist das Pentenal stabiler als der Allylvinylether und dominiert das Gleichgewicht:

Ist die Vinylgruppe im Allylvinylether Teil eines Benzen-Rings, so nennt man diese spezielle Oxa-Cope-Umlagerung auch *Claisen-Umlagerung*. Im primären energiereichen Produkt der Umlagerung von Allylphenolat ist die Aromatizität zwar aufgehoben, wird aber durch eine spontan nachfolgende Keto-Enol-Tautomerie wieder hergestellt:

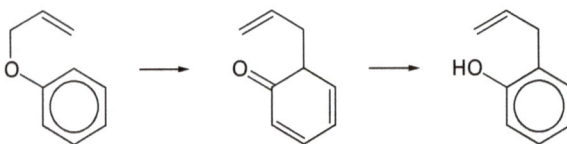

Im Verlauf der Cope-Umlagerung kann ein Übergangszustand durchlaufen werden, der entweder der Wannen- oder der Sesselkonformation von Cyclohexan gleicht. Geht man von der *meso*-Form von 3,4-Dimethylhexa-1,5-dien aus, so gelangen die Methylgruppen bei der Wannenform in eine *ee*-, bei der Sesselform in eine *ae*-Konformation, sodass das entstehende Octa-2,6-dien zum einen in der *E,E*-, zum anderen in sehr geringer Ausbeute in der thermodynamisch ungünstigeren *E,Z*-Konfiguration anfällt.

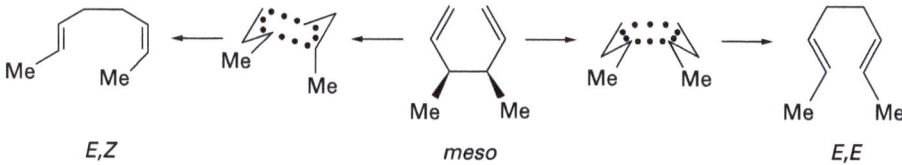

Eine Spielart einer entarteten Cope-Umlagerung findet man beim Bicyclo[5.1.0]-octa-2,5-dien (*Homotropiliden*). Als Übergangszustand liegt dieser *Homotropoliden-Umlagerung* ein wannenartiger Achtring mit C_{2v}-Struktur zugrunde. Das Homotropiliden ist dem Cyclohepta-1,3,5-trien, dem *Tropiliden*, insoweit verwandt, als man von diesem zu jenem gelangt, indem man die Doppelbindung zwischen C3 und C4 durch einen Cyclopropan-Ring ersetzt.

Die in Abschnitt 2.5.1 beschriebene Valenztautomerie des Bullvalens, $C_{10}H_{10}$, besteht in fortgesetzten Umlagerungen vom Typ der Homotropiliden-Umlagerung.

6.7.2 Anionotrope 1,2-Umlagerungen

Ein Rest R (das Symbol R stehe hier für ein H-Atom, einen Alkyl- oder einen Arylrest) wandere von einem C-Atom C1 zu seinem Nachbaratom, dem *Zielatom*, und dieses sei entweder das C-Atom C2 oder ein N- oder ein O-Atom. Bei der Wanderung nehme die Gruppe R ihr bindendes Elektronenpaar mit und bilde damit eine Bindung zum Zielatom: *anionotrope Umlagerung*. Die hierfür am Zielatom nötige Elektronenlücke kann dabei auf zweierlei Weise entstehen: (1) Eine in der Regel anionische Gruppe X^- gibt ihre Bindung zum Zielatom unter Mitnahme eines Elektronenpaars auf; in diesem Falle findet eine intramolekulare nucleophile Substitution am Zielatom statt, R verdrängt X nucleophil. (2) Das Zielatom gibt eine Doppelbindung mit C1 auf, wobei das entsprechende π-Elektronenpaar auf C1 übergeht und dort eine Bindung mit einem von außen zugeführten H^+-Ion eingeht. In beiden Fällen entsteht eine kationische Zwischenstufe, im ersten Fall, weil ein Anion X^- abgespalten wird, im zweiten Fall, weil ein Kation H^+ an ein

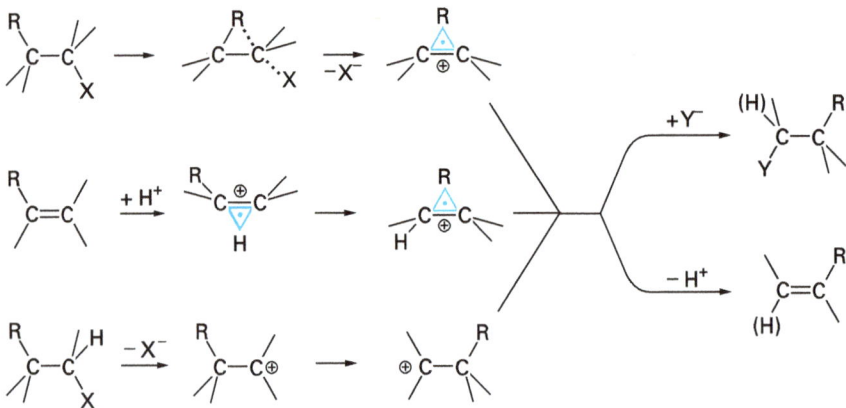

Abb. 6.4 Alternative Wege der Wagner-Meerwein-Umlagerung.

Alken addiert wurde. Das Elektronenoktett am Atom C1 der kationischen Zwischenstufe wird entweder durch die Bildung einer (3c2e)-Bindung zwischen C1, C2 und R gewahrt oder durch Seitengruppen am Atom C1, die geeignete elektronische Effekte zur Stabilisierung eines Carbenium-Ions ausüben. Die Wanderung der Gruppe R kann synchron mit der Abspaltung von X^- geschehen; ein solcher Schritt ist mit der S_N2-Reaktion zu vergleichen, und das Zielatom erfährt eine Inversion seiner Konfiguration, da die eintretende Gruppe R die austretende Gruppe X von der Rückseite her verdrängt. Diesem konzertierten Prozess zur Bildung der kationischen Zwischenstufe steht ein zweistufiger Prozess gegenüber, bei dem durch Abspaltung von X^- ein C2-Atom (im Falle von Carbon als Zielatom) mit Carbenium-Charakter entsteht; aus dieser ersten Zwischenstufe heraus bildet sich dann durch die 1,2-Wanderung von R eine zweite Carbenium-Zwischenstufe. Zweifellos handelt es sich bei diesen mechanistischen Alternativen um Grenzfälle, und die nicht immer einfach zu erkennende Wirklichkeit liegt − vom Einzelfall abhängig − irgendwo dazwischen. Die Grenzfälle sind in Abb. 6.4 für Carbon als Zielatom illustriert.

Die kationische Zwischenstufe kann sich auf zweierlei Weise stabilisieren, nämlich entweder durch Addition einer Base Y^- an das Atom C1 (oder auch einer Base HY mit nachfolgender H^+-Abspaltung; es handelt sich bei diesem Reaktionsschritt, wenn er von einem nichtklassischen Carbenium-Kation ausgeht, um eine [3c,1c]-Collocation) oder durch Abspaltung eines H^+-Ions vom Zielatom unter Bildung einer Doppelbindung zwischen C1 und dem Zielatom. Im Falle eines C-Atoms als Zielatom nennt man die weitverzweigte Familie solcher anionotropen 1,2-Umlagerungen *Wagner-Meerwein-Umlagerungen* (s. auch Abschnitt 6.4.3).

Bieten sich unterschiedliche Gruppen R am Atom C1 zur Umlagerung an, so sinkt die Wanderungstendenz in folgender Reihe: Ar > *t*Bu > *i*Pr > Et > Me > H. Arylreste, die zur Bildung der Aronium-Zwischenstufe volle (2c2e)-Bindungen zu C1 und C2 geltend machen können, wandern bevorzugt.

Carbon als Zielatom

Als austretende Gruppen kommen ganz besonders OH, Cl und Br in Betracht. Im Falle von OH wirken Brønsted-Säuren in der gewohnten Weise als Katalysator, indem sie die Abspaltung von H_2O anstelle von OH^- ermöglichen. Die Abspaltung von Cl^- und Br^- lässt sich durch Ag^+-Ionen, die schwer lösliches AgHal ergeben, oder durch Lewis-Säuren wie $AlHal_3$, die $AlHal_4^-$ bilden, kinetisch und thermodynamisch fördern; auch polare Lösungsmittel sind hilfreich. Als Beispiele für die Abspaltung von Cl^- und Br^- seien eine zu einem tertiären Alkohol (*Neopentyl-Umlagerung*; s. auch Abschnitt 6.4.3) und eine zu einem Alken führende Umlagerung angegeben:

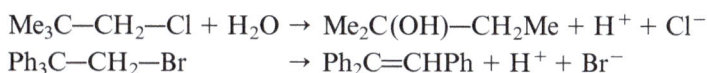

$$Me_3C-CH_2-Cl + H_2O \rightarrow Me_2C(OH)-CH_2Me + H^+ + Cl^-$$
$$Ph_3C-CH_2-Br \qquad \rightarrow Ph_2C=CHPh + H^+ + Br^-$$

Führt man die Neopentyl-Umlagerung in basischem Milieu durch, dann stabilisiert sich die kationische Zwischenstufe durch Alken-Bildung, und zwar unter Befolgung der Saytzew-Regel zu $Me_2C=CHMe$ als Produkt (und nicht zu $H_2C=CMe-CH_2Me$).

In Abwesenheit eines geeigneten Anions Y^- oder Neutralstoffes HY kann auch das abgespaltene X^- die Funktion von Y^- übernehmen, sodass eine Isomerisierung zustande kommt. So kann man mithilfe von $AlBr_3$ 1-Bromo- in 2-Bromopropan umwandeln, d. i. ein Beispiel für eine Hydrid-Verschiebung: $Me-CH_2-CH_2-Br \rightarrow Me-CHBr-Me$.

Die technische Isomerisierung von Alkanen hat zum Ziel, unverzweigte in verzweigte Alkane als die klopffesteren Treibstoffe überzuführen. Eingeleitet werden solche Reaktionen durch Alkylium-Kationen R^+, die aus entsprechenden Alkenen durch Hydronierung mit HCl unter Mithilfe von $AlCl_3$ entstehen. Das Kation R^+ entreißt dann beispielsweise einem Pentan-Molekül ein H^--Anion gemäß $R^+ + Me-CH_2-CH_2-CH_2-Me \rightarrow RH + Me-CH_2-CH^+-CH_2-Me$; dieses Pentylium-Kation erfährt eine Me-Wanderung zu $Me-CH_2-CHMe-CH_2^+$, das seinerseits durch Abstraktion von H^- aus Pentan eine Reaktionskette fortführt, sodass insgesamt Pentan zu Isopentan (2-Methylbutan) isomerisiert wird.

Lehrreiche Beispiele für Wagner-Meerwein-Umlagerungen finden sich bei den bicyclischen $C_{10}H_{16}$-Naturstoffen. Wie α- und β-Pinen mit Säuren in Gegenwart von Cl^- in Bornylchlorid übergeführt und dieses mit Basen in Camphen umgewandelt werden kann, wird in Abb. 6.5 dargestellt. Carbenium-Ionen mit CCC-(3c2e)-Bindung spielen in den Zwischenstufen eine Rolle.

Eine elegante Methode zur Erzeugung von Carbenium-Kationen R^+ ist die Abspaltung von N_2 aus den instabilen, kurzlebigen Diazonium-Kationen $R-N_2^+$, die man ihrerseits durch Nitrosierung ($NaNO_2$/Säure) von Aminen gemäß $R-NH_2 + NO^+ \rightarrow R-N_2^+ + H_2O$ erhält. Aus Cyclobutandiazonium- und Cyclopropylmethandiazonium-Kation erhält man durch Abspaltung von N_2 dasselbe Kation mit

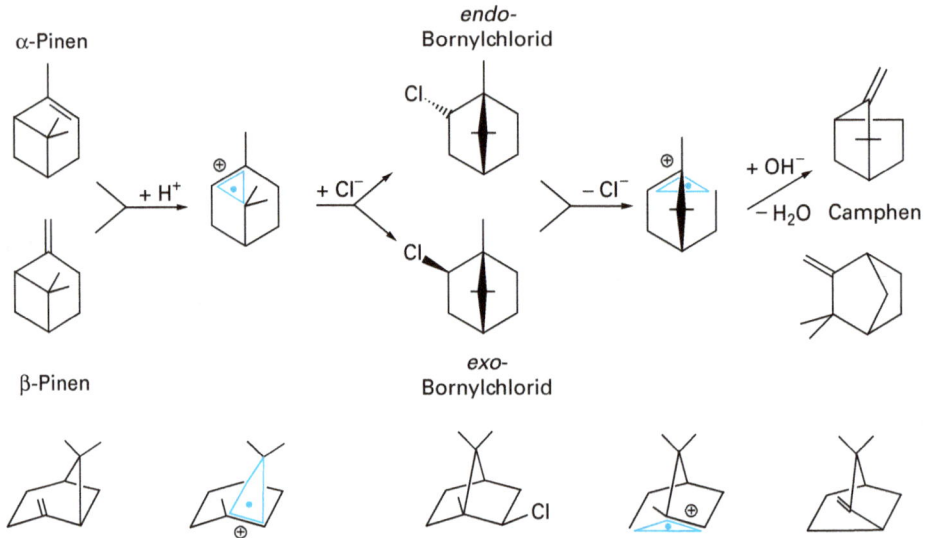

Abb. 6.5 Wagner-Meerwein-Umlagerungen: Pinen in Bornylchlorid und Bornylchlorid in Camphen; die blauen Dreiecke symbolisieren (3c2e)-Bindungen; in der unteren Zeile sind die oberhalb davon gezeichneten reagierenden Moleküle und Ionen als Abwandlungen des Neobornan-Gerüsts (Mitte) dargestellt; das Endprodukt Camphen findet sich ganz rechts in dreifacher Darstellung.

CCC-(3c2e)-Bindung als Zwischenstufe, für dessen Hydrolyse zwei C-Atome bereitstehen und das deshalb zwei Hydroxy-Produkte in demselben Verhältnis liefert, gleich ob man vom Vierring- oder Dreiring-Edukt ausgeht. Wenn so aus Dreiring Vierring oder aus Vierring Dreiring wird, handelt es sich insgesamt um eine Wagner-Meerwein-Umlagerung, ansonsten um eine nucleophile Substitution, ungeachtet der gleichen Zwischenstufe der so klassifizierten Reaktionen.

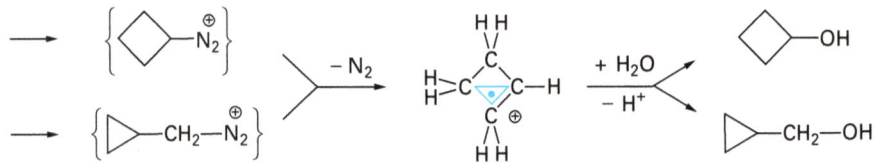

Um eine spezielle Wagner-Meerwein-Umlagerung handelt es sich, wenn an das C1- und an das C2-Atom je eine OH-Gruppe gebunden ist, sodass sich − nach der Abspaltung von H_2O beim Ansäuern und nach der Umlagerung von R − ein H^+-Ion von der verbliebenen OH-Gruppe an C1 unter Keton-Bildung lösen kann. Man nennt diese Wagner-Meerwein-Variante nach der speziellen Umlagerung von Tetramethylglycol (*Pinakol*) in *tert*-Butylmethylketon (*Pinakolon*; veraltet: *Pinakolin*) allgemein die *Pinakolin*- oder *Pinakol-Pinakolon-Umlagerung* (s. Abschnitt 6.4.3):

$$HO-CMe_2-CMe_2-OH \rightarrow Me-CO-t\text{Bu} + H_2O$$

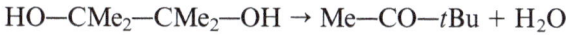

Führt man eine Pinakolin-Umlagerung mit 1,1-Diphenylglycol, $HO-CH_2-CPh_2-OH$, durch, so führt die Abspaltung von H_2O in saurer Lösung zum relativ stabilen Carbenium-Kation $HO-CH_2-CPh_2^+$. In diesem Beispiel für die zweistufige Mechanismusalternative wandert jetzt ein H^--Anion, sodass man nach der Abspaltung von H^+ Diphenylethanal, $Ph_2CH-CHO$, erhält.

Die Pinakolin-Umlagerung beim 1,2-Dimethylcyclohexan-1,2-diol liefert ein eindrucksvolles Beispiel für die stereospezifische Strenge von Wagner-Meerwein-Umlagerungen. Allgemein müssen sich der wandernde Rest R und die sich abspaltende Gruppe X in antiperiplanarer Konformation gegenüberstehen, damit die konzertierte Substitution am Atom C2 mit dem Angriff von R von der Rückseite her funktioniert. In unserem Beispiel kann die Me-Gruppe an C1 nur wandern, wenn sie und die austretende OH-Gruppe sich beide in axialer Position befinden. Stehen beide OH-Gruppen in äquatorialer Position, so wandert nicht die Me-Gruppe, sondern die der austretenden OH-Gruppe gegenüberliegende CH_2-Gruppe (in der Cyclohexan-Position 6) unter Ringverengung zum Cyclopentan mit exocyclischer Oxogruppe:

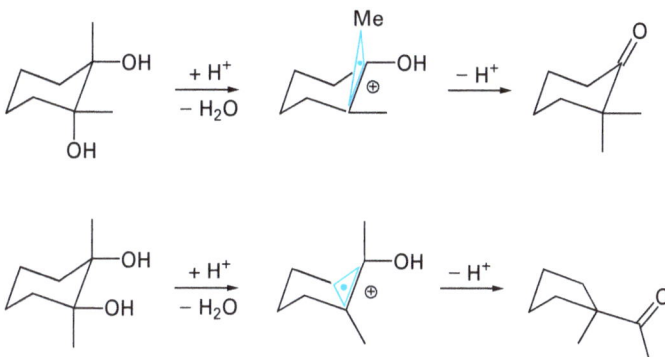

Geht man nicht von einem 1,2-Diol, sondern von einem 1,2-Aminoalkohol aus und führt die Aminogruppe durch Nitrosierung in eine Diazoniumgruppe über, so kommt man unter Abspaltung von N_2, Umlagerung und Dehydrierung ebenfalls zu Ketonen; diese Variante der Pinakolin-Umlagerung, die *Tiffeneau-Umlagerung*, hat sich u. a. bewährt, um einen Cyclohexan- in einen Cycloheptan-Ring umzuwandeln:

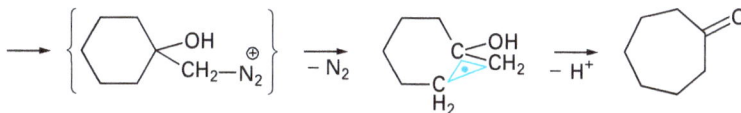

Die kationische Zwischenstufe der Pinakolin-Umlagerung gewinnt man nach der Hydronierung, Wasserabspaltung und beginnender Wanderung von R. Man kann zu derselben Zwischenstufe auch durch Hydronierung eines Ketons gelangen:

$$HO-CR_2-CR_2-OH \xrightarrow[-H_2O]{+H^+} \quad \underset{HO \quad\quad R}{\overset{R}{\underset{R}{\triangle}}} \quad \underset{-H^+}{\overset{+H^+}{\rightleftharpoons}} \quad \underset{O}{\overset{R}{C-CR_3}}$$

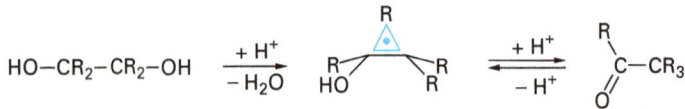

In Abwesenheit geeigneter Nucleophile Y⁻ wirkt die moleküleigene OH-Gruppe als Nucleophil, und es entsteht eine Oxiran-Zwischenstufe, aus der heraus es durch Verschiebung von OH aus der Brücken-Position nach C2 zu einer weiteren Umlagerung von R kommen kann. Derartige sog. *Keton-Umlagerungen* seien beispielhaft anhand der Isomerisierung von Pentan-3-on in Pentan-2-on, bei der zwei H-Atome wandern, und anhand der Isomerisierung von Di-*tert*-butylketon in Tetramethylpentan-2-on, bei der zwei Me-Gruppen wandern, erläutert. Es handelt sich um Gleichgewichte, die zum stabilsten Keton führen:

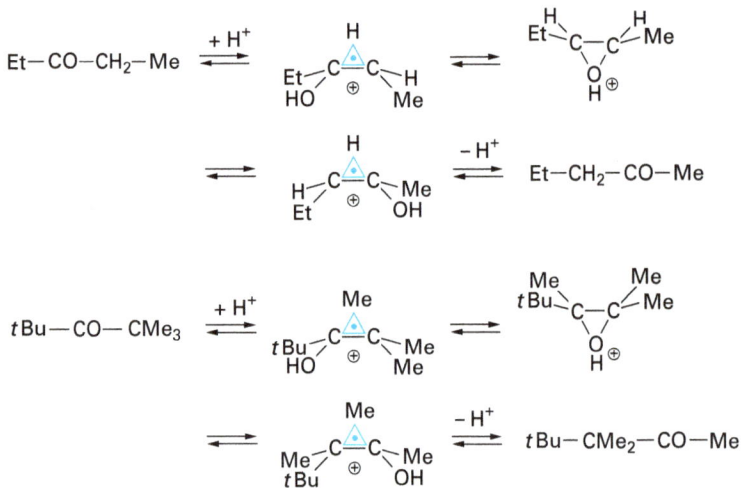

$$Et-CO-CH_2-Me \underset{}{\overset{+H^+}{\rightleftharpoons}} \quad \underset{HO \quad\oplus\quad Me}{\overset{H}{Et-C\overset{\triangle}{}C-H}} \quad \rightleftharpoons \quad \underset{OH \oplus}{\overset{HH}{Et-C-C-Me}}$$

$$\rightleftharpoons \quad \underset{Et \quad\oplus\quad OH}{\overset{H}{H-C\overset{\triangle}{}C-Me}} \quad \overset{-H^+}{\rightleftharpoons} \quad Et-CH_2-CO-Me$$

$$tBu-CO-CMe_3 \underset{}{\overset{+H^+}{\rightleftharpoons}} \quad \underset{HO \quad\oplus\quad Me}{\overset{Me}{tBu-C\overset{\triangle}{}C-Me}} \quad \rightleftharpoons \quad \underset{OH \oplus}{\overset{MeMe}{tBu-C-C-Me}}$$

$$\rightleftharpoons \quad \underset{tBu \quad\oplus\quad OH}{\overset{Me}{Me-C\overset{\triangle}{}C-Me}} \quad \overset{-H^+}{\rightleftharpoons} \quad tBu-CMe_2-CO-Me$$

Bei der Keton-Umlagerung ist an das Umlagerungszentrum C1 eine Oxogruppe gebunden. Befindet sich stattdessen in der C1-Position ein Substituent Z mit einem freien Elektronenpaar, so kann er bei der Abspaltung von X Nachbargruppenhilfe leisten und eine kationische Dreiring-Zwischenstufe bilden. Greift nun Y⁻ an C2 an, so löst sich der Dreiring wieder auf, und man erhält eine Substitution von X durch Y unter Retention an C2. Greift Y⁻ jedoch das Atom C1 der Dreiring-Zwischenstufe an, so kommt es zu einer Umlagerung von Z von C1 nach C2 mit Inversion sowohl bei C1 als auch bei C2. Da kein Rest R wandert, liegt keine Wagner-Meerwein-Umlagerung im eigentlichen Sinne vor.

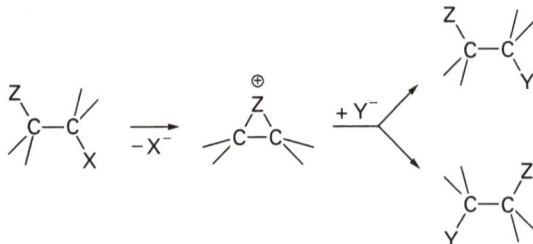

$$\underset{X}{\overset{Z}{C-C}} \xrightarrow{-X^-} \overset{\oplus}{\underset{}{\overset{Z}{C-C}}} \xrightarrow{+Y^-} \begin{matrix} \overset{Z}{C-C}-Y \\ \\ \underset{Y}{C-C}\overset{Z}{} \end{matrix}$$

Folgende Reaktionen mögen als Beispiele für eine solche Substitution unter Umlagerung dienen. Der Grund dafür, dass Y^- hier an C1 angreift, liegt im größeren Raumanspruch der Ligandsphäre um C2 begründet.

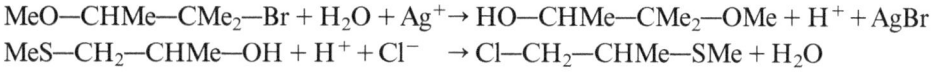

$$MeO-CHMe-CMe_2-Br + H_2O + Ag^+ \rightarrow HO-CHMe-CMe_2-OMe + H^+ + AgBr$$
$$MeS-CH_2-CHMe-OH + H^+ + Cl^- \rightarrow Cl-CH_2-CHMe-SMe + H_2O$$

Handelt es sich bei Z um den Alkanoatrest $RCOO^-$, so kommt für diese Substitution unter Umlagerung eine Spielart zum Zuge, die davon herrührt, dass Y^- weder an C1 noch an C2, sondern am carbokationischen C-Atom der Fünfring-Zwischenstufe angreift:

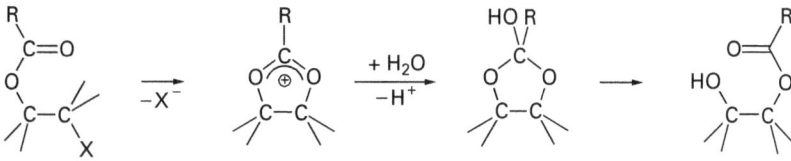

Eine besondere Situation ist gegeben, wenn R von C1 nach C2 wandert, aber X doppelt an C2 gebunden ist. Dann gibt es zwei Möglichkeiten. Erstens kann X sich unter Mitnahme eines Elektronenpaars abspalten, während das zweite Elektronenpaar der X=C2-Doppelbindung durch Eingehen einer π-Bindung zwischen C2 und C1 das Oktett an C1 nach dem Verlust von R wieder gewährleistet. Das beste Beispiel hierfür ist die thermische Zersetzung von Diazoketonen, die zu Ketenen führt (*Wolff-Umlagerung*); Ketene $RCH=C=O$ sind ein wichtiges Ausgangsmaterial zur Darstellung von Säure-Derivaten $RCH-CO-X$ durch Addition von HX:

$$R-CO-CH=N_2 \rightarrow O=C=CHR + N_2$$

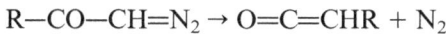

Die zweite Möglichkeit besteht darin, dass C1 sein Oktett im Zuge des Abwanderns von R durch Addition eines Anions Y^- behält, während der doppelt gebundene Rest X eines der X=C2-Elektronenpaare zum Aufbau einer X—H-Bindung nutzt, sodass sich insgesamt HY an das Edukt addiert gemäß $R_3C-CR=X + HY \rightarrow Y-CR_2-CR_2-XH$. Da sich HY im Allgemeinen bequemer direkt an die X=C-Bindung zu $R_3C-CRY-XH$ addieren wird, ohne dass R sich umlagert, beobachtet man diese zweite Möglichkeit nur in Sonderfällen, und zwar dann, wenn auch an C1 eine Gruppe X doppelt gebunden ist. Das beste Beispiel ist die Umlagerung von Benzil in das Anion der Benzilsäure bei der Einwirkung von OH^- (*Benzilsäure-Umlagerung*).

$$O=CPh-CPh-C=O + OH^- \rightarrow \{O=C(OH)-CPh_2-O^-\} \rightarrow {}^-OOC-CPh_2-OH$$

Zuletzt sei der Fall besprochen, dass nicht ein Rest R wandert, sondern dass ein an C1 gebundenes carbanionisches Zentrum unter Verdrängung von X^- (in der

Regel: X = Cl) eine Bindung zu C2 eingeht. Anstatt einer Zwischenstufe mit CCC-(3c2e)-Bindung haben wir es dann mit einem Cyclopropan-Ring mit je einer (2c2e)-Bindung zu C1 und C2 zu tun. Zur Erzeugung des carbanionischen Zentrums bedarf es eines abspaltbaren H-Atoms, einer Base (in der Regel: Alkoholat RO^-) und einer acidifizierenden Gruppe (in der Regel ist C1 Teil einer Carbonylgruppe):

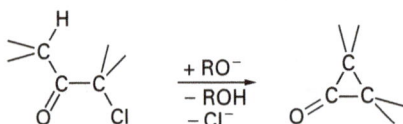

$$\underset{O}{\overset{H}{>}}C\!-\!C(Cl) \quad \xrightarrow[\substack{-\,ROH \\ -\,Cl^-}]{+\,RO^-} \quad O\!=\!C\!-\!C<$$

Jetzt greift als Gruppe Y^- das Alkoholat-Ion an C1 an unter Spaltung einer der beiden von C1 ausgehenden C—C-Bindungen, sodass wieder ein Carbanion gebildet wird, das sich alsbald durch Aufnahme von H^+ zum isolierten Produkt stabilisiert (*Favorski-Umlagerung*). Da jede der beiden C—C-Bindungen gespalten werden kann, hat man im Allgemeinen mit zwei Produkten zu rechnen.

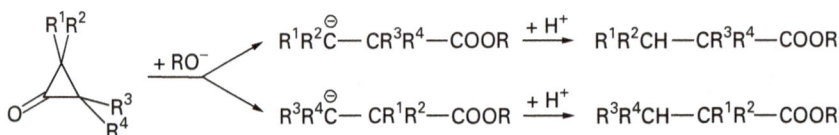

$$\begin{array}{c}
R^1R^2\overset{\ominus}{C}\!-\!CR^3R^4\!-\!COOR \xrightarrow{+\,H^+} R^1R^2CH\!-\!CR^3R^4\!-\!COOR \\
\\
R^3R^4\overset{\ominus}{C}\!-\!CR^1R^2\!-\!COOR \xrightarrow{+\,H^+} R^3R^4CH\!-\!CR^1R^2\!-\!COOR
\end{array}$$

(Cyclopropanon $\xrightarrow{+\,RO^-}$ obige Produkte)

Welche Bindung gespalten wird, hängt weitgehend von der relativen Stabilität des primär gebildeten Carbanions ab. Da Ph-Substituenten Carbanionen stabilisieren, führt beispielsweise die Einwirkung von RO^- auf $PhCH_2\!-\!CO\!-\!CH_2\!-\!Cl$ zu $PhCH_2\!-\!CH_2\!-\!COOR$ und nicht zu $CH_3\!-\!CHPh\!-\!COOR$. Ist die Cyclopropan-Zwischenstufe symmetrisch gebaut (C_{2v}, wenn $R^1 = R^2 = R^3 = R^4$; C_2 oder C_s, wenn $R^1 = R^3$ und $R^2 = R^4$ bei *trans*- bzw. *cis*-Stellung gleicher Liganden), dann führt jede der beiden Spaltungen zum gleichen Produkt. Dies ist u. a. bei 2-Chlorcycloalkanonen der Fall, die bei der Favorski-Umlagerung unter Ringverengung zu Cycloalkancarbonsäureestern führen, also beispielsweise von 2-Chlorocyclohexanon C_6H_9ClO zum Cyclopentancarbonsäureester $C_5H_9\!-\!COOR$.

Nitrogen und Oxygen als Zielatome

Hypothetische Hetero-Wagner-Meerwein-Umlagerungen wie

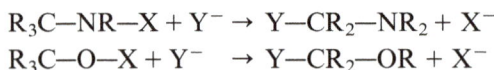

$$R_3C\!-\!NR\!-\!X + Y^- \rightarrow Y\!-\!CR_2\!-\!NR_2 + X^-$$
$$R_3C\!-\!O\!-\!X + Y^- \;\; \rightarrow Y\!-\!CR_2\!-\!OR + X^-$$

scheitern u. a. daran, dass (3c2e)-Bindungen in der Regel dann gebildet werden, wenn die Atome H, B und C beteiligt sind, während dies bei N-Atomen nur in Ausnahmefällen und bei O-Atomen nie der Fall ist. Eine andere Situation liegt vor, wenn nicht Alkyl-, sondern Phenylgruppen wandern; denn in Phenonium-Zwischenstufen ist das *ipso*-Phenyl-C-Atom mit zwei (2c2e)-Bindungen an seine Nachbaratome gebunden. So gibt es einige wenige Beispiele für eine Umlagerung vom Wagner-Meerwein-Typ, bei denen ein Ph-Rest vom C- zum N- oder vom C- zum O-Atom wandert. Die beiden folgenden Beispielreaktionen gelingen mithilfe von Brønsted-Säuren wie H_2SO_4. Im ersten Beispiel stabilisiert sich die Phenonium-Zwischenstufe durch Abspaltung von H^+, im zweiten Beispiel durch die Addition von H_2O zusammen mit der Abspaltung von H^+; das zweite Beispiel repräsentiert das Hock-Verfahren zur Herstellung von Aceton und Phenol (s. Abschnitt 6.3.3).

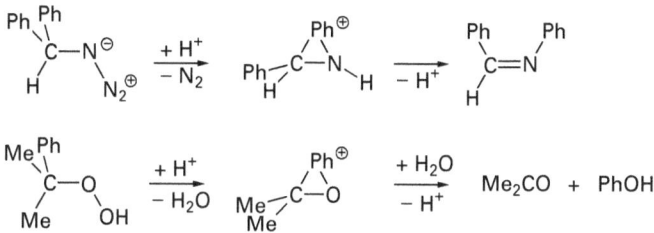

$$
\begin{array}{ccc}
\underset{H}{\overset{Ph}{\underset{|}{\overset{|}{C}}}}{-}\underset{N_2^{\oplus}}{\overset{Ph}{\overset{|}{N}}}{}^{\ominus} & \xrightarrow[-\,N_2]{+\,H^+} & Ph{-}\underset{H}{\overset{Ph^{\oplus}}{\overset{|}{C}}}{-}N{\underset{H}{\overset{}{{}}}} & \xrightarrow{-\,H^+} & \underset{H}{\overset{Ph}{\overset{|}{C}}}{=}\overset{Ph}{N}
\end{array}
$$

$$
\begin{array}{ccc}
\underset{Me}{\overset{Me\,Ph}{\overset{|}{C}}}{-}\underset{OH}{\overset{O}{|}} & \xrightarrow[-\,H_2O]{+\,H^+} & \underset{Me}{\overset{Ph^{\oplus}}{\overset{|}{C}}}{-}O & \xrightarrow[-\,H^+]{+\,H_2O} & Me_2CO + PhOH
\end{array}
$$

Die Wanderung von Alkylgruppen vom C- zum N-Atom nach Art einer intramolekularen S_N2-Reaktion wird jedoch möglich, wenn – ähnlich wie bei der Benzilsäure-Umlagerung – an C1 ein O-Atom doppelt gebunden ist und wenn man das Zielatom N durch Abspaltung von H^+ auf die Lösung der N—X-Bindung vorbereitet:

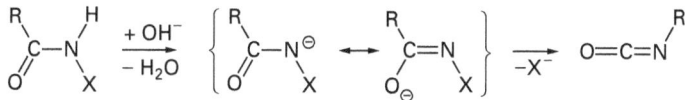

$$
\underset{O}{\overset{R}{\overset{}{C}}}{-}\underset{X}{\overset{H}{N}} \xrightarrow[-\,H_2O]{+\,OH^-} \left\{ \underset{O}{\overset{R}{\overset{}{C}}}{-}\underset{X}{\overset{}{N}}^{\ominus} \longleftrightarrow \underset{O^{\ominus}}{\overset{R}{\overset{}{C}}}{=}\underset{X}{\overset{}{N}} \right\} \xrightarrow{-\,X^-} O{=}C{=}\overset{R}{N}
$$

Zwei Reste X sind bekannt geworden. Die Einwirkung von Br_2 auf ein Säureamid ergibt ein N-bromiertes Derivat ($RCO{-}NH_2 + Br_2 \rightarrow RCO{-}NHBr + HBr$), das mit Base dehydroniert wird ($\rightarrow RCO{-}NBr^-$), um sich sodann unter Abspaltung von Br^- in Isocyanat RNCO umzulagern (*Hofmann'scher Säureabbau*). Acetyliert man das Hydroxylamin-Derivat einer Carbonsäure, $RCO{-}NH{-}OH$, (*Hydroxamsäure*) mit Acetanhydrid, $(MeCO)_2O$, dann erhält man die Verbindung $RCO{-}NH{-}O{-}COMe$ (neben $MeCOOH$) und durch Dehydronierung das Anion $RCO{-}N^-{-}O{-}COMe$ (X = MeCOO); die Umlagerung von R erbringt unter Abspaltung von Acetat wieder Isocyanat RNCO (*Lossen'scher Säureabbau*).

Ganz analog zersetzen sich Säureazide $RCON_3$. Dabei kann man das Säureazid aus dem Hydrazid ($RCO{-}NH{-}NH_2 + NO^+ \rightarrow RCO{-}N_3 + H_2O + H^+$; *Curtius'scher Säureabbau*) oder aus dem Säurechlorid gewinnen ($RCOCl + NaN_3 \rightarrow RCO{-}N_3 + NaCl$; *Schmidt'scher Säureabbau*):

$$\left\{ \begin{array}{c} R \\ \diagdown \\ C-N^{\ominus} \\ \diagup \qquad \diagdown \\ O \qquad\quad N_2^{\oplus} \end{array} \longleftrightarrow \begin{array}{c} R \\ \diagdown \\ C=N \\ \diagup \qquad \diagdown \\ O^{\ominus} \qquad N_2^{\oplus} \end{array} \right\} \xrightarrow[-N_2]{} \begin{array}{c} R \\ \diagdown \\ O=C=N \end{array}$$

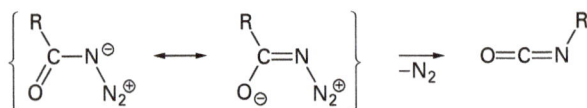

In unpolaren Mitteln entstehende Isocyanate RCNO lassen sich isolieren. In polaren Mitteln wie H_2O, $R'OH$ u. a. reagieren sie weiter zu Säuren RCOOH, Estern RCOOR' etc.

Zur analogen Wanderung eines Rests R vom C- zum O-Atom geht man von Ketonen R_2CO aus, an die man das Anion einer Peroxosäure $R'CO(OOH)$ addiert: $R_2CO + R'CO-OO^- \rightarrow R_2C(O^-)-OO-COR'$; in der Folge entsteht unter Abspaltung von Alkanoat der Ester RCOOR (*Baeyer-Villiger-Umlagerung*):

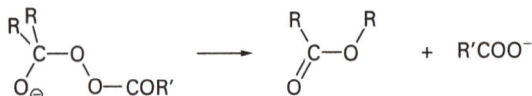

$$\begin{array}{c} R \\ R \diagdown | \\ \diagdown C-O \\ \diagup \qquad \diagdown \\ O^{\ominus} \qquad O-COR' \end{array} \longrightarrow \begin{array}{c} R \quad R \\ \diagdown \diagup \\ C-O \\ || \\ O \end{array} \;+\; R'COO^-$$

Schließlich handelt es sich auch bei *dytropen Umlagerungen* wie dem zentralen Schritt der Beckmann-Umlagerung ($R'CR=N-OH_2^+ \rightarrow H_2O^+-CR=N-R'$) um anionoide Umlagerungen, in denen Nitrogen oder auch Oxygen eines der Zielatome ist.

6.7.3 Kationotrope Umlagerungen

Kationotrope Umlagerungen, bei denen ein Rest R unter Zurücklassung seines Elektronenpaars, also *kationotrop*, zum Nachbaratom wandert, sind selten. Die Wanderung muss von einem elektronenziehenden, elektronegativen Atom wie O oder N ausgehen, wobei die einer O—R- oder N—R-Bindung entsprechende O—H- bzw. N—H-Bindung eine gewisse Brønsted-Acidität aufweisen soll. Im Falle eines N-Atoms muss es sich um ein Ammonium-N-Atom handeln, und es muss quartär sein, um die bevorzugte Wanderung von H anstelle von R zu unterbinden; im Falle von O ist eine O—R-Ether-Gruppierung sauer genug. Das Zielatom ist ein Carbon-Atom, an das ein als H^+ abspaltbares H-Atom gebunden sein muss; um es abzuspalten, bedarf es einer Base. Im Falle eines Ammonium-Ions sollte eine der üblichen elektronenziehenden Gruppen Z die Abspaltung von H^+ erleichtern; im Falle von Ether ohne einen solchen Hilfssubstituenten Z braucht man eine sehr starke Base X^- wie z. B. Ph^- von LiPh. Insgesamt kommt man von einem quartären Ammonium-Salz zu einem tertiären Amin (*Stevens-Umlagerung*) bzw. von einem Ether zu einem Alkohol (*Wittig-Umlagerung*):

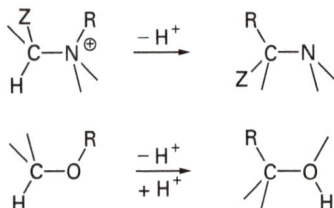

$$\begin{array}{c} Z \quad R \\ \diagdown | \diagup \\ C-N^{\oplus} \\ \diagup \quad | \diagdown \\ H \end{array} \xrightarrow{-H^+} \begin{array}{c} R \\ \diagdown \\ C-N \\ \diagup | \quad \diagdown \\ Z \end{array}$$

$$\begin{array}{c} \quad R \\ \diagdown | \diagup \\ C-O \\ \diagup \\ H \end{array} \xrightarrow[+H^+]{-H^+} \begin{array}{c} R \\ \diagdown \quad \diagup \\ C-O \\ \diagup | \quad \diagdown \\ \qquad H \end{array}$$

Es handelt sich bei diesen basengestützten Umlagerungen um elektrophile Substitutionen am Ziel-C-Atom. Im Falle der Stevens-Umlagerung ist wegen der Carbanionstabilisierenden Wirkung von Z und der induktiv acidifizierenden Wirkung der Ammoniumgruppe ein zweistufiger Mechanismus wahrscheinlich: Erst Abspaltung von H^+ zum Zwitterion, dann Umlagerung. Im Falle der Wittig-Umlagerung ist eher an eine einstufige konzertierte Substitution zu denken mit einem Übergangszustand, an dem die Bildung der Bindungen X—H und C—R sowie die Lösung der Bindungen C—H und N—R gleichermaßen beteiligt sind; die in der Folge noch nötige Addition von H^+ an das primär gebildete Alkoholat-Anion sollte dann rasch ablaufen.

Umlagerungen an aromatischen Gerüsten sind eher selten. Um eine kationotrope Umlagerung handelt es sich offenbar bei der *Benzidin-Umlagerung*, bei der 1,2-Diphenylhydrazin, PhNH—NHPh, unter der Einwirkung von Säuren in Benzidin (*4,4'-Diaminobiphenyl*), H_2N—C_6H_4—C_6H_4—NH_2, übergeht. Nach der Hydrierung des Hydrazins kann die N—N-Bindung aufgehen und sich ein CT-Komplex (s. Abschnitt 6.3.3) aus Anilin $PhNH_2$ und Iminobenzenium-Kation $Ph=NH^+$ mit zwei parallel übereinanderliegenden Benzen-Ringen bilden. Es kommt dann zu einer elektrophilen aromatischen Substitution am Anilin, vorwiegend in dessen *para*-Stellung, durch das Kation $PhNH^+$ als eintretende Gruppe, ebenfalls in dessen *para*-Stellung, und schließlich wird ein H^+-Ion abgespalten, ein anderes verschoben:

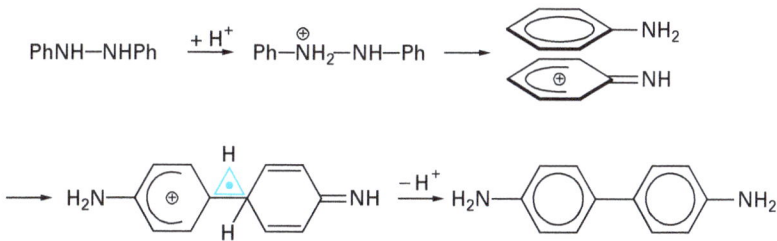

Etliche kationotropen sog. Umlagerungen an aromatischen Gerüsten laufen nicht intra-, sondern intermolekular ab, betreffen also nicht ein einzelnes bestimmtes Molekül und stellen deshalb keine *Umlagerungen* im eigentlichen Sinne dar. Als erstes Beispiel hierfür sei das aus Anilin und Benzendiazonium-Kation erhaltene 1,3-Diphenyltriazen genannt ($PhNH_2$ + Ph—N_2^+ → Ph—NH—N=N—Ph + H^+), das in saurer Lösung wieder in die Komponenten gespalten wird, die sich langsam, aber irreversibel zu 4-Aminoazobenzen vereinigen: $PhNH_2$ + PhN_2^+ → H_2N—C_6H_4—N=N—Ph + H^+. Die Isomerisierung vom Triazen zum Azobenzen in saurer Lösung ist also ein intermolekularer Prozess. Ganz ähnlich verhält es sich mit dem Übergang von *N*-Nitrosomethylanilin, Ph—NMe—NO, in saurer Lösung in *N*-Methyl-*para*-nitrosoanilin, MeNH—C_6H_4—NO, der die Substitution Ph—NMe—NO + H^+ → Ph—NHMe + NO^+ zugrunde liegt, auf die dann die entsprechende irreversible aromatische Substitution folgt (sog. *Fischer-Hepp-Umlagerung*).

Nicht immer weiß man sicher, ob eine Reaktion intra- oder intermolekular ab-läuft. Im Zuge der *Fries-Umlagerung* beispielsweise acetyliert man Phenol gemäß PhOH + MeCOCl → Ph—O—COMe + HCl. Bei der Einwirkung von $AlCl_3$ ver-schiebt sich der Acetylrest z. T. in die *ortho-*, z. T. in die *para-*Position: Ph—O—COMe → MeCO—C_6H_4—OH. Der Mechanismus ist unklar.

6.8 Redoxreaktionen

6.8.1 Nichtmetalle und ihre Verbindungen als Reduktionsmittel

Hydrogen als Reduktionsmittel

Addiert man H_2 an eine Mehrfachbindung (z. B. $R_2C{=}CH_2 + H_2 → R_2CH{-}CH_3$), dann spricht man von *Hydrierung.* (Analog spricht man von *Hydridoborierung, Hydridostannierung* etc., wenn R_2B—H, R_3Sn—H etc. an eine Mehrfachbindung addiert werden.) Wird dagegen eine Einfachbindung durch H_2 gespalten, ein Mole-kül also in zwei Teile zerlegt (z. B. $PhCH_2$—OH + H_2 → $PhCH_3$ + H_2O), dann ist eine *Hydrogenolyse* im Gange. In allen Fällen handelt es sich um Redoxreaktionen, bei denen Hydrogen von H^0 (oder bei der Hydridoborierung etc. auch von H^{-1}) in H^I übergeht.

Die *Hydrierung* von Alkenen, Alkinen und Arenen wurde in Abschnitt 6.6.5 besprochen. Sie wird meist heterogen von Metallen (Ni, Ru, Rh, Pd, Pt) oder gewis-sen Metall-Verbindungen ($Cu_2Cr_2O_5$) katalysiert. Auch die C=O-Doppelbindun-gen von Aldehyden (RCHO → RCH_2—OH) und Ketonen ($R_2CO → R_2CH$—OH) lassen sich mithilfe von Metallen (Ni, Pd) hydrieren. Azo- werden zu Hydrazo-Verbindungen hydriert (z. B. PhN=NPh → PhNH=NHPh). Die C≡N-Bindung der Nitrile hydriert man am besten an Metallen in flüssigem Ammoniak als Lö-sungsmittel (RCN → RCH_2—NH_2). Hydriert man RCN in anderen Lösungsmit-teln, so kann das Imin RCH=NH, ein Zwischenprodukt, mit dem Produkt RCH_2—NH_2 eine Addition zu RCH_2—NH—CHR—NH_2 eingehen; dieses Produkt kann mit H_2 unter Abspaltung von NH_3 zu $(RCH_2)_2NH$ als Nebenprodukt weiter-reagieren, was beim Arbeiten in NH_3 als Lösungsmittel vermieden wird.

Die *Hydrogenolyse* wird durch benachbarte Ph-Gruppen erleichtert (z. B. Benzyl-alkohol → Toluen; 25 °C, 2 bar, Pd). Ester RCOOR′ und Säurechloride RCOCl werden zu Aldehyden und HOR′ bzw. HCl hydrogenolysiert, wenn die Temperatur nicht allzu hoch ist; ansonsten geht die Reduktion unter Hydrierung bis zum Alko-hol RCH_2OH weiter. Die Überführung von RCOCl in RCHO wird auch technisch genutzt (*Rosenmund-Verfahren*). NO-Bindungen werden leicht hydrogenolysiert, wie die technische Reduktion von Nitrobenzen zu Anilin mit H_2 lehrt (s. Abschnitt 6.3.5). Konkurrieren eine COOR- und eine NO_2-Gruppe, so wird die NO_2-Gruppe bevorzugt hydrogenolysiert; z. B. ergibt *p*-EtOOC—C_6H_4—NO_2 an Pd bei 25 °C das Amin *p*-EtOOC—C_6H_4—NH_2. Konkurrieren zwei Ketogruppen im gleichen Molekül um die Hydrogenolyse zur Methylengruppe, so wird bei milden Bedingungen (25 °C, 4 bar, Pd) diejenige chemoselektiv angegriffen, die einem Benzenrest oder einer Allylgruppe benachbart ist, wie folgendes Beispiel lehrt:

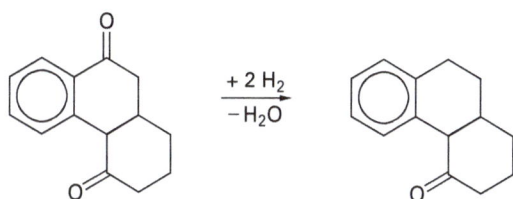

Die Hydrogenolyse eines gewöhnlichen, nicht aktivierten Ketons R_2CO gelingt auf einem Umweg, indem man das Keton zunächst mithilfe von Ethandithiol, $HS-CH_2-CH_2-SH$, in das cyclische Thioacetal $R_2C(-S-CH_2-CH_2-S-)$ überführt und dieses dann an Raney-Nickel zu R_2CH_2 und $C_2H_4(SH)_2$ hydrogenolysiert.

Hydride als Reduktionsmittel

CC-Mehrfachbindungen lassen sich von den Addukten von BH_3 an Basen D, BH_3D, hydridoborieren ($3\ R_2C{=}CH_2 + BH_3D \rightarrow B(CH_2-CHR_2)_3 + D$; s. Abschnitte 6.6.2 und 6.6.5). Der Hydridoborierung analog verlaufen die Hydridoaluminierung und die Hydridostannierung. Spaltet man $B(CH_2-CHR_2)_3$ mit Carbonsäuren, dann erhält man mit H_3C-CHR_2 das Produkt der indirekten Hydrierung von $R_2C{=}CH_2$. Lässt man BH_3D auf Carbonsäuren $RCOOH$ im Verhältnis 1:1 einwirken, so entwickelt sich H_2, und das primär gebildete Acyloxy-Derivat $H_2B-OCOR$ erfährt eine dyotrope 1,3-Verschiebung längs der $B-O-C$-Kette, nämlich von zwei H-Atomen von B nach C und einem O-Atom von C nach B; das formal zu postulierende Primärprodukt $O{=}B-O-CH_2R$ liegt jedoch trimer als sechsgliedrig-cyclisches sog. Boroxin $[-BX-O-]_3$, vor, dessen Hydrolyse neben $B(OH)_3$ den Alkohol RCH_2-OH erbringt, d.i. insgesamt die Reduktion von $RCOOH$ zu RCH_2OH. Hydridoboriert man Ketone mit Dialkylboran gemäß $2\ R_2CO + (R_2'BH)_2 \rightarrow 2\ R_2CH-O-BR_2'$, so kann man nach der Hydrolyse neben $R_2'B-OH$ den Alkohol R_2CHOH gewinnen.

Das einfachste Hydridostannierungsmittel erhält man, wenn man wasserfreies $SnCl_2$ in einer konzentrierten Lösung von HCl in Et_2O (*etherische Salzsäure*) löst. Es kommt im Zuge einer oxidativen Addition von HCl an $SnCl_2$ zur Bildung von Trichlorostannan $HSnCl_3$ ($Sn^{II} \rightarrow Sn^{IV}$; $H^I \rightarrow H^{-I}$). Nitrile RCN werden in dieser Lösung glatt zu $RCH{=}N-SnCl_3$ hydridostanniert; bei der Hydrolyse erhält man den Aldehyd $RCHO$ neben Zinnsäure $SnO_2(H_2O)_x$ und NH_3.

Eine wichtige Rolle als Reduktionsmittel spielen *ternäre Hydride*, ganz besonders $LiAlH_4$, $LiBH_4$ und $NaBH_4$. CC-Mehrfachbindungen werden von ihnen normalerweise nicht angegriffen. Unter diesen drei Hydriden haben die H-Atome im $LiAlH_4$ am stärksten ihren hydridischen Charakter als H^--Ionen bewahrt, und deshalb ist LiAlH$_4$ das reaktivste Reduktionsmittel unter den dreien. Da sich LiAlH$_4$ im Gegensatz zu den salzartigen binären Hydriden wie LiH, NaH, KH in organischen Mitteln wie Et$_2$O löst, hat es sich unter den Hydrid-Übertragungsmitteln in besonderer Weise durchgesetzt. Mit hydronaktiven Lösungsmitteln wie H$_2$O, ROH oder NH$_3$ zersetzt sich LiAlH$_4$ sofort (H$^-$ + H$^+$ → H$_2$). Mit Lösungen von LiAlH$_4$ kann man folgende Stoffe zu folgenden Produkten reduzieren:

RBr	→ RH	RCO(NHR′)	→ RCH$_2$–NHR′
[–RCH–CHR–O–]	→ RCH$_2$–CHR–OH	RCN	→ RCH=NH
R$_2$CO	→ R$_2$CHOH	RCN	→ RCH$_2$–NH$_2$
RCOOH	→ RCH$_2$OH	RCH=NOH	→ RCH$_2$–NH$_2$
RCOCl	→ RCH$_2$OH	RNO$_2$	→ RNH$_2$
RCOOR′	→ RCH$_2$OH	ArNO$_2$	→ ArN=NAr

Im Folgenden werden typische Reaktionsgleichungen beispielhaft vorgestellt (in Klammern die beim Formelumsatz transportierte Stoffmenge an Elektronen):

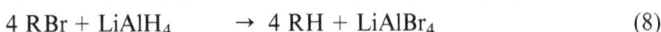

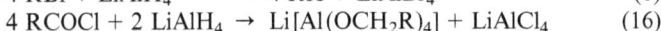

$$4\,RBr + LiAlH_4 \quad\rightarrow\ 4\,RH + LiAlBr_4 \qquad (8)$$
$$4\,RCOCl + 2\,LiAlH_4 \rightarrow Li[Al(OCH_2R)_4] + LiAlCl_4 \qquad (16)$$
$$4\,RNO_2 + 3\,LiAlH_4 \quad\rightarrow Li[Al(NHR)_4] + 2\,Li[Al(OH)_4] \qquad (24)$$

Die wässrige Aufarbeitung erbringt RCH$_2$OH aus Li[Al(OCH$_2$R)$_4$] bzw. RNH$_2$ aus Li[Al(NHR)$_4$]; die Primärprodukte müssen dabei nicht isoliert werden. Im Falle von RCOOH wird zunächst 1 mol LiAlH$_4$ verbraucht, um aus 4 mol RCOOH 4 mol H$_2$ freizusetzen (H$^-$ + H$^+$ → H$_2$); das Reaktionsgeschehen danach wird durch die idealisierte Gleichung

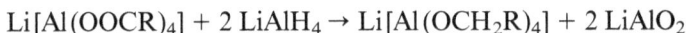

$$Li[Al(OOCR)_4] + 2\,LiAlH_4 \rightarrow Li[Al(OCH_2R)_4] + 2\,LiAlO_2$$

wiedergegeben. Ob RCN bis zum Amin oder bis zum Imin reduziert wird, hängt von der Menge an Reduktionsmittel ab; freies Imin wird jedoch nicht isoliert, vielmehr wird es bei der wässrigen Aufarbeitung zu RCHO hydrolysiert. Bei der Reduktion von RCO(NR$_2'$) anstelle von RCO(NHR′) entsteht bei der Aufarbeitung – vermutlich aus einem Primärprodukt Li[Al(O–CHR–NR$_2'$)$_4$] über das Halbaminal RCH(OH)(NR$_2'$) – der Aldehyd RCHO. Dies macht man sich zunutze, um aus RCOCl den Aldehyd anstelle des Alkohols RCH$_2$OH (s. o.) zu erhalten, indem man RCOCl mit N-Methylanilin PhNHMe amidiert, das Amid mit LiAlH$_4$ reduziert und durch Hydrolyse zu RCHO gelangt. Bei der Reduktion der Ester RCOOR′ erhält man nach der Hydrolyse außer dem Alkohol RCH$_2$OH auch noch den Alkohol R′OH.

Zwar werden isolierte Mehrfachbindungen durch LiAlH$_4$ nicht angegriffen, wohl aber aktiviert, etwa wenn eine Doppelbindung in Konjugation zu einer Oxogruppe steht. So wird Acrolein CH$_2$=CH–CH=O bei Raumtemperatur von

LiAlH$_4$ zum Propanol CH$_3$—CH$_2$—CH$_2$—OH reduziert; es lässt sich dabei im Falle einer 2:1-Umsetzung ein Zwischenprodukt Li[Al(—O—CH$_2$—CH$_2$—CH$_2$—)$_2$] mit zwei Al—C-Bindungen pro Anion postulieren, dessen Hydrolyse Propanol und Li[Al(OH)$_4$] ergibt. Setzt man Acrolein mit LiAlH$_4$ im Verhältnis 4:1 um und hält die Temperatur genügend tief, dann kommt man über Li[Al(O—CH$_2$—CH= CH$_2$)$_4$] zum Propenol CH$_2$=CH—CH$_2$—OH.

Das ternäre Hydrid LiBH$_4$ reagiert ebenfalls spontan mit Wasser und löst sich in Et$_2$O. Es ist nicht ganz so reaktiv wie LiAlH$_4$; Halogenalkane und Nitrile greift es normalerweise nicht an. Das ternäre Hydrid NaBH$_4$ dagegen verhält sich weithin wie ein binäres Salz Na[BH$_4$], wie seine NaCl-Struktur (mit BH$_4^-$ auf den Cl$^-$-Plätzen) nahelegt. Es löst sich unzersetzt in Wasser; meistens werden seine Lösungen in EtOH zu Hydrierungszwecken herangezogen. Erst beim Ansäuern wässriger Lösungen zersetzt es sich zu H$_2$ und Diboran gemäß $2\,BH_4^- + 2\,H^+ \rightarrow 2\,H_2 + B_2H_6$. Zur Reduktion von RHal, RCN, RNO$_2$ kann es nicht eingesetzt werden; Ester und Säureamide greift es nur langsam an, sodass es vor allem zur Reduktion von Oxo-Verbindungen und Säurechloriden Verwendung findet. Dabei kann man selektiv reduzieren, wenn jene Gruppen zugegen sind, die von NaBH$_4$ kaum, wohl aber von LiAlH$_4$ angegriffen werden.

Wesentlich langsamer und selektiver als LiAlH$_4$ wirken Derivate vom Typ Li[AlH(OR')$_3$]. Zum Beispiel kann man im Falle R = tBu die reaktiven Säurechloride RCOCl zu Aldehyden reduzieren, und zwar schon bei −78 °C in Diglym, ohne dass dabei die Reduktion zu RCH$_2$OH fortschreitet und ohne dass Gruppen wie NO$_2$, COOR oder CN angegriffen werden.

Wie die Hydridoborierung verläuft auch die Hydridoaluminierung cis-spezifisch. Dies kann stereochemisch bedeutsam werden, wenn man chirale Aluminate vom Typ Li[AlH(OR')$_3$] einsetzt. Als sehr wirksam hat sich u.a. das Alkoxy(1,1'-binaphthalen-2,2'-dioxy)hydroaluminat erwiesen, dessen Chiralität dadurch bedingt ist, dass die Ebenen der beiden Naphthalen-Einheiten gegeneinander verdrillt sind; dabei kann sich das Anion durch Drehung um die C1—C1'-Verbindungsachse zwischen den beiden Naphthalen-Einheiten u.a. deshalb nicht racemisieren, weil diese Einheiten in einen C$_4$AlOAl-Siebenring mit starrer tetraedrischer Koordination um das Al-Atom eingebunden sind:

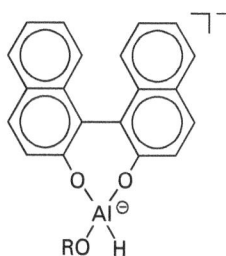

Hydridoaluminiert man mit solch einem optisch reinen Anion ein prochirales Keton RR'CO, so entstehen Diastereomere, je nachdem, ob das Anion von oben oder unten angreift. Die Hydrolyse des hydridoaluminierten Zwischenprodukts liefert den Alkohol RR′CHOH ohne Änderung der Konfiguration am zentralen C-Atom. Unser chirales Beispielanion kann bei geeigneten Resten R und R′ zur ausschließlichen Bildung nur eines diastereomeren Zwischenprodukts führen, indem das Anion das Keton ausschließlich von einer Seite *cis*-spezifisch angreift. Dann entsteht ein optisch aktiver Alkohol in optischer Reinheit. Man spricht von 100% *enantiomerem Überschuss*, *ee* = 100% (von *enantiomeric excess*). Die *ee*-Werte sind definiert über die Stoffmengen $n(R)$ und $n(S)$ an *R*- bzw. *S*-Produkt gemäß

$$ee = 100 \left| \frac{n(R) - n(S)}{n(R) + n(S)} \right|$$

Die Absolutwerte machen unabhängig davon, ob $n(R) > n(S)$ oder umgekehrt; ist z. B. $n(R) = 1$ mol und $n(S) = 9$ mol, dann folgt *ee* = 80%.

Sulfur-Verbindungen als Reduktionsmittel

Verbindungen des Sulfurs haben als Reduktionsmittel in der Organischen Chemie nur am Rande Bedeutung. Erwähnenswert ist Natriumdithionit $Na_2S_2O_4$, das in der Lage ist, eine Azo-Verbindung zum Amin zu reduzieren, also z. B. $PhN=NPh + 2 S_2O_4^{2-} + 4 H^+ \rightarrow 2 PhNH_2 + 4 SO_2$. Ein Beispiel aus der Praxis ist die Überführung von Phenol PhOH in *para*-Aminophenol: Zunächst kuppelt man Phenol zur Azo-Verbindung ($C_6H_5-OH + PhN_2^+ \rightarrow HO-C_6H_4-N=N-Ph + H^+$), deren Reduktion mit $S_2O_4^{2-}$ neben $PhNH_2$ das Produkt $HO-C_6H_4-NH_2$ liefert. Erwähnt sei noch die Reduktion von Aryldiazonium-Kation zu Arylhydrazin mit Sulfit: $ArN_2^+ + 2 SO_3^{2-} + OH^- + H_2O \rightarrow ArNH-NH_2 + 2 SO_4^{2-}$.

Nitrogen-Verbindungen als Reduktionsmittel

Die *cis*-spezifische Hydrierung von Alkenen mit einem intermediär erzeugten Diazen N_2H_2 wurde in Abschnitt 6.6.5 beschrieben. Zwei Redoxvorgänge sind im Spiel. Erst generiert man N_2H_2 aus N_2H_4 durch Oxidation z. B. mit H_2O_2. Dann reduziert man $RCH=CH_2$ zu RCH_2-CH_3 mithilfe des Redoxpaares N_2/N_2H_2.

Bei der Wolff-Kishner-Reduktion (Abschnitt 6.3.6) reduziert man Ketone R_2CO zu Alkanen R_2CH_2 mit Hydrazin (Redoxpaar: N_2/N_2H_4). Aus Keton und Hydrazin-Hydrat, $N_2H_4(H_2O)$, gewinnt man das Hydrazon $R_2C=N-NH_2$, das man in Diglym mit KOH oder in Me_2SO mit KO*t*Bu als Base behandelt. Offenkundig über eine 1,3-H-Verschiebung zur Azo-Verbindung $R_2CH-N=N-H$, nachfolgende Deprotonierung und N_2-Abspaltung zum Anion R_2CH^- entsteht schließlich durch Hydron-Abstraktion das Produkt R_2CH_2.

Arsen-Verbindungen als Reduktionsmittel

Arsenit in basischer Lösung (Redoxpaar: AsO_4^{3-}/AsO_3^{3-}) wird herangezogen, wenn man Nitrobenzen zu Azobenzen-N-oxid (*Azoxybenzen*) reduzieren will: $2\,PhNO_2 + 3\,H_2O + 6\,e \rightarrow PhN(O){=}NPh + 6\,OH^-$.

Carbon-Verbindungen als Reduktionsmittel

Wir kommen zurück auf die in Abschnitt 6.3.6 behandelte *Cannizzaro-Reaktion* (d. i. die Disproportionierung von Aldehyden wie Benzaldehyd gemäß $2\,PhCHO + OH^- \rightarrow PhCH_2OH + PhCOO^-$) und die *Meerwein-Pondorf-Reduktion* (d. i. die Reduktion von Ketonen mit *i*PrOH gemäß $R_2CO + Me_2CHOH \rightarrow R_2CHOH + Me_2CO$).

Setzt man im Sinne der Cannizzaro-Reaktion zwei verschiedene Aldehyde miteinander um, von denen der eine durch ein besonders starkes Lewis-acides C-Atom ausgezeichnet ist, so wird von diesem Aldehyd eine ansehnliche Menge an Anion im Sinne des Gleichgewichts $RCHO + OH^- \leftrightarrows RCH(OH){-}O^-$ vorliegen. Aus sterischen Gründen und wegen des +I-Effekts von R hat unter allen Oxo-Verbindungen das Methanal, CH_2O, die größte Affinität zu OH^-. Vom Anion $H{-}CH(OH){-}O^-$ aus wird nun ein Hydrid H^- auf den zu reduzierenden Aldehyd übertragen: $RCHO + H{-}CH(OH){-}O^- \rightarrow RCH_2{-}O^- + HCOOH \rightarrow RCH_2OH + HCOO^-$. Man kann also mit Methanal Aldehyde zu Alkoholen reduzieren.

Führt man eine Cannizzaro-Reaktion mit Acetaldehyd MeCHO durch und setzt anstelle von OH-Ionen als Base OEt-Ionen ein, so genügt hiervon eine kleine Startmenge, da die Übertragung von H^- aus dem Primäraddukt $Me{-}CH(OEt){-}O^-$ auf $Me{-}CH{=}O$ neben $Me{-}COOEt$ die Ausgangsbase $Me{-}CH_2{-}O^-$ liefert, sodass die Gesamtreaktion lautet: $2\,MeCHO \rightarrow MeCOOEt$, d. i. eine technische Synthese für Ethylacetat (*Essigester; Tischtschenko-Reaktion*). Bei der Meerwein-Pondorf-Reaktion initiiert $Al(OiPr)_3$ als Katalysator einen Redoxprozess gemäß der Gleichgewichtsreaktion $Al(OiPr)_3 + R_2CO \leftrightarrows (iPrO)_2Al(OCHR_2) + Me_2CO$, die wohl über einen sechsgliedrigen Übergangszustand verläuft:

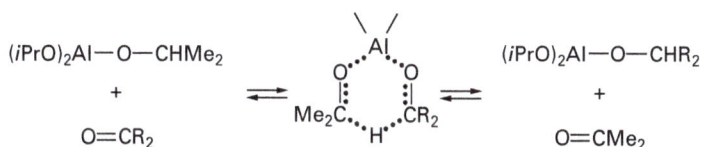

In einer zweiten Gleichgewichtsreaktion nach demselben Muster wird der Ligand $OCHR_2$ im Überschuss von *i*PrOH verdrängt: $(iPrO)_2Al(OCHR_2) + iPrOH \leftrightarrows Al(OiPr)_3 + R_2CHOH$. In der Gesamtgleichung fällt der Katalysator heraus: $R_2CO + iPrOH \leftrightarrows R_2CHOH + Me_2CO$. Der Überschuss an *i*PrOH dirigiert das Gleichgewicht nach rechts.

Zinn-Verbindungen als Reduktionsmittel

Zinn(II)chlorid in basischer wässriger Lösung ist vermöge der Halbgleichung $[Sn(OH)_3]^- + 3\,OH^- \rightarrow [Sn(OH)_6]^{2-} + 2\,e$ ein bewährtes Reduktionsmittel, das man auch in der Technik nutzt, um $ArNO_2$ zu $ArNH_2$ zu reduzieren.

6.8.2 Metalle und ihre Verbindungen als Reduktionsmittel

s-Metalle als Reduktionsmittel

Die Alkali- und die Erdalkalimetalle lösen sich in Wasser unter heftiger Wärmeentwicklung nach der bekannten Redoxreaktion auf, z. B. $2\,Na + 2\,H_2O \rightarrow H_2 + 2\,Na^+ + 2\,OH^-$. In flüssigem NH_3 (Sdp. $-33.43\,°C$) hat die analoge Reaktion $2\,Na + 2\,NH_3 \rightarrow H_2 + 2\,Na^+ + 2\,NH_2^-$ zwar ebenfalls erhebliche Triebkraft, unterbleibt aber aus kinetischen Gründen, sofern nicht Spuren von Schwermetallionen, wie z. B. das ubiquitär verbreitete Fe^{2+}, die Reaktion katalysieren. Stattdessen lösen sich in einer kinetisch determinierten Reaktion die s-Metalle in Ammoniak unter Dissoziation, z. B. gemäß $Na \rightarrow Na^+ + e$; Kation und Elektron sind von einer Solvathülle aus NH_3-Molekülen umgeben. Die in Verdünnung blauen und mehr noch die in größerer Konzentration bronzefarbenen Lösungen von Na in NH_3 leiten den elektrischen Strom kraft der solvatisierten Elektronen. In 1 mol NH_3 lösen sich bei $-50\,°C$ maximal 0.19 mol Na. Ähnlich wie NH_3 vermögen auch Amine RNH_2 Alkali- und Erdalkalimetalle zu lösen und ebenso Ether und sogar Alkohole, wenn auch die Hemmschwelle zur Entwicklung von H_2 bei Alkoholen kleiner ist als bei Aminen, sodass Alkohole bezüglich dieser Hemmschwelle in der Mitte der Reihe $NH_3 > ROH > H_2O$ stehen.

Lösungen von Li, Na oder K in Aminen, Ethern oder Alkoholen wirken stark reduzierend. Am häufigsten nutzt man Na als das billigste Alkalimetall, und als Lösungsmittel spielen NH_3, $EtNH_2$, $(MeOCH_2CH_2)_2O$ (*Diglym*) und EtOH eine wichtige Rolle. Leicht lassen sich eine Reihe organischer Substanzen zu Radikalanionen reduzieren, z. B. Naphthalen $C_{10}H_8$, Ester $RCOOR'$ und viele andere. Lösungen von Na^+ und $C_{10}H_8^{\cdot-}$ in Diglym werden ihrerseits als Reduktionsmittel eingesetzt. Die mithilfe von Na in Et_2O aus Estern gewonnenen Radikalanionen $RCOOR''^{\cdot-}$ dimerisieren sich zu Dianionen $RC(OR')(O^-)-CR(OR')(O^-)$, die bei Zugabe von Wasser zu Diketonen $RCO-COR$ hydrolysiert werden. Reduziert man solche Diketone abermals mit Na zu den Dianionen $RC(O^-)=CR(O^-)$, so gewinnt man bei deren Hydrolyse Hydroxyketone $RCO-CHR(OH)$, d. s. sog. *Acyloine*. Den Weg von den Estern zu den Acyloinen nennt man die *Acyloin-Kondensation*, die im Falle der Ester längerkettiger Dicarbonsäuren und ihrer intramolekularen Kondensation einen Zugang zu mittleren und größeren Ringen erlaubt. Alkine werden von Na zu Dianionen $[RC=CR]^{2-}$ reduziert, deren Hydrolyse stereospezifisch zum *E*-Alken führt. Aktivierte Alkene werden weiter reduziert, und wenn man solche Reduktionen im hydronaktiven Ammoniak vornimmt, dann vollziehen sich die Reduktion zum Anion und die nachfolgende Addition von H^+ in einem Arbeitsgang, z. B.:

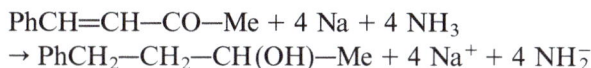

$$PhCH{=}CH{-}CO{-}Me + 4\ Na + 4\ NH_3$$
$$\rightarrow PhCH_2{-}CH_2{-}CH(OH){-}Me + 4\ Na^+ + 4\ NH_2^-$$

Ganz ähnlich wirkt Na in EtOH, wenn Oxime zu Aminen reduziert werden, oder Na in iPrOH, wenn Ketone in Alkohole übergeführt werden (mit Radikalanionen $R_2CO^{\cdot-}$ als Zwischenstufen):

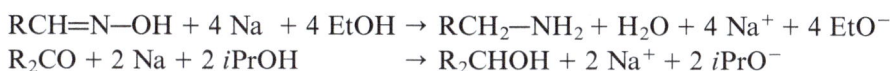

$$RCH{=}N{-}OH + 4\ Na\ + 4\ EtOH \rightarrow RCH_2{-}NH_2 + H_2O + 4\ Na^+ + 4\ EtO^-$$
$$R_2CO + 2\ Na + 2\ i PrOH \qquad\quad \rightarrow R_2CHOH + 2\ Na^+ + 2\ i PrO^-$$

Die tiefe Temperatur im System Na/NH_3 macht dieses System zu einem verhältnismäßig milden und selektiven Reduktionsmittel. So werden α-Aminosäuren, die eine Thioether-Funktion enthalten, an dieser reduziert, während Amino- und Carboxylat-Gruppe intakt bleiben, z. B.:

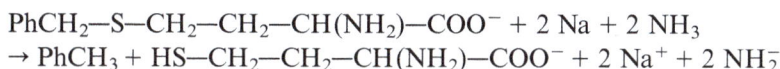

$$PhCH_2{-}S{-}CH_2{-}CH_2{-}CH(NH_2){-}COO^- + 2\ Na + 2\ NH_3$$
$$\rightarrow PhCH_3 + HS{-}CH_2{-}CH_2{-}CH(NH_2){-}COO^- + 2\ Na^+ + 2\ NH_2^-$$

p-Metalle und d-Metalle als Reduktionsmittel

Unter den Metallen haben sich u. a. die p-Metalle Mg, Al und Sn und die d-Metalle Fe und Zn als Reduktionsmittel in der Organischen Chemie bewährt. Zink kann man unter verschiedenen Bedingungen einsetzen. Mit Zinkamalgam und konzentrierter Salzsäure lassen sich Aldehyde RCHO oder Ketone R_2CO bis zu den Alkanen RCH_3 bzw. R_2CH_2 reduzieren (*Clemmensen-Reduktion*). Zink und Natronlauge reduzieren Nitrobenzen zum Diphenyldiazen (*Hydrazobenzen*): $2\ PhNO_2 + 5\ Zn + 10\ OH^- + 6\ H_2O \rightarrow PhNH{-}NHPh + 5\ [Zn(OH)_4]^{2-}$. Zink und eine NH_4Cl-Lösung reduzieren Nitrobenzen nur bis zum Phenylhydroxylamin: $PhNO_2 + 2\ Zn + 4\ H^+ \rightarrow PhNH{-}OH + 2\ Zn^{2+} + H_2O$. Hält man hydronaktive Lösungsmittel fern, so reduziert Zn (und ebenso Al oder Mg) Ketone zu Ketyl-Radikalanionen $R_2CO^{\cdot-}$, die sich zu Diolaten $R_2C(O^-){-}CR_2(O^-)$ dimerisieren, sodass nach anschließender Hydrolyse Diole $R_2(OH){-}CR_2(OH)$ die Produkte sind. Zinn oder Eisen sind in salzsaurer Lösung bewährte Reduktionsmittel, um $PhNO_2$ in $PhNH_2$ überzuführen. Um aktivierte Nitroarene $ArNO_2$ zu $ArNH_2$ zu reduzieren, genügen milde Reduktionsmittel wie Fe^{2+} in ammoniakalischer wässriger Lösung, z. B. $o\text{-}OCH{-}C_6H_4{-}NO_2 + 6\ Fe^{2+} + 4\ H_2O \rightarrow o\text{-}OCH{-}C_6H_4{-}NH_2 + 6\ Fe^{3+} + 6\ OH^-$; die Formyl-Gruppe bleibt intakt.

6.8.3 Nichtmetalle und ihre Verbindungen als Oxidationsmittel

Hydrogen(I) als Oxidationsmittel

Die endotherme und endotrope thermische Dehydrierung von Alkanen zu Alkenen gelingt bei höherer Temperatur katalytisch, wenn die betreffende CC-Bindung durch geeignete Nachbargruppen aktiviert ist. Formal werden dabei die betroffenen C-Atome von Hydrogen(I) [→ Hydrogen(0)] oxidiert. Ein Beispiel aus der Technik bietet die Dehydrierung von Ethylbenzen an Pd (auf Aktivkohle) zu Ethenylbenzen (*Styren*), dem Ausgangsmaterial zur Herstellung von Polystyren: $Ph\text{—}CH_2\text{—}CH_3 \rightarrow Ph\text{—}CH{=}CH_2 + H_2$.

Bei der thermischen Dehydrierung primärer Alkohole, $RCH_2OH \leftrightarrows RCHO + H_2$, liegt das Gleichgewicht dieser Gasphasenreaktion bei etwa 300 °C auf der Aldehyd-Seite. Katalysatoren wie Cu, Ag oder $Cu_2Cr_2O_5$ sind nützlich. Gibt man dieser endothermen Dehydrierung einen Unterschuss an O_2 zu, sodass ein Teil des entstehenden H_2 exotherm zu H_2O oxidiert werden kann, dann verschiebt sich das Gleichgewicht erheblich nach rechts. In analoger Weise werden sekundäre Alkohole thermisch zu Ketonen dehydriert. Unter zahlreichen Beispielen aus der Praxis sei auf die Dehydrierung der Gruppierung $\text{—}CH(OH)\text{—}$ in Pyranosen zu Gruppierungen $\text{—}CO\text{—}$ hingewiesen, wobei axiale OH-Gruppen bevorzugt reagieren.

Halogen und Halogenate als Oxidationsmittel

Chlor und Brom kann man anwenden, um primäre Alkohole zu Aldehyden zu oxidieren: $RCH_2OH + Cl_2 \rightarrow RCHO + 2\,H^+ + 2\,Cl^-$. Einfacher zu dosieren und milder in der Reaktion als Cl_2 oder Br_2 sind die *N*-Halogendiacylimide $(RCO)_2NHal$, die man aus $(RCO)_2NH$ leicht durch Halogenierung erhalten kann. Besonders bewährt hat sich *N*-Halogensuccinimid [d. i. das *N*-halogenierte cyclische Imid der Butandisäure (*Bernsteinsäure*)]:

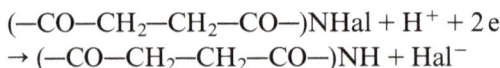

$$(\text{—}CO\text{—}CH_2\text{—}CH_2\text{—}CO\text{—})NHal + H^+ + 2\,e$$
$$\rightarrow (\text{—}CO\text{—}CH_2\text{—}CH_2\text{—}CO\text{—})NH + Hal^-$$

Addiert man I_2 in Gegenwart von Silberacetat an Alkene, so bildet sich über einen Iodonium-Dreiring als Zwischenstufe ein Dioxacarbenium-Fünfring, dessen Spaltung durch nucleophile Substitution sterisch bemerkenswert ist. Wasser greift als Nucleophil am Carbenium-C-Atom an, sodass stereospezifisch das Produkt einer *cis*-Dihydroxylierung des Alkens entsteht. Arbeitet man aber wasserfrei, dann wirkt überschüssiges Acetat als Nucleophil und öffnet den Fünfring an einem der vormaligen Doppelbindungs-C-Atome von der Rückseite her, sodass stereospezifisch das Produkt einer *trans*-Diacetoxylierung des Alkens gebildet wird, dessen S_N2-Hydrolyse unter doppelter Inversion das stereochemische Ergebnis einer *trans*-Addition nicht mehr ändert.

Wässrige Lösungen von Natriumperiodat $NaIO_4$ spalten die hydroxylische CC-Bindung vicinaler Diole $HO-CR_2-CR_2-OH$, und man erhält Ketone R_2CO. Vicinale Aminoalkohole $HO-CR_2-CR_2-NH_2$ werden ebenfalls zu R_2CO, und Ethandial $OCH-CHO$ (*Glyoxal*) wird zu Methansäure $HCOOH$ oxidiert; dementsprechend oxidiert IO_4^- Hydroxyethanal $HO-CH_2-CH=O$ zu CH_2O und $HCOOH$.

Oxygen als Oxidationsmittel

Das in der Atmosphäre beliebig verfügbare Oxygen ist das billigste und ist überdies noch ein starkes Oxidationsmittel. Es wird deshalb insbesondere in der Technik in großem Umfang eingesetzt. Die katalytische Oxidation ungesättigter Carbonhydride – meist in der Gasphase – steht dabei im Vordergrund. In Abschnitt 6.3 wurden beispielhaft besonders wichtige Oxidationen abgehandelt, nämlich von Ethen zu Acetaldehyd, von Propen zu Acrolein oder Acrylsäure, von Buten zu Essigsäure, von Benzen zu Maleinsäureanhydrid, von Toluen zu Benzaldehyd oder Benzoesäure, von Cumen zu Phenol und Aceton, von Naphthalen zu Phthalsäureanhydrid.

Dieser Auswahl an industriellen Großverfahren steht eine Fülle an Spezialverfahren gegenüber. Nur ein Beispiel sei ausgewählt! Bei der Herstellung von *L*-Ascorbinsäure (Vitamin C) geht man von der wohlfeilen *D*-Glucose aus, die man durch Abbau von Stärke in beliebiger Menge erhalten kann. Die Glucose wird zunächst zu *D*-Sorbit hydriert ($-CHO \rightarrow -CH_2OH$); Sorbit wird anschließend bakteriell mit O_2 zur *L*-Sorbose, einer Ketose (s. Abschnitt 6.3.6), und diese sodann mit O_2 an einem Pt-Kontakt zur entsprechenden Säure oxidiert ($-CH_2OH \rightarrow -COOH$), deren pyranoside Ringstruktur sich schließlich über ein Fünfring-Lacton zur *L*-Ascorbinsäure umwandelt.

Werden natürliche oder synthetische Stoffe ohne menschliches Zutun langsam von O_2 angegriffen, dann spricht man von *Autoxidation*. Beispiele sind das Verharzen von Schmieröl, das Altern von Kautschuk, das Ranzigwerden von Fetten, das Anlaufen von angeschnittenem Obst etc. Vielfach greift die Autoxidation an gesättigten Carbonhydrid-Ketten an, obwohl reine Alkane bei Raumtemperatur gegen O_2 beliebig lange metastabil sind. Es bedarf entweder gewisser Verunreinigungen (Metallionen, Staubpartikeln etc.) oder aber reaktiver Gruppen am Alkan-Gerüst, um − zumeist unter dem Einfluss von Licht − das Alkan zu oxidieren. Vielfach bilden sich primär aus Verunreinigungen Radikale Ra·, die am Carbonhydrid RH gemäß Ra· + RH → RaH + R· angreifen. Ist R· einmal gebildet, so kommt es mit Triplett-O_2 zu einer Kettenreaktion: (1) R· + O_2 → ROO· und (2) ROO· + RH → ROOH + R·. Die Hydroperoxide ROOH können auf vielfältige Weise weiterreagieren. Eine typische Reaktion spielt sich mit reduzierenden Metallionen ab, z. B. mit Fe^{2+}: ROOH + Fe^{2+} → RO· + OH^- + Fe^{3+}. Die Alkoxy-Radikale reagieren u. a. gemäß RH + RO· → ROH + R· weiter. Anwesende Enzyme können biokatalytisch wirksam werden.

An tertiäre C-Atome gebundene H-Atome reagieren bevorzugt vor anderen ($Me_3CH + O_2$ → Me_3C—OOH), ebenso das aldehydische H-Atom in RCHO, noch besser in PhCHO [→ PhCOOH; primäres Autoxidationsprodukt ist die Peroxysäure PhCO(OOH), die weiteres PhCHO zur Benzoesäure oxidiert]. Wie in Abschnitt 6.3.4 erwähnt, sind Ether für die Bildung von Peroxiden des Typs RO—CH(OOH)—R′ empfindlich. Da solche Peroxide beim Erhitzen explosionsartig zerfallen können, muss man bei der Verwendung von Et_2O oder thf als Lösungsmittel die Abwesenheit von Peroxiden sicherstellen, z. B. indem man sie reduktiv zerstört.

Autoxidation kann man hintanhalten, wenn man den autoxidierenden Stoffen *Antioxidantien* beimengt, d. s. in der Regel organische Stoffe, die als Radikalfänger wirken. Verbreitete Oxidationsinhibitoren dieser Art sind Phenole, wie in Abschnitt 6.3.3 schon erwähnt, und ganz besonders das Hydrochinon, p-$C_6H_4(OH)_2$, das ein Radikal Ra· in RaH überführt und dabei selbst in das radikalische Semichinon, p-HO—C_6H_4—O·, übergeht; Semichinon stabilisiert sich durch Disproportionierung: 2 HO—C_6H_4—O· → HO—C_6H_4—OH + O=C_6H_4=O.

Wesentlich reaktiver als gewöhnliches Oxygen O_2 ist Ozon O_3. Die Ozonolyse von Alkenen, die über eine [3+2]-Cycloaddition schließlich zum 1,2,4-Trioxacyclopentan führt (Abschnitt 6.6.8), ist keine selektive Reaktion, da in Gegenwart einer tertiären CH-Gruppierung, einer OH-Gruppe oder anderer funktioneller Gruppen auch diese angegriffen werden. Selbst Arene bleiben nicht verschont: Aus Benzen wird Glyoxal (OCH—CHO), aus Phenanthren wird Biphenyl-2,2′-dicarbonsäure (3 $C_{14}H_{10}$ + 4 O_3 → 3 HOOC—C_6H_4—C_6H_4—COOH).

(Zu den Reaktionen von Singulett-Oxygen s. Abschnitt 6.9.3).

Peroxy-Verbindungen als Oxidationsmittel

Hydrogenperoxid, H_2O_2, ist ein vielseitiges Oxidationsmittel. Mit Aminen beispielsweise werden dehydrierend N—O-Bindungen aufgebaut. Dabei gehen primäre

Amine in Oxime, sekundäre in Hydroxylamine und tertiäre (mit [R₃N—OH]OH als Zwischenverbindung) in Aminoxide über:

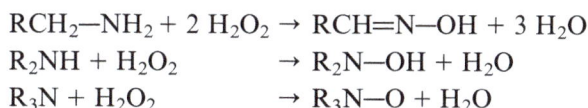

$$RCH_2-NH_2 + 2\,H_2O_2 \rightarrow RCH{=}N{-}OH + 3\,H_2O$$
$$R_2NH + H_2O_2 \quad\; \rightarrow R_2N{-}OH + H_2O$$
$$R_3N + H_2O_2 \quad\;\; \rightarrow R_3N{-}O + H_2O$$

Peroxysäuren RCO(OOH) oxidieren Alkene zu Oxiranen, die bei der S_N2-Hydrolyse stereospezifisch Alkandiole entsprechend einer *trans*-Dihydroxylierung der CC-Doppelbindung ergeben.

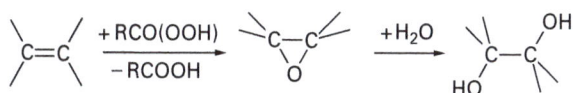

Im Falle von Cyclohexen führt die Oxidation mit RCO(OOH) demgemäß zum *ee*-Cyclohexan-1,2-diol, das mit dem instabileren *aa*-Isomer in einer geringen Menge im Gleichgewicht liegt.

Anders als auf die C=C-Doppelbindung von Alkenen wirken Peroxysäuren R'CO(OOH) auf die C=O-Doppelbindung von Ketonen R_2CO ein, die dabei die Baeyer-Villiger-Umlagerung (Abschnitt 6.7.2) zu Estern RCOOR erfahren. Eine besonders stark oxidierende Peroxycarbonsäure ist die Peroxytrifluoroessigsäure, $CF_3-CO(OOH)$, mit der man ein aromatisches Amin $ArNH_2$ bis zum Nitroaren $ArNO_2$ oxidieren kann. Mit Peroxydischwefelsäure, $HO_3S-O-O-SO_3H$, führt die Oxidation von $ArNH_2$ nur bis zum Nitrosoaren ArNO.

Sulfur- und Selen-Verbindungen als Oxidationsmittel

Dimethylsulfoxid ist ein mildes Oxidationsmittel ($Me_2SO + 2\,H^+ + 2\,e \rightarrow Me_2S + H_2O$). Primäre Halogen-Verbindungen RCH_2-Hal und Tosylate RCH_2-OTs lassen sich damit zu Aldehyden RCHO oxidieren. Um sekundäre Alkohole in Ketone zu überführen, gibt man als Hilfsstoff Carbonbis(cyclohexylimid) zu, dessen exotherme Hydrolyse zum entsprechenden Harnstoff die Triebkraft dieser Dreikomponentenreaktion fördert: $R_2CH-OH + Me_2SO + C[N(C_6H_{11})]_2 \rightarrow R_2CO + Me_2S + O{=}C[NH(C_6H_{11})]_2$.

Mit Selendioxid SeO_2 kann man u. a. gezielt die CH_2-Nachbargruppe einer Keton-CO-Gruppierung zur zweiten Oxogruppe oxidieren: $R-CO-CH_2-R' + SeO_2 \rightarrow R-CO-CO-R' + Se + H_2O$.

Nitrogen-Verbindungen als Oxidationsmittel

Sowohl salpetrige Säure als auch Salpetersäure sind gute Oxidationsmittel. Mit NO^+ (aus $NaNO_2$ und Säure) kann man, wie mit SeO_2, Ketone $R-CO-CH_2-R'$

gezielt in Diketone R—CO—CO—R' überführen, wobei in der wässrigen Lösung drei Reaktionsschritte in einem Arbeitsgang ablaufen:

(1) $R—CO— CH_2—R' + NO^+ \rightarrow R—CO—CHR'—NO + H^+$

(2) $R—CO—CHR'—NO \rightarrow R— CO—CR'{=}N—OH$

(3) $R—CO—CR'{=}N—OH + H_2O \rightarrow R—CO—CO—R' + H_2NOH$

Konzentrierte Salpetersäure ist ein starkes Oxidationsmittel (Redoxpaar HNO_3/ NO_2), mit dem sich allerdings nicht immer eine kontrollierte Wirkung erzielen lässt. Ketone indes oxidiert die Salpetersäure gezielt, allerdings unter C—C-Spaltung: $R—CO— CH_2—R' + 3 H_2O \rightarrow RCOOH + R'COOH + 6 H^+ + 6 e$. Die Oxidation von Cyclohexanon, $C_6H_{10}O$, zur Adipinsäure, $HOOC—(CH_2)_4—COOH$, wird technisch durchgeführt.

Organische Nitroso-Verbindungen werden in Gestalt des leicht durch Nitrosierung von $PhNMe_2$ zugänglichen *para*-Nitroso-*N,N*-dimethylanilins, Ar'NO, angewendet, um Arylmethylhalogenide $ArCH_2Hal$ in Gegenwart von Pyridin zum Aldehyd zu oxidieren (*Kröhnke-Reaktion*): (1) $ArCH_2Hal + py \rightarrow ArCH_2—py^+ + Hal^-$; (2) $ArCH_2—py^+ + Ar'NO \rightarrow ArCH_2—N({=}O)Ar'^+ + py$; (3) $ArCH_2—N({=}O)Ar'^+ + OH^- \rightarrow ArCH{=}NAr'—O + H_2O \rightarrow ArCH{=}O + Ar'—NH—OH$.

Carbon-Verbindungen als Oxidationsmittel

Das *para*-Chinon ist ein mildes Oxidationsmittel: $O{=}C_6H_4{=}O + 2 H^+ + 2 e \rightarrow HO—C_6H_4—OH$. Man setzt es mit Vorteil ein, wenn man beispielsweise Cyclohexa-1,3-dien zu Benzen dehydrieren will. Wirksamer als Chinon selbst sind seine Derivate Tetrachloro-*para*-chinon $O{=}C_6Cl_4{=}O$ (*Chloranil*) und 2,3-Dichloro-5,6-dicyano-*para*-chinon $O{=}C_6Cl_2(CN)_2{=}O$.

Bei der Meerwein-Pondorf-Reaktion werden Ketone, R_2CO, zu sekundären Alkoholen, R_2CHOH, reduziert, und zwar von Propan-2-ol, Me_2CHOH, das dabei zu Aceton, Me_2CO, oxidiert wird. Diese Gleichgewichtsreaktion wird synthetisch nutzbar, wenn man das Gleichgewicht durch einen Überschuss an Propanol zum Produkt hin verschiebt. Das Gleichgewicht kehrt sich um, wenn man einen Überschuss an Aceton einsetzt, um sekundäre Alkohole zu Ketonen zu oxidieren: $R_2CHOH + Me_2CO \rightarrow R_2CO + Me_2CHOH$. Als Katalysator wirkt $Al(OiPr)_3$ nach demselben Mechanismus wie bei der Meerwein-Pondorf-Reaktion.

Nicht nur Ketone vermögen zu dehydrieren, sondern auch Imine, also im einfachsten Fall $CH_2{=}NH \rightarrow CH_3—NH_2$. Die Kunst ist es, das gegen Oligomerisierung anfällige und insoweit kurzlebige Methanimin $CH_2{=}NH$ in Gegenwart seines zu dehydrierenden Reaktionspartners zu generieren. Dies gelingt mithilfe von Urotropin, $(CH_2)_6N_4$, in wässriger Lösung, weil – wie in Abschnitt 6.4.3 ausgeführt – Urotropin mit $CH_2{=}O$ und NH_3 und demgemäß auch mit einer kleinen Menge an $CH_2{=}NH$ im Gleichgewicht liegt, eine Menge, die sich durch eine geeignete Wahl des pH-Werts dosieren lässt. So gelingt es zum Beispiel, Arylmethylamine ArCH$_2$NH$_2$ (leicht zugänglich aus ArCH$_2$Hal und NH$_3$) zu ArCH=NH zu oxidieren (ArCH$_2$—NH$_2$ + CH$_2$=NH → ArCH=NH + CH$_3$—NH$_2$) und im wässrigen Milieu zu ArCHO zu hydrolysieren (*Sommelet-Reaktion*).

6.8.4 Metall-Verbindungen als Oxidationsmittel

Bleitetraacetat als Oxidationsmittel

Bleitetraacetat gewinnt man aus Pb$_3$O$_4$ (*Mennige*) und Essigsäure [Pb$_3$O$_4$ + 8 MeCOOH → 2 Pb(OOCMe)$_2$ + Pb(OOCMe)$_4$ + 4 H$_2$O]. Es oxidiert gemäß der Halbgleichung Pb(OOCMe)$_4$ + 4 H$^+$ + 2 e → Pb^{2+} + 4 MeCOOH. Oft arbeitet man in Eisessig als Lösungsmittel. Bleitetraacetat kann durchgreifend oxidieren. So oxidiert es primäre Amine RCH$_2$—NH$_2$ bis zum Nitril RCN. Es spaltet C—C-Bindungen, wenn sie aktiviert sind; z. B. werden Alkan-1,2-diole zu Ketonen gespalten: R$_2$C(OH)—CR$_2$(OH) → 2 R$_2$CO + 2 H$^+$ + 2 e. Alkan-1,2-dicarbonsäuren werden decarboxylierend zum Alken oxidiert: R$_2$C(COOH)—CR$_2$(COOH) → R$_2$C=CR$_2$ + 2 CO$_2$ + 2 H$^+$ + 2 e; aus Alkan-1,1-dicarbonsäuren werden Ketone: R$_2$C(COOH)$_2$ + H$_2$O → R$_2$CO + 2 CO$_2$ + 4 H$^+$ + 4 e.

Chrom(VI) als Oxidationsmittel

Das stark oxidierende Chrom(VI) wird als M$_2$CrO$_4$ (M = Na, K) in saurer wässriger Lösung eingesetzt (Redoxpaar: CrO$_4^{2-}$/Cr^{3+}; zunächst kondensiert CrO$_4^{2-}$ in saurer Lösung zu HCr$_2$O$_7^-$). Als noch stärkeres Oxidationsmittel wirkt CrO$_3$ in Eisessig, und besonders wirkungsvoll oxidiert CrO$_3$ in heißer konz. Schwefelsäure.

Mit Chromat in saurer Lösung kann man primäre Alkohole zu Aldehyden (RCH$_2$OH → RCHO) und sekundäre Alkohole zu Ketonen (R$_2$CHOH → R$_2$CO) oxidieren. Unter energischeren Bedingungen allerdings werden die Aldehyde bis zur Carbonsäure weiteroxidiert (RCHO → RCOOH); im Alltag bekannt ist die Entfärbung von festem orangerotem Dichromat in Alkoteströhrchen, wenn Acetaldehyd in der Atemluft Alkoholgenuss anzeigt. Arylhydroxylamin wird zur Nitroso-Verbindung oxidiert (Ar—NH—OH → ArNO). Unter milden Bedingungen bleiben bei der Oxidation von Alkoholen CC-Doppelbindungen intakt (z. B. RCH=CH—CH(OH)—R' → RCH=CH—CO—R'). Unter energischeren Bedingungen wirkt Chromat ähnlich stark oxidierend wie Salpetersäure, und es werden CC-Doppelbindungen gespalten (RCH=CHR → 2 RCOOH), was man wieder nutzen kann, um Cyclohexen in Adipinsäure zu überführen; als Nebenreaktion wird dabei das Cyclohexen in der Allylstellung zum Cyclohexen-3-on oxidiert. Schließlich greift Chromat in saurer Lösung auch gesättigte Carbonhydrid-Gruppierungen an, wenn sie aktiviert sind; so wird Isobutan zum Carbinol oxidiert (Me$_3$CH → Me$_3$T—OH) oder Toluen zur Benzoesäure (PhCH$_3$ → PhCOOH).

Mit CrO$_3$ kann man Naphthalen zum Naphthochinon und Chinolin zur Pyridin-2,3-dicarbonsäure oxidieren:

Cyclohexen wird von CrO_3 in Eisessig vorwiegend in Cyclohexen-3-on und nur im Rahmen einer Nebenreaktion in Adipinsäure übergeführt. Vom thermodynamischen Standpunkt aus würde man erwarten, dass Cyclohexen vom stärkeren Oxidationsmittel unter Verbrauch von 8 mol Elektronen pro Formelumsatz zur Adipinsäure und vom schwächeren unter Verbrauch von nur 4 mol Elektronen zum Cyclohexenon oxidiert wird. Dass die Cyclohexen-Oxidation bei der Konkurrenz von Chromat/wässrige Säure einerseits und dem stärkeren Oxidationsmittel Chrom(VI)oxid/Eisessig andererseits gerade umgekehrt verläuft, muss im unterschiedlichen Mechanismus begründet sein.

Mangan-Verbindungen als Oxidationsmittel

Kaliumpermanganat, ein starkes Oxidationsmittel, wird in saurer Lösung zu Mn^{2+}, in basischer Lösung zu MnO_2 reduziert. Zur Anwendung kommt es, um in basischer Lösung Alkene an der CC-Doppelbindung zu Diolen zu oxidieren. Im Falle von 1,3-Enolen erhält man Triole: $R-CH=CH-CH(OH)-R' \rightarrow R-CH(OH)-CH(OH)-CH(OH)-R'$. Aldehyde werden in Carbonsäuren überführt ($RCHO \rightarrow RCOOH$) und Ketone – ähnlich wie mit konz. HNO_3 – unter CC-Spaltung in zwei Moleküle Carbonsäure zerlegt ($R-CO-CH_2-R' \rightarrow RCOOH, R'COOH$).

Braunstein, MnO_2, ist geeignet zur chemoselektiven Oxidation von Alkohol-Funktionen in Allylstellung ($R-CH=CH-CH_2-OH \rightarrow R-CH=CH-CH=O$).

Osmiumtetraoxid als Oxidationsmittel

Die wichtigste Reaktion von OsO_4 ist die Überführung von Alkenen $R^aR^bC=CR^cR^d$ in Diole $R^aR^bC(OH)-CR^cR^d(OH)$. Dabei addiert sich OsO_4 cis-spezifisch an das Alken und wird dabei von Os^{VIII} zu Os^{VI} reduziert. Die Hydrolyse der fünfgliedrig-cyclischen Zwischenverbindung greift am Os-Atom an, sodass die Konfiguration am Carbon-Gerüst erhalten bleibt. Geht man vom E-Alken aus, so entsteht durch einen Angriff von oben oder unten, beides mit gleicher Wahrscheinlichkeit, ein Racemat, und aus dem Z-Alken erhält man das dazu diastereomere Racemat.

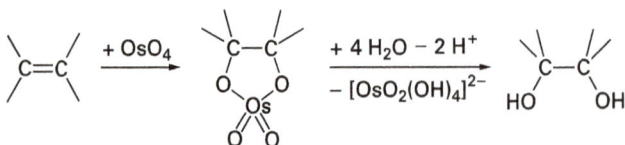

Wir haben oben schon das System I$_2$/Ag(OOCMe) kennengelernt, das Alkene je nach Aufarbeitung in Diole überführt mit entweder *cis*- oder *trans*-addierten OH-Gruppen; und zwar beobachtet man bei der Dihydroxylierung von Alkenen vermittelst Peroxysäuren *trans*-Addition. Ein Beispiel, das die stereochemische Bandbreite der Dihydroxylierung von Alkenen ausschöpft, ist die Überführung von optisch reinem 3-Isopropyl-6-methylcyclohexen (*2-Menthen*) in 3-Isopropyl-6-methylcyclohexan-1,2-diol:

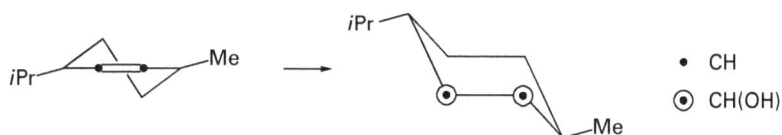

Osmiumtetraoxid ist wegen der Größe des Os-Atoms ein ausladendes Molekül und greift, um der *i*Pr-Gruppe nicht ins Gehege zu kommen, nur von oben an. In der bevorzugten Edukt- und Produktkonformation stehen die beiden Gruppen *i*Pr und Me beide in der äquatorialen *e*-Position. Die Hydrolyse des osmiumhaltigen Zwischenprodukts führt dann zu OH-Gruppen an C1 (rechts) in *a*- und an C2 (links) in *e*-Position. Bei der Oxidation des gleichen 2-Menthens mit I$_2$/Ag(OOCMe)/H$_2$O kann I$_2$ von oben oder unten angreifen, wenn auch nicht − wegen einer immer noch nicht ganz zu vernachlässigenden Wechselwirkung mit der *i*Pr-Gruppe − in demselben Verhältnis. Die beiden OH-Gruppen stehen beim Angriff von oben in *ae*-Position (von rechts nach links; wie bei der OsO$_4$-Oxidation), beim Angriff von unten in *ea*-Position. Die Oxidation mit Peroxysäure ergibt eine *trans*-Dihydroxylierung von 2-Menthen. Wir haben stereochemisch vier Fälle zu unterscheiden. Greift die Säure von oben an und greift das hydrolysierende H$_2$O-Molekül an C1 an, dann erhält man das *ee*-Diol, bei Hydrolyse an C2 das *aa*-Diol; greift die Säure von unten an, dann ergibt sich dementsprechend das *aa*- und das *ee*-Diol; insgesamt erhält man mit dieser Oxidationsmethode also ein Gemisch von *aa*- und *ee*-Produkt. So kann man also, je nach der gewählten Methode, mit vier diastereomeren Produkten der Dihydroxylierung von 2-Menthen rechnen mit den beiden OH-Gruppen in den Positionen *ae*, *ea*, *aa* und *ee* und alle in enantiomerer Reinheit. Die optischen Antipoden wären entstanden, wenn man vom Antipoden des 2-Menthens ausgegangen wäre. Würde das Cyclohexan-Gerüst von der einen in die andere Sesselform invertieren, so entstünden vier weitere Diastereomere.

Setzt man Alkene mit NaIO$_4$ in Gegenwart einer geringen Menge an OsO$_4$ um, so oxidiert OsO$_4$ das Alken zum Diol, und dessen C(OH)—C(OH)-Bindung wird von IO$_4^-$ oxidierend gespalten, sodass man insgesamt aus RCH=CHR' die Oxo-Verbindungen RCHO und R'CHO und aus R$_2$C=CHR' die Oxo-Verbindungen R$_2$CO und R'CHO erhält. Gleichzeitig oxidiert das Periodat die Os^{VI}-Spezies [OsO$_2$(OH)$_4$]$^{2-}$ zurück zum OsO$_4$, das also wie ein Katalysator wirkt.

Weitere Metallionen und Metall-Verbindungen als Oxidationsmittel

Primäre Alkohole RCH_2OH werden von Ce^{4+} ($\rightarrow Ce^{3+}$) zu Aldehyden RCHO dehydriert. Die Dehydrierung von *ortho*- oder *para*-Dihydroxybenzen zu den entsprechenden Chinonen kann von Ag_2O ($\rightarrow$ Ag; Ag_2O wird als Aufschlämmung in Wasser eingesetzt) besorgt werden. Ganz entsprechend führt Fe^{3+} ($\rightarrow Fe^{2+}$) 1,4-Diaminotetramethylbenzen $H_2N-C_6Me_4-NH_2$ in das entsprechende Imin $HN=C_6Me_4=NH$ über, dessen Hydrolyse zum Chinon führt. Aldehyde RCHO kann man mit Ag_2O oder auch mit Cu^{2+} ($\rightarrow Cu_2O$) zu Carbonsäuren RCOOH oxidieren. Verwendet man hierzu den aus Kaliumnatriumtartrat $KNa[OOC-CH(OH)-CH(OH)-COO]$ (*Seignette-Salz*; Tartrate sind die Salze der Weinsäure) und einer $CuSO_4$-Lösung entstehenden Cu^{II}-Komplex in Natronlauge zur Oxidation, dann kann man die rote Farbe des ausfallenden Cu_2O als Nachweis für die Aldehyd-Funktion nutzen, speziell auch für den Nachweis dieser Funktion im Zucker (*Fehling'sche Probe*).

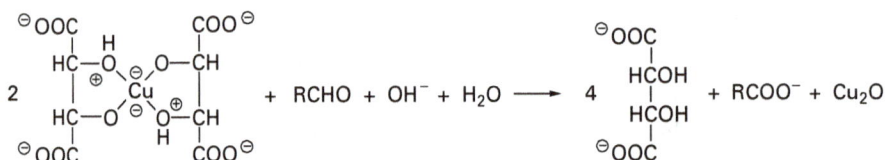

Phenole sind leichter oxidierbar als Alkohole. Schon an der Luft tritt eine Dunkelfärbung von Phenolen durch Autoxidation ein, wobei Phenoxy-Radikale $PhO^{\cdot}$ eine Rolle spielen. Eine gezielte Oxidation von Phenolen ist mithilfe des Redoxpaares $[Fe(CN)_6]^{3-}/[Fe(CN)_6]^{4-}$ möglich und führt zu einem bischinoiden System unter *para*-CC-Verknüpfung: $2\,C_6H_5OH \rightarrow O=C_6H_4=C_6H_4=O + 4\,H^+ + 4\,e$.

Eine oxidative CC-Kupplung liegt ebenfalls vor, wenn man Alkine $RC\equiv CH$ in Pyridin mit Kupfer(II)acetat behandelt. Ungeachtet des Mechanismus dieser mehrstufigen Reaktion lässt sich ihr Redoxkern auf eine einfache Formel bringen: $2\,RC\equiv C^- + 2\,Cu^{2+} \rightarrow RC\equiv C-C\equiv CR + 2\,Cu^+$. Auch Diine des Typs $HC\equiv C-CH_2-CH_2-C\equiv CH$ lassen sich auf diese Weise kuppeln, auch unter Ringschluss, z. B. von drei Einheiten Hexa-1,5-diin zu einem 18-gliedrigen Ring.

Eine oxidative CC-Kupplung liegt auch der Abscheidung von Cu aus Vinyl-Cu^I-Verbindungen zugrunde: $2\,CuCH=CHR \rightarrow RCH=CH-CH=CHR + 2\,Cu$. Zur Vinyl-Kupfer-Verbindung gelangt man, indem man RCH=CHBr mit Li in LiCH=CHR und dann dieses mit CuCl in CuCH=CHR überführt.

6.9 Photochemie

6.9.1 Photodissoziation

Durch Wechselwirkung mit elektromagnetischer Strahlung lassen sich Rotations-, Vibrations- und elektronische Zustände von Molekülen oder Molekülionen anregen. Die Energie der das Licht übertragenden Photonen beträgt $E = h\nu = hc/\lambda$ (*h*: Planck'sches Wirkungsquantum; *c*: Vakuum-Lichtgeschwindigkeit; ν: Frequenz; λ: Wellenlänge). Die Wellenlängen im Falle der Rotation liegen im Mikrowellenbereich (MW), der Vibration im Infrarotbereich (IR) und der elektronischen Anregung im Bereich von sichtbarem oder ultraviolettem Licht (UV/VIS; VIS von *visible*). Im Folgenden sind die auf Zehnerpotenzen gerundeten Wellenlängenbereiche samt den Schwingungsperioden $T = 1/\nu = \lambda/c$ angegeben:

Rotationen (MW):	$\lambda = 10^5 - 10^8$ nm;	$T = 10^{-13} - 10^{-10}$ s
Vibrationen (IR):	$\lambda = 10^3 - 10^6$ nm;	$T = 10^{-15} - 10^{-12}$ s
Elektronische Anregung (UV/VIS):	$\lambda = 10^0 - 10^3$ nm;	$T = 10^{-18} - 10^{-15}$ s

Während der elektronischen Anregung, die sich in 10^{-18} bis 10^{-15} s vollzieht, ändern sich die Atomabstände noch nicht wesentlich; vielmehr dauert es eine Weile, bis sich die Abstände einstellen, die dem elektronisch angeregten Zustand zu dem für ihn charakteristischen Minimum der Energie verhelfen. So dramatisch wie beim H_2^+-Kation, bei dem sich der H—H-Abstand von $R = a_0$ im $1s\sigma$-Zustand auf $R = \infty$ im angeregten $1p\sigma$-Zustand vergrößert (das Kation also auseinanderbricht; s. Abschnitt 2.1.1) sind die Abstandsänderungen bei größeren Molekülen nicht, aber die geometrische Stabilisierung nach der elektronischen Anregung führt im Verlauf von 10^{-15} bis 10^{-12} s zur Anregung von Schwingungen, und wenn die auf eine Valenzschwingung übertragene Energie größer ist, als es zur Anregung des höchsten möglichen Schwingungszustands erforderlich ist, dann geht die für die Valenzschwingung charakteristische Bindung auf: *Photodissoziation*.

Ein Beispiel liefert die Bestrahlung von Ketonen mit UV-Licht, $\lambda = 300$ bis 320 nm, bei der es zur Photodissoziation kommt: R'—CO—R → R'CO˙ + R˙. Bei genügend tiefer Temperatur kuppeln die Radikale, sodass die Gesamtreaktion lautet: 2 R'—CO—R → R'CO—COR' + R—R. Bei höherer Temperatur zerfällt R'CO˙ weiter in R'˙ und CO, sodass sich folgende Gesamtreaktion ergibt: R'—CO—R → R'—R + CO (*Norrish-Spaltung I*).

Enthalten Ketone in γ-Stellung zur CO-Gruppe eine C—H-Gruppierung, so kommt es mit UV-Licht nicht zur C—C-, sondern zur C—H-Spaltung: R_2'CH—CH_2—CH_2—CO—R → R_2'C˙—CH_2—CH_2—C˙(OH)R. In der Folge kann das Biradikal einen Ring zum Cyclobutanol [—R_2'C—CH_2—CH_2—CR(OH)—] schließen oder eine C—C-Spaltung zu R_2'C=CH_2 und H_2C=CR(OH) (→ H_3C—CO—R) erleiden (*Norrish-Spaltung II*).

6.9.2 Fluoreszenz, Phosphoreszenz, Photosensibilisation

Die mit der Bestrahlung einhergehende elektronische Anregung muss nicht zur Photodissoziation führen. Meist ist es eines der im HOMO gepaarten Elektronen, das aus dem Singulett-Grundzustand S_0 in den „gespannten" LUMO-Zustand übergeht. Da sich der Spin des angeregten Elektrons nicht ändert, ist dies auch ein

Singulett-Zustand, Symbol: S_1^*. Hat das gespannte Molekül einen Teil seiner Energie durch die Stabilisierung seiner Struktur in Schwingungen umgesetzt, und zerfällt es dabei nicht, dann kann es die betreffende Schwingungsenergie durch Stoßprozesse an die Umgebung, in der Regel das Lösungsmittel und die Wand, abgeben, d. i. ein sog. *Relaxations-Vorgang*, Symbol: $S_1^* \rightarrow S_1$. Je größer ein N-atomiges Molekül ist, desto leichter kann sich seine Schwingungsenergie auf die $3N-6$ Normalschwingungen verteilen, ohne dass Zerfall eintritt.

Das angeregte Molekül kann nun auf mehreren Wegen aus dem Zustand S_1 in den Grundzustand S_0 zurückkehren. (1) Die elektronische Energie, die der Differenz der Energien in den Zuständen S_1 und S_2 entspricht, kann strahlungslos in Schwingungsenergie umgewandelt werden: *Interne Konversion*, abgekürzt *IC* (von *internal conversion*); durch Relaxation wird die Energie abgegeben und erwärmt die Umgebung. (2) Die Energiedifferenz zwischen S_1 und S_0 kann als Lichtquant $h\nu'$ abgestrahlt werden, wobei ν' kleiner ist als die Frequenz ν des ursprünglich eingestrahlten, zu S_1^* führenden Lichts: *Fluoreszenz*. (3) Ein quantenmechanisch idealerweise verbotener, real aber dennoch auftretender Übergang führt den Singulett-Zustand S_1 unter Spinumkehr des angeregten Elektrons in einen Triplett-Zustand T_1^* über: *Interkombinationsübergang*, *ISC* (von *intersystem crossing*). Von T_1^* aus mit der gleichen Energie wie S_1 erfährt das Molekül einen Übergang in den energietieferen Triplett-Zustand T_1. Hat S_1 eine Lebensdauer von ca. 10^{-10} bis 10^{-7} s, so ist die Lebensdauer von T_1 größer als 10^{-3} s. Diese relativ große Metastabilität von T_1 beruht u. a. darauf, dass die Stabilisierung von T_1 nach S_0 durch Abgabe eines Lichtquants $h\nu''$ ($\nu'' < \nu' < \nu$), die sog. *Phosphoreszenz*, wieder eine verbotene Spinumkehr nötig macht.

Ein angeregtes Molekül, wir nennen es *Donator* D, kann seine Anregungsenergie $\Delta E_D = E(S_{1D}) - E(S_{0D})$ auf ein anderes Molekül, wir nennen es *Akzeptor* A, übertragen, das dabei vom Zustand S_{0A} in den Zustand S_{1A} übergeht. Wichtiger ist der analoge Fall, dass D seine Energie aus dem Triplett-Zustand T_{1D} auf A überträgt und dabei in den Zustand S_{0D} übergeht, während A vom Zustand S_{0A} in den Zustand T_{1A} befördert wird. Dem Verbot der Spinumkehr zufolge muss bei solchen Übertragungen der Gesamtspin erhalten bleiben, also $S_{1D}/S_{0A} \rightarrow S_{0D}/S_{1A}$ oder $T_{1D}/S_{0A} \rightarrow S_{0D}/T_{1A}$. Donor-Moleküle D bezeichnet man als *Photosensibilisatoren*, wenn D mit der Frequenz ν_D eines Lichts, das A nicht absorbieren kann, in den Zustand S_{1D}^* befördert wird, wenn D dann unter Abgabe von Energie in den Zustand T_{1D} übergeht und schließlich unter Übergang nach S_{0D} die diesem Übergang entsprechende Energie auf A überträgt, das sich nun seinerseits in seinem photochemisch wirksamen T_{1A}-Zustand befindet.

Wenn D und A schon im Grundzustand eine mehr oder weniger schwache Wechselwirkung dergestalt ausüben, dass ein elektronenreicheres an ein elektronenärmeres Molekül Ladung abgibt, dann handelt es sich bei diesem um einen Akzeptor, bei jenem um einen Donator im Sinne des Lewis'schen Säure/Base-Begriffs. Zwar ist der Lewis'sche Donator/Akzeptor-Begriff wesentlich verschieden vom Donator/Akzeptor-Begriff der Photochemie, doch können gleichwohl in solch locker zusammengehaltenen Lewis'schen Säure/Base-Addukts, den sog. *Charge-transfer-Komplexen*, die Komponenten die Rolle von Sensibilisator und Photo-Akzeptor spielen; das Chinhydron (Abschnitt 6.3.3) und das Iod/Benzen-Addukt (Abschnitt 6.4.6) sind Beispiele. Es kann aber auch sein, dass D und A im Grundzustand keine bindende Wechselwirkung aufeinander ausüben, wohl aber D im Zustand T_1 und A im Zustand S_0; solche Komplexe nennt man *Exciplexe* (von *excited complexes*), und wenn D und A derselben Molekülsorte angehören, dann nennt man solche Komplexe *Excimere* (von *excited dimers*).

Photosensibilisierte Reaktionen spielen eine besondere Rolle in Natur und Technik, wenn der Sensibilisator D eine photochemische Reaktion von A erst ermöglicht. Umgekehrt kann eine photochemische Reaktion von D dadurch verhindert werden, dass der anwesende Stoff A die Anregungsenergie übernimmt und strahlungslos in Wärme umsetzt; in dieser Funktion nennt man A einen *Löscher* oder *Quencher*.

6.9.3 Photochemie anhand ausgewählter Beispiele

Man kann Alkene mit Licht zu einem $\pi \rightarrow \pi^*$-Übergang anregen, wenn ein geeigneter Sensibilisator zugegen ist. Als solcher eignet sich u. a. Benzophenon, das im UV-Bereich bei 330 nm einen $n \rightarrow \pi^*$-Übergang erfährt, d. i. der Übergang eines Elektrons aus einem nicht bindenden freien Elektronenpaar am O-Atom in ein π^*-Orbital; unter Spinumkehr geht es in einen T_{1D}-Zustand über und kann jetzt mit dem Alken wechselwirken. Dabei wird aus dem Alken im S_{0A}-Zustand zunächst ein planar gebautes Biradikal im T_{1A}^*-Zustand, $R_2C^{\cdot}{-}C^{\cdot}R_2$, mit zwei zueinander parallelen, einfach besetzten p-Orbitalen (D_{2h}), das rasch in ein stabileres Biradikal im T_{1A}-Zustand mit zueinander orthogonalen p-Orbitale und orthogonalen R_2C-Ebenen (D_{2d}) übergeht. Der T_{1A}-Zustand verwandelt sich dann entweder strahlungslos oder unter Phosphoreszenz in den Grundzustand. War beim Alken eine *E/Z*-Alternative gegeben, z. B. im Falle von RHC=CHR, dann kann aus dem T_{1A}-Zustand, jetzt mit D_2-Symmetrie, je nach Drehrichtung entweder das stabilere *E*- oder das energiereichere *Z*-Isomer, jeweils im S_{0A}-Zustand werden. Je kleiner allgemein der Energieunterschied zwischen T_1 und S_0 ist, desto schneller verläuft der Übergang nach S_0, und das bedeutet, dass mehr vom instabileren *Z*- als vom *E*-Isomer entsteht, im Grenzfall, je nach der Natur von R, sogar ausschließlich das *Z*-Isomer. Dabei ist das *E/Z*-Produktverhältnis ganz unabhängig davon, ob man beim photochemischen Prozess vom *E*- oder *Z*-Isomer ausgegangen ist. Man kann also auf photochemischem Wege das stabilere *E*- in das instabilere *Z*-Isomer umwandeln. Derartige *E/Z*-Isomerisierungen sind wichtig bei der Umwandlung von Licht- in Nervenimpulse beim Sehvorgang, und zwar spielen sie sich in der ungesättigten, an ein Protein gehefteten Kette des Rhodopsins ab, ein lichtempfindlicher Stoff mit einem Maximum der Lichtabsorption bei 500 nm (d. i. Blaugrün im VIS-Bereich).

Benzophenon kann nicht nur als Sensibilisator für Alkene, sondern auch als ihr Reaktionspartner wirken. Die T_{1D}-Biradikale $Ph_2C^\cdot{-}O^\cdot$ können ein Alken wie $Me_2C{=}CH_2$ unter Ausbildung biradikalischer Viererketten $Ph_2C^\cdot{-}O{-}CH_2{-}C^\cdot Me_2$ angreifen; das instabilere $Ph_2C^\cdot{-}O{-}CMe_2{-}CH_2^\cdot$ bildet sich nicht (s. Abschnitt 6.1.3). Zuletzt schließt sich die Viererkette unter Spinumkehr zum Oxacyclobutan $[{-}Ph_2C{-}O{-}CH_2{-}CMe_2{-}]$ (*Paterno-Büchi-Reaktion*).

Bietet man dem Biradikal $Ph_2C^\cdot{-}O^\cdot$ Propan-2-ol als Reaktionspartner an, so kommt es zu einer Dehydrierung in zwei Schritten: (1) $Ph_2C^\cdot{-}O^\cdot + H{-}CMe_2OH \rightarrow Ph_2C^\cdot{-}OH + Me_2C^\cdot{-}OH$; (2) $Me_2C^\cdot{-}OH + Ph_2CO \rightarrow Me_2CO + Ph_2C^\cdot{-}OH$. Die $Ph_2C^\cdot{-}OH$-Radikale dimerisieren sich schließlich zum Tetraphenylglycol, sodass folgende Gesamtreaktion abläuft:

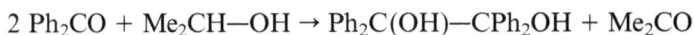

$$2\ Ph_2CO + Me_2CH{-}OH \rightarrow Ph_2C(OH){-}CPh_2OH + Me_2CO$$

Verwandt mit der Dehydrierung von Propan-2-ol ist die Dehydrierung von Toluen durch belichtetes Benzophenon. Aus den beiden Komponenten werden die Radikale $Ph_2C^\cdot{-}OH$ und $PhCH_2^\cdot$, und hieraus entstehen drei Produkte, nämlich $PhCH_2{-}CH_2Ph$, $Ph_2C(OH){-}CPh_2(OH)$ und $PhCH_2{-}CPh_2(OH)$.

In der *Natur* am wichtigsten ist die sog. *Photosynthese* oder *Assimilation*, d. i. der endotherme Aufbau von Kohlenhydraten aus CO_2 und H_2O in Grünpflanzen, schematisch wiedergegeben durch die Gleichung (mit einer Hexose als Prototyp eines Kohlenhydrats): $6\ CO_2 + 6\ H_2O \rightarrow C_6H_{12}O_6 + 6\ O_2$ (für Glucose: $\Delta_rH_0 = 2880\ kJ\ mol^{-1}$). Die sog. *Primärreaktion* ist die Spaltung von Wasser in die Elemente durch das Sonnenlicht, das die Reaktionsenthalpie liefert. Als Sensibilisator dient − pauschal vereinfacht − das *Chlorophyll* (*Blattgrün*). Es hat nicht an Versuchen gefehlt, die Spaltung von Wasser in H_2 und O_2 durch Sonnenlicht im Laboratorium nachzuvollziehen, und man hat hoffnungsvolle Sensibilisatoren gefunden, z. B. in Gestalt gewisser Ruthenium-Komplexe. Gelänge es, einen solchen Prozess technisch umzusetzen, so hätte man mit H_2 als Energieträger unsere Energieprobleme und einen großen Teil der Umweltprobleme gelöst.

Um eine typisch photochemische Reaktion handelt es sich, wenn man Triplett- zu Singulett-Oxygen anregt: $^3O_2 \rightarrow {}^1O_2$. Gemeint ist mit $^3O_2$ ein O_2-Molekül im $^3\Sigma_g^-$-Grundzustand, mit $^1O_2$ im ersten angeregten $^1\Delta_g$-Zustand (Abschnitt 2.1.2; $\Delta E = 95\ kJ\ mol^{-1}$); der $^1\Sigma_g^+$-Zustand (energetisch um $63\ kJ\ mol^{-1}$ oberhalb von $^1\Delta_g$ angesiedelt) ist im Folgenden mit $^1O_2$ nicht gemeint. Als Sensibilisatoren kommen gewisse Farbstoffe in Betracht, die Licht im sichtbaren Bereich absorbieren (z. B. *Methylenblau* u. a.). Der von S_{0D} zu T_{1D} angeregte Sensibilisator reagiert mit $^3O_2$, indem er unter Gesamtspinerhalt den Akzeptor vom T_{0A}- in den S_{1A}-Zustand anhebt nach dem Schema: $D(T_{1D}) + A(T_{0A}) \rightarrow D(S_{0D}) + A(S_{1A})$. Die Lebensdauer von $^1O_2$ ist kurz (Halbwertszeit $\tau_{1/2} = 10^{-4}$ s), aber lang im Vergleich mit $^1O_2$ im $^1\Sigma_g^+$-Zustand ($\tau_{1/2} = 10^{-9}$ s). Nicht nur durch Lichteinwirkung kann $^1O_2$ entstehen, sondern auch durch eine Reihe chemischer Reaktionen wie:

$2\,Na_2O_2 + 4\,HCl \rightarrow 2\,H_2O + 4\,NaCl + {}^1O_2$ (HCl als Gas)
$H_2O_2 + ClO^- \rightarrow H_2O + Cl^- + {}^1O_2$ (Cl—O—OH als Zwischenstufe)
$P(OPh)_3 + O_3 \rightarrow (PhO)_3PO + {}^1O_2$ ([—PX$_3$—O—O—O—] als Zwischenstufe)
$[Cr(O_2)_4]^{3-} \rightarrow CrO_4^{3-} + 2\,{}^1O_2$

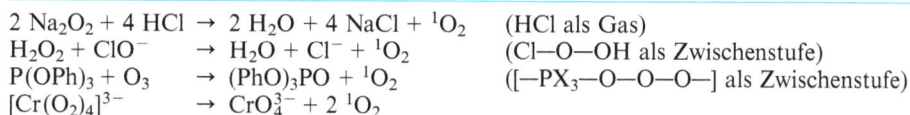

Singulett-Oxygen spielt eine wichtige Rolle in der Natur. Das bei der Photosynthese entstehende ${}^3O_2$ kann durch Sonnenlicht unter dem Einfluss von Chlorophyll als Sensibilisator in ${}^1O_2$ umgewandelt werden, das nun seinerseits das Chlorophyll und andere Bestandteile der pflanzlichen Zelle zerstören und insoweit als Pflanzengift wirken würde, wenn die Pflanzen nicht einen Löscher in Gestalt eines konjugiert ungesättigten Carbonhydrids, des β-Carotins, bereitstellten, der ${}^1O_2$ wieder in ${}^3O_2$ zurückverwandelt. Im Herbst stellt der Löscher seine Funktion ein mit den bekannten Folgen.

Im Laboratorium dient ${}^1O_2$ (in der Regel photochemisch erzeugt) als Dienophil in der thermisch erlaubten [4+2]-Cycloaddition. Dabei wird eine Peroxygruppe —O—O— in den Ring eingebaut. So erhält man aus Buta-1,3-dien und ${}^1O_2$ das 1,2-Dioxacyclohexa-4-en [—O—O—CH$_2$—CH=CH—CH$_2$—] (But-2-en-1,4-diylperoxid); Propen und ${}^1O_2$ ergeben in einer En-Reaktion (Abschnitt 6.6.8) Allylhydroperoxid CH$_2$=CH—CH$_2$—O—OH [3-(Hydroperoxy)propen]. Die photolytisch erlaubte [2+2]-Cycloaddition von Alken und ${}^1O_2$ erbringt 1,2-Dioxacyclobutan-Vierringe [—O—O—CR$_2$—CR$_2$—]. All diese Reaktionen kann ${}^3O_2$ nicht eingehen.

6.9.4 Photochemie in der Technik

Die im Abschnitt 6.9.3 beschriebenen Reaktionen haben großenteils auch in der technischen Anwendung sowie im Alltag Bedeutung. Insbesondere spielen photochemische Reaktionen eine wichtige Rolle bei der optischen Informationsaufzeichnung (Photographie, Reprographie, Lichtpause, Elektrophotographie, photochemische Druckverfahren u. a.), bei der Lackhärtung, der photoinitiierten Polymerisation, der Wasserentkeimung, bei Lichtschutzmitteln (nicht nur zum Schutze der Haut, sondern auch von mehr oder weniger lichtempfindlichen Materialien wie Kunststoffen, Elastomeren u. a.), und schließlich spielen sich unerwünschte photochemische Reaktionen vielfach ab, wenn man hochfunktionalisierte organische Stoffe, insbesondere gewisse Pharmazeutika, dem Licht aussetzt.

Auf die optische Informationsaufzeichnung sei hier noch kurz eingegangen, nämlich auf die Diazotypie, die photoinitiierte Polymerisation, die photoinitiierte Thiol-En-Kondensation, die Photodimerisation, den photographischen Prozess und die Elektrophotographie, auch wenn die beiden zuletzt genannten Prozesse mit der Organischen Chemie allenfalls am Rande zu tun haben.

Diazotypie

Es kommen für die Diazotypie sowohl Diazo- als auch Diazonium-Verbindungen infrage. Für beide seien im Folgenden je ein Prototyp und seine Wirkungsweise aufgezeigt:

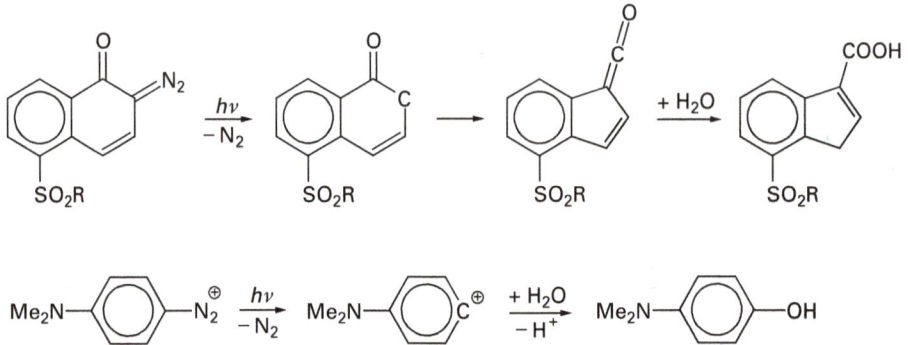

Durch eine abzubildende Vorlage tritt UV-Licht (300 bis 450 nm) und erzeugt ein Bild der Vorlage auf einer Schicht der photoempfindlichen Substanz, die auf eine geeignete Unterlage aufgetragen ist. Von den Bildpunkten des Originalbilds gelangt kein Licht auf die Photoschicht. An allen belichteten Punkten bildet sich unter Abspaltung von N_2 entweder ein Carben, das sich unter Ringverengung zum Keten umlagert (*Wolff*-Umlagerung) und alsbald Wasser zur Carbonsäure anlagert, oder ein Carbenium-Kation, das mit Wasser zum Phenol abreagiert. Nun gilt es, die nicht belichteten Bildpunkte im Dunkeln zu markieren und lichtfest zu machen, und dies geschieht im Alkalischen durch Kupplung der unverbrauchten Diazo- bzw. Azo-Verbindungen zu Azofarbstoffen (s. Abschnitt 6.4.6). Gelbe Bilder entstehen mit Phenolen als Kupplungskomponenten, blaue mit Naphtholen, und schwarze Bilder erhält man durch blau/gelb-Kombination (schwarze Azofarbstoffe sind nicht bekannt).

Photoinitiierte Polymerisation

Insbesondere Ester und Amide der Acrylsäure $CH_2=CH—COOH$ und ihrer Derivate lassen sich durch Licht leicht polymerisieren. Erzeugt man daher aus einer Bildvorlage im durchscheinenden Licht ein Bild auf einer Schicht jener Acrylsäure-Derivate, so polymerisieren die belichteten Punkte, nicht aber die Bildpunkte. Die polymeren Anteile sind unlöslich, die an den Bildpunkten verbliebenen Monomeren kann man auswaschen. Zur Sichtbarmachung des Bildes gibt es mehrere Verfahren; z. B. kann man die Unterlage an den nicht von einer Polymerschicht bedeckten Bildpunkten anätzen.

Photoinitiierte Thiol-En-Kondensation

Dithiole $HS—Y—SH$ und Diene $H_2C=CH—Y'—CH=CH_2$ erfahren unter der Einwirkung von Licht eine Polykondensation zu Polythioethern $[—S—Y—S—CH_2—CH_2—Y'—CH_2—CH_2—]_n$. Wieder wäscht man die monomeren Schichtanteile heraus und macht das Bild auf diese oder jene Weise sichtbar.

Photodimerisierbare Systeme

Das klassische Beispiel für eine photochemisch erlaubte [2+2]-Cycloaddition bietet die Zimtsäure $PhCH=CH-COOH$ (Abschnitt 6.6.8). Mit ihrem Chlorid, dem Cinnamylchlorid $PhCH=CH-COCl$, verestert man Polyvinylalkohol $[-CH_2-CH(OH)-]_n$ zu Polyvinylcinnamat $[-CH_2-CH(OOC-CH=CHPh)-]_n$, einem noch immer löslichen Produkt. Durch Lichteinwirkung kommt es zur [2+2]-Cycloaddition und damit zufolge einer dreidimensionalen Vernetzung zur Unlöslichkeit des Materials. Durch Anwendung geeigneter Sensibilisatoren kann man Licht im Bereich 320 bis 500 nm nutzbar machen. Ansonsten verfährt man wie oben.

Photographischer Prozess

Die Silberhalogenide AgCl, AgBr und AgI sind empfindlich gegen Licht im VIS-Bereich mit einer von AgCl zum AgI zunehmenden Wellenlänge: $AgHal \rightarrow Ag + Hal$. Man nutzt hauptsächlich AgBr, auch AgCl, AgI jedoch allenfalls als Zusatz zu AgBr. Die Photoschicht erhält man durch Einbettung von AgBr in Gelatine (d. i. ein aus Tierhaut und Tierknochen gewonnenes Eiweiß) und trägt sie auf eine Glasplatte oder eine Kunststofffolie auf. Es reichen beim Belichten drei bis vier Photonen aus, um einen Mikrokristall von Ag zu erzeugen; die freiwerdenden Br-Atome oxidieren die Gelatine. Um ein Bild zu erzeugen, müssen die − je nach Lichteinwirkung unterschiedlich großen − Ag-Keime zum Bild vergrößert werden (*Entwicklung*). Dies geschieht im Dunkeln mit Mitteln, die AgBr gemäß $AgBr + e \rightarrow Ag + Br^-$ reduzieren, und zwar nur im Bereich der als Katalysator wirkenden Ag-Keime. Ein probates Reduktionsmittel ist Hydrochinon: $HO-C_6H_4-OH \rightarrow O=C_6H_4=O + 2 H^+ + 2 e$. Nicht reduziertes AgBr wird mit einem Komplexbildner ausgewaschen und das Bild damit lichtfest *fixiert*. Ein geeigneter Komplexbildner ist Natriumthiosulfat $Na_2S_2O_3$ (*Fixiersalz*) in wässriger Lösung: $AgBr + 2 S_2O_3^{2-} \rightarrow [Ag(S_2O_3)_2]^{3-} + Br^-$. Man erhält ein *Negativ*, d. h. die hellen Bildpunkte sind so dunkel wie das fein verteilte Silber. Das *Positiv* entsteht durch Photographieren des Negativs.

Elektrophotographie

Bei Halbleitern wird die Leitfähigkeit erheblich verstärkt, wenn Elektronen durch Wechselwirkung mit Licht aus dem Valenzband in das Leitungsband gehoben werden (*Halbleiter-Photoeffekt*). Hierauf beruht die *Elektrophotographie*. Als Halbleiter werden anorganische Stoffe wie ZnO, CdS, amorphes Se u. a. eingesetzt, aber zunehmend auch organische Materialien wie Oxadiazole, Pyrazoline u. a. oder Polymere wie Polyvinylcarbazol (d. i. $[-CH_2-CHR-]_n$ mit R = Dibenzopyrrolyl, $C_{12}H_8N$). Eine solche Photoleiterschicht wird auf ein Trägermaterial gebracht und im Dunkeln elektrisch aufgeladen. Projiziert man auf eine solche Schicht ein Bild mit Licht geeigneter Wellenlänge (z. B. indem man einen Schriftsatz auf Papier durchstrahlt), dann werden die belichteten Stellen der Halbleiterschicht zu Leitern und verlieren ihre Aufladung, während die unbelichteten Bildpunkte ihre Ladung behalten, sodass ein latentes Ladungsbild entsteht. Nun wird die Photoschicht einem sog. *Toner* ausgesetzt (d. i. beispielsweise ein Material aus Rußpartikeln, eingebettet in ein Bindemittel), der entweder durch Reibung aufgeladen wurde oder durch Wechselwirkung mit dem latenten Ladungsbild induktiv geladen und jedenfalls von diesem angezogen wird. So wird aus dem latenten Bild ein Schwarz-Weiß-Bild, das auf die endgültige Bildunterlage, z. B. einen Bogen Papier, übertragen wird.

7 Chemie der Nicht- und Halbmetalle

7.1 Hydride der Nicht- und Halbmetalle

7.1.1 Einkernige Hydride der Nicht- und Halbmetalle

Allgemeine Eigenschaften

Als einkernige Hydride der Nicht- und Halbmetalle werden hier die Hydride HE, H_2E, EH_3 und EH_4 der Elemente E der 14. bis 17. Gruppe des PSE behandelt. Die molekular gebauten Hydride der Metalle Sn und Pb sind mit dabei, nicht aber das als Substanz nicht isolierbare einkernige Hydrid BH_3 des Halbmetalls Bor (s. Abschnitt 7.1.3). Im Gegensatz zu den Fluoriden sind Hydride, in denen E das Elektronenoktett überschreitet (also z. B. PH_5, H_4S, H_6S, H_3Cl, H_5Cl), nicht bekannt.

Mit Ausnahme von H_2O handelt es sich bei Standardbedingungen bei all diesen Hydriden um farblose Gase, deren Siedepunkte (Tab. 7.1) steigen, je schwerer die Elemente E sind. Dies trifft nicht zu für diejenigen Hydride, die in der flüssigen Phase starke Hydrogenbrücken ausbilden (HF, H_2O, NH_3; s. Abschnitt 3.5.2).

Mit Ausnahme von H_2O handelt es sich um giftige Gase, im Falle von H_2E, EH_3 und EH_4 (NH_3 ausgenommen) um starke Gifte. Die Gase HHal üben eine ätzende Wirkung auf die Haut, besonders auf Schleimhäute aus; sie haben einen stechenden Geruch, NH_3 ebenso. Die Gase H_2E (E = S, Se, Te) sowie EH_3 (E = P, As, Sb, Bi) zeichnen sich darüber hinaus durch penetrant üblen Geruch aus und die Gase EH_4 (CH_4 ausgenommen) vermutlich auch, falls sie unzersetzt das Geruchsorgan erreichen.

Die H-Atome der molekular gebauten Hydride tragen entweder eine positive oder negative Partialladung, je nachdem, ob der Elektronegativitätsunterschied $\Delta\chi = \chi(E) - \chi(X)$ positiv oder negativ ist. Hydridischen Charakter haben die Halbmetall-, hydronischen die Nichtmetallhydride (Tab. 7.1); die Bindungen H—I und H—As sind nahezu unpolar.

Stabilität

Die Standardbildungsenthalpie $\Delta_f H^0$ der Nichtmetallhydride ist − HI und PH_3 ausgenommen − negativ, die der Halbmetallhydride positiv. Sie wird im PSE von links nach rechts und von unten nach oben negativer (Tab. 7.1). Bei den endothermen Hydriden EH_4 und EH_3 (also nicht CH_4 und NH_3) verläuft die Bildung zudem exotrop, ihr Zerfall wird also nicht nur enthalpisch, sondern auch entropisch begünstigt, sodass man für ihre Darstellung aus den Elementen keine Zustandsbedingungen auffinden kann, die das Bildungsgleichgewicht auf brauchbare Größe bringen. Man muss sie anderweitig darstellen und dabei für Bedingungen sorgen, die sie metastabil isolierbar machen.

Bei dieser Gelegenheit sollte man sich klarmachen, dass das exotherme und in Stahlflaschen lagerbare Gas Ammoniak bei Raumtemperatur auch nur metastabil ist. Stabil wäre vielmehr eine Gleichgewichtsmischung aus N_2, H_2 und NH_3. Die Aktivierungsschwelle, deren Überwindung bei der Herstellung eine Temperatur von 500 °C und die Mithilfe eines Katalysators erfordert, verhindert bei Raumtemperatur die Bildung der Gleichgewichtsmischung. Dies gilt im Prinzip für jedes exotherm gebildete Gas, und zwar umso mehr, je weniger negativ $\Delta_f H^0$ ist. Im Falle von Wasserdampf in der Atmosphäre herrscht Gleichgewicht, der Wasserdampf ist also nicht metastabil, denn erstens liegt das Zerfallsgleichgewicht von H_2O ganz auf der Seite von H_2O, und zweitens macht der hohe Partialdruck von O_2 nur eine verschwindend kleine Menge an H_2 in der Atmosphäre nötig, damit Gleichgewicht herrscht, und diese Menge ist vorhanden [Stoffmengenanteil $x(H_2) = 5 \cdot 10^{-7}$].

Struktur der Gase

Der Struktur der Hydride EH_4 liegt das Tetraedermodell zugrunde (T_d). Die Struktur der übrigen Hydride kann man auf das Pseudotetraedermodell mit ein bis drei freien Elektronenpaaren als Pseudoliganden zurückführen. Dabei stoßen freie Elektronenpaare stärker ab als die E—H-Bindungselektronenpaare, sodass die H—E—H-Bindungswinkel α bei den Hydriden EH_3 und H_2E kleiner sind als der Tetraederwinkel von 109.5° (Tab. 7.1). Allerdings wird die Abstoßung der Valenzelektronenpaare um E in ausgeprägter Weise umso geringer, je größer E ist, sodass der Winkel α bei den schweren Zentralatomen auf 90° zuläuft; die freien Elektronenpaare haben im Grenzfall $\alpha = 90°$ bei EH_3 s-Charakter und bei H_2E (sp)-

Tabelle 7.1 Siedepunkte T_S [°C], Elektronegativitätsdifferenz $\Delta\chi = \chi(E) - \chi(H)$, Standardbildungsenthalpie $\Delta_f H^0$ [kJ mol^{-1}] und Bindungswinkel α [°] der Elementhydride EH_4, EH_3, H_2E und HE der Nicht- und Halbmetalle E.

	T_S	$\Delta\chi$	$\Delta_f H^0$	α		T_S	$\Delta\chi$	$\Delta_f H^0$	α
CH_4	−161.5	0.30	− 74.6	109.47	NH_3	−33.43	0.87	− 45.9	107.3
SiH_4	−112.3	−0.46	34.3	109.47	PH_3	−87.7	−0.14	5.4	93.42
GeH_4	− 88.1	−0.18	91	109.47	AsH_3	−62.5	0.00	66.4	92.07
SnH_4	− 51.8	−0.48	163	109.47	SbH_3	−17.0	−0.38	145.1	91.56
PbH_4	− 13	−0.65	>278	109.47	BiH_3	17	−0.53	179.9	90.32
H_2O	−100.0	1.30	−285.8	104.5	HF	19.51	1.90	−299.8	/
H_2S	− 60.33	0.24	− 20.6	92.3	HCl	−85.05	0.63	− 92.3	/
H_2Se	− 41.3	0.28	29.7	91.0	HBr	−66.73	0.54	− 36.3	/
H_2Te	− 2.3	−0.19	99.6	89.5	HI	−36.36	0.01	26.5	/

Hybrid-Charakter, während die E—H-Bindungen über p-Orbitale von E zustande kommen.

Die in Tab. 7.1 angegebenen Winkel a beziehen sich auf den Grundzustand der Moleküle, insbesondere in Bezug auf die Molekülschwingungen. Die sog. *Normalschwingungen* sind Bewegungen der Atome, die den Schwerpunkt des Moleküls nicht verschieben und sein Drehmoment nicht verändern, Bewegungen also, die keine *Translation* oder *Rotation* beinhalten (Abschnitt 8.1.4). Bei einer bestimmten Normalschwingung schwingen die Atome eines Moleküls aus der Grundzustandskonfiguration heraus in gleicher Phase und mit gleicher Frequenz, aber mit verschiedener Amplitude. Eine dieser Schwingungen lässt sich bei einfach gebauten Molekülen wie den Hydriden EH_n als die sog. Deformationsschwingung charakterisieren, bei der sich einander äquivalente Bindungswinkel gleichzeitig und mit gleicher Frequenz und Amplitude von der Ausgangslage aus periodisch vergrößern und verkleinern. Bei dieser Vergrößerung von a bewegen sich bei den Hydriden EH_2 die E—H-Bindungen in Richtung auf eine lineare Struktur ($a = 180°$; $D_{\infty h}$), bei den Hydriden EH_3 in Richtung auf eine trigonal-planare Struktur ($a = 120°$; D_{3h}) und bei den Hydriden EH_4 in Richtung auf eine quadratisch-planare Struktur ($a = 90°$; D_{4h}). Die Amplitude hängt von der Temperatur ab. Bei genügend hoher Temperatur wird das Maximum der Deformationsamplitude erreicht, und das Molekül kann, anstatt zurückzuschwingen, den Bindungswinkel auf der Rückseite des Moleküls verkleinern, es kann also umklappen, *invertieren*, und macht so die vorherige Rückseite zur Vorderseite. Die beiden durch Inversion ineinander übergehenden Grundzustände sind bei den Hydriden EH_n ununterscheidbar. Die Inversionsenergie E_I liegt bei CH_4 — auch im Falle höherer Temperatur — so hoch, dass keine Inversion eintritt. Methan und die Alkane sind also konfigurationsstabil, und chirale, optisch aktive Derivate CWXYZ erfahren keine Racemisierung (s. Abschnitt 2.5.2). Anders liegen die Verhältnisse bei NH_3 mit kleiner Inversionsschwelle ($E_I = 24.5$ kJ mol^{-1}): Ammoniak invertiert bei Raumtemperatur permanent, und chirale Amine NRR′R″ racemisieren sich spontan. Größer als bei NH_3 ist die Inversionsenergie bei H_2O, und sie steigt allgemein an, wenn man von NH_3 oder H_2O zu den schwereren Gruppenhomologen übergeht:

	H_2O	H_2S	NH_3	PH_3	
E_I:	111	151	24.5	155	kJ mol^{-1}

Als Folge davon lassen sich Enantiomere des Typs PRR′R″ bei geeigneter Temperatur isolieren, ohne zu racemisieren. Ersetzt man H durch elektronegativere Atome oder Gruppen, so steigt die Invasionsbarriere stark an, beispielsweise findet man für NF_3 $E_I = 250$ kJ mol^{-1}. Natürlich wird die Inversion am Amin-N-Atom auch verhindert, wenn es als Brückenkopf in ein bicyclisches System eingebaut ist.

Die drei Hydride mit der stärksten Tendenz zur Bildung von H-Brücken, also NH_3, H_2O und HF, unterliegen selbst in der Gasphase einer *dynamischen* Assoziation über H-Brücken, einer Assoziation also, die in ständigem Bilden und Aufbrechen solcher H-Brücken besteht. Am stärksten ausgeprägt ist dies beim Hydrogenfluorid, bei dem sich Hexamere $(HF)_6$ (s. Abschnitt 3.5.2) im Gleichgewicht mit monomeren Molekülen HF nachweisen lassen; bei 90 °C liegt dieses Gleichgewicht ganz auf der Seite der Monomere.

Struktur in kondensierten Phasen

Hydrogenbrücken prägen die Struktur von kristallinem HF mit seinen Zickzackketten und die Struktur von Eis (*anti*-β-Tridymit-Struktur; s. Abschnitt 3.5.2). Neben dieser Struktur kennt man noch einige Hochdruck-Modifikationen von kristallinem H_2O.

Die Verbindungen HF und H_2O sind in flüssigem Zustand vorzügliche Lösungsmittel für polare Stoffe, insbesondere Salze. Dies ist zurückzuführen auf die *Solvatationsenergie* einerseits und auf die elektrische Permittivität andererseits. Die *Kation-Solvatation* steigt parallel mit der Basizität von HF über H_2O zu NH_3 an und beruht auf koordinativen Bindungen zwischen den Lösungsmittelmolekülen als Lewis-Basen und den Kationen als Lewis-Säuren. Auch Kation-Dipol-Wechselwirkungen sind von Belang; die Dipolmomente von NH_3, H_2O und HF betragen $\mu = 1.471$, 1.854 bzw. 1.826 D. Am besten untersucht ist die Solvatation durch das wichtigste aller Lösungsmittel, das Wasser. Die *Hydratation* von Kationen steigt an mit der Ladung des Kations und sinkt mit seiner Größe. Zum Vergleich seien die molaren Hydratationsenergien $\Delta_H H^0$ an je drei ausgewählten Beispielen angegeben, nämlich erst mit zunehmender Größe, dann mit zunehmender Ladung:

H^+	Li^+	Cs^+		Na^+	Mg^{2+}	Sc^{3+}	
−1168	−521	−297		−406	−1922	−2643	kJ mol^{-1}

Die Anion-Solvatation beruht auf H-Brücken-Wechselwirkungen, die in HF am stärksten, in NH_3 am schwächsten unter den drei betrachteten Lösungsmitteln sind. Dazu kommen Anion-Dipol-Wechselwirkungen. Die Solvatation der Anionen nimmt mit ihrer Basizität zu, wie beispielhaft für die molare Hydratationsenergie vierer einfach negativ geladener Anionen gezeigt sei:

OH^-	F^-	Cl^-	ClO_4^-	
−511	−458	−384	−238	kJ mol^{-1}

Die Permittivität ε taucht im Nenner des Coulomb'schen Gesetzes auf, das die Anziehungskraft F zwischen einem Kation der Ladung Q_K und einem Anion der Ladung Q_A im Abstand d beschreibt (die elektrische Feldkonstante ε_0 steht für die Permittivität im Vakuum):

$$F = \frac{Q_K Q_A}{4\pi\varepsilon\varepsilon_0 d^2}$$

Die Permittivität ε, eine dimensionslose Zahl, ist für das Medium charakteristisch, in dem die Ionen gelöst sind. Im Vakuum gilt $\varepsilon = 1$. In flüssigen Lösungsmitteln ist stets $\varepsilon > 1$. Je größer ε ist, umso geringere Kräfte üben die gelösten Ionen aufeinander aus, umso weniger neigen also Salze zum Auskristallisieren. Im Folgenden seien die großen ε-Werte von NH_3, H_2O und HF den kleinen ε-Werten einiger organischer Lösungsmittel gegenübergestellt, die zeigen, welchen Einfluss − neben der Solvatation − die Permittivität bei der Auflösung von Salzen wohl spielt:

NH_3	H_2O	HF	Et_2O	CH_2Cl_2	PhMe	$MeCH_2CHMe_2$
16.6	80.1	83.6	1.15	1.60	0.375	0.13

Die Permittivität von HF und H_2O wird allerdings noch von gewissen organischen Stoffen überboten. Zu nennen sind hier insbesondere die Amide von Ameisen-, Essig- und Propionsäure [z. B. $HCO(NHMe)$, $\varepsilon = 189.0$] und Ester der Kohlensäure; auch flüssige Blausäure HCN ($\varepsilon = 114.9$) und Bromtrifluorid BrF_3 ($\varepsilon = 106.8$) übertreffen das Wasser an Permittivität, nicht aber an Solvatationskraft.

Kein Wunder, dass HF und H_2O beliebig mischbar sind, und auch NH_3 sowie die Chalkogenhydride H_2E und die schwereren Halogenhalogenide HHal sind sehr gut in Wasser löslich, Letztere als starke Säuren unter nahezu vollständiger Dissoziation in Ionen. Für die Mischungen aus HHal und H_2O ist typisch, dass sie azeotrop sieden (s. Abschnitt 4.2.5). Der Siedepunkt T_s der azeotropen Mischung und ihr Massenanteil $w(HHal)$ belaufen sich auf:

	HF	HCl	HBr	HI	
T_s	112	108.5	124.3	126.7	°C
$w(HHal)$	0.380	0.202	0.476	0.567	

Lösungen von HF, HCl und NH_3 in Wasser heißen *Flusssäure*, *Salzsäure* bzw. *Salmiakgeist*. Die azeotrop siedende Salzsäure ist als *konzentrierte Salzsäure* im Handel.

Aus flüssigen Mischungen von Wasser und HCl, HBr und NH_3 lassen sich bei tiefer Temperatur *Hydrate* kristallisieren, die im Falle von HHal der Formel $[H(H_2O)_n]Hal$ (n = 1, 2, 3, 4, 6) genügen und die alle schon bei tiefer Temperatur ($< 0\,°C$) schmelzen; im Falle von NH_3 sind die ebenfalls $< 0\,°C$ schmelzenden Hydrate molekular gebaut: $NH_3(H_2O)_n$ (n = 1, 2). Aus Flusssäure kristallisieren Addukte von HF an ein Molekül H_2O der Formel $H_2O(HF)_n$ (n = 1, 2, 4), die ebenfalls tief schmelzen.

Wasser und flüssiges Ammoniak sind Medien, die sich aufgrund ihrer Eigendissoziation für den Hydrontransfer eignen (s. Abschnitt 5.1.2). Flüssiges Hydrogenfluorid ist das geeignete Medium für den Fluoridtransfer (s. Abschnitt 5.1.3), aber auch für den Hydrontransfer. Die Säure $[H_2F][SbF_6]$ in flüssigem HF gilt als eine der stärksten Brønsted-Säuren und gehört zu den Supersäuren (s. Abschnitt 5.2.9).

Speziell bei H_2O lassen sich etliche sog. *Anomalien* der physikalischen Eigenschaften auf H-Brücken zurückführen. Am bekanntesten ist die Anomalie der Dichte: Flüssiges Wasser ist dichter als Eis [bei 0 °C: ρ(s) = 0.9168, ρ(l) = 0.9999 g cm^{-3}], sodass natürliche Gewässer von oben zufrieren (und so der Fauna und Flora im Wasser unterhalb der Eisschicht das Überleben ermöglichen). Weiterhin steigt die Dichte von Wasser an, wenn man es von 0 °C an erwärmt, um bei 3.98 °C ihr Maximum zu erreichen (ρ = 1.0000 g cm^{-3}); darüber nimmt die Dichte wieder ab (z. B. bei 25 °C: ρ = 0.9971 g cm^{-3}). Unnormal groß sind bei Wasser die Schmelz- und Verdampfungsenthalpie (6.010 bzw. 40.551 kJ mol^{-1}); eine Folge hiervon ist ein gewisser globaler Temperaturausgleich über die Jahreszeiten, da im Sommer der Umgebung durch Schmelzen und Verdampfen Wärme entzogen wird und das Umgekehrte im Winter abläuft. Im Übrigen hat Wasser eine ungewöhnlich große Wärmekapazität, Viskosität und Oberflächenspannung.

Eine Spezialität von Wasser ist seine Lösefähigkeit für unpolare Gase wie die Edelgase Ar, Kr, Xe, aber auch Cl_2, Br_2, CH_4 u. a. Die Gasmoleküle werden in Lösung von Wassermolekülen in einer sehr speziellen Art hydratisiert: H_2O-Moleküle umhüllen das gelöste Atom oder Molekül, ohne es chemisch zu binden, und zwar bilden sie ein regelmäßig gebautes Netz von H-Brücken-verknüpften H_2O-Molekülen um die gelöste Partikel. Eine prominente unter den möglichen Strukturen für ein solches Netz ist das Pentagondodekaeder (Abb. 2.7) aus 20 O-Atomen mit H-Brücken längs der 30 Polyederkanten, sodass 10 terminale H-Atome verbleiben, die Brücken zu H_2O-Molekülen oder auch zu solchen O-Atomen von Nachbarpolyedern bilden können, die kein terminales H-Atom tragen; von jedem O-Atom gehen so drei H-Brücken im Polyeder-Netz aus. Man nennt derartige Strukturen *Einschluss-Hydrate* oder *Clathrate*. Sie sind unter Druck stabil, etwa unter dem hydrostatischen Druck am Meeresboden. U. a. findet man dort eine große Menge an eingeschlossenem Methan, dessen Nutzbarmachung gegenwärtig geplant wird.

Darstellung

Die technische Gewinnung der Elementhydride EH_n bzw. ihre Darstellung im Labor kann man in neun Verfahrensweisen unterteilen:

(1) Isolierung aus natürlichen Vorkommen: H_2O, H_2S, NH_3.
(2) Hydrierung der Elemente mit Hydrogen: HCl, HBr, HI, H_2S, NH_3, PH_3.
(3) Hydrierung der Elemente mit Hydrierungsmitteln: HCl, HI.
(4) Hydrierung von Element-Verbindungen mit Hydrogen: AsH_3, SbH_3, SnH_4.
(5) Hydridierung von Element-Verbindungen mit Hydriden: PH_3, AsH_3, SbH_3, SiH_4, GeH_4, SnH_4.
(6) Hydronierung von Metall-Element-Verbindungen mit Säuren: alle MH_n außer PbH_4.
(7) Dehydronierung der mit EH_n korrespondierenden Säuren: NH_3, PH_3.
(8) Dismutierung von EH_mR_n: BiH_3, PbH_4.
(9) Disproportionierung von Elementen in wässriger Lösung: PH_3.

Zu (1): Die Gase H_2S und NH_3 sind im Kokereigas enthalten und fallen bei der Aufarbeitung von Erdöl an; auch Erdgas kann H_2S enthalten (s. Abschnitt 5.6.2). Zur Abtrennung bindet man H_2S an organische Amine und setzt sie anschließend thermisch wieder frei. Wasser gibt es auf der Erde in einer Gesamtmenge von $1.7 \cdot 10^{18}$ t $= 1.7 \cdot 10^6$ Tt (1 Tt = 1 Teratonne = 10^{12} t). Davon entfallen $1.41 \cdot 10^6$ Tt auf die Ozeane; $0.26 \cdot 10^6$ Tt sind in Gesteinen gebunden. Das Eis macht 29000 Tt aus, die Süßwasservorräte belaufen sich auf 8600 Tt, und der Wasserdampf in der Atmosphäre fällt mit 12 Tt kaum ins Gewicht. Im *Salzwasser* der Ozeane sind Gase und Salze mit einem Massenanteil von 3.5 % gelöst; davon entfallen 3.0 % auf Alkalihalogenide. Unter den zahlreichen Kationen und Anionen im Salzwasser sind die Alkali-Kationen (Li, Na, K, Rb) und Erdalkali-Kationen (Mg, Ca, Sr) die wichtigsten; bei den Anionen findet man vor allem die Halogenide neben SO_4^{2-}, NO_3^-, HCO_3^-; daneben sind u. a. $B(OH)_3$ und $Si(OH)_4$ anzutreffen. Natürliches *Süßwasser* enthält vorwiegend Ca^{2+}, Mg^{2+}, Na^+, HCO_3^-, SO_4^{2-}, Cl^-; ist der Gehalt an Ca^{2+} und Mg^{2+} hoch, so nennt man das Wasser *hart*. Im *Regenwasser* sind neben Staubpartikeln die Gase der Luft (N_2, O_2, CO_2) und Säuren enthalten, die die Regentropfen aus der Atmosphäre aufnehmen (H_2SO_4, HNO_3, HCl). Im *Trinkwasser* sind 500 mg l^{-1} der Salze des natürlichen Wassers erwünscht; eine Obergrenze von 1500 mg l^{-1} sollte nicht überschritten werden.

Die Aufbereitung des natürlichen Wassers kann zu *Trinkwasser*, *Brauchwasser* (d. i. ionenarmes Wasser für Arbeiten in Laboratorien, zur Beschickung von Dampfkesseln, Waschmaschinen, Bleiakkumulatoren u. a.) und *Reinstwasser* (zu Messzwecken) führen. (a) *Trinkwasser* gewinnt man aus natürlichem Süßwasser oder aus Meerwasser. Bei der Gewinnung aus Süßwasser werden zunächst Nanopartikeln an flockigen Materialien aus $Al(OH)_3$ oder $Fe(OH)_3$ adsorbiert und entfernt. Dann werden Keime und organische Stoffe sowie die Ionen Fe^{2+} und Mn^{2+} mit Cl_2 oder ClO_2 oder O_3 oxidiert. $Fe(OH)_3$ und $MnO_2(H_2O)_n$ wird durch Filtration entfernt. Die bei der Oxidation entstandenen organischen Stoffe werden an Aktivkohle adsorbiert und dabei wird gleichzeitig überschüssiges Oxidationsmittel von der Kohle reduziert. Schließlich wird zur Abwehr neuer Keime eine kleine Menge Chlor zugesetzt (< 0.2 g l^{-1}). Die Entsalzung von Meerwasser gelingt entweder durch energieaufwendige Destillation oder durch Druckfiltration an einer semipermeablen Membran (z. B. aus Polyamid), die im Wesentlichen nur H_2O-Moleküle durchlässt, ein Verfahren, das man *Umkehrosmose* nennt. (b) Salzfreies *Brauchwasser* erhält man entweder durch Destillation natürlichen Wassers oder mithilfe von Ionenaustauscher-Säulen. Dabei werden Kationen M an sauren Austauschharzen festgehalten, d. s. in der Regel SO_3H-Gruppen an einer Polymermatrix wie Polystyren (H/M-Austausch); Anionen erfahren einen OH/X-Austausch in Säulen, in denen $P-NMe_3^+OH^-$-Ionenpaare an eine Polymermatrix P gebunden sind. Ionenaustauscher, die mit M bzw. X gesättigt sind, werden regeneriert, indem man Säure bzw. Base hindurchschickt und dabei M durch H und X durch OH austauscht. (c) *Reinstwasser* gewinnt man durch mehrfache Destillation in Apparaturen aus Platin. Man testet die Reinheit anhand der geringen Leitfähigkeit von

Reinstwasser: $4 \cdot 10^{-6}$ S m^{-1} (bei 20 °C). Geringste Zusätze an Ionen erhöhen die Leitfähigkeit dramatisch. Im schon recht salzreichen Meerwasser erreicht die Leitfähigkeit schließlich einen Wert von 5 S m^{-1}. (Zum Vergleich: Kupfer leitet mit $6 \cdot 10^7$ S m^{-1}; 1 S = 1 Siemens = 1 A V^{-1}).

Zu (2): Die Hydrogenhalogenide HCl, HBr, HI sowie H$_2$S und NH$_3$ werden technisch zum Teil oder überwiegend aus den Elementen hergestellt. Man arbeitet in der Gasphase. Nur bei HCl liegt das Bildungsgleichgewicht auch bei hoher Temperatur so weit rechts, dass man bedenkenlos die Reaktionswärme zur Aktivierung beanspruchen kann; die zusammengeführten Gasströme vereinigen sich unter Bildung einer fahlgelben Flamme zu HCl. Bei den vier anderen Hydriden würde eine zu hohe Temperatur die Ausbeute zu sehr verschlechtern, sodass man zur Überwindung der Aktivierungsenergie ein Temperaturoptimum anstreben und einen Katalysator einsetzen muss, d. i. Pt im Falle von HBr und HI sowie z. B. MoS$_2$ im Falle von H$_2$S (zur NH$_3$-Synthese nach Haber-Bosch s. Abschnitt 4.4.5). Die Synthese von HI verläuft bei 500 °C noch mit -6 kJ mol^{-1} exotherm, obwohl $\Delta_f H^0$ positiv ist (s. Tab. 7.1); das liegt daran, dass Iod im Standardzustand fest ist, bei der Gasphasen-Synthese also noch die Sublimationsenergie in das System gesteckt werden muss.

Bei der Hochdruck-Synthese von NH$_3$ (200 bar, 500 °C) hat man gelernt, dass Stahlreaktoren von H$_2$ angegriffen werden, indem H$_2$ das im Stahl enthaltene Carbon zu CH$_4$ hydriert und so die Reaktorwand destabilisiert. Dies wird verhindert, indem man die Reaktorwand innen mit einer Schicht aus carbonfreiem Weicheisen belegt. Das zur Synthese von NH$_3$ benötigte Hydrogen gewinnt man aus Synthesegas (s. Abschnitt 5.6.4), das Nitrogen aus Luft durch Destillation. Auch PH$_3$ lässt sich im Hochdruckverfahren bei 300 °C aus P$_4$ und H$_2$ herstellen.

Zu (3): 90 % des technisch benötigten HCl-Gases fallen bei organischen Synthesen als Nebenprodukt an, und zwar hauptsächlich bei der Herstellung von Fluoroalkanen (RCl + HF → RF + HCl), Chloroalkanen (RH + Cl$_2$ → RCl + HCl) und Isocyanaten (RNH$_2$ + COCl$_2$ → RNCO + 2 HCl). Hydrogeniodid gewinnt man technisch aus Iod und Hydrazin (2 I$_2$ + N$_2$H$_4$ → 4 HI + N$_2$), im Labor aus Iod und Sulfan (I$_2$ + H$_2$S → 2 HI + 1/8 S$_8$).

Zu (4): Bei der Oxidation von Zink mit Säuren wie Salzsäure entsteht zeitweilig auf der Zinkoberfläche aktives Hydrogen (*Hydrogenium in statu nascendi* oder *naszierender Wasserstoff*). In Gegenwart bestimmter Substanzen kann dieses aktive Hydrogen in H$^-$ und H$^+$ disproportionieren, z. B. mit Arseniger Säure:

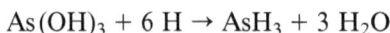

$$As(OH)_3 + 6\,H \rightarrow AsH_3 + 3\,H_2O$$

Das so erzeugte Arsan verlässt das Reaktionsgefäß im H$_2$-Strom (aus H$^+$/Zn) und zersetzt sich thermisch an heißen Oberflächen. Dies dient zum Nachweis von Arsen in wässriger Lösung (*Marsh'sche Probe*). Auf dieselbe Weise kann man $Sb(OH)_3$ in SbH_3 überführen und so Antimon nachweisen. Im Falle von Sn^{II} in saurer Lösung wird Sn^{II} noch zusätzlich zu Sn^{IV} oxidiert; SnH_4 entweicht im H_2-Strom:

$$[Sn(OH)_3]^- + H^+ + 6\,H \rightarrow SnH_4 + 3\,H_2O$$

Zu (5): Die Hydridierung von Elementchloriden ECl_n mit $LiAlH_4$ in Et_2O, eine einfache Labormethode, kann man zur Darstellung von PH_3, AsH_3, SbH_3, SiH_4, GeH_4 und SnH_4 anwenden, z. B.:

$$SiCl_4 + LiAlH_4 \rightarrow SiH_4 + LiAlCl_4$$

Zu (6): Geeignete salzartige Stoffe, die bei der Reaktion mit Säuren EH_n liefern, sind u. a. der Reihe nach: CaF_2, $NaCl$, KBr, PI_3, FeS, $MgSe$, $MgTe$, AlN, Ca_3P_2, Zn_3As_2, Mg_3Sb_2, Mg_3Bi_2, Mg_2Si, Mg_2Ge, Mg_2Sn.

Im Falle von HF handelt es sich um ein technisches Verfahren, bei dem man konz. H_2SO_4 bei 200—250 °C im Stahldrehrohrofen auf CaF_2 einwirken lässt:

$$CaF_2 + H_2SO_4 \rightarrow 2\,HF + CaSO_4$$

Das Austreiben von HCl-Gas aus NaCl mit H_2SO_4 hat man früher technisch angewendet und dabei bei 20 °C $NaHSO_4$ erhalten; dieses treibt bei 800 °C weiteres HCl aus NaCl aus und geht in Na_2SO_4 über. Behandelt man KBr mit konz. H_2SO_4, so hat man als Nebenreaktion die Oxidation von Br^- zu Br_2 zu gewärtigen ($2\,KBr + 3\,H_2SO_4 \rightarrow Br_2 + SO_2 + 2\,KHSO_4 + 2\,H_2O$); deshalb wendet man besser die schwächer oxidierende Säure H_3PO_4 an, um HBr-Gas aus KBr zu vertreiben. Aus demselben Grunde geht man bei der Darstellung von HI nicht von salzartigen Iodiden MI, sondern vom molekular gebauten PI_3 aus, das bereits mit H_2O als Säure vollständig abreagiert ($PI_3 + 3\,H_2O \rightarrow 3\,HI + H_3PO_3$). Anstatt PI_3 zu isolieren, kann man im Eintopfverfahren roten Phosphor mit Iod in Gegenwart von Wasser umsetzen und erhält HI über die Zwischenstufe PI_3. Eine gängige Labormethode zur Darstellung von H_2S besteht in der Einwirkung von Salzsäure auf FeS ($FeS + 2\,H^+ \rightarrow H_2S + Fe^{2+}$). Ebenso ist Salzsäure geeignet, um H_2Se und H_2Te aus MgSe bzw. MgTe (oder auch aus Al_2Se_3 bzw. Al_2Te_3) freizusetzen. Aus N_2 und Metallen leicht zugängliche Nitride wie Mg_3N_2 oder AlN zersetzen sich mit Säure unter Entwicklung von NH_3, ein Verfahren, das heute nur noch von theoretischem Interesse ist, da aus den Elementen gewonnenes NH_3 in Stahlflaschen auch im Labor bequem zugänglich ist. Im Falle der Hydrolyse von Ca_3P_2 [$Ca_3P_2 + 6\,H_2O \rightarrow 2\,PH_3 + 3\,Ca(OH)_2$] ist P_2H_4 ein Nebenprodukt und muss abgetrennt werden. Die Hydronierung von Zn_3As_2, Mg_3Sb_2, Mg_3Bi_2, Mg_2Si, Mg_2Ge und Mg_2Sn mit Schwefel- oder Phosphorsäure ist ein brauchbares Verfahren zur Darstellung der entsprechenden Hydride. Vielfach hat man es mit festen Ausgangsstoffen zu tun, deren Zusammensetzung nicht genau der angegebenen Stöchiometrie entspricht;

dann entstehen bei der Behandlung mit Säuren nicht immer die reinen Hydride EH_n, sondern mitunter ein ganzer Strauß mehrkerniger Hydride E_mH_n, die es zu trennen gilt. Im Falle des thermisch wenig stabilen BiH_3 muss bei tiefer Temperatur gearbeitet werden, um den Zerfall schon bei der Bildung hintanzuhalten. Anstatt mit wässrigen Säuren kann auch in flüssigem NH_3 gearbeitet werden (z. B. $Mg_2Ge + 4\ NH_4^+ \rightarrow GeH_4 + 2\ Mg^{2+} + 4\ NH_3$).

Zu (7): Hat man im Labor Ammonium- bzw. Phosphonium-Salze bei der Hand, so kann man mit alkalischen Basen NH_3 bzw. PH_3 freisetzen, z. B. $NH_4Cl + OH^- \rightarrow NH_3 + H_2O + Cl^-$.

Zu (8): Um die instabilen und nur theoretisch interessanten Hydride BiH_3 und PbH_4 darzustellen, geht man am besten von den bei tiefer Temperatur aus $MeBiCl_2$ bzw. Me_2PbCl_2 mit $LiAlH_4$ zugänglichen Verbindungen $MeBiH_2$ bzw. Me_2PbH_2 aus, die bei -45 bzw. $-50\,°C$ dismutieren ($3\ MeBiH_2 \rightarrow 2\ BiH_3 + BiMe_3$; $2\ Me_2PbH_2 \rightarrow PbH_4 + PbMe_4$).

Zu (9): Eine Spezialität von weißem Phosphor P_4 ist seine Fähigkeit, in alkalischer Lösung − ähnlich den schwereren Halogenen − zu „disproportionieren":

$$2\ P_4 + 9\ OH^- + 3\ H_2O \rightarrow 5\ PH_3 + 3\ PO_4^{3-}$$

Ähnlich wie bei den Halogenen entsteht nicht gleich PO_4^{3-}, sondern zunächst $H_2PO_2^-$, das weiter in PH_3 und HPO_3^{2-} und dieses in PH_3 und PO_4^{3-} disproportioniert. Technisch arbeitet man mit NaOH in Butanol (Sdp. $117.7\,°C$), oder aber man setzt P_4 in wässriger Phosphorsäure als Lösungsmittel im Autoklaven bei $250\,°C$ mit der stöchiometrischen Menge an H_2O um, verzichtet also ganz auf Basen ($2\ P_4 + 12\ H_2O \rightarrow 5\ PH_3 + 3\ H_3PO_4$). Im Gegensatz zu den Halogenen disproportioniert Phosphor nicht wirklich, sondern er wird von H^I zu P^{III} und P^V oxidiert ($15\ H^I + 30\ e \rightarrow 15\ H^{-I}$; $8\ P^0 \rightarrow 5\ P^{III} + 3\ P^V + 30\ e$).

Säure/Base-Reaktionen

Die Brønsted-Acidität von EH_n nimmt zu, wenn man bezüglich E im PSE von links nach rechts und von oben nach unten geht (Näheres s. Abschnitt 5.3.1).

Die mit den ausgeprägten Säuren EH_n korrespondierenden anionischen Basen bilden mit Metallkationen M Salze. Die Halogenide der Formel MHal sind zumeist in Wasser gut löslich mit Ausnahme von CuHal, AgHal und TlHal (Hal = Cl, Br, I). Unter den Fluoriden MF_2 sind die mit M = Ca, Sr, Ba, Pb, Cu schwer löslich, und unter den übrigen Halogeniden $MHal_2$ trifft dies für $PbHal_2$ zu; auch die Quecksilberhalogenide Hg_2Hal_2 sind schwer löslich. Die Löslichkeit der genannten in Wasser schwer löslichen Halogenide (Hal = Cl, Br, I) wird in saurer Lösung nicht verbessert, da die Säuren HHal stark sind und die Lösungsgleichgewichte

MHal $\leftrightarrows$ M$^+$ + Hal$^-$ durch die Gleichgewichte H$^+$ + Hal$^-$ $\leftrightarrows$ HHal nicht verschoben werden können.

Das ändert sich, wenn man zu den Chalkogeniden übergeht, denen die schwachen Säuren H$_2$O bzw. H$_2$S zugrunde liegen. Viele Oxide und Sulfide der Metalle lösen sich in Säuren auf. Zu den prominenten Oxiden, die auch in Säuren schwer löslich sind, gehören Al$_2$O$_3$, SiO$_2$, Cr$_2$O$_3$, Fe$_2$O$_3$, Fe$_3$O$_4$ u. a. Unter den Säuren kommt der Flusssäure eine Sonderrolle zu, weil Metall-Fluor-Bindungen sehr stark sind, sodass manche säureunlöslichen Oxide durch Abrauchen mit Flusssäure in Fluoride übergeführt werden können. Wichtig ist die begierige Reaktion von Flusssäure mit SiO$_2$, die gemäß SiO$_2$ + 4 HF → SiF$_4$ + 2 H$_2$O das Gas SiF$_4$ in Freiheit setzt. Man kann deshalb mit Flusssäure nicht in Glasgefäßen arbeiten, sondern muss auf Gefäßmaterialien wie Platin, Polyethen, Polytetrafluoroethen zurückgreifen oder auf solche Metalle, deren Oberfläche durch die Ausbildung einer Fluoridschicht passiviert wird, also Blei, Monelmetall (eine Cu/Ni-Legierung) u. a.

Bei den Sulfiden haben etliche ein so kleines Löslichkeitsprodukt, dass sie sich trotz des weit rechts liegenden Gleichgewichts S^{2-} + H$^+$ $\leftrightarrows$ HS$^-$ und trotz der Flüchtigkeit von H$_2$S (HS$^-$ + H$^+$ → H$_2$S) nicht in Salzsäure lösen; genannt seien beispielhaft die schwarzen Sulfide PbS, CuS und HgS, die gelben Sulfide As$_2$S$_3$ und CdS, das orangefarbene Sulfid Sb$_2$S$_3$ und die braunen Sulfide SnS und Bi$_2$S$_3$. In Salzsäure, aber nicht in Wasser lösen sich die schwarzen Sulfide FeS, CoS und NiS, das fleischfarbene MnS und das farblose ZnS. Die genannten Farben beziehen sich auf die frisch gefällten Sulfide, nicht unbedingt auf entsprechende mineralische Spezies. Vom Unterschied in der Säurelöslichkeit macht man im praktischen Chemieunterricht Gebrauch, indem man im sog. *qualitativ-analytischen Trennungsgang* die einen von den anderen Sulfiden durch Behandeln mit Säure trennt.

Die extrem schwachen Säuren vom Typ EH$_3$ und EH$_4$ kann man mithilfe von Brønsted-Basen nicht ohne Weiteres in die Anionen EH$_2^-$ bzw. EH$_3^-$ überführen; vielmehr geschieht dies reduktiv mit Na, z. B. 2 NH$_3$ + 2 Na → 2 NaNH$_2$ + H$_2$. Auf diese und analoge Weise gewinnt man die Amide MNH$_2$, Phosphanide MPH$_2$ und Silanide MSiH$_3$. Die Amide, am besten jene mit zweiwertigen Metallen, lassen sich durch Erhitzen in Imide [M(NH$_2$)$_2$ → MNH + NH$_3$] und diese durch weiteres Erhitzen in die Nitride überführen (3 MNH → M$_3$N$_2$ + NH$_3$); Nitride sind jedoch im Allgemeinen aus den Elementen bequemer herzustellen. Auch wenn Basen in Wasser kein H$^+$ aus den Hydriden EH$_3$ abspalten, so kann dies in flüssigem NH$_3$ (z. B. PH$_3$ + NH$_2^-$ → PH$_2^-$ + NH$_3$) oder in organischen Lösungsmitteln (PH$_3$ + LiBu → LiPH$_2$ + HBu) sehr wohl geschehen.

Die in der Natur auftretenden Halogenide, Oxide und Sulfide haben als Salze oder Erze eine überragende Bedeutung zur Gewinnung der Metalle und der elementaren Halogene (s. Abschnitt 5.7), aber auch zur Gewinnung von HHal (s. o.) etc. Eine gewisse technische Bedeutung kommt auch gewissen Chalkogeniden und Pnictogeniden zu, die man in der Natur nicht findet. Drei Beispiele seien angeführt! *Natriumsulfid* Na$_2$S (Darstellung entweder aus den Elementen in flüssigem NH$_3$ oder durch Reduktion von Na$_2$SO$_4$ mit C bei 700−1000 °C) findet u. a. in der

Textil- und Lederindustrie Verwendung. *Lithiumnitrid* Li_3N (s. Abschnitt 3.4.2) spielt als Ionenleiter eine Rolle. *Galliumarsenid* GaAs (dargestellt aus den Elementen; Wurtzit-Struktur) hat sich als Halbleiter etabliert. Lithiumnitrid ist übrigens das einzige thermisch stabile Alkalinitrid. Im Gegensatz zu den Erdalkalinitriden sind die übrigen Alkalinitride wenig stabil; so zerfällt Na_3N (Cu_3N-Struktur) bei $90\,°C$ in die Elemente und K_3N (*anti*-ZrI_3-Struktur) schon bei $-10\,°C$.

Etliche mit den Säuren EH_n korrespondierende Basen EH_{n-1}^- oder EH_{n-2}^{2-} spielen als Lewis-Basen in der Koordinationschemie der Metalle eine Rolle, und zwar sowohl als terminale als auch als brückenständige Liganden, nämlich die Anionen Hal^-, OH^-, O^{2-}, SH^-, S^{2-}, NH_2^-, NH^{2-} und N^{3-}. Was die Basizität der Hydride EH_n selbst anbetrifft, so ist diese bei NH_3 mit $pK_B = 4.75$ am stärksten ausgeprägt. Mit den starken Säuren HCl, H_2SO_4 und HNO_3 bilden sich die stabilen farblosen Salze NH_4Cl (*Salmiak*), $(NH_4)_2SO_4$ und NH_4NO_3 (*Ammonsalpeter*). Ammonium-sulfat und -nitrat finden als Düngemittel weite Verbreitung; ein wirksames Düngemittel ist auch ein Gemenge aus $(NH_4)_2SO_4$, KNO_3 und $(NH_4)H_2PO_4$ (*Nitrophoska*). Ammoniumnitrat kann explodieren, wenn man es massiv zündet (z. B. mit dem Sprengstoff TNT, der seinerseits gezündet werden muss): $2\,NH_4NO_3 \rightarrow 2\,N_2 + 4\,H_2O + O_2$. Das Salz $(NH_4)_2SO_4$ verliert oberhalb von $230\,°C$ deutlich NH_3 [$\rightarrow$ Ammoniumhydrogensulfat $(NH_4)HSO_4$], während das Salz $(NH_4)_2CO_3$, dem die schwächere Kohlensäure zugrunde liegt, schon bei $60\,°C$ NH_3 sichtlich abgibt, und selbst das entstehende $(NH_4)HCO_3$ zersetzt sich langsam gemäß $(NH_4)HCO_3 \rightarrow NH_3 + CO_2 + H_2O$, sodass man es als Zusatz im Backpulver verwendet. Setzt man NH_3 mit der schwachen Säure H_2S in der Gasphase um, so kann man bei $-20\,°C$ das kristalline $(NH_4)_2S$ erhalten, das schon oberhalb von $0\,°C$ schnell NH_3 verliert, und auch das entstehende $(NH_4)HS$ zersetzt sich bei Standardbedingungen langsam in NH_3 und H_2S. Eine $2:1$-Mischung von NH_3 und H_2S ergibt in Wasser ein Gleichgewicht mit NH_3, NH_4^+ und HS^- als den Hauptkomponenten; die Gleichgewichtsmenge an S^{2-} fällt nicht ins Gewicht.

Die Lewis-Acidität von H_2O und NH_3 führt zu einer breiten Fülle von Aqua- bzw. Ammin-Komplexen der Metalle. Das giftige PH_3 wird als Komplexligand ungern eingesetzt, häufiger hingegen die Trialkyl- und Triarylphosphane PR_3 bzw. PAr_3 als die organischen Derivate von PH_3.

Redoxreaktionen

Die sauren Verbindungen HHal *oxidieren* als Säuren generell (H^+/H_2). Aber selbst so schwache Säuren wie H_2O oder NH_3 oxidieren starke Reduktionsmittel wie Na. Die Hydrogenhalogenide *reduzieren* aber auch in einer von HCl zu HI zunehmenden Weise. So setzt Cl_2 als Oxidationsmittel aus HBr elementares Brom frei. Hydrogeniodid in Wasser, also I^-, wird von O_2, Cl_2, Br_2 oder HNO_3 zu I_2 oxidiert; mit den gleichen Oxidationsmitteln kann man H_2S zu elementarem Sulfur oxidieren. Bei längerer Einwirkung, etwa von Cl_2, geht die Oxidation weiter bis zu HIO_3 bzw. SO_2. Die Oxidation von H_2S mit O_2 in der Gasphase und die nachfolgende

Komproportionierung von SO_2 mit H_2S zu S_8 spielt bei der technischen Gewinnung von Sulfur eine Rolle (s. Abschnitt 5.7.3). Die Oxidation von NH_3 mit O_2 führt bekanntlich zu N_2, kann aber katalytisch zu NO gelenkt werden (Ostwald-Verfahren; s. Abschnitt 4.4.5).

Bei den Hydriden mit negativ polarisiertem Hydrogen treten die *reduzierenden* Eigenschaften in den Vordergrund, und es ist H^{-I}, das zu H^I oder auch nur zu H_2 oxidiert wird. Der Unterschied im Reduktionsvermögen zwischen NH_3 und PH_3 wird augenfällig, wenn man beide mit Ag^+ oder mit HNO_3 umsetzt: NH_3 substituiert lediglich H_2O ($[Ag(H_2O)_n]^+ \rightarrow [Ag(NH_3)_2]^+$), während PH_3 die Ag^+-Ionen spontan zu Ag reduziert; Salpetersäure oxidiert PH_3 stürmisch, während sie NH_3 lediglich in NH_4^+ überführt. Die Redoxpaare P_4/PH_3 und As/AsH_3 seien in saurer Lösung verglichen:

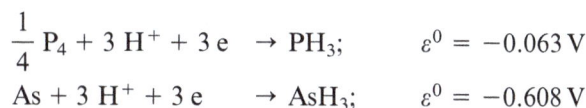

$$\frac{1}{4} P_4 + 3\,H^+ + 3\,e \rightarrow PH_3; \qquad \varepsilon^0 = -0.063\,\text{V}$$

$$As + 3\,H^+ + 3\,e \rightarrow AsH_3; \qquad \varepsilon^0 = -0.608\,\text{V}$$

Arsan reduziert also wesentlich stärker als Phosphan. Formal wird Phosphor in der P_4/PH_3-Halbreaktion als Reduktionsmittel von P^0 zu P^{III} oxidiert ($P \rightarrow P^{3+} + 3\,e$), und Hydrogen wird von H^I zu H^{-I} reduziert ($3\,H^+ + 6\,e \rightarrow 3\,H^-$; $P^{3+} + 3\,H^- \rightarrow PH_3$). Allgemein nimmt das Reduktionspotential von EH_n im PSE von oben nach unten und von rechts nach links zu.

In der Gasphase wird PH_3 bei $150\,°C$ von O_2 bis zu H_3PO_4 oxidiert, AsH_3 zu As_2O_3. Das Gas SiH_4 reagiert mit O_2 explosionsartig; mit Cl_2 lässt sich die Oxidation von SiH_4 gezielt zu $SiCl_4$ und mit Br_2 zu SiH_3Br lenken. SiH_4 reduziert auch organische Doppelbindungssysteme. Die *Hydridosilierung* von Aceton, $SiH_4 + Me_2C=O \rightarrow Me_2HC—O—SiH_3$, hat Verwandtschaft mit der *Hydridoborierung* organischer Doppelbindungen (s. Abschnitt 7.1.3). Die Hydrolyse von SiH_4, auch eine Redoxreaktion, kann als langsam verlaufende Reaktion in alkalischer Lösung bewirkt werden: $SiH_4 + H_2O + 2\,OH^- \rightarrow SiO_3^{2-} + 4\,H_2$.

Niedervalente Elementhydride

Neben den gewöhnlichen Hydriden EH_3 in der 15. Gruppe muss man noch die sog. *niedervalente* Hydride EH und neben den Hydriden EH_4 der 14. Gruppe die Hydride EH_2 in Betracht ziehen, d. s. die dem Azandiyl NH (Nitren) bzw. dem Methandiyl CH_2 (Carben) entsprechenden Phosphan- bzw. Silandiyle und die ihnen entsprechenden Gruppenhomologen. Eine nennenswerte Chemie dieser Hydride gibt es nicht. Wohl aber ist bekannt, dass der Grundzustand ein Singulett-Zustand ist und dass der Unterschied zwischen Singulett- und Triplett-Zustand in einer Gruppe von oben nach unten ansteigt. Dies entspricht der allgemeinen Tendenz, dass E^{II}- gegenüber E^{IV}-Verbindungen stabiler werden, wenn man in der 14. Gruppe vom Si zum Pb geht, und analog verhält es sich beim Gang von P zu Bi in der 15. Gruppe.

In der 16. und 17. Gruppe sind die Hydride H_2E bzw. HE bereits niedervalent, wenn man als *niedervalent* die minimale Bindigkeit eines Elements in einer neutralen, nicht-radikalischen Verbindung im Auge hat. Über die Phosphan- und Silandiyle PR und SiR_2, in denen H durch organische Reste ersetzt ist, weiß man mehr (s. Abschnitt 7.1.2).

7.1.2 Organyl-Derivate der einkernigen Hydride der Nicht- und Halbmetalle

Überblick

Die Hydride HE (Gruppe 17), H_2E (Gruppe 16), EH_3 (Gruppe 15), EH_4 (Gruppe 14) und das hypothetische BH_3 (Gruppe 13) bilden Organyl-Derivate RE, R_2E, ER_3, ER_4 bzw. BR_3 sowie Hydridoorganyl-Verbindungen REH, R_nEH_{3-n}, R_nEH_{4-n} bzw. R_nBH_{3-n} (R steht hier auch für aromatische Reste). Die Organyl-Derivate der Halogene, der Chalkogene O und S sowie des Pnictogens N werden der Organischen Chemie zugerechnet (s. Abschnitt 6.3), die übrigen werden im Folgenden behandelt. Neben den genannten Organyl-Verbindungen mit Element-Carbon-Einfachbindung $R_nE—CR'_3$ werden auch − soweit bekannt − Verbindungen mit Element-Carbon-Mehrfachbindungen des Typs $R_{n-1}E{=}CR'_2$ und $R_{n-2}E{\equiv}CR'$ angesprochen.

In der Reihe $BR_3 / SiR_4 / PR_5 / SR_6 / ClR_7$ mit Zentralatomen ohne freies Elektronenpaar repräsentiert das erste Glied, BR_3, eine breit untersuchte Verbindungsklasse mit der Besonderheit, dass Bor sich mit einem Elektronensextett begnügt. Das zweite Glied gehört zu einer Verbindungsklasse mit Elektronenoktett am Zentralatom. In den drei folgenden, z. T. hypothetischen Gliedern der Reihe wird das Elektronenoktett zur 10er-, 12er- bzw. 14er-Schale überschritten. Wichtig sind bei den Elementen P, S und Cl die Organyl-Verbindungen mit Oktett am Zentralatom, also PR_3, SR_2 und ClR. Doch sind Oktettüberschreitungen beim Phosphor, PR_5, möglich und ebenso bei den höheren Homologen As, Sb und Bi; beim Schwefel sind Verbindungen des Typs SR_4 und SR_6 nicht bekannt, wohl aber bei den höheren Homologen Se und Te; Halogen-Verbindungen $HalR_3$, $HalR_5$ und $HalR_7$ kennt man nicht.

Allgemeine Eigenschaften

Die farblosen Methyl-Verbindungen EMe_3 (Gruppe 15) und EMe_4 (Gruppe 14) sind bei Raumtemperatur flüssig, bei BMe_3 handelt es sich um ein Gas; dagegen liegen die farblosen Phenyl-Verbindungen EPh_3 und EPh_4 als kristalline Festkörper vor. Die Siedepunkte der Methyl-Verbindungen steigen an, wenn man in einer Gruppe von oben nach unten geht, die Schmelzpunkte der Phenyl-Verbindungen dagegen fallen (mit einer Ausnahme) in dieser Richtung ab, wie die folgende Zusammenstellung lehrt. Erwartungsgemäß steigen die Siedepunkte an, wenn man die Methyl- durch höhere Alkylgruppen ersetzt.

	PMe$_3$	AsMe$_3$	SbMe$_3$	BiMe$_3$;	SiMe$_4$	GeMe$_4$	SnMe$_4$	PbMe$_4$;	BMe$_3$	
Sdp.	38	52	81	109	27	43	78	110	−20.5	°C
	PPh$_3$	AsPh$_3$	SbPh$_3$	BiPh$_3$;	SiPh$_3$	GePh$_4$	SnPh$_4$	PbPh$_4$;	BPh$_3$	
Smp.	80	61	53.5	78	237	236	226	28	142	°C

Die Methyl-Verbindungen EMe$_3$ (15. Gruppe; B) sind *pyrophor*, d. h. sie verbrennen an der Luft von selbst. Diese Empfindlichkeit gegen O$_2$ nimmt bei Alkyl-Verbindungen ER$_3$ mit der Größe von R ab. Die Phenyl-Verbindungen EPh$_3$ sind gegenüber O$_2$ metastabil. Alle flüchtigen Verbindungen ER$_n$ stellen Atemgifte dar; insbesondere vor den Stannanen muss gewarnt werden. Die *thermische* Stabilität der Verbindungen BMe$_3$, SiR$_4$ und PR$_3$ ist beträchtlich; SiMe$_4$ kann unzersetzt auf 700 °C erhitzt werden; SiPh$_4$ kann man bei 430 °C unzersetzt destillieren. Die Trialkylborane (R ≠ Me) allerdings unterliegen bei etwa 200 °C der *Dehydridoborierung* (in Umkehrung ihrer Bildung durch Hydridoborierung; s. u.).

Die Verbindungen ER$_3$ (15. Gruppe) sind erwartungsgemäß trigonal-pyramidal (C_{3v}) und die Verbindungen SiR$_4$ tetraedrisch (T_d) gebaut; bei PMe$_3$ beispielsweise beträgt der Winkel CPC 98.9°. [Ein pyramidaler Bau ist indes für Phosphane PX$_3$ nicht unabdingbar. Bei sterischer Überladenheit können Phosphane trotz freiem Elektronenpaar planar gebaut sein (D_{3h}). Ein Beispiel hierfür ist das Trisilylphosphan P(SiiPr$_3$)$_3$.] Das trigonal-planare BC$_3$-Gerüst der Triorganoborane zeichnet sich bei BMe$_3$ durch D_{3h}-Symmetrie aus, wenn man für die Me-Gruppen einen kegelförmigen Bau unterstellt, wie er bei ihrer schnellen Rotation um die B—C-Achse im Mittel vorliegt. Bei BPh$_3$ ist den Ph-Gruppen eine schnelle Drehung aus sterischen Gründen versagt. Die geringste sterische Wechselwirkung hätten sie bei einer Orthogonalstellung zur BC$_3$-Ebene (D_{3h}). Die größte stabilisierende π-Wechselwirkung zwischen dem ungesättigten B-Atom und dem aromatischen Rest wäre im sterisch nicht möglichen Fall einer Koplanarität der Ph-Gruppen und der BC$_3$-Ebene erlaubt. Im Widerstreit sterischer und elektronischer Erfordernisse resultiert ein energetisches Optimum bei propellerartig angeordneten, schief zur BC$_3$-Ebene stehenden Ph-Gruppen (D_3). Pseudo-D_{3h}-Symmetrie wird dennoch erzeugt, indem die drei Propeller bei geringer Aktivierungsenergie gleichzeitig schnell von der Rechts- in die Linksschraubrichtung umklappen und dabei im Übergangszustand D_{3h}-Symmetrie durchlaufen.

Das farblos-kristalline λ^5-Phosphan PPh$_5$ weist ein trigonal-bipyramidales PC$_5$-Gerüst auf (D_{3h} bei Außerachtlassen der die Symmetrie störenden axialen Ph-Gruppen). Dagegen findet man für das SbC$_5$-Gerüst im kristallinen SbPh$_5$ eine quadratisch-pyramidale Struktur (C_{4v}); in Lösungen von SbPh$_5$ stellt sich ein Gleichgewicht ein zwischen Molekülen mit C_{4v}- und D_{3h}-Struktur. Der Energieunterschied zwischen beiden Strukturen ist gering; er wurde für SbMe$_5$ zu 7 kJ mol^{-1} zugunsten der D_{3h}-Struktur berechnet.

Die organischen Gruppen machen die Verbindungen ER$_n$ lipophil und hydrophob. In Wasser lösen sie sich kaum. Auch sind sie gegen die hydrolytische Spaltung der E—C-Bindung metastabil.

Darstellung

Zwei Verfahrensweisen haben Bedeutung, die Substitution von Halogenid durch Alkanid und die Elementhydrid-Addition an die CC-Doppelbindung.

Die Substitution nach folgender Gleichung ist breit variierbar:

$$ECl_n + n\,MR \rightarrow ER_n + n\,MCl$$

Die Variabilität betrifft zunächst das Halogen: Cl oder Br. Im Sonderfall Pb geht man gern vom leicht zugänglichen $Pb(OOCMe)_4$ aus (s. Abschnitt 6.8.4). Als metallorganisches Reagenz können u. a. LiR, RMgHal, HgR_2, AlR_3, SnR_4 eingesetzt werden. Die Präparation von MR und die Umsetzung mit ECl_n werden in bestimmten Fällen als Eintopfverfahren durchgeführt, z. B. $PCl_3 + 3\,PhCl + 6\,Na \rightarrow PPh_3 + 6\,NaCl$, eine Reaktion, die an die CC-Verknüpfung nach Wurtz-Fittig erinnert. Anstelle von ECl_n kann man auch von $R_{n-x}ECl_x$ ausgehen und die x Cl-Atome mittels MR′ durch x Gruppen R′ ersetzen; so gewinnt man $ER_{n-x}R'_x$.

Der nahe liegende Weg, die Chloroorganyl-Verbindungen $R_{n-x}ECl_x$ zu erhalten, besteht im partiellen Cl/R-Austausch bei der Umsetzung von ECl_n mit MR. Speziell für Me_3SiCl, Me_2SiCl_2 und $MeSiCl_3$ gibt es einen prinzipiell anderen Weg, den man in der Technik beschreitet, und das ist die oxidative Addition von RCl, hier MeCl, an Elemente, der − wie in Abschnitt 6.1.2 ausgeführt − zu Verbindungen wie LiR, RMgCl etc. führt. Diese exotherme Reaktion ist auch mit den Halbmetallen Si, Ge und mit Sn durchführbar. In der Reaktionsenthalpie steckt als wesentlicher Teilterm die zunächst aufzubringende Sublimationsenergie, die bei Si, verglichen mit Li oder Mg, zu einer hohen Aktivierungsschwelle führt, sodass man die Reaktion $Si + 2\,MeCl \rightarrow Me_2SiCl_2$ bei 280−320 °C in Gegenwart von Cu als Katalysator durchführt (*Müller-Rochow-Synthese*). Neben Me_2SiCl_2 (80 %) entstehen noch $MeSiCl_3$ (12 %) und Me_3SiCl (3 %). Die technische Nutzung von Me_xSiCl_{4-x} gilt allerdings im Wesentlichen der Herstellung von Siliconen, d. s. Polymere, deren Kettenanteil durch die Formel $[-Me_2Si-O-]_n$ wiedergegeben wird; sie entstehen durch Hydrolyse von Me_2SiCl_2 und nachfolgende Polykondensation von $Me_2Si(OH)_2$. Übrigens führt man auch die oxidative Addition von HCl-Gas an Si ($Si + 3\,HCl \rightarrow SiHCl_3 + H_2$) bei 300−400 °C technisch durch (s. Abschnitt 5.7.4). Eine Spielart der oxidativen Addition hat man für $GeCl_2$ und $SnCl_2$ gefunden: $ECl_2 + RCl \rightarrow RECl_3$.

Geht man im Falle von Pb beim Halogenid/Alkanid-Austausch nicht von $Pb(OOCMe)_4$ aus (s. oben), sondern von $PbCl_2$, so führt die Umsetzung mit $RMgCl$ nicht zu PbR_2 als dem Endprodukt, sondern zu dessen Disproportionierungsprodukten Pb und PbR_4. Dies ist bemerkenswert, weil Pb^0 und Pb^{IV} sonst umgekehrt zur Komproportionierung neigen (z. B. $PbCl_4$/Pb oder PbO_2/Pb). Die vergleichsweise große Bildungstendenz von PbR_4 geht auch aus folgender Reaktion hervor: $4\,NaPb + 4\,RCl \rightarrow PbR_4 + 3\,Pb + 4\,NaCl$; dies ist eine oxidative Addition von RCl an Pb^{-I}. Man hat den Plumbanen besondere Aufmerksamkeit geschenkt, weil man früher das Tetraethylplumban PbEt$_4$ dem Treibstoff Benzin als Antiklopfmittel zugesetzt hat, um die Octanzahl zu erhöhen; dies hat man aus ökologischen Gründen eingestellt.

Der Hydrid/Alkanid-Austausch zwischen ER$_n$ und EH$_n$ führt zu Hydridoorganyl-Verbindungen ER$_x$H$_{n-x}$ im Rahmen einer Gleichgewichtsreaktion. Eine solche Dismutierung lässt sich mit Vorteil bei Boranen nutzen: $2\,BR_3 + 2\,B_2H_6 \rightleftarrows 3\,(RBH_2)_2$; im Überschuss von BR$_3$ erhält man (R$_2$BH)$_2$.

Die auch technisch angewendete Hydrid-Addition an Alkene

$$EH_n + n\,H_2C{=}CHR \rightarrow E(CH_2{-}CH_2R)_n$$

kann man mit PH$_3$, SiH$_4$, GeH$_4$, SnH$_4$ oder BH$_3$D durchführen (*Hydridophosphierung, -silierung, -germierung, -stannierung, -borierung*). Im Unterschuss von Alken gelangt man zu H$_x$E(CH$_2$—CH$_2$R)$_{n-x}$. Anstelle von EH$_n$ kann man von R$_x$EH$_{n-x}$ ausgehen und erhält dann die gemischt organylierten Produkte R$_x$ER$'_{n-x}$. Insbesondere die Hydridoborierung ist eine ausgeprägte Gleichgewichtsreaktion. Schon bei 200 °C ist die endotherme und endotrope Dehydridoborierung, also der Zerfall von BR$_3$ in B$_2$H$_6$ und Alken, begünstigt.

Säure/Base-Reaktionen

Die Brønsted-Basizität der Verbindungen ER$_3$ ($\rightarrow$ HER$_3^+$) sinkt in der 15. Gruppe regelgerecht von NR$_3$ zu BiR$_3$. Die Basizität der Methylphosphane wird durch den +I-Effekt der Methylgruppe verstärkt, wie die folgende pK_B-Abfolge lehrt: PH$_3$: 27; PH$_2$Me: 14; PHMe$_2$: 10.1; PMe$_3$: 5.3. Als schwache Base bildet PMe$_3$ mit Säuren bereitwillig Phosphanium-Ionen PHMe$_3^+$ (auch: *Phosphonium*-Ionen). Parallel mit der Brønsted-Basizität geht die Alkylierungstendenz: PR$_3$ + RX $\rightarrow$ [PR$_4$]X. Das Tetramethylphosphonium-Kation PMe$_4^+$ kann mit starken Basen zum Ylen Me$_3$P=CH$_2$ dehydroniert und in die Wittig-Reaktion eingesetzt werden (s. Abschnitt 6.6.6). In Konkurrenz zur Dehydronierung steht die Addition einer Base R$^-$ an das Phosphonium-Kation zum λ^5-Phosphan: PR$_4^+$ + R$^-$ $\rightarrow$ PR$_5$. Stehen abspaltbare Hydronen gar nicht zur Verfügung (wie bei PPh$_4^+$), dann wird die Basen-Addition zur alleinigen Reaktion (z. B. $\rightarrow$ PPh$_5$).

Wichtig ist die Lewis-Basizität von ER$_3$ (15. Gruppe), insbesondere von PR$_3$, bei der Bildung von Koordinationsverbindungen der Übergangsmetalle; Komplexe mit Phosphanen als Liganden werden als homogen wirkende Katalysatoren breit angewendet. Der Prototyp eines solchen Katalysators ist der Wilkinson-Katalysator [RhCl(PPh$_3$)$_3$] (s. Abschnitt 4.3.7). Bei der Diskussion von Eigenschaften von Verbindungen des Typs L$_x$M—PR$_3$ spielt der Platzbedarf von R eine Rolle. Man stellt sich einen Kegel vor mit den drei Resten R eines rotierenden Phosphan-Liganden PR$_3$ als Basis und M als Spitze, sodass ein *Kegelwinkel* φ definiert ist, den gegenüberliegende Mantellinien mit M als Scheitel bilden. Nimmt man die

Gruppierung Ni—PR$_3$ als Beispiel, so findet man für φ in Abhängigkeit von R die folgenden Werte:

R:	H	Me	Ph	iPr	tBu	Mes
φ:	87	118	145	160	182	212°

Verbreitet eingesetzt werden mehrzähnige Phosphan- und Arsan-Liganden, von denen einige zusammen mit den zu ihrer Benennung eingeführten Abkürzungen vorgestellt seien [Ar = 2-C$_6$H$_4$(OMe)]:

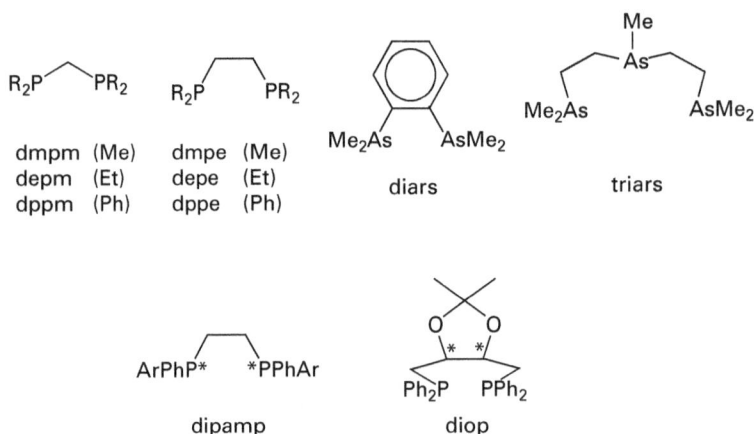

dmpm (Me)	dmpe (Me)
depm (Et)	depe (Et)
dppm (Ph)	dppe (Ph)

diars   triars

ArPhP*   *PPhAr   Ph$_2$P   PPh$_2$

dipamp   diop

Hinter dem Kürzel *dmpm* verbirgt sich also das *Bis(dimethylphosphanyl)methan* [oder: *Methanbis(dimethylphosphan)*] usw. Die Liganden *dipamp* und *diop* enthalten zwei chirale P- bzw. C-Atome. Man kann sie in optischer Reinheit gewinnen. In geeignete Katalysatormoleküle eingebaut, üben sie bei gewissen Reaktionen mit prochiralen Reaktanden optische Induktion aus, d. h. man erhält einen hohen enantiomeren Überschuss an chiralem Produkt. Dies ist für die Synthese von Wirkstoffen von Bedeutung, die in der Biosphäre eingesetzt werden sollen, insbesondere als Pharmazeutika. Als sehr spezielles Beispiel sei die Hydrierung der 2-Amino-3-(3,4-dihydroxyphenyl)acrylsäure zur entsprechenden Propansäure angeführt, ArCH=C(NH$_2$)—COOH + H$_2$ → ArCH$_2$—CH(NH$_2$)—COOH, eine Reaktion, die kraft katalytischer Induktion nahezu stereospezifisch verläuft; das Produkt (*Dopa*) hilft bei der Parkinson'schen Krankheit.

Was die Verbindungen ER$_4$ (14. Gruppe) anbetrifft, so kommt diesen mangels eines freien Elektronenpaars weder Brønsted- noch Lewis-Basizität zu, wohl aber eine gewisse Lewis-Acidität. So wie ER$_4^+$ in ER$_5$ (15. Gruppe), so kann man ER$_4$ in ER$_5^-$ überführen, z. B. SiPh$_4$ + LiPh → Li$^+$ + SiPh$_5^-$ [in thf oder OP(NMe$_2$)$_3$ als Lösungsmittel].

Die Brønsted-Acidität der Verbindungen R$_n$EH ist denkbar gering. Dabei ist eine Säure/Base-Reaktion vom Typ R$_n$EH → R$_n$E$^-$ + H$^+$ grundsätzlich auch eine Redoxreaktion, wenn χ(H) > χ(E). Immerhin kann man die Verbindungen R$_3$EH

(E = Si, Ge, Sn, Pb) mit starken Basen wie KH in Verbindungen KER_3 überführen. Mit dem Silanidrest SiR_3^- lassen sich leicht Substitutionen durchführen, z. B. $KSiMe_3 + SiCl_4 \rightarrow Me_3Si-SiCl_3 + KCl$). Auch auf Übergangsmetalle lässt sich der Rest ER_3^- als Ligand übertragen. Für die Basizität von ER_3^- gilt erwartungsgemäß: $SiR_3^- > GeR_3^- > SnR_3^- > PbR_3^-$.

Kraft des Elektronensextetts am B-Atom sind die Borane BR_3 Lewis-Säuren. Neutralbasen wie Ether, Amine etc. werden ebenso addiert wie Anionen, z. B. Alkanide: $BR_3 + R^- \rightarrow BR_4^-$. Das Anion BPh_4^- bildet schwer lösliche Niederschläge mit den Kationen K^+, Rb^+, Cs^+ und NH_4^+, die zur gravimetrischen Bestimmung dieser Ionen dienen (lösliches $NaBPh_4$: *Kalignost*; unter *Gravimetrie* versteht man allgemein die Bestimmung von Ionen durch vollständiges Ausfällen, Filtrieren, Trocknen und Wiegen). Das Anion $[B(C_6F_5)_4]^-$ übt auf Kationen trotz den freien Elektronenpaaren der F-Atome kaum noch koordinierende Wirkung aus, sodass Salze $M[B(C_6F_5)_4]$ Beispiele für eine nahezu ausschließlich ionogene Bindung zwischen Kation und Anion darstellen. Die Lewis-Acidität des hypothetischen BH_3 ist zweifellos größer als die von BR_3, zum einen wegen des +I-Effekts von R, zum anderen aus sterischen Gründen. Der sterische Einfluss der Liganden R ergibt sich auch aus den Gleichgewichten $BR_3 + NH_3 \rightleftarrows R_3B-NH_3$, die umso weiter links liegen, je mehr Raum R beansprucht. Umgekehrt kann man aus BHR_3^- leichter H^- abspalten als aus BH_4^-, sodass bequem zugängliche Salze wie $M[BHEt_3]$ (M = Li, Na, K) stärkere Hydrierungsmittel sind als $M[BH_4]$. Andererseits verstärkt sich die Lewis-saure Wirkung von Triorganylboranen, wenn zwei B-Atome in starrem Abstand voneinander um das Hydrid-Ion konkurrieren, wie es beim 1,8-Bis(dimethylboryl)naphthalen (*Hydridschwamm*) der Fall ist. [Vertauscht man die beiden sauren B-Atome des Hydridschwamms durch basische N-Atome, so erhält man mit 1,8-Bis(dimethylamino)naphthalen eine Substanz, die als *Hydronschwamm* begierig Hydronen aufnimmt].

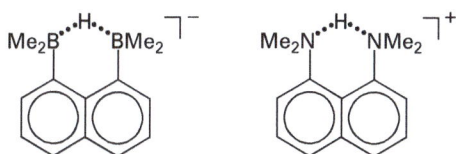

Redoxreaktionen

Die Verbindungen ER_n verbrennen mit O_2 zu CO_2 und H_2O sowie den entsprechenden Oxiden von E; Oxide wie P_2O_5, SiO_2 oder B_2O_3 haben eine hohe Standardbildungsenthalpie. Die Methylverbindungen EMe_3 sind − wie erwähnt − pyrophor. Die Empfindlichkeit von ER_3 gegenüber O_2 nimmt mit der Größe von R ab. Die Verbindungen vom Typ ER_4 sind gegenüber O_2 metastabil.

Bei der Oxidation von ER_4 und BR_3 wird der organische Molekülteil R oxidiert, während die Elemente E der 14. Gruppe bzw. Bor schon in der höchsten Oxidationszahl vorliegen. Dagegen lassen sich die Verbindungen ER_3 (15. Gruppe) von E^{III} zu E^V oxidieren, ohne dass R angegriffen wird. So führt die Reaktion von PR_3 mit H_2O_2 zu R_3PO. Ebenso kann man R_2Se – ähnlich wie R_2S (s. Abschnitt 6.3.8) – zu R_2SeO und weiter zu R_2SeO_2 oxidieren. Auch die Alkylierung von PR_3 zu PR_4^+ stellt formal eine Oxidation von P^{III} zu P^V dar.

Öffnung der E–C-Bindung

Gegen Solvolysen vom Typ $ER_n + n\,HX \rightarrow EX_n + n\,HR$ sind die Verbindungen ER_2, ER_3 und ER_4 im Allgemeinen metastabil. Die Hydrolyse beispielsweise von SiH_4 [$SiH_4 + 4\,H_2O \rightarrow Si(OH)_4 + 4\,H_2$] gelingt mit heißer Säure oder Base. Auf diese Weise kann man auch R_3SiH in $R_3Si(OH)$ überführen, ohne das die Hydrolyse zu $Si(OH)_4$ weiterführt. Die Aktivierungsenergie für die Solvolyse wird allerdings stark herabgesetzt, wenn sechsgliedrig-cyclische Übergangszustände ermöglicht werden, z. B.:

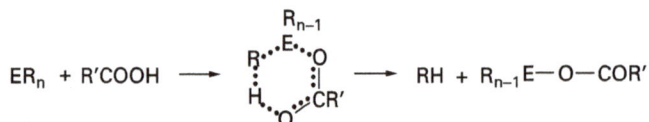

So kann man SiR_4 mit CF_3COOH zu $Si(OOCCF_3)_4$ oder BR_3 mit $EtCOOH$ zu $B(OOCEt)_3$ solvolysieren. Eine Erniedrigung erfährt der Übergangszustand einer solvolytischen E–C-Spaltung auch, wenn das aus der E–C-Bindung mitgenommene Elektronenpaar vom Rest R als π-Bindung aufgenommen wird wie in folgendem Beispiel: $R_3Si–CH_2–CH_2–Cl + OH^- \rightarrow R_3Si–OH + H_2C{=}CH_2 + Cl^-$. Besonders solvolysestabil sind Verbindungen ER_n, in denen E sterisch perfekt abgeschirmt wird, wie es beispielsweise bei $Si\mathit{t}Bu_4$ oder $BMes_3$ der Fall ist.

Die sterische Abschirmung des Zentralatoms steigt nicht nur mit der Größe der Liganden, sondern auch mit der Kleinheit von E. So ist SnR_4 anfälliger gegen Solvolyse als SiR_4. Metathetische Umsetzungen mit polaren Stoffen A–X, die einer Solvolyse mit HX entsprechen, kennt man beispielsweise bei $SnMe_4$ durchaus, das insoweit ein gutes Methanidierungsmittel darstellt (z. B. $SnMe_4 + BBr_3 \rightarrow Me_2SnBr_2 + Me_2BBr$).

Schnell wird die Öffnung einer E–C-Bindung, wenn sie als suprafaciale sigmatrope Verschiebung ablaufen kann, wie es bei der 1,5-Wanderung des $SiMe_3$-Rests rund um das C_5-Gerüst von 5-(Trimethylsilyl)cyclopentadien (mit $SiMe_3$ in Allylposition) der Fall ist (s. Abschnitt 2.5.1); die 1,5-Verschiebung des C5-gebundenen H-Atoms, die wesentlich langsamer verläuft als die $SiMe_3$-Verschiebung, bringt den $SiMe_3$-Rest in die Vinylposition, aus der heraus er sich nicht mehr umlagern kann.

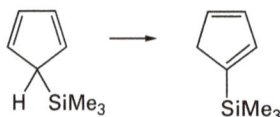

Eine andere schnelle Öffnung einer E—C-Bindung beobachtet man bei Allyl-Bor-Verbindungen. So stellt man beim Triallylboran, $B(CH_2-CH=CH_2)_3$, durch NMR-Messungen (s. Abschnitt 7.1.4) fest, dass die beiden CH_2-Gruppen eines jeden Allylrests einander äquivalent sind, was nur möglich ist, wenn eine schnelle, reversible Umlagerung $R_2B-C(1)H_2-CH=C(2)H_2 \rightleftharpoons R_2B-C(2)H_2-CH=C(1)H_2$ stattfindet.

Trialkylborane als Hilfsmittel der organischen Synthese

Die *cis-spezifische Hydrierung* (s. Abschnitt 6.6.2) von Alkenen über Trialyklborane BR_3 als Zwischenverbindungen ist möglich, weil die Hydridoborierung der Alkene *cis*-spezifisch und die Spaltung der B—R-Bindung mit Carbonsäuren RCOOH zu R—H unter Konfigurationserhalt verläuft.

Mehrere Typen von *oxidativer B—C-Öffnung* sind präparativ interessant. Mit H_2O_2 in alkalischer Lösung erhält man Alkohole ROH, und zwar unter Konfigurationserhalt von R. Insgesamt gewinnt man die Alkohole aus Alkenen so, als hätte man H_2O an ein Alken regioselektiv in *anti*-Markownikow-Manier und stereospezifisch in *cis*-Orientierung addiert. Geht man von chiralen Hydridoborierungsmitteln $(R_2^*BH)_2$ und einem prochiralen Alken aus, dann erhält man chirale Alkohole in hohem enantiomeren Überschuss. Die Öffnung der B—C-Bindung mit HO_2^- erinnert an die Baeyer-Villiger-Umlagerung von Ketonen in Ester (s. Abschnitt 6.7.2):

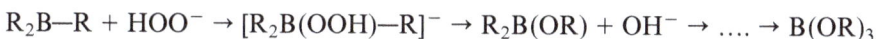

$$R_2B-R + HOO^- \rightarrow [R_2B(OOH)-R]^- \rightarrow R_2B(OR) + OH^- \rightarrow \dots \rightarrow B(OR)_3$$

Die Hydrolyse von $B(OR)_3$ zu ROH und $B(OH)_3$ verläuft glatt. Anstelle von HO_2^- eignet sich auch Trimethylaminoxid als Oxidationsmittel: $BR_3 + 3 Me_3NO \rightarrow B(OR)_3 + 3 NMe_3$. Die acidimetrische Titration des dabei gebildeten NMe_3 gestattet es, die eingesetzte Menge an BR-Einheiten zu bestimmen.

Will man die Reste R von BR_3 zu RHal oxidieren (Hal = Cl, Br, I), letzten Endes also HHal an Alkene addieren, so setzt man BR_3 mit elementarem Halogen um: $BR_3 + 3 Hal_2 \rightarrow 3 RHal + BHal_3$. Die Addition von NH_3 an Alkene kann man ebenfalls über die Hydridoborierung bewerkstelligen, indem man BR_3 mit Chloroamin spaltet: $BR_3 + 3 NH_2Cl \rightarrow 3 RNH_2 + BCl_3$. Trialkylborane $B(CH_2R)_3$ werden von wässriger Chromat-Lösung zur Carbonsäure RCOOH oxidiert: $B(CH_2R)_3 + 6 HCrO_4^- + 24 H^+ \rightarrow 3 RCOOH + B(OH)_3 + 6 Cr^{3+} + 15 H_2O$.

Die Addition einer B—R-Gruppierung von BR_3 an CO (und analog: an Isonitril $C\equiv NR'$) führt bei ca. 100 °C zu $R_2B-CR=O$, das sich spontan zum Sechsring, $[-R_2B-CR=O-]_2$ (**A**) cyclodimerisiert. Oberhalb von 100 °C wandert ein zweiter Rest R vom Bor zum Carbon, sodass der Sechsring $[=RB-CR_2-O=]_2$ (**B**) entsteht. Oberhalb von 150 °C erfährt **B** eine dyotrope Verschiebung an der BC-Bindung unter Bildung des Fünfrings **C**: R wandert vom B- zum C-Atom und O vom C- zum B-Atom. Im Zuge einer analogen dyotropen Verschiebung wird der Vierring $[-B(CR_3)-O-]_2$ gebildet, der sich schnell zum Sechsring $[-B(CR_3)-O-]_3$

(**D**) erweitert. Hydriert man **A** mit Li[AlH(OMe)$_3$], dann erhält man Li[R$_2$B—CHR—OAl(OMe)$_3$] (**E**).

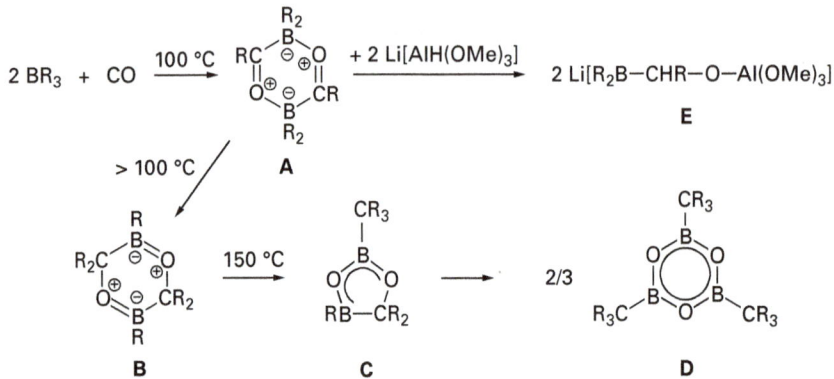

Ohne dass die Zwischenprodukte **A**, **B**, **D** oder **E** isoliert werden müssen, kann man die durch die benachbarten CO-Gruppierungen aktivierten B—C-Bindungen entweder in alkalischer Lösung hydrolytisch oder mit HO$_2^-$ oxidativ spalten. Dabei erhält man bezüglich jener Gruppen R, die vom B- zum C-Atom gewandert sind, die folgenden Produkte:

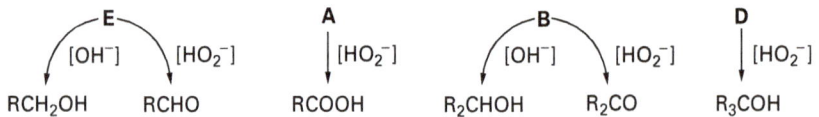

Kationen ER$_{n-1}^+$

Phosphanylium-, Silylium- und Borylium-Kationen PR$_2^+$, SiR$_3^+$ bzw. BR$_2^+$ sind in freier Form nicht gut bekannt. Kationen mit sperrigen Gruppen R wie z. B. P(C$_5$Me$_5$)tBu$^+$ oder SiMes$_3^+$ hat man mit nicht koordinierenden Anionen wie [B(C$_6$F$_5$)$_4$]$^-$ kristallisieren können. Mit Lewis-Basen stabilisierte Kationen R$_n$E$^+$ sind dagegen gut zugänglich, z. B. Me$_3$Si(py)$^+$ oder Ph$_2$B(bipy)$^+$ (bipy = 2,2'-Bipyridyl); ein typischer Zugang hierfür ist beispielsweise die Abspaltung von Cl$^-$ aus Ph$_2$BCl mit einem Chlorid-Akzeptor wie AlCl$_3$ in Gegenwart von bipy. Die Spezies PR$_2$, SiR$_3$ und BR$_2$ treten auch als Liganden in Übergangsmetall-Komplexen auf. Es ist jedoch mehr oder weniger Geschmackssache, ob man sich solche Komplexe formal aufgebaut denkt aus L$_x$M$^+$ und ER$_n^-$ oder aus L$_x$M und ER$_n^·$ oder aus L$_x$M$^-$ und ER$_n^+$.

Alkanyliden-Verbindungen R$_n$E=CR$_2'$

Ein allgemeiner Zugang zu den ungesättigten Verbindungen R$_n$E=CR$_2'$ besteht in der Eliminierung von AX aus entsprechenden gesättigten Verbindungen:

$R_nE(X)-C(A)R'_2 \rightarrow R_nE=CR'_2 + AX$. Im Falle E = P, As, Sb kann es sich bei AX um HCl handeln, dessen Eliminierung durch Basen unterstützt wird. Im Falle E = Si, Ge, Sn kommt LiCl als das sich abspaltende Reagenz infrage. Im Falle E = B führt eine Gasphaseneliminierung von Me_3SiF oder $Me_3Si(OMe)$ bei ca. 500 °C zum Ziel. Umlagerungen einer geeigneten Gruppe vom Atom E eines gesättigten Edukts an das β-C-Atom einer Alkenylgruppe oder an das O-Atom einer Alkanoyl-gruppe ergeben ebenfalls eine E=C-Doppelbindung, z. B. $RPH-CMe=CH_2 \rightarrow RP=CMe_2$ oder $RP(SiMe_3)-CO-R' \rightarrow RP=C(OSiMe_3)-R'$ bzw. $R_2Si(SiMe_3)-CO-R' \rightarrow R_2Si=C(OSiMe_3)-R'$. Schließlich sei noch der Aufbau einer P=C-Bindung durch Kondensation erwähnt: $RPH_2 + O=CR'_2 \rightarrow RP=CR'_2 + H_2O$.

Am besten untersucht sind die Alkanylidenphosphane (*Phosphaalkene*) $RP=CR'_2$. Die Alkanylidensilane und -borane (*Silaalkene, Boraalkene*) kann man als bei Raumtemperatur unzersetzt lagerfähige Substanzen nur isolieren, wenn zumindest das ungesättigte C-Atom stark abgeschirmt ist, z. B. $R_2Si=C(SiMe_3)(Si-MetBu_2)$, $RB=C(SiMe_3)_2$; die C-gebundenen $SiMe_3$-Gruppen scheinen nicht nur einen sterischen, sondern auch einen elektronischen Effekt auszuüben (*β-Silyl-Effekt*; vermutlich sind ECSi-(3c2e)-Wechselwirkungen in einer Ebene senkrecht zur EC-π-Bindungsebene die Ursache der Stabilisierung).

Die C—P=C-Kette der Alkanylidenphosphane ist gewinkelt gebaut, die Liganden um die Si=C- sind wie bei der C=C-Doppelbindung planar angeordnet, und die Alkanylidenborane zeichnen sich durch eine lineare C—B=C-Kette aus. Die beiden Bindungslängen des C—P=C-Gerüsts betragen rund 187 und 167 pm, die des C—B=C-Gerüsts [im Falle von $Me_3C-B=C(SiMe_3)_2$] 155 und 136 pm. Diese Unterschiede zwischen der Länge von Einfach- und Doppelbindung entsprechen einer allgemein für Nicht- und Halbmetalle geltenden Regel, nach welcher der Unterschied etwa 20 pm betragen sollte; zwischen einer Doppel- und einer Dreifachbindung sollte der Unterschied in der Bindungslänge etwa 10 pm ausmachen.

Während sich die Borane $RB=CR'_2$ an der Luft von selbst entzünden, kann man die Phosphane $RP=CR'_2$ mit O_3 gezielt zu $RP(O)=CR'_2$ und mit S_8 zu $RP(S)=CR'_2$ oxidieren. Diverse Cycloadditionen wurden mehr oder weniger sowohl mit Alkanylidenphosphanen als auch mit Alkanylidensilanen und -boranen erprobt: die [2+1]-Cycloaddition mit Carbenen, die [2+2]-Cycloaddition mit Oxo-Verbindungen $O=CR''$ oder mit sich selbst, die [2+3]-Cycloaddition mit 1,3-Dipolen wie den Aziden $R''N_3$ und die [2+4]-Cycloaddition mit Butadien-Derivaten. Natürlich kann man an die E=C-Doppelbindung in Umkehrung ihrer Bildung auch polare Stoffe addieren, z. B. $RP=CR'_2 + HCl \rightarrow RPCl-CHR'_2$. Interessanterweise kehrt sich die Additionsrichtung um, wenn man die E=C-Doppelbindung *umpolt*; dies ist z. B. mit Aminogruppen am C-Atom möglich: $RP=C(NR'_2)_2 + HCl \rightarrow RPH-C(NR'_2)_2Cl$; Ursache ist natürlich eine Resonanz der Form $\{RP=C(NR'_2)_2 \leftrightarrow RP^--C(NR'_2)=N^+R'_2\}$.

Die wohlbekannten Aromaten Phospha-, Arsa-, Stiba- und Bismutabenzen, EC_5H_5, sind Homologe des Pyridins, NC_5H_5. Auch 1,3-Di- und 1,3,5-Triphospha-benzen, $P_2C_4H_4$ bzw. $P_3C_3H_3$, lassen sich darstellen. Schließlich kann man im Falle

E = P, As noch Verbindungen mit E≡C-Dreifachbindung gewinnen, z. B. $Me_3Si-P=C(OSiMe_3)R \rightarrow P\equiv CR + (Me_3Si)_2O$. Sehr breit untersucht ist die bei Normalbedingungen lagerfähige Flüssigkeit $P\equiv C-t$Bu mit einer linearen P≡C−C-Kette (C_{3v}) und einem P≡C-Abstand von 155 pm.

Die Verbindungen $RP=CR'_2$ und $P\equiv CR$ können als Komplex-Liganden wirken, und zwar können sie sich *end-on* addieren, d. h. das freie Elektronenpaar am P-Atom geht die koordinative Bindung ein, oder *side-on*, d. h. das π-Elektronenpaar bindet sich an das Metall. In Einzelfällen stehen Komplexe mit beiden Bindungsarten miteinander im Gleichgewicht, z. B. (unter Einbeziehung einer Metall-Ligand-Rückbindung):

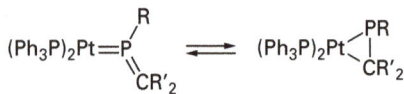

$$(Ph_3P)_2Pt=P{\overset{R}{\underset{CR'_2}{\big|}}} \rightleftharpoons (Ph_3P)_2Pt{\overset{PR}{\underset{CR'_2}{\big<}}}$$

Das Phosphaalkin P≡CR vermag sogar eine Brücke zwischen zwei Übergangsmetallatomen dergestalt zu bilden, dass die eine π-Bindung sich an das eine, die andere sich an das zweite Metallatom koordiniert, sodass eine 2,4-Dimetalla-1-phosphabicyclobutan-Struktur entsteht.

Niedervalente Organyl-Derivate

Phosphandiyle, PR, Silandiyle SiR_2 und Borandiyle BR treten − ähnlich den Carbenen − als kurzlebige Zwischenstufen auf. So wie man Verbindungen des Typs $L_nM=CR_2$ mit Übergangsmetallen M als Koordinationsverbindungen von Carbenen CR_2 (*Carben-Komplexe*) auffassen kann, so bezeichnet man Moleküle bzw. Ionen wie beispielsweise $[(iPr_3P)_2Pt=SiMes_2]$ oder $[(\eta^5\text{-}C_5Me_5)(OC)_2Fe\equiv BMes]^+$ als *Silandiyl*- bzw. *Borandiyl-Komplexe*.

Am besten untersucht sind die gewinkelt gebauten Silandiyle (*Silylene*). Sie bilden sich durch Eliminierung von Me_3Si-X aus $Me_3Si-SiR_2-X$ (X = Cl, OMe), von $Me_3Si-SiMe_3$ aus $Me_3Si-SiR_2-SiMe_3$, von LiCl aus $Li-SiR_2-X$, von 3 N_2 aus $R_2Si(N_3)_2$. In einer Argon-Matrix eingefroren, polymerisiert das gelbe $SiMe_2$ zu einer $(SiMe_2)_x$-Kette, cyclotrimerisiert sich das gelbe $Sit Bu_2$ zu $(Sit Bu)_3$ und dimerisiert sich das grünblaue $SiMes_2$ zu $Mes_2Si=SiMes_2$, wenn man die Matrix auftauen lässt. Lewis-Basen D addieren sich an SiR_2 zu $R_2Si^--D^+$, polare Stoffe HX zu R_2SiHX. [1+n]-Cycloadditionen führen mit Ethen zum entsprechenden Dreiring (n = 2), mit Aziden $R'N_3$ zum Vierring (n = 3), mit Buta-1,3-dien zum Fünfring (n = 4). Ein bei Raumtemperatur isolierbares Silandiyl ist das farblose Bis(cyclopentadienyl)silandiyl $(C_5Me_5)_2Si$ (*Decamethylsilicocen*), in welchem die beiden C_5Me_5-Reste allerdings pentahapto an Si gebunden sind; im Kristall findet man Moleküle mit parallelen C_5Me_5-Resten (d. i. ein linear gebautes Silandiyl mit einer C_5-Achse durch Si) neben solchen mit nicht parallelen, wohl aber noch immer pentahapto gebundenen C_5Me_5-Gruppen (d.i. ein gewinkeltes Silandiyl mit einer C_2-Achse durch Si).

Phosphanyl-, Silyl- und Boranyl-Radikale PR_2, SiR_3 bzw. BR_2 bilden sich bei hoher Temperatur durch homolytische Bindungsöffnung aus gewissen Derivaten R_nE—X, insbesondere aus solchen mit E—E-Bindung. Gut untersucht ist der Zerfall von Hexamethyldisilan Me_3Si—$SiMe_3$ bei 400 °C in zwei pyramidal gebaute Radikale $SiMe_3$. Eine typische Folgereaktion ist die Abstraktion eines H-Atoms, gefolgt von einer Hydridosilierung: $2\,SiMe_3 \rightarrow HSiMe_3 + Me_2Si{=}CH_2 \rightarrow Me_2SiH$—$CH_2$—$SiMe_3$. Disilane Si_2R_6 mit sterisch anspruchsvollen Gruppen R zerfallen bei wesentlich tieferer Temperatur in Radikale SiR_3, z.B. Si_2tBu_6 schon oberhalb 50 °C. Anders als bei CPh_3-Radikalen (s. Abschnitt 6.1.3) spielt eine Stabilisierung durch Mesomerie beim $SiPh_3$-Radikal keine so große Rolle, da die Größe des Si-Atoms nur eine schwache π-Wechselwirkung zulässt. Tritt aber ein sterischer Effekt hinzu, so können Hexaaryldisilane schon bei tiefer Temperatur in Radikale $SiAr_3$ zerfallen, z.B. die Mesityl-Verbindung Si_2Mes_6 schon oberhalb von -60 °C.

7.1.3 Mehrkernige Hydride der Nicht- und Halbmetalle

Hydrogenhalogenide $HHal_n$

Die Hydrogenhalogenide $HHal_n$ sind in Substanz nicht bekannt, wohl aber die mit diesen hypothetischen starken Säuren in wässriger Lösung korrespondierenden Anionen Hal_n^-. Am besten untersucht sind die Iodide I_n^{m-}, deren Alkalimetallsalze man kristallisieren und strukturell untersuchen kann: I_3^-, I_5^-, I_7^-, I_8^{2-} u.a. Es handelt sich um Iod-Ketten, deren Endglieder keine formale Ladung tragen, während die mittleren Kettenglieder bei zwei freien Elektronenpaaren (Elektronenoktett) formal positiv oder bei drei freien Elektronenpaaren (Elektronendezett) formal negativ geladen sind. Im ersten Falle sind die mittelständigen Iod-Atome pseudotetraedrisch koordiniert mit einem I—I—I-Bindungswinkel von ca. 90°, im zweiten Falle pseudo-trigonal-bipyramidal mit einem I—I—I-Bindungswinkel von 180°. Hierzu folgende Beispiele:

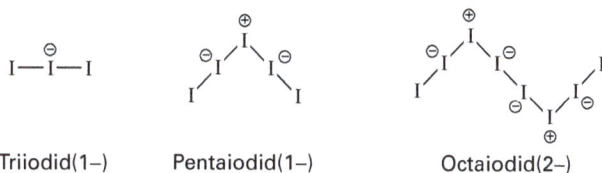

Triiodid(1–)   Pentaiodid(1–)   Octaiodid(2–)

Das Gleichgewicht $Hal_2 + Hal^- \rightleftarrows Hal_3^-$ liegt in wässriger Lösung bei Hal = Cl weit links ($K = 0.01\,l\,mol^{-1}$), bei Hal = Br rechts ($K = 18\,l\,mol^{-1}$) und bei Hal = I weit rechts ($K = 725\,l\,mol^{-1}$). Wie alle Addukte von I_2 an Lewis-Basen (wie z.B. I_2—$OHEt$ in einer Lösung von I_2 in Ethanol) zeigt auch I_3^- eine tiefbraune Farbe. Die hellbraune Farbe einer gesättigten Lösung von I_2 in Wasser vertieft sich, wenn man KI dazugibt. Eine farblose Lösung von KI in Wasser wird bei

Zugabe von I_2 tiefbraun. Da KI_3 gut, I_2 aber nur mäßig $(0.013\ mol\ l^{-1})$ in Wasser löslich sind, kann man in einer KI-Lösung weit mehr I_2 lösen als in reinem Wasser.

Hydrogenoxide H_mO_n

Dihydrogendioxid H_2O_2 (*Hydrogenperoxid*) wird wegen seiner vielfältigen Anwendung in Technik und Labor in Millionen Jahrestonnen hergestellt. Man braucht es zur Gewinnung von Waschmitteln (Perborate), als Bleichmittel, zur Epoxidierung von Alkenen, zur Desinfektion, zur Reinigung von Abwässern u.a. Unter den Salzen $M_2^IO_2$ oder $M^{II}O_2$ dieser schwachen Säure ist vor allem Dinatriumdioxid Na_2O_2 (*Natriumperoxid*) von technischer Bedeutung und findet in der Papier- und Textilbleiche, zur Herstellung von Peroxy-Verbindungen und zu anderen Zwecken eine vielseitige Anwendung.

Im Gegensatz zu H_2O_2 sind das Hydrogendioxid HO_2 (*Hydrogensuperoxid*) und das Hydrogentrioxid HO_3 (*Hydrogenozonid*) keine isolierbaren Substanzen, wohl aber ihre Salze, die Dioxide(1−) (*Superoxide*; z.B. KO_2) und die Trioxide(1−) (*Ozonide*; z.B. CsO_3). Ozonide MO_3 zerfallen allerdings bei Normalbedingungen in MO_2 und O_2, mit Ausnahme von CsO_3, das bis etwa 50 °C haltbar ist.

Reines H_2O_2 ist eine farblose sirupöse, exotherme $(\Delta_fH^0 = -187.9\ kJ\ mol^{-1})$ Flüssigkeit, die infolge von H-Brücken erst bei 150.2 °C siedet. Die Moleküle in der Gasphase genügen bei einem Diederwinkel von 111.5° der Punktgruppe C_2. Stabil zwar gegenüber dem Zerfall in die Elemente, ist flüssiges H_2O_2 metastabil gegenüber der Disproportionierung gemäß $2\ H_2O_2 \rightarrow O_2 + 2\ H_2O$ $(\Delta_rH^0 = -196.2\ kJ$ pro Formelumsatz), eine Reaktion, die bei reinem H_2O_2 explosiv verlaufen kann. Mit Wasser ist H_2O_2 in jedem Verhältnis mischbar; in den Handel kommen Lösungen mit $w = 3,35$ (sog. *Perhydrol*), 50 oder 70 % H_2O_2. Diese Lösungen werden in Flaschen aus Polyethen oder reinem Aluminium aufbewahrt und in Glasflaschen nur, wenn das Glas paraffiniert ist, da die Glasoberfläche die Disproportionierung katalysiert. Allgemein sind es Staub- oder Metallpartikeln (Ag, Au, Pt) oder auch fein verteiltes MnO_2, die den Zerfall heterogen katalysieren; homogen katalytisch wirken Metallionen (Fe^{3+}, Cu^{2+} u.a.), aber auch gewisse Anionen (OH^-, I^-, IO_3^- u.a.); in Biosystemen ist das Enzym Peroxidase für den Abbau von H_2O_2 zuständig. Um H_2O_2-Lösungen vor dem Zerfall durch ubiquitäre Fe-Ionen zu schützen, macht man diese durch Zusatz eines Komplexierungsmittels unschädlich; hierfür bewährt hat sich u.a. Dinatriumdihydrogendiphosphat $Na_2H_2P_2O_7$, dessen Anion als zweizähniger Chelat-Ligand die Fe^{3+}-Ionen oktaedrisch komplexiert.

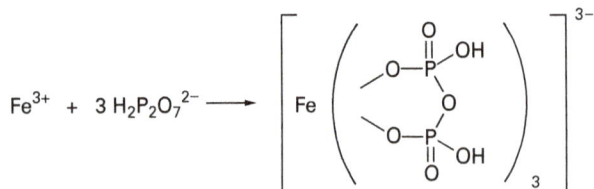

Zur technischen Darstellung von H_2O_2 nutzt man überwiegend das *Anthrachinon-Verfahren*: $C_{14}H_8(OH)_2 + O_2 \rightarrow C_{14}H_8O_2 + H_2O_2$; das Anthrachinon $C_{14}H_8O_2$ kann man anschließend wieder zum 9,10-Dihydroxyanthracen $C_{14}H_8(OH)_2$ hydrieren (s. Abschnitt 6.3.3). Das Hydroxy/Oxo-Spiel kann man auch mit 2-Propanol treiben: $Me_2CHOH + O_2 \rightarrow Me_2CO + H_2O_2$; $Me_2CO + H_2 \rightarrow Me_2CHOH$. Reines H_2O_2 gewinnt man aus konzentrierten wässrigen Lösungen durch fraktionierte Kristallisation.

In saurer Lösung ist H_2O_2 ein starkes *Oxidationsmittel* (H_2O_2/H_2O: $\varepsilon^0 = 1.776$ V), weniger stark in basischer Lösung (HO_2^-/OH^-: $\varepsilon^0 = 0.878$ V). Es oxidiert u. a. SO_2 zu HSO_4^-, HNO_2 zu NO_3^-, H_3AsO_3 zu H_3AsO_4, H_2S zu S_8, PbS zu $PbSO_4$, MnO zu MnO_2, $Cr(OH)_3$ zu CrO_4^{2-}, CN^- zu OCN^- u. a. In diesen Beispielen nimmt ein Molekül H_2O_2 zwei Elektronen auf. Es kann aber auch als Einelektronen-Oxidationsmittel wirken, z. B. gegenüber Fe^{2+} ($H_2O_2 + Fe^{2+} \rightarrow Fe^{3+} + OH^- + OH^{\cdot}$; Fentons Reagenz, s. Abschnitt 6.1.3); mit den hierbei generierten OH-Radikalen lassen sich allerlei Radikalreaktionen initiieren (z. B. $RH + OH^{\cdot} \rightarrow H_2O + R^{\cdot}$).

Die Redoxpaare O_2/H_2O_2 (in saurer Lösung: $\varepsilon^0 = 0.695$ V) und O_2/HO_2^- (in basischer Lösung: $\varepsilon^0 = -0.076$ V) weisen H_2O_2 auch als *Reduktionsmittel* aus, das in basischer Lösung stärker reduziert. Es reduziert u. a. Cl_2 zu Cl^-, O_3 zu O_2, Ag_2O zu Ag, HgO zu Hg, PbO_2 zu PbO und MnO_4^- zu MnO_2.

Als sehr schwache Brønsted-Säure ($pK_A = 11.62$) bildet es mit Alkalimetall-Ionen Salze M_2O_2, deren wässrige Lösungen basisch reagieren. Als Brønsted-Base ist H_2O_2 überaus schwach, kann aber in supersaurem Medium hydroniert werden, ja es lassen sich sogar Salze wie $[H_3O_2]SbF_6$ isolieren. Das Kation $H_3O_2^+$ disproportioniert leicht zu H_3O^+ und O_2.

Die Acylierung von H_2O_2 liefert Peroxysäuren AcOOH, wobei in der Regel schon die Säuren AcOH genügend starke Acylierungsmittel darstellen: AcOH + $H_2O_2 \rightarrow$ AcOOH + H_2O (z. B. AcOH = H_2SO_4, H_3PO_4, RCOOH). Aus ClOH und H_2O_2 erhält man ClOOH, dessen Zerfall in HCl und $^1O_2$ eine Quelle für Singulett-Oxygen darstellt (s. Abschnitt 6.9.3). Der Substitution von OH- gegen OOH-Gruppen entspricht die Substitution von O- gegen OO-Gruppen, die man bei der Behandlung von Oxido-Verbindungen der Übergangsmetalle mit H_2O_2 beobachtet; in den Produkten wirkt die Peroxidogruppe O_2^{2-} als zweizähniger Ligand. Als Beispiel sei die Reaktion von Chromat mit 30%igem H_2O_2 in saurer Lösung ins Auge gefasst, die zu Hydroxidooxidobis(peroxido)chromat(1−) führt:

$$HCrO_4^- + 2\,H_2O_2 \rightarrow [CrO(O_2)_2(OH)]^- + 2\,H_2O$$

Schüttelt man die Reaktionslösung mit Diethylether, so wird OH^- durch den Neutralliganden Et_2O ersetzt, und das neutrale blaue Produkt $[CrO(O_2)_2(OEt_2)]$ wandert in die Etherphase, aus der es durch Schütteln mit Natronlauge wieder in das Anion zurückverwandelt und in die wässrige Phase transportiert werden kann. Eine lehrreiche Reaktion ereignet sich, wenn man CrO_4^{2-} in alkalischer Lösung unter

Eiskühlung mit 30%igem H_2O_2 behandelt: Erstens werden alle vier Oxido-Liganden ausgetauscht, und zweitens wird Cr^{VI} von H_2O_2 auch noch zu Cr^V reduziert; das Tetrakis(peroxido)chromat(3−) hat tiefrote Farbe. Als Koordinationspolyeder für die acht das Chrom-Zentralatom umgebenden O-Atome tritt das Dreiecksdodekaeder (s. Abb. 3.55) auf; je zwei Peroxidogruppen liegen auf einer der beiden diagonalen Spiegelebenen (D_{2d}), und jede Peroxidogruppe verknüpft eine Oktaederecke der Konnektivität $\kappa = 5$ [d(Cr—O) = 194 pm] mit einer Ecke $\kappa = 4$ [d(Cr—O) = 189 pm].

$$2\,CrO_4^{2-} + 9\,HO_2^- \rightarrow 2\,[Cr(O_2)_4]^{3-} + O_2 + 7\,OH^- + H_2O$$

Das wichtige Salz Na_2O_2 stellt man aus den Elementen her. Es bildet sich zunächst Na_2O, das im Überschuss von O_2 in das Peroxid übergeht. Unter Druck (150 bar, 450 °C) wird Na_2O_2 von O_2 weiter zum Superoxid NaO_2 oxidiert. Generell führt die Behandlung der Alkalimetalle mit einem Überschuss an O_2 unter Normalbedingungen im Falle von Li zu Li_2O, im Falle von Na − wie gesagt − zu Na_2O_2, im Falle von K, Rb und Cs aber direkt zu den Superoxiden MO_2 als den stabilen Endprodukten. Das thermisch recht stabile, farblose Na_2O_2 (Smp. 675 °C) hat als Handelsprodukt wegen der Anwesenheit kleiner Mengen an NaO_2 eine schwach gelbe Farbe. Es reagiert in wässriger Lösung als Base gemäß $O_2^{2-} + H_2O \rightleftharpoons HOO^- + OH^-$, und da OH^- die Disproportionierung von HO_2^- katalysiert, sollte man kühlen, um sie zu vermeiden. Feststoffgemenge aus Na_2O_2/Al oder Na_2O_2/S_8 oder Na_2O_2/C können heftig, u. U. auch explosionsartig reagieren. Ein Gemenge aus Na_2O_2 und Sägespänen entzündet sich von selbst, wenn Spuren von Feuchtigkeit zugegen sind.

Superoxide reagieren mit Wasser spontan unter Disproportionierung: $2\,O_2^- + H_2O \rightarrow O_2 + HO_2^- + OH^-$; im basischen Milieu disproportioniert HO_2^- weiter, sodass dann die Gesamtgleichung lautet: $4\,O_2^- + 2\,H_2O \rightarrow 3\,O_2 + 4\,OH^-$.

Die Reaktion der Ozonide mit Wasser verläuft heftig: $12\,O_3^- + 6\,H_2O \rightarrow 15\,O_2 + 12\,OH^-$.

Hydrogenchalkogenide H_2Y_n (Y = S, Se, Te)

Aus einer Schmelze von Na_2S und Sulfur gewinnt man Natrium-oligosulfide Na_2S_n; auch beim Verrühren einer wässrigen Lösung von Na_2S mit festem Sulfur entstehen Oligosulfide. Gibt man eine solche Lösung bei −10 °C zu Salzsäure, so scheidet sich eine ölige Flüssigkeit ab, die aus einem Gemisch der Sulfane H_2S_n mit n = 4−7 besteht. Die Destillation des Öls erbringt infolge von Crack-Prozessen (d. i. wie beim Erdöl − s. Abschnitt 3.6.2 − eine Dismutierung in größere und kleinere Bruchstücke) u. a. die Sulfane H_2S_2 und H_2S_3, die man im Zuge der Destillation ebenso wie die Sulfane H_2S_n mit n = 4−6 als Reinstoffe erhält; weitere Sulfane lassen sich bis n = 18 nachweisen. Oligosulfane sind metastabil gegenüber der Disproportionierung in H_2S und S_8, die insbesondere von alkalischer Base spontan katalysiert wird; schon basische Gruppen an Glasoberflächen induzieren den Zerfall, sodass man die beim Umgang mit H_2S_n benutzten Glasgefäße vorher mit Säure auskocht. Eine gezielte Synthese von H_2S_4 gelingt durch die folgende Kondensation: $2\,H_2S + S_2Cl_2 \rightarrow H_2S_4 + 2\,HCl$. Analog führen H_2S_2 und SCl_2 zu H_2S_5, H_2S_2 und S_2Cl_2 zu H_2S_6, H_2S_4 und S_2Cl_2 zu H_2S_{10} etc. Nucleophile wie CN^- oder SO_3^{2-} degradieren die Sulfan-Ketten unter Bildung von SCN^- bzw. $S_2O_3^{2-}$; die fortgesetzte Degradierung macht H_2S_n zu H_2S. Die S_n^{2-}-Ketten der Metallsulfide M_2S_n weisen eine einheitliche Schraubrichtung auf und haben entweder die P- oder die M-Konformation (bilden also eine Rechts- oder Linksschraube); der Diederwinkel beträgt dabei ca. 90° (s. Abschnitt 2.5.3).

Bei den Seleniden $M_2^I Se_n$ und $M^{II} Se_n$ und Telluriden $M_2^I Te_n$ und $M^{II} Te_n$ können wie bei den Sulfiden Ketten mit einheitlicher Schraubrichtung vorliegen. Daneben kennt man aber auch Strukturen mit Kettenverzweigungen. Gehen von einem Atom Y (Y = Se, Te) mit zwei freien Elektronenpaaren drei Kettenstränge aus (Elektronenzehnerschale), so trägt dieses Brückenkopfatom eine negative Formalladung, und es sollte eine T-förmige Koordinationsfigur um Y entstehen; dies ist in stark verzerrter Form der Fall, wie das Beispiel des Anions Se_{10}^{2-} mit einer Bicyclo[4.4.0]decan-Struktur lehrt: Zwei Sesselform-Sechsringe sind über eine gemeinsame Kante dergestalt verknüpft, dass D_2-Symmetrie zustande kommt (die Brückenköpfe sind als schwarze Punkte markiert).

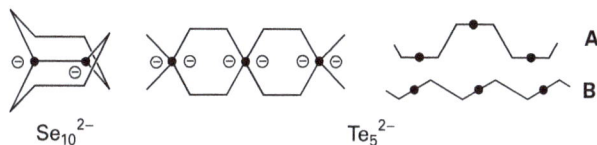

Treten Brückenköpfe mit vier Verzweigungssträngen und zwei freien Elektronenpaaren auf (Elektronenzwölferschale), dann erhält das Brückenkopfatom zwei negative Formalladungen; vom Oktaeder als Pseudostruktur abgeleitet, sollten die vier Verzweigungsstränge quadratisch-planar angeordnet sein. Dies ist z. B. beim M_2Te_5 der Fall: Die polymeren Te_5^{2-}-Anionketten bestehen aus 1,4-dispiro-verknüpften Te_6-Sesseln, die so aneinanderhängen, dass vom Brückenkopf aus die beiden nächsten Sessellehnenpaare abwechselnd beide nach oben und beide nach unten (A; M = Rb) oder das eine nach oben, das andere nach unten weisen (B; M = Cs). Außer den beiden Beispielen sind noch etliche andere Selenide und Telluride mit Kettenverzweigungen bekannt.

Nitrogenhydride N_mH_n

Der wichtigste Vertreter in dieser Familie ist das in der Größenordnung von 10^6 t/a technisch hergestellte *Diazan* $H_2N{-}NH_2$ (*Hydrazin*), das insbesondere zur Herstellung organischer Derivate vielfältig genutzt wird. Obwohl instabil, ist auch das *Diazen* $HN{=}NH$ als reaktive Zwischenstufe von gewisser Bedeutung bei seiner Anwendung als Hydrierungsmittel (s. Abschnitt 6.6.5). Das *Triazadien* N_3H (*Hy-*

drogenazid; als Säure meist HN_3 geschrieben) wird hin und wieder für synthetische Zwecke gebraucht; technisch ist hier das Natrium-Salz der Säure, NaN_3 (*Natrium-azid*) bedeutsam, das man u. a. zur Herstellung von $Pb(N_3)_2$ benutzt, einer schlag-empfindlichen Substanz, die zur Initialzündung von Granaten verwendet wird. Das instabile, nur bei $-30\,°C$ haltbare *Tetrazen* $H_2N{-}N{=}N{-}NH_2$ (*Diaminodiazen*) hat nur theoretisches Interesse; dies gilt auch für die lediglich als Zwischenstufen nach-gewiesenen Hydride *Triazan* $H_2N{-}NH{-}NH_2$ und *Tetrazan* $H_2N{-}NH{-}NH{-}NH_2$.

Reines *Hydrazin*, N_2H_4, ist eine farblose, ölige, aminartig riechende, toxische, metastabile, endotherme ($\Delta_f H^0 = 55.66$ kJ mol^{-1}) Flüssigkeit (Sdp. $113.5\,°C$; Smp. $2\,°C$), die als sog. Hydrazinhydrat $N_2H_4(H_2O)$, einer unzersetzt lagerfähigen Flüs-sigkeit (Sdp. $118.5\,°C$), im Handel ist. Der hohe Siedepunkt von Hydrazin ist den zwischenmolekularen H-Brücken zu danken. Die lichtempfindlichen gelben Kris-talle von *Diazen*, N_2H_2, sind nur unterhalb von $-180\,°C$ haltbar; beim Einsatz als nur intermediär auftretendes, *cis*-spezifisches Hydrierungsmittel muss nicht gekühlt werden. Wie bei allen Azo-Verbindungen, denen Diazen als Stammverbindung zu-grunde liegt, kommt die Farbe durch einen n $\to \pi^*$-Übergang zustande. Beim *Hyd-rogenazid*, HN_3, handelt es sich um eine farblose, stechend riechende, flüchtige, giftige, explosionsanfällige, endotherme ($\Delta_f H^0 = 264.2$ kJ mol^{-1}) Flüssigkeit (Sdp. $36.7\,°C$), deren Dämpfe gefäßerweiternde Wirkung ausüben.

Zur Gewinnug von *Hydrazin* geht man von Ketazinen $R_2C{=}N{-}N{=}CR_2$ aus, die man bei $180\,°C$ und 10 bar hydrolysiert: $R_2C{=}N{-}N{=}CR_2 + 2\,H_2O \to H_2N{-}NH_2 + 2\,R_2CO$ (*Bayer-Verfahren*). Ketazine stellt man aus R_2CO, NH_3 und einem Oxidationsmittel her, und als solches dient entweder H_2O_2 ($2\,NH_3 + H_2O_2 + 2\,MeEtCO \to MeEtC{=}N{-}N{=}CEtMe + 4\,H_2O$) oder $NaClO$ ($2\,Me_2CO + 2\,NH_3 + ClO^- \to Me_2C{=}N{-}N{=}CMe_2 + Cl^- + 3\,H_2O$). Auch das traditionelle *Raschig-Verfahren* wird noch technisch angewendet, bei dem zunächst Chlor unter Kühlung in Natronlauge eingeleitet wird ($Cl_2 + 2\,OH^- \to ClO^- + Cl^- + H_2O$) und anschließend Ammoniak ($ClO^- + 2\,NH_3 \to N_2H_4 + Cl^- + H_2O$); ein Zwischenprodukt dieser Reaktion ist Chloroamin ($ClO^- + NH_3 \to ClNH_2 + OH^-$; $ClNH_2 + NH_3 + OH^- \to N_2H_4 + Cl^- + H_2O$). Um den katalyti-schen Zerfall von N_2H_4 durch Disproportionierung hintanzuhalten, bindet man katalytisch wirksame Schwermetallionen durch Koordination an *Leim* (d. i. im We-sentlichen ein Protein-Gemisch, das sog. *Glutin*, das durch Heißhydrolyse von Col-lagen, einem tierischen Eiweiß, entsteht). *Diazen* bildet sich intermediär aus Diazan durch Oxidation mit H_2O_2 oder anderen (s. Abschnitt 6.6.5). Um festes Diazen in Substanz zu erhalten, sulfoniert man Hydrazin mit Tosylchlorid $ArSO_2Cl$ (Ar = *p*-MeC_6H_4) zum Sulfonsäurehydrazid $H_2N{-}NH{-}SO_2Ar$, das man mit starken Basen unter Ausnutzung des $-I$-Effekts des Sulfonylrests am N1-Atom zu $M[H_2N{-}N(SO_2Ar)]$ dehydronieren kann. Die oxidierende thermische Abspaltung des Sulfinats $M(SO_2Ar)$ ($SO_2Ar^+ \to SO_2Ar^-$; $S^{VI} \to S^{IV}$) erbringt das Gas N_2H_2, das auf gekühlten Flächen ($-196\,°C$; Kühlmittel ist flüssiges N_2, Sdp. $-195.82\,°C$) kristallisiert; oxidiert wird dabei N_2H_4 (N^{-II}) zu N_2H_2 (N^{-I}). *Hydrogenazid* gewinnt man technisch, indem man N_2O-Gas in eine Schmelze von $NaNH_2$ einleitet ($NaNH_2 + N_2O \rightarrow NaN_3 + H_2O$) oder indem man (eingedenk der Bildung von N_2O gemäß $NH_4NO_3 \rightarrow N_2O + 2\,H_2O$) in eine $NaNH_2$-Schmelze bei $190\,°C$ gepulvertes $NaNO_3$ einträgt ($3\,NaNH_2 + NaNO_3 \rightarrow NaN_3 + 3\,NaOH + NH_3$). Aus NaN_3 wird durch Behandlung mit verdünnter Schwefelsäure die Säure HN_3 in Freiheit gesetzt und abdestilliert. Eine Bildungsweise für HN_3 besteht weiterhin darin, dass man N_2H_4 mit $NaNO_2$ in saurer Lösung nitrosiert: $N_2H_5^+ + NO^+ \rightarrow HN_3 + H_2O + 2\,H^+$.

Um die *Struktur* von N_2H_4 zu beschreiben, definieren wir einen Diederwinkel δ vom freien Elektronenpaar an N1 über die N—N-Achse zum freien Elektronenpaar an N_2: δ(Gasphase) $= 100°$ (C_2; gestaffelte Konformation). Der N—N-Abstand hat den für eine N—N-Einfachbindung charakteristischen Wert von $145\,pm$. Der N=N-Abstand im *trans*-N_2H_2 beträgt $125\,pm$ (Gasphase). Der Unterschied von 20 pm zwischen den Längen der NN-Einfach- und -Doppelbindung genügt unserer allgemeinen Regel. *trans*-Diazen (C_{2h}) liegt energetisch etwas tiefer als *cis*-Diazen (C_{2v}), wie es für Azo-Verbindungen typisch ist. Das Aminonitren-Isomer, $\{H_2N—N \leftrightarrow H_2N=N\}$ (C_{2v}), ist noch instabiler als *cis*-N_2H_2, kann aber bei 12 K in einer Ar-Matrix metastabil ausgefroren werden (wenn es dort durch Photolyse von $H_2N—N=C=O$ generiert wurde). Im Molekül HN_3 liegt in der Gasphase eine nicht ganz lineare N_3-Kette vor (Winkel NNN $173.3°$) mit einer *trans*-Anordnung der vieratomigen Kette (C_s). Entsprechend der Mesomerie $\{HN—N\equiv N \leftrightarrow HN=N=N\}$ ist der Abstand N1—N2 ($124.3\,pm$) größer als N2—N3 ($115.4\,pm$). (Den Grenzstrukturen entsprechend ist die Bezeichnung *Triazin* der oben gewählten Bezeichnung *Triazadien* ebenbürtig.)

Gemeinsames Merkmal der Substanzen N_2H_4, N_2H_2 und HN_3 ist ihre thermodynamische Instabilität. Ihr Zerfall ist aber normalerweise kinetisch kontrolliert und führt nicht zur Gleichgewichtsmischung aus H_2, N_2 und NH_3. Kinetisch am wenigsten stabil ist N_2H_2, das man nur unterhalb von $-180\,°C$ metastabil halten kann. Die Metastabilität von HN_3 ist begrenzt; beim Erhitzen, aber auch als Folge von Stößen neigt ungelöstes HN_3 zu heimtückischen Explosionen. Auch mit reinem N_2H_4 ist nicht zu spaßen, kann es doch beim Erhitzen ebenfalls explodieren. Bei Raumtemperatur zerfällt es aber kontrolliert und überaus langsam, während das Hydrazinhydrat unzersetzt lagerfähig ist.

Der kinetisch kontrollierte Hydrazin-Zerfall besteht in einer Disproportionierung ($\Delta_r H^0 = 336.5\,kJ$):

$$3\,N_2H_4 \rightarrow N_2 + 4\,NH_3$$

Diese Disproportionierung wird von Edelmetallen wie Ru katalysiert, sodass das Überleiten von N_2H_4 über einen Ru-Kontakt ein Mittel darstellt, um schnell aus einer Flüssigkeit eine große Menge an Gas zu produzieren. Bringt man N_2H_2 kinetisch kontrolliert (also bei viel tieferer Temperatur als N_2H_4) zum Zerfall, so besteht dieser hauptsächlich ebenfalls in einer Disproportionierung gemäß $2\,N_2H_2 \rightarrow$

$N_2 + N_2H_4$, die wohl über einen sechsgliedrig-cyclischen Übergangszustand verläuft (s. Abschnitt 6.6.5). Daneben ist auch ein Zerfall in die Elemente ($N_2H_2 \rightarrow N_2 + H_2$) zu beobachten sowie eine Umlagerung in $[NH_4]N_3$. Auch HN_3 kann man kontrolliert zum Zerfall bringen, und zwar entweder thermisch bei stark vermindertem Druck oder photolytisch; neben N_2 erhält man primär Nitren NH, das sich zunächst zu N_2H_2 stabilisiert und in der Folge in dessen Zerfallsprodukte übergeht.

Hydrazin ist eine schwächere Base (pK_{B1} = 6.1) als Ammoniak (pK_B = 4.8); das liegt daran, dass die NH_2-Gruppe einen stärkeren negativen, acidifizierenden induktiven Effekt ausübt als das H-Atom, sodass das Hydrazinium-Kation $N_2H_5^+$ stärker sauer ist als das Ammonium-Kation NH_4^+. Das Kation $N_2H_5^+$ ist − vermöge des einen noch freien Elektronenpaars − noch sehr schwach basisch (pK_{B2} = 15.1); Salze wie z. B. das wohlkristallisierte $[N_2H_6]SO_4$ mit den Anionen starker Säuren sind indes bekannt. Als Säure ist N_2H_4 zwar extrem schwach, ist aber immerhin noch eine stärkere Säure als NH_3; denn die Reaktion von N_2H_4 mit $NaNH_2$ führt zu NaN_2H_3 und NH_3, wieder eine Folge des $-I$-Effekts von NH_2.

Hydrogenazid ist eine schwache Säure (pK_A = 4.92) und bildet als solche Salze mit Alkali- und Erdalkaliionen vom Typ $M^I N_3$ bzw. $M^{II}(N_3)_2$. Typisch für HN_3 − und ebenso generell für Azide XN_3, bei denen X kovalent an N_3 gebunden ist (insbesondere RN_3) − sind Reaktionen sowohl mit Lewis-Säuren als auch mit Lewis-Basen. Kationische Lewis-Säuren wie H^+ oder neutrale Lewis-Säuren wie $SbCl_5$ greifen HN_3 (oder allgemein XN_3) am Atom N1 an. Produkte vom Typ $[H_2N_3]SbF_6$ (mit dem Kation $H_2N-N^+\equiv N$) bzw. vom Typ $Cl_5Sb^- -NH-N^+\equiv N$ sind isolierbar, aber in der Regel anfällig gegen die mehr oder weniger spontane Abspaltung von N_2, ist doch das Molekül $N\equiv N$ in einer N-Diazonium-Verbindung $X_2N-N^+\equiv N$ schon präformiert. Es ist wohlbekannt, dass der Zerfall organischer Azide RN_3 von Lewis-Säuren (z. B. von BF_3) katalysiert wird. Lewis-Basen hingegen greifen XN_3 am Atom N3 an. Bekannt ist die Reaktion von RN_3 mit Phosphanen PR_3', die über isolierbare, sog. Phosphazide $R-N=N-N=PR_3'$ zu Imino-λ^5-phosphanen $R_3'P=NR$ und N_2 führt (*Staudinger-Reaktion*). Wird RN_3 von einem Carbanion R^- angegriffen, so bilden sich dementsprechend Anionen $[R-N\cdots N\cdots N-R]^-$ mit einer M-förmig gewinkelten Allylanion-Struktur (C_{2v}; *trans*-Anordnung der Liganden an N1−N2 und N2−N3).

Hydrazin ist ein kräftiges Reduktionsmittel: $\varepsilon^0(N_2/N_2H_5^+)$ = −0.23 V (saure Lösung); $\varepsilon^0(N_2/N_2H_4)$ = −1.16 V (basische Lösung). So werden in wässriger Lösung O_2 zu H_2O, Hal_2 zu Hal^-, Hg^{2+} zu Hg, Ag^+ zu Ag, CrO_4^{2-} zu Cr^{3+} reduziert. Manche Kationen M^{n+} (z. B. Fe^{3+}, Co^{3+}, Ce^{4+}) werden nicht nur reduziert, sondern katalysieren auch die Disproportionierung, sodass N_2H_4 nicht ausschließlich in N_2, sondern auch in NH_3 übergeht. In saurer Lösung kann mit bestimmten Oxidationsmitteln (z. B. mit H_2O_2 oder $HS_2O_8^-$) neben N_2 auch HN_3 als Produkt auftreten (möglicherweise über eine primäre Oxidation über N_2 hinaus zu NO^+, das dann überschüssiges N_2H_4 in HN_3 überführt; s. o.). In reiner Form kann N_2H_4 als Brennstoff für Raketen verwendet werden (mit O_2, H_2O_2, N_2O_4 u. a. als

Oxidantien); anstelle von N_2H_4 hat man hierfür auch das Dimethyl-Derivat Me_2N-NH_2 eingesetzt.

Hydrogenazid oxidiert ($HN_3 + 3\,H^+ + 2\,e \rightarrow NH_4^+ + N_2$; $\varepsilon^0 = 1.96\,V$] und redu-ziert kräftig [$2\,HN_3 \rightarrow 3\,N_2 + 2\,H^+ + 2\,e$; $\varepsilon^0(N_2/HN_3) = -3.09\,V$]. Metalle wie $M = Mn$, Fe, Zn werden zu M^{2+} oxidiert; Oxidationsmittel wie Ce^{4+} oder I_2 werden glatt reduziert.

Unter den Salzen der Nitrogenhydride N_mH_n haben nur die *Azide* praktische Bedeutung. Eine zentrale Rolle spielt NaN_3, wie man es aus $NaNH_2$ und N_2O direkt erhält (s. o.). Andere salzartige Azide M^IN_3 und $M^{II}(N_3)_2$ kann man aus NaN_3 darstellen. Technisch durchgeführt wird − wie schon erwähnt − die Herstel-lung des Initialzünders $Pb(N_3)_2$ aus $Pb(NO_3)_2$ und NaN_3.

Bei den Alkali- und Erdalkalimetallaziden handelt es sich um stabile, farblose Salze, die sich beim Erhitzen auf einige Hundert Grad kontrolliert zersetzen, und zwar die Azide MN_3 in die Elemente, die Azide $M(N_3)_2$ in die Nitride M_3N_2 und N_2; bei weiterem Erhitzen zerfallen natürlich auch die Nitride M_3N_2 in die Ele-mente. Eine Ausnahme bildet LiN_3, das bei ca. 250 °C heftig explodiert. Die kon-trollierte Zersetzung von Aziden in die Elemente ist eine Methode, sowohl Metalle als auch Nitrogen in großer Reinheit herzustellen. Schwermetallazide wie $Pb(N_3)_2$, AgN_3, $Cd(N_3)_2$, $Hg(N_3)_2$ detonieren beim Erhitzen.

Azid-Ionen N_3^- sind hochsymmetrisch gebaut ($D_{\infty h}$) mit NN-Abständen von 118 pm im Bereich kurzer Doppelbindungen. Sie wirken nicht nur als Brønsted-Basen, die mit der Säure HN_3 korrespondieren, sondern auch als Lewis-Basen, die mit Übergangsmetallen Komplexe bilden. Ein komplexes Salz wie $[NMe_4]_3[Fe(N_3)_6]$ birgt zwar auf engem Raume eine beträchtliche Menge an N_2, übersteht aber das Schmelzen bei 270−280 °C ohne zu zerfallen; der katalytisch den Zerfall einleitende Angriff irgendeiner Säure an einem der N1-Atome der Azidgruppen ist in der Enge des Koordinationsraums um das Fe-Atom nicht möglich. Das N1-Atom kann auch zwei Metallionen verbrücken. Als Beispiel sei das Anion $[Cd(N_3)_4]^{2-}$ genannt, das Ketten aus $Cd(N_3)_2$-Einheiten mit terminal gebundenen Azidgruppen bildet; diese Einheiten sind − nach Art der $PdCl_2$-Struktur − durch je ein Paar brückenständi-ger N_3-Gruppen an die beiden Nachbareinheiten gebunden, sodass Cd oktaederar-tig an sechs N-Atome gebunden ist.

Phosphorhydride P_mH_n

Die gesättigten *Phosphorhydride* oder *Oligophosphane* P_mH_n mit m > 1 haben keine technische Bedeutung, stellen aber gleichwohl wegen ihrer strukturellen Vielfalt eine lehrreiche Verbindungsklasse dar. Für alle Glieder dieser Klasse gelten feste Regeln: Das Elektronenoktett wird nicht überschritten, und das Oktett wird durch drei (2c2e)-Bindungen und ein freies Elektronenpaar gebildet; formale Ladungen treten in den Valenzstrichformeln nicht auf. Was die Koordination um ein P-Atom anbetrifft, gilt es, drei Sorten von P-Atomen zu unterscheiden: PH_2-Gruppen an Kettenenden, PH-Gruppen im Platteninneren und P-Atome in einer Brückenkopfposition an Kettenverzweigungen; dies erinnert in gewisser Weise an die Verhältnisse bei gesättigten Carbonhydriden. Die Zahl der P-Nachbaratome eines gegebenen P-Atoms beträgt also 1, 2 oder 3. Man hat acyclische von cyclischen Phosphanen zu unterscheiden.

Als Reinstoffe isoliert hat man nur die Phosphane P_2H_4, P_3H_5, P_5H_5, P_7H_3 und PH. Eine Fülle weiterer Vertreter wurde in Gemischen nachgewiesen und im Gemisch strukturell charakterisiert. Von etlichen dieser nicht rein isolierten Phosphane P_mH_n hat man aber organische Derivate P_mR_n dargestellt, isoliert und charakterisiert. Von einer Reihe an H-Atomen armen Phosphanen P_mH_n kennt man die korrespondierenden Anionen P_m^{n-}, wenn auch die Hydride selbst keinen sauren Charakter haben. Durch Hydronierung von Metall-Derivaten M_nP_m kann man in gewissen Fällen zu P_mH_n kommen (d. i. bei formaler Betrachtung eine Redoxreaktion, weil H^I zu H^{-I} reduziert wird).

Ungesättigte Phosphorhydride, allen voran als einfachste Verbindung dieser Klasse das *Diphosphordihydrid* oder *Diphosphen*, P_2H_2, kennt man als isolierte Substanzen nicht, sondern allenfalls unter extremen Bedingungen wie z. B. in einer Argon-Matrix. Doch sind organische Derivate wie RP=PR isolierbar, wenn R räumlich so anspruchsvoll ist, dass die reaktive Doppelbindung abgeschirmt wird; geeignete Reste sind z. B. der Tris(trimethylsilyl)methyl- oder der 2,4,6-Tri-*tert*-butylphenyl-Rest, $C(SiMe_3)_3$ bzw. $C_6H_2tBu_3$. Ein interessantes, ungesättigtes Anion ist das Pentaphosphacyclopentadienid P_5^- (D_{5h}), ein Fünfring mit fünf freien Elektronenpaaren nach außen und sechs delokalisierten π-Elektronen, ein aromatisches System also. Dieses Anion löst sich mit passenden Gegenionen in $HCO(NMe_2)$ (dmf) mit roter Farbe und ist dort haltbar, wenn man O_2 peinlich fernhält; ähnlich dem Cyclopentadienid $C_5H_5^-$ vermag es sich als fünfzähniger Ligand an Übergangsmetalle zu koordinieren.

Diphosphan, P_2H_4, eine selbstentzündliche, farblose Flüssigkeit, entsteht bei der Hydrolyse von Ca_2P_2 gemäß $Ca_2P_2 + 4\,H_2O \rightarrow P_2H_4 + 2\,Ca(OH)_2$. Da das Phosphid Ca_3P_2 außer P^{3-} auch eine kleine verunreinigende Menge an P_2^{2-}-Ionen enthält, ist P_2H_4 ein Nebenprodukt bei der Darstellung von PH_3 aus Ca_3P_2. Es ist nur bei tiefer Temperatur haltbar und disproportioniert oberhalb von $-30\,°C$ in höhere Phosphane und Monophosphan. Dies eröffnet bei geeigneter Temperatur und Thermolysedauer einen geeigneten Weg zu Triphosphan(5) P_3H_5 und Cyclopentaphosphan(5) P_5H_5. Das Heptaphosphan(3) P_7H_3 erhält man durch Hydronierung von Li_3P_7.

Die Struktur von P_2H_4 zeichnet sich im Grundzustand wie bei N_2H_4 durch eine gestaffelte Konformation mit C_2-Symmetrie aus. Dem Triphosphan, einer bei $-80\,°C$ lagerfähigen Flüssigkeit, liegt eine gewinkelte Dreierkette zugrunde. Bei höheren Phosphanen muss man mit Konfigurationsisomeren rechnen, da die Inversionsschwelle für Phosphane hoch liegt. Für Tetraphosphan(6) P_4H_6 bedeutet dies, dass die mittleren Atome der Viererkette, P2 und P3, entweder *R*- oder *S*-konfiguriert sind, sodass (*R*,*R*)- und (*S*,*S*)-Enantiomere auftreten neben der (*R*,*S*)-*meso*-Form; die Verhältnisse erinnern an die Weinsäure (s. Abschnitt 2.5.3). Die Struktur von *cyclo*-P_5H_5 ist ähnlich der von Cyclopentan; bei der Abfolge der Liganden H und der Pseudoliganden (der freien Elektronenpaare also) an der Ringoberseite (und entsprechend an der Ringunterseite) wird ein Maximum an Abwechslung in dem Sinne angestrebt, dass sich die freien Elektronenpaare möglichst wenig nahekommen; dies ist wegen der ungeraden Ringatomzahl an einer der fünf P—P-Bindungen nicht realisierbar. Das Heptaphosphan(3) hat eine Tricyclo[2.2.1.0^{2,6}]heptaphosphan-Struktur:

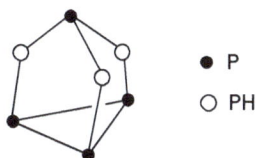

- ● P
- ○ PH

Das P_7-Gerüst (C_{3v}) wird auch in den Phosphiden M_3P_7 angetroffen. Löst man Li_3P_7 in Tetrahydrofuran auf, dann erweist sich das Anion P_7^{3-} nicht als konstitutionsstabil. Vielmehr fluktuiert das Anion in einer Weise, dass jedes der sieben Atome jeden der sieben Strukturplätze einnehmen kann, sodass im Mittel alle sieben P-Atome einander äquivalent werden. Es handelt sich um insgesamt $7!/3 = 1680$ entartete Isomere, eine ähnliche Situation wie beim Bullvalen $C_{10}H_{10}$ (s. Abschnitt 2.5.1). Methanolysiert man P_7^{3-} ($P_7^{3-} + 3\,MeOH \rightarrow P_7H_3 + 3\,MeO^-$), dann entstehen zwei isomere Moleküle P_7H_3: Die H-Atome können − längs der C_3-Achse beobachtet − gleichsinnig nach rechts oder links stehen (C_3; zwei Enantiomere) oder aber zwei nach rechts und eines nach links oder umgekehrt (C_1; zwei Enantiomere).

Die Tricycloheptaphosphor-Struktur trifft man als isoliertes (P_7^{3-}) oder dimer (P_{14}^{4-}) oder polymer ($P_7^-)_\infty$ verknüpftes Bauelement in Metallphosphiden an (die Verknüpfung erfolgt über die P^--Ecken von P_7^{3-}). Die Phosphorketten ($P^-)_\infty$ in Phosphiden wie NaP haben die gleiche Struktur mit dreizähliger Schraubenachse wie die Se-Ketten im grauen Selen. Aus der Mannigfaltigkeit strukturell aufgeklärter, metastabil lagerfähiger Metallphosphide $M_m^I P_n$ und $M_m^{II} P_n$ wurden hier nur wenige Beispiele herausgegriffen.

Über Arsane $As_m H_n$ und Stibane $Sb_m H_n$ (m > 1) weiß man wenig.

Siliciumhydride $Si_m H_n$

Die acyclischen Silane $Si_n H_{2n+2}$ und die cyclischen Silane $Si_n H_{2n}$ zeichnen sich durch Konfigurationen und Konformationen aus, die ganz denen der Alkane entsprechen. Im Gegensatz zu diesen aber handelt es sich bei den Silanen um endotherme Verbindungen, die schon bei Raumtemperatur zerfallen, und zwar umso schneller, je größer sie sind. Rein isoliert und charakterisiert hat man das farblose Gas Si_2H_6 (bei 0 °C haltbar), die farblosen Flüssigkeiten $Si_n H_{2n+2}$ (n = 3−6), einige farblose Festkörper $Si_n H_{2n+2}$ (n > 6) sowie das Cyclopenta- und -hexasilan

Si_5H_{10} bzw. Si_6H_{12}. Man kennt auch verzweigte Silane wie *iso*-Tetrasilan (2-Silyltrisilan) und höhere.

Zu ihrer Herstellung gibt man Mg_2Si in warme Phosphorsäure (20 %) und erhält neben SiH_4 als dem überwiegenden Hauptprodukt ein Gemisch der höheren Silane in einer mit der Zahl der Si-Atome abnehmenden Menge. Eine andere Darstellungsmethode besteht in der Hydridierung von Chloro- oder Bromosilanen [z. B. Si_2Cl_6, Si_3Cl_8, $Si(SiCl_3)_4$, *cyclo*-Si_5Br_{10}, *cyclo*-Si_6Br_{12} u. a.] mit $LiAlH_4$ in Et_2O. Die Polymeren $SiBr_2$ (Kettenstruktur) und $SiBr$ (Schichtstruktur) lassen sich ebenso in festes *Polysilen* SiH_2 bzw. *Polysilin* SiH überführen.

Während Alkane an der Luft nur bei Zündung verbrennen, sind Silane selbstentzündlich, eine Folge nicht nur der schwächeren Bindungsenergie der Si—H- (ca. 320 kJ mol^{-1}) gegenüber der C—H-Bindung (ca. 420 kJ mol^{-1}), der hohen Bildungsenthalpie von SiO_2 (-990.9 kJ mol^{-1}) gegenüber CO_2 (-393.5 kJ mol^{-1}), sondern auch der Größe der Si-Atome gegenüber den C-Atomen, die den Zutritt von O_2 erleichtert. Mit wässrigen Alkalibasen werden sowohl die Si—H- als auch die Si—Si-Bindung oxidativ gespalten: $Si_2H_6 + 2 H_2O + 4 OH^- \rightarrow 2 SiO_3^{2-} + 7 H_2$.

Erhitzt man Si_2H_6, das bei 25 °C nur überaus langsam zerfällt, auf 300 °C, so disproportioniert es in SiH_4 und SiH_2, und das hochreaktive SiH_2 schiebt sich sofort in Si—H-Bindungen ein (z. B. $Si_2H_6 + SiH_2 \rightarrow Si_3H_8$), sodass bei fortgesetztem Erhitzen neben SiH_4 immer höhere Silane entstehen, bis sich Polymere SiH_n und bei genügend hoher Temperatur schließlich Si an den Wänden abscheiden.

Instabile ungesättigte Moleküle wie das *Silandiyl*, (*Silanyliden*, kurz auch *Silylen*) $^1SiH_2$ und das energiereichere $^3SiH_2$ (die den Carbenen entsprechen), das *Disilen* (*Disilaethen*) $H_2Si=SiH_2$, *Disilin* (*Disilaethin*) $HSi\equiv SiH$ kann man unter extremen Bedingungen erzeugen, nämlich indem man Si-Atome (generiert aus Silicium im Hochvakuum bei 1400 °C) mit H_2 bzw. SiH_4-Gas in einen Ar-Strom bringt und die Gase bei 10 K ausfriert. Disilen ist nicht planar gebaut, vielmehr wirkt das π-Elektronenpaar gleichsam wie ein freies, aber über beide Si-Atome verteiltes Elektronenpaar, als Pseudoligand also, und zwingt das Molekül in eine antiperiplanare Konformation (C_{2h}). Analog dazu weist Disilin keinen linearen Bau auf, sondern ist N-förmig (antiperiplanar) gewinkelt aufgebaut mit Winkeln von 125.8° (C_{2h}).

Sind die höheren und besonders die ungesättigten Siliciumhydride auch instabil, so kann man die entsprechenden Verbindungen isolieren, wenn man alle H-Atome durch organische Reste R ersetzt, sofern die Gruppen R so groß sind, dass sie den Zerfall kinetisch blockieren. U. a. kennt man die Sila-Analoga von Cyclopropan (Si_3R_6), Cyclobutan (Si_4R_8), Bicyclobutan (Si_4R_6), Norbornan (Si_7R_{12}), Decalin ($Si_{10}R_{18}$), Adamantan ($Si_{10}R_{16}$), Tetrahedran (Si_4R_4), Prisman (Si_6R_6), Cuban (Si_8R_8). Etliche Disilaethene $R_2Si=SiR_2$ kann man isolieren (einige planar gebaut, andere mit der C_{2h}-Struktur des Grundkörpers Si_2H_4) und sogar nichtlinear gebaute Disilaethine $RSi\equiv SiR$ [stabilisiert durch Gruppen R wie $SiMe(SitBu_3)_2$ u. a.]. Vergleicht man die SiSi-Bindungsabstände von $H_3Si—SiH_3$ (233 pm), $R_2Si=SiR_2$ (215 pm) und $RSi\equiv SiR$ (206 pm), so findet man wieder die Regel ziemlich gut erfüllt, dass sich E—E- von E=E-Bindungslängen um ca. 20 pm und E=E- von E≡E-Bindungslängen um ca. 10 pm unterscheiden.

Bei den Germaniumhydriden sind einige Germane des Typs Ge_nH_{2n+2} bekannt, für deren Bildung, Struktur und Reaktionen Ähnliches gilt wie für die entsprechenden Silane. Sehr viel reichhaltiger als die Chemie der Hydride ist beim Germanium, aber auch beim Zinn und Blei, die Chemie organischer Derivate: Dreiringe E_3R_6 (Ge, Sn, Pb), Triagonprisman E_6R_6 (Ge, Sn), Pentagonprisman $E_{10}R_{10}$, Tetrahedran Ge_4R_4, Cuban E_8R_8 (Ge, Sn), Icosahedran $Pb_{12}R_6$ u. a. Ebenso hat man im Allgemeinen nichtplanare Digermene, Distannene und Diplumbene $R_2E=ER_2$ (C_{2h}) und nichtlineare Digermine, Distannine und Diplumbine RE≡ER (C_{2h}) isoliert; ob man bei diesen eine Dreifachbindung oder nicht besser eine Einfachbindung mit zwei freien Elektronenpaaren schreiben sollte, ist sehr die Frage, zumal der Bindungswinkel C—E—E von 128.7° bei ArGeGeAr und 125.2° bei ArSnSnAr auf 94.3° bei Ar'PbPbAr' zurückgeht [Ar = $2,6-C_6H_3(2,6-C_6H_3iPr_2)_2$, Ar' = $2,6-C_6H_3(2,4,6-C_6H_2iPr_3)_2$].

7.1.4 Borhydride

Diboran und seine Derivate

Diboran(6), B_2H_6, ein endothermes (Δ_fH^0 = 36 kJ mol^{-1}), farbloses, giftiges Gas (Sdp. −93.35 °C), bietet ein einfaches Modell zur Beschreibung von (3c2e)-Bindungen (s. Abschnitt 2.2.4). Zur Darstellung im Labor geht man am besten von $NaBH_4$ aus, das man entweder in Diglym mit $BF_3(OEt_2)$ umsetzt [4 $BF_3(OEt_2)$ + 3 $NaBH_4$ → 2 B_2H_6 + 3 $NaBF_4$ + 4 Et_2O] oder dessen wässrige Lösungen man ansäuert (2 BH_4^- + 2 H^+ → B_2H_6 + 2 H_2) oder das man mit Iod oxidiert (2 $NaBH_4$ + I_2 → B_2H_6 + 2 NaI + H_2). Auch die Hydridierung von BCl_3 mit $LiAlH_4$ in Et_2O eröffnet einen bequemen Zugang (4 BCl_3 + 3 $LiAlH_4$ → 2 B_2H_6 + 3 $LiAlCl_4$). Zur Gewinnung größerer Mengen kann man auf festes NaH bei 180 °C BF_3-Gas einwirken lassen (6 NaH + 2 BF_3 → B_2H_6 + 6 NaF).

Diboran(6) ist bis ca. 50 °C metastabil. Oberhalb von 50 °C zerfällt es unter Abspaltung von H_2 in höhere Borhydride (B_4H_6, B_5H_9, B_5H_{11}, $B_{10}H_{14}$; s. u.) und ein gelbes Polymer der ungefähren Zusammensetzung BH. Leitet man B_2H_6 bei etwa 800 °C auf heiße Oberflächen, so scheidet sich ein Film von festem halbleitendem Bor ab, eine typische *Gasphasenabscheidung* oder *CVD* (*Chemical Vapor Deposition*).

Mit O_2 verbrennt B_2H_6 zu B_2O_3 und H_2O, eine mit Δ_rH^0 = −2066 kJ stark exotherme Reaktion, deren technische Verwertung u. a. dadurch eingeschränkt ist, dass bei hoher Temperatur das endotherme Gleichgewicht 2 B_2O_3 ⇆ 2 B_2O_2 + O_2 zum Zuge kommt (B_2O_2 ist die Formel für Moleküle des Dampfes über festem Borsuboxid BO). Chlor und Diboran ergeben BCl_3 und HCl. Von Na wird B_2H_6 reduziert (in Et_2O), 2 Na + 2 B_2H_6 → $NaBH_4$ + NaB_3H_8, eine Reaktion, die über das nachweisbare Anion $[H_3B-BH_3]^{2-}$ als instabilem Zwischenprodukt verläuft.

Die Reaktion von B_2H_6 mit Lewis-Basen D führt im Rahmen einer [3c,1c]-Collocation zu einem als Zwischenprodukt nachweisbaren Molekül $H_3B\cdots H\cdots BH_2D$ mit nur noch einer BHB-Brücke. Dieses Zwischenprodukt ist insbesondere fassbar, wenn man als Base das H^--Anion einsetzt und das entstehende Anion $B_2H_7^-$ mit großräumigen, wenig reaktiven Kationen wie dem Bis(triphenylophosphan)nitrogen-Kation $[Ph_3P{=}N{=}PPh_3]^+$ kristallisiert. Gewöhnlich reagiert die Zwischenverbindung $H_3B\cdots H\cdots BH_2D$ weiter, und zwar entweder durch Abspaltung von H_2 (wenn als Base D ein hydronaktives Mittel HX wirkt) oder durch Addition eines weiteren Moleküls D:

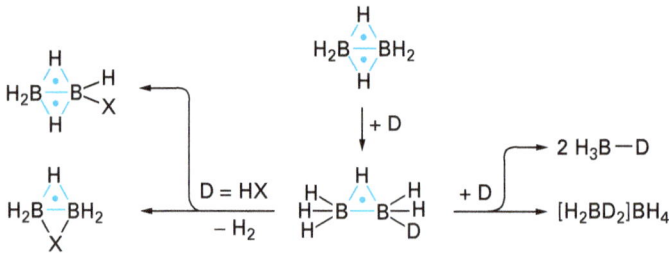

Die zu BH_3D führende sog. *symmetrische* Spaltung von Diboran beobachtet man mit den Basen D = Me_2S, NMe_3, py, CO u. a. Zur *asymmetrischen* Spaltung führt insbesondere Ammoniak als Base und ergibt neben dem Anion BH_4^- das Dihydridodiamminbor(1+)-Kation $[H_3N{-}BH_2{-}NH_3]^+$. Produkte B_2H_5X mit *terminalem* X entstehen, wenn die freien Elektronenpaare an X wenig basisch sind, z. B. X = Cl; mit X in der *Brückenstellung* von B_2H_5X muss man rechnen im Falle von X = OR, NR_2 u. a. und auch, wenn man B_2H_6 und NH_3 streng 1:1 umsetzt. Das Produkt $H_3B{-}C{\equiv}O$, ein farbloses Gas (Sdp. $-65\,°C$), verfügt am C-Atom über ein Lewis-saures Zentrum, das beispielsweise O^{2-}-Ionen addieren kann: $CaO + BH_3{-}CO \rightarrow Ca[H_3B{-}CO_2]$; das Anion $[H_3B{-}CO_2]^{2-}$ kann man mit Alkoholen zu Ester-Anionen $[H_3B{-}COOR]^-$ und mit HNR_2 zu Amid-Anionen $[H_3B{-}CONR_2]^-$ einer hypothetischen Säure $[H_3B{-}COOH]^-$ umsetzen. Bemerkenswerterweise bildet CO bei Raumtemperatur keine Addukte mit den Lewis-Säuren BF_3 und BCl_3 – im Gegensatz zu der nicht existenten Lewis-Säure BH_3 – und ebenso bildet CO Addukte mit den bei Raumtemperatur nicht existenten Metallatomen Cr, Fe und Ni unter Bildung von $Cr(CO)_6$, $Fe(CO)_5$ bzw. $Ni(CO)_4$ (s. Abschnitt 8). Der B–C-Abstand in Trialkylboranen BR_3 liegt bei 158 pm, beim $H_3B{-}CO$ bei 154 pm. Ähnlich wie bei der Hyperkonjugation HCC- könnten hier HBC-(3c2e)-Bindungen zur relativen Stabilität beitragen und eine ähnliche Rolle spielen wie die Metall-Carbon-π-Bindungen bei den Metallcarbonylen.

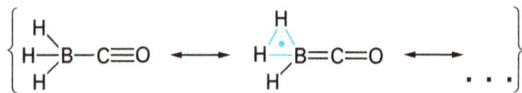

Die Reaktion von B_2H_6 mit HX zu B_2H_5X setzt sich im Überschuss von HX fort zu $B_2H_4X_2$ und $B_2H_3X_3$; Moleküle BHX_2 mit X = OR, NR_2 liegen monomer vor.

Hydriert man B_2H_6 mit Alkalimetallhydrid im Verhältnis 1:2, dann gelangt man zu den Alkalimetall-tetrahydridoboraten MBH_4, d. s. salzartige Substanzen, die bei Normaltemperatur in der Kochsalz-Struktur kristallisieren; dabei sind die BH_4^--Anionen so angeordnet, dass die vier H-Atome auf den vier durch das B-Atom gehenden C_3-Achsen liegen und demgemäß auf vier der acht übernächsten M^+-Nachbarn in den Ecken der kubischen Zelle hinweisen. Nur $LiBH_4$ tanzt aus der Reihe, da um das kleine Li^+ nur vier BH_4^--Einheiten Platz finden; offenbar bestehen im Kristallgitter erhebliche B—H—Li-Wechselwirkungen, die den Ionencharakter einschränken. Die Borate MBH_4 ($M \neq Li$) lösen sich unzersetzt in Wasser und entwickeln H_2 erst beim Ansäuern; $LiBH_4$ reagiert dagegen mit Wasser spontan. Technische Bedeutung hat $NaBH_4$, das man aus $B(OMe)_3$ und festem NaH bei ca. 260 °C herstellt: $B(OMe)_3 + 4\ NaH \rightarrow NaBH_4 + 3\ NaOMe$; man kann auch fein gemahlenes Borosilicatglas direkt mit Na und H_2 umsetzen: $Na_2B_4Si_7O_{21} + 16\ Na + 8\ H_2 \rightarrow 4\ NaBH_4 + 7\ Na_2SiO_3$. Angewendet wird $NaBH_4$ in der Organischen Chemie als Reduktionsmittel (s. Abschnitt 6.8.1), zur Gewinnung von B_2H_6, als Bleichmittel, zur reduktiven Abscheidung von Metallen auf festen Oberflächen (z. B. beim Vernickeln). Das Redoxpotential $[B(OH)_4]^-/BH_4^-$ beträgt 1.24 V. Die exotherme Verbindung $NaBH_4$ geht oberhalb von 150 °C langsam in NaB_3H_8 und oberhalb von 200 °C vorwiegend in $Na_2B_{12}H_{12}$ über.

Ternäre Borhydride mit höher geladenen Metallionen sind in der Regel unter Ausbildung von BHM-Brücken molekular gebaut. Aus einer Fülle bekannter und gut charakterisierter Verbindungen seien zwei einfach gebaute herausgegriffen: AlB_3H_{12} [als Formel schreibt man auch $Al(BH_4)_3$; Sdp. 44.5 °C] und ZrB_4H_{16} [auch: $Zr(BH_4)_4$; Smp. 28.7 °C]. Gegenüber Al^{3+} wirkt BH_4^- wie ein zweizähniger Ligand: Zwei H-Atome pro Anion bilden je eine B—H—Al-Brücke aus, während zwei H-Atome in terminaler Stellung verbleiben, sodass Al insgesamt von sechs H-Atomen trigonal-verzerrt oktaedrisch umgeben ist und sich ein chirales Molekül ergibt (D_3). Gegenüber Zr^{4+} (und analog Hf^{4+}) wirkt BH_4^- als dreizähniger Ligand mit je drei B—H—Zr-Brücken und einem terminalen H-Atom; die vier BH_4^--Liganden sind regulär tetraedrisch angeordnet, und die zwölf das Zentralatom umgebenden H-Atome bilden ein verzerrtes Kuboktaeder (T_d). AlB_3H_{12} reagiert an der Luft explosionsartig mit O_2.

Kernresonanzspektrometrie anhand des Beispielmoleküls Diboran(6)

Die meisten Atomkerne haben einen Eigendrehimpuls, zu dessen quantenmechanischer Beschreibung die Kernspinquantenzahl I gebraucht wird. Diese Quantenzahl hat für die in der Organischen Chemie wichtigen Kerne ^1H, ^{12}C und ^{13}C die Werte 1/2, 0 bzw. 1/2 (s. Abschnitt 6.1.3) und für Bor den Wert 3/2 (^{11}B) und 3 (^{10}B); ^{10}B und ^{11}B treten in der Natur zu 18.98 % bzw. 81.02 % auf, sodass wir uns im Folgenden auf ^{11}B beschränken. In einem Magnetfeld mit der Induktion B spaltet die

Kernenergie in $2I + 1$ Terme auf; diese werden durch magnetische Quantenzahlen m beschrieben, die von $+I$ bis $-I$ laufen, d. s. die Werte $m = 1/2, -1/2$ für ^{1}H und $m = 3/2, 1/2, -1/2, -3/2$ für ^{11}B; dabei steigt die Energie von $+I$ nach $-I$ an:

$$E = -m\gamma \frac{h}{2\pi} B$$

Die Größe γ, das *gyromagnetische Verhältnis*, ist für eine bestimmte Kernart eine Konstante. Die im Magnetfeld aufgespaltenen Energieniveaus sind bei Normaltemperatur − über alle Kerne verteilt − nahezu gleich besetzt, jedoch ist bei genauerer Betrachtung ein jeweils tiefer liegendes Niveau in der Regel geringfügig häufiger besetzt als ein höher liegendes. Bei der Wechselwirkung mit elektromagnetischer Strahlung wird deshalb unter energetischer Anhebung eines Kerns eher absorbiert als emittiert. Die Quantenmechanik schreibt vor, dass nur Übergänge zwischen benachbarten Niveaus erlaubt sind: $\Delta m = 1$. Damit betragen der Unterschied zwischen den Energien benachbarter Kernspinzustände im Felde B und die Frequenz ν der absorbierten Lichtquanten:

$$\Delta E = \gamma \frac{h}{2\pi} B = h\nu \qquad \nu = \frac{\gamma}{2\pi} B$$

In der Praxis wird eine zu vermessende Substanz in ein streng homogenes Magnetfeld der Stärke $B = 1.4-14.1$ T gebracht. Dem entspricht im Falle von ^{1}H-Kernen ($\gamma = 2.67519 \cdot 10^8$ T^{-1} s^{-1}) eine Frequenz von $\nu = 60-600$ MHz. Senkrecht zur Feldrichtung wird die Frequenz gesendet, und senkrecht zu beiden werden die Resonanzsignale empfangen. Zur Erzeugung des Magnetfelds genügt bis zu einem Wert von 2.35 T ein Elektromagnet; zur Erzeugung größerer Felder nutzt man die Supraleitung in Kryomagneten.

    Die Bedeutung solcher Messungen beruht darauf, dass die elektronische Umgebung eines Kerns, also die Bindungsverhältnisse eines Atoms, die Resonanzfrequenz modulieren, und zwar wird der Kern eines chemisch gebundenen Atoms im Vergleich zum freien Atom stets abgeschirmt, und die Induktion B', die zur Resonanz benötigt wird, ist deshalb stets kleiner als B: $B' = B - \sigma B = (1 - \sigma)B$. Die dimensionslose *Abschirmkonstante* σ ist für symmetrisch nicht äquivalente Kerne verschieden, und obwohl σ stets sehr klein ist (im Falle von ^{1}H liegt es in der Größenordnung 10^{-5}), können kleine Modulationen von σ zufolge unterschiedlicher Bindungsverhältnisse gemessen werden: *Kernresonanz-* oder *NMR-Spektrometrie*. Man verfährt so, dass man entweder die eingestrahlte Frequenz ν oder das angelegte Feld B im angemessen engen Bereich verändert und die Frequenzen bzw. Felder, bei denen Resonanz eintritt, aufzeichnet. Es entstehen mehr oder weniger breite Peaks mit charakteristischer Breite in halber Höhe (*Halbwertsbreite*). Diese Peaks, die *NMR-Signale*, werden mit einer von links nach rechts steigenden Abschirmkonstante aufgezeichnet. Um die gemessenen Frequenzen zu skalieren, definiert man einen Nullwert anhand einer ganz bestimmten, international festgelegten Substanz für jeden Kern. Für diese Referenzsubstanz ergibt sich eine Resonanzfrequenz von v_0 bei bestimmter Induktion B_0. Diese Substanz wird entweder der Messlösung zugemischt (*interner Standard*) oder in ein Kapillarröhrchen eingebracht, und dieses wird in die Messlösung getaucht (*externer Standard*). Bei ^{1}H- und ^{13}C-Messungen dient Tetramethylsilan $SiMe_4$ (*tms*) als zumeist interner Standard; es reagiert mit organischen Substanzen nicht und gibt mit vier äquivalenten C- und zwölf äquivalenten H-Atomen jeweils ein scharfes Signal im ^{13}C- bzw. ^{1}H-NMR-Spektrum. Bei ^{11}B-NMR-Messungen dient $BF_3(OEt_2)$ als in der Regel externer Standard. Wenn es möglich ist, zieht man den internen Standard vor, weil dann der Einfluss des Mediums auf die Mess- und die Standardsubstanz derselbe ist. Was man horizontal in die Messaufzeichnung, das Spektrum, einträgt, sind relative Frequenzen, die definiert sind gemäß

$$\delta = 10^6 \, \frac{v - v_0}{v_0}$$

Die sog. *chemische Verschiebung* δ stellt eine dimensionslose Verhältniszahl dar, die man wegen des Faktors 10^6 in ppm (*parts per million*) angibt. Sie wird umso kleiner, je mehr der Kern abgeschirmt wird; wird sie negativ, dann bedeutet dies, dass der gemessene Kern stärker abgeschirmt wird als der Kern der Referenzsubstanz. Die Fläche unter einem Signal gibt die Zahl äquivalenter Atome in Bezug auf die Zahl anderer jeweils äquivalenter Atome wieder, die zu anderen Signalen gehören. Bei unserem Beispielmolekül B_2H_6 (D_{2h}) beobachtet man im ^{1}H-NMR-Spektrum zwei Signale bei $\delta = 4.01$ und $\delta = -0.49$ ppm im Verhältnis $2:1$ für vier äquivalente terminale Atome H_t und zwei äquivalente brückenständige Atome H_b. Im ^{11}B-NMR-Spektrum erscheint nur ein Signal bei $\delta = 17.5$ ppm.

Die Messung der chemischen Verschiebung gewährt mehrerlei Information. Die δ-Werte gestatten Rückschlüsse auf die Abschirmung, die für bestimmte strukturelle Einheiten charakteristisch ist. Die Signalintensitäten geben die Verhältnisse der Zahlen äquivalenter Atome wieder. Das mag für B_2H_6 recht einfach sein, aber etwa für $B_{10}H_{14}$ (s. u.) gestattet das Verhältnis von vier chemischen Verschiebungen von $1:1:2:1$ für zehn B-Atome sehr wohl strukturelle Rückschlüsse, nämlich dass drei Paare und ein Quadrupel äquivalenter B-Atome zugegen sind, und ein Quadrupel kann nur auftreten, wenn die Punktgruppe mindestens vier Elemente hat; tatsächlich handelt es sich um die Punktgruppe C_{2v}, und die vier äquivalenten B-Atome liegen in allgemeiner Lage (s. u.).

Eine weitere Informationsquelle liefern die Wechselwirkungen zwischen den Kerndipolen der gleichen oder verschiedener Kernsorten, die sog. *Kern-Kern-Kopplung*. Sie kann *direkt* durch den Raum wirksam werden, was bei der Vermessung von Festkörpern oder auch flüssigen Kristallen Bedeutung hat. In Lösung oder bei leicht beweglichen Flüssigkeiten mittelt sich die direkte Kopplung heraus und ist nicht messbar. Hier spielt die *indirekte Kopplung* die führende Rolle, bei der die Bindungen das koppelnde Medium sind. Man unterscheidet die Kopplung erster Ordnung von der Kopplung höherer Ordnung. Beide sind in der Praxis wichtig, aber weil die Kopplung höherer Ordnung ein zu komplexes Phänomen darstellt, wird sie hier nicht behandelt. Mit der Kopplung erster Ordnung kann man rechnen, wenn der durch Kopplung verursachte Energietransfer kleiner ist als der Unterschied in der Abschirmungsenergie der koppelnden Atome, also wenn $\Delta v \gg J$, wobei die *Kopplungskonstante J* ebenso wie v in Hertz gemessen wird. Oft kann man Kopplungen höherer Ordnung näherungsweise als Grenzfälle erster Ordnung noch immer mit Erkenntnisgewinn behandeln. Natürlich koppeln auch äquivalente Kerne ($\Delta v = 0$), was sich aber nur in Spektren höherer Ordnung manifestiert.

Beim Diboran(6) gibt es eine starke Kopplung zwischen benachbarten Atomen, also zwischen B und H_t sowie B und H_b mit $J(BH_t) = 133\,Hz$ bzw. $J(BH_b) = 46\,Hz$; größere Bindungsstärke [(2c2e)- gegenüber (3c2e)-Bindungen] geht hier mit größerer Kopplung einher. Gut beobachtbar ist auch die Kopplung zwischen H_t und H_b über das B-Atom hinweg mit $J(H_tH_b) = 7.2\,Hz$.

Das Signal $\delta(H_t) = 4.01\,ppm$ ist durch die starke Kopplung mit dem Nachbaratom ^{11}B stark aufgespalten, und zwar zu einem Quartett mit vier sehr breiten Teilsignalen gleicher Intensität; der Abstand zwischen jedem Teilsignal beträgt 133 Hz. Das Quartett ergibt sich durch Wechselwirkung von H_t mit jedem der vier Energieniveaus von ^{11}B mit $m = 3/2, 1/2, -1/2$ und $-3/2$, und da jede der vier Anregungsstufen ungefähr gleich wahrscheinlich ist, haben die Teilsignale ungefähr die gleiche Intensität. Die besonders große Breite der Signalteile kommt zustande, weil darin nicht nur die Kopplung mit H_b, sondern auch die sehr viel kleinere Kopplung mit dem entfernteren B-Atom und sogar mit den H_t-Kernen auf der anderen Molekülseite steckt. Die H_b-Atome ($\delta = -0.49\,ppm$) koppeln mit zwei äquivalenten ^{11}B-Atomen ($J = 46\,Hz$); dieser Kopplung genügen die Quantenzahlen $m_1 + m_2$, d. s. die sieben Werte 3, 2, 1, 0, -1, -2, -3, sodass sich ein Septett, d. i. ein Signal mit sieben Signalteilen im gleichen Abstand von 46 Hz, ergibt. Die Intensitäten der sieben Signalteile können − ähnlich wie bei den ESR-Kopplungen − ermittelt werden, indem die jeweils gleich wahrscheinlichen Realisierungsmöglichkeiten für die sieben Werte von 3 bis −3 aufgesucht werden:

Σm	$(m_1 \quad m_2)$	$(m_1 \quad m_2)$	$(m_1 \quad m_2)$	$(m_1 \quad m_2)$
3	$(\frac{3}{2} \quad \frac{3}{2})$			
2	$(\frac{3}{2} \quad \frac{1}{2})$	$(\frac{1}{2} \quad \frac{3}{2})$		
1	$(\frac{3}{2} \quad -\frac{1}{2})$	$(-\frac{1}{2} \quad \frac{3}{2})$	$(\frac{1}{2} \quad \frac{1}{2})$	
0	$(\frac{3}{2} \quad -\frac{3}{2})$	$(-\frac{3}{2} \quad \frac{3}{2})$	$(\frac{1}{2} \quad -\frac{1}{2})$	$(-\frac{1}{2} \quad \frac{1}{2})$
-1	$(-\frac{3}{2} \quad \frac{1}{2})$	$(\frac{1}{2} \quad -\frac{3}{2})$	$(-\frac{1}{2} \quad -\frac{1}{2})$	
-2	$(-\frac{3}{2} \quad -\frac{1}{2})$	$(-\frac{1}{2} \quad -\frac{3}{2})$		
-3	$(-\frac{3}{2} \quad -\frac{3}{2})$			

Es resultiert das Intensitätsverhältnis $1:2:3:4:3:2:1$. Diesem Septett überlagert sich die Kopplung mit vier äquivalenten H_t-Kernen (7.2 Hz) mit Werten

$m_1 + m_2 + m_3 + m_4$ von 2 bis -2. Dabei ergibt sich ein Quintett, für dessen Intensitätsverhältnisse gilt:

$$2 \quad \left(\tfrac{1}{2}\,\tfrac{1}{2}\,\tfrac{1}{2}\,\tfrac{1}{2}\right)$$

$$1 \quad \left(\tfrac{1}{2}\,\tfrac{1}{2}\,\tfrac{1}{2}\,-\tfrac{1}{2}\right)\left(\tfrac{1}{2}\,\tfrac{1}{2}\,-\tfrac{1}{2}\,\tfrac{1}{2}\right)\left(\tfrac{1}{2}\,-\tfrac{1}{2}\,\tfrac{1}{2}\,\tfrac{1}{2}\right)\left(-\tfrac{1}{2}\,\tfrac{1}{2}\,\tfrac{1}{2}\,\tfrac{1}{2}\right)$$

$$0 \quad \left(\tfrac{1}{2}\,\tfrac{1}{2}\,-\tfrac{1}{2}\,-\tfrac{1}{2}\right)\left(\tfrac{1}{2}\,-\tfrac{1}{2}\,\tfrac{1}{2}\,-\tfrac{1}{2}\right)\left(-\tfrac{1}{2}\,\tfrac{1}{2}\,\tfrac{1}{2}\,-\tfrac{1}{2}\right)\left(\tfrac{1}{2}\,-\tfrac{1}{2}\,-\tfrac{1}{2}\,\tfrac{1}{2}\right)\left(-\tfrac{1}{2}\,\tfrac{1}{2}\,-\tfrac{1}{2}\,\tfrac{1}{2}\right)\left(-\tfrac{1}{2}\,-\tfrac{1}{2}\,\tfrac{1}{2}\,\tfrac{1}{2}\right)$$

$$-1 \quad \left(\tfrac{1}{2}\,-\tfrac{1}{2}\,-\tfrac{1}{2}\,-\tfrac{1}{2}\right)\left(-\tfrac{1}{2}\,\tfrac{1}{2}\,-\tfrac{1}{2}\,-\tfrac{1}{2}\right)\left(-\tfrac{1}{2}\,-\tfrac{1}{2}\,\tfrac{1}{2}\,-\tfrac{1}{2}\right)\left(-\tfrac{1}{2}\,-\tfrac{1}{2}\,-\tfrac{1}{2}\,\tfrac{1}{2}\right)$$

$$-2 \quad \left(-\tfrac{1}{2}\,-\tfrac{1}{2}\,-\tfrac{1}{2}\,-\tfrac{1}{2}\right)$$

Das Intensitätsverhältnis beträgt also $1:4:6:4:1$. Ein idealisiertes Spektrum, in welchem die breiten Signale des realen Spektrums durch Striche ersetzt sind, ist in Abb. 7.1 dargestellt. Ein ähnliches Quintett findet man – wieder wegen der Kopplung mit vier äquivalenten H-Atomen – für das ^{11}B-NMR-Signal von BH_4^-: $\delta = 37.7$ ppm, $J(BH) = 82.0$ Hz (Kation: NBu_4^+; in Benzen).

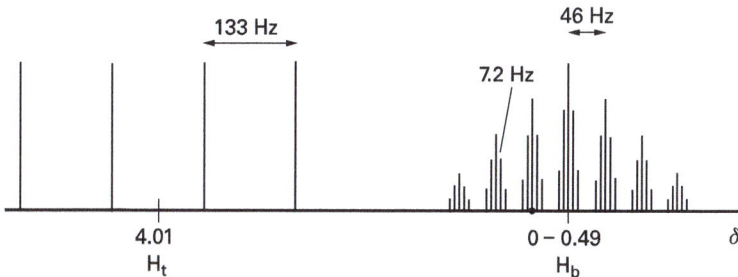

Abb. 7.1 100 MHz-^{1}H-NMR-Spektrum von Diboran(6) in schematischer Strich-Darstellung (1 ppm $\cong$ 100 Hz).

Im ^{11}B-NMR-Spektrum von B_2H_6 findet man das Signal bei 17.5 ppm als ein Triplett mit dem Intensitätsverhältnis $1:2:1$ zufolge der Kopplung mit zwei benachbarten H_t-Atomen [$J = 133$ Hz; $m_1 + m_2 = 1, 0, -1$; die Werte $\Sigma m = 1$ und $\Sigma m = -1$ können nur je einmal realisiert werden, der Wert $\Sigma m = 0$ zweimal, und zwar durch die Kombinationen ($1/2 -1/2$) und ($-1/2\ 1/2$)]. Jeder der drei Triplett-Peaks ist noch einmal als Triplett $1:2:1$ aufgespalten, und zwar als Folge der schwächeren Kopplung von ^{11}B mit den beiden H_b-Atomen ($J = 46$ Hz).

Die NMR-Methode bietet über das hier in aller Kürze Dargestellte hinaus eine Fülle weiterer Erkenntnismöglichkeiten. Erwähnt seien: die Wechselwirkung der Messsubstanz mit ihrer Umgebung, insbesondere, wenn paramagnetischer Einfluss besteht oder wenn das Lösungsmittel chiral ist; Doppelresonanzexperimente mit Spinentkopplung; Nutzung des Kern-Overhauser-Effekts u. a. Die *dynamische NMR-Spektrometrie* gestattet es, dynamische Gleichgewichte in Abhängigkeit von der Temperatur zu verfolgen und hieraus die Aktivierungsparameter zu bestimmen. Ein besonderes Einsatzgebiet sind dabei die entarteten Umlagerungen, bei denen eine niedrige Grundzustandssymmetrie (mit bestimmten Nichtäquivalenzen) bei höherer Temperatur einer höheren Pseudosymmetrie mit Pseudoäquivalenzen Platz macht. Beispiele sind das Bullvalen $C_{10}H_{10}$ und das Heptaphosphid-Anion P_7^{3-}, deren C_{3v}-Grundzustand vier ^{1}H- und vier ^{13}C-NMR-Signale (Bullvalen) bzw. drei ^{31}P-NMR-Signale (Triphosphid) bei genügend tiefer Temperatur bedingen, während bei genügend hoher Temperatur das Vorliegen jeweils nur eines ^{1}H-, ^{31}C- bzw. ^{31}P-NMR-Signals einen schnellen entarteten Isomerisierungsprozess anzeigt. Bedeutung erlangt hat auch die indirekte Bestimmung von Molekülstrukturen: Mit quantenmechanischen Methoden ohne Zuhilfenahme empirischer Parameter (sog. *ab initio*-Methoden) bestimmt man die Struktur eines Moleküls, und mit den errechneten Strukturdaten lassen sich weiterhin die NMR-Verschiebungen des Moleküls berechnen; stimmen sie mit gemessenen NMR-Daten überein, dann kann man sicher sein, dass die berechnete Struktur auch die reale ist. In ihrer methodischen Breite und der inzwischen ausgefeilten apparativen Technik ist die NMR-Spektrometrie eine der wichtigsten analytischen Methoden in nahezu allen Bereichen der Chemie einschließlich der Biochemie geworden.

Struktur der höheren Borhydride

Borhydride B_mH_n zeichnen sich dadurch aus, dass es mehr Valenzorbitale als Valenzelektronen gibt. Sie sind deshalb die Paradebeispiele für die sog. *Elektronenmangelverbindungen*. So haben wir im einfachsten Borhydrid, dem Diboran(6), 14 Valenzorbitale ($N_o = 14$) bei nur 12 Valenzelektronen ($N_e = 12$). Beschränken wir uns in bewährter Näherung wieder darauf, das Bindungsgefüge in Borhydriden mit lokalisierten Bindungen, nämlich mit y (2c2e)- und t (3c3e)-Bindungen, zu beschreiben, so kommen wir zu den Bilanzgleichungen:

$$N_o = 3\,t + 2\,y \qquad N_e = 2\,t + 2\,y$$

Sie besagen nichts weiter, als dass an jeder (2c2e)-Bindung zwei Orbitale und zwei Elektronen und an jeder (3c2e)-Bindung drei Orbitale und zwei Elektronen beteiligt sind. Beispielsweise erhalten wir für Diboran(6) die Werte $t = 2$ und $y = 4$, d. s. die beiden BHB- und die vier BH-Bindungen. Für ein Borhydrid B_mH_n ergibt sich $N_o = 4\,m + n$ und $N_e = 3\,m + n$ und hieraus $t = m$ und $y = (m + n)/2$.

In den Molekülen der höheren Borhydride liegen alle m B-Atome auf der Oberfläche einer inneren Kugel. Unter den H-Atomen gibt es eine Teilmenge von m H-Atomen, die sich auf der Oberfläche einer konzentrisch zur inneren Kugel liegenden äußeren Kugel befinden, und zwar auf Radialstrahlen durch die m B-Atome, sodass m gleich lange B—H-(2c2e)-Bindungen zustande kommen, die sog. *terminalen* BH-Bindungen. Die n − m restlichen H-Atome, die sog. *extra-H-Atome*, liegen auf der inneren Kugel und zerfallen in zwei Gruppen, erstens die brückenständigen H-Atome (μ-H-Atome) und zweitens die *endo*-ständigen H-Atome; diese bilden (2c2e)-BH-, jene (3c2e)-BHB-Bindungen. Die innere Sphäre von B- und H-Atomen nennt man einen *Cluster*, der durch die Clusterelektronen zusammengehalten wird. Zu ihnen trägt jedes B-Atom zwei Elektronen bei (das dritte steckt in der terminalen BH-Bindung), und die *extra*-H-Atome tragen je ein Elektron bei; dazu kommen gegebenenfalls noch jene x Elektronen, die den Cluster zum Anion $B_mH_n^{x-}$ machen. Die Zahl p der Clusterelektronenpaare lässt sich aus einer gegebenen Formel $B_mH_n^{x-}$ sehr einfach bestimmen:

$$p = \frac{1}{2}\,(m + n + x)$$

Die Strukturen der Borhydride kann man mithilfe der sog. *Williams-Wade-Regeln* ermitteln. Zunächst muss anhand der Zahl der Clusterelektronenpaare festgelegt werden, zu welchem der folgenden Strukturtypen das Borhydrid gehört:

closo-Cluster:	$p = m + 1$
nido-Cluster:	$p = m + 2$
arachno-Cluster:	$p = m + 3$
hypho-Cluster:	$p = m + 4$

Die *closo*-Cluster lassen sich durch Anionen $B_mH_m^{2-}$ realisieren ($p = m + 1$), und zwar für m = 5 bis 12; *extra*-H-Atome kommen in *closo*-Clustern nicht vor. Die

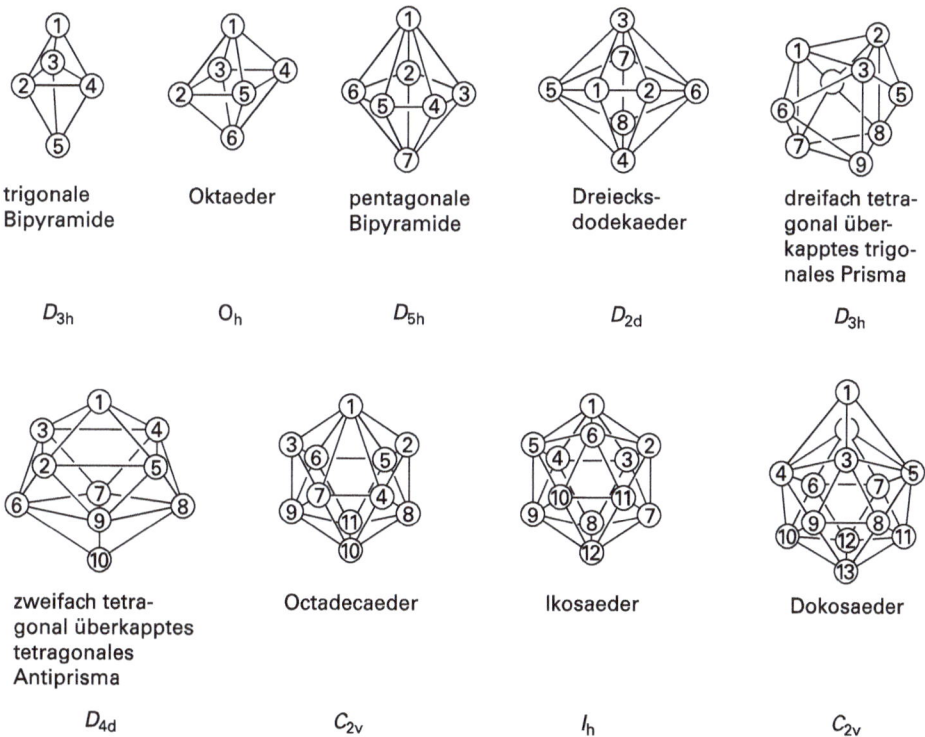

trigonale Bipyramide	Oktaeder	pentagonale Bipyramide	Dreiecks-dodekaeder	dreifach tetra-gonal über-kapptes trigo-nales Prisma
D_{3h}	O_h	D_{5h}	D_{2d}	D_{3h}

zweifach tetra-gonal überkapptes tetragonales Antiprisma	Octadecaeder	Ikosaeder	Dokosaeder
D_{4d}	C_{2v}	I_h	C_{2v}

Abb. 7.2 *closo*-Deltaederstrukturen samt systematischer Nummerierung der Anionen $B_mH_m^{2-}$ in kristallinen Substanzen $M_2B_mH_m$ für m = 5 bis 13; die Kugeln markieren B-Atome; die terminalen H-Atome sind nicht gezeichnet.

Strukturen der salzartigen Verbindungen $M_2B_mH_m$ wurden experimentell bestimmt. Es handelt sich bei den Anionen um geschlossene, von Dreiecken begrenzte Polyeder, sog. *Deltaeder* (Abb. 7.2; das $B_{13}H_{13}^{2-}$-Anion ist nicht bekannt, wohl aber Derivate davon mit Heteroatomen).

Unter der *Konnektivität* κ der B-Atome versteht man die Zahl der im Cluster benachbarten B-Atome, also die Gerüstkoordinationszahl. Sie steigt mit der Clustergröße von m = 5 bis m = 13 an. Die folgenden Zahlen sagen aus, wie viele der m Atome in den acht betrachteten Clusteranionen die Konnektivitäten 3 bis 6 haben. Nur die Platon'schen Körper unter den Strukturen (m = 6 und 12) zeichnen sich durch eine einzige Konnektivität aus.

m:	5	6	7	8	9	10	11	12	13
$\kappa = 3$:	2								
$\kappa = 4$:	3	6	5	4	3	2	2		1
$\kappa = 5$:			2	4	6	8	8	12	10
$\kappa = 6$:						1			2

Um die Oktettregel zu erfüllen, kann und muss jedes B-Atom außer an der terminalen BH-Bindung noch an drei Bindungen im Clustergerüst, (2c2e)- oder (3c2e)-Bindungen, teilnehmen. Das ergibt für $\kappa = 3-5$ je zwei Möglichkeiten, für $\kappa = 6$ nur eine:

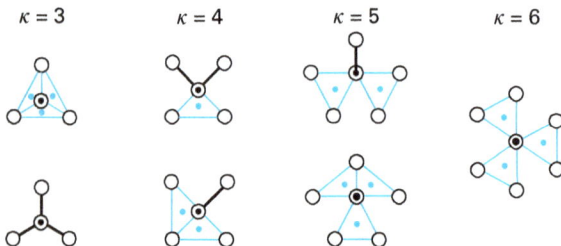

Um zu zeigen, wie man die *closo*-Clusterstrukturen aus lokalisierten Bindungen aufbauen kann, seien zwei Beispiele herausgegriffen, nämlich $B_6H_6^{2-}$ und $B_{12}H_{12}^{2-}$! Es ergibt sich:

	y(alle)	y(BH)	y(BB)	t(BBB)
$B_6H_6^{2-}$:	9	6	3	4
$B_{12}H_{12}^{2-}$:	15	12	3	10

Um Valenzformeln von *closo*-Clustern zu gewinnen, stellt man am besten die Ober- und die Unterseite getrennt dar. [*Valenzformeln* enthalten im Gegensatz zu den *Valenzstrichformeln* außer (2c2e)-Bindungen, den *Valenzstrichen*, noch (3c2e)-Bindungen, die blauen Dreiecke mit Punkt.]

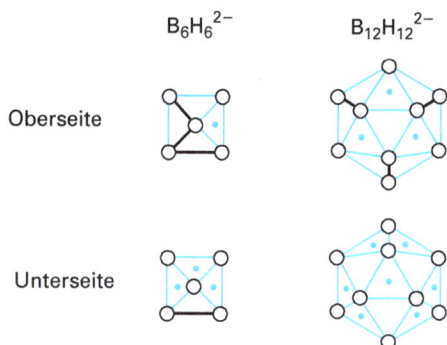

Das Anion $B_6H_6^{2-}$ hat zwar O_h-Symmetrie, aber die angegebene Valenzformel genügt nur der Punktgruppe C_1, sodass man 48 neue Valenzformeln schafft, wenn man die 48 Symmetrieelemente von O_h auf diese Valenzformel einwirken lässt. Die 48 mesomeren Valenzformeln zusammen ergeben die reale O_h-symmetrische Bindungsverteilung. Die für $B_{12}H_{12}^{2-}$ angegebene Valenzformel hat C_{3v}-Symmetrie und wird mit 20 weiteren Formeln der I_h-Symmetrie des Anions gerecht. [Die Zahl 20 ergibt sich, wenn man die Zahl der Elemente, die sog. *Gruppenordnung h*, der Gruppe I_h ($h = 120$) durch die der Gruppe C_{3v} ($h = 6$) teilt.] Zur angegebenen Valenzformel lassen sich aber noch drei weitere, untereinander nicht äquivalente Valenzformeln oktettgerecht konstruieren, und zwar mit der Symmetrie C_3, C_1 bzw. C_1, die ihrerseits mit 60, 120 bzw. 120 einander jeweils äquivalenten Formeln korrespondieren, sodass $B_{12}H_{12}^{2-}$ insgesamt durch 300 mesomere Grenzformeln beschrieben wird.

Die Struktur der freien Anionen $B_mH_m^{2-}$ entfaltet sich in Lösung zur vollen geschlossen-polyedrischen Symmetrie (Abb. 7.2), während im kristallinen Zustand diese Symmetrie durch intermolekulare Wechselwirkungen in gewissem Maße gestört ist. Zwei der *closo*-Anionen, nämlich $B_8H_8^{2-}$ und $B_{11}H_{11}^{2-}$, zeigen in Lösung bei Normaltemperatur strukturelle Instabilität und erleiden eine entartete Gerüstumlagerung ähnlich der, die in den Abschnitten 2.5.1 und 6.7.1 für das Bullvalen $C_{10}H_{10}$ und in Abschnitt 7.1.3 für das Heptaphosphid P_7^{3-} beschrieben wurde. Im ^{11}B- und ^{1}H-NMR-Spektrum erscheint jeweils nur ein Signal und deutet eine Pseudoäquivalenz aller B- und H-Atome an. Typisch für Umlagerungen in Borcluster-Gerüsten ist ein Mechanismus, der durch Öffnung einer BB-Bindung eingeleitet wird. Dabei gehen zwei über eine Kante verknüpfte Dreiecke durch Öffnen der Bindung längs der Kante in ein Viereck über. Diese offene Struktur repräsentiert den Übergangszustand der Umlagerung. Der nachfolgende BB-Bindungsschluss kann nun längs beider Diagonalen des Vierecks geschehen, sodass entweder die Ausgangsstruktur gebildet wird oder eine umgelagerte Struktur (*dsd-Mechanismus*, von *diamond-square-diamond*). Dies sei anhand von $B_{11}H_{11}^{2-}$ illustriert (Abb. 7.3). Die Bindung des Moleküls $\mathbf{A}^1$, die aufgeht, ist die zwischen den B-Atomen höchster Konnektivität, d. i. eine der vier äquivalenten Bindungen zwischen B1 ($\kappa = 6$) und B4, B5, B6 oder B7 ($\kappa = 5$); in Abb. 7.3 ist es die Bindung B1—B4. Wieder schließen

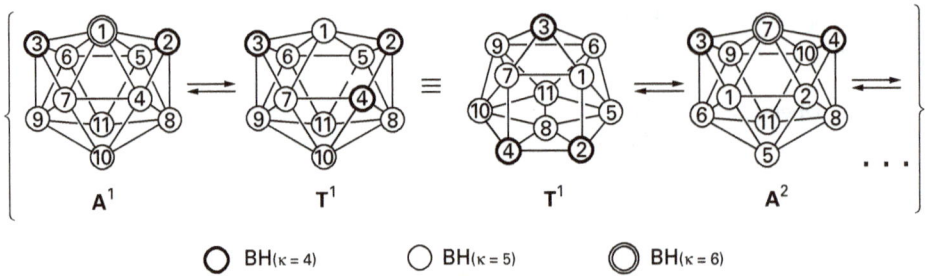

Abb. 7.3 Zwei der 19 958 400 entarteten Isomere von $B_{11}H_{11}^{2-}$ (A^1 und A^2) und der Übergangszustand T^1 der Umlagerung von A^1 in A^2; die für A^1 vorgenommene Nummerierung, die nur für A^1 systematisch ist (vgl. Abb. 7.2), wird für T^1 und A^2 beibehalten, um die Identität der Gerüstatome zu kennzeichnen.

können sich aus dem Übergangszustand T^1 (C_s) heraus die Bindung B1—B4 oder die hierzu äquivalente Bindung B2—B7. In letzterem Falle entsteht ein Isomer A^2, das ununterscheidbar von A^1 ist. Insgesamt sind 11!/2, also 19 958 400 entartete Isomere möglich. Die Aktivierungsenergie beträgt 9 kJ mol^{-1}.

Neutrale *nido*-Borhydride B_mH_n enthalten m terminale BH-Bindungen mit 2 m Bindungselektronen und definitionsgemäß m + 2 Clusterelektronenpaare, d. s. 2 m + 4 Clusterelektronen, also insgesamt N_e = 4 m + 4 = 3 m + n Bindungselektronen; hieraus ergibt sich n = m + 4 und die Formel B_mH_{m+4} für *nido*-Cluster. Dem entsprechen nach den Bilanzgleichungen die Werte *t* = m und *y* = m + 2. Setzen wir den experimentell ermittelten Befund voraus, dass neutrale *nido*-Borhydride keine *endo*-H-Atome enthalten, dann haben wir mit m terminalen B—H- und 2 Gerüst-B—B-Bindungen zu rechnen und weiterhin mit 4 BHB-Bindungen, an denen die vier extra-H-Atome beteiligt sind und demgemäß mit m − 4 BBB-Bindungen.

Die Kernaussage der Williams-Wade-Regeln gilt der Struktur der *nido*- und *arachno*-Cluster. Eine *nido*-Struktur leitet sich von der um ein Gerüstatom größeren *closo*-Struktur dadurch ab, dass aus dieser ein B-Atom mit höchster Konnektivität κ herausgenommen wird. Was bleibt, ist ein Polyedergerüst mit tetragonaler (κ = 4), pentagonaler (κ = 5) oder hexagonaler (κ = 6) Öffnung, das einem Vogelnest (lat. *nidus*) vergleichbar ist. Für die drei am besten untersuchten *nido*-Borhydride B_5H_9, B_6H_{10} und $B_{10}H_{14}$ bedeutet dies eine tetragonal-pyramidale Struktur (C_{4v}) für B_5H_9 (abgeleitet vom Oktaeder), eine pentagonal-pyramidale Struktur (C_s) für B_6H_{10} (abgeleitet von der pentagonalen Bipyramide) bzw. eine Struktur für $B_{10}H_{14}$ (C_{2v}), deren offene Oberseite durch ein B_6-Sechseck in der Wannenform begrenzt wird [abgeleitet von der oktadekaedrischen *closo*-11-Struktur durch Wegnahme von B1 (κ = 6)]. Die vier extra-H-Atome verbrücken B-Atome geringster Konnektivität, die in der Regel die Polyederöffnung eingrenzen; beim $B_{10}H_{14}$ speziell gehen je zwei BHB-Brücken von den beiden B-Atomen an den Wannenenden aus (κ = 3). Die entsprechenden planarisierten mesomeren Grenzformeln werden in Abb. 7.4 dargestellt.

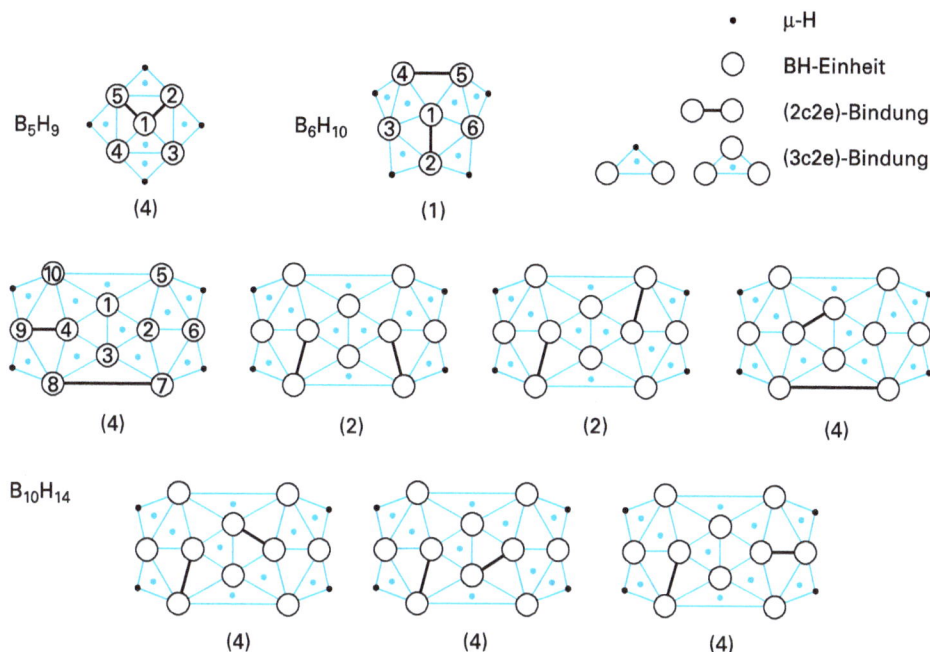

Abb. 7.4 Mesomere Grenzformeln für ausgewählte neutrale *nido*-Borhydride B_mH_{m+4} (m = 5, 6, 10) mit je m BH- und 2 BB-(2c2e)- und je 4 BHB- und m−4 BBB-(3c2e)-Bindungen; in Klammern die Zahl der zur angegebenen Formel äquivalenten mesomeren Grenzformeln, die man sich herleiten kann, wenn man die Ordnung der Symmetriegruppe des Borhydrids durch die Ordnung der Symmetriegruppe der Grenzformel teilt; es ergeben sich für B_5H_9 drei und für B_6H_{10} keine weitere äquivalente Grenzformel; die sieben für $B_{10}H_{14}$ (C_{2v}, $h = 4$) angegebenen Grenzformeln sind nicht äquivalent; zu den beiden Grenzformeln mit C_s- bzw. C_2-Symmetrie gibt es je noch eine weitere und zu den fünf Grenzformeln mit C_1-Symmetrie noch je drei weitere Grenzformeln, d. s. zusammen 24.

nido-Anionen $[B_mH_{m+3}]^-$ oder $[B_mH_{m+2}]^{2-}$ behandelt man ganz analog. Das *nido*-Tetradecahydridoundecaborat(1−), $B_{11}H_{14}^-$, diene als Beispiel. Das Bilanzergebnis $y = 14$ sagt aus, dass neben 11 terminalen BH-Bindungen noch entweder 3 BB- oder 2 BB- und eine *endo*-BH-Bindung auftreten; Letzteres ist im Grundzustand der Fall. Dann folgt aus $t = 10$, dass wir es mit 2 BHB- und 8 BBB-Bindungen zu tun haben. Die Gerüststruktur, ein Ikosaeder mit einer fehlenden Ecke, ist von 15 Dreiecken und einer pentagonalen Öffnung begrenzt, und es gilt $\kappa = 4$ für die fünf B-Atome an der Öffnung und $\kappa = 5$ für die übrigen sechs. Die drei *extra*-H-Atome flankieren die pentagonale Öffnung. In Lösung unterliegen sie einem schnellen Fluktuationsprozess entlang der Kanten des Pentagons, der die C_s-Symmetrie des Anions im Grundzustand mit zwei BHB-Brücken und einem *endo*-H-Atom zur C_{5v}-Pseudosymmetrie erhebt (mit nur drei ^{11}B-NMR-Signalen). Der Mechanismus dieser Fluktuation führt über eine Struktur, bei der das wandernde H-Atom aus

einer *endo*- in eine Brückenposition springt (nur die fünfseitige Öffnung ist gezeichnet):

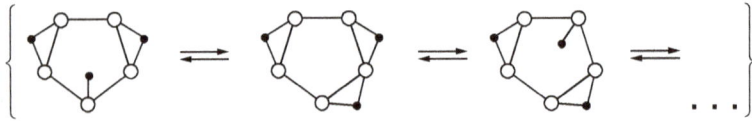

Die in neutralen *arachno*-Borhydriden B_mH_n enthaltenen $N_e = 3\,m + n$ Valenzelektronen verteilen sich auf 2 m Elektronen in terminalen Bindungen und m + n =
$2\,p = 2\,m$ Elektronen + 6 Clusterbindungen, sodass sich n = m + 6 und die Formel
B_mH_{m+6} ergibt. Die Struktur leitet sich von der um zwei B-Atome größeren *closo*-
Struktur durch Herausnahme zweier Ecken ab. Welche das sind, ist nicht immer
eindeutig vorhersehbar. Vier Beispiele seien behandelt: Tetraboran(10) B_4H_{10}, Pen-
taboran(11) B_5H_{11} und Nonaboran(15) mit zwei Isomeren, n-B_9H_{15} und iso-B_9H_{15}
(das Präfix n von *normal*). Das B_4-Gerüst von B_4H_{10} ergibt sich als Tetraborabicyc-
lobutan-Struktur, indem man aus einem oktaedrischen Gerüst zwei benachbarte
Ecken wegnimmt. Zur B_5H_{11}-Struktur gelangt man durch Entfernung einer Pyramidenspitze und einer Basisecke aus der pentagonalen Bipyramide, sodass eine an
der Basis offene tetragonale Pyramide verbleibt. Die n-B_9H_{15}-Struktur (C_s) leitet
sich von der *nido*-$B_{10}H_{14}$-Struktur ab, indem man das Atom B5 herausnimmt, sodass ein spinnennetzartiges Gerüst zurückbleibt (daher die Bezeichnung *arachno*,
von αραχνε, die *Spinne*); entfernt man das Atom B6 aus der $B_{10}H_{14}$-Struktur, dann
entsteht iso-B_9H_{15} (C_{3v}), ein Isomer, das sich oberhalb von $-30\,°C$ schon zersetzt.
Die sechs *extra*-H-Atome der *arachno*-Borhydride verteilen sich auf BHB-Brücken
und *endo*-Positionen. Die Formel B_mH_{m+6} führt zu t = m und y = m + 3. Aus den
Williams-Wade-Regeln in ihrer einfachen, nicht modifizierten Form kann man
nicht ableiten, wie sich die drei Gerüst-(2c2e)-Bindungen auf BB- und *endo*-BH-
Bindungen verteilen und muss dies aufgrund experimenteller Daten (u.a. auch
NMR-Daten) feststellen. In den folgenden vier Valenzformeln mit planarisierter
Gerüststruktur findet man alle vier Möglichkeiten für die Zahl der *endo*-H-Atome
von 0 bis 3 realisiert:

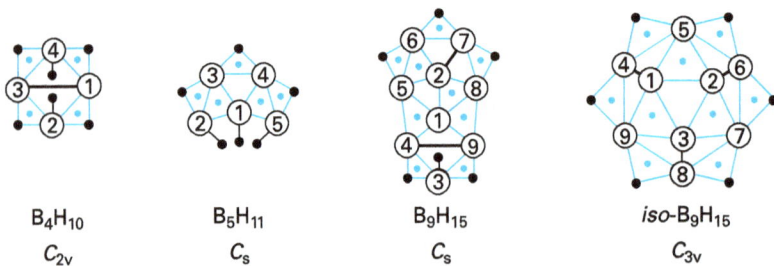

Zu B_4H_{10}, B_5H_{11} und iso-B_9H_{15} gibt es keine weiteren mesomeren Grenzstrukturen, da die Valenzformeln schon die Molekülsymmetrie haben. Zur dargestellten

Valenzstruktur (C_1) von $n\text{-}B_9H_{15}$ lassen sich eine äquivalente zweite und darüber hinaus noch drei weitere Paare von Grenzstrukturen (C_1) sowie zwei weitere einzelne Strukturen (C_s) auffinden, d. s. zusammen zehn Grenzstrukturen.

Das am besten untersuchte unter den anionischen *arachno*-Hydridoborat-Anionen $[B_mH_{m+5}]^-$ ist das Octahydridotriborat(1−) $B_3H_8^-$. In Salzen wie $Na[B_3H_8]$ ist das B_3-Dreieck mit zwei BHB-Brücken und drei *endo*-H-Atomen ausgestattet (C_{2v}). Diese Grundzustandsstruktur fluktuiert in Lösung infolge fortgesetzter [3c,2c]-Translocationen, sodass alle B- und H-Atome im zeitlichen Mittel äquivalent werden (D_{3h}-Pseudostruktur).

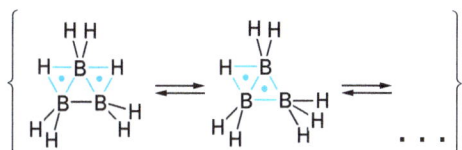

Das Anion $B_3H_8^-$ ist mit dem Kation $C_3H_7^+$ isoelektronisch. Dieses entsteht sowohl bei der Hydronierung von Cyclopropan C_3H_6 in Supersäuren als auch bei der Methylierung von Ethen, C_2H_4, und es unterliegt ebenfalls einer Fluktuation durch [3c,2c]-Translocation.

Über *hypho*-Borhydride, die der Formel B_mH_{m+8} genügen, weiß man wenig.

Ersetzt man die terminalen H-Atome durch große Alkylgruppen wie *t*Bu, dann kann man auch solche Bor-Cluster B_mR_n isolieren, die als Borhydride B_mH_n nicht nur thermodynamisch, sondern auch kinetisch instabil sind. Dazu gehören u. a. die Verbindungen *closo*-$B_4H_2R_4$ (B_4-Tetraeder mit gegenüberliegenden μ-H-Atomen; D_{2d}) und *nido*-$B_4H_4R_4$ (B_4-Bicyclobutan-Struktur mit 1 *endo*-H- und 3 μ-H-Atomen; C_1). Die gut charakterisierten Verbindungen B_4R_4 (T_d) und ganz analog B_4Cl_4 (T_d), ebenso die Cluster B_8Cl_8 und B_9Cl_9 haben ein Elektronenpaar weniger als *closo*-Cluster und zählen zur Familie der sog. *hypercloso*-Cluster ($p = m$).

Darstellung der höheren Borhydride

Die folgenden Reaktionsgleichungen beschreiben die Darstellung einiger wichtiger *closo*-Hydridoborate $M_2B_nH_n$ (thp = Tetrahydropyran, Oxacyclohexan):

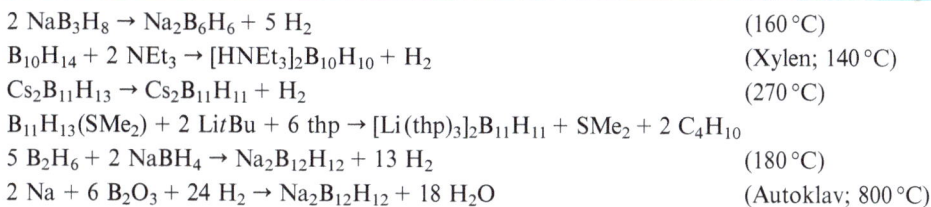

$2\,NaB_3H_8 \rightarrow Na_2B_6H_6 + 5\,H_2$	(160 °C)
$B_{10}H_{14} + 2\,NEt_3 \rightarrow [HNEt_3]_2B_{10}H_{10} + H_2$	(Xylen; 140 °C)
$Cs_2B_{11}H_{13} \rightarrow Cs_2B_{11}H_{11} + H_2$	(270 °C)
$B_{11}H_{13}(SMe_2) + 2\,LitBu + 6\,thp \rightarrow [Li(thp)_3]_2B_{11}H_{11} + SMe_2 + 2\,C_4H_{10}$	
$5\,B_2H_6 + 2\,NaBH_4 \rightarrow Na_2B_{12}H_{12} + 13\,H_2$	(180 °C)
$2\,Na + 6\,B_2O_3 + 24\,H_2 \rightarrow Na_2B_{12}H_{12} + 18\,H_2O$	(Autoklav; 800 °C)

Die Bedingungen für die Darstellung von $Na_2B_{12}H_{12}$ zeigen, wie stabil diese Verbindung ist.

Als Ausgangsstoff zur Darstellung der neutralen *nido*- und *arachno*-Borhydride – insbesondere von B_4H_{10}, B_5H_9, B_5H_{11} und $B_{10}H_{14}$ – wird hauptsächlich Diboran(6) eingesetzt, das beim Erhitzen in höhere Borhydride und H_2 zerfällt. Dabei leitet man es durch ein Glasrohr, das von außen gekühlt wird und durch dessen Mitte ein aufheizbares Glasrohr verläuft. Worauf es ankommt, sind der Druck, die Temperatur, die Dauer des Kontakts mit dem beheizten Rohr und die Geschwindigkeit des Abkühlens der Reaktanden, sind doch sowohl Edukt und Produkte thermodynamisch instabil. Bei einer Thermolysetemperatur von 120 °C und rascher Abkühlung der Reaktionsgase auf −78 °C entsteht B_4H_{10}. (Eine Kühlung auf −78 °C wird deshalb oft angewendet, weil man festes CO_2, das bei dieser Temperatur sublimiert, als Kühlmittel einsetzen kann.) Bei 180 °C und ebensolchem Abkühlen gewinnt man B_5H_9. Erhitzt man auf 120 °C, kühlt aber nur auf −30 °C ab, dann isoliert man vorwiegend B_5H_{11}. Das feste $B_{10}H_{14}$ ist das Hauptprodukt einer Thermolyse bei 160−200 °C ohne besondere Vorkehrungen zur Kühlung. Behandelt man B_5H_9 mit dem zehnfachen Überschuss an B_2H_6 bei 25 °C und unter 25 bar, dann erhält man n-B_9H_{15}, dessen Dehydronierung zu $B_9H_{14}^-$ und nachfolgende Hydronierung bei −78 °C zum instabilen *iso*-B_9H_{15} führt. Um B_6H_{10} herzustellen, muss man B_5H_9 zu 1-BrB_5H_8 bromieren, dieses mit Hydrid zum Anion $BrB_5H_7^-$ dehydronieren, um das Anion dann in Et_2O bei −78 °C mit B_2H_6 umzusetzen: $2\ BrB_5H_7^- + B_2H_6 \rightarrow 2\ B_6H_{10} + 2\ Br^-$.

Um die Anionen $B_3H_8^-$ und $B_{11}H_{14}^-$ zu erhalten, geht man nach folgenden Reaktionsgleichungen vor:

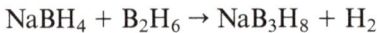

$$NaBH_4 + B_2H_6 \rightarrow NaB_3H_8 + H_2$$
$$3\ NaBH_4 + I_2 \rightarrow NaB_3H_8 + 2\ NaI + 2\ H_2$$
$$17\ NaBH_4 + 20\ BF_3(OEt_2) \rightarrow 2\ NaB_{11}H_{14} + 15\ NaBF_4 + 20\ H_2 + 20\ Et_2O$$

Über den oft vielstufigen Mechanismus der Bildung der Borhydride und der Hydridoborate hat man eine Fülle an Detailkenntnis, aber kein geschlossenes Bild.

Es handelt sich bei den Borhydriden und den Hydridoboraten um farblose Substanzen. Tetraboran(10) B_4H_{10} ist ein Gas (Sdp. 18 °C), die Borhydride B_5H_9, B_5H_{11} und B_6H_{10} sind flüssig (Sdp.: 60, 63 bzw. 108 °C) und $B_{10}H_{14}$ ist fest (Smp. 99.6 °C). Als endotherme und exotrope Substanzen zersetzen sie sich mehr oder weniger langsam schon bei Raumtemperatur, B_9H_{15} schon oberhalb von 0 °C. Nur B_5H_9 und $B_{10}H_{14}$ sind metastabil genug, um sie unzersetzt lagern zu können. Von ihrer Verbrennungswärme her sind beide potente Brennstoffe. So wie B_2H_6 sind die flüchtigen Borhydride starke Gifte. Pentaboran(9) entzündet sich an der Luft spontan und brennt mit der für alle brennbaren Borverbindungen typischen grünen Flamme.

Reaktionen der höheren Borhydride

Die Brønsted-Basizität der *closo*-Anionen $B_nH_n^{2-}$ reicht von extrem schwach ($B_{12}H_{12}^{2-}$) bis mittelstark ($B_6H_6^{2-}$: $pK_B = 7$), wie es aufgrund der Volumenkonzentration der negativen Ladung in den Clusteranionen aus elektrostatischen Gründen auch zu erwarten ist. Bindet sich ein Hydron an ein Deltaeder-Gerüst, so bietet eine (4c2e)-Bindung über einem BBB-Dreieck die energetisch günstigste Struktur. Schickt man $Na_2B_{12}H_{12}$ in wässriger Lösung durch einen sauren Ionenaustauscher (d. i. in der Regel ein mit sulfoniertem Polystyren beschicktes Rohr; die SO_3H-Gruppen erlauben einen H^+/M^+-Austausch), so erhält man eine metallfreie Lösung der freien Säure, die vollständig dissoziiert bleibt. Beim Eindampfen hinterbleibt eine ölige Flüssigkeit, die der Formel $[H(H_2O)_x]_2B_{12}H_{12}$ genügt. Erhitzt man das Öl auf $80\,°C$, dann kondensieren die Anionen gemäß $2\,B_{12}H_{12}^{2-} + H^+ \rightarrow [B_{12}H_{11}\cdots H\cdots B_{12}H_{11}]^{3-} + H_2$ zu Anionen, in denen die beiden $B_{12}H_{11}$-Ikosaeder durch eine BHB-(3c2e)-Bindung (Winkel B—H—B im Kristall: $128°$) zusammengehalten werden.

Auch bei den neutralen *nido*-Borhydriden steigt die Brønsted-Acidität mit der Clustergröße. Um B_5H_9, das sich in heißem Wasser hydrolytisch zersetzt ($\rightarrow H_2$), zu $B_5H_8^-$ zu dehydronieren, bedarf es so starker Basen wie NaH. Dabei wird das H^+-Ion aus einer Brücken-Position abgespalten; die drei verbleibenden μ-H-Atome fluktuieren in Lösung um die tetragonale Öffnung. Anders als B_5H_9 ist das wasserlösliche $B_{10}H_{14}$ (Dipolmoment: $\mu = 3.4\,D$) eine mittelstarke Säure ($pK_A = 2.7$); im Anion $B_{10}H_{13}^-$ liegen nur noch drei BHB-Brücken vor. Mit alkalischen Basen wird das Atom B6 aus $B_{10}H_{13}^-$ entfernt, sodass man zu *arachno-iso*-$B_9H_{14}^-$ gelangt (die gewinkelten BHB-Brücken sind der besseren Übersicht wegen linear gezeichnet):

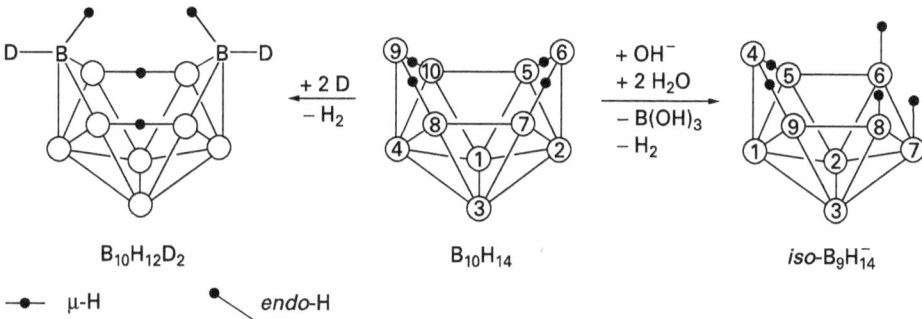

Die *Lewis-Acidität* der neutralen Borhydride führt u. a. bei B_4H_{10} und $B_{10}H_{14}$ zu gut untersuchten Reaktionen. Tetraboran(10) reagiert in der Gasphase bei ca. $100\,°C$ mit CO:

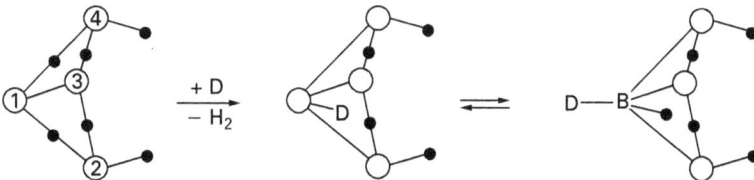

Als Produkt entsteht eine Gleichgewichtsmischung zwischen *endo*- und *exo*-$B_4H_8(CO)$ (ca. 2:1). Das Elektronenpaar, das D mitbringt, zählt zu den Cluster-elektronen, was für das *endo*-Isomer evident ist, und beim *exo*-Isomer kommt das zusätzliche Elektronenpaar aus der vormalig terminalen, jetzt *endo*-ständigen B—H-Bindung. Es handelt sich also mit sieben Clusterelektronenpaaren bei vier Clusterecken um eine *arachno*-Verbindung. Die Base CO lässt sich durch andere Lewis-Basen wie NR_3, PR_3, R_2S u. a. substituieren. Setzt man B_4H_{10} in Lösung mit NH_3 im Verhältnis 1:2 um, dann beobachtet man – ähnlich wie bei B_2H_6 – eine asymmetrische Spaltung:

$$B_4H_{10} + 2\,NH_3 \rightarrow [BH_2(NH_3)_2]^+ + B_3H_8^-$$

Dagegen neigen Basen D wie NR_3, PR_3, R_2S, im Verhältnis 2:1 mit B_4H_{10} umgesetzt, zur symmetrischen Spaltung:

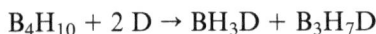

$$B_4H_{10} + 2\,D \rightarrow BH_3D + B_3H_7D$$

Die Struktur von *arachno*-B_3H_7D leitet sich von der des Anions $B_3H_8^-$ ab, indem man ein terminales H^- durch D ersetzt.

Decaboran(14) addiert Lewis-Basen D unter Bildung von $B_{10}H_{12}D_2$ (s. o.), d. i. mit 13 Clusterelektronenpaaren ein *arachno*-Cluster (D = NR_3, PR_3, R_2S, MeCN u. a.). Den Aufbau des *nido*- und des *arachno*-B_{10}-Gerüsts kann man sich entstanden denken aus dem *closo*-B_{11}-Gerüst durch Wegnahme von B1 bzw. aus dem *closo*-B_{12}-Gerüst durch Wegnahme zweier benachbarter B-Atome; beide formalen Prozeduren führen zwar zu C_{2v}-Gerüsten mit vergleichbarer Struktur, doch enthält das eine Gerüst 12, das andere 13 Clusterelektronenpaare.

Trotz ihrer formal negativen Polarisierung [$\chi(B) = 2.01$; $\chi(H) = 2.20$] lassen sich terminale H-Atome in Bor-Clustern *elektrophil* substituieren. Die Halogenierung mit Hal_2 (Cl, Br, I) wird ebenso wie die Alkylierung mit RI in der Regel durch $AlCl_3$ katalysiert. Bei den *closo*-Anionen $B_{10}H_{10}^{2-}$, $B_{11}H_{11}^{2-}$ und $B_{12}H_{12}^{2-}$ kennt man die erschöpfende Halogenierung zu $B_{10}Hal_{10}^{2-}$, $B_{11}Hal_{11}^{2-}$ bzw. $B_{12}Hal_{12}^{2-}$. Die partielle Halogenierung von $B_{12}H_{12}^{2-}$ kann u. a. zu $B_{12}H_{10}Hal_2^{2-}$ führen, und zwar zu drei Isomeren, dem 1,2-, 1,7- oder 1,12-Isomer (C_{2v}, C_{2v} bzw. D_{5d}), die man auch das *ortho*-, *meta*- bzw. *para*-Isomer nennt; zu $B_{10}H_8Hal_2^{2-}$ gehören sieben Isomere mit Hal in den Positionen 1,2, 1,6, 1,10, 2,3, 2,4, 2,6 und 2,7. Das Anion $B_{12}H_{12}^{2-}$ kann man auch zu $B_{12}Me_{12}^{2-}$ methylieren. Die Halogenierung von B_5H_9 greift an B1 an ($\rightarrow B_5H_8Hal$). Bei der elektrophilen Halogenierung und Alkylierung von $B_{10}H_{14}$ sind die B-Atome 1 bis 4 bevorzugt.

Eine *nucleophile* Substitution von H^- liegt der Überführung von $B_{12}H_{12}^{2-}$ in $B_{12}F_{12}^{2-}$ mit HF zugrunde, ebenso der Alkylierung von $B_{10}H_{14}$ mit metallorganischer Verbindung MR zu $B_{10}H_{14-n}R_n$ (bevorzugt B5 und B6, auch B7—B10). Das Anion $B_3H_8^-$ lässt sich sowohl mit Hal_2 (wohl elektrophil) als auch mit HHal (wohl nucleophil) in B_3H_7Hal überführen.

Eine originelle, wenn auch mechanistisch undurchsichtige Substitution hat man mit $B_{10}H_{10}^{2-}$ und $B_{12}H_{12}^{2-}$ bei der Umsetzung mit $NaNO_2$ und nachfolgender Reduktion mit $NaBH_4$ beobachtet; es entstehen die Bis(diazonium)-Cluster 1,10-$N_2-B_{10}H_8-N_2$ bzw. 1,12-$N_2-B_{12}H_{10}-N_2$ als neutrale Moleküle. Beide N_2-Liganden kann man in beiden Molekülen durch das isoelektronische CO substituieren.

Heteroborane

Das Bor nimmt unter den Hydriden von Elementen der 2. Periode insofern eine Sonderstellung ein, als es seinen Elektronenmangel durch Eingehen von Mehrzentrenbindungen ausgleicht und dadurch die Oktettregel befriedigt. Dabei kann die Koordinationszahl $k = 4$ überschritten werden und bis auf $k = 7$ anwachsen (z. B. B1 in $B_{11}H_{11}^{2-}$). Dass höhere Koordinationszahlen als $k = 4$ auch bei Carbon möglich sind, ergibt sich schon aus der Struktur des Moleküls Li_4Me_4, in welchem jedes C- an drei H- und drei Li-Atome kovalent gebunden ist (s. Abschnitt 6.1.2). Dem entsprechend lassen sich in Borhydriden BH-Fragmente mit höherer Konnektivität als $\kappa = 3$ durch CH-Fragmente austauschen. Man kommt so zur Familie der *Carbaborane*, allgemein – auch andere Nichtbor-Atome ins Auge fassend – zur Familie der *Heteroborane*. [Der Begriff *Boran* steht – streng genommen – für BH_3, während höhere Borhydride B_nH_m (n > 1) als *Oligoborane* bezeichnet werden sollten, doch sagt man stattdessen kürzer auch *Borane* und dementsprechend *Heteroborane*.]

Erhitzt man eine Gasmischung aus Pentaboran(9) B_5H_9 und Acetylen C_2H_2 auf $500-600\,°C$, so entstehen die *Dicarbaborane* $C_2B_3H_5$, $C_2B_4H_6$ und $C_2B_5H_7$. Die Williams-Wade-Regeln gelten auch für sie. Unsere drei Carbaborane sind isoelektronisch mit $B_5H_5^{2-}$, $B_6H_6^{2-}$ bzw. $B_7H_7^{2-}$, stellen *closo*-Verbindungen dar und haben die gleiche Struktur wie die entsprechenden Homoborane (*Homoborane* als Gegensatz zu *Heteroboranen*). Stehen mehrere Konnektivitäten zur Auswahl, dann ziehen die C-Atome die Positionen geringster Konnektivität vor und überlassen den elektronenärmeren B-Atomen die Positionen höherer Konnektivität. Bei *closo*-$C_2B_3H_5$ liegt also das 1,5-Dicarba-Isomer mit $\kappa(C) = 3$ vor. Beim oktaedrischen $C_2B_4H_6$ haben alle Positionen die Konnektivität $\kappa = 4$; demzufolge kennt man das 1,2- und das etwas stabilere 1,6-Isomer. Im pentagonal-bipyramidalen $C_2B_5H_7$ liegen beide C-Atome in der äquatorialen Ebene ($\kappa = 4$), nicht in axialer Position ($\kappa = 5$); nur das 2,4-Isomer ist allerdings bekannt.

Alle Dicarba-*closo*-borane $C_2B_nH_{n+2}$ mit n = 3–10 lassen sich herstellen, dazu eine Vielzahl von Dicarba-*nido*-, -*arachno*- und -*hypho*-boranen, dazu etliche Mono-carba-, Tricarba- und mehr als drei C-Atome enthaltende Carbaborane sowie dazugehörige Anionen, sodass die Welt der Carbaborane reichhaltiger ist als die der Homoborane, zumal die Carbaborane in der Regel thermisch stabiler und weniger empfindlich gegen O_2 und H_2O sind, also eher an der Luft gehandhabt werden können. Das am eingehendsten untersuchte Carbaboran ist das ikosaedrisch gebaute Dicarba-*closo*-dodecaboran $C_2B_{10}H_{12}$, dessen 1,2-Isomer (*ortho-Carboran*; C_{2v}) durch Schließen von *arachno*-$B_{10}H_{12}D_2$ mit Acetylen zugänglich ist:

$$B_{10}H_{12}D_2 + C_2H_2 \rightarrow C_2B_{10}H_{12} + 2\,D + H_2$$

Bei knapp 500 °C isomerisiert sich das *ortho*- zum *meta*-Carboran (1,7-$C_2B_{10}H_{12}$; C_{2v}) und dieses bei 700 °C zum *para*-Carboran (1,12-$C_2B_{10}H_{12}$; D_{5d}); die hohen Umwandlungstemperaturen zeugen von der großen thermischen Stabilität dieser Carbaborane. Eine Vielzahl von Substitutionen am 1,2-$C_2B_{10}H_{12}$ wurde untersucht, die vielfach von einer Lithiierung zum $C_2B_{10}H_{10}Li_2$ eingeleitet werden und in eine breite Chemie C-gebundener organischer Seitengruppen führen. Eine wichtige Reaktion ist die Degradierung von 1,2-$C_2B_{10}H_{12}$ mit Basen zum 7,8-Dicarba-*nido*-dodecahydridoundecaborat(1−) $C_2B_9H_{12}^-$, das sich mit noch stärkeren Basen zum *nido*-$C_2B_9H_{11}^{2-}$ dehydronieren lässt:

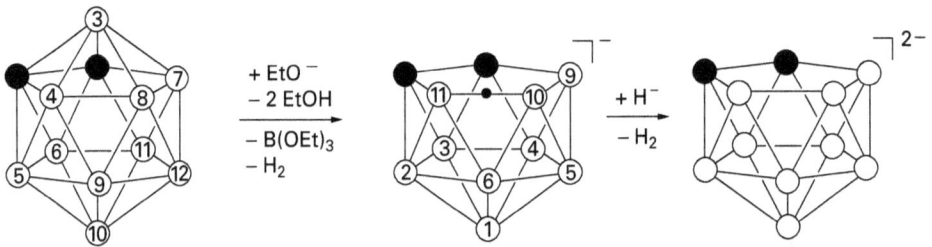

Das μ-H-Atom von $C_2B_9H_{12}^-$ fluktuiert in Lösung zwischen den Positionen 9,10 und 10,11, sodass sich C_s-Pseudosymmetrie ergibt. Analog gewinnt man aus 1,7-$C_2B_{10}H_{12}$ die Anionen 7,9-$C_2B_9H_{12}^-$ sowie 1,7-$C_2B_9H_{11}^{2-}$. Das offene Pentagon von $C_2B_9H_{11}^{2-}$ ist dem aromatischen Cyclopentadienid $C_5H_5^-$ (Cp$^-$) elektronisch verwandt. Die zahllosen Koordinationsverbindungen, in denen Cp$^-$ pentahapto an ein Übergangsmetall gebunden ist (s. Abschnitt 8.6.5), lassen sich im Prinzip auch mit $C_2B_9H_{11}^{2-}$ als Ligand gewinnen.

Erwähnt sei noch das *closo*-Anion $CB_{11}H_{12}^-$, das man in die halogenierten Anionen $CHB_{11}H_5Hal_6^-$ oder $CHB_{11}Hal_{11}^-$ (Hal = Cl, Br, I) überführen kann. Die freien Elektronenpaare von Hal in diesen Anionen haben keinerlei Tendenz zur Koordination an ungesättigte Kationen, sie zählen zu den extrem schwach koordinierenden Anionen. Sie spielen eine Rolle, wenn man ungesättigte, instabile Kationen in einer salzartig aufgebauten Matrix isolieren will. Insbesondere addiert sich auch kein H$^+$ an $CHB_{11}Hal_{11}^-$, sodass eine aus den Ionen H$^+$ und $CHB_{11}Hal_{11}^-$ aufgebaute Verbindung als stärkste bekannte Supersäure gilt.

Entfernt man sich in der 2. Periode vom Bor aus noch weiter in die elektronegative Richtung, so stellt sich die Frage, ob auch NH- anstelle von BH-Gruppierungen in Clustergerüste mit Elektronenmangel, (3c2e)-Bindungen und mit Konnektivitäten $\kappa > 3$ (also Koordinationszahlen $k > 4$), in nichtklassischer Weise also, eingebaut werden können. Tatsächlich gibt es für derartige *Azaborane* einige Beispiele, etwa das *closo*-NB$_9$H$_{10}$ [isoelektronisch mit $B_{10}H_{10}^{2-}$ und $C_2B_8H_{10}$; N in Position 1,C_{4v}; $\kappa(N) = 4$], *nido*-NB$_{10}H_{11}^{2-}$ [isoelektronisch mit $B_{11}H_{13}^{2-}$ und $C_2B_9H_{11}^{2-}$; N in Position 7, C_s; $\kappa(N) = 4$] und *closo*-NB$_{11}H_{12}$ [isoelektronisch mit $B_{12}H_{12}^{2-}$ und $C_2B_{10}H_{12}$; C_{5v}; $\kappa(N) = 5$]. Ebenso wie Carbon strebt auch Nitrogen in eine Position kleinster Konnektivität, wie es bei NB_9H_{10} und $NB_{10}H_{11}^{2-}$ der Fall ist. Dementsprechend findet man die NH-Gruppierung im *nido*-Azadecaboran NB_9H_{12} (isoelektronisch mit $B_{10}H_{14}$) in der Position 6 (C_s; $\kappa = 3$; $k = 4$), ohne die beiden 6,5- und 6,7-H-Brücken von $B_{10}H_{14}$, und im *arachno*-$N_2B_8H_{12}$ (isoelektronisch mit $B_{10}H_{12}D_2$) in den Positionen 6 und 9 (C_{2v}; $\kappa = 3$; $k = 4$), sodass die N-Atome in diesen beiden Clustern nicht in (3c2e)-Bindungen eingebracht werden müssen. Beim Aufsuchen der Zahl der Clusterelektronen schlägt der Beitrag einer CH-Einheit mit drei, einer NH-Einheit mit vier und eines N-Atoms (mit freiem *exo*-Elektronenpaar) mit drei Elektronen zu Buche. Nehmen wir $N_2B_8H_{12}$ als Beispiel, dann errechnet sich die Zahl der Clusterelektronen zu $N_e = 8 + 16 + 2$ (für 2 N, 8 B, 2 μ-H) = 26, $p = 13$; das bedeutet bei zehn Gerüstatomen eine *arachno*-Struktur. Die pentagonale Öffnung im *nido*-$NB_{10}H_{11}^{2-}$ kommt für die η^5-Bindung an Übergangsmetalle ebenso in Betracht wie bei *nido*-$C_2B_9H_{11}^{2-}$ oder Cp^-. Kleinere Azaborane lassen sich isolieren, wenn die terminalen H-Atome durch größere Alkylgruppen wie z. B. *t*Bu ersetzt sind, z. B. *nido*-$NB_3H_2R_4$, *arachno*-$N_2B_3H_2R_5$, *nido*-$N_2B_4R_6$ u. a.

Oxaborane mit einem nichtklassisch gebundenen O-Atom sind nicht bekannt, wohl aber solche, in denen ein Oxygen-Atom mit $\kappa = 3$ (also mit oxidaniumartiger Struktur) in ein Clustergerüst eingebunden ist. Als Beispiel sei $OB_{11}H_{12}^-$ genannt, dessen Struktur sich vom hypothetischen *closo*-$B_{13}H_{13}^{2-}$ (C_{2v}; Abb. 7.2) dadurch ableitet, dass man das Atom B3 herausnimmt (wodurch die Extremwerte von $\kappa = 6$ für B4 und B5 auf $\kappa = 5$ absinken und der Wert $\kappa = 4$ von B1 auf $\kappa = 3$) und BH in 1-Position durch O ersetzt. Als Öffnung entsteht dabei ein nichtplanares Pentagon mit einem μ-H-Atom auf der verbliebenen Spiegelebene zwischen den beiden B-Atomen mit $\kappa = 4$.

Problemloser als N und O lassen sich die schwereren Nichtmetalle als Heteroatome in Bor-Clustergerüste integrieren, nicht aber die Halogene. So existieren zahlreiche Heteroborane vom *hypho*- bis zum *closo*-Typ mit P oder S sowie auch deren schwereren Gruppenhomologen als Heteroatomen. Ebenso sind Sila-, Germa-, Stanna- und selbst Plumbaborane wohlbekannt. Die Zahl der Borane und Carbaborane, in deren Gerüst Übergangsmetallatome mit *exo*-Ligandsphäre eingebaut sind, ist zur Legion geworden. Einige typische Beispiele seien zitiert, um zu zeigen, dass die Williams-Wade-Regeln auch die Struktur der Metallaborane und Metallacarbaborane zu beschreiben gestatten. Man beachte, dass MHB-(3c2e)-Brücken auftreten können!

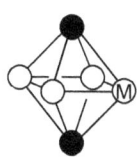 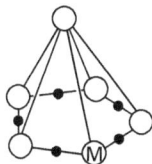 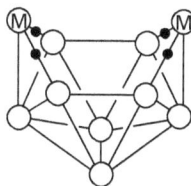 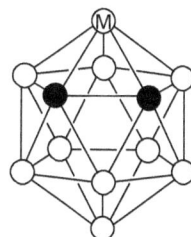

$[C_2B_3H_5\{Fe(CO)_3\}]$ $[B_5H_{10}Mn(CO)_3]$ $[B_8H_{12}(CoCp^*)_2]$ $[C_2B_9H_{11}\{Ru(C_6Me_6)\}]$

Um den Clusterelektronenbeitrag der Übergangsmetalle zu ermitteln, addiert man zu den Valenzelektronen des neutralen Metallatoms die Elektronen, die die Liganden dem Metall koordinativ liefern [d. s. in den Beispielen zwei für CO, fünf für das neutral gezählte Cp (C_5H_5) oder Cp* (C_5Me_5) und sechs für das Hexamethylbenzen C_6Me_6]. Diese Elektronen steckt man in die 4s- und 3d-Orbitale (bei Fe, Mn, Co) bzw. die 5s- und 4d-Orbitale des Metalls (bei Ru). Zum Clustergerüst können nur die über die Zahl 12 hinausgehenden Elektronen, die in p-Orbitalen des Metalls untergebracht sind, beitragen, d. s. zwei für $Fe(CO)_3$, CoCp und $Ru(C_6Me_6)$ und eines für $Mn(CO)_3$. Das ergibt für die vier Beispielcluster der Reihe nach die Werte $p = 7$ (6 Ecken: *closo*), 8 (6 Ecken: *nido*), 12 (10 Ecken: *nido*) und 13 (12 Ecken: *closo*). Die systematische Benennung mache man sich anhand der vier Beispiele klar: (1) 2,2,2-Tricarbonyl-1,6-dicarba-2-ferra-*closo*-hexaboran(5); (2) 2,2,2-Tricarbonyl-2,3:3,4:4,5:5,6:6,1-penta-μH-2-mangana-*nido*-hexaboran(10); (3) 6,9-Bis(η^5-pentamethylcyclopentadienyl)-5,6:6,7:8,9:9,10-tetra-μH-6,9-dicobalta-*nido*-decaboran(12); (4) 3-(η^6-Hexamethylbenzen)-1,2-dicarba-3-ruthena-*closo*-dodecaboran(11).

7.2 Fluoride der Nicht- und Halbmetalle

7.2.1 Struktur und Stabilität der Fluoride der Nicht- und Halbmetalle

Einkernige Fluoride EF_n

In die folgende Zusammenstellung sind die neutralen einkernigen Fluoride EF_n aufgenommen, die molekular gebaut und bei Raumtemperatur lagerfähig sind. Die meisten von ihnen liegen bei Normalbedingungen als Gase vor, vier als Flüssigkeiten (in geschweiften Klammern) und drei in fester Form (in eckigen Klammern). Alle sind farblos und bilden sich exotherm. Soweit sie flüchtig sind, stellen sie Atemgifte, z. T. schwere Atemgifte dar mit Ausnahme von CF_4 und dem überaus wenig reaktiven SF_6. Die Fluoride der Elemente der 1. Achterperiode, OF_2, NF_3, CF_4 und BF_3, genügen notwendigerweise der Oktettregel; bei den Fluoriden der Elemente höherer Perioden wird von der 15. bis zur 18. Gruppe das Oktett vielfach überschritten.

Gruppe:	17			15				13
Periode:	3	4	5	2	3	4	5	2
EF:	ClF							
EF_3:	ClF_3	{BrF_3}		NF_3	PF_3	{AsF_3}	[SbF_3]	BF_3
EF_5:	ClF_5	{BrF_5}	IF_5		PF_5	AsF_5	SbF_5	
EF_7:			IF_7					

Gruppe:	18	16				14		
Periode:	5	2	3	4	5	2	3	4
EF_2:	[XeF_2]	OF_2						
EF_4:	[XeF_4]		SF_4	{SeF_4}		CF_4	SiF_4	GeF_4
EF_6:			SF_6	SeF_6	TeF_6			

In den kristallinen Fluoriden EF_n bestehen naturgemäß intermolekulare Wechselwirkungen, doch dominieren die typischen Molekülstrukturen auch die Struktur im Kristall. Dies ist selbst bei SbF_3 (Smp. 290 °C) noch der Fall, obwohl an jedes Sb-Atom außer den drei nächsten, kovalent gebundenen Fluor-Nachbarn noch drei deutlich weiter entfernte Fluor-Atome gebunden sind und eine verzerrt-oktaedrische Gesamtkoordination um das Zentralatom ergeben. Noch deutlicher ist die Molekülgestalt in den kristallinen Verbindungen XeF_2 (Smp. 129 °C) und XeF_4 (Smp. 117 °C) erhalten geblieben.

Die Molekülstruktur der genannten Fluoride EF_n entspricht im Prinzip ganz den Regeln (s. Abschnitt 2.4.2). Dass freie Elektronenpaare stärker abstoßen als bindende, sei am Beispiel SF_4 (C_{2v}) mit seinem äquatorialen freien Elektronenpaar noch modifiziert. Die beiden äquatorialen F-Atome, die in einer idealen trigonalen Bipyramide als der betreffenden Pseudostruktur im FSF-Winkel von 120° zueinander stünden, rücken tatsächlich bis auf 101.6° aufeinander zu, und die beiden axialen F-Atome mit einem FSF-Idealwinkel von 180° werden in der Spiegelebene vom freien Elektronenpaar weg bis zum Winkel 173.1° aufeinander zu bewegt.

Der Begriff der *Oktettüberschreitung* bedarf einer Durchleuchtung. Nehmen wir als Beispiel SF_6, das im Valenzstrichmodell mit sechs Valenzstrichen dargestellt wird, die sechs gleichartige kovalente Bindungen vom σ-Typ bedeuten. Um das S-Atom herum sind dann zwölf Elektronen angesiedelt, also ein Elektronendodezett. Betrachtet man die S—F-Bindungsabstände (gemessen in der Gasphase) im oktettgerechten (instabilen) SF_2, 159.21 pm, und im oktettüberschreitenden SF_6, 156.1 pm (und ebenso im SOF_2, C_{2v}, 158.3 pm, mit seinem Elektronendezett), dann liegen starke Einfachbindungen vor, die umso kürzer sind, je mehr elektronegative Liganden das S-Atom immer positiver und damit den polaren Beitrag zur Bindung immer größer machen. Solch starke Einfachbindungen weisen das Valenzstrichmodell mit seinen sechs vollen Kovalenzen als richtig aus. Fragt man sich, welche AOs das S-Atom aufbieten muss, um sechs lokalisierte (2c2e)-Bindungen einzugehen, so müssen jedenfalls zu den 3s- und 3p-AOs noch zwei geeignete 3d-AOs herangezogen und zu oktaedergerechten [sp^3d^2]-AOs hybridisiert werden. Diese Mitwirkung der energiereichen 3d-AOs ist im Lichte der Theorie fragwürdig, und mithin hält auch das Modell lokalisierter Einfachbindungen hier der Theorie nicht recht stand. Zieht man einen einfachen LCAO-Ansatz heran, so kann man − unter Außerachtlassung der freien Elektronenpaare an den F-Atomen − von jedem F-Atom ein 2p-AO einbringen, das auf das S-Atom weist ($2p_1$ bis $2p_6$), während das S-Atom ein 3s- und die drei 3p-AOs ($3p_x$, $3p_y$, $3p_z$) bereitstellt. Bezüglich der Punktgruppe O_h transformiert sich das 3s-AO totalsymmetrisch (A_{1g}; *totalsymmetrisch* bedeutet, dass das 3s-AO bei der Einwirkung eines jeden der 48 Symmetrieoperatoren von O_h in sich selbst übergeht), und die drei 3p-AOs transformieren sich gemeinsam nach der dreidimensionalen Darstellung T_{1u} (d. h. jedes der drei 3p-AOs geht bei der Einwirkung eines Symmetrieoperators von O_h in eine Linearkombination der drei 3p-AOs über). Die sechs 2p-AOs von Fluor transformieren sich nach irreduziblen Darstellungen von O_h erst, wenn man sie in geeigneter Weise linear transformiert; dabei gewinnt man die transformierten AOs p_1' bis p_6'. Man sieht ohne Weiteres, dass sich das neue AO $2p_1' = 1/\sqrt{6}\,(2p_1 + 2p_2 + 2p_3 + 2p_4 + 2p_5 + 2p_6)$ nach A_{1g} transformiert (der Faktor $1/\sqrt{6}$ normiert das AO). Die drei neuen AOs $2p_2' = 1/\sqrt{2}\,(2p_1 - 2p_2)$, $2p_3' = 1/\sqrt{2}\,(2p_3 - 2p_4)$ und $2p_4' = 1/\sqrt{2}\,(2p_5 - 2p_6)$ transformieren sich gemeinsam nach T_{1u}. Nach den Gesetzen der Quantenmechanik können nur diejenigen AOs zu MOs kombinieren, die sich in derselben Weise transformieren, also $2p_1'$ mit 3s (A_{1g}) sowie $2p_2'$, $2p_3'$ und $2p_4'$ mit $3p_x$, $3p_y$ und $3p_z$ (T_{1u}). Die A_{1g}-Kombination liefert ein bindendes und ein antibindendes MO; die T_{1u}-Kombination ergibt drei entartete bindende und drei entartete antibindende MOs. Die zwei transformierten Fluor-AOs $2p_5'$ und $2p_6'$ transformieren sich gemeinsam nach der entarteten Darstellung E_g, und da zwei Sulfur-AOs, die sich nach E_g transformieren nicht vorhanden sind, bleiben diese Fluor-AOs im Molekül SF_6 nichtbindend mit der Energie des 2p-Niveaus von Fluor. Die bindenden MOs sind zusammen mit einem Energieniveaudiagramm in Abb. 7.5 schematisch dargestellt. (*Schematisch* soll bedeuten, dass anstelle der MOs die AOs gezeichnet sind, aus denen die MOs durch Überlappung hervorgehen, und dass die Form der AOs vereinfacht dargestellt ist.) Als Ergebnis sei festgehalten, dass die sechs Fluor-Atome an das Sulfur-Atom mithilfe von vier bindenden, delokalisierten MOs gebunden sind.

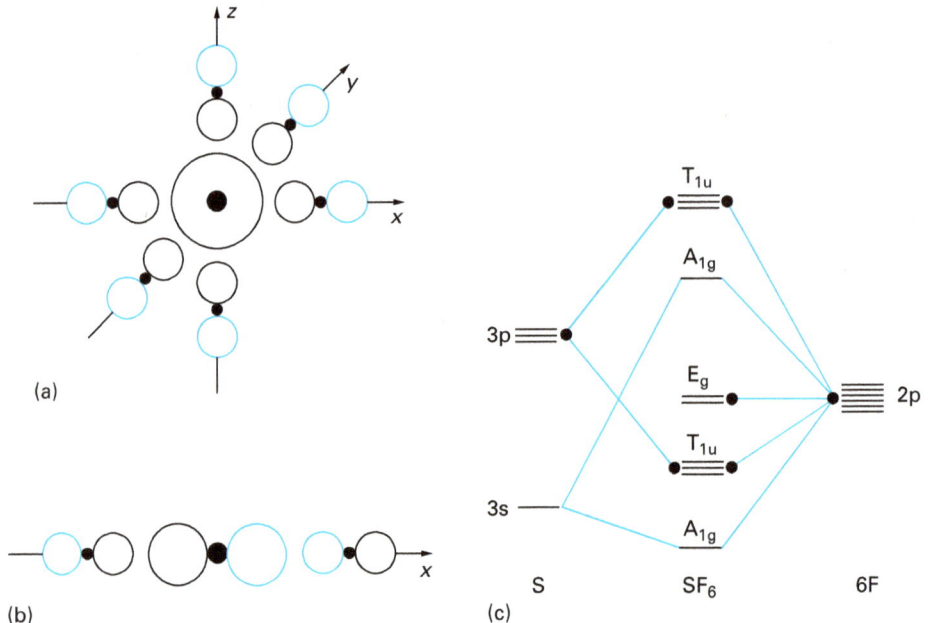

Abb. 7.5 Bindungsverhältnisse im Molekül SF_6 (O_h). (a) Totalsymmetrische bindende Kombination (A_{1g}) des Fluor-AOs $2p_1'$ mit dem Sulfur-AO 3s in schematischer Darstellung (Fluor: •; Sulfur: ●). (b) Eine der drei bindenden T_{1u}-Kombinationen, nämlich $2p_2'$ mit $3p_x$. (c) Energieniveaudiagramm mit vier besetzten bindenden (A_{1g} und T_{1u} unten), zwei besetzten nichtbindenden (E_g) und vier unbesetzten antibindenden MOs (A_{1g} und T_{1u} oben) sowie mit den AOs, aus denen die MOs hervorgehen.

Die π-Bindungsanteile zwischen Bor und Fluor im Molekül BF_3 (D_{3h}) verteilen sich gleichmäßig über alle drei Bindungen. Die resultierende BF-Bindung der formalen Ordnung 4/3 schlägt im BF-Bindungsabstand zu Buche. Vergleicht man die BF-Abstände von BF_3 (130 pm) und BF_4^- (ca. 137 pm, je nach Kation), so sollte man von der Differenz 7 pm etwa 1 pm abziehen, um dem Koordinationszahlwechsel von $k = 3$ nach $k = 4$ Genüge zu tun (s. Abschnitt 2.7.1). Der verbleibende Unterschied macht noch immer rund ein Drittel des Regelunterschieds von ca. 20 pm zwischen Einfach- und Doppelbindung aus.

Die Moleküle EF_n mit trigonal-bipyramidaler Struktur oder Pseudostruktur, ganz besonders die Moleküle SF_4, SeF_4, PF_5, AsF_5 und SbF_5, sind nicht konfigurationsstabil. Sie unterliegen einer entarteten Umlagerung, in deren Verlauf sich die axialen F-Atome z. B. von PF_5 (D_{3h}) in einer der drei σ_v-Ebenen – weg vom äquatorialen F-Atom in dieser Ebene – aufeinander zu bewegen und gleichzeitig die beiden restlichen äquatorialen F-Atome in der σ_h-Ebene aufeinander zu streben, bis schließlich die vier sich bewegenden F-Atome ein Koordinationsquadrat um das zentrale P-Atom bilden, das nunmehr tetragonal-pyramidal koordiniert ist (C_{4v}). Beim PF_5 liegt die C_{4v}-Struktur nur um 20 kJ mol^{-1} höher als die D_{3h}-Struktur. Für $SbMe_5$ wurde ein entsprechender Unterschied zu 7 kJ mol^{-1} berechnet (s. Abschnitt 7.1.2). Die C_{4v}-Struktur bildet bei PF_5 den Übergangszustand einer entarteten Umlagerung. Ähnlich wie beim dsd-Mechanismus der Umlagerung von Borhydrid-Deltaedergerüsten in Bezug auf die vier im Übergangszustand quadratisch angeordneten B-Atome (s. Abschnitt 7.1.4) gibt es für die vier F-Atome an der quadratischen Basis des C_{4v}-Übergangszustands zwei Alternativen, in den D_{3h}-Grundzustand zurückzugelangen: Entweder wandern die gleichen F-Atome aus der diagonalen Quadrat-Position in die axiale Position zurück, die sie eben verlassen haben, oder die beiden anderen. Auf diese Weise kann sich jedes der fünf F-Atome in jeder der fünf Bipyramiden-Positionen wiederfinden, sodass diese Umlagerung $5!/6 = 20$ entartete Isomere umfasst. Beim PF_5 ereignet sich diese Umlagerung, allgemein auch als *Pseudorotation* bezeichnet, bei 25 °C 10^5-mal pro Sekunde. Als Folge davon beobachtet man im ^{19}F-NMR-Spektrum anstelle von zwei Signalen im Verhältnis 3 : 2 (für die drei äquatorialen und die zwei axialen F-Atome) nur ein einziges Signal. Koordinationstetraeder (CF_4 etc.) oder -pseudotetraeder (NF_3 etc.) und Koordinationsoktaeder (SF_6 etc.) oder -pseudooktaeder (ClF_5 etc.) sind demgegenüber konfigurationsstabil. Für die pentagonal-bipyramidale Koordinationsstruktur oder Pseudokoordinationsstruktur trifft dies wiederum nicht zu.

Die Fluoride der Metalle der 14. Gruppe, Sn und Pb, und die den Metallen schon sehr verwandten Halbmetalle Te und Bi bilden – mit Ausnahme von TeF_6 (Sdp. -38 °C) – nichtmolekular aufgebaute Festkörperstrukturen. Im Zinnfluorid SnF_2 ist das Sn-Atom trigonal-pyramidal (pseudotetraedrisch) von drei F-Atomen umgeben, eines davon ist terminal angeordnet, die beiden anderen sind brückenständig in eine Kette eingebunden (SeO_2-Typ; s. Abschnitt 3.3.3). Bleifluorid PbF_2 kristallisiert im $PbCl_2$-Typ (s. Abschnitt 3.4.2). Die Fluoride SnF_4 und PbF_4 begründen mit ihren Schichten eckenverknüpfter MF_6-Oktaeder mit je zwei *trans*-terminalen

F-Liganden einen eigenen Strukturtyp (s. Abschnitt 3.4.2). Bei den Bismutfluoriden BiF_3 und BiF_5 kristallisiert das eine im YF_3-Typ, das andere unter Ausbildung *trans*-eckenverknüpfter BiF_6-Oktaederketten mit je vier terminalen F-Liganden. Im Tellurtetrafluorid TeF_4 ist Te tetragonal-pyramidal (pseudooktaedrisch) von F umgeben, und die TeF_4-Basisquadrate sind zu Ketten *cis*-eckenverknüpft mit den axialen F-Atomen abwechselnd oberhalb und unterhalb der Basis. Schließlich sind auch die festen Subfluoride SiF_2 und GeF_2 nicht molekular aufgebaut, vielmehr bildet SiF_2 Si-Ketten $[-SiF_2-]_n$ (ohne freies Elektronenpaar am Si), und GeF_2 kristallisiert isotyp mit SnF_2 (mit freiem Elektronenpaar am Ge).

Es seien noch einige einkernige Fluoride EF_n erwähnt, die nur bei tiefer Temperatur gefasst und charakterisiert wurden: IF, IF_3, SF_2, SeF_2, SiF_2, GeF_2, BF und NF. Unter diesen ist SF_2 allerdings bei 25 °C kurz haltbar, zerfällt es doch mit einer Halbwertszeit $\tau_{1/2} = 4$ h. Die Fluoride IF und IF_3 disproportionieren bei 25 °C in I_2 und IF_5 (z. B. 5 $IF_3 \rightarrow I_2 + 3$ IF_5), SF_2 in SSF_2 und SF_4, SeF_2 in Se und SeF_4. Die Moleküle SiF_2, GeF_2 und BF sind bei hoher Temperatur in der Gasphase stabil; die Disproportionierungsgleichgewichte 2 $SiF_2 \rightleftarrows SiF_4$ + Si bzw. 3 BF $\rightleftarrows$ BF_3 + 2 B liegen bei 1250 bzw. 2000 °C links, bei 25 °C ganz rechts. Schreckt man SiF_2 aus der Gasphase auf -190 °C ab und erwärmt langsam, dann polymerisieren die SiF_2-Moleküle zu Ketten (s. o.). Das Fluoronitren NF schließlich, gebildet bei der Thermolyse von HNF_2 ($HNF_2 \rightarrow$ NF + HF), lässt sich in eine Ar-Matrix einschließen; beim Erwärmen dimerisiert es zum Diazen N_2F_2.

Mehrkernige Fluoride E_mF_n

Das feste kristalline XeF_6 (Smp. 49.4 °C) besteht im Kristall aus einem Gemisch tetramerer und hexamerer Moleküle $[-XeF_5-F-]_n$ (n = 4, 6), in denen XeF_7-Einheiten zu Acht- bzw. Zwölfringen eckenverknüpft sind; die sieben F-Liganden und das freie Elektronenpaar bilden dabei keine der regulären Koordinationsfiguren. In der Gasphase liegen XeF_6-Moleküle vor mit einem trigonal-antiprismatischen F_6-Koordinationspolyeder, das auf der C_3-Achse vom Elektronenpaar überkappt ist (C_{3v}; s. Abschnitt 2.4.2). Die Moleküle unterliegen – ähnlich wie bei PF_5 – einer Pseudorotation, einem dynamischen Fluktuationsprozess also.

Beim gasförmigen Dinitrogentetrafluorid (Difluorodiazen) FN=NF hat man bei 25 °C mit einem *cis/trans*-Verhältnis von 1:9 zu rechnen. Das gasförmige Trinitrogenfluorid (Fluorotriazadien) N_3F entspricht in seiner Struktur dem Hydrogenazid HN_3; es disproportioniert bei 25 °C langsam in N_2 und N_2F_2.

Das gasförmige Disiliciumhexafluorid (Hexafluorodisilan) Si_2F_6 und das flüssige Trisiliciumoctafluorid (Octafluorotrisilan) Si_3F_8, beide bei 25 °C metastabile Verbindungen, haben Ethan- bzw. Propan-analoge Strukturen. Das ebenfalls gasförmige Dibortetrafluorid [Tetrafluorodiboran(4)] F_2B-BF_2 ist im Kristall planar gebaut (D_{2h}), in der Gasphase aber stehen die beiden BF_2-Gruppen aufeinander senkrecht (D_{2d}).

7.2.2 Darstellung und Anwendung der Fluoride der Nicht- und Halbmetalle

Aus den Elementen

Die Xenonfluoride XeF_2, XeF_4 und XeF_6 gewinnt man aus den Elementen, wobei man jeweils mit einem Überschuss an Fluor unter abgestuften Bedingungen in Reaktoren aus Nickel arbeitet: XeF_2, 400 °C, 1 bar; XeF_4, 400 °C, 6 bar; XeF_6, 600 °C, 300 bar. Zur Darstellung von XeF_2 genügt es auch, ein Xe/F_2-Gemisch dem Sonnenlicht oder einer Mikrowellenentladung auszusetzen, beides mit der Folge, dass die zur exothermen XeF_2-Bildung nötige Aktivierungsenergie durch Dissoziation der F_2-Moleküle bereitgestellt wird.

Auch zur Herstellung der Chlorfluoride ClF_n kann man — in Kupferreaktoren arbeitend — abgestuft vorgehen: ClF, 250 °C, 1 bar; ClF_3, 300 °C, 1 bar; ClF_5, 350 °C, 250 bar. IF_5 gewinnt man bei 25 °C, IF_7 bei 250−270 °C. Die Sulfurfluoride SF_4 und SF_6 stellt man aus den Elementen durch Einsatz entsprechender Mengen an F_2 dar. Bei der Darstellung von SF_6 entsteht als Nebenprodukt S_2F_{10}, das man abtrennt indem man erhitzt ($S_2F_{10} \rightarrow SF_6 + SF_4$), das dabei gebildete SF_4 mit Basen in SO_3^{2-} überführt und das SF_6 von der Waschflüssigkeit trennt. Auch SeF_6 und AsF_5 stellt man aus den Elementen dar. Um das nur theoretisch interessante O_2F_2 zu erhalten, setzt man ein O_2/F_2-Gemisch bei 15 mbar einer elektrischen Entladung aus; das gebildete O_2F_2 scheidet sich an gekühlten Reaktorwänden (-180 °C) als orangegelber Festkörper ab.

Aus Verbindungen durch Fluorierung

Die Fluorierung wässriger Basen erbringt OF_2: $2 F_2 + 2 OH^- \rightarrow OF_2 + 2 F^- + H_2O$. Schnelle Aufarbeitung ist nötig, da OH^- von OF_2 langsam zu O_2 oxidiert wird. Das wenig stabile SF_2 kann man u. a. durch Fluorierung von Carbonoxidsulfid darstellen: $2 F_2 + COS \rightarrow SF_2 + COF_2$. Das technisch interessante SF_4 gewinnt man außer aus den Elementen auch aus S_2Cl_2 und F_2. Um TeF_6 herzustellen, fluoriert man entweder Te oder TeO_2 mit BrF_3 (Te + 2 $BrF_3 \rightarrow TeF_6 + Br_2$).

Nitrogentrifluorid kann man durch Fluorierung von Ammoniak an Cu-Kontakten darstellen ($3 F_2 + NH_3 \rightarrow NF_3 + 3 HF$), mit Vorteil auch durch anodische Fluorierung von Ammoniak oder Harnstoff in flüssigem HF (*Elektrofluorierung*; s. Abschnitt 6.3.1): $NH_4^+ + 3 HF \rightarrow NF_3 + H^+ + 3 H_2$ bzw. $OC(NH_2)_2 + 8 HF \rightarrow 2 NF_3 + COF_2 + 6 H_2$. Das durch Fluorierung von HN_3 gewonnene N_3F hat keine praktische Bedeutung.

Unterzieht man Harnstoff nicht der Elektrofluorierung in HF, sondern der direkten Fluorierung mit F_2, dann erhält man zunächst $OC(NH_2)(NF_2)$, das sich mit konz. H_2SO_4 in HNF_2 überführen lässt: $OC(NH_2)(NF_2) + H_2O + H^+ \rightarrow HNF_2 + NH_4^+ + CO_2$. Um BiF_5 oder PbF_4 herzustellen, lässt man Fluor auf BiF_3 bzw. PbF_2 einwirken.

Aus Oxiden und Chloriden durch Fluoridierung

Ein wichtiges Fluoridierungsmittel ist HF. Schon die sog. *Elektrofluorierung* in HF ist eigentlich eher eine Fluoridierung, da nicht Fluor oder eine Fluor-Verbindung oxidiert, sondern die Anode. Will man Oxide mit HF fluoridieren, so geht man nicht immer von Flusssäure selbst aus, sondern von Flussspat CaF_2, auf den man konz. H_2SO_4 oder besser noch *Oleum* (d. i. eine Mischung aus konz. H_2SO_4 und SO_3) einwirken lässt ($CaF_2 + H_2SO_4 \rightarrow 2\,HF + CaSO_4$). Ein typisches Beispiel bietet die Darstellung von SiF_4 aus SiO_2, CaF_2 und H_2SO_4. Ebenso erhält man − in technischem Maßstab − BF_3 aus B_2O_3 oder auch aus $B(OH)_3$ oder $Na_2B_4O_7$. Um AsF_3, SbF_3 oder BiF_3 zu gewinnen, fluoridiert man die entsprechenden Oxide E_2O_3 direkt mit Flusssäure. Ebenso führt man SnO in SnF_2 über. Anstelle von HF geht man auch gerne von SF_4 aus, um Oxide zu fluoridieren, z. B. $2\,I_2O_5 + 5\,SF_4 \rightarrow 4\,IF_5 + 5\,SO_2$. Analog führt man SeO_2 oder TeO_2 mit SF_4 in SeF_4 bzw. TeF_4 über.

Zur Fluoridierung von Chloriden eignen sich Metall- und auch Halbmetallfluoride. Beispiele sind die Gewinnung von SF_2 aus SCl_2/AgF, FSSF aus ClSSCl/HgF_2, Si_2F_6 aus Si_2Cl_6/ZnF_2, PF_3 aus PCl_3/ZnF_2 oder PF_5 aus PCl_5/ZnF_2. Fluoridiert man SCl_2 mit NaF in Aceton und fügt als Oxidationsmittel Cl_2 zu, dann erhält man SF_4: $SCl_2 + 4\,NaF + Cl_2 \rightarrow SF_4 + 4\,NaCl$. Um B_2Cl_4 in B_2F_4 überzuführen, hat sich SbF_3 bewährt. Schließlich kann man auch Chloride mit HF fluoridieren; so stellt man SbF_5 aus $SbCl_5$ und SnF_4 aus $SnCl_4$, jeweils mit HF, her.

Aus höheren Fluoriden durch Reduktion

Die Gewinnung der zweikernigen Fluoride N_2F_4 ($2\,NF_3 + Cu \rightarrow N_2F_4 + CuF_2$; $375\,°C$) und P_2F_4 ($2\,PF_2I + Hg \rightarrow P_2F_4 + HgI_2$) kann man als eine Abart der Wurtz-Fittig-Reaktion ansehen (s. Abschnitt 6.1.2), die hier anstatt in einer C—C- in einer N—N- bzw. P—P-Kupplung besteht. Die Reduktion von BF_3 mit B, SiF_4 mit Si und GeF_4 mit Ge, Komproportionierungen also, führen bei mehr oder weniger hoher Temperatur zu Gleichgewichten, in denen − wie schon erwähnt − die ungesättigten Moleküle BF, SiF_2 bzw. GeF_2 stabil sind.

Anwendung der Fluoride der Nicht- und Halbmetalle

Die Halogenfluoride ClF_3, BrF_3 und IF_5 sind in Druckgasflaschen aus Nickel, Kupfer, Monelmetall oder Edelstahl im Handel; man setzt sie anstelle von elementarem Fluor als potente Fluorierungsmittel ein. Sulfurtetrafluorid SF_4 wird zur Fluoridierung von Oxiden gebraucht (z. B. $2\,R_2CO + SF_4 \rightarrow 2\,R_2CF_2 + SO_2$). Das überaus reaktionsträge Sulfurhexafluorid SF_6 dient als Dielektrikum in Hochspannungsanlagen, zur Vermeidung von Lichtbogenentladungen in Transformatoren, als Schutzgas über Metallschmelzen, als Löschmittel, zur Wärme- und Geräuschdämmung u. a.; da es aber als Treibhausgas recht wirksam ist, geht seine Anwendung zurück. Nitrogentrifluorid NF_3 wird als Zusatz zu Gasfüllungen in Glühlampen und als Fluorquelle in HF-Lasern angewendet. Die Fluoride AsF_3 und SbF_3 werden als Fluoridierungsmittel eingesetzt (z. B. $3\ C_2Cl_6 + 2\ SbF_3 \rightarrow 3\ C_2Cl_4F_2 + 2\ SbCl_3$). Bortrifluorid BF_3, im Handel in Stahlflaschen oder als sog. *Bortrifluorid-Etherat* $BF_3(OEt_2)$ (Sdp. 125 °C), wird u. a. als Lewis-saurer Katalysator, z. B. in Friedel-Crafts-Reaktionen, geschätzt. Zinndifluorid SnF_2 kann in Zahnreinigungsmitteln der Prophylaxe von Karies dienen.

7.2.3 Reaktionen der Fluoride der Nicht- und Halbmetalle

Hydrolyse

Die Fluoride SF_6 und SeF_6 reagieren bei 25 °C nicht mit H_2O; das völlig inerte SF_6 geht selbst mit Wasserdampf von 500 °C keine Reaktion ein. Das hat kinetische Ursachen, die in der totalen Abgeschirmtheit des S-Atoms durch die sechs F-Atome begründet sind; denn für die Reaktion $SF_6 + 3\ H_2O \rightarrow SO_3 + 6\ HF$ errechnet sich beträchtliche Triebkraft. Dagegen lässt sich das große Xe-Atom durch sechs F-Atome kaum abschirmen, sodass XeF_6 heftig mit H_2O unter Bildung von XeO_3 reagiert. Auch das große I-Atom in IF_7 wird selbst durch sieben F-Atome nicht perfekt abgeschirmt, sodass zumindest eine partielle Hydrolyse zu IF_5O (C_{4v}) erzielt wird.

Das Chlorfluorid ClF_5 setzt sich mit H_2O zu $HClO_3$ um; ClF_3 reagiert mit H_2O so heftig, dass man es zum Zwecke seiner Hydrolyse zu $HClO_2$ nur mit Inertgas verdünnt in Wasser einleiten sollte. Die Tetrafluoride SF_4 und SeF_4 sind begierig auf Wasser und ergeben SO_2 bzw. SeO_2. Im Falle von XeF_4 hat die Hydrolyse eine Disproportionierung des Hydrolyseprodukts in XeO_3 und Xe zur Folge.

Nitrogentrifluorid NF_3 reagiert in der Gasphase mit Wasserdampf exotherm ab, aber erst nach Zündung; das neben HF als Produkt zu erwartende N_2O_3 disproportioniert dabei in NO und NO_2, aber in Abhängigkeit von den Bedingungen erhält man neben NO und NO_2 auch deren Zerfallsprodukte N_2 und O_2. Das Phosphorfluorid PF_3 geht mit Wasser langsam in H_3PO_3, PF_5 rasch in H_3PO_4 über. Siliciumtetrafluorid wird von Wasser nicht vollständig (über die diversen Gele; s. Abschnitt 3.6.4) in SiO_2 übergeführt, vielmehr entsteht daneben das in Wasser stabile und als starke Säure vollständig dissozierte *Dihydrogenhexafluorosilicat* H_2SiF_6 (*Hexafluorkieselsäure*) gemäß $3\ SiF_4 + 2\ H_2O \rightarrow SiO_2 + 2\ H_2SiF_6$, ein auch technisch zur Gewinnung von H_2SiF_6-Lösungen eingesetztes Verfahren. GeF_4 reagiert ähnlich wie SiF_4.

Um die Hydrolyse von BF_3 zu verstehen, muss man die folgenden Gleichgewichte von B^{III}-Spezies in wässriger Flusssäure im Auge haben; bei jedem Teilschritt von links nach rechts wird ein Molekül HF verbraucht und ein Molekül H_2O gebildet und umgekehrt von rechts nach links:

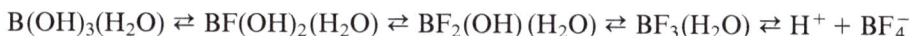

$$B(OH)_3(H_2O) \rightleftarrows BF(OH)_2(H_2O) \rightleftarrows BF_2(OH)(H_2O) \rightleftarrows BF_3(H_2O) \rightleftarrows H^+ + BF_4^-$$

Die fünf angegebenen Spezies stellen Säuren dar, deren Stärke von links nach rechts zunimmt, eine Folge wieder des $-I$-Effekts von F. Die Borsäure $B(OH)_3$ ist eine schwache Säure, die Tetrafluorborsäure HBF_4 eine in Wasser vollständig dissoziierte sehr starke Säure, die allerdings in wasserfreier Form nicht existiert; selbst $BF_3(H_2O)$ ist noch eine starke Säure ($F_3B-OH_2 \rightleftarrows F_3B-OH^- + H^+$). So lange in der Lösung HF verfügbar ist, liegt das Gleichgewicht ganz auf der Seite von HBF_4, sodass man – auch technisch – wässrige Lösungen von HBF_4 herstellt, indem man 50%ige Flusssäure auf $B(OH)_3$ einwirken lässt. Löst man BF_3 in Wasser, so wird durch Hydrolyse HF frei, das zur Bildung von HBF_4 führt, und zwar so lange bis alles BF_3 in $B(OH)_3$ und HBF_4 verwandelt worden ist, d. i. ein Hydrolyseverlauf analog zu dem bei SiF_4 und GeF_4: $4\,BF_3 + 3\,H_2O \rightarrow B(OH)_3 + 3\,HBF_4$.

Fluoridtransfer

Eine charakteristische Eigenschaft der Fluoride der Nicht- und Halbmetalle ist es, Fluorid-Ionen koordinativ zu binden: $EF_n + F^- \rightarrow EF_{n+1}^-$. Als Fluorid-Donatoren fungieren dabei insbesondere Alkalimetallfluoride MF, aber auch Erdalkalimetallfluoride MF_2. Im Allgemeinen gilt, dass Fluoride EF_n umso mehr Akzeptor-Wirkung entfalten, je höher die Oxidationszahl von E, also je größer n ist. Dem können aber räumliche Grenzen gesetzt sein. So kann man an IF_7 noch ein und an XeF_6, TeF_6 und BiF_5 sogar noch zwei F^--Ionen addieren ($\rightarrow IF_8^-$, XeF_8^{2-}, TeF_8^{2-}, BiF_7^{2-}), weil die Atome I, Xe, Te und Bi groß genug sind, aber bei SF_6 und auch SeF_6 ist das Zentralatom so gut abgeschirmt, dass jede Akzeptor-Aktivität entfällt. Die Mehrzahl der Fluoride der Elemente der 15. bis 18. Gruppe kann nur ein F^--Ion aufnehmen, ausgenommen die eben genannten Fluoride XeF_6, TeF_6 und BiF_5. Für die Fluoride EF_4 der Gruppe-14-Elemente dagegen ist die Aufnahme von zwei F^--Ionen unter Bildung von EF_6^{2-} obligat.

Die Anionen EF_n^{m-} bieten Paradebeispiele für die Anwendung der Regeln über die Molekülstruktur im Falle von Hauptgruppenelementen als Zentralatom (s. Abschnitt 2.4.2). Eine Regel muss für den Fall $k = k' = 8$, für den es kein neutrales Beispielmolekül gibt, nachgetragen werden, nämlich stellt hier das tetragonale Antiprisma (D_{4d}) das günstigste Koordinationspolyeder dar. Diese Struktur haben IF_8^- und TeF_8^{2-}, aber auch XeF_8^{2-} ($k + k' = 9$) trotz dem freien Elektronenpaar, das hier offenbar keinen strukturbildenden Einfluss ausübt. Die Struktur von XeF_7^- sollte sich bei einem freien Elektronenpaar von dieser Struktur ableiten; das ist aber nicht der Fall, vielmehr besetzen die sieben F-Liganden die Ecken eines einfach tetragonal-überkappten trigonalen Prismas (C_{2v}) mit dem freien Elektronenpaar auf der C_2-Achse oberhalb einer Kante. Allerdings kommt man zu einer ähnlichen Figur, wenn auch mit zwei tetragonalen Überkappungen (blau), wenn man im tetragonalen Antiprisma (z. B. von XeF_8^{2-}) eine Quadratdiagonale zur Kante erhebt.

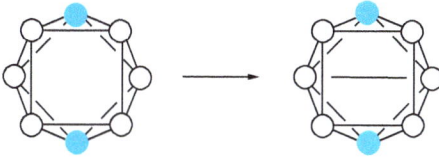

Für XeF_5^- mit fünf Liganden ($k = 5$) und zwei freien Elektronenpaaren ($k' = 2$) gibt es ebenfalls kein neutrales Mustermolekül, aber die Struktur folgt aus den Regeln, indem man in einer pentagonal-bipyramidalen Pseudostruktur die beiden freien Elektronenpaare in die axialen Positionen bringt, wo sie wegen des axial/äquatorial-Winkels von 90° weniger abstoßen können als in äquatorialer Position mit äquatorial/äquatorial-Winkeln von 72°; es resultiert also eine pentagonal-planare Koordination um Xe (D_{5h}).

$k + k'$	k'	Symmetrie	Beispiele			Typ
9	1	D_{4d}	XeF_8^-			
8	0	D_{4d}	IF_8^-	TeF_8^{2-}		
8	1	C_{2v}	XeF_7^-			
7	0	D_{5h}	TeF_7^-	BiF_7^{2-}		IF_7
7	1	C_{3v}	IF_6^-			XeF_6
7	2	D_{5h}	XeF_5^-			
6	0	O_h	EF_6^- (P, As, Sb, Bi)	EF_6^{2-} (Si, Ge, Sn, Pb)		SF_6
6	1	C_{4v}	SF_5^-	SeF_5^-		IF_5
6	2	D_{4h}	ClF_4^-	BrF_4^-		XeF_4
5	1	C_{2v}	PF_4^-			SF_4
4	0	T_d	BF_4^-			CF_4
4	1	C_{3v}	EF_3^- (Ge, Sn, Pb)			NF_3

Als die stärksten Fluorid-Akzeptoren gelten die Verbindungen EF_5 (15. Gruppe), ganz besonders SbF_5. Im Überschuss von SbF_5 gelangt man mit MF zu den mehrkernigen Anionen $Sb_2F_{11}^-$ und $Sb_3F_{16}^-$; strukturell handelt es sich bei $Sb_2F_{11}^-$ um zwei, bei $Sb_3F_{16}^-$ um drei (cis)-eckenverknüpfte SbF_6-Oktaeder. Auch bei anderen Elementen kennt man zweikernige, F-verbrückte Fluorido-Komplexe, z. B. $MSnF_3 + SnF_2 \rightarrow MSn_2F_5$ (Struktur von $Sn_2F_5^-$: zwei über je eine Basisecke verknüpfte trigonale Pyramiden mit gleichgerichteten Spitzen; C_{2v}).

Von den Salzen MEF_n bzw. M_2EF_n kommt man zu den freien Säuren HEF_n bzw. H_2EF_n, indem man wässrige Lösungen der Salze mit solchen Säuren versetzt, die M ausfällen (z. B. $BaEF_n + H_2SO_4 \rightarrow H_2EF_n + BaSO_4$), oder auch indem man Salzlösungen durch einen sauren Ionenaustauscher leitet. Es handelt sich bei allen Beispielen um mehr oder weniger starke Säuren, die sich aber außerhalb der wässrigen Lösung in freier Form nicht isolieren lassen. In einigen Fällen kristallisieren beim Einengen der wässrigen Lösung Oxidanium-Salze wie z. B. $[H_3O]_2SiF_6$ oder $[H_3O]BF_4$. Beim Erhitzen gehen diese Verbindungen in H_2O, HF und EF_n über.

Einige Salze MEF_n finden technische Anwendung. So schätzt man $MSiF_6$, besonders mit M = Mg, als Bakterizid und Insektizid und wendet es zum Holzschutz an. Tetrafluoridoborate MBF_4 dienen u. a. als Flammschutzmittel. Wässrige Lösungen von HBF_4 werden zur Säurekatalyse in der organischen Synthesechemie eingesetzt.

Nicht- und Halbmetallfluoride wirken als Fluorid-Donatoren nur in Einzelfällen, wenn man starke Akzeptoren wie PF_5, AsF_5 oder SbF_5 anwendet. Um aus einem ausgeprägten Akzeptor wie PF_5 noch einen Donator zu machen, ist SbF_5 als besonders starker Akzeptor nötig ($PF_5 + SbF_5 \rightarrow [PF_4][SbF_6]$). Auch die Struktur der Kationen EF_n^+ genügt den Strukturregeln, wie folgende Auswahl an Beispielen zeigen soll.

$k + k'$	k'	Symmetrie	Beispiele		Typ
6	0	O_h	IF_6^+		SF_6
6	1	C_{4v}	XeF_5^+		IF_5
5	1	C_{2v}	ClF_4^+	BrF_4^+	SF_4
5	2	C_{2v}	XeF_3^+		ClF_3
4	0	T_d	PF_4^+		SiF_4
4	1	C_{3v}	SF_3^+		PF_3
4	2	C_{2v}	ClF_2^+	BrF_2^+	OF_2
4	3	$C_{\infty v}$	XeF^+		ClF

In Einzelfällen kennt man Fluorid-verbrückte Dimere, z. B. $[XeF][AsF_6] + XeF_2 \rightarrow [Xe_2F_3][AsF_6]$; das Kation besteht aus zwei XeF_2-Molekülen, die ein F-Atom gemeinsam haben (C_{2v}). Zwei Kationen EF_n^+ verdienen Erwähnung, die sich nicht von EF_{n+1} durch die Abgabe von F^- ableiten, d. s. die Kationen NF_4^+ (T_d) und ClF_6^+ (O_h); die vermeintlichen Stammmoleküle NF_5 und ClF_7 sind aus elektronischen (Oktettregel) bzw. sterischen Gründen (Ligandüberfrachtung) nicht zugänglich. So entsteht NF_4^+ durch Oxidation von NF_3 mit F_2 in Gegenwart eines Fluorid-Akzeptors ($NF_3 + F_2 + AsF_5 \rightarrow [NF_4][AsF_6]$) und ClF_6^+ durch Oxidation von ClF_5 mit PtF_6 ($2\,ClF_5 + 2\,PtF_6 \rightarrow [Cl^{VII}F_6][Pt^VF_6] + [Cl^VF_4][Pt^VF_6]$).

Flüssige Fluoride, die sowohl als Akzeptoren als auch als Donatoren fungieren können, unterliegen einer Eigendissoziation, z. B. $2\,BrF_3 \rightleftarrows BrF_2^+ + BrF_4^-$ (s. Abschnitt 5.1.3).

Redoxreaktionen

Für Verbindungen der Nicht- und Halbmetalle in der höchsten Oxidationszahl gilt der allgemeine Satz, dass sie umso stärker oxidieren, je weiter unten sie in der betreffenden Gruppe stehen. So ergeben sich für das Oxidationspotential der Fluoride die folgenden Abfolgen: $PbF_4 > SnF_4 > GeF_4 > SiF_4$ oder $BiF_5 > SbF_5 > AsF_5 > PF_5$ oder $TeF_6 > SeF_6 > SF_6$. Bei den Halogenen gibt es neben IF_7 kein anderes Fluorid $HalF_7$ zum Vergleich. Bei den Edelgasfluoriden stehen die Xenonfluoride im Vordergrund; ein ebenfalls charakterisiertes Kryptonfluorid, nämlich KrF_2, ist bei $25\,°C$ instabil, und die im Prinzip breit ausbaufähige Radon-Chemie ist wegen der Kurzlebigkeit der Rn-Isotope bisher noch nicht ausführlich bearbeitet worden. Aus der genannten Abfolge ergibt sich, dass man in der jeweiligen Gruppe das PbF_4, BiF_5 bzw. TeF_6 am wenigsten hoch erhitzen muss, um unter Abspaltung von F_2 zu den Fluoriden PbF_2, BiF_3 bzw. TeF_4 zu gelangen. Es folgt auch, dass die Komproportionierung von SiF_4 und Si zu SiF_2 bei viel höherer Temperatur ablaufen muss (1250 °C) als die von GeF_4 und Ge zu GeF_2 (150 °C).

Alle Xenonfluoride wirken als Oxidationsmittel. Am ausgeprägtesten unter ihnen oxidiert XeF_2: $XeF_2 + 2\,H^+ + 2\,e \rightarrow Xe + 2\,HF$, $\varepsilon_0 = 2.32\,V$. Es oxidiert u. a. Wasser langsam zu H_2O_2, Ammoniak zu N_2 und BrO_3^- zu BrO_4^-. Dagegen reagiert XeF_4 mit Wasser unter Disproportionierung zu Xe und XeO_3; immerhin fluoriert XeF_4 das edle Pt zu PtF_4.

Neben Fluor selbst ist ClF_3 ein besonders aggressives Fluorierungsmittel. Wasser oxidiert es explosionsartig zu O_2, wenn man es unverdünnt einwirken lässt; es fluoriert AgCl zu AgF_2 und Uran zu UF_6; mit N_2H_4 als Brennstoff kann es Raketen antreiben. Auch BrF_3 ist ein starkes Fluorierungsmittel; es führt B_2O_3 in BF_3 und O_2 über. Eine bemerkenswerte Oxidation geht von Cl^{VII} in dessen eben erwähnten Derivat $[ClF_6][PtF_6]$ aus, in welchem Cl^{VII} unter den Fittichen des großen, nicht koordinierenden Anions PtF_6^- stabil gehalten wird, aber bei Zugabe freier F^--Ionen sofort elementares Fluor in Freiheit setzt ($ClF_6^+ + F^- \rightarrow ClF_5 + F_2$).

Unter den Sulfurfluoriden ist SF_6 extrem reaktionsträge. Das aggressive Natrium reagiert nur bei hoher Temperatur in der Gasphase mit SF_6 zu Na_2S und NaF; allerdings reduzieren ammoniakatisierte Elektronen (aus Na in flüssigem NH_3) SF_6 ebenfalls. Auch die übrigen Sulfurfluoride − SF_4, FSSF, SSF_2 und SF_2 − zeigen kein ausgeprägtes Oxidationsverhalten, wohl aber disproportioniert SSF_2 leicht in S_8 und SF_4. Im Gegensatz zum instabilen SF_2 sind beim stabilen OF_2 Oxidationsreaktionen bekannt. So oxidiert OF_2 HCl-Gas zu Cl_2, eine Reaktion, die allerdings − technisch genutzt (Deacon-Prozess, s. Abschnitt 5.7.3) − auch schon von O_2 bewirkt wird. Schon aus wässrigen Basen setzt OF_2 langsam O_2 frei ($OF_2 + 2\,OH^- \rightarrow O_2 + 2\,F^- + H_2O$). Interessant ist, dass O^{II} in OF_2 sogar F^{-I} zu elementarem Fluor oxidieren kann, wenn die Triebkraft durch Fluoridtransfer gestärkt wird, wie die Bildung des Dioxygen($\cdot 1+$)-Radikalkations O_2^+ zeigt: $2\,OF_2 + AsF_5 \rightarrow O_2[AsF_6] + 3/2\,F_2$.

Die Fluoride von Nitrogen und Phosphor sind keine ausgeprägten Oxidationsmittel. Gleichwohl lässt sich NF_3 von H_2 zu NH_3 reduzieren; mit Kupfer erfährt NF_3 eine NN-Kupplung zu N_2F_4. Die Oxidation von Cl^{-I} zu Cl^0 bei der Einwirkung von NF_3 auf $AlCl_3$ bei 70 °C bezieht ihre Triebkraft wohl von der großen Gitterenergie des Salzes AlF_3: $2\,AlCl_3 + 2\,NF_3 \rightarrow 2\,AlF_3 + N_2 + 3\,Cl_2$.

Es ist klar, dass Fluoride mit niedriger Oxidationszahl des Zentralatoms zu Fluoriden mit höherer Oxidationszahl oxidiert werden können, also selbst als Reduktionsmittel wirken (s. Abschnitt 7.2.2). So werden zahlreiche Fluoride nicht nur von F_2 fluoriert (z. B. XeF_2, SF_4, PF_3, SnF_2), sondern auch O_2 kann oxidierend einwirken, z. B. $2\,SF_4 + O_2 \rightarrow 2\,OSF_4$ (C_{2v}) oder (in einer elektrischen Entladung) $2\,NF_3 + O_2 \rightarrow 2\,ONF_3$ (C_{3v}). Mit ClF kann man SF_4 zu SF_5Cl (C_{4v}) oxidieren. Das Difluoramin F_2NH ist wegen des −I-Effekts von F deutlich saurer als NH_3; oxidiert man F_2NH vorsichtig, dann wird die aktive N—H-Bindung angegriffen, z. B. $2\,F_2NH + 2\,Fe^{3+} \rightarrow N_2F_4 + 2\,Fe^{2+} + 2\,H^+$.

Die Si—Si-Bindung mehrkerniger Fluorosilane wird durch Wasser oxidativ gespalten: $Si_2F_6 + 2\,H_2O \rightarrow H_2SiF_6 + SiO_2 + H_2$; Oxidationsmittel ist H^I. Die Si—Si-Bindung wird auch durch Erhitzen im Zuge einer Disproportionierung gespalten: $2\,Si_2F_6 \rightarrow SiF_4 + Si_3F_8$. Man kann diese Reaktion in zwei Teilschritte zerlegen, nämlich $Si_2F_6 \rightarrow SiF_4 + SiF_2$, gefolgt von $Si_2F_6 + SiF_2 \rightarrow Si_3F_8$. Auch Si_3F_8 disproportioniert bei weiterem Erhitzen in SiF_4 und höhergliedrige Fluorosilane. Setzt man diesen Prozess unter Temperaturerhöhung fort, dann landet man bei den Produkten SiF_4 und Si, zu denen sich oberhalb von $1000\,°C$ in zunehmender Gleichgewichtsmenge noch das Komproportionierungsprodukt SiF_2 gesellt. Ganz entsprechend disproportioniert B_2F_4 beim Erhitzen in BF_3 und B_3F_5, und bei Fortsetzung dieses Prozesses landet man bei BF_3 und B.

7.2.4 Fluoridhydride der Nicht- und Halbmetalle und deren organische Derivate

Erwähnenswert sind Elementfluoridhydride bei Nitrogen und Phosphor. Während Fluoroamin H_2NF schon bei $-100\,°C$ disproportioniert ($3\,H_2NF \rightarrow N_2 + NH_4F + 2\,HF$), ist HNF_2 bei $25\,°C$ haltbar und zerfällt erst beim Erhitzen in NF und HF; das kurzlebige NF stabilisiert sich durch Dimerisierung zu N_2F_2. In den beiden gut charakterisierten λ^5-Phosphanen PHF_4 und PH_2F_3 nehmen die H-Atome äquatoriale Positionen ein (C_{2v}).

Fluoroorganylborane, -silane und -phosphane RBF_2, R_2BF, $RSiF_3$, R_2SiF_2, R_3SiF, RPF_2 und R_2PF (R: Alkyl oder Aryl) stellen wohl charakterisierte Substanzen dar, die vielfach gegen Hydrolyse (F/OH-Austausch), seltener gegen O_2 ($R \rightarrow OR$) empfindlich sind. Man gewinnt sie, indem man von Verbindungen R_mEX_n ausgeht (X = Cl, Br, OR' u. a.) und diese mit SbF_3, TiF_4, BF_3 u. a. fluoridiert; auch die partielle Alkylierung von EF_n mit metallorganischen Verbindungen wurde erfolgreich erprobt (z. B. BF_3/SnR_4). Für die λ^5-Phosphane $PMeF_4$ und PMe_2F_3 gilt (ähnlich wie für PHF_4 und PH_2F_3), dass die Me-Gruppen die äquatoriale Position bevorzugen. Die Tendenz von Gruppen X, axiale Positionen in λ^5-Verbindungen EY_4X zu besetzen, nennt man *Apicophilie*; für λ^5-Phosphane gilt: R < NMe_2 < OR < Cl < H < F.

Zuletzt sei auf ein Methanyliden-λ^6-sulfan mit einer SC-Doppelbindung hingewiesen, das man auf folgendem Wege erhält: $SF_5(CH_2Br) + LiR \rightarrow SF_5(CH_2Li) + RBr$; $SF_5(CH_2Li) \rightarrow LiF + F_4S{=}CH_2$; die SC-Bindungslänge beträgt 155 pm (zum Vergleich in Thioethern R—S—R im Mittel: 182 pm; die vier F-Atome im $F_4S{=}CH_2$ verkürzen die Doppelbindung mit ihrem —I-Effekt in besonderem Maße).

7.3 Verbindungen der Nicht- und Halbmetalle mit Oxygen

7.3.1 Oxide des Xenons

Zwei endotherme, farblose Xenonoxide sind charakterisiert, das feste, auch im Kristall aus Molekülen aufgebaute XeO_3 ($\Delta_f H^0 = 402\,kJ\,mol^{-1}$) und das gasförmige XeO_4 ($\Delta_f H^0 = 643$ kJ mol^{-1}); XeO_4 ist nur bei tiefer Temperatur ohne Zersetzung haltbar. Die C_{3v}-Struktur von XeO_3 und die T_d-Struktur von XeO_4 entsprechen der Erwartung.

Man gewinnt XeO_3 entweder durch Hydrolyse von XeF_6 und vorsichtige Abtrennung der entstehenden wässrigen Flusssäure. Auch die mit Disproportionierung verknüpfte Hydrolyse von XeF_4 führt zu XeO_3 ($3\,XeF_4 + 6\,H_2O \rightarrow 2\,XeO_3 + Xe + 12\,HF$). Als das Anhydrid der in freier Form nicht isolierbaren Perxenonsäure H_4XeO_6 gewinnt man XeO_4, indem man auf ein Perxenat wie $Ba_2XeO_6 \cdot 1.5H_2O$ konzentrierte Schwefelsäure, die auch als wasserentziehendes Mittel fungiert, einwirken lässt.

Xenon(VI)oxid, das Anhydrid der in freier Form nicht bekannten Xenonsäure H_2XeO_4, reagiert mit wässriger Base zum Hydrogenxenat $HXeO_4^-$, einer mittelstarken Base ($HXeO_4^- \rightarrow XeO_3 + OH^-$; $pK_B = 3.18$). Beim Versuch, diesem Anion ein Hydron zu entziehen, tritt Disproportionierung unter Zerfall ein: $2\,HXeO_4^- + OH^- \rightarrow HXeO_6^{3-} + Xe + O_2 + H_2O$. Salze der Perxenonsäure wie $Na_4XeO_6 \cdot nH_2O$ (n = 6, 8, 9) und das erwähnte $Ba_2XeO_6 \cdot 1.5\,H_2O$ sind metastabil lagerfähig, während feste Salze der Xenonsäure noch nicht isoliert wurden.

Als Oxidationsmittel reagiert XeO_3 unter Bildung von Xe mit Hal$^-$ zu Hal$_2$ (außer Hal = F), mit Mn^{2+} zu MnO_4^-. Als Reduktionsmittel reagiert XeO_3 in basischer Lösung nur mit starken Oxidationsmitteln wie O_3: $HXeO_4^- + O_3 + 3\,OH^- \rightarrow XeO_6^{4-} + 2\,H_2O + O_2$. Perxenate sind in saurer Lösung sehr starke Oxidationsmittel: $\varepsilon^0(H_4XeO_6/XeO_3) = 2.42$ V.

Die Fluoridoxide XeO_2F_2 (Smp. 30.8 °C) und $XeOF_4$ (Smp. -46.2 °C) von Xe^{VI} erhält man durch Kommutierung der jeweils stöchiometrischen Mengen an XeF_6 und XeO_3. Das Fluoridoxid XeO_3F_2 (Smp. 54.1 °C) von Xe^{VIII} entsteht, wenn man XeO_4 mit disproportionierendem XeF_6 fluoridiert: $3\,XeO_4 + 2\,XeF_6 \rightarrow 4\,XeO_3F_2 + XeF_4$. Das Oxidfluorid $XeOF_4$ wirkt als Fluorid-Akzeptor (mit MF) und als Fluorid-Donator (mit AsF_5); es bilden sich die Ionen $XeOF_5^-$ (O axial) bzw. $XeOF_3^+$ (O äquatorial). Analog gewinnt man aus XeO_2F_2 das Anion $XeO_2F_3^-$ (zwei O-Liganden *trans*-äquatorial) bzw. das Kation XeO_2F^+. Das Anion $XeOF_5^-$ bevorzugt die regelgerechte pentagonal-pyramidale Struktur im Gegensatz zu XeF_6 mit seiner Sonderstruktur (s. Abschnitt 7.2.1). In der folgenden Aufstellung sind die lehrreichen Molekülstrukturen der Xenonoxide und -fluoridoxide zusammengefasst:

k + k′	k′	Symmetrie	Beispiele	Typ
7	1	C_{5v}	$XeOF_5^-$	
6	0	O_h	XeO_6^{4-}	SF_6
6	1	$C_{4v}\ C_{2v}$	$XeOF_4\ XeO_2F_3^-$	IF_5
5	0	D_{3h}	XeO_3F_2	PF_5
5	1	$C_{2v}\ C_s$	$XeO_2F_2\ XeOF_3^+$	SF_4
4	0	T_d	XeO_4	SiF_4
4	1	$C_{3v}\ C_s$	$XeO_3\ XeO_2F^+$	PF_3

7.3.2 Oxide der Halogene

Stabilität und Struktur

Drei Chlor- und drei Iodoxide lassen sich bei Normalbedingungen isolieren, fünf davon als endotherme Oxide in metastabiler Form; das exotherme Diiodpentaoxid I_2O_5 ($\Delta_f H^0 = -158.2\,\text{kJ}\,\text{mol}^{-1}$) ist stabil. Im Folgenden sind die Formeln, der Aggregatzustand bei Normalbedingungen und die Farbe angegeben:

Cl_2O (g)	ClO_2 (g)	Cl_2O_7 (s)	I_2O_4 (s)	I_2O_5 (s)	I_4O_{12} (s)
gelbbraun	gelbrot	farblos	gelb	farblos	blassgelb

Die beiden Gase sind giftig und haben einen stechenden Geruch. Die Oxide ClO_2 und Cl_2O_7 neigen zu explosivem Zerfall. Die Oxide I_2O_4 und I_4O_{12} sind nur im festen Zustand metastabil.

Einige instabile Oxide, von denen keines oberhalb von $-20\,°C$ haltbar ist, sind bei tiefer Temperatur charakterisiert worden: Cl_2O_3, Br_2O, Br_2O_3, Br_2O_5. Immerhin lässt sich das Oxid Cl_2O_6 bei 25 °C als rote Flüssigkeit kurze Zeit beobachten ($\tau_{1/2} = 8\,\text{min}$ bei 1 mbar; Struktur: $O_3Cl{-}O{-}ClO_2$).

Die Moleküle Cl_2O (C_s) und ClO_2 (C_{2v}) sind gewinkelt gebaut (Winkel OClO 126°). Das paramagnetische Gas ClO_2 cyclodimerisiert im festen Zustand zu Vierringen $[-Cl(O)-O-]_2$, in denen eine diagonale $Cl\cdots Cl$-Wechselwirkung die Kristalle diamagnetisch macht. Das Cl^{VII}-Oxid Cl_2O_7 mit einer $Cl{-}O{-}Cl$-Brücke ist isoelektronisch mit Disulfat $S_2O_7^{2-}$. Festes I_2O_4 bildet stark gewinkelte Ketten $[-I^V(O)-O-I^{III}-O-]_x$, in denen jedes I^V-Atom mit seinem rechten und linken I^V-Nachbarn durch je eine $I^V{-}O{-}I^V$-Brücke verbrückt ist; somit ist I^V durch ein terminales und vier brückenständige O-Atome verzerrt-pseudooktaedrisch koordiniert (Typ IF_5), während I^{III} von zwei brückenständigen O-Atomen gewinkelt (pseudotetraedrisch) koordiniert wird (Typ OF_2). Festes I_4O_{12} ist im festen Zustand aus Molekülen aufgebaut, in denen zwei I^{VII}-Atome oktaedrisch (Typ SF_6) und zwei I^V-Atome trigonal-pyramidal (pseudotetraedrisch; Typ PF_3) koordiniert sind. Das stabile, erst bei 300 °C unter Zerfall in die Elemente schmelzende I_2O_5 besteht im kristallinen Zustand aus Molekülen $O_2I{-}O{-}IO_2$ mit trigonal-pyramidaler Koordination von I^V; allerdings geht jedes I-Atom noch schwache Wechselwirkungen mit je zwei O-Atomen aus der Nachbarschaft ein, sodass man auch von einer stark verzerrten pseudooktaedrischen Fünferkoordination sprechen kann.

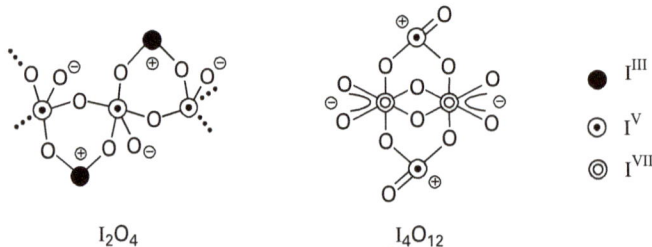

I_2O_4 I_4O_{12}

● I^{III}
◉ I^V
◎ I^{VII}

Darstellung

Dichloroxid Cl_2O entsteht durch Disproportionierung von Cl_2 in basischem Milieu. In wässriger Lösung erhält man Cl^- und ClO^-, wählt man als basisches Milieu aber feste, angefeuchtete Soda (Na_2CO_3), dann bildet sich direkt das Anhydrid Cl_2O von HClO, desgleichen wenn man Cl_2 bei $0\,°C$ über festes feuchtes, frisch bereitetes HgO leitet: $2\,Cl_2 + 2\,HgO \rightarrow Cl_2O + Hg_2Cl_2O$.

Chlordioxid ClO_2 wird durch Reduktion von Cl^V mit S^{IV} dargestellt, indem man Natriumchlorat mit konzentrierter Schwefelsäure und SO_2 behandelt; reduziert wird dabei die frei werdende Chlorsäure: $2\,HClO_3 + SO_2 \rightarrow 2\,ClO_2 + H_2SO_4$. Aus $NaClO_3$ und konzentrierter Salzsäure gewinnt man ClO_2 im Gemisch mit Cl_2: $2\,NaClO_3 + 4\,H^+ + 2\,Cl^- \rightarrow 2\,ClO_2 + Cl_2 + 2\,Na^+ + 2\,H_2O$. Man führt ClO_2 entweder gleich seinem Verwendungszweck zu, oder man stabilisiert es, indem man es reduktiv zum transport- und lagerfähigen Natriumchlorit $NaClO_2$ verarbeitet: $2\,ClO_2 + H_2O_2 + 2\,OH^- \rightarrow 2\,ClO_2^- + 2\,H_2O + O_2$. Aus $NaClO_2$ kann man vor Gebrauch das Gas ClO_2 mithilfe von Schwefelsäure ($5\,NaClO_2 + 4\,H^+ \rightarrow 4\,ClO_2 + 5\,Na^+ + Cl^- + 2\,H_2O$) oder von Chlor in Freiheit setzen ($2\,NaClO_2 + Cl_2 \rightarrow 2\,ClO_2 + 2\,NaCl$). Im Laborversuch entwickelt sich ClO_2 aus $KClO_3$ und konz. H_2SO_4 ($3\,ClO_3^- + 2\,H^+ \rightarrow 2\,ClO_2 + ClO_4^- + H_2O$) oder besser aus $KClO_3$, H_2SO_4 und Oxalsäure als Reduktionsmittel; das entstehende CO_2-Gas im Gemisch mit ClO_2 mindert dessen Explosivität ($2\,ClO_3^- + 2\,H^+ + H_2C_2O_4 \rightarrow 2\,ClO_2 + 2\,CO_2 + 2\,H_2O$).

Dichlorheptaoxid Cl_2O_7 gewinnt man als Anhydrid der Perchlorsäure durch deren Entwässern mit P_4O_{10}. Man kann, wenn man Vorsicht walten lässt, Cl_2O_7 zur Reinigung destillieren.

Diiodtetraoxid I_2O_4 bildet sich aus Iodsäure mit heißer konzentrierter Schwefelsäure durch Disproportionierung: $3\,HIO_3 \rightarrow I_2O_4 + HIO_4 + H_2O$. *Tetraioddodecaoxid* I_4O_{12} entsteht bei der Einwirkung von Schwefelsäure auf eine Mischung von HIO_3 und H_5IO_6 ($2\,HIO_3 + 2\,H_5IO_6 \rightarrow I_4O_{12} + 6\,H_2O$) sowie durch Thermolyse von HIO_4 bei $117\,°C$ ($4\,HIO_4 \rightarrow I_4O_{12} + 2\,H_2O + O_2$). *Diiodpentaoxid* I_2O_5 gewinnt man durch thermische Entwässerung von Iodsäure bei $200\,°C$ ($2\,HIO_3 \rightarrow I_2O_5 + H_2O$).

Reaktionen

Als Anhydride stehen die Oxide Cl_2O und I_2O_5 in wässriger Lösung mit ihren Säuren HClO bzw. HIO_3 im Gleichgewicht und gehen im basischen Bereich vollständig in die Anionen ClO^- bzw. IO_3^- über; Cl_2O_7 ergibt mit Wasser Perchlorsäure. Als deren gemischtes Anhydrid reagiert ClO_2 mit Wasser zu den Säuren $HClO_2$ und $HClO_3$. Ganz analog entstehen aus I_4O_{12} die zugehörigen Säuren HIO_3 und H_5IO_6. Das Oxid I_2O_4 schließlich disproportioniert in heißem Wasser ($3\,I_2O_4 + 3\,H_2O \rightarrow 5\,HIO_3 + I^- + H^+$).

Das Oxid I_2O_5 geht Oxid-Transfer-Reaktionen ein. An SO_3 gibt es ein O^{2-}-Ion ab: $I_2O_5 + 2\,SO_3 \rightarrow [I_2O_4][S_2O_7]$. Das Kation $I_2O_4^{2+}$ hat die Struktur einer IOIO-

Raute mit dem stumpfen Winkel am O-Atom (102°); von jedem I-Atom geht noch je eine gleichsinnig nach oben gerichtete I—O-Bindung aus; Iod ist also nach wie vor trigonal-pyramidal koordiniert. Lässt man I_2O_5 mit I_2 in Gegenwart von H_2SO_4 komproportionieren, so bildet sich ein Oxidoiod(III)-Kation: $3 I_2O_5 + 2 I_2 + 5 H_2SO_4 \rightarrow 5 (IO)_2SO_4 + 5 H_2O$. Im Kristall liegen [—I—O—]-Ketten mit vierzähliger Schraubsymmetrie vor.

Beim Erhitzen zerfallen die Chloroxide in die Elemente, I_2O_5 bei 300 °C ebenso, während I_2O_4 bei 85 °C in I_2O_5 und I_2 disproportioniert und I_4O_{12} bei 150 °C unter Abgabe von O_2 in das stabile I_2O_5 übergeht. Schon bei Raumtemperatur kann der explosionsartige Zerfall von Cl_2O durch Lichtblitze oder durch die Zugabe kleiner Mengen gewisser Reduktionsmittel (z. B. P_4, S_8) angeregt werden, während Cl_2O_7 mit solchen Reduktionsmitteln wohl aus kinetischen Gründen nicht reagiert, wohl aber bei Schlag explodiert.

Ausgeprägt oxidierende Eigenschaften hat ClO_2: $\varepsilon^0(ClO_2/ClO_2^-) = 1.19\,V$; $\varepsilon^0(ClO_2/Cl^-) = 1.50\,V$. Gewisse Metalle (Mg, Zn, Ni) ergeben $M(ClO_2)_2$, andere (Na, K) reduzieren bis zu MCl. Eine bemerkenswerte Reaktion geht das Radikal ClO_2 mit dem Radikal NO_2 ein: $ClO_2 + NO_2 \rightarrow Cl—O—NO_2 + 1/2\,O_2$; das sog. *Chlornitrat* $ClONO_2$ enthält Cl^I neben N^V.

Verwendung

ClO_2 nutzt man zu Bleich- und Desinfektionszwecken. Man setzt es normalerweise aus $NaClO_2$ frei (s. o.), oder man handhabt es als recht stabiles Addukt an Pyridin $ClO_2(py)$. I_2O_5 braucht man u. a. zur Bestimmung von CO ($I_2O_5 + 5 CO \rightarrow I_2 + 5 CO_2$), indem man das gebildete I_2 iodometrisch titriert (s. Abschnitt 5.4.5).

Halogenfluoridoxide

Bei folgenden Halogenfluoridoxiden handelt es sich um isolierte Substanzen mit bekannter Molekülstruktur (in Klammern der Aggregatzustand):

Hal^I:	FClO (g)			C_s	(Typ OF_2)
Hal^V:	$FClO_2$ (g)	$FBrO_2$ (l)		C_s	(Typ PF_3)
Hal^V:	F_3ClO (l)	F_3BrO (l)	F_3IO (s)	C_s	(Typ SF_4, O äquatorial)
Hal^{VII}:	$FClO_3$ (g)	$FBrO_3$ (g)	FIO_3 (s)	C_{3v}	(Typ SiF_4)
Hal^{VII}:	F_3ClO_2 (g)		F_3IO_2 (l)	C_{2v}	(Typ PF_5, O äquatorial)
Hal^{VII}:			F_5IO (l)	C_{4v}	(Typ SF_6)

Durch Fluoridtransfer entstehen folgende Ionen, die mit geeigneten Kationen bzw. Anionen als Salze isoliert werden können. Hal^V: $[F_2BrO_2]^-$ (C_{2v}), $[F_4BrO]^-$ (C_{4v}); Hal^{VII}: $[F_2ClO_2]^+$ (C_{2v}). Die Halogenfluoridoxide und die von ihnen abgeleiteten Ionen haben keine praktische Bedeutung.

7.3.3 Oxide der Chalkogene

Stabilität und Struktur

Unter Standardbedingungen liegt SO_2 ($\Delta_f H^0 = -297.0$ kJ mol^{-1}) als giftiges, stechend riechendes, nicht brennbares, korrodierendes Gas vor, während die ebenfalls exothermen E^{IV}-Oxide SeO_2, TeO_2 und PoO_2 sowie die exothermen E^{VI}-Oxide SO_3, SeO_3 und TeO_3 als kristalline Produkte anfallen. Im Falle von Se und Te kennt man noch strukturell gesicherte Phasen, die E^{IV} und E^{VI} nebeneinander enthalten: $E^{IV}E^{VI}O_5$ (Se, Te), $E^{IV}{}_2E^{VI}O_7$ (Te; die Se-Verbindung ist strukturell nicht gesichert) und $Te^{IV}{}_3Te^{VI}O_9$. Das SeO_2 kristallisiert in Ketten [k(Se) = 3; pseudotetraedrisch; ein O-Atom terminal, zwei O-Atome von jedem Se-Atom aus brückenständig; s. Abschnitt 3.3.3]. Auch α-TeO_2 bildet Ketten [k(Te) = 4; pseudo-trigonal-bipyramidal; kein terminales O-Atom, je zwei O-Brücken zum nächsten Nachbaratom in der Kette; s. Abschnitt 3.4.2; die β-Form ist eine Variante der α-Form]. PoO_2 hat die CaF_2-Struktur mit dreidimensionaler Verknüpfung [k(Po) = 6; Tab. 3.2].

Für SO_3 und SeO_3 ist eine Kettenstruktur typisch mit je zwei terminalen O-Atomen und zwei O-Brückenatomen zu den beiden nächsten Nachbarn [k(E) = 4; tetraedrisch]. Die Ketten stellen die thermodynamisch stabile, nadelige, asbestartige Modifikation dar; sie können sich aber auch zum Ring schließen, und zwar zum Sechsring [$-SO_2-O-$]$_3$ bzw. zum Achtring [$-SeO_2-O-$]$_4$ (s. Abschnitt 3.3.3). Das asbestartige SO_3 tritt in zwei Modifikationen auf, dem stabilen α-SO_3 (Sublimationspunkt 62.2 °C) und dem metastabilen β-SO_3 (Smp. 32.5 °C). (Bei γ-SO_3 handelt es sich um das metastabile Cyclotrimer S_3O_9, Smp. 16.86 °C.) Das TeO_3 kristallisiert in der VF_3-Struktur [k(Te) = 6; oktaedrisch; je sechs O-Brücken zu den sechs nächsten Nachbarn; s. Abschnitt 3.4.2]. PoO_3 ist nicht stabil.

Flüssiges SO_2 (Sdp. -10.02 °C) ist ein vielseitiges Lösungsmittel, in welchem Salze dissoziieren; speziell beim Arbeiten mit Supersäuren hat es sich bewährt. Im flüssigen, bei 25 °C metastabilen γ-SO_3 liegen die Sechsringe S_3O_9 mit monomeren Molekülen SO_3 im Gleichgewicht; in der Gasphase überwiegen die Monomere, die bei hoher Temperatur die Trimere ganz verdrängen. Im gasförmigen SeO_3 liegen Tetramere und Monomere im Gleichgewicht.

Die SO-Bindungsabstände im SO_2 und im SO_3 betragen 143 pm. Im S_3O_9 betragen die terminalen SO-Abstände 143.0 pm, die SO-Brückenabstände 162.6 pm. Die Differenz von etwa 20 pm ist für Einfach- und Doppelbindungen typisch.

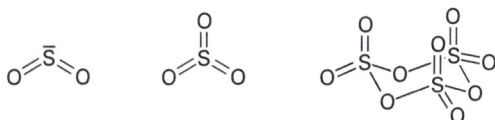

Wie oben schon für die σ-Bindungen im SF_6 beispielhaft dargelegt, erweisen sich auch die Oktettüberschreitungen durch lokalisierte π-Bindungen in den Molekülen SO_2, SO_3 und in allen in ähnlicher Weise das Elektronenoktett überschreitenden

Molekülen und Molekülionen im Lichte der Theorie als kritisch, so sehr die gefundenen Abstände das Bild lokalisierter Bindungen auch befriedigen mögen. Wir beschränken uns im Folgenden nur auf SO_2 als Beispielmolekül und auf dessen π-Bindungen, die wir als unabhängig von anderen Bindungen betrachten. Da die Theorie lehrt, dass wir die hoch liegenden 3d-AOs von Sulfur nicht in Betracht ziehen sollten, ist die π-Bindungssituation beim Sulfurdioxid O⸻S⸻O im Prinzip die gleiche wie beim Allyl-Anion $[H_2C⸻CH⸻CH_2]^-$ oder beim Methanoat-Anion $[O⸻CH⸻O]^-$. Wir haben es mit den beiden p_z-AOs p_1 und p_2 der äußeren Atome O1 und O2 bzw. C1 und C2 zu tun und mit dem p_z-AO p_0 des zentralen S- bzw. C-Atoms. Die Punktgruppe ist C_{2v}, die Molekülebene ist die xy-Ebene, die y-Achse ist C_2-Achse. Das zentrale p_0-AO transformiert sich nach B_2, d. h. bei der Einwirkung der Symmetrieoperatoren C_2 und σ_{xy} geht p_0 in $-p_0$ über. Die AOs p_1 und p_2 müssen noch transformiert werden, um sich symmetriegerecht zu verhalten, nämlich in

und
$$p_1' = 2^{-1/2}(p_1 + p_2)$$

$$p_2' = 2^{-1/2}(p_1 - p_2)$$

Wie man sieht, transformiert sich p_1' auch nach B_2, p_2' dagegen nach A_2, d. h. es wird zu $-p_2'$ bei der Einwirkung von σ_{xy} und σ_{yz}, aber zu p_2' bei der Einwirkung von C_2. Nur p_1' kann mit p_0 kombinieren (B_2), während p_2' zum nichtbindenden MO Φ_2 wird. Die additive Kombination von p_0 mit p_1' liefert das bindende MO Φ_1, die subtraktive Kombination das antibindende MO Φ_3. Ohne auf die Größe der Koeffizienten c_{ij} einzugehen, die für die Atome C, O und S unserer drei Beispielmoleküle jeweils verschieden ist, haben die drei π-MOs also folgende Form:

$\Phi_1 = c_{11}p_1 + c_{12}p_0 + c_{11}p_2$	(B_2)
$\Phi_2 = c_{21}p_1 - c_{21}p_2$	(A_2)
$\Phi_3 = c_{31}p_1 - c_{32}p_0 + c_{31}p_2$	(B_2)

Das ergibt das folgende schematische Bild für die drei MOs:

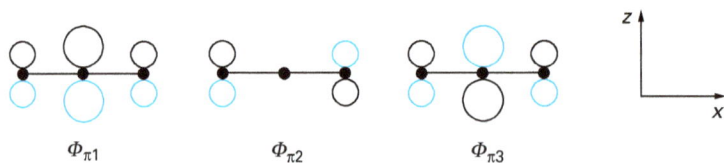

$\Phi_{\pi 1}$ $\Phi_{\pi 2}$ $\Phi_{\pi 3}$

Das MO Φ_1 beschreibt die π-Bindung als eine (3c2e)-Bindung, während das besetzte nichtbindende MO Φ_2 den Charakter eines freien Elektronenpaars hat, das über zwei nicht benachbarte Atome delokalisiert ist. Dies kommt auch durch die Mesomerie-Schreibweise gut zum Ausdruck (die beiden beteiligten Elektronenpaare sind blau gezeichnet):

Ist die Regel vom Bindungslängenunterschied zwischen Einfach- und Doppelbindungen, also für SO-Bindungen, gut erfüllt, so gilt dies für CO-Doppelbindungen ebenso gut. Für die CO-Einfachbindungen in Ethern R—O—R und für die CO-Doppelbindung in Ketonen findet man Durchschnittswerte von 142.6 bzw. 121.3 pm; dies ist regelgerecht. Der CO-Abstand im Methanoat von 124.2 pm, also nahe beim Wert für Ketone, spricht nahezu genauso gut für zwei Doppelbindungen im Sinne der Formel $[O=CH=O]^-$ wie beim SO_2 im Sinne der Formel $O=S=O$. Beim Methanoat ist eine solche Formel verpönt, beim Sulfurdioxid üblich; verkehrt im Sinne der Theorie ist sie allemal.

Neben den stabilen Sulfuroxiden handelt es sich bei den Molekülen S_2O, SO und S_2O_2 um Gase, die bei Normalbedingungen instabil sind. Bei der unvollständigen Verbrennung von S_8 entsteht auch S_2O (Struktur analog zu O_3), das sich bei $P < 1$ mbar einige Tage hält, bis es in ein metastabiles festes Oxid S_nO (n > 2; kettenartiger Aufbau) und SO_2 disproportioniert; das Oxid S_nO disproportioniert beim Erhitzen vollends in S_8 und SO_2. Die Oxide SO und S_2O_2 bilden sich aus SO_2 und S_8 in einer Mikrowellenentladung als kurzlebige Moleküle. Bei sehr hoher Temperatur ist SO in der Gasphase neben O_2 und S_2 stabil ($O_2 + S_2 \rightleftarrows 2\ SO$).

Die in der Sulfurschmelze im Gleichgewicht neben S_8 gebildeten Moleküle S_n (n = 6, 7, 9, 10, 11, 12, 13, 14, 18, 20) können bei tiefer Temperatur als metastabile feste Stoffe isoliert werden, und die Ringmoleküle S_{12}, S_{18} und S_{20} sind sogar bei 25 °C metastabil. Einige dieser Ringe bilden orangefarbene Oxide S_nO (n = 7, 8, 9, 10) und S_nO_2 (n = 6, 7), die bei tiefer Temperatur haltbar sind und bei denen die O-Atome terminal gebunden sind, und zwar im Falle von zwei O-Atomen pro Ring an nicht benachbarte S-Atome.

Darstellung

Die Dioxide SO_2, SeO_2 und TeO_2 gewinnt man in exothermer Reaktion aus den Elementen, das SO_2 in bedeutender Menge als Zwischenprodukt der Schwefelsäure-Fabrikation. Auch das Rösten sulfidischer Erze erbringt eine große Menge an SO_2. Es kommt in Kesselwagen oder in Stahlflaschen in den Handel, wo es unter Druck in flüssiger Form vorliegt. Im Labor kann man SO_2 u. a. durch Einwirken von H_2SO_4 auf $NHSO_3$-Lösung ($HSO_3^- + H^+ \rightarrow SO_2 + H_2O$) oder durch Reduktion von H_2SO_4 mit Cu darstellen ($2\ H_2SO_4 + Cu \rightarrow SO_2 + CuSO_4 + 2\ H_2O$).

Während man SeO_3 und TeO_3 aus den zugehörigen Säuren H_2SeO_4 bzw. H_6TeO_6 durch Wasserentzug in Freiheit setzt, stellt man SO_3 großtechnisch durch katalytische Oxidation an V_2O_5-Kontakten her (*Kontaktverfahren*; s. Abschnitt 4.4.5). Im Labor kann man SO_3 durch Erhitzen von $NaHSO_4$ ($2\ NaHSO_4 \rightarrow Na_2SO_4 +$

$SO_3 + H_2O)$ oder $Fe_2(SO_4)_3$ darstellen $[Fe_2(SO_4)_3 \rightarrow Fe_2O(SO_4)_2 + SO_3]$. Im Handel ist eine Mischung aus α- und β-SO_3, die bei ca. 40 °C schmilzt und schon bei 44.45 °C siedet.

Reaktionen

SO_2 und SeO_2 lösen sich in Wasser unter Senken des pH-Werts, TeO_2 und PoO_2 lösen sich in Wasser nicht. SeO_2 geht dabei in die Selenige Säure H_2SeO_3 über, während das Gleichgewicht zwischen SO_2 und der Schwefligen Säure H_2SO_3 ganz auf der linken Seite liegt. Der pK_{A1}-Wert von SO_2 in Wasser findet sich bei 1.81 $(SO_2 + H_2O \rightarrow HSO_3^- + H^+)$, pK_{A2} beträgt 6.99. Die Selenige Säure ist nur wenig schwächer ($pK_{A1} = 2.62$; $pK_{A2} = 8.32$). Dagegen zeigt TeO_2 ein amphoteres Verhalten. Unlöslich in Wasser, bildet es mit starken wässrigen Basen Anionen TeO_3^{2-} und mit starken Säuren Kationen $TeO(OH)^+$. Die Trioxide SO_3 und SeO_3 lösen sich in Wasser unter Bildung der entsprechenden Säuren, während TeO_3 in Wasser unlöslich ist, sich wohl aber in wässrigen Basen unter Bildung von $H_{6-x}TeO_6^{x-}$ löst. Mit flüssigem Wasser vereinigt sich SO_3 zwar mit großer Triebkraft, aber recht langsam, während sich Wasserdampf und SO_3-Gas schnell zu Schwefelsäure vereinigen, sodass SO_3-Gas an feuchter Luft H_2SO_4-Nebel bildet. Bei 300 °C kehrt sich die Reaktion um: H_2SO_4 zerfällt in SO_3 und H_2O.

Die Moleküle SO_3 geben als ausgeprägte Lewis-Säuren mit neutralen Lewis-Basen Addukte $D-SO_3$ ($D = R_2O$, py etc.). Hydronaktive Mittel addieren sich an SO_3 unter Wanderung von H^+: $SO_3 + HX \rightarrow XSO_3H$ ($HX = HF$, HCl, H_2O, H_2S, NH_3, H_2SO_4 etc.). Während im Falle $HX = H_2O$ die stabile Schwefelsäure entsteht, bildet sich mit H_2S bei -78 °C in Et_2O die instabile Thioschwefelsäure $H_2S_2O_3$, die bei 0 °C wieder in SO_3 und H_2S zerfällt; eine solche Reaktion erfordert für die verwandte Schwefelsäure ja eine um 300 °C höhere Temperatur (s. o.). (Erzeugt man $H_2S_2O_3$ nicht in etherischer, sondern in wässriger Lösung durch Ansäuern ihres Salzes $Na_2S_2O_3$, so zerfällt die Säure dagegen in S_8 und SO_2.) Die Cyclotrimerisierung von SO_3 zeigt, dass es über die O-Atome auch als Lewis-Base wirken kann.

Sulfurdioxid entfaltet Lewis-basische, hin und wieder aber auch Lewis-saure Wirkung. Die basische Wirkung geht entweder vom freien Elektronenpaar am S-Atom [Struktur A; z. B. M = Ni(PPh$_3$)$_3$] oder an einem der O-Atome aus [Struktur B; z. B. M = SbF$_5$]. Basische Metall-Komplexe (d. s. solche mit einem energiereichen d-HOMO) können sich an das S-Atom binden [Struktur C; z. B. M = Pt(PR$_3$)$_3$]. Schließlich kann gleichzeitig das S-Atom sauer und das O-Atom basisch wirken, sodass Dreiringe [—M—S—O—] entstehen (Struktur D; z. B. M = Rh(NO)(PR$_3$)$_2$); SO_2 wirkt hier wie ein zweizähniger Ligand, der aber nur ein Elektronenpaar spendet.

A   B   C   D

Um die Orientierung von M in diesen Addukten zu verstehen, ist es nützlich, sich auf die MOs von SO_2 zu beziehen. Bei der Bildung von **A** wird das HOMO von SO_2 als basisches Zentrum bemüht, das symmetrisch zur C_2-Achse liegt (A_1). Zur Bildung von **B** wird ein besetztes MO herangezogen, das seine Wirkung an einem der O-Atome in der y-Richtung entfaltet (B_1). Zur Säure-Aktivität von SO_2 (Typ **C**) kommt nur das LUMO infrage, d. i. das antibindende π-MO (B_2; s. o.), mit dem sich das Metall in der z-Richtung verbinden muss. Das LUMO von SO_2 kombiniert mit M auch bei Typ **D**, und dazu kommt noch ein besetztes MO von SO_2, das ebenfalls in die z-Richtung weist, und dies ist das nichtbindende π-MO [A_2; s. o.; die Angaben zum Transformationsverhalten beziehen sich auf die C_{2v}-Symmetrie von SO_2, nicht auf die bei **B** und **C** (C_s) sowie **D** (C_1) geringere Symmetrie der Addukte mit M].

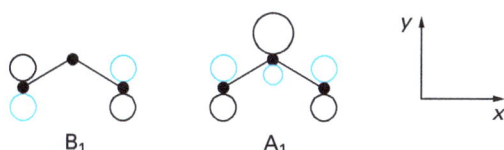

B_1 A_1

Gelegentlich sind Addukte vom Typ M—SO_2 auch nur Zwischenprodukte einer Substitutionsreaktion, z. B.: $WCl_6 + SO_2 \rightarrow \{Cl_6W-SO_2\} \rightarrow WOCl_4 + SOCl_2$.

Die thermische Stabilität der Trioxide EO_3 bezüglich der Abspaltung von O_2 zu EO_2 hat keinen periodischen Gang. So zerfällt SeO_3 schon oberhalb von 160 °C, TeO_3 erst oberhalb von 400 °C, und SO_3 stellt man im Kontaktverfahren oberhalb von 400 °C her. (Hier wie auch in ähnlichem Zusammenhang mache man sich klar, dass die gemachten Temperaturangaben lediglich ungefähre, die subjektive Empfindung einer angemessenen Reaktionsgeschwindigkeit wiedergebende Werte darstellen, da ja entsprechend dem Phasengesetz bei jenen Zerfallsgleichgewichten Temperatur, Gesamtdruck und noch einer der drei Partialdrucke frei wählbar sind.) Der nicht periodische Gang der Stabilität der höchsten Oxidationsstufe wird auch bei den Oxosäuren der Halogene beobachtet: Sowohl $HClO_4$ als auch H_5IO_6 sind thermisch stabiler als $HBrO_4$.

Als Oxidationsmittel ist das feste TeO_3 aus kinetischer Sicht wenig reaktiv. Dagegen sind SO_3 und − mehr noch − SeO_3 kräftige Oxidationsmittel. SO_3 oxygeniert S_8 zu SO_2 (d. i. eine Komproportionerung), P_4 zu P_4O_{10} und PCl_3 zu $POCl_3$.

Unter den Dioxiden oxidiert SeO_2 stärker als SO_2, was durch die folgende Reaktion verdeutlicht wird: $SeO_2 + 2\,SO_2 + 2\,H_2O \rightarrow Se + 2\,HSO_4^- + 2\,H^+$. Die exotherme Oxidation von H_2S durch SO_2 zu S_8 (eine Komproportionierung) wird technisch genutzt (s. Abschnitt 5.7.3). Auch bei der oxygenierenden Wirkung von SeO_2 auf CH_2-Gruppen (s. Abschnitt 6.8.3) geht SeO_2 in elementares Se über. Bei der Oxidation von Fe^0 zu Fe^{II} wird S^{IV} nur bis zur Stufe S^{III} reduziert: $Fe + 2\,SO_2 \rightarrow FeS_2O_4$.

Wie ihre Oxygenierung zu EO_3 beweist, wirken SO_2 und SeO_2 auch als Reduktionsmittel. Diese Eigenschaft ist bei SO_2 besonders ausgeprägt und wird weithin genutzt. Dass Gasreaktionen mit den starken Oxidationsmitteln F_2 und Cl_2 zu SO_2Hal_2 führen, überrascht nicht. Das Gas SO_2 reduziert jedoch auch festes PbO_2 mühelos: $SO_2 + PbO_2 \rightarrow PbSO_4$.

Verwendung

Der größte Anteil des in größter Menge hergestellten SO_2 geht in die Schwefelsäure-Fabrikation. Aus einem breiten Strauß weiterer Anwendungen seien herausgegriffen die Anwendung als Bleichmittel, als Desinfektionsmittel (speziell bei Wein- und Bierfässern), als Unkrautvertilgungsmittel, zur Herstellung anderer Sulfur-Verbindungen (u. a. bei der Sulfochlorierung und Sulfoxidation von Carbonhydriden), als Lösungsmittel etc. Als giftiges Gas muss die Anreicherung in der Atmosphäre vermieden werden. Insbesondere gilt es, die Abgase bei der Verbrennung fossiler Brennstoffe von SO_2 zu befreien; bei der sog. *Rauchgasentschwefelung* spielt Kalkstein $CaCO_3$ eine wichtige Rolle: $CaCO_3 + SO_2 \rightarrow CaSO_3 + CO_2$; das $CaSO_3$ wird zu $CaSO_4$ oxygeniert und dieses in der Bauindustrie weiterverwendet.

Eine im Umfang wesentlich geringere Rolle spielt SeO_2, das man als Bestandteil in Spezialgläsern und Leuchtstoffen, als Additiv in Schmierstoffen, aber auch als Oxidationsmittel bei organisch-chemischen Prozessen einsetzt.

Sulfurfluoridoxide

Eine gewisse Bedeutung haben die Verbindungen SOF_2 (S^{IV}) sowie SO_2F_2 und SOF_4 (S^{VI}). SOF_2 gewinnt man durch Fluoridierung von $SOCl_2$ mit SbF_3, SO_2F_2 und SOF_4 hingegen durch Fluorierung von SO_2 bzw. SOF_2 mit F_2. Ein interessanter Zugang zu SO_2F_2 wird durch die Thermolyse von Bariumfluorosulfonat eröffnet: $Ba(FSO_3)_2 \rightarrow SO_2F_2 + BaSO_4$. Es handelt sich um farblose und geruchlose Gase. Die trigonal-pyramidale Struktur von SOF_2 (C_s), die tetraedrische Struktur von SO_2F_2 (C_{2v}) und die trigonal-bipyramidale Struktur von SOF_4 (C_{2v}; O in äquatorialer Position) entsprechen der Erwartung.

Als Fluorid-Akzeptor lässt sich SOF_2 mit NMe_4F zum Anion SOF_3^- fluoridieren (pseudo-trigonal-bipyramidale Struktur mit O in äquatorialer Position; C_s). Dagegen ist SOF_4 ein Fluorid-Donator: $SOF_4 + AsF_5 \rightarrow [SOF_3][AsF_6]$ (Kation: C_{3v}). Demgegenüber ist SO_2F_2 einigermaßen reaktionsträge, wirkt allerdings auf den Holzwurm verderblich ein.

7.3.4 Oxide des Nitrogens

Stabilität und Struktur

Die folgenden Nitrogenoxide lassen sich isolieren und strukturell charakterisieren:

$$N_2O \quad NO \quad N_2O_3 \quad NO_2 \quad N_2O_4 \quad N_2O_5$$

Die nur bei tieferer Temperatur isolierbaren Nitrogenoxide NO_3 (ein Radikal), N_4O (O=N—N=N=N, aus NO^+ und N_3^-) und N_4O_2 (O_2N—N=N=N, aus NO_2^+ und N_3^-) haben keine praktische Bedeutung.

Das farblose, ungiftige, süßlich riechende Gas N_2O (*Lachgas*) ist bei Standardbedingungen metastabil lagerfähig. Es löst sich ziemlich gut in Wasser.

Das farblose, giftige, paramagnetische Gas NO ist ebenfalls metastabil lagerfähig, wenn man O_2 fernhält. Es löst sich nur wenig in Wasser. In flüssigem Zustand unterliegt es einem Dimerisierungsgleichgewicht zum diamagnetischen N_2O_2; die Gleichgewichtsmischung siedet bei $-151.77\,°C$. Im festen Zustand liegt es als N_2O_2 vor (Smp. $-163.65\,°C$), während in der Gasphase die Menge an N_2O_2 zu vernachlässigen ist.

Das rotbraune, giftige, paramagnetische Gas NO_2 steht bei Standardbedingungen mit dem farblosen, diamagnetischen N_2O_4 im temperaturabhängigen Gleichgewicht. Die Mischung kondensiert bei $21.15\,°C$ zur Flüssigkeit, die zu $99.9\,\%$ aus N_2O_4 besteht und bei $-11.20\,°C$ zum Festkörper kristallisiert. Am Siedepunkt finden sich im Gas $20\,\%$ NO_2, bei $100\,°C$ $90\,\%$; die Zunahme geht mit einer Farbvertiefung nach rotbraun einher.

Die hellblauen Kristalle von N_2O_3 schmelzen bei $-103\,°C$ zu einer tiefblauen Flüssigkeit. In ihr zerfällt N_2O_3 mit zunehmender Temperatur immer mehr gemäß $2\,N_2O_3 \rightleftarrows 2\,NO + N_2O_4$. Der mit der Flüssigkeit im Gleichgewicht stehende Dampf unterliegt demselben Gleichgewicht, doch liegt dies weit auf der rechten Seite und wird überlagert vom Gleichgewicht zwischen N_2O_4 und NO_2. Bei Standardbedingungen befinden sich im Gasgleichgewicht nur noch $10\,\%$ N_2O_3. Bei $150\,°C$ sind N_2O_3 und N_2O_4 aus dem Gleichgewicht so gut wie verschwunden, und es liegt eine 1:1-Mischung aus NO und NO_2 vor.

Die Bildung der besprochenen Nitrogenoxide aus den Elementen ist endotherm und exotrop, sodass die Freie Bildungsenthalpie recht positiv und die Gleichgewichtskonstante sehr klein ist. Gleichwohl sind die Gase N_2O, NO und die Mischung NO_2/N_2O_4 bei $25\,°C$ metastabil und neigen nicht zu Explosionen. Das bei $25\,°C$ feste N_2O_5 sublimiert bei $32.4\,°C$; seine Bildung ist zwar exotherm (im Gegensatz zu seiner endothermen Bildung in der Gasphase), doch ist die Bildung so stark exotrop, dass bei $25\,°C$ eine erhebliche Triebkraft für den Zerfall in die Elemente besteht. Als einziges unter den Nitrogenoxiden neigt N_2O_5 in kristalliner Form zum explosionsartigen Zerfall; der kinetisch kontrollierte Zerfall führt überwiegend zu NO_2 und O_2 und nicht zu den thermodynamisch günstigeren Produkten N_2 und O_2.

Alle Nitrogenoxide sind auch im festen Zustand aus Molekülen aufgebaut mit Ausnahme von N_2O_5, das als weitgehend ionogenes Nitrylnitrat $[NO_2][NO_3]$ kristallisiert. Für die Molekülstruktur ist charakteristisch, dass bei den vier zweikernigen Nitrogenoxiden N_2O_n alle Atome in einer Ebene liegen. In den Molekülen N_2O_3, N_2O_4 und N_2O_5 finden sich Nitrogruppen NO_2 ohne freies Elektronenpaar am N-Atom. Im Folgenden sind strukturgerechte Valenzstrichformeln zusammen mit den NN- und NO-Bindungsabständen in pm (auf ganze pm gerundet; z. T. aus

Messungen in der Gasphase, z. T. im Kristall) aufgelistet; freie Elektronenpaare sind weggelassen. Anders als es in den Formeln den Anschein erweckt, ist das radikalische Elektron von NO und NO_2 nicht am N-Atom lokalisiert; für N_2O_2 ist das etwas stabilere *cis*-Isomer gezeichnet, das in der Flüssigkeit neben dem *trans*-Isomer vorliegt.

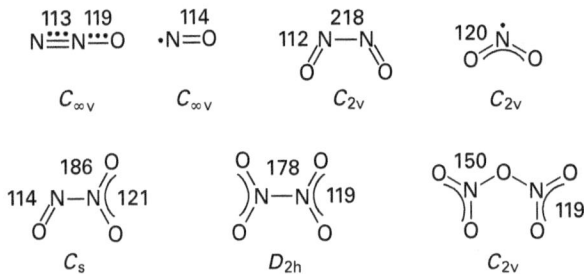

$$
\underset{C_{\infty v}}{\overset{113\ 119}{N{\equiv}N{\cdots}O}} \qquad
\underset{C_{\infty v}}{\overset{114}{\cdot N{=}O}} \qquad
\underset{C_{2v}}{\overset{218}{\underset{O\quad O}{112\ N{-}N}}} \qquad
\underset{C_{2v}}{\overset{120\ \dot N}{O{\quad}O}}
$$

$$
\underset{C_s}{\overset{186}{\underset{O\quad O}{114\ N{-}N\ 121}}} \qquad
\underset{D_{2h}}{\overset{O\quad 178\quad O}{\underset{O\quad O}{N{-}N\ 119}}} \qquad
\underset{C_{2v}}{\overset{150}{\underset{O\quad O}{O{\diagdown}N{-}O{-}N\ 119}}}
$$

Zur Beurteilung, welche Bindungsstärke mit den angegebenen Abständen einhergeht, seien als eine Art Standard folgende NN-Bindungsabstände genannt: für die NN-Einfachbindung $H_2N{-}NH_2$ mit 145 pm (Kristall), für die NN-Doppelbindung $HN{=}NH$ mit 125 pm (berechnet) und für die NN-Dreifacbindung $N{\equiv}N$ mit 109.76 pm (Gas). Bei der Dimerisierung der Radikale NO und NO_2 zu N_2O_2 bzw. N_2O_4 werden sehr lange N—N-Bindungen gebildet, die den Hydrazin-Standardabstand um mehr als 30 pm (N_2O_4) bzw. mehr als 70 pm (N_2O_2) überschreiten. Die N—N-Wechselwirkung hat hier mehr den Charakter einer Spinpaarungs-Wechselwirkung als einer kovalenten Bindung. Und tatsächlich kommt die N_2O_2-Bildung erst im Kristall voll zum Tragen, wo die zentrale N—N-Bindung in das Korsett der übrigen zwischenmolekularen Wechselwirkungen eingezwängt ist. Auch im N_2O_3 und N_2O_4 korrespondiert das leichte Aufgehen der N—N-Bindung mit ihrer Überlänge. Der NN-Abstand im N_2O liegt zwischen dem einer Dreifach- und einer Doppelbindung, wenn auch näher an der Dreifachbindung; dem wird das Bild einer durch Punkte markierten (3c2e)-π-Bindung ebenso gerecht wie das Mesomerie-Modell mit den beiden Grenzformeln $N{\equiv}N{-}O$ und $N{=}N{=}O$.

Für die N—O-Einfachbindung mag diese Bindung im Hydroxylamin $H_2N{-}OH$ mit 146 pm als Standard dienen. Dem kommen die beiden zentralen N—O-Bindungen im N_2O_5 mit 150 pm recht nahe. Nimmt man als Standard für eine NO-Doppelbindung diejenige von $F{-}N{=}O$ mit 113 pm, dann entspricht dies den NO-Doppelbindungen von 112 pm im N_2O_2 und von je 114 pm im NO und N_2O_3. Der NO-Abstand in den Nitrogruppen, wo die beiden NO-σ-Bindungen nicht durch zwei (2c2e)-π-Bindungen, sondern nur durch eine (3c2e)-π-Bindung ergänzt werden, muss deutlich größer sein, und das ist auch bei NO-Abständen zwischen 119 und 121 pm der Fall; dies gilt auch für die (3c2e)-NO-π-Bindung im N_2O. Insgesamt sind die NO-Mehrfachbindungen in den Nitrogenoxiden deutlich kürzer als der Erwartungswert von 126 pm, den man erhält, wenn man von der Standard-NO-

Einfachbindung des Moleküls $H_2N{-}OH$ 20 pm abzieht. Die 20-pm-Regel stößt also im Bereich der Nitrogenoxide an ihre Grenzen.

Das Bild über NO-Abstände sei ergänzt durch drei wichtige Anionen und zwei Kationen:

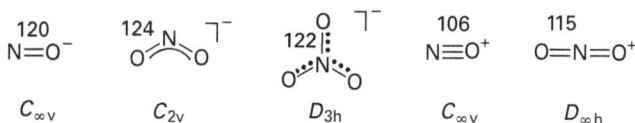

Die NO-Bindungslängen vergrößern sich, wenn man von neutralen Molekülen zu entsprechenden Anionen übergeht, also von NO zu NO^- und von NO_2 zu NO_2^-, ein Phänomen das sich in vergleichbaren Fällen allgemein beobachten lässt. Die NO-Dreifachbindung von NO^+ ist noch kürzer als die von N_2.

Darstellung

Dinitrogenoxid N_2O wird technisch entweder durch Thermolyse von NH_4NO_3 (eine Komproportionierung: $NH_4NO_3 \rightarrow N_2O + 2\,H_2O$) oder in ähnlicher Weise durch Erhitzen einer Mischung aus $(NH_4)_2SO_4$ und $NaNO_3$ hergestellt. Die Temperatur sollte $200\,°C$ nicht wesentlich übersteigen, da NH_4NO_3 oberhalb von $300\,°C$ explodieren kann. Im Labor stellt man N_2O durch Komproportionierung aus NH_2SO_3H und $NaNO_3$ oder aus NH_2OH und $NaNO_2$ in saurer Lösung dar ($NH_2OH + NO^+ \rightarrow N_2O + H_2O + H^+$).

Nitrogenoxid NO wird großtechnisch durch katalysierte Verbrennung von NH_3 hergestellt (Ostwald-Verfahren; s. Abschnitt 4.4.5). Um im Labor NO zu erhalten, reduziert man HNO_3 mit Cu oder Hg. Reines NO erhält man, wenn man $NaNO_2$ in saurer Lösung ($\rightarrow NO^+$) nicht mit NH_2OH unter Komproportionierung reduziert (s. o.), sondern mit H_2O_2 oder I^- oder Fe^{2+}. Lässt man auf Luft einen elektrischen Lichtbogen einwirken, dann bildet sich ebenfalls NO, das bei Raumtemperatur metastabil bleibt; natürliche Blitze bewirken das Gleiche. Das Gleichgewicht $N_2 + O_2 \rightleftarrows 2\,NO$ liegt bei $25\,°C$ ganz links, verschiebt sich aber bei Temperaturerhöhung so weit nach rechts, dass bei $1900\,°C$ der NO-Stoffmengenanteil $x = 0.01$ beträgt. So entsteht nebenher eine kleine Menge an NO, wenn in einem bei hoher Temperatur arbeitenden Reaktor (einem Ofen oder einem Verbrennungsmotor) Carbonhydride mit einem Überschuss an Luft verbrannt werden. Bei tieferer Temperatur reagiert NO an der Luft weiter zu NO_2 und N_2O_4, das sind als sog. *nitrose Gase* (kurz: NO_x) unerwünschte Schadstoffe in der Atmosphäre. Insbesondere bei Industrieofen-Abgasen sind die nitrosen Gase noch mit SO_2 im sog. *Rauchgas* vergesellschaftet. Man beseitigt die nitrosen Gase katalytisch, und zwar im Falle des Rauchgases durch die sog. *Rauchgasentstickung* mit Ammoniak ($6\,NO_2 + 8\,NH_3 \rightarrow 7\,N_2 + 12\,H_2O$; $TiO_2/WO_3/V_2O_5$ als Mischkatalysator) und im Falle der Autoabgase durch Zerlegung in die Elemente an einem Platinkontakt (s. Abschnitt 4.4.5).

Dinitrogentrioxid N_2O_3 entsteht aus NO und NO_2 bei genügend tiefer Temperatur (s. o.).

Nitrogendioxid NO_2 wird großtechnisch als Zwischenprodukt bei der Herstellung von Salpetersäure gebraucht. Das durch das Ostwald-Verfahren bei $820-950\,°C$ gewonnene NO wird in Wärmetauschern auf Raumtemperatur gebracht und dabei mit O_2 umgesetzt. Das exotherme Gleichgewicht $2\,NO + O_2 \rightleftarrows 2\,NO_2$ liegt oberhalb von $800\,°C$ links und verschiebt sich im Zuge der Abkühlung ganz nach rechts, wobei auch immer mehr das Dimerisierungsgleichgewicht zwischen NO_2 und N_2O_4 zur Geltung kommt. Unter weiterer Mitwirkung von O_2 löst man die N_2O_4/NO_2-Mischung in Wasser: $2\,N_2O_4 + O_2 + 2\,H_2O \rightarrow 4\,HNO_3$. Im Labor gewinnt man N_2O_4/NO_2 durch Thermolyse von Schwermetallnitraten (z. B. oberhalb von $250\,°C$: $2\,Pb(NO_3)_2 \rightarrow 2\,PbO + 4\,NO_2 + O_2$) oder man stellt NO her (z. B. aus Cu und HNO_3) und oxidiert es mit O_2.

Dinitrogenpentaoxid N_2O_5 hat nur akademische Bedeutung. Man stellt es aus reiner Salpetersäure als deren Anhydrid mithilfe von P_4O_{10} als wasserentziehendem Mittel dar ($2\,HNO_3 \rightarrow N_2O_5 + H_2O$).

Reaktionen

Die Oxide N_2O_3 und N_2O_5 reagieren als *Anhydride* der Säuren HNO_2 bzw. HNO_3 begierig mit Wasser. Anstelle von N_2O_3 wirkt eine gleichmolare Mischung aus NO und NO_2 ebenso. Die Säure HNO_2 ist allerdings nicht stabil und zerfällt in wässriger Lösung in HNO_3 und NO (s. Abschnitt 5.3.4). Setzt man das Gemisch N_2O_4/NO_2 mit Wasser um, dann disproportioniert N^{IV} in N^{III} und N^V, und es entsteht primär eine Mischung aus HNO_2 und HNO_3, die sekundär zu NO und HNO_3 weiterreagiert. Ersetzt man Wasser durch Alkalibasen, dann bleiben die entsprechenden anionischen Disproportionierungsprodukte stabil.

Nitrogenoxid NO reagiert nicht mit Wasser, ist also scheinbar nicht das Anhydrid einer Säure. Mit starker Alkalilauge allerdings disproportioniert NO doch in Anionen, die mit der Säure HNO_2 und der unbeständigen, in kristalliner Form explosiven Säure $H_2N_2O_2$ korrespondieren: $4\,NO + 4\,OH^- \rightarrow 2\,NO_2^- + N_2O_2^{2-} + 2\,H_2O$. Mit festem Na_2O reagiert NO bei $100\,°C$ in analoger Weise: $4\,NO + 2\,Na_2O \rightarrow 2\,NaNO_2 + Na_2N_2O_2$ (das mit der Säure $H_2N_2O_2$ korrespondierende Dioxidodinitrat(2−) $[O{-}N{=}N{-}O]^{2-}$ liegt in der *cis*-Form vor).

Dinitrogenoxid N_2O kann man als das Anhydrid der instabilen Säure $H_2N_2O_2$ auffassen, da diese bei $25\,°C$ in N_2O und H_2O zerfällt. Demgemäß erhält man bei der Umsetzung von N_2O mit festem Na_2O das Salz $Na_2N_2O_2$ (mit dem Anion in der *cis*-Form).

Als *Lewis-Base* spielt unter den Nitrogenoxiden das NO eine gewisse Rolle, kann es doch aus dem Aqua-Komplex $[Fe(H_2O)_6]^{2+}$ ein Molekül H_2O verdrängen. Das braune Kation $[Fe(H_2O)_5(NO)]^{2+}$ kann man zum Nachweis von NO und indirekt auch von NO_3^- einsetzen. Nitrat NO_3^- wird nämlich an der Grenzfläche zwischen einer wässrigen Lösung, die NO_3^- und Fe^{2+} enthält, und konz. H_2SO_4 von Fe^{2+} zu

NO reduziert ($NO_3^- + 3\,Fe^{2+} + 4\,H^+ \rightarrow NO + 3\,Fe^{3+} + 2\,H_2O$), sodass sich an der Grenzfläche der beiden flüssigen Phasen ein charakteristischer brauner Ring des Oxidonitrogen(·)-eisen-Komplexes bildet. (Die stark exotherme Durchmischung von Wasser und der schwereren Schwefelsäure ist ohne Rühren einige Zeit lang kinetisch blockiert.)

Alle Nitrogenoxide stellen recht starke *Oxidationsmittel* dar. Sie oxidieren die typischen Reduktionsmittel H_2, C, P_4, S_8, Na, K zu den entsprechenden Oxiden und gehen selbst in N_2 über. NO_2 reagiert heftiger als NO und N_2O und kann mit Carbonhydriden explosionsartig reagieren. N_2O_4 wird als Oxidans zum Antrieb von Raketen eingesetzt (z. B. $N_2O_4 + 2\,N_2H_4 \rightarrow 3\,N_2 + 4\,H_2O$). Die Nitrogenoxide komproportionieren mit Ammoniak zu N_2, wenn man katalysiert (Rauchgasentstickung; s. o.). Mischungen aus N_2O und NH_3 können bei Zündung explodieren. Im Allgemeinen gibt N_2O ähnliche Verbrennungsreaktionen wie O_2. Nicht immer entsteht N_2, wenn Nitrogenoxide oxidieren; beispielsweise erhält man N_2O aus NO und SO_2 ($2\,NO + SO_2 \rightarrow N_2O + SO_3$).

Gegenüber starken Oxidationsmitteln treten die Nitrogenoxide, N_2O_5 ausgenommen, auch als *Reduktionsmittel* auf. So wird NO von O_2 zu NO_2 und von Cl_2 oder Br_2 zu ONCl bzw. ONBr oxidiert; Fluor kann ONF und ONF_3 ergeben, wohingegen Iod nicht mit NO reagiert. Das Dioxid NO_2 wird von F_2 oder Cl_2 zu O_2NHal halogeniert.

Die Disproportionierungstendenz von N_2O_4/NO_2 manifestiert sich nicht nur in der Reaktion mit Wasser oder mit wässrigen Basen, wie drei Beispiele mit Salzen lehren mögen:

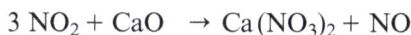

$$3\,NO_2 + CaO \rightarrow Ca(NO_3)_2 + NO$$
$$4\,NO_2 + ZnCl_2 \rightarrow Zn(NO_3)_2 + 2\,ONCl$$
$$8\,NO_2 + TiI_4 \rightarrow Ti(NO_3)_4 + 4\,NO + 2\,I_2$$

Verwendung

Dinitrogenoxid N_2O wird als Narkotikum (*Lachgas*) eingesetzt, ferner dient es als Treibmittel für Sprays (Lebensmittel, Kosmetika, Pharmazeutika). Die großtechnische Bedeutung von NO und NO_2 als Zwischenprodukte der Salpetersäure-Herstellung wurde schon erwähnt, ebenso der Einsatz von N_2O_4 zum Antrieb von Raketen.

Nitrogenfluoridoxide

Die farblosen, exothermen Gase ONF (*Nitrosylfluorid*) (C_s) und ONF_3 (*Nitrosyltrifluorid*) (C_{3v}) entstehen aus NO durch Fluorierung. Das farblose exotherme O_2NF (*Nitrylfluorid*) (C_{2v}) erhält man durch Fluoridierung von N_2O_5 mit NaF oder von reiner Salpetersäure mit HF. Alle drei Nitrogenfluoridoxide sind empfindlich gegen Hydrolyse; die N^V-Derivate ergeben dabei HNO_3 und HF, das N^{III}-Derivat letztendlich (s. o.) HNO_3, NO und HF.

7.3.5 Oxide des Phosphors

Struktur und Stabilität

Die wichtigsten Oxide des Phosphors sind die molekular gebauten, stark exothermen Verbindungen P_4O_6 (Smp. 23.8, Sdp. 175.3 °C; $\Delta_f H^0 = -1641.2$ kJ mol^{-1}) und P_4O_{10} (Smp. 358.9 °C; $\Delta_f H^0 = -2986.0$ kJ mol^{-1}). Die typische Adamantan-Struktur von P_4O_6 (T_d) mit sechs brückenständigen O-Atomen (s. Abschnitt 2.2.6) wird im P_4O_{10} durch vier doppelt gebundene O-Atome ergänzt. Die PO-Abstände im P_4O_{10} betragen 140 (P=O) bzw. 160 pm (P—O—P) mit der typischen Differenz von 20 pm. (Zu den auch hier geltenden theoretischen Einwänden zur Oktettüberschreitung s. Abschnitt 7.3.3.) Durch Tempern bei 450 °C gewinnt man aus dem molekular gebauten P_4O_{10} einen Feststoff P_2O_5 mit orthorhombischer Schichtstruktur (Smp. 580 °C; s. Abschnitt 3.4.1). Bei P_4O_6 handelt es sich um eine giftige, in organischen Mitteln (Et_2O, CS_2, C_6H_6) gut lösliche, in Wasser hydrolysierende Substanz, die unterhalb von 23 °C farblos, wachsartig, kristallin anfällt. Das Oxid P_4O_{10} ist als farbloses, geruchloses Pulver im Handel, das begierig Wasser anzieht und deshalb geschützt vor dem Wasserdampf der Atmosphäre gelagert werden muss.

Bei der Oxidation von P_4O_6 zu P_4O_{10} lassen sich bei beschränktem Zutritt von O_2 Oxide isolieren und charakterisieren, bei denen der Reihe nach ein, zwei und drei O-Atome in die terminale Position eingebaut werden, bevor mit dem vierten O-Atom das Endprodukt herauskommt: P_4O_7 (C_{3v}), P_4O_8 (C_{2v}), P_4O_9 (C_{3v}). Eine Reihe weiterer Phosphoroxide sind weniger gut untersucht; sie spielen in der Praxis keine Rolle.

Darstellung

Beide Phosphoroxide, P_4O_6 und P_4O_{10}, stellt man durch Verbrennung von weißem Phosphor P_4 her, P_4O_6 unter beschränkter Luftzufuhr. P_4O_{10} reinigt man durch Sublimation im O_2-Strom.

Reaktionen

Bei Raumtemperatur hydrolysiert P_4O_6 zur Phosphonsäure H_3PO_3 [Struktur: $HPO(OH)_2$; s. Abschnitt 5.3.4]. Mit *heißem* Wasser entstehen in unübersichtlicher Weise neben rotem Phosphor die Moleküle H_3PO_3, H_3PO_4, PH_3 u. a. Dieser Befund deckt sich mit der Beobachtung, dass P_4O_6 beim Erhitzen im Autoklaven auf 210 °C in roten Phosphor und − je nach Zeitdauer − in eines der Oxide P_4O_n (n = 7−9) zerfällt.

Das Oxid P_4O_{10} reagiert mit den geringsten Spuren von Wasserdampf, sodass es eines der potentesten wasserentziehenden Mittel darstellt, mit dem man z. B. HNO_3 zu N_2O_5 und $HClO_4$ zu Cl_2O_7 dehydratisieren kann (s. o.). Die vollständige Hydrolyse führt stark exotherm zur Phosphorsäure. Eine partielle Hydrolyse kann man erreichen, wenn man P_4O_{10} in kleinen Portionen zu Eiswasser gibt. Zunächst reagiert dann ein Molekül P_4O_{10} mit zwei Molekülen H_2O, wobei entweder P—O—P-Brücken längs gegenüberliegender oder längs benachbarter Tetraederkanten (bezogen auf die tetraedrische Adamantan-Struktur) gespalten werden, sodass man zur Cyclotetraphosphorsäure $H_4P_4O_{12}$ bzw. zur isomeren O-(Dihydroxidooxidophosphato)cyclotriphosphorsäure gelangt (die schwarzen Kugeln symbolisieren eine PO-Einheit):

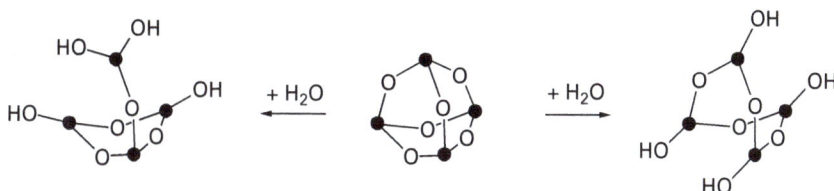

Ein weiteres Molekül H_2O öffnet den Sechs- bzw. Achtring, sodass unverzweigte Tetraphosphorsäure $H[—O—PO(OH)—]_4OH$ entsteht; mit einem weiteren Molekül H_2O bildet sich Diphosphorsäure $(HO)_2PO—O—PO(OH)_2$ und schließlich Phosphorsäure $OP(OH)_3$.

Anstelle der Hydrolyse führt die *Alkoholyse* von P_4O_{10} zu Estern der Phosphorsäure: $P_4O_{10} + 6\,ROH \rightarrow 2\,PO(OH)(OR)_2 + 2\,PO(OH)_2(OR)$; die erschöpfende Alkoholyse erbringt $PO(OR)_3$. Die *Ammonolyse* von P_4O_{10} ergibt zunächst Teilammonolyseprodukte, die den Teilhydrolyseprodukten entsprechen, und schließlich das Aminolyseendprodukt $PO(NH_2)_3$. Ether R_2O reagieren mit P_4O_{10} unter Etherspaltung zu Estern der O-Phosphoryltriphosphorsäure (s. o.): $P_4O_{10} + 2\,ROR \rightarrow P_4O_8(OR)_4$. Alkalimetalloxide M_2O führen zu Phosphaten: $P_4O_{10} + 6\,M_2O \rightarrow 4\,M_3PO_4$. Aus NaCl und P_4O_{10} gewinnt man zu gleichen Teilen $OPCl_3$ und Na_3PO_4.

Seine freien Elektronenpaare am P-Atom verleihen dem Oxid P_4O_6 eine gewisse Lewis-Basizität, wie durch folgende Reaktionen illustriert sei:

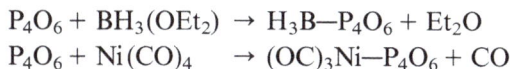

$$P_4O_6 + BH_3(OEt_2) \rightarrow H_3B—P_4O_6 + Et_2O$$
$$P_4O_6 + Ni(CO)_4 \rightarrow (OC)_3Ni—P_4O_6 + CO$$

Die Oxide P_4O_6 und P_4O_{10} stellen keine ausgeprägten *Oxidationsmittel* dar.

Verwendung

Als wasserentziehendes Trockenmittel findet P_4O_{10} breite Anwendung. In viel größerer Menge stellt es ein Zwischenprodukt bei der Herstellung von Phosphorsäure und ihren Derivaten (Ester, Amide, Halogenide) dar.

Phosphorfluoridoxide

Durch Fluoridierung von $OPCl_3$ kommt man zum farblosen Gas Phosphortrifluoridoxid OPF_3 (*Phosphorylfluorid*) ($2 OPCl_3 + 3 ZnF_2 \rightarrow 2 OPF_3 + 3 ZnCl_2$). Durch Hydrolyse geht OPF_3 zunächst in $PO(OH)F_2$ über (d. i. eine starke Säure, die sich oberhalb von $100 °C$ zersetzt), sodann in das farblos ölige $PO(OH)_2F$ (d. i. eine mittelstarke Säure), bis schließlich die Hydrolyse bei H_3PO_4 endet.

7.3.6 Oxide des Arsens, Antimons und Bismuts

Stabilität und Struktur

Die kubisch kristallisierenden Oxide As_4O_6 und Sb_4O_6 sind wie das P_4O_6 aus Molekülen mit Adamantan-Struktur aufgebaut. Das giftige kubische As_4O_6 ist metastabil in Bezug auf das monokline As_2O_3 (s. Abschnitt 3.3.3), kann aber bei $25 °C$ nicht nur gelagert werden, sondern kommt als *Arsenolith* sogar in der Natur vor. Um die Umwandlung in die stabile monokline Modifikation, den *Claudetit*, kinetisch zu erzwingen, muss bei $180 °C$ getempert werden. Metastabiles As_4O_6 hat einen metastabilen Schmelzpunkt bei $278 °C$; die metastabile Schmelze wird erst bei $313 °C$ thermodynamisch stabil, d. i. der Schmelzpunkt des stabilen monoklinen As_2O_3. Schmelze und Gas (Sdp. $465 °C$) enthalten Moleküle As_4O_6. Dagegen ist das kubische Sb_4O_6 (als Mineral: *Senarmontit*) stabil und liegt bei $606 °C$ im enantiotropen Gleichgewicht mit dem orthorhombischen Sb_2O_3 (metastabil als Mineral *Weißspießglanz* oder *Valentinit*; s. Abschnitt 3.3.3), das seinerseits bei $655 °C$ schmilzt; in der Schmelze und in der Gasphase nahe am Siedepunkt ($1425 °C$) liegen wieder Moleküle Sb_4O_6 vor. Zwei enantiotrope Modifikationen von Bi_2O_3 kommen als Minerale vor, der monokline *Bismit* und (als Hochtemperatur-Modifikation) der kubische *Sillenit* (Umwandlungspunkt $729 °C$; Smp. $824 °C$).

Die Oxide E_2O_5 von As, Sb und Bi findet man nicht in der Natur. Im Labor hergestellt, weisen sie keine Molekülstrukturen auf. Von den ziemlich gut untersuchten Festkörperoxiden $E^{III}E^VO_4$ findet man nur das SbO_2 in der Natur (*Cervantit*).

Bei allen Oxiden von As, Sb und Bi handelt es sich um exotherme, bei Raumtemperatur lagerfähige Substanzen.

Darstellung

As_4O_6 wird technisch hergestellt, und zwar durch Rösten von *Arsenkies*: $4 FeAsS + 10 O_2 \rightarrow As_4O_6 + 2 Fe_2O_3 + 4 SO_2$; die Reinigung erfolgt durch Sublimation und erbringt ein glasiges Produkt. Im Labor stellt man As_4O_6 am besten durch Hydrolyse von $AsCl_3$ dar. Die auf As_4O_6 im Prinzip anwendbare Darstellung aus den Elementen versagt bei As_2O_5, da es bei der Oxygenierung zum Zwischenprodukt As_4O_6 so heiß wird, dass die weitere Oxygenierung keine Triebkraft mehr hat; bei weniger hoher Temperatur, etwa $200 °C$, hätte die Reaktion Triebkraft, ist aber kinetisch gehemmt. So stellt man As_2O_5 aus der Arsensäure H_3AsO_4 her, entweder durch thermische Entwässerung oder durch Trocknung bei 50 °C im Vakuum mithilfe von P_4O_{10}. Das Mischoxid AsO_2 bildet sich aus As_4O_6 und O_2 unter Druck (260 °C, 50−500 bar).

Das Oxid Sb_4O_6 gewinnt man aus den Elementen oder durch Hydrolyse von $SbCl_3$ in siedender Soda-Lösung: $4\,SbCl_3 + 6\,CO_3^{2-} \rightarrow Sb_4O_6 + 12\,Cl^- + 6\,CO_2$. Die Hydrolyse von $SbCl_5$ oder auch das Lösen von Sb in konz. HNO_3 erbringt ein Hydrat von Sb_2O_5, aus dem bei 600−700 °C unter einem O_2-Druck von 2000 bar reines Sb_2O_5 entsteht. Bei 500 °C verliert Sb_2O_5 unter Bildung von SbO_2 Oxygen.

Bismut-Salze enthalten in wässriger Lösung bei pH 1−5 die Kationen $[Bi(OH)_2(H_2O)_x]^+$; aus der Lösung fällt durch Zugabe von NaOH ein Hydrat von Bi_2O_3 aus, das durch Tempern in reines Bi_2O_3 übergeht. Bi_2O_3 entsteht auch aus den Elementen oder durch thermische Abspaltung von CO_2 aus Bismutcarbonat-Hydraten $Bi_2(CO_3)_3 \cdot x\,H_2O$. Zu Bi_2O_5 gelangt man, wenn man wässrige Suspensionen von Bi_2O_3 mit H_2O_2 oxidiert und das Produkt thermisch dehydratisiert. Schließlich kann man BiO_2 durch thermische Abspaltung von O_2 aus Bismutsäure in heißer wässriger Lösung darstellen: $2\,KBiO_3 + 2\,HClO_4 \rightarrow 2\,BiO_2 + 2\,KClO_4 + O_2$.

Reaktionen

Arsen(III)oxid As_4O_6 ist in Wasser mäßig löslich unter Bildung von Arseniger Säure H_3AsO_3 $[As(OH)_3]$; in basischer Lösung steigt die Löslichkeit, wobei sich je nach pH-Wert die Ionen $H_2AsO_3^-$, $HAsO_3^{2-}$ und schließlich AsO_3^{3-} bilden. In Schwefelsäure löst sich As_4O_6 unter Bildung von $(HO)As(OSO_3H)_2$, $[(HO)As(OSO_3H)]^+$ und (in konz. H_2SO_4) von $[As(OSO_3H)_2]^+$; in konzentrierter Salzsäure entsteht $[AsCl_4]^-$ (C_{2v}). Aus sauren Lösungen von As^{III} fällt mit H_2S das schwerlösliche As_2S_3 aus. Mit Alkoholen setzt sich As_4O_6 zu Estern $As(OR)_3$ der Arsenigen Säure um. As_2O_5 löst sich in Wasser unter Bildung von Arsensäure H_3AsO_4 auf.

Antimon(III)oxid Sb_4O_6 ist in Wasser kaum löslich. In wässrigen Basen löst es sich unter Bildung von $[Sb(OH)_4]^-$, in Säuren unter Bildung von $[Sb(OH)_2(H_2O)_x]^+$. Auch Sb_2O_5 löst sich schwer in Wasser; die geringe gelöste Menge liegt als Antimonsäure $H[Sb(OH)_6]$ vor [strukturell richtigere Formel: $Sb(OH)_5(H_2O)$]. In wässriger Base löst sich Sb_2O_5 als Hexahydroxidoantimonat $[Sb(OH)_6]^-$.

Bismut(III)oxid Bi_2O_3 löst sich in Wasser nicht. In sehr konzentrierten alkalischen Basen entfaltet es noch saure Eigenschaften und löst sich als $[Bi(OH)_4]^-$. In saurem Milieu löst es sich als basisches Oxid unter Bildung von $[Bi(OH)_2(H_2O)_x]^+$, $[Bi(OH)(H_2O)_x]^{2+}$ und in konzentrierter starker Säure als $[Bi(H_2O)_x]^{3+}$. Aus solchen Lösungen kann man Salze wie $BiO(NO_3)$, $Bi(NO_3)_3 \cdot 6\,H_2O$, $Bi_2(SO_4)_3 \cdot x\,H_2O$ u. a. erhalten. Bi_2O_5 dagegen ist ein saures Oxid. In basischen Lösungen liegt das Anion $[Bi(OH)_6]^-$ vor; bequemer stellt man $[Bi(OH)_6]^-$ her, indem man Bi_2O_3

in basischer Lösung mit Peroxydisulfat oxidiert: $Bi_2O_3 + 2\,S_2O_8^{2-} + 6\,OH^- + 3\,H_2O \rightarrow 2\,[Bi(OH)_6]^- + 4\,SO_4^{2-}$. Entsprechende feste Salze kennt man in der wasserarmen Form $MBiO_3$ (M = Na, K), die man durch Zusammenschmelzen von Bi_2O_3 und Peroxiden M_2O_2 in Gegenwart von O_2 darstellt.

As_4O_6 ist ein stärkeres Oxidationsmittel als P_4O_6 und Sb_4O_6. Die Reduktionsmittel C, KCN, Mg ($\rightarrow CO_2$, KOCN, MgO) reduzieren es glatt zu As. Aus sauren Lösungen von As^{III} entwickelt sich bei der Zugabe von Zink auf der katalytisch wirkenden Metalloberfläche das giftige Arsan AsH_3 (*Marsh'sche Probe*; s. Abschnitt 7.1.1). Auch As_2O_5 wirkt stärker oxidierend als P_4O_{10} und vermag HCl-Gas in Cl_2 überzuführen.

Verwendung

Arsen(III)oxid dient zur Ungeziefervertilgung und zur Konservierung von Fellen und Bälgen sowie in der Glasfabrikation zur Läuterung. Antimon(III)oxid findet als Flammschutzmittel sowie zur Trübung von Email Verwendung.

7.3.7 Oxide des Carbons

Stabilität und Struktur

Von Bedeutung unter fünf wohlcharakterisierten Carbonoxiden sind die farb-, geruch- und geschmacklosen exothermen Gase CO ($\Delta_f H^0 = -221.19\,kJ\,mol^{-1}$) und CO_2 ($\Delta_f H^0 = -393.77\,kJ\,mol^{-1}$). Beide Gase sind in Stahlflaschen im Handel. Das exotherme und exotrope Boudouard-Gleichgewicht ($2\,CO \rightleftarrows C + CO_2$; s. Abschnitt 4.2.7) stellt sich bei 25 °C nicht ein. Als natürlicher Bestandteil der Atmosphäre (0.03 %) und Endprodukt der Nahrungskette ist das in Wasser gut lösliche CO_2 nicht giftig, doch stört ein sehr viel höherer als der natürliche CO_2-Partialdruck die Phasengleichgewichte beim Austausch von O_2 und CO_2 in der Lunge bis hin zur Erstickung. Im Gegensatz zu CO_2 ist das in Wasser wenig lösliche CO ein schweres Atemgift, das sich koordinativ und irreversibel an das Eisen im Hämoglobin anlagert und so den Transport von O_2 im Blut zum Erliegen bringt.

Bei -78.5 °C und 1 bar sublimiert CO_2 unter Aufnahme von 537.2 kJ kg^{-1}; die große Sublimationsenthalpie macht festes, farbloses CO_2, das sog. *Trockeneis*, als Kühlmittel geeignet. Zur Anwendung als Kühlmittel wird es meist in Stücken in einer Kühlflüssigkeit wie Aceton, Ethanol, Hexan u. a. suspendiert. Unter Druck in Stahlflaschen ist CO_2 flüssig. Lässt man flüssiges CO_2 durch das Stahlflaschenventil auslaufen, so entzieht die Verdampfungsenthalpie der Substanz Wärme und es entsteht neben gasförmigem auch festes CO_2 (*Kohlensäureschnee*).

Die beiden π-Bindungen im CO_2-Molekül ($D_{\infty h}$) liegen wie beim Propadien in aufeinander senkrechten Ebenen. Die CO-Bindungslänge beträgt 116.32 pm, d. i. weniger als in Methanal $H_2C{=}O$ (120.8 pm) oder Propanon Me_2CO (121.3 pm); für die CO-Einfachbindung ist eine Länge von 141 pm typisch (Me_2O, EtOH).

Die Kumulierung von Doppelbindungen verkürzt ihre Länge (vgl. auch $H_2C=CH_2$ 133.9 pm und $H_2C=C=CH_2$ 130.84 pm). Das nahezu unpolare CO ($\mu = 0.12$ D; s. Abschnitt 2.6.1) weist eine CO-Dreifachbindung mit einer Länge von 112.82 pm auf (N_2: 109.76 pm).

Das kristalline, sublimierbare, metastabile Dodecacarbonnonaoxid $C_{12}O_9$ (D_{3h}) ist als Anhydrid der Benzenhexansäure $C_6(COOH)_6$ (*Mellitsäure*) aus ihr durch Wasserentzug herstellbar. Das gasförmige Tricarbondioxid $O=C=C=C=O$ (Sdp. 6.5 °C; $D_{\infty h}$), das man durch Wasserentzug mit P_4O_{10} aus Malonsäure $CH_2(COOH)_2$ erhält, polymerisiert bei 25 °C, um bei hoher Temperatur in die vom Boudouard-Gleichgewicht verlangte Mischung aus C, CO und CO_2 überzugehen; auch seine kumulierten Doppelbindungen (CO: 116 pm; CC: 128 pm) sind kürzer als entsprechende isolierte Doppelbindungen (s.o.). Das Pentacarbondioxid $O=C=C=C=C=C=O$ schließlich, in fester Form erhalten durch thermische Abspaltung von N_2 aus $OC-C(N_2)-C(N_2)-C(N_2)-CO$ nach Ausfrieren an kalten Wänden, zersetzt sich oberhalb von −90 °C.

Darstellung

Technisch stellt man Carbondioxid CO_2 (veraltet: *Kohlendioxid*) durch das Verbrennen fossiler Brennstoffe her oder gewinnt es beim Kalkbrennen ($CaCO_3 \rightarrow CaO + CO_2$). Auch findet man es in natürlichen Gasvorkommen. Zur Reinigung führt man es mit K_2CO_3 in wässriger Lösung in $KHCO_3$ über ($CO_3^{2-} + CO_2 + H_2O \rightleftarrows 2\ HCO_3^-$) und gewinnt CO_2 beim Erhitzen der Lösung zurück. Analog kann man CO_2 an Amine RNH_2 in H_2O als $[RNH_3][HCO_3]$ binden und beim Erhitzen zurückgewinnen. Im Labor greift man zur Stahlflasche oder setzt CO_2 aus $CaCO_3$ mit Salzsäure frei.

Das Carbonoxid CO (veraltet: *Kohlenmonoxid*) entsteht in der Technik bei der Herstellung von Generator-, Wasser- und Spaltgas (s. Abschnitte 5.6.3 und 5.6.4). Aus diesen Gasgemischen kann man CO, sofern man es nicht mit H_2O zu CO_2 konvertiert, abtrennen, indem man es unter Druck in salzsaurer Lösung an CuCl bindet ($\rightarrow [Cu(CO)Cl(H_2O)_2]$) und nach der Entspannung hieraus wieder freisetzt. Im Labor bezieht man CO aus Stahlflaschen.

Reaktionen

Während CO_2 als Anhydrid der Carbon(IV)säure H_2CO_3 (*Kohlensäure*; dieser Begriff wird im Alltag auch für CO_2 gebraucht) in Erscheinung tritt und mit Basen die Carbonate HCO_3^- bzw. CO_3^{2-} bildet, kann man CO als das Anhydrid der Methansäure HCOOH insofern auffassen, als diese bei der wasserentziehenden Einwirkung von konz. H_2SO_4 in CO und H_2O übergeht. Umgekehrt kann man CO und H_2O nur unter energischen Bedingungen (150−170 °C, 3−4 bar) in HCOOH umwandeln, Bedingungen ähnlich jenen, die auch die Bildung von MeCOOH aus MeOH und CO erlauben (Essigsäuresynthese; s. Abschnitt 6.3.7). Oxalsäure kann als das gemeinsame Anhydrid von CO und CO_2 gelten, wenn man ihre Thermolyse bei 200 °C bedenkt: $HOOC-COOH \rightarrow CO + CO_2 + H_2O$.

An die CO-Doppelbindung von CO_2 lassen sich polare Stoffe addieren. Ein einfaches Beispiel für eine solche 1,2-Addition ist Bildung von $HO-CO-OH$ mit H_2O. Als weitere Beispiele seien aus einer Vielzahl eine Aminosilierung und eine Alkylolithiierung herausgegriffen: $CO_2 + Me_3Si-NR_2 \rightarrow Me_3Si-O-CO-NR_2$ und $CO_2 + LiR \rightarrow LiO-CO-R$. Im Gegensatz dazu dominiert bei CO die 1,1-Addition, z. B. $CO + H_2O \rightarrow H-CO-OH$ (s. o.) oder $CO + BR_3 \rightarrow 1/3 [-R_2B-CR-O-]_3$ (s. Abschnitt 7.1.2).

Die Lewis-Basizität ist bei CO_2 kaum ausgeprägt. Gelingt es einmal, CO_2 koordinativ an ein Übergangsmetall zu binden, wie beispielsweise im Komplex $[(R_3P)_2Ni(CO_2)]$, dann stellt sich heraus, dass CO_2 dihapto (side-on) an Ni gebunden ist, dass Ni also gleichsam eine 1,2-Addition an eine der Doppelbindungen von CO_2 eingegangen ist.

Dahingegen ist die Aktivität von CO als Lewis-Base besonders ausgeprägt, wie zahllose Komplexverbindungen mit einer koordinativen σ-Bindung von CO an ein Übergangsmetall beweisen, z. B. $[Ni(CO)_4]$, $[Fe(CO)_5]$, $[Cr(CO)_5]$ (s. Abschnitte 2.2.6 und 8.6.1). Der oben erwähnte Komplex $[Cu(CO)Cl(H_2O)_2]$ und der Komplex von CO an Fe im Hämoglobin sind weitere schon besprochene Beispiele. Wegen der koordinativen π-Rückbindung vom Metall zu CO kann man die Addition eines ungesättigten Übergangsmetall-Komplexes an CO als eine 1,1-Addition auffassen. Diese Auffassung wird dadurch gestützt, dass CO auch zwei Metallatome über das C-Atom verbrücken kann: $M-C(O)-M$ (oder anders formuliert: $M_2C=O$); ein Musterbeispiel hierfür ist der zweikernige Eisen-Komplex $Fe_2(CO)_9$ mit sechs terminalen und drei brückenständigen CO-Liganden: $[(OC)_3Fe(CO)_3Fe(CO)_3]$ (D_{3h}; beide Fe-Atome sind oktaedrisch von C-Atomen umgeben; beide Fe-Atome kommen auf eine 18e-Konfiguration, indem man zu den acht Valenzelektronen von Fe sechs Elektronen durch die terminalen und drei Elektronen durch die brückenständigen CO-Liganden zählt und noch eine Fe—Fe-σ-Bindung bedenkt).

Unter den *Redoxreaktionen*, an denen CO oder CO_2 oder beide beteiligt sind, wurden die folgenden, überaus wichtigen Reaktionen schon behandelt (s. Abschnitte 4.3.7, 5.6.3 und 5.6.4; die Zahlen geben die gerundete Reaktionsenthalpie $\Delta_r H^0$ für den Formelumsatz in kJ wieder):

$2\,CO + O_2$	$\rightarrow 2\,CO_2$	CO-Verbrennung	-566
$CO_2 + C$	$\rightarrow 2\,CO$	Boudouard-Gleichgewicht	$+172$
$C + H_2O$	$\rightarrow CO + H_2$	Wassergas-Gleichgewicht	$+131$
$CH_4 + H_2O$	$\rightarrow CO + 3\,H_2$	Dampf-Reformier-Prozess	$+206$
$CO + H_2O$	$\rightarrow CO_2 + H_2$	Konvertierung	$+\ 41$
$CO + 2\,H_2$	$\rightarrow CH_3OH$	Methanol-Synthese	-128
$n\,CO + (2\,n + 1)\,H_2$	$\rightarrow C_nH_{2n+2} + n\,H_2O$	Fischer-Tropsch-Synthese	<-200
$CO + H_2 + RCH=CH_2$	$\rightarrow RCH_2-CH_2-CHO$	Oxo-Synthese	-147

Eine große technische Bedeutung hat CO ferner bei der Reduktion oxidischer Erze (s. Abschnitt 5.7.2).

Im Labor ist die Reduktion von Pd^{2+} in wässriger Lösung deshalb von Bedeutung, weil die Bildung eines schwarzen metallischen Niederschlags als Nachweis für CO gilt: $Pd^{2+} + CO + H_2O \rightarrow Pd + CO_2 + 2\,H^+$. Die zur Bestimmung von CO genutzte Oxidation mit I_2O_5 bei 170 °C wurde schon erwähnt (s. Abschnitt 7.3.2).

Verwendung

Man setzt CO_2 ein als Schutzgas (Fernhaltung von O_2 der Luft), Feuerlöschgas, Treibgas (in Sprays, zur Herstellung von Schaumstoffen), in fester Form als Kühlmittel (Kältemaschinen, Kunststoffherstellung, Tieftemperaturreaktionen), in der Getränkeindustrie, zur Neutralisation basischer Abwässer, zur Hochdruckextraktion von Wirkstoffen in der Lebensmittelindustrie (z. B. zur Entkoffeinierung), als Ausgangsstoff zur Herstellung diverser Chemikalien (Carbonate, Harnstoff, Methanol, Salicylsäure u. a.) etc.

Die Verwendung von CO geht aus den o. a. technischen Redoxreaktionen hervor.

Carbonfluoridoxid

Das farblose Gas OCF_2 gewinnt man durch Fluorierung von CO oder durch Fluoridierung von Phosgen $OCCl_2$ mit NaF in MeCN. Es hat als Folge des $-I$-Effekts von F eine bemerkenswert kurze CO-Doppelbindung (117.4 pm; C_{2v}). Mit MF lässt es sich zu $[OCF_3]^-$ (C_{3v}) fluoridieren und mit F_2 zu $F_3C{-}OF$ fluorieren. Man setzt es zur Darstellung organischer Fluor-Verbindungen ein.

7.3.8 Oxide der schwereren Gruppe 14-Elemente

Stabilität und Struktur

Die Dioxide EO_2 (E = Si, Ge, Sn, Pb) zeichnen sich durch salzartige Strukturen aus mit einem Kation/Anion-Koordinationszahl-Verhältnis von 4 : 2 (SiO_2, GeO_2 I) bzw. 6 : 3 (GeO_2 II, SnO_2, PbO_2). Fest sind auch die Oxide EO von Sn und Pb sowie das leuchtend rote Mischoxid $Pb^{II}_2Pb^{IV}O_4$ (*Mennige*; s. Abschnitt 3.4.2). Die molekular gebauten Oxide SiO und GeO bilden sich entsprechend dem Komproportionierungsgleichgewicht $EO_2 + E \rightleftarrows 2\,EO$ oberhalb von 1200 (Si) bzw. 1000 °C (Ge) als stabile Spezies. Beim Abschrecken auf Raumtemperatur sind die Oxide SiO und GeO fest, metastabil und an den Korngrenzen zur Luft mit einer Schicht EO_2 bedeckt; ihre Struktur im Festkörper ist nicht bekannt. Obwohl Sn und Pb zu den Metallen zählen, werden sie hier aus Gründen der Geschlossenheit des Stoffs mitbehandelt.

Darstellung

Die Bildung von SiO und GeO als Gase im Rahmen von Gleichgewichten, die – mit Ausnahme der Zahl der Phasen – dem Boudouard-Gleichgewicht entsprechen, wurde eben erörtert. Das Oxid SnO fällt als Hydrat aus, wenn man wässrige Sn^{II}-Salz-Lösungen schwach basisch macht (z. B. mit NH_3); bei der thermischen Entwässerung muss man O_2 ausschließen. Bleioxid PbO entsteht bei 600 °C aus den Elementen.

Die Dioxide SiO_2 und SnO_2 gewinnt man aus natürlichen Vorkommen, SnO_2 in reiner Form auch aus den Elementen. Auch GeO_2 kann man aus den Elementen herstellen, es fällt aber auch beim Rösten sulfidischer Germaniumerze wie z. B. dem Germanit an ($4\,Cu_6FeGe_2S_8 + 55\,O_2 \rightarrow 8\,GeO_2 + 24\,CuO + 2\,Fe_2O_3 + 32\,SO_2$) und entsteht ferner beim Lösen von Ge in konz. HNO_3 ($Ge + 4\,HNO_3 \rightarrow GeO_2 + 4\,NO_2 + 2\,H_2O$). Bleidioxid PbO_2 stellt man entweder aus Pb^{II}-Salz in wässriger Lösung durch anodische Oxidation oder durch Oxidation mit Cl_2 her; man kann auch Pb_3O_4 durch Behandlung mit HNO_3 zur Disproportionierung bringen ($Pb_3O_4 + 4\,H^+ \rightarrow PbO_2 + 2\,Pb^{2+} 2\,H_2O$). Mennige Pb_3O_4 bildet sich bei der Oxygenierung von feinverteiltem PbO bei 450–500 °C.

Zur Herstellung von reinem SiO_2 wendet man das *Hydrothermalverfahren* an, das in der Natur in erdgeschichtlichen Zeiträumen zur Bildung reiner Quarzkristalle geführt hat. Dies ist generell ein Verfahren, bei dem unter hohem Druck und bei hoher Temperatur Ausgangskristalle mit ihrer gesättigten wässrigen Lösung ebenso im Gleichgewicht stehen wie Impfkristalle derselben Sorte. Es besteht ein Temperaturgefälle derart, dass sich die Impfkristalle im kühleren Teil des Reaktors, in der Regel an seiner Oberseite, befinden. Man arbeitet im überkritischen Bereich von Wasser, also oberhalb seiner kritischen Daten $T_k = 373.98\,°C$, $P_k = 220$ bar (s. Abschnitt 4.2.4). Das Temperaturgefälle bewirkt einen Transport vom Ausgangs- zum Impfkristall durch die gesättigte überkritische Mischung. Im Falle von SiO_2 arbeitet man bei 400 °C und 800 bar, im Bereich des Impfkristalls bei 360–380 °C. Nicht nur reinen α-Quarz, sondern auch Edelsteine, die sich vom Quarz durch den Einbau kleiner, in der überkritischen Lösung vorhandener Mengen an Übergangsmetall-Kationen ableiten, kann man hydrothermal synthetisieren (Amethyst, Citrin, Saphirquarz u. a.).

Reaktionen

Die Oxide SnO und PbO haben amphoteren Charakter und lösen sich sowohl in saurem als auch in basischem Milieu auf. Die Sn^{II}-Kationen in saurer und Sn^{II}-Anionen in basischer Lösung von $[Sn(H_2O)_3]^{2+}$ (stark sauer) bis $[Sn(OH)_3]^-$ (stark basisch) wurden in Abschnitt 5.3.3 erörtert. Ähnliche ein- und mehrkernige Spezies von $[Pb(H_2O)_x]^{2+}$ über $[Pb_4(OH)_4]^{4+}$ und $[Pb_6O(OH)_6]^{4+}$ bis $[Pb(OH)_3]^-$ kennt man bei Pb^{II}. Am isoelektrischen Punkt erhält man einen Niederschlag von $Sn_6O_4(OH)_4$ (im schwach basischen Bereich) bzw. von $Pb(OH)_2$ (im stark basischen Bereich), der beim Entwässern in SnO bzw. PbO übergeht.

Die Dioxide EO_2 sind in Wasser schwerlöslich. Im Falle der Dioxide vom Quarz-Typ (SiO_2, GeO_2 I) ist die Löslichkeit eine Nuance besser als im Falle der Dioxide vom Rutil-Typ (GeO_2 II, SnO_2, PbO_2), sodass man in den Weltmeeren [als gesättigte Lösungen von $Si(OH)_4$] das Silicium leichter nachweisen kann als seine schwereren Homologen. In oxidischen Schmelzen fungieren alle Oxide EO_2 (Si bis Pb) als Oxid-Akzeptoren und gehen über in EO_3^{2-} oder EO_4^{4-}. In wässrigen starken Basen lösen sich die Oxide mehr oder weniger langsam, und zwar Sn^{IV} und Pb^{IV} als $[E(OH)_6]^{2-}$. Im Gegensatz zu SiO_2 löst sich das nicht mehr ganz so saure Oxid GeO_2 in sehr starken Säuren ebenso auf wie SnO_2.

Zinn(II) wirkt in basischer Lösung reduzierend ($2\,[Sn(OH)_6]^{2-} + 4\,e \rightarrow [(HO)_2Sn{-}O{-}Sn(OH)_2]^{2-} + 6\,OH^- + H_2O$; $\varepsilon^0 = -0.93\,V$), weniger in saurer ($SnO_2 + 4\,H^+ + H_2O + 2\,e \rightarrow [Sn(H_2O)_3]^{2+}$; $\varepsilon^0 = -0.094\,V$). Dagegen ist PbO_2 schon in saurer Lösung ein starkes Oxidationsmittel ($PbO_2 + 4\,H^+ + 2\,e \rightarrow Pb^{2+} + 2\,H_2O$; $\varepsilon^0 = 1.455\,V$), dessen oxidierende Wirkung sich in schwefelsaurer Lösung durch die Bildung von $PbSO_4$ noch verstärkt ($\varepsilon^0 = 1.6913\,V$).

Verwendung

Siliciumdioxid wird im Megatonnenmaßstab in der Glas-, Gießerei- und Email-industrie, zur Herstellung von Wasserglas, Siliciumcarbid und elementarem Silicium u. a. verwendet. Der piezoelektrische Effekt von α-Quarz macht dessen Einsatz in der Hochfrequenz- und Ultraschalltechnik wertvoll (*Schwingquarz*). Ferner dient SiO_2 als nanodisperser Füllstoff (s. Abschnitt 3.6.2) für keramische Fliesen, Farben, Putze, Siliconkautschuk u. a.

Zinndioxid dient als stabiler, farbloser Grundstoff in Pigmenten für Gläser und Email, als Beschichtungsmittel für Gläser (zur Erhöhung des Abriebwiderstands), als Wärmeisolierungsschicht auf Fenstern, als Komponente in Katalysatorsystemen, zur Herstellung von $Na_2[Sn(OH)_6)]$ (einem Flammschutzmittel) u. a.

Bleidioxid ist u. a. als Oxidationsmittel bei chemischen Synthesen, in der Feuerwerkerei und im Bleiakku im Einsatz. Mennige Pb_3O_4 wird zur Herstellung von Bleigläsern, Kitten, Glasuren, Farbstoffen und zusammen mit Leinöl als roter Schutzanstrich auf Eisen verwendet. Das Oxid PbO dient u. a. zur Herstellung bestimmter Gläser und Glasuren.

Organylsiliciumoxide

Bei den Diorganylsiliciumoxiden R_2SiO_2 handelt es sich um polymere Ketten $[-SiR_2{-}O-]_x$ (*Polysiloxan*). Im Falle R = Me werden sie technisch hergestellt: *Silicone*; auch Silicone mit R = Et, Pr, Ph spielen in der Technik eine Rolle. Die Kettenenden sind u. a. mit Gruppen wie $OSiMe_3$ bzw. $SiMe_3$ abgesättigt. Verzweigungen treten auf, wenn in der Kettenmitte Elemente SiMe mit drei Nachbar-O-Atomen in die Kette eingebaut sind.

Die Synthese der Silicone geht von der oxidativen Addition von MeCl an Si aus. Eine solche Addition an Metalle wie Li, Mg u. a. stellt einen der üblichen Wege zur Gewinnung metallorganischer Verbindungen dar (s. Abschnitt 6.1.2). Führt man diese Reaktion mit Si oder Ge durch, dann ist die Aktivierungsschwelle deshalb ungleich höher, weil die als hypothetischer Teilschritt in der oxidativen Addition steckende Sublimation bei der kovalenten Struktur von Si eine viel höhere Energie erfordert als bei den Metallen Li oder Mg. Aus diesem Grunde kann man nicht bei 25 °C in Ether arbeiten, sondern muss auf 280−320 °C erhitzen und Cu als Katalysator nutzen: Si + 2 MeCl → Me_2SiCl_2 (*Müller-Rochow-Synthese*). Neben Me_2SiCl_2 (80 %) entstehen noch $MeSiCl_3$ (12 %) und Me_3SiCl (3 %). Die Reaktion erinnert an die im Zuge der Reinigung von Si bei 300−400 °C durchgeführte Addition von HCl an Si (Si + 3 HCl → $HSiCl_3$ + H_2; s. Abschnitt 5.7.4). Eine Spielart der oxidativen Addition ist durch die Addition von RCl an $GeCl_2$ oder $SnCl_2$ gegeben: ECl_2 + RCl → $RECl_3$.

Die Hydrolyse der drei Chloromethylsilane ergibt die Hydroxymethylsilane $Me_3Si(OH)$, $Me_2Si(OH)_2$ und $MeSi(OH)_3$, die mehr oder weniger spontan kondensieren. Das Silan $Me_3Si(OH)$ kondensiert zu Hexamethyldisiloxan $(Me_3Si)_2O$, das Silan $Me_2Si(OH)_2$ zu $[—SiMe_2—O—]_n$ mit n = 3 (Sechsring), 4 (Achtring) und x (polymere Kette), während $MeSi(OH)_3$ zu Schichten kondensierter Sechsringe kondensiert (Struktur analog zu einer Schicht im grauen Arsen: Si anstelle von As, Me anstelle der freien As-Elektronenpaare, O-Brücken zwischen allen Si-Atomen). Die Cyclotri- und -tetrasiloxane lassen sich durch *ringöffnende Polymerisation* (*ROP*) mithilfe kationischer oder anionischer Initiatoren in Ketten überführen. Die Cokondensation von $R_2Si(OH)_2$ und $RSi(OH)_3$ ergibt Verzweigungen, die Mitwirkung von $Me_3Si(OH)$ Kettenabbrüche. Eine unter mehreren Variationsmöglichkeiten besteht im Einbau von SiHMe—O- und Si(CH=CH$_2$)Me—O-Bruchstücken in die Ketten, sodass eine Vernetzung durch Hydridosilierung der Vinyl-Doppelbindung ermöglicht wird.

Die *Siliconöle* enthalten unverzweigte Siloxan-Ketten und werden zu Emulsionen, Pasten und Fetten verarbeitet: klar, farblos, geruchsfrei, hydrophob, neutral, temperaturbeständig (bis 180 °C), elektrisch isolierend, in organischen Mitteln löslich, aber empfindlich gegen Säuren, Basen und stärkere Oxidationsmittel. Sie werden u. a. als Gleit- und Schmiermittel, als Hydrauliköle und zur Hydrophobierung von Oberflächen verwendet. Nach Einarbeiten hochdisperser Kieselsäuren entstehen *Siliconpasten*, und nach Einarbeiten von *Metallseifen* (d. s. Metallalkanoate höherer Carbonsäuren, die sich von gewöhnlichen *Seifen* dadurch unterscheiden, dass nicht Na oder K, sondern andere Metalle als Kationen wirken) erhält man *Siliconfette*.

Unter *Siliconharzen* versteht man vernetzte Polysiloxane, die neben SiMe$_2$- auch vernetzende SiMe-Einheiten, dazu gegebenenfalls noch SiMePh-Einheiten enthalten, wobei die thermische Beständigkeit und die Elastizität mit der Zahl der Ph-Gruppen steigt. Kombiniert oder copolymerisiert man sie mit Polyestern oder Acrylharzen, dann erhält man *Siliconemail*. Gepresste Mischungen mit Quarzmehl,

Glimmern, Glasfasern, Kieselgelen, Farbpigmenten u. a. dienen als Werkstoffe für die verschiedensten Zwecke.

Siliconkautschuk entsteht aus Polysiloxanen, die sowohl in der Kettenmitte als auch an den Kettenenden Gruppen wie $-CH=CH_2$ oder $-OH$ enthalten und denen man Vernetzungskatalysatoren (z. B. organische Peroxide) zusetzt; die Vernetzung beginnt bei $100\,°C$ (*Heißvulkanisierung*). Enthalten die Polysiloxane noch SiCl-Gruppen, insbesondere am Kettenende, dann tritt bei Raumtemperatur an feuchter Luft eine weitere Kondensation ein (*Kaltvulkanisation*), u. U. auch mit Fremdstoffen wie z. B. $Si(OEt)_4$ durch Teilreaktionen nach dem Muster $Si(OEt)_4 + HO-SiX_3 \rightarrow (EtO)_3Si-O-SiX_3 + HOEt$ usw. Siliconkautschuk verwendet man u. a. für Dichtungen, als Verguss- und Beschichtungsmaterial, als Material für hochwertige Schläuche (besonders im medizinischen Bereich) und zur Plastination.

Fluorsiloxane enthalten CF_3- anstelle von CH_3-Gruppen. Sie sind chemisch und thermisch (bis $290\,°C$) resistent.

7.3.9 Oxide des Bors

Das gewöhnliche Boroxid ist das in der Regel glasig anfallende, nur schwer zu kristallisierende B_2O_3 (Smp. $475\,°C$; $\Delta_f H^0 = -1273.6\ kJ\ mol^{-1}$; s. Abschnitt 3.3.3). Die Komproportionierung von flüssigem B_2O_3 mit festem Bor liefert oberhalb von $1300\,°C$ gasförmiges B_2O_2 ($O\equiv B-B\equiv O$; $D_{\infty h}$), das sich zu metastabilem festem BO abschrecken lässt. Ein aus B_2O_3 und B bei $1200-1800\,°C$, 50 kbar zugängliches metastabiles Oxid B_2O kristallisiert in einer Graphit-Struktur mit statistischer B/O-Verteilung.

Das Oxid B_2O_3 stellt man als deren Anhydrid durch Glühen von Borsäure $B(OH)_3$ her. Es löst sich in Wasser unter Bildung von $B(OH)_3$, in Flusssäure unter Bildung von BF_3. Mit Koks lässt es sich nicht reduzieren, reagiert aber mit Koks in Gegenwart von Chlor: $B_2O_3 + 3\,C + 3\,Cl_2 \rightarrow 2\,BCl_3 + 3\,CO$ (d. i. eine Variante des Kroll-Verfahrens, s. Abschnitt 5.7.1).

Man verwendet B_2O_3 u. a. zur Herstellung von Spezialgläsern und zur Darstellung von BCl_3.

Organylboroxide kennt man hauptsächlich in der Zusammensetzung $R_2B-O-BR_2$ [*Tetraorganyldiboroxane* oder *Bis(diorganylboryl)oxide*] und [$-BR-O-]_3$ (*Triorganylcyclotriboroxane* oder *Triorganylboroxine*). Ähnlich wie die Silicone kann man sie u. a. durch Hydrolyse von R_2BCl bzw. $RBCl_2$ darstellen und erhält zunächst die *Borinsäure* $R_2B(OH)$ (*Hydroxydiorganylboran*) bzw. *Boronsäure* $RB(OH)_2$ (*Dihydroxyorganylboran*) und aus den Säuren durch thermisch induzierte Kondensation die entsprechenden Organylboroxide. Das monomere $Me-B\equiv O$ entsteht als kurzlebige Zwischenstufe bei der thermischen Zersetzung des Oxalsäure-Derivats $MeB(-O-CO-CO-O-)$ in MeBO, CO und CO_2, bevor es sich durch Cyclotrimerisierung stabilisiert; es ist isoelektronisch mit Acetonitril

$MeC\equiv N$ [$d(BO) = 121.6$ pm]. Einige andere Organylboroxide (wie z. B. der Dreiring [−BR−BR−O−]) spielen gegenüber den Diboroxanen und Boroxinen keine
Rolle.

7.3.10 Oxosäuren der Nicht- und Halbmetalle

Die Hydroxidoxide [$EO_m(OH)_n$] und deren mehrkernige Derivate wurden bereits
in Abschnitt 5.3.4 als die sog. *Oxosäuren* behandelt. Im folgenden Abschnitt werden
noch Darstellung, Reaktionen und Verwendung einiger wichtiger Oxosäuren nachgetragen sowie technisch interessante Ester dieser Säuren behandelt. Die technisch
wichtigen Salze der Oxosäuren sind Gegenstand des folgenden Abschnitts 7.3.11.

Halogensäuren

Hypochlorige Säure HClO (Cl−OH) und Chlorsäure $HClO_3$ (O_2Cl−OH) sind in
wässriger Lösung haltbar, Chlorige Säure $HClO_2$ (OCl−OH) nicht. Eine Lösung
von HClO stellt man am besten durch Disproportionierung von Chlor in Gegenwart von HgO dar: $2\,Cl_2 + 3\,HgO + H_2O \rightarrow 2\,HClO + Hg_3O_2Cl_2$. Chlorsäure erhält man aus $Ba(ClO_3)_2$-Lösungen bei Zugabe von H_2SO_4; schwerlösliches $BaSO_4$
fällt aus. *Perchlorsäure* $HClO_4$ entsteht bei der anodischen Oxidation von Chlor bei
4.4 V: $Cl_2 + 8\,H_2O \rightarrow 2\,ClO_4^- + 16\,H^+ + 14\,e$ (Anode); $2\,H^+ + 2\,e \rightarrow H_2$ (Kathode).
Auch die Reaktion von $NaClO_4$ mit konzentrierter Salzsäure führt zu $HClO_4$, da
NaCl ausfällt. Reine Perchlorsäure kann durch Vakuumdestillation gewonnen werden. Sie ist als 60- oder 70%ige wässrige Lösung im Handel erhältlich. *Iodsäure*
HIO_3 erhält man durch die Oxidation von I_2 u. a. mit Cl_2 oder HNO_3 oder O_3, z. B.
$I_2 + 5\,Cl_2 + 6\,H_2O \rightarrow 2\,HIO_3 + 10\,H^+ + 10\,Cl^-$ (begleitet von $Ag_2O + 2\,H^+ +$
$2\,Cl^- \rightarrow 2\,AgCl + H_2O$); bei 100 °C verliert HIO_3 Wasser unter Bildung von
HI_3O_8, das bei 200 °C in I_2O_5 übergeht. *Periodsäure* H_5IO_6 entsteht durch anodische Oxidation von Iodsäure.

Alle Halogensäuren sind starke Oxidationsmittel. Bei pH = 0 gelten folgende
ε^0-Werte:

$HClO/Cl^-$ 1.49 V ClO_3^-/Cl^- 1.450 V ClO_4^-/Cl^- 1.38 V IO_3^-/I_2 1.19 V

Die Halbreaktion ClO_4^-/Cl^- ist als Folge der sterischen Abschirmung des Zentralatoms indes kinetisch blockiert. In konzentrierter saurer Lösung wird ClO_3^- nicht
zu Cl^-, sondern zu Cl_2 reduziert, da das Komproportionierungsgleichgewicht
$ClO_3^- + 5\,Cl^- + 6\,H^+ \rightleftarrows 3\,Cl_2 + 3\,H_2O$ in saurer Lösung ganz rechts liegt. Eine
Mischung aus konzentrierter Chlorsäure und rauchender Salzsäure (*Euchlorin*)
wirkt als aggressives Oxidationsmittel auf organische Substanzen bis zu deren vollständigen Oxidation zu C^{IV} ($OCCl_2$, CCl_4, CO_2) ein.

Chalkogensäuren

Das nach dem Kontaktverfahren (s. Abschnitt 4.4.5) hergestellte SO_3 wird zur Herstellung von *Schwefelsäure* in schon vorhandene konzentrierte Schwefelsäure eingeleitet und setzt sich spontan zu Dischwefelsäure $H_2S_2O_7$ um; mit H_2O würde SO_3 zwar stark exotherm, aber zu langsam reagieren. Da $H_2S_2O_7$ von H_2O schnell zu Schwefelsäure gespalten wird, reguliert man das Verfahren so, dass SO_3 und H_2O in dem Maße in die vorgelegte Schwefelsäure eingeleitet werden, wie es eine sich gleichmäßig vermehrende Menge an H_2SO_4 bei gleichbleibender Konzentration erfordert. In den Handel kommt die Säure als *konzentrierte Schwefelsäure* (98 %) oder auch als *rauchende Schwefelsäure* (*Oleum*), diese enthält einen Überschuss an SO_3, der weitgehend als $H_2S_2O_7$ vorliegt. Beim Abkühlen von rauchender Schwefelsäure kristallisiert Dischwefelsäure aus (Smp. 36 °C). Beim Erhitzen rauchender Schwefelsäure tritt SO_3-Dampf aus, da sich das Gleichgewicht des Zerfalls von $H_2S_2O_7$ in H_2SO_4 und SO_3 beim Erhitzen nach rechts verschiebt; bei 44 °C kondensiert SO_3 zu Tröpfchen [einer Mischung aus SO_3 und S_3O_9 (s. Abschnitt 7.3.3); aus der rauchenden Schwefelsäure wird also ein *Nebel* und kein *Rauch* freigesetzt].

Schwefelsäure wird jährlich in einer Menge von ca. 100 Mt hergestellt. Die größte Menge geht in die Düngemittelherstellung. Weiterhin braucht man H_2SO_4 zur Herstellung von Salz-, Phosphor- und Chromsäure, von Sulfaten, von Titandioxid, zur Erzaufbereitung, zur Sulfonierung von Carbonhydriden, als Akkusäure sowie zu zahlreichen anderen Zwecken.

Peroxyschwefelsäure H_2SO_5 [$O_2S(OH)(OOH)$] kann man in reiner Form aus $ClSO_3H$ und H_2O_2 darstellen. Wichtiger ist die *Peroxydischwefelsäure* $H_2S_2O_8$ ($HO_3S—O—O—SO_3H$), die man technisch aus halbkonzentrierter Schwefelsäure durch Elektrolyse gewinnt; um die anodische Abscheidung von O_2 (also die Elektrolyse des H_2O-Anteils der Lösung) zu vermeiden, geht man nicht von verdünnter Säure aus, verwendet Platin als Anodenmaterial (mit der bekannten hohen Überspannung für O_2) und arbeitet mit hoher Stromdichte (Anode: $2 HSO_4^- \rightarrow HS_2O_8^- + H^+ + 2 e$; Kathode: $2 H^+ + 2 e \rightarrow H_2$). Sind Stoffe wie K_2SO_4 oder $(NH_4)_2SO_4$ zugegen, dann fallen im Zuge der Elektrolyse die schwerlöslichen Salze $(NH_4)_2S_2O_8$ bzw. $K_2S_2O_4$ aus; das Na-Salz $Na_2S_2O_8$, das im Handel ist, stellt man aus dem Ammonium-Salz mit Natronlauge her.

Die *Tellursäure* [$Te(OH)_6$], aus TeO_2 durch Oxidation mit CrO_3 in wässriger Lösung zugänglich, spielt keine große Rolle. Ihr Ba-Salz kann mit Fluorsulfonsäure in die Pentafluorotellur(VI)-säure übergeführt werden: $BaH_2TeO_6 + 5 FSO_3H \rightarrow F_5TeOH + BaSO_4 + 4 H_2SO_4$. Diese Säure ist wegen der elektronenziehenden F-Atome eine starke Säure, deren großes, einfach geladenes Anion $OTeF_5^-$ (C_{4v}) als schwach koordinierendes Anion Bedeutung hat.

Nitrogensäuren

Hydroxyazan NH_2OH (*Hydroxylamin*) stellt man technisch durch Hydrierung von NO in schwefelsaurer Lösung an Pt- oder Pd-Kontakten her: $2 NO + 3 H_2 \rightarrow$

2 NH_2OH. Bei einem anderen Verfahren stellt man zunächst aus NO und O_2 in wässriger NH_4HCO_3-Lösung Ammoniumnitrit dar ($4\,NO + O_2 + 4\,NH_4HCO_3 \rightarrow 4\,NH_4NO_2 + 4\,CO_2 + 2\,H_2O$), das man dann unter Kühlung mit SO_2 zum Disulfat von Hydroxylamin reduziert ($NH_4NO_2 + 2\,SO_2 + NH_3 + H_2O \rightarrow (NH_4)_2[HON(SO_3)_2]$); mit kochender Salzsäure erhält man Hydroxylammonium-chlorid ($[HON(SO_3)_2]^{2-} + 2\,H_2O + H^+ + Cl^- \rightarrow [HONH_3]Cl + 2\,HSO_4^-$), aus dem man NH_2OH mit Basen in Freiheit setzt (z. B. NaOMe in MeOH: $[HONH_3]Cl + OMe^- \rightarrow NH_2OH + Cl^- + MeOH$). Obwohl es sich um eine exotherme Verbindung handelt, neigt reines NH_2OH zur explosionsartigen Disproportionierung in N_2 und NH_3, sodass es in Salzform, $[HONH_3]X$, im Handel ist. Der induktive Effekt von OH macht $HONH_3^+$ stärker sauer ($pK_A = 5.8$) als NH_4^+. Hydroxylamin ist zwar eine sehr schwache Säure, aber Salze des Typs $Na[HNOH]$ (aus NH_2OH/Na) sind bekannt. In saurer Lösung ist NH_3OH^+ ein starkes Reduktionsmittel (N_2/NH_3OH^+: $\varepsilon^0 = -1.87\,V$), aber auch ein starkes Oxidationsmittel (NH_3OH^+/NH_4^+: $\varepsilon^0 = 1.35\,V$). Es findet vor allem Verwendung zur Herstellung von Oximen und speziell von Caprolactam aus Cyclohexanon als Vorstufe zur Synthese von Nylon-6 (s. Abschnitt 6.6.6).

Salpetersäure HNO_3 gewinnt man als 50- bis 68 %ige Säure (*konzentrierte Salpetersäure*) aus NO_2, O_2 und H_2O (s. Abschnitt 7.3.4); sie genügt in dieser Konzentration den meisten Verwendungszwecken. Für Nitrierungen benötigt man 98- bis 99 %ige HNO_3 (*hochkonzentrierte Salpetersäure*); um sie zu erhalten, presst man NO und O_2 bei 50 bar in die Salpetersäure des Handels. Reine wasserfreie Salpetersäure (Smp. -41.60, Sdp. $82.6\,°C$) erhält man durch Vakuumdestillation unter Luftausschluss in Gegenwart wasserbindender Mittel. Dem Tageslicht bei $25\,°C$ ausgesetzt, zerfällt HNO_3 langsam in NO_2, O_2 und H_2O; das NO_2 färbt die Säure gelb und in größerer Konzentration braunrot (*rote rauchende Salpetersäure*). Konzentrierte Salpetersäure ist ein sehr starkes Oxidationsmittel; gleichwohl werden unedle Metalle wie Fe oder Al nicht gelöst, weil sie durch eine säureunlösliche Oxidhaut passiviert werden. Eine 1:3-Mischung aus konzentrierter Salpetersäure und konzentrierter Salzsäure heißt *Königswasser*, weil sie das edle Gold zu lösen vermag: $Au + 3\,NO_3^- + 4\,Cl^- + 6\,H^+ \rightarrow [AuCl_4]^- + 3\,NO_2 + 3\,H_2O$. Der größte Teil der im Megatonnenmaßstab hergestellten Salpetersäure dient der Herstellung von Nitraten. Man braucht sie u. a. auch zum Aufschluss mineralischer Ausgangsstoffe, zum Beizen von Stählen und zu Nitrierungen.

Phosphorsäuren

Phosphinsäure H_3PO_2 ($[H_2PO(OH)]$; Smp. $26.5\,°C$) gewinnt man durch Disproportionierung von weißem Phosphor in einer wässrigen Suspension von $Ca(OH)_2$ (*Kalkmilch*): $2\,P_4 + 3\,Ca(OH)_2 + 6\,H_2O \rightarrow 2\,PH_3 + 6\,H_2PO_2^- + 3\,Ca^{2+}$. Durch Zugabe von H_2SO_4 wird Ca^{2+} als $CaSO_4$ gefällt, und es hinterbleibt die freie Säure H_3PO_2, die in der Hitze weiter in PH_3 und die Phosphonsäure H_3PO_3 disproportioniert. Diese disproportioniert langsam weiter in PH_3 und H_3PO_4. Technisch angewendet wird Natriumphosphinat NaH_2PO_2.

Phosphonsäure H_3PO_3 ([$HPO(OH)_2$]; Smp. 73.8 °C) stellt man durch Hydrolyse von PCl_3 mit Wasserdampf bei 130 °C her. Die Säure ist ein Reduktionsmittel (H_3PO_4/H_3PO_3: $\varepsilon^0 = -0.276$ V), das H_2SO_4 zu SO_2 und I_2 zu I^-, O_2 aber nur sehr langsam zu H_2O reduziert. Von Hydrogen auf einer Zinkoberfläche (Salzsäure/Zink) wird H_3PO_3 (ähnlich wie H_3AsO_3; Marsh'sche Probe, s. Abschnitt 7.1.1) zu PH_3 reduziert. Das Gleichgewicht [$HPO(OH)_2$] $\rightleftarrows$ [$PO(OH)_3$] liegt nahezu vollständig auf der linken Seite. Die Trialkoxyphosphane $P(OR)_3$ jedoch, die durch Alkoholyse von PCl_3 leicht zugänglich sind, erweisen sich bezüglich der Umlagerung zum stabileren Alkanphosphonsäureester $RPO(OR)_2$ als metastabil. Gibt man allerdings zu $P(OR)_3$ ein Alkylierungsmittel wie $R'Cl$, dann tritt eine schnelle Metathese ein (*Michaelis-Arbusov-Reaktion*):

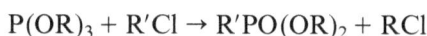

$$P(OR)_3 + R'Cl \rightarrow R'PO(OR)_2 + RCl$$

Die Alkan- und Arenphosphonsäuren $RPO(OH)_2$ und ihre Salze finden vielseitige Anwendung bei der Wasserenthärtung, Erzflotation, Schwermetall-Komplexierung, als Extraktionsmittel, zur Herstellung von Flammschutzmitteln, Pharmazeutika, Pestiziden u. a.

Phosphorsäure H_3PO_4 stellt man aus Apatit $Ca_5(PO_4)_3(F,OH,Cl)$ und Schwefelsäure bei 80 oder bei 95 °C her. Bei 80 °C fällt dabei $CaSO_4 \cdot 2\,H_2O$, bei 95 °C $CaSO_4 \cdot 1/2\,H_2O$ aus. Die Rohsäure wird auf 70 % konzentriert. Störende Verunreinigungen werden ausgefällt, z. B. H_2S mit Cu^{2+} als CuS, HSO_4^- mit Ba^{2+} als $BaSO_4$. Man kann aber auch H_3PO_4 aus der konzentrierten Lösung mit Butanol extrahieren. In kleinerer Menge stellt man H_3PO_4 ebenfalls her, indem man Apatit energieaufwendig zu P_4 reduziert, dieses zu P_4O_{10} oxygeniert und das Oxid zur Säure hydrolysiert. Reines H_3PO_4 kristallisiert aus konzentrierten Lösungen aus (Smp. 42.35 °C). Phosphorsäure wird im Megatonnenmaßstab hergestellt und überwiegend zu Phosphaten (z. B. $M_3^IPO_4$), Diphosphaten (z. B. $M_4^IP_2O_7$) und Polyphosphaten (z. B. M^IPO_3) verarbeitet. Daneben gibt es zahlreiche andere Verwendungszwecke für H_3PO_4, z. B. bildet es auf Zinkoberflächen $Zn_3(PO_4)_2$ einem Korrosionschutz, es wird als herbsaurer Geschmackgeber in Getränken eingesetzt etc.

Phosphorsäureester [$PO(OR)_3$] stellt man durch Alkoholyse von P_4O_{10} her (R = Bu, Ph, MeC_6H_4 u. a.). Sie dienen in Kunststoffen als flammenhemmende Weichmacher, als Entschäumungsmittel, Hydrauliköl, Extraktionsmittel u. a. Auch Ester des Typs [$PO(OH)(OR)_2$] und [$PO(OH)_2(OR)$] (z. B. R = Bu) finden als Reinigungsmittel Anwendung. Monoester [$PO(OH)_2(OR)$], [$P_2O_3(OH)_3(OR)$] und [$P_3O_5(OH)_4(OR)$] der Mono-, Di- und Triphosphorsäure H_3PO_4, $H_4P_2O_7$ bzw. $H_5P_3O_{10}$ spielen im lebenden Organismus eine zentrale Rolle, wenn es sich beim korrespondierenden Alkohol ROH um *Adenosin* handelt (Adenosinmono-, -di- bzw. -triphosphat: *AMP, ADP, ATP*). Adenosin ist ein Aminozucker, der aus der Amin-Komponente *Adenin*, einem Mitglied der Familie der sog. *Purinbasen*, und der mit Adenin β-glycosidisch verknüpften *D*-Ribofuranose (einer Pentose) besteht; die Phosphatgruppen sind an das O-Atom in 5-Stellung der Ribose geknüpft. (Zur biologischen Funktion der Adenosinphosphate sei die Lektüre von Lehrbüchern der Biochemie empfohlen.)

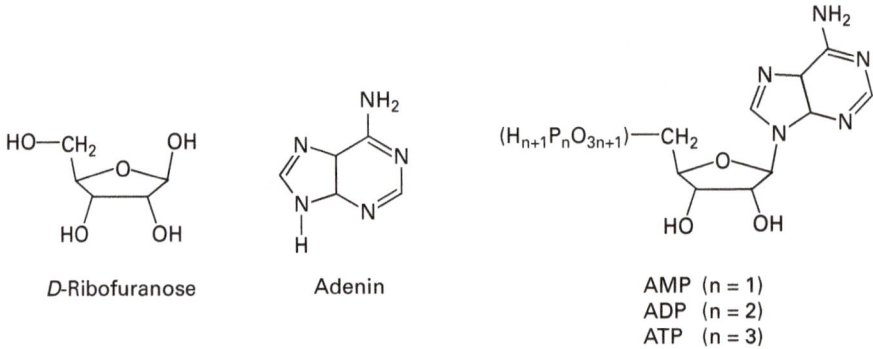

D-Ribofuranose   Adenin   AMP (n = 1)
ADP (n = 2)
ATP (n = 3)

Die *Diphosphorsäure* $H_4P_2O_7$ (Smp. 71.5 °C) entsteht aus $Na_4P_2O_7$ mithilfe von sauren Ionenaustauschern oder aus P_4O_{10} und H_2O im Verhältnis 1:4. Sie bildet sich auch aus H_3PO_4, wobei das Kondensationsgleichgewicht $2\,H_3PO_4 \rightleftarrows H_4P_2O_7 + H_2O$ bei 200 °C ganz rechts liegt und sich bei 300 °C zu höheren, kettenartig kondensierten Phosphorsäuren $H_{n+2}P_nO_{3n+1}$ (n = 3, 4, 5 etc.) verschiebt (im Falle n → ∞: HPO_3). *Cyclotetraphosphorsäure* $H_4P_4O_{12}$ und die dazu isomere *(Dihydroxyoxophosphanyloxy)cyclotriphosphorsäure* entstehen aus P_4O_{10} und H_2O im Verhältnis 1:2 (s. Abschnitt 7.3.5). Die Salze dieser Säuren, in Sonderheit die der Polyphosphorsäure HPO_3 ($[-PO(OH)-O-]_x$), gelangen zur Anwendung.

Arsensäuren

Während *Arsenige Säure* H_3AsO_3 ($[As(OH)_3]$) nur in wässriger Lösung existiert, kann man kristalline *Arsensäure* H_3AsO_4 (Smp. 36.14 °C) gewinnen, indem man As oder As_2O_3 mit konz. HNO_3 behandelt; beim Einengen der Lösung kristallisiert H_3AsO_4 aus. Bei 300 °C geht die Säure in ihr Anhydrid As_2O_5 über. Sie oxidiert stärker als H_3PO_4 und oxidiert z. B. SO_2 zu HSO_4^-, I^- zu I_2. Sie wird u. a. zur Holzkonservierung eingesetzt.

Durch Hydrolyse von $RAsCl_4$ gelangt man zu den *Alkan*- bzw. *Arenarsonsäuren* [$RAsO(OH)_2$]. Die korrespondierenden Anionen sind durch oxidative Alkylierung von Arseniten zugänglich: $AsO_3^{3-} + RCl \rightarrow RAsO_3^{2-} + Cl^-$. Benzenarsonate $PhAsO_3^{2-}$ bilden mit Metallionen M^{4+} schwerlösliche Niederschläge $M(PhAsO_3)_2$ (M = Sn, Zr, Th). Arenarsonsäuren [$ArAsO(OH)_2$] [Ar = Ph, *p*-$(H_2N)C_6H_4$] werden als Herbizide und Bakterizide eingesetzt.

Borsäuren

Borsäure H_3BO_3 (*Orthoborsäure*, $[B(OH)_3]$; Smp. 170.9 °C), eine schwache Säure (s. Abschnitt 5.3.2), kommt in der Natur vor. *Cyclotriborsäure* $H_3B_3O_6$ (*Metabor-*

säure, [—B(OH)—O—]$_3$; Smp. 176.0 °C) erhält man durch Wasserabspaltung aus der Orthoborsäure. Im Kristallgitter ergeben sich für die Ortho- und die Metaborsäure Schichtstrukturen dadurch, dass alle H-Atome H-Brückenbindungen zu den O-Atomen von Nachbarmolekülen eingehen. Aus der Cyclotriborsäure kann man durch weitere Kondensation zu Metaborsäuren HBO_2 sowohl mit kovalenter Ketten- als auch mit kovalenter Schichtstruktur gelangen. In der Gasphase bei etwa 1000 °C hat man Moleküle HO—B≡O nachgewiesen.

7.3.11 Salze der Oxosäuren der Nicht- und Halbmetalle

Zweifellos sind die Salze der Oxosäuren ionogen aufgebaut, die Anionen in diesen Salzen aber sind durch vorwiegend kovalente Bindungen geprägt, und wenn solche Salze in Lösung dissoziieren, dann handelt es sich bei den Anionen um molekular gebaute Spezies mit Nicht- oder Halbmetallen als Zentralatom.

Salze der Halogensäuren

Natriumhypochlorit NaClO kommt in wässriger Lösung in den Handel oder in einem Gemenge mit Phosphat und Wasser der Formel $4\,Na_3PO_4 \cdot NaClO \cdot 44\,H_2O$. Zu Lösungen von NaClO gelangt man am besten, wenn man die Chloralkalielektrolyse nach dem Diaphragma-Verfahren (s. Abschnitt 5.7.3) ohne Diaphragma durchführt, sodass sich das anodisch gebildete Chlor und die kathodisch gebildete Natronlauge durchmischen können und dabei Chlor in Cl^- und ClO^- disproportioniert. Da das so gebildete Cl^- wieder der Anode zugeführt wird, lautet die Elektrolysegesamtgleichung: $Cl^- + H_2O \rightarrow ClO^- + H_2$. Eine feuchte Mischung von NaClO und Na_3PO_4 dient als Reinigungsmittel. Wässrige Lösungen von NaClO werden als Bleich- und Desinfektionsmittel eingesetzt. *Calciumhypochlorit* $Ca(ClO)_2$ kann man zwar rein herstellen, im Handel aber ist ein festes Chloridhypochlorit CaCl(ClO), das man aus Kalkmilch und Chlor herstellt $[Ca(OH)_2 + Cl_2 \rightarrow CaCl(ClO) + H_2O]$ und das noch $Ca(OH)_2$ und H_2O gemäß der ungefähren Formel $3\,CaCl(ClO) \cdot Ca(OH)_2 \cdot 5\,H_2O$ enthält (*Chlorkalk*). Es dient zum Bleichen und Desinfizieren.

Natriumchlorit $NaClO_2$ gewinnt man durch Einleiten von ClO_2 in Natronlauge, der man zur Reduktion von Cl^{IV} nach Cl^{III} H_2O_2 zugibt (s. Abschnitt 7.3.2). Im Handel ist $NaClO_2 \cdot 3\,H_2O$. Zur Anwendung lässt man Säure auf $NaClO_2$ einwirken, sodass es in ClO_2 und Cl^- disproportioniert (s. Abschnitt 7.3.2). Das Gas ClO_2 ist ein wirksames Bleich- und Desinfektionsmittel.

Natriumchlorat $NaClO_3$ stellt man durch Elektrolyse einer NaCl-Lösung bei 3.0—3.5 V her. Es dient zur Herstellung von $KClO_3$, $NaClO_4$ und von ClO_2 und kann selbst als Unkrautbekämpfungsmittel verwendet werden. *Kaliumchlorat* $KClO_3$, hergestellt aus $NaClO_3$ und KCl, ist weniger hygroskopisch als $NaClO_3$ und eignet sich deshalb auch als Oxidans im Zündholzkopf. Es wird hauptsächlich angewendet in der Feuerwerkerei und in der Sprengstoffindustrie. Es ist überdies als Antiseptikum wirksam.

Ammoniumperchlorat NH_4ClO_4 entsteht aus NH_3 und $HClO_4$. Es wird u. a. als Raketentreibstoff (z. B. mit Al-Pulver als Brennstoff) eingesetzt. *Natriumperchlorat* $NaClO_4$ gewinnt man durch anodische Oxidation von $NaClO_3$-Lösungen an Pt-Anoden (6.5 V) oder PbO_2-Anoden (4.75 V); an der Fe-Kathode scheidet sich H_2 ab. Es dient zur Herstellung von $HClO_4$ und wird in der Sprengstoffindustrie gebraucht. *Kaliumperchlorat* $KClO_4$, hergestellt aus $NaClO_4$ und KCl, wird in der Feuerwerkerei eingesetzt. Magnesiumperchlorat $Mg(ClO_4)_2$ wird als besonders wirkungsvolles Wasserentziehungsmittel geschätzt und dient als Elektrolyt in Trockenzellen.

Natriumbromit kommt als Trihydrat $NaBrO_2 \cdot 3\,H_2O$ in den Handel und wird in der Textilindustrie zum oxidativen Stärkeabbau verwendet. *Kaliumbromat* $KBrO_3$ (aus Brom und Kalilauge) wird u. a. in der Analytischen Chemie eingesetzt (*Bromatometrie*; s. Abschnitt 5.4.5).

Salze der Sulfursäuren

Natriumthiosulfat $Na_2S_2O_3$ stellt man technisch durch Sulfurierung von $NaHSO_3$-Lösungen her ($HSO_3^- + 1/8\,S_8 \rightarrow S_2O_3^{2-} + H^+$); es kommt als $Na_2S_2O_3 \cdot 5\,H_2O$ in den Handel. Es wird beim photographischen Prozess verwendet [als *Fixiersalz*, s. Abschnitt 6.9.4; besser noch wirkt hier $(NH_4)_2S_2O_3$], ferner in der Textilbleicherei und bei der Papierherstellung. Bei der *Iodometrie* (s. Abschnitt 5.4.5) wird es als Titriermittel eingesetzt.

Natriumdithionit $Na_2S_2O_4$ gewinnt man durch Reduktion von SO_2 mit Zn ($2\,SO_2 + Zn \rightarrow ZnS_2O_4$; $ZnS_2O_4 + 2\,NaCl \rightarrow Na_2S_2O_4 + ZnCl_2$) oder indem man SO_2 auf Natriummethanoat einwirken lässt ($Na[HCOO] + 2\,SO_2 + NaOH \rightarrow Na_2S_2O_4 + CO_2 + H_2O$) oder indem man SO_2 mit $NaBH_4$ reduziert ($8\,SO_2 + NaBH_4 + 8\,NaOH \rightarrow 4\,Na_2S_2O_4 + NaBO_2 + 6\,H_2O$). Man verwendet es als Färbe- und Druckereihilfsmittel, als Bleichmittel und zur Herstellung von *Rongalit* ($Na_2S_2O_4 + 2\,CH_2O + H_2O \rightarrow Na[HO{-}CH_2{-}SO_2] + Na[HO{-}CH_2{-}SO_3]$; das Produktgemisch wird u. a. im Weiß-, Bunt- und Ätzdruck eingesetzt).

Natriumhydrogensulfit $NaHSO_3$ (aus SO_2 und NaOH) und Calciumhydrogensulfit $Ca(HSO_3)_2 \cdot 7\,H_2O$ dienen im Rahmen der Cellulose-Gewinnung zum Herauslösen von Lignin aus Holz. *Natriumsulfit*-Wasser (1/7) $Na_2SO_3 \cdot 7\,H_2O$ (fällt aus gesättigter heißer $NaHSO_3$-Lösung aus, wenn man NaOH zugibt und SO_2 einleitet) und *Natriumdisulfit* $Na_2S_2O_5$ (aus Na_2SO_3 und SO_2) werden u. a. angewendet zur reduktiven Entfernung von Cl_2 in der Papier-, Textil- und Lederindustrie, zur Lebensmittelkonservierung sowie in der Abwassertechnik.

Natriumsulfat Na_2SO_4 ist ein Nebenprodukt der HCl-Darstellung aus NaCl und H_2SO_4 und findet sich in der Natur als *Thenardit* Na_2SO_4 und als *Glaubersalz* $Na_2SO_4 + 10\,H_2O$. Aus gesättigten wässrigen Lösungen kristallisiert oberhalb von 32.384 °C wasserfreies Salz, unterhalb davon das Decahydrat. An der Luft ist bei

25 °C der Partialdruck an H_2O kleiner als der des Decahydrats, sodass dieses langsam verwittert ($Na_2SO_4 \cdot 10\,H_2O \rightarrow Na_2SO_4 + 10\,H_2O$). Oberhalb von 32 °C verläuft die Wasserabgabe so schnell, dass die frei werdenden H_2O-Moleküle nicht verdampfen können und sich eine gesättigte Lösung auf dem Festkörper bildet; man sagt, Glaubersalz *schmelze im eigenen Kristallwasser*. Na_2SO_4 wird bei der Zellulose-, Glas- und Waschmittelherstellung, in der Färberei und in der Galvanotechnik gebraucht. *Kaliumsulfat* K_2SO_4 (aus $MgSO_4$ und KCl) ist ein Düngemittel, das als solches auch im Gemenge mit $MgSO_4$ eingesetzt wird. *Ammoniumsulfat* $(NH_4)_2SO_4$ gewinnt man aus NH_3 und H_2SO_4; es fällt aber auch bei der Entfernung von NH_3 aus Röstgasen und bei der Rauchgasentschwefelung mithilfe von NH_3 an [$2\,SO_2 + 4\,NH_3 + O_2 + 2\,H_2O \rightarrow 2\,(NH_4)_2\,SO_4$]. Es dient als Düngemittel.

Magnesiumsulfat $MgSO_4$ findet sich in natürlichen Lagerstätten (als Kieserit $MgSO_4 \cdot H_2O$ und *Bittersalz* $MgSO_4 \cdot 7\,H_2O$) oder wird aus $MgCO_3$ und H_2SO_4 gewonnen. Es findet u. a. Anwendung als Wärmeisoliermaterial und als Füllstoff, ferner zur Herstellung von K_2SO_4 und als Abführmittel. *Calciumsulfat* $CaSO_4$ gewinnt man aus natürlichen Lagerstätten, wo es als *Gips* $CaSO_4 \cdot 2\,H_2O$ oder wasserfrei als *Anhydrit* vorkommt; es ist auch Nebenprodukt bei der Herstellung von HF aus Flussspat und von H_3PO_4 aus Apatit, und es fällt bei der Rauchgasentschwefelung mithilfe von $Ca(OH)_2$ an. Die Entwässerung von Gips wird technisch durchgeführt. Im Autoklaven erhält man bei 80−180 °C das Halbhydrat $CaSO_4 \cdot 1/2\,H_2O$ (*Formengips*; mit wenig Wasser zu einer verformbaren Masse angeteigt, bildet sich festes Dihydrat). Im Drehrohrofen entsteht aus dem Dihydrat bei 120−180 °C eine Mischung (etwa 8 : 2) aus $CaSO_4 \cdot 1/2\,H_2O$ und $CaSO_4$ (*Stuckgips*). Im Drehrohrofen bei 800−1000 °C verliert das Dihydrat nicht nur alles Wasser, sondern z. T. auch SO_2 und O_2, sodass ein Gemenge aus $CaSO_4$ und CaO entsteht (*Estrichgips*); bei der Anwendung bildet sich aus Estrichgips mit CO_2 ein wasserfestes Gemenge aus $CaSO_4$ und $CaCO_3$. In der Bauindustrie findet Gips mannigfache Anwendung für Bodenbeläge, als Gipsmörtel, in Form von Gipsbauteilen und als Zementzusatz. Weiterhin wird Gips als Füllstoff, zur Erstellung von Abdrücken, in der Bildhauerei und als Malerfarbe verwendet. *Bariumsulfat* $BaSO_4$ kommt in der Natur vor und wird auch aus BaS und H_2SO_4 dargestellt. Es dient als weiße Anstrichfarbe und als Füllmaterial für Papier, Farben, Lacke, Gummi und Kunststoffe. Im Gemisch mit ZnS ($BaS + ZnSO_4 \rightarrow BaSO_4 + ZnS$) bildet es ein Weißpigment, das zur Gruppe der *Lithopone* gehört.

Aluminiumsulfat $Al_2(SO_4)_3$ [aus $Al(OH)_3$ und H_2SO_4] und *Kaliumaluminiumsulfat* $KAl(SO_4)_2 \cdot 12\,H_2O$ (*Aluminiumalaun*) werden in der Papier- und Zellstoffindustrie gebraucht, ferner bei der Wasserreinigung und zum Beizen und Gerben. *Chromsulfat* $Cr_2(SO_4)_3$ und *Kaliumchromsulfat* $KCr(SO_4)_2 \cdot 12\,H_2O$ (*Chromalaun*) dienen ebenfalls zum Gerben von Leder.

Mangansulfat $MnSO_4 \cdot 7\,H_2O$ (*Manganvitriol*) (aus MnO_x und H_2SO_4) verwendet man zur Düngung manganarmer Böden sowie zur Darstellung von Mn und von Mn-Verbindungen.

Eisensulfat FeSO$_4$ · 7 H$_2$O (*Eisenvitriol*) (aus Fe und H$_2$SO$_4$ oder aus FeS und O$_2$ oder aus Fe und CuSO$_4$-Lösung) wird zur Tintenfabrikation, in der Färberei und zur Unkrauttilgung gebraucht. Das blaue *Kupfersulfat* CuSO$_4$ · 5 H$_2$O (*Kupfervitriol*) (aus Cu, H$_2$SO$_4$ und O$_2$) wird in der Galvanoplastik sowie als Fungizid und Algizid verwendet. *Zinksulfat* ZnSO$_4$ · 7 H$_2$O (*Zinkvitriol*) dient als Augenwasser bei Bindehautentzündung.

Natriumperoxydisulfat Na$_2$S$_2$O$_8$ oxidiert u. a. Küpenfarben, hilft beim Stärkeaufschluss, katalysiert die Emulsionspolymerisation und ätzt gedruckte Schaltungen etc.

Natriumalkylsulfate Na[RSO$_3$] mit den Resten R = C$_{16}$H$_{33}$, C$_{18}$H$_{37}$ und C$_8$H$_{17}$CH=CHC$_8$H$_{16}$ stellt man her, indem die bei der hydrolytischen Fettspaltung gewonnenen Säuren Palmitin-, Stearin- bzw. Ölsäure in die Methylester übergeführt, diese katalytisch bei 200 °C, 300 bar zu den Alkoholen ROH reduziert und diese mit konz. H$_2$SO$_4$ zu den Halbestern RSO$_3$H umgesetzt werden. Durch Reaktion mit Na$_2$CO$_3$ ergeben sich schließlich die Salze Na[ROSO$_3$]. Diese Salze verhalten sich in Wasser neutral und haben die gleiche Waschwirkung wie die traditionellen Seifen (s. u.), aber sie ergeben im Gegensatz zu diesen mit Ca^{2+}-Ionen keinen Niederschlag.

Salze von Nitrogensäuren

Ammoniumnitrit NH$_4$NO$_2$ gewinnt man aus NO, NH$_4$HCO$_3$ und O$_2$; es tritt bei der Herstellung von NH$_2$OH als Zwischenprodukt auf. *Natriumnitrit* NaNO$_2$ entsteht aus NO und NO$_2$ mit NaOH und wird durch Umkristallisieren gereinigt. Es ist Ausgangsstoff für die Darstellung anderer Nitrogen-Verbindungen, insbesondere für die Diazotierung (Azofarbstoffe, Pestizide, Saccharin, Coffein etc.), und findet weiterhin im Korrosionsschutz Verwendung.

Ammoniumnitrat NH$_4$NO$_3$ (aus NH$_3$ und HNO$_3$) wird als Düngemittel und als Sprengmittel gebraucht, ferner zur Herstellung von N$_2$O. *Kaliumnitrat* KNO$_3$ (*Kalisalpeter*) ist ein Düngemittel. Weiterhin ist es zusammen mit Holzkohle und Sulfur ein Bestandteil des *Schwarzpulvers*: KNO$_3$/C/S$_8$, w = 75/15/10 %. (NaNO$_3$ ist anstelle von KNO$_3$ nicht brauchbar, weil es hygroskopisch ist.) *Calciumnitrat* Ca(NO$_3$)$_2$ (*Kalksalpeter*), gewonnen aus CaCO$_3$ und HNO$_3$, ist ein Düngemittel. *Bariumnitrat* Ba(NO$_3$)$_2$ (aus BaCO$_3$ und HNO$_3$) braucht man in der Feuerwerkerei. *Silbernitrat* AgNO$_3$ (aus Ag und HNO$_3$) kann als *Höllenstein* zur Beseitigung von Hautwucherungen dienen und wird in der *Argentometrie* (s. Abschnitt 5.4.5) angewendet.

Salze von Phosphor- und Arsensäuren

Natriumphosphinat NaH$_2$PO$_2$ (aus P$_4$ und NaOH durch Disproportionierung) wird als Reduktionsmittel u. a. angewendet, um aus Ni^{II}-Salzlösungen Nickel auf Metall- und Kunststoffoberflächen abzuscheiden.

Alkalimetallphosphate stellt man aus MOH oder M_2CO_3 mit H_3PO_4 her. *Dinatriumhydrogenphosphat* Na_2HPO_4 dient als Stabilisator in Lebensmitteln und Futtermitteln, zur pH-Regulierung in Kesselwässern u. a. *Dikaliumhydrogenphosphat* K_2HPO_4 wird u. a. als Korrosionshemmer in Autokühlern genutzt. *Natriumphosphat* Na_3PO_4 wird u. a. als Fettlösemittel und für Farbbeizen verwendet. *Kaliumphosphat* K_3PO_4 kann man brauchen, um H_2S zu absorbieren. *Diammoniumhydrogenphosphat* $(NH_4)_2HPO_4$ ist ein wichtiges Düngemittel. Auch *Calciumhydrogenphosphat* $CaHPO_4$ dient als Düngemittel, aber auch als Bestandteil im Tierfutter, als Putz- und Scheuermittel u. a. *Calciumbis(hydrogenphosphat)* $Ca(HPO_4)_2$ ist als *Doppelsuperphosphat* und im Gemenge mit $CaSO_4$ als *Superphosphat* im Handel, beides Düngemittel. Eine Mischung aus $CaNaPO_4$ und Ca_2SiO_4 (3 : 1) stellt ein wasserunlösliches Düngemittel dar (*Rhenaniaphosphat*), das aber durch organische Säuren im Boden zersetzt und so langfristig wirksam wird. Erwähnt seien noch die Mischdünger *Leunaphos* $[(NH_4)_2HPO_4/(NH_4)_2SO_4]$, *Nitrophoska* $[(NH_4)_2HPO_4/KNO_3]$ und *Hakaphos* $[(NH_4)_2HPO_4/KNO_3/OC(NH_2)_2]$.

Natriumarsenit Na_3AsO_3 und *Calciumarsenit* $Ca_3(AsO)_2$, auch *Dinatriummethylarsenit* $Na_2AsO_2(OMe)$ werden zur Unkrautvertilgung verwendet.

Salze der Carbon(IV)säure (Carbonate)

Lithiumcarbonat Li_2CO_3 fällt als ein in Wasser schwerlösliches Salz aus, wenn man Li^+-haltige Sole mit Na_2CO_3 versetzt (unter den Alkalicarbonaten löst sich nur Li_2CO_3 schwer in Wasser). Indem es in der Hitze in Li_2O übergeht, ist es ein gutes Flussmittel für Silicat-Schmelzen (d. h. es erniedrigt den Schmelzpunkt und die Viskosität und erhöht die Oberflächenspannung); es ist Ausgangsstoff zur Herstellung anderer Lithium-Verbindungen; es ist ein Additiv für Gläser und Keramiken und bewirkt in Gläsern den Rückgang der thermischen Ausdehnung (bedeutsam für Hochtemperaturgläser); es beschleunigt den Abbau von Zement; bei der Schmelzelektrolyse von Al_2O_3 geht es unter Mitwirkung von Kryolith in LiF über und senkt dabei Schmelzpunkt, Dichte und Viskosität, während die elektrische Leitfähigkeit erhöht wird; schließlich wird Li_2CO_3 gegen seelische Depression verabfolgt.

Natriumcarbonat Na_2CO_3 (*Soda*) kommt zwar in der Natur als $Na_2CO_3 \cdot 10\,H_2O$ (*Kristallsoda*) vor, wird aber in großer Menge gebraucht (50 Mt/a), sodass man es überwiegend aus NaCl und $CaCO_3$ unter Zuhilfenahme von NH_3 als Hilfsstoff synthetisiert (*Ammoniak-Soda-Verfahren* oder *Solvay-Verfahren*). In NaCl-Lösung leitet man erst NH_3 und dann CO_2 ein; es bildet sich spontan NH_4^+ und HCO_3^-, und es fällt $NaHCO_3$ aus, das durch Glühen in Na_2CO_3 übergeht. Das entstandene NH_4Cl wird mit CaO in NH_3 zurückgeführt. Durch Kalkbrennen gewinnt man CaO und die Hälfte des im ersten Schritt benötigten CO_2; die andere Hälfte entsteht beim Glühen von $NaHCO_3$. Fünf Einzelschritte addieren sich zum Gesamtprozess:

$$
\begin{array}{ll}
CaCO_3 & \rightarrow CaO + CO_2 \\
2\,NH_3 + 2\,CO_2 + 2\,H_2O & \rightarrow 2\,NH_4HCO_3 \\
2\,NH_4HCO_3 + 2\,NaCl & \rightarrow 2\,NaHCO_3 + 2\,NH_4Cl \\
2\,NaHCO_3 & \rightarrow Na_2CO_3 + CO_2 + H_2O \\
2\,NH_4Cl + CaO & \rightarrow 2\,NH_3 + CaCl_2 + H_2O \\
\hline
CaCO_3 + 2\,NaCl & \rightarrow Na_2CO_3 + CaCl_2
\end{array}
$$

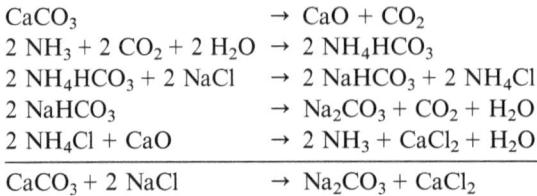

Na_2CO_3 ersetzt vielfach NaOH als Base, insbesondere bei Schmelzprozessen. Man braucht Soda in der Glasindustrie und in der chemischen Industrie (Seifen, Waschmittel, Zellstoff, Papier), Textilindustrie, Metallurgie sowie zur Herstellung anderer Na-Verbindungen.

Natriumhydrogencarbonat $NaHCO_3$ fällt beim Ammoniak-Soda-Prozess als Zwischenstoff an. Man verwendet es u. a. als Feuerlöschpulver sowie in Back- und Brausepulvern. *Kaliumcarbonat* K_2CO_3 (*Pottasche*) (aus KOH und CO_2) findet Verwendung in der Glasindustrie und zur Herstellung von Schmierseifen. *Magnesiumcarbonat* $MgCO_3$ wird in der Natur gefunden [*Magnesit, Bitterspat*; eine große Menge an natürlichem $MgCO_3$ steckt im Calciummagnesiumcarbonat $CaMg(CO_3)_2$, *Dolomit*]. Es dient als Füllstoff und Wärmeisolierungsmaterial; als Zusatz zu Kochsalz verhindert es dessen Zusammenbacken; es findet sich in Pudern, Zahnpasten und Putzpulvern.

Calciumcarbonat kommt als gebirgsbildendes Mineral in der Natur in unbeschränkter Menge vor. Es ist dort mehr oder weniger mit *Tonen* (d. s. verformbare Schichtsilicate; s. Abschnitt 3.4.5) sowie mit anderen Silicaten, mit Gips, Anhydrit, Apatit und eisenhaltigen Mineralien vergesellschaftet. Man unterscheidet *Kalkstein* ($CaCO_3$ mit wenig Ton), *Mergel* ($CaCO_3$ und Ton in vergleichbarer Menge) und *Tonmergel* (Ton überwiegt). Aus tierischen Schalen entstandenes $CaCO_3$ heißt *Muschelkalk*, reines grobkristallines $CaCO_3$ *Marmor*. Durchscheinende, farblose, stark doppelbrechende Kristalle nennt man *Calcit*. Eine erdige, weiche, weiß abfärbende Abart heißt *Kreide* (wohl zu unterscheiden von der aus Gips bestehenden *Tafelkreide*). Gewöhnlich kristallisiert $CaCO_3$ in der Calcit-Struktur, während die Aragonit-Struktur von Perlen gebildet wird (s. Abschnitt 3.4.3). $CaCO_3$ ist schwer, $Ca(HCO_3)_2$ wesentlich leichter in Wasser löslich. Deshalb löst sich $CaCO_3$ in CO_2-haltigem Wasser ($CaCO_3 + CO_2 + H_2O \rightarrow Ca^{2+} + 2\,HCO_3^-$) ebenso wie in Säuren, die stärker sind als CO_2 ($CaCO_3 + 2\,H^+ \rightarrow Ca^{2+} + CO_2 + H_2O$). Natürliches Wasser enthält immer Ca^{2+}-Ionen; Ca^{2+}-reiches Wasser nennt man *hart*, Ca^{2+}-armes Wasser *weich*. Seifen, die im Wesentlichen aus den Salzen $Na[RCOO]$ höherer Carbonsäuren RCOOH bestehen, ergeben beim Waschen schwerlösliche Niederschläge von $Ca[RCOO]_2$; dies führt zu erhöhtem Seifenverbrauch, wenn man hartes Wasser anwendet. $CaCO_3$ wird in größten Mengen eingesetzt zur Herstellung von gebranntem Kalk CaO (der Grundlage von Mörtel und Zement), als Baustoff (z. B. Marmor), als behaubarer Werkstoff, als Flussmittel, als basischer Zuschlag in Hüttenprozessen, als Sintermittel in der Metallurgie, zur Herstellung von Soda und Düngemitteln u. a.

Salze der Carbonsäuren RCOOH

Natriummethanoat Na[HCOO] (*Natriumformiat*), hergestellt aus CO und festem NaOH unter Druck, braucht man zur Herstellung von Ameisen- und Oxalsäure, HCOOH bzw. (COOH)$_2$; man verwendet es in der Textil- und Lederindustrie und bei der Herstellung von Edelmetallen, und es wird als Lebensmittelzusatzstoff verwendet. *Natriumethanoat* Na[MeCOO] (*Natriumacetat*), im Handel als Trihydrat Na[MeCOO] · 3 H$_2$O (Smp. 58 °C), ist Ausgangsstoff für die Herstellung mehrerer Essigsäure-Derivate, und es wird in weiten Bereichen der synthetischen Chemie, ferner in der Medizin, der Photographie, der Lebensmittelchemie u. a. eingesetzt.

Natriumhexadecanoat Na[Me(CH$_2$)$_{14}$COO] (*Natriumpalmitat*), *Natriumoctadecanoat* Na[Me(CH$_2$)$_{16}$COO] (*Natriumstearat*) und *Natriumoctadeca-9-enoat* Na[Me(CH$_2$)$_7$CH=CH(CH$_2$)$_7$COO] (*Natriumoleat*) werden als die wichtigsten Salze höherer Carbonsäuren neben ähnlichen Salzen gewonnen, indem man Fette hydrolytisch spaltet (s. Abschnitt 6.3.2) und die freiwerdenden Carbonsäuren mit NaOH in die Natriumsalze (z. T. auch mit KOH in die Kaliumsalze) überführt. Die herkömmlichen *Seifen* bestehen aus einer Mischung dieser Natriumsalze, die *Schmierseifen* aus einer Mischung entsprechender Kaliumsalze. Natriumoleat wird darüber hinaus als Emulgator, Gleitmittel, Hydrophobierungsmittel und Flotationshilfsmittel eingesetzt.

Natriumbenzoat Na[PhCOO] wirkt als Konservierungsmittel (besonders in Getränken) und als Korrosionsinhibitor. *Natriumlactat* Na[MeCH(OH)COO] verwendet man als Schmiermittel, hydraulisches Öl, Kühl- und Heizflüssigkeit und Lebensmittelzusatzstoff. *Natrium(R,R)tartrat* Na[OOC—CH(OH)—CH(OH)—COO] dient u. a. als Lebensmittelzusatzstoff. *Natriumglutamat* Na[HOOC—CH$_2$—CH$_2$—CH(NH$_2$)—COO] gewinnt man aus der zugehörigen *S*-Aminosäure (Glu, Tab. 6.3). Es wird als Geschmacksverstärker in Lebensmitteln eingesetzt. *Natriumcitrat* Na$_3$[OOC—CH$_2$—C(OH)(COO)—CH$_2$—COO], das Natriumsalz der Zitronensäure, wird als Lebensmittelzusatzstoff, als Gerinnungshemmer im Transfusionsblut, als Diuretikum u. a. verwendet.

Salze der Kieselsäure (Silicate)

Als Hauptbestandteil der Gesteinshülle der Erde stehen Silicate in beliebiger Menge zur Verfügung. Etliche kann man als Werk- oder Baustoffe direkt, d. h. ohne chemische Bearbeitung, einsetzen, z. B. Granit (ein Gemenge aus Quarz, Feldspat und Glimmer) oder jene Glimmer, die u. a. als Füllstoffe gebraucht werden. Andere Silicate sind die Produkte technischer Prozesse. Hier hat man zwei große Gruppen zu unterscheiden, nämlich erstens die *Wassergläser* und *Gläser*, die von Quarzsand als Rohmaterial ausgehen, und zweitens die *Tonwaren* oder *Tonkeramiken*, die verformbare Schichtsilicate, sog. *Tone*, insbesondere Kaolinit, Halloysit und Montmorillonit (s. Abschnitt 3.4.5), zum Ausgangsstoff haben. Dazu kommen noch die *Zemente*, die ein Gemenge aus Silicat, Aluminat und Ferrat darstellen.

Wasserglas entsteht durch Zusammenschmelzen von SiO_2 und Na_2CO_3, z.T. auch K_2CO_3, bei 1400−1500 °C. Die glasig erstarrte Schmelze hat die empirische Zusammensetzung $Na_2O \cdot n\ SiO_2$ (n = 2−4). Sie ist im Idealfall farblos, im Realfall durch Verunreinigungen, hauptsächlich von Fe, blau, grün oder braun gefärbt. Wasserglas kommt als körniges Mahlgut in den Handel oder als wässrige Lösung, die man mithilfe von überhitztem Wasserdampf gewinnt (150 °C, 5 bar). Die Lösungen reagieren, je nach Alkaligehalt, basisch bis stark basisch. Sie enthalten Monosilicatanionen $[SiO_n(OH)_{4-n}]^{n-}$ neben höher kondensierten Anionen. Der Anteil an Monomeren ist umso größer, je verdünnter die Lösung und je größer der Gehalt an Na_2O ist. Wasserglas mit jeweils bestimmtem SiO_2-Anteil wird vielseitig verwendet, nämlich als Kitt (bei Glas- oder Porzellanbruch), Klebstoff, Bindemittel, Flammschutzmittel, Trockenmittel, Bautenschutzmittel u. a.

Das *glasartige Erstarren* einer Schmelze tritt ein, wenn das Kristallisieren einer Komponente in einer homogenen Schmelze kinetisch blockiert ist, sei es, dass die Keimbildungszahl, sei es dass die Keimwachstumsgeschwindigkeit zu klein ist. Beim Abkühlen über die für ein Zweiphasengleichgewicht charakteristische Temperatur hinaus, wird die Schmelze immer zähflüssiger, behält zwar ihre Nahordnung, baut aber keine Fernordnung auf und wird schließlich im landläufigen Sinne fest: *glasartiger Zustand*. Die Aktivierungsenergie für das Auskristallisieren eines Glases kann überwunden werden, wenn man es lange Zeit möglichst nahe am Zweiphasengleichgewichtspunkt tempert. Beispielsweise wurden manche antiken Gläser durch Kristallisationsprozesse undurchsichtig. Chemisch gesehen, sind es Fluoride, Oxide und Sulfide, die zu unterkühlten Schmelzen und zur Glasbildung neigen.

Der Begriff *Wasserglas* fasst die *wasserlöslichen* Gläser zusammen, d. s. in der Praxis hauptsächlich die erstarrten Schmelzen aus Alkali- und Siliciumoxid (s. o.). Der Begriff *Glas* bezieht sich auf die *wasserunlöslichen* Gläser, d. s. in der Praxis Oxid-Mischungen aus sauren und basischen Oxiden. Als saure Oxide oder Oxid-Akzeptoren (s. Abschnitt 5.1.3) nutzt man B_2O_3, Al_2O_3, SiO_2 (seltener P_4O_{10}). Basische Oxide oder Oxid-Donatoren sind Na_2O, K_2O, MgO, CaO (seltener PbO, ZnO). Zentrale Bedeutung hat SiO_2; als Oxid-Akzeptor geht es in SiO_3^{2-} oder SiO_4^{4-} über, sodass es sich bei Gläsern um Silicate handelt. Neben Spezialgläsern sind die folgenden Gläser mit den folgenden oxidischen Komponenten wichtig:

Natron-Kalk-Glas (Normalglas)	$Na_2O/CaO/SiO_2$
Kali-Kalk-Glas	$K_2O/CaO/SiO_2$
Natron-Kali-Kalk-Glas	$Na_2O/K_2O/CaO/SiO_2$
Bor-Tonerde-Glas	$Na_2O/K_2O/CaO/B_2O_3/Al_2O_3/SiO_2$
Kali-Blei-Glas	$K_2O/PbO/SiO_2$

Für gewöhnlich sind Gläser durchsichtig klar. Um sie milchig trüb zu machen, lagert man Nanopartikel ein, die lichtstreuende Wirkung haben und die die Temperatur der Glasherstellung in den entsprechenden Oxidschmelzen aushalten. Geeignete Trübungsmittel sind SnO_2, Na_3AlF_6, $Ca_3(PO_4)_3$ u. a. Um Gläser zu färben, eignet sich die Mitwirkung von Übergangsmetalloxiden in der Schmelze wie Cu_2O (rot), UO_3 (orange), Ag_2O (gelb), MnO_2 (braun), Fe_2O_3 (braun), CuO (grün), Cr_2O_3 (grün), CoO (blau), Mn_2O_3 (blauviolett), NiO (violett).

Außer in Form von massiven Werkstücken findet Glas auch in anderer Form mannigfache Anwendung. Ein glasartiger Überzug auf Werkstücken, eine sog. *Glasur*, beeinflusst deren Eigenschaften erheblich. Glasuren auf Metallwerkstücken nennt man *Email*.

Wir kommen von den Gläsern zu den *Tonwaren*. Zu ihnen gelangt man, wenn man den weichen verformbaren Ton bei hoher Temperatur härtet. Bei 1180 °C gelangt man zum *Tongut*, das mehr oder weniger porös ist. Bei noch höherer Temperatur (> 1400 °C) verliert der Ton seine Porosität, wird dicht und heißt dann *Tonzeug*. Das poröse Tongut dient als Baustoff (Mauerziegel, Dachziegel, Schamottesteine, Kacheln), auch als Geschirr (Blumentöpfe etc.). Das nicht poröse Tonzeug kann durchscheinend sein (*Porzellan*) oder nicht durchscheinend (*Steinzeug*). Steinzeug findet als Baumaterial (Klinker, Fliesen, Rohre) oder als Geschirr (Krüge etc.) Verwendung. Auf Porzellan und Steinzeug wird im Allgemeinen noch eine Glasur aufgetragen. Porzellanglasuren erstellt man, indem man das Werkstück in einen Glasurbrei (d. i. eine Suspension aus Quarz, Feldspat, Kaolin und Marmor) taucht und bei 1400−1500 °C brennt. Um Steinzeug mit einer Glasur zu versehen, genügt es vielfach, das Werkstück mit Steinsalz zu bestreuen; beim Brennen reagiert der Wasserdampf der Luft mit dem Steinsalz gemäß $2\,NaCl + H_2O \rightarrow Na_2O + 2\,HCl$; das Na_2O bewirkt einen Oxid-Transfer zu Si^{IV} oder Al^{III} auf der Oberfläche des Werkstücks und erzeugt so die Glasur (*Salzglasur*), die den Scherben vollends dicht und durchscheinend macht.

Um Glasuren, insbesondere auf Porzellan, zu färben, braucht man − wie bei Gläsern − hochtemperaturfeste anorganische Pigmente. Diese können vor dem Glasurbrei aufgetragen und dann mit dem Glasurbrei gebrannt werden (*Unterglasur-Scharffeuerfarben*), oder sie werden auf die fertige Glasur gebracht und separat bei 1400−1500 °C gebrannt (*Aufglasur-Scharffeuerfarben*). Pigmente, die die hohe Brenntemperatur nicht aushalten, werden auf die Glasur verteilt und für längere Zeit in einem Muffelofen auf 600−900 °C erhitzt und so auf der Porzellanoberfläche verfestigt.

Von Glasuren einmal abgesehen, können *anorganische Pigmente* generell aus der Natur bezogen oder synthetisch hergestellt werden. Zu den natürlichen Pigmenten gehören u. a. *Ocker* (ein verwittertes Eisenerz), *Umbra* [braun; ein Ton, der Goethit (α-FeOOH) oder Lepidokrokit (γ-FeOOH) enthält], *Siena* (rot; im Wesentlichen Fe_2O_3). Im größeren Umfang werden synthetische Pigmente eingesetzt. Hierzu gehören *Weißpigmente* wie *Titanweiß* (TiO_2), *Bleiweiß* [$2\,PbCO_3 \cdot Pb(OH)_2$], *Zinkweiß* (ZnO), *Antimonweiß* (Sb_2O_3) und *Lithopone* ($BaCO_3/ZnS$). Als Schwarzpigment dient überwiegend *Ruß* (erhältlich aus Methan, Ethin, Anthracen u. a. durch Verbrennen im Unterschuss von O_2), daneben noch *Eisenoxidschwarz* (Fe_3O_4; brennt man in Gegenwart von O_2, dann kann aus Fe_3O_4 das Rotpigment Fe_2O_3 entstehen). Die Palette der Buntpigmente ist breit. Allein für *Rotpigmente* kann man zurückgreifen auf *Hämatit* (Fe$_2$O$_3$), *Chromrot* (PbCrO$_4$ · PbO), *Ultramarinrot* (Na$_8$[Al$_6$Si$_6$O$_{24}$]S$_x$), *Cadmiumrot* [Cd(S,Se)], Mennige (Pb$_3$O$_4$) u. a.

Salze der Borsäure

Dinatrium-tetrahydroxidopenta-μ-oxidotetraborat − Wasser(1/8) Na$_2$[B$_4$O$_5$(OH)$_4$] · 8 H$_2$O (*Borax*, meist formuliert als Na$_2$B$_4$O$_7$ · 10 H$_2$O) wird aus natürlichen Vorkommen abgebaut, doch muss die größte Menge des im Megatonnen-Maßstab benötigten Salzes aus den in der Natur reichlich vorhandenen Boraten *Kernit* Na$_2$[B$_4$O$_6$(OH)$_2$] · 3 H$_2$O, einem Schichtborat, oder *Colemanit* Ca$_2$[B$_6$O$_{11}$] · 5 H$_2$O, einem Kettenborat, gewonnen werden, indem man auf diese Salze heißes Wasser presst. Borax selbst ist ein wasserlösliches, schwach basisch reagierendes Inselborat, dessen Anion die in Abschnitt 5.3.2 abgebildete 1,3,5,7-Tetrahydroxy-3,7-dibora-1,5-diborata-2,4,6,8,9-pentaoxabicyclo[3.3.1]nonan-Struktur aufweist. Erhitzt man Borax, so bildet sich unter vollständigem Austritt der möglichen Wassermenge eine glasartige Schmelze. Sie hat ein hervorragendes Lösungsvermögen für Metalloxide und insbesondere für Übergangsmetalloxide. Diese geben charakteristische Farben, die zum Nachweis eines Übergangsmetalls dienen können, wenn man ein Tröpfchen einer solchen Lösung erschmilzt (*Boraxperle*). Borax dient als Komponente bei der Herstellung von Glas, Porzellan, Glasuren, Email. Eine große Menge braucht man zur Herstellung von Natriumperborat. Weiterhin wird es als Flammschutzmittel und im Korrosionsschutz eingesetzt. In der Metallurgie dient es als Abdeckmittel auf Metallschmelzen, wobei es störende Oxide aus der Schmelze herauslöst und gleichzeitig O$_2$ fernhält; ähnliche Funktionen übernimmt es beim Schweißen und Löten.

Dinatrium-tetrahydroxidobis-μ-(dioxido)diborat − Wasser(1/4) Na$_2$[B$_2$(O$_2$)$_2$(OH)$_4$] · 4 H$_2$O (*Natriumperborat*) enthält als Anion einen [−B(OH)$_2$−O−O−]$_2$-Sechsring in der Sesselform mit je einer axialen und äquatorialen OH-Gruppe an den B-Atomen. Man gewinnt es aus Borax und H$_2$O$_2$ in wässriger Lösung bei 90 °C: [B$_4$O$_5$(OH)$_4$]$^{2-}$ + 4 H$_2$O$_2$ + 2 OH$^-$ → 2 [B$_2$(O$_2$)$_2$(OH)$_4$]$^{2-}$ + 3 H$_2$O. Natriumperborat wird im Megatonnenmaßstab in Wasch- und Bleichmitteln eingesetzt. Es findet aber u. a. auch als Desinfektionsmittel Anwendung.

7.4 Verbindungen der Nicht- und Halbmetalle mit Nitrogen

7.4.1 Nitrogen-Verbindungen der Halogene

Chloroamine

Bei den Chloroaminen NH$_2$Cl (*Nitrogenchloriddihydrid* oder *Chloramid* oder *Chloroamin*; farbloses Gas), NHCl$_2$ (*Nitrogendichloridhydrid* oder *Dichlorimid* oder *Dichloroamin*; gelbes Gas) und NCl$_3$ (*Nitrogentrichlorid* oder *Trichloroamin*; gelbes

Öl) handelt es sich um instabile endotherme Substanzen. Chloroamin NH_2Cl ist in wässriger Lösung oder in der verdünnten Gasphase metastabil, während es sich in kondensierter Phase ab $-110\,°C$ zersetzt ($3\,NH_2Cl \rightarrow NH_4Cl + 2\,HCl + N_2$), ab $-40\,°C$ explosionsartig. Dichloroamin $NHCl_2$ kann in Substanz nicht isoliert werden. Trichloroamin NCl_3 ist in Lösung handhabbar (z. B. in CCl_4, CS_2, C_6H_6), explodiert aber in reiner Form bei Berührung mit oxidierbaren organischen Stoffen.

Die drei Chloroamine sind der Reihe nach zugänglich durch Einwirkung von Cl_2 auf wässriges NH_3, wobei das entstehende HCl als NH_4Cl gebunden wird. Das Chloroamin NH_2Cl stellt man als Amid der Hypochlorigen Säure auch durch Einwirkung von NH_3 auf ClO^- bei pH 8.5−11 her ($NH_3 + ClO^- \rightarrow NH_2Cl + OH^-$); oberhalb von pH 11 verschiebt sich das Gleichgewicht der Bildungsreaktion zu weit nach links, während unterhalb von pH 8.5 NH_2Cl mit ClO^- zu $NHCl_2$ weiterreagiert. Aus wässriger Lösung kann man NH_2Cl in eine etherische Lösung transportieren; dieses sog. *Ausethern* bewirkt man durch Schütteln der beiden ineinander nur spärlich löslichen Phasen. Auch in der Gasphase kann man NH_2Cl gewinnen ($2\,NH_3 + Cl_2 \rightarrow NH_2Cl + NH_4Cl$). Reines NH_2Cl stellt man dar, indem man NH_2F durch festes $CaCl_2$ leitet ($2\,NH_2F + CaCl_2 \rightarrow 2\,NH_2Cl + CaF_2$). Um NCl_3 aus NH_3 und Cl_2 herzustellen, arbeitet man am besten bei pH 3−4 ($4\,NH_3 + 3\,Cl_2 \rightarrow NCl_3 + 3\,NH_4Cl$); in basischer Lösung würde NCl_3 mit dem Zwischenprodukt $NHCl_2$ reagieren ($NCl_3 + NHCl_2 + 5\,OH^- \rightarrow N_2 + 2\,ClO^- + 3\,Cl^- + 3\,H_2O$).

Eine gewisse technische Bedeutung hat NH_2Cl als Ersatz für das aggressive Chlor bei der Desinfektion von Wasser. Als gleichermaßen sehr schwache Säure und Base verhält es sich in Wasser neutral. Gegenüber einer supersauren Mischung aus HF und AsF_5 wirkt es als Base: $NH_2Cl + HF + AsF_5 \rightarrow [NH_3Cl]AsF_6$. Als starkes Oxidationsmittel (NH_2Cl/NH_4Cl: $\varepsilon^0 = 1.48\,V$) oxidiert es u. a. C^{II} zu C^{IV} ($NH_2Cl + CN^- \rightarrow H_2N–CN + Cl^-$), N^{-II} zu N^0 ($2\,NH_2Cl + N_2H_4 \rightarrow N_2 + 2\,NH_4Cl$), P^{III} zu P^V ($PR_3 + NH_2Cl \rightarrow [R_3P=NH_2]Cl$) etc.

Wichtiger als NH_2Cl sind die organischen Derivate RNHCl [*Chloro(organyl)-amin*] und AcNHCl (*N-Chloroacylamid*). Besonders erwähnt sei das Tosylamid TsNHCl, das wegen der acidifizierenden Wirkung des Tosylrests $4\text{-MeC}_6H_4SO_2$ leicht dehydroniert werden kann; das Natriumsalz Na[TsNCl] (*Chloramin T*) spielt als Bleich- und Desinfektionsmittel eine Rolle.

Bromo- und Iodoamine

Die aus NH_3 und Br_2 zugänglichen Bromoamine NH_2Br, $NHBr_2$ und NBr_3 stellen zersetzliche, mitunter explosionsartig zerfallende Substanzen dar. Die Umsetzung von flüssigem NH_3 und I_2 ergibt über den Charge-transfer-Komplex $NH_3 \cdot I_2$ sowie über die Iodoamine NH_2I und NHI_2 schließlich das Ammoniakat $NI_3 \cdot 3\,NH_3$. Oberhalb von $-33\,°C$ geht das Tri- in das Monoammoniakat $NI_3 \cdot NH_3$ über, eine feste schwarze Substanz, die in trockenem (d. h. von überschüssigem NH_3 befreitem) Zustand schon bei sanfter Berührung (z. B. mit einer Gänsefeder) explodiert.

Halogenazide

Die Halogenazide ClN_3 und BrN_3 stellen farblose, explosive Gase dar. Das Chlorazid ClN_3 ist präparativ handhabbar, wenn man es verdünnt in ein inertes Trägergas (z. B. Ar) einbettet; man kann dann Metall- und Halbmetallchloride azidieren $[MCl_n + ClN_3 \rightarrow MCl_{n-1}(N_3) + Cl_2]$. Das farblose, feste, ebenfalls explosive Iodazid IN_3 stellt man aus AgN_3 und I_2 dar $(AgN_3 + I_2 \rightarrow IN_3 + AgI)$; im Kristall liegen Ketten $[-I-N(N_2)-]_n$ vor, in denen I linear von N umgeben ist und in denen das an zwei I-Atome gebundene N-Atom eine *N*-Diazoniumgruppe trägt; in ihr ist das bei der Explosion sich ablösende N_2-Molekül gleichsam präformiert.

7.4.2 Nitrogen-Verbindungen des Sulfurs

Neutrale Nitrogensulfide N_mS_n

Die Verbindungen NS, N_2S_2 und N_4S_4 gehen alle aus der Verbindung Tetranitrogentetrasulfid N_4S_4 hervor. Die Struktur von N_4S_4 beruht auf vier quadratisch angeordneten N-Atomen, die – jeweils gegenüberliegend – durch S-Atome oberhalb und unterhalb der Quadratebene verbrückt sind (D_{2d}; s. Abschnitt 2.2.5). Den acht äquivalenten NS-Bindungen, $d(NS) = 162$ pm, stehen zwei extralange SS-Bindungen, $d(SS) = 267$ pm, gegenüber (normaler SS-Abstand im S_8-Molekül: 208 pm; lange SS-Bindung im $S_2O_4^{2-}$-Anion: 239 pm). Die orangegelben endothermen ($\Delta_f H^0 = 460$ kJ mol^{-1}) und exotropen Kristalle zerfallen bei Schlag oder beim Erhitzen (> 130 °C) explosionsartig in die Elemente. Zur Darstellung aus NH_3 und S_2Cl_2 in CH_2Cl_2 (d. i. eines von mehreren Darstellungsverfahren) muss Sulfur von S^I nach S^{III} oxidiert werden, wozu man noch Cl_2 braucht: $4\,NH_3 + 2\,S_2Cl_2 + 4\,Cl_2 \rightarrow N_4S_4 + 12\,HCl$.

Unter vermindertem Druck lässt sich N_4S_4 in die Gasphase befördern, wo oberhalb von 200 °C Moleküle N_2S_2 vorherrschen neben weiteren Zerfallsprodukten wie N_2S_4, N_2 u. a. Ab 300 °C bilden sich in der Gasphase Moleküle NS neben N_2 und S_2 (die S_2-Moleküle sind bei vermindertem Druck bei 300 °C kurze Zeit metastabil, bevor sie in S_8 übergehen). Die kurzlebigen Sulfurnitrid-Moleküle NS (*Thiazyl*), Radikale wie NO, zeichnen sich durch eine kurze SN-Bindung, 150 pm, aus. Das Dinitrogendisulfid N_2S_2 besteht aus einem planaren Vierring mit vier exocyclischen freien Elektronenpaaren (D_{2h}); dass die sechs verbleibenden π-Elektronen durch cyclische Delokalisierung aromatischen Charakter ergeben, wird aufgrund theoretischer Untersuchungen bestritten, und damit stimmt überein, dass sich der SN-Abstand beim Übergang von N_4S_4 (162 pm) zu N_2S_2 nicht etwa verkürzt, sondern auf 166 pm verlängert. Bei tiefer Temperatur ist N_2S_2 in fester Form haltbar, um sich schon ab −30 °C mitunter explosionsartig zu zersetzen. Die kontrollierte langsame Zersetzung besteht in einer Polymerisation zu *Poly(nitrogensulfid)* NS. Dieser endotherme, bronzefarbene, diamagnetische Festkörper (Smp. 130 °C) explodiert oberhalb von 200 °C. Im kristallinen Festkörper sind NS-Einheiten auf zwei parallelen Geraden im Zickzack zu Ketten verbunden, die ihrerseits durch van der Waals-Kräfte zusammengehalten werden. Längs der Kettenrichtung sind Elektronen delokalisiert und bewirken, wie die Farbe dieser Verbindung schon nahe legt, eine anisotrope elektrische Leitfähigkeit in der Größenordnung wie die der Metalle. In siedendem Xylen zerfällt N_4S_4 hauptsächlich zu Dinitrogentetrasulfid N_2S_4; dieses lässt sich als dunkelroter Festkörper isolieren (Smp. 25 °C), geht aber langsam unter Verlust von S_8 in Poly(nitrogensulfid) über und explodiert bei 100 °C. Die N_2S_4-Moleküle bestehen aus einem planaren offenen Fünfring-Fragment —S—N—S—N—S—, dessen Enden durch ein viertes S-Atom oberhalb der S_3N_2-Ebene zum Sechsring verbrückt sind (C_s).

Mit wässrigen alkalischen Basen disproportioniert N_4S_4 in S^{IV} und S^{II}: $N_4S_4 + 6\,OH^- + 3\,H_2O \rightarrow 2\,SO_3^{2-} + S_2O_3^{2-} + 4\,NH_3$. Die freien Elektronenpaare an den N-Atomen von N_4S_4 entfalten Brönsted- ebenso wie Lewis-Basizität. In den Addukten $HN_4S_4^+$ bzw. S_4N_4A (A = BF_3, AsF_5, $AlCl_3$, $FeCl_3$ u. a.) haben die S- und N-Atome ihre Plätze getauscht: Die vier Seiten eines S_4-Quadrats sind durch N-Atome überbrückt, ohne dass aber NN-Wechselwirkungen bestehen. Die Lewis-Säure $SnCl_4$ bietet zwei Molekülen N_4S_4 − diesmal ohne strukturelle Transformation − auf *trans*-Oktaeder-Positionen um das Zinn-Atom Platz [→ $SnCl_4(N_4S_4)_2$]. Von $AlCl_3$ im Überschuss wird N_4S_4 in zwei Vierringe zerlegt: $N_4S_4 + 4\,AlCl_3 \rightarrow 2\,N_2S_2(AlCl_3)_2$.

Die Welt der Nitrogensulfide wird durch die Nitride N_2S_n (n = 11, 15, 16, 17, 19) und N_6S_5 bereichert, die aber keine Bedeutung haben. Von Selen sind ähnliche Nitride bekannt wie von Sulfur.

Nitridosulfur-Ionen

Die Oxidation von N_4S_4 mit dem milden Oxidationsmittel $SbCl_5$ führt zum Tetranitridotetrasulfur-Kation $N_4S_4^{2+}$ ($N_4S_4 + 3\,SbCl_5 \rightarrow [N_4S_4][SbCl_6]_2 + SbCl_3$) und mit dem stärkeren Oxidationsmittel HgF_2 zum Kation NS^+ ($N_4S_4 + 4\,HgF_2 + 4\,AsF_5 \rightarrow 4\,[NS]AsF_6 + 2\,Hg_2F_2$). Reduziert man N_4S_4 mit S_2Cl_2 in CCl_4, so gelangt man zum Kation $N_3S_4^+$ (d. i. eine Komproportionierung: $3\,N_4S_4 + 2\,S_2Cl_2 \rightarrow 4\,[N_3S_4]Cl$). Lässt man das Cluster-Kation Te_6^{4+} [d. i. ein *hypho*-Cluster, dessen trigonal-prismatische Struktur (D_{3h}) sich vom dreifach tetragonal überkappten trigonalen Prisma als der zugehörigen *closo*-Struktur durch Wegnahme der drei überkappenden Ecken ableitet; s. Abschnitt 7.1.4] auf N_4S_4 in flüssigem SO_2 einwirken, so oxidiert zwar das Cluster-Kation, aber überdies wirkt ein Teil der N^{-III}-Atome von N_4S_4 unter Übergang in N^0 reduzierend, sodass S^{III} im N_4S_4 in dieser mehrstufigen, mechanistisch und redoxanalytisch komplexen Reaktion insgesamt zu $S^{8/3}$ reduziert wird: $3\,N_4S_4 + 2\,[Te_6][AsF_6]_4 \rightarrow 4\,[N_2S_3][AsF_6]_2 + 12\,Te + 2\,N_2$. Redoxtechnisch ähnlich verwickelt ist die Reduktion von N_4S_4 zu SNS^+ ($S^{III} \rightarrow S^{II}$) in flüssigem SO_2, die von S^0 unter Mitwirkung des Oxidationsmittels AsF_5 (→ AsF_3) besorgt wird: $N_4S_4 + 1/2\,S_8 + 6\,AsF_5 \rightarrow 4\,[NS_2][AsF_6] + 2\,AsF_3$.

Die starke Verkürzung der Bindungslänge beim Übergang vom Radikal NO zum Kation NO^+ von 114 auf 106 pm wiederholt sich beim Übergang vom Radikal NS

(150 pm) zum Kation NS^+ (149.5 pm) nicht. Immerhin ist die NS-Bindung im Kation NS^+ deutlich kürzer als es die Einfachbindungsabstände im N_4S_4 (162 pm) sind. Der Verlängerung der CO-Bindungslänge beim Übergang von CO (106 pm) zu CO_2 (116 pm) steht beim Übergang von NS^+ zum linear gebauten SNS^+ eine Verkürzung von 149.5 auf 146.4 pm gegenüber. Die naheliegenden, oktettgerechten Valenzstrichformeln $N{\equiv}S^+$ und $S{=}N{=}S^+$ und die in ihnen zum Ausdruck kommende Bindungsordnung werden den Bindungsabständen nicht gerecht, sodass die Valenzstrichformeln mit Vorsicht zu genießen sind. Im Gegensatz zum nichtplanaren N_4S_4 handelt es sich bei den Kationen $N_4S_4^{2+}$, $N_3S_4^+$ und $N_2S_3^{2+}$ um einen jeweils planar gebauten Acht-, Sieben- bzw. Fünfring mit alternierenden Atomen S und N, allerdings notwendigerweise mit je einer SS-Bindung im Sieben- und Fünfring (beide: C_{2v}; Achtring: D_{4h}). Der Acht- und der Siebenring gelten als 10π-, der Fünfring als 6π-Elektronen-Aromat. Bei den Salzen dieser Kationen mit genügend großen Anionen handelt es sich um lagerfähige Substanzen, mit denen man allerlei Chemie treiben kann. Die Reihe der genannten Kationen lässt sich durch die ebenfalls strukturell gut untersuchten Kationen $N_5S_5^+$, $N_3S_2^+$, $N_2S_3^{2+}$ und $N_5S_4^+$ ergänzen. Ähnliche Nitrido-Kationen wie Sulfur bildet auch Selen.

Sulfur S_8 disproportioniert in flüssigem Ammoniak langsam zu Anionen NS_7^-, NS_4^-, NS_3^- u. a. sowie zu S^{-II} (z. B. $S_8 + 3\,NH_3 \rightarrow 2\,NH_4^+ + NS_7^- + HS^-$; im Überschuss von S_8 wird HS^- noch zu HS_n^- sulfuriert). Zu anderen Anionen nämlich des Typs $N_mS_n^{x-}$ gelangt man, wenn man Azacyclooctasulfane vom Typ $(NH)S_7$, $(NH)S_6$, $(NH)_3S_5$ mit Basen dehydroniert. Das Dinitrisosulfat SN_2^- (isoelektronisch mit SO_2) erhält man aus dem Diiminosulfan $S[N(SiMe_3)]_2$ mit KOtBu in Glym gemäß $S[N(SiMe_3)]_2 + 2\,KOtBu \rightarrow K_2[SN_2] + 2\,Me_3SiOtBu$. Zur Einführung eines Anions N^- in ein Ion oder Molekül eignet sich ganz allgemein die Umsetzung mit Azid N_3^-, wenn sie die Abspaltung von N_2 im Gefolge hat. So lässt sich das oben besprochene Trinitridotetrasulfur-Kation $N_3S_4^+$ [Tetrathiatriazacycloheptan-(1+)-Kation] mit N_3^- in N_4S_4 überführen und dieses bei weiterer Einwirkung von N_3^- in das Anion $N_5S_4^-$, bei dessen Zerfall der 6π-Elektronen-Aromat $N_3S_3^-$ auftritt. So vielseitig, bunt und lehrreich die hier angedeutete Chemie der erwähnten und weiterer nicht erwähnter Anionen $N_mS_n^{x-}$ auch ist, für die Alltagspraxis der Chemie hat sie keine Bedeutung.

Beachtenswert sind einige hypothetische Anionen $N_mS_n^{x-}$, die in freier Form nicht, wohl aber als zweizähnige, z. T. dreizähnige Liganden in stabilen Metallkomplexen bekannt sind. Den Zugang eröffnet allgemein N_4S_4, wenn man es in flüssigem Ammoniak mit geeigneten Metallsalzen umsetzt. Im Folgenden werden die hypothetischen Nitridosulfat-Anionen und jeweils ein Beispiel einer Komplexverbindung aufgezeigt. (Die Pfeile bedeuten die freien Elektronenpaare, die koordinativ aktiv sind; nicht koordinativ aktive freie Elektronenpaare sind weggelassen.) Man darf annehmen, dass in den Anionen eine (3c4e)-π-Delokalisierung (nach Vorbild des Allyl-Anions), in einem Fall auch eine (5c6e)-π-Delokalisierung, im Spiel ist.

$N_2S_2^{2-}$

$[Pb_2(N_2S_2)_2]$

NS_3^-

$[Pt(NS_3)_2]$

$N_3S_2^-$

$[Cl_4Mo(N_3S_2)]^-$

$N_2S_3^{2-}$

$[(NS_3)Pd(N_2S_3)Pd(NS_3)]$

$N_2S_3^{2-}$

$[CpTi(N_2S_3)]$

$N_4S_3^{2-}$

$[Cp_2Ti(N_4S_3)]$

$N_3S_4^-$

$[ClPt(N_3S_4)]$

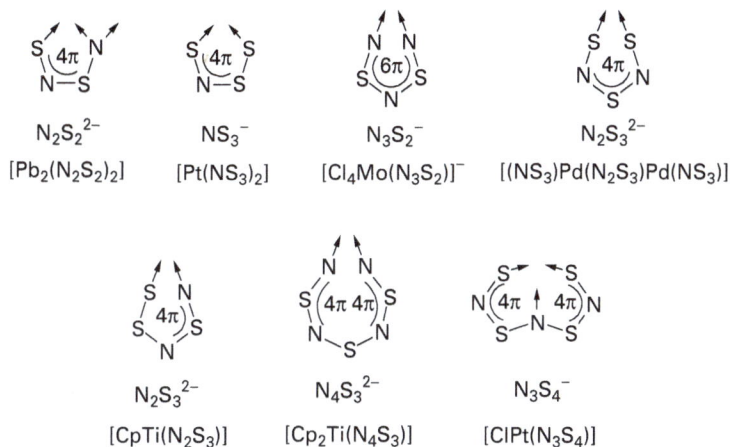

Da das koordinierende N-Atom von $N_2S_2^{2-}$ noch zusätzlich verbrückt, ist es im Beispielkomplex an zwei Pb-Ionen gebunden; dadurch entsteht ein zentraler PbNPbN-Vierring, an den die beiden planaren PbNSNS-Fünfringe kondensiert sind (C_{2h}). Sättigt man das eine koordinierende *N*-Elektronenpaar von $N_2S_2^{2-}$ mit H^+ ab, dann wirkt $HN_2S_2^-$ nur noch als zweizähniger, nicht verbrückender Ligand, z. B. in $[Pt(N_2S_2H)_2]$, einem planaren Molekül mit den Liganden in *syn*-Stellung (C_{2v}). Analog aufgebaut ist das planare Molekül $[Pt(NS_3)_2]$ (C_{2v}). Der Ligand $N_2S_3^{2-}$ koordiniert im Komplex $[Pd_2(N_2S_3)(NS_3)_2]$ zwei Pd-Ionen gleichzeitig zweizähnig und verbrückt sie dadurch, sodass eine zentrale PdSPdS-Raute gebildet wird; die beiden übrigen Koordinationsstellen der quadratisch von vier S-Atomen umgebenen Pd^{II}-Ionen werden durch NS_3^- zweizähnig in *syn*-Stellung zueinander besetzt (C_s); die Raute und die NSN-Brücke oberhalb von ihr bilden ein Bicyclo[3.1.1]heptan-Gerüst mit den koordinierenden S-Atomen als den Brückenköpfen. Der Ligand $N_3S_4^-$ koordiniert zusammen mit Cl^- das Pt^{II}-Ion im Komplex $[ClPt(N_3S_4)]$ vierfach planar.

Ternäre Sulfur-Nitrogen-Verbindungen

Die Stammverbindung N_4S_4 lässt sich mit Dithionit zum 1,3,5,7-Tetrathia-2,4,6,8-tetraazacyclooctan $S_4(NH)_4$ reduzieren: $4\,H^+ + N_4S_4 + 2\,S_2O_4^{2-} \rightarrow S_4(NH)_4 + 4\,SO_2$; die Struktur von $S_4(NH)_4$ leitet sich von der Struktur des S_8-Moleküls (D_{4d}; s. Abschnitt 3.3.1) dadurch ab, dass jedes zweite S-Atom durch NH ersetzt ist. Man kann die S_8-Struktur, eine sog. *Kronenstruktur*, auch in Analogie zum Cyclohexan als einen Achtring-Sessel auffassen; die freien Elektronenpaare an den N-Atomen stehen äquatorial, die H-Atome axial (C_{4v}). Will man die N_4S_4-Struktur in den Achtring von $S_4(NH)_4$ verwandeln, dann müssen die S—S-Wechselwirkungen aufgegeben werden, und zwei S-Atome müssen von der einen zur anderen Seite durchschwingen. In den oben schon erwähnten Thiaazacyclooctanen $S_7(NH)$, $S_6(NH)_2$ und $S_5(NH)_3$ kommen keine NN-Bindungen vor, sodass es für $S_6(NH)_2$ drei und für $S_5(NH)_3$ zwei Isomere gibt. Ringe $S_m(NH)_n$ anderer Ringgröße sind ebenfalls bekannt.

Mit Fluor oder Chlor kann man N_4S_4 zunächst in $N_4S_4Hal_2$ überführen; dabei wird eine der beiden extralangen S—S-Bindungen geöffnet, ansonsten bleibt das N_4S_4-Gerüst erhalten, aber mit nur noch einer Spiegelebene ($D_{2d} \rightarrow C_s$), auf der zwei SHal-Einheiten in *exo-endo*-Konfiguration liegen. Mit weiterem Hal_2 erhält man $N_4S_4Hal_4$, wobei sich Hal_2 jetzt an das zweite Paar von S-Atomen in der gleichen Weise addiert wie an das erste; dabei geht die eben erhaltene Spiegelebene verloren, aber eine der beiden C_2-Nebenachsen der ursprünglichen D_{2d}-Kombination wird wieder aktiv (C_2). Dieses Produkt lagert sich langsam um in das Trihalogenotrithiazan $N_3S_3Hal_3$ (*2,4,6-Trihalogeno-1,3,5-trithia-2,4,6-triazacyclohexatrien, Trithiazylhalogenid*). Das N_3S_3-Gerüst weist eine nahezu planare Sesselkonformation auf, wobei die Halogenatome axial an Sulfur gebunden sind (C_{3v}). Ein Umklappen des Sessels und damit ein Übergang der Liganden in die axiale Position ist nicht möglich; das Gerüst ist konformationsstabil.

Hatte die Oxidation von N_4S_4 mit HgF_2 in Gegenwart von AsF_5 das Thiazyl-Kation NS^+ ergeben (s. o.), so erhält man ohne das AsF_5 das Sulfurfluoridnitrid NSF (*Thiazylfluorid*) und bei weiterer Fluorierung mit HgF_2 das Sulfurtrifluoridnitrid NSF_3 (*Thiazyltrifluorid*). Die auffallendste strukturelle Eigenschaft des stechend riechenden Gases NSF (Sdp. 0.4 °C; C_s) und der farblosen flüchtigen Flüssigkeit NSF_3 (Sdp. 27.1 °C; C_{3v}) ist der kurze NS-Abstand von 144.6 bzw. 141.6 pm (NS^+: 149.5 pm). Es ist üblich, Valenzstrichformeln mit einer NS-Dreifachbindung zu schreiben, auch wenn beim NSF_3 das Oktett überschritten wird: F—S≡N und F_3S≡N. Mithilfe der Theorie kann man die strukturellen Eigenschaften so berechnen, dass sie mit den experimentellen Daten übereinstimmen, ohne die 3d-Orbitale von Sulfur zu bemühen.

Thiazylfluorid FSN ist recht reaktiv und greift sogar Glas an ($\rightarrow SOF_2$, SiF_4, SO_2 u. a.). Es wirkt als Fluorid-Donator (NSF + $AsF_5 \rightarrow [NS][AsF_6]$) und Fluorid-Akzeptor (NSF + CsF $\rightarrow$ Cs$[NSF_2]$). Difluoridonitridosulfat NSF_2^- wird von Hal_2 (Hal = F, Cl, Br, I) am N-Atom halogeniert (NSF_2^- + $Hal_2 \rightarrow HalNSF_2 + Hal^-$). In flüssiger Phase trimerisiert NSF zum Trithiazylfluorid $N_3S_3F_3$; umgekehrt geht $N_3S_3F_3$ bei 300 °C in FSN über. Dagegen ist Thiazyltrifluorid (an SF_6 erinnernd) auffallend wenig reaktiv und wird von Na selbst bei 200 °C nicht reduziert. Allerdings addiert sich HF an die Dreifachbindung ($\rightarrow H_2N$—SF_5) und ebenso ClF ($\rightarrow Cl_2N$—SF_5); Wasser führt in langsamer Reaktion zur vollständigen Hydrolyse ($NSF_3 + 4 H_2O \rightarrow NH_4^+ + HSO_4^- + 3 HF$).

Ähnlich dem Trithiazylfluorid (NSF)$_3$ unterliegt auch das Chlorid einer thermischen Monomerisierung: (NSCl)$_3 \rightleftarrows$ 3 NSCl. Mit SO_3 ($\rightarrow SO_2$) lässt sich (NSCl)$_3$ zu (NSOCl)$_3$ oxygenieren; im N_3S_3-Sessel sind die Cl-Atome nach wie vor axial, die O-Atome äquatorial an Sulfur gebunden. Die Einwirkung alkalischer Basen führt zu (NSO$_2$)$_3^{3-}$, dem Anion der hypothetischen sog. *Sulfanursäure* [NSO(OH)]$_3$, deren Sechsring an die Cyanursäure [NC(OH)]$_3$ erinnert.

Etliche Sulfurnitridoxide $S_lO_mN_n$ wurden dargestellt und charakterisiert, haben aber keine allgemeine Bedeutung.

Quaternäre Sulfur-Nitrogen-Verbindungen

Von Bedeutung sind die Verbindungen im System H/O/N/S, und das sind vor allem die Sulfonsäuren, die sich von Ammoniak (s. Abschnitt 5.3.6), Hydrazin und Hydroxylamin ableiten.

Unter den drei Sulfonsäuren des Ammoniaks hat die *Amidoschwefelsäure* H_2NSO_3H (systematisch: *Amidohydroxidodioxidosulfur*) technische Bedeutung. Man stellt sie aus Harnstoff und rauchender Schwefelsäure [$CO(NH_2)_2$ + $2 H_2SO_4 \rightarrow H_2NSO_3H + CO_2 + NH_4HSO_4$] oder direkt aus NH_3 und SO_3 ($NH_3 + SO_3 \rightarrow H_2NSO_3H$) her (Smp. 205 °C; $pK_A \approx 1$; im Kristall: $H_3N^+{-}SO_3^-$). Man nutzt sie zur Entfernung von Kesselstein, zum Entkalken in der Gerberei, zum Entfernen von überschüssigem Nitrit bei der Diazotierung ($NO_2^- + H_2NSO_3H \rightarrow$ $N_2 + HSO_4^- + H_2O$; eine Komproportionierung), in der Galvanotechnik, der Metallbeizerei, zur Entfernung von Rost u. a. Große Bedeutung haben auch die Sulfonsäuren organischer Amine, also Säuren des Typs $RNH{-}SO_3H$ oder $R_2N{-}SO_3H$, und zwar besonders in der pharmazeutischen Chemie und in der Lebensmittelchemie; stellvertretend für eine Reihe wichtiger Derivate sei auf das sog. *Natriumcyclamat* $Na[(cyclo\text{-}C_6H_{11})NH{-}SO_3]$, einem wichtigen Süßungsmittel, hingewiesen.

Auch Sulfurdiamiddioxid $O_2S(NH_2)_2$ (*Sulfurylamid*) und Sulfurimiddioxid $O_2S(NH)$ (*Sulfurylimid*) kann man aus SO_3 und NH_3 darstellen. Das Sulfurtriimid $S(NH)_3$ ist nicht zugänglich, wohl aber Derivate $S(NR)_3$ (R = tBu, $SiMe_3$ etc.), die wie SO_3 aufgebaut sind: An $S(NR)_2$ (aufgebaut wie SO_2) addiert man eine NR-Gruppe mittels Li_2NR zu $[S(NR)_3]^{2-}$ (aufgebaut wie SO_3^{2-}) und oxidiert z. B. mit I_2 zu $S(NR)_3$ (C_{3h}).

Alle Sulfonsäuren des Hydrazins, $N_2H_{4-n}(SO_3H)_n$ (n = 1−4), sind bekannt und werden wie üblich durch Acylierung von Hydrazin mit dem Chlorid oder dem Anhydrid der Schwefelsäure dargestellt. Die Monosulfonsäure liegt als Zwitterion $H_3N^+{-}NH{-}SO_3^-$ (pK_A = 3.85) vor. Mit Nitrit in saurer Lösung wird H_3NNHSO_3 zum Azid der Schwefelsäure oxidiert: $H_3NNHSO_3 + NO^+ \rightarrow N_3{-}SO_3^- + 2 H^+ +$ H_2O. Die 1,2-Disulfonsäure lässt sich in basischer Lösung mit Hypochlorit zum Azodisulfonat dehydrieren: $[O_3S{-}NH{-}NH{-}SO_3]^{2-} + ClO^- \rightarrow [O_3S{-}N{=}N{-}$ $SO_3]^{2-} + H_2O + Cl^-$.

Die Hydroxylamin-*N*-schwefelsäure stellt man aus $NaNO_2$ und $NaHSO_3$ her ($NO_2^- + 2 HSO_3^- + 2 H^+ \rightarrow HO{-}NH{-}SO_3H + HSO_4^-$) und kristallisiert ihr Kaliumsalz $K[HONHSO_3]$ aus. Die Hydroxylamin-*O*-schwefelsäure entsteht durch Sulfonierung von NH_2OH mit $ClSO_3H$; sie kristallisiert als Zwitterion $H_3N^+{-}$ $O{-}SO_3^-$ und ist weder in stark saurer ($\rightarrow NH_3OH^+$, HSO_4^-) noch in basischer Lösung stabil, in der sie in unübersichtlicher Weise in mehrere Produkte zerfällt. Die *N,N*-Dischwefelsäure $HO{-}N(SO_3H)_2$ ist ein Zwischenprodukt bei der Herstellung der Monosulfonsäure [$NO_2^- + 2 HSO_3^- + 3 H^+ \rightarrow HON(SO_3H)_2 + H_2O$] und kann als schwerlösliches Kaliumsalz gefällt werden, bevor sie zu $HONHSO_3H$ und HSO_4^- hydrolysiert. Mit MnO_4^- kann man $[HON(SO_3)_2]^{2-}$ zum Radikal

$[ON(SO_3)_2]^{2-}$ oxidieren; es liegt in Lösung ein Gleichgewicht zwischen dem violetten Radikal und seinem orangefarbenen, diamagnetischen Dimer vor. Da sich das Gleichgewicht beim Verdünnen oder beim Erhitzen zum Monomer verschiebt, vertieft sich dabei die violette Farbe, ein Vorgang der an das Gleichgewicht zwischen NO_2 und N_2O_4 in der Gasphase erinnert. Im festen Zustand liegen dimere Anionen vor.

7.4.3 Nitrogen-Verbindungen des Phosphors

Binäre Phosphornitride

Aus PCl_5 und NH_4Cl erhält man bei 780 °C im Autoklaven das feste Phosphornitrid P_3N_5: $3\,PCl_5 + 5\,NH_4Cl \rightarrow P_3N_5 + 20\,HCl$. Die P-Atome sind tetraedrisch von N-Atomen umgeben, drei von fünf N-Atomen sind mit gewinkelter Anordnung an zwei P-Atome, die anderen zwei trigonal-planar an drei P-Atome gebunden. Die PN_4-Tetraeder haben in einem dreidimensionalen Geflecht z. T. Kanten und z. T. Ecken gemeinsam. Das beigefarbene, feinkristalline Produkt löst sich nicht in heißen Säuren oder Basen. Es zerfällt oberhalb von 800 °C in Moleküle PN und N_2. Der PN-Abstand im Molekül PN beträgt 149.1 pm (berechnet für eine Dreifachbindung: 150 pm). Bei 800 °C ist PN bezüglich des exothermen Zerfalls in P_2 und N_2 eine Zeit lang metastabil. Beim Abschrecken entstehen Stoffe unbekannter Konstitution.

Mit Li_3N vereint sich P_3N_5 zu ternären Nitriden $Li_m[P_nN_o]$, die salzartig aufgebaut sind und in denen sich Li^+ im elektrischen Feld verschiebt; es handelt sich um Ionenleiter. Die Nitrido-Anionen sind z. T. wie entsprechende Oxo-Anionen gebaut, z. B. PN_4^{7-} wie PO_4^{3-}, $P_3N_9^{12-}$ wie $P_3O_9^{3-}$, $P_4N_{10}^{10-}$ wie P_4O_{10}. Im $LiPN_2$ hat das Anion PN_2^- eine Struktur wie SiO_2 im Christobalit mit den Li-Ionen in den Lücken. Ebenso aufgebaut ist der Festkörper HPN_2, der sich aus P_3N_5 durch Ammonolyse unter Druck (550 °C, 6 kbar) bildet ($P_3N_5 + NH_3 \rightarrow 3\,HPN_2$).

Auch die molekular gebauten Phosphorazide $P(N_3)_3$, $P(N_3)_5$ und $[PN(N_3)_2]_3$, die man aus PCl_3 bzw. PCl_5 bzw. $[PNCl_2]_3$ und NaN_3 darstellen kann, stellen kraft der Summenformeln PN_9, PN_{15} und P_3N_{21} binäre Phosphornitride dar. Das in diesen Substanzen komprimierte Nitrogen hat die Tendenz, sich explosiv in Freiheit zu setzen. Von $P(N_3)_5$ leitet sich durch Azid-Transfer das Kation $[P(N_3)_4]^+$ und das Anion $[P(N_3)_6]^-$ ab.

Aminophosphane

Amino-λ^3-phosphane $(R_2N)PX_2$, $(R_2N)_2PX$ und $P(NR_2)_3$ (X = Cl, Br, R, Ar u. a.) sind durch Substitution zugänglich, z. B. aus PCl_3 und Amin R_2NH oder aus $RPCl_2$ oder R_2PCl und Amin usw. Das Cl-Atom lässt sich als Cl^- abspalten, z. B. $(R_2N)_2PCl + AlCl_3 \rightarrow [R_2N\cdots P\cdots NR_2]AlCl_4$; im gewinkelten Kation liegt eine (3c2e)-π-Bindung vor. Das freie Elektronenpaar am P-Atom lädt zur oxidativen

Addition ein, sodass man λ^5-Phosphane erhält, z. B. das Tris(dimethylamido)-oxido-λ^5-phosphan $(Me_2N)_3PO$ (mit O_2 als Oxidationsmittel; das Produkt dient als weitverbreitetes Lösungsmittel), das Phosphan $(Me_2N)_3PS$ (mit S_8), das Phosphan $(Me_2N)_3P(NR)$ (mit RN_3) oder das Phosphonium-Salz $[(Me_2N)_3PMe]I$ (mit MeI), jeweils von $(Me_2N)_3P$ ausgehend.

Mit primären Aminen RNH_2 geht PCl_3 in Iminophosphan $ClP=NR$ über $(PCl_3 + 3\,RNH_2 \rightarrow ClP=NR + 2\,[RNH_3]Cl)$, das sich spontan zum PNPN-Vierring cyclodimerisiert. Stattdessen kann die Substitution aber auch weitergehen bis zum $P_4(NR)_6$ mit der Adamantan-Struktur von P_4O_6 ($4\,PCl_3 + 18\,MeNH_2 \rightarrow P_4(NMe)_6 + 12\,[MeNH_3]Cl$). Die Entchlorierung des Vierrings $[-PCl-NtBu-]_2$ mit Mg erbringt das Tetraphosphortetraimid $P_4(NtBu)_4$ mit N_4S_4-Struktur des P_4N_4-Gerüsts (D_{2d}), starken P—P-Bindungen und formal ungeladenen N-Atomen. [Diese Struktur kann man sich formal dadurch entstanden denken, dass man aus der Adamantan-Struktur von $P_4(NR)_6$ zwei gegenüberliegende NR-Brücken herausnimmt und durch P—P-Bindungen ersetzt.]

Aus PCl_5 erhält man mit Me_2NH ein Phosphonium-Salz: $PCl_5 + 8\,Me_2NH \rightarrow [P(NMe_2)_4]Cl + 4\,[Me_2NH_2]Cl$; das entsprechende Fluorid $[P(NMe_2)_4]F$ wird als Fluoridierungsmittel geschätzt. Von NH_3 ausgehend, ist auch der Grundkörper $[P(NH_2)_4]Cl$ zugänglich.

Iminophosphane

Durch Eliminierung von MX aus $RPX(NR'M)$ erhält man Iminophosphane $RP=NR'$ (MX = LiCl, Me_3SiCl u. a.), die sich mit genügend sperrigen Liganden R und R' isolieren lassen, ansonsten aber der Cyclodimerisierung anheimfallen. Diese kann − wie oben schon erwähnt − als [2+2]-Cycloaddition zum PNPN-Vierring führen; es kann aber auch zur [2+1]-Cycloaddition kommen, die für eines der beteiligten P-Atome eine oxidative 1,1-Addition zum λ^5-Phosphor-Atom in einem PPN-Dreiring bedeutet: $2\,RP=NR' \rightarrow [-RP(NR')-PR-NR'-]$. Iminophosphane $RP=NR'$ zeichnen sich durch ein planares CPNC-Gerüst, meist mit E-Konfiguration, aus mit PN-Abständen von $150-160$ pm, die eine Doppelbindung verheißen (berechnet: 160 pm; für die PN-Einfachbindung berechnet: 180 pm).

Wie die Cycloaddition mit sich selbst kann auch die Addition anderer Verbindungen an Iminophosphane als 1,2- oder 1,1-Addition ablaufen. Polare Stoffe wie HX führen zur 1,2-Addition ($\rightarrow$ RPX—NHR'), aber mit O_2 oder S_8 beobachtet man eine oxidative 1,1-Addition an den Phosphor [$\rightarrow$ RPO(NR') bzw. RPS(NR')], ebenso wie mit dem Nitrenoid PhN_3 [$\rightarrow$ RP(NR')(NPh)]. Lewis-Säuren wie $AlCl_3$ bevorzugen zum Agriff das N-Atom ($\rightarrow$ RP=NR'—$AlCl_3$).

Lässt man nicht ein sekundäres, sondern ein primäres Amin auf PCl_5 einwirken, so kommt man zu Imino-λ^5-phosphanen $Cl_3P=NR$, die sich durch Cyclodimerisierung zum PNPN-Vierring stabilisieren. Stabiler sind Imino-λ^5-phosphane vom Typ $R_3P=NR'$, die man durch die oxidative Addition von Nitren NR' an PR_3 mithilfe von Aziden $R'N_3$ erhält; die Zwischenstufen, die sog. *Phosphazide*, lassen sich isolieren (*Staudinger-Reaktion*):

$$PR_3 + R'N_3 \rightarrow R_3P{=}N{-}N{=}NR' \rightarrow R_3P{=}NR' + N_2$$

Auch aus R_3PCl_2 und $R'NH_2$ ist $R_3P{=}NR'$ zugänglich. Der PN-Abstand von ca. 160 pm spricht für eine Doppelbindung. Setzt man Ph_3PCl_2 mit NH_3 um, so kann man das Bis(triphenylphosphan)nitrogen-Kation erhalten: $2\,Ph_3PCl_2 + 4\,NH_3 \rightarrow$ $[Ph_3P{\doteq}N{\doteq}PPh_3]Cl + 3\,NH_4Cl$. Das gewinkelt gebaute Kation mit Allyl-analoger PNP-(3c2e)-Bindung eignet sich, um mit den meisten Anionen gut ausgebildete Kristalle zu erhalten, wie man sie für die Röntgenstrukturanalyse an Einkristallen brauchen kann (d. i. die Bestimmung der Kristallstruktur aufgrund der Beugung von Röntgenstrahlen an den Gitterebenen von Einkristallen).

Diiminophosphane

Wie oben angedeutet, führt die oxidative Addition von NR an Iminophosphane $XP{=}NR$ mithilfe von Aziden RN_3 zu Diiminophosphanen $XP(NR)_2$. Im Falle $X = NR_2$ und $R = SiMe_3$ hat das entsprechende Aminodiimino-λ^5-phosphan $P(NR_2)(NR)_2$ die Eigenschaft, dass jeweils eine Silylgruppe so schnell vom Amino-N- zum Imino-N-Atom springt, dass alle vier $SiMe_3$-Gruppen bezüglich der NMR-Beobachtung äquivalent werden (Pseudo-D_{3h}-Symmetrie bei tatsächlicher C_{2v}-Symmetrie des $P_3N_3Si_4$-Gerüsts).

Nitridophosphane

Das Verbindung $PNCl_2$ (kompositionell: *Phosphordichloridnitrid*; substitutiv: *Dichloronitrido-λ^5-phosphan*; additiv: *Dichloridonitridophosphor*) bildet sich, wenn man das aus PCl_3 durch Azidierung zugängliche $PCl_2(N_3)$ photolytisch zersetzt: $PCl_2(N_3) \rightarrow Cl_2P{\equiv}N + N_2$. Man kann Cl_2PN mit polaren Stoffen A—X abfangen ($\rightarrow AN{=}PXCl_2$; A—X: H—OMe, H—NMe$_2$, Me$_3$Si—Cl u. a.), bevor es sich zum Vierring $(Cl_2PN)_2$ oder Sechsring $(ClPN)_3$ cyclodi- bzw. -trimerisiert oder zu $(Cl_2PN)_n$ polymerisiert. Zugang zu einer Mischung aus $(Cl_2PN)_2$, $(Cl_2PN)_3$ und $(Cl_2PN)_n$ gewinnt man einfacher durch Umsetzung von PCl_5 mit NH_4Cl entweder im Autoklaven bei 120 °C oder in einem Chloralkan (z. B. $Cl_2CH{-}CHCl_2$) oder Chloraren (z. B. PhCl) oberhalb von 120 °C: $PCl_5 + NH_4Cl \rightarrow 1/n\,(Cl_2PN)_n +$ $4\,HCl$. Der Sechsring weist ein nahezu planares P_3N_3-Gerüst mit gleich langen PN-Bindungen auf, die mit einer Länge von 158 pm im Bereich von Doppelbindungen liegen (D_{3h}); man könnte geneigt sein, von drei cyclisch delokalisierten π-Elektronenpaaren zu sprechen. Der nichtplanare Achtring ist wie $S_4(NH)_4$ aufgebaut (s. Abschnitt 7.4.2) mit tetragonal-planar angeordneten P-Atomen, die paarweise durch N-Atome oberhalb und unterhalb der Quadratseiten verknüpft sind (D_{2d}). Trotz der Nichtplanarität des Rings sind die PN-Abstände mit 156 pm noch kürzer als im Sechsring, sodass sich die Vorstellung von benzenähnlicher Aromatizität beim Sechsring als allzu simpel entlarvt. Sechs- und Achtring öffnen sich bei 150–300 °C und gehen in polymere Ketten über (*ringöffnende Polymerisation, ROP*). An den Ringen lassen sich Substitutionen vornehmen: $(NPCl_2)_3 + 6 X^- \rightarrow (NPX_2)_3 + 6 Cl^-$ ($X = F, Br, OH, SH, NH_2, NR_2, R, Ar$ u. a.). Die Dihydroxy-Verbindung, eine mehrbasige Säure, tautomerisiert sich: $[NP(OH)_2]_3 \rightarrow [HNPO(OH)]_3$.

Die Kettenpolymere $(NPX_2)_n$ haben kautschukartige Eigenschaften. Die Polymere $(NPMe_2)_n$ sind isoelektronisch mit den Siliconen $(OSiMe_2)_n$. Mit Gruppen $X = OH, NH_2$ ist eine Vernetzung durch Kondensation zwischen den Ketten möglich. Auf diese Weise kann man die Eigenschaften der Polymere einstellen, z. B. von gummielastisch bis glashart. Die Polymere lassen sich zu Fasern, Folien, Röhren etc. verarbeiten und finden so breite Anwendung. Mit $X = OR$ kann man Materialien gewinnen, die sich für die Implantation im Humangewebe eignen (z. B. als Herzklappen). Im Fall $X = NH—CH_2—COOR$ neigen polymere Fasern zu sehr langsamer Hydrolyse, die zu körpereigenen Produkten wie NH_3, $H_2PO_4^-$, ROH und $H_2N—CH_2—COOH$ (Glycin) führt; Fäden aus solchem Material dienen z. B. als chirurgisches Nähmaterial, das im Körper belassen wird.

7.4.4 Nitrogen-Verbindungen des Carbons

Binäre Carbonnitride

Molekular gebauten Nitriden (C_2N_2, C_5N_4, C_6N_4) stehen hochmolekular gebaute gegenüber (CN, C_3N_4). Bei C_2N_2 handelt es sich um Dinitridodicarbon(C—C) $N\equiv C—C\equiv N$ (*Dicyan, Oxalsäuredinitril*), bei C_5N_4 um Tetracyanomethan $C(CN)_4$, bei C_6N_4 um Tetracyanoethen $(NC)_2C=C(CN)_2$. Das Carbonnitrid CN besteht aus Ketten anellierter Sechsring-Aromaten, die sich von Polyacen C_4H_2 dadurch ableiten, dass alle paarweise *para*-ständigen CH-Einheiten durch N ersetzt sind. Das Carbonnitrid C_3N_4 entsteht bei 1800 °C, 25 kbar aus Cyanursäuretriamid (*Melamin*) (s. u.) gemäß $C_3N_6H_6 \rightarrow C_3N_4 + 2 NH_3$.

Bei *Dicyan* NC—CN handelt es sich um ein farbloses, endothermes, sehr giftiges Gas (Sdp. −21.17 °C) mit CN-Dreifachbindung [d(CN) = 115 pm; $D_{\infty h}$]. Technisch stellt man es durch Oxidation von HCN mit O_2 oder mit H_2O_2 her, im Labor durch Oxidation einer wässrigen NaCN-Lösung mit Cu^{2+} ($4 CN^- + 2 Cu^{2+} \rightarrow C_2N_2 + 2 CuCN$). Als *Pseudohalogen*, d. h. als Stoff mit halogenähnlichen Eigenschaften, disproportioniert es in basischen Lösungen ganz analog den Halogenen: $(CN)_2 + 2 OH^- \rightarrow OCN^- + CN^- + H_2O$. In Wasser löst sich eine gewisse Menge, disproportioniert aber langsam zu HNCO und HCN und hydrolysiert auch z. T. zum Diamid der Oxalsäure $H_2NCO—CONH_2$. Als Pseudohalogen ist es ein (nicht allzu starkes) Oxidationsmittel: $\varepsilon^0(C_2N_2/CN^-) = 0.37$ V; von H_2 wird es an einem Pd-Kontakt zu H_3CNH_2 reduziert. Es wirkt aber auch als Reduktionsmittel und wird z. B. durch O_2 unter großer Hitzeentwicklung zu CO_2 und N_2 oxidiert; bei der Herstellung von C_2N_2 aus HCN und O_2 (s. o.) muss also vorsichtig verfahren und ein Katalysator zugezogen werden. Die wichtigste Verwendung von Dicyan gilt seiner hydrolytischen Aufarbeitung zu Oxalsäurediamid.

Tetracyanoethen ist als Oxidationsmittel erwähnenswert. Es ist dabei der elektronische Antagonist zum *Tetrakis(dimethylamino)ethen* als Reduktionsmittel. Dabei ist es typisch, dass die beiden Antagonisten miteinander stabile CT-Komplexe bilden; die Bedeutung des *Charge-transfers* als Redoxprozess wird dabei deutlich.

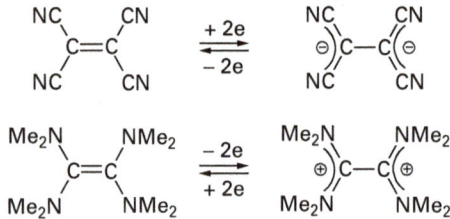

$$\underset{\substack{NC \\ NC}}{}C=C\underset{\substack{CN \\ CN}}{} \quad \overset{+\,2e}{\underset{-\,2e}{\rightleftharpoons}} \quad \underset{\substack{NC \\ NC}}{}\overset{\ominus}{C}-\overset{\ominus}{C}\underset{\substack{CN \\ CN}}{}$$

$$\underset{\substack{Me_2N \\ Me_2N}}{}C=C\underset{\substack{NMe_2 \\ NMe_2}}{} \quad \overset{-\,2e}{\underset{+\,2e}{\rightleftharpoons}} \quad \underset{\substack{Me_2N \\ Me_2N}}{}\overset{\oplus}{C}-\overset{\oplus}{C}\underset{\substack{NMe_2 \\ NMe_2}}{}$$

Hydrogencyanid

Das giftige *Hydrogencyanid* HCN (*Blausäure*; Sdp. 25.6 °C; s. Abschnitt 5.3.5) ist linear gebaut ($C_{\infty v}$) und weist mit $d(CN) = 115.6$ pm eine CN-Dreifachbindung auf. Die technische Synthese bei 1200 °C aus CH_4 und NH_3 führt man entweder bei Normaldruck an einem Pt-Kontakt ($CH_4 + NH_3 \rightarrow HCN + 3\,H_2$) oder unter Druck (2 bar) an einem Pt/Rh-Kontakt in Gegenwart der berechneten Menge an O_2 aus ($CH_4 + NH_3 + 3/2\,O_2 \rightarrow HCN + 3\,H_2O$). Im Labor entwickelt man HCN aus NaCN und H_2SO_4. In Wasser hydrolysiert HCN als das Nitril der Methansäure langsam zu Ammoniummethanoat $[NH_4][HCOO]$. Im flüssigen Zustand tritt eine langsame Assoziation zum Imidnitril der Oxoethansäure, weiter zum Dinitril der Diaminomaleinsäure und schließlich unter dem Einfluss von Licht in kleiner Ausbeute zur Nucleobase Adenin ein:

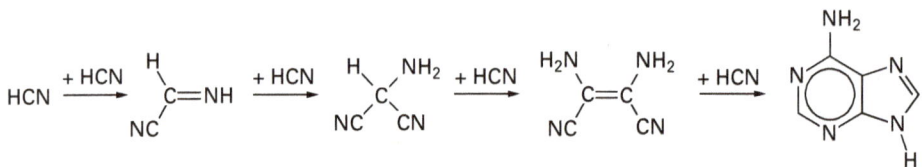

$$HCN \xrightarrow{+\,HCN} \underset{\substack{NC}}{}C{=}NH \xrightarrow{+\,HCN} \underset{\substack{NC}}{}\overset{H}{C}\underset{\substack{CN}}{}NH_2 \xrightarrow{+\,HCN} \underset{\substack{NC}}{}C{=}C\underset{\substack{CN}}{}NH_2 \xrightarrow{+\,HCN} \text{Adenin}$$

Die im Megatonnenmaßstab hergestellte Blausäure ist ein wichtiger Hilfsstoff in der organischen Synthese. Am wichtigsten ist die Umsetzung mit Aceton [$Me_2CO + HCN \rightarrow Me_2C(OH){-}CN$], in deren Folge eine Nitril-Hydrolyse mit Schwefelsäure nebst Abspaltung von H_2O, gefolgt von einer Veresterung mit Methanol, zum Methacrylsäuremethylester $H_2C{=}CMe{-}COOMe$ führt, dem Startmaterial zur Synthese der Acrylharze. Weitere Anwendungen sind u. a. die Darstellung von $(ClCN)_3$ (s. u.) und der Salze MCN und $M(CN)_2$ [aus HCN und MOH bzw. $M(OH)_2$].

Das Cyanid-Anion CN^- [$d(CN) = 116$ pm] ist ein wichtiger Komplexligand. Die Alkalimetallcyanide sind gut, die Schwermetallcyanide CuCN, AgCN u. a. schwer in Wasser löslich. Natriumcyanid NaCN wird technisch u. a. zur Cyanidlaugerei (s. Abschnitt 5.7.1) und zur Herstellung komplexer Salze wie den Hexacyanidoferraten $M_n[Fe(CN)_6]$ (n = 3, 4) eingesetzt.

Isocyansäure und ihre Derivate

Die kristalline *Isocyansäure* HNCO (Smp. 86.8 °C; s. Abschnitt 5.3.5) stellt man durch Freisetzung aus NaNCO mit Säuren oder durch thermische Zersetzung von Harnstoff her [$OC(NH_2)_2 \rightarrow HNCO + NH_3$]. Sie cyclotrimerisiert leicht zur Iso-cyanursäure [$-NH-CO-$]$_3$. Das Natriumsalz der Isocyansäure gewinnt man tech-nisch durch Erhitzen eines Gemenges aus Harnstoff und Soda [$OC(NH_2)_2 + Na_2CO_3 \rightarrow 2\,NaNCO + 2\,H_2O$], im Labor durch Oxidation von NaCN, z. B. mit PbO_2.

Die Isocyansäure HNCO steht in wässriger Lösung mit der Cyansäure HOCN im Gleichgewicht, das weit auf der Seite der Isocyansäure liegt. Ein weiteres Isomer von HNCO, nämlich *N-Oxidohydridonitridocarbon* HCNO (*Knallsäure*) ist ohne große Bedeutung, wohl aber spielen Ester RCNO, die sog. *Nitriloxide*, eine gewisse Rolle bei organischen Synthesen (z. B. als 1,3-Dipole in [3+2]-Cycloadditionen).

Unter den vier wohlbekannten Halogeniden HalCN der Cyansäure ist das Car-bonchloridnitrid ClCN (*Chloridonitridocarbon*, *Chlorcyan*) das wichtigste, ein farb-loses, giftiges Gas (Sdp. 13 °C), das man technisch durch Chlorierung von HCN herstellt ($HCN + Cl_2 \rightarrow ClCN + HCl$). Von Säuren katalysiert, cyclotrimerisiert es zum Cyanursäuretrichlorid [$-N=CCl-$]$_3$ (Smp. 146 °C), einem wichtigen Zwi-schenprodukt bei der Herstellung von Farbstoffen, Arzneimitteln, Gerbstoffen, Kunststoffen u. a.

Das Amid der Cyansäure H_2N-CN (*Amidonitridocarbon*, *Cyanamid*), ein farb-loser Festkörper (Smp. 46 °C), dessen Moleküle CN-Dreifachbindungen enthalten [$d(CN) = 115$ pm], stellt man aus dem Ca-Salz her ($Ca[CN_2] + CO_2 + H_2O \rightarrow H_2NCN + CaCO_3$); auch durch Ammonolyse von Chlorcyan ist es zugänglich ($ClCN + NH_3 \rightarrow H_2NCN + HCl$). Das tautomere Gleichgewicht zwischen $H_2N-C\equiv N$ und $HN=C=NH$ (*Diiminomethan*, *Carbodiimid*) liegt in wässriger Lösung auf der Seite des Cyanamids; organische Derivate RN=C=NR von Carbodiimid sind stabil. In wässriger Lösung ist Cyanamid zwischen pH 2 und 7 stabil. In saurer (pH < 2) und basischer Lösung (pH > 12) wird es zu Harnstoff hydrolysiert [$H_2N-CN + H_2O \rightarrow OC(NH_2)_2$]. Im pH-Bereich 7 bis 9 dimerisiert Cyanamid, $2\,H_2N-CN \rightarrow (H_2N)_2C=N-CN$, d. i. eine Amidocyanierung der CN-Dreifach-bindung des einen durch das andere Molekül; das Produkt, ein *N*-Cyano-Derivat von Guanidin $(H_2N)_2C=NH$, erleidet in seiner Schmelze (> 211 °C) eine Umwand-lung in das Cyclotrimere von Cyanamid, d. i. das Triamid der Cyanursäure [$-C(NH_2)=N-$]$_3$ (*Melamin*), das seinerseits bei 1800 °C unter hohem Druck in C_3N_4 übergeht (s. o.).

Dem induktiv und mesomer elektronenziehenden Effekt der CN-Gruppe ist zu verdanken, dass H_2N-CN wesentlich saurer ist als NH_3 und deshalb Salze mit dem Anion $[N=C=N]^{2-}$ bildet [*Dinitridocarbonat(2−)*; auch den Namen *Cyan-amid* für das Anion trifft man an, er ist aber zu vermeiden, da die korrespondie-rende Säure ebenso heißt]. Am wichtigsten ist das Calciumsalz $CaCN_2$ (*Kalkstick-stoff*), das man durch exotherme Nitrogenierung von CaC_2 bei ca. 1000 °C herstellt ($CaC_2 + N_2 \rightarrow CaCN_2 + C$). Kalkstickstoff wird vor allem als Düngemittel ver-wendet; es wird im Boden langsam zu $CaCO_3$ und NH_3 hydrolysiert.

Als weiteres Derivat der Isocyansäure noch erwähnenswert ist Imidosulfidocar-bon HNCS (*Isothiocyansäure*), und zwar weniger die Säure selbst als ihre Salze MSCN mit dem Anion $N\equiv C-S^-$ [$C_{\infty v}$; $d(CN) = 115$ pm]: *Nitridosulfidocarbonat* oder *Thiocanat* (*Rhodanid*). Thiocyanate MSCN (M = Na, K, NH_4) werden in der Phototechnik, Galvanotechnik, Metallurgie und Textilindustrie angewendet und spielen als Ausgangsstoffe in der organischen Synthese eine Rolle. Die blutroten Eisen-Spezies $[Fe(SCN)(H_2O)_5]^{2+}$, $[Fe(SCN)_2(H_2O)_4]^+$ und $[Fe(SCN)_3(H_2O)_3]$ bilden sich in wässriger Lösung mit kleinsten Mengen an Fe^{3+}; sie dienen als Nach-weis für Fe^{3+}.

7.4.5 Nitrogen-Verbindungen des Siliciums

Binäre und ternäre kristalline Nitride

Ein dem Carbonnitrid C_3N_4 in der Zusammensetzung entsprechendes Nitrid Si_3N_4 (s. Abschnitt 3.3.3) gewinnt man technisch aus den Elementen bei 1100−1400 °C oder aus SiO_2 und N_2 unter der reduktiven Mithilfe von Carbon: $3\,SiO_2 + 2\,N_2 + 6\,C \rightarrow Si_3N_4 + 6\,CO$. Auch die Ammonolyse von $SiCl_4$ führt letztlich zu Si_3N_4: Bei −50 °C erhält man aus $SiCl_4$ in flüssigem Ammoniak zunächst $Si(NH_2)_4$, das bei höherer Temperatur eine Polykondensation über $Si(NH)(NH_2)_2$ zum amorphen Diimid $Si(NH)_2$ erfährt, einem Verwandten von SiO_2; bei 900 °C wird erneut NH_3 eliminiert zum $Si_2N_2(NH)$, das schließlich bei 1500 °C in Si_3N_4 übergeht.

Si_3N_4 ist säurebeständig, wenn man von Flusssäure absieht, die Si_3N_4 ebenso angreift wie SiO_2. Auch heiße Basen greifen Si_3N_4 langsam unter Bildung von NH_3 und Silicat an. Schmelzen der Hauptgruppenmetalle und der Metalle der Cu- und Zn-Gruppe greifen Si_3N_4 nicht an, wohl aber Schmelzen anderer, weniger edler Übergangsmetalle. Die Oberfläche von Si_3N_4 überzieht sich an der Luft mit einer passivierenden SiO_2-Haut. Siliciumnitrid ist ein harter, leichter, fester, nicht leiten-der, bis 1300 °C korrosionsbeständiger keramischer Werkstoff, der im Apparate- und Maschinenbau vielseitige Anwendung erfährt. Beschichtungen von Si_3N_4 auf anderen Werkstoffen gewinnt man aus Polysilazanen $(R_2SiNR)_n$, die man in Ana-logie zu den Polysiloxanen $(R_2SiO)_n$, den Siliconen, erhält, indem man R_2SiCl_2 mit RNH_2 in $R_2Si(NHR)_2$ überführt und das Produkt einer Polykondensation unterwirft; die Thermolyse des auf Werkstoffe aufgebrachten Polysilazans $(R_2SiNR)_n$ bei 800−1400 °C erbringt Si_3N_4 neben flüchtigen Zerfallsprodukten.

Man geht insbesondere von $Si(NH)_2$ und Metallschmelzen aus, um bei 1500− 1650 °C Nitridosilicate $M_mSi_nN_o$ zu erhalten mit Anionen wie SiN_2^{2-}, $Si_2N_3^-$,

$Si_2N_6^{10-}$, $Si_4N_7^{5-}$, $Si_5N_8^{4-}$, $Si_6N_{11}^{9-}$, $Si_7N_{10}^{2-}$ u. a. Anstatt $Si(NH)_2$ kann man auch das reaktionsträgere Si_3N_4 einsetzen, das aus $Si(NH)_2$ in Abwesenheit geschmolzener Metalle ohnehin entsteht. Bei 1650 °C geht α-Si_3N_4 in eine β-Modifikation über; nur Metalle, die unterhalb von 1650 °C schmelzen, bilden mit α-Si_3N_4 jene ternären Nitride. Die strukturelle Vielfalt der Nitridosilicate übertrifft die der Oxosilicate, da die Si-Atome in den Nitridosilicaten nicht nur tetraedrisch, sondern auch okta-edrisch koordiniert werden können, da weiterhin die N-Atome nicht nur zweifach, sondern auch drei- und sogar vierfach von Si umgeben sind, und − damit Hand in Hand gehend − können die Koordinationstetraeder SiN_4 nicht nur ecken-, son-dern auch kantenverknüpft sein.

Amino- und Iminosilane

Aminosilane R_3Si-NR_2' (*Silazane*), Diaminosilane $R_2Si(NR_2')_2$, Triaminosilane $RSi(NR_2')_3$ oder Tetraaminosilane $Si(NR_2')_4$ sind ebenso wie Disilylamine $(R_3Si)_2NR'$ oder Trisilylamine $N(SiR_3)_3$ aus Halogenosilanen, meist Chlorosilanen R_3SiCl, R_2SiCl_2, $RSiCl_3$ bzw. $SiCl_4$, und Aminen $R_2'NH$, $R'NH_2$ bzw. NH_3 durch Substitution zugänglich; anstelle von Aminen wie $R_2'NH$ kann man auch von Ami-den wie MNR_2' ausgehen. Was hier für Amine gesagt wurde, gilt in analoger Weise auch für Hydrazin und seine organischen Derivate. In Chlorodisilanen lassen sich Cl-Atome gegen Aminogruppen ebenso austauschen wie in Chloromonosilanen. Cyclosilazane sind − ebenso wie Cyclosiloxane − gut untersucht worden. Die Si−O- ist stärker als die Si−N-Bindung, und deshalb fallen Aminosilane leicht der Hydrolyse oder Alkoholyse anheim, bei der NR_2'- durch OH- bzw. OR''-Gruppen ersetzt werden. Bei Festkörpern wie Si_3N_4 tritt Hydrolyse − wie schon erwähnt − nur an der Oberfläche auf.

Iminosilane $R_2Si=NR'$ bilden sich u. a. aus $R_2SiCl-NR'M$ durch Eliminierung von MCl oder durch Abspaltung von N_2 aus Azidosilanen $R_3Si(N_3)$ unter 1,2-Verschiebung von R. Sie erleiden im Allgemeinen eine spontane Cyclodimerisie-rung unter Bildung eines SiNSiN-Vierrings, es sei denn sehr sperrige Reste R und R' verhindern dies. Das bei 25 °C isolierte und charakterisierte $tBu_2Si=N(SitBu_3)$ zeigt einen planaren Bau des zentralen C_2SiNSi-Gerüsts mit einer SiN-Doppelbin-dung, $d(SiN) = 156.8$ pm [zum Vergleich: $d(SiN) = 174$ pm in Si_3N_4]. Die Struktur des aus $SiCl_4$ in flüssigem NH_3 erhaltenen, polymeren Imids $Si(NH)(NH_2)_2$ (s. o.) ist nicht bekannt.

7.4.6 Nitrogen-Verbindungen des Bors

Binäre und ternäre kristalline Bornitride

Das hexagonale α-Bornitrid (graphitähnliches Schichtengitter) und das kubische β-Bornitrid (diamantähnliche Zinkblende-Struktur) (s. Abschnitt 3.3.3) haben tech-nische Bedeutung. Man gewinnt α-BN aus B_2O_3 und NH_3 bei 800−1200 °C

$(B_2O_3 + 2\,NH_3 \rightarrow 2\,BN + 3\,H_2O)$ oder aus B_2O_3 und N_2 unter Mithilfe von Carbon bei $1800-1900\,°C$ $(B_2O_3 + N_2 + 3C \rightarrow 2\,BN + 3\,CO)$. Das exotherme α-BN $(\varDelta_f H^0 = -252.3\,\text{kJ mol}^{-1})$ entsteht auch bei Weißglut aus den Elementen; dass die Nitrogenierung von Bor zum Nitrid eine deutlich höhere Aktivierungsenergie beansprucht als die Oxygenierung zum Oxid, liegt an der Stärke der NN-Dreifachbindung, die es bei Nitrogenierungen zu spalten gilt. Ferner kann man α-BN auch darstellen, indem man eine Mischung von BCl_3 in flüssigem NH_3 langsam erhitzt und das Produkt schließlich bei $750\,°C$ tempert $(BCl_3 + NH_3 \rightarrow BN + 3\,HCl)$. Unter Druck (bis zu 90 kbar) geht α-BN bei genügend langem Erhitzen auf bis zu $2200\,°C$ in β-BN über. Auch ein hexagonales γ-BN mit Wurtzit-Struktur ist bekannt, hat aber keine technische Bedeutung.

Das hochtemperaturstabile α-BN (Smp. $3270\,°C$) wird erst bei Rotglut von Wasserdampf angegriffen ($\rightarrow B_2O_3$, NH_3). Mit O_2 reagiert es erst oberhalb von $750\,°C$ ($\rightarrow B_2O_3$, N_2), mit F_2 ($\rightarrow BF_3$, N_2) und HF ($\rightarrow BF_3$, NH_3) schon bei wesentlich tieferer Temperatur. Gegen wässrige Säuren und Basen ist es stabil; von Alkalihydroxid-Schmelzen wird es allerdings angegriffen ($\rightarrow Na_3BO_3$, NH_3). Es wird als Hochtemperaturschmiermittel verwendet, wenn der billigere Graphit wegen seiner Anfälligkeit zur Verbrennung versagt, und man verarbeitet α-BN als temperaturbeständiges keramisches Material zu Tiegeln, Pfannen, Reaktorwänden etc. Das kubische β-BN ist fast ebenso hart wie Diamant, im Gegensatz zu diesem reagiert es aber erst oberhalb von $1900\,°C$ mit O_2, sodass es u. a. für heiß laufende Bohrköpfe verwendet wird.

Von Metallnitrid-Schmelzen wird α-BN angegriffen. Es bilden sich ternäre Nitride mit kovalent gebauten Nitridoborat-Anionen (z. B. $Li_3N + BN \rightarrow Li_3[BN_2]$; $3\,LaN + 3\,BN \rightarrow La_3[B_3N_6]$). Im Folgenden sei eine Auswahl an Nitridoborat-Anionen vorgestellt:

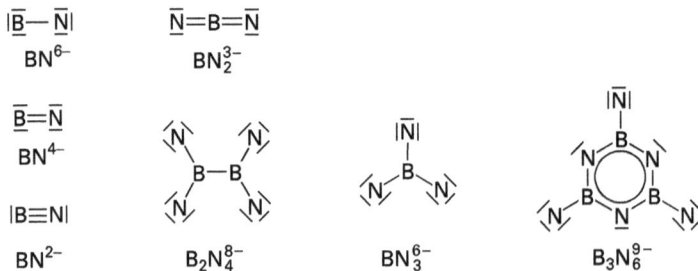

Es ist bei dieser Gelegenheit lehrreich, bisher schon behandelte zwei-, drei-, vier- und sechsatomige Spezies mit den Anionen BN^{2-}, BN_2^{3-}, BN_3^{6-} und $B_2N_4^{8-}$ in isoelektronische Beziehung zu bringen:

BN^{2-}	NN	CO	CN^-	NO^+		
NBN^{3-}	NCN^{2-}	OCN^-	OCO	NNN^-	NNO	ONO^+
BN_3^{6-}	BF_3	COF_2	CO_2F^-	CO_3^{2-}	NO_2F	NO_3^-
$B_2N_4^{8-}$	B_2F_4	$C_2O_4^{2-}$	N_2O_4			

Molekular gebaute Bor-Stickstoff-Verbindungen

Die BN-Einheit ist isoelektronisch mit der CC-Einheit, sodass man − den CC-Bindungen in Ethan, Ethen und Ethin entsprechend − zwischen der BN-Einfach-, Doppel- und Dreifachbindung zu unterscheiden hat. Einem Alkan $R_3C—CR_3$ entspricht dann ein Molekül $R_3B—NR_3$ (mit einer positiven Formalladung am N- und einer negativen am B-Atom), das man zum Zwecke der Benennung − seiner Bildung entsprechend − als Addukt der Lewis-Säure BR_3 und der Lewis-Base NR_3 auffasst: *Boran−Amin (1/1)*. Dem Alken $R_2C=CR_2$ entspricht das Molekül $R_2B=NR_2$ (*Aminoboran*) und dem Alkin $RC\equiv CR$ das Molekül $RB\equiv NR$ (*Iminoboran*). Das Symbol R steht hier für beliebige organische Reste (einschließlich H) am N-Atom und darüber hinaus noch für Reste wie Hal u. Ä. am B-Atom.

Boran−Amine, farblose Feststoffe, haben in der Regel ein hohes Dipolmoment. Der Grundkörper Boran−Ammin $H_3B—NH_3$ schmilzt unter Abspaltung von H_2 bei 114 °C, während das CC-analoge Ethan bei −88.6 °C siedet. Dieser Unterschied in der Flüchtigkeit ist nicht nur auf Dipol-Dipol-Wechselwirkungen zurückzuführen, sondern auch auf intermolekulare Austauschwechselwirkungen zwischen den protischen und hydridischen H-Atomen, die sich im Kristall bis auf 175−190 pm nahekommen, d. i. viel weniger als die Summe von 280 pm aus den berechneten van der Waals-Radien zweier H-Atome (140 pm). Zwar sind Boran−Amine im Allgemeinen aus den Komponenten zugänglich, doch führt im Falle des Grundkörpers die Umsetzung von B_2H_6 mit NH_3 bei −120 °C zu $[BH_2(NH_3)_2][BH_4]$ und bei 90 °C unter Abspaltung von H_2 zu $(HBNH)_3$ (s. u.); im Unterschuss von NH_3 erhält man µ-Aminodiboran(6) $[—H_2B\cdot\cdot H\cdot\cdot BH_2—NH_2—]$ und im Überschuss von NH_3 gelangt man zu einem Polykondensat der allgemeinen Formel $B_2(NH)_3$ (das beim Erhitzen unter Abspaltung von NH_3 in BN übergeht). Man erhält $H_3B—NH_3$ aber durch die Umsetzung von NH_4Cl mit $LiBH_4$ ($NH_4Cl + LiBH_4 \rightarrow H_3B—NH_3 + LiCl + H_2$).

Wenn in Boran−Aminen H-Atome an B und N gebunden sind, dann spaltet sich beim Erhitzen H_2 ab ($R_2HB—NHR_2 \rightarrow R_2B=NR_2 + H_2$). Eine entsprechende HCl-Abspaltung wird durch Basen gefördert ($R_2BCl—NHR_2 + NEt_3 \rightarrow R_2B=NR_2 + [HNEt_3]Cl$). Ob Aminoborane monomer stabil sind, hängt von der Größe der Liganden ab und auch davon, ob Liganden am Bor seine Lewis-Acidität fördern. So unterliegt $Cl_2B=NMe_2$ wegen des −I-Effekts von Cl der stark exothermen Cyclodimerisierung zum sehr wenig reaktionsfähigen BNBN-Vierring, der erst bei höherer Temperatur wieder mit dem monomeren Aminoboran ins Gleichgewicht gelangt. Der Grundkörper $H_2B=NH_2$ − aus µ-Aminodiboran durch Abspaltung von B_2H_6 gebildet [2 $B_2H_5(NH_2) \rightarrow$ 2 $H_2B=NH_2 + B_2H_6$] − fällt der Oligomerisierung zum Sechsring $(H_2BNH_2)_3$ (Smp. 97.8 °C; der Sechsring liegt in der Sesselkonformation des isoelektronischen Cyclohexans vor) und gleichzeitig der Polymerisierung zu kettenförmigem $(H_2BNH_2)_n$ anheim. Die Abspaltung von H_2 aus dem Boran−Amin $H_3B—NH_2Me$ lässt sich katalytisch (mit gewissen Pd-Komplexen) so steuern, dass stabile Polymere $(H_2BNHMe)_n$, isoelektronisch mit Polypropen, entstehen.

Außer durch Abspaltung von H_2 oder HCl aus Boran–Aminen sind Aminoborane durch die üblichen Substitutionsreaktionen, wie z. B. $R_2BCl + 2\,HNR_2 \rightarrow R_2B=NR_2 + [H_2NR_2]Cl$, zugänglich. Aminoborane des Typs $RBH=NHR$ oder $RBCl=NAR$ (A = H, $SiMe_3$ u. a.) erleiden beim Erhitzen eine weitere Abspaltung von H_2 bzw. ACl. Im Allgemeinen erhält man als Produkt Sechsringe $(RBNR)_3$, d. s. den entsprechenden Benzenen analoge cyclische Aminoborane, deren sechs gleich lange BN-Bindungen auf eine cyclische Delokalisierung der sechs π-Elektronen, also auf aromatischen Charakter hinweisen. Man kann diese Sechsringe (substitutiv, einer Regel über abwechselnde Gerüstatome in Ketten folgend) als *Cyclotriborazane* oder (auch substitutiv) als *1,3,5-Triaza-2,4,6-triboracyclohexane* oder (auch substitutiv) als *1,3,5-Triazonia-2,4,6-triboratabenzene* oder (der sog. *Ringindex-Nomenklatur*, den sog. *Hantzsch-Widman-Regeln*, folgend) als *1,3,5,2,4,6-Triazatriborinane* oder (trivial, kurz und allgemein üblich) als *Borazine* bezeichnen. Es ist wahrscheinlich, dass ihre Bildung aus Aminoboranen durch eine Eliminierungsreaktion aufgrund primärer Assoziationsgleichgewichte zustande kommt:

$$2\,RBCl=NAR \rightleftarrows RBCl-NAR-BRCl-NAR \rightarrow RBCl=NR-BR=NAR + ACl$$

usw.

Die Bildung von Iminoboranen $RB≡NR$ als Zwischenstufen ist unwahrscheinlich. Will man Iminoborane aus Aminoboranen $RBCl=NAR$ durch Abspaltung von ACl darstellen, so empfiehlt es sich, in der verdünnten Gasphase zu arbeiten und dadurch bimolekulare Primärschritte unter Inkaufnahme einer höheren Aktivierungsenergie hintanzuhalten, und tatsächlich erhält man beim Leiten von $RBCl=NR'(SiMe_3)$ durch ein heißes Rohr (ca. 500 °C) die Iminoborane $RB≡NR'$, die im Falle von kleineren Alkylresten wie Me, Et, Pr, *i*Pr, Bu in kondensierter Phase schnell mit sich selbst reagieren und deshalb auf -180 °C abgeschreckt werden müssen. Auch die thermische Abspaltung von N_2 aus Azidoboranen in der Gasphase (ca. 300 °C) führt zum Ziel $[R_2B(N_3) \rightarrow RB≡NR + N_2]$.

Bringt man Iminoborane $RB≡NR'$ auf Raumtemperatur, dann erhält man in Abhängigkeit der Größe von R und R' unterschiedliche Produkte. Im Falle sehr großen Raumanspruchs der Reste R und R', z. B. R/R' = $(Me_3Si)_3Si/t$Bu) stellen Iminoborane stabile Substanzen dar. Das Iminoboran tBuB≡NtBu bleibt bei 25 °C einige Stunden metastabil, bevor es langsam zum BNBN-Vierring cyclodimerisiert (der Name eines solchen Vierrings lautet nach Ringindex *1,3,2,4-Diazadiboretidin*). Im Falle kleinerer und unverzweigter Alkylreste gewinnt man wachsartige Polymere $(RBNR)_n$, bei denen es sich im Gegensatz zum dunkel gefärbten Polyethin $(HCCH)_n$ um farblose Nichtleiter handelt, die sich beim Erhitzen zu Borazinen depolymerisieren; die Temperatur dieser Depolymerisation steigt an, je länger die unverzweigten Reste sind, und im Falle von MeB≡NMe entsteht schon bei 25 °C das Borazin $(MeBNMe)_3$. Bei Ligandkombinationen wie R/R' = Me/tBu, Et/tBu u. a. cyclotrimerisiert das Iminoboran zum Borazin, jedoch kann man durch Zugabe gewisser Katalysatoren (z. B. CNtBu) die Stabilisierung der Iminoborane auch zu den cyclodimeren Vierringen lenken. Ligandkombinationen mit speziellem sterischen Raumanspruch wie z. B. *i*Pr/*t*Bu führen zum Dewar-Borazin, dessen Struktur der von Dewar-Benzen entspricht.

Gewisse Diazadiboretidine (RBNR')$_2$, z. B. mit R/R' = Me/*t*Bu, unterliegen einem reversiblen Dimerisierungsgleichgewicht Vierring ⇌ Achtring, das bei höherer Temperatur entropiebegünstigt auf der Vierring-Seite liegt. Die nichtplanaren Achtringe (RBNR')$_4$ haben die gleiche Wannenstruktur wie Cycloocta-1,3,5,7-tetraen C$_8$H$_8$.

Die für Boran–Amine, Amino- und Iminoborane gemessenen BN-Bindungslängen haben in Abhängigkeit von den Liganden eine gewisse Schwankungsbreite. Immerhin stimmen die Bindungslängen im Boran–Amin H$_3$B–NH$_3$ und im diamantartigen β-Bornitrid mit jeweils 156 pm überein, sodass dieser Wert als der typische BN-Einfachbindungsabstand gelten kann. Bei den Aminoboranen R$_2$B=NR$_2$ ergibt sich bei Beschränkung auf Alkylreste R ein guter Mittelwert von 138 pm als der typische BN-Doppelbindungsabstand. Bei Iminoboranen RB≡NR kann man mit einem Mittelwert für die Dreifachbindung von 124 pm rechnen. Eine Gegenüberstellung entsprechender Mittelwerte für CC-Bindungen ergibt folgendes Bild:

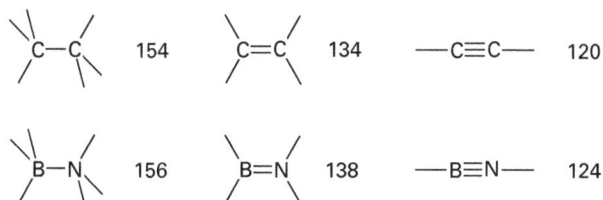

Die BN-Bindungen sind jeweils etwas länger als die korrespondierenden CC-Bindungen. Die Unterschiede zwischen Einfach- und Doppelbindung betragen ca. 20 bzw. 18 pm und zwischen Doppel- und Dreifachbindung ca. 14 pm. (Angefügt sei, dass die Anionen B=N^{4-} und B≡N^{2-} in den kristallinen ternären Nitriden BN-Bindungslängen von 135 bzw. 120 pm aufweisen, die in das Gesamtbild passen.) Gemeinsam ist den CC- und BN-Spezies die tetraedrische Koordination um C, B und N im Falle der Einfachbindung, die trigonal-planare Koordination mit planarer Gesamtanordnung aller sechs zentralen Atome im Falle der Doppelbindung und die digonal-lineare Koordination im Falle der Dreifachbindung. Es besteht kein Zweifel, dass Valenzstrichformeln mit einer BN-Doppelbindung bei Aminoboranen und einer BN-Dreifachbindung bei Iminoboranen die Bindungsverhältnisse angemessen beschreiben. In entsprechenden Formeln tragen die B-Atome eine negative, die N-Atome eine positive Formalladung. Im Falle der Boran–Amine geben die Formalladungen auch die wirkliche Ladungsverteilung wieder; tatsächlich wird ja – vom neutralen Boran ausgehend – die Elektronendichte am Bor vergrößert, wenn eine koordinative Bindung geschaffen wird, auch wenn innerhalb dieser Bindung die Elektronendichte am elektronegativeren N-Atom größer ist. Im Falle der Amino- und Iminoborane sprechen theoretische Untersuchungen dafür, dass das B-Atom eine kleine positive Ladung δ+, das N-Atom eine kleine negative Ladung δ− trägt, also entgegengesetzt den formalen Ladungen. Sowohl der σ- als auch der π-Anteil der BN-Mehrfachbindungen ist so polarisiert, dass mehr Elektronendichte beim N-Atom liegt.

Im Typ der von ihnen eingegangenen Reaktionen sind Alkine und Iminoborane verwandt: Cycloadditionen mit sich selbst zu Vier-, Sechs- und Achtringen, Cycloadditionen mit anderen ungesättigten Komponenten und die Addition polarer Stoffe AX an die Dreifachbindung. Doch ist die Reaktivität der Iminoborane bei all diesen Reaktionen bei Weitem größer; sie verlaufen in der Regel glatt unterhalb von 0 °C, während die entsprechende Reaktion der Alkine eine höhere Temperatur und vielfach katalytische Hilfe erfordert. Wo es sich bei unpolaren Alkinen um konzertierte Reaktionen handelt, reagieren die polaren Iminoborane in zwei Schritten. Im Prinzip ist die Situation beim Vergleich Aminoboran/Alken ähnlich, der Unterschied ist aber der, dass die CC-Bindung von Produkten der Addition an Alkene stabil bleibt, die BN-Bindung der Boran−Amine aber oft nicht. Der Primärakt bei der Addition eines Nucleophils an das B-Atom eines Aminoborans führt unter Auflösung der Doppelbindung vielfach zu einer Substitution am B-Atom, von der nicht nur ein beweglicher Bor-Ligand wie Cl, sondern eben auch eine Aminogruppe betroffen sein kann.

Zum aromatischen Charakter der Borazine $(RBNR)_3$ mit D_{3h}-Gerüst und der Diazadiboratidine mit D_{2h}-Gerüst wurde in Abschnitt 6.2.2 schon kurz Stellung genommen. Die BN-Abstände liegen für die BN-Sechs- und Vierringe bei ca. 144 pm [bei $(HBNH)_3$: 143.6 pm], d. s. Abstände, die zwischen denen der BN-Einfach- (156 pm) und -Doppelbindung (138 pm) liegen. Die vergleichbare Abfolge bei den CC-Bindungen von Ethan, Ethen und Benzen lautet 154/140/134 pm.

Außer Aminogruppen $X = NR_2$ können auch Hydrazino-, Hydroxylamino- oder Azidogruppen als die Gruppen X an Borane vom Typ R_2BX, RBX_2 oder BX_3 gebunden sein. Bei einem Diaminoboran $RB(NR_2)_2$ hat man mit einer (3c4e)-NBN-π-Bindung vom Allyl-Anion-Typ zu rechnen. Bei einem Triaminoboran $B(NR_2)_3$ verteilen sich die Mehrfachbindungsanteile über drei BN-Bindungen, vergleichbar mit der Situation bei BF_3, NO_3^- etc. Unter den mehrkernigen Boranen mit B—B-Bindung ist das Diboran(4) X_2B—BX_2 mit $X = NR_2$ erwähnenswert, ferner sind es Cycloborane mit Amino-Liganden X wie das Cyclotriboran B_3X_3, das nichtplanare Cyclotetraboran B_4X_4 (mit der D_{2d}-*Butterfly-Struktur* des Cyclobutans) sowie das hierzu isomere tricyclische B_4X_4 (mit Tetrahedran-Struktur) und das Cyclohexaboran B_6X_6 (mit cyclohexanähnlicher B_6-Sessel-Struktur; die Liganden X nehmen dabei Positionen zwischen den axialen und äquatorialen ein, da nur so eine trigonal-planare Koordination um das B-Atom mit optimaler BN-π-Wechselwirkung erzielt werden kann). Gut untersucht wurde die eigenwillige Chemie des Azadiboracyclopropans [—BR—BR—NR′—], ein mit dem Cyclopropylium-Kation isoelektronischer 2π-Elektronen-Aromat.

7.5 Verbindungen der Nicht- und Halbmetalle mit Chlor, Brom und Iod sowie mit Sulfur

7.5.1 Allgemeine Eigenschaften der Halogenide der Nicht- und Halbmetalle

In Tabelle 7.2 finden sich alle Chloride, Bromide und Iodide vom Typ $EHal_n$ und E_2Hal_n der Elemente der 14. bis 17. Gruppe sowie des Bors, die bei Standardbedingungen isolierbar und charakterisierbar sind. Die Verbindungen der Halogene Cl, Br und I mit Hydrogen, mit organischen Liganden und mit den elektronegativeren Elementen F, O und N wurden in den vorstehenden Abschnitten behandelt. Es stellt sich nun heraus, dass jedes der Elemente E in den einkernigen Verbindungen $EHal_n$ der Tabelle 7.2 nur in zwei Oxidationszahlen auftritt, und zwar sind das in den Gruppen 14 und 15 die höchste Oxidationszahl, E^{IV} bzw. E^V, und die um zwei niedrigere, E^{II} bzw. E^{III}, und ebenso bei Bor B^{III} und B^I. In der 16. Gruppe sind Halogenide in der höchsten Oxidationszahl, E^{VI}, nicht bekannt (von Fluor als Halogen abgesehen), wohl aber in den beiden nächsttieferen geraden Oxidationszahlen, E^{IV} und E^{II}. Bei den wenigen Halogeniden mit einem schwereren Halogen als Zentralatom E spielen ebenfalls nur zwei Oxidationszahlen eine Rolle, E^I und E^{III}. Die Halogenide E_2Hal_n haben die Oxidationszahlen II (Bor), III (14. Gruppe), II (15. Gruppe) und I (16. Gruppe). Nur zwei Halogenide, BrCl und BCl_3, treten bei Standardbedingungen als Gase auf, alle anderen sind fest oder flüssig.

Tabelle 7.2 Zusammenstellung der bei Standardbedingungen isolierbaren Chloride, Bromide und Iodide der Elemente der 14. bis 17. Gruppe sowie des Bors vom Typ $EHal_n$ (Spalte 1−3), $EHal_{n-2}$ (Spalte 4−6) und E_2Hal_m (Spalte 7−9) (kursiv: flüssige Halogenide; fett: gasförmige Halogenide).

E	$EHal_n$			$EHal_{n-2}$			E_2Hal_m		
Br				**BrCl**					
I	ICl_3			ICl	IBr				
S				SCl_2			S_2Cl_2	S_2Br_2	
Se	$SeCl_4$	$SeBr_4$			$SeBr_2$		Se_2Cl_2	Se_2Br_2	
Te	$TeCl_4$	$TeBr_4$	TeI_4						
P	PCl_5	PBr_5		PCl_3	PBr_3	PI_3	P_2Cl_4		P_2I_4
As				$AsCl_3$	$AsBr_3$	AsI_3			As_2I_4
Sb	$SbCl_5$			$SbCl_3$	$SbBr_3$	SbI_3			
Bi				$BiCl_3$	$BiBr_3$	BiI_3			
C	CCl_4	CBr_4	CI_4				C_2Cl_6	C_2Br_6	
Si	$SiCl_4$	$SiBr_4$	SiI_4				Si_2Cl_6	Si_2Br_6	Si_2I_6
Ge	$GeCl_4$	$GeBr_4$	GeI_4	$GeCl_2$	$GeBr_2$	GeI_2			
Sn	$SnCl_4$	$SnBr_4$	SnI_4	$SnCl_2$	$SnBr_2$	SnI_2			
Pb	$PbCl_4$			$PbCl_2$	$PbBr_2$	PbI_2			
B	**BCl_3**	BBr_3	BI_3	BCl	BBr		B_2Cl_4	B_2Br_4	

Die flüssigen und genügend flüchtigen Verbindungen, d. i. insbesondere ein Teil der Chloride, unterliegen als Dampf der Hydrolyse an feuchter Luft, sodass das dabei frei werdende HHal für einen stechenden Geruch sorgt. Die Chloride SCl_2 und S_2Cl_2 entfalten Giftigkeit und üblen Geruch. Die kanzerogene Wirkung von CCl_4 macht dieses vielseitige Lösungsmittel zum gefährlichen Arbeitsstoff.

Die meisten der Halogenide in Tabelle 7.2 sind farblos, außer denen, die im Folgenden zusammengestellt sind:

Gelbe Halogenide: ICl_3 S_2Cl_2 Se_2Cl_2 $TeCl_4$ $TeBr_4$ $SbCl_5$ CBr_4 C_2Br_6 Si_2I_6 $GeCl_2$ $GeBr_2$ $PbCl_4$
Orangefarbene Halogenide: $SeBr_4$ GeI_2 GeI_4
Rote Halogenide: SCl_2 S_2Br_2 $SeCl_2$ $SeBr_2$ Se_2Br_2 ICl PI_3 P_2I_4 As_2I_4 PBr_5 AsI_3 SbI_3 CI_4 SnI_2
Goldfarbenes Halogenid: PbI_2
Dunkelbraune bis schwarze Halogenide: IBr TeI_4 BiI_3

Fast alle Halogenide in Tabelle 7.2 weisen eine negative Standardbildungsenthalpie auf. Endotherm aus den Elementen bilden sich $BrCl$, CBr_4 und BI_3. Für C_2Br_6 und Si_2Hal_6 fehlen sichere thermodynamische Daten.

7.5.2 Strukturen der Halogenide der Nicht- und Halbmetalle

Aus Kationen E^{n+} und Anionen Hal^- salzartig aufgebaut sind die Halogenide $EHal_2$ mit E = Ge, Sn, Pb sowie BiI_3. Sie kristallisieren z. T. im $PbCl_2$-Typ ($PbCl_2$, $PbBr_2$; in verzerrter Form: $SnCl_2$, $SnBr_2$; die Verzerrungen sind der partiellen Lokalisierung des freien Elektronenpaars zu danken), z. T. im CdI_2-Typ (GeI_2, PbI_2; s. Abschnitt 3.4.2). Für SnI_2 wurde ein eigener Strukturtyp gefunden (1/3 der Sn-Ionen auf Plätzen mit $k = 6$, 2/3 mit $k = 7$). Die Strukturen von $GeCl_2$ und $GeBr_2$ sind noch unsicher. Der Struktur von BiI_3 liegt eine A_3-Packung von I^- zugrunde, deren Oktaederlücken zu 1/3 mit Bi^{3+} besetzt sind, ohne dass das freie Elektronenpaar von Bi^{III} wirksam würde. In den kristallinen Verbindungen $SbHal_3$, $BiCl_3$ und $BiBr_3$ ist die C_{3v}-Struktur der Moleküle deutlich erkennbar, doch geraten die Hal-Atome von Nachbarmolekülen in eine solche Nähe zu den Zentralatomen E, dass von bindenden Wechselwirkungen die Rede sein muss; die strikte Unterscheidung zwischen kollektiver und molekularer Wechselwirkung wird hier fragwürdig.

Salze anderer Art bilden PCl_5 und PBr_5, die als $[PCl_4][PCl_6]$ bzw. $[PBr_4]Br$ kristallisieren ($PHal_4^+$: T_d; PCl_6^-: O_h). Festes PCl_5 löst sich sogar in polaren, nicht solvolysierenden Lösungsmitteln wie Acetonitril oder Nitrobenzen als in die Ionen PCl_4^+ und PCl_6^- dissoziierendes Salz, während sich das feste PCl_5 in unpolaren Mitteln wie Benzen oder Dithiomethan in Form von Molekülen PCl_5 (D_{3h}) löst. Interessanterweise löst sich PCl_5 in CCl_4 in dimerer Form als P_2Cl_{10}, d. i. ein Molekül mit der Struktur zweier kantenverknüpfter PCl_6-Oktaeder (D_{2h}), eine Struktur, die man in kleiner Menge im Gleichgewicht mit monomeren Molekülen PCl_5 auch in der Gasphase nachweisen kann.

Die Moleküle $SeHal_4$ (Cl, Br) und $TeHal_4$ (Cl, Br, I) treten monomer nur in der Gasphase auf, im kristallinen Zustand aber tetramer mit einem verzerrten E_4Hal_4-

Würfel im Zentrum: Vier Atome E bilden ein Tetraeder und vier Atome Hal ein konzentrisches größeres Tetraeder, sodass ein verzerrter Würfel zustande kommt, der nicht durch sechs Quadrate, sondern durch sechs geknickte Rauten (nach Art der Cyclobutan-Struktur) begrenzt wird. Jedes Atom E bindet noch drei terminale Atome Hal_t, während die Atome Hal_b des größeren Tetraeders drei Atome E verbrücken [T_d; eine vergleichbare Struktur liegt dem Molekül $Li_4(CH_3)_4$ zugrunde; s. Abschnitt 6.1.2]. Die Verzerrung des Würfels bedingt, dass die Winkel Hal_b—E—Hal_b größer und die Winkel E—Hal_b—E kleiner als 90° sind. Das freie Elektronenpaar von E weist in die Würfelmitte. Je mehr es die Struktur bestimmt, umso größer wird der Winkel Hal_b—E—Hal_b. Dieser ist bei Se größer als bei Te, und er steigt von I über Br zu Cl. Im TeI_4 beeinflusst das freie Elektronenpaar die Struktur am wenigsten, und der Winkel liegt nahe bei 90° mit einer nahezu regulär-oktaedrischen Koordination um Te. Eine andere Verbrückung als bei $SeHal_4$ und $TeHal_4$ findet man beim dimeren ICl_3, in welchem zwei kantenverknüpfte ICl_4-Quadrate die Formel I_2Cl_6 mit zwei brückenständigen und vier terminalen Cl-Liganden ergeben (D_{2h}); die quadratische Koordination um I entspricht den Regeln.

Neben $PHal_5$, $SeHal_4$, $TeHal_4$ und ICl_3 liegen auch die in Tabelle 7.2 aufgelisteten Halogenide BCl und BBr nicht monomer vor, sondern als Oligomere B_nHal_n: B_4Hal_4, B_8Hal_8 und B_9Hal_9 (Hal = Cl, Br). Im Sinne der Clusterregeln von Williams und Wade handelt es sich um *hypercloso*-Moleküle, die sich gleichwohl durch eine für *closo*-Gerüste typische Struktur auszeichnen: ein B_4-Tetraeder, ein B_8-Dreiecksdodekaeder bzw. ein B_9-Tetradekaeder (d. i. das dreifach tetragonal überkappte trigonale Prisma; Abb. 7.2). Alle Hal-Atome sind terminal gebunden. Man benötigt n (3c2e)-Bindungen, wenn man die Polyeder-Gerüste aus lokalisierten Bindungen aufbauen will (s. Abschnitt 7.1.4). Im Tetraeder von B_4Hal_4 entspricht jede Dreiecksfläche einer (3c2e)-Bindung. Wie sich die acht bzw. neun (3c2e)-Bindungen auf die zwölf Flächen des B_8- und auf die vierzehn Flächen des B_9-Polyeders verteilen, kann man leicht herausfinden, und auch, dass es in beiden Fällen zwei gleichberechtigte mesomere Grenzformeln gibt.

Alle nicht herausgegriffenen Halogenide $EHal_n$ in Tabelle 7.2 haben im Standardzustand eine regelgerechte einfache Struktur (s. Abschnitt 2.4.2). Konformativ bemerkenswert ist noch, dass die Halogenide B_2Hal_4 (Hal = Cl, Br) im Kristall einen planaren (D_{2h}) und in der Gasphase einen orthogonalen Bau (D_{2d}) aufweisen, wie es ja auch bei B_2F_4 der Fall ist.

Die im kristallinen Zustand assoziierten Moleküle Te_4Hal_{16} liegen in der Gasphase monomer als Moleküle $TeHal_4$ vor. Die assoziierten Moleküle I_2Cl_6 und Se_4Hal_{16} zerfallen unter Abspaltung von Hal_2, bevor sie in die Gasphase gelangen. Ebenso verhält sich [PBr_4]Br. Das salzartige [PCl_4][PCl_6] geht molekular als PCl_5 in die Gasphase über, wo es mit einer kleinen Menge des Dimers P_2Cl_{10} im Gleichgewicht liegt (s. o.). Generell unterliegen die Halogenide $EHal_n$ mit E in der höchsten Oxidationszahl in der Gasphase − sofern man sie dorthin überhaupt transportieren kann − einem Zerfallsgleichgewicht der Form

$$EHal_n \rightleftarrows EHal_{n-2} + Hal_2$$

das sich mit steigender Temperatur nach rechts verschiebt. Dies gilt u. a. für die Halogenide $TeHal_4$, PCl_5, $SbCl_5$ und (bei mehr oder weniger hoher Temperatur) auch für die Halogenide $EHal_4$ der 14. Gruppe. Die zweikernigen Halogenide E_2Hal_n neigen schon in flüssiger Phase zur Disproportionierung, z. B. $E_2Cl_4 \rightarrow ECl_3 + 1/x \ (ECl)_x$ (E = P, B).

Etliche in Tabelle 7.2 nicht aufgeführte Halogenide sind bei tiefer Temperatur isolier- und charakterisierbar und zerfallen schon weit unterhalb von 25 °C. Ein prominentes Beispiel ist SCl_4 mit seiner ionogenen Struktur $[SCl_3]Cl$ im Kristall, das unterhalb von 0 °C in SCl_2 und Cl_2 zerfällt. Ein anderes prominentes Beispiel ist $AsCl_5$, das oberhalb von -50 °C Cl_2 abspaltet, während die gruppenhomologen Chloride PCl_5 und $SbCl_5$ stabile Substanzen darstellen.

7.5.3 Darstellung der Halogenide der Nicht- und Halbmetalle

Darstellung von $EHal_n$ aus den Elementen

Die meisten Halogenide $EHal_n$ in Tabelle 7.2 und die Halogenide E_2Hal_2 (E = S, Se) kann man aus den Elementen darstellen. Industriell spielt diese Herstellung eine Rolle bei S_2Cl_2 (Einleiten von Cl_2 in eine Sulfur-Schmelze bei 240 °C), PCl_3 (ein Strom von P_4- und von Cl_2-Gas wird an der Düse eines Brenners zusammengeführt und reagiert unter Feuererscheinung ab), $SiCl_4$ (> 400 °C; anstatt von Silicium kann man auch von *Ferrosilicium*, einer Fe/Si-Legierung, oder von Siliciumcarbid SiC ausgehen) und C_2Cl_6 (im elektrischen Lichtbogen; daneben entsteht Hexachlorobenzen). Thermisch empfindliche Halogenide wie $CHal_4$ oder $BHal_3$ kann man nicht bei so hoher Temperatur herstellen, wie es der Angriff von Hal_2 auf die kinetisch nicht leicht angreifbaren Elemente Graphit bzw. Bor erforderte, sodass man diese Halogenide auf anderem Wege gewinnen muss. Auch zur Herstellung der thermisch nicht allzu hoch belastbaren Halogenide PCl_5, PBr_5, $SbCl_5$ und $PbCl_4$ geht man bei der Halogenierung anstelle von den jeweiligen Elementen besser von isoliertem PCl_3, PBr_3, $SbCl_3$ bzw. $PbCl_2$ aus, da bei der Einwirkung von Hal_2 auf die Elemente zu hohe Temperaturen entstehen. Zur Darstellung des thermisch besonders empfindlichen $PbCl_4$ ist es ratsam, die Einwirkung von Cl_2 auf $PbCl_2$ in Gegenwart von NH_4Cl vorzunehmen, sodass sich $[NH_4][PbCl_6]$ bildet, das von konz. H_2SO_4 in $PbCl_4$ und NH_4Cl gespalten wird ($PbCl_4$ ist mit H_2SO_4 nicht mischbar). Auch zur Darstellung von SCl_2 geht man in zwei Schritten vor: Erst chloriert man S_8 zu S_2Cl_2, dann dieses zu SCl_2.

Anstelle elementaren Chlors lassen sich auch andere Chlorierungsmittel einsetzen. Beispielsweise gewinnt man $SeCl_2$ mit Vorteil aus Se und SO_2Cl_2 (Se + $SO_2Cl_2 \rightarrow SeCl_2 + SO_2$). Um $SiHal_4$ zu erhalten, kann Si mit HHal halogeniert werden (Si + 4 HHal $\rightarrow$ $SiHal_4$ + 2 H_2); die Bildung von $SiHCl_3$ (Si + 3 HCl $\rightarrow$ $SiHCl_3$ + H_2; s. Abschnitt 5.7.4) lässt sich dabei durch Wahl einer höheren Temperatur als 400 °C zurückdrängen.

Darstellung von EHal$_n$ aus Oxiden

Der Austausch von Oxid gegen Halogenid bei der Einwirkung von HHal auf E$_m$O$_n$ ist eine verbreitete Methode, mit der man aus As$_2$O$_3$, Sb$_2$O$_3$, Bi$_2$O$_3$, GeO, SnO, PbO, GeO$_2$ und SnO$_2$ die Halogenide AsHal$_3$, SbHal$_3$, BiHal$_3$, GeHal$_2$, SnHal$_2$, PbHal$_2$, GeHal$_4$ bzw. SnHal$_4$ darstellen kann (Hal = Cl, Br, I); die Darstellung von SeCl$_4$ aus SeO$_2$ und HCl gehört dazu. Um die besonders stabilen Oxide SiO$_2$ und B$_2$O$_3$ technisch in die Chloride umzuformen, chloriert man bei höherer Temperatur unter Mithilfe von Carbon (Carbochlorierung; s. Abschnitt 5.7.1): SiO$_2$ + 2 C + 2 Cl$_2$ → SiCl$_4$ + 2 CO; B$_2$O$_3$ + 3 C + 3 Cl$_2$ → 2 BCl$_3$ + 3 CO (analog: BBr$_3$).

Darstellung von EHal$_n$ und E$_2$Hal$_4$ aus Halogeniden

Eine Labormethode zur Darstellung der Borhalogenide BCl$_3$ und BBr$_3$ ist die Halogenidierung von BF$_3$ mit AlCl$_3$ bzw. AlBr$_3$ bei 150−200 °C; Triebkraft gewährt hier die große Gitterenergie des Produkts AlF$_3$. Um B$_2$Br$_4$ zu erhalten, bromidiert man B$_2$Cl$_4$ mit BBr$_3$ (3 B$_2$Cl$_4$ + 4 BBr$_3$ → 3 B$_2$Br$_4$ + 4 BCl$_3$). Die Überführung von CCl$_4$ in CI$_4$ gelingt mit Ethyliodid als Iodidierungsmittel (CCl$_4$ + 4 EtI → CI$_4$ + 4 EtCl). Die reduktive Kupplung zweier Moleküle ECl$_3$ mit Metallen nach Art der Wurtz-Fittig-Reaktion führt zu E$_2$Cl$_4$: 2 PCl$_3$ + Cu → P$_2$Cl$_4$ + CuCl$_2$ oder 2 BCl$_3$ + Hg → B$_2$Cl$_4$ + HgCl$_2$. Eine solche Reduktion wird zur Komproportionierung, wenn E selbst das Reduktionsmittel ist: SeCl$_4$ + 3 Se → 2 Se$_2$Cl$_2$ oder 8 PI$_3$ + P$_4$ → 6 P$_2$I$_4$. In Sonderfällen gerät die Disproportionierung von Halogeniden zur Darstellungsmethode, etwa um B$_n$Hal$_n$ zu gewinnen: B$_2$Hal$_4$ → BHal$_3$ + 1/n B$_n$Hal$_n$ (Hal = Cl, Br; n = 4, 8, 9).

Darstellung von EHal$_n$ aus Hydriden

Die technische Herstellung von CCl$_4$ besteht in der Chlorierung von Methan (CH$_4$ + 4 Cl$_2$ → CCl$_4$ + 4 HCl); analog gewinnt man CBr$_4$. Die milden Bedingungen, die nötig sind, um das endotherme BI$_3$ herzustellen, sind bei der Iodierung von NaBH$_4$ gewährleistet (NaBH$_4$ + 2 I$_2$ → BI$_3$ + NaI + 2 H$_2$).

7.5.4 Reaktionen der Halogenide der Nicht- und Halbmetalle

Reaktion mit Lewis-Basen, Substitutionsreaktionen

Die meisten der in Tabelle 7.2 genannten Halogenide reagieren mehr oder weniger ausgeprägt mit neutralen oder anionischen Lewis-Basen. Es entsteht entweder ein isolierbares Lewis'sches Säure/Base-Addukt, oder aber es kommt in einer Folgereaktion zu einer Substitution.

Besonders ausgeprägte Lewis-Säuren sind die Borhalogenide BHal$_3$. Vergleicht man die Lewis-Basizität von BCl$_3$ mit der von BF$_3$, so würde der gegenüber Chlor stärkere negative induktive Effekt von Fluor BF$_3$ zur stärkeren Säure machen, würden nicht die starken BF-π-Bindungen dagegen wirken. So ist die BN-Bindung in Addukten vom Typ $Cl_3B{-}NR_3$ besonders stark; würde man kein tertiäres Amin NR_3, sondern etwa ein sekundäres Amin NHR_2 einsetzen, so wäre allerdings eine Weiterreaktion unter HCl-Abspaltung zu erwarten, also insgesamt eine Substitution. Mit Ethern R_2O ist die Tendenz zur Weiterreaktion so stark ausgeprägt, dass sogar eine CO-Bindung unter milden Bedingungen gespalten wird: $Cl_3B{-}OR_2 \rightarrow Cl_2B{=}OR + RCl$, d. i. eine Etherspaltung. Auch $SiCl_4$ vermag ein oder zwei Moleküle einer Lewis-Base D zu $DSiCl_4$ bzw. D_2SiCl_4 anzulagern. Das salzartig aufgebaute $GeCl_2$ kann sich in polaren, nicht hydroaktiven Mitteln D als Carben-homologes, Lewis-saures Molekül lösen, wenn D genügend Lewis-sauer ist ($\rightarrow DGeCl_2$; z. B. D = Dioxan).

Bei der Addition anionischer Lewis-Basen an $EHal_n$ steht der Halogenidtransfer $EHal_n + MHal \rightarrow M^+ + [EHal_{n+1}]^-$ im Vordergrund. Unter Beschränkung auf Hal = Cl (für Br und I gilt Ähnliches) seien Chloro-Anionen genannt, die sich mit geeigneten Cl-Donatoren bilden.

Aus $SeCl_2$ (bei tiefer Temperatur): $[SeCl_4]^{2-}$ (D_{4h}), $[Se_2Cl_6]^{2-}$ (I_2Cl_6-Struktur; D_{2h});
aus $SeCl_4$: $[SeCl_5]_n^{n-}$ (cis-verknüpfte Oktaeder-Ketten), $[SeCl_6]^{2-}$ (O_h), $[Se_2Cl_9]$ (zwei flächenverknüpfte Oktaeder; D_{3h});
aus $TeCl_4$: $[TeCl_6]^{2-}$ (O_h), $[Te_2Cl_{10}]^{2-}$ (zwei kantenverknüpfte Oktaeder; D_{2h});
aus PCl_3: $[PCl_4]^-$ (C_{2v});
aus ECl_3 (As, Sb, Bi): $[ECl_4]^-$ (C_{2v}), $[ECl_5]^{2-}$ (C_{4v}), $[ECl_6]^{3-}$ (O_h), $[E_2Cl_7]^-$ {$[Cl(ECl_3)_2]^-$; C_s}, $[E_2Cl_8]^{2-}$ (zwei in Gegenrichtung kantenverknüpfte tetragonale Pyramiden; C_{2h}), $[E_2Cl_{11}]^{5-}$ (zwei eckenverknüpfte Oktaeder; D_{2h}) u. a.
aus ECl_4 (Ge, Sn, Pb): $[ECl_6]^{2-}$ (O_h);
aus ECl_2 (Ge, Sn): $[ECl_3]^-$ (C_{3v});
aus BCl_3: $[BCl_4]^-$ (T_d).

Die Strukturen der Chloro-Anionen entsprechen den Regeln, ausgenommen im Falle der oktaedrischen Koordination bei Se^{IV}, Te^{IV}, As^{III}, Sb^{III} und Bi^{III}, bei der die strukturbildende Kraft des freien Elektronenpaars außer Kraft gesetzt ist.

Die Halogenide $EHal_n$ reagieren mehr oder weniger begierig mit hydroaktiven Stoffen HX unter Austausch von Hal gegen X und unter Freisetzung von HHal, d. i. im Falle von HX als Lösungsmittel eine Solvolyse. Vielfach handelt es sich bei $EHal_n$ um Säurehalogenide [also ist z. B. $BHal_3$ das Halogenid von $B(OH)_3$, $PHal_3$ das Halogenid von H_3PO_3 usw.; die Solvolyse wird dabei zur Acylierung] oder es handelt sich um Stoffe, die durch partielle Hydrolyse in Säurehalogenide übergehen (also z. B. PCl_5 in das Chlorid $POCl_3$ der Phosphorsäure). Die wichtigsten Reaktionspartner HX sind Wasser (Hydrolyse), Alkohole (Alkoholyse), Thiole (Thiolyse) oder Amine (Aminolyse). Sofern flüssige Chloride einen genügend großen Dampfdruck haben, *rauchen* sie an der Luft, d. h. sie gehen mit dem Wasserdampf der Luft in Säurepartikeln über, deren Kondensation als Nebel oder Rauch sichtbar wird. Da mehrere Atome Hal an $EHal_n$ gebunden sind, verläuft die Solvolyse über mehrere Zwischenstufen, die sich z. T. isolieren lassen.

Die Hydrolyse von PCl_5 führt z. B. – wie gesagt – zunächst zu $POCl_3$ (PCl_5 + $H_2O \rightarrow POCl_3$ + 2 HCl) und dann sukzessive über $PO(OH)Cl_2$ und $PO(OH)_2Cl$ zu $PO(OH)_3$, also zur Phosphorsäure. In flüssigem NH_3 bildet sich aus PCl_5 $[P(NH_2)_4]Cl$, mit Anilin entsteht $Cl_3P=NPh$, mit Hydrazin $Cl_3P=N–N=PCl_3$. Carbonsäuren RCOOH werden von PCl_5 unter Bildung von $POCl_3$ in RCOCl und HCl übergeführt, d. i. eine Chloridierungsreaktion durch PCl_5, die verbreitete Anwendung findet. Als zweites Beispiel sei $SiCl_4$ herangezogen, das mit Wasser zur Kieselsäure $Si(OH)_4$ hydrolysiert wird und dann über die üblichen Kondensationsreaktionen zu SiO_2 kondensiert. Die Alkoholyse führt zu den technisch interessanten Estern $Si(OR)_4$ (*Tetraalkoxysilane*). In flüssigem NH_3 erhält man – je nach Bedingungen – $Si(NH)(NH_2)_2$ oder $Si(NH_2)_4$ (s. Abschnitt 7.4.5). Mit NH_3 in EtOH geht $SiCl_4$ in $HN(SiCl_3)_2$ und NH_4Cl über. Die Hydrolyse von Me_2SiCl_2 und ähnlichen Chlorosilanen eröffnet den Zugang zu den Siliconen (s. Abschnitt 7.3.8). Interessanterweise wird $SnCl_4$ weniger durchgreifend hydrolysiert als $SiCl_4$. Im Überschuss von H_2O entsteht zwar über mehrere Zwischenstufen letzten Endes SnO_2 als stabiles Endprodukt, auch raucht $SnCl_4$ an offener Luft, aus welchem Zwischenprodukt der Rauch auch immer bestehen mag, aber in konzentrierter Salzsäure, die ja noch immer eine ansehnliche Menge an H_2O enthält, ist $SnCl_4$ im Gleichgewicht mit $SnCl_6^{2-}$ stabil.

Einen mechanistisch verwickelten, oxidationszahltechnisch aber übersichtlichen Verlauf nimmt die Hydrolyse von SCl_2 (S^{II}) zu $S_2O_3^{2-}$ (S^{II}) in alkalischer Lösung: $2\,SCl_2 + 6\,OH^- \rightarrow S_2O_3^{2-} + 4\,Cl^- + 3\,H_2O$; mit Wasser reagiert SCl_2 nur langsam; die Produkte aber sind im Wesentlichen die Zerfallsprodukte der Thioschwefelsäure $H_2S_2O_3$ (S^{II}): $2\,SCl_2 + 2\,H_2O \rightarrow 1/8\,S_8 + SO_2 + 4\,H^+ + 4\,Cl^-$.

Mit metallorganischen Reagenzien MR werden Halogenide $EHal_n$ alkyliert bzw. aryliert, z. B. $PCl_3 + 3\,MR \rightarrow PR_3 + 3\,MCl$.

Die Alkoholyse von B_2Cl_4 zeitigt das Tetraalkoxydiboran(4) $(RO)_2B–B(OR)_2$ und die Aminolyse das Tetraaminodiboran(4) $(R_2N)_2B–B(NR_2)_2$, eine aufwendige Synthese, da die Darstellung von B_2Cl_4 aus BCl_3 und Hg in der Regel geringe Ausbeuten erbringt. Da ist es einfacher, aus BCl_3 und HNR_2 das Amidchlorid $BCl(NR_2)_2$ herzustellen (am besten in zwei Schritten: (1) $BCl_3 + 6\,HNR_2 \rightarrow B(NR_2)_3 + 3\,[H_2NR_2]Cl$; (2) $2\,B(NR_2)_3 + BCl_3 \rightarrow 3\,BCl(NR_2)_2$), um es dann in Wurtz-Fittig-Manier mit Na zu $(R_2N)_2B–B(NR_2)_2$ zu kuppeln. Bei der Hydrolyse (und auch schon bei der Alkoholyse) von B_2Cl_4 zu $(HO)_2B–B(OH)_2$ muss man Sorge tragen, dass H_2O nicht die B–B-Bindung gemäß $B_2Cl_4 + 6\,H_2O \rightarrow 2\,B(OH)_3 + 4\,HCl + H_2$ oxidiert. Der eben beschriebene Ligandaustausch zwischen BCl_3 und $B(NR_2)_3$ [$\rightarrow BCl(NR_2)_2$] stellt eine Folge zweier Metathesen dar:

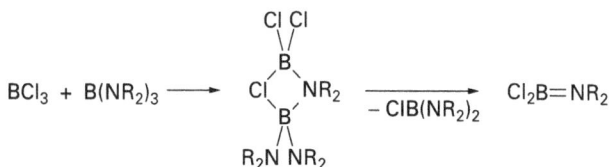

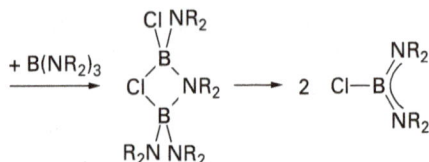

Die beiden Edukte und die beiden Produkte eines jeden der beiden Metathese-Schritte haben dasselbe Zentralatom, nämlich Bor. Bei einem solchen Ligandaustausch (allgemein $BX_3 + BY_3 \rightarrow BX_2Y + BXY_2$) spricht man von einer *Kommutierung*, in der umgekehrten Richtung von einer *Dismutierung* der Liganden. Ähnliche Ligand-Kommutierungen treten bei den Halogeniden $EHal_n$ allgemein auf. Für den Austausch der Liganden Cl und O seien zwei Beispielreaktionen aufgeführt: (1) $6\,PCl_5 + P_4O_{10} \rightarrow 10\,POCl_3$; (2) $AsCl_3 + As_2O_3 \rightarrow 3\,AsOCl$ (AsOCl kristallisiert in einer dem SeO_2 verwandten Kettenstruktur; s. Abschnitt 3.3.3); mechanistisch gesehen, handelt es sich bei den Beispielreaktionen an Festkörperoberflächen nicht um Metathesen.

Reaktionen mit Lewis-Säuren

Das freie Elektronenpaar z. B. von PCl_3 vermag Hydronen kaum zu binden, da der $-I$-Effekt von Cl die Brønsted-Basizität von PCl_3 noch deutlich schwächer macht als die von PH_3, dessen pK_B-Wert von 27 klein genug ist. Gegenüber d-Elektronen-reichen Übergangsmetallen aber vermag PCl_3 als Ligand zu agieren, weil er nicht nur als Lewis-Base, sondern über die koordinative Rückbindung auch als Lewis-Säure zu wirken vermag, z. B. in der dem $[Ni(CO)_4]$ verwandten Verbindung $[Ni(PCl_3)_4]$. Eine solche Doppelfunktion − σ-Donator und π-Akzeptor − ist auch Molekülen eigen, die den Singulett-Carbenen verwandt sind, also z. B. Molekülen GeI_2, wie sie aus festem GeI_2 in polaren Mitteln entstehen, und sie äußert sich etwa in der [1+4]-Cycloaddition, die GeI_2 mit Butadien zum 1,1-Diiodogermacyclopent-3-en eingeht.

Moleküle wie $SeCl_4$ und $TeCl_4$ können als Chlorid-Donatoren wirken. In dieser Eigenschaft reagieren sie mit einer Lewis-Säure wie $AlCl_3$ unter Cl^--Transfer zu $[SeCl_3][AlCl_4]$ bzw. $[TeCl_3][AlCl_4]$. Das bei tiefer Temperatur stabile SCl_4 liegt ohnehin schon als $[SCl_3]Cl$ vor und setzt sich als solches mit $AlCl_3$ zu $[SCl_3][AlCl_4]$ um. Ähnliches gilt für PCl_5: $[PCl_4][PCl_6] + 2\,SbCl_5 \rightarrow 2\,[PCl_4][SbCl_6]$. Selbst der starke Cl^--Akzeptor $SbCl_5$ wird zum Cl^--Donator, wenn SbF_5 im Spiel ist: $2\,SbCl_5 + 3\,SbF_5 \rightarrow [SbCl_4][Sb_2F_{11}] + 2\,SbCl_3F_2$.

Redoxreaktionen

Es versteht sich, dass Halogenide $EHal_2$ (14. Gruppe) zu E^{IV}-Derivaten, Halogenide $EHal_3$ (15. Gruppe) zu E^V-Derivaten sowie Halogenide $EHal_2$ und $EHal_4$ (16. Gruppe) zu E^{IV}- bzw. E^{VI}-Derivaten oxidiert werden können. Mit O_2 kann man SCl_2 in $SOCl_2$ und weiter in SO_2Cl_2 oder PCl_3 in $POCl_3$ überführen. Weniger ausgeprägte Oxidationsmittel wie HHal oxidieren immerhin $GeHal_2$ zu $GeHHal_3$. Die B—B-Bindung von B_2Cl_4 reduziert, wenn sie sich – ähnlich wie H_2 – an die C=C-Doppelbindung von Ethen zum Bis(dichloroboryl)ethan, $Cl_2B—CH_2—CH_2—BCl_2$, addiert oder auch, wenn sie H_2O zu H_2 reduziert ($B_2Cl_4 + 6\,OH^- + 2\,H_2O \rightarrow 2\,[B(OH)_4]^- + H_2 + 4\,Cl^-$); in ähnlicher Weise wird H_2O von Si_2Cl_6 ($\rightarrow SiO_4^{4-}$) zu H_2 reduziert. Ein in der Praxis vielfach angewendetes Reduktionsmittel ist $SnCl_2$ in wässriger Lösung; z. B. werden die Kationen Ag^+, Au^{3+} und Hg^{2+} zum Metall, Fe^{3+} zu Fe^{2+}, AsO_4^{3-} zu AsO_3^{3-}, CrO_4^{2-} zu Cr^{3+} reduziert.

Wegen der Triebkraft für die Bildung von Metallhalogeniden reagieren die Nichtmetallhalogenide mit Metallen wie den Alkalimetallen mehr oder weniger heftig als Oxidationsmittel. So kann die Einwirkung von Na auf CCl_4 trotz der sterischen Abschottung des zentralen C-Atoms zu brisanten Explosionen führen.

Die Komproportionierung $ECl_4 + E \rightleftarrows 2\,ECl_2$ (14. Gruppe) ist dem Boudouard-Gleichgewicht verwandt. Sie verläuft im Falle E = Si, Ge, Sn endotherm und endotrop, im Falle E = Pb exotherm und endotrop. Damit sich beim Paar $SiCl_4$/Si ein Gleichgewicht erkennbar einstellt, muss auf 1250 °C erhitzt werden, beim Paar $GeCl_4$/Ge viel weniger hoch. Gleichwohl sind die auf Standardtemperatur abgeschreckten Verbindungen $SiCl_2$ bzw. $GeCl_2$ metastabil. Um die Aktivierungsschwelle der bei tiefer Temperatur thermodynamisch begünstigten Disproportionierung von $GeCl_2$ in $GeCl_4$ und Ge kinetisch zu erzwingen, muss $GeCl_2$ auf 150 °C erhitzt werden. Die Disproportionierung von $PbCl_2$ in $PbCl_4$ und Pb hat bei keiner Temperatur Triebkraft.

7.5.5 Verwendung der Halogenide der Nicht- und Halbmetalle

Unter den Halogeniden $EHal_n$ finden vor allem die folgenden Chloride technische Anwendung: S_2Cl_2, SCl_2, PCl_3, PCl_5, $AsCl_3$, $SbCl_3$, CCl_4, $SiCl_4$, $SnCl_2$ und BCl_3.

Die *Sulfurchloride* S_2Cl_2 und SCl_2 enthalten meist noch kleine Mengen Cl_2, die mit S_2Cl_2 und SCl_2 im Gleichgewicht stehen: $S_2Cl_2 + Cl_2 \rightleftarrows 2\,SCl_2$. Beide Produkte vermögen elementares Sulfur in großer Menge zu lösen und werden deshalb zur Vulkanisation gebraucht. (Unter *Vulkanisation* versteht man die Überführung plastischer, kautschukartiger Polymere in den gummiartigen Zustand durch dreidimensionale Vernetzung, insbesondere hervorgerufen durch Sulfur vermöge von S_x-Brücken zwischen den Ketten. Sulfur, in S_2Cl_2 oder SCl_2 gelöst, bewirkt eine Vulkanisation bei tiefer Temperatur: *Kalt-Vulkanisation*.) Auch zur Herstellung von $SOCl_2$ und SF_4 sind S_2Cl_2 oder SCl_2 die Ausgangsstoffe.

Phosphortrichlorid PCl_3 braucht man zur Herstellung von H_3PO_3, $HPO(OR)_2$, $P(OR)_3$, $POCl_3$ und PCl_5. *Phosphorpentachlorid* PCl_5 wird in der Organischen Chemie als Chlorierungs- und Chloridierungsmittel gebraucht (z. B. $Ac_2O + PCl_5 \rightarrow 2\,AcCl + POCl_3$); auch ist es Ausgangsmaterial zur Herstellung der Polymere $(PNCl_2)_x$ (s. Abschnitt 7.4.3).

Arsen- und *Antimontrichlorid*, $AsCl_3$ und $SbCl_3$, dienen zur Überführung von Oxiden in Chloride.

Carbontetrachlorid CCl_4 (*Tetrachloromethan*; veraltet: *Tetrachlorkohlenstoff*) wird gebraucht, um mithilfe der Fluoridierungsmittel HF oder SbF_3 Freone (CCl_3F, CCl_2F_2) herzustellen. Auch dient es als Lösungsmittel. Obwohl akut wenig toxisch, schädigt es bei längerer Einwirkung innere Organe, sodass sein Gebrauch gesetzlich eingeschränkt ist.

Siliciumtetrachlorid $SiCl_4$ (*Tetrachlorosilan*) wird verwendet, um hochdisperses Kieselgel zu gewinnen und Tetraalkoxysilane $Si(OR)_4$ herzustellen. Auch zur Produktion von Halbleitersilicium sowie zum Aufbringen dünner Siliciumschichten durch CVD kann es dienen.

Zinndichlorid $SnCl_2$ wird als Reduktionsmittel breit angewendet, u. a. bei der Fabrikation von Wolle, Seide, Lacken. Aus $SnCl_2$-Lösungen scheidet man elektrolytisch Zinn auf Metallen ab.

Bortrichlorid BCl_3 (*Trichloroboran*) ist der Ausgangsstoff für die Darstellung zahlreicher Bor-Verbindungen. Auch wird es als Friedel-Crafts-Katalysator eingesetzt. In der Halbleitertechnik dient es zur CVD-Abscheidung von Bor; zu diesem Zweck wird auch BI_3 eingesetzt.

7.5.6 Mehr als zweikernige Halogenide der Nicht- und Halbmetalle

Bei den mehrkernigen Hydriden (s. Abschnitt 7.1.2) wurden u. a. die kettenartig aufgebauten Oligosulfane H_2S_n, die Oligophosphane P_mH_n und die Oligosilane Si_mH_n besprochen. Diesen mehrkernigen Hydriden entsprechen mehrkernige Chloride S_nCl_2, P_mCl_n und Si_mCl_n, z. T. auch entsprechende Bromide und Iodide. Die *Dichlorosulfane* wurden bis n = 8 charakterisiert; es liegen S_n-Ketten mit helicaler Konformation vor. Unter den *Halogenophosphanen* seien u. a. hervorgehoben die Chlorophosphane P_4Cl_2 (mit P_4-Bicyclobutan-Struktur; C_{2v}) und P_6Cl_6 (P_6-Ring in der Sesselkonformation) und die Iodophosphane P_3I_5 (P_3-Kette) und P_7I_3 (mit der Tricycloheptan-Struktur von P_7H_3; C_{3v}). Bei den *Halogenosilanen* sind u. a. die Trisilane Si_3Hal_8 (Hal = Cl, Br) und die Cyclosilane Si_nHal_{2n} (n = 4, 5, 6; Hal = Cl, Br, I) wohl charakterisiert. Alle diese Oligosulfane, -phosphane und -silane lassen sich mit einfachen Valenzstrichformeln unter Beachtung der Oktettregel beschreiben.

Dies ist nicht mehr der Fall, wenn man zu den schweren Elementen der 15. und 16. Gruppe, Bi und Te, schreitet. Im Te_3Cl_2 liegen helicale Te-Ketten wie im elementaren Tellur vor, in denen bei jedem dritten Te-Atom eines von dessen freien Elektronenpaaren für Bindungen mit zwei Cl-Atomen aufgezehrt wird: [—Te— Te—$TeCl_2$—] (2/3 der Te-Atome: $k = 2$; 1/3 der Te-Atome: $k = 4$ mit einer Koordination vom SF_4-Typ). Im Gegensatz zu Te_3Cl_2 ist das α-Telluriodid TeI aus Molekülen Te_4I_4 aufgebaut, die durch einen nichtplanaren Te_4-Ring mit cyclobutanartiger Struktur und durch die Koordinationszahlen $k = 2, 3$ und 4 (d. s. die Zahlen in den folgenden Te-Symbolen) ausgezeichnet sind; die Koordinationsfiguren um die einzelnen Te-Atome entsprechen dem OF_2-, PF_3- und XeF_4-Typ.

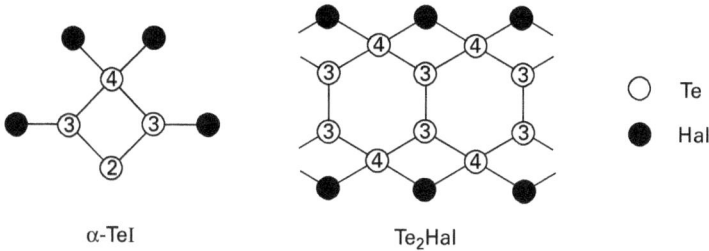

α-TeI   Te$_2$Hal

○ Te
● Hal

Dagegen hat Te$_2$Hal einen polymeren, kettenartigen Aufbau aus anellierten Te$_6$-Ringen in der Wannenform; die nach oben, orthogonal zur Kettenrichtung weisenden Spitzen der Te$_6$-Wannen sind durch Hal verbrückt und erfahren dadurch eine tetragonal-planare Koordination (XeF$_4$-Typ); die die Ketten nach außen begrenzenden, eckenverknüpften Te$_3$Hal-Vierringe liegen in zwei Ebenen, die sich unterhalb des Kettenbandes in Kettenrichtung schneiden, sodass die Kette das Profil eines langgestreckten Troges erhält.

Unter der Fülle von *Bismutsubhalogeniden* Bi$_m$Hal$_n$ seien zwei herausgegriffen, von denen das eine, Bi$_6$Cl$_7$, aus Molekülionen, das andere, BiI, aus Ketten aufgebaut ist. Die Substanz Bi$_6$Cl$_7$ besteht aus dem Cluster-Kation Bi$_9^{5+}$ und den Anionen [BiCl$_5$]$^{2-}$ (IF$_5$-Typ; C_{4v}) und [Bi$_2$Cl$_8$]$^{2-}$ (zwei in Gegenrichtung kantenverknüpfte tetragonale BiCl$_5$-Pyramiden; C_{2h}: [Bi$_9$]$_2$[BiCl$_5$]$_4$[Bi$_2$Cl$_8$]. Im Cluster-Kation [Bi$_9$]$^{5+}$ weist je ein freies Elektronenpaar pro Atom nach außen, sodass elf Clusterelektronenpaare zur Verfügung stehen und sich bei neun Clusterecken eine *nido*-Struktur ergibt. Die Struktur des *nido*-Bi$_9$-Clusters leitet sich von der *closo*-Struktur mit zehn Gerüstatomen (Abb. 7.2) − anders als in *nido*-B$_9$-Clustern − nicht durch Wegnahme von Atom Nr. 2 ($\kappa = 5$), sondern von Atom Nr. 1 ($\kappa = 4$) ab, wodurch das einfach tetragonal überkappte tetragonale Antiprisma **A** entsteht. Dieses unterscheidet sich von der *closo*-Struktur mit neun Gerüstatomen **B** (d. i. das dreifach tetragonal überkappte trigonale Prisma) im Wesentlichen nur durch eine Kante, sodass das Kation Bi$_9^{5+}$ ohne großen Energieaufwand vom Grundzustand **A** in einen Übergangszustand der Struktur **B** übergehen kann; dabei werden aus einem offenen Quadrat zwei Dreiecke. Da die Struktur **B** drei äquivalente Kanten von der Art der eben geschlossenen Kante hat (blau), deren Öffnung zu **A** oder zu einer zu **A** äquivalenten Struktur führt, fluktuiert das Kation Bi$_9^{5+}$ und macht alle neun Bi-Atome pseudoäquivalent.

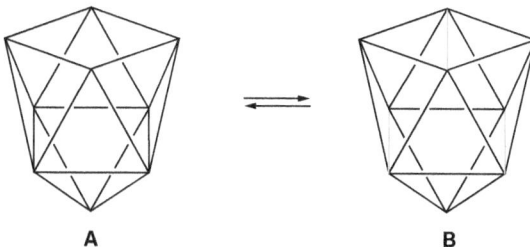

A   B

Der Kettenstruktur von BiI liegt eine Bi-Zickzackkette zugrunde. Die Atome dieser Kette erlangen die Koordinationszahl $k = 3$ dadurch, dass an jedes Bi-Atom senkrecht zur Kettenrichtung ein drittes Bi-Atom gebunden ist. Die äußeren Bi-Atome sind durch je zwei I-Atome nach beiden Seiten längs der Kettenrichtung verbrückt und erlangen damit die Koordinationszahl $k = 5$ mit einer tetragonal-pyramidalen Koordination.

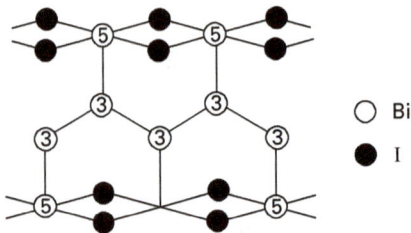

War die Struktur von Bi_6Cl_7 lehrreich, weil sie die universelle Anwendbarkeit der Williams-Wade'schen Clusterregeln illustrierte, so sind die Strukturen sowohl von TeI als auch von BiI bemerkenswert, weil sie lehren, dass in Molekülen ebenso wie in polymeren Ketten eng nebeneinander vorwiegend kovalente und weitgehend polare Bindungen vorkommen können. Gerade in Bismut-Ketten kommt noch metallischer Bindungscharakter dazu.

7.5.7 Chloridoxide der Nichtmetalle

Im ausgedehnten System Nichtmetall/Halogen/Oxygen oder Halbmetall/Halogen/Oxygen beschränken wir uns erstens auf Nichtmetalle, zweitens auf das Halogen Chlor und drittens auf molekulare Produkte von technischer Bedeutung. Bei den folgenden vier Säurechloriden handelt es sich um farblose Flüssigkeiten.

Sulfurdichloridoxid $SOCl_2$ (*Thionylchlorid*) (Sdp. 75.7 °C; C_s) wird technisch aus SO_2, SCl_2 und Cl_2 hergestellt ($SO_2 + SCl_2 + Cl_2 \rightarrow 2\,SOCl_2$) und im Labor aus SO_2 und PCl_5 ($SO_2 + PCl_5 \rightarrow SOCl_2 + POCl_3$). Es dient zur Herstellung von Sulfoxiden und anderen organischen Produkten. Es ist weiterhin ein wirksames Mittel, um die Hydrate von Metallhalogeniden wasserfrei zu machen (z. B. $CrCl_3 \cdot 6\,H_2O + 6\,SOCl_2 \rightarrow CrCl_3 + 6\,SO_2 + 12\,HCl$). Auch lassen sich Oxide chloridieren ($MO + SOCl_2 \rightarrow MCl_2 + SO_2$).

Sulfurdichloriddioxid SO_2Cl_2 (*Sulfurylchlorid*) (Sdp. 69.4 °C; C_{2v}) wird technisch aus SO_2 und Cl_2 an gekühlter Aktivkohle gewonnen oder auch aus S_2Cl_2, Cl_2 und O_2 ($S_2Cl_2 + Cl_2 + 2\,O_2 \rightarrow 2\,SO_2Cl_2$); bei diesem exothermen Verfahren muss die Reaktionswärme abgeführt werden, um den beim Erwärmen eintretenden, zwar endothermen, aber auch endotropen Zerfall in SO_2 und Cl_2 zu verhindern. Sulfurylchlorid dient zur Sulfonierung, Sulfochlorierung und Chlorierung. Es taugt auch als Wasserentziehungsmittel.

Phosphortrichloridoxid $POCl_3$ (*Phosphorylchlorid*) (Sdp. 105.1 °C; C_{3v}) wird technisch aus PCl_3 und O_2 dargestellt, im Labor u. a. aus PCl_5 und SO_2. Es ist ein Chloridierungsmittel ($ROH \rightarrow RCl$; $AcOR \rightarrow AcCl$) und dient zur Herstellung von Phosphorsäureestern $PO(OR)_3$.

Carbondichloridoxid $COCl_2$ (*Phosgen*) wurde in Abschnitt 6.3.8 behandelt.

7.5.8 Verbindungen der Nicht- und Halbmetalle mit Sulfur

Phosphorsulfide

Die Phosphorsulfide P_4S_3 (Smp. 174 °C) und P_4S_{10} (Smp. 288 °C) stellt man aus P_4 und S_8 dar, Letzteres technisch bei 300 °C. Wie den Phosphoroxiden liegt auch den Phosphorsulfiden P_4S_n (n = 3−5, 7−10) strukturell ein Tetraeder der P-Atome zugrunde. Im Falle n = 3−5 verbrücken die S-Atome je zwei P-Atome. Es erweist sich P_4S_3 als isoelektronisch mit dem Anion P_7^{3-} mit seiner Tricycloheptan-Struktur (C_{3v}; s. Abschnitt 7.1.3). Das Sulfid P_4S_{10} hat dieselbe Adamantan-Struktur wie P_4O_{10} (T_d); in der Gasphase (Sdp. 514 °C) liegen Moleküle der Formel P_2S_5 vor.

Mit I_2 lässt sich eine der drei äquivalenten P—P-Bindungen von P_4S_3 oxidativ öffnen zum β-$P_4S_3I_2$, das sich langsam zum α-$P_4S_3I_2$ umlagert. Mit $(Me_3Sn)_2S$ kann man unter Abspaltung von Me_3SnI die beiden terminalen I-Atome durch eine S-Brücke ersetzen und gelangt zum α-P_4S_4 (D_{2d}) bzw. β-P_4S_4 (C_s). (Die Struktur von α-P_4S_4 ist die *anti*-Struktur zu N_4S_4, s. Abschnitt 7.4.2, d. h. anstelle von zwei S—S-Bindungen wie im N_4S_4 enthält P_4S_4 zwei P—P-Bindungen.) Die Sulfurierung von α-P_4S_4 ergibt P_4S_5, wobei eine der beiden P—P-Bindungen durch ein S-Atom verbrückt wird (C_{2v}).

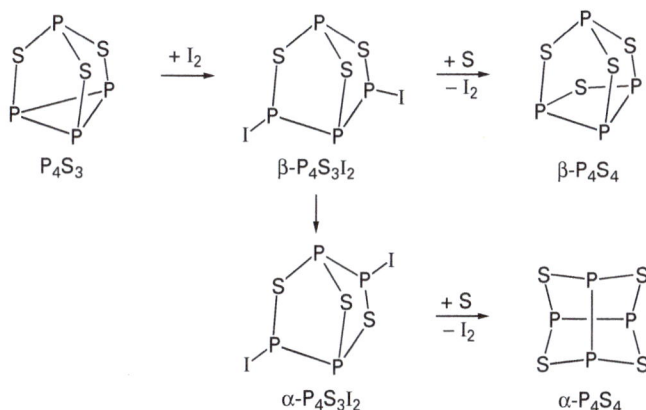

$$P_4S_3 \xrightarrow{+\,I_2} \beta\text{-}P_4S_3I_2 \xrightarrow[-\,I_2]{+\,S} \beta\text{-}P_4S_4$$

$$\beta\text{-}P_4S_3I_2 \longrightarrow \alpha\text{-}P_4S_3I_2 \xrightarrow[-\,I_2]{+\,S} \alpha\text{-}P_4S_4$$

Aus P_4S_{10} kann man mit Na_2S das Salz Na_3PS_4 der Tetrathiophosphorsäure gewinnen; auch die Salze $Na_3PO_2S_2$ und Na_3PO_3S sind zugänglich. Von heißem Wasser wird P_4S_{10} zu H_3PO_4 hydrolysiert. Die Alkoholyse führt zu Estern der Zusammensetzung $PS(OR)_2(SH)$. Die Zn-Salze $Zn[PS_2(OR)_2]_2$ dienen als Schmieröladditive und Flotationsmittel. Der Ester $PS(OEt)_2(OAr)$ (Ar = p-$C_6H_4NO_2$) wirkt als Insektizid (*E605*).

Arsensulfide

Die Arsensulfide As_4S_3 (*Dimorphit*), As_4S_4 (*Realgar*) und As_2S_3 (*Auripigment*) treten als Minerale auf, und zwar sind As_4S_3 und As_4S_4 molekular gebaut (mit Strukturen wie P_4S_3 und $\alpha\text{-}P_4S_4$), während As_2S_3 in Schichten kristallisiert (Abb. 3.43). Das rote Sulfid As_4S_4 wird technisch durch Zusammenschmelzen von Arsen- und Schwefelkies hergestellt ($FeAsS + FeS_2 \rightarrow 1/4\ As_4S_4 + 2\ FeS$). Man braucht es u. a. in der Gerberei zum Enthaaren von Fellen. Das Arsen(V)oxid As_2S_5 mit unbekannter Struktur stellt man dar, indem man in eine salzsaure Lösung von H_3AsO_4 das Gas H_2S einleitet ($2\ H_3AsO_4 + 5\ H_2S \rightarrow As_2S_5 + 8\ H_2O$).

Arsen(III)sulfid kann man im basischen Bereich mit Sulfid in Trithioarsenat(3−) AsS_3^{3-} (C_{3v}) überführen ($As_2S_3 + 3\ S^{2-} \rightarrow 2\ AsS_3^{3-}$); mit Disulfid oder Polysulfid erhält man Tetrathioarsenat(3−) AsS_3^{3-} (T_d) ($As_2S_3 + 2\ S_2^{2-} + S^{2-} \rightarrow 2\ AsS_4^{3-}$). Natürlich geht auch As_2S_5 mit S^{2-} in AsS_4^{3-} über. In saurer Lösung zerfallen Thioarsenate umgekehrt in H_2S sowie die schwerlöslichen Sulfide As_2S_3 bzw. As_2S_5.

Antimonsulfide

Das Mineral *Grauspießglanz*, Sb_2S_3 (*Stibnit*; s. Abschnitt 3.3.3), deckt den technischen Bedarf nicht, sodass Sb_2S_3 durch Zusammenschmelzen der Elemente gewonnen wird. Im Labor entsteht Sb_2S_3 als orangefarbener Niederschlag beim Einleiten von H_2S in salzsaure Sb^{III}-Lösungen ($2\ SbO^+ + 3\ H_2S \rightarrow Sb_2S_3 + 2\ H_2O + 2\ H^+$).

Antimon(V) findet sich nicht in der Natur. Um Sb_2S_5 herzustellen, bedient man sich des Umwegs über Thioantimonat. Hierzu sulfuriert man Sb_2S_3 in Natronlauge: $2\ Sb_2S_3 + 13/8\ S_8 + 12\ OH^- \rightarrow 4\ SbS_4^{3-} + 6\ H_2O + 3\ SO_2$; die in dieser Reaktion als Teilreaktion steckende Disproportionierung von S_8 ($3/8\ S_8 + 4\ OH^- \rightarrow SO_2 + 2\ S^{2-} + 2\ H_2O$) wird durch die Bindung von S^{2-} an Sb^V gefördert; sie stellt die Umkehrung der zur Herstellung von Sulfur genutzten, exothermen Komproportionierung von SO_2 und H_2S dar ($SO_2 + 2\ H_2S \rightarrow 3/8\ S_8 + 2\ H_2O$). Aus der alkalischen Lösung kristallisiert $Na_3SbS_4 \cdot 9\ H_2O$ (*Schlippe'sches Salz*), aus dessen Lösung man mit Säuren Sb_2S_5 fällen kann ($2\ SbS_4^{3-} + 6\ H^+ \rightarrow Sb_2S_5 + 3\ H_2S$), und zwar als goldgelben Festkörper unbekannter Struktur. Schmilzt man Sb und S_8 bei $500-900\,°C$ zusammen, so gewinnt man SbS_2 (d. i. $Sb^{III}Sb^VS_4$) als roten Festkörper.

Breite Anwendung findet Sb_2S_3 zusammen mit Oxidantien als Bestandteil von Explosivstoffen, auch in der Feuerwerkerei, weiterhin als rotes Farbpigment in Gläsern und Kunststoffen und schließlich zusammen mit $KClO_3$ in Zündholzköpfen. (Die Zündreaktion, die im Zündholz präpariertes Holz in Brand setzt, $3\ KClO_3 + Sb_2S_3 \rightarrow 3\ KCl + Sb_2O_3 + 3\ SO_2$, wird ihrerseits gezündet durch Reiben an Flächen, die Glaspulver und roten Phosphor enthalten, und zwar gemäß der primären Zündreaktion $12\ P + 10\ KClO_3 \rightarrow 3\ P_4O_{10} + 10\ KCl$.) Das Disulfid SbS_2 dient als Flammschutzmittel sowie als Rotpigment in Gummi und Kunststofen. Schlippe'sches Salz schließlich wird in der Elektronik sowie in der Photographie eingesetzt.

Bismutsulfid

Bismutsulfid Bi$_2$S$_3$ tritt in der Natur als Mineral *Bismutin* auf, kristallisiert in der Stibnit-Struktur und kann sowohl aus den Elementen dargestellt als auch aus Bi^{III}-Salzen in saurer Lösung mit H$_2$S gefällt werden.

Carbonsulfide

Carbondisulfid CS$_2$ (*Dithiomethan*; veraltet: *Schwefelkohlenstoff*), eine flüchtige, endotherme ($\Delta_f H^0$ = 117.4 kJ mol^{-1}) Flüssigkeit mit linearer Struktur ($D_{\infty h}$; s. Abschnitt 6.3.8), geht mit Sulfiden in Thiocarbonate über (z. B. BaS + CS$_2$ → BaCS$_3$). In alkalischer Lösung erfährt CS$_2$ eine Hydrolyse zu Carbonat und Thiocarbonat (3 CS$_2$ + 6 OH$^-$ → CO$_3^{2-}$ + 2 CS$_3^{2-}$ + 3 H$_2$O). Mit Wasserdampf setzt es sich erst bei 200 °C um (CS$_2$ + 2 H$_2$O → CO$_2$ + 2 H$_2$S). Da Carbon elektronegativer ist als Sulfur ($\Delta\chi$ = 0.06), sollte die Hydrolyse eigentlich zu CH$_4$ und einem Zerfallsprodukt von SO führen, sodass ihr wirklicher Verlauf aus formaler Sicht eine Redoxreaktion darstellt. Gemische aus CS$_2$-Dampf und Oxygen entzünden sich oberhalb von 100 °C, CS$_2$ hat also nicht nur wegen seiner Giftigkeit als gefährlicher Arbeitsstoff zu gelten. Mit Natrium oder auch kathodisch lässt sich CS$_2$ reduzieren: 4 CS$_2$ + 4 e → CS$_3^{2-}$ + C$_3$S$_5^{2-}$; das 2-Thio-1,3-dithiacyclopent-4-en-4,5-dithiolat C$_3$S$_5^{2-}$ kann man weiter zum C$_6$S$_{10}$ oxidieren (2 C$_3$S$_5^{2-}$ → C$_6$S$_{10}$ + 4 e):

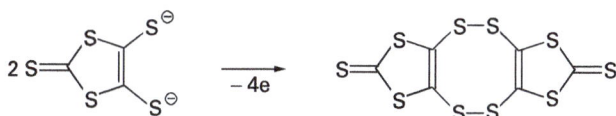

Außer dem Carbonsulfid C$_6$S$_{10}$ lassen sich − von CS$_2$ ausgehend − noch die weiteren Carbonsulfide C$_4$S$_6$, C$_6$S$_8$, C$_6$S$_{12}$, C$_9$S$_9$ u. a. als gesicherte Kuriositäten mit ähnlichen Bauelementen wie C$_6$S$_{10}$ darstellen.

In seiner vielseitigen Anwendung dient CS$_2$ u. a. als Lösungs- und Extraktionsmittel, als Flotationsmittel, zur Gewinnung von CCl$_4$ und zur Vulkanisation von Kautschuk.

Beim *Carbonoxidsulfid* COS handelt es sich um ein exothermes ($\Delta_f H^0$ = −142.2 kJ mol^{-1}), giftiges, übel riechendes, linear gebautes ($C_{\infty v}$) Gas (Sdp. −50.2 °C). Die C=O-Bindung in O=C=S (113 pm) ist etwas kürzer als in CO$_2$ (116 pm), die C=S-Bindung etwas länger (158 pm) als in CS$_2$ (155 pm). Man stellt es aus CS$_2$ und SO$_3$ dar: CS$_2$ + 3 SO$_3$ → COS + 4 SO$_2$. Es dient als Ausgangsmaterial zur Herstellung von Thiosäuren und organischen Sulfur-Verbindungen.

Bei tiefer Temperatur lassen sich Moleküle wie CS, S=C=C=S, O=C=C=S und S=C=C=C=S nachweisen, die bei Standardbedingungen instabil sind.

Sulfide von Silicium, Germanium, Zinn und Blei

Die Sulfide der schwereren Elemente der 14. Gruppe sind nicht molekular gebaut. Die Sulfide GeS und SnS kristallisieren in der Struktur des schwarzen Phosphors

(s. Abschnitt 3.3.3), PbS in der NaCl-Struktur. Ein rotes SiS unbekannter Struktur entsteht, wenn man SiS-Dampf (aus SiS_2 und Si bei 850 °C durch Komproportionierung) auf tiefe Temperatur abschreckt. Der Struktur der Sulfide ES_2 liegt eine Kette kantenverknüpfter ES_4-Tetraeder (SiS_2) bzw. ein dreidimensionales Geflecht eckenverknüpfter ES_4-Tetraeder (GeS_2) bzw. eine CdI_2-Struktur (SnS_2) zugrunde. Das unter Druck herstellbare PbS_2 ist bei Standardbedingungen nicht stabil ($PbS_2 \rightarrow PbS + 1/8\ S_8$). Als Mineral ist unter den Sulfiden ES und ES_2 der *Bleiglanz* PbS von Bedeutung.

Die Bildung von Thioanionen wurde beim Zinn gut untersucht. Aus den festen Komponenten SnS_2 und Na_2S erhält man je nach Mengenverhältnissen Na_2SnS_3 oder Na_4SnS_4, die beim Lösen in Wasser die Stannate $[Sn(OH)_3(SH)_3]^{2-}$ bzw. $[Sn(OH)_2(SH)_4]^{2-}$ ergeben. Auch mehrkernige Thiostannate sind bekannt mit den Anionen $[Sn_2S_7]^{6-}$ (zwei eckenverknüpfte SnS_4-Tetraeder; C_{2v}), $[Sn_2S_6]^{4-}$ (zwei kantenverknüpfte SnS_4-Tetraeder; D_{2h}), $[Sn_4S_{10}]^{4-}$ (Adamantan-Struktur, vgl. P_4O_{10}; T_d), $[SnS_3]^{2-}$ (eckenverknüpfte SnS_4-Tetraederketten; vgl. PO_3^-) u. a. Analog gebaute Thiogermanate sind ebenfalls bekannt.

In der *Anwendung* spielen PbS und SnS_2 eine Rolle. Schwarzes PbS fällt aus Pb^{2+}-Lösungen beim Einleiten von H_2S aus; die Schwarzfärbung stellt einen empfindlichen Nachweis für Pb^{2+} dar. Blei(II)sulfid ist Photohalbleiter und wird u. a. zur photographischen Lichtmessung gebraucht. Zinn(IV)sulfid stellt man technisch aus Zinnamalgam, Sulfur und Ammoniumchlorid dar. (Aus NH_4Cl wird in der Hitze HCl freigesetzt, das Oxid-Schichten auf Metalloberflächen löst.) Das goldglänzende Material (*Musivgold*) dient als Goldpigment in Zinnbronzen und als Malerfarbe sowie zur Herstellung von Goldbelägen auf Bilderrahmen.

Borsulfide

Glasartiges *Borsulfid* B_2S_3 (s. Abschnitt 3.3.3) gewinnt man bei 900 °C aus den Elementen. Lässt man auf B_2S_3 bei 300 °C weiteres Sulfur einwirken, dann erhält man das aus Molekülen B_8S_{16} aufgebaute BS_2, dessen Struktur eng mit der des *Porphins* $C_{20}H_{14}N_4$ verwandt ist. [Durch Anbringen organischer Seitengruppen leitet sich vom Porphin als Grundkörper die Familie der *Porphyrine* ab. Die nach Abspaltung der beiden N-gebundenen H-Atome entstehenden Anionen wirken als vierzähnige, quadratisch koordinierende Liganden gegenüber Metallionen M^{2+} geeigneter Größe. Komplexe mit M = Mg (*Chlorophyll*), Fe (*Häm*; in Protein eingebettet: *Hämoglobin*) und Co (*Vitamin B_{12}*) spielen in der Natur eine wichtige Rolle.]

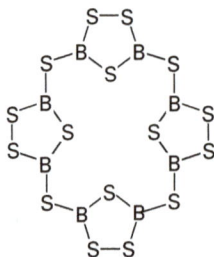

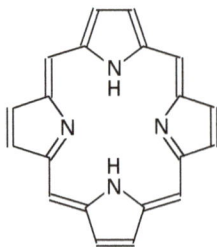

Von B_2S_3 aus gelangt man mit Metallsulfiden zu Thioboraten. Beispielsweise erhält man mit PbS das $Pb[B_4S_{10}]$ (mit Adamantan-Struktur des Anions), mit Tl_2S das $Tl_2[BS_3]$ (Ketten eckenverknüpfter BS_4-Tetraeder).

Im ternären System B/S/Hal (Hal = Cl, Br, I) ist die Bildung eines Sechsrings $[-BHal-S-]_3$ [*2,4,6-Trihalogeno-1,3,5-trithia-2,4,6-triboracyclohexan* oder (nach Ring-Index) *2,4,6-Trihalogeno-1,3,5,2,4,6-trithiatriborinan*] aus $BHal_3$ und H_2S ($3\ BHal_3 + 3\ H_2S \rightarrow Hal_3B_3S_3 + 6\ HHal$) erwähnenswert, weil der Sechsring $(XBS)_3$ zu Vergleichen mit den Boroxinen $(XBO)_3$ und den Borazinen $(XBNR)_3$ einlädt, für die aromatischer Charakter diskutiert wird (s. Abschnitte 7.3.9 bzw. 7.4.6). Setzt man $BHal_3$ mit H_2S_2 um, so gelangt man zu Fünfringen $[-S-BHal-S-S-BHal-]$ von der gleichen Art, wie sie am Aufbau von B_8S_{16} beteiligt sind ($2\ BHal_3 + 2\ H_2S_2 \rightarrow Hal_2B_2S_3 + 4\ HHal + 1/8\ S_8$).

8 Chemie der Metalle

8.1 Theoretische Grundlagen

8.1.1 Anwendung der Gruppentheorie auf Symmetriegruppen

Symmetriegruppen

Eine *Symmetriegruppe* oder *Punktgruppe* (Abschnitt 2.4.1) mit der Gruppenordnung h enthält h Elemente $R_1, R_2 \dots R_h$. Das Symbol R, ein *Operator*, steht allgemein für die Symmetrieoperationen C_n und S_n. Ein quadratisches Schema, das Auskunft gibt über das Ergebnis aller h^2-Verknüpfungen $R_i R_j$ nennt man eine *Gruppentafel*; *Verknüpfung* bedeutet dabei das Hintereinanderausführen von erst R_i, dann R_j, symbolisiert durch das Hintereinanderschreiben wie die Faktoren eines Produkts. Als Beispiele seien die Gruppentafeln der Punktgruppen C_{2v} und C_{3v} angegeben, wie sie sich aus den beiden Punkteskizzen ergeben; die Hauptachsen C_2 bzw. C_3 liegen in der z-Richtung, gedreht werde im Gegenuhrzeigersinn, und der Zeilenoperator sei R_i, der Spaltenoperator R_j:

	E	C_2	σ_{xz}	σ_{yz}
E	E	C_2	σ_{xz}	σ_{yz}
C_2	C_2	E	σ_{yz}	σ_{xz}
σ_{xz}	σ_{xz}	σ_{yz}	E	C_2
σ_{yz}	σ_{yz}	σ_{xz}	C_2	E

	E	C_3	C_3^2	σ_1	σ_2	σ_3
E	E	C_3	C_3^2	σ_1	σ_2	σ_3
C_3	C_3	C_3^2	E	σ_2	σ_3	σ_1
C_3^2	C_3^2	E	C_3	σ_3	σ_1	σ_2
σ_1	σ_1	σ_3	σ_2	E	C_3^2	C_3
σ_2	σ_2	σ_1	σ_3	C_3	E	C_3^2
σ_3	σ_3	σ_2	σ_1	C_3^2	C_3	E

Außer dass eine Verknüpfungsvorschrift definiert ist, werden Symmetriegruppen auch dadurch zu Gruppen im Sinne der Theorie, dass ein *Einheitselement* und zu jedem Element ein *Inverses* definiert sind und dass das *assoziative Gesetz* gilt. Das Einheitselement ist der Operator E mit der Eigenschaft $ER_i = R_i = R_i E$ für alle i. Die Gültigkeit des assoziativen Gesetzes bedeutet (in Analogie zur Multiplikation von Zahlen), dass $R_i R_j R_k = (R_i R_j) R_k = R_i (R_j R_k)$. Für das Inverse R^{-1} von R muss gelten $R^{-1} R = E$. Aus den beiden letzten Sätzen folgt direkt, dass $R^{-1} E = E R^{-1} = (R^{-1} R) R^{-1} = R^{-1} (R R^{-1})$ und damit dass $R R^{-1} = E$; wenn also R^{-1} zu R, dann ist auch R zu R^{-1} invers. Dabei gilt das *kommutative Gesetz* $R_i R_j = R_j R_i$ im Allgemeinen nicht, wie man sich anhand der Gruppentafel für C_{3v} bei den Kombinationen von C_3 mit σ überzeugen kann (z. B. $C_3 \sigma_1 = \sigma_2$, aber $\sigma_1 C_3 = \sigma_3$). Wie aber eben erläutert gilt das kommutative Gesetz immer für die Verknüpfung von R_i mit E und mit R_i^{-1}. Bei den sog. *zweizähligen Elementen*, d. s. die Elemente

C_2, σ und i, gilt $C_2^2 = \sigma^2 = i^2 = E$, sodass diese Elemente zu sich selbst invers sind und mithin für sie das kommutative Gesetz stets gilt. In *zweizähligen Symmetrie-gruppen*, also solchen, die kein Element C_n und S_n mit n > 2 enthalten (z. B. C_{2v}), gilt das kommutative Gesetz für alle Verknüpfungen: *Abel'sche Gruppen*. In den Gruppentafeln dieser Gruppen ist die Diagonale nur mit E besetzt, und sie sind bezüglich der Diagonalen symmetrisch.

Unter einer *Ähnlichkeitstransformation* versteht man die Operation $R_j^{-1}R_iR_j = R_k$; man sagt, R_k sei zu R_i konjugiert. Aus $R_jR_kR_j^{-1} = R_j(R_j^{-1}R_iR_j)R_j^{-1} = (R_jR_j^{-1})R_i(R_jR_j^{-1}) = ER_iE = R_i$ folgt, dass wenn R_k zu R_i auch R_i zu R_k konjugiert ist. Führt man die Operation $R_j^{-1}R_iR_j$ für alle j von 1 bis h aus, dann bildet die Menge aller Konjugierten zu R_i eine sog. *Klasse*. In Abel'schen Gruppen gilt $R_j^{-1}R_iR_j = R_iR_j^{-1}R_j = R_iE = R_i$ für alle j, sodass jedes Element nur zu sich selbst konjugiert ist und es ebenso viele Klassen wie Elemente gibt. In allen Punktgruppen stellt E eine Klasse für sich dar. In Nichtabel'schen Gruppen übersteigt die Zahl der Elemente die der Klassen. So kann man sich anhand der Gruppentafel von C_{3v} klar-machen, dass diese Gruppe aus drei Klassen besteht, nämlich (1) E; (2) C_3, C_3^2; (3) σ_1, σ_2, σ_3.

Darstellungen von Symmetriegruppen

In einem kartesischen Koordinatensystem sei die z-Achse eine Drehachse C_n, um die im Gegenuhrzeigersinn um den Winkel φ gedreht werde. Aus dem Vektor $\boldsymbol{a}$ mit dem Betrag a und mit den Koordinaten x, y, z im alten System wird dann im neuen System ein Vektor $\boldsymbol{a}'$ mit den Koordinaten x', y', z', wobei $z' = z$. Diese Koordinatentransformation lässt sich durch den Ausdruck $C_n\boldsymbol{a} = \boldsymbol{a}' = r\boldsymbol{a}$ beschrei-ben. Die Transformationsmatrix $\boldsymbol{r}$ mit den Elementen r_{ij} beschreibt die Koeffizien-ten der linearen Gleichungen:

$$x' = r_{11}\,x + r_{12}\,y + 0\,z$$
$$y' = r_{21}\,x + r_{22}\,y + 0\,z$$
$$z' = 0\,x + 0\,y + 1\,z$$

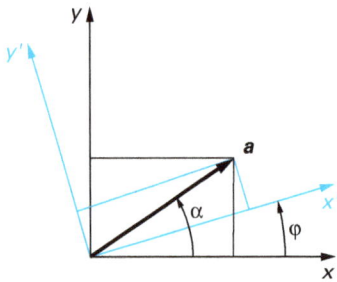

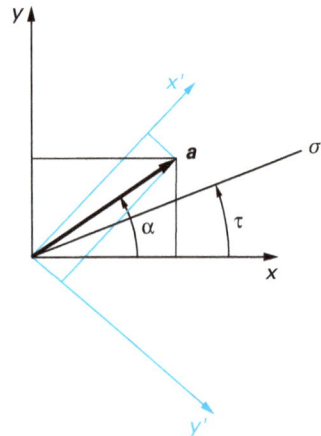

Die Matrixelemente r_{ij} ergeben sich ohne die triviale Gleichung für z' wie folgt:

$$x' = a \cos(\alpha-\varphi) = a \cos\alpha \cos\varphi + a \sin\alpha \sin\varphi = \cos\varphi\, x + \sin\varphi\, y$$
$$y' = a \sin(\alpha-\varphi) = a \sin\alpha \cos\varphi - a \cos\alpha \sin\varphi = -\sin\varphi\, x + \cos\varphi\, y$$

Die Spiegelebene σ gehe durch die z-Achse, bilde mit der xz-Ebene den Winkel τ und spiegele x in x' und y in y'; $z' = z$. Die Transformation des Vektors a im einen in den Vektor a' im anderen Koordinatensystem wird durch den Ausdruck $\sigma a = a' = ra$ beschrieben. Für die Matrixelemente r_{ij} ergibt sich — wieder unter Beschränkung auf x und y:

$$x' = a \cos(2\tau-\alpha) = a \cos 2\tau \cos\alpha + a \sin 2\tau \sin\alpha = \cos 2\tau\, x + \sin 2\tau\, y$$
$$y' = a \sin(2\tau-\alpha) = a \sin 2\tau \cos\alpha - a \cos 2\tau \sin\alpha = \sin 2\tau\, x - \cos 2\tau\, y$$

Die Drehmatrix r_φ und die Spiegelmatrix r_τ haben also folgende Gestalt:

$$C_n \begin{pmatrix} x \\ y \end{pmatrix} = \begin{pmatrix} x' \\ y' \end{pmatrix} = \begin{pmatrix} \cos\varphi & \sin\varphi \\ -\sin\varphi & \cos\varphi \end{pmatrix} \begin{pmatrix} x \\ y \end{pmatrix}$$

$$\sigma \begin{pmatrix} x \\ y \end{pmatrix} = \begin{pmatrix} x' \\ y' \end{pmatrix} = \begin{pmatrix} \cos 2\tau & \sin 2\tau \\ \sin 2\tau & -\cos 2\tau \end{pmatrix} \begin{pmatrix} x \\ y \end{pmatrix}$$

Nun wenden wir das Ergebnis auf die Beispielgruppen C_{2v} ($\varphi = 180°$, $\tau_1 = 0°$, $\tau_2 = 90°$) und C_{3v} ($\varphi_1 = 120°$, $\varphi_2 = 240°$, $\tau_1 = 90°$, $\tau_2 = 30°$, $\tau_3 = 250°$) an, wobei wir z mit einbeziehen, und erhalten einmal vier und einmal sechs Matrizen:

C_{2v}

$$\begin{pmatrix} 1 & 0 & 0 \\ 0 & 1 & 0 \\ 0 & 0 & 1 \end{pmatrix} \quad \begin{pmatrix} -1 & 0 & 0 \\ 0 & -1 & 0 \\ 0 & 0 & 1 \end{pmatrix} \quad \begin{pmatrix} 1 & 0 & 0 \\ 0 & -1 & 0 \\ 0 & 0 & 1 \end{pmatrix} \quad \begin{pmatrix} -1 & 0 & 0 \\ 0 & 1 & 0 \\ 0 & 0 & 1 \end{pmatrix}$$

$$\qquad E \qquad\qquad C_2 \qquad\qquad \sigma_{xz} \qquad\qquad \sigma_{yz}$$

C_{3v}

$$\begin{pmatrix} 1 & 0 & 0 \\ 0 & 1 & 0 \\ 0 & 0 & 1 \end{pmatrix} \begin{pmatrix} -\frac{1}{2} & \frac{\sqrt{3}}{2} & 0 \\ -\frac{\sqrt{3}}{2} & -\frac{1}{2} & 0 \\ 0 & 0 & 1 \end{pmatrix} \begin{pmatrix} -\frac{1}{2} & -\frac{\sqrt{3}}{2} & 0 \\ \frac{\sqrt{3}}{2} & -\frac{1}{2} & 0 \\ 0 & 0 & 1 \end{pmatrix} \begin{pmatrix} -1 & 0 & 0 \\ 0 & 1 & 0 \\ 0 & 0 & 1 \end{pmatrix} \begin{pmatrix} \frac{1}{2} & -\frac{\sqrt{3}}{2} & 0 \\ -\frac{\sqrt{3}}{2} & -\frac{1}{2} & 0 \\ 0 & 0 & 1 \end{pmatrix} \begin{pmatrix} \frac{1}{2} & \frac{\sqrt{3}}{2} & 0 \\ \frac{\sqrt{3}}{2} & -\frac{1}{2} & 0 \\ 0 & 0 & 1 \end{pmatrix}$$

$$\quad E \qquad\quad C_3 \qquad\qquad C_3^2 \qquad\qquad \sigma_1 \qquad\qquad \sigma_2 \qquad\qquad \sigma_3$$

Wie man sieht, induziert das Einheitselement E in beiden Gruppen die Einheitsmatrix e [d. i. eine quadratische Matrix (δ_{ij}); das Symbol δ_{ij} für die Matrixelemente heißt *Kronecker-Symbol*, und zwar ist $\delta_{ii} = 1$ und $\delta_{ij} = 0$ $(i \neq j)$]. Die wesentliche Eigenschaft der erhaltenen Matrizen ist, dass sie die Gruppentafeln der betreffenden Punktgruppen erfüllen, wenn die Matrizen-Multiplikation die Verknüpfungsvorschrift darstellt. Man nennt eine solche Gruppe von Matrizen eine *Darstellung* der Punktgruppe. Wir haben unsere Darstellung erhalten, indem wir alle R_i auf ein Koordinatensystem angewendet und herausgefunden haben, wie sich die Koordinaten eines gegebenen Vektors transformieren. Hätten wir alle R_i auf den Vektor selbst einwirken und hätten das Koordinatensystem ruhen lassen, dann hätten wir eine ähnliche Darstellung erhalten. Diese Darstellung hätte den Bezug zu den Punktdiagrammen veranschaulicht, mit denen oben und in Abb. 2.05 die Punktgruppen abgebildet wurden, da die Punkte ja nichts anderes sind als die Endpunkte des Vektors **a** bzw. der aus ihm hervorgehenden Vektoren **Ra**. Geht man zu Molekülen über mit beliebig vielen Sätzen äquivalenter Atome, dann erhält man sehr viel größere Matrizen als oben. Zu einer gegebenen Symmetriegruppe gibt es also eine beliebige Mannigfaltigkeit von Darstellungen.

Die oben erhaltenen Darstellungen haben eine Besonderheit, nämlich ihre *Blockform*; das bedeutet, dass es längs der Diagonalen Zahlenblöcke gibt und außerhalb davon nur Nullen. Die Teilblöcke stellen ihrerseits Matrizen dar. Im Falle von C_{2v} sind diese Matrizen eindimensional, im Falle von C_{3v} ist der Block oben links zwei-, unten rechts eindimensional. Die Teilblöcke, also im Falle C_{2v} die Matrizen (1), (-1), (1), (-1) (erste Zeile), (1), (-1), (-1), (1) (zweite Zeile) und (1), (1), (1), (1) (dritte Zeile), haben wieder den Charakter einer Darstellung, und das Gleiche gilt für die beiden Blöcke des obigen C_{3v}-Matrizensatzes. Man kann zeigen, dass die Blöcke der C_{3v}-Matrizen prinzipiell nicht mehr verkleinert werden können; also kann der erste Block nicht etwa eindimensional gemacht werden. Wie wir noch sehen werden, ist ein solches Erscheinungsbild einer Darstellung, nämlich dass sie in den kleinsten möglichen Blöcken anfällt, nicht der Normalfall. Man sagt, eine solche Darstellung sei *völlig ausreduziert*. Die Darstellungen, die aus den Teilblöcken der ausreduzierten Darstellung bestehen, nennt man *irreduzible Darstellungen*.

Man kann zeigen, dass die irreduziblen Darstellungen zu zweizähligen Punktgruppen (C_n und S_n mit n < 3) stets eindimensional sind. Zu Punktgruppen vom Typ D_n, C_{nv}, D_{nh} und D_{nd} (n > 2) gehören irreduzible Darstellungen, die ein- oder zweidimensional sind. Im Falle der kubischen Punktgruppen sind die Darstellungen ein-, zwei- oder dreidimensional und im Falle der Ikosaedergruppen ein- bis fünfdimensional. Die irreduziblen Darstellungen, die zu den Gruppen C_n und C_{nh} (n > 2) gehören, sind eindimensional, weisen aber komplexe Matrixelemente auf.

Charaktere von Darstellungen

Der Charakter χ einer quadratischen Matrix *r* ist die Summe aller Diagonalelemente: $\chi = \Sigma_i r_{ii}$. Für die Anwendung des ganzen hier vorgestellten Formalismus spielen die Charaktere der irreduziblen und der reduziblen Darstellungen eine führende Rolle. Ein wichtiger Satz über Charaktere sagt aus, dass sie invariant sind gegenüber einer Ähnlichkeitstransformation, dass also der Charakter der Darstellungsmatrix $r(R_i)$ gleich ist dem Charakter zur Darstellungsmatrix $r(R_j)$, wenn $R_j = R_k^{-1} R_i R_k$. Darstellungsmatrizen, die zu Symmetrieelementen der gleichen Klasse gehören, haben also den gleichen Charakter.

Es gibt zu jeder endlichen Punktgruppe nur eine bestimmte Zahl irreduzibler Darstellungen, die sich im Charakter unterscheiden; zu den unendlichen Punktgruppen $C_{\infty v}$ und $D_{\infty h}$ sowie zur Kugeldrehgruppe gehören allerdings beliebig viele irreduzible Darstellungen. Es ist die Zahl der irreduziblen Darstellungen eben so groß wie die Zahl der Klassen. Man beschreibt deshalb die Charaktere irreduzibler Darstellungen in einem quadratischen Schema, dessen Zeilen zu einer bestimmten irreduziblen Darstellung gehören und dessen Spalten den Klassen der betreffenden Gruppe zugeordnet werden. Man kann sich solche *Charaktertafeln* selbst zurechtlegen, wenn man drei Gesetze beachtet, die hier ohne Ableitung angegeben seien:

(1) Mit l_i als der Dimension der i-ten irreduziblen Darstellung und h als der Gruppenordnung gilt (summiert über alle irreduziblen Darstellungen):

$$\Sigma_i \, l_i^2 = h$$

(2) Mit $\chi_i(R)$ als dem Charakter der i-ten irreduziblen Darstellung zum Symmetrieelement R ergibt sich (summiert über alle h Symmetrieelemente R):

$$\Sigma_R [\chi_i(R)]^2 = h$$

(3) Das dritte Gesetz nennt man die *Orthogonalitätsrelation*; mit i $\neq$ j gilt:

$$\Sigma_R \, \chi_i(R) \, \chi_j(R) = 0$$

Z. B. haben die Charaktertafeln der Gruppen C_2, C_s und C_i folgendes Aussehen:

C_2	E	C_2		
A	1	1	z, R_z	$x^2, y^2 z^2, xy$
B	1	−1	x, y, R_x, R_y	xz, yz

C_s	E	σ		
A'	1	1	x, y, R_z	x^2, y^2, z^2, xy
A''	1	−1	z, R_x, R_y	xz, yz

C_i	E	i		
A_g	1	1	R_x, R_y, R_z	$x^2, y^2, z^2, xy, xz, yz$
A_u	1	−1	x, y, z	

Das $\pm$-Verhalten gegenüber einer Hauptachse ergibt für die irreduzible Darstellung die Bezeichnungen A oder B, das $\pm$-Verhalten gegenüber einer Hauptspiegelebene einen Strich oder Doppelstrich als rechtes Superskript und das $\pm$-Verhalten gegenüber dem Inversionszentrum die Indices g oder u. Rechts neben der Charaktertafel ist noch angegeben, wie sich die Achsen x, y, z gegenüber einer Symmetrieoperation verhalten. Das Transformationsverhalten der Koordinatenprodukte wird gleich und die Bedeutung der Rotationsoperatoren R_x, R_y, R_z später erörtert.

Die Charaktertafeln für C_{2v} und C_{3v} lauten:

C_{2v}	E	C_2	σ_{xz}	σ_{yz}		
A_1	1	1	1	1	z	x^2, y^2, z^2
A_2	1	1	−1	−1	R_z	xy
B_1	1	−1	1	−1	x, R_y	xz
B_2	1	−1	−1	1	y, R_x	yz

C_{3v}	E	$2C_3$	$3\sigma_v$		
A_1	1	1	1	z	$x^2 + y^2$ z^2
A_2	1	1	−1	R_z	
E	2	−1	0	(x, y) (R_x, R_y)	$(x^2 - y^2, xy)$, (xz, yz)

Das Symbol für zweidimensionale irreduzible Darstellungen ist E. Die Ziffer vor dem Symbol von R gibt die Zahl der Elemente in der betreffenden Klasse an (z. B. $2C_3$, $3\sigma_v$). Aus den oben angegebenen ausreduzierten Matrizen in Blockform lässt sich sofort herauslesen, nach welchen irreduziblen Darstellungen sich x, y und z transformieren. Wir werden später die Charaktertafeln von T_d und O_h brauchen, die folgendes Aussehen haben:

T_d	E	$8C_3$	$3C_2$	$6S_4$	$6\sigma_d$		
A_1	1	1	1	1	1		$x^2 + y^2 + z^2$
A_2	1	1	1	−1	−1		
E	2	−1	2	0	0		$(2z^2 - x^2 - y^2, x^2 - y^2)$
T_1	3	0	−1	1	−1	(R_x, R_y, R_z)	
T_2	3	0	−1	−1	1	(x, y, z)	(xy, xz, yz)

O_h	E	$3C_2$	$6C_4$	$8C_3$	$6C_2'$	i	$3\sigma_h$	$6S_4$	$8S_6$	$6\sigma_d$		
A_{1g}	1	1	1	1	1	1	1	1	1	1		$x^2 + y^2 + z^2$
A_{2g}	1	1	−1	1	−1	1	1	−1	1	−1		
E_g	2	2	0	−1	0	2	2	0	−1	0		$(2z^2 - x^2 - y^2, x^2 - y^2)$
T_{1g}	3	−1	1	0	−1	3	−1	1	0	−1	(R_x, R_y, R_z)	
T_{2g}	3	−1	−1	0	1	3	−1	−1	0	1		(xy, xz, yz)
A_{1u}	1	1	1	1	1	−1	−1	−1	−1	−1		
A_{2u}	1	1	−1	1	−1	−1	−1	1	−1	1		
E_u	2	2	0	−1	0	−2	−2	0	1	0		
T_{1u}	3	−1	1	0	−1	−3	1	−1	0	1	(x, y, z)	
T_{2u}	3	−1	−1	0	1	−3	1	1	0	−1		

Die dreidimensionalen irreduziblen Darstellungen erhalten das Symbol T.

Reduktion von Darstellungen

Das Prinzip sei an einem Beispiel erläutert! Drei Vektoren a_1, a_2 und a_3 seien gerichtet wie die drei NH-Bindungen des Moleküls NH_3 (C_{3v}). Die drei Vektoren bilden eine Basis a, auf die die sechs Operatoren R_i von C_{3v} einwirken: $R_i a = r_i a$, wobei die sechs Darstellungsmatrizen r_1 bis r_6 induziert werden:

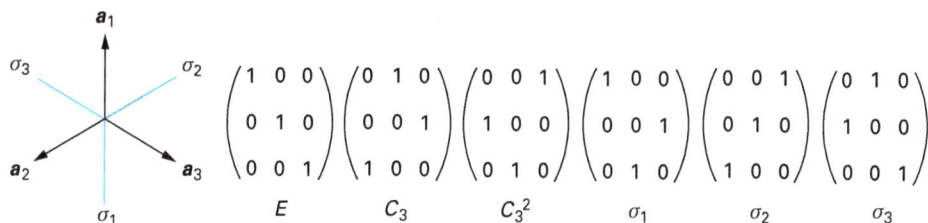

$$\begin{pmatrix} 1 & 0 & 0 \\ 0 & 1 & 0 \\ 0 & 0 & 1 \end{pmatrix} \begin{pmatrix} 0 & 1 & 0 \\ 0 & 0 & 1 \\ 1 & 0 & 0 \end{pmatrix} \begin{pmatrix} 0 & 0 & 1 \\ 1 & 0 & 0 \\ 0 & 1 & 0 \end{pmatrix} \begin{pmatrix} 1 & 0 & 0 \\ 0 & 0 & 1 \\ 0 & 1 & 0 \end{pmatrix} \begin{pmatrix} 0 & 0 & 1 \\ 0 & 1 & 0 \\ 1 & 0 & 0 \end{pmatrix} \begin{pmatrix} 0 & 1 & 0 \\ 1 & 0 & 0 \\ 0 & 0 & 1 \end{pmatrix}$$

$$\quad E \qquad\qquad C_3 \qquad\qquad C_3^2 \qquad\qquad \sigma_1 \qquad\qquad \sigma_2 \qquad\qquad \sigma_3$$

Als Charaktere liest man ab $\chi = 3$ (E), 0 ($2C_3$), 1 (3σ). Es liegt keine Blockform vor, die Darstellung ist also nicht ausreduziert. Eine Reduktion gelingt, wenn eine Matrix gefunden wird, die die gegebene Basis a in eine Basis a' so transformiert, dass bei Einwirkung von R auf a' eine ausreduzierte Darstellung induziert wird. Das Verfahren zum Auffinden einer geeigneten Transformationsmatrix t wird hier nicht erläutert, da man es bei der Anwendung der Theorie in der Chemie durch Intuition ersetzen kann. Die Basistransformation $a' = ta$ führt im vorliegenden Beispiel zu folgendem Satz linearer Gleichungen:

$$a_1' = a_1 \ + a_2 + a_3$$
$$a_2' = 2\,a_1 - a_2 - a_3$$
$$a_3' = a_2 \ - a_3$$

Führt man jetzt die sechs Operationen $R_i a' = r_i' a'$ aus, dann werden die folgenden sechs Darstellungsmatrizen r_i' induziert:

$$\begin{pmatrix} 1 & 0 & 0 \\ 0 & 1 & 0 \\ 0 & 0 & 1 \end{pmatrix} \begin{pmatrix} 1 & 0 & 0 \\ 0 & -\frac{1}{2} & -\frac{3}{2} \\ 0 & -\frac{1}{2} & -\frac{1}{2} \end{pmatrix} \begin{pmatrix} 1 & 0 & 0 \\ 0 & -\frac{1}{2} & -\frac{3}{2} \\ 0 & \frac{1}{2} & -\frac{1}{2} \end{pmatrix} \begin{pmatrix} 1 & 0 & 0 \\ 0 & 1 & 0 \\ 0 & 0 & -1 \end{pmatrix} \begin{pmatrix} 1 & 0 & 0 \\ 0 & -\frac{1}{2} & -\frac{3}{2} \\ 0 & -\frac{1}{2} & \frac{1}{2} \end{pmatrix} \begin{pmatrix} 1 & 0 & 0 \\ 0 & -\frac{1}{2} & \frac{3}{2} \\ 0 & \frac{1}{2} & \frac{1}{2} \end{pmatrix}$$

$$\quad E \qquad\qquad C_3 \qquad\qquad C_3^2 \qquad\qquad \sigma_1 \qquad\qquad \sigma_2 \qquad\qquad \sigma_3$$

Diese Darstellung liegt in Blockform vor. Der Vektor a_1' transformiert sich *total-symmetrisch*, d. h. nach jener irreduziblen Darstellung, die durch $\chi_i = 1$ für alle i charakterisiert ist, also A_1 in C_{3v}. Die Vektoren a_2' und a_3' transformieren sich gemeinsam nach E. Die Charaktere in der gestrichenen Darstellung r' sind die gleichen wie die der ursprünglichen Darstellung r. Das ist kein Zufall, sondern Gesetz. Wenn allgemein eine Basis a' aus einer Basis a durch lineare Transformation hervorgeht und wenn die Elemente R einer Symmetriegruppe gemäß $Ra = ra$ eine Darstellung r und gemäß $Ra' = r'a'$ eine Darstellung r' induzieren, dann sind — wie man zeigen kann — r und r' gemäß der Beziehung $r = t^{-1}r't$ konjugiert, und das beinhaltet (s. o.), dass $\chi(r') = \chi(r)$.

Das ist ein wichtiger Sachverhalt. Es ist normalerweise einfach, die Charaktere χ einer nicht ausreduzierten Darstellung zu ermitteln, die bei der Anwendung von R auf eine gegebene Basis induziert wird. Die Gruppentheorie gibt uns nun eine

Formel an die Hand, mit deren Hilfe man herausfinden kann, in wie viele Blöcke die Darstellung zerfällt, wenn man sie ausreduziert, und welche irreduziblen Darstellungen sich hinter den Blöcken verbergen. Die i-te irreduzible Darstellung mit den h Charakteren $\chi_i(R)$ (bezüglich der h Operationen R) möge b_i-mal unter den Blöcken vorkommen; $\chi(R)$ sei der ermittelte Charakter der reduziblen Darstellungsmatrix zum Symmetrieelement R. Dann lautet die sog. *Reduktionsformel*:

$$b_i = \frac{1}{h} \, \Sigma_R \, \chi(R) \, \chi_i(R)$$

Die Anwendung der Reduktionsformel sei an einem Beispiel erläutert! Von den Ecken eines Trapezes (C_{2v}) senkrecht zur Zeichenebene (d. i. die xy-Ebene) weisen vier gleich lange Vektoren a_1 bis a_4 in die y-Richtung nach oben. Bei der Einwirkung von $R(C_{2v})$ wird die folgende Darstellung induziert:

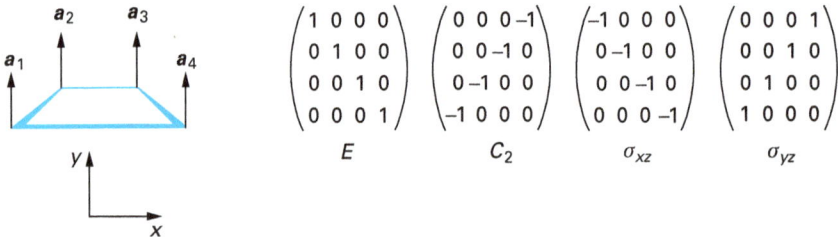

$$
E \qquad
\begin{pmatrix} 1&0&0&0 \\ 0&1&0&0 \\ 0&0&1&0 \\ 0&0&0&1 \end{pmatrix}
\qquad
C_2 \qquad
\begin{pmatrix} 0&0&0&-1 \\ 0&0&-1&0 \\ 0&-1&0&0 \\ -1&0&0&0 \end{pmatrix}
\qquad
\sigma_{xz} \qquad
\begin{pmatrix} -1&0&0&0 \\ 0&-1&0&0 \\ 0&0&-1&0 \\ 0&0&0&-1 \end{pmatrix}
\qquad
\sigma_{yz} \qquad
\begin{pmatrix} 0&0&0&1 \\ 0&0&1&0 \\ 0&1&0&0 \\ 1&0&0&0 \end{pmatrix}
$$

Die Charaktere lauten $\chi(R) = 4, 0, -4, 0$ für $R = E$, C_2, σ_{xz} und σ_{yz}. Die Anwendung der Reduktionsformel ergibt unter Hinzuziehung der Charaktertafel von C_{2v} folgende b_i-Werte: $b_1 = 0$, $b_2 = 2$, $b_3 = 0$, $b_4 = 2$. Mit dem Symbol Γ für eine Darstellung schreibt man $\Gamma = 2\,A_2 + 2\,B_2$ und sagt, dass die Darstellung in zweimal A_2 und zweimal B_2 zerfalle. Eine Basis a', deren Glieder sich nach A_2 bzw. B_2 transformieren, ergibt sich durch die folgende Transformation:

A_2: $a_1' = a_1 - a_4$ B_2: $a_3' = a_1 + a_4$
         $a_2' = a_2 - a_3$ $a_4' = a_2 + a_3$

Unser Vektorbeispiel behandelt nichts anderes als vier p_y-AOs von cisoidem Butadien (C_{2v}), die durch die lineare Transformation in vier *symmetriegerechte* AOs verwandelt wurden. Die LCAO-Kombination der beiden B_2-AOs ergibt die B_2-π-MOs Φ_1 (bindend) und Φ_3 (antibindend) (Abschnitt 6.2.2), die der beiden A_2-AOs die B_2-π-MOs Φ_2 (bindend) und Φ_4 (antibindend). Es gilt der wichtige Satz (s. u.), dass symmetriegerechte AOs nur dann kombinieren (oder anders gesagt, dass ihre Überlappungsintegrale S_{ij} und ihre Resonanzintegrale H_{ij} nur dann von null verschieden sind), wenn sich die kombinierenden Funktionen (φ_i und φ_j in den Integralen S_{ij} und H_{ij}; s. Abschnitt 6.2.2) nach derselben irreduziblen Darstellung der

Symmetriegruppe des betroffenen Moleküls transformieren. Die symmetriegerechten AOs transformieren sich nach den gleichen irreduziblen Darstellungen wie die MOs. (Man bedenke, dass nach der linearen Transformation der ursprünglich gegebenen AOs in symmetriegerechte AOs vermöge der Transformationsmatrix t eine weitere lineare Transformation vermöge der Matrix c nötig ist, um die MOs zu erhalten; dabei folgt die Ermittlung von t ausschließlich mathematischen, nämlich gruppentheoretischen Prinzipien, die Ermittlung von c aber physikalischen Prinzipien, der Minimisierung des quantenmechanischen Ausdrucks für die Energie ε nämlich als Folge des Variationsprinzips; s. Abschnitt 6.2.2.)

Transformation von Produkten

Für die Einwirkung des Symmetrieoperators R auf das Koordinatenprodukt xy gilt: $R(xy) = Rx \cdot Ry$. Wir beschränken uns zunächst auf die zweizähligen Gruppen C_2, C_s und C_i und stellen fest, dass $C_2 x^2 = (C_2 x)^2 = (-x)^2 = x^2$ und ebenso $C_2 y^2 = y^2$ und analog $C_2 z^2 = z^2$, sodass sich x^2, y^2 und z^2 nach der irreduziblen Darstellung A von C_2 transformieren. Weiterhin ist $C_2(xy) = C_2 x\, C_2 y = (-x)(-y) = xy$, aber $C_2(xz) = -xz$ und $C_2(yz) = -yz$, sodass sich xy nach A, xz und yz aber nach B von C_2 transformieren. Auf ähnliche Weise ergibt sich das Transformationsverhalten der sechs Koordinatenprodukte für die Gruppen C_s und C_i und ebenso auch für die Gruppen C_{2v}, C_{2h} und D_{2h}, und zwar mit dem Ergebnis, das oben neben den Charaktertafeln von C_2, C_s, C_i und C_{2v} angegeben ist.

Verwickelter wird die Feststellung des Transformationsverhaltens von Koordinatenprodukten, wenn man zu höheren Zähligkeiten als 2 übergeht. In den Symmetriegruppen C_{nv} gilt für alle R ohne Weiteres, dass $Rz^2 = z^2$, wenn C_n in z verläuft. Die beiden Produkte xz und yz transformieren sich bei der Einwirkung von C_n gemäß Drehmatrix wie folgt:

$$C_n(xz) = zC_n x = z(\cos\varphi\ x \quad + \sin\varphi\ y) = \cos\varphi\ xz \quad + \sin\varphi\ yz$$
$$C_n(yz) = zC_n y = z(-\sin\varphi\ x + \cos\varphi\ y) = -\sin\varphi\ xz + \cos\varphi\ yz$$

Die Produkte xz und yz transformieren sich also stets gemeinsam nach einer E-Darstellung mit dem Charakter $2\cos\varphi$ bei C_n (also z. B. $\chi = -1$ für n = 3, φ = 120°). Für andere Symmetrieelemente erhält man analoge Befunde. Geht man zu den Produkten x^2, y^2 und xy in den Gruppen C_{nv} über, so stellt man fest, dass sie sich gemeinsam nach einer reduziblen dreidimensionalen Darstellung transformieren:

$$C_n x^2 = (\cos\varphi\ x + \sin\varphi\ y)^2 \quad = \cos^2\varphi\ x^2 + \sin^2\varphi\ y^2 + 2\sin\varphi\ \cos\varphi\ xy$$
$$C_n y^2 = (-\sin\varphi\ x + \cos\varphi\ y)^2 = \sin^2\varphi\ x^2 \quad + \cos^2\varphi\ y^2 - 2\sin\varphi\ \cos\varphi\ xy$$
$$C_n xy = (\cos\varphi\ x + \sin\varphi\ y)\,(-\sin\varphi\ x + \cos\varphi\ y)$$
$$\qquad\qquad = -\sin\varphi\ \cos\varphi\ x^2 \quad + \sin\varphi\ \cos\varphi\ y^2 + (\cos^2\varphi - \sin^2\varphi)xy$$

Die neun Koeffizienten dieser drei Gleichungen bilden keine Matrix in Blockform. Deshalb transformieren wir die Basis x^2, y^2, xy in geeigneter Weise in eine neue Basis, die aus den drei Gliedern $x^2 + y^2$, $x^2 - y^2$, xy besteht, und stellen fest, dass C_n jetzt eine ausreduzierte Matrix induziert:

$$C_n(x^2 + y^2) = x^2 + y^2$$
$$C_n(x^2 - y^2) = (\cos^2\varphi - \sin^2\varphi)(x^2 - y^2) + 4\sin\varphi \cos\varphi \, xy$$
$$C_n xy = (-\sin\varphi \cos\varphi)(x^2 - y^2) + (\cos^2\varphi - \sin^2\varphi) \, xy$$

Ermittelt man in analoger Weise das Transformationsverhalten für die vertikalen Spiegelebenen von C_{nv}, dann ergibt sich, dass sich $x^2 + y^2$ ebenso wie z^2 nach der totalsymmetrischen Darstellung transformiert, die beiden Basisglieder $x^2 - y^2$ und xy wie im Falle von C_n gemeinsam nach einer E-Darstellung. Im Falle von $\varphi = 120°$ z. B. erhält man für den Charakter $\chi(C_3)$ den Wert $2\cos^2\varphi - 2\sin^2\varphi = -1$.

Das Verfahren, für andere Symmetriegruppen das Transformationsverhalten von Koordinatenprodukten zu erfahren, verläuft im Prinzip ähnlich. In den kubischen Symmetriegruppen transformieren sich die Ausdrücke $2z^2 - x^2 - y^2$ und $x^2 - y^2$ gemeinsam nach den zweidimensionalen irreduziblen Darstellungen $E(T_d)$ bzw. $E_g(O_h)$; die Produkte xz, yz und xy transformieren sich gemeinsam nach den dreidimensionalen irreduziblen Darstellungen $T_2(T_d)$ bzw. $T_{2g}(O_h)$.

Direktes Produkt

Die Elemente R einer Symmetriegruppe mögen auf einen Vektor a gemäß $Ra = ra$ und auf einen Vektor b gemäß $Rb = sb$ einwirken und eine Darstellung r bzw. s induzieren. Die hiermit einhergehenden linearen Gleichungen lauten: $Ra_i = \Sigma_j r_{ij} a_j$ und $Rb_k = \Sigma_l s_{kl} b_l$. Nun lassen wir R auf das Produkt der Vektorkomponenten a_i und b_k einwirken:

$$R(a_i b_k) = Ra_i \, Rb_k = \Sigma_j \Sigma_l r_{ij} s_{kl} a_j b_l$$

Alle Zahlen i, j, k, l mögen von 1 bis n laufen. Die n^2-Produkte der Vektorkomponenten $a_j b_l$ nennt man das *direkte Produkt* der Vektoren a und b.

Nun definieren wir für das Produkt der Matrixelemente r_{ij} und s_{kl}: $r_{ij} s_{kl} = t_{ik, jl}$. Die Doppelsumme $\Sigma_j \Sigma_l t_{ik, jl}$ hat n^2 Glieder und gibt eine Zeile einer linearen Transformation wieder, die durch die Matrix t mit n^4 Gliedern beschrieben wird. Für den Charakter dieser Matrix gilt: $\Sigma_j \Sigma_l t_{jl, jl} = \Sigma_j \Sigma_l r_{jj} s_{ll} = \Sigma_j r_{jj} \Sigma_l s_{ll} = \chi_r \chi_s = \chi_t$: Der Charakter der Darstellung, die beim Einwirken von Symmetrieoperatoren auf das direkte Produkt zweier Vektoren induziert wird, ist gleich dem Produkt der Charaktere der beiden Darstellungen, die von den gleichen Symmetrieoperatoren beim Einwirken auf die einzelnen Vektoren induziert wird.

Hierzu ein einfaches Beispiel! Die Koordinaten x und y transformieren sich in der Gruppe C_{2v} nach B_1 bzw. B_2. Um herauszufinden, nach welcher Darstellung sich das Produkt xy transformiert, multiplizieren wir die Charaktere von B_1 und B_2 gemäß Charaktertafel miteinander und erhalten die Charaktere von A_2 als der für xy zuständigen Darstellung. In einem weiteren Beispiel wollen wir herausfinden, wie sich die Basis (xz, yz) in C_{3v} transformiert. Nun geht diese Basis aus der zweidimensionalen Basis (x, z) und der eindimensionalen Basis z, die sich nach E bzw. A_1 transformieren, durch Multiplikation hervor. Da die Multiplikation der Charaktere von E und A_1 die Charaktere von E ergeben, transformiert sich die Basis (xz, yz) nach E.

Oben wurde erklärt, dass $R(xy) = Rx \cdot Ry$. Allgemein wirkt R auf Funktionen $f(x, y, z)$ so ein, dass $Rf(x, y, z) = f(Rx, Ry, Rz)$. Zwei Funktionen f_i und f_j mögen sich nach irreduziblen Darstellungen einer Symmetriegruppe transformieren. Im Falle eindimensionaler irreduzibler Darstellungen verschwindet das Integral $\int f_i f_j d\tau$ nur dann nicht, wenn das Produkt $f_i f_j$ invariant gegenüber allen Symmetrieoperationen der Gruppe ist, also $R(f_i f_j) = Rf_i \cdot Rf_j = f_i f_j$ für alle R, das heißt das Produkt $f_i f_j$ transformiert sich nach der totalsymmetrischen Darstellung der betreffenden Gruppe. Im Falle eindimensionaler Darstellungen ist dies nur dann der Fall, wenn $Rf_i = Rf_j = rf_i = rf_j$ mit $r = 1$ oder $r = -1$ für alle R; f_i und f_j müssen sich also nach der gleichen irreduziblen Darstellung transformieren.

Transformieren sich f_i und f_j nach mehrdimensionalen Darstellungen, dann multipliziert man die je h Charaktere χ_i und χ_j miteinander zu χ_k und wendet die Reduktionsformel an. Man erhält die irreduziblen Darstellungen für das Produkt $f_i f_j$, und unter ihnen kann − zufolge der Orthogonalitätsrelation zwischen den Charakteren irreduzibler Darstellungen (s. o.) − die totalsymmetrische Darstellung nur sein, wenn sich f_i und f_j nach der gleichen irreduziblen Darstellung transformieren.

Sinngemäß transformiert sich das Produkt $f_i f_j f_k$ nur dann nach der totalsymmetrischen irreduziblen Darstellung einer Symmetriegruppe, das Integral $\int f_i f_j f_k d\tau$ verschwindet also nur dann nicht, wenn sich das Produkt zweier der Funktionen nach der gleichen irreduziblen Darstellung transformiert wie die dritte der Funktionen oder wenn sich das Produkt zweier der Funktionen nach mehreren irreduziblen Darstellungen transformiert und sich unter diesen die gleiche Darstellung befindet, nach der sich auch die dritte Funktion transformiert.

Transformationsverhalten der Zustandsfunktionen

In welcher Weise die Zustandsfunktionen des H-Atoms (und in analoger Weise die Zustandsfunktionen höherer Atome) von den Koordinaten x, y, z abhängen, wurde in Abschnitt 1.2.2 besprochen (Tabelle 1.1). Die kugelsymmetrischen s-Funktionen transformieren sich wie $x^2 + y^2 + z^2$, also in allen Symmetriegruppen nach der totalsymmetrischen Darstellung. Das Transformationsverhalten der p-Funktionen entspricht dem der Koordinaten x oder y oder z und zwar wie bei den s-Funktionen unabhängig von der Hauptquantenzahl n. Für das Transformationsverhalten der d-Funktionen sind die Koordinatenprodukte maßgebend. Dabei ist im Falle des $d_{x^2-y^2}$-AOs das Transformationsverhalten von $x^2 - y^2$ in den Charaktertafeln entweder angegeben oder x^2 und y^2 transformieren sich getrennt nach der gleichen irreduziblen Darstellung, sodass dies auch für $x^2 - y^2$ zutrifft; analog ist das Transformationsverhalten von $d_{2z^2-x^2-y^2}$ direkt angegeben (nämlich bei den kubischen Gruppen) oder man muss es sich aus dem Transformationsverhalten von $x^2 + y^2$ und z^2, die sich stets nach der gleichen Darstellung transformieren, zurechtlegen.

Festzuhalten bleibt der wichtige Befund, dass sich die Zustandsfunktionen von Atomen stets nach irreduziblen Darstellungen transformieren, sofern man das Atom in den Ursprung eines Koordinatensystems, der gleichzeitig der Mittelpunkt einer Punktgruppe ist, legt.

In der für die Chemie relevanten Theorie sind Matrixelemente $S_{ij} = \int \psi_i \psi_j d\tau$ von Bedeutung. Im Rahmen der LCAO-Methode handelt es sich um die sog. Überlappungsintegrale, und die Funktionen ψ_i und ψ_j sind Zustandsfunktionen von Atomen (AOs) und nicht des betreffenden Moleküls (MOs). Will man daher beurteilen, ob das Integral S_{ij} verschwindet, so muss man erst die Basis aller AOs ψ_i in eine Basis symmetriegerechter AOs ψ_i' überführen, die sich nach einer irreduziblen Darstellung der Symmetriegruppe des Moleküls transformieren. Transformieren sich ψ_i' und ψ_j' nach verschiedenen irreduziblen Darstellungen, dann verschwindet $S_{ij}' = \int \psi_i' \psi_j' d\tau$.

Weiterhin von Bedeutung sind Integrale des Typs $\int \psi_i x \psi_j d\tau$ sowie des Typs $\int \psi_i(xy)\psi_j d\tau$. Sie regeln die Intensität eines Übergangs eines Moleküls vom Zustand ψ_i in den Zustand ψ_j durch Wechselwirkung mit elektromagnetischer Strahlung, und zwar im ersteren Fall durch Absorption oder Emission von Lichtquanten hv (der Vektor x gibt dann das Transformationsverhalten der x-Komponente des Dipolmomentvektors μ wieder), im zweiten Fall durch Übernahme des Anteils hv' aus einem Lichtquant hv, das dabei in das Lichtquant $h(v - v')$ übergeht (das Tensorelement xy entspricht dann dem xy-Anteil des Polarisierbarkeitstensors α). Die Intensitätsintegrale verschwinden nur dann nicht, wenn sich das Produkt aus ψ_j und einer der Komponenten x, y oder z bzw. wenn sich das Produkt aus ψ_j und einer der Komponenten x^2, y^2, z^2, xy, xz, yz nach derselben irreduziblen Darstellung transformiert wie ψ_i. Mithilfe einfacher gruppentheoretischer Überlegungen kann man also entscheiden, ob elektronische Übergänge oder ob Übergänge in einen anderen Schwingungszustand aus Symmetriegründen erlaubt oder verboten sind.

Symmetriegruppen quantenmechanischer Operatoren

In der Quantenmechanik hat man es mit Operatoren Ω zu tun, die auf Zustandsfunktionen ψ vermöge der *Eigenwertsgleichung* $\Omega\psi = \omega\psi$ einwirken. Die dem Operator Ω zugeordneten *Eigenwerte* ω sind messbare Größen. Die Symmetriegruppe des Operators Ω ist diejenige, für die für alle Symmetrieoperationen R der Gruppe gilt, dass R mit Ω vertauschbar ist, also $\Omega R = R\Omega$. Da R auf ω nicht einwirkt, gilt:

$$R\Omega\psi = R\omega\psi = \omega(R\psi) = \Omega(R\psi)$$

Nicht nur die Funktionen ψ, sondern auch die Funktionen $R\psi$ sind also Lösungen der Eigenwertgleichung zum gleichen Eigenwert ω. Da sich die Eigenfunktionen ψ stets nach irreduziblen Darstellungen transformieren, ist das Ergebnis von $R\psi_i$ eine Linearkombination all jener Funktionen ψ_j, die zur gleichen irreduziblen Darstellung gehören wie ψ_i. Das bedeutet, dass genau dieser Satz an Funktionen zum gleichen Eigenwert ω gehört. Dieser Eigenwert ist also so oft entartet, wie die Zahl der Funktionen angibt, die sich untereinander transformieren, und diese Zahl ist gleich der Dimension der betreffenden irreduziblen Darstellung. In Abel'schen Gruppen gibt es nur eindimensionale Darstellungen. Wenn eine solche Gruppe die Gruppe des Operators Ω ist, dann gibt es zu jedem Eigenwert ω nur eine Zustandsfunktion. Aus den Charaktertafeln der kubischen Gruppen liest man ab, dass in ihnen die drei p-Funktionen zur Hauptquantenzahl n zum gleichen Eigenwert gehören, also dreifach entartet sind, ebenso drei der d-Funktionen, während die beiden anderen d-Funktionen zu einem anderen Eigenwert gehören und zweifach entartet sind.

Von Bedeutung ist der *Hamilton-Operator H*, der zu den Orbitalenergien ε als den zugehörigen Eigenwerten gehört. Sowohl $H\psi$ als auch $RH\psi$ führen zum gleichen Eigenwert ε, wenn R zur Symmetriegruppe von H gehört; H ist invariant gegenüber Symmetrieoperationen und transformiert sich nach der totalsymmetrischen irreduziblen Darstellung seiner Gruppe. Das bedeutet, dass Integrale vom Typ des Resonanzintegrals $H_{ij} = \int \psi_i H\psi_j\, d\tau$ nur dann nicht verschwinden, wenn sich ψ_i und ψ_j nach der gleichen irreduziblen Darstellung transformieren.

8.1.2 Metallionen im elektrischen Feld der Liganden

Kristallfeldnäherung

In der Chemie interessiert am meisten der Energieoperator H, der Hamilton-Operator, dessen Einwirken auf die Zustandsfunktion ψ eines quantenmechanischen Systems, eines Atoms oder Moleküls also, die Energie ε als Eigenwert bezüglich der Eigenwertgleichung $H\psi = \varepsilon\psi$, der *Schrödinger-Gleichung*, ergibt. Die Symmetriegruppe des Hamilton-Operators eines *freien Atoms* ist die Kugeldrehgruppe K_h. Die irreduziblen Darstellungen, die induziert werden, wenn die Operatoren R dieser Gruppe auf die Eigenfunktionen (AOs) des freien Atoms einwirken, sind ein-, drei-, fünf-, siebendimensional usw. und die an einer solchen Darstellung beteiligten Funktionen gehören jeweils zum gleichen Eigenwert, zur gleichen Energie also, sind also ein-, drei-, fünf-, siebenfach usw. entartet (das sind die s-, p-, d-, f-Funktionen usw. zur jeweils gleichen Hauptquantenzahl).

Bringt man nun das freie Atom in ein homogenes elektrisches Feld, das in der z-Richtung wirkt, dann reduziert sich die Symmetriegruppe des Hamilton-Operators von K_h zu $C_{\infty v}$. Diese Gruppe enthält wie alle Gruppen vom Typ C_{nv} nur ein- und zweidimensionale irreduzible Darstellungen. Die s-, p_z- und $d_{z^2}^2$-AOs transformieren sich totalsymmetrisch (A_1), ein np_x- und ein np_y-AO gemeinsam nach E_1, ebenso ein nd_{xz}- und ein nd_{yz}-AO, während sich ein $nd_{x^2-y^2}$- und ein nd_{xy}-AO gemeinsam nach E_2 transformieren. (Die volle Schreibung $d_{2z^2-x^2-y^2}$ sei im Folgenden aus Bequemlichkeit zu d_{z^2} verkürzt.) In der Gruppe $C_{\infty v}$ sind anstelle der Bezeichnungen A_1, A_2, E_1, E_2 usw. auch die Bezeichnungen Σ^+, Σ^-, Π, Δ usw. in Gebrauch. Im Folgenden werden für die Bezeichnung der irreduziblen Darstellungen einzelner AOs bzw. der in diesen AOs beherbergten Elektronen kleine Buchstaben verwendet, also a, b, e und t anstelle von A, B, E und T (bei gleichen Indices), während die großen Buchstaben der Bezeichnung der irreduziblen Darstellungen der Zustandsfunktionen eines Mehrelektronensystems vorbehalten bleiben.

Für Koordinationsverbindungen, die Übergangsmetallkationen mit anionischen Liganden eingehen, wollen wir die Wechselwirkungen zunächst auf rein elektrostatische Wechselwirkungen beschränken, ohne dass sich die AOs des Zentralions mit denen der Liganden überlappen, d. i. die sog. *Kristallfeldnäherung*. Die Valenzelektronen des Kations werden in d-AOs beherbergt. In den besonders häufigen Fällen tetraedrischer oder oktaedrischer Koordination ist T_d bzw. O_h die Symmetriegruppe des Hamilton-Operators, und die im freien Atom fünffach entarteten d-AOs spalten auf in zweifach entartete (e bzw. e_g) und dreifach entartete (t_2 bzw. t_{2g}). Um herauszufinden, wie die beiden Orbitalenergien in beiden Fällen energetisch zueinander liegen, hilft eine qualitative elektrostatische Überlegung. Im Falle der *oktaedrischen* Koordination mögen sich die sechs Liganden längs der Richtungen des kartesischen Achsenkreuzes nähern. Die Ladungen der Liganden und die der Metallvalenzelektronen stoßen sich ab. Die e_g-Elektronen haben nun ihre größte Aufenthaltswahrscheinlichkeit gerade längs der sechs Achsrichtungen (Abb. 1.02), wo die Abstoßung am größten ist, während sich die größte Ladungsdichte der t_{2g}-Elektronen längs der Diagonalen (d. s. die sechs C'_2-Nebenachsen) der drei kartesischen Hauptflächen (d. s. die drei Hauptspiegelebenen σ_h) erstreckt, wo die Liganden weit weniger abgestoßen werden. Energetisch günstiger ist daher die Unterbringung der d-Elektronen in den t_{2g}-AOs. Die t_{2g}-Orbitalenergie liegt um Δ_o tiefer als die E_g-Orbitalenergie. Die Aufspaltungsenergie Δ_o im fertigen Komplexmolekül oder Komplexion hängt im Rahmen der Kristallfeldnäherung von der Größe und der Ladung der beteiligten Ionen ab. Sie liegt im Bereich $100-500$ kJ mol^{-1}. Zwischen den beiden Energieniveaus, t_{2g} und e_g, kann man sich eine Nulllinie der Energie so zustande gekommen denken, dass sich die sechs Punktladungen auf eine Kugelfläche mit dem Radius des Kation-Anion-Abstands verteilen. Die Energie des freien Kations liegt übrigens deutlich unterhalb der so definierten hypothetischen Nulllinie. Die drei t_{2g}-Niveaus liegen um $2/5\ \Delta_o$ unterhalb, die e_g-Niveaus um $3/5$ Δ_o oberhalb der Nulllinie, sodass die gesamte Orbitalenergie gleich bleibt, wenn man von der Ladungsanordnung nach K_h zu der nach O_h übergeht.

Im Falle *tetraedrischer* Koordination nähern sich die vier Liganden längs der vier C_3-Achsen von T_d, d. s. die Raumdiagonalen eines Kubus und des kartesischen Systems. Die sechs Flächendiagonalen mit der maximalen Elektronendichte der Elektronen in t_2-AOs liegen den C_3-Achsen deutlich näher als die drei Hauptachsen mit dem Ladungsschwerpunkt der Elektronen in den e-Orbitalen, sodass jetzt die e-AOs bei einer um Δ_t tiefer liegenden Energie anzutreffen sind als die t_2-AOs. Dabei liegen die E-AOs um $3/5\ \Delta_t$ tiefer, die t_2-AOs um $2/5\ \Delta_t$ höher als die Null-linie. Da sich aber keines der d-AOs genau in Richtung der C_3-Achsen erstreckt, ist die abstoßende Wechselwirkung insgesamt geringer als im Oktaederfall, und zwar gilt bei gleichen Kationen und Anionen die Beziehung $\Delta_t \approx 4/9\ \Delta_o$.

Bei anderer als kubischer Symmetrie des Kristallfelds verfährt man analog. Quadratische Koordination ist relativ häufig (D_{4h}; C_4 in z-Richtung). Die vier Liganden nähern sich längs der Koordinatenachsen in der xy-Ebene (σ_h). Die Energieabfolge ergibt sich aus den gleichen Überlegungen wie oben (s. Abb. 8.01). Am höchsten in der Energie liegt erwartungsgemäß das $d_{x^2-y^2}$-AO (b_{1g}), gefolgt mit zunehmend geringerer Energie vom d_{xy}-AO (b_{2g}), dem d_{z^2}-AO (a_{1g}) sowie den AOs d_{xz} und d_{yz} (e_g). Die e_g-AOs und das a_{1g}-AO liegen nahe beieinander, und dass das d_{z^2}-AO in den meisten Fällen nicht tiefer liegt als die beiden e_g-AOs, liegt daran, dass zwar sein Anteil in der z-Richtung von den Metall-Ligand-Achsen deutlich weiter weg liegt als die Ladungsschwerpunkte der e_g-AOs, aber der Ladungsdichtering des d_{z^2}-AOs in der xy-Ebene (s. Abb. 1.02) schneidet die Metall-Ligand-Achsen viermal und liefert so eine gewisse Abstoßung.

Paramagnetismus in Übergangsmetallkomplexen

Bringt man einen Körper in ein inhomogenes magnetisches Feld, so wird er entweder von der Stelle größter Flussdichte $\boldsymbol{B}$ abgestoßen oder angezogen. Stoffe, die abgestoßen werden, nennt man *diamagnetisch*, solche, die angezogen werden, *paramagnetisch*. Diamagnetismus ist eine Eigenschaft aller Materie. In paramagnetischen Stoffen überwiegt der Paramagnetismus den ebenfalls vorhandenen Diamagnetismus in der Regel um mehr als eine Größenordnung. Die magnetische Polarisation $\boldsymbol{J}$ eines Stoffes ist gleich der magnetischen Flussdichte im Stoff abzüglich der magnetischen Flussdichte im Vakuum: $\boldsymbol{J} = \boldsymbol{B} - \boldsymbol{B}_0$, gemessen in Tesla (1 T = 1 V s m^{-2}). Die Stoffeigenschaft, die den Unterschied bewirkt, nennt man Permeabilität μ. Zwischen Flussdichte, Permeabilität und Feldstärke $\boldsymbol{H}$ besteht die Beziehung

$$\boldsymbol{J} = \boldsymbol{B} - \boldsymbol{B}_0 = \mu\,\boldsymbol{H} - \mu_0\,\boldsymbol{H} = (\mu_r - 1)\,\mu_0\,\boldsymbol{H} = \chi\,\mu_0\,\boldsymbol{H}$$

Hierbei ist μ_0 die *Vakuumpermeabilität* ($\mu_0 = 4\,\pi \cdot 10^{-7}$ V A s m^{-1}), μ_r die *relative Permeabilität* und χ die *magnetische Volumensuszeptibilität*; die beiden Letzteren sind dimensionslose Zahlen (s. Abschnitt 3.1.5). Die Suszeptibilität besteht aus einem diamagnetischen Anteil χ^{dia} und einem paramagnetischen Anteil χ^{para}: $\chi =$

$\chi^{dia} + \chi^{para}$. In diamagnetischen Stoffen gilt $0 < \mu_r < 1$ und $\chi^{dia} < 0$, in paramagnetischen Stoffen dagegen $\mu_r > 1$ und $\chi^{para} > 0$. Zur Messung der Suszeptibilität dient vielfach eine sog. *Magnetwaage*, mit der man bestimmt, wie sich das Gewicht einer Probe ändert, wenn sich zur Schwerkraft die von einem Magnetfeld in gleicher Richtung ausgeübte Kraft addiert bzw. subtrahiert. Diese Kraft ist von der Feldstärke abhängig und sie ist dem Volumen der Probe und ihrer Suszeptibilität proportional. Meistens rechnet man χ in die *molare Suszeptibilität* χ_m um: $\chi = \chi_m V_m$ (χ_m gemessen in $cm^3\,mol^{-1}$; V_m ist das molare Volumen).

Schickt man durch einen kreisförmigen Leiter einen elektrischen Strom I, so wird senkrecht zur Kreisfläche $r^2\pi$ ein magnetisches Moment $\boldsymbol{\mu}$ erzeugt, das dem Strom gemäß $\boldsymbol{\mu} = \boldsymbol{I} r^2 \pi$ proportional ist. [Das magnetische Moment $\boldsymbol{\mu}$ (ein Vektor), gemessen in $A\,m^2$, darf nicht verwechselt werden mit der Permeabilität μ (in Festkörpern im Allgemeinen ein Tensor, in isotropen Medien wie der Lösung komplexer Ionen aber eine skalare Größe; s. Abschnitt 3.1.5), gemessen in $V\,A^{-1}\,s\,m^{-1}$, bzw. der relativen Permeabilität μ_r (d. i. eine Zahl).]

Im atomaren Bereich erzeugen die in der Elektronenhülle sich bewegenden Elektronen ein *magnetisches Bahnmoment*, sofern ihnen ein Bahndrehimpuls L zukommt; dies ist für alle Elektronen mit der Drehimpulsquantenzahl $l > 0$ der Fall, also nicht für s-Elektronen. Dazu kommt noch ein *magnetisches Spinmoment* aufgrund des Eigendrehimpulses oder Spins. Das Bahn- und das Spinmoment aller Elektronen koppeln zu einem magnetischen Gesamtmoment, charakterisiert durch die Quantenzahlen L, S und J.

Wirkt ein magnetisches Feld auf Atome ein, so werden durch die sich bewegenden Elektronen Zusatzströme erzeugt, deren magnetisches Feld dem äußeren Feld entgegengesetzt ist und dieses abschwächt. Dies äußert sich makroskopisch als Diamagnetismus und ist allen Stoffen zueigen. Der Diamagnetismus ist temperaturunabhängig.

Die Quantenmechanik lehrt, dass Atome, Moleküle oder Ionen ein permanentes magnetisches Gesamtmoment dann besitzen, wenn sie ungepaarte Elektronen enthalten. Diese mikroskopischen magnetischen Momente haben in nichtkristalliner Materie keine Vorzugsrichtung, sodass sie sich makroskopisch herausheben. Im äußeren Magnetfeld jedoch richten sie sich in der Richtung des äußeren Feldes aus, verstärken es und werden als Paramagnetismus wirksam. Die Ausrichtung der Elementarmagnete konkurriert mit der Wärmebewegung der Elementarteilchen, die durch den Term $k_B T$ wiedergegeben wird (k_B: Boltzmann-Konstante). Die Ausrichtung und damit die Suszeptibilität χ_m^{para} erreichen bei $T = 0$ K mit dem Einfrieren der Wärmebewegung ihr Maximum, und zwar ist χ_m^{para} der Temperatur umgekehrt proportional: $T\chi_m^{para} = C$ (*Curie'sches Gesetz*). In manchen Fällen üben die Elementarteilchen kooperative magnetische Wechselwirkungen auch bei höherer Temperatur in der Form aus, dass auch ohne äußeres Feld eine Ordnung in Teilbereichen auftritt, die eine Modifizierung des Curie'schen Gesetzes zu folgender Form bedingen: $(T - \Theta)\chi_m^{para} = C$ (*Curie-Weiss'sches Gesetz*). Die Gerade mit $1/\chi_m^{para}$ als Ordinate und T als Abszisse geht dann bei konstantem Parameter Θ nicht durch den Ursprung.

Die temperaturunabhängige Größe C im Curie-Weiss'schen Gesetz ist dem Quadrat μ^2 des magnetischen Moments proportional: $C = (\mu_0 N_A / 3k_B)\mu^2$; der Proportionalitätsfaktor in Klammern enthält nur die universellen Naturkonstanten μ_0, N_A und k_B. Für den wichtigen Zusammenhang zwischen μ und χ_m^{para} ergibt sich mithin

$$\mu = \left(\frac{3 k_B}{\mu_0 N_A}\right)^{1/2} [\chi_m^{para} (T - \Theta)]^{1/2} = 0.73981 \cdot 10^{-20} [\chi_m^{para} (T - \Theta)]^{1/2}$$

Setzt man χ_m^{para} anstatt in der SI-Einheit $m^3\, mol^{-1}$ in $cm^3\, mol^{-1}$ ein und teilt die Zahlenkonstante durch das Bohr'sche Magneton $\mu_B = 9.2740154 \cdot 10^{-24}\, A\, m^2$ (Abschnitt 6.1.3), dann ergibt sich μ in Vielfachen des Bohr'schen Magnetons zu

$$\mu = 0.7980 \, [\chi_m^{para} (T - \Theta)]^{1/2} \, \mu_B$$

Experimentell geht man so vor, dass man χ_m in Abhängigkeit von T ermittelt. Um zu $\chi_m^{para} = \chi_m - \chi_m^{dia}$ zu gelangen, muss χ_m^{dia} bekannt sein. Für eine Vielzahl diamagnetischer Verbindungen sind die Suszeptibilitäten gemessen worden und durch vergleichende Differenzbildung auch für Kationen und Anionen bekannt. Für paramagnetische Ionen kann der diamagnetische Anteil aufgrund chemischer Verwandtschaft plausibel abgeschätzt werden. Aus χ_m^{para} und T berechnet man dann μ in Vielfachen von μ_B. Der Nutzeffekt besteht darin, dass die Theorie Ansätze liefert, um μ zu berechnen. Stimmen die experimentellen und theoretischen Werte überein, dann trifft das gewählte theoretische Modell zu und die zugrunde liegende Struktur kann als verstanden gelten.

Für das magnetische Bahnmoment μ_l und für das Spinmoment μ_s eines Elektrons liefert die Theorie folgende Ausdrücke:

$$\mu_l = g_l \, [l(l + 1)]^{1/2} \, \mu_B \qquad \mu_s = g_s \, [s(s + 1)]^{1/2} \, \mu_B$$

Die *gyromagnetischen Faktoren* betragen $g_l = 1$ und $g_s = 2.0023 \approx 2$ (d. i. der Landé-Faktor für das radikalische Elektron von Abschnitt 6.1.3). In freien Mehrelektronenatomen und -ionen muss man zwei Fälle unterscheiden: starke und schwache Spin-Bahn-Kopplung. Bei schwacher Spin-Bahn-Kopplung, gekennzeichnet durch eine kleine Spin-Bahn-Kopplungskonstante λ, nehmen der Gesamtbahn- und der Gesamtspindrehimpuls unabhängig voneinander alle erlaubten Stellungen im Raum ein. Das gesamte magnetische Moment folgt dann aus der Theorie zu

$$\mu = [L(L + 1) + 4 S(S + 1)]^{1/2} \, \mu_B$$

Diese Beziehung gilt vor allem für die paramagnetischen freien Ionen der ersten Übergangsperiode. Wenn aber Liganden mit den freien Kationen in Wechselwirkung treten, dann wird der Beitrag des Bahnmoments zum gesamten magnetischen Moment kleiner. Eine oft gute Näherung stellt dann der sog. *spin-only-Fall* dar:

$$\mu(\text{spin-only}) = [4\,S(S+1)]^{1/2}\,\mu_B$$

Für ein bis fünf ungepaarte Elektronen hat man in der ersten Übergangsreihe mit folgenden Werten für $\mu = \mu(\text{spin-only})$ zu rechnen:

n in d^n:	1	2	3	4	5	
μ(spin-only):	1.73	2.83	3.87	4.90	5.92	μ_B

Diese Werte stimmen mit gemessenen meist ziemlich gut überein. Geht man aber von der ersten zur zweiten und dritten Übergangsreihe und ganz besonders zu den Lanthanoiden und Actinoiden über, dann wird die Spin-Bahn-Kopplung stark. Aus der Theorie folgt insbesondere für die f-Elemente ein komplizierterer Ansatz:

$$\mu = [J(J+1)]^{1/2}\,1 + [J(J+1) + S(S+1) - L(L+1)] \,/\, [2J(J+1)]\,\mu_B$$

Nimmt man als Beispiel das Neodym-Kation Nd^{3+} ($4f^3$) mit dem Grundzustand $^4I_{9/2}$ (d. h. $L = 6$, $S = 3/2$, $J = 9/2$), dann ergibt sich in guter Übereinstimmung mit experimentellen Werten $\mu = 3.62\,\mu_B$.

Highspin- und Lowspin-Konfiguration

Liegt *oktaedrische* Koordination vor, dann ist es klar, dass im Falle einer d^1-, d^2- oder d^3-Konfiguration die Valenzelektronen der Reihe nach eines der tiefer liegenden t_{2g}-AOs besetzen. Wenn nun das vierte d-Elektron auch in einem t_{2g}-AO untergebracht wird, dann liegen zwei Elektronen gepaart vor, und es muss die sog. Spinpaarungsenergie aufgebracht werden, d. i. die gleiche Energie, die auch der *Hund'schen Regel* (Abschnitt 1.2.4) zugrunde liegt. Ist sie größer als Δ_o, dann findet das vierte Elektron in einem der hoch liegenden e_g-AOs Platz, und die Elektronenkonfiguration lautet $t_{2g}^3\,e_g^1$; man nennt das eine *Highspin-Konfiguration*. Bei starker Kristallfeldwechselwirkung und demzufolge großem Δ_o-Wert findet man das vierte Elektron unter Spinpaarung in einem t_{2g}-AO bei einer Elektronenkonfiguration t_{2g}^4: *Lowspin-Konfiguration*. Für die d^5-, d^6- und d^7-Konfigurationen lauten die Besetzungen im Highspin-Fall $t_{2g}^3\,e_g^2$, $t_{2g}^4\,e_g^2$ bzw. $t_{2g}^5\,e_g^2$ und im Lowspin-Fall t_{2g}^5, t_{2g}^6 bzw. $t_{2g}^6\,e_g^1$. Für die Konfigurationen d^8 und d^9 gibt es keine Highspin/Lowspin-Alternativen, und es liegen die Konfigurationen $t_{2g}^6\,e_g^2$ bzw. $t_{2g}^6\,e_g^3$ vor. Die Zahl der ungepaarten Elektronen mit parallelem Spin beträgt für die Gesamtkonfigurationen d^1 bis d^{10}:

Gesamtkonfiguration:	d^1	d^2	d^3	d^4	d^5	d^6	d^7	d^8	d^9	d^{10}	
Highspin-Fall:	1	2	3	4	5	4	3	2	1	0	ungepaarte Elektronen
Lowspin-Fall:	1	2	3	2	1	0	1	2	1	0	ungepaarte Elektronen

Die naheliegendste Methode, zwischen Highspin- und Lowspin-Komplexen zu unterscheiden, ist die Messung des Paramagnetismus, der mit der Zahl der ungepaarten Elektronen parallel geht. In der folgenden Zusammenstellung sind die für den spin-only-Fall für die Konfigurationen d^1 bis d^9 berechneten magnetischen Momente (in Vielfachen des Bohr'schen Magnetons μ_B) zusammengestellt, und zwar für Highspin-Komplexe (Hs) sowie im Bereich d^4 bis d^7 für Lowspin-Komplexe (Ls) bei oktaedrischer Koordination. Daneben sind die für Beispielzentralionen gemessenen magnetischen Momente angegeben, wobei zufolge wechselnder Liganden ein mehr oder weniger enger Bereich von Messdaten zustande kommt; im Falle d^4 bis d^7 sind die Daten für Hs- und Ls-Komplexe nebeneinandergestellt:

	Hs	Ls		Hs	Ls
d^1	1.73		V^{4+}	1.7−1.8	
d^2	2.83		V^{3+}	2.7−2.9	
d^3	3.87		V^{2+}	3.8−3.9	
d^4	4.90	2.83	Cr^{2+}	4.7−4.9	3.2−3.3
d^5	5.92	1.73	Mn^{2+}	5.6−6.1	1.8−2.1
d^6	4.90	0	Fe^{2+}	5.1−5.7	0
d^7	3.87	1.73	Co^{2+}	4.3−5.2	1.8−2.0
d^8	2.83		Ni^{2+}	2.8−4.0	
d^9	1.73		Cu^{2+}	1.7−2.2	

Im Hs-Fall stimmen die Messwerte mit den aus der Theorie in der spin-only-Näherung folgenden Werten gut überein. Für die elektronenreichen d^6- bis d^9-Ionen allerdings liegen die Messwerte etwas höher als die errechneten; die spin-only-Näherung stößt hier an ihre Grenzen. Dies trifft ebenso auf die Ls-Messwerte zu (vom d^6-Ls-Fall abgesehen). Wesentlich aber ist, dass der für Hs und Ls vorhergesagte große, im Falle von d^5 und d^6 dramatisch große Unterschied der magnetischen Momente voll zutrifft und dem Highspin/Lowspin-Konzept Gewicht verleiht.

Die Highspin/Lowspin-Alternative schlägt auch auf den Radius eines Kations M^{n+} durch, das beide Komplexe zu bilden vermag, wenn sich die Alternativen in der Zahl der die Liganden abstoßenden e_g-Elektronen unterscheiden. So ist im Fall der d^5-Konfiguration der Radius bei Lowspin (t_{2g}^5) kleiner als bei Highspin ($t_{2g}^3 e_g^2$), ebenso im d^6-Fall (t_{2g}^6 versus $t_{2g}^4 e_g^2$) und im d^7-Fall ($t_{2g}^6 e_g^1$ versus $t_{2g}^5 e_g^2$).

Da die Orbitalaufspaltungsenergie Δ_t kleiner ist als Δ_o, kommt bei tetraedrischen Komplexen − von Ausnahmen abgesehen − nur die Highspin-Konfiguration vor, und die Zahl der ungepaarten Elektronen beträgt dann von d^1 bis d^{10} der Reihe nach wie bei den oktaedrischen Highspin-Komplexen 1, 2, 3, 4, 5, 4, 3, 2, 1, 0. (Der Begriff Komplex bedeutet hier und im Folgenden so viel wie *Koordinationsverbindung*.)

Wir haben bisher nicht bedacht, dass im Oktaederfall die abstoßende Wechselwirkung etwa eines Elektrons im t_{2g}-AO d_{xy} mit den vier Liganden in der xy-Ebene größer ist als mit denen in der z-Richtung. Ebenso wirkt sich die Abstoßung bei jeder der ungleichmäßigen Besetzungen t_{2g}^2, t_{2g}^4 und t_{2g}^5 unterschiedlich auf die sechs Liganden aus (im Gegensatz zu den gleichmäßigen Besetzungen t_{2g}^3 und t_{2g}^6, in denen die Metall-d-Elektronen die Liganden in allen sechs Richtungen gleichmäßig abstoßen). Oktaederkomplexe müssen sich demzufolge geometrisch verzerren, also z. B. bei der d^1-Konfiguration d_{xy}^1 zwei kürzere Abstände in der z-Richtung aufweisen (Verzerrung nach D_{4h}). Verzerrungen als Folge einer ungleichmäßigen t_{2g}-Besetzung erweisen sich jedoch in der Praxis als so gering, dass man noch von O_h-Symmetrie sprechen kann. Gravierender wirken sich die abstoßenden Kation-Ligand-Wechselwirkungen bei ungleichmäßiger e_g-Besetzung aus, also im d^4-Highspin-Fall ($t_{2g}^3 e_g^1$), im d^7-Lowspin-Fall ($t_{2g}^6 e_g^1$) und ganz besonders im d^9-Fall ($t_{2g}^6 e_g^3$); bei dieser Konfiguration geht die oktaedrische regelmäßig zugunsten quadratischer Symmetrie verloren ($O_h \rightarrow D_{4h}$).

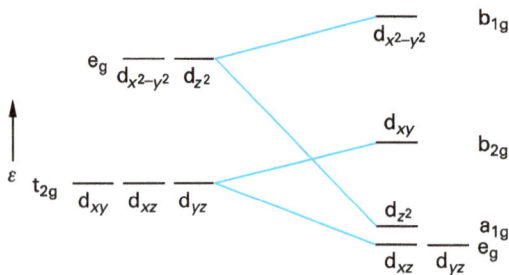

Abb. 8.1 Termschema für die d-Atomorbitale eines Metallkations bei oktaedrischer und quadratischer Symmetrie in der Einelektronennäherung.

Die abseits der Ligandachsen liegenden t_{2g}-AOs spalten beim Übergang zu D_{4h}-Symmetrie weniger auf als die e_g-AOs, bei denen das $d_{x^2-y^2}$-AO deutlich zu höherer, das d_{z^2}-AO stark zu tieferer Energie verschoben wird. Die Terme rechts in Abb. 8.1 geben die Situation wieder, wenn Liganden in der z-Richtung gar nicht mehr vorhanden sind, mit denen die d_{z^2}-Elektronen wechselwirken könnten, also bei quadratischer Viererkoordination. Die Situation einer tetragonal-bipyramidalen Koordination durch sechs Liganden mit verlängerten oder auch verkürzten Bindungen in der z-Richtung kann schematisch durch einen Schnitt durch die blauen Verbindungslinien in Abb. 8.1 parallel zur Energieachse wiedergegeben werden. Beispiele hierfür findet man besonders bei d^9-Kationen, insbesondere bei Cu^{2+}; im Kation $[Cu(NH_3)_6]^{2+}$ liegt ein gestrecktes, im Anion $[Cu(NO_2)_6]^{4-}$ je nach Begleitkation ein gestrecktes oder gestauchtes N_6-Oktaeder vor, und im Kation $[Cu(ONC_5H_5)_6]^{2+}$ (ONC_5H_5: Pyridin-N-oxid) unterliegen die gestreckte und die gestauchte Struktur einem Fluktuationsgleichgewicht.

Im Falle einer quadratischen Koordination durch vier Liganden liegen die vier tiefer liegenden AOs so nahe beieinander, dass von der d^1- bis zur d^4-Konfiguration nur Highspin-Besetzungen beobachtet werden, also e_g^1, e_g^2, $e_g^2 a_{1g}^1$ bzw. $e_g^2 a_{1g}^1 b_{2g}^1$. Aber auch bei der d^5- und d^6-Konfiguration kommt es kaum zu Highspin-Komplexen unter Inanspruchnahme des hoch liegenden b_{1g}-AOs, dafür aber zu einer Zwischenlösung, der sog. *Intermediate spin-Besetzung*; diese lautet im d^5-Fall $e_g^3 a_{1g}^1 b_{2g}^1$ (dagegen Highspin-Besetzung: $e_g^2 a_{1g}^1 b_{2g}^1 b_{1g}^1$) und im d^6-Fall: $e_g^4 a_{1g}^1 b_{2g}^1$ (dagegen Highspin-Besetzung: $e_g^3 a_{1g}^1 b_{2g}^1 b_{1g}^1$). Geht man zur d^7- und d^8-Konfiguration über, dann beobachtet man nur Lowspin-Besetzungen, nämlich $e_g^4 a_{1g}^2 b_{2g}^1$ bzw. $e_g^4 a_{1g}^2 b_{2g}^2$.

Der Vergleich der Kristallfeldaufspaltungen bei oktaedrischer und quadratischer Koordination ist besonders lehrreich für d^8-Metallionen. Im Oktaederfall haben wir dann die Konfiguration $t_{2g}^6 e_g^2$ und im Quadratfall $e_g^4 a_{1g}^2 b_{2g}^2$ (Abb. 8.1). Die Teilbesetzungen mit sechs Elektronen t_{2g}^6 und $e_g^2 b_{2g}^2$ sind energetisch gleichwertig, aber die Teilbesetzung $e_g^2 (O_h)$ ist energetisch deutlich ungünstiger als $a_{1g}^2 (D_{4h})$. Das ist der Grund, warum quadratisch planar gebaute Koordinationsverbindungen vor allem mit den d^8-Kationen Rh^+, Ir^+, Ni^{2+}, Pd^{2+}, Pt^{2+}, Au^{3+} als Zentralatome beobachtet werden.

Bei den tetraedrischen Komplexen ist nur der Highspin-Fall wichtig. Eine ungleichmäßige Besetzung der tief liegenden e_g-AOs, wie sie bei d^1- und d^6-Konfiguration vorliegt, führt nicht zu beobachtbaren Verzerrungen der Geometrie. Mehr Einfluss sollten ungleichmäßig besetzte t_{2g}-AOs ausüben, wie sie bei den Konfigurationen d^3, d^4, d^8 und d^9 auftreten, doch sollten die die Geometrie verändernden Kräfte geringer sein als bei oktaedrischen Komplexen. Tatsächlich beobachtet man eine Verzerrung nur bei d^9-Komplexen; sie führt zu einer Streckung oder Stauchung des Tetraeders längs einer der drei C_2-Hauptachsen zu einem Doppelkeil ($T_d \rightarrow D_{2d}$).

Wir haben uns die geometrischen Verzerrungen bei ungleichmäßiger Besetzung der zwei- und dreifach entarteten MOs durch elektrostatische Überlegungen klargemacht. Sie folgen aber auch aus einem Prinzip der Quantenmechanik, dem *Jahn-Teller-Theorem* (Abschnitt 6.2.2), nach welchem entartete Grundzustände in nichtlinearen Molekülen verboten sind und zu einer geometrischen Verzerrung dergestalt führen, dass die die Entartung hervorrufenden Symmetrieelemente verloren gehen. Eine d^1-Konfiguration führt zu einem entarteten Grundzustand, da das Valenzelektron bei oktaedrischer Koordination durch drei und bei tetraedrischer Koordination durch zwei entartete Zustandsfunktionen beschrieben werden kann, und Entsprechendes gilt bei anderen nicht vollständigen Besetzungen entarteter MOs.

Die Highspin/Lowspin-Alternative bleibt erhalten, wenn man vom simplen elektrostatischen Ansatz der Kristallfeldnäherung abweicht und Elektronenaustauschwechselwirkungen mit den Liganden einbezieht, also zu kovalenten Bindungen mit mehr oder weniger stark polaren Anteilen übergeht und demgemäß auch neutrale Liganden wie NH_3, CO u. a. ins Auge fasst.

Die Tendenz zur Aufspaltung der d-Niveaus im Ligandenfeld wird allgemein durch zwei sog. spektrochemische Reihen wiedergegeben, eine für die Zentralionen und eine für die Liganden. Sie lauten für die oktaedrische Koordination (bei den

Liganden sei im Zweifelsfall das links stehende Atom an das Zentralion gebunden, also O bei ONO^- und N bei NO_2^-, d. s. *Nitrito-* bzw. *Nitro*-Komplexe):

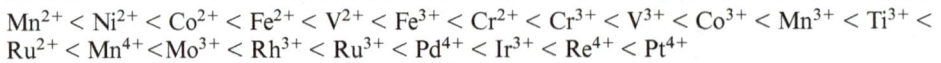

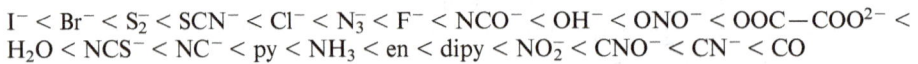

$Mn^{2+} < Ni^{2+} < Co^{2+} < Fe^{2+} < V^{2+} < Fe^{3+} < Cr^{2+} < Cr^{3+} < V^{3+} < Co^{3+} < Mn^{3+} < Ti^{3+} <$
$Ru^{2+} < Mn^{4+} < Mo^{3+} < Rh^{3+} < Ru^{3+} < Pd^{4+} < Ir^{3+} < Re^{4+} < Pt^{4+}$

$I^- < Br^- < S_2^- < SCN^- < Cl^- < N_3^- < F^- < NCO^- < OH^- < ONO^- < OOC-COO^{2-} <$
$H_2O < NCS^- < NC^- < py < NH_3 < en < dipy < NO_2^- < CNO^- < CN^- < CO$

Dass ein neutraler Ligand wie H_2O stärker mit dem Zentralatom wechselwirkt als das Anion F^- und dass gar ein Ligand wie CO mit einem verschwindend kleinen Dipolmoment die größte Aufspaltung Δ_o hervorbringt, zeigt an, wie wenig das rein elektrostatische Modell mitunter taugt. Gerade die Stellung von Liganden wie NO_2^-, CN^- und CO, die ein π-Elektronenpaar mesomer übernehmen können, legt nahe, welche Rolle koordinative π-Rückbindungen vom Metall zum Liganden spielen (Abschnitt 2.2.6).

Die spektrochemische Kationenreihe sei durch einige Beispiele illustriert. Als erstes betrachten wir die Hexaaqua-Komplexe $[M(H_2O)_6]^{n+}$ (n = 2, 3) und ihre Δ_o-Werte; bei den drei zuletzt genannten ist die Wechselwirkung so groß, dass es sich um Lowfield-Komplexe handelt, die anderen repräsentieren den Highfield-Fall:

M:	Mn^{2+}	Co^{2+}	Fe^{2+}	Fe^{3+}	Cr^{2+}	Cr^{3+}	Co^{3+}	Mn^{3+}	Rh^{3+}	
Δ_o:	93	111	124	164	166	208	218	251	323	$kJ\ mol^{-1}$

Die folgenden Hexacyanidometallate $[M(CN)_6]^{n+}$ sind Lowspin-Komplexe (sofern nicht wie bei Cr^{3+} weniger als vier d-Elektronen zugegen sind):

M:	Cr^{3+}	Fe^{2+}	Co^{3+}	Fe^{3+}	
Δ_o:	318	404	416	419	$kJ\ mol^{-1}$

Die Werte stimmen nicht mit der oben angegebenen spektrochemischen Reihe der Kationen überein, eine Folge wohl der starken Rückbindung durch den Liganden CN^-.

Aus thermodynamischer Sicht handelt es sich bei der Highspin/Lowspin-Alternative in erster Linie um einen Enthalpieeffekt. Was die Entropie anbetrifft, ist der Highspin- um eine Nuance günstiger als der Lowspin-Zustand. Liegen im Grenzfall die Enthalpien für Hs und Ls nahe beieinander, dann kann es in Lösung zu Gleichgewichten Ls ⇄ Hs kommen, die sich bei Temperaturerhöhung nach rechts verschieben. In Kristallen korrespondiert hiermit ein enantiotroper Modifikationswechsel bei bestimmter Temperatur. Man spricht von einem *Spincrossover-Übergang*.

Ligandenfeldstabilisierungsenergien

Der Energiegewinn für jedes d-Elektron, das bei oktaedrischer Koordination in ein t_{2g}-Orbital eintritt, beträgt − gemessen an der Energie bei kugelfeldsymmetrischer

Ligandanordnung $-2/5\ \Delta_o$, und dementsprechend beträgt der Verlust bei Anheben eines Elektrons in ein e_g-Orbital $3/5\ \Delta_o$. Die Summe aus Gewinn und Verlust nennt man die *Ligandenfeldstabilisierungsenergie* E_L. Sie beträgt $E_L = q\Delta_o$, wobei der Faktor q pro Elektron im t_{2g}-Orbital -0.4 und pro Elektron im e_g-Orbital $+0.6$ ausmacht. (In der Literatur findet man meist die Definition $\Delta_o = 10$ Dq und gibt E_L-Werte in Vielfachen von Dq an, sodass z. B. ein Elektron im t_{2g}-Orbital 4 Dq an Energiegewinn beiträgt, das sind $0.4\ \Delta_o$.) Bei tetraedrischer Koordination gilt analog $E_L = q\Delta_t \approx 4/9\ q\Delta_o$. Hieraus errechnen sich ohne Weiteres die folgenden q-Werte (angegeben als 10 q) für die Konfigurationen d^1 bis d^{10}, und zwar im Oktaederfall für Highspin- und Lowspin-, im Tetraederfall nur für Highspin-Verteilung der Elektronen. Angegeben ist außerdem noch die Differenz $10\ \Delta q = 10\ q(O_h) - 10\ q(T_d)$, die beschreibt, um wie viel günstiger es vom Standpunkt der Ligandenfeldstabilisierung aus ist, ein Kation in oktaedrische anstatt in tetraedrische Umgebung zu bringen (wozu natürlich im Allgemeinen die Größe der beteiligten Ionen entscheidend mehr beiträgt), und zwar ist diese Differenz angegeben für den Übergang O_h(Highspin) $\rightarrow T_d$(Highspin) und O_h(Lowspin) $\rightarrow T_d$(Highspin) (in letzterem Fall ist vom Gewinn an E_L − streng genommen − noch die Spinpaarungsenergie abzuziehen, und zwar bei d^4 und d^7 für ein, bei d^5 und d^6 für zwei Elektronen):

	d^1	d^2	d^3	d^4	d^5	d^6	d^7	d^8	d^9	d^{10}
$-10\ q(O_h)$ (Highspin):	4	8	12	6	0	4	8	12	6	0
$-10\ q(O_h)$ (Lowspin):	4	8	12	16	20	24	18	12	6	0
$-10\ q(T_d)$ (Highspin):	2.7	5.3	3.6	1.8	0	2.7	5.3	3.6	1.8	0
$-10\ \Delta q$ (Highspin):	1.3	2.7	8.4	4.2	0	1.3	2.7	8.4	4.2	0
$-10\ \Delta q$ (Lowspin):	1.3	2.7	8.4	14.2	20	21.3	12.7	8.4	4.2	0

Die Ligandenfeldstabilisierungsenergie wirkt sich auf eine Reihe beobachtbarer Phänomene aus. Die d^6-Lowspin-Konfiguration t_{2g}^6 macht oktaedrische Lowspin-Komplexe wegen des hohen q-Werts besonders stabil, was sich in einer Fülle stabiler oktaedrischer Co^{III}-Komplexe äußert. Ebenso ist die Bildung zahlreicher oktaedrischer Komplexe von Cr^{III} u. a. dem hohen q-Wert zu danken.

Wir betrachten jetzt die Hydratationsenthalpie ΔH_H von Aqua-Komplexen $[M(H_2O)_6]^{2+}$, die frei wird, wenn sich sechs Moleküle H_2O an ein Kation M^{2+} aus der ersten Übergangsreihe (Ti^{2+} bis Zn^{2+}) in der Gasphase anlagern. Es handelt sich durchwegs um Highspin-Komplexe. Man würde zunächst erwarten, dass diese Enthalpien nur vom Kationradius abhängen, der (unter Einbeziehung des d^0-Kations Ca^{2+}) zufolge der zunehmenden Kernladung von Ca^{2+} bis Zn^{2+} monoton absinkt, sodass die Enthalpien in der gleichen Richtung ansteigen sollten. Das ist nicht der Fall. Die ΔH_H-Werte für Ca^{2+}, Mn^{2+} und Zn^{2+} (d^0, d^5 bzw. d^{10}) liegen zwar auf einer längs der Periode ansteigenden Geraden, aber die Werte für die übrigen Kationen liegen oberhalb dieser Geraden, und zwar umso mehr, je größer

q in $E_L = q\Delta_o$ ist ($q = 0$ für d^0, d^5, d^{10}); dabei ist der Aufspaltungsparameter Δ_o bei gleicher Ionenladung und gleichen Liganden gleich groß.

Im nächsten Beispiel vergleichen wir die Redoxpaare (1) $[Co(NH_3)_6]^{3+}/$ $[Co(NH_3)_6]^{2+}$, $\varepsilon_1^0 = 0.108$ V und (2) $[Co(H_2O)_6]^{3+}/[Co(H_2O)_6]^{2+}$, $\varepsilon_2^0 = 1.92$ V. In beiden Redoxpaaren führt Co^{3+} zu einer Lowspin-, Co^{2+} zu einer Highspin-Konfiguration, und in beiden Fällen steigt q von -2.4 auf -0.8. Der Unterschied im Standardpotential geht auf einen Unterschied in der Ligandenfeldstabilisie-rungsenergie $E_L = q\Delta_o$ wegen des Unterschieds im Aufspaltungsterm Δ_o zurück. Laut spektrochemischer Reihe der Liganden verursacht NH_3 eine deutlich stärkere Termaufspaltung als H_2O, sodass der Verlust an E_L beim Lowfield/Highfield-Über-gang ($d^6 \rightarrow d^7$) bei NH_3 viel stärker zu Buche schlägt und zu einem kleineren Oxi-dationspotential führt.

Schließlich sei als Beispiel für die Bedeutung von E_L noch ein Ligandenfeldphä-nomen aus der Welt der Festkörper herangezogen. Bei den normalen Spinellen $M^{II}M_2^{III}O_4$ (Abschnitt 3.4.4) finden sich die M^{2+}-Ionen in 1/8 der kleineren Tetra-ederlücken, die M^{3+}-Ionen in 1/2 der größeren Oktaederlücken einer A1-Packung von O^{2-}, auch wenn M^{2+} größer ist als M^{3+} und in den Oktaederlücken mehr Platz hätte, weil sechs O^{2-}-Ionen M^{3+} mehr anziehen als M^{2+}. In diesem energeti-schen Wechselspiel von Ionengröße und -ladung kann eine zusätzliche Liganden-feldstabilisierungsenergie den Ausschlag dafür geben, dass der inverse Spinell $M^{III}(M^{II}M^{III})O_4$ mit M^{2+} in Oktaederlücken stabiler wird als der Normalspinell. Spinelle sind in der Regel Highspin-Verbindungen für M^{2+} und M^{3+} mit gewissen Ausnahmen wie Co^{3+}. Maßgeblich sind die oben angegeben Δq-Werte für den Übergang von T_d nach O_h, und zwar ist der Übergang von der Tetraeder- in die Oktaederlücke umso günstiger, je negativer diese Werte sind. Beispiele für normale Spinelle sind demnach $FeCr_2O_4$ (10 $\Delta q = -1.3$ und -8.4 für Fe^{2+} bzw. Cr^{3+}), Co_3O_4 (-2.7 und -21.3 für Co^{2+} bzw. Co^{3+}) und Mn_3O_4 (0 und -4.2 für Mn^{2+} bzw. Mn^{3+}); als Beispiele für inverse Spinelle mögen dienen $Fe(NiFe)O_4$ (0 und $-$ 8.4 für Fe^{3+} bzw. Ni^{2+}) und Fe_3O_4 (0 und -1.3 für Fe^{3+} bzw. Fe^{2+}).

Energieaufspaltungen im Mehrelektronenmodell

Ist nur *ein* Valenzelektron vorhanden, so sind im freien Atom (Kugeldrehgruppe) bei gleicher Hauptquantenzahl die s-AOs einfach, die p-AOs dreifach, die d-AOs fünffach, die f-AOs siebenfach, die g-AOs neunfach, die h-AOs elffach entartet usw. Wir haben das Transformationsverhalten der s-, p- und d-Elektronen bei Er-niedrigung der Symmetrie anhand des Transformationsverhaltens der kartesischen Koordinaten studiert, von denen die entsprechenden Funktionen gemäß Tabelle 1.2 abhängen. Dort fanden die f-, g-, h-, i-Funktionen usw. keine Berücksichtigung. Da das Prinzip erklärt wurde, sei jetzt ohne Ableitung angegeben, nach welchen irreduziblen Darstellungen sich diese Funktionen transformieren, wenn Liganden-felder der drei wichtigen Punktgruppen O_h, T_d und D_{4h} auf sie einwirken.

	O_h	T_d	D_{4h}
s	a_{1g}	a_1	a_{1g}
p	t_{1u}	t_2	$a_{2u} + e_u$
d	$e_g + t_{2g}$	$e + t_2$	$a_{1g} + b_{1g} + b_{2g} + e_g$
f	$a_{2u} + t_{1u} + t_{2u}$	$a_2 + t_1 + t_2$	$a_{2u} + b_{1u} + b_{2u} + 2\,e_u$
g	$a_{1g} + e_g + t_{1g} + t_{2g}$	$a_1 + e + t_1 + t_2$	$2\,a_{1g} + a_{2g} + b_{1g} + b_{2g} + 2\,e_g$
h	$e_u + 2\,t_{1u} + t_{2u}$	$e + t_1 + 2\,t_2$	$a_{1u} + 2\,a_{2u} + b_{1u} + b_{2u} + 3\,e_u$

Das einfachste Mehrelektronen-Übergangsmetall-Kation hat eine d^2-Elektronen-Konfiguration. Im Abschnitt 1.2.5 wurde dargelegt, dass sich ein solches freies Kation (mit von links nach rechts steigender Energie) in den Zuständen ^3F, ^1D, ^3P, ^1G und ^1S befinden kann. Nun kann man zeigen, dass sich die durch die Symbole S, P, D, F, G usw. charakterisierten Zustandsfunktionen genauso transformieren wie die Funktionen der Zustände s, p, d, f, g usw. Also spaltet z. B. der ^3F-Term des freien Ions im oktaedrischen Feld in die durch folgende irreduziblen Darstellungen gekennzeichneten Zustände auf (jetzt im Mehrelektronenmodell mit großen Buchstaben): $^3A_{2u} + {}^3T_{1u} + {}^3T_{2u}$.

Nun lassen wir als hypothetischen Grenzfall die Wechselwirkung der beiden d-Elektronen mit den sechs Liganden so extrem groß werden, dass demgegenüber ihre Wechselwirkung untereinander verschwindet. Dann gibt es drei energetisch weit auseinanderliegende Zustände: t_{2g}^2, $t_{2g}^1 e_g^1$ und e_g^2. Um herauszufinden, nach welchen irreduziblen Darstellungen von O_h sich der Zustand t_{2g}^2 transformiert, bilden wir den Charakter für das direkte Produkt der beiden t_{2g}-Funktionen, indem wir die Charaktere von T_{2g} quadrieren und erhalten in derselben Reihenfolge der Klassen wie in der Charaktertafel für O_h (Abschnitt 8.1.1) die Werte $\chi(R) = 9, 1,$ $1, 0, 1, 9, 1, 1, 0, 1$. Mithilfe der Reduktionsformel stellen wir fest, dass sich die Konfiguration t_{2g}^2 wie folgt transformiert: $\Gamma_1 = A_{1g} + E_g + T_{1g} + T_{2g}$. Analog ergibt sich für die Konfiguration $t_{2g}^1 e_g^1$: $\Gamma_2 = T_{1g} + T_{2g}$. Die Konfiguration e_g^2 ergibt: $\Gamma_3 = A_{1g} + A_{2g} + E_g$. (Man beachte, dass die von t_{2g}^2 induzierte Darstellung die Dimension $3 \cdot 3$, die von $t_{2g}^1 e_g^1$ induzierte die Dimension $3 \cdot 2$ haben muss usw.)

Nun gilt es, das Spinverhalten der einzelnen Zustände zu ermitteln, wobei es sich bei zwei Elektronen nur um Singulett- oder Triplettzustände handeln kann. Wir lösen dieses Problem nicht systematisch, sondern durch einen plausiblen Permutationsansatz. Zwei Elektronen mit den Spins $s = \pm 1/2$ (*Spinentartung*) können sich im Falle der e_g^2-Konfiguration auf die beiden entarteten e_g-Funktionen 1 und 2 (*Orbital-* oder *Bahnentartung*) wie folgt verteilen: 1^+1^-, 2^+2^-, 1^+2^+, 1^+2^-, 1^-2^+, 1^-2^-, d. s. sechs Spin/Bahn-entartete Funktionen. Die Multiplizitäten u, v, w der drei e_g-Zustände $^uA_{1g}$, $^vA_{2g}$ und ^wE_g müssen gemäß $u + v + 2w$ den Entartungsgrad 6 ergeben, wofür es nur zwei Lösungen mit den ganzzahligen Werten 1 und 3 gibt, nämlich u/v/w = 3/1/1 oder 1/3/1.

Für die $t_{2g}^2 e_g^1$-Konfiguration mit den t_{2g}-AOs 1, 2 und 3 und den e_g-AOs 4 und 5 gibt es sechs +/+-Verteilungen: 1^+4^+, 1^+5^+, 2^+4^+, 2^+5^+, 3^+4^+, 3^+5^+, gefolgt von sechs analogen +/−, sechs −/+ und sechs −/−-Verteilungen, d. s. 24 Spin/Bahn-Entartungen. Die Aufspaltungen $t_{2g}^1 e_g^1 \to T_{1g} + T_{2g}$ liefern im Triplettfall $^3T_{1g} + {}^3T_{2g}$ nur $9 + 9 = 18$ Entartungen. Zu 24 Entartungen kommt man nur, wenn man noch ein Funktionspaar $^1T_{1g} + {}^1T_{2g}$ mit weiteren sechs Entartungen dazu nimmt. Für die t_{2g}^2-Konfiguration schließlich mit den t_{2g}-Funktionen 1, 2, 3 gibt es ein Tripel von gepaarten Besetzungen 1^+1^-, 2^+2^-, 3^+3^- sowie für die Orbitalkombinationstripel 1/2, 1/3 und 2/3 die vier Spinverteilungsmöglichkeiten +/+, +/−, −/+ und −/−, d. s. 15 Spin/Bahn-Entartungen. Für die Multiplizitäten t, u, v, w in $^tA_{1g} + {}^uE_g + {}^vT_{1g} + {}^wT_{2g}$ folgt $t + 2u + 3v + 3w = 15$ mit drei Lösungen: t/u/v/w = 1/1/3/1 oder 1/1/1/3 oder 3/2/1/1.

Um die Unbestimmtheiten im Falle e_g^2 und t_{2g}^2 zu beheben, machen wir von einem Prinzip der Quantenmechanik Gebrauch. Wir betrachten zwei hypothetische Grenzfälle, nämlich einerseits die Energieaufspaltungen, die eintreten, wenn das freie Ion mit all seinen elektronischen Wechselwirkungen das Oktaederfeld der Liganden zu spüren beginnt (sodass also im Fall einer d^2-Konfiguration die Terme ^3F, ^1D, ^3P, ^1G, ^1S aufspalten wie oben angegeben), und andererseits die Energieaufspaltungen, die eintreten, wenn Elektronen im starken Oktaederfeld gerade beginnen, miteinander in Wechselwirkung zu treten (sodass also im Falle einer d^2-Konfiguration z. B. die t_{2g}^2-Konfiguration in $^tA_{1g}$, ^uE_g, $^vT_{1g}$ und $^wT_{2g}$ aufspaltet). Jenes quantenmechanische Prinzip sagt aus, dass zwischen den Aufspaltungen in beiden Grenzfällen eine eindeutige Korrelation bestehen muss. Wenn wir in einem Korrelationsdiagramm (Abb. 8.2) die Energieniveaus des freien d^2-Ions links und die wechselwirkungsfreien d^2-Terme rechts eintragen, dann stellen wir fest, dass links nur $^1A_{1g}$-, keine $^3A_{1g}$-Terme auftreten, sodass für e_g^2 die Lösung 1/3/1 zutreffen muss und für t_{2g}^2 die Lösung 3/2/1/1 ausscheidet. Links stehen zwei $^3T_{1g}$-Terme, rechts einer im Falle $t_{2g}^1 e_g^1$, sodass als zweiter $^3T_{1g}$-Term nur der für die t_{2g}^2-Konfiguration ermittelte T_{1g}-Term zur Verfügung steht und wir als Lösung erhalten w/x/y/z = 1/1/3/1. Bei der Aufstellung des Korrelationsdiagramms ist noch ein Prinzip der Quantenmechanik zu beachten, nämlich dass sich Korrelationslinien, die zu Funktionen, die sich nach der gleichen irreduziblen Darstellung transformieren und die gleiche Multiplizität haben, nicht schneiden dürfen (*Kreuzungsverbot*, englisch *noncrossing rule*).

Im Mehrelektronenmodell bewirkt eine d^u-Konfiguration die gleiche Aufspaltung in Terme wie eine d^{10-u}-Konfiguration (Abschnitt 1.2.5), also ändert sich die linke Ordinate im Korrelationsdiagramm nicht, wenn man von der d^2- zur d^8-Konfiguration übergeht usw. Dies gilt in ähnlicher Weise auch für die Ordinate auf der rechten Seite, nur dass sich jetzt die Bezeichnung umkehrt: In der d^8-Konfiguration $t_{2g}^6 e_g^2$ zählt man die beiden unbesetzten Plätze in den e_g-AOs gleichsam als Positronen und kommt zur e_g^2-Valenzpositronenkonfiguration als der energietiefsten Anordnung. Die folgende Skizze soll dies deutlich machen:

e_g^2 t_{2g}^2

$t_{2g}^1 e_g^1$ $e_g^1 t_{2g}^1$

t_{2g}^2 e_g^2

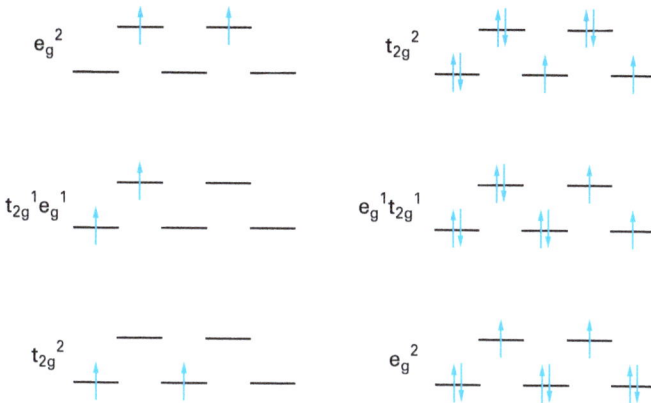

Wenn man also von der d^2- zu höheren Konfigurationen übergeht, dann hat man nur noch die Konfigurationen d^3, d^4 und d^5 auszuarbeiten, was zwar aufwendiger ist, aber im Prinzip analog zur Bearbeitung der d^2-Konfiguration verläuft. Bei der Korrelation im Falle einer umgedrehten Termanordnung längs der rechten Ordinate kommt es bei Befolgung des Kreuzungsverbots natürlich zu Unterschieden zwischen einem d^u und einem d^{10-u}-Diagramm.

Geht man von der oktaedrischen zur tetraedrischen Koordination über, so ändert sich auf der linken Diagrammordinate nichts, wenn man die Ligandwechselwirkung einschaltet, nur fehlt in den Bezeichnungen der irreduziblen Darstellungen das Subskript g. Auf der rechten Ordinatenseite kehrt sich die Reihenfolge um, sodass es im d^2-Fall von unten nach oben nunmehr heißt e^2, $e^1 t_2^1$, t_2^2. An den dargelegten Prinzipien ändert sich nichts, wenn man von der kubischen Komplexgeometrie zu niedrigerer Symmetrie übergeht.

In allgemein (d. h. für beliebige Zentralionen) gültigen Korrelationsdiagrammen trägt man als Ordinate anstelle der Energie E die Größe E/B auf. Dabei trägt der *interelektronische Abstoßungsparameter B* den Metallkationen M^{n+} individuell Rechnung. Die drei sog. *Racah-Parameter A, B und C* gestatten insgesamt die Parametrisierung der interelektronischen Abstoßung in höheren Atomen und Ionen, wobei zu Vergleichszwecken B die größte Rolle spielt. Man hat B für die wichtigsten Kationen in ihren wichtigsten Ionenwertigkeiten n aus spektroskopischen Daten ermittelt, z. T. auch *ab initio* (d. h. ohne auf experimentelle Daten zurückzugreifen) berechnet. Als Abszisse wird die Größe Δ_o/B (O_h) bzw. Δ_t/B (T_d) aufgetragen, also die vermöge des individuellen Abstoßungsparameters B verallgemeinerten Ligandenfeldparameter Δ. (Bei niedrigerer als kubischer Symmetrie braucht man mehr als einen Parameter Δ.) In diesen sog. *Tanabe-Sugano-Termdiagrammen* treten im Oktaederfall bei den Konfigurationen d^4 bis d^7 Knicke der Korrelationslinien dort auf, wo die Highfield- in eine Lowfield-Anordnung übergeht.

Die innerelektronische Abstoßung der d-Elektronen und damit die Größe der Racah-Parameter nimmt umso mehr ab, je stärker die d-Elektronen an kovalenten

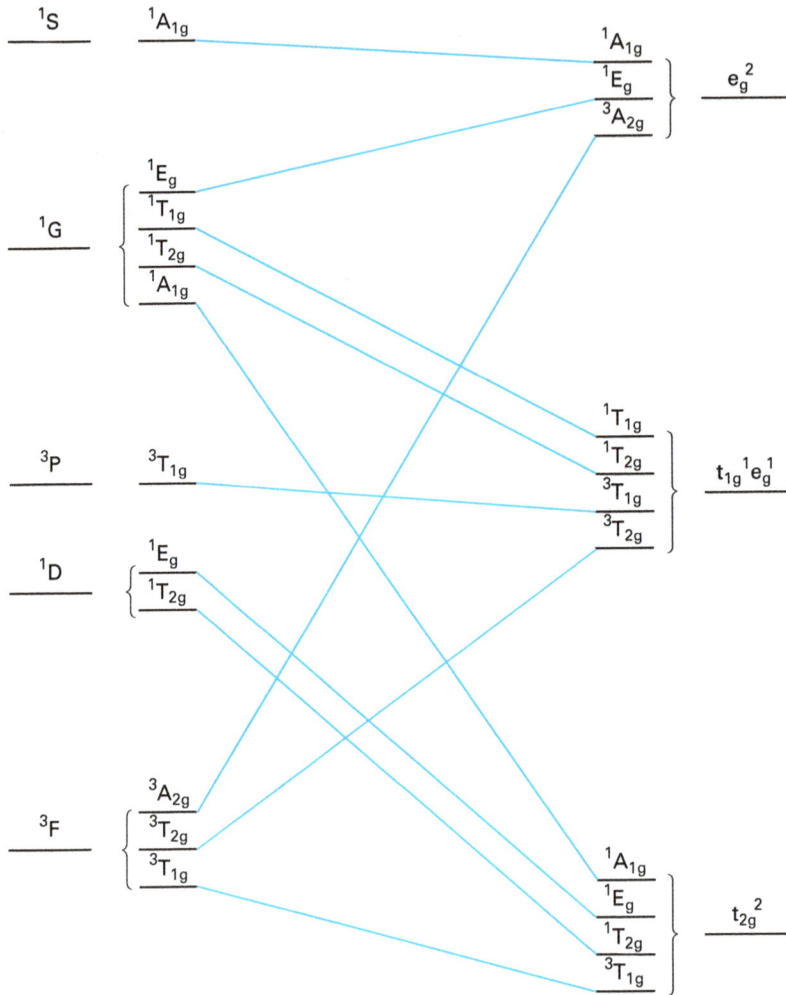

Abb. 8.2 Korrelationsdiagramm für ein d^2-Kation im oktaedrischen Feld: links die Energie-terme des freien Ions, daneben die Aufspaltungen bei schwacher Kation/Ligand-Wechselwirkung, rechts die d^2-Terme bei beliebig starker Kation/Ligand-Wechselwirkung und ohne Wechselwirkung der d-Elektronen, daneben die Aufspaltungen bei beginnender d-Elektronenwechselwirkung.

Bindungen mit den Liganden beteiligt sind. Einen qualitativen Vergleich für die Tendenz zu solchen Bindungen erlauben empirische Reihen der Metallionen und der Liganden, die sog. *nephelauxetischen Reihen*, und zwar nimmt der *nephelauxetische Effekt*, also die Zunahme jener Kovalenzen, zu für Kationen in der Reihe $Mn^{2+} < Ni^{2+} < Fe^{3+} < Co^{3+}$, für Anionen in der Reihe $F^- < H_2O < NH_3 < Cl^- < CN^- < Br^- < I^-$.

8.1.3 Anwendung der Molekülorbital-Methode

Hauptgruppenatome als Zentralatome: H_2O, CH_4 und SF_6 als Beispiele

Das Molekül H_2O (C_{2v}) liege in der xy-Ebene und die z-Achse fungiere als C_2-Achse. Zum LCAO-Ansatz tragen alle Valenz-AOs der drei Atome bei, also die AOs s, p_x, p_y, p_z des O-Atoms (Hauptquantenzahl $n = 2$) sowie die AOs s_1 und s_2 der Atome H1 und H2 ($n = 1$). Die AOs des O-Atoms transformieren sich nach irreduziblen Darstellungen von C_{2v}: s und p_z nach A_1, p_x nach B_1 und p_y nach B_2 (s. Charaktertafel). Dagegen transformiert sich die aus s_1 und s_2 bestehende Basis nach einer reduziblen zweidimensionalen Darstellung mit den Matrizen

$$\begin{pmatrix} 1 & 0 \\ 0 & 1 \end{pmatrix} \begin{pmatrix} 0 & 1 \\ 1 & 0 \end{pmatrix} \begin{pmatrix} 1 & 0 \\ 0 & 1 \end{pmatrix} \begin{pmatrix} 0 & 1 \\ 1 & 0 \end{pmatrix}$$
$$\quad E \qquad C_2 \qquad \sigma_{xz} \qquad \sigma_{yz}$$

und den Charakteren $\chi = 2, 0, 2, 0$. Generell liefern bei der Einwirkung von R auf ein Glied a_i der Basis a nur solche Glieder einen Charakterbeitrag, bei denen in der Summe $Ra_i = \Sigma_j r_{ij} a_j$ das Element r_{ii} von null verschieden ist. Im Falle zweizähliger Punktgruppen ergibt sich ein solcher Charakterbeitrag (nämlich $r_{ii} = \pm 1$) nur dann, wenn sich das Basisglied a_i bezüglich R in spezieller Lage befindet. Dies ist bei der Basis s_1, s_2 von H_2O nur bei $R = \sigma_{xy}$ mit $\chi = 2$ der Fall. [Der Charakter $\chi(E)$ ist natürlich immer gleich der Dimension der Darstellung.] Die Darstellungsmatrizen selbst aufzufinden ist in der Regel nicht nötig, da sich ihr Charakter durch einfache Überlegungen ermitteln lässt.

Bei der Anwendung der Reduktionsformel auf die für die Basis s_1, s_2 erhaltenen Charaktere ergibt sich: $\Gamma = A_1 + B_1$. In unserem einfachen System kann man die symmetriegerechten AOs s_1' und s_2' direkt hinschreiben, und zwar (einschließlich des Normierungsfaktors):

$$s_1' = \frac{1}{\sqrt{2}} (s_1 + s_2) \qquad (A_1)$$

$$s_2' = \frac{1}{\sqrt{2}} (s_1 - s_2) \qquad (B_1)$$

Kombinieren können die drei A_1-Funktionen s, p_z und s_1' und ergeben dabei die drei MOs $1a_1$, $2a_1$ und $3a_1$. (Die Kleinschreibung des Symbols a_1 soll andeuten, dass jetzt eine Eigenfunktion im Einelektronenbild, also ohne Wechselwirkung zwischen den Elektronen in den MOs, gemeint ist.) Um uns die MOs bildhaft vorzustellen, hybridisieren wir zunächst die A_1-AOs s und p_z zu den Hybrid-AOs $[sp_z]_1$ und $[sp_z]_2$:

s p_z $[sp_z]_2$ und $[sp_z]_1$

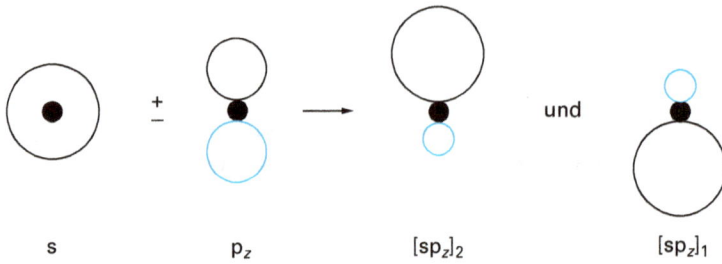

Bei der Überlappung von s_1' mit $[sp_z]_1$ kommt es zu einer bindenden und einer antibindenden Wechselwirkung, nämlich $1a_1 = c_1 s_1' + c_2 [sp_z]_1$ bzw. $3a_1 = c_3 s_1' - c_4 [sp_z]_1$. Die Koeffizienten c_1 bis c_4, die im Zuge der Durchführung der LCAO-Rechnung ermittelt werden, interessieren in unserer schematischen Darstellung nicht. Genau genommen mischt in den beiden MOs, im bindenden ebenso wie im antibindenden, auch das Hybrid-AO $[sp_z]_2$ mit, aber mit sehr kleinen Koeffizienten; dieses Hybrid-AO kombiniert also mit s_1' kaum und kann deshalb als *nichtbindendes* MO, $2a_1$, gelten. In der folgenden schematischen Darstellung sind die AOs gezeichnet, durch deren Überlappung die MOs $1a_1$, $2a_1$ und $3a_1$ zustande kommen; die Spur von Knotenebenen ist gestrichelt eingetragen:

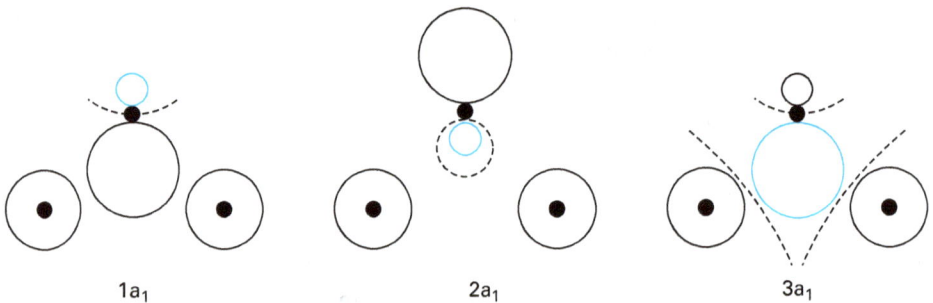

$1a_1$ $2a_1$ $3a_1$

Die Überlappung von s_2' mit p_x (B_1) führt zum bindenden MO $1b_1$ (eine Knotenebene) und zum antibindenden MO $2b_1$ (drei Knotenebenen):

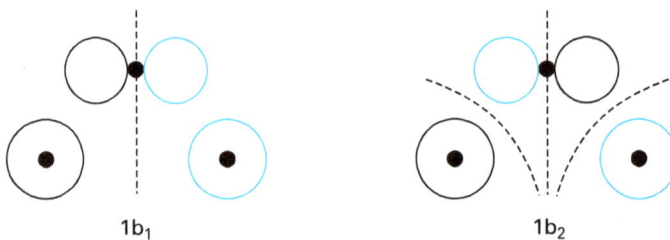

$1b_1$ $1b_2$

Das B_2-AO p_y geht ohne Kombination mit s_1' und s_2' in das MO $1b_2$ über, ein typisches *nichtbindendes* MO. In Abb. 8.3 findet man das Termschema für H_2O. Im Grundzustand lautet die Elektronenkonfiguration im Molekül H_2O $1a_1^2 1b_1^2 2a_1^2 1b_2^2$.

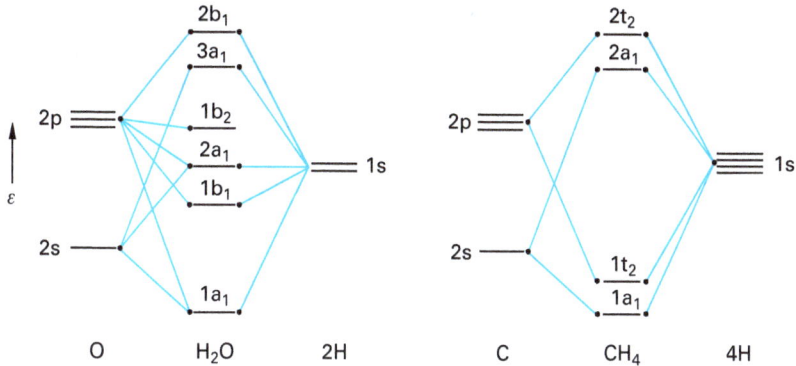

Abb. 8.3 Termdiagramm für die Bildung der MOs von H_2O und CH_4 aus den AOs der beteiligten Atome (schematisch).

Mit dem Valenzstrichmodell verglichen, stehen die MOs $1a_1$ und $1b_1$ für die beiden OH-Bindungen und die MOs $2a_1$ und $1b_2$ für die beiden freien Elektronenpaare. Typisch ist, dass im Valenzstrichmodell ein bindendes Elektronenpaar in der einen, das andere in der anderen O—H-Bindung lokalisiert sind, während im MO-Bild alle vier Bindungselektronen (und dazu in bescheidenem Maß noch das $2a_1$-Elektronenpaar) eine Delokalisierung über alle drei Atome erfahren. Das durch $2a_1$ beschriebene freie Elektronenpaar hat das Maximum der Elektronendichte längs der z-Achse, das andere auf beiden Seiten der y-Achse. Diese Elektronendichten überlagern sich dergestalt, dass Maxima im Sinne des Valenzstrichmodells dort herauskommen, wo es im Sinne des Pseudotetraederstrukturmodells sinnvoll ist.

Der HOH-Bindungswinkel wurde im Experiment zu $\varphi = 104.5°$ bestimmt. Bei *ab initio*-Rechnungen kann man die Energie des Moleküls in Abhängigkeit von φ bestimmen und findet ein Minimum beim experimentell bestimmten Wert. Man kann auch die Energie ε einzelner MOs in Abhängigkeit von φ berechnen; die erhaltenen Kurven $\varepsilon(\varphi)$ nennt man *Walsh-Diagramme*. Das Walsh-Diagramm für H_2O hat folgendes Aussehen:

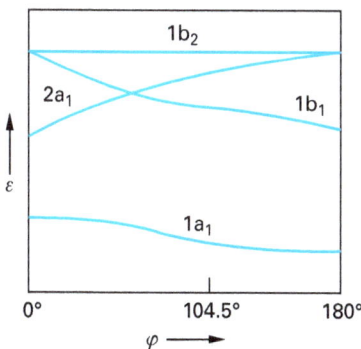

Bei 180° geht die C_{2v}- in $D_{\infty h}$-Symmetrie über. Die nichtbindenden MOs $2a_1$ und $1b_2$ gehen dann in ein entartetes Paar nichtbindender π-MOs über; aus $1a_1$ wird $1\sigma_g^+$ und aus $1b_1$ wird $1\sigma_u^+$. (Die MOs $1\sigma_g^+$ und $1\sigma_u^+$ transformieren sich nach den irreduziblen Darstellungen Σ_g^+ bzw. Σ_u^+ von $D_{\infty h}$.) Der Grenzfall $\varphi = 0°$ ist zwar physikalisch sinnlos, da die H-Atome nicht ineinander verschmelzen können, formal aber wird bei der Verschmelzung $s_1 = s_2$ und damit $s_2' = 0$, und $1b_1$ geht in p_x über und ist mit p_y entartet.

Im Molekül CH_4 (T_d) liegen die H-Atome auf je einer der vier C_3-Achsen, d. s. die Raumdiagonalen eines kartesischen Systems mit dem C-Atom im Ursprung. Die AOs von C transformieren sich nach irreduziblen Darstellungen, nämlich s nach a_1 und p_x, p_y, p_z gemeinsam nach t_2. Die Einwirkung von $R(T_d)$ auf die s-AOs s_1, s_2, s_3, s_4 der vier H-Atome induziert eine vierdimensionale reduzible Darstellung. Je ein s-AO liegt auf einer C_3-Achse und je zwei s-AOs auf einer σ_d-Ebene; wegen $C_3 s = s$ und $\sigma_d s = s$ ergeben sich folgende Charaktere: $\chi = 4, 1, 0, 0, 2$ für (der Reihe nach) E, C_3, C_2, S_4, σ_d. Die Reduktionsformel führt zu $\Gamma = A_1 + T_2$. Die symmetriegerechte A_1-Funktion ist wie immer gleich der Summe der Basisglieder, und die entsprechenden T_2-Funktionen erhält man durch Permutation von zwei Minuszeichen (Normierungsfaktor $N = \frac{1}{2}$:

$$s_1 = \frac{1}{2}(s_1 + s_2 + s_3 + s_4)$$

$$s_2 = \frac{1}{2}(s_1 + s_2 - s_3 - s_4)$$

$$s_3 = \frac{1}{2}(s_1 - s_2 + s_3 - s_4)$$

$$s_4 = \frac{1}{2}(s_1 - s_2 - s_3 + s_4)$$

Die LCAO-Rechnung ergibt das in Abb. 3.03 dargestellte Termschema. Das Molekül SF_6 wurde in Abschnitt 7.2.1 schon vorab behandelt.

Oktaedrische Koordination um Übergangsmetalle

Sechs neutrale Liganden X oder anionische Liganden X^{y-} mögen je eine koordinative σ-Bindung mit einem d-Metall-Atom M oder -Kation M^{x+} geben. Das Ligand-AO (bei einatomigen Liganden wie F^-) oder das Ligand-MO (bei molekular gebauten Liganden wie CO, CN^- usw.), das die koordinative Bindung aufbaut, sei ein p-AO oder auch ein [sp]-Hybrid-AO oder ein vergleichbares Orbital und verhalte sich wie ein auf das Metall weisender Vektor. Wir bezeichnen die sechs Ligand-orbitale mit p_1 bis p_6. Sie bilden eine Basis, auf die die Symmetrieelemente $R(O_h)$ einwirken. Die dabei induzierte Darstellung hat folgende Charaktere:

R:	E	$3C_2$	$6C_4$	$8C_3$	$6C_2'$	i	$3\sigma_h$	$6S_4$	$8S_6$	$6\sigma_d$
χ:	6	2	2	0	0	0	4	0	0	2

Die Reduktion ergibt: $\Gamma = A_{1g} + E_g + T_{1u}$, ein Ergebnis, wie es für SF_6 schon vorgestellt worden war (Abb. 7.5). Anders als beim Sulfur-Atom sind es beim Übergangsmetallatom oder -kation neben den höher liegenden s- und p-Valenz-AOs die d-AOs, die beim LCAO-Spiel mitwirken. Das Metall-s-AO transformiert sich (wie immer) nach der totalsymmetrischen Darstellung A_{1g}, die p-AOs nach T_{1u} und die d-AOs nach E_g und T_{2g}. Das führt zu dem Termdiagramm für die Spezies $[MX_6]^n$ in Abb. 8.4, das nur qualitative Bedeutung hat, da man zur quantitativen Festlegung der Termenergien festlegen müsste, welcher Natur M, X und n sind. Die bindenden MOs (jetzt als Bezeichnungen für MOs im Einelektronenbild mit kleingeschriebenen Darstellungssymbolen) $1a_{1g}$, $1t_{1u}$ und $1e_g$ sind mit zwölf Ligandelektronen voll besetzt. Sie liegen näher bei den Ligand-AOs als bei den Metall-AOs; man sagt sie haben mehr *Ligandcharakter*. Die Metall-d-Elektronen stecken im MO t_{2g} und gegebenenfalls noch im MO $2e_g$.

Neben den M—X-σ- müssen noch π-Bindungen bedacht werden. Die Liganden X_1 bis X_6 mögen senkrecht zur M—X-Achse über je zwei zueinander senkrechte p-AOs verfügen, d.s. zwölf AOs, die von eins bis sechs nummeriert und mit den Symbolen jener Hauptachsen indiziert werden, zu denen sie parallel liegen. Sie verhalten sich wie zwölf gleich lange Vektoren.

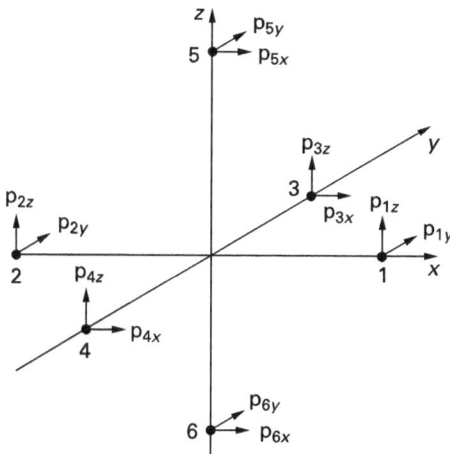

Bei der Einwirkung von $R(O_h)$ auf die Basis der zwölf Vektoren wird eine zwölfdimensionale, reduzible Darstellung mit folgenden Charakteren induziert:

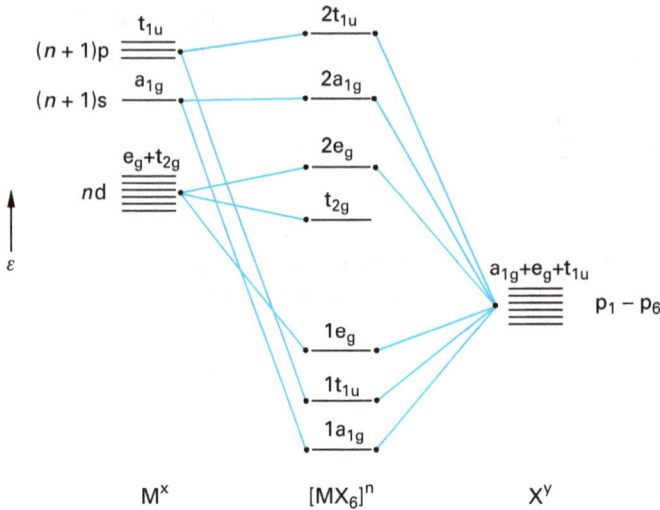

Abb. 8.4 Schematisches MO-Diagramm für eine oktaedrisch gebaute Spezies $[MX_6]^n$ (Ionenladungen: M^x, X^y; $x + 6y = n$), wenn nur σ-Bindungen zwischen M und X bestehen.

R:	E	$3C_2$	$6C_4$	$8C_3$	$6C_2'$	i	$3\sigma_h$	$6S_4$	$8S_6$	$6\sigma_d$
X:	12	-4	0	0	0	0	0	0	0	0

Wir reduzieren und erhalten: $\Gamma_\pi = T_{1g} + T_{2g} + T_{1u} + T_{2u}$. Die t_{1g}- und die t_{2u}-AOs müssen mangels geeigneter Metall-AOs nichtbindend bleiben. Die Ligand-t_{1u}-AOs kombinieren im Prinzip mit den Metall-t_{1u}-AOs, doch ist deren Einbindung in die π-Wechselwirkungen vernachlässigbar, da sie von ihrer Gestalt und Lage her wesentlich an den σ-Bindungen mitwirken. Die drei t_{2g}-AOs p_4', p_5' und p_6' aus der zwölfgliedrigen Basis symmetriegerechter AOs können mit den Metall t_{2g}-AOs wechselwirken. Sie liegen in den drei Hauptebenen und gehen aus den entsprechenden nicht symmetriegerechten p-AOs durch die folgende Transformation hervor:

$$xz\text{-Ebene:}\quad p_4' = N(p_{1z} - p_{2z} + p_{5x} - p_{6x})$$
$$xy\text{-Ebene:}\quad p_5' = N(p_{1y} - p_{2y} + p_{3x} - p_{4x})$$
$$yz\text{-Ebene:}\quad p_6' = N(p_{3z} - p_{4z} + p_{5y} - p_{6y})$$

Das p_4'-AO kombiniert z. B. mit dem d_{xz}-AO des Metalls durch Addition zu einem bindenden, durch Subtraktion zu einem antibindenden MO, wie schematisch dargestellt sei (negative Funktionsteile: blau), und analog kombinieren die beiden anderen AOs p_5' und p_6':

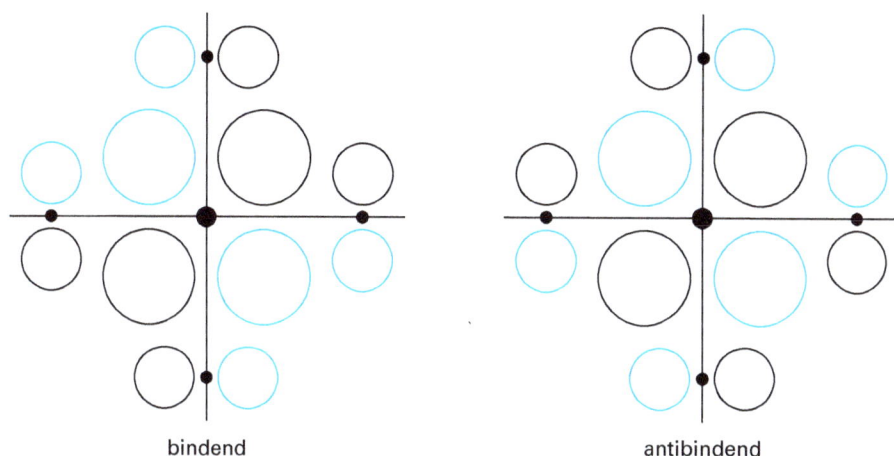

bindend   antibindend

Beispiele für Liganden, die über geeignete p-AOs verfügen, sind F^-, Cl^-, OH^-, SH^-. Die voll besetzten Ligand-t_{2g}-AOs liegen energetisch tiefer als die Metall-t_{2g}-AOs. Wenn es zur Wechselwirkung kommt, dann erhält man ein bindendes MO $1t_{2g}$ und ein antibindendes MO $2t_{2g}$. Ersteres hat mehr Ligand-, Letzteres mehr Metallcharakter. Die entstandenen Bindungen haben π-Charakter. Im Valenzstrichmodell liegen sechs Ligand-Metall-σ-Bindungen vor sowie drei Ligand-Metall-π-Bindungen, die sich kraft Mesomerie über alle sechs Ligand-Metall-Bindungen verteilen. Alle bindenden Elektronen werden von den Liganden beigesteuert [Abb. 8.5(a)].

Anstatt besetzte p-AOs in π-Bindungen zum Metall einzubringen, können umgekehrt die Liganden dem Metall unbesetzte Orbitale geeigneter Symmetrie für eine koordinative π-Rückbindung anbieten (Abschnitt 2.2.6). Das sind dann in der Regel keine p-AOs, sondern häufig antibindende π^*-MOs. Solch ein π^*-MO, z. B. von Ethen [Abb. 2.2(a)], kann man sich entstanden denken z. B. aus dem d_{xy}-AO eines

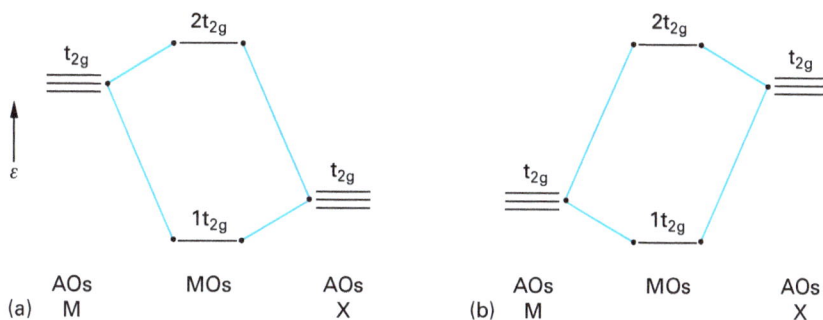

Abb. 8.5 Schematisches MO-Teildiagramm für die π-Wechselwirkungen in oktaedrisch gebauten Spezies $[MX_6]^n$ mit (a) tief liegenden besetzten Ligand-t_{2g}-AOs und bindenden $1t_{2g}$-MOs mit überwiegendem Ligandcharakter und (b) tief liegenden besetzten Metall-t_{2g}-AOs und bindenden $1t_{1g}$-MOs mit überwiegendem Metallcharakter.

vereinigten Atoms, das man längs der x- oder y-Achse wieder zu zwei Atomen entzerrt. Liganden, die über solche antibindenden MOs verfügen, sind insbesondere Dreifachbindungsspezies wie CO, CN^- und NO^+. Die beiden π^*-MOs eines jeden von sechs solchen Liganden bilden eine Basis von zwölf MOs, die sich genauso in symmetriegerechte MOs der Liganden überführen lassen wie oben die zwölf p-AOs. Die t_{2g}-Kombination dieser unbesetzten π^*-MOs liegt in der Regel energetisch höher als die Metall-t_{2g}-AOs. Kommt es zur Wechselwirkung, dann hat jetzt das $1t_{2g}$-MO mehr Metall-, das $2t_{2g}$-MO mehr Ligandcharakter [Abb. 8.5(b)]. Ideale Beispiele sind die Komplexe mit d^6-konfiguriertem Metall wie $[Cr(CO)_6]$ oder $[Fe(CN)_6]^{4-}$, bei denen die $1t_{2g}$-MOs durch Metallelektronen voll besetzt sind.

Neben den isoelektronischen Spezies CO, CN^- und NO^+ mit Dreifachbindung und zwei entarteten, orthogonalen π^*-MOs spielen π-Akzeptor-Liganden eine Rolle, die nur ein π^*-MO als LUMO aufweisen. Prominente Beispiele sind Singulett-Carbene CX_2 und N-gebundene Nitrite NO_2^- (also *Nitro*-Liganden). Die Metall-Ligand-Wechselwirkung in Nitro-Komplexen lässt sich durch mesomere Grenzformeln wie folgt wiedergeben:

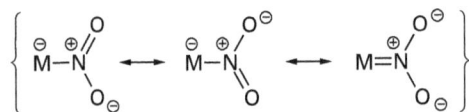

$$\left\{ \quad \overset{\ominus}{M}-\overset{\oplus}{N}\underset{O_\ominus}{\overset{O}{\diagup\!\!\diagup}} \quad \longleftrightarrow \quad \overset{\ominus}{M}-\overset{\oplus}{N}\underset{O}{\overset{O_\ominus}{\diagup}} \quad \longleftrightarrow \quad M=\overset{\oplus}{N}\underset{O_\ominus}{\overset{O_\ominus}{\diagup}} \quad \right\}$$

Die vier π-Elektronen des Anions NO_2^- sind — wie beim Allyl-Anion $C_3H_5^-$ — in einem bindenden und einem weitgehend nichtbindenden MO, dem HOMO, untergebracht. Als LUMO fungiert das antibindende π^*-MO, und dieses kann mit einem der Metall-AOs d_{xy}, d_{xz} oder d_{yz} in Wechselwirkung treten. Bei einem Carben wie CF_2 liegen die gleichen Verhältnisse vor wie bei NO_2^-, sind doch CF_2 und NO_2^- isoelektronische Spezies. Handelt es sich um ein Carben wie $^1CR_2$ ohne allylische π-Wechselwirkung, dann tritt als LUMO ein Carbon-p-AO auf, das mit dem Metall wechselwirkt. Gerade solche Carbene sind mitunter an d-Elektronen-arme Metalle gebunden. Ein Musterbeispiel ist $R_3Ta=CHtBu$ ($R = CH_2tBu$). Ist hier das Ta-d^2-Fragment R_3Ta an das Carben $CHtBu$ oder das Ta-d^0-Kation R_3Ta^{2+} an das zweifach negativ geladene Anion $CHtBu^{2-}$ gebunden? Im ersteren Fall liegt eher eine π-Bindung vor, deren π-Elektronen mehr Metallcharakter bewahrt haben (Carben-Komplex vom *Fischer-Typ*), im letzteren Fall handelt es sich um eine π-Bindung mit mehr Ligandcharakter, sodass die π-Elektronendichte ihren Ladungsschwerpunkt näher am C- als am M-Atom hat (Carben-Komplex vom *Schrock-Typ*). Aus theoretischen ebenso wie aus spektroskopischen Erwägungen heraus muss man schließen, dass im Falle von $R_3Ta=CHtBu$ ein Komplex vom Schrock-Typ vorliegt. (Die hypothetische Zerlegung solcher Komplexe in Teilstücke hat nichts mit der Methode, nach der solche Komplexe synthetisiert werden, zu tun.)

Zurück zur oktaedrischen Koordination! Im Hexanitrocobaltat(3−) $[Co(NO_2)_6]^{3-}$ mit d^6-Lowspin-Konfiguration bei Co^{3+} liegen sich Paare von NO_2-

Gruppen in jeder der drei Hauptebenen gegenüber. Die C_4-Achsen sind mit den planar gebauten Liganden nicht vereinbar, und die Untergruppe T_h von O_h beschreibt die Symmetrie. Die gruppentheoretische Durcharbeitung mit den sechs LUMOs von NO_2^- als Basis erbringt einen Zerfall der Basis in ausreduzierte Teilbasen gemäß $\Gamma = T_g + T_u$. Dies führt wie bei O_h-Symmetrie zur Kombination der leeren Ligand-t_g-MOs mit den voll besetzten Co-t_g-AOs und ergibt in Gestalt der Besetzumg $1t_g^6$ der bindenden MOs ideale π-Rückbindungen im Sinne von Abb. 8.5(b).

Tetraedrische Koordination um Übergangsmetalle

Was die vier M—X-σ-Bindungen in tetraedrischen Komplexen $[MX_4]^n$ anbetrifft, kann man vorgehen wie bei CH_4 und erhält qualitativ das gleiche Termschema wie in Abb. 8.3, nur dass als die t_2-AOs des Metalls jetzt hauptsächlich die AOs d_{yz}, d_{xz}, d_{xy} fungieren, während die energetisch hoch liegenden t_2-AOs p_x, p_y, p_z des Metalls nur wenig mitmischen. Ligand-AOs vom p- oder [sp]-Typ bilden eine Basis ebenso wie die s-AOs der H-Atome im Falle von Methan und müssen ganz analog in symmetriegerechte AOs übergeführt werden.

Was die π-MOs anbetrifft, verfährt man ähnlich wie im Oktaederfall. Die M-gebundenen Ligandatome liegen jetzt auf den C_3-Achsen. In jedes an M gebundene Ligandatom der Liganden X1 bis X4 legen wir den Ursprung eines kartesischen Koordinatensystems, aber im Unterschied zum Oktaedermodell legen wir die Richtungen von p_{z1} bis p_{z4} nicht parallel zur C_{2z}-Symmetrieachse, sondern p_{z1} bis p_{z4} sollen längs der C_3-Achsen auf M weisen. (Wie man die Richtungen der p-AOs festlegt, ist übrigens physikalisch unerheblich, da man den AOs durch lineare Transformation jede Richtung geben kann; für die spätere Anwendung von Symmetrieoperationen jedoch ist die eben festgelegte Richtung besonders zweckmäßig.) Die zur π-Bindung vorgesehenen AOs p_{x1} bis p_{x4} und p_{y1} bis p_{y4} stehen senkrecht zur C_3-Achse durch X, und die Richtung der acht Vektoren vom Typ p_x und p_y sei so festgelegt, dass alle vier p_y-Vektoren parallel zur xy-Hauptebene liegen.

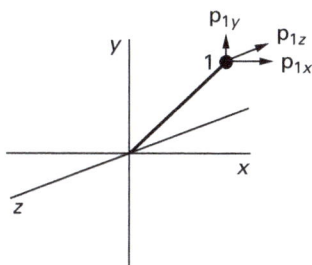

Bei der Einwirkung von $R(T_d)$ wird eine achtdimensionale Darstellung mit folgenden Charakteren induziert [mit $\chi(C_3) = 2\cos 120° = -1$ gemäß Drehmatrix (Abschnitt 8.1.1) und $\chi(\sigma_d) = 0$ gemäß Spiegelmatrix]:

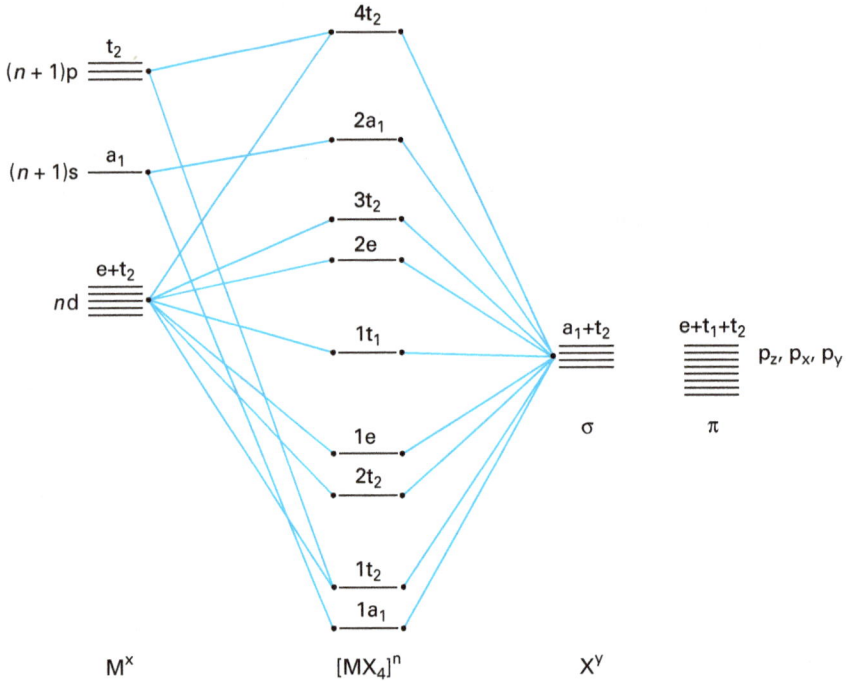

Abb. 8.6 Schematisches MO-Diagramm für tetraedrische Spezies $[MX_4]^n$ (Ionenladungen: M^x, X^y; $x + 4y = n$); die bindenden π-MOs $2t_2$ und $1e$ haben vorwiegend Ligandcharakter.

R:	E	$8C_3$	$3C_2$	$6S_4$	$6\sigma_d$
χ:	8	-1	0	0	0

Wir erhalten: $\Gamma = E + T_1 + T_2$. Die drei t_1-AOs der Liganden bleiben nichtbindend. Die MOs $1a_1$ und $2a_1$ bleiben reine σ-MOs (Abb. 8.6), die MOs $1e$ und $2e$ reine π-MOs. Alle sechs t_2-AOs des Metalls kombinieren mit allen sechs t_2-Orbitalen der Liganden, doch haben die MOs $1t_2$ und $4t_2$ im Komplex vorwiegend σ-Charakter (σ und σ^*) und die MOs $2t_2$ und $3t_2$ vorwiegend π-Charakter (π und π^*). Insgesamt gibt Abb. 8.6 den Fall wieder, dass die koordinativen π-Bindungen mit Ligandelektronen ausgestattet werden und mehr Ligand- als Metallcharakter haben.

Wie bei den oktaedrischen Komplexen können unbesetzte, energetisch mehr oder weniger hoch liegende, antibindende π^*-MOs der Liganden in die koordinative MX-π-Wechselwirkung eingebunden sein. Die π-MOs $1e$ und $2t_2$ werden dann durch Metallelektronen besetzt und behalten überwiegend Metallcharakter; es liegt eine koordinative Rückbindung vor. Dies ist z. B. bei $Ni(CO)_4$ der Fall; die fünf π-MOs $1e$ und $2t_2$ sind voll besetzt.

Die MO-Diagramme bei anderer Koordinationsgeometrie als T_d, T_h oder O_h werden nach analogen Gesichtspunkten erstellt.

8.1.4 Molekülschwingungen

Schwingungsfrequenz und Potential

Ein N-atomiges Molekül befinde sich im Zustand seiner geringsten potentiellen Energie V, gekennzeichnet durch eine bestimmte geometrische Anordnung seiner Atome, d. i. die sog. *Gleichgewichtskonfiguration* ($V = V_0$). Die Lage der Atome relativ zu einem kartesischen Koordinatensystem sei durch die Koordinaten x_{0r}, y_{0r}, z_{0r} für das r-te Atom, das sind N Koordinatentripel, festgelegt. Ein Bewegungsvorgang der N Atome kann darin bestehen, dass das Molekül, ohne die Gleichgewichtskonfiguration aufzugeben, relativ zum Koordinatensystem translatiert oder rotiert oder dass es, ohne zu translatieren oder zu rotieren, die Gleichgewichtskonfiguration aufgibt, dass es also zu Änderungen seiner Bindungsabstände und -winkel kommt. Die Gesamtbewegung lässt sich durch Verschiebungskoordinaten $\Delta x_r = x_r - x_{0r}$, $\Delta y_r = y_r - y_{0r}$, $\Delta z_r = z_r - z_{0r}$ (r von 1 bis N) beschreiben, wobei der Ursprung jedes der Koordinatensysteme in die Atome in der Gleichgewichtskonfiguration gelegt wird. Es erweist sich als zweckmäßig, *massebeladene kartesische Verschiebungskoordinaten* zu definieren gemäß

$$q_1 = \sqrt{m_1}\,\Delta x_1, \; q_2 = \sqrt{m_1}\,\Delta y_1, \; q_3 = \sqrt{m_1}\,\Delta z_1, \; q_4 = \sqrt{m_2}\,\Delta x_2 \ldots q_{3N} = \sqrt{m_N}\,\Delta z_N$$

Entwickelt man die Funktion $V(q_1 \ldots q_{3N})$ an der Stelle V_0 in einer Taylorreihe, so erhält man:

$$V = V_0 + \Sigma_i \left(\frac{\partial V}{\partial q_i}\right)_0 q_i + \frac{1}{2}\Sigma_i \Sigma_j \left(\frac{\partial^2 V}{\partial q_i \partial q_j}\right)_0 q_i q_j + \ldots$$

Der Abbruch nach dem quadratischen Glied verheißt eine gute Näherung, wenn die Elongationen $q_1 \ldots q_{3N}$ nicht zu groß sind. Wir definieren $V_0 = 0$, und da V an der Stelle V_0 ein Minimum haben soll, ergibt sich, indem wir abkürzen ($\partial^2 V/\partial q_i \partial q_j)_0 = f_{ij}$:

$$2V = \Sigma_i \Sigma_j f_{ij}\, q_i q_j \qquad \text{und} \qquad \frac{\partial V}{\partial q_i} = \Sigma_i f_{ij} q_i$$

Die Konstanten f_{ij} beschreiben das Potential um V_0. Bei Anwendung von Newtons Grundgesetz auf die Kraft F erhält man $F = -\partial V/\partial q_j = \mathrm{d}^2 q_j/\mathrm{d}\,t^2$ und damit:

$$\frac{\mathrm{d}^2 q_j}{\mathrm{d}\,t^2} + \Sigma_i f_{ij} q_i = 0$$

Die $3N$ Lösungen der Differentialgleichung lauten:

$$q_i = A_{ik}\cos(\omega_k t + \varepsilon_k)$$

Das ist eine Gleichung, die eine harmonische Auslenkung der Koordinaten q_i eines Atoms mit der massebeladenen Amplitude A_i und mit einer Kreisfrequenz $\omega_k = 2\pi\nu_k$ anzeigt, eine *harmonische Schwingung* also, bei der alle Atome gleichzeitig die Gleichgewichtskonfiguration verlassen und bei Erreichen der Amplitude A_{ik} mit dem Maximum von V gleichzeitig umkehren; der Phasenwinkel ε_k kennzeichnet den Beginn der Schwingung mit der Frequenz ν_k relativ zu einer anderen Schwingung mit anderer Frequenz.

Wir differenzieren die Lösung q_j der Differentialgleichung zweimal nach t und erhalten $d^2 q_j / d t^2 = -\omega_k^2 q_j = -\Sigma_i f_{ij} q_i$ und hieraus (mit dem Kronecker-Symbol δ_{ij}):

$$\Sigma_i (f_{ij} q_i - \delta_{ij} \omega_k^2 q_i) = \Sigma_i (f_{ij} - \delta_{ij} \omega_k^2) A_{ik} \cos(\omega_k t + \varepsilon_k) = \Sigma_i (f_{ij} - \delta_{ij} \omega_k^2) A_{ik} = 0$$

Dies sind $3N$ lineare Gleichungen für die $3N$ Amplituden A_{ik} zur k-ten Schwingung mit der Frequenz ν_k. Sie führen zur Säkulardeterminante

$$|f_{ij} - \delta_{ij} \omega_k^2| = 0$$

und damit zu einem Polynom $3N$-ten Grades für ω_k^2 mit $3N$ positiven Lösungen für ω_k bzw. ν_k. Wie bei allen Säkularproblemen kann man die $3N$ Amplituden A_{ik} zu jedem ω_k nicht absolut bestimmen, sondern nur ihr Verhältnis zueinander. Um vergleichen zu können, normiert man vermöge der Beziehung $\Sigma_i A_{ik}^2 = 1$. (Zu einem ähnlichen Säkularproblem führt übrigens die einfache LCAO-Methode mit den linearen Gleichungen $\Sigma_i (H_{ij} - \delta_{ij} \varepsilon_k) c_{ik} = 0$ und der Säkulardeterminanten $|H_{ij} - \delta_{ij} \varepsilon| = 0$.)

Aus Frequenzen ω, die man gemessenen Spektren entnimmt, kann man einen Einblick in das durch die Konstanten f_{ij} bestimmte Potential schwerlich gewinnen, da $3N$ Frequenzen eine Matrix (f_{ij}) mit $(3N)^2$ Gliedern gegenübersteht. Allerdings ist $\partial^2 V / \partial q_i \partial q_j = \partial^2 V / \partial q_j \partial q_i$ und damit $f_{ij} = f_{ji}$, sodass die Hälfte der Nichtdiagonalglieder nicht mehr unbekannt ist.

Nun sind nicht alle der $3N$ Bewegungsmöglichkeiten Schwingungen. Um die Translation zu beschreiben, stellen wir uns vor, die Atome verblieben, ohne zu schwingen, starr in der Gleichgewichtskonfiguration. Dann braucht man drei Verschiebungskoordinaten Δx, Δy, Δz beliebiger Atome zur Beschreibung der Translation. Ebenso braucht man drei Verschiebungskoordinaten, um die Rotation zu beschreiben. Für die Schwingungen bleiben $3N-6$ Koordinaten übrig. Für unser lineares Gleichungssystem bedeutet dies, dass sechs der $3N$ Werte für ω_k identisch verschwinden. Die Säkulardeterminante und die Matrix (f_{ij}) haben damit nur die Dimension $3N-6$. Dies gilt für nichtlineare Moleküle. Bei linearen Molekülen hat die Drehung um die Molekülachse keine Verschiebung von Atomkoordinaten zur Folge, sodass zur Beschreibung der Rotation linearer Moleküle zwei Koordinaten hinreichen und $3N-5$ Koordinaten für die Schwingungen verbleiben.

Die Zahl der Konstanten f_{ij} beträgt mithin $1/2[(3N-6)^2 - (3N-6)] + 3N-6 = 1/2(9N^2 - 33N + 30)$ für nichtlineare Moleküle. Hat man beim zweiatomigen Molekül nur mit einer Konstanten f und einer Frequenz v zu rechnen, so errechnen sich für das dreiatomige nichtlineare Molekül drei Frequenzen v_k und sechs Konstanten f_{ij}, für das vieratomige Molekül sechs Frequenzen v_k und 21 Konstanten f_{ij} usw.

Normalschwingungen

Ist eine bestimmte Frequenz v_k im Molekül zur Schwingung angeregt, so schwingen alle Atome gleichzeitig aus der Gleichgewichtskonfiguration heraus, schwingen nach Erreichen der im Allgemeinen verschiedenen Amplituden gleichzeitig wieder zurück; sie schwingen also in gleicher Phase ε_k. Eine solche durch den Index k gekennzeichnete Schwingung heißt *Normalschwingung*. Bei den Amplituden A_{ik} mag es sein, dass die ein oder andere nahezu oder auch ganz verschwindet. Sind gleichzeitig mehrere Normalschwingungen angeregt, so tritt eine Superposition der einzelnen Bewegungsvorgänge ein, und es entsteht ein mehr oder weniger komplizierter Bewegungsablauf für die einzelnen Atome, der die Periodizität der einzelnen Normalschwingung nicht mehr erkennen lässt.

Jede Normalschwingung wird durch eine sog. *Normalkoordinate* Q_k beschrieben. Man kann zeigen, dass die $3N-6$ Normalkoordinaten Q_k aus den $3N-6$ massebeladenen kartesischen Verschiebungskoordinaten q_i durch lineare Transformation in der Weise hervorgehen, dass die Transformationsmatrix gleich ist der transponierten Matrix der Amplituden $(\tilde{A}_{ik})$, also: $Q_k = \Sigma_i \tilde{A}_{ik} q_i$. Für die potentielle Energie $V(Q_1 \ldots Q_{3N-6})$ erhält man den einfachen Ausdruck $2V = \Sigma_k \omega_k^2 Q_k^2$.

Zur Abbildung einer Normalschwingung lässt man von jedem Atom einen Bewegungsvektor ausgehen, der der Summe der kartesischen Vektoren dieses Atoms entspricht. Die Länge der Vektoren gibt das Verhältnis der Amplituden wieder und muss so bemessen sein, dass sich das Molekül nicht als Ganzes bewegt, also keine Translation oder Rotation stattfindet (Abb. 8.7).

Für SO_2 erwartet man drei Normalschwingungen. Bei den Schwingungen v_1 und v_3 ändert sich hauptsächlich der S—O-Bindungsabstand, der OSO-Winkel nur wenig. Solche Schwingungen heißen *Valenzschwingungen*, und zwar nennt man v_1 die *Gleichtakt*- oder *symmetrische Valenzschwingung*, v_3 die *Gegentakt*- oder *asymmetrische Valenzschwingung*. Bei der Schwingung v_2 ändert sich im Wesentlichen der Bindungswinkel; sie ist eine sog. *Deformationsschwingung*. Wie gleich noch erörtert wird, transformieren sich Normalschwingungen nach irreduziblen Darstellungen der Symmetriegruppe des Moleküls. Man sieht sofort, dass sich v_1 und v_2 nach A_1 und v_3 nach B_1 von C_{2v} transformieren.

Für das linear gebaute HCN muss es vier Normalschwingungen geben. Drei davon sind in Abb. 8.7 dargestellt. Tatsächlich aber lässt sich v_2 durch eine Mannigfaltigkeit miteinander entarteter Schwingungen darstellen, nämlich außer der dargestellten in der Zeichenebene durch ebensolche in allen Ebenen durch die Molekülachse. Nur zwei davon sind allerdings linear unabhängig, und das heißt, dass man alle anderen durch Linearkombinationen dieser beiden darstellen kann. Es ist üblich und zweckmäßig, zwei Schwingungen aus der entarteten Mannigfaltigkeit

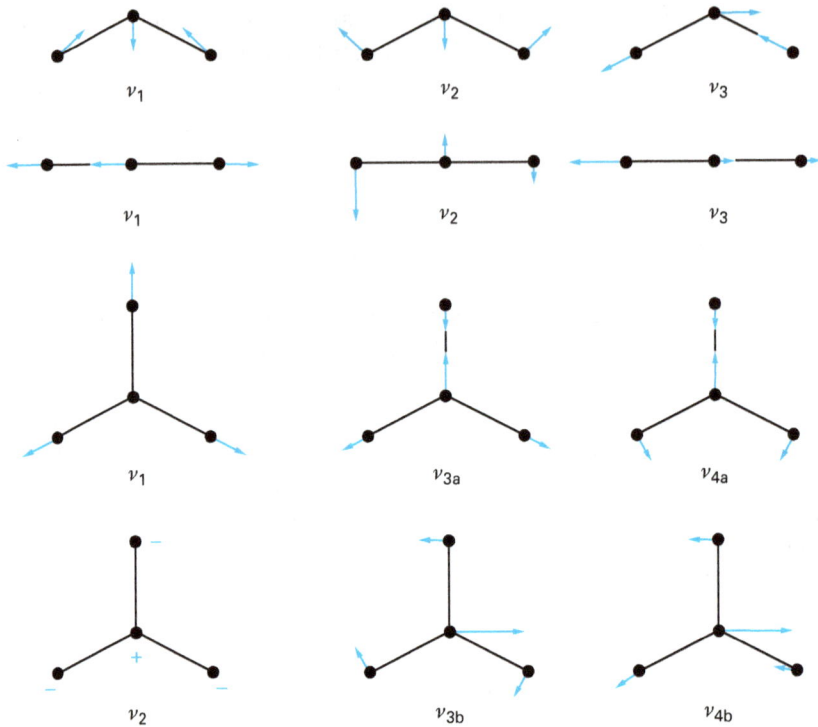

Abb. 8.7 Normalschwingungen für die Moleküle SO_2 (C_{2v}; erste Reihe), HCN ($C_{\infty v}$; zweite Reihe) und BF_3 (D_{3h}; dritte und vierte Reihe).

auszuwählen, deren Bewegungspfeile aufeinander senkrecht stehen, also z. B. eine in der Zeichenebene und eine senkrecht dazu. Bei HCN ist diese zweifach entartete Schwingung (E_1 von $C_{\infty v}$) eine Deformationsschwingung. Bei beiden Valenzschwingungen, ν_1 und ν_3, ändern sich zwar beide Bindungsabstände, H—C und C—N, aber bei ν_1 ganz überwiegend der CN-Abstand, bei ν_3 überwiegend der CH-Abstand. Solche Schwingungen gelten als *charakteristisch* für eine bestimmte Bindung; so ist ν_1 die CN- und ν_3 die CH-Valenzschwingung.

Im Molekül BF_3 transformiert sich die symmetrische Valenzschwingung ν_1 total-symmetrisch nach A_1' von D_{3h}. Die asymmetrische Valenzschwingung ν_3 ist entartet (E'). Lässt man $R(D_{3h})$ auf ν_{3a} einwirken, so erhält man eine Linearkombination von ν_{3a} und ν_{3b}. Bei der symmetrischen Deformationsschwingung ν_2 (A_2'') bewegen sich die Atome senkrecht zur Molekülebene, angedeutet in Abb. 8.7 durch Plus- und Minuszeichen. Die asymmetrische Deformationsschwingung ν_4 ist wieder entartet (E').

Charakteristische Schwingungen

Ganz ähnlich wie beim Postulat lokalisierter Bindungen in mehratomigen Molekülen geht man beim Postulat einer *charakteristischen Valenzschwingung* davon aus, dass die Schwingung zwischen zwei Atomen eines Moleküls nicht an geometrische Veränderungen im Rest des Moleküls gekoppelt sei, so als schwingen statt jener zwei Atome zwei in sich starre Molekülteile gegeneinander. Im Rahmen einer solchen Vorstellung behandelt man also ein N-atomiges wie ein zweiatomiges Molekül $A-B$. Die (nicht massebeladene) Koordinate, die die Schwingung beschreibt, ist dann der Abstand r zwischen A und B. Die Anwendung der klassischen Mechanik führt zur Differentialgleichung $d^2 r / d\,t^2 - (1/m_A + 1/m_B) f_{AB}\,r$ mit der Lösung $r = A'\cos\omega t$ (A' ist die nicht massebeladene Amplitude; der Phasenwinkel ε entfällt, da nur eine Schwingungsfrequenz $\omega = 2\pi\nu$ möglich ist). Es folgt $f_{AB}(1/m_A + 1/m_B) = \omega^2$ mit der masseunabhängigen Kraftkonstante f_{AB} (Abschnitt 2.7.2). Die Zugrundelegung eines derartigen Zweimassenmodells ist dann akzeptabel, wenn die Molekülteile A und B durch besonders starke Kräfte zusammengehalten werden oder wenn ein Molekülteil eine überaus kleine Masse hat. Letzteres ist wesentlich auf das H-Atom beschränkt. Das Molekül HCN ist ein Beispiel für beides, eine starke $C\equiv N$-Bindung und ein leichtes H-Atom.

Dreifachbindungen sind allgemein starke Bindungen. So verwundert es nicht, dass die Wellenzahlen für die CN-Valenzschwingung von Nitrilen RCN — weithin unabhängig von R — im engen Bereich $2240-2260\ cm^{-1}$ anzutreffen sind, die für Isonitrile RNC bei $2110-2165\ cm^{-1}$. Da der Bereich kurz oberhalb $2000\ cm^{-1}$ allgemein für Dreifachbindungen typisch ist, liegen auch die $C\equiv C$-Valenzschwingungen der Alkine $RC\equiv CR'$ im einigermaßen engen Bereich $2000-2140\ cm^{-1}$, die $B\equiv N$-Schwingung von Iminoboranen $RB\equiv NR$ bei $2000-2120\ cm^{-1}$. Bei den tatsächlich zweiatomigen Molekülen N_2 und CO ist die einzig mögliche Schwingung eine Valenzschwingung bei 2330 bzw. $2145\ cm^{-1}$. Dass man bei den Carbonyl-Komplexen $M(CO)_n$ der Übergangsmetalle M die CO-Valenzschwingung in einem weiteren Bereich, nämlich bei $1900-2170\ cm^{-1}$ antrifft, zeugt davon, dass die CO-Dreifachbindung in gewissen Fällen geschwächt wird, nämlich dann, wenn koordinative π-Rückbindungen vorliegen.

Was Element-Hydrogen-Valenzschwingungen anbetrifft, findet man beispielsweise die CH_3-Valenzschwingungen in Methylverbindungen $X—CH_3$ in einem charakteristischen Bereich, wobei die Frequenz von der Masse des Molekülteils X und von der Stärke der X—C-Bindung nicht sehr stark abhängt. Das Zweimassenmodell kann hier natürlich nicht zutreffen, vielmehr kann man — unabhängig von der Symmetrie im mehratomigen Molekülteil X — von lokaler C_{3v}-Symmetrie ausgehen und findet eine symmetrische und eine asymmetrische, entartete Valenzschwingung. Recht charakteristisch sind auch die CH_3-Deformationsschwingungen. Spezielle Deformationsschwingungen hingegen, bei denen sich die drei H-Atome parallel zueinander und antiparallel zum C-Atom in einer Richtung senkrech zur X—C-Bindung in deren Gleichgewichtskonfiguration bewegen (*Pendel*- oder *Rocking-Schwingungen*), sind vom Molekülteil X weniger unabhängig und überstreichen einen weiteren Bereich. Nehmen wir als Beispiel für einen einatomigen Rest X die vier Halogenoalkane $HalCH_3$, so findet man die folgenden Wellenzahlbereiche:

symmetrische CH_3-Valenzschwingung (A_1)	$2965-2990 \text{ cm}^{-1}$
asymmetrische CH_3-Valenzschwingung (E)	$2982-3060 \text{ cm}^{-1}$
symmetrische CH_3-Deformationsschwingung (A_1)	$1251-1475 \text{ cm}^{-1}$
asymmetrische CH_3-Deformatuionsschwingung (E)	$1440-1471 \text{ cm}^{-1}$
CH_3-Pendelschwingung (E)	$1196- 880 \text{ cm}^{-1}$
Hal—C-Valenzschwingung (A_1)	$533-1048 \text{ cm}^{-1}$

Die Hal—C-Valenzschwingung hängt viel mehr noch als die Pendelschwingung stark von der Masse von Hal ab: Je größer die Masse, umso kleiner ist die Frequenz, wie die Frequenzgleichung für das Zweimassenmodell ebenso wie die Alltagserfahrung lehren. Haben bei HalCH$_3$ die Nachbaratome Hal der Methylgruppe sehr unterschiedliche Masse, so kann man bei organischen Methylverbindungen RCH$_3$ mit C-Atomen als Nachbaratomen besonders charakteristische CH_3-Frequenzen erwarten. Tatsächlich liegen bei RCH$_3$ die CH_3-Valenzschwingungen eng um 2960 (A_1) und 2870 cm^{-1} (E) und die CH_3-Deformationsschwingungen eng um 1470 (E) und 1380 cm^{-1} (A_1).

Bei organischen Methyliden-Verbindungen R—CH$_2$—R' herrscht für die CH$_2$-Gruppe lokale C_{2v}-Symmetrie, und auch hier findet man ähnlich wie bei SO$_2$ eine symmetrische und eine asymmetrische CH$_2$-Valenzschwingung bei ca. 2850 bzw. 2930 cm^{-1} und eine Deformationsschwingung bei ca. 1470 cm^{-1}.

Methode und Anwendung

In der Schwingungsspektroskopie vermisst man Schwingungsfrequenzen, angegeben meist als Wellenzahlen in cm^{-1}. Dabei sind zwei Messmethoden von Bedeutung. Bei der *Infrarotspektroskopie* leitet man monochromatische Infrarotstrahlung durch eine Substanz, variiert die Wellenzahl und registriert bei welchen Wellenzahlen mit welcher Intensität Absorption eintritt. Man setzt Reinsubstanzen in flüssiger Form ein oder in Form einer Lösung in einem Mittel mit bekannten, aus dem Spektrum abziehbaren Absorptionsfrequenzen oder auch in Form einer feindispersen Verteilung der Messsubstanz in einem infrarotdurchlässigen Pressling einer salzartigen Verbindung.

Bei einer anderen Methode, der *Ramanspektroskopie*, treten die Moleküle der Messsubstanz mit einer hochfrequenten Erregerlinie (Frequenz v_0) in Wechselwirkung. Dabei gibt die Erregerlinie einen Teil ihrer Energie an die Moleküle ab und regt diese zu ihren Normalschwingungen mit der Frequenz v_k an. Die Erregerlinie tritt als Streulicht aus der Messsubstanz aus, und neben der Grundfrequenz sind im Streulicht kleinere Frequenzen $v_0 - v_k$ enthalten, die man vermisst.

Man kann mit der Schwingungsspektroskopie quantitativ-analytische Zwecke verfolgen. Beispielsweise kann man in Gemischen die Menge einer Komponente anhand der Intensität einer bekannten Schwingungsbande bestimmen. Auch die Veränderung derartiger Banden im Zuge einer Reaktion kann wertvolle Information liefern.

Am häufigsten gewinnt man aus Schwingungsspektren qualitativ-analytische Befunde, indem man die Anwesenheit bestimmter Molekülgruppen aufgrund charakteristischer Gruppenfrequenzen in zu analysierenden Substanzen ermittelt. Vielfach hat man Schwingungsspektren dokumentiert; dies erlaubt die Identifizierung unabhängig gewonnener Proben durch Vergleich mit bekannten Daten.

Hat man es mit Molekülen genügend hoher Symmetrie zu tun, dann kann man aus einer gruppentheoretischen Analyse der Schwingungsspektren (s. u.) ohne großen Aufwand strukturelle Schlüsse ziehen.

Es gibt eine Reihe empirischer und theoretischer Ansätze, um die Konstanten der Matrix (f_{ij}) zu bestimmen. Im Besitz dieser Werte kann man die Schwingungsfrequenzen und die Amplituden errechnen und mit gemessenen Werten vergleichen. Bei guter Übereinstimmung entsprechen jene Ansätze der Realität und erlauben einen vertieften Einblick in die Struktur jener Moleküle.

Quantenmechanische Ergebnisse

Der Schwingungszustand eines Moleküls wird durch die zeitunabhängige Zustandsfunktion ψ_v beschrieben (Index v für *Vibration*), einer Abhängigen der $3N-6$ Normalkoordinaten Q_k. Zu jeder Normalkoordinate gehört eine Schwingungsenergie E_{vk}. Die gesamte Schwingungsenergie des Moleküls beträgt $E_v = \Sigma_k E_{vk}$. Mit ψ_{vk} als der für die k-te Normalschwingung zuständigen Zustandsfunktion ergibt sich für den Schwingungszustand insgesamt $\psi_v = \Pi_k \psi_{vk}$. Die Schrödinger-Gleichung für eine einzelne Normalschwingung lautet $H\psi_{vk} = E_{vk}\psi_{vk}$. Sie ist exakt lösbar. Die Lösungen lauten:

$$\psi_{vnk} = N_{nk} \exp\left(-\frac{1}{2} a_k Q_k^2\right) H_{nk} \quad \text{mit} \quad a_k = \frac{2\pi\,\omega_k}{h} = \frac{4\pi^2\,v_k}{h}$$

Der Normierungsfaktor N_{nk} mit der Laufzahl n = 0, 1, 2, 3 … lautet:

$$N_{nk} = \left[\left(\frac{a_k}{\pi}\right)^{1/2} \cdot 2^{-n} \cdot (n!)^{-1}\right]^{1/2}$$

Die Funktionen $H_{nk}(Q_k)$ sind die sog. *Hermite'schen Polynome*:

$H_{0k} = 1$

$H_{1k} = 2\,a_k^{1/2}\,Q_k$

$H_{2k} = 4\,a_k\,Q_k^2 - 2$

$H_{3k} = 8\,a_k^{3/2}\,Q_k^3 - 12\,a_k^{1/2}\,Q_k$ \quad usw.

Als Energie ergibt sich für die k-te Normalschwingung im *n*-ten Anregungszustand $E_{vnk} = (n_k + 1/2)\,hv_k$ und für die gesamte Schwingungsenergie des Moleküls

$$E_v = \Sigma_k \left(n_k + \frac{1}{2} \right) h\nu_k$$

Der *Schwingungsgrundzustand* ist jener, bei dem für alle $3N-6$ Normalschwingungen gilt $n_1 = n_2 = n_3 = \dots = n_{3N-6} = 0$. Hieraus ergibt sich $E_v = 1/2\, h\Sigma_k \nu_k$. Diese sog. *Nullpunktsschwingungsenergie*, die allen Molekülen bei der Temperatur 0 K zuzeigen ist, kann bei großen Molekülen ansehnliche Werte annehmen. Im ersten angeregten Schwingungszustand (*Fundamentalzustand*) sind alle n_k gleich null mit Ausnahme von $n_l = 1$. In einem höheren angeregten Schwingungszustand (*Obertonzustand*) sind alle n_k gleich null mit Ausnahme von $n_l > 1$. In einem kombiniert angeregten Schwingungszustand (*Kombinationston*) sind mehrere n_k ungleich null. Beim Übergang vom Grund- in einen Fundamentalzustand gilt $\Delta E_v = h\nu_k$. Die beobachtete Schwingungsbande gehört zur k-ten Normalschwingung. Außer mit den Normalschwingungen, den *Grundtönen*, hat man in einem Schwingungsspektrum auch mit *Ober-* und *Kombinationstönen* zu rechnen.

Gruppentheoretische Analyse von Normalschwingungen

Für zweizählige Punktgruppen gilt wegen der Invarianz der potentiellen Energie gegenüber Symmetrieoperationen: $R(2V) = 2V = R\Sigma_k \omega_k^2 Q_k{}^2 = \Sigma_k \omega_k^2 (RQ)^2 = \Sigma_k \omega_k^2 Q_k^2$ (siehe oben), das heißt $RQ_k = \pm Q_k$ und Q_k transformiert sich nach einer irreduziblen Darstellung. Man kann zeigen, dass sich Q_k auch bei höherer als zweizähliger Symmetrie nach einer irreduziblen Darstellung transformiert. Im Falle von E- oder T-Darstellungen gehören zwei bzw. drei Normalkoordinaten zum selben Eigenwert E_{vk} und damit zu derselben Frequenz $\omega_k = 2\pi\nu_k$.

Der Schwingungsgrundzustand wird durch die Zustandsfunktion

$$\psi_{v0} = \Pi_k \psi_{v0k} = \Pi_k N_{0k} \exp\left(-\frac{1}{2} a\, Q_k^2 \right)$$

beschrieben. Wirkt R einer Symmetriegruppe auf ψ_{v0} ein, so muss das Transformationsverhalten von $(RQ_k)^2$ untersucht werden. Im Falle zweizähliger Symmetrie ergibt sich wieder $(RQ_k)^2 = (\pm Q_k)^2 = Q_k^2$ und damit $R\psi_{v0} = \psi_{v0}$, d.h. die Zustandsfunktion im Schwingungsgrundzustand transformiert sich nach der totalsymmetrischen irreduziblen Darstellung der Gruppe. Man kann zeigen, dass sich ψ_{v0} auch im Falle höherer als zweizähliger Symmetrie stets totalsymmetrisch transformiert.

Beim ersten angeregten Zustand gehört eines der Glieder ψ_{vnk} in $\psi_{v1} = \Pi_k \psi_{vnk}$ zum Wert $n = 1$, alle anderen zum Wert $n = 0$. Da das Hermite'sche Polynom für ψ_{v1k} außer vom Exponentialglied noch linear von Q_k abhängt, transformiert sich dieses Glied ebenso wie Q_k. Damit transformiert sich auch die Gesamtfunktion für den ersten angeregten Zustand ebenso wie Q_k, denn die übrigen Glieder transformieren sich einzeln ebenso wie im Produkt totalsymmetrisch.

Für die Übergangswahrscheinlichkeit vom Grundzustand ψ_{v0} in den ersten angeregten Zustand ψ_{v1} sind Integrale vom Typ

$$\int \psi_{v0}\,\boldsymbol{\mu}\,\psi_{v1}\,\mathrm{d}\tau \qquad \text{bzw.} \qquad \int \psi_{v0}\,\boldsymbol{a}\,\psi_{v1}\,\mathrm{d}\tau$$

zuständig, erstere im Falle von IR-Absorption (IR: Infrarot), letztere im Falle von Ra-Erregung (Ra: Raman). Der Dipolmomentvektor $\boldsymbol{\mu}$ lässt sich in die Komponenten μ_x, μ_y, μ_z zerlegen, die sich wie x, y, z transformieren, und das die Intensität der Infrarotbanden wiedergebende Integral ergibt sich als Summe dreier Teilintegrale. Die Komponenten des Polarisierbarkeitstensors $\boldsymbol{a}$ transformieren sich wie die Koordinatenprodukte x^2, y^2, z^2, xy, xz, yz (im Falle höherer Symmetrie wie $x^2 + y^2 + z^2$, $x^2 - y^2$, $2z^2 - x^2 - y^2$, xy, xz, yz).

Für die Praxis heißt das, dass man feststellen muss, nach welchen Darstellungen sich die Normalschwingungen transformieren. IR-aktiv und im Spektrum beobachtbar sind nur die Banden jener Normalschwingungen, die sich ebenso transformieren wie x, y, z. Ra-erlaubt sind nur jene Banden, die sich wie die Koordinatenprodukte transformieren. Der Zugriff auf Charaktertafeln ist dabei unerlässlich.

In allen kubischen Gruppen transformieren sich die Koordinaten x, y, z nach einer T-Darstellung. Also sind nur die T-Normalschwingungen beobachtbar, die zudem noch dreifach entartet sind, sodass die IR-Spektren von Molekülen mit kubischer Symmetrie bandenarm sind. In Punktgruppen mit Symmetriezentrum transformieren sich x, y und z stets nach einer u-Darstellung, die Koordinatenprodukte dagegen nach einer g-Darstellung. Das hat zur Folge, dass unter den $3N-6$ Normalschwingungen die sich nach einer u-Darstellung transformierenden Schwingungen nur im IR-, die sich nach einer g-Darstellung transformierenden Schwingungen nur im Ra-Spektrum beobachtet werden können; diesen Sachverhalt nennt man das *Alternativverbot*.

Um die irreduziblen Darstellungen zu ermitteln, nach denen sich die Normalschwingungen transformieren, geht man von den $3N$ kartesischen Verschiebungskoordinaten Δx, Δy, Δz aus und stellt fest, welchen Charakter χ die $3N$-dimensionalen Matrizen haben, die bei der Einwirkung von R auf diese Koordinaten induziert werden. Ob man diese Koordinaten oder die massebeladenen Koordinaten q_1 bis q_{3N} anwendet, ist geometrisch irrelevant. Da die Basis Q aus der Basis q durch lineare Transformation hervorgeht, ist der über Verschiebungskoordinaten ermittelte Charakter der gleiche wie der zu den Normalkoordinaten gehörende. Aus den Charakteren erhält man durch Anwendung der Reduktionsformel die gesuchte Darstellung Γ. Hierin sind allerdings auch jene irreduziblen Darstellungen enthalten, die zu den Translationen und Rotationen gehören, da wir ja von allen $3N$ Koordinaten ausgegangen sind. Aus der erhaltenen Darstellung $\Gamma = \Gamma_t + \Gamma_r + \Gamma_v$ müssen die irreduziblen Darstellungen der Translation, Γ_t, und der Rotation, Γ_r, abgezogen werden, und zwar bezüglich Γ_t die irreduziblen Darstellungen, nach denen sich die Koordinaten x, y, z transformieren, und bezüglich Γ_r die irreduziblen Darstellungen, nach denen sich die Größen R_x, R_y, R_z transformieren.

Beim Aufsuchen von χ liefern nur jene Atome Beiträge, die auf Symmetrieelementen liegen, da nur deren Koordinaten in Vielfache von sich selbst übergehen. Erleichternd ist es dabei, dass man das in jedes Atom hineinzulegende Koordinatensystem so anordnen kann, wie es zur Ermittlung des Charakters am bequemsten ist. Liegt ein Atom auf einer C_2-Achse, so legt man Δz in die Achsrichtung und erhält wegen $C_2\Delta z = \Delta z$, $C_2\Delta x = -\Delta x$ und $C_2\Delta y = -\Delta y$ den Charakterbeitrag -1. Liegt das Atom auf einer C_3-Achse, dann ergibt sich $C_3\Delta z = \Delta z$, während sich Δx und Δy gemeinsam transformieren, was gemäß der Drehmatrix zum Charakterbeitrag $-2\cos 120° = -1$ führt, also zu einem Charakterbeitrag von insgesamt $1 - 1 = 0$. Ein Atom auf einer Spiegelebene, z. B. σ_{xy}, erbringt mit $\sigma_{xy}\Delta x = \Delta x$, $\sigma_{xy}\Delta y = \Delta y$ und $\sigma_{xy}\Delta z = -\Delta z$ den Charakterbeitrag 1. Ein Atom im Inversionszentrum i schlägt mit einem Charakterbeitrag von -3 zu Buche. Der Charakter zu E beträgt stets $3N$, d. i. die Dimension der reduziblen Einheitsmatrix, die von den $3N$ kartesischen Verschiebungskoordinaten induziert wird.

Im Beispiel SO_2 (C_{2v}) ergibt sich $\chi(E) = 9$, $\chi(C_2) = -1$ (nur das S-Atom liegt auf C_2), $\chi(\sigma_{xz}) = 3$ (alle drei Atome liegen auf σ_{xz}), $\chi(\sigma_{yz}) = 1$ (nur das S-Atom liegt auf σ_{yz}). Die Reduktionsformel führt zu $\Gamma = 3A_1 + A_2 + 3B_1 + 2B_2$; mit $\Gamma_t = A_1 + B_1 + B_2$ und $\Gamma_r = A_2 + B_1 + B_2$ bleibt $\Gamma_v = 2A_1 + B_1$. Man findet die symmetrische Valenzschwingung ν_s (A_1) bei 1151 cm^{-1}, die asymmetrische Valenzschwingung ν_{as} (B_1) bei 1361 cm^{-1} und die Deformationsschwingung δ (A_1) bei 519 cm^{-1}.

Beim Beispiel NH_3 finden wir $\chi(E) = 12$, $\chi(C_3) = 0$ (wie stets), $\chi(\sigma_v) = 2$ (auf jeder σ_v-Ebene liegen das N- und ein H-Atom). Das ergibt $\Gamma = 3A_1 + A_2 + 4E$ und $\Gamma_v = 2A_1 + 2E$. Alle vier Banden sind für die IR- und Ra-Beobachtung symmetrieerlaubt; man findet ν_s (A_1) bei 3334 cm^{-1}, ν_{as} (E) bei 3414 cm^{-1}, δ_s (A_1) bei 950 cm^{-1} und δ_{as} (E) bei 1628 cm^{-1}.

Methan CH_4 ergibt die Charakterbeiträge $\chi(E) = 15$, $\chi(C_3) = 0$, $\chi(C_2) = -1$ (nur das Atom C liegt auf C_2), $\chi(S_4) = -1$ (nur das C-Atom ist betroffen mit $S_4\Delta z = -\Delta z$), $\chi(\sigma_d) = 3$ (C und 2 H liegen auf σ_d). Hieraus: $\Gamma = A_1 + E + T_1 + 3T_2$ und $\Gamma_v = A_1 + E + 2T_2$. Alle vier Banden sind Ra-erlaubt, aber nur die beiden T_2-Banden sind IR-aktiv. Man findet ν_s (A_1) und ν_{as} (T_2) bei 2914 bzw. 3020 cm^{-1}, die beiden δ-Schwingungen bei 1526 (E) bzw. 1306 cm^{-1} (T_2).

Für SF_6 erhält man $\chi(E) = 21$, $\chi(C_2) = -3$, $\chi(C_4) = 3$, $\chi(C_3) = 0$, $\chi(C_2') = -1$ (nur S auf C_2'), $\chi(i) = -3$, $\chi(\sigma_h) = 5$, $\chi(S_4) = -1$, $\chi(S_6) = 0$ (nur S auf S_6; $S_6\Delta x$ und $S_6\Delta y$ ergeben gemäß Drehmatrix $2\cos 60° = 1$; $S_6\Delta z = -1$), $\chi(\sigma_d) = 3$. Dies führt zu $\Gamma = A_{1g} + E_g + T_{1g} + T_{2g} + 3T_{1u} + T_{2u}$ und $\Gamma_v = A_{1g} + E_g + T_{2g} + 2T_{1u} + T_{2u}$. Alle drei g-Normalschwingungen sind Ra-erlaubt, die beiden T_{1u}-Schwingungen IR-aktiv; es besteht Alternativverbot. Die Beobachtung der T_{2u}-Schwingung ist generell symmetrieverboten; ihre Frequenz kann man aus thermodynamischen Daten indirekt ermitteln. Man findet im Ra-Spektrum die Wellenzahlen 775 (A_{1g}), 644 (E_g) und 524 cm^{-1} (T_{2g}) und im IR-Spektrum 965 und 617 cm^{-1} (beide T_{1u}).

8.1.5 Elektronenübergänge

Charge-transfer-Übergänge

Wir gehen vom MO-Bild oktaedrischer, tetraedrischer und sonstiger Komplexe aus. Hat das HOMO überwiegend Ligand-, das LUMO überwiegend Metallcharakter, dann bedeutet der Übergang eines Elektrons vom HOMO ins LUMO in gewissem Sinne eine Reduktion des Metalls, und das absorbierte Licht führt zu einer sog. *Metallreduktionsbande*. Führt der Übergang das Elektron umgekehrt aus einem metallzentrierten HOMO in ein ligandzentriertes LUMO, so wird eine *Metalloxidationsbande* absorbiert. Insgesamt gehören solche Absorptionen zu den *Charge-transfer-Übergängen*. Sie zeichnen sich durch große Intensität aus und haben ihr Maximum meist im Ultraviolettgebiet, doch erstreckt sich der Bandenabfall auf der niederfrequenten Seite oft in den sichtbaren Wellenzahlbereich (13000– 25000 cm^{-1}); das bedeutet, dass der nicht absorbierte Rest des weißen Lichts in der Komplementärfarbe zum absorbierten sichtbaren Anteil reflektiert und sichtbar wird.

Starke Kovalenzen zwischen Metall und Liganden lassen sich mit Kristallfeldvorstellungen nicht verstehen und erfordern zu ihrer Beschreibung die Anwendung der MO-Methode. Große Unterschiede im Ionenradius und in der Ladung führen generell zu Kovalenz (Abschnitt 2.2.6). Musterbeispiele sind Komplexe der (hypothetischen) Ionen Cr^{6+} oder Mn^{7+} mit O^{2-}: Die gelben Chromat-Anionen CrO_4^{2-} und die violetten Permanganat-Anionen MnO_4^- verdanken ihre Farbe starken Charge-transfer-Metallreduktionsbanden. Vergrößert man den Radius des Metalls in der Reihe $Cr^{VI} < Mo^{VI} < W^{VI}$ oder $Mn^{VII} < Tc^{VII} < Re^{VII}$, dann wandert das Metall-LUMO zu höheren Werten, die Übergänge werden energiereicher und rücken in den UV-Bereich: Wolframate und Perrhenate sind farblos. Im Übrigen bilden Charge-transfer-Übergänge auch in binären Salzen das farbgebende Prinzip, etwa bei den meist kräftig im sichtbaren Bereich absorbierenden Oxiden und Sulfiden, besonders auch jenen, die als Farbpigmente geschätzt werden.

Charge-transfer-Übergänge vom Metall zum Liganden, also Metalloxidationsbanden, beobachtet man bei zahlreichen Komplexen mit π-Akzeptor-Liganden, z. B. beim roten Komplex von Fe^{3+} mit SCN^- oder beim roten Blutlaugensalz $K_3[Fe(CN)_6]$. In Festkörpern kommen intensive Charge-transfer-Übergänge auch dann zustande, wenn ein Elektron von einem Metallkation zu einem höher geladenen Metallkation springt, und zwar über einen Liganden als Elektronenleiter, also z. B. von Fe^{2+} zu Fe^{3+} in den blauen Berlinaten mit dem Anion $[Fe_2(CN)_6]^-$ (*Berliner Blau*), von Pb^{2+} zu Pb^{4+} im roten Mennige Pb_3O_4 oder von W^V zu W^{VI} im Wolframblau $WO_{3-x}(OH)_x$ (x = 0 bis 1).

d→d-Übergänge

Als Beispiele für oktaedrische Highspin-Komplexe betrachten wir die gut untersuchten Hexaaqua-Komplexe $[M(H_2O)_6]^{n+}$. Die Quantentheorie erlaubt nur Übergänge gleicher Spinmultiplizität. Deshalb müssen unter den Termen zur Konfiguration von d^1 bis d^9 außer dem Grundzustandsterm zunächst nur jene Terme bedacht werden, die die gleiche Multiplizität haben, also (Abschnitt 1.2.5) nur jeweils der Grundzustandsterm bei d^1, d^4, d^5 und d^6 und neben dem Grundzustandsterm noch ein weiterer bei d^2, d^3, d^7 und d^8. Wie diese Terme im Oktaederfeld aufspalten (Abschnitt 8.1.2), illustriert in der Reihenfolge zunehmender Energie im Rahmen der durch den Liganden H_2O gegebenen Aufspaltungsenergie Δ_o die folgende Zusammenstellung (der erstgenannte Term steht für den Grundzustand; für d^2 s. Abb. 8.2):

d^1:	^2D		$\rightarrow$	$^2T_{2g}$	$<$	^2E_g		
d^2:	$^3F < {}^3P$		$\rightarrow$	$^3T_{1g}$	$<$	$^3T_{2g}$	$<$ $^3T_{1g}$	$<$ $^3A_{1g}$
d^3:	$^4F < {}^4P$		$\rightarrow$	$^4A_{2g}$	$<$	$^4T_{2g}$	$<$ $^4T_{1g}$	$<$ $^4T_{1g}$
d^4:	^5D		$\rightarrow$	^5E_g	$<$	$^5T_{2g}$		
d^5:	^6S		$\rightarrow$	$^6A_{1g}$				
d^6:	^5D		$\rightarrow$	$^5T_{2g}$	$<$	^5E_g		
d^7:	$^4F < {}^4P$		$\rightarrow$	$^4T_{1g}$	$<$	$^4T_{2g}$	$<$ $^4A_{2g}$	$<$ $^4T_{1g}$
d^8:	$^3F < {}^3P$		$\rightarrow$	$^3A_{2g}$	$<$	$^3T_{2g}$	$<$ $^3T_{1g}$	$<$ $^3T_{2g}$
d^9:	^2D		$\rightarrow$	^2E_g	$<$	$^2T_{2g}$		

Im Falle von d^5 ist ein elektronischer Übergang ohne Verletzung des Spinumkehrverbots nicht möglich. Im Falle von d^1, d^4, d^6 und d^9 ist je ein Übergang vom linken zum rechten Term beobachtbar. Im Falle von d^2, d^3, d^7 und d^8 sollte man drei Übergänge finden, nämlich vom linken Term zu den drei anderen mit zunehmender Wellenzahl. Und tatsächlich beobachtet man nur eine Bande in den komplexen Kationen $[M(H_2O)_6]^{n+}$ bei folgenden Zentralionen M^{n+}:

Ti^{3+} (d^1)	Cr^{2+} (d^4)	Fe^{2+} (d^6)	Cu^{2+} (d^9)	
20300	14000	10400	12500	cm^{-1}

Drei d→d-Übergänge findet man – der Erwartung entsprechend – bei folgenden Zentralionen:

V^{3+} (d^2)	Cr^{3+} (d^3)	Co^{2+} (d^7)	Ni^{2+} (d^8)	
17200	17400	8700	8500	cm^{-1}
25600	25500	16000	13800	cm^{-1}
36000	38600	129400	25300	cm^{-1}

Alle diese Übergänge haben schwache Intensität mit einer molaren Extinktion ε im Bereich 1 bis 10^3; CT-Übergänge werden bei Extinktionen von 10^3 bis 10^5 gefunden. Die Extinktion ist das logarithmische Maß für den durch einen Stoff absorbierten Anteil der Lichtintensität $\Delta I = I_0 - I$ unter Berücksichtigung der Weglänge

d und der molaren Konzentration c des Stoffs: $\log(I_0/I) = \varepsilon cd$ (*Lambert-Beer'sches Gesetz*). Extinktionen ε werden als Stoffkonstante auf die Weglänge 1 cm und die Konzentration 1 mol l^{-1} bezogen.

Prinzipiell sind d→d-Übergänge in oktaedrischen Komplexen symmetrieverboten. Die Intensität des Übergangs wird wieder durch Integrale des Typs $\int \psi_0 \boldsymbol{\mu} \psi \, d\tau$ geregelt. Bei *zentrosymmetrischen* Komplexen (d. h. es liegt ein Inversionszentrum i vor) transformieren sich d-Funktionen und alle aus ihnen durch Elektronenwechselwirkung hervorgehenden Funktionen nach geraden irreduziblen Darstellungen (z. B. bei der d^2-Konfiguration gemäß Abb. 8.2). Dagegen transformiert sich das Dipolmoment $\boldsymbol{\mu}$ ebenso wie seine drei kartesischen Komponenten nach ungeraden Darstellungen (wie T_{1u} bei O_h-Symmetrie), sodass jene Integrale verschwinden. Dass dennoch eine schwache Intensität beobachtet wird, liegt an der Kopplung mit geeigneten Schwingungen. Im Falle der Kopplung einer Zustandsfunktion für Elektronen ψ_e und einer solchen für Schwingungen ψ_v kann man zur Beschreibung des Gesamtzustands das Produkt $\psi_e \psi_v$ ansetzen. Die Intensität der Übergänge vom Grundzustand der Elektronen und der Schwingungen in den ersten angeregten Zustand wird durch Integrale $\int (\psi_{e0} \psi_{v0}) \boldsymbol{\mu} (\psi_{e1} \psi_{v1}) d\tau$ beschrieben. Da sich ψ_{v0} totalsymmetrisch transformiert (s. Abschnitt 8.1.4), braucht man es bei der Bildung des direkten Produkts nicht zu berücksichtigen. Worauf es ankommt ist, ob es eine durch ψ_{v1} zu beschreibende Normalschwingung gibt, die sich genauso transformiert wie eine Komponente im direkten Produkt von $\psi_{e0} \boldsymbol{\mu} \psi_{e1}$. Beispielsweise muss man für den elektronischen Übergang $^3T_{1g} \rightarrow \,^3A_{1g}$ die Charaktere von T_{1g}, A_{1g} und (für $\boldsymbol{\mu}$) T_{1u} multiplizieren und das Ergebnis reduzieren. Dabei ergibt sich $\Gamma = A_{1u} + E_u + T_{1u} + T_{2u}$. Die Normalschwingungen oktaedrischer Moleküle MX_6 transformieren sich gemäß $\Gamma = A_{1g} + E_g + T_{2g} + 2T_{1u} + T_{2u}$. Durch Kopplung des elektronischen Übergangs mit einer der T_{1u}- oder T_{2u}-Normalschwingungen überspielt der elektronische Übergang das Symmetrieverbot. [Zur Illustration: Eine der T_{1u}-Normalschwingungen ist jene, bei der vier äquatoriale Liganden X in MX_6 gleichsinnig in axialer Richtung (also parallel zu einer der drei C_4-Achsen) und die beiden axialen Liganden in der Gegenrichtung schwingen, und weil es drei äquivalente C_4-Achsen gibt, ist diese Schwingung dreifach entartet; dass es sich um eine ungerade Schwingung handelt, sieht man auf Anhieb, und dass es eine T_{1u}-Schwingung ist sieht man daran, dass sie im Gegensatz zu T_{2u} symmetrisch zu C_4 und σ_d verläuft.]

Spinerlaubte, aber im Falle zentrosymmetrischer Komplexe symmetrieverbotene d→d-Übergänge sind also zufolge vibronischer Kopplung als schwache Banden wahrnehmbar. Bei nicht zentrosymmetrischen Komplexen, also insbesondere bei tetraedrisch gebauten, bestehen d→d-Übergangsverbote aus Symmetriegründen im Allgemeinen nicht; im Einzelfall muss man prüfen, ob sich das Produkt $\psi_{e0} \psi_{e1}$ ebenso transformiert wie eine der Komponenten von $\boldsymbol{\mu}$. Selbst spinverbotene, sog. *Interkombinationsbanden*, lassen sich als sehr schwache Banden mitunter beobachten, in der Regel nur als Schultern stärkerer Banden. Bei d^5-Highspin-Komplexen, für die spinerlaubte d→d-Übergänge wegen Vollbesetzung aller fünf d-AOs nicht möglich sind, können schwache Interkombinationsbanden scharf ausgeprägt sein.

Ein lehrreiches Beispiel für einen Interkombinationsübergang liefert Cr^{3+}, dessen d→d-Übergänge eben für den Aqua-Komplex erläutert wurden. Der Edelstein *Rubin* besteht aus Korund (Abschnitt 2.4.2), im welchem ein kleiner Teil ($w < 0.1\%$) der oktaedrisch von O^{2-}- koordinierten Al^{3+}-Ionen durch Cr^{3+} ersetzt ist. Die Übergänge $^4A_{2g} \rightarrow {}^4T_{2g}$ und $^4A_{2g} \rightarrow {}^4T_{1g}$ von Cr^{3+} bei 18000 bzw. 24000 cm^{-1} bedingen die tiefrote Farbe des Rubins. Nun kann vom $^4T_{1g}$-Zustand aus ein meist strahlungsloser Interkombinationsübergang in den tiefer liegenden ^2E_g-Zustand erreicht werden; die Energie solch strahlungsloser Übergänge findet sich in angeregten Schwingungszuständen, also letztlich in Wärme wieder. Da der Übergang vom ^2E_g- in den $^4A_{2g}$-Grundzustand spinverboten ist, hat der ^2E_g-Zustand mit ca. 10^{-3} s eine um einige Größenordnungen längere Lebensdauer als der $^4T_{2g}$-Zustand. Der Übergang vom ^2E_g- in den $^4A_{2g}$-Grundzustand (14200 cm^{-1}) ist ein typischer Phosphoreszenzübergang (s. Abschnitt 6.9.2).

Ein relativ stabiler Zustand wie der ^2E_g-Zustand von Cr^{3+} in oktaedrischer Koordination kann genutzt werden, um eine sog. *stimulierte* Emission in Gang zu setzen. Die gewöhnliche, sog. *spontane* Emission ist in unserem Beispiel jene, die vom $^4T_{2g}$- oder $^4T_{1g}$-Zustand zurück in den $^4A_{2g}$-Grundzustand führt. Diese Zustandsänderung wird bei der stimulierten Emission durch ein Photon der gleichen Frequenz ausgelöst, und beide Photonen, das auslösende und das emittierte, werden abgestrahlt, allerdings in gekoppelter Form derart, dass beide Photonen nicht nur in der Frequenz, sondern auch in der Ausbreitungsrichtung und in der Phase übereinstimmen, also kohärent sind. Die Wahrscheinlichkeit für eine stimulierte Emission hängt von der Intensität der stimulierenden Strahlung und von der Zahl der Atome im angeregten Zustand (N_2) im Vergleich zum Grundzustand (N_1) ab. Da das Verhältnis N_2/N_1 im Allgemeinen sehr klein ist, kommt die stimulierte Emission gegenüber der spontanen selten vor. Das ändert sich aber, wenn ein metastabiler Zustand wie der ^2E_g-Zustand von Cr^{3+} im Rubin zur Verfügung steht. Pumpt man genügend Strahlung der richtigen Frequenz in das Material (im Falle des Rubins der $^4A_{2g} \rightarrow {}^4T_{1g}$-Frequenz), so kann die Besetzungsdichte im metastabilen ^2E_g-Zustand größer sein als im Grundzustand. Dann ist die Wahrscheinlichkeit für die stimulierte Emission größer als für die spontane. Insgesamt wird die aufgewendete Pumpstrahlung zu einem erheblichen Teil in wohlgeordnete, entropiearme Strahlung hoher Dichte verwandelt. Man nennt diesen Effekt die *Lichtverstärkung durch stimulierte Emission von Strahlung* (**l**ight **a**mplification of **s**timulated **e**mission of **r**adiation, kurz: *Laser*). Effizienter als ein sog. *Dreiniveau-Laser* wie der Rubin (Niveaus: $^4A_{2g}$, $^4T_{1g}$, ^2E_g) arbeitet der *Vierniveau-Laser*, bei dem die Laserstrahlung nicht direkt zum Grundzustand führt, sondern in einen zunächst unbesetzten Zwischenzustand, bevor der Grundzustand durch Strahlung oder Relaxation wieder erreicht wird. Lasermaterialien müssen nicht fest sein. Unter den Gaslasern hat sich der *CO_2-Laser* bewährt, bei dem nicht Elektronen-, sondern Schwingungsübergänge eine Laserstrahlung mit niedriger Frequenz bewirken. Der Pumpvorgang wird dabei nicht optisch, sondern mithilfe von Gasentladungen durch Elektronen-stöße hervorgerufen. Niedrige Laserfrequenzen sind auch insofern günstig, als sie den Quotienten N_2/N_1 vergrößern, der einer Boltzmann-Verteilung gemäß $N_2/N_1 = \exp[-h\nu/(kT)]$ unterliegt.

Das Cr^{3+}-Ion mag weiterhin als Beispiel dafür dienen, wie die Wellenzahl eines bestimmten Übergangs, z. B. des ersten Übergangs $^4A_{2g} \rightarrow {}^4T_{2g}$, von der Wechselwirkung mit den Liganden entsprechend der spektrochemischen Reihe (Abschnitt 8.1.2) abhängt (Wellenzahlen in cm^{-1}):

$[CrF_6]^{3-}$	$[Cr(H_2O)_6]^{3+}$	$[Cr(C_2O_4)_3]^{3-}$	$[Cr(en)_3]^{3+}$	$[Cr(CN)_6]^{3-}$
14500	17400	17500	21900	26700

Im Falle zweizähniger Liganden wie Oxalat $C_2O_4^{2-}$ oder Ethylendiamin en ist die O_h-Symmetrie reduziert zur Symmetrie der Untergruppe D_3, aber das ändert die Termaufspaltung zwar prinzipiell, aber im Ausmaß nicht wesentlich. Selbst im Kation $[Cr(H_2O)_6]^{3+}$ herrscht O_h-Pseudosymmetrie nur, wenn sich die H_2O-Moleküle schnell um die Cr—O-Achse drehen; bei starrer geordneter Ausrichtung (also mit drei Paaren gegenüberliegender H_2O-Moleküle auf den drei Hauptspiegelebenen) läge T_h-Symmetrie vor.

8.1.6 Thermodynamische Stabilität von Komplexen

Im wichtigsten aller Lösungsmittel, dem Wasser, bilden sich Komplexe, indem hydratisierte Kationen M^{n+} mit k Liganden L^{x-} Komplexe $[ML_k]^{n-kx}$ bilden. Es handelt sich um eine Substitution von komplex gebundenem H_2O durch L^{x-}. Meist werden k Moleküle H_2O durch k Liganden L^{x-} substituiert. Es kann aber auch sein, dass weniger Liganden L^{x-} an M^{n+} gebunden werden als vorher Moleküle H_2O, insbesondere wenn es sich um große, sperrige Liganden handelt; auch kommt es vor, dass nicht alle komplex gebundenen H_2O-Moleküle durch L^{x-} ersetzt werden, sodass ein Teil der H_2O-Moleküle im Komplex verbleibt. Alle diese Varianten seien durch folgende Reaktionsgleichung für die Komplexbildung in wässriger Lösung erfasst, wobei in der Formel von Edukt und Produkt die Frage nach der Zahl der gebundenen Wassermoleküle offen bleibt:

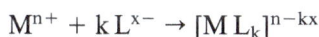

$$M^{n+} + k\,L^{x-} \rightarrow [M\,L_k]^{n-kx}$$

Die Gleichgewichtskonstante K_K ist die für wässrige Lösungen geltende *Komplexbildungskonstante*. Wie immer hängt sie mit dem pK_K-Wert und der Standardbildungsenthalpie $\Delta_K G^0$ logarithmisch zusammen:

$$K_K = c_1^{-1}\, c_2^{-k}\, c_3 \qquad pK_K = -\log K_K \qquad \Delta_K G^0 = -RT \ln K_K$$

Die Umkehrung der Komplexbildungsgleichung beschreibt die Komplexdissoziation, für deren Gleichgewichtskonstante K_D gilt: $K_D = K_K^{-1}$.

Ersetzt man H_2O durch einzähnige Liganden, dann spielt die Reaktionsentropie keine große Rolle. Die Reaktionsenthalpie hängt wesentlich von der Stärke der Ligand-Metall- und der Metall-Wasser-Bindung ab. Die elektrostatischen Bindungsanteile spielen oft keine so große Rolle wie die kovalenten. So sind die Aqua-Komplexe der Ionen Fe^{2+}, Co^{2+} und Cu^{2+} stabiler als die Tetrachlorido-Komplexe $[MCl_4]^{2-}$ dieser Ionen, was sich in positiven pK_K-Werten niederschlägt. Die Brønsted-Basizität der Liganden bedingt, dass Ammin-Komplexe stabiler sind als entsprechende Aqua-Komplexe; beim oktaedrisch koordinierten Co^{3+} mit seiner Lowfield-t_{2g}^6-Konfiguration beobachtet man für $[Co(NH_3)_6]^{3+}$ den auf hohe Stabilität deutenden Wert von $pK_K = -35.1$. Der kovalente Charakter steigt allgemein mit der Polarisation der Elektronenhülle des Anions durch das Kation (s. Abschnitt 2.2.6), was sich bei den Anionen $[HgHal_4]^{2-}$ in den Werten $pK_K = -16$, -22.7, -29.9 für Hal = Cl, Br, I niederschlägt. Bei kleineren Anionen und höher geladenen Kationen können allerdings elektrostatische Bindungskräfte doch zu Buche schlagen, wie das stabile Anion $[AlF_6]^{3-}$ ausweist. Bei den weniger hoch geladenen Alkali-Kationen mit ihrer Edelgaskonfiguration gibt es wenig kovalente und wenig elektrostatische Anreize, die Hydrathülle gegen andere Liganden auszutauschen; es handelt sich um schlechte Komplexbildner, und die Erdalkali-Kationen sind meist nur wenig bessere.

Eine wichtige Rolle spielen Mehrfachbindungsanteile zwischen Zentralatom und Ligand. Die π-Akzeptor-Liganden sind in der Regel fest an Übergangsmetalle gebunden, wenn genügend viele d-Elektronen zur Rückbindung bereitstehen, wie es bei den mittleren und späten Übergangsmetallen der Fall ist. Die Cyanido-Komplexe dieser Metalle gehören zu den stabilsten Komplexen überhaupt, wie folgende Reihe lehren möge (in Klammern die pK_K-Werte): $[Ni(CN)_4]^{2-}$ (-31), $[Fe(CN)_6]^{4-}$ (-37), $[Hg(CN)_4]^{2-}$ (-39), $[Fe(CN)_6]^{3-}$ (-44); dass der Fe^{III}-Komplex mit seiner Jahn-Teller-verzerrten Oktaederstruktur (t_{2g}^5) dem Fe^{II}-Komplex (t_{2g}^6) überlegen ist, liegt am größeren Anteil an elektrostatischer Bindung.

Die Reaktionsentropie gewinnt Bedeutung, wenn bei einer Substitution am Komplex mehr Liganden freigesetzt als gebunden werden, also wenn z. B. sechs H_2O-Moleküle durch nur drei Moleküle eines zweizähnigen Liganden ersetzt werden (*Chelateffekt*; s. Abschnitte 2.2.8 und 5.2.7). Selbst eine so schwache Brønsted-Base wie SO_4^{2-} bildet mit Kationen wie Cr^{3+} stabile Komplexe $[Cr(SO_4)_3]^{3-}$ wegen der Zweizähnigkeit des Liganden. Im Falle des analytisch so vielfältig genutzten sechszähnigen Liganden Ethylendiamintetraacetat (edta; s. Abschnitt 5.2.7) findet man für die Komplexbildung mit den Übergangsmetallen M^{2+} pK_K-Werte bis zu -25.5 (Pd^{2+}) und bei M^{3+} bis zu -41.5 (Co^{3+}), d. h. es bilden sich sehr stabile Komplexe. Bemerkenswert ist aber, dass bei Fe^{III} das Anion $[Fe(CN)_6]^{3-}$ ($pK_K = -44$) noch deutlich stabiler ist als $[Fe(edta)]^-$ ($pK_K = -25.1$). Selbst Erdalkalimetalle bilden stabile edta-Komplexe (z. B. mit Ca^{2+}: $pK_K = -10.7$); nur die Alkalimetalle scheren aus der Reihe ($pK_K = -0.2$ bis -2.8).

8.2 Mechanismen in der Koordinationschemie

8.2.1 Substitutionen

Bei Substitutionen an Metallzentren handelt es sich fast immer um *nucleophile* Substitutionen: $MX + Y \rightarrow MY + X$; hier steht das Symbol M für ein Zentralion samt den übrigen Liganden; der Ligand X ist das austretende Nucleophil oder *Nucleofug*, der Ligand Y das eintretende Nucleophil. Man unterscheidet zwei mechanistische Grenzfälle, den *Dissoziations-* oder *D-Mechanismus* und den *Assoziations-* oder *A-Mechanismus*, beide zweistufig.

D-Mechanismus:	(1) $MX \quad \rightarrow M + X$	(2) $M + Y \rightarrow MY$
A-Mechanismus:	(1) $MX + Y \rightarrow YMX$	(2) $YMX \quad \rightarrow MY + X$

Im Energieprofil, das den Verlauf der Freien Aktivierungsenthalpie mit der Reaktionskoordinate aufzeigt, verläuft der Teilschritt (1) in beiden Fällen über ein Maximum zu einem Minimum, das der koordinativ ungesättigten Zwischenstufe M bzw. der koordinativ übersättigten Zwischenstufe YMX entspricht. Im Minimum sollen beim D-Mechanismus X und Y so weit losgelöst von M sein, und beim A-Mechanismus sollen X und Y so weit in den Komplexverband integriert sein, dass die Zwischenstufen M bzw. YMX nachweisbar sind. Im Reaktionsschritt (2) werden über ein weiteres Maximum die Produkte gebildet.

Im dritten Grenzfall, einem einstufigen Mechanismus, dessen Energieprofil nur ein Maximum aufweist, sind im Übergangszustand, markiert durch das Maximum, die beiden Nucleophile X und Y weder vom Komplexverband ganz losgelöst noch in ihn integriert. Ein solcher regelrechter S_N2-Mechanismus ist in der Koordinationschemie die Ausnahme. Die Regel ist vielmehr ein sog. *Austausch-* oder *Interchange*-Mechanismus I als ein Mittelweg zwischen dem reinen S_N2- und dem D-Mechanismus (*I_d-Mechanismus*) oder zwischen dem reinen S_N2- und dem A-Mechanismus (*I_a-Mechanismus*). In beiden Fällen findet sich im Energieprofil eine Delle, aber sie ist nicht tief. Beim I_d-Mechanismus sind X und Y im wenig stark ausgeprägten Minimum des Energieprofils nicht voll, aber doch teilweise in den Komplexverband integriert, beim I_a-Mechanismus sind X und Y stärker in ihn integriert als beim minimumfreien, einstufigen S_N2-Prozess. Eine scharfe Definition, wann der I_d- in einen D-Mechanismus und der I_a-Mechanismus in einen A-Mechanismus übergehen, besteht nicht. Für den Nachweis ist von Bedeutung, dass sich der I_a-Mechanismen durch eine negative Aktivierungsentropie und ein negatives Aktivierungsvolumen auszeichnet.

Substitutionen werden in der Koordinationschemie in der Regel in einem Lösungsmittel durchgeführt. Die Lösungsmittelmoleküle umhüllen das komplexe Molekül oder Ion. In diese Solvathülle muss das Nucleophil Y zunächst eindringen. Ist dies geschehen, so spricht man vom lockeren Aggregat aus MX, Solvathülle und Y als von einem *Außensphären-* oder *Outersphere-Komplex*; handelt es sich um Ionen MX^+ und Y^-, dann stellt der Außensphären-Komplex ein *Ionenpaar* dar.

Nicht selten sind gut solvatisierende Solventien S wie H_2O, MeOH usw. selbst in einen Austauschprozess verstrickt: $MX + S \rightarrow MS + X$. Folgt dann eine meist schnelle Substitution $MS + Y \rightarrow MY + S$, dann bezeichnet man eine solche Folge von Substitutionen als *kryptosolvolytische Substitution*. In der Konkurrenz der direkten Substitution ohne Lösungsmittelmitwirkung und der kryptosolvolytischen Substitution überwiegt erstere, wenn die Nucleophilie von Y genügend groß und die Solvatation von S schwach ist und umgekehrt; im Prinzip laufen beide Mechanismen nebeneinander ab.

Hat man die kinetische Stabilität im Auge, dann bezeichnet man stabile Komplexe als *inert*, instabile als *labil*.

Nucleophile Substitution an tetraedrischen Zentren

Mit *tetraedrischen Zentren* ist gemeint, dass vom Zentralion vier Bindungen zu den Liganden ausgehen, die mehr oder weniger genau auf die Ecken eines Tetraeders gerichtet sind, auch wenn im Falle ungleicher Liganden keine T_d-Symmetrie herrscht. Substitutionen an solchen Zentren laufen in der Mehrzahl der Fälle nach einem I_d-Mechanismus ab. Der Grenzfall eines D-Mechanismus kommt dann infrage, wenn ein tetraedrischer Komplex mit einer 18e-Edelgaskonfiguration nach der Abspaltung von X in eine 16e-Konfiguration übergeht, die günstig ist, wie dies bei dem an d-Elektronen reichen, den sog. *späten* Übergangsmetallen der Fall ist. (Wie schon in Abschnitt 2.2.6 wird in den hier angewendeten Begriff *Konfiguration* die Gesamtzahl der Elektronen eingebracht, die Valenzelektronen des Metalls und die von den Liganden koordinativ beigesteuerten.) Ein Musterbeispiel ist der CO/Y-Austausch bei den Metallcarbonylen, z. B. $M(CO) + PR_3 \rightarrow M(PR_3) + CO$; er verläuft bei $[Ni(CO)_4]$ bei 25 °C schnell nach einem D-Mechanismus über die 16e-Zwischenstufe $Ni(CO)_3$; bei $[Fe(CO)_5]$ verläuft ein solcher Austausch langsam und bei $[Cr(CO)_5]$ nahezu gar nicht.

Assoziativ gestaltet sich ein Mechanismus insbesondere, wenn bei der Assoziation von Y an einen 18e-Komplex deshalb keine im Allgemeinen nicht sehr günstige 20e-Zwischenstufe zu entstehen braucht, weil das Metall beim Durchlaufen der Reaktionskoordinate ein Elektronenpaar an einen Liganden abgibt und dabei diesen vorübergehend reduziert. Ist z. B. die Nitrosylgruppe NO^+, ein π-Elektronenakzeptor (N^{III}), an das Metall gebunden $\{M^- -N^+ \equiv O^+ \leftrightarrow M = N^+ = O\}$, so kann diese Gruppe vorübergehend zum Nitroxylat NO^- (N^I) reduziert werden $(M = N^+ = O \rightarrow M^+ -N = O)$. So verläuft der Austausch $^{12}CO/^{14}CO$ beim Komplex $[Co(^{12}CO)_3(N \equiv O)]$ mit 18e-Konfiguration assoziativ über den Nitroxylat-Komplex $[Co(^{12}CO)_3(^{14}CO)(N = O)]$, der ebenfalls eine 18e-Konfiguration aufweist.

Ein solcher den assoziativen Mechanismus fördernder, kurzzeitig wirkender Elektronenverschiebungsvorgang ist nicht auf tetraedrisch gebaute Komplexe beschränkt. Als Beispiel sei der η^5-gebundene Cyclopentadienyl-Ligand C_5H_5 (Cp) genannt, der fünf Elektronen koordinativ in einen Komplex einbringt, sodass Co im Molekül $CpCo(CO)_2$ eine 18e-Konfiguration aufweist. (Hier wurde der Ligand

Cp als neutrales Molekül und Co als neutrales Atom aufgefasst; zählt man den Cp-Liganden als Anion Cp^- und dementsprechend Co als Kation Co^+, dann ändert sich an der Elektronenbilanz, die von der Methode des formalen Zählens unabhängig ist, nichts.) Verschiebt sich während der Substitution der Cp-Ligand so, dass er nur noch trihapto (η^3), also allylartig an das Metall gebunden ist und drei anstatt fünf Elektronen koordinativ liefert, dann kann sich Y an das Metall addieren, ohne dass die 18e-Konfiguration preisgegeben wird (*Gleit-* oder *Slip-Mechanismus*). So läuft also die Reaktion $[CpCo(CO)_2] + Y \rightarrow [CpCo(CO)Y] + CO$ assoziativ ab.

Nucleophile Substitution an tetragonal-planaren Zentren

Betroffen sind im Wesentlichen Komplexe mit einem d^8-konfigurierten Zentralion: M^I (Co, Rh, Ir), M^{II} (Ni, Pd, Pt), M^{III} (Cu, Ag, Au), die mit vier Liganden eine 16e-Konfiguration aufweisen. Der assoziative Mechanismus über eine 18e-Zwischenstufe ist die Regel. Diese Zwischenstufe ist umso langlebiger (die Delle im Energieprofil umso tiefer), je weiter oben das Metall in einer Gruppe steht ($Ni^{II} > Pd^{II} > Pt^{II}$) und je weiter links es in seiner Periode steht ($Ir^I > Pt^{II} > Au^{III}$). Bei Ni^{II} ist das Minimum im Energieprofil so ausgeprägt, dass mit einem geeigneten Liganden wie CN^- fünffach koordinierte 18e-Komplexe, z. B. $[Ni(CN)_5]^{3-}$, isolierbar sind. Auf Co^I, Fe^0 und Mn^{-I} trifft dies noch ausgeprägter zu, wobei im Einzelfall festzustellen bleibt, ob als Koordinationspolyeder die tetragonale Pyramide oder die trigonale Bipyramide fungiert. {Beim Anion $[Ni(CN)_5]^-$ hat man im Kristall je nach Kation beide Strukturen gefunden.} Für eine Substitution vom Typ $[L_3NiX]^n + Y \rightarrow [L_3NiY]^n + X$ wird also der Grenzfall eines A-Mechanismus, für die Substitution $[L_3AuX]^n + Y \rightarrow [L_3AuY]^n$ ein I_a-Mechanismus gefunden. (Die Ladung von L, X und Y wurde hier nicht festgelegt, sodass auch die Ionenladung n offenbleibt.)

Als Substitutionsmechanismus nimmt man an, dass sich Y axial (d. h. längs der Normalen zur Molekülebene) dem Metallatom des Komplexes $[L^tL_2MX]$ nähert, wobei der Ligand L^t in *trans*-Stellung zu X stehen soll. Die beiden Liganden X und L^t werden parallel zur Normalen nach hinten abgedrängt, bis eine trigonale Bipyramide als Koordinationsfigur entstanden ist, in der die beiden im Edukt *cis* zu X stehenden Liganden L die axiale Position der Zwischenstufe einnehmen. Bildet sich nun die tetragonale Pyramide (als Teilschritt einer Pseudorotation) zurück, dann gerät entweder Y oder aber X aus der äquatorialen Lage in der Zwischenstufe in die axiale Lage der quadratischen Pyramide, aus der sich Y zurück zum Edukt bzw. X hin zum Produkt rasch abspaltet; der Ligand L^t wird im wieder entstandenen Koordinationsquadrat jedenfalls wieder in *trans*-Stellung zu X bzw. Y stehen. Eine solche Retention der Konfiguration wird auch beobachtet. Natürlich können beim Angriff von Y nicht nur das *trans*-Ligandpaar X und L^t, sondern auch die beiden im Edukt ebenfalls *trans* zueinander stehenden Liganden L nach hinten abgedrängt werden, sodass X und L^t in die axiale Position der trigonal-bipyramidalen Zwischenstufe gelangen, ein Vorgang, der aber nicht zur Substitution von X führen kann. Ein pseudorotatorischer Teilvorgang, bei dem ein Ligand, hier X, aus der axialen Position der trigonalen Bipyramide in die axiale Position der tetragonalen Pyramide geraten würde, ist nämlich nicht möglich, sodass in der Folge nur wieder Y abgespalten werden kann, wenn die Abspaltung der fest gebundnen Liganden L nicht infrage kommt. Bei geringer Nucleophilie von Y muss in gut solvatisierenden Lösungsmitteln auch mit einem kryptosolvolytischen Mechanismus gerechnet werden.

Die Geschwindigkeit des X/Y-Austauschs bei Komplexen [L_3MX] hängt stark vom Zentralion ab. In der Reihenfolge $Pt^{2+} < Au^{3+} < Pd^{2+} < Ni^{2+}$ kann man eine Zunahme um bis zu acht Größenordnungen feststellen. Weiterhin steigt die Geschwindigkeit mit der Schwäche der M—X-Bindung, nimmt also zu in der Reihe: $CN^- < NO_2^- < I^- < Br^- < Cl^- < H_2O$. Die Nucleophilie von Y fördert die Geschwindigkeit; es gilt mit zunehmender Nucleophilie die Folge: $F^- < Cl^-$ $< Br^- < I^-$ und $R_2O < R_2S$ sowie $NR_3 < PR_3$ und weiterhin, die gleiche Periode betreffend: $Cl^- < R_2S < PR_3$; Nucleophilie und Brønsted-Basizität zeigen also den entgegengesetzten Verlauf. Sperrige Liganden L erschweren die Annäherung von Y.

Einen speziellen elektronischen Effekt auf die Geschwindigkeit, den sog. *trans*-*Effekt*, übt der *trans* zu X stehende Ligand L^t aus. Liganden mit starker $L^t{\rightarrow}M$-σ-Donor-Bindung schwächen die M—X-Bindung im Grundzustand mehr als im Übergangszustand, während Liganden mit starker $L^t{\leftarrow}M$-π-Akzeptor-Bindung die M—X-Bindung im Übergangszustand mehr verstärken als im Grundzustand, sodass beides, eine starke σ-Donor- und π-Akzeptor-Wirkung von L^t, die Reaktionsgeschwindigkeit erhöht. Dieser *trans*-Effekt verstärkt sich in folgender Reihe:

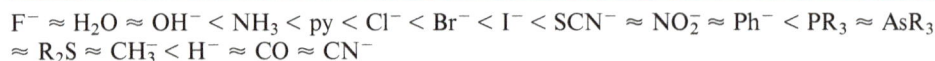

$$F^- \approx H_2O \approx OH^- < NH_3 < py < Cl^- < Br^- < I^- < SCN^- \approx NO_2^- \approx Ph^- < PR_3 \approx AsR_3$$
$$\approx R_2S \approx CH_3^- < H^- \approx CO \approx CN^-$$

Ein gutes Beispiel bietet der Cl^-/NH_3-Austausch bei [$PtCl_3(NH_3)$]$^-$ einerseits und der NH_3/Cl^--Austausch bei [$PtCl(NH_3)_3$]$^+$ andererseits, der jeweils zu [$PtCl_2(NH_3)_2$] führt; weil Cl^- einen stärkeren *trans*-Effekt ausübt als NH_3, führt der erstgenannte Austausch zum *cis*-, der zweitgenannte zum *trans*-Produkt. Vorausgesetzt es liegt ein assoziativer Mechanismus mit trigonal-bipyramidaler Zwischenstufe vor, bedeutet der *trans*-Effekt, dass sich bei der Annäherung von Y ein *trans*-aktiver Ligand leichter nach hinten abdrängen lässt als ein weniger *trans*-aktiver und so in der Zwischenstufe zusammen mit X und Y in eine äquatoriale Position und nach der Abspaltung von X im Produkt in eine Position *trans* zu Y gerät.

Nucleophile Substitution an oktaedrischen Zentren

Die kinetische Stabilität oktaedrisch gebauter Komplexe durchläuft einen überaus weiten Bereich, der sich über Halbwertszeiten von 10^{-10} bis 10^{10} s erstreckt. Als Faustregel kann gelten, dass Elektronenkonfigurationen, deren Grundzustand im oktaedrischen Feld nicht Jahn-Teller-verzerrt ist, zu inerten Komplexen führen. Dies ist der Fall bei d^3 (t_{2g}^2), d^6 (Lowfield, t_{2g}^6) und d^8 ($t_{2g}^6 e_g^2$). So kommt es, dass von Cr^{3+} (d^3) und Co^{3+} (Lf, d^6) besonders viele stabile Komplexe $[ML_6]^{3\pm}$ bekannt und gut untersucht sind. Recht labil sind dagegen oktaedrische Komplexe der Alkali- und Erdalkali-Ionen. Der am meisten verbreitete Ligand ist zweifellos das Wasser wegen der Bildung der Aqua-Komplexe und häufig genug der Hexaaqua-Komplexe $[M(H_2O)_6]^{n+}$ beim Lösen von Metallsalzen in Wasser. Bei der Bildung beliebiger Komplexe in wässriger Lösung ist in der Regel H_2O der austretende Ligand.

Die Substitution an oktaedrischen Komplexen kann dissoziativ oder assoziativ erfolgen, und zwar meistens in den Varianten I_d oder I_a. Kommt es zur vollständigen Dissoziation, so entsteht zunächst eine quadratisch-pyramidal konfigurierte Zwischenstufe, die sich aber ohne großen Energieaufwand schnell in die meist etwas stabilere trigonal-bipyramidal konfigurierte Zwischenstufe umlagern kann. Ein im Edukt *trans*-ständiger Ligand L^t kann dabei zusammen mit einem Paar im Edukt gegenüberliegender, in Bezug auf X *cis*-ständiger Liganden, die sich auf die von X freigegebene Position zu bewegen, nur in eine äquatoriale Position der Bipyramide gelangen. Das andere Paar im Edukt gegenüberliegenden Liganden findet sich in der axialen Position wieder.

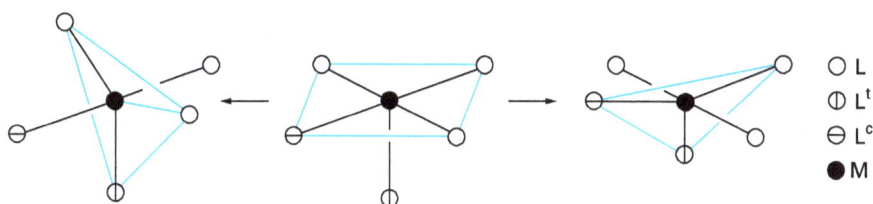

Das Nucleophil Y greift in der Folge an einer der drei Basisseiten der trigonalen Bipyramide an. Steht L^t gegenüber der angegriffenen Basisseite, dann erhält man ein Produkt mit L^t und Y in *trans*-Stellung; beim Angriff auf eine der beiden an L^t anliegenden Basisseiten entsteht das *cis*-Produkt. Sollte in einer besonders langlebigen Zwischenstufe der Ligand L^t durch Berry-Rotation in eine axiale Position gelangt sein, würde beim Angriff von Y auf jede der drei Basisseiten nur *cis*-Produkt entstehen können. Ein entsprechendes Schicksal erfährt jeder der im Edukt *cis*-ständigen Liganden: *cis*- oder *trans*-Stellung im Produkt aus einer äquatorialen, nur *cis*-Produkt aus einer axialen Stellung in der trigonal-bipyramidalen Zwischenstufe. Ist die Zwischenstufe kurzlebig oder kommt es beim weit verbreiteten I_d-Mechanismus gar nicht zur Bildung der freien Zwischenstufe, dann beobachtet man Retention, d.h. ein *trans*-Ligand L^t bleibt im Produkt *trans*-, ein *cis*-Ligand L^c *cis*-ständig.

Ein lehrreiches Beispiel bietet die folgende Hydrolyse: $[Co(en)_2LCl]^n + H_2O \rightarrow [Co(en)_2L(H_2O)]^{n+1} + Cl^-$ (L = OH^-, Cl^-, Br^-, NH_3, CN^-, NO^{2-}). Das *cis*-Edukt (C_1) ist chiral, das *trans*-Edukt (C_{2v}) nicht. An dieser Stelle muss zunächst nachgetragen werden, durch welche Konvention man die absolute Konfiguration chiraler bis- und tris(bidentater) Komplexe *cis*-[M(L—L)$_2$L$_2$]^n (C_2) bzw. [M(L—L)$_3$]^n (D_3) festlegen kann (L: einzähniger Ligand; L—L: zweizähniger Ligand). Hierzu betrachtet man das Koordinationspolyeder längs der C_2- bzw. C_3-Drehachse. Die Hauptrichtungen der zweizähnigen Liganden (fett, schwarz) definieren entweder eine rechts- oder eine linksdrehende Helix: Δ- bzw. Λ-*Konfiguration*. (Daran ändert sich nichts, wenn man das Oktaeder auf die Gegenseite bzw. Gegenkante stellt.)

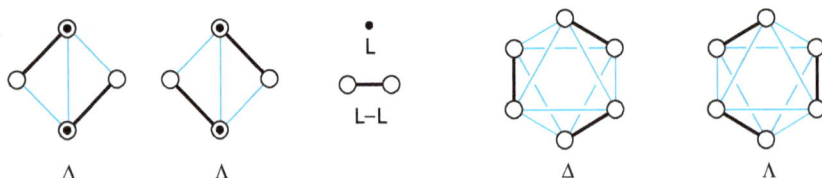

Die genannte, sauer katalysierte Hydrolyse der *cis*- und der *trans*-Verbindung erbringt mit 100 % Retention das *cis*- bzw. das *trans*-Produkt im Falle der Liganden L = NH$_3$, CN$^-$, NO$_2^-$; das deutet auf einen I$_d$-Mechanismus ohne trigonal-bipyramidal konfigurierte Zwischenstufe hin. Dagegen erhält man aus dem *cis*- ebenso wie aus dem *trans*-Edukt Gemische von *cis*- und *trans*-Produkt im Falle von L = OH$^-$, Cl$^-$, Br$^-$; das deutet darauf hin, dass in einem D-Prozess trigonal-bipyramidale Zwischenstufen auftreten. Kompliziert wird die Interpretation der Befunde dadurch, dass bei optisch reinem *cis*-Edukt der cis-Anteil im *cis/trans*-Produktgemisch die gleiche Konfiguration zeigt wie im Edukt; eine trigonal-bipyramidale Zwischenstufe [Co(en)$_2$L]^n mit L in äquatorialer Position (C_2) ebenso wie mit L in axialer Position (C_s) würde jedoch ein Racemat erwarten lassen, da beide zur Öffnung durch H$_2$O bereiten Kanten der Bipyramide äquivalent sind. Das Beispiel soll lehren, dass die Interpretation von Mechanismen auf tönernen Füßen stehen kann.

Im Falle eines assoziativen Mechanismus tritt eine Zwischenstufe mit pentagonal-bipyramidaler Koordinationsgeometrie auf, wobei X und Y eine benachbarte äquatoriale Position einnehmen. Sowohl beim A- als auch beim I$_a$-Mechanismus hat man mit einem Erhalt der Konfiguration zu rechnen.

Zwei Parameter beeinflussen die mechanistische Alternative dissoziativ/assoziativ vor allem: Je kleiner und je weniger geladen das Zentralion ist, umso mehr kommt der dissoziative Mechanismus zum Zuge. Die Abhängigkeit von der Größe leuchtet unmittelbar ein: Im engen Gedränge von sechs Liganden findet Y keinen Platz zum assoziativen Angriff. Für den Austausch von H$_2$O-Molekülen gemäß [M(H$_2$O)$_6$]^n + H$_2$*O → [M(H$_2$O)$_5$(H$_2$*O)]^n + H$_2$O ergeben sich bei abnehmendem Ionenradius in einer Übergangsperiode oder in einer Gruppe von oben nach unten Grenzen bei Mn^{2+}/Fe^{2+}, Fe^{3+}/Co^{3+}, Pt^{2+}/Ni^{2+} (links: I$_a$; rechts: I$_d$). Nicht nur der Mechanismus ändert sich, auch die kinetische Stabilität steigt vom linken zum rechten Ion in den genannten Paaren. Der Einfluss der Ladung bedeutet, dass eine Dissoziation von der Bindungsstärke M—X abhängt, sodass im Falle von Ionen-Ionen-Wechselwirkung die Abhängigkeit von der Ladung unmittelbar einleuchtet.

Dass beim Beispiel des Austauschs von H_2O das Kation Fe^{2+} den I_d-, Fe^{3+} aber den I_a-Mechanismus bevorzugt, ist ein Beispiel dafür, dass die Ladungsregel auch dann zutrifft, wenn der Ligand nur ein Dipolmoment aufweist.

Neben den Unterschieden in der Aktivierungsentropie und dem Aktivierungsvolumen ist ein wesentlicher Unterschied zwischen D- und A-Mechanismus, weniger ausgeprägt zwischen I_d- und I_a-Mechanismus, dass die Reaktionsgeschwindigkeit beim D-Mechanismus nicht von der Konzentration an Y abhängt. Allerdings kann eine hohe Nucleophilie von Y ein zur Dissoziation neigendes System zur Assoziation zwingen. Tauscht man z. B. im Hexachlorido(dimethylether)niob [$NbCl_5$ (OMe_2)] das Molekül Me_2O gegen $Me_2{*}O$ aus, so liegt ein I_d-Mechanismus vor; unternimmt man eine analoge Austauschreaktion mit [$NbCl_5(SMe_2)$] und $Me_2{*}S$, so beobachtet man einen I_a-Mechanismus. Ursache für den Unterschied ist die deutlich größere Nucleophilie von Me_2S gegenüber Me_2O.

Eine qualitative Begründung für die eingangs erwähnte Abhängigkeit der kinetischen Stabilität erhält man, wenn man den Verlust an Ligandenfeldstabilisierungsenergie ΔE_L in Rechnung stellt, der sich beim Gang vom Oktaederfeld in die Felder der trigonalen bzw. pentagonalen Bipyramide ergibt. Gemessen in Vielfachen von Δ_o, verliert man besonders viel Energie, wenn man von der d^6-Lf-Konfiguration ausgeht, nämlich verliert man $0.4\,\Delta_o$, wenn man vom Oktaeder zur trigonalen Bipyramide wechselt, und gar $0.85\,\Delta_o$ beim Übergang zur pentagonalen Bipyramide. Geht man dagegen von der d^6-Hf-Konfiguration aus, so gewinnt man sogar Ligandenfeldstabilisierungsenergie, und zwar $0.06\,\Delta_o$ bzw. $0.13\,\Delta_o$. Es sind also d^6-Lf-Komplexe besonders inert, d^6-Hf-Komplexe dagegen eher labil. Ähnlich lässt sich die Inertheit von d^3- und d^8-Komplexen begründen: $\Delta E_L = -0.11$ bzw. $-0.43\,\Delta_o$ (d^3) sowie $\Delta E_L = -0.2$ bzw. $-0.43\,\Delta_o$ (d^8).

8.2.2 Redoxreaktionen

Außensphären-Elektronentransfer

Wenn zwischen den Zentralionen zweier Komplexe ohne Änderung ihrer Koordinationssphären ein Elektronentransfer stattfindet, liegt ein *Außensphären-* oder *Outersphere-Mechanismus* vor. Man unterscheidet den *Selbstaustausch* zwischen Metallionen desselben Metalls vom Kreuzaustausch zwischen Ionen verschiedener Metalle, z. B. (der Stern soll lediglich das gesternte vom ungesternten Individuum unterscheiden):

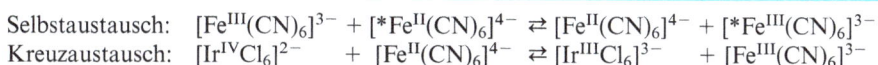

Selbstaustausch: $[Fe^{III}(CN)_6]^{3-} + [{*}Fe^{II}(CN)_6]^{4-} \rightleftarrows [Fe^{II}(CN)_6]^{4-} + [{*}Fe^{III}(CN)_6]^{3-}$
Kreuzaustausch: $[Ir^{IV}Cl_6]^{2-} \quad + [Fe^{II}(CN)_6]^{4-} \rightleftarrows [Ir^{III}Cl_6]^{3-} \quad + [Fe^{III}(CN)_6]^{3-}$

Die Geschwindigkeitskonstanten 2. Ordnung k können sich um mehr als 15 Zehnerpotenzen unterscheiden. Der Co^{3+}/Co^{2+}-Selbstaustausch beim Hexaammin-Komplex verläuft mit $k = 8 \cdot 10^{-6}$ $s^{-1}\,mol^{-1}$ extrem langsam, der W^{5+}/W^{4+}-

Selbstaustausch beim Octacyanido-Komplex dagegen mit $k = 4 \cdot 10^8$ s^{-1} mol^{-1} extrem schnell (in wässriger Lösung bei 25 °C). Der Selbstaustausch Ce^{4+}/Ce^{3+}, Ru^{3+}/Ru^{2+}, Fe^{3+}/Fe^{2+}, Co^{3+}/Co^{2+} in den Hexaaqua-Komplexen dieser Metalle wird durch Geschwindigkeitskonstanten in der Größenordnung von 1 s^{-1} mol^{-1} beschrieben; auch der Austausch MnO$_4^-$/MnO$_4^{2-}$ zeichnet sich durch eine mittelgroße Geschwindigkeit von $k = 700$ s^{-1} mol^{-1} aus. Austauschprozesse bei Komplexen mit hydrophoben Liganden beobachtet man besser in organischen Lösungsmitteln, z. B. Fe^{3+}/Fe^{2+} im Komplex [Fe(bipy)$_3$]^n ($k = 4 \cdot 10^6$ s^{-1} mol^{-1}, in MeCN) oder im Komplex [FeCp$_2$]^n ($k = 6 \cdot 10^6$ s^{-1} mol^{-1}, in dmf/dmso).

Einem Kreuzaustausch wie der der Aqua-Komplexe von Tl- und Fe-Ionen (Tl^{3+} + 2 Fe^{2+} → Tl$^+$ + 2 Fe^{3+}), bei dem pro Formelumsatz 2 mol Elektronen ausgetauscht werden, liegt als Mechanismus nicht etwa ein Dreierstoß dreier hydratisierter Kationen zugrunde, sondern ein zweistufiger Prozess: (1) Tl^{3+} + Fe^{2+} ⇌ Tl^{2+} + Fe^{3+}, (2) Tl^{2+} + Fe^{2+} ⇌ Tl$^+$ + Fe^{3+}; der Aqua-Komplex von Tl^{II} ist also eine Zwischenstufe. Ähnlich verhält es sich mit einem Kreuzaustausch, bei dem Sn^{IV} und Sn^{II} beteiligt sind und Sn^{III} eine Zwischenstufe darstellt.

Die Freie Aktivierungsenthalpie $\Delta G^\#$ für den Außensphären-Elektronentransfer setzt sich aus mehreren Termen zusammen, nämlich der Verdrängung der Solvathülle durch die reagierenden Komplexe ($\Delta G_s^\#$), die Überwindung der elektrostatischen Abstoßung bei gleichgeladenen Reaktionspartnern bzw. der Gewinn an Energie im Falle entgegengesetzter Ladung ($\Delta G_e^\#$) und schließlich die Energie des eigentlichen Transfers ($\Delta G_t^\#$): $\Delta G^\# = \Delta G_s^\# + \Delta G_e^\# + \Delta G_t^\#$. Der letzte Term wird durch den Unterschied in der M—L-Bindungslänge bei Kationen M^n verschiedener Ladung n beeinflusst. Man kann zeigen, dass eine Voraussetzung für den Transfer eines Elektrons ein gleicher M—L-Abstand ist. Im klassisch-mechanischen Bild kann ein gleicher M—L-Abstand durch Anregung der symmetrischen ML$_6$-Valenzschwingung erreicht werden. Der Radienunterschied Cr^{2+}/Cr^{3+} im Hexaaqua-Komplex beträgt 20 pm, der von Co^{2+}/Co^{3+} im Hexaammin-Komplex 22 pm; es handelt sich um inerte Komplexe mit $k = 2 \cdot 10^{-5}$ bzw. $8 \cdot 10^{-6}$ s^{-1} mol^{-1}. Dagegen findet man für Fe^{2+}/Fe^{3+} im Hexaaqua-Komplex $\Delta r = 13$ pm und für Ru^{2+}/Ru^{3+} im Hexaammin-Komplex $\Delta r = 4$ pm; es handelt sich um deutlich labilere Komplexe mit $k = 30$ bzw. 800 s^{-1} mol^{-1}. Der Radienunterschied hängt mit der Elektronenkonfiguration zusammen. Bei Cr^{3+} → Cr^{2+} geht der Übergang $t_{2g}^3 \rightarrow t_{2g}^3 e_g^1$ (Hf) mit einem beträchtlichen Radiensprung einher, während sich bei Ru^{3+} → Ru^{2+} der Übergang $t_{2g}^5 \rightarrow t_{2g}^6$ (Lf) auf die Radien nur wenig auswirkt.

Die Geschwindigkeitskonstante k_3 eines Kreuzaustauschprozesses (z. B. in obigem Beispiel der Austausch (3) Ir^{IV}/Fe^{II} → Ir^{III}/Fe^{III}) hängt mit der Geschwindigkeitskonstanten k_1 und k_2 der dazugehörenden Selbstaustauschprozesse (im Beispiel (1) Fe^{II}/Fe^{III} und (2) Ir^{IV}/Ir^{III}) zusammen, und zwar lässt sich mit der Gleichgewichtskonstanten K_3 für den Gesamtprozess (3) aus einem theoretischen Modell die folgende Beziehung ableiten: $k_3 = (f k_1 k_2 K_3)^{1/2}$ (Marcus-Gleichung; der Faktor f ist meist von $f = 1$ nicht sehr verschieden).

Innensphären-Elektronentransfer

Für den *Innensphären-* oder *Innersphere-Elektronentransfer* ist typisch, dass er in drei Teilschritten abläuft, wie anhand eines Beispiels erläutert sei:

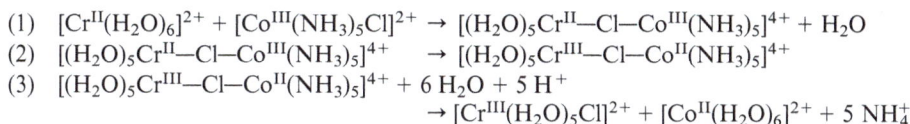

(1) $[Cr^{II}(H_2O)_6]^{2+} + [Co^{III}(NH_3)_5Cl]^{2+} \rightarrow [(H_2O)_5Cr^{II}-Cl-Co^{III}(NH_3)_5]^{4+} + H_2O$

(2) $[(H_2O)_5Cr^{II}-Cl-Co^{III}(NH_3)_5]^{4+} \rightarrow [(H_2O)_5Cr^{III}-Cl-Co^{II}(NH_3)_5]^{4+}$

(3) $[(H_2O)_5Cr^{III}-Cl-Co^{II}(NH_3)_5]^{4+} + 6\ H_2O + 5\ H^+$
$$\rightarrow [Cr^{III}(H_2O)_5Cl]^{2+} + [Co^{II}(H_2O)_6]^{2+} + 5\ NH_4^+$$

Wesentlich ist, dass die beiden Metallzentren während des Elektronentransfers verbrückt sind. Dass der brückenständige Ligand, im Beispiel Cl^-, vom einen zum anderen Zentralatom wechselt, ist ebenso wenig wesentlich wie ein zusätzlicher Ligandenaustausch (im Beispiel NH_3 gegen H_2O).

Die Geschwindigkeit des Innensphären-Elektronentransfers kann einen ebenso großen Bereich überstreichen wie beim Außensphärenprozess. Zudem können alle drei Teilreaktionen die Geschwindigkeit bestimmen. Verläuft der dritte Schritt besonders langsam, dann lässt sich der zweikernige Komplex isolieren; als Beispiel sei das aus $[Co^{II}(CN)_5(H_2O)]^{3-}$ und $[Fe^{III}(CN)_6]^{3-}$ erhältliche $[(NC)_5Co^{III}-N\equiv C-Fe^{II}(CN)_5]^{6-}$ angeführt.

Ein Innensphären-Elektronentransfer kann auch Teil eines Katalysezyklus sein. So verläuft die Hydrolyse $[Cr(NH_3)_5Cl]^{2+} + 5\ H^+ + 5\ H_2O \rightarrow [Cr(H_2O)_5Cl]^{2+} + 5\ NH_4^+$ langsam, wie immer bei Cr^{III}. Gibt man eine katalytische Menge an $[Cr^{II}(H_2O)_6]^{2+}$ dazu, dann kommt es über eine Cl^--verbrückte Zwischenstufe zu folgendem Elektronentransfer:

$$[Cr^{III}(NH_3)_5Cl]^{2+} + [Cr^{II}(H_2O)_6]^{2+} \rightarrow [Cr^{II}(NH_3)_5(H_2O)]^{2+} + [Cr^{III}(H_2O)_5Cl]^{2+}$$

Die Hydrolyse des Cr^{II}-Komplexes unter Rückbildung des Katalysators verläuft dann schnell:

$$[Cr^{II}(NH_3)_5(H_2O)]^{2+} + 5\ H^+ + 5\ H_2O \rightarrow [Cr^{II}(H_2O)_6]^{2+} + 5\ NH_4^+$$

Redox-Additionen und -Eliminierungen

An gewisse Metallatome in Metall-Komplexen $[ML_n]^m$ kann man unpolare Stoffe A—A unter Spaltung der A—A-Bindung, polare Stoffe A—X unter Spaltung der A—X-Bindung, Mehrfachbindungssysteme XY unter Spaltung der X=Y-π-Bindung und Bildung eines MXY-Dreirings addieren (*oxidative Addition*), z. B.

A—A: H_2, F_2, Cl_2, Br_2, I_2, RSSR, NCCN

A—X: H—Hal, H—OR, H—OAc, H—SR, H—NR_2, H—PR_2, H—CN, H—C_5H_5, R_3Si—H, R—I, Ac—Cl, R_3Si—Cl, ClHg—Cl, R_2B—Cl

A=A: O=O, $F_2C=CF_2$, RC≡CR

X=Y: OS=O, S=CS, RNC=NR, $F_2C=O$

Unter der durchwegs erfüllten Voraussetzung, dass die unter den Kürzeln A, X und Y genannten Atome bzw. Gruppen elektronegativer sind als das Metall, erfährt das Metall bei der Addition einen Zuwachs in der Oxidationszahl um zwei Einheiten. Reduziert werden im Falle A—A beide A-Atome bzw. A-Gruppen (von 0 nach −I), im Falle von A—X die Gruppierung A (von I nach −I), im Falle von A=A beide Atome bzw. Gruppierungen A um je eine Einheit und im Falle X=Y die elektropositivere Gruppierung X um zwei Einheiten.

Paradebeispiele sind 16e-Komplexe von Rh^I und Ir^I, die bei der oxidativen Addition zu Rh^{III} bzw. Ir^{III} die 18e-Edelgaskonfiguration erreichen:

$$[M^IL_4] + A-X \quad \rightarrow \quad [M^{III}L_4AX] \qquad (M = Rh, Ir)$$

Aus 18e-Komplexen von Pt^0 können bei der Addition von X=Y 16e-Komplexe von Pt^{II} werden, wenn zwei Liganden L abgespalten werden:

$$[Pt^0L_4] + X=Y \quad \rightarrow \quad [Pt^{II}L_2(X-Y)] + 2\ L$$

Addiert man A—A an 18e-Komplexe von Ru^0, so erhält man unter Abspaltung von einem Liganden 18e-Ru^{II}-Komplexe:

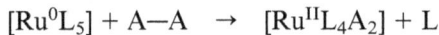

$$[Ru^0L_5] + A-A \quad \rightarrow \quad [Ru^{II}L_4A_2] + L$$

Analoges gilt für Mo:

$$[Mo^0L_6] + A-X \quad \rightarrow \quad [Mo^{II}L_5AX] + L$$

Mechanistisch unterscheidet man die *einstufige* von der *zweistufigen* Addition. Die einstufige Addition ist zu erwarten bei der Addition unpolarer Stoffe A—A oder A=A, aber mitunter auch bei der Addition wenig polarer Stoffe A—X oder X=Y. Sie verläuft *cis*-spezifisch. Wichtig ist die Hydrierung, bei der sich das H_2-Molekül zunächst side-on an das Metall unter Ausbildung einer (3c2e)-σ-Bindung addiert, zu der sich eine π-Rückbindung von einem besetzten Metall-d-AO in das σ*-MO von H_2 gesellen kann, bevor die H—H-Bindung endgültig auseinanderbricht. Die oxidative *cis*-Addition von H_2 an den Wilkinson-Katalysator $[RhCl(PPh_3)_3]$ {genauer: an das Solvensaustauschprodukt $[RhCl(PPh_3)_2L']$} ist ein Teilschritt bei der katalytischen Alken-Hydrierung (Abschnitt 4.3.7).

Bei der zweistufigen Addition von A—X an das Zentralatom von Komplexen kann sich zunächst das nucleophile Zentrum X ohne Redox-Prozess an M addieren, gefolgt von der Addition von A als Redox-Schritt. Diese Addition verläuft im Allgemeinen nicht stereoselektiv. Sie liegt insbesondere dann vor, wenn ein polares Medium verwendet wird, in welchem A—X in Ionen A^+ und X^- dissoziiert. Ein Beispiel ist die Addition von HBr an $[IrCl(CO)(PPh_3)_2]$ zu $[IrHBrCl(CO)(PPh_3)_2]$. Der elektrophile Angriff von A als Primärschritt tritt auf, wenn sich R—I an das

Zentralatom addiert, eine Reaktion, deren Primärschritt man auch als S_N2-Substitution an R sehen kann; sie ist im Falle chiraler Reste R mit Inversion verbunden. Z. B. addiert sich bei der katalytischen Carbonylierung von Methanol zu Essigsäure (Abschnitt 4.3.7) als Teilschritt im Katalysezyklus MeI an $[RhI_2(CO)_2]^-$ zu $[MeRhI_3(CO)_2]^-$.

Die *reduktive Eliminierung* ist die Umkehrung der oxidativen Addition. Ihre Triebkraft als endotherme und endotrope Reaktion steigt, wenn man die Temperatur erhöht. Die Stärke der Bindung A—A bzw. A—X der abgespaltenen Moleküle begünstigt die Eliminierung ebenfalls. Moleküle wie H_2 oder O_2 spalten sich gerne ab. Da bei Nebengruppenelementen die Stabilität hoher Oxidationsstufen in den Gruppen von oben nach unten zunimmt, kann man Rh^{III}-Komplexe leichter durch reduktive Eliminierung in Rh^I-Komplexe überführen als Ir^{III}- in Ir^I-Komplexe. Bei der katalytischen Wirkung von Rh^I/Rh^{III}-Systemen stellt die reduktive Eliminierung nach der oxidativen Addition einen im Katalysezyklus notwendigen Teilschritt dar (Abschnitt 4.3.7). So gewinnt man bei der katalytischen Hydrierung von Alkenen zu Alkanen das Alkan RCH_2CH_3 letztlich durch Abspaltung aus $[(RCH_2CH_2)RhHClL_2L']$, und bei der Carbonylierung von Methanol wird als letzter Teilschritt im Katalysezyklus MeCOI aus $[(MeCO)RhI_3(CO)_2]^-$ reduktiv eliminiert. Mechanistisch gelten für die reduktive Eliminierung analoge Gesichtspunkte wie für die oxidative Addition, dem Prinzip der mikroskopischen Reversibilität folgend.

8.2.3 Umlagerungen

Die Umwandlung eines Komplexes in ein stabileres Konstitutionsisomer beinhaltet in der Regel eine intramolekulare Substitution. Soll sich z. B. die Nitrito-Gruppe in einem oktaedrisch gebauten Komplex $[ML_5(ONO)]^n$ zur Nitro-Gruppe umlagern, so kann das über einen I_d- oder I_a-Mechanismus unter intermediärer Bildung eines Dreirings $[\cdots ML_5\cdots O-N(O)\cdots]^n$ geschehen, der sich zum Produkt $[ML_5(NO_2)]^n$ stabilisiert; dabei bedeuten nur noch sehr schwache $M\cdots O$- und $M\cdots N$-Wechselwirkungen in der Delle des Energieprofils (mit nahezu abgespaltener ONO-Gruppe), dass ein I_d-Mechanismus vorliegt, während es sich im Falle beträchtlicher Wechselwirkungen um den I_a-Mechanismus handeln muss.

Was die konfigurative Inertheit anbetrifft, sind tetraedrische Komplexe in der Regel konfigurationsstabil, wenn auch eine Konfigurationsumkehr über quadratisch-planar konfigurierte Zwischenstufen in Einzelfällen nachgewiesen wurde. Es kommt sogar vor, dass — wie bei $[NiCl_2(PR_3)_2]$ — tetraedrisch und planar gebaute Isomere nebeneinander im Gleichgewicht vorliegen. Fünf-, sieben- und achtfach koordinierte Komplexe sind normalerweise wenig konfigurationsstabil. Gerade im Falle der Koordinationszahl $k = 5$ gibt es Beispiele für Pseudorotation über die quadratisch-pyramidal gebauten Komplexe als Zwischenprodukte.

Oktaedrische Komplexe können, müssen aber im Einzelfall nicht konfigurationsstabil sein. Unter den chiralen, tris(bidentaten) Komplexen $[M(L-L)_3]^n$ (D_3) bietet

[Co(acac)$_3$] ein Beispiel für Racemisierungsgleichgewichte (acac = Acetylacetonat Me—CO$\dot{=}$CH$\dot{=}$CO—Me, d.i. ein zweizähniger Ligand, der über die beiden O-Atome Sechsring-Chelate bildet). Geht eine der sechs äquivalenten M—O-Bindungen auf, dann kann sich die quadratisch-planare in eine trigonal-bipyramidale Zwischenstufe umlagern mit dem einzähnig gebundenen Liganden acac in äquatorialer Position; die Zwischenstufe schließt sich zum Oktaeder, indem die freie acac-Valenz sich über eine der beiden benachbarten, symmetrisch äquivalenten äquatorialen Kanten dem Metall nähert, wobei mit gleicher Wahrscheinlichkeit das Δ- oder das Λ-Konfigumer entsteht.

8.3 Hydrogen als Ligand

8.3.1 Binäre und ternäre Hydride

Bei den binären Hydriden der Übergangsmetalle handelt es sich um Einlagerungsverbindungen (s. Abschnitt 3.2.5). Die Metalle der 6. bis 12. Gruppe bilden keine stabilen Einlagerungsverbindungen mit Hydrogen, ausgenommen die Metalle Cr, Ni und Pd. Eine Ausnahme bilden auch die beiden Hydride CuH und ZnH$_2$: Sie haben eine abgeschlossene d^{10}-Schale und sind stöchiometrisch zusammengesetzt; beide sind jedoch thermolabil. Die Einlagerungshydride zeichnen sich durch nichtstöchiometrische Zusammensetzung aus, wobei die Aufnahme von H$_2$ unter Druck im Allgemeinen nicht über die Grenzzusammensetzung MH$_2$ hinaus gesteigert werden kann; bei Y und La aber gelangt man bis zur Zusammensetzung MH$_3$. Im Vergleich mit Ni nimmt dessen Gruppennachbar Pd viel leichter Hydrogen auf, und umgekehrt gibt natürlich NiH$_x$ viel leichter Hydrogen ab als PdH$_x$; das dritte Element der Gruppe, Pt, bildet keine binären Hydride.

Die ternären Hydride, die ein s-Metall der 1. oder 2. Gruppe und ein Übergangsmetall neben Hydrogen enthalten, zeichnen sich vielfach durch salzähnlichen Aufbau aus. Im Festkörper liegen mehr oder weniger diskrete anionische Einheiten [MH$_n$]$^{m-}$ vor. Lösungsmittel, in denen diese Anionen in freier Form beobachtbar wären, gibt es nicht, und zwar wegen Unlöslichkeit einerseits oder Zersetzung andererseits, falls das Lösungsmittel hydroaktiv ist. Bemerkenswert sind solche ternären Hydride vor allem mit Metallen der 7. bis 10. Gruppe. Dabei ist eine 18e-Konfiguration des Zentralions im Falle oktaedrischer Koordination gewährleistet bei [ReH$_6$]$^{5-}$, [MH$_6$]$^{4-}$ (Fe, Ru, Os), [MH$_6$]$^{3-}$ (Rh, Ir) und [PtH$_6$]$^{2-}$. Ein tetragonal-pyramidaler Bau liegt den Anionen [MH$_5$]$^{4-}$ (Co, Rh, Ir) zugrunde und ein tetraedrischer Bau dem Anion [NiH$_4$]$^{4-}$. Das Anion [ReH$_9$]$^{2-}$ mit der ungewöhnlich hohen Koordinationszahl $k = 9$ weist die D_{3h}-Struktur eines dreifach tetragonal-überkappten trigonalen Prismas auf. Die 18e-Konfiguration wird nicht erreicht von den quadratisch-planar gebauten 16e-Anionen [RhH$_4$]$^{3-}$ und [PtH$_4$]$^{2-}$ sowie dem linear gebauten 14e-Anion [PdH$_2$]$^{2-}$.

Zweikernigkeit findet man im Anion [Ru$_2$H$_6$]$^{12-}$; eine kovalente Ru—Ru-Bindung gewährleistet die 18e-Konfiguration von Ru. Im Anion [RuH$_4$]$^{4-}$ liegt eine

Ru-Zickzackkette vor, sodass an jedes Ru-Atom vier H-Atome und zwei Nachbar-Ru-Atome bei insgesamt oktaedrischer Koordination gebunden sind.

Der Koordination zwischen den Hydridometallat-Anionen und den s-Metall-Kationen liegen salzartige Strukturen zugrunde. So kristallisieren Stoffe mit der Zusammensetzung $A_2[MH_6]$ im Allgemeinen in der $K_2[PtCl_6]$-Struktur (z. B. $Mg_2(RuH_6)$, $K_2[PtH_6]$ u. a.). Dieselbe kubisch primitive Anordnung von Mg wie im $Mg_2[RuH_6]$ liegt auch − wenn auch leicht verzerrt − dem Mg_2NiH_4 zugrunde, nur sitzen hier in der Hälfte der kubischen Lücken der Mg-Packung nicht MH_6-Oktaeder, sondern NiH_4-Tetraeder. Von salzartigem Charakter und diskreten NiH_4-Anionen kann man bei diesem Halbleiter nicht mehr sprechen, der Hydrogen reversibel abgeben kann und als Speicher für H_2 infrage kommt.

8.3.2 Dihydrogen als Ligand

Das Molekül H_2 kann side-on nicht nur an ein Metallatom auf einer metallischen Oberfläche, sondern auch an ein Zentralatom in einer Koordinationsverbindung gebunden sein. Ein unbesetztes Metall-AO, in der Regel das LUMO, tritt dabei mit dem σ-MO von H_2 in (3c2 e)-Wechselwirkung. Dadurch wird der H—H-Abstand d_{HH} von 74.1 pm im freien Molekül auf 80−160 pm aufgeweitet. Je größer d_{HH} wird, umso mehr tritt eine π-Rückbindung von einem besetzten Metall-AO geeigneter Symmetrie aus zum σ*-MO von H_2 auf, und umso stärker ist auch das H_2-Molekül mit immer mehr aufgeweiteter H—H-Bindung an das Metall gebunden. Bei einem H—H-Abstand von mehr als 160 pm wird die H—H-Wechselwirkung so schwach, dass das Bild zweier durch klassische σ-(2c2e)-Bindungen an das Metallatom gebundener, voneinander getrennter H-Atome zutrifft.

Der Übergang von der kurzen zur langen H—H-Bindung des an das Metall gebundenen H_2-Moleküls hängt u. a. von der Stellung des Metalls in seiner Gruppe ab; so findet man im Molekül $[OsH_4L_3]$ vier, im analog zusammengesetzten Molekül $[FeH_2(H_2)L_3]$ nur zwei klassische gebundene H-Atome (L = PR_3). Elektronenschiebende Liganden L verlängern den H—H-Abstand; so beträgt er im Molekül $[ReH_5(H_2)(PAr_3)]$ 124 pm mit Ar = p-$C_6H_4(CF_3)$, aber 142 pm mit Ar = p-$C_6H_4(OMe)$. Je schwächer die M→H_2-π-Rückbindung ist, umso geringer ist die Barriere für die Rotation des H_2-Moleküls um die Achse senkrecht zur H_2-Molekülachse, eine Barriere, die beim nahezu noch intakten H_2-Molekül als Ligand (d_{HH} = 80 pm) nur ca. 5 kJ mol^{-1} beträgt.

Man kennt mehrere Grenzfälle, in denen zwei klassisch gebundene H-Liganden im Gleichgewicht mit einem nicht-klassisch gebundenen H_2-Liganden stehen, z. B. (L = PCy_3, Cy = Cyclohexyl):

$$[WH_2(CO)_3L_2] \quad \rightleftarrows \quad [W(H_2)(CO)_3L_2]$$

In Komplexen, die nebeneinander H- und H_2-Liganden enthalten (z. B. $[ReH_5(H_2)(PPh_3)_2]$), kann es zwischen terminal gebundenem H und side-on gebundenem

H_2 zum Austausch kommen nach dem Schema $[L_nMH^a(H^bH^c)] \rightleftarrows [L_nMH^b (H^aH^c)] \rightleftarrows [L_nMH^c(H^aH^b)]$.

Schwach gebundene H_2-Liganden gehen erwartungsgemäß leicht dissoziative Substitutionen ein, die thermisch oder photolytisch angeregt werden können, z. B. [z. B. $PL_3 = P(CH_2CH_2PPh_2)_3$, d. i. ein vierzähniger Ligand]:

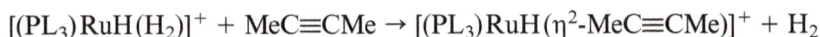

$$[(PL_3)RuH(H_2)]^+ + MeC\equiv CMe \rightarrow [(PL_3)RuH(\eta^2\text{-}MeC\equiv CMe)]^+ + H_2$$

Komplexe mit side-on kordiniertem H_2 entstehen als Zwischenprodukte, wenn terminal gebundene, hydridische H-Atome hydroniert werden, d. i. im folgenden Beispiel bei $-80\,°C$ der Fall; bei $-40\,°C$ lagert sich der Dihydrogen- in den Dihydrido-Komplex um ($L-L = Ph_2PCH_2CH_2PPh_2$; 18e-Konfiguration bei Fe):

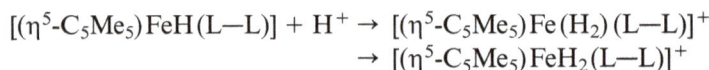

$$[(\eta^5\text{-}C_5Me_5)FeH(L-L)] + H^+ \rightarrow [(\eta^5\text{-}C_5Me_5)Fe(H_2)(L-L)]^+$$
$$\rightarrow [(\eta^5\text{-}C_5Me_5)FeH_2(L-L)]^+$$

8.3.3 Hydrogen als terminaler Ligand

Während neutrale, molekular gebaute binäre Hydride der Übergangsmetalle MH_n nicht bekannt sind, kennt man doch eine ganze Reihe neutraler Komplexmoleküle des Typs MH_mL_n mit $L = PR_3$ (z. T. auch $L = CO$ und $L-L = Me_2PCH_2CH_2PMe_2$ u. a.), und zwar vor allem mit Metallen der 6. bis 9. Gruppe. In diesen Komplexen weist M durchwegs eine 18e-Konfiguration auf. Die Liganden H und L besetzen die Ecken einfacher Koordinationspolyeder: Oktaeder ($m + n = 6$), pentagonale Bipyramide ($m + n = 7$), zweifach überkapptes Oktaeder oder Dreiecksdodekaeder ($m + n = 8$) und dreifach tetragonal überkapptes trigonales Prisma ($m + n = 9$). Die wichtigsten Vertreter sind:

---

6. Gruppe: $[MH_2L_5]$ (Cr, Mo, W), $[MH_4L_4]$ (Cr, Mo, W), $[MH_6L_3]$ (Mo, W)

7. Gruppe: $[MHL_5]$ (Mn, Re), $[ReH_3L_4]$, $[ReH_5L_3]$, $[ReH_7L_2]$, $[ReH_5(H_2)L_2]$

8. Gruppe: $[MH_2L_4]$ (Fe, Ru, Os), $[MH_2(H_2)L_3]$ (Fe, Ru), $[OsH_4L_3]$, $[Ru(H_2)_3L_2]$, $[OsH_6L_2]$

9. Gruppe: $[MHL_4]$ (Co, Rh, Ir), $[MH_3L_3]$ (Co, Rh, Ir), $[IrH_5L_2]$

Nicht in allen Fällen ist Hydrogen als H terminal oder als H_2 side-on gebunden. So steht das H-Atom im Falle $[MHL_4]$ nicht etwa in terminaler Position, sondern es überbrückt drei Phosphor-Atome im tetraedrisch gebauten ML_4 und fluktuiert überdies als H^+ zwischen den vier Dreiecksseiten des Tetraeders. Beim Titan sind paramagnetische Moleküle vom Typ TiH_3L_2 bekannt, in denen Ti die 18e-Schale bei Weitem nicht erreicht.

Zur Einführung eines terminalen H-Liganden eignet sich die Substitution von X^- (meist Hal^-) gegen H^- (Hydridierung), die oxidative Addition von H_2 oder HHal an ungesättigte Komplexe (in der Regel 16e-Komplexe von Rh^I; s. Abschnitt 4.3.7) oder die Hydrierung einer M—M- oder M—C-Bindung (bei höherer Temperatur und unter H_2-Hochdruck). Hierzu folgende Beispiele (Bzl = Benzyl $PhCH_2$; L—L = $Me_2PCH_2CH_2PMe_2$):

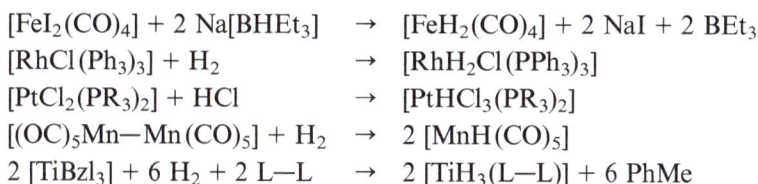

$$[FeI_2(CO)_4] + 2\ Na[BHEt_3] \rightarrow [FeH_2(CO)_4] + 2\ NaI + 2\ BEt_3$$
$$[RhCl(Ph_3)_3] + H_2 \rightarrow [RhH_2Cl(PPh_3)_3]$$
$$[PtCl_2(PR_3)_2] + HCl \rightarrow [PtHCl_3(PR_3)_2]$$
$$[(OC)_5Mn—Mn(CO)_5] + H_2 \rightarrow 2\ [MnH(CO)_5]$$
$$2\ [TiBzl_3] + 6\ H_2 + 2\ L—L \rightarrow 2\ [TiH_3(L—L)] + 6\ PhMe$$

Liganden L mit starker π-Akzeptor-Aktivität, allen voran CO, können den Hydrido-Liganden zum abspaltbaren Hydron machen; so wirken die Verbindungen $[HCo(CO)_4]$, $[H_2Fe(CO)_4]$ und $[HMn(CO)_5]$ als Brønsted-Säuren mit pK_A-Werten von 1.7 bzw. 4.7 bzw. 7. Auch aus weniger sauren Komplexen lässt sich ein H^+-Ion abspalten, wenn man mit sehr starken Basen wie H^- nachhilft, z. B. $[Cp_2ReH] + H^- \rightarrow [Cp_2Re]^- + H_2$. Umgekehrt vermögen Komplexe ohne starke π-Akzeptor-Liganden als Brønsted-Basen zu agieren, also H^+ anzulagern, sofern genügend viele d-Elektronen bereitstehen, z. B. $[Cp_2ReH] + H^+ \rightarrow [Cp_2ReH_2]^+$. Ein Hydrid-Anion H^- aus einem 18e-Komplex herauszuziehen, gelingt, wenn entsprechende 16e-Komplexe als Produkte genügend stabil sind und ein so starkes H^--Akzeptor-Kation bereitsteht wie CPh_3^+: $[RuH_2(PR_3)_4] + CPh_3^+ \rightarrow [RuH(PR_3)_4]^+ + HCPh_3$.

Eine für die katalytische Anwendung von Hydrido-Komplexen wichtige Eigenschaft ist ihre Fähigkeit zur Hydridometallierung ungesättigter Systeme nach dem Schema M—H + A=X → HA—XM (A=X: $RCH=CH_2$, $RC≡CR$, $RC≡N$, OC=O, O=O u. a.). Beispiele sind die Oxosynthese (Hydroformylierung) (also die Addition von $[RhHL(CO)_2]$ oder $[CoH(CO)_4]$ an $RCH=CH_2$) sowie die Alken-Hydrierung (also die Addition von $RCH=CH_2$ an $[RhH_2ClL_3]$; s. Abschnitt 4.3.7). Die Hydridometallierung von CO verläuft als 1,1-Addition und führt normalerweise zu Folgereaktionen; so ergibt die Hydridoborierung von CO mit B_2H_6 das Boroxin $(H_3C—B=O)_3$, während man bei der Hydridozirkonierung von CO bei 150 bar side-on gebundenes Methanal erhält: $[Cp_2ZrH_2] + CO \rightarrow [Cp_2Zr(\eta^2-H_2C=O)]$.

8.3.4 Hydrogen als brückenständiger Ligand

Übergangsmetalle werden in ihren Koordinationsverbindungen häufig in ähnlicher Weise durch hydridische H-Atome verbrückt wie die Bor-Atome in den Borhydriden. Gewöhnlich werden zwei Metallatome durch eine oder durch zwei MHM-(3c2 e)-Bindungen verknüpft. Ein Beispiel für eine einfache Verknüpfung bietet das μ-Hydridobis(pentacarbonylchromat)(1−), $[(OC)_5Cr(\mu-H)Cr(CO)_5]^-$. Für eine zweifache Verknüpfung nach Art des Diborans, B_2H_6, sei das $[Cp_2Ti(\mu-H)_2TiCp_2]$ als Beispiel angeführt. Zwei Metalle können aber auch durch drei oder gar vier H-

Atome verbrückt werden, wie die Beispiele $[(\eta^6\text{-}C_9H_{12})Os(\mu\text{-H})_3Os(\eta^6\text{-}C_9H_{12})]^+$ (C_9H_{12} = Mesitylen) bzw. $[Cp^*Ru(\mu\text{-H})_4RuCp^*]$ (Cp^* = $\eta^5\text{-}C_5Me_5$) lehren. Im Komplex $[Cr_4Cp^*_4(\mu_3\text{-H})_4]$ bilden die Cr-Atome ein Tetraeder mit *exo*-ständigen η^5-Cp*-Resten, während je ein H-Atom drei Cr-Atome oberhalb einer Tetraederfläche verbrückt (T_d; Symbol der Dreifachverbrückung: μ_3). Im Anion $[(\mu_4\text{-H})$ $W_4(OR)_{12}]^-$ (R = CH_2CMe_3) stehen die W-Atome an den Ecken einer Bicyclobutan-Struktur (C_{2v}), und das eine H-Atom auf der C_2-Achse überbrückt alle vier W-Atome. Auch über Beispiele von $(L_xM)_6$-Oktaedern, die im Inneren ein μ_6-H-Atom beherbergen, wurde berichtet.

Unter den molekular gebauten ternären Hydriden sind die Übergangsmetall-borhydride am eingehendsten untersucht worden. Die BH_4-Gruppe wirkt in der Regel als zwei- oder dreizähniger Ligand, bildet also zwei oder drei BHM-Brücken zwischen einem Bor- und einem Metallatom. Prototypen sind $[Al(BH_4)_3]$ (D_3) für die zweizähnige und $[Zr(BH_4)_4]$ (T_d) für die dreizähnige Koordination (s. Abschnitt 7.1.4). Verbindungen vom Typ $M(BH_4)_n$ mit der einen oder anderen Koordinationsart kennt man von etlichen Metallen. Auch für eine einzähnig gebundene BH_4-Gruppe gibt es ein Beispiel: $(R_3P)_2Cu-H-BH_3$. Der Ligand BH_4 kann sogar in μ_3-Manier drei M-Atome über je eine MHB-(3c2e)-Bindung verbrücken mit dem Komplex $[Fe_3(\mu\text{-H})(CO)_9(BH_4)]$ als Musterbeispiel: Drei Fe-Atome bilden über zwei Fe—Fe-(2c2e)-Bindungen und eine FeHFe-(3c2e)-Bindung ein Dreieck, das von der BH_4-Einheit überkappt wird; man nennt derartige dreifach verbrückende Liganden *tripodale Liganden* oder *Tripod-Liganden*.

8.4 Halogen und Pseudohalogen als Ligand

8.4.1 Binäre Halogenide: Überblick

Die bei Standardbedingungen isolierbaren Halogenide MX_n (X = F, Cl, Br, I; Tab. 8.1) spiegeln die Vielfalt der Oxidationszahlen wider, in denen die Übergangsmetalle auftreten können.

Osmium vermag Halogenide OsX_n in sieben verschiedenen Oxidationsstufen (von I bis VII) zu bilden, und von den Elementen Mo, W, Re und Pt kann man immerhin Halogenide MX_n in fünf Oxidationsstufen erhalten. Mit nur einer Oxidationszahl begnügen sich die Elemente Sc, Y und La der 3. Gruppe (MX_3 mit einer Edelgaskonfiguration von M^{3+}), ferner Ni in NiX_2 sowie Zn und Cd in MX_2 (mit einer stabilen d^{10}-Konfiguration von M^{2+}). Mit zwei Oxidationszahlen kommen die Elemente Fe und Co (II und III) sowie Cu, Ag und Hg aus (I und II). Ihre maximale Oxidationszahl III bis V erreichen alle Elemente der 3. bis 5. Gruppe, das Vanadium in der 5. Gruppe allerdings nur als Fluorid VF_5. Das Chlorid VCl_5 ist nicht stabil und geht unter Abspaltung von Cl_2 in VCl_4 über. Das hat zwei Gründe: Erstens steigt das Oxidationspotential von Verbindungen der Nebengruppenmetalle in der höchsten Oxidationszahl in einer Gruppe von unten nach oben,

Tab. 8.1 Übergangsmetallhalogenide MX_n (M: Metalle der 4. bis 12. Gruppe; X = F, Cl, Br, I), die bei Standardbedingungen isolierbar sind[a)].

4. Gruppe			5. Gruppe			6. Gruppe		
	$ZrX^{e)}$	$HfX^{e)}$						
TiX_2	ZrX_2	$HfX_2^{e)}$	VX_2			CrX_2	$MoX_2^{b)}$	$WX_2^{b)}$
TiX_3	ZrX_3	$HfX_3^{b)}$	VX_3	NbX_3	$TaX_3^{c)}$	CrX_3	MoX_3	$WX_3^{b)}$
TiX_4	ZrX_4	HfX_4	$VX_4^{c)}$	NbX_4	TaX_4	CrX_4	MoX_4	WX_4
			VX_5	NbX_5	TaX_5	CrF_5	$MoX_5^{c)}$	$WX_5^{c)}$
							MoF_6	$WX_6^{c)}$

7. Gruppe			8. Gruppe			9. Gruppe			
					OsI				
MnX_2			FeX_2		OsI_2	CoX_2			
$MnX_3^{d)}$		$ReX_3^{b)}$	$FeX_3^{c)}$	RuX_3	$OsX_3^{b)}$		CoF_3	RhX_3	IrX_3
MnF_4	$TcCl_4$	ReX_4		$RuX_4^{d)}$	$OsX_4^{c)}$		RhF_4	IrF_4	
	TcF_5	$ReX_5^{c)}$		RuF_5	$OsX_5^{d)}$		RhF_5	IrF_5	
	TcF_6	$ReX_6^{d)}$		RuF_6	OsF_6		RhF_6	IrF_6	
		ReF_7			OsF_7				

8. Gruppe			9. Gruppe			10. Gruppe		
			$CuX^{b)}$	AgX	AuX			HgX
NiX_2	PdX_2	$PtX_2^{b)}$	$CuX_2^{c)}$	AgF_2		ZnX_2	CdX_2	HgX_2
	PdX_3	PtX_3			$AuX_3^{c)}$			
		PtX_4						
		PtF_5			AuF_5			
		PtF_6						

[a)] Die Metalle der 3. Gruppe bilden nur Trihalogenide ScX_3, YX_3, LaX_3. – [b)] X = Cl, Br, I. – [c)] X = F, Cl, Br. – [d)] X = F, Cl. – [e)] X = Cl, Br.

V^V oxidiert also stärker als Nb^V und Ta^V, und zweitens sinkt der Ionenradius in der gleichen Richtung, und er sinkt auch mit steigender Oxidationszahl, sodass fünf Cl-Atome um Nb^V Platz finden, aber nicht um V^V, bzw. vier Cl-Atome um Ti^{IV}, aber nicht fünf um V^V. Dass in der höchsten und selbst in einer geringeren als der höchsten Oxidationszahl nur das Fluorid (als das kleinste und am wenigsten reduzierende Halogenid) gewonnen werden kann, erkennt man an mehreren Stellen in Tab. 8.1, nämlich außer bei V auch bei Cr, Mo, Mn, Tc, Re, Ru, Os, Co, Rh, Ir, Pt und Au. Bei den Halogeniden der 6. Gruppe erreichen nur Mo und W die maximale Oxidationszahl VI, in der 7. Gruppe nur Re im ReF_7, und ab der 8. Gruppe wird die maximale Oxidationszahl in Halogeniden nicht mehr beobachtet.

Die Zunahme des Reduktionspotentials von F^- nach I^- manifestiert sich auffällig bei Os: Nur das Fluorid kennt man bei Os^{VI} und Os^{VII}, nur Fluorid und Chlorid bei Os^V, alle Halogenide außer dem Iodid bei Os^{IV}. Dass alle Halogenide außer dem Iodid erhalten werden können, lässt sich auch bei ReX_4, ReX_5, FeX_3 und CuX_2 beobachten (z. B. wegen der Redoxreaktion $2\,CuI_2 \rightarrow 2\,CuI + I_2$). Bei den niedrigen Oxidationszahlen kehrt sich die Situation um. So sind bei Os^{III} alle Halogenide OsX_3 stabil, nicht aber OsF_3, für das wohl eine Neigung zur Disproportionierung in OsF_4 und Os besteht, und Os^I ist nur als Iodid OsI erhältlich. Dass die

Fluoride bei niedrigen Oxidationszahlen instabil werden, sieht man auch bei MoX_2, WX_2, WX_3, ReX_3 und CuX.

Bei den Verbindungen PdX_3 und PtX_3 täuschen die Formeln die Oxidationszahl III vor. Tatsächlich handelt es sich aber um $M^{II}M^{IV}$-Mischhalogenide (zur Struktur s. Abschnitt 3.4.2).

Bei der Umsetzung der Metalle der ersten Übergangsperiode mir elementarem Fluor wird also die maximale Oxidationszahl nur von den ersten drei erreicht (ScF_3, TiF_4, VF_5). Bei den mittleren d-Metallen kommt man bis zur Oxidationszahl V, IV und III (CrF_5, MnF_4, FeF_3, CoF_3), bei den späten d-Metallen nur bis II (NiF_2, CuF_2). In der dritten Übergangsperiode gelangt man zur höchsten Oxidationszahl in der 3. bis 7. Gruppe (LaF_3 bis ReF_7). In späteren Gruppen beschränkt sich der Fluorierungsgrad auf die Bildung von MF_7 (Os), MF_6 (Ir, Pt) und schließlich MF_5 (Au). Mit Chlor erhält man Hexachloride nur bei W und Re, während die Chlorierung der Metalle der ersten Übergangsperiode maximal zu MCl_4 (Ti, V, Cr), MCl_3 (Mn, Fe) bzw. MCl_2 (Co, Ni, Cu) führt.

Sofern die Halogenide der Übergangsmetalle in Waser löslich sind, reagieren die Kationen mit Wasser, und zwar unter gewöhnlicher Hydratation, wenn es sich um Kationen M^{2+} handelt, oder unter Bildung von Hydroxiden, Oxiden oder den Anionen von Oxosäuren im Falle höher geladener Kationen. Löst man Halogenide in wässriger Flusssäure oder Salzsäure, dann wird die Hydrolyse zurückgedrängt und stattdessen können sich Fluorido- bzw. Chloridometallate bilden. So entsteht aus FeF_3 in wässriger Flusssäure im Gleichgewicht $[FeF_6]^{3-}$ neben $[FeF_5(H_2O)]^{2-}$. Das Chlorid $FeCl_3$ wandelt sich in Salzsäure in das Tetrachloridoferrat(1−) um; aus solchen Lösungen kann man − je nach Bedingungen − Salze kristallisieren mit den Anionen $[FeCl_4]^-$, $[Cl_3Fe-O-FeCl_3]^{2-}$, $[FeCl_6]^{3-}$ (O_h) oder $[Fe_2Cl_9]^{3-}$ (D_{3h}; zwei flächenverknüpfte $FeCl_6$-Oktaeder).

8.4.2 Binäre Halogenide: Strukturen

Die Halogenide mit hoch geladenen Kationen haben Molekülstrukturen. Die beiden Heptafluoride MF_7 (Re, Os) sind aufgebaut wie IF_7 (D_{5h}); ReF_7 hat einen tief liegenden Schmelzpunkt (48.3 °C), während sich OsF_7 beim Erhitzen zersetzt. Auch die oktaedrisch gebauten Hexafluoride MF_6 (O_h) haben Schmelzpunkte unterhalb von 71 °C (M = Tc, Ru, Os, Rh, Ir, Pt), MoF_6 und ReF_6 liegen als Flüssigkeiten und WF_6 als Gas (Sdp. 17.1 °C) vor. Nur drei Hexahalogenide mit schwererem Halogen als Fluor kennt man: $ReCl_6$, WCl_6 und WBr_6. Unter den Pentahalogeniden besteht größere Vielfalt. In den Pentafluoriden MF_5 ist M^V durchwegs oktaedrisch durch F koordiniert, und die MF_6-Oktaeder sind *cis*-eckenverknüpft. Im Falle von M = V, Cr, Tc, Re führt die Eckenverknüpfung zu polymeren Ketten (s. Abschnitt 3.4.2). In den Tetrameren $(MF_5)_4$ sind die Oktaeder entweder regulär *cis*-eckenverknüpft (D_{4h}; Winkel M−F−M 180°; M = Nb, Ta, Mo, W) oder in einer gegeneinander verkippten Weise (C_{2h}; Winkel M−F−M ca. 140°; M = Ru, Os, Rh, Ir, Pt, Au). In den Pentaholgeniden mit X = Cl, Br, I sind zwei MX_6-Oktaeder zu dimeren Einheiten $(MX_5)_2$ kantenverknüpft (D_{2h}; MCl_5: M = Nb, Ta, Mo, W, Re, Os; MBr_5: M = Nb, Ta, Mo, W, Re; MI_5: M = Nb, Ta).

Die Halogenide MX_4, MX_3 und MX_2 kristallisieren bei Standardbedingungen im Allgemeinen in einem Festkörperverband (s. Abschnitt 3.4.2). Die Titanhalogenide TiX_4 (X = Cl, Br, I) ordnen sich allerdings molekular in den Kristall ein, und $TiCl_4$ ist unter Standardbedingungen flüssig (Smp. $-24.1\,°C$).

Einen speziellen Kommentar verdient das Quecksilber. Das Dichlorid $HgCl_2$ liegt im Kristall ebenso wie in wässriger Lösung als Molekül Cl–Hg–Cl ($D_{\infty h}$) vor. Beim Iodid HgI_2 kennt man zwei enantiotrope Modifikationen, die salzartige Tieftemperatur-Modifikation (rot) und die aus Molekülen HgI_2 aufgebaute Hochtemperatur-Modifikation (gelb). (Zur Struktur der roten Modifikation denke man sich ein hypothetisches HgI in der Zinkblende-Struktur, markiere eine der vier C_3-Achsen und nehme senkrecht zu ihr jede zweite Hg-Schicht heraus, sodass in einer A1-Packung der I-Atome Schichten von I-Atomen aneinanderstoßen.) Die Umwandlung zwischen den beiden Modifikationen erfordert nur eine geringe Reorganisation des Kristallgitters und vollzieht sich schnell unter Farbwechsel bei $71\,°C$ (*Thermochromie*). In Kristallen des Hg^I-Chlorids liegen ebenfalls Moleküle vor; sie genügen der Formel Cl–Hg–Hg–Cl ($D_{\infty h}$). Das farblose Hg_2Cl_2 (*Kalomel*) ist in Wasser schwerlöslich. Übergießt man es mit wässriger NH_3-Lösung, so disproportioniert Hg^I in metallisches Hg, das in feiner Verteilung tiefschwarz ist, und in Hg^{II} in Form des farblosen, schwerlöslichen $Hg(NH_2)Cl$; der Name *Kalomel* ist dieser typischen Schwarzfärbung zu danken (καλός μέλος, *schönes Schwarz*).

Eine Besonderheit im Bau der Kristalle findet man bei bestimmten Halogeniden von Nb, Ta, Mo und W mit der Zusammensetzung $NbCl_{2.33}$, $NbBr_{2.33}$, $NbI_{1.83}$, $TaX_{2.5}$ (Cl, Br I), MoX_2 (Cl, Br, I) und WX_2 (Cl, Br, I). Der Struktur dieser Halogenide liegen molekulare Baueinheiten M_6X_8 und M_6X_{12} zugrunde, die im Kristall durch zusätzliche Halogenatome zwei- oder dreidimensional verbrückt sind. Beide Baueinheiten bestehen aus M_6-Oktaedern mit M–M-Bindungen. Entweder sind die drei M-Atome einer jeden der acht Oktaederseiten durch ein Atom X verbrückt ($\rightarrow M_6X_8$; je zwei Atome X liegen auf jeder der drei C_3-Achsen) oder es sind je zwei M-Atome jeder der zwölf Oktaederkanten durch ein Atom X verknüpft ($\rightarrow M_6X_{12}$; je zwei Atome X liegen auf jeder der sechs C_2-Nebenachsen). Beim $NbI_{1.83}$ sind Nb_6I_8-Cluster kubisch primitiv angeordnet (wie Re im ReO_3) und durch I-Atome dreidimensional linear verbrückt (wie Re durch O im ReO_3; je zwei der verbrückenden I-Atome sitzen auf jeder der drei C_4-Achsen durch den Cluster): $[Nb_6I_8]I_3$. Beim $NbX_{2.33}$ (Cl, Br) sind es Nb_6X_{12}-Cluster, die durch X verbrückt sind, aber nur zweidimensional planar, sodass in jeder Nb_6X_{12}-Einheit die Koordinationslücken zweier gegenüberliegender Nb-Atome unverbrückt bleiben: $[Nb_6X_{12}]X_2$. Bei $TaX_{2.5}$ sind dagegen die Ta_6X_{12}-Cluster dreidimensional verknüpft: $[Ta_6X_{12}]X_3$. Den Halogeniden MoX_2 und WX_2 liegen wiederum M_6X_8-Cluster zugrunde, die zweidimensional planar durch X verbrückt sind, und die beiden gegenüberliegenden nicht verbrückten M-Atome sind durch zwei terminale X-Atome koordinativ abgesättigt: $[M_6X_8]X_4$ (d. i. ein Schichtengitter, das in Bezug auf die terminalen und verbrückenden X-Atome mit der PbF_4-Struktur vergleichbar ist).

Insbesondere bei $[Mo_6Cl_8]Cl_4$ kann man Cl nicht nur durch das Halogen I, sondern auch durch Chalkogen-Atome Y = S, Se, Te ersetzen und kommt so von Kationen $[Mo_6Cl_8]^{4+}$ zu Anionen $[Mo_6Y_8]^{4-}$, die man zu $[Mo_6Y_8]^{2-}$ oxidieren und mit M^{2+} (M = Ca, Sr, Ba, Sn, Pb) als $M[Mo_6Y_8]$ kristallisieren kann. In diesen sog. *Chevrel-Phasen* liegen keine isolierten Anionen $[Mo_6Y_8]^{2-}$ vor, vielmehr verbrücken 3/4 der Y-Atome die Clustereinheiten, indem sie im einen Anion als flächenüberkappende, im benachbarten Anion als die Koordinationslücke von Mo terminal besetzende Liganden wirken, sodass diese Liganden Y von vier Mo-Atomen tetraedrisch umgeben sind und die M_6-Oktaeder dreidimensional zusammengehalten werden. Solche Phasen zeigen *Tieftemperatursupraleitung*.

Eine weitere spezielle Struktur kommt dem $ReCl_3$ zu. In der Gasphase liegen Moleküle Re_3Cl_9 vor: Eine Einheit Re_3Cl_6 bildet eine Cyclopropan-Struktur (C_3H_6), in der die drei Re-Atome mit Doppelbindungen aneinandergebunden sind, und die drei restlichen Cl-Atome in der Hauptspiegelebene verbrücken je eine Re=Re-Doppelbindung (D_{3h}). Die 16e-Konfiguration im freien Molekül Re_3Cl_9 geht im Kristall dadurch in eine 18e-Konfiguration über, dass zwei Re-Atome benachbarter Dreiringe gegenseitig je eines ihrer beiden terminalen Cl-Atome zur Verbrückung freigeben, das zweite Cl-Atom bleibt jeweils terminal; es entsteht ein Sechseckwabennetz aus Re_3Cl_9-Einheiten in zwei Ebenen, in welchem diese Einheiten angeordnet sind wie die As-Atome in einer Schicht des grauen Arsens. Die Re-Atome im Re_3Cl_9 können anstatt durch die Cl-Atome von Nachbarmolekülen auch durch Liganden L ($\rightarrow Re_3Cl_9L_3$; z. B. L = PR_3) oder Cl^- ($\rightarrow [Re_3Cl_{12}]^{3-}$) abgesättigt werden.

Die Phasen ZrCl, ZrBr, HfCl und HfBr zählt man wegen ihrer ungewöhnlich kleinen Oxidationszahl zu den *Subhalogeniden*. Bei ihrer Struktur handelt es sich um Schichtengitter. Im ZrCl besetzen alle Atome die Schichten A, B und C einer A1-Kugelpackung, und zwar in der Weise, dass jede Schicht entweder nur Zr oder nur Cl beherbergt bei folgender Schichtabfolge (Zr: fett; Cl: kursiv): **A**B**C**A**B**C**A**B-**C**A**B**C... Zwischen Zr- und Cl-Schichten bestehen großenteils ionogene, zwischen den Zr-Schichten metallische und zwischen den Cl-Schichten van der Waals-Bindungen. Die Verbindungen ZrBr, HfCl und HfBr kristallisieren ähnlich. Auch im metallisch grauen OsI liegen starke metallische Bindungsanteile vor. Die Verbindungen CuX, AgX und AuX mit einer gefüllten d^{10}-Schale der Kationen M^+ sind dagegen salzartig aufgebaut und zählen nicht zu den Subhalogeniden.

8.4.3 Ternäre Halogenide

Alkalimetallhalogenide AX (und analog Erdalkalihalogenide AX_2) bilden mit Übergangshalogeniden ternäre Halogenide A_mMX_n. Hat das Zentralmetall M eine hohe Oxidationszahl, dann sind die anionischen Einheiten $[MX_n]^{m-n}$ vorwiegend kovalent aufgebaut, sodass man das ternäre Halogenid als ein pseudobinäres Salz

$A_m[MX_n]$ auffassen kann. Als Beispiele seien einige oktaedrisch strukturierte Hexafluorido- und Hexachloridometallat-Anionen genannt: $[NiF_6]^{2-}$, $[PdF_6]^-$, $[CuF_6]^{2-}$, $[AgF_6]^{2-}$, $[RhCl_6]^{2-}$, $[IrCl_6]^{2-}$. Bei Ni, Pd, Cu und Ag lassen sich so hohe Oxidationszahlen wie M^{IV} bzw. M^V in binären Fluoriden nicht realisieren, sodass man, um z. B. $A[Cu^V F_6]$ herzustellen, CuF_2 und AF_2 unter F_2-Druck zusammenschmilzt. In zweikernig kovalent aufgebauten Anionen mit oktaedrisch koordiniertem Zentralatom sind die Oktaeder mit F als Ligand eckenverknüpft (z. B. $[Nb_2F_{11}]^-$), mit Cl als Ligand kantenverknüpft (z. B. $[Ti_2Cl_{10}]^{2-}$) oder flächenverknüpft (z. B. $[Cr_2Cl_9]^{3-}$, $[Fe_2Cl_9]^{3-}$).

Führt die Kombination des nicht mehr sehr hoch geladenen Cr^{3+} mit Cl^- noch zu einem molekular gebauten komplexen Anion (nämlich $[Cr_2Cl_9]^{3-}$), so ergeben sich mit dem kleineren F^- polymere Ketten aus *trans*-eckenverknüpften Oktaedern ($CaCrF_5$; analoge Oktaederketten: BiF_5) oder *cis*-eckenverknüpften Oktaedern ($RbCrF_5$). Statt der eindimensionalen Oktaedereckenverknüpfung trifft man bei ternären Fluoriden auch häufig auf die zweidimensionale, wie sie dem K_2NiF_4 zugrunde liegt (s. Abschnitt 3.4.4; binärer Prototyp: PbF_4).

Das Wechselspiel der Oktaedereckenverknüpfung wird von Al^{3+} und F^- ausgeschöpft: Von diskreten Anionen im Na_3AlF_6 über Ketten im Na_2AlF_5 und Schichten im $NaAlF_4$ gelangt man zur dreidimensionalen Eckenverknüpfung im AlF_3. Auch bei Übergangsmetallen kennt man das Wechselspiel, z. B. bei Ag^{II} (d^9): Im $Ba_2[AgF_6]$ finden sich isolierte Oktaeder, im $Cs_2[AgF_4]$ Oktaederschichten und im $Cs[AgF_3]$ eine dreidimensionale Oktaedereckenverknüpfung, aber im $Ba[AgF_4]$ auch isolierte Anionen mit quadratisch-planarer Koordination.

Eine sehr spezielle Bindungssituation liegt gewissen zweikernigen ternären Chloriden zugrunde mit den Anionen $[M_2Cl_8]^{4-}$ (M = Mo, W) und $[M_2Cl_8]^{2-}$ (M = Tc, Re, Os). Um die Bindungen im Anion $[Mo_2Cl_8]^{4-}$ zu verstehen, gehen wir vom Molekül Mo_2 mit seinen sechs bindenden MOs aus (Abschnitt 2.1.2): Das am tiefsten liegende σ-MO geht aus der Überlappung der beiden d_{z^2}-AOs der beiden Mo-Atome hervor; die Überlappung der beiden $4d_{xz}$- und der beiden $4d_{yz}$-AOs führt zu zwei entarteten π-MOs; dann folgen zwei entartete δ-MOs, die auf die Überlappung zweier $4d_{xy}$- und zweier $d_{x^2-y^2}$-AOs zurückgehen; schließlich folgt das HOMO, das mit dem sechsten Elektronenpaar (bei sechs Valenzelektronen pro Mo-Atom) besetzt ist und durch die Überlappung der 5s-AOs zustande kommt. Stellt man sich Mo_2 zu Mo_2^{4+} ionisiert vor, dann rücken die 5s-AOs zu hoher Energie und bleiben unbesetzt, und in den beiden δ-MOs sitzt je ein Elektron. Jetzt binden wir acht Cl^--Ionen so an Mo_2^{4+}, dass jedes Mo-Atom quadratisch-planar von je vier Cl-Ionen umgeben ist und die Cl_4-Quadrate senkrecht zur Molekülachse, der z-Achse, liegen. Durch den Rückgang der Symmetrie von $D_{\infty h}$ auf D_{4h} wird die Entartung von d_{xy} und $d_{x^2-y^2}$ aufgehoben (wie ein Blick in die Charaktertafel von D_{4h} lehrt), die Entartung von d_{xz} und d_{yz} nicht. Die acht Mo—Cl-Bindungen liegen parallel zur x- bzw. y-Richtung, sodass für diese Bindungen die $d_{x^2-y^2}$-AOs von Mo in Anspruch genommen werden können, während das d_{xy}-AO nach wie vor zu einer schwachen δ-Bindung bereitsteht. Da acht Metallelektronen verfügbar sind, können alle vier bindenden MOs zwischen den beiden Mo-Atomen besetzt werden, und es liegt eine Vierfachbindung vor: $[Cl_4Mo\equiv MoCl_4]^{4-}$. Auch die Re-Atome im Anion $[Cl_4ReReCl_4]^{2-}$ können ihre acht Valenzelektronen zum Aufbau einer Vierfachbindung einsetzen. Die Os-Atome müssen im $[Cl_4OsOsCl_4]^{2-}$ ihre zehn Valenzelektronen in ein MO-Gefüge desselben Typs einbringen, und so werden nicht nur die vier bindenden MOs gefüllt, sondern auch das tiefste antibindende, d. i. das δ^*-MO; dadurch geht die formale Bindungsordnung von vier auf drei zurück: $[Cl_4Os\equiv OsCl_4]^{2-}$. Die Anionen $[M_2Cl_9]^{3-}$ (M = Mo, W) weisen zwar die gleiche Struktur auf wie im Falle M=Cr (s. o., flächenverknüpfte Cl_9-Doppeloktaeder), zeigen aber Diamagnetismus, der wohl auf eine M≡M-Vierfachbindung und die hieraus folgende 18e-Konfiguration zurückgeht.

Unter den zahllosen ternären Halogeniden seien noch die Tetraiodidomercurate (2−) herausgegriffen. Das Kaliumsalz $K_2[HgI_4]$ reagiert in einer Lösung von KOH (*Nessler's Reagenz*) mit Spuren von NH_3 unter Bildung eines braunen Niederschlags von $[Hg_2N]I$, d. i. ein empfindlicher Nachweis für Ammoniak: $2\,[HgI_4]^{2-} + 3\,OH^- + NH_3 \rightarrow [Hg_2N]I + 7\,I^- + 3\,H_2O$. (In der dreidimensionalen Struktur des Nitridodiquecksilber-Kations Hg_2N^+ befinden sich N-Atome auf den Plätzen der C-Atome einer Diamant-Struktur und werden durch Hg-Atome linear verbrückt, d. i. eine *anti-β*-Christobalit-Struktur; das gleiche Kation Hg_2N^+ entsteht, wenn man durch Erhitzen aus dem oben erwähnten Quecksilberamidchlorid, $Hg(NH_2)Cl$, Ammoniumchlorid absublimiert: $2\,Hg(NH_2)Cl \rightarrow [Hg_2N]Cl + NH_4Cl$.) Die Salze $Cu_2^I[HgI_4]$ und $Ag_2[CuI_4]$ zeigen thermochrome Modifikationswechsel bei 71 °C (rot/schwarz) bzw. 35 °C (hellgelb/orange).

8.4.4 Pseudohalogen als Ligand

Die Metalle und insbesondere die Übergangsmetalle bilden eine Vielfalt von Komplexen mit den Pseudohalogeniden CN^-, NCO^-, NCS^-, N_3^- u. a. Am besten untersucht sind die Cyanido-Komplexanionen, auf die wir uns im Folgenden beschränken. Die formal zugrunde liegenden neutralen Cyanide $M(CN)_n$ lassen sich vielfach isolieren und sind als pseudobinäre Salze in der Regel ionogen aufgebaut, wenn die Oxidationszahl des Zentralatoms nicht zu hoch wird. Das ist selten der Fall, da CN^- noch stärker reduziert als I^-: $(CN)_2/HCN$, $\varepsilon^0 = 0.373$ V; I_2/I^-, $\varepsilon^0 = 0.536$ V. Quecksilber fällt aus der Reihe: $Hg(CN)_2$ ist im Kristall ebenso wie in Lösung molekular aufgebaut ($D_{\infty h}$).

Unter den Cyanido-Komplexanionen sind die einkernigen, $[M(CN)_m]^{n-}$, am wichtigsten. Als Koordinationszahlen hat man mit $k = 2$ bis 8 zu rechnen. Als dazugehöriges Koordinationsmuster ergibt sich wie üblich: $k = 2 \rightarrow$ *digonal-linear* ($D_{\infty h}$); $k = 3 \rightarrow$ *trigonal-planar* (D_{3h}); $k = 6 \rightarrow$ *oktaedrisch* (O_h); $k = 7 \rightarrow$ *pentagonal-bipyramidal* (D_{5h}). Im Falle $k = 4$ hat man entweder mit einer *tetraedrischen* (T_d) oder einer *quadratisch-planaren* (D_{4h}) Koordination zu rechnen, mit letzterer erwartungsgemäß bei d^8-Metallionen mit 16e-Schale, aber auch bei Co^{II}. Cyanido-Komplexe in den beiden Strukturen zu $k = 4$ sind konfigurationsstabil und wandeln sich nicht ineinander um. Im Falle $k = 5$ treffen wir wieder auf die bekannte Strukturalternative *trigonal-bipyramidal/quadratisch-pyramidal* (D_{3h}/C_{4v}); in den Beispielen hierfür trifft man − je nach Kation − beides an, und in Lösung erfordert die Umlagerung eine geringe Aktivierungsenergie. Schließlich bietet die achtfache Koordination noch eine Alternative, die man gut verstehen kann, nämlich das *Dreiecksdodekaeder* (D_{2d}; zwölf Flächen, achtzehn Kanten, je vier Ecken der Konnektivität $\kappa = 5$ und $\kappa = 4$) und das *tetragonale Antiprisma* (D_{4d}; zehn Flächen, sechzehn Kanten, alle acht Ecken mit $\kappa = 4$). Zieht man in das tetragonale Antiprisma je eine diagonal verlaufende neue Kante in die quadratischen Basisflächen ein (blau) und verschiebt dann die Ecken nur wenig gegeneinander, dann ist das in der Regel etwas stabilere Dodekaeder entstanden. Bei allen der gleich folgenden Beispiele lassen sich im Kristall beide Strukturen realisieren.

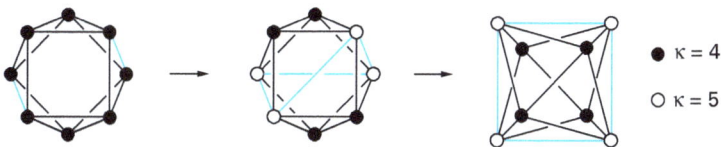

In der folgenden Zusammenstellung der mit geeigneten Kationen als Salze isolierten und im Allgemeinen auch in Lösung charakterisierten Cyanido-Anionen sind die Zentralatome mit 18e-Schale fett, mit 16e-Schale kursiv und alle anderen normal gedruckt {der Wert n in $[M(CN)_m]^{n-}$ ergibt sich, wenn man von der angegebenen Oxidationszahl den Wert m abzieht}:

$[M(CN)_2]^n$:	M = V^0 **Cu^I** **Ag^I** **Au^I**
$[M(CN)_3]^n$:	M = *Cu^I*
$[M(CN)_4]^n$ (T_d):	M = Ti^0 **Mn^{II}** **Ni^0** **Cu^I** **Zn^{II}** **Cd^{II}** **Hg^{II}**
$[M(CN)_4]^n$ (D_{4h}):	M = Co^{II} *Rh^I* *Ir^I* *Ni^{II}* *Pd^{II}* *Pt^{II}* *Au^{III}*
$[M(CN)_5]^n$:	M = Cr^{II} Co^{II} **Ni^{II}**
$[M(CN)_6]^n$:	M = Ti^{II} Ti^{III} V^{II} Cr^0 *Cr^{II}* Cr^{III} **Mn^I** Mn^{II} *Mn^{III}* Mn^{IV} **Re^I** **Fe^{II}**
	Fe^{III} **Ru^{II}** Ru^{III} **Os^{II}** Os^{III} Co^{III} **Rh^{III}** **Ir^{III}** **Pd^{IV}** **Pt^{IV}**
$[M(CN)_7]^n$:	M = V^{III} **Mo^{II}** **W^{II}** **Tc^{III}** **Re^{III}**
$[M(CN)_8]^n$:	M = **Nb^{III}** **Ta^{III}** **Mo^{IV}** Mo^V **W^{IV}** W^V

Die Cyanido-Komplexanionen sind in der Regel sehr stabil, haben also große Komplexbildungskonstanten K_K. Dabei ist die Größe von K_K keineswegs an die 18e-Konfiguration gebunden. So ist der 17e-Komplex $[Fe(CN)_6]^{3-}$ stabiler als sein 18e-Analogon $[Fe(CN)_6]^{4-}$ ($pK_K = 44$ bzw. 37); besonders stabil ist der 16e-Komplex $[Pd(CN)_4]^{2-}$ ($pK_K > 44$), und selbst der 14 e-Komplex $[Ag(CN)_2]^{3-}$ ist so stabil ($pK_K = 21$), dass bei Zugabe von I^- kein AgI, das am schwersten lösliche der Silberhalogenide, ausfällt. Die Silberkomplexe $[Ag(S_2O_3)_2]^{3-}$ und $[Ag(NH_3)_2]^+$ sind mit $pK_K = 13.6$ bzw. 7.1 deutlich weniger stabil als der Cyanido-Komplex. Die Cyanido-Anionen zwingen das Zentralatom in die Lowspin-Konfiguration, und zwar nicht nur bei den oktaedrischen Komplexen; eine Ausnahme stellt das

Anion $[Mn(CN)_4]^{2-}$ dar, ein 13e-System mit einer d^5-Highspin-Konfiguration. Etliche Cyanido-Komplexe halten allerdings dem Angriff starker Säuren nicht stand und zersetzen sich unter der Entwicklung von HCN-Gas. Einige aber bilden mit starken Säuren die entsprechenden Isoblausäure-Komplexe als die mit den Komplex-Anionen korrespondierenden freien Säuren, und die Säure $[Fe(CN)_2(CNH)_4]$ lässt sich in kristalliner Form isolieren; in wasserfreier Flusssäure entsteht sogar das korrespondierende Kation $[Fe(CNH)_6]^{2+}$. Cyanido-Komplexe mit sehr niedriger Oxidationszahl von M sind oxidationsempfindlich, allen voran die M^0-Komplex-Anionen $[Ti(CN)_4]^{4-}$, $[V(CN)_2]^{2-}$, $[Ni(CN)_4]^{4-}$. Aber auch $[Co^{II}(CN)_5]^{3-}$ neigt zur oxidativen Addition nicht nur von O_2 $\{\rightarrow [(NC)_5Co^{III}-O-O-Co^{III}(CN)_5]^{6-}\}$, sondern auch von H_2 $\{\rightarrow [(NC)_5Co^{III}H]^{3-}\}$ und Ethen $\{\rightarrow [(NC)_5Co^{III}-CH_2-CH_2-Co^{III}(CN)_5]^{6-}\}$. Umgekehrt ist das stabile 17e-System $[Fe(CN)_6]^{3-}$ ein Oxidationsmittel $\{[Fe(CN)_6]^{3-}/[Fe(CN)_6]^{4-}: \varepsilon^0 = 0.361\ V\}$, wenn auch ein schwächeres als Fe^{3+} $(Fe^{3+}/Fe^{2+}: \varepsilon^0 = 0.771\ V)$.

Einige zweikernige Cyanido-Komplexanionen verdienen Erwähnung. Das Anion $[Co(CN)_5]^{3-}$ findet man in einigen seiner Salze als dimeres Anion $[(NC)_5Co-Co(CN)_5]^{6-}$ mit Co—Co-Bindung (ein 18e-System; D_{4d}). Das sehr stabile 18e-Anion $[Co(CN)_6]^{3-}$ kann man in flüssigem Ammoniak mit Kalium zu $[(NC)_4Co^0-Co^0(CN)_4]^{8-}$ reduzieren, ebenfalls ein 18e-System (D_{3d}; die C-Atome der acht Liganden bilden ein längs der C_3-Achse gestrecktes zweifach überkapptes Oktaeder). Auf demselben Wege gelangt man von $[Ni(CN)_4]^{2-}$ zu $[(NC)_3Ni-Ni(CN)_3]^{4-}$, ein Ni^I-16e-System (D_{2d}; die C-Atome der sechs Liganden bilden ein längs der Hauptachse gestrecktes zweifach kantenüberkapptes Tetraeder). Schließlich können Cyanido-Komplexanionen auch vermöge von CN-Brücken zweikernig sein, wie das Anion $[(NC)_3M-C\equiv N-M(CN)_3]^{3-}$ (M = Zn, Cd) lehrt.

Die schon seit alters her aus Blut gewonnenen *Blutlaugensalze*, das gelbe $K_4[Fe(CN)_6]$ und das rote $K_3[Fe(CN)_6]$, ergeben in wässriger Lösung eine tiefblaue Kolloidlösung und bei Sättigung einen entsprechenden Niederschlag, wenn man zu ersterer ein Fe^{III}-Salz, zu letzterer ein Fe^{II}-Salz gibt (*Berliner Blau*). Dem liegt die Bildung eines überwiegend kovalent gebauten, dreidimensionalen Anion-Gerüsts, des *Berlinat*-Anions $[Fe^{II}Fe^{III}(CN)_6]^-$, zugrunde, in dessen kubischen Hohlräumen die Ionen Fe^{3+} oder Fe^{2+} oder beide oder auch andere Kationen sitzen. Die Fe- und CN-Ionen im Verhältnis 1 : 3 organisieren sich dabei zu einer Struktur, die der ReO_3-Struktur mit doppeltem Zellparameter entspricht: Die Fe^{2+}- und Fe^{3+}-Ionen bilden im mehr oder weniger strengen Wechsel ein kubisch-primitives Gitter, auf dessen Kanten sie durch CN-Ionen verbrückt werden, und zwar werden in einem wohlgeordneten Kristall Fe^{3+} durch sechs C- und Fe^{2+} durch sechs N-Atome oktaedrisch koordiniert. (Was die geometrische Anordnung nur der Fe-Atome anbetrifft, bilden Fe^{II} und Fe^{III} eine NaCl-Struktur.) Berlinate werden zu neutralen Salzen, wenn die Hälfte der kubischen Lücken mit M^+ oder ein Viertel durch M^{2+} besetzt ist. (Im verwandten $CaTiO_3$ sind alle kubischen Lücken der TiO_3^{2-}-Struktur durch Ca^{2+} aufgefüllt.) Die Berlinate $M[Fe_2(CN)_6]$ (M = Na, K, NH_4) stellen wichtige Blaupigmente dar, die man technisch aus $FeCl_2$, $Ca(OH)_2$,

HCN und O_2 {$\rightarrow$ Ca[Fe$_2$(CN)$_6$]$_2$} und nachfolgender Umsetzung mit M$_2$CO$_3$ gewinnt. Aus Hexacyanidoferrat(4−) kann man durch Umsetzung mit HNO$_3$ Derivate mit dem Anion [Fe(CN)$_5$(NO)]$^{2-}$ erhalten, die zusammen mit anderen Derivaten der Formel [Fe(CN)$_5$L]$^{n-}$ (L = NO$^+$, CO, NH$_3$, NO$_2^-$ u. a.) die Familie der *Prussiate* bilden.

Eine weitere Spezialität in der Großfamilie der Cyanido-Komplexe ist von Bedeutung. Im farblosen Salz K$_2$[Pt(CN)$_4$] · 2 H$_2$O sind die quadratisch-planaren [Pt(CN)$_4$]$^{2-}$-Anionen zu Ketten so gestapelt, dass die Kettenrichtung senkrecht zu den Quadraten verläuft. Der Pt—Pt-Abstand beträgt 348 pm; man kann also bei einem van der Waals-Radius eines Pt-Atoms von etwa 170 pm gerade noch von van der Waals'scher Pt—Pt-Wechselwirkung sprechen. Lässt man Cl$_2$ oder Br$_2$ auf das Salz einwirken, dann wird ein Teil des Pt^{II} oxidiert. Das bronzefarbene Produkt genügt der Formel K$_2$[Pt(CN)$_4$]Hal$_{0.3}$ · 3 H$_2$O (*Krogmanns Salz*); der Pt—Pt-Abstand beträgt jetzt 287 pm (Pt—Pt-Abstand im Metall: 275 pm), es liegen also anisotrope metallische Wechselwirkungen längs der Kette vor. Die elektrische Leitfähigkeit hat sich in der Kettenrichtung um den Faktor 10^9 vergrößert.

Ein weiteres interessantes Phänomen beobachtet man bei den Hexacyanidopalladaten und -platinaten [M^{II}M^{IV}(CN)$_6$] (M^{II} = Mn, Fe, Co, Ni, Cu, Zn; M^{IV} = Pd, Pt), die in einer wie bei den Berlinaten abgewandelten ReO$_3$-Struktur kristallisieren; die besonders großen kubischen Hohlräume sind jedoch leer. Stellt man diese ternären Cyanide in Gegenwart von Gasen unter hohem Druck her, so werden Gasatome bzw. -moleküle in die Hohlräume gepresst, und es entstehen *Gaseinschlussverbindungen* (*Clathrate*), die in kristalliner Form bei Normaldruck stabil bleiben. Als Gase kommen u. a. infrage: Ar, Kr, Xe, N$_2$, O$_2$, CH$_4$, H$_2$S. Beim Erhitzen, Zermahlen oder Lösen solcher Clathrate werden die Gase frei und nehmen dann ein Volumen ein, das das Volumen der Wirtskristalle um mehr als den Faktor 200 übertrifft.

8.5 Über Oxygen an Metall gebundene Liganden

8.5.1 Metalle in wässriger Lösung

Metallhydroxide M(OH)$_n$ kann man bei einigen Metallen als kristalline Festkörper isolieren. In Wasser gut löslich sind die kristallinen Alkalimetallhydroxide. Für die Hydroxide der Übergangsmetalle gilt im Allgemeinen, dass sie am isoelektrischen Punkt als wasserhaltige Niederschläge ausfallen und im Zuge der Entwässerung in die entsprechenden Oxide, eventuell auch in die Hydroxidoxide, übergehen. Liegt der isoelektrische Punkt im sauren Bereich, dann handelt es sich um saure Oxide bzw. Hydroxide, die sich im basischen Bereich als Anionen lösen; liegt der isoelektrische Punkt im basischen Bereich, dann handelt es sich um basische Oxide bzw. Hydroxide, die sich in saurer Lösung als Kationen lösen. Liegt der isoelektrische Punkt mehr oder weniger nahe dem Neutralpunkt, dann ist das Oxid bzw. Hydroxid amphoter und löst sich in Säuren als Kation, in Basen als Anion.

Die Oxide der Übergangsmetalle sind umso saurer, je höher geladen und je kleiner das Metallkation ist. Eine hohe Oxidationszahl eines Metalls und seine Stellung oben in einer Gruppe machen das entsprechende Oxid sauer. CrO_3 ist saurer als CrO_2, Mn_2O_7 ist saurer als Re_2O_7. Viele vorwiegend saure Oxide sind insofern amphoter, als sie sich in sehr starken Säuren doch noch als Kation lösen, und umgekehrt löst sich manches vorwiegend basische Oxid in sehr starken Basen als Anion.

Einwertige Metalle

Als einwertige Metalle M^I in wässriger Lösung kommen außer den Alkalimetallen ($[Li(H_2O)_4]^+$, $[M(H_2O)_6]^+$) nur Tl, Ag und Hg infrage. Die Oxide Tl_2O und Ag_2O lösen sich in Säuren als hydratisierte Kationen $[M(H_2O)_x]^+$; Tl_2O oder auch TlOH löst sich nicht in alkalischen Basen, wohl aber Ag_2O in sehr konzentrierten Basen als $[Ag(OH)_2]^-$. Ein Hg^I-Oxid ist nicht bekannt; löst man $Hg_2(NO_3)_2$ in Wasser auf, dann entstehen Kationen, die der Formel $[H_2O—Hg—Hg—OH_2]^{2+}$ gehorchen. Kupfer(I)-Salze wie Cu_2SO_4 oder auch Cu_2O disproportionieren in Cu^{2+} und Cu, wenn man sie in Wasser bzw. Säuren löst. Komplexe mit π-Akzeptor-Liganden, z. B. Anionen $[Cu(CN)_4]^{3-}$, sind in wässriger Lösung stabil. Auch die Metalle Rh^I und Ir^I bleiben nur in der Koordinationssphäre von π-Akzeptor-Liganden in wässriger Lösung stabil.

Zweiwertige Metalle

Eine Chemie zweiwertiger Metalle M^{II} kennt man in wässriger Lösung von den Erdalkalimetallen, von den Hauptgruppenmetallen Sn und Pb und von den Metallen der ersten Nebenperiode von Ti bis Zn (d. s. alle außer Sc); bei den schwereren Nebengruppenmetallen verhält sich Ru ähnlich wie Fe; ferner kann man Pd^{II}, Pt^{II}, Cd^{II}, Hg^{II} und in gewissem Sinne auch Mo^{II} und Rh^{II} in wässriger Lösung handhaben. In saurer Lösung hat man in der Regel mit Kationen $[M(H_2O)_6]^{2+}$ zu rechnen; die Metalle Be, Pd und Pt bilden jedoch Tetraaqua-Komplexe $[M(H_2O)_4]^{2+}$ (wegen der Kleinheit von Be^{2+} bzw. wegen der Besonderheit der d^8-Konfiguration bei Pd und Pt). Bei Co^{II} liegt ein Gleichgewicht zwischen dem Hexa- und Pentaaqua-Komplex vor, und bei Sn^{II} ist der Triaqua-Komplex $[Sn(H_2O)_3]^{2+}$ bevorzugt (s. Abschnitt 5.3.3). Ganz aus diesem Rahmen fallen Mo^{II} und Rh^{II} mit den zweikernigen Ionen $[Mo_2(H_2O)_{10}]^{4+}$ (D_{4h}; $Mo\equiv Mo$-Bindung; 18e-System; bei pH < 2 unter Ausschluss von Licht und O_2 haltbar) bzw. $[Rh_2(H_2O)_{10}]^{4+}$ (D_{4h}; Rh—Rh-Bindung; 18e-System; aus $[Rh^{III}Cl(H_2O)_5]^{2+}$ durch Reduktion mit Cr^{2+}).

Die hydratisierten M^{II}-Kationen korrespondieren mit Hydroxiden $M(OH)_2$, die sich nur bei den Erdalkalihydroxiden sowie im Falle von $Zn(OH)_2$ und $Cd(OH)_2$ in kristalliner Form isolieren lassen. Bei den Übergangsmetallen erhält man wasserhaltige Hydroxid-Niederschläge $M(OH)_2 \cdot x\,H_2O$, die beim Enfernen des Wassers in die Oxide MO übergehen. Einige Hydroxide, insbesondere die von Mn, Fe und Ni, lassen sich kristallisieren [Typ $Mg(OH)_2$; s. Abschnitt 3.4.3]. Die Oxide bzw. Hydroxide reagieren überwiegend basisch und lösen sich nicht in alkalischen Basen, ausgenommen die Oxide MnO, CoO und NiO, die mit konzentrierten Basen die Anionen $[Mn(OH)_3(H_2O)_3]^-$, $[Co(OH)_4]^{2-}$ oder auch $[Co(OH)_6]^{4-}$ bzw. $[Ni(OH)_6]^{4-}$ bilden. Drei M^{II}-Oxide verhalten sich typisch amphoter, nämlich BeO, SnO und ZnO. Im Falle von ZnO kann man in saurer Lösung mit $[Zn(H_2O)_6]^{2+}$, in basischer Lösung mit $[Zn(OH)_3]^{2-}$ und $[Zn(OH)_4]^{2-}$ rechnen, im Falle von BeO mit $[Be(H_2O)_4]^{2+}$ in saurer und $[Be(OH)_4]^{2-}$ in basischer Lösung. Charakteristisch für Be^{II} ist, dass zwischen dem Tetraaqua-Kation in stark saurer Lösung und dem Hydroxid, $Be(OH)_2$, in neutraler Lösung noch aggregierte Kationen anzutreffen sind, nämlich ein OH-verbrückter Be_3O_3-Sechsring $[Be(\mu\text{-}OH)_3(H_2O)_3]^{3+}$ und ein Dimer $[(H_2O)_3Be{-}OH{-}Be(H_2O)_3]^{3+}$. Eine ähnliche Folge von pH-abhängigen Spezies wurde in Abschnitt 5.3.3 für Sn^{II} erörtert, und zwar mit steigendem pH-Wert: $[Sn(H_2O)_3]^{2+} < [Sn(OH)(H_2O)_2]^+ < [Sn_3(OH)_4]^{2+} < [Sn_6O_4(OH)_4] < [(HO)_2Sn{-}O{-}Sn(OH)_2]^{2-} < [Sn(OH)_3]^-$. Wie es in Abschnitt 5.3.3 schon für die pH-abhängige Kondensation der Borsäure von $B(OH)_3$ bis $[B(OH)_4]^-$ erläutert wurde, geht in solchen Abfolgen die Ionenladung der Komplexe pro Zentralatom (*zentralatomnormierte Ionenladung*) mit dem pH-Wert parallel. Für die sechs Sn-Spezies betragen diese Ladungen: $2+$, $1+$, $0.67+$, 0, $1-$, $1-$.

Einige M^{II}-Spezies in wässriger Lösung sind an offener Luft nicht stabil und werden langsam zu M^{III} oxidiert, nämlich Mn^{II}, Fe^{II} und Ru^{II}. Das Kation $[Ti(H_2O)_6]^{2+}$ wird sogar unter Ausschluss von O_2 langsam von H_2O ($\rightarrow H_2$) zu Ti^{IV} oxidiert. In kristallinen Feststoffen sind Mn^{II} und Fe^{II} stabil, z. B. in den Mineralen $MnCO_3$ (Manganspat, Rhodochrosit) und $FeCO_3$ (Spateisenstein, Siderit); handelsübliche, wasserlösliche Salze sind $MnSO_4 \cdot 4\,H_2O$ und $(NH_4)_2Fe(SO_4)_2 \cdot 6\,H_2O$ (*Mohr'sches Salz*). Ähnlich wie Kalkspat $CaCO_3$ löst sich auch Siderit in CO_2-haltigem Wasser ($FeCO_3 + CO_2 + H_2O \rightarrow Fe^{2+} + HCO_3^-$).

Dreiwertige Metalle

Dreiwertiges Metall in wässriger Lösung kennt man außer bei den Metallen der 13. Gruppe (Al^{III}: s. Abschnitt 5.3.3) bei den Übergangsmetallen der 1. Nebenperiode von Sc bis Co; die Metalle Ni, Cu und Zn treten zweiwertig auf. Bei den Übergangsmetallen höherer Perioden findet man Dreiwertigkeit in wässriger Lösung erwartungsgemäß in der 3. Gruppe (Y, La), ferner bei Mo, Rh, Ir und Au. Die Metall^{III}-Oxide haben immer noch ausgeprägt basischen Charakter. In mehr oder weniger stark saurer Lösung liegen die genannten Metalle als Hexaaquametall-Kationen $[M(H_2O)_6]^{3+}$ vor. Gold(III) ist hauptsächlich in salzsaurer Lösung untersucht worden, in der sich die Ionen $[AuCl_4]^-$ bilden. Im Gegensatz zu anderen hydratisierten M^{III}-Kationen zeigt $[Co(H_2O)_6]^{3+}$ Lowspin-Charakter. Im neutralen bis schwach basischen Bereich fallen wasserhaltige Hydroxide $M(OH)_3 \cdot x\,H_2O$

aus, die beim Entwässern Oxide M_2O_3 ergeben. Vielfach bilden sich die wasserhaltigen Hydroxide zunächst als Kolloide, die in einen amorphen Festkörper übergehen, bevor das Oxid M_2O_3 kristallisiert; dies ist besonders ausgeprägt bei Fe^{III} der Fall. Einige der M^{III}-Hydroxide lösen sich in konzentrierten alkalischen Basen als Säuren und bilden dabei Hexahydroxidometallate (Sc, Mn, Fe, Co); Gold löst sich als planar gebautes Anion $[Au(OH)_4]^-$. Typisch ist, dass das kleine Sc^{III} in dieser Weise mit Basen reagiert, nicht aber das größere Gruppenhomologe La^{III}. Die Kationen $[M(H_2O)_6]^{3+}$ wirken als Brønsted-Säuren im mittelstarken Bereich (z. B. $[Fe(H_2O)_6]^{3+}$: $pK_A = 3.05$). Verlässt man den stark sauren Bereich, so werden Dissoziationsgleichgewichte wirksam:

$$[M(H_2O)_6]^{3+} \rightleftarrows [M(OH)(H_2O)_5]^{2+} + H^+$$

Das Kation $[M(OH)(H_2O)_5]^{2+}$ unterliegt in der Regel einem Verbrückungsgleichgewicht, bei dem sich Dimere mit einem kantenverknüpften Doppeloktaeder der Liganden bilden:

$$2\,[M(OH)(H_2O)_5]^{2+} \rightleftarrows [(H_2O)_4M(\mu\text{-}OH)_2M(H_2O)_4]^{4+} + 2\,H_2O$$

Im Falle von Fe liegt der Di-μ-hydroxido- noch mit einem μ-Oxido-Komplex $[(H_2O)_5Fe\text{—}O\text{—}Fe(H_2O)_5]^{4+}$ im Gleichgewicht (s. Abschnitt 5.3.3).

Auf dem Weg von der zentralatomnormierten Ionenladung 3+ zum ungeladenen Hydroxid bei der Steigerung des pH-Werts geht die Aggregation vielfach noch weiter als bei Eisen. Als Beispiel sei Cr^{III} herausgegriffen! Die dimeren Kationen $[Cr_2(\mu\text{-}OH)_2(H_2O)_8]^{4+}$ können in trimere Kationen $[Cr_3(\mu_3\text{-}OH)(\mu_2\text{-}OH)_3(H_2O)_9]^{5+}$ mit einer dreifach verbrückenden OH-Gruppe (A; C_{3v}) und schließlich in tetramere Kationen $[Cr_4(\mu_2\text{-}OH)_6(H_2O)_{12}]^{6+}$ (B; D_{2h}) übergehen, sodass auf dem Weg von $[Cr(H_2O)_6]^{3+}$ bis zu $Cr(OH)_3$ zentralatomnormierte Ionenladungen von 3+, 2+, 1.67 (A), 1.5 (B) bis 0 durchlaufen werden.

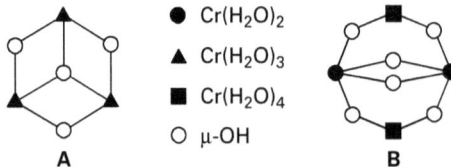

● $Cr(H_2O)_2$
▲ $Cr(H_2O)_3$
■ $Cr(H_2O)_4$
○ μ-OH

A   B

Aus sauren M^{III}-Lösungen lassen sich etliche wasserlösliche M^{III}-Salze gewinnen, z. B. die Eisenalaune $M^IFe(SO_4)_2 \cdot 12\,H_2O$ (M^I = K, NH_4 u. a.) sowie die Sulfate $Fe_2(SO_4)_3$ und $Co_2(SO_4)_3 \cdot 18\,H_2O$. Eisen(III)sulfat ist thermisch nicht belastbar und spaltet beim Erhitzen SO_3 ab: $Fe_2(SO_4)_3 \rightarrow Fe_2O(SO_4)_2 + SO_3$. Eisen(III)carbonat zerfällt schon bei Raumtemperatur: $Fe_2(CO_3)_3 \rightarrow Fe_2O_3 + 3\,CO_2$.

Vierwertige Metalle

Vierwertiges Metall M^{IV} in wässriger Lösung spielt in der ersten Übergangsmetallreihe hauptsächlich bei Ti und V eine Rolle. Frisch gefälltes TiO_2 löst sich in konzentrierter starker Säure als $[Ti(OH)_2(H_2O)_x]^{2+}$ und $[Ti(OH)_3(H_2O)_x]^+$, während man in alkalischer Lösung mit Anionen $[Ti(OH)_5(H_2O)]^-$ rechnen muss. Vanadium(IV)oxid VO_2 löst sich schon bei pH < 3 als $[VO(H_2O)_5]^{2+}$, während es bei pH > 10 als $[VO(OH)_3]^-$ in Lösung geht. Im pH-Bereich 4—8 erfährt V^{IV} eine Kondensation zum Anion $[V_{18}O_{42}]^{12-}$, das man als $Na_{12}[V_{18}O_{42}] \cdot 24\,H_2O$ kristallin erhalten kann. Das Octadecavanadat-Anion bildet Cluster, in denen 24 O-Atome in den Ecken entweder eines Rhombenkuboktaeders oder eines Antirhombenkuboktaeders sitzen [Abb. 8.8; das Rhombenkuboktaeder gehört zu den *Archimedischen Polyedern*, deren gemeinsame Eigenschaft ist, dass alle Ecken symmetrisch äquivalent sind, hier gemäß der Gruppe O_h ($h = 48$), bezüglich derer sich die 24 Ecken auf Nebenspiegelebenen in spezieller Lage befinden; im Antirhombenkuboktaeder (D_{4d}; $h = 16$) liegen 16 Ecken in allgemeiner Lage, acht Ecken in spezieller Lage auf Spiegelebenen]. Die Struktur des Anions hat deshalb eine gewisse Bedeutung, weil sich in den ausgedehnten Hohlraum dieses Clusters Fremddionen packen lassen, und zwar in den O_h-symmetrischen Cluster Anionen wie SO_4^{2-}, VO_4^{3-}, in den D_{4d}-symmetrischen Cluster Kationen wie H_4Br^{3+}, H_4I^{3+}.

Unter den schwereren Übergangsmetallen lösen sich in Säuren Zr^{IV} unter Bildung eines vieratomigen Komplexes $[Zr_4(\mu\text{-}OH)_8(H_2O)_{16}]^{8+}$ [**A**; D_{2d}; $k(Zr) = 8$; $(OH)_8$-Dodekaeder: blau] und Mo^{IV} unter Bildung eines dreikernigen Komplexes $[Mo_3(\mu_3\text{-}O)(\mu_2\text{-}O)_3(H_2O)_9]^{4+}$ [**B**; C_{3v}; $k(Mo) = 6$].

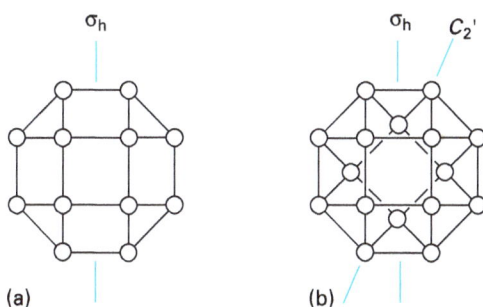

(a)   (b)

Abb. 8.8 Struktur des Anions $[V_{18}O_{42}]^{12-}$. (a) Rhombenkuboktaeder (O_h) und (b) Antirhombenkuboktaeder (D_{4d}) mit jeweils 24 O-Atomen in den Ecken, beide Polyeder längs einer C_4-Achse von oben gesehen. Die 26 Begrenzungsflächen setzen sich wie folgt zusammen: (a) sechs Quadrate senkrecht zu drei C_4-Achsen, zwölf Quadrate senkrecht zu sechs C_2'-Achsen, acht reguläre Dreiecke senkrecht zu vier C_3-Achsen; (b) zwei Quadrate senkrecht zur C_4-Achse, mit diesen Quadraten haben acht Quadrate eine Kante gemeinsam, acht weitere Quadrate bilden die Seiten eines achtseitigen Prismas senkrecht zur Zeichenebene, und acht reguläre Dreiecke liegen in allgemeiner Lage bezüglich der Untergruppe S_8. Alle 18 Quadrate beherbergen in ihrer Mitte ein V-Atom, und jedes V-Atom trägt noch einen terminalen O-Liganden, wird also insgesamt tetragonal-pyramidal von O koordiniert.

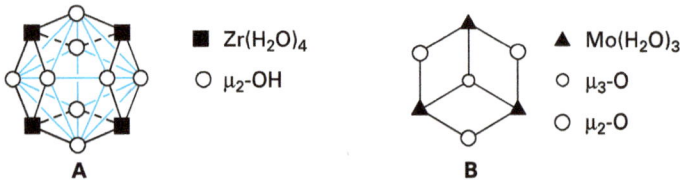

Weiterhin sind die sauren Oxide PdO_2 und PtO_2 in Basen unter Bildung von Anionen $[M(OH)_6]^{2-}$ löslich.

Fünfwertige Metalle

Fünfwertiges Metall M^V spielt in wässriger Lösung vor allem in der 5. Gruppe eine Rolle. Die Oxide M_2O_5 haben vorwiegend sauren Charakter. Der isoelektrische Punkt von V_2O_5 liegt bei pH $\approx$ 1. In starken Säuren (pH $<$ 0) geht das Oxid als Kation $[VO_2(H_2O)_4]^+$ in Lösung; Salze vom Typ $[VO_2]NO_3$ mit Kationen $O=V=O^+$ können kristallisiert werden. In basischer Lösung (pH $>$ 13) liegt Tetraoxidovanadat VO_4^{3-} vor. Im pH-Bereich 6—8 überwiegt $H_2VO_4^-$, im pH-Bereich 8—13 HVO_4^{2-} im Gleichgewicht mit $HV_2O_7^{3-}$. Im pH-Bereich 2—6 kondensiert V^V zum Decavanadat $[V_{10}O_{28}]^{6-}$, das aus zehn kantenverknüpften VO_6-Oktaedern aufgebaut ist (Abb. 8.9). Bei Nb^V und Ta^V liegen die Verhältnisse ähnlich. Bei mittleren pH-Werten dominieren in wässriger Lösung Hexaniobate und Hexatantalate $[M_6O_{19}]^{8-}$ (Abb. 8.9), die in saurer Lösung zu M_2O_5 kondensieren.

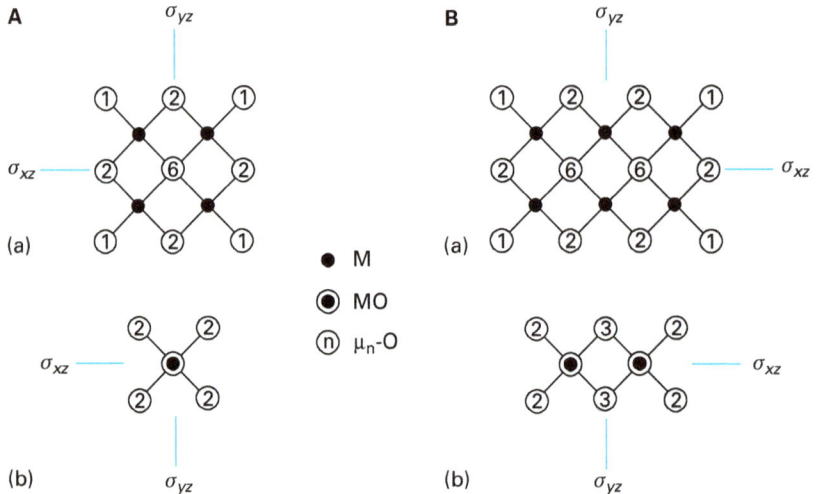

Abb. 8.9 Aus kantenverknüpften Oktaedern MO_6 aufgebaute Strukturen der Anionen $[Nb_6O_{19}]^{8-}$ (**A**; O_h; ebenso: $[Ta_6O_{19}]^{8-}$) und $[V_{10}O_{28}]^{6-}$ (**B**; D_{2h}), beide dargestellt in einem Schnitt in der σ_{xy}-Ebene (a) und einem Schnitt (b) durch das darüber (und ebenso darunter) liegende Oktaeder (**A**) bzw. Doppeloktaeder (**B**).

Blauschwarze Chromate(V) wie Na_3CrO_4 sind zwar in kristalliner Form haltbar, disproportionieren aber in Wasser in $Cr^{VI}O_4^{2-}$ und Cr^{III}. Das blaue Manganat(V)-Anion MnO_4^{3-} ist in alkalischer Lösung haltbar, disproportioniert aber in saurer Lösung in $Mn^{VII}O_4^-$ und $Mn^{IV}O_2$.

Sechswertige Metalle

Sechswertige Metalle M^{VI} haben Bedeutung in der 6. Gruppe: Chromate, Molybdate und Wolframate MO_4^{2-} sind in basischer und neutraler wässriger Lösung stabil und erfahren in saurer Lösung eine Kondensation, die schließlich zu den Oxid-Hydraten $MO_3 \cdot x\ H_2O$ führt. In konzentrierter starker Säure löst sich MoO_3 auf; aus CrO_3 entsteht in konz. H_2SO_4 in Gegenwart von $NaCl$ die flüchtige Flüssigkeit CrO_2Cl_2 (*Chromylchlorid*). Bei der Kondensation von MoO_4^{2-} und WO_4^{2-} entstehen sog. *Isopolysäuren* mit einer Fülle eigenwilliger Strukturen, die sich aus teils ecken-, teils kantenverknüpften Oktaedern aufbauen; die hochsymmetrische Struktur des Isopolywolframats $[H_2W_{12}O_{40}]^{6-}$, eine der sog. *Keggin-Strukturen*, wurde in Abschnitt 5.3.3 beschrieben. Durch partielle Reduktion solcher Strukturen gelangt man zu einer Reihe von Supramolekülen mit ringförmigem Habitus; beispielhaft sei die Formel eines solchen Riesenmoleküls genannt: $[Mo_{144}^{VI} Mo_{32}^{V}O_{496}(OH)_{39}(H_2O)_{80}]$.

Das grüne Manganat(VI) MnO_4^{2-} (hergestellt aus MnO_2, KOH und O_2) und das purpurrote Ferrat(VI) FeO_4^{2-} (hergestellt aus Fe^{III} durch anodische Oxidation in alkalischer Lösung) sind in basischer Lösung haltbar. Beim Ansäuern disproportioniert MnO_4^{2-} in MnO_4^- und MnO_2; FeO_4^{2-} oxidiert schon in neutraler Lösung H_2O zu O_2 und geht dabei in $Fe(OH)_3$ über. Die Kaliumsalze K_2SO_4, K_2CrO_4, K_2MnO_4 und K_2FeO_4 kristallisieren isotyp; Mischkristalle sind erhältlich. Im Falle von Osmium(VI) bildet sich in alkalischer Lösung ein Anion mit sechsfach koordiniertem Os, $[OsO_2(OH)_4]^{2-}$ (D_{4h}).

Siebenwertige Metalle

Siebenwertiges Metall M^{VII} trifft man vor allem in der 7. Gruppe an in Gestalt der in Wasser löslichen violetten Permanganate, blassgelben Pertechnate und farblosen Perrhenate $M^I[MO_4]$. Rhenium(VII) erweitert in basischer Lösung seine Koordination zu $[ReO_4(OH)_2]^{3-}$ und ist insoweit dem Iod(VII), Osmium(VI) und Tellur(VI) verwandt. Beim Ansäuern mit konz. H_2SO_4 geht MnO_4^- in das dunkelrote, ölige, zu schlagartigem Zerfall neigende Anhydrid Mn_2O_7 der hypothetischen Permangansäure über, das langsam zerfällt gemäß $2\ O_3Mn{-}O{-}MnO_3 \rightarrow 4\ MnO_2 + 3\ O_2$. Pertechnetiumsäure $HTcO_4$ und Perrheniumsäure $HReO_4 \cdot H_2O$ [Struktur: $O_3Re{-}O{-}ReO_3(H_2O)_3$] lassen sich kristallisieren. Das paramagnetische Ruthenat(VII) RuO_4^- entsteht, wenn man auf RuO_4 Basen einwirken lässt: $4\ RuO_4 + 4\ OH^- \rightarrow 4\ RuO_4^- + O_2 + 2\ H_2O$.

Achtwertige Metalle

Achtwertiges Metall M^{VIII} liegt den molekular gebauten Oxiden RuO_4 und OsO_4 zugrunde, die sich in Wasser nur mäßig, besser in CCl_4 lösen. Mit starken Alkalien geht OsO_4 in das Anion cis-$[OsO_4(OH)_2]^{2-}$ (C_{2v}) über, das sich als rotes Alkalisalz isolieren und z. B. mit NO_2^- zum Osmat(VI) $[OsO_2(OH)_4]^{2-}$ reduzieren lässt.

8.5.2 Binäre Oxide

Einwertige Metalle

Unter den M^I-Oxiden M_2O kristallisieren die Alkalimetalloxide in der anti-CaF_2-Struktur, ausgenommen Cs_2O, für das die anti-$CdCl_2$-Struktur gefunden wurde; es stoßen also im Cs_2O Metallkationschichten aneinander. Unter den Übergangsmetalloxiden M_2O haben die Oxide Cu_2O und Ag_2O Bedeutung, die in der Cu_2O-Struktur kristallisieren.

Zweiwertige Metalle

Die M^{II}-Oxide MO der Erdalkalimetalle und der Metalle der 1. Nebenperiode kristallisieren in der NaCl-Struktur mit folgenden Ausnahmen. Die Oxide BeO und ZnO bevorzugen die tetraedrische 4:4-Koordination der Wurtzit-Struktur, CuO (als Mineral: *Tenorit*) hingegen eine quadratisch-planare Koordination von Cu in einer monoklin verzerrten PtS-Struktur; ein Oxid ScO ist nicht bekannt. Unter den schwereren Nebengruppenmetallen sind die Oxide NbO, TaO und CdO (NaCl-Struktur) und PdO und PtO (PtS-Struktur) hervorzuheben. Das eigenwillige Quecksilber bildet ein Oxid HgO mit einer Zickzackkettenstruktur, in der Hg^{2+} linear von zwei O^{2-} umgeben ist. Die Lanthanoidoxide EuO, YbO, NdO und SmO haben eine NaCl-Struktur; die beiden erstgenannten erfreuen sich als M^{2+}-Kationen der günstigen f^7- bzw. f^{14}-Konfiguration, die beiden letztgenannten enthalten dagegen M^{3+}-Kationen und ebenso viele frei bewegliche Elektronen im Kristallgitter und stellen deshalb elektrische Leiter dar.

Den in der Kochsalz- und Wurtzit-Struktur kristallisierenden Nebengruppenmetalloxiden ist gemeinsam, dass sie nichtstöchiometrische Phasen mit einer gewissen Breite bilden. Wir haben dieses Phänomen beim Fe_xO (x = 0.87−0.95) kennengelernt (Abschnitt 1.5.1). Die Unterbesetzung im Kationteilgitter von Fe_xO wird ladungsmäßig dadurch ausgeglichen, dass neben Fe^{2+}- auch Fe^{3+}-Ionen eingebaut sind. Dies führt zu leeren Plätzen im Kationteilgitter. Liegen in diesem Sinne Kation- oder Anionfehlstellen vor, so spricht man von *Schottky-Fehlordnung*. Eine Fehlordnung kann auch zustande kommen, indem Ionen in Gitterlücken, sog. *Zwischengitterplätze*, wandern, die im ideal geordneten Gitter unbesetzt bleiben; beliebte Zwischengitterplätze sind die von acht F-Ionen kubisch umgebenen Positionen 1/2, 1/2, 1/2 in der CaF_2-Struktur oder die unbesetzten Tetraederlücken der A1- oder A3-Anionpackung in den beiden ZnS-Strukturen; man spricht von *Frenkel-*

Fehlordnung. Beim Erhitzen von ZnO auf 800 °C oder von CdO auf 650 °C wird jeweils eine kleine Menge von O_2 abgegeben. Beim ZnO wandern die überschüssigen Zn-Ionen in Tetraederlücken der Wurtzit-Struktur (Frenkel-Fehlordnung), beim CdO hinterbleiben Lücken in der A1-Anionpackung der NaCl-Struktur (Schottky-Fehlordnung).

Während bei Fe_xO der Wert x = 1 nicht realisiert werden kann, überstreicht die Phasenbreite bei anderen M^{II}-Oxiden einen Bereich, der auch x = 1.0 enthält, z. B. x = 0.79−1.56 bei Ti_xO. Gleichwohl ist auch das Kristallgitter der stöchiometrisch zusammengesetzten Phase TiO nicht streng im Sinne der NaCl-Struktur geordnet, vielmehr finden sich Leerstellen sowohl im Kation- als auch im Anionteilgitter. Anionlücken in den M^{II}-Oxiden der frühen Übergangsmetalle Ti, V und Nb führen zu clusterartigen Anhäufungen von Kationen mit beweglichen d-Elektronen und bedingen die metallische Leitfähigkeit solcher Phasen.

Dreiwertige Metalle

Die M^{III}-Oxide M_2O_3 kristallisieren überwiegend in der Korund-Struktur (α-Al_2O_3, Ti_2O_3, Cr_2O_3, V_2O_3, α-Fe_2O_3, Ir_2O_3; wahrscheinlich auch Co_2O_3 und Ni_2O_3), z. T. in der Tl_2O_3-Struktur (Tl_2O_3, Sc_2O_3, Y_2O_3), z. T. in der La_2O_3-Struktur oder verzerrten Varianten davon (Mn_2O_3). Das Goldoxid Au_2O_3 bildet einen eigenen Typ mit quadratisch-planar koordiniertem Au sowie drei- (75 %) und zweifach (25 %) koordiniertem O. Insbesondere die Oxide Fe_2O_3 und Mn_2O_3 können neben M^{III}- noch M^{II}-Ionen enthalten und genügen dann der Formel M_xO_3 mit x < 2. Speziell bei den Fe-Oxiden ändert sich das kubisch-flächenzentrierte Aniongitter nicht, wenn man bei der Oxygenierung von Fe_xO über den Spinell Fe_3O_4 zum γ-Fe_2O_3 fortschreitet, dessen Umwandlung in α-Fe_2O_3 im Wesentlichen den Übergang von der A1- in die A3-Anionpackung erfordert. Die Lanthanoidoxide Ln_2O_3 kristallisieren in eigenen Strukturen.

Vierwertige Metalle

Die M^{IV}-Oxide MO_2 der Hauptgruppenmetalle Sn und Pb, der leichten Nebengruppenmetalle Ti, V, Cr und Mn, der schwereren Nebengruppenmetalle Tc, Re, Ru, Os, Rh, Ir, Pd und Pt kristallisieren in der Rutil-Struktur, NbO_2 und TaO_2 in einer verzerrten Rutil-Struktur und ZrO_2 und HfO_2 in der ZrO_2-Struktur. Metalle mit großen M^{4+}-Ionen, nämlich M = Ce, Tb, Th, Pa und U, bevorzugen die CaF_2-Struktur. Generell spalten Oxide höherer Wertigkeiten bei mehr oder weniger hoher Temperatur in einem Redoxvorgang O_2 ab; ReO_2 aber disproportioniert bei 900 °C in Re_2O_7 und Re.

Im Falle von TiO_2 und VO_2 führt die partielle thermische Deoxygenierung zu $M^{III}M^{IV}$-Mischphasen. Im Kristallgitter entstehen Bereiche mit intakt gebliebener Rutil-Struktur neben Zonen, in denen eine Eckenverknüpfung der MO_6-Oktaeder einer Kanten- oder gar Flächenverknüpfung Platz gemacht hat. Man spricht von

Scherstrukturen (s. u.). Das Vanadiumdioxid kann aber auch V^{5+}-Ionen aufnehmen und geht dann mit Schottky-Fehlordnung in VO_{2+x} über. Das β-ZrO_2, eine Hochtemperatur-Modifikation mit verzerrter CaF_2-Struktur, enthält nach einer partiellen thermischen Deoxygenierung zu ZrO_{2-x} eine kleine Menge an Zr^{3+} in kubischen Lücken im Sinne einer Frenkel-Fehlordnung; Analoges gilt für CeO_2 und TbO_2; gerade bei Ce und Tb konkurriert ja die bei Lanthanoiden obligate Oxidationszahl III (mit den Konfigurationen $Xe4f^1$ bzw. $Xe4f^8$) mit der Oxidationszahl IV (entsprechend einer Xe- bzw. $Xe4f^7$-Konfiguration).

Fünfwertige Metalle

M^V-Oxide M_2O_5 spielen in der 5. Gruppe eine Rolle. Das Vanadiumoxid V_2O_5 ist aus tetragonal verzerrten VO_6-Oktaedern aufgebaut, die z. T. ecken-, z. T. kantenverknüpft sind; Nb_2O_5 und Ta_2O_5 existieren in mehreren Modifikationen. Nichtstöchiometrische, neben M^V auch M^{IV} enthaltende Phasen sind bekannt.

Sechswertige Metalle

M^{VI}-Oxide MO_3 sind in der 6. Gruppe sowie in der 7. Gruppe bei Re von Bedeutung. Der Übergang von den eckenverknüpften Tetraederketten (CrO_3) über ecken- und kantenverknüpfte Oktaeder (MoO_3) zu den dreidimensional eckenverknüpften Oktaedern der ReO_3-Struktur und verwandter Strukturen (WO_3) wurde in Abschnitt 3.4.2 erläutert. Die Trioxide RhO_3 und IrO_3 kennt man nicht in kristalliner Form, sondern nur als Moleküle in der Gasphase, wo beispielsweise RhO_3 neben Rh durch Disproportionierung von RhO_2 bei 850 °C entsteht. Die Oxide MoO_3, WO_3 und ReO_3 gehen durch partielle thermische Deoxygenierung oder auch durch partielle Hochtemperaturhydrierung in nichtstöchiometrische Phasen MO_{3-x} über, denen − ähnlich wie bei TiO_{2-x} und VO_{2-x} − eine Scherstruktur zugrunde liegt. Die ReO_3-Struktur eignet sich gut zur bildlichen Darstellung des Übergangs von der Ecken- zur Kantenverknüpfung von MO_6-Oktaedern.

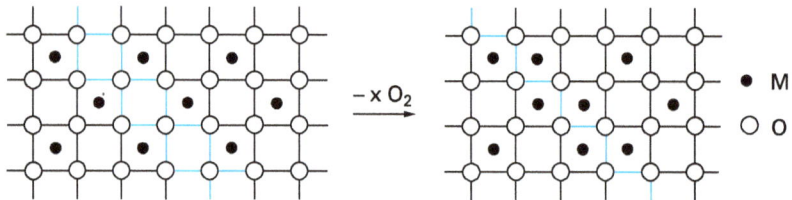

Behandelt man frisch gefälltes Trioxid $MO_3 \cdot x\,H_2O$ (M = Mo, W) mit Reduktionsmitteln wie N_2H_4, SO_2, $SnCl_2$, so erhält man tiefblaue kolloide Lösungen von $MO_{3-x}(OH)_x$ (x = 0−1) mit M^V neben M^{VI} (*Molybdänblau, Wolframblau*). Oberhalb von 600 °C disproportioniert ReO_3 in Re_2O_7 und ReO_2 (und dieses bei 900 °C in Re_2O_7 und Re; s. o.).

Siebenwertige Metalle

M^{VII}-Oxide M_2O_7 kennt man von Tc und Re. In der Gasphase liegen Moleküle $O_3M\!-\!O\!-\!MO_3$ vor; auch festes Tc_2O_7 ist aus solchen Molekülen aufgebaut (Smp. 120 °C; Sdp. 311 °C). Kristallines Re_2O_7 (Smp. 300 °C; Sdp. 360 °C) bildet ein eigentümliches Schichtengitter; *cis*-eckenverknüpfte ReO_6-Oktaederketten sind über je zwei ReO_4-Tetraeder miteinander verbunden. Jedes ReO_6-Oktaeder hat zwei Ecken mit Nachbaroktaedern und zwei Ecken mit Nachbartetraedern gemeinsam, und in zwei Ecken sitzen terminale O-Atome; diese Koordination kommt durch die Formel $ReO_2(O_{1/2})_4$ zum Ausdruck. Jedes ReO_4-Tetraeder ist über zwei Ecken an Oktaeder geknüpft und weist zwei terminale O-Atome auf: $ReO_2(O_{1/2})_2$.

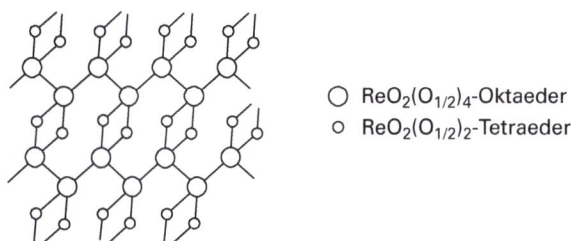

○ $ReO_2(O_{1/2})_4$-Oktaeder
○ $ReO_2(O_{1/2})_2$-Tetraeder

Achtwertige Metalle

Die M^{VIII}-Oxide RuO_4 und OsO_4 sind in allen Aggregatzuständen molekular gebaut (T_d; Smp. 25 °C bzw. 40 °C; Sdp. 40 °C bzw. 130 °C). Die Dämpfe sind giftig. In saurer Lösung entfalten die Redoxpaare MO_4/M ein Potential von $\varepsilon_o = 1.038$ V bzw. 0.838 V. Der Stellung im PSE gemäß ist RuO_4 das stärkere Oxidationsmittel. Es spaltet schon bei gelindem Erwärmen O_2 ab ($\rightarrow RuO_2$), sofern es nicht explodiert.

Suboxide

In ihren Suboxiden haben Metalle eine Oxidationszahl <1. Besonders bemerkenswert sind die Suboxide der Alkalimetalle, die man aus Schmelzen der Metalle unter partieller Zufuhr von O_2 als elektrisch leitende, stark lichtbrechende kristalline Stoffe erhält. Die beiden prominentesten dieser Oxide, Rb_9O_2 und $Cs_{11}O_3$, sind aus Molekülen aufgebaut, deren zentrale Baueinheiten M_6-Oktaeder mit einem O-Atom im Zentrum darstellen. Im Rb_9O_2 sind zwei Oktaeder flächenverknüpft: $(Rb_3O)_2(\mu_2\text{-}Rb)_3$ (D_{3h}). Im $Cs_{11}O_3$ ist jedes der drei Cs_6O-Oktaeder mit den beiden anderen flächenverknüpft, wobei eine zentrale Kante, in der eine C_3-Achse verläuft, allen drei Oktaedern gemeinsam ist; die beiden der Kante gegenüberliegenden Ecken der beiden Verknüpfungsdreiecke eines jeden Oktaeders hat dieses Oktaeder mit einem Nachbaroktaeder gemeinsam; die beiden restlichen Oktaederecken, die der gemeinsamen Kante gegenüberliegen, gehören zu terminalen Cs-Atomen (D_{3h}).

Es liegen Elektronenmangelbindungen mit metallischem Charakter zwischen den M-Atomen und ionogen geprägten Bindungen zwischen den zentralen O^{2-}-Ionen und dem umgebenden Metallatom-Gerüst vor.

8.5.3 Ternäre Oxide

In ternären Oxiden aus s- und d-Metallen sind die d-Metalle zumeist oktaedrisch koordiniert. Die allseitige Eckenverknüpfung der Oktaeder führt zur recht verbreiteten Perowskit-Struktur, in der nicht nur Phasen $M^{II}M^{IV}O_3$ (wie der Perowskit $CaTiO_3$), sondern auch Phasen vom Typ $M^IM^VO_3$ (wie z. B. $NaNbO_3$) kristallisieren. Verbreitet ist auch die Oktaederlückenbesetzung dichter Packungen von O, z. B. im $NaFeO_2$; hier sind die Oktaederlücken einer A1-Packung von O-Ionen schichtweise mit Na und Fe besetzt, sodass es zu folgender Schichtenfolge kommt (eine Periode in der hexagonalen c-Richtung ist angegeben; die Oxygenlagen sind fett gedruckt):

O	Na	O	Fe	O	Na	O	Fe	O	Na	O	Fe	O
A	C	**B**	A	**C**	B	**A**	C	**B**	A	**C**	B	**A**

In den Spinellen werden Oktaeder- und Tetraederlücken besetzt (s. Abschnitt 3.4.2). Wichtig sind die Spinelle mit Fe^{III} (*Ferritspinelle*), die entweder als Normalspinelle $M^{II}Fe^{III}O_4$ (M^{II} = Mn, Zn) oder als inverse Spinelle $Fe^{III}(M^{II}Fe^{III})O_4$ anfallen (M^{II} = Mg, Fe, Co, Ni, Cu). Wegen ihrer charakteristischen Farbe werden die Spinelle $ZnCo_2O_4$ [*Rinmans Grün*; durch Zusammenschmelzen aus ZnO, $Co(NO_3)_2$ und O_2] und $CoAl_2O_4$ [*Thenards Blau*; aus $Al_2(SO_4)_3$ und $Co(NO_3)_2$] als Nachweis für Zn bzw. Al genutzt. Das Bleimischoxid $Pb^{II}_2Pb^{IV}O_4$ (Mennige) hat zwar die gleiche Zusammensetzung wie ein Spinell, aber eine ganz andere Struktur (s. Abschnitt 3.4.2).

Beim d^{10}-Ion Zn^{2+} trifft man nicht nur bei ZnO und ZnS auf tetraedrische Koordination. Im $BaZnO_2$ sind ZnO_4-Tetraeder dreidimensional eckenverknüpft, und zwar in einer Anordnung, in der der Strukturteil ZnO_2 mit seiner linearen Zn—O—Zn-Verknüpfung dem β-Christobalit SiO_2 entspricht. Im $SrZnO_2$ finden sich ZnO_4-Tetraeder zweidimensional eckenverknüpft. Im K_2ZnO_2 hingegen liegen Ketten kantenverknüpfter ZnO_4-Tetraeder nach Art der SiS_2-Struktur vor. Zu quadratisch-planarer Koordination kommt es dagegen bei Ni^{II}, Cu^{II} und Ag^{III}. Im $BaNiO_2$ sind die NiO_4-Quadrate in Schichten eckenverknüpft; im $CaCuO_3$ liegen eckenverknüpfte CuO_4-Quadratketten vor, und im $KAgO_2$ sind AgO_4-Quadrate über Kanten zu Ketten verknüpft.

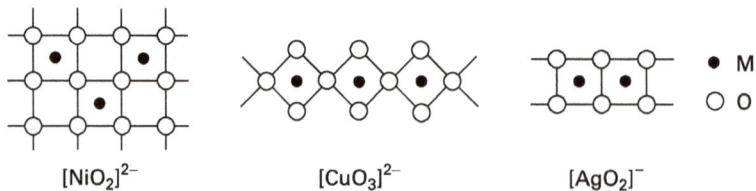

$[NiO_2]^{2-}$ $[CuO_3]^{2-}$ $[AgO_2]^-$ • M   ○ O

Bei der Reduktion von Nb_2O_5 oder Ta_2O_5 mit Na erhält man den elektrischen Strom leitende ternäre Oxide $NaMO_{3-x}$, die neben M^V noch M^{IV} enthalten, die sog. *Niob*- bzw. *Tantalbronzen*. Zu entsprechenden *Vanadiumbronzen* Na_xVO_y, die V^{IV} neben V^V enthalten, gelangt man durch Reduktion von V_2O_5 mit Na oder durch Komproportionierung von Na_3VO_4 mit VO_2.

Schließlich kann man durch Umsetzung von Übergangsmetalloxiden mit einem Überschuss an Na_2O oder K_2O zu ternären Oxiden mit einer $[MO_n]^{m-}$-Inselstruktur gelangen, also zu pseudobinären Ionenverbindungen $M^I_m[MO_n]$. Unter den Anionen $[MO_4]^{m-}$ (T_d) sind die Vanadate $[VO_4]^{3-}$, Chromate $[CrO_4]^{m-}$ (m = 2, 3) und Manganate $[MnO_4]^{m-}$ (m = 1, 2, 3) und die entsprechenden Homologen mit Metallen der höheren Perioden besonders verbreitet, während ein entsprechendes Ferrat (VI) wie $Na_2[FeO_4]$ [anodisch aus $Fe(OH)_3$ in alkalischer Lösung] mit dem ungewöhnlichen Fe^{VI} eher randständige Bedeutung hat. Anstelle der verbreiteten tetraedrischen Anionen $[MO_4]^{m-}$ trifft man gelegentlich auch auf trigonal-planare isolierte Anionen $[MO_3]^{m-}$. Als Beispiele seien genannt $Na_4[Fe^{II}O_3]$ und $Na_4[Co^{II}O_3]$. In einer entsprechenden Phase mit Fe^{III}, $Na_3[FeO_3]$, liegen dagegen eckenverknüpfte FeO_4-Tetraederketten vor, u. a. ein Zeichen dafür, dass Fe^{3+} mehr negative Ladungsträger um sich haben kann als Fe^{2+}.

Mehrkernige isolierte Baugruppen seien beispielhaft für Ag^I und Ag^{II} aufgeführt: $K_4[Ag_4O_4]$ (Ag auf den Kanten eines O_4-Quadrats, D_{4h}, mit digonal-linear koordiniertem Ag) und $Na_6[Ag_2O_6]$ (zwei kantenverknüpfte AgO_4-Quadrate, D_{2h}). Auch die oben beschriebenen ternären Oxide $Na_8[M_6O_{19}]$ (M = Nb, Ta; Abb. 8.9) und $Na_{12}[V_{18}O_{42}] \cdot 24 H_2O$ enthalten mehrkernige isolierte Anionen. Auf undurchsichtigem Weg aus elementarem Fe oder Ni entstandene Phasen $K_3[Fe^IO_2]$ bzw. $K_3[Ni^IO_2]$ sollen digonal-lineare Anionen $[O=M=O]^{3-}$ enthalten.

8.5.4 Dioxygen als Ligand

Die Metastabilität organischer Substanzen gegenüber O_2 beruht darauf, dass diese Substanzen normalerweise einen Singulettgrundzustand haben und wegen des Prinzips der Spinerhaltung bei chemischen Reaktionen nicht mit Triplett-O_2 reagieren können. In zahlreichen Komplexen der Übergangsmetalle stehen jedoch ungepaarte Elektronen zur Verfügung, sodass eine Reaktion aus elektronischen Gründen möglich ist, wenn die Liganden den Zutritt von O_2 sterisch erlauben. Ein Musterbeispiel ist die Reaktion von $[Co^{II}(CN)_5]^{3-}$ mit O_2. Das Anion unterliegt in Lösung einem Isomerisierungsgleichgewicht zwischen der trigonal-bipyramidalen (D_{3h}) und der quadratisch-pyramidalen Konfiguration (C_{4v}). Die Kristallfeldaufspaltung der d-AOs ergibt bei C_{4v}-Symmetrie die Energieabfolge d_{xz}/d_{yz} (E) $< d_{xy}$ (B_2) $< d_{z^2}$ (A_1) $<< d_{x^2-y^2}$ (B_1). Im Falle d^7 (Co^{II}) bleibt das hoch liegende B_1-AO unbesetzt, und die Elektronenkonfiguration lautet $d_{xz}^2d_{yz}^2d_{xy}^2d_{z^2}^1$. Das ist eine gute Voraussetzung zur Bildung eines Komplexes mit end-on gebundenem O_2, nämlich von Pentacyanido (η^1-superoxido)cobaltat (3−):

$$[Co^{II}(CN)_5]^{3-} + O_2 \rightarrow [(NC)_5\,Co^{III}\!-\!O\!-\!O\cdot]^{3-}$$

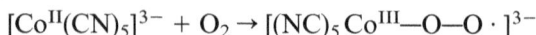

Der Winkel M—O—O in einem η^1-Superoxido-Komplex [systematisch: η^1-Dioxido($\cdot 1-$)-Komplex; das Symbol η^1 bedeutet mono-hapto, nur eine Koordinationsstelle am Metall wird also besetzt] liegt im Bereich 115–137°. Der Komplex kann mit überschüssigem [Co(CN)$_5$]$^{3-}$ weiterreagieren zum entsprechenden μ-η^1:η^1-Peroxido-Komplex [systematisch: μ-η^1:η^1-Dioxido(2$-$)-Komplex; das Symbol μ zeigt an, dass der Ligand verbrückt, und das Symbol η^1:η^1, dass er an beiden verbrückten Metallatomen nur je eine Koordinationsstelle besetzt]:

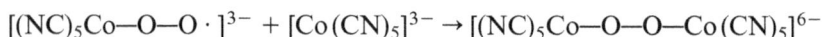

$$[(NC)_5Co\!-\!O\!-\!O\cdot]^{3-} + [Co(CN)_5]^{3-} \rightarrow [(NC)_5Co\!-\!O\!-\!O\!-\!Co(CN)_5]^{6-}$$

Der bekannteste η^1-Superoxido-Komplex wird von Häm gebildet. *Häm* ist der Fe^{II}-Komplex von 2,4-Diethenyl-1,3,5,8-tetramethyl-6,7-bis(carboxyethyl)porphin (s. Abschnitt 7.6.8). Im *Hämoglobin* ist Häm in ein Protein, das *Globin*, eingebettet, und eine Imidazolyl-Gruppe des Globins koordiniert sich über ein N-Atom an das Fe-Atom im Häm in einer axialen Position einer tetragonalen Koordinationspyramide. In der Lunge nimmt Hämoglobin O$_2$ auf und bindet es als η^1-Superoxido-Liganden zum sog. *Oxyhämoglobin*; das oktaedrisch koordinierte Fe-Atom befindet sich jetzt im Zentrum des vierzähnigen Porphin-Liganden. Das Oxyhämoglobin transportiert das Dioxygen im Blut zum Muskel, wo es zum Zwecke der Energiegewinnung gebraucht wird.

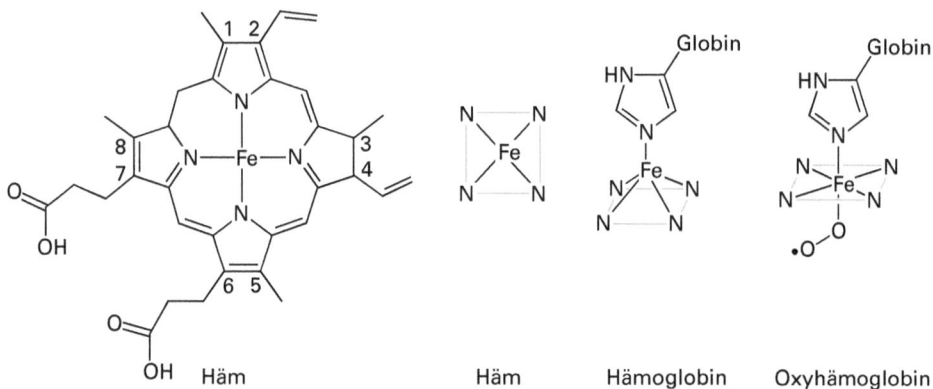

Häm   Häm   Hämoglobin   Oxyhämoglobin

Außer in μ-η^1:η^1-Position (M—O—O—M) tritt die Peroxido-Gruppe dihapto gebunden in Komplexen mit der Gruppierung M(η^2-O$_2$) auf, bildet also einen Dreiring [—M—O—O—]. Die Bildung solcher Komplexe geht meist auf eine Substitution von O^{2-} durch O$_2^{2-}$ bei der Einwirkung von H$_2$O$_2$ auf Oxido-Komplexe zurück. Etlichen komplexen Anionen mit einer Peroxido-Gruppe (z. B. [TiF$_5$(O$_2$)]$^{3-}$) oder mit zwei Peroxido-Gruppen (z. B. [VO$_2$(O$_2$)$_2$]$^{3-}$) steht eine Fülle von Tetrakis(μ_2-peroxido)metallaten [M(O$_2$)$_4$]$^{n-}$ gegenüber, in denen die acht O-Atome von vier O$_2^{2-}$-Gruppen ein Koordinationsdodekaeder bilden.

8.5.5 Über Oxygen gebundene zweizähnige Liganden

Außer dem eben behandelten zweizähnigen Peroxido-Liganden O_2^{2-}, der bei seiner Koordination mit dem Metallatom einen Dreiring bildet, gibt es einige zweizähnige Liganden, deren Koordination zu Vierringen führt, nämlich u. a. NO_3^-, CO_3^{2-}, SO_4^{2-}, $MeCO_2^-$. Mit Oxalat $C_2O_4^{2-}$ (ox) entstehen Fünfringe und mit Acetylacetonat $O\dot{=}CMe\dot{=}CH\dot{=}CMe\dot{=}O^-$ (acac) Sechsringe.

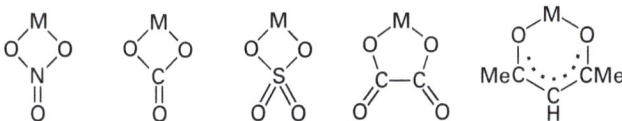

Verbreitet sind chirale oktaedrische Komplexe, wie sie mit drei zweizähnigen Liganden entstehen (D_3), insbesondere mit den Kationen Cr^{3+}, Fe^{3+}, Co^{3+}, aber auch mit Rh^{3+}, Ir^{3+} u. a.; eine vergleichbare Verbindung, nämlich $Al(BH_4)_3$, haben wir schon in Abschnitt 7.1.4 kennengelernt.

Im quadratisch-planar gebauten Komplex [$Ni^{II}(acac)_2$] (D_{2h}) beobachtet man aufgrund der Metall-AO-Besetzung $e_g^4 a_{1g}^2 b_{2g}^2$ (s. Abschnitt 8.1.2) Diamagnetismus. Löst man den Komplex in Wasser, dann erhält man einen Komplex [$Ni(acac)_2(H_2O)_2$] mit oktaedrischer Koordination; auch wenn die Symmetrie nicht streng der Gruppe O_h genügt, ergibt sich dennoch die für das Oktaederfeld typische Besetzung $t_{2g}^6 e_g^2$ mit zwei ungepaarten Elektronen in den beiden e_g-AOs und damit Paramagnetismus. Geht man zur Familie der acac-homologen Liganden $O\dot{=}CR\dot{=}CH\dot{=}CR\dot{=}O^-$ (acac*; R = H, Me, Et, iPr, tBu) über und löst [$Ni(acac^*)_2$] (D_{2h}) in $CHCl_3$, dann beobachtet man ein Trimerisierungsgleichgewicht, das umso weiter beim Trimer (C_1) liegt, je kleiner R, je tiefer die Temperatur und je höher die Konzentration ist; die Hälfte der koordinierenden O-Atome (fett gezeichnet) entfaltet bei der Trimerisierung zusätzlich eine verbrückende Wirkung $[k(O) = 3]$.

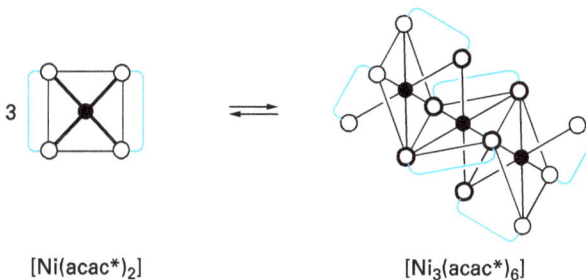

[$Ni(acac^*)_2$]   [$Ni_3(acac^*)_6$]

Neutrale, molekular gebaute Komplexe wie [$Ni(acac)_2$] oder beispielsweise auch [$Cu(NO_3)_2$] (D_{2h}) sind flüchtig und in unpolaren Mitteln löslich.

Bei zweizähnigen Komplexen kann statt der η^2-Chelatisierung die μ-η^1:η^1-Verbrückung in den Vordergrund treten. Verbreitet ist eine Bauart, bei der zwei Metallatome durch vier Liganden wie CO_3^{2-}, SO_4^{2-}, MCO_2^- u. a. so verbrückt werden, dass jedes M-Atom quadratisch-planar von vier O-Atomen umgeben ist und eine Metall-Metall-Bindung zu einer tetragonal-pyramidalen Koordination führt (**A**; D_{4h}). Die Koordinationslücke auf der M—M-Achse jenseits von M kann durch je einen Liganden L gefüllt werden (**B**).

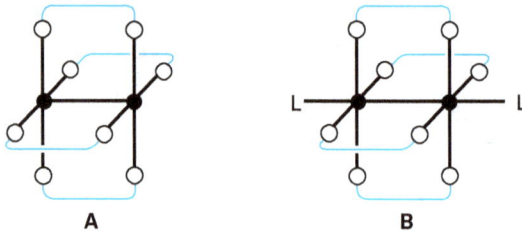

A   **B**

Bei den Komplexen $[Rh_2^{II}(SO_4)_4]^{4-}$ und $[Pt_2^{III}(SO_4)_4]^{2-}$ mit M—M-Einfachbindung handelt es sich um 16e-Komplexe, die man durch die Addition von L (L = H_2O, thf, py) in 18e-Komplexe überführen kann. Beim 18e-Komplex $[Cu_2(MeCO_2)_4(H_2O)_2]$ beobachtet man bei einer Temperatur nahe 0 K erwartungsgemäß Diamagnetismus; beim Erwärmen setzt Paramagnetismus ein, sodass das magnetische Moment bei 25 °C einen Wert von 1.4 μ_B (pro Cu-Atom) erreicht, was man durch ein Nachlassen der CuCu-Wechselwirkung erklärt; ohne jede Cu—Cu-Bindung müsste man im spin-only-Fall ein magnetisches Moment von 1.73 μ_B (entsprechend einem ungepaarten Elektron) erwarten. Mit elektronenärmeren Metallen als Rh, Pt und Cu gewinnt man Musterbeispiele für Metall-Metall-Mehrfachbindungen, also z. B. für eine Re≡Re-Vierfachbindung im Molekül $[Re_2(MeCO_2)_4Cl_2]$ oder eine Os≡Os-Dreifachbindung in den Kationen $[Os_2(MeCO_2)_4]^{2+}$ (16e) und $[Os_2(MeCO_2)_4(H_2O)_2]^{2+}$ (18e; s. Abschnitt 8.4.3).

In $[Pd_3(MeCO_2)_6]$ verbrücken die Acetat-Ionen drei quadratisch-planar koordinierte Pd^{2+}-Kationen ohne PdPd-Wechselwirkungen (**A**; D_{3h}; 16e). Im $[Pt_4(MeCO_2)_8]$ üben Acetat-Ionen eine ähnlich verbrückende Wirkung aus, aber infolge von zwei PtPt-Bindungen pro Pt-Atom kommt es zu einer insgesamt oktaedrischen Koordination um Pt und damit zu einer 18e-Konfiguration (**B**; D_{2d}).

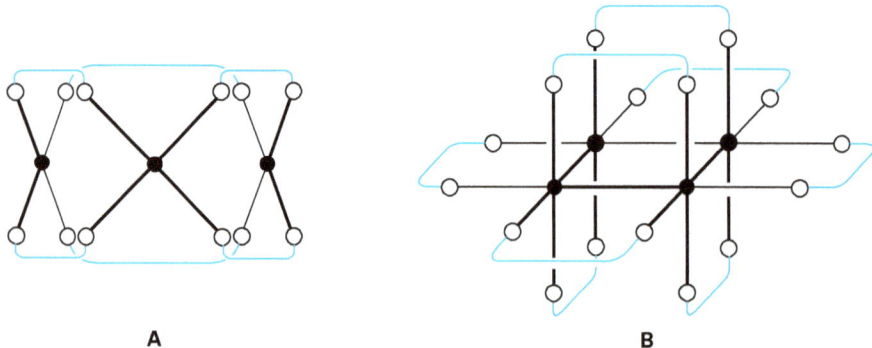

A   **B**

8.6 Über Carbon an Metall gebundene Liganden

8.6.1 Carbonylmetall-Verbindungen

Struktur neutraler Metallcarbonyle

Die Brønsted-Basizität von Carbonoxid CO ist zwar sehr klein, gleichwohl bildet es stabile Bindungen mit Übergangsmetallen dann, wenn das Metall Elektronen für eine koordinative π-Rückbindung zur Verfügung stellt. In mehrkernigen Metallcarbonylen liegen Metall-Metall-Bindungen vor. Zusätzlich kann es zur Ausbildung von Carbonyl-Brückenbindungen kommen. Die M—CO—M-Brücke erinnert an die Carbonylgruppe in Ketonen R—CO—R. Wie diese ist auch die brückenständige Carbonylgruppe in mehrkernigen Metallcarbonylen bereit zur Aufnahme von Metall-π-Elektronen:

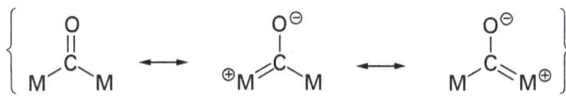

In Metallcarbonylen liegt in der Regel eine 18e-Konfiguration der Metallatome vor. Eine Ausnahme bildet Hexacarbonylvanadium $[V(CO)_6]$ mit seiner 17e-Konfiguration. Zum Abzählen der Elektronen im Sinne der 18e-Regel addiert man in einkernigen Metallcarbonylen die von jedem CO-Liganden gegebenen zwei Elektronen zu den Valenzelektronen des Metalls. In mehrkernigen Carbonylen bringt jede Metall-Metall-Bindung ein weiteres Elektron; ein CO-Ligand in Brückenstellung gibt je ein Elektron an jedes der beiden benachbarten Metallatome ab. Gelegentlich kommen Isomere dadurch zustande, dass sich zwei vicinale CO-Gruppen aus der Terminalstellung in eine Brückenstellung begeben:

Die 18e-Konfiguration bleibt dabei erhalten. Die beiden Isomere liegen meist energetisch nahe beieinander.

Einkernige neutrale Carbonyle können nur dann eine 18e-Konfiguration erhalten, wenn sie in einer Gruppe mit gerader Nummer stehen. Darum sind $[Cr(CO)_6]$, $[Fe(CO)_5]$ und $[Ni(CO)_4]$ die Paradebeispiele für gut zugängliche Metallcarbonyle. Paradebeispiele für zweikernige Carbonyle sind dagegen $[(OC)_5Mn—Mn(CO)_5]$ und $[(OC)_4Co—Co(CO)_4]$ mit Mn und Co als Angehörigen einer Gruppe mit ungerader Nummer; hier führt die kovalente M—M-Bindung zu diamagnetischen Spezies mit 18e-Konfiguration. Das Octacarbonyldicobalt ist auch ein Beispiel für energetische Verwandtschaft der unverbrückten Struktur $[(OC)_4Co—Co(CO)_4]$ mit der durch die Formel $[(OC)_3Co(\mu_2\text{-}CO)_2Co(CO)_3]$ beschriebenen verbrückten Struktur. Im Kristall liegt die energetisch günstigere verbrückte Struktur vor; in Lösung aber besteht ein dynamisches Gleichgewicht zwischen verbrückter und offener Struktur, das sich bei Temperaturerhöhung zur enthalpisch schlechteren, aber entropisch besseren offenen Form verschiebt. Die Dynamik der Gleichgewichtseinstellung äußert sich darin, dass selbst bei $-100\,°C$ nur ein ^{13}C-NMR-Signal beobachtbar ist, ein Mittelwert nämlich zwischen den Signalen der symmetrisch äqivalenten acht CO-Gruppen der offenen Struktur sowie den Signalen von vier plus zwei jeweils äquivalenten CO-Gruppen der terminalen und den Signalen der zwei äquivalenten brückenständigen CO-Gruppen der verbrückten Struktur. Dass sich die Reihe der zweikernigen Carbonyle von $[Co_2(CO)_8]$ über $[Mn_2(CO)_{10}]$ nicht bis zum hypothetischen $[V_2(CO)_{12}]$ fortsetzt, hat wohl sterische Ursachen: Neben einer V—V-Bindung noch sechs CO-Liganden finden um das zu kleine Vanadium-Atom keinen Platz.

Die unter Standardbedingungen isolierbaren Metallcarbonyle sind im Folgenden zusammengestellt; die angegeben Zahlen bedeuten Schmelzpunkte (in °C), ein Z bedeutet Schmelzen unter Zersetzung.

$[M(CO)_6]$	$[M(CO)_5]$	$[M(CO)_4]$	$[M_2(CO)_{10}]$	$[M_2(CO)_9]$
V 70 Z				
Cr 150 Z	Fe -20.5	Ni -19.3	Mn 155	Fe (D_{3d}) 100 Z
Mo 180 Z	Ru -22.5		Tc 160	
W 180 Z	Os -50		Re 177	Os (C_{2v}) 67 Z

$[M_2(CO)_8]$	$[M_3(CO)_{12}]$	$[M_4(CO)_{12}]$	$[M_6(CO)_{16}]$
Co 100 Z	Fe 140 Z	Co (C_{3v}) 60 Z	Co 105 Z
	Ru 155 Z	Rh (C_{3v}) 150 Z	Rh 220 Z
	Os 224	Ir (T_d) 210 Z	Ir

Die Strukturen dieser Metallcarbonyle gehen aus Abb. 8.10 hervor. Im sechskernigen Cluster $[M_6(CO)_{16}]$ überbrücken vier CO-Gruppen vier der acht Seiten des M_6-Oktaeders so, dass T_d-Symmetrie zustande kommt. Eine derartige dreifache Verbrückung lässt sich als eine CM_3-(4c2e)-Bindung beschreiben, wenn man im Bild lokalisierter Bindungen bleiben will.

Mit Vorteil lassen sich die Williams-Wade-Regeln anwenden. Mit $[Co_6(CO)_{16}]$ als Beispiel geht man so vor, dass man zu den 54 Valenzelektronen von sechs Co-Atomen die 32 Elektronen der 16 koordinierenden CO-Moleküle zur Gesamtzahl von 86 Elektronen addiert. Die Zahl an Elektronen, die über zwölf Elektronen pro Clustermetallatom, also 72 Elektronen, hinausgeht, wird zur Clusterbindung bereitgestellt, d. s. 14 Elektronen. Mit sieben Paaren bei sechs Ecken ergibt sich eine *closo*-Struktur, also ein Oktaeder. Analog erwartet man für $[Co_4(CO)_{12}]$ mit sechs Clusterelektronenpaaren bei vier Ecken eine *nido*-Struktur; die gefundene Tetraederstruktur leitet sich in diesem Sinne von der trigonalen Bipyramide als der zugehörigen *closo*-Struktur durch Wegnahme einer axialen Ecke ab.

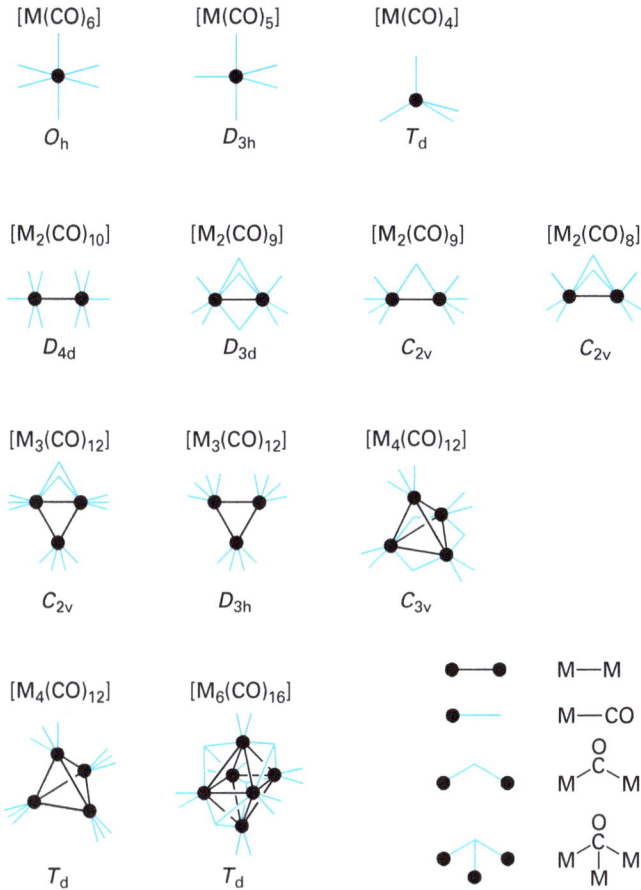

Abb. 8.10 Strukturen ein- bis sechskerniger Metallcarbonyle.

Speziell beim Osmium hat man noch die stabilen Cluster $[Os_5(CO)_{16}]$, $[Os_6(CO)_{18}]$, $[Os_7(CO)_{21}]$ und $[Os_8(CO)_{23}]$ aufgefunden, für die sich als Zahl der Clusterelektronenpaare der Reihe nach errechnet: 6, 6, 7 und 7. Also handelt es sich bei $[Os_5(CO)_{16}]$ um eine *closo*-Struktur (und das ist hier eine trigonale Bipyramide mit drei terminalen CO-Liganden an vier Ecken und vier terminalen CO-Liganden an einer der drei äquatorialen Ecken; C_{2v}). Ist ein Elektronenpaar weniger vorhanden, als man es für eine *closo*-Struktur braucht, dann liegt eine *hypercloso*-Struktur vor. Die erweiterten *Clusterregeln nach Williams-Wade-Mingos* sehen vor, dass man in diesem Fall eine Deltaederfläche einer *closo*-Gerüststruktur durch ein weiteres Gerüstatom überkappt, im vorliegenden Fall also eine trigonale Os_5-Bipyramide mit einem sechsten Os-Atom. Für $[Os_7(CO)_{21}]$ hat man demgemäß ebenfalls mit einer *hypercloso*-Struktur zu rechnen, nämlich einem überkappten Os_6-Oktaeder. Dem Os_8-Clustergerüst $[Os_8(CO)_{23}]$ liegen mit sieben Elektronenpaaren gleich zwei weniger zugrunde, als sie ein *closo*-Gerüst haben müsste, also hat man nach den erweiterten Clusterregeln ein *closo*-O_6-Oktaeder mit zwei überkappten Seiten zu erwarten, und tatsächlich wurde eine Oktaederstruktur mit einer $1,2,3:1,4,5$-Zweifachüberkappung gefunden (C_{2v}).

Einige Metallcarbonyle kann man nur bei tiefer Temperatur nachweisen und gegebenenfalls handhaben: $[Ti(CO)_6]$ (< 10 K), $[Ru_2(CO)_9]$ (< 225 K), $[Rh_2(CO)_8]$ (< 225 K), $[Ir_2(CO)_8]$ (< 40 K), $[Pd(CO)_4]$ (< 80 K), $[Pt(CO)_4]$ (< 80 K).

Die MC-π-Rückbindung in Metallcarbonylen wirkt sich auf die Stärke der CO-Bindung aus, die ihren Dreifachbindungscharakter entsprechend der Formel M=C=O mehr oder weniger verliert. So vergrößert sich der CO-Abstand von 112.8 pm im freien CO auf 114.1 pm im $[Ni(CO)_4]$ (beides Messwerte in der Gasphase). Die Frequenz der CO-Valenzschwingung geht von 2143 cm^{-1} im freien CO auf 1850−2110 cm^{-1} im terminal an Metall gebundenen CO zurück (speziell bei $[Ni(CO)_4]$: 2057 cm^{-1}); bei μ_2-brückenständigen CO-Gruppen reduziert sich die charakteristische Frequenz auf 1750−1850 cm^{-1}, und beim μ_3-gebundenem CO liegt diese Frequenz mit 1620−1730 cm^{-1} im Bereich organischer Oxo-Verbindungen.

Darstellung neutraler Metallcarbonyle

Zur Darstellung von Metallcarbonylen kann man im Falle von $[Ni(CO)_4]$ und $[Fe(CO)_5]$ von den Metallen und CO ausgehen, und zwar entsteht $[Ni(CO)_4]$ schon bei 80 °C und Normaldruck (technisch angewendet zur Raffination von Nickel im Mond-Verfahren; s. Abschnitt 5.7.4); fein verteiltes Eisen reagiert am besten bei 150−200 °C und 100 bar CO-Druck. Ansonsten geht man von Metallen in höheren Oxidationsstufen aus und setzt sie in Gegenwart eines Reduktionsmittels mit CO unter Druck um. Rheniumoxid Re_2O_7 lässt sich von überschüssigem CO reduzieren:

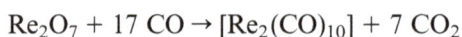

$$Re_2O_7 + 17\,CO \rightarrow [Re_2(CO)_{10}] + 7\,CO_2$$

Zur Reduktion von Co^{II} dient H_2 (130 °C/300 bar):

$$2\,CoCO_3 + 8\,CO + 2\,H_2 \rightarrow [Co_2(CO)_8] + 2\,CO_2 + 2\,H_2O$$

Chromchlorid reduziert man mit Al (140 °C/300 bar; in Benzen, $AlCl_3$ als Katalysator):

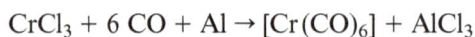

$$CrCl_3 + 6\,CO + Al \rightarrow [Cr(CO)_6] + AlCl_3$$

Setzt man $AlEt_3$ als Reduktionsmittel ein, dann reduziert Carbon im C_2H_5-Anion (50 °C/70 bar; in Benzen):

$$WCl_6 + 6\,CO + 2\,AlEt_3 \rightarrow [W(CO)_6] + 2\,AlCl_3 + 3\,C_4H_{10}$$

Ähnlich reagiert Mangan(II)acetat mit $AlEt_3$:

$$6\,Mn(MeCO_2)_2 + 4\,AlEt_3 + 30\,CO \rightarrow 3\,[Mn_2(CO)_{10}] + 4\,Al(MeCO_2)_3 + 6\,C_4H_{10}$$

Zu mehrkernigen Metallcarbonylen kann man allgemein gelangen, wenn man einkernige Carbonyle der Photolyse oder Thermolyse aussetzt und dabei als Primärschritt die Abspaltung eines Moleküls CO erreicht. Bei den Carbonylen $[M(CO)_5]$ der Gruppe-18-Metalle schiebt sich dann die reaktive Zwischenstufe $[M(CO)_4]$ in unverbrauchtes $[M(CO)_5]$ ein, z. B.:

$$2\,[Fe(CO)_5] \rightarrow [Fe_2(CO)_9] + CO$$

Carbonylmetallate kann man durch Oxidationsmittel in mehrkernige Komplexe überführen; im folgenden Beispiel wird H^{-I} zu H^I oxidiert:

$$3\,[HFe(CO)_4]^- + MnO_2 \rightarrow [Fe_3(CO)_{12}] + 3\,MnO + 3\,OH^-$$

Gewisse komplexe Ionen lagern z. T. begierig CO an. Ein Musterbeispiel ist das in salzsaurer Lösung aus schwerlöslichem CuCl gebildete Anion $[CuCl_2]^-$, das mit CO den tetraedrisch gebauten Komplex $[CuCl(CO)(H_2O)_2]$ ergibt, unter Druck quantitativ; dies nutzt man ja, um bei der Herstellung von reinem H_2 aus Synthesegas nach der Abtrennung der Hauptmenge an CO noch Spuren davon auszuwaschen.

Die flüssigen einkernigen Metallcarbonyle sind mehr oder weniger flüchtig. Ihre Dämpfe sind hochgiftig, da sie nicht nur das Blut mit CO belasten, sondern auch die Lungenbläschen metallieren. Am flüchtigsten und damit am gefährlichsten ist $[Ni(CO)_4]$ (Sdp. 42.1 °C). Eine Ausnahme unter den normalerweise farblosen einkernigen Metallcarbonylen stellt das schwarzblaue $[V(CO)_6]$ dar. Die elektronischen Übergänge rücken umso mehr in den sichtbaren Bereich, je höherkernig die Verbindungen sind und je weiter oben das Metall in seiner Gruppe steht. So sind die zweikernigen Carbonyle der ersten Nebenperiode gelb bis orange, die höherer Perioden farblos. Mehr als zweikernige Carbonyle zeigen intensive Farben bis hin zu schwarz.

Reaktionen neutraler Metallcarbonyle

Die *Thermolyse* einkerniger Carbonyle kann − wie oben schon dargelegt − zu zweikernigen Carbonylen führen oder die von zweikernigen zu vierkernigen (z. B. $[Co_2(CO)_8] \rightarrow [Co_4(CO)_{12}] + 4\,CO$). Aus einer Fülle weiterer thermischer Clusterkondensationen sei noch ein charakteristisches Beispiel herausgegriffen (142 °C; in Dibutylether Bu_2O):

$$2\,[Ru_3(CO)_{12}] \rightarrow [Ru_6C(CO)_{17}] + 5\,CO + CO_2$$

Das Produkt besteht aus einem Ru_6-Oktaeder mit vier $Ru(CO)_3$-Ecken und zwei $Ru(CO)_2$-Ecken, die CO-verbrückt sind; im Zentrum sitzt ein C-Atom (C_{2v}). Beim Abzählen der Elektronen nach den Clusterregeln erhält man insgesamt 48 Metall- und 34 Ligandelektronen sowie vier Elektronen des zentralen C-Atoms, d. s. 86 Elektronen; davon sind pro Metallatom zwölf, also insgesamt 72 Elektronen abzuziehen, sodass das Gerüst von sieben Paaren zusammengehalten wird und damit eine oktaedrische *closo*-Struktur hat.

Die *nucleophile Substitution*

$$(OC)_nM-CO + L \rightarrow (OC)_nM-L + CO$$

gehorcht fast immer einem dissoziativen Mechanismus. Dabei ist die Abspaltung von CO gemäß $(OC)_nM-CO \rightleftarrows (OC)_nM + CO$ der geschwindigkeitsbestimmende Schritt, der außer durch die Erhöhung der Temperatur auch durch Photolyse ausgelöst werden kann. Die Dissoziationsenergie für die Primärreaktion sinkt, wenn man in einer Nebenperiode von links nach rechts geht. Sie beträgt bei $[Cr(CO)_6]$ 155 kJ mol^{-1}, bei $[Ni(CO)_4]$ nur 105 kJ mol^{-1}; dies lässt die Geschwindigkeit um den Faktor 10^{10} ansteigen. Innerhalb einer Gruppe ist die Geschwindigkeit bei den Carbonylen des mittleren Elements am größten (Cr < Mo > W; Co < Rh > Ir usw.). Einem assoziativen Mechanismus gehorchen Substitutionen beim 17e-Metallcarbonyl $[V(CO)_6]$.

Im Allgemeinen lassen sich mehrere Carbonylgruppen austauschen. Dabei verschieben sich die Austauschgleichgewichte nach rechts, wenn das Gas CO entweichen kann. So geht beispielsweise $[Cr(CO)_6]$ in siedendem Acetonitril in das Produkt $[Cr(CO)_3(NCMe)_3]$ über. Die Liganden MeCN sind lockerer gebunden als CO, weil sie keine π-Akzeptor-Aktivität entfalten können. Umgekehrt sind drei CO-Liganden an Cr besonders fest gebunden, weil die sechs d-Elektronen des Metalls gerade drei ungeteilte π-Bindungen gewährleisten. Da sich MeCN wegen seiner lockeren Bindung leicht austauschen lässt, ist das bequem zugängliche $[Cr(CO)_3(NCMe)_3]$ der ideale Ausgangsstoff zur Gewinnung weiterer Substitutionsprodukte $[Cr(CO)_3L_3]$. Als zweites Beispiel unter vielen sei der Komplex $[Cr(CO)_5(C_8H_{14})]$ genannt (C_8H_{14}: Cycloocten), der aus $[Cr(CO)_6]$ und C_8H_{14} bei der Einwirkung von Licht entsteht; das Cycloalken ist dabei über eine CrCC-(3c2e)-Bindung side-on an Cr gebunden (C_s). Dieser Komplex eröffnet einen bequemen Zugang zu weiteren Derivaten des Typs $[Cr(CO)_5L]$. Unter der Fülle an Substitutionsprodukten der Metallcarbonyle $[M(CO)_mL_n]$ sind diejenigen besonders stabil, bei denen auch der Ligand L π-Akzeptorqualitäten entfaltet. In dieser Hinsicht bemerkenswert sind die Derivate EX_3 der Elemente E = P, As, Sb. Ihre Stabilität nimmt in der Reihe P > As > Sb ab und nimmt auch ab in der Reihe ECl_3 > EH_3 > ER_3. Die stabilsten Derivate bilden sich mit dem Liganden PF_3, da der $-I$-Effekt von F die Metall-Ligand-π-Rückbindung besonders fördert. Bei Weitem am schwächsten unter den Trialkyl-Derivaten ER_3 von Elementen E der 15. Gruppe wirken die Amine NR_3, die Rückbindungen nicht erlauben.

Ein ganz anderer Typ von Basenangriff auf Carbonyle geht auf den elektrophilen Charakter des Carbonyl-C-Atoms gemäß der mesomeren Grenzformel $M=C^+-O^-$ zurück. So greifen OH^--Ionen in wässrigen alkalischen Lösungen z. B. das Pentacarbonyleisen am C-Atom unter Bildung von $(OC)_4Fe=C(OH)-O^-$ an; durch einen weiteren Angriff von OH^- kommt es zu folgender Gesamtreaktion:

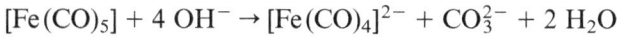

$$[Fe(CO)_5] + 4\,OH^- \rightarrow [Fe(CO)_4]^{2-} + CO_3^{2-} + 2\,H_2O$$

Dies ist eine Redoxreaktion ($Fe^0 \rightarrow Fe^{-II}$; $C^{II} \rightarrow C^{IV}$), deren Gleichgewicht bei Verwendung von wässrigem $Ba(OH)_2$ (*Barytwasser*) wegen der Bildung des schwerlöslichen $BaCO_3$ nach rechts verschoben wird. Greift ein Alkyl-Anion R^- als starke Base z. B. $[Cr(CO)_6]$ an, dann entsteht als Zwischenprodukt das Anion $(OC)_5Cr=CR-O^-$; lässt man jetzt einen Alkylierungsschritt mit R'X folgen, dann erhält man einen Komplex mit einem Alkyloxycarben als Liganden:

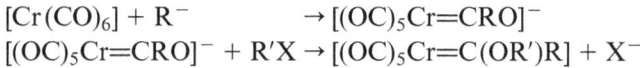

$$[Cr(CO)_6] + R^- \qquad\qquad \rightarrow [(OC)_5Cr=CRO]^-$$
$$[(OC)_5Cr=CRO]^- + R'X \rightarrow [(OC)_5Cr=C(OR')R] + X^-$$

Als drittes Beispiel eines Basenangriffs am Carbonyl-C-Atom sei die Reaktion von $[W(CO)_6]$ mit Azid N_3^- angeführt. Nach der Addition von N_3^- kommt es unter Abspaltung von N_2 zu einer Umlagerung der Gruppe $[(OC)_5W]$ vom C- zum N-Atom unter Bildung eines Isocyanato-Komplexes, ganz nach Art des Curtius'schen Säureabbaus (s. Abschnitt 6.7.2):

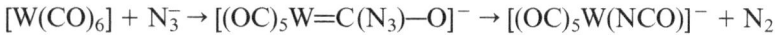

$$[W(CO)_6] + N_3^- \rightarrow [(OC)_5W=C(N_3)-O]^- \rightarrow [(OC)_5W(NCO)]^- + N_2$$

Was die *Redoxreaktionen* der Metallcarbonyle anbetrifft, versteht es sich, dass die Oxygenierung der Metallkomponente zu einem der stark exothermen Metalloxide (wie Cr_2O_3, Fe_3O_4, NiO u. a.) und der Carbonylkomponente zu CO_2 eine hohe Triebkraft hat. Die Metallcarbonyle werden jedoch mit ihrer 18e-Konfiguration vom Diradikal O_2 nicht ohne Weiteres angegriffen und sind an der Luft metastabil, wenn man von $V(CO)_6$ absieht. Hüten muss man sich allerdings, Gemische aus Luft und einem flüchtigen Metallcarbonyl wie insbesondere $[Ni(CO)_4]$ zu zünden, will man heftige Explosionen vermeiden. Mit einer geringeren Aktivierungsschwelle als O_2 reagieren die Halogene mit Metallcarbonylen. Ohne Überschuss von Hal_2 und unter milden Bedingungen kann man die vollständige Halogenierung zu $MHal_n$ und $COHal_2$ vermeiden und kommt zu kinetisch determinierten Produkten. Im Falle einkerniger Carbonyle kann eine CO-Gruppe oxidativ durch zwei Atome Hal ersetzt werden: $[(OC)_nM^0=CO] + Hal_2 \rightarrow [(OC)_nM^{II}Hal_2] + CO$. Im Falle zweikerniger Carbonyle wird die M—M-Bindung geöffnet: $[(OC)_nM-M(CO)_n] + Hal_2 \rightarrow 2\,[(OC)_nMHal]$. Die bei Metallen der 6. Gruppe erwarteten Produkte vom Typ $[M(CO)_5Hal_2]$ kann man allerdings nicht fassen, sondern stattdessen erhält man Anionen [M(CO)$_5$Hal]$^-$. Gut zugänglich sind die Produkte [M(CO)$_5$Hal] (7. Gruppe) und [M(CO)$_4$Hal$_2$] (8. Gruppe); was die 9. Gruppe anbetrifft, gewinnt man zwar [Co(CO)$_4$Hal], aber bei Ir geht die Oxidation mit F$_2$ bis zum Ir^{III} weiter, also bis zu [Ir(CO)$_3$F$_3$] (mit oktaedrischem Bau und 18e-Konfiguration). In der 10. Gruppe gelangt man, von [Ni(CO)$_4$] ausgehend, ohne Änderung der Oxidationszahl von Ni zu [Ni(CO)$_3$Hal]$^-$ {und nicht zu [Ni(CO)$_3$Hal$_2$]}; die Halogenierung der Tieftemperaturspezies [Pd(CO)$_4$] und [Pt(CO)$_4$] führt dagegen zu recht stabilen Derivaten [M(CO)$_2$Hal$_2$] mit planarer Struktur und 16e-Konfiguration. Ein Produkt wie [Mn(CO)$_5$Cl] kann sich unter Abspaltung von CO über Cl-Brücken zur 18e-Spezies [(OC)$_4$Mn(μ$_2$-Cl)$_2$Mn(CO)$_4$] dimerisieren.

Die zweikernigen Metallcarbonyle [(OC)$_n$M—M(CO)$_n$] lassen sich an der M—M-Bindung auch reduzieren, z. B. mit Na. Die Redox-Potentiale [Mn$_2$(CO)$_{10}$]/[Mn(CO)$_5$]$^-$ und [Co$_2$(CO)$_8$]/[Co(CO)$_4$]$^-$ betragen $\varepsilon_0 = -0.68$ bzw. -0.40 V.

Die Reaktion von OH$^-$ mit [Fe(CO)$_5$] stellt — wie oben ausgeführt — ebenfalls eine Redoxreaktion dar. Schließlich zählt auch die mit Amin-Basen zu erzielende Disproportionierung von Metallcarbonylen zu den Redoxreaktionen. So disproportioniert, von [Mn$_2$(CO)$_{10}$] und der Base Pyridin ausgehend, Mn^0 in Mn^{-I} und Mn^{II} (120 °C):

$$3\,[Mn_2(CO)_{10}] + 12\,py \rightarrow 2\,[Mn(py)_6]^{2+} + 4\,[Mn(CO)_5]^- + 10\,CO$$

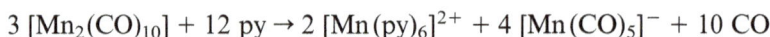

Carbonylmetallate

Die folgenden Sequenzen von anionischen einkernigen Carbonylmetallaten sind mit dem jeweils neutralen Endglied isoelektronisch und haben die gleiche Struktur:

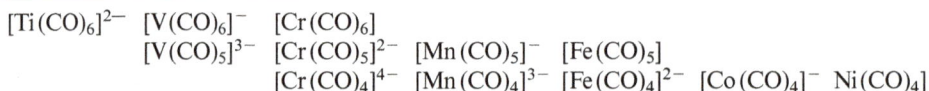

[Ti(CO)$_6$]$^{2-}$ [V(CO)$_6$]$^-$ [Cr(CO)$_6$]
[V(CO)$_5$]$^{3-}$ [Cr(CO)$_5$]$^{2-}$ [Mn(CO)$_5$]$^-$ [Fe(CO)$_5$]
[Cr(CO)$_4$]$^{4-}$ [Mn(CO)$_4$]$^{3-}$ [Fe(CO)$_4$]$^{2-}$ [Co(CO)$_4$]$^-$ Ni(CO)$_4$

Alle aufgeführten Anionen gehören mit geeigneten Kationen zu isolierbaren Substanzen, und das Gleiche gilt für die beiden jeweils schwereren Homologen in jeder der sechs dafür infrage kommenden Gruppen. Die zur Anionbildung nötige Vermehrung der Metallelektronen verstärkt ihre π-Rückbindungstendenz und macht solche Anionen stabiler gegenüber der Abspaltung von CO als vergleichbare neutrale Metallcarbonyle.

Die zweikernigen Anionen [Cr$_2$(CO)$_{10}$]$^{2-}$, [Mn$_2$(CO)$_9$]$^{2-}$ und [Fe$_2$(CO)$_8$]$^{2-}$ sind isoelektronisch und strukturgleich mit den neutralen Komplexen [Mn$_2$(CO)$_{10}$], [Fe$_2$(CO)$_9$] bzw. [Co$_2$(CO)$_8$]; dabei treten allerdings im Octacarbonyldiferrat(2−) im Gegensatz zum Octacarbonyldicobalt keine CO-Brücken auf. In der Welt der Carbonylmetallate [M$_m$(CO)$_n$]$^{o-}$ trifft man von m = 3 an auf eine Flut an gut untersuchten stabilen Anionen, hauptsächlich mit den Metallen Ru, Os, Rh, Ir, Ni und Pt. Um die Metallgerüststruktur zu beschreiben, kann man bis zu den M_9-Clustern die Williams-Wade-Mingos-Regeln heranziehen. Bei Clustergrößen, die im Anion $[M_{38}(CO)_{44}]^{2-}$ (M = Pd, Pt) bis zu m = 38 fortschreiten, wird eine Voraussage der Struktur schwieriger. Zwei relativ einfache Strukturen seien im Folgenden beschrieben, weil sie die beiden für dicht gepackte Metallcluster typischen Strukturen exemplarisch beleuchten. Im $[Rh_{13}(CO)_{24}]^{5-}$ liegt ein innenzentriertes Rh_{12}-Kuboktaeder vor, also ein Ausschnitt aus der in kristallinen Metallen vorherrschenden A1-Packung. Den Aufbau von $[Pt_{19}(CO)_{22}]^{4-}$ hingegen kann man sich als einen Pt_{15}-Körper vorstellen, der aus drei antiprismatisch übereinandergelegten Pt_5-Pentagonen entstanden ist (D_{5d}), der darüber hinaus zweifach pentagonal überkappt ist und dessen zwei antiprismatische Zentren mit einem Pt-Atom besetzt sind; es handelt sich also um zwei Ikosaeder mit gemeinsamer pentagonaler Fläche, wobei das Zentrum des einen Ikosaeders jeweils eine Spitze des anderen darstellt. Dieses für die metallische Koordinationszahl zwölf günstige ikosaedrische Bauprinzip lässt sich zwar eindimensional zu hypothetischen Säulen erweitern, aber im Gegensatz zu kuboktaedrischen Clustern nicht dreidimensional zur A1-Packung.

Zur Darstellung von Carbonylmetallaten kann man die oben für die Überführung von $[Fe(CO)_5]$ in $[Fe(CO)_4]^{2-}$ beschriebene Reaktion mit wässriger Base heranziehen, die auch auf mehrkernige Metallcarbonyle anwendbar ist (z. B. $2[Ru_3(CO)_{12}] + 4 OH^- \rightarrow [Ru_6(CO)_{18}]^{2-} + CO_3^{2-} + 5 CO + 2 H_2O$). Die Reduktion neutraler Metallcarbonyle mit Na in flüssigem Ammoniak ist eine allgemein anwendbare Methode zur Gewinnung von Carbonylmetallaten. Ferner führt die Disproportionierung neutraler Metallcarbonyle regelmäßig zu Anionen (z. B. $15[Os_8(CO)_{23}] \rightarrow 8 Os^{4+} + 16 [Os_7(CO)_{20}]^{2-} + 25 CO$). In etlichen Fällen ergibt auch die Thermolyse von Clusteranionen höherkernige Anionen.

Carbonylmetallate kann man als die mit entsprechenden Carbonylhydridometallen als Säuren korrespondierenden Basen auffassen. Die Säuren sind in einigen Fällen zumindest in wässriger Lösung beständig. Die Acidität der einkernigen Säuren steigt von $HMn(CO)_5$ ($pK_A = 7$) über $H_2Fe(CO)_4$ ($pK_{A1} = 4.7$; $pK_{A2} = 14$) bis zu $HCo(CO)_4$ ($pK_A = 1$) an. Die H-Atome sind in diesen Säuren terminal gebunden. Formal ist die Säuredissoziation eine Redoxreaktion, da H^{-I} zu H^I oxidiert und M^I zu M^{-I} reduziert wird (bzw. Fe^{II} zu Fe^0 oder Fe^{-II}). Die Zentralatome in den drei freien Beispielsäuren sind oktaedrisch bzw. trigonal-bipyramidal koordiniert. In mehrkernigen Metallcarbonylen steht das H-Atom vielfach in einer Brückenposition, z. B. im Anion $[(OC)_5Cr(\mu_2\text{-}H)Cr(CO)_5]^-$ mit einer CrHCr-(3c2 e)-Bindung; das Anion $[HFe_2(CO)_8]^-$ ist ebenso aufgebaut wie $[Co_2(CO)_8]$ in seiner C_{2v}-Struktur (Abb. 8.10) mit dem H-Atom als der dritten Brücke zwischen den beiden Fe-Atomen. In größeren Clustern kann das H-Atom drei oder gar vier M-Atome trigonal bzw. tetragonal verbrücken. Anstatt durch Hydronierung von Anionen kommt man zu Carbonylhydridometallen auch durch Hydrogenolyse von Metallcarbonylen, z. B. $[Co_2(CO)_8] + H_2 \rightarrow 2[HCo(CO)_4]$ (30 bar); dieser Typ von Reaktion kehrt sich beim Erhitzen um.

Metallcarbonyl-Kationen

Eine positive Aufladung des Zentralatoms in Metallcarbonylen schwächt die π-Donator-Aktivität und damit generell die Stabilität von Carbonylmetall-Kationen. In kristallinem Material liegen mehr oder weniger starke Wechselwirkungen der Anionen mit dem betreffenden Kation vor, und zwar häufig nicht mit dem Metallatom, sondern mit dem C-Atom einer CO-Gruppe. In Lösung hat man mit ausgeprägter Solvatation der Kationen zu rechnen. Folgende Kationen wurden charakterisiert:

O_h: $\quad$ $[M(CO)_6]^+$ (Mn, Tc, Re), $[M(CO)_6]^{2+}$ (Fe, Ru, Os), $[Ir(CO)_6]^{3+}$ (18e-Konfiguration)
T_d: $\quad$ $[Ag(CO)_4]^+$ (18e-Konfiguration)
D_{4h}: $\quad$ $[M(CO)_4]^{2+}$ (Pd, Pt; 16e-Konfiguration)
D_{3h}: $\quad$ $[M(CO)_3]^+$ (Cu, Ag; 16e-Konfiguration)
$D_{\infty h}$: $\quad$ $[M(CO)_2]^+$ (Cu, Ag, Au), $[Hg(CO)_2]^{2+}$ (14 e-Konfiguration)
$C_{\infty v}$: $\quad$ $[M(CO)]^+$ (Cu, Ag; 12e-Konfiguration)

Zwei zweikernige Carbonylmetall-Kationen mit M—M-Bindung wurden charakterisiert (höherkernige sind nicht bekannt):

D_{2d}: $\quad$ $[Pt_2(CO)_6]^{2+}$ (die beiden CCCPt-Koordinationsvierecke um jedes Pt stehen aufeinander senkrecht; D_{2d}; 16e-Konfiguration)
$D_{\infty h}$: $\quad$ $[Hg_2(CO)_2]^{2+}$ ($D_{\infty h}$; 14e-Konfiguration)

Zur Bildung der Carbonylmetall-Kationen kann man u. a. Cl^- in Neutralkomplexen durch CO substituieren, wozu es eines Cl^--Akzeptors und hohen CO-Drucks bedarf, z. B. (100 °C/300 bar):

$$[Mn(CO)_5Cl] + CO + AlCl_3 \rightarrow [Mn(CO)_6]^+ + AlCl_4^-$$

Mit so starken Fluorid-Akzeptoren wie SbF_5 kann man sogar von reinen Metallfluoriden ausgehen, wobei CO auch zur Reduktion gebraucht wird, z. B.:

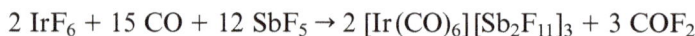

$$2\ IrF_6 + 15\ CO + 12\ SbF_5 \rightarrow 2\ [Ir(CO)_6][Sb_2F_{11}]_3 + 3\ COF_2$$

Während bei neutralen Metallcarbonylen die Liganden ^{12}CO gegen ^{13}CO im Rahmen eines Dissoziationsmechanismus austauschbar sind, gelingt ein solcher Austausch bei Metallcarbonyl-Kationen nicht. Der Angriff anionischer Basen zielt auf ein Carbonyl-C-Atom, z. B.:

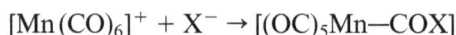

$$[Mn(CO)_6]^+ + X^- \rightarrow [(OC)_5Mn—COX]$$

Im Falle X = OH decarboxyliert das Produkt langsam: $[(OC)_5Mn—COOH]$ $\rightarrow [(OC)_5MnH] + CO_2$. Im Falle X = N_3 geht die Abspaltung von N_2 mit der Umlagerung in einen Isocyanato-Komplex einher:

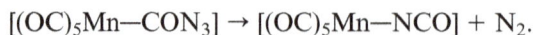

$$[(OC)_5Mn—CON_3] \rightarrow [(OC)_5Mn—NCO] + N_2.$$

Verwandte der Metallcarbonyle

Dem Molekül CO verwandt sind die in isolierter Form nicht zugänglichen Moleküle CS, CSe und CTe, die man aber als Liganden in Übergangsmetall-Komplexen sehr wohl kennt. Insbesondere das Molekül CS kann wie CO terminal an Metall gebunden sein (z. B. im 18e-Komplex $[(\eta^5\text{-Cp})\text{Mn}(\text{CO})_2(\text{CS})]$, C_s); man trifft CS aber auch in μ_2-Brückenstellung an (z. B. im 18e-Komplex $[\{(\eta_5\text{-Cp})\text{Fe}(\text{CO})\}_2 (\mu_2\text{-CS})_2]$ mit Fe—Fe-Bindung), und sogar in μ_3-Brückenstellung tritt es auf.

Dem CO verwandt sind auch die *Isonitrile* oder *Organylisocyanide* RNC gemäß den Formeln $C\equiv O$ und $C\equiv NR$. Vergleicht man CO, CNR und CN^-, so nimmt die σ-Donor-Aktivität von links nach rechts zu und die π-Akzeptor-Aktivität von rechts nach links. Isocyanide CNR bilden daher weniger begierig anionische Komplexe als Carbonyl CO, dafür aber umso leichter kationische. Unter den einkernigen Neutralkomplexen $[\text{M}(\text{CNR})_n]$ kennt man wie bei den Carbonylen die der Chromgruppe ($n = 6$), der Eisengruppe ($n = 5$) und des Nickels ($n = 4$). Zweikernige Komplexe $[\text{M}_2(\text{CNR})_n]$ sind selten: $[\text{M}_2(\text{CNR})_9]$ (Fe, Ru, Os) und $[\text{Co}_2(\text{CNR})_8]$. Anionische Isocyanido-Komplexe sind nicht breit untersucht, wohl aber eine ganze Reihe kationischer. Dabei kann CNR nicht nur terminal, sondern ebenso − wenn auch seltener als CO − in μ_2-Brückenstellung positioniert sein. Anders als CO ermöglicht CNR darüber hinaus eine Verbrückung nach dem Muster M=C=NR—M, und sogar eine dreifache Verbrückung zu dreikernigen Spezies des Typs $\text{M}_2\text{C}=\text{NRM}$ ist möglich. Trotz der in der Grenzformel M=C=NR zum Ausdruck kommenden M=C-π-Bindung bleibt die komplex gebundene Gruppierung CNR so wie im freien Molekül $C\equiv N$—R linear gebaut. Eine unter mehreren Darstellungsmethoden für Isocyanido-Komplexe ist die Verdrängung von CO aus Metallcarbonylen, die auch zufolge der Flüchtigkeit von CO Triebkraft hat. Unter zahlreichen Reaktionen sei die Addition von HX an die Nitrilfunktion angeführt, bei der gemäß $[\text{L}_n\text{M}=\text{C}=\text{NR}] + \text{HX} \rightarrow [\text{L}_n\text{M}=\text{CX}—\text{NHR}]$ ($X = OR'$, NR'_2) Carben-Komplexe entstehen.

8.6.2 Organylmetall-Verbindungen

Stabilität und Struktur

Salzartige Strukturen M_mR_n findet man bei den Alkali- und Erdalkalialkaniden, wenn die Reste R klein genug sind. Die Methanide MMe mit M = K, Rb, Cs kristallisieren in der NiAs-Struktur mit Me auf den trigonal-prismatisch koordinierten As-Plätzen. Für NaMe wurde eine Schichtstruktur gefunden und für die leichten Erdalkalimethanide MMe_2 (M = Be, Mg) eine Kettenstruktur vom SiS_2-Typ [also mit Me-Gruppen, die die Kationen über (3c2e)-Bindungen verbrücken], während die schwereren Erdalkalimethanide (Ca, Sr, Ba) im dreidimensionalen ionogenen Kollektiv kristallisieren. Die den Erdalkalimetallen sonst so verwandten Gruppe-12-Metalle (Zn, Cd, Hg) bilden dagegen Alkanide MR_2, die auch im Kristall als monomere Moleküle vorliegen. Unter Standardbedingungen hat man auch bei den Alkaniden MR_3 (D_{3h}) bzw. MR_4 (T_d) der Hauptgruppenmetalle Ga, In, Tl bzw. Sn und Pb mit Monomeren zu rechnen. Lediglich beim Al trifft man auf Dimere Al_2R_6, wenn die Reste R nicht zu groß sind; in der Gasphase beobachtet man Gleichgewichte $Al_2R_6 \rightleftarrows 2\,AlR_3$. Selbst die Arylalane treten dimer auf, und zwar sind etwa im Al_2Ph_6 zwei Ph_2Al-Fragmente durch zwei Phenonium-Gruppierungen aneinandergebunden (D_{2h}); der Mesitylrest ist dagegen so groß, dass $AlMes_3$ monomer vorliegt.

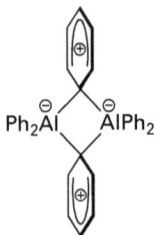

Die molekular gebauten Methanide der Übergangsmetalle sind im Allgemeien wenig stabil. Bei Standardbedingungen metastabil haltbar, sind die Methanide $TaMe_5$ und $ReMe_6$, wenn man sorgsam mit ihnen umgeht, da sie zu Explosionen neigen. Gewisse Methanide wie MMe_4 (Ti, Zr, Hf) und MMe_5 (V, Nb, Mo, W) sind bei tiefer Temperatur haltbar. Sie sind flüchtig genug, um in die Gasphase befördert zu werden, in der die Struktur bestimmt wurde. Das Metall M ist tetraedrisch koordiniert bei MMe_4 (T_d), quadratisch-pyramidal bei MMe_5 (C_{4v}) und trigonal-prismatisch bei $ReMe_6$ (D_{3h}). Die Erdalkalimethanide MMe_2 haben in der Gasphase einen gewinkelten Bau (C_{2v}). Mit großen Liganden sind die Alkanide der Übergangsmetalle stabiler, z. B. mit Liganden wie $CH_2{-}CMe_3$, $CH_2{-}SiMe_3$, $CH(SiMe_3)_2$. Bei den frühen und mittleren Übergangsmetallen von der 4. bis zur 7. Gruppe kann man mit derartigen Liganden R mit isolierbaren Verbindungen MR_3 (4. bis 7. Gruppe), MR_4 (4. bis 7. Gruppe), MR_5 (5. bis 7. Gruppe) und MR_6 (6. und 7. Gruppe) rechnen. Alkanide der späten Übergangsmetalle sind nur in Einzelfällen bekannt. Generell sinkt die Stabilität von MR_n in den Hauptgruppen von oben nach unten (z. B. $SiR_4 > GeR_4 > SnR_4 > PbR_4$), während sie in den Nebengruppen in dieser Richtung steigt (z. B. $TiR_4 < ZrR_4 < HfR_4$).

Metallalkenide verhalten sich im Prinzip nicht anders als die Alkanide. Befindet sich die Doppelbindung in 1-Stellung ($[L_nM{-}CH{=}CHR]$), so spielt eine π-Akzeptor-Aktivität aufgrund antibindender π^*-MOs im Alkenylrest deshalb keine Rolle, weil die Ebene dieser π^*-MOs und die Ebene geeigneter Metall-d-AOs einen Winkel von ca. 60° miteinander bilden. Bei den Metallalkiniden $[L_nM{-}C{\equiv}CR]$ liegen indes die entsprechenden Ebenen koplanar, sodass 1-Alkinide eine gewisse π-Akzeptor-Aktivität aufweisen, die allerdings deutlich geringer ist als die von CN^-. Immerhin wurde für neutrale Metallalkinide $[M(C{\equiv}CR)_n]$ und mehr noch für 1-Alkinylmetallate $[M(C{\equiv}CR)_n]^{m-}$ eine Chemie entwickelt, die mit der der Cyanidometallate verwandt ist.

Weniger als über Alkanide ist über Arenide MAr_n der Übergangsmetalle bekannt. Sperrige Arylreste fördern die kinetische Stabilität. So sind Phenyl-Verbindungen MPh_n wenig stabil, aber schon eine *ortho*-Methylgruppe kann die Stabilität erhöhen, wie die isolierbaren Substanzen $M(o\text{-Tol})_4$ (M = Mo, W) lehren.

Eine strukturelle Sonderrolle spielen zwei- und dreikernige Alkanide mit Metall-Metall-Mehrfachbindungen, nämlich $R_3M{\equiv}MR_3$ (D_{3d}; R = $CH_2{-}SiMe_3$; M = Mo, W, Ru) und Re_3Me_9 (D_{3h}; isostrukturell mit Re_3Cl_9, Abschnitt 8.3.2). Die beiden Cr-Atome in der roten, bis 200 °C haltbaren Verbindung Ar*CrCrAr* sollen unter Inanspruchnahme aller Valenzelektronen von Cr^I durch eine Fünffachbindung zusammengehalten werden; dies ist nur dadurch möglich, dass ein riesengroßer Ligand Ar* die Cr-Atome vollkommen abschirmt; es handelt sich um den Arylrest Ar* = Bis-2,6-(2,6-diisopropylphenyl)phenyl = $2,6\text{-}C_6H_3(2,6\text{-}C_6H_3iPr_2)_2$:

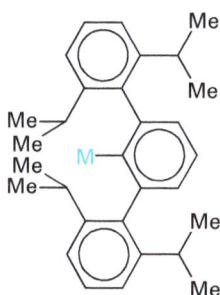

Me
Me
Me Me Me
Me M Me
Me
Me

Ternäre Alkylmetallate $M'_m[MR_n]$ sind leichter zugänglich als die neutralen Alkanide. Die Anionen $[MMe_2]^-$ sind linear gebaut (Cu, Ag, Au), die Anionen $[MMe_4]^{2-}$ entweder tetraedrisch (Mn, Co, Ni, Zn, Cd) oder quadratisch-planar (Pd, Pt), die Anionen $[MMe_4]^-$ quadratisch-planar (Mn, Au), das Anion $[TiMe_5]^-$ tetragonal-pyramidal, die Anionen $[MMe_6]^{2-}$ oktaedrisch (Mn, Rh, Pt) oder trigonal-prismatisch (Zr, Hf), das Anion $[YMe_6]^{3-}$ oktaedrisch, die Anionen $[MMe_6]^-$ trigonal-prismatisch (V, Nb, Ta), die Anionen $[MMe_7]^{2-}$ überkappt-oktaedrisch (Nb, Ta) und die Anionen $[MMe_8]^{2-}$ tetragonal-antiprismatisch (W, Re). Eine Sonderrolle spielen auch bei den Alkylmetallaten die zweikernigen Anionen mit Metall-Metall-Mehrfachbindungen $[Me_4M{\equiv}MMe_4]^{4-}$ (Cr, Mo, W) und $[Me_4Re{\equiv}ReMe_4]^{2-}$ (D_{4h}; 16e-Systeme).

Die Metalle der 3. Hauptgruppe sind in niedriger Oxidationszahl vom Al bis zum Tl ein Tummelplatz für Metallcluster der Zusammensetzung $[M_mR_n]^{\circ-}$, die nach außen durch mehr oder weniger große Alkylreste abgeschirmt werden. Der einfachste Vertreter ist das Tetrahedran $[Al_4R_4]$ [T_d; R = $C(SiMe_3)_3$ u. a.]. In der strukturell reichhaltigen, blühenden Chemie solcher Cluster tut sich das Gallium besonders hervor. Drei Beispiele für Cluster seien genannt, deren Strukturen mit den Williams-Wade-Regeln im Allgemeinen nicht zugänglich sind: $[Ga_6R_6]^{2-}$ (Ga_6-Oktaeder), $[Ga_8R_8]^{2-}$ (tetragonales Ga_8-Antiprisma) und $[Ga_9R_9]$ (dreifach tetragonal überkapptes trigonales Prisma der Ga-Atome). Umspannen solch kleinere

Cluster in ihrem Inneren einen Hohlraum, so können sie auch bis zur Nanopartikelgröße anwachsen (z. B. mit 84 Ga-Atomen) und haben dann im gefüllten Innenbereich metalloiden Charakter.

Darstellung

Technisch bedeutsam ist die Darstellung von Al_2R_6 mit R = Et, Pr. Die oxidative Addition von RCl an Al führt zu einer Mischung von $R_2Al_2Cl_3$, $R_3Al_2R_3$ und $R_4Al_2Cl_2$; in Gegenwart von Na kommt man direkt zu Al_2R_6:

$$2\ Al + 6\ RCl + 6\ Na \rightarrow Al_2R_6 + 6\ NaCl$$

Ebenfalls technisch wendet man die Hydridoaluminierung von Ethen mit $Et_4Al_2H_2$ an. Das Hydridoalan kann man aus Al, H_2 und Al_2Et_6 gewinnen: (1) $2\ Al + 3\ H_2 + 2\ Al_2Et_6 \rightarrow 3\ Et_4Al_2H_2$. Es folgt der Hydridoaluminierungsschritt (2) $Et_4Al_2H_2 + 2\ C_2H_4 \rightarrow Al_2Et_6$. Obwohl zwei Drittel des im Prozessschritt (2) gewonnenen Al_2Et_6 in den Prozessschritt (1) zurückgeführt werden müssen, zeigt die Summe beider Gleichungen an, dass Al_2Et_6 gewonnen wird:

$$2\ Al + 3\ H_2 + 6\ C_2H_4 \rightarrow Al_2Et_6$$

Die Synthese von Al_2Et_6 hat u. a. deshalb Bedeutung, weil man durch Umsetzung von Al_2Et_6 mit $TiCl_4$ oder $TiCl_3$ in Lösung den sog. *Ziegler-Natta-Katalysator* gewinnt, der − auf ein Trägermaterial aufgebracht − die Niederdruckpolymerisation von Ethen zu Polyethen heterogen katalysiert. Anstatt des Ziegler-Natta-Katalysators kann man auch eine Mischung aus Al_2Et_6, $AlCl_3$ und $VOCl_3$ als homogenes Katalysatorsystem zur Herstellung von Polyethen einsetzen. Auch Gemische aus Methylalumoxan $(MeAlO)_x$ (*MAO*) und Cp_2ZrCl_2 katalysieren die Alkenpolymerisation; das wirksame Kation scheint dabei Cp_2ZrMe^+ zu sein.

Für die Darstellung der Metallalkanide im Labor sind die Verfahren geeignet, die in Abschnitt 6.1.2 beschrieben wurden, insbesondere die Metathese gemäß $MCl_n + n\ M'R \rightarrow MR_n + n\ M'Cl$, wobei M'R ein typisches metallorganisches Alkylierungsmittel wie LiR, ZnR_2 u. a. sein kann.

Reaktionen

Metallalkanide **MR** (**M** steht hier kurz für MX_mL_n, also für ein zentrales Metallatom und seine an der Reaktion nicht beteiligten Liganden) gehen *Methathese-Reaktionen* mit *polaren Stoffen* AX ein nach dem Muster

$$MR + AX \rightarrow MX + AR$$

Bei AX kann es sich um hydronaktive Verbindungen wie HCl, H_2O, HOR' u. a. handeln, aber auch um Alkylierungsmittel R'X, die eine C—C-Verknüpfung zu

R—R' erlauben. Was die Hydrolyseempfindlichkeit anbetrifft, reagieren salzartige Verbindungen MR schnell und heftig mit Wasser, keineswegs aber kovalent gebaute. So geht z. B. MeHgCl in Wasser zwar in $[MeHg(H_2O)]^+$ über, aber die Hg—C-Bindung wird nicht angegriffen. Auch Umsetzungen mit Metall-Verbindungen wie M'Hal (MR + M'Hal → MHal + M'R) oder M'R' (MR + M'R' → MR' + M'R) gehören zu den Metathese-Reaktionen (s. Abschnitt 6.1.2).

Die Öffnung der M—C-Bindung kovalent gebauter Metallalkanide MR mit *unpolaren Stoffen* X_2 läuft entweder als Oxidation ab (z. B. MR + Cl_2 → MCl + RCl) oder als Hydrierung (z. B. MR + H_2 → MH + HR). Die Hydrierung spielt bei katalytischen Prozessen eine Rolle, wie z. B. beim entscheidenden Teilschritt der Oxosynthese (Abschnitt 4.3.7): $[(OC)_3Co—CO—R] + H_2 → [(OC)_3CoH] + HCOR$.

Bei der *1,2-Addition* von MR an polare Doppelbindungen spielen Oxo-Verbindungen als Partner eine Rolle (s. Abschnitt 4.3.2):

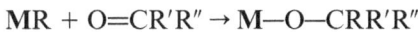

$$MR + O{=}CR'R'' → M—O—CRR'R''$$

Die Addition an die SO-Doppelbindung von SO_2 führt zu M—O—S(O)—R; die nachfolgende Hydrolyse ergibt Sulfinsäuren RSO_2H. Was die Reaktion von MR mit unpolaren Doppelbindungen anbetrifft, so ist diese Reaktion mit O_2 aus der Luft im Verhältnis 2:1 mit manchen Alkaniden heftig, mit anderen langsam: 2 MR + O_2 → 2 M—OR. Auch gegenüber der CC-Doppelbindung der Alkene besteht eine gewisse Alkylometallierungsbereitschaft:

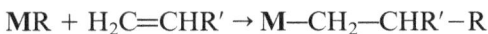

$$MR + H_2C{=}CHR' → M—CH_2—CHR'—R$$

Sie wird im Falle von Al technisch genutzt, nämlich bei der Propyloaluminierung von Propen:

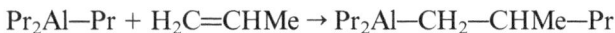

$$Pr_2Al—Pr + H_2C{=}CHMe → Pr_2Al—CH_2—CHMe—Pr$$

Um diese Reaktion nutzen zu können, ist eine zweite, für Trialkylalane typische Reaktion wichtig, nämlich ein Alkyl/Alken-Austausch unter Verschiebung eines H-Atoms. Diese Gleichgewichtsreaktion erinnert – auch mechanistisch – an die Meerwein-Pondorf-Umlagerung (Abschnitt 6.8.1):

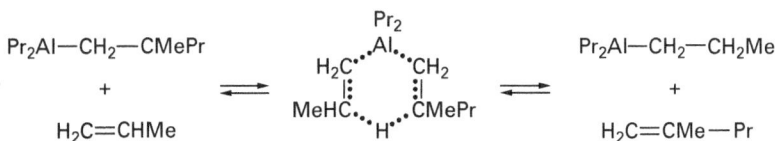

Im Überschuss von Propen verschiebt sich das Gleichgewicht nach rechts. Addiert man die Propyloaluminierung von Propen und die Verdrängung des 2-Methylpentylrests mit Propen zusammen, dann handelt es sich um eine *Propen-Dimerisierung*, $2\ H_2C{=}CHMe \rightarrow H_2C{=}CMe{-}CH_2{-}CH_2Me$, bei der $AlPr_3$ nur katalytisch wirkt.

Anstelle einer 1,2-Addition an Doppelbindungen, kann die Alkylometallierung auch als *1,1-Addition* ablaufen, insbesondere mit CO: $MR + CO \rightarrow M{-}CO{-}R$. Bedeutender ist eine derartige C—C-Verknüpfung, wenn sich unter den Liganden am Zentralmetall auch CO befindet, an dessen C-Atom der Rest R im Rahmen eines zunächst links liegenden Gleichgewichts wandern kann: [(OC)M—R] $\rightleftarrows$ [M—CO—R]. Dabei geht in der Regel eine 18e- in eine 16e-Konfiguration von M über. Das Gleichgewicht verschiebt sich nach rechts, wenn man einen Liganden L zusetzt, der M unter Bildung von [LM—CO—R] wieder zu einer 18e-Konfiguration verhilft. Dies hat u. a. Bedeutung bei der homogen-katalytischen Carbonylierung von Methanol (Essigsäuresynthese; Abschnitt 4.3.7) vermöge der Teilschritte:

$$[Me{-}RhI_3(CO)_2]^- \qquad\qquad \rightleftarrows [Me{-}CO{-}RhI_3(CO)]^-$$
$$[Me{-}CO{-}RhI_3(CO)]^- + CO \rightleftarrows [Me{-}CO{-}RhI_3(CO)_2]^-$$

Bei *thermischer Belastung* von $M{-}CH_2{-}CH_2R$ kommt die Umkehrung der Hydridometallierung von Alkenen, die *Dehydridometallierung*, zum Zuge, eine Gleichgewichtsreaktion, die sich bei Temperaturerhöhung nach rechts verschiebt:

$$M{-}CH_2{-}CH_2R \rightleftarrows M{-}H + H_2C{=}CHR$$

Diese 1,2-Eliminierung oder — wie man gerade bei dieser speziellen Eliminierung gerne sagt — *β-Eliminierung* kann natürlich nur ablaufen, wenn ein β-H-Atom zur Verfügung steht, also nicht wenn Reste wie Me, CH_2tBu oder CH_2Ph an das Metall gebunden sind. Mechanistisch gesehen, verläuft die β-Eliminierung (und natürlich ebenso die Hydridometallierung) über eine MCC-(3c2e)-Bindung:

$$M{-}CH_2{-}CH_2R \rightleftarrows M\overset{CH_2}{\underset{H}{\overset{\displaystyle|}{<}}}{\underset{CHR}{}} \rightleftarrows MH + H_2C{=}CHR$$

Im Falle der Dehydroborierung, $L{-}BR_2{-}CH_2{-}CH_2R \rightarrow L{-}BHR_2 + H_2C{=}CHR$, wird eine Koordinationslücke am Bor, zu der H^- wandern kann, dadurch geschaffen, dass sich die Lewis-Base L abspaltet. Im Falle der Dehydridometallierung bei Übergangsmetallen kann eine solche Koordinationslücke dadurch vorgegeben sein, dass M nur eine 16e-Konfiguration (oder eine mit noch weniger Elektronen) aufweist. Denkbar wäre im Falle einer 18e-Konfiguration auch, dass sich ein Ligand L während der β-Eliminierung abspaltet und so die nötige Koordinationslücke schafft. Zwei Folgereaktionen können nach einer β-Eliminierung eintreten. Zum einen kann **M—H** mit unverbrauchtem **M—CH₂—CH₂R** zu **M—M** und $H_3C{-}CH_2R$ kondensieren. Zum anderen mag im Falle einer β-Eliminierung aus MR_n das Primärprodukt MHR_{n-1} eine zweite 1,2-Eliminierung erfahren, und zwar die eines Akans RH, sodass insgesamt aus MR_n das Produkt MR_{n-2} entsteht. Ein

Beispiel einer β-Eliminierung, die bei **MH** stehenbleibt, ist die Abspaltung von Ethen aus [L$_2$PtClEt] (L = PPh$_3$), die zu [L$_2$PtClH] führt.

War eben **MH** der sich abspaltende Reaktionspartner, so kann sich umgekehrt im Falle von Verbindungen des Typs X—M—CH$_2$R ein Molekül HX abspalten und ein Alkyliden-Komplex mit M=C-Doppelbindung bleibt zurück:

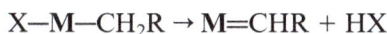

$$X—M—CH_2R \rightarrow M=CHR + HX$$

Diese Reaktion kommt dann besonders zum Zuge, wenn kein β-H-Atom zur β-Eliminierung einlädt. Ein Beispiel ist die zu [(Me$_3$CCH$_2$)$_3$Ta=CHCMe$_3$] führende Eliminierung von HCl aus [Cl—Ta(CH$_2$CMe$_3$)$_4$] mithilfe carbanionischer Basen.

Weitere Ligandsphäre in Alkylmetall-Verbindungen

Die weiteren Liganden am Zentralatom von Alkylmetall-Verbindungen mögen Reste X ohne Formalladung (als freie Liganden: Anionen X$^-$) oder Reste L mit positiver Formalladung (als freie Liganden: neutrale Moleküle L) sein: MX$_m$L$_n$R$_o$. Als Reste X kommen die Reste H, Hal, OR, O, NR$_2$, NR u. a. in Betracht und als Liganden L Moleküle wie H$_2$O, ROH, R$_2$O, R$_2$S, NR$_3$, PR$_3$, CO u. a. Die sich ergebende Vielfalt kann hier nicht systematisch dargestellt werden; Einzelbeispiele wurden in den vorherigen Abschnitten immer wieder behandelt. Anhand von Beispielen sollen aber hier drei lehrreiche Phänomene aus der Großfamilie R$_m$MX$_n$ vorgestellt werden.

Viele Elemente bevorzugen in bestimmten Oxidationszahlen bestimmte Koordinationszahlen k. Greifen wir Pt^{IV} mit der bevorzugten Koordinationszahl k = 6 heraus! Ein Molekül wie Me$_3$PtI mit k(Pt) = 4 tendiert mithin dazu, durch Assoziation die Koordinationszahl k = 6 zu erlangen, und dies gelingt durch Tetramerisierung zu einer Kuban-Struktur (Me$_3$PtI)$_4$ (T_d) mit den Me$_3$Pt-Einheiten in vier Ecken [k(Pt) = 6] und I in den anderen vier Ecken [k(I) = 3]. Aluminium bevorzugt als Al^{III} in Molekülen die Koordinationszahl k = 4. So assoziiert AlMe$_3$ zu Vierring-Dimeren Al$_2$Me$_6$ und nimmt dabei nichtklassisch gebundene Me-Brücken in Kauf (D_{2h}; s. o.). Alane wie Me$_2$AlX assoziieren ähnlich, und zwar im Falle X = Cl ebenfalls zu Vierringen mit zwei Cl-Brücken (D_{2h}), im Falle X = OMe und X = H zu Sechsringen mit OMe- bzw. nichtklassischen H-Brücken (D_{3h}) und im Falle X = CN zu tetrameren Ringen mit den CN-Ionen als linearen Brücken vom Typ Al—C≡N—Al zwischen den Me$_2$Al-Gruppen an den Ecken eines Quadrats. Bei Standardbedingungen nicht stabile, ungesättigte Moleküle wie MeAl=NiPr verhelfen den Al^{III}-Atomen zu k = 4 durch Tetramerisierung zur Kuban-Struktur (T_d).

Von der Tendenz der niederwertigen Gruppe-13-Metalle Al, Ga, In, Tl zur Clusterbildung war oben die Rede. So wie den homonuklearen Boran-Clustern B$_m$H$_n$ heteronukleare Cluster wie etwa die Carbaborane C$_m$B$_n$H$_o$ gegenüberstehen, so kennt man auch bei den schwereren Gruppenhomologen von Bor heteronukleare

Cluster. Als Musterbeispiel sei ein *Carbaalan* vorgestellt, nämlich $(CR)_6Al_8H_6L_2$ ($R = CH_2Ph$, $L = NMe_3$), ein Glied also im System $C_mAl_nH_o$. In diesem Cluster-Molekül liegen die acht Al-Atome in den Ecken eines Würfels, dessen sechs Seiten tetragonal durch CR überkappt werden [$k(C) = 5$] und an dessen acht Ecken sechs H-Atome und − an gegenüberliegenden Ecken auf der C_3-Achse − zwei Liganden L terminal gebunden sind (D_{3d}). Die Carbaalane unterscheiden sich in ihrer Struktur auffällig von den Carbaboranen; die Williams-Wade-Regeln versagen.

Im System $M_mO_nR_o$ verdienen u. a. die Methylrheniumoxide Beachtung: Me_4ReO (C_{4v}), Me_3ReO_2 (C_{2v}; trigonal-bipyramidale Re-Koordination, O in äquatorialer Lage) und $MeReO_3$ (C_{3v}). Das Methylrheniumtrioxid katalysiert die Alken-Metathese. Man gewinnt es nach einer etablierten Methode ($ClReO_3 + Bu_3SnMe \rightarrow MeReO_3 + Bu_3SnCl$) als eine farblose, bis 300 °C haltbare Substanz. Das Besondere ist, dass das hochoxidierte Re^{VII} neben C^{-II} im gleichen Molekül stabil bleibt. Bei einer entsprechenden (hypothetischen) Hauptgruppenverbindung wie $MeClO_3$ oder $MeIO_3$ müsste man eine heftige Redoxreaktion in Betracht ziehen.

8.6.3 Alkyliden- und Alkylidinmetall-Verbindungen

Alkylidenmetall-Komplexe gehorchen der Formel $M=CX_2$. Beim Liganden CX_2 handelt es sich also um ein Carben (s. Abschnitt 6.1.4); man spricht auch von *Carben-Komplexen*. Das Metall M im Komplexfragment $M = MX_mL_n$ kann jedes Übergangsmetall sein; die Liganden X und L können breit variiert werden. Der Doppelbindungscharakter der $M=C$-Bindung kommt gut in den MC-Abständen des Beispielmoleküls $[Cp_2Ta(CH_3)(CH_2)]$ zum Ausdruck: 224 pm für $Ta-CH_3$ und 203 pm für $Ta=CH_2$, d. i. ein der Regel gerecht werdender Unterschied. Man kann zwei Familien von Carben-Komplexen bezüglich ihrer Reaktivität am Carben-C-Atom unterscheiden. Die *nucleophilen* oder *Schrock-Carben-Komplexe* reagieren mit Elektrophilen zu Addukten und bilden bei Metathesen mit polaren Doppelbindungen wie der CO-Doppelbindung von Ketonen Produkte, in denen das Carben CX_2 an den elektropositiven Teil der Doppelbindung geknüpft ist. Hierzu folgende Beispiele:

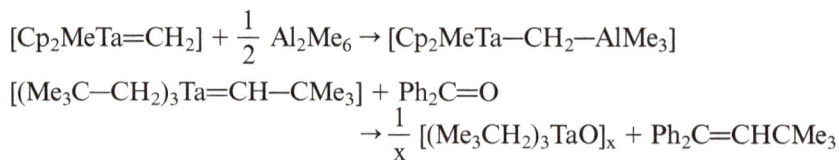

$$[Cp_2MeTa=CH_2] + \frac{1}{2} Al_2Me_6 \rightarrow [Cp_2MeTa-CH_2-AlMe_3]$$

$$[(Me_3C-CH_2)_3Ta=CH-CMe_3] + Ph_2C=O$$
$$\rightarrow \frac{1}{x} [(Me_3CH_2)_3TaO]_x + Ph_2C=CHCMe_3$$

Bei den *elektrophilen* oder *Fischer-Carben-Komplexen* sind in der Regel Reste X vom Typ $X = OR$, NR_2 an das Carben-C-Atom gebunden, die sich durch Nucleophile Y substituieren lassen gemäß $M=CRX + Y \rightarrow M=CRY + X$. Das Metallatom in elektrophilen Carben-Komplexen hat eine möglichst tiefe, in nucleophilen Carben-Komplexen eine möglichst hohe Oxidationszahl. Zur nucleophilen Substitution an elektrophilen Komplexen zwei Beispiele:

$$[(OC)_5Cr=CMe(OMe)] + Me_2NH \rightarrow [(OC)_5Cr=CMe(NMe_2)] + HOMe$$
$$[(OC)_5W=CPh(OMe)] + LiPh \quad \rightarrow [(OC)_5W=CPh_2] + LiOMe$$

Elektronendrückende Gruppen X am Carben-Liganden üben einen mesomeren Effekt aus, der die MC-π-Bindung schwächt:

Ein Indiz für die relativ geringe π-Bindungsstärke in elektrophilen Carben-Komplexen bietet der Vergleich der MC-Bindungsabstände im Komplex $[(OC)_5Cr=CX_2]$: 185 pm für M=CO und 213 pm für M=CX$_2$ [CX$_2$ = C(OMe)(NMe$_2$)]. Generell ist die Reaktivität von Schrock-Carben-Komplexen größer als die von Fischer-Carben-Komplexen.

Der mesomere Effekt der Gruppen X bei Carben-Ligandern CRX oder CX$_2$ lässt vermuten, dass das MC-π-Elektronenpaar in den Fischer-Carben-Komplexen mehr Metall- als Ligandcharakter hat. Dieses Elektronenpaar kann ja auch zusammen mit den vier anderen d-Elektronen von Cr^0 zur Verstärkung der π-Bindungen zwischen Cr und den CO-Liganden beitragen. Will man das formale Verfahren zur Auffindung der Oxidationszahl auf einen Komplex wie $[(OC)_5Cr(CX_2)]$ anwenden, so sitzen die sechs Valenzelektronen von Cr in MOs mit vorwiegendem Metallcharakter, und das Cr-Atom ist auch im Komplex ein Cr^0-Atom. In einem nucleophilen Carben-Komplex wie $[R_3Ta(CR_2)]$ mag das TaC-π-Elektronenpaar in einem ligandnahen MO sitzen, sodass sich die Oxidationszahl V für Tantal ergibt (so wie bei Ta^{V}Me$_5$).

Die *Darstellung* der Carben-Komplexe ist lehrreich, weil sie gestattet, einige Aspekte der organischen und metallorganischen Chemie in der Zusammenschau zu sehen. Vom Prinzip her lassen sich drei Methoden unterscheiden:

(1) Man erzeugt Carbene und bindet sie an das Metallatom eines geeigneten Komplexes. Durch simple Addition, $M + CR_2 \rightarrow M=CR_2$, kann man so ein 16e-System in ein 18e-System überführen. Oder man substituiert einen Neutralliganden L durch CR$_2$: $M-L + CR_2 \rightarrow M=CR_2 + L$. Oder man substituiert einen anionischen Liganden X durch CR$_2$: $M-X + CR_2 \rightarrow M=CR_2^+ + X^-$. In der Beispielreaktion (1a) ist Diazomethan CH$_2$N$_2$ die Quelle für CH$_2$ (L = PPh$_3$). Beim Beispiel (1b) wird das Carben CR$_2$ aus R$_2$CHCl durch Basen in Freiheit gesetzt; es werden nicht nur alle drei Liganden L (L = PPh$_3$) durch CR$_2$ substituiert, sondern es addiert sich noch ein viertes Carben an das 16e-System. Beim Beispiel (1c) wird Acetat durch ein langlebiges sog. *Arduengo-Carben* CX$_2$ [d. i. ein Carben vom Typ C(−NR−CH=CH−NR−)] verdrängt.

(1a) $[L_3(ON)OsCl] + CH_2 \rightarrow [L_2(ON)ClOs=CH_2] + L$
(1b) $[L_3RuCl_2] + 4\,CR_2 \quad \rightarrow [Cl_2Ru(CR_2)_4] + 3L$
(1c) $Hg(MeCO_2)_2 + CX_2 \rightarrow [X_2C=Hg=CX_2]^{2+} + 2\,MeCO_2^-$

(2) Man geht von Alkylchloridometall-Verbindungen aus und führt sie durch baseninduzierte 1,2-HCl-Eliminierung in eine Alkylidenmetall-Verbindung über: $ClM-CH_2R + LiR' \rightarrow M=CH_2 + HR' + LiCl$. [Beispiel (2a); R = CH_2CMe_3; geht man von $TaCl_5$ aus und setzt es mit $LiCH_2CMe_3$ im Verhältnis 1:5 um, dann kann man die vierfache Alkylierung und die HCl-Abspaltung in einem Arbeitsgang bewältigen]. Anstelle von H^+ lässt sich auch H^- aus dem Alkylrest abspalten, wenn ein starker H^--Akzeptor wie das Kation Ph_3C^+ zur Stelle ist [Beispiel (2b); L = PR_3]. Im Falle von Alkylmetall-Verbindungen des Typs $M-CR_2(OR')$ reichen H^+-Ionen zur Abspaltung von $R'O^-$ aus: $M-CR_2OR' + H^+ \rightarrow M=CR_2 + HOR'$ [Beispiel (2c)].

(2a) $[R_3ClTa-CH_2-CMe_3] + LiR' \rightarrow [R_3Ta=CH-CMe_3] + HR' + LiCl$
(2b) $[CpL(ON)Re-CH_3] + Ph_3C^+ \rightarrow [CpL(ON)Re=CH_2]^+ + Ph_3CH$
(2c) $[Cp(OC)_2Fe-CHPh-OMe] + H^+ \rightarrow [Cp(OC)_2Fe=CHPh] + HOMe$

(3) Schließlich kann man von Systemen $M=C=Y$ (Y = O, NR) ausgehen und die C=Y-Bindung durch die Addition geeigneter Stoffe absättigen. Im Falle des Isocyanido-Liganden gelingt dies schon mit hydroaktiven Stoffen HX: $M=C=NR + HX \rightarrow M=CX-NHR$ [Beispiel (3a); L = PPh_3]. Im Falle von Carbonyl-Liganden geht man in zwei Schritten vor: $M=C=O + R^- \rightarrow M=CR-O^-$ und $M=CR-O^- + R'^+ \rightarrow M=CROR'$ (Beispiel (3b)).

(3a) $[LCl_2Pt=C=NR] + RNH_2 \rightarrow [LCl_2Pt=C(NHR)_2]$
(3b) $[(OC)_5Cr=C=O] + LiR \rightarrow [(OC)_5Cr=CR-O]^- + Li^+$
$[(OC)_5Cr=CR-O]^- + MeI \rightarrow [(OC)_5Cr=CR(OMe)] + I^-$

Carben-Komplexe vom Schrock-Typ mit dem Carben CH_2 sind besonders reaktiv. Man kann sie reversibel durch Addition einer Lewis-Säure A zu $M-CH_2-A$ stabilisieren. Das durch Addition von Me_2AlCl stabilisierte Bis(cyclopentadienyl)methylidentitan, $[Cp_2Ti(CH_2-AlClMe_2)]$ (*Tebbes Reagenz*), kann man aus Cp_2TiCl_2 und Al_2Me_6 in einem Arbeitsgang (Methylierung und HCl-Eliminierung) darstellen:

$$[Cp_2TiCl_2] + Al_2Me_6 \rightarrow [Cp_2Ti-CH_2-AlClMe_2] + \frac{1}{2}(Me_2AlCl)_2 + CH_4$$

Tebbes Reagenz ist noch wirkungsvoller als das Wittig-Reagenz $Ph_3P=CH_2$ bei der metathetischen Übertragung von CH_2 auf C=O-Doppelbindungen, denn es ist nicht nur auf Ketone, sondern auch auf Ester anwendbar:

$$PhC(OR)=O + H_2C=TiCp_2 \rightarrow PhC(OR)=CH_2 + \frac{1}{x}(Cp_2TiO)_x.$$

Alkylidinmetall-Komplexe

Alkylidinmetall-Komplexe gehorchen der Formel $M{\equiv}CX$. Das Alkantriyl CX nennt man auch *Carbin* und spricht von *Carbin-Komplexen*. Zum Vergleich der Bindungslängen der MC-Einfach-, Doppel- und Dreifachbindung bietet sich das 18e-Molekül $[(L{-}L)W({\equiv}C{-}CMe_3)({=}CH{-}CMe_3)({-}CH_2{-}CMe_3)]$ an ($L{-}L = Me_2P{-}CH_2{-}CH_2{-}PMe_2$; C_1; tetragonal-pyramidale Koordination mit dem Carbin-Liganden in axialer Position): 225 pm für W—C, 194 pm für W=C und 178 pm für W≡C, d. s. mit 29 und 16 pm größere Differenzen als es der Regel entspricht. Der $M{\equiv}C{-}C$-Winkel beträgt 175°. Allgemein liegt der $M{\equiv}C{-}C$-Winkel nahe bei 180°. Wird er wie hier im Kristall gemessen, können kleine Abweichungen von 180° durch zwischenmolekulare Wechselwirkungen hervorgerufen sein und im freien Molekül verschwinden.

Drei Methoden der Darstellung haben Bedeutung. Bei der Abspaltung von HCl aus Komplexen $Cl{-}M{=}CH_2R$ mithilfe geeigneter HCl-Akzeptoren sollte durch Zugabe eines Liganden L dafür gesorgt werden, dass die Koordinationszahl des Metalls erhalten bleibt, z. B.

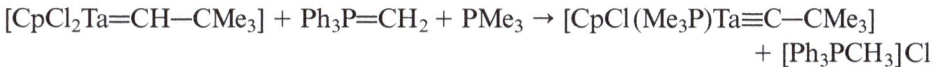

$$[CpCl_2Ta{=}CH{-}CMe_3] + Ph_3P{=}CH_2 + PMe_3 \rightarrow [CpCl(Me_3P)Ta{\equiv}C{-}CMe_3] + [Ph_3PCH_3]Cl$$

Lässt man $BHal_3$ (Hal = Cl, Br, I) auf Fischer-Carben-Komplexe $M{=}CR(OMe)$ einwirken, so wird der MeO-Rest als $MeO{=}BHal_2$ abgespalten und gleichzeitig substituiert ein Rest Hal eine CO-Gruppe am Metall, z. B. (im Produkt ist Cr oktaedrisch koordiniert; C_{4v}; Cl und CPh in *trans*-Stellung):

$$[(OC)_5Cr{=}CPh(OMe)] + BCl_3 \rightarrow [(OC)_4ClCr{\equiv}CPh] + Cl_2B(OMe) + CO$$

Schließlich führt die Metathese zweikerniger Komplexe des Typs $M{\equiv}M$ mit Alkinen $RC{\equiv}CR$ zu Carbin-Komplexen, z. B.

$$[(tBuO)_3W{\equiv}W(OtBu)_3] + EtC{\equiv}CEt \rightarrow 2\,[(tBuO)_3W{\equiv}CEt]$$

8.6.4 Alkan-, Alken- und Alkinmetall-Komplexe

Alkanmetall-Komplexe

Das Molekül H_2 kann side-on an ein Übergangsmetall gebunden sein; dabei gehen die H_2-Bindungselektronen eine koordinative HMH-(3c2e)-σ-Bindung mit dem Metall ein, und Metallelektronen bewirken eine π-Rückbindung unter Inanspruchnahme des σ*-MOs von H_2 (Abschnitt 8.3.1). Im Prinzip sind derartige Wechselwirkungen zwischen einem Übergangsmetall und beliebigen σ-Bindungen zwischen zwei Elementen denkbar. Hier seien solche Wechselwirkungen zwischen einer CH-Bindung und einem Übergangsmetall M in einem Komplexmolekül betrachtet. Sie sind deutlich schwächer als zwischen H_2 und M, sodass es kein bei Standardbedingungern isolierbares Molekül gibt in welchem ein Carbonhydrid mit einer side-on-Bindung von C—H oder gar C—C an M gebunden ist. In einer Tieftemperaturmatrix jedoch lassen sich solche Moleküle nachweisen.

Gleichwohl treten Moleküle mit side-on an ein Metall gebundener C—H-Gruppierung als Übergangszustände oder auch als Zwischenstufen (also als mehr oder weniger tiefe Dellen im Energieprofil der Reaktionskoordinate) auf, und zwar immer dann, wenn eine C—H-Bindung im Zuge einer Addition an ein Metall geöffnet (M + H—R → H—M—R) oder im Zuge einer Eliminierung geschlossen wird. Ein Beispiel für eine Addition (das Beispieledukt WCp*$_2$ bildet sich aus Cp*WH$_2$ durch thermische Eliminierung von H_2; Cp* = η^5-C_5Me_5) und ein Beispiel einer Eliminierung [als Teilreaktion der katalytischen Olefinhydrierung im Lösungsmittel CH_2Cl_2 (L); Abschnitt 4.3.7] seien angeführt:

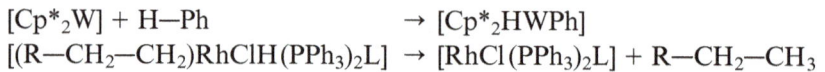

$$[Cp^*_2W] + H\text{—}Ph \rightarrow [Cp^*_2HWPh]$$
$$[(R\text{—}CH_2\text{—}CH_2)RhClH(PPh_3)_2L] \rightarrow [RhCl(PPh_3)_2L] + R\text{—}CH_2\text{—}CH_3$$

Die Addition einer C—H-Bindung kann auch intramolekular ablaufen, wie folgendes Beispiel lehrt, das von einem 16e-System ausgeht und über ein 18e-Zwischenprodukt wieder bei einem 16e-System endet.

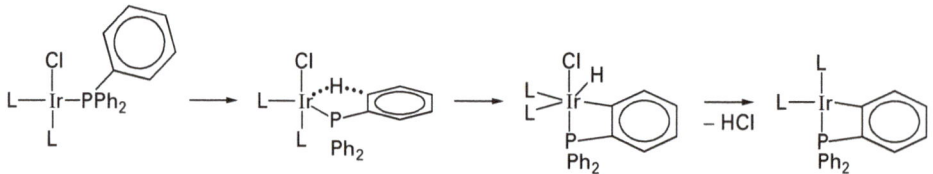

Das folgende Beispiel einer intramolekularen CH-Addition geht von einem 18e-System aus. Im Zuge der Addition wird einer der Liganden L (L = PPh$_3$) verdrängt, sodass das 18e-System erhalten bleibt:

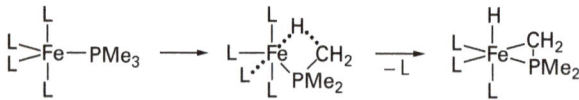

Bei der Hydrometallierung von Alkenen und ihrer Umkehrung, der Dehydrometallierung (Abschnitt 8.6.2), wird eine Zwischenstufe mit MCH-(3c2e)-Bindung durchlaufen:

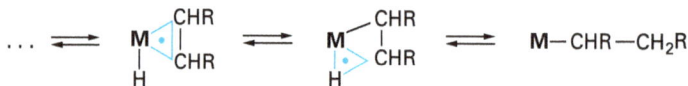

Wenn auch Komplexe mit side-on gebundenen Alkanen als Liganden bei Standard-bedingungen nicht stabil sind, so können doch nachbarständige Alkylgruppen mit einer CH-Gruppierung dafür bereitstehen, einem ungesättigten Zentralatom elektronische Erleichterung durch mehr oder weniger ausgeprägte Dreizentren-wechselwirkung zu verschaffen. Spaltet man etwa aus $[W(CO)_3(PR_3)_2(H_2)]$ (R = Cyclohexyl) thermisch H_2 ab, so kann eine der Cyclohexylgruppen solche Wechsel-wirkungen eingehen (**A**). Beim Ti^{III}-Molekül $[(L—L)TiCl_2Me]$ ist es die Methyl-nachbargruppe, die das Titan mit elektronischer Ladung versorgt (**B**).

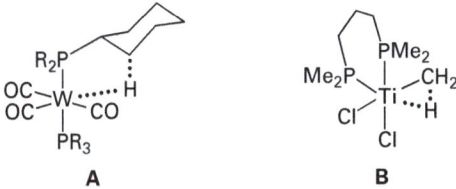

Als experimentelles Indiz für eine solche sog. *agostische Wechselwirkung* dienen u. a. Abstandsmessungen. Der C—H-Abstand sollte um 5 bis 11 pm größer sein als im Normalfall (108 pm), wenn agostische Wechselwirkungen bestehen.

Alkenmetall-Komplexe: Struktur

Alkene können sich side-on an Metallatome binden, sei es auf Metalloberflächen oder in Metallkomplexen. Es kommt zu einer (3c2e)-σ-Bindung zwischen dem be-setzten Alken-π-MO und einem unbesetzten Metall-AO geeigneter Symmetrie, z. B. einem d_{z^2}-AO (**A**). Weiterhin entsteht eine (3c2e)-π-Bindung zwischen dem unbe-setzten Alken π^*-MO und einem besetzten Metall-AO geeigneter Symmetrie, z. B. einem d_{xz}- oder d_{yz}-AO (**B**). Im Allgemeinen ist das Metall elektronenreich und liegt in einer niedrigen Oxidationszahl (0, I, II) vor.

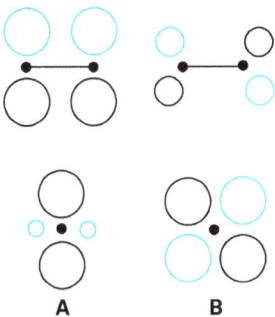

Die Stärke der σ-Bindung steigt mit der Elektronenaffinität von M und diese steigt mit der Oxidationszahl: $M^0 < M^I < M^{II}$. Häufig handelt es sich um folgende Me-talle:

M^0: Ni, Pd, Pt
M^I: Rh, Ir, Cu, Ag, Au
M^{II}: Pd, Pt

Elektronenziehende Substituenten am Alken wie F, CN, COOR schwächen die σ-Bindung.

Die Stärke der π-Bindung ist umso größer, je näher das Metall-HOMO am -LUMO liegt. Für M^0 gilt die Abfolge Pd < Pt < Ni und für M^I Ag < Cu, Au < Rh. Die M^{II}-Metalle Zn, Cd, Hg mit ihrer Edelgaskonfiguration tragen zur π-Bindung kaum bei; deshalb spielen sie für die Bildung von Alken-Komplexen keine Rolle. Liganden am Metall, die selbst starke π-Bindungen mit dem Metall eingehen (vor allem CO) oder die induktiv Elektronen anziehen (häufig Cl), schwächen die Metall-Alken π-Bindung. Die gleichen elektronenziehenden Substituenten am Alken, die die σ-Bindung schwächen, verstärken die π-Bindung.

Durch die Metall-Alken-σ-Bindung wird eine Ladungsverschiebung vom Alken zum Metall aufgebaut, die der Ladungsverschiebung durch die π-Bindung entgegengerichtet ist. Da die Elektrostatik zum Ladungsausgleich drängt, herrscht zwischen σ- und π-Bindung ein Synergismus: Je stärker die eine, umso mehr verstärkt sich die andere.

Strukturell hat man zwei Grenzfälle zu unterscheiden. Bei beliebig schwacher Wechselwirkung bleibt die zentrale Bindungsebene im Alken $R_2C(1)=C(2)R_2$ koplanar, d. h. die Ebenen $R_2C(1)$ und $R_2C(2)$ bilden einen Interplanarwinkel $\delta = 180°$; weiterhin bleibt die C=C-Bindung so kurz wie im freien Alken (d. i. im Mittel bei normalen Alkylsubstituenten R $d = 134$ pm in der Gasphase und 132 pm im Kristall): Grenzfall **A**. Tatsächlich aber vergrößert sich der CC-Abstand mit zunehmender Wechselwirkung, die beiden Alkenhälften CR_2 drehen sich vom Metall weg und bilden einen Interplanarwinkel $\delta < 180°$. Die beiden Carbon-s-AOs mischen beim π- und π*-MO mit, und die CC-σ-Bindung kommt nicht mehr durch die Überlappung reiner (sp^2)-Hybrid-AOs zustande. Bei einem Maximum an Wechselwirkung wird der Grenzfall **B** erreicht, und der Komplex ist in einen Metallacyclopropan-Ring mit zwei M—C-σ-Bindungen übergegangen.

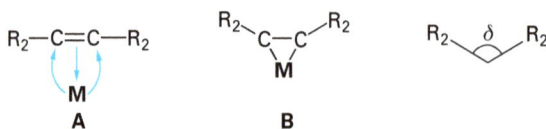

Der tatsächliche Bindungszustand liegt im Allgemeinen zwischen **A** und **B**. Eine Verlängerung des CC-Abstands um etwa 5 pm ist typisch. Ein lehrreiches Beispiel bietet der Komplex [CpRh(η^2-C_2H_4)(η^2-C_2F_4)]: Der CC-Abstand im Liganden C_2H_4 beträgt 135 pm, im Liganden C_2F_4 140 pm; die freien Moleküle weisen in der Gasphase C=C-Abstände von 134 pm (C_2H_4) und 131 pm (C_2F_4) auf. Der Ligand C_2F_4 hat sich also dem Grenzfall B deutlich mehr genähert als C_2H_4. Das kommt auch im Interplanarwinkel zum Ausdruck, der im Komplex bei C_2H_4 138°, bei C_2F_4 nur noch 106° beträgt. Die F-Atome ziehen eines der Metallelektronenpaare weit in das MCC-Bindungsgefüge hinein.

Eine nützliche Sonde um abzuschätzen, wo sich auf dem Weg von A nach B ein Alken-Komplex befindet, hat man mit der charakteristischen C=C-Valenzschwingungsfrequenz in der Hand, die umso kleiner wird, je näher man zu B gelangt (Wellenzahlen in cm^{-1}):

C_2H_4	$[Ag(C_2H_4)_2]^+$	$[(OC)_4Fe(C_2H_4)]$	$[PdCl_2(C_2H_4)_2]$	$[PtCl_3(C_2H_4)]^-$	$[CpRh(C_2H_4)_2]$
1623	1584	1551	1525	1516	1493

Die side-on koordinierten Alkenmoleküle können ohne großen Energieaufwand um eine Achse zwischen M und der Alkenmitte rotieren, wenn sie nahe am Zustand A sind. Die Energieschwelle steigt auf mehr als 50 kJ mol^{-1} an, wenn der Komplex vorwiegend B-Charakter hat. Kommt die Alken-π-Bindung über ein d_{xz}- oder d_{yz}-AO des Metalls zustande, und sind diese beiden AOs aufgrund der Komplexgeometrie entartet, dann kann das Alken schon nach einer 90°-Drehung in eine gleich gute Konformation einrasten.

Was die konformative Position der Alkene bezüglich der Koordinationshauptebene anbelangt, trifft man sowohl die koplanare (wie in den beiden ersten der folgenden Beispiele) als auch die orthogonale Stellung an (wie in den beiden anderen Beispielen):

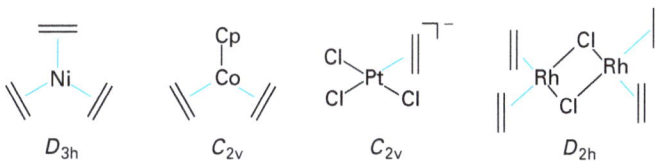

D_{3h} C_{2v} C_{2v} D_{2h}

Alkadiene oder *Alkatriene* mit isolierten Doppelbindungen verhalten sich wie gewöhnliche Alkene. Bei geeigneter räumlicher Anordnung der isolierten Doppelbindungen können Alkadiene beide Doppelbindungen an das Metall binden. Viel Verwendung finden u. a. Cycloocta-1,5-dien (*cod*) (z. B. [Fe(cod)$_2$], ein 16e-System; D_{2d}) oder Norbornadien C_7H_8 (z. B. [PdCl$_2$(C_7H_8)], ein 16e-System; C_{2v}). Das Cyclododeca-1,5,9-trien $C_{12}H_{18}$ kann alle drei Bindungen bei der Wechselwirkung mit Metallen geltend machen (z. B. [Ni($C_{12}H_{18}$)], ein 16e-System; C_{3h}). Solche Diene und mehr noch Triene bleiben einigermaßen locker gebunden, lässt sich doch der Grenzfall einer Metallacyclopropanbildung wegen sterischer Zwänge auch nicht annähernd erreichen. Kumulierte Diene wie Propadien (Allen) können sich ebenfalls mit einer der beiden Doppelbindungen an Metalle addieren.

Konjugierte Diene wie z. B. Buta-1,3-dien, Cyclopentadien, Cyclohexa-1,3-dien u. a. setzen in der Regel beide Doppelbindungen ein, um sich insgesamt vierzähnig mit einem Übergangsmetall zu verbinden. So wie ein Alken für ein CO stehen

kann, ersetzt ein Alkadien zwei CO-Liganden, wie die folgende Reihe von Butadien-Komplexen lehrt:

| $[Fe(CO)_5]$ | $[(C_4H_6)Fe(CO)_3]$ | $[(C_4H_6)_2Fe(CO)]$ | $[(C_4H_6)_3Fe]$ |

Im letztgenannten Molekül ist einer der drei Butadien-Liganden nur mit einer Doppelbindung, also so wie ein Alken, an Fe gebunden. Nimmt man die Mitte einer
jeden Doppelbindung als Koordinationspunkt, dann ist das Fe-Atom in den genannten Butadien-Komplexen − im Gegensatz zu $[Fe(CO)_5]$ mit seiner D_{3h}-Struk-
tur − quadratisch-planar koordiniert mit C_2H_4 an der Pyramidenbasis; im letzten
Beispiel steht das eine nur dihapto gebundene Butadien in axialer Position. Meist,
aber keineswegs immer, bindet sich Butadien in seiner cisoiden Form an ein Metall.

Um die Bindungsverhältnisse zu beschreiben, greifen wir auf die vier π-MOs von
Butadien ψ_1 bis ψ_4 zurück (Abschnitt 4.3.5 und Abb. 2.02). Das besetzte MO ψ_1
gibt eine σ-Bindung mit dem Metall-AO d_{z^2}, das besetzte MO ψ_2 eine π-Bindung
mit dem Metall-AO d_{xz}. Zur Rückbindung kombiniert das besetzte Metall-AO d_{yz}
mit dem unbesetzten MO ψ_3 zu einer π-Bindung und das besetzte Metall-AO
$d_{x^2-y^2}$ mit dem unbesetzten MO ψ_4 zu einer δ-Bindung. (In der folgenden schematischen Skizze liegen die Atome C1 und C4 von cisoidem Butadien vor, die Atome
C2 nud C4 hinter der Zeichenebene.)

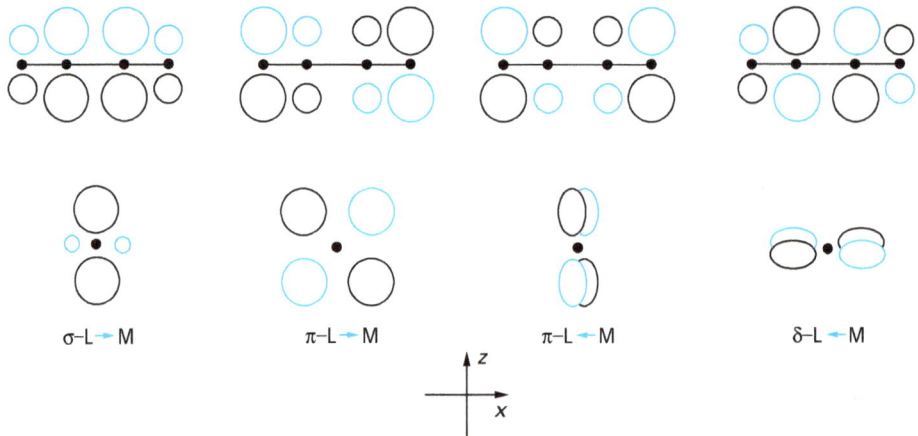

| σ–L →← M | π–L →← M | π–L →← M | δ–L →← M |

Je stärker die Wechselwirkungen sind, umso länger werden die beiden terminalen
CC-Bindungen der Dien-Komponente und umso kürzer wird die mittlere CC-Bindung. Im Grenzfall starker Wechselwirkung entsteht ein 1-Metallacyclopent-3-en
mit der Besonderheit, dass die zentrale CC-Doppelbindung intramolekular eine
Metall-Alken-Bindung eingeht:

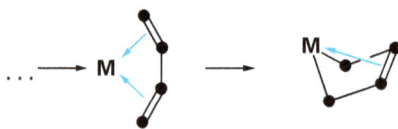

Das *Allyl-Radikal* $CH_2\dot{=}CH\dot{=}CH_2^{\cdot}$ kann mit seinen drei π-MOs mit den drei Metall-AOs d_{z^2}, d_{xz} und d_{yz} kombinieren und dabei eine σ- und zwei π-Bindungen bilden. In der Schlussbilanz spielt es keine Rolle, wo die sechs benötigten Elektronen herkommen, drei vom Metall und drei vom Allyl-Radikal oder zwei vom Metall und vier vom Allyl-Anion.

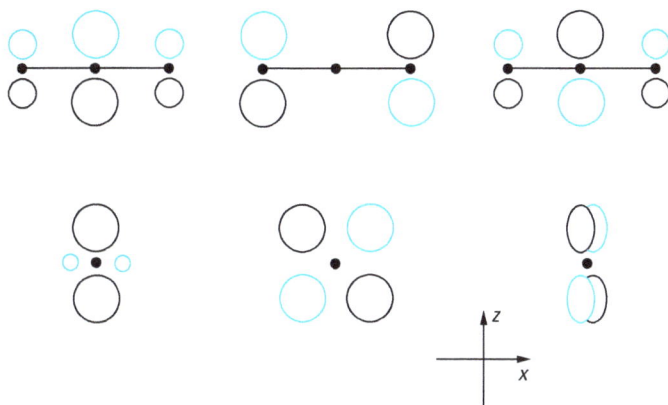

Analog können zwischen dem Pentadienyl-Radikal $CH_2\dot{=}CH\dot{=}CH\dot{=}CH\dot{=}CH_2^{\cdot}$ und einem Übergangsmetall fünf, zwischen dem Heptatrienyl-Radikal $CH_2(CH)_5CH_2^{\cdot}$ und einem Metall sieben bindende Wechselwirkungen bestehen usw. Der Grenzfall starker Wechselwirkung ließe bei Allyl-Komplexen ein 1-Metallabicyclobutan als Produkt erwarten, das aber so extremen Ringspannungen ausgesetzt wäre, dass seine Bildung ausgeschlossen ist.

Die fünf Substituenten des Allyl-Radikals, Hydrogen-Atome oder Alkylgruppen, liegen im komplex gebundenen Allylrest nicht mehr in der Molekülebene (*xy*-Ebene), die durch die drei gewinkelt angeordneten C-Atome gebildet wird, und zwar liegen die vier terminalen Substituenten in Bezug auf diese Ebene auf der metallfernen Seite, der mittlere Substituent auf der metallnahen Seite. Unter den drei MC-Abständen ist der mittlere nur wenig länger als die beiden gleich langen anderen. Die Drehung um die Achse, die durch M geht und senkrecht auf der Allyl-C_3-Ebene steht, ist eingeschränkt. Im Bis(η^3-allyl)nickel [Ni$(C_3H_5)_2$] (analog: Pd, Pt; 16e-Systeme) liegen beide Allylreste beidseits des Metallatoms senkrecht zu dieser Achse; mit den Fußpunkten der Achse in den C_3-Ebenen als Koordinationspunkten ist die Koordination um das Metallatom digonal-linear. Von den beiden Minimumkonformationen ist diejenige, in der die beiden Allylgruppen versetzt übereinanderliegen (C_{2h}), günstiger als diejenige, in der sie unversetzt übereinanderliegen (C_{2v}). In den Komplexen [M$(C_2H_5)_3$] hat das Metall bei trigonal-planarer Koordination entweder eine 18e-Konfiguration (Co, Rh) oder nicht (V, Cr, Fe), und mit den tetraedrisch koordinierten Komplexen [M$(C_3H_5)_4$] verhält es sich ähnlich (18e-Konfiguration bei Mo, W, aber nicht bei Zr, Nb, Ta). Als Beispiele für Komplexe, in denen sich zu Allyl-Liganden andere Liganden gesellen (d. s. sog.

heteroleptische Komplexe), seien (unter Beschränkung auf 18e-Systeme) angeführt: $[Co(CO)_3(C_3H_5)]$, $[FeI(CO)_3(C_3H_5)]$, $[CpNi(C_3H_5)]$, $[CpFe(CO)(C_3H_5)]$. Als Beispiel für einen *homoleptischen Komplex* mit dem Pentadienyl-Liganden sei $[Fe(C_5H_7)_2]$ genannt.

Alken-Komplexe: Darstellung

Substitution eines Neutralliganden L. Will man CO gegen ein Alken austauschen, so leitet man die Reaktion durch eine photolytische CO-Abspaltung in Gegenwart des Alkens ein. Die Flüchtigkeit von CO verschiebt das Gleichgewicht ebenso zur Produktseite wie der Chelateffekt, wenn man ein Alkadien wie cod einsetzt, z. B.

$$[Fe(CO)_5] + cod \rightarrow [Fe(CO)_3(cod)] + 2\,CO$$

Das besonders leicht an Metall gebundene Cyclododeca-1,5,9-trien lässt sich durch Ethen im Überschuss verdrängen, z. B.

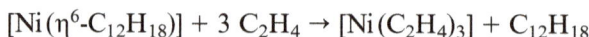

$$[Ni(\eta^6\text{-}C_{12}H_{18})] + 3\,C_2H_4 \rightarrow [Ni(C_2H_4)_3] + C_{12}H_{18}$$

Auch um den Allylrest einzuführen, ist die Verdrängung von CO geeignet, indem man C_3H_5X oxidativ addiert und gegen zwei Moleküle CO austauscht, z. B.

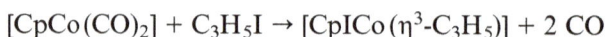

$$[CpCo(CO)_2] + C_3H_5I \rightarrow [CpICo(\eta^3\text{-}C_3H_5)] + 2\,CO$$

Verdrängt man CO formal durch ein Allyl-Kation, dann wird nur ein Molekül CO frei:

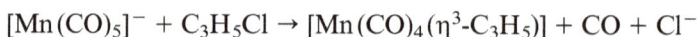

$$[Mn(CO)_5]^- + C_3H_5Cl \rightarrow [Mn(CO)_4(\eta^3\text{-}C_3H_5)] + CO + Cl^-$$

Schließlich lässt sich CO auch intramolekular verdrängen. Im folgenden Beispiel gewinnt man das Butenylcobalt-Edukt durch Hydridometallierung von Butadien mit $[HCo(CO)_4]$:

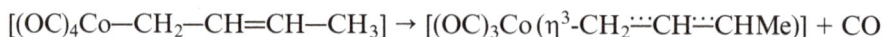

$$[(OC)_4Co\text{—}CH_2\text{—}CH{=}CH\text{—}CH_3] \rightarrow [(OC)_3Co(\eta^3\text{-}CH_2{\cdots}CH{\cdots}CHMe)] + CO$$

Substitution eines anionischen Liganden X. Chlorid gegen Ethen auszutauschen, gelingt entweder, indem man durch Zusatz von Ag^+ schwerlösliches AgCl entstehen lässt oder indem man hohen Druck ausübt:

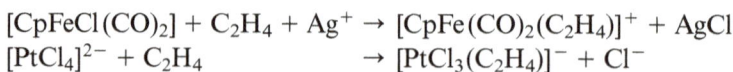

$$[CpFeCl(CO)_2] + C_2H_4 + Ag^+ \rightarrow [CpFe(CO)_2(C_2H_4)]^+ + AgCl$$
$$[PtCl_4]^{2-} + C_2H_4 \qquad\qquad \rightarrow [PtCl_3(C_2H_4)]^- + Cl^-$$

Im Falle der Einführung des Allylrests ist die Substitution von X^- durch $C_3H_5^-$ mithilfe einer metallorganischen Verbindung die Methode der Wahl, z. B.

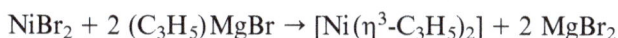

$$NiBr_2 + 2\ (C_3H_5)MgBr \rightarrow [Ni(\eta^3\text{-}C_3H_5)_2] + 2\ MgBr_2$$

Die *Alken-Addition an 16e-Systeme*, ein einleuchtendes Verfahren, führt in der Regel zu Gleichgewichten, z. B.

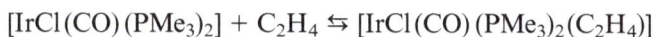

$$[IrCl(CO)(PMe_3)_2] + C_2H_4 \leftrightarrows [IrCl(CO)(PMe_3)_2(C_2H_4)]$$

Reduktion von Metallverbindungen in Gegenwart von Alken. Hierzu folgende Beispiele:

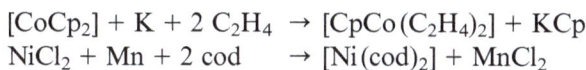

$$[CoCp_2] + K + 2\ C_2H_4\ \rightarrow [CpCo(C_2H_4)_2] + KCp$$
$$NiCl_2 + Mn + 2\ cod\quad \rightarrow [Ni(cod)_2] + MnCl_2$$

Direktsynthese aus Metall und Alken. Festes Metall reagiert nicht mit Alkenen. Vielmehr ist es nötig, Metalldampf einzusetzen, eine wegen des experimentellen Aufwands eher spezielle Methode, z. B.

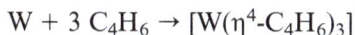

$$W + 3\ C_4H_6 \rightarrow [W(\eta^4\text{-}C_4H_6)_3]$$

Veränderungen am organischen Liganden. Man kann Alkyl-Liganden durch Abspaltung von H^- in η^2-Alken-Liganden überführen:

$$[CpFe(CO)_2(i\mathrm{Pr})] + Ph_3C^+ \rightarrow [CpFe(CO)_2(H_2C{=}CHMe)]^+ + Ph_3CH$$

Durch Anlagerung von R^- an komplex gebundenes Butadien schafft man einen komplex gebundenen Allyl-Liganden, z. B.

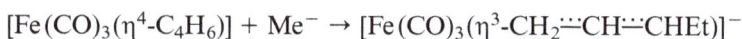

$$[Fe(CO)_3(\eta^4\text{-}C_4H_6)] + Me^- \rightarrow [Fe(CO)_3(\eta^3\text{-}CH_2{\cdots}CH{\cdots}CHEt)]^-$$

Durch Anlagerung von H^+ oder R^+ an ein komplex gebundenes Butadien schafft man ebenfalls einen komplex gebundenen Allyl-Liganden; wegen der Verarmung der Koordinationssphäre um ein Elektronenpaar muss ein Ligand L zugesetzt werden, z. B.

$$[CpIr(CH_2{=}CMe{-}CMe{=}CH_2)] + H^+ + CO \rightarrow [CpIr(CO)(CH_2{\cdots}CMe{\cdots}CMe_2)]^+$$

Alken-Komplexe: Reaktionen

Alken-Komplexe sind thermisch wenig stabil. Die bei der Abspaltung von Alken entstehenden reaktiven Fragmente dienen in Gegenwart geeigneter Reaktionspartner einer Vielzahl synthetischer Zwecke. So kann man zum $(OC)_4Fe$- oder zum CpCo-Fragment oder gar zu Ni-Atomen gelangen, indem man aus $[(OC)_4Fe(C_2H_4)]$ bzw. aus $[CpCo(C_2H_4)_2]$ bzw. aus $[Ni(C_2H_4)_3]$ thermisch Ethen abspaltet. Zwar ist in tetrahapto gebundenen Dienen mit isolierten Doppelbindungen ein Chelateffekt wirksam, gleichwohl handelt es sich z. B. bei $[Fe(cod)_2]$ um ein Molekül, aus dem sich durch thermische Abspaltung von cod leicht reaktive Fe-Atome gewinnen lassen. Im Molekül $[Ni(C_{12}H_{18})]$ mit seinem hexahapto gebundenen Cyclododeca-1,5,9-trien ist die Bindung des Liganden an das Metall so locker, dass man den Komplex als „nacktes Nickel" bezeichnet.

Alka-1,3-dien-Komplexe sind im Allgemeinen stabiler als Alken-Komplexe. So stehen komplex gebundene 1,3-Diene für [4+2]-Cycloadditionen nicht mehr zur Verfügung. Allerdings sind jene 1,3-Diene auffallend labil, durch deren Abspaltung ein aromatisches Gerüst entsteht, wie es z. B. bei der Abspaltung von Naphthalen aus Bis(η^4-benzocyclohexa-1,3-dien)cobalt(1−) beim Einwirken von Liganden L der Fall ist:

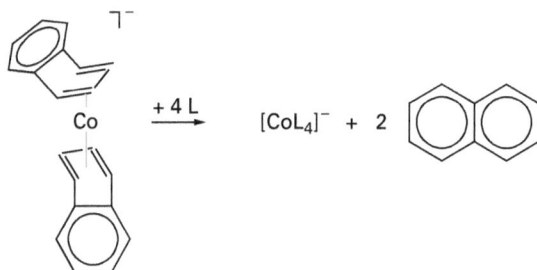

Der Alken-Ligand in Alken-Metall-Komplexen wird durch die Addition von Basen wie H^- oder R^- in einen Alkyl-Liganden umgewandelt, z. B.

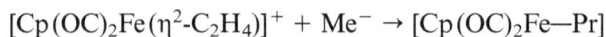

$$[Cp(OC)_2Fe(\eta^2\text{-}C_2H_4)]^+ + Me^- \rightarrow [Cp(OC)_2Fe\text{-}Pr]$$

Vollzieht sich dieser Schritt als Verschiebung von H^- intramolekular gemäß $H\text{-}M(\eta^2\text{-}CH_2=CHR) \rightarrow M\text{-}CH_2\text{-}CH_2R$, so handelt es sich um einen Teilschritt einer Hydridometallierung; Edukte dieser Art werden als Zwischenstufen bei der Addition von $H\text{-}M$ an ein Alken gebildet.

Die Addition einer Base an ein komplex gebundenes Alka-1,3-dien führt zu einem komplex gebundenen Allyl-Liganden; ein Beispiel wurde oben bezüglich der Addition von Me^- an $[(OC)_3Fe(C_4H_6)]$ gegeben. Die Umwandlung eines Alkadien- in einen Allyl-Liganden durch Addition von H^+ muss von der Addition eines Liganden L (sehr oft CO) an das Metall begleitet sein, wie oben mit $[CpIr(C_4H_4Me_2)]$ als Beispiel ausgeführt wurde; ganz analog verhält sich $[(OC)_3Fe(\eta^4\text{-}C_4H_6)]$ bei Hydronierung und CO-Addition.

Das Gleichgewicht zwischen komplex gebundenem Alken $RCH=CH\text{-}CH_3$ und Allyl $RCH\dot{=}CH\dot{=}CH_2$ durch Verschieben von H^- an das Metall mit gekoppelter CO-Abspaltung

$$[(OC)_4Fe(\eta^2\text{-}H_2C=CH-CH_2R)] \rightleftarrows [(OC)_3HFe(\eta^3\text{-}H_2C\text{-}CH\text{-}CHR)] + CO$$
$$\leftrightarrows [(OC)_4Fe(\eta^2\text{-}HRC=CH-CH_3)]$$

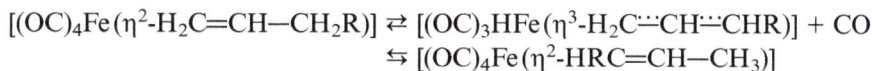

liegt der katalytischen Alken-Isomerisierung, $RCH_2-CH=CH_2 \rightarrow RCH=CH-CH_3$, zugrunde.

Alkinmetall-Komplexe

Alkine $RC\equiv CR$ liegen in Komplexen $[M(\eta^2\text{-}RC\equiv CR)]$ side-on gebunden vor. Vier MOs des Alkins und vier d-AOs des Metalls können in Wechselwirkung treten. Die z-Achse verlaufe durch M und die Alkinmitte; die x-Achse sei die Alkinmolekül-achse. Die beiden besetzten π-MOs des Alkins geben koordinative Bindungen zum Metall hin, und zwar π_{xz} mit d_{z^2} eine σ-Bindung und π_{yz} mit d_{yz} eine π-Bindung. Die unbesetzten π^*-MOs nehmen koordinative Rückbindungen vom Metall auf, und zwar geben π^*_{xz} mit d_{xz} eine π-Bindung und π^*_{yz} mit d_{xy} eine δ-Bindung.

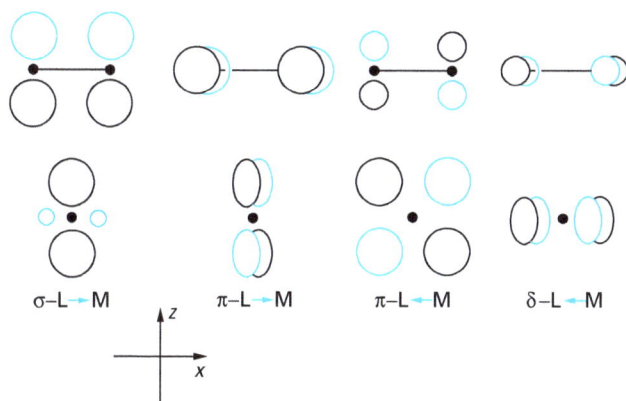

σ–L→M   π–L→M   π–L←M   δ–L←M

z / x

Die durchschnittliche $C\equiv C$-Bindungslänge in Alkinen von 118 pm (im Kristall) wächst in side-on gebundenen Alkinen auf mehr als 135 pm an. Im gleichen Maße verkleinert sich der Winkel RCC von 180° im freien Alkin RCCR bis auf weniger als 140° im gebundenen Alkin. Im Grenzfall starker Metall-Alkin-Wechselwirkungen gehen die vier bindenden MOs in zwei M—C-σ-Bindungen, eine C=C-π-Bindung und ein Metall-AO über, und es hat sich ein Metallacyclopropen gebildet.

Nimmt man die Mitte der zentralen CC-Bindung als Koordinationspunkt, so findet man Beispiele für folgende Koordinationsmöglichkeiten:

digonal-linear in $[Pt(C_2Ph_2)_2]$ (D_{2d})
trigonal-planar in $[L_2Pt(C_2H_2)]$ (C_{2v}; L = PPh$_3$)
tetragonal-planar in $[Cl_3Pt(C_2t\text{Bu}_2)]^-$ (C_{2v})
tetraedrisch in $[CpClMo(C_2Me_2)_2]$ (C_s), $[(OC)W(C_2Et_2)_3]$ (C_{3v})
trigonal-bipyramidal in $[(OC)_4Fe(C_2t\text{Bu}_2)]$ (Alkin äquatorial; C_{2v})
oktaedrisch in $[Cl_5W(C_2Cl_2)]^-$ (C_{2v})

Das kurzlebige Benzin C_6H_4 (Abschnitt 6.4.5) lässt sich mit seiner Dreifachbindung side-on an Metalle anlagern und dadurch stabilisieren, z. B. in $[Cp^*TaMe_2(C_6H_4)]$ (tetraedrische Koordination mit der Cp*-Mitte als Koordinationspunkt; C_s). Auch Heteroalkine, insbesondere das Phosphaalkin $P\equiv C-t\,Bu$, finden sich side-on gebunden in Komplexen wieder, z. B. $[L_2Pt(P\equiv CtBu)]$ (C_s; $L = PPh_3$).

Die Drehung der Alkin-Liganden um die Metall-Ligand-Achse erfordert eine beträchtliche Aktivierungsenergie. Bezüglich der MC_2-Ebene gibt es in der Regel zwei orthogonale Vorzugskonformationen; die energetisch bessere liegt im Grundzustand vor. Im digonal-linear gebauten Komplex $[Pt(C_2Ph_2)_2]$ stehen die beiden PtC_2-Ebenen senkrecht aufeinander und konstituieren so die Punktgruppe D_{2d}. Im Molekül $[L_2Pt(C_2H_4)]$ liegt die PtC_2-Ebene koplanar mit der Pt-Koordinationsebene, es liegen also die fünf Atome P(1), P(2) (der Liganden PPh_3), Pt, C(1) und C(2) in einer Ebene; dagegen stehen die PtCC-Ebene und die Pt-Koordinationsebene im Anion $[Cl_3Pt(C_2tBu_2)]^-$ senkrecht aufeinander.

Alkine können auch zwei Metalle verbrücken. Ein Beispiel bietet das Molekül $[(OC)_6Co_2(C_2H_2)]$ (C_{2v}; 18e-Konfiguration):

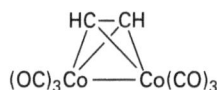

Die CC-Bindungslänge beträgt 146 pm, ein Wert näher an der CC-Einfachbindung (im Mittel 153 pm in Alkanen, 151 pm in Cyclopropan; Messungen an Kristallen) als an der CC-Doppelbindung (132 pm). Es handelt sich eher um einen Dicobaltadicarbatetrahedran-Cluster als um einen Alkin-Metall-Komplex. Ein Heteroalkin wie $t\,BuB\equiv NtBu$ bildet mit $[Co_2(CO)_8]$ unter Abspaltung von zwei Molekülen CO einen ebensolchen Tetrahedran-Cluster, $Co_2NB(CO)_6tBu_2$.

Wenn es auch mehrere sehr spezielle Methoden zur Gewinnung von Alkinmetall-Komplexen gibt, so ist doch der am meisten verbreitete Zugang der durch Substitution neutraler Liganden wie CO oder C_2H_4. Geht man etwa vom 18e-System $[CpMoCl(CO)_3]$ aus, dann werden alle drei CO-Liganden gegen zwei Liganden But-2-in ausgetauscht, und man erhält $[CpMoCl(C_2Me_2)_2]$. Zählt man ab, mit wie vielen bindenden Elektronen es das Mo-Atom zu tun hat, dann kommt man auf 20, wenn jedes Butin alle vier π-Elektronen beiträgt; das Produktmolekül hat C_s-Symmetrie, beide Butin-Liganden sind einander äquivalent. Ob das Abzählen der Elektronen, ein Vergleich mit einer Edelgaskonfiguration und das Ableiten eines Arguments zur Stabilität hier noch sinnvoll sind, sei dahingestellt.

Generell sind Alkinmetall-Komplexe $[M(\eta^2\text{-}C_2R_2)]$ mit großen Substituenten wie $R = t\,Bu$ stabiler als solche mit einfachen Substituenten wie $R = H$, Me. Tatsächlich erhält man aus $[Fe(CO)_5]$ und $t\,BuC\equiv CtBu$ den Komplex $[Fe(CO)_4(C_2tBu_2)]$ (C_{2v}; s. o.); mit $HC\equiv CH$ jedoch gewinnt man über Zwischenstufen wie z. B. das Tricarbonyl-(η^4-1,1,1-tricarbonylferracyclopentadien)eisen (**A**) als Endprodukt das Tricarbonyl(η^4-cyclopentadienon)eisen (**B**):

A   **B**

But-2-in trimerisiert sich mithilfe von $[CpCo(C_2H_4)_2]$ zum entsprechenden Benzen-Komplex $[Co(\eta^6\text{-}C_6Me_6)(\eta^5\text{-}C_5H_5)]$:

$$[CpCo(C_2H_4)_2] \; + \; 3\,MeC\equiv CMe \; \longrightarrow \; \underset{Co}{\quad} \; + \; 2\,C_2H_4$$

Allgemein kann man mit geeigneten Komplexverbindungen die Oligomerisierung einfacher Alkine C_2R_2 zu Cyclobutadien C_4R_4, Benzen C_6R_6, Cyclooctatetraen C_8R_8 oder – unter Mitwirkung von CO – zu Cyclopentadienon C_5R_5O oder Chinon OC_4R_4O katalysieren und zum einen oder anderen Produkt hin dirigieren. Dabei spielen Alkinmetall-Komplexe als Zwischenverbindungen eine entscheidende Rolle. Beteiligt man an solchen Reaktionen noch Nitrile $RC\equiv N$, so können auch Heterocyclen wie die Pyridine NC_5R_5 katalytisch gewonnen werden. Die Oligomerisierung von Alkinen hat technische Bedeutung.

8.6.5 Cyclopentadienylmetall-Komplexe

Einkernige homoleptische Cyclopentadienylmetall-Komplexe

Einkernige homoleptische Übergangsmetallcyclopentadienide genügen der Formel $M(C_5H_5)_n$, kurz MCp_n (n = 2, 3, 4). Der Cp-Rest ist entweder mono- oder penta-hapto an M gebunden. Der monohapto gebundene Cp-Rest verkörpert die klassische Form der M—Cp-Bindung: Im Cyclopentadien C_5H_6 wird ein H-Atom durch ein kovalent gebundenes Metallatom substituiert, und zwar in der Regel ein H-Atom aus der Cyclopentadien-CH_2-Gruppe, sodass das Metallatom in Allylstellung zu den Doppelbindungen steht (**A**); seltener ist die Vinylstellung (**B**). Wichtig ist die nichtklassische pentahapto-Bindung von Cp an **M** $[M(\eta^5\text{-}Cp)]$.

A   **B**   **C**

Die wichtigsten Cyclopentadienylmetall-Komplexe sind die Bis(η^5-cyclopentadienyl)metalle $[M(\eta^5\text{-}Cp)_2]$, die *Metallocene*. Sie haben eine *Sandwich-Struktur*, d. h. eine digonal-lineare Struktur (mit dem Cp-Mittelpunkt als Koordinationspunkt). Die günstigste Konformation kann die ekliptische (M = Fe, Ru, Os; D_{5h}) oder die gestaffelte sein (M = Co, Ni; D_{5d}).

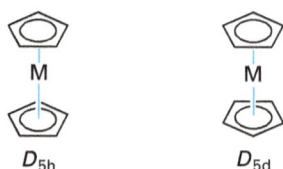

D_{5h} D_{5d}

Bei Standardbedingungen isolierbar sind die Metallocene der ersten Übergangsperiode von V bis Ni und unter den Metallocenen höherer Perioden die von Ru und Os. Eine 18e-Konfiguration liegt nur im Ferrocen, Ruthenocen und Osmocen vor. Ferrocen ist das am besten untersuchte Metallocen. Die Metallocene bleiben in allen Aggregatzuständen molekular gebaut; als Ausnahme hiervon kristallisiert das Manganocen unter Polymerisation zu gewinkelten Ketten, in denen MCp_2 ähnlich wie SeO_2 aufgebaut ist mit einem terminalen η^5-Cp-Rest und einem brückenständigen Cp-Rest, an den zwei benachbarte Mn-Atome je η^2-gebunden sind; die kovalente Bindung hat stark polare Anteile, der besonderen Stabilität des d^5-Ions Mn^{2+} entsprechend. Eine besondere Rolle unter den Verbindungen MCp_2 spielt die Quecksilber-Verbindung $HgCp_2$, die zwar auch aus Molekülen aufgebaut ist, jedoch sind beide Cp-Reste monohapto gebunden (Typ A).

Um die Bindungen im Ferrocen zu verstehen, ziehen wir zunächst die π-MOs heran, die aus den fünf p_z-AOs der C-Atome von Cp gebildet werden. Wie aus dem Energietermschema von Abb. 8.11 hervorgeht, sind die MOs ψ_2 bis ψ_5 paarweise entartet. Der folgenden schematischen Skizze entnimmt man, dass ψ_2 und ψ_3 je eine, ψ_4 und ψ_5 je zwei Knotenebenen haben; die Größe der von oben in z-Richtung gesehenen p_z-AOs gibt die Faktoren wieder, mit denen die p_z-AOs beim LCAO-Ansatz multipliziert werden.

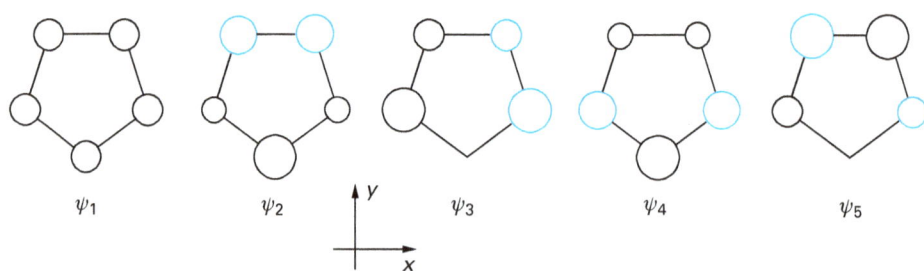

ψ_1 ψ_2 ψ_3 ψ_4 ψ_5

In Metallocenen mit D_{5h}-Struktur müssen zwei Cp-Reste A und B sandwichartig übereinandergelegt und ihre π-MOs ψ_{1A} bis ψ_{5A} sowie ψ_{1B} bis ψ_{5B} so kombiniert werden, dass sich bezüglich der Gruppe D_{5h} symmetriegerechte (d. h. sich nach irreduziblen Darstellungen transformierende) Ligand-MOs ψ_1' bis ψ_{10}' ergeben, die es dann mit den Metall-AOs zu kombinieren gilt. Man findet folgende symmetriegerechte Ligand-MOs ($N = 1/\sqrt{2}$):

$$\psi'_1 = N(\psi_{1A} - \psi_{1B})\ \mathrm{A}'_1 \qquad \psi'_2 = N(\psi_{1A} + \psi_{1B})\ \mathrm{A}''_2$$
$$\psi'_3 = N(\psi_{2A} - \psi_{2B})\ \mathrm{E}'_1 \qquad \psi'_5 = N(\psi_{2A} + \psi_{2B})\ \mathrm{E}''_1$$
$$\psi'_4 = N(\psi_{3A} - \psi_{3B})\ \mathrm{E}'_1 \qquad \psi'_6 = N(\psi_{3A} + \psi_{3B})\ \mathrm{E}''_1$$
$$\psi'_7 = N(\psi_{4A} - \psi_{4B})\ \mathrm{E}'_2 \qquad \psi'_9 = N(\psi_{4A} + \psi_{4B})\ \mathrm{E}''_2$$
$$\psi'_8 = N(\psi_{5A} - \psi_{5B})\ \mathrm{E}'_2 \qquad \psi'_{10} = N(\psi_{5A} + \psi_{5B})\ \mathrm{E}''_2$$

Das Transformationsverhalten der Fe-AOs liest man aus einer Charaktertafel für D_{5h} ab. Kombinieren können jeweils die zur gleichen irreduziblen Darstellung gehörenden Metall-AOs und Ligand-MOs:

A'_1:	$3d_{z^2},\ 4s$	ψ'_1
A''_2:	$4p_z$	ψ'_2
E'_1:	$(4p_x,\ 4p_y)$	$(\psi'_3,\ \psi'_4)$
E'_2:	$(d_{x^2},\ d_{xy})$	$(\psi'_7,\ \psi'_8)$
E''_1:	$(d_{xz},\ d_{yz})$	$(\psi'_5,\ \psi'_6)$
E''_2:		$(\psi'_9,\ \psi'_{10})$

Das Ergebnis einer MO-Rechnung ist in Abb. 8.11 dargestellt. Das e''_2-MO ist ein nichtbindendes Ligand-MO. Die zu den a''_2-MOs führenden Ligand- und Metall-Orbitale liegen so weit auseinander, dass sie kaum bindenden Charakter haben. Neun MOs (darunter sechs paarweise entartete) sind bindend und beim Ferrocen mit 18 Elektronen voll besetzt. Die tief liegenden MOs haben vorwiegend Ligand-charakter, zum $2a'_1$-MO tragen Metall und Liganden in etwa gleichem Maße bei, und das $1e'_2$-HOMO hat vorwiegend Metallcharakter.

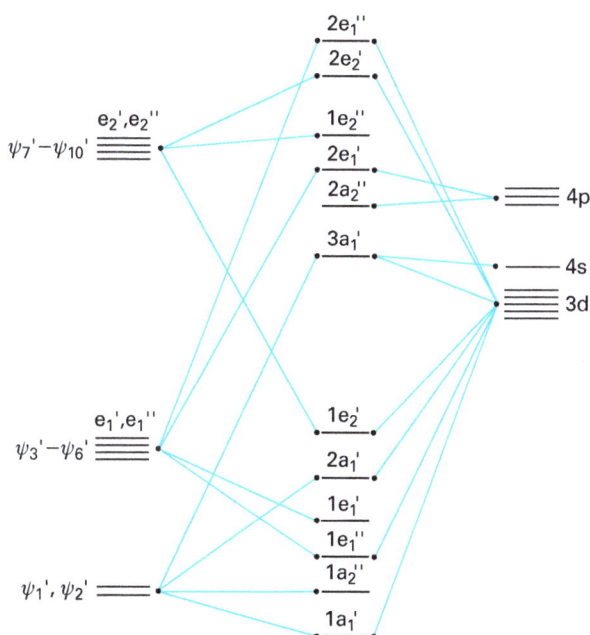

Abb. 8.11 Schematisches MO-Diagramm für Ferrocen $[\mathrm{Fe}(\mathrm{C}_5\mathrm{H}_5)_2]$ (D_{5h}).

Zu einem weniger abstrakten, aber grob qualitativ noch brauchbaren Bild kommt man, wenn man – so wie oben bei der Beschreibung der Bindungen in Alken-, Alkin- und Allyl-Komplexen – nur lokalisierte Bindungen in Betracht zieht und dabei die Metall-4s- und -4p-AOs nicht bedenkt. Man setze über die oben dargestellten π-MOs ψ_1 bis ψ_5 die fünf Metall-d-AOs, die in einer Ebene parallel zum Cp-Rest darunter, längs der z-Achse betrachtet, folgendes Aussehen haben:

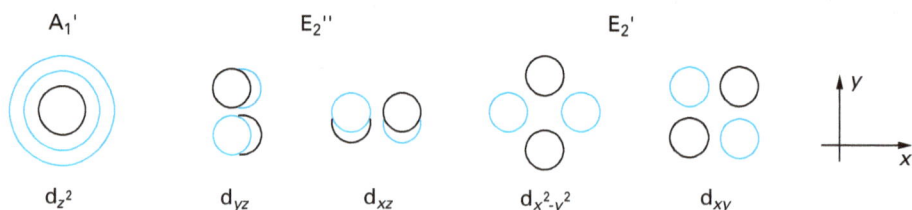

Man erkennt, dass sich für alle fünf d-AOs und fünf π-MOs bindende Überlappungen ergeben. Denselben Befund erhält man für das Fe-Atom und den darüberliegenden Cp-Rest B, wenn man die π-MOs von Ring B dadurch gewinnt, dass man ψ_1, ψ_2 und ψ_3 von Ring A umdreht, während man ψ_4 und ψ_5 für Ring B ohne Veränderung von Ring A übernimmt. Man erkennt auch, dass die totalsymmetrische Kombination (A_1') eine σ-Bindung ergibt, die beiden in E_1'' entarteten Kombinationen ergeben je eine π-Bindung und die beiden in E_2' entarteten Kombinationen je eine δ-Bindung.

Neben den Metallocenen $[M(\eta^5\text{-}Cp)_2]$ findet man Verbindungen $[M(\eta^5\text{-}Cp)_3]$ bei den Lanthanoiden und $[M(\eta^5\text{-}Cp)_4]$ bei den Actinoiden (z. B. $[UCp_4]$). In etlichen Produkten trifft man auf mono- und pentahapto gebundene Cp-Reste im gleichen Molekül: $[M(\eta^1\text{-}Cp)(\eta^5\text{-}Cp)_2](M = Ti)$, $[M(\eta^1\text{-}Cp)_2(\eta^5\text{-}Cp)_2](M = Ti, Hf, Nb, Ta)$ und $[M(\eta^1\text{-}Cp)_2(\eta^5\text{-}Cp)_3](M = Zr)$; dabei steht M bezüglich η^1-Cp immer in Allylstellung. (Die Vinylstellung eines Metalls wird dann günstig, wenn das Metall eine starke π-Akzeptor-Wirkung bezüglich des Vinyl-π-Elektronenpaars entfaltet, wie es etwa für das Halbmetall Bor in Molekülen wie Et_2BCp typisch ist.)

Ähnliche Eigenschaften wie der Rest C_5H_5 am Metall haben die Derivate $C_5H_nR_{5-n}$. Am besten untersucht ist das Pentamethyl-Derivat C_5Me_5 (Cp*). Manche Decamethylmetallocene $[MCp^*_2]$ sind stabiler als der Metallocengrundkörper $[MCp_2]$. Im Falle von $[FeCp^*_2]$ wirken sich die Methylgruppen auf die Struktur aus; trotz der Separierung der Cp*-Reste durch das Fe-Atom kommt eine sterische Wechselwirkung zustande, die die Cp*-Reste aus der ekliptischen Konformation von $[FeCp_2]$ (D_{5h}) heraus in die gestaffelte Konformation (D_{5d}) zwingt.

In etlichen Metallocen-Derivaten sind die beiden Cp-Reste durch Alkandiylbrücken (wie z. B. $-CH_2-CH_2-CH_2-$) verbrückt. Man nennt derartige Derivate *Metallocenophane*. Schrumpft die Brücke auf ein verbrückendes Atom zusammen (z. B. $Y = CR_2$, SiR_2, BR, PR, S), dann werden die Cp-Reste aus ihrer zueinander parallelen Lage gedrängt:

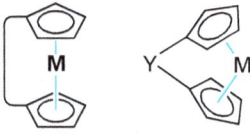

Solche gespannten Metallocenophane neigen unter Ringöffnung zur Polymerisation ($\rightarrow$ [$-$Y$-$(C_5H_4)M(C_5H_4)$-$]$_x$); im Falle M = Fe und Y = SiMe$_2$ handelt es sich um sehr stabile thermoplastische Polymere.

Eine allgemein anwendbare Darstellung von Metallocenen geht von salzartigen Cyclopentadieniden wie NaCp aus (zugänglich gemäß: $2\,Na + 2\,C_5H_6 \rightarrow 2\,NaCp + H_2$):

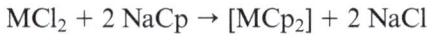

$$MCl_2 + 2\,NaCp \rightarrow [MCp_2] + 2\,NaCl$$

Obwohl Ferrocen luftstabil ist (also mit dem Wasserdampf und Oxygen der Luft kaum reagiert), wird es in Lösung von milden Oxidationsmitteln wie I_2 oder Fe^{3+} zum Ferrocinium-Kation [$FeCp_2$]$^+$ oxidiert; [$FeCp_2$]$^+$/[$FeCp_2$], ε^0 = 0.33 V. Um Ferrocen zum 19e-System [$FeCp_2$]$^-$ zu reduzieren, bedarf es starker Reduktionsmittel; [$FeCp_2$]/[$FeCp_2$]$^-$, ε^0 = -2.95 V. Deutlich leichter als Ferrocen lässt sich Cobaltocen oxidieren, gewinnt es doch im Cobalticinium-Kation eine 18e-Konfiguration. Das Kation [$CoCp_2$]$^+$ ist besonders stabil; z. B. kann man das Methyl-Derivat [$Co(C_5H_4Me)_2$]$^+$ mit Salpetersäure zu [$Co(C_5H_4COOH)_2$]$^+$ oxidieren, ohne dass das Koordinationssystem selbst betroffen wäre.

Die elektrophile Substitution am Cp-Rest von Ferrocen, insbesondere die Friedel-Crafts'sche Alkylierung und Acylierung, verläuft um ein Vielfaches schneller als bei Benzen. Die Labilität der Cp-H-Atome gegenüber der Abspaltung als H$^+$ lässt sich auch zur Metallierung nutzen, indem man z. B. [$FeCp_2$] mit LiBu unter Abspaltung von Butan in [$Fe(C_5H_4Li)_2$] überführt und so ein breites Spektrum von Folgereaktionen eröffnet. So führt z. B. die Umsetzung mit YCl_2 zu den eben beschriebenen Ferrocenophagen.

Eine spezielle Reaktion ist insbesondere bei Nickelocen beobachtet worden, nämlich die Abspaltung von C_5H_6 bei der Einwirkung von Brønsted-Säuren. Dabei geht Nickelocen in einen sog. *Tripeldecker-Sandwich-Komplex* über: 2 [$NiCp_2$] + H$^+$ $\rightarrow$ [(η^5-Cp)Ni(η^5-Cp)Ni(η^5-Cp)]$^+$ + C_5H_6, einKation mit doppelt gestaffelter Konformation der drei parallel übereinanderliegenden Cp-Gruppen (D_{5h}).

Mehrkernige homoleptische Cyclopentadienylmetall-Komplexe

Der Verwandtschaft zwischen [$Fe(CO)_5$] und [($OC)_5Mn-Mn(CO)_5$] entspricht die zwischen [$Os(\eta^5$-Cp)$_2$] und [(η^5-Cp)$_2$Re$-$Re(η^5-Cp)$_2$]; die Ebenen der beiden Koordinationsdreiecke um Re stehen aufeinander senkrecht (D_{2d}). Den Niob-Komplex **A** kann man sich entstanden denken, indem in einem hypothetischen Molekül

[$Cp_2Nb-NbCp_2$] jedes Nb-Atom eine oxidative 1,1-Addition einer C—H-Bindung aus einer benachbartenCp-Gruppe erfährt und dadurch in den Genuss einer 18e-Konfiguration gelangt. Cyclopentadien kann man sich als ein tetrahapto an ein Metall gebundenes 1,3-Dien denken; dies lässt sich mit Bis(cyclopentadienyl) $C_5H_5-C_5H_5$ realisieren, wie der zweikernige Rh-Komplex **B** zeigt, bei dem beide Hälften des Tetraens koordinative Aktivität entfalten. Im Komplex **C** hingegen wird nur eine C_5H_5-Hälfte von $C_5H_5-C_5H_5$ aktiv und zwar in verbrückender Funktion (M = Pd, Pt). Es handelt sich auch bei **B** und **C** um 18e-Systeme. (Das Kürzel Cp versteht sich jeweils als η^5-Cp.)

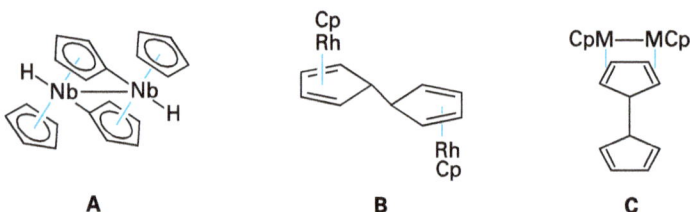

A   **B**   **C**

Zu den zweikernigen Cp-Verbindungen zählt auch der eben skizzierte Tripeldecker-Komplex [Ni_2Cp_3]. Ersetzt man im Cp*-Rest zwei CMe-Einheiten in 1,3-Stellung durch BMe-Einheiten, dann gelangt man vom 5e-Donator C_5Me_5 zum 3e-Donator Pentamethyl-1,3-diboracyclopentyl $B_2C_3Me_5$, der sich nicht nur als Baueinheit für Tripeldecker-, sondern auch für Oligodecker-Komplexe [$M_{n-1}(B_2C_3Me_5)_n$] (n = 2−6; M = Ni, Rh) oder sogar Polydecker-Komplexe (n ≫ 6) anbietet, d. s. lineare Ketten, in denen der planare Fünfring-Ligand senkrecht zur Kettenrichtung steht.

Cyclopentadienylmetallhydride

In der folgenden Reihe einkerniger Komplexe erlangen die Metallatome die 18e-Konfiguration:

Cp_2M^{II}	$Cp_2M^{III}H$	$Cp_2M^{IV}H_2$	$Cp_2M^{V}H_3$
Fe, Ru, Os	Tc, Re	Mo, W	Nb, Ta

Entsprechende Hydride der Metalle der 1. Übergangsperiode, Mn, Cr, V, sind nicht stabil und gehen unter Abspaltung von H_2 in entsprechende Metallocene über; Cr^{IV} oder V^{V} haben ein zu starkes Oxidationspotential, um neben H^{-I} bestehen zu können. Die Vertreter der 4. Gruppe [$Cp_2M^{IV}H_2$] erreichen nur eine 16e-Konfiguration; Cp_2TiH_2 ist nicht stabil und zerfällt unter Abspaltung von H_2 und Dimerisierung in [$Cp_2Ti(\mu_2$-H$)_2TiCp_2$] (D_{2h}; Diboran-Struktur); die stabileren Verbindungen [Cp_2ZrH_2] und [Cp_2HfH_2] liegen im Kristall über H-Brücken verknüpft polymer vor. Da die Cp-Reste in den Komplexen [Cp_2MH_n] nicht mehr parallel liegen, handelt es sich nicht um Sandwich-Komplexe.

Bemerkenswert in einer Reihe mehrkerniger Verbindungen $M_m Cp_n H_o$ sind einige Tetrahedran-Cluster mit terminalen η^5-gebundenen Cp- oder Cp*-Gruppen: $[Cp*_4 Cr_4 H_4]$, $[Cp_4 Co_4 H_4]$, $[Cp_4 Ni_4 H_4]$, (vier H-Atome in μ_3-Brückenposition; T_d) und $[Cp*_4 Ru_4 H_6]$, (vier H-Atome in μ_3- und zwei H-Atome in μ_2-Brückenstellung; D_{2d}).

Der wichtigste Zugang zu $[Cp_2 MH_n]$ besteht in der Hydrierung von $[Cp_2 MCl_n]$ mit $LiAlH_4$ u. Ä. oder in einer gemeinsamen Hydrierung und Cyclopentadienidierung (mit NaCp) von MCl_n, z. B. $4\,[Cp_2 TaCl_3] + 3\,LiAlH_4 \rightarrow 4\,[Cp_2 TaH_3] + 3\,LiAlCl_4$. Die Ti—Me-Bindung lässt sich mit H_2 hydrogenolysieren: $2\,[Cp_2 TiMe_2] + 3\,H_2 \rightarrow [Cp_2 Ti(\mu\text{-}H)_2 TiCp_2] + 4\,CH_4$.

Die thermische Belastung der Verbindungen $[Cp_2 MH_n]$ führt generell zur Abspaltung von H_2, z. B. $[Cp_2 WH_2] \rightarrow [Cp_2 W] + H_2$. Die Komplexe $[Cp_2 MH_2]$ und $[Cp_2 MH]$ lassen sich zu $[Cp_2 MH_3]^+$ bzw. $[Cp_2 MH_2]^+$ hydronieren; dabei erreicht die Base $[Cp_2 ReH]$ einen pK_B-Wert von $pK_B \approx 5$. Das dimere Titanhydrid $[(Cp_2 TiH)_2]$ reagiert mit Lewis-Basen, z. B. $[(Cp_2 TiH)_2] + 2\,PMe_3 \rightarrow 2\,[Cp_2 TiH(PMe_3)]$; mit $BH_3(thf)$ reagiert es zum Titanborhydrid $[Cp_2 Ti(\mu\text{-}H)_2 BH_2]$.

Cyclopentadienylmetallhalogenide

Am meisten verbreitet sind die Bis(cyclopentadienyl)metalldihalogenide $[Cp_2 MHal_2]$ (M = Sc, Y, La, Ti, Zr, Hf, V, Nb, Mo, W). Unter den Verbindungen $[Cp_2 MHal]$ (M = Ti, V, Cr) ist die Ti-Verbindung ähnlich dem Hydrid dimer (Cl-Brücken). Die Verbindungen $[Cp_2 Fe]Cl$ und $[Cp_2 Co]Cl$ sind salzartig aufgebaut. Ein allgemeiner Zugang besteht in der Umsetzung von $MHal_n$ mit NaCp.

Die Verbindungen $[Cp_2 MCl_2]$ sind Ausgangsstoffe zur Herstellung mehrerer Produkte. Aus $[Cp_2 ZrCl_2]$ gewinnt man durch partielle Hydridierung mit $LiAlH_4$ das Reagenz $[Cp_2 ZrHCl]$, das zur Hydrierung von Alkenen eingesetzt wird. Aus $[Cp_2 ZrCl_2]$ und $(MeAlO)_n$ (*MAO*) entsteht das Kation $[Cp_2 ZrH]^+$, das die Alkenpolymerisation katalysiert. Die Umsetzung von $[Cp_2 TiCl_2]$ mit $Na_2 S_5$ erbringt das Pentathiatitanacyclohexan $Cp_2 TiS_5$ und die Umsetzung von $[Cp_2 WCl_2]$ mit $Na_2 S_5$ das Tetrathiawolframacyclopentan $Cp_2 WS_4$.

Cyclopentadienylmetallcarbonyle

Unter den einkernigen Komplexen der Formel $[CpM(CO)_n]$, d. s. sog. Halbsandwich-Komplexe, erreichen folgende die 18e-Konfiguration (bei der Festlegung der Punktgruppe wird der Cp-Rest näherungsweise als kreisförmig angesehen):

$[CpM(CO)_4]$	$[CpM(CO)_3]$	$[CpM(CO)_2]$	$[CpM(CO)]$
V, Nb, Ta: C_{4v}	Mn, Tc, Re: C_{3v}	Co, Rh, Ir: C_{2v}	Cu: $C_{\infty v}$

Dazu gesellt sich noch $[Cp_2 Ti(CO)_2]$.

Bei den zweikernigen Komplexen $[Cp_2M_2(CO)_n]$ mit M—M-Einfachbindung ergibt sich die folgende Reihe von 18e-Derivaten:

$[Cp_2M_2(CO)_6]$	$[Cp_2M_2(CO)_5]$	$[Cp_2M_2(CO)_4]$	$[Cp_2M_2(CO)_3]$	$[Cp_2M_2(CO)]$
Cr, Mo, W	Re	Fe, Ru, Os	Co, Rh	Ni, Pt

Außer durch die M—M-σ-Bindung werden zwei in allen Beispielen symmetrisch äquivalente Molekülhälften zum Teil durch brückenständige CO-Gruppen zusammengehalten; im Falle der beiden Vertreter mit ungerader Zahl an CO-Liganden sind die Molekülhälften nur äquivalent, weil eine CO-Gruppe sich in Brückenstellung befindet. In Lösung gehen die CO-Brücken leicht auf, und es bestehen Gleichgewichte zwischen offenen und verbrückten Strukturen. Ohne brückenständige CO-Gruppen sind die beiden Molekülhälften um die M—M-Bindung drehbar. Da in keinem der o. a. Komplexe die Cp-Gruppen senkrecht zur M—M-Molekülachse angeordnet sind, stehen sie entweder in *cis*- oder in *trans*-Position zueinander. Bei gerader Zahl von CO-Gruppen bedeutet dies C_{2v}- (*cis*) oder C_{2h}-Symmetrie (*trans*). Es gilt die Regel, dass die Gleichgewichte zwischen offenen und verbrückten Strukturen bei den Metallen der dritten Übergangsperiode auf der Seite der offenen Struktur liegt. Mit welchen vier strukturellen Grenzfällen im Rahmen der in Lösung fluktuierenden Strukturen zu rechnen ist, sei anhand des Komplexes $[Cp_2Fe_2(CO)_4]$ als Beispiel wiedergegeben:

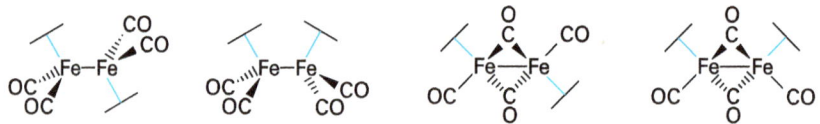

Im Kristall liegt im Allgemeinen nur eines der Isomeren vor. Erwähnt seien noch zweikernige Komplexe mit M≡M-Dreifachbindung: $[Cp_2M_2(CO)_4]$ (Mo, W; unverbrückt) und $[Cp^*_2Re_2(CO)_3]$ (drei CO-Brücken; D_{3h}). Im Komplex $[Cp_2Co_2(CO)_2]$ (zwei CO-Brücken) liegt eine Co=Co-Bindung vor. Um die Vielfältigkeit möglicher Bindungsverhältnisse, gerade auch im Hinblick auf CO als einem der Liganden, zu illustrieren, sei die Struktur des dreikernigen Komplexes $[Cp_3Nb_3(CO)_4]$ skizziert: Drei Einheiten Cp(CO)Nb sind Eckpunkte einer Nb_3-Cyclopropan-Struktur; ein vierter CO-Rest ist end-on an ein Nb-Atom und − vermöge zweier C≡O-π-Bindungen − side-on an die beiden anderen Nb-Atome gebunden. In allen genannten Verbindungen $[Cp_mM_n(CO)_o]$ verfügt M über eine 18e-Konfiguration.

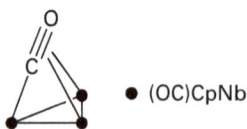
● (OC)CpNb

Cyclopentadienylmetallcarbonyle gewinnt man u. a. aus Metallcarbonylen durch oxidierende Cyclopentadienidierung oder aus Cyclopentadienyl-Komplexen durch Carbonylierung, z. B.

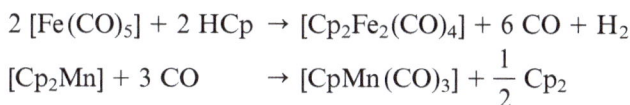

$$2\,[Fe(CO)_5] + 2\,HCp \rightarrow [Cp_2Fe_2(CO)_4] + 6\,CO + H_2$$

$$[Cp_2Mn] + 3\,CO \qquad \rightarrow [CpMn(CO)_3] + \frac{1}{2}\,Cp_2$$

Die CO-Liganden lassen sich partiell oder vollständig durch Liganden L wie PR_3, $RHC{=}CHR$ u. a. substituieren, z. B.

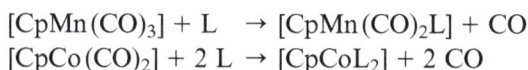

$$[CpMn(CO)_3] + L \;\; \rightarrow [CpMn(CO)_2L] + CO$$
$$[CpCo(CO)_2] + 2\,L \rightarrow [CpCoL_2] + 2\,CO$$

Das besonders gut untersuchte Cyclopentadienylmangantricarbonyl $[CpMn(CO)_3]$ (*Cymantren*) ist u. a. ein geeignetes Material, um die elektrophile Substitution (Alkylierung, Acylierung u. a.) von H-Atomen im Cp-Rest zu beobachten.

Das dimere $[Cp_2Fe(CO)_4]$ bietet sich als Beispiel zum Studium von Redoxreaktionen an. Die Reduktion mit Na ergibt das Anion $[CpFe(CO)_2]^-$ (isoelektronisch mit $[CpCo(CO)_2]$); das Anion lässt sich (z. B. mit RI) oxidativ alkylieren ($\rightarrow$ $[CpFe(CO)_2R]$). Durch Oxidationsmittel wie Hal_2 wird die Fe—Fe-Bindung des dimeren Edukts gespalten ($\rightarrow [CpFe(CO)_2Hal]$). Oxidiert man in Gegenwart von CO mit Ag^+, dann erhält man $[CpFe(CO)_3]^+$ (isoelektronisch mit $[CpMn(CO)_3]$).

Von $[CpFe(CO)_2I]$ geht eine sehr spezielle Substitution aus: In Gegenwart von $Ag[BF_4]$ kann man I^- durch ein Alken austauschen ($\rightarrow$ $[CpFe(CO)_2(\eta^2\text{-}RCH{=}CHR)]$). Setzt man nun HCp als Alken in Gegenwart einer Base wie NEt_3 ein, so erhält man ein Produkt $[Cp_2Fe(CO)_2]$, in welchem ein Cp-Rest η^5-, der andere η^1-gebunden ist (mit Fe in Allylstellung). Der η^1-gebundene Cp-Rest erfährt bei 25 °C dieselbe Valenztautomerie wie im Silan $CpSiMe_3$ (s. Abschnitt 2.5.1).

8.6.6 Arenmetall-Komplexe

Dibenzenchrom und verwandte Komplexe

Das Dibenzenchrom, $[Cr(\eta^6\text{-}C_6H_6)_2]$, hat eine Sandwich-Struktur mit zwei in ekliptischer Konformation parallel übereinanderliegenden Benzenringen (D_{6h}). Die zwölf π-Elektronen zweier Benzenringe verhelfen dem Chrom koordinativ zur Krypton-Konfiguration. In Abb. 8.12 sind die drei besetzten bindenden π-MOs Φ_1 bis Φ_3 und die drei unbesetzten antibindenden π-MOs Φ_4 bis Φ_6 senkrecht zur z-Richtung dargestellt, wobei die sechs Carbon-$2p_z$-AOs mit den Faktoren vergrößert oder verkleinert wurden, die in Abschnitt 6.6.2 als Ergebnis einer LCAO-Rechnung aufgeführt sind. Wie in Abschnitt 8.6.5 für die Metallocene gezeigt, legt man über ein unteres Benzenmolekül A ein zweites Molekül B in der Weise, dass die positiven Funktionsbereiche von Φ_{1A} und Φ_{1B} aufeinander zuweisen, ebenso

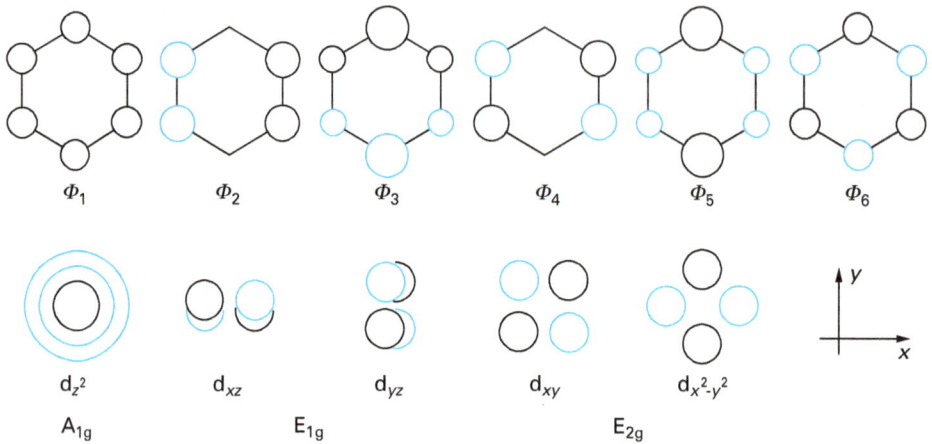

Abb. 8.12 Bindende MO-Kombinationen für Dibenzenchrom; die obere Reihe zeigt schematisch die sechs π-MOs Φ_1–Φ_6 von Benzen anhand der LCAO-modifizierten Carbon-2pz-AOs, die untere Reihe die fünf 3d-AOs von Cr, beides in der Blickrichtung senkrecht zur z-Achse; man gelangt zu den MOs von [Cr(C₆H₆)₂], indem man die Cr-AOs der unteren Reihe über die MOs der oberen Reihe schiebt und fünf Benzen-MOs eines zweiten Moleküls symmetriegerecht über die Cr-AOs legt.

bei Φ_{4A}/Φ_{4B} und Φ_{5A}/Φ_{5B}, während bei Φ_2 und Φ_3 die nach oben weisenden positiven MO-Bereiche von A den negativen MO-Bereichen von B gegenüberliegen. In dieser Anordnung können die beiden Φ_1-MOs mit dem Cr-d_{z^2}-AO (A_{1g}), die beiden Φ_2-MOs mit dem d_{xz}-AO und die beiden Φ_3-MOs mit dem d_{yz}-AO (E_{1g}) kombinieren; so ergeben sich drei bindende MOs für Dibenzenchrom, eines mit σ- und zwei mit π-Charakter. Bindend überlappen sich auch die beiden Φ_4-MOs mit dem d_{xy}-AO und die beiden Φ_5-MOs mit dem $d_{x^2-y^2}$-AO, wobei sich δ-Bindungen ergeben. Alle neun bindenden MOs für Dibenzenchrom erhält man erst, wenn man die Vorstellung lokalisierter Bindungen aufgibt und die 4s- und 4p-AOs von Cr in eine MO-Rechnung einbezieht, die ein ähnliches Termschema ergibt wie für Ferrocen (Abb. 8.11).

Man stellt Dibenzenchrom in Benzen als Lösungsmittel her, indem man $CrCl_3$ mit Al reduziert und Cl^- mit $AlCl_3$ bindet; das isolierbare kationische Zwischenprodukt wird anschließend mit Dithionit reduziert:

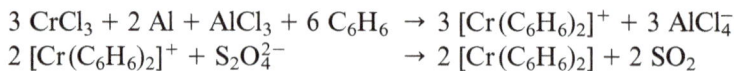

$$3\ CrCl_3 + 2\ Al + AlCl_3 + 6\ C_6H_6 \rightarrow 3\ [Cr(C_6H_6)_2]^+ + 3\ AlCl_4^-$$
$$2\ [Cr(C_6H_6)_2]^+ + S_2O_4^{2-} \rightarrow 2\ [Cr(C_6H_6)_2] + 2\ SO_2$$

Das braune, diamagnetische, thermostabile Dibenzenchrom (Smp. 284 °C) lässt sich mit LiBu in Anwesenheit von Tetramethylethylendiamin (*tmeda*) lithiieren, einmal zu [Cr(C₆H₆)(C₆H₅Li)]·tmeda und zweimal zu [Cr(C₆H₅Li)₂]·2tmeda (das Diamin koordiniert Li zweizähnig). Die lithiierten Produkte kann man durch Umsetzung mit Halogeniden AHal (A = R, R₂P, R₃Si u. a.) unter Abspaltung von

LiHal in mannigfacher Weise derivatisieren. Von Oxidationsmitteln wird Dibenzenchrom angegriffen, langsam auch von Luft; stabil gegen O_2 ist das Derivat $[Cr(C_6H_5Cl)_2]$.

Eine ganze Reihe anderer Bis(η^6-benzen)metalle $[M(C_6H_6)_2]$ mit einer D_{6h}-Struktur kann man isolieren, darunter erwartungsgemäß jene mit den Homologen der Cr-Gruppe M = Mo, W, aber auch solche, in denen das Metall keine 18e-Konfiguration erreicht (M = Ti, V, Nb, Ta, Os). Präparativ sind sie auf ähnliche Weise zugänglich wie die Chrom-Verbindung. Kationen der Formel $[M(C_6H_6)_2]^{n+}$ kennt man u.a. bei Mn (n = 1; 18e-System) und Ni (n = 2; 20e-System).

Anstatt mit Benzen bilden sich Sandwich-Verbindungen auch mit Benzen-Derivaten wie Toluen, Xylen und − besonders stabile Komplexe bildend − mit Mesitylen und Hexamethylbenzen. Im Bis(η^6-naphthalen)chrom sind die Naphthalen-Liganden leicht austauschbar, z.B. gegen Benzen. Phenanthren bindet sich mit einem der peripheren Ringe an Cr zum Diphenanthrenchrom; unter den denkbaren Isomeren beobachtet man im Kristall die C_s-Variante (also nicht die hierzu konformere C_i-Variante oder eine der beiden konfiguromeren C_2-Varianten). Auch mit Sechsringheteroarenen wie Pyridin NC_5H_5, Phosphabenzen PC_5H_5, oder Arsabenzen AsC_5H_5 kann man Sandwich-Komplexe vom Dibenzenchrom-Typ darstellen. Selbst Tripeldecker-Komplexe wie Tris(η^6-mesitylen)dichrom $[Cr_2(C_6H_3Me_3)_3]$ sind bekannt.

In den sog. Halbsandwich-Komplexen mit Benzen (oder seinen Derivaten) ist nur ein Benzenmolekül an ein Metall wie Cr hexahapto gebunden, während die dem Benzen gegenüberliegende Seite des Komplexes durch andere Liganden L abgesättigt ist. Am bekanntesten ist das Benzenchromtricarbonyl $[(C_6H_6)Cr(CO)_3]$, ein 18e-System, das man u.a. direkt aus $[Cr(CO)_6]$ und Benzen darstellen kann. Variiert werden können das Metall, das Aren und die Liganden L. Aus einer breiten Vielfalt seien vier Beispiele, alles 18e-Systeme, herausgegriffen: $[(py)Mo(CO)_3]$, $[(B_3N_3Me_6)Cr(CO)_3]$, $[(C_6H_6)Ru(PPh_3)_2]$, $[(C_6H_6)NiAr_2]$ (Ar = C_6F_5); für das komplex gebundene Hexamethylborazin $(MeBNMe)_3$ ist typisch, dass die Planarität des freien Moleküls (D_{3h}) im Komplex zugunsten einer Sessel-Konformation des Sechsrings verloren geht $[d(Cr–N) < d(Cr–B)]$.

Weitere Arenmetall-Komplexe

Als *aromatische* Carbonringe gelten u.a. die 2π- und 6π-Elektronen-Systeme $C_3H_3^+$, $C_4H_4^{2+}$, $C_5H_5^-$, C_6H_6, $C_7H_7^+$, $C_8H_8^{2+}$, unter denen die doppelt geladenen Kationen $C_4H_4^{2+}$ und $C_8H_8^{2+}$ allenfalls theoretisches interesse beanspruchen (s. Abschnitt 6.2.2 und Abb. 6.01). Die wichtigen Arene $C_5H_5^-$ (Abschnitt 8.6.5) und C_6H_6 (s.o.) haben wir als η^5- bzw. η^6-gebundene Komplexliganden schon kennengelernt. Alle sechs oben genannten Spezies aber können mit Übergangsmetallen Koordinationsverbindungen bilden, in denen die Ringe C_nH_n als reguläre Polygone vom Triagon bis zum Oktagon erscheinen, auch wenn solche Ringe in freier Form z.T. keine reale Bedeutung haben. Zum Abzählen der Elektronen − auch im Sinne der 18e-

Regel − ist es zweckmäßig, die neutralen Ringe C_nH_n formal als Donatoren von
n Elektronen anzusehen. In diesem Sinne erfüllen die folgenden Halbsandwich-
Komplexe von Vanadium bis Cobalt mit absteigender Ringgröße die 18e-Regel:

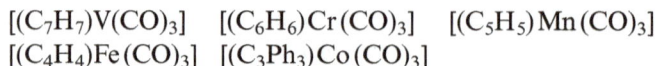

$$[(C_7H_7)V(CO)_3] \quad [(C_6H_6)Cr(CO)_3] \quad [(C_5H_5)Mn(CO)_3]$$
$$[(C_4H_4)Fe(CO)_3] \quad [(C_3Ph_3)Co(CO)_3]$$

Der Cycloheptatrienyl-Rest C_7H_7 und das Cyclooctatetraen C_8H_8 (*cot*) bilden eine
Fülle komplex gebundener Ringe, in denen nur ein Teil des π-Elektronensystems
mit einem Metall wechselwirkt. Cyclooctatetraen kann in seiner gewöhnlichen D_{2d}-
Struktur als Dien mit isolierten oder in einer abgewandelten Struktur als Dien mit
konjugierten Doppelbindungen wirken. Im Molekül $[CpCo(C_8H_8)]$ stehen beide
Varianten im Gleichgewicht. Im Molekül $[Fe(C_8H_8)_2]$ wirkt einer der C_8H_8-Ligan-
den als 6e-, der andere als 4e-Donator. Beim Molekül $[CpCr(C_8H_8)]$ kann im Rahmen eines Gleichgewichts der Achtring als 6e-Donator und als planarer 8e-Donator
zu fungieren.

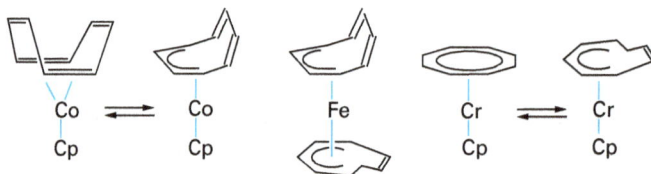

Der C_8H_8-Ring kann aber auch − besonders mit großen Zentralatomen − als
planarer 8e-Donator volle Sandwich-Komplexe bilden; Musterbeispiele sind die
Actinoid-Komplexe $[An(C_8H_8)_2]$ (An = Th, Pa, U; D_{8h}). Der abgewinkelte C_7H_7-
Rest spielt die Rolle eines 5e-Donators (gleichsam wie ein C_5H_5-Rest) im Komplex
$[(C_7H_7)Mn(CO)_3]$, dagegen die Rolle eines 3e-Donators (gleichsam wie ein Allylrest) im Komplex $[(C_7H_7)Co(CO)_3]$ (im abgewinkelten C_7H_7-Rest bleibt eine isolierte Doppelbindung dabei koordinativ inaktiv). Selbst der aromatische Grundkörper Benzen vermag sich abzuwinkeln; z. B. wirkt im Komplex $[Fe(C_6H_6)_2]$ ein
C_6H_6-Ring als planarer 6e-Donator (wie in Dibenzenchrom), der andere C_6H_6-
Ring − so wie Butadien − als 4e-Donator mit einer koordinativ inaktiven, isolierten Doppelbindung außerhalb der C_4-Dien-Ebene.

Einer der Wege zu Komplexen mit dem Liganden C_3Ph_3 ist die Substitution eines
2e-Liganden L durch den 2e-Liganden $C_3Ph_3^+$, z. B.

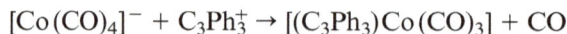

$$[Co(CO)_4]^- + C_3Ph_3^+ \rightarrow [(C_3Ph_3)Co(CO)_3] + CO$$

Um Cyclobutadien-Komplexe herzustellen, geht man entweder von Cyclobuten-
Derivaten aus (wie dem 1,2-Dichloro-Derivat) oder man dimerisiert ein Alkin am
Metall:

$$[Fe_2(CO)_9] + C_4H_4Cl_2 \quad\quad \rightarrow [(C_4H_4)Fe(CO)_3] + FeCl_2 + 6\ CO$$
$$[CpCo(CO)_2] + 2\ MeC{\equiv}CMe \rightarrow [(C_4Me_4)CoCp] + 2\ CO$$

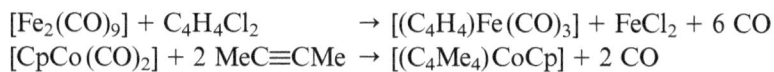

Der Zugang zu C_7H_7-Komplexen gelingt in der Regel vom Cycloheptatrien C_7H_8 aus, das man zunächst hexahapto an ein Metall bindet, um dann oxidativ H^- zu entfernen. Cyclooctatetraen führt man meist direkt durch Substitution dem Metall zu; man kann aber auch von $K_2[C_8H_8]$ ausgehen.

Anhang I: Übungsaufgaben

1.01 Helium ^{4}He ($Z = 2$) hat eine molare Masse von $M = 4.002601$ g mol^{-1}. Wie groß sind der Massendefekt (in atomaren Einheiten u) und die Kernbindungsenergie (in J pro Atom)? (Lichtgeschwindigkeit $c = 2.997925 \cdot 10^8$ m s^{-1})

1.02 Das Element Bor ($Z = 5$) tritt in zwei Isotopen auf: ^{10}B ($M_1 = 10.012940$ g mol^{-1}) und ^{11}B ($M_2 = 11.009307$ g mol^{-1}). Die gemessene molare Masse beträgt M = 10.81 g mol^{-1}. Wie groß sind die Stoffmengenanteile der beiden Isotope?

1.03 Ein Elektron mit der Masse $m_e = 9.109390 \cdot 10^{-31}$ kg und der Ladung $e = -1.602177 \cdot 10^{-19}$ A s bewege sich auf einer Kreisbahn mit dem Radius r um einen Kern mit der gleichen, aber positiven Ladung. Das Produkt aus dem Impuls $m_e v$ des Elektrons und seinem Weg $2\pi r$ längs einer Kreisbahn betrage ganze Vielfache nh des Planck'schen Wirkungsquantums $h = 6.6260755 \cdot 10^{-34}$ J s ($n = 1, 2, 3$ ...). Die Zentrifugalkraft $m_e v^2/r$ sei gleich der elektrostatischen Anziehungskraft $f = e^2 / (4\pi \, \varepsilon_0 \, r^2)$ ($\varepsilon_0 = 8.854188 \cdot 10^{-12}$ A^2 s^4 m^{-3} kg^{-1}). Wie groß ist r in Abhängigkeit von n? Wie groß ist der kleinste mögliche Radius des H-Atoms (Bohr'scher Radius)?

1.04 Das Elektron habe bei seinem Umlauf um den Kern im Sinne des Bohr'schen Atommodells die kinetische Energie $T = \frac{1}{2} m_e v^2$ und bezüglich des Kernanziehungspotentials die Energie $V = -e^2 / (4\pi \, \varepsilon_0 \, r)$. Man bestimme unter Zuhilfenahme der Ausdrücke für v und r aus Aufgabe 1.03 die Gesamtenergie H des Hydrogenatoms in Abhängigkeit von n!

1.05 Man bestimme die Wellenzahl in cm^{-1} des L$_\beta$-Übergangs in der Balmerserie des H-Atom-Spektrums! ($R = 1.09737 \cdot 10^7$ m^{-1})

1.06 Welche effektive Kernladung wirkt auf ein Valenzelektron des Carbon-Atoms und welche auf ein Valenzelektrons des Sulfur-Atoms?

1.07 Wie lautet die Elektronenkonfiguration eines Phosphor-Atoms und wie die eines Calcium(2+)-Kations?

1.08 Man bestimme die Terme, die sich durch LS-Kopplung für eine Konfiguration $(nd)^3$ ergeben!

1.09 Folgende alphabetisch geordnete Elemente sortiere man nach fallender Ionisierungsenergie: Al, Cs, He, Kr, Mg, N, Na, O!

1.10 Welche Nichtmetalle liegen bei Standardbedingungen nicht als Gase vor?

1.11 Man setze für a und b in folgenden Formeln M_aX_b den kleinsten Satz ganzer Zahlen ein unter der Voraussetzung, dass die Kationen und Anionen eine Edelgaskonfiguration, gegebenenfalls zuzüglich einer nd^{10}-Konfiguration, erreichen: Al_aN_b, Ca_aP_b, Ce_aF_b, Cd_aS_b, Li_aN_b, Li_aO_b, Sn_aF_b, Sr_aCl_b, Th_aO_b, Y_aO_b.

1.12 Man bestimme den Massenanteil aller drei Elemente im Perowskit $CaTiO_3$! (Molare Massen: 15.9994, 40.079 bzw. 47.88 g mol^{-1}.) Wie groß sind die Stoffmengenanteile an Ca, Ti und O?

1.13 Der Sprengstoff TNT enthält 37.02 % C, 2.22 % H und 18.50 % N; der vierte Bestandteil ist Oxygen. Man bestimme die Substanzformel von TNT, d. h. den kleinsten Satz ganzer Zahlen a, b, c, d in $C_aH_bN_cO_d$! (Molare Massen: 1.00794, 12.011, 14.00674, 15.9994 g mol^{-1}.)

1.14 Staubfreie, wasserfreie, reine Luft besteht aus N_2 (x_1 = 78.09 %), O_2 (x_2 = 20.95 %), Ar (x_3 = 0.93 %) und CO_2 (x_4 = 0.03 %). Wie groß sind die Massenanteile der vier Komponenten?

1.15 Man bestimme die stöchiometrischen Faktoren v_1 bis v_4 als kleinsten Satz ganzer Zahlen in folgender Reaktion: v_1 Fe_3O_4 + v_2 Al → v_3 Fe + v_4 Al_2O_3!

1.16 Man suche die stöchiometrischen Faktoren v_1 bis v_6 in folgender Reaktionsgleichung auf und bedenke dabei, dass die Summe aller Ionenladungen der Produkte gleich der der Edukte sein muss: v_1 MnO_4^- + v_2 Fe^{2+} + v_3 H^+ → v_4 Mn^{2+} + v_5 Fe^{3+} + v_6 H_2O!

1.17 Die Isotope ^{222}Rn und ^{209}Bi sind α-Strahler, die Isotope ^{209}Pb und ^{225}Ra β-Strahler. Welches ist das jeweilige Zerfallsprodukt?

1.18 (a) Wenn das Isotop ^{75}As ein α-Teilchen einfängt, entsteht neben einem Neutron welches Isotop? (b) Welches Isotop zerfällt beim Beschuss mit einem Deuteron in zwei α-Teilchen?

2.01 Man suche (a) alle fünf isomeren Carbonhydride C_6H_{14} und (b) alle fünf isomeren offenkettigen (acyclischen) Carbonhydride C_5H_{10} auf und bestimme (c) bei welchen der fünf Carbonhydride C_5H_{10} verschiedener Konstitution zusätzlich noch Konfigurationsisomere möglich sind!

2.02. Die beiden Phenylreste des Moleküls Biphenyl, C_6H_5—C_6H_5, sind um die Verbindungsachse C1—C1' drehbar. Wie viele isomere Dichlorobiphenyle, $C_{12}H_8Cl_2$, sind möglich?

2.03 M sei ein Metall der 1. Übergangsperiode, das unter Mitwirkung koordinativer Ligandbindungen eine Kryptonschale erreicht. Welche Metalle M genügen in diesem Sinne den Formeln $[M(CO)_6]^+$, $[M(CO)_6]^-$, $[M(CO)_4]^-$, $[(OC)_5M$—$M(CO)_5]$?

2.04 Man übersetze folgende Substanzbezeichnungen in Formeln, wenn nötig in Teilvalenzstrichformeln. **(a)** Kompositionell: Galliumarsenid, Sulfurtrifluoridnitrid, Diiodpentaoxid, Tetrabordecahydrid; **(b)** organisch: 4-Ethylhex-2-en, 1-Phenylethanol, 4-Aminobutanol, 3-Hydroxypentansäure; **(c)** substitutiv: 1,1-Dimethyldiazan, Octamethyltrisilan, Bis(trimethylsilyl)amin, Dichloro[tris(trimetylsilyl)methyl]boran; **(d)** additiv: Diamminsilber-tetrafluoridoborat, [Di-μ-hydroxidobis(tetraaquaeisen)]bis(sulfat), Dodecacarbonyltrieisen, [Choridocyanidobis(ethylendiamin)cobalt]-hexafluoridophosphat!

2.05 Man gebe folgenden Substanzen systematische Bezeichnungen. **(a)** In kompositioneller Nomenklatur: Si_3N_4, N_2O_5, UF_6, NaP; **(b)** in organischer Nomenklatur: CEt_4, CCl_3—$COOH$, $BuNH_2$, Et—CO—Me, HOC—CHO, Ph—CH=CMe—CH_2Cl, p-$C_6H_4Cl(OH)$; **(c)** in substitutiver Nomenklatur: Sn_2Me_6, $[PMe_4]Br$, B_5H_8Br, Si_3Cl_8; **(d)** in additiver Nomenklatur: $K_3[Cu(CN)_4]$, $K_3[Cr(SO_4)_3]$, $[Pt(NH_3)_4][Co(CO)_4]_2$, $Cs_2[B_{11}H_{11}]$.

2.06 Zu welchen Punktgruppen gehören folgende Moleküle bzw. Ionen: **(a)** $AlCl_4^-$, B_2H_6, BrF_2^-, BrF_4^-, CH_2Cl_2; **(b)** C_3H_4 (Allen), C_3H_4 (Propin), $1,1$-$C_2H_2Cl_2$, *cyclo*-C_3H_6, p-$C_6H_4Cl_2$; **(c)** $1,3,5$-$Me_3C_6Cl_3$ (Me-Gruppen wie Kugeln behandeln), C_2N_2, CO_2S^{2-}, $ClOH$, I_3^-; **(d)** IF_4^+, Me_2SO, Me_2SO_2, NO_3^-, NSF; **(e)** NSF_3, P_4, $PhBCl_2$, $PhCl$, SCl_2 **(f)** SF_3^+, SO_3^{2-}, $S_2O_3^{2-}$, XeF_3^+, XeF_5^+ **(g)** $[OsCl_5N]^{2-}$, *trans*-$[PtCl_2(NH_3)_2]$ (die Liganden NH_3 wie Kugeln behandeln), $[Mn_2(CO)_{10}]$ (gestaffelte Konformation), $[Cr(SO_4)_3]^{3-}$, $[Cr(NO)_4]$; **(h)** *trans*-$[CoCl(NH_3)_4(NO_2)]^+$ (NO_2-Gruppe nicht drehbar), $[Fe(py)_6]^{3+}$ (gegenüberliegende Liganden py in je einer der drei Hauptspiegelebenen), $[Ag(CN)_2]^-$, $[HgI_3]^-$, $[AuCl_4]^-$.

2.07 Welche der fünf kubischen Punktgruppen sind Untergruppen der Ikosaedergruppe I_h?

2.08 Der zweizähnige Ligand Propan-1,2-diamin (Propylendiamin) $(H_2N)CH_2$—$CH(NH_2)$—Me (pr) sei in tetragonal-planarer Koordination an Pt^{2+} gebunden: $[Pt(pn)_2]^{2+}$. Es sind vier verschiedene Konfigurationen und ihre Punktgruppen zu ermitteln!

2.09 Das Molekül PF_5 (D_{5h}) unterliegt einer Valenztautomerie dergestalt, dass jedes der fünf F-Atome jede Position in der trigonalen Bipyramide einnehmen kann. Wir kennzeichnen in einem Modell jedes F-Atom durch eine eigene Farbe. Wie viele Modelle kann man bauen, die sich in der Farbkomposition unterscheiden und durch Drehen und Wenden des Modells nicht ineinander übergeführt werden können?

2.10 Zwei symmetrisch gebaute zweizähnige Liganden L—L (z. B. en) und ein einzähniger kugelsymmetrischer Ligand L seien trigonal-bipyramidal an ein Zentralatom gebunden. Welche Konfigumere sind möglich und welche Punktgruppen genügen ihnen?

2.11 Bei Aufgabe 2.10 ersetze man den symmetrisch gebauten Liganden L—L durch einen unsymmetrisch gebauten L—L' (z. B. pn). Welche Konfigurationsisomere sind jetzt möglich und welche Punktgruppen genügen ihnen?

2.12. Im 1-Chloro-2,3-dimethylbut-1-en, $HClC{=}CMe{-}CHMe_2$, stehe die 2-Me-Gruppe *trans* zum Cl-Atom. Liegt das *E*- oder das *Z*-Isomer vor?

2.13 Für welche der 21 ungeladenen Moleküle von Aufgabe 2.06 liegt kein permanentes Dipolmoment vor?

2.14 Man suche in Aufgabe 2.06 diejenigen Moleküle und Ionen auf, die keine CH-Gruppierung enthalten, und gebe die Oxidationszahlen aller beteiligten Atome an!

3.01 Wie viele übernächste Nachbarn gibt es in einer dichten Kugelpackung, und um wie viel weiter sind sie entfernt als der nächste Nachbar?

3.02 Wie groß ist das c/a-Verhältnis einer tetragonal-innenzentrierten Kugelpackung, wenn die Lücke in $\frac{1}{2},\frac{1}{2},\frac{1}{2}$ regulär-oktaedrisch durch Kugeln umgeben ist?

3.03 In der tetragonalen Elementarzelle der geordneten Struktur von AuCu stoßen in der Zellgrundfläche C drei Au-Atome längs der Flächendiagonalen aneinander. In den rechteckigen Zellflächen A und B stoßen längs der Flächendiagonalen zwei Au-Atome in den Ecken an ein Cu-Atom in der Flächenmitte. Die Radien betragen $r_1 = 144.2$ pm (Au) und $r_2 = 127.8$ pm (Cu). Man bestimme die Zellparameter a und c!

3.04 Man ordne die folgenden Hume-Rothery-Phasen der β-, γ- oder ε-Phase zu: $Cu_5^I Si^{IV}$, $Au^I Zn_3^{II}$, $Fe^0 Zn_7^{II}$, $Pt_5^0 Zn_{21}^{II}$, $Ni^0 Al^{III}$, $Cu_{31}^I Sn_8^{IV}$! (Die römischen Zahlen geben die Zahl der Valenzelektronen wieder.)

3.05 **(a)** Welche Phasen scheiden sich ab, wenn beim Abkühlen einer Fe/C-Schmelze mit 3.0 % C die erste Gleichgewichtskurve erreicht wird? **(b)** Austenit mit 1 % C wird erhitzt; welche Phasen stehen beim Erreichen der Gleichgewichtskurve miteinander im Gleichgewicht? **(c)** Welche Bedingungen müssen erfüllt sein, damit Ferrit, Austenit und Cementit im Gleichgewicht stehen? **(d)** Perlit mit 0.5 % C wird bei 1300 °C getempert und dann auf 100 °C abgeschreckt; was entsteht beim Tempern und was beim Abschrecken?

3.06 Der As-As-Bindungsabstand im grauen Arsen beträgt 251.7 pm, der As-As-As-Winkel 96.7°. Wie groß ist der Parameter a der hexagonalen Zelle?

3.07 Die folgenden Formeln beschreiben bei 25 °C feste Verbindungen. Sie sind im Kristall vorwiegend ionogen (i) oder vorwiegend metallisch (m) oder vorwiegend kovalent (k) aufgebaut oder es handelt sich um Molekülkristalle (M) oder es handelt sich um vorwiegend ionogen aufgebaute Stoffe, deren Kationen oder Anionen vorwiegend kovalente molekulare Einheiten darstellen (iM), oder es handelt sich um ionogen aufgebaute Stoffe, deren Anionen ein vorwiegend kovalent zusammengehaltenes Teilgitter bilden (ik). Man entscheide unter Verwendung der in Klammern angegebenen sechs Kürzel! $AgBr$, $Al_2Be_3(Si_6O_{18})$, Al_2O_3, As_2S_3, $AuCu_3$, BN, $C_{10}H_8$, $CaMg(CO_3)_2$, $CaSi_2$, Cu_5Sn, $CuZn_3$, $Fe(CO)_5$, $GeTe$, I_2Cl_6, $KAlSi_3O_8$, $KMgCl_3$, $MgNi_2$, NH_4NO_3, N_4S_4, OsO_4, $PbClF$, $PbSO_4$, $[PCl_4][PCl_6]$, Si_3N_4

3.08 Wenn man die folgenden Gase bei tiefer Temperatur kristallisiert, dann werden die schwachen Bindungen zwischen den Partikeln im Kristall überwiegend entweder durch das Dipolmoment (D) oder die Polarisierbarkeit (P) oder durch Hydrogen-Brücken (H) hervorgerufen. Man entscheide! Ar, ClF_3, C_2N_2, HCl, $MeNH_2$, SO_2

3.09 Die Stoffeigenschaftskonstanten κ (die u. a. die Wärmeleitfähigkeit, elektrische Leitfähigkeit, Permittivität und Permeabilität beschreiben) haben in Abhängigkeit von der Kristallsymmetrie bis zu sechs Komponenten. Man nenne die Zahl der Komponenten für folgende kristallinen Elemente oder Minerale! *Elemente*: Bor, Gold, graues Arsen, Graphit, Natrium, Polonium, schwarzer Phosphor, α-Sulfur, β-Sulfur; *Minerale*: Auripigment, Hornblende, Kaolinit (C_i), Molybdänglanz, Pyrit, α-Quarz (D_3), Rotnickelerz, Rutil, Sylvin, Wurtzit, Zinkblende, Zinnstein.

3.10 Die Gitterkonstante von CaF_2 beträgt $a = 546.38$ pm. Wie groß ist der nächste Kation-Anion-Abstand? Wie groß ist die Gitterenergie, wenn die Madelung-Konstante $M = 2.5194$ und der für CaF_2 geltende zusätzliche Parameter $n = 9.28$ betragen?

4.01 Zwei Behälter vom Volumen $V_1 = 1.00\,l$ und $V_2 = 3.00\,l$ sind durch ein Ventil miteinander verbunden. Der erste Behälter ist mit 16.4 g Argon, das sich ideal verhalten möge, gefüllt, im zweiten herrscht Vakuum. Bei konstant 25 °C wird das Ventil geöffnet. Wie groß ist der Druck im ersten Behälter **(a)** vor und **(b)** nach dem Öffnen des Ventils? **(c)** Welche Masse an Argon befindet sich am Schluss im zweiten Behälter?

4.02 Welches Volumen an CO_2 wird bei 20 °C und 1.00 bar aus 1.00 t $CaCO_3$ beim Brennen frei?

4.03 Man zeige, dass für die Funktion $P = nRT/V$ im Falle $n = $ const gilt: $[\partial^2 P/(\partial T \partial V)]_n = [\partial^2 P/\partial V \partial T]_n$ (Schwarz'scher Satz)!

4.04 Trockene Luft enthält $N_2 (x_1 = 0.78)$, $O_2 (x_2 = 0.21)$ und $Ar (x_3 = 0.01)$ (CO_2 schlägt hier mit $x = 0.0003$ nicht zu Buche). **(a)** Wie groß ist ihre Dichte bei 25 °C und 1013 hPa, wenn Luft als ideale Gasmischung behandelt wird? **(b)** Der Sättigungsdampfdruck für H_2O als vierter Komponente der Luft beträgt bei 1013 hPa und 25 °C $P_{40} = 31.67$ hPa. Wie groß ist die Dichte der Luft bei einer relativen Luftfeuchtigkeit von $\alpha = 65\%$?

4.05 Die Standardbildungsenthalpien für Ethen und Benzen betragen 52.4 bzw. 49.1 kJ mol^{-1}, die von Ethan und Cyclohexan -84.0 bzw. -156.4 kJ mol^{-1}. Man vergleiche die Standardenthalpien der Hydrierung von 1 mol Benzen zu Cyclohexan und von 3 mol Ethen zu Ethan und erkläre die große Differenz!

4.06 Wie viel Wärme erbringt die Verbrennung von je einem Liter Benzen ($\rho_1 = 0.8765$ g cm^{-3}) und Cyclohexan ($\rho_2 = 0.7739$ g cm^{-3}) unter Standardbedingungen? [$\Delta_f H^0(CO_2) = -393.5$, $\Delta_f H^0(H_2O) = -285.8$ kJ mol^{-1}]

4.07 Für die Bildung von NO aus den Elementen bei 298.15 K und bei 2000 K entnimmt man aus Tabellen folgende Daten:

	N_2	O_2	NO	
$H^0(298)$	0	0	90.2	kJ mol^{-1}
$H^0(2000)$	56.0	59.1	147.7	kJ mol^{-1}
$S^0(298)$	191.6	205.1	210.8	J K^{-1} mol^{-1}
$S^0(2000)$	252.5	268.7	273.0	J K^{-1} mol^{-1}

(a) Man berechne K_P für beide Temperaturen! **(b)** Wie groß ist der Gleichgewichtsdruck an NO bei 2000 K, wenn die Partialdrücke an N_2 0.8 bar und an O_2 0.2 bar betragen?

4.08 Die drei Komponenten der alkoholischen Gärung ($C_6H_{12}O_6 \rightarrow 2 C_2H_5OH + 2 CO_2$) haben Standardbildungsenthalpien von $\Delta_f H_1^0 = -1268$, $\Delta_f H_2^0 = -277.7$ bzw. $\Delta_f H_3^0 = -393.5$ kJ mol^{-1}. Die molaren Wärmekapazitäten betragen $C_{P1} = 200$, $C_{P2} = 111.5$ bzw. $C_{P3} = 37.1$ J K^{-1} mol^{-1}. Wie groß ist die Reaktionsenthalpie bei 315.15 K? (Die C_P-Werte seien im gegebenen engeren Temperaturintervall als konstant angesehen.)

4.09 Das molare Volumen V_m idealer Gase hat bei 273.15 K und 1 bar einen Wert von $V_\mathrm{m} = 22.71108$ l mol^{-1}. Für das reale Gas O_2 gelten die van der Waals-Konstanten $a = 1.378$ l^2 bar mol^{-2} und $b = 3.183 \cdot 10^{-2}$ l mol^{-1}. Welchen Druck übt O_2 im Volumen V_m aus?

4.10 Das molare Volumen V_m von N_2 beträgt bei 273.15 K und bei 1013 hPa $V_\mathrm{m} = 22.402$ l mol^{-1}. Wie groß ist die Änderung von V_m, wenn der Druck um 10 hPa und die Temperatur um 10 K erhöht werden? (Isobarer Ausdehnungskoeffizient von N_2: $\alpha = 3.6671 \cdot 10^{-3}$ K^{-1}; isotherme Kompressibilität: $\kappa = 0.98762$ bar^{-1})

4.11 Man berechne **(a)** den isothermen Ausdehnungskoeffizienten α und **(b)** die isotherme Kompressibilität κ eines idealen Gases bei 20 °C und einem Druck von 1013 hPa!

4.12 Für flüssiges Wasser gelten sehr viel kleinere Koeffizienten als für Gase, nämlich bei 20 °C $\alpha = 2.0661 \cdot 10^{-4}$ K^{-1} und $\kappa = 4.591 \cdot 10^{-4}$ bar^{-1}. Um wie viel erhöht sich der Druck in einer vollständig mit Wasser gefüllten Flasche, wenn die Temperatur von 20 auf 30 °C erhöht wird?

4.13 Eine Menge von 37.2 g Methan, für das ideales Verhalten angenommen wird, expandiert bei einem Startvolumen von $V_1 = 22.5$ l und einer Starttemperatur von 20 °C. **(a)** Welche Volumenarbeit W_V leistet das Gas bei isothermer, reversibler Expansion auf $V_2 = 225$ l? **(b)** Welche Wärmemenge Q nimmt das Gas dabei auf? **(c)** Welche Volumenarbeit W_V leistet das Gas bei der Expansion auf $V_2 = 225$ l, wenn der Umgebungsdruck P_U konstant bei 0.250 bar liegt? Welche Rolle spielt dabei die Temperatur? **(d)** Nunmehr möge Methan adiabatisch gegen einen konstanten Druck $P_\mathrm{U} = 0.250$ bar expandieren. Bis zu welchem Maximalvolumen V_2 kann dies geschehen? Welche Arbeit W_V wird dabei geleistet? Wie groß ist die Temperatur T_2 am Ende der Expansion? [Anleitung: Es ist bei idealen Gasen $C_V = (\partial U/\partial T)_V = \frac{3}{2} \cdot R$. Hieraus ergibt sich für nicht allzu große Temperaturintervalle mit n als der Stoffmenge: $\Delta U = \frac{3}{2} \cdot nR(T_2 \cdot T_1)$. Man benutze zur Ermittlung der Variablen ΔU, T_2 und V_2 noch den I. Hauptsatz, $\Delta U = Q + W = W$ (adiabatische Zustandsänderung) und die allgemeine Gasgleichung für den Endzustand.]

4.14 Die molaren Wärmekapazitäten von Helium betragen bei Standardbedingungen (25 °C, 1 bar) $C_V = 12.48$ bzw. $C_P = 20.79$ J K^{-1} mol^{-1}; diese Werte ändern sich bei kleinen Temperaturänderungen nicht wesentlich. **(a)** Wie groß ist die Änderung der inneren Energie ΔU beim isochoren Erwärmen von 10.00 g He von

25 auf 35 °C? **(b)** Wie groß ist die entsprechende Änderung der Enthalpie ΔH beim isobaren Erwärmen? **(c)** Wie groß ist die Änderung der inneren Energie bei isobarer Erwärmung gemäß Aufgabenteil **(b)** unter der Annahme idealen Verhaltens? **(d)** Welche Wärmemenge Q nimmt das System gemäß Aufgabenteil **(b)** auf, wenn die Zustandsänderung reversibel verläuft?

4.15 Das Gas Ethylnitrit MeONO explodiert bei 246.5 °C. Von Standardbedingungen ausgehend (25 °C, 1 bar), wird MeONO adiabatisch reversibel komprimiert und möge sich dabei ideal verhalten. Der Quotient C_P/C_V beträgt $\gamma = 1.2$. Bei welchem Druck P tritt Explosion ein?

4.16 Eine Menge von 5.00 mol eines idealen Gases werde von 2.00 auf 10.00 l expandiert. Wie groß ist die Änderung der Entropie im System **(a)** bei isothermer reversibler Expansion und **(b)** bei irreversibler adiabatischer Expansion gegen einen konstanten Umgebungsdruck von 0 bar (also Vakuum)?

4.17 Die Standardbildungsenthalpie für NH_3 beträgt -46.11 kJ mol^{-1}. Die Standardentropien für N_2, H_2 und NH_3 belaufen sich auf $S_1^0 = 191.61$, $S_2^0 = 130.684$, $S_3^0 = 192.45$ J K^{-1} mol^{-1} und die entsprechenden Wärmekapazitäten auf $C_{P1} = 29.125$, $C_{P2} = 28.824$, $C_{P3} = 35.06$ J K^{-1} mol^{-1}. Man bestimme K_P **(a)** bei 25 °C und **(b)** bei 800 K! Man bestimme den Stoffmengenanteil n_3 an NH_3 im Gleichgewicht (d. i. die *Ausbeute*) bei 800 K und bei einem Gesamtdruck P **(c)** von 100 bar und **(d)** von 1000 bar, wenn in beiden Fällen die Edukte im stöchiometrischen Verhältnis von 1 : 3 eingesetzt werden!

4.18 Festes Ammoniumchlorid NH_4Cl steht mit seinen gasförmigen Zerfallsprodukten NH_3 und HCl im Gleichgewicht. Das Salz wird bei 25 °C in einen geschlossenen Reaktor gegeben, der erst auf 427 °C, dann auf 459 °C erhitzt wird. Dabei stellt sich im Reaktor ein Gasdruck von erst 608, dann 1115 kPa ein. **(a)** Wie groß sind die Gleichgewichtskonstanten K_P bei beiden Temperaturen? **(b)** Wie groß ist die molare Dissoziationsenthalpie $\Delta_d H$ bei 427 °C? **(c)** Wie groß ist die molare Dissoziationsentropie $\Delta_d S$ bei 427 °C? **(d)** Wie viele Komponenten, wieviele unabhängige Komponenten und wie viele frei wählbare Zustandsvariablen hat das System?

4.19 Ein Edukt E wird mithilfe eines Katalysators K zum Produkt P isomerisiert. Die Bildung der Zwischenstufe EK gehorche der Geschwindigkeitskonstanten k_1, der Zerfall von EK in E und K der Konstanten k_2 und der Zerfall von EK in P und K der Konstanten k_3. **(a)** Man formuliere die Ausdrücke für dc_E/dt, dc_{EK}/dt und dc_P/dt! **(b)** Wie groß wird dc_P/dt, wenn man die Konzentration der Zwischenstufe als stationär ansieht?

4.20 Beim Reaktorunfall von Tschernobyl wurden 31 kg ^{137}Cs freigesetzt, dessen Halbwertszeit $t_{1/2} = 30$ a beträgt. Welche Menge ist nach 20 Jahren zerfallen?

4.21 Dimethylether Me_2O zersetzt sich thermisch nach einer Reaktion 1. Ordnung: $Me_2O \rightarrow CH_4 + CO + H_2$. Bei der gewählten konstanten Reaktionstemperatur seien alle Komponenten gasförmig und sie mögen sich ideal verhalten. Zur Zeit t_0 sei nur Edukt vorhanden, das in einem geschlossenen Reaktor (V = const) einen Druck von $P_{10} = 0.560$ bar ausübe. Man berechne den Gesamtdruck P im Reaktor nach zwei Halbwertszeiten!

4.22 Bei der Messung der Geschwindigkeitskonstanten k einer Reaktion bei vier Temperaturen ergaben sich folgende Werte (in s^{-1}): 0.0170 (293 K), 0.0325 (301 K), 0.0540 (307 K), 0.0780 (311 K). Man bestimme die Aktivierungsenergie E_A und den präexponentiellen Faktor A für diese Reaktion auf graphischem Wege!

4.23 Die Geschwindigkeitskonstante einer Reaktion betrage $k_1 = 1.02 \cdot 10^8$ s^{-1} bei $T_1 = 400$ K und $k_2 = 500 \cdot 1.02 \cdot 10^8$ s^{-1} bei $T_2 = 800$ K. Man bestimme die Aktivierungsenergie E_A und den präexponentiellen Faktor A rechnerisch!

4.24 Bei der bimolekularen Reaktion $H + CH_4 \rightarrow CH_3 + H_2$ sei die Anfangskonzentration an H gleich der an CH_4, nämlich $c_{10} = c_{20} = 2.40 \cdot 10^{-3}$ mol l^{-1}. Bei 500 K beträgt die Geschwindigkeitskonstante $k = 4.67 \cdot 10^7$ $l\,mol^{-1}\,s^{-1}$. Wie groß ist die Halbwertszeit dieser Reaktion?

4.25 Die *cis/trans*-Isomerisierung von 1,2-Dimethylcyclopropan C_5H_{10} verläuft in der Hin- und Rückreaktion nach 1. Ordnung und führt zu einem Gleichgewicht. Geht man bei 453 °C von 0.60 mol reiner *trans*-Verbindung aus, dann verbleiben davon im Gleichgewicht 0.40 mol. **(a)** Wie groß ist die Gleichgewichtskonstante der Isomerisierung bei 453 °C? **(b)** Wie groß ist der Unterschied in den Aktivierungsenergien der Hin- und Rückreaktion? **(c)** Wie groß ist die Gleichgewichtskonstante bei 20 °C? **(d)** Wie groß ist die Gleichgewichtsmenge an *trans*-Verbindung bei 20 °C? (Vorausgesetzt sei, dass der präexponentielle Faktor für die Hin- und die Rückreaktion gleich groß ist.)

5.01 Der pK_A-Wert von Blausäure HCN beträgt 9.21. Welcher pH-Wert stellt sich ein, wenn **(a)** 0.16 mol HCN, **(b)** 0.16 mol Kaliumcyanid KCN, **(c)** 0.16 mol HCN und 0.16 mol KCN, **(d)** 0.05 mol HCl-Gas, **(e)** 0.16 mol HCN, 0.16 mol KCN und 0.05 mol HCl in jeweils einem Liter Wasser gelöst werden?

5.02 0.076 mol Oxalsäure HOOC—COOH, $pK_{A1} = 1.46$, werden in einem Liter Wasser gelöst. **(a)** Wie groß ist der pH-Wert? **(b)** Welche Stoffmenge an Oxalsäure bleibt undissoziiert? (Die zweite Dissoziation der Oxalsäure, $pK_{A2} = 4.4$, kann vernachlässigt werden.)

5.03 Man zeige, dass bei Aufgabe 5.02 der pK_{A2}-Wert vernachlässigt werden kann!

5.04 Die beiden Salze Na_2CO_3 und $NaHCO_3$ seien in Wasser gelöst. Die Menge beider soll durch eine acidimetrische Titration mit Salzsäure der Konzentration 0.100 mol l^{-1} bestimmt werden. Die pK_A-Werte von CO_2 (1) und von HCO_3^- (2) betragen $pK_{A1} = 6.35$ bzw. $pK_{A2} = 10.33$. Im ersten Titrationsschritt geht CO_3^{2-} quantitativ in HCO_3^-, im zweiten Titrationsschritt HCO_3^- quantitativ in CO_2 über. **(a)** Bei welchem pH-Wert müssen die beiden verwendeten Indikatoren umschlagen? Hierzu sei veranschlagt, dass an den beiden Umschlagpunkten 0.01 mol l^{-1} HCO_3^- bzw. 0.01 mol l^{-1} CO_2 vorliegen. **(b)** Nach der Festlegung der Indikatoren folgt die eigentliche Bestimmung, bei der im ersten Schritt 12.21 ml, im zweiten Schritt 19.68 ml an Titriermittel verbraucht werden. Wieviel Gramm Na_2CO_3 und $NaHCO_3$ waren gelöst?

5.05 Ethylendiamintetraessigsäure $H_4(edta)$ werde in Wasser gelöst. Die sich einstellenden Gleichgewichtskonzentrationen an $H_4(edta)$, $H_3(edta)^-$, $H_2(edta)^{2-}$, $H(edta)^{3-}$ und $edta^{4-}$ seien c_1, c_2, c_3, c_4 bzw. c_5. Die pK_A-Werte der vier Säure/Base-Dissoziationsgleichgewichte betrage $pK_{A1} = 2.07$; $pK_{A2} = 2.75$, $pK_{A3} = 6.24$ und $pK_{A4} = 10.34$. Wie groß ist der Stoffmengenanteil x_5 bei pH $= 5.0$?

5.06 Nickel-Ionen Ni^{2+} der Konzentration 0.010 mol l^{-1} werden mit einer Lösung von $H_4(edta)$ beim abgepufferten pH-Wert pH $= 5$ komplexometrisch bestimmt. Wie groß ist die Konzentration an Ni^{2+} am Äquivalenzpunkt, wenn die Komplexbildungskonstante der Reaktion $Ni^{2+} + edta^{4-} \rightarrow [Ni(edta)]^{2-}$ den Wert $K = 10^{18.6}$ l mol^{-1} hat?

5.07 Welche von zwei Säuren in den folgenden zehn Paaren ist in Wasser die stärkere Säure, und aufgrund welcher Gesetzmäßigkeit lässt sich dies abschätzen? **(a)** CH_3COOH/CF_3COOH, **(b)** $HCOOH/MeCOOH$, **(c)** $HCOOH/HOOC-COOH$, **(d)** HCl/HF, **(e)** $HClO_4/HClO_3$, **(f)** $HClO_4/H_5IO_6$, **(g)** HF/H_2O, **(h)** $H_3PO_3/H_2PO_3^-$, **(i)** H_2SO_4/FSO_3H, **(j)** NH_4^+/PH_4^+

5.08 Man entwerfe zu folgenden linken Seiten von Reaktionsgleichungen die rechten Seiten!

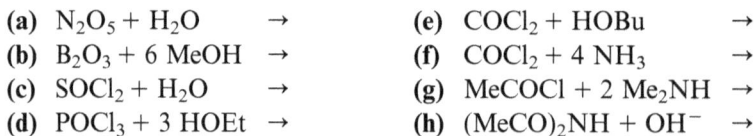

(a) $N_2O_5 + H_2O \quad \rightarrow$ **(e)** $COCl_2 + HOBu \quad \rightarrow$

(b) $B_2O_3 + 6\,MeOH \quad \rightarrow$ **(f)** $COCl_2 + 4\,NH_3 \quad \rightarrow$

(c) $SOCl_2 + H_2O \quad \rightarrow$ **(g)** $MeCOCl + 2\,Me_2NH \quad \rightarrow$

(d) $POCl_3 + 3\,HOEt \quad \rightarrow$ **(h)** $(MeCO)_2NH + OH^- \quad \rightarrow$

5.09 Die folgenden Redoxdoppelpaare sind in vollständige Redoxgleichungen umzuwandeln!

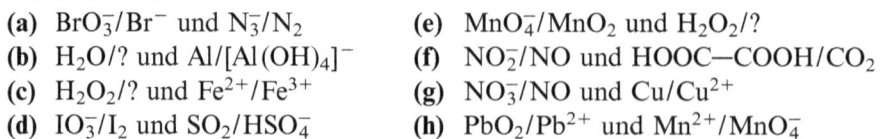

(a) BrO_3^-/Br^- und N_3^-/N_2 **(e)** MnO_4^-/MnO_2 und $H_2O_2/?$

(b) $H_2O/?$ und $Al/[Al(OH)_4]^-$ **(f)** NO_2^-/NO und $HOOC-COOH/CO_2$

(c) $H_2O_2/?$ und Fe^{2+}/Fe^{3+} **(g)** NO_3^-/NO und Cu/Cu^{2+}

(d) IO_3^-/I_2 und SO_2/HSO_4^- **(h)** PbO_2/Pb^{2+} und Mn^{2+}/MnO_4^-

Man entscheide, welche dieser Reaktionen in saurer (A) und welche in basischer Lösung (B) mehr Triebkraft haben!

5.10 Brom Br_2 kann in BrO_3^- und Br^- disproportionieren, MnO_4^{2-} in MnO_2 und MnO_4^-. Man finde heraus, ob dies in saurer oder basischer Lösung geschieht!

5.11 Gegeben sind die Redoxpaare (1) Ag^+/Ag, $\varepsilon_1^0 = 0.7996$ V und (2) $AgCl/Ag$, $\varepsilon_2^0 = 0.2223$ V. Wie groß ist das Löslichkeitsprodukt von $AgCl$?

5.12 Gegeben sind die Redoxpaare (1) Au^{3+}/Au, $\varepsilon_1^0 = 1.498$ V und (2) $[AuCl_4]^-/Au$, $\varepsilon_2^0 = 1.002$ V. Wie groß ist die Komplexbildungskonstante für die Bildung von $[AuCl_4]^-$ aus Au^{3+} und Cl^-?

5.13 Wie groß ist die Gleichgewichtskonstante für den Steam-Reforming-Prozess bei Standardtemperatur und wie groß bei 1200 K? ($\Delta_r G^0 = 142.2$ bzw. -77.8 kJ pro Formelumsatz)

5.14 Gegeben sind die Standardpotentiale (1) BrO_3^-/Br^-, $\varepsilon_1^0 = 1.423$ V, und (2) H_3AsO_4/H_3AsO_3, $\varepsilon_2^0 = 0.560$ V. Man suche die Reaktionsgleichung für die bromatometrische Bestimmung von As^{III} auf und bestimme deren Gleichgewichtskonstante!

5.15 Man stelle Reaktionsgleichungen auf für folgende Prozesse:
(a) die Verschlackung von FeS mit SiO_2 in Gegenwart von O_2
(b) die Oxidation von Sulfur in einer Schmelze von $NaNO_3$ und Na_2CO_3
(c) die Auflösung von Silber in einer wässrigen $NaCN$-Lösung in Gegenwart von O_2
(d) die Überführung von TiO_2 in $TiCl_4$ mit Chlor und Koks bei 900 °C
(e) das Rösten von Bi_2S_3
(f) das Lösen von Chromeisenstein $FeCr_2O_4$ in einer Sodaschmelze in Gegenwart von O_2
(g) die thermische Überführung von Lanthan(III)oxalat in Lanthan(III)oxid
(h) die Reaktion von Apatit $Ca_5(PO_4)_3(OH)$ mit Koks und Quarz im Lichtbogenofen

5.16 Welche Stoffmenge an Elektronen wird bei den acht Reaktionen von Aufgabe 5.15 beim Formelumsatz transportiert?

Anhang II: Lösungen der Übungsaufgaben

1.01 Für zwei Protonen, zwei Neutronen und zwei Elektronen errechnet sich aus den in Abschnitt 1.1 angegebenen Werten eine Gesamtmasse von 4.032980 u. Als Differenz zur gemessenen Teilchenmasse ergibt sich der Massendefekt zu $\Delta m = 0.030379$ u. Die gesuchte Kernbindungsenergie beträgt (nach Umrechnung von Δm in kg): $E = \Delta mc^2 = 0.030379 \cdot 1.660540 \cdot 10^{-27} \cdot 2.997925^2 \cdot 10^{16} = 4.5338 \cdot 10^{-12}$ J.

1.02 Aus $M = x_1 M_1 + x_2 M_2$ ergibt sich (mit $x_2 = 1 - x_1$): $x_1 = (M_2 - M)/(M_2 - M_1)$. Nach Einsetzen der gegebenen molaren Massen errechnen sich x_1 und x_2 zu $x_1 = 0.20$ und $x_2 = 0.80$.

1.03 Aus zwei Gleichungen mit den veränderlichen Größen r, v und n gilt es, v zu eliminieren. Aus $m_e v^2/r = e^2/(4\pi\varepsilon_0 r^2)$ ergibt sich $v^2 = e^2/(4\pi\varepsilon_0 m_e r)$. Mit $m_e v \cdot 2\pi r = nh$ erhält man $v^2 = n^2 h^2/(4\pi^2 m_e^2 r^2)$ und hieraus $r = [\varepsilon_0 h^2/(\pi e^2 m_e)] \cdot n^2 = 5.29 \cdot 10^{-11}\, n^2$ m. Der Bohr'sche Radius des H-Atoms ($n = 1$) beträgt $5.29 \cdot 10^{-11}$ m = 52.9 pm.

1.04 Es ist $H = T + V = \frac{1}{2} m_e v^2 - e^2/(4\pi\varepsilon_0 r)$. Mit dem ersten Ausdruck für v^2 aus Aufgabe 1.03 erhält man $H = e^2/(8\pi\varepsilon_0 r) - e^2/(4\pi\varepsilon_0 r) = -e^2/(8\pi\varepsilon_0 r)$; mit dem Ausdruck für r aus Aufgabe 1.03 ergibt sich $H = -[e^4 m_e/(8\varepsilon_0^2 h^2)] \cdot n^{-2} = -2.1799 \cdot 10^{-18}\, n^{-2}$ J.

1.05 Die L_β-Linie entspricht dem Übergang von $n_a = 4$ nach $n_b = 2$. Gemäß $\lambda^{-1} = R(1/n_b^2 - 1/n_a^2)$ ergibt sich $\lambda^{-1} = 1.09737 \cdot 10^7 \left(\frac{1}{4} - \frac{1}{16}\right) = 0.20576 \cdot 10^7$ m^{-1} = 20576 cm^{-1}.

1.06 *Carbon*, $Z = 6$: Zwei Elektronen mit $n = 1$ tragen zur Abschirmung S bei mit $S_1 = 2 \cdot 0.85$; drei Elektronen mit $n = 2$ tragen bei mit $S_2 = 3 \cdot 0.35$; $S = S_1 + S_2 = 2.75$; $Z_{\text{eff}} = 3.25$. *Sulfur*, $Z = 16$: S_1 ($n = 1$) $= 2 \cdot 1.00$; S_2 ($n = 2$) $= 8 \cdot 0.85$; S_3 ($n = 3$) $= 5 \cdot 0.35$; $S = 10.55$; $Z_{\text{eff}} = 5.45$.

1.07 P($1s^2 2s^2 2p^6 3s^2 3p^3$) oder P(Ne$3s^2 3p^3$). Ca^{2+}($1s^2 2s^2 2p^6 3s^2 3p^6$) oder Ca^{2+}(Ar).

1.08 Die Quantenzahlen $m_1 m_2 m_3$ (1. Zeile) und ihre Summe M (2. Zeile) lauten (mit Beschränkung auf M $\geq$ 0, da sich die Abfolge der M-Werte für M < 0 mit umgekehrten Vorzeichen wiederholt):

221/220/112/22−1/210/002/110/22−2/21−1/001/11−1/2−10/2−21/11−2/−1−1−12/1−10/2−20
5 4 43   3 2 2 2   2 1 1   1   1   0   0   0 0

Bei jeder unter diesen 17 Kombinationen $m_1m_2m_3$, die zwei gleiche Zahlen enthält, kommt für dieses Zahlenpaar wegen des Pauliprinzips nur die Spinquantenzahlkombination $+/-$ in Betracht, sodass sich unter Einbeziehung des dritten Werts von m in der betreffenden Dreierkombination für die dazugehörigen Spinquantenzahlen $s_1s_2s_3$ nur zwei Möglichkeiten ergeben, nämlich $+/-/+$ und $+/-/-$, also ein Dublett. Wenn alle drei m-Werte einer Kombination verschieden sind, ergeben sich für die Spinquantenzahlen acht Kombinationsmöglichkeiten: $+/+/+$, $+/+/-$, $+/-/+$, $-/+/+$, $+/-/-$, $-/+/-$, $-/-/+$, $-/-/-$; hierzu gehören die S-Werte $\frac{3}{2}$, $\frac{1}{2}$, $\frac{1}{2}$, $\frac{1}{2}$, $-\frac{1}{2}$, $-\frac{1}{2}$, $-\frac{1}{2}$, $-\frac{3}{2}$. Diese Werte unterteilen wir in drei Gruppen: (1) $\frac{3}{2}$, $\frac{1}{2}$, $-\frac{1}{2}$, $-\frac{3}{2}$, d.i. ein Quartett; (2) $\frac{1}{2}$, $-\frac{1}{2}$, d.i. ein Dublett, (3) $\frac{1}{2}$, $-\frac{1}{2}$, d.i. ein zweites Dublett. Also gehört im Falle $M = 3$ (als Beispiel herausgegriffen) zur Kombination $22-1$ nur ein Dublett, aber zur Kombination 210 gehören zwei Dubletts und ein Quartett. Auf alle 17 Kombinationen übertragen, ergibt sich:

M: 5   4   3   2   1   0
    D   DD DDDQ DDDDDQ DDDDDDQQ DDDDDDQQ

Wir nehmen von $M = 0$ bis 5 je ein D weg und erhalten einen ^{2}H-Term. Dann verarbeiten wir je ein D von $M = 0$ bis 4 zu einem ^{2}G-Term. Bei $M = 3$ bleibt ein D-Term übrig, sodass je ein D von $M = 3$ bis 0 einen ^{2}F-Term erbringt. Bei $M = 2$ verbleiben, nachdem drei Dubletts D verarbeitet sind, noch zwei weitere übrig, die von $M = 2$ bis 0 zwei ^{2}D-Terme ergeben. Bei $M = 1$ und $M = 0$ ist noch je ein D verblieben, sodass noch ein ^{2}P-Term zu den Dublett-Termen gehört. Was die Quartetts anbetrifft, ergibt sich ein Term von $M = 3$ bis 0, d.i. ein ^{4}F-Term. Einen letzten Term erhalten wir durch ein zweites Q bei $M = 1$ und $M = 0$, d.i. ein ^{4}P-Term. In der richtigen Energieabfolge lauten die Terme (s. Abschnitt 1.2.5): ^{4}F $<$ ^{4}P $<$ ^{2}H $<$ ^{2}G $<$ ^{2}F $<$ ^{2}D $=$ ^{2}D $<$ ^{2}P.

1.09 He $>$ Kr $>$ N $>$ O $>$ Mg $>$ Al $>$ Na $>$ Cs.

1.10 Carbon, Phosphor, Sulfur, Iod.

1.11 AlN, Ca_3P_2, CdS, CeF_4, Li_3N, Li_2O, SnF_4, $SrCl_2$, ThO_2 Y_2O_3.

1.12 In einer Verbindung $A_aB_bC_c$ ... errechnen sich die molare Masse zu $M = aM_A + bM_B + cM_C + ...$ und die Massenanteile zu $w_A = aM_A/M$, $w_B = bM_B/M$, $w_C = cM_C/M$ usw. Im vorliegenden Beispiel gilt zunächst gemäß PSE $M_O < M_{Ca} < M_{Ti}$. Es ist $M = 40.079 + 47.88 + 3 \cdot 15.9994 = 135.956$ g mol^{-1}. Hieraus $w_{Ca} = 40.079/135.96 = 0.2948 = 29.48\%$; analog: $w_{Ti} = 47.88/135.96 = 35.22\%$; $w_O = 47.998/135.96 = 35.30\%$. (Zur Probe: $w_{Ca} + w_{Ti} + w_O = 100\%$.) Die Stoffmengenanteile betragen $\frac{1}{5}$, $\frac{1}{5}$ bzw. $\frac{3}{5}$.

1.13 Für $C_aH_bN_cO_d$ gilt $w_C = aM_C/M$ und mithin a $= w_CM/M_C$, und analoge Ausdrücke ergeben sich für die anderen gesuchten Zahlen b, c und d (w_O ist natürlich die Differenz zwischen 100 % und den anderen Massenanteilen). Da M nicht bekannt ist, setzen wir eine Proportion an, aus der M heraus fällt: a:b:c:d $= (w_C/M_C):(w_H/M_H):(w_N/M_N):(w_O/M_O) = (37.02/12.011):(2.22/1.00794):(18.50/14.00674):(42.26/15.9994) = 3.0822:2.2025:1.3208:2.6413$. Teilt man die Proportion durch das kleinste Glied, dann erhält man: a:b:c:d $= 2.3336:1.668:1:2$. Diese Proportion wird ganzzahlig durch Multiplikation mit drei: a:b:c:d $= 7:5:3:6$. Die gesuchte Formel für TNT (Trinitrotoluen) lautet: $C_7H_5N_3O_6$ [d. i. (hier nicht verlangt) $C_6H_2Me(NO_2)_3$]. Die Stoffmengenanteile ergeben sich zu $\frac{1}{3}$, $\frac{5}{21}$, $\frac{1}{7}$, $\frac{6}{21}$.

1.14 Es ist $w_i = m_i/\Sigma m_j = n_iM_i/\Sigma n_jM_j$. Wir teilen Zähler und Nenner durch Σn_k und erhalten: $w_i = x_i/\Sigma x_jM_j$. Konkret ergibt sich: $\Sigma x_jM_j = 78.09 \cdot 2 \cdot 14.00674 + 20.95 \cdot 2 \cdot 15.9994 + 0.93 \cdot 39.948 + 0.03(12.011 + 2 \cdot 15.9994) = 2187.57 + 670.37 + 37.152 + 1.320 = 2896.4$. Hieraus $w_1 = 2187.57/2896.4 = 75.53 \%$; analog: $w_2 = 23.14 \%$, $w_3 = 1.28 \%$, $w_4 = 0.046 \%$. (Probe: $\Sigma w_i = 100 \%$.)

1.15. $v_1 = 3$, $v_2 = 8$, $v_3 = 9$, $v_4 = 4$.

1.16. $v_1 = v_4 = 1$, $v_2 = v_5 = 5$, $v_3 = 8$, $v_4 = 4$.

1.17 $^{222}Rn \rightarrow {}^{218}Po$; $^{209}Bi \rightarrow {}^{205}Tl$; $^{209}Pb \rightarrow {}^{209}Bi$; $^{225}Ra \rightarrow {}^{225}Ac$.

1.18 **(a)** ^{78}Br. **(b)** ^6Li.

2.01 **(a)** $Me-CH_2-CH_2-CH_2-CH_2-Me$, $Me_2CH-CH_2-CH_2-Me$, $Me-CH_2-CHMe-CH_2-Me$, $Me_2CH-CHMe_2$, Me_3C-CH_2Me.
(b) $H_2C=CH-CH_2-CH_2-Me$, $Me-CH=CH-CH_2-Me$, $H_2C=CMe-CH_2-Me$, $H_2C=CH-CHMe_2$, $Me_2C=CH-Me$.
(c) Nur für Pent-2-en ist Z/E-Isomerie gegeben.

2.02 Mit zwei Cl-Substituenten am gleichen Ring gibt es sechs Isomere (2,3-, 2,4-, 2,5-, 2,6-, 3,4- und 3,5-$C_{12}H_8Cl_2$). Mit Cl1 am einen und Cl2 am anderen Benzenring gibt es zu Cl1 in Position 2 drei Isomere (Cl2 in Position 2', 3' und 4'; die Positionen 5' und 6' unterscheiden sich nicht von 3' und 2'), zu Cl1 in Position 3 zwei Isomere (Cl2 in Position 3' und 4') und zu Cl1 in Position 4 ein letztes Isomer (Cl2 in Position 4'). Insgesamt gibt es also zwölf Isomere.

2.03 Mn, V, Co, Mn.

2.04 **(a)** GaAs, SF_3N, I_2O_5, B_4H_{10}.
(b) $Me-CH=CH-CHEt_2$, $Ph-CHMe-OH$, $HO-(CH_2)_4-NH_2$, $Me-CH_2-CHOH-CH_2-COOH$.

(c) Me_2N—NH_2, Me_3Si—$SiMe_2$—$SiMe_3$, $(Me_3Si)_2NH$, $[(Me_3Si)_3C]BCl_2$.
(d) $[Ag(NH_3)_2][BF_4]$, $[(H_2O)_4Fe(\mu\text{-}OH)_2Fe(H_2O)_4](SO_4)_2$, $[Fe_3(CO)_{12}]$, $[Co(en)_2Cl(CN)][PF_6]$.

2.05 **(a)** Trisiliciumtetranitrid, Dinitrogenpentaoxid, Uranhexafluorid, Natrium-phosphid.
(b) 3,3-Diethylpentan, Trichloroethansäure (auch: Trichloroessigsäure), Butan-1-amin oder Butylamin, Butanon (auch: Ethylmethylketon), Ethandial (auch Glyo-xal), 3-Chloro-2-methyl-1-phenylpropen, 1,4-Chlorohydroxybenzen (auch *para*-Chlorophenol).
(c) Hexamethyldistannan, Tetramethylphosphonium-bromid, Bromopentabo-ran (9) oder Bromo-*nido*-pentaboran, Octachlorotrisilan.
(d) Trikalium-tetracyanidocuprat oder Kalium-tetracyanidocuprat (3−), Kalium-tris (sulfato)chromat (3−), Tetraamminplatin-bis (tetracarbonylcobaltat), Dicä-sium-undecahydridoundecaborat oder Cäsium-undecahydridoundecaborat (2−) oder Cäsium-undecahydrido-*closo*-undecaborat.

2.06 **(a)** T_d, D_{2h}, $D_{\infty h}$, D_{4h}, C_{2v}. **(b)** D_{2d}, C_{3v}, C_{2v}, D_{3h}, D_{2h}. **(c)** D_{3h}, $D_{\infty h}$, C_{2v}, C_s, $D_{\infty h}$. **(d)** C_{2v}, C_s, C_{2v}, D_{3h}, C_s. **(e)** C_{3v}, T_d, C_{2v}, C_{2v}, C_{2v}. **(f)** C_{3v}, C_{3v}, C_{3v}, C_{2v}, C_{4v}. **(g)** C_{4v}, D_{2h}, D_{4d}, D_3, T_d. **(h)** C_{2v}, T_h, $D_{\infty h}$, D_{3h}, D_{4h}.

2.07 Da es im Ikosaeder keine C_4-Achsen gibt, sind O und O_h keine Untergrup-pen von I_h. Wir greifen nun einen von fünf gleichberechtigten Wegen heraus, um im Ikosaeder drei Paare gegenüberliegender Kanten so zu markieren, dass alle zwölf Ecken in die Markierung einbezogen sind, dass also keine Kante mit einer der fünf anderen eine Ecke gemeinsam hat und dass durch jedes Paar eine von drei Spiegelebenen σ_h verläuft. Die drei C_2-Achsen durch die Mitten gegenüberliegen-der, markierter Kanten bilden dabei ein orthogonales Achsenkreuz (Untergruppe D_{2h}). Im markierten Ikosaeder gibt es unter den zwanzig Flächen acht, an denen keine der markierten Kanten beteiligt ist; diese acht ebenfalls zu markierenden Flächen liegen sich paarweise gegenüber, und die vier dazugehörigen C_3-Achsen bilden die Raumdiagonalen im C_2-Achsenkreuz. Das Gebilde aus markierten Flä-chen und Kanten genügt der Symmetriegruppe T_h als einer Untergruppe von I_h (und natürlich auch T als Untergruppe von T_h).

2.08 Die Me-Gruppen können *cis* oder *trans* zur PtN_4-Ebene stehen und die zwei Liganden pn können parallel oder antiparallel ausgerichtet sein. Es ergibt sich für die *cis*-Stellung C_s oder C_2, für die *trans*-Stellung C_2 oder C_i.

2.09 Es gibt für die fünf F-Atome $5!/6 = 20$ Möglichkeiten der Platzverteilung und damit 20 Valenztautomere. (Man kann aus fünf Individuen zehn Paare bilden, also fünf F-Atome zehnfach auf die zwei axialen Positionen bringen; der Faktor zwei entsteht durch Vertauschung der axialen Plätze bei gleich bleibender äquatorialer Anordnung und schafft zu jedem von zehn Isomeren ein Enantiomer.)

2.10 Zwei Isomere sind möglich, nämlich L in axialer (C_s) und in äquatorialer Position (C_2); im C_2-Fall hat man noch Enantiomere zu bedenken.

2.11 Mit den Abkürzungen a für axial und e für äquatorial gibt es folgende Möglichkeiten. (1) L in axialer Position; L—L'/L—L': a−e/e−e (C_1) oder e−a/e−e (C_1); (2) L in äquatorialer Position; L—L'/L—L': a−e/a−e (C_2), e−a/e−a (C_2), a−e/e−a (C_1). (Man beachte, dass das Isomer e−a/a−e das Enantiomer von a−e/e−a ist; das Enantiomer zu a−e/e−e entsteht durch Umdrehen des e−e-Liganden, und ebenso verhält es sich bei e−a/e−e.)

2.12 Wenn Me *trans* zu Cl steht, dann stehen die nach den CIP-Regeln dominierenden Liganden Cl und *i*Pr *cis* zueinander, es liegt also das *Z*-Isomer vor.

2.13 Die folgenden Moleküle haben kein permanentes Dipolmoment: B_2H_6, C_3H_4 (Allen), *cyclo*-C_3H_6, 1,4-$C_6H_4Cl_2$, 1,3,5-$C_6H_3Me_3$, C_2N_2, P_4, *trans*-$[PtCl_2(NH_3)_2]$, $[Mn_2(CO)_{10}]$ und $[Cr(NO)_4]$.

2.14 Al^{III} Cl^{-I} / B^{III} H^{-I} / Br^I F^{-I} / Br^{III} F^{-I} / C^{III} N^{-III} / C^{II} O^{-II} S^0 / Cl^I O^{-II} H^I / $I^{-1/3}$ / I^V F^{-I} / N^V O^{-II} / N^{-III} S^{IV} F^{-I} / N^{-III} S^{VI} F^{-I} / P^0 / S^{II} Cl^{-I} / S^{IV} F^{-I} / S^{IV} O^{-II} / S^{II} O^{-II} / Xe^{IV} F^{-I} / Xe^{VI} F^{-I} / Os^{VI} Cl^{-I} N^{-III} / Pt^{II} Cl^{-I} N^{-III} H^I / Mn^0 C^{II} O^{-II} / Cr^{III} S^{VI} O^{-II} / Cr^{-IV} N^{III} O^{-II} (auch: Cr^0 N^{II} O^{-II}) / Co^{III} Cl^{-I} N^{-III} H^I N^{III} O^{-II} / Ag^I C^{II} N^{-III} / Hg^{II} I^{-I} / Au^{III} Cl^{-I}.

3.01. In einer A1-Packung gibt es zwölf nächste und sechs übernächste Nachbarn. Ein Atom in der Position 0,0,0 hat den nächsten Nachbarn in $0,\frac{1}{2},\frac{1}{2}$, den übernächsten in 0,0,1. Der kürzere Abstand entspricht der halben Flächendiagonalen $a\sqrt{2}/2$, der längere dem Zellparameter a. Dieser ist also um $\sqrt{2} = 1.41$ länger als jener.

3.02 Die Lücke in $\frac{1}{2},\frac{1}{2},0$ hat von der besetzten Position 0,0,0 den Abstand $a\sqrt{2}/2$ und von der besetzten Position in $\frac{1}{2},\frac{1}{2},\frac{1}{2}$ den Abstand $c/2$. Es soll sein $c/2 = a\sqrt{2}/2$. Damit wird $c/a = \sqrt{2} = 1.41$.

3.03 Für die Diagonale d_C der Grundfläche C gilt $d_C = a\sqrt{2} = 4r_1$ und hieraus $a = 4r_1/\sqrt{2} = 407.9$ pm. Für die Diagonale d_A der Seitenfläche A gilt $d_A = 2r_1 + 2r_2 = (a^2 + c^2)^{1/2}$ und hieraus $c = (4r_1^2 + 4r_2^2 + 8\,r_1r_2 - a^2)^{1/2} = 359.9$ pm.

3.04 Die gesuchte Zuordnung leitet sich vom Quotienten c_e aus der Summe der Valenzelektronen und der Summe der Stoffmengen in 1 mol Legierung gemäß der

Regel von Hume-Rothery wie folgt ab: $Cu^I_5Si^{IV} \rightarrow 9:6 = 21:14 \rightarrow \beta$; $Au^I Zn^{II}_3$ $\rightarrow 7:4 = 21:12 \rightarrow \varepsilon$; $Fe^0 Zn^{II}_7 \rightarrow 14:8 = 21:12 \rightarrow \varepsilon$; $Pt^0_5 Zn^{II}_{21} \rightarrow 42:26 = 21:13 \rightarrow \gamma$; $Ni^0 Al^{III} \rightarrow 3:2 = 21:14 \rightarrow \beta$; $Cu^I_{31} Sn^{IV}_8 \rightarrow 63:39 = 21:13 \rightarrow \gamma$.

3.05 Zur Lösung muss das Zustandsdiagramm Fe/C aufgesucht werden.
(a) Austenit scheidet sich ab.
(b) Austenit und Schmelze stehen im Gleichgewicht.
(c) Es muss an diesem Tripelpunkt gelten $P = 1$ bar, $T = 723\,°C$, $w_C = 0.8\%$.
(d) Beim Tempern entsteht Austenit, beim Abschrecken Martensit.

3.06 Drei der vier As-Atome in der Zellengrundfläche bilden ein reguläres Dreieck mit der Kantenlänge a. Sie bilden mit ihrem gemeinsamen nächsten Nachbarn darüber eine trigonale Bipyramide, deren Mantelfläche, ein gleichseitiges Dreieck, durch die Basis a, die Seiten $d = 251.7$ pm und den Spitzenwinkel $\delta = 96.7°$ charakterisiert ist. Es gilt $a/2 = d \sin(\delta/2)$ und $a = 2 \cdot 251.7 \cdot \sin 48.35° = 376.15$ pm.

3.07 AgBr i, $Al_2Be_3(Si_6O_{18})$ iM, Al_2O_3 i, As_2S_3 k, $AuCu_3$ m, BN k, $C_{10}H_8$ M, $CaMg(CO_3)_2$ iM, $CaSi_2$ ik, Cu_5Sn m, $CuZn_3$ m, $Fe(CO)_5$ M, GeTe k, I_2Cl_6 M, $KAlSiO_8$ ik, $KMgCl_3$ i, $MgNi_2$ m, NH_4NO_3 iM, N_4S_4 M, OsO_4 M, PbClF i, $PbSO_4$ iM, $[PCl_4][PCl_6]$ iM, Si_3N_4 k.

3.08 Ar: P; ClF_3: D; C_2N_2: P; HCl: H; $MeNH_2$: H; SO_2: D.

3.09 Die Zahl n der Komponenten von κ richtet sich nach dem Kristallsystem. *Triklin* $\rightarrow n = 6$: Kaolinit $Al_2[Si_2O_5(OH)](OH)_3$. *Monoklin* $\rightarrow n = 4$: β-Sulfur, Auripigment As_2O_3. *Orthorhombisch:* $\rightarrow n = 3$: α-Sulfur, schwarzer Phosphor. *Tetragonal* $\rightarrow n = 2$: Rutil TiO_2, Zinnstein SnO_2. *Hexagonal* $\rightarrow n = 2$: rhomboedrisches Bor, graues Arsen, Graphit, Molybdänglanz MoS_2, α-Quarz SiO_2, Rotnickelerz NiS, Wurtzit ZnS. *Kubisch* $\rightarrow n = 1$: Gold, Natrium, Polonium, Hornblende AgCl, Pyrit FeS_2, Sylvin KCl, Zinkblende ZnS.

3.10 Der gesuchte Abstand ist gleich einem Viertel der Raumdiagonale der Zelle, also $d = a\sqrt{3}/4 = 236.59$ pm.
Die Gitterenergie errechnet sich gemäß $U = -[(N_A Mabe^2)/(4\pi\varepsilon_0 d)](1 - n^{-1})$ $= -[(6.02214 \cdot 10^{23} \cdot 2.5194 \cdot 2 \cdot 1 \cdot 1.60218^2 \cdot 10^{-38})/(4\pi \cdot 8.85419 \cdot 10^{-12}$ $\cdot 236.59 \cdot 10^{-12})](1 - 9.28^{-1}) = -2.640 \cdot 10^6$ J mol^{-1} = -2640 kJ mol^{-1}.

4.01 **(a)** $P_{10} = nRT/V_1 = mRT/(V_1M) = 16.4 \cdot 8.315 \cdot 298.15/(1.00 \cdot 10^{-3} \cdot 39.95) = 1018 \cdot 10^3$ Pa $= 10.18$ bar.
(b) $P_1 = \frac{1}{4} \cdot P_{10} = 2.54$ bar.
(c) $m_2 = \frac{3}{4} \cdot 16.4 = 12.3$ g.

4.02 Es ist $n(CO_2) = n(CaCO_3) = n = m(CaCO_3)/M(CaCO_3) = m/M$; $M =$ $40.08 + 12.01 + 48.00 = 100.1$ g mol^{-1}. Für das gesuchte Volumen V erhält man: $V = nRT/P = mRT/(PM) = 1.00 \cdot 10^3 \cdot 8.3145 \cdot 293.15/(1.00 \cdot 10^5 \cdot 0.1001)$ $= 243.5$ m^3.

4.03
$(\partial P/\partial T)_{n,V} = nR/V$ und $[\partial(\partial P/\partial T)/\partial V]_n = [\partial(nR/V)/\partial V]_n = -nR/V^2$
$(\partial P/\partial V)_{n,T} = -nRT/V^2$ und $[\partial(\partial P/\partial V)/\partial T]_n = -[\partial(nRT/V^2)/\partial T]_n = -nR/V^2$

4.04 **(a)** Es ist (P in Pa, M in g mol^{-1}): $\rho_a = (1/V) \cdot \Sigma_i m_i = (1/V) \cdot \Sigma_i n_i M_i = (1/V) \cdot \Sigma_i [(x_i \Sigma_j n_j) M_i] = \Sigma_j (n_j/V) \cdot \Sigma_i x_i M_i = [P/(RT)] \Sigma_i x_i M_i = [1013 \cdot 10^2/(8.3145 \cdot 298.15)] \cdot [0.78 \cdot 28.01 + 0.21 \cdot 32.00 + 0.01 \cdot 39.95] = 1.184 \cdot 10^3$ g m^{-3}.
(b) Mit $M_a = \Sigma_i x_i M_i$ von Aufgabenteil (a) und mit den Größen x_4 und M_4 für den Wasserdampf als vierter Komponente erhält man: $\rho_b = [P/(RT)] \cdot [(1 - x_4) M_a + x_4 M_4] = [P/(RT)] \cdot [M_a - x_4(M_a - M_4)]$. Weiterhin ist $x_4 = P_4/P = aP_{40}/P$ und mithin $\rho_b = [P/(RT)] \cdot [M_a - (aP_{40}/P) \cdot (M_a - M_4)] = 40.85 \cdot [28.97 - (0.65 \cdot 31.67/1013) \cdot (28.97 - 18.02)] = 1.174 \cdot 10^3$ g m^{-3}.

4.05
(1) $C_6H_6 + 3\,H_2 \to C_6H_{12}$ $\Delta_r H(1) = -156.4 - 49.1 = -205.5$ kJ
(2) $C_2H_4 + H_2 \to C_2H_6$ $3\,\Delta_r H(2) = 3(-84.0 - 52.4) = -409.2$ kJ
Die Differenz von 203.7 kJ ist wesentlich darauf zurückzuführen, dass die zyklische Delokalisierung der sechs π-Elektronen die Energie von Benzen im Vergleich mit den isolierten Doppelbindungen dreier Ethen-Moleküle deutlich absenkt.

4.06
(1) $C_6H_6 + \frac{15}{2}\,O_2 \to 6\,CO_2 + 3\,H_2O$
     $\Delta_r H^0(1) = -6 \cdot 393.5 - 3 \cdot 285.8 - 49.1 = -3267.5$ kJ mol^{-1}
(2) $C_6H_{12} + 9\,O_2 \to 6\,CO_2 + 6\,H_2O$
     $\Delta_r H^0(2) = -6 \cdot 393.5 - 6 \cdot 285.8 + 156.4 = -3919.4$ kJ mol^{-1}
Die gesuchte Wärme Q in kJ l^{-1} ergibt sich zu $Q = 1000\,\Delta_r H^0 \rho/M$.
(1) $Q_1 = -3267.5 \cdot 1000 \cdot 0.8765/78.11 = -36666$ kJ l^{-1}
(2) $Q_2 = -3919.4 \cdot 1000 \cdot 0.7739/84.16 = -36041$ kJ l^{-1}

4.07 **(a)** Für die Reaktion $N_2 + O_2 \to 2\,NO$ errechnen wir zunächst die G_i^0-Werte der Komponenten 1 bis 3, dann die $\Delta_r G^0$-Werte (alle in kJ mol^{-1}):

$G_1^0(298) = -0.1916 \cdot 298.15 = -57.1$ $G_1^0(2000) = 56.0 - 252.5 \cdot 2 = -449.0$
$G_2^0(298) = -0.2051 \cdot 298.15 = -61.2$ $G_2^0(2000) = 59.1 - 268.7 \cdot 2 = -478.3$
$G_3^0(298) = 90.2 - 0.2108 \cdot 298.15 = 27.3$ $G_3^0(2000) = 147.7 - 273.0 \cdot 2 = -398.3$
$\Delta_r G^0(298) = 57.1 + 61.2 + 2 \cdot 27.3 = 172.9$ $\Delta_r G^0(2000) = 449.0 + 478.3 - 2 \cdot 398.3 = 130.7$

Aus $\Delta_r G^0 = -RT \ln K_P$ folgt $K_P = \exp[-\Delta_r G^0/(RT)]$ und mithin:
$K_{P1} = \exp[-172.9 \cdot 10^3/(8.3145 \cdot 298.15)] = 5.12 \cdot 10^{-31}$
$K_{P2} = \exp[-130.7 \cdot 10^3/(8.3145 \cdot 2000)] = 3.86 \cdot 10^{-4}$

(b) Aus $K_{P2} = P_3^2/(P_1 P_2)$ folgt $P_3 = (K_{P2} P_1 P_2)^{\frac{1}{2}} = (3.86 \cdot 10^{-4} \cdot 0.8 \cdot 0.2)^{\frac{1}{2}}$ $= 0.0079$ bar.

4.08 Aus $H_i(T_2) - H_i(T_1) = \int C_{Pi} \, dT \approx C_{Pi}(T_2 - T_1)$ für die i-te Komponente folgt für alle Komponenten: $\Delta_r H^0(T_2) - \Delta_r H^0(T_1) = \Delta_r C_P(T_2 - T_1)$. Es ergibt sich für den Formelumsatz:

$\Delta_r H^0(298) = -2 \cdot 277.7 - 2 \cdot 393.5 + 1268 = -74.4$ kJ mol^{-1}
$\Delta_r C_P = 2 \cdot 111.5 + 2 \cdot 37.1 - 200 = 97.2$ J K^{-1} mol^{-1}
$\Delta_r H^0(313) = \Delta_r H^0(298) + \Delta_r C_P(T_2 - T_1) = -74.4 \cdot 10^3 + 97.2 \cdot (313.15 - 298.15)$
$= -72.9$ kJ mol^{-1}.

4.09 Aus $(P + a/V_m^2)(V_m - b) = RT$ ergibt sich P zu $P = RT/(V_m - b) - a/V_m^2$, also (mit $R = 8.3145$ J K^{-1} mol^{-1} $= 0.083145$ l bar K^{-1} mol^{-1}): $P = 0.083145 \cdot 273.15/(22.71108 - 3.183 \cdot 10^{-2}) - 1.378/22.71108^2 = 0.99873$ bar.

4.10 Es ist allgemein ($n = 1$ mol) $dV = (\partial V/\partial T)_P dT + (\partial V/\partial P)_T dP$. Mit $(\partial V_m/\partial T)_P = a V_{m0}$ und $(\partial V_m/\partial P)_T = -\kappa V_{m0}$ erhält man:
$dV_m = a V_{m0} dT - \kappa V_{m0} dP = 3.6671 \cdot 10^{-3} \cdot 22.402 \cdot 10 - 0.98762 \cdot 22.402 \cdot 0.01$
$= 0.600$ l mol^{-1}.

4.11 **(a)** Mit $a = (1/V_{m0}) \cdot (\partial V_m/\partial T))_P$ sowie $V_m = RT/P$ (ideales Gas) erhält man $a = (1/V_{m0}) \cdot R/P = 1/T = 1/293.15 = 3.411 \cdot 10^{-3}$ K^{-1}.
(b) $\kappa = -(1/V_{m0}) \cdot (\partial V_m/\partial P)_T = (1/V_{m0}) \cdot (RT/P^2) = 1/P = 1/1.013 = 0.987$ bar^{-1}.

4.12 Allgemein gilt: $dV = (\partial V/\partial T)_{P,n} dT + (\partial V/\partial P)_{n,T} dP + (\partial V/\partial n)_{P,T} dn$. Im vorliegenden Fall ist $dV = dn = 0$, sodass man mit $aV = (\partial V/\partial T)_{P,n}$ und $\kappa V = -(\partial V/\partial P)_{n,T}$ erhält: $aV dT - \kappa V dP = 0$. Hieraus: $dP = (a/\kappa) dT = [2.0661 \cdot 10^{-4}/(4.591 \cdot 10^{-4})] \cdot 10 = 4.500$ bar.

4.13 **(a)** Es ist $W_V = -\int P_u \, dV$. Bei reversibler Expansion muss der Umgebungsdruck P_u gleich dem Systemdruck $P_s = nRT/V$ sein, also $W_V = -nRT \int dV/V = -nRT \ln(V_2/V_1) = -(mRT/M) \ln(V_2/V_1) = -(37.2 \cdot 8.3145 \cdot 293.15/16.04) \ln(225/22.5) = -13.0 \cdot 10^3$ J $= -13.0$ kJ.
(b) Für isotherme Zustandsänderungen eines idealen Gases, gleich ob reversibel oder irreversibel, gilt $\Delta U = 0$. Damit wird (I. Hauptsatz) $Q = -W = 13.0$ kJ.
(c) $W_V = -P_u \int dV = -P_u(V_2 - V_1) = 0.250 \cdot 10^5 \cdot (225 - 22.5) \cdot 10^{-3} = 5.06 \cdot 10^3$ J $= 5.06$ kJ.
Der Druck P_u in der Umgebung ist konstant und damit keine Funktion der Temperatur, der Systemdruck $P_s > P_u$, für den $P_s = nRT_s/V_s$ gilt, hängt aber sehr wohl von der Temperatur ab.
(d) Aus den drei Beziehungen $\Delta U = \frac{3}{2} \cdot nR(T_2 - T_1)$ und $P_2 V_2 = nRT_2$ sowie $\Delta U = W_V + Q = W_V = -P_u(V_2 - V_1)$ eliminieren wir ΔU und T_2 und erhalten $V_2 = (3nRT_1 + 2P_u V_1)/(3P_2 + 2P_u)$. Das System kann expandieren, so lange $P_2 > P_u$.

Wenn das Maximalvolumen V_2 erreicht wird, ist $P_2 = P_u$, also (mit $n = m/M$): $V_2 = \frac{3}{5} \cdot mRT_1/(MP_u) + \frac{2}{5} V_1 = 0.6 \cdot 37.2 \cdot 8.3145 \cdot 293.15/(16.04 \cdot 25000) + 0.4 \cdot 22.5 \cdot 10^{-3} = 0.145\,\text{m}^3 = 145\,\text{l}$. Die geleistete Arbeit ist $W_V = -P_0(V_2 - V_1) = -25000 \cdot (145 - 22.5) \cdot 10^{-3} = -3.06 \cdot 10^3\,\text{J} = -3.06\,\text{kJ}$. Die Temperatur T_2 im System ergibt sich aus $\Delta U = W_V = \frac{3}{2} \cdot nR(T_2 - T_1)$ zu $T_2 = \frac{2}{3} \cdot W_V M/(mR) + T_1 = -\frac{2}{3} \cdot 3060 \cdot 16.04/(37.2 \cdot 8.3145) + 293.15 = 187\,\text{K}$.

4.14 **(a)** Mit $dU = (\partial U/\partial T)_V dT = nC_V dT$ und $n = m/M$ erhält man $\Delta U = mC_V\Delta T/M = 10.00 \cdot 12.48 \cdot 10/4.0026 = 311.8\,\text{J}$.
(b) Analog ergibt sich $\Delta H = mC_P\Delta T/M = 10.00 \cdot 20.79 \cdot 10/4.0026 = 519.4\,\text{J}$.
(c) Im geschlossenen System gilt $\Delta U = \frac{3}{2} \cdot nR\Delta T = \frac{3}{2} \cdot mR\Delta T/M = \frac{3}{2} \cdot 10.00 \cdot 8.3145 \cdot 10/4.0026 = 311.6\,\text{J}$.
(d) Im geschlossenen System gilt $Q = \Delta U + \int P_u dV$ und bei reversibler Prozessführung ($P_u = P_s$) $Q = \Delta U + \int P_s dV$; bei zudem isobarer Prozessführung ergibt sich $Q = \Delta U + P_s\Delta V = \Delta U + nR\Delta T$. Mit $\Delta U = \frac{3}{2} \cdot nR\Delta T$ erhält man $Q = \frac{3}{2} \cdot nR\Delta T + nR\Delta T = \frac{5}{2} \cdot nR\Delta T = \frac{5}{2} \cdot mR\Delta T/M = 2.5 \cdot 10.00 \cdot 8.3145 \cdot 10/4.0026 = 519.3\,\text{J}$.

4.15 Für adiabatische, reversible Prozesse idealer Gase gilt: $PV^\gamma = $ const. Mit $V = nRT/P$ ergibt sich: $P_1(nRT_1/P_1)^\gamma = P_2(nRT_2/P_2)^\gamma$ und $P_2 = P_1(T_1/T_2)^{\gamma/(1-\gamma)} = (298.15/519.65)^{-1.2/0.2} = 28.0\,\text{bar}$.

4.16 **(a)** Aus $\Delta U = 0$ folgt $Q = -W = nRT \ln(V_2/V_1)$ und $\Delta S = Q/T = nR \ln(V_2/V_1) = 5.00 \cdot 8.3145 \cdot \ln(10.00/2.00) = 66.9\,\text{J K}^{-1}$.
(b) Mit den Indices a und b für die Aufgabenteile (a) und (b) ergibt sich beim Vergleich der Zustandsvariablen $(n,T,V)_a$ und $(n,T,V)_b$ aus der Aufgabenstellung direkt: $\Delta V_a = \Delta V_b = 8\,\text{l}$; $n_a = n_b$. Weiterhin ist $\Delta U = Q + W = W$ (adiabatischer Prozess); wegen $P_u = 0$ ist $W = -\int P_u dV = 0$ und damit $\Delta U = \frac{3}{2} \cdot nR\Delta T = 0$, somit $\Delta T = T_b - T_a = 0$ und $T_a = T_b$. Da die Zustandsvariablen n, T und V für beide Prozesse übereinstimmen, müssen dies auch die Zustandsfunktionen tun, also $\Delta S_a = \Delta S_b = 66.9\,\text{J K}^{-1}$.

4.17 **(a)** $\frac{1}{2}\,\text{N}_2 + \frac{3}{2}\,\text{H}_2 \rightarrow \text{NH}_3$
$\Delta_f S^0 = -\frac{1}{2} \cdot 191.61 - \frac{3}{2} \cdot 130.684 + 192.45 = -99.38\,\text{J K}^{-1}\,\text{mol}^{-1}$.
$\Delta_f G^0 = \Delta_f H^0 - T\Delta_f S^0 = -46110 + 298.15 \cdot 99.38 = -16480\,\text{J mol}^{-1}$.
$\Delta_f G^0 = -RT \ln K_P \Rightarrow \ln K_P = -\Delta_f G^0/(RT) = 16480/(8.3145 \cdot 298.15) = 6.648$.
$K_P(298) = 771\,\text{bar}^{-1}$.
(b) $\Delta_r H^0(T) \approx \Delta_r H^0(298) + \Delta C_P(T - 298.15)$
$= -46110 + (35.06 - \frac{1}{2} \cdot 29.125 - \frac{3}{2} \cdot 28.824)(800 - 298.15)$
$= -57521\,\text{J mol}^{-1}$.
$\Delta_r S^0(T) = \Delta_r S^0(298) + \Delta C_P \ln(T/298.15) = -99.38 - 22.74 \ln(800/298.15)$
$= -121.82\,\text{J K}^{-1}\,\text{mol}^{-1}$.
$\Delta_r G^0(T) = \Delta_r H^0(T) - T\Delta_r S^0(T) = -57521 + 800 \cdot 121.82 = 39935\,\text{J mol}^{-1}$.

$\ln K_P(800) = -39935/(8.3145 \cdot 800) = -6.0042 \Rightarrow K_P(800) = 2.47 \cdot 10^{-3}\,\text{bar}^{-1}$.

(c) Die Gleichgewichtsdrücke P_1, P_2 und P_3 lassen sich aus dem MWG, $K_P = P_3 P_1^{-1/2} P_2^{-1/2}$, sowie aus den Beziehungen $P = P_1 + P_2 + P_3$ und $P_3 = 3P_2$ errechnen. Um P_3 aus dem MWG zu bestimmen, eliminieren wir P_1 und P_2: $P_1 = \frac{1}{4}(P - P_3)$; $P_2 = \frac{3}{4}(P - P_3)$. Aus dem MWG, $P_3 K_P = [\frac{1}{4}(P - P_3)]^{1/2}[\frac{3}{4}(P - P_3)]^{3/2}$, gewinnt man ein Polynom für P_3:

$P_3^3 - [2P + 16/(K_P\sqrt{27})]P_3 = -P^2$. Mit $K_P = 2.47 \cdot 10^{-3}\,\text{bar}^{-1}$ und $P = 100$ bar folgt:

$P_3^2 - 1446.6\,P_3 = -100^2 \Rightarrow P_3 = 6.9$ bar $\Rightarrow P_1 = \frac{1}{4}(100 - 6.9) = 23.3$ bar und $P_2 = \frac{3}{4}(100 - 6.9) = 69.8$ bar. Mit $x_i = P_i/P = P_i/100$ erhält man: $x_1 = 0.233$; $x_2 = 0.698$; $x_3 = 0.069$.

(d) Mit $K_P = 2.47 \cdot 10^{-3}\,\text{bar}^{-1}$ und P = 1000 bar geht das Polynom für P_3 über in $P_3^2 - 3247\,P_3 = 1000^2 \Rightarrow P_3 = 344$ bar $\Rightarrow P_1 = \frac{1}{4}(1000 - 344) = 164$ bar und $P_2 = \frac{3}{4}(1000 - 344) = 492$ bar; $x_1 = 0.164$; $x_2 = 0.492$; $x_3 = 0.344$. Bei einer Temperatur von 800 K steigt die Ausbeute an Ammoniak von 6.9 auf 34.4 %, wenn man den Druck von 100 auf 1000 bar erhöht.

4.18 $NH_4Cl \rightleftarrows NH_3 + HCl$; $K_P = P_2 P_3$; $P_2 + P_3 = P = 2P_2 = 2\,P_3 \Rightarrow K_P = P^2/4$
(a) $K_P(427) = (608 \cdot 10^{-2})^2/4 = 9.24$ bar; $K_P(459) = (1115 \cdot 10^{-2})^2/4 = 31.08$ bar.
(b) $d(\ln K_P)/dT = \Delta H^0/(RT^2) \Rightarrow \ln(K_{P2}/K_{P1}) = -(\Delta H^0/R)(1/T_2 - 1/T_1) \Rightarrow \Delta H^0 = R \cdot \ln(K_{P2}/K_{P1})/(1/T_1 - 1/T_2) = 8.3145 \ln(31.08/9.24)/(1/700.15 - 1/732.15) = 161.5\,\text{kJ mol}^{-1}$
(c) $\Delta G^0 = \Delta H^0 - T\Delta S^0 = -RT \ln K_P \Rightarrow \Delta S^0 = \Delta H^0/T + R \ln K_P = 161500/700.15 + 8.3145 \cdot \ln 9.24 = 249.2\,\text{J K}^{-1}\,\text{mol}^{-1}$.
(d) Das System besteht aus drei Komponenten: $k = 3$. Es gibt zwei Beziehungen, die die Unabhängigkeit einschränken, nämlich das MWG und die Startbedingung $P_2 = P_3$ (Ausgangsstoff: reines NH_4Cl). Also ist nur eine Komponente unabhängig: $k_0 = 1$. Als Variablen fungieren die Temperatur T und der Druck P; ob man als Druckvariable P, P_2 oder P_3 wählt, spielt wegen der Beziehung $P = 2P_2 = 2P_3$ keine Rolle. Bei zwei Phasen, $p = 2$, erhalten wir mit $f = k_0 - p + 2 = 1$ nur einen Freiheitsgrad, können also im Gleichgewicht entweder T oder P frei wählen.

4.19 (a) $dc_E/dt = k_2 c_{EK} - k_1 c_E c_K$; $dc_{EK}/dt = k_1 c_E c_K - k_2 c_{EK} - k_3 c_{EK}$; $dc_P/dt = k_3 c_{EK}$
(b) Aus $dc_{EK}/dt = k_1 c_E c_K - k_2 c_{EK} - k_3 c_{EK} = 0$ folgt $c_{EK} = k_1 c_E c_K/(k_2 + k_3)$ und damit $dc_P/dt = k_1 k_3 c_E c_K/(k_2 + k_3) = k c_E c_K$.

4.20 Für eine Reaktion 1. Ordnung gilt: $\ln(c/c_0) = \ln(n/n_0) = -kt$. Für $n = \frac{1}{2} n_0$ gilt $\ln 2 = k t_{1/2}$ und $k = (\ln 2)/t_{1/2}$. Es folgt $\ln(n/n_0) = -(t/t_{1/2})\ln 2 = -(20/30)\ln 2 = -0.462$ und hieraus $n/n_0 = 0.630$, d. i. der noch vorhandene Anteil. Zerfallen ist also ein Anteil von $1 - 0.630 = 0.370$, d. i. eine Masse von $0.370 \cdot 31 = 11.5$ kg.

4.21 Nach zwei Halbwertszeiten ist der Druck P_1 an Dimethylether auf $\frac{1}{4}$ des Anfangswerts zurückgegangen, $P_1 = \frac{1}{4} P_{10}$. Die Drucke der drei Produktkomponenten betragen dann je $\frac{3}{4} P_{10}$. Also ergibt sich ein Gesamtdruck von $P = (\frac{1}{4} + 3 \cdot \frac{3}{4})$ $P_0 = 2.5 \, P_0 = 2.5 \cdot 0.560 = 1.400$ bar.

4.22 Durch Logarithmieren geht die Arrhenius-Gleichung über in $\ln k = \ln A - (E_A / R) \cdot (1 / T)$. (Wie schon oben beim Umgang mit Logarithmen, wird auch hier auf die korrekte Formulierung $\ln (k / k_0)$ bzw. $\ln (A / A_0)$ mit $k_0 = A_0 = 1 \, \text{s}^{-1}$ aus Bequemlichkeit verzichtet; natürlich kann man nur Zahlen logarithmieren.) Wir erstellen eine Wertetabelle:

$\ln k$: -4.07 -3.43 -2.92 -2.55
$1/T$: 0.00341 0.00332 0.00326 0.00322

Mit diesen Werten ermitteln wir graphisch die Gerade $\ln k = 22.1 - 7670 (1/T)$. Hieraus folgt $E_A = 7670 \cdot R = 7670 \cdot 8.3145 \cdot 10^{-3} = 63.8$ kJ. Aus $\ln A = 22.1$ folgt $A = 3.96 \cdot 10^{-1}$.

4.23 Es ist $k_2 / k_1 = \exp \{[E_A / (RT_1)] - [E_A / (RT_2)]\} \Rightarrow \ln (k_2 / k_1) = (E_A / R)$ $(1/T_1 - 1/T_2) \Rightarrow E_A = [RT_1 T_2 \ln (k_2 / k_1)] / (T_2 - T_1) = 8.3145 \cdot 400 \cdot 800 \cdot$ $\ln 500 / (800 - 400) \cdot 10^{-3} = 41.3$ kJ. Weiterhin ist $A = k_1 \cdot \exp (E_A / RT_1) = 1.02$ $\cdot 10^8 \cdot \exp [41300 / (8.3145 \cdot 400)] = 2.52 \cdot 10^{13} \, \text{s}^{-1}$.

4.24 Es ist $-dc_1 / dt = -dc_2 / dt = kc_1 c_2 = kc_1^2$. Die Integration zwischen $t = 0$ und t bzw. zwischen c_{10} und c_1 ergibt $-1/c_1 + 1/c_{10} = -kt$. Mit $c_1 = \frac{1}{2} c_{10}$ erhält man $2/c_{10} - 1/c_{10} = kt_{1/2}$ und $t_{1/2} = 1/(2.40 \cdot 10^{-3} \cdot 4.67 \cdot 10^7) = 8.92 \cdot 10^{-6}$ s $= 8.92$ μs.

4.25 (a) Im Gleichgewicht $cis\text{-}C_5 H_{10} \rightleftarrows trans\text{-}C_5 H_{10}$ liegen 0.40 mol $trans$- und mithin 0.20 mol cis-Verbindung vor; es folgt $K = 0.40 / 0.20 = 2.0 = k_2 / k_1$ ($E_{A1} > E_{A2}; k_2 > k_1$).
(b) Aus der Arrhenius-Gleichung folgt $\ln (k_2 / k_1) = (E_{A1} - E_{A2}) / (RT) = \ln K$; $\Delta E_A = RT \ln K = 8.3145 \cdot (273 + 453) \cdot \ln 2.0 = 4.18 \cdot 10^3$ J.
(c) $\ln K = \Delta E_A / (RT) = 4.18 \cdot 10^3 / (8.3145 \cdot 293.15) = 1.715$ und $K = 5.56$.
(d) Mit $K = n/(n_0 - n)$ erhält man $n = Kn_0 / (K + 1) = 5.56 \cdot 0.60 / 6.56 = 0.51$ mol.

5.01 HCN ($pK_A = 9.21$) und CN^- ($pK_B = 14.00 - 9.21 = 4.79$) stellen eine schwache Säure bzw. Base dar.
(a) $c_H = (K_A c_{A0})^{1/2} = (10^{-9.21} \cdot 0.16)^{1/2} = 9.93 \cdot 10^{-6}$ mol l^{-1}; pH $= -\lg (9.93$ $\cdot 10^{-6}) = 5.00$.
(b) $c_{OH} = (K_B c_{B0})^{1/2} = (10^{-4.79} \cdot 0.16)^{1/2} = 1.61 \cdot 10^{-3}$ mol l^{-1}; pOH $= 2.79$, pH $= 11.21$.
(c) $c_H = K_A n_{A0} / n_{B0} = 10^{-9.21}$ mol l^{-1}; pH $= 9.21$.
(d) Salzsäure ist eine starke Säure, also $c_H = c_{A0} = 0.05$ mol l^{-1}; pH $= 1.30$.

(e) In der Pufferlösung wird gemäß $H^+ + CN^- \rightarrow HCN$ ($K = 10^{9.21}$ mol^{-1} l) die Basenkonzentration c_{B0} um 0.05 mol vermindert ($\rightarrow$ 0.11 mol) und c_{A0} um 0.05 mol vermehrt ($\rightarrow$ 0.21 mol), sodass $c_H = K_A n_{A0}/n_{B0} = 10^{-9.21} \cdot 0.21/0.11 = 10^{-8.93}$ $mol\,l^{-1}$; pH = 8.93.

5.02 Für die mittelstarke Oxalsäure gilt $c_H = -\frac{1}{2}K_{A1} + (K_{A1}c_{A0} + \frac{1}{4}K_{A1}^2)^{1/2} = -\frac{1}{2}10^{-1.46} + (10^{-1.46} \cdot 0.076 + \frac{1}{4}10^{-2.92})^{1/2} = 0.037$ $mol\,l^{-1}$; **(a)** pH = 1.43. **(b)** MWG: $K_{A1}c_A = c_B c_H$; $c_H = c_B + c_{OH} \approx c_B$; hieraus $c_A = c_H^2/K_A = 0.037^2/10^{-1.46} = 0.039$ $mol\,l^{-1}$.

5.03 Die Konzentrationen an $C_2O_4H_2$, $C_2O_4H^-$ und $C_2O_4^{2-}$ seien c_1, c_2 und c_3. Bilanzgleichung: $c_1 + c_2 + c_3 = c_0$. Elektroneutralität: $c_H = c_2 + 2c_3 + c_{OH} \approx c_2 + 2c_3$. MWG 1 und 2: $K_1c_1 = c_2c_H$ und $K_2c_2 = c_3c_H$. Aus diesen vier unabhängigen Beziehungen eliminieren wir c_1, c_2 und c_3 und erhalten schließlich ein Polynom für c_H: $c_H^3 + K_1c_H^2 - K_1c_0c_H + K_1K_2c_H = 2K_1K_2c_0$. Ohne die zweite Dissoziation zu bedenken, ist $c_H = 0.037$ $mol\,l^{-1}$ (s. Aufgabe 5.02); wenn die zweite Dissoziation zu Buche schlüge, wäre der Wert für c_H etwas größer. Die in das Polynom einzusetzenden Größen $c_0 = 0.076$ mol l^{-1}, $K_1 = 0.035$ mol l^{-1}, $c_H \geq 0.037$ mol l^{-1} sind von vergleichbarer Größenordnung, während $K_2 = 0.00004$ mol l^{-1} so klein ist, dass es unsinnig wäre, die beiden Terme $K_1K_2c_H$ und $K_1K_2c_0$ im Polynom zu berücksichtigen. Damit geht das Polynom über in $c_H^2 + K_1c_H = K_1c_0$, d. i. die Gleichung, nach der c_H in Aufgabe 5.02 richtig berechnet wurde.

5.04 **(a)** Der pH-Wert des ersten Umschlagpunkts entspricht einer Lösung von 0.01 mol l^{-1} HCO_3^-. Dieser Ampholyt ist als Base ($pK_{B2} = 14.00 - pK_{A1} = 14.00 - 6.35 = 7.65$) deutlich stärker als als Säure ($pK_{A2} = 10.33$), sodass nur die Basenwirkung bedacht werden muss: $c_{OH} = (10^{-7.63} \cdot 0.01)^{1/2} = 10^{-4.8}$; pH = 14.00 − 4.8 = 9.2; ein geeigneter Indikator ist Phenolphthalein. Der zweite Umschlagpunkt entspricht einer Lösung von 0.01 mol l^{-1} CO_2, einer schwachen Säure, also: $c_H = (K_{A1} \cdot c_{A0})^{1/2} = (10^{-6.35} \cdot 0.01)^{1/2} = 10^{-4.2}$ mol l^{-1}; pH = 4.2; ein geeigneter Indikator ist Methylorange. **(b)** Die Menge an Na_2CO_3 beträgt $12.21 \cdot 0.100$ mmol $= 1.221 \cdot 10^{-3}$ mol, d. i. mit $M(Na_2CO_3) = 2 \cdot 22.99 + 12.011 + 3 \cdot 16.00 = 105.99$ g mol^{-1} eine Masse von $m_1 = 1.221 \cdot 105.99 = 129.4$ mg. Im zweiten Titrationsschritt wird die Gesamtmenge an HCO_3^- erfasst; die gesuchte Menge an HCO_3^- entspricht also einem Titriervolumen von $19.68 - 12.21 = 7.47$ ml; mit $M(NaHCO_3) = 84.01$ g mol^{-1} ergibt sich $m_2 = 7.47 \cdot 0.100 \cdot 84.01 = 62.7$ mg.

5.05 Es ist $x_5 = c_5/(c_1 + c_2 + c_3 + c_4 + c_5)$. Für alle vier Dissoziationsgleichgewichte von H_4(edta) setzen wir das MWG an:
$c_4 = c_5c_H/K_4$
$c_3 = c_4c_H/K_3 = c_5c_H^2/(K_3K_4)$
$c_2 = c_3c_H/K_2 = c_5c_H^3/(K_2K_3K_4)$
$c_1 = c_2c_H/K_1 = c_5c_H^4/(K_1K_2K_3K_4)$

Die gefundenen Ausdrücke für c_1 bis c_4 setzen wir in den Kehrwert von x_5 ein: $1/x_5 = c_H^4/(K_1K_2K_3K_4) + c_H^3/(K_1K_2K_3) + c_H^2/(K_1K_2) + c_H/K_1 + 1$. Mit $c_H = 10^{-5}$ mol l^{-1} und den gegebenen K-Werten erhält man $1/x_5 = 10^{1.4} + 10^{4.3} + 10^{6.6} + 10^{5.3} + 1$. Wir berücksichtigen nur den dritten Summanden, der um mehr als eine Zehnerpotenz größer ist als die anderen und erhalten $x_5 = 10^{-6.6}$.

5.06 Am Äquivalenzpunkt ist die Konzentration c_K an [Ni(edta)]$^{2-}$ gleich der Menge an eingesetztem Ni^{2+} bzw. der ebensogroßen Menge an zugesetztem H$_4$(edta), da die jedenfalls sehr geringe Menge an Ni^{2+} als Subtrahend nicht zu berücksichtigen ist; wegen der Volumenverdoppelung (die Ausgangslösung und die Titrierlösung haben die gleiche Konzentration) gilt $c_K = \frac{1}{2} \cdot 0.010 = 0.005$ mol l^{-1}. Die Gesamtkonzentration der fünf Titriermittelkomponenten von H$_4$(edta) bis edta^{4-} beträgt $c_0 = c_1 + c_2 + c_3 + c_4 + c_5$ (s. Aufgabe 5.05). Die Konzentration c_0 muss am Äquivalenzpunkt eben so groß sein wie c_{Ni}. Für die Konstante der Komplexbildung K gilt: $K = c_K/(c_{Ni}c_5) = c_K/(c_{Ni}x_5c_0) = c_K/(x_5c_{Ni}^2)$. Es folgt $c_{Ni} = [c_K/(x_5K)]^{1/2} = [(0.005/(10^{-6.6} \cdot 10^{18.6})]^{1/2} = 7.1 \cdot 10^{-8}$ mol l^{-1}. Der Rückgang der Ni^{2+}-Konzentration um gut fünf Zehnerpotenzen (von 10^{-2} auf $7.1 \cdot 10^{-8}$ mol l^{-1}) zeigt, dass es sich um eine gute Bestimmungsmethode handelt.

5.07 Bei den Aufgabenteilen **(a)**, **(b)**, **(c)** und **(i)** entscheidet der negative induktive Effekt (F > H, H > CH$_3$, COOH > H, F > OH), also: CF$_3$COOH > CH$_3$COOH, HCOOH > CH$_3$COOH, HOOC—COOH > HCOOH, FSO$_3$H > H$_2$SO$_4$. Bei den Aufgabenteilen **(d)**, **(j)** und **(f)** verstärkt sich die Acidität bei Zentralatomen derselben Gruppe mit steigender Masse, umgekehrt aber, wenn es sich um Oxosäuren mit derselben Oxidationszahl des Zentralatoms handelt, also HCl > HF, PH$_4^+$ > NH$_4^+$, aber HClO$_4$ > H$_5$IO$_6$. Beim Aufgabenteil **(d)** gilt HF > H$_2$O, weil F in der gleichen Periode weiter rechts steht als O. Beim Aufgabenteil **(e)** hat Cl in HClO$_4$ die größere Oxidationszahl als in HClO$_3$, deshalb HClO$_4$ > HClO$_3$. Schließlich ist eine mehrbasige Oxosäure − Aufgabenteil **(h)** − immer saurer als die mit ihr korrespondierende Base, also H$_3$PO$_3$ > H$_2$PO$_3^-$.

5.08

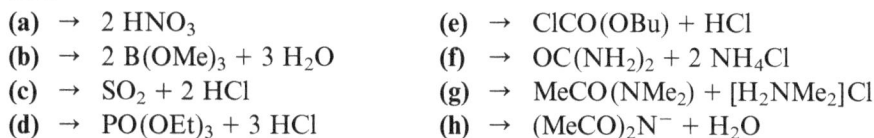

(a) → 2 HNO$_3$ (e) → ClCO(OBu) + HCl
(b) → 2 B(OMe)$_3$ + 3 H$_2$O   (f) → OC(NH$_2$)$_2$ + 2 NH$_4$Cl
(c) → SO$_2$ + 2 HCl   (g) → MeCO(NMe$_2$) + [H$_2$NMe$_2$]Cl
(d) → PO(OEt)$_3$ + 3 HCl   (h) → (MeCO)$_2$N$^-$ + H$_2$O

5.09

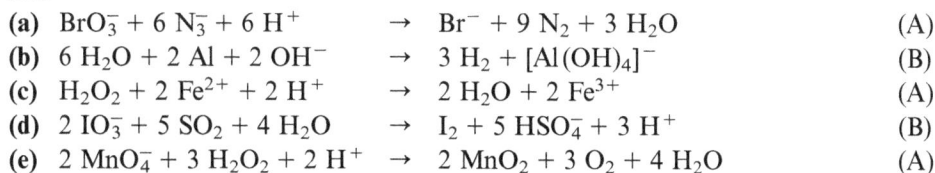

(a)	BrO$_3^-$ + 6 N$_3^-$ + 6 H$^+$	→ Br$^-$ + 9 N$_2$ + 3 H$_2$O	(A)
(b)	6 H$_2$O + 2 Al + 2 OH$^-$	→ 3 H$_2$ + [Al(OH)$_4$]$^-$	(B)
(c)	H$_2$O$_2$ + 2 Fe^{2+} + 2 H$^+$	→ 2 H$_2$O + 2 Fe^{3+}	(A)
(d)	2 IO$_3^-$ + 5 SO$_2$ + 4 H$_2$O	→ I$_2$ + 5 HSO$_4^-$ + 3 H$^+$	(B)
(e)	2 MnO$_4^-$ + 3 H$_2$O$_2$ + 2 H$^+$	→ 2 MnO$_2$ + 3 O$_2$ + 4 H$_2$O	(A)

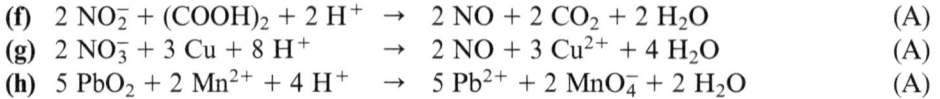

(f) $2\,NO_2^- + (COOH)_2 + 2\,H^+ \;\rightarrow\; 2\,NO + 2\,CO_2 + 2\,H_2O$ (A)

(g) $2\,NO_3^- + 3\,Cu + 8\,H^+ \;\rightarrow\; 2\,NO + 3\,Cu^{2+} + 4\,H_2O$ (A)

(h) $5\,PbO_2 + 2\,Mn^{2+} + 4\,H^+ \;\rightarrow\; 5\,Pb^{2+} + 2\,MnO_4^- + 2\,H_2O$ (A)

5.10

(1) $3\,Br_2 + 6\,OH^- \;\rightarrow\; BrO_3^- + 5\,Br^- + 3\,H_2O$

(2) $3\,MnO_4^{3-} + 8\,H^+ \;\rightarrow\; MnO_4^- + 2\,MnO_2 + 4\,H_2O$

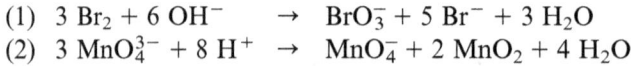

Die Disproportionierungen ereignen sich in basischer (1) bzw. saurer Lösung (2).

5.11

(1) $Ag^+ + e \;\rightarrow\; Ag$ $\qquad\qquad \varepsilon_1^0 = 0.7996\ V$

(2) $AgCl + e \;\rightarrow\; Ag + Cl^-$ $\qquad \varepsilon_2^0 = 0.2223\ V$

(3) $AgCl \;\rightarrow\; Ag^+ + Cl^-$ $\qquad E^0 = \varepsilon_2^0 - \varepsilon_1^0 = -0.5773V$

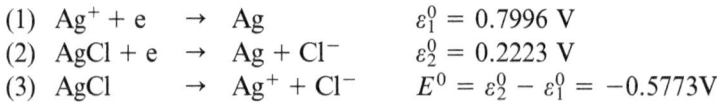

Es ist $E^0 = 0.05916\ \lg L$ und $\lg L = -0.5773/0.05916 = -9.76;\ L = 1.74 \cdot 10^{-10}\ mol^2\ l^{-2}$.

5.12

(1) $Au^{3+} + 3\,e \;\rightarrow\; Au$ $\qquad\qquad \varepsilon_1^0 = 1.498\ V$

(2) $[AuCl_4]^- + 3\,e \;\rightarrow\; Au + 4\,Cl^-$ $\qquad \varepsilon_2^0 = 1.002\ V$

(3) $Au^{3+} + 4\,Cl^- \;\rightarrow\; [AuCl_4]^-$ $\qquad E^0 = \varepsilon_1^0 - \varepsilon_2^0 = 0.496\ V$

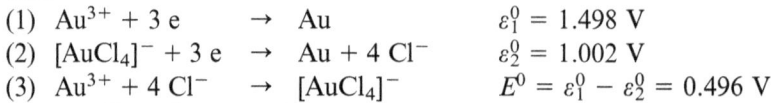

Es ist $E^0 = \frac{1}{3} \cdot 0.05916\ \lg K_K$ und $\lg K_K = 3 \cdot 0.496/0.05916 = 25.2;\ K_K = 1.42 \cdot 10^{25}\ mol^{-4}\ l^4$

5.13 Allgemein: $\Delta_r G^0 = -RT \ln K_p$.

298.15 K: $\Delta_r G_1^0 = 142200 = -8.315 \cdot 298.15 \ln K_{p1};\ \ln K_{p1} = -57.4;\ K_{p1} = 1.18 \cdot 10^{-25}\ bar$.

1200 K: $\Delta_r G_2^0 = -77800 = -8.315 \cdot 1200 \ln K_{p2};\ \ln K_{p2} = 7.80;\ K_{p2} = 2434\ bar$.

5.14 $BrO_3^- + 3\,H_3AsO_3 \;\rightarrow\; Br^- + 3\,H_3AsO_4$

Beim Formelumsatz fließen 6 mol Elektronen. Es ist $E^0 = \varepsilon_1^0 - \varepsilon_2^0 = 1.423 - 0.560 = 0.863\ V = \frac{1}{6}\,0.05916\ \lg K$. Hieraus $\lg K = 87.5;\ K = 10^{87.5}$.

5.15.

(a) $2\,FeS + 3\,O_2 + SiO_2 \;\rightarrow\; Fe_2SiO_4 + 2\,SO_2$

(b) $S + 3\,NaNO_3 + Na_2CO_3 \;\rightarrow\; Na_2SO_4 + 3\,NaNO_2 + CO_2$

(c) $4\,Ag + 8\,CN^- + O_2 + 2\,H_2O \;\rightarrow\; 4\,[Ag(CN)_2]^- + 4\,OH^-$

(d) $TiO_2 + 2\,Cl_2 + 2\,C \;\rightarrow\; TiCl_4 + 2\,CO$

(e) $2\,Bi_2S_3 + 9\,O_2 \;\rightarrow\; 2\,Bi_2O_3 + 6\,SO_2$

(f) $4\,FeCr_2O_4 + 10\,Na_2CO_3 + 7\,O_2 \;\rightarrow\; 4\,NaFeO_2 + 8\,Na_2CrO_4 + 10\,CO_2$

(g) $La_2(C_2O_4)_3 \;\rightarrow\; La_2O_3 + 3\,CO + 3\,CO_2$

(h) $2\,Ca_5(PO_4)_3(OH) + 15\,C + 10\,SiO_2 \;\rightarrow\; 3\,P_2 + 10\,CaSiO_3 + 15\,CO + H_2O$

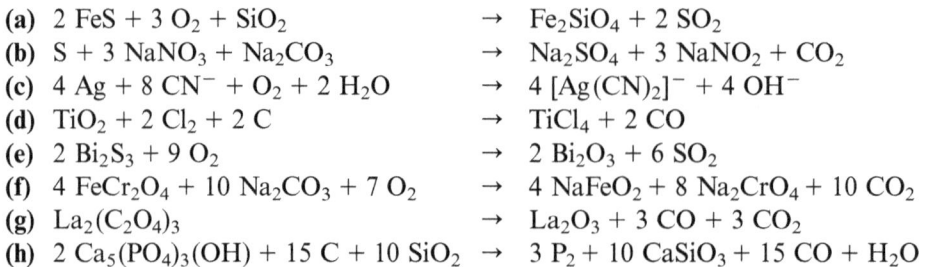

5.16 **(a)** $n = 12$; **(b)** $n = 6$; **(c)** $n = 4$; **(d)** $n = 4$; **(e)** $n = 36$; **(f)** $n = 28$; **(g)** $n = 3$; **(h)** $n = 30$.

Register